企业环保管家系列指南丨丛书主编　宋海鸥

企业常用环境法律法规手册

（上册）

宋海鸥　编

中国环境出版集团·北京

图书在版编目（CIP）数据

企业常用环境法律法规手册（上册）/宋海鸥编.—北京：中国环境出版集团，2023.6

（企业环保管家系列指南）

ISBN 978-7-5111-5535-1

Ⅰ.①企… Ⅱ.①宋… Ⅲ.①企业环境管理－环境保护法－中国－手册 Ⅳ.①D922.683.4-62

中国国家版本馆CIP数据核字（2023）第102150号

出 版 人 武德凯
责任编辑 葛　莉
封面设计 彭　杉

出版发行 中国环境出版集团
（100062 北京市东城区广渠门内大街16号）
网　　址：http：//www.cesp.com.cn
电子邮箱：bjgl@cesp.com.cn
联系电话：010-67112765（编辑管理部）
010-67113412（第二分社）
发行热线：010-67125803 010-67113405（传真）
印　　刷 北京中科印刷有限公司
经　　销 各地新华书店
版　　次 2023年6月第1版
印　　次 2023年6月第1次印刷
开　　本 787×960　1/16
印　　张 18.25
字　　数 388千字
丛书定价 688.00元

企业环保管家系列指南

编 委 会

编者简介：

宋海鸥 河北环境工程学院教授，环境法学硕士，西北政法大学博士研究生，河北海立律师事务所律师，秦皇岛律师协会资源与环境委员会副主任，生态环境部执法大练兵案卷评审专家，环境法律实务培训讲师，担任多地生态环境部门、企业法律顾问。主要从事环境法、环境执法及环境管理领域相关研究与实务工作，发表环境法学论文40余篇，编写《环境法与环境执法》《环境监管领域职务犯罪典型案例分析》《当前生态环境领域热点难点问题案例精析》《环境行政执法实案释法》等专著十余部。

总　序

“环保管家”是一种以“合同环境服务”为核心的环境污染治理新模式。2014年12月27日，国务院办公厅《关于推行环境污染第三方治理的意见》中指出：“到2020年，环境公用设施、工业园区等重点领域第三方治理取得显著进展，污染治理效率和专业化水平明显提高，社会资本进入污染治理市场的活力进一步激发。环境公用设施投资运营体制改革基本完成，高效、优质、可持续的环境公共服务市场化供给体系基本形成；第三方治理业态和模式趋于成熟，涌现一批技术能力强、运营管理水平高、综合信用好、具有国际竞争力的环境服务公司。”2016年4月15日，环境保护部印发《关于积极发挥环境保护作用促进供给侧结构性改革的指导意见》（环大气〔2016〕45号），该意见指出：“推进环境咨询服务业发展，鼓励有条件的工业园区聘请第三方专业环保服务公司作为‘环保管家’，向园区提供监测、监理、环保设施建设运营、污染治理等一体化环保服务和解决方案。”由此，在环境保护领域正式提出了“环保管家”的概念，诸多的“环保管家”公司如雨后春笋般涌现，为企业提供“全面体检”服务。

尽管有专业环境污染第三方治理机构的辅助，但排污企业不能也无法避免经营中环境违规行为的法律责任。在环保形势日益严峻的背景下，掌握环境法律基本规定、污染防治技术规范等成为企业生存发展的必备能力，企业有必要通过学习将“要我守法”内生为“我要守法”的动力。

编者在与能源、化工、运输、钢铁、建材、机械加工、装备制造、矿山等行业企业打交道的过程中，了解到企业尤为关注环保问题，有增加环保投入和增强自身环保专业知识的意愿，对降低环保经营风险有较高的期望值，但囿于环境保护知识的专业性，对通俗介绍企业生产经营中环保风险的指南、手册的需求迫切。正是基于这种市场需求，我们策划了这套专业的“企业环保管家系列指南”丛书（以下简称丛书），对企业环保问题开展“望闻问切”，对环保疑难杂症进行“科学会诊”，既能找准污染治理主要环节和风险隐患突出问题形成“体检报告”，也能开出诊治“药方”。“环保管家”通过常态化的“体检”和“问诊”，及时提出预警和针对性措施，以避免环境事故的发生，降低环境风险。

丛书分为四个板块，共计 13 个分册，旨在通过通俗易懂、实务的语境为企业提供环境守法的指引。在理论知识铺垫上，以够用为尺度，尽可能化繁为简；注重实操，并辅以案例，对企业生产经营中的环境管理事项和环境管理风险予以深度解读，帮助企业相关人员掌握企业环境管理的“钥匙”，最大限度降低企业的经营风险。

丛书的四个板块分别为：

1）法律法规板块：包括《企业常用环境法律法规手册》1 个分册，主要包含环境法律、法规、规章及政策性文件等内容。

2）常见环境管理事务板块：包括《企业环保合法合规管理指南》《企业建设项目环境影响评价管理指南》《企业排污许可证申领与实施操作指南》《企业自行监测管理指南》《企业环境信息化管理指南》《企业环境应急管理指南》6 个分册，主要从企业建设项目环境管理与企业环境风险防范角度进行阐释。

3）污染防治技术板块：包括《企业废水污染管控指南》《企业废气污染管控指南》《企业固体废物污染环境管控指南》《企业土壤污染管控指南》4 个分册，主要从治理设备、治理技术、产排污节点等方面对企业全流程技术管理予以说明。

4）企业环境金融与认证板块：包括《企业环境经济政策指南》《企业清洁生产审核与环境管理体系认证指南》2 个分册，主要包括环境税、排污权交易、碳排放交易以及清洁生产审核、ISO 14001 认证等相关知识。

丛书主要针对生产性企业的环境管理人员、环保管理型企业的工作人员以及对环境管理工作感兴趣的其他人员，也可以作为环境管理初学者的入门教材。

编写团队共 25 人，包括相关领域教授、副教授，专门从事环境法律事务的律师，生态环境部固体废物与化学品管理技术中心专家，大型企业从事环境管理的工作人员以及专业从事“环保管家”服务的企业人员等。编写团队中无论是“学院派”还是“实战派”，均是在相应领域深耕多年的行家里手。

本套丛书经过与出版社沟通和策划、制定编写大纲、组织编写人员、撰写初稿、修改初稿、定稿、统稿等多个流程，历时 15 个月。在组织编写过程中，各分册编者之间通力合作，各分册牵头人也与我进行有效沟通，保证了丛书的质量和覆盖面；同时，为保障丛书如期完成，众多编者付出了巨大心血，在此表示衷心感谢。组织如此大规模的编写队伍，于我而言也是前所未有的，其中有考虑不周之处，请各位编者海涵；因知识和技能所限，编写难免有疏漏，请各位读者批评指正。

最后要感谢河北环境工程学院领导的关心及中国环境出版集团对这套丛书的支持，尤其是第二分社全体编辑的专业和敬业让这套丛书由设想变为现实。

宋海鸥

2022 年 8 月 14 日于秦皇岛

前　言

党的十八大以来，以习近平同志为核心的党中央从中华民族永续发展的高度出发，持续抓好生态文明建设，蓝天、碧水、净土三大保卫战取得重大成果，生态环境持续好转。在习近平生态文明思想和习近平法治思想引领下，生态环境保护法律体系建设日趋完善，生态保护理念深入人心，环境守法成为新常态。

企业作为市场经济的主要参与者，其守法生产、经营对生态环境改善至关重要。为了使从事企业环境管理的工作人员以及其他领域的研究者学习、了解生态环境保护法律法规，编者收集了生态环境领域企业常用的法律、法规及规范性文件。

本书共分七个部分，包括综合篇、建设项目管理与排污许可篇、污染防治篇、环境应急篇、环境监测与环境信息公开篇、环境经济政策与法规篇以及清洁生产与环境管理体系认证篇。

在本书编写过程中，河北环境工程学院贾展翔、郭涵甲、郭灿、郝星烁、欧阳轲琴、赵梦雅、刘潇楠、孙乐怡提供了诸多帮助，在此表示感谢。受资料及编写水平限制，书中难免存在疏漏，敬请读者谅解并提出宝贵意见。

编者

2022 年 8 月

目　录

（上册）

一、综合篇

二、建设项目管理与排污许可篇

（中册）

三、污染防治篇

（下册）

四、环境应急篇

五、环境监测与环境信息公开篇

六、环境经济政策与法规篇

七、清洁生产与环境管理体系认证篇

一、综合篇

1. 中华人民共和国环境保护法

（1989 年 12 月 26 日第七届全国人民代表大会常务委员会第十一次会议通过。2014 年 4 月 24 日第十二届全国人民代表大会常务委员会第八次会议修订，自 2015 年 1 月 1 日起施行）

第一章 总则

第一条 为保护和改善环境，防治污染和其他公害，保障公众健康，推进生态文明建设，促进经济社会可持续发展，制定本法。

第二条 本法所称环境，是指影响人类生存和发展的各种天然的和经过人工改造的自然因素的总体，包括大气、水、海洋、土地、矿藏、森林、草原、湿地、野生生物、自然遗迹、人文遗迹、自然保护区、风景名胜区、城市和乡村等。

第三条 本法适用于中华人民共和国领域和中华人民共和国管辖的其他海域。

第四条 保护环境是国家的基本国策。

国家采取有利于节约和循环利用资源、保护和改善环境、促进人与自然和谐的经济、技术政策和措施，使经济社会发展与环境保护相协调。

第五条 环境保护坚持保护优先、预防为主、综合治理、公众参与、损害担责的原则。

第六条 一切单位和个人都有保护环境的义务。

地方各级人民政府应当对本行政区域的环境质量负责。

企业事业单位和其他生产经营者应当防止、减少环境污染和生态破坏，对所造成的损害依法承担责任。

公民应当增强环境保护意识，采取低碳、节俭的生活方式，自觉履行环境保护义务。

第七条 国家支持环境保护科学技术研究、开发和应用，鼓励环境保护产业发展，促进环境保护信息化建设，提高环境保护科学技术水平。

第八条 各级人民政府应当加大保护和改善环境、防治污染和其他公害的财政投入，提高财政资金的使用效益。

第九条 各级人民政府应当加强环境保护宣传和普及工作，鼓励基层群众性自治组织、社会组织、环境保护志愿者开展环境保护法律法规和环境保护知识的宣传，营造保护环境的良好风气。

教育行政部门、学校应当将环境保护知识纳入学校教育内容，培养学生的环境保护意识。

新闻媒体应当开展环境保护法律法规和环境保护知识的宣传，对环境违法行为进行舆论监督。

第十条 国务院环境保护主管部门，对全国环境保护工作实施统一监督管理；县级以上地方人民政府环境保护主管部门，对本行政区域环境保护工作实施统一监督管理。

县级以上人民政府有关部门和军队环境保护部门，依照有关法律的规定对资源保护和污染防治等环境保护工作实施监督管理。

第十一条 对保护和改善环境有显著成绩的单位和个人，由人民政府给予奖励。

第十二条 每年6月5日为环境日。

第二章 监督管理

第十三条 县级以上人民政府应当将环境保护工作纳入国民经济和社会发展规划。

国务院环境保护主管部门会同有关部门，根据国民经济和社会发展规划编制国家环境保护规划，报国务院批准并公布实施。

县级以上地方人民政府环境保护主管部门会同有关部门，根据国家环境保护规划的要求，编制本行政区域的环境保护规划，报同级人民政府批准并公布实施。

环境保护规划的内容应当包括生态保护和污染防治的目标、任务、保障措施等，并与主体功能区规划、土地利用总体规划和城乡规划等相衔接。

第十四条 国务院有关部门和省、自治区、直辖市人民政府组织制定经济、技术政策，应当充分考虑对环境的影响，听取有关方面和专家的意见。

第十五条 国务院环境保护主管部门制定国家环境质量标准。

省、自治区、直辖市人民政府对国家环境质量标准中未作规定的项目，可以制定地方环境质量标准；对国家环境质量标准中已作规定的项目，可以制定严于国家环境质量标准的地方环境质量标准。地方环境质量标准应当报国务院环境保护主管部门备案。

国家鼓励开展环境基准研究。

第十六条 国务院环境保护主管部门根据国家环境质量标准和国家经济、技术条件，制定国家污染物排放标准。

省、自治区、直辖市人民政府对国家污染物排放标准中未作规定的项目，可以制定地方污染物排放标准；对国家污染物排放标准中已作规定的项目，可以制定严于国家污染物排放标准的地方污染物排放标准。地方污染物排放标准应当报国务院环境保护主管部门备案。

第十七条 国家建立、健全环境监测制度。国务院环境保护主管部门制定监测规范，会同有关部门组织监测网络，统一规划国家环境质量监测站（点）的设置，建立监测数据共享机制，加强对环境监测的管理。

有关行业、专业等各类环境质量监测站（点）的设置应当符合法律法规规定和监测规范的要求。

监测机构应当使用符合国家标准的监测设备，遵守监测规范。监测机构及其负责人对监测数据的真实性和准确性负责。

第十八条 省级以上人民政府应当组织有关部门或者委托专业机构，对环境状况进行调查、评价，建立环境资源承载能力监测预警机制。

第十九条 编制有关开发利用规划，建设对环境有影响的项目，应当依法进行环境影响评价。

未依法进行环境影响评价的开发利用规划，不得组织实施；未依法进行环境影响评价的建设项目，不得开工建设。

第二十条 国家建立跨行政区域的重点区域、流域环境污染和生态破坏联合防治协调机制，实行统一规划、统一标准、统一监测、统一的防治措施。

前款规定以外的跨行政区域的环境污染和生态破坏的防治，由上级人民政府协调解决，或者由有关地方人民政府协商解决。

第二十一条 国家采取财政、税收、价格、政府采购等方面的政策和措施，鼓励和支持环境保护技术装备、资源综合利用和环境服务等环境保护产业的发展。

第二十二条 企业事业单位和其他生产经营者，在污染物排放符合法定要求的基础上，进一步减少污染物排放的，人民政府应当依法采取财政、税收、价格、政府采购等方面的政策和措施予以鼓励和支持。

第二十三条 企业事业单位和其他生产经营者，为改善环境，依照有关规定转产、搬迁、关闭的，人民政府应当予以支持。

第二十四条 县级以上人民政府环境保护主管部门及其委托的环境监察机构和其他负有环境保护监督管理职责的部门，有权对排放污染物的企业事业单位和其他生产经营者进行现场检查。被检查者应当如实反映情况，提供必要的资料。实施现场检查的部门、机构及其工作人员应当为被检查者保守商业秘密。

第二十五条 企业事业单位和其他生产经营者违反法律法规规定排放污染物，造成或者可能造成严重污染的，县级以上人民政府环境保护主管部门和其他负有环境保护监督管理职责的部门，可以查封、扣押造成污染物排放的设施、设备。

第二十六条 国家实行环境保护目标责任制和考核评价制度。县级以上人民政府应当将环境保护目标完成情况纳入对本级人民政府负有环境保护监督管理职责的部门及其负责人和下级人民政府及其负责人的考核内容，作为对其考核评价的重要依据。考核结果应当向社会公开。

第二十七条 县级以上人民政府应当每年向本级人民代表大会或者人民代表大会常务委员会报告环境状况和环境保护目标完成情况，对发生的重大环境事件应当及时向本级人民代表大会常务委员会报告，依法接受监督。

第三章 保护和改善环境

第二十八条 地方各级人民政府应当根据环境保护目标和治理任务，采取有效措施，改善环境质量。

未达到国家环境质量标准的重点区域、流域的有关地方人民政府，应当制定限期达标规划，并采取措施按期达标。

第二十九条 国家在重点生态功能区、生态环境敏感区和脆弱区等区域划定生态保护红线，实行严格保护。

各级人民政府对具有代表性的各种类型的自然生态系统区域，珍稀、濒危的野生动植物自然分布区域，重要的水源涵养区域，具有重大科学文化价值的地质构造、著名溶洞和化石分布区、冰川、火山、温泉等自然遗迹，以及人文遗迹、古树名木，应当采取措施予以保护，严禁破坏。

第三十条 开发利用自然资源，应当合理开发，保护生物多样性，保障生态安全，依法制定有关生态保护和恢复治理方案并予以实施。

引进外来物种以及研究、开发和利用生物技术，应当采取措施，防止对生物多样性的破坏。

第三十一条 国家建立、健全生态保护补偿制度。

国家加大对生态保护地区的财政转移支付力度。有关地方人民政府应当落实生态保护补偿资金，确保其用于生态保护补偿。

国家指导受益地区和生态保护地区人民政府通过协商或者按照市场规则进行生态保护补偿。

第三十二条 国家加强对大气、水、土壤等的保护，建立和完善相应的调查、监测、评估和修复制度。

第三十三条 各级人民政府应当加强对农业环境的保护，促进农业环境保护新技术的使用，加强对农业污染源的监测预警，统筹有关部门采取措施，防治土壤污染和土地沙化、盐渍化、贫瘠化、石漠化、地面沉降以及防治植被破坏、水土流失、水体富营养化、水源枯竭、种源灭绝等生态失调现象，推广植物病虫害的综合防治。

县级、乡级人民政府应当提高农村环境保护公共服务水平，推动农村环境综合整治。

第三十四条 国务院和沿海地方各级人民政府应当加强对海洋环境的保护。向海洋排放污染物、倾倒废弃物，进行海岸工程和海洋工程建设，应当符合法律法规规定和有关标准，防止和减少对海洋环境的污染损害。

第三十五条 城乡建设应当结合当地自然环境的特点，保护植被、水域和自然景观，加强城市园林、绿地和风景名胜区的建设与管理。

第三十六条 国家鼓励和引导公民、法人和其他组织使用有利于保护环境的产品和再生产品，减少废弃物的产生。

国家机关和使用财政资金的其他组织应当优先采购和使用节能、节水、节材等有利于保护环境的产品、设备和设施。

第三十七条 地方各级人民政府应当采取措施，组织对生活废弃物的分类处置、回收利用。

第三十八条 公民应当遵守环境保护法律法规，配合实施环境保护措施，按照规定对生活废弃物进行分类放置，减少日常生活对环境造成的损害。

第三十九条 国家建立、健全环境与健康监测、调查和风险评估制度；鼓励和组织开展环境质量对公众健康影响的研究，采取措施预防和控制与环境污染有关的疾病。

第四章　防治污染和其他公害

第四十条　国家促进清洁生产和资源循环利用。

国务院有关部门和地方各级人民政府应当采取措施，推广清洁能源的生产和使用。

企业应当优先使用清洁能源，采用资源利用率高、污染物排放量少的工艺、设备以及废弃物综合利用技术和污染物无害化处理技术，减少污染物的产生。

第四十一条　建设项目中防治污染的设施，应当与主体工程同时设计、同时施工、同时投产使用。防治污染的设施应当符合经批准的环境影响评价文件的要求，不得擅自拆除或者闲置。

第四十二条　排放污染物的企业事业单位和其他生产经营者，应当采取措施，防治在生产建设或者其他活动中产生的废气、废水、废渣、医疗废物、粉尘、恶臭气体、放射性物质以及噪声、振动、光辐射、电磁辐射等对环境的污染和危害。

排放污染物的企业事业单位，应当建立环境保护责任制度，明确单位负责人和相关人员的责任。

重点排污单位应当按照国家有关规定和监测规范安装使用监测设备，保证监测设备正常运行，保存原始监测记录。

严禁通过暗管、渗井、渗坑、灌注或者篡改、伪造监测数据，或者不正常运行防治污染设施等逃避监管的方式违法排放污染物。

第四十三条　排放污染物的企业事业单位和其他生产经营者，应当按照国家有关规定缴纳排污费。排污费应当全部专项用于环境污染防治，任何单位和个人不得截留、挤占或者挪作他用。

依照法律规定征收环境保护税的，不再征收排污费。

第四十四条　国家实行重点污染物排放总量控制制度。重点污染物排放总量控制指标由国务院下达，省、自治区、直辖市人民政府分解落实。企业事业单位在执行国家和地方污染物排放标准的同时，应当遵守分解落实到本单位的重点污染物排放总量控制指标。

对超过国家重点污染物排放总量控制指标或者未完成国家确定的环境质量目标的地区，省级以上人民政府环境保护主管部门应当暂停审批其新增重点污染物排放总量的建设项目环境影响评价文件。

第四十五条　国家依照法律规定实行排污许可管理制度。

实行排污许可管理的企业事业单位和其他生产经营者应当按照排污许可证的要求排放污染物；未取得排污许可证的，不得排放污染物。

第四十六条　国家对严重污染环境的工艺、设备和产品实行淘汰制度。任何单位和个人不得生产、销售或者转移、使用严重污染环境的工艺、设备和产品。

禁止引进不符合我国环境保护规定的技术、设备、材料和产品。

第四十七条　各级人民政府及其有关部门和企业事业单位，应当依照《中华人民共和国突发事件应对法》的规定，做好突发环境事件的风险控制、应急准备、应急处置和事后恢复等工作。

县级以上人民政府应当建立环境污染公共监测预警机制，组织制定预警方案；环境受到污染，可能影响公众健康和环境安全时，依法及时公布预警信息，启动应急措施。

企业事业单位应当按照国家有关规定制定突发环境事件应急预案，报环境保护主管部门和有关部门备案。在发生或者可能发生突发环境事件时，企业事业单位应当立即采取措施处理，及时通报可能受到危害的单位和居民，并向环境保护主管部门和有关部门报告。

突发环境事件应急处置工作结束后，有关人民政府应当立即组织评估事件造成的环境影响和损失，并及时将评估结果向社会公布。

第四十八条 生产、储存、运输、销售、使用、处置化学物品和含有放射性物质的物品，应当遵守国家有关规定，防止污染环境。

第四十九条 各级人民政府及其农业等有关部门和机构应当指导农业生产经营者科学种植和养殖，科学合理施用农药、化肥等农业投入品，科学处置农用薄膜、农作物秸秆等农业废弃物，防止农业面源污染。

禁止将不符合农用标准和环境保护标准的固体废物、废水施入农田。施用农药、化肥等农业投入品及进行灌溉，应当采取措施，防止重金属和其他有毒有害物质污染环境。

畜禽养殖场、养殖小区、定点屠宰企业等的选址、建设和管理应当符合有关法律法规规定。从事畜禽养殖和屠宰的单位和个人应当采取措施，对畜禽粪便、尸体和污水等废弃物进行科学处置，防止污染环境。

县级人民政府负责组织农村生活废弃物的处置工作。

第五十条 各级人民政府应当在财政预算中安排资金，支持农村饮用水水源地保护、生活污水和其他废弃物处理、畜禽养殖和屠宰污染防治、土壤污染防治和农村工矿污染治理等环境保护工作。

第五十一条 各级人民政府应当统筹城乡建设污水处理设施及配套管网，固体废物的收集、运输和处置等环境卫生设施，危险废物集中处置设施、场所以及其他环境保护公共设施，并保障其正常运行。

第五十二条 国家鼓励投保环境污染责任保险。

第五章 信息公开和公众参与

第五十三条 公民、法人和其他组织依法享有获取环境信息、参与和监督环境保护的权利。

各级人民政府环境保护主管部门和其他负有环境保护监督管理职责的部门，应当依法公开环境信息、完善公众参与程序，为公民、法人和其他组织参与和监督环境保护提供便利。

第五十四条 国务院环境保护主管部门统一发布国家环境质量、重点污染源监测信息及其他重大环境信息。省级以上人民政府环境保护主管部门定期发布环境状况公报。

县级以上人民政府环境保护主管部门和其他负有环境保护监督管理职责的部门，应当依法公开环境质量、环境监测、突发环境事件以及环境行政许可、行政处罚、排污费的征收和使用情况等信息。

县级以上地方人民政府环境保护主管部门和其他负有环境保护监督管理职责的部门，应当将企业事业单位和其他生产经营者的环境违法信息记入社会诚信档案，及时向社会公布违法者名单。

第五十五条 重点排污单位应当如实向社会公开其主要污染物的名称、排放方式、排放浓度和总量、超标排放情况，以及防治污染设施的建设和运行情况，接受社会监督。

第五十六条 对依法应当编制环境影响报告书的建设项目，建设单位应当在编制时向可能受影响的公众说明情况，充分征求意见。

负责审批建设项目环境影响评价文件的部门在收到建设项目环境影响报告书后，除涉及国家秘密和商业秘密的事项外，应当全文公开；发现建设项目未充分征求公众意见的，应当责成建设单位征求公众意见。

第五十七条 公民、法人和其他组织发现任何单位和个人有污染环境和破坏生态行为的，有权向环境保护主管部门或者其他负有环境保护监督管理职责的部门举报。

公民、法人和其他组织发现地方各级人民政府、县级以上人民政府环境保护主管部门和其他负有环境保护监督管理职责的部门不依法履行职责的，有权向其上级机关或者监察机关举报。

接受举报的机关应当对举报人的相关信息予以保密，保护举报人的合法权益。

第五十八条 对污染环境、破坏生态，损害社会公共利益的行为，符合下列条件的社会组织可以向人民法院提起诉讼：

（一）依法在设区的市级以上人民政府民政部门登记；

（二）专门从事环境保护公益活动连续五年以上且无违法记录。

符合前款规定的社会组织向人民法院提起诉讼，人民法院应当依法受理。

提起诉讼的社会组织不得通过诉讼牟取经济利益。

第六章　法律责任

第五十九条 企业事业单位和其他生产经营者违法排放污染物，受到罚款处罚，被责令改正，拒不改正的，依法作出处罚决定的行政机关可以自责令改正之日的次日起，按照原处罚数额按日连续处罚。

前款规定的罚款处罚，依照有关法律法规按照防治污染设施的运行成本、违法行为造成的直接损失或者违法所得等因素确定的规定执行。

地方性法规可以根据环境保护的实际需要，增加第一款规定的按日连续处罚的违法行为的种类。

第六十条 企业事业单位和其他生产经营者超过污染物排放标准或者超过重点污

染物排放总量控制指标排放污染物的，县级以上人民政府环境保护主管部门可以责令其采取限制生产、停产整治等措施；情节严重的，报经有批准权的人民政府批准，责令停业、关闭。

第六十一条 建设单位未依法提交建设项目环境影响评价文件或者环境影响评价文件未经批准，擅自开工建设的，由负有环境保护监督管理职责的部门责令停止建设，处以罚款，并可以责令恢复原状。

第六十二条 违反本法规定，重点排污单位不公开或者不如实公开环境信息的，由县级以上地方人民政府环境保护主管部门责令公开，处以罚款，并予以公告。

第六十三条 企业事业单位和其他生产经营者有下列行为之一，尚不构成犯罪的，除依照有关法律法规规定予以处罚外，由县级以上人民政府环境保护主管部门或者其他有关部门将案件移送公安机关，对其直接负责的主管人员和其他直接责任人员，处十日以上十五日以下拘留；情节较轻的，处五日以上十日以下拘留：

（一）建设项目未依法进行环境影响评价，被责令停止建设，拒不执行的；

（二）违反法律规定，未取得排污许可证排放污染物，被责令停止排污，拒不执行的；

（三）通过暗管、渗井、渗坑、灌注或者篡改、伪造监测数据，或者不正常运行防治污染设施等逃避监管的方式违法排放污染物的；

（四）生产、使用国家明令禁止生产、使用的农药，被责令改正，拒不改正的。

第六十四条 因污染环境和破坏生态造成损害的，应当依照《中华人民共和国侵权责任法》的有关规定承担侵权责任。

第六十五条 环境影响评价机构、环境监测机构以及从事环境监测设备和防治污染设施维护、运营的机构，在有关环境服务活动中弄虚作假，对造成的环境污染和生态破坏负有责任的，除依照有关法律法规规定予以处罚外，还应当与造成环境污染和生态破坏的其他责任者承担连带责任。

第六十六条 提起环境损害赔偿诉讼的时效期间为三年，从当事人知道或者应当知道其受到损害时起计算。

第六十七条 上级人民政府及其环境保护主管部门应当加强对下级人民政府及其有关部门环境保护工作的监督。发现有关工作人员有违法行为，依法应当给予处分的，应当向其任免机关或者监察机关提出处分建议。

依法应当给予行政处罚，而有关环境保护主管部门不给予行政处罚的，上级人民政府环境保护主管部门可以直接作出行政处罚的决定。

第六十八条 地方各级人民政府、县级以上人民政府环境保护主管部门和其他负有环境保护监督管理职责的部门有下列行为之一的，对直接负责的主管人员和其他直接责任人员给予记过、记大过或者降级处分；造成严重后果的，给予撤职或者开除处分，其主要负责人应当引咎辞职：

（一）不符合行政许可条件准予行政许可的；

（二）对环境违法行为进行包庇的；

（三）依法应当作出责令停业、关闭的决定而未作出的；

（四）对超标排放污染物、采用逃避监管的方式排放污染物、造成环境事故以及不落实生态保护措施造成生态破坏等行为，发现或者接到举报未及时查处的；

（五）违反本法规定，查封、扣押企业事业单位和其他生产经营者的设施、设备的；

（六）篡改、伪造或者指使篡改、伪造监测数据的；

（七）应当依法公开环境信息而未公开的；

（八）将征收的排污费截留、挤占或者挪作他用的；

（九）法律法规规定的其他违法行为。

第六十九条 违反本法规定，构成犯罪的，依法追究刑事责任。

第七章 附则

第七十条 本法自2015年1月1日起施行。

2. 中华人民共和国行政处罚法

（1996年3月17日第八届全国人民代表大会第四次会议通过。根据2009年8月27日第十一届全国人民代表大会常务委员会第十次会议《关于修改部分法律的决定》第一次修正。根据2017年9月1日第十二届全国人民代表大会常务委员会第二十九次会议《关于修改〈中华人民共和国法官法〉等八部法律的决定》第二次修正。2021年1月22日第十三届全国人民代表大会常务委员会第二十五次会议修订）

第一章 总则

第一条 为了规范行政处罚的设定和实施，保障和监督行政机关有效实施行政管理，维护公共利益和社会秩序，保护公民、法人或者其他组织的合法权益，根据宪法，制定本法。

第二条 行政处罚是指行政机关依法对违反行政管理秩序的公民、法人或者其他组织，以减损权益或者增加义务的方式予以惩戒的行为。

第三条 行政处罚的设定和实施，适用本法。

第四条 公民、法人或者其他组织违反行政管理秩序的行为，应当给予行政处罚的，依照本法由法律、法规、规章规定，并由行政机关依照本法规定的程序实施。

第五条 行政处罚遵循公正、公开的原则。

设定和实施行政处罚必须以事实为依据，与违法行为的事实、性质、情节以及社会危害程度相当。

对违法行为给予行政处罚的规定必须公布；未经公布的，不得作为行政处罚的依据。

第六条 实施行政处罚，纠正违法行为，应当坚持处罚与教育相结合，教育公民、法人或者其他组织自觉守法。

第七条 公民、法人或者其他组织对行政机关所给予的行政处罚，享有陈述权、申辩权；对行政处罚不服的，有权依法申请行政复议或者提起行政诉讼。

公民、法人或者其他组织因行政机关违法给予行政处罚受到损害的，有权依法提出赔偿要求。

第八条 公民、法人或者其他组织因违法行为受到行政处罚，其违法行为对他人造成损害的，应当依法承担民事责任。

违法行为构成犯罪，应当依法追究刑事责任的，不得以行政处罚代替刑事处罚。

第二章 行政处罚的种类和设定

第九条 行政处罚的种类：

（一）警告、通报批评；

（二）罚款、没收违法所得、没收非法财物；

（三）暂扣许可证件、降低资质等级、吊销许可证件；

（四）限制开展生产经营活动、责令停产停业、责令关闭、限制从业；

（五）行政拘留；

（六）法律、行政法规规定的其他行政处罚。

第十条 法律可以设定各种行政处罚。

限制人身自由的行政处罚，只能由法律设定。

第十一条 行政法规可以设定除限制人身自由以外的行政处罚。

法律对违法行为已经作出行政处罚规定，行政法规需要作出具体规定的，必须在法律规定的给予行政处罚的行为、种类和幅度的范围内规定。

法律对违法行为未作出行政处罚规定，行政法规为实施法律，可以补充设定行政处罚。拟补充设定行政处罚的，应当通过听证会、论证会等形式广泛听取意见，并向制定机关作出书面说明。行政法规报送备案时，应当说明补充设定行政处罚的情况。

第十二条 地方性法规可以设定除限制人身自由、吊销营业执照以外的行政处罚。

法律、行政法规对违法行为已经作出行政处罚规定，地方性法规需要作出具体规定的，必须在法律、行政法规规定的给予行政处罚的行为、种类和幅度的范围内规定。

法律、行政法规对违法行为未作出行政处罚规定，地方性法规为实施法律、行政法规，可以补充设定行政处罚。拟补充设定行政处罚的，应当通过听证会、论证会等形式广泛听取意见，并向制定机关作出书面说明。地方性法规报送备案时，应当说明补充设定行政处罚的情况。

第十三条 国务院部门规章可以在法律、行政法规规定的给予行政处罚的行为、种类和幅度的范围内作出具体规定。

尚未制定法律、行政法规的，国务院部门规章对违反行政管理秩序的行为，可以设定警告、通报批评或者一定数额罚款的行政处罚。罚款的限额由国务院规定。

第十四条 地方政府规章可以在法律、法规规定的给予行政处罚的行为、种类和幅度的范围内作出具体规定。

尚未制定法律、法规的，地方政府规章对违反行政管理秩序的行为，可以设定警告、通报批评或者一定数额罚款的行政处罚。罚款的限额由省、自治区、直辖市人民代表大会常务委员会规定。

第十五条 国务院部门和省、自治区、直辖市人民政府及其有关部门应当定期组织评估行政处罚的实施情况和必要性，对不适当的行政处罚事项及种类、罚款数额等，应当提出修改或者废止的建议。

第十六条 除法律、法规、规章外，其他规范性文件不得设定行政处罚。

第三章 行政处罚的实施机关

第十七条 行政处罚由具有行政处罚权的行政机关在法定职权范围内实施。

第十八条 国家在城市管理、市场监管、生态环境、文化市场、交通运输、应急管理、农业等领域推行建立综合行政执法制度，相对集中行政处罚权。

国务院或者省、自治区、直辖市人民政府可以决定一个行政机关行使有关行政机关的行政处罚权。

限制人身自由的行政处罚权只能由公安机关和法律规定的其他机关行使。

第十九条 法律、法规授权的具有管理公共事务职能的组织可以在法定授权范围内实施行政处罚。

第二十条 行政机关依照法律、法规、规章的规定，可以在其法定权限内书面委托符合本法第二十一条规定条件的组织实施行政处罚。行政机关不得委托其他组织或者个人实施行政处罚。

委托书应当载明委托的具体事项、权限、期限等内容。委托行政机关和受委托组织应当将委托书向社会公布。

委托行政机关对受委托组织实施行政处罚的行为应当负责监督，并对该行为的后果承担法律责任。

受委托组织在委托范围内，以委托行政机关名义实施行政处罚；不得再委托其他组织或者个人实施行政处罚。

第二十一条 受委托组织必须符合以下条件：

（一）依法成立并具有管理公共事务职能；

（二）有熟悉有关法律、法规、规章和业务并取得行政执法资格的工作人员；

（三）需要进行技术检查或者技术鉴定的，应当有条件组织进行相应的技术检查或者技术鉴定。

第四章 行政处罚的管辖和适用

第二十二条 行政处罚由违法行为发生地的行政机关管辖。法律、行政法规、部门规章另有规定的，从其规定。

第二十三条 行政处罚由县级以上地方人民政府具有行政处罚权的行政机关管辖。法律、行政法规另有规定的，从其规定。

第二十四条 省、自治区、直辖市根据当地实际情况，可以决定将基层管理迫切需要的县级人民政府部门的行政处罚权交由能够有效承接的乡镇人民政府、街道办事处行使，并定期组织评估。决定应当公布。

承接行政处罚权的乡镇人民政府、街道办事处应当加强执法能力建设，按照规定范围、依照法定程序实施行政处罚。

有关地方人民政府及其部门应当加强组织协调、业务指导、执法监督，建立健全行政处罚协调配合机制，完善评议、考核制度。

第二十五条 两个以上行政机关都有管辖权的，由最先立案的行政机关管辖。

对管辖发生争议的，应当协商解决，协商不成的，报请共同的上一级行政机关指定管辖；也可以直接由共同的上一级行政机关指定管辖。

第二十六条 行政机关因实施行政处罚的需要，可以向有关机关提出协助请求。协助事项属于被请求机关职权范围内的，应当依法予以协助。

第二十七条 违法行为涉嫌犯罪的，行政机关应当及时将案件移送司法机关，依法追究刑事责任。对依法不需要追究刑事责任或者免予刑事处罚，但应当给予行政处罚的，司法机关应当及时将案件移送有关行政机关。

行政处罚实施机关与司法机关之间应当加强协调配合，建立健全案件移送制度，加强证据材料移交、接收衔接，完善案件处理信息通报机制。

第二十八条 行政机关实施行政处罚时，应当责令当事人改正或者限期改正违法行为。

当事人有违法所得，除依法应当退赔的外，应当予以没收。违法所得是指实施违法行为所取得的款项。法律、行政法规、部门规章对违法所得的计算另有规定的，从其规定。

第二十九条 对当事人的同一个违法行为，不得给予两次以上罚款的行政处罚。同一个违法行为违反多个法律规范应当给予罚款处罚的，按照罚款数额高的规定处罚。

第三十条 不满十四周岁的未成年人有违法行为的，不予行政处罚，责令监护人加以管教；已满十四周岁不满十八周岁的未成年人有违法行为的，应当从轻或者减轻行政处罚。

第三十一条 精神病人、智力残疾人在不能辨认或者不能控制自己行为时有违法行为的，不予行政处罚，但应当责令其监护人严加看管和治疗。间歇性精神病人在精神正常时有违法行为的，应当给予行政处罚。尚未完全丧失辨认或者控制自己行为能力的精神病人、智力残疾人有违法行为的，可以从轻或者减轻行政处罚。

第三十二条 当事人有下列情形之一，应当从轻或者减轻行政处罚：

（一）主动消除或者减轻违法行为危害后果的；

（二）受他人胁迫或者诱骗实施违法行为的；

（三）主动供述行政机关尚未掌握的违法行为的；

（四）配合行政机关查处违法行为有立功表现的；

（五）法律、法规、规章规定其他应当从轻或者减轻行政处罚的。

第三十三条 违法行为轻微并及时改正，没有造成危害后果的，不予行政处罚。初次违法且危害后果轻微并及时改正的，可以不予行政处罚。

当事人有证据足以证明没有主观过错的，不予行政处罚。法律、行政法规另有规定的，从其规定。

对当事人的违法行为依法不予行政处罚的，行政机关应当对当事人进行教育。

第三十四条 行政机关可以依法制定行政处罚裁量基准，规范行使行政处罚裁量权。行政处罚裁量基准应当向社会公布。

第三十五条 违法行为构成犯罪，人民法院判处拘役或者有期徒刑时，行政机关已经给予当事人行政拘留的，应当依法折抵相应刑期。

违法行为构成犯罪，人民法院判处罚金时，行政机关已经给予当事人罚款的，应当折抵相应罚金；行政机关尚未给予当事人罚款的，不再给予罚款。

第三十六条 违法行为在二年内未被发现的，不再给予行政处罚；涉及公民生命健康安全、金融安全且有危害后果的，上述期限延长至五年。法律另有规定的除外。

前款规定的期限，从违法行为发生之日起计算；违法行为有连续或者继续状态的，从行为终了之日起计算。

第三十七条 实施行政处罚，适用违法行为发生时的法律、法规、规章的规定。但是，作出行政处罚决定时，法律、法规、规章已被修改或者废止，且新的规定处罚较轻或者不认为是违法的，适用新的规定。

第三十八条 行政处罚没有依据或者实施主体不具有行政主体资格的，行政处罚无效。

违反法定程序构成重大且明显违法的，行政处罚无效。

第五章 行政处罚的决定

第一节 一般规定

第三十九条 行政处罚的实施机关、立案依据、实施程序和救济渠道等信息应当公示。

第四十条 公民、法人或者其他组织违反行政管理秩序的行为，依法应当给予行政处罚的，行政机关必须查明事实；违法事实不清、证据不足的，不得给予行政处罚。

第四十一条 行政机关依照法律、行政法规规定利用电子技术监控设备收集、固定违法事实的，应当经过法制和技术审核，确保电子技术监控设备符合标准、设置合理、标志明显，设置地点应当向社会公布。

电子技术监控设备记录违法事实应当真实、清晰、完整、准确。行政机关应当审核记录内容是否符合要求；未经审核或者经审核不符合要求的，不得作为行政处罚的证据。

行政机关应当及时告知当事人违法事实，并采取信息化手段或者其他措施，为当事人查询、陈述和申辩提供便利。不得限制或者变相限制当事人享有的陈述权、申辩权。

第四十二条 行政处罚应当由具有行政执法资格的执法人员实施。执法人员不得少于两人，法律另有规定的除外。

执法人员应当文明执法，尊重和保护当事人合法权益。

第四十三条 执法人员与案件有直接利害关系或者有其他关系可能影响公正执法的，应当回避。

当事人认为执法人员与案件有直接利害关系或者有其他关系可能影响公正执法的，有权申请回避。

当事人提出回避申请的，行政机关应当依法审查，由行政机关负责人决定。决定作出之前，不停止调查。

第四十四条 行政机关在作出行政处罚决定之前，应当告知当事人拟作出的行政处罚内容及事实、理由、依据，并告知当事人依法享有的陈述、申辩、要求听证等权利。

第四十五条 当事人有权进行陈述和申辩。行政机关必须充分听取当事人的意见，对当事人提出的事实、理由和证据，应当进行复核；当事人提出的事实、理由或者证据成立的，行政机关应当采纳。

行政机关不得因当事人陈述、申辩而给予更重的处罚。

第四十六条 证据包括：

（一）书证；

（二）物证；

（三）视听资料；

（四）电子数据；

（五）证人证言；

（六）当事人的陈述；

（七）鉴定意见；

（八）勘验笔录、现场笔录。

证据必须经查证属实，方可作为认定案件事实的根据。

以非法手段取得的证据，不得作为认定案件事实的根据。

第四十七条 行政机关应当依法以文字、音像等形式，对行政处罚的启动、调查取证、审核、决定、送达、执行等进行全过程记录，归档保存。

第四十八条 具有一定社会影响的行政处罚决定应当依法公开。

公开的行政处罚决定被依法变更、撤销、确认违法或者确认无效的，行政机关应当在三日内撤回行政处罚决定信息并公开说明理由。

第四十九条 发生重大传染病疫情等突发事件，为了控制、减轻和消除突发事件引起的社会危害，行政机关对违反突发事件应对措施的行为，依法快速、从重处罚。

第五十条 行政机关及其工作人员对实施行政处罚过程中知悉的国家秘密、商业秘密或者个人隐私，应当依法予以保密。

第二节　简易程序

第五十一条　违法事实确凿并有法定依据，对公民处以二百元以下、对法人或者其他组织处以三千元以下罚款或者警告的行政处罚的，可以当场作出行政处罚决定。法律另有规定的，从其规定。

第五十二条　执法人员当场作出行政处罚决定的，应当向当事人出示执法证件，填写预定格式、编有号码的行政处罚决定书，并当场交付当事人。当事人拒绝签收的，应当在行政处罚决定书上注明。

前款规定的行政处罚决定书应当载明当事人的违法行为，行政处罚的种类和依据、罚款数额、时间、地点，申请行政复议、提起行政诉讼的途径和期限以及行政机关名称，并由执法人员签名或者盖章。

执法人员当场作出的行政处罚决定，应当报所属行政机关备案。

第五十三条　对当场作出的行政处罚决定，当事人应当依照本法第六十七条至第六十九条的规定履行。

第三节　普通程序

第五十四条　除本法第五十一条规定的可以当场作出的行政处罚外，行政机关发现公民、法人或者其他组织有依法应当给予行政处罚的行为的，必须全面、客观、公正地调查，收集有关证据；必要时，依照法律、法规的规定，可以进行检查。

符合立案标准的，行政机关应当及时立案。

第五十五条　执法人员在调查或者进行检查时，应当主动向当事人或者有关人员出示执法证件。当事人或者有关人员有权要求执法人员出示执法证件。执法人员不出示执法证件的，当事人或者有关人员有权拒绝接受调查或者检查。

当事人或者有关人员应当如实回答询问，并协助调查或者检查，不得拒绝或者阻挠。询问或者检查应当制作笔录。

第五十六条　行政机关在收集证据时，可以采取抽样取证的方法；在证据可能灭失或者以后难以取得的情况下，经行政机关负责人批准，可以先行登记保存，并应当在七日内及时作出处理决定，在此期间，当事人或者有关人员不得销毁或者转移证据。

第五十七条　调查终结，行政机关负责人应当对调查结果进行审查，根据不同情况，分别作出如下决定：

（一）确有应受行政处罚的违法行为的，根据情节轻重及具体情况，作出行政处罚决定；

（二）违法行为轻微，依法可以不予行政处罚的，不予行政处罚；

（三）违法事实不能成立的，不予行政处罚；

（四）违法行为涉嫌犯罪的，移送司法机关。

对情节复杂或者重大违法行为给予行政处罚，行政机关负责人应当集体讨论决定。

第五十八条　有下列情形之一，在行政机关负责人作出行政处罚的决定之前，应当由从事行政处罚决定法制审核的人员进行法制审核；未经法制审核或者审核未通过的，不得作出决定：

（一）涉及重大公共利益的；

（二）直接关系当事人或者第三人重大权益，经过听证程序的；

（三）案件情况疑难复杂、涉及多个法律关系的；

（四）法律、法规规定应当进行法制审核的其他情形。

行政机关中初次从事行政处罚决定法制审核的人员，应当通过国家统一法律职业资格考试取得法律职业资格。

第五十九条 行政机关依照本法第五十七条的规定给予行政处罚，应当制作行政处罚决定书。行政处罚决定书应当载明下列事项：

（一）当事人的姓名或者名称、地址；

（二）违反法律、法规、规章的事实和证据；

（三）行政处罚的种类和依据；

（四）行政处罚的履行方式和期限；

（五）申请行政复议、提起行政诉讼的途径和期限；

（六）作出行政处罚决定的行政机关名称和作出决定的日期。

行政处罚决定书必须盖有作出行政处罚决定的行政机关的印章。

第六十条 行政机关应当自行政处罚案件立案之日起九十日内作出行政处罚决定。法律、法规、规章另有规定的，从其规定。

第六十一条 行政处罚决定书应当在宣告后当场交付当事人；当事人不在场的，行政机关应当在七日内依照《中华人民共和国民事诉讼法》的有关规定，将行政处罚决定书送达当事人。

当事人同意并签订确认书的，行政机关可以采用传真、电子邮件等方式，将行政处罚决定书等送达当事人。

第六十二条 行政机关及其执法人员在作出行政处罚决定之前，未依照本法第四十四条、第四十五条的规定向当事人告知拟作出的行政处罚内容及事实、理由、依据，或者拒绝听取当事人的陈述、申辩，不得作出行政处罚决定；当事人明确放弃陈述或者申辩权利的除外。

第四节 听证程序

第六十三条 行政机关拟作出下列行政处罚决定，应当告知当事人有要求听证的权利，当事人要求听证的，行政机关应当组织听证：

（一）较大数额罚款；

（二）没收较大数额违法所得、没收较大价值非法财物；

（三）降低资质等级、吊销许可证件；

（四）责令停产停业、责令关闭、限制从业；

（五）其他较重的行政处罚；

（六）法律、法规、规章规定的其他情形。

当事人不承担行政机关组织听证的费用。

第六十四条 听证应当依照以下程序组织：

（一）当事人要求听证的，应当在行政机关告知后五日内提出；

（二）行政机关应当在举行听证的七日前，通知当事人及有关人员听证的时间、地点；

（三）除涉及国家秘密、商业秘密或者个人隐私依法予以保密外，听证公开举行；

（四）听证由行政机关指定的非本案调查人员主持；当事人认为主持人与本案有直接利害关系的，有权申请回避；

（五）当事人可以亲自参加听证，也可以委托一至二人代理；

（六）当事人及其代理人无正当理由拒不出席听证或者未经许可中途退出听证的，视为放弃听证权利，行政机关终止听证；

（七）举行听证时，调查人员提出当事人违法的事实、证据和行政处罚建议，当事人进行申辩和质证；

（八）听证应当制作笔录。笔录应当交当事人或者其代理人核对无误后签字或者盖章。当事人或者其代理人拒绝签字或者盖章的，由听证主持人在笔录中注明。

第六十五条 听证结束后，行政机关应当根据听证笔录，依照本法第五十七条的规定，作出决定。

第六章 行政处罚的执行

第六十六条 行政处罚决定依法作出后，当事人应当在行政处罚决定书载明的期限内，予以履行。

当事人确有经济困难，需要延期或者分期缴纳罚款的，经当事人申请和行政机关批准，可以暂缓或者分期缴纳。

第六十七条 作出罚款决定的行政机关应当与收缴罚款的机构分离。

除依照本法第六十八条、第六十九条的规定当场收缴的罚款外，作出行政处罚决定的行政机关及其执法人员不得自行收缴罚款。

当事人应当自收到行政处罚决定书之日起十五日内，到指定的银行或者通过电子支付系统缴纳罚款。银行应当收受罚款，并将罚款直接上缴国库。

第六十八条 依照本法第五十一条的规定当场作出行政处罚决定，有下列情形之一，执法人员可以当场收缴罚款：

（一）依法给予一百元以下罚款的；

（二）不当场收缴事后难以执行的。

第六十九条 在边远、水上、交通不便地区，行政机关及其执法人员依照本法第五十一条、第五十七条的规定作出罚款决定后，当事人到指定的银行或者通过电子支付系统缴纳罚款确有困难，经当事人提出，行政机关及其执法人员可以当场收缴罚款。

第七十条 行政机关及其执法人员当场收缴罚款的，必须向当事人出具国务院财政部门或者省、自治区、直辖市人民政府财政部门统一制发的专用票据；不出具财政部门统一制发的专用票据的，当事人有权拒绝缴纳罚款。

第七十一条 执法人员当场收缴的罚款，应当自收缴罚款之日起二日内，交至行政机关；在水上当场收缴的罚款，应当自抵岸之日起二日内交至行政机关；行政机关应当在二日内将罚款缴付指定的银行。

第七十二条 当事人逾期不履行行政处罚决定的，作出行政处罚决定的行政机关可以采取下列措施：

（一）到期不缴纳罚款的，每日按罚款数额的百分之三加处罚款，加处罚款的数额不得超出罚款的数额；

（二）根据法律规定，将查封、扣押的财物拍卖、依法处理或者将冻结的存款、汇款划拨抵缴罚款；

（三）根据法律规定，采取其他行政强制执行方式；

（四）依照《中华人民共和国行政强制法》的规定申请人民法院强制执行。

行政机关批准延期、分期缴纳罚款的，申请人民法院强制执行的期限，自暂缓或者分期缴纳罚款期限结束之日起计算。

第七十三条 当事人对行政处罚决定不服，申请行政复议或者提起行政诉讼的，行政处罚不停止执行，法律另有规定的除外。

当事人对限制人身自由的行政处罚决定不服，申请行政复议或者提起行政诉讼的，可以向作出决定的机关提出暂缓执行申请。符合法律规定情形的，应当暂缓执行。

当事人申请行政复议或者提起行政诉讼的，加处罚款的数额在行政复议或者行政诉讼期间不予计算。

第七十四条 除依法应当予以销毁的物品外，依法没收的非法财物必须按照国家规定公开拍卖或者按照国家有关规定处理。

罚款、没收的违法所得或者没收非法财物拍卖的款项，必须全部上缴国库，任何行政机关或者个人不得以任何形式截留、私分或者变相私分。

罚款、没收的违法所得或者没收非法财物拍卖的款项，不得同作出行政处罚决定的行政机关及其工作人员的考核、考评直接或者变相挂钩。除依法应当退还、退赔的外，财政部门不得以任何形式向作出行政处罚决定的行政机关返还罚款、没收的违法所得或者没收非法财物拍卖的款项。

第七十五条 行政机关应当建立健全对行政处罚的监督制度。县级以上人民政府应当定期组织开展行政执法评议、考核，加强对行政处罚的监督检查，规范和保障行政处罚的实施。

行政机关实施行政处罚应当接受社会监督。公民、法人或者其他组织对行政机关实施行政处罚的行为，有权申诉或者检举；行政机关应当认真审查，发现有错误的，应当主动改正。

第七章 法律责任

第七十六条 行政机关实施行政处罚，有下列情形之一，由上级行政机关或者有关机关责令改正，对直接负责的主管人员和其他直接责任人员依法给予处分：

（一）没有法定的行政处罚依据的；

（二）擅自改变行政处罚种类、幅度的；

（三）违反法定的行政处罚程序的；

（四）违反本法第二十条关于委托处罚的规定的；

（五）执法人员未取得执法证件的。

行政机关对符合立案标准的案件不及时立案的，依照前款规定予以处理。

第七十七条　行政机关对当事人进行处罚不使用罚款、没收财物单据或者使用非法定部门制发的罚款、没收财物单据的，当事人有权拒绝，并有权予以检举，由上级行政机关或者有关机关对使用的非法单据予以收缴销毁，对直接负责的主管人员和其他直接责任人员依法给予处分。

第七十八条　行政机关违反本法第六十七条的规定自行收缴罚款的，财政部门违反本法第七十四条的规定向行政机关返还罚款、没收的违法所得或者拍卖款项的，由上级行政机关或者有关机关责令改正，对直接负责的主管人员和其他直接责任人员依法给予处分。

第七十九条　行政机关截留、私分或者变相私分罚款、没收的违法所得或者财物的，由财政部门或者有关机关予以追缴，对直接负责的主管人员和其他直接责任人员依法给予处分；情节严重构成犯罪的，依法追究刑事责任。

执法人员利用职务上的便利，索取或者收受他人财物、将收缴罚款据为己有，构成犯罪的，依法追究刑事责任；情节轻微不构成犯罪的，依法给予处分。

第八十条　行政机关使用或者损毁查封、扣押的财物，对当事人造成损失的，应当依法予以赔偿，对直接负责的主管人员和其他直接责任人员依法给予处分。

第八十一条　行政机关违法实施检查措施或者执行措施，给公民人身或者财产造成损害、给法人或者其他组织造成损失的，应当依法予以赔偿，对直接负责的主管人员和其他直接责任人员依法给予处分；情节严重构成犯罪的，依法追究刑事责任。

第八十二条　行政机关对应当依法移交司法机关追究刑事责任的案件不移交，以行政处罚代替刑事处罚，由上级行政机关或者有关机关责令改正，对直接负责的主管人员和其他直接责任人员依法给予处分；情节严重构成犯罪的，依法追究刑事责任。

第八十三条　行政机关对应当予以制止和处罚的违法行为不予制止、处罚，致使公民、法人或者其他组织的合法权益、公共利益和社会秩序遭受损害的，对直接负责的主管人员和其他直接责任人员依法给予处分；情节严重构成犯罪的，依法追究刑事责任。

第八章　附则

第八十四条　外国人、无国籍人、外国组织在中华人民共和国领域内有违法行为，应当给予行政处罚的，适用本法，法律另有规定的除外。

第八十五条　本法中“二日”“三日”“五日”“七日”的规定是指工作日，不含法定节假日。

第八十六条 本法自2021年7月15日起施行。

3. 中华人民共和国行政复议法

（1999年4月29日第九届全国人民代表大会常务委员会第九次会议通过，1999年4月29日中华人民共和国主席令第十六号公布，自1999年10月1日起施行。根据2009年8月27日第十一届全国人民代表大会常务委员会第十次会议《关于修改部分法律的决定》第一次修正。根据2017年9月1日第十二届全国人民代表大会常务委员会第二十九次会议《关于修改〈中华人民共和国法官法〉等八部法律的决定》第二次修正）

第一章 总则

第一条 为了防止和纠正违法的或者不当的具体行政行为，保护公民、法人和其他组织的合法权益，保障和监督行政机关依法行使职权，根据宪法，制定本法。

第二条 公民、法人或者其他组织认为具体行政行为侵犯其合法权益，向行政机关提出行政复议申请，行政机关受理行政复议申请、作出行政复议决定，适用本法。

第三条 依照本法履行行政复议职责的行政机关是行政复议机关。行政复议机关负责法制工作的机构具体办理行政复议事项，履行下列职责：

（一）受理行政复议申请；

（二）向有关组织和人员调查取证，查阅文件和资料；

（三）审查申请行政复议的具体行政行为是否合法与适当，拟订行政复议决定；

（四）处理或者转送对本法第七条所列有关规定的审查申请；

（五）对行政机关违反本法规定的行为依照规定的权限和程序提出处理建议；

（六）办理因不服行政复议决定提起行政诉讼的应诉事项；

（七）法律、法规规定的其他职责。

行政机关中初次从事行政复议的人员，应当通过国家统一法律职业资格考试取得法律职业资格。

第四条 行政复议机关履行行政复议职责，应当遵循合法、公正、公开、及时、便民的原则，坚持有错必纠，保障法律、法规的正确实施。

第五条 公民、法人或者其他组织对行政复议决定不服的，可以依照行政诉讼法的规定向人民法院提起行政诉讼，但是法律规定行政复议决定为最终裁决的除外。

第二章 行政复议范围

第六条 有下列情形之一的，公民、法人或者其他组织可以依照本法申请行政复议：

（一）对行政机关作出的警告、罚款、没收违法所得、没收非法财物、责令停产停业、暂扣或者吊销许可证、暂扣或者吊销执照、行政拘留等行政处罚决定不服的；

（二）对行政机关作出的限制人身自由或者查封、扣押、冻结财产等行政强制措施决定不服的；

（三）对行政机关作出的有关许可证、执照、资质证、资格证等证书变更、中止、撤销的决定不服的；

（四）对行政机关作出的关于确认土地、矿藏、水流、森林、山岭、草原、荒地、滩涂、海域等自然资源的所有权或者使用权的决定不服的；

（五）认为行政机关侵犯合法的经营自主权的；

（六）认为行政机关变更或者废止农业承包合同，侵犯其合法权益的；

（七）认为行政机关违法集资、征收财物、摊派费用或者违法要求履行其他义务的；

（八）认为符合法定条件，申请行政机关颁发许可证、执照、资质证、资格证等证书，或者申请行政机关审批、登记有关事项，行政机关没有依法办理的；

（九）申请行政机关履行保护人身权利、财产权利、受教育权利的法定职责，行政机关没有依法履行的；

（十）申请行政机关依法发放抚恤金、社会保险金或者最低生活保障费，行政机关没有依法发放的；

（十一）认为行政机关的其他具体行政行为侵犯其合法权益的。

第七条 公民、法人或者其他组织认为行政机关的具体行政行为所依据的下列规定不合法，在对具体行政行为申请行政复议时，可以一并向行政复议机关提出对该规定的审查申请：

（一）国务院部门的规定；

（二）县级以上地方各级人民政府及其工作部门的规定；

（三）乡、镇人民政府的规定。

前款所列规定不含国务院部、委员会规章和地方人民政府规章。规章的审查依照法律、行政法规办理。

第八条 不服行政机关作出的行政处分或者其他人事处理决定的，依照有关法律、行政法规的规定提出申诉。

不服行政机关对民事纠纷作出的调解或者其他处理，依法申请仲裁或者向人民法院提起诉讼。

第三章 行政复议申请

第九条 公民、法人或者其他组织认为具体行政行为侵犯其合法权益的，可以自知道该具体行政行为之日起六十日内提出行政复议申请；但是法律规定的申请期限超过六十日的除外。

因不可抗力或者其他正当理由耽误法定申请期限的，申请期限自障碍消除之日起继续计算。

第十条 依照本法申请行政复议的公民、法人或者其他组织是申请人。

有权申请行政复议的公民死亡的，其近亲属可以申请行政复议。有权申请行政复议的公民为无民事行为能力人或者限制民事行为能力人的，其法定代理人可以代为申请行政复议。有权申请行政复议的法人或者其他组织终止的，承受其权利的法人或者其他组织可以申请行政复议。

同申请行政复议的具体行政行为有利害关系的其他公民、法人或者其他组织，可以作为第三人参加行政复议。

公民、法人或者其他组织对行政机关的具体行政行为不服申请行政复议的，作出具体行政行为的行政机关是被申请人。

申请人、第三人可以委托代理人代为参加行政复议。

第十一条　申请人申请行政复议，可以书面申请，也可以口头申请；口头申请的，行政复议机关应当当场记录申请人的基本情况、行政复议请求、申请行政复议的主要事实、理由和时间。

第十二条　对县级以上地方各级人民政府工作部门的具体行政行为不服的，由申请人选择，可以向该部门的本级人民政府申请行政复议，也可以向上一级主管部门申请行政复议。

对海关、金融、国税、外汇管理等实行垂直领导的行政机关和国家安全机关的具体行政行为不服的，向上一级主管部门申请行政复议。

第十三条　对地方各级人民政府的具体行政行为不服的，向上一级地方人民政府申请行政复议。

对省、自治区人民政府依法设立的派出机关所属的县级地方人民政府的具体行政行为不服的，向该派出机关申请行政复议。

第十四条　对国务院部门或者省、自治区、直辖市人民政府的具体行政行为不服的，向作出该具体行政行为的国务院部门或者省、自治区、直辖市人民政府申请行政复议。对行政复议决定不服的，可以向人民法院提起行政诉讼；也可以向国务院申请裁决，国务院依照本法的规定作出最终裁决。

第十五条　对本法第十二条、第十三条、第十四条规定以外的其他行政机关、组织的具体行政行为不服的，按照下列规定申请行政复议：

（一）　对县级以上地方人民政府依法设立的派出机关的具体行政行为不服的，向设立该派出机关的人民政府申请行政复议；

（二）　对政府工作部门依法设立的派出机构依照法律、法规或者规章规定，以自己的名义作出的具体行政行为不服的，向设立该派出机构的部门或者该部门的本级地方人民政府申请行政复议；

（三）　对法律、法规授权的组织的具体行政行为不服的，分别向直接管理该组织的地方人民政府、地方人民政府工作部门或者国务院部门申请行政复议；

（四）　对两个或者两个以上行政机关以共同的名义作出的具体行政行为不服的，向其共同上一级行政机关申请行政复议；

（五） 对被撤销的行政机关在撤销前所作出的具体行政行为不服的，向继续行使其职权的行政机关的上一级行政机关申请行政复议。

有前款所列情形之一的，申请人也可以向具体行政行为发生地的县级地方人民政府提出行政复议申请，由接受申请的县级地方人民政府依照本法第十八条的规定办理。

第十六条 公民、法人或者其他组织申请行政复议，行政复议机关已经依法受理的，或者法律、法规规定应当先向行政复议机关申请行政复议、对行政复议决定不服再向人民法院提起行政诉讼的，在法定行政复议期限内不得向人民法院提起行政诉讼。

公民、法人或者其他组织向人民法院提起行政诉讼，人民法院已经依法受理的，不得申请行政复议。

第四章 行政复议受理

第十七条 行政复议机关收到行政复议申请后，应当在五日内进行审查，对不符合本法规定的行政复议申请，决定不予受理，并书面告知申请人；对符合本法规定，但是不属于本机关受理的行政复议申请，应当告知申请人向有关行政复议机关提出。

除前款规定外，行政复议申请自行政复议机关负责法制工作的机构收到之日起即为受理。

第十八条 依照本法第十五条第二款的规定接受行政复议申请的县级地方人民政府，对依照本法第十五条第一款的规定属于其他行政复议机关受理的行政复议申请，应当自接到该行政复议申请之日起七日内，转送有关行政复议机关，并告知申请人。接受转送的行政复议机关应当依照本法第十七条的规定办理。

第十九条 法律、法规规定应当先向行政复议机关申请行政复议、对行政复议决定不服再向人民法院提起行政诉讼的，行政复议机关决定不予受理或者受理后超过行政复议期限不作答复的，公民、法人或者其他组织可以自收到不予受理决定书之日起或者行政复议期满之日起十五日内，依法向人民法院提起行政诉讼。

第二十条 公民、法人或者其他组织依法提出行政复议申请，行政复议机关无正当理由不予受理的，上级行政机关应当责令其受理；必要时，上级行政机关也可以直接受理。

第二十一条 行政复议期间具体行政行为不停止执行；但是，有下列情形之一的，可以停止执行：

（一）被申请人认为需要停止执行的；

（二）行政复议机关认为需要停止执行的；

（三）申请人申请停止执行，行政复议机关认为其要求合理，决定停止执行的；

（四）法律规定停止执行的。

第五章 行政复议决定

第二十二条 行政复议原则上采取书面审查的办法，但是申请人提出要求或者行政复议机关负责法制工作的机构认为有必要时，可以向有关组织和人员调查情况，听取申请人、被申请人和第三人的意见。

第二十三条 行政复议机关负责法制工作的机构应当自行政复议申请受理之日起七日内，将行政复议申请书副本或者行政复议申请笔录复印件发送被申请人。被申请人应当自收到申请书副本或者申请笔录复印件之日起十日内，提出书面答复，并提交当初作出具体行政行为的证据、依据和其他有关材料。

申请人、第三人可以查阅被申请人提出的书面答复、作出具体行政行为的证据、依据和其他有关材料，除涉及国家秘密、商业秘密或者个人隐私外，行政复议机关不得拒绝。

第二十四条 在行政复议过程中，被申请人不得自行向申请人和其他有关组织或者个人收集证据。

第二十五条 行政复议决定作出前，申请人要求撤回行政复议申请的，经说明理由，可以撤回；撤回行政复议申请的，行政复议终止。

第二十六条 申请人在申请行政复议时，一并提出对本法第七条所列有关规定的审查申请的，行政复议机关对该规定有权处理的，应当在三十日内依法处理；无权处理的，应当在七日内按照法定程序转送有权处理的行政机关依法处理，有权处理的行政机关应当在六十日内依法处理。处理期间，中止对具体行政行为的审查。

第二十七条 行政复议机关在对被申请人作出的具体行政行为进行审查时，认为其依据不合法，本机关有权处理的，应当在三十日内依法处理；无权处理的，应当在七日内按照法定程序转送有权处理的国家机关依法处理。处理期间，中止对具体行政行为的审查。

第二十八条 行政复议机关负责法制工作的机构应当对被申请人作出的具体行政行为进行审查，提出意见，经行政复议机关的负责人同意或者集体讨论通过后，按照下列规定作出行政复议决定：

（一）具体行政行为认定事实清楚，证据确凿，适用依据正确，程序合法，内容适当的，决定维持；

（二）被申请人不履行法定职责的，决定其在一定期限内履行；

（三）具体行政行为有下列情形之一的，决定撤销、变更或者确认该具体行政行为违法；决定撤销或者确认该具体行政行为违法的，可以责令被申请人在一定期限内重新作出具体行政行为：

1. 主要事实不清、证据不足的；

2. 适用依据错误的；

3. 违反法定程序的；

4. 超越或者滥用职权的；

5. 具体行政行为明显不当的。

（四）被申请人不按照本法第二十三条的规定提出书面答复、提交当初作出具体行政行为的证据、依据和其他有关材料的，视为该具体行政行为没有证据、依据，决定撤销该具体行政行为。

行政复议机关责令被申请人重新作出具体行政行为的，被申请人不得以同一的事实和理由作出与原具体行政行为相同或者基本相同的具体行政行为。

第二十九条 申请人在申请行政复议时可以一并提出行政赔偿请求，行政复议机关对符合国家赔偿法的有关规定应当给予赔偿的，在决定撤销、变更具体行政行为或者确认具体行政行为违法时，应当同时决定被申请人依法给予赔偿。

申请人在申请行政复议时没有提出行政赔偿请求的，行政复议机关在依法决定撤销或者变更罚款，撤销违法集资、没收财物、征收财物、摊派费用以及对财产的查封、扣押、冻结等具体行政行为时，应当同时责令被申请人返还财产，解除对财产的查封、扣押、冻结措施，或者赔偿相应的价款。

第三十条 公民、法人或者其他组织认为行政机关的具体行政行为侵犯其已经依法取得的土地、矿藏、水流、森林、山岭、草原、荒地、滩涂、海域等自然资源的所有权或者使用权的，应当先申请行政复议；对行政复议决定不服的，可以依法向人民法院提起行政诉讼。

根据国务院或者省、自治区、直辖市人民政府对行政区划的勘定、调整或者征收土地的决定，省、自治区、直辖市人民政府确认土地、矿藏、水流、森林、山岭、草原、荒地、滩涂、海域等自然资源的所有权或者使用权的行政复议决定为最终裁决。

第三十一条 行政复议机关应当自受理申请之日起六十日内作出行政复议决定；但是法律规定的行政复议期限少于六十日的除外。情况复杂，不能在规定期限内作出行政复议决定的，经行政复议机关的负责人批准，可以适当延长，并告知申请人和被申请人；但是延长期限最多不超过三十日。

行政复议机关作出行政复议决定，应当制作行政复议决定书，并加盖印章。

行政复议决定书一经送达，即发生法律效力。

第三十二条 被申请人应当履行行政复议决定。

被申请人不履行或者无正当理由拖延履行行政复议决定的，行政复议机关或者有关上级行政机关应当责令其限期履行。

第三十三条 申请人逾期不起诉又不履行行政复议决定的，或者不履行最终裁决的行政复议决定的，按照下列规定分别处理：

（一）维持具体行政行为的行政复议决定，由作出具体行政行为的行政机关依法强制执行，或者申请人民法院强制执行；

（二）变更具体行政行为的行政复议决定，由行政复议机关依法强制执行，或者申请人民法院强制执行。

第六章　法律责任

第三十四条 行政复议机关违反本法规定，无正当理由不予受理依法提出的行政复议申请或者不按照规定转送行政复议申请的，或者在法定期限内不作出行政复议决定的，对直接负责的主管人员和其他直接责任人员依法给予警告、记过、记大过的行政处分；经责令受理仍不受理或者不按照规定转送行政复议申请，造成严重后果的，依法给予降级、撤职、开除的行政处分。

第三十五条 行政复议机关工作人员在行政复议活动中，徇私舞弊或者有其他渎职、失职行为的，依法给予警告、记过、记大过的行政处分；情节严重的，依法给予降级、撤职、开除的行政处分；构成犯罪的，依法追究刑事责任。

第三十六条 被申请人违反本法规定，不提出书面答复或者不提交作出具体行政行为的证据、依据和其他有关材料，或者阻挠、变相阻挠公民、法人或者其他组织依法申请行政复议的，对直接负责的主管人员和其他直接责任人员依法给予警告、记过、记大过的行政处分；进行报复陷害的，依法给予降级、撤职、开除的行政处分；构成犯罪的，依法追究刑事责任。

第三十七条 被申请人不履行或者无正当理由拖延履行行政复议决定的，对直接负责的主管人员和其他直接责任人员依法给予警告、记过、记大过的行政处分；经责令履行仍拒不履行的，依法给予降级、撤职、开除的行政处分。

第三十八条 行政复议机关负责法制工作的机构发现有无正当理由不予受理行政复议申请、不按照规定期限作出行政复议决定、徇私舞弊、对申请人打击报复或者不履行行政复议决定等情形的，应当向有关行政机关提出建议，有关行政机关应当依照本法和有关法律、行政法规的规定作出处理。

第七章 附则

第三十九条 行政复议机关受理行政复议申请，不得向申请人收取任何费用。行政复议活动所需经费，应当列入本机关的行政经费，由本级财政予以保障。

第四十条 行政复议期间的计算和行政复议文书的送达，依照民事诉讼法关于期间、送达的规定执行。

本法关于行政复议期间有关“五日”、“七日”的规定是指工作日，不含节假日。

第四十一条 外国人、无国籍人、外国组织在中华人民共和国境内申请行政复议，适用本法。

第四十二条 本法施行前公布的法律有关行政复议的规定与本法的规定不一致的，以本法的规定为准。

第四十三条 本法自 1999 年 10 月 1 日起施行。1990 年 12 月 24 日国务院发布、1994 年 10 月 9 日国务院修订发布的《行政复议条例》同时废止。

4. 中华人民共和国行政诉讼法

（1989 年 4 月 4 日第七届全国人民代表大会第二次会议通过，根据 2014 年 11 月 1 日第十二届全国人民代表大会常务委员会第十一次会议《关于修改〈中华人民共和国行政诉讼法〉的决定》第一次修正，根据 2017 年 6 月 27 日第十二届全国人民代表大会常务委员会第二十八次会议《关于修改〈中华人民共和国民事诉讼法〉和〈中华人民共和国行政诉讼法〉的决定》

第二次修正）

第一章 总则

第一条 为保证人民法院公正、及时审理行政案件，解决行政争议，保护公民、法人和其他组织的合法权益，监督行政机关依法行使职权，根据宪法，制定本法。

第二条 公民、法人或者其他组织认为行政机关和行政机关工作人员的行政行为侵犯其合法权益，有权依照本法向人民法院提起诉讼。

前款所称行政行为，包括法律、法规、规章授权的组织作出的行政行为。

第三条 人民法院应当保障公民、法人和其他组织的起诉权利，对应当受理的行政案件依法受理。

行政机关及其工作人员不得干预、阻碍人民法院受理行政案件。

被诉行政机关负责人应当出庭应诉。不能出庭的，应当委托行政机关相应的工作人员出庭。

第四条 人民法院依法对行政案件独立行使审判权，不受行政机关、社会团体和个人的干涉。

人民法院设行政审判庭，审理行政案件。

第五条 人民法院审理行政案件，以事实为根据，以法律为准绳。

第六条 人民法院审理行政案件，对行政行为是否合法进行审查。

第七条 人民法院审理行政案件，依法实行合议、回避、公开审判和两审终审制度。

第八条 当事人在行政诉讼中的法律地位平等。

第九条 各民族公民都有用本民族语言、文字进行行政诉讼的权利。

在少数民族聚居或者多民族共同居住的地区，人民法院应当用当地民族通用的语言、文字进行审理和发布法律文书。

人民法院应当对不通晓当地民族通用的语言、文字的诉讼参与人提供翻译。

第十条 当事人在行政诉讼中有权进行辩论。

第十一条 人民检察院有权对行政诉讼实行法律监督。

第二章 受案范围

第十二条 人民法院受理公民、法人或者其他组织提起的下列诉讼：

（一）对行政拘留、暂扣或者吊销许可证和执照、责令停产停业、没收违法所得、没收非法财物、罚款、警告等行政处罚不服的；

（二）对限制人身自由或者对财产的查封、扣押、冻结等行政强制措施和行政强制执行不服的；

（三）申请行政许可，行政机关拒绝或者在法定期限内不予答复，或者对行政机关作出的有关行政许可的其他决定不服的；

（四）对行政机关作出的关于确认土地、矿藏、水流、森林、山岭、草原、荒地、滩涂、海域等自然资源的所有权或者使用权的决定不服的；

（五）对征收、征用决定及其补偿决定不服的；

（六）申请行政机关履行保护人身权、财产权等合法权益的法定职责，行政机关拒绝履行或者不予答复的；

（七）认为行政机关侵犯其经营自主权或者农村土地承包经营权、农村土地经营权的；

（八）认为行政机关滥用行政权力排除或者限制竞争的；

（九）认为行政机关违法集资、摊派费用或者违法要求履行其他义务的；

（十）认为行政机关没有依法支付抚恤金、最低生活保障待遇或者社会保险待遇的；

（十一）认为行政机关不依法履行、未按照约定履行或者违法变更、解除政府特许经营协议、土地房屋征收补偿协议等协议的；

（十二）认为行政机关侵犯其他人身权、财产权等合法权益的。

除前款规定外，人民法院受理法律、法规规定可以提起诉讼的其他行政案件。

第十三条 人民法院不受理公民、法人或者其他组织对下列事项提起的诉讼：

（一）国防、外交等国家行为；

（二）行政法规、规章或者行政机关制定、发布的具有普遍约束力的决定、命令；

（三）行政机关对行政机关工作人员的奖惩、任免等决定；

（四）法律规定由行政机关最终裁决的行政行为。

第三章　管辖

第十四条 基层人民法院管辖第一审行政案件。

第十五条 中级人民法院管辖下列第一审行政案件：

（一）对国务院部门或者县级以上地方人民政府所作的行政行为提起诉讼的案件；

（二）海关处理的案件；

（三）本辖区内重大、复杂的案件；

（四）其他法律规定由中级人民法院管辖的案件。

第十六条 高级人民法院管辖本辖区内重大、复杂的第一审行政案件。

第十七条 最高人民法院管辖全国范围内重大、复杂的第一审行政案件。

第十八条 行政案件由最初作出行政行为的行政机关所在地人民法院管辖。经复议的案件，也可以由复议机关所在地人民法院管辖。

经最高人民法院批准，高级人民法院可以根据审判工作的实际情况，确定若干人民法院跨行政区域管辖行政案件。

第十九条 对限制人身自由的行政强制措施不服提起的诉讼，由被告所在地或者原告所在地人民法院管辖。

第二十条 因不动产提起的行政诉讼，由不动产所在地人民法院管辖。

第二十一条 两个以上人民法院都有管辖权的案件，原告可以选择其中一个人民法院提起诉讼。原告向两个以上有管辖权的人民法院提起诉讼的，由最先立案的人民法院管辖。

第二十二条 人民法院发现受理的案件不属于本院管辖的，应当移送有管辖权的人民法院，受移送的人民法院应当受理。受移送的人民法院认为受移送的案件按照规定不属于本院管辖的，应当报请上级人民法院指定管辖，不得再自行移送。

第二十三条 有管辖权的人民法院由于特殊原因不能行使管辖权的，由上级人民法院指定管辖。

人民法院对管辖权发生争议，由争议双方协商解决。协商不成的，报它们的共同上级人民法院指定管辖。

第二十四条 上级人民法院有权审理下级人民法院管辖的第一审行政案件。

下级人民法院对其管辖的第一审行政案件，认为需要由上级人民法院审理或者指定管辖的，可以报请上级人民法院决定。

第四章 诉讼参加人

第二十五条 行政行为的相对人以及其他与行政行为有利害关系的公民、法人或者其他组织，有权提起诉讼。

有权提起诉讼的公民死亡，其近亲属可以提起诉讼。

有权提起诉讼的法人或者其他组织终止，承受其权利的法人或者其他组织可以提起诉讼。

人民检察院在履行职责中发现生态环境和资源保护、食品药品安全、国有财产保护、国有土地使用权出让等领域负有监督管理职责的行政机关违法行使职权或者不作为，致使国家利益或者社会公共利益受到侵害的，应当向行政机关提出检察建议，督促其依法履行职责。行政机关不依法履行职责的，人民检察院依法向人民法院提起诉讼。

第二十六条 公民、法人或者其他组织直接向人民法院提起诉讼的，作出行政行为的行政机关是被告。

经复议的案件，复议机关决定维持原行政行为的，作出原行政行为的行政机关和复议机关是共同被告；复议机关改变原行政行为的，复议机关是被告。

复议机关在法定期限内未作出复议决定，公民、法人或者其他组织起诉原行政行为的，作出原行政行为的行政机关是被告；起诉复议机关不作为的，复议机关是被告。

两个以上行政机关作出同一行政行为的，共同作出行政行为的行政机关是共同被告。

行政机关委托的组织所作的行政行为，委托的行政机关是被告。

行政机关被撤销或者职权变更的，继续行使其职权的行政机关是被告。

第二十七条 当事人一方或者双方为二人以上，因同一行政行为发生的行政案件，或者因同类行政行为发生的行政案件、人民法院认为可以合并审理并经当事人同意的，为共同诉讼。

第二十八条 当事人一方人数众多的共同诉讼，可以由当事人推选代表人进行诉讼。代表人的诉讼行为对其所代表的当事人发生效力，但代表人变更、放弃诉讼请求或者承认对方当事人的诉讼请求，应当经被代表的当事人同意。

第二十九条 公民、法人或者其他组织同被诉行政行为有利害关系但没有提起诉讼，或者同案件处理结果有利害关系的，可以作为第三人申请参加诉讼，或者由人民法院通知参加诉讼。

人民法院判决第三人承担义务或者减损第三人权益的，第三人有权依法提起上诉。

第三十条 没有诉讼行为能力的公民，由其法定代理人代为诉讼。法定代理人互相推诿代理责任的，由人民法院指定其中一人代为诉讼。

第三十一条 当事人、法定代理人，可以委托一至二人作为诉讼代理人。

下列人员可以被委托为诉讼代理人：

（一）律师、基层法律服务工作者；

（二）当事人的近亲属或者工作人员；

（三）当事人所在社区、单位以及有关社会团体推荐的公民。

第三十二条 代理诉讼的律师，有权按照规定查阅、复制本案有关材料，有权向有关组织和公民调查，收集与本案有关的证据。对涉及国家秘密、商业秘密和个人隐私的材料，应当依照法律规定保密。

当事人和其他诉讼代理人有权按照规定查阅、复制本案庭审材料，但涉及国家秘密、商业秘密和个人隐私的内容除外。

第五章 证据

第三十三条 证据包括：

（一）书证；

（二）物证；

（三）视听资料；

（四）电子数据；

（五）证人证言；

（六）当事人的陈述；

（七）鉴定意见；

（八）勘验笔录、现场笔录。

以上证据经法庭审查属实，才能作为认定案件事实的根据。

第三十四条 被告对作出的行政行为负有举证责任，应当提供作出该行政行为的证据和所依据的规范性文件。

被告不提供或者无正当理由逾期提供证据，视为没有相应证据。但是，被诉行政行为涉及第三人合法权益，第三人提供证据的除外。

第三十五条 在诉讼过程中，被告及其诉讼代理人不得自行向原告、第三人和证人收集证据。

第三十六条 被告在作出行政行为时已经收集了证据，但因不可抗力等正当事由不能提供的，经人民法院准许，可以延期提供。

原告或者第三人提出了其在行政处理程序中没有提出的理由或者证据的，经人民法院准许，被告可以补充证据。

第三十七条 原告可以提供证明行政行为违法的证据。原告提供的证据不成立的，不免除被告的举证责任。

第三十八条 在起诉被告不履行法定职责的案件中，原告应当提供其向被告提出申请的证据。但有下列情形之一的除外：

（一）被告应当依职权主动履行法定职责的；

（二）原告因正当理由不能提供证据的。

在行政赔偿、补偿的案件中，原告应当对行政行为造成的损害提供证据。因被告的原因导致原告无法举证的，由被告承担举证责任。

第三十九条 人民法院有权要求当事人提供或者补充证据。

第四十条 人民法院有权向有关行政机关以及其他组织、公民调取证据。但是，不得为证明行政行为的合法性调取被告作出行政行为时未收集的证据。

第四十一条 与本案有关的下列证据，原告或者第三人不能自行收集的，可以申请人民法院调取：

（一）由国家机关保存而须由人民法院调取的证据；

（二）涉及国家秘密、商业秘密和个人隐私的证据；

（三）确因客观原因不能自行收集的其他证据。

第四十二条 在证据可能灭失或者以后难以取得的情况下，诉讼参加人可以向人民法院申请保全证据，人民法院也可以主动采取保全措施。

第四十三条 证据应当在法庭上出示，并由当事人互相质证。对涉及国家秘密、商业秘密和个人隐私的证据，不得在公开开庭时出示。

人民法院应当按照法定程序，全面、客观地审查核实证据。对未采纳的证据应当在裁判文书中说明理由。

以非法手段取得的证据，不得作为认定案件事实的根据。

第六章 起诉和受理

第四十四条 对属于人民法院受案范围的行政案件，公民、法人或者其他组织可以先向行政机关申请复议，对复议决定不服的，再向人民法院提起诉讼；也可以直接向人民法院提起诉讼。

法律、法规规定应当先向行政机关申请复议，对复议决定不服再向人民法院提起诉讼的，依照法律、法规的规定。

第四十五条 公民、法人或者其他组织不服复议决定的，可以在收到复议决定书之日起十五日内向人民法院提起诉讼。复议机关逾期不作决定的，申请人可以在复议期满之日起十五日内向人民法院提起诉讼。法律另有规定的除外。

第四十六条 公民、法人或者其他组织直接向人民法院提起诉讼的，应当自知道或者应当知道作出行政行为之日起六个月内提出。法律另有规定的除外。

因不动产提起诉讼的案件自行政行为作出之日起超过二十年，其他案件自行政行为作出之日起超过五年提起诉讼的，人民法院不予受理。

第四十七条 公民、法人或者其他组织申请行政机关履行保护其人身权、财产权等合法权益的法定职责，行政机关在接到申请之日起两个月内不履行的，公民、法人或者其他组织可以向人民法院提起诉讼。法律、法规对行政机关履行职责的期限另有规定的，从其规定。

公民、法人或者其他组织在紧急情况下请求行政机关履行保护其人身权、财产权等合法权益的法定职责，行政机关不履行的，提起诉讼不受前款规定期限的限制。

第四十八条 公民、法人或者其他组织因不可抗力或者其他不属于其自身的原因耽误起诉期限的，被耽误的时间不计算在起诉期限内。

公民、法人或者其他组织因前款规定以外的其他特殊情况耽误起诉期限的，在障碍消除后十日内，可以申请延长期限，是否准许由人民法院决定。

第四十九条 提起诉讼应当符合下列条件：

（一）原告是符合本法第二十五条规定的公民、法人或者其他组织；

（二）有明确的被告；

（三）有具体的诉讼请求和事实根据；

（四）属于人民法院受案范围和受诉人民法院管辖。

第五十条 起诉应当向人民法院递交起诉状，并按照被告人数提出副本。

书写起诉状确有困难的，可以口头起诉，由人民法院记入笔录，出具注明日期的书面凭证，并告知对方当事人。

第五十一条 人民法院在接到起诉状时对符合本法规定的起诉条件的，应当登记立案。

对当场不能判定是否符合本法规定的起诉条件的，应当接收起诉状，出具注明收到日期的书面凭证，并在七日内决定是否立案。不符合起诉条件的，作出不予立案的裁定。裁定书应当载明不予立案的理由。原告对裁定不服的，可以提起上诉。

起诉状内容欠缺或者有其他错误的，应当给予指导和释明，并一次性告知当事人需要补正的内容。不得未经指导和释明即以起诉不符合条件为由不接收起诉状。

对于不接收起诉状、接收起诉状后不出具书面凭证，以及不一次性告知当事人需要补正的起诉状内容的，当事人可以向上级人民法院投诉，上级人民法院应当责令改正，并对直接负责的主管人员和其他直接责任人员依法给予处分。

第五十二条 人民法院既不立案，又不作出不予立案裁定的，当事人可以向上一级人民法院起诉。上一级人民法院认为符合起诉条件的，应当立案、审理，也可以指定其他下级人民法院立案、审理。

第五十三条 公民、法人或者其他组织认为行政行为所依据的国务院部门和地方人民政府及其部门制定的规范性文件不合法，在对行政行为提起诉讼时，可以一并请求对该规范性文件进行审查。

前款规定的规范性文件不含规章。

第七章　审理和判决

第一节　一般规定

第五十四条　人民法院公开审理行政案件，但涉及国家秘密、个人隐私和法律另有规定的除外。

涉及商业秘密的案件，当事人申请不公开审理的，可以不公开审理。

第五十五条　当事人认为审判人员与本案有利害关系或者有其他关系可能影响公正审判，有权申请审判人员回避。

审判人员认为自己与本案有利害关系或者有其他关系，应当申请回避。

前两款规定，适用于书记员、翻译人员、鉴定人、勘验人。

院长担任审判长时的回避，由审判委员会决定；审判人员的回避，由院长决定；其他人员的回避，由审判长决定。当事人对决定不服的，可以申请复议一次。

第五十六条　诉讼期间，不停止行政行为的执行。但有下列情形之一的，裁定停止执行：

（一）被告认为需要停止执行的；

（二）原告或者利害关系人申请停止执行，人民法院认为该行政行为的执行会造成难以弥补的损失，并且停止执行不损害国家利益、社会公共利益的；

（三）人民法院认为该行政行为的执行会给国家利益、社会公共利益造成重大损害的；

（四）法律、法规规定停止执行的。

当事人对停止执行或者不停止执行的裁定不服的，可以申请复议一次。

第五十七条　人民法院对起诉行政机关没有依法支付抚恤金、最低生活保障金和工伤、医疗社会保险金的案件，权利义务关系明确、不先予执行将严重影响原告生活的，可以根据原告的申请，裁定先予执行。

当事人对先予执行裁定不服的，可以申请复议一次。复议期间不停止裁定的执行。

第五十八条　经人民法院传票传唤，原告无正当理由拒不到庭，或者未经法庭许可中途退庭的，可以按照撤诉处理；被告无正当理由拒不到庭，或者未经法庭许可中途退庭的，可以缺席判决。

第五十九条　诉讼参与人或者其他人有下列行为之一的，人民法院可以根据情节轻重，予以训诫、责令具结悔过或者处一万元以下的罚款、十五日以下的拘留；构成犯罪的，依法追究刑事责任：

（一）有义务协助调查、执行的人，对人民法院的协助调查决定、协助执行通知书，无故推拖、拒绝或者妨碍调查、执行的；

（二）伪造、隐藏、毁灭证据或者提供虚假证明材料，妨碍人民法院审理案件的；

（三）指使、贿买、胁迫他人作伪证或者威胁、阻止证人作证的；

（四）隐藏、转移、变卖、毁损已被查封、扣押、冻结的财产的；

（五）以欺骗、胁迫等非法手段使原告撤诉的；

（六）以暴力、威胁或者其他方法阻碍人民法院工作人员执行职务，或者以哄闹、冲击法庭等方法扰乱人民法院工作秩序的；

（七）对人民法院审判人员或者其他工作人员、诉讼参与人、协助调查和执行的人员恐吓、侮辱、诽谤、诬陷、殴打、围攻或者打击报复的。

人民法院对有前款规定的行为之一的单位，可以对其主要负责人或者直接责任人员依照前款规定予以罚款、拘留；构成犯罪的，依法追究刑事责任。

罚款、拘留须经人民法院院长批准。当事人不服的，可以向上一级人民法院申请复议一次。复议期间不停止执行。

第六十条 人民法院审理行政案件，不适用调解。但是，行政赔偿、补偿以及行政机关行使法律、法规规定的自由裁量权的案件可以调解。

调解应当遵循自愿、合法原则，不得损害国家利益、社会公共利益和他人合法权益。

第六十一条 在涉及行政许可、登记、征收、征用和行政机关对民事争议所作的裁决的行政诉讼中，当事人申请一并解决相关民事争议的，人民法院可以一并审理。

在行政诉讼中，人民法院认为行政案件的审理需以民事诉讼的裁判为依据的，可以裁定中止行政诉讼。

第六十二条 人民法院对行政案件宣告判决或者裁定前，原告申请撤诉的，或者被告改变其所作的行政行为，原告同意并申请撤诉的，是否准许，由人民法院裁定。

第六十三条 人民法院审理行政案件，以法律和行政法规、地方性法规为依据。地方性法规适用于本行政区域内发生的行政案件。

人民法院审理民族自治地方的行政案件，并以该民族自治地方的自治条例和单行条例为依据。

人民法院审理行政案件，参照规章。

第六十四条 人民法院在审理行政案件中，经审查认为本法第五十三条规定的规范性文件不合法的，不作为认定行政行为合法的依据，并向制定机关提出处理建议。

第六十五条 人民法院应当公开发生法律效力的判决书、裁定书，供公众查阅，但涉及国家秘密、商业秘密和个人隐私的内容除外。

第六十六条 人民法院在审理行政案件中，认为行政机关的主管人员、直接责任人员违法违纪的，应当将有关材料移送监察机关、该行政机关或者其上一级行政机关；认为有犯罪行为的，应当将有关材料移送公安、检察机关。

人民法院对被告经传票传唤无正当理由拒不到庭，或者未经法庭许可中途退庭的，可以将被告拒不到庭或者中途退庭的情况予以公告，并可以向监察机关或者被告的上一级行政机关提出依法给予其主要负责人或者直接责任人员处分的司法建议。

第二节　第一审普通程序

第六十七条 人民法院应当在立案之日起五日内，将起诉状副本发送被告。被告应当在收到起诉状副本之日起十五日内向人民法院提交作出行政行为的证据和所依据的规范性文件，并提出答辩状。人民法院应当在收到答辩状之日起五日内，将答辩状副本发送原告。

被告不提出答辩状的，不影响人民法院审理。

第六十八条 人民法院审理行政案件，由审判员组成合议庭，或者由审判员、陪审员组成合议庭。合议庭的成员，应当是三人以上的单数。

第六十九条 行政行为证据确凿，适用法律、法规正确，符合法定程序的，或者原告申请被告履行法定职责或者给付义务理由不成立的，人民法院判决驳回原告的诉讼请求。

第七十条 行政行为有下列情形之一的，人民法院判决撤销或者部分撤销，并可以判决被告重新作出行政行为：

（一）主要证据不足的；

（二）适用法律、法规错误的；

（三）违反法定程序的；

（四）超越职权的；

（五）滥用职权的；

（六）明显不当的。

第七十一条 人民法院判决被告重新作出行政行为的，被告不得以同一的事实和理由作出与原行政行为基本相同的行政行为。

第七十二条 人民法院经过审理，查明被告不履行法定职责的，判决被告在一定期限内履行。

第七十三条 人民法院经过审理，查明被告依法负有给付义务的，判决被告履行给付义务。

第七十四条 行政行为有下列情形之一的，人民法院判决确认违法，但不撤销行政行为：

（一）行政行为依法应当撤销，但撤销会给国家利益、社会公共利益造成重大损害的；

（二）行政行为程序轻微违法，但对原告权利不产生实际影响的。

行政行为有下列情形之一，不需要撤销或者判决履行的，人民法院判决确认违法：

（一）行政行为违法，但不具有可撤销内容的；

（二）被告改变原违法行政行为，原告仍要求确认原行政行为违法的；

（三）被告不履行或者拖延履行法定职责，判决履行没有意义的。

第七十五条 行政行为有实施主体不具有行政主体资格或者没有依据等重大且明显违法情形，原告申请确认行政行为无效的，人民法院判决确认无效。

第七十六条 人民法院判决确认违法或者无效的，可以同时判决责令被告采取补救措施；给原告造成损失的，依法判决被告承担赔偿责任。

第七十七条 行政处罚明显不当，或者其他行政行为涉及对款额的确定、认定确有错误的，人民法院可以判决变更。

人民法院判决变更，不得加重原告的义务或者减损原告的权益。但利害关系人同为原告，且诉讼请求相反的除外。

第七十八条 被告不依法履行、未按照约定履行或者违法变更、解除本法第十二条第一款第十一项规定的协议的，人民法院判决被告承担继续履行、采取补救措施或者赔偿损失等责任。

被告变更、解除本法第十二条第一款第十一项规定的协议合法，但未依法给予补偿的，人民法院判决给予补偿。

第七十九条 复议机关与作出原行政行为的行政机关为共同被告的案件，人民法院应当对复议决定和原行政行为一并作出裁判。

第八十条 人民法院对公开审理和不公开审理的案件，一律公开宣告判决。

当庭宣判的，应当在十日内发送判决书；定期宣判的，宣判后立即发给判决书。

宣告判决时，必须告知当事人上诉权利、上诉期限和上诉的人民法院。

第八十一条 人民法院应当在立案之日起六个月内作出第一审判决。有特殊情况需要延长的，由高级人民法院批准，高级人民法院审理第一审案件需要延长的，由最高人民法院批准。

第三节 简易程序

第八十二条 人民法院审理下列第一审行政案件，认为事实清楚、权利义务关系明确、争议不大的，可以适用简易程序：

（一）被诉行政行为是依法当场作出的；

（二）案件涉及款额二千元以下的；

（三）属于政府信息公开案件的。

除前款规定以外的第一审行政案件，当事人各方同意适用简易程序的，可以适用简易程序。

发回重审、按照审判监督程序再审的案件不适用简易程序。

第八十三条 适用简易程序审理的行政案件，由审判员一人独任审理，并应当在立案之日起四十五日内审结。

第八十四条 人民法院在审理过程中，发现案件不宜适用简易程序的，裁定转为普通程序。

第四节 第二审程序

第八十五条 当事人不服人民法院第一审判决的，有权在判决书送达之日起十五日内向上一级人民法院提起上诉。当事人不服人民法院第一审裁定的，有权在裁定书送达之日起十日内向上一级人民法院提起上诉。逾期不提起上诉的，人民法院的第一审判决或者裁定发生法律效力。

第八十六条 人民法院对上诉案件，应当组成合议庭，开庭审理。经过阅卷、调查和询问当事人，对没有提出新的事实、证据或者理由，合议庭认为不需要开庭审理的，也可以不开庭审理。

第八十七条 人民法院审理上诉案件，应当对原审人民法院的判决、裁定和被诉行政行为进行全面审查。

第八十八条 人民法院审理上诉案件，应当在收到上诉状之日起三个月内作出终审判决。有特殊情况需要延长的，由高级人民法院批准，高级人民法院审理上诉案件需要延长的，由最高人民法院批准。

第八十九条 人民法院审理上诉案件，按照下列情形，分别处理：

（一）原判决、裁定认定事实清楚，适用法律、法规正确的，判决或者裁定驳回上诉，维持原判决、裁定；

（二）原判决、裁定认定事实错误或者适用法律、法规错误的，依法改判、撤销或者变更；

（三）原判决认定基本事实不清、证据不足的，发回原审人民法院重审，或者查清事实后改判；

（四）原判决遗漏当事人或者违法缺席判决等严重违反法定程序的，裁定撤销原判决，发回原审人民法院重审。

原审人民法院对发回重审的案件作出判决后，当事人提起上诉的，第二审人民法院不得再次发回重审。

人民法院审理上诉案件，需要改变原审判决的，应当同时对被诉行政行为作出判决。

第五节　审判监督程序

第九十条 当事人对已经发生法律效力的判决、裁定，认为确有错误的，可以向上一级人民法院申请再审，但判决、裁定不停止执行。

第九十一条 当事人的申请符合下列情形之一的，人民法院应当再审：

（一）不予立案或者驳回起诉确有错误的；

（二）有新的证据，足以推翻原判决、裁定的；

（三）原判决、裁定认定事实的主要证据不足、未经质证或者系伪造的；

（四）原判决、裁定适用法律、法规确有错误的；

（五）违反法律规定的诉讼程序，可能影响公正审判的；

（六）原判决、裁定遗漏诉讼请求的；

（七）据以作出原判决、裁定的法律文书被撤销或者变更的；

（八）审判人员在审理该案件时有贪污受贿、徇私舞弊、枉法裁判行为的。

第九十二条 各级人民法院院长对本院已经发生法律效力的判决、裁定，发现有本法第九十一条规定情形之一，或者发现调解违反自愿原则或者调解书内容违法，认为需要再审的，应当提交审判委员会讨论决定。

最高人民法院对地方各级人民法院已经发生法律效力的判决、裁定，上级人民法院对下级人民法院已经发生法律效力的判决、裁定，发现有本法第九十一条规定情形之一，或者发现调解违反自愿原则或者调解书内容违法的，有权提审或者指令下级人民法院再审。

第九十三条 最高人民检察院对各级人民法院已经发生法律效力的判决、裁定，上级人民检察院对下级人民法院已经发生法律效力的判决、裁定，发现有本法第九十一条规定情形之一，或者发现调解书损害国家利益、社会公共利益的，应当提出抗诉。

地方各级人民检察院对同级人民法院已经发生法律效力的判决、裁定，发现有本法第九十一条规定情形之一，或者发现调解书损害国家利益、社会公共利益的，可以向同级人民法院提出检察建议，并报上级人民检察院备案；也可以提请上级人民检察院向同级人民法院提出抗诉。

各级人民检察院对审判监督程序以外的其他审判程序中审判人员的违法行为，有权向同级人民法院提出检察建议。

第八章　执行

第九十四条 当事人必须履行人民法院发生法律效力的判决、裁定、调解书。

第九十五条 公民、法人或者其他组织拒绝履行判决、裁定、调解书的，行政机关或者第三人可以向第一审人民法院申请强制执行，或者由行政机关依法强制执行。

第九十六条 行政机关拒绝履行判决、裁定、调解书的，第一审人民法院可以采取下列措施：

（一）对应当归还的罚款或者应当给付的款额，通知银行从该行政机关的账户内划拨；

（二）在规定期限内不履行的，从期满之日起，对该行政机关负责人按日处五十元至一百元的罚款；

（三）将行政机关拒绝履行的情况予以公告；

（四）向监察机关或者该行政机关的上一级行政机关提出司法建议。接受司法建议的机关，根据有关规定进行处理，并将处理情况告知人民法院；

（五）拒不履行判决、裁定、调解书，社会影响恶劣的，可以对该行政机关直接负责的主管人员和其他直接责任人员予以拘留；情节严重，构成犯罪的，依法追究刑事责任。

第九十七条 公民、法人或者其他组织对行政行为在法定期限内不提起诉讼又不履行的，行政机关可以申请人民法院强制执行，或者依法强制执行。

第九章　涉外行政诉讼

第九十八条 外国人、无国籍人、外国组织在中华人民共和国进行行政诉讼，适用本法。法律另有规定的除外。

第九十九条 外国人、无国籍人、外国组织在中华人民共和国进行行政诉讼，同中华人民共和国公民、组织有同等的诉讼权利和义务。

外国法院对中华人民共和国公民、组织的行政诉讼权利加以限制的，人民法院对该国公民、组织的行政诉讼权利，实行对等原则。

第一百条 外国人、无国籍人、外国组织在中华人民共和国进行行政诉讼，委托律师代理诉讼的，应当委托中华人民共和国律师机构的律师。

第十章 附则

第一百零一条 人民法院审理行政案件，关于期间、送达、财产保全、开庭审理、调解、中止诉讼、终结诉讼、简易程序、执行等，以及人民检察院对行政案件受理、审理、裁判、执行的监督，本法没有规定的，适用《中华人民共和国民事诉讼法》的相关规定。

第一百零二条 人民法院审理行政案件，应当收取诉讼费用。诉讼费用由败诉方承担，双方都有责任的由双方分担。收取诉讼费用的具体办法另行规定。

第一百零三条 本法自1990年10月1日起施行。

5. 中华人民共和国行政强制法

（2011年6月30日第十一届全国人民代表大会常务委员会第二十一次会议通过，自2012年1月1日起施行）

第一章 总则

第一条 为了规范行政强制的设定和实施，保障和监督行政机关依法履行职责，维护公共利益和社会秩序，保护公民、法人和其他组织的合法权益，根据宪法，制定本法。

第二条 本法所称行政强制，包括行政强制措施和行政强制执行。

行政强制措施，是指行政机关在行政管理过程中，为制止违法行为、防止证据损毁、避免危害发生、控制危险扩大等情形，依法对公民的人身自由实施暂时性限制，或者对公民、法人或者其他组织的财物实施暂时性控制的行为。

行政强制执行，是指行政机关或者行政机关申请人民法院，对不履行行政决定的公民、法人或者其他组织，依法强制履行义务的行为。

第三条 行政强制的设定和实施，适用本法。

发生或者即将发生自然灾害、事故灾难、公共卫生事件或者社会安全事件等突发事件，行政机关采取应急措施或者临时措施，依照有关法律、行政法规的规定执行。

行政机关采取金融业审慎监管措施、进出境货物强制性技术监控措施，依照有关法律、行政法规的规定执行。

第四条 行政强制的设定和实施，应当依照法定的权限、范围、条件和程序。

第五条 行政强制的设定和实施，应当适当。采用非强制手段可以达到行政管理目的的，不得设定和实施行政强制。

第六条 实施行政强制，应当坚持教育与强制相结合。

第七条 行政机关及其工作人员不得利用行政强制权为单位或者个人谋取利益。

第八条 公民、法人或者其他组织对行政机关实施行政强制，享有陈述权、申辩权；有权依法申请行政复议或者提起行政诉讼；因行政机关违法实施行政强制受到损害的，有权依法要求赔偿。

公民、法人或者其他组织因人民法院在强制执行中有违法行为或者扩大强制执行范围受到损害的，有权依法要求赔偿。

第二章 行政强制的种类和设定

第九条 行政强制措施的种类：

（一）限制公民人身自由；

（二）查封场所、设施或者财物；

（三）扣押财物；

（四）冻结存款、汇款；

（五）其他行政强制措施。

第十条 行政强制措施由法律设定。

尚未制定法律，且属于国务院行政管理职权事项的，行政法规可以设定除本法第九条第一项、第四项和应当由法律规定的行政强制措施以外的其他行政强制措施。

尚未制定法律、行政法规，且属于地方性事务的，地方性法规可以设定本法第九条第二项、第三项的行政强制措施。

法律、法规以外的其他规范性文件不得设定行政强制措施。

第十一条 法律对行政强制措施的对象、条件、种类作了规定的，行政法规、地方性法规不得作出扩大规定。

法律中未设定行政强制措施的，行政法规、地方性法规不得设定行政强制措施。但是，法律规定特定事项由行政法规规定具体管理措施的，行政法规可以设定除本法第九条第一项、第四项和应当由法律规定的行政强制措施以外的其他行政强制措施。

第十二条 行政强制执行的方式：

（一）加处罚款或者滞纳金；

（二）划拨存款、汇款；

（三）拍卖或者依法处理查封、扣押的场所、设施或者财物；

（四）排除妨碍、恢复原状；

（五）代履行；

（六）其他强制执行方式。

第十三条 行政强制执行由法律设定。

法律没有规定行政机关强制执行的，作出行政决定的行政机关应当申请人民法院强制执行。

第十四条 起草法律草案、法规草案，拟设定行政强制的，起草单位应当采取听证会、论证会等形式听取意见，并向制定机关说明设定该行政强制的必要性、可能产生的影响以及听取和采纳意见的情况。

第十五条 行政强制的设定机关应当定期对其设定的行政强制进行评价，并对不适当的行政强制及时予以修改或者废止。

行政强制的实施机关可以对已设定的行政强制的实施情况及存在的必要性适时进行评价，并将意见报告该行政强制的设定机关。

公民、法人或者其他组织可以向行政强制的设定机关和实施机关就行政强制的设定和实施提出意见和建议。有关机关应当认真研究论证，并以适当方式予以反馈。

第三章 行政强制措施实施程序

第一节 一般规定

第十六条 行政机关履行行政管理职责，依照法律、法规的规定，实施行政强制措施。

违法行为情节显著轻微或者没有明显社会危害的，可以不采取行政强制措施。

第十七条 行政强制措施由法律、法规规定的行政机关在法定职权范围内实施。行政强制措施权不得委托。

依据《中华人民共和国行政处罚法》的规定行使相对集中行政处罚权的行政机关，可以实施法律、法规规定的与行政处罚权有关的行政强制措施。

行政强制措施应当由行政机关具备资格的行政执法人员实施，其他人员不得实施。

第十八条 行政机关实施行政强制措施应当遵守下列规定：

（一）实施前须向行政机关负责人报告并经批准；

（二）由两名以上行政执法人员实施；

（三）出示执法身份证件；

（四）通知当事人到场；

（五）当场告知当事人采取行政强制措施的理由、依据以及当事人依法享有的权利、救济途径；

（六）听取当事人的陈述和申辩；

（七）制作现场笔录；

（八）现场笔录由当事人和行政执法人员签名或者盖章，当事人拒绝的，在笔录中予以注明；

（九）当事人不到场的，邀请见证人到场，由见证人和行政执法人员在现场笔录上签名或者盖章；

（十）法律、法规规定的其他程序。

第十九条 情况紧急，需要当场实施行政强制措施的，行政执法人员应当在二十四小时内向行政机关负责人报告，并补办批准手续。行政机关负责人认为不应当采取行政强制措施的，应当立即解除。

第二十条 依照法律规定实施限制公民人身自由的行政强制措施，除应当履行本法第十八条规定的程序外，还应当遵守下列规定：

（一）当场告知或者实施行政强制措施后立即通知当事人家属实施行政强制措施的行政机关、地点和期限；

（二）在紧急情况下当场实施行政强制措施的，在返回行政机关后，立即向行政机关负责人报告并补办批准手续；

（三）法律规定的其他程序。

实施限制人身自由的行政强制措施不得超过法定期限。实施行政强制措施的目的已经达到或者条件已经消失，应当立即解除。

第二十一条 违法行为涉嫌犯罪应当移送司法机关的，行政机关应当将查封、扣押、冻结的财物一并移送，并书面告知当事人。

第二节 查封、扣押

第二十二条 查封、扣押应当由法律、法规规定的行政机关实施，其他任何行政机关或者组织不得实施。

第二十三条 查封、扣押限于涉案的场所、设施或者财物，不得查封、扣押与违法行为无关的场所、设施或者财物；不得查封、扣押公民个人及其所扶养家属的生活必需品。

当事人的场所、设施或者财物已被其他国家机关依法查封的，不得重复查封。

第二十四条 行政机关决定实施查封、扣押的，应当履行本法第十八条规定的程序，制作并当场交付查封、扣押决定书和清单。

查封、扣押决定书应当载明下列事项：

（一）当事人的姓名或者名称、地址；

（二）查封、扣押的理由、依据和期限；

（三）查封、扣押场所、设施或者财物的名称、数量等；

（四）申请行政复议或者提起行政诉讼的途径和期限；

（五）行政机关的名称、印章和日期。

查封、扣押清单一式二份，由当事人和行政机关分别保存。

第二十五条 查封、扣押的期限不得超过三十日；情况复杂的，经行政机关负责人批准，可以延长，但是延长期限不得超过三十日。法律、行政法规另有规定的除外。

延长查封、扣押的决定应当及时书面告知当事人，并说明理由。

对物品需要进行检测、检验、检疫或者技术鉴定的，查封、扣押的期间不包括检测、检验、检疫或者技术鉴定的期间。检测、检验、检疫或者技术鉴定的期间应当明确，并书面告知当事人。检测、检验、检疫或者技术鉴定的费用由行政机关承担。

第二十六条 对查封、扣押的场所、设施或者财物，行政机关应当妥善保管，不得使用或者损毁；造成损失的，应当承担赔偿责任。

对查封的场所、设施或者财物，行政机关可以委托第三人保管，第三人不得损毁或者擅自转移、处置。因第三人的原因造成的损失，行政机关先行赔付后，有权向第三人追偿。

因查封、扣押发生的保管费用由行政机关承担。

第二十七条 行政机关采取查封、扣押措施后，应当及时查清事实，在本法第二十五条规定的期限内作出处理决定。对违法事实清楚，依法应当没收的非法财物予以没收；法律、行政法规规定应当销毁的，依法销毁；应当解除查封、扣押的，作出解除查封、扣押的决定。

第二十八条 有下列情形之一的，行政机关应当及时作出解除查封、扣押决定：

（一）当事人没有违法行为；

（二）查封、扣押的场所、设施或者财物与违法行为无关；

（三）行政机关对违法行为已经作出处理决定，不再需要查封、扣押；

（四）查封、扣押期限已经届满；

（五）其他不再需要采取查封、扣押措施的情形。

解除查封、扣押应当立即退还财物；已将鲜活物品或者其他不易保管的财物拍卖或者变卖的，退还拍卖或者变卖所得款项。变卖价格明显低于市场价格，给当事人造成损失的，应当给予补偿。

第三节 冻结

第二十九条 冻结存款、汇款应当由法律规定的行政机关实施，不得委托给其他行政机关或者组织；其他任何行政机关或者组织不得冻结存款、汇款。

冻结存款、汇款的数额应当与违法行为涉及的金额相当；已被其他国家机关依法冻结的，不得重复冻结。

第三十条 行政机关依照法律规定决定实施冻结存款、汇款的，应当履行本法第十八条第一项、第二项、第三项、第七项规定的程序，并向金融机构交付冻结通知书。

金融机构接到行政机关依法作出的冻结通知书后，应当立即予以冻结，不得拖延，不得在冻结前向当事人泄露信息。

法律规定以外的行政机关或者组织要求冻结当事人存款、汇款的，金融机构应当拒绝。

第三十一条 依照法律规定冻结存款、汇款的，作出决定的行政机关应当在三日内向当事人交付冻结决定书。冻结决定书应当载明下列事项：

（一）当事人的姓名或者名称、地址；

（二）冻结的理由、依据和期限；

（三）冻结的账号和数额；

（四）申请行政复议或者提起行政诉讼的途径和期限；

（五）行政机关的名称、印章和日期。

第三十二条 自冻结存款、汇款之日起三十日内，行政机关应当作出处理决定或者作出解除冻结决定；情况复杂的，经行政机关负责人批准，可以延长，但是延长期限不得超过三十日。法律另有规定的除外。

延长冻结的决定应当及时书面告知当事人，并说明理由。

第三十三条 有下列情形之一的，行政机关应当及时作出解除冻结决定：

（一）当事人没有违法行为；

（二）冻结的存款、汇款与违法行为无关；

（三）行政机关对违法行为已经作出处理决定，不再需要冻结；

（四）冻结期限已经届满；

（五）其他不再需要采取冻结措施的情形。

行政机关作出解除冻结决定的，应当及时通知金融机构和当事人。金融机构接到通知后，应当立即解除冻结。

行政机关逾期未作出处理决定或者解除冻结决定的，金融机构应当自冻结期满之日起解除冻结。

第四章 行政机关强制执行程序

第一节 一般规定

第三十四条 行政机关依法作出行政决定后，当事人在行政机关决定的期限内不履行义务的，具有行政强制执行权的行政机关依照本章规定强制执行。

第三十五条 行政机关作出强制执行决定前，应当事先催告当事人履行义务。催告应当以书面形式作出，并载明下列事项：

（一）履行义务的期限；

（二）履行义务的方式；

（三）涉及金钱给付的，应当有明确的金额和给付方式；

（四）当事人依法享有的陈述权和申辩权。

第三十六条 当事人收到催告书后有权进行陈述和申辩。行政机关应当充分听取当事人的意见，对当事人提出的事实、理由和证据，应当进行记录、复核。当事人提出的事实、理由或者证据成立的，行政机关应当采纳。

第三十七条 经催告，当事人逾期仍不履行行政决定，且无正当理由的，行政机关可以作出强制执行决定。

强制执行决定应当以书面形式作出，并载明下列事项：

（一）当事人的姓名或者名称、地址；

（二）强制执行的理由和依据；

（三）强制执行的方式和时间；

（四）申请行政复议或者提起行政诉讼的途径和期限；

（五）行政机关的名称、印章和日期。

在催告期间，对有证据证明有转移或者隐匿财物迹象的，行政机关可以作出立即强制执行决定。

第三十八条 催告书、行政强制执行决定书应当直接送达当事人。当事人拒绝接收或者无法直接送达当事人的，应当依照《中华人民共和国民事诉讼法》的有关规定送达。

第三十九条 有下列情形之一的，中止执行：

（一）当事人履行行政决定确有困难或者暂无履行能力的；

（二）第三人对执行标的主张权利，确有理由的；

（三）执行可能造成难以弥补的损失，且中止执行不损害公共利益的；

（四）行政机关认为需要中止执行的其他情形。

中止执行的情形消失后，行政机关应当恢复执行。对没有明显社会危害，当事人确无能力履行，中止执行满三年未恢复执行的，行政机关不再执行。

第四十条 有下列情形之一的，终结执行：

（一）公民死亡，无遗产可供执行，又无义务承受人的；

（二）法人或者其他组织终止，无财产可供执行，又无义务承受人的；

（三）执行标的灭失的；

（四）据以执行的行政决定被撤销的；

（五）行政机关认为需要终结执行的其他情形。

第四十一条 在执行中或者执行完毕后，据以执行的行政决定被撤销、变更，或者执行错误的，应当恢复原状或者退还财物；不能恢复原状或者退还财物的，依法给予赔偿。

第四十二条 实施行政强制执行，行政机关可以在不损害公共利益和他人合法权益的情况下，与当事人达成执行协议。执行协议可以约定分阶段履行；当事人采取补救措施的，可以减免加处的罚款或者滞纳金。

执行协议应当履行。当事人不履行执行协议的，行政机关应当恢复强制执行。

第四十三条 行政机关不得在夜间或者法定节假日实施行政强制执行。但是，情况紧急的除外。

行政机关不得对居民生活采取停止供水、供电、供热、供燃气等方式迫使当事人履行相关行政决定。

第四十四条 对违法的建筑物、构筑物、设施等需要强制拆除的，应当由行政机关予以公告，限期当事人自行拆除。当事人在法定期限内不申请行政复议或者提起行政诉讼，又不拆除的，行政机关可以依法强制拆除。

第二节 金钱给付义务的执行

第四十五条 行政机关依法作出金钱给付义务的行政决定，当事人逾期不履行的，行政机关可以依法加处罚款或者滞纳金。加处罚款或者滞纳金的标准应当告知当事人。

加处罚款或者滞纳金的数额不得超出金钱给付义务的数额。

第四十六条 行政机关依照本法第四十五条规定实施加处罚款或者滞纳金超过三十日，经催告当事人仍不履行的，具有行政强制执行权的行政机关可以强制执行。

行政机关实施强制执行前，需要采取查封、扣押、冻结措施的，依照本法第三章规定办理。

没有行政强制执行权的行政机关应当申请人民法院强制执行。但是，当事人在法定期限内不申请行政复议或者提起行政诉讼，经催告仍不履行的，在实施行政管理过程中已经采取查封、扣押措施的行政机关，可以将查封、扣押的财物依法拍卖抵缴罚款。

第四十七条 划拨存款、汇款应当由法律规定的行政机关决定，并书面通知金融机构。金融机构接到行政机关依法作出划拨存款、汇款的决定后，应当立即划拨。

法律规定以外的行政机关或者组织要求划拨当事人存款、汇款的，金融机构应当拒绝。

第四十八条 依法拍卖财物，由行政机关委托拍卖机构依照《中华人民共和国拍卖法》的规定办理。

第四十九条 划拨的存款、汇款以及拍卖和依法处理所得的款项应当上缴国库或者划入财政专户。任何行政机关或者个人不得以任何形式截留、私分或者变相私分。

第三节 代履行

第五十条 行政机关依法作出要求当事人履行排除妨碍、恢复原状等义务的行政决定，当事人逾期不履行，经催告仍不履行，其后果已经或者将危害交通安全、造成环境污染或者破坏自然资源的，行政机关可以代履行，或者委托没有利害关系的第三人代履行。

第五十一条 代履行应当遵守下列规定：

（一）代履行前送达决定书，代履行决定书应当载明当事人的姓名或者名称、地址，代履行的理由和依据、方式和时间、标的、费用预算以及代履行人；

（二）代履行三日前，催告当事人履行，当事人履行的，停止代履行；

（三）代履行时，作出决定的行政机关应当派员到场监督；

（四）代履行完毕，行政机关到场监督的工作人员、代履行人和当事人或者见证人应当在执行文书上签名或者盖章。

代履行的费用按照成本合理确定，由当事人承担。但是，法律另有规定的除外。

代履行不得采用暴力、胁迫以及其他非法方式。

第五十二条 需要立即清除道路、河道、航道或者公共场所的遗洒物、障碍物或者污染物，当事人不能清除的，行政机关可以决定立即实施代履行；当事人不在场的，行政机关应当在事后立即通知当事人，并依法作出处理。

第五章 申请人民法院强制执行

第五十三条 当事人在法定期限内不申请行政复议或者提起行政诉讼，又不履行行政决定的，没有行政强制执行权的行政机关可以自期限届满之日起三个月内，依照本章规定申请人民法院强制执行。

第五十四条 行政机关申请人民法院强制执行前，应当催告当事人履行义务。催告书送达十日后当事人仍未履行义务的，行政机关可以向所在地有管辖权的人民法院申请强制执行；执行对象是不动产的，向不动产所在地有管辖权的人民法院申请强制执行。

第五十五条 行政机关向人民法院申请强制执行，应当提供下列材料：

（一）强制执行申请书；

（二）行政决定书及作出决定的事实、理由和依据；

（三）当事人的意见及行政机关催告情况；

（四）申请强制执行标的情况；

（五）法律、行政法规规定的其他材料。

强制执行申请书应当由行政机关负责人签名，加盖行政机关的印章，并注明日期。

第五十六条 人民法院接到行政机关强制执行的申请，应当在五日内受理。

行政机关对人民法院不予受理的裁定有异议的，可以在十五日内向上一级人民法院申请复议，上一级人民法院应当自收到复议申请之日起十五日内作出是否受理的裁定。

第五十七条 人民法院对行政机关强制执行的申请进行书面审查，对符合本法第五十五条规定，且行政决定具备法定执行效力的，除本法第五十八条规定的情形外，人民法院应当自受理之日起七日内作出执行裁定。

第五十八条 人民法院发现有下列情形之一的，在作出裁定前可以听取被执行人和行政机关的意见：

（一）明显缺乏事实根据的；

（二）明显缺乏法律、法规依据的；

（三）其他明显违法并损害被执行人合法权益的。

人民法院应当自受理之日起三十日内作出是否执行的裁定。裁定不予执行的，应当说明理由，并在五日内将不予执行的裁定送达行政机关。

行政机关对人民法院不予执行的裁定有异议的，可以自收到裁定之日起十五日内向上一级人民法院申请复议，上一级人民法院应当自收到复议申请之日起三十日内作出是否执行的裁定。

第五十九条 因情况紧急，为保障公共安全，行政机关可以申请人民法院立即执行。经人民法院院长批准，人民法院应当自作出执行裁定之日起五日内执行。

第六十条 行政机关申请人民法院强制执行，不缴纳申请费。强制执行的费用由被执行人承担。

人民法院以划拨、拍卖方式强制执行的，可以在划拨、拍卖后将强制执行的费用扣除。

依法拍卖财物，由人民法院委托拍卖机构依照《中华人民共和国拍卖法》的规定办理。

划拨的存款、汇款以及拍卖和依法处理所得的款项应当上缴国库或者划入财政专户，不得以任何形式截留、私分或者变相私分。

第六章 法律责任

第六十一条 行政机关实施行政强制，有下列情形之一的，由上级行政机关或者有关部门责令改正，对直接负责的主管人员和其他直接责任人员依法给予处分：

（一）没有法律、法规依据的；
（二）改变行政强制对象、条件、方式的；
（三）违反法定程序实施行政强制的；
（四）违反本法规定，在夜间或者法定节假日实施行政强制执行的；
（五）对居民生活采取停止供水、供电、供热、供燃气等方式迫使当事人履行相关行政决定的；
（六）有其他违法实施行政强制情形的。

第六十二条 违反本法规定，行政机关有下列情形之一的，由上级行政机关或者有关部门责令改正，对直接负责的主管人员和其他直接责任人员依法给予处分：
（一）扩大查封、扣押、冻结范围的；
（二）使用或者损毁查封、扣押场所、设施或者财物的；
（三）在查封、扣押法定期间不作出处理决定或者未依法及时解除查封、扣押的；
（四）在冻结存款、汇款法定期间不作出处理决定或者未依法及时解除冻结的。

第六十三条 行政机关将查封、扣押的财物或者划拨的存款、汇款以及拍卖和依法处理所得的款项，截留、私分或者变相私分的，由财政部门或者有关部门予以追缴；对直接负责的主管人员和其他直接责任人员依法给予记大过、降级、撤职或者开除的处分。

行政机关工作人员利用职务上的便利，将查封、扣押的场所、设施或者财物据为己有的，由上级行政机关或者有关部门责令改正，依法给予记大过、降级、撤职或者开除的处分。

第六十四条 行政机关及其工作人员利用行政强制权为单位或者个人谋取利益的，由上级行政机关或者有关部门责令改正，对直接负责的主管人员和其他直接责任人员依法给予处分。

第六十五条 违反本法规定，金融机构有下列行为之一的，由金融业监督管理机构责令改正，对直接负责的主管人员和其他直接责任人员依法给予处分：
（一）在冻结前向当事人泄露信息的；
（二）对应当立即冻结、划拨的存款、汇款不冻结或者不划拨，致使存款、汇款转移的；
（三）将不应当冻结、划拨的存款、汇款予以冻结或者划拨的；
（四）未及时解除冻结存款、汇款的。

第六十六条 违反本法规定，金融机构将款项划入国库或者财政专户以外的其他账户的，由金融业监督管理机构责令改正，并处以违法划拨款项二倍的罚款；对直接负责的主管人员和其他直接责任人员依法给予处分。

违反本法规定，行政机关、人民法院指令金融机构将款项划入国库或者财政专户以外的其他账户的，对直接负责的主管人员和其他直接责任人员依法给予处分。

第六十七条 人民法院及其工作人员在强制执行中有违法行为或者扩大强制执行

范围的，对直接负责的主管人员和其他直接责任人员依法给予处分。

第六十八条 违反本法规定，给公民、法人或者其他组织造成损失的，依法给予赔偿。

违反本法规定，构成犯罪的，依法追究刑事责任。

第七章 附则

第六十九条 本法中十日以内期限的规定是指工作日，不含法定节假日。

第七十条 法律、行政法规授权的具有管理公共事务职能的组织在法定授权范围内，以自己的名义实施行政强制，适用本法有关行政机关的规定。

第七十一条 本法自 2012 年 1 月 1 日起施行。

6. 中华人民共和国行政复议法实施条例

（2007 年 5 月 23 日国务院第 177 次常务会议通过，自 2007 年 8 月 1 日起施行）

第一章 总则

第一条 为了进一步发挥行政复议制度在解决行政争议、建设法治政府、构建社会主义和谐社会中的作用，根据《中华人民共和国行政复议法》（以下简称行政复议法），制定本条例。

第二条 各级行政复议机关应当认真履行行政复议职责，领导并支持本机关负责法制工作的机构（以下简称行政复议机构）依法办理行政复议事项，并依照有关规定配备、充实、调剂专职行政复议人员，保证行政复议机构的办案能力与工作任务相适应。

第三条 行政复议机构除应当依照行政复议法第三条的规定履行职责外，还应当履行下列职责：

（一）依照行政复议法第十八条的规定转送有关行政复议申请；

（二）办理行政复议法第二十九条规定的行政赔偿等事项；

（三）按照职责权限，督促行政复议申请的受理和行政复议决定的履行；

（四）办理行政复议、行政应诉案件统计和重大行政复议决定备案事项；

（五）办理或者组织办理未经行政复议直接提起行政诉讼的行政应诉事项；

（六）研究行政复议工作中发现的问题，及时向有关机关提出改进建议，重大问题及时向行政复议机关报告。

第四条 专职行政复议人员应当具备与履行行政复议职责相适应的品行、专业知识和业务能力，并取得相应资格。具体办法由国务院法制机构会同国务院有关部门规定。

第二章 行政复议申请

第一节 申请人

第五条 依照行政复议法和本条例的规定申请行政复议的公民、法人或者其他组织为申请人。

第六条 合伙企业申请行政复议的，应当以核准登记的企业为申请人，由执行合伙事务的合伙人代表该企业参加行政复议；其他合伙组织申请行政复议的，由合伙人共同申请行政复议。

前款规定以外的不具备法人资格的其他组织申请行政复议的，由该组织的主要负责人代表该组织参加行政复议；没有主要负责人的，由共同推选的其他成员代表该组织参加行政复议。

第七条 股份制企业的股东大会、股东代表大会、董事会认为行政机关作出的具体行政行为侵犯企业合法权益的，可以以企业的名义申请行政复议。

第八条 同一行政复议案件申请人超过 5 人的，推选 1 至 5 名代表参加行政复议。

第九条 行政复议期间，行政复议机构认为申请人以外的公民、法人或者其他组织与被审查的具体行政行为有利害关系的，可以通知其作为第三人参加行政复议。

行政复议期间，申请人以外的公民、法人或者其他组织与被审查的具体行政行为有利害关系的，可以向行政复议机构申请作为第三人参加行政复议。

第三人不参加行政复议，不影响行政复议案件的审理。

第十条 申请人、第三人可以委托 1 至 2 名代理人参加行政复议。申请人、第三人委托代理人的，应当向行政复议机构提交授权委托书。授权委托书应当载明委托事项、权限和期限。公民在特殊情况下无法书面委托的，可以口头委托。口头委托的，行政复议机构应当核实并记录在卷。申请人、第三人解除或者变更委托的，应当书面报告行政复议机构。

第二节 被申请人

第十一条 公民、法人或者其他组织对行政机关的具体行政行为不服，依照行政复议法和本条例的规定申请行政复议的，作出该具体行政行为的行政机关为被申请人。

第十二条 行政机关与法律、法规授权的组织以共同的名义作出具体行政行为的，行政机关和法律、法规授权的组织为共同被申请人。

行政机关与其他组织以共同名义作出具体行政行为的，行政机关为被申请人。

第十三条 下级行政机关依照法律、法规、规章规定，经上级行政机关批准作出具体行政行为的，批准机关为被申请人。

第十四条 行政机关设立的派出机构、内设机构或者其他组织，未经法律、法规授权，对外以自己名义作出具体行政行为的，该行政机关为被申请人。

第三节 行政复议申请期限

第十五条 行政复议法第九条第一款规定的行政复议申请期限的计算，依照下列规定办理：

（一）当场作出具体行政行为的，自具体行政行为作出之日起计算；

（二）载明具体行政行为的法律文书直接送达的，自受送达人签收之日起计算；

（三）载明具体行政行为的法律文书邮寄送达的，自受送达人在邮件签收单上签收之日起计算；没有邮件签收单的，自受送达人在送达回执上签名之日起计算；

（四）具体行政行为依法通过公告形式告知受送达人的，自公告规定的期限届满之日起计算；

（五）行政机关作出具体行政行为时未告知公民、法人或者其他组织，事后补充告知的，自该公民、法人或者其他组织收到行政机关补充告知的通知之日起计算；

（六）被申请人能够证明公民、法人或者其他组织知道具体行政行为的，自证据材料证明其知道具体行政行为之日起计算。

行政机关作出具体行政行为，依法应当向有关公民、法人或者其他组织送达法律文书而未送达的，视为该公民、法人或者其他组织不知道该具体行政行为。

第十六条 公民、法人或者其他组织依照行政复议法第六条第（八）项、第（九）项、第（十）项的规定申请行政机关履行法定职责，行政机关未履行的，行政复议申请期限依照下列规定计算：

（一）有履行期限规定的，自履行期限届满之日起计算；

（二）没有履行期限规定的，自行政机关收到申请满60日起计算。

公民、法人或者其他组织在紧急情况下请求行政机关履行保护人身权、财产权的法定职责，行政机关不履行的，行政复议申请期限不受前款规定的限制。

第十七条 行政机关作出的具体行政行为对公民、法人或者其他组织的权利、义务可能产生不利影响的，应当告知其申请行政复议的权利、行政复议机关和行政复议申请期限。

第四节 行政复议申请的提出

第十八条 申请人书面申请行政复议的，可以采取当面递交、邮寄或者传真等方式提出行政复议申请。

有条件的行政复议机构可以接受以电子邮件形式提出的行政复议申请。

第十九条 申请人书面申请行政复议的，应当在行政复议申请书中载明下列事项：

（一）申请人的基本情况，包括：公民的姓名、性别、年龄、身份证号码、工作单位、住所、邮政编码；法人或者其他组织的名称、住所、邮政编码和法定代表人或者主要负责人的姓名、职务；

（二）被申请人的名称；

（三）行政复议请求、申请行政复议的主要事实和理由；

（四）申请人的签名或者盖章；

（五）申请行政复议的日期。

第二十条 申请人口头申请行政复议的，行政复议机构应当依照本条例第十九条规定的事项，当场制作行政复议申请笔录交申请人核对或者向申请人宣读，并由申请人签字确认。

第二十一条 有下列情形之一的，申请人应当提供证明材料：

（一）认为被申请人不履行法定职责的，提供曾经要求被申请人履行法定职责而被申请人未履行的证明材料；

（二）申请行政复议时一并提出行政赔偿请求的，提供受具体行政行为侵害而造成损害的证明材料；

（三）法律、法规规定需要申请人提供证据材料的其他情形。

第二十二条 申请人提出行政复议申请时错列被申请人的，行政复议机构应当告知申请人变更被申请人。

第二十三条 申请人对两个以上国务院部门共同作出的具体行政行为不服的，依照行政复议法第十四条的规定，可以向其中任何一个国务院部门提出行政复议申请，由作出具体行政行为的国务院部门共同作出行政复议决定。

第二十四条 申请人对经国务院批准实行省以下垂直领导的部门作出的具体行政行为不服的，可以选择向该部门的本级人民政府或者上一级主管部门申请行政复议；省、自治区、直辖市另有规定的，依照省、自治区、直辖市的规定办理。

第二十五条 申请人依照行政复议法第三十条第二款的规定申请行政复议的，应当向省、自治区、直辖市人民政府提出行政复议申请。

第二十六条 依照行政复议法第七条的规定，申请人认为具体行政行为所依据的规定不合法的，可以在对具体行政行为申请行政复议的同时一并提出对该规定的审查申请；申请人在对具体行政行为提出行政复议申请时尚不知道该具体行政行为所依据的规定的，可以在行政复议机关作出行政复议决定前向行政复议机关提出对该规定的审查申请。

第三章 行政复议受理

第二十七条 公民、法人或者其他组织认为行政机关的具体行政行为侵犯其合法权益提出行政复议申请，除不符合行政复议法和本条例规定的申请条件的，行政复议机关必须受理。

第二十八条 行政复议申请符合下列规定的，应当予以受理：

（一）有明确的申请人和符合规定的被申请人；

（二）申请人与具体行政行为有利害关系；

（三）有具体的行政复议请求和理由；

（四）在法定申请期限内提出；

（五）属于行政复议法规定的行政复议范围；

（六）属于收到行政复议申请的行政复议机构的职责范围；

（七）其他行政复议机关尚未受理同一行政复议申请，人民法院尚未受理同一主体就同一事实提起的行政诉讼。

第二十九条 行政复议申请材料不齐全或者表述不清楚的，行政复议机构可以自收到该行政复议申请之日起5日内书面通知申请人补正。补正通知应当载明需要补正的事项和合理的补正期限。无正当理由逾期不补正的，视为申请人放弃行政复议申请。补正申请材料所用时间不计入行政复议审理期限。

第三十条 申请人就同一事项向两个或者两个以上有权受理的行政机关申请行政复议的，由最先收到行政复议申请的行政机关受理；同时收到行政复议申请的，由收到行政复议申请的行政机关在10日内协商确定；协商不成的，由其共同上一级行政机关在10日内指定受理机关。协商确定或者指定受理机关所用时间不计入行政复议审理期限。

第三十一条 依照行政复议法第二十条的规定，上级行政机关认为行政复议机关不予受理行政复议申请的理由不成立的，可以先行督促其受理；经督促仍不受理的，应当责令其限期受理，必要时也可以直接受理；认为行政复议申请不符合法定受理条件的，应当告知申请人。

第四章 行政复议决定

第三十二条 行政复议机构审理行政复议案件，应当由2名以上行政复议人员参加。

第三十三条 行政复议机构认为必要时，可以实地调查核实证据；对重大、复杂的案件，申请人提出要求或者行政复议机构认为必要时，可以采取听证的方式审理。

第三十四条 行政复议人员向有关组织和人员调查取证时，可以查阅、复制、调取有关文件和资料，向有关人员进行询问。

调查取证时，行政复议人员不得少于2人，并应当向当事人或者有关人员出示证件。被调查单位和人员应当配合行政复议人员的工作，不得拒绝或者阻挠。

需要现场勘验的，现场勘验所用时间不计入行政复议审理期限。

第三十五条 行政复议机关应当为申请人、第三人查阅有关材料提供必要条件。

第三十六条 依照行政复议法第十四条的规定申请原级行政复议的案件，由原承办具体行政行为有关事项的部门或者机构提出书面答复，并提交作出具体行政行为的证据、依据和其他有关材料。

第三十七条 行政复议期间涉及专门事项需要鉴定的，当事人可以自行委托鉴定机构进行鉴定，也可以申请行政复议机构委托鉴定机构进行鉴定。鉴定费用由当事人承担。鉴定所用时间不计入行政复议审理期限。

第三十八条 申请人在行政复议决定作出前自愿撤回行政复议申请的，经行政复议机构同意，可以撤回。

申请人撤回行政复议申请的，不得再以同一事实和理由提出行政复议申请。但是，申请人能够证明撤回行政复议申请违背其真实意思表示的除外。

第三十九条 行政复议期间被申请人改变原具体行政行为的，不影响行政复议案件的审理。但是，申请人依法撤回行政复议申请的除外。

第四十条 公民、法人或者其他组织对行政机关行使法律、法规规定的自由裁量权作出的具体行政行为不服申请行政复议，申请人与被申请人在行政复议决定作出前自愿达成和解的，应当向行政复议机构提交书面和解协议；和解内容不损害社会公共利益和他人合法权益的，行政复议机构应当准许。

第四十一条 行政复议期间有下列情形之一，影响行政复议案件审理的，行政复议中止：

（一）作为申请人的自然人死亡，其近亲属尚未确定是否参加行政复议的；

（二）作为申请人的自然人丧失参加行政复议的能力，尚未确定法定代理人参加行政复议的；

（三）作为申请人的法人或者其他组织终止，尚未确定权利义务承受人的；

（四）作为申请人的自然人下落不明或者被宣告失踪的；

（五）申请人、被申请人因不可抗力，不能参加行政复议的；

（六）案件涉及法律适用问题，需要有权机关作出解释或者确认的；

（七）案件审理需要以其他案件的审理结果为依据，而其他案件尚未审结的；

（八）其他需要中止行政复议的情形。

行政复议中止的原因消除后，应当及时恢复行政复议案件的审理。

行政复议机构中止、恢复行政复议案件的审理，应当告知有关当事人。

第四十二条 行政复议期间有下列情形之一的，行政复议终止：

（一）申请人要求撤回行政复议申请，行政复议机构准予撤回的；

（二）作为申请人的自然人死亡，没有近亲属或者其近亲属放弃行政复议权利的；

（三）作为申请人的法人或者其他组织终止，其权利义务的承受人放弃行政复议权利的；

（四）申请人与被申请人依照本条例第四十条的规定，经行政复议机构准许达成和解的；

（五）申请人对行政拘留或者限制人身自由的行政强制措施不服申请行政复议后，因申请人同一违法行为涉嫌犯罪，该行政拘留或者限制人身自由的行政强制措施变更为刑事拘留的。

依照本条例第四十一条第一款第（一）项、第（二）项、第（三）项规定中止行政复议，满60日行政复议中止的原因仍未消除的，行政复议终止。

第四十三条 依照行政复议法第二十八条第一款第（一）项规定，具体行政行为认定事实清楚，证据确凿，适用依据正确，程序合法，内容适当的，行政复议机关应当决定维持。

第四十四条 依照行政复议法第二十八条第一款第（二）项规定，被申请人不履行法定职责的，行政复议机关应当决定其在一定期限内履行法定职责。

第四十五条 具体行政行为有行政复议法第二十八条第一款第（三）项规定情形之一的，行政复议机关应当决定撤销、变更该具体行政行为或者确认该具体行政行为违法；决定撤销该具体行政行为或者确认该具体行政行为违法的，可以责令被申请人在一定期限内重新作出具体行政行为。

第四十六条 被申请人未依照行政复议法第二十三条的规定提出书面答复、提交当初作出具体行政行为的证据、依据和其他有关材料的，视为该具体行政行为没有证据、依据，行政复议机关应当决定撤销该具体行政行为。

第四十七条 具体行政行为有下列情形之一，行政复议机关可以决定变更：

（一）认定事实清楚，证据确凿，程序合法，但是明显不当或者适用依据错误的；

（二）认定事实不清，证据不足，但是经行政复议机关审理查明事实清楚，证据确凿的。

第四十八条 有下列情形之一的，行政复议机关应当决定驳回行政复议申请：

（一）申请人认为行政机关不履行法定职责申请行政复议，行政复议机关受理后发现该行政机关没有相应法定职责或者在受理前已经履行法定职责的；

（二）受理行政复议申请后，发现该行政复议申请不符合行政复议法和本条例规定的受理条件的。

上级行政机关认为行政复议机关驳回行政复议申请的理由不成立的，应当责令其恢复审理。

第四十九条 行政复议机关依照行政复议法第二十八条的规定责令被申请人重新作出具体行政行为的，被申请人应当在法律、法规、规章规定的期限内重新作出具体行政行为；法律、法规、规章未规定期限的，重新作出具体行政行为的期限为60日。

公民、法人或者其他组织对被申请人重新作出的具体行政行为不服，可以依法申请行政复议或者提起行政诉讼。

第五十条 有下列情形之一的，行政复议机关可以按照自愿、合法的原则进行调解：

（一）公民、法人或者其他组织对行政机关行使法律、法规规定的自由裁量权作出的具体行政行为不服申请行政复议的；

（二）当事人之间的行政赔偿或者行政补偿纠纷。

当事人经调解达成协议的，行政复议机关应当制作行政复议调解书。调解书应当载明行政复议请求、事实、理由和调解结果，并加盖行政复议机关印章。行政复议调解书经双方当事人签字，即具有法律效力。

调解未达成协议或者调解书生效前一方反悔的，行政复议机关应当及时作出行政复议决定。

第五十一条 行政复议机关在申请人的行政复议请求范围内，不得作出对申请人更为不利的行政复议决定。

第五十二条 第三人逾期不起诉又不履行行政复议决定的，依照行政复议法第三十三条的规定处理。

第五章 行政复议指导和监督

第五十三条 行政复议机关应当加强对行政复议工作的领导。

行政复议机构在本级行政复议机关的领导下，按照职责权限对行政复议工作进行督促、指导。

第五十四条 县级以上各级人民政府应当加强对所属工作部门和下级人民政府履行行政复议职责的监督。

行政复议机关应当加强对其行政复议机构履行行政复议职责的监督。

第五十五条 县级以上地方各级人民政府应当建立健全行政复议工作责任制，将行政复议工作纳入本级政府目标责任制。

第五十六条 县级以上地方各级人民政府应当按照职责权限，通过定期组织检查、抽查等方式，对所属工作部门和下级人民政府行政复议工作进行检查，并及时向有关方面反馈检查结果。

第五十七条 行政复议期间行政复议机关发现被申请人或者其他下级行政机关的相关行政行为违法或者需要做好善后工作的，可以制作行政复议意见书。有关机关应当自收到行政复议意见书之日起60日内将纠正相关行政违法行为或者做好善后工作的情况通报行政复议机构。

行政复议期间行政复议机构发现法律、法规、规章实施中带有普遍性的问题，可以制作行政复议建议书，向有关机关提出完善制度和改进行政执法的建议。

第五十八条 县级以上各级人民政府行政复议机构应当定期向本级人民政府提交行政复议工作状况分析报告。

第五十九条 下级行政复议机关应当及时将重大行政复议决定报上级行政复议机关备案。

第六十条 各级行政复议机构应当定期组织对行政复议人员进行业务培训，提高行政复议人员的专业素质。

第六十一条 各级行政复议机关应当定期总结行政复议工作，对在行政复议工作中做出显著成绩的单位和个人，依照有关规定给予表彰和奖励。

第六章 法律责任

第六十二条 被申请人在规定期限内未按照行政复议决定的要求重新作出具体行政行为，或者违反规定重新作出具体行政行为的，依照行政复议法第三十七条的规定追究法律责任。

第六十三条 拒绝或者阻挠行政复议人员调查取证、查阅、复制、调取有关文件和资料的，对有关责任人员依法给予处分或者治安处罚；构成犯罪的，依法追究刑事责任。

第六十四条 行政复议机关或者行政复议机构不履行行政复议法和本条例规定的行政复议职责，经有权监督的行政机关督促仍不改正的，对直接负责的主管人员和其他直接责任人员依法给予警告、记过、记大过的处分；造成严重后果的，依法给予降级、撤职、开除的处分。

第六十五条 行政机关及其工作人员违反行政复议法和本条例规定的，行政复议机构可以向人事、监察部门提出对有关责任人员的处分建议，也可以将有关人员违法的事实材料直接转送人事、监察部门处理；接受转送的人事、监察部门应当依法处理，并将处理结果通报转送的行政复议机构。

第七章　附则

第六十六条　本条例自2007年8月1日起施行。

7. 最高人民法院关于适用《中华人民共和国行政诉讼法》的解释

（法释〔2018〕1号）

（2017年11月13日最高人民法院审判委员会第1726次会议通过，自2018年2月8日起施行）

为正确适用《中华人民共和国行政诉讼法》（以下简称行政诉讼法），结合人民法院行政审判工作实际，制定本解释

一、受案范围

第一条　公民、法人或者其他组织对行政机关及其工作人员的行政行为不服，依法提起诉讼的，属于人民法院行政诉讼的受案范围。

下列行为不属于人民法院行政诉讼的受案范围：

（一）公安、国家安全等机关依照刑事诉讼法的明确授权实施的行为；

（二）调解行为以及法律规定的仲裁行为；

（三）行政指导行为；

（四）驳回当事人对行政行为提起申诉的重复处理行为；

（五）行政机关作出的不产生外部法律效力的行为；

（六）行政机关为作出行政行为而实施的准备、论证、研究、层报、咨询等过程性行为；

（七）行政机关根据人民法院的生效裁判、协助执行通知书作出的执行行为，但行政机关扩大执行范围或者采取违法方式实施的除外；

（八）上级行政机关基于内部层级监督关系对下级行政机关作出的听取报告、执法检查、督促履责等行为；

（九）行政机关针对信访事项作出的登记、受理、交办、转送、复查、复核意见等行为；

（十）对公民、法人或者其他组织权利义务不产生实际影响的行为。

第二条　行政诉讼法第十三条第一项规定的“国家行为”，是指国务院、中央军事委员会、国防部、外交部等根据宪法和法律的授权，以国家的名义实施的有关国防和外交事务的行为，以及经宪法和法律授权的国家机关宣布紧急状态等行为。

行政诉讼法第十三条第二项规定的“具有普遍约束力的决定、命令”，是指行政机关针对不特定对象发布的能反复适用的规范性文件。

行政诉讼法第十三条第三项规定的“对行政机关工作人员的奖惩、任免等决定”，是指行政机关作出的涉及行政机关工作人员公务员权利义务的决定。

行政诉讼法第十三条第四项规定的“法律规定由行政机关最终裁决的行政行为”中的“法律”，是指全国人民代表大会及其常务委员会制定、通过的规范性文件。

二、管辖

第三条 各级人民法院行政审判庭审理行政案件和审查行政机关申请执行其行政行为的案件。

专门人民法院、人民法庭不审理行政案件，也不审查和执行行政机关申请执行其行政行为的案件。铁路运输法院等专门人民法院审理行政案件，应当执行行政诉讼法第十八条第二款的规定。

第四条 立案后，受诉人民法院的管辖权不受当事人住所地改变、追加被告等事实和法律状态变更的影响。

第五条 有下列情形之一的，属于行政诉讼法第十五条第三项规定的“本辖区内重大、复杂的案件”：

（一）社会影响重大的共同诉讼案件；

（二）涉外或者涉及香港特别行政区、澳门特别行政区、台湾地区的案件；

（三）其他重大、复杂案件。

第六条 当事人以案件重大复杂为由，认为有管辖权的基层人民法院不宜行使管辖权或者根据行政诉讼法第五十二条的规定，向中级人民法院起诉，中级人民法院应当根据不同情况在七日内分别作出以下处理：

（一）决定自行审理；

（二）指定本辖区其他基层人民法院管辖；

（三）书面告知当事人向有管辖权的基层人民法院起诉。

第七条 基层人民法院对其管辖的第一审行政案件，认为需要由中级人民法院审理或者指定管辖的，可以报请中级人民法院决定。中级人民法院应当根据不同情况在七日内分别作出以下处理：

（一）决定自行审理；

（二）指定本辖区其他基层人民法院管辖；

（三）决定由报请的人民法院审理。

第八条 行政诉讼法第十九条规定的“原告所在地”，包括原告的户籍所在地、经常居住地和被限制人身自由地。

对行政机关基于同一事实，既采取限制公民人身自由的行政强制措施，又采取其他行政强制措施或者行政处罚不服的，由被告所在地或者原告所在地的人民法院管辖。

第九条 行政诉讼法第二十条规定的“因不动产提起的行政诉讼”是指因行政行为导致不动产物权变动而提起的诉讼。

不动产已登记的，以不动产登记簿记载的所在地为不动产所在地；不动产未登记的，以不动产实际所在地为不动产所在地。

第十条 人民法院受理案件后，被告提出管辖异议的，应当在收到起诉状副本之日起十五日内提出。

对当事人提出的管辖异议，人民法院应当进行审查。异议成立的，裁定将案件移送有管辖权的人民法院；异议不成立的，裁定驳回。

人民法院对管辖异议审查后确定有管辖权的，不因当事人增加或者变更诉讼请求等改变管辖，但违反级别管辖、专属管辖规定的除外。

第十一条 有下列情形之一的，人民法院不予审查：

（一）人民法院发回重审或者按第一审程序再审的案件，当事人提出管辖异议的；

（二）当事人在第一审程序中未按照法律规定的期限和形式提出管辖异议，在第二审程序中提出的。

三、诉讼参加人

第十二条 有下列情形之一的，属于行政诉讼法第二十五条第一款规定的“与行政行为有利害关系”：

（一）被诉的行政行为涉及其相邻权或者公平竞争权的；

（二）在行政复议等行政程序中被追加为第三人的；

（三）要求行政机关依法追究加害人法律责任的；

（四）撤销或者变更行政行为涉及其合法权益的；

（五）为维护自身合法权益向行政机关投诉，具有处理投诉职责的行政机关作出或者未作出处理的；

（六）其他与行政行为有利害关系的情形。

第十三条 债权人以行政机关对债务人所作的行政行为损害债权实现为由提起行政诉讼的，人民法院应当告知其就民事争议提起民事诉讼，但行政机关作出行政行为时依法应予保护或者应予考虑的除外。

第十四条 行政诉讼法第二十五条第二款规定的“近亲属”，包括配偶、父母、子女、兄弟姐妹、祖父母、外祖父母、孙子女、外孙子女和其他具有扶养、赡养关系的亲属。

公民因被限制人身自由而不能提起诉讼的，其近亲属可以依其口头或者书面委托以该公民的名义提起诉讼。近亲属起诉时无法与被限制人身自由的公民取得联系，近亲属可以先行起诉，并在诉讼中补充提交委托证明。

第十五条 合伙企业向人民法院提起诉讼的，应当以核准登记的字号为原告。未依法登记领取营业执照的个人合伙的全体合伙人为共同原告；全体合伙人可以推选代表人，被推选的代表人，应当由全体合伙人出具推选书。

个体工商户向人民法院提起诉讼的，以营业执照上登记的经营者为原告。有字号的，以营业执照上登记的字号为原告，并应当注明该字号经营者的基本信息。

第十六条 股份制企业的股东大会、股东会、董事会等认为行政机关作出的行政行为侵犯企业经营自主权的，可以企业名义提起诉讼。

联营企业、中外合资或者合作企业的联营、合资、合作各方，认为联营、合资、合作企业权益或者自己一方合法权益受行政行为侵害的，可以自己的名义提起诉讼。

非国有企业被行政机关注销、撤销、合并、强令兼并、出售、分立或者改变企业隶属关系的，该企业或者其法定代表人可以提起诉讼。

第十七条 事业单位、社会团体、基金会、社会服务机构等非营利法人的出资人、设立人认为行政行为损害法人合法权益的，可以自己的名义提起诉讼。

第十八条 业主委员会对于行政机关作出的涉及业主共有利益的行政行为，可以自己的名义提起诉讼。

业主委员会不起诉的，专有部分占建筑物总面积过半数或者占总户数过半数的业主可以提起诉讼。

第十九条 当事人不服经上级行政机关批准的行政行为，向人民法院提起诉讼的，以在对外发生法律效力的文书上署名的机关为被告。

第二十条 行政机关组建并赋予行政管理职能但不具有独立承担法律责任能力的机构，以自己的名义作出行政行为，当事人不服提起诉讼的，应当以组建该机构的行政机关为被告。

法律、法规或者规章授权行使行政职权的行政机关内设机构、派出机构或者其他组织，超出法定授权范围实施行政行为，当事人不服提起诉讼的，应当以实施该行为的机构或者组织为被告。

没有法律、法规或者规章规定，行政机关授权其内设机构、派出机构或者其他组织行使行政职权的，属于行政诉讼法第二十六条规定的委托。当事人不服提起诉讼的，应当以该行政机关为被告。

第二十一条 当事人对由国务院、省级人民政府批准设立的开发区管理机构作出的行政行为不服提起诉讼的，以该开发区管理机构为被告；对由国务院、省级人民政府批准设立的开发区管理机构所属职能部门作出的行政行为不服提起诉讼的，以其职能部门为被告；对其他开发区管理机构所属职能部门作出的行政行为不服提起诉讼的，以开发区管理机构为被告；开发区管理机构没有行政主体资格的，以设立该机构的地方人民政府为被告。

第二十二条 行政诉讼法第二十六条第二款规定的"复议机关改变原行政行为"，是指复议机关改变原行政行为的处理结果。复议机关改变原行政行为所认定的主要事实和证据、改变原行政行为所适用的规范依据，但未改变原行政行为处理结果的，视为复议机关维持原行政行为。

复议机关确认原行政行为无效，属于改变原行政行为。

复议机关确认原行政行为违法，属于改变原行政行为，但复议机关以违反法定程序为由确认原行政行为违法的除外。

第二十三条 行政机关被撤销或者职权变更，没有继续行使其职权的行政机关的，以其所属的人民政府为被告；实行垂直领导的，以垂直领导的上一级行政机关为被告。

第二十四条 当事人对村民委员会或者居民委员会依据法律、法规、规章的授权履行行政管理职责的行为不服提起诉讼的，以村民委员会或者居民委员会为被告。

当事人对村民委员会、居民委员会受行政机关委托作出的行为不服提起诉讼的，以委托的行政机关为被告。

当事人对高等学校等事业单位以及律师协会、注册会计师协会等行业协会依据法律、法规、规章的授权实施的行政行为不服提起诉讼的，以该事业单位、行业协会为被告。

当事人对高等学校等事业单位以及律师协会、注册会计师协会等行业协会受行政机关委托作出的行为不服提起诉讼的，以委托的行政机关为被告。

第二十五条 市、县级人民政府确定的房屋征收部门组织实施房屋征收与补偿工作过程中作出行政行为，被征收人不服提起诉讼的，以房屋征收部门为被告。

征收实施单位受房屋征收部门委托，在委托范围内从事的行为，被征收人不服提起诉讼的，应当以房屋征收部门为被告。

第二十六条 原告所起诉的被告不适格，人民法院应当告知原告变更被告；原告不同意变更的，裁定驳回起诉。

应当追加被告而原告不同意追加的，人民法院应当通知其以第三人的身份参加诉讼，但行政复议机关作共同被告的除外。

第二十七条 必须共同进行诉讼的当事人没有参加诉讼的，人民法院应当依法通知其参加；当事人也可以向人民法院申请参加。

人民法院应当对当事人提出的申请进行审查，申请理由不成立的，裁定驳回；申请理由成立的，书面通知其参加诉讼。

前款所称的必须共同进行诉讼，是指按照行政诉讼法第二十七条的规定，当事人一方或者双方为两人以上，因同一行政行为发生行政争议，人民法院必须合并审理的诉讼。

第二十八条 人民法院追加共同诉讼的当事人时，应当通知其他当事人。应当追加的原告，已明确表示放弃实体权利的，可不予追加；既不愿意参加诉讼，又不放弃实体权利的，应追加为第三人，其不参加诉讼，不能阻碍人民法院对案件的审理和裁判。

第二十九条 行政诉讼法第二十八条规定的“人数众多”，一般指十人以上。

根据行政诉讼法第二十八条的规定，当事人一方人数众多的，由当事人推选代表人。当事人推选不出的，可以由人民法院在起诉的当事人中指定代表人。

行政诉讼法第二十八条规定的代表人为二至五人。代表人可以委托一至二人作为诉讼代理人。

第三十条 行政机关的同一行政行为涉及两个以上利害关系人，其中一部分利害关系人对行政行为不服提起诉讼，人民法院应当通知没有起诉的其他利害关系人作为第三人参加诉讼。

与行政案件处理结果有利害关系的第三人，可以申请参加诉讼，或者由人民法院通知其参加诉讼。人民法院判决其承担义务或者减损其权益的第三人，有权提出上诉或者申请再审。

行政诉讼法第二十九条规定的第三人，因不能归责于本人的事由未参加诉讼，但有证据证明发生法律效力的判决、裁定、调解书损害其合法权益的，可以依照行政诉讼法第九十条的规定，自知道或者应当知道其合法权益受到损害之日起六个月内，向上一级人民法院申请再审。

第三十一条 当事人委托诉讼代理人，应当向人民法院提交由委托人签名或者盖章的授权委托书。委托书应当载明委托事项和具体权限。公民在特殊情况下无法书面委托的，也可以由他人代书，并由自己捺印等方式确认，人民法院应当核实并记录在卷；被诉行政机关或者其他有义务协助的机关拒绝人民法院向被限制人身自由的公民核实的，视为委托成立。当事人解除或者变更委托的，应当书面报告人民法院。

第三十二条 依照行政诉讼法第三十一条第二款第二项规定，与当事人有合法劳动人事关系的职工，可以当事人工作人员的名义作为诉讼代理人。以当事人的工作人员身份参加诉讼活动，应当提交以下证据之一加以证明：

（一）缴纳社会保险记录凭证；

（二）领取工资凭证；

（三）其他能够证明其为当事人工作人员身份的证据。

第三十三条 根据行政诉讼法第三十一条第二款第三项规定，有关社会团体推荐公民担任诉讼代理人的，应当符合下列条件：

（一）社会团体属于依法登记设立或者依法免予登记设立的非营利性法人组织；

（二）被代理人属于该社会团体的成员，或者当事人一方住所地位于该社会团体的活动地域；

（三）代理事务属于该社会团体章程载明的业务范围；

（四）被推荐的公民是该社会团体的负责人或者与该社会团体有合法劳动人事关系的工作人员。

专利代理人经中华全国专利代理人协会推荐，可以在专利行政案件中担任诉讼代理人。

四、证据

第三十四条 根据行政诉讼法第三十六条第一款的规定，被告申请延期提供证据的，应当在收到起诉状副本之日起十五日内以书面方式向人民法院提出。人民法院准许延期提供的，被告应当在正当事由消除后十五日内提供证据。逾期提供的，视为被诉行政行为没有相应的证据。

第三十五条 原告或者第三人应当在开庭审理前或者人民法院指定的交换证据清单之日提供证据。因正当事由申请延期提供证据的，经人民法院准许，可以在法庭调查中提供。逾期提供证据的，人民法院应当责令其说明理由；拒不说明理由或者理由不成立的，视为放弃举证权利。

原告或者第三人在第一审程序中无正当事由未提供而在第二审程序中提供的证据，人民法院不予接纳。

第三十六条 当事人申请延长举证期限，应当在举证期限届满前向人民法院提出书面申请。

申请理由成立的，人民法院应当准许，适当延长举证期限，并通知其他当事人。申请理由不成立的，人民法院不予准许，并通知申请人。

第三十七条 根据行政诉讼法第三十九条的规定，对当事人无争议，但涉及国家利益、公共利益或者他人合法权益的事实，人民法院可以责令当事人提供或者补充有关证据。

第三十八条 对于案情比较复杂或者证据数量较多的案件，人民法院可以组织当事人在开庭前向对方出示或者交换证据，并将交换证据清单的情况记录在卷。

当事人在庭前证据交换过程中没有争议并记录在卷的证据，经审判人员在庭审中说明后，可以作为认定案件事实的依据。

第三十九条 当事人申请调查收集证据，但该证据与待证事实无关联、对证明待证事实无意义或者其他无调查收集必要的，人民法院不予准许。

第四十条 人民法院在证人出庭作证前应当告知其如实作证的义务以及作伪证的法律后果。

证人因履行出庭作证义务而支出的交通、住宿、就餐等必要费用以及误工损失，由败诉一方当事人承担。

第四十一条 有下列情形之一，原告或者第三人要求相关行政执法人员出庭说明的，人民法院可以准许：

（一）对现场笔录的合法性或者真实性有异议的；

（二）对扣押财产的品种或者数量有异议的；

（三）对检验的物品取样或者保管有异议的；

（四）对行政执法人员身份的合法性有异议的；

（五）需要出庭说明的其他情形。

第四十二条 能够反映案件真实情况、与待证事实相关联、来源和形式符合法律规定的证据，应当作为认定案件事实的根据。

第四十三条 有下列情形之一的，属于行政诉讼法第四十三条第三款规定的“以非法手段取得的证据”：

（一）严重违反法定程序收集的证据材料；

（二）以违反法律强制性规定的手段获取且侵害他人合法权益的证据材料；

（三）以利诱、欺诈、胁迫、暴力等手段获取的证据材料。

第四十四条 人民法院认为有必要的，可以要求当事人本人或者行政机关执法人员到庭，就案件有关事实接受询问。在询问之前，可以要求其签署保证书。

保证书应当载明据实陈述、如有虚假陈述愿意接受处罚等内容。当事人或者行政机关执法人员应当在保证书上签名或者捺印。

负有举证责任的当事人拒绝到庭、拒绝接受询问或者拒绝签署保证书，待证事实又欠缺其他证据加以佐证的，人民法院对其主张的事实不予认定。

第四十五条 被告有证据证明其在行政程序中依照法定程序要求原告或者第三人提供证据，原告或者第三人依法应当提供而没有提供，在诉讼程序中提供的证据，人民法院一般不予采纳。

第四十六条 原告或者第三人确有证据证明被告持有的证据对原告或者第三人有利的，可以在开庭审理前书面申请人民法院责令行政机关提交。

申请理由成立的，人民法院应当责令行政机关提交，因提交证据所产生的费用，由申请人预付。行政机关无正当理由拒不提交的，人民法院可以推定原告或者第三人基于该证据主张的事实成立。

持有证据的当事人以妨碍对方当事人使用为目的，毁灭有关证据或者实施其他致使证据不能使用行为的，人民法院可以推定对方当事人基于该证据主张的事实成立，并可依照行政诉讼法第五十九条规定处理。

第四十七条 根据行政诉讼法第三十八条第二款的规定，在行政赔偿、补偿案件中，因被告的原因导致原告无法就损害情况举证的，应当由被告就该损害情况承担举证责任。

对于各方主张损失的价值无法认定的，应当由负有举证责任的一方当事人申请鉴定，但法律、法规、规章规定行政机关在作出行政行为时依法应当评估或者鉴定的除外；负有举证责任的当事人拒绝申请鉴定的，由其承担不利的法律后果。

当事人的损失因客观原因无法鉴定的，人民法院应当结合当事人的主张和在案证据，遵循法官职业道德，运用逻辑推理和生活经验、生活常识等，酌情确定赔偿数额。

五、期间、送达

第四十八条 期间包括法定期间和人民法院指定的期间。

期间以时、日、月、年计算。期间开始的时和日，不计算在期间内。

期间届满的最后一日是节假日的，以节假日后的第一日为期间届满的日期。

期间不包括在途时间，诉讼文书在期满前交邮的，视为在期限内发送。

第四十九条 行政诉讼法第五十一条第二款规定的立案期限，因起诉状内容欠缺或者有其他错误通知原告限期补正的，从补正后递交人民法院的次日起算。由上级人民法院转交下级人民法院立案的案件，从受诉人民法院收到起诉状的次日起算。

第五十条 行政诉讼法第八十一条、第八十三条、第八十八条规定的审理期限，是指从立案之日起至裁判宣告、调解书送达之日止的期间，但公告期间、鉴定期间、调解期间、中止诉讼期间、审理当事人提出的管辖异议以及处理人民法院之间的管辖争议期间不应计算在内。

再审案件按照第一审程序或者第二审程序审理的，适用行政诉讼法第八十一条、第八十八条规定的审理期限。审理期限自再审立案的次日起算。

基层人民法院申请延长审理期限，应当直接报请高级人民法院批准，同时报中级人民法院备案。

第五十一条 人民法院可以要求当事人签署送达地址确认书，当事人确认的送达地址为人民法院法律文书的送达地址。

当事人同意电子送达的，应当提供并确认传真号、电子信箱等电子送达地址。

当事人送达地址发生变更的，应当及时书面告知受理案件的人民法院；未及时告知的，人民法院按原地址送达，视为依法送达。

人民法院可以通过国家邮政机构以法院专递方式进行送达。

第五十二条 人民法院可以在当事人住所地以外向当事人直接送达诉讼文书。当事人拒绝签署送达回证的，采用拍照、录像等方式记录送达过程即视为送达。审判人员、书记员应当在送达回证上注明送达情况并签名。

六、起诉与受理

第五十三条 人民法院对符合起诉条件的案件应当立案，依法保障当事人行使诉讼权利。

对当事人依法提起的诉讼，人民法院应当根据行政诉讼法第五十一条的规定接收起诉状。能够判断符合起诉条件的，应当当场登记立案；当场不能判断是否符合起诉条件的，应当在接收起诉状后七日内决定是否立案；七日内仍不能作出判断的，应当先予立案。

第五十四条 依照行政诉讼法第四十九条的规定，公民、法人或者其他组织提起诉讼时应当提交以下起诉材料：

（一）原告的身份证明材料以及有效联系方式；

（二）被诉行政行为或者不作为存在的材料；

（三）原告与被诉行政行为具有利害关系的材料；

（四）人民法院认为需要提交的其他材料。

由法定代理人或者委托代理人代为起诉的，还应当在起诉状中写明或者在口头起诉时向人民法院说明法定代理人或者委托代理人的基本情况，并提交法定代理人或者委托代理人的身份证明和代理权限证明等材料。

第五十五条 依照行政诉讼法第五十一条的规定，人民法院应当就起诉状内容和材料是否完备以及是否符合行政诉讼法规定的起诉条件进行审查。

起诉状内容或者材料欠缺的，人民法院应当给予指导和释明，并一次性全面告知当事人需要补正的内容、补充的材料及期限。在指定期限内补正并符合起诉条件的，应当登记立案。当事人拒绝补正或者经补正仍不符合起诉条件的，退回诉状并记录在册；坚持起诉的，裁定不予立案，并载明不予立案的理由。

第五十六条 法律、法规规定应当先申请复议，公民、法人或者其他组织未申请复议直接提起诉讼的，人民法院裁定不予立案。

依照行政诉讼法第四十五条的规定，复议机关不受理复议申请或者在法定期限内不作出复议决定，公民、法人或者其他组织不服，依法向人民法院提起诉讼的，人民法院应当依法立案。

第五十七条 法律、法规未规定行政复议为提起行政诉讼必经程序，公民、法人或者其他组织既提起诉讼又申请行政复议的，由先立案的机关管辖；同时立案的，由公民、法人或者其他组织选择。公民、法人或者其他组织已经申请行政复议，在法定复议期间内又向人民法院提起诉讼的，人民法院裁定不予立案。

第五十八条 法律、法规未规定行政复议为提起行政诉讼必经程序，公民、法人或者其他组织向复议机关申请行政复议后，又经复议机关同意撤回复议申请，在法定起诉期限内对原行政行为提起诉讼的，人民法院应当依法立案。

第五十九条 公民、法人或者其他组织向复议机关申请行政复议后，复议机关作出维持决定的，应当以复议机关和原行为机关为共同被告，并以复议决定送达时间确定起诉期限。

第六十条 人民法院裁定准许原告撤诉后，原告以同一事实和理由重新起诉的，人民法院不予立案。

准予撤诉的裁定确有错误，原告申请再审的，人民法院应当通过审判监督程序撤销原准予撤诉的裁定，重新对案件进行审理。

第六十一条 原告或者上诉人未按规定的期限预交案件受理费，又不提出缓交、减交、免交申请，或者提出申请未获批准的，按自动撤诉处理。在按撤诉处理后，原告或者上诉人在法定期限内再次起诉或者上诉，并依法解决诉讼费预交问题的，人民法院应予立案。

第六十二条 人民法院判决撤销行政机关的行政行为后，公民、法人或者其他组织对行政机关重新作出的行政行为不服向人民法院起诉的，人民法院应当依法立案。

第六十三条 行政机关作出行政行为时，没有制作或者没有送达法律文书，公民、法人或者其他组织只要能证明行政行为存在，并在法定期限内起诉的，人民法院应当依法立案。

第六十四条 行政机关作出行政行为时，未告知公民、法人或者其他组织起诉期限的，起诉期限从公民、法人或者其他组织知道或者应当知道起诉期限之日起计算，但从知道或者应当知道行政行为内容之日起最长不得超过一年。

复议决定未告知公民、法人或者其他组织起诉期限的，适用前款规定。

第六十五条 公民、法人或者其他组织不知道行政机关作出的行政行为内容的，其起诉期限从知道或者应当知道该行政行为内容之日起计算，但最长不得超过行政诉讼法第四十六条第二款规定的起诉期限。

第六十六条 公民、法人或者其他组织依照行政诉讼法第四十七条第一款的规定，对行政机关不履行法定职责提起诉讼的，应当在行政机关履行法定职责期限届满之日起六个月内提出。

第六十七条 原告提供被告的名称等信息足以使被告与其他行政机关相区别的，

可以认定为行政诉讼法第四十九条第二项规定的“有明确的被告”。

起诉状列写被告信息不足以认定明确的被告的，人民法院可以告知原告补正；原告补正后仍不能确定明确的被告的，人民法院裁定不予立案。

第六十八条 行政诉讼法第四十九条第三项规定的“有具体的诉讼请求”是指：

（一）请求判决撤销或者变更行政行为；

（二）请求判决行政机关履行特定法定职责或者给付义务；

（三）请求判决确认行政行为违法；

（四）请求判决确认行政行为无效；

（五）请求判决行政机关予以赔偿或者补偿；

（六）请求解决行政协议争议；

（七）请求一并审查规章以下规范性文件；

（八）请求一并解决相关民事争议；

（九）其他诉讼请求。

当事人单独或者一并提起行政赔偿、补偿诉讼的，应当有具体的赔偿、补偿事项以及数额；请求一并审查规章以下规范性文件的，应当提供明确的文件名称或者审查对象；请求一并解决相关民事争议的，应当有具体的民事诉讼请求。

当事人未能正确表达诉讼请求的，人民法院应当要求其明确诉讼请求。

第六十九条 有下列情形之一，已经立案的，应当裁定驳回起诉：

（一）不符合行政诉讼法第四十九条规定的；

（二）超过法定起诉期限且无行政诉讼法第四十八条规定情形的；

（三）错列被告且拒绝变更的；

（四）未按照法律规定由法定代理人、指定代理人、代表人为诉讼行为的；

（五）未按照法律、法规规定先向行政机关申请复议的；

（六）重复起诉的；

（七）撤回起诉后无正当理由再行起诉的；

（八）行政行为对其合法权益明显不产生实际影响的；

（九）诉讼标的已为生效裁判或者调解书所羁束的；

（十）其他不符合法定起诉条件的情形。

前款所列情形可以补正或者更正的，人民法院应当指定期间责令补正或者更正；在指定期间已经补正或者更正的，应当依法审理。

人民法院经过阅卷、调查或者询问当事人，认为不需要开庭审理的，可以迳行裁定驳回起诉。

第七十条 起诉状副本送达被告后，原告提出新的诉讼请求的，人民法院不予准许，但有正当理由的除外。

七、审理与判决

第七十一条 人民法院适用普通程序审理案件，应当在开庭三日前用传票传唤当事人。对证人、鉴定人、勘验人、翻译人员，应当用通知书通知其到庭。当事人或者其他诉讼参与人在外地的，应当留有必要的在途时间。

第七十二条 有下列情形之一的，可以延期开庭审理：

（一）应当到庭的当事人和其他诉讼参与人有正当理由没有到庭的；

（二）当事人临时提出回避申请且无法及时作出决定的；

（三）需要通知新的证人到庭，调取新的证据，重新鉴定、勘验，或者需要补充调查的；

（四）其他应当延期的情形。

第七十三条 根据行政诉讼法第二十七条的规定，有下列情形之一的，人民法院可以决定合并审理：

（一）两个以上行政机关分别对同一事实作出行政行为，公民、法人或者其他组织不服向同一人民法院起诉的；

（二）行政机关就同一事实对若干公民、法人或者其他组织分别作出行政行为，公民、法人或者其他组织不服分别向同一人民法院起诉的；

（三）在诉讼过程中，被告对原告作出新的行政行为，原告不服向同一人民法院起诉的；

（四）人民法院认为可以合并审理的其他情形。

第七十四条 当事人申请回避，应当说明理由，在案件开始审理时提出；回避事由在案件开始审理后知道的，应当在法庭辩论终结前提出。

被申请回避的人员，在人民法院作出是否回避的决定前，应当暂停参与本案的工作，但案件需要采取紧急措施的除外。

对当事人提出的回避申请，人民法院应当在三日内以口头或者书面形式作出决定。对当事人提出的明显不属于法定回避事由的申请，法庭可以依法当庭驳回。

申请人对驳回回避申请决定不服的，可以向作出决定的人民法院申请复议一次。复议期间，被申请回避的人员不停止参与本案的工作。对申请人的复议申请，人民法院应当在三日内作出复议决定，并通知复议申请人。

第七十五条 在一个审判程序中参与过本案审判工作的审判人员，不得再参与该案其他程序的审判。

发回重审的案件，在一审法院作出裁判后又进入第二审程序的，原第二审程序中合议庭组成人员不受前款规定的限制。

第七十六条 人民法院对于因一方当事人的行为或者其他原因，可能使行政行为或者人民法院生效裁判不能或者难以执行的案件，根据对方当事人的申请，可以裁定对其财产进行保全、责令其作出一定行为或者禁止其作出一定行为；当事人没有提出申请的，人民法院在必要时也可以裁定采取上述保全措施。

人民法院采取保全措施，可以责令申请人提供担保；申请人不提供担保的，裁定驳回申请。

人民法院接受申请后，对情况紧急的，必须在四十八小时内作出裁定；裁定采取保全措施的，应当立即开始执行。

当事人对保全的裁定不服的，可以申请复议；复议期间不停止裁定的执行。

第七十七条　利害关系人因情况紧急，不立即申请保全将会使其合法权益受到难以弥补的损害的，可以在提起诉讼前向被保全财产所在地、被申请人住所地或者对案件有管辖权的人民法院申请采取保全措施。申请人应当提供担保，不提供担保的，裁定驳回申请。

人民法院接受申请后，必须在四十八小时内作出裁定；裁定采取保全措施的，应当立即开始执行。

申请人在人民法院采取保全措施后三十日内不依法提起诉讼的，人民法院应当解除保全。

当事人对保全的裁定不服的，可以申请复议；复议期间不停止裁定的执行。

第七十八条　保全限于请求的范围，或者与本案有关的财物。

财产保全采取查封、扣押、冻结或者法律规定的其他方法。人民法院保全财产后，应当立即通知被保全人。

财产已被查封、冻结的，不得重复查封、冻结。

涉及财产的案件，被申请人提供担保的，人民法院应当裁定解除保全。

申请有错误的，申请人应当赔偿被申请人因保全所遭受的损失。

第七十九条　原告或者上诉人申请撤诉，人民法院裁定不予准许的，原告或者上诉人经传票传唤无正当理由拒不到庭，或者未经法庭许可中途退庭的，人民法院可以缺席判决。

第三人经传票传唤无正当理由拒不到庭，或者未经法庭许可中途退庭的，不发生阻止案件审理的效果。

根据行政诉讼法第五十八条的规定，被告经传票传唤无正当理由拒不到庭，或者未经法庭许可中途退庭的，人民法院可以按期开庭或者继续开庭审理，对到庭的当事人诉讼请求、双方的诉辩理由以及已经提交的证据及其他诉讼材料进行审理后，依法缺席判决。

第八十条　原告或者上诉人在庭审中明确拒绝陈述或者以其他方式拒绝陈述，导致庭审无法进行，经法庭释明法律后果后仍不陈述意见的，视为放弃陈述权利，由其承担不利的法律后果。

当事人申请撤诉或者依法可以按撤诉处理的案件，当事人有违反法律的行为需要依法处理的，人民法院可以不准许撤诉或者不按撤诉处理。

法庭辩论终结后原告申请撤诉，人民法院可以准许，但涉及到国家利益和社会公共利益的除外。

第八十一条　被告在一审期间改变被诉行政行为的，应当书面告知人民法院。

原告或者第三人对改变后的行政行为不服提起诉讼的，人民法院应当就改变后的行政行为进行审理。

被告改变原违法行政行为，原告仍要求确认原行政行为违法的，人民法院应当依法作出确认判决。

原告起诉被告不作为，在诉讼中被告作出行政行为，原告不撤诉的，人民法院应当就不作为依法作出确认判决。

第八十二条 当事人之间恶意串通，企图通过诉讼等方式侵害国家利益、社会公共利益或者他人合法权益的，人民法院应当裁定驳回起诉或者判决驳回其请求，并根据情节轻重予以罚款、拘留；构成犯罪的，依法追究刑事责任。

第八十三条 行政诉讼法第五十九条规定的罚款、拘留可以单独适用，也可以合并适用。

对同一妨害行政诉讼行为的罚款、拘留不得连续适用。发生新的妨害行政诉讼行为的，人民法院可以重新予以罚款、拘留。

第八十四条 人民法院审理行政诉讼法第六十条第一款规定的行政案件，认为法律关系明确、事实清楚，在征得当事人双方同意后，可以迳行调解。

第八十五条 调解达成协议，人民法院应当制作调解书。调解书应当写明诉讼请求、案件的事实和调解结果。

调解书由审判人员、书记员署名，加盖人民法院印章，送达双方当事人。

调解书经双方当事人签收后，即具有法律效力。调解书生效日期根据最后收到调解书的当事人签收的日期确定。

第八十六条 人民法院审理行政案件，调解过程不公开，但当事人同意公开的除外。

经人民法院准许，第三人可以参加调解。人民法院认为有必要的，可以通知第三人参加调解。

调解协议内容不公开，但为保护国家利益、社会公共利益、他人合法权益，人民法院认为确有必要公开的除外。

当事人一方或者双方不愿调解、调解未达成协议的，人民法院应当及时判决。

当事人自行和解或者调解达成协议后，请求人民法院按照和解协议或者调解协议的内容制作判决书的，人民法院不予准许。

第八十七条 在诉讼过程中，有下列情形之一的，中止诉讼：

（一）原告死亡，须等待其近亲属表明是否参加诉讼的；

（二）原告丧失诉讼行为能力，尚未确定法定代理人的；

（三）作为一方当事人的行政机关、法人或者其他组织终止，尚未确定权利义务承受人的；

（四）一方当事人因不可抗力的事由不能参加诉讼的；

（五）案件涉及法律适用问题，需要送请有权机关作出解释或者确认的；

（六）案件的审判须以相关民事、刑事或者其他行政案件的审理结果为依据，而相关案件尚未审结的；

（七）其他应当中止诉讼的情形。

中止诉讼的原因消除后，恢复诉讼。

第八十八条 在诉讼过程中，有下列情形之一的，终结诉讼：

（一）原告死亡，没有近亲属或者近亲属放弃诉讼权利的；

（二）作为原告的法人或者其他组织终止后，其权利义务的承受人放弃诉讼权利的。

因本解释第八十七条第一款第一、二、三项原因中止诉讼满九十日仍无人继续诉讼的，裁定终结诉讼，但有特殊情况的除外。

第八十九条 复议决定改变原行政行为错误，人民法院判决撤销复议决定时，可以一并责令复议机关重新作出复议决定或者判决恢复原行政行为的法律效力。

第九十条 人民法院判决被告重新作出行政行为，被告重新作出的行政行为与原行政行为的结果相同，但主要事实或者主要理由有改变的，不属于行政诉讼法第七十一条规定的情形。

人民法院以违反法定程序为由，判决撤销被诉行政行为的，行政机关重新作出行政行为不受行政诉讼法第七十一条规定的限制。

行政机关以同一事实和理由重新作出与原行政行为基本相同的行政行为，人民法院应当根据行政诉讼法第七十条、第七十一条的规定判决撤销或者部分撤销，并根据行政诉讼法第九十六条的规定处理。

第九十一条 原告请求被告履行法定职责的理由成立，被告违法拒绝履行或者无正当理由逾期不予答复的，人民法院可以根据行政诉讼法第七十二条的规定，判决被告在一定期限内依法履行原告请求的法定职责；尚需被告调查或者裁量的，应当判决被告针对原告的请求重新作出处理。

第九十二条 原告申请被告依法履行支付抚恤金、最低生活保障待遇或者社会保险待遇等给付义务的理由成立，被告依法负有给付义务而拒绝或者拖延履行义务的，人民法院可以根据行政诉讼法第七十三条的规定，判决被告在一定期限内履行相应的给付义务。

第九十三条 原告请求被告履行法定职责或者依法履行支付抚恤金、最低生活保障待遇或者社会保险待遇等给付义务，原告未先向行政机关提出申请的，人民法院裁定驳回起诉。

人民法院经审理认为原告所请求履行的法定职责或者给付义务明显不属于行政机关权限范围的，可以裁定驳回起诉。

第九十四条 公民、法人或者其他组织起诉请求撤销行政行为，人民法院经审查认为行政行为无效的，应当作出确认无效的判决。

公民、法人或者其他组织起诉请求确认行政行为无效，人民法院审查认为行政行为不属于无效情形，经释明，原告请求撤销行政行为的，应当继续审理并依法作出相应判决；原告请求撤销行政行为但超过法定起诉期限的，裁定驳回起诉；原告拒绝变更诉讼请求的，判决驳回其诉讼请求。

第九十五条 人民法院经审理认为被诉行政行为违法或者无效，可能给原告造成损失，经释明，原告请求一并解决行政赔偿争议的，人民法院可以就赔偿事项进行调解；调解不成的，应当一并判决。人民法院也可以告知其就赔偿事项另行提起诉讼。

第九十六条 有下列情形之一，且对原告依法享有的听证、陈述、申辩等重要程序性权利不产生实质损害的，属于行政诉讼法第七十四条第一款第二项规定的“程序轻微违法”：

（一）处理期限轻微违法；

（二）通知、送达等程序轻微违法；

（三）其他程序轻微违法的情形。

第九十七条 原告或者第三人的损失系由其自身过错和行政机关的违法行政行为共同造成的，人民法院应当依据各方行为与损害结果之间有无因果关系以及在损害发生和结果中作用力的大小，确定行政机关相应的赔偿责任。

第九十八条 因行政机关不履行、拖延履行法定职责，致使公民、法人或者其他组织的合法权益遭受损害的，人民法院应当判决行政机关承担行政赔偿责任。在确定赔偿数额时，应当考虑该不履行、拖延履行法定职责的行为在损害发生过程和结果中所起的作用等因素。

第九十九条 有下列情形之一的，属于行政诉讼法第七十五条规定的“重大且明显违法”：

（一）行政行为实施主体不具有行政主体资格；

（二）减损权利或者增加义务的行政行为没有法律规范依据；

（三）行政行为的内容客观上不可能实施；

（四）其他重大且明显违法的情形。

第一百条 人民法院审理行政案件，适用最高人民法院司法解释的，应当在裁判文书中援引。

人民法院审理行政案件，可以在裁判文书中引用合法有效的规章及其他规范性文件。

第一百零一条 裁定适用于下列范围：

（一）不予立案；

（二）驳回起诉；

（三）管辖异议；

（四）终结诉讼；

（五）中止诉讼；

（六）移送或者指定管辖；

（七）诉讼期间停止行政行为的执行或者驳回停止执行的申请；

（八）财产保全；

（九）先予执行；

（十）准许或者不准许撤诉；

（十一）补正裁判文书中的笔误；

（十二）中止或者终结执行；

（十三）提审、指令再审或者发回重审；

（十四）准许或者不准许执行行政机关的行政行为；

（十五）其他需要裁定的事项。

对第一、二、三项裁定，当事人可以上诉。

裁定书应当写明裁定结果和作出该裁定的理由。裁定书由审判人员、书记员署名，加盖人民法院印章。口头裁定的，记入笔录。

第一百零二条 行政诉讼法第八十二条规定的行政案件中的“事实清楚”，是指当事人对争议的事实陈述基本一致，并能提供相应的证据，无须人民法院调查收集证据即可查明事实；“权利义务关系明确”，是指行政法律关系中权利和义务能够明确区分；“争议不大”，是指当事人对行政行为的合法性、责任承担等没有实质分歧。

第一百零三条 适用简易程序审理的行政案件，人民法院可以用口头通知、电话、短信、传真、电子邮件等简便方式传唤当事人、通知证人、送达裁判文书以外的诉讼文书。

以简便方式送达的开庭通知，未经当事人确认或者没有其他证据证明当事人已经收到的，人民法院不得缺席判决。

第一百零四条 适用简易程序案件的举证期限由人民法院确定，也可以由当事人协商一致并经人民法院准许，但不得超过十五日。被告要求书面答辩的，人民法院可以确定合理的答辩期间。

人民法院应当将举证期限和开庭日期告知双方当事人，并向当事人说明逾期举证以及拒不到庭的法律后果，由双方当事人在笔录和开庭传票的送达回证上签名或者捺印。

当事人双方均表示同意立即开庭或者缩短举证期限、答辩期间的，人民法院可以立即开庭审理或者确定近期开庭。

第一百零五条 人民法院发现案情复杂，需要转为普通程序审理的，应当在审理期限届满前作出裁定并将合议庭组成人员及相关事项书面通知双方当事人。

案件转为普通程序审理的，审理期限自人民法院立案之日起计算。

第一百零六条 当事人就已经提起诉讼的事项在诉讼过程中或者裁判生效后再次起诉，同时具有下列情形的，构成重复起诉：

（一）后诉与前诉的当事人相同；

（二）后诉与前诉的诉讼标的相同；

（三）后诉与前诉的诉讼请求相同，或者后诉的诉讼请求被前诉裁判所包含。

第一百零七条 第一审人民法院作出判决和裁定后，当事人均提起上诉的，上诉各方均为上诉人。

诉讼当事人中的一部分人提出上诉，没有提出上诉的对方当事人为被上诉人，其他当事人依原审诉讼地位列明。

第一百零八条 当事人提出上诉，应当按照其他当事人或者诉讼代表人的人数提出上诉状副本。

原审人民法院收到上诉状，应当在五日内将上诉状副本发送其他当事人，对方当事人应当在收到上诉状副本之日起十五日内提出答辩状。

原审人民法院应当在收到答辩状之日起五日内将副本发送上诉人。对方当事人不提出答辩状的，不影响人民法院审理。

原审人民法院收到上诉状、答辩状，应当在五日内连同全部案卷和证据，报送第二审人民法院；已经预收的诉讼费用，一并报送。

第一百零九条 第二审人民法院经审理认为原审人民法院不予立案或者驳回起诉的裁定确有错误且当事人的起诉符合起诉条件的，应当裁定撤销原审人民法院的裁定，指令原审人民法院依法立案或者继续审理。

第二审人民法院裁定发回原审人民法院重新审理的行政案件，原审人民法院应当另行组成合议庭进行审理。

原审判决遗漏了必须参加诉讼的当事人或者诉讼请求的，第二审人民法院应当裁定撤销原审判决，发回重审。

原审判决遗漏行政赔偿请求，第二审人民法院经审查认为依法不应当予以赔偿的，应当判决驳回行政赔偿请求。

原审判决遗漏行政赔偿请求，第二审人民法院经审理认为依法应当予以赔偿的，在确认被诉行政行为违法的同时，可以就行政赔偿问题进行调解；调解不成的，应当就行政赔偿部分发回重审。

当事人在第二审期间提出行政赔偿请求的，第二审人民法院可以进行调解；调解不成的，应当告知当事人另行起诉。

第一百一十条 当事人向上一级人民法院申请再审，应当在判决、裁定或者调解书发生法律效力后六个月内提出。有下列情形之一的，自知道或者应当知道之日起六个月内提出：

（一）有新的证据，足以推翻原判决、裁定的；

（二）原判决、裁定认定事实的主要证据是伪造的；

（三）据以作出原判决、裁定的法律文书被撤销或者变更的；

（四）审判人员审理该案件时有贪污受贿、徇私舞弊、枉法裁判行为的。

第一百一十一条 当事人申请再审的，应当提交再审申请书等材料。人民法院认为有必要的，可以自收到再审申请书之日起五日内将再审申请书副本发送对方当事人。对方当事人应当自收到再审申请书副本之日起十五日内提交书面意见。人民法院可以要求申请人和对方当事人补充有关材料，询问有关事项。

第一百一十二条 人民法院应当自再审申请案件立案之日起六个月内审查，有特殊情况需要延长的，由本院院长批准。

第一百一十三条 人民法院根据审查再审申请案件的需要决定是否询问当事人；新的证据可能推翻原判决、裁定的，人民法院应当询问当事人。

第一百一十四条 审查再审申请期间，被申请人及原审其他当事人依法提出再审申请的，人民法院应当将其列为再审申请人，对其再审事由一并审查，审查期限重新计算。经审查，其中一方再审申请人主张的再审事由成立的，应当裁定再审。各方再审申请人主张的再审事由均不成立的，一并裁定驳回再审申请。

第一百一十五条 审查再审申请期间，再审申请人申请人民法院委托鉴定、勘验的，人民法院不予准许。

审查再审申请期间，再审申请人撤回再审申请的，是否准许，由人民法院裁定。

再审申请人经传票传唤，无正当理由拒不接受询问的，按撤回再审申请处理。

人民法院准许撤回再审申请或者按撤回再审申请处理后，再审申请人再次申请再审的，不予立案，但有行政诉讼法第九十一条第二项、第三项、第七项、第八项规定情形，自知道或者应当知道之日起六个月内提出的除外。

第一百一十六条 当事人主张的再审事由成立，且符合行政诉讼法和本解释规定的申请再审条件的，人民法院应当裁定再审。

当事人主张的再审事由不成立，或者当事人申请再审超过法定申请再审期限、超出法定再审事由范围等不符合行政诉讼法和本解释规定的申请再审条件的，人民法院应当裁定驳回再审申请。

第一百一十七条 有下列情形之一的，当事人可以向人民检察院申请抗诉或者检察建议：

（一）人民法院驳回再审申请的；

（二）人民法院逾期未对再审申请作出裁定的；

（三）再审判决、裁定有明显错误的。

人民法院基于抗诉或者检察建议作出再审判决、裁定后，当事人申请再审的，人民法院不予立案。

第一百一十八条 按照审判监督程序决定再审的案件，裁定中止原判决、裁定、调解书的执行，但支付抚恤金、最低生活保障费或者社会保险待遇的案件，可以不中止执行。

上级人民法院决定提审或者指令下级人民法院再审的，应当作出裁定，裁定应当写明中止原判决的执行；情况紧急的，可以将中止执行的裁定口头通知负责执行的人民法院或者作出生效判决、裁定的人民法院，但应当在口头通知后十日内发出裁定书。

第一百一十九条 人民法院按照审判监督程序再审的案件，发生法律效力的判决、裁定是由第一审法院作出的，按照第一审程序审理，所作的判决、裁定，当事人可以上诉；发生法律效力的判决、裁定是由第二审法院作出的，按照第二审程序审理，所作的判决、裁定，是发生法律效力的判决、裁定；上级人民法院按照审判监督程序提审的，按照第二审程序审理，所作的判决、裁定是发生法律效力的判决、裁定。

人民法院审理再审案件，应当另行组成合议庭。

第一百二十条 人民法院审理再审案件应当围绕再审请求和被诉行政行为合法性进行。当事人的再审请求超出原审诉讼请求，符合另案诉讼条件的，告知当事人可以另行起诉。

被申请人及原审其他当事人在庭审辩论结束前提出的再审请求，符合本解释规定的申请期限的，人民法院应当一并审理。

人民法院经再审，发现已经发生法律效力的判决、裁定损害国家利益、社会公共利益、他人合法权益的，应当一并审理。

第一百二十一条 再审审理期间，有下列情形之一的，裁定终结再审程序：

（一）再审申请人在再审期间撤回再审请求，人民法院准许的；

（二）再审申请人经传票传唤，无正当理由拒不到庭的，或者未经法庭许可中途退庭，按撤回再审请求处理的；

（三）人民检察院撤回抗诉的；

（四）其他应当终结再审程序的情形。

因人民检察院提出抗诉裁定再审的案件，申请抗诉的当事人有前款规定的情形，且不损害国家利益、社会公共利益或者他人合法权益的，人民法院裁定终结再审程序。

再审程序终结后，人民法院裁定中止执行的原生效判决自动恢复执行。

第一百二十二条 人民法院审理再审案件，认为原生效判决、裁定确有错误，在撤销原生效判决或者裁定的同时，可以对生效判决、裁定的内容作出相应裁判，也可以裁定撤销生效判决或者裁定，发回作出生效判决、裁定的人民法院重新审理。

第一百二十三条 人民法院审理二审案件和再审案件，对原审法院立案、不予立案或者驳回起诉错误的，应当分别情况作如下处理：

（一）第一审人民法院作出实体判决后，第二审人民法院认为不应当立案的，在撤销第一审人民法院判决的同时，可以迳行驳回起诉；

（二）第二审人民法院维持第一审人民法院不予立案裁定错误的，再审法院应当撤销第一审、第二审人民法院裁定，指令第一审人民法院受理；

（三）第二审人民法院维持第一审人民法院驳回起诉裁定错误的，再审法院应当撤销第一审、第二审人民法院裁定，指令第一审人民法院审理。

第一百二十四条 人民检察院提出抗诉的案件，接受抗诉的人民法院应当自收到抗诉书之日起三十日内作出再审的裁定；有行政诉讼法第九十一条第二、三项规定情形之一的，可以指令下一级人民法院再审，但经该下一级人民法院再审过的除外。

人民法院在审查抗诉材料期间，当事人之间已经达成和解协议的，人民法院可以建议人民检察院撤回抗诉。

第一百二十五条 人民检察院提出抗诉的案件，人民法院再审开庭时，应当在开庭三日前通知人民检察院派员出庭。

第一百二十六条 人民法院收到再审检察建议后，应当组成合议庭，在三个月内进行审查，发现原判决、裁定、调解书确有错误，需要再审的，依照行政诉讼法第九十二条规定裁定再审，并通知当事人；经审查，决定不予再审的，应当书面回复人民检察院。

第一百二十七条 人民法院审理因人民检察院抗诉或者检察建议裁定再审的案件，不受此前已经作出的驳回当事人再审申请裁定的限制。

八、行政机关负责人出庭应诉

第一百二十八条 行政诉讼法第三条第三款规定的行政机关负责人，包括行政机关的正职、副职负责人以及其他参与分管的负责人。

行政机关负责人出庭应诉的，可以另行委托一至二名诉讼代理人。行政机关负责人不能出庭的，应当委托行政机关相应的工作人员出庭，不得仅委托律师出庭。

第一百二十九条 涉及重大公共利益、社会高度关注或者可能引发群体性事件等案件以及人民法院书面建议行政机关负责人出庭的案件，被诉行政机关负责人应当出庭。

被诉行政机关负责人出庭应诉的，应当在当事人及其诉讼代理人基本情况、案件由来部分予以列明。

行政机关负责人有正当理由不能出庭应诉的，应当向人民法院提交情况说明，并加盖行政机关印章或者由该机关主要负责人签字认可。

行政机关拒绝说明理由的，不发生阻止案件审理的效果，人民法院可以向监察机关、上一级行政机关提出司法建议。

第一百三十条 行政诉讼法第三条第三款规定的“行政机关相应的工作人员”，包括该行政机关具有国家行政编制身份的工作人员以及其他依法履行公职的人员。

被诉行政行为是地方人民政府作出的，地方人民政府法制工作机构的工作人员，以及被诉行政行为具体承办机关工作人员，可以视为被诉人民政府相应的工作人员。

第一百三十一条 行政机关负责人出庭应诉的，应当向人民法院提交能够证明该行政机关负责人职务的材料。

行政机关委托相应的工作人员出庭应诉的，应当向人民法院提交加盖行政机关印章的授权委托书，并载明工作人员的姓名、职务和代理权限。

第一百三十二条 行政机关负责人和行政机关相应的工作人员均不出庭，仅委托律师出庭的或者人民法院书面建议行政机关负责人出庭应诉，行政机关负责人不出庭应诉的，人民法院应当记录在案和在裁判文书中载明，并可以建议有关机关依法作出处理。

九、复议机关作共同被告

第一百三十三条 行政诉讼法第二十六条第二款规定的“复议机关决定维持原行

政行为”，包括复议机关驳回复议申请或者复议请求的情形，但以复议申请不符合受理条件为由驳回的除外。

第一百三十四条 复议机关决定维持原行政行为的，作出原行政行为的行政机关和复议机关是共同被告。原告只起诉作出原行政行为的行政机关或者复议机关的，人民法院应当告知原告追加被告。原告不同意追加的，人民法院应当将另一机关列为共同被告。

行政复议决定既有维持原行政行为内容，又有改变原行政行为内容或者不予受理申请内容的，作出原行政行为的行政机关和复议机关为共同被告。

复议机关作共同被告的案件，以作出原行政行为的行政机关确定案件的级别管辖。

第一百三十五条 复议机关决定维持原行政行为的，人民法院应当在审查原行政行为合法性的同时，一并审查复议决定的合法性。

作出原行政行为的行政机关和复议机关对原行政行为合法性共同承担举证责任，可以由其中一个机关实施举证行为。复议机关对复议决定的合法性承担举证责任。

复议机关作共同被告的案件，复议机关在复议程序中依法收集和补充的证据，可以作为人民法院认定复议决定和原行政行为合法的依据。

第一百三十六条 人民法院对原行政行为作出判决的同时，应当对复议决定一并作出相应判决。

人民法院依职权追加作出原行政行为的行政机关或者复议机关为共同被告的，对原行政行为或者复议决定可以作出相应判决。

人民法院判决撤销原行政行为和复议决定的，可以判决作出原行政行为的行政机关重新作出行政行为。

人民法院判决作出原行政行为的行政机关履行法定职责或者给付义务的，应当同时判决撤销复议决定。

原行政行为合法、复议决定违法的，人民法院可以判决撤销复议决定或者确认复议决定违法，同时判决驳回原告针对原行政行为的诉讼请求。

原行政行为被撤销、确认违法或者无效，给原告造成损失的，应当由作出原行政行为的行政机关承担赔偿责任；因复议决定加重损害的，由复议机关对加重部分承担赔偿责任。

原行政行为不符合复议或者诉讼受案范围等受理条件，复议机关作出维持决定的，人民法院应当裁定一并驳回对原行政行为和复议决定的起诉。

十、相关民事争议的一并审理

第一百三十七条 公民、法人或者其他组织请求一并审理行政诉讼法第六十一条规定的相关民事争议，应当在第一审开庭审理前提出；有正当理由的，也可以在法庭调查中提出。

第一百三十八条 人民法院决定在行政诉讼中一并审理相关民事争议，或者案件当事人一致同意相关民事争议在行政诉讼中一并解决，人民法院准许的，由受理行政案件的人民法院管辖。

公民、法人或者其他组织请求一并审理相关民事争议，人民法院经审查发现行政案件已经超过起诉期限，民事案件尚未立案的，告知当事人另行提起民事诉讼；民事案件已经立案的，由原审判组织继续审理。

人民法院在审理行政案件中发现民事争议为解决行政争议的基础，当事人没有请求人民法院一并审理相关民事争议的，人民法院应当告知当事人依法申请一并解决民事争议。当事人就民事争议另行提起民事诉讼并已立案的，人民法院应当中止行政诉讼的审理。民事争议处理期间不计算在行政诉讼审理期限内。

第一百三十九条　有下列情形之一的，人民法院应当作出不予准许一并审理民事争议的决定，并告知当事人可以依法通过其他渠道主张权利：

（一）法律规定应当由行政机关先行处理的；

（二）违反民事诉讼法专属管辖规定或者协议管辖约定的；

（三）约定仲裁或者已经提起民事诉讼的；

（四）其他不宜一并审理民事争议的情形。

对不予准许的决定可以申请复议一次。

第一百四十条　人民法院在行政诉讼中一并审理相关民事争议的，民事争议应当单独立案，由同一审判组织审理。

人民法院审理行政机关对民事争议所作裁决的案件，一并审理民事争议的，不另行立案。

第一百四十一条　人民法院一并审理相关民事争议，适用民事法律规范的相关规定，法律另有规定的除外。

当事人在调解中对民事权益的处分，不能作为审查被诉行政行为合法性的根据。

第一百四十二条　对行政争议和民事争议应当分别裁判。

当事人仅对行政裁判或者民事裁判提出上诉的，未上诉的裁判在上诉期满后即发生法律效力。第一审人民法院应当将全部案卷一并移送第二审人民法院，由行政审判庭审理。第二审人民法院发现未上诉的生效裁判确有错误的，应当按照审判监督程序再审。

第一百四十三条　行政诉讼原告在宣判前申请撤诉的，是否准许由人民法院裁定。人民法院裁定准许行政诉讼原告撤诉，但其对已经提起的一并审理相关民事争议不撤诉的，人民法院应当继续审理。

第一百四十四条　人民法院一并审理相关民事争议，应当按行政案件、民事案件的标准分别收取诉讼费用。

十一、规范性文件的一并审查

第一百四十五条　公民、法人或者其他组织在对行政行为提起诉讼时一并请求对所依据的规范性文件审查的，由行政行为案件管辖法院一并审查。

第一百四十六条　公民、法人或者其他组织请求人民法院一并审查行政诉讼法第五十三条规定的规范性文件，应当在第一审开庭审理前提出；有正当理由的，也可以在法庭调查中提出。

第一百四十七条 人民法院在对规范性文件审查过程中，发现规范性文件可能不合法的，应当听取规范性文件制定机关的意见。

制定机关申请出庭陈述意见的，人民法院应当准许。

行政机关未陈述意见或者未提供相关证明材料的，不能阻止人民法院对规范性文件进行审查。

第一百四十八条 人民法院对规范性文件进行一并审查时，可以从规范性文件制定机关是否超越权限或者违反法定程序、作出行政行为所依据的条款以及相关条款等方面进行。

有下列情形之一的，属于行政诉讼法第六十四条规定的“规范性文件不合法”：

（一）超越制定机关的法定职权或者超越法律、法规、规章的授权范围的；

（二）与法律、法规、规章等上位法的规定相抵触的；

（三）没有法律、法规、规章依据，违法增加公民、法人和其他组织义务或者减损公民、法人和其他组织合法权益的；

（四）未履行法定批准程序、公开发布程序，严重违反制定程序的；

（五）其他违反法律、法规以及规章规定的情形。

第一百四十九条 人民法院经审查认为行政行为所依据的规范性文件合法的，应当作为认定行政行为合法的依据；经审查认为规范性文件不合法的，不作为人民法院认定行政行为合法的依据，并在裁判理由中予以阐明。作出生效裁判的人民法院应当向规范性文件的制定机关提出处理建议，并可以抄送制定机关的同级人民政府、上一级行政机关、监察机关以及规范性文件的备案机关。

规范性文件不合法的，人民法院可以在裁判生效之日起三个月内，向规范性文件制定机关提出修改或者废止该规范性文件的司法建议。

规范性文件由多个部门联合制定的，人民法院可以向该规范性文件的主办机关或者共同上一级行政机关发送司法建议。

接收司法建议的行政机关应当在收到司法建议之日起六十日内予以书面答复。情况紧急的，人民法院可以建议制定机关或者其上一级行政机关立即停止执行该规范性文件。

第一百五十条 人民法院认为规范性文件不合法的，应当在裁判生效后报送上一级人民法院进行备案。涉及国务院部门、省级行政机关制定的规范性文件，司法建议还应当分别层报最高人民法院、高级人民法院备案。

第一百五十一条 各级人民法院院长对本院已经发生法律效力的判决、裁定，发现规范性文件合法性认定错误，认为需要再审的，应当提交审判委员会讨论。

最高人民法院对地方各级人民法院已经发生法律效力的判决、裁定，上级人民法院对下级人民法院已经发生法律效力的判决、裁定，发现规范性文件合法性认定错误的，有权提审或者指令下级人民法院再审。

十二、执行

第一百五十二条 对发生法律效力的行政判决书、行政裁定书、行政赔偿判决书和行政调解书，负有义务的一方当事人拒绝履行的，对方当事人可以依法申请人民法院强制执行。

人民法院判决行政机关履行行政赔偿、行政补偿或者其他行政给付义务，行政机关拒不履行的，对方当事人可以依法向法院申请强制执行。

第一百五十三条 申请执行的期限为二年。申请执行时效的中止、中断，适用法律有关规定。

申请执行的期限从法律文书规定的履行期间最后一日起计算；法律文书规定分期履行的，从规定的每次履行期间的最后一日起计算；法律文书中没有规定履行期限的，从该法律文书送达当事人之日起计算。

逾期申请的，除有正当理由外，人民法院不予受理。

第一百五十四条 发生法律效力的行政判决书、行政裁定书、行政赔偿判决书和行政调解书，由第一审人民法院执行。

第一审人民法院认为情况特殊，需要由第二审人民法院执行的，可以报请第二审人民法院执行；第二审人民法院可以决定由其执行，也可以决定由第一审人民法院执行。

第一百五十五条 行政机关根据行政诉讼法第九十七条的规定申请执行其行政行为，应当具备以下条件：

（一）行政行为依法可以由人民法院执行；

（二）行政行为已经生效并具有可执行内容；

（三）申请人是作出该行政行为的行政机关或者法律、法规、规章授权的组织；

（四）被申请人是该行政行为所确定的义务人；

（五）被申请人在行政行为确定的期限内或者行政机关催告期限内未履行义务；

（六）申请人在法定期限内提出申请；

（七）被申请执行的行政案件属于受理执行申请的人民法院管辖。

行政机关申请人民法院执行，应当提交行政强制法第五十五条规定的相关材料。

人民法院对符合条件的申请，应当在五日内立案受理，并通知申请人；对不符合条件的申请，应当裁定不予受理。行政机关对不予受理裁定有异议，在十五日内向上一级人民法院申请复议的，上一级人民法院应当在收到复议申请之日起十五日内作出裁定。

第一百五十六条 没有强制执行权的行政机关申请人民法院强制执行其行政行为，应当自被执行人的法定起诉期限届满之日起三个月内提出。逾期申请的，除有正当理由外，人民法院不予受理。

第一百五十七条 行政机关申请人民法院强制执行其行政行为的，由申请人所在地的基层人民法院受理；执行对象为不动产的，由不动产所在地的基层人民法院受理。

基层人民法院认为执行确有困难的，可以报请上级人民法院执行；上级人民法院可以决定由其执行，也可以决定由下级人民法院执行。

第一百五十八条 行政机关根据法律的授权对平等主体之间民事争议作出裁决后，当事人在法定期限内不起诉又不履行，作出裁决的行政机关在申请执行的期限内未申请人民法院强制执行的，生效行政裁决确定的权利人或者其继承人、权利承受人在六个月内可以申请人民法院强制执行。

享有权利的公民、法人或者其他组织申请人民法院强制执行生效行政裁决，参照行政机关申请人民法院强制执行行政行为的规定。

第一百五十九条 行政机关或者行政行为确定的权利人申请人民法院强制执行前，有充分理由认为被执行人可能逃避执行的，可以申请人民法院采取财产保全措施。后者申请强制执行的，应当提供相应的财产担保。

第一百六十条 人民法院受理行政机关申请执行其行政行为的案件后，应当在七日内由行政审判庭对行政行为的合法性进行审查，并作出是否准予执行的裁定。

人民法院在作出裁定前发现行政行为明显违法并损害被执行人合法权益的，应当听取被执行人和行政机关的意见，并自受理之日起三十日内作出是否准予执行的裁定。

需要采取强制执行措施的，由本院负责强制执行非诉行政行为的机构执行。

第一百六十一条 被申请执行的行政行为有下列情形之一的，人民法院应当裁定不准予执行：

（一）实施主体不具有行政主体资格的；

（二）明显缺乏事实根据的；

（三）明显缺乏法律、法规依据的；

（四）其他明显违法并损害被执行人合法权益的情形。

行政机关对不准予执行的裁定有异议，在十五日内向上一级人民法院申请复议的，上一级人民法院应当在收到复议申请之日起三十日内作出裁定。

十三、附则

第一百六十二条 公民、法人或者其他组织对2015年5月1日之前作出的行政行为提起诉讼，请求确认行政行为无效的，人民法院不予立案。

第一百六十三条 本解释自2018年2月8日起施行。

本解释施行后，《最高人民法院关于执行〈中华人民共和国行政诉讼法〉若干问题的解释》（法释〔2000〕8号）、《最高人民法院关于适用〈中华人民共和国行政诉讼法〉若干问题的解释》（法释〔2015〕9号）同时废止。最高人民法院以前发布的司法解释与本解释不一致的，不再适用。

8. 最高人民法院、最高人民检察院关于办理环境污染刑事案件适用法律若干问题的解释

法释〔2023〕7号

（2023年3月27日由最高人民法院审判委员会第1882次会议、2023年7月27日由最高人民检察院第十四届检察委员会第十次会议通过，自2023年8月15日起施行。）

为依法惩治环境污染犯罪，根据《中华人民共和国刑法》、《中华人民共和国刑事诉讼法》、《中华人民共和国环境保护法》等法律的有关规定，现就办理此类刑事案件适用法律的若干问题解释如下：

第一条 实施刑法第三百三十八条规定的行为，具有下列情形之一的，应当认定为“严重污染环境”：

（一）在饮用水水源保护区、自然保护地核心保护区等依法确定的重点保护区域排放、倾倒、处置有放射性的废物、含传染病病原体的废物、有毒物质的；

（二）非法排放、倾倒、处置危险废物三吨以上的；

（三）排放、倾倒、处置含铅、汞、镉、铬、砷、铊、锑的污染物，超过国家或者地方污染物排放标准三倍以上的；

（四）排放、倾倒、处置含镍、铜、锌、银、钒、锰、钴的污染物，超过国家或者地方污染物排放标准十倍以上的；

（五）通过暗管、渗井、渗坑、裂隙、溶洞、灌注、非紧急情况下开启大气应急排放通道等逃避监管的方式排放、倾倒、处置有放射性的废物、含传染病病原体的废物、有毒物质的；

（六）二年内曾因在重污染天气预警期间，违反国家规定，超标排放二氧化硫、氮氧化物等实行排放总量控制的大气污染物受过二次以上行政处罚，又实施此类行为的；

（七）重点排污单位、实行排污许可重点管理的单位篡改、伪造自动监测数据或者干扰自动监测设施，排放化学需氧量、氨氮、二氧化硫、氮氧化物等污染物的；

（八）二年内曾因违反国家规定，排放、倾倒、处置有放射性的废物、含传染病病原体的废物、有毒物质受过二次以上行政处罚，又实施此类行为的；

（九）违法所得或者致使公私财产损失三十万元以上的；

（十）致使乡镇集中式饮用水水源取水中断十二小时以上的；

（十一）其他严重污染环境的情形。

第二条 实施刑法第三百三十八条规定的行为，具有下列情形之一的，应当认定为“情节严重”：

（一）在饮用水水源保护区、自然保护地核心保护区等依法确定的重点保护区域

排放、倾倒、处置有放射性的废物、含传染病病原体的废物、有毒物质，造成相关区域的生态功能退化或者野生生物资源严重破坏的；

（二）向国家确定的重要江河、湖泊水域排放、倾倒、处置有放射性的废物、含传染病病原体的废物、有毒物质，造成相关水域的生态功能退化或者水生生物资源严重破坏的；

（三）非法排放、倾倒、处置危险废物一百吨以上的；

（四）违法所得或者致使公私财产损失一百万元以上的；

（五）致使县级城区集中式饮用水水源取水中断十二小时以上的；

（六）致使永久基本农田、公益林地十亩以上，其他农用地二十亩以上，其他土地五十亩以上基本功能丧失或者遭受永久性破坏的；

（七）致使森林或者其他林木死亡五十立方米以上，或者幼树死亡二千五百株以上的；

（八）致使疏散、转移群众五千人以上的；

（九）致使三十人以上中毒的；

（十）致使一人以上重伤、严重疾病或者三人以上轻伤的；

（十一）其他情节严重的情形。

第三条 实施刑法第三百三十八条规定的行为，具有下列情形之一的，应当处七年以上有期徒刑，并处罚金：

（一）在饮用水水源保护区、自然保护地核心保护区等依法确定的重点保护区域排放、倾倒、处置有放射性的废物、含传染病病原体的废物、有毒物质，具有下列情形之一的：

1. 致使设区的市级城区集中式饮用水水源取水中断十二小时以上的；

2. 造成自然保护地主要保护的生态系统严重退化，或者主要保护的自然景观损毁的；

3. 造成国家重点保护的野生动植物资源或者国家重点保护物种栖息地、生长环境严重破坏的；

4. 其他情节特别严重的情形。

（二）向国家确定的重要江河、湖泊水域排放、倾倒、处置有放射性的废物、含传染病病原体的废物、有毒物质，具有下列情形之一的：

1. 造成国家确定的重要江河、湖泊水域生态系统严重退化的；

2. 造成国家重点保护的野生动植物资源严重破坏的；

3. 其他情节特别严重的情形。

（三）致使永久基本农田五十亩以上基本功能丧失或者遭受永久性破坏的；

（四）致使三人以上重伤、严重疾病，或者一人以上严重残疾、死亡的。

第四条 实施刑法第三百三十九条第一款规定的行为，具有下列情形之一的，应当认定为“致使公私财产遭受重大损失或者严重危害人体健康”：

（一）致使公私财产损失一百万元以上的；

（二）具有本解释第二条第五项至第十项规定情形之一的；

（三）其他致使公私财产遭受重大损失或者严重危害人体健康的情形。

第五条 实施刑法第三百三十八条、第三百三十九条规定的犯罪行为，具有下列情形之一的，应当从重处罚：

（一）阻挠环境监督检查或者突发环境事件调查，尚不构成妨害公务等犯罪的；

（二）在医院、学校、居民区等人口集中地区及其附近，违反国家规定排放、倾倒、处置有放射性的废物、含传染病病原体的废物、有毒物质或者其他有害物质的；

（三）在突发环境事件处置期间或者被责令限期整改期间，违反国家规定排放、倾倒、处置有放射性的废物、含传染病病原体的废物、有毒物质或者其他有害物质的；

（四）具有危险废物经营许可证的企业违反国家规定排放、倾倒、处置有放射性的废物、含传染病病原体的废物、有毒物质或者其他有害物质的；

（五）实行排污许可重点管理的企业事业单位和其他生产经营者未依法取得排污许可证，排放、倾倒、处置有放射性的废物、含传染病病原体的废物、有毒物质或者其他有害物质的。

第六条 实施刑法第三百三十八条规定的行为，行为人认罪认罚，积极修复生态环境，有效合规整改的，可以从宽处罚；犯罪情节轻微的，可以不起诉或者免予刑事处罚；情节显著轻微危害不大的，不作为犯罪处理。

第七条 无危险废物经营许可证从事收集、贮存、利用、处置危险废物经营活动，严重污染环境的，按照污染环境罪定罪处罚；同时构成非法经营罪的，依照处罚较重的规定定罪处罚。

实施前款规定的行为，不具有超标排放污染物、非法倾倒污染物或者其他违法造成环境污染的情形的，可以认定为非法经营情节显著轻微危害不大，不认为是犯罪；构成生产、销售伪劣产品等其他犯罪的，以其他犯罪论处。

第八条 明知他人无危险废物经营许可证，向其提供或者委托其收集、贮存、利用、处置危险废物，严重污染环境的，以共同犯罪论处。

第九条 违反国家规定，排放、倾倒、处置含有毒害性、放射性、传染病病原体等物质的污染物，同时构成污染环境罪、非法处置进口的固体废物罪、投放危险物质罪等犯罪的，依照处罚较重的规定定罪处罚。

第十条 承担环境影响评价、环境监测、温室气体排放检验检测、排放报告编制或者核查等职责的中介组织的人员故意提供虚假证明文件，具有下列情形之一的，应当认定为刑法第二百二十九条第一款规定的“情节严重”：

（一）违法所得三十万元以上的；

（二）二年内曾因提供虚假证明文件受过二次以上行政处罚，又提供虚假证明文件的；

（三）其他情节严重的情形。

实施前款规定的行为，在涉及公共安全的重大工程、项目中提供虚假的环境影响评价等证明文件，致使公共财产、国家和人民利益遭受特别重大损失的，应当依照刑法第二百二十九条第一款的规定，处五年以上十年以下有期徒刑，并处罚金。

实施前两款规定的行为，同时索取他人财物或者非法收受他人财物构成犯罪的，依照处罚较重的规定定罪处罚。

第十一条 违反国家规定，针对环境质量监测系统实施下列行为，或者强令、指使、授意他人实施下列行为，后果严重的，应当依照刑法第二百八十六条的规定，以破坏计算机信息系统罪定罪处罚：

（一）修改系统参数或者系统中存储、处理、传输的监测数据的；

（二）干扰系统采样，致使监测数据因系统不能正常运行而严重失真的；

（三）其他破坏环境质量监测系统的行为。

重点排污单位、实行排污许可重点管理的单位篡改、伪造自动监测数据或者干扰自动监测设施，排放化学需氧量、氨氮、二氧化硫、氮氧化物等污染物，同时构成污染环境罪和破坏计算机信息系统罪的，依照处罚较重的规定定罪处罚。

从事环境监测设施维护、运营的人员实施或者参与实施篡改、伪造自动监测数据、干扰自动监测设施、破坏环境质量监测系统等行为的，依法从重处罚。

第十二条 对于实施本解释规定的相关行为被不起诉或者免予刑事处罚的行为人，需要给予行政处罚、政务处分或者其他处分的，依法移送有关主管机关处理。有关主管机关应当将处理结果及时通知人民检察院、人民法院。

第十三条 单位实施本解释规定的犯罪的，依照本解释规定的定罪量刑标准，对直接负责的主管人员和其他直接责任人员定罪处罚，并对单位判处罚金。

第十四条 环境保护主管部门及其所属监测机构在行政执法过程中收集的监测数据，在刑事诉讼中可以作为证据使用。

公安机关单独或者会同环境保护主管部门，提取污染物样品进行检测获取的数据，在刑事诉讼中可以作为证据使用。

第十五条 对国家危险废物名录所列的废物，可以依据涉案物质的来源、产生过程、被告人供述、证人证言以及经批准或者备案的环境影响评价文件、排污许可证、排污登记表等证据，结合环境保护主管部门、公安机关等出具的书面意见作出认定。

对于危险废物的数量，依据案件事实，综合被告人供述，涉案企业的生产工艺、物耗、能耗情况，以及经批准或者备案的环境影响评价文件等证据作出认定。

第十六条 对案件所涉的环境污染专门性问题难以确定的，依据鉴定机构出具的鉴定意见，或者国务院环境保护主管部门、公安部门指定的机构出具的报告，结合其他证据作出认定。

第十七条 下列物质应当认定为刑法第三百三十八条规定的“有毒物质”：

（一）危险废物，是指列入国家危险废物名录，或者根据国家规定的危险废物鉴别标准和鉴别方法认定的，具有危险特性的固体废物；

（二）《关于持久性有机污染物的斯德哥尔摩公约》附件所列物质；

（三）重金属含量超过国家或者地方污染物排放标准的污染物；

（四）其他具有毒性，可能污染环境的物质。

第十八条 无危险废物经营许可证，以营利为目的，从危险废物中提取物质作为原材料或者燃料，并具有超标排放污染物、非法倾倒污染物或者其他违法造成环境污染的情形的行为，应当认定为“非法处置危险废物”。

第十九条 本解释所称“二年内”，以第一次违法行为受到行政处罚的生效之日与又实施相应行为之日的时间间隔计算确定。

本解释所称“重点排污单位”，是指设区的市级以上人民政府环境保护主管部门依法确定的应当安装、使用污染物排放自动监测设备的重点监控企业及其他单位。

本解释所称“违法所得”，是指实施刑法第二百二十九条、第三百三十八条、第三百三十九条规定的行为所得和可得的全部违法收入。

本解释所称“公私财产损失”，包括实施刑法第三百三十八条、第三百三十九条规定的行为直接造成财产损毁、减少的实际价值，为防止污染扩大、消除污染而采取必要合理措施所产生的费用，以及处置突发环境事件的应急监测费用。

本解释所称“无危险废物经营许可证”，是指未取得危险废物经营许可证，或者超出危险废物经营许可证的经营范围。

第二十条 本解释自2023年8月15日起施行。本解释施行后，《最高人民法院、最高人民检察院关于办理环境污染刑事案件适用法律若干问题的解释》（法释〔2016〕29号）同时废止；之前发布的司法解释与本解释不一致的，以本解释为准。

9. 生态环境行政处罚办法

（《生态环境行政处罚办法》已于2023年4月13日由生态环境部2023年第1次部务会议审议通过，现予公布，自2023年7月1日起施行）

第一章　总则

第一条 为了规范生态环境行政处罚的实施，监督和保障生态环境主管部门依法实施行政处罚，维护公共利益和社会秩序，保护公民、法人或者其他组织的合法权益，根据《中华人民共和国行政处罚法》《中华人民共和国行政强制法》《中华人民共和国环境保护法》等法律、行政法规，制定本办法。

第二条 公民、法人或者其他组织违反生态环境保护法律、法规或者规章规定，应当给予行政处罚的，依照《中华人民共和国行政处罚法》和本办法规定的程序实施。

第三条 实施生态环境行政处罚，纠正违法行为，应当坚持教育与处罚相结合，服务与管理相结合，引导和教育公民、法人或者其他组织自觉守法。

第四条 实施生态环境行政处罚，应当依法维护公民、法人及其他组织的合法权益。对实施行政处罚过程中知悉的国家秘密、商业秘密或者个人隐私，应当依法予以保密。

第五条 生态环境行政处罚遵循公正、公开原则。

第六条 有下列情形之一的，执法人员应当自行申请回避，当事人也有权申请其回避：

（一）是本案当事人或者当事人近亲属的；

（二）本人或者近亲属与本案有直接利害关系的；

（三）与本案有其他关系可能影响公正执法的；

（四）法律、法规或者规章规定的其他回避情形。

申请回避，应当说明理由。生态环境主管部门应当对回避申请及时作出决定并通知申请人。

生态环境主管部门主要负责人的回避，由该部门负责人集体讨论决定；生态环境主管部门其他负责人的回避，由该部门主要负责人决定；其他执法人员的回避，由该部门负责人决定。

第七条 对当事人的同一个违法行为，不得给予两次以上罚款的行政处罚。同一个违法行为违反多个法律规范应当给予罚款处罚的，按照罚款数额高的规定处罚。

实施行政处罚，适用违法行为发生时的法律、法规、规章的规定。但是，作出行政处罚决定时，法律、法规、规章已经被修改或者废止，且新的规定处罚较轻或者不认为是违法的，适用新的规定。

第八条 根据法律、行政法规，生态环境行政处罚的种类包括：

（一）警告、通报批评；

（二）罚款、没收违法所得、没收非法财物；

（三）暂扣许可证件、降低资质等级、吊销许可证件、一定时期内不得申请行政许可；

（四）限制开展生产经营活动、责令停产整治、责令停产停业、责令关闭、限制从业、禁止从业；

（五）责令限期拆除；

（六）行政拘留；

（七）法律、行政法规规定的其他行政处罚种类。

第九条 生态环境主管部门实施行政处罚时，应当责令当事人改正或者限期改正违法行为。

责令改正违法行为决定可以单独下达，也可以与行政处罚决定一并下达。

责令改正或者限期改正不适用行政处罚程序的规定。

第十条 生态环境行政处罚应当由具有行政执法资格的执法人员实施。执法人员不得少于两人，法律另有规定的除外。

第二章 实施主体与管辖

第十一条 生态环境主管部门在法定职权范围内实施生态环境行政处罚。

法律、法规授权的生态环境保护综合行政执法机构等组织在法定授权范围内实施生态环境行政处罚。

第十二条 生态环境主管部门可以在其法定权限内书面委托符合《中华人民共和国行政处罚法》第二十一条规定条件的组织实施行政处罚。

受委托组织应当依照《中华人民共和国行政处罚法》和本办法的有关规定实施行政处罚。

第十三条 生态环境行政处罚由违法行为发生地的具有行政处罚权的生态环境主管部门管辖。法律、行政法规另有规定的，从其规定。

第十四条 两个以上生态环境主管部门都有管辖权的，由最先立案的生态环境主管部门管辖。

对管辖发生争议的，应当协商解决，协商不成的，报请共同的上一级生态环境主管部门指定管辖；也可以直接由共同的上一级生态环境主管部门指定管辖。

第十五条 下级生态环境主管部门认为其管辖的案件重大、疑难或者实施处罚有困难的，可以报请上一级生态环境主管部门指定管辖。

上一级生态环境主管部门认为确有必要的，经通知下级生态环境主管部门和当事人，可以对下级生态环境主管部门管辖的案件直接管辖，或者指定其他有管辖权的生态环境主管部门管辖。

上级生态环境主管部门可以将其管辖的案件交由有管辖权的下级生态环境主管部门实施行政处罚。

第十六条 对不属于本机关管辖的案件，生态环境主管部门应当移送有管辖权的生态环境主管部门处理。

受移送的生态环境主管部门对管辖权有异议的，应当报请共同的上一级生态环境主管部门指定管辖，不得再自行移送。

第十七条 生态环境主管部门发现不属于本部门管辖的案件，应当按照有关要求和时限移送有管辖权的机关处理。

对涉嫌违法依法应当实施行政拘留的案件，生态环境主管部门应当移送公安机关或者海警机构。

违法行为涉嫌犯罪的，生态环境主管部门应当及时将案件移送司法机关。不得以行政处罚代替刑事处罚。

对涉嫌违法依法应当由人民政府责令停业、关闭的案件，生态环境主管部门应当报有批准权的人民政府。

第三章 普通程序

第一节 立案

第十八条 除依法可以当场作出的行政处罚外，生态环境主管部门对涉嫌违反生态环境保护法律、法规和规章的违法行为，应当进行初步审查，并在十五日内决定是否立案。特殊情况下，经本机关负责人批准，可以延长十五日。法律、法规另有规定的除外。

第十九条 经审查，符合下列四项条件的，予以立案：

（一）有初步证据材料证明有涉嫌违反生态环境保护法律、法规和规章的违法行为；

（二）依法应当或者可以给予行政处罚；

（三）属于本机关管辖；

（四）违法行为未超过《中华人民共和国行政处罚法》规定的追责期限。

第二十条 对已经立案的案件，根据新情况发现不符合本办法第十九条立案条件的，应当撤销立案。

第二节 调查取证

第二十一条 生态环境主管部门对登记立案的生态环境违法行为，应当指定专人负责，全面、客观、公正地调查，收集有关证据。

第二十二条 生态环境主管部门在办理行政处罚案件时，需要其他行政机关协助调查取证的，可以向有关机关发送协助调查函，提出协助请求。

生态环境主管部门在办理行政处罚案件时，需要其他生态环境主管部门协助调查取证的，可以发送协助调查函。收到协助调查函的生态环境主管部门对属于本机关职权范围的协助事项应当依法予以协助。无法协助的，应当及时函告请求协助调查的生态环境主管部门。

第二十三条 执法人员在调查或者进行检查时，应当主动向当事人或者有关人员出示执法证件。当事人或者有关人员有权要求执法人员出示执法证件。执法人员不出示执法证件的，当事人或者有关人员有权拒绝接受调查或者检查。

当事人或者有关人员应当如实回答询问，并协助调查或者检查，不得拒绝、阻挠或者在接受检查时弄虚作假。询问或者检查应当制作笔录。

第二十四条 执法人员有权采取下列措施：

（一）进入有关场所进行检查、勘察、监测、录音、拍照、录像；

（二）询问当事人及有关人员，要求其说明相关事项和提供有关材料；

（三）查阅、复制生产记录、排污记录和其他有关材料。

必要时，生态环境主管部门可以采取暗查或者其他方式调查。在调查或者检查时，可以组织监测等技术人员提供技术支持。

第二十五条 执法人员负有下列责任：

（一）对当事人的基本情况、违法事实、危害后果、违法情节等情况进行全面、客观、及时、公正的调查；

（二）依法收集与案件有关的证据，不得以暴力、威胁、引诱、欺骗以及其他违法手段获取证据；

（三）询问当事人，应当告知其依法享有的权利；

（四）听取当事人、证人或者其他有关人员的陈述、申辩，并如实记录。

第二十六条 生态环境行政处罚证据包括：

（一）书证；

（二）物证；

（三）视听资料；

（四）电子数据；

（五）证人证言；

（六）当事人的陈述；

（七）鉴定意见；

（八）勘验笔录、现场笔录。

证据必须经查证属实，方可作为认定案件事实的根据。

以非法手段取得的证据，不得作为认定案件事实的根据。

第二十七条 生态环境主管部门立案前依法取得的证据材料，可以作为案件的证据。

其他机关依法依职权调查收集的证据材料，可以作为案件的证据。

第二十八条 对有关物品或者场所进行检查（勘察）时，应当制作现场检查（勘察）笔录，并可以根据实际情况进行音像记录。

现场检查（勘察）笔录应当载明现场检查起止时间、地点，执法人员基本信息，当事人或者有关人员基本信息，执法人员出示执法证件、告知当事人或者有关人员申请回避权利和配合调查义务情况，现场检查情况等信息，并由执法人员、当事人或者有关人员签名或者盖章。

当事人不在场、拒绝签字或者盖章的，执法人员应当在现场检查（勘察）笔录中注明。

第二十九条 生态环境主管部门现场检查时，可以按照相关技术规范要求现场采样，获取的监测（检测）数据可以作为认定案件事实的证据。

执法人员应当将采样情况记入现场检查（勘察）笔录，可以采取拍照、录像记录采样情况。

生态环境主管部门取得监测（检测）报告或者鉴定意见后，应当将监测（检测）、鉴定结果告知当事人。

第三十条 排污单位应当依法对自动监测数据的真实性和准确性负责，不得篡改、伪造。

实行自动监测数据标记规则行业的排污单位，应当按照国务院生态环境主管部门的规定对数据进行标记。经过标记的自动监测数据，可以作为认定案件事实的证据。

同一时段的现场监测（检测）数据与自动监测数据不一致，现场监测（检测）符合法定的监测标准和监测方法的，以该现场监测（检测）数据作为认定案件事实的证据。

第三十一条 生态环境主管部门依照法律、行政法规规定利用电子技术监控设备收集、固定违法事实的，依照《中华人民共和国行政处罚法》有关规定执行。

第三十二条 在证据可能灭失或者以后难以取得的情况下，经生态环境主管部门负责人批准，执法人员可以对与涉嫌违法行为有关的证据采取先行登记保存措施。

情况紧急的，执法人员需要当场采取先行登记保存措施的，可以采用即时通讯方式报请生态环境主管部门负责人同意，并在实施后二十四小时内补办批准手续。

先行登记保存有关证据，应当当场清点，开具清单，由当事人和执法人员签名或者盖章。

先行登记保存期间，当事人或者有关人员不得损毁、销毁或者转移证据。

第三十三条 对于先行登记保存的证据，应当在七日内采取以下措施：

（一）根据情况及时采取记录、复制、拍照、录像等证据保全措施；

（二）需要鉴定的，送交鉴定；

（三）根据有关法律、法规规定可以查封、扣押的，决定查封、扣押；

（四）违法事实不成立，或者违法事实成立但依法不应当查封、扣押或者没收的，决定解除先行登记保存措施。

超过七日未作出处理决定的，先行登记保存措施自动解除。

第三十四条 生态环境主管部门实施查封、扣押等行政强制措施，应当有法律、法规的明确规定，按照《中华人民共和国行政强制法》及相关规定执行。

第三十五条 有下列情形之一的，经生态环境主管部门负责人批准，中止案件调查：

（一）行政处罚决定须以相关案件的裁判结果或者其他行政决定为依据，而相关案件尚未审结或者其他行政决定尚未作出的；

（二）涉及法律适用等问题，需要送请有权机关作出解释或者确认的；

（三）因不可抗力致使案件暂时无法调查的；

（四）因当事人下落不明致使案件暂时无法调查的；

（五）其他应当中止调查的情形。

中止调查的原因消除后，应当立即恢复案件调查。

第三十六条 有下列情形之一致使案件调查无法继续进行的，经生态环境主管部门负责人批准，调查终止：

（一）涉嫌违法的公民死亡的；

（二）涉嫌违法的法人、其他组织终止，无法人或者其他组织承受其权利义务的；

（三）其他依法应当终止调查的情形。

第三十七条 有下列情形之一的，终结调查：

（一）违法事实清楚、法律手续完备、证据充分的；

（二）违法事实不成立的；

（三）其他依法应当终结调查的情形。

第三十八条 调查终结的，案件调查人员应当制作调查报告，提出已查明违法行为的事实和证据、初步处理意见，移送进行案件审查。

本案的调查人员不得作为本案的审查人员。

第三节 案件审查

第三十九条 案件审查的主要内容包括：

（一）本机关是否有管辖权；

（二）违法事实是否清楚；

（三）证据是否合法充分；

（四）调查取证是否符合法定程序；

（五）是否超过行政处罚追责期限；

（六）适用法律、法规、规章是否准确，裁量基准运用是否适当。

第四十条 违法事实不清、证据不充分或者调查程序违法的，审查人员应当退回调查人员补充调查取证或者重新调查取证。

第四十一条 行使生态环境行政处罚裁量权应当符合立法目的，并综合考虑以下情节：

（一）违法行为造成的环境污染、生态破坏以及社会影响；

（二）当事人的主观过错程度；

（三）违法行为的具体方式或者手段；

（四）违法行为持续的时间；

（五）违法行为危害的具体对象；

（六）当事人是初次违法还是再次违法；

（七）当事人改正违法行为的态度和所采取的改正措施及效果。

同类违法行为的情节相同或者相似、社会危害程度相当的，行政处罚种类和幅度应当相当。

第四十二条 违法行为轻微并及时改正，没有造成生态环境危害后果的，不予行政处罚。初次违法且生态环境危害后果轻微并及时改正的，可以不予行政处罚。

当事人有证据足以证明没有主观过错的，不予行政处罚。法律、行政法规另有规定的，从其规定。

对当事人的违法行为依法不予行政处罚的，生态环境主管部门应当对当事人进行教育。

第四十三条 当事人有下列情形之一的，应当从轻或者减轻行政处罚：

（一）主动消除或者减轻生态环境违法行为危害后果的；

（二）受他人胁迫或者诱骗实施生态环境违法行为的；

（三）主动供述生态环境主管部门尚未掌握的生态环境违法行为的；

（四）配合生态环境主管部门查处生态环境违法行为有立功表现的；

（五）法律、法规、规章规定其他应当从轻或者减轻行政处罚的。

第四节 告知和听证

第四十四条 生态环境主管部门在作出行政处罚决定之前，应当告知当事人拟作出的行政处罚内容及事实、理由、依据和当事人依法享有的陈述、申辩、要求听证等权利，当事人在收到告知书后五日内进行陈述、申辩；未依法告知当事人，或者拒绝听取当事人的陈述、申辩的，不得作出行政处罚决定，当事人明确放弃陈述或者申辩权利的除外。

第四十五条 当事人进行陈述、申辩的，生态环境主管部门应当充分听取当事人意见，将当事人的陈述、申辩材料归入案卷。对当事人提出的事实、理由和证据，应当进行复核。当事人提出的事实、理由或者证据成立的，应当予以采纳；不予采纳的，应当说明理由。

不得因当事人的陈述、申辩而给予更重的处罚。

第四十六条 拟作出以下行政处罚决定，当事人要求听证的，生态环境主管部门应当组织听证：

（一）较大数额罚款；

（二）没收较大数额违法所得、没收较大价值非法财物；

（三）暂扣许可证件、降低资质等级、吊销许可证件、一定时期内不得申请行政许可；

（四）限制开展生产经营活动、责令停产整治、责令停产停业、责令关闭、限制从业、禁止从业；

（五）其他较重的行政处罚；

（六）法律、法规、规章规定的其他情形。

当事人不承担组织听证的费用。

第四十七条 听证应当依照以下程序组织：

（一）当事人要求听证的，应当在生态环境主管部门告知后五日内提出；

（二）生态环境主管部门应当在举行听证的七日前，通知当事人及有关人员听证的时间、地点；

（三）除涉及国家秘密、商业秘密或者个人隐私依法予以保密外，听证公开举行

（四）听证由生态环境主管部门指定的非本案调查人员主持；当事人认为主持人与本案有直接利害关系的，有权申请回避；

（五）当事人可以亲自参加听证，也可以委托一至二人代理；

（六）当事人及其代理人无正当理由拒不出席听证或者未经许可中途退出听证的，视为放弃听证权利，生态环境主管部门终止听证；

（七）举行听证时，调查人员提出当事人违法的事实、证据和行政处罚建议，当事人进行申辩和质证；

（八）听证应当制作笔录。笔录应当交当事人或者其代理人核对无误后签字或者盖章。当事人或者其代理人拒绝签字或者盖章的，由听证主持人在笔录中注明。

第四十八条 听证结束后，生态环境主管部门应当根据听证笔录，依照本办法第五十三条的规定，作出决定。

第五节 法制审核和集体讨论

第四十九条 有下列情形之一，生态环境主管部门负责人作出行政处罚决定之前，应当由生态环境主管部门负责重大执法决定法制审核的机构或者法制审核人员进行法制审核；未经法制审核或者审核未通过的，不得作出决定：

（一）涉及重大公共利益的；

（二）直接关系当事人或者第三人重大权益，经过听证程序的；

（三）案件情况疑难复杂、涉及多个法律关系的；

（四）法律、法规规定应当进行法制审核的其他情形。

设区的市级以上生态环境主管部门可以根据实际情况，依法对应当进行法制审核的案件范围作出具体规定。

初次从事行政处罚决定法制审核的人员，应当通过国家统一法律职业资格考试取得法律职业资格。

第五十条 法制审核的内容包括：

（一）行政执法主体是否合法，是否超越执法机关法定权限；

（二）行政执法人员是否具备执法资格；

（三）行政执法程序是否合法；

（四）案件事实是否清楚，证据是否合法充分；

（五）适用法律、法规、规章是否准确，裁量基准运用是否适当；

（六）行政执法文书是否完备、规范；

（七）违法行为是否涉嫌犯罪、需要移送司法机关。

第五十一条 法制审核以书面审核为主。对案情复杂、法律争议较大的案件，生态环境主管部门可以组织召开座谈会、专家论证会开展审核工作。

生态环境主管部门进行法制审核时，可以请相关领域专家、法律顾问提出书面意见。

对拟作出的处罚决定进行法制审核后，应当区别不同情况以书面形式提出如下意见：

（一）主要事实清楚，证据充分，程序合法，内容适当，未发现明显法律风险的，提出同意的意见；

（二）主要事实不清，证据不充分，程序不当或者适用依据不充分，存在明显法律风险，但是可以改进或者完善的，指出存在的问题，并提出改进或者完善的建议；

（三）存在明显法律风险，且难以改进或者完善的，指出存在的问题，提出不同意的审核意见。

第五十二条 对情节复杂或者重大违法行为给予行政处罚的，作出处罚决定的生态环境主管部门负责人应当集体讨论决定。

有下列情形之一的，属于情节复杂或者重大违法行为给予行政处罚的案件：

（一）情况疑难复杂、涉及多个法律关系的；

（二）拟罚款、没收违法所得、没收非法财物数额五十万元以上的；

（三）拟吊销许可证件、一定时期内不得申请行政许可的；

（四）拟责令停产整治、责令停产停业、责令关闭、限制从业、禁止从业的；

（五）生态环境主管部门负责人认为应当提交集体讨论的其他案件。

集体讨论情况应当予以记录。

地方性法规、地方政府规章另有规定的，从其规定。

第六节　决定

第五十三条　生态环境主管部门负责人经过审查，根据不同情况，分别作出如下决定：

（一）确有应受行政处罚的违法行为的，根据情节轻重及具体情况，作出行政处罚决定；

（二）违法行为轻微，依法可以不予行政处罚的，不予行政处罚；

（三）违法事实不能成立的，不予行政处罚；

（四）违法行为涉嫌犯罪的，移送司法机关。

第五十四条　生态环境主管部门向司法机关移送涉嫌生态环境犯罪案件之前已经依法作出的警告、责令停产停业、暂扣或者吊销许可证件等行政处罚决定，不停止执行。

涉嫌犯罪案件的移送办理期间，不计入行政处罚期限。

第五十五条　决定给予行政处罚的，应当制作行政处罚决定书。

对同一当事人的两个或者两个以上环境违法行为，可以分别制作行政处罚决定书，也可以列入同一行政处罚决定书。

符合本办法第五十三条第二项规定的情况，决定不予行政处罚的，应当制作不予行政处罚决定书。

第五十六条　行政处罚决定书应当载明以下内容：

（一）当事人的基本情况，包括当事人姓名或者名称，居民身份证号码或者统一社会信用代码、住址或者住所地、法定代表人（负责人）姓名等；

（二）违反法律、法规或者规章的事实和证据；

（三）当事人陈述、申辩的采纳情况及理由；符合听证条件的，还应当载明听证的情况；

（四）行政处罚的种类、依据，以及行政处罚裁量基准运用的理由和依据；

（五）行政处罚的履行方式和期限；

（六）不服行政处罚决定，申请行政复议、提起行政诉讼的途径和期限；

（七）作出行政处罚决定的生态环境主管部门名称和作出决定的日期，并加盖印章。

第五十七条　生态环境主管部门应当自立案之日起九十日内作出处理决定。因案情复杂或者其他原因，不能在规定期限内作出处理决定的，经生态环境主管部门负责人批准，可以延长三十日。案情特别复杂或者有其他特殊情况，经延期仍不能作出处理决定的，应当由生态环境主管部门负责人集体讨论决定是否继续延期，决定继续延期的，继续延长期限不得超过三十日。

案件办理过程中，中止、听证、公告、监测（检测）、评估、鉴定、认定、送达等时间不计入前款所指的案件办理期限。

第五十八条 行政处罚决定书应当在宣告后当场交付当事人；当事人不在场的，应当在七日内将行政处罚决定书送达当事人。

生态环境主管部门可以根据需要将行政处罚决定书抄送与案件有关的单位和个人。

第五十九条 生态环境主管部门送达执法文书，可以采取直接送达、留置送达、委托送达、邮寄送达、电子送达、转交送达、公告送达等法律规定的方式。

送达行政处罚文书应当使用送达回证并存档。

第六十条 当事人同意并签订确认书的，生态环境主管部门可以采用传真、电子邮件、移动通信等能够确认其收悉的电子方式送达执法文书，并通过拍照、截屏、录音、录像等方式予以记录。传真、电子邮件、移动通信等到达当事人特定系统的日期为送达日期。

第七节 信息公开

第六十一条 生态环境主管部门应当依法公开其作出的生态环境行政处罚决定。

第六十二条 生态环境主管部门依法公开生态环境行政处罚决定的下列信息：

（一）行政处罚决定书文号；

（二）被处罚的公民姓名，被处罚的法人或者其他组织名称和统一社会信用代码、法定代表人（负责人）姓名；

（三）主要违法事实；

（四）行政处罚结果和依据；

（五）作出行政处罚决定的生态环境主管部门名称和作出决定的日期。

第六十三条 涉及国家秘密或者法律、行政法规禁止公开的信息的，以及公开后可能危及国家安全、公共安全、经济安全、社会稳定的行政处罚决定信息，不予公开。

第六十四条 公开行政处罚决定时，应当隐去以下信息：

（一）公民的肖像、居民身份证号码、家庭住址、通信方式、出生日期、银行账号、健康状况、财产状况等个人隐私信息；

（二）本办法第六十二条第（二）项规定以外的公民姓名，法人或者其他组织的名称和统一社会信用代码、法定代表人（负责人）姓名；

（三）法人或者其他组织的银行账号；

（四）未成年人的姓名及其他可能识别出其身份的信息；

（五）当事人的生产配方、工艺流程、购销价格及客户名称等涉及商业秘密的信息；

（六）法律、法规规定的其他应当隐去的信息。

第六十五条 生态环境行政处罚决定应当自作出之日起七日内公开。法律、行政法规另有规定的，从其规定。

第六十六条 公开的行政处罚决定被依法变更、撤销、确认违法或者确认无效的，生态环境主管部门应当在三日内撤回行政处罚决定信息并公开说明理由。

第四章 简易程序

第六十七条 违法事实确凿并有法定依据，对公民处以二百元以下、对法人或者其他组织处以三千元以下罚款或者警告的行政处罚的，可以适用简易程序，当场作出行政处罚决定。法律另有规定的，从其规定。

第六十八条 当场作出行政处罚决定时，应当遵守下列简易程序：

（一）执法人员应当向当事人出示有效执法证件；

（二）现场查清当事人的违法事实，并依法取证；

（三）向当事人说明违法的事实、拟给予行政处罚的种类和依据、罚款数额、时间、地点，告知当事人享有的陈述、申辩权利；

（四）听取当事人的陈述和申辩。当事人提出的事实、理由或者证据成立的，应当采纳；

（五）填写预定格式、编有号码、盖有生态环境主管部门印章的行政处罚决定书，由执法人员签名或者盖章，并将行政处罚决定书当场交付当事人；当事人拒绝签收的，应当在行政处罚决定书上注明；

（六）告知当事人如对当场作出的行政处罚决定不服，可以依法申请行政复议或者提起行政诉讼，并告知申请行政复议、提起行政诉讼的途径和期限。

以上过程应当制作笔录。

执法人员当场作出的行政处罚决定，应当在决定之日起三日内报所属生态环境主管部门备案。

第五章 执行

第六十九条 当事人应当在行政处罚决定书载明的期限内，履行处罚决定。

申请行政复议或者提起行政诉讼的，行政处罚决定不停止执行，法律另有规定的除外。

第七十条 当事人到期不缴纳罚款的，作出行政处罚决定的生态环境主管部门可以每日按罚款数额的百分之三加处罚款，加处罚款的数额不得超出罚款的数额。

第七十一条 当事人在法定期限内不申请行政复议或者提起行政诉讼，又不履行行政处罚决定的，作出处罚决定的生态环境主管部门可以自期限届满之日起三个月内依法申请人民法院强制执行。

第七十二条 作出加处罚款的强制执行决定前或者申请人民法院强制执行前，生态环境主管部门应当依法催告当事人履行义务。

第七十三条 当事人实施违法行为，受到处以罚款、没收违法所得或者没收非法财物等处罚后，发生企业分立、合并或者其他资产重组等情形，由承受当事人权利义务的法人、其他组织作为被执行人。

第七十四条 确有经济困难，需要延期或者分期缴纳罚款的，当事人应当在行政处罚决定书确定的缴纳期限届满前，向作出行政处罚决定的生态环境主管部门提出延期或者分期缴纳的书面申请。

批准当事人延期或者分期缴纳罚款的，应当制作同意延期（分期）缴纳罚款通知书，并送达当事人和收缴罚款的机构。

生态环境主管部门批准延期、分期缴纳罚款的，申请人民法院强制执行的期限，自暂缓或者分期缴纳罚款期限结束之日起计算。

第七十五条 依法没收的非法财物，应当按照国家规定处理。

销毁物品，应当按照国家有关规定处理；没有规定的，经生态环境主管部门负责人批准，由两名以上执法人员监督销毁，并制作销毁记录。

处理物品应当制作清单。

第七十六条 罚款、没收的违法所得或者没收非法财物拍卖的款项，应当全部上缴国库，任何单位或者个人不得以任何形式截留、私分或者变相私分。

罚款、没收的违法所得或者没收非法财物拍卖的款项，不得同作出行政处罚决定的生态环境主管部门及其工作人员的考核、考评直接或者变相挂钩。

第六章　结案和归档

第七十七条 有下列情形之一的，执法人员应当制作结案审批表，经生态环境主管部门负责人批准后予以结案：

（一）责令改正和行政处罚决定由当事人履行完毕的；

（二）生态环境主管部门依法申请人民法院强制执行行政处罚决定，人民法院依法受理的；

（三）不予行政处罚等无须执行的；

（四）按照本办法第三十六条规定终止案件调查的；

（五）按照本办法第十七条规定完成案件移送，且依法无须由生态环境主管部门再作出行政处罚决定的；

（六）行政处罚决定被依法撤销的；

（七）生态环境主管部门认为可以结案的其他情形。

第七十八条 结案的行政处罚案件，应当按照下列要求将案件材料立卷归档：

（一）一案一卷，案卷可以分正卷、副卷；

（二）各类文书齐全，手续完备；

（三）书写文书用签字笔、钢笔或者打印；

（四）案卷装订应当规范有序，符合文档要求。

第七十九条 正卷按下列顺序装订：

（一）行政处罚决定书及送达回证；

（二）立案审批材料；

（三）调查取证及证据材料；

（四）行政处罚事先告知书、听证告知书、听证通知书等法律文书及送达回证；

（五）听证笔录；

（六）财物处理材料；

（七）执行材料；

（八）结案材料；

（九）其他有关材料。

副卷按下列顺序装订：

（一）投诉、申诉、举报等案源材料；

（二）涉及当事人有关商业秘密的材料；

（三）听证报告；

（四）审查意见；

（五）法制审核材料、集体讨论记录；

（六）其他有关材料。

第八十条 案卷归档后，任何单位、个人不得修改、增加、抽取案卷材料。案卷保管及查阅，按档案管理有关规定执行。

第八十一条 生态环境主管部门应当建立行政处罚案件统计制度，并按照生态环境部有关环境统计的规定向上级生态环境主管部门报送本行政区域的行政处罚情况。

第七章 监督

第八十二条 上级生态环境主管部门负责对下级生态环境主管部门的行政处罚工作情况进行监督检查。

第八十三条 生态环境主管部门应当建立行政处罚备案制度。

下级生态环境主管部门对上级生态环境主管部门督办的处罚案件，应当在结案后二十日内向上一级生态环境主管部门备案。

第八十四条 生态环境主管部门实施行政处罚应当接受社会监督。公民、法人或者其他组织对生态环境主管部门实施行政处罚的行为，有权申诉或者检举；生态环境主管部门应当认真审查，发现有错误的，应当主动改正。

第八十五条 生态环境主管部门发现行政处罚决定有文字表述错误、笔误或者计算错误，以及行政处罚决定书部分内容缺失等情形，但未损害公民、法人或者其他组织的合法权益的，应当予以补正或者更正。

补正或者更正应当以书面决定的方式及时作出。

第八十六条 生态环境主管部门通过接受申诉和检举，或者通过备案审查等途径，发现下级生态环境主管部门的行政处罚决定违法或者显失公正的，应当督促其纠正。

依法应当给予行政处罚，而有关生态环境主管部门不给予行政处罚的，有处罚权的上级生态环境主管部门可以直接作出行政处罚决定。

第八十七条 生态环境主管部门可以通过案件评查或者其他方式评议、考核行政处罚工作，加强对行政处罚的监督检查，规范和保障行政处罚的实施。对在行政处罚工作中做出显著成绩的单位和个人，可以依照国家或者地方的有关规定给予表彰和奖励。

第八章　附则

第八十八条　当事人有违法所得，除依法应当退赔的外，应当予以没收。违法所得是指实施违法行为所取得的款项。

法律、行政法规对违法所得的计算另有规定的，从其规定。

第八十九条　本办法第四十六条所称“较大数额”“较大价值”，对公民是指人民币（或者等值物品价值）五千元以上、对法人或者其他组织是指人民币（或者等值物品价值）二十万元以上。

地方性法规、地方政府规章对“较大数额”“较大价值”另有规定的，从其规定。

第九十条　本办法中“三日”“五日”“七日”的规定是指工作日，不含法定节假日。

期间开始之日，不计算在内。期间届满的最后一日是节假日的，以节假日后的第一日为期间届满的日期。期间不包括在途时间，行政处罚文书在期满前交邮的，视为在有效期内。

第九十一条　本办法未作规定的其他事项，适用《中华人民共和国行政处罚法》《中华人民共和国行政强制法》等有关法律、法规和规章的规定。

第九十二条　本办法自 2023 年 7 月 1 日起施行。原环境保护部发布的《环境行政处罚办法》（环境保护部令第 8 号）同时废止。

10. 环境保护主管部门实施按日连续处罚办法

（环境保护部令　第 28 号）

（2014 年 12 月 15 日由环境保护部部务会议审议通过，自 2015 年 1 月 1 日起施行。）

第一章　总则

第一条　为规范实施按日连续处罚，依据《中华人民共和国环境保护法》、《中华人民共和国行政处罚法》等法律，制定本办法。

第二条　县级以上环境保护主管部门对企业事业单位和其他生产经营者（以下称排污者）实施按日连续处罚的，适用本办法。

第三条　实施按日连续处罚，应当坚持教育与处罚相结合的原则，引导和督促排污者及时改正环境违法行为。

第四条　环境保护主管部门实施按日连续处罚，应当依法向社会公开行政处罚决定和责令改正违法行为决定等相关信息。

第二章　适用范围

第五条　排污者有下列行为之一，受到罚款处罚，被责令改正，拒不改正的，依法作出罚款处罚决定的环境保护主管部门可以实施按日连续处罚：

（一）超过国家或者地方规定的污染物排放标准，或者超过重点污染物排放总量控制指标排放污染物的；

（二）通过暗管、渗井、渗坑、灌注或者篡改、伪造监测数据，或者不正常运行防治污染设施等逃避监管的方式排放污染物的；

（三）排放法律、法规规定禁止排放的污染物的；

（四）违法倾倒危险废物的；

（五）其他违法排放污染物行为。

第六条 地方性法规可以根据环境保护的实际需要，增加按日连续处罚的违法行为的种类。

第三章 实施程序

第七条 环境保护主管部门检查发现排污者违法排放污染物的，应当进行调查取证，并依法作出行政处罚决定。

按日连续处罚决定应当在前款规定的行政处罚决定之后作出。

第八条 环境保护主管部门可以当场认定违法排放污染物的，应当在现场调查时向排污者送达责令改正违法行为决定书，责令立即停止违法排放污染物行为。

需要通过环境监测认定违法排放污染物的，环境监测机构应当按照监测技术规范要求进行监测。环境保护主管部门应当在取得环境监测报告后三个工作日内向排污者送达责令改正违法行为决定书，责令立即停止违法排放污染物行为。

第九条 责令改正违法行为决定书应当载明下列事项：

（一）排污者的基本情况，包括名称或者姓名、营业执照号码或者居民身份证号码、组织机构代码、地址以及法定代表人或者主要负责人姓名等；

（二）环境违法事实和证据；

（三）违反法律、法规或者规章的具体条款和处理依据；

（四）责令立即改正的具体内容；

（五）拒不改正可能承担按日连续处罚的法律后果；

（六）申请行政复议或者提起行政诉讼的途径和期限；

（七）环境保护主管部门的名称、印章和决定日期。

第十条 环境保护主管部门应当在送达责令改正违法行为决定书之日起三十日内，以暗查方式组织对排污者违法排放污染物行为的改正情况实施复查。

第十一条 排污者在环境保护主管部门实施复查前，可以向作出责令改正违法行为决定书的环境保护主管部门报告改正情况，并附具相关证明材料。

第十二条 环境保护主管部门复查时发现排污者拒不改正违法排放污染物行为的，可以对其实施按日连续处罚。

环境保护主管部门复查时发现排污者已经改正违法排放污染物行为或者已经停产、停业、关闭的，不启动按日连续处罚。

第十三条 排污者具有下列情形之一的，认定为拒不改正：

（一）责令改正违法行为决定书送达后，环境保护主管部门复查发现仍在继续违法排放污染物的；

（二）拒绝、阻挠环境保护主管部门实施复查的。

第十四条 复查时排污者被认定为拒不改正违法排放污染物行为的，环境保护主管部门应当按照本办法第八条的规定再次作出责令改正违法行为决定书并送达排污者，责令立即停止违法排放污染物行为，并应当依照本办法第十条、第十二条的规定对排污者再次进行复查。

第十五条 环境保护主管部门实施按日连续处罚应当符合法律规定的行政处罚程序。

第十六条 环境保护主管部门决定实施按日连续处罚的，应当依法作出处罚决定书。

处罚决定书应当载明下列事项：

（一）排污者的基本情况，包括名称或者姓名、营业执照号码或者居民身份证号码、组织机构代码、地址以及法定代表人或者主要负责人姓名等；

（二）初次检查发现的环境违法行为及该行为的原处罚决定、拒不改正的违法事实和证据；

（三）按日连续处罚的起止时间和依据；

（四）按照按日连续处罚规则决定的罚款数额；

（五）按日连续处罚的履行方式和期限；

（六）申请行政复议或者提起行政诉讼的途径和期限；

（七）环境保护主管部门名称、印章和决定日期。

第四章 计罚方式

第十七条 按日连续处罚的计罚日数为责令改正违法行为决定书送达排污者之日的次日起，至环境保护主管部门复查发现违法排放污染物行为之日止。再次复查仍拒不改正的，计罚日数累计执行。

第十八条 再次复查时违法排放污染物行为已经改正，环境保护主管部门在之后的检查中又发现排污者有本办法第五条规定的情形的，应当重新作出处罚决定，按日连续处罚的计罚周期重新起算。按日连续处罚次数不受限制。

第十九条 按日连续处罚每日的罚款数额，为原处罚决定书确定的罚款数额。

按照按日连续处罚规则决定的罚款数额，为原处罚决定书确定的罚款数额乘以计罚日数。

第五章 附则

第二十条 环境保护主管部门针对违法排放污染物行为实施按日连续处罚的，可以同时适用责令排污者限制生产、停产整治或者查封、扣押等措施；因采取上述措施使排污者停止违法排污行为的，不再实施按日连续处罚。

第二十一条 本办法由国务院环境保护主管部门负责解释。

第二十二条 本办法自 2015 年 1 月 1 日起施行。

11. 环境保护主管部门实施查封、扣押办法

（环境保护部令　第 29 号）

（2014 年 12 月 15 日由环境保护部部务会议审议通过，自 2015 年 1 月 1 日起施行）

第一章　总则

第一条　为规范实施查封、扣押，依据《中华人民共和国环境保护法》《中华人民共和国行政强制法》等法律，制定本办法。

第二条　对企业事业单位和其他生产经营者（以下称排污者）违反法律法规规定排放污染物，造成或者可能造成严重污染，县级以上环境保护主管部门对造成污染物排放的设施、设备实施查封、扣押的，适用本办法。

第三条　环境保护主管部门实施查封、扣押所需经费，应当列入本机关的行政经费预算，由同级财政予以保障。

第二章　适用范围

第四条　排污者有下列情形之一的，环境保护主管部门依法实施查封、扣押：

（一）违法排放、倾倒或者处置含传染病病原体的废物、危险废物、含重金属污染物或者持久性有机污染物等有毒物质或者其他有害物质的；

（二）在饮用水水源一级保护区、自然保护区核心区违反法律法规规定排放、倾倒、处置污染物的；

（三）违反法律法规规定排放、倾倒化工、制药、石化、印染、电镀、造纸、制革等工业污泥的；

（四）通过暗管、渗井、渗坑、灌注或者篡改、伪造监测数据，或者不正常运行防治污染设施等逃避监管的方式违反法律法规规定排放污染物的；

（五）较大、重大和特别重大突发环境事件发生后，未按照要求执行停产、停排措施，继续违反法律法规规定排放污染物的；

（六）法律、法规规定的其他造成或者可能造成严重污染的违法排污行为。

有前款第一项、第二项、第三项、第六项情形之一的，环境保护主管部门可以实施查封、扣押；已造成严重污染或者有前款第四项、第五项情形之一的，环境保护主管部门应当实施查封、扣押。

第五条　环境保护主管部门查封、扣押排污者造成污染物排放的设施、设备，应当符合有关法律的规定。不得重复查封、扣押排污者已被依法查封的设施、设备。

对不易移动的或者有特殊存放要求的设施、设备，应当就地查封。查封时，可以在该设施、设备的控制装置等关键部件或者造成污染物排放所需供水、供电、供气等开关阀门张贴封条。

第六条　具备下列情形之一的排污者，造成或者可能造成严重污染的，环境保护

主管部门应当按照有关环境保护法律法规予以处罚，可以不予实施查封、扣押：

（一）城镇污水处理、垃圾处理、危险废物处置等公共设施的运营单位；

（二）生产经营业务涉及基本民生、公共利益的；

（三）实施查封、扣押可能影响生产安全的。

第七条 环境保护主管部门实施查封、扣押的，应当依法向社会公开查封、扣押决定，查封、扣押延期情况和解除查封、扣押决定等相关信息。

第三章 实施程序

第八条 实施查封、扣押的程序包括调查取证、审批、决定、执行、送达、解除。

第九条 环境保护主管部门实施查封、扣押前，应当做好调查取证工作。

查封、扣押的证据包括现场检查笔录、调查询问笔录、环境监测报告、视听资料、证人证言和其他证明材料。

第十条 需要实施查封、扣押的，应当书面报经环境保护主管部门负责人批准；案情重大或者社会影响较大的，应当经环境保护主管部门案件审查委员会集体审议决定。

第十一条 环境保护主管部门决定实施查封、扣押的，应当制作查封、扣押决定书和清单。

查封、扣押决定书应当载明下列事项：

（一）排污者的基本情况，包括名称或者姓名、营业执照号码或者居民身份证号码、组织机构代码、地址以及法定代表人或者主要负责人姓名等；

（二）查封、扣押的依据和期限；

（三）查封、扣押设施、设备的名称、数量和存放地点等；

（四）排污者应当履行的相关义务及申请行政复议或者提起行政诉讼的途径和期限；

（五）环境保护主管部门的名称、印章和决定日期。

第十二条 实施查封、扣押应当符合下列要求：

（一）由两名以上具有行政执法资格的环境行政执法人员实施，并出示执法身份证件；

（二）通知排污者的负责人或者受委托人到场，当场告知实施查封、扣押的依据以及依法享有的权利、救济途径，并听取其陈述和申辩；

（三）制作现场笔录，必要时可以进行现场拍摄。现场笔录的内容应当包括查封、扣押实施的起止时间和地点等；

（四）当场清点并制作查封、扣押设施、设备清单，由排污者和环境保护主管部门分别收执。委托第三人保管的，应同时交第三人收执。执法人员可以对上述过程进行现场拍摄；

（五）现场笔录和查封、扣押设施、设备清单由排污者和执法人员签名或者盖章；

（六）张贴封条或者采取其他方式，明示环境保护主管部门已实施查封、扣押。

第十三条 情况紧急，需要当场实施查封、扣押的，应当在实施后二十四小时内补办批准手续。环境保护主管部门负责人认为不需要实施查封、扣押的，应当立即解除。

第十四条 查封、扣押决定书应当当场交付排污者负责人或者受委托人签收。排污者负责人或者受委托人应当签名或者盖章，注明日期。

实施查封、扣押过程中，排污者负责人或者受委托人拒不到场或者拒绝签名、盖章的，环境行政执法人员应当予以注明，并可以邀请见证人到场，由见证人和环境行政执法人员签名或者盖章。

第十五条 查封、扣押的期限不得超过三十日；情况复杂的，经本级环境保护主管部门负责人批准可以延长，但延长期限不得超过三十日。法律、法规另有规定的除外。

延长查封、扣押的决定应当及时书面告知排污者，并说明理由。

第十六条 对就地查封的设施、设备，排污者应当妥善保管，不得擅自损毁封条、变更查封状态或者启用已查封的设施、设备。

对扣押的设施、设备，环境保护主管部门应当妥善保管，也可以委托第三人保管。扣押期间设施、设备的保管费用由环境保护主管部门承担。

第十七条 查封的设施、设备造成损失的，由排污者承担。扣押的设施、设备造成损失的，由环境保护主管部门承担；因受委托第三人原因造成损失的，委托的环境保护主管部门先行赔付后，可以向受委托第三人追偿。

第十八条 排污者在查封、扣押期限届满前，可以向决定实施查封、扣押的环境保护主管部门提出解除申请，并附具相关证明材料。

第十九条 环境保护主管部门应当自收到解除查封、扣押申请之日起五个工作日内，组织核查，并根据核查结果分别作出如下决定：

（一）确已改正违反法律法规规定排放污染物行为的，解除查封、扣押；

（二）未改正违反法律法规规定排放污染物行为的，维持查封、扣押。

第二十条 环境保护主管部门实施查封、扣押后，应当及时查清事实，有下列情形之一的，应当立即作出解除查封、扣押决定：

（一）对违反法律法规规定排放污染物行为已经作出行政处罚或者处理决定，不再需要实施查封、扣押的；

（二）查封、扣押期限已经届满的；

（三）其他不再需要实施查封、扣押的情形。

第二十一条 查封、扣押措施被解除的，环境保护主管部门应当立即通知排污者，并自解除查封、扣押决定作出之日起三个工作日内送达解除决定。

扣押措施被解除的，还应当通知排污者领回扣押物；无法通知的，应当进行公告，排污者应当自招领公告发布之日起六十日内领回；逾期未领回的，所造成的损失由排污者自行承担。

扣押物无法返还的，环境保护主管部门可以委托拍卖机构依法拍卖或者变卖，所得款项上缴国库。

第二十二条 排污者涉嫌环境污染犯罪已由公安机关立案侦查的，环境保护主管部门应当依法移送查封、扣押的设施、设备及有关法律文书、清单。

第二十三条 环境保护主管部门对查封后的设施、设备应当定期检视其封存情况。

排污者阻碍执法、擅自损毁封条、变更查封状态或者隐藏、转移、变卖、启用已查封的设施、设备的，环境保护主管部门应当依据《中华人民共和国治安管理处罚法》等法律法规及时提请公安机关依法处理。

第四章 附则

第二十四条 本办法由国务院环境保护主管部门负责解释。

第二十五条 本办法自2015年1月1日起施行。

12. 环境保护主管部门限制生产、停产整治办法

（环境保护部令 第30号）

（2014年12月15日环境保护部部务会议审议通过，自2015年1月1日起施行）

第一章 总则

第一条 为规范实施限制生产、停产整治措施，依据《中华人民共和国环境保护法》，制定本办法。

第二条 县级以上环境保护主管部门对超过污染物排放标准或者超过重点污染物排放总量控制指标排放污染物的企业事业单位和其他生产经营者（以下称排污者），责令采取限制生产、停产整治措施的，适用本办法。

第三条 环境保护主管部门作出限制生产、停产整治决定时，应当责令排污者改正或者限期改正违法行为，并依法实施行政处罚。

第四条 环境保护主管部门实施限制生产、停产整治的，应当依法向社会公开限制生产、停产整治决定，限制生产延期情况和解除限制生产、停产整治的日期等相关信息。

第二章 适用范围

第五条 排污者超过污染物排放标准或者超过重点污染物日最高允许排放总量控制指标的，环境保护主管部门可以责令其采取限制生产措施。

第六条 排污者有下列情形之一的，环境保护主管部门可以责令其采取停产整治措施：

（一）通过暗管、渗井、渗坑、灌注或者篡改、伪造监测数据，或者不正常运行防治污染设施等逃避监管的方式排放污染物，超过污染物排放标准的；

（二）非法排放含重金属、持久性有机污染物等严重危害环境、损害人体健康的污染物超过污染物排放标准三倍以上的；

（三）超过重点污染物排放总量年度控制指标排放污染物的；

（四）被责令限制生产后仍然超过污染物排放标准排放污染物的；

（五）因突发事件造成污染物排放超过排放标准或者重点污染物排放总量控制指标的；

（六）法律、法规规定的其他情形。

第七条 具备下列情形之一的排污者，超过污染物排放标准或者超过重点污染物排放总量控制指标排放污染物的，环境保护主管部门应当按照有关环境保护法律法规予以处罚，可以不予实施停产整治：

（一）城镇污水处理、垃圾处理、危险废物处置等公共设施的运营单位；

（二）生产经营业务涉及基本民生、公共利益的；

（三）实施停产整治可能影响生产安全的。

第八条 排污者有下列情形之一的，由环境保护主管部门报经有批准权的人民政府责令停业、关闭：

（一）两年内因排放含重金属、持久性有机污染物等有毒物质超过污染物排放标准受过两次以上行政处罚，又实施前列行为的；

（二）被责令停产整治后拒不停产或者擅自恢复生产的；

（三）停产整治决定解除后，跟踪检查发现又实施同一违法行为的；

（四）法律法规规定的其他严重环境违法情节的。

第三章　实施程序

第九条 环境保护主管部门在作出限制生产、停产整治决定前，应当做好调查取证工作。

责令限制生产、停产整治的证据包括现场检查笔录、调查询问笔录、环境监测报告、视听资料、证人证言和其他证明材料。

第十条 作出限制生产、停产整治决定前，应当书面报经环境保护主管部门负责人批准；案情重大或者社会影响较大的，应当经环境保护主管部门案件审查委员会集体审议决定。

第十一条 环境保护主管部门作出限制生产、停产整治决定前，应当告知排污者有关事实、依据及其依法享有的陈述、申辩或者要求举行听证的权利；就同一违法行为进行行政处罚的，可以在行政处罚事先告知书或者行政处罚听证告知书中一并告知。

第十二条 环境保护主管部门作出限制生产、停产整治决定的，应当制作责令限制生产决定书或者责令停产整治决定书，也可以在行政处罚决定书中载明。

第十三条 责令限制生产决定书和责令停产整治决定书应当载明下列事项：

（一）排污者的基本情况，包括名称或者姓名、营业执照号码或者居民身份证号码、组织机构代码、地址以及法定代表人或者主要负责人姓名等；

（二）违法事实、证据，以及作出限制生产、停产整治决定的依据；

（三）责令限制生产、停产整治的改正方式、期限；

（四）排污者应当履行的相关义务及申请行政复议或者提起行政诉讼的途径和期限；

（五）环境保护主管部门的名称、印章和决定日期。

第十四条 环境保护主管部门应当自作出限制生产、停产整治决定之日起七个工作日内将决定书送达排污者。

第十五条 限制生产一般不超过三个月；情况复杂的，经本级环境保护主管部门负责人批准，可以延长，但延长期限不得超过三个月。

停产整治的期限，自责令停产整治决定书送达排污者之日起，至停产整治决定解除之日止。

第十六条 排污者应当在收到责令限制生产决定书或者责令停产整治决定书后立即整改，并在十五个工作日内将整改方案报作出决定的环境保护主管部门备案并向社会公开。整改方案应当确定改正措施、工程进度、资金保障和责任人员等事项。

被限制生产的排污者在整改期间，不得超过污染物排放标准或者重点污染物日最高允许排放总量控制指标排放污染物，并按照环境监测技术规范进行监测或者委托有条件的环境监测机构开展监测，保存监测记录。

第十七条 排污者完成整改任务的，应当在十五个工作日内将整改任务完成情况和整改信息社会公开情况，报作出限制生产、停产整治决定的环境保护主管部门备案，并提交监测报告以及整改期间生产用电量、用水量、主要产品产量与整改前的对比情况等材料。限制生产、停产整治决定自排污者报环境保护主管部门备案之日起解除。

第十八条 排污者有下列情形之一的，限制生产、停产整治决定自行终止：

（一）依法被撤销、解散、宣告破产或者因其他原因终止营业的；

（二）被有批准权的人民政府依法责令停业、关闭的。

第十九条 排污者被责令限制生产、停产整治后，环境保护主管部门应当按照相关规定对排污者履行限制生产、停产整治措施的情况实施后督察，并依法进行处理或者处罚。

第二十条 排污者解除限制生产、停产整治后，环境保护主管部门应当在解除之日起三十日内对排污者进行跟踪检查。

第四章　附则

第二十一条 本办法由国务院环境保护主管部门负责解释。

第二十二条 本办法自2015年1月1日起施行。

13. 行政主管部门移送适用行政拘留环境违法案件暂行办法

（公治〔2014〕853 号）

（2014 年 12 月 24 日由公安部、工业和信息化部、环境保护部、农业部、国家质量监督检验检疫总局印发，自 2015 年 1 月 1 日起施行）

第一条 为规范环境违法案件行政拘留的实施，监督和保障职能部门依法行使职权，依据《中华人民共和国环境保护法》（以下简称《环境保护法》）的规定，制定本办法。

第二条 本办法适用于县级以上环境保护主管部门或者其他负有环境保护监督管理职责的部门办理尚不构成犯罪，依法作出行政处罚决定后，仍需要移送公安机关处以行政拘留的案件。

第三条 《环境保护法》第六十三条第一项规定的建设项目未依法进行环境影响评价，被责令停止建设，拒不执行的行为，包括以下情形：

（一）送达责令停止建设决定书后，再次检查发现仍在建设的；

（二）现场检查时虽未建设，但有证据证明在责令停止建设期间仍在建设的；

（三）被责令停止建设后，拒绝、阻扰环境保护主管部门或者其他负有环境保护监督管理职责的部门核查的。

第四条 《环境保护法》第六十三条第二项规定的违反法律规定，未取得排污许可证排放污染物，被责令停止排污，拒不执行的行为，包括以下情形：

（一）送达责令停止排污决定书后，再次检查发现仍在排污的；

（二）现场检查虽未发现当场排污，但有证据证明在被责令停止排污期间有过排污事实的；

（三）被责令停止排污后，拒绝、阻挠环境保护主管部门或者其他具有环境保护管理职责的部门核查的。

第五条 《环境保护法》第六十三条第三项规定的通过暗管、渗井、渗坑、灌注等逃避监管的方式违法排放污染物，是指通过暗管、渗井、渗坑、灌注等不经法定排放口排放污染物等逃避监管的方式违法排放污染物：

暗管是指通过隐蔽的方式达到规避监管目的而设置的排污管道，包括埋入地下的水泥管、瓷管、塑料管等，以及地上的临时排污管道；

渗井、渗坑是指无防渗漏措施或起不到防渗作用的、封闭或半封闭的坑、池、塘、井和沟、渠等；

灌注是指通过高压深井向地下排放污染物。

第六条 《环境保护法》第六十三条第三项规定的通过篡改、伪造监测数据等逃避监管的方式违法排放污染物，是指篡改、伪造用于监控、监测污染物排放的手工及自动监测仪器设备的监测数据，包括以下情形：

（一）违反国家规定，对污染源监控系统进行删除、修改、增加、干扰，或者对污染源监控系统中存储、处理、传输的数据和应用程序进行删除、修改、增加，造成污染源监控系统不能正常运行的；

（二）破坏、损毁监控仪器站房、通讯线路、信息采集传输设备、视频设备、电力设备、空调、风机、采样泵及其他监控设施的，以及破坏、损毁监控设施采样管线，破坏、损毁监控仪器、仪表的；

（三）稀释排放的污染物故意干扰监测数据的；

（四）其他致使监测、监控设施不能正常运行的情形。

第七条 《环境保护法》第六十三条第三项规定的通过不正常运行防治污染设施等逃避监管的方式违法排放污染物，包括以下情形：

（一）将部分或全部污染物不经过处理设施，直接排放的；

（二）非紧急情况下开启污染物处理设施的应急排放阀门，将部分或者全部污染物直接排放的；

（三）将未经处理的污染物从污染物处理设施的中间工序引出直接排放的；

（四）在生产经营或者作业过程中，停止运行污染物处理设施的；

（五）违反操作规程使用污染物处理设施，致使处理设施不能正常发挥处理作用的；

（六）污染物处理设施发生故障后，排污单位不及时或者不按规程进行检查和维修，致使处理设施不能正常发挥处理作用的；

（七）其他不正常运行污染防治设施的情形。

第八条 《环境保护法》第六十三条第四项规定的生产、使用国家明令禁止生产、使用的农药，被责令改正，拒不改正的行为，包括以下情形：

（一）送达责令改正文书后再次检查发现仍在生产、使用的；

（二）无正当理由不及时完成责令改正文书规定的改正要求的；

（三）送达责令改正文书后，拒绝、阻挠环境保护、农业、工业和信息化、质量监督检验检疫等主管部门核查的。

国家明令禁止生产、使用的农药是指法律、行政法规和国家有关部门规章、规范性文件明令禁止生产、使用的农药。

第九条 《环境保护法》第六十三条规定的直接负责的主管人员是指违法行为主要获利者和在生产、经营中有决定权的管理、指挥、组织人员；其他直接责任人员是指直接排放、倾倒、处置污染物或者篡改、伪造监测数据的工作人员等。

第十条 县级以上人民政府环境保护主管部门或者其他负有环境保护监督管理职责的部门向公安机关移送环境违法案件，应当制作案件移送审批单，报经本部门负责人批准。

第十一条 案件移送部门应当向公安机关移送下列案卷材料：

（一）移送材料清单；

（二）案件移送书；

（三）案件调查报告；

（四）涉案证据材料；

（五）涉案物品清单；

（六）行政执法部门的处罚决定等相关材料；

（七）其他有关涉案材料等。

案件移送部门向公安机关移送的案卷材料应当为原件，移送前应当将案卷材料复印备查。案件移送部门对移送材料的真实性、合法性负责。

第十二条 案件移送部门应当在作出移送决定后3日内将案件移送书和案件相关材料移送至同级公安机关；公安机关应当按照《公安机关办理行政案件程序规定》的要求受理。

第十三条 公安机关经审查，认为案件违法事实不清、证据不足的，可以在受案后3日内书面告知案件移送部门补充移送相关证据材料，也可以按照《公安机关办理行政案件程序规定》调查取证。

第十四条 公安机关对移送的案件，认为事实清楚、证据确实充分，依法决定行政拘留的，应当在作出决定之日起3日内将决定书抄送案件移送部门。

第十五条 公安机关对移送的案件，认为事实不清、证据不足，不符合行政拘留条件的，应当在受案后5日内书面告知案件移送部门并说明理由，同时退回案卷材料。案件移送部门收到书面告知及退回的案卷材料后应当依法予以结案。

第十六条 实施行政拘留的环境违法案件案卷原件由公安机关结案归档。案件移送部门应当将行政处罚决定书、送交回执等公安机关制作的文书以及其他证据补充材料复印存档，公安机关应当予以配合。

第十七条 上级环境保护主管部门或者其他负有环境保护监督管理职责的部门负责对下级部门经办案件的稽查，发现下级部门应当移送而未移送的，应当责令移送。

第十八条 当事人不服行政拘留处罚申请行政复议或者提起行政诉讼的，案件移送部门应当协助配合公安机关做好行政复议、行政应诉相关工作。

第十九条 本办法有关期间的规定，均为工作日。

第二十条 本办法自2015年1月1日起施行。

14. 环境保护公众参与办法

（环境保护部令 第35号）

（2015年7月13日环境保护部令第35号公布，自2015年9月1日起施行）

第一条 为保障公民、法人和其他组织获取环境信息、参与和监督环境保护的权利，畅通参与渠道，促进环境保护公众参与依法有序发展，根据《环境保护法》及有关法律法规，制定本办法。

第二条 本办法适用于公民、法人和其他组织参与制定政策法规、实施行政许可或者行政处罚、监督违法行为、开展宣传教育等环境保护公共事务的活动。

第三条 环境保护公众参与应当遵循依法、有序、自愿、便利的原则。

第四条 环境保护主管部门可以通过征求意见、问卷调查，组织召开座谈会、专家论证会、听证会等方式征求公民、法人和其他组织对环境保护相关事项或者活动的意见和建议。

公民、法人和其他组织可以通过电话、信函、传真、网络等方式向环境保护主管部门提出意见和建议。

第五条 环境保护主管部门向公民、法人和其他组织征求意见时，应当公布以下信息：

（一）相关事项或者活动的背景资料；

（二）征求意见的起止时间；

（三）公众提交意见和建议的方式；

（四）联系部门和联系方式。

公民、法人和其他组织应当在征求意见的时限内提交书面意见和建议。

第六条 环境保护主管部门拟组织问卷调查征求意见的，应当对相关事项的基本情况进行说明。调查问卷所设问题应当简单明确、通俗易懂。调查的人数及其范围应当综合考虑相关事项或者活动的环境影响范围和程度、社会关注程度、组织公众参与所需要的人力和物力资源等因素。

第七条 环境保护主管部门拟组织召开座谈会、专家论证会征求意见的，应当提前将会议的时间、地点、议题、议程等事项通知参会人员，必要时可以通过政府网站、主要媒体等途径予以公告。

参加专家论证会的参会人员应当以相关专业领域专家、环保社会组织中的专业人士为主，同时应当邀请可能受相关事项或者活动直接影响的公民、法人和其他组织的代表参加。

第八条 法律、法规规定应当听证的事项，环境保护主管部门应当向社会公告，并举行听证。

环境保护主管部门组织听证应当遵循公开、公平、公正和便民的原则，充分听取公民、法人和其他组织的意见，并保证其陈述意见、质证和申辩的权利。

除涉及国家秘密、商业秘密或者个人隐私外，听证应当公开举行。

第九条 环境保护主管部门应当对公民、法人和其他组织提出的意见和建议进行归类整理、分析研究，在作出环境决策时予以充分考虑，并以适当的方式反馈公民、法人和其他组织。

第十条 环境保护主管部门支持和鼓励公民、法人和其他组织对环境保护公共事务进行舆论监督和社会监督。

第十一条 公民、法人和其他组织发现任何单位和个人有污染环境和破坏生态行为的，可以通过信函、传真、电子邮件、“12369”环保举报热线、政府网站等途径，向环境保护主管部门举报。

第十二条 公民、法人和其他组织发现地方各级人民政府、县级以上环境保护主管部门不依法履行职责的，有权向其上级机关或者监察机关举报。

第十三条 接受举报的环境保护主管部门应当依照有关法律、法规规定调查核实举报的事项，并将调查情况和处理结果告知举报人。

第十四条 接受举报的环境保护主管部门应当对举报人的相关信息予以保密，保护举报人的合法权益。

第十五条 对保护和改善环境有显著成绩的单位和个人，依法给予奖励。

国家鼓励县级以上环境保护主管部门推动有关部门设立环境保护有奖举报专项资金。

第十六条 环境保护主管部门可以通过提供法律咨询、提交书面意见、协助调查取证等方式，支持符合法定条件的环保社会组织依法提起环境公益诉讼。

第十七条 环境保护主管部门应当在其职责范围内加强宣传教育工作，普及环境科学知识，增强公众的环保意识、节约意识；鼓励公众自觉践行绿色生活、绿色消费，形成低碳节约、保护环境的社会风尚。

第十八条 环境保护主管部门可以通过项目资助、购买服务等方式，支持、引导社会组织参与环境保护活动。

第十九条 法律、法规和环境保护部制定的其他部门规章对环境保护公众参与另有规定的，从其规定。

第二十条 本办法自 2015 年 9 月 1 日起施行。

15. 环境监管重点单位名录管理办法

（生态环境部令　第 27 号）

（2022 年 8 月 15 日生态环境部 2022 年第四次部务会议审议通过，自 2023 年 1 月 1 日起施行）

第一条 为了加强对环境监管重点单位的监督管理，强化精准治污，根据《中华人民共和国环境保护法》和水、大气、噪声、土壤等污染防治法律，以及地下水管理、排污许可管理等行政法规，制定本办法。

第二条 本办法所称环境监管重点单位，包括依法确定的水环境重点排污单位、地下水污染防治重点排污单位、大气环境重点排污单位、噪声重点排污单位、土壤污染重点监管单位，以及环境风险重点管控单位。

同一企业事业单位可以同时属于不同类别的环境监管重点单位。

第三条 国务院生态环境主管部门负责指导、协调和监督环境监管重点单位名录的确定和管理，建立、运行环境监管重点单位名录信息平台。

省级生态环境主管部门负责协调和监督本行政区域环境监管重点单位名录的确定和发布。

设区的市级生态环境主管部门负责本行政区域环境监管重点单位名录的确定、管理和发布。

第四条 环境监管重点单位应当依法履行自行监测、信息公开等生态环境法律义务，采取措施防治环境污染，防范环境风险。

各级生态环境主管部门应当加强对环境监管重点单位的监督管理。

第五条 水环境重点排污单位应当根据本行政区域的水环境容量、重点水污染物排放总量控制指标的要求以及排污单位排放水污染物的种类、数量和浓度等因素确定。

具备下列条件之一的，应当列为水环境重点排污单位：

（一）化学需氧量、氨氮、总氮、总磷中任一种水污染物近三年内任一年度排放量大于设区的市级生态环境主管部门设定的筛选排放量限值的工业企业；

（二）设有污水排放口的规模化畜禽养殖场；

（三）工业废水集中处理厂，以及日处理能力 10 万吨以上或者日处理工业废水量 2 万吨以上的城镇生活污水处理厂。

设区的市级生态环境主管部门设定筛选排放量限值，应当确保所筛选的水环境重点排污单位工业水污染物排放量之和，不低于该行政区域排放源统计调查的工业水污染物排放总量的 65%。

第六条 地下水污染防治重点排污单位应当根据本行政区域地下水污染防治需要、排污单位排放有毒有害物质情况等因素确定。

具备下列条件之一的，应当列为地下水污染防治重点排污单位：

（一）位于地下水污染防治重点区内且设有水污染物排放口的企业事业单位；

（二）一级和二级环境监督管理尾矿库的运营、管理单位；

（三）涉及填埋处置的危险废物处置场的运营、管理单位；

（四）日处理能力 500 吨以上的生活垃圾填埋场的运营、管理单位。

第七条 大气环境重点排污单位应当根据本行政区域的大气环境承载力、重点大气污染物排放总量控制指标的要求以及排污单位排放大气污染物的种类、数量和浓度等因素确定。

具备下列条件之一的，应当列为大气环境重点排污单位：

（一）二氧化硫、氮氧化物、颗粒物、挥发性有机物中任一种大气污染物近三年内任一年度排放量大于设区的市级生态环境主管部门设定的筛选排放量限值的工业企业；

（二）太阳能光伏玻璃行业企业，其他玻璃制造、玻璃制品、玻璃纤维行业中以天然气为燃料的规模以上企业；

（三）陶瓷、耐火材料行业中以煤、石油焦、油、发生炉煤气为燃料的企业；

（四）陶瓷、耐火材料行业中以天然气为燃料的规模以上企业；

（五）工业涂装行业规模以上企业，全部使用符合国家规定的水性、无溶剂、辐射固化、粉末等四类低挥发性有机物含量涂料的除外；

（六）包装印刷行业规模以上企业，全部使用符合国家规定的低挥发性有机物含量油墨的除外。

设区的市级生态环境主管部门设定筛选排放量限值，应当确保所筛选的大气环境重点排污单位工业大气污染物排放量之和，不低于该行政区域排放源统计调查的工业大气污染物排放总量的65%。

第八条 生产、加工使用或者排放重点管控新污染物清单中所列化学物质的企业事业单位，应当纳入重点排污单位。

第九条 噪声重点排污单位应当根据本行政区域噪声排放状况、声环境质量改善要求等因素确定。

具备下列条件之一的工业企业，应当列为噪声重点排污单位：

（一）位于噪声敏感建筑物集中区域或者厂界外200米范围内存在噪声敏感建筑物集中区域，且造成噪声污染的；

（二）影响所在行政区域完成声环境质量改善规划设定目标的；

（三）噪声污染问题突出、群众反映强烈的。

第十条 土壤污染重点监管单位应当根据本行政区域土壤污染防治需要、有毒有害物质排放情况等因素确定。

具备下列条件之一的，应当列为土壤污染重点监管单位：

（一）有色金属矿采选、有色金属冶炼、石油开采、石油加工、化工、焦化、电镀、制革行业规模以上企业；

（二）位于土壤污染潜在风险高的地块，且生产、使用、贮存、处置或者排放有毒有害物质的企业；

（三）位于耕地土壤重金属污染突出地区的涉镉排放企业。

第十一条 具备下列条件之一的，可以列为环境风险重点管控单位：

（一）年产生危险废物100吨以上的企业；

（二）具有危险废物自行利用处置设施的企业；

（三）持有危险废物经营许可证的企业；

（四）生活垃圾填埋场（含已封场的）或者生活垃圾焚烧厂的运营维护单位；

（五）矿产资源（除铀、钍矿外）开发利用活动中原矿、中间产品、尾矿（渣）或者其他残留物中铀（钍）系单个核素含量超过1Bq/g的企业。

第十二条 排污许可分类管理名录规定的实施排污许可重点管理的企业事业单位，应当列为重点排污单位。

《固定污染源排污许可分类管理名录（2019 年版）》规定的实施排污许可重点管理的条件为“纳入重点排污单位名录”的企业事业单位，根据本办法第五条、第七条的规定不再符合重点排污单位筛选条件的，设区的市级生态环境主管部门应当及时予以调整。

第十三条　设区的市级生态环境主管部门可以根据本行政区域环境质量状况、环境质量改善要求、污染物排放情况、有毒有害物质以及环境风险管控要求等，将确有必要实施重点监管的企业事业单位列入环境监管重点单位名录。

第十四条　设区的市级生态环境主管部门应当在每年 1 月底前提出本年度环境监管重点单位初步名录，上传至环境监管重点单位名录信息平台。

省级以上生态环境主管部门可以于每年 2 月底前，通过环境监管重点单位名录信息平台，提出对环境监管重点单位初步名录的调整建议。

设区的市级生态环境主管部门可以根据省级以上生态环境主管部门提出的调整建议，对本年度环境监管重点单位初步名录进行调整，并于 3 月底前确定本年度环境监管重点单位名录，依法向社会公布。

第十五条　列入环境监管重点单位名录的企业事业单位，在名录存续期间出现不符合本办法规定的筛选条件情形的，应当在确定下一年度环境监管重点单位名录时予以调整。

第十六条　本办法由国务院生态环境主管部门负责解释。

第十七条　本办法自 2023 年 1 月 1 日起施行。《关于印发 < 重点排污单位名录管理规定（试行）> 的通知》（环办监测〔2017〕86 号）同时废止。

16. 关于进一步规范适用环境行政处罚自由裁量权的指导意见

（环执法〔2019〕42 号）

各省、自治区、直辖市生态环境厅（局），新疆生产建设兵团生态环境局：

为深入学习贯彻习近平新时代中国特色社会主义思想和党的十九大精神，进一步提高生态环境部门依法行政的能力和水平，指导生态环境部门进一步规范生态环境行政处罚自由裁量权的适用和监督，有效防范执法风险，根据《中共中央关于全面深化改革若干重大问题的决定》《中共中央关于全面推进依法治国若干重大问题的决定》《法治政府建设实施纲要（2015—2020 年）》《国务院办公厅关于聚焦企业关切进一步推动优化营商环境政策落实的通知》《环境行政处罚办法》等规定，制定本意见。

一、适用行政处罚自由裁量权的原则和制度

（一）基本原则。

1. 合法原则。生态环境部门应当在法律、法规、规章确定的裁量条件、种类、范围、幅度内行使行政处罚自由裁量权。

2. 合理原则。行使行政处罚自由裁量权，应当符合立法目的，充分考虑、全面衡量地区经济社会发展状况、执法对象情况、危害后果等相关因素，所采取的措施和手段应当必要、适当。

3. 过罚相当原则。行使行政处罚自由裁量权，必须以事实为依据，处罚种类和幅度应当与当事人违法过错程度相适应，与环境违法行为的性质、情节以及社会危害程度相当。

4. 公开公平公正原则。行使行政处罚自由裁量权，应当向社会公开裁量标准，向当事人告知裁量所基于的事实、理由、依据等内容；应当平等对待行政管理相对人，公平、公正实施处罚，对事实、性质、情节、后果相同的情况应当给予相同的处理。

（二）健全规范配套制度。

1. 查处分离制度。将生态环境执法的调查、审核、决定、执行等职能进行相对分离，使执法权力分段行使，执法人员相互监督，建立既相互协调，又相互制约的权力运行机制。

2. 执法回避制度。执法人员与其所管理事项或者当事人有直接利害关系、可能影响公平公正处理的，不得参与相关案件的调查和处理。

3. 执法公示制度。强化事前、事后公开，向社会主动公开环境保护法律法规、行政执法决定等信息。规范事中公示，行政执法人员在执法过程要主动表明身份，接受社会监督。

4. 执法全过程记录制度。对立案、调查、审查、决定、执行程序以及执法时间、地点、对象、事实、结果等作出详细记录，并全面系统归档保存，实现全过程留痕和可回溯管理。

5. 重大执法决定法制审核制度。对涉及重大公共利益，可能造成重大社会影响或引发社会风险，直接关系行政相对人或第三人重大权益，经过听证程序作出行政执法决定，以及案件情况疑难复杂、涉及多个法律关系的案件，设立专门机构和人员进行严格法制审核。

6. 案卷评查制度。上级生态环境部门可以结合工作实际，组织对下级生态环境部门的行政执法案卷评查，将案卷质量高低作为衡量执法水平的重要依据。

7. 执法统计制度。对本机构作出行政执法决定的情况进行全面、及时、准确的统计，认真分析执法统计信息，加强对信息的分析处理，注重分析成果的应用。

8. 裁量判例制度。生态环境部门可以针对常见环境违法行为，确定一批自由裁量权尺度把握适当的典型案例，为行政处罚自由裁量权的行使提供参照。

二、制定裁量规则和基准的总体要求

（三）制定的主体。省级生态环境部门应当根据本意见提供的制定方法，结合本地区法规和规章，制定本地区行政处罚自由裁量规则和基准。鼓励有条件的设区的市级生态环境部门对省级行政处罚自由裁量规则和基准进一步细化、量化。

（四）制定的原则。制定裁量规则和基准应当坚持合法、科学、公正、合理的原则，结合污染防治攻坚战的要求，充分考虑违法行为的特点，按照宽严相济的思路，突出对严重违法行为的惩处力度和对其他违法行为的震慑作用，鼓励和引导企业即时改正轻微违法行为，促进企业环境守法。

制定裁量规则和基准应当将主观标准与客观标准相结合，在法律、法规和规章规定的处罚种类、幅度内，细化裁量标准，压缩裁量空间，为严格执法、公正执法、精准执法提供有力支撑。

（五）制定的基本方法。制定裁量规则和基准，要在总结实践经验的基础上，根据违法行为构成要素和违法情节，科学设定裁量因子和运算规则，实现裁量额度与行政相对人违法行为相匹配，体现过罚相当的处罚原则。

制定自由裁量规则和基准，应当综合考虑以下因素：违法行为造成的环境污染、生态破坏以及社会影响；违法行为当事人的主观过错程度；违法行为的具体表现形式；违法行为危害的具体对象；违法行为当事人是初犯还是再犯；改正环境违法行为的态度和所采取的改正措施及效果。

制定裁量规则和基准，应当及时、全面贯彻落实新出台或修订法律法规规定，对主要违法行为对应的有处罚幅度的法律责任条款基本实现全覆盖。裁量规则和基准不应局限于罚款处罚，对其他种类行政处罚的具体适用也应加以规范。

严格按照环境保护法及其配套办法规定的适用范围和实施程序，进一步细化规定实施按日连续处罚、查封、扣押、限制生产、停产整治，以及移送公安机关适用行政拘留的案件类型和审查流程，统一法律适用。对符合上述措施实施条件的案件，严格按规定进行审查，依法、公正作出处理决定，并有充分的裁量依据和理由。对同类案件给予相同处理，避免执法的随意性、任意性。

有条件的生态环境部门可充分运用信息化手段，开发和运用电子化的自由裁量系统，严格按照裁量规则和基准设计并同步更新。有条件的省级生态环境部门，应当建立省级环境行政处罚管理系统，实现统一平台、统一系统、统一裁量，并与国家建立的环境行政处罚管理系统联网。

生态环境部将在“全国环境行政处罚案件办理系统”中设置“行政处罚自由裁量计算器”功能，通过输入有关裁量因子，经过内设函数运算，对处罚额度进行模拟裁量，供各地参考。

三、制定裁量规则和基准的程序

（六）起草和发布。生态环境部门负责行政处罚案件审查的机构具体承担裁量规则和基准的起草和发布工作。起草时应当根据法律法规的制定和修改以及国家生态文明政策的调整，结合地方实际，参考以往的处罚案例，深入调查研究，广泛征求意见，按照规范性文件的制定程序组织实施。

（七）宣传和实施。生态环境部门发布裁量规则和基准后，应当配套编制解读材料，就裁量规则和基准的使用进行普法宣传和解读。有条件的地区还可以提供模拟裁量的演示系统。

（八）更新和修订。生态环境部门应当建立快速、严谨的动态更新机制，对已制定的裁量规则和基准进行补充和完善，提升其科学性和实用性。

四、裁量规则和基准的适用

（九）调查取证阶段。环境违法案件调查取证过程中，执法人员应当以裁量规则和基准为指导，全面调取有关违法行为和情节的证据；在提交行政处罚案件调查报告时，不仅要附有违法行为的定性证据，还应根据裁量因子提供有关定量证据。开发使用移动执法平台的，应当与裁量系统相衔接，为执法人员现场全面收集证据、正确适用法律提供帮助。

（十）案件审查阶段。案件审查过程中，案件审查人员应当严格遵守裁量规则和使用裁量基准，对具体案件的处罚额度提出合理的裁量建议；经集体审议的案件也应当专门对案件的裁量情况进行审议，书面记录审议结果，并随案卷归档。

（十一）告知和听证阶段。生态环境部门应当在告知当事人行政处罚有关违法事实、证据、处罚依据时，一并告知行政处罚裁量权的适用依据，及其陈述申辩权利。当事人陈述申辩时对自由裁量适用提出异议的，应当对异议情况进行核查，对合理的意见予以采纳，不得因当事人的陈述申辩而加重处罚。

（十二）决定阶段。生态环境部门在作出处罚决定时，应当在处罚决定书中载明行政处罚自由裁量的适用依据和理由，以及对当事人关于裁量的陈述申辩意见的采纳情况和理由。

（十三）裁量的特殊情形。

1. 有下列情形之一的，可以从重处罚。

（1）两年内因同类环境违法行为被处罚 3 次（含 3 次）以上的；

（2）重污染天气预警期间超标排放大气污染物的；

（3）在案件查处中对执法人员进行威胁、辱骂、殴打、恐吓或者打击报复的；

（4）环境违法行为造成跨行政区域环境污染的；

（5）环境违法行为引起不良社会反响的；

（6）其他具有从重情节的。

2. 有下列情形之一的，应当依法从轻或者减轻行政处罚。

（1）主动消除或者减轻环境违法行为危害后果的；

（2）受他人胁迫有环境违法行为的；

（3）配合生态环境部门查处环境违法行为有立功表现的；

（4）其他依法从轻或者减轻行政处罚的。

3. 有下列情形之一的，可以免予处罚。

（1）违法行为（如“未批先建”）未造成环境污染后果，且企业自行实施关停或者实施停止建设、停止生产等措施的；

（2）违法行为持续时间短、污染小（如“超标排放水污染物不超过 2 小时，且超标倍数小于 0.1 倍、日污水排放量小于 0.1 吨的”；又如“不规范贮存危险废物时间不超过 24 小时、数量小于 0.01 吨，且未污染外环境的”）且当日完成整改的；

（3）其他违法行为轻微并及时纠正，没有造成危害后果的。

五、裁量权运行的监督和考评

（十四）信息公开。生态环境部门制定的裁量规则和基准规范性文件，应当按照上级生态环境部门和同级政府信息公开的要求，在政府网站发布，接受社会监督。

（十五）备案管理。生态环境部门应当在裁量规则和基准制发或变更后 15 日内报上一级生态环境部门备案。

（十六）适用监督。上级生态环境部门应当通过对行政处罚案卷的抽查、考评以及对督办案件的审查等形式，加强对下级生态环境部门裁量规则和基准适用的指导；发现裁量规则和基准设定明显不合理、不全面的，应当提出更新或者修改的建议。对不按裁量规则和基准进行裁量，不规范行使行政处罚自由裁量权构成违法违纪的，依法追究法律责任。

六、《关于印发有关规范行使环境行政处罚自由裁量权文件的通知》（环办〔2009〕107 号）同时废止

附件：部分常用环境违法行为自由裁量参考基准及计算方法

生态环境部

2019 年 5 月 21 日

17. 关于环境行政处罚过程中有关问题的复函

（环办环监函〔2018〕719 号）

河北省环境保护厅：

你厅《关于环境行政处罚过程中有关问题的请示》（冀环办函〔2018〕790 号）收悉。经研究，函复如下：

一、关于未取得排污许可证非法排污的处罚

根据国务院办公厅印发的《控制污染物排放许可制实施方案》（国办发〔2016〕81 号），排污许可制是覆盖所有固定污染源和多污染物协同控制的“一证制”管理制度。排污企业未取得排污许可证，同时非法排放大气污染物和水污染物的，属于一个违法行为。现行的《中华人民共和国大气污染防治法》和《中华人民共和国水污染防治法》对未依法取得排污许可证排放污染物的违法行为，规定了相同的处罚措施。因此，可以根据《中华人民共和国大气污染防治法》或者《中华人民共和国水污染防治法》予以处罚。

二、关于按日连续处罚中“拒不改正”的认定

《中华人民共和国环境保护法》第五十九条第一款规定：“企业事业单位和其他生产经营者违法排放污染物，受到罚款处罚，被责令改正，拒不改正的，依法作出处罚决定的行政机关可以自责令改正之日的次日起，按照原处罚数额按日连续处罚。”

《中华人民共和国水污染防治法》第九十五条规定：“企业事业单位和其他生产经营者违法排放水污染物，受到罚款处罚，被责令改正的，依法作出处罚决定的行政机关应当组织复查，发现其继续违法排放水污染物或者拒绝、阻挠复查的，依照《中华人民共和国环境保护法》的规定按日连续处罚。”

根据上述规定，企业因废水化学需氧量排放超标被环保部门责令改正违法行为并依法处罚，环保部门复查时，发现该企业仍继续违法排放水污染物，即使废水化学需氧量排放达标但氨氮等其他水污染物排放超标的，属于拒不改正违法排放污染物行为，可以依据《中华人民共和国水污染防治法》《环境保护主管部门实施按日连续处罚办法》相关条款对该企业实施按日连续处罚。

特此函复。

生态环境部办公厅

2018 年 7 月 20 日

18. 关于逃避监管违法排污情形认定有关问题的复函

（环政法函〔2016〕219 号）

广东省环境保护厅：

你厅《关于逃避监管非法排放污染物情形认定有关问题的请示》（粤环报〔2016〕68 号）收悉。经研究，现函复如下：

新修订的《环境保护法》以及《环境保护主管部门实施按日连续处罚办法》《环境保护主管部门实施查封、扣押办法》《环境保护主管部门实施限制生产、停产整治办法》《行政主管部门移送适用行政拘留环境违法案件暂行办法》等配套文件，均明确规定了“通过暗管、渗井、渗坑、灌注或者篡改、伪造监测数据，或者不正常运行防治污染设施等逃避监管的方式违法排放污染物”的行为应当承担的法律责任。根据上述规定，对你厅请示问题的法律适用，提出以下意见：

一、企业事业单位和其他生产经营者通过暗管、渗井、渗坑、灌注或者不正常运行防治污染设施等逃避监管的方式违法排放污染物，均应依法查处。排放污染物的建设项目是否通过环境影响评价审批和竣工环境保护验收，不影响对逃避监管违法排污行为性质的认定，但可以作为判定违法情节轻重的因素予以考虑。

二、企业事业单位和其他生产经营者未配套建设防治污染设施，直接排放污染物的，不属于“通过不正常运行防治污染设施逃避监管的方式违法排放污染物”的情形。《行政主管部门移送适用行政拘留环境违法案件暂行办法》第五条规定：“通过暗管、渗井、渗坑、灌注等逃避监管的方式违法排放污染物，是指通过暗管、渗井、渗坑、灌注等不经法定排放口排放污染物等逃避监管的方式违法排放污染物。”据此，如果排污单位未配套建设防治污染设施，直接排放污染物的行为符合“通过暗管、渗井、渗坑、灌注等逃避监管的方式违法排放污染物”的构成要件的，可以依照相关规定查处。

特此函复。

环境保护部

2016 年 10 月 27 日

19. 关于环境保护主管部门实施停产整治有关问题的复函

（环办环监函〔2017〕1848 号）

广东省环境保护厅：

你厅《关于实施停产整治有关问题的请示》（粤环报〔2017〕120 号）收悉。经研究，函复如下：

一、关于企业在责令限制生产期限内，超过污染物排放标准排放污染物的，是否适用责令停产整治的问题

我部原则同意你厅意见，排污者在责令限制生产期限内，超过污染物排放标准排污的，违反了《环境保护主管部门实施限制生产、停产整治办法》第十六条第二款“被限制生产的排污者在整改期间，不得超过污染物排放标准或者重点污染物日最高允许排放总量控制指标排放污染物”的规定，属于《环境保护主管部门实施限制生产、停产整治办法》第六条第（四）项“被责令限制生产后仍然超过污染物排放标准排放污染物的”情形，环境保护主管部门可以责令其采取停产整治措施。

二、关于环境保护主管部门对排污者履行限制生产、停产整治措施情况实施后督察的问题

我部原则同意你厅关于《环境保护主管部门实施限制生产、停产整治办法》第十九条规定的后督察期限自排污者收到限制生产决定书、停产整治决定书之日起至限制生产、停产整治解除之日止的意见。《环境保护主管部门实施限制生产、停产整治办法》第十九条和第二十条是对排污者被责令限制生产、停产整治期间和责令限制生产、停产整治解除后，环境保护主管部门对排污者进行监督检查的规定。我部拟在《环

境保护主管部门实施限制生产、停产整治办法》修订过程中对此予以明确规定。

特此函复。

环境保护部办公厅

2017 年年 11 月 29 日

20. 关于重点单位自动监控安装联网有关问题的复函

（环办执法函〔2021〕421 号）

广东省生态环境厅：

你厅《关于总磷总氮重点行业企业自动监控安装联网有关问题的请示》（粤环报〔2021〕53 号）收悉。经研究，函复如下。

一、根据《大气污染防治法》《水污染防治法》有关规定，大气、水环境重点排污单位应当安装使用污染物排放自动监测设备，并与生态环境主管部门的监控设备联网。其中氮磷排放重点行业的重点排污单位还应按我部《关于加强固定污染源氮磷污染防治的通知》（环水体〔2018〕16 号）要求，安装使用含总氮和（或）总磷指标的自动监测设备。相关自动监测要求应当依法载入排污许可证。

二、根据《排污许可管理条例》第二十条“实行排污许可重点管理的排污单位，应当依法安装、使用、维护污染物排放自动监测设备，并与生态环境主管部门的监控设备联网”。按照《固定污染源排污许可分类管理名录》纳入重点管理的排污单位，应按照国家自行监测规范，编制自行监测方案，自行监测的监测点位、指标、频次等应当载入排污许可证。

三、未按照《大气污染防治法》《水污染防治法》及排污许可证规定安装、使用污染物排放自动监测设备并与生态环境主管部门的监控设备联网的，承担相应法律责任。

特此函复。

生态环境部办公厅

2021 年 9 月 4 日

二、建设项目管理与排污许可篇

（一）建设项目管理

1. 中华人民共和国环境影响评价法

（2002年10月28日第九届全国人民代表大会常务委员会第三十次会议通过　根据2016年7月2日第十二届全国人民代表大会常务委员会第二十一次会议《关于修改〈中华人民共和国节约能源法〉等六部法律的决定》第一次修正　根据2018年12月29日第十三届全国人民代表大会常务委员会第七次会议《关于修改〈中华人民共和国劳动法〉等七部法律的决定》第二次修正）

第一章　总则

第一条　为了实施可持续发展战略，预防因规划和建设项目实施后对环境造成不良影响，促进经济、社会和环境的协调发展，制定本法。

第二条　本法所称环境影响评价，是指对规划和建设项目实施后可能造成的环境影响进行分析、预测和评估，提出预防或者减轻不良环境影响的对策和措施，进行跟踪监测的方法与制度。

第三条　编制本法第九条所规定的范围内的规划，在中华人民共和国领域和中华人民共和国管辖的其他海域内建设对环境有影响的项目，应当依照本法进行环境影响评价。

第四条　环境影响评价必须客观、公开、公正，综合考虑规划或者建设项目实施后对各种环境因素及其所构成的生态系统可能造成的影响，为决策提供科学依据。

第五条　国家鼓励有关单位、专家和公众以适当方式参与环境影响评价。

第六条　国家加强环境影响评价的基础数据库和评价指标体系建设，鼓励和支持对环境影响评价的方法、技术规范进行科学研究，建立必要的环境影响评价信息共享制度，提高环境影响评价的科学性。

国务院生态环境主管部门应当会同国务院有关部门，组织建立和完善环境影响评价的基础数据库和评价指标体系。

第二章　规划的环境影响评价

第七条　国务院有关部门、设区的市级以上地方人民政府及其有关部门，对其组织编制的土地利用的有关规划，区域、流域、海域的建设、开发利用规划，应当在规划编制过程中组织进行环境影响评价，编写该规划有关环境影响的篇章或者说明。

规划有关环境影响的篇章或者说明，应当对规划实施后可能造成的环境影响作出分析、预测和评估，提出预防或者减轻不良环境影响的对策和措施，作为规划草案的组成部分一并报送规划审批机关。

未编写有关环境影响的篇章或者说明的规划草案，审批机关不予审批。

第八条 国务院有关部门、设区的市级以上地方人民政府及其有关部门，对其组织编制的工业、农业、畜牧业、林业、能源、水利、交通、城市建设、旅游、自然资源开发的有关专项规划（以下简称专项规划），应当在该专项规划草案上报审批前，组织进行环境影响评价，并向审批该专项规划的机关提出环境影响报告书。

前款所列专项规划中的指导性规划，按照本法第七条的规定进行环境影响评价。

第九条 依照本法第七条、第八条的规定进行环境影响评价的规划的具体范围，由国务院生态环境主管部门会同国务院有关部门规定，报国务院批准。

第十条 专项规划的环境影响报告书应当包括下列内容：

（一）实施该规划对环境可能造成影响的分析、预测和评估；

（二）预防或者减轻不良环境影响的对策和措施；

（三）环境影响评价的结论。

第十一条 专项规划的编制机关对可能造成不良环境影响并直接涉及公众环境权益的规划，应当在该规划草案报送审批前，举行论证会、听证会，或者采取其他形式，征求有关单位、专家和公众对环境影响报告书草案的意见。但是，国家规定需要保密的情形除外。

编制机关应当认真考虑有关单位、专家和公众对环境影响报告书草案的意见，并应当在报送审查的环境影响报告书中附具对意见采纳或者不采纳的说明。

第十二条 专项规划的编制机关在报批规划草案时，应当将环境影响报告书一并附送审批机关审查；未附送环境影响报告书的，审批机关不予审批。

第十三条 设区的市级以上人民政府在审批专项规划草案，作出决策前，应当先由人民政府指定的生态环境主管部门或者其他部门召集有关部门代表和专家组成审查小组，对环境影响报告书进行审查。审查小组应当提出书面审查意见。

参加前款规定的审查小组的专家，应当从按照国务院生态环境主管部门的规定设立的专家库内的相关专业的专家名单中，以随机抽取的方式确定。

由省级以上人民政府有关部门负责审批的专项规划，其环境影响报告书的审查办法，由国务院生态环境主管部门会同国务院有关部门制定。

第十四条 审查小组提出修改意见的，专项规划的编制机关应当根据环境影响报告书结论和审查意见对规划草案进行修改完善，并对环境影响报告书结论和审查意见的采纳情况作出说明；不采纳的，应当说明理由。

设区的市级以上人民政府或者省级以上人民政府有关部门在审批专项规划草案时，应当将环境影响报告书结论以及审查意见作为决策的重要依据。

在审批中未采纳环境影响报告书结论以及审查意见的，应当作出说明，并存档备查。

第十五条 对环境有重大影响的规划实施后，编制机关应当及时组织环境影响的跟踪评价，并将评价结果报告审批机关；发现有明显不良环境影响的，应当及时提出改进措施。

第三章　建设项目的环境影响评价

第十六条　国家根据建设项目对环境的影响程度，对建设项目的环境影响评价实行分类管理。

建设单位应当按照下列规定组织编制环境影响报告书、环境影响报告表或者填报环境影响登记表（以下统称环境影响评价文件）：

（一）可能造成重大环境影响的，应当编制环境影响报告书，对产生的环境影响进行全面评价；

（二）可能造成轻度环境影响的，应当编制环境影响报告表，对产生的环境影响进行分析或者专项评价；

（三）对环境影响很小、不需要进行环境影响评价的，应当填报环境影响登记表。

建设项目的环境影响评价分类管理名录，由国务院生态环境主管部门制定并公布。

第十七条　建设项目的环境影响报告书应当包括下列内容：

（一）建设项目概况；

（二）建设项目周围环境现状；

（三）建设项目对环境可能造成影响的分析、预测和评估；

（四）建设项目环境保护措施及其技术、经济论证；

（五）建设项目对环境影响的经济损益分析；

（六）对建设项目实施环境监测的建议；

（七）环境影响评价的结论。

环境影响报告表和环境影响登记表的内容和格式，由国务院生态环境主管部门制定。

第十八条　建设项目的环境影响评价，应当避免与规划的环境影响评价相重复。

作为一项整体建设项目的规划，按照建设项目进行环境影响评价，不进行规划的环境影响评价。

已经进行了环境影响评价的规划包含具体建设项目的，规划的环境影响评价结论应当作为建设项目环境影响评价的重要依据，建设项目环境影响评价的内容应当根据规划的环境影响评价审查意见予以简化。

第十九条　建设单位可以委托技术单位对其建设项目开展环境影响评价，编制建设项目环境影响报告书、环境影响报告表；建设单位具备环境影响评价技术能力的，可以自行对其建设项目开展环境影响评价，编制建设项目环境影响报告书、环境影响报告表。

编制建设项目环境影响报告书、环境影响报告表应当遵守国家有关环境影响评价标准、技术规范等规定。

国务院生态环境主管部门应当制定建设项目环境影响报告书、环境影响报告表编制的能力建设指南和监管办法。

接受委托为建设单位编制建设项目环境影响报告书、环境影响报告表的技术单位，不得与负责审批建设项目环境影响报告书、环境影响报告表的生态环境主管部门或者其他有关审批部门存在任何利益关系。

第二十条 建设单位应当对建设项目环境影响报告书、环境影响报告表的内容和结论负责，接受委托编制建设项目环境影响报告书、环境影响报告表的技术单位对其编制的建设项目环境影响报告书、环境影响报告表承担相应责任。

设区的市级以上人民政府生态环境主管部门应当加强对建设项目环境影响报告书、环境影响报告表编制单位的监督管理和质量考核。

负责审批建设项目环境影响报告书、环境影响报告表的生态环境主管部门应当将编制单位、编制主持人和主要编制人员的相关违法信息记入社会诚信档案，并纳入全国信用信息共享平台和国家企业信用信息公示系统向社会公布。

任何单位和个人不得为建设单位指定编制建设项目环境影响报告书、环境影响报告表的技术单位。

第二十一条 除国家规定需要保密的情形外，对环境可能造成重大影响、应当编制环境影响报告书的建设项目，建设单位应当在报批建设项目环境影响报告书前，举行论证会、听证会，或者采取其他形式，征求有关单位、专家和公众的意见。

建设单位报批的环境影响报告书应当附具对有关单位、专家和公众的意见采纳或者不采纳的说明。

第二十二条 建设项目的环境影响报告书、报告表，由建设单位按照国务院的规定报有审批权的生态环境主管部门审批。

海洋工程建设项目的海洋环境影响报告书的审批，依照《中华人民共和国海洋环境保护法》的规定办理。

审批部门应当自收到环境影响报告书之日起六十日内，收到环境影响报告表之日起三十日内，分别作出审批决定并书面通知建设单位。

国家对环境影响登记表实行备案管理。

审核、审批建设项目环境影响报告书、报告表以及备案环境影响登记表，不得收取任何费用。

第二十三条 国务院生态环境主管部门负责审批下列建设项目的环境影响评价文件：

（一）核设施、绝密工程等特殊性质的建设项目；

（二）跨省、自治区、直辖市行政区域的建设项目；

（三）由国务院审批的或者由国务院授权有关部门审批的建设项目。

前款规定以外的建设项目的环境影响评价文件的审批权限，由省、自治区、直辖市人民政府规定。

建设项目可能造成跨行政区域的不良环境影响，有关生态环境主管部门对该项目的环境影响评价结论有争议的，其环境影响评价文件由共同的上一级生态环境主管部门审批。

第二十四条 建设项目的环境影响评价文件经批准后，建设项目的性质、规模、地点、采用的生产工艺或者防治污染、防止生态破坏的措施发生重大变动的，建设单位应当重新报批建设项目的环境影响评价文件。

建设项目的环境影响评价文件自批准之日起超过五年，方决定该项目开工建设的，其环境影响评价文件应当报原审批部门重新审核；原审批部门应当自收到建设项目环境影响评价文件之日起十日内，将审核意见书面通知建设单位。

第二十五条 建设项目的环境影响评价文件未依法经审批部门审查或者审查后未予批准的，建设单位不得开工建设。

第二十六条 建设项目建设过程中，建设单位应当同时实施环境影响报告书、环境影响报告表以及环境影响评价文件审批部门审批意见中提出的环境保护对策措施。

第二十七条 在项目建设、运行过程中产生不符合经审批的环境影响评价文件的情形的，建设单位应当组织环境影响的后评价，采取改进措施，并报原环境影响评价文件审批部门和建设项目审批部门备案；原环境影响评价文件审批部门也可以责成建设单位进行环境影响的后评价，采取改进措施。

第二十八条 生态环境主管部门应当对建设项目投入生产或者使用后所产生的环境影响进行跟踪检查，对造成严重环境污染或者生态破坏的，应当查清原因、查明责任。对属于建设项目环境影响报告书、环境影响报告表存在基础资料明显不实，内容存在重大缺陷、遗漏或者虚假，环境影响评价结论不正确或者不合理等严重质量问题的，依照本法第三十二条的规定追究建设单位及其相关责任人员和接受委托编制建设项目环境影响报告书、环境影响报告表的技术单位及其相关人员的法律责任；属于审批部门工作人员失职、渎职，对依法不应批准的建设项目环境影响报告书、环境影响报告表予以批准的，依照本法第三十四条的规定追究其法律责任。

第四章 法律责任

第二十九条 规划编制机关违反本法规定，未组织环境影响评价，或者组织环境影响评价时弄虚作假或者有失职行为，造成环境影响评价严重失实的，对直接负责的主管人员和其他直接责任人员，由上级机关或者监察机关依法给予行政处分。

第三十条 规划审批机关对依法应当编写有关环境影响的篇章或者说明而未编写的规划草案，依法应当附送环境影响报告书而未附送的专项规划草案，违法予以批准的，对直接负责的主管人员和其他直接责任人员，由上级机关或者监察机关依法给予行政处分。

第三十一条 建设单位未依法报批建设项目环境影响报告书、报告表，或者未依照本法第二十四条的规定重新报批或者报请重新审核环境影响报告书、报告表，擅自开工建设的，由县级以上生态环境主管部门责令停止建设，根据违法情节和危害后果，处建设项目总投资额百分之一以上百分之五以下的罚款，并可以责令恢复原状；对建设单位直接负责的主管人员和其他直接责任人员，依法给予行政处分。

建设项目环境影响报告书、报告表未经批准或者未经原审批部门重新审核同意，建设单位擅自开工建设的，依照前款的规定处罚、处分。

建设单位未依法备案建设项目环境影响登记表的，由县级以上生态环境主管部门责令备案，处五万元以下的罚款。

海洋工程建设项目的建设单位有本条所列违法行为的，依照《中华人民共和国海洋环境保护法》的规定处罚。

第三十二条 建设项目环境影响报告书、环境影响报告表存在基础资料明显不实，内容存在重大缺陷、遗漏或者虚假，环境影响评价结论不正确或者不合理等严重质量问题的，由设区的市级以上人民政府生态环境主管部门对建设单位处五十万元以上二百万元以下的罚款，并对建设单位的法定代表人、主要负责人、直接负责的主管人员和其他直接责任人员，处五万元以上二十万元以下的罚款。

接受委托编制建设项目环境影响报告书、环境影响报告表的技术单位违反国家有关环境影响评价标准和技术规范等规定，致使其编制的建设项目环境影响报告书、环境影响报告表存在基础资料明显不实，内容存在重大缺陷、遗漏或者虚假，环境影响评价结论不正确或者不合理等严重质量问题的，由设区的市级以上人民政府生态环境主管部门对技术单位处所收费用三倍以上五倍以下的罚款；情节严重的，禁止从事环境影响报告书、环境影响报告表编制工作；有违法所得的，没收违法所得。

编制单位有本条第一款、第二款规定的违法行为的，编制主持人和主要编制人员五年内禁止从事环境影响报告书、环境影响报告表编制工作；构成犯罪的，依法追究刑事责任，并终身禁止从事环境影响报告书、环境影响报告表编制工作。

第三十三条 负责审核、审批、备案建设项目环境影响评价文件的部门在审批、备案中收取费用的，由其上级机关或者监察机关责令退还；情节严重的，对直接负责的主管人员和其他直接责任人员依法给予行政处分。

第三十四条 生态环境主管部门或者其他部门的工作人员徇私舞弊，滥用职权，玩忽职守，违法批准建设项目环境影响评价文件的，依法给予行政处分；构成犯罪的，依法追究刑事责任。

第五章 附则

第三十五条 省、自治区、直辖市人民政府可以根据本地的实际情况，要求对本辖区的县级人民政府编制的规划进行环境影响评价。具体办法由省、自治区、直辖市参照本法第二章的规定制定。

第三十六条 军事设施建设项目的环境影响评价办法，由中央军事委员会依照本法的原则制定。

第三十七条 本法自2003年9月1日起施行。

2. 建设项目环境保护管理条例

（1998年11月29日中华人民共和国国务院令第253号发布，根据2017年7月16日《国务院关于修改〈建设项目环境保护管理条例〉的决定》修订）

第一章　总则

第一条　为了防止建设项目产生新的污染、破坏生态环境，制定本条例。

第二条　在中华人民共和国领域和中华人民共和国管辖的其他海域内建设对环境有影响的建设项目，适用本条例。

第三条　建设产生污染的建设项目，必须遵守污染物排放的国家标准和地方标准；在实施重点污染物排放总量控制的区域内，还必须符合重点污染物排放总量控制的要求。

第四条　工业建设项目应当采用能耗物耗小、污染物产生量少的清洁生产工艺，合理利用自然资源，防止环境污染和生态破坏。

第五条　改建、扩建项目和技术改造项目必须采取措施，治理与该项目有关的原有环境污染和生态破坏。

第二章　环境影响评价

第六条　国家实行建设项目环境影响评价制度。

第七条　国家根据建设项目对环境的影响程度，按照下列规定对建设项目的环境保护实行分类管理：

（一）建设项目对环境可能造成重大影响的，应当编制环境影响报告书，对建设项目产生的污染和对环境的影响进行全面、详细的评价；

（二）建设项目对环境可能造成轻度影响的，应当编制环境影响报告表，对建设项目产生的污染和对环境的影响进行分析或者专项评价；

（三）建设项目对环境影响很小，不需要进行环境影响评价的，应当填报环境影响登记表。

建设项目环境影响评价分类管理名录，由国务院环境保护行政主管部门在组织专家进行论证和征求有关部门、行业协会、企事业单位、公众等意见的基础上制定并公布。

第八条　建设项目环境影响报告书，应当包括下列内容：

（一）建设项目概况；

（二）建设项目周围环境现状；

（三）建设项目对环境可能造成影响的分析和预测；

（四）环境保护措施及其经济、技术论证；

（五）环境影响经济损益分析；

（六）对建设项目实施环境监测的建议；

（七）环境影响评价结论。

建设项目环境影响报告表、环境影响登记表的内容和格式，由国务院环境保护行政主管部门规定。

第九条 依法应当编制环境影响报告书、环境影响报告表的建设项目，建设单位应当在开工建设前将环境影响报告书、环境影响报告表报有审批权的环境保护行政主管部门审批；建设项目的环境影响评价文件未依法经审批部门审查或者审查后未予批准的，建设单位不得开工建设。

环境保护行政主管部门审批环境影响报告书、环境影响报告表，应当重点审查建设项目的环境可行性、环境影响分析预测评估的可靠性、环境保护措施的有效性、环境影响评价结论的科学性等，并分别自收到环境影响报告书之日起60日内、收到环境影响报告表之日起30日内，作出审批决定并书面通知建设单位。

环境保护行政主管部门可以组织技术机构对建设项目环境影响报告书、环境影响报告表进行技术评估，并承担相应费用；技术机构应当对其提出的技术评估意见负责，不得向建设单位、从事环境影响评价工作的单位收取任何费用。

依法应当填报环境影响登记表的建设项目，建设单位应当按照国务院环境保护行政主管部门的规定将环境影响登记表报建设项目所在地县级环境保护行政主管部门备案。

环境保护行政主管部门应当开展环境影响评价文件网上审批、备案和信息公开。

第十条 国务院环境保护行政主管部门负责审批下列建设项目环境影响报告书、环境影响报告表：

（一）核设施、绝密工程等特殊性质的建设项目；

（二）跨省、自治区、直辖市行政区域的建设项目；

（三）国务院审批的或者国务院授权有关部门审批的建设项目。

前款规定以外的建设项目环境影响报告书、环境影响报告表的审批权限，由省、自治区、直辖市人民政府规定。

建设项目造成跨行政区域环境影响，有关环境保护行政主管部门对环境影响评价结论有争议的，其环境影响报告书或者环境影响报告表由共同上一级环境保护行政主管部门审批。

第十一条 建设项目有下列情形之一的，环境保护行政主管部门应当对环境影响报告书、环境影响报告表作出不予批准的决定：

（一）建设项目类型及其选址、布局、规模等不符合环境保护法律法规和相关法定规划；

（二）所在区域环境质量未达到国家或者地方环境质量标准，且建设项目拟采取的措施不能满足区域环境质量改善目标管理要求；

（三）建设项目采取的污染防治措施无法确保污染物排放达到国家和地方排放标准，或者未采取必要措施预防和控制生态破坏；

（四）改建、扩建和技术改造项目，未针对项目原有环境污染和生态破坏提出有效防治措施；

（五）建设项目的环境影响报告书、环境影响报告表的基础资料数据明显不实，内容存在重大缺陷、遗漏，或者环境影响评价结论不明确、不合理。

第十二条 建设项目环境影响报告书、环境影响报告表经批准后，建设项目的性质、规模、地点、采用的生产工艺或者防治污染、防止生态破坏的措施发生重大变动的，建设单位应当重新报批建设项目环境影响报告书、环境影响报告表。

建设项目环境影响报告书、环境影响报告表自批准之日起满5年，建设项目方开工建设的，其环境影响报告书、环境影响报告表应当报原审批部门重新审核。原审批部门应当自收到建设项目环境影响报告书、环境影响报告表之日起10日内，将审核意见书面通知建设单位；逾期未通知的，视为审核同意。

审核、审批建设项目环境影响报告书、环境影响报告表及备案环境影响登记表，不得收取任何费用。

第十三条 建设单位可以采取公开招标的方式，选择从事环境影响评价工作的单位，对建设项目进行环境影响评价。

任何行政机关不得为建设单位指定从事环境影响评价工作的单位，进行环境影响评价。

第十四条 建设单位编制环境影响报告书，应当依照有关法律规定，征求建设项目所在地有关单位和居民的意见。

第三章 环境保护设施建设

第十五条 建设项目需要配套建设的环境保护设施，必须与主体工程同时设计、同时施工、同时投产使用。

第十六条 建设项目的初步设计，应当按照环境保护设计规范的要求，编制环境保护篇章，落实防治环境污染和生态破坏的措施以及环境保护设施投资概算。

建设单位应当将环境保护设施建设纳入施工合同，保证环境保护设施建设进度和资金，并在项目建设过程中同时组织实施环境影响报告书、环境影响报告表及其审批部门审批决定中提出的环境保护对策措施。

第十七条 编制环境影响报告书、环境影响报告表的建设项目竣工后，建设单位应当按照国务院环境保护行政主管部门规定的标准和程序，对配套建设的环境保护设施进行验收，编制验收报告。

建设单位在环境保护设施验收过程中，应当如实查验、监测、记载建设项目环境保护设施的建设和调试情况，不得弄虚作假。

除按照国家规定需要保密的情形外，建设单位应当依法向社会公开验收报告。

第十八条 分期建设、分期投入生产或者使用的建设项目，其相应的环境保护设施应当分期验收。

第十九条 编制环境影响报告书、环境影响报告表的建设项目，其配套建设的环境保护设施经验收合格，方可投入生产或者使用；未经验收或者验收不合格的，不得投入生产或者使用。

前款规定的建设项目投入生产或者使用后，应当按照国务院环境保护行政主管部门的规定开展环境影响后评价。

第二十条 环境保护行政主管部门应当对建设项目环境保护设施设计、施工、验收、投入生产或者使用情况，以及有关环境影响评价文件确定的其他环境保护措施的落实情况，进行监督检查。

环境保护行政主管部门应当将建设项目有关环境违法信息记入社会诚信档案，及时向社会公开违法者名单。

第四章 法律责任

第二十一条 建设单位有下列行为之一的，依照《中华人民共和国环境影响评价法》的规定处罚：

（一）建设项目环境影响报告书、环境影响报告表未依法报批或者报请重新审核，擅自开工建设；

（二）建设项目环境影响报告书、环境影响报告表未经批准或者重新审核同意，擅自开工建设；

（三）建设项目环境影响登记表未依法备案。

第二十二条 违反本条例规定，建设单位编制建设项目初步设计未落实防治环境污染和生态破坏的措施以及环境保护设施投资概算，未将环境保护设施建设纳入施工合同，或者未依法开展环境影响后评价的，由建设项目所在地县级以上环境保护行政主管部门责令限期改正，处 5 万元以上 20 万元以下的罚款；逾期不改正的，处 20 万元以上 100 万元以下的罚款。

违反本条例规定，建设单位在项目建设过程中未同时组织实施环境影响报告书、环境影响报告表及其审批部门审批决定中提出的环境保护对策措施的，由建设项目所在地县级以上环境保护行政主管部门责令限期改正，处 20 万元以上 100 万元以下的罚款；逾期不改正的，责令停止建设。

第二十三条 违反本条例规定，需要配套建设的环境保护设施未建成、未经验收或者验收不合格，建设项目即投入生产或者使用，或者在环境保护设施验收中弄虚作假的，由县级以上环境保护行政主管部门责令限期改正，处 20 万元以上 100 万元以下的罚款；逾期不改正的，处 100 万元以上 200 万元以下的罚款；对直接负责的主管人员和其他责任人员，处 5 万元以上 20 万元以下的罚款；造成重大环境污染或者生态破坏的，责令停止生产或者使用，或者报经有批准权的人民政府批准，责令关闭。

违反本条例规定，建设单位未依法向社会公开环境保护设施验收报告的，由县级以上环境保护行政主管部门责令公开，处 5 万元以上 20 万元以下的罚款，并予以公告。

第二十四条 违反本条例规定，技术机构向建设单位、从事环境影响评价工作的单位收取费用的，由县级以上环境保护行政主管部门责令退还所收费用，处所收费用

1倍以上3倍以下的罚款。

第二十五条 从事建设项目环境影响评价工作的单位，在环境影响评价工作中弄虚作假的，由县级以上环境保护行政主管部门处所收费用1倍以上3倍以下的罚款。

第二十六条 环境保护行政主管部门的工作人员徇私舞弊、滥用职权、玩忽职守，构成犯罪的，依法追究刑事责任；尚不构成犯罪的，依法给予行政处分。

第五章 附则

第二十七条 流域开发、开发区建设、城市新区建设和旧区改建等区域性开发，编制建设规划时，应当进行环境影响评价。具体办法由国务院环境保护行政主管部门会同国务院有关部门另行规定。

第二十八条 海洋工程建设项目的环境保护管理，按照国务院关于海洋工程环境保护管理的规定执行。

第二十九条 军事设施建设项目的环境保护管理，按照中央军事委员会的有关规定执行。

第三十条 本条例自发布之日起施行。

3. 建设项目竣工环境保护验收暂行办法

（国环规环评〔2017〕4号）

（2017年11月20日由环境保护部发布，自发布之日起施行）

第一章 总则

第一条 为规范建设项目环境保护设施竣工验收的程序和标准，强化建设单位环境保护主体责任，根据《建设项目环境保护管理条例》，制定本办法。

第二条 本办法适用于编制环境影响报告书（表）并根据环保法律法规的规定由建设单位实施环境保护设施竣工验收的建设项目以及相关监督管理。

第三条 建设项目竣工环境保护验收的主要依据包括：

（一）建设项目环境保护相关法律、法规、规章、标准和规范性文件；

（二）建设项目竣工环境保护验收技术规范；

（三）建设项目环境影响报告书（表）及审批部门审批决定。

第四条 建设单位是建设项目竣工环境保护验收的责任主体，应当按照本办法规定的程序和标准，组织对配套建设的环境保护设施进行验收，编制验收报告，公开相关信息，接受社会监督，确保建设项目需要配套建设的环境保护设施与主体工程同时投产或者使用，并对验收内容、结论和所公开信息的真实性、准确性和完整性负责，不得在验收过程中弄虚作假。

环境保护设施是指防治环境污染和生态破坏以及开展环境监测所需的装置、设备和工程设施等。

验收报告分为验收监测（调查）报告、验收意见和其他需要说明的事项等三项内容。

第二章 验收的程序和内容

第五条 建设项目竣工后，建设单位应当如实查验、监测、记载建设项目环境保护设施的建设和调试情况，编制验收监测（调查）报告。

以排放污染物为主的建设项目，参照《建设项目竣工环境保护验收技术指南污染影响类》编制验收监测报告；主要对生态造成影响的建设项目，按照《建设项目竣工环境保护验收技术规范生态影响类》编制验收调查报告；火力发电、石油炼制、水利水电、核与辐射等已发布行业验收技术规范的建设项目，按照该行业验收技术规范编制验收监测报告或者验收调查报告。

建设单位不具备编制验收监测（调查）报告能力的，可以委托有能力的技术机构编制。建设单位对受委托的技术机构编制的验收监测（调查）报告结论负责。建设单位与受委托的技术机构之间的权利义务关系，以及受委托的技术机构应当承担的责任，可以通过合同形式约定。

第六条 需要对建设项目配套建设的环境保护设施进行调试的，建设单位应当确保调试期间污染物排放符合国家和地方有关污染物排放标准和排污许可等相关管理规定。

环境保护设施未与主体工程同时建成的，或者应当取得排污许可证但未取得的，建设单位不得对该建设项目环境保护设施进行调试。

调试期间，建设单位应当对环境保护设施运行情况和建设项目对环境的影响进行监测。验收监测应当在确保主体工程调试工况稳定、环境保护设施运行正常的情况下进行，并如实记录监测时的实际工况。国家和地方有关污染物排放标准或者行业验收技术规范对工况和生产负荷另有规定的，按其规定执行。建设单位开展验收监测活动，可根据自身条件和能力，利用自有人员、场所和设备自行监测；也可以委托其他有能力的监测机构开展监测。

第七条 验收监测（调查）报告编制完成后，建设单位应当根据验收监测（调查）报告结论，逐一检查是否存在本办法第八条所列验收不合格的情形，提出验收意见。存在问题的，建设单位应当进行整改，整改完成后方可提出验收意见。

验收意见包括工程建设基本情况、工程变动情况、环境保护设施落实情况、环境保护设施调试效果、工程建设对环境的影响、验收结论和后续要求等内容，验收结论应当明确该建设项目环境保护设施是否验收合格。

建设项目配套建设的环境保护设施经验收合格后，其主体工程方可投入生产或者使用；未经验收或者验收不合格的，不得投入生产或者使用。

第八条 建设项目环境保护设施存在下列情形之一的，建设单位不得提出验收合格的意见：

（一）未按环境影响报告书（表）及其审批部门审批决定要求建成环境保护设施，

或者环境保护设施不能与主体工程同时投产或者使用的；

（二）污染物排放不符合国家和地方相关标准、环境影响报告书（表）及其审批部门审批决定或者重点污染物排放总量控制指标要求的；

（三）环境影响报告书（表）经批准后，该建设项目的性质、规模、地点、采用的生产工艺或者防治污染、防止生态破坏的措施发生重大变动，建设单位未重新报批环境影响报告书（表）或者环境影响报告书（表）未经批准的；

（四）建设过程中造成重大环境污染未治理完成，或者造成重大生态破坏未恢复的；

（五）纳入排污许可管理的建设项目，无证排污或者不按证排污的；

（六）分期建设、分期投入生产或者使用依法应当分期验收的建设项目，其分期建设、分期投入生产或者使用的环境保护设施防治环境污染和生态破坏的能力不能满足其相应主体工程需要的；

（七）建设单位因该建设项目违反国家和地方环境保护法律法规受到处罚，被责令改正，尚未改正完成的；

（八）验收报告的基础资料数据明显不实，内容存在重大缺项、遗漏，或者验收结论不明确、不合理的；

（九）其他环境保护法律法规规章等规定不得通过环境保护验收的。

第九条 为提高验收的有效性，在提出验收意见的过程中，建设单位可以组织成立验收工作组，采取现场检查、资料查阅、召开验收会议等方式，协助开展验收工作。验收工作组可以由设计单位、施工单位、环境影响报告书（表）编制机构、验收监测（调查）报告编制机构等单位代表以及专业技术专家等组成，代表范围和人数自定。

第十条 建设单位在“其他需要说明的事项”中应当如实记载环境保护设施设计、施工和验收过程简况、环境影响报告书（表）及其审批部门审批决定中提出的除环境保护设施外的其他环境保护对策措施的实施情况，以及整改工作情况等。

相关地方政府或者政府部门承诺负责实施与项目建设配套的防护距离内居民搬迁、功能置换、栖息地保护等环境保护对策措施的，建设单位应当积极配合地方政府或部门在所承诺的时限内完成，并在“其他需要说明的事项”中如实记载前述环境保护对策措施的实施情况。

第十一条 除按照国家需要保密的情形外，建设单位应当通过其网站或其他便于公众知晓的方式，向社会公开下列信息：

（一）建设项目配套建设的环境保护设施竣工后，公开竣工日期；

（二）对建设项目配套建设的环境保护设施进行调试前，公开调试的起止日期；

（三）验收报告编制完成后 5 个工作日内，公开验收报告，公示的期限不得少于 20 个工作日。

建设单位公开上述信息的同时，应当向所在地县级以上环境保护主管部门报送相关信息，并接受监督检查。

第十二条 除需要取得排污许可证的水和大气污染防治设施外，其他环境保护设施的验收期限一般不超过 3 个月；需要对该类环境保护设施进行调试或者整改的，验收期限可以适当延期，但最长不超过 12 个月。

验收期限是指自建设项目环境保护设施竣工之日起至建设单位向社会公开验收报告之日止的时间。

第十三条 验收报告公示期满后 5 个工作日内，建设单位应当登录全国建设项目竣工环境保护验收信息平台，填报建设项目基本信息、环境保护设施验收情况等相关信息，环境保护主管部门对上述信息予以公开。

建设单位应当将验收报告以及其他档案资料存档备查。

第十四条 纳入排污许可管理的建设项目，排污单位应当在项目产生实际污染物排放之前，按照国家排污许可有关管理规定要求，申请排污许可证，不得无证排污或不按证排污。建设项目验收报告中与污染物排放相关的主要内容应当纳入该项目验收完成当年排污许可证执行年报。

第三章　监督检查

第十五条 各级环境保护主管部门应当按照《建设项目环境保护事中事后监督管理办法（试行）》等规定，通过“双随机一公开”抽查制度，强化建设项目环境保护事中事后监督管理。要充分依托建设项目竣工环境保护验收信息平台，采取随机抽取检查对象和随机选派执法检查人员的方式，同时结合重点建设项目定点检查，对建设项目环境保护设施“三同时”落实情况、竣工验收等情况进行监督性检查，监督结果向社会公开。

第十六条 需要配套建设的环境保护设施未建成、未经验收或者经验收不合格，建设项目已投入生产或者使用的，或者在验收中弄虚作假的，或者建设单位未依法向社会公开验收报告的，县级以上环境保护主管部门应当依照《建设项目环境保护管理条例》的规定予以处罚，并将建设项目有关环境违法信息及时记入诚信档案，及时向社会公开违法者名单。

第十七条 相关地方政府或者政府部门承诺负责实施的环境保护对策措施未按时完成的，环境保护主管部门可以依照法律法规和有关规定采取约谈、综合督查等方式督促相关政府或者政府部门抓紧实施。

第四章　附则

第十八条 本办法自发布之日起施行。

第十九条 本办法由环境保护部负责解释。

4. 建设项目环境影响后评价管理办法（试行）

（环境保护部令　第37号）

（2015年4月2日由环境保护部部务会议审议通过，自2016年1月1日起施行）

第一条　为规范建设项目环境影响后评价工作，根据《中华人民共和国环境影响评价法》，制定本办法。

第二条　本办法所称环境影响后评价，是指编制环境影响报告书的建设项目在通过环境保护设施竣工验收且稳定运行一定时期后，对其实际产生的环境影响以及污染防治、生态保护和风险防范措施的有效性进行跟踪监测和验证评价，并提出补救方案或者改进措施，提高环境影响评价有效性的方法与制度。

第三条　下列建设项目运行过程中产生不符合经审批的环境影响报告书情形的，应当开展环境影响后评价：

（一）水利、水电、采掘、港口、铁路行业中实际环境影响程度和范围较大，且主要环境影响在项目建成运行一定时期后逐步显现的建设项目，以及其他行业中穿越重要生态环境敏感区的建设项目；

（二）冶金、石化和化工行业中有重大环境风险，建设地点敏感，且持续排放重金属或者持久性有机污染物的建设项目；

（三）审批环境影响报告书的环境保护主管部门认为应当开展环境影响后评价的其他建设项目。

第四条　环境影响后评价应当遵循科学、客观、公正的原则，全面反映建设项目的实际环境影响，客观评估各项环境保护措施的实施效果。

第五条　建设项目环境影响后评价的管理，由审批该建设项目环境影响报告书的环境保护主管部门负责。

环境保护部组织制定环境影响后评价技术规范，指导跨行政区域、跨流域和重大敏感项目的环境影响后评价工作。

第六条　建设单位或者生产经营单位负责组织开展环境影响后评价工作，编制环境影响后评价文件，并对环境影响后评价结论负责。

建设单位或者生产经营单位可以委托环境影响评价机构、工程设计单位、大专院校和相关评估机构等编制环境影响后评价文件。编制建设项目环境影响报告书的环境影响评价机构，原则上不得承担该建设项目环境影响后评价文件的编制工作。

建设单位或者生产经营单位应当将环境影响后评价文件报原审批环境影响报告书的环境保护主管部门备案，并接受环境保护主管部门的监督检查。

第七条　建设项目环境影响后评价文件应当包括以下内容：

（一）建设项目过程回顾。包括环境影响评价、环境保护措施落实、环境保护设施竣工验收、环境监测情况，以及公众意见收集调查情况等；

（二）建设项目工程评价。包括项目地点、规模、生产工艺或者运行调度方式，环境污染或者生态影响的来源、影响方式、程度和范围等；

（三）区域环境变化评价。包括建设项目周围区域环境敏感目标变化、污染源或者其他影响源变化、环境质量现状和变化趋势分析等；

（四）环境保护措施有效性评估。包括环境影响报告书规定的污染防治、生态保护和风险防范措施是否适用、有效，能否达到国家或者地方相关法律、法规、标准的要求等；

（五）环境影响预测验证。包括主要环境要素的预测影响与实际影响差异，原环境影响报告书内容和结论有无重大漏项或者明显错误，持久性、累积性和不确定性环境影响的表现等；

（六）环境保护补救方案和改进措施；

（七）环境影响后评价结论。

第八条 建设项目环境影响后评价应当在建设项目正式投入生产或者运营后三至五年内开展。原审批环境影响报告书的环境保护主管部门也可以根据建设项目的环境影响和环境要素变化特征，确定开展环境影响后评价的时限。

第九条 建设单位或者生产经营单位可以对单个建设项目进行环境影响后评价，也可以对在同一行政区域、流域内存在叠加、累积环境影响的多个建设项目开展环境影响后评价。

第十条 建设单位或者生产经营单位完成环境影响后评价后，应当依法公开环境影响评价文件，接受社会监督。

第十一条 对未按规定要求开展环境影响后评价，或者不落实补救方案、改进措施的建设单位或者生产经营单位，审批该建设项目环境影响报告书的环境保护主管部门应当责令其限期改正，并向社会公开。

第十二条 环境保护主管部门可以依据环境影响后评价文件，对建设项目环境保护提出改进要求，并将其作为后续建设项目环境影响评价管理的依据。

第十三条 建设项目环境影响报告书经批准后，其性质、规模、地点、工艺或者环境保护措施发生重大变动的，依照《中华人民共和国环境影响评价法》第二十四条的规定执行，不适用本办法。

第十四条 本办法由环境保护部负责解释。

第十五条 本办法自 2016 年 1 月 1 日起施行。

5. 建设项目环境影响登记表备案管理办法

（环境保护部令　第41号）

（2016年11月2日由环境保护部部务会议审议通过，自2017年1月1日起施行）

第一条　为规范建设项目环境影响登记表备案，依据《环境影响评价法》和《建设项目环境保护管理条例》，制定本办法。

第二条　本办法适用于按照《建设项目环境影响评价分类管理名录》规定应当填报环境影响登记表的建设项目。

第三条　填报环境影响登记表的建设项目，建设单位应当依照本办法规定，办理环境影响登记表备案手续。

第四条　填报环境影响登记表的建设项目应当符合法律法规、政策、标准等要求。

建设单位对其填报的建设项目环境影响登记表内容的真实性、准确性和完整性负责。

第五条　县级环境保护主管部门负责本行政区域内的建设项目环境影响登记表备案管理。

按照国家有关规定，县级环境保护主管部门被调整为市级环境保护主管部门派出分局的，由市级环境保护主管部门组织所属派出分局开展备案管理。

第六条　建设项目的建设地点涉及多个县级行政区域的，建设单位应当分别向各建设地点所在地的县级环境保护主管部门备案。

第七条　建设项目环境影响登记表备案采用网上备案方式。

对国家规定需要保密的建设项目，建设项目环境影响登记表备案采用纸质备案方式。

第八条　环境保护部统一布设建设项目环境影响登记表网上备案系统（以下简称网上备案系统）。

省级环境保护主管部门在本行政区域内组织应用网上备案系统，通过提供地址链接方式，向县级环境保护主管部门分配网上备案系统使用权限。

县级环境保护主管部门应当向社会公告网上备案系统地址链接信息。

各级环境保护主管部门应当将环境保护法律、法规、规章以及规范性文件中与建设项目环境影响登记表备案相关的管理要求，及时在其网站的网上备案系统中公开，为建设单位办理备案手续提供便利。

第九条　建设单位应当在建设项目建成并投入生产运营前，登录网上备案系统，在网上备案系统注册真实信息，在线填报并提交建设项目环境影响登记表。

第十条　建设单位在办理建设项目环境影响登记表备案手续时，应当认真查阅、核对《建设项目环境影响评价分类管理名录》，确认其备案的建设项目属于按照《建设项目环境影响评价分类管理名录》规定应当填报环境影响登记表的建设项目。

对按照《建设项目环境影响评价分类管理名录》规定应当编制环境影响报告书或者报告表的建设项目，建设单位不得擅自降低环境影响评价等级，填报环境影响登记表并办理备案手续。

第十一条 建设单位填报建设项目环境影响登记表时，应当同时就其填报的环境影响登记表内容的真实、准确、完整作出承诺，并在登记表中的相应栏目由该建设单位的法定代表人或者主要负责人签署姓名。

第十二条 建设单位在线提交环境影响登记表后，网上备案系统自动生成备案编号和回执，该建设项目环境影响登记表备案即为完成。

建设单位可以自行打印留存其填报的建设项目环境影响登记表及建设项目环境影响登记表备案回执。

建设项目环境影响登记表备案回执是环境保护主管部门确认收到建设单位环境影响登记表的证明。

第十三条 建设项目环境影响登记表备案完成后，建设单位或者其法定代表人或者主要负责人在建设项目建成并投入生产运营前发生变更的，建设单位应当依照本办法规定再次办理备案手续。

第十四条 建设项目环境影响登记表备案完成后，建设单位应当严格执行相应污染物排放标准及相关环境管理规定，落实建设项目环境影响登记表中填报的环境保护措施，有效防治环境污染和生态破坏。

第十五条 建设项目环境影响登记表备案完成后，县级环境保护主管部门通过其网站的网上备案系统同步向社会公开备案信息，接受公众监督。对国家规定需要保密的建设项目，县级环境保护主管部门严格执行国家有关保密规定，备案信息不公开。

县级环境保护主管部门应当根据国务院关于加强环境监管执法的有关规定，将其完成备案的建设项目纳入有关环境监管网格管理范围。

第十六条 公民、法人和其他组织发现建设单位有以下行为的，有权向环境保护主管部门或者其他负有环境保护监督管理职责的部门举报：

（一）环境影响登记表存在弄虚作假的；

（二）有污染环境和破坏生态行为的；

（三）对按照《建设项目环境影响评价分类管理名录》规定应当编制环境影响报告书或者报告表的建设项目，建设单位擅自降低环境影响评价等级，填报环境影响登记表并办理备案手续的。

举报应当采取书面形式，有明确的被举报人，并提供相关事实和证据。

第十七条 环境保护主管部门或者其他负有环境保护监督管理职责的部门可以采取抽查、根据举报进行检查等方式，对建设单位遵守本办法规定的情况开展监督检查，并根据监督检查认定的事实，按照以下情形处理：

（一）构成行政违法的，依照有关环境保护法律法规和规定，予以行政处罚；

（二）构成环境侵权的，依法承担环境侵权责任；

（三）涉嫌构成犯罪的，依法移送司法机关。

第十八条 建设单位未依法备案建设项目环境影响登记表的，由县级环境保护主管部门根据《环境影响评价法》第三十一条第三款的规定，责令备案，处五万元以下的罚款。

第十九条 违反本办法规定，建设单位违反承诺，在填报建设项目环境影响登记表时弄虚作假，致使备案内容失实的，由县级环境保护主管部门将该建设单位违反承诺情况记入其环境信用记录，向社会公布。

第二十条 违反本办法规定，对按照《建设项目环境影响评价分类管理名录》应当编制环境影响报告书或者报告表的建设项目，建设单位擅自降低环境影响评价等级，填报环境影响登记表并办理备案手续，经查证属实的，县级环境保护主管部门认定建设单位已经取得的备案无效，向社会公布，并按照以下规定处理：

（一）未依法报批环境影响报告书或者报告表，擅自开工建设的，依照《环境保护法》第六十一条和《环境影响评价法》第三十一条第一款的规定予以处罚、处分。

（二）未依法报批环境影响报告书或者报告表，擅自投入生产或者经营的，分别依照《环境影响评价法》第三十一条第一款和《建设项目环境保护管理条例》的有关规定作出相应处罚。

第二十一条 对依照本办法第十八条、第二十条规定处理的建设单位，由县级环境保护主管部门将该建设单位违法失信信息记入其环境信用记录，向社会公布。

第二十二条 本办法自 2017 年 1 月 1 日起施行。

6. 建设项目环境影响评价分类管理名录（2021 年版）

（生态环境部令　第 16 号）

（2020 年 11 月 5 日由生态环境部部务会议审议通过，自 2021 年 1 月 1 日起施行）

第一条 为了实施建设项目环境影响评价分类管理，根据《中华人民共和国环境影响评价法》的有关规定，制定本名录。

第二条 根据建设项目特征和所在区域的环境敏感程度，综合考虑建设项目可能对环境产生的影响，对建设项目的环境影响评价实行分类管理。

建设单位应当按照本名录的规定，分别组织编制建设项目环境影响报告书、环境影响报告表或者填报环境影响登记表。

第三条 本名录所称环境敏感区是指依法设立的各级各类保护区域和对建设项目产生的环境影响特别敏感的区域，主要包括下列区域：

（一）国家公园、自然保护区、风景名胜区、世界文化和自然遗产地、海洋特别保护区、饮用水水源保护区；

（二）除（一）外的生态保护红线管控范围，永久基本农田、基本草原、自然公园（森林公园、地质公园、海洋公园等）、重要湿地、天然林，重点保护野生动物栖息地，重点保护野生植物生长繁殖地，重要水生生物的自然产卵场、索饵场、越冬场和洄游通道，天然渔场，水土流失重点预防区和重点治理区、沙化土地封禁保护区、封闭及半封闭海域；

（三）以居住、医疗卫生、文化教育、科研、行政办公为主要功能的区域，以及文物保护单位。

环境影响报告书、环境影响报告表应当就建设项目对环境敏感区的影响做重点分析。

第四条　建设单位应当严格按照本名录确定建设项目环境影响评价类别，不得擅自改变环境影响评价类别。

建设内容涉及本名录中两个及以上项目类别的建设项目，其环境影响评价类别按照其中单项等级最高的确定。

建设内容不涉及主体工程的改建、扩建项目，其环境影响评价类别按照改建、扩建的工程内容确定。

第五条　本名录未作规定的建设项目，不纳入建设项目环境影响评价管理；省级生态环境主管部门对本名录未作规定的建设项目，认为确有必要纳入建设项目环境影响评价管理的，可以根据建设项目的污染因子、生态影响因子特征及其所处环境的敏感性质和敏感程度等，提出环境影响评价分类管理的建议，报生态环境部认定后实施。

第六条　本名录由生态环境部负责解释，并适时修订公布。

第七条　本名录自 2021 年 1 月 1 日起施行。《建设项目环境影响评价分类管理名录》（环境保护部令第 44 号）及《关于修改〈建设项目环境影响评价分类管理名录〉部分内容的决定》（生态环境部令　第 1 号）同时废止。

项目类别 \ 环评类别		报告书	报告表	登记表	本栏目环境敏感区含义
一、农业 01、林业 02					
1	农产品基地项目（含药材基地）	—	涉及环境敏感区的	其他	第三条（一）中的全部区域；第三条（二）中的除（一）外的生态保护红线管控范围，基本草原、重要湿地，水土流失重点预防区和重点治理区
2	经济林基地项目	—	原料林基地	其他	
二、畜牧业 03					
3	牲畜饲养 031；家禽饲养 032；其他畜牧业 039	年出栏生猪 5000 头（其他畜禽种类折合猪的养殖量）及以上的规模化畜禽养殖；存栏生猪 2500 头（其他畜禽种类折合猪的养殖规模）及以上无出栏量的规模化畜禽养殖；涉及环境敏感区的规模化畜禽养殖	—	其他（规模化以下的除外）（具体规模化的标准按《畜禽规模化养殖污染防治条例》执行）	第三条（一）中的全部区域；第三条（三）中的全部区域

项目类别 \ 环评类别		报告书	报告表	登记表	本栏目环境敏感区含义
三、渔业 04					
4	海水养殖 0411	用海面积 1000 亩及以上的海水养殖（不含底播、藻类养殖）；围海养殖	用海面积 1000 亩以下 300 亩及以上的网箱养殖、海洋牧场（不含海洋人工鱼礁）、苔筏养殖等；用海面积 1000 亩以下 100 亩及以上的水产养殖基地、工厂化养殖、高位池（提水）养殖；用海面积 1500 亩及以上的底播养殖、藻类养殖；涉及环境敏感区的	其他	第三条（一）中的自然保护区、海洋特别保护区；第三条（二）中的除（一）外的生态保护红线管控范围，海洋公园，重点保护野生动物栖息地，重点保护野生植物生长繁殖地，重要水生生物的自然产卵场、索饵场，天然渔场，封闭及半封闭海域
5	内陆养殖 0412	—	网箱、围网投饵养殖；涉及环境敏感区的	其他	第三条（一）中的全部区域；第三条（二）中的除（一）外的生态保护红线管控范围，重要湿地，重要水生生物的自然产卵场、索饵场、越冬场和洄游通道
四、煤炭开采和洗选业 06					
6	烟煤和无烟煤开采洗选 061；褐煤开采洗选 062；其他煤炭采选 069	煤炭开采	煤炭洗选、配煤；煤炭储存、集运；风井场地、瓦斯抽放站；矿区修复治理工程（含煤矿火烧区治理工程）	—	

环评类别 项目类别		报告书	报告表	登记表	本栏目环境敏感区含义
五、石油和天然气开采业 07					
7	陆地石油开采 0711	石油开采新区块开发；页岩油开采；涉及环境敏感区的（含内部集输管线建设）	其他	—	第三条（一）中的全部区域；第三条（二）中的除（一）外的生态保护红线管控范围，永久基本农田、基本草原、森林公园、地质公园、重要湿地、天然林，重点保护野生动物栖息地，重点保护野生植物生长繁殖地，重要水生生物的自然产卵场、索饵场、越冬场和洄游通道，天然渔场，水土流失重点预防区和重点治理区、沙化土地封禁保护区；第三条（三）中的全部区域
8	陆地天然气开采 0721	新区块开发；年生产能力 1 亿立方米及以上的煤层气开采；涉及环境敏感区的（含内部集输管线建设）	其他	—	第三条（一）中的全部区域；第三条（二）中的除（一）外的生态保护红线管控范围，永久基本农田、基本草原、森林公园、地质公园、重要湿地、天然林，重点保护野生动物栖息地，重点保护野生植物生长繁殖地，重要水生生物的自然产卵场、索饵场、越冬场和洄游通道，天然渔场，水土流失重点预防区和重点治理区、沙化土地封禁保护区；第三条（三）中的全部区域

项目类别 \ 环评类别		报告书	报告表	登记表	本栏目环境敏感区含义
六、黑色金属矿米选业 08					
9	铁矿采选 081；锰矿、铬矿采选 082；其他黑色金属矿采选 089	全部（含新建或扩建的独立尾矿库；不含单独的矿石破碎、集运；不含矿区修复治理工程）	单独的矿石破碎、集运；矿区修复治理工程	—	
七、有色金属矿采选业 09					
10	常用有色金属矿采选 091； 贵金属矿采选 092； 稀有稀土金属矿采选 093	全部（含新建或扩建的独立尾矿库；不含单独的矿石破碎、集运；不含矿区修复治理工程）	单独的矿石破碎、集运；矿区修复治理工程	—	
八、非金属矿采选业 10					
11	土砂石开采 101（不含河道采砂项目）	涉及环境敏感区的（不含单独的矿石破碎、集运；不含矿区修复治理工程）	其他	—	第三条（一）中的全部区域；第三条（二）中的除（一）外的生态保护红线管控范围，基本草原，重要水生生物的自然产卵场、索饵场、越冬场和洄游通道，沙化土地封禁保护区
12	化学矿开采 102；石棉及其他非金属矿采选 109	全部（不含单独的矿石破碎、集运；不含矿区修复治理工程）	单独的矿石破碎、集运；矿区修复治理工程	—	
13	采盐 103	井盐	湖盐、海盐	—	

项目类别 \ 环评类别		报告书	报告表	登记表	本栏目环境敏感区含义
九、其他采矿业 12					
14	其他采矿业 120	—	涉及环境敏感区的	其他	第三条（一）中的全部区域
十、农副食品加工业 13					
15	谷物磨制 131*；饲料加工 132*	—	含发酵工艺的；年加工 1 万吨及以上的	—	
16	植物油加工 133*	—	除单纯分装、调和外的	—	
17	制糖业 134*	日加工糖料能力 1000 吨及以上的原糖生产	其他（单纯分装的除外）	—	
18	屠宰及肉类加工 135*	屠宰生猪 10 万头、肉牛 1 万头、肉羊 15 万只、禽类 1000 万只及以上的	其他屠宰；年加工 2 万吨及以上的肉类加工	其他肉类加工	
19	水产品加工 136	—	鱼油提取及制品制造；年加工 10 万吨及以上的；涉及环境敏感区的	—	第三条（一）中的全部区域；第三条（二）中的全部区域
20	其他农副食品加工 139*	含发酵工艺的淀粉、淀粉糖制造	不含发酵工艺的淀粉、淀粉糖制造；淀粉制品制造；豆制品制造 以上均不含单纯分装的	—	
十一、食品制造业 14					
21	糖果、巧克力及蜜饯制造 142*；方便食品制造 143*；罐头食品制造 145*	—	除单纯分装外的	—	
22	乳制品制造 144*	—	除单纯混合、分装外的	—	

项目类别 \ 环评类别		报告书	报告表	登记表	本栏目环境敏感区含义
23	调味品、发酵制品制造 146*	有发酵工艺的味精、柠檬酸、赖氨酸、酵母制造；年产 2 万吨及以上且有发酵工艺的酱油、食醋制造	其他（单纯混合、分装的除外）	—	
24	其他食品制造 149*	有发酵工艺的食品添加剂制造；有发酵工艺的饲料添加剂制造	盐加工；营养食品制造、保健食品制造、冷冻饮品及食用冰制造、无发酵工艺的食品及饲料添加剂制造、其他未列明食品制造以上均不含单纯混合、分装的	—	
十二、酒、饮料制造业 15					
25	酒的制造 151*	有发酵工艺的（年生产能力 1000 千升以下的除外）	其他（单纯勾兑的除外）	—	
26	饮料制造 152*	—	有发酵工艺、原汁生产的	—	
十三、烟草制品业 16					
27	卷烟制造 162	—	全部	—	

项目类别＼环评类别		报告书	报告表	登记表	本栏目环境敏感区含义
十四、纺织业 17					
28	棉纺织及印染精加工 171*；毛纺织及染整精加工 172*；麻纺织及染整精加工 173*；丝绢纺织及印染精加工 174*；化纤织造及印染精加工 175*；针织或钩针编织物及其制品制造 176*；家用纺织制成品制造 177*；产业用纺织制成品制造 178*	有洗毛、脱胶、缫丝工艺的；染整工艺有前处理、染色、印花（喷墨印花和数码印花的除外）工序的；有使用有机溶剂的涂层工艺的	有喷墨印花或数码印花工艺的；后整理工序涉及有机溶剂的；有喷水织造工艺的；有水刺无纺布织造工艺的	—	
十五、纺织服装、服饰业 18					
29	机织服装制造 181*；针织或钩针编织服装制造 182*；服饰制造 183*	有染色、印花（喷墨印花和数码印花的除外）工序的	有喷墨印花或数码印花工艺的；有洗水、砂洗工艺的	—	
十六、皮革、毛皮、羽毛及其制品和制鞋业 19					
30	皮革鞣制加工 191；皮革制品制造 192；毛皮鞣制及制品加工 193	有鞣制、染色工艺的	其他（无鞣制、染色工艺的毛皮加工除外；无鞣制、染色工艺的皮革制品制造除外）	—	
31	羽毛（绒）加工及制品制造 194*	—	全部［无水洗工艺的羽毛（绒）加工除外；羽毛（绒）制品制造除外］	—	

项目类别	环评类别	报告书	报告表	登记表	本栏目环境敏感区含义
32	制鞋业 195 *	—	有橡胶硫化工艺、塑料注塑工艺的；年用溶剂型胶黏剂 10 吨及以上的，或年用溶剂型处理剂 3 吨及以上的	—	
十七、木材加工和木、竹、藤、棕、草制品业 20					
33	木材加工 201； 木质制品制造 203	有电镀工艺的；年用溶剂型涂料（含稀释剂）10 吨及以上的	年用溶剂型涂料（含稀释剂）10 吨以下的，或年用非溶剂型低 VOCs 含量涂料 10 吨及以上的；含木片烘干、水煮、染色等工艺的	—	
34	人造板制造 202	年产 20 万立方米及以上的	其他	—	
35	竹、藤、棕、草等制品制造 204 *	有电镀工艺的；年用溶剂型涂料（含稀释剂）10 吨及以上的	采用胶合工艺的；年用溶剂型涂料（含稀释剂）10 吨以下的，或年用非溶剂型低 VOCs 含量涂料 10 吨及以上的	—	
十八、家具制造业 21					
36	木质家具制造 211 *； 竹、藤家具制造 212 *； 金属家具制造 213 *； 塑料家具制造 214 *； 其他家具制造 219 *	有电镀工艺的；年用溶剂型涂料（含稀释剂）10 吨及以上的	其他（仅分割、组装的除外；年用非溶剂型低 VOCs 含量涂料 10 吨以下的除外）	—	

项目类别 \ 环评类别		报告书	报告表	登记表	本栏目环境敏感区含义
十九、造纸和纸制品业 22					
37	纸浆制造 221 * ； 造纸 222 *（含废纸造纸）	全部（手工纸、加工纸制造除外）	手工纸制造；有涂布、浸渍、印刷、粘胶工艺的加工纸制造	—	
38	纸制品制造 223 *	—	有涂布、浸渍、印刷、粘胶工艺的	—	
二十、印刷和记录媒介复制业 23					
39	印刷 231 *	年用溶剂油墨 10 吨及以上的	其他（激光印刷除外；年用低 VOCs 含量油墨 10 吨以下的印刷除外）	—	
二十一、文教、工美、体育和娱乐用品制造业 24					
40	文教办公用品制造 241 * ； 乐器制造 242 * ； 体育用品制造 244 * ； 玩具制造 245 * ； 游艺器材及娱乐用品制造 246 *	有电镀工艺的；年用溶剂型涂料（含稀释剂）10 吨及以上的	有橡胶硫化工艺、塑料注塑工艺的；年用溶剂型涂料（含稀释剂）10 吨以下的，或年用非溶剂型低 VOCs 含量涂料 10 吨及以上的；年用溶剂型胶黏剂 10 吨及以上的，或年用溶剂型处理剂 3 吨及以上的	—	
41	工艺美术及礼仪用品制造 243 *	有电镀工艺的；年用溶剂型涂料（含稀释剂）10 吨及以上的	年用溶剂型涂料（含稀释剂）10 吨以下的，或年用非溶剂型低 VOCs 含量涂料 10 吨及以上的	—	

项目类别 \ 环评类别		报告书	报告表	登记表	本栏目环境敏感区含义
二十二、石油、煤炭及其他燃料加工业 25					
42	精炼石油产品制造 251；煤炭加工 252	全部（单纯物理分离、物理提纯、混合、分装的除外；煤制品制造除外；其他煤炭加工除外）	单纯物理分离、物理提纯、混合、分装的（不产生废水或挥发性有机物的除外煤制品制造；其他煤炭加工	—	
43	生物质燃料加工 254	生物质液体燃料生产	生物质致密成型燃料加工	—	
二十三、化学原料和化学制品制造业 26					
44	基础化学原料制造 261；农药制造 263；涂料、油墨、颜料及类似产品制造 264；合成材料制造 265；专用化学产品制造 266；炸药、火工及焰火产品制造 267	全部（含研发中试；不含单纯物理分离、物理提纯、混合、分装的）	单纯物理分离、物理提纯、混合、分装的（不产生废水或挥发性有机物的除外）	—	
45	肥料制造 262	化学方法生产氮肥、磷肥、复混肥的	其他	—	

项目类别	环评类别	报告书	报告表	登记表	本栏目环境敏感区含义
46	日用化学产品制造 268	以油脂为原料的肥皂或皂粒制造（采用连续皂化工艺、油脂水解工艺的除外）；香料制造；以上均不含单纯混合或分装的	采用连续皂化工艺、油脂水解工艺的肥皂或皂粒制造；采用高塔喷粉工艺的合成洗衣粉制造；米用热反应工艺的香精制造；烫发剂、染发剂制造	—	
二十四、医药制造业 27					
47	化学药品原料药制造 271； 化学药品制剂制造 272； 兽用药品制造 275； 生物药品制品制造 276	全部（含研发中试；不含单纯药品复配、分装；不含化学药品制剂制造的）	单纯药品复配且产生废水或挥发性有机物的；仅化学药品制剂制造	—	
48	中药饮片加工 273 *； 中成药生产 274 *	有提炼工艺的（仅醇提、水提的除外）	其他（单纯切片、制干、打包的除外）	—	
49	卫生材料及医药用品制造 277； 药用辅料及包装材料制造 278	—	卫生材料及医药用品制造（仅组装、分装的除外）；含有机合成反应的药用辅料制造；含有机合成反应的包装材料制造	—	
二十五、化学纤维制造业 28					
50	纤维素纤维原料及纤维制造 281； 合成纤维制造 282	全部（单纯纺丝、单纯丙纶纤维制造的除外）	单纯纺丝制造；单纯丙纶纤维制造	—	

项目类别 \ 环评类别		报告书	报告表	登记表	本栏目环境敏感区含义
51	生物基材料制造 283	生物基化学纤维制造（单纯纺丝的除外）	单纯纺丝制造	—	
二十六、橡胶和塑料制品业 29					
52	橡胶制品业 291	轮胎制造；再生橡胶制造（常压连续脱硫工艺除外）	其他	—	
53	塑料制品业 292	以再生塑料为原料生产的；有电镀工艺的；年用溶剂型胶黏剂 10 吨及以上的；年用溶剂型涂料（含稀释剂）10 吨及以上的	其他（年用非溶剂型低 VOCs 含量涂料 10 吨以下的除外）	—	
二十七、非金属矿物制品业 30					
54	水泥、石灰和石膏制造 301	水泥制造（水泥粉磨站除外）	水泥粉磨站；石灰和石膏制造	—	
55	石膏、水泥制品及类似制品制造 302	—	商品混凝土；砼结构构件制造；水泥制品制造	—	
56	砖瓦、石材等建筑材料制造 303	—	粘土砖瓦及建筑砌块制造；建筑用石加工；防水建筑材料制造；隔热、隔音材料制造；其他建筑材料制造（含干粉砂浆搅拌站） 以上均不含利用石材板材切割、打磨、成型的	—	

项目类别 \ 环评类别		报告书	报告表	登记表	本栏目环境敏感区含义
57	玻璃制造 304；玻璃制品制造 305	平板玻璃制造	特种玻璃制造；其他玻璃制造；玻璃制品制造（电加热的除外；仅切割、打磨、成型的除外）	—	
58	玻璃纤维和玻璃纤维增强塑料制品制造 306	—	全部	—	
59	陶瓷制品制造 307 *	使用高污染燃料的（高污染燃料指国环规大气〔2017〕2 号《高污染燃料目录》中规定的燃料）	不使用高污染燃料的建筑陶瓷制品制造；不使用高污染燃料的年产 150 万件及以上的卫生陶瓷制品制造；不使用高污染燃料的年产 250 万件及以上的日用陶瓷制品制造	—	
60	耐火材料制品制造 308；石墨及其他非金属矿物制品制造 309	石棉制品；含焙烧的石墨、碳素制品	其他	—	
二十八、黑色金属冶炼和压延加工业 31					
61	炼铁 311	全部	—	—	
62	炼钢 312；铁合金冶炼 314	全部	—	—	
63	钢压延加工 313	年产 50 万吨及以上的冷乳	其他	—	

项目类别 \ 环评类别		报告书	报告表	登记表	本栏目环境敏感区含义
二十九、有色金属冶炼和压延加工业 32					
64	常用有色金属冶炼 321； 贵金属冶炼 322； 稀有稀土金属冶炼 323； 有色金属合金制造 324	全部（利用单质金属混配重熔生产合金的除外）	其他	—	
65	有色金属压延加工 325	—	全部	—	
三十、金属制品业 33					
66	结构性金属制品制造 331； 金属工具制造 332； 集装箱及金属包装容器制造 333； 金属丝绳及其制品制造 334； 建筑、安全用金属制品制造 335；搪瓷制品制造 337； 金属制日用品制造 338	有电镀工艺的；年用溶剂型涂料（含稀释剂）10 吨及以上的	其他（仅分割、焊接、组装的除外；年用非溶剂型低 VOCs 含量涂料 10 吨以下的除外）	—	

项目类别 \ 环评类别		报告书	报告表	登记表	本栏目环境敏感区含义
67	金属表面处理及热处理加工	有电镀工艺的；有钝化工艺的热镀锌；使用有机涂层的（喷粉、喷塑、浸塑和电泳除外；年用溶剂型涂料（含稀释剂）10吨以下和用非溶剂型低VOCs含量涂料的除外）	其他（年用非溶剂型低VOCs含量涂料10吨以下的除外）	—	
68	铸造及其他金属制品制造339	黑色金属铸造年产10万吨及以上的；有色金属铸造年产10万吨及以上的	其他（仅分割、焊接、组装的除外）	—	
三十一、通用设备制造业34					
69	锅炉及原动设备制造341；金属加工机械制造342；物料搬运设备制造343；泵、阀门、压缩机及类似机械制造344；轴承、齿轮和传动部件制造345；烘炉、风机、包装等设备制造346；文化、办公用机械制造347；通用零部件制造348；其他通用设备制造业349	有电镀工艺的；年用溶剂型涂料（含稀释剂）10吨及以上的	其他（仅分割、焊接、组装的除外；年用非溶剂型低VOCs含量涂料10吨以下的除外）	—	

项目类别 \ 环评类别		报告书	报告表	登记表	本栏目环境敏感区含义
三十二、专用设备制造业 35					
70	采矿、冶金、建筑专用设备制造 351；化工、木材、非金属加工专用设备制造 352；食品、饮料、烟草及饲料生产专用设备制造 353；印刷、制药、日化及日用品生产专用设备制造 354；纺织、服装和皮革加工专用设备制造 355；电子和电工机械专用设备制造 356；农、林、牧、渔专用机械制造 357；医疗仪器设备及器械制造 358；环保、邮政、社会公共服务及其他专用设备制造 359	有电镀工艺的；年用溶剂型涂料（含稀释剂）10 吨及以上的	其他（仅分割、焊接、组装的除外；年用非溶剂型低 VOCs 含量涂料 10 吨以下的除外）	—	

项目类别 \ 环评类别		报告书	报告表	登记表	本栏目环境敏感区含义
三十三、汽车制造业 36					
71	汽车整车制造 361；汽车用发动机制造 362；改装汽车制造 363；低速汽车制造 364；电车制造 365；汽车车身、挂车制造 366；汽车零部件及配件制造 367	汽车整车制造（仅组装的除外）；汽车用发动机制造（仅组装的除外）；有电镀工艺的；年用溶剂型涂料（含稀释剂）10 吨及以上的	其他（年用非溶剂型低 VOCs 含量涂料 10 吨以下的除外）	—	
三十四、铁路、船舶、航空航天和其他运输设备制造业 37					
72	铁路运输设备制造 371；城市轨道交通设备制造 372	机车、车辆、高铁车组、城市轨道交通设备制造；发动机生产；有电镀工艺的；年用溶剂型涂料（含稀释剂）10 吨及以上的	其他（年用非溶剂型低 VOCs 含量涂料 10 吨以下的除外）	—	
73	船舶及相关装置制造 373	造船、拆船、修船厂；有电镀工艺的；年用溶剂型涂料（含稀释剂）10 吨及以上的	其他（仅组装的除外；木船建造和维修除外；年用非溶剂型低 VOCs 含量涂料 10 吨以下的除外）	—	
74	航空、航天器及设备制造 374	有电镀工艺的；年用溶剂型涂料（含稀释剂）10 吨及以上的	其他（年用非溶剂型低 VOCs 含量涂料 10 吨以下的除外）	—	

项目类别 \ 环评类别		报告书	报告表	登记表	本栏目环境敏感区含义
75	摩托车制造 375	摩托车整车制造（仅组装的除外）；发动机制造（仅组装的除外）；有电镀工艺的；年用溶剂型涂料（含稀释剂）10 吨及以上的	其他（年用非溶剂型低 VOCs 含量涂料 10 吨以下的除外）	—	
76	自行车和残疾人座车制造 376；助动车制造 377；非公路休闲车及零配件制造 378；潜水救捞及其他未列明运输设备制造 379	有电镀工艺的；年用溶剂型涂料（含稀释剂）10 吨及以上的	其他（仅分割、焊接、组装的除外；年用非溶剂型低 VOCs 含量涂料 10 吨以下的除外）	—	
三十五、电气机械和器材制造业 38					
77	电机制造 381；输配电及控制设备制造 382；电线、电缆、光缆及电工器材制造 383；电池制造 384；家用电力器具制造 385；非电力家用器具制造 386；照明器具制造 387；其他电气机械及器材制造 389	铅蓄电池制造；太阳能电池片生产；有电镀工艺的，年用溶剂型涂料（含稀释剂）10 吨及以上的	其他（仅分割、焊接、组装的除外；年用非溶剂型低 VOCs 含量涂料 10 吨以下的除外）	—	

项目类别 \ 环评类别		报告书	报告表	登记表	本栏目环境敏感区含义
三十六、计算机、通信和其他电子设备制造业 39					
78	计算机制造 391	—	显示器件制造；集成电路制造；使用有机溶剂的；有酸洗的以上均不含仅分割、焊接、组装的	—	
79	智能消费设备制造 396	—	全部（仅分割、焊接、组装的除外）	—	
80	电子器件制造 397	—	显示器件制造；集成电路制造；使用有机溶剂的；有酸洗的以上均不含仅分割、焊接、组装的	—	
81	电子元件及电子专用材料制造 398	半导体材料制造；电子化工材料制造	印刷电路板制造；电子专用材料制造（电子化工材料制造除外）；使用有机溶剂的；有酸洗的以上均不含仅分割、焊接、组装的	—	
82	通信设备制造 392；广播电视设备制造 393；雷达及配套设备制造 394；非专业视听设备制造 395；其他电子设备制造 399	—	全部（仅分割、焊接、组装的除外）	—	

项目类别 \ 环评类别		报告书	报告表	登记表	本栏目环境敏感区含义
三十七、仪器仪表制造业 40					
83	通用仪器仪表制造 401；专用仪器仪表制造 402；钟表与计时仪器制造 403 *；光学仪器制造 404；衡器制造 405；其他仪器仪表制造业 409	有电镀工艺的；年用溶剂型涂料（含稀释剂）10 吨及以上的	其他（仅分割、焊接、组装的除外；年用非溶剂型低 VOCs 含量涂料 10 吨以下的除外）	—	
三十八、其他制造业 41					
84	日用杂品制造 411 *；其他未列明制造业 419 *	有电镀工艺的；年用溶剂型涂料（含稀释剂）10 吨及以上的	年用溶剂型涂料（含稀释剂）10 吨以下的，或年用非溶剂型低 VOCs 含量涂料 10 吨及以上的	—	
三十九、废弃资源综合利用业 42					
85	金属废料和碎屑加工处理 421；非金属废料和碎屑加工处理 422（421 和 422 均不含原料为危险废物的，均不含仅分拣、破碎的）	废电池、废油加工处理	废弃电器电子产品、废机动车、废电机、废电线电缆、废钢、废铁、金属和金属化合物矿灰及残渣、有色金属废料与碎屑、废塑料、废轮胎、废船、含水洗工艺的其他废料和碎屑加工处理（农业生产产生的废旧秧盘、薄膜破碎和清洗工艺的除外）	—	

项目类别 \ 环评类别		报告书	报告表	登记表	本栏目环境敏感区含义
四十、金属制品、机械和设备修理业 43					
86	金属制品修理 431；通用设备修理 432；专用设备修理 433；铁路、船舶、航空航天等运输设备修理 434；电气设备修理 435；仪器仪表修理 436；其他机械和设备修理业 439	有电镀工艺的；年用溶剂型涂料（含稀释剂）10 吨及以上的	年用溶剂型涂料（含稀释剂）10 吨以下的，或年用非溶剂型低 VOCs 含量涂料 10 吨及以上的	—	
四十一、电力、热力生产和供应业					
87	火力发电 4411；热电联产 4412（4411 和 4412 均含掺烧生活垃圾发电、掺烧污泥发电）	火力发电和热电联产（发电机组节能改造的除外；燃气发电除外；单纯利用余热、余压、余气（含煤矿瓦斯）发电的除外）	燃气发电；单纯利用余气（含煤矿瓦斯）发电	—	
88	水力发电 4413	总装机 1000 千瓦及以上的常规水电（仅更换发电设备的增效扩容项目除外）；抽水蓄能电站；涉及环境敏感区的	其他	—	第三条（一）中的全部区域；第三条（二）中的除（一）外的生态保护红线管控范围，重要水生生物的自然产卵场、索饵场、越冬场和洄游通道
89	生物质能发电 4417	生活垃圾发电（掺烧生活垃圾发电的除外）；污泥发电（掺烧污泥发电的除外）	利用农林生物质、沼气、垃圾填埋气发电的	—	

项目类别 \ 环评类别		报告书	报告表	登记表	本栏目环境敏感区含义
90	陆上风力发电 4415；太阳能发电 4416（不含居民家用光伏发电）；其他电力生产 4419（不含海上的潮汐能、波浪能、温差能等发电）	涉及环境敏感区的总装机容量 5 万千瓦及以上的陆上风力发电	陆地利用地热、太阳能热等发电；地面集中光伏电站（总容量大于 6000 千瓦，且接入电压等级不小于 10 千伏）其他风力发电	其他光伏发电	第三条（一）中的全部区域；第三条（三）中的全部区域
91	热力生产和供应工程(包括建设单位自建自用的供热工程）	燃煤、燃油锅炉总容量 65 吨 / 小时（45.5 兆瓦）以上的	燃煤、燃油锅炉总容量 65 吨 / 小时（45.5 兆瓦）及以下的；天然气锅炉总容量 1 吨 / 小时（0.7 兆瓦）以上的；使用其他高污染燃料的（高污染燃料指国环规大气〔2017〕2 号《高污染燃料目录》中规定的燃料）	—	
四十二、燃气生产和供应业 45					
92	燃气生产和供应业 451（不含供应工程）	煤气生产	—	—	
93	生物质燃气生产和供应业 452（不含供应工程）	—	全部	—	

项目类别＼环评类别		报告书	报告表	登记表	本栏目环境敏感区含义
四十三、水的生产和供应业					
94	自来水生产和供应 461（不含供应工程；不含村庄供应工程）	—	全部	—	
95	污水处理及其再生利用	新建、扩建日处理 10 万吨及以上城乡污水处理的；新建、扩建工业废水集中处理的	新建、扩建日处理 10 万吨以下 500 吨及以上城乡污水处理的；新建、扩建其他工业废水处理的（不含建设单位自建自用仅处理生活污水的；不含出水间接排入地表水体且不排放重金属的）	其他（不含提标改造项目；不含化粪池及化粪池处理后中水处理回用；不含仅建设沉淀池处理的）	
96	海水淡化处理 463；其他水的处理、利用与分配 469	—	全部	—	

项目类别 \ 环评类别		报告书	报告表	登记表	本栏目环境敏感区含义
四十四、房地产业					
97	房地产开发、商业综合体、宾馆、酒店、办公用房、标准厂房等	—	涉及环境敏感区的	—	第三条（一）中的全部区域；第三条（二）中的除（一）外的生态保护红线管控范围，永久基本农田、基本草原、森林公园、地质公园、重要湿地、天然林，重点保护野生动物栖息地，重点保护野生植物生长繁殖地；第三条（三）中的文物保护单位，针对标准厂房增加第三条（三）中的以居住、医疗卫生、文化教育、科研、行政办公等为主要功能的区域
四十五、研究和试验发展					
98	专业实验室、研发（试验）基地	P3、P4 生物安全实验室；转基因实验室	其他（不产生实验废气、废水、危险废物的除外）	—	
四十六、专业技术服务业					
99	陆地矿产资源地质勘查（含油气资源勘探）；二氧化碳地质封存	—	全部	—	
四十七、生态保护和环境治理业					
100	脱硫、脱硝、除尘、VOCs 治理等大气污染治理工程	—	—	全部	

项目类别 \ 环评类别		报告书	报告表	登记表	本栏目环境敏感区含义
101	危险废物（不含医疗废物）利用及处置	危险废物利用及处置（产生单位内部回收再利用的除外；单纯收集、贮存的除外）	其他	—	
102	医疗废物处置、病死及病害动物无害化处理	医疗废物集中处置（单纯收集、贮存的除外）	其他	—	
103	一般工业固体废物（含污水处理污泥）、建筑施工废弃物处置及综合利用	一般工业固体废物（含污水处理污泥）采取填埋、焚烧（水泥窑协同处置的改造项目除外）方式的	其他	—	
104	泥石流等地质灾害治理工程（应急治理、应急排危除险工程除外）	—	涉及环境敏感区的特大型泥石流治理工程	其他（不涉及环境敏感区的小型地质灾害治理工程除外）	第三条 （一）中的全部区域
四十八、公共设施管理业					
105	生活垃圾（含餐厨废弃物）转运站	—	日转运能力150吨及以上的	—	
106	生活垃圾（含餐厨废弃物）集中处置（生活垃圾发电除外）	采取填埋方式的；其他处置方式日处置能力50吨及以上的	其他处置方式日处置能力50吨以下10吨及以上的	其他处置方式日处置能力10吨以下1吨及以上的	

项目类别 \ 环评类别		报告书	报告表	登记表	本栏目环境敏感区含义
107	粪便处置工程	—	日处理 50 吨及以上	—	
四十九、卫生 84					
108	医院 841；专科疾病防治院（所、站）8432；妇幼保健院（所、站）8433；急救中心（站）服务 8434；采供血机构服务 8435；基层医疗卫生服务 842	新建、扩建住院床位 500 张及以上的	其他（住院床位 20 张以下的除外）	住院床位 20 张以下的（不含 20 张住院床位的）	
109	疾病预防控制中心 8431	新建	其他	—	
五十、社会事业与服务业					
110	学校、福利院、养老院（建筑面积 5 000 平方米及以上的）	—	新建涉及环境敏感区的；有化学、生物实验室的学校	—	第三条（一）中的全部区域；第三条（二）中的除（一）外的生态保护红线管控范围，永久基本农田、基本草原、森林公园、地质公园、重要湿地、天然林，重点保护野生动物栖息地，重点保护野生植物生长繁殖地
111	批发、零售市场（建筑面积 5 000 平方米及以上的）	—	涉及环境敏感区的	—	第三条（一）中的全部区域；第三条（二）中的除（一）外的生态保护红线管控范围，永久基本农田、基本草原、森林公园、地质公园、重要湿地、天然林，重点保护野生动物栖息地，重点保护野生植物生长繁殖地

项目类别 \ 环评类别		报告书	报告表	登记表	本栏目环境敏感区含义
112	高尔夫球场、滑雪场、狩猎场、赛车场、跑马场、射击场、水上运动中心等	高尔夫球场	涉及环境敏感区的	其他	第三条（一）中的全部区域；第三条（二）中的全部区域
113	展览馆、博物馆、美术馆、影剧院、音乐厅、文化馆、图书馆、档案馆、纪念馆、体育场、体育馆等（不含村庄文化体育场所）	—	涉及环境敏感区的	—	第三条（一）中的全部区域；第三条（二）中的除（一）外的生态保护红线管控范围，永久基本农田、基本草原、森林公园、地质公园、重要湿地、天然林，重点保护野生动物栖息地，重点保护野生植物生长繁殖地
114	公园（含动物园、主题公园；不含城市公园、植物园、村庄公园）；人工湖、人工湿地	特大型、大型主题公园；容积500万立方米及以上的人工湖、人工湿地；涉及环境敏感区的容积5万立方米及以上500万立方米以下的人工湖、人工湿地；年补水量占引水河流引水断面天然年径流量1/4及以上的人工湖、人工湿地	其他公园；不涉及环境敏感区的容积5万立方米及以上500万立方米以下的人工湖、人工湿地；涉及环境敏感区的容积5万立方米以下的人工湖、人工湿地	不涉及环境敏感区的容积5万立方米以下的人工湖、人工湿地	第三条（一）中的全部区域
115	旅游开发	—	缆车、索道建设	其他	

项目类别 \ 环评类别		报告书	报告表	登记表	本栏目环境敏感区含义
116	影视基地建设	涉及环境敏感区的	其他	—	第三条（一）中的全部区域；第三条（二）中的除（一）外的生态保护红线管控范围，基本草原、森林公园、地质公园、重要湿地、天然林，重点保护野生动物栖息地，重点保护野生植物生长繁殖地；第三条（三）中的全部区域
117	胶片洗印厂	—	全部	—	
118	驾驶员训练基地、公交枢纽、长途客运站、大型停车场、机动车检测场	—	涉及环境敏感区的	—	第三条（一）中的全部区域；第三条（二）中的除（一）外的生态保护红线管控范围，永久基本农田、基本草原、森林公园、地质公园、重要湿地、天然林，重点保护野生动物栖息地，重点保护野生植物生长繁殖地；第三条（三）中的文物保护单位
119	加油、加气站	—	城市建成区新建、扩建加油站；涉及环境敏感区的	—	第三条（一）中的全部区域
120	洗车场	—	危险化学品运输车辆清洗场	—	

项目类别＼环评类别		报告书	报告表	登记表	本栏目环境敏感区含义
121	汽车、摩托车维修场所	—	营业面积5 000平方米及以上且使用溶剂型涂料的；营业面积5 000平方米及以上且年用非溶剂型低VOCs含量涂料10吨及以上的	—	
122	殡仪馆、陵园、公墓	—	殡仪馆；涉及环境敏感区的	—	第三条（一）中的全部区域；第三条（二）中的除（一）外的生态保护红线管控范围，基本农田保护区
123	动物医院	—	设有动物颅腔、胸腔或腹腔手术设施的	—	
五十一、水利					
124	水库	库容1 000万立方米及以上；涉及环境敏感区的	其他	—	第三条（一）中的全部区域；第三条（二）中的除（一）外的生态保护红线管控范围，重要水生生物的自然产卵场、索饵场、越冬场和洄游通道
125	灌区工程（不含水源工程的）	涉及环境敏感区的	其他（不含高标准农田、滴灌等节水改造工程）	—	第三条（一）中的全部区域；第三条（二）中的除（一）外的生态保护红线管控范围，重要水生生物的自然产卵场、索饵场、越冬场和洄游通道

项目类别 \ 环评类别		报告书	报告表	登记表	本栏目环境敏感区含义
126	引水工程	跨流域调水；大中型河流引水；小型河流年总引水量占引水断面天然年径流量1/4及以上；涉及环境敏感区的（不含涉及饮用水水源保护区的水库配套引水工程）	其他	—	第三条（一）中的全部区域；第三条（二）中的除（一）外的生态保护红线管控范围，重要水生生物的自然产卵场、索饵场、越冬场和洄游通道
127	防洪除涝工程	新建大中型	其他（小型沟渠的护坡除外；城镇排涝河流水闸、排涝泵站除外）	城镇排涝河流水闸、排涝泵站	
128	河湖整治（不含农村塘堰、水渠）	涉及环境敏感区的	其他	—	第三条（一）中的全部区域；第三条（二）中的除（一）外的生态保护红线管控范围，重要湿地，重点保护野生动物栖息地，重点保护野生植物生长繁殖地，重要水生生物的自然产卵场、索饵场、越冬场和洄游通道
129	地下水开采（农村分散式家庭生活自用水井除外）	日取水量1万立方米及以上的；涉及环境敏感区的（不新增供水规模、不改变供水对象的改建工程除外）	其他	—	第三条（一）中的全部区域；第三条（二）中的除（一）外的生态保护红线管控范围，重要湿地

项目类别 \ 环评类别		报告书	报告表	登记表	本栏目环境敏感区含义
五十二、交通运输业、管道运输业					
130	等级公路（不含维护；不含生命救援、应急保通工程以及国防交通保障项目；不含改扩建四级公路）	新建30 km（不含）以上的二级及以上等级公路；新建涉及环境敏感区的二级及以上等级公路	其他（配套设施除外；不涉及环境敏感区的三级、四级公路除外）	配套设施；不涉及环境敏感区的三级、四级公路	第三条（一）中的全部区域；第三条（二）中的全部区域；第三条（三）中的全部区域
131	城市道路（不含维护；不含支路、人行天桥、人行地道）	—	新建快速路、主干路；城市桥梁、隧道	其他	
132	新建、增建铁路	新建、增建铁路（30 km及以下铁路联络线和30 km及以下铁路专用线除外）；涉及环境敏感区的	30 km及以下铁路联络线和30 km及以下铁路专用线	—	第三条（一）中的全部区域；第三条（二）中的全部区域；第三条（三）中的全部区域
133	改建铁路	200 km及以上的电气化改造（线路和站场不发生调整的除外）	其他	—	
134	铁路枢纽	涉及环境敏感区的新建枢纽	其他（不新增占地的既有枢纽中部分线路改建除外）	—	第三条（一）中的全部区域；第三条（二）中的全部区域；第三条（三）中的全部区域
135	城市轨道交通（不新增占地的停车场改建除外）	全部	—	—	
136	机场	新建；迁建；增加航空业务量的飞行区扩建	其他	—	

项目类别 \ 环评类别		报告书	报告表	登记表	本栏目环境敏感区含义
137	导航台站、供油工程、维修保障等配套工程	—	供油工程；涉及环境敏感区的	其他	第三条（三）中的以居住、医疗卫生、文化教育、科研、行政办公等为主要功能的区域
138	油气、液体化工码头	新建；岸线、水工构筑物、吞吐量、储运量增加的扩建；装卸货种变化的扩建	其他	—	
139	干散货（含煤炭、矿石）、件杂、多用途、通用码头	单个泊位1 000吨级及以上的内河港口；单个泊位1万吨级及以上的沿海港口；涉及环境敏感区的	其他	—	第三条（一）中的全部区域；第三条（二）中的除（一）外的生态保护红线管控范围，重要水生生物的自然产卵场、索饵场、越冬场和洄游通道，天然渔场
140	集装箱专用码头	单个泊位3 000吨级及以上的内河港口；单个泊位3万吨级及以上的沿海港口；涉及危险品、化学品的；涉及环境敏感区的	其他	—	第三条（一）中的全部区域；第三条（二）中的除（一）外的生态保护红线管控范围，重要水生生物的自然产卵场、索饵场、越冬场和洄游通道，天然渔场
141	滚装、客运、工作船、游艇码头	涉及环境敏感区的	其他	—	第三条（一）中的全部区域；第三条（二）中的除（ ）外的生态保护红线管控范围，重要水生生物的自然产卵场、索饵场、越冬场和洄游通道，天然渔场

项目类别 \ 环评类别		报告书	报告表	登记表	本栏目环境敏感区含义
142	铁路轮渡码头	涉及环境敏感区的	其他	—	第三条（一）中的全部区域；第三条（二）中的除（一）外的生态保护红线管控范围，重要水生生物的自然产卵场、索饵场、越冬场和洄游通道，天然渔场
143	航道工程、水运辅助工程	新建、扩建航道工程；涉及环境敏感区的防波堤、船闸、通航建筑物	其他	—	第三条（一）中的全部区域；第三条（二）中的除（一）外的生态保护红线管控范围，重要水生生物的自然产卵场、索饵场、越冬场和洄游通道，天然渔场
144	航电枢纽工程	全部	—	—	
145	中心渔港码头	涉及环境敏感区的	其他	—	第三条（一）中的全部区域；第三条（二）中的除（一）外的生态保护红线管控范围，重要水生生物的自然产卵场、索饵场、越冬场和洄游通道，天然渔场
146	城市（镇）管网及管廊建设（不含给水管道；不含光纤；不含1.6兆帕及以下的天然气管道）	—	新建涉及环境敏感区的	其他	第三条（一）中的全部区域；第三条（二）中的除（一）外的生态保护红线管控范围，永久基本农田、地质公园、重要湿地、天然林

项目类别 \ 环评类别		报告书	报告表	登记表	本栏目环境敏感区含义
147	原油、成品油、天然气管线（不含城市天然气管线；不含城镇燃气管线；不含企业厂区内管道）	涉及环境敏感区的	其他	—	第三条（一）中的全部区域；第三条（二）中的除（一）外的生态保护红线管控范围，永久基本农田、森林公园、地质公园、重要湿地、天然林；第三条（三）中的全部区域
148	危险化学品输送管线(不含企业厂区内管线）	涉及环境敏感区的	其他		第三条（一）中的全部区域；第三条（二）中的除（一）外的生态保护红线管控范围，永久基本农田、森林公园、地质公园、重要湿地、天然林；第三条（三）中的全部区域
五十三、装卸搬运和仓储业 59					
149	危险品仓储 594（小含加油站的油库；不含加气站的气库）	总容量 20 万立方米及以上的油库（含油品码头后方配套油库）；地下油库；地下气库	其他（含有毒、有害、危险品的仓储；含液化天然气库）	—	

项目类别 \ 环评类别		报告书	报告表	登记表	本栏目环境敏感区含义
五十四、海洋工程					
150	海洋矿产资源勘探开发及其附属工程	新区块油气开发及其附属工程；污水日排放量1000立方米及以上或年产油量20万吨及以上的海洋油气开发及其附属工程；挖沟埋设单条管道长度20 km及以上或涉及环境敏感区的油气集输管道、电（光）缆工程；海洋（海底）矿产资源开发（包括天然气水合物开发；海砂开采；矿盐卤水开发；海床底温泉开发；海底地下水开发等工程）	其他［不含海洋油气勘探工程；不含不在环境敏感区内且排污量未超出原环评批复排放总量的海洋油气调整井工程；不含为油气开采工程配套的海底输水及输送无毒无害物质的管道、电（光）缆原地弃置工程］	海洋油气勘探工程；不在环境敏感区内且排污量未超出原环评批复排放总量的海洋油气调整井工程；为油气开采工程配套的海底输水及输送无毒无害物质的管道、电（光）缆原地弃置工程	第三条（一）中的自然保护区、海洋特别保护区；第三条（二）中的除（一）外的生态保护红线管控范围，海洋公园，重点保护野生动物栖息地，重点保护野生植物生长繁殖地，封闭及半封闭海域

项目类别 \ 环评类别		报告书	报告表	登记表	本栏目环境敏感区含义
151	海洋能源开发利用类工程	装机容量在20兆瓦及以上的潮汐发电、波浪发电、温差发电、海洋生物质能等海洋能源开发利用、输送设施及网络工程；总装机容量5万千瓦及以上的海上风电工程及其输送设施及网络工程；涉及环境敏感区的	其他潮汐发电、波浪发电、温差发电、海洋生物质能等海洋能源开发利用、输送设施及网络工程；地热发电；太阳能发电工程及其输送设施及网络工程；其他海上风电工程及其输送设施及网络工程	—	第三条（一）中的自然保护区、海洋特别保护区；第三条（二）中的除（一）外的生态保护红线管控范围，海洋公园，重点保护野生动物栖息地，重点保护野生植物生长繁殖地，封闭及半封闭海域
152	海底隧道、管道、电（光）缆工程	海底隧道工程；挖沟埋设单条管道长度20 km及以上的海上和海底电（光）缆工程、海上和海底输水管道工程、天然气及无毒无害物质输送管道工程；长度1 km及以上的海上和海底有毒有害及危险品物质输送管道等工程；涉及环境敏感区的海底管道、电（光）缆工程	其他［海底输送无毒无害物质的管道及电（光）缆原地弃置工程除外］	海底输送无毒无害物质的管道及电（光）缆原地弃置工程	第三条（一）中的自然保护区、海洋特别保护区；第三条（二）中的除（一）外的生态保护红线管控范围，海洋公园，重点保护野生动物栖息地，重点保护野生植物生长繁殖地，封闭及半封闭海域

项目类别 \ 环评类别		报告书	报告表	登记表	本栏目环境敏感区含义
153	跨海桥梁工程	非单跨、长度0.1 km及以上的公铁桥梁工程；涉及环境敏感区的	其他	—	第三条（一）中的自然保护区、海洋特别保护区；第三条（二）中的除（一）外的生态保护红线管控范围，海洋公园，重点保护野生动物栖息地，重点保护野生植物生长繁殖地，封闭及半封闭海域
154	围填海工程及海上堤坝工程	围填海工程；长度0.5 km及以上的海上堤坝工程	其他	—	
155	海上娱乐及运动、海上景观开发	污水日排放量200立方米及以上的海上娱乐及运动、海上景观开发	污水日排放量200立方米以下的海上娱乐及运动、海上景观开发	—	
156	海洋人工鱼礁工程	固体物质（虚方）投放量5万立方米及以上的	固体物质（虚方）投放量5万立方米以下5 000立方米及以上的；涉及环境敏感区的	其他	第三条（一）中的自然保护区、海洋特别保护区；第三条（二）中的除（一）外的生态保护红线管控范围，海洋公园，重点保护野生动物栖息地，重点保护野生植物生长繁殖地，重要水生生物的自然产卵场、索饵场，封闭及半封闭海域

项目类别 \ 环评类别		报告书	报告表	登记表	本栏目环境敏感区含义
157	海上和海底物资储藏设施工程	海上和海底物资储藏设施等工程及其废弃和拆除等；原油、成品油、天然气（含LNG、LPG）、化学品及其他危险品、其他物质的仓储、储运等工程及其废弃和拆除等；吞吐（储）50万吨（万立方米）及以上的粉煤灰和废弃物储藏工程、海洋空间资源利用等工程	其他	—	
158	海洋生态修复工程	工程量在10万立方米及以上的清淤、滩涂垫高等工程；涉及环境敏感区的堤坝拆除、临时围堰等改变水动力的工程	工程量在10万立方米以下的清淤、滩涂垫高等工程；涉及环境敏感区的其他海洋生态修复工程	不涉及环境敏感区的退围、退养、退堤还海等近岸构筑物拆除工程；种植红树林、海草床、碱蓬等植被；修复移植珊瑚礁、牡蛎礁等	第三条（一）中的自然保护区、海洋特别保护区；第三条（二）中的除（一）外的生态保护红线管控范围，海洋公园，重点保护野生动物栖息地，重点保护野生植物生长繁殖地，封闭及半封闭海域

项目类别 \ 环评类别		报告书	报告表	登记表	本栏目环境敏感区含义
159	排海工程	低放射性废液排海；污水日排放量10万立方米及以上的城镇生活污水排污管道工程；日排放量0.5万立方米及以上的工业废水排放工程	其他	—	
160	其他海洋工程	工程量在10万立方米及以上的疏浚（不含航道工程）、取土（沙）等水下开挖工程；爆破挤淤、炸礁（岩）量在0.2万立方米及以上的水下炸礁（岩）及爆破工程	其他	—	
五十五、核与辐射					
161	输变电工程	500千伏及以上的；涉及环境敏感区的330千伏及以上的	其他（100千伏以下除外）	—	第三条（一）中的全部区域；第三条（三）中的以居住、医疗卫生、文化教育、科研、行政办公等为主要功能的区域
162	广播电台、差转台	中波50千瓦及以上的；短波100千瓦及以上的；涉及环境敏感区的	其他	—	第三条（三）中的以居住、医疗卫生、文化教育、科研、行政办公等为主要功能的区域
163	电视塔台	涉及环境敏感区的100千瓦及以上的	其他	—	第三条（三）中的以居住、医疗卫生、文化教育、科研、行政办公等为主要功能的区域

项目类别 \ 环评类别		报告书	报告表	登记表	本栏目环境敏感区含义
164	卫星地球上行站	涉及环境敏感区的	其他	—	第三条（三）中的以居住、医疗卫生、文化教育、科研、行政办公等为主要功能的区域
165	雷达	涉及环境敏感区的	其他	—	第三条（三）中的以居住、医疗卫生、文化教育、科研、行政办公等为主要功能的区域
166	无线通讯	—	—	全部	
167	核动力厂（核电厂、核热电厂、核供汽供热厂等）；反应堆（研究堆、实验堆、临界装置等）核燃料生产、加工、贮存、后处理设施；放射性污染治理项目	新建、扩建、退役	主生产工艺或安全重要构筑物的重大变更，但源项不显著增力口；次临界装置的新建、扩建、退役	核设施控制区范围内新增的不带放射性的实验室、试验装置、维修车间、仓库、办公设施等	
168	放射性废物贮存、处理、处置设施	新建、扩建、退役；放射性废物处置设施的关闭	独立的放射性废物贮存设施	—	
169	铀矿开采、冶炼；其他方式提铀	新建、扩建、退役	其他（含工业试验）	—	
170	铀矿地质勘查、退役治理	—	全部	—	
171	伴生放射性矿	采选、冶炼	其他（含放射性污染治理）	—	

项目类别 \ 环评类别		报告书	报告表	登记表	本栏目环境敏感区含义
172	核技术利用建设项目	生产放射性同位素的（制备 PET 用放射性药物的除外）使用Ⅰ类放射源的（医疗使用的除外）销售（含建造）、使用Ⅰ类射线装置的；甲级非密封放射性物质工作场所；以上项目的改、扩建（不含在已许可场所增加不超出已许可活动种类和不高于已许可范围等级的核素或射线装置，且新增规模不超过原环评规模的 50%）	制备 PET 用放射性药物的；医疗使用Ⅰ类放射源的；使用Ⅱ类、Ⅲ类放射源的；生产、使用Ⅱ类射线装置的；乙、丙级非密封放射性物质工作场所（医疗机构使用植入治疗用放射性粒子源的除外）在野外进行放射性同位素示踪试验的；以上项目的改、扩建（不含在已许可场所增加不超出已许可活动种类和不高于已许可范围等级的核素或射线装置的）	销售Ⅰ类、Ⅱ类、Ⅲ类、Ⅳ类、Ⅴ类放射源的；使用Ⅳ类、Ⅴ类放射源的；医疗机构使用植入治疗用放射性粒子源的；销售非密封放射性物质的；销售Ⅱ类射线装置的；生产、销售、使用Ⅲ类射线装置的	

项目类别 \ 环评类别		报告书	报告表	登记表	本栏目环境敏感区含义
173	核技术利用项目退役	生产放射性同位素的（制备 PET 用放射性药物的除外）甲级非密封放射性物质工作场所	制备 PET 用放射性药物的；乙级非密封放射性物质工作场所使用 I 类、II 类、III类放射源场所存在污染的；使用 I 类、II 类射线装置（X 射线装置和粒子能量不高于 10 兆电子伏的电子加速器除外）存在污染的	丙级非密封放射性物质工作场所；使用 I 类、II 类、III类放射源场所不存在污染的	

说明：

1. 名录中项目类别后的数字为《国民经济行业分类》（GB/T 4754—2017）及第 1 号修改单行业代码。
2. 名录中涉及规模的，均指新增规模。
3. 单纯混合指不发生化学反应的物理混合过程；分装指由大包装变为小包装。
4. 名录中所标＊号，指在工业建筑中生产的建设项目。工业建筑的定义参见《工程结构设计基本术语标准》（GB/T 50083—2014），指提供生产用的各种建筑物，如车间、厂前区建筑、生活间、动力站、库房和运输设施等。
5. 参照《中华人民共和国环境保护税法实施条例》，建设城乡污水集中处理工程，是指为社会公众提供生活污水处理服务的工程，不包括为工业园区、开发区等工业聚集区域内的企业事业单位和其他生产经营者提供污水处理服务的工程，以及建设单位自建自用的污水处理工程。
6. 化学镀、阳极氧化生产工艺按照本名录中电镀工艺相关规定执行。

7. 关于磷化行业企业建设项目及污染排放有关问题法律适用的复函

（环办执法函〔2021〕513 号）

湖北省生态环境厅：

你厅《关于磷化行业企业建设项目及污染排放有关问题法律适用的请示》（鄂环文〔2021〕135 号）收悉。经研究，函复如下。

一、关于重大变动认定

为指导和规范环境影响评价重大变动管理，2020 年在发布火电、制浆造纸等 29 个行业建设项目重大变动清单的基础上，对其他排放污染物的建设项目，结合不同行业环境影响特点，我部印发了《污染影响类建设项目重大变动清单（试行）》（环办环评函〔2020〕688 号，以下简称《清单》）。

依据《清单》第六条：新增产品品种或生产工艺（含主要生产装置、设备及配套设施）、主要原辅材料、燃料变化，导致废水第一类污染物排放量增加等情形的，应界定为重大变动。

建议对建设项目原材料改变前后，硫酸车间稀酸净化工段经过滤、沉淀处理后的酸性废水中第一类污染物砷的排放量进行核算，若存在砷排放量增加，则该建设项目存在重大变动。如建设项目已完成竣工验收，则不属于重点变动界定范畴。

二、关于排放去向认定

为有效降低环境风险，加强对转移到化肥产品或以其他形式进入外环境的第一类污染物管控，《环境保护行政执法与刑事司法衔接工作办法》（环环监〔2017〕17 号）第三十七条规定，满足下列条件之一的，视同为外环境，包括“对排放含第一类污染物的废水，其产生车间或车间处理设施的排放口”，建议将硫酸车间或车间处理设施排放口排放的含砷废水视为该企业排入外环境的外排水进行管控。

特此函复。

生态环境部办公厅

2021 年 11 月 5 日

8. 关于高位池海水养殖项目环评类别有关问题的复函

（环办环评函〔2021〕284号）

广东省生态环境厅：

你厅《关于高位池海水养殖项目环评类别有关问题的请示》（粤环报〔2021〕41号）收悉。经研究，函复如下。

《建设项目环境影响评价分类管理名录（2021年版）》（生态环境部令第16号，以下简称《名录》）根据养殖类型和养殖规模明确了“海水养殖”的环评类别要求。请示中提到的不涉及用海面积的高位池海水养殖与涉及用海面积的高位池海水养殖，区别在于养殖池位于法定海岸线向陆一侧或是向海一侧，两者污染物排放类型基本一致，产生的环境影响相似。

因此，同意你厅请示意见，不涉及用海面积的高位池海水养殖项目执行《名录》中“海水养殖”的环评类别要求，养殖水面1000亩及以上的高位池（提水）养殖项目，编制环境影响报告书；养殖水面1000亩以下100亩及以上的高位池（提水）养殖项目，编制环境影响报告表；其他的填报环境影响登记表。

特此函复。

生态环境部办公厅

2021年6月10日

9. 关于生物质锅炉等项目环评类别判定事宜的复函

（环办环评函〔2021〕264号）

黑龙江省生态环境厅：

你厅《关于生物质锅炉等项目环评类别判定事宜的请示》（黑环呈〔2021〕41号）收悉。经研究，函复如下。

一、关于生物质锅炉项目环评类别

《建设项目环境影响评价分类管理名录（2021年版）》（生态环境部令第16号，以下简称《名录》）的“91热力生产和供应工程（包括建设单位自建自用的供热工程）”规定“使用其他高污染燃料的”编制环境影响报告表。《高污染燃料目录》包括生物质成型燃料，考虑到生物质非成型燃料的污染程度一般高于成型燃料，应同样加强环境准入管理。

经研究，你厅来函请示的生物质锅炉的环境影响评价类别应按照《名录》的“91 热力生产和供应工程（包括建设单位自建自用的供热工程）”中“使用其他高污染燃料的”要求编制环境影响报告表。

二、关于粮食烘干项目环评类别

对于粮食烘干建设项目，若主要建设内容为粮食烘干塔，应按照《名录》的“91 热力生产和供应工程（包括建设单位自建自用的供热工程）”执行；对建设内容中还涉及农副食品加工等的，应按照《名录》第四条“建设内容涉及本名录中两个及以上项目类别的建设项目，其环境影响评价类别按照其中单项等级最高的确定”执行。

特此函复。

生态环境部办公厅
2021 年 6 月 1 日

10. 关于印发《污染影响类建设项目重大变动清单（试行）》的通知

（环办环评函〔2020〕688 号）

各省、自治区、直辖市生态环境厅（局），新疆生产建设兵团生态环境局：

为进一步规范环境影响评价重大变动管理，根据《中华人民共和国环境影响评价法》《建设项目环境保护管理条例》有关规定，按照《关于印发环评管理中部分行业建设项目重大变动清单的通知》（环办〔2015〕52 号）、《关于生态环境领域进一步深化“放管服”改革，推动经济高质量发展的指导意见》（环规财〔2018〕86 号）要求，我部制定了《污染影响类建设项目重大变动清单（试行）》。现印发给你们，请遵照执行。

生态环境部办公厅
2020 年 12 月 13 日

污染影响类建设项目重大变动清单
（试行）

适用于污染影响类建设项目环境影响评价管理，其中我部已发布行业建设项目重大变动清单的，按行业建设项目重大变动清单执行。

性质：

1. 建设项目开发、使用功能发生变化的。

规模：

2. 生产、处置或储存能力增大 30% 及以上的。

3. 生产、处置或储存能力增大，导致废水第一类污染物排放量增加的。

4. 位于环境质量不达标区的建设项目生产、处置或储存能力增大，导致相应污染物排放量增加的（细颗粒物不达标区，相应污染物为二氧化硫、氮氧化物、可吸入颗粒物、挥发性有机物；臭氧不达标区，相应污染物为氮氧化物、挥发性有机物；其他大气、水污染物因子不达标区，相应污染物为超标污染因子）；位于达标区的建设项目生产、处置或储存能力增大，导致污染物排放量增加 10% 及以上的。

地点：

5. 重新选址；在原厂址附近调整（包括总平面布置变化）导致环境防护距离范围变化且新增敏感点的。

生产工艺：

6. 新增产品品种或生产工艺（含主要生产装置、设备及配套设施）、主要原辅材料、燃料变化，导致以下情形之一：

（1）新增排放污染物种类的（毒性、挥发性降低的除外）；

（2）位于环境质量不达标区的建设项目相应污染物排放量增加的；

（3）废水第一类污染物排放量增加的；

（4）其他污染物排放量增加 10% 及以上的。

7. 物料运输、装卸、贮存方式变化，导致大气污染物无组织排放量增加 10% 及以上的。

环境保护措施：

8. 废气、废水污染防治措施变化，导致第 6 条中所列情形之一（废气无组织排放改为有组织排放、污染防治措施强化或改进的除外）或大气污染物无组织排放量增加 10% 及以上的。

9. 新增废水直接排放口；废水由间接排放改为直接排放；废水直接排放口位置变化，导致不利环境影响加重的。

10. 新增废气主要排放口（废气无组织排放改为有组织排放的除外）；主要排放口排气筒高度降低 10% 及以上的。

11. 噪声、土壤或地下水污染防治措施变化，导致不利环境影响加重的。

12. 固体废物利用处置方式由委托外单位利用处置改为自行利用处置的（自行利用处置设施单独开展环境影响评价的除外）；固体废物自行处置方式变化，导致不利环境影响加重的。

13. 事故废水暂存能力或拦截设施变化，导致环境风险防范能力弱化或降低的。

11. 关于优化小微企业项目环评工作的意见

（环环评〔2020〕49 号）

各省、自治区、直辖市生态环境厅（局），新疆生产建设兵团生态环境局：

小微企业是国民经济发展的生力军，在扩大就业、稳定增长、促进创新、繁荣市场、满足人民群众需求等方面发挥着重要作用，事关民生和社会稳定大局。同时，小微企业具有规模小、人员少、工艺流程简单，部分小微企业环境影响较小、环保能力相对薄弱等特点，对深化环评改革、优化环评服务有普遍的期待。为贯彻落实党中央、国务院决策部署，做好“六稳”工作，落实“六保”任务，进一步优化营商环境、激发小微企业活力，推进绿色发展，制定本意见。

一、深化改革，简化小微企业项目环评管理

（一）缩小项目环评范围

通过修订《建设项目环境影响评价分类管理名录》（以下简称《名录》），对环境影响较小项目，进一步减少环评审批和备案数量。《名录》未作规定的建设项目，原则上不纳入环评管理。强化环评与排污许可的衔接，对实施排污许可登记管理的建设项目，不再填报环境影响登记表。对环境影响较小的部分行业，仅将在工业建筑中的新改扩建项目纳入环评管理。相关要求在新《名录》发布实施后执行。

（二）简化报告表编制内容

对确有一定环境影响需要编制环境影响报告表（以下简称报告表）的建设项目，修订报告表格式，简化表格内容和填写要求，降低编制难度。研究简化报告表项目评价程序、评价内容；以引用现有数据为主，简化环境质量现状分析；对确需进行专项评价的，突出重点要素或专题；对不需开展专项评价的，无需进行模型预测，仅需按要求填写表格。

（三）探索同类项目环评简化模式

加强产业园区（含产业聚集区、工业集中区等）规划环评与项目环评联动。对位于已完成规划环评并落实要求的园区，且符合相关生态环境准入要求的小微企业，项目环评可直接引用规划环评结论，简化环评内容。探索园区内同一类型小微企业项目打捆开展环评审批，统一提出污染防治要求，单个项目不再重复开展环评。鼓励地方探索“绿岛”等环境治理模式，建设小微企业共享的环保公共基础设施或集中工艺设施（如电镀、印染、喷涂等），明确一个责任主体，依法开展共享设施的环评。依托相关设施的企业，其项目环评类别判定无需考虑依托设施内容。

（四）继续推进环评审批正面清单改革

持续推进环评审批正面清单改革，现行正面清单相关规定在新《名录》发布实施前继续执行。鼓励地方生态环境部门根据当地小微企业实际情况，在前期改革试点成效评估的基础上，因地制宜细化环评审批正面清单实施要求。对已明确区域生态环境保护要求、制定相关行业生态环境准入条件的小微企业项目，可纳入告知承诺审批试点。

二、提升服务，帮扶小微企业做好环评工作

（五）加强环评咨询服务

各级生态环境部门和行政审批部门应进一步提升对小微企业的主动服务意识，为企业送政策、送技术，通过官方网站、微信公众号、政务服务窗口、热线电话等途径，畅通咨询服务渠道，公开当地环评审批正面清单和生态环境准入条件，为小微企业提供环评咨询，避免小微企业“走冤枉路”“花冤枉钱”。鼓励基层、园区广泛运用新媒体、宣传栏，采用卡通动画、短视频、“一图读懂”、宣传册等通俗易懂的形式加强环评知识宣传，帮助小微企业准确理解环评管理要求，引导小微企业合法合规建设运营。

（六）便利择优选择环评单位

各级生态环境部门和行政审批部门应积极宣传、推广全国环评信用平台，定期公开有关环评单位情况，鼓励小微企业择优选择信用良好、技术能力强的环评单位。各级生态环境部门和行政审批部门的任何单位、个人不得以任何方式向企业指定环评单位。

（七）推进规范环评收费

环评单位应遵守明码标价规定，主动向建设单位告知环评服务内容及收费标准，明确环评与其他环境咨询、环保投入等工作边界，并在相关服务合同中约定，不得收取任何未予标明的费用。不得相互串通，操纵市场价格。鼓励行业协会开展规范环评收费的倡议行动，引导环评市场有序竞争和健康发展。

（八）开展政策技术帮扶

研究推进在线技术评估咨询服务，打造以国家和省级技术评估单位和相关专家为主体的服务团队，面向基层环评审批部门和小微企业开展远程指导帮扶。基层生态环境部门和行政审批部门可以委托省、市级技术评估单位对工艺相对复杂、环境影响或环境风险较大项目进行技术评估，提高环评审批质量，对小微企业项目提出合理可行的环保要求。

三、加强监管，确保小微企业环保要求不降低

（九）严格项目环境准入

鼓励各地结合区域“三线一单”、规划环评及其他相关要求，制定小微企业集中的特色行业生态环境准入条件，明确生态环境保护要求，支持绿色、低碳小微企业发展。对不符合准入条件的项目，依法不得办理环评手续，严禁开工建设。对化工、医药、冶炼、炼焦以及涉危涉重行业，从严审查把关。各地应加大“散乱污”企业排查和整顿力度，推动打赢打好污染防治攻坚战。

（十）压实企业环保责任

纳入环评管理的小微企业应依法履行手续，落实相关生态环境保护措施，属于环评告知承诺审批改革试点的项目，应严格兑现承诺事项。未纳入环评管理的小微企业项目，应认真落实相关法律法规和环保要求，依法接受环境监管。

（十一）灵活开展环境监管

鼓励地方生态环境部门创新生态环境执法方式，优化“双随机、一公开”日常监管，灵活运用“线上＋线下”等方式开展抽查，充分保障小微企业合法权益。对污染物排放量小、环境风险低、生产工艺先进的小微企业，可按照程序纳入监督执法正面清单，减少执法检查次数或免于现场检查。规范行使行政处罚自由裁量权，对符合免予或减轻处罚条件的小微企业依法免予或减轻处罚，加强对企业环保整改的指导和帮扶。

四、强化保障，推进小微企业改革举措落地见效

（十二）完善环保基础设施

各地生态环境部门应积极推动地方政府、相关部门、园区等完善污水处理设施、固体废物处置设施和环境应急保障体系，健全环境风险防控措施，降低小微企业项目环评难度和运行成本。

（十三）推进监测数据共享

各地生态环境部门应推进环境例行监测、执法监测等数据公开。鼓励园区统筹安排环境监测、监控网络建设，结合入园项目主要污染物类别，开展大气、地表水、地下水和土壤等环境要素监测。相关项目环评中可直接引用公开的监测数据，降低环评成本。

（十四）鼓励公众监督

各地生态环境部门应向社会公开举报电话，重点针对小微企业项目环评违规收费、违规办理，以及环评要求不落实等行为，加强社会监督，推动做好小微企业环评工作。

（十五）强化能力建设

各级生态环境部门应加强对地方环评从业人员、技术专家和基层环评审批人员培训和指导，提升环评编制和把关能力。推进环评信息化、智能化建设，推行“一网通办”，尽快具备“不见面”审批条件，切实提升小微企业环评改革获得感。

各级生态环境部门和行政审批部门要加强组织实施，及时回应社会和小微企业关切，总结经验、查找问题、持续改进，优化小微企业环评服务。工作推进中，省级生态环境部门应及时报送支持小微企业发展的做法经验及典型事例，生态环境部将予以宣传推广。

生态环境部

2020年9月22日

12. 关于艾草精油提炼建设项目环境影响评价类别的复函

（环办环评函〔2019〕74号）

贵州省生态环境厅：

你厅《关于艾草精油提炼建设项目适用环境影响评价类别的请示》（黔环呈〔2018〕249号）收悉。经研究，函复如下。

来信所述的艾草精油提炼项目属于《国民经济行业分类》（GB/T 4754—2017）“268日用化学产品制造”中的“2684香料、香精制造”，应按照《建设项目环境影响评价分类管理名录》（环境保护部令 第44号）第39类的“日用化学品制造（除单纯混合和分装外的）”项目有关规定，编制环境影响报告书。

特此函复。

生态环境部办公厅
2019年1月22日

13. 关于建设项目总投资额认定有关意见的复函

（环办法规函〔2019〕338号）

河南省生态环境厅：

你厅《关于建设项目总投资额认定若干问题的请示》（豫环〔2019〕2号）收悉。经研究，并征求国家发展改革委意见，函复如下。

一、关于分期建设的建设项目总投资额认定

建设项目在发展改革部门按一个建设项目进行核准、备案，但实际中分期建设的，对项目开工前已取得核准、备案文件，且核准、备案文件中明确说明该项目是分期建设的，可以依据《生态环境部发展改革委关于生态环境执法中建设项目“总投资额”认定问题的指导意见（试行）》（环政法〔2018〕85号），以当期工程总投资额作为处罚依据；对项目核准、备案文件中未明确该项目是分期建设的，应当以发展改革部门核准、备案的建设项目总投资额作为处罚依据。

二、关于已经基本建成尚未投入生产或者使用的建设项目总投资额认定

建设项目基本建成但未全部建成，尚未投入生产或者使用的，属于仍处于建设过程中，应当依据《生态环境部发展改革委关于生态环境执法中建设项目“总投资额”认定问题的指导意见（试行）》（环政法〔2018〕85号）第五条、第六条，认定其总投资额。

特此函复。

生态环境部办公厅

2019 年 4 月 1 日

14. 关于“未验先投”违法行为行政处罚新旧法律规范衔接适用问题的意见

（环法规函〔2019〕121 号）

各省、自治区、直辖市生态环境厅（局），新疆生产建设兵团生态环境局，计划单列市生态环境局：

2017 年修订的《建设项目环境保护管理条例》（自 2017 年 10 月 1 日起施行，以下简称新条例）施行以来，关于需要配套建设的环境保护设施未建成、未经验收或者验收不合格，建设项目即投入生产或者使用（以下简称“未验先投”）违法行为的处罚，在新旧条例过渡期间如何适用法律，实践中存在较大争议。

根据最高人民法院于 2004 年 5 月 18 日印发的《关于审理行政案件适用法律规范问题的座谈会纪要》（法［2004］96 号，以下简称《纪要》）有关新旧法律规范衔接适用基本规则的规定，结合生态环境执法实践，并经征求最高人民法院和司法部意见，现就新旧条例过渡期间“未验先投”违法行为行政处罚有关法律适用问题，提出以下意见。

一、有关法规规定和新旧法律规范衔接适用基本规则

（一）有关法规规定

新条例第二十三条第一款规定：“违反本条例规定，需要配套建设的环境保护设施未建成、未经验收或者验收不合格，建设项目即投入生产或者使用，或者在环境保护设施验收中弄虚作假的，由县级以上环境保护行政主管部门责令限期改正，处 20 万元以上 100 万元以下的罚款；逾期不改正的，处 100 万元以上 200 万元以下的罚款；对直接负责的主管人员和其他责任人员，处 5 万元以上 20 万元以下的罚款；造成重大环境污染或者生态破坏的，责令停止生产或者使用，或者报经有批准权的人民政府批准，责令关闭。”

修订前的《建设项目环境保护管理条例》（自 1998 年 11 月 29 日起施行，2017 年 10 月 1 日废止，以下简称旧条例）第二十八条规定：“违反本条例规定，建设项目需要配套建设的环境保护设施未建成、未经验收或者经验收不合格，主体工程正式投入生产或者使用的，由审批该建设项目环境影响报告书、环境影响报告表或者环境影响登记表的环境保护行政主管部门责令停止生产或者使用，可以处10万元以下的罚款。”

（二）新旧法律规范衔接适用基本规则

《纪要》明确提出：“根据行政审判中的普遍认识和做法，行政相对人的行为发生在新法施行以前，具体行政行为作出在新法施行以后，人民法院审查具体行政行为的合法性时，实体问题适用旧法规定，程序问题适用新法规定，但下列情形除外：（一）法律、法规或规章另有规定的；（二）适用新法对保护行政相对人的合法权益更为有利的；（三）按照具体行政行为的性质应当适用新法的实体规定的。”

二、“未验先投”违法行为发生在旧条例施行期间，一直连续或继续到新条例施行之后的，适用新条例进行处罚

经征求最高人民法院意见，《纪要》中提到的“行政相对人的行为发生在新法施行之前”，是指行政相对人的行为终了之日发生在新法施行之前。如果行政相对人的违法行为一直持续到新法施行之后，则不属于“行政相对人的行为发生在新法施行之前”。

因此，“未验先投”违法行为发生在旧条例施行期间，一直连续或继续到新条例施行之后的，不属于《纪要》规定的“行政相对人的行为发生在新法施行以前”的情形，不存在新旧条例的选择适用问题，应当适用新条例作出行政处罚。

我部此前印发的相关解释或者文件，与本意见不一致的，以本意见为准。

生态环境部

2019年10月17日

15. 关于生态环境执法中建设项目“总投资额”认定问题的指导意见（试行）

（环政法〔2018〕85号）

各省、自治区、直辖市环境保护厅（局）、发展和改革委员会，新疆生产建设兵团环境保护局、发展和改革委员会：

为落实《中华人民共和国环境影响评价法》第三十一条、《中华人民共和国海洋环境保护法》第八十二条，以及《企业投资项目核准和备案管理条例》等有关规定，现就生态环境执法中作为处罚基准的建设项目总投资额认定问题，提出以下意见：

一、对实行审批制管理的政府投资项目，已经取得建设项目审批文件的，可以根据与该建设项目所处进度对应的有关审批文件中的投资匡算、投资估算或者投资概算认定总投资额。

二、对实行核准制管理的企业投资项目，已经取得建设项目核准文件的，可以根据该建设项目核准文件确定的投资规模认定总投资额。

三、对实行备案制管理的企业投资项目，可以根据备案的项目总投资额认定。

四、有下列情形之一的建设项目，有关行使行政处罚权的主管部门可以委托工程咨询单位、资产评估机构、会计师事务所等专业机构进行评估确定其总投资额：

（一）备案的项目总投资额与实际情况存在明显差异的；

（二）未经审批、核准、备案的；

（三）产业政策禁止投资建设的。

地方有关行使行政处罚权的主管部门可以根据实际情况，探索采取要求建设单位有关责任人出具证明文件、第三方询价等方式对建设项目总投资额进行认定。

五、对正在建设过程中的建设项目，不能根据建设项目在建设过程中实际发生的投资额认定该建设项目总投资额。

六、对已经全部建成并投入生产或者使用的建设项目，项目单位能够证明项目实际投资额与审批、核准文件或者备案信息不一致的，根据该建设项目实际全部投资额认定总投资额。

地方在执行本意见过程中，如遇到问题或者有相关意见建议，请及时向生态环境部和国家发展和改革委员会反映。

生态环境部
国家发展改革委
2018年8月27日

16. 关于加强“未批先建”建设项目环境影响评价管理工作的通知

（环办环评〔2018〕18号）

各省、自治区、直辖市环境保护厅（局），新疆生产建设兵团环境保护局：

为加强“未批先建”建设项目环境影响评价管理工作，根据《关于建设项目“未批先建”违法行为法律适用问题的意见》（环政法函〔2018〕31号），现就有关事项通知如下：

一、“未批先建”违法行为是指，建设单位未依法报批建设项目环境影响报告书（表），或者未按照环境影响评价法第二十四条的规定重新报批或者重新审核环境影响报告书（表），擅自开工建设的违法行为，以及建设项目环境影响报告书（表）未经批准或者未经原审批部门重新审核同意，建设单位擅自开工建设的违法行为。

除火电、水电和电网项目外，建设项目开工建设是指，建设项目的永久性工程正式破土开槽开始施工，在此以前的准备工作，如地质勘探、平整场地、拆除旧有建筑物、临时建筑、施工用临时道路、通水、通电等不属于开工建设。

火电项目开工建设是指，主厂房基础垫层浇筑第一方混凝土。电网项目中变电工程和线路工程开工建设是指，主体工程基础开挖和线路基础开挖。水电项目筹建及准备期相关工程按照《关于进一步加强水电建设环境保护工作的通知》（环办〔2012〕4 号）执行。

二、各级环境保护部门要按照“属地管理”原则，对“未批先建”建设项目进行拉网式排查并依法予以处罚。

（一）建设项目于 2015 年 1 月 1 日新《中华人民共和国环境保护法》（以下简称《环境保护法》）施行后开工建设，或者 2015 年 1 月 1 日之前已经开工建设且之后仍然进行建设的，应当适用新《环境保护法》第六十一条规定进行处罚。

（二）建设项目于 2016 年 9 月 1 日新《中华人民共和国环境影响评价法》（以下简称《环境影响评价法》）施行后开工建设，或者 2016 年 9 月 1 日之前已经开工建设且之后仍然进行建设的，应当适用新《环境影响评价法》第三十一条的规定进行处罚。

（三）建设单位同时存在违反环境保护设施“三同时”和竣工环保验收制度等违法行为的，应当依法分别予以处罚。

（四）“未批先建”违法行为自建设行为终了之日起二年内未被发现的，依法不予行政处罚。

三、环保部门应当按照本通知第一条、第二条规定对“未批先建”等违法行为作出处罚，建设单位主动报批环境影响报告书（表）的，有审批权的环保部门应当受理，并根据技术评估和审查结论分别作出相应处理：

（一）对符合环境影响评价审批要求的，依法作出批准决定，并出具审批文件。

（二）对存在《建设项目环境保护管理条例》第十一条所列情形之一的，环保部门依法不予批准该项目环境影响报告书（表），并可以依法责令恢复原状。

四、各级环保部门要按照《关于以改善环境质量为核心加强环境影响评价管理的通知》（环环评〔2016〕150 号）要求，在建设项目环境影响报告书（表）审批工作中严格落实项目环评审批与规划环评、现有项目环境管理、区域环境质量联动机制，更好地发挥环评制度从源头防范环境污染和生态破坏的作用，加快改善环境质量，推动高质量发展。

五、各级环保部门要督促“未批先建”建设项目依法履行环境影响评价手续。依法需申请排污许可证的“未批先建”建设项目，应当依照国家有关环保法律法规和《排污许可管理办法（试行）》的规定，在规定时限内完成环评报批手续。通过依法查处“未批先建”违法行为，依法受理和审查“未批先建”建设项目环评手续，将所有建设项目依法纳入环境管理，为实现排污许可证“核发一个行业，清理一个行业，规范一个行业”提供保障。

各地在执行中如遇到问题，请及时向我部反馈。

联系方式：环境保护部环境影响评价司，（010）66556419。

环境保护部办公厅
2018 年 2 月 24 日

17. 关于建设项目“未批先建”违法行为法律适用问题的意见

（环政法函〔2018〕31 号）

各省、自治区、直辖市环境保护厅（局），新疆生产建设兵团环境保护局，计划单列市、省会城市环境保护局：

新环境保护法和新环境影响评价法施行以来，关于建设单位未依法报批建设项目环境影响报告书、报告表，或者未依照环境影响评价法第二十四条的规定重新报批或者报请重新审核环境影响报告书、报告表，擅自开工建设（以下简称“未批先建”）违法行为的行政处罚，在法律适用、追溯期限以及后续办理环境影响评价手续等方面，实践中存在不同争议。经研究，现就有关法律法规的适用问题提出以下意见。

一、关于“未批先建”违法行为行政处罚的法律适用

（一）相关法律规定

2002 年公布的原环境影响评价法（自 2003 年 9 月 1 日起施行）第三十一条第一款、第二款分别规定：

“建设单位未依法报批建设项目环境影响评价文件，或者未依照本法第二十四条的规定重新报批或者报请重新审核环境影响评价文件，擅自开工建设的，由有权审批该项目环境影响评价文件的环境保护行政主管部门责令停止建设，限期补办手续；逾期不补办手续的，可以处五万元以上二十万元以下的罚款，对建设单位直接负责的主管人员和其他直接责任人员，依法给予行政处分。

“建设项目环境影响评价文件未经批准或者未经原审批部门重新审核同意，建设单位擅自开工建设的，由有权审批该项目环境影响评价文件的环境保护行政主管部门责令停止建设，可以处五万元以上二十万元以下的罚款，对建设单位直接负责的主管人员和其他直接责任人员，依法给予行政处分。”

2014 年修订的新环境保护法（自 2015 年 1 月 1 日起施行）第六十一条规定：“建设单位未依法提交建设项目环境影响评价文件或者环境影响评价文件未经批准，擅自开工建设的，由负有环境保护监督管理职责的部门责令停止建设，处以罚款，并可以责令恢复原状。”

2016 年修正的新环境影响评价法（自 2016 年 9 月 1 日起施行）第三十一条规定：“建设单位未依法报批建设项目环境影响报告书、报告表，或者未依照本法第二十四条的规定重新报批或者报请重新审核环境影响报告书、报告表，擅自开工建设的，由县级以上环境保护行政主管部门责令停止建设，根据违法情节和危害后果，处建设项目总投资额百分之一以上百分之五以下的罚款，并可以责令恢复原状；对建设单位直接负责的主管人员和其他直接责任人员，依法给予行政处分。”

通过以上法律修订，新环境保护法和新环境影响评价法取消了“限期补办手续”的要求。

（二）法律适用

关于“未批先建”违法行为的行政处罚，我部2016年1月8日作出的《关于〈环境保护法〉（2014修订）第六十一条适用有关问题的复函》（环政法函〔2016〕6号）已对“新法实施前已经擅自开工建设的项目的法律适用”作出相关解释，现针对实践中遇到的问题，进一步提出补充意见如下：

1. 建设项目于2015年1月1日后开工建设，或者2015年1月1日之前已经开工建设且之后仍然进行建设的，立案查处的环保部门应当适用新环境保护法第六十一条的规定进行处罚，不再依据修正前的环境影响评价法作出“限期补办手续”的行政命令。

2. 建设项目于2016年9月1日后开工建设，或者2016年9月1日之前已经开工建设且之后仍然进行建设的，立案查处的环保部门应当适用新环境影响评价法第三十一条的规定进行处罚，不再依据修正前的环境影响评价法作出“限期补办手续”的行政命令。

二、关于“未批先建”违法行为的行政处罚追溯期限

（一）相关法律规定

行政处罚法第二十九条规定：“违法行为在二年内未被发现的，不再给予行政处罚。法律另有规定的除外。前款规定的期限，从违法行为发生之日起计算；违法行为有连续或者继续状态的，从行为终了之日起计算。”

（二）追溯期限的起算时间

根据上述法律规定，“未批先建”违法行为的行政处罚追溯期限应当自建设行为终了之日起计算。因此，“未批先建”违法行为自建设行为终了之日起二年内未被发现的，环保部门应当遵守行政处罚法第二十九条的规定，不予行政处罚。

（三）违反环保设施“三同时”验收制度的行政处罚

1. 建设单位同时构成“未批先建”和违反环保设施“三同时”验收制度两个违法行为的，应当分别依法作出相应处罚

对建设项目“未批先建”并已建成投入生产或者使用，同时违反环保设施“三同时”验收制度的违法行为应当如何处罚，全国人大常委会法制工作委员会2007年3月21日作出的《关于建设项目环境管理有关法律适用问题的答复意见》（法工委复〔2007〕2号）规定：“关于建设单位未依法报批建设项目环境影响评价文件却已建成建设项目，同时该建设项目需要配套建设的环境保护设施未建成、未经验收或者经验收不合格，主体工程正式投入生产或者使用的，应当分别依照《环境影响评价法》第三十一条、《建

设项目环境保护管理条例》第二十八条的规定作出相应处罚。”

据此，建设单位同时构成“未批先建”和违反环保设施“三同时”验收制度两个违法行为的，应当分别依法作出相应处罚。

2. 对违反环保设施“三同时”验收制度的处罚，不受“未批先建”行政处罚追溯期限的影响

建设项目违反环保设施“三同时”验收制度投入生产或者使用期间，由于违反环保设施“三同时”验收制度的违法行为一直处于连续或者继续状态，因此，即使“未批先建”违法行为已超过二年行政处罚追溯期限，环保部门仍可以对违反环保设施“三同时”验收制度的违法行为依法作出处罚，不受“未批先建”违法行为行政处罚追溯期限的影响。

（四）其他违法行为的行政处罚

建设项目“未批先建”并投入生产或者使用后，有关单位或者个人具有超过污染物排放标准排污，通过暗管、渗井、渗坑、灌注或者篡改、伪造监测数据，或者不正常运行污染防治设施等逃避监管的方式排污等情形之一，分别构成独立违法行为的，环保部门应当对相关违法行为依法予以处罚。

三、关于建设单位可否主动补交环境影响报告书、报告表报送审批

（一）新环境保护法和新环境影响评价法并未禁止建设单位主动补交环境影响报告书、报告表报送审批

对“未批先建”违法行为，2014 年修订的新环境保护法第六十一条增加了处罚条款，该条款与原环境影响评价法（2002 年）第三十一条相比，未规定“责令限期补办手续”的内容；2016 年修正的新环境影响评价法第三十一条，亦删除了原环境影响评价法“限期补办手续”的规定。不再将“限期补办手续”作为行政处罚的前置条件，但并未禁止建设单位主动补交环境影响报告书、报告表报送审批。

（二）建设单位主动补交环境影响报告书、报告表并报送环保部门审查的，有权审批的环保部门应当受理

因“未批先建”违法行为受到环保部门依据新环境保护法和新环境影响评价法作出的处罚，或者“未批先建”违法行为自建设行为终了之日起二年内未被发现而未予行政处罚的，建设单位主动补交环境影响报告书、报告表并报送环保部门审查的，有权审批的环保部门应当受理，并根据不同情形分别作出相应处理：

1. 对符合环境影响评价审批要求的，依法作出批准决定。

2. 对不符合环境影响评价审批要求的，依法不予批准，并可以依法责令恢复原状。

建设单位同时存在违反“三同时”验收制度、超过污染物排放标准排污等违法行为的，应当依法予以处罚。

我部之前印发的相关解释与本意见不一致的，以本意见为准。原国家环境保护总局《关于如何认定建设单位违法行为连续性问题的复函》（环发〔1999〕23 号）和《关于〈环境影响评价法〉第三十一条法律适用问题的复函》（环函〔2004〕470 号）同

时废止。

环境保护部
2018 年 2 月 22 日

18. 关于电解铝建设项目竣工环境保护验收有关问题的复函

（环办环评函〔2017〕891 号）

甘肃省环境保护厅：

你厅《关于电解铝验收有关问题的请示》（甘环发〔2017〕64 号）收悉。经研究，函复如下：

建设项目竣工环境保护验收的依据是经批准的环境影响评价文件及批复文件所规定的环境保护设施和其他相关措施，适用当时的标准、规范和准入要求等。在环境影响评价批复之后发布或修订的标准、规范和准入要求等对已经批准的建设项目执行新规定有明确时限要求的，按新规定执行。

工业和信息化部 2013 年发布的《铝行业规范条件》提出“应根据环境影响评价结论确定厂址位置及其与周围人群和敏感区域的距离”，因此，电解铝项目竣工环境保护验收中涉及防护距离的，仍按照该项目环境影响评价文件及批复文件确定的要求执行。

特此函复。

环境保护部办公厅
2017 年 6 月 8 日

19. 关于租赁住宅楼从事餐饮业执行环境影响评价制度和“三同时”制度有关意见的复函

（环办政法〔2017〕25 号）

广东省环境保护厅：

你厅《关于建设项目执行环保“三同时”制度有关问题的请示》（粤环报〔2016〕109 号）收悉。经研究，并征求最高人民法院意见（见附件），函复如下：

一、公民个人租赁住宅楼开办个体餐馆，不属于环境影响评价法第十六条第三款关于“建设项目的环境影响评价分类管理名录”规定中的“建设项目”。因公民个人租赁住宅楼开办个体餐馆产生环境噪声、油烟等污染的，依照环境噪声污染防治法、大气污染防治法等有关法律法规处理。

二、最高人民法院2006年11月27日作出的《关于工商行政管理部门审查颁发个体工商户营业执照是否以环保评价许可为前置条件问题的答复》（〔2006〕行他字第2号）现行有效，对各级人民法院审理同类案件具有普遍指导意义。

三、关于公民个人租赁住宅楼开办个体餐馆具体应用法律问题，环境保护部之前所做规定与本复函不一致的，按本复函执行。《环境保护部办公厅关于公民租赁住宅楼开办个体餐馆应当执行环境影响评价制度的复函》（环办函〔2009〕1220号）同时废止。

特此函复。

附件：《最高人民法院办公厅关于建设项目执行环境影响评价和“三同时”制度有关问题意见的复函》（法办函〔2017〕86号）

环境保护部办公厅

2017年3月31日

附件：

最高人民法院办公厅关于建设项目执行环境影响评价和“三同时”制度有关问题意见的复函

（法办函〔2017〕86号）

环境保护部办公厅：

你部《关于征求建设项目执行环境影响评价和“三同时”制度有关问题意见的函》收悉。经研究，就环境保护部提出的最高人民法院行政审判庭于2006年11月27日作出的《关于工商行政管理部门审查颁发个体工商户营业执照是否以环保评价许可为前置条件的答复》（〔2006〕行他字第2号）（以下简称《答复》的效力问题以及通过租赁他人房屋从事餐饮业是否要执行环境影响评价和“三同时”制度问题，回复如下：

该《答复》是针对福建省高级人民法院请示的环评审批应否作为工商行政管理审查颁发营业执照的前置条件问题作出，明确了公民个人通过租赁住宅楼开办个体餐馆的，不属于环境影响评价法第十六条第三款关于“建设项目的环境影响评价分类名录”规定中的“建设项目”。该《答复》现行有效，性质上不属于司法解释，但是对各级人民法院审理同类案件仍具有普遍指导意义。

最高人民法院办公厅

2017年1月20日

20. 关于做好环境影响评价制度与排污许可制衔接相关工作的通知

（环办环评〔2017〕84号）

各省、自治区、直辖市环境保护厅（局），新疆生产建设兵团环境保护局：

为贯彻落实《国务院办公厅关于印发控制污染物排放许可制实施方案的通知》（国办发〔2016〕81号）和《环境保护部关于印发〈“十三五”环境影响评价改革实施方案〉的通知》（环环评〔2016〕95号），推进环境质量改善，现就做好建设项目环境影响评价制度与排污许可制有机衔接相关工作通知如下：

一、环境影响评价制度是建设项目的环境准入门槛，是申请排污许可证的前提和重要依据。排污许可制是企事业单位生产运营期排污的法律依据，是确保环境影响评价提出的污染防治设施和措施落实落地的重要保障。各级环保部门要切实做好两项制度的衔接，在环境影响评价管理中，不断完善管理内容，推动环境影响评价更加科学，严格污染物排放要求；在排污许可管理中，严格按照环境影响报告书（表）以及审批文件要求核发排污许可证，维护环境影响评价的有效性。

二、做好《建设项目环境影响评价分类管理名录》和《固定污染源排污许可分类管理名录》的衔接，按照建设项目对环境的影响程度、污染物产生量和排放量，实行统一分类管理。纳入排污许可管理的建设项目，可能造成重大环境影响、应当编制环境影响报告书的，原则上实行排污许可重点管理；可能造成轻度环境影响、应当编制环境影响报告表的，原则上实行排污许可简化管理。

三、环境影响评价审批部门要做好建设项目环境影响报告书（表）的审查，结合排污许可证申请与核发技术规范，核定建设项目的产排污环节、污染物种类及污染防治设施和措施等基本信息；依据国家或地方污染物排放标准、环境质量标准和总量控制要求等管理规定，按照污染源源强核算技术指南、环境影响评价要素导则等技术文件，严格核定排放口数量、位置以及每个排放口的污染物种类、允许排放浓度和允许排放量、排放方式、排放去向、自行监测计划等与污染物排放相关的主要内容。

四、分期建设的项目，环境影响报告书（表）以及审批文件应当列明分期建设内容，明确分期实施后排放口数量、位置以及每个排放口的污染物种类、允许排放浓度和允许排放量、排放方式、排放去向、自行监测计划等与污染物排放相关的主要内容，建设单位应据此分期申请排污许可证。分期实施的允许排放量之和不得高于建设项目的总允许排放量。

五、改扩建项目的环境影响评价，应当将排污许可证执行情况作为现有工程回顾评价的主要依据。现有工程应按照相关法律、法规、规章关于排污许可实施范围和步骤的规定，按时申请并获取排污许可证，并在申请改扩建项目环境影响报告书（表）时，依法提交相关排污许可证执行报告。

六、建设项目发生实际排污行为之前，排污单位应当按照国家环境保护相关法律法规以及排污许可证申请与核发技术规范要求申请排污许可证，不得无证排污或不按证排污。环境影响报告书（表）2015年1月1日（含）后获得批准的建设项目，其环境影响报告书（表）以及审批文件中与污染物排放相关的主要内容应当纳入排污许可证。建设项目无证排污或不按证排污的，建设单位不得出具该项目验收合格的意见，验收报告中与污染物排放相关的主要内容应当纳入该项目验收完成当年排污许可证执行年报。排污许可证执行报告、台账记录以及自行监测执行情况等应作为开展建设项目环境影响后评价的重要依据。

七、国家将分行业制定建设项目重大变动清单。环境影响报告书（表）经批准后，建设项目的性质、规模、地点、采用的生产工艺或者防治污染、防止生态破坏的措施发生重大变动的，建设单位应当依法重新报批环境影响评价文件，并在申请排污许可时提交重新报批的环评批复(文号)。发生变动但不属于重大变动情形的建设项目，环境影响报告书（表）2015年1月1日（含）后获得批准的，排污许可证核发部门按照污染物排放标准、总量控制要求、环境影响报告书（表）以及审批文件从严核发，其他建设项目由排污许可证核发部门按照排污许可证申请与核发技术规范要求核发。

八、建设项目涉及“上大压小”“区域（总量）替代”等措施的，环境影响评价审批部门应当审查总量指标来源，依法依规应当取得排污许可证的被替代或关停企业，须明确其排污许可证编码及污染物替代量。排污许可证核发部门应按照环境影响报告书（表）审批文件要求，变更或注销被替代或关停企业的排污许可证。应当取得排污许可证但未取得的企业，不予计算其污染物替代量。

九、环境保护部负责统一建设建设项目环评审批信息申报系统，并与全国排污许可证管理信息平台充分衔接。建设单位在报批建设项目环境影响报告书（表）时，应当登陆建设项目环评审批信息申报系统，在线填报相关信息并对信息的真实性、准确性和完整性负责。

十、本通知自印发之日起执行。做好环境影响评价制度与排污许可制衔接是落实固定污染源类建设项目全过程管理的重要保障，各级环境保护主管部门要严格贯彻执行，切实做好相关工作。执行中遇到的困难和问题，请及时向我部反映。

环境保护部办公厅
2017年11月14日

21. 关于建设项目重大变动环境影响评价文件审批权限的复函

（环办函〔2015〕1242号）

安徽省环境保护厅：

你厅《关于部分建设项目环评变更审批权限的请示》（皖环〔2015〕58号）收悉。经研究，函复如下：

建设项目的环境影响评价文件经批准后，建设项目的性质、规模、地点、采用的生产工艺或者防治污染、防止生态破坏的措施发生重大变动的，建设单位应当按现行分级审批规定，向有审批权的环境保护部门报批项目重大变动环境影响评价文件。

特此函复。

环境保护部办公厅

2015年7月30日

（二）排污许可

1. 中华人民共和国行政许可法

（2003 年 8 月 27 日第十届全国人民代表大会常务委员会第四次会议通过，根据 2019 年 4 月 23 日第十三届全国人民代表大会常务委员会第十次会议《关于修改〈中华人民共和国建筑法〉等八部法律的决定》修正）

第一章　总则

第一条　为了规范行政许可的设定和实施，保护公民、法人和其他组织的合法权益，维护公共利益和社会秩序，保障和监督行政机关有效实施行政管理，根据宪法，制定本法。

第二条　本法所称行政许可，是指行政机关根据公民、法人或者其他组织的申请，经依法审查，准予其从事特定活动的行为。

第三条　行政许可的设定和实施，适用本法。

有关行政机关对其他机关或者对其直接管理的事业单位的人事、财务、外事等事项的审批，不适用本法。

第四条　设定和实施行政许可，应当依照法定的权限、范围、条件和程序。

第五条　设定和实施行政许可，应当遵循公开、公平、公正、非歧视的原则。

有关行政许可的规定应当公布；未经公布的，不得作为实施行政许可的依据。行政许可的实施和结果，除涉及国家秘密、商业秘密或者个人隐私的外，应当公开。未经申请人同意，行政机关及其工作人员、参与专家评审等的人员不得披露申请人提交的商业秘密、未披露信息或者保密商务信息，法律另有规定或者涉及国家安全、重大社会公共利益的除外；行政机关依法公开申请人前述信息的，允许申请人在合理期限内提出异议。

符合法定条件、标准的，申请人有依法取得行政许可的平等权利，行政机关不得歧视任何人。

第六条　实施行政许可，应当遵循便民的原则，提高办事效率，提供优质服务。

第七条　公民、法人或者其他组织对行政机关实施行政许可，享有陈述权、申辩权；有权依法申请行政复议或者提起行政诉讼；其合法权益因行政机关违法实施行政许可受到损害的，有权依法要求赔偿。

第八条　公民、法人或者其他组织依法取得的行政许可受法律保护，行政机关不得擅自改变已经生效的行政许可。

行政许可所依据的法律、法规、规章修改或者废止，或者准予行政许可所依据的客观情况发生重大变化的，为了公共利益的需要，行政机关可以依法变更或者撤回已经生效的行政许可。由此给公民、法人或者其他组织造成财产损失的，行政机关应当依法给予补偿。

第九条 依法取得的行政许可，除法律、法规规定依照法定条件和程序可以转让的外，不得转让。

第十条 县级以上人民政府应当建立健全对行政机关实施行政许可的监督制度，加强对行政机关实施行政许可的监督检查。

行政机关应当对公民、法人或者其他组织从事行政许可事项的活动实施有效监督。

第二章 行政许可的设定

第十一条 设定行政许可，应当遵循经济和社会发展规律，有利于发挥公民、法人或者其他组织的积极性、主动性，维护公共利益和社会秩序，促进经济、社会和生态环境协调发展。

第十二条 下列事项可以设定行政许可：

（一）直接涉及国家安全、公共安全、经济宏观调控、生态环境保护以及直接关系人身健康、生命财产安全等特定活动，需要按照法定条件予以批准的事项；

（二）有限自然资源开发利用、公共资源配置以及直接关系公共利益的特定行业的市场准入等，需要赋予特定权利的事项；

（三）提供公众服务并且直接关系公共利益的职业、行业，需要确定具备特殊信誉、特殊条件或者特殊技能等资格、资质的事项；

（四）直接关系公共安全、人身健康、生命财产安全的重要设备、设施、产品、物品，需要按照技术标准、技术规范，通过检验、检测、检疫等方式进行审定的事项；

（五）企业或者其他组织的设立等，需要确定主体资格的事项；

（六）法律、行政法规规定可以设定行政许可的其他事项。

第十三条 本法第十二条所列事项，通过下列方式能够予以规范的，可以不设行政许可：

（一）公民、法人或者其他组织能够自主决定的；

（二）市场竞争机制能够有效调节的；

（三）行业组织或者中介机构能够自律管理的；

（四）行政机关采用事后监督等其他行政管理方式能够解决的。

第十四条 本法第十二条所列事项，法律可以设定行政许可。尚未制定法律的，行政法规可以设定行政许可。

必要时，国务院可以采用发布决定的方式设定行政许可。实施后，除临时性行政许可事项外，国务院应当及时提请全国人民代表大会及其常务委员会制定法律，或者自行制定行政法规。

第十五条 本法第十二条所列事项，尚未制定法律、行政法规的，地方性法规可以设定行政许可；尚未制定法律、行政法规和地方性法规的，因行政管理的需要，确需立即实施行政许可的，省、自治区、直辖市人民政府规章可以设定临时性的行政许可。

临时性的行政许可实施满一年需要继续实施的，应当提请本级人民代表大会及其常务委员会制定地方性法规。

地方性法规和省、自治区、直辖市人民政府规章，不得设定应当由国家统一确定的公民、法人或者其他组织的资格、资质的行政许可；不得设定企业或者其他组织的设立登记及其前置性行政许可。其设定的行政许可，不得限制其他地区的个人或者企业到本地区从事生产经营和提供服务，不得限制其他地区的商品进入本地区市场。

第十六条 行政法规可以在法律设定的行政许可事项范围内，对实施该行政许可作出具体规定。

地方性法规可以在法律、行政法规设定的行政许可事项范围内，对实施该行政许可作出具体规定。

规章可以在上位法设定的行政许可事项范围内，对实施该行政许可作出具体规定。

法规、规章对实施上位法设定的行政许可作出的具体规定，不得增设行政许可；对行政许可条件作出的具体规定，不得增设违反上位法的其他条件。

第十七条 除本法第十四条、第十五条规定的外，其他规范性文件一律不得设定行政许可。

第十八条 设定行政许可，应当规定行政许可的实施机关、条件、程序、期限。

第十九条 起草法律草案、法规草案和省、自治区、直辖市人民政府规章草案，拟设定行政许可的，起草单位应当采取听证会、论证会等形式听取意见，并向制定机关说明设定该行政许可的必要性、对经济和社会可能产生的影响以及听取和采纳意见的情况。

第二十条 行政许可的设定机关应当定期对其设定的行政许可进行评价；对已设定的行政许可，认为通过本法第十三条所列方式能够解决的，应当对设定该行政许可的规定及时予以修改或者废止。

行政许可的实施机关可以对已设定的行政许可的实施情况及存在的必要性适时进行评价，并将意见报告该行政许可的设定机关。

公民、法人或者其他组织可以向行政许可的设定机关和实施机关就行政许可的设定和实施提出意见和建议。

第二十一条 省、自治区、直辖市人民政府对行政法规设定的有关经济事务的行政许可，根据本行政区域经济和社会发展情况，认为通过本法第十三条所列方式能够解决的，报国务院批准后，可以在本行政区域内停止实施该行政许可。

第三章 行政许可的实施机关

第二十二条 行政许可由具有行政许可权的行政机关在其法定职权范围内实施。

第二十三条 法律、法规授权的具有管理公共事务职能的组织，在法定授权范围内，以自己的名义实施行政许可。被授权的组织适用本法有关行政机关的规定。

第二十四条 行政机关在其法定职权范围内，依照法律、法规、规章的规定，可以委托其他行政机关实施行政许可。委托机关应当将受委托行政机关和受委托实施行政许可的内容予以公告。

委托行政机关对受委托行政机关实施行政许可的行为应当负责监督，并对该行为的后果承担法律责任。

受委托行政机关在委托范围内，以委托行政机关名义实施行政许可；不得再委托其他组织或者个人实施行政许可。

第二十五条 经国务院批准，省、自治区、直辖市人民政府根据精简、统一、效能的原则，可以决定一个行政机关行使有关行政机关的行政许可权。

第二十六条 行政许可需要行政机关内设的多个机构办理的，该行政机关应当确定一个机构统一受理行政许可申请，统一送达行政许可决定。

行政许可依法由地方人民政府两个以上部门分别实施的，本级人民政府可以确定一个部门受理行政许可申请并转告有关部门分别提出意见后统一办理，或者组织有关部门联合办理、集中办理。

第二十七条 行政机关实施行政许可，不得向申请人提出购买指定商品、接受有偿服务等不正当要求。

行政机关工作人员办理行政许可，不得索取或者收受申请人的财物，不得谋取其他利益。

第二十八条 对直接关系公共安全、人身健康、生命财产安全的设备、设施、产品、物品的检验、检测、检疫，除法律、行政法规规定由行政机关实施的外，应当逐步由符合法定条件的专业技术组织实施。专业技术组织及其有关人员对所实施的检验、检测、检疫结论承担法律责任。

第四章 行政许可的实施程序

第一节 申请与受理

第二十九条 公民、法人或者其他组织从事特定活动，依法需要取得行政许可的，应当向行政机关提出申请。申请书需要采用格式文本的，行政机关应当向申请人提供行政许可申请书格式文本。申请书格式文本中不得包含与申请行政许可事项没有直接关系的内容。

申请人可以委托代理人提出行政许可申请。但是，依法应当由申请人到行政机关办公场所提出行政许可申请的除外。

行政许可申请可以通过信函、电报、电传、传真、电子数据交换和电子邮件等方式提出。

第三十条 行政机关应当将法律、法规、规章规定的有关行政许可的事项、依据、条件、数量、程序、期限以及需要提交的全部材料的目录和申请书示范文本等在办公场所公示。

申请人要求行政机关对公示内容予以说明、解释的，行政机关应当说明、解释，提供准确、可靠的信息。

第三十一条 申请人申请行政许可，应当如实向行政机关提交有关材料和反映真实情况，并对其申请材料实质内容的真实性负责。行政机关不得要求申请人提交与其申请的行政许可事项无关的技术资料和其他材料。

行政机关及其工作人员不得以转让技术作为取得行政许可的条件；不得在实施行政许可的过程中，直接或者间接地要求转让技术。

第三十二条 行政机关对申请人提出的行政许可申请，应当根据下列情况分别作出处理：

（一）申请事项依法不需要取得行政许可的，应当即时告知申请人不受理；

（二）申请事项依法不属于本行政机关职权范围的，应当即时作出不予受理的决定，并告知申请人向有关行政机关申请；

（三）申请材料存在可以当场更正的错误的，应当允许申请人当场更正；

（四）申请材料不齐全或者不符合法定形式的，应当当场或者在五日内一次告知申请人需要补正的全部内容，逾期不告知的，自收到申请材料之日起即为受理；

（五）申请事项属于本行政机关职权范围，申请材料齐全、符合法定形式，或者申请人按照本行政机关的要求提交全部补正申请材料的，应当受理行政许可申请。

行政机关受理或者不予受理行政许可申请，应当出具加盖本行政机关专用印章和注明日期的书面凭证。

第三十三条 行政机关应当建立和完善有关制度，推行电子政务，在行政机关的网站上公布行政许可事项，方便申请人采取数据电文等方式提出行政许可申请；应当与其他行政机关共享有关行政许可信息，提高办事效率。

第二节 审查与决定

第三十四条 行政机关应当对申请人提交的申请材料进行审查。

申请人提交的申请材料齐全、符合法定形式，行政机关能够当场作出决定的，应当当场作出书面的行政许可决定。

根据法定条件和程序，需要对申请材料的实质内容进行核实的，行政机关应当指派两名以上工作人员进行核查。

第三十五条 依法应当先经下级行政机关审查后报上级行政机关决定的行政许可，下级行政机关应当在法定期限内将初步审查意见和全部申请材料直接报送上级行政机关。上级行政机关不得要求申请人重复提供申请材料。

第三十六条 行政机关对行政许可申请进行审查时，发现行政许可事项直接关系他人重大利益的，应当告知该利害关系人。申请人、利害关系人有权进行陈述和申辩。行政机关应当听取申请人、利害关系人的意见。

第三十七条 行政机关对行政许可申请进行审查后，除当场作出行政许可决定的外，应当在法定期限内按照规定程序作出行政许可决定。

第三十八条 申请人的申请符合法定条件、标准的，行政机关应当依法作出准予行政许可的书面决定。

行政机关依法作出不予行政许可的书面决定的，应当说明理由，并告知申请人享有依法申请行政复议或者提起行政诉讼的权利。

第三十九条 行政机关作出准予行政许可的决定，需要颁发行政许可证件的，应当向申请人颁发加盖本行政机关印章的下列行政许可证件：

（一）许可证、执照或者其他许可证书；

（二）资格证、资质证或者其他合格证书；

（三）行政机关的批准文件或者证明文件；

（四）法律、法规规定的其他行政许可证件。

行政机关实施检验、检测、检疫的，可以在检验、检测、检疫合格的设备、设施、产品、物品上加贴标签或者加盖检验、检测、检疫印章。

第四十条 行政机关作出的准予行政许可决定，应当予以公开，公众有权查阅。

第四十一条 法律、行政法规设定的行政许可，其适用范围没有地域限制的，申请人取得的行政许可在全国范围内有效。

第三节 期限

第四十二条 除可以当场作出行政许可决定的外，行政机关应当自受理行政许可申请之日起二十日内作出行政许可决定。二十日内不能作出决定的，经本行政机关负责人批准，可以延长十日，并应当将延长期限的理由告知申请人。但是，法律、法规另有规定的，依照其规定。

依照本法第二十六条的规定，行政许可采取统一办理或者联合办理、集中办理的，办理的时间不得超过四十五日；四十五日内不能办结的，经本级人民政府负责人批准，可以延长十五日，并应当将延长期限的理由告知申请人。

第四十三条 依法应当先经下级行政机关审查后报上级行政机关决定的行政许可，下级行政机关应当自其受理行政许可申请之日起二十日内审查完毕。但是，法律、法规另有规定的，依照其规定。

第四十四条 行政机关作出准予行政许可的决定，应当自作出决定之日起十日内向申请人颁发、送达行政许可证件，或者加贴标签、加盖检验、检测、检疫印章。

第四十五条 行政机关作出行政许可决定，依法需要听证、招标、拍卖、检验、检测、检疫、鉴定和专家评审的，所需时间不计算在本节规定的期限内。行政机关应当将所需时间书面告知申请人。

第四节 听证

第四十六条 法律、法规、规章规定实施行政许可应当听证的事项，或者行政机关认为需要听证的其他涉及公共利益的重大行政许可事项，行政机关应当向社会公告，并举行听证。

第四十七条 行政许可直接涉及申请人与他人之间重大利益关系的，行政机关在作出行政许可决定前，应当告知申请人、利害关系人享有要求听证的权利；申请人、利害关系人在被告知听证权利之日起五日内提出听证申请的，行政机关应当在二十日内组织听证。

申请人、利害关系人不承担行政机关组织听证的费用。

第四十八条 听证按照下列程序进行：

（一）行政机关应当于举行听证的七日前将举行听证的时间、地点通知申请人、利害关系人，必要时予以公告；

（二）听证应当公开举行；

（三）行政机关应当指定审查该行政许可申请的工作人员以外的人员为听证主持人，申请人、利害关系人认为主持人与该行政许可事项有直接利害关系的，有权申请回避；

（四）举行听证时，审查该行政许可申请的工作人员应当提供审查意见的证据、理由，申请人、利害关系人可以提出证据，并进行申辩和质证；

（五）听证应当制作笔录，听证笔录应当交听证参加人确认无误后签字或者盖章。

行政机关应当根据听证笔录，作出行政许可决定。

第五节 变更与延续

第四十九条 被许可人要求变更行政许可事项的，应当向作出行政许可决定的行政机关提出申请；符合法定条件、标准的，行政机关应当依法办理变更手续。

第五十条 被许可人需要延续依法取得的行政许可的有效期的，应当在该行政许可有效期届满三十日前向作出行政许可决定的行政机关提出申请。但是，法律、法规、规章另有规定的，依照其规定。

行政机关应当根据被许可人的申请，在该行政许可有效期届满前作出是否准予延续的决定；逾期未作决定的，视为准予延续。

第六节 特别规定

第五十一条 实施行政许可的程序，本节有规定的，适用本节规定；本节没有规定的，适用本章其他有关规定。

第五十二条 国务院实施行政许可的程序，适用有关法律、行政法规的规定。

第五十三条 实施本法第十二条第二项所列事项的行政许可的，行政机关应当通过招标、拍卖等公平竞争的方式作出决定。但是，法律、行政法规另有规定的，依照其规定。

行政机关通过招标、拍卖等方式作出行政许可决定的具体程序，依照有关法律、行政法规的规定。

行政机关按照招标、拍卖程序确定中标人、买受人后，应当作出准予行政许可的决定，并依法向中标人、买受人颁发行政许可证件。

行政机关违反本条规定，不采用招标、拍卖方式，或者违反招标、拍卖程序，损害申请人合法权益的，申请人可以依法申请行政复议或者提起行政诉讼。

第五十四条 实施本法第十二条第三项所列事项的行政许可，赋予公民特定资格，依法应当举行国家考试的，行政机关根据考试成绩和其他法定条件作出行政许可决定；赋予法人或者其他组织特定的资格、资质的，行政机关根据申请人的专业人员构成、技术条件、经营业绩和管理水平等的考核结果作出行政许可决定。但是，法律、行政法规另有规定的，依照其规定。

公民特定资格的考试依法由行政机关或者行业组织实施，公开举行。行政机关或者行业组织应当事先公布资格考试的报名条件、报考办法、考试科目以及考试大纲。但是，不得组织强制性的资格考试的考前培训，不得指定教材或者其他助考材料。

第五十五条 实施本法第十二条第四项所列事项的行政许可的，应当按照技术标准、技术规范依法进行检验、检测、检疫，行政机关根据检验、检测、检疫的结果作出行政许可决定。

行政机关实施检验、检测、检疫，应当自受理申请之日起五日内指派两名以上工作人员按照技术标准、技术规范进行检验、检测、检疫。不需要对检验、检测、检疫结果作进一步技术分析即可认定设备、设施、产品、物品是否符合技术标准、技术规范的，行政机关应当当场作出行政许可决定。

行政机关根据检验、检测、检疫结果，作出不予行政许可决定的，应当书面说明不予行政许可所依据的技术标准、技术规范。

第五十六条 实施本法第十二条第五项所列事项的行政许可，申请人提交的申请材料齐全、符合法定形式的，行政机关应当当场予以登记。需要对申请材料的实质内容进行核实的，行政机关依照本法第三十四条第三款的规定办理。

第五十七条 有数量限制的行政许可，两个或者两个以上申请人的申请均符合法定条件、标准的，行政机关应当根据受理行政许可申请的先后顺序作出准予行政许可的决定。但是，法律、行政法规另有规定的，依照其规定。

第五章 行政许可的费用

第五十八条 行政机关实施行政许可和对行政许可事项进行监督检查，不得收取任何费用。但是，法律、行政法规另有规定的，依照其规定。

行政机关提供行政许可申请书格式文本，不得收费。

行政机关实施行政许可所需经费应当列入本行政机关的预算 由本级财政予以保障，按照批准的预算予以核拨。

第五十九条 行政机关实施行政许可，依照法律、行政法规收取费用的，应当按照公布的法定项目和标准收费；所收取的费用必须全部上缴国库，任何机关或者个人不得以任何形式截留、挪用、私分或者变相私分。财政部门不得以任何形式向行政机关返还或者变相返还实施行政许可所收取的费用。

第六章 监督检查

第六十条 上级行政机关应当加强对下级行政机关实施行政许可的监督检查，及时纠正行政许可实施中的违法行为。

第六十一条 行政机关应当建立健全监督制度，通过核查反映被许可人从事行政许可事项活动情况的有关材料，履行监督责任。

行政机关依法对被许可人从事行政许可事项的活动进行监督检查时，应当将监督检查的情况和处理结果予以记录，由监督检查人员签字后归档。公众有权查阅行政机关监督检查记录。

行政机关应当创造条件，实现与被许可人、其他有关行政机关的计算机档案系统互联，核查被许可人从事行政许可事项活动情况。

第六十二条 行政机关可以对被许可人生产经营的产品依法进行抽样检查、检验、检测，对其生产经营场所依法进行实地检查。检查时，行政机关可以依法查阅或者要求被许可人报送有关材料；被许可人应当如实提供有关情况和材料。

行政机关根据法律、行政法规的规定，对直接关系公共安全、人身健康、生命财产安全的重要设备、设施进行定期检验。对检验合格的，行政机关应当发给相应的证明文件。

第六十三条 行政机关实施监督检查，不得妨碍被许可人正常的生产经营活动，不得索取或者收受被许可人的财物，不得谋取其他利益。

第六十四条 被许可人在作出行政许可决定的行政机关管辖区域外违法从事行政许可事项活动的，违法行为发生地的行政机关应当依法将被许可人的违法事实、处理结果抄告作出行政许可决定的行政机关。

第六十五条 个人和组织发现违法从事行政许可事项的活动，有权向行政机关举报，行政机关应当及时核实、处理。

第六十六条 被许可人未依法履行开发利用自然资源义务或者未依法履行利用公共资源义务的，行政机关应当责令限期改正；被许可人在规定期限内不改正的，行政机关应当依照有关法律、行政法规的规定予以处理。

第六十七条 取得直接关系公共利益的特定行业的市场准入行政许可的被许可人，应当按照国家规定的服务标准、资费标准和行政机关依法规定的条件，向用户提供安全、方便、稳定和价格合理的服务，并履行普遍服务的义务；未经作出行政许可决定的行政机关批准，不得擅自停业、歇业。

被许可人不履行前款规定的义务的，行政机关应当责令限期改正，或者依法采取有效措施督促其履行义务。

第六十八条 对直接关系公共安全、人身健康、生命财产安全的重要设备、设施，行政机关应当督促设计、建造、安装和使用单位建立相应的自检制度。

行政机关在监督检查时，发现直接关系公共安全、人身健康、生命财产安全的重要设备、设施存在安全隐患的，应当责令停止建造、安装和使用，并责令设计、建造、安装和使用单位立即改正。

第六十九条 有下列情形之一的，作出行政许可决定的行政机关或者其上级行政机关，根据利害关系人的请求或者依据职权，可以撤销行政许可：

（一）行政机关工作人员滥用职权、玩忽职守作出准予行政许可决定的；

（二）超越法定职权作出准予行政许可决定的；

（三）违反法定程序作出准予行政许可决定的；

（四）对不具备申请资格或者不符合法定条件的申请人准予行政许可的；

（五）依法可以撤销行政许可的其他情形。

被许可人以欺骗、贿赂等不正当手段取得行政许可的，应当予以撤销。

依照前两款的规定撤销行政许可，可能对公共利益造成重大损害的，不予撤销。

依照本条第一款的规定撤销行政许可，被许可人的合法权益受到损害的，行政机关应当依法给予赔偿。依照本条第二款的规定撤销行政许可的，被许可人基于行政许可取得的利益不受保护。

第七十条 有下列情形之一的，行政机关应当依法办理有关行政许可的注销手续：

（一）行政许可有效期届满未延续的；

（二）赋予公民特定资格的行政许可，该公民死亡或者丧失行为能力的；

（三）法人或者其他组织依法终止的；

（四）行政许可依法被撤销、撤回，或者行政许可证件依法被吊销的；

（五）因不可抗力导致行政许可事项无法实施的；

（六）法律、法规规定的应当注销行政许可的其他情形。

第七章 法律责任

第七十一条 违反本法第十七条规定设定的行政许可，有关机关应当责令设定该行政许可的机关改正，或者依法予以撤销。

第七十二条 行政机关及其工作人员违反本法的规定，有下列情形之一的，由其上级行政机关或者监察机关责令改正；情节严重的，对直接负责的主管人员和其他直接责任人员依法给予行政处分：

（一）对符合法定条件的行政许可申请不予受理的；

（二）不在办公场所公示依法应当公示的材料的；

（三）在受理、审查、决定行政许可过程中，未向申请人、利害关系人履行法定告知义务的；

（四）申请人提交的申请材料不齐全、不符合法定形式，不一次告知申请人必须补正的全部内容的；

（五）违法披露申请人提交的商业秘密、未披露信息或者保密商务信息的；

（六）以转让技术作为取得行政许可的条件，或者在实施行政许可的过程中直接或者间接地要求转让技术的；

（七）未依法说明不受理行政许可申请或者不予行政许可的理由的；

（八）依法应当举行听证而不举行听证的。

第七十三条 行政机关工作人员办理行政许可、实施监督检查，索取或者收受他人财物或者谋取其他利益，构成犯罪的，依法追究刑事责任；尚不构成犯罪的，依法给予行政处分。

第七十四条 行政机关实施行政许可，有下列情形之一的，由其上级行政机关或者监察机关责令改正，对直接负责的主管人员和其他直接责任人员依法给予行政处分；

构成犯罪的，依法追究刑事责任：

（一）对不符合法定条件的申请人准予行政许可或者超越法定职权作出准予行政许可决定的；

（二）对符合法定条件的申请人不予行政许可或者不在法定期限内作出准予行政许可决定的；

（三）依法应当根据招标、拍卖结果或者考试成绩择优作出准予行政许可决定，未经招标、拍卖或者考试，或者不根据招标、拍卖结果或者考试成绩择优作出准予行政许可决定的。

第七十五条 行政机关实施行政许可，擅自收费或者不按照法定项目和标准收费的，由其上级行政机关或者监察机关责令退还非法收取的费用；对直接负责的主管人员和其他直接责任人员依法给予行政处分。

截留、挪用、私分或者变相私分实施行政许可依法收取的费用的，予以追缴；对直接负责的主管人员和其他直接责任人员依法给予行政处分；构成犯罪的，依法追究刑事责任。

第七十六条 行政机关违法实施行政许可，给当事人的合法权益造成损害的，应当依照国家赔偿法的规定给予赔偿。

第七十七条 行政机关不依法履行监督职责或者监督不力，造成严重后果的，由其上级行政机关或者监察机关责令改正，对直接负责的主管人员和其他直接责任人员依法给予行政处分；构成犯罪的，依法追究刑事责任。

第七十八条 行政许可申请人隐瞒有关情况或者提供虚假材料申请行政许可的，行政机关不予受理或者不予行政许可，并给予警告；行政许可申请属于直接关系公共安全、人身健康、生命财产安全事项的，申请人在一年内不得再次申请该行政许可。

第七十九条 被许可人以欺骗、贿赂等不正当手段取得行政许可的，行政机关应当依法给予行政处罚；取得的行政许可属于直接关系公共安全、人身健康、生命财产安全事项的，申请人在三年内不得再次申请该行政许可；构成犯罪的，依法追究刑事责任。

第八十条 被许可人有下列行为之一的，行政机关应当依法给予行政处罚；构成犯罪的，依法追究刑事责任：

（一）涂改、倒卖、出租、出借行政许可证件，或者以其他形式非法转让行政许可的；

（二）超越行政许可范围进行活动的；

（三）向负责监督检查的行政机关隐瞒有关情况、提供虚假材料或者拒绝提供反映其活动情况的真实材料的；

（四）法律、法规、规章规定的其他违法行为。

第八十一条 公民、法人或者其他组织未经行政许可，擅自从事依法应当取得行政许可的活动的，行政机关应当依法采取措施予以制止，并依法给予行政处罚；构成犯罪的，依法追究刑事责任。

第八章 附则

第八十二条 本法规定的行政机关实施行政许可的期限以工作日计算，不含法定节假日。

第八十三条 本法自2004年7月1日起施行。

本法施行前有关行政许可的规定，制定机关应当依照本法规定予以清理；不符合本法规定的，自本法施行之日起停止执行。

2. 排污许可管理条例

（2020年12月9日国务院第117次常务会议通过，自2021年3月1日起施行）

第一章 总则

第一条 为了加强排污许可管理，规范企业事业单位和其他生产经营者排污行为，控制污染物排放，保护和改善生态环境，根据《中华人民共和国环境保护法》等有关法律，制定本条例。

第二条 依照法律规定实行排污许可管理的企业事业单位和其他生产经营者（以下称排污单位），应当依照本条例规定申请取得排污许可证；未取得排污许可证的，不得排放污染物。

根据污染物产生量、排放量、对环境的影响程度等因素，对排污单位实行排污许可分类管理：

（一）污染物产生量、排放量或者对环境的影响程度较大的排污单位，实行排污许可重点管理；

（二）污染物产生量、排放量和对环境的影响程度都较小的排污单位，实行排污许可简化管理。

实行排污许可管理的排污单位范围、实施步骤和管理类别名录，由国务院生态环境主管部门拟订并报国务院批准后公布实施。制定实行排污许可管理的排污单位范围、实施步骤和管理类别名录，应当征求有关部门、行业协会、企业事业单位和社会公众等方面的意见。

第三条 国务院生态环境主管部门负责全国排污许可的统一监督管理。

设区的市级以上地方人民政府生态环境主管部门负责本行政区域排污许可的监督管理。

第四条 国务院生态环境主管部门应当加强全国排污许可证管理信息平台建设和管理，提高排污许可在线办理水平。

排污许可证审查与决定、信息公开等应当通过全国排污许可证管理信息平台办理。

第五条 设区的市级以上人民政府应当将排污许可管理工作所需经费列入本级

预算。

第二章　申请与审批

第六条　排污单位应当向其生产经营场所所在地设区的市级以上地方人民政府生态环境主管部门（以下称审批部门）申请取得排污许可证。

排污单位有两个以上生产经营场所排放污染物的，应当按照生产经营场所分别申请取得排污许可证。

第七条　申请取得排污许可证，可以通过全国排污许可证管理信息平台提交排污许可证申请表，也可以通过信函等方式提交。

排污许可证申请表应当包括下列事项：

（一）排污单位名称、住所、法定代表人或者主要负责人、生产经营场所所在地、统一社会信用代码等信息；

（二）建设项目环境影响报告书（表）批准文件或者环境影响登记表备案材料；

（三）按照污染物排放口、主要生产设施或者车间、厂界申请的污染物排放种类、排放浓度和排放量，执行的污染物排放标准和重点污染物排放总量控制指标；

（四）污染防治设施、污染物排放口位置和数量，污染物排放方式、排放去向、自行监测方案等信息；

（五）主要生产设施、主要产品及产能、主要原辅材料、产生和排放污染物环节等信息，及其是否涉及商业秘密等不宜公开情形的情况说明。

第八条　有下列情形之一的，申请取得排污许可证还应当提交相应材料：

（一）属于实行排污许可重点管理的，排污单位在提出申请前已通过全国排污许可证管理信息平台公开单位基本信息、拟申请许可事项的说明材料；

（二）属于城镇和工业污水集中处理设施的，排污单位的纳污范围、管网布置、最终排放去向等说明材料；

（三）属于排放重点污染物的新建、改建、扩建项目以及实施技术改造项目的，排污单位通过污染物排放量削减替代获得重点污染物排放总量控制指标的说明材料。

第九条　审批部门对收到的排污许可证申请，应当根据下列情况分别作出处理：

（一）依法不需要申请取得排污许可证的，应当即时告知不需要申请取得排污许可证；

（二）不属于本审批部门职权范围的，应当即时作出不予受理的决定，并告知排污单位向有审批权的生态环境主管部门申请；

（三）申请材料存在可以当场更正的错误的，应当允许排污单位当场更正；

（四）申请材料不齐全或者不符合法定形式的，应当当场或者在3日内出具告知单，一次性告知排污单位需要补正的全部材料；逾期不告知的，自收到申请材料之日起即视为受理；

（五）属于本审批部门职权范围，申请材料齐全、符合法定形式，或者排污单位按照要求补正全部申请材料的，应当受理。

审批部门应当在全国排污许可证管理信息平台上公开受理或者不予受理排污许可证申请的决定，同时向排污单位出具加盖本审批部门专用印章和注明日期的书面凭证。

第十条 审批部门应当对排污单位提交的申请材料进行审查，并可以对排污单位的生产经营场所进行现场核查。

审批部门可以组织技术机构对排污许可证申请材料进行技术评估，并承担相应费用。

技术机构应当对其提出的技术评估意见负责，不得向排污单位收取任何费用。

第十一条 对具备下列条件的排污单位，颁发排污许可证：

（一）依法取得建设项目环境影响报告书（表）批准文件，或者已经办理环境影响登记表备案手续；

（二）污染物排放符合污染物排放标准要求，重点污染物排放符合排污许可证申请与核发技术规范、环境影响报告书（表）批准文件、重点污染物排放总量控制要求；其中，排污单位生产经营场所位于未达到国家环境质量标准的重点区域、流域的，还应当符合有关地方人民政府关于改善生态环境质量的特别要求；

（三）采用污染防治设施可以达到许可排放浓度要求或者符合污染防治可行技术；

（四）自行监测方案的监测点位、指标、频次等符合国家自行监测规范。

第十二条 对实行排污许可简化管理的排污单位，审批部门应当自受理申请之日起20日内作出审批决定；对符合条件的颁发排污许可证，对不符合条件的不予许可并书面说明理由。

对实行排污许可重点管理的排污单位，审批部门应当自受理申请之日起30日内作出审批决定；需要进行现场核查的，应当自受理申请之日起45日内作出审批决定；对符合条件的颁发排污许可证，对不符合条件的不予许可并书面说明理由。

审批部门应当通过全国排污许可证管理信息平台生成统一的排污许可证编号。

第十三条 排污许可证应当记载下列信息：

（一）排污单位名称、住所、法定代表人或者主要负责人、生产经营场所所在地等；

（二）排污许可证有效期限、发证机关、发证日期、证书编号和二维码等；

（三）产生和排放污染物环节、污染防治设施等；

（四）污染物排放口位置和数量、污染物排放方式和排放去向等；

（五）污染物排放种类、许可排放浓度、许可排放量等；

（六）污染防治设施运行和维护要求、污染物排放口规范化建设要求等；

（七）特殊时段禁止或者限制污染物排放的要求；

（八）自行监测、环境管理台账记录、排污许可证执行报告的内容和频次等要求；

（九）排污单位环境信息公开要求；

（十）存在大气污染物无组织排放情形时的无组织排放控制要求；

（十一）法律法规规定排污单位应当遵守的其他控制污染物排放的要求。

第十四条 排污许可证有效期为5年。

排污许可证有效期届满，排污单位需要继续排放污染物的，应当于排污许可证有效期届满60日前向审批部门提出申请。审批部门应当自受理申请之日起20日内完成审查；对符合条件的予以延续，对不符合条件的不予延续并书面说明理由。

排污单位变更名称、住所、法定代表人或者主要负责人的，应当自变更之日起30日内，向审批部门申请办理排污许可证变更手续。

第十五条 在排污许可证有效期内，排污单位有下列情形之一的，应当重新申请取得排污许可证：

（一）新建、改建、扩建排放污染物的项目；

（二）生产经营场所、污染物排放口位置或者污染物排放方式、排放去向发生变化；

（三）污染物排放口数量或者污染物排放种类、排放量、排放浓度增加。

第十六条 排污单位适用的污染物排放标准、重点污染物总量控制要求发生变化，需要对排污许可证进行变更的，审批部门可以依法对排污许可证相应事项进行变更。

第三章 排污管理

第十七条 排污许可证是对排污单位进行生态环境监管的主要依据。

排污单位应当遵守排污许可证规定，按照生态环境管理要求运行和维护污染防治设施，建立环境管理制度，严格控制污染物排放。

第十八条 排污单位应当按照生态环境主管部门的规定建设规范化污染物排放口，并设置标志牌。

污染物排放口位置和数量、污染物排放方式和排放去向应当与排污许可证规定相符。

实施新建、改建、扩建项目和技术改造的排污单位，应当在建设污染防治设施的同时，建设规范化污染物排放口。

第十九条 排污单位应当按照排污许可证规定和有关标准规范，依法开展自行监测，并保存原始监测记录。原始监测记录保存期限不得少于5年。

排污单位应当对自行监测数据的真实性、准确性负责，不得篡改、伪造。

第二十条 实行排污许可重点管理的排污单位，应当依法安装、使用、维护污染物排放自动监测设备，并与生态环境主管部门的监控设备联网。

排污单位发现污染物排放自动监测设备传输数据异常的，应当及时报告生态环境主管部门，并进行检查、修复。

第二十一条 排污单位应当建立环境管理台账记录制度，按照排污许可证规定的格式、内容和频次，如实记录主要生产设施、污染防治设施运行情况以及污染物排放浓度、排放量。环境管理台账记录保存期限不得少于5年。

排污单位发现污染物排放超过污染物排放标准等异常情况时，应当立即采取措施消除、减轻危害后果，如实进行环境管理台账记录，并报告生态环境主管部门，说明原因。超过污染物排放标准等异常情况下的污染物排放计入排污单位的污染物排放量。

第二十二条 排污单位应当按照排污许可证规定的内容、频次和时间要求，向审批部门提交排污许可证执行报告，如实报告污染物排放行为、排放浓度、排放量等。

排污许可证有效期内发生停产的，排污单位应当在排污许可证执行报告中如实报告污染物排放变化情况并说明原因。

排污许可证执行报告中报告的污染物排放量可以作为年度生态环境统计、重点污染物排放总量考核、污染源排放清单编制的依据。

第二十三条 排污单位应当按照排污许可证规定，如实在全国排污许可证管理信息平台上公开污染物排放信息。

污染物排放信息应当包括污染物排放种类、排放浓度和排放量，以及污染防治设施的建设运行情况、排污许可证执行报告、自行监测数据等；其中，水污染物排入市政排水管网的，还应当包括污水接入市政排水管网位置、排放方式等信息。

第二十四条 污染物产生量、排放量和对环境的影响程度都很小的企业事业单位和其他生产经营者，应当填报排污登记表，不需要申请取得排污许可证。

需要填报排污登记表的企业事业单位和其他生产经营者范围名录，由国务院生态环境主管部门制定并公布。制定需要填报排污登记表的企业事业单位和其他生产经营者范围名录，应当征求有关部门、行业协会、企业事业单位和社会公众等方面的意见。

需要填报排污登记表的企业事业单位和其他生产经营者，应当在全国排污许可证管理信息平台上填报基本信息、污染物排放去向、执行的污染物排放标准以及采取的污染防治措施等信息；填报的信息发生变动的，应当自发生变动之日起20日内进行变更填报。

第四章 监督检查

第二十五条 生态环境主管部门应当加强对排污许可的事中事后监管，将排污许可执法检查纳入生态环境执法年度计划，根据排污许可管理类别、排污单位信用记录和生态环境管理需要等因素，合理确定检查频次和检查方式。

生态环境主管部门应当在全国排污许可证管理信息平台上记录执法检查时间、内容、结果以及处罚决定，同时将处罚决定纳入国家有关信用信息系统向社会公布。

第二十六条 排污单位应当配合生态环境主管部门监督检查，如实反映情况，并按照要求提供排污许可证、环境管理台账记录、排污许可证执行报告、自行监测数据等相关材料。

禁止伪造、变造、转让排污许可证。

第二十七条 生态环境主管部门可以通过全国排污许可证管理信息平台监控排污单位的污染物排放情况，发现排污单位的污染物排放浓度超过许可排放浓度的，应当要求排污单位提供排污许可证、环境管理台账记录、排污许可证执行报告、自行监测数据等相关材料进行核查，必要时可以组织开展现场监测。

第二十八条 生态环境主管部门根据行政执法过程中收集的监测数据，以及排污单位的排污许可证、环境管理台账记录、排污许可证执行报告、自行监测数据等相关材料，对排污单位在规定周期内的污染物排放量，以及排污单位污染防治设施运行和维护是否符合排污许可证规定进行核查。

第二十九条 生态环境主管部门依法通过现场监测、排污单位污染物排放自动监测设备、全国排污许可证管理信息平台获得的排污单位污染物排放数据，可以作为判定污染物排放浓度是否超过许可排放浓度的证据。

排污单位自行监测数据与生态环境主管部门及其所属监测机构在行政执法过程中收集的监测数据不一致的，以生态环境主管部门及其所属监测机构收集的监测数据作为行政执法依据。

第三十条 国家鼓励排污单位采用污染防治可行技术。国务院生态环境主管部门制定并公布污染防治可行技术指南。

排污单位未采用污染防治可行技术的，生态环境主管部门应当根据排污许可证、环境管理台账记录、排污许可证执行报告、自行监测数据等相关材料，以及生态环境主管部门及其所属监测机构在行政执法过程中收集的监测数据，综合判断排污单位采用的污染防治技术能否稳定达到排污许可证规定；对不能稳定达到排污许可证规定的，应当提出整改要求，并可以增加检查频次。

制定污染防治可行技术指南，应当征求有关部门、行业协会、企业事业单位和社会公众等方面的意见。

第三十一条 任何单位和个人对排污单位违反本条例规定的行为，均有向生态环境主管部门举报的权利。

接到举报的生态环境主管部门应当依法处理，按照有关规定向举报人反馈处理结果，并为举报人保密。

第五章　法律责任

第三十二条 违反本条例规定，生态环境主管部门在排污许可证审批或者监督管理中有下列行为之一的，由上级机关责令改正；对直接负责的主管人员和其他直接责任人员依法给予处分：

（一）对符合法定条件的排污许可证申请不予受理或者不在法定期限内审批；

（二）向不符合法定条件的排污单位颁发排污许可证；

（三）违反审批权限审批排污许可证；

（四）发现违法行为不予查处；

（五）不依法履行监督管理职责的其他行为。

第三十三条 违反本条例规定，排污单位有下列行为之一的，由生态环境主管部门责令改正或者限制生产、停产整治，处20万元以上100万元以下的罚款；情节严重的，报经有批准权的人民政府批准，责令停业、关闭：

（一）未取得排污许可证排放污染物；

（二）排污许可证有效期届满未申请延续或者延续申请未经批准排放污染物；

（三）被依法撤销、注销、吊销排污许可证后排放污染物；

（四）依法应当重新申请取得排污许可证，未重新申请取得排污许可证排放污染物。

第三十四条 违反本条例规定，排污单位有下列行为之一的，由生态环境主管部门责令改正或者限制生产、停产整治，处20万元以上100万元以下的罚款；情节严重的，吊销排污许可证，报经有批准权的人民政府批准，责令停业、关闭：

（一）超过许可排放浓度、许可排放量排放污染物；

（二）通过暗管、渗井、渗坑、灌注或者篡改、伪造监测数据，或者不正常运行污染防治设施等逃避监管的方式违法排放污染物。

第三十五条 违反本条例规定，排污单位有下列行为之一的，由生态环境主管部门责令改正，处5万元以上20万元以下的罚款；情节严重的，处20万元以上100万元以下的罚款，责令限制生产、停产整治：

（一）未按照排污许可证规定控制大气污染物无组织排放；

（二）特殊时段未按照排污许可证规定停止或者限制排放污染物。

第三十六条 违反本条例规定，排污单位有下列行为之一的，由生态环境主管部门责令改正，处2万元以上20万元以下的罚款；拒不改正的，责令停产整治：

（一）污染物排放口位置或者数量不符合排污许可证规定；

（二）污染物排放方式或者排放去向不符合排污许可证规定；

（三）损毁或者擅自移动、改变污染物排放自动监测设备；

（四）未按照排污许可证规定安装、使用污染物排放自动监测设备并与生态环境主管部门的监控设备联网，或者未保证污染物排放自动监测设备正常运行；

（五）未按照排污许可证规定制定自行监测方案并开展自行监测；

（六）未按照排污许可证规定保存原始监测记录；

（七）未按照排污许可证规定公开或者不如实公开污染物排放信息；

（八）发现污染物排放自动监测设备传输数据异常或者污染物排放超过污染物排放标准等异常情况不报告；

（九）违反法律法规规定的其他控制污染物排放要求的行为。

第三十七条 违反本条例规定，排污单位有下列行为之一的，由生态环境主管部门责令改正，处每次5千元以上2万元以下的罚款；法律另有规定的，从其规定：

（一）未建立环境管理台账记录制度，或者未按照排污许可证规定记录；

（二）未如实记录主要生产设施及污染防治设施运行情况或者污染物排放浓度、排放量；

（三）未按照排污许可证规定提交排污许可证执行报告；

（四）未如实报告污染物排放行为或者污染物排放浓度、排放量。

第三十八条 排污单位违反本条例规定排放污染物，受到罚款处罚，被责令改正的，生态环境主管部门应当组织复查，发现其继续实施该违法行为或者拒绝、阻挠复查的，依照《中华人民共和国环境保护法》的规定按日连续处罚。

第三十九条 排污单位拒不配合生态环境主管部门监督检查，或者在接受监督检查时弄虚作假的，由生态环境主管部门责令改正，处2万元以上20万元以下的罚款。

第四十条 排污单位以欺骗、贿赂等不正当手段申请取得排污许可证的，由审批部门依法撤销其排污许可证，处20万元以上50万元以下的罚款，3年内不得再次申请排污许可证。

第四十一条 违反本条例规定，伪造、变造、转让排污许可证的，由生态环境主管部门没收相关证件或者吊销排污许可证，处10万元以上30万元以下的罚款，3年内不得再次申请排污许可证。

第四十二条 违反本条例规定，接受审批部门委托的排污许可技术机构弄虚作假的，由审批部门解除委托关系，将相关信息记入其信用记录，在全国排污许可证管理信息平台上公布，同时纳入国家有关信用信息系统向社会公布；情节严重的，禁止从事排污许可技术服务。

第四十三条 需要填报排污登记表的企业事业单位和其他生产经营者，未依照本条例规定填报排污信息的，由生态环境主管部门责令改正，可以处5万元以下的罚款。

第四十四条 排污单位有下列行为之一，尚不构成犯罪的，除依照本条例规定予以处罚外，对其直接负责的主管人员和其他直接责任人员，依照《中华人民共和国环境保护法》的规定处以拘留：

（一）未取得排污许可证排放污染物，被责令停止排污，拒不执行；

（二）通过暗管、渗井、渗坑、灌注或者篡改、伪造监测数据，或者不正常运行污染防治设施等逃避监管的方式违法排放污染物。

第四十五条 违反本条例规定，构成违反治安管理行为的，依法给予治安管理处罚；构成犯罪的，依法追究刑事责任。

第六章　附则

第四十六条 本条例施行前已经实际排放污染物的排污单位，不符合本条例规定条件的，应当在国务院生态环境主管部门规定的期限内进行整改，达到本条例规定的条件并申请取得排污许可证；逾期未取得排污许可证的，不得继续排放污染物。整改期限内，生态环境主管部门应当向其下达排污限期整改通知书，明确整改内容、整改期限等要求。

第四十七条 排污许可证申请表、环境管理台账记录、排污许可证执行报告等文件的格式和内容要求，以及排污许可证申请与核发技术规范等，由国务院生态环境主管部门制定。

第四十八条 企业事业单位和其他生产经营者涉及国家秘密的，其排污许可、监督管理等应当遵守保密法律法规的规定。

第四十九条 飞机、船舶、机动车、列车等移动污染源的污染物排放管理，依照相关法律法规的规定执行。

第五十条 排污单位应当遵守安全生产规定，按照安全生产管理要求运行和维护污染防治设施，建立安全生产管理制度。

在运行和维护污染防治设施过程中违反安全生产规定，发生安全生产事故的，对负有责任的排污单位依照《中华人民共和国安全生产法》的有关规定予以处罚。

第五十一条 本条例自 2021 年 3 月 1 日起施行。

3. 排污许可管理办法（试行）

（环境保护部令 第 48 号）

（2018 年 1 月 10 日发布，2019 年 8 月 22 日经生态环境部令第 7 号修正）

第一章 总则

第一条 为规范排污许可管理，根据《中华人民共和国环境保护法》《中华人民共和国水污染防治法》《中华人民共和国大气污染防治法》以及国务院办公厅印发的《控制污染物排放许可制实施方案》，制定本办法。

第二条 排污许可证的申请、核发、执行以及与排污许可相关的监管和处罚等行为，适用本办法。

第三条 环境保护部依法制定并公布固定污染源排污许可分类管理名录，明确纳入排污许可管理的范围和申领时限。

纳入固定污染源排污许可分类管理名录的企业事业单位和其他生产经营者（以下简称排污单位）应当按照规定的时限申请并取得排污许可证；未纳入固定污染源排污许可分类管理名录的排污单位，暂不需申请排污许可证。

第四条 排污单位应当依法持有排污许可证，并按照排污许可证的规定排放污染物。

应当取得排污许可证而未取得的，不得排放污染物。

第五条 对污染物产生量大、排放量大或者环境危害程度高的排污单位实行排污许可重点管理，对其他排污单位实行排污许可简化管理。

实行排污许可重点管理或者简化管理的排污单位的具体范围，依照固定污染源排污许可分类管理名录规定执行。实行重点管理和简化管理的内容及要求，依照本办法第十一条规定的排污许可相关技术规范、指南等执行。

设区的市级以上地方环境保护主管部门，应当将实行排污许可重点管理的排污单位确定为重点排污单位。

第六条 环境保护部负责指导全国排污许可制度实施和监督。各省级环境保护主管部门负责本行政区域排污许可制度的组织实施和监督。

排污单位生产经营场所所在地设区的市级环境保护主管部门负责排污许可证核发。地方性法规对核发权限另有规定的，从其规定。

第七条 同一法人单位或者其他组织所属、位于不同生产经营场所的排污单位，应当以其所属的法人单位或者其他组织的名义，分别向生产经营场所所在地有核发权的环境保护主管部门（以下简称核发环保部门）申请排污许可证。

生产经营场所和排放口分别位于不同行政区域时，生产经营场所所在地核发环保部门负责核发排污许可证，并应当在核发前，征求其排放口所在地同级环境保护主管部门意见。

第八条 依据相关法律规定，环境保护主管部门对排污单位排放水污染物、大气污染物等各类污染物的排放行为实行综合许可管理。

2015 年 1 月 1 日及以后取得建设项目环境影响评价审批意见的排污单位，环境影响评价文件及审批意见中与污染物排放相关的主要内容应当纳入排污许可证。

第九条 环境保护部对实施排污许可管理的排污单位及其生产设施、污染防治设施和排放口实行统一编码管理。

第十条 环境保护部负责建设、运行、维护、管理全国排污许可证管理信息平台。

排污许可证的申请、受理、审核、发放、变更、延续、注销、撤销、遗失补办应当在全国排污许可证管理信息平台上进行。排污单位自行监测、执行报告及环境保护主管部门监管执法信息应当在全国排污许可证管理信息平台上记载，并按照本办法规定在全国排污许可证管理信息平台上公开。

全国排污许可证管理信息平台中记录的排污许可证相关电子信息与排污许可证正本、副本依法具有同等效力。

第十一条 环境保护部制定排污许可证申请与核发技术规范、环境管理台账及排污许可证执行报告技术规范、排污单位自行监测技术指南、污染防治可行技术指南以及其他排污许可政策、标准和规范。

第二章 排污许可证内容

第十二条 排污许可证由正本和副本构成，正本载明基本信息，副本包括基本信息、登记事项、许可事项、承诺书等内容。

设区的市级以上地方环境保护主管部门可以根据环境保护地方性法规，增加需要在排污许可证中载明的内容。

第十三条 以下基本信息应当同时在排污许可证正本和副本中载明：

（一）排污单位名称、注册地址、法定代表人或者主要负责人、技术负责人、生产经营场所地址、行业类别、统一社会信用代码等排污单位基本信息；

（二）排污许可证有效期限、发证机关、发证日期、证书编号和二维码等基本信息。

第十四条 以下登记事项由排污单位申报，并在排污许可证副本中记录：

（一）主要生产设施、主要产品及产能、主要原辅材料等；

（二）产排污环节、污染防治设施等；

（三）环境影响评价审批意见、依法分解落实到本单位的重点污染物排放总量控制指标、排污权有偿使用和交易记录等。

第十五条 下列许可事项由排污单位申请，经核发环保部门审核后，在排污许可证副本中进行规定：

（一）排放口位置和数量、污染物排放方式和排放去向等，大气污染物无组织排放源的位置和数量；

（二）排放口和无组织排放源排放污染物的种类、许可排放浓度、许可排放量；

（三）取得排污许可证后应当遵守的环境管理要求；

（四）法律法规规定的其他许可事项。

第十六条 核发环保部门应当根据国家和地方污染物排放标准，确定排污单位排放口或者无组织排放源相应污染物的许可排放浓度。

排污单位承诺执行更加严格的排放浓度的，应当在排污许可证副本中规定。

第十七条 核发环保部门按照排污许可证申请与核发技术规范规定的行业重点污染物允许排放量核算方法，以及环境质量改善的要求，确定排污单位的许可排放量。

对于本办法实施前已有依法分解落实到本单位的重点污染物排放总量控制指标的排污单位，核发环保部门应当按照行业重点污染物允许排放量核算方法、环境质量改善要求和重点污染物排放总量控制指标，从严确定许可排放量。

2015 年 1 月 1 日及以后取得环境影响评价审批意见的排污单位，环境影响评价文件和审批意见确定的排放量严于按照本条第一款、第二款确定的许可排放量的，核发环保部门应当根据环境影响评价文件和审批意见要求确定排污单位的许可排放量。

地方人民政府依法制定的环境质量限期达标规划、重污染天气应对措施要求排污单位执行更加严格的重点污染物排放总量控制指标的，应当在排污许可证副本中规定。

本办法实施后，环境保护主管部门应当按照排污许可证规定的许可排放量，确定排污单位的重点污染物排放总量控制指标。

第十八条 下列环境管理要求由核发环保部门根据排污单位的申请材料、相关技术规范和监管需要，在排污许可证副本中进行规定：

（一）污染防治设施运行和维护、无组织排放控制等要求；

（二）自行监测要求、台账记录要求、执行报告内容和频次等要求；

（三）排污单位信息公开要求；

（四）法律法规规定的其他事项。

第十九条 排污单位在申请排污许可证时，应当按照自行监测技术指南，编制自行监测方案。

自行监测方案应当包括以下内容：

（一）监测点位及示意图、监测指标、监测频次；

（二）使用的监测分析方法、采样方法；

（三）监测质量保证与质量控制要求；

（四）监测数据记录、整理、存档要求等。

第二十条 排污单位在填报排污许可证申请时，应当承诺排污许可证申请材料是完整、真实和合法的；承诺按照排污许可证的规定排放污染物，落实排污许可证规定的环境管理要求，并由法定代表人或者主要负责人签字或者盖章。

第二十一条 排污许可证自作出许可决定之日起生效。首次发放的排污许可证有效期为三年，延续换发的排污许可证有效期为五年。

对列入国务院经济综合宏观调控部门会同国务院有关部门发布的产业政策目录中计划淘汰的落后工艺装备或者落后产品，排污许可证有效期不得超过计划淘汰期限。

第二十二条 环境保护主管部门核发排污许可证，以及监督检查排污许可证实施情况时，不得收取任何费用。

第三章 申请与核发

第二十三条 省级环境保护主管部门应当根据本办法第六条和固定污染源排污许可分类管理名录，确定本行政区域内负责受理排污许可证申请的核发环保部门、申请程序等相关事项，并向社会公告。

依据环境质量改善要求，部分地区决定提前对部分行业实施排污许可管理的，该地区省级环境保护主管部门应当报环境保护部备案后实施，并向社会公告。

第二十四条 在固定污染源排污许可分类管理名录规定的时限前已经建成并实际排污的排污单位，应当在名录规定时限申请排污许可证；在名录规定的时限后建成的排污单位，应当在启动生产设施或者在实际排污之前申请排污许可证。

第二十五条 实行重点管理的排污单位在提交排污许可申请材料前，应当将承诺书、基本信息以及拟申请的许可事项向社会公开。公开途径应当选择包括全国排污许可证管理信息平台等便于公众知晓的方式，公开时间不得少于五个工作日。

第二十六条 排污单位应当在全国排污许可证管理信息平台上填报并提交排污许可证申请，同时向核发环保部门提交通过全国排污许可证管理信息平台印制的书面申请材料。

申请材料应当包括：

（一）排污许可证申请表，主要内容包括：排污单位基本信息，主要生产设施、主要产品及产能、主要原辅材料，废气、废水等产排污环节和污染防治设施，申请的排放口位置和数量、排放方式、排放去向，按照排放口和生产设施或者车间申请的排放污染物种类、排放浓度和排放量，执行的排放标准；

（二）自行监测方案；

（三）由排污单位法定代表人或者主要负责人签字或者盖章的承诺书；

（四）排污单位有关排污口规范化的情况说明；

（五）建设项目环境影响评价文件审批文号，或者按照有关国家规定经地方人民政府依法处理、整顿规范并符合要求的相关证明材料；

（六）排污许可证申请前信息公开情况说明表；

（七）污水集中处理设施的经营管理单位还应当提供纳污范围、纳污排污单位名单、管网布置、最终排放去向等材料；

（八）本办法实施后的新建、改建、扩建项目排污单位存在通过污染物排放等量或者减量替代削减获得重点污染物排放总量控制指标情况的，且出让重点污染物排放总量控制指标的排污单位已经取得排污许可证的，应当提供出让重点污染物排放总量控制指标的排污单位的排污许可证完成变更的相关材料；

（九）法律法规规章规定的其他材料。

主要生产设施、主要产品产能等登记事项中涉及商业秘密的，排污单位应当进行标注。

第二十七条 核发环保部门收到排污单位提交的申请材料后，对材料的完整性、规范性进行审查，按照下列情形分别作出处理：

（一）依照本办法不需要取得排污许可证的，应当当场或者在五个工作日内告知排污单位不需要办理；

（二）不属于本行政机关职权范围的，应当当场或者在五个工作日内作出不予受理的决定，并告知排污单位向有核发权限的部门申请；

（三）申请材料不齐全或者不符合规定的，应当当场或者在五个工作日内出具告知单，告知排污单位需要补正的全部材料，可以当场更正的，应当允许排污单位当场更正；

（四）属于本行政机关职权范围，申请材料齐全、符合规定，或者排污单位按照要求提交全部补正申请材料的，应当受理。

核发环保部门应当在全国排污许可证管理信息平台上作出受理或者不予受理排污许可证申请的决定，同时向排污单位出具加盖本行政机关专用印章和注明日期的受理单或者不予受理告知单。

核发环保部门应当告知排污单位需要补正的材料，但逾期不告知的，自收到书面申请材料之日起即视为受理。

第二十八条 对存在下列情形之一的，核发环保部门不予核发排污许可证：

（一）位于法律法规规定禁止建设区域内的；

（二）属于国务院经济综合宏观调控部门会同国务院有关部门发布的产业政策目录中明令淘汰或者立即淘汰的落后生产工艺装备、落后产品的；

（三）法律法规规定不予许可的其他情形。

第二十九条 核发环保部门应当对排污单位的申请材料进行审核，对满足下列条件的排污单位核发排污许可证：

（一）依法取得建设项目环境影响评价文件审批意见，或者按照有关规定经地方人民政府依法处理、整顿规范并符合要求的相关证明材料；

（二）采用的污染防治设施或者措施有能力达到许可排放浓度要求；

（三）排放浓度符合本办法第十六条规定，排放量符合本办法第十七条规定；

（四）自行监测方案符合相关技术规范；

（五）本办法实施后的新建、改建、扩建项目排污单位存在通过污染物排放等量或者减量替代削减获得重点污染物排放总量控制指标情况的，出让重点污染物排放总量控制指标的排污单位已完成排污许可证变更。

第三十条 对采用相应污染防治可行技术的，或者新建、改建、扩建建设项目排污单位采用环境影响评价审批意见要求的污染治理技术的，核发环保部门可以认为排污单位采用的污染防治设施或者措施有能力达到许可排放浓度要求。

不符合前款情形的，排污单位可以通过提供监测数据予以证明。监测数据应当通过使用符合国家有关环境监测、计量认证规定和技术规范的监测设备取得；对于国内首次采用的污染治理技术，应当提供工程试验数据予以证明。

环境保护部依据全国排污许可证执行情况，适时修订污染防治可行技术指南。

第三十一条 核发环保部门应当自受理申请之日起二十个工作日内作出是否准予许可的决定。自作出准予许可决定之日起十个工作日内，核发环保部门向排污单位发放加盖本行政机关印章的排污许可证。

核发环保部门在二十个工作日内不能作出决定的，经本部门负责人批准，可以延长十个工作日，并将延长期限的理由告知排污单位。

依法需要听证、检验、检测和专家评审的，所需时间不计算在本条所规定的期限内。核发环保部门应当将所需时间书面告知排污单位。

第三十二条 核发环保部门作出准予许可决定的，须向全国排污许可证管理信息平台提交审核结果，获取全国统一的排污许可证编码。

核发环保部门作出准予许可决定的，应当将排污许可证正本以及副本中基本信息、许可事项及承诺书在全国排污许可证管理信息平台上公告。

核发环保部门作出不予许可决定的，应当制作不予许可决定书，书面告知排污单位不予许可的理由，以及依法申请行政复议或者提起行政诉讼的权利，并在全国排污许可证管理信息平台上公告。

第四章　实施与监管

第三十三条 禁止涂改排污许可证。禁止以出租、出借、买卖或者其他方式非法转让排污许可证。排污单位应当在生产经营场所内方便公众监督的位置悬挂排污许可证正本。

第三十四条 排污单位应当按照排污许可证规定，安装或者使用符合国家有关环境监测、计量认证规定的监测设备，按照规定维护监测设施，开展自行监测，保存原始监测记录。

实施排污许可重点管理的排污单位，应当按照排污许可证规定安装自动监测设备，并与环境保护主管部门的监控设备联网。

对未采用污染防治可行技术的，应当加强自行监测，评估污染防治技术达标可行性。

第三十五条 排污单位应当按照排污许可证中关于台账记录的要求，根据生产特点和污染物排放特点，按照排污口或者无组织排放源进行记录。记录主要包括以下内容：

（一）与污染物排放相关的主要生产设施运行情况；发生异常情况的，应当记录原因和采取的措施；

（二）污染防治设施运行情况及管理信息；发生异常情况的，应当记录原因和采取的措施；

（三）污染物实际排放浓度和排放量；发生超标排放情况的，应当记录超标原因和采取的措施；

（四）其他按照相关技术规范应当记录的信息。

台账记录保存期限不少于三年。

第三十六条 污染物实际排放量按照排污许可证规定的废气、污水的排污口、生产设施或者车间分别计算，依照下列方法和顺序计算：

（一）依法安装使用了符合国家规定和监测规范的污染物自动监测设备的，按照污染物自动监测数据计算；

（二）依法不需安装污染物自动监测设备的，按照符合国家规定和监测规范的污染物手工监测数据计算；

（三）不能按照本条第一项、第二项规定的方法计算的，包括依法应当安装而未安装污染物自动监测设备或者自动监测设备不符合规定的，按照环境保护部规定的产排污系数、物料衡算方法计算。

第三十七条 排污单位应当按照排污许可证规定的关于执行报告内容和频次的要求，编制排污许可证执行报告。

排污许可证执行报告包括年度执行报告、季度执行报告和月执行报告。

排污单位应当每年在全国排污许可证管理信息平台上填报、提交排污许可证年度执行报告并公开，同时向核发环保部门提交通过全国排污许可证管理信息平台印制的书面执行报告。书面执行报告应当由法定代表人或者主要负责人签字或者盖章。

季度执行报告和月执行报告至少应当包括以下内容：

（一）根据自行监测结果说明污染物实际排放浓度和排放量及达标判定分析；

（二）排污单位超标排放或者污染防治设施异常情况的说明。

年度执行报告可以替代当季度或者当月的执行报告，并增加以下内容：

（一）排污单位基本生产信息；

（二）污染防治设施运行情况；

（三）自行监测执行情况；

（四）环境管理台账记录执行情况；

（五）信息公开情况；

（六）排污单位内部环境管理体系建设与运行情况；

（七）其他排污许可证规定的内容执行情况等。

建设项目竣工环境保护验收报告中与污染物排放相关的主要内容，应当由排污单位记载在该项目验收完成当年排污许可证年度执行报告中。

排污单位发生污染事故排放时，应当依照相关法律法规规章的规定及时报告。

第三十八条　排污单位应当对提交的台账记录、监测数据和执行报告的真实性、完整性负责，依法接受环境保护主管部门的监督检查。

第三十九条　环境保护主管部门应当制定执法计划，结合排污单位环境信用记录，确定执法监管重点和检查频次。

环境保护主管部门对排污单位进行监督检查时，应当重点检查排污许可证规定的许可事项的实施情况。通过执法监测、核查台账记录和自动监测数据以及其他监控手段，核实排污数据和执行报告的真实性，判定是否符合许可排放浓度和许可排放量，检查环境管理要求落实情况。

环境保护主管部门应当将现场检查的时间、内容、结果以及处罚决定记入全国排污许可证管理信息平台，依法在全国排污许可证管理信息平台上公布监管执法信息、无排污许可证和违反排污许可证规定排污的排污单位名单。

第四十条　环境保护主管部门可以通过政府购买服务的方式，组织或者委托技术机构提供排污许可管理的技术支持。

技术机构应当对其提交的技术报告负责，不得收取排污单位任何费用。

第四十一条　上级环境保护主管部门可以对具有核发权限的下级环境保护主管部门的排污许可证核发情况进行监督检查和指导，发现属于本办法第四十九条规定违法情形的，上级环境保护主管部门可以依法撤销。

第四十二条　鼓励社会公众、新闻媒体等对排污单位的排污行为进行监督。排污单位应当及时公开有关排污信息，自觉接受公众监督。

公民、法人和其他组织发现排污单位有违反本办法行为的，有权向环境保护主管部门举报。

接受举报的环境保护主管部门应当依法处理，并按照有关规定对调查结果予以反馈，同时为举报人保密。

第五章　变更、延续、撤销

第四十三条　在排污许可证有效期内，下列与排污单位有关的事项发生变化的，排污单位应当在规定时间内向核发环保部门提出变更排污许可证的申请：

（一）排污单位名称、地址、法定代表人或者主要负责人等正本中载明的基本信息发生变更之日起三十个工作日内；

（二）因排污单位原因许可事项发生变更之日前三十个工作日内；

（三）排污单位在原场址内实施新建、改建、扩建项目应当开展环境影响评价的，在取得环境影响评价审批意见后，排污行为发生变更之日前三十个工作日内；

（四）新制修订的国家和地方污染物排放标准实施前三十个工作日内；

（五）依法分解落实的重点污染物排放总量控制指标发生变化后三十个工作日内；

（六）地方人民政府依法制定的限期达标规划实施前三十个工作日内；

（七）地方人民政府依法制定的重污染天气应急预案实施后三十个工作日内；

（八）法律法规规定需要进行变更的其他情形。

发生本条第一款第三项规定情形，且通过污染物排放等量或者减量替代削减获得重点污染物排放总量控制指标的，在排污单位提交变更排污许可申请前，出让重点污染物排放总量控制指标的排污单位应当完成排污许可证变更。

第四十四条 申请变更排污许可证的，应当提交下列申请材料：

（一）变更排污许可证申请；

（二）由排污单位法定代表人或者主要负责人签字或者盖章的承诺书；

（三）与变更排污许可事项有关的其他材料。

第四十五条 核发环保部门应当对变更申请材料进行审查，作出变更决定的，在排污许可证副本中载明变更内容并加盖本行政机关印章，同时在全国排污许可证管理信息平台上公告；属于本办法第四十三条第一款第一项情形的，还应当换发排污许可证正本。

属于本办法第四十三条第一款规定情形的，排污许可证期限仍自原证书核发之日起计算；属于本办法第四十三条第二款情形的，变更后排污许可证期限自变更之日起计算。

属于本办法第四十三条第一款第一项情形的，核发环保部门应当自受理变更申请之日起十个工作日内作出变更决定；属于本办法第四十三条第一款规定的其他情形的，应当自受理变更申请之日起二十个工作日内作出变更许可决定。

第四十六条 排污单位需要延续依法取得的排污许可证的有效期的，应当在排污许可证届满三十个工作日前向原核发环保部门提出申请。

第四十七条 申请延续排污许可证的，应当提交下列材料：

（一）延续排污许可证申请；

（二）由排污单位法定代表人或者主要负责人签字或者盖章的承诺书；

（三）与延续排污许可事项有关的其他材料。

第四十八条 核发环保部门应当按照本办法第二十九条规定对延续申请材料进行审查，并自受理延续申请之日起二十个工作日内作出延续或者不予延续许可决定。

作出延续许可决定的，向排污单位发放加盖本行政机关印章的排污许可证，收回原排污许可证正本，同时在全国排污许可证管理信息平台上公告。

第四十九条 有下列情形之一的，核发环保部门或者其上级行政机关，可以撤销排污许可证并在全国排污许可证管理信息平台上公告：

（一）超越法定职权核发排污许可证的；

（二）违反法定程序核发排污许可证的；

（三）核发环保部门工作人员滥用职权、玩忽职守核发排污许可证的；

（四）对不具备申请资格或者不符合法定条件的申请人准予行政许可的；

（五）依法可以撤销排污许可证的其他情形。

第五十条 有下列情形之一的，核发环保部门应当依法办理排污许可证的注销手续，并在全国排污许可证管理信息平台上公告：

（一）排污许可证有效期届满，未延续的；

（二）排污单位被依法终止的；

（三）应当注销的其他情形。

第五十一条 排污许可证发生遗失、损毁的，排污单位应当在三十个工作日内向核发环保部门申请补领排污许可证；遗失排污许可证的，在申请补领前应当在全国排污许可证管理信息平台上发布遗失声明；损毁排污许可证的，应当同时交回被损毁的排污许可证。

核发环保部门应当在收到补领申请后十个工作日内补发排污许可证，并在全国排污许可证管理信息平台上公告。

第六章 法律责任

第五十二条 环境保护主管部门在排污许可证受理、核发及监管执法中有下列行为之一的，由其上级行政机关或者监察机关责令改正，对直接负责的主管人员或者其他直接责任人员依法给予行政处分；构成犯罪的，依法追究刑事责任：

（一）符合受理条件但未依法受理申请的；

（二）对符合许可条件的不依法准予核发排污许可证或者未在法定时限内作出准予核发排污许可证决定的；

（三）对不符合许可条件的准予核发排污许可证或者超越法定职权核发排污许可证的；

（四）实施排污许可证管理时擅自收取费用的；

（五）未依法公开排污许可相关信息的；

（六）不依法履行监督职责或者监督不力，造成严重后果的；

（七）其他应当依法追究责任的情形。

第五十三条 排污单位隐瞒有关情况或者提供虚假材料申请行政许可的，核发环保部门不予受理或者不予行政许可，并给予警告。

第五十四条 违反本办法第四十三条规定，未及时申请变更排污许可证的；或者违反本办法第五十一条规定，未及时补办排污许可证的，由核发环保部门责令改正。

第五十五条 重点排污单位未依法公开或者不如实公开有关环境信息的，由县级以上环境保护主管部门责令公开，依法处以罚款，并予以公告。

第五十六条 违反本办法第三十四条，有下列行为之一的，由县级以上环境保护主管部门依据《中华人民共和国大气污染防治法》《中华人民共和国水污染防治法》的规定，责令改正，处二万元以上二十万元以下的罚款；拒不改正的，依法责令停产整治：

（一）未按照规定对所排放的工业废气和有毒有害大气污染物、水污染物进行监测，或者未保存原始监测记录的；

（二）未按照规定安装大气污染物、水污染物自动监测设备，或者未按照规定与环境保护主管部门的监控设备联网，或者未保证监测设备正常运行的。

第五十七条 排污单位存在以下无排污许可证排放污染物情形的，由县级以上环境保护主管部门依据《中华人民共和国大气污染防治法》《中华人民共和国水污染防治法》的规定，责令改正或者责令限制生产、停产整治，并处十万元以上一百万元以下的罚款；情节严重的，报经有批准权的人民政府批准，责令停业、关闭：

（一）依法应当申请排污许可证但未申请，或者申请后未取得排污许可证排放污染物的；

（二）排污许可证有效期限届满后未申请延续排污许可证，或者延续申请未经核发环保部门许可仍排放污染物的；

（三）被依法撤销排污许可证后仍排放污染物的；

（四）法律法规规定的其他情形。

第五十八条 排污单位存在以下违反排污许可证行为的，由县级以上环境保护主管部门依据《中华人民共和国环境保护法》《中华人民共和国大气污染防治法》《中华人民共和国水污染防治法》的规定，责令改正或者责令限制生产、停产整治，并处十万元以上一百万元以下的罚款；情节严重的，报经有批准权的人民政府批准，责令停业、关闭：

（一）超过排放标准或者超过重点大气污染物、重点水污染物排放总量控制指标排放水污染物、大气污染物的；

（二）通过偷排、篡改或者伪造监测数据、以逃避现场检查为目的的临时停产、非紧急情况下开启应急排放通道、不正常运行大气污染防治设施等逃避监管的方式排放大气污染物的；

（三）利用渗井、渗坑、裂隙、溶洞，私设暗管，篡改、伪造监测数据，或者不正常运行水污染防治设施等逃避监管的方式排放水污染物的；

（四）其他违反排污许可证规定排放污染物的。

第五十九条 排污单位违法排放大气污染物、水污染物，受到罚款处罚，被责令改正的，依法作出处罚决定的行政机关组织复查，发现其继续违法排放大气污染物、水污染物或者拒绝、阻挠复查的，作出处罚决定的行政机关可以自责令改正之日的次日起，依法按照原处罚数额按日连续处罚。

第六十条 排污单位发生本办法第三十五条第一款第二项、第三项或者第三十七条第四款第二项规定的异常情况，及时报告核发环保部门，且主动采取措施消除或者减轻违法行为危害后果的，县级以上环境保护主管部门应当依据《中华人民共和国行政处罚法》相关规定从轻处罚。

排污单位应当在相应季度执行报告或者月执行报告中记载本条第一款情况。

第七章 附则

第六十一条 依照本办法首次发放排污许可证时，对于在本办法实施前已经投产、运营的排污单位，存在以下情形之一，排污单位承诺改正并提出改正方案的，环境保护主管部门可以向其核发排污许可证，并在排污许可证中记载其存在的问题，规定其承诺改正内容和承诺改正期限：

（一）在本办法实施前的新建、改建、扩建建设项目不符合本办法第二十九条第一项条件；

（二）不符合本办法第二十九条第二项条件。

对于不符合本办法第二十九条第一项条件的排污单位，由核发环保部门依据《建设项目环境保护管理条例》第二十三条，责令限期改正，并处罚款。

对于不符合本办法第二十九条第二项条件的排污单位，由核发环保部门依据《中华人民共和国大气污染防治法》第九十九条或者《中华人民共和国水污染防治法》第八十三条，责令改正或者责令限制生产、停产整治，并处罚款。

本条第二款、第三款规定的核发环保部门责令改正内容或者限制生产、停产整治内容，应当与本条第一款规定的排污许可证规定的改正内容一致；本条第二款、第三款规定的核发环保部门责令改正期限或者限制生产、停产整治期限，应当与本条第一款规定的排污许可证规定的改正期限的起止时间一致。

本条第一款规定的排污许可证规定的改正期限为三至六个月、最长不超过一年。

在改正期间或者限制生产、停产整治期间，排污单位应当按证排污，执行自行监测、台账记录和执行报告制度，核发环保部门应当按照排污许可证的规定加强监督检查。

第六十二条　本办法第六十一条第一款规定的排污许可证规定的改正期限到期，排污单位完成改正任务或者提前完成改正任务的，可以向核发环保部门申请变更排污许可证，核发环保部门应当按照本办法第五章规定对排污许可证进行变更。

本办法第六十一条第一款规定的排污许可证规定的改正期限到期，排污单位仍不符合许可条件的，由核发环保部门依据《中华人民共和国大气污染防治法》第九十九条或者《中华人民共和国水污染防治法》第八十三条或者《建设项目环境保护管理条例》第二十三条的规定，提出建议报有批准权的人民政府批准责令停业、关闭，并按照本办法第五十条规定注销排污许可证。

第六十三条　对于本办法实施前依据地方性法规核发的排污许可证，尚在有效期内的，原核发环保部门应当在全国排污许可证管理信息平台填报数据，获取排污许可证编码；已经到期的，排污单位应当按照本办法申请排污许可证。

第六十四条　本办法第十二条规定的排污许可证格式、第二十条规定的承诺书样本和本办法第二十六条规定的排污许可证申请表格式，由环境保护部制定。

第六十五条　本办法所称排污许可，是指环境保护主管部门根据排污单位的申请和承诺，通过发放排污许可证法律文书形式，依法依规规范和限制排污行为，明确环境管理要求，依据排污许可证对排污单位实施监管执法的环境管理制度。

第六十六条　本办法所称主要负责人是指依照法律、行政法规规定代表非法人单位行使职权的负责人。

第六十七条　涉及国家秘密的排污单位，其排污许可证的申请、受理、审核、发放、变更、延续、注销、撤销、遗失补办应当按照保密规定执行。

第六十八条 本办法自发布之日起施行。

4. 固定污染源排污许可分类管理名录（2019 年版）

（生态环境部令 第 11 号）

（2019 年 7 月 11 日经生态环境部部务会议审议通过，自公布之日起施行）

第一条 为实施排污许可分类管理，根据《中华人民共和国环境保护法》等有关法律法规和《国务院办公厅关于印发控制污染物排放许可制实施方案的通知》的相关规定，制定本名录。

第二条 国家根据排放污染物的企业事业单位和其他生产经营者（以下简称排污单位）污染物产生量、排放量、对环境的影响程度等因素，实行排污许可重点管理、简化管理和登记管理。

对污染物产生量、排放量或者对环境的影响程度较大的排污单位，实行排污许可重点管理；对污染物产生量、排放量和对环境的影响程度较小的排污单位，实行排污许可简化管理。对污染物产生量、排放量和对环境的影响程度很小的排污单位，实行排污登记管理。

实行登记管理的排污单位，不需要申请取得排污许可证，应当在全国排污许可证管理信息平台填报排污登记表，登记基本信息、污染物排放去向、执行的污染物排放标准以及采取的污染防治措施等信息。

第三条 本名录依据《国民经济行业分类》（GB/T 4754—2017）划分行业类别。

第四条 现有排污单位应当在生态环境部规定的实施时限内申请取得排污许可证或者填报排污登记表。新建排污单位应当在启动生产设施或者发生实际排污之前申请取得排污许可证或者填报排污登记表。

第五条 同一排污单位在同一场所从事本名录中两个以上行业生产经营的，申请一张排污许可证。

第六条 属于本名录第 1 至 107 类行业的排污单位，按照本名录第 109 至 112 类规定的锅炉、工业炉窑、表面处理、水处理等通用工序实施重点管理或者简化管理的，只需对其涉及的通用工序申请取得排污许可证，不需要对其他生产设施和相应的排放口等申请取得排污许可证。

第七条 属于本名录第 108 类行业的排污单位，涉及本名录规定的通用工序重点管理、简化管理或者登记管理的，应当对其涉及的本名录第 109 至 112 类规定的锅炉、工业炉窑、表面处理、水处理等通用工序申请领取排污许可证或者填报排污登记表；有下列情形之一的，还应当对其生产设施和相应的排放口等申请取得重点管理排污许可证：

（一）被列入重点排污单位名录的；

（二）二氧化硫或者氮氧化物年排放量大于250吨的；

（三）烟粉尘年排放量大于500吨的；

（四）化学需氧量年排放量大于30吨，或者总氮年排放量大于10吨，或者总磷年排放量大于0.5吨的；

（五）氨氮、石油类和挥发酚合计年排放量大于30吨的；

（六）其他单项有毒有害大气、水污染物污染当量数大于3 000的。污染当量数按照《中华人民共和国环境保护税法》的规定计算。

第八条 本名录未作规定的排污单位，确需纳入排污许可管理的，其排污许可管理类别由省级生态环境主管部门提出建议，报生态环境部确定。

第九条 本名录由生态环境部负责解释，并适时修订。

第十条 本名录自发布之日起施行。《固定污染源排污许可分类管理名录（2017年版）》同时废止。

序号	行业类别	重点管理	简化管理	登记管理
一、畜牧业 03				
1	牲畜饲养 031，家禽饲养 032	设有污水排放口的规模化畜禽养殖场、养殖小区（具体规模化标准按《畜禽规模养殖污染防治条例》执行）	—	无污水排放口的规模化畜禽养殖场、养殖小区，设有污水排放口的规模以下畜禽养殖场、养殖小区
2	其他畜牧业 039	—	—	设有污水排放口的养殖场、养殖小区
二、煤炭开采和洗选业 06				
3	烟煤和无烟煤开采洗选 061，褐煤开采洗选 062，其他煤炭洗选 069	涉及通用工序重点管理的	涉及通用工序简化管理的	其他
三、石油和天然气开采业 07				
4	石油开采 071，天然气开采 072	涉及通用工序重点管理的	涉及通用工序简化管理的	其他
四、黑色金属矿采选业 08				
5	铁矿采选 081，锰矿、铬矿采选 082，其他黑色金属矿采选 089	涉及通用工序重点管理的	涉及通用工序简化管理的	其他
五、有色金属矿采选业 09				
6	常用有色金属矿采选 091，贵金属矿采选 092，稀有稀土金属矿采选 093	涉及通用工序重点管理的	涉及通用工序简化管理的	其他
六、非金属矿采选业 10				
7	土砂石开采 101，化学矿开采 102，采盐 103，石棉及其他非金属矿采选 109	涉及通用工序重点管理的	涉及通用工序简化管理的	其他

序号	行业类别	重点管理	简化管理	登记管理
七、其他采矿业 12				
8	其他采矿业 120	涉及通用工序重点管理的	涉及通用工序简化管理的	其他
八、农副食品加工业 13				
9	谷物磨制 131	—	—	谷物磨制 131*
10	饲料加工 132	—	饲料加工 132（有发酵工艺的）*	饲料加工 132（无发酵工艺的）*
11	植物油加工 133	—	除单纯混合或者分装以外的*	单纯混合或者分装的*
12	制糖业 134	日加工糖料能力 1000 吨及以上的原糖、成品糖或者精制糖生产	其他*	—
13	屠宰及肉类加工 135	年屠宰生猪 10 万头及以上的，年屠宰肉牛 1 万头及以上的，年屠宰肉羊 15 万头及以上的，年屠宰禽类 1 000 万只及以上的	年屠宰生猪 2 万头及以上 10 万头以下的，年屠宰肉牛 0.2 万头及以上 1 万头以下的，年屠宰肉羊 2.5 万头及以上 15 万头以下的，年屠宰禽类 100 万只及以上 1 000 万只以下的，年加工肉禽类 2 万吨及以上的	其他*
14	水产品加工 136	—	年加工 10 万吨及以上的水产品冷冻加工 1361、鱼糜制品及水产品干腌制加工 1362、鱼油提取及制品制造 1363、其他水产品加工 1369	其他*

序号	行业类别	重点管理	简化管理	登记管理
15	蔬菜、菌类、水果和坚果加工 137	涉及通用工序重点管理的	涉及通用工序简化管理的	其他*
16	其他农副食品加工 139	年加工能力 15 万吨玉米或者 1.5 万吨薯类及以上的淀粉生产或者年产 1 万吨及以上的淀粉制品生产，有发酵工艺的淀粉制品	除重点管理以外的年加工能力 1.5 万吨及以上玉米、0.1 万吨及以上薯类或豆类、4.5 万吨及以上小麦的淀粉生产、年产 0.1 万吨及以上的淀粉制品生产（不含有发酵工艺的淀粉制品）	其他*
九、食品制造业 14				
17	方便食品制造 143，其他食品制造 149	—	米、面制品制造 1431*，速冻食品制造 1432*，方便面制造 1433*，其他方便食品制造 1439*，食品及饲料添加剂制造 1495*，以上均不含手工制作、单纯混合或者分装的	其他*
18	焙烤食品制造 141，糖果、巧克力及蜜饯制造 142，罐头食品制造 145	涉及通用工序重点管理的	涉及通用工序简化管理的	其他*
19	乳制品制造 144	年加工 20 万吨及以上的（不含单纯混合或者分装的）	年加工 20 万吨以下的（不含单纯混合或者分装的）*	单纯混合或者分装的*
20	调味品、发酵制品制造 146	有发酵工艺的味精、柠檬酸、赖氨酸、酵母制造，年产 2 万吨及以上且有发酵工艺的酱油、食醋制造	除重点管理以外的调味品、发酵制品制造（不含单纯混合或者分装的）*	单纯混合或者分装的*

序号	行业类别	重点管理	简化管理	登记管理
十、酒、饮料和精制茶制造业 15				
21	酒的制造 151	酒精制造 1511，有发酵工艺的年生产能力 5 000 千升及以上的白酒、啤酒、黄酒、葡萄酒、其他酒制造	有发酵工艺的年生产能力 5 000 千升以下的白酒、啤酒、黄酒、葡萄酒、其他酒制造*	其他*
22	饮料制造 152	—	有发酵工艺或者原汁生产的*	其他*
23	精制茶加工 153	涉及通用工序重点管理的	涉及通用工序简化管理的	其他*
十一、烟草制品业 16				
24	烟叶复烤 161，卷烟制造 162，其他烟草制品制造 169	涉及通用工序重点管理的	涉及通用工序简化管理的	其他*
十二、纺织业 17				
25	棉纺织及印染精加工 171，毛纺织及染整精加工 172，麻纺织及染整精加工 173，丝绢纺织及印染精加工 174，化纤织造及印染精加工 175	有前处理、染色、印花、洗毛、麻脱胶、缫丝或者喷水织造工序的	仅含整理工序的	其他*
26	针织或钩针编织物及其制品制造 176，家用纺织制成品制造 177，产业用纺织制成品制造 178	涉及通用工序重点管理的	涉及通用工序简化管理的	其他*
十三、纺织服装、服饰业 18				
27	机织服装制造 181，服饰制造 183	有水洗工序、湿法印花、染色工艺的	—	其他*
28	针织或钩针编织服装制造 182	涉及通用工序重点管理的	涉及通用工序简化管理的	其他*
十四、皮革、毛皮、羽毛及其制品和制鞋业 19				
29	皮革鞣制加工 191，毛皮鞣制及制品加工 193	有鞣制工序的	皮革鞣制加工 191（无鞣制工序的）	毛皮鞣制及制品加工 193（无鞣制工序的）

序号	行业类别	重点管理	简化管理	登记管理
30	皮革制品制造 192	涉及通用工序重点管理的	涉及通用工序简化管理的	其他*
31	羽毛(绒)加工及制品制造 194	羽毛(绒)加工 1941(有水洗工序的)	—	羽毛(绒)加工 1941(无水洗工序的*,羽毛(绒)制品制造 1942*
32	制鞋业 195	纳入重点排污单位名录的	除重点管理以外的年使用 10 吨及以上溶剂型胶黏剂或者 3 吨及以上溶剂型处理剂的	其他*
十五、木材加工和木、竹、藤、棕、草制品业 20				
33	人造板制造 202	纳入重点排污单位名录的	除重点管理以外的胶合板制造 2021(年产 10 万立方米及以上的)、纤维板制造 2022、刨花板制造 2023、其他人造板制造 2029(年产 10 万立方米及以上的)	其他*
34	木材加工 201,木质制品制造 203,竹、藤、棕、草等制品制造 204	涉及通用工序重点管理的	涉及通用工序简化管理的	其他*
十六、家具制造业 21				
35	木质家具制造 211,竹、藤家具制造 212,金属家具制造 213,塑料家具制造 214,其他家具制造 219	纳入重点排污单位名录的	除重点管理以外的年使用 10 吨及以上溶剂型涂料或者胶黏剂(含稀释剂、固化剂)的、年使用 20 吨及以上水性涂料或者胶黏剂的、有磷化表面处理工艺的	其他*
十七、造纸和纸制品业 22				
36	纸浆制造 221	全部	—	—

序号	行业类别	重点管理	简化管理	登记管理
37	造纸 222	机制纸及纸板制造 2221、手工纸制造 2222	有工业废水和废气排放的加工纸制造 2223	除简化管理外的加工纸制造 2223*
38	纸制品制造 223	—	有工业废水或者废气排放的	其他*
十八、印刷和记录媒介复制业 23				
39	印刷 231	纳入重点排污单位名录的	除重点管理以外的年使用 80 吨及以上溶剂型油墨、涂料或者 10 吨及以上溶剂型稀释剂的包装装潢印刷	其他*
40	装订及印刷相关服务 232，记录媒介复制 233	涉及通用工序重点管理的	涉及通用工序简化管理的	其他*
十九、文教、工美、体育和娱乐用品制造业 24				
41	文教办公用品制造 241，乐器制造 242，工艺美术及礼仪用品制造 243，体育用品制造 244，玩具制造 245，游艺器材及娱乐用品制造 246	涉及通用工序重点管理的	涉及通用工序简化管理的	其他*
二十、石油、煤炭及其他燃料加工业 25				
42	精炼石油产品制造 251	原油加工及石油制品制造 2511，其他原油制造 2519，以上均不含单纯混合或者分装的	—	单纯混合或者分装的
43	煤炭加工 252	炼焦 2521，煤制合成气生产 2522，煤制液体燃料生产 2523	—	煤制品制造 2524，其他煤炭加工 2529
44	生物质燃料加工 254	涉及通用工序重点管理的	涉及通用工序简化管理的	其他

序号	行业类别	重点管理	简化管理	登记管理
二十一、化学原料和化学制品制造业 26				
45	基础化学原料制造 261	无机酸制造 2611，无机碱制造 2612，无机盐制造 2613，有机化学原料制造 2614，其他基础化学原料制造 2619(非金属无机氧化物、金属氧化物、金属过氧化物、金属超氧化物、硫磺、磷、硅、精硅、硒、砷、硼、碲)，以上均不含单纯混合或者分装的	单纯混合或者分装的无机酸制造 2611、无机碱制造 2612、无机盐制造 2613、有机化学原料制造 2614、其他基础化学原料制造 2619（非金属无机氧化物、金属氧化物、金属过氧化物、金属超氧化物、硫磺、磷、硅、精硅、硒、砷、硼、碲）	其他基础化学原料制造 2619（除重点管理、简化管理以外的）
46	肥料制造 262	氮肥制造 2621，磷肥制造 2622，复混肥料制造 2624，以上均不含单纯混合或者分装的	钾肥制造 2623，有机肥料及微生物肥料制造 2625，其他肥料制造 2629，以上均不含单纯混合或者分装的；氮肥制造 2621（单纯混合或者分装的）	其他
47	农药制造 263	化学农药制造 2631（包含农药中间体，不含单纯混合或者分装的），生物化学农药及微生物农药制造 2632（有发酵工艺的）	化学农药制造 2631（单纯混合或者分装的），生物化学农药及微生物农药制造 2632（无发酵工艺的）	—
48	涂料、油墨、颜料及类似产品制造 264	涂料制造 2641，油墨及类似产品制造 2642，工业颜料制造 2643，工艺美术颜料制造 2644，染料制造 2645，以上均不含单纯混合或者分装的	单纯混合或者分装的涂料制造 2641、油墨及类似产品制造 2642，密封用填料及类似品制造 2646（不含单纯混合或者分装的）	其他

序号	行业类别	重点管理	简化管理	登记管理
49	合成材料制造 265	初级形态塑料及合成树脂制造 2651，合成橡胶制造 2652，合成纤维单（聚合）体制造 2653，其他合成材料制造 2659（陶瓷纤维等特种纤维及其增强的复合材料的制造）	—	其他合成材料制造 2659（除陶瓷纤维等特种纤维及其增强的复合材料的制造以外的）
50	专用化学产品制造 266	化学试剂和助剂制造 2661，专项化学用品制造 2662，林产化学产品制造 2663（有热解或者水解工艺），以上均不含单纯混合或者分装的	林产化学产品制造 2663（无热解或者水解工艺的），文化用信息化学品制造 2664，医学生产用信息化学品制造 2665，环境污染处理专用药剂材料制造 2666，动物胶制造 2667，其他专用化学产品制造 2669，以上均不含单纯混合或者分装的	单纯混合或者分装的
51	炸药、火工及焰火产品制造 267	涉及通用工序重点管理的	涉及通用工序简化管理的	其他
52	日用化学产品制造 268	肥皂及洗涤剂制造 2681（以油脂为原料的肥皂或者皂粒制造），香料、香精制造 2684（香料制造），以上均不含单纯混合或者分装的	肥皂及洗涤剂制造 2681（采用高塔喷粉工艺的合成洗衣粉制造），香料、香精制造 2684（采用热反应工艺的香精制造）	肥皂及洗涤剂制造 2681（除重点管理、简化管理以外的），化妆品制造 2682，口腔清洁用品制造 2683，香料、香精制造 2684（除重点管理、简化管理以外的），其他日用化学产品制造 2689

序号	行业类别	重点管理	简化管理	登记管理
二十二、医药制造业 27				
53	化学药品原料药制造 271	全部	—	—
54	化学药品制剂制造 272	化学药品制剂制造 2720（不含单纯混合或者分装的）	—	单纯混合或者分装的
55	中药饮片加工 273，药用辅料及包装材料制造 278	涉及通用工序重点管理的	涉及通用工序简化管理的	其他*
56	中成药生产 274	—	有提炼工艺的	其他*
57	兽用药品制造 275	兽用药品制造 2750（不含单纯混合或者分装的）	—	单纯混合或者分装的
58	生物药品制品制造 276	生物药品制造 2761，基因工程药物和疫苗制造 2762，以上均不含单纯混合或者分装的	—	单纯混合或者分装的
59	卫生材料及医药用品制造 277	—	—	卫生材料及医药用品制造 2770
二十三、化学纤维制造业 28				
60	纤维素纤维原料及纤维制造 281，合成纤维制造 282，生物基材料制造 283	化纤浆粕制造 2811，人造纤维（纤维素纤维）制造 2812，锦纶纤维制造 2821，涤纶纤维制造 2822，腈纶纤维制造 2823，维纶纤维制 2824，氨纶纤维制造 2826，其他合成纤维制造 2829，生物基化学纤维制造 2831（莱赛尔纤维制造）		丙纶纤维制造 2825，生物基化学纤维制造 2831（除莱赛尔纤维制造以外的），生物基、淀粉基新材料制造 2832

序号	行业类别	重点管理	简化管理	登记管理
二十四、橡胶和塑料制品业 29				
61	橡胶制品业 291	纳入重点排污单位名录的	除重点管理以外的轮胎制造 2911、年耗胶量 2 000 吨及以上的橡胶板、管、带制造 2912、橡胶零件制造 2913、再生橡胶制造 2914、日用及医用橡胶制品制造 2915、运动场地用塑胶制造 2916、其他橡胶制品制造 2919	其他
62	塑料制品业 292	塑料人造革、合成革制造 2925	年产 1 万吨及以上的泡沫塑料制造 2924，年产 1 万吨及以上涉及改性的塑料薄膜制造 2921、塑料板、管、型材制造 2922、塑料丝、绳和编织品制造 2923、塑料包装箱及容器制造 2926、日用塑料品制造 2927、人造草坪制造 2928、塑料零件及其他塑料制品制造 2929	其他
二十五、非金属矿物制品业 30				
63	水泥、石灰和石膏制造 301，石膏、水泥制品及类似制品制造 302	水泥（熟料）制造	水泥粉磨站、石灰和石膏制造 3012	水泥制品制造 3021，砼结构构件制造 3022，石棉水泥制品制造 3023，轻质建筑材料制造 3024，其他水泥类似制品制造 3029

序号	行业类别	重点管理	简化管理	登记管理
64	砖瓦、石材等建筑材料制造 303	黏土砖瓦及建筑砌块制造 3031（以煤或者煤矸石为燃料的烧结砖瓦）	黏土砖瓦及建筑砌块制造 3031（除以煤或者煤矸石为燃料的烧结砖瓦以外的），建筑用石加工 3032，防水建筑材料制造 3033，隔热和隔音材料制造 3034，其他建筑材料制造 3039，以上均不含仅切割加工的	仅切割加工的
65	玻璃制造 304	平板玻璃制造 3041	特种玻璃制造 3042	其他玻璃制造 3049
66	玻璃制品制造 305	以煤、石油焦、油和发生炉煤气为燃料的	以天然气为燃料的	其他
67	玻璃纤维和玻璃纤维增强塑料制品制造 306	以煤、石油焦、油和发生炉煤气为燃料的	以天然气为燃料的	其他
68	陶瓷制品制造 307	建筑陶瓷制品制造 3071（以煤、石油焦、油和发生炉煤气为燃料的），卫生陶瓷制品制造 3072（年产 150 万件及以上的），日用陶瓷制品制造 3074（年产 250 万件及以上的）	建筑陶瓷制品制造 3071（以天然气为燃料的）	建筑陶瓷制品制造 3071（除重点管理简化管理以外的），卫生陶瓷制品制造 3072(年产 150 万件以下的)，日用陶瓷制品制造 3074（年产 250 万件以下的），特种陶瓷制品制造 3073，陈设艺术陶瓷制造 3075，园艺陶瓷制造 3076，其他陶瓷制品制造 3079

序号	行业类别	重点管理	简化管理	登记管理
69	耐火材料制品制造 308	石棉制品制造 3081	以煤、石油焦、油和发生炉煤气为燃料的云母制品制造 3082、耐火陶瓷制品及其他耐火材料制造 3089	除简化管理以外的云母制品制造 3082、耐火陶瓷制品及其他耐火材料制造 3089
70	石墨及其他非金属矿物制品制造 309	石墨及碳素制品制造 3091（石墨制品、碳制品、碳素新材料），其他非金属矿物制品制造 3099（多晶硅棒）	石墨及碳素制品制造 3091（除石墨制品、碳制品、碳素新材料以外的），其他非金属矿物制品制造 3099（单晶硅棒，沥青混合物）	其他非金属矿物制品制造 3099（除重点管理、简化管理以外的）
二十六、黑色金属冶炼和压延加工业 31				
71	炼铁 311	含炼铁、烧结、球团等工序的生产	—	—
72	炼钢 312	全部	—	—
73	钢压延加工 313	年产 50 万吨及以上的冷轧	热轧及年产 50 万吨以下的冷轧	其他
74	铁合金冶炼 314	铁合金冶炼 3140	—	—
二十七、有色金属冶炼和压延加工业 32				
75	常用有色金属冶炼 321	铜、铅锌、镍钴、锡、锑、铝、镁、汞、钛等常用有色金属冶炼（含再生铜、再生铝和再生铅冶炼）	—	其他
76	贵金属冶炼 322	金冶炼 3221，银冶炼 3222，其他贵金属冶炼 3229	—	—
77	稀有稀土金属冶炼 323	钨钼冶炼 3231，稀土金属冶炼 3232，其他稀有金属冶炼 3239	—	—

序号	行业类别	重点管理	简化管理	登记管理
78	有色金属合金制造 324	铅基合金制造，年产 2 万吨及以上的其他有色金属合金制造	其他	—
79	有色金属压延加工 325	—	有轧制或者退火工序的	其他
二十八、金属制品业 33				
80	结构性金属制品制造 331，金属工具制造 332，集装箱及金属包装容器制造 333，金属丝绳及其制品制造 334，建筑、安全用金属制品制造 335，搪瓷制品制造 337，金属制日用品制造 338，铸造及其他金属制品制造 33（除黑色金属铸造 3391、有色金属铸造 3392）	涉及通用工序重点管理的	涉及通用工序简化管理的	其他*
81	金属表面处理及热处理加工 336	纳入重点排污单位名录的，专业电镀企业（含电镀园区中电镀企业），专门处理电镀废水的集中处理设施，有电镀工序的，有含铬钝化工序的	除重点管理以外的有酸洗、抛光（电解抛光和化学抛光）、热浸镀（溶剂法）、淬火或者无铬钝化等工序的、年使用 10 吨及以上有机溶剂的	其他
82	铸造及其他金属制品制造 339	黑色金属铸造 3391（使用冲天炉的），有色金属铸造 3392（生产铅基及铅青铜铸件的）	除重点管理以外的黑色金属铸造 3391、有色金属铸造 3392	—

序号	行业类别	重点管理	简化管理	登记管理
二十九、通用设备制造业 34				
83	锅炉及原动设备制造 341，金属加工机械制造 342，物料搬运设备制造 343，泵、阀门、压缩机及类似机械制造 344，轴承、齿轮和传动部件制造 345，烘炉、风机、包装等设备制造 346，文化、办公用机械制造 347，通用零部件制造 348，其他通用设备制造业 349	涉及通用工序重点管理的	涉及通用工序简化管理的	其他
三十、专用设备制造业 35				
84	采矿、冶金、建筑专用设备制造 351，化工、木材、非金属加工专用设备制造 352，食品、饮料、烟草及饲料生产专用设备制造 353，印刷、制药、日化及日用品生产专用设备制造 354，纺织、服装和皮革加工专用设备制造 355，电子和电工机械专用设备制造 356，农、林、牧、渔专用机械制造 357，医疗仪器设备及器械制造 358，环保、邮政、社会公共服务及其他专用设备制造 359	涉及通用工序重点管理的	涉及通用工序简化管理的	其他

序号	行业类别	重点管理	简化管理	登记管理
三十一、汽车制造业 36				
85	汽车整车制造 361，汽车用发动机制造 362，改装汽车制造 363，低速汽车制造 364，电车制造 365，汽车车身、挂车制造 366，汽车零部件及配件制造 367	纳入重点排污单位名录的	除重点管理以外的汽车整车制造 361，除重点管理以外的年使用 10 吨及以上溶剂型涂料或者胶黏剂（含稀释剂、固化剂、清洗溶剂）的汽车用发动机制造 362、改装汽车制造 363、低速汽车制造 364、电车制造 365、汽车车身、挂车制造 366、汽车零部件及配件制造 367	其他
三十二、铁路、船舶、航空航天和其他运输设备制造 37				
86	铁路运输设备制造 371，城市轨道交通设备制造 372，船舶及相关装置制造 373，航空、航天器及设备制造 374，摩托车制造 375，自行车和残疾人座车制造 376，助动车制造 377，非公路休闲车及零配件制造 378，潜水救捞及其他未列明运输设备制造 379	纳入重点排污单位名录的	除重点管理以外的年使用 10 吨及以上溶剂型涂料或者胶黏剂（含稀释剂、固化剂、清洗溶剂）的	其他
三十三、电气机械和器材制造业 38				
87	电机制造 381，输配电及控制设备制造 382，电线、电缆、光缆及电工器材制造 383，家用电力器具制造 385，非电力家用器具制造 386，照明器具制造 387，其他电气机械及器材制造 389	涉及通用工序重点管理的	涉及通用工序简化管理的	其他

序号	行业类别	重点管理	简化管理	登记管理
88	电池制造 384	铅酸蓄电池制造 3843	锂离子电池制造 3841，镍氢电池制造 3842，锌锰电池制造 3844，其他电池制造 3849	—
三十四、计算机、通信和其他电子设备制造业 39				
89	计算机制造 391，电子器件制造 397，电子元件及电子专用材料制造 398，其他电子设备制造 399	纳入重点排污单位名录的	除重点管理以外的年使用 10 吨及以上溶剂型涂料（含稀释剂）的	其他
90	通信设备制造 392，广播电视设备制造 393，雷达及配套设备制造 394，非专业视听设备制造 395，智能消费设备制造 396	涉及通用工序重点管理的	涉及通用工序简化管理的	其他
三十五、仪器仪表制造业 40				
91	通用仪器仪表制造 401，专用仪器仪表制造 402，钟表与计时仪器制造 403，光学仪器制造 404，衡器制造 405，其他仪器仪表制造业 409	涉及通用工序重点管理的	涉及通用工序简化管理的	其他
三十六、其他制造业 41				
92	日用杂品制造 411，其他未列明制造业 419	涉及通用工序重点管理的	涉及通用工序简化管理的	其他*
三十七、废弃资源综合利用业 42				
93	金属废料和碎屑加工处理 421，非金属废料和碎屑加工处理 422	废电池、废油、废轮胎加工处理	废弃电器电子产品、废机动车、废电机、废电线电缆、废塑料、废船、含水洗工艺的其他废料和碎屑加工处理	其他

序号	行业类别	重点管理	简化管理	登记管理
三十八、金属制品、机械和设备修理业 43				
94	金属制品修理 431，通用设备修理 432，专用设备修理 433，铁路、船舶、航空航天等运输设备修理 434，电气设备修理 435，仪器仪表修理 436，其他机械和设备修理业 439	涉及通用工序重点管理的	涉及通用工序简化管理的	其他*
三十九、电力、热力生产和供应业 44				
95	电力生产 441	火力发电 4411，热电联产 4412，生物质能发电 4417（生活垃圾、污泥发电）	生物质能发电 4417（利用农林生物质、沼气发电、垃圾填埋气发电）	—
96	热力生产和供应 443	单台或者合计出力 20 吨 / 小时（14 兆瓦）及以上的锅炉（不含电热锅炉）	单台且合计出力 20 吨 / 小时（14 兆瓦）以下的锅炉（不含电热锅炉和单台且合计出力 1 吨 / 小时（0.7 兆瓦）及以下的天然气锅炉）	单台且合计出力 1 吨 / 小时（0.7 兆瓦及以下的天然气锅炉
四十、燃气生产和供应业 45				
97	燃气生产和供应业 451，生物质燃气生产和供应业 452	涉及通用工序重点管理的	涉及通用工序简化管理的	其他
四十一、水的生产和供应业 46				
98	自来水生产和供应 461，海水淡化处理 463，其他水的处理、利用与分配 469	涉及通用工序重点管理的	涉及通用工序简化管理的	其他
99	污水处理及其再生利用 462	工业废水集中处理场所，日处理能力 2 吨及以上的城乡污水集中处理场所	日处理能力 500 吨及以上 2 万吨以下的城乡污水集中处理场所	日处理能力 500 吨以下的城乡污水集中处理场所

序号	行业类别	重点管理	简化管理	登记管理
四十二、零售业 52				
100	汽车、摩托车、零配件和燃料及其他动力销售 526	—	位于城市建成区的加油站	其他加油站
四十三、水上运输业 55				
101	水上运输辅助活动 553	—	单个泊位 1 000 吨级及以上的内河、单个泊位 1 万吨级及以上的沿海专业化干散货码头（煤炭、矿石）、通用散货码头	其他货运码头 5532
四十四、装卸搬运和仓储业 59				
102	危险品仓储 594	总容量 10 万立方米及以上的油库（含油品码头后方配套油库，不含储备油库）	总容量 1 万立方米及以上 10 万立方米以下的油库（含油品码头后方配套油库，不含储备油库）	其他危险品仓储（含油品码头后方配套油库，不含储备油库）
四十五、生态保护和环境治理业 77				
103	环境治理业 772	专业从事危险废物贮存、利用、处理、处置（含焚烧发电）的，专业从事一般工业固体废物贮存、处置（含焚烧发电）的	—	—
四十六、公共设施管理业 78				
104	环境卫生管理 782	生活垃圾（含餐厨废弃物）、生活污水处理污泥集中焚烧、填埋	生活垃圾（含餐厨废弃物）、生活污水处理污泥集中处理（除焚烧、填埋以外的），日处理能力 50 吨及以上的城镇粪便集中处理，日转运能力 150 吨及以上的垃圾转运站	日处理能力 50 吨以下的城镇粪便集中处理，日转运能力 150 吨以下的垃圾转运站

序号	行业类别	重点管理	简化管理	登记管理
四十七、居民服务业 80				
105	殡葬服务 808	—	火葬场	—
四十八、机动车、电子产品和日用品修理业 81				
106	汽车、摩托车等修理与维护 811	—	营业面积 5 000 平方米及以上且有涂装工序的	—
四十九、卫生 84				
107	医院 841，专业公共卫生服务 843	床位 500 张及以上的（不含专科医院 8415 中的精神病、康复和运动康复医院以及疗养院 8416）	床位 100 张及以上的专科医院 8415（精神病、康复和运动康复医院）以及疗养院 8416，床位 100 张及以上 500 张以下的综合医院 8411、中医医院 8412、中西医结合医院 8413、民族医院 8414、专科医院 8415（不含精神病、康复和运动康复医院）	疾病预防控制中心 8431，床位 100 张以下的综合医院 8411、中医医院 8412 中西医结合医院 8413、民族医院 8414 专科医院 8415、疗养院 8416
五十、其他行业 85				
108	除 1-107 外的其他行业	涉及通用工序重点管理的，存在本名录第七条规定情形之一的	涉及通用工序简化管理的	涉及通用工序登记管理的
五十一、通用工序 86				
109	锅炉	纳入重点排污单位名录的	除纳入重点排污单位名录的，单台或者合计出力 20 吨 / 小时（14 兆瓦）及以上的锅炉（不含电热锅炉）	除纳入重点排污单位名录的，单台且合计出力 20 吨 / 小时（14 兆瓦）以下的锅炉（不含电热锅炉）

序号	行业类别	重点管理	简化管理	登记管理
110	工业炉窑	纳入重点排污单位名录的	除纳入重点排污单位名录的，除以天然气或者电为能源的加热炉、热处理炉、干燥炉（窑）以外的其他工业炉窑	除纳入重点排污单位名录的，以天然气或者电为能源的加热炉、热处理炉或者干燥炉（窑）
111	表面处理	纳入重点排污单位名录的	除纳入重点排污单位名录的，有电镀工序、酸洗、抛光（电解抛光和化学抛光）、热浸镀（溶剂法）、淬火或者钝化等工序的、年使用10吨及以上有机溶剂的	其他
112	水处理	纳入重点排污单位名录的	除纳入重点排污单位名录的，日处理能力2万吨及以上的水处理设施	除纳入重点排污单位名录的，日处理能力500吨及以上2万吨以下的水处理设施

注：

1. 表格中标“*”号者，是指在工业建筑中生产的排污单位。工业建筑的定义参见《工程结构设计基本术语标准》（GB/T 50083—2014），是指提供生产用的各种建筑物，如车间、厂前区建筑、生活间、动力站、库房和运输设施等。
2. 表格中涉及溶剂、涂料、油墨、胶粘剂等使用量的排污单位，其投运满三年的，使用量按照近三年年最大量确定；其投运满一年但不满三年的，使用量按投运期间年最大量确定；其未投运或者投运不满一年的，按照环境影响报告书（表）批准文件确定。投运日期为排污单位发生实际排污行为的日期。
3. 根据《中华人民共和国环境保护税法实施条例》，城乡污水集中处理场所，是指为社会公众提供生活污水处理服务的场所，不包括为工业园区、开发区等工业聚集区域内的排污单位提供污水处理服务的场所，以及排污单位自建自用的污水处理场所。
4. 本名录中的电镀工序，是指电镀、化学镀、阳极氧化等生产工序。
5. 本名录不包括位于生态环境法律法规禁止建设区域内的，或生产设施或产品属于产业政策立即淘汰类的排污单位。

5. 环境保护行政许可听证暂行办法

（国家环境保护总局令 第22号）

（2004年6月17日经国家环境保护总局局务会议通过，自2004年7月1日起施行）

第一章 总则

第一条 为了规范环境保护行政许可活动，保障和监督环境保护行政主管部门依法行政，提高环境保护行政许可的科学性、公正性、合理性和民主性，保护公民、法人和其他组织的合法权益，根据《中华人民共和国行政许可法》、《中华人民共和国环境影响评价法》等有关法律法规的规定，制定本办法。

第二条 县级以上人民政府环境保护行政主管部门实施环境保护行政许可时，适用本办法进行听证。

第三条 听证由拟作出环境保护行政许可决定的环境保护行政主管部门组织。

第四条 环境保护行政主管部门组织听证，应当遵循公开、公平、公正和便民的原则，充分听取公民、法人和其他组织的意见，保证其陈述意见、质证和申辩的权利。

除涉及国家秘密、商业秘密或者个人隐私外，听证应当公开举行。

公开举行的听证，公民、法人或者其他组织可以申请参加旁听。

第二章 听证的适用范围

第五条 实施环境保护行政许可，有下列情形之一的，适用本办法：

（一）按照法律、法规、规章的规定，实施环境保护行政许可应当组织听证的；

（二）实施涉及公共利益的重大环境保护行政许可，环境保护行政主管部门认为需要听证的；

（三）环境保护行政许可直接涉及申请人与他人之间重大利益关系，申请人、利害关系人依法要求听证的。

第六条 除国家规定需要保密的建设项目外，建设本条所列项目的单位，在报批环境影响报告书前，未依法征求有关单位、专家和公众的意见，或者虽然依法征求了有关单位、专家和公众的意见，但存在重大意见分歧的，环境保护行政主管部门在审查或者重新审核建设项目环境影响评价文件之前，可以举行听证会，征求项目所在地有关单位和居民的意见：

（一）对环境可能造成重大影响、应当编制环境影响报告书的建设项目；

（二）可能产生油烟、恶臭、噪声或者其他污染，严重影响项目所在地居民生活环境质量的建设项目。

第七条 对可能造成不良环境影响并直接涉及公众环境权益的工业、农业、畜牧业、林业、能源、水利、交通、城市建设、旅游、自然资源开发的有关专项规划，设区的市级以上人民政府在审批该专项规划草案和作出决策之前，指定环境保护行政主管部门对环境影响报告书进行审查的，环境保护行政主管部门可以举行听证会，征求有关单位、专家和公众对环境影响报告书草案的意见。国家规定需要保密的规划除外。

第三章　听证主持人和听证参加人

第八条　环境保护行政许可的听证活动，由承担许可职能的环境保护行政主管部门组织，并由其指定听证主持人具体实施。

听证主持人应当由环境保护行政主管部门许可审查机构内审查该行政许可申请的工作人员以外的人员担任。

环境行政许可事项重大复杂，环境保护行政主管部门决定举行听证，由许可审查机构的人员担任听证主持人可能影响公正处理的，由法制机构工作人员担任听证主持人。

记录员由听证主持人指定。

第九条　听证主持人在听证活动中行使下列职权：

（一）决定举行听证的时间、地点和方式；

（二）决定听证的延期、中止或者终结；

（三）决定证人是否出席作证；

（四）就听证事项进行询问；

（五）接收并审核有关证据，必要时可要求听证参加人提供或者补充证据；

（六）指挥听证活动，维护听证秩序，对违反听证纪律的行为予以警告直至责令其退场；

（七）对听证笔录进行审阅；

（八）法律、法规和规章赋予的其他职权。

记录员具体承担听证准备和听证记录工作。

第十条　听证主持人在听证活动中承担下列义务：

（一）决定将有关听证的通知及时送达行政许可申请人、利害关系人、行政许可审查人员、鉴定人、翻译人员等听证参加人；

（二）公正地主持听证，保证当事人行使陈述权、申辩权和质证权；

（三）符合回避情形的，应当自行回避；

（四）保守听证案件涉及的国家秘密、商业秘密和个人隐私。

记录员应当如实制作听证笔录，并承担本条第（四）项所规定的义务。

第十一条　听证主持人有下列情形之一的，应当自行回避。环境保护行政许可申请人或者利害关系人有权以口头或者书面方式申请其回避：

（一）是被听证的行政许可的审查人员，或者是行政许可审查人员的近亲属；

（二）是被听证的行政许可的当事人，或者是被听证的行政许可当事人、代理人的近亲属；

（三）与行政许可结果有直接利害关系的；

（四）与被听证的行政许可当事人有其他关系，可能影响公正听证的。

前款规定，适用于环境鉴定、监测人员。

行政许可申请人或者利害关系人申请听证主持人回避的，应说明理由，由组织听证的环境保护行政主管部门负责人决定是否回避。在是否回避的决定作出之前，被申请回避的听证主持人应当暂停参与听证工作。

第十二条 环境保护行政许可申请人、利害关系人享有下列权利：

（一）要求或者放弃听证；

（二）依法申请听证主持人回避；

（三）可以亲自参加听证，也可以委托 1 至 2 人代理参加听证；

（四）就听证事项进行陈述、申辩和举证；

（五）对证据进行质证；

（六）听证结束前进行最后陈述；

（七）审阅并核对听证笔录；

（八）查阅案卷。

第十三条 环境保护行政许可申请人、利害关系人承担下列义务：

（一）按照组织听证的环境保护行政主管部门指定的时间、地点出席听证会；

（二）依法举证；

（三）如实回答听证主持人的询问；

（四）遵守听证纪律。

听证申请人无正当理由不出席听证会的，视同放弃听证权利。

听证申请人违反听证纪律，情节严重被听证主持人责令退场的，视同放弃听证权利。

环境鉴定人、监测人、证人、翻译人员等听证参加人，应当承担第（三）项和第（四）项义务。

第十四条 行政许可申请人、利害关系人或者其法定代理人，委托他人代理参加听证的，应当向组织听证的环境保护行政主管部门提交由委托人签名或者盖章的授权委托书。

授权委托书应当载明委托事项及权限。

第十五条 组织听证的环境保护行政主管部门可以通知了解被听证的行政许可事项的单位和个人出席听证会。

有关单位应当支持了解被听证的行政许可事项的单位和个人出席听证会。

证人确有困难不能出席听证会的，可以提交有本人签名或者盖章的书面证言。

第十六条 环境保护行政许可事项需要进行鉴定或者监测的，应当委托符合条件的鉴定或者监测机构。接受委托的机构有权了解有关材料，必要时可以询问行政许可申请人、利害关系人或者证人。

鉴定或者监测机构应当提交签名或者盖章的书面鉴定或者监测结论。

第四章 听证程序

第十七条 环境保护行政主管部门对本办法第五条第（一）项和第（二）项规定的环境保护行政许可事项，决定举行听证的，应在听证举行的10日前，通过报纸、网络或者布告等适当方式，向社会公告。

公告内容应当包括被听证的许可事项和听证会的时间、地点，以及参加听证会的方法。

第十八条 组织听证的环境保护行政主管部门可以根据场地等条件，确定参加听证会的人数。

第十九条 参加环境保护行政许可听证的公民、法人或者其他组织人数众多的，可以推举代表人参加听证。

第二十条 环境保护行政主管部门对本办法第五条第（三）项规定的环境保护行政许可事项，在作出行政许可决定之前，应当告知行政许可申请人、利害关系人享有要求听证的权利，并送达《环境保护行政许可听证告知书》。

《环境保护行政许可听证告知书》应当载明下列事项：

（一）行政许可申请人、利害关系人的姓名或者名称；

（二）被听证的行政许可事项；

（三）对被听证的行政许可的初步审查意见、证据和理由；

（四）告知行政许可申请人、利害关系人有申请听证的权利；

（五）告知申请听证的期限和听证的组织机关。

送达《环境保护行政许可听证告知书》可以采取直接送达、委托送达、邮寄送达等形式，并由行政许可申请人、利害关系人在送达回执上签字。

行政许可申请人、利害关系人人数众多或者其他必要情形时，可以通过报纸、网络或者布告等适当方式，将《环境保护行政许可听证告知书》向社会公告。

第二十一条 行政许可申请人、利害关系人要求听证的，应当在收到听证告知书之日起5日内以书面形式提出听证申请。

第二十二条 《环境保护行政许可听证申请书》包括以下内容：

（一）听证申请人的姓名、地址；

（二）申请听证的具体要求；

（三）申请听证的依据、理由；

（四）其他相关材料。

第二十三条 组织行政许可听证的环境保护行政主管部门收到听证申请书后，应当对申请材料进行审查。申请材料不齐备的，应当1次性告知听证申请人补正。

第二十四条 听证申请有下列情形之一的，组织听证的环境保护行政主管部门不予受理，并书面说明理由：

（一）听证申请人不是该环境保护行政许可的申请人、利害关系人的；

（二）听证申请未在收到《环境保护行政许可听证告知书》后5个工作日内提出的；

（三）其他不符合申请听证条件的。

第二十五条 组织听证的环境保护行政主管部门经过审核，对符合听证条件的听证申请，应当受理，并在20日内组织听证。

第二十六条 组织听证的环境保护行政主管部门应当在听证举行的7日前，将《环境保护行政许可听证通知书》分别送达行政许可申请人、利害关系人，并由其在送达回执上签字。

《环境保护行政许可听证通知书》应当载明下列事项：

（一）行政许可申请人、利害关系人的姓名或者名称；

（二）听证的事由与依据；

（三）听证举行的时间、地点和方式；

（四）听证主持人、行政许可审查人员的姓名、职务；

（五）告知行政许可申请人、利害关系人预先准备证据、通知证人等事项；

（六）告知行政许可申请人、利害关系人参加听证的权利和义务；

（七）其他注意事项。

申请人、利害关系人人数众多或者其他必要情形时，可以通过报纸、网络或者布告等适当方式，向社会公告。

第二十七条 环境保护行政许可申请人、利害关系人接到听证通知后，应当按时到场；无正当理由不到场的，或者未经听证主持人允许中途退场的，视为放弃听证权利，并记入听证笔录。

第二十八条 环境保护行政许可听证会按以下程序进行：

（一）听证主持人宣布听证会场纪律，告知听证申请人、利害关系人的权利和义务，询问并核实听证参加人的身份，宣布听证开始；

（二）记录员宣布听证所涉许可事项、听证主持人和听证员的姓名、工作单位和职务；

（三）行政许可审查人员提出初步审查意见、理由和证据；

（四）行政许可申请人、利害关系人就该行政许可事项进行陈述和申辩，提出有关证据，对行政许可审查人员提出的证据进行质证；

（五）行政许可审查人员和行政许可申请人、利害关系人进行辩论；

（六）行政许可申请人、利害关系人做最后陈述；

（七）主持人宣布听证结束。

在听证过程中，主持人可以向行政许可审查人员、行政许可申请人、利害关系人和证人发问，有关人员应当如实回答。

第二十九条 组织听证的环境保护行政主管部门，对听证会必须制作笔录。

听证笔录应当载明下列事项，并由听证员和记录员签名：

（一）听证所涉许可事项；

（二）听证主持人和记录员的姓名、职务；

（三）听证参加人的基本情况；

（四）听证的时间、地点；

（五）听证公开情况；

（六）行政许可审查人员提出的初步审查意见、理由和证据；

（七）行政许可申请人、利害关系人和其他听证参加人的主要观点、理由和依据；

（八）延期、中止或者终止的说明；

（九）听证主持人对听证活动中有关事项的处理情况；

（十）听证主持人认为应当笔录的其他事项。

听证结束后，听证笔录应交陈述意见的行政许可申请人、利害关系人审核无误后签字或者盖章。无正当理由拒绝签字或者盖章的，应当记入听证笔录。

第三十条 听证终结后，听证主持人应当及时将听证笔录报告本部门负责人。

环境保护行政主管部门应当根据听证笔录，作出环境保护行政许可决定，并应当在许可决定中附具对听证会反映的主要观点采纳或者不采纳的说明。

第三十一条 有下列情形之一的，可以延期举行听证：

（一）因不可抗力事由致使听证无法按期举行的；

（二）行政许可申请人、利害关系人临时申请听证主持人回避的；

（三）行政许可申请人、利害关系人申请延期，并有正当理由的；

（四）可以延期的其他情形。

延期听证的，组织听证的环境保护行政主管部门应当书面通知听证参加人。

第三十二条 有下列情形之一的，中止听证：

（一）听证主持人认为听证过程中提出的新的事实、理由、依据有待进一步调查核实或者鉴定的；

（二）申请听证的公民死亡、法人或者其他组织终止，尚未确定权利、义务承受人的；

（三）其他需要中止听证的情形。

中止听证的，组织听证的环境保护行政主管部门应当书面通知听证参加人。

第三十三条 延期、中止听证的情形消失后，由组织听证的环境保护行政主管部门决定是否恢复听证，并书面通知听证参加人。

第三十四条 有下列情形之一的，应当终止听证：

（一）行政许可申请人、利害关系人在告知后明确放弃听证权利的；

（二）听证申请人撤回听证要求的；

（三）听证申请人无正当理由不参加听证的；

（四）听证申请人在听证过程中声明退出的；

（五）听证申请人未经听证主持人允许中途退场的；

（六）听证申请人为法人或者其他组织的，该法人或者其他组织终止后，承受其权利的法人或者组织放弃听证权利的；

（七）听证申请人违反听证纪律，情节严重，被听证主持人责令退场的；

（八）需要终止听证的其他情形。

第五章 罚则

第三十五条 环境保护行政主管部门及其工作人员违反《中华人民共和国行政许可法》的规定，有下列情形之一的，由有关机关依法责令改正；情节严重的，对直接负责的主管人员和其他直接责任人员依法给予行政处分：

（一）对法律、法规、规章规定应当组织听证的环境保护行政许可事项，不组织听证的；

（二）对符合法定条件的环境保护行政许可听证申请，不予受理的；

（三）在受理、审查、决定环境保护行政许可过程中，未向申请人、利害关系人履行法定告知义务的；

（四）未依法说明不受理环境保护行政许可听证申请或者不予听证的理由的。

第三十六条 环境保护行政主管部门的听证主持人、记录员，在听证时玩忽职守、滥用职权、徇私舞弊的，依法给予行政处分；构成犯罪的，依法追究刑事责任。

第六章 附则

第三十七条 《环境保护行政许可听证公告》、《环境保护行政许可听证告知书》、《环境保护行政许可听证申请书》、《环境保护行政许可听证通知书》和《送达回执》的格式，由国家环境保护总局统一规范。

第三十八条 环境保护行政主管部门组织听证所需经费，应当根据《中华人民共和国行政许可法》第五十八条的规定，列入本行政机关的预算，由本级财政予以保障。

第三十九条 环境保护行政主管部门受权起草的环境保护法律、法规，或者依职权起草的环境保护规章，直接涉及公民、法人或者其他组织切身利益，有关机关、组织或者公民对草案有重大意见分歧的，环境保护行政主管部门可以采取听证会形式，听取社会意见。

环境立法听证会，除适用《规章制定程序条例》等法律法规规定的程序外，可以参照本办法关于听证组织和听证程序的规定执行。

第四十条 本办法自 2004 年 7 月 1 日起施行。

6. 关于固定污染源排污限期整改有关事项的通知

（环环评〔2020〕19 号）

各省、自治区、直辖市生态环境厅（局），新疆生产建设兵团生态环境局：

为深入贯彻落实党的十九届四中全会精神，加快推进固定污染源排污许可制度改革，实现固定污染源排污许可管理全覆盖任务目标，根据《中华人民共和国环境保护法》《中华人民共和国大气污染防治法》《中华人民共和国水污染防治法》和《国务院办公厅关于印发控制污染物排放许可制实施方案的通知》（国办发〔2016〕81 号）等规定，现就排污限期整改有关事项通知如下：

一、适用情形

排污单位存在下列情形之一的，生态环境主管部门暂不予核发排污许可证，并下达排污限期整改通知书（以下简称整改通知书）。

（一）“不能达标排放”类，污染物排放不符合污染物排放标准要求；重点污染物排放不符合排污许可证申请与核发技术规范、环境影响报告书（表）批准文件、重点污染物排放总量控制要求；排污单位位于未达到国家环境质量标准的重点区域、流域，污染物排放不符合有关地方人民政府关于改善生态环境质量特别要求的。

（二）“手续不全”类，未依法取得建设项目环境影响报告书（表）批准文件，未办理环境影响登记备案手续，但是已经按照有关规定获得经地方人民政府依法处理、整顿规范并符合要求的相关证明材料的，或者按照地方人民政府有关规定已经取得排污许可证的除外。

（三）“其他”类，如未按照规定安装、使用自动监测设备并与生态环境主管部门监控设备联网，未按规定设置污染物排放口等。

二、整改期限

整改期限为三个月至一年。对于存在多种整改情形的，整改通知书应分别提出相应整改要求，整改期限以整改时间最长的情形为准，不得累加，最长不超过一年。

排污单位应根据存在的问题，提出切实可行的整改计划。生态环境主管部门应合理确定整改期限。

三、整改通知书格式要求

整改通知书由正文和附件两部分组成。具体格式详见附件。

（一）正文。内容包括排污单位名称、法定代表人或者主要负责人、生产经营场所所在地、统一社会信用代码等企业基本信息，载明整改问题类型和整改时限，告知排污单位整改要求和逾期未完成整改的法律后果。

（二）附件。内容包括排污限期整改要求，列明整改问题、整改内容、整改时限等，提出整改期限内污染物排放要求，列明各排污口污染物排放法定执行标准限值和自行监测要求等。

四、管理要求

（一）申请。排污单位在全国排污许可证管理信息平台（以下简称信息平台）填报排污许可证申请表，生态环境主管部门对排污单位提交的申请材料进行审核（必要时，可赴现场核查）。对于存在本通知规定的适用情形之一的，排污单位应主动提出整改方案，作出整改承诺，制定详细的整改计划报送生态环境主管部门；排污单位未主动提出整改方案的，生态环境主管部门可以要求排污单位提交。

（二）下达。对于申请材料和整改方案齐全且符合要求的，生态环境主管部门应当自受理申请之日起十个工作日内下达整改通知书，明确整改内容、整改期限，提出整改期间环境管理要求，告知相应法律责任和救济权利等。

（三）整改。排污单位应当严格落实整改通知书各项要求，按计划完成整改措施，确保整改期间各项污染物排放符合法定排放标准限值，按规范要求开展自行监测，积极配合生态环境主管部门现场检查等。

（四）申领排污许可证。排污单位完成整改后，应当及时向生态环境主管部门报送整改报告和排污许可证申请材料，说明整改完成情况、达标排放情况和自行监测情况等，按程序重新申请排污许可证。排污单位应当在整改期满前取得排污许可证，鼓励排污单位提前完成整改并报送申请材料。排污单位提前报送申请材料，生态环境主管部门审核后发现排污单位未按整改通知书要求完成整改的，依法不予核发排污许可证，可以要求排污单位在申请批准的整改期限内继续按照整改通知书要求进行整改。

五、加强监管执法

生态环境主管部门应加强对限期整改排污单位的监督管理，对于整改进度缓慢或滞后的排污单位加强帮扶指导，定期通过信息平台、微信、短信等方式进行提醒。

生态环境主管部门应当把限期整改排污单位纳入“双随机、一公开”监管，适当提高抽查比例，对于问题突出的重点地区或重点行业应当开展专项检查。

排污单位未按照整改通知书要求完成整改的，生态环境主管部门不得核发排污许可证；违法违规核发的，应当依法予以撤销，并依法依纪追究有关责任人的责任。排污单位逾期未完成整改，未在整改期限内取得排污许可证且继续排放污染物的，生态环境主管部门应当依据《中华人民共和国大气污染防治法》第九十九条、第一百条，《中华人民共和国水污染防治法》第八十二条、第八十三条，《中华人民共和国环境影响评价法》第三十一条，《建设项目环境保护管理条例》第二十一条等法律法规予以处理。

整改通知书不替代生态环境主管部门对排污单位有关生态环境违法行为依法作出的责令改正决定书。生态环境主管部门对排污单位在整改之前、整改期间的生态环境违法行为，以及逾期未完成整改并继续超标排放污染物的违法行为，均应依法予以处罚。

六、强化舆论监督

生态环境主管部门应当在信息平台公开整改通知书内容，并在当地生态环境主管部门网站上公开限期整改排污单位名单及其整改要求，公开通报无证排污等环境违法案例及处罚情况，将逾期未改且继续排放污染物等无证排污单位和相关责任人违法违规情况纳入社会诚信系统。

七、其他

本通知自印发之日起执行。根据《排污许可管理办法》第六十一条已发证的排污单位，符合本通知规定的适用情形的，可参照本通知执行。

生态环境部

2020 年 4 月 3 日

7. 关于印发《固定污染源排污登记工作指南（试行）》的通知

（环办环评函〔2020〕9号）

各省、自治区、直辖市生态环境厅（局），新疆生产建设兵团生态环境局：

排污登记管理是排污许可制度的重要组成部分，是实现固定污染源环境管理全覆盖，贯彻落实"放管服"改革要求，减轻排污单位负担的重要举措。为做好固定污染源排污登记管理，根据《固定污染源排污许可分类管理名录（2019年版）》的有关要求，我部制定了《固定污染源排污登记工作指南（试行）》。现予印发，自印发之日起施行。

地方各级生态环境部门督促指导排污单位，按期完成排污登记，加大监督检查力度，采取"双随机、一公开"等方式对排污单位开展日常生态环境监管执法。发现排污单位应当填报排污登记表而未填报的，或者应当申请排污许可证但擅自降低管理类别填报排污登记表的，生态环境部门应依法予以处罚。

地方各级生态环境部门要认真组织落实，加强监管指导，切实做好固定污染源排污登记管理工作。施行中遇到困难和问题，请及时向我部反馈。

生态环境部办公厅

2020年1月6日

固定污染源排污登记工作指南（试行）

固定污染源排污登记，是指污染物产生量、排放量和对环境的影响程度很小，依法不需要申请取得排污许可证的企业事业单位和其他生产经营者（以下简称排污单位），应当填报排污登记表。

一、适用范围和登记时限

实行排污登记管理的范围依照《固定污染源排污许可分类管理名录（2019年版）》规定执行。

现有排污单位应当在我部规定的登记时限内填报排污登记表。新建排污单位应当在启动生产设施或者发生实际排污之前填报排污登记表。

二、登记方式

排污登记采取网上填报方式。排污单位在全国排污许可证管理信息平台（http：//permit.mee.gov.cn/permitExt）上填报排污登记表后，自动即时生成登记编号和回执，排污单位可以自行打印留存。

按照国家规定需要保密的排污单位，其排污登记要求另行规定。

三、登记内容

排污登记表的内容包括排污单位名称、注册地址、法定代表人或者实际负责人、联系方式、生产经营场所地址、行业类别、统一社会信用代码或组织机构代码、主要产品及产能等排污单位基本情况，污染物排放去向，执行的污染物排放标准以及采取的污染防治措施等信息。

排污单位应当遵守国家和地方相关生态环境保护法律法规、政策、标准等要求。排污单位对填报信息的真实性、准确性和完整性负责。

四、定期更新

排污登记表自登记编号之日起生效。对已登记排污单位，自其登记之日起满5年的，排污许可证管理信息平台自动发送登记信息更新提醒。地方各级生态环境主管部门要督促登记信息发生变化的排污单位及时更新。

五、变更登记

排污登记表有效期内，排污登记信息发生变动的，应当自发生变动之日起20日内进行变更登记。

六、注销登记

排污单位因关闭等原因不再排污的，应当及时在全国排污许可证管理信息平台注销排污登记表，排污单位在全国排污许可管理信息平台提交注销申请后，由平台自动即时生成回执，排污单位可以自行打印留存。

因排污单位生产规模扩大、污染物排放量增加等情况依法需要申领排污许可证的，应按规定及时申请取得排污许可证，并注销排污登记表。

七、信息公开

除国家规定需要保密的情形外，排污登记信息通过全国排污许可证管理信息平台向社会公开。

8. 最高人民法院关于审理行政许可案件若干问题的规定

（法释〔2009〕20号）

（2009年11月9日由最高人民法院审判委员会第1476次会议通过）

为规范行政许可案件的审理，根据《中华人民共和国行政许可法》（以下简称行政许可法）、《中华人民共和国行政诉讼法》及其他有关法律规定，结合行政审判实际，对有关问题作如下规定：

第一条 公民、法人或者其他组织认为行政机关作出的行政许可决定以及相应的不作为，或者行政机关就行政许可的变更、延续、撤回、注销、撤销等事项作出的有关具体行政行为及其相应的不作为侵犯其合法权益，提起行政诉讼的，人民法院应当依法受理。

第二条 公民、法人或者其他组织认为行政机关未公开行政许可决定或者未提供行政许可监督检查记录侵犯其合法权益，提起行政诉讼的，人民法院应当依法受理。

第三条 公民、法人或者其他组织仅就行政许可过程中的告知补正申请材料、听证等通知行为提起行政诉讼的，人民法院不予受理，但导致许可程序对上述主体事实上终止的除外。

第四条 当事人不服行政许可决定提起诉讼的，以作出行政许可决定的机关为被告；行政许可依法须经上级行政机关批准，当事人对批准或者不批准行为不服一并提起诉讼的，以上级行政机关为共同被告；行政许可依法须经下级行政机关或者管理公共事务的组织初步审查并上报，当事人对不予初步审查或者不予上报不服提起诉讼的，以下级行政机关或者管理公共事务的组织为被告。

第五条 行政机关依据行政许可法第二十六条第二款规定统一办理行政许可的，当事人对行政许可行为不服提起诉讼，以对当事人作出具有实质影响的不利行为的机关为被告。

第六条 行政机关受理行政许可申请后，在法定期限内不予答复，公民、法人或者其他组织向人民法院起诉的，人民法院应当依法受理。

前款"法定期限"自行政许可申请受理之日起计算；以数据电文方式受理的，自数据电文进入行政机关指定的特定系统之日起计算；数据电文需要确认收讫的，自申请人收到行政机关的收讫确认之日起计算。

第七条 作为被诉行政许可行为基础的其他行政决定或者文书存在以下情形之一的，人民法院不予认可：

（一）明显缺乏事实根据；

（二）明显缺乏法律依据；

（三）超越职权；

（四）其他重大明显违法情形。

第八条 被告不提供或者无正当理由逾期提供证据的，与被诉行政许可行为有利害关系的第三人可以向人民法院提供；第三人对无法提供的证据，可以申请人民法院调取；人民法院在当事人无争议，但涉及国家利益、公共利益或者他人合法权益的情况下，也可以依职权调取证据。

第三人提供或者人民法院调取的证据能够证明行政许可行为合法的，人民法院应当判决驳回原告的诉讼请求。

第九条 人民法院审理行政许可案件，应当以申请人提出行政许可申请后实施的新的法律规范为依据；行政机关在旧的法律规范实施期间，无正当理由拖延审查行政许可申请至新的法律规范实施，适用新的法律规范不利于申请人的，以旧的法律规范为依据。

第十条 被诉准予行政许可决定违反当时的法律规范但符合新的法律规范的，判决确认该决定违法；准予行政许可决定不损害公共利益和利害关系人合法权益的，判决驳回原告的诉讼请求。

第十一条 人民法院审理不予行政许可决定案件，认为原告请求准予许可的理由成立，且被告没有裁量余地的，可以在判决理由写明，并判决撤销不予许可决定，责令被告重新作出决定。

第十二条 被告无正当理由拒绝原告查阅行政许可决定及有关档案材料或者监督检查记录的，人民法院可以判决被告在法定或者合理期限内准予原告查阅。

第十三条 被告在实施行政许可过程中，与他人恶意串通共同违法侵犯原告合法权益的，应当承担连带赔偿责任；被告与他人违法侵犯原告合法权益的，应当根据其违法行为在损害发生过程和结果中所起作用等因素，确定被告的行政赔偿责任；被告已经依照法定程序履行审慎合理的审查职责，因他人行为导致行政许可决定违法的，不承担赔偿责任。

在行政许可案件中，当事人请求一并解决有关民事赔偿问题的，人民法院可以合并审理。

第十四条 行政机关依据行政许可法第八条第二款规定变更或者撤回已经生效的行政许可，公民、法人或者其他组织仅主张行政补偿的，应当先向行政机关提出申请；行政机关在法定期限或者合理期限内不予答复或者对行政机关作出的补偿决定不服的，可以依法提起行政诉讼。

第十五条 法律、法规、规章或者规范性文件对变更或者撤回行政许可的补偿标准未作规定的，一般在实际损失范围内确定补偿数额；行政许可属于行政许可法第十二条第（二）项规定情形的，一般按照实际投入的损失确定补偿数额。

第十六条 行政许可补偿案件的调解，参照最高人民法院《关于审理行政赔偿案件若干问题的规定》的有关规定办理。

第十七条 最高人民法院以前所作的司法解释凡与本规定不一致的，按本规定执行。

企业环保管家系列指南 | 丛书主编　宋海鸥

企业常用环境法律法规手册

（中册）

宋海鸥　编

中国环境出版集团·北京

图书在版编目（CIP）数据

企业常用环境法律法规手册（中册）/宋海鸥编.—北京：中国环境出版集团，2023.6

（企业环保管家系列指南）

ISBN 978-7-5111-5535-1

Ⅰ. ①企… Ⅱ. ①宋… Ⅲ. ①企业环境管理－环境保护法－中国－手册 Ⅳ. ①D922.683.4-62

中国国家版本馆CIP数据核字（2023）第102150号

出 版 人 武德凯
责任编辑 葛 莉
封面设计 彭 杉

出版发行 中国环境出版集团
（100062 北京市东城区广渠门内大街16号）
网 址：http：//www.cesp.com.cn
电子邮箱：bjgl@cesp.com.cn
联系电话：010-67112765（编辑管理部）
010-67113412（第二分社）
发行热线：010-67125803 010-67113405（传真）

印 刷 北京中科印刷有限公司
经 销 各地新华书店
版 次 2023年6月第1版
印 次 2023年6月第1次印刷
开 本 787×960 1/16
印 张 16
字 数 341千字
丛书定价 688.00元

目　录

（上册）

一、综合篇

二、建设项目管理与排污许可篇

（中册）

三、污染防治篇

（下册）

四、环境应急篇

五、环境监测与环境信息公开篇

六、环境经济政策与法规篇

七、清洁生产与环境管理体系认证篇

三、污染防治篇

（一）水污染防治

1. 中华人民共和国水污染防治法

（1984年5月11日第六届全国人民代表大会常务委员会第五次会议通过，根据1996年5月15日第八届全国人民代表大会常务委员会第十九次会议《关于修改〈中华人民共和国水污染防治法〉的决定》第一次修正，2008年2月28日第十届全国人民代表大会常务委员会第三十二次会议修订，根据2017年6月27日第十二届全国人民代表大会常务委员会第二十八次会议《关于修改〈中华人民共和国水污染防治法〉的决定》第二次修正。）

第一章　总则

第一条　为了保护和改善环境，防治水污染，保护水生态，保障饮用水安全，维护公众健康，推进生态文明建设，促进经济社会可持续发展，制定本法。

第二条　本法适用于中华人民共和国领域内的江河、湖泊、运河、渠道、水库等地表水体以及地下水体的污染防治。

海洋污染防治适用《中华人民共和国海洋环境保护法》。

第三条　水污染防治应当坚持预防为主、防治结合、综合治理的原则，优先保护饮用水水源，严格控制工业污染、城镇生活污染，防治农业面源污染，积极推进生态治理工程建设，预防、控制和减少水环境污染和生态破坏。

第四条　县级以上人民政府应当将水环境保护工作纳入国民经济和社会发展规划。

地方各级人民政府对本行政区域的水环境质量负责，应当及时采取措施防治水污染。

第五条　省、市、县、乡建立河长制，分级分段组织领导本行政区域内江河、湖泊的水资源保护、水域岸线管理、水污染防治、水环境治理等工作。

第六条　国家实行水环境保护目标责任制和考核评价制度，将水环境保护目标完成情况作为对地方人民政府及其负责人考核评价的内容。

第七条　国家鼓励、支持水污染防治的科学技术研究和先进适用技术的推广应用，加强水环境保护的宣传教育。

第八条　国家通过财政转移支付等方式，建立健全对位于饮用水水源保护区区域和江河、湖泊、水库上游地区的水环境生态保护补偿机制。

第九条　县级以上人民政府环境保护主管部门对水污染防治实施统一监督管理。

交通主管部门的海事管理机构对船舶污染水域的防治实施监督管理。

县级以上人民政府水行政、国土资源、卫生、建设、农业、渔业等部门以及重要江河、湖泊的流域水资源保护机构，在各自的职责范围内，对有关水污染防治实施监督管理。

第十条 排放水污染物，不得超过国家或者地方规定的水污染物排放标准和重点水污染物排放总量控制指标。

第十一条 任何单位和个人都有义务保护水环境，并有权对污染损害水环境的行为进行检举。

县级以上人民政府及其有关主管部门对在水污染防治工作中做出显著成绩的单位和个人给予表彰和奖励。

第二章 水污染防治的标准和规划

第十二条 国务院环境保护主管部门制定国家水环境质量标准。

省、自治区、直辖市人民政府可以对国家水环境质量标准中未作规定的项目，制定地方标准，并报国务院环境保护主管部门备案。

第十三条 国务院环境保护主管部门会同国务院水行政主管部门和有关省、自治区、直辖市人民政府，可以根据国家确定的重要江河、湖泊流域水体的使用功能以及有关地区的经济、技术条件，确定该重要江河、湖泊流域的省界水体适用的水环境质量标准，报国务院批准后施行。

第十四条 国务院环境保护主管部门根据国家水环境质量标准和国家经济、技术条件，制定国家水污染物排放标准。

省、自治区、直辖市人民政府对国家水污染物排放标准中未作规定的项目，可以制定地方水污染物排放标准；对国家水污染物排放标准中已作规定的项目，可以制定严于国家水污染物排放标准的地方水污染物排放标准。地方水污染物排放标准须报国务院环境保护主管部门备案。

向已有地方水污染物排放标准的水体排放污染物的，应当执行地方水污染物排放标准。

第十五条 国务院环境保护主管部门和省、自治区、直辖市人民政府，应当根据水污染防治的要求和国家或者地方的经济、技术条件，适时修订水环境质量标准和水污染物排放标准。

第十六条 防治水污染应当按流域或者按区域进行统一规划。国家确定的重要江河、湖泊的流域水污染防治规划，由国务院环境保护主管部门会同国务院经济综合宏观调控、水行政等部门和有关省、自治区、直辖市人民政府编制，报国务院批准。

前款规定外的其他跨省、自治区、直辖市江河、湖泊的流域水污染防治规划，根据国家确定的重要江河、湖泊的流域水污染防治规划和本地实际情况，由有关省、自治区、直辖市人民政府环境保护主管部门会同同级水行政等部门和有关市、县人民政府编制，经有关省、自治区、直辖市人民政府审核，报国务院批准。

省、自治区、直辖市内跨县江河、湖泊的流域水污染防治规划，根据国家确定的重要江河、湖泊的流域水污染防治规划和本地实际情况，由省、自治区、直辖市人民政府环境保护主管部门会同同级水行政等部门编制，报省、自治区、直辖市人民政府批准，并报国务院备案。

经批准的水污染防治规划是防治水污染的基本依据，规划的修订须经原批准机关批准。

县级以上地方人民政府应当根据依法批准的江河、湖泊的流域水污染防治规划，组织制定本行政区域的水污染防治规划。

第十七条 有关市、县级人民政府应当按照水污染防治规划确定的水环境质量改善目标的要求，制定限期达标规划，采取措施按期达标。

有关市、县级人民政府应当将限期达标规划报上一级人民政府备案，并向社会公开。

第十八条 市、县级人民政府每年在向本级人民代表大会或者其常务委员会报告环境状况和环境保护目标完成情况时，应当报告水环境质量限期达标规划执行情况，并向社会公开。

第三章 水污染防治的监督管理

第十九条 新建、改建、扩建直接或者间接向水体排放污染物的建设项目和其他水上设施，应当依法进行环境影响评价。

建设单位在江河、湖泊新建、改建、扩建排污口的，应当取得水行政主管部门或者流域管理机构同意；涉及通航、渔业水域的，环境保护主管部门在审批环境影响评价文件时，应当征求交通、渔业主管部门的意见。

建设项目的水污染防治设施，应当与主体工程同时设计、同时施工、同时投入使用。水污染防治设施应当符合经批准或者备案的环境影响评价文件的要求。

第二十条 国家对重点水污染物排放实施总量控制制度。

重点水污染物排放总量控制指标，由国务院环境保护主管部门在征求国务院有关部门和各省、自治区、直辖市人民政府意见后，会同国务院经济综合宏观调控部门报国务院批准并下达实施。

省、自治区、直辖市人民政府应当按照国务院的规定削减和控制本行政区域的重点水污染物排放总量。具体办法由国务院环境保护主管部门会同国务院有关部门规定。

省、自治区、直辖市人民政府可以根据本行政区域水环境质量状况和水污染防治工作的需要，对国家重点水污染物之外的其他水污染物排放实行总量控制。

对超过重点水污染物排放总量控制指标或者未完成水环境质量改善目标的地区，省级以上人民政府环境保护主管部门应当会同有关部门约谈该地区人民政府的主要负责人，并暂停审批新增重点水污染物排放总量的建设项目的环境影响评价文件。约谈情况应当向社会公开。

第二十一条 直接或者间接向水体排放工业废水和医疗污水以及其他按照规定应当取得排污许可证方可排放的废水、污水的企业事业单位和其他生产经营者，应当取得排污许可证；城镇污水集中处理设施的运营单位，也应当取得排污许可证。排污许可证应当明确排放水污染物的种类、浓度、总量和排放去向等要求。排污许可的具体办法由国务院规定。

禁止企业事业单位和其他生产经营者无排污许可证或者违反排污许可证的规定向水体排放前款规定的废水、污水。

第二十二条 向水体排放污染物的企业事业单位和其他生产经营者，应当按照法律、行政法规和国务院环境保护主管部门的规定设置排污口；在江河、湖泊设置排污口的，还应当遵守国务院水行政主管部门的规定。

第二十三条 实行排污许可管理的企业事业单位和其他生产经营者应当按照国家有关规定和监测规范，对所排放的水污染物自行监测，并保存原始监测记录。重点排污单位还应当安装水污染物排放自动监测设备，与环境保护主管部门的监控设备联网，并保证监测设备正常运行。具体办法由国务院环境保护主管部门规定。

应当安装水污染物排放自动监测设备的重点排污单位名录，由设区的市级以上地方人民政府环境保护主管部门根据本行政区域的环境容量、重点水污染物排放总量控制指标的要求以及排污单位排放水污染物的种类、数量和浓度等因素，商同级有关部门确定。

第二十四条 实行排污许可管理的企业事业单位和其他生产经营者应当对监测数据的真实性和准确性负责。

环境保护主管部门发现重点排污单位的水污染物排放自动监测设备传输数据异常，应当及时进行调查。

第二十五条 国家建立水环境质量监测和水污染物排放监测制度。国务院环境保护主管部门负责制定水环境监测规范，统一发布国家水环境状况信息，会同国务院水行政等部门组织监测网络，统一规划国家水环境质量监测站（点）的设置，建立监测数据共享机制，加强对水环境监测的管理。

第二十六条 国家确定的重要江河、湖泊流域的水资源保护工作机构负责监测其所在流域的省界水体的水环境质量状况，并将监测结果及时报国务院环境保护主管部门和国务院水行政主管部门；有经国务院批准成立的流域水资源保护领导机构的，应当将监测结果及时报告流域水资源保护领导机构。

第二十七条 国务院有关部门和县级以上地方人民政府开发、利用和调节、调度水资源时，应当统筹兼顾，维持江河的合理流量和湖泊、水库以及地下水体的合理水位，保障基本生态用水，维护水体的生态功能。

第二十八条 国务院环境保护主管部门应当会同国务院水行政等部门和有关省、自治区、直辖市人民政府，建立重要江河、湖泊的流域水环境保护联合协调机制，实行统一规划、统一标准、统一监测、统一的防治措施。

第二十九条 国务院环境保护主管部门和省、自治区、直辖市人民政府环境保护主管部门应当会同同级有关部门根据流域生态环境功能需要，明确流域生态环境保护要求，组织开展流域环境资源承载能力监测、评价，实施流域环境资源承载能力预警。

县级以上地方人民政府应当根据流域生态环境功能需要，组织开展江河、湖泊、湿地保护与修复，因地制宜建设人工湿地、水源涵养林、沿河沿湖植被缓冲带和隔离带等生态环境治理与保护工程，整治黑臭水体，提高流域环境资源承载能力。

从事开发建设活动，应当采取有效措施，维护流域生态环境功能，严守生态保护红线。

第三十条 环境保护主管部门和其他依照本法规定行使监督管理权的部门，有权对管辖范围内的排污单位进行现场检查，被检查的单位应当如实反映情况，提供必要的资料。检查机关有义务为被检查的单位保守在检查中获取的商业秘密。

第三十一条 跨行政区域的水污染纠纷，由有关地方人民政府协商解决，或者由其共同的上级人民政府协调解决。

第四章 水污染防治措施

第一节 一般规定

第三十二条 国务院环境保护主管部门应当会同国务院卫生主管部门，根据对公众健康和生态环境的危害和影响程度，公布有毒有害水污染物名录，实行风险管理。

排放前款规定名录中所列有毒有害水污染物的企业事业单位和其他生产经营者，应当对排污口和周边环境进行监测，评估环境风险，排查环境安全隐患，并公开有毒有害水污染物信息，采取有效措施防范环境风险。

第三十三条 禁止向水体排放油类、酸液、碱液或者剧毒废液。

禁止在水体清洗装贮过油类或者有毒污染物的车辆和容器。

第三十四条 禁止向水体排放、倾倒放射性固体废物或者含有高放射性和中放射性物质的废水。

向水体排放含低放射性物质的废水，应当符合国家有关放射性污染防治的规定和标准。

第三十五条 向水体排放含热废水，应当采取措施，保证水体的水温符合水环境质量标准。

第三十六条 含病原体的污水应当经过消毒处理；符合国家有关标准后，方可排放。

第三十七条 禁止向水体排放、倾倒工业废渣、城镇垃圾和其他废弃物。

禁止将含有汞、镉、砷、铬、铅、氰化物、黄磷等的可溶性剧毒废渣向水体排放、倾倒或者直接埋入地下。

存放可溶性剧毒废渣的场所，应当采取防水、防渗漏、防流失的措施。

第三十八条 禁止在江河、湖泊、运河、渠道、水库最高水位线以下的滩地和岸坡堆放、存贮固体废弃物和其他污染物。

第三十九条 禁止利用渗井、渗坑、裂隙、溶洞，私设暗管，篡改、伪造监测数据，或者不正常运行水污染防治设施等逃避监管的方式排放水污染物。

第四十条 化学品生产企业以及工业集聚区、矿山开采区、尾矿库、危险废物处置场、垃圾填埋场等的运营、管理单位，应当采取防渗漏等措施，并建设地下水水质监测井进行监测，防止地下水污染。

加油站等的地下油罐应当使用双层罐或者采取建造防渗池等其他有效措施，并进行防渗漏监测，防止地下水污染。

禁止利用无防渗漏措施的沟渠、坑塘等输送或者存贮含有毒污染物的废水、含病原体的污水和其他废弃物。

第四十一条 多层地下水的含水层水质差异大的，应当分层开采；对已受污染的潜水和承压水，不得混合开采。

第四十二条 兴建地下工程设施或者进行地下勘探、采矿等活动，应当采取防护性措施，防止地下水污染。

报废矿井、钻井或者取水井等，应当实施封井或者回填。

第四十三条 人工回灌补给地下水，不得恶化地下水质。

第二节 工业水污染防治

第四十四条 国务院有关部门和县级以上地方人民政府应当合理规划工业布局，要求造成水污染的企业进行技术改造，采取综合防治措施，提高水的重复利用率，减少废水和污染物排放量。

第四十五条 排放工业废水的企业应当采取有效措施，收集和处理产生的全部废水，防止污染环境。含有毒有害水污染物的工业废水应当分类收集和处理，不得稀释排放。

工业集聚区应当配套建设相应的污水集中处理设施，安装自动监测设备，与环境保护主管部门的监控设备联网，并保证监测设备正常运行。

向污水集中处理设施排放工业废水的，应当按照国家有关规定进行预处理，达到集中处理设施处理工艺要求后方可排放。

第四十六条 国家对严重污染水环境的落后工艺和设备实行淘汰制度。

国务院经济综合宏观调控部门会同国务院有关部门，公布限期禁止采用的严重污染水环境的工艺名录和限期禁止生产、销售、进口、使用的严重污染水环境的设备名录。

生产者、销售者、进口者或者使用者应当在规定的期限内停止生产、销售、进口或者使用列入前款规定的设备名录中的设备。工艺的采用者应当在规定的期限内停止采用列入前款规定的工艺名录中的工艺。

依照本条第二款、第三款规定被淘汰的设备，不得转让给他人使用。

第四十七条 国家禁止新建不符合国家产业政策的小型造纸、制革、印染、染料、炼焦、炼硫、炼砷、炼汞、炼油、电镀、农药、石棉、水泥、玻璃、钢铁、火电以及其他严重污染水环境的生产项目。

第四十八条 企业应当采用原材料利用效率高、污染物排放量少的清洁工艺，并加强管理，减少水污染物的产生。

第三节 城镇水污染防治

第四十九条 城镇污水应当集中处理。

县级以上地方人民政府应当通过财政预算和其他渠道筹集资金，统筹安排建设城镇污水集中处理设施及配套管网，提高本行政区域城镇污水的收集率和处理率。

国务院建设主管部门应当会同国务院经济综合宏观调控、环境保护主管部门，根据城乡规划和水污染防治规划，组织编制全国城镇污水处理设施建设规划。县级以上地方人民政府组织建设、经济综合宏观调控、环境保护、水行政等部门编制本行政区域的城镇污水处理设施建设规划。县级以上地方人民政府建设主管部门应当按照城镇污水处理设施建设规划，组织建设城镇污水集中处理设施及配套管网，并加强对城镇污水集中处理设施运营的监督管理。

城镇污水集中处理设施的运营单位按照国家规定向排污者提供污水处理的有偿服务，收取污水处理费用，保证污水集中处理设施的正常运行。收取的污水处理费用应当用于城镇污水集中处理设施的建设运行和污泥处理处置，不得挪作他用。

城镇污水集中处理设施的污水处理收费、管理以及使用的具体办法，由国务院规定。

第五十条 向城镇污水集中处理设施排放水污染物，应当符合国家或者地方规定的水污染物排放标准。

城镇污水集中处理设施的运营单位，应当对城镇污水集中处理设施的出水水质负责。

环境保护主管部门应当对城镇污水集中处理设施的出水水质和水量进行监督检查。

第五十一条 城镇污水集中处理设施的运营单位或者污泥处理处置单位应当安全处理处置污泥，保证处理处置后的污泥符合国家标准，并对污泥的去向等进行记录。

第四节 农业和农村水污染防治

第五十二条 国家支持农村污水、垃圾处理设施的建设，推进农村污水、垃圾集中处理。

地方各级人民政府应当统筹规划建设农村污水、垃圾处理设施，并保障其正常运行。

第五十三条 制定化肥、农药等产品的质量标准和使用标准，应当适应水环境保护要求。

第五十四条 使用农药，应当符合国家有关农药安全使用的规定和标准。

运输、存贮农药和处置过期失效农药，应当加强管理，防止造成水污染。

第五十五条 县级以上地方人民政府农业主管部门和其他有关部门，应当采取措施，指导农业生产者科学、合理地施用化肥和农药，推广测土配方施肥技术和高效低毒低残留农药，控制化肥和农药的过量使用，防止造成水污染。

第五十六条 国家支持畜禽养殖场、养殖小区建设畜禽粪便、废水的综合利用或者无害化处理设施。

畜禽养殖场、养殖小区应当保证其畜禽粪便、废水的综合利用或者无害化处理设施正常运转，保证污水达标排放，防止污染水环境。

畜禽散养密集区所在地县、乡级人民政府应当组织对畜禽粪便污水进行分户收集、集中处理利用。

第五十七条 从事水产养殖应当保护水域生态环境，科学确定养殖密度，合理投饵和使用药物，防止污染水环境。

第五十八条 农田灌溉用水应当符合相应的水质标准，防止污染土壤、地下水和农产品。

禁止向农田灌溉渠道排放工业废水或者医疗污水。向农田灌溉渠道排放城镇污水以及未综合利用的畜禽养殖废水、农产品加工废水的，应当保证其下游最近的灌溉取水点的水质符合农田灌溉水质标准。

第五节 船舶水污染防治

第五十九条 船舶排放含油污水、生活污水，应当符合船舶污染物排放标准。从事海洋航运的船舶进入内河和港口的，应当遵守内河的船舶污染物排放标准。

船舶的残油、废油应当回收，禁止排入水体。

禁止向水体倾倒船舶垃圾。

船舶装载运输油类或者有毒货物，应当采取防止溢流和渗漏的措施，防止货物落水造成水污染。

进入中华人民共和国内河的国际航线船舶排放压载水的，应当采用压载水处理装置或者采取其他等效措施，对压载水进行灭活等处理。禁止排放不符合规定的船舶压载水。

第六十条 船舶应当按照国家有关规定配置相应的防污设备和器材，并持有合法有效的防止水域环境污染的证书与文书。

船舶进行涉及污染物排放的作业，应当严格遵守操作规程，并在相应的记录簿上如实记载。

第六十一条 港口、码头、装卸站和船舶修造厂所在地市、县级人民政府应当统筹规划建设船舶污染物、废弃物的接收、转运及处理处置设施。

港口、码头、装卸站和船舶修造厂应当备有足够的船舶污染物、废弃物的接收设施。从事船舶污染物、废弃物接收作业，或者从事装载油类、污染危害性货物船舱清洗作业的单位，应当具备与其运营规模相适应的接收处理能力。

第六十二条 船舶及有关作业单位从事有污染风险的作业活动，应当按照有关法律法规和标准，采取有效措施，防止造成水污染。海事管理机构、渔业主管部门应当加强对船舶及有关作业活动的监督管理。

船舶进行散装液体污染危害性货物的过驳作业，应当编制作业方案，采取有效的安全和污染防治措施，并报作业地海事管理机构批准。

禁止采取冲滩方式进行船舶拆解作业。

第五章 饮用水水源和其他特殊水体保护

第六十三条 国家建立饮用水水源保护区制度。饮用水水源保护区分为一级保护区和二级保护区；必要时，可以在饮用水水源保护区外围划定一定的区域作为准保护区。

饮用水水源保护区的划定，由有关市、县人民政府提出划定方案，报省、自治区、直辖市人民政府批准；跨市、县饮用水水源保护区的划定，由有关市、县人民政府协商提出划定方案，报省、自治区、直辖市人民政府批准；协商不成的，由省、自治区、直辖市人民政府环境保护主管部门会同同级水行政、国土资源、卫生、建设等部门提出划定方案，征求同级有关部门的意见后，报省、自治区、直辖市人民政府批准。

跨省、自治区、直辖市的饮用水水源保护区，由有关省、自治区、直辖市人民政府商有关流域管理机构划定；协商不成的，由国务院环境保护主管部门会同同级水行政、国土资源、卫生、建设等部门提出划定方案，征求国务院有关部门的意见后，报国务院批准。

国务院和省、自治区、直辖市人民政府可以根据保护饮用水水源的实际需要，调整饮用水水源保护区的范围，确保饮用水安全。有关地方人民政府应当在饮用水水源保护区的边界设立明确的地理界标和明显的警示标志。

第六十四条 在饮用水水源保护区内，禁止设置排污口。

第六十五条 禁止在饮用水水源一级保护区内新建、改建、扩建与供水设施和保护水源无关的建设项目；已建成的与供水设施和保护水源无关的建设项目，由县级以上人民政府责令拆除或者关闭。

禁止在饮用水水源一级保护区内从事网箱养殖、旅游、游泳、垂钓或者其他可能污染饮用水水体的活动。

第六十六条 禁止在饮用水水源二级保护区内新建、改建、扩建排放污染物的建设项目；已建成的排放污染物的建设项目，由县级以上人民政府责令拆除或者关闭。

在饮用水水源二级保护区内从事网箱养殖、旅游等活动的，应当按照规定采取措施，防止污染饮用水水体。

第六十七条 禁止在饮用水水源准保护区内新建、扩建对水体污染严重的建设项目；改建建设项目，不得增加排污量。

第六十八条 县级以上地方人民政府应当根据保护饮用水水源的实际需要，在准保护区内采取工程措施或者建造湿地、水源涵养林等生态保护措施，防止水污染物直接排入饮用水水体，确保饮用水安全。

第六十九条 县级以上地方人民政府应当组织环境保护等部门，对饮用水水源保护区、地下水型饮用水水源的补给区及供水单位周边区域的环境状况和污染风险进行调查评估，筛查可能存在的污染风险因素，并采取相应的风险防范措施。

饮用水水源受到污染可能威胁供水安全的，环境保护主管部门应当责令有关企业事业单位和其他生产经营者采取停止排放水污染物等措施，并通报饮用水供水单位和供水、卫生、水行政等部门；跨行政区域的，还应当通报相关地方人民政府。

第七十条 单一水源供水城市的人民政府应当建设应急水源或者备用水源，有条件的地区可以开展区域联网供水。

县级以上地方人民政府应当合理安排、布局农村饮用水水源，有条件的地区可以采取城镇供水管网延伸或者建设跨村、跨乡镇联片集中供水工程等方式，发展规模集中供水。

第七十一条 饮用水供水单位应当做好取水口和出水口的水质检测工作。发现取水口水质不符合饮用水水源水质标准或者出水口水质不符合饮用水卫生标准的，应当及时采取相应措施，并向所在地市、县级人民政府供水主管部门报告。供水主管部门接到报告后，应当通报环境保护、卫生、水行政等部门。

饮用水供水单位应当对供水水质负责，确保供水设施安全可靠运行，保证供水水质符合国家有关标准。

第七十二条 县级以上地方人民政府应当组织有关部门监测、评估本行政区域内饮用水水源、供水单位供水和用户水龙头出水的水质等饮用水安全状况。

县级以上地方人民政府有关部门应当至少每季度向社会公开一次饮用水安全状况信息。

第七十三条 国务院和省、自治区、直辖市人民政府根据水环境保护的需要，可以规定在饮用水水源保护区内，采取禁止或者限制使用含磷洗涤剂、化肥、农药以及限制种植养殖等措施。

第七十四条 县级以上人民政府可以对风景名胜区水体、重要渔业水体和其他具有特殊经济文化价值的水体划定保护区，并采取措施，保证保护区的水质符合规定用途的水环境质量标准。

第七十五条 在风景名胜区水体、重要渔业水体和其他具有特殊经济文化价值的水体的保护区内，不得新建排污口。在保护区附近新建排污口，应当保证保护区水体不受污染。

第六章 水污染事故处置

第七十六条 各级人民政府及其有关部门，可能发生水污染事故的企业事业单位，应当依照《中华人民共和国突发事件应对法》的规定，做好突发水污染事故的应急准备、应急处置和事后恢复等工作。

第七十七条 可能发生水污染事故的企业事业单位，应当制定有关水污染事故的应急方案，做好应急准备，并定期进行演练。

生产、储存危险化学品的企业事业单位，应当采取措施，防止在处理安全生产事故过程中产生的可能严重污染水体的消防废水、废液直接排入水体。

第七十八条 企业事业单位发生事故或者其他突发性事件，造成或者可能造成水污染事故的，应当立即启动本单位的应急方案，采取隔离等应急措施，防止水污染物进入水体，并向事故发生地的县级以上地方人民政府或者环境保护主管部门报告。环境保护主管部门接到报告后，应当及时向本级人民政府报告，并抄送有关部门。

造成渔业污染事故或者渔业船舶造成水污染事故的，应当向事故发生地的渔业主管部门报告，接受调查处理。其他船舶造成水污染事故的，应当向事故发生地的海事管理机构报告，接受调查处理；给渔业造成损害的，海事管理机构应当通知渔业主管部门参与调查处理。

第七十九条 市、县级人民政府应当组织编制饮用水安全突发事件应急预案。

饮用水供水单位应当根据所在地饮用水安全突发事件应急预案，制定相应的突发事件应急方案，报所在地市、县级人民政府备案，并定期进行演练。

饮用水水源发生水污染事故，或者发生其他可能影响饮用水安全的突发性事件，饮用水供水单位应当采取应急处理措施，向所在地市、县级人民政府报告，并向社会公开。有关人民政府应当根据情况及时启动应急预案，采取有效措施，保障供水安全。

第七章 法律责任

第八十条 环境保护主管部门或者其他依照本法规定行使监督管理权的部门，不依法作出行政许可或者办理批准文件的，发现违法行为或者接到对违法行为的举报后不予查处的，或者有其他未依照本法规定履行职责的行为的，对直接负责的主管人员和其他直接责任人员依法给予处分。

第八十一条 以拖延、围堵、滞留执法人员等方式拒绝、阻挠环境保护主管部门或者其他依照本法规定行使监督管理权的部门的监督检查，或者在接受监督检查时弄虚作假的，由县级以上人民政府环境保护主管部门或者其他依照本法规定行使监督管理权的部门责令改正，处二万元以上二十万元以下的罚款。

第八十二条 违反本法规定，有下列行为之一的，由县级以上人民政府环境保护主管部门责令限期改正，处二万元以上二十万元以下的罚款；逾期不改正的，责令停产整治：

（一）未按照规定对所排放的水污染物自行监测，或者未保存原始监测记录的；

（二）未按照规定安装水污染物排放自动监测设备，未按照规定与环境保护主管部门的监控设备联网，或者未保证监测设备正常运行的；

（三）未按照规定对有毒有害水污染物的排污口和周边环境进行监测，或者未公开有毒有害水污染物信息的。

第八十三条 违反本法规定，有下列行为之一的，由县级以上人民政府环境保护主管部门责令改正或者责令限制生产、停产整治，并处十万元以上一百万元以下的罚款；情节严重的，报经有批准权的人民政府批准，责令停业、关闭：

（一）未依法取得排污许可证排放水污染物的；

（二）超过水污染物排放标准或者超过重点水污染物排放总量控制指标排放水污染物的；

（三）利用渗井、渗坑、裂隙、溶洞，私设暗管，篡改、伪造监测数据，或者不正常运行水污染防治设施等逃避监管的方式排放水污染物的；

（四）未按照规定进行预处理，向污水集中处理设施排放不符合处理工艺要求的工业废水的。

第八十四条 在饮用水水源保护区内设置排污口的，由县级以上地方人民政府责令限期拆除，处十万元以上五十万元以下的罚款；逾期不拆除的，强制拆除，所需费用由违法者承担，处五十万元以上一百万元以下的罚款，并可以责令停产整治。

除前款规定外，违反法律、行政法规和国务院环境保护主管部门的规定设置排污口的，由县级以上地方人民政府环境保护主管部门责令限期拆除，处二万元以上十万元以下的罚款；逾期不拆除的，强制拆除，所需费用由违法者承担，处十万元以上五十万元以下的罚款；情节严重的，可以责令停产整治。

未经水行政主管部门或者流域管理机构同意，在江河、湖泊新建、改建、扩建排污口的，由县级以上人民政府水行政主管部门或者流域管理机构依据职权，依照前款规定采取措施、给予处罚。

第八十五条 有下列行为之一的，由县级以上地方人民政府环境保护主管部门责令停止违法行为，限期采取治理措施，消除污染，处以罚款；逾期不采取治理措施的，环境保护主管部门可以指定有治理能力的单位代为治理，所需费用由违法者承担：

（一）向水体排放油类、酸液、碱液的；

（二）向水体排放剧毒废液，或者将含有汞、镉、砷、铬、铅、氰化物、黄磷等的可溶性剧毒废渣向水体排放、倾倒或者直接埋入地下的；

（三）在水体清洗装贮过油类、有毒污染物的车辆或者容器的；

（四）向水体排放、倾倒工业废渣、城镇垃圾或者其他废弃物，或者在江河、湖泊、运河、渠道、水库最高水位线以下的滩地、岸坡堆放、存贮固体废弃物或者其他污染物的；

（五）向水体排放、倾倒放射性固体废物或者含有高放射性、中放射性物质的废水的；

（六）违反国家有关规定或者标准，向水体排放含低放射性物质的废水、热废水或者含病原体的污水的；

（七）未采取防渗漏等措施，或者未建设地下水水质监测井进行监测的；

（八）加油站等的地下油罐未使用双层罐或者采取建造防渗池等其他有效措施，或者未进行防渗漏监测的；

（九）未按照规定采取防护性措施，或者利用无防渗漏措施的沟渠、坑塘等输送或者存贮含有毒污染物的废水、含病原体的污水或者其他废弃物的。

有前款第三项、第四项、第六项、第七项、第八项行为之一的，处二万元以上二十万元以下的罚款。有前款第一项、第二项、第五项、第九项行为之一的，处十万元以上一百万元以下的罚款；情节严重的，报经有批准权的人民政府批准，责令停业、关闭。

第八十六条 违反本法规定，生产、销售、进口或者使用列入禁止生产、销售、进口、使用的严重污染水环境的设备名录中的设备，或者采用列入禁止采用的严重污染水环境的工艺名录中的工艺的，由县级以上人民政府经济综合宏观调控部门责令改正，处五万元以上二十万元以下的罚款；情节严重的，由县级以上人民政府经济综合宏观调控部门提出意见，报请本级人民政府责令停业、关闭。

第八十七条 违反本法规定，建设不符合国家产业政策的小型造纸、制革、印染、染料、炼焦、炼硫、炼砷、炼汞、炼油、电镀、农药、石棉、水泥、玻璃、钢铁、火电以及其他严重污染水环境的生产项目的，由所在地的市、县人民政府责令关闭。

第八十八条 城镇污水集中处理设施的运营单位或者污泥处理处置单位，处理处置后的污泥不符合国家标准，或者对污泥去向等未进行记录的，由城镇排水主管部门责令限期采取治理措施，给予警告；造成严重后果的，处十万元以上二十万元以下的罚款；逾期不采取治理措施的，城镇排水主管部门可以指定有治理能力的单位代为治理，所需费用由违法者承担。

第八十九条 船舶未配置相应的防污染设备和器材，或者未持有合法有效的防止水域环境污染的证书与文书的，由海事管理机构、渔业主管部门按照职责分工责令限期改正，处二千元以上二万元以下的罚款；逾期不改正的，责令船舶临时停航。

船舶进行涉及污染物排放的作业，未遵守操作规程或者未在相应的记录簿上如实记载的，由海事管理机构、渔业主管部门按照职责分工责令改正，处二千元以上二万元以下的罚款。

第九十条 违反本法规定，有下列行为之一的，由海事管理机构、渔业主管部门按照职责分工责令停止违法行为，处一万元以上十万元以下的罚款；造成水污染的，责令限期采取治理措施，消除污染，处二万元以上二十万元以下的罚款；逾期不采取治理措施的，海事管理机构、渔业主管部门按照职责分工可以指定有治理能力的单位代为治理，所需费用由船舶承担：

（一）向水体倾倒船舶垃圾或者排放船舶的残油、废油的；

（二）未经作业地海事管理机构批准，船舶进行散装液体污染危害性货物的过驳作业的；

（三）船舶及有关作业单位从事有污染风险的作业活动，未按照规定采取污染防治措施的；

（四）以冲滩方式进行船舶拆解的；

（五）进入中华人民共和国内河的国际航线船舶，排放不符合规定的船舶压载水的。

第九十一条 有下列行为之一的，由县级以上地方人民政府环境保护主管部门责令停止违法行为，处十万元以上五十万元以下的罚款；并报经有批准权的人民政府批准，责令拆除或者关闭：

（一）在饮用水水源一级保护区内新建、改建、扩建与供水设施和保护水源无关的建设项目的；

（二）在饮用水水源二级保护区内新建、改建、扩建排放污染物的建设项目的；

（三）在饮用水水源准保护区内新建、扩建对水体污染严重的建设项目，或者改建建设项目增加排污量的。

在饮用水水源一级保护区内从事网箱养殖或者组织进行旅游、垂钓或者其他可能污染饮用水水体的活动的，由县级以上地方人民政府环境保护主管部门责令停止违法行为，处二万元以上十万元以下的罚款。个人在饮用水水源一级保护区内游泳、垂钓或者从事其他可能污染饮用水水体的活动的，由县级以上地方人民政府环境保护主管部门责令停止违法行为，可以处五百元以下的罚款。

第九十二条 饮用水供水单位供水水质不符合国家规定标准的，由所在地市、县级人民政府供水主管部门责令改正，处二万元以上二十万元以下的罚款；情节严重的，报经有批准权的人民政府批准，可以责令停业整顿；对直接负责的主管人员和其他直接责任人员依法给予处分。

第九十三条 企业事业单位有下列行为之一的，由县级以上人民政府环境保护主管部门责令改正；情节严重的，处二万元以上十万元以下的罚款：

（一）不按照规定制定水污染事故的应急方案的；

（二）水污染事故发生后，未及时启动水污染事故的应急方案，采取有关应急措施的。

第九十四条 企业事业单位违反本法规定，造成水污染事故的，除依法承担赔偿责任外，由县级以上人民政府环境保护主管部门依照本条第二款的规定处以罚款，责令限期采取治理措施，消除污染；未按照要求采取治理措施或者不具备治理能力的，由环境保护主管部门指定有治理能力的单位代为治理，所需费用由违法者承担；对造成重大或者特大水污染事故的，还可以报经有批准权的人民政府批准，责令关闭；对直接负责的主管人员和其他直接责任人员可以处上一年度从本单位取得的收入百分之五十以下的罚款；有《中华人民共和国环境保护法》第六十三条规定的违法排放水污染物等行为之一，尚不构成犯罪的，由公安机关对直接负责的主管人员和其他直接责任人员处十日以上十五日以下的拘留；情节较轻的，处五日以上十日以下的拘留。

对造成一般或者较大水污染事故的，按照水污染事故造成的直接损失的百分之二十计算罚款；对造成重大或者特大水污染事故的，按照水污染事故造成的直接损失的百分之三十计算罚款。

造成渔业污染事故或者渔业船舶造成水污染事故的，由渔业主管部门进行处罚；其他船舶造成水污染事故的，由海事管理机构进行处罚。

第九十五条 企业事业单位和其他生产经营者违法排放水污染物，受到罚款处罚，被责令改正的，依法作出处罚决定的行政机关应当组织复查，发现其继续违法排放水污染物或者拒绝、阻挠复查的，依照《中华人民共和国环境保护法》的规定按日连续处罚。

第九十六条 因水污染受到损害的当事人，有权要求排污方排除危害和赔偿损失。

由于不可抗力造成水污染损害的，排污方不承担赔偿责任；法律另有规定的除外。

水污染损害是由受害人故意造成的，排污方不承担赔偿责任。水污染损害是由受害人重大过失造成的，可以减轻排污方的赔偿责任。

水污染损害是由第三人造成的，排污方承担赔偿责任后，有权向第三人追偿。

第九十七条 因水污染引起的损害赔偿责任和赔偿金额的纠纷，可以根据当事人的请求，由环境保护主管部门或者海事管理机构、渔业主管部门按照职责分工调解处理；调解不成的，当事人可以向人民法院提起诉讼。当事人也可以直接向人民法院提起诉讼。

第九十八条 因水污染引起的损害赔偿诉讼，由排污方就法律规定的免责事由及其行为与损害结果之间不存在因果关系承担举证责任。

第九十九条 因水污染受到损害的当事人人数众多的，可以依法由当事人推选代表人进行共同诉讼。

环境保护主管部门和有关社会团体可以依法支持因水污染受到损害的当事人向人民法院提起诉讼。

国家鼓励法律服务机构和律师为水污染损害诉讼中的受害人提供法律援助。

第一百条 因水污染引起的损害赔偿责任和赔偿金额的纠纷，当事人可以委托环境监测机构提供监测数据。环境监测机构应当接受委托，如实提供有关监测数据。

第一百零一条 违反本法规定，构成犯罪的，依法追究刑事责任。

第八章 附则

第一百零二条 本法中下列用语的含义：

（一）水污染，是指水体因某种物质的介入，而导致其化学、物理、生物或者放射性等方面特性的改变，从而影响水的有效利用，危害人体健康或者破坏生态环境，造成水质恶化的现象。

（二）水污染物，是指直接或者间接向水体排放的，能导致水体污染的物质。

（三）有毒污染物，是指那些直接或者间接被生物摄入体内后，可能导致该生物或者其后代发病、行为反常、遗传异变、生理机能失常、机体变形或者死亡的污染物。

（四）污泥，是指污水处理过程中产生的半固态或者固态物质。

（五）渔业水体，是指划定的鱼虾类的产卵场、索饵场、越冬场、洄游通道和鱼虾贝藻类的养殖场的水体。

第一百零三条 本法自2008年6月1日起施行。

2. 中华人民共和国长江保护法

（2020年12月26日第十三届全国人民代表大会常务委员会第二十四次会议通过，2021年3月1日起施行）

第一章 总则

第一条 为了加强长江流域生态环境保护和修复，促进资源合理高效利用，保障生态安全，实现人与自然和谐共生、中华民族永续发展，制定本法。

第二条 在长江流域开展生态环境保护和修复以及长江流域各类生产生活、开发建设活动，应当遵守本法。

本法所称长江流域，是指由长江干流、支流和湖泊形成的集水区域所涉及的青海省、四川省、西藏自治区、云南省、重庆市、湖北省、湖南省、江西省、安徽省、江苏省、上海市，以及甘肃省、陕西省、河南省、贵州省、广西壮族自治区、广东省、浙江省、福建省的相关县级行政区域。

第三条 长江流域经济社会发展，应当坚持生态优先、绿色发展，共抓大保护、不搞大开发；长江保护应当坚持统筹协调、科学规划、创新驱动、系统治理。

第四条 国家建立长江流域协调机制，统一指导、统筹协调长江保护工作，审议长江保护重大政策、重大规划，协调跨地区跨部门重大事项，督促检查长江保护重要工作的落实情况。

第五条 国务院有关部门和长江流域省级人民政府负责落实国家长江流域协调机制的决策，按照职责分工负责长江保护相关工作。

长江流域地方各级人民政府应当落实本行政区域的生态环境保护和修复、促进资源合理高效利用、优化产业结构和布局、维护长江流域生态安全的责任。

长江流域各级河湖长负责长江保护相关工作。

第六条 长江流域相关地方根据需要在地方性法规和政府规章制定、规划编制、监督执法等方面建立协作机制，协同推进长江流域生态环境保护和修复。

第七条 国务院生态环境、自然资源、水行政、农业农村和标准化等有关主管部门按照职责分工，建立健全长江流域水环境质量和污染物排放、生态环境修复、水资源节约集约利用、生态流量、生物多样性保护、水产养殖、防灾减灾等标准体系。

第八条 国务院自然资源主管部门会同国务院有关部门定期组织长江流域土地、矿产、水流、森林、草原、湿地等自然资源状况调查，建立资源基础数据库，开展资源环境承载能力评价，并向社会公布长江流域自然资源状况。

国务院野生动物保护主管部门应当每十年组织一次野生动物及其栖息地状况普查，或者根据需要组织开展专项调查，建立野生动物资源档案，并向社会公布长江流域野生动物资源状况。

长江流域县级以上地方人民政府农业农村主管部门会同本级人民政府有关部门对水生生物产卵场、索饵场、越冬场和洄游通道等重要栖息地开展生物多样性调查。

第九条 国家长江流域协调机制应当统筹协调国务院有关部门在已经建立的台站和监测项目基础上，健全长江流域生态环境、资源、水文、气象、航运、自然灾害等监测网络体系和监测信息共享机制。

国务院有关部门和长江流域县级以上地方人民政府及其有关部门按照职责分工，组织完善生态环境风险报告和预警机制。

第十条 国务院生态环境主管部门会同国务院有关部门和长江流域省级人民政府

建立健全长江流域突发生态环境事件应急联动工作机制，与国家突发事件应急体系相衔接，加强对长江流域船舶、港口、矿山、化工厂、尾矿库等发生的突发生态环境事件的应急管理。

第十一条 国家加强长江流域洪涝干旱、森林草原火灾、地质灾害、地震等灾害的监测预报预警、防御、应急处置与恢复重建体系建设，提高防灾、减灾、抗灾、救灾能力。

第十二条 国家长江流域协调机制设立专家咨询委员会，组织专业机构和人员对长江流域重大发展战略、政策、规划等开展科学技术等专业咨询。

国务院有关部门和长江流域省级人民政府及其有关部门按照职责分工，组织开展长江流域建设项目、重要基础设施和产业布局相关规划等对长江流域生态系统影响的第三方评估、分析、论证等工作。

第十三条 国家长江流域协调机制统筹协调国务院有关部门和长江流域省级人民政府建立健全长江流域信息共享系统。国务院有关部门和长江流域省级人民政府及其有关部门应当按照规定，共享长江流域生态环境、自然资源以及管理执法等信息。

第十四条 国务院有关部门和长江流域县级以上地方人民政府及其有关部门应当加强长江流域生态环境保护和绿色发展的宣传教育。

新闻媒体应当采取多种形式开展长江流域生态环境保护和绿色发展的宣传教育，并依法对违法行为进行舆论监督。

第十五条 国务院有关部门和长江流域县级以上地方人民政府及其有关部门应当采取措施，保护长江流域历史文化名城名镇名村，加强长江流域文化遗产保护工作，继承和弘扬长江流域优秀特色文化。

第十六条 国家鼓励、支持单位和个人参与长江流域生态环境保护和修复、资源合理利用、促进绿色发展的活动。

对在长江保护工作中做出突出贡献的单位和个人，县级以上人民政府及其有关部门应当按照国家有关规定予以表彰和奖励。

第二章 规划与管控

第十七条 国家建立以国家发展规划为统领，以空间规划为基础，以专项规划、区域规划为支撑的长江流域规划体系，充分发挥规划对推进长江流域生态环境保护和绿色发展的引领、指导和约束作用。

第十八条 国务院和长江流域县级以上地方人民政府应当将长江保护工作纳入国民经济和社会发展规划。

国务院发展改革部门会同国务院有关部门编制长江流域发展规划，科学统筹长江流域上下游、左右岸、干支流生态环境保护和绿色发展，报国务院批准后实施。

长江流域水资源规划、生态环境保护规划等依照有关法律、行政法规的规定编制。

第十九条 国务院自然资源主管部门会同国务院有关部门组织编制长江流域国土空间规划，科学有序统筹安排长江流域生态、农业、城镇等功能空间，划定生态保护红线、永久基本农田、城镇开发边界，优化国土空间结构和布局，统领长江流域国土空间利用任务，报国务院批准后实施。涉及长江流域国土空间利用的专项规划应当与长江流域国土空间规划相衔接。

长江流域县级以上地方人民政府组织编制本行政区域的国土空间规划，按照规定的程序报经批准后实施。

第二十条 国家对长江流域国土空间实施用途管制。长江流域县级以上地方人民政府自然资源主管部门依照国土空间规划，对所辖长江流域国土空间实施分区、分类用途管制。

长江流域国土空间开发利用活动应当符合国土空间用途管制要求，并依法取得规划许可。对不符合国土空间用途管制要求的，县级以上人民政府自然资源主管部门不得办理规划许可。

第二十一条 国务院水行政主管部门统筹长江流域水资源合理配置、统一调度和高效利用，组织实施取用水总量控制和消耗强度控制管理制度。

国务院生态环境主管部门根据水环境质量改善目标和水污染防治要求，确定长江流域各省级行政区域重点污染物排放总量控制指标。长江流域水质超标的水功能区，应当实施更严格的污染物排放总量削减要求。企业事业单位应当按照要求，采取污染物排放总量控制措施。

国务院自然资源主管部门负责统筹长江流域新增建设用地总量控制和计划安排。

第二十二条 长江流域省级人民政府根据本行政区域的生态环境和资源利用状况，制定生态环境分区管控方案和生态环境准入清单，报国务院生态环境主管部门备案后实施。生态环境分区管控方案和生态环境准入清单应当与国土空间规划相衔接。

长江流域产业结构和布局应当与长江流域生态系统和资源环境承载能力相适应。禁止在长江流域重点生态功能区布局对生态系统有严重影响的产业。禁止重污染企业和项目向长江中上游转移。

第二十三条 国家加强对长江流域水能资源开发利用的管理。因国家发展战略和国计民生需要，在长江流域新建大中型水电工程，应当经科学论证，并报国务院或者国务院授权的部门批准。

对长江流域已建小水电工程，不符合生态保护要求的，县级以上地方人民政府应当组织分类整改或者采取措施逐步退出。

第二十四条 国家对长江干流和重要支流源头实行严格保护，设立国家公园等自然保护地，保护国家生态安全屏障。

第二十五条 国务院水行政主管部门加强长江流域河道、湖泊保护工作。长江流域县级以上地方人民政府负责划定河道、湖泊管理范围，并向社会公告，实行严格的河湖保护，禁止非法侵占河湖水域。

第二十六条 国家对长江流域河湖岸线实施特殊管制。国家长江流域协调机制统筹协调国务院自然资源、水行政、生态环境、住房和城乡建设、农业农村、交通运输、林业和草原等部门和长江流域省级人民政府划定河湖岸线保护范围，制定河湖岸线保护规划，严格控制岸线开发建设，促进岸线合理高效利用。

禁止在长江干支流岸线一公里范围内新建、扩建化工园区和化工项目。

禁止在长江干流岸线三公里范围内和重要支流岸线一公里范围内新建、改建、扩建尾矿库；但是以提升安全、生态环境保护水平为目的的改建除外。

第二十七条 国务院交通运输主管部门会同国务院自然资源、水行政、生态环境、农业农村、林业和草原主管部门在长江流域水生生物重要栖息地科学划定禁止航行区域和限制航行区域。

禁止船舶在划定的禁止航行区域内航行。因国家发展战略和国计民生需要，在水生生物重要栖息地禁止航行区域内航行的，应当由国务院交通运输主管部门商国务院农业农村主管部门同意，并应当采取必要措施，减少对重要水生生物的干扰。

严格限制在长江流域生态保护红线、自然保护地、水生生物重要栖息地水域实施航道整治工程；确需整治的，应当经科学论证，并依法办理相关手续。

第二十八条 国家建立长江流域河道采砂规划和许可制度。长江流域河道采砂应当依法取得国务院水行政主管部门有关流域管理机构或者县级以上地方人民政府水行政主管部门的许可。

国务院水行政主管部门有关流域管理机构和长江流域县级以上地方人民政府依法划定禁止采砂区和禁止采砂期，严格控制采砂区域、采砂总量和采砂区域内的采砂船舶数量。禁止在长江流域禁止采砂区和禁止采砂期从事采砂活动。

国务院水行政主管部门会同国务院有关部门组织长江流域有关地方人民政府及其有关部门开展长江流域河道非法采砂联合执法工作。

第三章 资源保护

第二十九条 长江流域水资源保护与利用，应当根据流域综合规划，优先满足城乡居民生活用水，保障基本生态用水，并统筹农业、工业用水以及航运等需要。

第三十条 国务院水行政主管部门有关流域管理机构商长江流域省级人民政府依法制定跨省河流水量分配方案，报国务院或者国务院授权的部门批准后实施。制定长江流域跨省河流水量分配方案应当征求国务院有关部门的意见。长江流域省级人民政府水行政主管部门制定本行政区域的长江流域水量分配方案，报本级人民政府批准后实施。

国务院水行政主管部门有关流域管理机构或者长江流域县级以上地方人民政府水行政主管部门依据批准的水量分配方案，编制年度水量分配方案和调度计划，明确相关河段和控制断面流量水量、水位管控要求。

第三十一条 国家加强长江流域生态用水保障。国务院水行政主管部门会同国务院有关部门提出长江干流、重要支流和重要湖泊控制断面的生态流量管控指标。其他河湖生态流量管控指标由长江流域县级以上地方人民政府水行政主管部门会同本级人民政府有关部门确定。

国务院水行政主管部门有关流域管理机构应当将生态水量纳入年度水量调度计划，保证河湖基本生态用水需求，保障枯水期和鱼类产卵期生态流量、重要湖泊的水量和水位，保障长江河口咸淡水平衡。

长江干流、重要支流和重要湖泊上游的水利水电、航运枢纽等工程应当将生态用水调度纳入日常运行调度规程，建立常规生态调度机制，保证河湖生态流量；其下泄流量不符合生态流量泄放要求的，由县级以上人民政府水行政主管部门提出整改措施并监督实施。

第三十二条 国务院有关部门和长江流域地方各级人民政府应当采取措施，加快病险水库除险加固，推进堤防和蓄滞洪区建设，提升洪涝灾害防御工程标准，加强水工程联合调度，开展河道泥沙观测和河势调查，建立与经济社会发展相适应的防洪减灾工程和非工程体系，提高防御水旱灾害的整体能力。

第三十三条 国家对跨长江流域调水实行科学论证，加强控制和管理。实施跨长江流域调水应当优先保障调出区域及其下游区域的用水安全和生态安全，统筹调出区域和调入区域用水需求。

第三十四条 国家加强长江流域饮用水水源地保护。国务院水行政主管部门会同国务院有关部门制定长江流域饮用水水源地名录。长江流域省级人民政府水行政主管部门会同本级人民政府有关部门制定本行政区域的其他饮用水水源地名录。

长江流域省级人民政府组织划定饮用水水源保护区，加强饮用水水源保护，保障饮用水安全。

第三十五条 长江流域县级以上地方人民政府及其有关部门应当合理布局饮用水水源取水口，制定饮用水安全突发事件应急预案，加强饮用水备用应急水源建设，对饮用水水源的水环境质量进行实时监测。

第三十六条 丹江口库区及其上游所在地县级以上地方人民政府应当按照饮用水水源地安全保障区、水质影响控制区、水源涵养生态建设区管理要求，加强山水林田湖草整体保护，增强水源涵养能力，保障水质稳定达标。

第三十七条 国家加强长江流域地下水资源保护。长江流域县级以上地方人民政府及其有关部门应当定期调查评估地下水资源状况，监测地下水水量、水位、水环境质量，并采取相应风险防范措施，保障地下水资源安全。

第三十八条 国务院水行政主管部门会同国务院有关部门确定长江流域农业、工业用水效率目标，加强用水计量和监测设施建设；完善规划和建设项目水资源论证制度；加强对高耗水行业、重点用水单位的用水定额管理，严格控制高耗水项目建设。

第三十九条 国家统筹长江流域自然保护地体系建设。国务院和长江流域省级人民政府在长江流域重要典型生态系统的完整分布区、生态环境敏感区以及珍贵野生动植物天然集中分布区和重要栖息地、重要自然遗迹分布区等区域，依法设立国家公园、自然保护区、自然公园等自然保护地。

第四十条 国务院和长江流域省级人民政府应当依法在长江流域重要生态区、生态状况脆弱区划定公益林，实施严格管理。国家对长江流域天然林实施严格保护，科学划定天然林保护重点区域。

长江流域县级以上地方人民政府应当加强对长江流域草原资源的保护，对具有调节气候、涵养水源、保持水土、防风固沙等特殊作用的基本草原实施严格管理。

国务院林业和草原主管部门和长江流域省级人民政府林业和草原主管部门会同本级人民政府有关部门，根据不同生态区位、生态系统功能和生物多样性保护的需要，发布长江流域国家重要湿地、地方重要湿地名录及保护范围，加强对长江流域湿地的保护和管理，维护湿地生态功能和生物多样性。

第四十一条 国务院农业农村主管部门会同国务院有关部门和长江流域省级人民政府建立长江流域水生生物完整性指数评价体系，组织开展长江流域水生生物完整性评价，并将结果作为评估长江流域生态系统总体状况的重要依据。长江流域水生生物完整性指数应当与长江流域水环境质量标准相衔接。

第四十二条 国务院农业农村主管部门和长江流域县级以上地方人民政府应当制定长江流域珍贵、濒危水生野生动植物保护计划，对长江流域珍贵、濒危水生野生动植物实行重点保护。

国家鼓励有条件的单位开展对长江流域江豚、白鱀豚、白鲟、中华鲟、长江鲟、鯮、鲥、四川白甲鱼、川陕哲罗鲑、胭脂鱼、鳤、圆口铜鱼、多鳞白甲鱼、华鲮、鲈鲤和葛仙米、弧形藻、眼子菜、水菜花等水生野生动植物生境特征和种群动态的研究，建设人工繁育和科普教育基地，组织开展水生生物救护。

禁止在长江流域开放水域养殖、投放外来物种或者其他非本地物种种质资源。

第四章 水污染防治

第四十三条 国务院生态环境主管部门和长江流域地方各级人民政府应当采取有效措施，加大对长江流域的水污染防治、监管力度，预防、控制和减少水环境污染。

第四十四条 国务院生态环境主管部门负责制定长江流域水环境质量标准，对国家水环境质量标准中未作规定的项目可以补充规定；对国家水环境质量标准中已经规定的项目，可以作出更加严格的规定。制定长江流域水环境质量标准应当征求国务院有关部门和有关省级人民政府的意见。长江流域省级人民政府可以制定严于长江流域水环境质量标准的地方水环境质量标准，报国务院生态环境主管部门备案。

第四十五条 长江流域省级人民政府应当对没有国家水污染物排放标准的特色产业、特有污染物，或者国家有明确要求的特定水污染源或者水污染物，补充制定地方水污染物排放标准，报国务院生态环境主管部门备案。

有下列情形之一的，长江流域省级人民政府应当制定严于国家水污染物排放标准的地方水污染物排放标准，报国务院生态环境主管部门备案：

（一）产业密集、水环境问题突出的；

（二）现有水污染物排放标准不能满足所辖长江流域水环境质量要求的；

（三）流域或者区域水环境形势复杂，无法适用统一的水污染物排放标准的。

第四十六条 长江流域省级人民政府制定本行政区域的总磷污染控制方案，并组织实施。对磷矿、磷肥生产集中的长江干支流，有关省级人民政府应当制定更加严格的总磷排放管控要求，有效控制总磷排放总量。

磷矿开采加工、磷肥和含磷农药制造等企业，应当按照排污许可要求，采取有效措施控制总磷排放浓度和排放总量；对排污口和周边环境进行总磷监测，依法公开监测信息。

第四十七条 长江流域县级以上地方人民政府应当统筹长江流域城乡污水集中处理设施及配套管网建设，并保障其正常运行，提高城乡污水收集处理能力。

长江流域县级以上地方人民政府应当组织对本行政区域的江河、湖泊排污口开展排查整治，明确责任主体，实施分类管理。

在长江流域江河、湖泊新设、改设或者扩大排污口，应当按照国家有关规定报经有管辖权的生态环境主管部门或者长江流域生态环境监督管理机构同意。对未达到水质目标的水功能区，除污水集中处理设施排污口外，应当严格控制新设、改设或者扩大排污口。

第四十八条 国家加强长江流域农业面源污染防治。长江流域农业生产应当科学使用农业投入品，减少化肥、农药施用，推广有机肥使用，科学处置农用薄膜、农作物秸秆等农业废弃物。

第四十九条 禁止在长江流域河湖管理范围内倾倒、填埋、堆放、弃置、处理固体废物。长江流域县级以上地方人民政府应当加强对固体废物非法转移和倾倒的联防联控。

第五十条 长江流域县级以上地方人民政府应当组织对沿河湖垃圾填埋场、加油站、矿山、尾矿库、危险废物处置场、化工园区和化工项目等地下水重点污染源及周边地下水环境风险隐患开展调查评估，并采取相应风险防范和整治措施。

第五十一条 国家建立长江流域危险货物运输船舶污染责任保险与财务担保相结合机制。具体办法由国务院交通运输主管部门会同国务院有关部门制定。

禁止在长江流域水上运输剧毒化学品和国家规定禁止通过内河运输的其他危险化学品。长江流域县级以上地方人民政府交通运输主管部门会同本级人民政府有关部门加强对长江流域危险化学品运输的管控。

第五章 生态环境修复

第五十二条 国家对长江流域生态系统实行自然恢复为主、自然恢复与人工修复相结合的系统治理。国务院自然资源主管部门会同国务院有关部门编制长江流域生态环境修复规划，组织实施重大生态环境修复工程，统筹推进长江流域各项生态环境修复工作。

第五十三条 国家对长江流域重点水域实行严格捕捞管理。在长江流域水生生物保护区全面禁止生产性捕捞；在国家规定的期限内，长江干流和重要支流、大型通江湖泊、长江河口规定区域等重点水域全面禁止天然渔业资源的生产性捕捞。具体办法由国务院农业农村主管部门会同国务院有关部门制定。

国务院农业农村主管部门会同国务院有关部门和长江流域省级人民政府加强长江流域禁捕执法工作，严厉查处电鱼、毒鱼、炸鱼等破坏渔业资源和生态环境的捕捞行为。

长江流域县级以上地方人民政府应当按照国家有关规定做好长江流域重点水域退捕渔民的补偿、转产和社会保障工作。

长江流域其他水域禁捕、限捕管理办法由县级以上地方人民政府制定。

第五十四条 国务院水行政主管部门会同国务院有关部门制定并组织实施长江干流和重要支流的河湖水系连通修复方案，长江流域省级人民政府制定并组织实施本行政区域的长江流域河湖水系连通修复方案，逐步改善长江流域河湖连通状况，恢复河湖生态流量，维护河湖水系生态功能。

第五十五条 国家长江流域协调机制统筹协调国务院自然资源、水行政、生态环境、住房和城乡建设、农业农村、交通运输、林业和草原等部门和长江流域省级人民政府制定长江流域河湖岸线修复规范，确定岸线修复指标。

长江流域县级以上地方人民政府按照长江流域河湖岸线保护规划、修复规范和指标要求，制定并组织实施河湖岸线修复计划，保障自然岸线比例，恢复河湖岸线生态功能。

禁止违法利用、占用长江流域河湖岸线。

第五十六条 国务院有关部门会同长江流域有关省级人民政府加强对三峡库区、丹江口库区等重点库区消落区的生态环境保护和修复，因地制宜实施退耕还林还草还湿，禁止施用化肥、农药，科学调控水库水位，加强库区水土保持和地质灾害防治工作，保障消落区良好生态功能。

第五十七条 长江流域县级以上地方人民政府林业和草原主管部门负责组织实施长江流域森林、草原、湿地修复计划，科学推进森林、草原、湿地修复工作，加大退化天然林、草原和受损湿地修复力度。

第五十八条 国家加大对太湖、鄱阳湖、洞庭湖、巢湖、滇池等重点湖泊实施生态环境修复的支持力度。

长江流域县级以上地方人民政府应当组织开展富营养化湖泊的生态环境修复，采取调整产业布局规模、实施控制性水工程统一调度、生态补水、河湖连通等综合措施，改善和恢复湖泊生态系统的质量和功能；对氮磷浓度严重超标的湖泊，应当在影响湖泊水质的汇水区，采取措施削减化肥用量，禁止使用含磷洗涤剂，全面清理投饵、投肥养殖。

第五十九条 国务院林业和草原、农业农村主管部门应当对长江流域数量急剧下降或者极度濒危的野生动植物和受到严重破坏的栖息地、天然集中分布区、破碎化的典型生态系统制定修复方案和行动计划，修建迁地保护设施，建立野生动植物遗传资源基因库，进行抢救性修复。

在长江流域水生生物产卵场、索饵场、越冬场和洄游通道等重要栖息地应当实施生态环境修复和其他保护措施。对鱼类等水生生物洄游产生阻隔的涉水工程应当结合实际采取建设过鱼设施、河湖连通、生态调度、灌江纳苗、基因保存、增殖放流、人工繁育等多种措施，充分满足水生生物的生态需求。

第六十条 国务院水行政主管部门会同国务院有关部门和长江河口所在地人民政府按照陆海统筹、河海联动的要求，制定实施长江河口生态环境修复和其他保护措施方案，加强对水、沙、盐、潮滩、生物种群的综合监测，采取有效措施防止海水入侵和倒灌，维护长江河口良好生态功能。

第六十一条 长江流域水土流失重点预防区和重点治理区的县级以上地方人民政府应当采取措施，防治水土流失。生态保护红线范围内的水土流失地块，以自然恢复为主，按照规定有计划地实施退耕还林还草还湿；划入自然保护地核心保护区的永久基本农田，依法有序退出并予以补划。

禁止在长江流域水土流失严重、生态脆弱的区域开展可能造成水土流失的生产建设活动。确因国家发展战略和国计民生需要建设的，应当经科学论证，并依法办理审批手续。

长江流域县级以上地方人民政府应当对石漠化的土地因地制宜采取综合治理措施，修复生态系统，防止土地石漠化蔓延。

第六十二条 长江流域县级以上地方人民政府应当因地制宜采取消除地质灾害隐患、土地复垦、恢复植被、防治污染等措施，加快历史遗留矿山生态环境修复工作，并加强对在建和运行中矿山的监督管理，督促采矿权人切实履行矿山污染防治和生态环境修复责任。

第六十三条 长江流域中下游地区县级以上地方人民政府应当因地制宜在项目、资金、人才、管理等方面，对长江流域江河源头和上游地区实施生态环境修复和其他保护措施给予支持，提升长江流域生态脆弱区实施生态环境修复和其他保护措施的能力。

国家按照政策支持、企业和社会参与、市场化运作的原则，鼓励社会资本投入长江流域生态环境修复。

第六章 绿色发展

第六十四条 国务院有关部门和长江流域地方各级人民政府应当按照长江流域发展规划、国土空间规划的要求，调整产业结构，优化产业布局，推进长江流域绿色发展。

第六十五条 国务院和长江流域地方各级人民政府及其有关部门应当协同推进乡村振兴战略和新型城镇化战略的实施，统筹城乡基础设施建设和产业发展，建立健全全民覆盖、普惠共享、城乡一体的基本公共服务体系，促进长江流域城乡融合发展。

第六十六条 长江流域县级以上地方人民政府应当推动钢铁、石油、化工、有色金属、建材、船舶等产业升级改造，提升技术装备水平；推动造纸、制革、电镀、印染、有色金属、农药、氮肥、焦化、原料药制造等企业实施清洁化改造。企业应当通过技术创新减少资源消耗和污染物排放。

长江流域县级以上地方人民政府应当采取措施加快重点地区危险化学品生产企业

搬迁改造。

第六十七条 国务院有关部门会同长江流域省级人民政府建立开发区绿色发展评估机制，并组织对各类开发区的资源能源节约集约利用、生态环境保护等情况开展定期评估。

长江流域县级以上地方人民政府应当根据评估结果对开发区产业产品、节能减排等措施进行优化调整。

第六十八条 国家鼓励和支持在长江流域实施重点行业和重点用水单位节水技术改造，提高水资源利用效率。

长江流域县级以上地方人民政府应当加强节水型城市和节水型园区建设，促进节水型行业产业和企业发展，并加快建设雨水自然积存、自然渗透、自然净化的海绵城市。

第六十九条 长江流域县级以上地方人民政府应当按照绿色发展的要求，统筹规划、建设与管理，提升城乡人居环境质量，建设美丽城镇和美丽乡村。

长江流域县级以上地方人民政府应当按照生态、环保、经济、实用的原则因地制宜组织实施厕所改造。

国务院有关部门和长江流域县级以上地方人民政府及其有关部门应当加强对城市新区、各类开发区等使用建筑材料的管理，鼓励使用节能环保、性能高的建筑材料，建设地下综合管廊和管网。

长江流域县级以上地方人民政府应当建设废弃土石渣综合利用信息平台，加强对生产建设活动废弃土石渣收集、清运、集中堆放的管理，鼓励开展综合利用。

第七十条 长江流域县级以上地方人民政府应当编制并组织实施养殖水域滩涂规划，合理划定禁养区、限养区、养殖区，科学确定养殖规模和养殖密度；强化水产养殖投入品管理，指导和规范水产养殖、增殖活动。

第七十一条 国家加强长江流域综合立体交通体系建设，完善港口、航道等水运基础设施，推动交通设施互联互通，实现水陆有机衔接、江海直达联运，提升长江黄金水道功能。

第七十二条 长江流域县级以上地方人民政府应当统筹建设船舶污染物接收转运处置设施、船舶液化天然气加注站，制定港口岸电设施、船舶受电设施建设和改造计划，并组织实施。具备岸电使用条件的船舶靠港应当按照国家有关规定使用岸电，但使用清洁能源的除外。

第七十三条 国务院和长江流域县级以上地方人民政府对长江流域港口、航道和船舶升级改造，液化天然气动力船舶等清洁能源或者新能源动力船舶建造，港口绿色设计等按照规定给予资金支持或者政策扶持。

国务院和长江流域县级以上地方人民政府对长江流域港口岸电设施、船舶受电设施的改造和使用按照规定给予资金补贴、电价优惠等政策扶持。

第七十四条 长江流域地方各级人民政府加强对城乡居民绿色消费的宣传教育，并采取有效措施，支持、引导居民绿色消费。

长江流域地方各级人民政府按照系统推进、广泛参与、突出重点、分类施策的原则，采取回收押金、限制使用易污染不易降解塑料用品、绿色设计、发展公共交通等措施，提倡简约适度、绿色低碳的生活方式。

第七章 保障与监督

第七十五条 国务院和长江流域县级以上地方人民政府应当加大长江流域生态环境保护和修复的财政投入。

国务院和长江流域省级人民政府按照中央与地方财政事权和支出责任划分原则，专项安排长江流域生态环境保护资金，用于长江流域生态环境保护和修复。国务院自然资源主管部门会同国务院财政、生态环境等有关部门制定合理利用社会资金促进长江流域生态环境修复的政策措施。

国家鼓励和支持长江流域生态环境保护和修复等方面的科学技术研究开发和推广应用。

国家鼓励金融机构发展绿色信贷、绿色债券、绿色保险等金融产品，为长江流域生态环境保护和绿色发展提供金融支持。

第七十六条 国家建立长江流域生态保护补偿制度。

国家加大财政转移支付力度，对长江干流及重要支流源头和上游的水源涵养地等生态功能重要区域予以补偿。具体办法由国务院财政部门会同国务院有关部门制定。

国家鼓励长江流域上下游、左右岸、干支流地方人民政府之间开展横向生态保护补偿。

国家鼓励社会资金建立市场化运作的长江流域生态保护补偿基金；鼓励相关主体之间采取自愿协商等方式开展生态保护补偿。

第七十七条 国家加强长江流域司法保障建设，鼓励有关单位为长江流域生态环境保护提供法律服务。

长江流域各级行政执法机关、人民法院、人民检察院在依法查处长江保护违法行为或者办理相关案件过程中，发现存在涉嫌犯罪行为的，应当将犯罪线索移送具有侦查、调查职权的机关。

第七十八条 国家实行长江流域生态环境保护责任制和考核评价制度。上级人民政府应当对下级人民政府生态环境保护和修复目标完成情况等进行考核。

第七十九条 国务院有关部门和长江流域县级以上地方人民政府有关部门应当依照本法规定和职责分工，对长江流域各类保护、开发、建设活动进行监督检查，依法查处破坏长江流域自然资源、污染长江流域环境、损害长江流域生态系统等违法行为。

公民、法人和非法人组织有权依法获取长江流域生态环境保护相关信息，举报和控告破坏长江流域自然资源、污染长江流域环境、损害长江流域生态系统等违法行为。

国务院有关部门和长江流域地方各级人民政府及其有关部门应当依法公开长江流域生态环境保护相关信息，完善公众参与程序，为公民、法人和非法人组织参与和监督长江流域生态环境保护提供便利。

第八十条 国务院有关部门和长江流域地方各级人民政府及其有关部门对长江流域跨行政区域、生态敏感区域和生态环境违法案件高发区域以及重大违法案件，依法开展联合执法。

第八十一条 国务院有关部门和长江流域省级人民政府对长江保护工作不力、问题突出、群众反映集中的地区，可以约谈所在地区县级以上地方人民政府及其有关部门主要负责人，要求其采取措施及时整改。

第八十二条 国务院应当定期向全国人民代表大会常务委员会报告长江流域生态环境状况及保护和修复工作等情况。

长江流域县级以上地方人民政府应当定期向本级人民代表大会或者其常务委员会报告本级人民政府长江流域生态环境保护和修复工作等情况。

第八章 法律责任

第八十三条 国务院有关部门和长江流域地方各级人民政府及其有关部门违反本法规定，有下列行为之一的，对直接负责的主管人员和其他直接责任人员依法给予警告、记过、记大过或者降级处分；造成严重后果的，给予撤职或者开除处分，其主要负责人应当引咎辞职：

（一）不符合行政许可条件准予行政许可的；

（二）依法应当作出责令停业、关闭等决定而未作出的；

（三）发现违法行为或者接到举报不依法查处的；

（四）有其他玩忽职守、滥用职权、徇私舞弊行为的。

第八十四条 违反本法规定，有下列行为之一的，由有关主管部门按照职责分工，责令停止违法行为，给予警告，并处一万元以上十万元以下罚款；情节严重的，并处十万元以上五十万元以下罚款：

（一）船舶在禁止航行区域内航行的；

（二）经同意在水生生物重要栖息地禁止航行区域内航行，未采取必要措施减少对重要水生生物干扰的；

（三）水利水电、航运枢纽等工程未将生态用水调度纳入日常运行调度规程的；

（四）具备岸电使用条件的船舶未按照国家有关规定使用岸电的。

第八十五条 违反本法规定，在长江流域开放水域养殖、投放外来物种或者其他非本地物种种质资源的，由县级以上人民政府农业农村主管部门责令限期捕回，处十万元以下罚款；造成严重后果的，处十万元以上一百万元以下罚款；逾期不捕回的，由有关人民政府农业农村主管部门代为捕回或者采取降低负面影响的措施，所需费用由违法者承担。

第八十六条 违反本法规定，在长江流域水生生物保护区内从事生产性捕捞，或者在长江干流和重要支流、大型通江湖泊、长江河口规定区域等重点水域禁捕期间从事天然渔业资源的生产性捕捞的，由县级以上人民政府农业农村主管部门没收渔获物、违法所得以及用于违法活动的渔船、渔具和其他工具，并处一万元以上五万元以下罚款；采取电鱼、毒鱼、炸鱼等方式捕捞，或者有其他严重情节的，并处五万元以上五十万元以下罚款。

收购、加工、销售前款规定的渔获物的，由县级以上人民政府农业农村、市场监督管理等部门按照职责分工，没收渔获物及其制品和违法所得，并处货值金额十倍以上二十倍以下罚款；情节严重的，吊销相关生产经营许可证或者责令关闭。

第八十七条 违反本法规定，非法侵占长江流域河湖水域，或者违法利用、占用河湖岸线的，由县级以上人民政府水行政、自然资源等主管部门按照职责分工，责令停止违法行为，限期拆除并恢复原状，所需费用由违法者承担，没收违法所得，并处五万元以上五十万元以下罚款。

第八十八条 违反本法规定，有下列行为之一的，由县级以上人民政府生态环境、自然资源等主管部门按照职责分工，责令停止违法行为，限期拆除并恢复原状，所需费用由违法者承担，没收违法所得，并处五十万元以上五百万元以下罚款，对直接负责的主管人员和其他直接责任人员处五万元以上十万元以下罚款；情节严重的，报经有批准权的人民政府批准，责令关闭：

（一）在长江干支流岸线一公里范围内新建、扩建化工园区和化工项目的；

（二）在长江干流岸线三公里范围内和重要支流岸线一公里范围内新建、改建、扩建尾矿库的；

（三）违反生态环境准入清单的规定进行生产建设活动的。

第八十九条 长江流域磷矿开采加工、磷肥和含磷农药制造等企业违反本法规定，超过排放标准或者总量控制指标排放含磷水污染物的，由县级以上人民政府生态环境主管部门责令停止违法行为，并处二十万元以上二百万元以下罚款，对直接负责的主管人员和其他直接责任人员处五万元以上十万元以下罚款；情节严重的，责令停产整顿，或者报经有批准权的人民政府批准，责令关闭。

第九十条 违反本法规定，在长江流域水上运输剧毒化学品和国家规定禁止通过内河运输的其他危险化学品的，由县级以上人民政府交通运输主管部门或者海事管理机构责令改正，没收违法所得，并处二十万元以上二百万元以下罚款，对直接负责的主管人员和其他直接责任人员处五万元以上十万元以下罚款；情节严重的，责令停业整顿，或者吊销相关许可证。

第九十一条 违反本法规定，在长江流域未依法取得许可从事采砂活动，或者在禁止采砂区和禁止采砂期从事采砂活动的，由国务院水行政主管部门有关流域管理机构或者县级以上地方人民政府水行政主管部门责令停止违法行为，没收违法所得以及用于违法活动的船舶、设备、工具，并处货值金额二倍以上二十倍以下罚款；货值金额不足十万元的，并处二十万元以上二百万元以下罚款；已经取得河道采砂许可证的，吊销河道采砂许可证。

第九十二条 对破坏长江流域自然资源、污染长江流域环境、损害长江流域生态系统等违法行为，本法未作行政处罚规定的，适用有关法律、行政法规的规定。

第九十三条 因污染长江流域环境、破坏长江流域生态造成他人损害的，侵权人应当承担侵权责任。

违反国家规定造成长江流域生态环境损害的，国家规定的机关或者法律规定的组织有权请求侵权人承担修复责任、赔偿损失和有关费用。

第九十四条 违反本法规定，构成犯罪的，依法追究刑事责任。

第九章 附则

第九十五条 本法下列用语的含义：

（一）本法所称长江干流，是指长江源头至长江河口，流经青海省、四川省、西藏自治区、云南省、重庆市、湖北省、湖南省、江西省、安徽省、江苏省、上海市的长江主河段；

（二）本法所称长江支流，是指直接或者间接流入长江干流的河流，支流可以分为一级支流、二级支流等；

（三）本法所称长江重要支流，是指流域面积一万平方公里以上的支流，其中流域面积八万平方公里以上的一级支流包括雅砻江、岷江、嘉陵江、乌江、湘江、沅江、汉江和赣江等。

第九十六条 本法自 2021 年 3 月 1 日起施行。

3. 城镇排水与污水处理条例

（2013 年 9 月 18 日国务院第 24 次常务会议通过，2013 年 10 月 2 日中华人民共和国国务院令第 641 号公布，自 2014 年 1 月 1 日起施行）

第一章 总则

第一条 为了加强对城镇排水与污水处理的管理，保障城镇排水与污水处理设施安全运行，防治城镇水污染和内涝灾害，保障公民生命、财产安全和公共安全，保护环境，制定本条例。

第二条 城镇排水与污水处理的规划，城镇排水与污水处理设施的建设、维护与保护，向城镇排水设施排水与污水处理，以及城镇内涝防治，适用本条例。

第三条 县级以上人民政府应当加强对城镇排水与污水处理工作的领导，并将城镇排水与污水处理工作纳入国民经济和社会发展规划。

第四条 城镇排水与污水处理应当遵循尊重自然、统筹规划、配套建设、保障安全、综合利用的原则。

第五条 国务院住房城乡建设主管部门指导监督全国城镇排水与污水处理工作。

县级以上地方人民政府城镇排水与污水处理主管部门（以下称城镇排水主管部门）负责本行政区域内城镇排水与污水处理的监督管理工作。

县级以上人民政府其他有关部门依照本条例和其他有关法律、法规的规定，在各自的职责范围内负责城镇排水与污水处理监督管理的相关工作。

第六条 国家鼓励采取特许经营、政府购买服务等多种形式，吸引社会资金参与投资、建设和运营城镇排水与污水处理设施。

县级以上人民政府鼓励、支持城镇排水与污水处理科学技术研究，推广应用先进适用的技术、工艺、设备和材料，促进污水的再生利用和污泥、雨水的资源化利用，提高城镇排水与污水处理能力。

第二章 规划与建设

第七条 国务院住房城乡建设主管部门会同国务院有关部门，编制全国的城镇排水与污水处理规划，明确全国城镇排水与污水处理的中长期发展目标、发展战略、布局、任务以及保障措施等。

城镇排水主管部门会同有关部门，根据当地经济社会发展水平以及地理、气候特征，编制本行政区域的城镇排水与污水处理规划，明确排水与污水处理目标与标准，排水量与排水模式，污水处理与再生利用、污泥处理处置要求，排涝措施，城镇排水与污水处理设施的规模、布局、建设时序和建设用地以及保障措施等；易发生内涝的城市、镇，还应当编制城镇内涝防治专项规划，并纳入本行政区域的城镇排水与污水处理规划。

第八条 城镇排水与污水处理规划的编制，应当依据国民经济和社会发展规划、城乡规划、土地利用总体规划、水污染防治规划和防洪规划，并与城镇开发建设、道路、绿地、水系等专项规划相衔接。

城镇内涝防治专项规划的编制，应当根据城镇人口与规模、降雨规律、暴雨内涝风险等因素，合理确定内涝防治目标和要求，充分利用自然生态系统，提高雨水滞渗、调蓄和排放能力。

第九条 城镇排水主管部门应当将编制的城镇排水与污水处理规划报本级人民政府批准后组织实施，并报上一级人民政府城镇排水主管部门备案。

城镇排水与污水处理规划一经批准公布，应当严格执行；因经济社会发展确需修改的，应当按照原审批程序报送审批。

第十条 县级以上地方人民政府应当根据城镇排水与污水处理规划的要求，加大对城镇排水与污水处理设施建设和维护的投入。

第十一条 城乡规划和城镇排水与污水处理规划确定的城镇排水与污水处理设施建设用地，不得擅自改变用途。

第十二条 县级以上地方人民政府应当按照先规划后建设的原则，依据城镇排水与污水处理规划，合理确定城镇排水与污水处理设施建设标准，统筹安排管网、泵站、污水处理厂以及污泥处理处置、再生水利用、雨水调蓄和排放等排水与污水处理设施建设和改造。

城镇新区的开发和建设，应当按照城镇排水与污水处理规划确定的建设时序，优先安排排水与污水处理设施建设；未建或者已建但未达到国家有关标准的，应当按照年度改造计划进行改造，提高城镇排水与污水处理能力。

第十三条 县级以上地方人民政府应当按照城镇排涝要求，结合城镇用地性质和条件，加强雨水管网、泵站以及雨水调蓄、超标雨水径流排放等设施建设和改造。

新建、改建、扩建市政基础设施工程应当配套建设雨水收集利用设施，增加绿地、砂石地面、可渗透路面和自然地面对雨水的滞渗能力，利用建筑物、停车场、广场、道路等建设雨水收集利用设施，削减雨水径流，提高城镇内涝防治能力。

新区建设与旧城区改建，应当按照城镇排水与污水处理规划确定的雨水径流控制要求建设相关设施。

第十四条 城镇排水与污水处理规划范围内的城镇排水与污水处理设施建设项目以及需要与城镇排水与污水处理设施相连接的新建、改建、扩建建设工程，城乡规划主管部门在依法核发建设用地规划许可证时，应当征求城镇排水主管部门的意见。城镇排水主管部门应当就排水设计方案是否符合城镇排水与污水处理规划和相关标准提出意见。

建设单位应当按照排水设计方案建设连接管网等设施；未建设连接管网等设施的，不得投入使用。城镇排水主管部门或者其委托的专门机构应当加强指导和监督。

第十五条 城镇排水与污水处理设施建设工程竣工后，建设单位应当依法组织竣工验收。竣工验收合格的，方可交付使用，并自竣工验收合格之日起15日内，将竣工验收报告及相关资料报城镇排水主管部门备案。

第十六条 城镇排水与污水处理设施竣工验收合格后，由城镇排水主管部门通过招标投标、委托等方式确定符合条件的设施维护运营单位负责管理。特许经营合同、委托运营合同涉及污染物削减和污水处理运营服务费的，城镇排水主管部门应当征求环境保护主管部门、价格主管部门的意见。国家鼓励实施城镇污水处理特许经营制度。具体办法由国务院住房城乡建设主管部门会同国务院有关部门制定。

城镇排水与污水处理设施维护运营单位应当具备下列条件：

（一）有法人资格；

（二）有与从事城镇排水与污水处理设施维护运营活动相适应的资金和设备；

（三）有完善的运行管理和安全管理制度；

（四）技术负责人和关键岗位人员经专业培训并考核合格；

（五）有相应的良好业绩和维护运营经验；

（六）法律、法规规定的其他条件。

第三章 排水

第十七条 县级以上地方人民政府应当根据当地降雨规律和暴雨内涝风险情况，结合气象、水文资料，建立排水设施地理信息系统，加强雨水排放管理，提高城镇内涝防治水平。

县级以上地方人民政府应当组织有关部门、单位采取相应的预防治理措施，建立城镇内涝防治预警、会商、联动机制，发挥河道行洪能力和水库、洼淀、湖泊调蓄洪水的功能，加强对城镇排水设施的管理和河道防护、整治，因地制宜地采取定期清淤疏浚等措施，确保雨水排放畅通，共同做好城镇内涝防治工作。

第十八条 城镇排水主管部门应当按照城镇内涝防治专项规划的要求，确定雨水收集利用设施建设标准，明确雨水的排水分区和排水出路，合理控制雨水径流。

第十九条 除干旱地区外，新区建设应当实行雨水、污水分流；对实行雨水、污水合流的地区，应当按照城镇排水与污水处理规划要求，进行雨水、污水分流改造。雨水、污水分流改造可以结合旧城区改建和道路建设同时进行。

在雨水、污水分流地区，新区建设和旧城区改建不得将雨水管网、污水管网相互混接。

在有条件的地区，应当逐步推进初期雨水收集与处理，合理确定截流倍数，通过设置初期雨水贮存池、建设截流干管等方式，加强对初期雨水的排放调控和污染防治。

第二十条 城镇排水设施覆盖范围内的排水单位和个人，应当按照国家有关规定将污水排入城镇排水设施。

在雨水、污水分流地区，不得将污水排入雨水管网。

第二十一条 从事工业、建筑、餐饮、医疗等活动的企业事业单位、个体工商户（以下称排水户）向城镇排水设施排放污水的，应当向城镇排水主管部门申请领取污水排入排水管网许可证。城镇排水主管部门应当按照国家有关标准，重点对影响城镇排水与污水处理设施安全运行的事项进行审查。

排水户应当按照污水排入排水管网许可证的要求排放污水。

第二十二条 排水户申请领取污水排入排水管网许可证应当具备下列条件：

（一）排放口的设置符合城镇排水与污水处理规划的要求；

（二）按照国家有关规定建设相应的预处理设施和水质、水量检测设施；

（三）排放的污水符合国家或者地方规定的有关排放标准；

（四）法律、法规规定的其他条件。

符合前款规定条件的，由城镇排水主管部门核发污水排入排水管网许可证；具体办法由国务院住房城乡建设主管部门制定。

第二十三条 城镇排水主管部门应当加强对排放口设置以及预处理设施和水质、水量检测设施建设的指导和监督；对不符合规划要求或者国家有关规定的，应当要求排水户采取措施，限期整改。

第二十四条 城镇排水主管部门委托的排水监测机构，应当对排水户排放污水的水质和水量进行监测，并建立排水监测档案。排水户应当接受监测，如实提供有关资料。

列入重点排污单位名录的排水户安装的水污染物排放自动监测设备，应当与环境保护主管部门的监控设备联网。环境保护主管部门应当将监测数据与城镇排水主管部门共享。

第二十五条 因城镇排水设施维护或者检修可能对排水造成影响的，城镇排水设施维护运营单位应当提前24小时通知相关排水户；可能对排水造成严重影响的，应当事先向城镇排水主管部门报告，采取应急处理措施，并向社会公告。

第二十六条 设置于机动车道路上的窨井，应当按照国家有关规定进行建设，保证其承载力和稳定性等符合相关要求。

排水管网窨井盖应当具备防坠落和防盗窃功能，满足结构强度要求。

第二十七条 城镇排水主管部门应当按照国家有关规定建立城镇排涝风险评估制度和灾害后评估制度，在汛前对城镇排水设施进行全面检查，对发现的问题，责成有关单位限期处理，并加强城镇广场、立交桥下、地下构筑物、棚户区等易涝点的治理，强化排涝措施，增加必要的强制排水设施和装备。

城镇排水设施维护运营单位应当按照防汛要求，对城镇排水设施进行全面检查、维护、清疏，确保设施安全运行。

在汛期，有管辖权的人民政府防汛指挥机构应当加强对易涝点的巡查，发现险情，立即采取措施。有关单位和个人在汛期应当服从有管辖权的人民政府防汛指挥机构的统一调度指挥或者监督。

第四章 污水处理

第二十八条 城镇排水主管部门应当与城镇污水处理设施维护运营单位签订维护运营合同，明确双方权利义务。

城镇污水处理设施维护运营单位应当依照法律、法规和有关规定以及维护运营合同进行维护运营，定期向社会公开有关维护运营信息，并接受相关部门和社会公众的监督。

第二十九条 城镇污水处理设施维护运营单位应当保证出水水质符合国家和地方规定的排放标准，不得排放不达标污水。

城镇污水处理设施维护运营单位应当按照国家有关规定检测进出水水质，向城镇排水主管部门、环境保护主管部门报送污水处理水质和水量、主要污染物削减量等信息，并按照有关规定和维护运营合同，向城镇排水主管部门报送生产运营成本等信息。

城镇污水处理设施维护运营单位应当按照国家有关规定向价格主管部门提交相关成本信息。

城镇排水主管部门核定城镇污水处理运营成本，应当考虑主要污染物削减情况。

第三十条 城镇污水处理设施维护运营单位或者污泥处理处置单位应当安全处理处置污泥，保证处理处置后的污泥符合国家有关标准，对产生的污泥以及处理处置后的污泥去向、用途、用量等进行跟踪、记录，并向城镇排水主管部门、环境保护主管部门报告。任何单位和个人不得擅自倾倒、堆放、丢弃、遗撒污泥。

第三十一条 城镇污水处理设施维护运营单位不得擅自停运城镇污水处理设施，因检修等原因需要停运或者部分停运城镇污水处理设施的，应当在90个工作日前向城镇排水主管部门、环境保护主管部门报告。

城镇污水处理设施维护运营单位在出现进水水质和水量发生重大变化可能导致出水水质超标，或者发生影响城镇污水处理设施安全运行的突发情况时，应当立即采取应急处理措施，并向城镇排水主管部门、环境保护主管部门报告。

城镇排水主管部门或者环境保护主管部门接到报告后，应当及时核查处理。

第三十二条 排水单位和个人应当按照国家有关规定缴纳污水处理费。

向城镇污水处理设施排放污水、缴纳污水处理费的，不再缴纳排污费。排水监测机构接受城镇排水主管部门委托从事有关监测活动，不得向城镇污水处理设施维护运营单位和排水户收取任何费用。

第三十三条 污水处理费应当纳入地方财政预算管理，专项用于城镇污水处理设施的建设、运行和污泥处理处置，不得挪作他用。污水处理费的收费标准不应低于城镇污水处理设施正常运营的成本。因特殊原因，收取的污水处理费不足以支付城镇污水处理设施正常运营的成本的，地方人民政府给予补贴。

污水处理费的收取、使用情况应当向社会公开。

第三十四条 县级以上地方人民政府环境保护主管部门应当依法对城镇污水处理设施的出水水质和水量进行监督检查。

城镇排水主管部门应当对城镇污水处理设施运营情况进行监督和考核，并将监督考核情况向社会公布。有关单位和个人应当予以配合。

城镇污水处理设施维护运营单位应当为进出水在线监测系统的安全运行提供保障条件。

第三十五条 城镇排水主管部门应当根据城镇污水处理设施维护运营单位履行维护运营合同的情况以及环境保护主管部门对城镇污水处理设施出水水质和水量的监督检查结果，核定城镇污水处理设施运营服务费。地方人民政府有关部门应当及时、足额拨付城镇污水处理设施运营服务费。

第三十六条 城镇排水主管部门在监督考核中，发现城镇污水处理设施维护运营单位存在未依照法律、法规和有关规定以及维护运营合同进行维护运营，擅自停运或者部分停运城镇污水处理设施，或者其他无法安全运行等情形的，应当要求城镇污水处理设施维护运营单位采取措施，限期整改；逾期不整改的，或者整改后仍无法安全运行的，城镇排水主管部门可以终止维护运营合同。

城镇排水主管部门终止与城镇污水处理设施维护运营单位签订的维护运营合同的，应当采取有效措施保障城镇污水处理设施的安全运行。

第三十七条 国家鼓励城镇污水处理再生利用，工业生产、城市绿化、道路清扫、车辆冲洗、建筑施工以及生态景观等，应当优先使用再生水。

县级以上地方人民政府应当根据当地水资源和水环境状况，合理确定再生水利用的规模，制定促进再生水利用的保障措施。

再生水纳入水资源统一配置，县级以上地方人民政府水行政主管部门应当依法加强指导。

第五章 设施维护与保护

第三十八条 城镇排水与污水处理设施维护运营单位应当建立健全安全生产管理制度，加强对窨井盖等城镇排水与污水处理设施的日常巡查、维修和养护，保障设施安全运行。

从事管网维护、应急排水、井下及有限空间作业的，设施维护运营单位应当安排专门人员进行现场安全管理，设置醒目警示标志，采取有效措施避免人员坠落、车辆陷落，并及时复原窨井盖，确保操作规程的遵守和安全措施的落实。相关特种作业人员，应当按照国家有关规定取得相应的资格证书。

第三十九条 县级以上地方人民政府应当根据实际情况，依法组织编制城镇排水与污水处理应急预案，统筹安排应对突发事件以及城镇排涝所必需的物资。

城镇排水与污水处理设施维护运营单位应当制定本单位的应急预案，配备必要的抢险装备、器材，并定期组织演练。

第四十条 排水户因发生事故或者其他突发事件，排放的污水可能危及城镇排水与污水处理设施安全运行的，应当立即采取措施消除危害，并及时向城镇排水主管部门和环境保护主管部门等有关部门报告。

城镇排水与污水处理安全事故或者突发事件发生后，设施维护运营单位应当立即启动本单位应急预案，采取防护措施、组织抢修，并及时向城镇排水主管部门和有关部门报告。

第四十一条 城镇排水主管部门应当会同有关部门，按照国家有关规定划定城镇排水与污水处理设施保护范围，并向社会公布。

在保护范围内，有关单位从事爆破、钻探、打桩、顶进、挖掘、取土等可能影响城镇排水与污水处理设施安全的活动的，应当与设施维护运营单位等共同制定设施保护方案，并采取相应的安全防护措施。

第四十二条 禁止从事下列危及城镇排水与污水处理设施安全的活动：

（一）损毁、盗窃城镇排水与污水处理设施；

（二）穿凿、堵塞城镇排水与污水处理设施；

（三）向城镇排水与污水处理设施排放、倾倒剧毒、易燃易爆、腐蚀性废液和废渣；

（四）向城镇排水与污水处理设施倾倒垃圾、渣土、施工泥浆等废弃物；

（五）建设占压城镇排水与污水处理设施的建筑物、构筑物或者其他设施；

（六）其他危及城镇排水与污水处理设施安全的活动。

第四十三条 新建、改建、扩建建设工程，不得影响城镇排水与污水处理设施安全。

建设工程开工前，建设单位应当查明工程建设范围内地下城镇排水与污水处理设施的相关情况。城镇排水主管部门及其他相关部门和单位应当及时提供相关资料。

建设工程施工范围内有排水管网等城镇排水与污水处理设施的，建设单位应当与施工单位、设施维护运营单位共同制定设施保护方案，并采取相应的安全保护措施。

因工程建设需要拆除、改动城镇排水与污水处理设施的，建设单位应当制定拆除、改动方案，报城镇排水主管部门审核，并承担重建、改建和采取临时措施的费用。

第四十四条 县级以上人民政府城镇排水主管部门应当会同有关部门，加强对城镇排水与污水处理设施运行维护和保护情况的监督检查，并将检查情况及结果向社会公开。实施监督检查时，有权采取下列措施：

（一）进入现场进行检查、监测；

（二）查阅、复制有关文件和资料；

（三）要求被监督检查的单位和个人就有关问题作出说明。

被监督检查的单位和个人应当予以配合，不得妨碍和阻挠依法进行的监督检查活动。

第四十五条 审计机关应当加强对城镇排水与污水处理设施建设、运营、维护和保护等资金筹集、管理和使用情况的监督，并公布审计结果。

第六章 法律责任

第四十六条 违反本条例规定，县级以上地方人民政府及其城镇排水主管部门和其他有关部门，不依法作出行政许可或者办理批准文件的，发现违法行为或者接到对违法行为的举报不予查处的，或者有其他未依照本条例履行职责的行为的，对直接负责的主管人员和其他直接责任人员依法给予处分；直接负责的主管人员和其他直接责任人员的行为构成犯罪的，依法追究刑事责任。

违反本条例规定，核发污水排入排水管网许可证、排污许可证后不实施监督检查的，对核发许可证的部门及其工作人员依照前款规定处理。

第四十七条 违反本条例规定，城镇排水主管部门对不符合法定条件的排水户核发污水排入排水管网许可证的，或者对符合法定条件的排水户不予核发污水排入排水管网许可证的，对直接负责的主管人员和其他直接责任人员依法给予处分；直接负责的主管人员和其他直接责任人员的行为构成犯罪的，依法追究刑事责任。

第四十八条 违反本条例规定，在雨水、污水分流地区，建设单位、施工单位将雨水管网、污水管网相互混接的，由城镇排水主管部门责令改正，处5万元以上10万元以下的罚款；造成损失的，依法承担赔偿责任。

第四十九条 违反本条例规定，城镇排水与污水处理设施覆盖范围内的排水单位和个人，未按照国家有关规定将污水排入城镇排水设施，或者在雨水、污水分流地区将污水排入雨水管网的，由城镇排水主管部门责令改正，给予警告；逾期不改正或者造成严重后果的，对单位处10万元以上20万元以下罚款，对个人处2万元以上10万元以下罚款；造成损失的，依法承担赔偿责任。

第五十条 违反本条例规定，排水户未取得污水排入排水管网许可证向城镇排水设施排放污水的，由城镇排水主管部门责令停止违法行为，限期采取治理措施，补办污水排入排水管网许可证，可以处50万元以下罚款；造成损失的，依法承担赔偿责任；构成犯罪的，依法追究刑事责任。

违反本条例规定，排水户不按照污水排入排水管网许可证的要求排放污水的，由城镇排水主管部门责令停止违法行为，限期改正，可以处5万元以下罚款；造成严重后果的，吊销污水排入排水管网许可证，并处5万元以上50万元以下罚款，可以向社会予以通报；造成损失的，依法承担赔偿责任；构成犯罪的，依法追究刑事责任。

第五十一条　违反本条例规定，因城镇排水设施维护或者检修可能对排水造成影响或者严重影响，城镇排水设施维护运营单位未提前通知相关排水户的，或者未事先向城镇排水主管部门报告，采取应急处理措施的，或者未按照防汛要求对城镇排水设施进行全面检查、维护、清疏，影响汛期排水畅通的，由城镇排水主管部门责令改正，给予警告；逾期不改正或者造成严重后果的，处10万元以上20万元以下罚款；造成损失的，依法承担赔偿责任。

第五十二条　违反本条例规定，城镇污水处理设施维护运营单位未按照国家有关规定检测进出水水质的，或者未报送污水处理水质和水量、主要污染物削减量等信息和生产运营成本等信息的，由城镇排水主管部门责令改正，可以处5万元以下罚款；造成损失的，依法承担赔偿责任。

违反本条例规定，城镇污水处理设施维护运营单位擅自停运城镇污水处理设施，未按照规定事先报告或者采取应急处理措施的，由城镇排水主管部门责令改正，给予警告；逾期不改正或者造成严重后果的，处10万元以上50万元以下罚款；造成损失的，依法承担赔偿责任。

第五十三条　违反本条例规定，城镇污水处理设施维护运营单位或者污泥处理处置单位对产生的污泥以及处理处置后的污泥的去向、用途、用量等未进行跟踪、记录的，或者处理处置后的污泥不符合国家有关标准的，由城镇排水主管部门责令限期采取治理措施，给予警告；造成严重后果的，处10万元以上20万元以下罚款；逾期不采取治理措施的，城镇排水主管部门可以指定有治理能力的单位代为治理，所需费用由当事人承担；造成损失的，依法承担赔偿责任。

违反本条例规定，擅自倾倒、堆放、丢弃、遗撒污泥的，由城镇排水主管部门责令停止违法行为，限期采取治理措施，给予警告；造成严重后果的，对单位处10万元以上50万元以下罚款，对个人处2万元以上10万元以下罚款；逾期不采取治理措施的，城镇排水主管部门可以指定有治理能力的单位代为治理，所需费用由当事人承担；造成损失的，依法承担赔偿责任。

第五十四条　违反本条例规定，排水单位或者个人不缴纳污水处理费的，由城镇排水主管部门责令限期缴纳，逾期拒不缴纳的，处应缴纳污水处理费数额1倍以上3倍以下罚款。

第五十五条　违反本条例规定，城镇排水与污水处理设施维护运营单位有下列情形之一的，由城镇排水主管部门责令改正，给予警告；逾期不改正或者造成严重后果的，处10万元以上50万元以下罚款；造成损失的，依法承担赔偿责任；构成犯罪的，依法追究刑事责任：

（一）未按照国家有关规定履行日常巡查、维修和养护责任，保障设施安全运行的；

（二）未及时采取防护措施、组织事故抢修的；

（三）因巡查、维护不到位，导致窨井盖丢失、损毁，造成人员伤亡和财产损失的。

第五十六条　违反本条例规定，从事危及城镇排水与污水处理设施安全的活动的，由城镇排水主管部门责令停止违法行为，限期恢复原状或者采取其他补救措施，给予警告；逾期不采取补救措施或者造成严重后果的，对单位处10万元以上30万元以下罚款，对个人处2万元以上10万元以下罚款；造成损失的，依法承担赔偿责任；构成犯罪的，依法追究刑事责任。

第五十七条 违反本条例规定，有关单位未与施工单位、设施维护运营单位等共同制定设施保护方案，并采取相应的安全防护措施的，由城镇排水主管部门责令改正，处2万元以上5万元以下罚款；造成严重后果的，处5万元以上10万元以下罚款；造成损失的，依法承担赔偿责任；构成犯罪的，依法追究刑事责任。

违反本条例规定，擅自拆除、改动城镇排水与污水处理设施的，由城镇排水主管部门责令改正，恢复原状或者采取其他补救措施，处5万元以上10万元以下罚款；造成严重后果的，处10万元以上30万元以下罚款；造成损失的，依法承担赔偿责任；构成犯罪的，依法追究刑事责任。

第七章 附则

第五十八条 依照《中华人民共和国水污染防治法》的规定，排水户需要取得排污许可证的，由环境保护主管部门核发；违反《中华人民共和国水污染防治法》的规定排放污水的，由环境保护主管部门处罚。

第五十九条 本条例自2014年1月1日起施行。

4. 入河排污口监督管理办法

（水利部令 第22号）

（2004年11月30日发布，自2005年4月1日起施行，根据2015年12月16日《水利部关于废止和修改部分规章的决定》修正）

第一条 为加强入河排污口监督管理，保护水资源，保障防洪和工程设施安全，促进水资源的可持续利用，根据《中华人民共和国水法》、《中华人民共和国防洪法》和《中华人民共和国河道管理条例》等法律法规，制定本办法。

第二条 在江河、湖泊（含运河、渠道、水库等水域，下同）新建、改建或者扩大排污口，以及对排污口使用的监督管理，适用本办法。

前款所称排污口，包括直接或者通过沟、渠、管道等设施向江河、湖泊排放污水的排污口，以下统称入河排污口；新建，是指入河排污口的首次建造或者使用，以及对原来不具有排污功能或者已废弃的排污口的使用；改建，是指已有入河排污口的排放位置、排放方式等事项的重大改变；扩大，是指已有入河排污口排污能力的提高。入河排污口的新建、改建和扩大，以下统称入河排污口设置。

第三条 入河排污口的设置应当符合水功能区划、水资源保护规划和防洪规划的要求。

第四条 国务院水行政主管部门负责全国入河排污口监督管理的组织和指导工作，县级以上地方人民政府水行政主管部门和流域管理机构按照本办法规定的权限负责入河排污口设置和使用的监督管理工作。

县级以上地方人民政府水行政主管部门和流域管理机构可以委托下级地方人民政府水行政主管部门或者其所属管理单位对其管理权限内的入河排污口实施日常监督管理。

第五条 依法应当办理河道管理范围内建设项目审查手续的，其入河排污口设置由县级以上地方人民政府水行政主管部门和流域管理机构按照河道管理范围内建设项目的管理权限审批；依法不需要办理河道管理范围内建设项目审查手续的，除下列情况外，其入河排污口设置由入河排污口所在地县级水行政主管部门负责审批：

（一）在流域管理机构直接管理的河道（河段）、湖泊上设置入河排污口的，由该流域管理机构负责审批；

（二）设置入河排污口需要同时办理取水许可手续的，其入河排污口设置由县级以上地方人民政府水行政主管部门和流域管理机构按照取水许可管理权限审批；

（三）设置入河排污口不需要办理取水许可手续，但是按规定需要编制环境影响报告书（表）的，其入河排污口设置由与负责审批环境影响报告书（表）的环境保护部门同级的水行政主管部门审批。其中环境影响报告书（表）需要报国务院环境保护行政主管部门审批的，其入河排污口设置由所在流域的流域管理机构审批。

第六条 设置入河排污口的单位（下称排污单位），应当在向环境保护行政主管部门报送建设项目环境影响报告书（表）之前，向有管辖权的县级以上地方人民政府水行政主管部门或者流域管理机构提出入河排污口设置申请。

依法需要办理河道管理范围内建设项目审查手续或者取水许可审批手续的，排污单位应当根据具体要求，分别在提出河道管理范围内建设项目申请或者取水许可申请的同时，提出入河排污口设置申请。

依法不需要编制环境影响报告书（表）以及依法不需要办理河道管理范围内建设项目审查手续和取水许可手续的，排污单位应当在设置入河排污口前，向有管辖权的县级以上地方人民政府水行政主管部门或者流域管理机构提出入河排污口设置申请。

第七条 设置入河排污口应当提交以下材料：

（一）入河排污口设置申请书；

（二）建设项目依据文件；

（三）入河排污口设置论证报告；

（四）其他应当提交的有关文件。

设置入河排污口对水功能区影响明显轻微的，经有管辖权的县级以上地方人民政府水行政主管部门或者流域管理机构同意，可以不编制入河排污口设置论证报告，只提交设置入河排污口对水功能区影响的简要分析材料。

第八条 设置入河排污口依法应当办理河道管理范围内建设项目审查手续的，排污单位提交的河道管理范围内工程建设申请中应当包含入河排污口设置的有关内容，不再单独提交入河排污口设置申请书。

设置入河排污口需要同时办理取水许可和入河排污口设置申请的，排污单位提交的建设项目水资源论证报告中应当包含入河排污口设置论证报告的有关内容，不再单独提交入河排污口设置论证报告。

第九条 入河排污口设置论证报告应当包括下列内容：

（一）入河排污口所在水域水质、接纳污水及取水现状；

（二）入河排污口位置、排放方式；

（三）入河污水所含主要污染物种类及其排放浓度和总量；

（四）水域水质保护要求，入河污水对水域水质和水功能区的影响；

（五）入河排污口设置对有利害关系的第三者的影响；

（六）水质保护措施及效果分析；

（七）论证结论。

设置入河排污口依法应当办理河道管理范围内建设项目审查手续的，还应当按照有关规定就建设项目对防洪的影响进行论证。

第十条 排污单位应当按照有关技术要求，自行或者委托有关单位编制入河排污口设置论证报告。

第十一条 有管辖权的县级以上地方人民政府水行政主管部门或者流域管理机构对申请材料齐全、符合法定形式的入河排污口设置申请，应当予以受理。

对申请材料不齐全或者不符合法定形式的，应当当场或者在 5 日内 1 次告知需要补正的全部内容，排污单位按照要求提交全部补正材料的，应当受理；逾期不告知补正内容的，自收到申请材料之日起即为受理。

受理或者不受理入河排污口设置申请，应当出具加盖印章和注明日期的书面凭证。

第十二条 有管辖权的县级以上地方人民政府水行政主管部门或者流域管理机构应当自受理入河排污口设置申请之日起 20 日内作出决定。同意设置入河排污口的，应当予以公告，公众有权查询；不同意设置入河排污口的，应当说明理由，并告知排污单位享有依法申请行政复议或者提起行政诉讼的权利。对于依法应当编制环境影响报告书（表）的建设项目，还应当将有关决定抄送负责该报告书（表）审批的环境保护行政主管部门。

有管辖权的县级以上地方人民政府水行政主管部门或者流域管理机构根据需要，可以对入河排污口设置论证报告组织专家评审，并将所需时间告知排污单位。

入河排污口设置直接关系他人重大利益的，应当告知该利害关系人。排污单位、利害关系人有权进行陈述和申辩。

入河排污口的设置需要听证或者应当听证的，依法举行听证。

有管辖权的县级以上地方人民政府水行政主管部门或者流域管理机构作出决定前，应当征求入河排污口所在地有关水行政主管部门的意见。

本条第二款规定的专家评审和第四款规定的听证所需时间不计算在本条第一款规定的期限内，有管辖权的县级以上地方人民政府水行政主管部门或者流域管理机构应当将所需时间告知排污单位。

第十三条 设置入河排污口依法应当办理河道管理范围内建设项目审查手续的，有管辖权的县级以上地方人民政府水行政主管部门或者流域管理机构在对该工程建设申请和工程建设对防洪的影响评价进行审查的同时，还应当对入河排污口设置及其论证的内容进行审查，并就入河排污口设置对防洪和水资源保护的影响一并出具审查意见。

设置入河排污口需要同时办理取水许可和入河排污口设置申请的，有管辖权的县级以上地方人民政府水行政主管部门或者流域管理机构应当就取水许可和入河排污口设置申请一并出具审查意见。

第十四条 有下列情形之一的，不予同意设置入河排污口：

（一）在饮用水水源保护区内设置入河排污口的；

（二）在省级以上人民政府要求削减排污总量的水域设置入河排污口的；

（三）入河排污口设置可能使水域水质达不到水功能区要求的；

（四）入河排污口设置直接影响合法取水户用水安全的；

（五）入河排污口设置不符合防洪要求的；

（六）不符合法律、法规和国家产业政策规定的；

（七）其他不符合国务院水行政主管部门规定条件的。

第十五条 同意设置入河排污口的决定应当包括以下内容：

（一）入河排污口设置地点、排污方式和对排污口门的要求；

（二）特别情况下对排污的限制；

（三）水资源保护措施要求；

（四）对建设项目入河排污口投入使用前的验收要求；

（五）其他需要注意的事项。

第十六条 发生严重干旱或者水质严重恶化等紧急情况时，有管辖权的县级以上地方人民政府水行政主管部门或者流域管理机构应当及时报告有关人民政府，由其对排污单位提出限制排污要求。

第十七条 《中华人民共和国水法》施行前已经设置入河排污口的单位，应当在本办法施行后到入河排污口所在地县级人民政府水行政主管部门或者流域管理机构所属管理单位进行入河排污口登记，由其汇总并逐级报送有管辖权的水行政主管部门或者流域管理机构。

第十八条 县级以上地方人民政府水行政主管部门应当对饮用水水源保护区内的排污口现状情况进行调查，并提出整治方案报同级人民政府批准后实施。

第十九条 县级以上地方人民政府水行政主管部门和流域管理机构应当对管辖范围内的入河排污口设置建立档案制度和统计制度。

第二十条 县级以上地方人民政府水行政主管部门和流域管理机构应当对入河排

污口设置情况进行监督检查。被检查单位应当如实提供有关文件、证照和资料。

监督检查机关有为被检查单位保守技术和商业秘密的义务。

第二十一条 未经有管辖权的县级以上地方人民政府水行政主管部门或者流域管理机构审查同意，擅自在江河、湖泊设置入河排污口的，依照《中华人民共和国水法》第六十七条第二款追究法律责任。

虽经审查同意，但未按要求设置入河排污口的，依照《中华人民共和国水法》第六十五条第三款和《中华人民共和国防洪法》第五十八条追究法律责任。

在饮用水水源保护区内设置排污口的，以及已设排污口不依照整治方案限期拆除的，依照《中华人民共和国水法》第六十七条第一款追究法律责任。

第二十二条 入河排污口设置和使用的监督管理，本办法有规定的，依照本办法执行；本办法未规定，需要办理河道管理范围内建设项目审查手续的，依照河道管理范围内建设项目管理的有关规定执行。

第二十三条 入河排污口设置申请书和入河排污口登记表等文书格式，由国务院水行政主管部门统一制定。

第二十四条 各省、自治区、直辖市水行政主管部门和流域管理机构，可以根据本办法制定实施细则。

第二十五条 本办法由国务院水行政主管部门负责解释。

第二十六条 本办法自 2005 年 1 月 1 日起施行。

5. 城镇污水排入排水管网许可管理办法

（住房和城乡建设部令　第 21 号）

（2015 年 1 月 22 日经中华人民共和国住房和城乡建设部第 20 次部常务会议审议通过并发布，自 2015 年 3 月 1 日起施行）

第一章　总则

第一条 为了加强对污水排入城镇排水管网的管理，保障城镇排水与污水处理设施安全运行，防治城镇水污染，根据《中华人民共和国行政许可法》《城镇排水与污水处理条例》等法律法规，制定本办法。

第二条 在中华人民共和国境内申请污水排入排水管网许可（以下称排水许可），对从事工业、建筑、餐饮、医疗等活动的企业事业单位、个体工商户（以下称排水户）向城镇排水设施排放污水的活动实施监督管理，适用本办法。

第三条 国务院住房城乡建设主管部门负责全国排水许可工作的指导监督。

省、自治区人民政府住房城乡建设主管部门负责本行政区域内排水许可工作的指导监督。

直辖市、市、县人民政府城镇排水与污水处理主管部门（以下简称城镇排水主管部门）负责本行政区域内排水许可证书的颁发和监督管理。城镇排水主管部门可以委托专门机构承担排水许可审核管理的具体工作。

第四条 城镇排水设施覆盖范围内的排水户应当按照国家有关规定，将污水排入城镇排水设施。排水户向城镇排水设施排放污水，应当按照本办法的规定，申请领取排水许可证。未取得排水许可证，排水户不得向城镇排水设施排放污水。城镇居民排放生活污水不需要申请领取排水许可证。

在雨水、污水分流排放的地区，不得将污水排入雨水管网。

第五条 城镇排水主管部门会同环境保护主管部门依法确定并向社会公布列入重点排污单位名录的排水户。

第二章 许可申请与审查

第六条 排水户向所在地城镇排水主管部门申请领取排水许可证。城镇排水主管部门应当自受理申请之日起20日内作出决定。

集中管理的建筑或者单位内有多个排水户的，可以由产权单位或者其委托的物业服务企业统一申请领取排水许可证，并由领证单位对排水户的排水行为负责。

各类施工作业需要排水的，由建设单位申请领取排水许可证。

第七条 申请领取排水许可证，应当如实提交下列材料：

（一）排水许可申请表；

（二）排水户内部排水管网、专用检测井、污水排放口位置和口径的图纸及说明等材料；

（三）按规定建设污水预处理设施的有关材料；

（四）排水隐蔽工程竣工报告；

（五）排水许可申请受理之日前一个月内由具有计量认证资质的水质检测机构出具的排水水质、水量检测报告；拟排放污水的排水户提交水质、水量预测报告；

（六）列入重点排污单位名录的排水户应当提供已安装的主要水污染物排放自动监测设备有关材料；

（七）法律、法规规定的其他材料。

第八条 符合以下条件的，由城镇排水主管部门核发排水许可证：

（一）污水排放口的设置符合城镇排水与污水处理规划的要求；

（二）排放污水的水质符合国家或者地方的污水排入城镇下水道水质标准等有关标准；

（三）按照国家有关规定建设相应的预处理设施；

（四）按照国家有关规定在排放口设置便于采样和水量计量的专用检测井和计量设备；列入重点排污单位名录的排水户已安装主要水污染物排放自动监测设备；

（五）法律、法规规定的其他条件。

施工作业需排水的，建设单位应当已修建预处理设施，且排水符合本条第一款第二项规定的标准。

第九条 排水许可证的有效期为5年。

因施工作业需要向城镇排水设施排水的，排水许可证的有效期，由城镇排水主管部门根据排水状况确定，但不得超过施工期限。

第十条 排水许可证有效期满需要继续排放污水的，排水户应当在有效期届满30日前，向城镇排水主管部门提出申请。城镇排水主管部门应当在有效期届满前作出是否准予延续的决定。准予延续的，有效期延续5年。

排水户在排水许可证有效期内，严格按照许可内容排放污水，且未发生违反本办法规定行为的，有效期届满30日前，排水户可提出延期申请，经原许可机关同意，可不再进行审查，排水许可证有效期延期5年。

第十一条 在排水许可证的有效期内，排水口数量和位置、排水量、污染物项目或者浓度等排水许可内容变更的，排水户应当按照本办法规定，重新申请领取排水许可证。

排水户名称、法定代表人等其他事项变更的，排水户应当在工商登记变更后30日内向城镇排水主管部门申请办理变更。

第三章 管理和监督

第十二条 排水户应当按照排水许可证确定的排水类别、总量、时限、排放口位置和数量、排放的污染物项目和浓度等要求排放污水。

第十三条 排水户不得有下列危及城镇排水设施安全的行为：

（一）向城镇排水设施排放、倾倒剧毒、易燃易爆物质、腐蚀性废液和废渣、有害气体和烹饪油烟等；

（二）堵塞城镇排水设施或者向城镇排水设施内排放、倾倒垃圾、渣土、施工泥浆、油脂、污泥等易堵塞物；

（三）擅自拆卸、移动和穿凿城镇排水设施；

（四）擅自向城镇排水设施加压排放污水。

第十四条 排水户因发生事故或者其他突发事件，排放的污水可能危及城镇排水与污水处理设施安全运行的，应当立即停止排放，采取措施消除危害，并按规定及时向城镇排水主管部门等有关部门报告。

第十五条 城镇排水主管部门应当加强对排水户的排放口设置、连接管网、预处理设施和水质、水量监测设施建设和运行的指导和监督。

第十六条 城镇排水主管部门应当将排水许可材料按户整理归档，对排水户档案实行信息化管理。

第十七条 城镇排水主管部门委托的具有计量认证资质的排水监测机构应当定期对排水户排放污水的水质、水量进行监测，建立排水监测档案。排水户应当接受监测，如实提供有关资料。

列入重点排污单位名录的排水户，应当依法安装并保证水污染物排放自动监测设备正常运行。

列入重点排污单位名录的排水户安装的水污染物排放自动监测设备，应当与环境保护主管部门的监控设备联网。环境保护主管部门应当将监测数据与城镇排水主管部门实时共享。对未与环境保护主管部门的监控设备联网，城镇排水主管部门已进行自动监测的，可以将监测数据与环境保护主管部门共享。

第十八条 城镇排水主管部门应当依照法律法规和本办法的规定，对排水户排放污水的情况实施监督检查。实施监督检查时，有权采取下列措施：

（一）进入现场开展检查、监测；

（二）要求被监督检查的排水户出示排水许可证；

（三）查阅、复制有关文件和材料；

（四）要求被监督检查的单位和个人就有关问题做出说明；

（五）依法采取禁止排水户向城镇排水设施排放污水等措施，纠正违反有关法律、法规和本办法规定的行为。

被监督检查的单位和个人应当予以配合，不得妨碍和阻挠依法进行的监督检查活动。

第十九条 城镇排水主管部门委托的专门机构，可以开展排水许可审查、档案管理、监督指导排水户排水行为等工作，并协助城镇排水主管部门对排水许可实施监督管理。

第二十条 有下列情形之一的，许可机关或者其上级行政机关，根据利害关系人的请求或者依据职权，可以撤销排水许可：

（一）城镇排水主管部门工作人员滥用职权、玩忽职守作出准予排水许可决定的；

（二）超越法定职权作出准予排水许可决定的；

（三）违反法定程序作出准予排水许可决定的；

（四）对不符合许可条件的申请人作出准予排水许可决定的；

（五）依法可以撤销排水许可的其他情形。

排水户以欺骗、贿赂等不正当手段取得排水许可的，应当予以撤销。

第二十一条 有下列情形之一的，城镇排水主管部门应当依法办理排水许可的注销手续：

（一）排水户依法终止的；

（二）排水许可依法被撤销、撤回，或者排水许可证被吊销的；

（三）排水许可证有效期满且未延续许可的；

（四）法律、法规规定的应当注销排水许可的其他情形。

第二十二条 城镇排水主管部门应当按照国家有关规定将监督检查的情况向社会公开。

城镇排水主管部门及其委托的专门机构、排水监测机构的工作人员对知悉的被监督检查单位和个人的技术和商业秘密负有保密义务。

第二十三条 城镇排水主管部门实施排水许可不得收费。

城镇排水主管部门实施排水许可所需经费，应当列入城镇排水主管部门的预算，由本级财政予以保障，按照批准的预算予以核拨。

第四章 法律责任

第二十四条 城镇排水主管部门有下列情形之一的，由其上级行政机关或者监察机关责令改正，对直接负责的主管人员和其他直接责任人员依法给予处分；构成犯罪的，依法追究刑事责任：

（一）对不符合本规定条件的申请人准予排水许可的；

（二）对符合本规定条件的申请人不予核发排水许可证或者不在法定期限内作出准予许可决定的；

（三）利用职务上的便利，收受他人财物或者谋取其他利益的；

（四）泄露被监督检查单位和个人的技术或者商业秘密的；

（五）不依法履行监督管理职责或者监督不力，造成严重后果的。

第二十五条 违反本办法规定，在城镇排水与污水处理设施覆盖范围内，未按照国家有关规定将污水排入城镇排水设施，或者在雨水、污水分流地区将污水排入雨水管网的，由城镇排水主管部门责令改正，给予警告；逾期不改正或者造成严重后果的，对单位处 10 万元以上 20 万元以下罚款；对个人处 2 万元以上 10 万元以下罚款，造成损失的，依法承担赔偿责任。

第二十六条 违反本办法规定，排水户未取得排水许可，向城镇排水设施排放污水的，由城镇排水主管部门责令停止违法行为，限期采取治理措施，补办排水许可证，可以处 50 万元以下罚款；对列入重点排污单位名录的排水户，可以处 30 万元以上 50 万元以下罚款；造成损失的，依法承担赔偿责任；构成犯罪的，依法追究刑事责任。

第二十七条 排水户未按照排水许可证的要求，向城镇排水设施排放污水的，由城镇排水主管部门责令停止违法行为，限期改正，可以处 5 万元以下罚款；造成严重后果的，吊销排水许可证，并处 5 万元以上 50 万元以下罚款，对列入重点排污单位名录的排水户，处 30 万元以上 50 万元以下罚款，并将有关情况通知同级环境保护主管部门，可以向社会予以通报；造成损失的，依法承担赔偿责任；构成犯罪的，依法追究刑事责任。

第二十八条 排水户名称、法定代表人等其他事项变更，未按本办法规定及时向城镇排水主管部门申请办理变更的，由城镇排水主管部门责令改正，可以处 3 万元以下罚款。

第二十九条 排水户以欺骗、贿赂等不正当手段取得排水许可的，可以处 3 万元以下罚款；造成损失的，依法承担赔偿责任；构成犯罪的，依法追究刑事责任。

第三十条 违反本办法规定，排水户因发生事故或者其他突发事件，排放的污水可能危及城镇排水与污水处理设施安全运行，没有立即停止排放，未采取措施消除危害，或者并未按规定及时向城镇排水主管部门等有关部门报告的，城镇排水主管部门可以处3万元以下罚款。

第三十一条 违反本办法规定，从事危及城镇排水设施安全的活动的，由城镇排水主管部门责令停止违法行为，限期恢复原状或者采取其他补救措施，并给予警告；逾期不采取补救措施或者造成严重后果的，对单位处10万元以上30万元以下罚款，对个人处2万元以上10万元以下罚款；造成损失的，依法承担赔偿责任；构成犯罪的，依法追究刑事责任。

第三十二条 排水户违反本办法规定，拒不接受水质、水量监测或者妨碍、阻挠城镇排水主管部门依法监督检查的，由城镇排水主管部门给予警告；情节严重的，处3万元以下罚款。

第五章 附 则

第三十三条 排水许可证由国务院住房城乡建设主管部门制定格式，由省、自治区人民政府住房城乡建设主管部门和直辖市人民政府城镇排水主管部门组织印制。

排水许可申请表由国务院住房城乡建设主管部门制定推荐格式，直辖市、市、县人民政府城镇排水主管部门可参照印制。

第三十四条 本办法自2015年3月1日起施行。《城市排水许可管理办法》（建设部令 第152号）同时废止。

6. 饮用水水源保护区污染防治管理规定

（〔89〕环管字第201号）

（1989年7月10日国家环保局、卫生部、建设部、水利部、地矿部联合发布，根据2010年12月22日《环境保护部关于废止、修改部分环保部门规章和规范性文件的决定》修正）

第一章 总则

第一条 为保障人民身体健康和经济建设发展，必须保护好饮用水水源。根据《中华人民共和国水污染防治法》特制定本规定。

第二条 本规定适用于全国所有集中式供水的饮用水地表水源和地下水源的污染防治管理。

第三条 按照不同的水质标准和防护要求分级划分饮用水水源保护区。饮用水水源保护区一般划分为一级保护区和二级保护区，必要时可增设准保护区。各级保护区应有明确的地理界线。

第四条 饮用水水源各级保护区及准保护区均应规定明确的水质标准并限期达标。

第五条 饮用水水源保护区的设置和污染防治应纳入当地的经济和社会发展规划和水污染防治规划。跨地区的饮用水水源保护区的设置和污染治理应纳入有关流域、区域、城市的经济和社会发展规划和水污染防治规划。

第六条 跨地区的河流、湖泊、水库、输水渠道，其上游地区不得影响下游饮用水水源保护区对水质标准的要求。

第二章 饮用水地表水源保护区的划分和防护

第七条 饮用水地表水源保护区包括一定的水域和陆域，其范围应按照不同水域特点进行水质定量预测并考虑当地具体条件加以确定，保证在规划设计的水文条件和污染负荷下，供应规划水量时，保护区的水质能满足相应的标准。

第八条 在饮用水地表水源取水口附近划定一定的水域和陆域作为饮用水地表水源一级保护区。一级保护区的水质标准不得低于国家规定的《地表水环境质量标准》Ⅱ类标准，并须符合国家规定的《生活饮用水卫生标准》的要求。

第九条 在饮用水地表水源一级保护区外划定一定水域和陆域作为饮用水地表水源二级保护区。二级保护区的水质标准不得低于国家规定的《地表水环境质量标准》Ⅲ类标准，应保证一级保护区的水质能满足规定的标准。

第十条 根据需要可在饮用水地表水源二级保护区外划定一定的水域及陆域作为饮用水地表水源准保护区。准保护区的水质标准应保证二级保护区的水质能满足规定的标准。

第十一条 饮用水地表水源各级保护区及准保护区内均必须遵守下列规定：

一、禁止一切破坏水环境生态平衡的活动以及破坏水源林、护岸林、与水源保护相关植被的活动。

二、禁止向水域倾倒工业废渣、城市垃圾、粪便及其它废弃物。

三、运输有毒有害物质、油类、粪便的船舶和车辆一般不准进入保护区，必须进入者应事先申请并经有关部门批准、登记并设置防渗、防溢、防漏设施。

四、禁止使用剧毒和高残留农药，不得滥用化肥，不得使用炸药、毒品捕杀鱼类。

第十二条 饮用水地表水源各级保护区及准保护区内必须分别遵守下列规定：

一、一级保护区内

禁止新建、扩建与供水设施和保护水源无关的建设项目；

禁止向水域排放污水，已设置的排污口必须拆除；

不得设置与供水需要无关的码头，禁止停靠船舶；

禁止堆置和存放工业废渣、城市垃圾、粪便和其他废弃物；

禁止设置油库；

禁止从事种植、放养畜禽和网箱养殖活动；

禁止可能污染水源的旅游活动和其他活动。

二、二级保护区内

禁止新建、改建、扩建排放污染物的建设项目；

原有排污口依法拆除或者关闭；

禁止设立装卸垃圾、粪便、油类和有毒物品的码头。

三、准保护区内

禁止新建、扩建对水体污染严重的建设项目；改建建设项目，不得增加排污量。

第三章 饮用水地下水源保护区的划分和防护

第十三条 饮用水地下水源保护区应根据饮用水水源地所处的地理位置、水文地质条件、供水的数量、开采方式和污染源的分布划定。

第十四条 饮用水地下水源保护区的水质均应达到国家规定的《生活饮用水卫生标准》的要求。

各级地下水源保护区的范围应根据当地的水文地质条件确定，并保证开采规划水量时能达到所要求的水质标准。

第十五条 饮用水地下水源一级保护区位于开采井的周围，其作用是保证集水有一定滞后时间，以防止一般病原菌的污染。直接影响开采井水质的补给区地段，必要时也可划为一级保护区。

第十六条 饮用水地下水源二级保护区位于饮用水地下水源一级保护区外，其作用是保证集水有足够的滞后时间，以防止病原菌以外的其它污染。

第十七条 饮用水地下水源准保护区位于饮用水地下水源二级保护区外的主要补给区，其作用是保护水源地的补给水源水量和水质。

第十八条 饮用水地下水源各级保护区及准保护区内均必须遵守下列规定：

一、禁止利用渗坑、渗井、裂隙、溶洞等排放污水和其它有害废弃物。

二、禁止利用透水层孔隙、裂隙、溶洞及废弃矿坑储存石油、天然气、放射性物质、有毒有害化工原料、农药等。

三、实行人工回灌地下水时不得污染当地地下水源。

第十九条 饮用水地下水源各级保护区及准保护区内必须遵守下列规定：

一、一级保护区内

禁止建设与取水设施无关的建筑物；

禁止从事农牧业活动；

禁止倾倒、堆放工业废渣及城市垃圾、粪便和其它有害废弃物；

禁止输送污水的渠道、管道及输油管道通过本区；

禁止建设油库；

禁止建立墓地。

二、二级保护区内

（一）对于潜水含水层地下水水源地

禁止建设化工、电镀、皮革、造纸、制浆、冶炼、放射性、印染、染料、炼焦、炼油及其它有严重污染的企业，已建成的要限期治理，转产或搬迁；

禁止设置城市垃圾、粪便和易溶、有毒有害废弃物堆放场和转运站，已有的上述场站要限期搬迁；

禁止利用未经净化的污水灌溉农田，已有的污灌农田要限期改用清水灌溉；

化工原料、矿物油类及有毒有害矿产品的堆放场所必须有防雨、防渗措施。

（二）对于承压含水层地下水水源地

禁止承压水和潜水的混合开采，作好潜水的止水措施。

三、准保护区内

禁止建设城市垃圾、粪便和易溶、有毒有害废弃物的堆放场站，因特殊需要设立转运站的，必须经有关部门批准，并采取防渗漏措施；

当补给源为地表水体时，该地表水体水质不应低于《地表水环境质量标准》Ⅲ类标准；

不得使用不符合《农田灌溉水质标准》的污水进行灌溉，合理使用化肥；

保护水源林，禁止毁林开荒，禁止非更新砍伐水源林。

第四章　饮用水水源保护区污染防治的监督管理

第二十条　各级人民政府的环境保护部门会同有关部门作好饮用水水源保护区的污染防治工作并根据当地人民政府的要求制定和颁布地方饮用水水源保护区污染防治管理规定。

第二十一条　饮用水水源保护区的划定，由有关市、县人民政府提出划定方案，报省、自治区、直辖市人民政府批准；跨市、县饮用水水源保护区的划定，由有关市、县人民政府协商提出划定方案，报省、自治区、直辖市人民政府批准；协商不成的，由省、自治区、直辖市人民政府环境保护主管部门会同同级水行政、国土资源、卫生、建设等部门提出划定方案，征求同级有关部门的意见后，报省、自治区、直辖市人民政府批准。

跨省、自治区、直辖市的饮用水水源保护区，由有关省、自治区、直辖市人民政府协商有关流域管理机构划定；协商不成的，由国务院环境保护主管部门会同同级水行政、国土资源、卫生、建设等部门提出划定方案，征求国务院有关部门的意见后，报国务院批准。

国务院和省、自治区、直辖市人民政府可以根据保护饮用水水源的实际需要，调整饮用水水源保护区的范围，确保饮用水安全。

第二十二条　环境保护、水利、地质矿产、卫生、建设等部门应结合各自的职责，对饮用水水源保护区污染防治实施监督管理。

第二十三条　因突发性事故造成或可能造成饮用水水源污染时，事故责任者应立即采取措施消除污染并报告当地城市供水、卫生防疫、环境保护、水利、地质矿产等部门和本单位主管部门。由环境保护部门根据当地人民政府的要求组织有关部门调查处理，必要时经当地人民政府批准后采取强制性措施以减轻损失。

第五章　奖励与惩罚

第二十四条　对执行本规定保护饮用水水源有显著成绩和贡献的单位或个人给予表扬和奖励。奖励办法由市级以上（含市级）环境保护部门制定，报经当地人民政府批准实施。

第二十五条 对违反本规定的单位或个人，应根据《中华人民共和国水污染防治法》及其实施细则的有关规定进行处罚。

第六章 附则

第二十六条 本规定由国家环境保护部门负责解释。

第二十七条 本规定自公布之日起实施。

7. 关于发布《有毒有害水污染物名录（第一批）》的公告

（生态环境部 国家卫生健康委员会公告 2019 年 第 28 号）

根据《中华人民共和国水污染防治法》有关规定，生态环境部会同卫生健康委制定了《有毒有害水污染物名录（第一批）》（见附件），现予公布。

附件：有毒有害水污染物名录（第一批）

生态环境部

卫生健康委

2019 年 7 月 23 日

附件：

有毒有害水污染物名录

（第一批）

序号	污染物名称	CAS 号
1	二氯甲烷	75-09-2
2	三氯甲烷	67-66-3
3	三氯乙烯	79-01-6
4	四氯乙烯	127-18-4
5	甲醛	50-00-0
6	镉及镉化合物	—
7	汞及汞化合物	—
8	六价铬化合物	—
9	铅及铅化合物	—
10	砷及砷化合物	—

注：CAS 号（CAS Registry Number），即美国化学文摘社（Chemical Abstracts Service，缩写为 CAS）登记号，是美国化学文摘社为每一种出现在文献中的化学物质分配的唯一编号。

8. 关于明确《中华人民共和国水污染防治法》中“运营单位”的复函

（环办水体函〔2019〕620 号）

重庆市生态环境局：

你局《关于明确〈中华人民共和国水污染防治法〉中“运营单位”的请示》（渝环〔2019〕90 号）收悉。经研究，函复如下。

《城镇排水与污水处理条例》第十六条规定：“城镇排水与污水处理设施竣工验收合格后，由城镇排水主管部门通过招标投标、委托等方式确定符合条件的设施维护运营单位负责管理。”据此，城镇污水集中处理设施的运营单位应为由城镇排水主管部门通过招标投标、委托等方式确定的运营主体。

因此，由城镇排水主管部门通过招标投标、委托等方式确定的城镇污水集中处理设施运营主体是《中华人民共和国水污染防治法》第二十一条、第四十九条和第五十条规定的法律责任主体，该主体应当依法取得排污许可证，保证城镇污水集中处理设施的正常运行，并对城镇污水集中处理设施的出水水质负责。

特此函复。

生态环境部办公厅

2019 年 7 月 11 日

9. 关于生活垃圾焚烧发电生产废水排放问题的复函

（环办环评函〔2018〕1038 号）

天津市环境保护局：

你局《关于生活垃圾焚烧发电生产废水排放问题的请示》（津环保环评报〔2018〕95 号）收悉。经研究，函复如下：

《生活垃圾焚烧污染控制标准》（GB 18485—2014）规定，生活垃圾渗滤液和车辆清洗废水应收集并在生活垃圾焚烧厂内处理或送至生活垃圾填埋场渗滤液处理设施处理。若通过污水管网或采用密闭输送方式送至采用二级处理方式的城市污水处理厂处理，应满足以下条件：

（1）在生活垃圾焚烧厂内处理后，总汞、总镉、总铬、六价铬、总砷、总铅等污染物浓度达到《生活垃圾填埋场污染控制标准》（GB 16889）表 2 规定的浓度限值要求；

（2）城市二级污水处理厂每日处理生活垃圾渗滤液和车辆清洗废水总量不超过污水处理量的 0.5%；

（3）城市二级污水处理厂应设置生活垃圾渗滤液和车辆清洗废水专用调节池，将其均匀注入生化处理单元；

（4）不影响城市二级污水处理厂的污水处理效果。

来文所述“生活垃圾焚烧发电项目渗滤液、车辆清洗废水通过密闭输送方式送至采用二级处理方式的城市污水处理厂处理”，在满足 GB 18485 标准限定条件的前提下，不属于“采取其他规避监管的方式排放水污染物”的行为。

特此函复。

生态环境部办公厅

2018 年 9 月 22 日

10. 关于废水纳管经城市污水处理厂排放行为行政处罚法律适用问题的复函

（环办政法函〔2018〕122 号）

宁波市环境保护局：

你局《关于企业废水超标排放但纳管经城市污水处理厂处理后达标排放行政处罚法律适用问题的请示》（甬环〔2017〕10 号）收悉。对企业事业单位和其他生产经营者向城镇排水设施违法排放污水行为的监管，经商住房城乡建设部，函复如下：

一、对违反《中华人民共和国水污染防治法》的规定排放污水的，由环境保护主管部门处罚；对只违反《城镇排水与污水处理条例》规定，未取得污水排入排水管网许可证或者不按照污水排入排水管网许可证要求向城镇排水设施排放污水的，由城镇排水主管部门根据《城镇排水与污水处理条例》有关规定予以处罚。

二、各级环境保护主管部门和城镇排水主管部门应加强工作联系，完善沟通协调和信息共享机制，共同打击违法排污行为。

特此函复。

环境保护部办公厅

2018 年 1 月 22 日

11. 关于城市生活垃圾处理设施渗滤液超标排放行为行政处罚适用意见的复函

（环函〔2010〕96号）

湖南省环境保护厅：

你厅《关于城市生活垃圾处理设施渗漏液超标排放执法问题的请示》（湘环报〔2010〕3号）收悉。经研究，函复如下：

一、有关法律对生活垃圾处理提出了明确要求

根据《中华人民共和国水污染防治法》第四十六条的规定，建设生活垃圾填埋场应当采取防渗漏措施，防止造成水污染。

根据《中华人民共和国固体废物污染环境防治法》第十七条的规定，处置固体废物的单位必须采取防渗漏措施。该法第四十一条和第四十四条还规定，建设生活垃圾处置设施，必须符合环境保护和环境卫生标准；处置城市生活垃圾应当遵守国家有关环境保护和环境卫生管理的规定。《生活垃圾填埋场污染控制标准》（GB 16889—2008）规定，生活垃圾填埋场应设置污水处理设施，生活垃圾渗滤液等污水经处理并符合本标准规定的污染物排放控制要求后可直接排放。

二、对城市生活垃圾处理设施渗滤液超标排放的违法行为，应当依据《中华人民共和国水污染防治法》第七十四条处罚

《中华人民共和国水污染防治法》第七十四条规定，排放污染物超过国家或者地方规定的水污染物排放标准的，责令限期治理，处应缴纳排污费数额二倍以上五倍以下的罚款。城市生活垃圾处理设施超标排放渗滤液的，应当据此处罚。但有《限期治理管理办法（试行）》（环境保护部令 第6号）第三条所列情形之一的，不适用限期治理。

二〇一〇年三月十九日

12. 关于《水污染防治法》第二十二条有关“其他规避监管的方式排放水污染物”及相关法律责任适用问题的复函

（环函〔2008〕308号）

上海市环境保护局：

你局《关于〈水污染防治法〉第二十二条有关“其他规避监管的方式排放水污染物”

及相关法律责任适用的紧急请示》（沪环保法〔2008〕415号）收悉。经研究，函复如下：

《水污染防治法》第二十二条第二款规定："禁止私设暗管或者采取其他规避监管的方式排放水污染物。"在实际工作中，"采取其他规避监管的方式排放水污染物"有多种情形，我部认为，以下几种情形可以理解为属于"采取其他规避监管的方式排放水污染物"：

1. 将废水进行稀释后排放；

2. 将废水通过槽车、储水罐等运输工具或容器转移出厂、非法倾倒；

3. 在雨污管道分离后利用雨水管道排放废水；

4. 其他擅自改变污水处理方式、不经法定排放口排放废水等规避监管的行为。

依据《水污染防治法》第七十五条第二款，私设暗管或者有其他严重情节的，县级以上地方人民政府环境保护主管部门可以提请县级以上地方人民政府责令停产整顿。

二〇〇八年十一月二十日

13. 关于执行《水污染防治法》第五十九条有关问题的复函

（环函〔2009〕33号）

贵州省环境保护局：

你局《关于如何理解和执行〈水污染防治法〉第五十九条中有关问题的请示》（黔环呈〔2008〕100号）收悉。经研究，函复如下：

一、《水污染防治法》第五十九条规定"禁止在饮用水水源二级保护区内新建、改建、扩建排放污染物的建设项目；已建成的排放污染物的建设项目，由县级以上人民政府责令拆除或者关闭。"上述规定中"排放污染物的建设项目"并非特指排放水污染物的建设项目，也应包括排放大气污染物、固体废物等其他污染物的建设项目。

二、根据《水污染防治法》第五十九条第一款规定，在饮用水水源二级保护区内禁止存在排放污染物的建设项目。即使建设项目将排放的水污染物经城市排污管网转移至保护区外处理排放，仍存在事故性排放的危险，威胁饮用水安全，因此，原则上不应审批此类建设项目。

环境保护部

2009年2月6日

（二）大气污染防治

1. 中华人民共和国大气污染防治法

（1987年9月5日第六届全国人民代表大会常务委员会第二十二次会议通过，根据1995年8月29日第八届全国人民代表大会常务委员会第十五次会议《关于修改〈中华人民共和国大气污染防治法〉的决定》第一次修正，2000年4月29日第九届全国人民代表大会常务委员会第十五次会议第一次修订，2015年8月29日第十二届全国人民代表大会常务委员会第十六次会议第二次修订，根据2018年10月26日第十三届全国人民代表大会常务委员会第六次会议《关于修改〈中华人民共和国野生动物保护法〉等十五部法律的决定》第二次修正）

第一章　总则

第一条　为保护和改善环境，防治大气污染，保障公众健康，推进生态文明建设，促进经济社会可持续发展，制定本法。

第二条　防治大气污染，应当以改善大气环境质量为目标，坚持源头治理，规划先行，转变经济发展方式，优化产业结构和布局，调整能源结构。

防治大气污染，应当加强对燃煤、工业、机动车船、扬尘、农业等大气污染的综合防治，推行区域大气污染联合防治，对颗粒物、二氧化硫、氮氧化物、挥发性有机物、氨等大气污染物和温室气体实施协同控制。

第三条　县级以上人民政府应当将大气污染防治工作纳入国民经济和社会发展规划，加大对大气污染防治的财政投入。

地方各级人民政府应当对本行政区域的大气环境质量负责，制定规划，采取措施，控制或者逐步削减大气污染物的排放量，使大气环境质量达到规定标准并逐步改善。

第四条　国务院生态环境主管部门会同国务院有关部门，按照国务院的规定，对省、自治区、直辖市大气环境质量改善目标、大气污染防治重点任务完成情况进行考核。省、自治区、直辖市人民政府制定考核办法，对本行政区域内地方大气环境质量改善目标、大气污染防治重点任务完成情况实施考核。考核结果应当向社会公开。

第五条　县级以上人民政府生态环境主管部门对大气污染防治实施统一监督管理。

县级以上人民政府其他有关部门在各自职责范围内对大气污染防治实施监督管理。

第六条　国家鼓励和支持大气污染防治科学技术研究，开展对大气污染来源及其变化趋势的分析，推广先进适用的大气污染防治技术和装备，促进科技成果转化，发挥科学技术在大气污染防治中的支撑作用。

第七条　企业事业单位和其他生产经营者应当采取有效措施，防止、减少大气污染，对所造成的损害依法承担责任。

公民应当增强大气环境保护意识，采取低碳、节俭的生活方式，自觉履行大气环境保护义务。

第二章 大气污染防治标准和限期达标规划

第八条 国务院生态环境主管部门或者省、自治区、直辖市人民政府制定大气环境质量标准，应当以保障公众健康和保护生态环境为宗旨，与经济社会发展相适应，做到科学合理。

第九条 国务院生态环境主管部门或者省、自治区、直辖市人民政府制定大气污染物排放标准，应当以大气环境质量标准和国家经济、技术条件为依据。

第十条 制定大气环境质量标准、大气污染物排放标准，应当组织专家进行审查和论证，并征求有关部门、行业协会、企业事业单位和公众等方面的意见。

第十一条 省级以上人民政府生态环境主管部门应当在其网站上公布大气环境质量标准、大气污染物排放标准，供公众免费查阅、下载。

第十二条 大气环境质量标准、大气污染物排放标准的执行情况应当定期进行评估，根据评估结果对标准适时进行修订。

第十三条 制定燃煤、石油焦、生物质燃料、涂料等含挥发性有机物的产品、烟花爆竹以及锅炉等产品的质量标准，应当明确大气环境保护要求。

制定燃油质量标准，应当符合国家大气污染物控制要求，并与国家机动车船、非道路移动机械大气污染物排放标准相互衔接，同步实施。

前款所称非道路移动机械，是指装配有发动机的移动机械和可运输工业设备。

第十四条 未达到国家大气环境质量标准城市的人民政府应当及时编制大气环境质量限期达标规划，采取措施，按照国务院或者省级人民政府规定的期限达到大气环境质量标准。

编制城市大气环境质量限期达标规划，应当征求有关行业协会、企业事业单位、专家和公众等方面的意见。

第十五条 城市大气环境质量限期达标规划应当向社会公开。直辖市和设区的市的大气环境质量限期达标规划应当报国务院生态环境主管部门备案。

第十六条 城市人民政府每年在向本级人民代表大会或者其常务委员会报告环境状况和环境保护目标完成情况时，应当报告大气环境质量限期达标规划执行情况，并向社会公开。

第十七条 城市大气环境质量限期达标规划应当根据大气污染防治的要求和经济、技术条件适时进行评估、修订。

第三章 大气污染防治的监督管理

第十八条 企业事业单位和其他生产经营者建设对大气环境有影响的项目，应当依法进行环境影响评价、公开环境影响评价文件；向大气排放污染物的，应当符合大气污染物排放标准，遵守重点大气污染物排放总量控制要求。

第十九条 排放工业废气或者本法第七十八条规定名录中所列有毒有害大气污染物的企业事业单位、集中供热设施的燃煤热源生产运营单位以及其他依法实行排污许可管理的单位，应当取得排污许可证。排污许可的具体办法和实施步骤由国务院规定。

第二十条 企业事业单位和其他生产经营者向大气排放污染物的，应当依照法律法规和国务院生态环境主管部门的规定设置大气污染物排放口。

禁止通过偷排、篡改或者伪造监测数据、以逃避现场检查为目的的临时停产、非紧急情况下开启应急排放通道、不正常运行大气污染防治设施等逃避监管的方式排放大气污染物。

第二十一条 国家对重点大气污染物排放实行总量控制。

重点大气污染物排放总量控制目标，由国务院生态环境主管部门在征求国务院有关部门和各省、自治区、直辖市人民政府意见后，会同国务院经济综合主管部门报国务院批准并下达实施。

省、自治区、直辖市人民政府应当按照国务院下达的总量控制目标，控制或者削减本行政区域的重点大气污染物排放总量。

确定总量控制目标和分解总量控制指标的具体办法，由国务院生态环境主管部门会同国务院有关部门规定。省、自治区、直辖市人民政府可以根据本行政区域大气污染防治的需要，对国家重点大气污染物之外的其他大气污染物排放实行总量控制。

国家逐步推行重点大气污染物排污权交易。

第二十二条 对超过国家重点大气污染物排放总量控制指标或者未完成国家下达的大气环境质量改善目标的地区，省级以上人民政府生态环境主管部门应当会同有关部门约谈该地区人民政府的主要负责人，并暂停审批该地区新增重点大气污染物排放总量的建设项目环境影响评价文件。约谈情况应当向社会公开。

第二十三条 国务院生态环境主管部门负责制定大气环境质量和大气污染源的监测和评价规范，组织建设与管理全国大气环境质量和大气污染源监测网，组织开展大气环境质量和大气污染源监测，统一发布全国大气环境质量状况信息。

县级以上地方人民政府生态环境主管部门负责组织建设与管理本行政区域大气环境质量和大气污染源监测网，开展大气环境质量和大气污染源监测，统一发布本行政区域大气环境质量状况信息。

第二十四条 企业事业单位和其他生产经营者应当按照国家有关规定和监测规范，对其排放的工业废气和本法第七十八条规定名录中所列有毒有害大气污染物进行监测，并保存原始监测记录。其中，重点排污单位应当安装、使用大气污染物排放自动监测设备，与生态环境主管部门的监控设备联网，保证监测设备正常运行并依法公开排放信息。监测的具体办法和重点排污单位的条件由国务院生态环境主管部门规定。

重点排污单位名录由设区的市级以上地方人民政府生态环境主管部门按照国务院生态环境主管部门的规定，根据本行政区域的大气环境承载力、重点大气污染物排放总量控制指标的要求以及排污单位排放大气污染物的种类、数量和浓度等因素，向有关部门确定，并向社会公布。

第二十五条 重点排污单位应当对自动监测数据的真实性和准确性负责。生态环境主管部门发现重点排污单位的大气污染物排放自动监测设备传输数据异常，应当及时进行调查。

第二十六条 禁止侵占、损毁或者擅自移动、改变大气环境质量监测设施和大气污染物排放自动监测设备。

第二十七条 国家对严重污染大气环境的工艺、设备和产品实行淘汰制度。

国务院经济综合主管部门会同国务院有关部门确定严重污染大气环境的工艺、设备和产品淘汰期限，并纳入国家综合性产业政策目录。

生产者、进口者、销售者或者使用者应当在规定期限内停止生产、进口、销售或者使用列入前款规定目录中的设备和产品。工艺的采用者应当在规定期限内停止采用列入前款规定目录中的工艺。

被淘汰的设备和产品，不得转让给他人使用。

第二十八条 国务院生态环境主管部门会同有关部门，建立和完善大气污染损害评估制度。

第二十九条 生态环境主管部门及其环境执法机构和其他负有大气环境保护监督管理职责的部门，有权通过现场检查监测、自动监测、遥感监测、远红外摄像等方式，对排放大气污染物的企业事业单位和其他生产经营者进行监督检查。被检查者应当如实反映情况，提供必要的资料。实施检查的部门、机构及其工作人员应当为被检查者保守商业秘密。

第三十条 企业事业单位和其他生产经营者违反法律法规规定排放大气污染物，造成或者可能造成严重大气污染，或者有关证据可能灭失或者被隐匿的，县级以上人民政府生态环境主管部门和其他负有大气环境保护监督管理职责的部门，可以对有关设施、设备、物品采取查封、扣押等行政强制措施。

第三十一条 生态环境主管部门和其他负有大气环境保护监督管理职责的部门应当公布举报电话、电子邮箱等，方便公众举报。

生态环境主管部门和其他负有大气环境保护监督管理职责的部门接到举报的，应当及时处理并对举报人的相关信息予以保密；对实名举报的，应当反馈处理结果等情况，查证属实的，处理结果依法向社会公开，并对举报人给予奖励。

举报人举报所在单位的，该单位不得以解除、变更劳动合同或者其他方式对举报人进行打击报复。

第四章　大气污染防治措施

第一节　燃煤和其他能源污染防治

第三十二条 国务院有关部门和地方各级人民政府应当采取措施，调整能源结构，推广清洁能源的生产和使用；优化煤炭使用方式，推广煤炭清洁高效利用，逐步降低煤炭在一次能源消费中的比重，减少煤炭生产、使用、转化过程中的大气污染物排放。

第三十三条 国家推行煤炭洗选加工，降低煤炭的硫分和灰分，限制高硫分、高灰分煤炭的开采。新建煤矿应当同步建设配套的煤炭洗选设施，使煤炭的硫分、灰分含量达到规定标准；已建成的煤矿除所采煤炭属于低硫分、低灰分或者根据已达标排放的燃煤电厂要求不需要洗选的以外，应当限期建成配套的煤炭洗选设施。

禁止开采含放射性和砷等有毒有害物质超过规定标准的煤炭。

第三十四条 国家采取有利于煤炭清洁高效利用的经济、技术政策和措施，鼓励和支持洁净煤技术的开发和推广。

国家鼓励煤矿企业等采用合理、可行的技术措施，对煤层气进行开采利用，对煤矸石进行综合利用。从事煤层气开采利用的，煤层气排放应当符合有关标准规范。

第三十五条 国家禁止进口、销售和燃用不符合质量标准的煤炭，鼓励燃用优质煤炭。

单位存放煤炭、煤矸石、煤渣、煤灰等物料，应当采取防燃措施，防止大气污染。

第三十六条 地方各级人民政府应当采取措施，加强民用散煤的管理，禁止销售不符合民用散煤质量标准的煤炭，鼓励居民燃用优质煤炭和洁净型煤，推广节能环保型炉灶。

第三十七条 石油炼制企业应当按照燃油质量标准生产燃油。

禁止进口、销售和燃用不符合质量标准的石油焦。

第三十八条 城市人民政府可以划定并公布高污染燃料禁燃区，并根据大气环境质量改善要求，逐步扩大高污染燃料禁燃区范围。高污染燃料的目录由国务院生态环境主管部门确定。

在禁燃区内，禁止销售、燃用高污染燃料；禁止新建、扩建燃用高污染燃料的设施，已建成的，应当在城市人民政府规定的期限内改用天然气、页岩气、液化石油气、电或者其他清洁能源。

第三十九条 城市建设应当统筹规划，在燃煤供热地区，推进热电联产和集中供热。在集中供热管网覆盖地区，禁止新建、扩建分散燃煤供热锅炉；已建成的不能达标排放的燃煤供热锅炉，应当在城市人民政府规定的期限内拆除。

第四十条 县级以上人民政府市场监督管理部门应当会同生态环境主管部门对锅炉生产、进口、销售和使用环节执行环境保护标准或者要求的情况进行监督检查；不符合环境保护标准或者要求的，不得生产、进口、销售和使用。

第四十一条 燃煤电厂和其他燃煤单位应当采用清洁生产工艺，配套建设除尘、脱硫、脱硝等装置，或者采取技术改造等其他控制大气污染物排放的措施。

国家鼓励燃煤单位采用先进的除尘、脱硫、脱硝、脱汞等大气污染物协同控制的技术和装置，减少大气污染物的排放。

第四十二条 电力调度应当优先安排清洁能源发电上网。

第二节 工业污染防治

第四十三条 钢铁、建材、有色金属、石油、化工等企业生产过程中排放粉尘、硫化物和氮氧化物的，应当采用清洁生产工艺，配套建设除尘、脱硫、脱硝等装置，或者采取技术改造等其他控制大气污染物排放的措施。

第四十四条 生产、进口、销售和使用含挥发性有机物的原材料和产品的，其挥发性有机物含量应当符合质量标准或者要求。

国家鼓励生产、进口、销售和使用低毒、低挥发性有机溶剂。

第四十五条 产生含挥发性有机物废气的生产和服务活动，应当在密闭空间或者设备中进行，并按照规定安装、使用污染防治设施；无法密闭的，应当采取措施减少废气排放。

第四十六条 工业涂装企业应当使用低挥发性有机物含量的涂料，并建立台账，记录生产原料、辅料的使用量、废弃量、去向以及挥发性有机物含量。台账保存期限不得少于三年。

第四十七条 石油、化工以及其他生产和使用有机溶剂的企业，应当采取措施对管道、设备进行日常维护、维修，减少物料泄漏，对泄漏的物料应当及时收集处理。

储油储气库、加油加气站、原油成品油码头、原油成品油运输船舶和油罐车、气罐车等，应当按照国家有关规定安装油气回收装置并保持正常使用。

第四十八条 钢铁、建材、有色金属、石油、化工、制药、矿产开采等企业，应当加强精细化管理，采取集中收集处理等措施，严格控制粉尘和气态污染物的排放。

工业生产企业应当采取密闭、围挡、遮盖、清扫、洒水等措施，减少内部物料的堆存、传输、装卸等环节产生的粉尘和气态污染物的排放。

第四十九条 工业生产、垃圾填埋或者其他活动产生的可燃性气体应当回收利用，不具备回收利用条件的，应当进行污染防治处理。

可燃性气体回收利用装置不能正常作业的，应当及时修复或者更新。在回收利用装置不能正常作业期间确需排放可燃性气体的，应当将排放的可燃性气体充分燃烧或者采取其他控制大气污染物排放的措施，并向当地生态环境主管部门报告，按照要求限期修复或者更新。

第三节　机动车船等污染防治

第五十条 国家倡导低碳、环保出行，根据城市规划合理控制燃油机动车保有量，大力发展城市公共交通，提高公共交通出行比例。

国家采取财政、税收、政府采购等措施推广应用节能环保型和新能源机动车船、非道路移动机械，限制高油耗、高排放机动车船、非道路移动机械的发展，减少化石能源的消耗。

省、自治区、直辖市人民政府可以在条件具备的地区，提前执行国家机动车大气污染物排放标准中相应阶段排放限值，并报国务院生态环境主管部门备案。

城市人民政府应当加强并改善城市交通管理，优化道路设置，保障人行道和非机动车道的连续、畅通。

第五十一条 机动车船、非道路移动机械不得超过标准排放大气污染物。

禁止生产、进口或者销售大气污染物排放超过标准的机动车船、非道路移动机械。

第五十二条 机动车、非道路移动机械生产企业应当对新生产的机动车和非道路移动机械进行排放检验。经检验合格的，方可出厂销售。检验信息应当向社会公开。

省级以上人民政府生态环境主管部门可以通过现场检查、抽样检测等方式，加强对新生产、销售机动车和非道路移动机械大气污染物排放状况的监督检查。工业、市场监督管理等有关部门予以配合。

第五十三条 在用机动车应当按照国家或者地方的有关规定，由机动车排放检验机构定期对其进行排放检验。经检验合格的，方可上道路行驶。未经检验合格的，公安机关交通管理部门不得核发安全技术检验合格标志。

县级以上地方人民政府生态环境主管部门可以在机动车集中停放地、维修地对在用机动车的大气污染物排放状况进行监督抽测；在不影响正常通行的情况下，可以通过遥感监测等技术手段对在道路上行驶的机动车的大气污染物排放状况进行监督抽测，公安机关交通管理部门予以配合。

第五十四条 机动车排放检验机构应当依法通过计量认证，使用经依法检定合格的机动车排放检验设备，按照国务院生态环境主管部门制定的规范，对机动车进行排放检验，并与生态环境主管部门联网，实现检验数据实时共享。机动车排放检验机构及其负责人对检验数据的真实性和准确性负责。

生态环境主管部门和认证认可监督管理部门应当对机动车排放检验机构的排放检验情况进行监督检查。

第五十五条 机动车生产、进口企业应当向社会公布其生产、进口机动车车型的排放检验信息、污染控制技术信息和有关维修技术信息。

机动车维修单位应当按照防治大气污染的要求和国家有关技术规范对在用机动车进行维修，使其达到规定的排放标准。交通运输、生态环境主管部门应当依法加强监督管理。

禁止机动车所有人以临时更换机动车污染控制装置等弄虚作假的方式通过机动车排放检验。禁止机动车维修单位提供该类维修服务。禁止破坏机动车车载排放诊断系统。

第五十六条 生态环境主管部门应当会同交通运输、住房城乡建设、农业行政、水行政等有关部门对非道路移动机械的大气污染物排放状况进行监督检查，排放不合格的，不得使用。

第五十七条 国家倡导环保驾驶，鼓励燃油机动车驾驶人在不影响道路通行且需停车三分钟以上的情况下熄灭发动机，减少大气污染物的排放。

第五十八条 国家建立机动车和非道路移动机械环境保护召回制度。

生产、进口企业获知机动车、非道路移动机械排放大气污染物超过标准，属于设计、生产缺陷或者不符合规定的环境保护耐久性要求的，应当召回；未召回的，由国务院市场监督管理部门会同国务院生态环境主管部门责令其召回。

第五十九条 在用重型柴油车、非道路移动机械未安装污染控制装置或者污染控制装置不符合要求，不能达标排放的，应当加装或者更换符合要求的污染控制装置。

第六十条 在用机动车排放大气污染物超过标准的，应当进行维修；经维修或者采用污染控制技术后，大气污染物排放仍不符合国家在用机动车排放标准的，应当强制报废。其所有人应当将机动车交售给报废机动车回收拆解企业，由报废机动车回收拆解企业按照国家有关规定进行登记、拆解、销毁等处理。

国家鼓励和支持高排放机动车船、非道路移动机械提前报废。

第六十一条 城市人民政府可以根据大气环境质量状况，划定并公布禁止使用高排放非道路移动机械的区域。

第六十二条 船舶检验机构对船舶发动机及有关设备进行排放检验。经检验符合国家排放标准的，船舶方可运营。

第六十三条 内河和江海直达船舶应当使用符合标准的普通柴油。远洋船舶靠港后应当使用符合大气污染物控制要求的船舶用燃油。

新建码头应当规划、设计和建设岸基供电设施；已建成的码头应当逐步实施岸基供电设施改造。船舶靠港后应当优先使用岸电。

第六十四条 国务院交通运输主管部门可以在沿海海域划定船舶大气污染物排放控制区，进入排放控制区的船舶应当符合船舶相关排放要求。

第六十五条 禁止生产、进口、销售不符合标准的机动车船、非道路移动机械用燃料；禁止向汽车和摩托车销售普通柴油以及其他非机动车用燃料；禁止向非道路移动机械、内河和江海直达船舶销售渣油和重油。

第六十六条 发动机油、氮氧化物还原剂、燃料和润滑油添加剂以及其他添加剂的有害物质含量和其他大气环境保护指标，应当符合有关标准的要求，不得损害机动车船污染控制装置效果和耐久性，不得增加新的大气污染物排放。

第六十七条 国家积极推进民用航空器的大气污染防治，鼓励在设计、生产、使用过程中采取有效措施减少大气污染物排放。

民用航空器应当符合国家规定的适航标准中的有关发动机排出物要求。

第四节 扬尘污染防治

第六十八条 地方各级人民政府应当加强对建设施工和运输的管理，保持道路清洁，控制料堆和渣土堆放，扩大绿地、水面、湿地和地面铺装面积，防治扬尘污染。

住房城乡建设、市容环境卫生、交通运输、国土资源等有关部门，应当根据本级人民政府确定的职责，做好扬尘污染防治工作。

第六十九条 建设单位应当将防治扬尘污染的费用列入工程造价，并在施工承包合同中明确施工单位扬尘污染防治责任。施工单位应当制定具体的施工扬尘污染防治实施方案。

从事房屋建筑、市政基础设施建设、河道整治以及建筑物拆除等施工单位，应当向负责监督管理扬尘污染防治的主管部门备案。

施工单位应当在施工工地设置硬质围挡，并采取覆盖、分段作业、择时施工、洒水抑尘、冲洗地面和车辆等有效防尘降尘措施。建筑土方、工程渣土、建筑垃圾应当及时清运；在场地内堆存的，应当采用密闭式防尘网遮盖。工程渣土、建筑垃圾应当进行资源化处理。

施工单位应当在施工工地公示扬尘污染防治措施、负责人、扬尘监督管理主管部门等信息。

暂时不能开工的建设用地，建设单位应当对裸露地面进行覆盖；超过三个月的，应当进行绿化、铺装或者遮盖。

第七十条 运输煤炭、垃圾、渣土、砂石、土方、灰浆等散装、流体物料的车辆应当采取密闭或者其他措施防止物料遗撒造成扬尘污染，并按照规定路线行驶。

装卸物料应当采取密闭或者喷淋等方式防治扬尘污染。

城市人民政府应当加强道路、广场、停车场和其他公共场所的清扫保洁管理，推行清洁动力机械化清扫等低尘作业方式，防治扬尘污染。

第七十一条 市政河道以及河道沿线、公共用地的裸露地面以及其他城镇裸露地面，有关部门应当按照规划组织实施绿化或者透水铺装。

第七十二条 贮存煤炭、煤矸石、煤渣、煤灰、水泥、石灰、石膏、砂土等易产生扬尘的物料应当密闭；不能密闭的，应当设置不低于堆放物高度的严密围挡，并采取有效覆盖措施防治扬尘污染。

码头、矿山、填埋场和消纳场应当实施分区作业，并采取有效措施防治扬尘污染。

第五节 农业和其他污染防治

第七十三条 地方各级人民政府应当推动转变农业生产方式，发展农业循环经济，加大对废弃物综合处理的支持力度，加强对农业生产经营活动排放大气污染物的控制。

第七十四条 农业生产经营者应当改进施肥方式，科学合理施用化肥并按照国家有关规定使用农药，减少氨、挥发性有机物等大气污染物的排放。

禁止在人口集中地区对树木、花草喷洒剧毒、高毒农药。

第七十五条 畜禽养殖场、养殖小区应当及时对污水、畜禽粪便和尸体等进行收集、贮存、清运和无害化处理，防止排放恶臭气体。

第七十六条 各级人民政府及其农业行政等有关部门应当鼓励和支持采用先进适用技术，对秸秆、落叶等进行肥料化、饲料化、能源化、工业原料化、食用菌基料化等综合利用，加大对秸秆还田、收集一体化农业机械的财政补贴力度。

县级人民政府应当组织建立秸秆收集、贮存、运输和综合利用服务体系，采用财政补贴等措施支持农村集体经济组织、农民专业合作经济组织、企业等开展秸秆收集、贮存、运输和综合利用服务。

第七十七条 省、自治区、直辖市人民政府应当划定区域，禁止露天焚烧秸秆、落叶等产生烟尘污染的物质。

第七十八条 国务院生态环境主管部门应当会同国务院卫生行政部门，根据大气污染物对公众健康和生态环境的危害和影响程度，公布有毒有害大气污染物名录，实行风险管理。

排放前款规定名录中所列有毒有害大气污染物的企业事业单位，应当按照国家有关规定建设环境风险预警体系，对排放口和周边环境进行定期监测，评估环境风险，排查环境安全隐患，并采取有效措施防范环境风险。

第七十九条 向大气排放持久性有机污染物的企业事业单位和其他生产经营者以及废弃物焚烧设施的运营单位，应当按照国家有关规定，采取有利于减少持久性有机污染物排放的技术方法和工艺，配备有效的净化装置，实现达标排放。

第八十条 企业事业单位和其他生产经营者在生产经营活动中产生恶臭气体的，应当科学选址，设置合理的防护距离，并安装净化装置或者采取其他措施，防止排放恶臭气体。

第八十一条 排放油烟的餐饮服务业经营者应当安装油烟净化设施并保持正常使用，或者采取其他油烟净化措施，使油烟达标排放，并防止对附近居民的正常生活环境造成污染。

禁止在居民住宅楼、未配套设立专用烟道的商住综合楼以及商住综合楼内与居住层相邻的商业楼层内新建、改建、扩建产生油烟、异味、废气的餐饮服务项目。

任何单位和个人不得在当地人民政府禁止的区域内露天烧烤食品或者为露天烧烤食品提供场地。

第八十二条 禁止在人口集中地区和其他依法需要特殊保护的区域内焚烧沥青、油毡、橡胶、塑料、皮革、垃圾以及其他产生有毒有害烟尘和恶臭气体的物质。

禁止生产、销售和燃放不符合质量标准的烟花爆竹。任何单位和个人不得在城市人民政府禁止的时段和区域内燃放烟花爆竹。

第八十三条 国家鼓励和倡导文明、绿色祭祀。

火葬场应当设置除尘等污染防治设施并保持正常使用，防止影响周边环境。

第八十四条 从事服装干洗和机动车维修等服务活动的经营者，应当按照国家有关标准或者要求设置异味和废气处理装置等污染防治设施并保持正常使用，防止影响周边环境。

第八十五条 国家鼓励、支持消耗臭氧层物质替代品的生产和使用，逐步减少直至停止消耗臭氧层物质的生产和使用。

国家对消耗臭氧层物质的生产、使用、进出口实行总量控制和配额管理。具体办法由国务院规定。

第五章 重点区域大气污染联合防治

第八十六条 国家建立重点区域大气污染联防联控机制，统筹协调重点区域内大气污染防治工作。国务院生态环境主管部门根据主体功能区划、区域大气环境质量状况和大气污染传输扩散规律，划定国家大气污染防治重点区域，报国务院批准。

重点区域内有关省、自治区、直辖市人民政府应当确定牵头的地方人民政府，定期召开联席会议，按照统一规划、统一标准、统一监测、统一的防治措施的要求，开展大气污染联合防治，落实大气污染防治目标责任。国务院生态环境主管部门应当加强指导、督促。

省、自治区、直辖市可以参照第一款规定划定本行政区域的大气污染防治重点区域。

第八十七条 国务院生态环境主管部门会同国务院有关部门、国家大气污染防治重点区域内有关省、自治区、直辖市人民政府，根据重点区域经济社会发展和大气环境承载力，制定重点区域大气污染联合防治行动计划，明确控制目标，优化区域经济布局，统筹交通管理，发展清洁能源，提出重点防治任务和措施，促进重点区域大气环境质量改善。

第八十八条 国务院经济综合主管部门会同国务院生态环境主管部门，结合国家大气污染防治重点区域产业发展实际和大气环境质量状况，进一步提高环境保护、能耗、安全、质量等要求。

重点区域内有关省、自治区、直辖市人民政府应当实施更严格的机动车大气污染物排放标准，统一在用机动车检验方法和排放限值，并配套供应合格的车用燃油。

第八十九条 编制可能对国家大气污染防治重点区域的大气环境造成严重污染的有关工业园区、开发区、区域产业和发展等规划，应当依法进行环境影响评价。规划编制机关应当与重点区域内有关省、自治区、直辖市人民政府或者有关部门会商。

重点区域内有关省、自治区、直辖市建设可能对相邻省、自治区、直辖市大气环境质量产生重大影响的项目，应当及时通报有关信息，进行会商。

会商意见及其采纳情况作为环境影响评价文件审查或者审批的重要依据。

第九十条 国家大气污染防治重点区域内新建、改建、扩建用煤项目的，应当实行煤炭的等量或者减量替代。

第九十一条 国务院生态环境主管部门应当组织建立国家大气污染防治重点区域的大气环境质量监测、大气污染源监测等相关信息共享机制，利用监测、模拟以及卫星、航测、遥感等新技术分析重点区域内大气污染来源及其变化趋势，并向社会公开。

第九十二条 国务院生态环境主管部门和国家大气污染防治重点区域内有关省、自治区、直辖市人民政府可以组织有关部门开展联合执法、跨区域执法、交叉执法。

第六章 重污染天气应对

第九十三条 国家建立重污染天气监测预警体系。

国务院生态环境主管部门会同国务院气象主管机构等有关部门、国家大气污染防治重点区域内有关省、自治区、直辖市人民政府，建立重点区域重污染天气监测预警机制，统一预警分级标准。可能发生区域重污染天气的，应当及时向重点区域内有关省、自治区、直辖市人民政府通报。

省、自治区、直辖市、设区的市人民政府生态环境主管部门会同气象主管机构等有关部门建立本行政区域重污染天气监测预警机制。

第九十四条 县级以上地方人民政府应当将重污染天气应对纳入突发事件应急管理体系。

省、自治区、直辖市、设区的市人民政府以及可能发生重污染天气的县级人民政府，应当制定重污染天气应急预案，向上一级人民政府生态环境主管部门备案，并向社会公布。

第九十五条 省、自治区、直辖市、设区的市人民政府生态环境主管部门应当会同气象主管机构建立会商机制，进行大气环境质量预报。可能发生重污染天气的，应当及时向本级人民政府报告。省、自治区、直辖市、设区的市人民政府依据重污染天气预报信息，进行综合研判，确定预警等级并及时发出预警。预警等级根据情况变化及时调整。任何单位和个人不得擅自向社会发布重污染天气预报预警信息。

预警信息发布后，人民政府及其有关部门应当通过电视、广播、网络、短信等途径告知公众采取健康防护措施，指导公众出行和调整其他相关社会活动。

第九十六条 县级以上地方人民政府应当依据重污染天气的预警等级，及时启动应急预案，根据应急需要可以采取责令有关企业停产或者限产、限制部分机动车行驶、禁止燃放烟花爆竹、停止工地土石方作业和建筑物拆除施工、停止露天烧烤、停止幼儿园和学校组织的户外活动、组织开展人工影响天气作业等应急措施。

应急响应结束后，人民政府应当及时开展应急预案实施情况的评估，适时修改完善应急预案。

第九十七条 发生造成大气污染的突发环境事件，人民政府及其有关部门和相关企业事业单位，应当依照《中华人民共和国突发事件应对法》、《中华人民共和国环境保护法》的规定，做好应急处置工作。生态环境主管部门应当及时对突发环境事件产生的大气污染物进行监测，并向社会公布监测信息。

第七章 法律责任

第九十八条 违反本法规定，以拒绝进入现场等方式拒不接受生态环境主管部门及其环境执法机构或者其他负有大气环境保护监督管理职责的部门的监督检查，或者在接受监督检查时弄虚作假的，由县级以上人民政府生态环境主管部门或者其他负有大气环境保护监督管理职责的部门责令改正，处二万元以上二十万元以下的罚款；构成违反治安管理行为的，由公安机关依法予以处罚。

第九十九条 违反本法规定，有下列行为之一的，由县级以上人民政府生态环境主管部门责令改正或者限制生产、停产整治，并处十万元以上一百万元以下的罚款；情节严重的，报经有批准权的人民政府批准，责令停业、关闭：

（一）未依法取得排污许可证排放大气污染物的；

（二）超过大气污染物排放标准或者超过重点大气污染物排放总量控制指标排放大气污染物的；

（三）通过逃避监管的方式排放大气污染物的。

第一百条 违反本法规定，有下列行为之一的，由县级以上人民政府生态环境主管部门责令改正，处二万元以上二十万元以下的罚款；拒不改正的，责令停产整治：

（一）侵占、损毁或者擅自移动、改变大气环境质量监测设施或者大气污染物排放自动监测设备的；

（二）未按照规定对所排放的工业废气和有毒有害大气污染物进行监测并保存原始监测记录的；

（三）未按照规定安装、使用大气污染物排放自动监测设备或者未按照规定与生态环境主管部门的监控设备联网，并保证监测设备正常运行的；

（四）重点排污单位不公开或者不如实公开自动监测数据的；

（五）未按照规定设置大气污染物排放口的。

第一百零一条 违反本法规定，生产、进口、销售或者使用国家综合性产业政策目录中禁止的设备和产品，采用国家综合性产业政策目录中禁止的工艺，或者将淘汰的设备和产品转让给他人使用的，由县级以上人民政府经济综合主管部门、海关按照职责责令改正，没收违法所得，并处货值金额一倍以上三倍以下的罚款；拒不改正的，报经有批准权的人民政府批准，责令停业、关闭。进口行为构成走私的，由海关依法予以处罚。

第一百零二条 违反本法规定，煤矿未按照规定建设配套煤炭洗选设施的，由县级以上人民政府能源主管部门责令改正，处十万元以上一百万元以下的罚款；拒不改正的，报经有批准权的人民政府批准，责令停业、关闭。

违反本法规定，开采含放射性和砷等有毒有害物质超过规定标准的煤炭的，由县级以上人民政府按照国务院规定的权限责令停业、关闭。

第一百零三条 违反本法规定，有下列行为之一的，由县级以上地方人民政府市场监督管理部门责令改正，没收原材料、产品和违法所得，并处货值金额一倍以上三倍以下的罚款：

（一）销售不符合质量标准的煤炭、石油焦的；

（二）生产、销售挥发性有机物含量不符合质量标准或者要求的原材料和产品的；

（三）生产、销售不符合标准的机动车船和非道路移动机械用燃料、发动机油、氮氧化物还原剂、燃料和润滑油添加剂以及其他添加剂的；

（四）在禁燃区内销售高污染燃料的。

第一百零四条 违反本法规定，有下列行为之一的，由海关责令改正，没收原材料、产品和违法所得，并处货值金额一倍以上三倍以下的罚款；构成走私的，由海关依法予以处罚：

（一）进口不符合质量标准的煤炭、石油焦的；

（二）进口挥发性有机物含量不符合质量标准或者要求的原材料和产品的；

（三）进口不符合标准的机动车船和非道路移动机械用燃料、发动机油、氮氧化物还原剂、燃料和润滑油添加剂以及其他添加剂的。

第一百零五条 违反本法规定，单位燃用不符合质量标准的煤炭、石油焦的，由县级以上人民政府生态环境主管部门责令改正，处货值金额一倍以上三倍以下的罚款。

第一百零六条 违反本法规定，使用不符合标准或者要求的船舶用燃油的，由海事管理机构、渔业主管部门按照职责处一万元以上十万元以下的罚款。

第一百零七条 违反本法规定，在禁燃区内新建、扩建燃用高污染燃料的设施，或者未按照规定停止燃用高污染燃料，或者在城市集中供热管网覆盖地区新建、扩建分散燃煤供热锅炉，或者未按照规定拆除已建成的不能达标排放的燃煤供热锅炉的，由县级以上地方人民政府生态环境主管部门没收燃用高污染燃料的设施，组织拆除燃煤供热锅炉，并处二万元以上二十万元以下的罚款。

违反本法规定，生产、进口、销售或者使用不符合规定标准或者要求的锅炉，由县级以上人民政府市场监督管理、生态环境主管部门责令改正，没收违法所得，并处二万元以上二十万元以下的罚款。

第一百零八条 违反本法规定，有下列行为之一的，由县级以上人民政府生态环境主管部门责令改正，处二万元以上二十万元以下的罚款；拒不改正的，责令停产整治：

（一）产生含挥发性有机物废气的生产和服务活动，未在密闭空间或者设备中进行，未按照规定安装、使用污染防治设施，或者未采取减少废气排放措施的；

（二）工业涂装企业未使用低挥发性有机物含量涂料或者未建立、保存台账的；

（三）石油、化工以及其他生产和使用有机溶剂的企业，未采取措施对管道、设备进行日常维护、维修，减少物料泄漏或者对泄漏的物料未及时收集处理的；

（四）储油储气库、加油加气站和油罐车、气罐车等，未按照国家有关规定安装并正常使用油气回收装置的；

（五）钢铁、建材、有色金属、石油、化工、制药、矿产开采等企业，未采取集中收集处理、密闭、围挡、遮盖、清扫、洒水等措施，控制、减少粉尘和气态污染物排放的；

（六）工业生产、垃圾填埋或者其他活动中产生的可燃性气体未回收利用，不具备回收利用条件未进行防治污染处理，或者可燃性气体回收利用装置不能正常作业，未及时修复或者更新的。

第一百零九条 违反本法规定，生产超过污染物排放标准的机动车、非道路移动机械的，由省级以上人民政府生态环境主管部门责令改正，没收违法所得，并处货值金额一倍以上三倍以下的罚款，没收销毁无法达到污染物排放标准的机动车、非道路移动机械；拒不改正的，责令停产整治，并由国务院机动车生产主管部门责令停止生产该车型。

违反本法规定，机动车、非道路移动机械生产企业对发动机、污染控制装置弄虚作假、以次充好，冒充排放检验合格产品出厂销售的，由省级以上人民政府生态环境主管部门责令停产整治，没收违法所得，并处货值金额一倍以上三倍以下的罚款，没收销毁无法达到污染物排放标准的机动车、非道路移动机械，并由国务院机动车生产主管部门责令停止生产该车型。

第一百一十条 违反本法规定，进口、销售超过污染物排放标准的机动车、非道路移动机械的，由县级以上人民政府工商行政管理部门、出入境检验检疫机构按照职责，并处货值金额一倍以上三倍以下的罚款，没收销毁无法达到污染物排放标准的机动车、非道路移动机械；进口行为构成走私的，由海关依法予以处罚。

违反本法规定，销售的机动车、非道路移动机械不符合污染物排放标准的，销售者应当负责修理、更换、退货；给购买者造成损失的，销售者应当赔偿损失。

第一百一十一条 违反本法规定，机动车生产、进口企业未按照规定向社会公布其生产、进口机动车车型的排放检验信息或者污染控制技术信息的，由省级以上人民政府生态环境主管部门责令改正，处五万元以上五十万元以下的罚款。

违反本法规定，机动车生产、进口企业未按照规定向社会公布其生产、进口机动车车型的有关维修技术信息的，由省级以上人民政府交通运输主管部门责令改正，处五万元以上五十万元以下的罚款。

第一百一十二条 违反本法规定，伪造机动车、非道路移动机械排放检验结果或者出具虚假排放检验报告的，由县级以上人民政府生态环境主管部门没收违法所得，并处十万元以上五十万元以下的罚款；情节严重的，由负责资质认定的部门取消其检验资格。

违反本法规定，伪造船舶排放检验结果或者出具虚假排放检验报告的，由海事管理机构依法予以处罚。

违反本法规定，以临时更换机动车污染控制装置等弄虚作假的方式通过机动车排放检验或者破坏机动车车载排放诊断系统的，由县级以上人民政府生态环境主管部门责令改正，对机动车所有人处五千元的罚款；对机动车维修单位处每辆机动车五千元的罚款。

第一百一十三条 违反本法规定，机动车驾驶人驾驶排放检验不合格的机动车上道路行驶的，由公安机关交通管理部门依法予以处罚。

第一百一十四条 违反本法规定，使用排放不合格的非道路移动机械，或者在用重型柴油车、非道路移动机械未按照规定加装、更换污染控制装置的，由县级以上人民政府生态环境等主管部门按照职责责令改正，处五千元的罚款。

违反本法规定，在禁止使用高排放非道路移动机械的区域使用高排放非道路移动机械的，由城市人民政府生态环境等主管部门依法予以处罚。

第一百一十五条 违反本法规定，施工单位有下列行为之一的，由县级以上人民政府住房城乡建设等主管部门按照职责责令改正，处一万元以上十万元以下的罚款；拒不改正的，责令停工整治：

（一）施工工地未设置硬质围挡，或者未采取覆盖、分段作业、择时施工、洒水抑尘、冲洗地面和车辆等有效防尘降尘措施的；

（二）建筑土方、工程渣土、建筑垃圾未及时清运，或者未采用密闭式防尘网遮盖的。

违反本法规定，建设单位未对暂时不能开工的建设用地的裸露地面进行覆盖，或者未对超过三个月不能开工的建设用地的裸露地面进行绿化、铺装或者遮盖的，由县级以上人民政府住房城乡建设等主管部门依照前款规定予以处罚。

第一百一十六条　违反本法规定，运输煤炭、垃圾、渣土、砂石、土方、灰浆等散装、流体物料的车辆，未采取密闭或者其他措施防止物料遗撒的，由县级以上地方人民政府确定的监督管理部门责令改正，处二千元以上二万元以下的罚款；拒不改正的，车辆不得上道路行驶。

第一百一十七条　违反本法规定，有下列行为之一的，由县级以上人民政府生态环境等主管部门按照职责责令改正，处一万元以上十万元以下的罚款；拒不改正的，责令停工整治或者停业整治：

（一）未密闭煤炭、煤矸石、煤渣、煤灰、水泥、石灰、石膏、砂土等易产生扬尘的物料的；

（二）对不能密闭的易产生扬尘的物料，未设置不低于堆放物高度的严密围挡，或者未采取有效覆盖措施防治扬尘污染的；

（三）装卸物料未采取密闭或者喷淋等方式控制扬尘排放的；

（四）存放煤炭、煤矸石、煤渣、煤灰等物料，未采取防燃措施的；

（五）码头、矿山、填埋场和消纳场未采取有效措施防治扬尘污染的；

（六）排放有毒有害大气污染物名录中所列有毒有害大气污染物的企业事业单位，未按照规定建设环境风险预警体系或者对排放口和周边环境进行定期监测、排查环境安全隐患并采取有效措施防范环境风险的；

（七）向大气排放持久性有机污染物的企业事业单位和其他生产经营者以及废弃物焚烧设施的运营单位，未按照国家有关规定采取有利于减少持久性有机污染物排放的技术方法和工艺，配备净化装置的；

（八）未采取措施防止排放恶臭气体的。

第一百一十八条　违反本法规定，排放油烟的餐饮服务业经营者未安装油烟净化设施、不正常使用油烟净化设施或者未采取其他油烟净化措施，超过排放标准排放油烟的，由县级以上地方人民政府确定的监督管理部门责令改正，处五千元以上五万元以下的罚款；拒不改正的，责令停业整治。

违反本法规定，在居民住宅楼、未配套设立专用烟道的商住综合楼、商住综合楼内与居住层相邻的商业楼层内新建、改建、扩建产生油烟、异味、废气的餐饮服务项目的，由县级以上地方人民政府确定的监督管理部门责令改正；拒不改正的，予以关闭，并处一万元以上十万元以下的罚款。

违反本法规定，在当地人民政府禁止的时段和区域内露天烧烤食品或者为露天烧烤食品提供场地的，由县级以上地方人民政府确定的监督管理部门责令改正，没收烧烤工具和违法所得，并处五百元以上二万元以下的罚款。

第一百一十九条　违反本法规定，在人口集中地区对树木、花草喷洒剧毒、高毒农药，或者露天焚烧秸秆、落叶等产生烟尘污染的物质的，由县级以上地方人民政府确定的监督管理部门责令改正，并可以处五百元以上二千元以下的罚款。

违反本法规定，在人口集中地区和其他依法需要特殊保护的区域内，焚烧沥青、油毡、橡胶、塑料、皮革、垃圾以及其他产生有毒有害烟尘和恶臭气体的物质的，由县级人民政府确定的监督管理部门责令改正，对单位处一万元以上十万元以下的罚款，对个人处五百元以上二千元以下的罚款。

违反本法规定，在城市人民政府禁止的时段和区域内燃放烟花爆竹的，由县级以上地方人民政府确定的监督管理部门依法予以处罚。

第一百二十条 违反本法规定，从事服装干洗和机动车维修等服务活动，未设置异味和废气处理装置等污染防治设施并保持正常使用，影响周边环境的，由县级以上地方人民政府生态环境主管部门责令改正，处二千元以上二万元以下的罚款；拒不改正的，责令停业整治。

第一百二十一条 违反本法规定，擅自向社会发布重污染天气预报预警信息，构成违反治安管理行为的，由公安机关依法予以处罚。

违反本法规定，拒不执行停止工地土石方作业或者建筑物拆除施工等重污染天气应急措施的，由县级以上地方人民政府确定的监督管理部门处一万元以上十万元以下的罚款。

第一百二十二条 违反本法规定，造成大气污染事故的，由县级以上人民政府生态环境主管部门依照本条第二款的规定处以罚款；对直接负责的主管人员和其他直接责任人员可以处上一年度从本企业事业单位取得收入百分之五十以下的罚款。

对造成一般或者较大大气污染事故的，按照污染事故造成直接损失的一倍以上三倍以下计算罚款；对造成重大或者特大大气污染事故的，按照污染事故造成的直接损失的三倍以上五倍以下计算罚款。

第一百二十三条 违反本法规定，企业事业单位和其他生产经营者有下列行为之一，受到罚款处罚，被责令改正，拒不改正的，依法作出处罚决定的行政机关可以自责令改正之日的次日起，按照原处罚数额按日连续处罚：

（一）未依法取得排污许可证排放大气污染物的；

（二）超过大气污染物排放标准或者超过重点大气污染物排放总量控制指标排放大气污染物的；

（三）通过逃避监管的方式排放大气污染物的；

（四）建筑施工或者贮存易产生扬尘的物料未采取有效措施防治扬尘污染的。

第一百二十四条 违反本法规定，对举报人以解除、变更劳动合同或者其他方式打击报复的，应当依照有关法律的规定承担责任。

第一百二十五条 排放大气污染物造成损害的，应当依法承担侵权责任。

第一百二十六条 地方各级人民政府、县级以上人民政府生态环境主管部门和其他负有大气环境保护监督管理职责的部门及其工作人员滥用职权、玩忽职守、徇私舞弊、弄虚作假的，依法给予处分。

第一百二十七条 违反本法规定，构成犯罪的，依法追究刑事责任。

第八章 附则

第一百二十八条 海洋工程的大气污染防治，依照《中华人民共和国海洋环境保护法》的有关规定执行。

第一百二十九条 本法自2016年1月1日起施行。

2. 消耗臭氧层物质管理条例

（2010年3月24日国务院第104次常务会议通过，自2010年6月1日起施行）

第一章 总则

第一条 为了加强对消耗臭氧层物质的管理，履行《保护臭氧层维也纳公约》和《关于消耗臭氧层物质的蒙特利尔议定书》规定的义务，保护臭氧层和生态环境，保障人体健康，根据《中华人民共和国大气污染防治法》，制定本条例。

第二条 本条例所称消耗臭氧层物质，是指对臭氧层有破坏作用并列入《中国受控消耗臭氧层物质清单》的化学品。

《中国受控消耗臭氧层物质清单》由国务院环境保护主管部门会同国务院有关部门制定、调整和公布。

第三条 在中华人民共和国境内从事消耗臭氧层物质的生产、销售、使用和进出口等活动，适用本条例。

前款所称生产，是指制造消耗臭氧层物质的活动。前款所称使用，是指利用消耗臭氧层物质进行的生产经营等活动，不包括使用含消耗臭氧层物质的产品的活动。

第四条 国务院环境保护主管部门统一负责全国消耗臭氧层物质的监督管理工作。

国务院商务主管部门、海关总署等有关部门依照本条例的规定和各自的职责负责消耗臭氧层物质的有关监督管理工作。

县级以上地方人民政府环境保护主管部门和商务等有关部门依照本条例的规定和各自的职责负责本行政区域消耗臭氧层物质的有关监督管理工作。

第五条 国家逐步削减并最终淘汰作为制冷剂、发泡剂、灭火剂、溶剂、清洗剂、加工助剂、杀虫剂、气雾剂、膨胀剂等用途的消耗臭氧层物质。

国务院环境保护主管部门会同国务院有关部门拟订《中国逐步淘汰消耗臭氧层物质国家方案》（以下简称国家方案），报国务院批准后实施。

第六条 国务院环境保护主管部门根据国家方案和消耗臭氧层物质淘汰进展情况，会同国务院有关部门确定并公布限制或者禁止新建、改建、扩建生产、使用消耗臭氧层物质建设项目的类别，制定并公布限制或者禁止生产、使用、进出口消耗臭氧层物质的名录。

因特殊用途确需生产、使用前款规定禁止生产、使用的消耗臭氧层物质的，按照《关于消耗臭氧层物质的蒙特利尔议定书》有关允许用于特殊用途的规定，由国务院环境保护主管部门会同国务院有关部门批准。

第七条 国家对消耗臭氧层物质的生产、使用、进出口实行总量控制和配额管理。国务院环境保护主管部门根据国家方案和消耗臭氧层物质淘汰进展情况，商国务院有关部门确定国家消耗臭氧层物质的年度生产、使用和进出口配额总量，并予以公告。

第八条 国家鼓励、支持消耗臭氧层物质替代品和替代技术的科学研究、技术开发和推广应用。

国务院环境保护主管部门会同国务院有关部门制定、调整和公布《中国消耗臭氧层物质替代品推荐名录》。

开发、生产、使用消耗臭氧层物质替代品，应当符合国家产业政策，并按照国家有关规定享受优惠政策。国家对在消耗臭氧层物质淘汰工作中做出突出成绩的单位和个人给予奖励。

第九条 任何单位和个人对违反本条例规定的行为，有权向县级以上人民政府环境保护主管部门或者其他有关部门举报。接到举报的部门应当及时调查处理，并为举报人保密；经调查情况属实的，对举报人给予奖励。

第二章 生产、销售和使用

第十条 消耗臭氧层物质的生产、使用单位，应当依照本条例的规定申请领取生产或者使用配额许可证。但是，使用单位有下列情形之一的，不需要申请领取使用配额许可证：

（一）维修单位为了维修制冷设备、制冷系统或者灭火系统使用消耗臭氧层物质的；

（二）实验室为了实验分析少量使用消耗臭氧层物质的；

（三）出入境检验检疫机构为了防止有害生物传入传出使用消耗臭氧层物质实施检疫的；

（四）国务院环境保护主管部门规定的不需要申请领取使用配额许可证的其他情形。

第十一条 消耗臭氧层物质的生产、使用单位除具备法律、行政法规规定的条件外，还应当具备下列条件：

（一）有合法生产或者使用相应消耗臭氧层物质的业绩；

（二）有生产或者使用相应消耗臭氧层物质的场所、设施、设备和专业技术人员；

（三）有经环境保护主管部门验收合格的环境保护设施；

（四）有健全完善的生产经营管理制度。

将消耗臭氧层物质用于本条例第六条规定的特殊用途的单位，不适用前款第（一）项的规定。

第十二条 消耗臭氧层物质的生产、使用单位应当于每年10月31日前向国务院环境保护主管部门书面申请下一年度的生产配额或者使用配额，并提交其符合本条例第十一条规定条件的证明材料。

国务院环境保护主管部门根据国家消耗臭氧层物质的年度生产、使用配额总量和申请单位生产、使用相应消耗臭氧层物质的业绩情况，核定申请单位下一年度的生产配额或者使用配额，并于每年12月20日前完成审查，符合条件的，核发下一年度的生产或者使用配额许可证，予以公告，并抄送国务院有关部门和申请单位所在地省、自治区、直辖市人民政府环境保护主管部门；不符合条件的，书面通知申请单位并说明理由。

第十三条 消耗臭氧层物质的生产或者使用配额许可证应当载明下列内容：

（一）生产或者使用单位的名称、地址、法定代表人或者负责人；

（二）准予生产或者使用的消耗臭氧层物质的品种、用途及其数量；

（三）有效期限；

（四）发证机关、发证日期和证书编号。

第十四条 消耗臭氧层物质的生产、使用单位需要调整其配额的，应当向国务院环境保护主管部门申请办理配额变更手续。

国务院环境保护主管部门应当依照本条例第十一条、第十二条规定的条件和依据进行审查，并在受理申请之日起20个工作日内完成审查，符合条件的，对申请单位的配额进行调整，并予以公告；不符合条件的，书面通知申请单位并说明理由。

第十五条 消耗臭氧层物质的生产单位不得超出生产配额许可证规定的品种、数量、期限生产消耗臭氧层物质，不得超出生产配额许可证规定的用途生产、销售消耗臭氧层物质。

禁止无生产配额许可证生产消耗臭氧层物质。

第十六条 依照本条例规定领取使用配额许可证的单位，不得超出使用配额许可证规定的品种、用途、数量、期限使用消耗臭氧层物质。

除本条例第十条规定的不需要申请领取使用配额许可证的情形外，禁止无使用配额许可证使用消耗臭氧层物质。

第十七条 消耗臭氧层物质的销售单位，应当按照国务院环境保护主管部门的规定办理备案手续。

国务院环境保护主管部门应当将备案的消耗臭氧层物质销售单位的名单进行公告。

第十八条 除依照本条例规定进出口外，消耗臭氧层物质的购买和销售行为只能在符合本条例规定的消耗臭氧层物质的生产、销售和使用单位之间进行。

第十九条 从事含消耗臭氧层物质的制冷设备、制冷系统或者灭火系统的维修、报废处理等经营活动的单位，应当向所在地县级人民政府环境保护主管部门备案。

专门从事消耗臭氧层物质回收、再生利用或者销毁等经营活动的单位，应当向所在地省、自治区、直辖市人民政府环境保护主管部门备案。

第二十条 消耗臭氧层物质的生产、使用单位，应当按照国务院环境保护主管部门的规定采取必要的措施，防止或者减少消耗臭氧层物质的泄漏和排放。

从事含消耗臭氧层物质的制冷设备、制冷系统或者灭火系统的维修、报废处理等经营活动的单位，应当按照国务院环境保护主管部门的规定对消耗臭氧层物质进行回收、循环利用或者交由从事消耗臭氧层物质回收、再生利用、销毁等经营活动的单位进行无害化处置。

从事消耗臭氧层物质回收、再生利用、销毁等经营活动的单位，应当按照国务院环境保护主管部门的规定对消耗臭氧层物质进行无害化处置，不得直接排放。

第二十一条 从事消耗臭氧层物质的生产、销售、使用、回收、再生利用、销毁等经营活动的单位，以及从事含消耗臭氧层物质的制冷设备、制冷系统或者灭火系统的维修、报废处理等经营活动的单位，应当完整保存有关生产经营活动的原始资料至少3年，并按照国务院环境保护主管部门的规定报送相关数据。

第三章 进出口

第二十二条 国家对进出口消耗臭氧层物质予以控制，并实行名录管理。国务院环境保护主管部门会同国务院商务主管部门、海关总署制定、调整和公布《中国进出口受控消耗臭氧层物质名录》。

进出口列入《中国进出口受控消耗臭氧层物质名录》的消耗臭氧层物质的单位，应当依照本条例的规定向国家消耗臭氧层物质进出口管理机构申请进出口配额，领取进出口审批单，并提交拟进出口的消耗臭氧层物质的品种、数量、来源、用途等情况的材料。

第二十三条 国家消耗臭氧层物质进出口管理机构应当自受理申请之日起20个工作日内完成审查，作出是否批准的决定。予以批准的，向申请单位核发进出口审批单；未予批准的，书面通知申请单位并说明理由。

进出口审批单的有效期最长为90日，不得超期或者跨年度使用。

第二十四条 取得消耗臭氧层物质进出口审批单的单位，应当按照国务院商务主管部门的规定申请领取进出口许可证，持进出口许可证向海关办理通关手续。列入《出入境检验检疫机构实施检验检疫的进出境商品目录》的消耗臭氧层物质，由出入境检验检疫机构依法实施检验。

消耗臭氧层物质在中华人民共和国境内的海关特殊监管区域、保税监管场所与境外之间进出的，进出口单位应当依照本条例的规定申请领取进出口审批单、进出口许可证；消耗臭氧层物质在中华人民共和国境内的海关特殊监管区域、保税监管场所与境内其他区域之间进出的，或者在上述海关特殊监管区域、保税监管场所之间进出的，不需要申请领取进出口审批单、进出口许可证。

第四章 监督检查

第二十五条 县级以上人民政府环境保护主管部门和其他有关部门，依照本条例的规定和各自的职责对消耗臭氧层物质的生产、销售、使用和进出口等活动进行监督检查。

第二十六条 县级以上人民政府环境保护主管部门和其他有关部门进行监督检查，有权采取下列措施：

（一）要求被检查单位提供有关资料；

（二）要求被检查单位就执行本条例规定的有关情况作出说明；

（三）进入被检查单位的生产、经营、储存场所进行调查和取证；

（四）责令被检查单位停止违反本条例规定的行为，履行法定义务；

（五）扣押、查封违法生产、销售、使用、进出口的消耗臭氧层物质及其生产设备、设施、原料及产品。

被检查单位应当予以配合，如实反映情况，提供必要资料，不得拒绝和阻碍。

第二十七条 县级以上人民政府环境保护主管部门和其他有关部门进行监督检查，监督检查人员不得少于2人，并应当出示有效的行政执法证件。

县级以上人民政府环境保护主管部门和其他有关部门的工作人员，对监督检查中知悉的商业秘密负有保密义务。

第二十八条 国务院环境保护主管部门应当建立健全消耗臭氧层物质的数据信息管理系统，收集、汇总和发布消耗臭氧层物质的生产、使用、进出口等数据信息。

县级以上地方人民政府环境保护主管部门应当将监督检查中发现的违反本条例规定的行为及处理情况逐级上报至国务院环境保护主管部门。

县级以上地方人民政府其他有关部门应当将监督检查中发现的违反本条例规定的行为及处理情况逐级上报至国务院有关部门，国务院有关部门应当及时抄送国务院环境保护主管部门。

第二十九条 县级以上地方人民政府环境保护主管部门或者其他有关部门对违反本条例规定的行为不查处的，其上级主管部门有权责令其依法查处或者直接进行查处。

第五章 法律责任

第三十条 负有消耗臭氧层物质监督管理职责的部门及其工作人员有下列行为之一的，对直接负责的主管人员和其他直接责任人员，依法给予处分；直接负责的主管人员和其他直接责任人员构成犯罪的，依法追究刑事责任：

（一）违反本条例规定核发消耗臭氧层物质生产、使用配额许可证的；

（二）违反本条例规定核发消耗臭氧层物质进出口审批单或者进出口许可证的；

（三）对发现的违反本条例的行为不依法查处的；

（四）在办理消耗臭氧层物质生产、使用、进出口等行政许可以及实施监督检查的过程中，索取、收受他人财物或者谋取其他利益的；

（五）有其他徇私舞弊、滥用职权、玩忽职守行为的。

第三十一条 无生产配额许可证生产消耗臭氧层物质的，由所在地县级以上地方人民政府环境保护主管部门责令停止违法行为，没收用于违法生产消耗臭氧层物质的原料、违法生产的消耗臭氧层物质和违法所得，拆除、销毁用于违法生产消耗臭氧层物质的设备、设施，并处100万元的罚款。

第三十二条 依照本条例规定应当申请领取使用配额许可证的单位无使用配额许可证使用消耗臭氧层物质的，由所在地县级以上地方人民政府环境保护主管部门责令停止违法行为，没收违法使用的消耗臭氧层物质、违法使用消耗臭氧层物质生产的产品和违法所得，并处20万元的罚款；情节严重的，并处50万元的罚款，拆除、销毁用于违法使用消耗臭氧层物质的设备、设施。

第三十三条 消耗臭氧层物质的生产、使用单位有下列行为之一的，由所在地省、自治区、直辖市人民政府环境保护主管部门责令停止违法行为，没收违法生产、使用的消耗臭氧层物质、违法使用消耗臭氧层物质生产的产品和违法所得，并处2万元以上10万元以下的罚款，报国务院环境保护主管部门核减其生产、使用配额数量；情节严重的，并处10万元以上20万元以下的罚款，报国务院环境保护主管部门吊销其生产、使用配额许可证：

（一）超出生产配额许可证规定的品种、数量、期限生产消耗臭氧层物质的；

（二）超出生产配额许可证规定的用途生产或者销售消耗臭氧层物质的；

（三）超出使用配额许可证规定的品种、数量、用途、期限使用消耗臭氧层物质的。

第三十四条 消耗臭氧层物质的生产、销售、使用单位向不符合本条例规定的单位销售或者购买消耗臭氧层物质的，由所在地县级以上地方人民政府环境保护主管部门责令改正，没收违法销售或者购买的消耗臭氧层物质和违法所得，处以所销售或者购买的消耗臭氧层物质市场总价3倍的罚款；对取得生产、使用配额许可证的单位，报国务院环境保护主管部门核减其生产、使用配额数量。

第三十五条 消耗臭氧层物质的生产、使用单位，未按照规定采取必要的措施防止或者减少消耗臭氧层物质的泄漏和排放的，由所在地县级以上地方人民政府环境保护主管部门责令限期改正，处5万元的罚款；逾期不改正的，处10万元的罚款，报国务院环境保护主管部门核减其生产、使用配额数量。

第三十六条 从事含消耗臭氧层物质的制冷设备、制冷系统或者灭火系统的维修、报废处理等经营活动的单位，未按照规定对消耗臭氧层物质进行回收、循环利用或者交由从事消耗臭氧层物质回收、再生利用、销毁等经营活动的单位进行无害化处置的，由所在地县级以上地方人民政府环境保护主管部门责令改正，处进行无害化处置所需费用3倍的罚款。

第三十七条 从事消耗臭氧层物质回收、再生利用、销毁等经营活动的单位，未按照规定对消耗臭氧层物质进行无害化处置而直接向大气排放的，由所在地县级以上地方人民政府环境保护主管部门责令改正，处进行无害化处置所需费用3倍的罚款。

第三十八条 从事消耗臭氧层物质生产、销售、使用、进出口、回收、再生利用、销毁等经营活动的单位，以及从事含消耗臭氧层物质的制冷设备、制冷系统或者灭火系统的维修、报废处理等经营活动的单位有下列行为之一的，由所在地县级以上地方人民政府环境保护主管部门责令改正，处5000元以上2万元以下的罚款：

（一）依照本条例规定应当向环境保护主管部门备案而未备案的；

（二）未按照规定完整保存有关生产经营活动的原始资料的；

（三）未按时申报或者谎报、瞒报有关经营活动的数据资料的；

（四）未按照监督检查人员的要求提供必要的资料的。

第三十九条 拒绝、阻碍环境保护主管部门或者其他有关部门的监督检查，或者在接受监督检查时弄虚作假的，由监督检查部门责令改正，处1万元以上2万元以下的罚款；构成违反治安管理行为的，由公安机关依法给予治安管理处罚；构成犯罪的，依法追究刑事责任。

第四十条 进出口单位无进出口许可证或者超出进出口许可证的规定进出口消耗臭氧层物质的，由海关依照有关法律、行政法规的规定予以处罚；构成犯罪的，依法追究刑事责任。

第六章 附则

第四十一条 本条例自2010年6月1日起施行。

3. 消耗臭氧层物质进出口管理办法

（环境保护部、商务部、海关总署令 第26号）

（2014年1月27日环境保护部、商务部、海关总署令第26号发布根据2019年8月22日生态环境部令第7号《生态环境部关于废止、修改部分规章的决定》修正，自2014年3月1日起施行）

第一条 为履行《关于消耗臭氧层物质的蒙特利尔议定书》及其修正案，加强对我国消耗臭氧层物质进出口管理，根据《消耗臭氧层物质管理条例》，制定本办法。

第二条 本办法适用于以任何形式进出口列入《中国进出口受控消耗臭氧层物质名录》的消耗臭氧层物质的活动；通过捐赠、货样、广告物品、退运等方式将列入《中国进出口受控消耗臭氧层物质名录》的消耗臭氧层物质运入、运出中华人民共和国关境，其他法律法规另有规定的，从其规定。

《中国进出口受控消耗臭氧层物质名录》由国务院环境保护主管部门会同国务院商务主管部门、海关总署制定、调整和公布。

第三条 国家对列入《中国进出口受控消耗臭氧层物质名录》的消耗臭氧层物质实行进出口配额许可证管理。

第四条 国务院环境保护主管部门、国务院商务主管部门和海关总署联合设立国家消耗臭氧层物质进出口管理机构，对消耗臭氧层物质的进出口实行统一监督管理。

第五条 国务院环境保护主管部门根据消耗臭氧层物质淘汰进展情况，商国务院商务主管部门确定国家消耗臭氧层物质年度进出口配额总量，并在每年 12 月 20 日前公布下一年度进出口配额总量。

第六条 从事消耗臭氧层物质进出口的单位（以下简称“进出口单位”）应当具有法人资格，并依法办理对外贸易经营者备案登记手续。

第七条 进出口单位应当在每年 10 月 31 日前向国家消耗臭氧层物质进出口管理机构申请下一年度进出口配额，并提交下列材料：

（一）法人营业执照和对外贸易经营者备案登记表；

（二）消耗臭氧层物质进出口单位年度环保备案表；

（三）下一年度消耗臭氧层物质进出口配额申请书和年度进出口计划表。

初次申请进出口配额的进出口单位，还应当提交前三年消耗臭氧层物质进出口业绩。

申请进出口属于危险化学品的消耗臭氧层物质的单位，还应当提交该危险化学品的国内生产使用企业持有的危险化学品环境管理登记证，以及安全生产监督管理部门核发的危险化学品生产、使用或者经营许可证。

未按时提交上述材料或者提交材料不齐全的，国家消耗臭氧层物质进出口管理机构不予受理配额申请。

第八条 国家消耗臭氧层物质进出口管理机构在核定进出口单位的年度进出口配额申请时，应当综合考虑下列因素：

（一）遵守法律法规情况；

（二）前三年消耗臭氧层物质进出口业绩；

（三）上一年度消耗臭氧层物质进出口计划及配额完成情况；

（四）管理水平和环境保护措施落实情况；

（五）其他影响消耗臭氧层物质进出口的因素。

第九条 国家消耗臭氧层物质进出口管理机构应当在每年 12 月 20 日前对进出口单位的进出口配额做出发放与否的决定，并予以公告。

第十条 在年度进出口配额指标内，进出口单位需要进出口消耗臭氧层物质的，应当向国家消耗臭氧层物质进出口管理机构申请领取进出口受控消耗臭氧层物质审批单，并提交下列材料：

（一）消耗臭氧层物质进出口申请书；

（二）对外贸易合同或者订单等相关材料，非生产企业还应当提交合法生产企业的供货证明；

（三）国家消耗臭氧层物质进出口管理机构认为需要提供的其他材料。

出口回收的消耗臭氧层物质的单位应当持有回收单位所在省级环境保护主管部门签发的回收证明，依法申请领取进出口受控消耗臭氧层物质审批单后，方可办理其他手续。

特殊用途的消耗臭氧层物质的出口，进出口单位应当提交进口国政府部门出具的进口许可证或者其他官方批准文件等材料。

第十一条 国家消耗臭氧层物质进出口管理机构应当自受理进出口申请之日起二十个工作日内完成审查，作出是否签发消耗臭氧层物质进出口审批单的决定，并对获准签发消耗臭氧层物质进出口审批单的进出口单位名单进行公示；未予批准的，应当书面通知申请单位并说明理由。

第十二条 消耗臭氧层物质进出口审批单实行一单一批制。审批单有效期为九十日，不得超期或者跨年度使用。

第十三条 进出口单位应当持进出口审批单，向所在地省级商务主管部门所属的发证机构申请领取消耗臭氧层物质进出口许可证。在京中央企业向国务院商务主管部门授权的发证机构申请领取消耗臭氧层物质进出口许可证。

消耗臭氧层物质进出口许可证实行一批一证制。每份进出口许可证只能报关使用一次，当年有效，不得跨年度使用。

进出口许可证的申领和管理按照国务院商务主管部门有关规定执行。

第十四条 进出口单位凭商务主管部门签发的消耗臭氧层物质进出口许可证向海关办理通关手续。

第十五条 进出口单位在领取消耗臭氧层物质进出口许可证后，实际进出口的数量少于批准的数量的，应当在完成通关手续之日起二十个工作日内向国家消耗臭氧层物质进出口管理机构报告实际进出口数量等信息。

进出口单位在领取消耗臭氧层物质进出口许可证后，实际未发生进出口的，应当在进出口许可证有效期届满之日起二十个工作日内向国家消耗臭氧层物质进出口管理机构报告。

第十六条 消耗臭氧层物质在中华人民共和国境内的海关特殊监管区域、保税监管场所与境外之间进出的，进出口单位应当依照本办法的规定申请领取进出口审批单、进出口许可证；消耗臭氧层物质在中华人民共和国境内的海关特殊监管区域、保税监管场所与境内其他区域之间进出的，或者在上述海关特殊监管区域、保税监管场所之间进出的，不需要申请领取进出口审批单、进出口许可证。

第十七条 进出口单位应当按照进出口审批单或者进出口许可证载明的内容从事消耗臭氧层物质的进出口活动。发生与进出口审批单或者进出口许可证载明的内容不符的情形的，进出口单位应当重新申请领取进出口审批单或者进出口许可证。

第十八条 国家消耗臭氧层物质进出口管理机构建立消耗臭氧层物质进出口数据信息管理系统，收集、汇总消耗臭氧层物质的进出口数据信息。

国务院环境保护主管部门、商务主管部门、海关总署以及省级环境保护主管部门应当建立信息共享机制，及时通报消耗臭氧层物质进出口、进出口单位信息和违法情况等信息。

第十九条 县级以上环境保护主管部门、商务主管部门、海关等有关部门有权依法对进出口单位的消耗臭氧层物质进出口活动进行监督检查。被检查单位必须如实反映情况，提供必要资料，不得拒绝和阻碍。检查部门对监督检查中知悉的商业秘密负有保密义务。

第二十条 进出口单位当年不能足额使用的进出口配额，应当于当年10月31日前报告并交还国家消耗臭氧层物质进出口管理机构。国家消耗臭氧层物质进出口管理机构可以根据实际情况对年度配额进行调整分配。

进出口单位未按期交还进出口配额并且在当年年底前未足额使用的，国家消耗臭氧层物质进出口管理机构可以核减或者取消其下一年度的进出口配额。

第二十一条 进出口单位以欺骗、贿赂等不正当手段取得消耗臭氧层物质进出口年度配额、消耗臭氧层物质进出口审批单或者进出口许可证的，依照《中华人民共和国行政许可法》的规定，由国家消耗臭氧层物质进出口管理机构撤销其消耗臭氧层物质进出口审批单，或者由商务主管部门撤销其消耗臭氧层物质进出口许可证，并由国家消耗臭氧层物质进出口管理机构酌情核减或者取消进出口单位本年度或者下一年度的进出口配额；构成犯罪的，依法移送司法机关追究刑事责任。

进出口单位对本办法第七条、第十条要求申请人提交的数据、材料有谎报、瞒报情形的，国家消耗臭氧层物质进出口管理机构除给予前款规定处罚外，还应当将违法事实通报给进出口单位所在地县级以上地方环境保护主管部门，并由进出口单位所在地县级以上地方环境保护主管部门依照《消耗臭氧层物质管理条例》第三十八条的规定予以处罚。

第二十二条 进出口单位倒卖、出租、出借进出口审批单或者进出口许可证的，由国家消耗臭氧层物质进出口管理机构撤销其消耗臭氧层物质进出口审批单，或者由商务主管部门撤销其消耗臭氧层物质进出口许可证，并由国家消耗臭氧层物质进出口管理机构取消其当年配额，禁止其三年内再次申请消耗臭氧层物质进出口配额；构成犯罪的，依法移送司法机关追究刑事责任。

第二十三条 进出口单位使用虚假进出口审批单或者进出口许可证的，由国家消耗臭氧层物质进出口管理机构取消其当年进出口配额，禁止其再次申请消耗臭氧层物质进出口配额；构成犯罪的，依法移送司法机关追究刑事责任。

第二十四条 进出口单位无进出口许可证或者超出进出口许可证的规定进出口消耗臭氧层物质的，或者违反海关有关规定进出口消耗臭氧层物质的，或者走私消耗臭氧层物质的，由海关依法处罚；构成犯罪的，依法移送司法机关追究刑事责任。国家消耗臭氧层物质进出口管理机构可以根据进出口单位违法行为情节轻重，禁止其再次申请消耗臭氧层物质进出口配额。

第二十五条 负有消耗臭氧层物质进出口监督管理职责的部门及其工作人员有下列行为之一的，对直接负责的主管人员和其他直接责任人员，依法给予处分；构成犯罪的，依法移送司法机关追究刑事责任：

（一）违反本办法规定发放消耗臭氧层物质进出口配额的；

（二）违反本办法规定签发消耗臭氧层物质进出口审批单或者进出口许可证的；

（三）对发现的违反本办法的行为不依法查处的；

（四）在办理消耗臭氧层物质进出口以及实施监督检查的过程中，索取、收受他人财物或者谋取其他利益的；

（五）其他徇私舞弊、滥用职权、玩忽职守行为。

第二十六条 本办法规定的消耗臭氧层物质进出口配额申请书、年度进出口计划表、消耗臭氧层物质进出口申请书、进出口受控消耗臭氧层物质审批单、消耗臭氧层物质进出口单位年度环保备案表、回收证明等文件格式由国家消耗臭氧层物质进出口管理机构统一制定并公布。

第二十七条 本办法由国务院环境保护主管部门商国务院商务主管部门、海关总署解释。

第二十八条 本办法自2014年3月1日起施行。原国家环境保护总局发布的《消耗臭氧层物质进出口管理办法》（环发〔1999〕278号）和原国家环境保护总局、原对外经济贸易合作部、海关总署发布的《关于加强对消耗臭氧层物质进出口管理的规定》（环发〔2000〕85号）同时废止。

4. 关于发布《有毒有害大气污染物名录（2018年）》的公告

（公告2019年第4号）

根据《中华人民共和国大气污染防治法》有关规定，生态环境部会同卫生健康委制定了《有毒有害大气污染物名录（2018年）》（见附件），现予公布。

附件：有毒有害大气污染物名录（2018年）

生态环境部

卫生健康委

2019年1月23日

附件

有毒有害大气污染物名录（2018年）

序号	污染物
1	二氯甲烷
2	甲醛
3	三氯甲烷

序号	污染物
4	三氯乙烯
5	四氯乙烯
6	乙醛
7	镉及其化合物
8	铬及其化合物
9	汞及其化合物
10	铅及其化合物
11	砷及其化合物

5. 关于恶臭气体超标排放法律适用有关问题的复函

（环办法规函〔2020〕122 号）

云南省生态环境厅：

你厅《转报昆明市生态环境局关于恶臭气体超标处罚适用法律的请示》（云环函〔2019〕731 号）收悉。经研究，函复如下：

一、相关法律规定

（一）关于超标排放大气污染物

大气污染防治法第十八条规定："企业事业单位和其他生产经营者……向大气排放污染物的，应当符合大气污染物排放标准，遵守重点大气污染物排放总量控制要求。"

第九十九条 规定："违反本法规定，有下列行为之一的，由县级以上人民政府生态环境主管部门责令改正或者限制生产、停产整治，并处十万元以上一百万元以下的罚款；情节严重的，报经有批准权的人民政府批准，责令停业、关闭：……（二）超过大气污染物排放标准或者超过重点大气污染物排放总量控制指标排放大气污染物的；……"

（二）关于未采取措施防止排放恶臭气体

大气污染防治法第八十条规定："企业事业单位和其他生产经营者在生产经营活动中产生恶臭气体的，应当科学选址，设置合理的防护距离，并安装净化装置或者采取其他措施，防止排放恶臭气体。"

第一百一十七条 规定："违反本法规定，有下列行为之一的，由县级以上人民政府生态环境等主管部门按照职责责令改正，处一万元以上十万元以下的罚款；拒不改正的，责令停工整治或者停业整治：……（八）未采取措施防止排放恶臭气体的。"

（三）关于餐饮服务业经营者超标排放油烟

大气污染防治法第八十一条第一款规定："排放油烟的餐饮服务业经营者应当安

装油烟净化设施并保持正常使用，或者采取其他油烟净化措施，使油烟达标排放，并防止对附近居民的正常生活环境造成污染。”

第一百一十八条 第一款规定：“违反本法规定，排放油烟的餐饮服务业经营者未安装油烟净化设施、不正常使用油烟净化设施或者未采取其他油烟净化措施，超过排放标准排放油烟的，由县级以上地方人民政府确定的监督管理部门责令改正，处五千元以上五万元以下的罚款；拒不改正的，责令停业整治。”

二、法律适用意见

环境行政处罚办法第九条规定：“当事人的一个违法行为同时违反两个以上环境法律、法规或者规章条款，应当适用效力等级较高的法律、法规或者规章；效力等级相同的，可以适用处罚较重的条款。”

我部认为，企业事业单位和其他生产经营者未采取措施防止排放恶臭气体，导致恶臭气体超标排放的，同时违反了大气污染防治法第十八条和第八十条的规定，属于当事人一个违法行为同时违反两个以上法律条款的情形。根据环境行政处罚办法第九条的规定，应当适用处罚较重的条款，即适用大气污染防治法第九十九条第二项的规定予以处罚。

需注意的是，对餐饮服务业经营者未安装油烟净化设施、不正常使用油烟净化设施或者未采取其他油烟净化措施，超过排放标准排放油烟的违法行为，大气污染防治法第八十一条第一款和第一百一十八条第一款已作出特别规定。

因此，按照特别条款优于一般条款的原则，餐饮服务业经营者未安装油烟净化设施、不正常使用油烟净化设施或者未采取其他油烟净化措施，超过排放标准排放油烟的，应当适用大气污染防治法第一百一十八条第一款的规定予以处罚。

特此函复。

生态环境部办公厅
2020 年 3 月 20 日

6. 关于《消耗臭氧层物质管理条例》中“生产”概念的法律适用意见

（环法规函〔2019〕101 号）

各省、自治区、直辖市生态环境厅（局），新疆生产建设兵团生态环境局，计划单列市、省会城市生态环境局：

《消耗臭氧层物质管理条例》（以下简称《条例》）第三条第一款规定：“在中华人民共和国境内从事消耗臭氧层物质的生产、销售、使用和进出口等活动，适用本条例。”第二款规定：“前款所称生产，是指制造消耗臭氧层物质的活动。”在贯彻执行《条例》

过程中，对《条例》规定的“生产”如何理解和适用，存在不同观点。经研究，现提出以下意见。

一、执法发现的问题

近期，我部在相关执法活动中发现，一些企业在从事生产活动时，附带或者联带产生了一定量的消耗臭氧层物质。具体情况是：生产一氯甲烷、二氯甲烷、三氯甲烷的企业，主要采用甲醇法和甲烷法进行生产。由于生产工艺的原因，生产一氯甲烷、二氯甲烷、三氯甲烷的生产线，通常要产生四氯化碳副产品或者联产品。原料中甲醇或者甲烷与氯气的不同比例，影响着四氯化碳的产生比例。总体上，各种生产工艺副产或者联产的四氯化碳比例在 4% ～ 8% 之间。

四氯化碳属于甲烷氯化物。甲烷氯化物是有机产品中仅次于氯乙烯的大宗氯系产品，是重要的化工原料和有机溶剂。其中，四氯化碳对臭氧层有破坏作用，属于列入《中国受控消耗臭氧层物质清单》的化学物质。

二、法律适用意见

关于生产一氯甲烷、二氯甲烷、三氯甲烷的企业，由于工艺原因副产或者联产出一定量四氯化碳的情形，是否属于《条例》规定的“生产”行为，我部认为，《条例》规定的“生产”，不仅包括以生产特定产品为目的的生产，还包括由于工艺原因必然产生副产品或者联产品的生产行为。由于作为副产品或者联产品生产四氯化碳的问题较普遍，为便于对该类行为进行规范、管理，落实《蒙特利尔议定书》和《中国逐步淘汰消耗臭氧层物质国家方案》有关工作要求，应当将由于工艺原因副产或者联产出一定量四氯化碳的情形纳入《条例》中“生产”概念的适用范围。

生态环境部

2019 年 8 月 30 日

7. 关于有机废气净化装置是否可以设置直排口问题的复函

（环办大气函〔2018〕304 号）

厦门市环境保护局：

你局《关于有机废气净化装置是否可以设置直排口问题的请示》（厦环控〔2017〕66 号）收悉，经研究，函复如下：

根据《中华人民共和国大气污染防治法》第四十五条“产生含挥发性有机物废气的生产和服务活动，应当在密闭空间或者设备中进行，并按照规定安装、使用污染防治设施；无法密闭的，应当采取措施减少废气排放”等有关规定，企业应全面加强挥发性有机物排放控制。

1. 企业配套建设的污染防治设施应与生产设备同步运行，禁止企业在正常生产运行情况下启用直接排空装置，未经处理直接向环境排放废气。

2. 你们应切实加强对企业在应急情况下通过直接排空装置排放废气行为的监管力度，严肃查处企业在非应急情况下利用直排装置偷排废气的行为。

3. 对于有条件的企业，可以采用“一用一备”等方式，通过建设备用污染防治设施，避免设置废气直接排空装置，防止废气直排，确保废气稳定达标排放。

特此函复。

环境保护部办公厅

2018 年 3 月 7 日

8. 关于木材加工及人造板行业有关环保政策的复函

（环办大气函〔2018〕136 号）

林业局办公室：

你办《关于商请明确木材加工及人造板行业有关环保政策的函》（办函规字〔2017〕332 号）收悉。经研究，函复如下：

一、关于木材加工和人造板企业污染物排放执行标准

干燥尾气是利用锅炉、热风炉产生的热烟气，掺混一定量的新鲜空气，对木材纤维、刨花、板材等进行干燥过程中产生的废气，主要污染物包括燃料燃烧产物（烟尘、二氧化硫、氮氧化物等）、木粉尘、木材自身释放的一些有机物等，若施胶后干燥，则干燥尾气中还含有胶粘剂挥发产生的大量有机成分，如甲醇、酚类等。在木材加工和人造板生产过程中，应根据废气产生来源和性质的不同，执行不同的排放控制要求。

对于热力中心动力锅炉直接排放环境的废气，应执行《锅炉大气污染物排放标准》（GB 13271—2014）。

对于将锅炉产生的热烟气引入干燥工序的，干燥尾气应执行《大气污染物综合排放标准》（GB 16297—1996）。我部正在制订《人造板工业污染物排放标准》，该标准发布后，按其要求执行。地方有更严格排放控制要求的，按地方要求执行。

二、关于木材加工剩余物作为燃料的管控要求

我部鼓励对木材加工和人造板生产废渣进行综合利用。对位于城市人民政府依法划定的高污染燃料禁燃区内的企业，燃用生物质燃料（包括树木、秸秆、锯末等）应根据《高污染燃料目录》要求进行管控，必须使用配置高效除尘设施的专用锅炉。燃用废料产生有毒有害烟尘和恶臭气体物质的，依照《中华人民共和国大气污染防治法》第八十二条和第一百一十九条规定进行管理和处罚。

三、关于环保设施升级改选项目的提升标准

为推动人造板和木材加工行业绿色健康发展，避免短期内二次改选风险，建议你局在实施人造板工业环保设施升级改选专项项目过程中，结合国内外先进环保技术、装备及标准控制要求，从严把握，参照目前正在制订的《人造板工业污染物排放标准》相关要求进行改造。我部将加快相关标准制订，配合你局大力推进人造板和木材加工行业环保设施升级改造，推动打造一批标杆企业，促进行业绿色转型。

特此函复。

环境保护部办公厅

2018年1月25日

9. 关于《中华人民共和国大气污染防治法》第一百一十八条第一款适用问题的复函

（环办政法函〔2017〕303号）

北京市环境保护局：

你局《关于（中华人民共和国大气污染防治法）第一百一十八条第一款适用问题的请示》（京环文〔2017〕14号）收悉。经研究，现函复如下：

按照《大气污染防治法》第一百一十八条第一款规定，排放油烟的餐饮服务业经营者存在“未安装油烟净化设施、不正常使用油烟净化设施或者未采取其他油烟净化措施”的情形，且“超过排放标准排放油烟的”，由县级以上地方政府确定的监管部门依法予以处罚。

特此函复。

环境保护部办公厅

2017年3月7日

10. 关于明确执行高污染燃料目录有关问题的复函

（环办大气函〔2017〕749号）

湖北省环境保护厅：

你厅《关于恳请明确执行高污染燃料目录有关问题的请示》（鄂环保文〔2017〕69号）

收悉。经研究，函复如下：

2015 年修订的《中华人民共和国大气污染防治法》第三十八条规定："城市人民政府可以划定并公布高污染燃料禁燃区，并根据大气环境质量改善要求，逐步扩大高污染燃料禁燃区范围。高污染燃料的目录由国务院环境保护主管部门确定"。

我部于 2017 年 3 月 28 日印发《关于发布〈高污染燃料目录〉的通知》（国环规大气〔2017〕2 号）。城市人民政府根据大气环境质量改善要求、能源消费结构、经济承受能力，可因地制宜选择《高污染燃料目录》中不同燃料组合类别（Ⅰ类、Ⅱ类和Ⅲ类），分区域合理划定不同类别的高污染燃料禁燃区。

特此函复。

环境保护部办公厅

2017 年 5 月 11 日

附件：

高污染燃料目录

一、为改善城市大气环境质量，根据全国人大常委会 2015 年 8 月 29 日修订通过的《中华人民共和国大气污染防治法》第三十八条规定，制定本目录。

二、本目录所指燃料是根据产品品质、燃用方式、环境影响等因素确定的需要强化管理的燃料，仅适用于城市人民政府依法划定的高污染燃料禁燃区（以下简称禁燃区）的管理，不作为禁燃区外燃料的禁燃管理依据。

三、按照控制严格程度，将禁燃区内禁止燃用的燃料组合分为Ⅰ类（一般）、Ⅱ类（较严）和Ⅲ类（严格）。城市人民政府根据大气环境质量改善要求、能源消费结构、经济承受能力，在禁燃区管理中，因地制宜选择其中一类（见表 1）。

表 1　禁燃区内禁止燃用的燃料组合类别

类别	燃料种类		
Ⅰ类	单台出力小于 20 蒸吨 / 小时的锅炉和民用燃煤设备燃用的含硫量大于 0.5%、灰分大于 10% 的煤炭及其制品（其中，型煤、焦炭、兰炭的组分含量大于表 2 中规定的限值）	石油焦、油页岩、原油、重油、渣油、煤焦油	—
Ⅱ类	除单台出力大于等于 20 蒸吨 / 小时锅炉以外燃用的煤炭及其制品	石油焦、油页岩、原油、重油、渣油、煤焦油	—
Ⅲ类	煤炭及其制品		非专用锅炉或未配置高效除尘设施的专用锅炉燃用的生物质成型燃料

表 2　部分煤炭制品的组分含量限值

燃料种类	含硫量（$S_{t,d}$）	灰分（A_d）	挥发分（V_{daf}）
型煤	0.5%	—	12.0%
焦炭	0.5%	10.0%	5.0%
兰炭	0.5%	10.0%	10.0%

（一）Ⅰ类

1. 单台出力小于 20 蒸吨 / 小时的锅炉和民用燃煤设备燃用的含硫量大于 0.5%、灰分大于 10% 的煤炭及其制品（其中，型煤、焦炭、兰炭的组分含量大于表 2 中规定的限值）。

2. 石油焦、油页岩、原油、重油、渣油、煤焦油。

（二）Ⅱ类

1. 除单台出力大于等于 20 蒸吨 / 小时锅炉以外燃用的煤炭及其制品。

2. 石油焦、油页岩、原油、重油、渣油、煤焦油。

（三）Ⅲ类

1. 煤炭及其制品。

2. 石油焦、油页岩、原油、重油、渣油、煤焦油。

3. 非专用锅炉或未配置高效除尘设施的专用锅炉燃用的生物质成型燃料。

四、本目录规定的是生产和生活使用的煤炭及其制品（包括原煤、散煤、煤矸石、煤泥、煤粉、水煤浆、型煤、焦炭、兰炭等）、油类等常规燃料。

五、本目录由环境保护部负责解释。

六、本目录自发布之日起实施，原国家环境保护总局 2001 年发布的《关于划分高污染燃料的规定》（环发〔2001〕37 号）同时废止。

11. 关于高污染燃料禁燃区管理中对直接燃用生物质等问题的复函

（环办大气函〔2017〕1886 号）

广东省环境保护厅：

你厅《关于高污染燃料禁燃区管理中对直接燃用生物质等问题的请示》（粤环报〔2017〕130 号）收悉。经研究，函复如下：

一、直接燃用的生物质燃料（树木、秸秆、锯末、稻壳、蔗渣等）和生物质成型燃料在组分上没有区别，非专用锅炉或未配置高效除尘设施的专用锅炉燃用的生物质燃料参照《高污染燃料目录》（国环规大气〔2017〕2 号）中关于生物质成型燃料有关规定执行。

二、《高污染燃料目录》规定的是生产和生活使用的煤炭及其制品、油类等常规燃料，不包括工业废弃物、垃圾等。焚烧沥青、油毡、橡胶、塑料、皮革、垃圾等产生有毒有害烟尘和恶臭气体的物质的，依照《中华人民共和国大气污染防治法》第八十二条和第一百一十九条规定进行管理和处罚。

特此函复。

环境保护部办公厅

2017 年 12 月 5 日

12. 关于《中华人民共和国大气污染防治法》第四十条适用问题的复函

（环办政法函〔2016〕720 号）

广东省环境保护厅：

你厅《关于〈中华人民共和国大气污染防治法〉第四十条适用问题的请示》（粤环报〔2016〕13 号，以下简称《请示》）收悉。经研究，现函复如下：

2015 年修订的《大气污染防治法》第四十条规定：“县级以上人民政府质量监督部门应当会同环境保护主管部门对锅炉生产、进口、销售和使用环节执行环境保护标准或者要求的情况进行监督检查；不符合环境保护标准或者要求的，不得生产、进口、销售和使用。”

你厅《请示》涉及的《广州市人民政府关于整治高污染燃料锅炉的通告》（穗府〔2015〕13 号）第七项中关于“改用生物质成型燃料的锅炉应使用专用锅炉并配套袋式除尘设施，其燃料须符合《工业锅炉用生物质成型燃料》（DB 44/T1052—2012）标准，大气污染物排放须符合国家和我省对生物质成型燃料锅炉的相关要求”的内容，以及第八项“改用生物质燃气的锅炉，其燃料和大气污染物排放须符合国家或我省对气态清洁能源锅炉的相关要求”的规定，属于地方人民政府对锅炉使用环节提出的环境保护要求，符合 2015 年修订的《大气污染防治法》第四十条的规定，有关单位和个人应当执行。

特此函复。

环境保护部办公厅

2016 年 4 月 21 日

13. 关于锅炉大气污染物排放标准有关解释的复函

（环办大气函〔2016〕2329号）

重庆市环境保护局：

你局《关于锅炉大气污染物排放标准有关解释的请求》（渝环文〔2015〕130号）收悉。经研究，现函复如下：

《锅炉大气污染物排放标准》（GB 13271—2014）中“适用范围”明确规定“本标准适用于法律允许的污染物排放行为”；“在用锅炉”的定义为“本标准实施之日前，已建成投产或环境影响评价文件已通过审批的锅炉”。执行“在用锅炉”标准的锅炉应该同时满足以上两个条件。

因此，“已建成投产”应以锅炉取得环保合法手续为前提；“未批先建”的锅炉，应以其补办环评手续的时间来确定适用的排放标准。

特此函复。

环境保护部办公厅

2016年12月24日

14. 关于焦化企业控制大气污染物排放措施有关问题的复函

（环办大气函〔2016〕〕1681号）

山东省环境保护厅：

你厅《关于焦化企业控制大气污染物排放措施有关问题的请示》（鲁环发〔2016〕141号）收悉。经研究，现函复如下：

2015年修订的《大气污染防治法》第四十三条规定：“钢铁、建材、有色金属、石油、化工等企业生产过程中排放粉尘、硫化物和氮氧化物的，应当采取清洁生产工艺，配套建设除尘、脱硫、脱硝等装置，或者采取技术改造等其他控制大气污染物排放的措施。”

企业为实现稳定达标排放，在污染治理技术选择方面，本条规定的措施是“或者”即企业究竟是采取清洁生产工艺，配套建设除尘、脱硫、脱硝等装置，还是采取技术改造等其他控制大气污染物排放的措施，可以视自身情况进行选择。

特此函复。

环境保护部办公厅
2016年9月21日

15. 关于高污染燃料禁燃区管理有关问题的复函

（环办大气函〔2016〕1609号）

山东省环境保护厅：

你厅《关于高污染燃料禁燃区管理有关问题的请示》（鲁环发〔2016〕140号）收悉。经研究，现函复如下：

新修订的《大气污染防治法》第三十八条规定："城市人民政府可以划定并公布高污染燃料禁燃区，并根据大气环境质量改善要求，逐步扩大高污染燃料禁燃区范围。高污染燃料的目录由国务院环境保护主管部门确定。""在禁燃区内，禁止销售、燃用高污染燃料；禁止新建、扩建燃用高污染燃料的设施，已建成的，应当在城市人民政府规定的期限内改用天然气、页岩气、液化石油气、电或者其他清洁能源。"

根据上述规定，在划定的高污染燃料禁燃区内，已建成的燃用高污染燃料的设施，均应当按照城市人民政府确定的期限，改用清洁能源。

特此函复。

环境保护部办公厅
2016年9月7日

16. 关于《中华人民共和国大气污染防治法》第八十条适用问题的复函

（环办政法函〔2016〕1591号）

黑龙江省环境保护厅：

你厅《关于〈中华人民共和国大气污染防治法〉第八十条适用问题的请示》（黑环发〔2016〕179号，以下简称《请示》）收悉。经研究，现函复如下：

《环境保护法》第四十九条第三款规定，从事畜禽养殖和屠宰的单位和个人应当采取措施，对畜禽粪便、尸体和污水等废弃物进行科学处置，防止污染环境。2015年修订的《大气污染防治法》第八十条规定，企业事业单位和其他生产经营者在生产经营活动中产生恶臭气体的，应当科学选址，设置合理的防护距离，并安装净化装置或者采取其他措施，防止排放恶臭气体。

从事畜禽养殖的个人应当依法履行环境污染防治义务。《请示》中提及的农村村民利用宅基地院落进行小规模畜禽养殖的行为，适用2015年修订的《大气污染防治法》第八十条规定。

特此函复。

环境保护部办公厅

2016年9月2日

17. 关于执行大气污染物特别排放限值有关问题的复函

（环办大气函〔2016〕1087号）

四川省环境保护厅：

你厅《关于执行大气污染物特别排放限值有关问题的请示》（川环函〔2016〕610号）收悉。经研究，现函复如下：

按照环境保护部《关于执行大气污染物特别排放限值的公告》（公告2013年第14号）中关于“现有企业‘十三五’期间将特别排放限值的要求扩展到重点控制区的市域范围”的规定，“十三五”期间位于重点控制区市域范围内的燃煤机组、钢铁烧结（球团）设备、石化行业（现有企业2017年7月1日起执行）、燃煤锅炉（10t/h及以下在用蒸汽锅炉和7MW及以下在用热水锅炉自2016年7月1日起执行）排放的大气污染物均应执行特别排放限值。

特此函复。

环境保护部办公厅

2016年6月13日

18. 关于火电厂 SCR 脱硝系统在锅炉低负荷运行情况下 NO_x 排放超标有关问题的复函

（环函〔2015〕143 号）

福建省环境保护厅：

你厅《关于火电厂 SCR 脱硝系统在锅炉低负荷运行情况下 NO_x 排放超标问题的请示》（闽环保法〔2015〕2 号）收悉。经研究，函复如下：

《火电厂大气污染物排放标准》是国家强制标准，火电厂在任何运行负荷时，都必须达标排放。脱硝系统无法运行导致的氮氧化物排放浓度高于排放限值要求的，应认定为超标排放，并依法予以处罚。

目前全工况脱硝技术已经成熟，火电厂现有脱硝系统与运行负荷变化不匹配、不能正常运行、造成超标排放的，应进行改造，提高投运率和脱硝效率。

特此函复。

环境保护部

2015 年 6 月 19 日

19. 关于界定生物质成型燃料类型有关意见的复函

（环办函〔2014〕1207 号）

山东省环境保护厅：

你厅《关于界定成型生物质燃料类型有关问题的请示》（鲁环发〔2014〕110 号）收悉。经研究，现函复如下：

一、根据《关于划分高污染燃料的规定》（环发〔2001〕37 号），未将“生物质成型燃料”划分为高污染燃料。近年来，生物质成型燃料技术发展迅速，在使用专用锅炉并配套袋式除尘器的条件下，烟尘、二氧化硫和氮氧化物等污染物排放浓度较低，可以达到相关标准的限值要求。

二、生物质成型燃料在燃烧不完全或污染治理设施运行不正常的情况下，都有可能造成一定程度的空气污染。考虑到部分城市目前在燃煤锅炉清洁能源改造工作中存在的清洁能源保障不足问题，我部原则同意在使用专用锅炉并配套袋式除尘器的条件下，由城市政府结合本行政区实际情况决定是否允许生物质成型燃料在高污染燃料禁燃区内使用。

三、生物质成型燃料属于可再生能源，是一种较好的煤炭替代燃料。我部将与相关部门密切配合，进一步完善技术标准和政策法规，促进生物质燃料的推广使用。

特此函复。

环境保护部办公厅

2014 年 9 月 21 日

（三）固体废物污染防治

1. 中华人民共和国固体废物污染环境防治法

（1995年10月30日第八届全国人民代表大会常务委员会第十六次会议通过
2020年4月29日第十三届全国人民代表大会常务委员会第十七次会议第二次修订）

第一章　总则

第一条　为了保护和改善生态环境，防治固体废物污染环境，保障公众健康，维护生态安全，推进生态文明建设，促进经济社会可持续发展，制定本法。

第二条　固体废物污染环境的防治适用本法。

固体废物污染海洋环境的防治和放射性固体废物污染环境的防治不适用本法。

第三条　国家推行绿色发展方式，促进清洁生产和循环经济发展。

国家倡导简约适度、绿色低碳的生活方式，引导公众积极参与固体废物污染环境防治。

第四条　固体废物污染环境防治坚持减量化、资源化和无害化的原则。

任何单位和个人都应当采取措施，减少固体废物的产生量，促进固体废物的综合利用，降低固体废物的危害性。

第五条　固体废物污染环境防治坚持污染担责的原则。

产生、收集、贮存、运输、利用、处置固体废物的单位和个人，应当采取措施，防止或者减少固体废物对环境的污染，对所造成的环境污染依法承担责任。

第六条　国家推行生活垃圾分类制度。

生活垃圾分类坚持政府推动、全民参与、城乡统筹、因地制宜、简便易行的原则。

第七条　地方各级人民政府对本行政区域固体废物污染环境防治负责。

国家实行固体废物污染环境防治目标责任制和考核评价制度，将固体废物污染环境防治目标完成情况纳入考核评价的内容。

第八条　各级人民政府应当加强对固体废物污染环境防治工作的领导，组织、协调、督促有关部门依法履行固体废物污染环境防治监督管理职责。

省、自治区、直辖市之间可以协商建立跨行政区域固体废物污染环境的联防联控机制，统筹规划制定、设施建设、固体废物转移等工作。

第九条　国务院生态环境主管部门对全国固体废物污染环境防治工作实施统一监督管理。国务院发展改革、工业和信息化、自然资源、住房城乡建设、交通运输、农业农村、商务、卫生健康、海关等主管部门在各自职责范围内负责固体废物污染环境防治的监督管理工作。

地方人民政府生态环境主管部门对本行政区域固体废物污染环境防治工作实施统

一监督管理。地方人民政府发展改革、工业和信息化、自然资源、住房城乡建设、交通运输、农业农村、商务、卫生健康等主管部门在各自职责范围内负责固体废物污染环境防治的监督管理工作。

第十条 国家鼓励、支持固体废物污染环境防治的科学研究、技术开发、先进技术推广和科学普及，加强固体废物污染环境防治科技支撑。

第十一条 国家机关、社会团体、企业事业单位、基层群众性自治组织和新闻媒体应当加强固体废物污染环境防治宣传教育和科学普及，增强公众固体废物污染环境防治意识。

学校应当开展生活垃圾分类以及其他固体废物污染环境防治知识普及和教育。

第十二条 各级人民政府对在固体废物污染环境防治工作以及相关的综合利用活动中做出显著成绩的单位和个人，按照国家有关规定给予表彰、奖励。

第二章 监督管理

第十三条 县级以上人民政府应当将固体废物污染环境防治工作纳入国民经济和社会发展规划、生态环境保护规划，并采取有效措施减少固体废物的产生量、促进固体废物的综合利用、降低固体废物的危害性，最大限度降低固体废物填埋量。

第十四条 国务院生态环境主管部门应当会同国务院有关部门根据国家环境质量标准和国家经济、技术条件，制定固体废物鉴别标准、鉴别程序和国家固体废物污染环境防治技术标准。

第十五条 国务院标准化主管部门应当会同国务院发展改革、工业和信息化、生态环境、农业农村等主管部门，制定固体废物综合利用标准。

综合利用固体废物应当遵守生态环境法律法规，符合固体废物污染环境防治技术标准。使用固体废物综合利用产物应当符合国家规定的用途、标准。

第十六条 国务院生态环境主管部门应当会同国务院有关部门建立全国危险废物等固体废物污染环境防治信息平台，推进固体废物收集、转移、处置等全过程监控和信息化追溯。

第十七条 建设产生、贮存、利用、处置固体废物的项目，应当依法进行环境影响评价，并遵守国家有关建设项目环境保护管理的规定。

第十八条 建设项目的环境影响评价文件确定需要配套建设的固体废物污染环境防治设施，应当与主体工程同时设计、同时施工、同时投入使用。建设项目的初步设计，应当按照环境保护设计规范的要求，将固体废物污染环境防治内容纳入环境影响评价文件，落实防治固体废物污染环境和破坏生态的措施以及固体废物污染环境防治设施投资概算。

建设单位应当依照有关法律法规的规定，对配套建设的固体废物污染环境防治设施进行验收，编制验收报告，并向社会公开。

第十九条 收集、贮存、运输、利用、处置固体废物的单位和其他生产经营者，应当加强对相关设施、设备和场所的管理和维护，保证其正常运行和使用。

第二十条 产生、收集、贮存、运输、利用、处置固体废物的单位和其他生产经营者，应当采取防扬散、防流失、防渗漏或者其他防止污染环境的措施，不得擅自倾倒、堆放、丢弃、遗撒固体废物。

禁止任何单位或者个人向江河、湖泊、运河、渠道、水库及其最高水位线以下的滩地和岸坡以及法律法规规定的其他地点倾倒、堆放、贮存固体废物。

第二十一条 在生态保护红线区域、永久基本农田集中区域和其他需要特别保护的区域内，禁止建设工业固体废物、危险废物集中贮存、利用、处置的设施、场所和生活垃圾填埋场。

第二十二条 转移固体废物出省、自治区、直辖市行政区域贮存、处置的，应当向固体废物移出地的省、自治区、直辖市人民政府生态环境主管部门提出申请。移出地的省、自治区、直辖市人民政府生态环境主管部门应当及时商经接受地的省、自治区、直辖市人民政府生态环境主管部门同意后，在规定期限内批准转移该固体废物出省、自治区、直辖市行政区域。未经批准的，不得转移。

转移固体废物出省、自治区、直辖市行政区域利用的，应当报固体废物移出地的省、自治区、直辖市人民政府生态环境主管部门备案。移出地的省、自治区、直辖市人民政府生态环境主管部门应当将备案信息通报接受地的省、自治区、直辖市人民政府生态环境主管部门。

第二十三条 禁止中华人民共和国境外的固体废物进境倾倒、堆放、处置。

第二十四条 国家逐步实现固体废物零进口，由国务院生态环境主管部门会同国务院商务、发展改革、海关等主管部门组织实施。

第二十五条 海关发现进口货物疑似固体废物的，可以委托专业机构开展属性鉴别，并根据鉴别结论依法管理。

第二十六条 生态环境主管部门及其环境执法机构和其他负有固体废物污染环境防治监督管理职责的部门，在各自职责范围内有权对从事产生、收集、贮存、运输、利用、处置固体废物等活动的单位和其他生产经营者进行现场检查。被检查者应当如实反映情况，并提供必要的资料。

实施现场检查，可以采取现场监测、采集样品、查阅或者复制与固体废物污染环境防治相关的资料等措施。检查人员进行现场检查，应当出示证件。对现场检查中知悉的商业秘密应当保密。

第二十七条 有下列情形之一，生态环境主管部门和其他负有固体废物污染环境防治监督管理职责的部门，可以对违法收集、贮存、运输、利用、处置的固体废物及设施、设备、场所、工具、物品予以查封、扣押：

（一）可能造成证据灭失、被隐匿或者非法转移的；

（二）造成或者可能造成严重环境污染的。

第二十八条 生态环境主管部门应当会同有关部门建立产生、收集、贮存、运输、利用、处置固体废物的单位和其他生产经营者信用记录制度，将相关信用记录纳入全国信用信息共享平台。

第二十九条 设区的市级人民政府生态环境主管部门应当会同住房城乡建设、农业农村、卫生健康等主管部门，定期向社会发布固体废物的种类、产生量、处置能力、利用处置状况等信息。

产生、收集、贮存、运输、利用、处置固体废物的单位，应当依法及时公开固体废物污染环境防治信息，主动接受社会监督。

利用、处置固体废物的单位，应当依法向公众开放设施、场所，提高公众环境保护意识和参与程度。

第三十条 县级以上人民政府应当将工业固体废物、生活垃圾、危险废物等固体废物污染环境防治情况纳入环境状况和环境保护目标完成情况年度报告，向本级人民代表大会或者人民代表大会常务委员会报告。

第三十一条 任何单位和个人都有权对造成固体废物污染环境的单位和个人进行举报。

生态环境主管部门和其他负有固体废物污染环境防治监督管理职责的部门应当将固体废物污染环境防治举报方式向社会公布，方便公众举报。

接到举报的部门应当及时处理并对举报人的相关信息予以保密；对实名举报并查证属实的，给予奖励。

举报人举报所在单位的，该单位不得以解除、变更劳动合同或者其他方式对举报人进行打击报复。

第三章 工业固体废物

第三十二条 国务院生态环境主管部门应当会同国务院发展改革、工业和信息化等主管部门对工业固体废物对公众健康、生态环境的危害和影响程度等作出界定，制定防治工业固体废物污染环境的技术政策，组织推广先进的防治工业固体废物污染环境的生产工艺和设备。

第三十三条 国务院工业和信息化主管部门应当会同国务院有关部门组织研究开发、推广减少工业固体废物产生量和降低工业固体废物危害性的生产工艺和设备，公布限期淘汰产生严重污染环境的工业固体废物的落后生产工艺、设备的名录。

生产者、销售者、进口者、使用者应当在国务院工业和信息化主管部门会同国务院有关部门规定的期限内分别停止生产、销售、进口或者使用列入前款规定名录中的设备。生产工艺的采用者应当在国务院工业和信息化主管部门会同国务院有关部门规定的期限内停止采用列入前款规定名录中的工艺。

列入限期淘汰名录被淘汰的设备，不得转让给他人使用。

第三十四条 国务院工业和信息化主管部门应当会同国务院发展改革、生态环境等主管部门，定期发布工业固体废物综合利用技术、工艺、设备和产品导向目录，组织开展工业固体废物资源综合利用评价，推动工业固体废物综合利用。

第三十五条 县级以上地方人民政府应当制定工业固体废物污染环境防治工作规

划，组织建设工业固体废物集中处置等设施，推动工业固体废物污染环境防治工作。

第三十六条 产生工业固体废物的单位应当建立健全工业固体废物产生、收集、贮存、运输、利用、处置全过程的污染环境防治责任制度，建立工业固体废物管理台账，如实记录产生工业固体废物的种类、数量、流向、贮存、利用、处置等信息，实现工业固体废物可追溯、可查询，并采取防治工业固体废物污染环境的措施。

禁止向生活垃圾收集设施中投放工业固体废物。

第三十七条 产生工业固体废物的单位委托他人运输、利用、处置工业固体废物的，应当对受托方的主体资格和技术能力进行核实，依法签订书面合同，在合同中约定污染防治要求。

受托方运输、利用、处置工业固体废物，应当依照有关法律法规的规定和合同约定履行污染防治要求，并将运输、利用、处置情况告知产生工业固体废物的单位。

产生工业固体废物的单位违反本条第一款规定的，除依照有关法律法规的规定予以处罚外，还应当与造成环境污染和生态破坏的受托方承担连带责任。

第三十八条 产生工业固体废物的单位应当依法实施清洁生产审核，合理选择和利用原材料、能源和其他资源，采用先进的生产工艺和设备，减少工业固体废物的产生量，降低工业固体废物的危害性。

第三十九条 产生工业固体废物的单位应当取得排污许可证。排污许可的具体办法和实施步骤由国务院规定。

产生工业固体废物的单位应当向所在地生态环境主管部门提供工业固体废物的种类、数量、流向、贮存、利用、处置等有关资料，以及减少工业固体废物产生、促进综合利用的具体措施，并执行排污许可管理制度的相关规定。

第四十条 产生工业固体废物的单位应当根据经济、技术条件对工业固体废物加以利用；对暂时不利用或者不能利用的，应当按照国务院生态环境等主管部门的规定建设贮存设施、场所，安全分类存放，或者采取无害化处置措施。贮存工业固体废物应当采取符合国家环境保护标准的防护措施。

建设工业固体废物贮存、处置的设施、场所，应当符合国家环境保护标准。

第四十一条 产生工业固体废物的单位终止的，应当在终止前对工业固体废物的贮存、处置的设施、场所采取污染防治措施，并对未处置的工业固体废物作出妥善处置，防止污染环境。

产生工业固体废物的单位发生变更的，变更后的单位应当按照国家有关环境保护的规定对未处置的工业固体废物及其贮存、处置的设施、场所进行安全处置或者采取有效措施保证该设施、场所安全运行。变更前当事人对工业固体废物及其贮存、处置的设施、场所的污染防治责任另有约定的，从其约定；但是，不得免除当事人的污染防治义务。

对 2005 年 4 月 1 日前已经终止的单位未处置的工业固体废物及其贮存、处置的设施、场所进行安全处置的费用，由有关人民政府承担；但是，该单位享有的土地使用权依法转让的，应当由土地使用权受让人承担处置费用。当事人另有约定的，从其约定；但是，不得免除当事人的污染防治义务。

第四十二条 矿山企业应当采取科学的开采方法和选矿工艺，减少尾矿、煤矸石、废石等矿业固体废物的产生量和贮存量。

国家鼓励采取先进工艺对尾矿、煤矸石、废石等矿业固体废物进行综合利用。

尾矿、煤矸石、废石等矿业固体废物贮存设施停止使用后，矿山企业应当按照国家有关环境保护等规定进行封场，防止造成环境污染和生态破坏。

第四章 生活垃圾

第四十三条 县级以上地方人民政府应当加快建立分类投放、分类收集、分类运输、分类处理的生活垃圾管理系统，实现生活垃圾分类制度有效覆盖。

县级以上地方人民政府应当建立生活垃圾分类工作协调机制，加强和统筹生活垃圾分类管理能力建设。

各级人民政府及其有关部门应当组织开展生活垃圾分类宣传，教育引导公众养成生活垃圾分类习惯，督促和指导生活垃圾分类工作。

第四十四条 县级以上地方人民政府应当有计划地改进燃料结构，发展清洁能源，减少燃料废渣等固体废物的产生量。

县级以上地方人民政府有关部门应当加强产品生产和流通过程管理，避免过度包装，组织净菜上市，减少生活垃圾的产生量。

第四十五条 县级以上人民政府应当统筹安排建设城乡生活垃圾收集、运输、处理设施，确定设施厂址，提高生活垃圾的综合利用和无害化处置水平，促进生活垃圾收集、处理的产业化发展，逐步建立和完善生活垃圾污染环境防治的社会服务体系。

县级以上地方人民政府有关部门应当统筹规划，合理安排回收、分拣、打包网点，促进生活垃圾的回收利用工作。

第四十六条 地方各级人民政府应当加强农村生活垃圾污染环境的防治，保护和改善农村人居环境。

国家鼓励农村生活垃圾源头减量。城乡结合部、人口密集的农村地区和其他有条件的地方，应当建立城乡一体的生活垃圾管理系统；其他农村地区应当积极探索生活垃圾管理模式，因地制宜，就近就地利用或者妥善处理生活垃圾。

第四十七条 设区的市级以上人民政府环境卫生主管部门应当制定生活垃圾清扫、收集、贮存、运输和处理设施、场所建设运行规范，发布生活垃圾分类指导目录，加强监督管理。

第四十八条 县级以上地方人民政府环境卫生等主管部门应当组织对城乡生活垃圾进行清扫、收集、运输和处理，可以通过招标等方式选择具备条件的单位从事生活垃圾的清扫、收集、运输和处理。

第四十九条 产生生活垃圾的单位、家庭和个人应当依法履行生活垃圾源头减量和分类投放义务，承担生活垃圾产生者责任。

任何单位和个人都应当依法在指定的地点分类投放生活垃圾。禁止随意倾倒、抛撒、堆放或者焚烧生活垃圾。

机关、事业单位等应当在生活垃圾分类工作中起示范带头作用。

已经分类投放的生活垃圾，应当按照规定分类收集、分类运输、分类处理。

第五十条 清扫、收集、运输、处理城乡生活垃圾，应当遵守国家有关环境保护和环境卫生管理的规定，防止污染环境。

从生活垃圾中分类并集中收集的有害垃圾，属于危险废物的，应当按照危险废物管理。

第五十一条 从事公共交通运输的经营单位，应当及时清扫、收集运输过程中产生的生活垃圾。

第五十二条 农贸市场、农产品批发市场等应当加强环境卫生管理，保持环境卫生清洁，对所产生的垃圾及时清扫、分类收集、妥善处理。

第五十三条 从事城市新区开发、旧区改建和住宅小区开发建设、村镇建设的单位，以及机场、码头、车站、公园、商场、体育场馆等公共设施、场所的经营管理单位，应当按照国家有关环境卫生的规定，配套建设生活垃圾收集设施。

县级以上地方人民政府应当统筹生活垃圾公共转运、处理设施与前款规定的收集设施的有效衔接，并加强生活垃圾分类收运体系和再生资源回收体系在规划、建设、运营等方面的融合。

第五十四条 从生活垃圾中回收的物质应当按照国家规定的用途、标准使用，不得用于生产可能危害人体健康的产品。

第五十五条 建设生活垃圾处理设施、场所，应当符合国务院生态环境主管部门和国务院住房城乡建设主管部门规定的环境保护和环境卫生标准。

鼓励相邻地区统筹生活垃圾处理设施建设，促进生活垃圾处理设施跨行政区域共建共享。

禁止擅自关闭、闲置或者拆除生活垃圾处理设施、场所；确有必要关闭、闲置或者拆除的，应当经所在地的市、县级人民政府环境卫生主管部门商所在地生态环境主管部门同意后核准，并采取防止污染环境的措施。

第五十六条 生活垃圾处理单位应当按照国家有关规定，安装使用监测设备，实时监测污染物的排放情况，将污染排放数据实时公开。监测设备应当与所在地生态环境主管部门的监控设备联网。

第五十七条 县级以上地方人民政府环境卫生主管部门负责组织开展厨余垃圾资源化、无害化处理工作。

产生、收集厨余垃圾的单位和其他生产经营者，应当将厨余垃圾交由具备相应资质条件的单位进行无害化处理。

禁止畜禽养殖场、养殖小区利用未经无害化处理的厨余垃圾饲喂畜禽。

第五十八条 县级以上地方人民政府应当按照产生者付费原则，建立生活垃圾处理收费制度。

县级以上地方人民政府制定生活垃圾处理收费标准，应当根据本地实际，结合生活垃圾分类情况，体现分类计价、计量收费等差别化管理，并充分征求公众意见。生活垃圾处理收费标准应当向社会公布。

生活垃圾处理费应当专项用于生活垃圾的收集、运输和处理等，不得挪作他用。

第五十九条 省、自治区、直辖市和设区的市、自治州可以结合实际，制定本地方生活垃圾具体管理办法。

第五章 建筑垃圾、农业固体废物等

第六十条 县级以上地方人民政府应当加强建筑垃圾污染环境的防治，建立建筑垃圾分类处理制度。

县级以上地方人民政府应当制定包括源头减量、分类处理、消纳设施和场所布局及建设等在内的建筑垃圾污染环境防治工作规划。

第六十一条 国家鼓励采用先进技术、工艺、设备和管理措施，推进建筑垃圾源头减量，建立建筑垃圾回收利用体系。

县级以上地方人民政府应当推动建筑垃圾综合利用产品应用。

第六十二条 县级以上地方人民政府环境卫生主管部门负责建筑垃圾污染环境防治工作，建立建筑垃圾全过程管理制度，规范建筑垃圾产生、收集、贮存、运输、利用、处置行为，推进综合利用，加强建筑垃圾处置设施、场所建设，保障处置安全，防止污染环境。

第六十三条 工程施工单位应当编制建筑垃圾处理方案，采取污染防治措施，并报县级以上地方人民政府环境卫生主管部门备案。

工程施工单位应当及时清运工程施工过程中产生的建筑垃圾等固体废物，并按照环境卫生主管部门的规定进行利用或者处置。

工程施工单位不得擅自倾倒、抛撒或者堆放工程施工过程中产生的建筑垃圾。

第六十四条 县级以上人民政府农业农村主管部门负责指导农业固体废物回收利用体系建设，鼓励和引导有关单位和其他生产经营者依法收集、贮存、运输、利用、处置农业固体废物，加强监督管理，防止污染环境。

第六十五条 产生秸秆、废弃农用薄膜、农药包装废弃物等农业固体废物的单位和其他生产经营者，应当采取回收利用和其他防止污染环境的措施。

从事畜禽规模养殖应当及时收集、贮存、利用或者处置养殖过程中产生的畜禽粪污等固体废物，避免造成环境污染。

禁止在人口集中地区、机场周围、交通干线附近以及当地人民政府划定的其他区域露天焚烧秸秆。

国家鼓励研究开发、生产、销售、使用在环境中可降解且无害的农用薄膜。

第六十六条 国家建立电器电子、铅蓄电池、车用动力电池等产品的生产者责任延伸制度。

电器电子、铅蓄电池、车用动力电池等产品的生产者应当按照规定以自建或者委托等方式建立与产品销售量相匹配的废旧产品回收体系，并向社会公开，实现有效回收和利用。

国家鼓励产品的生产者开展生态设计，促进资源回收利用。

第六十七条 国家对废弃电器电子产品等实行多渠道回收和集中处理制度。

禁止将废弃机动车船等交由不符合规定条件的企业或者个人回收、拆解。

拆解、利用、处置废弃电器电子产品、废弃机动车船等，应当遵守有关法律法规的规定，采取防止污染环境的措施。

第六十八条 产品和包装物的设计、制造，应当遵守国家有关清洁生产的规定。国务院标准化主管部门应当根据国家经济和技术条件、固体废物污染环境防治状况以及产品的技术要求，组织制定有关标准，防止过度包装造成环境污染。

生产经营者应当遵守限制商品过度包装的强制性标准，避免过度包装。县级以上地方人民政府市场监督管理部门和有关部门应当按照各自职责，加强对过度包装的监督管理。

生产、销售、进口依法被列入强制回收目录的产品和包装物的企业，应当按照国家有关规定对该产品和包装物进行回收。

电子商务、快递、外卖等行业应当优先采用可重复使用、易回收利用的包装物，优化物品包装，减少包装物的使用，并积极回收利用包装物。县级以上地方人民政府商务、邮政等主管部门应当加强监督管理。

国家鼓励和引导消费者使用绿色包装和减量包装。

第六十九条 国家依法禁止、限制生产、销售和使用不可降解塑料袋等一次性塑料制品。

商品零售场所开办单位、电子商务平台企业和快递企业、外卖企业应当按照国家有关规定向商务、邮政等主管部门报告塑料袋等一次性塑料制品的使用、回收情况。

国家鼓励和引导减少使用、积极回收塑料袋等一次性塑料制品，推广应用可循环、易回收、可降解的替代产品。

第七十条 旅游、住宿等行业应当按照国家有关规定推行不主动提供一次性用品。

机关、企业事业单位等的办公场所应当使用有利于保护环境的产品、设备和设施，减少使用一次性办公用品。

第七十一条 城镇污水处理设施维护运营单位或者污泥处理单位应当安全处理污泥，保证处理后的污泥符合国家有关标准，对污泥的流向、用途、用量等进行跟踪、记录，并报告城镇排水主管部门、生态环境主管部门。

县级以上人民政府城镇排水主管部门应当将污泥处理设施纳入城镇排水与污水处理规划，推动同步建设污泥处理设施与污水处理设施，鼓励协同处理，污水处理费征收标准和补偿范围应当覆盖污泥处理成本和污水处理设施正常运营成本。

第七十二条 禁止擅自倾倒、堆放、丢弃、遗撒城镇污水处理设施产生的污泥和处理后的污泥。

禁止重金属或者其他有毒有害物质含量超标的污泥进入农用地。

从事水体清淤疏浚应当按照国家有关规定处理清淤疏浚过程中产生的底泥，防止污染环境。

第七十三条 各级各类实验室及其设立单位应当加强对实验室产生的固体废物的管理，依法收集、贮存、运输、利用、处置实验室固体废物。实验室固体废物属于危险废物的，应当按照危险废物管理。

第六章 危险废物

第七十四条 危险废物污染环境的防治，适用本章规定；本章未作规定的，适用本法其他有关规定。

第七十五条 国务院生态环境主管部门应当会同国务院有关部门制定国家危险废物名录，规定统一的危险废物鉴别标准、鉴别方法、识别标志和鉴别单位管理要求。国家危险废物名录应当动态调整。

国务院生态环境主管部门根据危险废物的危害特性和产生数量，科学评估其环境风险，实施分级分类管理，建立信息化监管体系，并通过信息化手段管理、共享危险废物转移数据和信息。

第七十六条 省、自治区、直辖市人民政府应当组织有关部门编制危险废物集中处置设施、场所的建设规划，科学评估危险废物处置需求，合理布局危险废物集中处置设施、场所，确保本行政区域的危险废物得到妥善处置。

编制危险废物集中处置设施、场所的建设规划，应当征求有关行业协会、企业事业单位、专家和公众等方面的意见。

相邻省、自治区、直辖市之间可以开展区域合作，统筹建设区域性危险废物集中处置设施、场所。

第七十七条 对危险废物的容器和包装物以及收集、贮存、运输、利用、处置危险废物的设施、场所，应当按照规定设置危险废物识别标志。

第七十八条 产生危险废物的单位，应当按照国家有关规定制定危险废物管理计划；建立危险废物管理台账，如实记录有关信息，并通过国家危险废物信息管理系统向所在地生态环境主管部门申报危险废物的种类、产生量、流向、贮存、处置等有关资料。

前款所称危险废物管理计划应当包括减少危险废物产生量和降低危险废物危害性的措施以及危险废物贮存、利用、处置措施。危险废物管理计划应当报产生危险废物的单位所在地生态环境主管部门备案。

产生危险废物的单位已经取得排污许可证的，执行排污许可管理制度的规定。

第七十九条 产生危险废物的单位，应当按照国家有关规定和环境保护标准要求贮存、利用、处置危险废物，不得擅自倾倒、堆放。

第八十条 从事收集、贮存、利用、处置危险废物经营活动的单位，应当按照国家有关规定申请取得许可证。许可证的具体管理办法由国务院制定。

禁止无许可证或者未按照许可证规定从事危险废物收集、贮存、利用、处置的经营活动。

禁止将危险废物提供或者委托给无许可证的单位或者其他生产经营者从事收集、贮存、利用、处置活动。

第八十一条 收集、贮存危险废物，应当按照危险废物特性分类进行。禁止混合收集、贮存、运输、处置性质不相容而未经安全性处置的危险废物。

贮存危险废物应当采取符合国家环境保护标准的防护措施。禁止将危险废物混入非危险废物中贮存。

从事收集、贮存、利用、处置危险废物经营活动的单位，贮存危险废物不得超过一年；确需延长期限的，应当报经颁发许可证的生态环境主管部门批准；法律、行政法规另有规定的除外。

第八十二条 转移危险废物的，应当按照国家有关规定填写、运行危险废物电子或者纸质转移联单。

跨省、自治区、直辖市转移危险废物的，应当向危险废物移出地省、自治区、直辖市人民政府生态环境主管部门申请。移出地省、自治区、直辖市人民政府生态环境主管部门应当及时商经接受地省、自治区、直辖市人民政府生态环境主管部门同意后，在规定期限内批准转移该危险废物，并将批准信息通报相关省、自治区、直辖市人民政府生态环境主管部门和交通运输主管部门。未经批准的，不得转移。

危险废物转移管理应当全程管控、提高效率，具体办法由国务院生态环境主管部门会同国务院交通运输主管部门和公安部门制定。

第八十三条 运输危险废物，应当采取防止污染环境的措施，并遵守国家有关危险货物运输管理的规定。

禁止将危险废物与旅客在同一运输工具上载运。

第八十四条 收集、贮存、运输、利用、处置危险废物的场所、设施、设备和容器、包装物及其他物品转作他用时，应当按照国家有关规定经过消除污染处理，方可使用。

第八十五条 产生、收集、贮存、运输、利用、处置危险废物的单位，应当依法制定意外事故的防范措施和应急预案，并向所在地生态环境主管部门和其他负有固体废物污染环境防治监督管理职责的部门备案；生态环境主管部门和其他负有固体废物污染环境防治监督管理职责的部门应当进行检查。

第八十六条 因发生事故或者其他突发性事件，造成危险废物严重污染环境的单位，应当立即采取有效措施消除或者减轻对环境的污染危害，及时通报可能受到污染危害的单位和居民，并向所在地生态环境主管部门和有关部门报告，接受调查处理。

第八十七条 在发生或者有证据证明可能发生危险废物严重污染环境、威胁居民生命财产安全时，生态环境主管部门或者其他负有固体废物污染环境防治监督管理职责的部门应当立即向本级人民政府和上一级人民政府有关部门报告，由人民政府采取防止或者减轻危害的有效措施。有关人民政府可以根据需要责令停止导致或者可能导致环境污染事故的作业。

第八十八条 重点危险废物集中处置设施、场所退役前，运营单位应当按照国家有关规定对设施、场所采取污染防治措施。退役的费用应当预提，列入投资概算或者生产成本，专门用于重点危险废物集中处置设施、场所的退役。具体提取和管理办法，由国务院财政部门、价格主管部门会同国务院生态环境主管部门规定。

第八十九条 禁止经中华人民共和国过境转移危险废物。

第九十条 医疗废物按照国家危险废物名录管理。县级以上地方人民政府应当加强医疗废物集中处置能力建设。

县级以上人民政府卫生健康、生态环境等主管部门应当在各自职责范围内加强对医疗废物收集、贮存、运输、处置的监督管理，防止危害公众健康、污染环境。

医疗卫生机构应当依法分类收集本单位产生的医疗废物，交由医疗废物集中处置单位处置。医疗废物集中处置单位应当及时收集、运输和处置医疗废物。

医疗卫生机构和医疗废物集中处置单位，应当采取有效措施，防止医疗废物流失、泄漏、渗漏、扩散。

第九十一条 重大传染病疫情等突发事件发生时，县级以上人民政府应当统筹协调医疗废物等危险废物收集、贮存、运输、处置等工作，保障所需的车辆、场地、处置设施和防护物资。卫生健康、生态环境、环境卫生、交通运输等主管部门应当协同配合，依法履行应急处置职责。

第七章　保障措施

第九十二条 国务院有关部门、县级以上地方人民政府及其有关部门在编制国土空间规划和相关专项规划时，应当统筹生活垃圾、建筑垃圾、危险废物等固体废物转运、集中处置等设施建设需求，保障转运、集中处置等设施用地。

第九十三条 国家采取有利于固体废物污染环境防治的经济、技术政策和措施，鼓励、支持有关方面采取有利于固体废物污染环境防治的措施，加强对从事固体废物污染环境防治工作人员的培训和指导，促进固体废物污染环境防治产业专业化、规模化发展。

第九十四条 国家鼓励和支持科研单位、固体废物产生单位、固体废物利用单位、固体废物处置单位等联合攻关，研究开发固体废物综合利用、集中处置等的新技术，推动固体废物污染环境防治技术进步。

第九十五条 各级人民政府应当加强固体废物污染环境的防治，按照事权划分的原则安排必要的资金用于下列事项：

（一）固体废物污染环境防治的科学研究、技术开发；

（二）生活垃圾分类；

（三）固体废物集中处置设施建设；

（四）重大传染病疫情等突发事件产生的医疗废物等危险废物应急处置；

（五）涉及固体废物污染环境防治的其他事项。

使用资金应当加强绩效管理和审计监督，确保资金使用效益。

第九十六条 国家鼓励和支持社会力量参与固体废物污染环境防治工作，并按照国家有关规定给予政策扶持。

第九十七条 国家发展绿色金融，鼓励金融机构加大对固体废物污染环境防治项目的信贷投放。

第九十八条 从事固体废物综合利用等固体废物污染环境防治工作的，依照法律、行政法规的规定，享受税收优惠。

国家鼓励并提倡社会各界为防治固体废物污染环境捐赠财产，并依照法律、行政法规的规定，给予税收优惠。

第九十九条 收集、贮存、运输、利用、处置危险废物的单位，应当按照国家有关规定，投保环境污染责任保险。

第一百条 国家鼓励单位和个人购买、使用综合利用产品和可重复使用产品。

县级以上人民政府及其有关部门在政府采购过程中，应当优先采购综合利用产品和可重复使用产品。

第八章 法律责任

第一百零一条 生态环境主管部门或者其他负有固体废物污染环境防治监督管理职责的部门违反本法规定，有下列行为之一，由本级人民政府或者上级人民政府有关部门责令改正，对直接负责的主管人员和其他直接责任人员依法给予处分：

（一）未依法作出行政许可或者办理批准文件的；

（二）对违法行为进行包庇的；

（三）未依法查封、扣押的；

（四）发现违法行为或者接到对违法行为的举报后未予查处的；

（五）有其他滥用职权、玩忽职守、徇私舞弊等违法行为的。

依照本法规定应当作出行政处罚决定而未作出的，上级主管部门可以直接作出行政处罚决定。

第一百零二条 违反本法规定，有下列行为之一，由生态环境主管部门责令改正，处以罚款，没收违法所得；情节严重的，报经有批准权的人民政府批准，可以责令停业或者关闭：

（一）产生、收集、贮存、运输、利用、处置固体废物的单位未依法及时公开固体废物污染环境防治信息的；

（二）生活垃圾处理单位未按照国家有关规定安装使用监测设备、实时监测污染物的排放情况并公开污染排放数据的；

（三）将列入限期淘汰名录被淘汰的设备转让给他人使用的；

（四）在生态保护红线区域、永久基本农田集中区域和其他需要特别保护的区域内，建设工业固体废物、危险废物集中贮存、利用、处置的设施、场所和生活垃圾填埋场的；

（五）转移固体废物出省、自治区、直辖市行政区域贮存、处置未经批准的；

（六）转移固体废物出省、自治区、直辖市行政区域利用未报备案的；

（七）擅自倾倒、堆放、丢弃、遗撒工业固体废物，或者未采取相应防范措施，造成工业固体废物扬散、流失、渗漏或者其他环境污染的；

（八）产生工业固体废物的单位未建立固体废物管理台账并如实记录的；

（九）产生工业固体废物的单位违反本法规定委托他人运输、利用、处置工业固体废物的；

（十）贮存工业固体废物未采取符合国家环境保护标准的防护措施的；

（十一）单位和其他生产经营者违反固体废物管理其他要求，污染环境、破坏生态的。

有前款第一项、第八项行为之一，处五万元以上二十万元以下的罚款；有前款第二项、第三项、第四项、第五项、第六项、第九项、第十项、第十一项行为之一，处十万元以上一百万元以下的罚款；有前款第七项行为，处所需处置费用一倍以上三倍以下的罚款，所需处置费用不足十万元的，按十万元计算。对前款第十一项行为的处罚，有关法律、行政法规另有规定的，适用其规定。

第一百零三条 违反本法规定，以拖延、围堵、滞留执法人员等方式拒绝、阻挠监督检查，或者在接受监督检查时弄虚作假的，由生态环境主管部门或者其他负有固体废物污染环境防治监督管理职责的部门责令改正，处五万元以上二十万元以下的罚款；对直接负责的主管人员和其他直接责任人员，处二万元以上十万元以下的罚款。

第一百零四条 违反本法规定，未依法取得排污许可证产生工业固体废物的，由生态环境主管部门责令改正或者限制生产、停产整治，处十万元以上一百万元以下的罚款；情节严重的，报经有批准权的人民政府批准，责令停业或者关闭。

第一百零五条 违反本法规定，生产经营者未遵守限制商品过度包装的强制性标准的，由县级以上地方人民政府市场监督管理部门或者有关部门责令改正；拒不改正的，处二千元以上二万元以下的罚款；情节严重的，处二万元以上十万元以下的罚款。

第一百零六条 违反本法规定，未遵守国家有关禁止、限制使用不可降解塑料袋等一次性塑料制品的规定，或者未按照国家有关规定报告塑料袋等一次性塑料制品的使用情况的，由县级以上地方人民政府商务、邮政等主管部门责令改正，处一万元以上十万元以下的罚款。

第一百零七条 从事畜禽规模养殖未及时收集、贮存、利用或者处置养殖过程中产生的畜禽粪污等固体废物的，由生态环境主管部门责令改正，可以处十万元以下的罚款；情节严重的，报经有批准权的人民政府批准，责令停业或者关闭。

第一百零八条 违反本法规定，城镇污水处理设施维护运营单位或者污泥处理单位对污泥流向、用途、用量等未进行跟踪、记录，或者处理后的污泥不符合国家有关标准的，由城镇排水主管部门责令改正，给予警告；造成严重后果的，处十万元以上二十万元以下的罚款；拒不改正的，城镇排水主管部门可以指定有治理能力的单位代为治理，所需费用由违法者承担。

违反本法规定，擅自倾倒、堆放、丢弃、遗撒城镇污水处理设施产生的污泥和处理后的污泥的，由城镇排水主管部门责令改正，处二十万元以上二百万元以下的罚款，对直接负责的主管人员和其他直接责任人员处二万元以上十万元以下的罚款；造成严重后果的，处二百万元以上五百万元以下的罚款，对直接负责的主管人员和其他直接责任人员处五万元以上五十万元以下的罚款；拒不改正的，城镇排水主管部门可以指定有治理能力的单位代为治理，所需费用由违法者承担。

第一百零九条 违反本法规定，生产、销售、进口或者使用淘汰的设备，或者采用淘汰的生产工艺的，由县级以上地方人民政府指定的部门责令改正，处十万元以上一百万元以下的罚款，没收违法所得；情节严重的，由县级以上地方人民政府指定的部门提出意见，报经有批准权的人民政府批准，责令停业或者关闭。

第一百一十条 尾矿、煤矸石、废石等矿业固体废物贮存设施停止使用后，未按照国家有关环境保护规定进行封场的，由生态环境主管部门责令改正，处二十万元以上一百万元以下的罚款。

第一百一十一条 违反本法规定，有下列行为之一，由县级以上地方人民政府环境卫生主管部门责令改正，处以罚款，没收违法所得：

（一）随意倾倒、抛撒、堆放或者焚烧生活垃圾的；

（二）擅自关闭、闲置或者拆除生活垃圾处理设施、场所的；

（三）工程施工单位未编制建筑垃圾处理方案报备案，或者未及时清运施工过程中产生的固体废物的；

（四）工程施工单位擅自倾倒、抛撒或者堆放工程施工过程中产生的建筑垃圾，或者未按照规定对施工过程中产生的固体废物进行利用或者处置的；

（五）产生、收集厨余垃圾的单位和其他生产经营者未将厨余垃圾交由具备相应资质条件的单位进行无害化处理的；

（六）畜禽养殖场、养殖小区利用未经无害化处理的厨余垃圾饲喂畜禽的；

（七）在运输过程中沿途丢弃、遗撒生活垃圾的。

单位有前款第一项、第七项行为之一，处五万元以上五十万元以下的罚款；单位有前款第二项、第三项、第四项、第五项、第六项行为之一，处十万元以上一百万元以下的罚款；个人有前款第一项、第五项、第七项行为之一，处一百元以上五百元以下的罚款。

违反本法规定，未在指定的地点分类投放生活垃圾的，由县级以上地方人民政府环境卫生主管部门责令改正；情节严重的，对单位处五万元以上五十万元以下的罚款，对个人依法处以罚款。

第一百一十二条 违反本法规定，有下列行为之一，由生态环境主管部门责令改正，处以罚款，没收违法所得；情节严重的，报经有批准权的人民政府批准，可以责令停业或者关闭：

（一）未按照规定设置危险废物识别标志的；

（二）未按照国家有关规定制定危险废物管理计划或者申报危险废物有关资料的；

（三）擅自倾倒、堆放危险废物的；

（四）将危险废物提供或者委托给无许可证的单位或者其他生产经营者从事经营活动的；

（五）未按照国家有关规定填写、运行危险废物转移联单或者未经批准擅自转移危险废物的；

（六）未按照国家环境保护标准贮存、利用、处置危险废物或者将危险废物混入非危险废物中贮存的；

（七）未经安全性处置，混合收集、贮存、运输、处置具有不相容性质的危险废物的；

（八）将危险废物与旅客在同一运输工具上载运的；

（九）未经消除污染处理，将收集、贮存、运输、处置危险废物的场所、设施、设备和容器、包装物及其他物品转作他用的；

（十）未采取相应防范措施，造成危险废物扬散、流失、渗漏或者其他环境污染的；

（十一）在运输过程中沿途丢弃、遗撒危险废物的；

（十二）未制定危险废物意外事故防范措施和应急预案的；

（十三）未按照国家有关规定建立危险废物管理台账并如实记录的。

有前款第一项、第二项、第五项、第六项、第七项、第八项、第九项、第十二项、第十三项行为之一，处十万元以上一百万元以下的罚款；有前款第三项、第四项、第十项、第十一项行为之一，处所需处置费用三倍以上五倍以下的罚款，所需处置费用不足二十万元的，按二十万元计算。

第一百一十三条 违反本法规定，危险废物产生者未按照规定处置其产生的危险废物被责令改正后拒不改正的，由生态环境主管部门组织代为处置，处置费用由危险废物产生者承担；拒不承担代为处置费用的，处代为处置费用一倍以上三倍以下的罚款。

第一百一十四条 无许可证从事收集、贮存、利用、处置危险废物经营活动的，由生态环境主管部门责令改正，处一百万元以上五百万元以下的罚款，并报经有批准权的人民政府批准，责令停业或者关闭；对法定代表人、主要负责人、直接负责的主管人员和其他责任人员，处十万元以上一百万元以下的罚款。

未按照许可证规定从事收集、贮存、利用、处置危险废物经营活动的，由生态环境主管部门责令改正，限制生产、停产整治，处五十万元以上二百万元以下的罚款；对法定代表人、主要负责人、直接负责的主管人员和其他责任人员，处五万元以上五十万元以下的罚款；情节严重的，报经有批准权的人民政府批准，责令停业或者关闭，还可以由发证机关吊销许可证。

第一百一十五条 违反本法规定，将中华人民共和国境外的固体废物输入境内的，由海关责令退运该固体废物，处五十万元以上五百万元以下的罚款。

承运人对前款规定的固体废物的退运、处置，与进口者承担连带责任。

第一百一十六条 违反本法规定，经中华人民共和国过境转移危险废物的，由海关责令退运该危险废物，处五十万元以上五百万元以下的罚款。

第一百一十七条 对已经非法入境的固体废物，由省级以上人民政府生态环境主管部门依法向海关提出处理意见，海关应当依照本法第一百一十五条的规定作出处罚决定；已经造成环境污染的，由省级以上人民政府生态环境主管部门责令进口者消除污染。

第一百一十八条 违反本法规定，造成固体废物污染环境事故的，除依法承担赔偿责任外，由生态环境主管部门依照本条第二款的规定处以罚款，责令限期采取治理措施；造成重大或者特大固体废物污染环境事故的，还可以报经有批准权的人民政府批准，责令关闭。

造成一般或者较大固体废物污染环境事故的，按照事故造成的直接经济损失的一倍以上三倍以下计算罚款；造成重大或者特大固体废物污染环境事故的，按照事故造成的直接经济损失的三倍以上五倍以下计算罚款，并对法定代表人、主要负责人、直接负责的主管人员和其他责任人员处上一年度从本单位取得的收入百分之五十以下的罚款。

第一百一十九条 单位和其他生产经营者违反本法规定排放固体废物，受到罚款处罚，被责令改正的，依法作出处罚决定的行政机关应当组织复查，发现其继续实施该违法行为的，依照《中华人民共和国环境保护法》的规定按日连续处罚。

第一百二十条 违反本法规定，有下列行为之一，尚不构成犯罪的，由公安机关对法定代表人、主要负责人、直接负责的主管人员和其他责任人员处十日以上十五日以下的拘留；情节较轻的，处五日以上十日以下的拘留：

（一）擅自倾倒、堆放、丢弃、遗撒固体废物，造成严重后果的；

（二）在生态保护红线区域、永久基本农田集中区域和其他需要特别保护的区域内，建设工业固体废物、危险废物集中贮存、利用、处置的设施、场所和生活垃圾填埋场的；

（三）将危险废物提供或者委托给无许可证的单位或者其他生产经营者堆放、利用、处置的；

（四）无许可证或者未按照许可证规定从事收集、贮存、利用、处置危险废物经营活动的；

（五）未经批准擅自转移危险废物的；

（六）未采取防范措施，造成危险废物扬散、流失、渗漏或者其他严重后果的。

第一百二十一条 固体废物污染环境、破坏生态，损害国家利益、社会公共利益的，有关机关和组织可以依照《中华人民共和国环境保护法》《中华人民共和国民事诉讼法》《中华人民共和国行政诉讼法》等法律的规定向人民法院提起诉讼。

第一百二十二条 固体废物污染环境、破坏生态给国家造成重大损失的，由设区的市级以上地方人民政府或者其指定的部门、机构组织与造成环境污染和生态破坏的单位和其他生产经营者进行磋商，要求其承担损害赔偿责任；磋商未达成一致的，可以向人民法院提起诉讼。

对于执法过程中查获的无法确定责任人或者无法退运的固体废物，由所在地县级以上地方人民政府组织处理。

第一百二十三条 违反本法规定，构成违反治安管理行为的，由公安机关依法给予治安管理处罚；构成犯罪的，依法追究刑事责任；造成人身、财产损害的，依法承担民事责任。

第九章 附则

第一百二十四条 本法下列用语的含义：

（一）固体废物，是指在生产、生活和其他活动中产生的丧失原有利用价值或者虽未丧失利用价值但被抛弃或者放弃的固态、半固态和置于容器中的气态的物品、物质以及法律、行政法规规定纳入固体废物管理的物品、物质。经无害化加工处理，并且符合强制性国家产品质量标准，不会危害公众健康和生态安全，或者根据固体废物鉴别标准和鉴别程序认定为不属于固体废物的除外。

（二）工业固体废物，是指在工业生产活动中产生的固体废物。

（三）生活垃圾，是指在日常生活中或者为日常生活提供服务的活动中产生的固体废物，以及法律、行政法规规定视为生活垃圾的固体废物。

（四）建筑垃圾，是指建设单位、施工单位新建、改建、扩建和拆除各类建筑物、构筑物、管网等，以及居民装饰装修房屋过程中产生的弃土、弃料和其他固体废物。

（五）农业固体废物，是指在农业生产活动中产生的固体废物。

（六）危险废物，是指列入国家危险废物名录或者根据国家规定的危险废物鉴别标准和鉴别方法认定的具有危险特性的固体废物。

（七）贮存，是指将固体废物临时置于特定设施或者场所中的活动。

（八）利用，是指从固体废物中提取物质作为原材料或者燃料的活动。

（九）处置，是指将固体废物焚烧和用其他改变固体废物的物理、化学、生物特性的方法，达到减少已产生的固体废物数量、缩小固体废物体积、减少或者消除其危险成分的活动，或者将固体废物最终置于符合环境保护规定要求的填埋场的活动。

第一百二十五条 液态废物的污染防治，适用本法；但是，排入水体的废水的污染防治适用有关法律，不适用本法。

第一百二十六条 本法自 2020 年 9 月 1 日起施行。

2. 危险废物经营许可证管理办法

（2004 年 5 月 30 日中华人民共和国国务院令第 408 号公布，根据 2013 年 12 月 7 日《国务院关于修改部分行政法规的决定》第一次修订，根据 2016 年 2 月 6 日《国务院关于修改部分行政法规的决定》第二次修订）

第一章　总则

第一条　为了加强对危险废物收集、贮存和处置经营活动的监督管理，防治危险废物污染环境，根据《中华人民共和国固体废物污染环境防治法》，制定本办法。

第二条　在中华人民共和国境内从事危险废物收集、贮存、处置经营活动的单位，应当依照本办法的规定，领取危险废物经营许可证。

第三条　危险废物经营许可证按照经营方式，分为危险废物收集、贮存、处置综合经营许可证和危险废物收集经营许可证。

领取危险废物综合经营许可证的单位，可以从事各类别危险废物的收集、贮存、处置经营活动；领取危险废物收集经营许可证的单位，只能从事机动车维修活动中产生的废矿物油和居民日常生活中产生的废镉镍电池的危险废物收集经营活动。

第四条　县级以上人民政府环境保护主管部门依照本办法的规定，负责危险废物经营许可证的审批颁发与监督管理工作。

第二章　申请领取危险废物经营许可证的条件

第五条　申请领取危险废物收集、贮存、处置综合经营许可证，应当具备下列条件：

（一）有 3 名以上环境工程专业或者相关专业中级以上职称，并有 3 年以上固体废物污染治理经历的技术人员；

（二）有符合国务院交通主管部门有关危险货物运输安全要求的运输工具；

（三）有符合国家或者地方环境保护标准和安全要求的包装工具，中转和临时存放设施、设备以及经验收合格的贮存设施、设备；

（四）有符合国家或者省、自治区、直辖市危险废物处置设施建设规划，符合国家或者地方环境保护标准和安全要求的处置设施、设备和配套的污染防治设施；其中，医疗废物集中处置设施，还应当符合国家有关医疗废物处置的卫生标准和要求；

（五）有与所经营的危险废物类别相适应的处置技术和工艺；

（六）有保证危险废物经营安全的规章制度、污染防治措施和事故应急救援措施；

（七）以填埋方式处置危险废物的，应当依法取得填埋场所的土地使用权。

第六条　申请领取危险废物收集经营许可证，应当具备下列条件：

（一）有防雨、防渗的运输工具；

（二）有符合国家或者地方环境保护标准和安全要求的包装工具，中转和临时存放设施、设备；

（三）有保证危险废物经营安全的规章制度、污染防治措施和事故应急救援措施。

第三章　申请领取危险废物经营许可证的程序

第七条　国家对危险废物经营许可证实行分级审批颁发。

医疗废物集中处置单位的危险废物经营许可证，由医疗废物集中处置设施所在地设区的市级人民政府环境保护主管部门审批颁发。

危险废物收集经营许可证，由县级人民政府环境保护主管部门审批颁发。

本条第二款、第三款规定之外的危险废物经营许可证，由省、自治区、直辖市人民政府环境保护主管部门审批颁发。

第八条　申请领取危险废物经营许可证的单位，应当在从事危险废物经营活动前向发证机关提出申请，并附具本办法第五条或者第六条规定条件的证明材料。

第九条　发证机关应当自受理申请之日起20个工作日内，对申请单位提交的证明材料进行审查，并对申请单位的经营设施进行现场核查。符合条件的，颁发危险废物经营许可证，并予以公告；不符合条件的，书面通知申请单位并说明理由。

发证机关在颁发危险废物经营许可证前，可以根据实际需要征求卫生、城乡规划等有关主管部门和专家的意见。

第十条　危险废物经营许可证包括下列主要内容：

（一）法人名称、法定代表人、住所；

（二）危险废物经营方式；

（三）危险废物类别；

（四）年经营规模；

（五）有效期限；

（六）发证日期和证书编号。

危险废物综合经营许可证的内容，还应当包括贮存、处置设施的地址。

第十一条　危险废物经营单位变更法人名称、法定代表人和住所的，应当自工商变更登记之日起15个工作日内，向原发证机关申请办理危险废物经营许可证变更手续。

第十二条　有下列情形之一的，危险废物经营单位应当按照原申请程序，重新申请领取危险废物经营许可证：

（一）改变危险废物经营方式的；

（二）增加危险废物类别的；

（三）新建或者改建、扩建原有危险废物经营设施的；

（四）经营危险废物超过原批准年经营规模20%以上的。

第十三条　危险废物综合经营许可证有效期为5年；危险废物收集经营许可证有效期为3年。

危险废物经营许可证有效期届满，危险废物经营单位继续从事危险废物经营活动的，应当于危险废物经营许可证有效期届满30个工作日前向原发证机关提出换证申请。

原发证机关应当自受理换证申请之日起20个工作日内进行审查，符合条件的，予以换证；不符合条件的，书面通知申请单位并说明理由。

第十四条 危险废物经营单位终止从事收集、贮存、处置危险废物经营活动的，应当对经营设施、场所采取污染防治措施，并对未处置的危险废物作出妥善处理。

危险废物经营单位应当在采取前款规定措施之日起20个工作日内向原发证机关提出注销申请，由原发证机关进行现场核查合格后注销危险废物经营许可证。

第十五条 禁止无经营许可证或者不按照经营许可证规定从事危险废物收集、贮存、处置经营活动。

禁止从中华人民共和国境外进口或者经中华人民共和国过境转移电子类危险废物。

禁止将危险废物提供或者委托给无经营许可证的单位从事收集、贮存、处置经营活动。

禁止伪造、变造、转让危险废物经营许可证。

第四章 监督管理

第十六条 县级以上地方人民政府环境保护主管部门应当于每年3月31日前将上一年度危险废物经营许可证颁发情况报上一级人民政府环境保护主管部门备案。

上级环境保护主管部门应当加强对下级环境保护主管部门审批颁发危险废物经营许可证情况的监督检查，及时纠正下级环境保护主管部门审批颁发危险废物经营许可证过程中的违法行为。

第十七条 县级以上人民政府环境保护主管部门应当通过书面核查和实地检查等方式，加强对危险废物经营单位的监督检查，并将监督检查情况和处理结果予以记录，由监督检查人员签字后归档。

公众有权查阅县级以上人民政府环境保护主管部门的监督检查记录。

县级以上人民政府环境保护主管部门发现危险废物经营单位在经营活动中有不符合原发证条件的情形的，应当责令其限期整改。

第十八条 县级以上人民政府环境保护主管部门有权要求危险废物经营单位定期报告危险废物经营活动情况。危险废物经营单位应当建立危险废物经营情况记录簿，如实记载收集、贮存、处置危险废物的类别、来源、去向和有无事故等事项。

危险废物经营单位应当将危险废物经营情况记录簿保存10年以上，以填埋方式处置危险废物的经营情况记录簿应当永久保存。终止经营活动的，应当将危险废物经营情况记录簿移交所在地县级以上地方人民政府环境保护主管部门存档管理。

第十九条 县级以上人民政府环境保护主管部门应当建立、健全危险废物经营许可证的档案管理制度，并定期向社会公布审批颁发危险废物经营许可证的情况。

第二十条 领取危险废物收集经营许可证的单位，应当与处置单位签订接收合同，并将收集的废矿物油和废镉镍电池在90个工作日内提供或者委托给处置单位进行处置。

第二十一条 危险废物的经营设施在废弃或者改作其他用途前，应当进行无害化处理。

填埋危险废物的经营设施服役期届满后，危险废物经营单位应当按照有关规定对填埋过危险废物的土地采取封闭措施，并在划定的封闭区域设置永久性标记。

第五章 法律责任

第二十二条 违反本办法第十一条规定的，由县级以上地方人民政府环境保护主管部门责令限期改正，给予警告；逾期不改正的，由原发证机关暂扣危险废物经营许可证。

第二十三条 违反本办法第十二条、第十三条第二款规定的，由县级以上地方人民政府环境保护主管部门责令停止违法行为；有违法所得的，没收违法所得；违法所得超过 10 万元的，并处违法所得 1 倍以上 2 倍以下的罚款；没有违法所得或者违法所得不足 10 万元的，处 5 万元以上 10 万元以下的罚款。

第二十四条 违反本办法第十四条第一款、第二十一条规定的，由县级以上地方人民政府环境保护主管部门责令限期改正；逾期不改正的，处 5 万元以上 10 万元以下的罚款；造成污染事故，构成犯罪的，依法追究刑事责任。

第二十五条 违反本办法第十五条第一款、第二款、第三款规定的，依照《中华人民共和国固体废物污染环境防治法》的规定予以处罚。

违反本办法第十五条第四款规定的，由县级以上地方人民政府环境保护主管部门收缴危险废物经营许可证或者由原发证机关吊销危险废物经营许可证，并处 5 万元以上 10 万元以下的罚款；构成犯罪的，依法追究刑事责任。

第二十六条 违反本办法第十八条规定的，由县级以上地方人民政府环境保护主管部门责令限期改正，给予警告；逾期不改正的，由原发证机关暂扣或者吊销危险废物经营许可证。

第二十七条 违反本办法第二十条规定的，由县级以上地方人民政府环境保护主管部门责令限期改正，给予警告；逾期不改正的，处 1 万元以上 5 万元以下的罚款，并可以由原发证机关暂扣或者吊销危险废物经营许可证。

第二十八条 危险废物经营单位被责令限期整改，逾期不整改或者经整改仍不符合原发证条件的，由原发证机关暂扣或者吊销危险废物经营许可证。

第二十九条 被依法吊销或者收缴危险废物经营许可证的单位，5 年内不得再申请领取危险废物经营许可证。

第三十条 县级以上人民政府环境保护主管部门的工作人员，有下列行为之一的，依法给予行政处分；构成犯罪的，依法追究刑事责任：

（一）向不符合本办法规定条件的单位颁发危险废物经营许可证的；

（二）发现未依法取得危险废物经营许可证的单位和个人擅自从事危险废物经营活动不予查处或者接到举报后不依法处理的；

（三）对依法取得危险废物经营许可证的单位不履行监督管理职责或者发现违反

本办法规定的行为不予查处的；

（四）在危险废物经营许可证管理工作中有其他渎职行为的。

第六章　附则

第三十一条　本办法下列用语的含义：

（一）危险废物，是指列入国家危险废物名录或者根据国家规定的危险废物鉴别标准和鉴别方法认定的具有危险性的废物。

（二）收集，是指危险废物经营单位将分散的危险废物进行集中的活动。

（三）贮存，是指危险废物经营单位在危险废物处置前，将其放置在符合环境保护标准的场所或者设施中，以及为了将分散的危险废物进行集中，在自备的临时设施或者场所每批置放重量超过 5000 千克或者置放时间超过 90 个工作日的活动。

（四）处置，是指危险废物经营单位将危险废物焚烧、煅烧、熔融、烧结、裂解、中和、消毒、蒸馏、萃取、沉淀、过滤、拆解以及用其他改变危险废物物理、化学、生物特性的方法，达到减少危险废物数量、缩小危险废物体积、减少或者消除其危险成分的活动，或者将危险废物最终置于符合环境保护规定要求的场所或者设施并不再回取的活动。

第三十二条　本办法施行前，依照地方性法规、规章或者其他文件的规定已经取得危险废物经营许可证的单位，应当在原危险废物经营许可证有效期届满 30 个工作日前，依照本办法的规定重新申请领取危险废物经营许可证。逾期不办理的，不得继续从事危险废物经营活动。

第三十三条　本办法自 2004 年 7 月 1 日起施行。

3. 废弃电器电子产品回收处理管理条例

（2009 年 2 月 25 日中华人民共和国国务院令第 551 号公布，根据 2019 年 3 月 2 日《国务院关于修改部分行政法规的决定》修订）

第一章　总则

第一条　为了规范废弃电器电子产品的回收处理活动，促进资源综合利用和循环经济发展，保护环境，保障人体健康，根据《中华人民共和国清洁生产促进法》和《中华人民共和国固体废物污染环境防治法》的有关规定，制定本条例。

第二条　本条例所称废弃电器电子产品的处理活动，是指将废弃电器电子产品进行拆解，从中提取物质作为原材料或者燃料，用改变废弃电器电子产品物理、化学特性的方法减少已产生的废弃电器电子产品数量，减少或者消除其危害成分，以及将其最终置于符合环境保护要求的填埋场的活动，不包括产品维修、翻新以及经维修、翻新后作为旧货再使用的活动。

第三条 列入《废弃电器电子产品处理目录》（以下简称《目录》）的废弃电器电子产品的回收处理及相关活动，适用本条例。

国务院资源综合利用主管部门会同国务院生态环境、工业信息产业等主管部门制订和调整《目录》，报国务院批准后实施。

第四条 国务院生态环境主管部门会同国务院资源综合利用、工业信息产业主管部门负责组织拟订废弃电器电子产品回收处理的政策措施并协调实施，负责废弃电器电子产品处理的监督管理工作。国务院商务主管部门负责废弃电器电子产品回收的管理工作。国务院财政、市场监督管理、税务、海关等主管部门在各自职责范围内负责相关管理工作。

第五条 国家对废弃电器电子产品实行多渠道回收和集中处理制度。

第六条 国家对废弃电器电子产品处理实行资格许可制度。设区的市级人民政府生态环境主管部门审批废弃电器电子产品处理企业（以下简称处理企业）资格。

第七条 国家建立废弃电器电子产品处理基金，用于废弃电器电子产品回收处理费用的补贴。电器电子产品生产者、进口电器电子产品的收货人或者其代理人应当按照规定履行废弃电器电子产品处理基金的缴纳义务。

废弃电器电子产品处理基金应当纳入预算管理，其征收、使用、管理的具体办法由国务院财政部门会同国务院生态环境、资源综合利用、工业信息产业主管部门制订，报国务院批准后施行。

制订废弃电器电子产品处理基金的征收标准和补贴标准，应当充分听取电器电子产品生产企业、处理企业、有关行业协会及专家的意见。

第八条 国家鼓励和支持废弃电器电子产品处理的科学研究、技术开发、相关技术标准的研究以及新技术、新工艺、新设备的示范、推广和应用。

第九条 属于国家禁止进口的废弃电器电子产品，不得进口。

第二章 相关方责任

第十条 电器电子产品生产者、进口电器电子产品的收货人或者其代理人生产、进口的电器电子产品应当符合国家有关电器电子产品污染控制的规定，采用有利于资源综合利用和无害化处理的设计方案，使用无毒无害或者低毒低害以及便于回收利用的材料。

电器电子产品上或者产品说明书中应当按照规定提供有关有毒有害物质含量、回收处理提示性说明等信息。

第十一条 国家鼓励电器电子产品生产者自行或者委托销售者、维修机构、售后服务机构、废弃电器电子产品回收经营者回收废弃电器电子产品。电器电子产品销售者、维修机构、售后服务机构应当在其营业场所显著位置标注废弃电器电子产品回收处理提示性信息。

回收的废弃电器电子产品应当由有废弃电器电子产品处理资格的处理企业处理。

第十二条 废弃电器电子产品回收经营者应当采取多种方式为电器电子产品使用

者提供方便、快捷的回收服务。

废弃电器电子产品回收经营者对回收的废弃电器电子产品进行处理，应当依照本条例规定取得废弃电器电子产品处理资格；未取得处理资格的，应当将回收的废弃电器电子产品交有废弃电器电子产品处理资格的处理企业处理。

回收的电器电子产品经过修复后销售的，必须符合保障人体健康和人身、财产安全等国家技术规范的强制性要求，并在显著位置标识为旧货。具体管理办法由国务院商务主管部门制定。

第十三条 机关、团体、企事业单位将废弃电器电子产品交有废弃电器电子产品处理资格的处理企业处理的，依照国家有关规定办理资产核销手续。

处理涉及国家秘密的废弃电器电子产品，依照国家保密规定办理。

第十四条 国家鼓励处理企业与相关电器电子产品生产者、销售者以及废弃电器电子产品回收经营者等建立长期合作关系，回收处理废弃电器电子产品。

第十五条 处理废弃电器电子产品，应当符合国家有关资源综合利用、环境保护、劳动安全和保障人体健康的要求。

禁止采用国家明令淘汰的技术和工艺处理废弃电器电子产品。

第十六条 处理企业应当建立废弃电器电子产品处理的日常环境监测制度。

第十七条 处理企业应当建立废弃电器电子产品的数据信息管理系统，向所在地的设区的市级人民政府生态环境主管部门报送废弃电器电子产品处理的基本数据和有关情况。废弃电器电子产品处理的基本数据的保存期限不得少于 3 年。

第十八条 处理企业处理废弃电器电子产品，依照国家有关规定享受税收优惠。

第十九条 回收、储存、运输、处理废弃电器电子产品的单位和个人，应当遵守国家有关环境保护和环境卫生管理的规定。

第三章 监督管理

第二十条 国务院资源综合利用、市场监督管理、生态环境、工业信息产业等主管部门，依照规定的职责制定废弃电器电子产品处理的相关政策和技术规范。

第二十一条 省级人民政府生态环境主管部门会同同级资源综合利用、商务、工业信息产业主管部门编制本地区废弃电器电子产品处理发展规划，报国务院生态环境主管部门备案。

地方人民政府应当将废弃电器电子产品回收处理基础设施建设纳入城乡规划。

第二十二条 取得废弃电器电子产品处理资格，依照《中华人民共和国公司登记管理条例》等规定办理登记并在其经营范围中注明废弃电器电子产品处理的企业，方可从事废弃电器电子产品处理活动。

除本条例第三十四条规定外，禁止未取得废弃电器电子产品处理资格的单位和个人处理废弃电器电子产品。

第二十三条 申请废弃电器电子产品处理资格，应当具备下列条件：

（一）具备完善的废弃电器电子产品处理设施；

（二）具有对不能完全处理的废弃电器电子产品的妥善利用或者处置方案；

（三）具有与所处理的废弃电器电子产品相适应的分拣、包装以及其他设备；

（四）具有相关安全、质量和环境保护的专业技术人员。

第二十四条 申请废弃电器电子产品处理资格，应当向所在地的设区的市级人民政府生态环境主管部门提交书面申请，并提供相关证明材料。受理申请的生态环境主管部门应当自收到完整的申请材料之日起60日内完成审查，作出准予许可或者不予许可的决定。

第二十五条 县级以上地方人民政府环境保护主管部门应当通过书面核查和实地检查等方式，加强对废弃电器电子产品处理活动的监督检查。

第二十六条 任何单位和个人都有权对违反本条例规定的行为向有关部门检举。有关部门应当为检举人保密，并依法及时处理。

第四章 法律责任

第二十七条 违反本条例规定，电器电子产品生产者、进口电器电子产品的收货人或者其代理人生产、进口的电器电子产品上或者产品说明书中未按照规定提供有关有毒有害物质含量、回收处理提示性说明等信息的，由县级以上地方人民政府市场监督管理部门责令限期改正，处5万元以下的罚款。

第二十八条 违反本条例规定，未取得废弃电器电子产品处理资格擅自从事废弃电器电子产品处理活动的，由县级以上人民政府生态环境主管部门责令停业、关闭，没收违法所得，并处5万元以上50万元以下的罚款。

第二十九条 违反本条例规定，采用国家明令淘汰的技术和工艺处理废弃电器电子产品的，由县级以上人民政府生态环境主管部门责令限期改正；情节严重的，由设区的市级人民政府生态环境主管部门依法暂停直至撤销其废弃电器电子产品处理资格。

第三十条 处理废弃电器电子产品造成环境污染的，由县级以上人民政府生态环境主管部门按照固体废物污染环境防治的有关规定予以处罚。

第三十一条 违反本条例规定，处理企业未建立废弃电器电子产品的数据信息管理系统，未按规定报送基本数据和有关情况或者报送基本数据、有关情况不真实，或者未按规定期限保存基本数据的，由所在地的设区的市级人民政府生态环境主管部门责令限期改正，可以处5万元以下的罚款。

第三十二条 违反本条例规定，处理企业未建立日常环境监测制度或者未开展日常环境监测的，由县级以上人民政府生态环境主管部门责令限期改正，可以处5万元以下的罚款。

第三十三条 违反本条例规定，有关行政主管部门的工作人员滥用职权、玩忽职守、徇私舞弊，构成犯罪的，依法追究刑事责任；尚不构成犯罪的，依法给予处分。

第五章 附则

第三十四条 经省级人民政府批准，可以设立废弃电器电子产品集中处理场。废弃电器电子产品集中处理场应当具有完善的污染物集中处理设施，确保符合国家或者地方制定的污染物排放标准和固体废物污染环境防治技术标准，并应当遵守本条例的有关规定。

废弃电器电子产品集中处理场应当符合国家和当地工业区设置规划，与当地土地利用规划和城乡规划相协调，并应当加快实现产业升级。

第三十五条 本条例自 2011 年 1 月 1 日起施行。

4. 医疗废物管理条例

（2003 年 6 月 4 日国务院第 10 次常务会议通过，根据 2010 年 12 月 29 日国务院第 138 次常务会议通过的《国务院关于废止和修改部分行政法规的决定》修正）

第一章 总则

第一条 为了加强医疗废物的安全管理，防止疾病传播，保护环境，保障人体健康，根据《中华人民共和国传染病防治法》和《中华人民共和国固体废物污染环境防治法》，制定本条例。

第二条 本条例所称医疗废物，是指医疗卫生机构在医疗、预防、保健以及其他相关活动中产生的具有直接或者间接感染性、毒性以及其他危害性的废物。

医疗废物分类目录，由国务院卫生行政主管部门和环境保护行政主管部门共同制定、公布。

第三条 本条例适用于医疗废物的收集、运送、贮存、处置以及监督管理等活动。

医疗卫生机构收治的传染病病人或者疑似传染病病人产生的生活垃圾，按照医疗废物进行管理和处置。

医疗卫生机构废弃的麻醉、精神、放射性、毒性等药品及其相关的废物的管理，依照有关法律、行政法规和国家有关规定、标准执行。

第四条 国家推行医疗废物集中无害化处置，鼓励有关医疗废物安全处置技术的研究与开发。

县级以上地方人民政府负责组织建设医疗废物集中处置设施。

国家对边远贫困地区建设医疗废物集中处置设施给予适当的支持。

第五条 县级以上各级人民政府卫生行政主管部门，对医疗废物收集、运送、贮存、处置活动中的疾病防治工作实施统一监督管理；环境保护行政主管部门，对医疗废物收集、运送、贮存、处置活动中的环境污染防治工作实施统一监督管理。

县级以上各级人民政府其他有关部门在各自的职责范围内负责与医疗废物处置有关的监督管理工作。

第六条 任何单位和个人有权对医疗卫生机构、医疗废物集中处置单位和监督管理部门及其工作人员的违法行为进行举报、投诉、检举和控告。

第二章 医疗废物管理的一般规定

第七条 医疗卫生机构和医疗废物集中处置单位，应当建立、健全医疗废物管理责任制，其法定代表人为第一责任人，切实履行职责，防止因医疗废物导致传染病传播和环境污染事故。

第八条 医疗卫生机构和医疗废物集中处置单位，应当制定与医疗废物安全处置有关的规章制度和在发生意外事故时的应急方案；设置监控部门或者专（兼）职人员，负责检查、督促、落实本单位医疗废物的管理工作，防止违反本条例的行为发生。

第九条 医疗卫生机构和医疗废物集中处置单位，应当对本单位从事医疗废物收集、运送、贮存、处置等工作的人员和管理人员，进行相关法律和专业技术、安全防护以及紧急处理等知识的培训。

第十条 医疗卫生机构和医疗废物集中处置单位，应当采取有效的职业卫生防护措施，为从事医疗废物收集、运送、贮存、处置等工作的人员和管理人员，配备必要的防护用品，定期进行健康检查；必要时，对有关人员进行免疫接种，防止其受到健康损害。

第十一条 医疗卫生机构和医疗废物集中处置单位，应当依照《中华人民共和国固体废物污染环境防治法》的规定，执行危险废物转移联单管理制度。

第十二条 医疗卫生机构和医疗废物集中处置单位，应当对医疗废物进行登记，登记内容应当包括医疗废物的来源、种类、重量或者数量、交接时间、处置方法、最终去向以及经办人签名等项目。登记资料至少保存 3 年。

第十三条 医疗卫生机构和医疗废物集中处置单位，应当采取有效措施，防止医疗废物流失、泄漏、扩散。

发生医疗废物流失、泄漏、扩散时，医疗卫生机构和医疗废物集中处置单位应当采取减少危害的紧急处理措施，对致病人员提供医疗救护和现场救援；同时向所在地的县级人民政府卫生行政主管部门、环境保护行政主管部门报告，并向可能受到危害的单位和居民通报。

第十四条 禁止任何单位和个人转让、买卖医疗废物。

禁止在运送过程中丢弃医疗废物；禁止在非贮存地点倾倒、堆放医疗废物或者将医疗废物混入其他废物和生活垃圾。

第十五条 禁止邮寄医疗废物。

禁止通过铁路、航空运输医疗废物。

有陆路通道的，禁止通过水路运输医疗废物；没有陆路通道必需经水路运输医疗废物的，应当经设区的市级以上人民政府环境保护行政主管部门批准，并采取严格的环境保护措施后，方可通过水路运输。

禁止将医疗废物与旅客在同一运输工具上载运。

禁止在饮用水水源保护区的水体上运输医疗废物。

第三章 医疗卫生机构对医疗废物的管理

第十六条 医疗卫生机构应当及时收集本单位产生的医疗废物，并按照类别分置于防渗漏、防锐器穿透的专用包装物或者密闭的容器内。

医疗废物专用包装物、容器，应当有明显的警示标识和警示说明。

医疗废物专用包装物、容器的标准和警示标识的规定，由国务院卫生行政主管部门和环境保护行政主管部门共同制定。

第十七条 医疗卫生机构应当建立医疗废物的暂时贮存设施、设备，不得露天存放医疗废物；医疗废物暂时贮存的时间不得超过2天。

医疗废物的暂时贮存设施、设备，应当远离医疗区、食品加工区和人员活动区以及生活垃圾存放场所，并设置明显的警示标识和防渗漏、防鼠、防蚊蝇、防蟑螂、防盗以及预防儿童接触等安全措施。

医疗废物的暂时贮存设施、设备应当定期消毒和清洁。

第十八条 医疗卫生机构应当使用防渗漏、防遗撒的专用运送工具，按照本单位确定的内部医疗废物运送时间、路线，将医疗废物收集、运送至暂时贮存地点。

运送工具使用后应当在医疗卫生机构内指定的地点及时消毒和清洁。

第十九条 医疗卫生机构应当根据就近集中处置的原则，及时将医疗废物交由医疗废物集中处置单位处置。

医疗废物中病原体的培养基、标本和菌种、毒种保存液等高危险废物，在交医疗废物集中处置单位处置前应当就地消毒。

第二十条 医疗卫生机构产生的污水、传染病病人或者疑似传染病病人的排泄物，应当按照国家规定严格消毒；达到国家规定的排放标准后，方可排入污水处理系统。

第二十一条 不具备集中处置医疗废物条件的农村，医疗卫生机构应当按照县级人民政府卫生行政主管部门、环境保护行政主管部门的要求，自行就地处置其产生的医疗废物。自行处置医疗废物的，应当符合下列基本要求：

（一）使用后的一次性医疗器具和容易致人损伤的医疗废物，应当消毒并作毁形处理；

（二）能够焚烧的，应当及时焚烧；

（三）不能焚烧的，消毒后集中填埋。

第四章 医疗废物的集中处置

第二十二条 从事医疗废物集中处置活动的单位，应当向县级以上人民政府环境保护行政主管部门申请领取经营许可证；未取得经营许可证的单位，不得从事有关医疗废物集中处置的活动。

第二十三条 医疗废物集中处置单位，应当符合下列条件：

（一）具有符合环境保护和卫生要求的医疗废物贮存、处置设施或者设备；

（二）具有经过培训的技术人员以及相应的技术工人；

（三）具有负责医疗废物处置效果检测、评价工作的机构和人员；

（四）具有保证医疗废物安全处置的规章制度。

第二十四条 医疗废物集中处置单位的贮存、处置设施，应当远离居（村）民居住区、水源保护区和交通干道，与工厂、企业等工作场所有适当的安全防护距离，并符合国务院环境保护行政主管部门的规定。

第二十五条 医疗废物集中处置单位应当至少每2天到医疗卫生机构收集、运送一次医疗废物，并负责医疗废物的贮存、处置。

第二十六条 医疗废物集中处置单位运送医疗废物，应当遵守国家有关危险货物运输管理的规定，使用有明显医疗废物标识的专用车辆。医疗废物专用车辆应当达到防渗漏、防遗撒以及其他环境保护和卫生要求。

运送医疗废物的专用车辆使用后，应当在医疗废物集中处置场所内及时进行消毒和清洁。

运送医疗废物的专用车辆不得运送其他物品。

第二十七条 医疗废物集中处置单位在运送医疗废物过程中应当确保安全，不得丢弃、遗撒医疗废物。

第二十八条 医疗废物集中处置单位应当安装污染物排放在线监控装置，并确保监控装置经常处于正常运行状态。

第二十九条 医疗废物集中处置单位处置医疗废物，应当符合国家规定的环境保护、卫生标准、规范。

第三十条 医疗废物集中处置单位应当按照环境保护行政主管部门和卫生行政主管部门的规定，定期对医疗废物处置设施的环境污染防治和卫生学效果进行检测、评价。检测、评价结果存入医疗废物集中处置单位档案，每半年向所在地环境保护行政主管部门和卫生行政主管部门报告一次。

第三十一条 医疗废物集中处置单位处置医疗废物，按照国家有关规定向医疗卫生机构收取医疗废物处置费用。

医疗卫生机构按照规定支付的医疗废物处置费用，可以纳入医疗成本。

第三十二条 各地区应当利用和改造现有固体废物处置设施和其他设施，对医疗废物集中处置，并达到基本的环境保护和卫生要求。

第三十三条 尚无集中处置设施或者处置能力不足的城市，自本条例施行之日起，设区的市级以上城市应当在1年内建成医疗废物集中处置设施；县级市应当在2年内建成医疗废物集中处置设施。县（旗）医疗废物集中处置设施的建设，由省、自治区、直辖市人民政府规定。

在尚未建成医疗废物集中处置设施期间，有关地方人民政府应当组织制定符合环境保护和卫生要求的医疗废物过渡性处置方案，确定医疗废物收集、运送、处置方式和处置单位。

第五章 监督管理

第三十四条 县级以上地方人民政府卫生行政主管部门、环境保护行政主管部门，应当依照本条例的规定，按照职责分工，对医疗卫生机构和医疗废物集中处置单位进行监督检查。

第三十五条 县级以上地方人民政府卫生行政主管部门，应当对医疗卫生机构和医疗废物集中处置单位从事医疗废物的收集、运送、贮存、处置中的疾病防治工作，以及工作人员的卫生防护等情况进行定期监督检查或者不定期的抽查。

第三十六条 县级以上地方人民政府环境保护行政主管部门，应当对医疗卫生机构和医疗废物集中处置单位从事医疗废物收集、运送、贮存、处置中的环境污染防治工作进行定期监督检查或者不定期的抽查。

第三十七条 卫生行政主管部门、环境保护行政主管部门应当定期交换监督检查和抽查结果。在监督检查或者抽查中发现医疗卫生机构和医疗废物集中处置单位存在隐患时，应当责令立即消除隐患。

第三十八条 卫生行政主管部门、环境保护行政主管部门接到对医疗卫生机构、医疗废物集中处置单位和监督管理部门及其工作人员违反本条例行为的举报、投诉、检举和控告后，应当及时核实，依法作出处理，并将处理结果予以公布。

第三十九条 卫生行政主管部门、环境保护行政主管部门履行监督检查职责时，有权采取下列措施：

（一）对有关单位进行实地检查，了解情况，现场监测，调查取证；

（二）查阅或者复制医疗废物管理的有关资料，采集样品；

（三）责令违反本条例规定的单位和个人停止违法行为；

（四）查封或者暂扣涉嫌违反本条例规定的场所、设备、运输工具和物品；

（五）对违反本条例规定的行为进行查处。

第四十条 发生因医疗废物管理不当导致传染病传播或者环境污染事故，或者有证据证明传染病传播或者环境污染的事故有可能发生时，卫生行政主管部门、环境保护行政主管部门应当采取临时控制措施，疏散人员，控制现场，并根据需要责令暂停导致或者可能导致传染病传播或者环境污染事故的作业。

第四十一条 医疗卫生机构和医疗废物集中处置单位，对有关部门的检查、监测、调查取证，应当予以配合，不得拒绝和阻碍，不得提供虚假材料。

第六章 法律责任

第四十二条 县级以上地方人民政府未依照本条例的规定，组织建设医疗废物集中处置设施或者组织制定医疗废物过渡性处置方案的，由上级人民政府通报批评，责令限期建成医疗废物集中处置设施或者组织制定医疗废物过渡性处置方案；并可以对政府主要领导人、负有责任的主管人员，依法给予行政处分。

第四十三条 县级以上各级人民政府卫生行政主管部门、环境保护行政主管部门或者其他有关部门，未按照本条例的规定履行监督检查职责，发现医疗卫生机构和医疗废物集中处置单位的违法行为不及时处理，发生或者可能发生传染病传播或者环境污染事故时未及时采取减少危害措施，以及有其他玩忽职守、失职、渎职行为的，由本级人民政府或者上级人民政府有关部门责令改正，通报批评；造成传染病传播或者环境污染事故的，对主要负责人、负有责任的主管人员和其他直接责任人员依法给予降级、撤职、开除的行政处分；构成犯罪的，依法追究刑事责任。

第四十四条 县级以上人民政府环境保护行政主管部门，违反本条例的规定发给医疗废物集中处置单位经营许可证的，由本级人民政府或者上级人民政府环境保护行政主管部门通报批评，责令收回违法发给的证书；并可以对主要负责人、负有责任的主管人员和其他直接责任人员依法给予行政处分。

第四十五条 医疗卫生机构、医疗废物集中处置单位违反本条例规定，有下列情形之一的，由县级以上地方人民政府卫生行政主管部门或者环境保护行政主管部门按照各自的职责责令限期改正，给予警告；逾期不改正的，处2000元以上5000元以下的罚款：

（一）未建立、健全医疗废物管理制度，或者未设置监控部门或者专（兼）职人员的；

（二）未对有关人员进行相关法律和专业技术、安全防护以及紧急处理等知识的培训的；

（三）未对从事医疗废物收集、运送、贮存、处置等工作的人员和管理人员采取职业卫生防护措施的；

（四）未对医疗废物进行登记或者未保存登记资料的；

（五）对使用后的医疗废物运送工具或者运送车辆未在指定地点及时进行消毒和清洁的；

（六）未及时收集、运送医疗废物的；

（七）未定期对医疗废物处置设施的环境污染防治和卫生学效果进行检测、评价，或者未将检测、评价效果存档、报告的。

第四十六条 医疗卫生机构、医疗废物集中处置单位违反本条例规定，有下列情形之一的，由县级以上地方人民政府卫生行政主管部门或者环境保护行政主管部门按照各自的职责责令限期改正，给予警告，可以并处5000元以下的罚款；逾期不改正的，处5000元以上3万元以下的罚款：

（一）贮存设施或者设备不符合环境保护、卫生要求的；

（二）未将医疗废物按照类别分置于专用包装物或者容器的；

（三）未使用符合标准的专用车辆运送医疗废物或者使用运送医疗废物的车辆运送其他物品的；

（四）未安装污染物排放在线监控装置或者监控装置未经常处于正常运行状态的。

第四十七条 医疗卫生机构、医疗废物集中处置单位有下列情形之一的，由县级以上地方人民政府卫生行政主管部门或者环境保护行政主管部门按照各自的职责责令限期改正，给予警告，并处5000元以上1万元以下的罚款；逾期不改正的，处1万元以上3万元以下的罚款；造成传染病传播或者环境污染事故的，由原发证部门暂扣或者吊销执业许可证件或者经营许可证件；构成犯罪的，依法追究刑事责任：

（一）在运送过程中丢弃医疗废物，在非贮存地点倾倒、堆放医疗废物或者将医疗废物混入其他废物和生活垃圾的；

（二）未执行危险废物转移联单管理制度的；

（三）将医疗废物交给未取得经营许可证的单位或者个人收集、运送、贮存、处置的；

（四）对医疗废物的处置不符合国家规定的环境保护、卫生标准、规范的；

（五）未按照本条例的规定对污水、传染病病人或者疑似传染病病人的排泄物，进行严格消毒，或者未达到国家规定的排放标准，排入污水处理系统的；

（六）对收治的传染病病人或者疑似传染病病人产生的生活垃圾，未按照医疗废物进行管理和处置的。

第四十八条 医疗卫生机构违反本条例规定，将未达到国家规定标准的污水、传染病病人或者疑似传染病病人的排泄物排入城市排水管网的，由县级以上地方人民政府建设行政主管部门责令限期改正，给予警告，并处5000元以上1万元以下的罚款；逾期不改正的，处1万元以上3万元以下的罚款；造成传染病传播或者环境污染事故的，由原发证部门暂扣或者吊销执业许可证件；构成犯罪的，依法追究刑事责任。

第四十九条 医疗卫生机构、医疗废物集中处置单位发生医疗废物流失、泄漏、扩散时，未采取紧急处理措施，或者未及时向卫生行政主管部门和环境保护行政主管部门报告的，由县级以上地方人民政府卫生行政主管部门或者环境保护行政主管部门按照各自的职责责令改正，给予警告，并处1万元以上3万元以下的罚款；造成传染病传播或者环境污染事故的，由原发证部门暂扣或者吊销执业许可证件或者经营许可证件；构成犯罪的，依法追究刑事责任。

第五十条 医疗卫生机构、医疗废物集中处置单位，无正当理由，阻碍卫生行政主管部门或者环境保护行政主管部门执法人员执行职务，拒绝执法人员进入现场，或者不配合执法部门的检查、监测、调查取证的，由县级以上地方人民政府卫生行政主管部门或者环境保护行政主管部门按照各自的职责责令改正，给予警告；拒不改正的，由原发证部门暂扣或者吊销执业许可证件或者经营许可证件；触犯《中华人民共和国治安管理处罚法》，构成违反治安管理行为的，由公安机关依法予以处罚；构成犯罪的，依法追究刑事责任。

第五十一条 不具备集中处置医疗废物条件的农村，医疗卫生机构未按照本条例的要求处置医疗废物的，由县级人民政府卫生行政主管部门或者环境保护行政主管部门按照各自的职责责令限期改正，给予警告；逾期不改正的，处1000元以上5000元以下的罚款；造成传染病传播或者环境污染事故的，由原发证部门暂扣或者吊销执业许可证件；构成犯罪的，依法追究刑事责任。

第五十二条 未取得经营许可证从事医疗废物的收集、运送、贮存、处置等活动的，由县级以上地方人民政府环境保护行政主管部门责令立即停止违法行为，没收违法所得，可以并处违法所得1倍以下的罚款。

第五十三条 转让、买卖医疗废物，邮寄或者通过铁路、航空运输医疗废物，或者违反本条例规定通过水路运输医疗废物的，由县级以上地方人民政府环境保护行政主管部门责令转让、买卖双方、邮寄人、托运人立即停止违法行为，给予警告，没收违法所得；违法所得5000元以上的，并处违法所得2倍以上5倍以下的罚款；没有违法所得或者违法所得不足5000元的，并处5000元以上2万元以下的罚款。

承运人明知托运人违反本条例的规定运输医疗废物，仍予以运输的，或者承运人将医疗废物与旅客在同一工具上载运的，按照前款的规定予以处罚。

第五十四条 医疗卫生机构、医疗废物集中处置单位违反本条例规定，导致传染病传播或者发生环境污染事故，给他人造成损害的，依法承担民事赔偿责任。

第七章 附则

第五十五条 计划生育技术服务、医学科研、教学、尸体检查和其他相关活动中产生的具有直接或者间接感染性、毒性以及其他危害性废物的管理，依照本条例执行。

第五十六条 军队医疗卫生机构医疗废物的管理由中国人民解放军卫生主管部门参照本条例制定管理办法。

第五十七条 本条例自公布之日起施行。

5. 尾矿污染环境防治管理办法

（生态环境部令 第26号）

（2022年3月15日生态环境部2022年第二次部务会议审议通过，自2022年7月1日起施行）

第一章 总则

第一条 为了防治尾矿污染环境，保护和改善生态环境，根据《中华人民共和国环境保护法》《中华人民共和国固体废物污染环境防治法》《中华人民共和国土壤污染防治法》等有关法律法规，制定本办法。

第二条 本办法适用于中华人民共和国境内尾矿的污染环境防治（以下简称污染防治）及其监督管理。

伴生放射性矿开发利用活动中产生的铀（钍）系单个核素活度浓度超过1Bq/g的尾矿，以及铀（钍）矿尾矿的污染防治及其监督管理，适用放射性污染防治有关法律法规的规定，不适用本办法。

第三条 尾矿污染防治坚持预防为主、污染担责的原则。

产生、贮存、运输、综合利用尾矿的单位，以及尾矿库运营、管理单位，应当采取措施，防止或者减少尾矿对环境的污染，对所造成的环境污染依法承担责任。

对产生尾矿的单位和尾矿库运营、管理单位实施控股管理的企业集团，应当加强对其下属企业的监督管理，督促、指导其履行尾矿污染防治主体责任。

第四条 国务院生态环境主管部门对全国尾矿污染防治工作实施监督管理。

地方各级生态环境主管部门负责本行政区域尾矿污染防治工作的监督管理。

国务院生态环境主管部门所属的流域生态环境监督管理机构依据法律法规规定的职责或者国务院生态环境主管部门的委托，对管辖范围内的尾矿污染防治工作进行指导、协调和监督。

第五条 尾矿库污染防治实行分类分级环境监督管理。

国务院生态环境主管部门负责制定尾矿库分类分级环境监督管理技术规程，根据尾矿所属矿种类型、尾矿库周边环境敏感程度、尾矿库环境保护水平等因素，将尾矿库分为一级、二级和三级环境监督管理尾矿库，并明确不同等级的尾矿库环境监督管理要求。

省级生态环境主管部门负责确定本行政区域尾矿库分类分级环境监督管理清单，并加强监督管理。

设区的市级生态环境主管部门根据省级生态环境主管部门确定的尾矿库分类分级环境监督管理清单，对尾矿库进行分类分级管理。

第二章 污染防治

第六条 产生尾矿的单位应当建立健全尾矿产生、贮存、运输、综合利用等全过程的污染防治责任制度，确定承担污染防治工作的部门和专职技术人员，明确单位负责人和相关人员的责任。

第七条 产生尾矿的单位和尾矿库运营、管理单位应当建立尾矿环境管理台账。

产生尾矿的单位应当在尾矿环境管理台账中如实记录生产运营中产生尾矿的种类、数量、流向、贮存、综合利用等信息；尾矿库运营、管理单位应当在尾矿环境管理台账中如实记录尾矿库的污染防治设施建设和运行情况、环境监测情况、污染隐患排查治理情况、突发环境事件应急预案及其落实情况等信息。

尾矿环境管理台账保存期限不得少于五年，其中尾矿库运营、管理单位的环境管理台账信息应当永久保存。

产生尾矿的单位和尾矿库运营、管理单位应当于每年 1 月 31 日之前通过全国固体废物污染环境防治信息平台填报上一年度产生的相关信息。

第八条 产生尾矿的单位委托他人贮存、运输、综合利用尾矿，或者尾矿库运营、管理单位委托他人运输、综合利用尾矿的，应当对受托方的主体资格和技术能力进行核实，依法签订书面合同，在合同中约定污染防治要求。

第九条 新建、改建、扩建尾矿库的，应当依法进行环境影响评价，并遵守国家有关建设项目环境保护管理的规定，落实尾矿污染防治的措施。

尾矿库选址，应当符合生态环境保护有关法律法规和强制性标准要求。禁止在生态保护红线区域、永久基本农田集中区域、河道湖泊行洪区和其他需要特别保护的区域内建设尾矿库以及其他贮存尾矿的场所。

第十条 新建、改建、扩建尾矿库的，应当根据国家有关规定和尾矿库实际情况，配套建设防渗、渗滤液收集、废水处理、环境监测、环境应急等污染防治设施。

第十一条 尾矿库防渗设施的设计和建设，应当充分考虑地质、水文等条件，并符合相应尾矿属性类别管理要求。

尾矿库配套的渗滤液收集池、回水池、环境应急事故池等设施的防渗要求应当不低于该尾矿库的防渗要求，并设置防漫流设施。

第十二条 新建尾矿库的排尾管道、回水管道应当避免穿越农田、河流、湖泊；确需穿越的，应当建设管沟、套管等设施，防止渗漏造成环境污染。

第十三条 采用传送带方式输送尾矿的，应当采取封闭等措施，防止尾矿流失和扬散。

通过车辆运输尾矿的，应当采取遮盖等措施，防止尾矿遗撒和扬散。

第十四条 依法实行排污许可管理的产生尾矿的单位，应当申请取得排污许可证或者填报排污登记表，按照排污许可管理的规定排放尾矿及污染物，并落实相关环境管理要求。

第十五条 尾矿库运营、管理单位应当采取防扬散、防流失、防渗漏或者其他防止污染环境的措施，加强对尾矿库污染防治设施的管理和维护，保证其正常运行和使用，防止尾矿污染环境。

第十六条 尾矿库运营、管理单位应当采取库面抑尘、边坡绿化等措施防止扬尘污染，美化环境。

第十七条 尾矿水应当优先返回选矿工艺使用；向环境排放的，应当符合国家和地方污染物排放标准，不得与尾矿库外的雨水混合排放，并按照有关规定设置污染物排放口，设立标志，依法安装流量计和视频监控。

污染物排放口的流量计监测记录保存期限不得少于五年，视频监控记录保存期限不得少于三个月。

第十八条 尾矿库运营、管理单位应当按照国家有关标准和规范，建设地下水水质监测井。

尾矿库上游、下游和可能出现污染扩散的尾矿库周边区域，应当设置地下水水质监测井。

第十九条 尾矿库运营、管理单位应当按照国家有关规定开展地下水环境监测以及土壤污染状况监测和评估。

排放尾矿水的，尾矿库运营、管理单位应当在排放期间，每月至少开展一次水污染物排放监测；排放有毒有害水污染物的，还应当每季度对受纳水体等周边环境至少开展一次监测。

尾矿库运营、管理单位应当依法公开污染物排放监测结果等相关信息。

第二十条 尾矿库运营、管理单位应当建立健全尾矿库污染隐患排查治理制度，组织开展尾矿库污染隐患排查治理；发现污染隐患的，应当制定整改方案，及时采取措施消除隐患。

尾矿库运营、管理单位应当于每年汛期前至少开展一次全面的污染隐患排查。

第二十一条 尾矿库运营、管理单位在环境监测等活动中发现尾矿库周边土壤和地下水存在污染物渗漏或者含量升高等污染迹象的，应当及时查明原因，采取措施及时阻止污染物泄漏，并按照国家有关规定开展环境调查与风险评估，根据调查与风险评估结果采取风险管控或者治理修复等措施。

生态环境主管部门在监督检查中发现尾矿库周边土壤和地下水存在污染物渗漏或者含量升高等污染迹象的，应当及时督促尾矿库运营、管理单位采取相应措施。

第二十二条 尾矿库运营、管理单位应当按照国务院生态环境主管部门有关规定，开展尾矿库突发环境事件风险评估，编制、修订、备案尾矿库突发环境事件应急预案，建设并完善环境风险防控与应急设施，储备环境应急物资，定期组织开展尾矿库突发环境事件应急演练。

第二十三条 发生突发环境事件时，尾矿库运营、管理单位应当立即启动尾矿库突发环境事件应急预案，采取应急措施，消除或者减轻事故影响，及时通报可能受到危害的单位和居民，并向本行政区域县级生态环境主管部门报告。

县级以上生态环境主管部门在发现或者得知尾矿库突发环境事件信息后，应当按照有关规定做好应急处置、环境影响和损失调查、评估等工作。

第二十四条 尾矿库运营、管理单位应当在尾矿库封场期间及封场后，采取措施保证渗滤液收集设施、尾矿水排放监测设施继续正常运行，并定期开展水污染物排放监测，确保污染物排放符合国家和地方排放标准。

尾矿库的渗滤液收集设施、尾矿水排放监测设施应当正常运行至尾矿库封场后连续两年内没有渗滤液产生或者产生的渗滤液不经处理即可稳定达标排放。

尾矿库运营、管理单位应当在尾矿库封场后，采取措施保证地下水水质监测井继续正常运行，并按照国家有关规定持续进行地下水水质监测，直到下游地下水水质连续两年不超出上游地下水水质或者所在区域地下水水质本底水平。

第二十五条 开展尾矿充填、回填以及利用尾矿提取有价组分和生产建筑材料等尾矿综合利用单位，应当按照国家有关规定采取相应措施，防止造成二次环境污染。

第三章 监督管理

第二十六条 国务院生态环境主管部门应当加强尾矿污染防治工作信息化建设，强化环境管理信息系统对接与数据共享。

第二十七条 省级生态环境主管部门应当加强对新建、改建、扩建尾矿库建设项目环境影响评价审批程序、审批结果的监督与评估；发现设区的市、县级生态环境主管部门不具备尾矿库建设项目环境影响评价审批能力，或者在审批过程中存在突出问题的，应当依法调整上收环境影响评价审批权限。

第二十八条 设区的市级生态环境主管部门应当将一级和二级环境监督管理尾矿库的运营、管理单位列入重点排污单位名录，实施重点管控。

第二十九条 鼓励地方各级生态环境主管部门综合利用远程视频监控、无人机、遥感、地理信息系统等手段进行尾矿污染防治监督管理。

第四章 罚则

第三十条 产生尾矿的单位或者尾矿库运营、管理单位违反本办法规定，有下列行为之一的，依照《中华人民共和国固体废物污染环境防治法》《中华人民共和国水污染防治法》《中华人民共和国土壤污染防治法》等法律法规的规定予以处罚：

（一）未建立尾矿环境管理台账并如实记录的；

（二）超过水污染物排放标准排放水污染物的；

（三）未依法报批建设项目环境影响评价文件，擅自开工建设的；

（四）未按规定开展土壤和地下水环境监测的；

（五）未依法开展尾矿库突发环境事件应急处置的；

（六）擅自倾倒、堆放、丢弃、遗撒尾矿，或者未采取相应防范措施，造成尾矿扬散、流失、渗漏或者其他环境污染的；

（七）其他违反法律法规规定的行为。

第三十一条 产生尾矿的单位或者尾矿库运营、管理单位违反本办法规定，未按时通过全国固体废物污染环境防治信息平台填报上一年度产生的相关信息的，由设区的市级以上地方生态环境主管部门责令改正，给予警告；拒不改正的，处三万元以下的罚款。

第三十二条 违反本办法规定，向环境排放尾矿水，未按照国家有关规定设置污染物排放口标志的，由设区的市级以上地方生态环境主管部门责令改正，给予警告；拒不改正的，处五万元以下的罚款。

第三十三条 尾矿库运营、管理单位违反本办法规定，未按要求组织开展污染隐患排查治理的，由设区的市级以上生态环境主管部门责令改正，给予警告；拒不改正的，处十万元以下的罚款。

第五章 附则

第三十四条 本办法中下列用语的含义：

（一）尾矿，是指金属非金属矿山开采出的矿石，经选矿厂选出有价值的精矿后产生的固体废物。

（二）尾矿库，是指用以贮存尾矿的场所。

（三）封场，是指尾矿库停止使用后，对尾矿库采取关闭的措施，也称闭库。

（四）尾矿库运营、管理单位，包括尾矿库所属企业和地方人民政府指定的尾矿库管理维护单位。

第三十五条 本办法自2022年7月1日起施行。《防治尾矿污染环境管理规定》（国家环境保护局令 第11号）同时废止。

6. 危险废物转移管理办法

（生态环境部、公安部、交通运输部令 第23号）

（2021年9月18日生态环境部部务会审议通过，自2022年1月1日起施行）

第一章 总则

第一条 为加强对危险废物转移活动的监督管理，防止污染环境，根据《中华人民共和国固体废物污染环境防治法》等有关法律法规，制定本办法。

第二条 本办法适用于在中华人民共和国境内转移危险废物及其监督管理活动。

转移符合豁免要求的危险废物的，按照国家相关规定实行豁免管理。

在海洋转移危险废物的，不适用本办法。

第三条 危险废物转移应当遵循就近原则。

跨省、自治区、直辖市转移（以下简称跨省转移）处置危险废物的，应当以转移至相邻或者开展区域合作的省、自治区、直辖市的危险废物处置设施，以及全国统筹布局的危险废物处置设施为主。

第四条 生态环境主管部门依法对危险废物转移污染环境防治工作以及危险废物转移联单运行实施监督管理，查处危险废物污染环境违法行为。

各级交通运输主管部门依法查处危险废物运输违反危险货物运输管理相关规定的违法行为。

公安机关依法查处危险废物运输车辆的交通违法行为，打击涉危险废物污染环境犯罪行为。

第五条 生态环境主管部门、交通运输主管部门和公安机关应当建立健全协作机制，共享危险废物转移联单信息、运输车辆行驶轨迹动态信息和运输车辆限制通行区域信息，加强联合监管执法。

第六条 转移危险废物的，应当执行危险废物转移联单制度，法律法规另有规定的除外。

危险废物转移联单的格式和内容由生态环境部另行制定。

第七条 转移危险废物的，应当通过国家危险废物信息管理系统（以下简称信息系统）填写、运行危险废物电子转移联单，并依照国家有关规定公开危险废物转移相关污染环境防治信息。

生态环境部负责建设、运行和维护信息系统。

第八条 运输危险废物的，应当遵守国家有关危险货物运输管理的规定。未经公安机关批准，危险废物运输车辆不得进入危险货物运输车辆限制通行的区域。

第二章 相关方责任

第九条 危险废物移出人、危险废物承运人、危险废物接受人（以下分别简称移出人、承运人和接受人）在危险废物转移过程中应当采取防扬散、防流失、防渗漏或者其他防止污染环境的措施，不得擅自倾倒、堆放、丢弃、遗撒危险废物，并对所造成的环境污染及生态破坏依法承担责任。

移出人、承运人、接受人应当依法制定突发环境事件的防范措施和应急预案，并报有关部门备案；发生危险废物突发环境事件时，应当立即采取有效措施消除或者减轻对环境的污染危害，并按相关规定向事故发生地有关部门报告，接受调查处理。

第十条 移出人应当履行以下义务：

（一）对承运人或者接受人的主体资格和技术能力进行核实，依法签订书面合同，并在合同中约定运输、贮存、利用、处置危险废物的污染防治要求及相关责任；

（二）制定危险废物管理计划，明确拟转移危险废物的种类、重量（数量）和流向等信息；

（三）建立危险废物管理台账，对转移的危险废物进行计量称重，如实记录、妥善保管转移危险废物的种类、重量（数量）和接受人等相关信息；

（四）填写、运行危险废物转移联单，在危险废物转移联单中如实填写移出人、承运人、接受人信息，转移危险废物的种类、重量（数量）、危险特性等信息，以及突发环境事件的防范措施等；

（五）及时核实接受人贮存、利用或者处置相关危险废物情况；

（六）法律法规规定的其他义务。

移出人应当按照国家有关要求开展危险废物鉴别。禁止将危险废物以副产品等名义提供或者委托给无危险废物经营许可证的单位或者其他生产经营者从事收集、贮存、利用、处置活动。

第十一条 承运人应当履行以下义务：

（一）核实危险废物转移联单，没有转移联单的，应当拒绝运输；

（二）填写、运行危险废物转移联单，在危险废物转移联单中如实填写承运人名称、运输工具及其营运证件号，以及运输起点和终点等运输相关信息，并与危险货物运单一并随运输工具携带；

（三）按照危险废物污染环境防治和危险货物运输相关规定运输危险废物，记录运输轨迹，防范危险废物丢失、包装破损、泄漏或者发生突发环境事件；

（四）将运输的危险废物运抵接受人地址，交付给危险废物转移联单上指定的接受人，并将运输情况及时告知移出人；

（五）法律法规规定的其他义务。

第十二条 接受人应当履行以下义务：

（一）核实拟接受的危险废物的种类、重量（数量）、包装、识别标志等相关信息；

（二）填写、运行危险废物转移联单，在危险废物转移联单中如实填写是否接受的意见，以及利用、处置方式和接受量等信息；

（三）按照国家和地方有关规定和标准，对接受的危险废物进行贮存、利用或者处置；

（四）将危险废物接受情况、利用或者处置结果及时告知移出人；

（五）法律法规规定的其他义务。

第十三条 危险废物托运人（以下简称托运人）应当按照国家危险货物相关标准确定危险废物对应危险货物的类别、项别、编号等，并委托具备相应危险货物运输资质的单位承运危险废物，依法签订运输合同。

采用包装方式运输危险废物的，应当妥善包装，并按照国家有关标准在外包装上设置相应的识别标志。

装载危险废物时，托运人应当核实承运人、运输工具及收运人员是否具有相应经营范围的有效危险货物运输许可证件，以及待转移的危险废物识别标志中的相关信息与危险废物转移联单是否相符；不相符的，应当不予装载。装载采用包装方式运输的危险废物的，应当确保将包装完好的危险废物交付承运人。

第三章 危险废物转移联单的运行和管理

第十四条 危险废物转移联单应当根据危险废物管理计划中填报的危险废物转移等备案信息填写、运行。

第十五条 危险废物转移联单实行全国统一编号，编号由十四位阿拉伯数字组成。第一至四位数字为年份代码；第五、六位数字为移出地省级行政区划代码；第七、八位数字为移出地设区的市级行政区划代码；其余六位数字以移出地设区的市级行政区域为单位进行流水编号。

第十六条 移出人每转移一车（船或者其他运输工具）次同类危险废物，应当填写、运行一份危险废物转移联单；每车（船或者其他运输工具）次转移多类危险废物的，可以填写、运行一份危险废物转移联单，也可以每一类危险废物填写、运行一份危险废物转移联单。

使用同一车（船或者其他运输工具）一次为多个移出人转移危险废物的，每个移出人应当分别填写、运行危险废物转移联单。

第十七条 采用联运方式转移危险废物的，前一承运人和后一承运人应当明确运输交接的时间和地点。后一承运人应当核实危险废物转移联单确定的移出人信息、前一承运人信息及危险废物相关信息。

第十八条 接受人应当对运抵的危险废物进行核实验收，并在接受之日起五个工作日内通过信息系统确认接受。

运抵的危险废物的名称、数量、特性、形态、包装方式与危险废物转移联单填写内容不符的，接受人应当及时告知移出人，视情况决定是否接受，同时向接受地生态环境主管部门报告。

第十九条 对不通过车（船或者其他运输工具），且无法按次对危险废物计量的其他方式转移危险废物的，移出人和接受人应当分别配备计量记录设备，将每天危险废物转移的种类、重量（数量）、形态和危险特性等信息纳入相关台账记录，并根据所在地设区的市级以上地方生态环境主管部门的要求填写、运行危险废物转移联单。

第二十条 危险废物电子转移联单数据应当在信息系统中至少保存十年。

因特殊原因无法运行危险废物电子转移联单的，可以先使用纸质转移联单，并于转移活动完成后十个工作日内在信息系统中补录电子转移联单。

第四章 危险废物跨省转移管理

第二十一条 跨省转移危险废物的，应当向危险废物移出地省级生态环境主管部门提出申请。移出地省级生态环境主管部门应当商经接受地省级生态环境主管部门同意后，批准转移该危险废物。未经批准的，不得转移。

鼓励开展区域合作的移出地和接受地省级生态环境主管部门按照合作协议简化跨省转移危险废物审批程序。

第二十二条 申请跨省转移危险废物的，移出人应当填写危险废物跨省转移申请表，并提交下列材料：

（一）接受人的危险废物经营许可证复印件；

（二）接受人提供的贮存、利用或者处置危险废物方式的说明；

（三）移出人与接受人签订的委托协议、意向或者合同；

（四）危险废物移出地的地方性法规规定的其他材料。

移出人应当在危险废物跨省转移申请表中提出拟开展危险废物转移活动的时间期限。

省级生态环境主管部门应当向社会公开办理危险废物跨省转移需要的申请材料。

危险废物跨省转移申请表的格式和内容，由生态环境部另行制定。

第二十三条 对于申请材料齐全、符合要求的，受理申请的省级生态环境主管部门应当立即予以受理；申请材料存在可以当场更正的错误的，应当允许申请人当场更正；申请材料不齐全或者不符合要求的，应当当场或者在五个工作日内一次性告知移出人需要补正的全部内容，逾期不告知的，自收到申请材料之日起即为受理。

第二十四条 危险废物移出地省级生态环境主管部门应当自受理申请之日起五个工作日内，根据移出人提交的申请材料和危险废物管理计划等信息，提出初步审核意见。初步审核同意移出的，通过信息系统向危险废物接受地省级生态环境主管部门发出跨省转移商请函；不同意移出的，书面答复移出人，并说明理由。

第二十五条 危险废物接受地省级生态环境主管部门应当自收到移出地省级生态环境主管部门的商请函之日起十个工作日内，出具是否同意接受的意见，并通过信息系统函复移出地省级生态环境主管部门；不同意接受的，应当说明理由。

第二十六条 危险废物移出地省级生态环境主管部门应当自收到接受地省级生态环境主管部门复函之日起五个工作日内作出是否批准转移该危险废物的决定；不同意转移的，应当说明理由。危险废物移出地省级生态环境主管部门应当将批准信息通报移出地省级交通运输主管部门和移入地等相关省级生态环境主管部门和交通运输主管部门。

第二十七条 批准跨省转移危险废物的决定，应当包括批准转移危险废物的名称，类别，废物代码，重量（数量），移出人，接受人，贮存、利用或者处置方式等信息。

批准跨省转移危险废物的决定的有效期为十二个月，但不得超过移出人申请开展危险废物转移活动的时间期限和接受人危险废物经营许可证的剩余有效期限。

跨省转移危险废物的申请经批准后，移出人应当按照批准跨省转移危险废物的决定填写、运行危险废物转移联单，实施危险废物转移活动。移出人可以按照批准跨省转移危险废物的决定在有效期内多次转移危险废物。

第二十八条 发生下列情形之一的，移出人应当重新提出危险废物跨省转移申请：

（一）计划转移的危险废物的种类发生变化或者重量（数量）超过原批准重量（数量）的；

（二）计划转移的危险废物的贮存、利用、处置方式发生变化的；

（三）接受人发生变更或者接受人不再具备拟接受危险废物的贮存、利用或者处置条件的。

第五章 法律责任

第二十九条 违反本办法规定，未填写、运行危险废物转移联单，将危险废物以副产品等名义提供或者委托给无危险废物经营许可证的单位或者其他生产经营者从事收集、贮存、利用、处置活动，或者未经批准擅自跨省转移危险废物的，由生态环境主管部门和公安机关依照《中华人民共和国固体废物污染环境防治法》有关规定进行处罚。

违反危险货物运输管理相关规定运输危险废物的，由交通运输主管部门、公安机关和生态环境主管部门依法进行处罚。

违反本办法规定，未规范填写、运行危险废物转移联单，及时改正，且没有造成危害后果的，依法不予行政处罚；主动消除或者减轻危害后果的，生态环境主管部门可以依法从轻或者减轻行政处罚。

第三十条 违反本办法规定，构成违反治安管理行为的，由公安机关依法进行处罚；构成犯罪的，依法追究刑事责任。

生态环境主管部门、交通运输主管部门在监督检查时，发现涉嫌犯罪的案件，应当按照行政执法和刑事司法相衔接相关规定及时移送公安机关。

第六章 附则

第三十一条 本办法下列用语的含义：

（一）转移，是指以贮存、利用或者处置危险废物为目的，将危险废物从移出人的场所移出，交付承运人并移入接受人场所的活动。

（二）移出人，是指危险废物转移的起始单位，包括危险废物产生单位、危险废物收集单位等。

（三）承运人，是指承担危险废物运输作业任务的单位。

（四）接受人，是指危险废物转移的目的地单位，即危险货物的收货人。

（五）托运人，是指委托承运人运输危险废物的单位，只能由移出人或者接受人担任。

第三十二条 本办法自2022年1月1日起施行。《危险废物转移联单管理办法》（原国家环境保护总局令 第5号）同时废止。

7. 国家危险废物名录（2021年版）

（生态环境部、国家发展和改革委员会、公安部、交通运输部、国家卫生健康委员会令 第15号）

（2020年11月25日公布，自2021年1月1日起施行）

第一条 根据《中华人民共和国固体废物污染环境防治法》的有关规定，制定本名录。

第二条 具有下列情形之一的固体废物（包括液态废物），列入本名录：

（一）具有毒性、腐蚀性、易燃性、反应性或者感染性一种或者几种危险特性的；

（二）不排除具有危险特性，可能对生态环境或者人体健康造成有害影响，需要按照危险废物进行管理的。

第三条 列入本名录附录《危险废物豁免管理清单》中的危险废物，在所列的豁免环节，且满足相应的豁免条件时，可以按照豁免内容的规定实行豁免管理。

第四条 危险废物与其他物质混合后的固体废物，以及危险废物利用处置后的固体废物的属性判定，按照国家规定的危险废物鉴别标准执行。

第五条 本名录中有关术语的含义如下：

（一）废物类别，是在《控制危险废物越境转移及其处置巴塞尔公约》划定的类别基础上，结合我国实际情况对危险废物进行的分类。

（二）行业来源，是指危险废物的产生行业。

（三）废物代码，是指危险废物的唯一代码，为8位数字。其中，第1～3位为危险废物产生行业代码（依据《国民经济行业分类（GB/T 4754—2017）》确定），第4～6位为危险废物顺序代码，第7～8位为危险废物类别代码。

（四）危险特性，是指对生态环境和人体健康具有有害影响的毒性（Toxicity，T）、腐蚀性（Corrosivity，C）、易燃性（Ignitability，I）、反应性（Reactivity，R）和感染性（Infectivity，In）。

第六条 对不明确是否具有危险特性的固体废物，应当按照国家规定的危险废物鉴别标准和鉴别方法予以认定。

经鉴别具有危险特性的，属于危险废物，应当根据其主要有害成分和危险特性确定所属废物类别，并按代码“900-000-××”（××为危险废物类别代码）进行归类管理。

经鉴别不具有危险特性的，不属于危险废物。

第七条 本名录根据实际情况实行动态调整。

第八条 本名录自2021年1月1日起施行。原环境保护部、国家发展和改革委员会、公安部发布的《国家危险废物名录》（环境保护部令 第39号）同时废止。

附表

国家危险废物名录

废物类别	行业来源	废物代码	危险废物	危险特性[1]
HW01 医疗废物[2]	卫生	841-001-01	感染性废物	In
		841-002-01	损伤性废物	In
		841-003-01	病理性废物	In
		841-004-01	化学性废物	T/C/I/R
		841-005-01	药物性废物	T
HW02 医药废物	化学药品原料药制造	271-001-02	化学合成原料药生产过程中产生的蒸馏及反应残余物	T
		271-002-02	化学合成原料药生产过程中产生的废母液及反应基废物	T
		271-003-02	化学合成原料药生产过程中产生的废脱色过滤介质	T
		271-004-02	化学合成原料药生产过程中产生的废吸附剂	T
		271-005-02	化学合成原料药生产过程中的废弃产品及中间体	T
	化学药品制剂制造	272-001-02	化学药品制剂生产过程中原料药提纯精制、再加工产生的蒸馏及反应残余物	T
		272-003-02	化学药品制剂生产过程中产生的废脱色过滤介质及吸附剂	T
		272-005-02	化学药品制剂生产过程中产生的废弃产品及原料药	T
	兽用药品制造	275-001-02	使用砷或有机砷化合物生产兽药过程中产生的废水处理污泥	T
		275-002-02	使用砷或有机砷化合物生产兽药过程中产生的蒸馏残余物	T
		275-003-02	使用砷或有机砷化合物生产兽药过程中产生的废脱色过滤介质及吸附剂	T
		275-004-02	其他兽药生产过程中产生的蒸馏及反应残余物	T
		275-005-02	其他兽药生产过程中产生的废脱色过滤介质及吸附剂	T
		275-006-02	兽药生产过程中产生的废母液、反应基和培养基废物	T
		275-008-02	兽药生产过程中产生的废弃产品及原料药	T

废物类别	行业来源	废物代码	危险废物	危险特性[1]
HW02 医药废物	生物药品制品制造	276-001-02	利用生物技术生产生物化学药品、基因工程药物过程中产生的蒸馏及反应残余物	T
		276-002-02	利用生物技术生产生物化学药品、基因工程药物（不包括利用生物技术合成氨基酸、维生素、他汀类降脂药物、降糖类药物）过程中产生的废母液、反应基和培养基废物	T
		276-003-02	利用生物技术生产生物化学药品、基因工程药物（不包括利用生物技术合成氨基酸、维生素、他汀类降脂药物、降糖类药物）过程中产生的废脱色过滤介质	T
		276-004-02	利用生物技术生产生物化学药品、基因工程药物过程中产生的废吸附剂	T
		276-005-02	利用生物技术生产生物化学药品、基因工程药物过程中产生的废弃产品、原料药和中间体	T
HW03 废药物、药品	非特定行业	900-002-03	销售及使用过程中产生的失效、变质、不合格、淘汰、伪劣的化学药品和生物制品（不包括列入《国家基本药物目录》中的维生素、矿物质类药，调节水、电解质及酸碱平衡药），以及《医疗用毒性药品管理办法》中所列的毒性中药	T
HW04 农药废物	农药制造	263-001-04	氯丹生产过程中六氯环戊二烯过滤产生的残余物，及氯化反应器真空汽提产生的废物	T
		263-002-04	乙拌磷生产过程中甲苯回收工艺产生的蒸馏残渣	T
		263-003-04	甲拌磷生产过程中二乙基二硫代磷酸过滤产生的残余物	T
		263-004-04	2，4，5- 三氯苯氧乙酸生产过程中四氯苯蒸馏产生的重馏分及蒸馏残余物	T
		263-005-04	2，4- 二氯苯氧乙酸生产过程中苯酚氯化工段产生的含 2，6- 二氯苯酚精馏残渣	T

废物类别	行业来源	废物代码	危险废物	危险特性[1]
HW04 农药废物	农药制造	263-006-04	乙烯基双二硫代氨基甲酸及其盐类生产过程中产生的过滤、蒸发和离心分离残余物及废水处理污泥，产品研磨和包装工序集（除）尘装置收集的粉尘和地面清扫废物	T
		263-007-04	溴甲烷生产过程中产生的废吸附剂、反应器产生的蒸馏残液和废水分离器产生的废物	T
		263-008-04	其他农药生产过程中产生的蒸馏及反应残余物（不包括赤霉酸发酵滤渣）	T
		263-009-04	农药生产过程中产生的废母液、反应罐及容器清洗废液	T
		263-010-04	农药生产过程中产生的废滤料及吸附剂	T
		263-011-04	农药生产过程中产生的废水处理污泥	T
		263-012-04	农药生产、配制过程中产生的过期原料和废弃产品	T
	非特定行业	900-003-04	销售及使用过程中产生的失效、变质、不合格、淘汰、伪劣的农药产品，以及废弃的与农药直接接触或含有农药残余物的包装物	T
HW05 木材防腐剂废物	木材加工	201-001-05	使用五氯酚进行木材防腐过程中产生的废水处理污泥，以及木材防腐处理过程中产生的沾染该防腐剂的废弃木材残片	T
		201-002-05	使用杂酚油进行木材防腐过程中产生的废水处理污泥，以及木材防腐处理过程中产生的沾染该防腐剂的废弃木材残片	T
		201-003-05	使用含砷、铬等无机防腐剂进行木材防腐过程中产生的废水处理污泥，以及木材防腐处理过程中产生的沾染该防腐剂的废弃木材残片	T
	专用化学产品制造	266-001-05	木材防腐化学品生产过程中产生的反应残余物、废过滤介质及吸附剂	T
		266-002-05	木材防腐化学品生产过程中产生的废水处理污泥	T

废物类别	行业来源	废物代码	危险废物	危险特性[1]
HW05 木材防腐剂废物	专用化学产品制造	266-003-05	木材防腐化学品生产、配制过程中产生的过期原料和废弃产品	T
	非特定行业	900-004-05	销售及使用过程中产生的失效、变质、不合格、淘汰、伪劣的木材防腐化学药品	T
HW06 废有机溶剂与含有机溶剂废物	非特定行业	900-401-06	工业生产中作为清洗剂、萃取剂、溶剂或反应介质使用后废弃的四氯化碳、二氯甲烷、1，1-二氯乙烷、1，2-二氯乙烷、1，1，1-三氯乙烷、1，1，2-三氯乙烷、三氯乙烯、四氯乙烯，以及在使用前混合的含有一种或多种上述卤化溶剂的混合/调和溶剂	T，I
		900-402-06	工业生产中作为清洗剂、萃取剂、溶剂或反应介质使用后废弃的有机溶剂，包括苯、苯乙烯、丁醇、丙酮、正己烷、甲苯、邻二甲苯、间二甲苯、对二甲苯、1，2，4-三甲苯、乙苯、乙醇、异丙醇、乙醚、丙醚、乙酸甲酯、乙酸乙酯、乙酸丁酯、丙酸丁酯、苯酚，以及在使用前混合的含有一种或多种上述溶剂的混合/调和溶剂	T，I，R
		900-404-06	工业生产中作为清洗剂、萃取剂、溶剂或反应介质使用后废弃的其他列入《危险化学品目录》的有机溶剂，以及在使用前混合的含有一种或多种上述溶剂的混合/调和溶剂	T，I，R
		900-405-06	900-401-06、900-402-06、900-404-06 中所列废有机溶剂再生处理过程中产生的废活性炭及其他过滤吸附介质	T，I，R
		900-407-06	900-401-06、900-402-06、900-404-06 中所列废有机溶剂分馏再生过程中产生的高沸物和釜底残渣	T，I，R
		900-409-06	900-401-06、900-402-06、900-404-06 中所列废有机溶剂再生处理过程中产生的废水处理浮渣和污泥（不包括废水生化处理污泥）	T

废物类别	行业来源	废物代码	危险废物	危险特性[1]
HW07 热处理含氰废物	金属表面处理及热处理加工	336-001-07	使用氰化物进行金属热处理产生的淬火池残渣	T，R
		336-002-07	使用氰化物进行金属热处理产生的淬火废水处理污泥	T，R
		336-003-07	含氰热处理炉维修过程中产生的废内衬	T，R
		336-004-07	热处理渗碳炉产生的热处理渗碳氰渣	T，R
		336-005-07	金属热处理工艺盐浴槽（釜）清洗产生的含氰残渣和含氰废液	T，R
		336-049-07	氰化物热处理和退火作业过程中产生的残渣	T，R
HW08 废矿物油与含矿物油废物	石油开采	071-001-08	石油开采和联合站贮存产生的油泥和油脚	T，I
		071-002-08	以矿物油为连续相配制钻井泥浆用于石油开采所产生的钻井岩屑和废弃钻井泥浆	T
	天然气开采	072-001-08	以矿物油为连续相配制钻井泥浆用于天然气开采所产生的钻井岩屑和废弃钻井泥浆	T
	精炼石油产品制造	251-001-08	清洗矿物油储存、输送设施过程中产生的油 / 水和烃 / 水混合物	T
		251-002-08	石油初炼过程中储存设施、油 - 水 - 固态物质分离器、积水槽、沟渠及其他输送管道、污水池、雨水收集管道产生的含油污泥	T，I
		251-003-08	石油炼制过程中含油废水隔油、气浮、沉淀等处理过程中产生的浮油、浮渣和污泥（不包括废水生化处理污泥）	T
		251-004-08	石油炼制过程中溶气浮选工艺产生的浮渣	T，I
		251-005-08	石油炼制过程中产生的溢出废油或乳剂	T，I
		251-006-08	石油炼制换热器管束清洗过程中产生的含油污泥	T
		251-010-08	石油炼制过程中澄清油浆槽底沉积物	T，I

废物类别	行业来源	废物代码	危险废物	危险特性[1]
HW08 废矿物油与含矿物油废物	精炼石油产品制造	251-011-08	石油炼制过程中进油管路过滤或分离装置产生的残渣	T，I
		251-012-08	石油炼制过程中产生的废过滤介质	T
	电子元件及专用材料制造	398-001-08	锂电池隔膜生产过程中产生的废白油	T
	橡胶制品业	291-001-08	橡胶生产过程中产生的废溶剂油	T，I
	非特定行业	900-199-08	内燃机、汽车、轮船等集中拆解过程产生的废矿物油及油泥	T，I
		900-200-08	珩磨、研磨、打磨过程产生的废矿物油及油泥	T，I
		900-201-08	清洗金属零部件过程中产生的废弃煤油、柴油、汽油及其他由石油和煤炼制生产的溶剂油	T，I
		900-203-08	使用淬火油进行表面硬化处理产生的废矿物油	T
		900-204-08	使用轧制油、冷却剂及酸进行金属轧制产生的废矿物油	T
		900-205-08	镀锡及焊锡回收工艺产生的废矿物油	T
		900-209-08	金属、塑料的定型和物理机械表面处理过程中产生的废石蜡和润滑油	T，I
		900-210-08	含油废水处理中隔油、气浮、沉淀等处理过程中产生的浮油、浮渣和污泥（不包括废水生化处理污泥）	T，I
		900-213-08	废矿物油再生净化过程中产生的沉淀残渣、过滤残渣、废过滤吸附介质	T，I
		900-214-08	车辆、轮船及其他机械维修过程中产生的废发动机油、制动器油、自动变速器油、齿轮油等废润滑油	T，I
		900-215-08	废矿物油裂解再生过程中产生的裂解残渣	T，I
		900-216-08	使用防锈油进行铸件表面防锈处理过程中产生的废防锈油	T，I
		900-217-08	使用工业齿轮油进行机械设备润滑过程中产生的废润滑油	T，I
		900-218-08	液压设备维护、更换和拆解过程中产生的废液压油	T，I
		900-219-08	冷冻压缩设备维护、更换和拆解过程中产生的废冷冻机油	T，I

废物类别	行业来源	废物代码	危险废物	危险特性[1]
W08 废矿物油与含矿物油废物	非特定行业	900-220-08	变压器维护、更换和拆解过程中产生的废变压器油	T，I
		900-221-08	废燃料油及燃料油储存过程中产生的油泥	T，I
		900-249-08	其他生产、销售、使用过程中产生的废矿物油及沾染矿物油的废弃包装物	T，I
HW09 油 / 水、烃 / 水混合物或乳化液	非特定行业	900-005-09	水压机维护、更换和拆解过程中产生的油 / 水、烃 / 水混合物或乳化液	T
		900-006-09	使用切削油或切削液进行机械加工过程中产生的油 / 水、烃 / 水混合物或乳化液	T
		900-007-09	其他工艺过程中产生的油 / 水、烃 / 水混合物或乳化液	T
HW10 多氯（溴）联苯类废物	非特定行业	900-008-10	含有多氯联苯（PCBs）、多氯三联苯（PCTs）和多溴联苯（PBBs）的废弃电容器、变压器	T
		900-009-10	含有 PCBs、PCTs 和 PBBs 的电力设备的清洗液	T
		900-010-10	含有 PCBs、PCTs 和 PBBs 的电力设备中废弃的介质油、绝缘油、冷却油及导热油	T
		900-011-10	含有或沾染 PCBs、PCTs 和 PBBs 的废弃包装物及容器	T
HW11 精（蒸）馏残渣	精炼石油产品制造 煤炭加工	251-013-11	石油精炼过程中产生的酸焦油和其他焦油	T
		252-001-11	炼焦过程中蒸氨塔残渣和洗油再生残渣	T
		252-002-11	煤气净化过程氨水分离设施底部的焦油和焦油渣	T
		252-003-11	炼焦副产品回收过程中萘精制产生的残渣	T
		252-004-11	炼焦过程中焦油储存设施中的焦油渣	T
		252-005-11	煤焦油加工过程中焦油储存设施中的焦油渣	T
		252-007-11	炼焦及煤焦油加工过程中的废水池残渣	T
		252-009-11	轻油回收过程中的废水池残渣	T
		252-010-11	炼焦、煤焦油加工和苯精制过程中产生的废水处理污泥（不包括废水生化处理污泥）	T

废物类别	行业来源	废物代码	危险废物	危险特性[1]
HW11 精（蒸）馏残渣	精炼石油产品制造 煤炭加工	252-011-11	焦炭生产过程中硫铵工段煤气除酸净化产生的酸焦油	T
		252-012-11	焦化粗苯酸洗法精制过程产生的酸焦油及其他精制过程产生的蒸馏残渣	T
		252-013-11	焦炭生产过程中产生的脱硫废液	T
		252-016-11	煤沥青改质过程中产生的闪蒸油	T
		252-017-11	固定床气化技术生产化工合成原料气、燃料油合成原料气过程中粗煤气冷凝产生的焦油和焦油渣	T
	燃气生产和供应业	451-001-11	煤气生产行业煤气净化过程中产生的煤焦油渣	T
		451-002-11	煤气生产过程中产生的废水处理污泥（不包括废水生化处理污泥）	T
		451-003-11	煤气生产过程中煤气冷凝产生的煤焦油	T
	基础化学原料制造	261-007-11	乙烯法制乙醛生产过程中产生的蒸馏残渣	T
		261-008-11	乙烯法制乙醛生产过程中产生的蒸馏次要馏分	T
		261-009-11	苄基氯生产过程中苄基氯蒸馏产生的蒸馏残渣	T
		261-010-11	四氯化碳生产过程中产生的蒸馏残渣和重馏分	T
		261-011-11	表氯醇生产过程中精制塔产生的蒸馏残渣	T
		261-012-11	异丙苯生产过程中精馏塔产生的重馏分	T
		261-013-11	萘法生产邻苯二甲酸酐过程中产生的蒸馏残渣和轻馏分	T
		261-014-11	邻二甲苯法生产邻苯二甲酸酐过程中产生的蒸馏残渣和轻馏分	T
		261-015-11	苯硝化法生产硝基苯过程中产生的蒸馏残渣	T
		261-016-11	甲苯二异氰酸酯生产过程中产生的蒸馏残渣和离心分离残渣	T
		261-017-11	1，1，1-三氯乙烷生产过程中产生的蒸馏残渣	T
		261-018-11	三氯乙烯和四氯乙烯联合生产过程中产生的蒸馏残渣	T
		261-019-11	苯胺生产过程中产生的蒸馏残渣	T

废物类别	行业来源	废物代码	危险废物	危险特性[1]
HW11 精（蒸）馏残渣	基础化学原料制造	261-020-11	苯胺生产过程中苯胺萃取工序产生的蒸馏残渣	T
		261-021-11	二硝基甲苯加氢法生产甲苯二胺过程中干燥塔产生的反应残余物	T
		261-022-11	二硝基甲苯加氢法生产甲苯二胺过程中产品精制产生的轻馏分	T
		261-023-11	二硝基甲苯加氢法生产甲苯二胺过程中产品精制产生的废液	T
		261-024-11	二硝基甲苯加氢法生产甲苯二胺过程中产品精制产生的重馏分	T
		261-025-11	甲苯二胺光气化法生产甲苯二异氰酸酯过程中溶剂回收塔产生的有机冷凝物	T
		261-026-11	氯苯、二氯苯生产过程中的蒸馏及分馏残渣	T
		261-027-11	使用羧酸肼生产 1，1- 二甲基肼过程中产品分离产生的残渣	T
		261-028-11	乙烯溴化法生产二溴乙烯过程中产品精制产生的蒸馏残渣	T
		261-029-11	α- 氯甲苯、苯甲酰氯和含此类官能团的化学品生产过程中产生的蒸馏残渣	T
		261-030-11	四氯化碳生产过程中的重馏分	T
		261-031-11	二氯乙烯单体生产过程中蒸馏产生的重馏分	T
		261-032-11	氯乙烯单体生产过程中蒸馏产生的重馏分	T
		261-033-11	1，1，1- 三氯乙烷生产过程中蒸汽汽提塔产生的残余物	T
		261-034-11	1，1，1- 三氯乙烷生产过程中蒸馏产生的重馏分	T
		261-035-11	三氯乙烯和四氯乙烯联合生产过程中产生的重馏分	T
		261-100-11	苯和丙烯生产苯酚和丙酮过程中产生的重馏分	T
		261-101-11	苯泵式硝化生产硝基苯过程中产生的重馏分	T，R
		261-102-11	铁粉还原硝基苯生产苯胺过程中产生的重馏分	T

废物类别	行业来源	废物代码	危险废物	危险特性[1]
HW11 精（蒸）馏残渣	基础化学原料制造	261-103-11	以苯胺、乙酸酐或乙酰苯胺为原料生产对硝基苯胺过程中产生的重馏分	T
		261-104-11	对硝基氯苯胺氨解生产对硝基苯胺过程中产生的重馏分	T，R
		261-105-11	氨化法、还原法生产邻苯二胺过程中产生的重馏分	T
		261-106-11	苯和乙烯直接催化、乙苯和丙烯共氧化、乙苯催化脱氢生产苯乙烯过程中产生的重馏分	T
		261-107-11	二硝基甲苯还原催化生产甲苯二胺过程中产生的重馏分	T
		261-108-11	对苯二酚氧化生产二甲氧基苯胺过程中产生的重馏分	T
		261-109-11	萘磺化生产萘酚过程中产生的重馏分	T
		261-110-11	苯酚、三甲苯水解生产4，4¢-二羟基二苯砜过程中产生的重馏分	T
		261-111-11	甲苯硝基化合物羰基化法、甲苯碳酸二甲酯法生产甲苯二异氰酸酯过程中产生的重馏分	T
		261-113-11	乙烯直接氯化生产二氯乙烷过程中产生的重馏分	T
		261-114-11	甲烷氯化生产甲烷氯化物过程中产生的重馏分	T
		261-115-11	甲醇氯化生产甲烷氯化物过程中产生的釜底残液	T
		261-116-11	乙烯氯醇法、氧化法生产环氧乙烷过程中产生的重馏分	T
		261-117-11	乙炔气相合成、氧氯化生产氯乙烯过程中产生的重馏分	T
		261-118-11	乙烯直接氯化生产三氯乙烯、四氯乙烯过程中产生的重馏分	T
		261-119-11	乙烯氧氯化法生产三氯乙烯、四氯乙烯过程中产生的重馏分	T
		261-120-11	甲苯光气法生产苯甲酰氯产品精制过程中产生的重馏分	T
		261-121-11	甲苯苯甲酸法生产苯甲酰氯产品精制过程中产生的重馏分	T
		261-122-11	甲苯连续光氯化法、无光热氯化法生产氯化苄过程中产生的重馏分	T

废物类别	行业来源	废物代码	危险废物	危险特性[1]
HW11 精（蒸）馏残渣	基础化学原料制造	261-123-11	偏二氯乙烯氢氯化法生产 1，1，1- 三氯乙烷过程中产生的重馏分	T
		261-124-11	醋酸丙烯酯法生产环氧氯丙烷过程中产生的重馏分	T
		261-125-11	异戊烷（异戊烯）脱氢法生产异戊二烯过程中产生的重馏分	T
		261-126-11	化学合成法生产异戊二烯过程中产生的重馏分	T
		261-127-11	碳五馏分分离生产异戊二烯过程中产生的重馏分	T
		261-128-11	合成气加压催化生产甲醇过程中产生的重馏分	T
		261-129-11	水合法、发酵法生产乙醇过程中产生的重馏分	T
		261-130-11	环氧乙烷直接水合生产乙二醇过程中产生的重馏分	T
		261-131-11	乙醛缩合加氢生产丁二醇过程中产生的重馏分	T
		261-132-11	乙醛氧化生产醋酸蒸馏过程中产生的重馏分	T
		261-133-11	丁烷液相氧化生产醋酸过程中产生的重馏分	T
		261-134-11	电石乙炔法生产醋酸乙烯酯过程中产生的重馏分	T
		261-135-11	氢氰酸法生产原甲酸三甲酯过程中产生的重馏分	T
		261-136-11	β- 苯胺乙醇法生产靛蓝过程中产生的重馏分	T
	石墨及其他非金属矿物制品制造	309-001-11	电解铝及其他有色金属电解精炼过程中预焙阳极、碳块及其它碳素制品制造过程烟气处理所产生的含焦油废物	T
	环境治理业	772-001-11	废矿物油再生过程中产生的酸焦油	T
	非特定行业	900-013-11	其他化工生产过程（不包括以生物质为主要原料的加工过程）中精馏、蒸馏和热解工艺产生的高沸点釜底残余物	T
HW12 染料、涂料废物	涂料、油墨、颜料及类似产品制造	264-002 12	铬黄和铬橙颜料生产过程中产生的废水处理污泥	T
		264-003-12	钼酸橙颜料生产过程中产生的废水处理污泥	T
		264-004-12	锌黄颜料生产过程中产生的废水处理污泥	T
		264-005-12	铬绿颜料生产过程中产生的废水处理污泥	T
		264-006-12	氧化铬绿颜料生产过程中产生的废水处理污泥	T

废物类别	行业来源	废物代码	危险废物	危险特性[1]
HW12 染料、涂料废物	涂料、油墨、颜料及类似产品制造	264-007-12	氧化铬绿颜料生产过程中烘干产生的残渣	T
		264-008-12	铁蓝颜料生产过程中产生的废水处理污泥	T
		264-009-12	使用含铬、铅的稳定剂配制油墨过程中，设备清洗产生的洗涤废液和废水处理污泥	T
		264-010-12	油墨生产、配制过程中产生的废蚀刻液	T
		264-011-12	染料、颜料生产过程中产生的废母液、残渣、废吸附剂和中间体废物	T
		264-012-12	其他油墨、染料、颜料、油漆（不包括水性漆）生产过程中产生的废水处理污泥	T
		264-013-12	油漆、油墨生产、配制和使用过程中产生的含颜料、油墨的废有机溶剂	T
	非特定行业	900-250-12	使用有机溶剂、光漆进行光漆涂布、喷漆工艺过程中产生的废物	T，I
		900-251-12	使用油漆（不包括水性漆）、有机溶剂进行阻挡层涂敷过程中产生的废物	T，I
		900-252-12	使用油漆（不包括水性漆）、有机溶剂进行喷漆、上漆过程中产生的废物	T，I
		900-253-12	使用油墨和有机溶剂进行丝网印刷过程中产生的废物	T，I
		900-254-12	使用遮盖油、有机溶剂进行遮盖油的涂敷过程中产生的废物	T，I
		900-255-12	使用各种颜料进行着色过程中产生的废颜料	T
		900-256-12	使用酸、碱或有机溶剂清洗容器设备过程中剥离下的废油漆、废染料、废涂料	T，I，C
		900-299-12	生产、销售及使用过程中产生的失效、变质、不合格、淘汰、伪劣的油墨、染料、颜料、油漆（不包括水性漆）	T

废物类别	行业来源	废物代码	危险废物	危险特性[1]
HW13 有机树脂类废物	合成材料制造	265-101-13	树脂、合成乳胶、增塑剂、胶水 / 胶合剂合成过程产生的不合格产品（不包括热塑型树脂生产过程中聚合产物经脱除单体、低聚物、溶剂及其他助剂后产生的废料，以及热固型树脂固化后的固化体）	T
		265-102-13	树脂、合成乳胶、增塑剂、胶水 / 胶合剂生产过程中合成、酯化、缩合等工序产生的废母液	T
		265-103-13	树脂（不包括水性聚氨酯乳液、水性丙烯酸乳液、水性聚氨酯丙烯酸复合乳液）、合成乳胶、增塑剂、胶水 / 胶合剂生产过程中精馏、分离、精制等工序产生的釜底残液、废过滤介质和残渣	T
		265 104-13	树脂（不包括水性聚氨酯乳液、水性丙烯酸乳液、水性聚氨酯丙烯酸复合乳液）、合成乳胶、增塑剂、胶水 / 胶合剂合成过程中产生的废水处理污泥（不包括废水生化处理污泥）	T
	非特定行业	900-014-13	废弃的黏合剂和密封剂（不包括水基型和热熔型黏合剂和密封剂）	T
		900-015-13	湿法冶金、表面处理和制药行业重金属、抗生素提取、分离过程产生的废弃离子交换树脂，以及工业废水处理过程产生的废弃离子交换树脂	T
		900-016-13	使用酸、碱或有机溶剂清洗容器设备剥离下的树脂状、粘稠杂物	T
		900-451-13	废覆铜板、印刷线路板、电路板破碎分选回收金属后产生的废树脂粉	T
HW14 新化学物质废物	非特定行业	900-017-14	研究、开发和教学活动中产生的对人类或环境影响不明的化学物质废物	T/C/I/R

废物类别	行业来源	废物代码	危险废物	危险特性[1]
HW15 爆炸性废物	炸药、火工及焰火产品制造	267-001-15	炸药生产和加工过程中产生的废水处理污泥	R，T
		267-002-15	含爆炸品废水处理过程中产生的废活性炭	R，T
		267-003-15	生产、配制和装填铅基起爆药剂过程中产生的废水处理污泥	R，T
		267-004-15	三硝基甲苯生产过程中产生的粉红水、红水，以及废水处理污泥	T，R
HW16 感光材料废物	专用化学产品制造	266-009-16	显（定）影剂、正负胶片、像纸、感光材料生产过程中产生的不合格产品和过期产品	T
		266-010-16	显（定）影剂、正负胶片、像纸、感光材料生产过程中产生的残渣和废水处理污泥	T
	印刷	231-001-16	使用显影剂进行胶卷显影，使用定影剂进行胶卷定影，以及使用铁氰化钾、硫代硫酸盐进行影像减薄（漂白）产生的废显（定）影剂、胶片和废像纸	T
		231-002-16	使用显影剂进行印刷显影、抗蚀图形显影，以及凸版印刷产生的废显（定）影剂、胶片和废像纸	T
	电子元件及电子专用材料制造	398-001-16	使用显影剂、氢氧化物、偏亚硫酸氢盐、醋酸进行胶卷显影产生的废显（定）影剂、胶片和废像纸	T
	影视节目制作	873-001-16	电影厂产生的废显（定）影剂、胶片及废像纸	T
	摄影扩印服务	806-001-16	摄影扩印服务行业产生的废显（定）影剂、胶片和废像纸	T
	非特定行业	900-019-16	其他行业产生的废显（定）影剂、胶片和废像纸	T
HW17 表面处理废物	金属表面处理及热处理加工	336-050-17	使用氯化亚锡进行敏化处理产生的废渣和废水处理污泥	T
		336-051-17	使用氯化锌、氯化铵进行敏化处理产生的废渣和废水处理污泥	T
		336-052-17	使用锌和电镀化学品进行镀锌产生的废槽液、槽渣和废水处理污泥	T

废物类别	行业来源	废物代码	危险废物	危险特性[1]
HW17 表面处理废物	金属表面处理及热处理加工	336-053-17	使用镉和电镀化学品进行镀镉产生的废槽液、槽渣和废水处理污泥	T
		336-054-17	使用镍和电镀化学品进行镀镍产生的废槽液、槽渣和废水处理污泥	T
		336-055-17	使用镀镍液进行镀镍产生的废槽液、槽渣和废水处理污泥	T
		336-056-17	使用硝酸银、碱、甲醛进行敷金属法镀银产生的废槽液、槽渣和废水处理污泥	T
		336-057-17	使用金和电镀化学品进行镀金产生的废槽液、槽渣和废水处理污泥	T
		336-058-17	使用镀铜液进行化学镀铜产生的废槽液、槽渣和废水处理污泥	T
		336-059-17	使用钯和锡盐进行活化处理产生的废渣和废水处理污泥	T
		336-060-17	使用铬和电镀化学品进行镀黑铬产生的废槽液、槽渣和废水处理污泥	T
		336-061-17	使用高锰酸钾进行钻孔除胶处理产生的废渣和废水处理污泥	T
		336-062-17	使用铜和电镀化学品进行镀铜产生的废槽液、槽渣和废水处理污泥	T
		336-063-17	其他电镀工艺产生的废槽液、槽渣和废水处理污泥	T
		336-064-17	金属或塑料表面酸（碱）洗、除油、除锈、洗涤、磷化、出光、化抛工艺产生的废腐蚀液、废洗涤液、废槽液、槽渣和废水处理污泥［不包括铝、镁材（板）表面酸（碱）洗、粗化、硫酸阳极处理、磷酸化学抛光废水处理污泥，铝电解电容器用铝电极箔化学腐蚀、非硼酸系化成液化成废水处理污泥，铝材挤压加工模具碱洗（煲模）废水处理污泥，碳钢酸洗除锈废水处理污泥］	T/C

废物类别	行业来源	废物代码	危险废物	危险特性[1]
HW17 表面处理废物	金属表面处理及热处理加工	336-066-17	镀层剥除过程中产生的废槽液、槽渣和废水处理污泥	T
		336-067-17	使用含重铬酸盐的胶体、有机溶剂、黏合剂进行漩流式抗蚀涂布产生的废渣和废水处理污泥	T
		336-068-17	使用铬化合物进行抗蚀层化学硬化产生的废渣和废水处理污泥	T
		336-069-17	使用铬酸镀铬产生的废槽液、槽渣和废水处理污泥	T
		336-100-17	使用铬酸进行阳极氧化产生的废槽液、槽渣和废水处理污泥	T
		336-101-17	使用铬酸进行塑料表面粗化产生的废槽液、槽渣和废水处理污泥	T
HW18 焚烧处置残渣	环境治理业	772-002-18	生活垃圾焚烧飞灰	T
		772-003-18	危险废物焚烧、热解等处置过程产生的底渣、飞灰和废水处理污泥	T
		772-004-18	危险废物等离子体、高温熔融等处置过程产生的非玻璃态物质和飞灰	T
		772-005-18	固体废物焚烧处置过程中废气处理产生的废活性炭	T
HW19 含金属羰基化合物废物	非特定行业	900-020-19	金属羰基化合物生产、使用过程中产生的含有羰基化合物成分的废物	T
HW20 含铍废物	基础化学原料制造	261-040-20	铍及其化合物生产过程中产生的熔渣、集（除）尘装置收集的粉尘和废水处理污泥	T
HW21 含铬废物	毛皮鞣制及制品加工	193-001-21	使用铬鞣剂进行铬鞣、复鞣工艺产生的废水处理污泥和残渣	T
		193-002-21	皮革、毛皮鞣制及切削过程产生的含铬废碎料	T
	基础化学原料制造	261-041-21	铬铁矿生产铬盐过程中产生的铬渣	T
		261-042-21	铬铁矿生产铬盐过程中产生的铝泥	T
		261-043-21	铬铁矿生产铬盐过程中产生的芒硝	T

废物类别	行业来源	废物代码	危险废物	危险特性[1]
HW21 含铬废物	基础化学原料制造	261-044-21	铬铁矿生产铬盐过程中产生的废水处理污泥	T
		261-137-21	铬铁矿生产铬盐过程中产生的其他废物	T
		261-138-21	以重铬酸钠和浓硫酸为原料生产铬酸酐过程中产生的含铬废液	T
	铁合金冶炼	314-001-21	铬铁硅合金生产过程中集（除）尘装置收集的粉尘	T
		314-002-21	铁铬合金生产过程中集（除）尘装置收集的粉尘	T
		314-003-21	铁铬合金生产过程中金属铬冶炼产生的铬浸出渣	T
	金属表面处理及热处理加工	336-100-21	使用铬酸进行阳极氧化产生的废槽液、槽渣和废水处理污泥	T
	电子元件及电子专用材料制造	398-002-21	使用铬酸进行钻孔除胶处理产生的废渣和废水处理污泥	T
HW22 含铜废物	玻璃制造	304-001-22	使用硫酸铜进行敷金属法镀铜产生的废槽液、槽渣和废水处理污泥	T
	电子元件及电子专用材料制造	398-004-22	线路板生产过程中产生的废蚀铜液	T
		398-005-22	使用酸进行铜氧化处理产生的废液和废水处理污泥	T
		398-051-22	铜板蚀刻过程中产生的废蚀刻液和废水处理污泥	T
HW23 含锌废物	金属表面处理及热处理加工	336-103-23	热镀锌过程中产生的废助镀熔（溶）剂和集（除）尘装置收集的粉尘	T
	电池制造	384-001-23	碱性锌锰电池、锌氧化银电池、锌空气电池生产过程中产生的废锌浆	T
	炼钢	312-001-23	废钢电炉炼钢过程中集（除）尘装置收集的粉尘和废水处理污泥	T
	非特定行业	900-021-23	使用氢氧化钠、锌粉进行贵金属沉淀过程中产生的废液和废水处理污泥	T

废物类别	行业来源	废物代码	危险废物	危险特性[1]
HW24 含砷废物	基础化学原料制造	261-139-24	硫铁矿制酸过程中烟气净化产生的酸泥	T
HW25 含硒废物	基础化学原料制造	261-045-25	硒及其化合物生产过程中产生的熔渣、集（除）尘装置收集的粉尘和废水处理污泥	T
HW26 含镉废物	电池制造	384-002-26	镍镉电池生产过程中产生的废渣和废水处理污泥	T
HW27 含锑废物	基础化学原料制造	261-046-27	锑金属及粗氧化锑生产过程中产生的熔渣和集（除）尘装置收集的粉尘	T
		261-048-27	氧化锑生产过程中产生的熔渣	T
HW28 含碲废物	基础化学原料制造	261-050-28	碲及其化合物生产过程中产生的熔渣、集（除）尘装置收集的粉尘和废水处理污泥	T
HW29 含汞废物	天然气开采	072-002-29	天然气除汞净化过程中产生的含汞废物	T
	常用有色金属矿采选	091-003-29	汞矿采选过程中产生的尾砂和集（除）尘装置收集的粉尘	T
	贵金属冶炼	322-002-29	混汞法提金工艺产生的含汞粉尘、残渣	T
	印刷	231-007-29	使用显影剂、汞化合物进行影像加厚（物理沉淀）以及使用显影剂、氨氯化汞进行影像加厚（氧化）产生的废液和残渣	T
	基础化学原料制造	261-051-29	水银电解槽法生产氯气过程中盐水精制产生的盐水提纯污泥	T
		261-052-29	水银电解槽法生产氯气过程中产生的废水处理污泥	T
		261-053-29	水银电解槽法生产氯气过程中产生的废活性炭	T
		261-054-29	卤素和卤素化学品生产过程中产生的含汞硫酸钡污泥	T
	合成材料制造	265-001-29	氯乙烯生产过程中含汞废水处理产生的废活性炭	T，C
		265-002-29	氯乙烯生产过程中吸附汞产生的废活性炭	T，C
		265-003-29	电石乙炔法生产氯乙烯单体过程中产生的废酸	T，C
		265-004-29	电石乙炔法生产氯乙烯单体过程中产生的废水处理污泥	T

废物类别	行业来源	废物代码	危险废物	危险特性[1]
HW29 含汞废物	常用有色金属冶炼	321-030-29	汞再生过程中集（除）尘装置收集的粉尘，汞再生工艺产生的废水处理污泥	T
		321-033-29	铅锌冶炼烟气净化产生的酸泥	T
		321-103-29	铜、锌、铅冶炼过程中烟气氯化汞法脱汞工艺产生的废甘汞	T
	电池制造	384-003-29	含汞电池生产过程中产生的含汞废浆层纸、含汞废锌膏、含汞废活性炭和废水处理污泥	T
	照明器具制造	387-001-29	电光源用固汞及含汞电光源生产过程中产生的废活性炭和废水处理污泥	T
	通用仪器仪表制造	401-001-29	含汞温度计生产过程中产生的废渣	T
	非特定行业	900-022-29	废弃的含汞催化剂	T
		900-023-29	生产、销售及使用过程中产生的废含汞荧光灯管及其他废含汞电光源，及废弃含汞电光源处理处置过程中产生的废荧光粉、废活性炭和废水处理污泥	T
		900-024-29	生产、销售及使用过程中产生的废含汞温度计、废含汞血压计、废含汞真空表、废含汞压力计、废氧化汞电池和废汞开关	T
		900-452-29	含汞废水处理过程中产生的废树脂、废活性炭和污泥	T
HW30 含铊废物	基础化学原料制造	261-055-30	铊及其化合物生产过程中产生的熔渣、集（除）尘装置收集的粉尘和废水处理污泥	T
HW31 含铅废物	玻璃制造	304-002-31	使用铅盐和铅氧化物进行显像管玻璃熔炼过程中产生的废渣	T
	电子元件及电子专用材料制造	398-052-31	线路板制造过程中电镀铅锡合金产生的废液	T
	电池制造	384-004-31	铅蓄电池生产过程中产生的废渣、集（除）尘装置收集的粉尘和废水处理污泥	T

废物类别	行业来源	废物代码	危险废物	危险特性[1]
HW31 含铅废物	工艺美术及礼仪用品制造	243-001-31	使用铅箔进行烤钵试金法工艺产生的废烤钵	T
	非特定行业	900-052-31	废铅蓄电池及废铅蓄电池拆解过程中产生的废铅板、废铅膏和酸液	T，C
		900-025-31	使用硬脂酸铅进行抗黏涂层过程中产生的废物	T
HW32 无机氟化物废物	非特定行业	900-026-32	使用氢氟酸进行蚀刻产生的废蚀刻液	T，C
HW33 无机氰化物废物	贵金属矿采选	092-003-33	采用氰化物进行黄金选矿过程中产生的氰化尾渣和含氰废水处理污泥	T
	金属表面处理及热处理加工	336-104-33	使用氰化物进行浸洗过程中产生的废液	T，R
	非特定行业	900-027-33	使用氰化物进行表面硬化、碱性除油、电解除油产生的废物	T，R
		900-028-33	使用氰化物剥落金属镀层产生的废物	T，R
		900-029-33	使用氰化物和双氧水进行化学抛光产生的废物	T，R
HW34 废酸	精炼石油产品制造	251-014-34	石油炼制过程产生的废酸及酸泥	C，T
	涂料、油墨、颜料及类似产品制造	264-013-34	硫酸法生产钛白粉（二氧化钛）过程中产生的废酸	C，T
	基础化学原料制造	261-057-34	硫酸和亚硫酸、盐酸、氢氟酸、磷酸和亚磷酸、硝酸和亚硝酸等的生产、配制过程中产生的废酸及酸渣	C，T
		261-058-34	卤素和卤素化学品生产过程中产生的废酸	C，T
	钢压延加工	313-001-34	钢的精加工过程中产生的废酸性洗液	C，T
	金属表面处理及热处理加工	336-105-34	青铜生产过程中浸酸工序产生的废酸液	C，T

废物类别	行业来源	废物代码	危险废物	危险特性[1]
HW34 废酸	电子元件及电子专用材料制造	398-005-34	使用酸进行电解除油、酸蚀、活化前表面敏化、催化、浸亮产生的废酸液	C，T
		398-006-34	使用硝酸进行钻孔蚀胶处理产生的废酸液	C，T
		398-007-34	液晶显示板或集成电路板的生产过程中使用酸浸蚀剂进行氧化物浸蚀产生的废酸液	C，T
	非特定行业	900-300-34	使用酸进行清洗产生的废酸液	C，T
		900-301-34	使用硫酸进行酸性碳化产生的废酸液	C，T
		900-302-34	使用硫酸进行酸蚀产生的废酸液	C，T
		900-303-34	使用磷酸进行磷化产生的废酸液	C，T
		900-304-34	使用酸进行电解除油、金属表面敏化产生的废酸液	C，T
		900-305-34	使用硝酸剥落不合格镀层及挂架金属镀层产生的废酸液	C，T
		900-306-34	使用硝酸进行钝化产生的废酸液	C，T
		900-307-34	使用酸进行电解抛光处理产生的废酸液	C，T
		900-308-34	使用酸进行催化（化学镀）产生的废酸液	C，T
		900-349-34	生产、销售及使用过程中产生的失效、变质、不合格、淘汰、伪劣的强酸性擦洗粉、清洁剂、污迹去除剂以及其他强酸性废酸液和酸渣	C，T
HW35 废碱	精炼石油产品制造	251-015-35	石油炼制过程产生的废碱液和碱渣	C，T
	基础化学原料制造	261-059-35	氢氧化钙、氨水、氢氧化钠、氢氧化钾等的生产、配制中产生的废碱液、固态碱和碱渣	C
	毛皮鞣制及制品加工	193-003-35	使用氢氧化钙、硫化钠进行浸灰产生的废碱液	C，R
	纸浆制造	221-002-35	碱法制浆过程中蒸煮制浆产生的废碱液	C，T
	非特定行业	900-350-35	使用氢氧化钠进行煮炼过程中产生的废碱液	C
		900-351-35	使用氢氧化钠进行丝光处理过程中产生的废碱液	C
		900-352-35	使用碱进行清洗产生的废碱液	C，T

废物类别	行业来源	废物代码	危险废物	危险特性[1]
HW35 废碱	非特定行业	900-353-35	使用碱进行清洗除蜡、碱性除油、电解除油产生的废碱液	C，T
		900-354-35	使用碱进行电镀阻挡层或抗蚀层的脱除产生的废碱液	C，T
		900-355-35	使用碱进行氧化膜浸蚀产生的废碱液	C，T
		900-356-35	使用碱溶液进行碱性清洗、图形显影产生的废碱液	C，T
		900-399-35	生产、销售及使用过程中产生的失效、变质、不合格、淘汰、伪劣的强碱性擦洗粉、清洁剂、污迹去除剂以及其他强碱性废碱液、固态碱和碱渣	C，T
HW36 石棉废物	石棉及其他非金属矿采选	109-001-36	石棉矿选矿过程中产生的废渣	T
	基础化学原料制造	261-060-36	卤素和卤素化学品生产过程中电解装置拆换产生的含石棉废物	T
	石膏、水泥制品及类似制品制造	302-001-36	石棉建材生产过程中产生的石棉尘、废石棉	T
	耐火材料制品制造	308-001-36	石棉制品生产过程中产生的石棉尘、废石棉	T
	汽车零部件及配件制造	367-001-36	车辆制动器衬片生产过程中产生的石棉废物	T
	船舶及相关装置制造	373-002-36	拆船过程中产生的石棉废物	T
	非特定行业	900-030-36	其他生产过程中产生的石棉废物	T
		900-031-36	含有石棉的废绝缘材料、建筑废物	T
		900-032-36	含有隔膜、热绝缘体等石棉材料的设施保养拆换及车辆制动器衬片的更换产生的石棉废物	T
HW37 有机磷化合物废物	基础化学原料制造	261-061-37	除农药以外其他有机磷化合物生产、配制过程中产生的反应残余物	T
		261-062-37	除农药以外其他有机磷化合物生产、配制过程中产生的废过滤吸附介质	T

废物类别	行业来源	废物代码	危险废物	危险特性[1]
HW37 有机磷化合物废物	基础化学原料制造	261-063-37	除农药以外其他有机磷化合物生产过程中产生的废水处理污泥	T
	非特定行业	900-033-37	生产、销售及使用过程中产生的废弃磷酸酯抗燃油	T
HW38 有机氰化物废物	基础化学原料制造	261-064-38	丙烯腈生产过程中废水汽提器塔底的残余物	T，R
		261-065-38	丙烯腈生产过程中乙腈蒸馏塔底的残余物	T，R
		261-066-38	丙烯腈生产过程中乙腈精制塔底的残余物	T
		261-067-38	有机氰化物生产过程中产生的废母液和反应残余物	T
		261-068-38	有机氰化物生产过程中催化、精馏和过滤工序产生的废催化剂、釜底残余物和过滤介质	T
		261-069-38	有机氰化物生产过程中产生的废水处理污泥	T
		261-140-38	废腈纶高温高压水解生产聚丙烯腈 - 铵盐过程中产生的过滤残渣	T
HW39 含酚废物	基础化学原料制造	261-070-39	酚及酚类化合物生产过程中产生的废母液和反应残余物	T
		261-071-39	酚及酚类化合物生产过程中产生的废过滤吸附介质、废催化剂、精馏残余物	T
HW40 含醚废物	基础化学原料制造	261-072-40	醚及醚类化合物生产过程中产生的醚类残液、反应残余物、废水处理污泥（不包括废水生化处理污泥）	T
HW45 含有机卤化物废物	基础化学原料制造	261-078-45	乙烯溴化法生产二溴乙烯过程中废气净化产生的废液	T
		261-079-45	乙烯溴化法生产二溴乙烯过程中产品精制产生的废吸附剂	T
		261-080-45	芳烃及其衍生物氯代反应过程中氯气和盐酸回收工艺产生的废液和废吸附剂	T
		261-081-45	芳烃及其衍生物氯代反应过程中产生的废水处理污泥	T
		261-082-45	氯乙烷生产过程中的塔底残余物	T

废物类别	行业来源	废物代码	危险废物	危险特性[1]
HW45 含有机卤化物废物	基础化学原料制造	261-084-45	其他有机卤化物的生产过程（不包括卤化前的生产工段）中产生的残液、废过滤吸附介质、反应残余物、废水处理污泥、废催化剂（不包括上述HW04、HW06、HW11、HW12、HW13、HW39类别的废物）	T
		261-085-45	其他有机卤化物的生产过程中产生的不合格、淘汰、废弃的产品（不包括上述HW06、HW39类别的废物）	T
		261-086-45	石墨作阳极隔膜法生产氯气和烧碱过程中产生的废水处理污泥	T
HW46 含镍废物	基础化学原料制造	261-087-46	镍化合物生产过程中产生的反应残余物及不合格、淘汰、废弃的产品	T
	电池制造	384-005-46	镍氢电池生产过程中产生的废渣和废水处理污泥	T
	非特定行业	900-037-46	废弃的镍催化剂	T，I
HW47 含钡废物	基础化学原料制造	261-088-47	钡化合物（不包括硫酸钡）生产过程中产生的熔渣、集（除）尘装置收集的粉尘、反应残余物、废水处理污泥	T
	金属表面处理及热处理加工	336-106-47	热处理工艺中产生的含钡盐浴渣	T
HW48 有色金属采选和冶炼废物	常用有色金属矿采选	091-001-48	硫化铜矿、氧化铜矿等铜矿物采选过程中集（除）尘装置收集的粉尘	T
		091-002-48	硫砷化合物（雌黄、雄黄及硫砷铁矿）或其他含砷化合物的金属矿石采选过程中集（除）尘装置收集的粉尘	T
	常用有色金属冶炼	321-002-48	铜火法冶炼过程中烟气处理集（除）尘装置收集的粉尘	T
		321-031-48	铜火法冶炼烟气净化产生的酸泥（铅滤饼）	T
		321-032-48	铜火法冶炼烟气净化产生的污酸处理过程产生的砷渣	T
		321-003-48	粗锌精炼加工过程中湿法除尘产生的废水处理污泥	T

废物类别	行业来源	废物代码	危险废物	危险特性[1]
HW48 有色金属采选和冶炼废物	常用有色金属冶炼	321-004-48	铅锌冶炼过程中，锌焙烧矿、锌氧化矿常规浸出法产生的浸出渣	T
		321-005-48	铅锌冶炼过程中，锌焙烧矿热酸浸出黄钾铁矾法产生的铁矾渣	T
		321-006-48	硫化锌矿常压氧浸或加压氧浸产生的硫渣（浸出渣）	T
		321-007-48	铅锌冶炼过程中，锌焙烧矿热酸浸出针铁矿法产生的针铁矿渣	T
		321-008-48	铅锌冶炼过程中，锌浸出液净化产生的净化渣，包括锌粉 - 黄药法、砷盐法、反向锑盐法、铅锑合金锌粉法等工艺除铜、锑、镉、钴、镍等杂质过程中产生的废渣	T
		321-009-48	铅锌冶炼过程中，阴极锌熔铸产生的熔铸浮渣	T
		321-010-48	铅锌冶炼过程中，氧化锌浸出处理产生的氧化锌浸出渣	T
		321-011-48	铅锌冶炼过程中，鼓风炉炼锌蒸气冷凝分离系统产生的鼓风炉浮渣	T
		321-012-48	铅锌冶炼过程中，锌精馏炉产生的锌渣	T
		321-013-48	铅锌冶炼过程中，提取金、银、铋、镉、钴、铟、锗、铊、碲等金属过程中产生的废渣	T
		321-014-48	铅锌冶炼过程中，集（除）尘装置收集的粉尘	T
		321-016-48	粗铅精炼过程中产生的浮渣和底渣	T
		321-017-48	铅锌冶炼过程中，炼铅鼓风炉产生的黄渣	T
		321-018-48	铅锌冶炼过程中，粗铅火法精炼产生的精炼渣	T
		321-019-48	铅锌冶炼过程中，铅电解产生的阳极泥及阳极泥处理后产生的含铅废渣和废水处理污泥	T
		321-020-48	铅锌冶炼过程中，阴极铅精炼产生的氧化铅渣及碱渣	T

废物类别	行业来源	废物代码	危险废物	危险特性[1]
HW48 有色金属采选和冶炼废物	常用有色金属冶炼	321-021-48	铅锌冶炼过程中，锌焙烧矿热酸浸出黄钾铁矾法、热酸浸出针铁矿法产生的铅银渣	T
		321-022-48	铅锌冶炼烟气净化产生的污酸除砷处理过程产生的砷渣	T
		321-023-48	电解铝生产过程电解槽阴极内衬维修、更换产生的废渣（大修渣）	T
		321-024-48	电解铝铝液转移、精炼、合金化、铸造过程熔体表面产生的铝灰渣，以及回收铝过程产生的盐渣和二次铝灰	R，T
		321-025-48	电解铝生产过程产生的炭渣	T
		321-026-48	再生铝和铝材加工过程中，废铝及铝锭重熔、精炼、合金化、铸造熔体表面产生的铝灰渣，及其回收铝过程产生的盐渣和二次铝灰	R
		321-034-48	铝灰热回收铝过程烟气处理集（除）尘装置收集的粉尘，铝冶炼和再生过程烟气（包括再生铝熔炼烟气、铝液熔体净化、除杂、合金化、铸造烟气）处理集（除）尘装置收集的粉尘	T，R
		321-027-48	铜再生过程中集（除）尘装置收集的粉尘和湿法除尘产生的废水处理污泥	T
		321-028-48	锌再生过程中集（除）尘装置收集的粉尘和湿法除尘产生的废水处理污泥	T
		321-029-48	铅再生过程中集（除）尘装置收集的粉尘和湿法除尘产生的废水处理污泥	T
	稀有稀土金属冶炼	323-001-48	仲钨酸铵生产过程中碱分解产生的碱煮渣（钨渣）、除钼过程中产生的除钼渣和废水处理污泥	T
HW49 其他废物	石墨及其他非金属矿物制品制造	309-001-49	多晶硅生产过程中废弃的三氯化硅及四氯化硅	R，C

废物类别	行业来源	废物代码	危险废物	危险特性[1]
HW49 其他废物	环境治理	772-006-49	采用物理、化学、物理化学或生物方法处理或处置毒性或感染性危险废物过程中产生的废水处理污泥、残渣（液）	T/In
	非特定行业	900-039-49	烟气、VOCs 治理过程（不包括餐饮行业油烟治理过程）产生的废活性炭，化学原料和化学制品脱色（不包括有机合成食品添加剂脱色）、除杂、净化过程产生的废活性炭（不包括 900-405-06、772-005-18、261-053-29、265-002-29、384-003-29、387-001-29 类废物）	T
		900-041-49	含有或沾染毒性、感染性危险废物的废弃包装物、容器、过滤吸附介质	T/In
		900-042-49	环境事件及其处理过程中产生的沾染危险化学品、危险废物的废物	T/C/I/R/In
		900-044-49	废弃的镉镍电池、荧光粉和阴极射线管	T
		900-045-49	废电路板（包括已拆除或未拆除元器件的废弃电路板），及废电路板拆解过程产生的废弃 CPU、显卡、声卡、内存、含电解液的电容器、含金等贵金属的连接件	T
		900-046-49	离子交换装置（不包括饮用水、工业纯水和锅炉软化水制备装置）再生过程中产生的废水处理污泥	T
		900-047-49	生产、研究、开发、教学、环境检测（监测）活动中，化学和生物实验室（不包含感染性医学实验室及医疗机构化验室）产生的含氰、氟、重金属无机废液及无机废液处理产生的残渣、残液，含矿物油、有机溶剂、甲醛有机废液，废酸、废碱，具有危险特性的残留样品，以及沾染上述物质的一次性实验用品（不包括按实验室管理要求进行清洗后的废弃的烧杯、量器、漏斗等实验室用品）、包装物（不包括按实验室管理要求进行清洗后的试剂包装物、容器）、过滤吸附介质等	T/C/I/R

废物类别	行业来源	废物代码	危险废物	危险特性[1]
HW49 其他废物	非特定行业	900-053-49	已禁止使用的《关于持久性有机污染物的斯德哥尔摩公约》受控化学物质；已禁止使用的《关于汞的水俣公约》中氯碱设施退役过程中产生的汞；所有者申报废弃的，以及有关部门依法收缴或接收且需要销毁的《关于持久性有机污染物的斯德哥尔摩公约》《关于汞的水俣公约》受控化学物质	T
		900-999-49	被所有者申报废弃的，或未申报废弃但被非法排放、倾倒、利用、处置的，以及有关部门依法收缴或接收且需要销毁的列入《危险化学品目录》的危险化学品（不含该目录中仅具有“加压气体”物理危险性的危险化学品）	T/C/I/R
HW50 废催化剂	精炼石油产品制造	251-016-50	石油产品加氢精制过程中产生的废催化剂	T
		251-017-50	石油炼制中采用钝镍剂进行催化裂化产生的废催化剂	T
		251-018-50	石油产品加氢裂化过程中产生的废催化剂	T
		251-019-50	石油产品催化重整过程中产生的废催化剂	T
	基础化学原料制造	261-151-50	树脂、乳胶、增塑剂、胶水 / 胶合剂生产过程中合成、酯化、缩合等工序产生的废催化剂	T
		261-152-50	有机溶剂生产过程中产生的废催化剂	T
		261-153-50	丙烯腈合成过程中产生的废催化剂	T
		261-154-50	聚乙烯合成过程中产生的废催化剂	T
		261-155-50	聚丙烯合成过程中产生的废催化剂	T
		261-156-50	烷烃脱氢过程中产生的废催化剂	T
		261-157-50	乙苯脱氢生产苯乙烯过程中产生的废催化剂	T
		261-158-50	采用烷基化反应（歧化）生产苯、二甲苯过程中产生的废催化剂	T
		261-159-50	二甲苯临氢异构化反应过程中产生的废催化剂	T

废物类别	行业来源	废物代码	危险废物	危险特性[1]
HW50 废催化剂	基础化学原料制造	261-160-50	乙烯氧化生产环氧乙烷过程中产生的废催化剂	T
		261-161-50	硝基苯催化加氢法制备苯胺过程中产生的废催化剂	T
		261-162-50	以乙烯和丙烯为原料，采用茂金属催化体系生产乙丙橡胶过程中产生的废催化剂	T
		261-163-50	乙炔法生产醋酸乙烯酯过程中产生的废催化剂	T
		261-164-50	甲醇和氨气催化合成、蒸馏制备甲胺过程中产生的废催化剂	T
		261-165-50	催化重整生产高辛烷值汽油和轻芳烃过程中产生的废催化剂	T
		261-166-50	采用碳酸二甲酯法生产甲苯二异氰酸酯过程中产生的废催化剂	T
		261-167-50	合成气合成、甲烷氧化和液化石油气氧化生产甲醇过程中产生的废催化剂	T
		261-168-50	甲苯氯化水解生产邻甲酚过程中产生的废催化剂	T
		261-169-50	异丙苯催化脱氢生产 α- 甲基苯乙烯过程中产生的废催化剂	T
		261-170-50	异丁烯和甲醇催化生产甲基叔丁基醚过程中产生的废催化剂	T
		261-171-50	以甲醇为原料采用铁钼法生产甲醛过程中产生的废铁钼催化剂	T
		261-172-50	邻二甲苯氧化法生产邻苯二甲酸酐过程中产生的废催化剂	T
		261-173-50	二氧化硫氧化生产硫酸过程中产生的废催化剂	T
		261-174-50	四氯乙烷催化脱氯化氢生产三氯乙烯过程中产生的废催化剂	T
		261-175-50	苯氧化法生产顺丁烯二酸酐过程中产生的废催化剂	T
		261-176-50	甲苯空气氧化生产苯甲酸过程中产生的废催化剂	T
		261-177-50	羟丙腈氨化、加氢生产 3- 氨基 -1- 丙醇过程中产生的废催化剂	T
		261-178-50	β- 羟基丙腈催化加氢生产 3- 氨基 -1- 丙醇过程中产生的废催化剂	T

废物类别	行业来源	废物代码	危险废物	危险特性[1]
HW50 废催化剂	基础化学原料制造	261-179-50	甲乙酮与氨催化加氢生产 2- 氨基丁烷过程中产生的废催化剂	T
		261-180-50	苯酚和甲醇合成 2，6- 二甲基苯酚过程中产生的废催化剂	T
		261-181-50	糠醛脱羰制备呋喃过程中产生的废催化剂	T
		261-182-50	过氧化法生产环氧丙烷过程中产生的废催化剂	T
		261-183-50	除农药以外其他有机磷化合物生产过程中产生的废催化剂	T
	农药制造	263-013-50	化学合成农药生产过程中产生的废催化剂	T
	化学药品原料药制造	271-006-50	化学合成原料药生产过程中产生的废催化剂	T
	兽用药品制造	275-009-50	兽药生产过程中产生的废催化剂	T
	生物药品制品制造	276-006-50	生物药品生产过程中产生的废催化剂	T
	环境治理业	772-007-50	烟气脱硝过程中产生的废钒钛系催化剂	T
	非特定行业	900-048-50	废液体催化剂	T
		900-049-50	机动车和非道路移动机械尾气净化废催化剂	T

注：1. 所列危险特性为该种危险废物的主要危险特性，不排除可能具有其他危险特性；“，”分隔的多个危险特性代码，表示该种废物具有列在第一位代码所代表的危险特性，且可能具有所列其他代码代表的危险特性；“/”分隔的多个危险特性代码，表示该种危险废物具有所列代码所代表的一种或多种危险特性。

2. 医疗废物分类按照《医疗废物分类目录》执行。

附录

危险废物豁免管理清单

本清单各栏目说明：

1.“序号”指列入本目录危险废物的顺序编号；

2.“废物类别 / 代码”指列入本目录危险废物的类别或代码；

3.“危险废物”指列入本目录危险废物的名称；

4.“豁免环节”指可不按危险废物管理的环节；

5.“豁免条件”指可不按危险废物管理应具备的条件；

6.“豁免内容”指可不按危险废物管理的内容；

7.《医疗废物分类目录》对医疗废物有其他豁免管理内容的，按照该目录有关规定执行；

8.本清单引用文件中，凡是未注明日期的引用文件，其最新版本适用于本清单。

序号	废物类别 / 代码	危险废物	豁免环节	豁免条件	豁免内容
1	生活垃圾中的危险废物	家庭日常生活或者为日常生活提供服务的活动中产生的废药品、废杀虫剂和消毒剂及其包装物、废油漆和溶剂及其包装物、废矿物油及其包装物、废胶片及废像纸、废荧光灯管、废含汞温度计、废含汞血压计、废铅蓄电池、废镍镉电池和氧化汞电池以及电子类危险废物等	全部环节	未集中收集的家庭日常生活中产生的生活垃圾中的危险废物	全过程不按危险废物管理
			收集	按照各市、县生活垃圾分类要求，纳入生活垃圾分类收集体系进行分类收集，且运输工具和暂存场所满足分类收集体系要求	从分类投放点收集转移到所设定的集中贮存点的收集过程不按危险废物管理
2	HW01	床位总数在19张以下（含19张）的医疗机构产生的医疗废物（重大传染病疫情期间产生的医疗废物除外）	收集	按《医疗卫生机构医疗废物管理办法》等规定进行消毒和收集	收集过程不按危险废物管理
			运输	转运车辆符合《医疗废物转运车技术要求（试行）》（GB 19217）要求	不按危险废物进行运输
		重大传染病疫情期间产生的医疗废物	运输	按事发地的县级以上人民政府确定的处置方案进行运输	不按危险废物进行运输
		重大传染病疫情期间产生的医疗废物	处置	按事发地的县级以上人民政府确定的处置方案进行处置	处置过程不按危险废物管理

序号	废物类别 / 代码	危险废物	豁免环节	豁免条件	豁免内容
3	841-001-01	感染性废物	运输	按照《医疗废物高温蒸汽集中处理工程技术规范（试行）》（HJ/T 276）或《医疗废物化学消毒集中处理工程技术规范（试行）》（HJ/T 228）或《医疗废物微波消毒集中处理工程技术规范（试行）》（HJ/T 229）进行处理后按生活垃圾运输	不按危险废物进行运输
			处置	按照《医疗废物高温蒸汽集中处理工程技术规范（试行）》（HJ/T 276）或《医疗废物化学消毒集中处理工程技术规范（试行）》（HJ/T 228）或《医疗废物微波消毒集中处理工程技术规范（试行）》（HJ/T 229）进行处理后进入生活垃圾填埋场填埋或进入生活垃圾焚烧厂焚烧	处置过程不按危险废物管理
4	841-002-01	损伤性废物	运输	按照《医疗废物高温蒸汽集中处理工程技术规范（试行）》（HJ/T 276）或《医疗废物化学消毒集中处理工程技术规范（试行）》（HJ/T 228）或《医疗废物微波消毒集中处理工程技术规范（试行）》（HJ/T 229）进行处理后按生活垃圾运输。	不按危险废物进行运输

序号	废物类别 / 代码	危险废物	豁免环节	豁免条件	豁免内容
4	841-002-01	损伤性废物	处置	按照《医疗废物高温蒸汽集中处理工程技术规范（试行）》（HJ/T 276）或《医疗废物化学消毒集中处理工程技术规范（试行）》（HJ/T 228）或《医疗废物微波消毒集中处理工程技术规范（试行）》（HJ/T 229）进行处理后进入生活垃圾填埋场填埋或进入生活垃圾焚烧厂焚烧	处置过程不按危险废物管理
5	841-003-01	病理性废物（人体器官除外）	运输	按照《医疗废物化学消毒集中处理工程技术规范（试行）》（HJ/T 228）或《医疗废物微波消毒集中处理工程技术规范（试行）》（HJ/T 229）进行处理后按生活垃圾运输	不按危险废物进行运输
			处置	按照《医疗废物化学消毒集中处理工程技术规范（试行）》（HJ/T 228）或《医疗废物微波消毒集中处理工程技术规范（试行）》（HJ/T 229）进行处理后进入生活垃圾焚烧厂焚烧	处置过程不按危险废物管理

序号	废物类别 / 代码	危险废物	豁免环节	豁免条件	豁免内容
6	900-003-04	农药使用后被废弃的与农药直接接触或含有农药残余物的包装物	收集	依据《农药包装废弃物回收处理管理办法》收集农药包装废弃物并转移到所设定的集中贮存点	收集过程不按危险废物管理
			运输	满足《农药包装废弃物回收处理管理办法》中的运输要求	不按危险废物进行运输
			利用	进入依据《农药包装废弃物回收处理管理办法》确定的资源化利用单位进行资源化利用	利用过程不按危险废物管理
			处置	进入生活垃圾填埋场填埋或进入生活垃圾焚烧厂焚烧	处置过程不按危险废物管理
7	900-210-08	船舶含油污水及残油经船上或港口配套设施预处理后产生的需通过船舶转移的废矿物油与含矿物油废物	运输	按照水运污染危害性货物实施管理	不按危险废物进行运输
8	900-249-08	废铁质油桶（不包括 900-041-49 类）	利用	封口处于打开状态、静置无滴漏且经打包压块后用于金属冶炼	利用过程不按危险废物管理
9	900-200-08 900-006-09	金属制品机械加工行业珩磨、研磨、打磨过程，以及使用切削油或切削液进行机械加工过程中产生的属于危险废物的含油金属屑	利用	经压榨、压滤、过滤除油达到静置无滴漏后打包压块用于金属冶炼	利用过程不按危险废物管理

序号	废物类别/代码	危险废物	豁免环节	豁免条件	豁免内容
10	252-002-11 252-017-11 451-003-11	煤炭焦化、气化及生产燃气过程中产生的满足《煤焦油标准》（YB/T 5075）技术要求的高温煤焦油	利用	作为原料深加工制取萘、洗油、蒽油	利用过程不按危险废物管理
		煤炭焦化、气化及生产燃气过程中产生的高温煤焦油	利用	作为黏合剂生产煤质活性炭、活性焦、碳块衬层、自焙阴极、预焙阳极、石墨碳块、石墨电极、电极糊、冷捣糊	利用过程不按危险废物管理
		煤炭焦化、气化及生产燃气过程中产生的中低温煤焦油	利用	作为煤焦油加氢装置原料生产煤基氢化油，且生产的煤基氢化油符合《煤基氢化油》（HG/T 5146）技术要求	利用过程不按危险废物管理
		煤炭焦化、气化及生产燃气过程中产生的煤焦油	利用	作为原料生产炭黑	利用过程不按危险废物管理
11	900-451-13	采用破碎分选方式回收废覆铜板、线路板、电路板中金属后的废树脂粉	运输	运输工具满足防雨、防渗漏、防遗撒要求	不按危险废物进行运输
			处置	满足《生活垃圾填埋场污染控制标准》（GB 16889）要求进入生活垃圾填埋场填埋，或满足《一般工业固体废物贮存、处置场污染控制标准》（GB 18599）要求进入一般工业固体废物处置场处置	填埋处置过程不按危险废物管理

序号	废物类别 / 代码	危险废物	豁免环节	豁免条件	豁免内容
12	772-002-18	生活垃圾焚烧飞灰	运输	经处理后满足《生活垃圾填埋场污染控制标准》（GB 16889）要求，且运输工具满足防雨、防渗漏、防遗撒要求	不按危险废物进行运输
			处置	满足《生活垃圾填埋场污染控制标准》（GB 16889）要求进入生活垃圾填埋场填埋	填埋处置过程不按危险废物管理
			处置	满足《水泥窑协同处置固体废物污染控制标准》（GB 30485）和《水泥窑协同处置固体废物环境保护技术规范》（HJ 662）要求进入水泥窑协同处置	水泥窑协同处置过程不按危险废物管理
13	772-003-18	医疗废物焚烧飞灰	处置	满足《生活垃圾填埋场污染控制标准》（GB 16889）要求进入生活垃圾填埋场填埋	填埋处置过程不按危险废物管理
		医疗废物焚烧处置产生的底渣	全部环节	满足《生活垃圾填埋场污染控制标准》（GB 16889）要求进入生活垃圾填埋场填埋	全过程不按危险废物管理
14	772-003-18	危险废物焚烧处置过程产生的废金属	利用	用于金属冶炼	利用过程不按危险废物管理

序号	废物类别 / 代码	危险废物	豁免环节	豁免条件	豁免内容
15	772-003-18	生物制药产生的培养基废物经生活垃圾焚烧厂焚烧处置产生的焚烧炉底渣、经水煤浆气化炉协同处置产生的气化炉渣、经燃煤电厂燃煤锅炉和生物质发电厂焚烧炉协同处置以及培养基废物专用焚烧炉焚烧处置产生的炉渣和飞灰	全部环节	生物制药产生的培养基废物焚烧处置或协同处置过程不应混入其他危险废物	全过程不按危险废物管理
16	193-002-21	含铬皮革废碎料（不包括鞣制工段修边、削匀过程产生的革屑和边角料）	运输	运输工具满足防雨、防渗漏、防遗撒要求	不按危险废物进行运输
			处置	满足《生活垃圾填埋场污染控制标准》（GB 16889）要求进入生活垃圾填埋场填埋，或满足《一般工业固体废物贮存、处置场污染控制标准》（GB 18599）要求进入一般工业固体废物处置场处置	填埋处置过程不按危险废物管理
		含铬皮革废碎料	利用	用于生产皮件、再生革或静电植绒	利用过程不按危险废物管理
17	261-041-21	铬渣	利用	满足《铬渣污染治理环境保护技术规范（暂行）》（HJ/T 301）要求用于烧结炼铁	利用过程不按危险废物管理
18	900-052-31	未破损的废铅蓄电池	运输	运输工具满足防雨、防渗漏、防遗撒要求	不按危险废物进行运输

序号	废物类别 / 代码	危险废物	豁免环节	豁免条件	豁免内容
19	092-003-33	采用氰化物进行黄金选矿过程中产生的氰化尾渣	处置	满足《黄金行业氰渣污染控制技术规范》（HJ 943）要求进入尾矿库处置或进入水泥窑协同处置	处置过程不按危险废物管理
20	HW34	仅具有腐蚀性危险特性的废酸	利用	作为生产原料综合利用	利用过程不按危险废物管理
			利用	作为工业污水处理厂污水处理中和剂利用，且满足以下条件：废酸中第一类污染物含量低于该污水处理厂排放标准，其他《危险废物鉴别标准 浸出毒性》（GB 5085.3）所列特征污染物含量低于 GB 5085.3 限值的 1/10	利用过程不按危险废物管理
21	HW35	仅具有腐蚀性危险特性的废碱	利用	作为生产原料综合利用	利用过程不按危险废物管理
			利用	作为工业污水处理厂污水处理中和剂利用，且满足以下条件：液态碱或固态碱按 HJ/T 299 方法制取的浸出液中第一类污染物含量低于该污水处理厂排放标准，其他《危险废物鉴别标准 浸出毒性》（GB 5085.3）所列特征污染物低于 GB 5085.3 限值的 1/10	利用过程不按危险废物管理

序号	废物类别 / 代码	危险废物	豁免环节	豁免条件	豁免内容
22	321-024-48 321-026-48	铝灰渣和二次铝灰	利用	回收金属铝	利用过程不按危险废物管理
23	323-001-48	仲钨酸铵生产过程中碱分解产生的碱煮渣（钨渣）和废水处理污泥	处置	满足《水泥窑协同处置固体废物污染控制标准》（GB 30485）和《水泥窑协同处置固体废物环境保护技术规范》（HJ 662）要求进入水泥窑协同处置	处置过程不按危险废物管理
24	900-041-49	废弃的含油抹布、劳保用品	全部环节	未分类收集	全过程不按危险废物管理
25	突发环境事件产生的危险废物	突发环境事件及其处理过程中产生的 HW900-042-49 类危险废物和其他需要按危险废物进行处理处置的固体废物，以及事件现场遗留的其他危险废物和废弃危险化学品	运输	按事发地的县级以上人民政府确定的处置方案进行运输	不按危险废物进行运输
			利用、处置	按事发地的县级以上人民政府确定的处置方案进行利用或处置	利用或处置过程不按危险废物管理
26	历史遗留危险废物	历史填埋场地清理，以及水体环境治理过程产生的需要按危险废物进行处理处置的固体废物	运输	按事发地的设区市级以上生态环境部门同意的处置方案进行运输	不按危险废物进行运输
			利用、处置	按事发地的设区市级以上生态环境部门同意的处置方案进行利用或处置	利用或处置过程不按危险废物管理
		实施土壤污染风险管控、修复活动中，属于危险废物的污染土壤	运输	修复施工单位制定转运计划，依法提前报所在地和接收地的设区市级以上生态环境部门	不按危险废物进行运输

序号	废物类别 / 代码	危险废物	豁免环节	豁免条件	豁免内容
26	历史遗留危险废物	实施土壤污染风险管控、修复活动中，属于危险废物的污染土壤	处置	满足《水泥窑协同处置固体废物污染控制标准》（GB 30485）和《水泥窑处置固体废物环境保护技术规范》（HJ 662）要求进入水泥窑协同处置	处置过程不按危险废物管理
27	900-044-49	阴极射线管含铅玻璃	运输	运输工具满足防雨、防渗漏、防遗撒要求	不按危险废物进行运输
28	900-045-49	废弃电路板	运输	运输工具满足防雨、防渗漏、防遗撒要求	不按危险废物进行运输
29	772-007-50	烟气脱硝过程中产生的废钒钛系催化剂	运输	运输工具满足防雨、防渗漏、防遗撒要求	不按危险废物进行运输
30	251-017-50	催化裂化废催化剂	运输	采用密闭罐车运输	不按危险废物进行运输
31	900-049-50	机动车和非道路移动机械尾气净化废催化剂	运输	运输工具满足防雨、防渗漏、防遗撒要求	不按危险废物进行运输
32	—	未列入本《危险废物豁免管理清单》中的危险废物或利用过程不满足本《危险废物豁免管理清单》所列豁免条件的危险废物	利用	在环境风险可控的前提下，根据省级生态环境部门确定的方案，实行危险废物“点对点”定向利用，即：一家单位产生的一种危险废物，可作为另外一家单位环境治理或工业原料生产的替代原料进行使用	利用过程不按危险废物管理

8. 医疗废物管理行政处罚办法

（卫生部、国家环境保护总局令 第 21 号）

（2004 年 5 月 27 日发布，自 2004 年 6 月 1 日起实施，根据 2010 年 12 月 22 日《环境保护部关于废止、修改部分环保部门规章和规范性文件的决定》修正）

第一条 根据《中华人民共和国传染病防治法》、《中华人民共和国固体废物污染环境防治法》和《医疗废物管理条例》（以下简称《条例》），县级以上人民政府卫生行政主管部门和环境保护行政主管部门按照各自职责，对违反医疗废物管理规定的行为实施的行政处罚，适用本办法。

第二条 医疗卫生机构有《条例》第四十五条规定的下列情形之一的，由县级以上地方人民政府卫生行政主管部门责令限期改正，给予警告；逾期不改正的，处 2000 元以上 5000 元以下的罚款：

（一）未建立、健全医疗废物管理制度，或者未设置监控部门或者专（兼）职人员的；

（二）未对有关人员进行相关法律和专业技术、安全防护以及紧急处理等知识培训的；

（三）未对医疗废物进行登记或者未保存登记资料的；

（四）对使用后的医疗废物运送工具或者运送车辆未在指定地点及时进行消毒和清洁的；

（五）依照《条例》自行建有医疗废物处置设施的医疗卫生机构未定期对医疗废物处置设施的污染防治和卫生学效果进行检测、评价，或者未将检测、评价效果存档、报告的。

第三条 医疗废物集中处置单位有《条例》第四十五条规定的下列情形之一的，由县级以上地方人民政府环境保护行政主管部门责令限期改正，给予警告；逾期不改正的，处 2000 元以上 5000 元以下的罚款：

（一）未建立、健全医疗废物管理制度，或者未设置监控部门或者专（兼）职人员的；

（二）未对有关人员进行相关法律和专业技术、安全防护以及紧急处理等知识培训的；

（三）未对医疗废物进行登记或者未保存登记资料的；

（四）对使用后的医疗废物运送车辆未在指定地点及时进行消毒和清洁的；

（五）未及时收集、运送医疗废物的；

（六）未定期对医疗废物处置设施的污染防治和卫生学效果进行检测、评价，或者未将检测、评价效果存档、报告的。

第四条 医疗卫生机构、医疗废物集中处置单位有《条例》第四十五条规定的情形，未对从事医疗废物收集、运送、贮存、处置等工作的人员和管理人员采取职业卫生防护措施的，由县级以上地方人民政府卫生行政主管部门责令限期改正，给予警告；逾期不改正的，处2000元以上5000元以下的罚款。

第五条 医疗卫生机构有《条例》第四十六条规定的下列情形之一的，由县级以上地方人民政府卫生行政主管部门责令限期改正，给予警告，可以并处5000元以下的罚款，逾期不改正的，处5000元以上3万元以下的罚款：

（一）贮存设施或者设备不符合环境保护、卫生要求的；

（二）未将医疗废物按照类别分置于专用包装物或者容器的；

（三）未使用符合标准的运送工具运送医疗废物的。

第六条 医疗废物集中处置单位有《条例》第四十六条规定的下列情形之一的，由县级以上地方人民政府环境保护行政主管部门责令限期改正，给予警告，可以并处5000元以下的罚款，逾期不改正的，处5000元以上3万元以下的罚款：

（一）贮存设施或者设备不符合环境保护、卫生要求的；

（二）未将医疗废物按照类别分置于专用包装物或者容器的；

（三）未使用符合标准的专用车辆运送医疗废物的；

（四）未安装污染物排放在线监控装置或者监控装置未经常处于正常运行状态的。

第七条 医疗卫生机构有《条例》第四十七条规定的下列情形之一的，由县级以上地方人民政府卫生行政主管部门责令限期改正，给予警告，并处5000元以上1万元以下的罚款；逾期不改正的，处1万元以上3万元以下的罚款：

（一）在医疗卫生机构内运送过程中丢弃医疗废物，在非贮存地点倾倒、堆放医疗废物或者将医疗废物混入其他废物和生活垃圾的；

（二）未按照《条例》的规定对污水、传染病病人或者疑似传染病病人的排泄物，进行严格消毒的，或者未达到国家规定的排放标准，排入医疗卫生机构内的污水处理系统的；

（三）对收治的传染病病人或者疑似传染病病人产生的生活垃圾，未按照医疗废物进行管理和处置的。

医疗卫生机构在医疗卫生机构外运送过程中丢弃医疗废物，在非贮存地点倾倒、堆放医疗废物或者将医疗废物混入其他废物和生活垃圾的，由县级以上地方人民政府环境保护行政主管部门依照《中华人民共和国固体废物污染环境防治法》第七十五条规定责令停止违法行为，限期改正，处一万元以上十万元以下的罚款。

第八条 医疗废物集中处置单位有《条例》第四十七条规定的情形，在运送过程中丢弃医疗废物，在非贮存地点倾倒、堆放医疗废物或者将医疗废物混入其他废物和生活垃圾的，由县级以上地方人民政府环境保护行政主管部门依照《中华人民共和国固体废物污染环境防治法》第七十五条规定责令停止违法行为，限期改正，处一万元以上十万元以下的罚款。

第九条 医疗废物集中处置单位和依照《条例》自行建有医疗废物处置设施的医

疗卫生机构，有《条例》第四十七条规定的情形，对医疗废物的处置不符合国家规定的环境保护、卫生标准、规范的，由县级以上地方人民政府环境保护行政主管部门责令限期改正，给予警告，并处5000元以上1万元以下的罚款；逾期不改正的，处1万元以上3万元以下的罚款。

第十条 医疗卫生机构、医疗废物集中处置单位有《条例》第四十七条规定的下列情形之一的，由县级以上人民政府环境保护行政主管部门依照《中华人民共和国固体废物污染环境防治法》第七十五条规定责令停止违法行为，限期改正，处二万元以上二十万元以下的罚款：

（一）未执行危险废物转移联单管理制度的；

（二）将医疗废物交给或委托给未取得经营许可证的单位或者个人收集、运送、贮存、处置的。

第十一条 有《条例》第四十九条规定的情形，医疗卫生机构发生医疗废物流失、泄露、扩散时，未采取紧急处理措施，或者未及时向卫生行政主管部门报告的，由县级以上地方人民政府卫生行政主管部门责令改正，给予警告，并处1万元以上3万元以下的罚款。

医疗废物集中处置单位发生医疗废物流失、泄漏、扩散时，未采取紧急处理措施，或者未及时向环境保护行政主管部门报告的，由县级以上地方人民政府环境保护行政主管部门责令改正，给予警告，并处1万元以上3万元以下的罚款。

第十二条 有《条例》第五十条规定的情形，医疗卫生机构、医疗废物集中处置单位阻碍卫生行政主管部门执法人员执行职务，拒绝执法人员进入现场，或者不配合执法部门的检查、监测、调查取证的，由县级以上地方人民政府卫生行政主管部门责令改正，给予警告；拒不改正的，由原发证的卫生行政主管部门暂扣或者吊销医疗卫生机构的执业许可证件。

医疗卫生机构、医疗废物集中处置单位阻碍环境保护行政主管部门执法人员执行职务，拒绝执法人员进入现场，或者不配合执法部门的检查、监测、调查取证的，由县级以上地方人民政府环境保护行政主管部门依照《中华人民共和国固体废物污染环境防治法》第七十条规定责令限期改正；拒不改正或者在检查时弄虚作假的，处二千元以上二万元以下的罚款。

第十三条 有《条例》第五十一条规定的情形，不具备集中处置医疗废物条件的农村，医疗卫生机构未按照卫生行政主管部门有关疾病防治的要求处置医疗废物的，由县级人民政府卫生行政主管部门责令限期改正，给予警告；逾期不改正的，处1000元以上5000元以下的罚款；未按照环境保护行政主管部门有关环境污染防治的要求处置医疗废物的，由县级人民政府环境保护行政主管部门责令限期改正，给予警告；逾期不改正的，处1000元以上5000元以下的罚款。

第十四条 有《条例》第五十二条规定的情形，未取得经营许可证从事医疗废物的收集、运送、贮存、处置等活动的，由县级以上人民政府环境保护行政主管部门依照《中华人民共和国固体废物污染环境防治法》第七十七条规定责令停止违法行为，没收违法所得，可以并处违法所得三倍以下的罚款。

第十五条 有《条例》第四十七条、第四十八条、第四十九条、第五十一条规定的情形，医疗卫生机构造成传染病传播的，由县级以上地方人民政府卫生行政主管部门依法处罚，并由原发证的卫生行政主管部门暂扣或者吊销执业许可证件；造成环境污染事故的，由县级以上地方人民政府环境保护行政主管部门依照《中华人民共和国固体废物污染环境防治法》有关规定予以处罚，并由原发证的卫生行政主管部门暂扣或者吊销执业许可证件。

医疗废物集中处置单位造成传染病传播的，由县级以上地方人民政府卫生行政主管部门依法处罚，并由原发证的环境保护行政主管部门暂扣或者吊销经营许可证件；造成环境污染事故的，由县级以上地方人民政府环境保护行政主管部门依照《中华人民共和国固体废物污染环境防治法》有关规定予以处罚，并由原发证的环境保护行政主管部门暂扣或者吊销经营许可证件。

第十六条 有《条例》第五十三条规定的情形，转让、买卖医疗废物，邮寄或者通过铁路、航空运输医疗废物，或者违反《条例》规定通过水路运输医疗废物的，由县级以上地方人民政府环境保护行政主管部门责令转让、买卖双方、邮寄人、托运人立即停止违法行为，给予警告，没收违法所得；违法所得5000元以上的，并处违法所得2倍以上5倍以下的罚款；没有违法所得或者违法所得不足5000元的，并处5000元以上2万元以下的罚款。

承运人明知托运人违反《条例》的规定运输医疗废物，仍予以运输的，按照前款的规定予以处罚；承运人将医疗废物与旅客在同一工具上载运的，由县级以上人民政府环境保护行政主管部门依照《中华人民共和国固体废物污染环境防治法》第七十五条规定责令停止违法行为，限期改正，处一万元以上十万元以下的罚款。

第十七条 本办法自2004年6月1日起施行。

9. 关于感染性废物和损伤性废物豁免认定有关事项的复函

（环办固体函〔2019〕105号）

山东省生态环境厅：

你厅《关于感染性废物和损伤性废物豁免认定有关事项的请示》（鲁环发〔2018〕52号）收悉。经研究，函复如下。

根据《国家危险废物名录》第五条关于“列入本名录附录《危险废物豁免管理清单》中的危险废物，在所列的豁免环节，且满足相应的豁免条件时，可以按照豁免内容的规定实行豁免管理”的规定，以及《危险废物豁免管理清单》相关要求，感染性废物

（废物代码为831-001-01）和损伤性废物（废物代码为831-002-01）按照《医疗废物高温蒸汽集中处理工程技术规范（试行）》（HJ/T 276—2006）、《医疗废物化学消毒集中处理工程技术规范（试行）》（HJ/T 228—2006）或《医疗废物微波消毒集中处理工程技术规范（试行）》（HJ/T 229—2006）进行处理后，仍属于危险废物；处理后的废物进入生活垃圾填埋场填埋处置或进入生活垃圾焚烧厂焚烧处置，处置过程不按危险废物管理。

特此函复。

生态环境部办公厅

2019年1月29日

10. 关于"铝灰"是否属于危险废物的复函

（环办便函〔2018〕79号）

内蒙古自治区环境保护厅：

你厅《关于"铝灰"是否属于危险废物的请示》（内环发〔2018〕22号）收悉。经研究，函复如下：

一、《中华人民共和国固体废物污染环境防治法》明确规定，危险废物是指列入《国家危险废物名录》或者根据危险废物鉴别标准和鉴别方法认定的具有危险特性的固体废物。

二、来函所述"铝灰"产生的工段是氧化铝在电解过程中生成铝水，经真空抬包吸入后，在熔炼炉铸造铝锭过程中表面形成了一层杂质，该杂质经扒渣作业捞出冷却后分选出金属铝与粉状物，粉状物即为"铝灰"。

来函所述"铝灰"未列入《国家危险废物名录》（环境保护部、国家发展和改革委员会、公安部令　第39号），应当根据国家危险废物鉴别标准和鉴别方法进行危险特性鉴别，确定其管理属性。

特此函复。

生态环境部办公厅

2018年5月7日

11. 关于进一步明确危险废物铁路运输有关要求的复函

（环办便函〔2018〕55号）

福建省环境保护厅：

你厅《关于提请进一步明确危险废物铁路运输有关要求的函》（闽环土函〔2018〕1号）收悉。经研究，函复如下：

一、根据《国家危险废物名录》（环境保护部、国家发展和改革委员会、公安部令第39号），来函提及的铁合金冶炼集尘灰属于危险废物（HW21类含铬废物），废物代码为315-002-21。

二、根据《中华人民共和国固体废物污染环境防治法》第六十条的规定，运输危险废物，必须采取防止污染环境的措施，并遵守国家有关危险货物运输管理的规定。根据《危险废物收集贮存运输技术规范》（HJ 2025—2012）第7.2条的规定，危险废物铁路运输应按《铁路危险货物运输管理规则》（铁运〔2006〕79号）规定执行。因此，来函提及的危险废物铁合金冶炼集尘灰（含铬废物，315-002-21）应按照危险货物进行运输。若采用铁路运输，应遵守《铁路危险货物运输管理规则》的相关规定。

三、根据《铁路安全管理条例》（中华人民共和国国务院令　第639号），自2014年1月1日起，铁路危险货物运输不再实施承运人、托运人许可制度。自2015年5月1日起采用铁路运输危险货物应执行《铁路危险货物运输安全监督管理规定》（交通运输部令　2015年第1号）。因此，铁路运输危险货物应按照《铁路危险货物运输安全监督管理规定》的有关规定，对托运、承运、押运等各个环节进行安全风险防控和监督检查。

特此函复。

生态环境部办公厅

2018年4月26日

12. 关于废矿物油综合利用行业危险废物经营许可证核发有关问题的复函

（环办土壤函〔2017〕559号）

山西省环境保护厅：

你厅《关于废矿物油综合利用行业危险废物经营许可证核发有关问题的请示》（晋

环〔2017〕30号）收悉。经研究，函复如下：

《国务院关于环境保护若干问题的决定》（国发〔1996〕31号）要求：在1996年9月30日以前，对土法炼砷、炼汞、炼铅锌、炼油、选金和农药、漂染、电镀以及生产石棉制品、放射性制品等企业，由县级以上地方人民政府责令其关闭或停产。《国家环境保护局关于贯彻〈国务院关于环境保护若干问题的决定〉有关问题的通知》（环法〔1996〕734号）明确：生产过程不是在密闭系统的炼油装置中或属于釜式蒸馏的炼油企业为土法炼油企业。

经商发展改革委、工业和信息化部等部委进一步明确，釜式蒸馏工艺因存在加工设备落后、加工过程二次污染严重、加工产品质量难以保证等问题，属于“土法炼油”范畴，不符合产业政策。

根据《危险废物经营许可证管理办法》（国务院令　第408号）第五条第五项要求：申请领取危险废物收集、贮存、处置综合经营许可证，应有与所经营的危险废物类别相适应的处置技术和工艺。鉴此，采用釜式蒸馏工艺的废矿物油综合利用企业不符合申请领取危险废物经营许可证的条件，不能颁发危险废物经营许可证。

特此函复。

环境保护部办公厅

2017年4月14日

13. 关于机动车维修企业产生的废弃机油桶是否属于危险废物以及相关法律适用问题的复函

（环函〔2011〕87号）

天津市人民政府法制办公室：

你办《关于对相关危险废物的环境保护管理如何具体适用法律和部门规章的请示》（津政法制〔2011〕3号）收悉。经研究，函复如下：

一、机动车维修企业产生的废机油（包括未使用完毕残留附着在机油桶中的废机油），属于《国家危险废物名录》（环境保护部令　第1号）所列“900-249-08 其他生产、销售、使用过程中产生的废矿物油”。

二、机动车维修企业使用过但仍含有或直接沾染废机油的废弃机油桶属于《国家危险废物名录》（环境保护部令第1号）所列“900-041-49 含有或直接沾染危险废物的废弃包装物、容器、清洗杂物”。

三、机动车维修企业将含有或直接沾染废机油的废弃机油桶与非危险废物毗邻并列存放，属于《中华人民共和国固体废物污染环境防治法》第五十八条第三款规定的“将危险废物混入非危险废物中贮存”的情形。

2011 年 4 月 7 日

14. 关于污（废）水处理设施产生污泥危险特性鉴别有关意见的函

（环函〔2010〕129 号）

各省、自治区、直辖市环境保护厅（局），新疆生产建设兵团环境保护局：

近来，一些地方环保部门和企事业单位向我部询问在公共污水处理设施污泥危险特性鉴别工作中，如何执行国家环境保护标准中的固体废物采样和鉴别相关规定问题。鉴于该问题具有普遍性，现就有关问题解释如下：

一、单纯用于处理城镇生活污水的公共污水处理厂，其产生的污泥通常情况下不具有危险特性，可作为一般固体废物管理。

二、专门处理工业废水（或同时处理少量生活污水）的处理设施产生的污泥，可能具有危险特性，应按《国家危险废物名录》、国家环境保护标准《危险废物鉴别技术规范》（HJ/T 298—2007）和危险废物鉴别标准的规定，对污泥进行危险特性鉴别。

三、以处理生活污水为主要功能的公共污水处理厂，若接收、处理工业废水，且该工业废水在排入公共污水处理系统前能稳定达到国家或地方规定的污染物排放标准的，公共污水处理厂的污泥可按照第一条的规定进行管理。但是，在工业废水排放情况发生重大改变时，应按照第二条的规定进行危险特性鉴别。

四、企业以直接或间接方式向其法定边界外排放工业废水的，出水水质应符合国家或地方污染物排放标准；废水处理过程中产生的污泥，属于正在产生的固体废物，对其进行危险特性鉴别，应按照《危险废物鉴别技术规范》的规定，在废水处理工艺环节采样，并按照污泥产生量确定最小采样数。

2010 年 4 月 16 日

15. 关于危险废物经营单位擅自从事一般工业废物处理处置活动适用法律问题的复函

（环函〔2009〕128号）

上海市环境保护局：

你局《关于危险废物经营许可单位擅自从事一般工业废物处理处置活动适用法律问题的请示》（沪环保法〔2009〕66号）收悉。经研究，函复如下：

《中华人民共和国行政许可法》第四条规定："设定和实施行政许可，应当依照法定的权限、范围、条件和程序"。实施危险废物经营许可与实施环境污染治理设施运营资质许可，应当分别按照《危险废物经营许可证管理办法》和《环境污染治理设施运营资质许可管理办法》规定的权限、范围、条件和程序进行。据此，危险废物经营单位处理一般工业固体废物、工业废水仍应依法取得相应的环境污染治理设施运营资质。危险废物经营单位未取得相应环境污染治理设施运营资质擅自处理处置一般工业固体废物、工业废水的，应依据《环境污染治理设施运营资质许可管理办法》等有关规定予以处罚。

2009年6月4日

（四）噪声污染防治

1. 中华人民共和国噪声污染防治法

（2021年12月24日第十三届全国人民代表大会常务委员会第三十二次会议通过）

第一章 总则

第一条 为了防治噪声污染，保障公众健康，保护和改善生活环境，维护社会和谐，推进生态文明建设，促进经济社会可持续发展，制定本法。

第二条 本法所称噪声，是指在工业生产、建筑施工、交通运输和社会生活中产生的干扰周围生活环境的声音。

本法所称噪声污染，是指超过噪声排放标准或者未依法采取防控措施产生噪声，并干扰他人正常生活、工作和学习的现象。

第三条 噪声污染的防治，适用本法。

因从事本职生产经营工作受到噪声危害的防治，适用劳动保护等其他有关法律的规定。

第四条 噪声污染防治应当坚持统筹规划、源头防控、分类管理、社会共治、损害担责的原则。

第五条 县级以上人民政府应当将噪声污染防治工作纳入国民经济和社会发展规划、生态环境保护规划，将噪声污染防治工作经费纳入本级政府预算。

生态环境保护规划应当明确噪声污染防治目标、任务、保障措施等内容。

第六条 地方各级人民政府对本行政区域声环境质量负责，采取有效措施，改善声环境质量。

国家实行噪声污染防治目标责任制和考核评价制度，将噪声污染防治目标完成情况纳入考核评价内容。

第七条 县级以上地方人民政府应当依照本法和国务院的规定，明确有关部门的噪声污染防治监督管理职责，根据需要建立噪声污染防治工作协调联动机制，加强部门协同配合、信息共享，推进本行政区域噪声污染防治工作。

第八条 国务院生态环境主管部门对全国噪声污染防治实施统一监督管理。

地方人民政府生态环境主管部门对本行政区域噪声污染防治实施统一监督管理。

各级住房和城乡建设、公安、交通运输、铁路监督管理、民用航空、海事等部门，在各自职责范围内，对建筑施工、交通运输和社会生活噪声污染防治实施监督管理。

基层群众性自治组织应当协助地方人民政府及其有关部门做好噪声污染防治工作。

第九条 任何单位和个人都有保护声环境的义务，同时依法享有获取声环境信息、参与和监督噪声污染防治的权利。

排放噪声的单位和个人应当采取有效措施，防止、减轻噪声污染。

第十条 各级人民政府及其有关部门应当加强噪声污染防治法律法规和知识的宣传教育普及工作，增强公众噪声污染防治意识，引导公众依法参与噪声污染防治工作。

新闻媒体应当开展噪声污染防治法律法规和知识的公益宣传，对违反噪声污染防治法律法规的行为进行舆论监督。

国家鼓励基层群众性自治组织、社会组织、公共场所管理者、业主委员会、物业服务人、志愿者等开展噪声污染防治法律法规和知识的宣传。

第十一条 国家鼓励、支持噪声污染防治科学技术研究开发、成果转化和推广应用，加强噪声污染防治专业技术人才培养，促进噪声污染防治科学技术进步和产业发展。

第十二条 对在噪声污染防治工作中做出显著成绩的单位和个人，按照国家规定给予表彰、奖励。

第二章 噪声污染防治标准和规划

第十三条 国家推进噪声污染防治标准体系建设。

国务院生态环境主管部门和国务院其他有关部门，在各自职责范围内，制定和完善噪声污染防治相关标准，加强标准之间的衔接协调。

第十四条 国务院生态环境主管部门制定国家声环境质量标准。

县级以上地方人民政府根据国家声环境质量标准和国土空间规划以及用地现状，划定本行政区域各类声环境质量标准的适用区域；将以用于居住、科学研究、医疗卫生、文化教育、机关团体办公、社会福利等的建筑物为主的区域，划定为噪声敏感建筑物集中区域，加强噪声污染防治。

声环境质量标准适用区域范围和噪声敏感建筑物集中区域范围应当向社会公布。

第十五条 国务院生态环境主管部门根据国家声环境质量标准和国家经济、技术条件，制定国家噪声排放标准以及相关的环境振动控制标准。

省、自治区、直辖市人民政府对尚未制定国家噪声排放标准的，可以制定地方噪声排放标准；对已经制定国家噪声排放标准的，可以制定严于国家噪声排放标准的地方噪声排放标准。地方噪声排放标准应当报国务院生态环境主管部门备案。

第十六条 国务院标准化主管部门会同国务院发展改革、生态环境、工业和信息化、住房和城乡建设、交通运输、铁路监督管理、民用航空、海事等部门，对可能产生噪声污染的工业设备、施工机械、机动车、铁路机车车辆、城市轨道交通车辆、民用航空器、机动船舶、电气电子产品、建筑附属设备等产品，根据声环境保护的要求和国家经济、技术条件，在其技术规范或者产品质量标准中规定噪声限值。

前款规定的产品使用时产生噪声的限值，应当在有关技术文件中注明。禁止生产、进口或者销售不符合噪声限值的产品。

县级以上人民政府市场监督管理等部门对生产、销售的有噪声限值的产品进行监督抽查，对电梯等特种设备使用时发出的噪声进行监督抽测，生态环境主管部门予以配合。

第十七条 声环境质量标准、噪声排放标准和其他噪声污染防治相关标准应当定期评估，并根据评估结果适时修订。

第十八条 各级人民政府及其有关部门制定、修改国土空间规划和相关规划，应当依法进行环境影响评价，充分考虑城乡区域开发、改造和建设项目产生的噪声对周围生活环境的影响，统筹规划，合理安排土地用途和建设布局，防止、减轻噪声污染。有关环境影响篇章、说明或者报告书中应当包括噪声污染防治内容。

第十九条 确定建设布局，应当根据国家声环境质量标准和民用建筑隔声设计相关标准，合理划定建筑物与交通干线等的防噪声距离，并提出相应的规划设计要求。

第二十条 未达到国家声环境质量标准的区域所在的设区的市、县级人民政府，应当及时编制声环境质量改善规划及其实施方案，采取有效措施，改善声环境质量。

声环境质量改善规划及其实施方案应当向社会公开。

第二十一条 编制声环境质量改善规划及其实施方案，制定、修订噪声污染防治相关标准，应当征求有关行业协会、企业事业单位、专家和公众等的意见。

第三章 噪声污染防治的监督管理

第二十二条 排放噪声、产生振动，应当符合噪声排放标准以及相关的环境振动控制标准和有关法律、法规、规章的要求。

排放噪声的单位和公共场所管理者，应当建立噪声污染防治责任制度，明确负责人和相关人员的责任。

第二十三条 国务院生态环境主管部门负责制定噪声监测和评价规范，会同国务院有关部门组织声环境质量监测网络，规划国家声环境质量监测站（点）的设置，组织开展全国声环境质量监测，推进监测自动化，统一发布全国声环境质量状况信息。

地方人民政府生态环境主管部门会同有关部门按照规定设置本行政区域声环境质量监测站（点），组织开展本行政区域声环境质量监测，定期向社会公布声环境质量状况信息。

地方人民政府生态环境等部门应当加强对噪声敏感建筑物周边等重点区域噪声排放情况的调查、监测。

第二十四条 新建、改建、扩建可能产生噪声污染的建设项目，应当依法进行环境影响评价。

第二十五条 建设项目的噪声污染防治设施应当与主体工程同时设计、同时施工、同时投产使用。

建设项目在投入生产或者使用之前，建设单位应当依照有关法律法规的规定，对配套建设的噪声污染防治设施进行验收，编制验收报告，并向社会公开。未经验收或者验收不合格的，该建设项目不得投入生产或者使用。

第二十六条 建设噪声敏感建筑物，应当符合民用建筑隔声设计相关标准要求，不符合标准要求的，不得通过验收、交付使用；在交通干线两侧、工业企业周边等地方建设噪声敏感建筑物，还应当按照规定间隔一定距离，并采取减少振动、降低噪声的措施。

第二十七条 国家鼓励、支持低噪声工艺和设备的研究开发和推广应用，实行噪声污染严重的落后工艺和设备淘汰制度。

国务院发展改革部门会同国务院有关部门确定噪声污染严重的工艺和设备淘汰期限，并纳入国家综合性产业政策目录。

生产者、进口者、销售者或者使用者应当在规定期限内停止生产、进口、销售或者使用列入前款规定目录的设备。工艺的采用者应当在规定期限内停止采用列入前款规定目录的工艺。

第二十八条 对未完成声环境质量改善规划设定目标的地区以及噪声污染问题突出、群众反映强烈的地区，省级以上人民政府生态环境主管部门会同其他负有噪声污染防治监督管理职责的部门约谈该地区人民政府及其有关部门的主要负责人，要求其采取有效措施及时整改。约谈和整改情况应当向社会公开。

第二十九条 生态环境主管部门和其他负有噪声污染防治监督管理职责的部门，有权对排放噪声的单位或者场所进行现场检查。被检查者应当如实反映情况，提供必要的资料，不得拒绝或者阻挠。实施检查的部门、人员对现场检查中知悉的商业秘密应当保密。

检查人员进行现场检查，不得少于两人，并应当主动出示执法证件。

第三十条 排放噪声造成严重污染，被责令改正拒不改正的，生态环境主管部门或者其他负有噪声污染防治监督管理职责的部门，可以查封、扣押排放噪声的场所、设施、设备、工具和物品。

第三十一条 任何单位和个人都有权向生态环境主管部门或者其他负有噪声污染防治监督管理职责的部门举报造成噪声污染的行为。

生态环境主管部门和其他负有噪声污染防治监督管理职责的部门应当公布举报电话、电子邮箱等，方便公众举报。

接到举报的部门应当及时处理并对举报人的相关信息保密。举报事项属于其他部门职责的，接到举报的部门应当及时移送相关部门并告知举报人。举报人要求答复并提供有效联系方式的，处理举报事项的部门应当反馈处理结果等情况。

第三十二条 国家鼓励开展宁静小区、静音车厢等宁静区域创建活动，共同维护生活环境和谐安宁。

第三十三条 在举行中等学校招生考试、高等学校招生统一考试等特殊活动期间，地方人民政府或者其指定的部门可以对可能产生噪声影响的活动，作出时间和区域的限制性规定，并提前向社会公告。

第四章 工业噪声污染防治

第三十四条 本法所称工业噪声，是指在工业生产活动中产生的干扰周围生活环境的声音。

第三十五条 工业企业选址应当符合国土空间规划以及相关规划要求，县级以上地方人民政府应当按照规划要求优化工业企业布局，防止工业噪声污染。

在噪声敏感建筑物集中区域，禁止新建排放噪声的工业企业，改建、扩建工业企业的，应当采取有效措施防止工业噪声污染。

第三十六条 排放工业噪声的企业事业单位和其他生产经营者，应当采取有效措施，减少振动、降低噪声，依法取得排污许可证或者填报排污登记表。

实行排污许可管理的单位，不得无排污许可证排放工业噪声，并应当按照排污许可证的要求进行噪声污染防治。

第三十七条 设区的市级以上地方人民政府生态环境主管部门应当按照国务院生态环境主管部门的规定，根据噪声排放、声环境质量改善要求等情况，制定本行政区域噪声重点排污单位名录，向社会公开并适时更新。

第三十八条 实行排污许可管理的单位应当按照规定，对工业噪声开展自行监测，保存原始监测记录，向社会公开监测结果，对监测数据的真实性和准确性负责。

噪声重点排污单位应当按照国家规定，安装、使用、维护噪声自动监测设备，与生态环境主管部门的监控设备联网。

第五章 建筑施工噪声污染防治

第三十九条 本法所称建筑施工噪声，是指在建筑施工过程中产生的干扰周围生活环境的声音。

第四十条 建设单位应当按照规定将噪声污染防治费用列入工程造价，在施工合同中明确施工单位的噪声污染防治责任。

施工单位应当按照规定制定噪声污染防治实施方案，采取有效措施，减少振动、降低噪声。建设单位应当监督施工单位落实噪声污染防治实施方案。

第四十一条 在噪声敏感建筑物集中区域施工作业，应当优先使用低噪声施工工艺和设备。

国务院工业和信息化主管部门会同国务院生态环境、住房和城乡建设、市场监督管理等部门，公布低噪声施工设备指导名录并适时更新。

第四十二条 在噪声敏感建筑物集中区域施工作业，建设单位应当按照国家规定，设置噪声自动监测系统，与监督管理部门联网，保存原始监测记录，对监测数据的真实性和准确性负责。

第四十三条 在噪声敏感建筑物集中区域，禁止夜间进行产生噪声的建筑施工作业，但抢修、抢险施工作业，因生产工艺要求或者其他特殊需要必须连续施工作业的除外。

因特殊需要必须连续施工作业的，应当取得地方人民政府住房和城乡建设、生态环境主管部门或者地方人民政府指定的部门的证明，并在施工现场显著位置公示或者以其他方式公告附近居民。

第六章 交通运输噪声污染防治

第四十四条 本法所称交通运输噪声，是指机动车、铁路机车车辆、城市轨道交通车辆、机动船舶、航空器等交通运输工具在运行时产生的干扰周围生活环境的声音。

第四十五条 各级人民政府及其有关部门制定、修改国土空间规划和交通运输等相关规划，应当综合考虑公路、城市道路、铁路、城市轨道交通线路、水路、港口和民用机场及其起降航线对周围声环境的影响。

新建公路、铁路线路选线设计，应当尽量避开噪声敏感建筑物集中区域。

新建民用机场选址与噪声敏感建筑物集中区域的距离应当符合标准要求。

第四十六条 制定交通基础设施工程技术规范，应当明确噪声污染防治要求。

新建、改建、扩建经过噪声敏感建筑物集中区域的高速公路、城市高架、铁路和城市轨道交通线路等的，建设单位应当在可能造成噪声污染的重点路段设置声屏障或者采取其他减少振动、降低噪声的措施，符合有关交通基础设施工程技术规范以及标准要求。

建设单位违反前款规定的，由县级以上人民政府指定的部门责令制定、实施治理方案。

第四十七条 机动车的消声器和喇叭应当符合国家规定。禁止驾驶拆除或者损坏消声器、加装排气管等擅自改装的机动车以轰鸣、疾驶等方式造成噪声污染。

使用机动车音响器材，应当控制音量，防止噪声污染。

机动车应当加强维修和保养，保持性能良好，防止噪声污染。

第四十八条 机动车、铁路机车车辆、城市轨道交通车辆、机动船舶等交通运输工具运行时，应当按照规定使用喇叭等声响装置。

警车、消防救援车、工程救险车、救护车等机动车安装、使用警报器，应当符合国务院公安等部门的规定；非执行紧急任务，不得使用警报器。

第四十九条 地方人民政府生态环境主管部门会同公安机关根据声环境保护的需要，可以划定禁止机动车行驶和使用喇叭等声响装置的路段和时间，向社会公告，并由公安机关交通管理部门依法设置相关标志、标线。

第五十条 在车站、铁路站场、港口等地指挥作业时使用广播喇叭的，应当控制音量，减轻噪声污染。

第五十一条 公路养护管理单位、城市道路养护维修单位应当加强对公路、城市道路的维护和保养，保持减少振动、降低噪声设施正常运行。

城市轨道交通运营单位、铁路运输企业应当加强对城市轨道交通线路和城市轨道交通车辆、铁路线路和铁路机车车辆的维护和保养，保持减少振动、降低噪声设施正常运行，并按照国家规定进行监测，保存原始监测记录，对监测数据的真实性和准确性负责。

第五十二条 民用机场所在地人民政府，应当根据环境影响评价以及监测结果确定的民用航空器噪声对机场周围生活环境产生影响的范围和程度，划定噪声敏感建筑物禁止建设区域和限制建设区域，并实施控制。

在禁止建设区域禁止新建与航空无关的噪声敏感建筑物。

在限制建设区域确需建设噪声敏感建筑物的，建设单位应当对噪声敏感建筑物进行建筑隔声设计，符合民用建筑隔声设计相关标准要求。

第五十三条 民用航空器应当符合国务院民用航空主管部门规定的适航标准中的有关噪声要求。

第五十四条 民用机场管理机构负责机场起降航空器噪声的管理，会同航空运输企业、通用航空企业、空中交通管理部门等单位，采取低噪声飞行程序、起降跑道优化、运行架次和时段控制、高噪声航空器运行限制或者周围噪声敏感建筑物隔声降噪等措施，防止、减轻民用航空器噪声污染。

民用机场管理机构应当按照国家规定，对机场周围民用航空器噪声进行监测，保存原始监测记录，对监测数据的真实性和准确性负责，监测结果定期向民用航空、生态环境主管部门报送。

第五十五条 因公路、城市道路和城市轨道交通运行排放噪声造成严重污染的，设区的市、县级人民政府应当组织有关部门和其他有关单位对噪声污染情况进行调查评估和责任认定，制定噪声污染综合治理方案。

噪声污染责任单位应当按照噪声污染综合治理方案的要求采取管理或者工程措施，减轻噪声污染。

第五十六条 因铁路运行排放噪声造成严重污染的，铁路运输企业和设区的市、县级人民政府应当对噪声污染情况进行调查，制定噪声污染综合治理方案。

铁路运输企业和设区的市、县级人民政府有关部门和其他有关单位应当按照噪声污染综合治理方案的要求采取有效措施，减轻噪声污染。

第五十七条 因民用航空器起降排放噪声造成严重污染的，民用机场所在地人民政府应当组织有关部门和其他有关单位对噪声污染情况进行调查，综合考虑经济、技术和管理措施，制定噪声污染综合治理方案。

民用机场管理机构、地方各级人民政府和其他有关单位应当按照噪声污染综合治理方案的要求采取有效措施，减轻噪声污染。

第五十八条 制定噪声污染综合治理方案，应当征求有关专家和公众等的意见。

第七章 社会生活噪声污染防治

第五十九条 本法所称社会生活噪声，是指人为活动产生的除工业噪声、建筑施工噪声和交通运输噪声之外的干扰周围生活环境的声音。

第六十条 全社会应当增强噪声污染防治意识，自觉减少社会生活噪声排放，积极开展噪声污染防治活动，形成人人有责、人人参与、人人受益的良好噪声污染防治氛围，共同维护生活环境和谐安宁。

第六十一条 文化娱乐、体育、餐饮等场所的经营管理者应当采取有效措施，防止、减轻噪声污染。

第六十二条 使用空调器、冷却塔、水泵、油烟净化器、风机、发电机、变压器、锅炉、装卸设备等可能产生社会生活噪声污染的设备、设施的企业事业单位和其他经营管理者等，应当采取优化布局、集中排放等措施，防止、减轻噪声污染。

第六十三条 禁止在商业经营活动中使用高音广播喇叭或者采用其他持续反复发出高噪声的方法进行广告宣传。

对商业经营活动中产生的其他噪声，经营者应当采取有效措施，防止噪声污染。

第六十四条 禁止在噪声敏感建筑物集中区域使用高音广播喇叭，但紧急情况以及地方人民政府规定的特殊情形除外。

在街道、广场、公园等公共场所组织或者开展娱乐、健身等活动，应当遵守公共场所管理者有关活动区域、时段、音量等规定，采取有效措施，防止噪声污染；不得违反规定使用音响器材产生过大音量。

公共场所管理者应当合理规定娱乐、健身等活动的区域、时段、音量，可以采取设置噪声自动监测和显示设施等措施加强管理。

第六十五条 家庭及其成员应当培养形成减少噪声产生的良好习惯，乘坐公共交通工具、饲养宠物和其他日常活动尽量避免产生噪声对周围人员造成干扰，互谅互让解决噪声纠纷，共同维护声环境质量。

使用家用电器、乐器或者进行其他家庭场所活动，应当控制音量或者采取其他有效措施，防止噪声污染。

第六十六条 对已竣工交付使用的住宅楼、商铺、办公楼等建筑物进行室内装修活动，应当按照规定限定作业时间，采取有效措施，防止、减轻噪声污染。

第六十七条 新建居民住房的房地产开发经营者应当在销售场所公示住房可能受到噪声影响的情况以及采取或者拟采取的防治措施，并纳入买卖合同。

新建居民住房的房地产开发经营者应当在买卖合同中明确住房的共用设施设备位置和建筑隔声情况。

第六十八条 居民住宅区安装电梯、水泵、变压器等共用设施设备的，建设单位应当合理设置，采取减少振动、降低噪声的措施，符合民用建筑隔声设计相关标准要求。

已建成使用的居民住宅区电梯、水泵、变压器等共用设施设备由专业运营单位负责维护管理，符合民用建筑隔声设计相关标准要求。

第六十九条 基层群众性自治组织指导业主委员会、物业服务人、业主通过制定管理规约或者其他形式，约定本物业管理区域噪声污染防治要求，由业主共同遵守。

第七十条 对噪声敏感建筑物集中区域的社会生活噪声扰民行为，基层群众性自治组织、业主委员会、物业服务人应当及时劝阻、调解；劝阻、调解无效的，可以向负有社会生活噪声污染防治监督管理职责的部门或者地方人民政府指定的部门报告或者投诉，接到报告或者投诉的部门应当依法处理。

第八章 法律责任

第七十一条 违反本法规定，拒绝、阻挠监督检查，或者在接受监督检查时弄虚作假的，由生态环境主管部门或者其他负有噪声污染防治监督管理职责的部门责令改正，处二万元以上二十万元以下的罚款。

第七十二条 违反本法规定，生产、进口、销售超过噪声限值的产品的，由县级以上人民政府市场监督管理部门、海关按照职责责令改正，没收违法所得，并处货值金额一倍以上三倍以下的罚款；情节严重的，报经有批准权的人民政府批准，责令停业、关闭。

违反本法规定，生产、进口、销售、使用淘汰的设备，或者采用淘汰的工艺的，由县级以上人民政府指定的部门责令改正，没收违法所得，并处货值金额一倍以上三倍以下的罚款；情节严重的，报经有批准权的人民政府批准，责令停业、关闭。

第七十三条 违反本法规定，建设单位建设噪声敏感建筑物不符合民用建筑隔声设计相关标准要求的，由县级以上地方人民政府住房和城乡建设主管部门责令改正，处建设工程合同价款百分之二以上百分之四以下的罚款。

违反本法规定，建设单位在噪声敏感建筑物禁止建设区域新建与航空无关的噪声敏感建筑物的，由地方人民政府指定的部门责令停止违法行为，处建设工程合同价款百分之二以上百分之十以下的罚款，并报经有批准权的人民政府批准，责令拆除。

第七十四条 违反本法规定，在噪声敏感建筑物集中区域新建排放噪声的工业企业的，由生态环境主管部门责令停止违法行为，处十万元以上五十万元以下的罚款，并报经有批准权的人民政府批准，责令关闭。

违反本法规定，在噪声敏感建筑物集中区域改建、扩建工业企业，未采取有效措施防止工业噪声污染的，由生态环境主管部门责令改正，处十万元以上五十万元以下的罚款；拒不改正的，报经有批准权的人民政府批准，责令关闭。

第七十五条 违反本法规定，无排污许可证或者超过噪声排放标准排放工业噪声的，由生态环境主管部门责令改正或者限制生产、停产整治，并处二万元以上二十万元以下的罚款；情节严重的，报经有批准权的人民政府批准，责令停业、关闭。

第七十六条 违反本法规定，有下列行为之一，由生态环境主管部门责令改正，处二万元以上二十万元以下的罚款；拒不改正的，责令限制生产、停产整治：

（一）实行排污许可管理的单位未按照规定对工业噪声开展自行监测，未保存原始监测记录，或者未向社会公开监测结果的；

（二）噪声重点排污单位未按照国家规定安装、使用、维护噪声自动监测设备，或者未与生态环境主管部门的监控设备联网的。

第七十七条 违反本法规定，建设单位、施工单位有下列行为之一，由工程所在地人民政府指定的部门责令改正，处一万元以上十万元以下的罚款；拒不改正的，可以责令暂停施工：

（一）超过噪声排放标准排放建筑施工噪声的；

（二）未按照规定取得证明，在噪声敏感建筑物集中区域夜间进行产生噪声的建筑施工作业的。

第七十八条 违反本法规定，有下列行为之一，由工程所在地人民政府指定的部门责令改正，处五千元以上五万元以下的罚款；拒不改正的，处五万元以上二十万元以下的罚款：

（一）建设单位未按照规定将噪声污染防治费用列入工程造价的；

（二）施工单位未按照规定制定噪声污染防治实施方案，或者未采取有效措施减少振动、降低噪声的；

（三）在噪声敏感建筑物集中区域施工作业的建设单位未按照国家规定设置噪声自动监测系统，未与监督管理部门联网，或者未保存原始监测记录的；

（四）因特殊需要必须连续施工作业，建设单位未按照规定公告附近居民的。

第七十九条 违反本法规定，驾驶拆除或者损坏消声器、加装排气管等擅自改装的机动车轰鸣、疾驶，机动车运行时未按照规定使用声响装置，或者违反禁止机动车行驶和使用声响装置的路段和时间规定的，由县级以上地方人民政府公安机关交通管理部门依照有关道路交通安全的法律法规处罚。

违反本法规定，铁路机车车辆、城市轨道交通车辆、机动船舶等交通运输工具运行时未按照规定使用声响装置的，由交通运输、铁路监督管理、海事等部门或者地方人民政府指定的城市轨道交通有关部门按照职责责令改正，处五千元以上一万元以下的罚款。

第八十条 违反本法规定，有下列行为之一，由交通运输、铁路监督管理、民用航空等部门或者地方人民政府指定的城市道路、城市轨道交通有关部门，按照职责责令改正，处五千元以上五万元以下的罚款；拒不改正的，处五万元以上二十万元以下的罚款：

（一）公路养护管理单位、城市道路养护维修单位、城市轨道交通运营单位、铁路运输企业未履行维护和保养义务，未保持减少振动、降低噪声设施正常运行的；

（二）城市轨道交通运营单位、铁路运输企业未按照国家规定进行监测，或者未保存原始监测记录的；

（三）民用机场管理机构、航空运输企业、通用航空企业未采取措施防止、减轻民用航空器噪声污染的；

（四）民用机场管理机构未按照国家规定对机场周围民用航空器噪声进行监测，未保存原始监测记录，或者监测结果未定期报送的。

第八十一条 违反本法规定，有下列行为之一，由地方人民政府指定的部门责令改正，处五千元以上五万元以下的罚款；拒不改正的，处五万元以上二十万元以下的罚款，并可以报经有批准权的人民政府批准，责令停业：

（一）超过噪声排放标准排放社会生活噪声的；

（二）在商业经营活动中使用高音广播喇叭或者采用其他持续反复发出高噪声的方法进行广告宣传的；

（三）未对商业经营活动中产生的其他噪声采取有效措施造成噪声污染的。

第八十二条 违反本法规定，有下列行为之一，由地方人民政府指定的部门说服教育，责令改正；拒不改正的，给予警告，对个人可以处二百元以上一千元以下的罚款，对单位可以处二千元以上二万元以下的罚款：

（一）在噪声敏感建筑物集中区域使用高音广播喇叭的；

（二）在公共场所组织或者开展娱乐、健身等活动，未遵守公共场所管理者有关活动区域、时段、音量等规定，未采取有效措施造成噪声污染，或者违反规定使用音响器材产生过大音量的；

（三）对已竣工交付使用的建筑物进行室内装修活动，未按照规定在限定的作业时间内进行，或者未采取有效措施造成噪声污染的；

（四）其他违反法律规定造成社会生活噪声污染的。

第八十三条 违反本法规定，有下列行为之一，由县级以上地方人民政府房产管理部门责令改正，处一万元以上五万元以下的罚款；拒不改正的，责令暂停销售：

（一）新建居民住房的房地产开发经营者未在销售场所公示住房可能受到噪声影响的情况以及采取或者拟采取的防治措施，或者未纳入买卖合同的；

（二）新建居民住房的房地产开发经营者未在买卖合同中明确住房的共用设施设备位置或者建筑隔声情况的。

第八十四条 违反本法规定，有下列行为之一，由地方人民政府指定的部门责令改正，处五千元以上五万元以下的罚款；拒不改正的，处五万元以上二十万元以下的罚款：

（一）居民住宅区安装共用设施设备，设置不合理或者未采取减少振动、降低噪声的措施，不符合民用建筑隔声设计相关标准要求的；

（二）对已建成使用的居民住宅区共用设施设备，专业运营单位未进行维护管理，不符合民用建筑隔声设计相关标准要求的。

第八十五条 噪声污染防治监督管理人员滥用职权、玩忽职守、徇私舞弊的，由监察机关或者任免机关、单位依法给予处分。

第八十六条 受到噪声侵害的单位和个人，有权要求侵权人依法承担民事责任。

对赔偿责任和赔偿金额纠纷，可以根据当事人的请求，由相应的负有噪声污染防治监督管理职责的部门、人民调解委员会调解处理。

国家鼓励排放噪声的单位、个人和公共场所管理者与受到噪声侵害的单位和个人友好协商，通过调整生产经营时间、施工作业时间，采取减少振动、降低噪声措施，支付补偿金、异地安置等方式，妥善解决噪声纠纷。

第八十七条 违反本法规定，产生社会生活噪声，经劝阻、调解和处理未能制止，持续干扰他人正常生活、工作和学习，或者有其他扰乱公共秩序、妨害社会管理等违反治安管理行为的，由公安机关依法给予治安管理处罚。

违反本法规定，构成犯罪的，依法追究刑事责任。

第九章 附则

第八十八条 本法中下列用语的含义：

（一）噪声排放，是指噪声源向周围生活环境辐射噪声；

（二）夜间，是指晚上十点至次日早晨六点之间的期间，设区的市级以上人民政府可以另行规定本行政区域夜间的起止时间，夜间时段长度为八小时；

（三）噪声敏感建筑物，是指用于居住、科学研究、医疗卫生、文化教育、机关团体办公、社会福利等需要保持安静的建筑物；

（四）交通干线，是指铁路、高速公路、一级公路、二级公路、城市快速路、城市主干路、城市次干路、城市轨道交通线路、内河高等级航道。

第八十九条 省、自治区、直辖市或者设区的市、自治州根据实际情况，制定本地方噪声污染防治具体办法。

第九十条 本法自2022年6月5日起施行。《中华人民共和国环境噪声污染防治法》同时废止。

2. 关于汽车修理企业检测机动车产生的噪声适用环境标准问题的复函

（环办大气函〔2017〕1518号）

上海市环境保护局：

你局《关于汽车修理企业检测机动车产生的噪声适用环境标准问题的请示》（沪环保科〔2017〕316号）收悉。经研究，函复如下：

一、《工业企业厂界环境噪声排放标准》（GB 12348—2008）适用于汽车修理企业。

二、《工业企业厂界环境噪声排放标准》（GB 12348—2008）中3.1条“工业企业厂界环境噪声指在工业生产活动中使用固定设备等产生的、在厂界处进行测量和控制的干扰周围生活环境的声音”，包含了使用固定设备时设备自身发出的声音和其他声音。在企业厂界内汽车检测时车辆怠速产生的噪声属于使用固定设备产生的干扰周围生活环境的声音。

特此函复。

环境保护部办公厅

2017年9月27日

3. 关于铁路列车适用环境噪声国家环境保护标准问题的复函

（环办便函〔2017〕15 号）

天津铁路运输法院：

你院《关于铁路列车“噪声污染责任纠纷”案件如何适用环境噪声国家环境保护标准问题的咨询函》收悉。经研究，现函复如下：

一、根据《环境噪声污染防治法》的规定，评价铁路附近列车运行噪声对居民的影响，应适用相应的国家环境噪声排放标准。

《铁路边界噪声限值及其测量方法》（GB 12525—90）及其修改方案，规定了铁路边界处噪声限值及测量方法，适用于铁路边界噪声评价，属于国家环境噪声排放标准。

《声环境质量标准》（GB 3096—2008）规定了不同声环境功能区的环境噪声限值及测量方法，适用于县级以上人民政府环境保护主管部门按照《声环境功能区划分技术规范》（GB/T 15190）依法划定的五类声环境功能区的声环境质量评价与管理，属于国家声环境质量标准。

GB 12525—90 和 GB 3096—2008 两个标准的管理对象和适用范围均不相同。

二、乡村铁路边界噪声的评价可以参照执行 GB 12525—90。在铁路边界处有噪声敏感建筑物的情况下，按 GB 12525—90 监测，若铁路边界处噪声水平能够达到规定的铁路边界噪声限值，则可以判定监测点处边界列车运行排放噪声符合国家环境噪声排放标准要求，铁路运行未造成环境噪声污染；若边界处噪声水平超过规定的铁路边界噪声限值，应判定存在环境噪声污染。

三、《铁路沿线环境噪声测量技术规定》（TB/T 3050—2002）由原铁道部制定，根据规定，由制定部门负责解释。

四、根据 GB 125—90 和 GB 3096—2008 夜间铁路列车运行噪声不属于夜间突发噪声，铁路列车运行排放噪声的评价量为等效声级，不评价最大声级。

特此函复。

环境保护部办公厅

2017 年 1 月 23 日

4. 关于居民楼内生活服务设备产生噪声适用环境保护标准问题的复函

（环函〔2011〕88号）

安徽省环境保护厅：

你厅《关于居民楼内设备产生噪声适用环境保护标准问题的请示》（环科函〔2011〕173号）收悉。现函复如下：

一、《中华人民共和国环境噪声污染防治法》（以下简称《噪声法》）未规定由环境保护行政主管部门监督管理居民楼内的电梯、水泵和变压器等设备产生的环境噪声。处理因这类噪声问题引发的投诉，国家法律、行政法规没有明确规定的，适用地方性法规、地方政府规章；地方没有明确作出规定的，环境保护行政主管部门可根据当事人的请求，依据《民法通则》的规定予以调解。调解不成的，环境保护行政主管部门应告知投诉人依法提起民事诉讼。

二、《工业企业厂界环境噪声排放标准》（GB 12348—2008）和《社会生活环境噪声排放标准》（GB 22337—2008）都是根据《噪声法》制定和实施的国家环境噪声排放标准。这两项标准都不适用于居民楼内为本楼居民日常生活提供服务而设置的设备（如电梯、水泵、变压器等设备）产生噪声的评价，《噪声法》也未规定这类噪声适用的环保标准。

2011年4月7日

5. 关于企业排放环境噪声监管问题的复函

（环函〔2009〕124号）

河南省环境保护厅：

原河南省环境保护局《关于对军工企业偶发噪声环境监管有关问题的请示》（豫环文〔2009〕45号）收悉。经研究，函复如下。

一、对于非城市区域从事生产活动排放偶发性强烈噪声行为的监管问题，《中华人民共和国环境噪声污染防治法》没有明确规定。处理因该类环境噪声问题引发的投诉，地方性法规、地方政府规章有规定的，适用地方规定；地方没有明确作出规定的，环境保护行政主管部门可根据当事人的请求，依据《民法通则》的规定予以调解。调解不成或相关方不同意调解的，环境保护行政主管部门应告知投诉人依法提起民事诉讼。

二、《工业企业厂界环境噪声排放标准》（GB 12348—2008）仅对工业企业夜间偶发噪声的最大声级管理提出了排放控制要求和监测方法。该标准不适用于昼间工业企业偶发噪声排放的环境监管。

2009 年 5 月 31 日

6. 关于工业企业厂界噪声监测中背景噪声有关问题的复函

（环函〔2001〕319 号）

四川省环境保护局：

你局《转报成都市环保局关于工业企业厂界噪声监测中背景噪声有关问题的请示》（川环发〔2001〕534 号）收悉。经研究，函复如下：

一、原则上应在噪声源停机的情况下测量背景噪声值，当噪声源需要连续长期运行无法停止时，可根据噪声源附近其他主要声源的情况，制订合理的监测方案，根据监测方案进行测试。

二、当测量值与背景值差值小于 3dB（A）时，表明背景噪声的影响带来的测试误差较大，应将背景噪声适当隔离后再测，当无法隔离时，也可根据能量叠加原理，采取计算的方法估算出噪声源的噪声值。

2001 年 12 月 19 日

（五）土壤污染防治

1. 中华人民共和国土壤污染防治法

（2018 年 8 月 31 日第十三届全国人民代表大会常务委员会第五次会议通过）

第一章　总则

第一条　为了保护和改善生态环境，防治土壤污染，保障公众健康，推动土壤资源永续利用，推进生态文明建设，促进经济社会可持续发展，制定本法。

第二条　在中华人民共和国领域及管辖的其他海域从事土壤污染防治及相关活动，适用本法。

本法所称土壤污染，是指因人为因素导致某种物质进入陆地表层土壤，引起土壤化学、物理、生物等方面特性的改变，影响土壤功能和有效利用，危害公众健康或者破坏生态环境的现象。

第三条　土壤污染防治应当坚持预防为主、保护优先、分类管理、风险管控、污染担责、公众参与的原则。

第四条　任何组织和个人都有保护土壤、防止土壤污染的义务。

土地使用权人从事土地开发利用活动，企业事业单位和其他生产经营者从事生产经营活动，应当采取有效措施，防止、减少土壤污染，对所造成的土壤污染依法承担责任。

第五条　地方各级人民政府应当对本行政区域土壤污染防治和安全利用负责。

国家实行土壤污染防治目标责任制和考核评价制度，将土壤污染防治目标完成情况作为考核评价地方各级人民政府及其负责人、县级以上人民政府负有土壤污染防治监督管理职责的部门及其负责人的内容。

第六条　各级人民政府应当加强对土壤污染防治工作的领导，组织、协调、督促有关部门依法履行土壤污染防治监督管理职责。

第七条　国务院生态环境主管部门对全国土壤污染防治工作实施统一监督管理；国务院农业农村、自然资源、住房城乡建设、林业草原等主管部门在各自职责范围内对土壤污染防治工作实施监督管理。

地方人民政府生态环境主管部门对本行政区域土壤污染防治工作实施统一监督管理；地方人民政府农业农村、自然资源、住房城乡建设、林业草原等主管部门在各自职责范围内对土壤污染防治工作实施监督管理。

第八条　国家建立土壤环境信息共享机制。

国务院生态环境主管部门应当会同国务院农业农村、自然资源、住房城乡建设、水利、卫生健康、林业草原等主管部门建立土壤环境基础数据库，构建全国土壤环境信息平台，实行数据动态更新和信息共享。

第九条 国家支持土壤污染风险管控和修复、监测等污染防治科学技术研究开发、成果转化和推广应用，鼓励土壤污染防治产业发展，加强土壤污染防治专业技术人才培养，促进土壤污染防治科学技术进步。

国家支持土壤污染防治国际交流与合作。

第十条 各级人民政府及其有关部门、基层群众性自治组织和新闻媒体应当加强土壤污染防治宣传教育和科学普及，增强公众土壤污染防治意识，引导公众依法参与土壤污染防治工作。

第二章 规划、标准、普查和监测

第十一条 县级以上人民政府应当将土壤污染防治工作纳入国民经济和社会发展规划、环境保护规划。

设区的市级以上地方人民政府生态环境主管部门应当会同发展改革、农业农村、自然资源、住房城乡建设、林业草原等主管部门，根据环境保护规划要求、土地用途、土壤污染状况普查和监测结果等，编制土壤污染防治规划，报本级人民政府批准后公布实施。

第十二条 国务院生态环境主管部门根据土壤污染状况、公众健康风险、生态风险和科学技术水平，并按照土地用途，制定国家土壤污染风险管控标准，加强土壤污染防治标准体系建设。

省级人民政府对国家土壤污染风险管控标准中未作规定的项目，可以制定地方土壤污染风险管控标准；对国家土壤污染风险管控标准中已作规定的项目，可以制定严于国家土壤污染风险管控标准的地方土壤污染风险管控标准。地方土壤污染风险管控标准应当报国务院生态环境主管部门备案。

土壤污染风险管控标准是强制性标准。

国家支持对土壤环境背景值和环境基准的研究。

第十三条 制定土壤污染风险管控标准，应当组织专家进行审查和论证，并征求有关部门、行业协会、企业事业单位和公众等方面的意见。

土壤污染风险管控标准的执行情况应当定期评估，并根据评估结果对标准适时修订。

省级以上人民政府生态环境主管部门应当在其网站上公布土壤污染风险管控标准，供公众免费查阅、下载。

第十四条 国务院统一领导全国土壤污染状况普查。国务院生态环境主管部门会同国务院农业农村、自然资源、住房城乡建设、林业草原等主管部门，每十年至少组织开展一次全国土壤污染状况普查。

国务院有关部门、设区的市级以上地方人民政府可以根据本行业、本行政区域实际情况组织开展土壤污染状况详查。

第十五条 国家实行土壤环境监测制度。

国务院生态环境主管部门制定土壤环境监测规范，会同国务院农业农村、自然资源、住房城乡建设、水利、卫生健康、林业草原等主管部门组织监测网络，统一规划国家土壤环境监测站（点）的设置。

第十六条 地方人民政府农业农村、林业草原主管部门应当会同生态环境、自然资源主管部门对下列农用地地块进行重点监测：

（一）产出的农产品污染物含量超标的；

（二）作为或者曾作为污水灌溉区的；

（三）用于或者曾用于规模化养殖，固体废物堆放、填埋的；

（四）曾作为工矿用地或者发生过重大、特大污染事故的；

（五）有毒有害物质生产、贮存、利用、处置设施周边的；

（六）国务院农业农村、林业草原、生态环境、自然资源主管部门规定的其他情形。

第十七条 地方人民政府生态环境主管部门应当会同自然资源主管部门对下列建设用地地块进行重点监测：

（一）曾用于生产、使用、贮存、回收、处置有毒有害物质的；

（二）曾用于固体废物堆放、填埋的；

（三）曾发生过重大、特大污染事故的；

（四）国务院生态环境、自然资源主管部门规定的其他情形。

第三章 预防和保护

第十八条 各类涉及土地利用的规划和可能造成土壤污染的建设项目，应当依法进行环境影响评价。环境影响评价文件应当包括对土壤可能造成的不良影响及应当采取的相应预防措施等内容。

第十九条 生产、使用、贮存、运输、回收、处置、排放有毒有害物质的单位和个人，应当采取有效措施，防止有毒有害物质渗漏、流失、扬散，避免土壤受到污染。

第二十条 国务院生态环境主管部门应当会同国务院卫生健康等主管部门，根据对公众健康、生态环境的危害和影响程度，对土壤中有毒有害物质进行筛查评估，公布重点控制的土壤有毒有害物质名录，并适时更新。

第二十一条 设区的市级以上地方人民政府生态环境主管部门应当按照国务院生态环境主管部门的规定，根据有毒有害物质排放等情况，制定本行政区域土壤污染重点监管单位名录，向社会公开并适时更新。

土壤污染重点监管单位应当履行下列义务：

（一）严格控制有毒有害物质排放，并按年度向生态环境主管部门报告排放情况；

（二）建立土壤污染隐患排查制度，保证持续有效防止有毒有害物质渗漏、流失、扬散；

（三）制定、实施自行监测方案，并将监测数据报生态环境主管部门。

前款规定的义务应当在排污许可证中载明。

土壤污染重点监管单位应当对监测数据的真实性和准确性负责。生态环境主管部门发现土壤污染重点监管单位监测数据异常，应当及时进行调查。

设区的市级以上地方人民政府生态环境主管部门应当定期对土壤污染重点监管单位周边土壤进行监测。

第二十二条 企业事业单位拆除设施、设备或者建筑物、构筑物的，应当采取相应的土壤污染防治措施。

土壤污染重点监管单位拆除设施、设备或者建筑物、构筑物的，应当制定包括应急措施在内的土壤污染防治工作方案，报地方人民政府生态环境、工业和信息化主管部门备案并实施。

第二十三条 各级人民政府生态环境、自然资源主管部门应当依法加强对矿产资源开发区域土壤污染防治的监督管理，按照相关标准和总量控制的要求，严格控制可能造成土壤污染的重点污染物排放。

尾矿库运营、管理单位应当按照规定，加强尾矿库的安全管理，采取措施防止土壤污染。危库、险库、病库以及其他需要重点监管的尾矿库的运营、管理单位应当按照规定，进行土壤污染状况监测和定期评估。

第二十四条 国家鼓励在建筑、通信、电力、交通、水利等领域的信息、网络、防雷、接地等建设工程中采用新技术、新材料，防止土壤污染。

禁止在土壤中使用重金属含量超标的降阻产品。

第二十五条 建设和运行污水集中处理设施、固体废物处置设施，应当依照法律法规和相关标准的要求，采取措施防止土壤污染。

地方人民政府生态环境主管部门应当定期对污水集中处理设施、固体废物处置设施周边土壤进行监测；对不符合法律法规和相关标准要求的，应当根据监测结果，要求污水集中处理设施、固体废物处置设施运营单位采取相应改进措施。

地方各级人民政府应当统筹规划、建设城乡生活污水和生活垃圾处理、处置设施，并保障其正常运行，防止土壤污染。

第二十六条 国务院农业农村、林业草原主管部门应当制定规划，完善相关标准和措施，加强农用地农药、化肥使用指导和使用总量控制，加强农用薄膜使用控制。

国务院农业农村主管部门应当加强农药、肥料登记，组织开展农药、肥料对土壤环境影响的安全性评价。

制定农药、兽药、肥料、饲料、农用薄膜等农业投入品及其包装物标准和农田灌溉用水水质标准，应当适应土壤污染防治的要求。

第二十七条 地方人民政府农业农村、林业草原主管部门应当开展农用地土壤污染防治宣传和技术培训活动，扶持农业生产专业化服务，指导农业生产者合理使用农药、兽药、肥料、饲料、农用薄膜等农业投入品，控制农药、兽药、化肥等的使用量。

地方人民政府农业农村主管部门应当鼓励农业生产者采取有利于防止土壤污染的种养结合、轮作休耕等农业耕作措施；支持采取土壤改良、土壤肥力提升等有利于土壤养护和培育的措施；支持畜禽粪便处理、利用设施的建设。

第二十八条 禁止向农用地排放重金属或者其他有毒有害物质含量超标的污水、污泥，以及可能造成土壤污染的清淤底泥、尾矿、矿渣等。

县级以上人民政府有关部门应当加强对畜禽粪便、沼渣、沼液等收集、贮存、利用、处置的监督管理，防止土壤污染。

农田灌溉用水应当符合相应的水质标准，防止土壤、地下水和农产品污染。地方人民政府生态环境主管部门应当会同农业农村、水利主管部门加强对农田灌溉用水水质的管理，对农田灌溉用水水质进行监测和监督检查。

第二十九条 国家鼓励和支持农业生产者采取下列措施：

（一）使用低毒、低残留农药以及先进喷施技术；

（二）使用符合标准的有机肥、高效肥；

（三）采用测土配方施肥技术、生物防治等病虫害绿色防控技术；

（四）使用生物可降解农用薄膜；

（五）综合利用秸秆、移出高富集污染物秸秆；

（六）按照规定对酸性土壤等进行改良。

第三十条 禁止生产、销售、使用国家明令禁止的农业投入品。

农业投入品生产者、销售者和使用者应当及时回收农药、肥料等农业投入品的包装废弃物和农用薄膜，并将农药包装废弃物交由专门的机构或者组织进行无害化处理。具体办法由国务院农业农村主管部门会同国务院生态环境等主管部门制定。

国家采取措施，鼓励、支持单位和个人回收农业投入品包装废弃物和农用薄膜。

第三十一条 国家加强对未污染土壤的保护。

地方各级人民政府应当重点保护未污染的耕地、林地、草地和饮用水水源地。

各级人民政府应当加强对国家公园等自然保护地的保护，维护其生态功能。

对未利用地应当予以保护，不得污染和破坏。

第三十二条 县级以上地方人民政府及其有关部门应当按照土地利用总体规划和城乡规划，严格执行相关行业企业布局选址要求，禁止在居民区和学校、医院、疗养院、养老院等单位周边新建、改建、扩建可能造成土壤污染的建设项目。

第三十三条 国家加强对土壤资源的保护和合理利用。对开发建设过程中剥离的表土，应当单独收集和存放，符合条件的应当优先用于土地复垦、土壤改良、造地和绿化等。

禁止将重金属或者其他有毒有害物质含量超标的工业固体废物、生活垃圾或者污染土壤用于土地复垦。

第三十四条 因科学研究等特殊原因，需要进口土壤的，应当遵守国家出入境检验检疫的有关规定。

第四章 风险管控和修复

第一节 一般规定

第三十五条 土壤污染风险管控和修复，包括土壤污染状况调查和土壤污染风险评估、风险管控、修复、风险管控效果评估、修复效果评估、后期管理等活动。

第三十六条 实施土壤污染状况调查活动，应当编制土壤污染状况调查报告。

土壤污染状况调查报告应当主要包括地块基本信息、污染物含量是否超过土壤污染风险管控标准等内容。污染物含量超过土壤污染风险管控标准的，土壤污染状况调查报告还应当包括污染类型、污染来源以及地下水是否受到污染等内容。

第三十七条 实施土壤污染风险评估活动，应当编制土壤污染风险评估报告。

土壤污染风险评估报告应当主要包括下列内容：

（一）主要污染物状况；

（二）土壤及地下水污染范围；

（三）农产品质量安全风险、公众健康风险或者生态风险；

（四）风险管控、修复的目标和基本要求等。

第三十八条 实施风险管控、修复活动，应当因地制宜、科学合理，提高针对性和有效性。

实施风险管控、修复活动，不得对土壤和周边环境造成新的污染。

第三十九条 实施风险管控、修复活动前，地方人民政府有关部门有权根据实际情况，要求土壤污染责任人、土地使用权人采取移除污染源、防止污染扩散等措施。

第四十条 实施风险管控、修复活动中产生的废水、废气和固体废物，应当按照规定进行处理、处置，并达到相关环境保护标准。

实施风险管控、修复活动中产生的固体废物以及拆除的设施、设备或者建筑物、构筑物属于危险废物的，应当依照法律法规和相关标准的要求进行处置。

修复施工期间，应当设立公告牌，公开相关情况和环境保护措施。

第四十一条 修复施工单位转运污染土壤的，应当制定转运计划，将运输时间、方式、线路和污染土壤数量、去向、最终处置措施等，提前报所在地和接收地生态环境主管部门。

转运的污染土壤属于危险废物的，修复施工单位应当依照法律法规和相关标准的要求进行处置。

第四十二条 实施风险管控效果评估、修复效果评估活动，应当编制效果评估报告。

效果评估报告应当主要包括是否达到土壤污染风险评估报告确定的风险管控、修复目标等内容。

风险管控、修复活动完成后，需要实施后期管理的，土壤污染责任人应当按照要求实施后期管理。

第四十三条 从事土壤污染状况调查和土壤污染风险评估、风险管控、修复、风险管控效果评估、修复效果评估、后期管理等活动的单位，应当具备相应的专业能力。

受委托从事前款活动的单位对其出具的调查报告、风险评估报告、风险管控效果评估报告、修复效果评估报告的真实性、准确性、完整性负责，并按照约定对风险管控、修复、后期管理等活动结果负责。

第四十四条 发生突发事件可能造成土壤污染的，地方人民政府及其有关部门和相关企业事业单位以及其他生产经营者应当立即采取应急措施，防止土壤污染，并依照本法规定做好土壤污染状况监测、调查和土壤污染风险评估、风险管控、修复等工作。

第四十五条 土壤污染责任人负有实施土壤污染风险管控和修复的义务。土壤污染责任人无法认定的，土地使用权人应当实施土壤污染风险管控和修复。

地方人民政府及其有关部门可以根据实际情况组织实施土壤污染风险管控和修复。

国家鼓励和支持有关当事人自愿实施土壤污染风险管控和修复。

第四十六条 因实施或者组织实施土壤污染状况调查和土壤污染风险评估、风险管控、修复、风险管控效果评估、修复效果评估、后期管理等活动所支出的费用，由土壤污染责任人承担。

第四十七条 土壤污染责任人变更的，由变更后承继其债权、债务的单位或者个人履行相关土壤污染风险管控和修复义务并承担相关费用。

第四十八条 土壤污染责任人不明确或者存在争议的，农用地由地方人民政府农业农村、林业草原主管部门会同生态环境、自然资源主管部门认定，建设用地由地方人民政府生态环境主管部门会同自然资源主管部门认定。认定办法由国务院生态环境主管部门会同有关部门制定。

第二节 农用地

第四十九条 国家建立农用地分类管理制度。按照土壤污染程度和相关标准，将农用地划分为优先保护类、安全利用类和严格管控类。

第五十条 县级以上地方人民政府应当依法将符合条件的优先保护类耕地划为永久基本农田，实行严格保护。

在永久基本农田集中区域，不得新建可能造成土壤污染的建设项目；已经建成的，应当限期关闭拆除。

第五十一条 未利用地、复垦土地等拟开垦为耕地的，地方人民政府农业农村主管部门应当会同生态环境、自然资源主管部门进行土壤污染状况调查，依法进行分类管理。

第五十二条 对土壤污染状况普查、详查和监测、现场检查表明有土壤污染风险的农用地地块，地方人民政府农业农村、林业草原主管部门应当会同生态环境、自然资源主管部门进行土壤污染状况调查。

对土壤污染状况调查表明污染物含量超过土壤污染风险管控标准的农用地地块，地方人民政府农业农村、林业草原主管部门应当会同生态环境、自然资源主管部门组织进行土壤污染风险评估，并按照农用地分类管理制度管理。

第五十三条 对安全利用类农用地地块，地方人民政府农业农村、林业草原主管部门，应当结合主要作物品种和种植习惯等情况，制定并实施安全利用方案。

安全利用方案应当包括下列内容：

（一）农艺调控、替代种植；

（二）定期开展土壤和农产品协同监测与评价；

（三）对农民、农民专业合作社及其他农业生产经营主体进行技术指导和培训；

（四）其他风险管控措施。

第五十四条 对严格管控类农用地地块，地方人民政府农业农村、林业草原主管部门应当采取下列风险管控措施：

（一）提出划定特定农产品禁止生产区域的建议，报本级人民政府批准后实施；

（二）按照规定开展土壤和农产品协同监测与评价；

（三）对农民、农民专业合作社及其他农业生产经营主体进行技术指导和培训；

（四）其他风险管控措施。

各级人民政府及其有关部门应当鼓励对严格管控类农用地采取调整种植结构、退耕还林还草、退耕还湿、轮作休耕、轮牧休牧等风险管控措施，并给予相应的政策支持。

第五十五条 安全利用类和严格管控类农用地地块的土壤污染影响或者可能影响地下水、饮用水水源安全的，地方人民政府生态环境主管部门应当会同农业农村、林业草原等主管部门制定防治污染的方案，并采取相应的措施。

第五十六条 对安全利用类和严格管控类农用地地块，土壤污染责任人应当按照国家有关规定以及土壤污染风险评估报告的要求，采取相应的风险管控措施，并定期向地方人民政府农业农村、林业草原主管部门报告。

第五十七条 对产出的农产品污染物含量超标，需要实施修复的农用地地块，土壤污染责任人应当编制修复方案，报地方人民政府农业农村、林业草原主管部门备案并实施。修复方案应当包括地下水污染防治的内容。

修复活动应当优先采取不影响农业生产、不降低土壤生产功能的生物修复措施，阻断或者减少污染物进入农作物食用部分，确保农产品质量安全。

风险管控、修复活动完成后，土壤污染责任人应当另行委托有关单位对风险管控效果、修复效果进行评估，并将效果评估报告报地方人民政府农业农村、林业草原主管部门备案。

农村集体经济组织及其成员、农民专业合作社及其他农业生产经营主体等负有协助实施土壤污染风险管控和修复的义务。

第三节 建设用地

第五十八条 国家实行建设用地土壤污染风险管控和修复名录制度。

建设用地土壤污染风险管控和修复名录由省级人民政府生态环境主管部门会同自然资源等主管部门制定，按照规定向社会公开，并根据风险管控、修复情况适时更新。

第五十九条 对土壤污染状况普查、详查和监测、现场检查表明有土壤污染风险的建设用地地块，地方人民政府生态环境主管部门应当要求土地使用权人按照规定进行土壤污染状况调查。

用途变更为住宅、公共管理与公共服务用地的，变更前应当按照规定进行土壤污染状况调查。

前两款规定的土壤污染状况调查报告应当报地方人民政府生态环境主管部门，由地方人民政府生态环境主管部门会同自然资源主管部门组织评审。

第六十条 对土壤污染状况调查报告评审表明污染物含量超过土壤污染风险管控标准的建设用地地块，土壤污染责任人、土地使用权人应当按照国务院生态环境主管部门的规定进行土壤污染风险评估，并将土壤污染风险评估报告报省级人民政府生态环境主管部门。

第六十一条 省级人民政府生态环境主管部门应当会同自然资源等主管部门按照国务院生态环境主管部门的规定，对土壤污染风险评估报告组织评审，及时将需要实施风险管控、修复的地块纳入建设用地土壤污染风险管控和修复名录，并定期向国务院生态环境主管部门报告。

列入建设用地土壤污染风险管控和修复名录的地块，不得作为住宅、公共管理与公共服务用地。

第六十二条 对建设用地土壤污染风险管控和修复名录中的地块，土壤污染责任人应当按照国家有关规定以及土壤污染风险评估报告的要求，采取相应的风险管控措施，并定期向地方人民政府生态环境主管部门报告。风险管控措施应当包括地下水污染防治的内容。

第六十三条 对建设用地土壤污染风险管控和修复名录中的地块，地方人民政府生态环境主管部门可以根据实际情况采取下列风险管控措施：

（一）提出划定隔离区域的建议，报本级人民政府批准后实施；

（二）进行土壤及地下水污染状况监测；

（三）其他风险管控措施。

第六十四条 对建设用地土壤污染风险管控和修复名录中需要实施修复的地块，土壤污染责任人应当结合土地利用总体规划和城乡规划编制修复方案，报地方人民政府生态环境主管部门备案并实施。修复方案应当包括地下水污染防治的内容。

第六十五条 风险管控、修复活动完成后，土壤污染责任人应当另行委托有关单位对风险管控效果、修复效果进行评估，并将效果评估报告报地方人民政府生态环境主管部门备案。

第六十六条 对达到土壤污染风险评估报告确定的风险管控、修复目标的建设用地地块，土壤污染责任人、土地使用权人可以申请省级人民政府生态环境主管部门移出建设用地土壤污染风险管控和修复名录。

省级人民政府生态环境主管部门应当会同自然资源等主管部门对风险管控效果评估报告、修复效果评估报告组织评审，及时将达到土壤污染风险评估报告确定的风险管控、修复目标且可以安全利用的地块移出建设用地土壤污染风险管控和修复名录，按照规定向社会公开，并定期向国务院生态环境主管部门报告。

未达到土壤污染风险评估报告确定的风险管控、修复目标的建设用地地块，禁止开工建设任何与风险管控、修复无关的项目。

第六十七条 土壤污染重点监管单位生产经营用地的用途变更或者在其土地使用权收回、转让前，应当由土地使用权人按照规定进行土壤污染状况调查。土壤污染状况调查报告应当作为不动产登记资料送交地方人民政府不动产登记机构，并报地方人民政府生态环境主管部门备案。

第六十八条 土地使用权已经被地方人民政府收回，土壤污染责任人为原土地使用权人的，由地方人民政府组织实施土壤污染风险管控和修复。

第五章 保障和监督

第六十九条 国家采取有利于土壤污染防治的财政、税收、价格、金融等经济政策和措施。

第七十条 各级人民政府应当加强对土壤污染的防治，安排必要的资金用于下列事项：

（一）土壤污染防治的科学技术研究开发、示范工程和项目；

（二）各级人民政府及其有关部门组织实施的土壤污染状况普查、监测、调查和土壤污染责任人认定、风险评估、风险管控、修复等活动；

（三）各级人民政府及其有关部门对涉及土壤污染的突发事件的应急处置；

（四）各级人民政府规定的涉及土壤污染防治的其他事项。

使用资金应当加强绩效管理和审计监督，确保资金使用效益。

第七十一条 国家加大土壤污染防治资金投入力度，建立土壤污染防治基金制度。设立中央土壤污染防治专项资金和省级土壤污染防治基金，主要用于农用地土壤污染防治和土壤污染责任人或者土地使用权人无法认定的土壤污染风险管控和修复以及政府规定的其他事项。

对本法实施之前产生的，并且土壤污染责任人无法认定的污染地块，土地使用权人实际承担土壤污染风险管控和修复的，可以申请土壤污染防治基金，集中用于土壤污染风险管控和修复。

土壤污染防治基金的具体管理办法，由国务院财政主管部门会同国务院生态环境、农业农村、自然资源、住房城乡建设、林业草原等主管部门制定。

第七十二条 国家鼓励金融机构加大对土壤污染风险管控和修复项目的信贷投放。

国家鼓励金融机构在办理土地权利抵押业务时开展土壤污染状况调查。

第七十三条 从事土壤污染风险管控和修复的单位依照法律、行政法规的规定，享受税收优惠。

第七十四条 国家鼓励并提倡社会各界为防治土壤污染捐赠财产，并依照法律、行政法规的规定，给予税收优惠。

第七十五条 县级以上人民政府应当将土壤污染防治情况纳入环境状况和环境保

护目标完成情况年度报告，向本级人民代表大会或者人民代表大会常务委员会报告。

第七十六条 省级以上人民政府生态环境主管部门应当会同有关部门对土壤污染问题突出、防治工作不力、群众反映强烈的地区，约谈设区的市级以上地方人民政府及其有关部门主要负责人，要求其采取措施及时整改。约谈整改情况应当向社会公开。

第七十七条 生态环境主管部门及其环境执法机构和其他负有土壤污染防治监督管理职责的部门，有权对从事可能造成土壤污染活动的企业事业单位和其他生产经营者进行现场检查、取样，要求被检查者提供有关资料、就有关问题作出说明。

被检查者应当配合检查工作，如实反映情况，提供必要的资料。

实施现场检查的部门、机构及其工作人员应当为被检查者保守商业秘密。

第七十八条 企业事业单位和其他生产经营者违反法律法规规定排放有毒有害物质，造成或者可能造成严重土壤污染的，或者有关证据可能灭失或者被隐匿的，生态环境主管部门和其他负有土壤污染防治监督管理职责的部门，可以查封、扣押有关设施、设备、物品。

第七十九条 地方人民政府安全生产监督管理部门应当监督尾矿库运营、管理单位履行防治土壤污染的法定义务，防止其发生可能污染土壤的事故；地方人民政府生态环境主管部门应当加强对尾矿库土壤污染防治情况的监督检查和定期评估，发现风险隐患的，及时督促尾矿库运营、管理单位采取相应措施。

地方人民政府及其有关部门应当依法加强对向沙漠、滩涂、盐碱地、沼泽地等未利用地非法排放有毒有害物质等行为的监督检查。

第八十条 省级以上人民政府生态环境主管部门和其他负有土壤污染防治监督管理职责的部门应当将从事土壤污染状况调查和土壤污染风险评估、风险管控、修复、风险管控效果评估、修复效果评估、后期管理等活动的单位和个人的执业情况，纳入信用系统建立信用记录，将违法信息记入社会诚信档案，并纳入全国信用信息共享平台和国家企业信用信息公示系统向社会公布。

第八十一条 生态环境主管部门和其他负有土壤污染防治监督管理职责的部门应当依法公开土壤污染状况和防治信息。

国务院生态环境主管部门负责统一发布全国土壤环境信息；省级人民政府生态环境主管部门负责统一发布本行政区域土壤环境信息。生态环境主管部门应当将涉及主要食用农产品生产区域的重大土壤环境信息，及时通报同级农业农村、卫生健康和食品安全主管部门。

公民、法人和其他组织享有依法获取土壤污染状况和防治信息、参与和监督土壤污染防治的权利。

第八十二条 土壤污染状况普查报告、监测数据、调查报告和土壤污染风险评估报告、风险管控效果评估报告、修复效果评估报告等，应当及时上传全国土壤环境信息平台。

第八十三条 新闻媒体对违反土壤污染防治法律法规的行为享有舆论监督的权

利，受监督的单位和个人不得打击报复。

第八十四条 任何组织和个人对污染土壤的行为，均有向生态环境主管部门和其他负有土壤污染防治监督管理职责的部门报告或者举报的权利。

生态环境主管部门和其他负有土壤污染防治监督管理职责的部门应当将土壤污染防治举报方式向社会公布，方便公众举报。

接到举报的部门应当及时处理并对举报人的相关信息予以保密；对实名举报并查证属实的，给予奖励。

举报人举报所在单位的，该单位不得以解除、变更劳动合同或者其他方式对举报人进行打击报复。

第六章 法律责任

第八十五条 地方各级人民政府、生态环境主管部门或者其他负有土壤污染防治监督管理职责的部门未依照本法规定履行职责的，对直接负责的主管人员和其他直接责任人员依法给予处分。

依照本法规定应当作出行政处罚决定而未作出的，上级主管部门可以直接作出行政处罚决定。

第八十六条 违反本法规定，有下列行为之一的，由地方人民政府生态环境主管部门或者其他负有土壤污染防治监督管理职责的部门责令改正，处以罚款；拒不改正的，责令停产整治：

（一）土壤污染重点监管单位未制定、实施自行监测方案，或者未将监测数据报生态环境主管部门的；

（二）土壤污染重点监管单位篡改、伪造监测数据的；

（三）土壤污染重点监管单位未按年度报告有毒有害物质排放情况，或者未建立土壤污染隐患排查制度的；

（四）拆除设施、设备或者建筑物、构筑物，企业事业单位未采取相应的土壤污染防治措施或者土壤污染重点监管单位未制定、实施土壤污染防治工作方案的；

（五）尾矿库运营、管理单位未按照规定采取措施防止土壤污染的；

（六）尾矿库运营、管理单位未按照规定进行土壤污染状况监测的；

（七）建设和运行污水集中处理设施、固体废物处置设施，未依照法律法规和相关标准的要求采取措施防止土壤污染的。

有前款规定行为之一的，处二万元以上二十万元以下的罚款；有前款第二项、第四项、第五项、第七项规定行为之一，造成严重后果的，处二十万元以上二百万元以下的罚款。

第八十七条 违反本法规定，向农用地排放重金属或者其他有毒有害物质含量超标的污水、污泥，以及可能造成土壤污染的清淤底泥、尾矿、矿渣等的，由地方人民政府生态环境主管部门责令改正，处十万元以上五十万元以下的罚款；情节严重的，处五十万元以上二百万元以下的罚款，并可以将案件移送公安机关，对直接负责的主管人员和其他直接责任人员处五日以上十五日以下的拘留；有违法所得的，没收违法所得。

第八十八条 违反本法规定，农业投入品生产者、销售者、使用者未按照规定及时回收肥料等农业投入品的包装废弃物或者农用薄膜，或者未按照规定及时回收农药包装废弃物交由专门的机构或者组织进行无害化处理的，由地方人民政府农业农村主管部门责令改正，处一万元以上十万元以下的罚款；农业投入品使用者为个人的，可以处二百元以上二千元以下的罚款。

第八十九条 违反本法规定，将重金属或者其他有毒有害物质含量超标的工业固体废物、生活垃圾或者污染土壤用于土地复垦的，由地方人民政府生态环境主管部门责令改正，处十万元以上一百万元以下的罚款；有违法所得的，没收违法所得。

第九十条 违反本法规定，受委托从事土壤污染状况调查和土壤污染风险评估、风险管控效果评估、修复效果评估活动的单位，出具虚假调查报告、风险评估报告、风险管控效果评估报告、修复效果评估报告的，由地方人民政府生态环境主管部门处十万元以上五十万元以下的罚款；情节严重的，禁止从事上述业务，并处五十万元以上一百万元以下的罚款；有违法所得的，没收违法所得。

前款规定的单位出具虚假报告的，由地方人民政府生态环境主管部门对直接负责的主管人员和其他直接责任人员处一万元以上五万元以下的罚款；情节严重的，十年内禁止从事前款规定的业务；构成犯罪的，终身禁止从事前款规定的业务。

本条第一款规定的单位和委托人恶意串通，出具虚假报告，造成他人人身或者财产损害的，还应当与委托人承担连带责任。

第九十一条 违反本法规定，有下列行为之一的，由地方人民政府生态环境主管部门责令改正，处十万元以上五十万元以下的罚款；情节严重的，处五十万元以上一百万元以下的罚款；有违法所得的，没收违法所得；对直接负责的主管人员和其他直接责任人员处五千元以上二万元以下的罚款：

（一）未单独收集、存放开发建设过程中剥离的表土的；

（二）实施风险管控、修复活动对土壤、周边环境造成新的污染的；

（三）转运污染土壤，未将运输时间、方式、线路和污染土壤数量、去向、最终处置措施等提前报所在地和接收地生态环境主管部门的；

（四）未达到土壤污染风险评估报告确定的风险管控、修复目标的建设用地地块，开工建设与风险管控、修复无关的项目的。

第九十二条 违反本法规定，土壤污染责任人或者土地使用权人未按照规定实施后期管理的，由地方人民政府生态环境主管部门或者其他负有土壤污染防治监督管理职责的部门责令改正，处一万元以上五万元以下的罚款；情节严重的，处五万元以上五十万元以下的罚款。

第九十三条 违反本法规定，被检查者拒不配合检查，或者在接受检查时弄虚作假的，由地方人民政府生态环境主管部门或者其他负有土壤污染防治监督管理职责的部门责令改正，处二万元以上二十万元以下的罚款；对直接负责的主管人员和其他直接责任人员处五千元以上二万元以下的罚款。

第九十四条 违反本法规定，土壤污染责任人或者土地使用权人有下列行为之一的，由地方人民政府生态环境主管部门或者其他负有土壤污染防治监督管理职责的部门责令改正，处二万元以上二十万元以下的罚款；拒不改正的，处二十万元以上一百万元以下的罚款，并委托他人代为履行，所需费用由土壤污染责任人或者土地使用权人承担；对直接负责的主管人员和其他直接责任人员处五千元以上二万元以下的罚款：

（一）未按照规定进行土壤污染状况调查的；

（二）未按照规定进行土壤污染风险评估的；

（三）未按照规定采取风险管控措施的；

（四）未按照规定实施修复的；

（五）风险管控、修复活动完成后，未另行委托有关单位对风险管控效果、修复效果进行评估的。

土壤污染责任人或者土地使用权人有前款第三项、第四项规定行为之一，情节严重的，地方人民政府生态环境主管部门或者其他负有土壤污染防治监督管理职责的部门可以将案件移送公安机关，对直接负责的主管人员和其他直接责任人员处五日以上十五日以下的拘留。

第九十五条 违反本法规定，有下列行为之一的，由地方人民政府有关部门责令改正；拒不改正的，处一万元以上五万元以下的罚款：

（一）土壤污染重点监管单位未按照规定将土壤污染防治工作方案报地方人民政府生态环境、工业和信息化主管部门备案的；

（二）土壤污染责任人或者土地使用权人未按照规定将修复方案、效果评估报告报地方人民政府生态环境、农业农村、林业草原主管部门备案的；

（三）土地使用权人未按照规定将土壤污染状况调查报告报地方人民政府生态环境主管部门备案的。

第九十六条 污染土壤造成他人人身或者财产损害的，应当依法承担侵权责任。

土壤污染责任人无法认定，土地使用权人未依照本法规定履行土壤污染风险管控和修复义务，造成他人人身或者财产损害的，应当依法承担侵权责任。

土壤污染引起的民事纠纷，当事人可以向地方人民政府生态环境等主管部门申请调解处理，也可以向人民法院提起诉讼。

第九十七条 污染土壤损害国家利益、社会公共利益的，有关机关和组织可以依照《中华人民共和国环境保护法》《中华人民共和国民事诉讼法》《中华人民共和国行政诉讼法》等法律的规定向人民法院提起诉讼。

第九十八条 违反本法规定，构成违反治安管理行为的，由公安机关依法给予治安管理处罚；构成犯罪的，依法追究刑事责任。

第七章　附则

第九十九条　本法自2019年1月1日起施行。

2. 农药包装废弃物回收处理管理办法

（农业农村部、生态环境部令　2020年第6号）

（2020年7月31日农业农村部第11次常务会议审议通过，自2020年10月1日起施行）

第一章　总则

第一条　为了防治农药包装废弃物污染，保障公众健康，保护生态环境，根据《中华人民共和国土壤污染防治法》《中华人民共和国固体废物污染环境防治法》《农药管理条例》等法律、行政法规，制定本办法。

第二条　本办法适用于农业生产过程中农药包装废弃物的回收处理活动及其监督管理。

第三条　本办法所称农药包装废弃物，是指农药使用后被废弃的与农药直接接触或含有农药残余物的包装物，包括瓶、罐、桶、袋等。

第四条　地方各级人民政府依照《中华人民共和国土壤污染防治法》的规定，组织、协调、督促相关部门依法履行农药包装废弃物回收处理监督管理职责，建立健全回收处理体系，统筹推进农药包装废弃物回收处理等设施建设。

第五条　县级以上地方人民政府农业农村主管部门负责本行政区域内农药生产者、经营者、使用者履行农药包装废弃物回收处理义务的监督管理。

县级以上地方人民政府生态环境主管部门负责本行政区域内农药包装废弃物回收处理活动环境污染防治的监督管理。

第六条　农药生产者（含向中国出口农药的企业）、经营者和使用者应当积极履行农药包装废弃物回收处理义务，及时回收农药包装废弃物并进行处理。

第七条　国家鼓励和支持行业协会在农药包装废弃物回收处理中发挥组织协调、技术指导、提供服务等作用，鼓励和扶持专业化服务机构开展农药包装废弃物回收处理。

第八条　县级以上地方人民政府农业农村和生态环境主管部门应当采取多种形式，开展农药包装废弃物回收处理的宣传和教育，指导农药生产者、经营者和专业化服务机构开展农药包装废弃物的回收处理。

鼓励农药生产者、经营者和社会组织开展农药包装废弃物回收处理的宣传和培训。

第二章　农药包装废弃物回收

第九条　县级以上地方人民政府农业农村主管部门应当调查监测本行政区域内农药包装废弃物产生情况，指导建立农药包装废弃物回收体系，合理布设县、乡、村农药包装废弃物回收站（点），明确管理责任。

第十条 农药生产者、经营者应当按照“谁生产、经营，谁回收”的原则，履行相应的农药包装废弃物回收义务。农药生产者、经营者可以协商确定农药包装废弃物回收义务的具体履行方式。

农药经营者应当在其经营场所设立农药包装废弃物回收装置，不得拒收其销售农药的包装废弃物。

农药生产者、经营者应当采取有效措施，引导农药使用者及时交回农药包装废弃物。

第十一条 农药使用者应当及时收集农药包装废弃物并交回农药经营者或农药包装废弃物回收站（点），不得随意丢弃。

农药使用者在施用过程中，配药时应当通过清洗等方式充分利用包装物中的农药，减少残留农药。

鼓励有条件的地方，探索建立检查员等农药包装废弃物清洗审验机制。

第十二条 农药经营者和农药包装废弃物回收站（点）应当建立农药包装废弃物回收台账，记录农药包装废弃物的数量和去向信息。回收台账应当保存两年以上。

第十三条 农药生产者应当改进农药包装，便于清洗和回收。

国家鼓励农药生产者使用易资源化利用和易处置包装物、水溶性高分子包装物或者在环境中可降解的包装物，逐步淘汰铝箔包装物。鼓励使用便于回收的大容量包装物。

第三章 农药包装废弃物处理

第十四条 农药经营者和农药包装废弃物回收站（点）应当加强相关设施设备、场所的管理和维护，对收集的农药包装废弃物进行妥善贮存，不得擅自倾倒、堆放、遗撒农药包装废弃物。

第十五条 运输农药包装废弃物应当采取防止污染环境的措施，不得丢弃、遗撒农药包装废弃物，运输工具应当满足防雨、防渗漏、防遗撒要求。

第十六条 国家鼓励和支持对农药包装废弃物进行资源化利用；资源化利用以外的，应当依法依规进行填埋、焚烧等无害化处置。

资源化利用按照“风险可控、定点定向、全程追溯”的原则，由省级人民政府农业农村主管部门会同生态环境主管部门结合本地实际需要确定资源化利用单位，并向社会公布。资源化利用不得用于制造餐饮用具、儿童玩具等产品，防止危害人体健康。资源化利用单位不得倒卖农药包装废弃物。

县级以上地方人民政府农业农村主管部门、生态环境主管部门指导资源化利用单位利用处置回收的农药包装废弃物。

第十七条 农药包装废弃物处理费用由相应的农药生产者和经营者承担；农药生产者、经营者不明确的，处理费用由所在地的县级人民政府财政列支。

鼓励地方有关部门加大资金投入，给予补贴、优惠措施等，支持农药包装废弃物回收、贮存、运输、处置和资源化利用活动。

第四章　法律责任

第十八条　县级以上人民政府农业农村主管部门或生态环境主管部门未按规定履行职责的，对直接负责的主管人员和其他直接责任人依法给予处分；构成犯罪的，依法追究刑事责任。

第十九条　农药生产者、经营者、使用者未按规定履行农药包装废弃物回收处理义务的，由地方人民政府农业农村主管部门按照《中华人民共和国土壤污染防治法》第八十八条规定予以处罚。

第二十条　农药包装废弃物回收处理过程中，造成环境污染的，由地方人民政府生态环境主管部门按照《中华人民共和国固体废物污染环境防治法》等法律的有关规定予以处罚。

第二十一条　农药经营者和农药包装废弃物回收站（点）未按规定建立农药包装废弃物回收台账的，由地方人民政府农业农村主管部门责令改正；拒不改正或者情节严重的，可处二千元以上二万元以下罚款。

第五章　附则

第二十二条　本办法所称的专业化服务机构，指从事农药包装废弃物回收处理等经营活动的机构。

第二十三条　本办法自 2020 年 10 月 1 日起施行。

3. 工矿用地土壤环境管理办法（试行）

（生态环境部令　第 3 号）

（2018 年 4 月 12 日生态环境部部务会议审议通过，自 2018 年 8 月 1 日起施行）

第一章　总则

第一条　为了加强工矿用地土壤和地下水环境保护监督管理，防治工矿用地土壤和地下水污染，根据《中华人民共和国环境保护法》《中华人民共和国水污染防治法》等法律法规和国务院印发的《土壤污染防治行动计划》，制定本办法。

第二条　本办法适用于从事工业、矿业生产经营活动的土壤环境污染重点监管单位用地土壤和地下水的环境现状调查、环境影响评价、污染防治设施的建设和运行管理、污染隐患排查、环境监测和风险评估、污染应急、风险管控和治理与修复等活动，以及相关环境保护监督管理。

矿产开采作业区域用地，固体废物集中贮存、填埋场所用地，不适用本办法。

第三条　土壤环境污染重点监管单位（以下简称重点单位）包括：

（一）有色金属冶炼、石油加工、化工、焦化、电镀、制革等行业中应当纳入排污许可重点管理的企业；

（二）有色金属矿采选、石油开采行业规模以上企业；

（三）其他根据有关规定纳入土壤环境污染重点监管单位名录的企事业单位。

重点单位以外的企事业单位和其他生产经营者生产经营活动涉及有毒有害物质的，其用地土壤和地下水环境保护相关活动及相关环境保护监督管理，可以参照本办法执行。

第四条 生态环境部对全国工矿用地土壤和地下水环境保护工作实施统一监督管理。

县级以上地方生态环境主管部门负责本行政区域内的工矿用地土壤和地下水环境保护相关活动的监督管理。

第五条 设区的市级以上地方生态环境主管部门应当制定公布本行政区域的土壤环境污染重点监管单位名单，并动态更新。

第六条 工矿企业是工矿用地土壤和地下水环境保护的责任主体，应当按照本办法的规定开展相关活动。

造成工矿用地土壤和地下水污染的企业应当承担治理与修复的主体责任。

第二章 污染防控

第七条 重点单位新、改、扩建项目，应当在开展建设项目环境影响评价时，按照国家有关技术规范开展工矿用地土壤和地下水环境现状调查，编制调查报告，并按规定上报环境影响评价基础数据库。

重点单位应当将前款规定的调查报告主要内容通过其网站等便于公众知晓的方式向社会公开。

第八条 重点单位新、改、扩建项目用地应当符合国家或者地方有关建设用地土壤污染风险管控标准。

重点单位通过新、改、扩建项目的土壤和地下水环境现状调查，发现项目用地污染物含量超过国家或者地方有关建设用地土壤污染风险管控标准的，土地使用权人或者污染责任人应当参照污染地块土壤环境管理有关规定开展详细调查、风险评估、风险管控、治理与修复等活动。

第九条 重点单位建设涉及有毒有害物质的生产装置、储罐和管道，或者建设污水处理池、应急池等存在土壤污染风险的设施，应当按照国家有关标准和规范的要求，设计、建设和安装有关防腐蚀、防泄漏设施和泄漏监测装置，防止有毒有害物质污染土壤和地下水。

第十条 重点单位现有地下储罐储存有毒有害物质的，应当在本办法公布后一年之内，将地下储罐的信息报所在地设区的市级生态环境主管部门备案。

重点单位新、改、扩建项目地下储罐储存有毒有害物质的，应当在项目投入生产或者使用之前，将地下储罐的信息报所在地设区的市级生态环境主管部门备案。

地下储罐的信息包括地下储罐的使用年限、类型、规格、位置和使用情况等。

第十一条 重点单位应当建立土壤和地下水污染隐患排查治理制度，定期对重点区域、重点设施开展隐患排查。发现污染隐患的，应当制定整改方案，及时采取技术、管理措施消除隐患。隐患排查、治理情况应当如实记录并建立档案。

重点区域包括涉及有毒有害物质的生产区，原材料及固体废物的堆存区、储放区和转运区等；重点设施包括涉及有毒有害物质的地下储罐、地下管线，以及污染治理设施等。

第十二条 重点单位应当按照相关技术规范要求，自行或者委托第三方定期开展土壤和地下水监测，重点监测存在污染隐患的区域和设施周边的土壤、地下水，并按照规定公开相关信息。

第十三条 重点单位在隐患排查、监测等活动中发现工矿用地土壤和地下水存在污染迹象的，应当排查污染源，查明污染原因，采取措施防止新增污染，并参照污染地块土壤环境管理有关规定及时开展土壤和地下水环境调查与风险评估，根据调查与风险评估结果采取风险管控或者治理与修复等措施。

第十四条 重点单位拆除涉及有毒有害物质的生产设施设备、构筑物和污染治理设施的，应当按照有关规定，事先制定企业拆除活动污染防治方案，并在拆除活动前十五个工作日报所在地县级生态环境、工业和信息化主管部门备案。

企业拆除活动污染防治方案应当包括被拆除生产设施设备、构筑物和污染治理设施的基本情况、拆除活动全过程土壤污染防治的技术要求、针对周边环境的污染防治要求等内容。

重点单位拆除活动应当严格按照有关规定实施残留物料和污染物、污染设备和设施的安全处理处置，并做好拆除活动相关记录，防范拆除活动污染土壤和地下水。拆除活动相关记录应当长期保存。

第十五条 重点单位突发环境事件应急预案应当包括防止土壤和地下水污染相关内容。

重点单位突发环境事件造成或者可能造成土壤和地下水污染的，应当采取应急措施避免或者减少土壤和地下水污染；应急处置结束后，应当立即组织开展环境影响和损害评估工作，评估认为需要开展治理与修复的，应当制定并落实污染土壤和地下水治理与修复方案。

第十六条 重点单位终止生产经营活动前，应当参照污染地块土壤环境管理有关规定，开展土壤和地下水环境初步调查，编制调查报告，及时上传全国污染地块土壤环境管理信息系统。

重点单位应当将前款规定的调查报告主要内容通过其网站等便于公众知晓的方式向社会公开。

土壤和地下水环境初步调查发现该重点单位用地污染物含量超过国家或者地方有关建设用地土壤污染风险管控标准的，应当参照污染地块土壤环境管理有关规定开展详细调查、风险评估、风险管控、治理与修复等活动。

第三章 监督管理

第十七条 县级以上生态环境主管部门有权对本行政区域内的重点单位进行现场检查。被检查单位应当予以配合，如实反映情况，提供必要的资料。实施现场检查的部门、机构及其工作人员应当为被检查单位保守商业秘密。

第十八条 县级以上生态环境主管部门对重点单位进行监督检查时，有权采取下列措施：

（一）进入被检查单位进行现场核查或者监测；

（二）查阅、复制相关文件、记录以及其他有关资料；

（三）要求被检查单位提交有关情况说明。

第十九条 重点单位未按本办法开展工矿用地土壤和地下水环境保护相关活动或者弄虚作假的，由县级以上生态环境主管部门将该企业失信情况记入其环境信用记录，并通过全国信用信息共享平台、国家企业信用信息公示系统向社会公开。

第四章 附则

第二十条 本办法所称的下列用语的含义：

（一）矿产开采作业区域用地，指露天采矿区用地、排土场等与矿业开采作业直接相关的用地。

（二）有毒有害物质，是指下列物质：

1. 列入《中华人民共和国水污染防治法》规定的有毒有害水污染物名录的污染物；

2. 列入《中华人民共和国大气污染防治法》规定的有毒有害大气污染物名录的污染物；

3.《中华人民共和国固体废物污染环境防治法》规定的危险废物；

4. 国家和地方建设用地土壤污染风险管控标准管控的污染物；

5. 列入优先控制化学品名录内的物质；

6. 其他根据国家法律法规有关规定应当纳入有毒有害物质管理的物质。

（三）土壤和地下水环境现状调查，指对重点单位新、改、扩建项目用地的土壤和地下水环境质量进行的调查评估，其主要调查内容包括土壤和地下水中主要污染物的含量等。

（四）土壤和地下水污染隐患，指相关设施设备因设计、建设、运行管理等不完善，而导致相关有毒有害物质泄漏、渗漏、溢出等污染土壤和地下水的隐患。

（五）土壤和地下水污染迹象，指通过现场检查和隐患排查发现有毒有害物质泄漏或者疑似泄漏，或者通过土壤和地下水环境监测发现土壤或者地下水中污染物含量升高的现象。

第二十一条 本办法自 2018 年 8 月 1 日起施行。

4. 污染地块土壤环境管理办法（试行）

（环境保护部令　第42号）

（2016年12月27日环境保护部部务会议审议通过，自2017年7月1日起施行）

第一章　总则

第一条　为了加强污染地块环境保护监督管理，防控污染地块环境风险，根据《中华人民共和国环境保护法》等法律法规和国务院发布的《土壤污染防治行动计划》，制定本办法。

第二条　本办法所称疑似污染地块，是指从事过有色金属冶炼、石油加工、化工、焦化、电镀、制革等行业生产经营活动，以及从事过危险废物贮存、利用、处置活动的用地。

按照国家技术规范确认超过有关土壤环境标准的疑似污染地块，称为污染地块。

本办法所称疑似污染地块和污染地块相关活动，是指对疑似污染地块开展的土壤环境初步调查活动，以及对污染地块开展的土壤环境详细调查、风险评估、风险管控、治理与修复及其效果评估等活动。

第三条　拟收回土地使用权的，已收回土地使用权的，以及用途拟变更为居住用地和商业、学校、医疗、养老机构等公共设施用地的疑似污染地块和污染地块相关活动及其环境保护监督管理，适用本办法。

不具备本条第一款情形的疑似污染地块和污染地块土壤环境管理办法另行制定。

放射性污染地块环境保护监督管理，不适用本办法。

第四条　环境保护部对全国土壤环境保护工作实施统一监督管理。

地方各级环境保护主管部门负责本行政区域内的疑似污染地块和污染地块相关活动的监督管理。

按照国家有关规定，县级环境保护主管部门被调整为设区的市级环境保护主管部门派出分局的，由设区的市级环境保护主管部门组织所属派出分局开展疑似污染地块和污染地块相关活动的监督管理。

第五条　环境保护部制定疑似污染地块和污染地块相关活动方面的环境标准和技术规范。

第六条　环境保护部组织建立全国污染地块土壤环境管理信息系统（以下简称污染地块信息系统）。

县级以上地方环境保护主管部门按照环境保护部的规定，在本行政区域内组织建设和应用污染地块信息系统。

疑似污染地块和污染地块的土地使用权人应当按照环境保护部的规定，通过污染地块信息系统，在线填报并提交疑似污染地块和污染地块相关活动信息。

县级以上环境保护主管部门应当通过污染地块信息系统，与同级城乡规划、国土资源等部门实现信息共享。

第七条 任何单位或者个人有权向环境保护主管部门举报未按照本办法规定开展疑似污染地块和污染地块相关活动的行为。

第八条 环境保护主管部门鼓励和支持社会组织，对造成土壤污染、损害社会公共利益的行为，依法提起环境公益诉讼。

第二章 各方责任

第九条 土地使用权人应当按照本办法的规定，负责开展疑似污染地块和污染地块相关活动，并对上述活动的结果负责。

第十条 按照“谁污染，谁治理”原则，造成土壤污染的单位或者个人应当承担治理与修复的主体责任。

责任主体发生变更的，由变更后继承其债权、债务的单位或者个人承担相关责任。

责任主体灭失或者责任主体不明确的，由所在地县级人民政府依法承担相关责任。

土地使用权依法转让的，由土地使用权受让人或者双方约定的责任人承担相关责任。

土地使用权终止的，由原土地使用权人对其使用该地块期间所造成的土壤污染承担相关责任。

土壤污染治理与修复实行终身责任制。

第十一条 受委托从事疑似污染地块和污染地块相关活动的专业机构，或者受委托从事治理与修复效果评估的第三方机构，应当遵守有关环境标准和技术规范，并对相关活动的调查报告、评估报告的真实性、准确性、完整性负责。

受委托从事风险管控、治理与修复的专业机构，应当遵守国家有关环境标准和技术规范，按照委托合同的约定，对风险管控、治理与修复的效果承担相应责任。

受委托从事风险管控、治理与修复的专业机构，在风险管控、治理与修复等活动中弄虚作假，造成环境污染和生态破坏，除依照有关法律法规接受处罚外，还应当依法与造成环境污染和生态破坏的其他责任者承担连带责任。

第三章 环境调查与风险评估

第十二条 县级环境保护主管部门应当根据国家有关保障工业企业场地再开发利用环境安全的规定，会同工业和信息化、城乡规划、国土资源等部门，建立本行政区域疑似污染地块名单，并及时上传污染地块信息系统。

疑似污染地块名单实行动态更新。

第十三条 对列入疑似污染地块名单的地块，所在地县级环境保护主管部门应当书面通知土地使用权人。

土地使用权人应当自接到书面通知之日起六个月内完成土壤环境初步调查，编制调查报告，及时上传污染地块信息系统，并将调查报告主要内容通过其网站等便于公众知晓的方式向社会公开。

土壤环境初步调查应当按照国家有关环境标准和技术规范开展，调查报告应当包括地块基本信息、疑似污染地块是否为污染地块的明确结论等主要内容，并附具采样信息和检测报告。

第十四条 设区的市级环境保护主管部门根据土地使用权人提交的土壤环境初步调查报告建立污染地块名录，及时上传污染地块信息系统，同时向社会公开，并通报各污染地块所在地县级人民政府。

对列入名录的污染地块，设区的市级环境保护主管部门应当按照国家有关环境标准和技术规范，确定该污染地块的风险等级。

污染地块名录实行动态更新。

第十五条 县级以上地方环境保护主管部门应当对本行政区域具有高风险的污染地块，优先开展环境保护监督管理。

第十六条 对列入污染地块名录的地块，设区的市级环境保护主管部门应当书面通知土地使用权人。

土地使用权人应当在接到书面通知后，按照国家有关环境标准和技术规范，开展土壤环境详细调查，编制调查报告，及时上传污染地块信息系统，并将调查报告主要内容通过其网站等便于公众知晓的方式向社会公开。

土壤环境详细调查报告应当包括地块基本信息，土壤污染物的分布状况及其范围，以及对土壤、地表水、地下水、空气污染的影响情况等主要内容，并附具采样信息和检测报告。

第十七条 土地使用权人应当按照国家有关环境标准和技术规范，在污染地块土壤环境详细调查的基础上开展风险评估，编制风险评估报告，及时上传污染地块信息系统，并将评估报告主要内容通过其网站等便于公众知晓的方式向社会公开。

风险评估报告应当包括地块基本信息、应当关注的污染物、主要暴露途径、风险水平、风险管控以及治理与修复建议等主要内容。

第四章　风险管控

第十八条 污染地块土地使用权人应当根据风险评估结果，并结合污染地块相关开发利用计划，有针对性地实施风险管控。

对暂不开发利用的污染地块，实施以防止污染扩散为目的的风险管控。

对拟开发利用为居住用地和商业、学校、医疗、养老机构等公共设施用地的污染地块，实施以安全利用为目的的风险管控。

第十九条 污染地块土地使用权人应当按照国家有关环境标准和技术规范，编制风险管控方案，及时上传污染地块信息系统，同时抄送所在地县级人民政府，并将方案主要内容通过其网站等便于公众知晓的方式向社会公开。

风险管控方案应当包括管控区域、目标、主要措施、环境监测计划以及应急措施等内容。

第二十条 土地使用权人应当按照风险管控方案要求，采取以下主要措施：

（一）及时移除或者清理污染源；

（二）采取污染隔离、阻断等措施，防止污染扩散；

（三）开展土壤、地表水、地下水、空气环境监测；

（四）发现污染扩散的，及时采取有效补救措施。

第二十一条 因采取风险管控措施不当等原因，造成污染地块周边的土壤、地表水、地下水或者空气污染等突发环境事件的，土地使用权人应当及时采取环境应急措施，并向所在地县级以上环境保护主管部门和其他有关部门报告。

第二十二条 对暂不开发利用的污染地块，由所在地县级环境保护主管部门配合有关部门提出划定管控区域的建议，报同级人民政府批准后设立标识、发布公告，并组织开展土壤、地表水、地下水、空气环境监测。

第五章 治理与修复

第二十三条 对拟开发利用为居住用地和商业、学校、医疗、养老机构等公共设施用地的污染地块，经风险评估确认需要治理与修复的，土地使用权人应当开展治理与修复。

第二十四条 对需要开展治理与修复的污染地块，土地使用权人应当根据土壤环境详细调查报告、风险评估报告等，按照国家有关环境标准和技术规范，编制污染地块治理与修复工程方案，并及时上传污染地块信息系统。

土地使用权人应当在工程实施期间，将治理与修复工程方案的主要内容通过其网站等便于公众知晓的方式向社会公开。

工程方案应当包括治理与修复范围和目标、技术路线和工艺参数、二次污染防范措施等内容。

第二十五条 污染地块治理与修复期间，土地使用权人或者其委托的专业机构应当采取措施，防止对地块及其周边环境造成二次污染；治理与修复过程中产生的废水、废气和固体废物，应当按照国家有关规定进行处理或者处置，并达到国家或者地方规定的环境标准和要求。

治理与修复工程原则上应当在原址进行；确需转运污染土壤的，土地使用权人或者其委托的专业机构应当将运输时间、方式、线路和污染土壤数量、去向、最终处置措施等，提前五个工作日向所在地和接收地设区的市级环境保护主管部门报告。

修复后的土壤再利用应当符合国家或者地方有关规定和标准要求。

治理与修复期间，土地使用权人或者其委托的专业机构应当设立公告牌和警示标识，公开工程基本情况、环境影响及其防范措施等。

第二十六条 治理与修复工程完工后，土地使用权人应当委托第三方机构按照国家有关环境标准和技术规范，开展治理与修复效果评估，编制治理与修复效果评估报告，及时上传污染地块信息系统，并通过其网站等便于公众知晓的方式公开，公开时间不得少于两个月。

治理与修复效果评估报告应当包括治理与修复工程概况、环境保护措施落实情况、治理与修复效果监测结果、评估结论及后续监测建议等内容。

第二十七条 污染地块未经治理与修复，或者经治理与修复但未达到相关规划用地土壤环境质量要求的，有关环境保护主管部门不予批准选址涉及该污染地块的建设项目环境影响报告书或者报告表。

第二十八条 县级以上环境保护主管部门应当会同城乡规划、国土资源等部门，建立和完善污染地块信息沟通机制，对污染地块的开发利用实行联动监管。

污染地块经治理与修复，并符合相应规划用地土壤环境质量要求后，可以进入用地程序。

第六章 监督管理

第二十九条 县级以上环境保护主管部门及其委托的环境监察机构，有权对本行政区域内的疑似污染地块和污染地块相关活动进行现场检查。被检查单位应当予以配合，如实反映情况，提供必要的资料。实施现场检查的部门、机构及其工作人员应当为被检查单位保守商业秘密。

第三十条 县级以上环境保护主管部门对疑似污染地块和污染地块相关活动进行监督检查时，有权采取下列措施：

（一）向被检查单位调查、了解疑似污染地块和污染地块的有关情况；

（二）进入被检查单位进行现场核查或者监测；

（三）查阅、复制相关文件、记录以及其他有关资料；

（四）要求被检查单位提交有关情况说明。

第三十一条 设区的市级环境保护主管部门应当于每年的 12 月 31 日前，将本年度本行政区域的污染地块环境管理工作情况报省级环境保护主管部门。

省级环境保护主管部门应当于每年的 1 月 31 日前，将上一年度本行政区域的污染地块环境管理工作情况报环境保护部。

第三十二条 违反本办法规定，受委托的专业机构在编制土壤环境初步调查报告、土壤环境详细调查报告、风险评估报告、风险管控方案、治理与修复方案过程中，或者受委托的第三方机构在编制治理与修复效果评估报告过程中，不负责任或者弄虚作假致使报告失实的，由县级以上环境保护主管部门将该机构失信情况记入其环境信用记录，并通过企业信用信息公示系统向社会公开。

第七章 附则

第三十三条 本办法自 2017 年 7 月 1 日起施行。

5. 农用地土壤环境管理办法（试行）

（环境保护部、农业部令　第46号）

（2017年9月25日公布，自2017年11月1日起施行）

第一章　总　则

第一条　为了加强农用地土壤环境保护监督管理，保护农用地土壤环境，管控农用地土壤环境风险，保障农产品质量安全，根据《中华人民共和国环境保护法》《中华人民共和国农产品质量安全法》等法律法规和《土壤污染防治行动计划》，制定本办法。

第二条　农用地土壤污染防治相关活动及其监督管理适用本办法。

前款所指的农用地土壤污染防治相关活动，是指对农用地开展的土壤污染预防、土壤污染状况调查、环境监测、环境质量类别划分、分类管理等活动。

本办法所称的农用地土壤环境质量类别划分和分类管理，主要适用于耕地。园地、草地、林地可参照本办法。

第三条　环境保护部对全国农用地土壤环境保护工作实施统一监督管理；县级以上地方环境保护主管部门对本行政区域内农用地土壤污染防治相关活动实施统一监督管理。

农业部对全国农用地土壤安全利用、严格管控、治理与修复等工作实施监督管理；县级以上地方农业主管部门负责本行政区域内农用地土壤安全利用、严格管控、治理与修复等工作的组织实施。

农用地土壤污染预防、土壤污染状况调查、环境监测、环境质量类别划分、农用地土壤优先保护、监督管理等工作，由县级以上环境保护和农业主管部门按照本办法有关规定组织实施。

第四条　环境保护部会同农业部制定农用地土壤污染状况调查、环境监测、环境质量类别划分等技术规范。

农业部会同环境保护部制定农用地土壤安全利用、严格管控、治理与修复、治理与修复效果评估等技术规范。

第五条　县级以上地方环境保护和农业主管部门在编制本行政区域的环境保护规划和农业发展规划时，应当包含农用地土壤污染防治工作的内容。

第六条　环境保护部会同农业部等部门组织建立全国农用地土壤环境管理信息系统（以下简称农用地环境信息系统），实行信息共享。

县级以上地方环境保护主管部门、农业主管部门应当按照国家有关规定，在本行政区域内组织建设和应用农用地环境信息系统，并加强农用地土壤环境信息统计工作，健全农用地土壤环境信息档案，定期上传农用地环境信息系统，实行信息共享。

第七条　受委托从事农用地土壤污染防治相关活动的专业机构，以及受委托从事治理与修复效果评估的第三方机构，应当遵守有关环境保护标准和技术规范，并对其出具的技术文件的真实性、准确性、完整性负责。

受委托从事治理与修复的专业机构，应当遵守国家有关环境保护标准和技术规范，在合同约定范围内开展工作，对治理与修复活动及其效果负责。

受委托从事治理与修复的专业机构在治理与修复活动中弄虚作假，对造成的环境污染和生态破坏负有责任的，除依照有关法律法规接受处罚外，还应当依法与造成环境污染和生态破坏的其他责任者承担连带责任。

第二章　土壤污染预防

第八条　排放污染物的企业事业单位和其他生产经营者应当采取有效措施，确保废水、废气排放和固体废物处理、处置符合国家有关规定要求，防止对周边农用地土壤造成污染。

从事固体废物和化学品储存、运输、处置的企业，应当采取措施防止固体废物和化学品的泄露、渗漏、遗撒、扬散污染农用地。

第九条　县级以上地方环境保护主管部门应当加强对企业事业单位和其他生产经营者排污行为的监管，将土壤污染防治作为环境执法的重要内容。

设区的市级以上地方环境保护主管部门应当根据本行政区域内工矿企业分布和污染排放情况，确定土壤环境重点监管企业名单，上传农用地环境信息系统，实行动态更新，并向社会公布。

第十条　从事规模化畜禽养殖和农产品加工的单位和个人，应当按照相关规范要求，确定废物无害化处理方式和消纳场地。

县级以上地方环境保护主管部门、农业主管部门应当依据法定职责加强畜禽养殖污染防治工作，指导畜禽养殖废弃物综合利用，防止畜禽养殖活动对农用地土壤环境造成污染。

第十一条　县级以上地方农业主管部门应当加强农用地土壤污染防治知识宣传，提高农业生产者的农用地土壤环境保护意识，引导农业生产者合理使用肥料、农药、兽药、农用薄膜等农业投入品，根据科学的测土配方进行合理施肥，鼓励采取种养结合、轮作等良好农业生产措施。

第十二条　禁止在农用地排放、倾倒、使用污泥、清淤底泥、尾矿（渣）等可能对土壤造成污染的固体废物。

农田灌溉用水应当符合相应的水质标准，防止污染土壤、地下水和农产品。禁止向农田灌溉渠道排放工业废水或者医疗污水。向农田灌溉渠道排放城镇污水以及未综合利用的畜禽养殖废水、农产品加工废水的，应当保证其下游最近的灌溉取水点的水质符合农田灌溉水质标准。

第三章　调查与监测

第十三条　环境保护部会同农业部等部门建立农用地土壤污染状况定期调查制

度，制定调查工作方案，每十年开展一次。

第十四条 环境保护部会同农业部等部门建立全国土壤环境质量监测网络，统一规划农用地土壤环境质量国控监测点位，规定监测要求，并组织实施全国农用地土壤环境监测工作。

农用地土壤环境质量国控监测点位应当重点布设在粮食生产功能区、重要农产品生产保护区、特色农产品优势区以及污染风险较大的区域等。

县级以上地方环境保护主管部门会同农业等有关部门，可以根据工作需要，布设地方农用地土壤环境质量监测点位，增加特征污染物监测项目，提高监测频次，有关监测结果应当及时上传农用地环境信息系统。

第十五条 县级以上农业主管部门应当根据不同区域的农产品质量安全情况，组织实施耕地土壤与农产品协同监测，开展风险评估，根据监测评估结果，优化调整安全利用措施，并将监测结果及时上传农用地环境信息系统。

第四章 分类管理

第十六条 省级农业主管部门会同环境保护主管部门，按照国家有关技术规范，根据土壤污染程度、农产品质量情况，组织开展耕地土壤环境质量类别划分工作，将耕地划分为优先保护类、安全利用类和严格管控类，划分结果报省级人民政府审定，并根据土地利用变更和土壤环境质量变化情况，定期对各类别农用地面积、分布等信息进行更新，数据上传至农用地环境信息系统。

第十七条 县级以上地方农业主管部门应当根据永久基本农田划定工作要求，积极配合相关部门将符合条件的优先保护类耕地划为永久基本农田，纳入粮食生产功能区和重要农产品生产保护区建设，实行严格保护，确保其面积不减少，耕地污染程度不上升。在优先保护类耕地集中的地区，优先开展高标准农田建设。

第十八条 严格控制在优先保护类耕地集中区域新建有色金属冶炼、石油加工、化工、焦化、电镀、制革等行业企业，有关环境保护主管部门依法不予审批可能造成耕地土壤污染的建设项目环境影响报告书或者报告表。优先保护类耕地集中区域现有可能造成土壤污染的相关行业企业应当按照有关规定采取措施，防止对耕地造成污染。

第十九条 对安全利用类耕地，应当优先采取农艺调控、替代种植、轮作、间作等措施，阻断或者减少污染物和其他有毒有害物质进入农作物可食部分，降低农产品超标风险。

对严格管控类耕地，主要采取种植结构调整或者按照国家计划经批准后进行退耕还林还草等风险管控措施。

对需要采取治理与修复工程措施的安全利用类或者严格管控类耕地，应当优先采取不影响农业生产、不降低土壤生产功能的生物修复措施，或辅助采取物理、化学治理与修复措施。

第二十条 县级以上地方农业主管部门应当根据农用地土壤安全利用相关技术规范要求，结合当地实际情况，组织制定农用地安全利用方案，报所在地人民政府批准后实施，并上传农用地环境信息系统。

农用地安全利用方案应当包括以下风险管控措施：

（一）针对主要农作物种类、品种和农作制度等具体情况，推广低积累品种替代、水肥调控、土壤调理等农艺调控措施，降低农产品有害物质超标风险；

（二）定期开展农产品质量安全监测和调查评估，实施跟踪监测，根据监测和评估结果及时优化调整农艺调控措施。

第二十一条 对需要采取治理与修复工程措施的受污染耕地，县级以上地方农业主管部门应当组织制定土壤污染治理与修复方案，报所在地人民政府批准后实施，并上传农用地环境信息系统。

第二十二条 从事农用地土壤污染治理与修复活动的单位和个人应当采取必要措施防止产生二次污染，并防止对被修复土壤和周边环境造成新的污染。治理与修复过程中产生的废水、废气和固体废物，应当按照国家有关规定进行处理或者处置，并达到国家或者地方规定的环境保护标准和要求。

第二十三条 县级以上地方环境保护主管部门应当对农用地土壤污染治理与修复的环境保护措施落实情况进行监督检查。

治理与修复活动结束后，县级以上地方农业主管部门应当委托第三方机构对治理与修复效果进行评估，评估结果上传农用地环境信息系统。

第二十四条 县级以上地方农业主管部门应当对严格管控类耕地采取以下风险管控措施：

（一）依法提出划定特定农产品禁止生产区域的建议；

（二）会同有关部门按照国家退耕还林还草计划，组织制定种植结构调整或者退耕还林还草计划，报所在地人民政府批准后组织实施，并上传农用地环境信息系统。

第二十五条 对威胁地下水、饮用水水源安全的严格管控类耕地，县级环境保护主管部门应当会同农业等主管部门制定环境风险管控方案，报同级人民政府批准后组织实施，并上传农用地环境信息系统。

第五章 监督管理

第二十六条 设区的市级以上地方环境保护主管部门应当定期对土壤环境重点监管企业周边农用地开展监测，监测结果作为环境执法和风险预警的重要依据，并上传农用地环境信息系统。

设区的市级以上地方环境保护主管部门应当督促土壤环境重点监管企业自行或者委托专业机构开展土壤环境监测，监测结果向社会公开，并上传农用地环境信息系统。

第二十七条 县级以上环境保护主管部门和县级以上农业主管部门，有权对本行政区域内的农用地土壤污染防治相关活动进行现场检查。被检查单位应当予以配合，如实反映情况，提供必要的资料。实施现场检查的部门、机构及其工作人员应当为被检查单位保守商业秘密。

第二十八条 突发环境事件可能造成农用地土壤污染的，县级以上地方环境保护主管部门应当及时会同农业主管部门对可能受到污染的农用地土壤进行监测，并根据监测结果及时向当地人民政府提出应急处置建议。

第二十九条 违反本办法规定，受委托的专业机构在从事农用地土壤污染防治相关活动中，不负责任或者弄虚作假的，由县级以上地方环境保护主管部门、农业主管部门将该机构失信情况记入其环境信用记录，并通过企业信用信息系统向社会公开。

第六章 附则

第三十条 本办法自2017年11月1日起施行。

6. 关于印发《土壤污染防治基金管理办法》的通知

（财资环〔2020〕2号）

各省、自治区、直辖市及计划单列市财政厅（局）、生态环境厅（局）、农业农村厅（局、委）、自然资源厅（局）、住房城乡建设厅（委）、林业和草原局：

为规范土壤污染防治基金的资金筹集、管理和使用，实现基金宗旨，根据《中华人民共和国预算法》《中华人民共和国土壤污染防治法》等相关法律法规，我们制定了《土壤污染防治基金管理办法》。现予印发，请遵照执行。

附件：土壤污染防治基金管理办法

财政部 生态环境部 农业农村部 自然资源部
住房和城乡建设部 国家林业和草原局
2020年1月17日

附件：

土壤污染防治基金管理办法

第一条 为规范土壤污染防治基金（以下简称基金）的资金筹集、管理和使用，实现基金宗旨，根据《中华人民共和国预算法》《中华人民共和国土壤污染防治法》等相关法律法规，制定本办法。

第二条 本办法所称基金，是指由省、自治区、直辖市、计划单列市（以下简称省）级财政通过预算安排，单独出资或者与社会资本共同出资设立，采用股权投资等市场化方式，发挥引导带动和杠杆效应，引导社会各类资本投资土壤污染防治，支持土壤修复治理产业发展的政府投资基金。

第三条 基金的设立、运行、管理应当按照财政部关于政府投资基金相关规定执行。

第四条 基金应当按照市场化要求设立、运作、终止和退出，并遵循公开、公正、安全、效率的原则。

第五条 省级财政部门会同生态环境等部门根据工作实际，研究制定基金设立方案，明确基金管理模式、治理结构与基金管理机构确定方式等。

第六条 基金应当由省级财政部门或者省级财政部门会同生态环境等部门报本级政府批准设立，并报财政部和生态环境部等部门备案。

第七条 鼓励土壤污染防治任务重、具备条件的省设立基金，积极探索基金管理有效模式和回报机制。

第八条 中央财政通过土壤污染防治专项资金对本办法出台后一年内建立基金的省予以适当支持。

第九条 基金主要用于以下用途：

（一）农用地土壤污染防治；

（二）土壤污染责任人或者土地使用权人无法认定的土壤污染风险管控和修复；

（三）政府规定的其他事项。

土壤污染防治专项资金与基金不得对同一项目安排资金，避免重复投入。

第十条 基金按照市场化原则运作，各出资方应当按照“利益共享、风险共担”的原则，明确约定收益处理和亏损负担方式。投资收益和利息等归属政府的，除明确约定继续用于基金滚动使用外，应当按照财政国库管理制度有关规定及时足额上缴本级国库。基金的亏损应当由出资方共同承担，政府应当以出资额为限承担有限责任。

第十一条 地方政府确需举借债务用于土壤污染防治的，应当按照预算法等有关规定，采取发行地方政府债券等方式规范举债，不得以基金方式变相举债、新增隐性债务。

第十二条 基金应当遵照国家有关预算和财务管理制度等规定，建立健全内部控制和外部监管制度，建立投资决策和风险约束机制，防范基金运作风险。

第十三条 基金应当在存续期满后终止，确需延长存续期限的，应当报经省级政府批准后，与其他出资方按照章程约定的程序办理。

第十四条 基金应当实行全过程绩效管理，保障政策目标实现，促进基金高效运行。省级财政部门会同生态环境等部门应对基金运行开展绩效监控，实时跟踪基金使用、项目进度以及绩效目标完成情况，在年度绩效自评的基础上，适时开展外部绩效评价，落实评价结果与资金补充、风险补偿、薪酬待遇等直接挂钩的激励约束机制。

第十五条 省级财政部门应当会同有关业务部门对基金运作情况进行监督，对于发现的问题应当按照预算法和财政违法行为处罚处分条例等有关规定予以处理。涉嫌犯罪的，移送司法机关追究刑事责任。

第十六条 省级财政部门、有关业务部门及其工作人员在基金管理中，存在滥用职权、玩忽职守、徇私舞弊等违法违纪行为的，依照预算法、监察法、财政违法行为处罚处分条例、行政机关公务员处分条例等追究责任；构成犯罪的，依法追究刑事责任。

第十七条 本办法由财政部会同生态环境部等部门负责解释。

第十八条 省级财政部门和生态环境等部门可结合本办法及实际情况，制定本地区具体管理办法。

第十九条 本办法自印发之日起实施。

7. 关于印发《农用地土壤污染责任人认定暂行办法》的通知

（环土壤〔2021〕13 号）

各省、自治区、直辖市生态环境厅（局）、农业农村（农牧）厅（局、委）、自然资源主管部门、林业和草原主管部门，新疆生产建设兵团生态环境局、农业农村局、自然资源局、林草局：

为规范农用地土壤污染责任人的认定，依据《中华人民共和国环境保护法》《中华人民共和国土壤污染防治法》《中华人民共和国土地管理法》《中华人民共和国森林法》等相关法律，生态环境部会同农业农村部、自然资源部、林草局制定了《农用地土壤污染责任人认定暂行办法》。现印发给你们，请遵照执行。

请及时总结实施过程中的典型案例、建议意见，并反馈生态环境部、农业农村部、自然资源部、林草局。

生态环境部
农业农村部
自然资源部
林草局
2021 年 1 月 28 日

农用地土壤污染责任人认定暂行办法

第一章 总则

第一条 为规范农用地土壤污染责任人的认定，依据《中华人民共和国环境保护法》《中华人民共和国土壤污染防治法》《中华人民共和国土地管理法》《中华人民共和国森林法》等相关法律，制定本办法。

第二条 本办法适用于农业农村、林草主管部门会同生态环境、自然资源主管部门依法行使监督管理职责中农用地土壤污染责任人不明确或者存在争议时的土壤污染责任人认定活动。涉及农用地土壤污染责任的单位和个人之间，因农用地土壤污染民事纠纷引发的土壤污染责任人认定活动，不适用本办法。

前款所称农用地，主要包括耕地、林地、草地和其他农用地。

本办法所称土壤污染责任人不明确或者存在争议，包括以下情形：

（一）农用地或者其周边曾存在多个从事生产经营活动的单位和个人的；

（二）农用地土壤污染存在多种来源的；

（三）法律法规规章规定的其他情形。

第三条 本办法所称农用地土壤污染责任人（以下简称土壤污染责任人），是指因排放、倾倒、堆存、填埋、泄漏、遗撒、渗漏、流失、扬散污染物或者其他有毒有害物质等，造成农用地土壤污染，需要依法承担土壤污染风险管控和修复责任的单位和个人。

本办法所称涉及土壤污染责任的单位和个人，是指实施前款所列行为，可能造成农用地土壤污染的单位和个人。

第四条 土壤污染责任人认定由农用地所在地县级以上地方农业农村、林草主管部门会同同级生态环境、自然资源主管部门负责。

跨行政区域的农用地土壤污染责任人认定由其上一级地方农业农村、林草主管部门会同同级生态环境、自然资源主管部门负责。

第五条 耕地由农业农村主管部门会同生态环境、自然资源主管部门认定土壤污染责任人；林地、草地由林草主管部门会同生态环境、自然资源主管部门认定土壤污染责任人；其他农用地由农业农村、林草主管部门按照职责分工会同生态环境、自然资源主管部门认定土壤污染责任人。

第六条 土壤污染责任人负有实施土壤污染风险管控和修复的义务。

土壤污染风险管控和修复，包括土壤污染状况调查和土壤污染风险评估、风险管控、修复、风险管控效果评估、修复效果评估、后期管理等活动。

第七条 农用地及其周边曾存在的涉及土壤污染责任的单位和个人，应当协助开展土壤污染状况调查。

第八条 国家鼓励涉及土壤污染责任的多个单位和个人之间就土壤污染责任承担及责任份额进行协商，达成协议。无法协商一致的，由农用地土壤污染责任人认定委员会综合考虑各自对土壤的污染程度、责任人的陈述申辩情况等因素确定责任份额。

第九条 国家鼓励任何组织和个人提供土壤污染责任人认定的有关线索。

国家鼓励和支持涉及土壤污染责任的单位和个人自愿实施土壤污染风险管控和修复。

第二章 启动与调查

第十条 土壤污染责任人不明确或者存在争议，依法需要采取风险管控措施或者实施修复的农用地，符合下列情形之一的，由县级以上地方农业农村、林草主管部门会同生态环境、自然资源主管部门制定年度工作计划，启动农用地土壤污染责任人认定：

（一）周边曾存在相关污染源或者有明显污染物排放；

（二）倾倒、堆存、填埋、泄漏、遗撒、渗漏、流失、扬散污染物或者其他有毒有害物质。

在制定年度工作计划时，应当综合考虑本行政区域农用地污染状况、相关举报情况等因素。对农民群众反映强烈的突出问题，应当有重点地纳入年度工作计划。

第十一条 农业农村、林草主管部门会同生态环境、自然资源主管部门可以成立调查组启动土壤污染责任人调查，也可以指定或者委托调查机构启动调查工作。

前款规定的调查机构，应当具备土壤污染责任人认定所需要的专业技术能力。调查机构、调查人员不得与所调查的农用地、涉及土壤污染责任的单位和个人存在利益关系。

第十二条 调查组或者调查机构应当按照客观公正、实事求是的原则，做好土壤污染责任人调查工作，并提交调查报告。

调查组或者调查机构应当重点针对涉及土壤污染责任的单位和个人的污染行为，以及该污染行为与农用地土壤污染之间的因果关系等开展调查。

第十三条 调查组或者调查机构开展土壤污染责任人调查时，可以向农业农村主管部门调取受污染农用地区域及其周边有关行政执法情况等材料；向林草主管部门调取林地、草地利用过程中有关行政执法情况等材料；向生态环境主管部门调取农用地及其周边涉及的突发环境事件处理情况、相关单位和个人环境行政执法情况等材料；向自然资源主管部门调取农用地及周边土地、矿产等自然资源开发利用情况及有关行政执法情况、地球化学背景调查信息、水文地质信息等材料。

调查组或者调查机构开展土壤污染责任人调查时，可以向农用地及其周边有关单位和个人调查其生产经营活动中污染物排放、污染防治设施运行、污染事故、相关生产工艺等情况。有关单位和个人应当如实提供相关材料。

调查人员可以向其他有关单位和个人了解与土壤污染有关的情况。

第十四条 调查组开展土壤污染责任人调查，需要进行鉴定评估的，农业农村、林草主管部门可以会同生态环境、自然资源主管部门指定或者委托相关技术机构开展鉴定评估。

调查机构开展土壤污染责任人调查，需要进行鉴定评估的，可以委托相关技术机构开展鉴定评估。

第十五条 同时符合下列条件的，可以认定污染行为与土壤污染之间存在因果关系：

（一）在农用地土壤中检测出特征污染物，且含量超出国家、地方、行业标准中最严限值，或者超出对照区含量；

（二）疑似土壤污染责任人存在向农用地土壤排放或者增加特征污染物的可能；

（三）无其他相似污染源，或者相似污染源对受污染农用地土壤的影响可以排除或者忽略；

（四）受污染农用地土壤可以排除仅受气候变化、自然灾害、高背景值等非人为因素的影响。

不能同时符合上述条件的，应当得出不存在或者无法认定因果关系的结论。

第十六条 有下列情形之一的，属于土壤污染责任人无法认定：

（一）不存在或者无法认定因果关系；

（二）无法确定土壤污染责任人的具体身份信息；

（三）土壤污染责任人灭失的。

第十七条 调查组或者调查机构应当自启动调查之日起六十个工作日内完成调查工作，并提交调查报告；情况复杂，不能在规定期限内完成调查的，经农业农村、林草主管部门会同生态环境、自然资源主管部门批准，可以适当延长。

鉴定评估时间不计入前款规定的调查期限。

第十八条 调查组或者调查机构提交的调查报告应当包括以下内容：

（一）农用地地块及其污染状况概述；

（二）法律法规规章和技术依据；

（三）调查过程；

（四）土壤污染责任人认定理由；

（五）土壤污染责任人认定意见及责任份额；

（六）其他需要说明的事项。

调查报告应当附具有关证据材料。

第三章 审查与认定

第十九条 县级以上地方农业农村、林草主管部门会同生态环境、自然资源主管部门成立土壤污染责任人认定委员会（以下简称认定委员会）。认定委员会成员由县级以上地方农业农村、林草、生态环境、自然资源主管部门专职工作人员和有关专家组成。认定委员会成员不得与要审查的土壤污染责任人调查工作存在利益关系。

调查工作结束后，原则上三个工作日内，调查组或者调查机构应当将调查报告提交认定委员会进行审查。

认定委员会应当自收到调查报告之日起十五个工作日内进行审查，出具审查意见。审查意见应当包括以下内容：

（一）调查报告提出的事实是否清楚、证据是否确实充分、适用法律是否正确；

（二）调查程序是否合法合规；

（三）是否通过审查的结论。

第二十条 调查报告通过审查的，认定委员会应当在三个工作日内将调查报告及审查意见报送农业农村、林草、生态环境、自然资源主管部门。

调查报告未通过审查的，认定委员会应当将调查报告退回调查组或者调查机构补充调查或者重新调查。调查组或者调查机构应当自调查报告退回之日起三十日内重新提交调查报告。

第二十一条 农业农村、林草主管部门会同生态环境、自然资源主管部门应当自收到认定委员会报送的调查报告及审查意见之日起十五个工作日内作出决定，并于十个工作日内连同认定委员会审查意见告知土壤污染责任人。

第四章 其他规定

第二十二条 在土壤污染责任人调查、审查过程中以及作出决定前，应当充分听取农村集体经济组织及其成员、农民专业合作社及其他农业生产经营主体、涉及土壤污染责任的单位和个人的陈述、申辩。农村集体经济组织及其成员、农民专业合作社及其他农业生产经营主体、涉及土壤污染责任的单位和个人提出的事实、理由或者证据成立的，应当予以采纳。

第二十三条 土壤污染责任人对土壤污染责任人认定决定不服的，可以依法申请行政复议或者提起行政诉讼。

第二十四条 土壤污染责任人认定工作结束后，农业农村、林草主管部门会同生态环境、自然资源主管部门应当及时归档。档案材料应当至少保存三十年。

第二十五条 土壤污染责任人认定过程中，发生下列情形之一，可以终止土壤污染责任人认定：

（一）涉及土壤污染责任的单位和个人之间就土壤污染责任承担及责任份额协商达成一致，相关协议书报启动认定调查的农业农村、林草主管部门会同生态环境、自然资源主管部门备案；

（二）经诉讼等确认土壤污染责任。

第二十六条 从事土壤污染责任人认定的调查、审查与决定的有关单位和人员应当恪尽职守、诚信公正。未经有权机关批准，不得擅自发布有关信息。不得利用土壤污染责任人认定工作牟取私利。

第二十七条 开展土壤污染责任人认定所需资金，农业农村、林草、生态环境和自然资源主管部门应当依照《中华人民共和国土壤污染防治法》第七十条规定，向同级人民政府申请。

第五章 附则

第二十八条 省级农业农村、林草主管部门可以根据本办法，会同同级生态环境、自然资源主管部门，结合当地实际，制定具体实施细则，并报农业农村部、国家林草局、生态环境部、自然资源部备案。

第二十九条 本办法自 2021 年 5 月 1 日起施行。

8. 关于印发《建设用地土壤污染责任人认定暂行办法》的通知

（环土壤〔2021〕12 号）

各省、自治区、直辖市生态环境厅（局）、自然资源主管部门，新疆生产建设兵团生态环境局、自然资源局：

为规范建设用地土壤污染责任人的认定，依据《中华人民共和国环境保护法》《中华人民共和国土壤污染防治法》等相关法律，生态环境部会同自然资源部制定了《建设用地土壤污染责任人认定暂行办法》。现印发给你们，请遵照执行。

请及时总结实施过程中的典型案例、建议意见，并反馈生态环境部、自然资源部。

生态环境部
自然资源部
2021 年 1 月 28 日

建设用地土壤污染责任人认定暂行办法

第一章 总则

第一条 为规范建设用地土壤污染责任人的认定，依据《中华人民共和国环境保护法》《中华人民共和国土壤污染防治法》等相关法律，制定本办法。

第二条 本办法适用于生态环境主管部门会同自然资源主管部门依法行使监督管理职责中建设用地土壤污染责任人不明确或者存在争议时的土壤污染责任人认定活动。

涉及建设用地土壤污染责任的单位和个人之间，因建设用地土壤污染民事纠纷引发的土壤污染责任人认定活动，不适用本办法。

本办法所称土壤污染责任人不明确或者存在争议，包括以下情形：

（一）建设用地上曾存在多个从事生产经营活动的单位和个人的；

（二）建设用地土壤污染存在多种来源的；

（三）法律法规规章规定的其他情形。

第三条 本办法所称建设用地土壤污染责任人（以下简称土壤污染责任人），是指因排放、倾倒、堆存、填埋、泄漏、遗撒、渗漏、流失、扬散污染物或者有毒有害物质等，造成建设用地土壤污染，需要依法承担土壤污染风险管控和修复责任的单位和个人。

本办法所称涉及土壤污染责任的单位和个人，是指实施前款所列行为，可能造成建设用地土壤污染的单位和个人。

第四条 土壤污染责任人认定由建设用地所在地设区的市级生态环境主管部门会同同级自然资源主管部门负责。

跨设区的市的建设用地土壤污染责任人认定由省级生态环境主管部门会同同级自然资源主管部门负责。

第五条 土壤污染责任人负有实施土壤污染风险管控和修复的义务。土壤污染责任人无法认定的，建设用地使用权人应当实施土壤污染风险管控和修复。

土壤污染风险管控和修复，包括土壤污染状况调查和土壤污染风险评估、风险管控、修复、风险管控效果评估、修复效果评估、后期管理等活动。

第六条 建设用地及其周边曾存在的涉及土壤污染责任的单位和个人，应当协助建设用地使用权人开展土壤污染状况调查。

第七条 国家鼓励建设用地使用权人与涉及土壤污染责任的单位和个人之间，或者涉及土壤污染责任的多个单位和个人之间就土壤污染责任承担及责任份额进行协商，达成协议。协商过程中，土壤污染责任份额可以按照各自对土壤的污染程度确定；各自对土壤的污染程度无法确定的，可以平均分担责任份额。

第八条 国家鼓励任何组织和个人提供土壤污染责任人认定的有关线索。

国家鼓励和支持涉及土壤污染责任的单位和个人自愿实施土壤污染风险管控和修复。

第二章 申请与调查

第九条 对经土壤污染风险评估，依法需要采取风险管控措施或者实施修复的建设用地，土壤污染责任人不明确或者存在争议的，建设用地使用权人、土壤污染状况调查报告或者土壤污染风险评估报告中提出的涉及土壤污染责任的单位和个人，可以向有管辖权的生态环境主管部门提出土壤污染责任人认定申请。

生态环境主管部门可以会同自然资源主管部门根据实际情况依职权主动开展土壤污染责任人认定。

第十条 申请土壤污染责任人认定的，应当提交以下材料：

（一）申请书；

（二）申请人及其法定代表人身份信息；

（三）已经依法评审通过的土壤污染状况调查报告、土壤污染风险评估报告等信息；

（四）涉及土壤污染及责任人认定的相关信息和线索；

（五）生态环境主管部门会同自然资源主管部门要求提供的其他相关材料。

第十一条 接到土壤污染责任人认定申请后，生态环境主管部门根据下列情况分别作出处理：

（一）不符合本办法规定的，应当当场或者在五个工作日内作出不予受理的决定，并告知申请人；

（二）不属于本行政机关受理的，应当当场作出不予受理的决定，并告知申请人向有关行政机关提出；

（三）申请材料不齐全的，应当当场或者五个工作日内一次性告知申请人需要补正的全部材料，可以当场更正的，应当允许申请人当场更正；

（四）符合本办法规定，申请材料齐全或者申请人按照要求提交全部补正材料的，应当受理。

第十二条 生态环境主管部门会同自然资源主管部门可以在受理申请之日起十个工作日内，成立调查组启动土壤污染责任人调查，也可以指定或者委托调查机构启动调查工作。

前款规定的调查机构，应当具备土壤污染责任人认定所需要的专业技术能力。鼓励生态环境损害鉴定评估推荐机构作为调查机构。调查机构、调查人员不得与所调查的建设用地、涉及土壤污染责任的单位和个人存在利益关系。

第十三条 调查组或者调查机构应当按照客观公正、实事求是的原则，做好土壤污染责任人调查工作，并提交调查报告。

调查组或者调查机构应当重点针对涉及土壤污染责任的单位和个人的污染行为，以及该污染行为与建设用地土壤污染之间的因果关系等开展调查。

第十四条 调查组或者调查机构开展土壤污染责任人调查时，可以向生态环境主管部门调取建设用地涉及的突发环境事件处理情况、相关单位和个人有关环境行政执法情况等材料，向自然资源主管部门调取土地使用权人历史信息，土地、矿产等自然资源开发利用情况及有关行政执法情况，水文地质信息等材料。

调查组或者调查机构开展土壤污染责任人调查时，可以向建设用地及其周边有关单位和个人调查其生产经营活动中污染物排放、污染防治设施运行、污染事故、相关生产工艺等情况。有关单位和个人应当如实提供相关材料。

调查人员可以向其他有关单位和个人了解与土壤污染有关的情况。

第十五条 调查组开展土壤污染责任人调查，需要进行鉴定评估的，生态环境主管部门可以会同自然资源主管部门指定或者委托相关技术机构开展鉴定评估。

调查机构开展土壤污染责任人调查，需要进行鉴定评估的，可以委托相关技术机构开展鉴定评估。

第十六条 符合下列情形之一的，可以认定污染行为与土壤污染之间存在因果关系：

（一）涉及土壤污染责任的单位和个人曾在建设用地地块上实施过本办法第三条所列行为，且污染物或者有毒有害物质与该建设用地土壤特征污染物具有相关性；

（二）涉及土壤污染责任的单位和个人曾在建设用地地块周边实施过本办法第三条所列行为，污染物或者有毒有害物质与该建设用地土壤特征污染物具有相关性，且存在污染物或者有毒有害物质能够到达该地块的合理迁移路径。

第十七条 有下列情形之一的，属于土壤污染责任人无法认定：

（一）不存在或者无法认定因果关系；

（二）无法确定土壤污染责任人的具体身份信息；

（三）土壤污染责任人灭失的。

第十八条 调查组或者调查机构应当自启动调查之日起六十个工作日内完成调查工作，并提交调查报告；情况复杂，不能在规定期限内完成调查的，经生态环境主管部门会同自然资源主管部门批准，可以适当延长。延长调查期限的，应当告知申请人。

鉴定评估时间不计入前款规定的调查期限。

第十九条 调查组或者调查机构提交的调查报告应当包括以下内容：

（一）建设用地地块及其污染状况概述；

（二）法律法规规章和技术依据；
（三）调查过程；
（四）土壤污染责任人认定理由；
（五）土壤污染责任人认定意见；
（六）其他需要说明的事项。

调查报告应当附具有关证据材料。

第三章　审查与认定

第二十条　设区的市级或者省级生态环境主管部门会同同级自然资源主管部门成立土壤污染责任人认定委员会（以下简称认定委员会）。认定委员会成员由设区的市级或者省级生态环境主管部门、自然资源主管部门专职工作人员和有关专家组成。认定委员会成员不得与要审查的土壤污染责任人调查工作存在利益关系。

调查工作结束后，原则上三个工作日内，调查组或者调查机构应当将调查报告提交认定委员会进行审查。

认定委员会应当自收到调查报告之日起十五个工作日内进行审查，出具审查意见。审查意见应当包括以下内容：

（一）调查报告提出的事实是否清楚、证据是否确实充分、适用法律是否正确；
（二）调查程序是否合法合规；
（三）是否通过审查的结论。

第二十一条　调查报告通过审查的，土壤污染责任人认定委员会应当在三个工作日内将调查报告及审查意见报送生态环境主管部门和自然资源主管部门。

调查报告未通过审查的，认定委员会应当将调查报告退回调查组或者调查机构补充调查或者重新调查。调查组或者调查机构应当自调查报告退回之日起三十日内重新提交调查报告。

第二十二条　生态环境主管部门会同自然资源主管部门应当自收到土壤污染责任人认定委员会报送的调查报告及审查意见之日起十五个工作日内作出决定，并于十个工作日内连同认定委员会审查意见告知申请人、建设用地使用权人和土壤污染责任人；无法确定责任人的，告知申请人和建设用地使用权人。

第四章　其他规定

第二十三条　在土壤污染责任人调查、审查过程中以及作出决定前，应当充分听取建设用地使用权人、涉及土壤污染责任的单位和个人的陈述、申辩。建设用地使用权人、涉及土壤污染责任的单位和个人提出的事实、理由或者证据成立的，应当予以采纳。

第二十四条　土壤污染责任人、建设用地使用权人对土壤污染责任人认定决定不服的，可以依法申请行政复议或者提起行政诉讼。

第二十五条　土壤污染责任人认定工作结束后，生态环境主管部门应当及时归档。档案材料应当至少保存三十年。

第二十六条 土壤污染责任人认定过程中，发生下列情形之一的，可以终止土壤污染责任人认定：

（一）涉及土壤污染责任的单位和个人之间就土壤污染责任承担及责任份额协商达成一致，相关协议书报受理认定申请的生态环境主管部门备案；

（二）经诉讼等确认土壤污染责任；

（三）申请人申请终止认定。

第二十七条 从事土壤污染责任人认定的调查、审查与决定的有关单位和人员应当恪尽职守、诚信公正。未经有权机关批准，不得擅自发布有关信息。不得利用土壤污染责任人认定工作牟取私利。

第二十八条 开展土壤污染责任人认定所需资金，生态环境主管部门和自然资源主管部门应当依照《中华人民共和国土壤污染防治法》第七十条规定，向同级人民政府申请。不得向申请土壤污染责任人认定的单位和个人收取任何费用。

第五章 附则

第二十九条 本办法自 2021 年 5 月 1 日起施行。

9. 关于生活垃圾焚烧发电项目涉及重金属污染物排放相关问题意见的复函

（环办土壤函〔2018〕260 号）

河南省环境保护厅：

你厅《关于生活垃圾焚烧发电项目涉及重金属污染物排放相关问题的请示》（豫环〔2018〕23 号）收悉。经研究，函复如下：

按照《关于加强涉重金属行业污染防控的意见》（环土壤〔2018〕22 号），生活垃圾焚烧发电行业不属于涉重金属重点行业，环评审批不受重点重金属污染物排放总量减排的限制，但应严格执行《生活垃圾焚烧发电建设项目环境准入条件（试行）》（环办环评〔2018〕20 号）、《生活垃圾焚烧污染控制标准》（GB 18485）和地方相关标准。

特此函复。

生态环境部办公厅

2018 年 5 月 10 日

企业环保管家系列指南丨丛书主编　宋海鸥

企业常用环境法律法规手册

（下册）

宋海鸥　编

中国环境出版集团·北京

图书在版编目（CIP）数据

企业常用环境法律法规手册（下册）/宋海鸥编.—北京：中国环境出版集团，2023.6

（企业环保管家系列指南）

ISBN 978-7-5111-5535-1

Ⅰ. ①企… Ⅱ. ①宋… Ⅲ. ①企业环境管理－环境保护法－中国－手册 Ⅳ. ①D922.683.4-62

中国国家版本馆CIP数据核字（2023）第102150号

出 版 人 武德凯
责任编辑 葛 莉
封面设计 彭 杉

出版发行 中国环境出版集团
（100062 北京市东城区广渠门内大街16号）
网 址：http：//www.cesp.com.cn
电子邮箱：bjgl@cesp.com.cn
联系电话：010-67112765（编辑管理部）
010-67113412（第二分社）
发行热线：010-67125803 010-67113405（传真）
印 刷 北京中科印刷有限公司
经 销 各地新华书店
版 次 2023年6月第1版
印 次 2023年6月第1次印刷
开 本 787×960 1/16
印 张 14.75
字 数 325千字
丛书定价 688.00元

目　录

（上册）

一、综合篇

二、建设项目管理与排污许可篇

（中册）

三、污染防治篇

（下册）

四、环境应急篇

五、环境监测与环境信息公开篇

六、环境经济政策与法规篇

七、清洁生产与环境管理体系认证篇

四、环境应急篇

1. 中华人民共和国突发事件应对法

（2007年8月30日第十届全国人民代表大会常务委员会第二十九次会议通过，自2007年11月1日起施行）

第一章 总则

第一条 为了预防和减少突发事件的发生，控制、减轻和消除突发事件引起的严重社会危害，规范突发事件应对活动，保护人民生命财产安全，维护国家安全、公共安全、环境安全和社会秩序，制定本法。

第二条 突发事件的预防与应急准备、监测与预警、应急处置与救援、事后恢复与重建等应对活动，适用本法。

第三条 本法所称突发事件，是指突然发生，造成或者可能造成严重社会危害，需要采取应急处置措施予以应对的自然灾害、事故灾难、公共卫生事件和社会安全事件。

按照社会危害程度、影响范围等因素，自然灾害、事故灾难、公共卫生事件分为特别重大、重大、较大和一般四级。法律、行政法规或者国务院另有规定的，从其规定。

突发事件的分级标准由国务院或者国务院确定的部门制定。

第四条 国家建立统一领导、综合协调、分类管理、分级负责、属地管理为主的应急管理体制。

第五条 突发事件应对工作实行预防为主、预防与应急相结合的原则。国家建立重大突发事件风险评估体系，对可能发生的突发事件进行综合性评估，减少重大突发事件的发生，最大限度地减轻重大突发事件的影响。

第六条 国家建立有效的社会动员机制，增强全民的公共安全和防范风险的意识，提高全社会的避险救助能力。

第七条 县级人民政府对本行政区域内突发事件的应对工作负责；涉及两个以上行政区域的，由有关行政区域共同的上一级人民政府负责，或者由各有关行政区域的上一级人民政府共同负责。

突发事件发生后，发生地县级人民政府应当立即采取措施控制事态发展，组织开展应急救援和处置工作，并立即向上一级人民政府报告，必要时可以越级上报。

突发事件发生地县级人民政府不能消除或者不能有效控制突发事件引起的严重社会危害的，应当及时向上级人民政府报告。上级人民政府应当及时采取措施，统一领导应急处置工作。

法律、行政法规规定由国务院有关部门对突发事件的应对工作负责的，从其规定；地方人民政府应当积极配合并提供必要的支持。

第八条 国务院在总理领导下研究、决定和部署特别重大突发事件的应对工作；

根据实际需要，设立国家突发事件应急指挥机构，负责突发事件应对工作；必要时，国务院可以派出工作组指导有关工作。

县级以上地方各级人民政府设立由本级人民政府主要负责人、相关部门负责人、驻当地中国人民解放军和中国人民武装警察部队有关负责人组成的突发事件应急指挥机构，统一领导、协调本级人民政府各有关部门和下级人民政府开展突发事件应对工作；根据实际需要，设立相关类别突发事件应急指挥机构，组织、协调、指挥突发事件应对工作。

上级人民政府主管部门应当在各自职责范围内，指导、协助下级人民政府及其相应部门做好有关突发事件的应对工作。

第九条 国务院和县级以上地方各级人民政府是突发事件应对工作的行政领导机关，其办事机构及具体职责由国务院规定。

第十条 有关人民政府及其部门作出的应对突发事件的决定、命令，应当及时公布。

第十一条 有关人民政府及其部门采取的应对突发事件的措施，应当与突发事件可能造成的社会危害的性质、程度和范围相适应；有多种措施可供选择的，应当选择有利于最大程度地保护公民、法人和其他组织权益的措施。

公民、法人和其他组织有义务参与突发事件应对工作。

第十二条 有关人民政府及其部门为应对突发事件，可以征用单位和个人的财产。被征用的财产在使用完毕或者突发事件应急处置工作结束后，应当及时返还。财产被征用或者征用后毁损、灭失的，应当给予补偿。

第十三条 因采取突发事件应对措施，诉讼、行政复议、仲裁活动不能正常进行的，适用有关时效中止和程序中止的规定，但法律另有规定的除外。

第十四条 中国人民解放军、中国人民武装警察部队和民兵组织依照本法和其他有关法律、行政法规、军事法规的规定以及国务院、中央军事委员会的命令，参加突发事件的应急救援和处置工作。

第十五条 中华人民共和国政府在突发事件的预防、监测与预警、应急处置与救援、事后恢复与重建等方面，同外国政府和有关国际组织开展合作与交流。

第十六条 县级以上人民政府作出应对突发事件的决定、命令，应当报本级人民代表大会常务委员会备案；突发事件应急处置工作结束后，应当向本级人民代表大会常务委员会作出专项工作报告。

第二章 预防与应急准备

第十七条 国家建立健全突发事件应急预案体系。

国务院制定国家突发事件总体应急预案，组织制定国家突发事件专项应急预案；国务院有关部门根据各自的职责和国务院相关应急预案，制定国家突发事件部门应急预案。

地方各级人民政府和县级以上地方各级人民政府有关部门根据有关法律、法规、规章、上级人民政府及其有关部门的应急预案以及本地区的实际情况，制定相应的突发事件应急预案。

应急预案制定机关应当根据实际需要和情势变化，适时修订应急预案。应急预案的制定、修订程序由国务院规定。

第十八条 应急预案应当根据本法和其他有关法律、法规的规定，针对突发事件的性质、特点和可能造成的社会危害，具体规定突发事件应急管理工作的组织指挥体系与职责和突发事件的预防与预警机制、处置程序、应急保障措施以及事后恢复与重建措施等内容。

第十九条 城乡规划应当符合预防、处置突发事件的需要，统筹安排应对突发事件所必需的设备和基础设施建设，合理确定应急避难场所。

第二十条 县级人民政府应当对本行政区域内容易引发自然灾害、事故灾难和公共卫生事件的危险源、危险区域进行调查、登记、风险评估，定期进行检查、监控，并责令有关单位采取安全防范措施。

省级和设区的市级人民政府应当对本行政区域内容易引发特别重大、重大突发事件的危险源、危险区域进行调查、登记、风险评估，组织进行检查、监控，并责令有关单位采取安全防范措施。

县级以上地方各级人民政府按照本法规定登记的危险源、危险区域，应当按照国家规定及时向社会公布。

第二十一条 县级人民政府及其有关部门、乡级人民政府、街道办事处、居民委员会、村民委员会应当及时调解处理可能引发社会安全事件的矛盾纠纷。

第二十二条 所有单位应当建立健全安全管理制度，定期检查本单位各项安全防范措施的落实情况，及时消除事故隐患；掌握并及时处理本单位存在的可能引发社会安全事件的问题，防止矛盾激化和事态扩大；对本单位可能发生的突发事件和采取安全防范措施的情况，应当按照规定及时向所在地人民政府或者人民政府有关部门报告。

第二十三条 矿山、建筑施工单位和易燃易爆物品、危险化学品、放射性物品等危险物品的生产、经营、储运、使用单位，应当制定具体应急预案，并对生产经营场所、有危险物品的建筑物、构筑物及周边环境开展隐患排查，及时采取措施消除隐患，防止发生突发事件。

第二十四条 公共交通工具、公共场所和其他人员密集场所的经营单位或者管理单位应当制定具体应急预案，为交通工具和有关场所配备报警装置和必要的应急救援设备、设施，注明其使用方法，并显著标明安全撤离的通道、路线，保证安全通道、出口的畅通。

有关单位应当定期检测、维护其报警装置和应急救援设备、设施，使其处于良好状态，确保正常使用。

第二十五条 县级以上人民政府应当建立健全突发事件应急管理培训制度，对人民政府及其有关部门负有处置突发事件职责的工作人员定期进行培训。

第二十六条 县级以上人民政府应当整合应急资源，建立或者确定综合性应急救援队伍。人民政府有关部门可以根据实际需要设立专业应急救援队伍。

县级以上人民政府及其有关部门可以建立由成年志愿者组成的应急救援队伍。单位应当建立由本单位职工组成的专职或者兼职应急救援队伍。

县级以上人民政府应当加强专业应急救援队伍与非专业应急救援队伍的合作，联合培训、联合演练，提高合成应急、协同应急的能力。

第二十七条 国务院有关部门、县级以上地方各级人民政府及其有关部门、有关单位应当为专业应急救援人员购买人身意外伤害保险，配备必要的防护装备和器材，减少应急救援人员的人身风险。

第二十八条 中国人民解放军、中国人民武装警察部队和民兵组织应当有计划地组织开展应急救援的专门训练。

第二十九条 县级人民政府及其有关部门、乡级人民政府、街道办事处应当组织开展应急知识的宣传普及活动和必要的应急演练。

居民委员会、村民委员会、企业事业单位应当根据所在地人民政府的要求，结合各自的实际情况，开展有关突发事件应急知识的宣传普及活动和必要的应急演练。

新闻媒体应当无偿开展突发事件预防与应急、自救与互救知识的公益宣传。

第三十条 各级各类学校应当把应急知识教育纳入教学内容，对学生进行应急知识教育，培养学生的安全意识和自救与互救能力。

教育主管部门应当对学校开展应急知识教育进行指导和监督。

第三十一条 国务院和县级以上地方各级人民政府应当采取财政措施，保障突发事件应对工作所需经费。

第三十二条 国家建立健全应急物资储备保障制度，完善重要应急物资的监管、生产、储备、调拨和紧急配送体系。

设区的市级以上人民政府和突发事件易发、多发地区的县级人民政府应当建立应急救援物资、生活必需品和应急处置装备的储备制度。

县级以上地方各级人民政府应当根据本地区的实际情况，与有关企业签订协议，保障应急救援物资、生活必需品和应急处置装备的生产、供给。

第三十三条 国家建立健全应急通信保障体系，完善公用通信网，建立有线与无线相结合、基础电信网络与机动通信系统相配套的应急通信系统，确保突发事件应对工作的通信畅通。

第三十四条 国家鼓励公民、法人和其他组织为人民政府应对突发事件工作提供物资、资金、技术支持和捐赠。

第三十五条 国家发展保险事业，建立国家财政支持的巨灾风险保险体系，并鼓励单位和公民参加保险。

第三十六条 国家鼓励、扶持具备相应条件的教学科研机构培养应急管理专门人才，鼓励、扶持教学科研机构和有关企业研究开发用于突发事件预防、监测、预警、应急处置与救援的新技术、新设备和新工具。

第三章 监测与预警

第三十七条 国务院建立全国统一的突发事件信息系统。

县级以上地方各级人民政府应当建立或者确定本地区统一的突发事件信息系统，汇集、储存、分析、传输有关突发事件的信息，并与上级人民政府及其有关部门、下级人民政府及其有关部门、专业机构和监测网点的突发事件信息系统实现互联互通，加强跨部门、跨地区的信息交流与情报合作。

第三十八条 县级以上人民政府及其有关部门、专业机构应当通过多种途径收集突发事件信息。

县级人民政府应当在居民委员会、村民委员会和有关单位建立专职或者兼职信息报告员制度。

获悉突发事件信息的公民、法人或者其他组织，应当立即向所在地人民政府、有关主管部门或者指定的专业机构报告。

第三十九条 地方各级人民政府应当按照国家有关规定向上级人民政府报送突发事件信息。县级以上人民政府有关主管部门应当向本级人民政府相关部门通报突发事件信息。专业机构、监测网点和信息报告员应当及时向所在地人民政府及其有关主管部门报告突发事件信息。

有关单位和人员报送、报告突发事件信息，应当做到及时、客观、真实，不得迟报、谎报、瞒报、漏报。

第四十条 县级以上地方各级人民政府应当及时汇总分析突发事件隐患和预警信息，必要时组织相关部门、专业技术人员、专家学者进行会商，对发生突发事件的可能性及其可能造成的影响进行评估；认为可能发生重大或者特别重大突发事件的，应当立即向上级人民政府报告，并向上级人民政府有关部门、当地驻军和可能受到危害的毗邻或者相关地区的人民政府通报。

第四十一条 国家建立健全突发事件监测制度。

县级以上人民政府及其有关部门应当根据自然灾害、事故灾难和公共卫生事件的种类和特点，建立健全基础信息数据库，完善监测网络，划分监测区域，确定监测点，明确监测项目，提供必要的设备、设施，配备专职或者兼职人员，对可能发生的突发事件进行监测。

第四十二条 国家建立健全突发事件预警制度。

可以预警的自然灾害、事故灾难和公共卫生事件的预警级别，按照突发事件发生的紧急程度、发展势态和可能造成的危害程度分为一级、二级、三级和四级，分别用红色、橙色、黄色和蓝色标示，一级为最高级别。

预警级别的划分标准由国务院或者国务院确定的部门制定。

第四十三条 可以预警的自然灾害、事故灾难或者公共卫生事件即将发生或者发生的可能性增大时，县级以上地方各级人民政府应当根据有关法律、行政法规和国务院规定的权限和程序，发布相应级别的警报，决定并宣布有关地区进入预警期，同时向上一级人民政府报告，必要时可以越级上报，并向当地驻军和可能受到危害的毗邻或者相关地区的人民政府通报。

第四十四条 发布三级、四级警报，宣布进入预警期后，县级以上地方各级人民政府应当根据即将发生的突发事件的特点和可能造成的危害，采取下列措施：

（一）启动应急预案；

（二）责令有关部门、专业机构、监测网点和负有特定职责的人员及时收集、报告有关信息，向社会公布反映突发事件信息的渠道，加强对突发事件发生、发展情况的监测、预报和预警工作；

（三）组织有关部门和机构、专业技术人员、有关专家学者，随时对突发事件信息进行分析评估，预测发生突发事件可能性的大小、影响范围和强度以及可能发生的突发事件的级别；

（四）定时向社会发布与公众有关的突发事件预测信息和分析评估结果，并对相关信息的报道工作进行管理；

（五）及时按照有关规定向社会发布可能受到突发事件危害的警告，宣传避免、减轻危害的常识，公布咨询电话。

第四十五条 发布一级、二级警报，宣布进入预警期后，县级以上地方各级人民政府除采取本法第四十四条规定的措施外，还应当针对即将发生的突发事件的特点和可能造成的危害，采取下列一项或者多项措施：

（一）责令应急救援队伍、负有特定职责的人员进入待命状态，并动员后备人员做好参加应急救援和处置工作的准备；

（二）调集应急救援所需物资、设备、工具，准备应急设施和避难场所，并确保其处于良好状态、随时可以投入正常使用；

（三）加强对重点单位、重要部位和重要基础设施的安全保卫，维护社会治安秩序；

（四）采取必要措施，确保交通、通信、供水、排水、供电、供气、供热等公共设施的安全和正常运行；

（五）及时向社会发布有关采取特定措施避免或者减轻危害的建议、劝告；

（六）转移、疏散或者撤离易受突发事件危害的人员并予以妥善安置，转移重要财产；

（七）关闭或者限制使用易受突发事件危害的场所，控制或者限制容易导致危害扩大的公共场所的活动；

（八）法律、法规、规章规定的其他必要的防范性、保护性措施。

第四十六条 对即将发生或者已经发生的社会安全事件，县级以上地方各级人民政府及其有关主管部门应当按照规定向上一级人民政府及其有关主管部门报告，必要时可以越级上报。

第四十七条 发布突发事件警报的人民政府应当根据事态的发展，按照有关规定适时调整预警级别并重新发布。

有事实证明不可能发生突发事件或者危险已经解除的，发布警报的人民政府应当立即宣布解除警报，终止预警期，并解除已经采取的有关措施。

第四章　应急处置与救援

第四十八条　突发事件发生后，履行统一领导职责或者组织处置突发事件的人民政府应当针对其性质、特点和危害程度，立即组织有关部门，调动应急救援队伍和社会力量，依照本章的规定和有关法律、法规、规章的规定采取应急处置措施。

第四十九条　自然灾害、事故灾难或者公共卫生事件发生后，履行统一领导职责的人民政府可以采取下列一项或者多项应急处置措施：

（一）组织营救和救治受害人员，疏散、撤离并妥善安置受到威胁的人员以及采取其他救助措施；

（二）迅速控制危险源，标明危险区域，封锁危险场所，划定警戒区，实行交通管制以及其他控制措施；

（三）立即抢修被损坏的交通、通信、供水、排水、供电、供气、供热等公共设施，向受到危害的人员提供避难场所和生活必需品，实施医疗救护和卫生防疫以及其他保障措施；

（四）禁止或者限制使用有关设备、设施，关闭或者限制使用有关场所，中止人员密集的活动或者可能导致危害扩大的生产经营活动以及采取其他保护措施；

（五）启用本级人民政府设置的财政预备费和储备的应急救援物资，必要时调用其他急需物资、设备、设施、工具；

（六）组织公民参加应急救援和处置工作，要求具有特定专长的人员提供服务；

（七）保障食品、饮用水、燃料等基本生活必需品的供应；

（八）依法从严惩处囤积居奇、哄抬物价、制假售假等扰乱市场秩序的行为，稳定市场价格，维护市场秩序；

（九）依法从严惩处哄抢财物、干扰破坏应急处置工作等扰乱社会秩序的行为，维护社会治安；

（十）采取防止发生次生、衍生事件的必要措施。

第五十条　社会安全事件发生后，组织处置工作的人民政府应当立即组织有关部门并由公安机关针对事件的性质和特点，依照有关法律、行政法规和国家其他有关规定，采取下列一项或者多项应急处置措施：

（一）强制隔离使用器械相互对抗或者以暴力行为参与冲突的当事人，妥善解决现场纠纷和争端，控制事态发展；

（二）对特定区域内的建筑物、交通工具、设备、设施以及燃料、燃气、电力、水的供应进行控制；

（三）封锁有关场所、道路，查验现场人员的身份证件，限制有关公共场所内的活动；

（四）加强对易受冲击的核心机关和单位的警卫，在国家机关、军事机关、国家通讯社、广播电台、电视台、外国驻华使领馆等单位附近设置临时警戒线；

（五）法律、行政法规和国务院规定的其他必要措施。

严重危害社会治安秩序的事件发生时，公安机关应当立即依法出动警力，根据现场情况依法采取相应的强制性措施，尽快使社会秩序恢复正常。

第五十一条 发生突发事件，严重影响国民经济正常运行时，国务院或者国务院授权的有关主管部门可以采取保障、控制等必要的应急措施，保障人民群众的基本生活需要，最大限度地减轻突发事件的影响。

第五十二条 履行统一领导职责或者组织处置突发事件的人民政府，必要时可以向单位和个人征用应急救援所需设备、设施、场地、交通工具和其他物资，请求其他地方人民政府提供人力、物力、财力或者技术支援，要求生产、供应生活必需品和应急救援物资的企业组织生产、保证供给，要求提供医疗、交通等公共服务的组织提供相应的服务。

履行统一领导职责或者组织处置突发事件的人民政府，应当组织协调运输经营单位，优先运送处置突发事件所需物资、设备、工具、应急救援人员和受到突发事件危害的人员。

第五十三条 履行统一领导职责或者组织处置突发事件的人民政府，应当按照有关规定统一、准确、及时发布有关突发事件事态发展和应急处置工作的信息。

第五十四条 任何单位和个人不得编造、传播有关突发事件事态发展或者应急处置工作的虚假信息。

第五十五条 突发事件发生地的居民委员会、村民委员会和其他组织应当按照当地人民政府的决定、命令，进行宣传动员，组织群众开展自救和互救，协助维护社会秩序。

第五十六条 受到自然灾害危害或者发生事故灾难、公共卫生事件的单位，应当立即组织本单位应急救援队伍和工作人员营救受害人员，疏散、撤离、安置受到威胁的人员，控制危险源，标明危险区域，封锁危险场所，并采取其他防止危害扩大的必要措施，同时向所在地县级人民政府报告；对因本单位的问题引发的或者主体是本单位人员的社会安全事件，有关单位应当按照规定上报情况，并迅速派出负责人赶赴现场开展劝解、疏导工作。

突发事件发生地的其他单位应当服从人民政府发布的决定、命令，配合人民政府采取的应急处置措施，做好本单位的应急救援工作，并积极组织人员参加所在地的应急救援和处置工作。

第五十七条 突发事件发生地的公民应当服从人民政府、居民委员会、村民委员会或者所属单位的指挥和安排，配合人民政府采取的应急处置措施，积极参加应急救援工作，协助维护社会秩序。

第五章 事后恢复与重建

第五十八条 突发事件的威胁和危害得到控制或者消除后，履行统一领导职责或者组织处置突发事件的人民政府应当停止执行依照本法规定采取的应急处置措施，同时采取或者继续实施必要措施，防止发生自然灾害、事故灾难、公共卫生事件的次生、衍生事件或者重新引发社会安全事件。

第五十九条 突发事件应急处置工作结束后，履行统一领导职责的人民政府应当立即组织对突发事件造成的损失进行评估，组织受影响地区尽快恢复生产、生活、工作和社会秩序，制定恢复重建计划，并向上一级人民政府报告。

受突发事件影响地区的人民政府应当及时组织和协调公安、交通、铁路、民航、邮电、建设等有关部门恢复社会治安秩序，尽快修复被损坏的交通、通信、供水、排水、供电、供气、供热等公共设施。

第六十条 受突发事件影响地区的人民政府开展恢复重建工作需要上一级人民政府支持的，可以向上一级人民政府提出请求。上一级人民政府应当根据受影响地区遭受的损失和实际情况，提供资金、物资支持和技术指导，组织其他地区提供资金、物资和人力支援。

第六十一条 国务院根据受突发事件影响地区遭受损失的情况，制定扶持该地区有关行业发展的优惠政策。

受突发事件影响地区的人民政府应当根据本地区遭受损失的情况，制定救助、补偿、抚慰、抚恤、安置等善后工作计划并组织实施，妥善解决因处置突发事件引发的矛盾和纠纷。

公民参加应急救援工作或者协助维护社会秩序期间，其在本单位的工资待遇和福利不变；表现突出、成绩显著的，由县级以上人民政府给予表彰或者奖励。

县级以上人民政府对在应急救援工作中伤亡的人员依法给予抚恤。

第六十二条 履行统一领导职责的人民政府应当及时查明突发事件的发生经过和原因，总结突发事件应急处置工作的经验教训，制定改进措施，并向上一级人民政府提出报告。

第六章　法律责任

第六十三条 地方各级人民政府和县级以上各级人民政府有关部门违反本法规定，不履行法定职责的，由其上级行政机关或者监察机关责令改正；有下列情形之一的，根据情节对直接负责的主管人员和其他直接责任人员依法给予处分：

（一）未按规定采取预防措施，导致发生突发事件，或者未采取必要的防范措施，导致发生次生、衍生事件的；

（二）迟报、谎报、瞒报、漏报有关突发事件的信息，或者通报、报送、公布虚假信息，造成后果的；

（三）未按规定及时发布突发事件警报、采取预警期的措施，导致损害发生的；

（四）未按规定及时采取措施处置突发事件或者处置不当，造成后果的；

（五）不服从上级人民政府对突发事件应急处置工作的统一领导、指挥和协调的；

（六）未及时组织开展生产自救、恢复重建等善后工作的；

（七）截留、挪用、私分或者变相私分应急救援资金、物资的；

（八）不及时归还征用的单位和个人的财产，或者对被征用财产的单位和个人不按规定给予补偿的。

第六十四条 有关单位有下列情形之一的，由所在地履行统一领导职责的人民政府责令停产停业，暂扣或者吊销许可证或者营业执照，并处五万元以上二十万元以下的罚款；构成违反治安管理行为的，由公安机关依法给予处罚：

（一）未按规定采取预防措施，导致发生严重突发事件的；

（二）未及时消除已发现的可能引发突发事件的隐患，导致发生严重突发事件的；

（三）未做好应急设备、设施日常维护、检测工作，导致发生严重突发事件或者突发事件危害扩大的；

（四）突发事件发生后，不及时组织开展应急救援工作，造成严重后果的。前款规定的行为，其他法律、行政法规规定由人民政府有关部门依法决定处罚的，从其规定。

第六十五条 违反本法规定，编造并传播有关突发事件事态发展或者应急处置工作的虚假信息，或者明知是有关突发事件事态发展或者应急处置工作的虚假信息而进行传播的，责令改正，给予警告；造成严重后果的，依法暂停其业务活动或者吊销其执业许可证；负有直接责任的人员是国家工作人员的，还应当对其依法给予处分；构成违反治安管理行为的，由公安机关依法给予处罚。

第六十六条 单位或者个人违反本法规定，不服从所在地人民政府及其有关部门发布的决定、命令或者不配合其依法采取的措施，构成违反治安管理行为的，由公安机关依法给予处罚。

第六十七条 单位或者个人违反本法规定，导致突发事件发生或者危害扩大，给他人人身、财产造成损害的，应当依法承担民事责任。

第六十八条 违反本法规定，构成犯罪的，依法追究刑事责任。

第七章　附则

第六十九条 发生特别重大突发事件，对人民生命财产安全、国家安全、公共安全、环境安全或者社会秩序构成重大威胁，采取本法和其他有关法律、法规、规章规定的应急处置措施不能消除或者有效控制、减轻其严重社会危害，需要进入紧急状态的，由全国人民代表大会常务委员会或者国务院依照宪法和其他有关法律规定的权限和程序决定。

紧急状态期间采取的非常措施，依照有关法律规定执行或者由全国人民代表大会常务委员会另行规定。

第七十条 本法自 2007 年 11 月 1 日起施行。

2. 生产安全事故应急条例

（2018 年 12 月 5 日国务院第 33 次常务会议通过，2019 年 2 月 17 日中华人民共和国国务院令第 708 号公布，自 2019 年 4 月 1 日起施行）

第一章　总则

第一条　为了规范生产安全事故应急工作，保障人民群众生命和财产安全，根据《中华人民共和国安全生产法》和《中华人民共和国突发事件应对法》，制定本条例。

第二条　本条例适用于生产安全事故应急工作；法律、行政法规另有规定的，适用其规定。

第三条　国务院统一领导全国的生产安全事故应急工作，县级以上地方人民政府统一领导本行政区域内的生产安全事故应急工作。生产安全事故应急工作涉及两个以上行政区域的，由有关行政区域共同的上一级人民政府负责，或者由各有关行政区域的上一级人民政府共同负责。

县级以上人民政府应急管理部门和其他对有关行业、领域的安全生产工作实施监督管理的部门（以下统称负有安全生产监督管理职责的部门）在各自职责范围内，做好有关行业、领域的生产安全事故应急工作。

县级以上人民政府应急管理部门指导、协调本级人民政府其他负有安全生产监督管理职责的部门和下级人民政府的生产安全事故应急工作。

乡、镇人民政府以及街道办事处等地方人民政府派出机关应当协助上级人民政府有关部门依法履行生产安全事故应急工作职责。

第四条　生产经营单位应当加强生产安全事故应急工作，建立、健全生产安全事故应急工作责任制，其主要负责人对本单位的生产安全事故应急工作全面负责。

第二章　应急准备

第五条　县级以上人民政府及其负有安全生产监督管理职责的部门和乡、镇人民政府以及街道办事处等地方人民政府派出机关，应当针对可能发生的生产安全事故的特点和危害，进行风险辨识和评估，制定相应的生产安全事故应急救援预案，并依法向社会公布。

生产经营单位应当针对本单位可能发生的生产安全事故的特点和危害，进行风险辨识和评估，制定相应的生产安全事故应急救援预案，并向本单位从业人员公布。

第六条　生产安全事故应急救援预案应当符合有关法律、法规、规章和标准的规定，具有科学性、针对性和可操作性，明确规定应急组织体系、职责分工以及应急救援程序和措施。

有下列情形之一的，生产安全事故应急救援预案制定单位应当及时修订相关预案：

（一）制定预案所依据的法律、法规、规章、标准发生重大变化；

（二）应急指挥机构及其职责发生调整；

（三）安全生产面临的风险发生重大变化；

（四）重要应急资源发生重大变化；

（五）在预案演练或者应急救援中发现需要修订预案的重大问题；

（六）其他应当修订的情形。

第七条 县级以上人民政府负有安全生产监督管理职责的部门应当将其制定的生产安全事故应急救援预案报送本级人民政府备案；易燃易爆物品、危险化学品等危险物品的生产、经营、储存、运输单位，矿山、金属冶炼、城市轨道交通运营、建筑施工单位，以及宾馆、商场、娱乐场所、旅游景区等人员密集场所经营单位，应当将其制定的生产安全事故应急救援预案按照国家有关规定报送县级以上人民政府负有安全生产监督管理职责的部门备案，并依法向社会公布。

第八条 县级以上地方人民政府以及县级以上人民政府负有安全生产监督管理职责的部门，乡、镇人民政府以及街道办事处等地方人民政府派出机关，应当至少每2年组织1次生产安全事故应急救援预案演练。

易燃易爆物品、危险化学品等危险物品的生产、经营、储存、运输单位，矿山、金属冶炼、城市轨道交通运营、建筑施工单位，以及宾馆、商场、娱乐场所、旅游景区等人员密集场所经营单位，应当至少每半年组织1次生产安全事故应急救援预案演练，并将演练情况报送所在地县级以上地方人民政府负有安全生产监督管理职责的部门。

县级以上地方人民政府负有安全生产监督管理职责的部门应当对本行政区域内前款规定的重点生产经营单位的生产安全事故应急救援预案演练进行抽查；发现演练不符合要求的，应当责令限期改正。

第九条 县级以上人民政府应当加强对生产安全事故应急救援队伍建设的统一规划、组织和指导。

县级以上人民政府负有安全生产监督管理职责的部门根据生产安全事故应急工作的实际需要，在重点行业、领域单独建立或者依托有条件的生产经营单位、社会组织共同建立应急救援队伍。

国家鼓励和支持生产经营单位和其他社会力量建立提供社会化应急救援服务的应急救援队伍。

第十条 易燃易爆物品、危险化学品等危险物品的生产、经营、储存、运输单位，矿山、金属冶炼、城市轨道交通运营、建筑施工单位，以及宾馆、商场、娱乐场所、旅游景区等人员密集场所经营单位，应当建立应急救援队伍；其中，小型企业或者微型企业等规模较小的生产经营单位，可以不建立应急救援队伍，但应当指定兼职的应急救援人员，并且可以与邻近的应急救援队伍签订应急救援协议。

工业园区、开发区等产业聚集区域内的生产经营单位，可以联合建立应急救援队伍。

第十一条 应急救援队伍的应急救援人员应当具备必要的专业知识、技能、身体素质和心理素质。

应急救援队伍建立单位或者兼职应急救援人员所在单位应当按照国家有关规定对应急救援人员进行培训；应急救援人员经培训合格后，方可参加应急救援工作。

应急救援队伍应当配备必要的应急救援装备和物资，并定期组织训练。

第十二条 生产经营单位应当及时将本单位应急救援队伍建立情况按照国家有关规定报送县级以上人民政府负有安全生产监督管理职责的部门，并依法向社会公布。

县级以上人民政府负有安全生产监督管理职责的部门应当定期将本行业、本领域的应急救援队伍建立情况报送本级人民政府，并依法向社会公布。

第十三条 县级以上地方人民政府应当根据本行政区域内可能发生的生产安全事故的特点和危害，储备必要的应急救援装备和物资，并及时更新和补充。

易燃易爆物品、危险化学品等危险物品的生产、经营、储存、运输单位，矿山、金属冶炼、城市轨道交通运营、建筑施工单位，以及宾馆、商场、娱乐场所、旅游景区等人员密集场所经营单位，应当根据本单位可能发生的生产安全事故的特点和危害，配备必要的灭火、排水、通风以及危险物品稀释、掩埋、收集等应急救援器材、设备和物资，并进行经常性维护、保养，保证正常运转。

第十四条 下列单位应当建立应急值班制度，配备应急值班人员：

（一）县级以上人民政府及其负有安全生产监督管理职责的部门；

（二）危险物品的生产、经营、储存、运输单位以及矿山、金属冶炼、城市轨道交通运营、建筑施工单位；

（三）应急救援队伍。

规模较大、危险性较高的易燃易爆物品、危险化学品等危险物品的生产、经营、储存、运输单位应当成立应急处置技术组，实行24小时应急值班。

第十五条 生产经营单位应当对从业人员进行应急教育和培训，保证从业人员具备必要的应急知识，掌握风险防范技能和事故应急措施。

第十六条 国务院负有安全生产监督管理职责的部门应当按照国家有关规定建立生产安全事故应急救援信息系统，并采取有效措施，实现数据互联互通、信息共享。

生产经营单位可以通过生产安全事故应急救援信息系统办理生产安全事故应急救援预案备案手续，报送应急救援预案演练情况和应急救援队伍建设情况；但依法需要保密的除外。

第三章 应急救援

第十七条 发生生产安全事故后，生产经营单位应当立即启动生产安全事故应急救援预案，采取下列一项或者多项应急救援措施，并按照国家有关规定报告事故情况：

（一）迅速控制危险源，组织抢救遇险人员；

（二）根据事故危害程度，组织现场人员撤离或者采取可能的应急措施后撤离；

（三）及时通知可能受到事故影响的单位和人员；

（四）采取必要措施，防止事故危害扩大和次生、衍生灾害发生；

（五）根据需要请求邻近的应急救援队伍参加救援，并向参加救援的应急救援队伍提供相关技术资料、信息和处置方法；

（六）维护事故现场秩序，保护事故现场和相关证据；

（七）法律、法规规定的其他应急救援措施。

第十八条 有关地方人民政府及其部门接到生产安全事故报告后，应当按照国家有关规定上报事故情况，启动相应的生产安全事故应急救援预案，并按照应急救援预案的规定采取下列一项或者多项应急救援措施：

（一）组织抢救遇险人员，救治受伤人员，研判事故发展趋势以及可能造成的危害；

（二）通知可能受到事故影响的单位和人员，隔离事故现场，划定警戒区域，疏散受到威胁的人员，实施交通管制；

（三）采取必要措施，防止事故危害扩大和次生、衍生灾害发生，避免或者减少事故对环境造成的危害；

（四）依法发布调用和征用应急资源的决定；

（五）依法向应急救援队伍下达救援命令；

（六）维护事故现场秩序，组织安抚遇险人员和遇险遇难人员亲属；

（七）依法发布有关事故情况和应急救援工作的信息；

（八）法律、法规规定的其他应急救援措施。

有关地方人民政府不能有效控制生产安全事故的，应当及时向上级人民政府报告。上级人民政府应当及时采取措施，统一指挥应急救援。

第十九条 应急救援队伍接到有关人民政府及其部门的救援命令或者签有应急救援协议的生产经营单位的救援请求后，应当立即参加生产安全事故应急救援。

应急救援队伍根据救援命令参加生产安全事故应急救援所耗费用，由事故责任单位承担；事故责任单位无力承担的，由有关人民政府协调解决。

第二十条 发生生产安全事故后，有关人民政府认为有必要的，可以设立由本级人民政府及其有关部门负责人、应急救援专家、应急救援队伍负责人、事故发生单位负责人等人员组成的应急救援现场指挥部，并指定现场指挥部总指挥。

第二十一条 现场指挥部实行总指挥负责制，按照本级人民政府的授权组织制定并实施生产安全事故现场应急救援方案，协调、指挥有关单位和个人参加现场应急救援。

参加生产安全事故现场应急救援的单位和个人应当服从现场指挥部的统一指挥。

第二十二条 在生产安全事故应急救援过程中，发现可能直接危及应急救援人员生命安全的紧急情况时，现场指挥部或者统一指挥应急救援的人民政府应当立即采取相应措施消除隐患，降低或者化解风险，必要时可以暂时撤离应急救援人员。

第二十三条 生产安全事故发生地人民政府应当为应急救援人员提供必需的后勤保障，并组织通信、交通运输、医疗卫生、气象、水文、地质、电力、供水等单位协助应急救援。

第二十四条　现场指挥部或者统一指挥生产安全事故应急救援的人民政府及其有关部门应当完整、准确地记录应急救援的重要事项，妥善保存相关原始资料和证据。

第二十五条　生产安全事故的威胁和危害得到控制或者消除后，有关人民政府应当决定停止执行依照本条例和有关法律、法规采取的全部或者部分应急救援措施。

第二十六条　有关人民政府及其部门根据生产安全事故应急救援需要依法调用和征用的财产，在使用完毕或者应急救援结束后，应当及时归还。财产被调用、征用或者调用、征用后毁损、灭失的，有关人民政府及其部门应当按照国家有关规定给予补偿。

第二十七条　按照国家有关规定成立的生产安全事故调查组应当对应急救援工作进行评估，并在事故调查报告中作出评估结论。

第二十八条　县级以上地方人民政府应当按照国家有关规定，对在生产安全事故应急救援中伤亡的人员及时给予救治和抚恤；符合烈士评定条件的，按照国家有关规定评定为烈士。

第四章　法律责任

第二十九条　地方各级人民政府和街道办事处等地方人民政府派出机关以及县级以上人民政府有关部门违反本条例规定的，由其上级行政机关责令改正；情节严重的，对直接负责的主管人员和其他直接责任人员依法给予处分。

第三十条　生产经营单位未制定生产安全事故应急救援预案、未定期组织应急救援预案演练、未对从业人员进行应急教育和培训，生产经营单位的主要负责人在本单位发生生产安全事故时不立即组织抢救的，由县级以上人民政府负有安全生产监督管理职责的部门依照《中华人民共和国安全生产法》有关规定追究法律责任。

第三十一条　生产经营单位未对应急救援器材、设备和物资进行经常性维护、保养，导致发生严重生产安全事故或者生产安全事故危害扩大，或者在本单位发生生产安全事故后未立即采取相应的应急救援措施，造成严重后果的，由县级以上人民政府负有安全生产监督管理职责的部门依照《中华人民共和国突发事件应对法》有关规定追究法律责任。

第三十二条　生产经营单位未将生产安全事故应急救援预案报送备案、未建立应急值班制度或者配备应急值班人员的，由县级以上人民政府负有安全生产监督管理职责的部门责令限期改正；逾期未改正的，处 3 万元以上 5 万元以下的罚款，对直接负责的主管人员和其他直接责任人员处 1 万元以上 2 万元以下的罚款。

第三十三条　违反本条例规定，构成违反治安管理行为的，由公安机关依法给予处罚；构成犯罪的，依法追究刑事责任。

第五章　附则

第三十四条　储存、使用易燃易爆物品、危险化学品等危险物品的科研机构、学校、医院等单位的安全事故应急工作，参照本条例有关规定执行。

第三十五条　本条例自 2019 年 4 月 1 日起施行。

3. 放射性废物安全管理条例

（2011年11月30日国务院第183次常务会议通过，2011年12月20日中华人民共和国国务院令第612号公布自2012年3月1日起施行）

第一章　总则

第一条　为了加强对放射性废物的安全管理，保护环境，保障人体健康，根据《中华人民共和国放射性污染防治法》，制定本条例。

第二条　本条例所称放射性废物，是指含有放射性核素或者被放射性核素污染，其放射性核素浓度或者比活度大于国家确定的清洁解控水平，预期不再使用的废弃物。

第三条　放射性废物的处理、贮存和处置及其监督管理等活动，适用本条例。

本条例所称处理，是指为了能够安全和经济地运输、贮存、处置放射性废物，通过净化、浓缩、固化、压缩和包装等手段，改变放射性废物的属性、形态和体积的活动。

本条例所称贮存，是指将废旧放射源和其他放射性固体废物临时放置于专门建造的设施内进行保管的活动。

本条例所称处置，是指将废旧放射源和其他放射性固体废物最终放置于专门建造的设施内并不再回取的活动。

第四条　放射性废物的安全管理，应当坚持减量化、无害化和妥善处置、永久安全的原则。

第五条　国务院环境保护主管部门统一负责全国放射性废物的安全监督管理工作。

国务院核工业行业主管部门和其他有关部门，依照本条例的规定和各自的职责负责放射性废物的有关管理工作。

县级以上地方人民政府环境保护主管部门和其他有关部门依照本条例的规定和各自的职责负责本行政区域放射性废物的有关管理工作。

第六条　国家对放射性废物实行分类管理。

根据放射性废物的特性及其对人体健康和环境的潜在危害程度，将放射性废物分为高水平放射性废物、中水平放射性废物和低水平放射性废物。

第七条　放射性废物的处理、贮存和处置活动，应当遵守国家有关放射性污染防治标准和国务院环境保护主管部门的规定。

第八条　国务院环境保护主管部门会同国务院核工业行业主管部门和其他有关部门建立全国放射性废物管理信息系统，实现信息共享。

国家鼓励、支持放射性废物安全管理的科学研究和技术开发利用，推广先进的放射性废物安全管理技术。

第九条　任何单位和个人对违反本条例规定的行为，有权向县级以上人民政府环境保护主管部门或者其他有关部门举报。接到举报的部门应当及时调查处理，并为举报人保密；经调查情况属实的，对举报人给予奖励。

第二章 放射性废物的处理和贮存

第十条 核设施营运单位应当将其产生的不能回收利用并不能返回原生产单位或者出口方的废旧放射源（以下简称废旧放射源），送交取得相应许可证的放射性固体废物贮存单位集中贮存，或者直接送交取得相应许可证的放射性固体废物处置单位处置。

核设施营运单位应当对其产生的除废旧放射源以外的放射性固体废物和不能经净化排放的放射性废液进行处理，使其转变为稳定的、标准化的固体废物后自行贮存，并及时送交取得相应许可证的放射性固体废物处置单位处置。

第十一条 核技术利用单位应当对其产生的不能经净化排放的放射性废液进行处理，转变为放射性固体废物。

核技术利用单位应当及时将其产生的废旧放射源和其他放射性固体废物，送交取得相应许可证的放射性固体废物贮存单位集中贮存，或者直接送交取得相应许可证的放射性固体废物处置单位处置。

第十二条 专门从事放射性固体废物贮存活动的单位，应当符合下列条件，并依照本条例的规定申请领取放射性固体废物贮存许可证：

（一）有法人资格；

（二）有能保证贮存设施安全运行的组织机构和 3 名以上放射性废物管理、辐射防护、环境监测方面的专业技术人员，其中至少有 1 名注册核安全工程师；

（三）有符合国家有关放射性污染防治标准和国务院环境保护主管部门规定的放射性固体废物接收、贮存设施和场所，以及放射性检测、辐射防护与环境监测设备；

（四）有健全的管理制度以及符合核安全监督管理要求的质量保证体系，包括质量保证大纲、贮存设施运行监测计划、辐射环境监测计划和应急方案等。

核设施营运单位利用与核设施配套建设的贮存设施，贮存本单位产生的放射性固体废物的，不需要申请领取贮存许可证；贮存其他单位产生的放射性固体废物的，应当依照本条例的规定申请领取贮存许可证。

第十三条 申请领取放射性固体废物贮存许可证的单位，应当向国务院环境保护主管部门提出书面申请，并提交其符合本条例第十二条规定条件的证明材料。

国务院环境保护主管部门应当自受理申请之日起 20 个工作日内完成审查，对符合条件的颁发许可证，予以公告；对不符合条件的，书面通知申请单位并说明理由。

国务院环境保护主管部门在审查过程中，应当组织专家进行技术评审，并征求国务院其他有关部门的意见。技术评审所需时间应当书面告知申请单位。

第十四条 放射性固体废物贮存许可证应当载明下列内容：

（一）单位的名称、地址和法定代表人；

（二）准予从事的活动种类、范围和规模；

（三）有效期限；

（四）发证机关、发证日期和证书编号。

第十五条 放射性固体废物贮存单位变更单位名称、地址、法定代表人的，应当自变更登记之日起20日内，向国务院环境保护主管部门申请办理许可证变更手续。

放射性固体废物贮存单位需要变更许可证规定的活动种类、范围和规模的，应当按照原申请程序向国务院环境保护主管部门重新申请领取许可证。

第十六条 放射性固体废物贮存许可证的有效期为10年。

许可证有效期届满，放射性固体废物贮存单位需要继续从事贮存活动的，应当于许可证有效期届满90日前，向国务院环境保护主管部门提出延续申请。

国务院环境保护主管部门应当在许可证有效期届满前完成审查，对符合条件的准予延续；对不符合条件的，书面通知申请单位并说明理由。

第十七条 放射性固体废物贮存单位应当按照国家有关放射性污染防治标准和国务院环境保护主管部门的规定，对其接收的废旧放射源和其他放射性固体废物进行分类存放和清理，及时予以清洁解控或者送交取得相应许可证的放射性固体废物处置单位处置。

放射性固体废物贮存单位应当建立放射性固体废物贮存情况记录档案，如实完整地记录贮存的放射性固体废物的来源、数量、特征、贮存位置、清洁解控、送交处置等与贮存活动有关的事项。

放射性固体废物贮存单位应当根据贮存设施的自然环境和放射性固体废物特性采取必要的防护措施，保证在规定的贮存期限内贮存设施、容器的完好和放射性固体废物的安全，并确保放射性固体废物能够安全回取。

第十八条 放射性固体废物贮存单位应当根据贮存设施运行监测计划和辐射环境监测计划，对贮存设施进行安全性检查，并对贮存设施周围的地下水、地表水、土壤和空气进行放射性监测。

放射性固体废物贮存单位应当如实记录监测数据，发现安全隐患或者周围环境中放射性核素超过国家规定的标准的，应当立即查找原因，采取相应的防范措施，并向所在地省、自治区、直辖市人民政府环境保护主管部门报告。构成辐射事故的，应当立即启动本单位的应急方案，并依照《中华人民共和国放射性污染防治法》《放射性同位素与射线装置安全和防护条例》的规定进行报告，开展有关事故应急工作。

第十九条 将废旧放射源和其他放射性固体废物送交放射性固体废物贮存、处置单位贮存、处置时，送交方应当一并提供放射性固体废物的种类、数量、活度等资料和废旧放射源的原始档案，并按照规定承担贮存、处置的费用。

第三章 放射性废物的处置

第二十条 国务院核工业行业主管部门会同国务院环境保护主管部门根据地质、环境、社会经济条件和放射性固体废物处置的需要，在征求国务院有关部门意见并进行环境影响评价的基础上编制放射性固体废物处置场所选址规划，报国务院批准后实施。

有关地方人民政府应当根据放射性固体废物处置场所选址规划，提供放射性固体废物处置场所的建设用地，并采取有效措施支持放射性固体废物的处置。

第二十一条 建造放射性固体废物处置设施，应当按照放射性固体废物处置场所选址技术导则和标准的要求，与居住区、水源保护区、交通干道、工厂和企业等场所保持严格的安全防护距离，并对场址的地质构造、水文地质等自然条件以及社会经济条件进行充分研究论证。

第二十二条 建造放射性固体废物处置设施，应当符合放射性固体废物处置场所选址规划，并依法办理选址批准手续和建造许可证。不符合选址规划或者选址技术导则、标准的，不得批准选址或者建造。

高水平放射性固体废物和 α 放射性固体废物深地质处置设施的工程和安全技术研究、地下实验、选址和建造，由国务院核工业行业主管部门组织实施。

第二十三条 专门从事放射性固体废物处置活动的单位，应当符合下列条件，并依照本条例的规定申请领取放射性固体废物处置许可证：

（一）有国有或者国有控股的企业法人资格。

（二）有能保证处置设施安全运行的组织机构和专业技术人员。低、中水平放射性固体废物处置单位应当具有 10 名以上放射性废物管理、辐射防护、环境监测方面的专业技术人员，其中至少有 3 名注册核安全工程师；高水平放射性固体废物和 α 放射性固体废物处置单位应当具有 20 名以上放射性废物管理、辐射防护、环境监测方面的专业技术人员，其中至少有 5 名注册核安全工程师。

（三）有符合国家有关放射性污染防治标准和国务院环境保护主管部门规定的放射性固体废物接收、处置设施和场所，以及放射性检测、辐射防护与环境监测设备。低、中水平放射性固体废物处置设施关闭后应满足 300 年以上的安全隔离要求；高水平放射性固体废物和 α 放射性固体废物深地质处置设施关闭后应满足 1 万年以上的安全隔离要求。

（四）有相应数额的注册资金。低、中水平放射性固体废物处置单位的注册资金应不少于 3000 万元；高水平放射性固体废物和 α 放射性固体废物处置单位的注册资金应不少于 1 亿元。

（五）有能保证其处置活动持续进行直至安全监护期满的财务担保。

（六）有健全的管理制度以及符合核安全监督管理要求的质量保证体系，包括质量保证大纲、处置设施运行监测计划、辐射环境监测计划和应急方案等。

第二十四条 放射性固体废物处置许可证的申请、变更、延续的审批权限和程序，以及许可证的内容、有效期限，依照本条例第十三条至第十六条的规定执行。

第二十五条 放射性固体废物处置单位应当按照国家有关放射性污染防治标准和国务院环境保护主管部门的规定，对其接收的放射性固体废物进行处置。

放射性固体废物处置单位应当建立放射性固体废物处置情况记录档案，如实记录处置的放射性固体废物的来源、数量、特征、存放位置等与处置活动有关的事项。放射性固体废物处置情况记录档案应当永久保存。

第二十六条 放射性固体废物处置单位应当根据处置设施运行监测计划和辐射环境监测计划，对处置设施进行安全性检查，并对处置设施周围的地下水、地表水、土壤和空气进行放射性监测。

放射性固体废物处置单位应当如实记录监测数据，发现安全隐患或者周围环境中放射性核素超过国家规定的标准的，应当立即查找原因，采取相应的防范措施，并向国务院环境保护主管部门和核工业行业主管部门报告。构成辐射事故的，应当立即启动本单位的应急方案，并依照《中华人民共和国放射性污染防治法》《放射性同位素与射线装置安全和防护条例》的规定进行报告，开展有关事故应急工作。

第二十七条 放射性固体废物处置设施设计服役期届满，或者处置的放射性固体废物已达到该设施的设计容量，或者所在地区的地质构造或者水文地质等条件发生重大变化导致处置设施不适宜继续处置放射性固体废物的，应当依法办理关闭手续，并在划定的区域设置永久性标记。

关闭放射性固体废物处置设施的，处置单位应当编制处置设施安全监护计划，报国务院环境保护主管部门批准。

放射性固体废物处置设施依法关闭后，处置单位应当按照经批准的安全监护计划，对关闭后的处置设施进行安全监护。放射性固体废物处置单位因破产、吊销许可证等原因终止的，处置设施关闭和安全监护所需费用由提供财务担保的单位承担。

第四章 监督管理

第二十八条 县级以上人民政府环境保护主管部门和其他有关部门，依照《中华人民共和国放射性污染防治法》和本条例的规定，对放射性废物处理、贮存和处置等活动的安全性进行监督检查。

第二十九条 县级以上人民政府环境保护主管部门和其他有关部门进行监督检查时，有权采取下列措施：

（一）向被检查单位的法定代表人和其他有关人员调查、了解情况；

（二）进入被检查单位进行现场监测、检查或者核查；

（三）查阅、复制相关文件、记录以及其他有关资料；

（四）要求被检查单位提交有关情况说明或者后续处理报告。

被检查单位应当予以配合，如实反映情况，提供必要的资料，不得拒绝和阻碍。

县级以上人民政府环境保护主管部门和其他有关部门的监督检查人员依法进行监督检查时，应当出示证件，并为被检查单位保守技术秘密和业务秘密。

第三十条 核设施营运单位、核技术利用单位和放射性固体废物贮存、处置单位，应当按照放射性废物危害的大小，建立健全相应级别的安全保卫制度，采取相应的技术防范措施和人员防范措施，并适时开展放射性废物污染事故应急演练。

第三十一条 核设施营运单位、核技术利用单位和放射性固体废物贮存、处置单位，应当对其直接从事放射性废物处理、贮存和处置活动的工作人员进行核与辐射安全知识以及专业操作技术的培训，并进行考核；考核合格的，方可从事该项工作。

第三十二条 核设施营运单位、核技术利用单位和放射性固体废物贮存单位应当按照国务院环境保护主管部门的规定定期如实报告放射性废物产生、排放、处理、贮存、清洁解控和送交处置等情况。

放射性固体废物处置单位应当于每年3月31日前，向国务院环境保护主管部门和核工业行业主管部门如实报告上一年度放射性固体废物接收、处置和设施运行等情况。

第三十三条 禁止将废旧放射源和其他放射性固体废物送交无相应许可证的单位贮存、处置或者擅自处置。

禁止无许可证或者不按照许可证规定的活动种类、范围、规模和期限从事放射性固体废物贮存、处置活动。

第三十四条 禁止将放射性废物和被放射性污染的物品输入中华人民共和国境内或者经中华人民共和国境内转移。具体办法由国务院环境保护主管部门会同国务院商务主管部门、海关总署、国家出入境检验检疫主管部门制定。

第五章 法律责任

第三十五条 负有放射性废物安全监督管理职责的部门及其工作人员违反本条例规定，有下列行为之一的，对直接负责的主管人员和其他直接责任人员，依法给予处分；直接负责的主管人员和其他直接责任人员构成犯罪的，依法追究刑事责任：

（一）违反本条例规定核发放射性固体废物贮存、处置许可证的；

（二）违反本条例规定批准不符合选址规划或者选址技术导则、标准的处置设施选址或者建造的；

（三）对发现的违反本条例的行为不依法查处的；

（四）在办理放射性固体废物贮存、处置许可证以及实施监督检查过程中，索取、收受他人财物或者谋取其他利益的；

（五）其他徇私舞弊、滥用职权、玩忽职守行为。

第三十六条 违反本条例规定，核设施营运单位、核技术利用单位有下列行为之一的，由审批该单位立项环境影响评价文件的环境保护主管部门责令停止违法行为，限期改正；逾期不改正的，指定有相应许可证的单位代为贮存或者处置，所需费用由核设施营运单位、核技术利用单位承担，可以处20万元以下的罚款；构成犯罪的，依法追究刑事责任：

（一）核设施营运单位未按照规定，将其产生的废旧放射源送交贮存、处置，或者将其产生的其他放射性固体废物送交处置的；

（二）核技术利用单位未按照规定，将其产生的废旧放射源或者其他放射性固体废物送交贮存、处置的。

第三十七条 违反本条例规定，有下列行为之一的，由县级以上人民政府环境保护主管部门责令停止违法行为，限期改正，处10万元以上20万元以下的罚款；造成环境污染的，责令限期采取治理措施消除污染，逾期不采取治理措施，经催告仍不治理的，可以指定有治理能力的单位代为治理，所需费用由违法者承担；构成犯罪的，依法追究刑事责任：

（一）核设施营运单位将废旧放射源送交无相应许可证的单位贮存、处置，或者将其他放射性固体废物送交无相应许可证的单位处置，或者擅自处置的；

（二）核技术利用单位将废旧放射源或者其他放射性固体废物送交无相应许可证的单位贮存、处置，或者擅自处置的；

（三）放射性固体废物贮存单位将废旧放射源或者其他放射性固体废物送交无相应许可证的单位处置，或者擅自处置的。

第三十八条 违反本条例规定，有下列行为之一的，由省级以上人民政府环境保护主管部门责令停产停业或者吊销许可证；有违法所得的，没收违法所得；违法所得10万元以上的，并处违法所得1倍以上5倍以下的罚款；没有违法所得或者违法所得不足10万元的，并处5万元以上10万元以下的罚款；造成环境污染的，责令限期采取治理措施消除污染，逾期不采取治理措施，经催告仍不治理的，可以指定有治理能力的单位代为治理，所需费用由违法者承担；构成犯罪的，依法追究刑事责任：

（一）未经许可，擅自从事废旧放射源或者其他放射性固体废物的贮存、处置活动的；

（二）放射性固体废物贮存、处置单位未按照许可证规定的活动种类、范围、规模、期限从事废旧放射源或者其他放射性固体废物的贮存、处置活动的；

（三）放射性固体废物贮存、处置单位未按照国家有关放射性污染防治标准和国务院环境保护主管部门的规定贮存、处置废旧放射源或者其他放射性固体废物的。

第三十九条 放射性固体废物贮存、处置单位未按照规定建立情况记录档案，或者未按照规定进行如实记录的，由省级以上人民政府环境保护主管部门责令限期改正，处1万元以上5万元以下的罚款；逾期不改正的，处5万元以上10万元以下的罚款。

第四十条 核设施营运单位、核技术利用单位或者放射性固体废物贮存、处置单位未按照本条例第三十二条的规定如实报告有关情况的，由县级以上人民政府环境保护主管部门责令限期改正，处1万元以上5万元以下的罚款；逾期不改正的，处5万元以上10万元以下的罚款。

第四十一条 违反本条例规定，拒绝、阻碍环境保护主管部门或者其他有关部门的监督检查，或者在接受监督检查时弄虚作假的，由监督检查部门责令改正，处2万元以下的罚款；构成违反治安管理行为的，由公安机关依法给予治安管理处罚；构成犯罪的，依法追究刑事责任。

第四十二条 核设施营运单位、核技术利用单位或者放射性固体废物贮存、处置单位未按照规定对有关工作人员进行技术培训和考核的，由县级以上人民政府环境保护主管部门责令限期改正，处1万元以上5万元以下的罚款；逾期不改正的，处5万元以上10万元以下的罚款。

第四十三条 违反本条例规定，向中华人民共和国境内输入放射性废物或者被放射性污染的物品，或者经中华人民共和国境内转移放射性废物或者被放射性污染的物品的，由海关责令退运该放射性废物或者被放射性污染的物品，并处50万元以上100万元以下的罚款；构成犯罪的，依法追究刑事责任。

第六章 附则

第四十四条 军用设施、装备所产生的放射性废物的安全管理，依照《中华人民共和国放射性污染防治法》第六十条的规定执行。

第四十五条 放射性废物运输的安全管理、放射性废物造成污染事故的应急处理，以及劳动者在职业活动中接触放射性废物造成的职业病防治，依照有关法律、行政法规的规定执行。

第四十六条 本条例自2012年3月1日起施行。

4. 危险化学品安全管理条例

（2002年1月26日中华人民共和国国务院令第344号公布，2011年2月16日国务院第144次常务会议修订通过，根据2013年12月7日《国务院关于修改部分行政法规的决定》修订）

第一章 总则

第一条 为了加强危险化学品的安全管理，预防和减少危险化学品事故，保障人民群众生命财产安全，保护环境，制定本条例。

第二条 危险化学品生产、储存、使用、经营和运输的安全管理，适用本条例。

废弃危险化学品的处置，依照有关环境保护的法律、行政法规和国家有关规定执行。

第三条 本条例所称危险化学品，是指具有毒害、腐蚀、爆炸、燃烧、助燃等性质，对人体、设施、环境具有危害的剧毒化学品和其他化学品。

危险化学品目录，由国务院安全生产监督管理部门会同国务院工业和信息化、公安、环境保护、卫生、质量监督检验检疫、交通运输、铁路、民用航空、农业主管部门，根据化学品危险特性的鉴别和分类标准确定、公布，并适时调整。

第四条 危险化学品安全管理，应当坚持安全第一、预防为主、综合治理的方针，强化和落实企业的主体责任。

生产、储存、使用、经营、运输危险化学品的单位（以下统称危险化学品单位）的主要负责人对本单位的危险化学品安全管理工作全面负责。

危险化学品单位应当具备法律、行政法规规定和国家标准、行业标准要求的安全条件，建立、健全安全管理规章制度和岗位安全责任制度，对从业人员进行安全教育、法制教育和岗位技术培训。从业人员应当接受教育和培训，考核合格后上岗作业；对有资格要求的岗位，应当配备依法取得相应资格的人员。

第五条 任何单位和个人不得生产、经营、使用国家禁止生产、经营、使用的危险化学品。

国家对危险化学品的使用有限制性规定的，任何单位和个人不得违反限制性规定使用危险化学品。

第六条 对危险化学品的生产、储存、使用、经营、运输实施安全监督管理的有关部门（以下统称负有危险化学品安全监督管理职责的部门），依照下列规定履行职责：

（一）安全生产监督管理部门负责危险化学品安全监督管理综合工作，组织确定、公布、调整危险化学品目录，对新建、改建、扩建生产、储存危险化学品（包括使用长输管道输送危险化学品，下同）的建设项目进行安全条件审查，核发危险化学品安全生产许可证、危险化学品安全使用许可证和危险化学品经营许可证，并负责危险化学品登记工作。

（二）公安机关负责危险化学品的公共安全管理，核发剧毒化学品购买许可证、剧毒化学品道路运输通行证，并负责危险化学品运输车辆的道路交通安全管理。

（三）质量监督检验检疫部门负责核发危险化学品及其包装物、容器（不包括储存危险化学品的固定式大型储罐，下同）生产企业的工业产品生产许可证，并依法对其产品质量实施监督，负责对进出口危险化学品及其包装实施检验。

（四）环境保护主管部门负责废弃危险化学品处置的监督管理，组织危险化学品的环境危害性鉴定和环境风险程度评估，确定实施重点环境管理的危险化学品，负责危险化学品环境管理登记和新化学物质环境管理登记；依照职责分工调查相关危险化学品环境污染事故和生态破坏事件，负责危险化学品事故现场的应急环境监测。

（五）交通运输主管部门负责危险化学品道路运输、水路运输的许可以及运输工具的安全管理，对危险化学品水路运输安全实施监督，负责危险化学品道路运输企业、水路运输企业驾驶人员、船员、装卸管理人员、押运人员、申报人员、集装箱装箱现场检查员的资格认定。铁路监管部门负责危险化学品铁路运输及其运输工具的安全管理。民用航空主管部门负责危险化学品航空运输以及航空运输企业及其运输工具的安全管理。

（六）卫生主管部门负责危险化学品毒性鉴定的管理，负责组织、协调危险化学品事故受伤人员的医疗卫生救援工作。

（七）工商行政管理部门依据有关部门的许可证件，核发危险化学品生产、储存、经营、运输企业营业执照，查处危险化学品经营企业违法采购危险化学品的行为。

（八）邮政管理部门负责依法查处寄递危险化学品的行为。

第七条 负有危险化学品安全监督管理职责的部门依法进行监督检查，可以采取下列措施：

（一）进入危险化学品作业场所实施现场检查，向有关单位和人员了解情况，查阅、复制有关文件、资料；

（二）发现危险化学品事故隐患，责令立即消除或者限期消除；

（三）对不符合法律、行政法规、规章规定或者国家标准、行业标准要求的设施、设备、装置、器材、运输工具，责令立即停止使用；

（四）经本部门主要负责人批准，查封违法生产、储存、使用、经营危险化学品的场所，扣押违法生产、储存、使用、经营、运输的危险化学品以及用于违法生产、使用、运输危险化学品的原材料、设备、运输工具；

（五）发现影响危险化学品安全的违法行为，当场予以纠正或者责令限期改正。

负有危险化学品安全监督管理职责的部门依法进行监督检查，监督检查人员不得少于2人，并应当出示执法证件；有关单位和个人对依法进行的监督检查应当予以配合，不得拒绝、阻碍。

第八条 县级以上人民政府应当建立危险化学品安全监督管理工作协调机制，支持、督促负有危险化学品安全监督管理职责的部门依法履行职责，协调、解决危险化学品安全监督管理工作中的重大问题。

负有危险化学品安全监督管理职责的部门应当相互配合、密切协作，依法加强对危险化学品的安全监督管理。

第九条 任何单位和个人对违反本条例规定的行为，有权向负有危险化学品安全监督管理职责的部门举报。负有危险化学品安全监督管理职责的部门接到举报，应当及时依法处理；对不属于本部门职责的，应当及时移送有关部门处理。

第十条 国家鼓励危险化学品生产企业和使用危险化学品从事生产的企业采用有利于提高安全保障水平的先进技术、工艺、设备以及自动控制系统，鼓励对危险化学品实行专门储存、统一配送、集中销售。

第二章 生产、储存安全

第十一条 国家对危险化学品的生产、储存实行统筹规划、合理布局。

国务院工业和信息化主管部门以及国务院其他有关部门依据各自职责，负责危险化学品生产、储存的行业规划和布局。

地方人民政府组织编制城乡规划，应当根据本地区的实际情况，按照确保安全的原则，规划适当区域专门用于危险化学品的生产、储存。

第十二条 新建、改建、扩建生产、储存危险化学品的建设项目（以下简称建设项目），应当由安全生产监督管理部门进行安全条件审查。

建设单位应当对建设项目进行安全条件论证，委托具备国家规定的资质条件的机构对建设项目进行安全评价，并将安全条件论证和安全评价的情况报告报建设项目所在地设区的市级以上人民政府安全生产监督管理部门；安全生产监督管理部门应当自收到报告之日起45日内作出审查决定，并书面通知建设单位。具体办法由国务院安全生产监督管理部门制定。

新建、改建、扩建储存、装卸危险化学品的港口建设项目，由港口行政管理部门按照国务院交通运输主管部门的规定进行安全条件审查。

第十三条 生产、储存危险化学品的单位，应当对其铺设的危险化学品管道设置明显标志，并对危险化学品管道定期检查、检测。

进行可能危及危险化学品管道安全的施工作业，施工单位应当在开工的7日前书面通知管道所属单位，并与管道所属单位共同制定应急预案，采取相应的安全防护措施。管道所属单位应当指派专门人员到现场进行管道安全保护指导。

第十四条 危险化学品生产企业进行生产前，应当依照《安全生产许可证条例》的规定，取得危险化学品安全生产许可证。

生产列入国家实行生产许可证制度的工业产品目录的危险化学品的企业，应当依照《中华人民共和国工业产品生产许可证管理条例》的规定，取得工业产品生产许可证。

负责颁发危险化学品安全生产许可证、工业产品生产许可证的部门，应当将其颁发许可证的情况及时向同级工业和信息化主管部门、环境保护主管部门和公安机关通报。

第十五条 危险化学品生产企业应当提供与其生产的危险化学品相符的化学品安全技术说明书，并在危险化学品包装（包括外包装件）上粘贴或者拴挂与包装内危险化学品相符的化学品安全标签。化学品安全技术说明书和化学品安全标签所载明的内容应当符合国家标准的要求。

危险化学品生产企业发现其生产的危险化学品有新的危险特性的，应当立即公告，并及时修订其化学品安全技术说明书和化学品安全标签。

第十六条 生产实施重点环境管理的危险化学品的企业，应当按照国务院环境保护主管部门的规定，将该危险化学品向环境中释放等相关信息向环境保护主管部门报告。环境保护主管部门可以根据情况采取相应的环境风险控制措施。

第十七条 危险化学品的包装应当符合法律、行政法规、规章的规定以及国家标准、行业标准的要求。

危险化学品包装物、容器的材质以及危险化学品包装的型式、规格、方法和单件质量（重量），应当与所包装的危险化学品的性质和用途相适应。

第十八条 生产列入国家实行生产许可证制度的工业产品目录的危险化学品包装物、容器的企业，应当依照《中华人民共和国工业产品生产许可证管理条例》的规定，取得工业产品生产许可证；其生产的危险化学品包装物、容器经国务院质量监督检验检疫部门认定的检验机构检验合格，方可出厂销售。

运输危险化学品的船舶及其配载的容器，应当按照国家船舶检验规范进行生产，并经海事管理机构认定的船舶检验机构检验合格，方可投入使用。

对重复使用的危险化学品包装物、容器，使用单位在重复使用前应当进行检查；发现存在安全隐患的，应当维修或者更换。使用单位应当对检查情况作出记录，记录的保存期限不得少于2年。

第十九条 危险化学品生产装置或者储存数量构成重大危险源的危险化学品储存

设施（运输工具加油站、加气站除外），与下列场所、设施、区域的距离应当符合国家有关规定：

（一）居住区以及商业中心、公园等人员密集场所；

（二）学校、医院、影剧院、体育场（馆）等公共设施；

（三）饮用水源、水厂以及水源保护区；

（四）车站、码头（依法经许可从事危险化学品装卸作业的除外）、机场以及通信干线、通信枢纽、铁路线路、道路交通干线、水路交通干线、地铁风亭以及地铁站出入口；

（五）基本农田保护区、基本草原、畜禽遗传资源保护区、畜禽规模化养殖场（养殖小区）、渔业水域以及种子、种畜禽、水产苗种生产基地；

（六）河流、湖泊、风景名胜区、自然保护区；

（七）军事禁区、军事管理区；

（八）法律、行政法规规定的其他场所、设施、区域。

已建的危险化学品生产装置或者储存数量构成重大危险源的危险化学品储存设施不符合前款规定的，由所在地设区的市级人民政府安全生产监督管理部门会同有关部门监督其所属单位在规定期限内进行整改；需要转产、停产、搬迁、关闭的，由本级人民政府决定并组织实施。

储存数量构成重大危险源的危险化学品储存设施的选址，应当避开地震活动断层和容易发生洪灾、地质灾害的区域。

本条例所称重大危险源，是指生产、储存、使用或者搬运危险化学品，且危险化学品的数量等于或者超过临界量的单元（包括场所和设施）。

第二十条 生产、储存危险化学品的单位，应当根据其生产、储存的危险化学品的种类和危险特性，在作业场所设置相应的监测、监控、通风、防晒、调温、防火、灭火、防爆、泄压、防毒、中和、防潮、防雷、防静电、防腐、防泄漏以及防护围堤或者隔离操作等安全设施、设备，并按照国家标准、行业标准或者国家有关规定对安全设施、设备进行经常性维护、保养，保证安全设施、设备的正常使用。

生产、储存危险化学品的单位，应当在其作业场所和安全设施、设备上设置明显的安全警示标志。

第二十一条 生产、储存危险化学品的单位，应当在其作业场所设置通信、报警装置，并保证处于适用状态。

第二十二条 生产、储存危险化学品的企业，应当委托具备国家规定的资质条件的机构，对本企业的安全生产条件每3年进行一次安全评价，提出安全评价报告。安全评价报告的内容应当包括对安全生产条件存在的问题进行整改的方案。

生产、储存危险化学品的企业，应当将安全评价报告以及整改方案的落实情况报所在地县级人民政府安全生产监督管理部门备案。在港区内储存危险化学品的企业，应当将安全评价报告以及整改方案的落实情况报港口行政管理部门备案。

第二十三条 生产、储存剧毒化学品或者国务院公安部门规定的可用于制造爆炸物品的危险化学品（以下简称易制爆危险化学品）的单位，应当如实记录其生产、储存的剧毒化学品、易制爆危险化学品的数量、流向，并采取必要的安全防范措施，防止剧毒化学品、易制爆危险化学品丢失或者被盗；发现剧毒化学品、易制爆危险化学品丢失或者被盗的，应当立即向当地公安机关报告。

生产、储存剧毒化学品、易制爆危险化学品的单位，应当设置治安保卫机构，配备专职治安保卫人员。

第二十四条 危险化学品应当储存在专用仓库、专用场地或者专用储存室（以下统称专用仓库）内，并由专人负责管理；剧毒化学品以及储存数量构成重大危险源的其他危险化学品，应当在专用仓库内单独存放，并实行双人收发、双人保管制度。

危险化学品的储存方式、方法以及储存数量应当符合国家标准或者国家有关规定。

第二十五条 储存危险化学品的单位应当建立危险化学品出入库核查、登记制度。

对剧毒化学品以及储存数量构成重大危险源的其他危险化学品，储存单位应当将其储存数量、储存地点以及管理人员的情况，报所在地县级人民政府安全生产监督管理部门（在港区内储存的，报港口行政管理部门）和公安机关备案。

第二十六条 危险化学品专用仓库应当符合国家标准、行业标准的要求，并设置明显的标志。储存剧毒化学品、易制爆危险化学品的专用仓库，应当按照国家有关规定设置相应的技术防范设施。

储存危险化学品的单位应当对其危险化学品专用仓库的安全设施、设备定期进行检测、检验。

第二十七条 生产、储存危险化学品的单位转产、停产、停业或者解散的，应当采取有效措施，及时、妥善处置其危险化学品生产装置、储存设施以及库存的危险化学品，不得丢弃危险化学品；处置方案应当报所在地县级人民政府安全生产监督管理部门、工业和信息化主管部门、环境保护主管部门和公安机关备案。安全生产监督管理部门应当会同环境保护主管部门和公安机关对处置情况进行监督检查，发现未依照规定处置的，应当责令其立即处置。

第三章 使用安全

第二十八条 使用危险化学品的单位，其使用条件（包括工艺）应当符合法律、行政法规的规定和国家标准、行业标准的要求，并根据所使用的危险化学品的种类、危险特性以及使用量和使用方式，建立、健全使用危险化学品的安全管理规章制度和安全操作规程，保证危险化学品的安全使用。

第二十九条 使用危险化学品从事生产并且使用量达到规定数量的化工企业（属于危险化学品生产企业的除外，下同），应当依照本条例的规定取得危险化学品安全使用许可证。

前款规定的危险化学品使用量的数量标准，由国务院安全生产监督管理部门会同国务院公安部门、农业主管部门确定并公布。

第三十条 申请危险化学品安全使用许可证的化工企业，除应当符合本条例第二十八条的规定外，还应当具备下列条件：

（一）有与所使用的危险化学品相适应的专业技术人员；

（二）有安全管理机构和专职安全管理人员；

（三）有符合国家规定的危险化学品事故应急预案和必要的应急救援器材、设备；

（四）依法进行了安全评价。

第三十一条 申请危险化学品安全使用许可证的化工企业，应当向所在地设区的市级人民政府安全生产监督管理部门提出申请，并提交其符合本条例第三十条规定条件的证明材料。设区的市级人民政府安全生产监督管理部门应当依法进行审查，自收到证明材料之日起45日内作出批准或者不予批准的决定。予以批准的，颁发危险化学品安全使用许可证；不予批准的，书面通知申请人并说明理由。

安全生产监督管理部门应当将其颁发危险化学品安全使用许可证的情况及时向同级环境保护主管部门和公安机关通报。

第三十二条 本条例第十六条关于生产实施重点环境管理的危险化学品的企业的规定，适用于使用实施重点环境管理的危险化学品从事生产的企业；第二十条、第二十一条、第二十三条第一款、第二十七条关于生产、储存危险化学品的单位的规定，适用于使用危险化学品的单位；第二十二条关于生产、储存危险化学品的企业的规定，适用于使用危险化学品从事生产的企业。

第四章 经营安全

第三十三条 国家对危险化学品经营（包括仓储经营，下同）实行许可制度。未经许可，任何单位和个人不得经营危险化学品。

依法设立的危险化学品生产企业在其厂区范围内销售本企业生产的危险化学品，不需要取得危险化学品经营许可。

依照《中华人民共和国港口法》的规定取得港口经营许可证的港口经营人，在港区内从事危险化学品仓储经营，不需要取得危险化学品经营许可。

第三十四条 从事危险化学品经营的企业应当具备下列条件：

（一）有符合国家标准、行业标准的经营场所，储存危险化学品的，还应当有符合国家标准、行业标准的储存设施；

（二）从业人员经过专业技术培训并经考核合格；

（三）有健全的安全管理规章制度；

（四）有专职安全管理人员；

（五）有符合国家规定的危险化学品事故应急预案和必要的应急救援器材、设备；

（六）法律、法规规定的其他条件。

第三十五条 从事剧毒化学品、易制爆危险化学品经营的企业，应当向所在地设区的市级人民政府安全生产监督管理部门提出申请，从事其他危险化学品经营的企业，应当向所在地县级人民政府安全生产监督管理部门提出申请（有储存设施的，应当向所在地设区的市级人民政府安全生产监督管理部门提出申请）。申请人应当提交其符合本条例第三十四条规定条件的证明材料。设区的市级人民政府安全生产监督管理部门或者县级人民政府安全生产监督管理部门应当依法进行审查，并对申请人的经营场所、储存设施进行现场核查，自收到证明材料之日起30日内作出批准或者不予批准的决定。予以批准的，颁发危险化学品经营许可证；不予批准的，书面通知申请人并说明理由。

设区的市级人民政府安全生产监督管理部门和县级人民政府安全生产监督管理部门应当将其颁发危险化学品经营许可证的情况及时向同级环境保护主管部门和公安机关通报。

申请人持危险化学品经营许可证向工商行政管理部门办理登记手续后，方可从事危险化学品经营活动。法律、行政法规或者国务院规定经营危险化学品还需要经其他有关部门许可的，申请人向工商行政管理部门办理登记手续时还应当持相应的许可证件。

第三十六条 危险化学品经营企业储存危险化学品的，应当遵守本条例第二章关于储存危险化学品的规定。危险化学品商店内只能存放民用小包装的危险化学品。

第三十七条 危险化学品经营企业不得向未经许可从事危险化学品生产、经营活动的企业采购危险化学品，不得经营没有化学品安全技术说明书或者化学品安全标签的危险化学品。

第三十八条 依法取得危险化学品安全生产许可证、危险化学品安全使用许可证、危险化学品经营许可证的企业，凭相应的许可证件购买剧毒化学品、易制爆危险化学品。民用爆炸物品生产企业凭民用爆炸物品生产许可证购买易制爆危险化学品。

前款规定以外的单位购买剧毒化学品的，应当向所在地县级人民政府公安机关申请取得剧毒化学品购买许可证；购买易制爆危险化学品的，应当持本单位出具的合法用途说明。

个人不得购买剧毒化学品（属于剧毒化学品的农药除外）和易制爆危险化学品。

第三十九条 申请取得剧毒化学品购买许可证，申请人应当向所在地县级人民政府公安机关提交下列材料：

（一）营业执照或者法人证书（登记证书）的复印件；

（二）拟购买的剧毒化学品品种、数量的说明；

（三）购买剧毒化学品用途的说明；

（四）经办人的身份证明。

县级人民政府公安机关应当自收到前款规定的材料之日起3日内，作出批准或者不予批准的决定。予以批准的，颁发剧毒化学品购买许可证；不予批准的，书面通知申请人并说明理由。

剧毒化学品购买许可证管理办法由国务院公安部门制定。

第四十条 危险化学品生产企业、经营企业销售剧毒化学品、易制爆危险化学品，应当查验本条例第三十八条第一款、第二款规定的相关许可证件或者证明文件，不得向不具有相关许可证件或者证明文件的单位销售剧毒化学品、易制爆危险化学品。对持剧毒化学品购买许可证购买剧毒化学品的，应当按照许可证载明的品种、数量销售。

禁止向个人销售剧毒化学品（属于剧毒化学品的农药除外）和易制爆危险化学品。

第四十一条 危险化学品生产企业、经营企业销售剧毒化学品、易制爆危险化学品，应当如实记录购买单位的名称、地址、经办人的姓名、身份证号码以及所购买的剧毒化学品、易制爆危险化学品的品种、数量、用途。销售记录以及经办人的身份证明复印件、相关许可证件复印件或者证明文件的保存期限不得少于 1 年。

剧毒化学品、易制爆危险化学品的销售企业、购买单位应当在销售、购买后 5 日内，将所销售、购买的剧毒化学品、易制爆危险化学品的品种、数量以及流向信息报所在地县级人民政府公安机关备案，并输入计算机系统。

第四十二条 使用剧毒化学品、易制爆危险化学品的单位不得出借、转让其购买的剧毒化学品、易制爆危险化学品；因转产、停产、搬迁、关闭等确需转让的，应当向具有本条例第三十八条第一款、第二款规定的相关许可证件或者证明文件的单位转让，并在转让后将有关情况及时向所在地县级人民政府公安机关报告。

第五章 运输安全

第四十三条 从事危险化学品道路运输、水路运输的，应当分别依照有关道路运输、水路运输的法律、行政法规的规定，取得危险货物道路运输许可、危险货物水路运输许可，并向工商行政管理部门办理登记手续。

危险化学品道路运输企业、水路运输企业应当配备专职安全管理人员。

第四十四条 危险化学品道路运输企业、水路运输企业的驾驶人员、船员、装卸管理人员、押运人员、申报人员、集装箱装箱现场检查员应当经交通运输主管部门考核合格，取得从业资格。具体办法由国务院交通运输主管部门制定。

危险化学品的装卸作业应当遵守安全作业标准、规程和制度，并在装卸管理人员的现场指挥或者监控下进行。水路运输危险化学品的集装箱装箱作业应当在集装箱装箱现场检查员的指挥或者监控下进行，并符合积载、隔离的规范和要求；装箱作业完毕后，集装箱装箱现场检查员应当签署装箱证明书。

第四十五条 运输危险化学品，应当根据危险化学品的危险特性采取相应的安全防护措施，并配备必要的防护用品和应急救援器材。

用于运输危险化学品的槽罐以及其他容器应当封口严密，能够防止危险化学品在运输过程中因温度、湿度或者压力的变化发生渗漏、洒漏；槽罐以及其他容器的溢流和泄压装置应当设置准确、起闭灵活。

运输危险化学品的驾驶人员、船员、装卸管理人员、押运人员、申报人员、集装箱装箱现场检查员，应当了解所运输的危险化学品的危险特性及其包装物、容器的使用要求和出现危险情况时的应急处置方法。

第四十六条 通过道路运输危险化学品的，托运人应当委托依法取得危险货物道路运输许可的企业承运。

第四十七条 通过道路运输危险化学品的，应当按照运输车辆的核定载质量装载危险化学品，不得超载。

危险化学品运输车辆应当符合国家标准要求的安全技术条件，并按照国家有关规定定期进行安全技术检验。

危险化学品运输车辆应当悬挂或者喷涂符合国家标准要求的警示标志。

第四十八条 通过道路运输危险化学品的，应当配备押运人员，并保证所运输的危险化学品处于押运人员的监控之下。

运输危险化学品途中因住宿或者发生影响正常运输的情况，需要较长时间停车的，驾驶人员、押运人员应当采取相应的安全防范措施；运输剧毒化学品或者易制爆危险化学品的，还应当向当地公安机关报告。

第四十九条 未经公安机关批准，运输危险化学品的车辆不得进入危险化学品运输车辆限制通行的区域。危险化学品运输车辆限制通行的区域由县级人民政府公安机关划定，并设置明显的标志。

第五十条 通过道路运输剧毒化学品的，托运人应当向运输始发地或者目的地县级人民政府公安机关申请剧毒化学品道路运输通行证。

申请剧毒化学品道路运输通行证，托运人应当向县级人民政府公安机关提交下列材料：

（一）拟运输的剧毒化学品品种、数量的说明；

（二）运输始发地、目的地、运输时间和运输路线的说明；

（三）承运人取得危险货物道路运输许可、运输车辆取得营运证以及驾驶人员、押运人员取得上岗资格的证明文件；

（四）本条例第三十八条第一款、第二款规定的购买剧毒化学品的相关许可证件，或者海关出具的进出口证明文件。

县级人民政府公安机关应当自收到前款规定的材料之日起7日内，作出批准或者不予批准的决定。予以批准的，颁发剧毒化学品道路运输通行证；不予批准的，书面通知申请人并说明理由。

剧毒化学品道路运输通行证管理办法由国务院公安部门制定。

第五十一条 剧毒化学品、易制爆危险化学品在道路运输途中丢失、被盗、被抢或者出现流散、泄漏等情况的，驾驶人员、押运人员应当立即采取相应的警示措施和安全措施，并向当地公安机关报告。公安机关接到报告后，应当根据实际情况立即向安全生产监督管理部门、环境保护主管部门、卫生主管部门通报。有关部门应当采取必要的应急处置措施。

第五十二条 通过水路运输危险化学品的，应当遵守法律、行政法规以及国务院交通运输主管部门关于危险货物水路运输安全的规定。

第五十三条 海事管理机构应当根据危险化学品的种类和危险特性，确定船舶运输危险化学品的相关安全运输条件。

拟交付船舶运输的化学品的相关安全运输条件不明确的，货物所有人或者代理人应当委托相关技术机构进行评估，明确相关安全运输条件并经海事管理机构确认后，方可交付船舶运输。

第五十四条 禁止通过内河封闭水域运输剧毒化学品以及国家规定禁止通过内河运输的其他危险化学品。

前款规定以外的内河水域，禁止运输国家规定禁止通过内河运输的剧毒化学品以及其他危险化学品。

禁止通过内河运输的剧毒化学品以及其他危险化学品的范围，由国务院交通运输主管部门会同国务院环境保护主管部门、工业和信息化主管部门、安全生产监督管理部门，根据危险化学品的危险特性、危险化学品对人体和水环境的危害程度以及消除危害后果的难易程度等因素规定并公布。

第五十五条 国务院交通运输主管部门应当根据危险化学品的危险特性，对通过内河运输本条例第五十四条规定以外的危险化学品（以下简称通过内河运输危险化学品）实行分类管理，对各类危险化学品的运输方式、包装规范和安全防护措施等分别作出规定并监督实施。

第五十六条 通过内河运输危险化学品，应当由依法取得危险货物水路运输许可的水路运输企业承运，其他单位和个人不得承运。托运人应当委托依法取得危险货物水路运输许可的水路运输企业承运，不得委托其他单位和个人承运。

第五十七条 通过内河运输危险化学品，应当使用依法取得危险货物适装证书的运输船舶。水路运输企业应当针对所运输的危险化学品的危险特性，制定运输船舶危险化学品事故应急救援预案，并为运输船舶配备充足、有效的应急救援器材和设备。

通过内河运输危险化学品的船舶，其所有人或者经营人应当取得船舶污染损害责任保险证书或者财务担保证明。船舶污染损害责任保险证书或者财务担保证明的副本应当随船携带。

第五十八条 通过内河运输危险化学品，危险化学品包装物的材质、型式、强度以及包装方法应当符合水路运输危险化学品包装规范的要求。国务院交通运输主管部门对单船运输的危险化学品数量有限制性规定的，承运人应当按照规定安排运输数量。

第五十九条 用于危险化学品运输作业的内河码头、泊位应当符合国家有关安全规范，与饮用水取水口保持国家规定的距离。有关管理单位应当制定码头、泊位危险化学品事故应急预案，并为码头、泊位配备充足、有效的应急救援器材和设备。

用于危险化学品运输作业的内河码头、泊位，经交通运输主管部门按照国家有关规定验收合格后方可投入使用。

第六十条 船舶载运危险化学品进出内河港口，应当将危险化学品的名称、危险特性、包装以及进出港时间等事项，事先报告海事管理机构。海事管理机构接到报告后，应当在国务院交通运输主管部门规定的时间内作出是否同意的决定，通知报告人，同时通报港口行政管理部门。定船舶、定航线、定货种的船舶可以定期报告。

在内河港口内进行危险化学品的装卸、过驳作业，应当将危险化学品的名称、危险特性、包装和作业的时间、地点等事项报告港口行政管理部门。港口行政管理部门接到报告后，应当在国务院交通运输主管部门规定的时间内作出是否同意的决定，通知报告人，同时通报海事管理机构。

载运危险化学品的船舶在内河航行，通过过船建筑物的，应当提前向交通运输主管部门申报，并接受交通运输主管部门的管理。

第六十一条 载运危险化学品的船舶在内河航行、装卸或者停泊，应当悬挂专用的警示标志，按照规定显示专用信号。

载运危险化学品的船舶在内河航行，按照国务院交通运输主管部门的规定需要引航的，应当申请引航。

第六十二条 载运危险化学品的船舶在内河航行，应当遵守法律、行政法规和国家其他有关饮用水水源保护的规定。内河航道发展规划应当与依法经批准的饮用水水源保护区划定方案相协调。

第六十三条 托运危险化学品的，托运人应当向承运人说明所托运的危险化学品的种类、数量、危险特性以及发生危险情况的应急处置措施，并按照国家有关规定对所托运的危险化学品妥善包装，在外包装上设置相应的标志。

运输危险化学品需要添加抑制剂或者稳定剂的，托运人应当添加，并将有关情况告知承运人。

第六十四条 托运人不得在托运的普通货物中夹带危险化学品，不得将危险化学品匿报或者谎报为普通货物托运。

任何单位和个人不得交寄危险化学品或者在邮件、快件内夹带危险化学品，不得将危险化学品匿报或者谎报为普通物品交寄。邮政企业、快递企业不得收寄危险化学品。

对涉嫌违反本条第一款、第二款规定的，交通运输主管部门、邮政管理部门可以依法开拆查验。

第六十五条 通过铁路、航空运输危险化学品的安全管理，依照有关铁路、航空运输的法律、行政法规、规章的规定执行。

第六章 危险化学品登记与事故应急救援

第六十六条 国家实行危险化学品登记制度，为危险化学品安全管理以及危险化学品事故预防和应急救援提供技术、信息支持。

第六十七条 危险化学品生产企业、进口企业，应当向国务院安全生产监督管理部门负责危险化学品登记的机构（以下简称危险化学品登记机构）办理危险化学品登记。

危险化学品登记包括下列内容：

（一）分类和标签信息；

（二）物理、化学性质；

（三）主要用途；

（四）危险特性；

（五）储存、使用、运输的安全要求；

（六）出现危险情况的应急处置措施。

对同一企业生产、进口的同一品种的危险化学品，不进行重复登记。危险化学品生产企业、进口企业发现其生产、进口的危险化学品有新的危险特性的，应当及时向危险化学品登记机构办理登记内容变更手续。

危险化学品登记的具体办法由国务院安全生产监督管理部门制定。

第六十八条 危险化学品登记机构应当定期向工业和信息化、环境保护、公安、卫生、交通运输、铁路、质量监督检验检疫等部门提供危险化学品登记的有关信息和资料。

第六十九条 县级以上地方人民政府安全生产监督管理部门应当会同工业和信息化、环境保护、公安、卫生、交通运输、铁路、质量监督检验检疫等部门，根据本地区实际情况，制定危险化学品事故应急预案，报本级人民政府批准。

第七十条 危险化学品单位应当制定本单位危险化学品事故应急预案，配备应急救援人员和必要的应急救援器材、设备，并定期组织应急救援演练。

危险化学品单位应当将其危险化学品事故应急预案报所在地设区的市级人民政府安全生产监督管理部门备案。

第七十一条 发生危险化学品事故，事故单位主要负责人应当立即按照本单位危险化学品应急预案组织救援，并向当地安全生产监督管理部门和环境保护、公安、卫生主管部门报告；道路运输、水路运输过程中发生危险化学品事故的，驾驶人员、船员或者押运人员还应当向事故发生地交通运输主管部门报告。

第七十二条 发生危险化学品事故，有关地方人民政府应当立即组织安全生产监督管理、环境保护、公安、卫生、交通运输等有关部门，按照本地区危险化学品事故应急预案组织实施救援，不得拖延、推诿。

有关地方人民政府及其有关部门应当按照下列规定，采取必要的应急处置措施，减少事故损失，防止事故蔓延、扩大：

（一）立即组织营救和救治受害人员，疏散、撤离或者采取其他措施保护危害区域内的其他人员；

（二）迅速控制危害源，测定危险化学品的性质、事故的危害区域及危害程度；

（三）针对事故对人体、动植物、土壤、水源、大气造成的现实危害和可能产生的危害，迅速采取封闭、隔离、洗消等措施；

（四）对危险化学品事故造成的环境污染和生态破坏状况进行监测、评估，并采取相应的环境污染治理和生态修复措施。

第七十三条 有关危险化学品单位应当为危险化学品事故应急救援提供技术指导和必要的协助。

第七十四条 危险化学品事故造成环境污染的，由设区的市级以上人民政府环境保护主管部门统一发布有关信息。

第七章 法律责任

第七十五条 生产、经营、使用国家禁止生产、经营、使用的危险化学品的，由安全生产监督管理部门责令停止生产、经营、使用活动，处 20 万元以上 50 万元以下的罚款，有违法所得的，没收违法所得；构成犯罪的，依法追究刑事责任。

有前款规定行为的，安全生产监督管理部门还应当责令其对所生产、经营、使用的危险化学品进行无害化处理。

违反国家关于危险化学品使用的限制性规定使用危险化学品的，依照本条第一款的规定处理。

第七十六条 未经安全条件审查，新建、改建、扩建生产、储存危险化学品的建设项目的，由安全生产监督管理部门责令停止建设，限期改正；逾期不改正的，处 50 万元以上 100 万元以下的罚款；构成犯罪的，依法追究刑事责任。

未经安全条件审查，新建、改建、扩建储存、装卸危险化学品的港口建设项目的，由港口行政管理部门依照前款规定予以处罚。

第七十七条 未依法取得危险化学品安全生产许可证从事危险化学品生产，或者未依法取得工业产品生产许可证从事危险化学品及其包装物、容器生产的，分别依照《安全生产许可证条例》、《中华人民共和国工业产品生产许可证管理条例》的规定处罚。

违反本条例规定，化工企业未取得危险化学品安全使用许可证，使用危险化学品从事生产的，由安全生产监督管理部门责令限期改正，处 10 万元以上 20 万元以下的罚款；逾期不改正的，责令停产整顿。

违反本条例规定，未取得危险化学品经营许可证从事危险化学品经营的，由安全生产监督管理部门责令停止经营活动，没收违法经营的危险化学品以及违法所得，并处 10 万元以上 20 万元以下的罚款；构成犯罪的，依法追究刑事责任。

第七十八条 有下列情形之一的，由安全生产监督管理部门责令改正，可以处 5 万元以下的罚款；拒不改正的，处 5 万元以上 10 万元以下的罚款；情节严重的，责令停产停业整顿：

（一）生产、储存危险化学品的单位未对其铺设的危险化学品管道设置明显的标志，或者未对危险化学品管道定期检查、检测的；

（二）进行可能危及危险化学品管道安全的施工作业，施工单位未按照规定书面通知管道所属单位，或者未与管道所属单位共同制定应急预案、采取相应的安全防护措施，或者管道所属单位未指派专门人员到现场进行管道安全保护指导的；

（三）危险化学品生产企业未提供化学品安全技术说明书，或者未在包装（包括外包装件）上粘贴、拴挂化学品安全标签的；

（四）危险化学品生产企业提供的化学品安全技术说明书与其生产的危险化学品不相符，或者在包装（包括外包装件）粘贴、拴挂的化学品安全标签与包装内危险化学品不相符，或者化学品安全技术说明书、化学品安全标签所载明的内容不符合国家标准要求的；

（五）危险化学品生产企业发现其生产的危险化学品有新的危险特性不立即公告，或者不及时修订其化学品安全技术说明书和化学品安全标签的；

（六）危险化学品经营企业经营没有化学品安全技术说明书和化学品安全标签的危险化学品的；

（七）危险化学品包装物、容器的材质以及包装的型式、规格、方法和单件质量（重量）与所包装的危险化学品的性质和用途不相适应的；

（八）生产、储存危险化学品的单位未在作业场所和安全设施、设备上设置明显的安全警示标志，或者未在作业场所设置通信、报警装置的；

（九）危险化学品专用仓库未设专人负责管理，或者对储存的剧毒化学品以及储存数量构成重大危险源的其他危险化学品未实行双人收发、双人保管制度的；

（十）储存危险化学品的单位未建立危险化学品出入库核查、登记制度的；

（十一）危险化学品专用仓库未设置明显标志的；

（十二）危险化学品生产企业、进口企业不办理危险化学品登记，或者发现其生产、进口的危险化学品有新的危险特性不办理危险化学品登记内容变更手续的。

从事危险化学品仓储经营的港口经营人有前款规定情形的，由港口行政管理部门依照前款规定予以处罚。储存剧毒化学品、易制爆危险化学品的专用仓库未按照国家有关规定设置相应的技术防范设施的，由公安机关依照前款规定予以处罚。

生产、储存剧毒化学品、易制爆危险化学品的单位未设置治安保卫机构、配备专职治安保卫人员的，依照《企业事业单位内部治安保卫条例》的规定处罚。

第七十九条 危险化学品包装物、容器生产企业销售未经检验或者经检验不合格的危险化学品包装物、容器的，由质量监督检验检疫部门责令改正，处10万元以上20万元以下的罚款，有违法所得的，没收违法所得；拒不改正的，责令停产停业整顿；构成犯罪的，依法追究刑事责任。

将未经检验合格的运输危险化学品的船舶及其配载的容器投入使用的，由海事管理机构依照前款规定予以处罚。

第八十条 生产、储存、使用危险化学品的单位有下列情形之一的，由安全生产监督管理部门责令改正，处5万元以上10万元以下的罚款；拒不改正的，责令停产停业整顿直至由原发证机关吊销其相关许可证件，并由工商行政管理部门责令其办理经营范围变更登记或者吊销其营业执照；有关责任人员构成犯罪的，依法追究刑事责任：

（一）对重复使用的危险化学品包装物、容器，在重复使用前不进行检查的；

（二）未根据其生产、储存的危险化学品的种类和危险特性，在作业场所设置相关安全设施、设备，或者未按照国家标准、行业标准或者国家有关规定对安全设施、设备进行经常性维护、保养的；

（三）未依照本条例规定对其安全生产条件定期进行安全评价的；

（四）未将危险化学品储存在专用仓库内，或者未将剧毒化学品以及储存数量构成重大危险源的其他危险化学品在专用仓库内单独存放的；

（五）危险化学品的储存方式、方法或者储存数量不符合国家标准或者国家有关规定的；

（六）危险化学品专用仓库不符合国家标准、行业标准的要求的；

（七）未对危险化学品专用仓库的安全设施、设备定期进行检测、检验的。

从事危险化学品仓储经营的港口经营人有前款规定情形的，由港口行政管理部门依照前款规定予以处罚。

第八十一条 有下列情形之一的，由公安机关责令改正，可以处1万元以下的罚款；拒不改正的，处1万元以上5万元以下的罚款：

（一）生产、储存、使用剧毒化学品、易制爆危险化学品的单位不如实记录生产、储存、使用的剧毒化学品、易制爆危险化学品的数量、流向的；

（二）生产、储存、使用剧毒化学品、易制爆危险化学品的单位发现剧毒化学品、易制爆危险化学品丢失或者被盗，不立即向公安机关报告的；

（三）储存剧毒化学品的单位未将剧毒化学品的储存数量、储存地点以及管理人员的情况报所在地县级人民政府公安机关备案的；

（四）危险化学品生产企业、经营企业不如实记录剧毒化学品、易制爆危险化学品购买单位的名称、地址、经办人的姓名、身份证号码以及所购买的剧毒化学品、易制爆危险化学品的品种、数量、用途，或者保存销售记录和相关材料的时间少于1年的；

（五）剧毒化学品、易制爆危险化学品的销售企业、购买单位未在规定的时限内将所销售、购买的剧毒化学品、易制爆危险化学品的品种、数量以及流向信息报所在地县级人民政府公安机关备案的；

（六）使用剧毒化学品、易制爆危险化学品的单位依照本条例规定转让其购买的剧毒化学品、易制爆危险化学品，未将有关情况向所在地县级人民政府公安机关报告的。

生产、储存危险化学品的企业或者使用危险化学品从事生产的企业未按照本条例规定将安全评价报告以及整改方案的落实情况报安全生产监督管理部门或者港口行政管理部门备案，或者储存危险化学品的单位未将其剧毒化学品以及储存数量构成重大危险源的其他危险化学品的储存数量、储存地点以及管理人员的情况报安全生产监督管理部门或者港口行政管理部门备案的，分别由安全生产监督管理部门或者港口行政管理部门依照前款规定予以处罚。

生产实施重点环境管理的危险化学品的企业或者使用实施重点环境管理的危险化学品从事生产的企业未按照规定将相关信息向环境保护主管部门报告的，由环境保护主管部门依照本条第一款的规定予以处罚。

第八十二条 生产、储存、使用危险化学品的单位转产、停产、停业或者解散，未采取有效措施及时、妥善处置其危险化学品生产装置、储存设施以及库存的危险化学品，或者丢弃危险化学品的，由安全生产监督管理部门责令改正，处5万元以上10万元以下的罚款；构成犯罪的，依法追究刑事责任。

生产、储存、使用危险化学品的单位转产、停产、停业或者解散，未依照本条例规定将其危险化学品生产装置、储存设施以及库存危险化学品的处置方案报有关部门备案的，分别由有关部门责令改正，可以处1万元以下的罚款；拒不改正的，处1万元以上5万元以下的罚款。

第八十三条 危险化学品经营企业向未经许可违法从事危险化学品生产、经营活动的企业采购危险化学品的，由工商行政管理部门责令改正，处10万元以上20万元以下的罚款；拒不改正的，责令停业整顿直至由原发证机关吊销其危险化学品经营许可证，并由工商行政管理部门责令其办理经营范围变更登记或者吊销其营业执照。

第八十四条 危险化学品生产企业、经营企业有下列情形之一的，由安全生产监督管理部门责令改正，没收违法所得，并处10万元以上20万元以下的罚款；拒不改正的，责令停产停业整顿直至吊销其危险化学品安全生产许可证、危险化学品经营许可证，并由工商行政管理部门责令其办理经营范围变更登记或者吊销其营业执照：

（一）向不具有本条例第三十八条第一款、第二款规定的相关许可证件或者证明文件的单位销售剧毒化学品、易制爆危险化学品的；

（二）不按照剧毒化学品购买许可证载明的品种、数量销售剧毒化学品的；

（三）向个人销售剧毒化学品（属于剧毒化学品的农药除外）、易制爆危险化学品的。

不具有本条例第三十八条第一款、第二款规定的相关许可证件或者证明文件的单位购买剧毒化学品、易制爆危险化学品，或者个人购买剧毒化学品（属于剧毒化学品的农药除外）、易制爆危险化学品的，由公安机关没收所购买的剧毒化学品、易制爆危险化学品，可以并处5000元以下的罚款。

使用剧毒化学品、易制爆危险化学品的单位出借或者向不具有本条例第三十八条第一款、第二款规定的相关许可证件的单位转让其购买的剧毒化学品、易制爆危险化学品，或者向个人转让其购买的剧毒化学品（属于剧毒化学品的农药除外）、易制爆危险化学品的，由公安机关责令改正，处10万元以上20万元以下的罚款；拒不改正的，责令停产停业整顿。

第八十五条 未依法取得危险货物道路运输许可、危险货物水路运输许可，从事危险化学品道路运输、水路运输的，分别依照有关道路运输、水路运输的法律、行政法规的规定处罚。

第八十六条 有下列情形之一的，由交通运输主管部门责令改正，处5万元以上10万元以下的罚款；拒不改正的，责令停产停业整顿；构成犯罪的，依法追究刑事责任：

（一）危险化学品道路运输企业、水路运输企业的驾驶人员、船员、装卸管理人员、押运人员、申报人员、集装箱装箱现场检查员未取得从业资格上岗作业的；

（二）运输危险化学品，未根据危险化学品的危险特性采取相应的安全防护措施，或者未配备必要的防护用品和应急救援器材的；

（三）使用未依法取得危险货物适装证书的船舶，通过内河运输危险化学品的；

（四）通过内河运输危险化学品的承运人违反国务院交通运输主管部门对单船运输的危险化学品数量的限制性规定运输危险化学品的；

（五）用于危险化学品运输作业的内河码头、泊位不符合国家有关安全规范，或者未与饮用水取水口保持国家规定的安全距离，或者未经交通运输主管部门验收合格投入使用的；

（六）托运人不向承运人说明所托运的危险化学品的种类、数量、危险特性以及发生危险情况的应急处置措施，或者未按照国家有关规定对所托运的危险化学品妥善包装并在外包装上设置相应标志的；

（七）运输危险化学品需要添加抑制剂或者稳定剂，托运人未添加或者未将有关情况告知承运人的。

第八十七条 有下列情形之一的，由交通运输主管部门责令改正，处10万元以上20万元以下的罚款，有违法所得的，没收违法所得；拒不改正的，责令停产停业整顿；构成犯罪的，依法追究刑事责任：

（一）委托未依法取得危险货物道路运输许可、危险货物水路运输许可的企业承运危险化学品的；

（二）通过内河封闭水域运输剧毒化学品以及国家规定禁止通过内河运输的其他危险化学品的；

（三）通过内河运输国家规定禁止通过内河运输的剧毒化学品以及其他危险化学品的；

（四）在托运的普通货物中夹带危险化学品，或者将危险化学品谎报或者匿报为普通货物托运的。

在邮件、快件内夹带危险化学品，或者将危险化学品谎报为普通物品交寄的，依法给予治安管理处罚；构成犯罪的，依法追究刑事责任。

邮政企业、快递企业收寄危险化学品的，依照《中华人民共和国邮政法》的规定处罚。

第八十八条 有下列情形之一的，由公安机关责令改正，处5万元以上10万元以下的罚款；构成违反治安管理行为的，依法给予治安管理处罚；构成犯罪的，依法追究刑事责任：

（一）超过运输车辆的核定载质量装载危险化学品的；

（二）使用安全技术条件不符合国家标准要求的车辆运输危险化学品的；

（三）运输危险化学品的车辆未经公安机关批准进入危险化学品运输车辆限制通行的区域的；

（四）未取得剧毒化学品道路运输通行证，通过道路运输剧毒化学品的。

第八十九条 有下列情形之一的，由公安机关责令改正，处1万元以上5万元以下的罚款；构成违反治安管理行为的，依法给予治安管理处罚：

（一）危险化学品运输车辆未悬挂或者喷涂警示标志，或者悬挂或者喷涂的警示标志不符合国家标准要求的；

（二）通过道路运输危险化学品，不配备押运人员的；

（三）运输剧毒化学品或者易制爆危险化学品途中需要较长时间停车，驾驶人员、押运人员不向当地公安机关报告的；

（四）剧毒化学品、易制爆危险化学品在道路运输途中丢失、被盗、被抢或者发生流散、泄露等情况，驾驶人员、押运人员不采取必要的警示措施和安全措施，或者不向当地公安机关报告的。

第九十条 对发生交通事故负有全部责任或者主要责任的危险化学品道路运输企业，由公安机关责令消除安全隐患，未消除安全隐患的危险化学品运输车辆，禁止上道路行驶。

第九十一条 有下列情形之一的，由交通运输主管部门责令改正，可以处1万元以下的罚款；拒不改正的，处1万元以上5万元以下的罚款：

（一）危险化学品道路运输企业、水路运输企业未配备专职安全管理人员的；

（二）用于危险化学品运输作业的内河码头、泊位的管理单位未制定码头、泊位危险化学品事故应急救援预案，或者未为码头、泊位配备充足、有效的应急救援器材和设备的。

第九十二条 有下列情形之一的，依照《中华人民共和国内河交通安全管理条例》的规定处罚：

（一）通过内河运输危险化学品的水路运输企业未制定运输船舶危险化学品事故应急救援预案，或者未为运输船舶配备充足、有效的应急救援器材和设备的；

（二）通过内河运输危险化学品的船舶的所有人或者经营人未取得船舶污染损害责任保险证书或者财务担保证明的；

（三）船舶载运危险化学品进出内河港口，未将有关事项事先报告海事管理机构并经其同意的；

（四）载运危险化学品的船舶在内河航行、装卸或者停泊，未悬挂专用的警示标志，或者未按照规定显示专用信号，或者未按照规定申请引航的。

未向港口行政管理部门报告并经其同意，在港口内进行危险化学品的装卸、过驳作业的，依照《中华人民共和国港口法》的规定处罚。

第九十三条 伪造、变造或者出租、出借、转让危险化学品安全生产许可证、工业产品生产许可证，或者使用伪造、变造的危险化学品安全生产许可证、工业产品生产许可证的，分别依照《安全生产许可证条例》、《中华人民共和国工业产品生产许可证管理条例》的规定处罚。

伪造、变造或者出租、出借、转让本条例规定的其他许可证，或者使用伪造、变造的本条例规定的其他许可证的，分别由相关许可证的颁发管理机关处10万元以上20万元以下的罚款，有违法所得的，没收违法所得；构成违反治安管理行为的，依法给予治安管理处罚；构成犯罪的，依法追究刑事责任。

第九十四条 危险化学品单位发生危险化学品事故，其主要负责人不立即组织救援或者不立即向有关部门报告的，依照《生产安全事故报告和调查处理条例》的规定处罚。

危险化学品单位发生危险化学品事故，造成他人人身伤害或者财产损失的，依法承担赔偿责任。

第九十五条 发生危险化学品事故，有关地方人民政府及其有关部门不立即组织实施救援，或者不采取必要的应急处置措施减少事故损失，防止事故蔓延、扩大的，对直接负责的主管人员和其他直接责任人员依法给予处分；构成犯罪的，依法追究刑事责任。

第九十六条 负有危险化学品安全监督管理职责的部门的工作人员，在危险化学品安全监督管理工作中滥用职权、玩忽职守、徇私舞弊，构成犯罪的，依法追究刑事责任；尚不构成犯罪的，依法给予处分。

第八章 附则

第九十七条 监控化学品、属于危险化学品的药品和农药的安全管理，依照本条例的规定执行；法律、行政法规另有规定的，依照其规定。

民用爆炸物品、烟花爆竹、放射性物品、核能物质以及用于国防科研生产的危险化学品的安全管理，不适用本条例。

法律、行政法规对燃气的安全管理另有规定的，依照其规定。

危险化学品容器属于特种设备的，其安全管理依照有关特种设备安全的法律、行政法规的规定执行。

第九十八条 危险化学品的进出口管理，依照有关对外贸易的法律、行政法规、规章的规定执行；进口的危险化学品的储存、使用、经营、运输的安全管理，依照本条例的规定执行。

危险化学品环境管理登记和新化学物质环境管理登记，依照有关环境保护的法律、行政法规、规章的规定执行。危险化学品环境管理登记，按照国家有关规定收取费用。

第九十九条 公众发现、捡拾的无主危险化学品，由公安机关接收。公安机关接收或者有关部门依法没收的危险化学品，需要进行无害化处理的，交由环境保护主管部门组织其认定的专业单位进行处理，或者交由有关危险化学品生产企业进行处理。处理所需费用由国家财政负担。

第一百条 化学品的危险特性尚未确定的，由国务院安全生产监督管理部门、国务院环境保护主管部门、国务院卫生主管部门分别负责组织对该化学品的物理危险性、环境危害性、毒理特性进行鉴定。根据鉴定结果，需要调整危险化学品目录的，依照本条例第三条第二款的规定办理。

第一百零一条 本条例施行前已经使用危险化学品从事生产的化工企业，依照本条例规定需要取得危险化学品安全使用许可证的，应当在国务院安全生产监督管理部门规定的期限内，申请取得危险化学品安全使用许可证。

第一百零二条 本条例自2011年12月1日起施行。

5. 国家突发环境事件应急预案

（国办函〔2014〕119号）

1 总则

1.1 编制目的

健全突发环境事件应对工作机制，科学有序高效应对突发环境事件，保障人民群众生命财产安全和环境安全，促进社会全面、协调、可持续发展。

1.2 编制依据

依据《中华人民共和国环境保护法》《中华人民共和国突发事件应对法》《中华人民共和国放射性污染防治法》《国家突发公共事件总体应急预案》及相关法律法规等，制定本预案。

1.3 适用范围

本预案适用于我国境内突发环境事件应对工作。

突发环境事件是指由于污染物排放或自然灾害、生产安全事故等因素，导致污染物或放射性物质等有毒有害物质进入大气、水体、土壤等环境介质，突然造成或可能造成环境质量下降，危及公众身体健康和财产安全，或造成生态环境破坏，或造成重大社会影响，需要采取紧急措施予以应对的事件，主要包括大气污染、水体污染、土壤污染等突发性环境污染事件和辐射污染事件。

核设施及有关核活动发生的核事故所造成的辐射污染事件、海上溢油事件、船舶污染事件的应对工作按照其他相关应急预案规定执行。重污染天气应对工作按照国务院《大气污染防治行动计划》等有关规定执行。

1.4 工作原则

突发环境事件应对工作坚持统一领导、分级负责，属地为主、协调联动，快速反应、科学处置，资源共享、保障有力的原则。突发环境事件发生后，地方人民政府和有关部门立即自动按照职责分工和相关预案开展应急处置工作。

1.5 事件分级

按照事件严重程度，突发环境事件分为特别重大、重大、较大和一般四级。突发环境事件分级标准见附件1。

2 组织指挥体系

2.1 国家层面组织指挥机构

环境保护部负责重特大突发环境事件应对的指导协调和环境应急的日常监督管理工作。根据突发环境事件的发展态势及影响，环境保护部或省级人民政府可报请国务院批准，或根据国务院领导同志指示，成立国务院工作组，负责指导、协调、督促有关地区和部门开展突发环境事件应对工作。必要时，成立国家环境应急指挥部，由国务院领导同志担任总指挥，统一领导、组织和指挥应急处置工作；国务院办公厅履行信息汇总和综合协调职责，发挥运转枢纽作用。国家环境应急指挥部组成及工作组职责见附件 2。

2.2 地方层面组织指挥机构

县级以上地方人民政府负责本行政区域内的突发环境事件应对工作，明确相应组织指挥机构。跨行政区域的突发环境事件应对工作，由各有关行政区域人民政府共同负责，或由有关行政区域共同的上一级地方人民政府负责。对需要国家层面协调处置的跨省级行政区域突发环境事件，由有关省级人民政府向国务院提出请求，或由有关省级环境保护主管部门向环境保护部提出请求。

地方有关部门按照职责分工，密切配合，共同做好突发环境事件应对工作。

2.3 现场指挥机构

负责突发环境事件应急处置的人民政府根据需要成立现场指挥部，负责现场组织指挥工作。参与现场处置的有关单位和人员要服从现场指挥部的统一指挥。

3 监测预警和信息报告

3.1 监测和风险分析

各级环境保护主管部门及其他有关部门要加强日常环境监测，并对可能导致突发环境事件的风险信息加强收集、分析和研判。安全监管、交通运输、公安、住房城乡建设、水利、农业、卫生计生、气象等有关部门按照职责分工，应当及时将可能导致突发环境事件的信息通报同级环境保护主管部门。

企业事业单位和其他生产经营者应当落实环境安全主体责任，定期排查环境安全隐患，开展环境风险评估，健全风险防控措施。当出现可能导致突发环境事件的情况时，要立即报告当地环境保护主管部门。

3.2 预警

3.2.1 预警分级

对可以预警的突发环境事件，按照事件发生的可能性大小、紧急程度和可能造成的危害程度，将预警分为四级，由低到高依次用蓝色、黄色、橙色和红色表示。

预警级别的具体划分标准，由环境保护部制定。

3.2.2 预警信息发布

地方环境保护主管部门研判可能发生突发环境事件时，应当及时向本级人民政府提出预警信息发布建议，同时通报同级相关部门和单位。地方人民政府或其授权的相关部门，及时通过电视、广播、报纸、互联网、手机短信、当面告知等渠道或方式向本行政区域公众发布预警信息，并通报可能影响到的相关地区。

上级环境保护主管部门要将监测到的可能导致突发环境事件的有关信息，及时通报可能受影响地区的下一级环境保护主管部门。

3.2.3 预警行动

预警信息发布后，当地人民政府及其有关部门视情采取以下措施：

（1）分析研判。组织有关部门和机构、专业技术人员及专家，及时对预警信息进行分析研判，预估可能的影响范围和危害程度。

（2）防范处置。迅速采取有效处置措施，控制事件苗头。在涉险区域设置注意事项提示或事件危害警告标志，利用各种渠道增加宣传频次，告知公众避险和减轻危害的常识、需采取的必要的健康防护措施。

（3）应急准备。提前疏散、转移可能受到危害的人员，并进行妥善安置。责令应急救援队伍、负有特定职责的人员进入待命状态，动员后备人员做好参加应急救援和处置工作的准备，并调集应急所需物资和设备，做好应急保障工作。对可能导致突发环境事件发生的相关企业事业单位和其他生产经营者加强环境监管。

（4）舆论引导。及时准确发布事态最新情况，公布咨询电话，组织专家解读。加强相关舆情监测，做好舆论引导工作。

3.2.4 预警级别调整和解除

发布突发环境事件预警信息的地方人民政府或有关部门，应当根据事态发展情况和采取措施的效果适时调整预警级别；当判断不可能发生突发环境事件或者危险已经消除时，宣布解除预警，适时终止相关措施。

3.3 信息报告与通报

突发环境事件发生后，涉事企业事业单位或其他生产经营者必须采取应对措施，并立即向当地环境保护主管部门和相关部门报告，同时通报可能受到污染危害的单位和居民。因生产安全事故导致突发环境事件的，安全监管等有关部门应当及时通报同级环境保护主管部门。环境保护主管部门通过互联网信息监测、环境污染举报热线等多种渠道，加强对突发环境事件的信息收集，及时掌握突发环境事件发生情况。

事发地环境保护主管部门接到突发环境事件信息报告或监测到相关信息后，应当立即进行核实，对突发环境事件的性质和类别作出初步认定，按照国家规定的时限、程序和要求向上级环境保护主管部门和同级人民政府报告，并通报同级其他相关部门。突发环境事件已经或者可能涉及相邻行政区域的，事发地人民政府或环境保护主管部门应当及时通报相邻行政区域同级人民政府或环境保护主管部门。地方各级人民政府及其环境保护主管部门应当按照有关规定逐级上报，必要时可越级上报。

接到已经发生或者可能发生跨省级行政区域突发环境事件信息时，环境保护部要及时通报相关省级环境保护主管部门。

对以下突发环境事件信息，省级人民政府和环境保护部应当立即向国务院报告：

（1）初判为特别重大或重大突发环境事件；

（2）可能或已引发大规模群体性事件的突发环境事件；

（3）可能造成国际影响的境内突发环境事件；

（4）境外因素导致或可能导致我境内突发环境事件；

（5）省级人民政府和环境保护部认为有必要报告的其他突发环境事件。

4 应急响应

4.1 响应分级

根据突发环境事件的严重程度和发展态势，将应急响应设定为Ⅰ级、Ⅱ级、Ⅲ级和Ⅳ级四个等级。初判发生特别重大、重大突发环境事件，分别启动Ⅰ级、Ⅱ级应急响应，由事发地省级人民政府负责应对工作；初判发生较大突发环境事件，启动Ⅲ级应急响应，由事发地设区的市级人民政府负责应对工作；初判发生一般突发环境事件，启动Ⅳ级应急响应，由事发地县级人民政府负责应对工作。

突发环境事件发生在易造成重大影响的地区或重要时段时，可适当提高响应级别。应急响应启动后，可视事件损失情况及其发展趋势调整响应级别，避免响应不足或响应过度。

4.2 响应措施

突发环境事件发生后，各有关地方、部门和单位根据工作需要，组织采取以下措施。

4.2.1 现场污染处置

涉事企业事业单位或其他生产经营者要立即采取关闭、停产、封堵、围挡、喷淋、转移等措施，切断和控制污染源，防止污染蔓延扩散。做好有毒有害物质和消防废水、废液等的收集、清理和安全处置工作。当涉事企业事业单位或其他生产经营者不明时，由当地环境保护主管部门组织对污染来源开展调查，查明涉事单位，确定污染物种类和污染范围，切断污染源。

事发地人民政府应组织制订综合治污方案，采用监测和模拟等手段追踪污染气体扩散途径和范围；采取拦截、导流、疏浚等形式防止水体污染扩大；采取隔离、吸附、打捞、氧化还原、中和、沉淀、消毒、去污洗消、临时收贮、微生物消解、调水稀释、转移异地处置、临时改造污染处置工艺或临时建设污染处置工程等方法处置污染物。必要时，要求其他排污单位停产、限产、限排，减轻环境污染负荷。

4.2.2 转移安置人员

根据突发环境事件影响及事发当地的气象、地理环境、人员密集度等，建立现场警戒区、交通管制区域和重点防护区域，确定受威胁人员疏散的方式和途径，有组织、有秩序地及时疏散转移受威胁人员和可能受影响地区居民，确保生命安全。妥善做好转移人员安置工作，确保有饭吃、有水喝、有衣穿、有住处和必要医疗条件。

4.2.3 医学救援

迅速组织当地医疗资源和力量，对伤病员进行诊断治疗，根据需要及时、安全地将重症伤病员转运到有条件的医疗机构加强救治。指导和协助开展受污染人员的去污洗消工作，提出保护公众健康的措施建议。视情增派医疗卫生专家和卫生应急队伍、调配急需医药物资，支持事发地医学救援工作。做好受影响人员的心理援助。

4.2.4　应急监测

加强大气、水体、土壤等应急监测工作，根据突发环境事件的污染物种类、性质以及当地自然、社会环境状况等，明确相应的应急监测方案及监测方法，确定监测的布点和频次，调配应急监测设备、车辆，及时准确监测，为突发环境事件应急决策提供依据。

4.2.5　市场监管和调控

密切关注受事件影响地区市场供应情况及公众反应，加强对重要生活必需品等商品的市场监管和调控。禁止或限制受污染食品和饮用水的生产、加工、流通和食用，防范因突发环境事件造成的集体中毒等。

4.2.6　信息发布和舆论引导

通过政府授权发布、发新闻稿、接受记者采访、举行新闻发布会、组织专家解读等方式，借助电视、广播、报纸、互联网等多种途径，主动、及时、准确、客观向社会发布突发环境事件和应对工作信息，回应社会关切，澄清不实信息，正确引导社会舆论。信息发布内容包括事件原因、污染程度、影响范围、应对措施、需要公众配合采取的措施、公众防范常识和事件调查处理进展情况等。

4.2.7　维护社会稳定

加强受影响地区社会治安管理，严厉打击借机传播谣言制造社会恐慌、哄抢救灾物资等违法犯罪行为；加强转移人员安置点、救灾物资存放点等重点地区治安管控；做好受影响人员与涉事单位、地方人民政府及有关部门矛盾纠纷化解和法律服务工作，防止出现群体性事件，维护社会稳定。

4.2.8　国际通报和援助

如需向国际社会通报或请求国际援助时，环境保护部商外交部、商务部提出需要通报或请求援助的国家（地区）和国际组织、事项内容、时机等，按照有关规定由指定机构向国际社会发出通报或呼吁信息。

4.3　国家层面应对工作

4.3.1　部门工作组应对

初判发生重大以上突发环境事件或事件情况特殊时，环境保护部立即派出工作组赴现场指导督促当地开展应急处置、应急监测、原因调查等工作，并根据需要协调有关方面提供队伍、物资、技术等支持。

4.3.2　国务院工作组应对

当需要国务院协调处置时，成立国务院工作组。主要开展以下工作：

（1）了解事件情况、影响、应急处置进展及当地需求等；

（2）指导地方制订应急处置方案；

（3）根据地方请求，组织协调相关应急队伍、物资、装备等，为应急处置提供支援和技术支持；

（4）对跨省级行政区域突发环境事件应对工作进行协调；

（5）指导开展事件原因调查及损害评估工作。

4.3.3 国家环境应急指挥部应对

根据事件应对工作需要和国务院决策部署，成立国家环境应急指挥部。主要开展以下工作：

（1）组织指挥部成员单位、专家组进行会商，研究分析事态，部署应急处置工作；

（2）根据需要赴事发现场或派出前方工作组赴事发现场协调开展应对工作；

（3）研究决定地方人民政府和有关部门提出的请求事项；

（4）统一组织信息发布和舆论引导；

（5）视情向国际通报，必要时与相关国家和地区、国际组织领导人通电话；

（6）组织开展事件调查。

4.4 响应终止

当事件条件已经排除、污染物质已降至规定限值以内、所造成的危害基本消除时，由启动响应的人民政府终止应急响应。

5 后期工作

5.1 损害评估

突发环境事件应急响应终止后，要及时组织开展污染损害评估，并将评估结果向社会公布。评估结论作为事件调查处理、损害赔偿、环境修复和生态恢复重建的依据。

突发环境事件损害评估办法由环境保护部制定。

5.2 事件调查

突发环境事件发生后，根据有关规定，由环境保护主管部门牵头，可会同监察机关及相关部门，组织开展事件调查，查明事件原因和性质，提出整改防范措施和处理建议。

5.3 善后处置

事发地人民政府要及时组织制订补助、补偿、抚慰、抚恤、安置和环境恢复等善后工作方案并组织实施。保险机构要及时开展相关理赔工作。

6 应急保障

6.1 队伍保障

国家环境应急监测队伍、公安消防部队、大型国有骨干企业应急救援队伍及其他相关方面应急救援队伍等力量，要积极参加突发环境事件应急监测、应急处置与救援、调查处理等工作任务。发挥国家环境应急专家组作用，为重特大突发环境事件应急处置方案制订、污染损害评估和调查处理工作提供决策建议。县级以上地方人民政府要强化环境应急救援队伍能力建设，加强环境应急专家队伍管理，提高突发环境事件快速响应及应急处置能力。

6.2 物资与资金保障

国务院有关部门按照职责分工，组织做好环境应急救援物资紧急生产、储备调拨和紧急配送工作，保障支援突发环境事件应急处置和环境恢复治理工作的需要。县级以上地方人民政府及其有关部门要加强应急物资储备，鼓励支持社会化应急物资储备，保障应急物资、生活必需品的生产和供给。环境保护主管部门要加强对当地环境应急物资储备信息的动态管理。

突发环境事件应急处置所需经费首先由事件责任单位承担。县级以上地方人民政府对突发环境事件应急处置工作提供资金保障。

6.3　通信、交通与运输保障

地方各级人民政府及其通信主管部门要建立健全突发环境事件应急通信保障体系，确保应急期间通信联络和信息传递需要。交通运输部门要健全公路、铁路、航空、水运紧急运输保障体系，保障应急响应所需人员、物资、装备、器材等的运输。公安部门要加强应急交通管理，保障运送伤病员、应急救援人员、物资、装备、器材车辆的优先通行。

6.4　技术保障

支持突发环境事件应急处置和监测先进技术、装备的研发。依托环境应急指挥技术平台，实现信息综合集成、分析处理、污染损害评估的智能化和数字化。

7　附则

7.1　预案管理

预案实施后，环境保护部要会同有关部门组织预案宣传、培训和演练，并根据实际情况，适时组织评估和修订。地方各级人民政府要结合当地实际制定或修订突发环境事件应急预案。

7.2　预案解释

本预案由环境保护部负责解释。

7.3　预案实施时间

本预案自印发之日起实施。

附件：1. 突发环境事件分级标准

2. 国家环境应急指挥部组成及工作组职责

附件 1

突发环境事件分级标准

一、特别重大突发环境事件

凡符合下列情形之一的，为特别重大突发环境事件：

1. 因环境污染直接导致 30 人以上死亡或 100 人以上中毒或重伤的；

2. 因环境污染疏散、转移人员 5 万人以上的；

3. 因环境污染造成直接经济损失 1 亿元以上的；

4. 因环境污染造成区域生态功能丧失或该区域国家重点保护物种灭绝的；

5. 因环境污染造成设区的市级以上城市集中式饮用水水源地取水中断的；

6. Ⅰ、Ⅱ类放射源丢失、被盗、失控并造成大范围严重辐射污染后果的；放射性同位素和射线装置失控导致3人以上急性死亡的；放射性物质泄漏，造成大范围辐射污染后果的；

7. 造成重大跨国境影响的境内突发环境事件。

二、重大突发环境事件

凡符合下列情形之一的，为重大突发环境事件：

1. 因环境污染直接导致10人以上30人以下死亡或50人以上100人以下中毒或重伤的；

2. 因环境污染疏散、转移人员1万人以上5万人以下的；

3. 因环境污染造成直接经济损失2000万元以上1亿元以下的；

4. 因环境污染造成区域生态功能部分丧失或该区域国家重点保护野生动植物种群大批死亡的；

5. 因环境污染造成县级城市集中式饮用水水源地取水中断的；

6. Ⅰ、Ⅱ类放射源丢失、被盗的；放射性同位素和射线装置失控导致3人以下急性死亡或者10人以上急性重度放射病、局部器官残疾的；放射性物质泄漏，造成较大范围辐射污染后果的；

7. 造成跨省级行政区域影响的突发环境事件。

三、较大突发环境事件

凡符合下列情形之一的，为较大突发环境事件：

1. 因环境污染直接导致3人以上10人以下死亡或10人以上50人以下中毒或重伤的；

2. 因环境污染疏散、转移人员5000人以上1万人以下的；

3. 因环境污染造成直接经济损失500万元以上2000万元以下的；

4. 因环境污染造成国家重点保护的动植物物种受到破坏的；

5. 因环境污染造成乡镇集中式饮用水水源地取水中断的；

6. Ⅲ类放射源丢失、被盗的；放射性同位素和射线装置失控导致10人以下急性重度放射病、局部器官残疾的；放射性物质泄漏，造成小范围辐射污染后果的；

7. 造成跨设区的市级行政区域影响的突发环境事件。

四、一般突发环境事件

凡符合下列情形之一的，为一般突发环境事件：

1. 因环境污染直接导致3人以下死亡或10人以下中毒或重伤的；

2. 因环境污染疏散、转移人员5000人以下的；

3. 因环境污染造成直接经济损失500万元以下的；

4. 因环境污染造成跨县级行政区域纠纷，引起一般性群体影响的；

5. Ⅳ、Ⅴ类放射源丢失、被盗的；放射性同位素和射线装置失控导致人员受到超过年剂量限值的照射的；放射性物质泄漏，造成厂区内或设施内局部辐射污染后果的；铀矿冶、伴生矿超标排放，造成环境辐射污染后果的；

6. 对环境造成一定影响，尚未达到较大突发环境事件级别的。

上述分级标准有关数量的表述中，“以上”含本数，“以下”不含本数。

附件 2

国家环境应急指挥部组成及工作组职责

国家环境应急指挥部主要由环境保护部、中央宣传部（国务院新闻办）、中央网信办、外交部、发展改革委、工业和信息化部、公安部、民政部、财政部、住房城乡建设部、交通运输部、水利部、农业部、商务部、卫生计生委、新闻出版广电总局、安全监管总局、食品药品监管总局、林业局、气象局、海洋局、测绘地信局、铁路局、民航局、总参作战部、总后基建营房部、武警总部、中国铁路总公司等部门和单位组成，根据应对工作需要，增加有关地方人民政府和其他有关部门。

国家环境应急指挥部设立相应工作组，各工作组组成及职责分工如下：

一、污染处置组。由环境保护部牵头，公安部、交通运输部、水利部、农业部、安全监管总局、林业局、海洋局、总参作战部、武警总部等参加。

主要职责：收集汇总相关数据，组织进行技术研判，开展事态分析；迅速组织切断污染源，分析污染途径，明确防止污染物扩散的程序；组织采取有效措施，消除或减轻已经造成的污染；明确不同情况下的现场处置人员须采取的个人防护措施；组织建立现场警戒区和交通管制区域，确定重点防护区域，确定受威胁人员疏散的方式和途径，疏散转移受威胁人员至安全紧急避险场所；协调军队、武警有关力量参与应急处置。

二、应急监测组。由环境保护部牵头，住房城乡建设部、水利部、农业部、气象局、海洋局、总参作战部、总后基建营房部等参加。

主要职责：根据突发环境事件的污染物种类、性质以及当地气象、自然、社会环境状况等，明确相应的应急监测方案及监测方法；确定污染物扩散范围，明确监测的布点和频次，做好大气、水体、土壤等应急监测，为突发环境事件应急决策提供依据；协调军队力量参与应急监测。

三、医学救援组。由卫生计生委牵头，环境保护部、食品药品监管总局等参加。

主要职责：组织开展伤病员医疗救治、应急心理援助；指导和协助开展受污染人员的去污洗消工作；提出保护公众健康的措施建议；禁止或限制受污染食品和饮用水的生产、加工、流通和食用，防范因突发环境事件造成集体中毒等。

四、应急保障组。由发展改革委牵头，工业和信息化部、公安部、民政部、财政部、环境保护部、住房城乡建设部、交通运输部、水利部、商务部、测绘地信局、铁路局、民航局、中国铁路总公司等参加。

主要职责：指导做好事件影响区域有关人员的紧急转移和临时安置工作；组织做

好环境应急救援物资及临时安置重要物资的紧急生产、储备调拨和紧急配送工作；及时组织调运重要生活必需品，保障群众基本生活和市场供应；开展应急测绘。

五、新闻宣传组。由中央宣传部（国务院新闻办）牵头，中央网信办、工业和信息化部、环境保护部、新闻出版广电总局等参加。

主要职责：组织开展事件进展、应急工作情况等权威信息发布，加强新闻宣传报道；收集分析国内外舆情和社会公众动态，加强媒体、电信和互联网管理，正确引导舆论；通过多种方式，通俗、权威、全面、前瞻地做好相关知识普及；及时澄清不实信息，回应社会关切。

六、社会稳定组。由公安部牵头，中央网信办、工业和信息化部、环境保护部、商务部等参加。

主要职责：加强受影响地区社会治安管理，严厉打击借机传播谣言制造社会恐慌、哄抢物资等违法犯罪行为；加强转移人员安置点、救灾物资存放点等重点地区治安管控；做好受影响人员与涉事单位、地方人民政府及有关部门矛盾纠纷化解和法律服务工作，防止出现群体性事件，维护社会稳定；加强对重要生活必需品等商品的市场监管和调控，打击囤积居奇行为。

七、涉外事务组。由外交部牵头，环境保护部、商务部、海洋局等参加。

主要职责：根据需要向有关国家和地区、国际组织通报突发环境事件信息，协调处理对外交涉、污染检测、危害防控、索赔等事宜，必要时申请、接受国际援助。

工作组设置、组成和职责可根据工作需要作适当调整。

6. 突发事件应急预案管理办法

（国办函〔2013〕101号）

第一章　总则

第一条　为规范突发事件应急预案（以下简称应急预案）管理，增强应急预案的针对性、实用性和可操作性，依据《中华人民共和国突发事件应对法》等法律、行政法规，制订本办法。

第二条　本办法所称应急预案，是指各级人民政府及其部门、基层组织、企事业单位、社会团体等为依法、迅速、科学、有序应对突发事件，最大程度减少突发事件及其造成的损害而预先制定的工作方案。

第三条　应急预案的规划、编制、审批、发布、备案、演练、修订、培训、宣传教育等工作，适用本办法。

第四条　应急预案管理遵循统一规划、分类指导、分级负责、动态管理的原则。

第五条　应急预案编制要依据有关法律、行政法规和制度，紧密结合实际，合理确定内容，切实提高针对性、实用性和可操作性。

第二章　分类和内容

第六条　应急预案按照制定主体划分，分为政府及其部门应急预案、单位和基层组织应急预案两大类。

第七条　政府及其部门应急预案由各级人民政府及其部门制定，包括总体应急预案、专项应急预案、部门应急预案等。

总体应急预案是应急预案体系的总纲，是政府组织应对突发事件的总体制度安排，由县级以上各级人民政府制定。

专项应急预案是政府为应对某一类型或某几种类型突发事件，或者针对重要目标物保护、重大活动保障、应急资源保障等重要专项工作而预先制定的涉及多个部门职责的工作方案，由有关部门牵头制订，报本级人民政府批准后印发实施。

部门应急预案是政府有关部门根据总体应急预案、专项应急预案和部门职责，为应对本部门（行业、领域）突发事件，或者针对重要目标物保护、重大活动保障、应急资源保障等涉及部门工作而预先制定的工作方案，由各级政府有关部门制定。

鼓励相邻、相近的地方人民政府及其有关部门联合制定应对区域性、流域性突发事件的联合应急预案。

第八条　总体应急预案主要规定突发事件应对的基本原则、组织体系、运行机制，以及应急保障的总体安排等，明确相关各方的职责和任务。

针对突发事件应对的专项和部门应急预案，不同层级的预案内容各有所侧重。国家层面专项和部门应急预案侧重明确突发事件的应对原则、组织指挥机制、预警分级和事件分级标准、信息报告要求、分级响应及响应行动、应急保障措施等，重点规范国家层面应对行动，同时体现政策性和指导性；省级专项和部门应急预案侧重明确突发事件的组织指挥机制、信息报告要求、分级响应及响应行动、队伍物资保障及调动程序、市县级政府职责等，重点规范省级层面应对行动，同时体现指导性；市县级专项和部门应急预案侧重明确突发事件的组织指挥机制、风险评估、监测预警、信息报告、应急处置措施、队伍物资保障及调动程序等内容，重点规范市（地）级和县级层面应对行动，体现应急处置的主体职能；乡镇街道专项和部门应急预案侧重明确突发事件的预警信息传播、组织先期处置和自救互救、信息收集报告、人员临时安置等内容，重点规范乡镇层面应对行动，体现先期处置特点。

针对重要基础设施、生命线工程等重要目标物保护的专项和部门应急预案，侧重明确风险隐患及防范措施、监测预警、信息报告、应急处置和紧急恢复等内容。

针对重大活动保障制定的专项和部门应急预案，侧重明确活动安全风险隐患及防范措施、监测预警、信息报告、应急处置、人员疏散撤离组织和路线等内容。

针对为突发事件应对工作提供队伍、物资、装备、资金等资源保障的专项和部门应急预案，侧重明确组织指挥机制、资源布局、不同种类和级别突发事件发生后的资源调用程序等内容。

联合应急预案侧重明确相邻、相近地方人民政府及其部门间信息通报、处置措施衔接、应急资源共享等应急联动机制。

第九条 单位和基层组织应急预案由机关、企业、事业单位、社会团体和居委会、村委会等法人和基层组织制定，侧重明确应急响应责任人、风险隐患监测、信息报告、预警响应、应急处置、人员疏散撤离组织和路线、可调用或可请求援助的应急资源情况及如何实施等，体现自救互救、信息报告和先期处置特点。

大型企业集团可根据相关标准规范和实际工作需要，参照国际惯例，建立本集团应急预案体系。

第十条 政府及其部门、有关单位和基层组织可根据应急预案，并针对突发事件现场处置工作灵活制定现场工作方案，侧重明确现场组织指挥机制、应急队伍分工、不同情况下的应对措施、应急装备保障和自我保障等内容。

第十一条 政府及其部门、有关单位和基层组织可结合本地区、本部门和本单位具体情况，编制应急预案操作手册，内容一般包括风险隐患分析、处置工作程序、响应措施、应急队伍和装备物资情况，以及相关单位联络人员和电话等。

第十二条 对预案应急响应是否分级、如何分级、如何界定分级响应措施等，由预案制定单位根据本地区、本部门和本单位的实际情况确定。

第三章 预案编制

第十三条 各级人民政府应当针对本行政区域多发易发突发事件、主要风险等，制定本级政府及其部门应急预案编制规划，并根据实际情况变化适时修订完善。

单位和基层组织可根据应对突发事件需要，制定本单位、本基层组织应急预案编制计划。

第十四条 应急预案编制部门和单位应组成预案编制工作小组，吸收预案涉及主要部门和单位业务相关人员、有关专家及有现场处置经验的人员参加。编制工作小组组长由应急预案编制部门或单位有关负责人担任。

第十五条 编制应急预案应当在开展风险评估和应急资源调查的基础上进行。

（一）风险评估。针对突发事件特点，识别事件的危害因素，分析事件可能产生的直接后果以及次生、衍生后果，评估各种后果的危害程度，提出控制风险、治理隐患的措施。

（二）应急资源调查。全面调查本地区、本单位第一时间可调用的应急队伍、装备、物资、场所等应急资源状况和合作区域内可请求援助的应急资源状况，必要时对本地居民应急资源情况进行调查，为制定应急响应措施提供依据。

第十六条 政府及其部门应急预案编制过程中应当广泛听取有关部门、单位和专家的意见，与相关的预案作好衔接。涉及其他单位职责的，应当书面征求相关单位意见。必要时，向社会公开征求意见。

单位和基层组织应急预案编制过程中，应根据法律、行政法规要求或实际需要，征求相关公民、法人或其他组织的意见。

第四章 审批、备案和公布

第十七条 预案编制工作小组或牵头单位应当将预案送审稿及各有关单位复函和意见采纳情况说明、编制工作说明等有关材料报送应急预案审批单位。因保密等原因需要发布应急预案简本的，应当将应急预案简本一起报送审批。

第十八条 应急预案审核内容主要包括预案是否符合有关法律、行政法规，是否与有关应急预案进行了衔接，各方面意见是否一致，主体内容是否完备，责任分工是否合理明确，应急响应级别设计是否合理，应对措施是否具体简明、管用可行等。必要时，应急预案审批单位可组织有关专家对应急预案进行评审。

第十九条 国家总体应急预案报国务院审批，以国务院名义印发；专项应急预案报国务院审批，以国务院办公厅名义印发；部门应急预案由部门有关会议审议决定，以部门名义印发，必要时，可以由国务院办公厅转发。

地方各级人民政府总体应急预案应当经本级人民政府常务会议审议，以本级人民政府名义印发；专项应急预案应当经本级人民政府审批，必要时经本级人民政府常务会议或专题会议审议，以本级人民政府办公厅（室）名义印发；部门应急预案应当经部门有关会议审议，以部门名义印发，必要时，可以由本级人民政府办公厅（室）转发。

单位和基层组织应急预案须经本单位或基层组织主要负责人或分管负责人签发，审批方式根据实际情况确定。

第二十条 应急预案审批单位应当在应急预案印发后的20个工作日内依照下列规定向有关单位备案：

（一）地方人民政府总体应急预案报送上一级人民政府备案。

（二）地方人民政府专项应急预案抄送上一级人民政府有关主管部门备案。

（三）部门应急预案报送本级人民政府备案。

（四）涉及需要与所在地政府联合应急处置的中央单位应急预案，应当向所在地县级人民政府备案。

法律、行政法规另有规定的从其规定。

第二十一条 自然灾害、事故灾难、公共卫生类政府及其部门应急预案，应向社会公布。对确需保密的应急预案，按有关规定执行。

第五章 应急演练

第二十二条 应急预案编制单位应当建立应急演练制度，根据实际情况采取实战演练、桌面推演等方式，组织开展人员广泛参与、处置联动性强、形式多样、节约高效的应急演练。

专项应急预案、部门应急预案至少每3年进行一次应急演练。

地震、台风、洪涝、滑坡、山洪泥石流等自然灾害易发区域所在地政府，重要基础设施和城市供水、供电、供气、供热等生命线工程经营管理单位，矿山、建筑施工单位和易燃易爆物品、危险化学品、放射性物品等危险物品生产、经营、储运、使用单位，公共交通工具、公共场所和医院、学校等人员密集场所的经营单位或者管理单位等，应当有针对性地经常组织开展应急演练。

第二十三条 应急演练组织单位应当组织演练评估。评估的主要内容包括：演练的执行情况，预案的合理性与可操作性，指挥协调和应急联动情况，应急人员的处置情况，演练所用设备装备的适用性，对完善预案、应急准备、应急机制、应急措施等方面的意见和建议等。

鼓励委托第三方进行演练评估。

第六章 评估和修订

第二十四条 应急预案编制单位应当建立定期评估制度，分析评价预案内容的针对性、实用性和可操作性，实现应急预案的动态优化和科学规范管理。

第二十五条 有下列情形之一的，应当及时修订应急预案：

（一）有关法律、行政法规、规章、标准、上位预案中的有关规定发生变化的；

（二）应急指挥机构及其职责发生重大调整的；

（三）面临的风险发生重大变化的；

（四）重要应急资源发生重大变化的；

（五）预案中的其他重要信息发生变化的；

（六）在突发事件实际应对和应急演练中发现问题需要作出重大调整的；

（七）应急预案制定单位认为应当修订的其他情况。

第二十六条 应急预案修订涉及组织指挥体系与职责、应急处置程序、主要处置措施、突发事件分级标准等重要内容的，修订工作应参照本办法规定的预案编制、审批、备案、公布程序组织进行。仅涉及其他内容的，修订程序可根据情况适当简化。

第二十七条 各级政府及其部门、企事业单位、社会团体、公民等，可以向有关预案编制单位提出修订建议。

第七章 培训和宣传教育

第二十八条 应急预案编制单位应当通过编发培训材料、举办培训班、开展工作研讨等方式，对与应急预案实施密切相关的管理人员和专业救援人员等组织开展应急预案培训。

各级政府及其有关部门应将应急预案培训作为应急管理培训的重要内容，纳入领导干部培训、公务员培训、应急管理干部日常培训内容。

第二十九条 对需要公众广泛参与的非涉密的应急预案，编制单位应当充分利用互联网、广播、电视、报刊等多种媒体广泛宣传，制作通俗易懂、好记管用的宣传普及材料，向公众免费发放。

第八章 组织保障

第三十条 各级政府及其有关部门应对本行政区域、本行业（领域）应急预案管理工作加强指导和监督。国务院有关部门可根据需要编写应急预案编制指南，指导本行业（领域）应急预案编制工作。

第三十一条 各级政府及其有关部门、各有关单位要指定专门机构和人员负责相关具体工作，将应急预案规划、编制、审批、发布、演练、修订、培训、宣传教育等工作所需经费纳入预算统筹安排。

第九章　附则

第三十二条　国务院有关部门、地方各级人民政府及其有关部门、大型企业集团等可根据实际情况，制定相关实施办法。

第三十三条　本办法由国务院办公厅负责解释。

第三十四条　本办法自印发之日起施行。

7. 港口危险货物安全管理规定

（交通运输部令　2017年第27号）

（2017年8月29日经交通运输部第14次部务会议通过，自2017年10月15日起施行）

第一章　总则

第一条　为了加强港口危险货物安全管理，预防和减少危险货物事故，保障人民生命、财产安全，保护环境，根据《港口法》《安全生产法》《危险化学品安全管理条例》等有关法律、行政法规，制定本规定。

第二条　在中华人民共和国境内，新建、改建、扩建储存、装卸危险货物的港口建设项目和进行危险货物港口作业，适用本规定。

前款所称危险货物港口作业包括在港区内装卸、过驳、仓储危险货物等行为。

第三条　港口危险货物安全管理坚持安全第一、预防为主、综合治理的方针，强化和落实危险货物港口建设项目的建设单位和港口经营人安全生产主体责任。

第四条　交通运输部主管全国港口危险货物安全行业管理工作。

省、自治区、直辖市交通运输主管部门主管本辖区的港口危险货物安全监督管理工作。

省、市、县级港口行政管理部门在职责范围内负责具体实施港口危险货物安全监督管理工作。

第二章　建设项目安全审查

第五条　新建、改建、扩建储存、装卸危险货物的港口建设项目（以下简称危险货物港口建设项目），应当由港口行政管理部门进行安全条件审查。

未通过安全条件审查，危险货物港口建设项目不得开工建设。

第六条　省级港口行政管理部门负责下列港口建设项目的安全条件审查：

（一）涉及储存或者装卸剧毒化学品的港口建设项目；

（二）沿海5万吨级以上、长江干线3000吨级以上、其他内河1000吨级以上的危险货物码头；

（三）沿海罐区总容量10万立方米以上、内河罐区总容量5000立方米以上的危险货物仓储设施。

其他危险货物港口建设项目由项目所在地设区的市级港口行政管理部门负责安全条件审查。

第七条 危险货物港口建设项目的建设单位，应当在可行性研究阶段按照国家有关规定委托有资质的安全评价机构对该建设项目进行安全评价，并编制安全预评价报告。安全预评价报告应当符合有关安全生产法律、法规、规章、国家标准、行业标准和港口建设的有关规定。

第八条 涉及危险化学品的港口建设项目，建设单位还应当进行安全条件论证，并编制安全条件论证报告。安全条件论证的内容应当包括：

（一）建设项目内在的危险和有害因素对安全生产的影响；

（二）建设项目与周边设施或者单位、人员密集区、敏感性设施和敏感环境区域在安全方面的相互影响；

（三）自然条件对建设项目的影响。

第九条 建设单位应当向危险货物建设项目所在地港口行政管理部门申请安全条件审查，并提交以下材料：

（一）建设项目安全条件审查申请书；

（二）建设项目安全预评价报告；

（三）建设项目安全条件论证报告（涉及危险化学品的提供）；

（四）依法需取得的建设项目规划选址文件。

所在地港口行政管理部门应当核查文件是否齐全，不齐全的告知申请人予以补正。对材料齐全的申请应当予以受理；对不属于本级审查权限的，应当在受理后5日内将申请材料转报有审查权限的港口行政管理部门。转报时间应当计入审查期限。

第十条 负责安全条件审查的港口行政管理部门应当自受理申请之日起45日内作出审查决定。

有下列情形之一的，安全条件审查不予通过：

（一）安全预评价报告存在重大缺陷、漏项的，包括对建设项目主要危险、有害因素的辨识和评价不全面或者不准确的；

（二）对安全预评价报告中安全设施设计提出的对策与建议不符合有关安全生产法律、法规、规章和国家标准、行业标准的；

（三）建设项目与周边场所、设施的距离或者拟建场址自然条件不符合有关安全生产法律、法规、规章和国家标准、行业标准的；

（四）主要技术、工艺未确定，或者不符合有关安全生产法律、法规、规章和国家标准、行业标准的；

（五）未依法进行安全条件论证和安全评价的；

（六）隐瞒有关情况或者提供虚假文件、资料的。

港口行政管理部门在安全条件审查过程中，应当对申请材料进行审查，并对现场进行核查。必要时可以组织相关专家进行咨询论证。

第十一条 港口行政管理部门对符合安全条件的，应当予以通过，并将审查决定送达申请人。对未通过安全条件审查的，应当说明理由并告知申请人。建设单位经过整改后可以重新申请安全条件审查。

第十二条 已经通过安全条件审查的危险货物港口建设项目有下列情形之一的，建设单位应当按照本规定的有关要求重新进行安全条件论证和安全评价，并重新申请安全条件审查：

（一）变更建设地址的；

（二）建设项目周边环境因素发生重大变化导致安全风险增加的；

（三）建设项目规模进行调整导致安全风险增加或者安全性能降低的；

（四）建设项目平面布置、作业货种、工艺、设备设施等发生重大变化导致安全风险增加或者安全性能降低的。

第十三条 建设单位应当在危险货物港口建设项目初步设计阶段按照国家有关规定委托设计单位对安全设施进行设计。

安全设施设计应当符合有关安全生产和港口建设的法律、法规、规章以及国家标准、行业标准，并包括以下主要内容：

（一）该建设项目涉及的危险、有害因素和程度及周边环境安全分析；

（二）采用的安全设施和措施，预期效果以及存在的问题与建议；

（三）对安全预评价报告中有关安全设施设计的对策与建议的采纳情况说明；

（四）可能出现的事故预防及应急救援措施。

第十四条 由港口行政管理部门负责初步设计审批的危险货物港口建设项目，在初步设计审批中对安全设施设计进行审查。

前款规定之外的其他危险货物港口建设项目，由负责安全条件审查的港口行政管理部门进行安全设施设计审查。

建设单位在申请安全设施设计审查时应当提交以下材料：

（一）安全设施设计审查申请书；

（二）设计单位的基本情况及资信情况；

（三）安全设施设计。

港口行政管理部门应当自受理申请之日起20日内对申请材料进行审查，作出审查决定，并告知申请人；20日内不能作出决定的，经本部门负责人批准，可以延长10日，并应当将延长期限的理由告知申请人。

第十五条 有下列情形之一的，安全设施设计审查不予通过：

（一）设计单位资质不符合相关规定的；

（二）未按照有关法律、法规、规章和国家标准、行业标准的规定进行设计的；

（三）对未采纳安全预评价报告中的安全对策和建议，未作充分论证说明的；

（四）隐瞒有关情况或者提供虚假文件、资料的。

安全设施设计审查未通过的，建设单位经过整改后可以重新申请安全设施设计审查。

第十六条 已经通过审查的危险货物港口建设项目安全设施设计有下列情形之一的，建设单位应当报原审查部门重新申请安全设施设计审查：

（一）改变安全设施设计且可能导致安全性能降低的；

（二）在施工期间重新设计的。

第十七条 危险货物港口建设项目的建设单位应当在施工期间组织落实经批准的安全设施设计的有关内容，并加强对施工质量的监测和管理，建立相应的台账。施工单位应当按照批准的设计施工。

第十八条 危险货物港口建设项目的安全设施应当与主体工程同时建成，并由建设单位组织验收。验收前建设单位应当按照国家有关规定委托有资质的安全评价机构对建设项目及其安全设施进行安全验收评价，并编制安全验收评价报告。安全验收评价报告应当符合国家标准、行业标准和港口建设的有关规定。

建设单位进行安全设施验收时，应当组织专业人员对该建设项目进行现场检查，并对安全设施施工报告及监理报告、安全验收评价报告等进行审查，作出是否通过验收的结论。参加验收人员的专业能力应当涵盖该建设项目涉及的所有专业内容。

安全设施验收未通过的，建设单位经过整改后可以再次组织安全设施验收。

第十九条 安全设施验收合格后，建设单位应当将验收过程中涉及的文件、资料存档，并自觉接受和配合安全生产监督管理部门依据《安全生产法》的规定对安全设施验收活动和验收结果进行的监督核查。

第二十条 安全评价机构的安全评价活动应当遵守有关法律、法规、规章和国家标准和行业标准的规定。

港口行政管理部门应当对违法违规开展港口安全评价的机构予以曝光，并通报同级安全生产监督管理部门。

第三章 经营人资质

第二十一条 从事危险货物港口作业的经营人（以下简称危险货物港口经营人）除满足《港口经营管理规定》规定的经营许可条件外，还应当具备以下条件：

（一）设有安全生产管理机构或者配备专职安全生产管理人员；

（二）具有健全的安全管理制度、岗位安全责任制度和操作规程；

（三）有符合国家规定的危险货物港口作业设施设备；

（四）有符合国家规定且经专家审查通过的事故应急预案和应急设施设备；

（五）从事危险化学品作业的，还应当具有取得从业资格证书的装卸管理人员。

第二十二条 申请危险货物港口经营人资质，除按《港口经营管理规定》的要求提交相关文件和材料外，还应当向所在地港口行政管理部门提交以下文件和材料：

（一）危险货物港口经营申请表，包括拟申请危险货物作业的具体场所、作业方式、危险货物品名（集装箱和包装货物载明到“项别”）。

（二）符合国家规定的应急设施、设备清单。

（三）装卸管理人员的从业资格证书（涉及危险化学品的提供）。

（四）新建、改建、扩建储存、装卸危险货物港口设施的，提交安全设施验收合格证明材料（包括安全设施施工报告及监理报告、安全验收评价报告、验收结论和隐患整改报告）；使用现有港口设施的，提交对现状的安全评价报告。

第二十三条 所在地港口行政管理部门应当自受理申请之日起30日内作出许可或者不予许可的决定。符合许可条件的，应当颁发《港口经营许可证》，并对每个具体的危险货物作业场所配发《港口危险货物作业附证》（见附件）。

《港口经营许可证》应当载明危险货物港口经营人的名称与办公地址、法定代表人或者负责人、经营地域、准予从事的业务范围、附证事项、发证日期、许可证有效期和证书编号。

《港口危险货物作业附证》应当载明危险货物港口经营人、作业场所、作业方式、作业危险货物品名（集装箱和包装货物载明到“项别”）、发证机关、发证日期、有效期和证书编号。

所在地港口行政管理部门应当依法向社会公开有关信息，并及时向所在地海事管理机构和同级安全生产监督管理部门、环境保护主管部门、公安机关通报。

第二十四条 《港口经营许可证》有效期为3年，《港口危险货物作业附证》有效期不得超过《港口经营许可证》的有效期。

危险货物港口建设项目需要试运行经营的，《港口经营许可证》及《港口危险货物作业附证》的有效期为试运行经营期，并在证书上注明。经竣工验收合格后，危险货物港口经营人应当按照本规定第二十二条的规定重新申请。

第二十五条 危险货物港口经营人应当在《港口经营许可证》或者《港口危险货物作业附证》有效期届满之日30日以前，向发证机关申请办理延续手续。

申请办理《港口经营许可证》及《港口危险货物作业附证》延续手续，除按《港口经营管理规定》的要求提交相关文件和材料外，还应当提交下列材料：

（一）除本规定第二十二条第（一）项之外的其他证明材料；

（二）本规定第二十八条规定的安全评价报告及落实情况。

第二十六条 危险货物港口经营人发生变更或者其经营范围发生变更的，应当按照本规定第二十二条的规定重新申请《港口经营许可证》及《港口危险货物作业附证》。

第二十七条 危险货物港口经营人应当在依法取得许可的范围内从事危险货物港口作业，依法提取和使用安全生产经费，聘用注册安全工程师从事安全生产管理工作，对从业人员进行安全生产教育、培训并如实记录相关情况，推进安全生产标准化建设。相关从业人员应当按照《危险货物水路运输从业人员考核和从业资格管理规定》的要求，经考核合格或者取得相应从业资格。

第二十八条 危险货物港口经营人应当在取得经营资质后，按照国家有关规定委托有资质的安全评价机构，对本单位的安全生产条件每3年进行一次安全评价，提出安全评价报告。安全评价报告的内容应当包括对事故隐患的整改情况、遗留隐患和安全条件改进建议。

危险货物港口经营人应当将安全评价报告以及落实情况报所在地港口行政管理部门备案。

第二十九条 出现下列情形之一的，危险货物港口经营人应当重新进行安全评价，并按照本规定第二十八条的规定进行备案：

（一）增加作业的危险货物品种；

（二）作业的危险货物数量增加，构成重大危险源或者重大危险源等级提高的；

（三）发生火灾、爆炸或者危险货物泄漏，导致人员死亡、重伤或者事故等级达到较大事故以上的；

（四）周边环境因素发生重大变化，可能对港口安全生产带来重大影响的。

增加作业的危险货物品种或者数量，涉及变更经营范围的，除应当符合环保、消防、职业卫生等方面相关主管部门的要求外，还应当按照本规定第二十六条的规定重新申请《港口经营许可证》及《港口危险货物作业附证》。

现有设施需要进行改扩建的，除应当履行改扩建手续外，还应当履行本规定第二章安全审查的有关规定。

第四章　作业管理

第三十条 危险货物港口经营人应当根据《港口危险货物作业附证》上载明的危险货物品名，依据其危险特性，在作业场所设置相应的监测、监控、通风、防晒、调温、防火、灭火、防爆、泄压、防毒、中和、防潮、防雷、防静电、防腐、防泄漏以及防护围堤或者隔离操作等安全设施、设备，并保持正常、正确使用。

第三十一条 危险货物港口经营人应当按照国家标准、行业标准对其危险货物作业场所的安全设施、设备进行经常性维护、保养，并定期进行检测、检验，及时更新不合格的设施、设备，保证正常运转。维护、保养、检测、检验应当做好记录，并由有关人员签字。

第三十二条 危险货物港口经营人应当在其作业场所和安全设施、设备上设置明显的安全警示标志；同时还应当在其作业场所设置通信、报警装置，并保证其处于适用状态。

第三十三条 危险货物专用库场、储罐应当符合国家标准和行业标准，设置明显标志，并依据相关标准定期安全检测维护。

第三十四条 危险货物港口作业使用特种设备的，应当符合国家特种设备管理的有关规定，并按要求进行检验。

第三十五条 危险货物港口经营人使用管道输送危险货物的，应当建立输送管道安全技术档案，具备管道分布图，并对输送管道定期进行检查、检测，设置明显标志。

在港区内进行可能危及危险货物输送管道安全的施工作业，施工单位应当在开工的 7 日前书面通知管道所属单位，并与管道所属单位共同制定应急预案，采取相应的安全防护措施。管道所属单位应当指派专门人员到现场进行管道安全保护指导。

第三十六条 危险货物港口作业委托人应当向危险货物港口经营人提供委托人身份信息和完整准确的危险货物品名、联合国编号、危险性分类、包装、数量、应急措施及安全技术说明书等资料；危险性质不明的危险货物，应当提供具有相应资质的专业机构出具的危险货物危险特性鉴定技术报告。法律、行政法规规定必须办理有关手续后方可进行水路运输的危险货物，还应当办理相关手续，并向港口经营人提供相关证明材料。

危险货物港口作业委托人不得在委托作业的普通货物中夹带危险货物，不得匿报、谎报危险货物。

第三十七条 危险货物港口经营人不得装卸、储存未按本规定第三十六条规定提交相关资料的危险货物。对涉嫌在普通货物中夹带危险货物，或者将危险货物匿报或者谎报为普通货物的，所在地港口行政管理部门或者海事管理机构可以依法开拆查验，危险货物港口经营人应当予以配合。港口行政管理部门和海事管理机构应当将查验情况相互通报，避免重复开拆。

第三十八条 发生下列情形之一的，危险货物港口经营人应当及时处理并报告所在地港口行政管理部门：

（一）发现未申报或者申报不实、申报有误的危险货物；

（二）在普通货物或者集装箱中发现夹带危险货物；

（三）在危险货物中发现性质相抵触的危险货物，且不满足国家标准及行业标准中有关积载、隔离、堆码要求。

对涉及船舶航行、作业安全的相关信息，港口行政管理部门应当及时通报所在地海事管理机构。

第三十九条 在港口作业的包装危险货物应当妥善包装，并在外包装上设置相应的标志。包装物、容器的材质以及包装的型式、规格、方法应当与所包装的货物性质、运输装卸要求相适应。材质、型式、规格、方法以及包装标志应当符合我国加入并已生效的有关国际条约、国家标准和相关规定的要求。

第四十条 危险货物港口经营人应当对危险货物包装和标志进行检查，发现包装和标志不符合国家有关规定的，不得予以作业，并应当及时通知或者退回作业委托人处理。

第四十一条 船舶载运危险货物进出港口，应当按照有关规定向海事管理机构办理申报手续。海事管理机构应当及时将有关申报信息通报所在地港口行政管理部门。

第四十二条 船舶危险货物装卸作业前，危险货物港口经营人应当与作业船舶按照有关规定进行安全检查，确认作业的安全状况和应急措施。

第四十三条 不得在港口装卸国家禁止通过水路运输的危险货物。

第四十四条 在港口内从事危险货物添加抑制剂或者稳定剂作业的单位，作业前应当将有关情况告知相关危险货物港口经营人和作业船舶。

第四十五条 危险货物港口经营人在危险货物港口装卸、过驳作业开始24小时前，应当将作业委托人以及危险货物品名、数量、理化性质、作业地点和时间、安全防范措施等事项向所在地港口行政管理部门报告。所在地港口行政管理部门应当在接到报告后24小时内作出是否同意作业的决定，通知报告人，并及时将有关信息通报海事管理机构。报告人在取得作业批准后72小时内未开始作业的，应当重新报告。未经所在地港口行政管理部门批准的，不得进行危险货物港口作业。

时间、内容和方式固定的危险货物港口装卸、过驳作业，经所在地港口行政管理部门同意，可以实行定期申报。

第四十六条 危险货物港口作业应当符合有关安全作业标准、规程和制度，并在具有从业资格的装卸管理人员现场指挥或者监控下进行。

第四十七条 2个以上危险货物港口经营人在同一港口作业区内进行危险货物港口作业，可能危及对方生产安全的，应当签订安全生产管理协议，明确各自的安全生产管理职责和应当采取的安全措施，并指定专职安全生产管理人员进行安全检查与协调。

第四十八条 危险货物港口经营人进行爆炸品、气体、易燃液体、易燃固体、易于自燃的物质、遇水放出易燃气体的物质、氧化性物质、有机过氧化物、毒性物质、感染性物质、放射性物质、腐蚀性物质的港口作业，应当划定作业区域，明确责任人并实行封闭式管理。作业区域应当设置明显标志，禁止无关人员进入和无关船舶停靠。

第四十九条 危险货物应当储存在港区专用的库场、储罐，并由专人负责管理；剧毒化学品以及储存数量构成重大危险源的其他危险货物，应当单独存放，并实行双人收发、双人保管制度。

危险货物的储存方式、方法以及储存数量，包括危险货物集装箱直装直取和限时限量存放，应当符合国家标准、行业标准或者国家有关规定。

第五十条 危险货物港口经营人经营仓储业务的，应当建立危险货物出入库核查、登记制度。

对储存剧毒化学品以及储存数量构成重大危险源的其他危险货物的，危险货物港口经营人应当将其储存数量、储存地点以及管理措施、管理人员等情况，依法报所在地港口行政管理部门和相关部门备案。

第五十一条 危险货物港口经营人应当建立危险货物作业信息系统，实时记录危险货物作业基础数据，包括作业的危险货物种类及数量、储存地点、理化特性、货主信息、安全和应急措施等，并在作业场所外异地备份。有关危险货物作业信息应当按要求及时准确提供相关管理部门。

第五十二条 危险货物港口经营人应当建立安全生产风险预防控制体系，开展安全生产风险辨识、评估，针对不同风险，制定具体的管控措施，落实管控责任。

第五十三条 危险货物港口经营人应当根据有关规定，进行重大危险源辨识，确定重大危险源级别，实施分级管理，并登记建档。危险货物港口经营人应当建立健全重大危险源安全管理规章制度，制定实施危险货物重大危险源安全管理与监控方案，制定应急预案，告知相关人员在紧急情况下应当采取的应急措施，定期对重大危险源进行安全评估。

第五十四条 危险货物港口经营人应当将本单位的重大危险源及有关安全措施、应急措施依法报送所在地港口行政管理部门和相关部门备案。

第五十五条 危险货物港口经营人在重大危险源出现本规定第二十九条规定的情形之一，可能影响重大危险源级别和风险程度的，应当对重大危险源重新进行辨识、分级、安全评估、修改档案，并及时报送所在地港口行政管理部门和相关部门重新备案。

第五十六条 危险货物港口经营人应当制定事故隐患排查制度，定期开展事故隐患排查，及时消除隐患，事故隐患排查治理情况应当如实记录，并向从业人员通报。

危险货物港口经营人应当将重大事故隐患的排查和处理情况及时向所在地港口行政管理部门备案。

第五章 应急管理

第五十七条 所在地港口行政管理部门应当建立危险货物事故应急体系，制定港口危险货物事故应急预案。应急预案应当依法经当地人民政府批准后向社会公布。

所在地港口行政管理部门应当在当地人民政府的领导下推进专业化应急队伍建设和应急资源储备，定期组织开展应急培训和应急救援演练，提高应急能力。

第五十八条 危险货物港口经营人应当制定本单位危险货物事故专项应急预案和现场处置方案，依法配备应急救援人员和必要的应急救援器材、设备，每半年至少组织 1 次应急救援培训和演练并如实记录，根据演练结果对应急预案进行修订。应急预案应当具有针对性和可操作性，并与所在地港口行政管理部门公布的港口危险货物事故应急预案相衔接。

危险货物港口经营人应当将其应急预案及其修订情况报所在地港口行政管理部门备案，并向本单位从业人员公布。

第五十九条 危险货物港口作业发生险情或者事故时，港口经营人应当立即启动应急预案，采取应急行动，排除事故危害，控制事故进一步扩散，并按照有关规定向港口行政管理部门和有关部门报告。

危险货物港口作业发生事故时，所在地港口行政管理部门应当按规定向上级行政管理部门、当地人民政府及有关部门报告，并及时组织救助。

第六章 安全监督与管理

第六十条 所在地港口行政管理部门应当采取随机抽查、年度核查等方式对危险货物港口经营人的经营资质进行监督检查，发现其不再具备安全生产条件的，应当依法撤销其经营许可。

第六十一条 所在地港口行政管理部门应当依法对危险货物港口作业和装卸、储存区域实施监督检查，并明确检查内容、方式、频次以及有关要求等。实施监督检查时，可以行使下列职权：

（一）进入并检查危险货物港口作业场所，查阅、抄录、复印相关的文件或者资料，提出整改意见。

（二）发现危险货物港口作业和设施、设备、装置、器材、运输工具不符合法律、法规、规章规定和国家标准、行业标准要求的，责令立即停止使用。

（三）对危险货物包装和标志进行抽查，对不符合有关规定的，责令港口经营人停止作业，及时通知或者退回作业委托人处理。

（四）检查中发现事故隐患的，应当责令危险货物港口经营人立即消除或者限期消除；重大事故隐患排除前或者排除过程中无法保证安全的，应当责令从危险区域内撤出作业人员并暂时停产停业；重大事故隐患排除后，经其审查同意，方可恢复作业。

（五）发现违法违章作业行为，应当当场予以纠正或者责令限期改正。

（六）对应急演练进行抽查，发现不符合要求的，当场予以纠正或者要求限期改正。

（七）经本部门主要负责人批准，依法查封违法储存危险货物的场所，扣押违法储存的危险货物。

港口行政管理部门依法进行监督检查，监督检查人员不得少于2人，并应当出示执法证件，将执法情况书面记录。监督检查不得影响被检查单位的正常生产经营活动。

第六十二条 有关单位和个人对依法进行的监督检查应当予以配合，不得拒绝、阻碍。港口行政管理部门依法对存在重大事故隐患作出停产停业的决定，危险货物港口经营人应当依法执行，及时消除隐患。危险货物港口经营人拒不执行，有发生生产安全事故的现实危险的，在保证安全的前提下，经本部门主要负责人批准，港口行政管理部门可以依法采取通知有关单位停止供电等措施，强制危险货物港口经营人履行决定。

港口行政管理部门依照前款规定采取停止供电措施，除有危及生产安全的紧急情形外，应当提前24小时通知危险货物港口经营人。危险货物港口经营人履行决定、采取相应措施消除隐患的，港口行政管理部门应当及时解除停止供电措施。

第六十三条 所在地港口行政管理部门应当加强对重大危险源的监管和应急准备，建立健全本辖区内重大危险源的档案，组织开展重大危险源风险分析，建立重大危险源安全检查制度，定期对存在重大危险源的港口经营人进行安全检查，对检查中发现的事故隐患，督促港口经营人进行整改。

第六十四条 港口行政管理部门应当建立举报制度，认真落实各类违法违规从事危险货物港口作业的投诉和举报，接受社会监督，及时曝光违法违规行为。

第六十五条 港口行政管理部门应当加强监管队伍建设，建立健全安全教育培训制度，依法规范行政执法行为。

第六十六条 所在地港口行政管理部门应当配备必要的危险货物港口安全检查装备，建立危险货物港口安全监管信息系统，具备危险货物港口安全监督管理能力。

第六十七条 港口行政管理部门应当建立港口危险货物管理专家库。专家库应由熟悉港口安全相关法律法规和技术标准、危险货物港口作业、港口安全技术、港口工程、港口安全管理和港口应急救援等相关专业人员组成。

港口行政管理部门在组织安全条件审查、安全设施设计审查或者其他港口危险货物管理工作时，需要吸收专家参加或者听取专家意见的，应当从专家库中抽取。

第六十八条 所在地港口行政管理部门应当建立健全安全生产诚信管理制度，对危险货物港口经营人存在安全生产违法行为或者造成恶劣社会影响的，应当列入安全生产不良信用记录，并纳入交通运输和相关统一信用信息共享平台。

第七章 法律责任

第六十九条 未经安全条件审查，新建、改建、扩建危险货物港口建设项目的，由所在地港口行政管理部门责令停止建设，限期改正；逾期未改正的，处50万元以上100万元以下的罚款。

第七十条 危险货物港口建设项目有下列行为之一的，由所在地港口行政管理部门责令停止建设或者停产停业整顿，限期改正；逾期未改正的，处50万元以上100万元以下的罚款，对其直接负责的主管人员和其他直接责任人员处2万元以上5万元以下的罚款：

（一）未按照规定对危险货物港口建设项目进行安全评价的；

（二）没有安全设施设计或者安全设施设计未按照规定报经港口行政管理部门审查同意的；

（三）施工单位未按照批准的安全设施设计施工的；

（四）安全设施未经验收合格，擅自从事危险货物港口作业的。

第七十一条 未依法取得相应的港口经营许可证，或者超越许可范围从事危险货物港口经营的，由所在地港口行政管理部门责令停止违法经营，没收违法所得；违法所得10万元以上的，并处违法所得2倍以上5倍以下罚款；违法所得不足10万元的，处5万元以上20万元以下的罚款。

第七十二条 危险货物港口经营人未依法提取和使用安全生产经费导致不具备安全生产条件的，由所在地港口行政管理部门责令限期改正；逾期未改正的，责令停产停业整顿。

第七十三条 危险货物港口经营人有下列行为之一的，由所在地港口行政管理部门责令限期改正，可以处5万元以下的罚款；逾期未改正的，责令停产停业整顿，并处5万元以上10万元以下的罚款，对其直接负责的主管人员和其他直接责任人员处1万元以上2万元以下的罚款：

（一）未按照规定设置安全生产管理机构或者配备安全生产管理人员的；

（二）未依法对从业人员进行安全生产教育、培训，或者未如实记录安全生产教育、培训情况的；

（三）未将事故隐患排查治理情况如实记录或者未向从业人员通报的；

（四）未按照规定制定危险货物事故应急救援预案或者未定期组织演练的。

第七十四条 危险货物港口经营人有下列行为之一的，由所在地港口行政管理部门责令限期改正，可以处10万元以下的罚款；逾期未改正的，责令停产停业整顿，并处10万元以上20万元以下的罚款，对其直接负责的主管人员和其他直接责任人员处2万元以上5万元以下的罚款：

（一）危险货物港口作业未建立专门安全管理制度、未采取可靠的安全措施的；

（二）对重大危险源未登记建档，或者未进行评估、监控，或者未制定应急预案的；

（三）未建立事故隐患排查治理制度的。

第七十五条 危险货物港口经营人有下列情形之一的，由所在地港口行政管理部门责令改正，可以处5万元以下的罚款；逾期未改正的，处5万元以上20万元以下的罚款，对其直接负责的主管人员和其他直接责任人员处1万元以上2万元以下的罚款；情节严重的，责令停产停业整顿：

（一）未在生产作业场所和安全设施、设备上设置明显的安全警示标志的；

（二）未按照国家标准、行业标准或者国家有关规定安装、使用安全设施、设备并进行经常性维护、保养和定期检测的。

第七十六条 危险货物港口经营人有下列情形之一的，由所在地港口行政管理部门责令改正，可以处5万元以下的罚款；逾期未改正的，处5万元以上10万元以下的罚款；情节严重的，责令停产停业整顿：

（一）未对其铺设的危险货物管道设置明显的标志，或者未对危险货物管道定期检查、检测的；

（二）危险货物专用库场、储罐未设专人负责管理，或者对储存的剧毒化学品以及储存数量构成重大危险源的其他危险货物未实行双人收发、双人保管制度的；

（三）未建立危险货物出入库核查、登记制度的；

（四）装卸、储存没有安全技术说明书的危险货物或者外包装没有相应标志的包装危险货物的；

（五）未在作业场所设置通信、报警装置的。

在港口进行可能危及危险货物管道安全的施工作业，施工单位未按照规定书面通知管道所属单位，或者未与管道所属单位共同制定应急预案、采取相应的安全防护措施，或者管道所属单位未指派专门人员到现场进行管道安全保护指导的，由所在地港口行政管理部门按照前款规定的处罚金额进行处罚。

第七十七条 危险货物港口经营人有下列情形之一的，由所在地港口行政管理部门责令改正，处5万元以上10万元以下的罚款；逾期未改正的，责令停产停业整顿；除第（一）项情形外，情节严重的，还可以吊销其港口经营许可证件：

（一）未在取得从业资格的装卸管理人员现场指挥或者监控下进行作业的；

（二）未依照本规定对其安全生产条件定期进行安全评价的；

（三）未将危险货物储存在专用库场、储罐内，或者未将剧毒化学品以及储存数量构成重大危险源的其他危险货物在专用库场、储罐内单独存放的；

（四）危险货物的储存方式、方法或者储存数量不符合国家标准或者国家有关规定的；

（五）危险货物专用库场、储罐不符合国家标准、行业标准的要求的。

第七十八条 危险货物港口经营人有下列情形之一的，由所在地港口行政管理部门责令改正，可以处1万元以下的罚款；逾期未改正的，处1万元以上5万元以下的罚款：

（一）未将安全评价报告以及落实情况报港口行政管理部门备案的；

（二）未将剧毒化学品以及储存数量构成重大危险源的其他危险货物的储存数量、储存地点以及管理人员等情况报港口行政管理部门备案的。

第七十九条 2个以上危险货物港口经营人在同一港口作业区内从事可能危及对方生产安全的危险货物港口作业，未签订安全生产管理协议或者未指定专职安全管理人员进行安全检查和协调的，由所在地港口行政管理部门责令限期改正，可以处1万元以下的罚款，对其直接负责的主管人员和其他直接责任人员可以处3000元以下的罚款；情节严重的，可以处1万元以上5万元以下的罚款，对其直接负责的主管人员和其他直接责任人员可以处3000元以上1万元以下的罚款；逾期未改正的，责令停产停业整顿。

第八十条 危险货物港口经营人未采取措施消除事故隐患的，由所在地港口行政管理部门责令立即消除或者限期消除；逾期未改正的，责令停产停业整顿，并处10万元以上50万元以下的罚款，对其直接负责的主管人员和其他直接责任人员处2万元以上5万元以下的罚款。

第八十一条 未按照本规定报告并经同意进行危险货物装卸、过驳作业的，由所在地港口行政管理部门责令改正，并处5000元以上5万元以下的罚款。

第八十二条 危险货物港口经营人有下列行为之一的，由所在地港口行政管理部门责令改正，并处3万元以下的罚款：

（一）装卸国家禁止通过该港口水域水路运输的危险货物的；

（二）未如实记录危险货物作业基础数据的；

（三）发现危险货物的包装和安全标志不符合相关规定仍进行作业的；

（四）未具备其作业使用的危险货物输送管道分布图、安全技术档案的；

（五）未将重大事故隐患的排查和处理情况、应急预案及时向所在地港口行政管理部门备案的；

（六）未按照规定实施安全生产风险预防控制的。

在港口从事危险货物添加抑制剂或者稳定剂作业前，未将有关情况告知相关危险货物港口经营人和作业船舶的，由所在地港口行政管理部门责令改正，并对相关单位处3万元以下的罚款。

第八十三条 港口作业委托人未按规定向港口经营人提供所托运的危险货物有关资料的，由所在地港口行政管理部门责令改正，处5万元以上10万元以下的罚款。

港口作业委托人在托运的普通货物中夹带危险货物，或者将危险货物谎报或者匿报为普通货物托运的，由所在地港口行政管理部门责令改正，处10万元以上20万元以下的罚款，有违法所得的，没收违法所得。

第八十四条 危险货物港口经营人拒绝、阻碍港口行政管理部门依法实施安全监督检查的，由港口行政管理部门责令改正；逾期未改正的，处2万元以上20万元以下的罚款；对其直接负责的主管人员和其他直接责任人员处1万元以上2万元以下的罚款。

第八十五条 港口行政管理部门的工作人员有下列行为之一的，对直接负责的主管人员和其他直接责任人员给予行政处分；构成犯罪的，依法追究刑事责任：

（一）未按照规定的条件、程序和期限实施行政许可的；

（二）发现违法行为未依法予以制止、查处，情节严重的

（三）未履行本规定设定的监督管理职责，造成严重后果的；

（四）有其他滥用职权、玩忽职守、徇私舞弊行为的。

第八十六条 违反本规定的其他规定应当进行处罚的，按照《港口法》《安全生产法》《危险化学品安全管理条例》等法律法规执行。

第八章 附则

第八十七条 本规定所称危险货物，是指具有爆炸、易燃、毒害、腐蚀、放射性等危险特性，在港口作业过程中容易造成人身伤亡、财产毁损或者环境污染而需要特别防护的物质、材料或者物品，包括：

（一）《国际海运危险货物规则》（IMDG code）第3部分危险货物一览表中列明的包装危险货物，以及未列明但经评估具有安全危险的其他包装货物；

（二）《国际海运固体散装货物规则》（IMSBC code）附录一B组中含有联合国危险货物编号的固体散装货物，以及经评估具有安全危险的其他固体散装货物；

（三）《经1978年议定书修订的1973年国际防止船舶造成污染公约》（MARPOL 73/78公约）附则I附录1中列明的散装油类；

（四）《国际散装危险化学品船舶构造和设备规则》（IBC code）第17章中列明的散装液体化学品，以及未列明但经评估具有安全危险的其他散装液体化学品，港口储存环节仅包含上述中具有安全危害性的散装液体化学品；

（五）《国际散装液化气体船舶构造和设备规则》（IGC code）第19章列明的散装液化气体，以及未列明但经评估具有安全危险的其他散装液化气体；

（六）我国加入或者缔结的国际条约、国家标准规定的其他危险货物；

（七）《危险化学品目录》中列明的危险化学品。

第八十八条 本规定自2017年10月15日起施行。2012年12月11日交通运输部发布的《港口危险货物安全管理规定》（交通运输部令 2012年第9号）同时废止。

8. 突发环境事件信息报告办法

（环境保护部令　第 17 号）

（2011 年 4 月 18 日公布自 2011 年 5 月 1 日起施行）

第一条　为了规范突发环境事件信息报告工作，提高环境保护主管部门应对突发环境事件的能力，依据《中华人民共和国突发事件应对法》《国家突发公共事件总体应急预案》《国家突发环境事件应急预案》及相关法律法规的规定，制定本办法。

第二条　本办法适用于环境保护主管部门对突发环境事件的信息报告。

突发环境事件分为特别重大（Ⅰ级）、重大（Ⅱ级）、较大（Ⅲ级）和一般（Ⅳ级）四级。

核与辐射突发环境事件的信息报告按照核安全有关法律法规执行。

第三条　突发环境事件发生地设区的市级或者县级人民政府环境保护主管部门在发现或者得知突发环境事件信息后，应当立即进行核实，对突发环境事件的性质和类别做出初步认定。

对初步认定为一般（Ⅳ级）或者较大（Ⅲ级）突发环境事件的，事件发生地设区的市级或者县级人民政府环境保护主管部门应当在四小时内向本级人民政府和上一级人民政府环境保护主管部门报告。

对初步认定为重大（Ⅱ级）或者特别重大（Ⅰ级）突发环境事件的，事件发生地设区的市级或者县级人民政府环境保护主管部门应当在两小时内向本级人民政府和省级人民政府环境保护主管部门报告，同时上报环境保护部。省级人民政府环境保护主管部门接到报告后，应当进行核实并在一小时内报告环境保护部。

突发环境事件处置过程中事件级别发生变化的，应当按照变化后的级别报告信息。

第四条　发生下列一时无法判明等级的突发环境事件，事件发生地设区的市级或者县级人民政府环境保护主管部门应当按照重大（Ⅱ级）或者特别重大（Ⅰ级）突发环境事件的报告程序上报：

（一）对饮用水水源保护区造成或者可能造成影响的；

（二）涉及居民聚居区、学校、医院等敏感区域和敏感人群的；

（三）涉及重金属或者类金属污染的；

（四）有可能产生跨省或者跨国影响的；

（五）因环境污染引发群体性事件，或者社会影响较大的；

（六）地方人民政府环境保护主管部门认为有必要报告的其他突发环境事件。

第五条　上级人民政府环境保护主管部门先于下级人民政府环境保护主管部门获悉突发环境事件信息的，可以要求下级人民政府环境保护主管部门核实并报告相应信息。下级人民政府环境保护主管部门应当依照本办法的规定报告信息。

第六条 向环境保护部报告突发环境事件有关信息的，应当报告总值班室，同时报告环境保护部环境应急指挥领导小组办公室。环境保护部环境应急指挥领导小组办公室应当根据情况向部内相关司局通报有关信息。

第七条 环境保护部在接到下级人民政府环境保护主管部门重大（Ⅱ级）或者特别重大（Ⅰ级）突发环境事件以及其他有必要报告的突发环境事件信息后，应当及时向国务院总值班室和中共中央办公厅秘书局报告。

第八条 突发环境事件已经或者可能涉及相邻行政区域的，事件发生地环境保护主管部门应当及时通报相邻区域同级人民政府环境保护主管部门，并向本级人民政府提出向相邻区域人民政府通报的建议。接到通报的环境保护主管部门应当及时调查了解情况，并按照本办法第三条、第四条的规定报告突发环境事件信息。

第九条 上级人民政府环境保护主管部门接到下级人民政府环境保护主管部门以电话形式报告的突发环境事件信息后，应当如实、准确做好记录，并要求下级人民政府环境保护主管部门及时报告书面信息。

对于情况不够清楚、要素不全的突发环境事件信息，上级人民政府环境保护主管部门应当要求下级人民政府环境保护主管部门及时核实补充信息。

第十条 县级以上人民政府环境保护主管部门应当建立突发环境事件信息档案，并按照有关规定向上一级人民政府环境保护主管部门报送本行政区域突发环境事件的月度、季度、半年度和年度报告以及统计情况。上一级人民政府环境保护主管部门定期对报告及统计情况进行通报。

第十一条 报告涉及国家秘密的突发环境事件信息，应当遵守国家有关保密的规定。

第十二条 突发环境事件的报告分为初报、续报和处理结果报告。

初报在发现或者得知突发环境事件后首次上报；续报在查清有关基本情况、事件发展情况后随时上报；处理结果报告在突发环境事件处理完毕后上报。

第十三条 初报应当报告突发环境事件的发生时间、地点、信息来源、事件起因和性质、基本过程、主要污染物和数量、监测数据、人员受害情况、饮用水水源地等环境敏感点受影响情况、事件发展趋势、处置情况、拟采取的措施以及下一步工作建议等初步情况，并提供可能受到突发环境事件影响的环境敏感点的分布示意图。

续报应当在初报的基础上，报告有关处置进展情况。

处理结果报告应当在初报和续报的基础上，报告处理突发环境事件的措施、过程和结果，突发环境事件潜在或者间接危害以及损失、社会影响、处理后的遗留问题、责任追究等详细情况。

第十四条 突发环境事件信息应当采用传真、网络、邮寄和面呈等方式书面报告；情况紧急时，初报可通过电话报告，但应当及时补充书面报告。

书面报告中应当载明突发环境事件报告单位、报告签发人、联系人及联系方式等内容，并尽可能提供地图、图片以及相关的多媒体资料。

第十五条 在突发环境事件信息报告工作中迟报、谎报、瞒报、漏报有关突发环境事件信息的，给予通报批评；造成后果的，对直接负责的主管人员和其他直接责任人员依法依纪给予处分；构成犯罪的，移送司法机关依法追究刑事责任。

第十六条 本办法由环境保护部解释。

第十七条 本办法自2011年5月1日起施行。《环境保护行政主管部门突发环境事件信息报告办法（试行）》（环发〔2006〕50号）同时废止。

附录：

突发环境事件分级标准

按照突发事件严重性和紧急程度，突发环境事件分为特别重大（Ⅰ级）、重大（Ⅱ级）、较大（Ⅲ级）和一般（Ⅳ级）四级。

1．特别重大（Ⅰ级）突发环境事件。

凡符合下列情形之一的，为特别重大突发环境事件：

（1）因环境污染直接导致10人以上死亡或100人以上中毒的；

（2）因环境污染需疏散、转移群众5万人以上的；

（3）因环境污染造成直接经济损失1亿元以上的；

（4）因环境污染造成区域生态功能丧失或国家重点保护物种灭绝的；

（5）因环境污染造成地市级以上城市集中式饮用水水源地取水中断的；

（6）1、2类放射源失控造成大范围严重辐射污染后果的；核设施发生需要进入场外应急的严重核事故，或事故辐射后果可能影响邻省和境外的，或按照“国际核事件分级（INES）标准”属于3级以上的核事件；台湾核设施中发生的按照“国际核事件分级（INES）标准”属于4级以上的核事故；周边国家核设施中发生的按照“国际核事件分级（INES）标准”属于4级以上的核事故；

（7）跨国界突发环境事件。

2. 重大（Ⅱ级）突发环境事件。

凡符合下列情形之一的，为重大突发环境事件：

（1）因环境污染直接导致3人以上10人以下死亡或50人以上100人以下中毒的；

（2）因环境污染需疏散、转移群众1万人以上5万人以下的；

（3）因环境污染造成直接经济损失2000万元以上1亿元以下的；

（4）因环境污染造成区域生态功能部分丧失或国家重点保护野生动植物种群大批死亡的；

（5）因环境污染造成县级城市集中式饮用水水源地取水中断的；

（6）重金属污染或危险化学品生产、贮运、使用过程中发生爆炸、泄漏等事件，或因倾倒、堆放、丢弃、遗撒危险废物等造成的突发环境事件发生在国家重点流域、国家级自然保护区、风景名胜区或居民聚集区、医院、学校等敏感区域的；

（7）1、2类放射源丢失、被盗、失控造成环境影响，或核设施和铀矿冶炼设施发生的达到进入场区应急状态标准的，或进口货物严重辐射超标的事件；

（8）跨省（区、市）界突发环境事件。

3. 较大（Ⅲ级）突发环境事件。

凡符合下列情形之一的，为较大突发环境事件：

（1）因环境污染直接导致 3 人以下死亡或 10 人以上 50 人以下中毒的；

（2）因环境污染需疏散、转移群众 5000 人以上 1 万人以下的；

（3）因环境污染造成直接经济损失 500 万元以上 2000 万元以下的；

（4）因环境污染造成国家重点保护的动植物物种受到破坏的；

（5）因环境污染造成乡镇集中式饮用水水源地取水中断的；

（6）3 类放射源丢失、被盗或失控，造成环境影响的；

（7）跨地市界突发环境事件。

4. 一般（Ⅳ级）突发环境事件。

除特别重大突发环境事件、重大突发环境事件、较大突发环境事件以外的突发环境事件。

9. 突发环境事件调查处理办法

（环境保护部令　第 32 号）

（2015 年 4 月 16 日公布，自 2015 年 3 月 1 日起施行）

第一条　为规范突发环境事件调查处理工作，依照《中华人民共和国环境保护法》《中华人民共和国突发事件应对法》等法律法规，制定本办法。

第二条　本办法适用于对突发环境事件的原因、性质、责任的调查处理。

核与辐射突发事件的调查处理，依照核与辐射安全有关法律法规执行。

第三条　突发环境事件调查应当遵循实事求是、客观公正、权责一致的原则，及时、准确查明事件原因，确认事件性质，认定事件责任，总结事件教训，提出防范和整改措施建议以及处理意见。

第四条　环境保护部负责组织重大和特别重大突发环境事件的调查处理；省级环境保护主管部门负责组织较大突发环境事件的调查处理；事发地设区的市级环境保护主管部门视情况组织一般突发环境事件的调查处理。

上级环境保护主管部门可以视情况委托下级环境保护主管部门开展突发环境事件调查处理，也可以对由下级环境保护主管部门负责的突发环境事件直接组织调查处理，并及时通知下级环境保护主管部门。

下级环境保护主管部门对其负责的突发环境事件，认为需要由上一级环境保护主管部门调查处理的，可以报请上一级环境保护主管部门决定。

第五条 突发环境事件调查应当成立调查组，由环境保护主管部门主要负责人或者主管环境应急管理工作的负责人担任组长，应急管理、环境监测、环境影响评价管理、环境监察等相关机构的有关人员参加。

环境保护主管部门可以聘请环境应急专家库内专家和其他专业技术人员协助调查。

环境保护主管部门可以根据突发环境事件的实际情况邀请公安、交通运输、水利、农业、卫生、安全监管、林业、地震等有关部门或者机构参加调查工作。

调查组可以根据实际情况分为若干工作小组开展调查工作。工作小组负责人由调查组组长确定。

第六条 调查组成员和受聘请协助调查的人员不得与被调查的突发环境事件有利害关系。

调查组成员和受聘请协助调查的人员应当遵守工作纪律，客观公正地调查处理突发环境事件，并在调查处理过程中恪尽职守，保守秘密。未经调查组组长同意，不得擅自发布突发环境事件调查的相关信息。

第七条 开展突发环境事件调查，应当制定调查方案，明确职责分工、方法步骤、时间安排等内容。

第八条 开展突发环境事件调查，应当对突发环境事件现场进行勘查，并可以采取以下措施：

（一）通过取样监测、拍照、录像、制作现场勘查笔录等方法记录现场情况，提取相关证据材料；

（二）进入突发环境事件发生单位、突发环境事件涉及的相关单位或者工作场所，调取和复制相关文件、资料、数据、记录等；

（三）根据调查需要，对突发环境事件发生单位有关人员、参与应急处置工作的知情人员进行询问，并制作询问笔录。

进行现场勘查、检查或者询问，不得少于两人。

突发环境事件发生单位的负责人和有关人员在调查期间应当依法配合调查工作，接受调查组的询问，并如实提供相关文件、资料、数据、记录等。因客观原因确实无法提供的，可以提供相关复印件、复制品或者证明该原件、原物的照片、录像等其他证据，并由有关人员签字确认。

现场勘查笔录、检查笔录、询问笔录等，应当由调查人员、勘查现场有关人员、被询问人员签名。

开展突发环境事件调查，应当制作调查案卷，并由组织突发环境事件调查的环境保护主管部门归档保存。

第九条 突发环境事件调查应当查明下列情况：

（一）突发环境事件发生单位基本情况；

（二）突发环境事件发生的时间、地点、原因和事件经过；

（三）突发环境事件造成的人身伤亡、直接经济损失情况，环境污染和生态破坏情况；

（四）突发环境事件发生单位、地方人民政府和有关部门日常监管和事件应对情况；

（五）其他需要查明的事项。

第十条 环境保护主管部门应当按照所在地人民政府的要求，根据突发环境事件应急处置阶段污染损害评估工作的有关规定，开展应急处置阶段污染损害评估。

应急处置阶段污染损害评估报告或者结论是编写突发环境事件调查报告的重要依据。

第十一条 开展突发环境事件调查，应当查明突发环境事件发生单位的下列情况：

（一）建立环境应急管理制度、明确责任人和职责的情况；

（二）环境风险防范设施建设及运行的情况；

（三）定期排查环境安全隐患并及时落实环境风险防控措施的情况；

（四）环境应急预案的编制、备案、管理及实施情况；

（五）突发环境事件发生后的信息报告或者通报情况；

（六）突发环境事件发生后，启动环境应急预案，并采取控制或者切断污染源防止污染扩散的情况；

（七）突发环境事件发生后，服从应急指挥机构统一指挥，并按要求采取预防、处置措施的情况；

（八）生产安全事故、交通事故、自然灾害等其他突发事件发生后，采取预防次生突发环境事件措施的情况；

（九）突发环境事件发生后，是否存在伪造、故意破坏事发现场，或者销毁证据阻碍调查的情况。

第十二条 开展突发环境事件调查，应当查明有关环境保护主管部门环境应急管理方面的下列情况：

（一）按规定编制环境应急预案和对预案进行评估、备案、演练等的情况，以及按规定对突发环境事件发生单位环境应急预案实施备案管理的情况；

（二）按规定赶赴现场并及时报告的情况；

（三）按规定组织开展环境应急监测的情况；

（四）按职责向履行统一领导职责的人民政府提出突发环境事件处置或者信息发布建议的情况；

（五）突发环境事件已经或者可能涉及相邻行政区域时，事发地环境保护主管部门向相邻行政区域环境保护主管部门的通报情况；

（六）接到相邻行政区域突发环境事件信息后，相关环境保护主管部门按规定调查了解并报告的情况；

（七）按规定开展突发环境事件污染损害评估的情况。

第十三条 开展突发环境事件调查，应当收集地方人民政府和有关部门在突发环境事件发生单位建设项目立项、审批、验收、执法等日常监管过程中和突发环境事件应对、组织开展突发环境事件污染损害评估等环节履职情况的证据材料。

第十四条 开展突发环境事件调查，应当在查明突发环境事件基本情况后，编写突发环境事件调查报告。

第十五条 突发环境事件调查报告应当包括下列内容：

（一）突发环境事件发生单位的概况和突发环境事件发生经过；

（二）突发环境事件造成的人身伤亡、直接经济损失，环境污染和生态破坏的情况；

（三）突发环境事件发生的原因和性质；

（四）突发环境事件发生单位对环境风险的防范、隐患整改和应急处置情况；

（五）地方政府和相关部门日常监管和应急处置情况；

（六）责任认定和对突发环境事件发生单位、责任人的处理建议；

（七）突发环境事件防范和整改措施建议；

（八）其他有必要报告的内容。

第十六条 特别重大突发环境事件、重大突发环境事件的调查期限为六十日；较大突发环境事件和一般突发环境事件的调查期限为三十日。突发环境事件污染损害评估所需时间不计入调查期限。

调查组应当按照前款规定的期限完成调查工作，并向同级人民政府和上一级环境保护主管部门提交调查报告。

调查期限从突发环境事件应急状态终止之日起计算。

第十七条 环境保护主管部门应当依法向社会公开突发环境事件的调查结论、环境影响和损失的评估结果等信息。

第十八条 突发环境事件调查过程中发现突发环境事件发生单位涉及环境违法行为的，调查组应当及时向相关环境保护主管部门提出处罚建议。相关环境保护主管部门应当依法对事发单位及责任人员予以行政处罚；涉嫌构成犯罪的，依法移送司法机关追究刑事责任。发现其他违法行为的，环境保护主管部门应当及时向有关部门移送。

发现国家行政机关及其工作人员、突发环境事件发生单位中由国家行政机关任命的人员涉嫌违法违纪的，环境保护主管部门应当依法及时向监察机关或者有关部门提出处分建议。

第十九条 对于连续发生突发环境事件，或者突发环境事件造成严重后果的地区，有关环境保护主管部门可以约谈下级地方人民政府主要领导。

第二十条 环境保护主管部门应当将突发环境事件发生单位的环境违法信息记入社会诚信档案，并及时向社会公布。

第二十一条 环境保护主管部门可以根据调查报告，对下级人民政府、下级环境保护主管部门下达督促落实突发环境事件调查报告有关防范和整改措施建议的督办通知，并明确责任单位、工作任务和完成时限。

接到督办通知的有关人民政府、环境保护主管部门应当在规定时限内，书面报送事件防范和整改措施建议的落实情况。

第二十二条 本办法由环境保护部负责解释。

第二十三条 本办法自 2015 年 3 月 1 日起施行。

10. 突发环境事件应急管理办法

（环境保护部令 第 34 号）

（2015 年 3 月 19 日由环境保护部部务会议通过，自 2015 年 6 月 5 日起施行）

第一章 总则

第一条 为预防和减少突发环境事件的发生，控制、减轻和消除突发环境事件引起的危害，规范突发环境事件应急管理工作，保障公众生命安全、环境安全和财产安全，根据《中华人民共和国环境保护法》《中华人民共和国突发事件应对法》《国家突发环境事件应急预案》及相关法律法规，制定本办法。

第二条 各级环境保护主管部门和企业事业单位组织开展的突发环境事件风险控制、应急准备、应急处置、事后恢复等工作，适用本办法。

本办法所称突发环境事件，是指由于污染物排放或者自然灾害、生产安全事故等因素，导致污染物或者放射性物质等有毒有害物质进入大气、水体、土壤等环境介质，突然造成或者可能造成环境质量下降，危及公众身体健康和财产安全，或者造成生态环境破坏，或者造成重大社会影响，需要采取紧急措施予以应对的事件。

突发环境事件按照事件严重程度，分为特别重大、重大、较大和一般四级。

核设施及有关核活动发生的核与辐射事故造成的辐射污染事件按照核与辐射相关规定执行。重污染天气应对工作按照《大气污染防治行动计划》等有关规定执行。

造成国际环境影响的突发环境事件的涉外应急通报和处置工作，按照国家有关国际合作的相关规定执行。

第三条 突发环境事件应急管理工作坚持预防为主、预防与应急相结合的原则。

第四条 突发环境事件应对，应当在县级以上地方人民政府的统一领导下，建立分类管理、分级负责、属地管理为主的应急管理体制。

县级以上环境保护主管部门应当在本级人民政府的统一领导下，对突发环境事件应急管理日常工作实施监督管理，指导、协助、督促下级人民政府及其有关部门做好突发环境事件应对工作。

第五条 县级以上地方环境保护主管部门应当按照本级人民政府的要求，会同有关部门建立健全突发环境事件应急联动机制，加强突发环境事件应急管理。

相邻区域地方环境保护主管部门应当开展跨行政区域的突发环境事件应急合作，共同防范、互通信息，协力应对突发环境事件。

第六条 企业事业单位应当按照相关法律法规和标准规范的要求，履行下列义务：

（一）开展突发环境事件风险评估；

（二）完善突发环境事件风险防控措施；

（三）排查治理环境安全隐患；

（四）制定突发环境事件应急预案并备案、演练；

（五）加强环境应急能力保障建设。

发生或者可能发生突发环境事件时，企业事业单位应当依法进行处理，并对所造成的损害承担责任。

第七条 环境保护主管部门和企业事业单位应当加强突发环境事件应急管理的宣传和教育，鼓励公众参与，增强防范和应对突发环境事件的知识和意识。

第二章 风险控制

第八条 企业事业单位应当按照国务院环境保护主管部门的有关规定开展突发环境事件风险评估，确定环境风险防范和环境安全隐患排查治理措施。

第九条 企业事业单位应当按照环境保护主管部门的有关要求和技术规范，完善突发环境事件风险防控措施。

前款所指的突发环境事件风险防控措施，应当包括有效防止泄漏物质、消防水、污染雨水等扩散至外环境的收集、导流、拦截、降污等措施。

第十条 企业事业单位应当按照有关规定建立健全环境安全隐患排查治理制度，建立隐患排查治理档案，及时发现并消除环境安全隐患。

对于发现后能够立即治理的环境安全隐患，企业事业单位应当立即采取措施，消除环境安全隐患。对于情况复杂、短期内难以完成治理，可能产生较大环境危害的环境安全隐患，应当制定隐患治理方案，落实整改措施、责任、资金、时限和现场应急预案，及时消除隐患。

第十一条 县级以上地方环境保护主管部门应当按照本级人民政府的统一要求，开展本行政区域突发环境事件风险评估工作，分析可能发生的突发环境事件，提高区域环境风险防范能力。

第十二条 县级以上地方环境保护主管部门应当对企业事业单位环境风险防范和环境安全隐患排查治理工作进行抽查或者突击检查，将存在重大环境安全隐患且整治不力的企业信息纳入社会诚信档案，并可以通报行业主管部门、投资主管部门、证券监督管理机构以及有关金融机构。

第三章 应急准备

第十三条 企业事业单位应当按照国务院环境保护主管部门的规定，在开展突发环境事件风险评估和应急资源调查的基础上制定突发环境事件应急预案，并按照分类分级管理的原则，报县级以上环境保护主管部门备案。

第十四条 县级以上地方环境保护主管部门应当根据本级人民政府突发环境事件专项应急预案，制定本部门的应急预案，报本级人民政府和上级环境保护主管部门备案。

第十五条 突发环境事件应急预案制定单位应当定期开展应急演练，撰写演练评估报告，分析存在问题，并根据演练情况及时修改完善应急预案。

第十六条 环境污染可能影响公众健康和环境安全时，县级以上地方环境保护主管部门可以建议本级人民政府依法及时公布环境污染公共监测预警信息，启动应急措施。

第十七条 县级以上地方环境保护主管部门应当建立本行政区域突发环境事件信息收集系统，通过“12369”环保举报热线、新闻媒体等多种途径收集突发环境事件信息，并加强跨区域、跨部门突发环境事件信息交流与合作。

第十八条 县级以上地方环境保护主管部门应当建立健全环境应急值守制度，确定应急值守负责人和应急联络员并报上级环境保护主管部门。

第十九条 企业事业单位应当将突发环境事件应急培训纳入单位工作计划，对从业人员定期进行突发环境事件应急知识和技能培训，并建立培训档案，如实记录培训的时间、内容、参加人员等信息。

第二十条 县级以上环境保护主管部门应当定期对从事突发环境事件应急管理工作的人员进行培训。

省级环境保护主管部门以及具备条件的市、县级环境保护主管部门应当设立环境应急专家库。

县级以上地方环境保护主管部门和企业事业单位应当加强环境应急处置救援能力建设。

第二十一条 县级以上地方环境保护主管部门应当加强环境应急能力标准化建设，配备应急监测仪器设备和装备，提高重点流域区域水、大气突发环境事件预警能力。

第二十二条 县级以上地方环境保护主管部门可以根据本行政区域的实际情况，建立环境应急物资储备信息库，有条件的地区可以设立环境应急物资储备库。

企业事业单位应当储备必要的环境应急装备和物资，并建立完善相关管理制度。

第四章 应急处置

第二十三条 企业事业单位造成或者可能造成突发环境事件时，应当立即启动突发环境事件应急预案，采取切断或者控制污染源以及其他防止危害扩大的必要措施，及时通报可能受到危害的单位和居民，并向事发地县级以上环境保护主管部门报告，接受调查处理。

应急处置期间，企业事业单位应当服从统一指挥，全面、准确地提供本单位与应急处置相关的技术资料，协助维护应急现场秩序，保护与突发环境事件相关的各项证据。

第二十四条 获知突发环境事件信息后，事件发生地县级以上地方环境保护主管部门应当按照《突发环境事件信息报告办法》规定的时限、程序和要求，向同级人民政府和上级环境保护主管部门报告。

第二十五条 突发环境事件已经或者可能涉及相邻行政区域的，事件发生地环境保护主管部门应当及时通报相邻区域同级环境保护主管部门，并向本级人民政府提出向相邻区域人民政府通报的建议。

第二十六条 获知突发环境事件信息后，县级以上地方环境保护主管部门应当立即组织排查污染源，初步查明事件发生的时间、地点、原因、污染物质及数量、周边环境敏感区等情况。

第二十七条 获知突发环境事件信息后，县级以上地方环境保护主管部门应当按照《突发环境事件应急监测技术规范》开展应急监测，及时向本级人民政府和上级环境保护主管部门报告监测结果。

第二十八条 应急处置期间，事发地县级以上地方环境保护主管部门应当组织开展事件信息的分析、评估，提出应急处置方案和建议报本级人民政府。

第二十九条 突发环境事件的威胁和危害得到控制或者消除后，事发地县级以上地方环境保护主管部门应当根据本级人民政府的统一部署，停止应急处置措施。

第五章 事后恢复

第三十条 应急处置工作结束后，县级以上地方环境保护主管部门应当及时总结、评估应急处置工作情况，提出改进措施，并向上级环境保护主管部门报告。

第三十一条 县级以上地方环境保护主管部门应当在本级人民政府的统一部署下，组织开展突发环境事件环境影响和损失等评估工作，并依法向有关人民政府报告。

第三十二条 县级以上环境保护主管部门应当按照有关规定开展事件调查，查清突发环境事件原因，确认事件性质，认定事件责任，提出整改措施和处理意见。

第三十三条 县级以上地方环境保护主管部门应当在本级人民政府的统一领导下，参与制定环境恢复工作方案，推动环境恢复工作。

第六章 信息公开

第三十四条 企业事业单位应当按照有关规定，采取便于公众知晓和查询的方式公开本单位环境风险防范工作开展情况、突发环境事件应急预案及演练情况、突发环境事件发生及处置情况，以及落实整改要求情况等环境信息。

第三十五条 突发环境事件发生后，县级以上地方环境保护主管部门应当认真研判事件影响和等级，及时向本级人民政府提出信息发布建议。履行统一领导职责或者组织处置突发事件的人民政府，应当按照有关规定统一、准确、及时发布有关突发事件事态发展和应急处置工作的信息。

第三十六条 县级以上环境保护主管部门应当在职责范围内向社会公开有关突发环境事件应急管理的规定和要求，以及突发环境事件应急预案及演练情况等环境信息。

县级以上地方环境保护主管部门应当对本行政区域内突发环境事件进行汇总分析，定期向社会公开突发环境事件的数量、级别，以及事件发生的时间、地点、应急处置概况等信息。

第七章 罚则

第三十七条 企业事业单位违反本办法规定，导致发生突发环境事件，《中华人民共和国突发事件应对法》《中华人民共和国水污染防治法》《中华人民共和国大气污染防治法》《中华人民共和国固体废物污染环境防治法》等法律法规已有相关处罚规定的，依照有关法律法规执行。

较大、重大和特别重大突发环境事件发生后，企业事业单位未按要求执行停产、停排措施，继续违反法律法规规定排放污染物的，环境保护主管部门应当依法对造成污染物排放的设施、设备实施查封、扣押。

第三十八条 企业事业单位有下列情形之一的，由县级以上环境保护主管部门责令改正，可以处一万元以上三万元以下罚款：

（一）未按规定开展突发环境事件风险评估工作，确定风险等级的；

（二）未按规定开展环境安全隐患排查治理工作，建立隐患排查治理档案的；

（三）未按规定将突发环境事件应急预案备案的；

（四）未按规定开展突发环境事件应急培训，如实记录培训情况的；

（五）未按规定储备必要的环境应急装备和物资；

（六）未按规定公开突发环境事件相关信息的。

第八章 附则

第三十九条 本办法由国务院环境保护主管部门负责解释。

第四十条 本办法自2015年6月5日起施行。

11.危险化学品重大危险源监督管理暂行规定

（国家安全生产监督管理总局令 第40号）

（2011年7月22日由国家安全生产监督管理总局局长办公会议审议通过，自2011年12月1日起施行）

第一章 总则

第一条 为了加强危险化学品重大危险源的安全监督管理，防止和减少危险化学品事故的发生，保障人民群众生命财产安全，根据《中华人民共和国安全生产法》和《危险化学品安全管理条例》等有关法律、行政法规，制定本规定。

第二条 从事危险化学品生产、储存、使用和经营的单位（以下统称危险化学品单位）的危险化学品重大危险源的辨识、评估、登记建档、备案、核销及其监督管理，适用本规定。

城镇燃气、用于国防科研生产的危险化学品重大危险源以及港区内危险化学品重大危险源的安全监督管理，不适用本规定。

第三条 本规定所称危险化学品重大危险源（以下简称重大危险源），是指按照《危险化学品重大危险源辨识》（GB 18218）标准辨识确定，生产、储存、使用或者搬运危险化学品的数量等于或者超过临界量的单元（包括场所和设施）。

第四条 危险化学品单位是本单位重大危险源安全管理的责任主体，其主要负责人对本单位的重大危险源安全管理工作负责，并保证重大危险源安全生产所必需的安全投入。

第五条 重大危险源的安全监督管理实行属地监管与分级管理相结合的原则。

县级以上地方人民政府安全生产监督管理部门按照有关法律、法规、标准和本规定，对本辖区内的重大危险源实施安全监督管理。

第六条 国家鼓励危险化学品单位采用有利于提高重大危险源安全保障水平的先进适用的工艺、技术、设备以及自动控制系统，推进安全生产监督管理部门重大危险源安全监管的信息化建设。

第二章 辨识与评估

第七条 危险化学品单位应当按照《危险化学品重大危险源辨识》标准，对本单位的危险化学品生产、经营、储存和使用装置、设施或者场所进行重大危险源辨识，并记录辨识过程与结果。

第八条 危险化学品单位应当对重大危险源进行安全评估并确定重大危险源等级。危险化学品单位可以组织本单位的注册安全工程师、技术人员或者聘请有关专家进行安全评估，也可以委托具有相应资质的安全评价机构进行安全评估。

依照法律、行政法规的规定，危险化学品单位需要进行安全评价的，重大危险源安全评估可以与本单位的安全评价一起进行，以安全评价报告代替安全评估报告，也可以单独进行重大危险源安全评估。

重大危险源根据其危险程度，分为一级、二级、三级和四级，一级为最高级别。重大危险源分级方法由本规定附件 1 列示。

第九条 重大危险源有下列情形之一的，应当委托具有相应资质的安全评价机构，按照有关标准的规定采用定量风险评价方法进行安全评估，确定个人和社会风险值：

（一）构成一级或者二级重大危险源，且毒性气体实际存在（在线）量与其在《危险化学品重大危险源辨识》中规定的临界量比值之和大于或等于 1 的；

（二）构成一级重大危险源，且爆炸品或液化易燃气体实际存在（在线）量与其在《危险化学品重大危险源辨识》中规定的临界量比值之和大于或等于 1 的。

第十条 重大危险源安全评估报告应当客观公正、数据准确、内容完整、结论明确、措施可行，并包括下列内容：

（一）评估的主要依据；

（二）重大危险源的基本情况；

（三）事故发生的可能性及危害程度；

（四）个人风险和社会风险值（仅适用定量风险评价方法）；

（五）可能受事故影响的周边场所、人员情况；

（六）重大危险源辨识、分级的符合性分析；

（七）安全管理措施、安全技术和监控措施；

（八）事故应急措施；

（九）评估结论与建议。

危险化学品单位以安全评价报告代替安全评估报告的，其安全评价报告中有关重大危险源的内容应当符合本条第一款规定的要求。

第十一条 有下列情形之一的，危险化学品单位应当对重大危险源重新进行辨识、安全评估及分级：

（一）重大危险源安全评估已满三年的；

（二）构成重大危险源的装置、设施或者场所进行新建、改建、扩建的；

（三）危险化学品种类、数量、生产、使用工艺或者储存方式及重要设备、设施等发生变化，影响重大危险源级别或者风险程度的；

（四）外界生产安全环境因素发生变化，影响重大危险源级别和风险程度的；

（五）发生危险化学品事故造成人员死亡，或者 10 人以上受伤，或者影响到公共安全的；

（六）有关重大危险源辨识和安全评估的国家标准、行业标准发生变化的。

第三章 安全管理

第十二条 危险化学品单位应当建立完善重大危险源安全管理规章制度和安全操作规程，并采取有效措施保证其得到执行。

第十三条 危险化学品单位应当根据构成重大危险源的危险化学品种类、数量、生产、使用工艺（方式）或者相关设备、设施等实际情况，按照下列要求建立健全安全监测监控体系，完善控制措施：

（一）重大危险源配备温度、压力、液位、流量、组分等信息的不间断采集和监测系统以及可燃气体和有毒有害气体泄漏检测报警装置，并具备信息远传、连续记录、事故预警、信息存储等功能；一级或者二级重大危险源，具备紧急停车功能。记录的电子数据的保存时间不少于 30 天；

（二）重大危险源的化工生产装置装备满足安全生产要求的自动化控制系统；一级或者二级重大危险源，装备紧急停车系统；

（三）对重大危险源中的毒性气体、剧毒液体和易燃气体等重点设施，设置紧急切断装置；毒性气体的设施，设置泄漏物紧急处置装置。涉及毒性气体、液化气体、剧毒液体的一级或者二级重大危险源，配备独立的安全仪表系统（SIS）；

（四）重大危险源中储存剧毒物质的场所或者设施，设置视频监控系统；

（五）安全监测监控系统符合国家标准或者行业标准的规定。

第十四条 通过定量风险评价确定的重大危险源的个人和社会风险值，不得超过本规定附件 2 列示的个人和社会可容许风险限值标准。

超过个人和社会可容许风险限值标准的，危险化学品单位应当采取相应的降低风险措施。

第十五条 危险化学品单位应当按照国家有关规定，定期对重大危险源的安全设施和安全监测监控系统进行检测、检验，并进行经常性维护、保养，保证重大危险源的安全设施和安全监测监控系统有效、可靠运行。维护、保养、检测应当做好记录，并由有关人员签字。

第十六条 危险化学品单位应当明确重大危险源中关键装置、重点部位的责任人或者责任机构，并对重大危险源的安全生产状况进行定期检查，及时采取措施消除事故隐患。事故隐患难以立即排除的，应当及时制定治理方案，落实整改措施、责任、资金、时限和预案。

第十七条 危险化学品单位应当对重大危险源的管理和操作岗位人员进行安全操作技能培训，使其了解重大危险源的危险特性，熟悉重大危险源安全管理规章制度和安全操作规程，掌握本岗位的安全操作技能和应急措施。

第十八条 危险化学品单位应当在重大危险源所在场所设置明显的安全警示标志，写明紧急情况下的应急处置办法。

第十九条 危险化学品单位应当将重大危险源可能发生的事故后果和应急措施等信息，以适当方式告知可能受影响的单位、区域及人员。

第二十条 危险化学品单位应当依法制定重大危险源事故应急预案，建立应急救援组织或者配备应急救援人员，配备必要的防护装备及应急救援器材、设备、物资，并保障其完好和方便使用；配合地方人民政府安全生产监督管理部门制定所在地区涉及本单位的危险化学品事故应急预案。

对存在吸入性有毒、有害气体的重大危险源，危险化学品单位应当配备便携式浓度检测设备、空气呼吸器、化学防护服、堵漏器材等应急器材和设备；涉及剧毒气体的重大危险源，还应当配备两套以上（含本数）气密型化学防护服；涉及易燃易爆气体或者易燃液体蒸气的重大危险源，还应当配备一定数量的便携式可燃气体检测设备。

第二十一条 危险化学品单位应当制定重大危险源事故应急预案演练计划，并按照下列要求进行事故应急预案演练：

（一）对重大危险源专项应急预案，每年至少进行一次；

（二）对重大危险源现场处置方案，每半年至少进行一次。

应急预案演练结束后，危险化学品单位应当对应急预案演练效果进行评估，撰写应急预案演练评估报告，分析存在的问题，对应急预案提出修订意见，并及时修订完善。

第二十二条 危险化学品单位应当对辨识确认的重大危险源及时、逐项进行登记建档。

重大危险源档案应当包括下列文件、资料：

（一）辨识、分级记录；

（二）重大危险源基本特征表；

（三）涉及的所有化学品安全技术说明书；

（四）区域位置图、平面布置图、工艺流程图和主要设备一览表；

（五）重大危险源安全管理规章制度及安全操作规程；

（六）安全监测监控系统、措施说明、检测、检验结果；

（七）重大危险源事故应急预案、评审意见、演练计划和评估报告；

（八）安全评估报告或者安全评价报告；

（九）重大危险源关键装置、重点部位的责任人、责任机构名称；

（十）重大危险源场所安全警示标志的设置情况；

（十一）其他文件、资料。

第二十三条 危险化学品单位在完成重大危险源安全评估报告或者安全评价报告后15日内，应当填写重大危险源备案申请表，连同本规定第二十二条规定的重大危险源档案材料（其中第二款第五项规定的文件资料只需提供清单），报送所在地县级人民政府安全生产监督管理部门备案。

县级人民政府安全生产监督管理部门应当每季度将辖区内的一级、二级重大危险源备案材料报送至设区的市级人民政府安全生产监督管理部门。设区的市级人民政府安全生产监督管理部门应当每半年将辖区内的一级重大危险源备案材料报送至省级人民政府安全生产监督管理部门。

重大危险源出现本规定第十一条所列情形之一的，危险化学品单位应当及时更新档案，并向所在地县级人民政府安全生产监督管理部门重新备案。

第二十四条 危险化学品单位新建、改建和扩建危险化学品建设项目，应当在建设项目竣工验收前完成重大危险源的辨识、安全评估和分级、登记建档工作，并向所在地县级人民政府安全生产监督管理部门备案。

第四章 监督检查

第二十五条 县级人民政府安全生产监督管理部门应当建立健全危险化学品重大危险源管理制度，明确责任人员，加强资料归档。

第二十六条 县级人民政府安全生产监督管理部门应当在每年1月15日前，将辖区内上一年度重大危险源的汇总信息报送至设区的市级人民政府安全生产监督管理部门。设区的市级人民政府安全生产监督管理部门应当在每年1月31日前，将辖区内上一年度重大危险源的汇总信息报送至省级人民政府安全生产监督管理部门。省级人民政府安全生产监督管理部门应当在每年2月15日前，将辖区内上一年度重大危险源的汇总信息报送至国家安全生产监督管理总局。

第二十七条 重大危险源经过安全评价或者安全评估不再构成重大危险源的，危险化学品单位应当向所在地县级人民政府安全生产监督管理部门申请核销。

申请核销重大危险源应当提交下列文件、资料：

（一）载明核销理由的申请书；

（二）单位名称、法定代表人、住所、联系人、联系方式；

（三）安全评价报告或者安全评估报告。

第二十八条 县级人民政府安全生产监督管理部门应当自收到申请核销的文件、资料之日起30日内进行审查，符合条件的，予以核销并出具证明文书；不符合条件的，说明理由并书面告知申请单位。必要时，县级人民政府安全生产监督管理部门应当聘请有关专家进行现场核查。

第二十九条 县级人民政府安全生产监督管理部门应当每季度将辖区内一级、二级重大危险源的核销材料报送至设区的市级人民政府安全生产监督管理部门。设区的市级人民政府安全生产监督管理部门应当每半年将辖区内一级重大危险源的核销材料报送至省级人民政府安全生产监督管理部门。

第三十条 县级以上地方各级人民政府安全生产监督管理部门应当加强对存在重大危险源的危险化学品单位的监督检查，督促危险化学品单位做好重大危险源的辨识、安全评估及分级、登记建档、备案、监测监控、事故应急预案编制、核销和安全管理工作。

首次对重大危险源的监督检查应当包括下列主要内容：

（一）重大危险源的运行情况、安全管理规章制度及安全操作规程制定和落实情况；

（二）重大危险源的辨识、分级、安全评估、登记建档、备案情况；

（三）重大危险源的监测监控情况；

（四）重大危险源安全设施和安全监测监控系统的检测、检验以及维护保养情况；

（五）重大危险源事故应急预案的编制、评审、备案、修订和演练情况；

（六）有关从业人员的安全培训教育情况；

（七）安全标志设置情况；

（八）应急救援器材、设备、物资配备情况；

（九）预防和控制事故措施的落实情况。

安全生产监督管理部门在监督检查中发现重大危险源存在事故隐患的，应当责令立即排除；重大事故隐患排除前或者排除过程中无法保证安全的，应当责令从危险区域内撤出作业人员，责令暂时停产停业或者停止使用；重大事故隐患排除后，经安全生产监督管理部门审查同意，方可恢复生产经营和使用。

第三十一条 县级以上地方各级人民政府安全生产监督管理部门应当会同本级人民政府有关部门，加强对工业（化工）园区等重大危险源集中区域的监督检查，确保重大危险源与周边单位、居民区、人员密集场所等重要目标和敏感场所之间保持适当的安全距离。

第五章　法律责任

第三十二条 危险化学品单位有下列行为之一的，由县级以上人民政府安全生产监督管理部门责令限期改正；逾期未改正的，责令停产停业整顿，可以并处 2 万元以上 10 万元以下的罚款：

（一）未按照本规定要求对重大危险源进行安全评估或者安全评价的；

（二）未按照本规定要求对重大危险源进行登记建档的；

（三）未按照本规定及相关标准要求对重大危险源进行安全监测监控的；

（四）未制定重大危险源事故应急预案的。

第三十三条 危险化学品单位有下列行为之一的，由县级以上人民政府安全生产监督管理部门责令限期改正；逾期未改正的，责令停产停业整顿，并处5万元以下的罚款：

（一）未在构成重大危险源的场所设置明显的安全警示标志的；

（二）未对重大危险源中的设备、设施等进行定期检测、检验的。

第三十四条 危险化学品单位有下列情形之一的，由县级以上人民政府安全生产监督管理部门给予警告，可以并处5000元以上3万元以下的罚款：

（一）未按照标准对重大危险源进行辨识的；

（二）未按照本规定明确重大危险源中关键装置、重点部位的责任人或者责任机构的；

（三）未按照本规定建立应急救援组织或者配备应急救援人员，以及配备必要的防护装备及器材、设备、物资，并保障其完好的；

（四）未按照本规定进行重大危险源备案或者核销的；

（五）未将重大危险源可能引发的事故后果、应急措施等信息告知可能受影响的单位、区域及人员的；

（六）未按照本规定要求开展重大危险源事故应急预案演练的；

（七）未按照本规定对重大危险源的安全生产状况进行定期检查，采取措施消除事故隐患的。

第三十五条 承担检测、检验、安全评价工作的机构，出具虚假证明，构成犯罪的，依照刑法有关规定追究刑事责任；尚不够刑事处罚的，由县级以上人民政府安全生产监督管理部门没收违法所得；违法所得在5000元以上的，并处违法所得2倍以上5倍以下的罚款；没有违法所得或者违法所得不足5000元的，单处或者并处5000元以上2万元以下的罚款；同时可对其直接负责的主管人员和其他直接责任人员处5000元以上5万元以下的罚款；给他人造成损害的，与危险化学品单位承担连带赔偿责任。

对有前款违法行为的机构，撤销其相应资格。

第六章　附则

第三十六条 本规定自2011年12月1日起施行。

12. 尾矿库安全监督管理规定

（国家安全生产监督管理总局令　第38号）

（新修订的《尾矿库安全监督管理规定》已经2011年4月18日国家安全生产监督管理总局局长办公会议审议通过，自2011年7月1日起施行。根据2015年5月26日国家安全生产监督管理总局令第78号修正）

第一章　总则

第一条 为了预防和减少尾矿库生产安全事故，保障人民群众生命和财产安全，根据《安全生产法》《矿山安全法》等有关法律、行政法规，制定本规定。

第二条 尾矿库的建设、运行、回采、闭库及其安全管理与监督工作，适用本规定。

核工业矿山尾矿库、电厂灰渣库的安全监督管理工作，不适用本规定。

第三条 尾矿库建设、运行、回采、闭库的安全技术要求以及尾矿库等别划分标准，按照《尾矿库安全技术规程》（AQ 2006—2005）执行。

第四条 尾矿库生产经营单位（以下简称生产经营单位）应当建立健全尾矿库安全生产责任制，建立健全安全生产规章制度和安全技术操作规程，对尾矿库实施有效的安全管理。

第五条 生产经营单位应当保证尾矿库具备安全生产条件所必需的资金投入，建立相应的安全管理机构或者配备相应的安全管理人员、专业技术人员。

第六条 生产经营单位主要负责人和安全管理人员应当依照有关规定经培训考核合格并取得安全资格证书。

直接从事尾矿库放矿、筑坝、巡坝、排洪和排渗设施操作的作业人员必须取得特种作业操作证书，方可上岗作业。

第七条 国家安全生产监督管理总局负责在国务院规定的职责范围内对有关尾矿库建设项目进行安全设施设计审查。

前款规定以外的其他尾矿库建设项目安全设施设计审查，由省级安全生产监督管理部门按照分级管理的原则作出规定。

第八条 鼓励生产经营单位应用尾矿库在线监测、尾矿充填、干式排尾、尾矿综合利用等先进适用技术。

一等、二等、三等尾矿库应当安装在线监测系统。

鼓励生产经营单位将尾矿回采再利用后进行回填。

第二章 尾矿库建设

第九条 尾矿库建设项目包括新建、改建、扩建以及回采、闭库的尾矿库建设工程。

尾矿库建设项目安全设施设计审查与竣工验收应当符合有关法律、行政法规的规定。

第十条 尾矿库的勘察单位应当具有矿山工程或者岩土工程类勘察资质。设计单位应当具有金属非金属矿山工程设计资质。安全评价单位应当具有尾矿库评价资质。施工单位应当具有矿山工程施工资质。施工监理单位应当具有矿山工程监理资质。

尾矿库的勘察、设计、安全评价、施工、监理等单位除符合前款规定外，还应当按照尾矿库的等别符合下列规定：

（一）一等、二等、三等尾矿库建设项目，其勘察、设计、安全评价、监理单位具有甲级资质，施工单位具有总承包一级或者特级资质；

（二）四等、五等尾矿库建设项目，其勘察、设计、安全评价、监理单位具有乙级或者乙级以上资质，施工单位具有总承包三级或者三级以上资质，或者专业承包一级、二级资质。

第十一条 尾矿库建设项目应当进行安全设施设计，对尾矿库库址及尾矿坝稳定性、尾矿库防洪能力、排洪设施和安全观测设施的可靠性进行充分论证。

第十二条 尾矿库库址应当由设计单位根据库容、坝高、库区地形条件、水文地质、气象、下游居民区和重要工业构筑物等情况，经科学论证后，合理确定。

第十三条 尾矿库建设项目应当进行安全设施设计并经安全生产监督管理部门审查批准后方可施工。无安全设施设计或者安全设施设计未经审查批准的，不得施工。

严禁未经设计并审查批准擅自加高尾矿库坝体。

第十四条 尾矿库施工应当执行有关法律、行政法规和国家标准、行业标准的规定，严格按照设计施工，确保工程质量，并做好施工记录。

生产经营单位应当建立尾矿库工程档案和日常管理档案，特别是隐蔽工程档案、安全检查档案和隐患排查治理档案，并长期保存。

第十五条 施工中需要对设计进行局部修改的，应当经原设计单位同意；对涉及尾矿库库址、等别、排洪方式、尾矿坝坝型等重大设计变更的，应当报原审批部门批准。

第十六条 尾矿库建设项目安全设施试运行应当向安全生产监督管理部门书面报告，试运行时间不得超过6个月，且尾砂排放不得超过初期坝坝顶标高。试运行结束后，建设单位应当组织安全设施竣工验收，并形成书面报告备查。

安全生产监督管理部门应当加强对建设单位验收活动和验收结果的监督核查。

第十七条 尾矿库建设项目安全设施经验收合格后，生产经营单位应当及时按照《非煤矿矿山企业安全生产许可证实施办法》的有关规定，申请尾矿库安全生产许可证。未依法取得安全生产许可证的尾矿库，不得投入生产运行。

生产经营单位在申请尾矿库安全生产许可证时，对于验收申请时已提交的符合颁证条件的文件、资料可以不再提交；安全生产监督管理部门在审核颁发安全生产许可证时，可以不再审查。

第三章 尾矿库运行

第十八条 对生产运行的尾矿库，未经技术论证和安全生产监督管理部门的批准，任何单位和个人不得对下列事项进行变更：

（一）筑坝方式；

（二）排放方式；

（三）尾矿物化特性；

（四）坝型、坝外坡坡比、最终堆积标高和最终坝轴线的位置；

（五）坝体防渗、排渗及反滤层的设置；

（六）排洪系统的型式、布置及尺寸；

（七）设计以外的尾矿、废料或者废水进库等。

第十九条 尾矿库应当每三年至少进行一次安全现状评价。安全现状评价应当符合国家标准或者行业标准的要求。

尾矿库安全现状评价工作应当有能够进行尾矿坝稳定性验算、尾矿库水文计算、构筑物计算的专业技术人员参加。

上游式尾矿坝堆积至二分之一至三分之二最终设计坝高时，应当对坝体进行一次全面勘察，并进行稳定性专项评价。

第二十条 尾矿库经安全现状评价或者专家论证被确定为危库、险库和病库的，生产经营单位应当分别采取下列措施：

（一）确定为危库的，应当立即停产，进行抢险，并向尾矿库所在地县级人民政府、安全生产监督管理部门和上级主管单位报告；

（二）确定为险库的，应当立即停产，在限定的时间内消除险情，并向尾矿库所在地县级人民政府、安全生产监督管理部门和上级主管单位报告；

（三）确定为病库的，应当在限定的时间内按照正常库标准进行整治，消除事故隐患。

第二十一条 生产经营单位应当建立健全防汛责任制，实施24小时监测监控和值班值守，并针对可能发生的垮坝、漫顶、排洪设施损毁等生产安全事故和影响尾矿库运行的洪水、泥石流、山体滑坡、地震等重大险情制定并及时修订应急救援预案，配备必要的应急救援器材、设备，放置在便于应急时使用的地方。

应急预案应当按照规定报相应的安全生产监督管理部门备案，并每年至少进行一次演练。

第二十二条 生产经营单位应当编制尾矿库年度、季度作业计划，严格按照作业计划生产运行，做好记录并长期保存。

第二十三条 生产经营单位应当建立尾矿库事故隐患排查治理制度，按照本规定和《尾矿库安全技术规程》的规定，及时发现并消除事故隐患。事故隐患排查治理情况应当如实记录，建立隐患排查治理档案，并向从业人员通报。

第二十四条 尾矿库出现下列重大险情之一的，生产经营单位应当按照安全监管权限和职责立即报告当地县级安全生产监督管理部门和人民政府，并启动应急预案，进行抢险：

（一）坝体出现严重的管涌、流土等现象的；

（二）坝体出现严重裂缝、坍塌和滑动迹象的；

（三）库内水位超过限制的最高洪水位的；

（四）在用排水井倒塌或者排水管（洞）坍塌堵塞的；

（五）其他危及尾矿库安全的重大险情。

第二十五条 尾矿库发生坝体坍塌、洪水漫顶等事故时，生产经营单位应当立即启动应急预案，进行抢险，防止事故扩大，避免和减少人员伤亡及财产损失，并立即报告当地县级安全生产监督管理部门和人民政府。

第二十六条 未经生产经营单位进行技术论证并同意，以及尾矿库建设项目安全设施设计原审批部门批准，任何单位和个人不得在库区从事爆破、采砂、地下采矿等危害尾矿库安全的作业。

第四章 尾矿库回采和闭库

第二十七条 尾矿回采再利用工程应当进行回采勘察、安全预评价和回采设计，回采设计应当包括安全设施设计，并编制安全专篇。

回采安全设施设计应当报安全生产监督管理部门审查批准。

生产经营单位应当按照回采设计实施尾矿回采，并在尾矿回采期间进行日常安全管理和检查，防止尾矿回采作业对尾矿坝安全造成影响。

尾矿全部回采后不再进行排尾作业的，生产经营单位应当及时报安全生产监督管理部门履行尾矿库注销手续。具体办法由省级安全生产监督管理部门制定。

第二十八条 尾矿库运行到设计最终标高或者不再进行排尾作业的，应当在一年内完成闭库。特殊情况不能按期完成闭库的，应当报经相应的安全生产监督管理部门同意后方可延期，但延长期限不得超过6个月。

库容小于10万立方米且总坝高低于10米的小型尾矿库闭库程序，由省级安全生产监督管理部门根据本地实际制定。

第二十九条 尾矿库运行到设计最终标高的前12个月内，生产经营单位应当进行闭库前的安全现状评价和闭库设计，闭库设计应当包括安全设施设计。

闭库安全设施设计应当经有关安全生产监督管理部门审查批准。

第三十条 尾矿库闭库工程安全设施验收，应当具备下列条件：

（一）尾矿库已停止使用；

（二）尾矿库闭库工程安全设施设计已经有关安全生产监督管理部门审查批准；

（三）有完备的闭库工程安全设施施工记录、竣工报告、竣工图和施工监理报告等；

（四）法律、行政法规和国家标准、行业标准规定的其他条件。

第三十一条 尾矿库闭库工程安全设施验收应当审查下列内容及资料：

（一）尾矿库库址所在行政区域位置、占地面积及尾矿库下游村庄、居民等情况；

（二）尾矿库建设和运行时间以及在建设和运行中曾经出现过的重大问题及其处理措施；

（三）尾矿库主要技术参数，包括初期坝结构、筑坝材料、堆坝方式、坝高、总库容、尾矿坝外坡坡比、尾矿粒度、尾矿堆积量、防洪排水型式等；

（四）闭库工程安全设施设计及审批文件；

（五）闭库工程安全设施设计的主要工程措施和闭库工程施工概况；

（六）闭库工程安全验收评价报告；

（七）闭库工程安全设施竣工报告及竣工图；

（八）施工监理报告；

（九）其他相关资料。

第三十二条 尾矿库闭库工作及闭库后的安全管理由原生产经营单位负责。对解散或者关闭破产的生产经营单位，其已关闭或者废弃的尾矿库的管理工作，由生产经营单位出资人或其上级主管单位负责；无上级主管单位或者出资人不明确的，由安全生产监督管理部门提请县级以上人民政府指定管理单位。

第五章　监督管理

第三十三条　安全生产监督管理部门应当严格按照有关法律、行政法规、国家标准、行业标准以及本规定要求和“分级属地”的原则，进行尾矿库建设项目安全设施设计审查；不符合规定条件的，不得批准。审查不得收取费用。

第三十四条　安全生产监督管理部门应当建立本行政区域内尾矿库安全生产监督检查档案，记录监督检查结果、生产安全事故及违法行为查处等情况。

第三十五条　安全生产监督管理部门应当加强对尾矿库生产经营单位安全生产的监督检查，对检查中发现的事故隐患和违法违规生产行为，依法作出处理。

第三十六条　安全生产监督管理部门应当建立尾矿库安全生产举报制度，公开举报电话、信箱或者电子邮件地址，受理有关举报；对受理的举报，应当认真调查核实；经查证属实的，应当依法作出处理。

第三十七条　安全生产监督管理部门应当加强本行政区域内生产经营单位应急预案的备案管理，并将尾矿库事故应急救援纳入地方各级人民政府应急救援体系。

第六章　法律责任

第三十八条　安全生产监督管理部门的工作人员，未依法履行尾矿库安全监督管理职责的，依照有关规定给予行政处分。

第三十九条　生产经营单位或者尾矿库管理单位违反本规定第八条第二款、第十九条、第二十条、第二十一条、第二十二条、第二十四条、第二十六条、第二十九条第一款规定的，给予警告，并处1万元以上3万元以下的罚款；对主管人员和直接责任人员由其所在单位或者上级主管单位给予行政处分；构成犯罪的，依法追究刑事责任。

生产经营单位或者尾矿库管理单位违反本规定第二十三条规定的，依照《安全生产法》实施处罚。

第四十条　生产经营单位或者尾矿库管理单位违反本规定第十八条规定的，给予警告，并处3万元的罚款；情节严重的，依法责令停产整顿或者提请县级以上地方人民政府按照规定权限予以关闭。

第四十一条　生产经营单位违反本规定第二十八条第一款规定不主动实施闭库的，给予警告，并处3万元的罚款。

第四十二条　本规定规定的行政处罚由安全生产监督管理部门决定。

法律、行政法规对行政处罚决定机关和处罚种类、幅度另有规定的，依照其规定。

第七章　附则

第四十三条　本规定自2011年7月1日起施行。国家安全生产监督管理总局2006年公布的《尾矿库安全监督管理规定》（国家安全生产监督管理总局令　第6号）同时废止。

13. 关于印发《环境应急资源调查指南（试行）》的通知

（环办应急〔2019〕17号）

各省、自治区、直辖市生态环境厅（局），新疆生产建设兵团生态环境局：

为指导生态环境部门、企事业单位组织开展环境应急资源调查，我部组织编制了《环境应急资源调查指南（试行）》。现印发给你们，请参照执行。

请各地加强宣传和培训，积极推动环境应急资源调查和管理水平提升。

附件：环境应急资源调查指南

生态环境部办公厅
2019年3月1日

环境应急资源调查指南（试行）

1. 适用范围

本指南重点规范了环境应急资源的调查内容和调查程序，适用于生态环境部门、企事业单位组织开展环境应急资源调查工作。

本指南所称环境应急资源，是指采取紧急措施应对突发环境事件时所需要的物资和装备。开展环境应急资源调查，可以将应急管理、技术支持、处置救援等环境应急队伍和应急指挥、应急拦截与储存、应急疏散与临时安置、物资存放等环境应急场所同步纳入调查范围。

2. 调查目的

开展环境应急资源调查，收集和掌握本地区、本单位第一时间可以调用的环境应急资源状况，建立健全重点环境应急资源信息库，加强环境应急资源储备管理，促进环境应急预案质量和环境应急能力提升。

3. 调查原则

环境应急资源调查应遵循客观、专业、可靠的原则。"客观"是指针对已经储备的资源和已经掌握的资源信息进行调查。"专业"是指重点针对环境应急时的专用资源进行调查。"可靠"是指调查过程科学、调查结论可信、资源调集可保障。

4. 调查主体

调查主体为生态环境部门或企事业单位。

5. 调查内容

发生或可能发生突发环境事件时，第一时间可以调用的环境应急资源情况，包括可以直接使用或可以协调使用的环境应急资源，并对环境应急资源的管理、维护、获得方式与保存时限等进行调查。

附录 A 为环境应急资源参考名录。调查主体可以从环境应急的任务需求、作业方式或资源功能，进一步扩展调查内容。需要注意的是，环境应急资源来源广泛，在应急现场常常会结合实际将普通物品直接或简单改造用于现场处置，如木糠用于吸附，吨桶改造成加药设备。

5.1 生态环境部门的调查

以本级行政区域内为主，必要时可以对区域、流域周边环境应急资源信息进行调查。优先调查政府及生态环境等相关部门应急物资库的环境应急资源，同时将重点联系的企事业单位尤其是大型企业的物资库纳入调查范围。根据风险情况和应急需求，还可以将生产、供应环境应急资源的单位，产品、原料、辅料可以用作环境应急资源的单位等其他有必要调查的单位纳入调查范围。

5.2 企事业单位的调查

以企事业单位内部为主，包括自储、代储、协议储备的环境应急资源。必要时可以把能够用于环境应急的产品、原料、辅料纳入调查范围。

6. 调查程序

一般按以下程序组织开展调查，调查主体可根据调查规模适当简化。

6.1 制定调查方案

收集分析环境风险评估、应急预案、演练记录、事件处置记录和历史调查、日常管理资料，确定本次调查的目标、对象、范围、方式、计划等，设计调查表格，明确人员和任务。

附录 B 为环境应急资源调查表（示例），供调查主体参考。

6.2 安排部署调查

通过印发通知、组织培训、召开会议等形式，安排部署调查任务，使调查人员了解调查内容和时间安排，掌握调查技术路线和调查技术重点。

6.3 信息采集审核

调查人员按照调查方案，采取填表调查、问卷调查、实地调查等相结合的方式收集有关信息，填写调查表格。汇总收集到的信息，通过逻辑分析、人员访谈、现场抽查等方式，查验数据的完备性、真实性、有效性。重点环境应急资源应进行现场勘查。

6.4 编写调查报告

调查报告一般包括调查概要、调查过程及数据核实、调查结果与结论，并附以环境应急资源信息清单、分布图、调配流程及调查方案等必要的文件。

附录 C 为环境应急资源调查报告（表）的参考格式，供调查主体参考。

6.5 建立信息档案

汇总整理调查成果，建立包括资源清单、调查报告、管理制度在内的调查信息档案。逐步实现调查信息的结构化、数据化、信息化。

6.6 调查数据更新

调查主体应当加强对环境应急资源信息的动态管理，及时更新环境应急资源信息。在评估修订环境应急预案时，应对环境应急资源情况一并进行更新。

调查数据更新可参照以上调查程序适当简化。

附录 A　环境应急资源参考名录

附录 B　环境应急资源调查表（示例）

附录 C　环境应急资源调查报告（表）（参考格式）

附录 A

环境应急资源参考名录

主要作业方式或资源功能	重点应急资源名称	备注
污染源切断	沙包沙袋、快速膨胀袋、溢漏围堤 下水道阻流袋、排水井保护垫、沟渠密封袋 充气式堵水气囊	
污染物控制	围油栏（常规围油栏、橡胶围油栏、PVC 围油栏、防火围油栏） 浮桶（聚乙烯浮桶、拦污浮桶、管道浮桶、泡沫浮桶、警示浮球） 水工材料（土工布、土工膜、彩条布、钢丝格栅、导流管件）	
污染物收集	收油机、潜水泵（包括防爆潜水泵） 吸油毡、吸油棉、吸污卷、吸污袋 吨桶、油囊、储罐	
污染物降解	溶药装置：搅拌机、搅拌桨 加药装置：水泵、阀门、流量计、加药管 水污染、大气污染、固体废物处理一体化装置 吸附剂：活性炭、硅胶、矾土、白土、膨润土、沸石 中和剂：硫酸、盐酸、硝酸、碳酸钠、碳酸氢钠、氢氧化钙、氢氧化钠、氧化钙 絮凝剂：聚丙烯酰胺、三氯化铁、聚合氯化铝、聚合硫酸铁 氧化还原剂：双氧水、高锰酸钾、次氯酸钠、焦亚硫酸钠、亚硫酸氢钠、硫酸亚铁 沉淀剂：硫化钠	

主要作业方式或资源功能	重点应急资源名称	备注
安全防护	预警装置 防毒面具、防化服、防化靴、防化手套、防化护目镜、防辐射服 氧气（空气）呼吸器、呼吸面具 安全帽、手套、安全鞋、工作服、安全警示背心、安全绳碘片等	
应急通信和指挥	应急指挥及信息系统 应急指挥车、应急指挥船 对讲机、定位仪 海事卫星视频传输系统及单兵系统等	
环境监测	采样设备 便携式监测设备 应急监测车（船） 无人机（船）	具体可参考环境应急监测装备推荐配置表等

注：1. 应急资源来源广泛，调查时可结合环境风险特点对参考名录进行扩展；

2. 参考名录收录资源突出环境应急特点，其他通用性资源可参考《应急保障重点物资分类目录（2015 年）》（发改办运行〔2015〕825 号）等；

3. 应急资源可能有多种功能，参考名录按照应急资源的突出功能收录。

附录 B

环境应急资源调查表
（示例）

B.1 生态环境部门环境应急资源调查表

1. 政府（部门）建设的应急物资库调查表

调查人及联系方式：　　　　　　　　　　审核人及联系方式：

<table>
<tr><td colspan="7">应急物资库基本信息</td></tr>
<tr><td>物资库名称</td><td colspan="6"></td></tr>
<tr><td>所在地</td><td colspan="4"></td><td>经纬度</td><td></td></tr>
<tr><td>所属单位</td><td colspan="6"></td></tr>
<tr><td rowspan="2">负责人</td><td>姓名</td><td></td><td rowspan="2">联系人</td><td>姓名</td><td colspan="2"></td></tr>
<tr><td>联系方式</td><td></td><td>联系方式</td><td colspan="2"></td></tr>
</table>

<table>
<tr><th colspan="8">应急物资库基本信息</th></tr>
<tr><th colspan="8">环境应急资源信息</th></tr>
<tr><th>序号</th><th>名称</th><th>品牌</th><th>型号 / 规格</th><th>储备量</th><th>报废日期</th><th>主要功能</th><th>备注</th></tr>
<tr><td></td><td></td><td></td><td></td><td></td><td></td><td></td><td></td></tr>
<tr><td></td><td></td><td></td><td></td><td></td><td></td><td></td><td></td></tr>
</table>

注：1. 名称：按资源常规名称或参考附录 A 填写。

2. 品牌：填写资源的商标品牌。

3. 型号 / 规格：填写资源的规格型号，有规范型号的按规范型号填写，无规范型号的填写其主要性质、性能或品质。污染物降解类物质需注意其纯度、是否有涉水证、是否属于食品级等。

4. 储存量：单位为吨、件，其他法定或规范的单位。

5. 主要功能：资源在环境应急中的主要用途。

2. 重点联系企业应急物资库调查表

调查人及联系方式：　　　　　　　　审核人及联系方式：

<table>
<tr><th colspan="8">重点联系单位基本信息</th></tr>
<tr><td>单位名称</td><td colspan="7"></td></tr>
<tr><td>物资库位置</td><td colspan="5"></td><td>经纬度</td><td></td></tr>
<tr><td rowspan="2">负责人</td><td>姓名</td><td colspan="2"></td><td rowspan="2">联系人</td><td>姓名</td><td></td><td></td></tr>
<tr><td>联系方式</td><td colspan="2"></td><td>联系方式</td><td></td><td></td></tr>
<tr><th colspan="8">环境应急资源信息</th></tr>
<tr><th>序号</th><th>名称</th><th>品牌</th><th>型号 / 规格</th><th>储备量</th><th>报废日期</th><th>主要功能</th><th>备注</th></tr>
<tr><td></td><td></td><td></td><td></td><td></td><td></td><td></td><td></td></tr>
<tr><td></td><td></td><td></td><td></td><td></td><td></td><td></td><td></td></tr>
</table>

3. 环境应急资源生产企业信息调查表

调查人及联系方式：　　　　　　　　审核人及联系方式：

<table>
<tr><th colspan="10">环境应急资源生产企业信息</th></tr>
<tr><th rowspan="2">序号</th><th rowspan="2">资源名称</th><th rowspan="2">数量</th><th rowspan="2">型号 / 规格</th><th colspan="5">企业信息</th><th rowspan="2">备注</th></tr>
<tr><th>单位名称</th><th>地址</th><th>经纬度</th><th>联系人</th><th>联系方式</th></tr>
<tr><td></td><td></td><td></td><td></td><td></td><td></td><td></td><td></td><td></td><td></td></tr>
<tr><td></td><td></td><td></td><td></td><td></td><td></td><td></td><td></td><td></td><td></td></tr>
</table>

4. 环境应急支持单位和应急场所信息调查表

调查人及联系方式：　　　　　　　　　　　　　审核人及联系方式：

序号	类别	单位名称	主要能力	备注
	应急救援单位			
	应急监测单位			
	应急指挥场所			

B.2 企事业单位环境应急资源调查表

调查人及联系方式：　　　　　　　　　　　　　审核人及联系方式：

企事业单位基本信息							
单位名称							
物资库位置						经纬度	
负责人	姓名			联系人	姓名		
	联系方式				联系方式		
环境应急资源信息							
序号	名称	品牌	型号 / 规格	储备量	报废日期	主要功能	备注
环境应急支持单位信息							
序号	类别		单位名称		主要能力		
	应急救援单位						
	应急监测单位						

注：本表适用于企业自行开展环境应急资源调查时参照使用。

附录 C

环境应急资源调查报告（表）
（参考格式）

C.1 生态环境部门环境应急资源调查报告

1. 调查概要

简介调查背景，描述调查主体和调查对象，说明调查信息的基准时间和调查工作的起止时间等基本信息。

2. 调查过程及数据核实

介绍调查过程中的主要活动。可按时间次序说明不同阶段的主要活动，如调查启动、调查动员、调查培训、数据采集、调查信息分析、调查报告编制等活动。

介绍调查过程中数据核实等质量控制的措施和手段，以及质量控制的结果。

3. 调查结果与结论

结合区域环境风险评估结论，分析环境应急资源匹配情况，提出完善环境应急资源储备的建议。

4. 调查报告的附件

参考附录 B，汇总编制环境应急资源清单。绘制环境应急资源分布图。

调查通知、调查方案等相关文件也可以作为附件纳入调查报告。

C.2 企事业单位环境应急资源调查报告表

1. 调查概述			
调查开始时间	年　月　日	调查结束时间	年　月　日
调查负责人姓名		调查联系人 / 电话	
调查过程	（简要说明调查过程）		
2. 调查结果（调查结果如果为“有”，应附相应调查表）			
应急资源情况	资源品种：____种； 是否有外部环境应急支持单位：□有，____家；□无		
3. 调查质量控制与管理			
是否进行了调查信息审核：□有；□无 是否建立了调查信息档案：□有；□无 是否建立了调查更新机制：□有；□无			
4. 资源储备与应急需求匹配的分析结论			
□完全满足；□满足；□基本满足；□不能满足			
5. 附件			
一般包括以下附件： 5.1 环境应急资源 / 信息汇总表 5.2 环境应急资源单位内部分布图 5.3 环境应急资源管理维护更新等制度			

注：1. 企事业单位可依据突发环境事件风险评估，分析环境应急资源匹配情况，给出分析结论；

2. 参考附录 B 汇总形成环境应急资源 / 信息汇总表等相关附件（单位内部的资源可不提供经纬度），绘制环境应急资源分布图并说明调配路线。

14. 关于印发《企业事业单位突发环境事件应急预案备案管理办法（试行）》的通知

（环发〔2015〕4号）

各省、自治区、直辖市环境保护厅（局），新疆生产建设兵团环境保护局：

为贯彻落实《环境保护法》，加强对企业事业单位突发环境事件应急预案的备案管理，夯实政府和部门环境应急预案编制基础，根据《环境保护法》《突发事件应对法》等法律法规以及国务院办公厅印发的《突发事件应急预案管理办法》等文件，我部组织编制了《企业事业单位突发环境事件应急预案备案管理办法（试行）》（以下简称《办法》），现印发给你们。

请按照《办法》要求加强管理，指导和督促企业事业单位履行责任义务，制定和备案环境应急预案。《办法》实施前已经备案的环境应急预案，修订时执行本《办法》。

附件：企业事业单位突发环境事件应急预案备案管理办法（试行）

环境保护部

2015年1月8日

附件

企业事业单位突发环境事件应急预案备案管理办法（试行）

第一章　总则

第一条　为加强对企业事业单位（以下简称企业）突发环境事件应急预案（以下简称环境应急预案）的备案管理，夯实政府和部门环境应急预案编制基础，根据《环境保护法》《突发事件应对法》等法律法规以及国务院办公厅印发的《突发事件应急预案管理办法》等文件，制定本办法。

第二条　本办法所称环境应急预案，是指企业为了在应对各类事故、自然灾害时，采取紧急措施，避免或最大程度减少污染物或其他有毒有害物质进入厂界外大气、水体、土壤等环境介质，而预先制定的工作方案。

第三条　环境保护主管部门对以下企业环境应急预案备案的指导和管理，适用本办法：

（一）可能发生突发环境事件的污染物排放企业，包括污水、生活垃圾集中处理设施的运营企业；

（二）生产、储存、运输、使用危险化学品的企业；

（三）产生、收集、贮存、运输、利用、处置危险废物的企业；

（四）尾矿库企业，包括湿式堆存工业废渣库、电厂灰渣库企业；

（五）其他应当纳入适用范围的企业。

核与辐射环境应急预案的备案不适用本办法。

省级环境保护主管部门可以根据实际情况，发布应当依法进行环境应急预案备案的企业名录。

第四条 鼓励其他企业制定单独的环境应急预案，或在突发事件应急预案中制定环境应急预案专章，并备案。

鼓励可能造成突发环境事件的工程建设、影视拍摄和文化体育等群众性集会活动主办企业，制定单独的环境应急预案，或在突发事件应急预案中制定环境应急预案专章，并备案。

第五条 环境应急预案备案管理，应当遵循规范准备、属地为主、统一备案、分级管理的原则。

第六条 县级以上地方环境保护主管部门可以参照有关突发环境事件风险评估标准或指导性技术文件，结合实际指导企业确定其突发环境事件风险等级。

第七条 受理备案的环境保护主管部门（以下简称受理部门）应当及时将备案的企业名单向社会公布。

企业应当主动公开与周边可能受影响的居民、单位、区域环境等密切相关的环境应急预案信息。

国家规定需要保密的情形除外。

第二章　备案的准备

第八条 企业是制定环境应急预案的责任主体，根据应对突发环境事件的需要，开展环境应急预案制定工作，对环境应急预案内容的真实性和可操作性负责。

企业可以自行编制环境应急预案，也可以委托相关专业技术服务机构编制环境应急预案。委托相关专业技术服务机构编制的，企业指定有关人员全程参与。

第九条 环境应急预案体现自救互救、信息报告和先期处置特点，侧重明确现场组织指挥机制、应急队伍分工、信息报告、监测预警、不同情景下的应对流程和措施、应急资源保障等内容。

经过评估确定为较大以上环境风险的企业，可以结合经营性质、规模、组织体系和环境风险状况、应急资源状况，按照环境应急综合预案、专项预案和现场处置预案的模式建立环境应急预案体系。环境应急综合预案体现战略性，环境应急专项预案体现战术性，环境应急现场处置预案体现操作性。

跨县级以上行政区域的企业，编制分县域或者分管理单元的环境应急预案。

第十条 企业按照以下步骤制定环境应急预案：

（一）成立环境应急预案编制组，明确编制组组长和成员组成、工作任务、编制计划和经费预算。

（二）开展环境风险评估和应急资源调查。环境风险评估包括但不限于：分析各类事故衍化规律、自然灾害影响程度，识别环境危害因素，分析与周边可能受影响的居民、单位、区域环境的关系，构建突发环境事件及其后果情景，确定环境风险等级。应急资源调查包括但不限于：调查企业第一时间可调用的环境应急队伍、装备、物资、场所等应急资源状况和可请求援助或协议援助的应急资源状况。

（三）编制环境应急预案。按照本办法第九条要求，合理选择类别，确定内容，重点说明可能的突发环境事件情景下需要采取的处置措施、向可能受影响的居民和单位通报的内容与方式、向环境保护主管部门和有关部门报告的内容与方式，以及与政府预案的衔接方式，形成环境应急预案。编制过程中，应征求员工和可能受影响的居民和单位代表的意见。

（四）评审和演练环境应急预案。企业组织专家和可能受影响的居民、单位代表对环境应急预案进行评审，开展演练进行检验。

评审专家一般应包括环境应急预案涉及的相关政府管理部门人员、相关行业协会代表、具有相关领域经验的人员等。

（五）签署发布环境应急预案。环境应急预案经企业有关会议审议，由企业主要负责人签署发布。

第十一条 企业根据有关要求，结合实际情况，开展环境应急预案的培训、宣传和必要的应急演练，发生或者可能发生突发环境事件时及时启动环境应急预案。

第十二条 企业结合环境应急预案实施情况，至少每三年对环境应急预案进行一次回顾性评估。有下列情形之一的，及时修订：

（一）面临的环境风险发生重大变化，需要重新进行环境风险评估的；

（二）应急管理组织指挥体系与职责发生重大变化的；

（三）环境应急监测预警及报告机制、应对流程和措施、应急保障措施发生重大变化的；

（四）重要应急资源发生重大变化的；

（五）在突发事件实际应对和应急演练中发现问题，需要对环境应急预案作出重大调整的；

（六）其他需要修订的情况。

对环境应急预案进行重大修订的，修订工作参照环境应急预案制定步骤进行。对环境应急预案个别内容进行调整的，修订工作可适当简化。

第三章 备案的实施

第十三条 受理部门应当将环境应急预案备案的依据、程序、期限以及需要提供的文件目录、备案文件范例等在其办公场所或网站公示。

第十四条 企业环境应急预案应当在环境应急预案签署发布之日起20个工作日内，向企业所在地县级环境保护主管部门备案。县级环境保护主管部门应当在备案之日起5个工作日内将较大和重大环境风险企业的环境应急预案备案文件，报送市级环境保护主管部门，重大的同时报送省级环境保护主管部门。

跨县级以上行政区域的企业环境应急预案，应当向沿线或跨域涉及的县级环境保护主管部门备案。县级环境保护主管部门应当将备案的跨县级以上行政区域企业的环境应急预案备案文件，报送市级环境保护主管部门，跨市级以上行政区域的同时报送省级环境保护主管部门。

省级环境保护主管部门可以根据实际情况，将受理部门统一调整到市级环境保护主管部门。受理部门应及时将企业环境应急预案备案文件报送有关环境保护主管部门。

第十五条 企业环境应急预案首次备案，现场办理时应当提交下列文件：

（一）突发环境事件应急预案备案表；

（二）环境应急预案及编制说明的纸质文件和电子文件，环境应急预案包括：环境应急预案的签署发布文件、环境应急预案文本；编制说明包括：编制过程概述、重点内容说明、征求意见及采纳情况说明、评审情况说明；

（三）环境风险评估报告的纸质文件和电子文件；

（四）环境应急资源调查报告的纸质文件和电子文件；

（五）环境应急预案评审意见的纸质文件和电子文件。

提交备案文件也可以通过信函、电子数据交换等方式进行。通过电子数据交换方式提交的，可以只提交电子文件。

第十六条 受理部门收到企业提交的环境应急预案备案文件后，应当在 5 个工作日内进行核对。文件齐全的，出具加盖行政机关印章的突发环境事件应急预案备案表。

提交的环境应急预案备案文件不齐全的，受理部门应当责令企业补齐相关文件，并按期再次备案。再次备案的期限，由受理部门根据实际情况确定。

受理部门应当一次性告知需要补齐的文件。

第十七条 建设单位制定的环境应急预案或者修订的企业环境应急预案，应当在建设项目投入生产或者使用前，按照本办法第十五条的要求，向建设项目所在地受理部门备案。

受理部门应当在建设项目投入生产或者使用前，将建设项目环境应急预案或者修订的企业环境应急预案备案文件，报送有关环境保护主管部门。

建设单位试生产期间的环境应急预案，应当参照本办法第二章的规定制定和备案。

第十八条 企业环境应急预案有重大修订的，应当在发布之日起 20 个工作日内向原受理部门变更备案。变更备案按照本办法第十五条要求办理。

环境应急预案个别内容进行调整、需要告知环境保护主管部门的，应当在发布之日起 20 个工作日内以文件形式告知原受理部门。

第十九条 环境保护主管部门受理环境应急预案备案，不得收取任何费用，不得加重或者变相加重企业负担。

第四章 备案的监督

第二十条 县级以上地方环境保护主管部门应当及时将备案的环境应急预案汇总、整理、归档，建立环境应急预案数据库，并将其作为制定政府和部门环境应急预案的重要基础。

第二十一条 县级以上环境保护主管部门应当对备案的环境应急预案进行抽查，指导企业持续改进环境应急预案。

县级以上环境保护主管部门抽查企业环境应急预案，可以采取档案检查、实地核查等方式。抽查可以委托专业技术服务机构开展相关工作。

县级以上环境保护主管部门应当及时汇总分析抽查结果，提出环境应急预案问题清单，推荐环境应急预案范例，制定环境应急预案指导性要求，加强备案指导。

第二十二条 企业未按照有关规定制定、备案环境应急预案，或者提供虚假文件备案的，由县级以上环境保护主管部门责令限期改正，并依据国家有关法律法规给予处罚。

第二十三条 县级以上环境保护主管部门在对突发环境事件进行调查处理时，应当把企业环境应急预案的制定、备案、日常管理及实施情况纳入调查处理范围。

第二十四条 受理部门及其工作人员违反本办法，有下列情形之一的，由环境保护主管部门或其上级环境保护主管部门责令改正；情节严重的，依法给予行政处分：

（一）对备案文件齐全的不予备案或者拖延处理的；

（二）对备案文件不齐全的予以接受的；

（三）不按规定一次性告知企业须补齐的全部备案文件的。

第五章　附则

第二十五条 环境应急预案需要报其他有关部门备案的，按有关部门规定执行。

第二十六条 本办法自印发之日起施行。《突发环境事件应急预案管理暂行办法》（环发〔2010〕113 号）关于企业预案管理的相关内容同时废止。

五、环境监测与环境信息公开篇

（一）环境监测

1. 环境监测管理办法

（国家环境保护总局令 第39号）

第一条 为加强环境监测管理，根据《环境保护法》等有关法律法规，制定本办法。

第二条 本办法适用于县级以上环境保护部门下列环境监测活动的管理：

（一）环境质量监测；

（二）污染源监督性监测；

（三）突发环境污染事件应急监测；

（四）为环境状况调查和评价等环境管理活动提供监测数据的其他环境监测活动。

第三条 环境监测工作是县级以上环境保护部门的法定职责。

县级以上环境保护部门应当按照数据准确、代表性强、方法科学、传输及时的要求，建设先进的环境监测体系，为全面反映环境质量状况和变化趋势，及时跟踪污染源变化情况，准确预警各类环境突发事件等环境管理工作提供决策依据。

第四条 县级以上环境保护部门对本行政区域环境监测工作实施统一监督管理，履行下列主要职责：

（一）制定并组织实施环境监测发展规划和年度工作计划；

（二）组建直属环境监测机构，并按照国家环境监测机构建设标准组织实施环境监测能力建设；

（三）建立环境监测工作质量审核和检查制度；

（四）组织编制环境监测报告，发布环境监测信息；

（五）依法组建环境监测网络，建立网络管理制度，组织网络运行管理；

（六）组织开展环境监测科学技术研究、国际合作与技术交流。

国家环境保护总局适时组建直属跨界环境监测机构。

第五条 县级以上环境保护部门所属环境监测机构具体承担下列主要环境监测技术支持工作：

（一）开展环境质量监测、污染源监督性监测和突发环境污染事件应急监测；

（二）承担环境监测网建设和运行，收集、管理环境监测数据，开展环境状况调查和评价，编制环境监测报告；

（三）负责环境监测人员的技术培训；

（四）开展环境监测领域科学研究，承担环境监测技术规范、方法研究以及国际合作和交流；

（五）承担环境保护部门委托的其他环境监测技术支持工作。

第六条 国家环境保护总局负责依法制定统一的国家环境监测技术规范。

省级环境保护部门对国家环境监测技术规范未作规定的项目，可以制定地方环境监测技术规范，并报国家环境保护总局备案。

第七条 县级以上环境保护部门负责统一发布本行政区域的环境污染事故、环境质量状况等环境监测信息。

有关部门间环境监测结果不一致的，由县级以上环境保护部门报经同级人民政府协调后统一发布。

环境监测信息未经依法发布，任何单位和个人不得对外公布或者透露。

属于保密范围的环境监测数据、资料、成果，应当按照国家有关保密的规定进行管理。

第八条 县级以上环境保护部门所属环境监测机构依据本办法取得的环境监测数据，应当作为环境统计、排污申报核定、排污费征收、环境执法、目标责任考核等环境管理的依据。

第九条 县级以上环境保护部门按照环境监测的代表性分别负责组织建设国家级、省级、市级、县级环境监测网，并分别委托所属环境监测机构负责运行。

第十条 环境监测网由各环境监测要素的点位（断面）组成。

环境监测点位（断面）的设置、变更、运行，应当按照国家环境保护总局有关规定执行。

各大水系或者区域的点位（断面），属于国家级环境监测网。

第十一条 环境保护部门所属环境监测机构按照其所属的环境保护部门级别，分为国家级、省级、市级、县级四级。

上级环境监测机构应当加强对下级环境监测机构的业务指导和技术培训。

第十二条 环境保护部门所属环境监测机构应当具备与所从事的环境监测业务相适应的能力和条件，并按照经批准的环境保护规划规定的要求和时限，逐步达到国家环境监测能力建设标准。

环境保护部门所属环境监测机构从事环境监测的专业技术人员，应当进行专业技术培训，并经国家环境保护总局统一组织的环境监测岗位考试考核合格，方可上岗。

第十三条 县级以上环境保护部门应当对本行政区域内的环境监测质量进行审核和检查。

各级环境监测机构应当按照国家环境监测技术规范进行环境监测，并建立环境监测质量管理体系，对环境监测实施全过程质量管理，并对监测信息的准确性和真实性负责。

第十四条 县级以上环境保护部门应当建立环境监测数据库，对环境监测数据实行信息化管理，加强环境监测数据收集、整理、分析、储存，并按照国家环境保护总局的要求定期将监测数据逐级报上一级环境保护部门。

各级环境保护部门应当逐步建立环境监测数据信息共享制度。

第十五条 环境监测工作，应当使用统一标志。

环境监测人员佩戴环境监测标志，环境监测站点设立环境监测标志，环境监测车辆印制环境监测标志，环境监测报告附具环境监测标志。

环境监测统一标志由国家环境保护总局制定。

第十六条 任何单位和个人不得损毁、盗窃环境监测设施。

第十七条 县级以上环境保护部门应当协调有关部门，将环境监测网建设投资、运行经费等环境监测工作所需经费全额纳入同级财政年度经费预算。

第十八条 县级以上环境保护部门及其工作人员、环境监测机构及环境监测人员有下列行为之一的，由任免机关或者监察机关按照管理权限依法给予行政处分；涉嫌犯罪的，移送司法机关依法处理：

（一）未按照国家环境监测技术规范从事环境监测活动的；

（二）拒报或者两次以上不按照规定的时限报送环境监测数据的；

（三）伪造、篡改环境监测数据的；

（四）擅自对外公布环境监测信息的。

第十九条 排污者拒绝、阻挠环境监测工作人员进行环境监测活动或者弄虚作假的，由县级以上环境保护部门依法给予行政处罚；构成违反治安管理行为的，由公安机关依法给予治安处罚；构成犯罪的，依法追究刑事责任。

第二十条 损毁、盗窃环境监测设施的，县级以上环境保护部门移送公安机关，由公安机关依照《治安管理处罚法》的规定处10日以上15日以下拘留；构成犯罪的，依法追究刑事责任。

第二十一条 排污者必须按照县级以上环境保护部门的要求和国家环境监测技术规范，开展排污状况自我监测。

排污者按照国家环境监测技术规范，并经县级以上环境保护部门所属环境监测机构检查符合国家规定的能力要求和技术条件的，其监测数据作为核定污染物排放种类、数量的依据。

不具备环境监测能力的排污者，应当委托环境保护部门所属环境监测机构或者经省级环境保护部门认定的环境监测机构进行监测；接受委托的环境监测机构所从事的监测活动，所需经费由委托方承担，收费标准按照国家有关规定执行。

经省级环境保护部门认定的环境监测机构，是指非环境保护部门所属的、从事环境监测业务的机构，可以自愿向所在地省级环境保护部门申请证明其具备相适应的环境监测业务能力认定，经认定合格者，即为经省级环境保护部门认定的环境监测机构。

经省级环境保护部门认定的环境监测机构应当接受所在地环境保护部门所属环境监测机构的监督检查。

第二十二条 辐射环境监测的管理，参照本办法执行。

第二十三条 本办法自2007年9月1日起施行。

2. 污染源自动监控管理办法

（国家环保总局令 第28号）

（2005年7月7日由国家环境保护总局第10次局务会议通过，自2005年11月1日起施行）

第一章 总则

第一条 为加强污染源监管，实施污染物排放总量控制与排污许可证制度和排污收费制度，预防污染事故，提高环境管理科学化、信息化水平，根据《水污染防治法》《大气污染防治法》《环境噪声污染防治法》《水污染防治法实施细则》《建设项目环境保护管理条例》和《排污费征收使用管理条例》等有关环境保护法律法规，制定本办法。

第二条 本办法适用于重点污染源自动监控系统的监督管理。

重点污染源水污染物、大气污染物和噪声排放自动监控系统的建设、管理和运行维护，必须遵守本办法。

第三条 本办法所称自动监控系统，由自动监控设备和监控中心组成。

自动监控设备是指在污染源现场安装的用于监控、监测污染物排放的仪器、流量（速）计、污染治理设施运行记录仪和数据采集传输仪等仪器、仪表，是污染防治设施的组成部分。

监控中心是指环境保护部门通过通信传输线路与自动监控设备连接用于对重点污染源实施自动监控的计算机软件和设备等。

第四条 自动监控系统经环境保护部门检查合格并正常运行的，其数据作为环境保护部门进行排污申报核定、排污许可证发放、总量控制、环境统计、排污费征收和现场环境执法等环境监督管理的依据，并按照有关规定向社会公开。

第五条 国家环境保护总局负责指导全国重点污染源自动监控工作，制定有关工作制度和技术规范。

地方环境保护部门根据国家环境保护总局的要求按照统筹规划、保证重点、兼顾一般、量力而行的原则，确定需要自动监控的重点污染源，制定工作计划。

第六条 环境监察机构负责以下工作：

（一）参与制定工作计划，并组织实施；

（二）核实自动监控设备的选用、安装、使用是否符合要求；

（三）对自动监控系统的建设、运行和维护等进行监督检查；

（四）本行政区域内重点污染源自动监控系统联网监控管理；

（五）核定自动监控数据，并向同级环境保护部门和上级环境监察机构等联网报送；

（六）对不按照规定建立或者擅自拆除、闲置、关闭及不正常使用自动监控系统的的排污单位提出依法处罚的意见。

第七条 环境监测机构负责以下工作：

（一）指导自动监控设备的选用、安装和使用；

（二）对自动监控设备进行定期比对监测，提出自动监控数据有效性的意见。

第八条 环境信息机构负责以下工作：

（一）指导自动监控系统的软件开发；

（二）指导自动监控系统的联网，核实自动监控系统的联网是否符合国家环境保护总局制定的技术规范；

（三）协助环境监察机构对自动监控系统的联网运行进行维护管理。

第九条 任何单位和个人都有保护自动监控系统的义务，并有权对闲置、拆除、破坏以及擅自改动自动监控系统参数和数据等不正常使用自动监控系统的行为进行举报。

第二章 自动监控系统的建设

第十条 列入污染源自动监控计划的排污单位，应当按照规定的时限建设、安装自动监控设备及其配套设施，配合自动监控系统的联网。

第十一条 新建、改建、扩建和技术改造项目应当根据经批准的环境影响评价文件的要求建设、安装自动监控设备及其配套设施，作为环境保护设施的组成部分，与主体工程同时设计、同时施工、同时投入使用。

第十二条 建设自动监控系统必须符合下列要求：

（一）自动监控设备中的相关仪器应当选用经国家环境保护总局指定的环境监测仪器检测机构适用性检测合格的产品；

（二）数据采集和传输符合国家有关污染源在线自动监控（监测）系统数据传输和接口标准的技术规范；

（三）自动监控设备应安装在符合环境保护规范要求的排污口；

（四）按照国家有关环境监测技术规范，环境监测仪器的比对监测应当合格；

（五）自动监控设备与监控中心能够稳定联网；

（六）建立自动监控系统运行、使用、管理制度。

第十三条 自动监控设备的建设、运行和维护经费由排污单位自筹，环境保护部门可以给予补助；监控中心的建设和运行、维护经费由环境保护部门编报预算申请经费。

第三章 自动监控系统的运行、维护和管理

第十四条 自动监控系统的运行和维护，应当遵守以下规定：

（一）自动监控设备的操作人员应当按国家相关规定，经培训考核合格、持证上岗；

（二）自动监控设备的使用、运行、维护符合有关技术规范；

（三）定期进行比对监测；

（四）建立自动监控系统运行记录；

（五）自动监控设备因故障不能正常采集、传输数据时，应当及时检修并向环境监察机构报告，必要时应当采用人工监测方法报送数据。

自动监控系统由第三方运行和维护的，接受委托的第三方应当依据《环境污染治理设施运营资质许可管理办法》的规定，申请取得环境污染治理设施运营资质证书。

第十五条 自动监控设备需要维修、停用、拆除或者更换的，应当事先报经环境监察机构批准同意。

环境监察机构应当自收到排污单位的报告之日起7日内予以批复；逾期不批复的，视为同意。

第四章 罚则

第十六条 违反本办法规定，现有排污单位未按规定的期限完成安装自动监控设备及其配套设施的，由县级以上环境保护部门责令限期改正，并可处1万元以下的罚款。

第十七条 违反本办法规定，新建、改建、扩建和技术改造的项目未安装自动监控设备及其配套设施，或者未经验收或者验收不合格的，主体工程即正式投入生产或者使用的，由审批该建设项目环境影响评价文件的环境保护部门依据《建设项目环境保护管理条例》责令停止主体工程生产或者使用，可以处10万元以下的罚款。

第十八条 违反本办法规定，有下列行为之一的，由县级以上地方环境保护部门按以下规定处理：

（一）故意不正常使用水污染物排放自动监控系统，或者未经环境保护部门批准，擅自拆除、闲置、破坏水污染物排放自动监控系统，排放污染物超过规定标准的；

（二）不正常使用大气污染物排放自动监控系统，或者未经环境保护部门批准，擅自拆除、闲置、破坏大气污染物排放自动监控系统的；

（三）未经环境保护部门批准，擅自拆除、闲置、破坏环境噪声排放自动监控系统，致使环境噪声排放超过规定标准的。

有前款第（一）项行为的，依据《水污染防治法》第四十八条和《水污染防治法实施细则》第四十一条的规定，责令恢复正常使用或者限期重新安装使用，并处10万元以下的罚款；有前款第（二）项行为的，依据《大气污染防治法》第四十六条的规定，责令停止违法行为，限期改正，给予警告或者处5万元以下罚款；有前款第（三）项行为的，依据《环境噪声污染防治法》第五十条的规定，责令改正，处3万元以下罚款。

第五章 附则

第十九条 本办法自2005年11月1日起施行。

3. 关于发布《污染物排放自动监测设备标记规则》的公告

（公告 2022 年第 21 号）

根据《中华人民共和国环境保护法》《中华人民共和国大气污染防治法》《中华人民共和国水污染防治法》《排污许可管理条例》等法律法规，我部制定了《污染物排放自动监测设备标记规则》，现就有关事项公告如下。

一、本公告所指排污单位，是应当依法安装、使用、维护污染物排放自动监测设备，并与生态环境主管部门的监控设备联网的排污单位。

二、排污单位应当按照环境保护有关法律法规和标准规范安装、使用、维护污染物排放自动监测设备，对自动监测设备开展质量控制和质量保障工作，保证自动监测设备正常运行，保存原始监测记录，并确保自动监测数据的真实、准确、完整、有效。

三、因自动监测设备故障、维护、调试等特定运行状况或者生产设施、污染防治设施启停机、故障等非正常运行工况，导致污染物排放自动监测设备传输数据异常或者污染物排放超过相关标准等异常情况的，排污单位应当按照相关自动监测数据标记规则对产生自动监测数据的相应时段进行标记。标记则视为向生态环境主管部门报告异常情况。

四、自动监测数据标记规则包括《污染物排放自动监测设备标记规则》（以下简称《设备标记规则》）和分行业的生产设施、污染防治设施工况标记规则（以下简称工况标记规则）。《设备标记规则》适用于所有行业，用于规范排污单位标记自动监测设备故障、维护、调试等特定运行状况；工况标记规则用于规范排污单位在自动监测时，标记生产设施或污染防治设施启停机、故障等非正常运行工况。

五、排污单位是审核确认自动监测数据有效性的责任主体，应当按照《设备标记规则》确认自动监测数据的有效性。一般情况下，每日 12 时前完成前一日自动监测数据的人工标记，逾期则视为对自动监测数据的有效性无异议。

六、依据《设备标记规则》标记为无效的自动监测数据，不作为判定污染物排放是否超过相关标准的依据。依据工况标记规则标记为非正常工况，并且生产设施、污染防治设施运行达到生态环境保护相关标准、规范性文件要求的，限定时间内的自动监测数据不作为判定污染物排放是否超过相关标准的依据。

七、自动监测数据标记体现自动监测数据真实性、准确性、完整性和有效性等重要属性，标记内容是自动监测数据的重要组成部分。

八、排污单位的自动监测数据向社会公开时，数据标记内容应当同时公开。

九、生活垃圾焚烧发电行业的工况标记规则按照《关于发布〈生活垃圾焚烧发电厂自动监测数据标记规则〉的公告》（生态环境部 2019 年第 50 号公告）执行，其他行业的工况标记规则另行制定。

十、本公告自2023年1月1日起，在生活垃圾焚烧发电、火力发电、水泥制造和造纸等行业正式施行。各地可以结合实际情况组织其他行业参照施行。

特此公告。

附件：污染物排放自动监测设备标记规则

生态环境部

2022年7月19日

附件

污染物排放自动监测设备标记规则

为落实排污单位主体责任，保证自动监测设备正常运行，确保自动监测数据真实、准确、完整、有效，指导排污单位及时、如实向生态环境主管部门报告自动监测设备传输数据异常情况，制定本规则。

1 适用范围

本规则适用于应当依法安装、使用、维护污染物排放自动监测设备，并与生态环境主管部门的监控设备联网的排污单位。其他与生态环境主管部门的监控设备联网的污染物排放自动监测设备标记可参照本规则执行。

2 规范性引用文件

从下列文件中引用的条款适用于本规则。不注日期的引用文件，其最新版本（包括所有的修改单）适用于本规则。

HJ 75 固定污染源烟气（SO_2、NO_x、颗粒物）排放连续监测技术规范

HJ 356 水污染源在线监测系统（COD_{Cr}、NH_3-N等）数据有效性判别技术规范

HJ 212 污染物在线监控（监测）系统数据传输标准

3 术语及定义下列术语及定义适用于本规则。

3.1 自动监控系统

自动监控系统，指由排污单位的污染物排放自动监测设备和生态环境主管部门的监控设备组成，用于监控监测污染物排放状况的信息系统。

自动监测设备，指安装在排污单位污染源现场，用于直接或间接监控监测污染物排放状况的仪器设备，包括用于连续监控监测污染物排放的仪器、流量（速）计、采样装置、数据采集传输仪、水质参数、烟气参数的监测设备，以及在主要生产工序、治理工艺或排放口等关键位置安装的工况参数、用水用电用能、视频探头监控等间接反映水或大气污染物排放状况的仪表和传感器设备。

生态环境主管部门的监控设备，指通过通信传输网络获取排污单位现场端污染物排放自动监测数据，对排污单位实施自动监控的信息管理平台，包括供生态环境主管

部门使用的“自动监控系统管理端”和供排污单位使用的“自动监控系统企业服务端”等软件，以及支撑软件运行的计算机机房硬件设备等。

3.2 自动监测设备标记

指排污单位按照本规则，根据自动监测设备运行和数据传输联网状况，对产生自动监测数据的相应时段进行标记，确认自动监测数据有效性的操作。

自动监测设备标记分为自动标记和人工标记。自动标记是指具备自动标记功能的自动监测设备或者自动监控系统企业服务端，按照本规则自动生成相应标记内容的操作。人工标记是指排污单位授权的责任人人工判断自动监测设备运行和数据传输联网状况，并在自动监控系统企业服务端按照本规则填报相应标记内容的操作。

3.3 自动监测数据指自动监测设备运行时产生的数据以及标记内容。

3.4 自动监测数据无效

自动监测数据不能真实、准确、完整反映污染物排放实际状况时，排污单位按本规则如实标记的，视为自动监测数据无效。

3.5 自动监测数据有效传输率

指数据传输率和有效率的乘积，是表征自动监测数据完整性与有效性的指标。数据传输率依据自动监控系统企业服务端收到的自动监测数据进行计算，数据有效率依据本规则和有关规定认定的有效自动监测数据进行计算。

4 标记内容及要求

4.1 自动监测设备标记包括“自动监测设备维护”“数据补全”“数据有效”3类标记。

4.2 “自动监测设备维护”标记

因自动监测设备调试、故障、日常维护、校准等，导致数据缺失或无效的时段，标记为“自动监测设备维护”。对于烟气排放连续监测系统维护，简称为“CEMS维护”。

排污单位应当规范开展自动监测设备运行维护，对照表1如实标记，并简要描述维护过程或故障原因，保存运行维护记录和相关台账备查。

表1 自动监测设备维护标记及标记内容

标记内容及代码	标记说明
调试（A）	自动监测设备新安装或者移动、改变的调试（含自行验收、备案）期间，导致数据缺失或无效的时段，标记为“调试”。
故障（D）	1. 自动监测设备故障、检修，导致数据缺失或无效的时段，标记为“故障”。包括浓度、温度（烟温或水温）、湿度、压力、流量、运行状态等各类自动监测设备故障，采样环节的泄漏、堵塞、掺杂等故障，以及现场端内部通讯故障等； 2. 自动监测设备断电，导致数据缺失或无效的时段（如站房停电导致自动监测设备停止运行的时段）； 3. 本标记不适用生产或污染治理设施自身的故障造成数据异常。

标记内容及代码	标记说明
日常维护（M）	自动监测设备计划性维护保养，导致数据缺失或无效的时段，标记为“日常维护”
校准（C）	自动监测设备处于校准、校验状态，导致数据缺失或无效的时段，标记为“校准”
超量程（T）	自动监测设备测量结果数值超出测量范围，导致数据缺失或无效的时段，标记为“超量程”。
温度传感器故障（Td）	反映生产工况的温度传感器结焦、损坏等情况（如垃圾焚烧炉炉膛热电偶、水泥窑窑尾烟室热电偶的结焦、损坏等）导致温度传感器测量温度不能反映实际温度的时段，标记为“温度传感器故障”。
核查比对（K）	1. 政府监管部门开展核查比对等过程中，导致自动监测数据缺失或无效的时段标记为“核查比对”；2. 标记为“核查比对”的时段，应当保留政府监管部门开展核查比对等相关证明材料。

针对同一监测因子的自动标记，在分钟数据、小时数据、日数据统计时段内，存在多种“自动监测设备维护”标记时，优先认定标记时间最长的标记内容。

发现自动监测设备校准、校验不合格时，从该次校准、校验至最近一次校准、校验合格期间的自动监测数据应当视为无效，排污单位应当在自动监控系统企业服务端，按照表 1 如实标记相应时段导致数据无效的具体标记内容。

4.3 “数据补全”标记

为提高自动监测数据的完整性，排污单位对数据缺失或无效的时段进行数据补全，对照表 2 如实标记。

表 2　数据不全标记内容

标记内容及代码	标记说明
手工监测数据（U）	排污单位按照自行监测相关要求开展手工监测，或者从生态环境主管部门获得执法监测报告，应当及时记录、上传，取得的手工监测数据标记为“手工监测数据”
自动修约补遗数据（Q）	数据缺失或无效的时段，按照相关标准规范进行修约补遗，自动生成的数据标记为“自动修约补遗数据”。

标记为“手工监测数据”的，应当保留相应监测报告、原始监测记录备查。

标记为“自动修约补遗数据”的，应当保留标记时段的运维台账、原始自动监测数据凭证、数据缺失或无效时段的情况说明等相关证明材料备查。修约补遗参照排污许可证要求进行；排污许可证未做要求的，参照 HJ212、HJ75、HJ356 等技术规范执行。数据缺失超过 168 小时仍未补全时，自动监控系统按相关技术规范对排放量自动进行修约补遗。

4.4 “数据有效”标记

一般情况下，自动监测数据默认自动标记为“数据有效”，代码为N。

对按照4.2自动标记无效时段的数据，排污单位仍确认其有效的，在自动监控系统企业服务端修正标记为“数据有效”，并保留相关证明材料备查。

5 数据有效性的认定

5.1 排污单位可以利用具备自动标记功能的自动监测设备在自动监测设备现场端进行自动标记，也可以授权有关责任人在自动监控系统企业服务端进行人工标记。鼓励排污单位优先进行自动标记，提高标记准确度，减少人工标记工作量。同一时段同时存在人工标记和自动标记时，以人工标记为准。

排污单位完成标记即为审核确认自动监测数据的有效性。

5.2 自动标记和人工标记均不对原始数据（含补传数据）进行修改。

5.3 自动标记即时生成，各项自动监测数据由自动监测设备同步按照相关标准规范分别计算。一般情况下，每日12时前完成前一日数据的人工标记，各项自动监测数据由自动监控系统企业服务端计算；如因通讯中断数据未上传、系统升级维护等导致无法人工标记时，应当在数据上传后或标记功能恢复后24小时内完成人工标记。逾期不进行人工标记，视为对自动监测数据的有效性无异议。

5.4 开展大气污染物排放连续监测时，其自动监测小时均值数据的有效性依据自动监测分钟数据标记情况进行自动判断。1小时内，“CEMS维护”标记少于或等于15分钟，且不影响小时均值有效性时，可不再对小时均值数据进行标记。

5.5 自动监测日均值数据有效性，依据自动监测小时均值数据标记情况进行自动判断。

6 标记时段的统计

表3所列情形及相应时段不计入“自动监测设备维护”时长，不参与自动监测数据有效传输率统计。

涉及“自动监测设备维护”时长、自动监测数据有效传输率的违法违规认定，按有关规定执行。

表3 不计入“自动监测设备维护”时长和自动监测数据有效传输率统计的时段

情形	涉及的时段
调试	新、改、扩建项目涉及的自动监测设备新、改建，自建设项目投运之日起2个月内自动监测设备标记为“调试”的时段； 原有自动监测的主要设备或者核心部件更换、采样位置或者主要设备安装位置等发生重大变化，单台CEMS标记为“调试”的时段，不超过168小时；废水污染物分析仪标记为“调试”的时段，不超过72小时；数据采集传输仪标记为“调试的时段，不超过24小时。

情形	涉及的时段
温度传感器故障	标记为“温度传感器故障”且未导致生态环境主管部门监管执法使用的均值缺失或无效的时段。如：生活垃圾焚烧发电厂的焚烧炉炉膛内，某温度测点热电偶标记“温度传感器故障”，但未导致该焚烧炉炉膛内中部和上部两个断面各自热电偶测量温度中位数算术平均值的5分钟平均值缺失或无效的时段。
非排污单位责任造成的数据缺失或无效	排污单位对非自身责任造成的自动监测数据缺失或无效的时段，应当自行在自动监控系统企业服务端录入原因，包括： 自然灾害、政府行为、社会异常事件等不可抗力事件导致报送数据失败的时段 经县级以上生态环境主管部门同意，生产停运期间关闭自动监测设备的时段； 标记为“核查比对”的时段； 其他非排污单位责任造成的数据缺失或无效时段。
外部通讯中断	数据传输应当符合HJ212的规定； 当排污单位外部通信网络故障导致数据无法联网传输至生态环境主管部门时（如电信运营商网络原因或生态环境主管部门网络、软硬件原因等导致报送数据失败），排污单位自行在自动监控系统企业服务端对相应时段录入外部通讯中断及原因，并在通讯恢复后补传。外部通讯中断不超过168小时的不计入“自动监测设备维护”时间。如超过168小时仍未补传成功，确定属于设备故障导致数据缺失或无效、无法补传的时段，按表1标记；非排污单位责任造成的补传超时或数据缺失无效，在自动监控系统企业服务端录入原因并保存数据记录。
手工监测补全	符合HJ75、HJ356等技术规范的手工监测数据，弥补或替代自动监测数据缺失或无效的时段。
生产设施停运	按照HJ75附录H.2数据状态标记要求，标记为污染源处于停运状态的时段。
废水暂停排放	间歇性排放的水污染源在线监测应当设置流量触发采样，当流量为零或者排污单位在自动监控系统企业服务端录入停排时，污染物浓度数据缺失的时段。

7 其他

7.1 排污单位按规则标记后，即视为向生态环境主管部门报告，可不再提交相同内容的纸质报告。

7.2 上传的自动监测数据及其标记内容可通过自动监控系统企业服务端导出，也可通过数据接口将自动监测数据回流至排污单位。

各级生态环境主管部门通过数据交换方式共享获取标记内容，排污单位无须重复标记。

7.3 排污单位应当依托数据标记内容建立电子化运维台账，运维过程全程信息化留痕。

7.4 排污单位应当遵守安全生产规定，按照安全生产管理要求安装、运行和维护污染物排放自动监测设备。

4. 关于《土壤环境质量　建设用地土壤污染风险管控标准（试行）》引用的污染物分析方法有关问题的复函

（监测函〔2020〕10 号）

浙江省生态环境厅：

你厅《关于〈土壤环境质量　建设用地土壤污染风险管控标准（试行）〉引用的污染物分析方法有关问题的请示》收悉。经研究，函复如下。

根据我部环境保护标准管理要求，新制定、修订的质量标准、风险管控标准和排放标准中均明确“本标准发布实施后国家发布的污染物监测方法标准，如适用性满足要求，同样适用于本标准相应污染物的测定”。在执行《土壤环境质量　建设用地土壤污染风险管控标准（试行）》过程中，指定方法以外的标准分析方法，如适用性满足要求，也可采用。

生态环境部生态环境监测司

2020 年 6 月 12 日

5. 关于实施生态环境监测方法新标准相关问题的复函

（监测函〔2019〕4 号）

重庆市生态环境局：

你局《关于实施环境监测方法新标准相关问题的请示》（渝环〔2019〕19 号）收悉。经研究，现就生态环境监测工作中实施标准相关问题函复如下：

一、《关于在环境监测工作中实施国家环境保护标准问题的复函》（环函〔2010〕90 号）是原环境保护部依法对标准作出的解释，与已发布标准具有同等法律效力，目前仍然有效。

二、国家环境质量标准和国家污染物排放标准中规定的生态环境监测方法标准应规范使用，若新发布的生态环境监测方法标准与指定的监测方法不同，但适用范围相同的，也可以使用。因此，在分析地表水中铅项目时，应根据监测目的、监测方法的检出限和测定下限科学选择《水质　铜、锌、铅、镉的测定　原子吸收分光光度法》（GB 7475—87）、《水质　65 种元素的测定　电感耦合等离子体质谱法》（HJ 700—2014）或《水质　32 种元素的测定　电感耦合等离子发射光谱法》（HJ 776—2015），新发布的地表水中铅的监测方法标准也可按上述原则使用。

特此函复。

生态环境部生态环境监测司

2019年2月12日

6. 关于医疗废水监督性监测采样频次和分析方法等有关问题的复函

（环办水体函〔2019〕503号）

广东省生态环境厅：

你厅《关于明确医疗废水监督性监测采样频次和分析方法等有关问题的请示》（粤环报〔2019〕27号）收悉。经研究，函复如下。

一、根据我部《关于在环境监测工作中实施国家环境保护标准问题的复函》（环函〔2010〕90号）和《关于火电厂氮氧化物监测方法有关问题的复函》（环科函〔2015〕3号）的相关内容，新发布的环境监测方法标准与排放标准指定的监测方法不同，但适用范围相同的，原则上也可用于该污染物的监测。但根据《水质　总大肠菌群和粪大肠菌群的测定　纸片快速法》（HJ 755—2015）（以下简称纸片快速法）编制说明，在测定粪大肠菌群时，纸片快速法与多管发酵法的测定结果有显著性差异。但与多管发酵法相比，纸片快速法具有所需时间短、操作简便、检测结果受人员影响小等优点，且测定结果具有相关性，故在测定医疗机构排水中粪大肠菌群时，纸片快速法可作为参考方法。

二、《环境行政处罚办法》第三十七条规定："环境保护主管部门在对排污单位进行监督检查时，可以现场即时采样，监测结果可以作为判定污染物排放是否超标的证据。"《关于环境保护部门现场检查中排污监测方法问题的解释》（国家环境保护总局公告　2007年第16号）规定："环保部门在对排污单位进行监督性检查时，可以环保工作人员现场即时采样或监测的结果作为判定排污行为是否超标以及实施相关环境保护管理措施的依据。"据此，即时采样监测结果可以作为行政执法依据。

三、《地表水和污水监测技术规范》（HJ/T 91—2002）规定："排污单位如有污水处理设施并能正常运转使污水能稳定排放，则污染物排放曲线比较平稳，监督监测可以采瞬时样。"据此，在满足上述要求后，瞬时样可用于监督性监测。

特此函复。

生态环境部办公厅

2019年5月19日

7. 关于环境行政处罚即时采样问题的复函

（环办法规函〔2018〕1246 号）

天津市环境保护局：

你局《关于〈环境行政处罚办法〉中规定的即时采样予以明确的请示》（津环保法报〔2018〕86 号）收悉。经研究，函复如下：

《环境行政处罚办法》第三十七条规定：“环境保护主管部门在对排污单位进行监督检查时，可以现场即时采样，监测结果可以作为判定污染物排放是否超标的证据。”

2007 年 2 月 27 日，我部作出《关于环保部门现场检查中排污监测方法问题的解释》（原国家环境保护总局公告 2007 年第 16 号），规定：“排放标准中规定的污染物排放方式、排放限值等是判定排污行为是否超标的技术依据，在任何时间、任何情况下，排污单位的排污行为均不得违反排放标准中的有关规定。”

据此，现场即时采样是指现场检查时可以取一个样品进行监测，监测结果可以作为判定污染物排放是否超标的证据。该样品的采集需按照相关技术规范进行。

特此函复。

生态环境部办公厅

2018 年 11 月 5 日

8. 关于社会环境监测机构出具监测报告能否作为行政执法管理依据的复函

（环办监测函〔2017〕1850 号）

四川省环境保护厅：

你厅《关于社会环境监测机构出具监测报告能否作为行政执法管理依据的请示》（川环〔2017〕102 号）收悉。经研究，意见如下：

社会环境监测机构受环境保护主管部门的委托开展环境监测活动，符合《中华人民共和国计量法》和《中华人民共和国计量法实施细则》，以及有关环境保护法律法规规章或相关技术规范要求出具的环境监测数据，可以作为环境保护行政管理的依据；同时满足《中华人民共和国行政处罚法》《中华人民共和国行政诉讼法》等法律以及相关司法解释规定的证据要件的，可以作为行政处罚的证据。

特此函复。

环境保护部办公厅
2017 年 11 月 29 日

9. 关于“现场即时采样”监测数据认定有关问题的复函

（环办政法函〔2017〕1624 号）

四川省环境保护厅：

你厅《关于城镇污水处理厂“现场即时采样”应如何认定的请示》（川环〔2017〕49 号）收悉。经研究，函复如下：

2007 年 2 月 27 日，原国家环境保护总局发布《关于环保部门现场检查中排污监测方法问题的解释》（国家环境保护总局公告 2007 年第 16 号），规定：“排放标准中规定的污染物排放方式、排放限值等是判定排污行为是否超标的技术依据，在任何时间、任何情况下，排污单位的排污行为均不得违反排放标准中的有关规定。”该公告现行有效。城镇污水处理厂“现场即时采样”即为一次性采样。根据该公告的规定，其监测结果可以作为判定排污行为是否超标的证据。

特此函复。

环境保护部办公厅
2017 年 10 月 27 日

10. 关于污染源自动监测监控设施运行管理责任有关问题的复函

（环办环监函〔2017〕961 号）

山东省环境保护厅：

你厅《关于转报淄博市环境保护局〈关于我市自动监测控设施监管有关问题的请示〉的报告》（鲁环函〔2017〕304 号）收悉。经研究，函复如下：

一、根据《中华人民共和国大气污染防治法》第二十四条“重点排污单位应当安装、使用大气污染物排放自动监测设备，与环境保护主管部门的监控设备联网，保证监测设备正常运行并依法公开排放信息”、第二十五条“重点排污单位应当对自动监测数据的真实性和准确性负责”等有关规定，排污单位应当对自动监测设备安装联网、参数设置、运行管理及数据真实性、准确性等负责。

二、根据《国务院办公厅关于推广随机抽查规范事中事后监管的通知》（国办发〔2015〕58号）有关要求，我部《关于印发〈关于在污染源日常环境监管领域推广随机抽查制度的实施方案〉的通知》（环办〔2015〕88号），要求将随机抽查作为选取日常监督检查对象的主要方式，不再要求地方环保部门定期对所有排污企业进行检查。

三、我部《关于印发〈污染源自动监控设施现场监督检查技术指南〉的通知》（环办〔2012〕57号）作为地方环保部门现场监督检查的技术性参考，不是对检查人员监督检查职责的具体规定。

四、来函中涉及的两家水泥企业向环保部门申报的烟道截面积及在污染物自动监控设施中设置的烟道截面积参数小于实际截面积，造成烟气污染物排放量计算值小于实际值，属于通过逃避监管方式排放大气污染物，违反了《中华人民共和国大气污染防治法》第二十条的规定，责任应由排污单位或其委托的自动监控设施运营单位承担。当地环保部门得知情况后及时进行现场核实，对企业逃避监管的违法行为作出行政处罚并追缴排污费，已履行了相应监管职责。

特此函复。

环境保护部办公厅

2017年6月20日

11. 关于自动在线监测数据应用于环境行政执法有关问题的复函

（环办环监函〔2016〕506号）

河南省环境保护厅：

你厅《关于自动在线监控数据在行政执法应用中有关问题的请示》（豫环文〔2016〕255号）收悉。经研究，现函复如下：

根据《环境行政处罚办法》（环境保护部令　第8号）第三十六条“环境保护主管部门可以利用在线监控或者其他技术监控手段收集违法行为证据。经环境保护主管部门认定的有效性数据，可以作为认定违法事实的证据”和第三十二条“环境行政处罚证据，主要有书证、物证、证人证言、视听资料和计算机数据、当事人陈述、监测报告和其他鉴定结论、现场检查（勘察）笔录等形式”的规定，污染源自动在线监测数据与其他有关证据共同构成证据链，可以应用于环境行政执法。

环境保护部办公厅

2016年8月16日

12. 关于污染源在线监测数据与现场监测数据不一致时证据适用问题的复函

（环政法函〔2016〕98号）

天津市环境保护局：

你局《关于对污染源在线监测数据与现场监测数据不一致应当如何适用的请示》（津环保法报〔2016〕37号）收悉。经研究，现函复如下：

根据《污染源自动监控管理办法》（原国家环境保护总局令　第28号）和《关于印发〈国家监控企业污染源自动监测数据有效性审核办法〉和〈国家重点监控企业污染源自动监测设备监督考核规程〉的通知》（环发〔2009〕88号）等相关规定，现场监测可视为对企业在线监测设备进行的比对监测。若同一时段的现场监测数据与经过有效性审核的在线监测数据不一致，现场监测数据符合法定的监测标准和监测方法的，以该现场监测数据作为优先证据使用。

特此函复。

环境保护部

2016年5月13日

13. 关于印发《环境监测数据弄虚作假行为判定及处理办法》的通知

（环发〔2015〕175号）

各省、自治区、直辖市环境保护厅（局），新疆生产建设兵团环境保护局，解放军环境保护局，辽河凌河保护区管理局，机关各部门，各派出机构、直属单位：

为保障环境监测数据真实准确，依法查处环境监测数据弄虚作假行为，依据《中华人民共和国环境保护法》和《生态监测网络建设方案》（国办发〔2015〕56号）等有关法律法规和文件，我部组织制定了《环境监测数据弄虚作假行为判定及处理办法》，现予以印发，请遵照执行。

附件：环境监测数据弄虚作假行为判定及处理办法

环境保护部

2015年12月28日

附件

环境监测数据弄虚作假行为判定及处理办法

第一条 为保障环境监测数据真实准确，依法查处环境监测数据弄虚作假行为，依据《环境保护法》和《生态监测网络建设方案》（国办发〔2015〕56号）等有关法律法规和文件，结合工作实际，制定本办法。

第二条 本办法所称环境监测数据弄虚作假行为，系指故意违反国家法律法规、规章等以及环境监测技术规范，篡改、伪造或者指使篡改、伪造环境监测数据等行为。

本办法所称环境监测数据，系指按照相关技术规范和规定，通过手工或者自动监测方式取得的环境监测原始记录、分析数据、监测报告等信息。

本办法所称环境监测机构，系指县级以上环境保护主管部门所属环境监测机构、其他负有环境保护监督管理职责的部门所属环境监测机构以及承担环境监测工作的实验室与从事环境监测业务的企事业单位等其他社会环境监测机构。

第三条 本办法适用于以下活动中涉及的环境监测数据弄虚作假行为：

（一）依法开展的环境质量监测、污染源监测、应急监测；

（二）监管执法涉及的环境监测；

（三）政府购买的环境监测服务或者委托开展的环境监测；

（四）企事业单位依法开展或者委托开展的自行监测；

（五）依照法律、法规开展的其他环境监测行为。

第四条 篡改监测数据，系指利用某种职务或者工作上的便利条件，故意干预环境监测活动的正常开展，导致监测数据失真的行为，包括以下情形：

（一）未经批准部门同意，擅自停运、变更、增减环境监测点位或者故意改变环境监测点位属性的；

（二）采取人工遮挡、堵塞和喷淋等方式，干扰采样口或周围局部环境的；

（三）人为操纵、干预或者破坏排污单位生产工况、污染源净化设施，使生产或污染状况不符合实际情况的；

（四）稀释排放或者旁路排放，或者将部分或全部污染物不经规范的排污口排放，逃避自动监控设施监控的；

（五）破坏、损毁监测设备站房、通讯线路、信息采集传输设备、视频设备、电力设备、空调、风机、采样泵、采样管线、监控仪器或仪表以及其他监测监控或辅助设施的；

（六）故意更换、隐匿、遗弃监测样品或者通过稀释、吸附、吸收、过滤、改变样品保存条件等方式改变监测样品性质的；

（七）故意漏检关键项目或者无正当理由故意改动关键项目的监测方法的；

（八）故意改动、干扰仪器设备的环境条件或运行状态或者删除、修改、增加、干扰监测设备中存储、处理、传输的数据和应用程序，或者人为使用试剂、标样干扰仪器的；

（九）未向环境保护主管部门备案，自动监测设备暗藏可通过特殊代码、组合按键、远程登录、遥控、模拟等方式进入不公开的操作界面对自动监测设备的参数和监测数据进行秘密修改的；

（十）故意不真实记录或者选择性记录原始数据的；

（十一）篡改、销毁原始记录，或者不按规范传输原始数据的；

（十二）对原始数据进行不合理修约、取舍，或者有选择性评价监测数据、出具监测报告或者发布结果，以致评价结论失真的；

（十三）擅自修改数据的；

（十四）其他涉嫌篡改监测数据的情形。

第五条 伪造监测数据，系指没有实施实质性的环境监测活动，凭空编造虚假监测数据的行为，包括以下情形：

（一）纸质原始记录与电子存储记录不一致，或者谱图与分析结果不对应，或者用其他样品的分析结果和图谱替代的；

（二）监测报告与原始记录信息不一致，或者没有相应原始数据的；

（三）监测报告的副本与正本不一致的；

（四）伪造监测时间或者签名的；

（五）通过仪器数据模拟功能，或者植入模拟软件，凭空生成监测数据的；

（六）未开展采样、分析，直接出具监测数据或者到现场采样、但未开设烟道采样口，出具监测报告的；

（七）未按规定对样品留样或保存，导致无法对监测结果进行复核的；

（八）其他涉嫌伪造监测数据的情形。

第六条 涉嫌指使篡改、伪造监测数据的行为，包括以下情形：

（一）强令、授意有关人员篡改、伪造监测数据的；

（二）将考核达标或者评比排名情况列为下属监测机构、监测人员的工作考核要求，意图干预监测数据的；

（三）无正当理由，强制要求监测机构多次监测并从中挑选数据，或者无正当理由拒签上报监测数据的；

（四）委托方人员授意监测机构工作人员篡改、伪造监测数据或者在未作整改的前提下，进行多家或多次监测委托，挑选其中“合格”监测报告的；

（五）其他涉嫌指使篡改、伪造监测数据的情形。

第七条 环境监测机构及其负责人对监测数据的真实性和准确性负责。

负责环境自动监测设备日常运行维护的机构及其负责人按照运行维护合同对监测数据承担责任。

第八条 地市级以上人民政府环境保护主管部门负责调查环境监测数据弄虚作假行为。地市级以上人民政府环境保护主管部门应定期或者不定期组织开展环境监测质量监督检查，发现环境监测数据弄虚作假行为的，应当依法查处，并向上级环境保护主管部门报告。

第九条 对干预环境监测活动，指使篡改、伪造监测数据的行为，相关人员应如实记录。任何单位和个人有权举报环境监测数据弄虚作假行为，接受举报的环境保护主管部门应当为举报人保密，对能提供基本事实线索或相关证明材料的举报，应当予以受理。

第十条 负责调查的环境保护主管部门应当通报环境监测数据弄虚作假行为及相关责任人，记入社会诚信档案，及时向社会公布。

第十一条 环境保护主管部门发现篡改、伪造监测数据，涉及目标考核的，视情节严重程度将考核结果降低等级或者确定为不合格，情节严重的，取消授予的环境保护荣誉称号；涉及县域生态考核的，视情节严重程度，建议国务院财政主管部门减少或者取消当年中央财政资金转移支付；涉及《大气污染防治行动计划》《水污染防治行动计划》排名的，分别以当日或当月监测数据的历史最高浓度值计算排名。

第十二条 社会环境监测机构以及从事环境监测设备维护、运营的机构篡改、伪造监测数据或出具虚假监测报告的，由负责调查的环境保护主管部门将该机构和涉及弄虚作假行为的人员列入不良记录名单，并报上级环境保护主管部门，禁止其参与政府购买环境监测服务或政府委托项目。

第十三条 监测仪器设备应当具备防止修改、伪造监测数据的功能，监测仪器设备生产及销售单位配合环境监测数据造假的，由负责调查的环境保护部主管部门通报公示生产厂家、销售单位及其产品名录，并上报环境保护部，将涉嫌弄虚作假的单位列入不良记录名单，禁止其参与政府购买环境监测服务或政府委托项目，对安装在企业的设备不予验收、联网。

第十四条 国家机关工作人员篡改、伪造或指使篡改、伪造监测数据的，由负责调查的环境保护主管部门提出建议，移送有关任免机关或监察机关依据《行政机关公务员处分条例》和《事业单位工作人员处分暂行规定》的有关规定予以处理。

第十五条 党政领导干部指使篡改、伪造监测数据的，由负责调查的环境保护主管部门提出建议，移送有关任免机关或监察机关依据《党政领导干部生态环境损害责任追究办法（试行）》的有关规定予以处理。

第十六条 环境监测数据弄虚作假行为构成违法的，按照有关法律法规的规定处理。

第十七条 本办法由国务院环境保护主管部门负责解释。

第十八条 本办法自 2016 年 1 月 1 日起实施。

（二）环境信息公开类

1. 中华人民共和国政府信息公开条例

（2007年4月5日中华人民共和国国务院令第492号公布，2019年4月3日中华人民共和国国务院令第711号修订）

第一章 总则

第一条 为了保障公民、法人和其他组织依法获取政府信息，提高政府工作的透明度，建设法治政府，充分发挥政府信息对人民群众生产、生活和经济社会活动的服务作用，制定本条例。

第二条 本条例所称政府信息，是指行政机关在履行行政管理职能过程中制作或者获取的，以一定形式记录、保存的信息。

第三条 各级人民政府应当加强对政府信息公开工作的组织领导。

国务院办公厅是全国政府信息公开工作的主管部门，负责推进、指导、协调、监督全国的政府信息公开工作。

县级以上地方人民政府办公厅（室）是本行政区域的政府信息公开工作主管部门，负责推进、指导、协调、监督本行政区域的政府信息公开工作。

实行垂直领导的部门的办公厅（室）主管本系统的政府信息公开工作。

第四条 各级人民政府及县级以上人民政府部门应当建立健全本行政机关的政府信息公开工作制度，并指定机构（以下统称政府信息公开工作机构）负责本行政机关政府信息公开的日常工作。

政府信息公开工作机构的具体职能是：

（一）办理本行政机关的政府信息公开事宜；

（二）维护和更新本行政机关公开的政府信息；

（三）组织编制本行政机关的政府信息公开指南、政府信息公开目录和政府信息公开工作年度报告；

（四）组织开展对拟公开政府信息的审查；

（五）本行政机关规定的与政府信息公开有关的其他职能。

第五条 行政机关公开政府信息，应当坚持以公开为常态、不公开为例外，遵循公正、公平、合法、便民的原则。

第六条 行政机关应当及时、准确地公开政府信息。

行政机关发现影响或者可能影响社会稳定、扰乱社会和经济管理秩序的虚假或者不完整信息的，应当发布准确的政府信息予以澄清。

第七条 各级人民政府应当积极推进政府信息公开工作，逐步增加政府信息公开的内容。

第八条 各级人民政府应当加强政府信息资源的规范化、标准化、信息化管理，加强互联网政府信息公开平台建设，推进政府信息公开平台与政务服务平台融合，提高政府信息公开在线办理水平。

第九条 公民、法人和其他组织有权对行政机关的政府信息公开工作进行监督，并提出批评和建议。

第二章 公开的主体和范围

第十条 行政机关制作的政府信息，由制作该政府信息的行政机关负责公开。行政机关从公民、法人和其他组织获取的政府信息，由保存该政府信息的行政机关负责公开；行政机关获取的其他行政机关的政府信息，由制作或者最初获取该政府信息的行政机关负责公开。法律、法规对政府信息公开的权限另有规定的，从其规定。

行政机关设立的派出机构、内设机构依照法律、法规对外以自己名义履行行政管理职能的，可以由该派出机构、内设机构负责与所履行行政管理职能有关的政府信息公开工作。

两个以上行政机关共同制作的政府信息，由牵头制作的行政机关负责公开。

第十一条 行政机关应当建立健全政府信息公开协调机制。行政机关公开政府信息涉及其他机关的，应当与有关机关协商、确认，保证行政机关公开的政府信息准确一致。

行政机关公开政府信息依照法律、行政法规和国家有关规定需要批准的，经批准予以公开。

第十二条 行政机关编制、公布的政府信息公开指南和政府信息公开目录应当及时更新。

政府信息公开指南包括政府信息的分类、编排体系、获取方式和政府信息公开工作机构的名称、办公地址、办公时间、联系电话、传真号码、互联网联系方式等内容。

政府信息公开目录包括政府信息的索引、名称、内容概述、生成日期等内容。

第十三条 除本条例第十四条、第十五条、第十六条规定的政府信息外，政府信息应当公开。

行政机关公开政府信息，采取主动公开和依申请公开的方式。

第十四条 依法确定为国家秘密的政府信息，法律、行政法规禁止公开的政府信息，以及公开后可能危及国家安全、公共安全、经济安全、社会稳定的政府信息，不予公开。

第十五条 涉及商业秘密、个人隐私等公开会对第三方合法权益造成损害的政府信息，行政机关不得公开。但是，第三方同意公开或者行政机关认为不公开会对公共利益造成重大影响的，予以公开。

第十六条 行政机关的内部事务信息，包括人事管理、后勤管理、内部工作流程等方面的信息，可以不予公开。

行政机关在履行行政管理职能过程中形成的讨论记录、过程稿、磋商信函、请示报告等过程性信息以及行政执法案卷信息，可以不予公开。法律、法规、规章规定上述信息应当公开的，从其规定。

第十七条 行政机关应当建立健全政府信息公开审查机制，明确审查的程序和责任。

行政机关应当依照《中华人民共和国保守国家秘密法》以及其他法律、法规和国家有关规定对拟公开的政府信息进行审查。

行政机关不能确定政府信息是否可以公开的，应当依照法律、法规和国家有关规定报有关主管部门或者保密行政管理部门确定。

第十八条 行政机关应当建立健全政府信息管理动态调整机制，对本行政机关不予公开的政府信息进行定期评估审查，对因情势变化可以公开的政府信息应当公开。

第三章 主动公开

第十九条 对涉及公众利益调整、需要公众广泛知晓或者需要公众参与决策的政府信息，行政机关应当主动公开。

第二十条 行政机关应当依照本条例第十九条的规定，主动公开本行政机关的下列政府信息：

（一）行政法规、规章和规范性文件；

（二）机关职能、机构设置、办公地址、办公时间、联系方式、负责人姓名；

（三）国民经济和社会发展规划、专项规划、区域规划及相关政策；

（四）国民经济和社会发展统计信息；

（五）办理行政许可和其他对外管理服务事项的依据、条件、程序以及办理结果；

（六）实施行政处罚、行政强制的依据、条件、程序以及本行政机关认为具有一定社会影响的行政处罚决定；

（七）财政预算、决算信息；

（八）行政事业性收费项目及其依据、标准；

（九）政府集中采购项目的目录、标准及实施情况；

（十）重大建设项目的批准和实施情况；

（十一）扶贫、教育、医疗、社会保障、促进就业等方面的政策、措施及其实施情况；

（十二）突发公共事件的应急预案、预警信息及应对情况；

（十三）环境保护、公共卫生、安全生产、食品药品、产品质量的监督检查情况；

（十四）公务员招考的职位、名额、报考条件等事项以及录用结果；

（十五）法律、法规、规章和国家有关规定，应当主动公开的其他政府信息。

第二十一条 除本条例第二十条规定的政府信息外，设区的市级、县级人民政府及其部门还应当根据本地方的具体情况，主动公开涉及市政建设、公共服务、公益事业、土地征收、房屋征收、治安管理、社会救助等方面的政府信息；乡（镇）人民政府还应当根据本地方的具体情况，主动公开贯彻落实农业农村政策、农田水利工程建设运营、农村土地承包经营权流转、宅基地使用情况审核、土地征收、房屋征收、筹资筹劳、社会救助等方面的政府信息。

第二十二条 行政机关应当依照本条例第二十条、第二十一条的规定，确定主动公开政府信息的具体内容，并按照上级行政机关的部署，不断增加主动公开的内容。

第二十三条 行政机关应当建立健全政府信息发布机制，将主动公开的政府信息通过政府公报、政府网站或者其他互联网政务媒体、新闻发布会以及报刊、广播、电视等途径予以公开。

第二十四条 各级人民政府应当加强依托政府门户网站公开政府信息的工作，利用统一的政府信息公开平台集中发布主动公开的政府信息。政府信息公开平台应当具备信息检索、查阅、下载等功能。

第二十五条 各级人民政府应当在国家档案馆、公共图书馆、政务服务场所设置政府信息查阅场所，并配备相应的设施、设备，为公民、法人和其他组织获取政府信息提供便利。

行政机关可以根据需要设立公共查阅室、资料索取点、信息公告栏、电子信息屏等场所、设施，公开政府信息。

行政机关应当及时向国家档案馆、公共图书馆提供主动公开的政府信息。

第二十六条 属于主动公开范围的政府信息，应当自该政府信息形成或者变更之日起20个工作日内及时公开。法律、法规对政府信息公开的期限另有规定的，从其规定。

第四章 依申请公开

第二十七条 除行政机关主动公开的政府信息外，公民、法人或者其他组织可以向地方各级人民政府、对外以自己名义履行行政管理职能的县级以上人民政府部门（含本条例第十条第二款规定的派出机构、内设机构）申请获取相关政府信息。

第二十八条 本条例第二十七条规定的行政机关应当建立完善政府信息公开申请渠道，为申请人依法申请获取政府信息提供便利。

第二十九条 公民、法人或者其他组织申请获取政府信息的，应当向行政机关的政府信息公开工作机构提出，并采用包括信件、数据电文在内的书面形式；采用书面形式确有困难的，申请人可以口头提出，由受理该申请的政府信息公开工作机构代为填写政府信息公开申请。

政府信息公开申请应当包括下列内容：

（一）申请人的姓名或者名称、身份证明、联系方式；

（二）申请公开的政府信息的名称、文号或者便于行政机关查询的其他特征性描述；

（三）申请公开的政府信息的形式要求，包括获取信息的方式、途径。

第三十条 政府信息公开申请内容不明确的，行政机关应当给予指导和释明，并自收到申请之日起7个工作日内一次性告知申请人作出补正，说明需要补正的事项和合理的补正期限。答复期限自行政机关收到补正的申请之日起计算。申请人无正当理由逾期不补正的，视为放弃申请，行政机关不再处理该政府信息公开申请。

第三十一条 行政机关收到政府信息公开申请的时间，按照下列规定确定：

（一）申请人当面提交政府信息公开申请的，以提交之日为收到申请之日；

（二）申请人以邮寄方式提交政府信息公开申请的，以行政机关签收之日为收到申请之日；以平常信函等无须签收的邮寄方式提交政府信息公开申请的，政府信息公开工作机构应当于收到申请的当日与申请人确认，确认之日为收到申请之日；

（三）申请人通过互联网渠道或者政府信息公开工作机构的传真提交政府信息公开申请的，以双方确认之日为收到申请之日。

第三十二条 依申请公开的政府信息公开会损害第三方合法权益的，行政机关应当书面征求第三方的意见。第三方应当自收到征求意见书之日起15个工作日内提出意见。第三方逾期未提出意见的，由行政机关依照本条例的规定决定是否公开。第三方不同意公开且有合理理由的，行政机关不予公开。行政机关认为不公开可能对公共利益造成重大影响的，可以决定予以公开，并将决定公开的政府信息内容和理由书面告知第三方。

第三十三条 行政机关收到政府信息公开申请，能够当场答复的，应当当场予以答复。

行政机关不能当场答复的，应当自收到申请之日起20个工作日内予以答复；需要延长答复期限的，应当经政府信息公开工作机构负责人同意并告知申请人，延长的期限最长不得超过20个工作日。

行政机关征求第三方和其他机关意见所需时间不计算在前款规定的期限内。

第三十四条 申请公开的政府信息由两个以上行政机关共同制作的，牵头制作的行政机关收到政府信息公开申请后可以征求相关行政机关的意见，被征求意见机关应当自收到征求意见书之日起15个工作日内提出意见，逾期未提出意见的视为同意公开。

第三十五条 申请人申请公开政府信息的数量、频次明显超过合理范围，行政机关可以要求申请人说明理由。行政机关认为申请理由不合理的，告知申请人不予处理；行政机关认为申请理由合理，但是无法在本条例第三十三条规定的期限内答复申请人的，可以确定延迟答复的合理期限并告知申请人。

第三十六条 对政府信息公开申请，行政机关根据下列情况分别作出答复：

（一）所申请公开信息已经主动公开的，告知申请人获取该政府信息的方式、途径；

（二）所申请公开信息可以公开的，向申请人提供该政府信息，或者告知申请人获取该政府信息的方式、途径和时间；

（三）行政机关依据本条例的规定决定不予公开的，告知申请人不予公开并说明理由；

（四）经检索没有所申请公开信息的，告知申请人该政府信息不存在；

（五）所申请公开信息不属于本行政机关负责公开的，告知申请人并说明理由；能够确定负责公开该政府信息的行政机关的，告知申请人该行政机关的名称、联系方式；

（六）行政机关已就申请人提出的政府信息公开申请作出答复、申请人重复申请公开相同政府信息的，告知申请人不予重复处理；

（七）所申请公开信息属于工商、不动产登记资料等信息，有关法律、行政法规对信息的获取有特别规定的，告知申请人依照有关法律、行政法规的规定办理。

第三十七条 申请公开的信息中含有不应当公开或者不属于政府信息的内容，但是能够作区分处理的，行政机关应当向申请人提供可以公开的政府信息内容，并对不予公开的内容说明理由。

第三十八条 行政机关向申请人提供的信息，应当是已制作或者获取的政府信息。除依照本条例第三十七条的规定能够作区分处理的外，需要行政机关对现有政府信息进行加工、分析的，行政机关可以不予提供。

第三十九条 申请人以政府信息公开申请的形式进行信访、投诉、举报等活动，行政机关应当告知申请人不作为政府信息公开申请处理并可以告知通过相应渠道提出。

申请人提出的申请内容为要求行政机关提供政府公报、报刊、书籍等公开出版物的，行政机关可以告知获取的途径。

第四十条 行政机关依申请公开政府信息，应当根据申请人的要求及行政机关保存政府信息的实际情况，确定提供政府信息的具体形式；按照申请人要求的形式提供政府信息，可能危及政府信息载体安全或者公开成本过高的，可以通过电子数据以及其他适当形式提供，或者安排申请人查阅、抄录相关政府信息。

第四十一条 公民、法人或者其他组织有证据证明行政机关提供的与其自身相关的政府信息记录不准确的，可以要求行政机关更正。有权更正的行政机关审核属实的，应当予以更正并告知申请人；不属于本行政机关职能范围的，行政机关可以转送有权更正的行政机关处理并告知申请人，或者告知申请人向有权更正的行政机关提出。

第四十二条 行政机关依申请提供政府信息，不收取费用。但是，申请人申请公开政府信息的数量、频次明显超过合理范围的，行政机关可以收取信息处理费。

行政机关收取信息处理费的具体办法由国务院价格主管部门会同国务院财政部门、全国政府信息公开工作主管部门制定。

第四十三条 申请公开政府信息的公民存在阅读困难或者视听障碍的，行政机关应当为其提供必要的帮助。

第四十四条 多个申请人就相同政府信息向同一行政机关提出公开申请，且该政府信息属于可以公开的，行政机关可以纳入主动公开的范围。

对行政机关依申请公开的政府信息，申请人认为涉及公众利益调整、需要公众广泛知晓或者需要公众参与决策的，可以建议行政机关将该信息纳入主动公开的范围。行政机关经审核认为属于主动公开范围的，应当及时主动公开。

第四十五条 行政机关应当建立健全政府信息公开申请登记、审核、办理、答复、归档的工作制度，加强工作规范。

第五章 监督和保障

第四十六条 各级人民政府应当建立健全政府信息公开工作考核制度、社会评议制度和责任追究制度，定期对政府信息公开工作进行考核、评议。

第四十七条 政府信息公开工作主管部门应当加强对政府信息公开工作的日常指导和监督检查，对行政机关未按照要求开展政府信息公开工作的，予以督促整改或者通报批评；需要对负有责任的领导人员和直接责任人员追究责任的，依法向有权机关提出处理建议。

公民、法人或者其他组织认为行政机关未按照要求主动公开政府信息或者对政府信息公开申请不依法答复处理的，可以向政府信息公开工作主管部门提出。政府信息公开工作主管部门查证属实的，应当予以督促整改或者通报批评。

第四十八条 政府信息公开工作主管部门应当对行政机关的政府信息公开工作人员定期进行培训。

第四十九条 县级以上人民政府部门应当在每年 1 月 31 日前向本级政府信息公开工作主管部门提交本行政机关上一年度政府信息公开工作年度报告并向社会公布。

县级以上地方人民政府的政府信息公开工作主管部门应当在每年 3 月 31 日前向社会公布本级政府上一年度政府信息公开工作年度报告。

第五十条 政府信息公开工作年度报告应当包括下列内容

（一）行政机关主动公开政府信息的情况；

（二）行政机关收到和处理政府信息公开申请的情况；

（三）因政府信息公开工作被申请行政复议、提起行政诉讼的情况；

（四）政府信息公开工作存在的主要问题及改进情况，各级人民政府的政府信息公开工作年度报告还应当包括工作考核、社会评议和责任追究结果情况；

（五）其他需要报告的事项。

全国政府信息公开工作主管部门应当公布政府信息公开工作年度报告统一格式，并适时更新。

第五十一条 公民、法人或者其他组织认为行政机关在政府信息公开工作中侵犯其合法权益的，可以向上一级行政机关或者政府信息公开工作主管部门投诉、举报，也可以依法申请行政复议或者提起行政诉讼。

第五十二条 行政机关违反本条例的规定，未建立健全政府信息公开有关制度、机制的，由上一级行政机关责令改正；情节严重的，对负有责任的领导人员和直接责任人员依法给予处分。

第五十三条 行政机关违反本条例的规定，有下列情形之一的，由上一级行政机关责令改正；情节严重的，对负有责任的领导人员和直接责任人员依法给予处分；构成犯罪的，依法追究刑事责任：

（一）不依法履行政府信息公开职能；

（二）不及时更新公开的政府信息内容、政府信息公开指南和政府信息公开目录；

（三）违反本条例规定的其他情形。

第六章 附则

第五十四条 法律、法规授权的具有管理公共事务职能的组织公开政府信息的活动，适用本条例。

第五十五条 教育、卫生健康、供水、供电、供气、供热、环境保护、公共交通等与人民群众利益密切相关的公共企事业单位，公开在提供社会公共服务过程中制作、获取的信息，依照相关法律、法规和国务院有关主管部门或者机构的规定执行。全国政府信息公开工作主管部门根据实际需要可以制定专门的规定。

前款规定的公共企事业单位未依照相关法律、法规和国务院有关主管部门或者机构的规定公开在提供社会公共服务过程中制作、获取的信息，公民、法人或者其他组织可以向有关主管部门或者机构申诉，接受申诉的部门或者机构应当及时调查处理并将处理结果告知申诉人。

第五十六条 本条例自 2019 年 5 月 15 日起施行。

2. 企业环境信息依法披露管理办法

（生态环境部令　第 24 号）

（2021 年 11 月 26 日由生态环境部 2021 年第四次部务会议审议通过，自 2022 年 2 月 8 日起施行）

第一章 总则

第一条 为了规范企业环境信息依法披露活动，加强社会监督，根据《中华人民共和国环境保护法》《中华人民共和国清洁生产促进法》《公共企事业单位信息公开规定制定办法》《环境信息依法披露制度改革方案》等相关法律法规和文件，制定本办法。

第二条 本办法适用于企业依法披露环境信息及其监督管理活动。

第三条 生态环境部负责全国环境信息依法披露的组织、指导、监督和管理。

设区的市级以上地方生态环境主管部门负责本行政区域环境信息依法披露的组织实施和监督管理。

第四条 企业是环境信息依法披露的责任主体。

企业应当建立健全环境信息依法披露管理制度，规范工作规程，明确工作职责，建立准确的环境信息管理台账，妥善保存相关原始记录，科学统计归集相关环境信息。

企业披露环境信息所使用的相关数据及表述应当符合环境监测、环境统计等方面的标准和技术规范要求，优先使用符合国家监测规范的污染物监测数据、排污许可证执行报告数据等。

第五条 企业应当依法、及时、真实、准确、完整地披露环境信息，披露的环境信息应当简明清晰、通俗易懂，不得有虚假记载、误导性陈述或者重大遗漏。

第六条 企业披露涉及国家秘密、战略高新技术和重要领域核心关键技术、商业秘密的环境信息，依照有关法律法规的规定执行；涉及重大环境信息披露的，应当按照国家有关规定请示报告。

任何公民、法人或者其他组织不得非法获取企业环境信息，不得非法修改披露的环境信息。

第二章 披露主体

第七条 下列企业应当按照本办法的规定披露环境信息：

（一）重点排污单位；

（二）实施强制性清洁生产审核的企业；

（三）符合本办法第八条规定的上市公司及合并报表范围内的各级子公司（以下简称上市公司）；

（四）符合本办法第八条规定的发行企业债券、公司债券、非金融企业债务融资工具的企业（以下简称发债企业）；

（五）法律法规规定的其他应当披露环境信息的企业。

第八条 上一年度有下列情形之一的上市公司和发债企业，应当按照本办法的规定披露环境信息：

（一）因生态环境违法行为被追究刑事责任的；

（二）因生态环境违法行为被依法处以十万元以上罚款的；

（三）因生态环境违法行为被依法实施按日连续处罚的；

（四）因生态环境违法行为被依法实施限制生产、停产整治的；

（五）因生态环境违法行为被依法吊销生态环境相关许可证件的；

（六）因生态环境违法行为，其法定代表人、主要负责人、直接负责的主管人员或者其他直接责任人员被依法处以行政拘留的。

第九条 设区的市级生态环境主管部门组织制定本行政区域内的环境信息依法披露企业名单（以下简称企业名单）。

设区的市级生态环境主管部门应当于每年3月底前确定本年度企业名单，并向社会公布。企业名单公布前应当在政府网站上进行公示，征求公众意见；公示期限不得少于十个工作日。

对企业名单公布后新增的符合纳入企业名单要求的企业，设区的市级生态环境主管部门应当将其纳入下一年度企业名单。

设区的市级生态环境主管部门应当在企业名单公布后十个工作日内报送省级生态环境主管部门。省级生态环境主管部门应当于每年4月底前，将本行政区域的企业名单报送生态环境部。

第十条 重点排污单位应当自列入重点排污单位名录之日起，纳入企业名单。

实施强制性清洁生产审核的企业应当自列入强制性清洁生产审核名单后，纳入企业名单，并延续至该企业完成强制性清洁生产审核验收后的第三年。

上市公司、发债企业应当连续三年纳入企业名单；期间再次发生本办法第八条规定情形的，应当自三年期限届满后，再连续三年纳入企业名单。

对同时符合本条规定的两种以上情形的企业，应当按照最长期限纳入企业名单。

第三章 披露内容和时限

第十一条 生态环境部负责制定企业环境信息依法披露格式准则（以下简称准则），并根据生态环境管理需要适时进行调整。

企业应当按照准则编制年度环境信息依法披露报告和临时环境信息依法披露报告，并上传至企业环境信息依法披露系统。

第十二条 企业年度环境信息依法披露报告应当包括以下内容：

（一）企业基本信息，包括企业生产和生态环境保护等方面的基础信息；

（二）企业环境管理信息，包括生态环境行政许可、环境保护税、环境污染责任保险、环保信用评价等方面的信息；

（三）污染物产生、治理与排放信息，包括污染防治设施，污染物排放，有毒有害物质排放，工业固体废物和危险废物产生、贮存、流向、利用、处置，自行监测等方面的信息；

（四）碳排放信息，包括排放量、排放设施等方面的信息；

（五）生态环境应急信息，包括突发环境事件应急预案、重污染天气应急响应等方面的信息；

（六）生态环境违法信息；

（七）本年度临时环境信息依法披露情况；

（八）法律法规规定的其他环境信息。

第十三条 重点排污单位披露年度环境信息时，应当披露本办法第十二条规定的环境信息。

第十四条 实施强制性清洁生产审核的企业披露年度环境信息时，除了披露本办法第十二条规定的环境信息外，还应当披露以下信息：

（一）实施强制性清洁生产审核的原因；

（二）强制性清洁生产审核的实施情况、评估与验收结果。

第十五条 上市公司和发债企业披露年度环境信息时，除了披露本办法第十二条规定的环境信息外，还应当按照以下规定披露相关信息：

（一）上市公司通过发行股票、债券、存托凭证、中期票据、短期融资券、超短期融资券、资产证券化、银行贷款等形式进行融资的，应当披露年度融资形式、金额、投向等信息，以及融资所投项目的应对气候变化、生态环境保护等相关信息；

（二）发债企业通过发行股票、债券、存托凭证、可交换债、中期票据、短期融资券、超短期融资券、资产证券化、银行贷款等形式融资的，应当披露年度融资形式、金额、投向等信息，以及融资所投项目的应对气候变化、生态环境保护等相关信息。

上市公司和发债企业属于强制性清洁生产审核企业的，还应当按照本办法第十四条的规定披露相关环境信息。

第十六条 企业未产生本办法规定的环境信息的，可以不予披露。

第十七条 企业应当自收到相关法律文书之日起五个工作日内，以临时环境信息依法披露报告的形式，披露以下环境信息：

（一）生态环境行政许可准予、变更、延续、撤销等信息；

（二）因生态环境违法行为受到行政处罚的信息；

（三）因生态环境违法行为，其法定代表人、主要负责人、直接负责的主管人员和其他直接责任人员被依法处以行政拘留的信息；

（四）因生态环境违法行为，企业或者其法定代表人、主要负责人、直接负责的主管人员和其他直接责任人员被追究刑事责任的信息；

（五）生态环境损害赔偿及协议信息。

企业发生突发环境事件的，应当依照有关法律法规规定披露相关信息。

第十八条 企业可以根据实际情况对已披露的环境信息进行变更；进行变更的，应当以临时环境信息依法披露报告的形式变更，并说明变更事项和理由。

第十九条 企业应当于每年3月15日前披露上一年度1月1日至12月31日的环境信息。

第二十条 企业在企业名单公布前存在本办法第十七条规定的环境信息的，应当于企业名单公布后十个工作日内以临时环境信息依法披露报告的形式披露本年度企业名单公布前的相关信息。

第四章 监督管理

第二十一条 生态环境部、设区的市级以上地方生态环境主管部门应当依托政府网站等设立企业环境信息依法披露系统，集中公布企业环境信息依法披露内容，供社会公众免费查询，不得向企业收取任何费用。

第二十二条 生态环境主管部门应当加强企业环境信息依法披露系统与全国排污许可证管理信息平台等生态环境相关信息系统的互联互通，充分利用信息化手段避免企业重复填报。

生态环境主管部门应当加强企业环境信息依法披露系统与信用信息共享平台、金融信用信息基础数据库对接，推动环境信息跨部门、跨领域、跨地区互联互通、共享共用，及时将相关环境信息提供给有关部门。

第二十三条 设区的市级生态环境主管部门应当于每年3月底前，将上一年度本行政区域环境信息依法披露情况报送省级生态环境主管部门。省级生态环境主管部门应当于每年4月底前将相关情况报送生态环境部。

报送的环境信息依法披露情况应当包括以下内容：

（一）企业开展环境信息依法披露的总体情况；

（二）对企业环境信息依法披露的监督检查情况；

（三）其他应当报送的信息。

第二十四条 生态环境主管部门应当会同有关部门加强对企业环境信息依法披露活动的监督检查，及时受理社会公众举报，依法查处企业未按规定披露环境信息的行为。鼓励生态环境主管部门运用大数据分析、人工智能等技术手段开展监督检查。

第二十五条 公民、法人或者其他组织发现企业有违反本办法规定行为的，有权向生态环境主管部门举报。接受举报的生态环境主管部门应当依法进行核实处理，并对举报人的相关信息予以保密，保护举报人的合法权益。

生态环境主管部门应当畅通投诉举报渠道，引导社会公众、新闻媒体等对企业环境信息依法披露进行监督。

第二十六条 设区的市级以上生态环境主管部门应当按照国家有关规定，将环境信息依法披露纳入企业信用管理，作为评价企业信用的重要指标，并将企业违反环境信息依法披露要求的行政处罚信息记入信用记录。

第五章 罚则

第二十七条 法律法规对企业环境信息公开或者披露规定了法律责任的，依照其规定执行。

第二十八条 企业违反本办法规定，不披露环境信息，或者披露的环境信息不真实、不准确的，由设区的市级以上生态环境主管部门责令改正，通报批评，并可以处一万元以上十万元以下的罚款。

第二十九条 企业违反本办法规定，有下列行为之一的，由设区的市级以上生态环境主管部门责令改正，通报批评，并可以处五万元以下的罚款：

（一）披露环境信息不符合准则要求的；

（二）披露环境信息超过规定时限的；

（三）未将环境信息上传至企业环境信息依法披露系统的。

第三十条 设区的市级以上地方生态环境主管部门在企业环境信息依法披露监督管理中有玩忽职守、滥用职权、徇私舞弊行为的，依法依纪对直接负责的主管人员或者其他直接责任人员给予处分。

第六章 附则

第三十一条 事业单位依法披露环境信息的，参照本办法执行。

第三十二条 本办法由生态环境部负责解释。

第三十三条 本办法自 2022 年 2 月 8 日起施行。《企业事业单位环境信息公开办法》（环境保护部令 第 31 号）同时废止。

3. 国务院办公厅关于施行《中华人民共和国政府信息公开条例》若干问题的意见

（国办发〔2008〕36号）

各省、自治区、直辖市人民政府，国务院各部委、各直属机构：

为有利于贯彻施行《中华人民共和国政府信息公开条例》（以下简称条例），积极稳妥地推进政府信息公开工作，保障公民、法人和其他组织依法获取政府信息，经国务院同意，现就条例施行中的若干问题提出以下意见：

一、关于政府信息公开管理体制问题

（一）县级以上人民政府各部门（单位）要在本级人民政府信息公开工作主管部门的统一指导、协调、监督下开展政府信息公开工作。

（二）实行垂直领导的部门（单位）要在其上级业务主管部门（单位）的领导下，在所在地地方人民政府统一指导、协调下开展政府信息公开工作。实行双重领导的部门（单位）要在所在地地方人民政府的领导下开展政府信息公开工作，同时接受上级业务主管部门（单位）的指导。

二、关于建立政府信息发布协调机制问题

（三）各级人民政府信息公开工作主管部门要组织、协调有关行政机关建立健全政府信息发布协调机制，形成畅通高效的信息发布沟通渠道。行政机关拟发布的政府信息涉及其他行政机关的，要与有关行政机关沟通协调，经对方确认后方可发布；沟通协调后不能达成一致意见的，由拟发布该政府信息的行政机关报请本级政府信息公开工作主管部门协调解决。

（四）根据法律、行政法规和国家有关规定，发布农产品质量安全状况、重大传染病疫情、重大动物疫情、重要地理信息数据、统计信息等政府信息，要严格按照规定权限和程序执行。

三、关于发布政府信息的保密审查问题

（五）行政机关在制作政府信息时，要明确该政府信息是否应当公开；对于不能确定是否可以公开的，要报有关业务主管部门（单位）或者同级保密工作部门确定。

（六）行政机关要严格依照《中华人民共和国保守国家秘密法》及其实施办法等相关规定，对拟公开的政府信息进行保密审查。凡属国家秘密或者公开后可能危及国家安全、公共安全、经济安全和社会稳定的政府信息，不得公开。

（七）对主要内容需要公众广泛知晓或参与，但其中部分内容涉及国家秘密的政府信息，应经法定程序解密并删除涉密内容后，予以公开。

（八）已经移交档案馆及档案工作机构的政府信息的管理，依照有关档案管理的法律、行政法规和国家有关规定执行。

四、关于主动公开政府信息问题

（九）各级行政机关特别是国务院各部门（单位）、各省（区、市）人民政府及其部门（单位）要建立健全政府信息主动公开机制，增强工作的主动性和实效性。要充分利用政府网站、政府公报等各种便于公众知晓的方式，及时公开政府信息，并逐步完善政府信息公开目录及网上查询功能，为公众提供优质服务。

（十）因政府机构改革不再保留的部门（单位）的政府信息公开工作，由继续履行其职能的部门（单位）负责。

五、关于依申请公开政府信息问题

（十一）国务院各部门（单位）和地方各级人民政府及其部门（单位）要切实做好依申请公开政府信息的工作。要采取多种方式，方便公民、法人和其他组织申请公开政府信息。特别是设区的市级人民政府及其部门（单位）、县级人民政府及其部门（单位）、乡（镇）人民政府，直接面向基层群众，要充分利用现有的行政服务大厅、行政服务中心等行政服务场所，或者设立专门的接待窗口和场所，为人民群众提供便利，确保政府信息公开申请得到及时、妥善处理。省（区、市）人民政府、国务院各部门（单位）在做好本行政机关依申请公开政府信息工作的同时，要加强对下级政府和部门（单位）的指导。国务院办公厅不直接受理公民、法人和其他组织提出的政府信息公开申请。

（十二）行政机关要按照条例规定的时限及时答复申请公开政府信息的当事人。同时，对于可以公开的政府信息，能够在答复时提供具体内容的，要同时提供；不能同时提供的，要确定并告知申请人提供的期限。在条例正式施行后，如一段时间内出现大量申请公开政府信息的情况，行政机关难以按照条例规定期限答复的，要及时向申请人说明并尽快答复。

（十三）对于同一申请人向同一行政机关就同一内容反复提出公开申请的，行政机关可以不重复答复。

（十四）行政机关对申请人申请公开与本人生产、生活、科研等特殊需要无关的政府信息，可以不予提供；对申请人申请的政府信息，如公开可能危及国家安全、公共安全、经济安全和社会稳定，按规定不予提供，可告知申请人不属于政府信息公开的范围。

六、关于监督保障问题

（十五）国务院各部门（单位）和地方各级人民政府要抓紧制订完善政府信息公开工作考核办法，明确考核的原则、内容、标准、程序和方式。要建立社会评议制度，把政府信息公开工作纳入社会评议政风、行风的范围，并根据评议结果完善制度、改进工作。

（十六）国务院各部门（单位）和地方各级人民政府及其部门（单位）要建立健全分层级受理举报的制度，及时研究解决政府信息公开工作中反映出来的问题。公民、法人或者其他组织认为行政机关不依法履行政府信息公开义务的，可向本级监察机关、政府信息公开工作主管部门举报；对本级监察机关和政府信息公开工作主管部门的处理不满意的，可向上一级业务主管部门、监察机关或者政府信息公开工作主管部门举报。

（十七）国务院各部门（单位）和地方各级人民政府要按照《国务院办公厅关于做好施行〈中华人民共和国政府信息公开条例〉准备工作的通知》（国办发〔2007〕54 号）的要求，落实业务经费，加强队伍建设。

（十八）国务院各部门（单位）和地方各级人民政府可以根据条例的规定，结合本部门（单位）、本地区的实际情况，制定施行条例的具体办法，保证条例的各项规定得到落实。

七、关于公共企事业单位的信息公开工作

（十九）国务院有关主管部门（单位）要按照条例的要求，把公共企事业单位的信息公开纳入本部门（单位）信息公开工作的总体部署，在 2008 年 10 月底前制定具体的实施办法，积极推动公共企事业单位的信息公开工作。同时，要加强对各省（区、市）人民政府有关部门的工作指导，把公共企事业单位信息公开工作全面推向深入。

（二十）公共企事业单位要以涉及人民群众切身利益、社会普遍关心的内容为重点，切实做好信息公开工作。要创新公开形式，拓展公开渠道，完善公开制度，全面提高公开工作水平。

国务院办公厅

二〇〇八年四月二十九日

4. 关于印发《建设项目环境影响评价信息公开机制方案》的通知

（环发〔2015〕162 号）

各省、自治区、直辖市环境保护厅（局），新疆生产建设兵团环境保护局：

为贯彻落实《生态文明体制改革总体方案》，健全环境治理体系，完善建设项目环境影响评价信息公开机制，我部研究制定了《建设项目环境影响评价信息公开机制方案》，现印发给你们，请认真贯彻实施。

附件：建设项目环境影响评价信息公开机制方案

环境保护部

2015 年 12 月 10 日

附：

建设项目环境影响评价信息公开机制方案

根据《生态文明体制改革总体方案》，为健全环境治理体系，完善环境信息公开制度，制定本方案。

一、总体要求

（一）指导思想。深入贯彻落实中共中央国务院《生态文明体制改革总体方案》和习近平总书记关于生态文明系列重要讲话精神，引导人民群众树立环境保护意识，保障公众依法有序行使环境保护知情权、参与权和监督权，加强环境影响评价工作的公开、透明，强化对建设单位的监督约束，推进环评“阳光审批”，实现建设项目环评信息的全过程、全覆盖公开，推进形成多方参与、全社会齐心共治的环境治理体系。

（二）基本原则

明确公开主体。建设单位是建设项目选址、建设、运营全过程环境信息公开的主体，是建设项目环境影响报告书（表）相关信息和审批后环境保护措施落实情况公开的主体；各级环境保护主管部门是建设项目环评政府信息公开的主体。

依法公开信息。依据《环境保护法》《大气污染防治法》《环境影响评价法》《政府信息公开条例》以及《环境信息公开办法（试行）》《企事业单位环境信息公开办法》等相关规定，信息公开主体依法依规公开建设项目环评信息，其中涉及国家秘密、商业秘密、个人隐私以及国家安全、公共安全、经济安全和社会稳定等内容，应当按国家有关法律、法规规定不予公开。

保障公众权益。通过健全建设项目环评信息公开机制，确保公众能够方便获取建设单位和环境保护主管部门建设项目环评信息，畅通公众参与和社会监督渠道，保障可能受建设项目环境影响的公众环境权益。

强化监督约束。健全环境保护主管部门内部环评信息监督机制，建立环境保护主管部门对建设单位环评信息公开约束机制，对未按相关规定履行环评信息公开义务的，依照相关规定追究其责任。

（三）主要目标。到2016年底，建立全过程、全覆盖的建设项目环评信息公开机制，保障公众对项目建设的环境影响知情权、参与权和监督权。

二、建立建设单位环评信息公开机制

（四）全面推进建设单位环评信息全过程公开。强化建设单位主体责任，明确建设单位既是建设项目环评公众参与和履行环境责任的主体，也是建设项目环评信息公开的主体，全面规范建设单位环评信息公开范围、公开时段、公开内容、公开程序、公开方式。

（五）公开环境影响报告书编制信息。根据建设项目环评公众参与相关规定，建设单位在建设项目环境影响报告书编制过程中，应当向社会公开建设项目的工程基本情况、拟定选址选线、周边主要保护目标的位置和距离、主要环境影响预测情况、拟采取的主要环境保护措施、公众参与的途经方式等。

（六）公开环境影响报告书（表）全本。根据《大气污染防治法》，建设单位在建设项目环境影响报告书（表）编制完成后，向环境保护主管部门报批前，应当向社会公开环境影响报告书（表）全本，其中对于编制环境影响报告书的建设项目还应一并公开公众参与情况说明。报批过程中，如对环境影响报告书（表）进一步修改，应及时公开最后版本。

（七）公开建设项目开工前的信息。建设项目开工建设前，建设单位应当向社会公开建设项目开工日期、设计单位、施工单位和环境监理单位、工程基本情况、实际选址选线、拟采取的环境保护措施清单和实施计划、由地方政府或相关部门负责配套的环境保护措施清单和实施计划等，并确保上述信息在整个施工期内均处于公开状态。

（八）公开建设项目施工过程中的信息。项目建设过程中，建设单位应当在施工中期向社会公开建设项目环境保护措施进展情况、施工期的环境保护措施落实情况、施工期环境监理情况、施工期环境监测结果等。

（九）公开建设项目建成后的信息。建设项目建成后，建设单位应当向社会公开建设项目环评提出的各项环境保护设施和措施执行情况、竣工环境保护验收监测和调查结果。对主要因排放污染物对环境产生影响的建设项目，投入生产或使用后，应当定期向社会特别是周边社区公开主要污染物排放情况。

三、健全环境保护主管部门环评信息公开机制

（十）全面推进环境保护主管部门环评信息全过程公开。各级环境保护主管部门应当通过本部门政府网站公开环评相关法律、法规、规章及审批指南，公开建设项目环评审批、竣工环境保护验收和环评资质的受理、审查和审批决定等政府信息。

（十一）公开建设项目环境影响报告书（表）受理信息。各级环境保护主管部门在受理建设项目环境影响报告书（表）后，应当向社会公开项目名称、建设地点、建设单位、环评机构、受理日期等受理情况，并公开环境影响报告书（表）全本（除涉及国家秘密和商业秘密等内容外）。

（十二）公开建设项目环境影响报告书（表）审查信息。各级环境保护主管部门在对建设项目环境影响报告书（表）进行审查时，应当向社会公开项目名称、建设地点、建设单位、环评机构、项目概况、主要环境影响和环境保护对策与措施、建设单位开展的公众参与情况、相关部门意见等，告知申请人和利害关系人听证权利。

（十三）公开建设项目环境影响报告书（表）审批信息。各级环境保护主管部门在对建设项目环境影响报告书（表）作出批准或不予批准的审批决定后，应当向社会公开文件名称、文号、时间等审批情况并公开审批决定全文，告知申请人和利害关系人行政复议与行政诉讼权利。

（十四）公开建设项目全过程监管信息。在项目建设过程中，环境保护主管部门发现建设项目存在“未批先建”、擅自发生重大变动、不落实“三同时”及违法建成投入生产或使用等违法情况，应当向社会公开，同时公开对违法建设单位下达的限期整改、行政处罚等法律责任追究以及建设单位限期整改落实情况相关信息。建设项目投入生产或使用后，环境保护主管部门应当公开建设项目竣工环境保护验收结果。

（十五）公开环评资质管理信息。环境保护部向社会全面公开环评机构和从业人员的资质审查情况、批准结果以及对违规行为的处理情况。环境保护部政府网站设立环评资质信息专栏，将所有环评机构和从业人员的资质信息和诚信记录全部公开。地方各级环境保护主管部门通过本部门政府网站建立环评机构和环评人员诚信记录系统，向社会公布日常考核和年度考核情况。

（十六）发布重要环评政策信息。建立与媒体沟通机制，积极宣传环评领域主要工作进展及成果，解读最新发布的环评管理政策。对涉及环评的敏感、突发、重大事件及时发声、积极引导、正面宣传、做好解释。

（十七）依法做好依申请信息公开。各级环境保护主管部门除公开上述环评政府信息之外，还应当按照国家和地方有关政府信息公开规定，对公民、法人和其他组织申请获取其他环评政府信息依法按程序办理。

四、建立健全环评信息公开监督约束机制

（十八）加快修订相关法规规章。修订《建设项目环境保护管理条例》，建立建设项目环境保护管理全过程信息公开机制。修订《环境信息公开办法（试行）》，进一步强化环评信息公开相关规定。修订《建设项目环境影响评价公众参与暂行办法》，规范环评公众参与的范围、时段、内容、程序、方式等。

（十九）强化信息公开的监督约束。健全环境保护主管部门内部监督机制，对未按相关规定公开环评政府信息的有关环境保护主管部门，依据《政府信息公开条例》《环境信息公开办法（试行）》等相关规定，追究其行政责任或其他法律责任。建立环境保护主管部门对建设单位环评信息公开的约束机制，对未按《环境保护法》等相关规定公开建设项目环评信息开展公众参与、未按《大气污染防治法》公开环境影响报告书（表）全本的建设单位，环境保护主管部门不予受理和审批其建设项目环境影响报告书（表）；对未按相关规定公开其他环评信息的建设单位，依据相关规定追究其法律责任。

（二十）积极回应社会监督。环境保护主管部门可通过官方网站、开通官方微博和微信公众号等多种形式发布建设项目环评信息，对于公众反映的建设项目重要环境问题或举报的环评违法问题，应当依法予以核实处理并反馈。建设单位可通过互联网或其他媒体形式建立建设项目环评信息发布平台，对于公众反映的建设项目有关环境问题，应当给予高度关注并妥善解决。在建设项目立项前期、环境影响报告书（表）编制期、施工期和建成运营期，建立与公众信息沟通和意见反馈机制，履行好社会责任和环境责任。

5. 关于印发《国家重点监控企业自行监测及信息公开办法（试行）》和《国家重点监控企业污染源监督性监测及信息公开办法（试行）》的通知

（环发〔2013〕81号）

各省、自治区、直辖市环境保护厅（局），新疆生产建设兵团环境保护局，辽河保护区管理局：

为建立和完善污染源监测及信息公开制度，我部组织编制了《国家重点监控企业自行监测及信息公开办法（试行）》及《国家重点监控企业污染源监督性监测及信息公开办法（试行）》，现印发你们。

请按照办法要求加强监督，督促企业履行责任与义务，开展自行监测；进一步规范环保部门监督性监测，推动污染源监测信息公开。我部将定期对相关工作开展情况进行考核。

附件：

1. 国家重点监控企业自行监测及信息公开办法（试行）
2. 国家重点监控企业污染源监督性监测及信息公开办法（试行）

环境保护部

2013年7月30日

附件1

国家重点监控企业自行监测及信息公开办法

（试行）

第一章　总则

第一条　为规范企业自行监测及信息公开，督促企业自觉履行法定义务和社会责任，推动公众参与，根据《中华人民共和国环境保护法》《中华人民共和国大气污染防治法》《“十二五”主要污染物总量减排考核办法》《“十二五”主要污染物总量减排监测办法》《环境监测管理办法》等有关规定，制定本办法。

第二条　本办法适用于国家重点监控企业、以及纳入各地年度减排计划且向水体集中直接排放污水的规模化畜禽养殖场（小区）。其他企业可参照执行。

本办法所称的企业自行监测，是指企业按照环境保护法律法规要求，为掌握本单位的污染物排放状况及其对周边环境质量的影响等情况，组织开展的环境监测活动。

第三条　企业可依托自有人员、场所、设备开展自行监测，也可委托其他检（监）

测机构代其开展自行监测。

企业对其自行监测结果及信息公开内容的真实性、准确性、完整性负责。

第二章 监测与报告

第四条 企业应当按照国家或地方污染物排放（控制）标准、环境影响评价报告书（表）及其批复、环境监测技术规范的要求，制定自行监测方案。

自行监测方案内容应包括企业基本情况、监测点位、监测频次、监测指标、执行排放标准及其限值、监测方法和仪器、监测质量控制、监测点位示意图、监测结果公开时限等。

自行监测方案及其调整、变化情况应及时向社会公开，并报地市级环境保护主管部门备案，其中装机总容量30万千瓦以上火电厂向省级环境保护主管部门备案。

第五条 企业自行监测内容应当包括：

（一）水污染物排放监测；

（二）大气污染物排放监测；

（三）厂界噪声监测；

（四）环境影响评价报告书（表）及其批复有要求的，开展周边环境质量监测。

第六条 企业应当按照环境保护主管部门的要求，加强对其排放的特征污染物的监测。

第七条 企业应当按照环境监测管理规定和技术规范的要求，设计、建设、维护污染物排放口和监测点位，并安装统一的标识牌。

第八条 企业自行监测应当遵守国家环境监测技术规范和方法。国家环境监测技术规范和方法中未作规定的，可以采用国际标准和国外先进标准。

自行监测活动可以采用手工监测、自动监测或者手工监测与自动监测相结合的技术手段。环境保护主管部门对监测指标有自动监测要求的，企业应当安装相应的自动监测设备。

第九条 采用自动监测的，全天连续监测；采用手工监测的，应当按以下要求频次开展监测，其中，国家或地方发布的规范性文件、规划、标准中对监测指标的监测频次有明确规定的，按规定执行：

（一）化学需氧量、氨氮每日开展监测，废水中其他污染物每月至少开展一次监测；

（二）二氧化硫、氮氧化物每周至少开展一次监测，颗粒物每月至少开展一次监测，废气中其他污染物每季度至少开展一次监测；

（三）纳入年度减排计划且向水体集中直接排放污水的规模化畜禽养殖场（小区），每月至少开展一次监测；

（四）厂界噪声每季度至少开展一次监测；

（五）企业周边环境质量监测，按照环境影响评价报告书（表）及其批复要求执行。

第十条 以手工监测方式开展自行监测的，应当具备以下条件：

（一）具有固定的工作场所和必要的工作条件；

（二）具有与监测本单位排放污染物相适应的采样、分析等专业设备、设施；

（三）具有两名以上持有省级环境保护主管部门组织培训的、与监测事项相符的培训证书的人员；

（四）具有健全的环境监测工作和质量管理制度；

（五）符合环境保护主管部门规定的其他条件。

以自动监测方式开展自行监测的，应当具备以下条件：

（一）按照环境监测技术规范和自动监控技术规范的要求安装自动监测设备，与环境保护主管部门联网，并通过环境保护主管部门验收；

（二）具有两名以上持有省级环境保护主管部门颁发的污染源自动监测数据有效性审核培训证书的人员，对自动监测设备进行日常运行维护；

（三）具有健全的自动监测设备运行管理工作和质量管理制度；

（四）符合环境保护主管部门规定的其他条件。

第十一条 企业自行监测采用委托监测的，应当委托经省级环境保护主管部门认定的社会检测机构或环境保护主管部门所属环境监测机构进行监测。承担监督性监测任务的环境保护主管部门所属环境监测机构不得承担所监督企业的自行监测委托业务。

第十二条 自行监测记录包含监测各环节的原始记录、委托监测相关记录、自动监测设备运维记录，各类原始记录内容应完整并有相关人员签字，保存三年。

第十三条 企业应当定期参加环境监测管理和相关技术业务培训。

第十四条 企业自行监测应当遵守国务院环境保护主管部门颁布的环境监测质量管理规定，确保监测数据科学、准确。

第十五条 企业应当使用自行监测数据，按照国务院环境保护主管部门有关规定计算污染物排放量，在每月初的 7 个工作日内向环境保护主管部门报告上月主要污染物排放量，并提供有关资料。

第十六条 企业自行监测发现污染物排放超标的，应当及时采取防止或减轻污染的措施，分析原因，并向负责备案的环境保护主管部门报告。

第十七条 企业应于每年 1 月底前编制完成上年度自行监测开展情况年度报告，并向负责备案的环境保护主管部门报送。年度报告应包含以下内容：

（一）监测方案的调整变化情况；

（二）全年生产天数、监测天数，各监测点、各监测指标全年监测次数、达标次数、超标情况；

（三）全年废水、废气污染物排放量；

（四）固体废弃物的类型、产生数量，处置方式、数量以及去向；

（五）按要求开展的周边环境质量影响状况监测结果。

第三章 信息公开

第十八条 企业应将自行监测工作开展情况及监测结果向社会公众公开，公开内容应包括：

（一）基础信息：企业名称、法人代表、所属行业、地理位置、生产周期、联系方式、委托监测机构名称等；

（二）自行监测方案；

（三）自行监测结果：全部监测点位、监测时间、污染物种类及浓度、标准限值、达标情况、超标倍数、污染物排放方式及排放去向；

（四）未开展自行监测的原因；

（五）污染源监测年度报告。

第十九条 企业可通过对外网站、报纸、广播、电视等便于公众知晓的方式公开自行监测信息。同时，应当在省级或地市级环境保护主管部门统一组织建立的公布平台上公开自行监测信息，并至少保存一年。

第二十条 企业自行监测信息按以下要求的时限公开：

（一）企业基础信息应随监测数据一并公布，基础信息、自行监测方案如有调整变化时，应于变更后的五日内公布最新内容；

（二）手工监测数据应于每次监测完成后的次日公布；

（三）自动监测数据应实时公布监测结果，其中废水自动监测设备为每 2 小时均值，废气自动监测设备为每 1 小时均值；

（四）每年一月底前公布上年度自行监测年度报告。

第四章 监督与管理

第二十一条 负责备案的环境保护主管部门应当对企业自行监测方案内容和自行监测工作开展情况进行监督检查。对不符合环境监测管理规定和技术规范的自行监测行为，应要求企业及时整改，并将整改结果报环境保护主管部门。

第二十二条 公民、法人和其他组织可以对企业不依法履行自行监测和信息公开的行为进行举报，收到举报的环保部门应当进行调查，督促企业依法履行自行监测和信息公开义务。

第二十三条 企业拒不开展自行监测、不发布自行监测信息、自行监测报告和信息公开过程中有弄虚作假行为，或者开展相关工作存在问题且整改不到位的，环境保护主管部门可视情况采取以下环境管理措施，并按照相关法律规定进行处罚：

（一）向社会公布；

（二）不予环保上市核查；

（三）暂停各类环保专项资金补助；

（四）建议金融、保险不予信贷支持或者提高环境污染责任保险费率；

（五）建议取消其政府采购资格；

（六）暂停其建设项目环境影响评价文件审批；

（七）暂停发放排污许可证。

第五章 附则

第二十四条 本办法由国务院环境保护主管部门负责解释。

第二十五条 本办法自 2014 年 1 月 1 日起执行。

附件 2

国家重点监控企业污染源监督性监测及信息公开办法

（试行）

第一章 总则

第一条 为加强污染源监督性监测，推进污染源监测信息公开，依据《中华人民共和国政府信息公开条例》《环境监测管理办法》《“十二五”主要污染物总量减排考核办法》《“十二五”主要污染物总量减排监测办法》等有关规定，制定本办法。

第二条 本办法适用于环境保护主管部门对国家重点监控企业和纳入各地年度减排计划且向水体集中直接排放污水的规模化畜禽养殖场（小区）的污染源监督性监测及信息公开工作。其他企业的污染源监督性监测及信息公开工作可参照本办法执行。本办法不适用于突发环境事件的污染源监测及信息公开工作。

本办法所称的污染源监督性监测，是指环境保护主管部门为监督排污单位的污染物排放状况和自行监测工作开展情况组织开展的环境监测活动。

污染源监督性监测数据是开展环境执法和环境管理的重要依据。

第三条 各级环境保护主管部门对污染源监督性监测及信息公开工作实施统一组织、协调、指导、监督和考核。

环境保护主管部门所属的环境监测机构实施污染源监督性监测工作，负责收集、填报、传输和核对辖区内的污染源监督性监测数据，编制监测信息、监测报告等。

第四条 环境保护主管部门应当从人员、用房、设备等方面保障污染源监督性监测工作条件，将污染源监督性监测费用纳入财政预算并足额保障。

第二章 监测计划与实施

第五条 各级环境保护主管部门应当将污染源监督性监测工作纳入环境保护规划，并按照环境管理工作需求组织制定污染源监督性监测工作的年度计划和专项计划。

环境监测机构应当依据环境保护主管部门印发的污染源监督性监测工作的年度计划或专项计划，制定污染源监督性监测工作方案。

第六条 环境监测机构应当根据国家或地方污染物排放（控制）标准、环境影响评价报告书（表）及其批复、环境监测技术规范以及环境管理的需要，开展监督性监测。

第七条 环境监测机构工作人员在进行污染源监督性监测工作时，须出示有效证件进入排污单位依法开展污染源监督性监测。需要进入军队或保密单位进行监测的，应事先通知被监测单位的主管部门。

环境监测机构工作人员应当为被监测单位保守商业秘密和技术秘密。

第八条 现场采样时，环境监测机构工作人员应认真填写采样记录表、污染源和监测点位示意图等原始监测记录，并由被监测单位签字确认。

被监测单位对样品采集过程有异议的，环境监测机构工作人员应当在原始监测记录上记录异议内容，并由被监测单位签字确认。如被监测单位拒绝签字，环境监测机构工作人员应在原始监测记录上注明。

第九条 环境监测机构在现场采样过程中，有下列情形之一的视为不具备监测条件，环境监测机构可不开展污染源监督性监测，记录原因并及时向同级环境保护主管部门报告：

（一）被监测单位拒绝环境监测机构工作人员进入的；

（二）被监测单位的排污口、采样平台不符合环境监测技术规范相关规定，无法保证监测人员人身安全及正常开展监测的；

（三）被监测单位的污染物不外排，并经地市级（包含省管县）及以上环境保护主管部门确认的；

（四）全年停产等不具备监测条件的企业需经地市级（包含省管县）环境保护行政主管部门提供相关证明材料，永久性关停企业需提供当地政府等相关部门出具的证明材料，并经省级环境保护行政主管部门确认；

（五）其他不具备监测条件的情况。

第十条 环境监测机构工作人员应当按照国家环境监测技术规范、方法和环境监测质量管理规定，采集、保存、运输、分析监测样品。

第十一条 各级环境保护主管部门要建立环境监测机构和环境执法机构的协作配合机制。环境监测机构及时向环境执法机构提供污染源排放数据，环境执法机构及时向环境监测机构提供企业污染物不外排、企业停产或永久性关停等信息。

第三章 监测结果的报送

第十二条 环境监测机构应严格按照环境监测质量管理有关规范对污染源监督性监测数据执行三级审核制度。

环境监测机构对污染源监督性监测数据的真实性、准确性负责，环境保护主管部门不得行政干预。

第十三条 环境监测机构应当在完成监测工作后5个工作日内，将监督性监测报告报送同级环境保护主管部门。

环境监测机构应当及时向同级环境保护主管部门报送未开展监督性监测企业名单及未监测原因等信息。

环境监测机构应当将污染源监督性监测数据和未开展监督性监测企业信息等相关资料按规定时间报送至上级环境监测机构。

一个季度内开展多次监督性监测的，应上报全部监测数据，不得选择性报送监测数据。

第十四条 环境监测机构编写辖区内污染源排放状况报告、自动监测设备比对监测报告、提取辖区内超标企业名单及超标信息形成污染源监测信息，按规定时间报送同级环境保护主管部门和上级环境监测机构。

环境监测机构按季度汇总未开展污染源监督性监测的污染源及排污口，逐一说明未监测原因，报送同级环境保护主管部门和上级环境监测机构。

第十五条 省级环境监测机构对于地市级环境监测机构报送的监督性监测数据，发现污染源基础属性数据、执行标准、监测数据填报录入等错误，应责成地市级环境监测机构核实，变更后重新上报。

省级环境监测机构应将变更前后的监测数据及对变更要求的处理意见一并报上级环境监测机构和同级环境保护主管部门。

各级环境保护主管部门定期对监测数据变更情况进行通报。

第十六条 环境监测机构应当按照同级环境保护主管部门的要求，建立和维护污染源基础信息档案和污染源监督性监测数据库。

各级环境保护主管部门应当加强信息交流与合作建立污染源监测数据信息共享机制。

第四章 信息公开

第十七条 污染源监测信息应当依法公开。

各级环境保护主管部门负责向社会公开本级及下级完成的国家重点监控企业污染源监督性监测信息。公开信息内容主要包括：

（一）污染源监督性监测结果，包括：污染源名称、所在地、监测点位名称、监测日期、监测指标名称、监测指标浓度、排放标准限值、按监测指标评价结论；

（二）未开展污染源监督性监测的原因；

（三）国家重点监控企业监督性监测年度报告。

国务院环境保护主管部门适时公布污染物排放超过国家或者地方排放标准、污染严重的国家重点监控企业的污染源监督性监测信息。

第十八条 地市级和省级环境保护主管部门分别通过部门官方网站向社会公布本辖区内国家重点监控企业的污染源监督性监测结果和未开展监督性监测的原因，信息至少在网站保存一年。

鼓励地市级和省级环境保护主管部门通过报纸、广播、电视等便于公众知晓的方式公开污染源监督性监测信息。

第十九条 地市级和省级环境保护主管部门应当于获取污染源监督性监测信息后20个工作日内公开污染源监督性监测信息。

第五章 监督管理

第二十条 环境保护主管部门应当对下级环境保护主管部门执行污染源监测管理制度、制定并组织实施辖区内污染源监测工作计划的情况、污染源监督性监测信息公开的情况、污染源监督性监测条件保障的情况，开展监督、检查和考核。

第二十一条 环境保护主管部门应当对所属的环境监测机构执行污染源监测管理制度和技术规范执行情况、完成辖区内污染源监测工作任务的情况，开展监督、检查和考核。

第二十二条 上级环境监测机构应当对下级环境监测机构进行技术指导、技术监督和监测质量核查。

第二十三条 县级以上环境保护主管部门及其工作人员、环境监测机构及环境监测人员有下列行为之一的，由任免机关或者监察机关按照管理权限依法给予行政处分：

（一）环境监测机构未按相关规定开展监督性监测的；

（二）环境保护主管部门未按规定公布污染源监督性监测信息或公布虚假污染源监督性监测信息的；

（三）故意延报监测结果或报告的；

（四）伪造、篡改污染源监测数据的；

（五）不依法履行职责的其他行为。

未按规定进行信息公开的，上级环境保护主管部门应当责令公布。

第二十四条 被监测单位有第九条（一）、（二）款情形之一的，由环境保护主管部门依法进行处理。

第二十五条 公民、法人和其他组织认为环境保护主管部门不依法履行污染源监督性监测和信息公开义务的，可以向上级环境保护主管部门举报，收到举报的上级环境保护主管部门应当督促下级环境保护主管部门依法履行监测和信息公开义务。

第六章 附则

第二十六条 本办法由国务院环境保护主管部门负责解释。

第二十七条 本办法自 2014 年 1 月 1 日起执行。

6. 最高人民法院关于审理政府信息公开行政案件若干问题的规定

（法释〔2011〕17 号）

为正确审理政府信息公开行政案件，根据《中华人民共和国行政诉讼法》《中华人民共和国政府信息公开条例》等法律、行政法规的规定，结合行政审判实际，制定本规定。

第一条 公民、法人或者其他组织认为下列政府信息公开工作中的具体行政行为侵犯其合法权益，依法提起行政诉讼的，人民法院应当受理：

（一）向行政机关申请获取政府信息，行政机关拒绝提供或者逾期不予答复的；

（二）认为行政机关提供的政府信息不符合其在申请中要求的内容或者法律、法规规定的适当形式的；

（三）认为行政机关主动公开或者依他人申请公开政府信息侵犯其商业秘密、个人隐私的；

（四）认为行政机关提供的与其自身相关的政府信息记录不准确，要求该行政机关予以更正，该行政机关拒绝更正、逾期不予答复或者不予转送有权机关处理的；

（五）认为行政机关在政府信息公开工作中的其他具体行政行为侵犯其合法权益的。

公民、法人或者其他组织认为政府信息公开行政行为侵犯其合法权益造成损害的，可以一并或单独提起行政赔偿诉讼。

第二条 公民、法人或者其他组织对下列行为不服提起行政诉讼的，人民法院不予受理：

（一）因申请内容不明确，行政机关要求申请人作出更改、补充且对申请人权利义务不产生实际影响的告知行为；

（二）要求行政机关提供政府公报、报纸、杂志、书籍等公开出版物，行政机关予以拒绝的；

（三）要求行政机关为其制作、搜集政府信息，或者对若干政府信息进行汇总、分析、加工，行政机关予以拒绝的；

（四）行政程序中的当事人、利害关系人以政府信息公开名义申请查阅案卷材料，行政机关告知其应当按照相关法律、法规的规定办理的。

第三条 公民、法人或者其他组织认为行政机关不依法履行主动公开政府信息义务，直接向人民法院提起诉讼的，应当告知其先向行政机关申请获取相关政府信息。对行政机关的答复或者逾期不予答复不服的，可以向人民法院提起诉讼。

第四条 公民、法人或者其他组织对国务院部门、地方各级人民政府及县级以上地方人民政府部门依申请公开政府信息行政行为不服提起诉讼的，以作出答复的机关为被告；逾期未作出答复的，以受理申请的机关为被告。

公民、法人或者其他组织对主动公开政府信息行政行为不服提起诉讼的，以公开该政府信息的机关为被告。

公民、法人或者其他组织对法律、法规授权的具有管理公共事务职能的组织公开政府信息的行为不服提起诉讼的，以该组织为被告。

有下列情形之一的，应当以在对外发生法律效力的文书上署名的机关为被告：

（一）政府信息公开与否的答复依法报经有权机关批准的；

（二）政府信息是否可以公开系由国家保密行政管理部门或者省、自治区、直辖市保密行政管理部门确定的；

（三）行政机关在公开政府信息前与有关行政机关进行沟通、确认的。

第五条 被告拒绝向原告提供政府信息的，应当对拒绝的根据以及履行法定告知和说明理由义务的情况举证。

因公共利益决定公开涉及商业秘密、个人隐私政府信息的，被告应当对认定公共利益以及不公开可能对公共利益造成重大影响的理由进行举证和说明。

被告拒绝更正与原告相关的政府信息记录的，应当对拒绝的理由进行举证和说明。

被告能够证明政府信息涉及国家秘密，请求在诉讼中不予提交的，人民法院应当准许。

被告主张政府信息不存在，原告能够提供该政府信息系由被告制作或者保存的相关线索的，可以申请人民法院调取证据。

被告以政府信息与申请人自身生产、生活、科研等特殊需要无关为由不予提供的，人民法院可以要求原告对特殊需要事由作出说明。

原告起诉被告拒绝更正政府信息记录的，应当提供其向被告提出过更正申请以及政府信息与其自身相关且记录不准确的事实根据。

第六条 人民法院审理政府信息公开行政案件，应当视情采取适当的审理方式，以避免泄露涉及国家秘密、商业秘密、个人隐私或者法律规定的其他应当保密的政府信息。

第七条 政府信息由被告的档案机构或者档案工作人员保管的，适用《中华人民共和国政府信息公开条例》的规定。

政府信息已经移交各级国家档案馆的，依照有关档案管理的法律、行政法规和国家有关规定执行。

第八条 政府信息涉及国家秘密、商业秘密、个人隐私的，人民法院应当认定属于不予公开范围。

政府信息涉及商业秘密、个人隐私，但权利人同意公开，或者不公开可能对公共利益造成重大影响的，不受前款规定的限制。

第九条 被告对依法应当公开的政府信息拒绝或者部分拒绝公开的，人民法院应当撤销或者部分撤销被诉不予公开决定，并判决被告在一定期限内公开。尚需被告调查、裁量的，判决其在一定期限内重新答复。

被告提供的政府信息不符合申请人要求的内容或者法律、法规规定的适当形式的，人民法院应当判决被告按照申请人要求的内容或者法律、法规规定的适当形式提供。

人民法院经审理认为被告不予公开的政府信息内容可以作区分处理的，应当判决被告限期公开可以公开的内容。

被告依法应当更正而不更正与原告相关的政府信息记录的，人民法院应当判决被告在一定期限内更正。尚需被告调查、裁量的，判决其在一定期限内重新答复。被告无权更正的，判决其转送有权更正的行政机关处理。

第十条 被告对原告要求公开或者更正政府信息的申请无正当理由逾期不予答复的，人民法院应当判决被告在一定期限内答复。原告一并请求判决被告公开或者更正政府信息且理由成立的，参照第九条的规定处理。

第十一条 被告公开政府信息涉及原告商业秘密、个人隐私且不存在公共利益等法定事由的，人民法院应当判决确认公开政府信息的行为违法，并可以责令被告采取相应的补救措施；造成损害的，根据原告请求依法判决被告承担赔偿责任。政府信息尚未公开的，应当判决行政机关不得公开。

诉讼期间，原告申请停止公开涉及其商业秘密、个人隐私的政府信息，人民法院经审查认为公开该政府信息会造成难以弥补的损失，并且停止公开不损害公共利益的，可以依照《中华人民共和国行政诉讼法》第四十四条的规定，裁定暂时停止公开。

第十二条 有下列情形之一，被告已经履行法定告知或者说明理由义务的，人民法院应当判决驳回原告的诉讼请求：

（一）不属于政府信息、政府信息不存在、依法属于不予公开范围或者依法不属于被告公开的；

（二）申请公开的政府信息已经向公众公开，被告已经告知申请人获取该政府信息的方式和途径的；

（三）起诉被告逾期不予答复，理由不成立的；

（四）以政府信息侵犯其商业秘密、个人隐私为由反对公开，理由不成立的；

（五）要求被告更正与其自身相关的政府信息记录，理由不成立的；

（六）不能合理说明申请获取政府信息系根据自身生产、生活、科研等特殊需要，且被告据此不予提供的；

（七）无法按照申请人要求的形式提供政府信息，且被告已通过安排申请人查阅相关资料、提供复制件或者其他适当形式提供的；

（八）其他应当判决驳回诉讼请求的情形。

第十三条 最高人民法院以前所作的司法解释及规范性文件，凡与本规定不一致的，按本规定执行。

六、环境经济政策与法规篇

1. 中华人民共和国环境保护税法

（2016 年 12 月 25 日第十二届全国人民代表大会常务委员会第二十五次会议通过，根据 2018 年 10 月 26 日第十三届全国人民代表大会常务委员会第六次会议《关于修改〈中华人民共和国野生动物保护法〉等十五部法律的决定》修正）

第一章　总则

第一条　为了保护和改善环境，减少污染物排放，推进生态文明建设，制定本法。

第二条　在中华人民共和国领域和中华人民共和国管辖的其他海域，直接向环境排放应税污染物的企业事业单位和其他生产经营者为环境保护税的纳税人，应当依照本法规定缴纳环境保护税。

第三条　本法所称应税污染物，是指本法所附《环境保护税税目税额表》《应税污染物和当量值表》规定的大气污染物、水污染物、固体废物和噪声。

第四条　有下列情形之一的，不属于直接向环境排放污染物，不缴纳相应污染物的环境保护税：

（一）企业事业单位和其他生产经营者向依法设立的污水集中处理、生活垃圾集中处理场所排放应税污染物的；

（二）企业事业单位和其他生产经营者在符合国家和地方环境保护标准的设施、场所贮存或者处置固体废物的。

第五条　依法设立的城乡污水集中处理、生活垃圾集中处理场所超过国家和地方规定的排放标准向环境排放应税污染物的，应当缴纳环境保护税。

企业事业单位和其他生产经营者贮存或者处置固体废物不符合国家和地方环境保护标准的，应当缴纳环境保护税。

第六条　环境保护税的税目、税额，依照本法所附《环境保护税税目税额表》执行。

应税大气污染物和水污染物的具体适用税额的确定和调整，由省、自治区、直辖市人民政府统筹考虑本地区环境承载能力、污染物排放现状和经济社会生态发展目标要求，在本法所附《环境保护税税目税额表》规定的税额幅度内提出，报同级人民代表大会常务委员会决定，并报全国人民代表大会常务委员会和国务院备案。

第二章　计税依据和应纳税额

第七条　应税污染物的计税依据，按照下列方法确定：

（一）应税大气污染物按照污染物排放量折合的污染当量数确定；

（二）应税水污染物按照污染物排放量折合的污染当量数确定；

（三）应税固体废物按照固体废物的排放量确定；

（四）应税噪声按照超过国家规定标准的分贝数确定。

第八条　应税大气污染物、水污染物的污染当量数，以该污染物的排放量除以该污染物的污染当量值计算。每种应税大气污染物、水污染物的具体污染当量值，依照本法所附《应税污染物和当量值表》执行。

第九条 每一排放口或者没有排放口的应税大气污染物，按照污染当量数从大到小排序，对前三项污染物征收环境保护税。

每一排放口的应税水污染物，按照本法所附《应税污染物和当量值表》，区分第一类水污染物和其他类水污染物，按照污染当量数从大到小排序，对第一类水污染物按照前五项征收环境保护税，对其他类水污染物按照前三项征收环境保护税。

省、自治区、直辖市人民政府根据本地区污染物减排的特殊需要，可以增加同一排放口征收环境保护税的应税污染物项目数，报同级人民代表大会常务委员会决定，并报全国人民代表大会常务委员会和国务院备案。

第十条 应税大气污染物、水污染物、固体废物的排放量和噪声的分贝数，按照下列方法和顺序计算：

（一）纳税人安装使用符合国家规定和监测规范的污染物自动监测设备的，按照污染物自动监测数据计算；

（二）纳税人未安装使用污染物自动监测设备的，按照监测机构出具的符合国家有关规定和监测规范的监测数据计算；

（三）因排放污染物种类多等原因不具备监测条件的，按照国务院生态环境主管部门规定的排污系数、物料衡算方法计算；

（四）不能按照本条第一项至第三项规定的方法计算的，按照省、自治区、直辖市人民政府生态环境主管部门规定的抽样测算的方法核定计算。

第十一条 环境保护税应纳税额按照下列方法计算：

（一）应税大气污染物的应纳税额为污染当量数乘以具体适用税额；

（二）应税水污染物的应纳税额为污染当量数乘以具体适用税额；

（三）应税固体废物的应纳税额为固体废物排放量乘以具体适用税额；

（四）应税噪声的应纳税额为超过国家规定标准的分贝数对应的具体适用税额。

第三章　税收减免

第十二条 下列情形，暂予免征环境保护税：

（一）农业生产（不包括规模化养殖）排放应税污染物的；

（二）机动车、铁路机车、非道路移动机械、船舶和航空器等流动污染源排放应税污染物的；

（三）依法设立的城乡污水集中处理、生活垃圾集中处理场所排放相应应税污染物，不超过国家和地方规定的排放标准的；

（四）纳税人综合利用的固体废物，符合国家和地方环境保护标准的；

（五）国务院批准免税的其他情形。

前款第五项免税规定，由国务院报全国人民代表大会常务委员会备案。

第十三条 纳税人排放应税大气污染物或者水污染物的浓度值低于国家和地方规

定的污染物排放标准百分之三十的，减按百分之七十五征收环境保护税。纳税人排放应税大气污染物或者水污染物的浓度值低于国家和地方规定的污染物排放标准百分之五十的，减按百分之五十征收环境保护税。

第四章　征收管理

第十四条　环境保护税由税务机关依照《中华人民共和国税收征收管理法》和本法的有关规定征收管理。

生态环境主管部门依照本法和有关环境保护法律法规的规定负责对污染物的监测管理。

县级以上地方人民政府应当建立税务机关、生态环境主管部门和其他相关单位分工协作工作机制，加强环境保护税征收管理，保障税款及时足额入库。

第十五条　生态环境主管部门和税务机关应当建立涉税信息共享平台和工作配合机制。

生态环境主管部门应当将排污单位的排污许可、污染物排放数据、环境违法和受行政处罚情况等环境保护相关信息，定期交送税务机关。

税务机关应当将纳税人的纳税申报、税款入库、减免税额、欠缴税款以及风险疑点等环境保护税涉税信息，定期交送生态环境主管部门。

第十六条　纳税义务发生时间为纳税人排放应税污染物的当日。

第十七条　纳税人应当向应税污染物排放地的税务机关申报缴纳环境保护税。

第十八条　环境保护税按月计算，按季申报缴纳。不能按固定期限计算缴纳的，可以按次申报缴纳。

纳税人申报缴纳时，应当向税务机关报送所排放应税污染物的种类、数量，大气污染物、水污染物的浓度值，以及税务机关根据实际需要要求纳税人报送的其他纳税资料。

第十九条　纳税人按季申报缴纳的，应当自季度终了之日起十五日内，向税务机关办理纳税申报并缴纳税款。纳税人按次申报缴纳的，应当自纳税义务发生之日起十五日内，向税务机关办理纳税申报并缴纳税款。

纳税人应当依法如实办理纳税申报，对申报的真实性和完整性承担责任。

第二十条　税务机关应当将纳税人的纳税申报数据资料与生态环境主管部门交送的相关数据资料进行比对。

税务机关发现纳税人的纳税申报数据资料异常或者纳税人未按照规定期限办理纳税申报的，可以提请生态环境主管部门进行复核，生态环境主管部门应当自收到税务机关的数据资料之日起十五日内向税务机关出具复核意见。税务机关应当按照生态环境主管部门复核的数据资料调整纳税人的应纳税额。

第二十一条　依照本法第十条第四项的规定核定计算污染物排放量的，由税务机关会同生态环境主管部门核定污染物排放种类、数量和应纳税额。

第二十二条　纳税人从事海洋工程向中华人民共和国管辖海域排放应税大气污染

物、水污染物或者固体废物，申报缴纳环境保护税的具体办法，由国务院税务主管部门会同国务院生态环境主管部门规定。

第二十三条 纳税人和税务机关、生态环境主管部门及其工作人员违反本法规定的，依照《中华人民共和国税收征收管理法》、《中华人民共和国环境保护法》和有关法律法规的规定追究法律责任。

第二十四条 各级人民政府应当鼓励纳税人加大环境保护建设投入，对纳税人用于污染物自动监测设备的投资予以资金和政策支持。

第五章 附则

第二十五条 本法下列用语的含义：

（一）污染当量，是指根据污染物或者污染排放活动对环境的有害程度以及处理的技术经济性，衡量不同污染物对环境污染的综合性指标或者计量单位。同一介质相同污染当量的不同污染物，其污染程度基本相当。

（二）排污系数，是指在正常技术经济和管理条件下，生产单位产品所应排放的污染物量的统计平均值。

（三）物料衡算，是指根据物质质量守恒原理对生产过程中使用的原料、生产的产品和产生的废物等进行测算的一种方法。

第二十六条 直接向环境排放应税污染物的企业事业单位和其他生产经营者，除依照本法规定缴纳环境保护税外，应当对所造成的损害依法承担责任。

第二十七条 自本法施行之日起，依照本法规定征收环境保护税，不再征收排污费。

第二十八条 本法自 2018 年 1 月 1 日起施行。

附表一：

环境保护税税目税额表

<table>
<tr><th colspan="2">税目</th><th>计税单位</th><th>税额</th><th>备注</th></tr>
<tr><td colspan="2">大气污染物</td><td>每污染当量</td><td>1.2～12元</td><td></td></tr>
<tr><td colspan="2">水污染物</td><td>每污染当量</td><td>1.4～14元</td><td></td></tr>
<tr><td rowspan="4">固体废物</td><td>煤矸石</td><td>每吨</td><td>5元</td><td></td></tr>
<tr><td>尾矿</td><td>每吨</td><td>15元</td><td rowspan="3"></td></tr>
<tr><td>危险废物</td><td>每吨</td><td>1000元</td></tr>
<tr><td>冶炼渣、粉煤灰、炉渣、其他固体废物（含半固态、液态废物）</td><td>每吨</td><td>25元</td></tr>
<tr><td rowspan="6">噪声</td><td rowspan="6">工业噪声</td><td>超标1～3分贝</td><td>每月350元</td><td rowspan="6">1. 一个单位边界上有多处噪声超标，根据最高一处超标声级计算应纳税额；当沿边界长度超过100米有两处以上噪声超标，照两个单位计算应纳税额。
2. 一个单位有不同地点作业场所的，应当分别计算应纳税额，合并计征。
3. 昼、夜均超标的环境噪声，昼、夜分别计算应纳税额，累计计征。
4. 声源一个月内超标不足15天的，减半计算应纳税额。
5. 夜间频繁突发和夜间偶然突发厂界超标噪声，按等效声级和峰值噪声两种指标中超标分贝值高的一项计算应纳额</td></tr>
<tr><td>超标4～6分贝</td><td>每月700元</td></tr>
<tr><td>超标7～9分贝</td><td>每月1400元</td></tr>
<tr><td>超标10～12分贝</td><td>每月2800元</td></tr>
<tr><td>超标13～15分贝</td><td>每月5600元</td></tr>
<tr><td>超标16分贝以上</td><td>每月11200元</td></tr>
</table>

附表二：

应税污染物和当量值表

一、第一类水污染物污染当量值

污染物	污染当量值/千克
1. 总汞	0.0005
2. 总镉	0.005
3. 总铬	0.04
4. 六价铬	0.02
5. 总砷	0.02
6. 总铅	0.025
7. 总镍	0.025
8. 苯并［*a*］芘	0.0000003
9. 总铍	0.01
10. 总银	0.02

二、第二类水污染物污染当量值

污染物	污染当量值 / 千克	备注
11. 悬浮物 (SS)	4	
12. 生化需氧量 (BOD_5)	0.5	同一排放口中的化学需氧量、生化需氧量和总有机碳，只征收一项
13. 化学需氧量 (COD_{Cr})	1	
14. 总有机碳 (TOC)	0.49	
15. 石油类	0.1	
16. 动植物油	0.16	
17. 挥发酚	0.08	
18. 总氰化物	0.05	
19. 硫化物	0.125	
20. 氨氮	0.8	
21. 氟化物	0.5	
22. 甲醛	0.125	
23. 苯胺类	0.2	
24. 硝基苯类	0.2	
25. 阴离子表面活性剂 (LAS)	0.2	
26. 总铜	0.1	
27. 总锌	0.2	

污染物	污染当量值 / 千克	备注
28. 总锰	0.2	
29. 彩色显影剂（CD-2）	0.2	
30. 总磷	0.25	
31. 单质磷（以 P 计）	0.05	
32. 有机磷农药（以 P 计）	0.05	
33. 乐果	0.05	
34. 甲基对硫磷	0.05	
35. 马拉硫磷	0.05	
36. 对硫磷	0.05	
37. 五氯酚及五氯酚钠（以五氯酚计）	0.25	
38. 三氯甲烷	0.04	
39. 可吸附有机卤化物（AOX）（以 Cl 计）	0.25	
40. 四氯化碳	0.04	
41. 三氯乙烯	0.04	
42. 四氯乙烯	0.04	
43. 苯	0.02	
44. 甲苯	0.02	
45. 乙苯	0.02	
46. 邻 - 二甲苯	0.02	
47. 对 - 二甲苯	0.02	
48. 间 - 二甲苯	0.02	
49. 氯苯	0.02	
50. 邻二氯苯	0.02	
51. 对二氯苯	0.02	
52. 对硝基氯苯	0.02	
53. 2, 4- 二硝基氯苯	0.02	
54. 苯酚	0.02	
55. 间 - 甲酚	0.02	
56. 2, 4- 二氯酚	0.02	
57. 2, 4, 6 - 三氯酚	0.02	
58. 邻苯二甲酸二丁酯	0.02	
59. 邻苯二甲酸二辛酯	0.02	
60. 丙烯腈	0.125	
61. 总硒	0.02	

三、pH、色度、大肠菌群数、余氯量水污染物污染当量值

<table>
<tr><th colspan="2">污染物</th><th>污染当量值</th><th>备注</th></tr>
<tr><td rowspan="6">1. pH</td><td>1. 0 ～ 1，13 ～ 14</td><td>0.06 吨污水</td><td rowspan="6">pH 5 ～ 6 指大于等于 5，小于 6；pH 9 ～ 10 指大于 9，小于等于 10，其余类推</td></tr>
<tr><td>2. 1 ～ 2，12 ～ 13</td><td>0.125 吨污水</td></tr>
<tr><td>3. 2 ～ 3，11 ～ 12</td><td>0.25 吨污水</td></tr>
<tr><td>4. 3 ～ 4，10 ～ 11</td><td>0.5 吨污水</td></tr>
<tr><td>5. 4 ～ 5，9 ～ 10</td><td>1 吨污水</td></tr>
<tr><td>6. 5 ～ 6</td><td>5 吨污水</td></tr>
<tr><td colspan="2">2. 色度</td><td>5 吨水·倍</td><td></td></tr>
<tr><td colspan="2">3. 大肠菌群数（超标）</td><td>3.3 吨污水</td><td rowspan="2">大肠菌群数和余氯量只征收一项</td></tr>
<tr><td colspan="2">4. 余氯量（用氯消毒的医院废水）</td><td>3.3 吨污水</td></tr>
</table>

四、禽畜养殖业、小型企业和第三产业水污染物污染当量值（本表仅适用于计算无法进行实际监测或者物料衡算的禽畜养殖业、小型企业和第三产业等小型排污者的水污染物污染当量数）

<table>
<tr><th colspan="2">类型</th><th>污染当量值</th><th>备注</th></tr>
<tr><td rowspan="3">禽畜养殖场</td><td>1. 牛</td><td>0.1 头</td><td rowspan="3">仅对存栏规模大于 50 头牛、500 头猪、5000 羽鸡鸭等的禽畜养殖场征收</td></tr>
<tr><td>2. 猪</td><td>1 头</td></tr>
<tr><td>3. 鸡、鸭等家禽</td><td>30 羽</td></tr>
<tr><td colspan="2">4. 小型企业</td><td colspan="2">1.8 吨污水</td></tr>
<tr><td colspan="2">5. 饮食娱乐服务业</td><td colspan="2">0.5 吨污水</td></tr>
<tr><td rowspan="4">6. 医院</td><td rowspan="2">消毒</td><td>0.14 床</td><td rowspan="4">医院病床数大于 20 张的按照本表计算污染当量数</td></tr>
<tr><td>2.8 吨污水</td></tr>
<tr><td rowspan="2">不消毒</td><td>0.07 床</td></tr>
<tr><td>1.4 吨污水</td></tr>
</table>

五、大气污染物污染当量值

污染物	污染当量值 / 千克
1. 二氧化硫	0.95
2. 氮氧化物	0.95
3. 一氧化碳	16.7
4. 氯气	0.34
5. 氯化氢	10.75
6. 氟化物	0.87
7. 氰化氢	0.005
8. 硫酸雾	0.6
9. 铬酸雾	0.0007

污染物	污染当量值 / 千克
10. 汞及其化合物	0.0001
11. 一般性粉尘	4
12. 石棉尘	0.53
13. 玻璃棉尘	2.13
14. 碳黑尘	0.59
15. 铅及其化合物	0.02
16. 镉及其化合物	0.03
17. 铍及其化合物	0.0004
18. 镍及其化合物	0.13
19. 锡及其化合物	0.27
20. 烟尘	2.18
21. 苯	0.05
22. 甲苯	0.18
23. 二甲苯	0.27
24. 苯并［*a*］芘	0.000002
25. 甲醛	0.09
26. 乙醛	0.45
27. 丙烯醛	0.06
28. 甲醇	0.67
29. 酚类	0.35
30. 沥青烟	0.19
31. 苯胺类	0.21
32. 氯苯类	0.72
33. 硝基苯	0.17
34. 丙烯腈	0.22
35. 氯乙烯	0.55
36. 光气	0.04
37. 硫化氢	0.29
38. 氨	9.09
39. 三甲胺	0.32
40. 甲硫醇	0.04
41. 甲硫醚	0.28
42. 二甲二硫	0.28
43. 苯乙烯	25
44. 二硫化碳	20

2. 中华人民共和国环境保护税法实施条例

（2017 年 12 月 25 日中华人民共和国国务院令第 693 号公布，自 2018 年 1 月 1 日起施行）

第一章　总则

第一条　根据《中华人民共和国环境保护税法》（以下简称环境保护税法），制定本条例。

第二条　环境保护税法所附《环境保护税税目税额表》所称其他固体废物的具体范围，依照环境保护税法第六条第二款规定的程序确定。

第三条　环境保护税法第五条第一款、第十二条第一款第三项规定的城乡污水集中处理场所，是指为社会公众提供生活污水处理服务的场所，不包括为工业园区、开发区等工业聚集区域内的企业事业单位和其他生产经营者提供污水处理服务的场所，以及企业事业单位和其他生产经营者自建自用的污水处理场所。

第四条　达到省级人民政府确定的规模标准并且有污染物排放口的畜禽养殖场，应当依法缴纳环境保护税；依法对畜禽养殖废弃物进行综合利用和无害化处理的，不属于直接向环境排放污染物，不缴纳环境保护税。

第二章　计税依据

第五条　应税固体废物的计税依据，按照固体废物的排放量确定。固体废物的排放量为当期应税固体废物的产生量减去当期应税固体废物的贮存量、处置量、综合利用量的余额。

前款规定的固体废物的贮存量、处置量，是指在符合国家和地方环境保护标准的设施、场所贮存或者处置的固体废物数量；固体废物的综合利用量，是指按照国务院发展改革、工业和信息化主管部门关于资源综合利用要求以及国家和地方环境保护标准进行综合利用的固体废物数量。

第六条　纳税人有下列情形之一的，以其当期应税固体废物的产生量作为固体废物的排放量：

（一）非法倾倒应税固体废物；

（二）进行虚假纳税申报。

第七条　应税大气污染物、水污染物的计税依据，按照污染物排放量折合的污染当量数确定。

纳税人有下列情形之一的，以其当期应税大气污染物、水污染物的产生量作为污染物的排放量：

（一）未依法安装使用污染物自动监测设备或者未将污染物自动监测设备与环境保护主管部门的监控设备联网；

（二）损毁或者擅自移动、改变污染物自动监测设备；

（三）篡改、伪造污染物监测数据；

（四）通过暗管、渗井、渗坑、灌注或者稀释排放以及不正常运行防治污染设施等方式违法排放应税污染物；

（五）进行虚假纳税申报。

第八条 从两个以上排放口排放应税污染物的，对每一排放口排放的应税污染物分别计算征收环境保护税；纳税人持有排污许可证的，其污染物排放口按照排污许可证载明的污染物排放口确定。

第九条 属于环境保护税法第十条第二项规定情形的纳税人，自行对污染物进行监测所获取的监测数据，符合国家有关规定和监测规范的，视同环境保护税法第十条第二项规定的监测机构出具的监测数据。

第三章 税收减免

第十条 环境保护税法第十三条所称应税大气污染物或者水污染物的浓度值，是指纳税人安装使用的污染物自动监测设备当月自动监测的应税大气污染物浓度值的小时平均值再平均所得数值或者应税水污染物浓度值的日平均值再平均所得数值，或者监测机构当月监测的应税大气污染物、水污染物浓度值的平均值。

依照环境保护税法第十三条的规定减征环境保护税的，前款规定的应税大气污染物浓度值的小时平均值或者应税水污染物浓度值的日平均值，以及监测机构当月每次监测的应税大气污染物、水污染物的浓度值，均不得超过国家和地方规定的污染物排放标准。

第十一条 依照环境保护税法第十三条的规定减征环境保护税的，应当对每一排放口排放的不同应税污染物分别计算。

第四章 征收管理

第十二条 税务机关依法履行环境保护税纳税申报受理、涉税信息比对、组织税款入库等职责。

环境保护主管部门依法负责应税污染物监测管理，制定和完善污染物监测规范。

第十三条 县级以上地方人民政府应当加强对环境保护税征收管理工作的领导，及时协调、解决环境保护税征收管理工作中的重大问题。

第十四条 国务院税务、环境保护主管部门制定涉税信息共享平台技术标准以及数据采集、存储、传输、查询和使用规范。

第十五条 环境保护主管部门应当通过涉税信息共享平台向税务机关交送在环境保护监督管理中获取的下列信息：

（一）排污单位的名称、统一社会信用代码以及污染物排放口、排放污染物种类等基本信息；

（二）排污单位的污染物排放数据（包括污染物排放量以及大气污染物、水污染物的浓度值等数据）；

（三）排污单位环境违法和受行政处罚情况；

（四）对税务机关提请复核的纳税人的纳税申报数据资料异常或者纳税人未按照规定期限办理纳税申报的复核意见；

（五）与税务机关商定交送的其他信息。

第十六条 税务机关应当通过涉税信息共享平台向环境保护主管部门交送下列环境保护税涉税信息：

（一）纳税人基本信息；

（二）纳税申报信息；

（三）税款入库、减免税额、欠缴税款以及风险疑点等信息；

（四）纳税人涉税违法和受行政处罚情况；

（五）纳税人的纳税申报数据资料异常或者纳税人未按照规定期限办理纳税申报的信息；

（六）与环境保护主管部门商定交送的其他信息。

第十七条 环境保护税法第十七条所称应税污染物排放地是指：

（一）应税大气污染物、水污染物排放口所在地；

（二）应税固体废物产生地；

（三）应税噪声产生地。

第十八条 纳税人跨区域排放应税污染物，税务机关对税收征收管辖有争议的，由争议各方按照有利于征收管理的原则协商解决；不能协商一致的，报请共同的上级税务机关决定。

第十九条 税务机关应当依据环境保护主管部门交送的排污单位信息进行纳税人识别。

在环境保护主管部门交送的排污单位信息中没有对应信息的纳税人，由税务机关在纳税人首次办理环境保护税纳税申报时进行纳税人识别，并将相关信息交送环境保护主管部门。

第二十条 环境保护主管部门发现纳税人申报的应税污染物排放信息或者适用的排污系数、物料衡算方法有误的，应当通知税务机关处理。

第二十一条 纳税人申报的污染物排放数据与环境保护主管部门交送的相关数据不一致的，按照环境保护主管部门交送的数据确定应税污染物的计税依据。

第二十二条 环境保护税法第二十条第二款所称纳税人的纳税申报数据资料异常，包括但不限于下列情形：

（一）纳税人当期申报的应税污染物排放量与上一年同期相比明显偏低，且无正当理由；

（二）纳税人单位产品污染物排放量与同类型纳税人相比明显偏低，且无正当理由。

第二十三条 税务机关、环境保护主管部门应当无偿为纳税人提供与缴纳环境保护税有关的辅导、培训和咨询服务。

第二十四条 税务机关依法实施环境保护税的税务检查，环境保护主管部门予以配合。

第二十五条 纳税人应当按照税收征收管理的有关规定，妥善保管应税污染物监测和管理的有关资料。

第五章 附则

第二十六条 本条例自2018年1月1日起施行。2003年1月2日国务院公布的《排污费征收使用管理条例》同时废止。

3.碳排放权交易管理办法（试行）

（生态环境部令 第19号）

（2020年12月25日由生态环境部部务会议审议通过，自2021年2月1日起施行）

第一章 总则

第一条 为落实党中央、国务院关于建设全国碳排放权交易市场的决策部署，在应对气候变化和促进绿色低碳发展中充分发挥市场机制作用，推动温室气体减排，规范全国碳排放权交易及相关活动，根据国家有关温室气体排放控制的要求，制定本办法。

第二条 本办法适用于全国碳排放权交易及相关活动，包括碳排放配额分配和清缴，碳排放权登记、交易、结算，温室气体排放报告与核查等活动，以及对前述活动的监督管理。

第三条 全国碳排放权交易及相关活动应当坚持市场导向、循序渐进、公平公开和诚实守信的原则。

第四条 生态环境部按照国家有关规定建设全国碳排放权交易市场。

全国碳排放权交易市场覆盖的温室气体种类和行业范围，由生态环境部拟订，按程序报批后实施，并向社会公开。

第五条 生态环境部按照国家有关规定，组织建立全国碳排放权注册登记机构和全国碳排放权交易机构，组织建设全国碳排放权注册登记系统和全国碳排放权交易系统。

全国碳排放权注册登记机构通过全国碳排放权注册登记系统，记录碳排放配额的持有、变更、清缴、注销等信息，并提供结算服务。全国碳排放权注册登记系统记录的信息是判断碳排放配额归属的最终依据。

全国碳排放权交易机构负责组织开展全国碳排放权集中统一交易。

全国碳排放权注册登记机构和全国碳排放权交易机构应当定期向生态环境部报告全国碳排放权登记、交易、结算等活动和机构运行有关情况，以及应当报告的其他重大事项，并保证全国碳排放权注册登记系统和全国碳排放权交易系统安全稳定可靠运行。

第六条 生态环境部负责制定全国碳排放权交易及相关活动的技术规范，加强对地方碳排放配额分配、温室气体排放报告与核查的监督管理，并会同国务院其他有关部门对全国碳排放权交易及相关活动进行监督管理和指导。

省级生态环境主管部门负责在本行政区域内组织开展碳排放配额分配和清缴、温室气体排放报告的核查等相关活动，并进行监督管理。

设区的市级生态环境主管部门负责配合省级生态环境主管部门落实相关具体工作，并根据本办法有关规定实施监督管理。

第七条 全国碳排放权注册登记机构和全国碳排放权交易机构及其工作人员，应当遵守全国碳排放权交易及相关活动的技术规范，并遵守国家其他有关主管部门关于交易监管的规定。

第二章 温室气体重点排放单位

第八条 温室气体排放单位符合下列条件的，应当列入温室气体重点排放单位（以下简称重点排放单位）名录：

（一）属于全国碳排放权交易市场覆盖行业；

（二）年度温室气体排放量达到2.6万吨二氧化碳当量。

第九条 省级生态环境主管部门应当按照生态环境部的有关规定，确定本行政区域重点排放单位名录，向生态环境部报告，并向社会公开。

第十条 重点排放单位应当控制温室气体排放，报告碳排放数据，清缴碳排放配额，公开交易及相关活动信息，并接受生态环境主管部门的监督管理。

第十一条 存在下列情形之一的，确定名录的省级生态环境主管部门应当将相关温室气体排放单位从重点排放单位名录中移出：

（一）连续二年温室气体排放未达到2.6万吨二氧化碳当量的；

（二）因停业、关闭或者其他原因不再从事生产经营活动，因而不再排放温室气体的。

第十二条 温室气体排放单位申请纳入重点排放单位名录的，确定名录的省级生态环境主管部门应当进行核实；经核实符合本办法第八条规定条件的，应当将其纳入重点排放单位名录。

第十三条 纳入全国碳排放权交易市场的重点排放单位，不再参与地方碳排放权交易试点市场。

第三章 分配与登记

第十四条 生态环境部根据国家温室气体排放控制要求，综合考虑经济增长、产业结构调整、能源结构优化、大气污染物排放协同控制等因素，制定碳排放配额总量确定与分配方案。

省级生态环境主管部门应当根据生态环境部制定的碳排放配额总量确定与分配方案，向本行政区域内的重点排放单位分配规定年度的碳排放配额。

第十五条 碳排放配额分配以免费分配为主，可以根据国家有关要求适时引入有偿分配。

第十六条 省级生态环境主管部门确定碳排放配额后，应当书面通知重点排放单位。

重点排放单位对分配的碳排放配额有异议的，可以自接到通知之日起七个工作日内，向分配配额的省级生态环境主管部门申请复核；省级生态环境主管部门应当自接到复核申请之日起十个工作日内，作出复核决定。

第十七条 重点排放单位应当在全国碳排放权注册登记系统开立账户，进行相关业务操作。

第十八条 重点排放单位发生合并、分立等情形需要变更单位名称、碳排放配额等事项的，应当报经所在地省级生态环境主管部门审核后，向全国碳排放权注册登记机构申请变更登记。全国碳排放权注册登记机构应当通过全国碳排放权注册登记系统进行变更登记，并向社会公开。

第十九条 国家鼓励重点排放单位、机构和个人，出于减少温室气体排放等公益目的自愿注销其所持有的碳排放配额。

自愿注销的碳排放配额，在国家碳排放配额总量中予以等量核减，不再进行分配、登记或者交易。相关注销情况应当向社会公开。

第四章 排放交易

第二十条 全国碳排放权交易市场的交易产品为碳排放配额，生态环境部可以根据国家有关规定适时增加其他交易产品。

第二十一条 重点排放单位以及符合国家有关交易规则的机构和个人，是全国碳排放权交易市场的交易主体。

第二十二条 碳排放权交易应当通过全国碳排放权交易系统进行，可以采取协议转让、单向竞价或者其他符合规定的方式。

全国碳排放权交易机构应当按照生态环境部有关规定，采取有效措施，发挥全国碳排放权交易市场引导温室气体减排的作用，防止过度投机的交易行为，维护市场健康发展。

第二十三条 全国碳排放权注册登记机构应当根据全国碳排放权交易机构提供的成交结果，通过全国碳排放权注册登记系统为交易主体及时更新相关信息。

第二十四条 全国碳排放权注册登记机构和全国碳排放权交易机构应当按照国家有关规定，实现数据及时、准确、安全交换。

第五章 排放核查与配额清缴

第二十五条 重点排放单位应当根据生态环境部制定的温室气体排放核算与报告技术规范，编制该单位上一年度的温室气体排放报告，载明排放量，并于每年 3 月 31 日前报生产经营场所所在地的省级生态环境主管部门。排放报告所涉数据的原始记录和管理台账应当至少保存五年。

重点排放单位对温室气体排放报告的真实性、完整性、准确性负责。

重点排放单位编制的年度温室气体排放报告应当定期公开，接受社会监督，涉及国家秘密和商业秘密的除外。

第二十六条 省级生态环境主管部门应当组织开展对重点排放单位温室气体排放报告的核查，并将核查结果告知重点排放单位。核查结果应当作为重点排放单位碳排放配额清缴依据。

省级生态环境主管部门可以通过政府购买服务的方式委托技术服务机构提供核查服务。技术服务机构应当对提交的核查结果的真实性、完整性和准确性负责。

第二十七条 重点排放单位对核查结果有异议的，可以自被告知核查结果之日起七个工作日内，向组织核查的省级生态环境主管部门申请复核；省级生态环境主管部门应当自接到复核申请之日起十个工作日内，作出复核决定。

第二十八条 重点排放单位应当在生态环境部规定的时限内，向分配配额的省级生态环境主管部门清缴上年度的碳排放配额。清缴量应当大于等于省级生态环境主管部门核查结果确认的该单位上年度温室气体实际排放量。

第二十九条 重点排放单位每年可以使用国家核证自愿减排量抵销碳排放配额的清缴，抵销比例不得超过应清缴碳排放配额的5%。相关规定由生态环境部另行制定。

用于抵销的国家核证自愿减排量，不得来自纳入全国碳排放权交易市场配额管理的减排项目。

第六章 监督管理

第三十条 上级生态环境主管部门应当加强对下级生态环境主管部门的重点排放单位名录确定、全国碳排放权交易及相关活动情况的监督检查和指导。

第三十一条 设区的市级以上地方生态环境主管部门根据对重点排放单位温室气体排放报告的核查结果，确定监督检查重点和频次。

设区的市级以上地方生态环境主管部门应当采取“双随机、一公开”的方式，监督检查重点排放单位温室气体排放和碳排放配额清缴情况，相关情况按程序报生态环境部。

第三十二条 生态环境部和省级生态环境主管部门，应当按照职责分工，定期公开重点排放单位年度碳排放配额清缴情况等信息。

第三十三条 全国碳排放权注册登记机构和全国碳排放权交易机构应当遵守国家交易监管等相关规定，建立风险管理机制和信息披露制度，制定风险管理预案，及时公布碳排放权登记、交易、结算等信息。

全国碳排放权注册登记机构和全国碳排放权交易机构的工作人员不得利用职务便利谋取不正当利益，不得泄露商业秘密。

第三十四条 交易主体违反本办法关于碳排放权注册登记、结算或者交易相关规定的，全国碳排放权注册登记机构和全国碳排放权交易机构可以按照国家有关规定，对其采取限制交易措施。

第三十五条 鼓励公众、新闻媒体等对重点排放单位和其他交易主体的碳排放权交易及相关活动进行监督。

重点排放单位和其他交易主体应当按照生态环境部有关规定，及时公开有关全国碳排放权交易及相关活动信息，自觉接受公众监督。

第三十六条　公民、法人和其他组织发现重点排放单位和其他交易主体有违反本办法规定行为的，有权向设区的市级以上地方生态环境主管部门举报。

接受举报的生态环境主管部门应当依法予以处理，并按照有关规定反馈处理结果，同时为举报人保密。

第七章　罚则

第三十七条　生态环境部、省级生态环境主管部门、设区的市级生态环境主管部门的有关工作人员，在全国碳排放权交易及相关活动的监督管理中滥用职权、玩忽职守、徇私舞弊的，由其上级行政机关或者监察机关责令改正，并依法给予处分。

第三十八条　全国碳排放权注册登记机构和全国碳排放权交易机构及其工作人员违反本办法规定，有下列行为之一的，由生态环境部依法给予处分，并向社会公开处理结果：

（一）利用职务便利谋取不正当利益的；

（二）有其他滥用职权、玩忽职守、徇私舞弊行为的。

全国碳排放权注册登记机构和全国碳排放权交易机构及其工作人员违反本办法规定，泄露有关商业秘密或者有构成其他违反国家交易监管规定行为的，依照其他有关规定处理。

第三十九条　重点排放单位虚报、瞒报温室气体排放报告，或者拒绝履行温室气体排放报告义务的，由其生产经营场所所在地设区的市级以上地方生态环境主管部门责令限期改正，处一万元以上三万元以下的罚款。逾期未改正的，由重点排放单位生产经营场所所在地的省级生态环境主管部门测算其温室气体实际排放量，并将该排放量作为碳排放配额清缴的依据；对虚报、瞒报部分，等量核减其下一年度碳排放配额。

第四十条　重点排放单位未按时足额清缴碳排放配额的，由其生产经营场所所在地设区的市级以上地方生态环境主管部门责令限期改正，处二万元以上三万元以下的罚款；逾期未改正的，对欠缴部分，由重点排放单位生产经营场所所在地的省级生态环境主管部门等量核减其下一年度碳排放配额。

第四十一条　违反本办法规定，涉嫌构成犯罪的，有关生态环境主管部门应当依法移送司法机关。

第八章　附则

第四十二条　本办法中下列用语的含义：

（一）温室气体：是指大气中吸收和重新放出红外辐射的自然和人为的气态成分，包括二氧化碳（CO_2）、甲烷（CH_4）、氧化亚氮（N_2O）、氢氟碳化物（HFCs）、全氟化碳（PFCs）、六氟化硫（SF_6）和三氟化氮（NF_3）。

（二）碳排放：是指煤炭、石油、天然气等化石能源燃烧活动和工业生产过程以及土地利用变化与林业等活动产生的温室气体排放，也包括因使用外购的电力和热力等所导致的温室气体排放。

（三）碳排放权：是指分配给重点排放单位的规定时期内的碳排放额度。

（四）国家核证自愿减排量：是指对我国境内可再生能源、林业碳汇、甲烷利用等项目的温室气体减排效果进行量化核证，并在国家温室气体自愿减排交易注册登记系统中登记的温室气体减排量。

第四十三条 本办法自 2021 年 2 月 1 日起施行。

4. 关于印发《土壤污染防治资金管理办法》的通知

（财资环〔2021〕42 号）

各省、自治区、直辖市财政厅（局）、生态环境厅（局），新疆生产建设兵团财政局、生态环境局：

为加强土壤污染防治资金使用管理，我们制定了《土壤污染防治资金管理办法》，现予印发，请遵照执行。

附件：土壤污染防治资金管理办法 .docx

财政部

2021 年 6 月 2 日

附件：

土壤污染防治资金管理办法

第一条 为规范和加强土壤污染防治资金管理，提高财政资金使用效益，根据《中华人民共和国预算法》《中华人民共和国土壤污染防治法》《中共中央国务院关于全面实施预算绩效管理的意见》《生态环境领域中央与地方财政事权和支出责任划分改革方案》《中央对地方专项转移支付管理办法》等规定，制定本办法。

第二条 本办法所称土壤污染防治资金（以下称防治资金）是指由中央一般公共预算安排的，专门用于支持地方开展土壤环境风险管控、土壤污染综合防治等促进土壤生态环境质量改善的资金。

第三条 防治资金的管理和使用应当符合以下原则和要求：

（一）坚决贯彻党中央、国务院决策部署，突出支持重点。

（二）符合国家宏观政策和生态环境保护相关规划，统筹考虑有关工作总体预算安排。

（三）坚持预防为主、保护优先，因地制宜、分类施策的原则。

（四）坚持公开、公平、公正，主动接受社会监督。

（五）实施全过程预算绩效管理，强化资金监管，充分发挥资金效益。

（六）坚持结果导向。防治资金安排时统筹考虑相关地区重点领域重点任务完成情况及土壤风险管控成效，突出对资金使用绩效和生态环境改善情况较好地区的激励。

第四条 防治资金实施期限暂定至2025年，期满后根据法律、行政法规和国务院有关规定及土壤污染防治工作形势需要评估确定是否继续实施和延续期限。

第五条 防治资金重点支持范围包括：

（一）土壤污染源头防控；

（二）土壤污染风险管控；

（三）土壤污染修复治理；

（四）土壤污染状况监测、评估、调查；

（五）土壤污染防治管理改革创新；

（六）应对突发事件所需的土壤污染防治支出，及其他与土壤环境质量改善密切相关的支出。

本条第五项所称的土壤污染防治管理改革创新，是指地方为做好土壤污染防治工作而开展的改革创新和先进做法，如设立土壤污染防治基金、开展“无废城市”建设取得实效等。

通过调整种植结构等方式进行农用地污染防治的相关涉农补贴事项、用于土壤污染防治工作能力建设方面的资金不纳入防治资金支持范围。

第六条 防治资金由财政部会同生态环境部管理。

财政部负责确定防治资金分配标准、审核防治资金分配建议方案、编制防治资金预算草案并下达预算，组织实施预算绩效管理，加强资金使用管理监督，指导地方预算管理等工作。

生态环境部负责组织指导实施土壤污染防治工作，研究提出工作任务和资金分配建议方案，组织开展土壤污染防治项目储备，开展日常监管和评估，推动开展防治资金全过程预算绩效管理，指导地方做好预算绩效管理等工作。

第七条 地方财政部门负责本地区防治资金的预算分解下达、组织预算执行、资金使用管理和监督以及预算绩效管理等工作。

地方生态环境部门根据职能参与本地区防治资金分配，负责资金具体使用、项目组织实施及预算绩效具体管理等工作。

第八条 防治资金采取因素法方式进行分配。具体因素包括：土壤污染风险防控工作任务量、修复治理任务量、管理改革创新和项目储备情况，对应权重分别为50%、20%、20%、10%。因素和权重确需调整的，应当按照程序报批后实施。

财政部可会同生态环境部，根据资金使用绩效、生态环境改善成效、预算执行率等情况对资金分配结果进行合理调整，体现结果导向。

第九条 生态环境部应当于每年4月30日前，根据相关因素、权重以及上一年度绩效目标完成、考核等情况，向财政部报送当年防治资金各有关省、自治区、直辖市（以下统称各省）分配建议方案。

财政部根据年度预算安排、生态环境部防治资金分配建议等，审核确定各省资金数额，并于每年全国人民代表大会批准中央预算后90日内下达预算。

生态环境部根据财政部确定的各省资金预算，组织各省将资金落实到具体项目。

第十条 接到防治资金预算后，各省财政部门应当会同生态环境部门在30日内分解下达，并将资金分配结果和本省绩效目标一并报财政部、生态环境部备案，同时抄送财政部当地监管局。

第十一条 各省应当按照财政部有关生态环保资金项目储备工作要求，积极做好项目储备库建设，扎实开展项目前期工作，提升储备项目质量。

地方各级财政部门应当会同同级生态环境部门加强项目申报和执行管理，加快形成实物工作量，提高资金执行进度和使用效率。

第十二条 财政部、生态环境部负责组织对防治资金实施全过程预算绩效管理，加强绩效目标审核，并在下达预算时将区域或项目绩效目标一同下达地方，并抄送财政部当地监管局。同时，督促和指导地方做好绩效运行监控和绩效自评，开展防治资金重点绩效评价，并将各地的防治资金绩效评价结果作为完善政策、改进管理及以后年度预算安排的重要依据，加强结果应用。绩效评价过程中应引入第三方社会评价机构。

第十三条 地方各级财政、生态环境部门以及防治资金具体使用单位，具体组织实施防治资金全过程预算绩效管理，按照本地区绩效目标组织开展绩效运行监控，做好绩效评价，并加强绩效评价结果运用，建立资金考核奖惩机制。发现绩效运行与预期绩效目标发生偏离时，应当及时采取措施予以纠正。绩效管理中发现违规使用资金、损失浪费严重、低效无效等重大问题的，应当按照程序及时报告财政部、生态环境部。

第十四条 各级财政、生态环境部门以及防治资金具体使用单位，应当对报送的可能影响资金分配结果的有关数据和信息的真实性、有效性负责。对已从中央基建投资等其他渠道获得中央财政资金支持的项目，不得纳入防治资金支持范围。

第十五条 根据党中央国务院决策部署、土壤污染防治工作需要和专项转移支付评估等情况，对不再符合法律、行政法规等有关规定，政策到期或者调整，相关目标已经实现或经评估实施成效差、绩效低的项目，应按程序及时退出。

第十六条 支持开展土壤修复治理的项目应当充分考虑技术可行性和经济性，避免不计成本、不顾技术可行性盲目推进大治理大修复。

第十七条 防治资金的支付执行国库集中支付制度有关规定。属于政府采购管理范围的，应按照政府采购有关规定执行。

第十八条 任何单位和个人不得截留、挤占和挪用防治资金。对于违反国家法律、行政法规和有关规定的单位和个人，有关部门应当及时制止和纠正，并严格按照《中华人民共和国预算法》《财政违法行为处罚处分条例》等予以处理。构成犯罪的，依法追究刑事责任。

第十九条 各级财政、生态环境部门及其工作人员存在违反本办法行为的，以及其他滥用职权、玩忽职守、徇私舞弊等违法违纪行为的，按照《中华人民共和国预算法》及其实施条例、《中华人民共和国监察法》、《财政违法行为处罚处分条例》等有关规定追究相应责任。构成犯罪的，依法追究刑事责任。

第二十条 财政部各地监管局按照财政部的要求，开展防治资金监管工作。

第二十一条 本办法未明确的其他事宜，包括资金下达、拨付、使用、结转结余资金处理等，按照《财政部关于印发〈中央对地方专项转移支付管理办法〉的通知》（财预〔2015〕230 号）有关规定执行。

第二十二条 省级财政和生态环境部门可根据本办法，结合当地实际，制定具体实施办法。

第二十三条 本办法由财政部会同生态环境部负责解释。

第二十四条 本办法自发布之日起施行，《财政部关于印发〈土壤污染防治专项资金管理办法〉的通知》（财资环〔2020〕10 号）同时废止。

5. 关于发布计算环境保护税应税污染物排放量的排污系数和物料衡算方法的公告

（生态环境部　财政部　国家税务总局公告　2021 年第 16 号）

为贯彻落实《中华人民共和国环境保护税法》，进一步规范因排放污染物种类多等原因不具备监测条件的排污单位应税污染物排放量计算方法，现公告如下：

一、属于排污许可管理的排污单位，适用生态环境部发布的排污许可证申请与核发技术规范中规定的排（产）污系数、物料衡算方法计算应税污染物排放量；排污许可证申请与核发技术规范未规定相关排（产）污系数的，适用生态环境部发布的排放源统计调查制度规定的排（产）污系数方法计算应税污染物排放量。

二、不属于排污许可管理的排污单位，适用生态环境部发布的排放源统计调查制度规定的排（产）污系数方法计算应税污染物排放量。

三、上述情形中仍无相关计算方法的，由各省、自治区、直辖市生态环境主管部门结合本地实际情况，科学合理制定抽样测算方法。

四、本公告自 2021 年 5 月 1 日起施行，《关于发布计算污染物排放量的排污系数和物料衡算方法的公告》（环境保护部公告　2017 年第 81 号）同时废止。《财政部　税务总局　生态环境部关于环境保护税有关问题的通知》（财税〔2018〕23 号）第一条第二款同时改按本公告规定执行。

生态环境部将适时对排污许可证申请与核发技术规范、排放源统计调查制度规定的排（产）污系数、物料衡算方法进行制修订，排污单位自制修订后的排（产）污系数、物料衡算方法实施之日的次月起（未明确实施日期的，以发布日期为实施日期），依据新的系数和方法计算应税污染物排放量。

特此公告。

附件：1. 生态环境部已发布的排污许可证申请与核发技术规范清单

2. 生态环境部已发布的排放源统计调查制度排（产）污系数清单

生态环境部　财政部　税务总局

2021 年 4 月 28 日

6. 财政部　国家税务总局　生态环境部关于环境保护税有关问题的通知

（财税〔2018〕23 号）

各省、自治区、直辖市、计划单列市财政厅（局）、国家税务局、地方税务局、环境保护厅（局）：

根据《中华人民共和国环境保护税法》及其实施条例的规定，现就环境保护税征收有关问题通知如下：

一、关于应税大气污染物和水污染物排放量的监测计算问题

纳税人委托监测机构对应税大气污染物和水污染物排放量进行监测时，其当月同一个排放口排放的同一种污染物有多个监测数据的，应税大气污染物按照监测数据的平均值计算应税污染物的排放量；应税水污染物按照监测数据以流量为权的加权平均值计算应税污染物的排放量。在环境保护主管部门规定的监测时限内当月无监测数据的，可以跨月沿用最近一次的监测数据计算应税污染物排放量。纳入排污许可管理行业的纳税人，其应税污染物排放量的监测计算方法按照排污许可管理要求执行。

因排放污染物种类多等原因不具备监测条件的，纳税人应当按照《关于发布计算污染物排放量的排污系数和物料衡算方法的公告》（原环境保护部公告　2017 第 81 号）的规定计算应税污染物排放量。其中，相关行业适用的排污系数方法中产排污系数为区间值的，纳税人结合实际情况确定具体适用的产排污系数值；纳入排污许可管理行业的纳税人按照排污许可证的规定确定。生态环境部尚未规定适用排污系数、物料衡算方法的，暂由纳税人参照缴纳排污费时依据的排污系数、物料衡算方法及抽样测算方法计算应税污染物的排放量。

二、关于应税水污染物污染当量数的计算问题

应税水污染物的污染当量数，以该污染物的排放量除以该污染物的污染当量值计算。其中，色度的污染当量数，以污水排放量乘以色度超标倍数再除以适用的污染当量值计算。畜禽养殖业水污染物的污染当量数，以该畜禽养殖场的月均存栏量除以适用的污染当量值计算。畜禽养殖场的月均存栏量按照月初存栏量和月末存栏量的平均数计算。

三、关于应税固体废物排放量计算和纳税申报问题

应税固体废物的排放量为当期应税固体废物的产生量减去当期应税固体废物贮存量、处置量、综合利用量的余额。纳税人应当准确计量应税固体废物的贮存量、处置量和综合利用量，未准确计量的，不得从其应税固体废物的产生量中减去。纳税人依法将应税固体废物转移至其他单位和个人进行贮存、处置或者综合利用的，固体废物的转移量相应计入其当期应税固体废物的贮存量、处置量或者综合利用量；纳税人接收的应税固体废物转移量，不计入其当期应税固体废物的产生量。纳税人对应税固体废物进行综合利用的，应当符合工业和信息化部制定的工业固体废物综合利用评价管理规范。

纳税人申报纳税时，应当向税务机关报送应税固体废物的产生量、贮存量、处置量和综合利用量，同时报送能够证明固体废物流向和数量的纳税资料，包括固体废物处置利用委托合同、受委托方资质证明、固体废物转移联单、危险废物管理台账复印件等。有关纳税资料已在环境保护税基础信息采集表中采集且未发生变化的，纳税人不再报送。纳税人应当参照危险废物台账管理要求，建立其他应税固体废物管理台账，如实记录产生固体废物的种类、数量、流向以及贮存、处置、综合利用、接收转入等信息，并将应税固体废物管理台账和相关资料留存备查。

四、关于应税噪声应纳税额的计算问题

应税噪声的应纳税额为超过国家规定标准分贝数对应的具体适用税额。噪声超标分贝数不是整数值的，按四舍五入取整。一个单位的同一监测点当月有多个监测数据超标的，以最高一次超标声级计算应纳税额。声源一个月内累计昼间超标不足 15 昼或者累计夜间超标不足 15 夜的，分别减半计算应纳税额。

财政部　税务总局　生态环境部

2018 年 3 月 30 日

7. 关于印发《企业环境信用评价办法（试行）》的通知

（环发〔2013〕150 号）

各省、自治区、直辖市环境保护厅（局），新疆生产建设兵团环境保护局，辽河保护区管理局，各省、自治区、直辖市、新疆生产建设兵团发展改革委，中国人民银行上海总部，各分行、营业管理部，省会（首府）城市中心支行，各银监局：

为贯彻落实《国务院关于加强环境保护重点工作的意见》（国发〔2011〕35 号）关于“建立企业环境行为信用评价制度”的规定，以及《国务院办公厅关于社会信用体系建设的若干意见》（国办发〔2007〕17 号）有关要求，在总结地方企业环境信用评价工作经验的基础上，环境保护部会同发展改革委、人民银行、银监会，联合制定了《企业环境信用评价办法（试行）》，现印发你们。

请按照本办法要求，积极推进企业环境信用评价工作，督促企业自觉履行环境保护法定义务和社会责任，并引导公众参与环境监督，促进有关部门协同配合，加快建立环境保护“守信激励、失信惩戒”的机制，推动社会信用体系建设。

附件：企业环境信用评价办法（试行）

环境保护部　国家发展改革委　人民银行　银监会

2013 年 12 月 18 日

附：

企业环境信用评价办法

（试行）

第一章　总则

第一条　为加快建立环境保护“守信激励、失信惩戒”的机制，督促企业持续改进环境行为，自觉履行环境保护法定义务和社会责任，并引导公众参与环境监督，促进有关部门协同配合，推进环境信用体系建设，根据《环境保护法》的有关规定，以及《国务院办公厅关于社会信用体系建设的若干意见》（国办发〔2007〕17 号）和《国务院关于加强环境保护重点工作的意见》（国发〔2011〕35 号）关于建立企业环境信用评价制度的有关要求，制定本办法。

第二条　企业环境信用评价的信息收集、信用等级评定、评价结果公开与应用，适用本办法。

本办法所称企业环境信用评价，是指环保部门根据企业环境行为信息，按照规定的指标、方法和程序，对企业环境行为进行信用评价，确定信用等级，并向社会公开，供公众监督和有关部门、机构及组织应用的环境管理手段。

本办法所称企业环境行为，是指企业在生产经营活动中遵守环保法律、法规、规章、规范性文件、环境标准和履行环保社会责任等方面的表现。企业通过合同等方式委托其他机构或者组织实施的具有环境影响的行为，视为该企业的环境行为。

第三条 污染物排放总量大、环境风险高、生态环境影响大的企业，应当纳入环境信用评价范围。

下列企业应当纳入环境信用评价范围：

（一）环境保护部公布的国家重点监控企业；

（二）设区的市级以上地方人民政府环保部门公布的重点监控企业；

（三）重污染行业内的企业，重污染行业包括：火电、钢铁、水泥、电解铝、煤炭、冶金、化工、石化、建材、造纸、酿造、制药、发酵、纺织、制革和采矿业16类行业，以及国家确定的其他污染严重的行业；

（四）产能严重过剩行业内的企业；

（五）从事能源、自然资源开发、交通基础设施建设，以及其他开发建设活动，可能对生态环境造成重大影响的企业；

（六）污染物排放超过国家和地方规定的排放标准的企业，或者超过经有关地方人民政府核定的污染物排放总量控制指标的企业；

（七）使用有毒、有害原料进行生产的企业，或者在生产中排放有毒、有害物质的企业；

（八）上一年度发生较大及以上突发环境事件的企业；

（九）上一年度被处以5万元以上罚款、暂扣或者吊销许可证、责令停产整顿、挂牌督办的企业；

（十）省级以上环保部门确定的应当纳入环境信用评价范围的其他企业。

第四条 企业环境信用评价工作实行分级管理。

省级环保部门负责组织实施本行政区域内国家重点监控企业的环境信用评价工作。

其他参评企业环境信用评价的管理职责，由省、自治区、直辖市环保部门规定。

第五条 环保部门应当明确机构，负责具体组织实施企业环境信用评价工作。

第六条 企业环境信用评价，应当公开、透明，实行强制与自愿相结合的原则。

列入本办法第三条规定范围内的企业，应当参加环境信用评价。

鼓励未纳入本办法第三条规定范围内的企业，自愿申请参加环境信用评价。

参加环境信用评价的企业，以下简称“参评企业”。

第七条 环保部门和发展改革、人民银行、银行业监管机构及其他有关部门，密切合作，共同构建环境保护“守信激励、失信惩戒”机制。

第八条 环保部门应当记录企业的环境行为信息，建设企业环境行为信息管理系统，对企业环境信用评价工作实施信息化管理。

第九条 环保部门开展企业环境信用评价，不得向参评企业收取任何费用。

第十条 环保部门工作人员在企业环境信用评价工作中，滥用职权、玩忽职守、徇私舞弊的，依法给予行政处分。

第二章　评价指标和等级

第十一条　企业环境信用评价内容，包括污染防治、生态保护、环境管理、社会监督四个方面。《企业环境信用评价指标及评分方法（试行）》附后。

第十二条　企业的环境信用，分为环保诚信企业、环保良好企业、环保警示企业、环保不良企业四个等级，依次以绿牌、蓝牌、黄牌、红牌表示。

第十三条　企业环境信用评价，采取评分方式。

环保部门根据参评企业的环境行为信息，按照企业环境信用评价指标及评分方法，得出参评企业的评分结果，确定参评企业的环境信用等级。

评定环保诚信企业，按照前款和本办法第十四条的规定执行。

第十四条　环保部门根据企业环境信用评价指标及评分方法，对遵守环保法规标准并且各项评价指标均获得满分，同时还自愿开展下列两种以上活动，积极履行环保社会责任的参评企业，可以评定为“环保诚信企业”：

（一）在污染物排放符合国家和地方规定的排放标准与总量控制指标的基础上，自愿与环保部门签订进一步削减污染物排放量的协议，并取得协议约定的减排效果的；

（二）自愿申请清洁生产审核并通过验收的；

（三）自愿申请环境管理体系认证并通过认证的；

（四）根据环境保护部为规范企业环境信息公开行为而制定的国家标准，即《企业环境报告书编制导则》（HJ 617—2011），全面、完整地主动公开企业环境信息的；

（五）主动加强与所在社区和相关环保组织的联系与沟通，就企业的建设项目和经营活动所造成的环境影响听取意见和建议，积极改善企业环境行为，并取得良好环境效益和社会效果的；

（六）自愿选择遵守环保法规标准的原材料供货商，优先选购环境友好产品和服务，积极构建绿色供应链，倡导绿色采购的；

（七）主动举办或者积极参与环保知识宣传等环保公益活动的；

（八）主动采用国际组织或者其他国家先进的环境标准与环保实践惯例的；

（九）自愿实施履行环保社会责任的其他活动的。

第十五条　在上一年度，企业有下列情形之一的，实行“一票否决”，直接评定为“环保不良企业”：

（一）因为环境违法构成环境犯罪的；

（二）建设项目环境影响评价文件未按规定通过审批，擅自开工建设的；

（三）建设项目环保设施未建成、环保措施未落实、未通过竣工环保验收或者验收不合格，主体工程正式投入生产或者使用的；

（四）建设项目性质、规模、地点、采用的生产工艺或者防治污染、防止生态破坏的措施发生重大变动，未重新报批环境影响评价文件，擅自投入生产或者使用的；

（五）主要污染物排放总量超过控制指标的；

（六）私设暗管或者利用渗井、渗坑、裂隙、溶洞等排放、倾倒、处置水污染物，或者通过私设旁路排放大气污染物的；

（七）非法排放、倾倒、处置危险废物，或者向无经营许可证或者超出经营许可范围的单位或个人提供或者委托其收集、贮存、利用、处置危险废物的；

（八）环境违法行为造成集中式生活饮用水水源取水中断的；

（九）环境违法行为对生活饮用水水源保护区、自然保护区、国家重点生态功能区、风景名胜区、居住功能区、基本农田保护区等环境敏感区造成重大不利影响的；

（十）违法从事自然资源开发、交通基础设施建设，以及其他开发建设活动，造成严重生态破坏的；

（十一）发生较大及以上突发环境事件的；

（十二）被环保部门挂牌督办，整改逾期未完成的；

（十三）以暴力、威胁等方式拒绝、阻挠环保部门工作人员现场检查的；

（十四）违反重污染天气应急预案有关规定，对重污染天气响应不力的。

第十六条　被评定为环保不良企业，或者连续两年被评定为环保警示企业的，两年之内不得被评定为环保诚信企业。

第三章　评价信息来源

第十七条　企业环境信用评价，应当以环保部门通过现场检查、监督性监测、重点污染物总量控制核查，以及履行监管职责的其他活动制作或者获取的企业环境行为信息为基础。

省级环保部门可以对用于企业环境信用评价的数据来源和采集频次等事项，做出具体规定。

第十八条　环保部门在评价企业环境信用过程中，可以综合考虑企业自行监测数据、排污申报登记数据。

公众、社会组织以及媒体提供的企业环境行为信息，经核实后可以作为企业环境信用评价的依据。

环保部门可以要求参评企业协助提供有关企业环境管理规章制度、企业环保机构和人员配置等企业内部环境管理方面的信息，该信息经核实后可以作为企业环境信用评价的依据。

第十九条　组织实施企业环境信用评价的环保部门，可以向有关发展改革部门查询和调取参评企业项目投资管理方面的信息，也可以向有关银行业监管机构查询和调取参评企业申请和获取信贷资金方面的信息。

第四章　评价程序

第二十条　企业环境信用评价周期原则上为一年，评价期间原则上为上一年度。评价结果反映企业上一年度 1 月 1 日至 12 月 31 日期间的环境信用状况。

企业环境信用评价工作原则上应当在每年 4 月底前完成。

省级环保部门可以根据实际情况，对评价周期、评价期间和完成时限作出调整。

第二十一条 组织实施企业环境信用评价的环保部门，应当在每年1月底前，确定纳入本年度环境信用评价范围的企业名单，并通过本部门政府网站公布，同时报送上级环保部门备案。

第二十二条 环保部门应当于每年2月底前，根据规定的评价指标及评分方法，对企业环境行为进行信用评价，就企业的环境信用等级，提出初评意见。

初评意见应当及时反馈参评企业，并通过政府网站进行公示，公示期不得少于15天。

第二十三条 有关企业对初评意见有异议的，应当在初评意见公示期满前，向发布公示的环保部门提出异议，并提供相关资料或证据；逾期未反馈意见的，视为无异议。

第二十四条 公众、环保团体或者其他社会组织，对初评意见有异议的，可以在公示期满前，向发布公示的环保部门提出异议，并提供相关资料或证据。

第二十五条 环保部门应当在收到对初评意见的异议之日起20个工作日内进行复核，并将复核意见告知异议人。

复核需要现场核查、监测或者鉴定的，所需时间不计入复核期间。

第二十六条 企业、公众、环保团体或者其他社会组织对初评意见提出异议，环保部门对异议人的告知，可以采用信函、传真、电子邮件等书面方式。

第五章 评价结果公开与共享

第二十七条 环保部门应当在企业环境信用评价结果确定后5个工作日内，通过政府网站、报纸等媒体或者新闻发布会等方式，公开发布评价结果。

第二十八条 环保诚信企业、环保良好企业或者环保警示企业发生一般突发环境事件的，环保部门应当将其信用等级下调一级，并向社会公布。

环保诚信企业、环保良好企业或者环保警示企业出现第十五条所列"一票否决"情形的，环保部门应当将其信用等级直接降为环保不良企业，并向社会公布。

第二十九条 在企业环境信用评价结果公布后，环保警示企业或者环保不良企业主动改善环境行为、实施有效整改的，可向环保部门提交申请及相关证明材料，要求在其环境行为信息记录中，补充其整改信息。

环保部门应当在收到企业申请及相关证明材料之日起一个月内进行核实。

对经核实的整改信息，环保部门应当将其记录在企业环境行为信息管理系统中，并在核实后的三个月内向社会公布。

第三十条 企业环境信用评价结果在环保部门和发展改革、人民银行、银行业监管机构及其他有关部门之间，实现信息共享。

具备条件的地区，应当将企业环境信用评价结果，纳入本地区社会信用信息公共平台。

第三十一条 组织实施企业环境信用评价的环保部门，应当将企业环境信用评价结果通报给以下部门或者机构：

（一）同级发展改革、国有资产监督管理、商务、人民银行等有关主管部门；

（二）银行、证券、保险监管机构；

（三）监察机关及其他有关机构；

（四）有关工会组织、有关行业协会。

前款所列部门或者机构，可以结合工作职责，在行政许可、公共采购、评先创优、金融支持、资质等级评定、安排和拨付有关财政补贴专项资金中，充分应用企业环境信用评价结果，并向环保部门及时反馈评价结果的应用情况。

第六章　守信激励和失信惩戒

第三十二条　建立健全环境保护守信激励机制。

对环保诚信企业，可以采取以下激励性措施：

（一）对其危险废物经营许可证、可用作原料的固体废物进口许可证以及其他行政许可申请事项，予以积极支持；

（二）优先安排环保专项资金或者其他资金补助；

（三）优先安排环保科技项目立项；

（四）新建项目需要新增重点污染物排放总量控制指标时，纳入调剂顺序并予以优先安排；

（五）建议财政等有关部门在确定和调整政府采购名录时，将其产品或者服务优先纳入名录；

（六）环保部门在组织有关评优评奖活动中，优先授予其有关荣誉称号；

（七）建议银行业金融机构予以积极的信贷支持；

（八）建议保险机构予以优惠的环境污染责任保险费率；

（九）将环保诚信企业名单推荐给有关国有资产监督管理部门、有关工会组织、有关行业协会以及其他有关机构，并建议授予环保诚信企业及其负责人有关荣誉称号；

（十）国家或者地方规定的其他激励性措施。

第三十三条　引导环保良好企业持续改进环境行为。

环保良好企业应当保持其良好环境行为，并逐步改进其内部环境管理。

各级环保部门应当鼓励环保良好企业改进其环境行为，引导其积极开展本办法第十四条所列履行环保社会责任的活动，推动其向环保诚信企业目标努力。

第三十四条　对环保警示企业实行严格管理。

对环保警示企业，可以采取以下约束性措施：

（一）责令企业按季度向组织实施环境信用评价工作和直接对该企业实施日常环境监管的环保部门，书面报告信用评价中发现问题的整改情况；

（二）从严审查其危险废物经营许可证、可用作原料的固体废物进口许可证以及其他行政许可申请事项；

（三）加大执法监察频次；

（四）从严审批各类环保专项资金补助申请；

（五）环保部门在组织有关评优评奖活动中，暂停授予其有关荣誉称号；

（六）建议银行业金融机构严格贷款条件；

（七）建议保险机构适度提高环境污染责任保险费率；

（八）将环保警示企业名单通报有关国有资产监督管理部门、有关工会组织、有关行业协会以及其他有关机构，建议对环保警示企业及其负责人暂停授予先进企业或者先进个人等荣誉称号；

（九）国家或者地方规定的其他约束性措施。

第三十五条 建立健全环境保护失信惩戒机制。

对环保不良企业，应当采取以下惩戒性措施：

（一）责令其向社会公布改善环境行为的计划或者承诺，按季度向实施环境信用评价管理和直接对该企业实施日常环境监管的环保部门，书面报告企业环境信用评价中发现问题的整改情况；改善环境行为的计划或者承诺的内容，应当包括加强内部环境管理，整改失信行为，增加自行监测频次，加大环保投资，落实环保责任人等具体措施及完成时限。

（二）结合其环境失信行为的类别和具体情节，从严审查其危险废物经营许可证、可用作原料的固体废物进口许可证以及其他行政许可申请事项；

（三）加大执法监察频次；

（四）暂停各类环保专项资金补助；

（五）建议财政等有关部门在确定和调整政府采购名录时，取消其产品或者服务；

（六）环保部门在组织有关评优评奖活动中，不得授予其有关荣誉称号；

（七）建议银行业金融机构对其审慎授信，在其环境信用等级提升之前，不予新增贷款，并视情况逐步压缩贷款，直至退出贷款；

（八）建议保险机构提高环境污染责任保险费率；

（九）将环保不良企业名单通报有关国有资产监督管理部门、有关工会组织、有关行业协会以及其他有关机构，建议对环保不良企业及其负责人不得授予先进企业或者先进个人等荣誉称号；

（十）国家或者地方规定的其他惩戒性措施。

第七章 附则

第三十六条 有关地方环保部门已经制定企业环境信用评价管理规范性文件的，可以继续适用。

第三十七条 本办法自 2014 年 3 月 1 日起实施。

附

企业环境信用评价指标及评分方法

（试行）

类别	序号	指标名称	权重	参考分档分值		
				第 1 档 [80 分—100 分]	第 2 档 [50 分—79 分]	第 3 档 [0 分—49 分]
污染防治	1	大气及水污染物达标排放	15%	每个排污口监督性监测达标率在 90% 以上（含 90%）。	有排污口监督性监测达标率为 75%（含 75%）—90%。	有排污口监督性监测达标率低于 75%（低于 50% 为 0 分）。
	2	一般固体废物处理处置	5%	固体废物处理处置率在 95% 以上（含 95%）。	固体废弃物处理处置率为 80%（含 80%）—95%。	固体废物处理处置率低于 80%。
	3	危险废物规范化管理	5%	根据《危险废物规范化管理指标系》（环办〔2011〕48 号），危险废物规范化管理综合评估为达标。	根据《危险废物规范化管理指标体系》（环办〔2011〕48 号），危险废物规范化管理综合评估为基本达标。	根据《危险废物规范化管理指标体系》（环办〔2011〕48 号），危险废物规范化管理综合评估为不达标。
	4	噪声污染防治	4%	工业企业厂界环境噪声排放符合规定。	工业企业厂界环境噪声排放值超标 5dB（A）以下（含 5dB（A））。	工业企业厂界环境噪声排放值超标 5dB（A）以上。
生态保护	5	选址布局中的生态保护	2%	厂（场）选址、布局符合生态功能区划和生态红线的有关要求。	厂（场）选址、布局不符合生态功能区划或生态红线的有关要求，但对生态环境影响较轻的。	厂（场）选址、布局严重违反生态功能区划或生态红线的有关要求，对生态环境造成严重影响的。
	6	资源利用中的生态保护	1%	生产经营过程中的自然资源利用、原材料收购等活动，符合有关法律法规和国际公约规定。	生产经营过程中的自然资源利用、原材料收购等活动，违反有关法律法规和国际公约规定，但情节较轻。	生产经营过程中的自然资源利用、原材料收购等活动，违反有关法律法规和国际公约规定，情节严重，破坏生态环境或者造成重大社会影响。

类别	序号	指标名称	权重	参考分档分值		
				第 1 档 [80 分—100 分]	第 2 档 [50 分—79 分]	第 3 档 [0 分—49 分]
生态保护	7	开发建设中的生态保护	2%	工程项目开发建设过程中，生态保护措施全部落实，生态破坏及时清理修复。	工程项目开发建设过程中，生态保护措施基本落实，生态破坏基本得到清理修复。	工程项目开发建设过程中，生态保护措施落实情况和生态破坏清理修复程度较差。
环境管理	8	排污许可证	6%	按规定办理、申请换领排污许可证。	未按规定办理或者申请换领排污许可证，经责令改正后予以改正的。	拒绝办理或者申请换领排污许可证，或者被暂扣、吊销排污许可证。
	9	排污申报	2%	按规定进行排污申报。	未按规定进行排污申报，经责令改正后予以改正的。	排污申报中故意虚报、瞒报、拒报的。
	10	排污费缴纳	2%	依法及时足额缴纳排污费。	未按照规定缴纳排污费，被责令限期缴纳后缴纳的。	有以下情形之一的： 1. 未按照规定缴纳排污费，被责令限期缴纳排污费，逾期未缴纳； 2. 以欺骗手段骗取批准减缴、免缴或者缓缴排污费。
	11	污染治理设施运行	6%	治污设施正常运转率在 95% 以上（含 95%）。	有以下情形之一的： 1. 治污设施能力不足或者正常运转率为 70%（含 70%）—95%，不能满足稳定达标要求； 2. 被查实不正常使用污染治理设施 1 次。	有以下情形之一的： 1. 治污设施正常运转率低于 70%； 2. 被查实不正常使用污染治理设施 2 次及以上； 3. 擅自闲置或拆除治污设施。

类别	序号	指标名称	权重	参考分档分值		
				第 1 档 [80 分—100 分]	第 2 档 [50 分—79 分]	第 3 档 [0 分—49 分]
环境管理	12	排污口规范化整治	3%	排污口设置规范，按规定安装自动在线监控仪器并联网，正常运转率在 90% 以上（含 90%）。	排污口设置基本规范，按规定安装自动在线监控仪器并联网，但正常运转率为 60%（含 60%）—90%。	有以下情形之一的： 1. 排污口设置不规范； 2. 未按规定安装自动在线监控仪器； 3. 故意不正常使用自动监控系统； 4. 擅自拆除、闲置、破坏自动监控系统； 5. 自动在线监控仪器正常运转率低于 60%。
	13	企业自行监测	2%	按要求开展自行监测，企业自行监测完成率在 75% 以上（含 75%）。	自行监测开展不全面，企业自行监测完成率为 55%（含 55%）—75%。	未按要求开展自行监测，企业自行监测完成率低于 55%。
	14	内部环境管理情况	5%	有环保机构和专（兼）职环保管理人员，治污设施操作人员经过定期培训并持证上岗，内部环保管理制度健全，各治污设施基础资料、操作管理台账齐全。	有以下情形之一的： 1. 有环保机构和专（兼）职环保管理人员，但是治污设施操作人员未经过定期培训或不具备上岗资格； 2. 企业内部环保管理制度不健全； 3. 各治污设施基础资料、操作管理台账不齐全。	有以下情形之一的： 1. 未设置环保机构或专（兼）职环保管理人员； 2. 未建立企业内部环保管理制度； 3. 无治污设施基础资料、操作管理台账等环保档案材料。

类别	序号	指标名称	权重	参考分档分值		
				第 1 档 [80 分—100 分]	第 2 档 [50 分—79 分]	第 3 档 [0 分—49 分]
环境管理	15	环境风险管理	10%	按要求编制《突发环境事件应急预案》并备案，建立环境安全隐患排查治理制度并执行到位，定期开展环境应急演练，按规定投保强制性环境污染责任保险。	有以下情形之一的： 1. 按要求编制《突发环境事件应急预案》，但未备案； 2. 建立环境安全隐患排查治理制度，但存在一般环境安全隐患； 3. 未定期开展环境应急演练； 4. 经多次督促才按规定投保强制性环境污染责任保险。	有以下情形之一的： 1. 未按要求编制《突发环境事件应急预案》； 2. 未建立环境安全隐患排查治理制度，或者存在重大环境安全隐患； 3. 未开展环境应急演练； 4. 按规定应当投保强制性环境污染责任保险但未投保。
	16	强制性清洁生产审核	3%	按规定完成强制性清洁生产审核。	未在规定时间内按要求完成强制性清洁生产审核。	未按照要求开展强制性清洁生产审核。
	17	行政处罚与行政命令	15%	积极配合环保执法监督，无环境违法违规行为，未受到相关行政处罚，未被责令改正或者限期改正违法行为。	因环境违法行为受到行政处罚或者被责令改正、限期改正违法行为 1 次，罚款不超过 10 万元。	有以下情形之一的： 1. 因环境违法行为受到行政处罚或者被责令改正、限期改正违法行为 2 次及以上； 2. 罚款总额超过 10 万元； 3. 未履行行政处罚决定与行政命令，未按要求落实整改要求。
社会监督	18	群众投诉	4%	无经查属实的环境信访、投诉。	有 3 次以下（含 3 次）经查属实的环境信访、投诉，但能及时解决。	有以下情形之一的： 1. 有 3 次以上经查属实的环境信访、投诉； 2. 有经查属实的环境信访、投诉，且拒不采取有效措施，造成负面社会影响。

类别	序号	指标名称	权重	参考分档分值		
				第 1 档 [80 分—100 分]	第 2 档 [50 分—79 分]	第 3 档 [0 分—49 分]
社会监督	19	媒体监督	2%	未因环境失信行为遭新闻媒体曝光。	因环境失信行为遭新闻媒体曝光 1 次，造成一定社会影响。	因环境失信行为遭新闻媒体曝光 2 次以上（含 2 次），或者造成较大社会影响。
	20	信息公开	4%	根据有关法律和规范性文件要求，应当在所在地主要媒体上公布主要污染物排放情况等环境信息，及时公开的。	根据有关法律和规范性文件要求，应当在所在地主要媒体上公布主要污染物排放情况等环境信息，未在规定时限内公开，或者公开内容不符合规定的。	有以下情形之一的： 1. 根据有关法律和规范性文件要求，应当在所在地主要媒体上公布主要污染物排放情况等环境信息，但未公开； 2. 经查实或媒体曝光，公开虚假环境信息，或者对社会公众进行虚假环保宣传，情节严重。
	21	自行监测信息公开	2%	按要求如实发布自行监测信息，企业自行监测结果公布率在 75% 以上（含 75%）。	自行监测信息公开不全面，企业自行监测结果公布率为 55%（含 55%）—75%。	有以下情形之一的： 1. 企业拒不公开自行监测信息，或者自行监测信息弄虚作假； 2. 企业自行监测结果公布率低于 55%。
合计			100%			

注：1. 满分为 100 分，评分方法采用权重综合法。各项指标得分乘以权重比之和为最终得分；即总得分（T）=$\sum S^*\beta$（S 表示单项指标得分，β 表示单项指标的权重）。

2. 第 13 项“企业自行监测”中的“企业自行监测完成率”，以及第 21 项“自行监测信息公开”中的“企业自行监测结果公布率”，计算方法参见环境保护部《关于加强“十二五”主要污染物总量减排监测体系建设运行情况考核工作的通知》（环发〔2013〕98 号）附件 1 的《“十二五”主要污染物总量减排监测体系建设运行情况考核实施细则》。

3. 环境信用等级分为环保诚信企业、环保良好企业、环保警示企业和环保不良企业四个等级，依次以绿牌、蓝牌、黄牌、红牌表示。其中：得分为 100 分，且符合《企业环境信用评价办法（试行）》第十四条规定的，评定为环保诚信企业；得分在 80 分（含 80 分）—100 分的，评定为环保良好企业；得分在 60 分（含 60 分）—80 分的，评定为环保警示企业；得分在 60 分以下，或者有《企业环境信用评价办法（试行）》第十五条规定的“一票否决”情形的，评定为环保不良企业。

4. 各省、自治区、直辖市环保部门可以据本行政区域的经济发展水平、环境质量状况以及其他有关情况，进一步细化具体操作标准。

七、清洁生产与环境管理体系认证篇

1. 中华人民共和国清洁生产促进法

（2002年6月29日第九届全国人民代表大会常务委员会第二十八次会议通过，根据2012年2月29日第十一届全国人民代表大会常务委员会第二十五次会议《关于修改〈中华人民共和国清洁生产促进法〉的决定》修正）

第一章　总则

第一条　为了促进清洁生产，提高资源利用效率，减少和避免污染物的产生，保护和改善环境，保障人体健康，促进经济与社会可持续发展，制定本法。

第二条　本法所称清洁生产，是指不断采取改进设计、使用清洁的能源和原料、采用先进的工艺技术与设备、改善管理、综合利用等措施，从源头削减污染，提高资源利用效率，减少或者避免生产、服务和产品使用过程中污染物的产生和排放，以减轻或者消除对人类健康和环境的危害。

第三条　在中华人民共和国领域内，从事生产和服务活动的单位以及从事相关管理活动的部门依照本法规定，组织、实施清洁生产。

第四条　国家鼓励和促进清洁生产。国务院和县级以上地方人民政府，应当将清洁生产促进工作纳入国民经济和社会发展规划、年度计划以及环境保护、资源利用、产业发展、区域开发等规划。

第五条　国务院清洁生产综合协调部门负责组织、协调全国的清洁生产促进工作。国务院环境保护、工业、科学技术、财政部门和其他有关部门，按照各自的职责，负责有关的清洁生产促进工作。

县级以上地方人民政府负责领导本行政区域内的清洁生产促进工作。县级以上地方人民政府确定的清洁生产综合协调部门负责组织、协调本行政区域内的清洁生产促进工作。县级以上地方人民政府其他有关部门，按照各自的职责，负责有关的清洁生产促进工作。

第六条　国家鼓励开展有关清洁生产的科学研究、技术开发和国际合作，组织宣传、普及清洁生产知识，推广清洁生产技术。

国家鼓励社会团体和公众参与清洁生产的宣传、教育、推广、实施及监督。

第二章　清洁生产的推行

第七条　国务院应当制定有利于实施清洁生产的财政税收政策。

国务院及其有关部门和省、自治区、直辖市人民政府，应当制定有利于实施清洁生产的产业政策、技术开发和推广政策。

第八条　国务院清洁生产综合协调部门会同国务院环境保护、工业、科学技术部门和其他有关部门，根据国民经济和社会发展规划及国家节约资源、降低能源消耗、减少重点污染物排放的要求，编制国家清洁生产推行规划，报经国务院批准后及时公布。

国家清洁生产推行规划应当包括：推行清洁生产的目标、主要任务和保障措施，按照资源能源消耗、污染物排放水平确定开展清洁生产的重点领域、重点行业和重点工程。

国务院有关行业主管部门根据国家清洁生产推行规划确定本行业清洁生产的重点项目，制定行业专项清洁生产推行规划并组织实施。

县级以上地方人民政府根据国家清洁生产推行规划、有关行业专项清洁生产推行规划，按照本地区节约资源、降低能源消耗、减少重点污染物排放的要求，确定本地区清洁生产的重点项目，制定推行清洁生产的实施规划并组织落实。

第九条 中央预算应当加强对清洁生产促进工作的资金投入，包括中央财政清洁生产专项资金和中央预算安排的其他清洁生产资金，用于支持国家清洁生产推行规划确定的重点领域、重点行业、重点工程实施清洁生产及其技术推广工作，以及生态脆弱地区实施清洁生产的项目。中央预算用于支持清洁生产促进工作的资金使用的具体办法，由国务院财政部门、清洁生产综合协调部门会同国务院有关部门制定。

县级以上地方人民政府应当统筹地方财政安排的清洁生产促进工作的资金，引导社会资金，支持清洁生产重点项目。

第十条 国务院和省、自治区、直辖市人民政府的有关部门，应当组织和支持建立促进清洁生产信息系统和技术咨询服务体系，向社会提供有关清洁生产方法和技术、可再生利用的废物供求以及清洁生产政策等方面的信息和服务。

第十一条 国务院清洁生产综合协调部门会同国务院环境保护、工业、科学技术、建设、农业等有关部门定期发布清洁生产技术、工艺、设备和产品导向目录。

国务院清洁生产综合协调部门、环境保护部门和省、自治区、直辖市人民政府负责清洁生产综合协调的部门、环境保护部门会同同级有关部门，组织编制重点行业或者地区的清洁生产指南，指导实施清洁生产。

第十二条 国家对浪费资源和严重污染环境的落后生产技术、工艺、设备和产品实行限期淘汰制度。国务院有关部门按照职责分工，制定并发布限期淘汰的生产技术、工艺、设备以及产品的名录。

第十三条 国务院有关部门可以根据需要批准设立节能、节水、废物再生利用等环境与资源保护方面的产品标志，并按照国家规定制定相应标准。

第十四条 县级以上人民政府科学技术部门和其他有关部门，应当指导和支持清洁生产技术和有利于环境与资源保护的产品的研究、开发以及清洁生产技术的示范和推广工作。

第十五条 国务院教育部门，应当将清洁生产技术和管理课程纳入有关高等教育、职业教育和技术培训体系。

县级以上人民政府有关部门组织开展清洁生产的宣传和培训，提高国家工作人员、企业经营管理者和公众的清洁生产意识，培养清洁生产管理和技术人员。

新闻出版、广播影视、文化等单位和有关社会团体，应当发挥各自优势做好清洁生产宣传工作。

第十六条 各级人民政府应当优先采购节能、节水、废物再生利用等有利于环境与资源保护的产品。

各级人民政府应当通过宣传、教育等措施，鼓励公众购买和使用节能、节水、废物再生利用等有利于环境与资源保护的产品。

第十七条 省、自治区、直辖市人民政府负责清洁生产综合协调的部门、环境保护部门，根据促进清洁生产工作的需要，在本地区主要媒体上公布未达到能源消耗控制指标、重点污染物排放控制指标的企业的名单，为公众监督企业实施清洁生产提供依据。

列入前款规定名单的企业，应当按照国务院清洁生产综合协调部门、环境保护部门的规定公布能源消耗或者重点污染物产生、排放情况，接受公众监督。

第三章 清洁生产的实施

第十八条 新建、改建和扩建项目应当进行环境影响评价，对原料使用、资源消耗、资源综合利用以及污染物产生与处置等进行分析论证，优先采用资源利用率高以及污染物产生量少的清洁生产技术、工艺和设备。

第十九条 企业在进行技术改造过程中，应当采取以下清洁生产措施：

（一）采用无毒、无害或者低毒、低害的原料，替代毒性大、危害严重的原料；

（二）采用资源利用率高、污染物产生量少的工艺和设备，替代资源利用率低、污染物产生量多的工艺和设备；

（三）对生产过程中产生的废物、废水和余热等进行综合利用或者循环使用；

（四）采用能够达到国家或者地方规定的污染物排放标准和污染物排放总量控制指标的污染防治技术。

第二十条 产品和包装物的设计，应当考虑其在生命周期中对人类健康和环境的影响，优先选择无毒、无害、易于降解或者便于回收利用的方案。

企业对产品的包装应当合理，包装的材质、结构和成本应当与内装产品的质量、规格和成本相适应，减少包装性废物的产生，不得进行过度包装。

第二十一条 生产大型机电设备、机动运输工具以及国务院工业部门指定的其他产品的企业，应当按照国务院标准化部门或者其授权机构制定的技术规范，在产品的主体构件上注明材料成分的标准牌号。

第二十二条 农业生产者应当科学地使用化肥、农药、农用薄膜和饲料添加剂，改进种植和养殖技术，实现农产品的优质、无害和农业生产废物的资源化，防止农业环境污染。

禁止将有毒、有害废物用作肥料或者用于造田。

第二十三条 餐饮、娱乐、宾馆等服务性企业，应当采用节能、节水和其他有利于环境保护的技术和设备，减少使用或者不使用浪费资源、污染环境的消费品。

第二十四条 建筑工程应当采用节能、节水等有利于环境与资源保护的建筑设计方案、建筑和装修材料、建筑构配件及设备。

建筑和装修材料必须符合国家标准。禁止生产、销售和使用有毒、有害物质超过国家标准的建筑和装修材料。

第二十五条 矿产资源的勘查、开采，应当采用有利于合理利用资源、保护环境和防止污染的勘查、开采方法和工艺技术，提高资源利用水平。

第二十六条 企业应当在经济技术可行的条件下对生产和服务过程中产生的废物、余热等自行回收利用或者转让给有条件的其他企业和个人利用。

第二十七条 企业应当对生产和服务过程中的资源消耗以及废物的产生情况进行监测，并根据需要对生产和服务实施清洁生产审核。

有下列情形之一的企业，应当实施强制性清洁生产审核：

（一）污染物排放超过国家或者地方规定的排放标准，或者虽未超过国家或者地方规定的排放标准，但超过重点污染物排放总量控制指标的；

（二）超过单位产品能源消耗限额标准构成高耗能的；

（三）使用有毒、有害原料进行生产或者在生产中排放有毒、有害物质的。

污染物排放超过国家或者地方规定的排放标准的企业，应当按照环境保护相关法律的规定治理。

实施强制性清洁生产审核的企业，应当将审核结果向所在地县级以上地方人民政府负责清洁生产综合协调的部门、环境保护部门报告，并在本地区主要媒体上公布，接受公众监督，但涉及商业秘密的除外。

县级以上地方人民政府有关部门应当对企业实施强制性清洁生产审核的情况进行监督，必要时可以组织对企业实施清洁生产的效果进行评估验收，所需费用纳入同级政府预算。承担评估验收工作的部门或者单位不得向被评估验收企业收取费用。

实施清洁生产审核的具体办法，由国务院清洁生产综合协调部门、环境保护部门会同国务院有关部门制定。

第二十八条 本法第二十七条第二款规定以外的企业，可以自愿与清洁生产综合协调部门和环境保护部门签订进一步节约资源、削减污染物排放量的协议。该清洁生产综合协调部门和环境保护部门应当在本地区主要媒体上公布该企业的名称以及节约资源、防治污染的成果。

第二十九条 企业可以根据自愿原则，按照国家有关环境管理体系等认证的规定，委托经国务院认证认可监督管理部门认可的认证机构进行认证，提高清洁生产水平。

第四章 鼓励措施

第三十条 国家建立清洁生产表彰奖励制度。对在清洁生产工作中做出显著成绩的单位和个人，由人民政府给予表彰和奖励。

第三十一条 对从事清洁生产研究、示范和培训，实施国家清洁生产重点技术改造项目和本法第二十八条规定的自愿节约资源、削减污染物排放量协议中载明的技术改造项目，由县级以上人民政府给予资金支持。

第三十二条 在依照国家规定设立的中小企业发展基金中，应当根据需要安排适当数额用于支持中小企业实施清洁生产。

第三十三条 依法利用废物和从废物中回收原料生产产品的，按照国家规定享受税收优惠。

第三十四条 企业用于清洁生产审核和培训的费用，可以列入企业经营成本。

第五章 法律责任

第三十五条 清洁生产综合协调部门或者其他有关部门未依照本法规定履行职责的，对直接负责的主管人员和其他直接责任人员依法给予处分。

第三十六条 违反本法第十七条第二款规定，未按照规定公布能源消耗或者重点污染物产生、排放情况的，由县级以上地方人民政府负责清洁生产综合协调的部门、环境保护部门按照职责分工责令公布，可以处十万元以下的罚款。

第三十七条 违反本法第二十一条规定，未标注产品材料的成分或者不如实标注的，由县级以上地方人民政府质量技术监督部门责令限期改正；拒不改正的，处以五万元以下的罚款。

第三十八条 违反本法第二十四条第二款规定，生产、销售有毒、有害物质超过国家标准的建筑和装修材料的，依照产品质量法和有关民事、刑事法律的规定，追究行政、民事、刑事法律责任。

第三十九条 违反本法第二十七条第二款、第四款规定，不实施强制性清洁生产审核或者在清洁生产审核中弄虚作假的，或者实施强制性清洁生产审核的企业不报告或者不如实报告审核结果的，由县级以上地方人民政府负责清洁生产综合协调的部门、环境保护部门按照职责分工责令限期改正；拒不改正的，处以五万元以上五十万元以下的罚款。

违反本法第二十七条第五款规定，承担评估验收工作的部门或者单位及其工作人员向被评估验收企业收取费用的，不如实评估验收或者在评估验收中弄虚作假的，或者利用职务上的便利谋取利益的，对直接负责的主管人员和其他直接责任人员依法给予处分；构成犯罪的，依法追究刑事责任。

第六章 附则

第四十条 本法自 2003 年 1 月 1 日起施行。

2. 中华人民共和国循环经济促进法

（2008 年 8 月 29 日第十一届全国人民代表大会常务委员会第四次会议通过，根据 2018 年 10 月 26 日第十三届全国人民代表大会常务委员会第六次会议《关于修改〈中华人民共和国野生动物保护法〉等十五部法律的决定》修正）

第一章　总则

第一条　为了促进循环经济发展，提高资源利用效率，保护和改善环境，实现可持续发展，制定本法。

第二条　本法所称循环经济，是指在生产、流通和消费等过程中进行的减量化、再利用、资源化活动的总称。

本法所称减量化，是指在生产、流通和消费等过程中减少资源消耗和废物产生。

本法所称再利用，是指将废物直接作为产品或者经修复、翻新、再制造后继续作为产品使用，或者将废物的全部或者部分作为其他产品的部件予以使用。

本法所称资源化，是指将废物直接作为原料进行利用或者对废物进行再生利用。

第三条　发展循环经济是国家经济社会发展的一项重大战略，应当遵循统筹规划、合理布局，因地制宜、注重实效，政府推动、市场引导，企业实施、公众参与的方针。

第四条　发展循环经济应当在技术可行、经济合理和有利于节约资源、保护环境的前提下，按照减量化优先的原则实施。

在废物再利用和资源化过程中，应当保障生产安全，保证产品质量符合国家规定的标准，并防止产生再次污染。

第五条　国务院循环经济发展综合管理部门负责组织协调、监督管理全国循环经济发展工作；国务院生态环境等有关主管部门按照各自的职责负责有关循环经济的监督管理工作。

县级以上地方人民政府循环经济发展综合管理部门负责组织协调、监督管理本行政区域的循环经济发展工作；县级以上地方人民政府生态环境等有关主管部门按照各自的职责负责有关循环经济的监督管理工作。

第六条　国家制定产业政策，应当符合发展循环经济的要求。

县级以上人民政府编制国民经济和社会发展规划及年度计划，县级以上人民政府有关部门编制环境保护、科学技术等规划，应当包括发展循环经济的内容。

第七条　国家鼓励和支持开展循环经济科学技术的研究、开发和推广，鼓励开展循环经济宣传、教育、科学知识普及和国际合作。

第八条　县级以上人民政府应当建立发展循环经济的目标责任制，采取规划、财政、投资、政府采购等措施，促进循环经济发展。

第九条　企业事业单位应当建立健全管理制度，采取措施，降低资源消耗，减少废物的产生量和排放量，提高废物的再利用和资源化水平。

第十条 公民应当增强节约资源和保护环境意识，合理消费，节约资源。

国家鼓励和引导公民使用节能、节水、节材和有利于保护环境的产品及再生产品，减少废物的产生量和排放量。

公民有权举报浪费资源、破坏环境的行为，有权了解政府发展循环经济的信息并提出意见和建议。

第十一条 国家鼓励和支持行业协会在循环经济发展中发挥技术指导和服务作用。县级以上人民政府可以委托有条件的行业协会等社会组织开展促进循环经济发展的公共服务。

国家鼓励和支持中介机构、学会和其他社会组织开展循环经济宣传、技术推广和咨询服务，促进循环经济发展。

第二章 基本管理制度

第十二条 国务院循环经济发展综合管理部门会同国务院生态环境等有关主管部门编制全国循环经济发展规划，报国务院批准后公布施行。设区的市级以上地方人民政府循环经济发展综合管理部门会同本级人民政府生态环境等有关主管部门编制本行政区域循环经济发展规划，报本级人民政府批准后公布施行。

循环经济发展规划应当包括规划目标、适用范围、主要内容、重点任务和保障措施等，并规定资源产出率、废物再利用和资源化率等指标。

第十三条 县级以上地方人民政府应当依据上级人民政府下达的本行政区域主要污染物排放、建设用地和用水总量控制指标，规划和调整本行政区域的产业结构，促进循环经济发展。

新建、改建、扩建建设项目，必须符合本行政区域主要污染物排放、建设用地和用水总量控制指标的要求。

第十四条 国务院循环经济发展综合管理部门会同国务院统计、生态环境等有关主管部门建立和完善循环经济评价指标体系。

上级人民政府根据前款规定的循环经济主要评价指标，对下级人民政府发展循环经济的状况定期进行考核，并将主要评价指标完成情况作为对地方人民政府及其负责人考核评价的内容。

第十五条 生产列入强制回收名录的产品或者包装物的企业，必须对废弃的产品或者包装物负责回收；对其中可以利用的，由各该生产企业负责利用；对因不具备技术经济条件而不适合利用的，由各该生产企业负责无害化处置。

对前款规定的废弃产品或者包装物，生产者委托销售者或者其他组织进行回收的，或者委托废物利用或者处置企业进行利用或者处置的，受托方应当依照有关法律、行政法规的规定和合同的约定负责回收或者利用、处置。

对列入强制回收名录的产品和包装物，消费者应当将废弃的产品或者包装物交给生产者或者其委托回收的销售者或者其他组织。

强制回收的产品和包装物的名录及管理办法，由国务院循环经济发展综合管理部门规定。

第十六条 国家对钢铁、有色金属、煤炭、电力、石油加工、化工、建材、建筑、造纸、印染等行业年综合能源消费量、用水量超过国家规定总量的重点企业，实行能耗、水耗的重点监督管理制度。

重点能源消费单位的节能监督管理，依照《中华人民共和国节约能源法》的规定执行。

重点用水单位的监督管理办法，由国务院循环经济发展综合管理部门会同国务院有关部门规定。

第十七条 国家建立健全循环经济统计制度，加强资源消耗、综合利用和废物产生的统计管理，并将主要统计指标定期向社会公布。

国务院标准化主管部门会同国务院循环经济发展综合管理和生态环境等有关主管部门建立健全循环经济标准体系，制定和完善节能、节水、节材和废物再利用、资源化等标准。

国家建立健全能源效率标识等产品资源消耗标识制度。

第三章 减量化

第十八条 国务院循环经济发展综合管理部门会同国务院生态环境等有关主管部门，定期发布鼓励、限制和淘汰的技术、工艺、设备、材料和产品名录。

禁止生产、进口、销售列入淘汰名录的设备、材料和产品，禁止使用列入淘汰名录的技术、工艺、设备和材料。

第十九条 从事工艺、设备、产品及包装物设计，应当按照减少资源消耗和废物产生的要求，优先选择采用易回收、易拆解、易降解、无毒无害或者低毒低害的材料和设计方案，并应当符合有关国家标准的强制性要求。

对在拆解和处置过程中可能造成环境污染的电器电子等产品，不得设计使用国家禁止使用的有毒有害物质。禁止在电器电子等产品中使用的有毒有害物质名录，由国务院循环经济发展综合管理部门会同国务院生态环境等有关主管部门制定。

设计产品包装物应当执行产品包装标准，防止过度包装造成资源浪费和环境污染。

第二十条 工业企业应当采用先进或者适用的节水技术、工艺和设备，制定并实施节水计划，加强节水管理，对生产用水进行全过程控制。

工业企业应当加强用水计量管理，配备和使用合格的用水计量器具，建立水耗统计和用水状况分析制度。

新建、改建、扩建建设项目，应当配套建设节水设施。节水设施应当与主体工程同时设计、同时施工、同时投产使用。

国家鼓励和支持沿海地区进行海水淡化和海水直接利用，节约淡水资源。

第二十一条 国家鼓励和支持企业使用高效节油产品。

电力、石油加工、化工、钢铁、有色金属和建材等企业，必须在国家规定的范围和期限内，以洁净煤、石油焦、天然气等清洁能源替代燃料油，停止使用不符合国家规定的燃油发电机组和燃油锅炉。

内燃机和机动车制造企业应当按照国家规定的内燃机和机动车燃油经济性标准，采用节油技术，减少石油产品消耗量。

第二十二条 开采矿产资源，应当统筹规划，制定合理的开发利用方案，采用合理的开采顺序、方法和选矿工艺。采矿许可证颁发机关应当对申请人提交的开发利用方案中的开采回采率、采矿贫化率、选矿回收率、矿山水循环利用率和土地复垦率等指标依法进行审查；审查不合格的，不予颁发采矿许可证。采矿许可证颁发机关应当依法加强对开采矿产资源的监督管理。

矿山企业在开采主要矿种的同时，应当对具有工业价值的共生和伴生矿实行综合开采、合理利用；对必须同时采出而暂时不能利用的矿产以及含有有用组分的尾矿，应当采取保护措施，防止资源损失和生态破坏。

第二十三条 建筑设计、建设、施工等单位应当按照国家有关规定和标准，对其设计、建设、施工的建筑物及构筑物采用节能、节水、节地、节材的技术工艺和小型、轻型、再生产品。有条件的地区，应当充分利用太阳能、地热能、风能等可再生能源。

国家鼓励利用无毒无害的固体废物生产建筑材料，鼓励使用散装水泥，推广使用预拌混凝土和预拌砂浆。

禁止损毁耕地烧砖。在国务院或者省、自治区、直辖市人民政府规定的期限和区域内，禁止生产、销售和使用黏土砖。

第二十四条 县级以上人民政府及其农业等主管部门应当推进土地集约利用，鼓励和支持农业生产者采用节水、节肥、节药的先进种植、养殖和灌溉技术，推动农业机械节能，优先发展生态农业。

在缺水地区，应当调整种植结构，优先发展节水型农业，推进雨水集蓄利用，建设和管护节水灌溉设施，提高用水效率，减少水的蒸发和漏失。

第二十五条 国家机关及使用财政性资金的其他组织应当厉行节约、杜绝浪费，带头使用节能、节水、节地、节材和有利于保护环境的产品、设备和设施，节约使用办公用品。国务院和县级以上地方人民政府管理机关事务工作的机构会同本级人民政府有关部门制定本级国家机关等机构的用能、用水定额指标，财政部门根据该定额指标制定支出标准。

城市人民政府和建筑物的所有者或者使用者，应当采取措施，加强建筑物维护管理，延长建筑物使用寿命。对符合城市规划和工程建设标准，在合理使用寿命内的建筑物，除为了公共利益的需要外，城市人民政府不得决定拆除。

第二十六条 餐饮、娱乐、宾馆等服务性企业，应当采用节能、节水、节材和有利于保护环境的产品，减少使用或者不使用浪费资源、污染环境的产品。

本法施行后新建的餐饮、娱乐、宾馆等服务性企业，应当采用节能、节水、节材和有利于保护环境的技术、设备和设施。

第二十七条 国家鼓励和支持使用再生水。在有条件使用再生水的地区，限制或者禁止将自来水作为城市道路清扫、城市绿化和景观用水使用。

第二十八条 国家在保障产品安全和卫生的前提下，限制一次性消费品的生产和销售。具体名录由国务院循环经济发展综合管理部门会同国务院财政、生态环境等有关主管部门制定。

对列入前款规定名录中的一次性消费品的生产和销售，由国务院财政、税务和对外贸易等主管部门制定限制性的税收和出口等措施。

第四章 再利用和资源化

第二十九条 县级以上人民政府应当统筹规划区域经济布局，合理调整产业结构，促进企业在资源综合利用等领域进行合作，实现资源的高效利用和循环使用。

各类产业园区应当组织区内企业进行资源综合利用，促进循环经济发展。

国家鼓励各类产业园区的企业进行废物交换利用、能量梯级利用、土地集约利用、水的分类利用和循环使用，共同使用基础设施和其他有关设施。

新建和改造各类产业园区应当依法进行环境影响评价，并采取生态保护和污染控制措施，确保本区域的环境质量达到规定的标准。

第三十条 企业应当按照国家规定，对生产过程中产生的粉煤灰、煤矸石、尾矿、废石、废料、废气等工业废物进行综合利用。

第三十一条 企业应当发展串联用水系统和循环用水系统，提高水的重复利用率。

企业应当采用先进技术、工艺和设备，对生产过程中产生的废水进行再生利用。

第三十二条 企业应当采用先进或者适用的回收技术、工艺和设备，对生产过程中产生的余热、余压等进行综合利用。

建设利用余热、余压、煤层气以及煤矸石、煤泥、垃圾等低热值燃料的并网发电项目，应当依照法律和国务院的规定取得行政许可或者报送备案。电网企业应当按照国家规定，与综合利用资源发电的企业签订并网协议，提供上网服务，并全额收购并网发电项目的上网电量。

第三十三条 建设单位应当对工程施工中产生的建筑废物进行综合利用；不具备综合利用条件的，应当委托具备条件的生产经营者进行综合利用或者无害化处置。

第三十四条 国家鼓励和支持农业生产者和相关企业采用先进或者适用技术，对农作物秸秆、畜禽粪便、农产品加工业副产品、废农用薄膜等进行综合利用，开发利用沼气等生物质能源。

第三十五条 县级以上人民政府及其林业草原主管部门应当积极发展生态林业，鼓励和支持林业生产者和相关企业采用木材节约和代用技术，开展林业废弃物和次小薪材、沙生灌木等综合利用，提高木材综合利用率。

第三十六条 国家支持生产经营者建立产业废物交换信息系统，促进企业交流产业废物信息。

企业对生产过程中产生的废物不具备综合利用条件的，应当提供给具备条件的生产经营者进行综合利用。

第三十七条 国家鼓励和推进废物回收体系建设。

地方人民政府应当按照城乡规划，合理布局废物回收网点和交易市场，支持废物回收企业和其他组织开展废物的收集、储存、运输及信息交流。

废物回收交易市场应当符合国家环境保护、安全和消防等规定。

第三十八条 对废电器电子产品、报废机动车船、废轮胎、废铅酸电池等特定产品进行拆解或者再利用，应当符合有关法律、行政法规的规定。

第三十九条 回收的电器电子产品，经过修复后销售的，必须符合再利用产品标准，并在显著位置标识为再利用产品。

回收的电器电子产品，需要拆解和再生利用的，应当交售给具备条件的拆解企业。

第四十条 国家支持企业开展机动车零部件、工程机械、机床等产品的再制造和轮胎翻新。

销售的再制造产品和翻新产品的质量必须符合国家规定的标准，并在显著位置标识为再制造产品或者翻新产品。

第四十一条 县级以上人民政府应当统筹规划建设城乡生活垃圾分类收集和资源化利用设施，建立和完善分类收集和资源化利用体系，提高生活垃圾资源化率。

县级以上人民政府应当支持企业建设污泥资源化利用和处置设施，提高污泥综合利用水平，防止产生再次污染。

第五章 激励措施

第四十二条 国务院和省、自治区、直辖市人民政府设立发展循环经济的有关专项资金，支持循环经济的科技研究开发、循环经济技术和产品的示范与推广、重大循环经济项目的实施、发展循环经济的信息服务等。具体办法由国务院财政部门会同国务院循环经济发展综合管理等有关主管部门制定。

第四十三条 国务院和省、自治区、直辖市人民政府及其有关部门应当将循环经济重大科技攻关项目的自主创新研究、应用示范和产业化发展列入国家或者省级科技发展规划和高技术产业发展规划，并安排财政性资金予以支持。

利用财政性资金引进循环经济重大技术、装备的，应当制定消化、吸收和创新方案，报有关主管部门审批并由其监督实施；有关主管部门应当根据实际需要建立协调机制，对重大技术、装备的引进和消化、吸收、创新实行统筹协调，并给予资金支持。

第四十四条 国家对促进循环经济发展的产业活动给予税收优惠，并运用税收等措施鼓励进口先进的节能、节水、节材等技术、设备和产品，限制在生产过程中耗能高、污染重的产品的出口。具体办法由国务院财政、税务主管部门制定。

企业使用或者生产列入国家清洁生产、资源综合利用等鼓励名录的技术、工艺、设备或者产品的，按照国家有关规定享受税收优惠。

第四十五条 县级以上人民政府循环经济发展综合管理部门在制定和实施投资计划时，应当将节能、节水、节地、节材、资源综合利用等项目列为重点投资领域。

对符合国家产业政策的节能、节水、节地、节材、资源综合利用等项目，金融机构应当给予优先贷款等信贷支持，并积极提供配套金融服务。

对生产、进口、销售或者使用列入淘汰名录的技术、工艺、设备、材料或者产品的企业，金融机构不得提供任何形式的授信支持。

第四十六条 国家实行有利于资源节约和合理利用的价格政策，引导单位和个人节约和合理使用水、电、气等资源性产品。

国务院和省、自治区、直辖市人民政府的价格主管部门应当按照国家产业政策，对资源高消耗行业中的限制类项目，实行限制性的价格政策。

对利用余热、余压、煤层气以及煤矸石、煤泥、垃圾等低热值燃料的并网发电项目，价格主管部门按照有利于资源综合利用的原则确定其上网电价。

省、自治区、直辖市人民政府可以根据本行政区域经济社会发展状况，实行垃圾排放收费制度。收取的费用专项用于垃圾分类、收集、运输、贮存、利用和处置，不得挪作他用。

国家鼓励通过以旧换新、押金等方式回收废物。

第四十七条 国家实行有利于循环经济发展的政府采购政策。使用财政性资金进行采购的，应当优先采购节能、节水、节材和有利于保护环境的产品及再生产品。

第四十八条 县级以上人民政府及其有关部门应当对在循环经济管理、科学技术研究、产品开发、示范和推广工作中做出显著成绩的单位和个人给予表彰和奖励。

企业事业单位应当对在循环经济发展中做出突出贡献的集体和个人给予表彰和奖励。

第六章　法律责任

第四十九条 县级以上人民政府循环经济发展综合管理部门或者其他有关主管部门发现违反本法的行为或者接到对违法行为的举报后不予查处，或者有其他不依法履行监督管理职责行为的，由本级人民政府或者上一级人民政府有关主管部门责令改正，对直接负责的主管人员和其他直接责任人员依法给予处分。

第五十条 生产、销售列入淘汰名录的产品、设备的，依照《中华人民共和国产品质量法》的规定处罚。

使用列入淘汰名录的技术、工艺、设备、材料的，由县级以上地方人民政府循环经济发展综合管理部门责令停止使用，没收违法使用的设备、材料，并处五万元以上二十万元以下的罚款；情节严重的，由县级以上人民政府循环经济发展综合管理部门提出意见，报请本级人民政府按照国务院规定的权限责令停业或者关闭。

违反本法规定，进口列入淘汰名录的设备、材料或者产品的，由海关责令退运，可以处十万元以上一百万元以下的罚款。进口者不明的，由承运人承担退运责任，或者承担有关处置费用。

第五十一条 违反本法规定，对在拆解或者处置过程中可能造成环境污染的电器电子等产品，设计使用列入国家禁止使用名录的有毒有害物质的，由县级以上地方人民政府市场监督管理部门责令限期改正；逾期不改正的，处二万元以上二十万元以下的罚款；情节严重的，依法吊销营业执照。

第五十二条 违反本法规定，电力、石油加工、化工、钢铁、有色金属和建材等企业未在规定的范围或者期限内停止使用不符合国家规定的燃油发电机组或者燃油锅炉的，由县级以上地方人民政府循环经济发展综合管理部门责令限期改正；逾期不改正的，责令拆除该燃油发电机组或者燃油锅炉，并处五万元以上五十万元以下的罚款。

第五十三条 违反本法规定，矿山企业未达到经依法审查确定的开采回采率、采矿贫化率、选矿回收率、矿山水循环利用率和土地复垦率等指标的，由县级以上人民政府地质矿产主管部门责令限期改正，处五万元以上五十万元以下的罚款；逾期不改正的，由采矿许可证颁发机关依法吊销采矿许可证。

第五十四条 违反本法规定，在国务院或者省、自治区、直辖市人民政府规定禁止生产、销售、使用黏土砖的期限或者区域内生产、销售或者使用黏土砖的，由县级以上地方人民政府指定的部门责令限期改正；有违法所得的，没收违法所得；逾期继续生产、销售的，由地方人民政府市场监督管理部门依法吊销营业执照。

第五十五条 违反本法规定，电网企业拒不收购企业利用余热、余压、煤层气以及煤矸石、煤泥、垃圾等低热值燃料生产的电力的，由国家电力监管机构责令限期改正；造成企业损失的，依法承担赔偿责任。

第五十六条 违反本法规定，有下列行为之一的，由地方人民政府市场监督管理部门责令限期改正，可以处五千元以上五万元以下的罚款；逾期不改正的，依法吊销营业执照；造成损失的，依法承担赔偿责任：

（一）销售没有再利用产品标识的再利用电器电子产品的；

（二）销售没有再制造或者翻新产品标识的再制造或者翻新产品的。

第五十七条 违反本法规定，构成犯罪的，依法追究刑事责任。

第七章　附则

第五十八条 本法自2009年1月1日起施行。

3. 清洁生产审核办法

（国家发展改革委、环境保护部令　第38号）

第一章　总则

第一条 为促进清洁生产，规范清洁生产审核行为，根据《中华人民共和国清洁生产促进法》，制定本办法。

第二条 本办法所称清洁生产审核，是指按照一定程序，对生产和服务过程进行调查和诊断，找出能耗高、物耗高、污染重的原因，提出降低能耗、物耗、废物产生以及减少有毒有害物料的使用、产生和废弃物资源化利用的方案，进而选定并实施技术经济及环境可行的清洁生产方案的过程。

第三条 本办法适用于中华人民共和国领域内所有从事生产和服务活动的单位以及从事相关管理活动的部门。

第四条 国家发展和改革委员会会同环境保护部负责全国清洁生产审核的组织、协调、指导和监督工作。县级以上地方人民政府确定的清洁生产综合协调部门会同环境保护主管部门、管理节能工作的部门（以下简称“节能主管部门”）和其他有关部门，根据本地区实际情况，组织开展清洁生产审核。

第五条 清洁生产审核应当以企业为主体，遵循企业自愿审核与国家强制审核相结合、企业自主审核与外部协助审核相结合的原则，因地制宜、有序开展、注重实效。

第二章 清洁生产审核范围

第六条 清洁生产审核分为自愿性审核和强制性审核。

第七条 国家鼓励企业自愿开展清洁生产审核。本办法第八条规定以外的企业，可以自愿组织实施清洁生产审核。

第八条 有下列情形之一的企业，应当实施强制性清洁生产审核：

（一）污染物排放超过国家或者地方规定的排放标准，或者虽未超过国家或者地方规定的排放标准，但超过重点污染物排放总量控制指标的；

（二）超过单位产品能源消耗限额标准构成高耗能的；

（三）使用有毒有害原料进行生产或者在生产中排放有毒有害物质的。

其中有毒有害原料或物质包括以下几类：

第一类，危险废物。包括列入《国家危险废物名录》的危险废物，以及根据国家规定的危险废物鉴别标准和鉴别方法认定的具有危险特性的废物。

第二类，剧毒化学品、列入《重点环境管理危险化学品目录》的化学品，以及含有上述化学品的物质。

第三类，含有铅、汞、镉、铬等重金属和类金属砷的物质。

第四类，《关于持久性有机污染物的斯德哥尔摩公约》附件所列物质。

第五类，其他具有毒性、可能污染环境的物质。

第三章 清洁生产审核的实施

第九条 本办法第八条第（一）款、第（三）款规定实施强制性清洁生产审核的企业名单，由所在地县级以上环境保护主管部门按照管理权限提出，逐级报省级环境保护主管部门核定后确定，根据属地原则书面通知企业，并抄送同级清洁生产综合协调部门和行业管理部门。

本办法第八条第（二）款规定实施强制性清洁生产审核的企业名单，由所在地县级以上节能主管部门按照管理权限提出，逐级报省级节能主管部门核定后确定，根据属地原则书面通知企业，并抄送同级清洁生产综合协调部门和行业管理部门。

第十条 各省级环境保护主管部门、节能主管部门应当按照各自职责，分别汇总提出应当实施强制性清洁生产审核的企业单位名单，由清洁生产综合协调部门会同环境保护主管部门或节能主管部门，在官方网站或采取其他便于公众知晓的方式分期分批发布。

第十一条 实施强制性清洁生产审核的企业，应当在名单公布后1个月内，在当地主要媒体、企业官方网站或采取其他便于公众知晓的方式公布企业相关信息。

（一）本办法第八条第（一）款规定实施强制性清洁生产审核的企业，公布的主要信息包括：企业名称、法人代表、企业所在地址、排放污染物名称、排放方式、排放浓度和总量、超标及超总量情况。

（二）本办法第八条第（二）款规定实施强制性清洁生产审核的企业，公布的主要信息包括：企业名称、法人代表、企业所在地址、主要能源品种及消耗量、单位产值能耗、单位产品能耗、超过单位产品能耗限额标准情况。

（三）本办法第八条第（三）款规定实施强制性清洁生产审核的企业，公布的主要信息包括：企业名称、法人代表、企业所在地址、使用有毒有害原料的名称、数量、用途，排放有毒有害物质的名称、浓度和数量，危险废物的产生和处置情况，依法落实环境风险防控措施情况等。

（四）符合本办法第八条两款以上情况的企业，应当参照上述要求同时公布相关信息。

企业应对其公布信息的真实性负责。

第十二条 列入实施强制性清洁生产审核名单的企业应当在名单公布后2个月内开展清洁生产审核。

本办法第八条第（三）款规定实施强制性清洁生产审核的企业，2次清洁生产审核的间隔时间不得超过5年。

第十三条 自愿实施清洁生产审核的企业可参照强制性清洁生产审核的程序开展审核。

第十四条 清洁生产审核程序原则上包括审核准备、预审核、审核、方案的产生和筛选、方案的确定、方案的实施、持续清洁生产等。

第四章 清洁生产审核的组织和管理

第十五条 清洁生产审核以企业自行组织开展为主。实施强制性清洁生产审核的企业，如果自行独立组织开展清洁生产审核，应具备本办法第十六条第（二）款、第（三）款的条件。

不具备独立开展清洁生产审核能力的企业，可以聘请外部专家或委托具备相应能力的咨询服务机构协助开展清洁生产审核。

第十六条 协助企业组织开展清洁生产审核工作的咨询服务机构，应当具备下列条件：

（一）具有独立法人资格，具备为企业清洁生产审核提供公平、公正和高效率服务的质量保证体系和管理制度。

（二）具备开展清洁生产审核物料平衡测试、能量和水平衡测试的基本检测分析器具、设备或手段。

（三）拥有熟悉相关行业生产工艺、技术规程和节能、节水、污染防治管理要求的技术人员。

（四）拥有掌握清洁生产审核方法并具有清洁生产审核咨询经验的技术人员。

第十七条 列入本办法第八条第（一）款和第（三）款规定实施强制性清洁生产审核的企业，应当在名单公布之日起 1 年内，完成本轮清洁生产审核并将清洁生产审核报告报当地县级以上环境保护主管部门和清洁生产综合协调部门。

列入第八条第（二）款规定实施强制性清洁生产审核的企业，应当在名单公布之日起 1 年内，完成本轮清洁生产审核并将清洁生产审核报告报当地县级以上节能主管部门和清洁生产综合协调部门。

第十八条 县级以上清洁生产综合协调部门应当会同环境保护主管部门、节能主管部门，对企业实施强制性清洁生产审核的情况进行监督，督促企业按进度开展清洁生产审核。

第十九条 有关部门以及咨询服务机构应当为实施清洁生产审核的企业保守技术和商业秘密。

第二十条 县级以上环境保护主管部门或节能主管部门，应当在各自的职责范围内组织清洁生产专家或委托相关单位，对以下企业实施清洁生产审核的效果进行评估验收：

（一）国家考核的规划、行动计划中明确指出需要开展强制性清洁生产审核工作的企业。

（二）申请各级清洁生产、节能减排等财政资金的企业。

上述涉及本办法第八条第（一）款、第（三）款规定实施强制性清洁生产审核企业的评估验收工作由县级以上环境保护主管部门牵头，涉及本办法第八条第（二）款规定实施强制性清洁生产审核企业的评估验收工作由县级以上节能主管部门牵头。

第二十一条 对企业实施清洁生产审核评估的重点是对企业清洁生产审核过程的真实性、清洁生产审核报告的规范性、清洁生产方案的合理性和有效性进行评估。

第二十二条 对企业实施清洁生产审核的效果进行验收，应当包括以下主要内容：

（一）企业实施完成清洁生产方案后，污染减排、能源资源利用效率、工艺装备控制、产品和服务等改进效果，环境、经济效益是否达到预期目标。

（二）按照清洁生产评价指标体系，对企业清洁生产水平进行评定。

第二十三条 对本办法第二十条中企业实施清洁生产审核效果的评估验收，所需费用由组织评估验收的部门报请地方政府纳入预算。承担评估验收工作的部门或者单位不得向被评估验收企业收取费用。

第二十四条 自愿实施清洁生产审核的企业如需评估验收，可参照强制性清洁生产审核的相关条款执行。

第二十五条 清洁生产审核评估验收的结果可作为落后产能界定等工作的参考依据。

第二十六条 县级以上清洁生产综合协调部门会同环境保护主管部门、节能主管部门，应当每年定期向上一级清洁生产综合协调部门和环境保护主管部门、节能主管部门报送辖区内企业开展清洁生产审核情况、评估验收工作情况。

第二十七条 国家发展和改革委员会、环境保护部会同相关部门建立国家级清洁生产专家库，发布行业清洁生产评价指标体系、重点行业清洁生产审核指南，组织开展清洁生产培训，为企业开展清洁生产审核提供信息和技术支持。

各级清洁生产综合协调部门会同环境保护主管部门、节能主管部门可以根据本地实际情况，组织开展清洁生产培训，建立地方清洁生产专家库。

第五章 奖励和处罚

第二十八条 对自愿实施清洁生产审核，以及清洁生产方案实施后成效显著的企业，由省级清洁生产综合协调部门和环境保护主管部门、节能主管部门对其进行表彰，并在当地主要媒体上公布。

第二十九条 各级清洁生产综合协调部门及其他有关部门在制定实施国家重点投资计划和地方投资计划时，应当将企业清洁生产实施方案中的提高能源资源利用效率、预防污染、综合利用等清洁生产项目列为重点领域，加大投资支持力度。

第三十条 排污费资金可以用于支持企业实施清洁生产。对符合《排污费征收使用管理条例》规定的清洁生产项目，各级财政部门、环境保护部门在排污费使用上优先给予安排。

第三十一条 企业开展清洁生产审核和培训的费用，允许列入企业经营成本或者相关费用科目。

第三十二条 企业可以根据实际情况建立企业内部清洁生产表彰奖励制度，对清洁生产审核工作中成效显著的人员给予奖励。

第三十三条 对本办法第八条规定实施强制性清洁生产审核的企业，违反本办法第十一条规定的，按照《中华人民共和国清洁生产促进法》第三十六条规定处罚。

第三十四条 违反本办法第八条、第十七条规定，不实施强制性清洁生产审核或在审核中弄虚作假的，或者实施强制性清洁生产审核的企业不报告或者不如实报告审核结果的，按照《中华人民共和国清洁生产促进法》第三十九条规定处罚。

第三十五条 企业委托的咨询服务机构不按照规定内容、程序进行清洁生产审核，弄虚作假、提供虚假审核报告的，由省、自治区、直辖市、计划单列市及新疆生产建设兵团清洁生产综合协调部门会同环境保护主管部门或节能主管部门责令其改正，并公布其名单。造成严重后果的，追究其法律责任。

第三十六条 对违反本办法相关规定受到处罚的企业或咨询服务机构，由省级清洁生产综合协调部门和环境保护主管部门、节能主管部门建立信用记录，归集至全国信用信息共享平台，会同其他有关部门和单位实行联合惩戒。

第三十七条 有关部门的工作人员玩忽职守，泄露企业技术和商业秘密，造成企业经济损失的，按照国家相应法律法规予以处罚。

第六章 附则

第三十八条 本办法由国家发展和改革委员会和环境保护部负责解释。

第三十九条 各省、自治区、直辖市、计划单列市及新疆生产建设兵团可以依据本办法制定实施细则。

第四十条 本办法自2016年7月1日起施行。原《清洁生产审核暂行办法》（国家发展和改革委员会、国家环境保护总局令第16号）同时废止。

4. 核动力厂管理体系安全规定

（生态环境部令 第18号）

（2020年12月25日由生态环境部部务会议审议通过，自2021年3月1日起施行）

第一章 总则

第一条 为了推进核安全治理体系和治理能力现代化，强化核动力厂安全责任，保护公众和从业人员的安全与健康，保护生态环境，根据《中华人民共和国核安全法》，制定本规定。

第二条 本规定适用于中华人民共和国领域及管辖的其他海域内的核动力厂管理体系的建立和实施，其他民用核设施可以参照本规定执行。

本规定所称核动力厂管理体系，是指为确保核动力厂安全而建立的组织机构、管理制度、资源和工作过程等。

第三条 核动力厂营运单位应当按照国家有关法律法规和本规定要求，建立和有效实施核动力厂管理体系，通过对所有安全相关工作过程（以下简称工作过程）、影响核安全和生态环境保护的要素进行有效管理，实现核安全和生态环境保护等目标。

对核动力厂控股的企业集团（以下简称企业集团）应当在其职责范围内采取有效措施满足本规定的适用要求。

为核动力厂营运单位提供设备、工程和服务等的单位（以下简称相关单位）应当采取有效措施满足本规定的适用要求。

第四条 国务院核安全监督管理部门应当加强对核动力厂管理体系建立和实施情况的监督检查。

第五条 鼓励任何单位和个人对核动力厂的安全隐患、违规操作、弄虚作假及其他影响安全的违法行为，向国务院核安全监督管理部门举报。

国务院核安全监督管理部门应当及时处理举报并对举报人的信息予以保密。对实名举报的，应当反馈处理结果等情况；查证属实的，可以对举报人给予奖励。

严禁举报人所在单位对举报人进行任何形式的压制和打击报复。

第二章 安全责任

第六条 核动力厂营运单位对核动力厂的核安全负全面责任，应当坚持安全第一、预防为主、责任明确、严格管理、纵深防御、全面保障的原则，在核动力厂建立并保持对放射性危害的有效防御，保障核安全，预防和应对核事故，安全利用核能，保护从业人员、公众和环境免受不当危害。

核动力厂营运单位应当承担以下核安全责任：

（一）遵守国家有关法律法规要求，建立健全安全责任制，组织制定相关管理大纲、规章制度和程序，确保安全相关工作的有效实施；

（二）确保核动力厂选址、设计、建造、运行和退役等满足核安全法律法规、标准、许可文件的规定和其他安全监管要求；

（三）加强从业人员辐射防护和职业照射监控，确保从业人员具备管理控制核与辐射风险的相关知识和能力；

（四）确保对核动力厂内所有放射性物质实施严格有效的管理控制，持续开展放射性流出物监测和场址周边辐射环境监测；

（五）确保为核动力厂选址、设计、建造、运行和退役等全寿期安全提供资源保障，包括放射性废物管理以及核动力厂退役或者停闭所需要的资源；

（六）组织制定和实施应急预案，建立应急处置队伍，开展应急预案演练，按照应急预案的要求进行应急响应，减轻事故后果，并及时采取有效措施进行生态环境修复。

第七条 企业集团应当加强核动力厂营运单位人员配置、核安全管理和财务保障，建立和实施有效的监督和考核制度。

第八条 核动力厂营运单位可以通过合同约定的方式将核动力厂管理体系的具体工作委托给相关单位承担；委托行为不转移核动力厂营运单位承担的核安全全面责任。

核动力厂营运单位应当严格审查相关单位的资质或者能力，通过合同明确双方的权利、义务和责任，并对相关单位的活动进行有效管理，确保其满足本规定的要求。

第三章 安全领导

第九条 核动力厂营运单位主要负责人应当在以下方面作出承诺：

（一）制定核安全和生态环境保护等方面的政策、目标和规划，建立清晰、协调、高效的安全决策机制和重大事项的安全审议机制；

（二）明确不同层级从业人员的安全责任、权利和义务，为履行安全责任、实现安全目标提供必要的资源保障和程序方法等支持，建立科学合理的绩效评价和奖惩制度；

（三）持续监督、评价核动力厂安全状况和管理体系运行情况，定期开展管理部门审查，促进全员参与安全管理，持续提升安全业绩，培育核安全文化；

（四）与国务院核安全监督管理部门建立沟通机制，执行核安全相关法律法规规定的报告制度，报告核动力厂管理体系运行情况。

第十条 核动力厂营运单位在安全生产、质量保证、职业健康等方面的政策、目标和规划应当与核安全和生态环境保护政策、目标和规划协调一致。核动力厂营运单位应当制定和有效实施核安全和生态环境保护政策、目标和规划的行动计划，并定期开展适宜性和符合性审查，及时纠正偏差。

第十一条 核动力厂营运单位主要负责人应当履行下列职责：

（一）指挥和调度管理体系的重大事项；

（二）保证安全决策机制和安全审议机制有效运作；

（三）协调解决工作过程之间的重大争议和冲突。

第十二条 核动力厂营运单位负责安全综合管理的部门，应当具有足够的资源、职权和组织独立性，并履行下列职责：

（一）管理、协调、监督、评价管理体系相关工作；

（二）制止并纠正违章指挥、强令冒险作业、违规操作等行为；

（三）发现重大安全隐患时，提出安全管理建议；

（四）对安全相关重大不符合项、事件和事故的处理情况进行跟踪评价；

（五）组织制定和实施管理体系评价计划，督促落实相关整改措施。

第十三条 核动力厂营运单位应当确定管理体系各工作过程的责任部门，责任部门履行下列职责：

（一）制定和实施所负责工作过程的管理大纲、规章制度和程序；

（二）对所负责的工作过程进行有效的管理控制；

（三）及时发现和纠正对安全不利的行为或者状态，实施经验反馈；

（四）向本单位安全综合管理部门报告安全状况和趋势，落实整改措施。

第十四条 核动力厂营运单位安全委员会等安全审议机构应当对重要安全事项进行审议，跟踪审议决议的落实情况，必要时开展风险分析和独立审查。

在核安全和生态环境保护等方面承担重要职责的本单位相关部门负责人、相关单位代表以及相关领域专家应当参加安全审议。

本条第一款规定的重要安全事项包括下列内容：

（一）安全许可申请文件以及重要许可事项的调整；

（二）核安全和生态环境保护等方面的绩效评价方法及改进措施；

（三）安全相关组织机构、职责分工和资源配置等方面的重大调整；

（四）可能影响安全的工作进度、资金等方面的管理制度和计划的重大调整；

（五）本单位内部和对相关单位的绩效评价方法及其重大调整；

（六）供应链管理相关重要事项和重要相关单位的变更；

（七）重大不符合项、重大事件和事故的调查结果及整改措施；

（八）核安全文化评估结果及改进措施；

（九）其他重要安全事项。

第四章 安全管理

第十五条 核动力厂营运单位应当整合、实施、评价和持续改进管理体系，满足以下要求：

（一）综合考虑安全生产、质量保证、生态环境、安全保卫、职业健康，以及组织、人员、社会、进度、经费等要素及其相互影响；

（二）合理设置组织机构，确定承担决策、管理、执行和评价工作的部门职责、权限、接口关系和联络渠道等，有效管理内外部接口；

（三）按照管理体系的要求开展各项工作，及时发现和处理管理体系存在的问题，形成并保存相应证据；

（四）持续监测安全相关要素和工作过程的变化，识别和分析其对安全的影响和潜在风险，及时对管理体系作出适当调整。

第十六条 核动力厂营运单位应当对管理体系文件的策划、编制、审批、发布、分发、修改和使用等提出明确要求，确保其协调自洽、易于理解和便于实施，并有效传达至相关单位。

管理体系文件应当包括下列内容：

（一）管理体系总论，对管理体系进行综合描述与说明；

（二）工作过程的管理大纲和规章制度；

（三）对工作过程进行策划、实施和评价改进的流程、方法与要求。

核动力厂营运单位应当根据核安全和生态环境保护等管理需要，定期审查管理体系文件，及时进行评估和修订。

核动力厂营运单位管理体系文件应当报国务院核安全监督管理部门备案。

第十七条 核动力厂营运单位应当依据分类分级管理原则，综合考虑下列因素，确定核动力厂管理体系的各项要求：

（一）工作过程的安全重要性、复杂性和标准化程度；

（二）相关单位的安全重要性、经验、业绩和人员能力水平；

（三）工作过程实施不当可能造成的安全风险、后果和危害程度；

（四）核动力厂后续阶段检查维修的可行性；

（五）其他应当考虑的安全相关因素。

第十八条 核动力厂营运单位可以对管理体系的下列事项明确分级要求：

（一）管理大纲、规章制度和程序的适用范围、详细程度和审批权限；

（二）人员培训、资格考核、岗位授权的范围和要求；

（三）采购文件的类型、详细程度和可追溯性要求；

（四）对工作过程的管理控制、验证措施和要求；

（五）需要形成和保存的记录及其保存期限。

第十九条 核动力厂营运单位应当对其安全相关能力和资源进行有效管理，在核动力厂选址、设计、建造、运行和退役全寿期以及应急响应期间具备下列能力：

（一）安全领导和安全管理能力；

（二）培育和建设核安全文化的能力；

（三）工作过程的质量保证能力；

（四）有规定数量的、合格的专业技术人员；

（五）安全评价、资源配置和财务能力；

（六）安全相关的技术支撑体系和持续改进能力；

（七）事故应急响应能力和损害赔偿能力。

第二十条 核动力厂营运单位应当采取下列措施，对从业人员进行有效管理，确保其安全有效开展工作：

（一）制定适当的用工政策、激励晋升机制、人员配备和培训计划，确保安全相关岗位从业人员的数量、能力等持续满足需要；

（二）制定和实施培训大纲，采用系统化培训方法开展安全相关知识技能和管理体系的培训，保证从业人员充分参与培训管理；

（三）按照国家有关法律法规的要求，结合岗位的安全重要性，明确资格考核和岗位授权等要求并有效实施。

第二十一条 核动力厂营运单位应当对财务资源进行有效管理，确定核动力厂全寿期财务资源需求，为有效维护核动力厂管理体系提供资金保障。

第二十二条 核动力厂营运单位应当确定安全相关工作场所、软硬件设施、支持保障服务等基础设施和工作条件，并采取下列措施进行有效管理：

（一）提供适宜的工作环境、培训设施、防护装置和物品，定期开展职业健康检查，合理设置工作时间和劳动强度，保障从业人员健康和安全；

（二）明确场地管理和清洁要求，防止安全相关工作场所、设施设备、人员受到不必要的污染或者损伤；

（三）持续监测核动力厂周边环境，有效防范自然或者人为因素对基础设施和核动力厂安全造成的不利影响。

第二十三条 核动力厂营运单位应当采取下列措施，有效管理安全相关知识和信息，为工作实施、经验反馈和知识传承提供支持：

（一）开展知识管理，系统收集、处理、维护和使用安全相关知识和信息，满足岗位及其人员的更迭需要，防止重要知识、信息和经验遗失；

（二）开展信息化建设，利用先进信息技术为知识和信息管理提供安全可靠的平台和工具，采取有效措施保证网络和信息安全；

（三）对用于核动力厂设计、安全分析计算和数据管理的安全重要计算机软件进行验证和确认，对安全重要控制系统软件及其数据进行验证和定期检查，对安全重要软件及其数据进行异地异质备份。

第二十四条 核动力厂营运单位应当采取下列措施，有效管理安全重要物项和其他对核安全有潜在影响的物项：

（一）对安全重要物项进行标识并建立台账，提供适宜的贮存条件、防护措施、运输和装卸设备，防止其错用、损坏、老化、变质、性能下降或者丢失；

（二）对核动力厂系统、部件和构筑物制定定期试验、在役检查、维修等规程并严格执行，确保其可用性和可靠性；

（三）根据安全重要性、使用情况、保质期、交货期、供应链不确定性等因素，适当确定核动力厂备品备件的库存清单和数量并确保其持续满足使用要求；

（四）定期或者在使用前标定或者校准检查、测量、试验设备和装置，确保其具有合适的量程、灵敏度、准确度和精密度；

（五）确定放射性物质、危险化学品和特种设备等有害或者高风险物质资产清单，对其进行有效管理和定期检查，确保其安全贮存、装卸、运输或者使用。

第二十五条 核动力厂营运单位应当采取下列措施，对技术更新和物项替代进行有效管理，防范核动力厂长期运行中因物项老化或者技术过时引起的安全风险：

（一）对已淘汰或者无后续供应物项制定和实施适当的管理策略，评价替换物项，确保其满足安全功能要求；

（二）使用经验证的新技术、新物项取代老旧技术和物项，通过技术改进不断提升安全水平。

第二十六条 核动力厂营运单位应当确定实现安全目标、满足安全要求、交付合格物项或者服务所需要的工作过程，明确工作过程的控制要求，确保工作过程之间的一致性和连续性。

工作过程的控制要求包括下列事项：

（一）在核安全和生态环境保护等方面的适用要求；

（二）存在的危害和风险以及必要时的预防和缓解措施；

（三）工作过程管理、实施和评价验证的责任与接口关系；

（四）工作过程的输入输出、接口及其相互影响和作用；

（五）具体工作内容、流程、控制验证方法和要求；

（六）需要编制、收集和保存的文件和记录要求。

第二十七条 核动力厂营运单位应当根据安全重要性、功能属性和应用范围等因素，对工作过程进行分类管理。

核动力厂营运单位应当对工作过程进行策划、实施、评价和持续改进，识别和提供所需要的资源，确定影响工作过程实施的条件和要求，明确验收准则。

工作过程应当由合格的人员依据相关管理体系文件，使用合格的材料和设备，在适宜的环境条件下实施。特殊工艺过程应当在首次使用前进行验证。

第二十八条 核动力厂营运单位应当采取下列措施对供应链进行有效管理：

（一）采购文件应当充分体现物项或者服务需求，以及物项或者服务在核安全和生态环境保护等方面的要求；

（二）对相关单位进行评价，建立、维护和持续优化合格供应商清单，识别和应对供应链潜在风险，保障供应链安全、可靠、稳定；

（三）对相关单位工作进行验证，监控相关单位的外包行为，对相关单位提交的物项或者服务进行验收，对安全相关商品级物项进行关键性能验证；

（四）对民用核安全设备设计、制造、安装和无损检验单位及其相关活动进行有效管理；

（五）对采用工程总承包模式的核动力厂工程建设项目，要求工程总承包单位建立和有效实施满足本规定要求的工程建设项目的管理制度，并对管理制度的执行情况进行监督检查。

第二十九条 核动力厂营运单位应当按照工作过程的内在逻辑和档案分类要求，有效管理安全相关记录和文档资料，确保档案完整、有效、系统、规范。对记录和文档的编码、收集、归档、索引、修改、复制、转录、借阅、储存和销毁等进行严格控制，保证记录和文档资料安全、完整、持续可读并能追溯涉及的物项或者活动。

第五章 核安全文化

第三十条 核动力厂营运单位应当将核安全文化融入生产、经营、科研和管理等各环节，在制定目标政策、设置机构、分配资源、制定计划、安排进度和控制成本时，始终坚持安全第一的原则，科学规范地开展各项工作。

核动力厂营运单位的决策机构和管理部门应当通过承诺、决策和行为示范等，不断强化法治意识、责任意识、风险意识和诚信意识，持续培育和建设核安全文化。

第三十一条 核动力厂营运单位应当组织开展核安全文化教育培训，制定安全重要岗位的行为准则，明确风险管理要求，及时识别、沟通和有效管控与工作及工作环境有关的风险；设置纵深防御体系，分析技术、人员和组织之间的相互作用和对安全的影响，利用实体屏障、组织管理和防止人为失误等措施，有效防范各类安全威胁。

第三十二条 核动力厂营运单位应当建立核安全经验反馈体系，鼓励从业人员报告安全隐患和管理体系缺陷，对所报告事项、建造和运行事件及经验、行业良好实践和科技进步等信息进行及时筛选、评价和反馈，持续改进和提升安全管理水平。

第三十三条 核动力厂营运单位应当明确违规操作和弄虚作假防控要求与措施，发现相关行为的，及时依法依规处理；审查验证为核动力厂物项或者服务提供检测的机构资质、合格证明文件或者记录等，保证其真实、完整、可追溯。

第三十四条 核动力厂营运单位应当制定与政府相关部门、所有者、投资方、用户、从业人员、供应方、公众、社团组织、国际机构等相关方的沟通策略、计划和要求，妥善处理危机与冲突；依法开展信息公开和公众参与，就涉及公众利益的重大事项征求相关方意见，保障相关方的知情权、参与权和监督权。

第三十五条 核动力厂营运单位应当定期组织开展核安全文化评估，评价本单位的核安全文化状态，促进核安全文化持续改进。

第六章 评价改进

第三十六条 核动力厂营运单位应当开展管理体系日常监督检查，通过巡查、活动观察、会议、工作指导、意见征集等形式，检查管理体系各工作过程的执行情况和存在的问题，并及时整改。

第三十七条 核动力厂营运单位应当持续监测核动力厂安全状态，定期分析评价安全性能指标的变化趋势，调查、分析异常和不良趋势的原因并加以改进。

第三十八条 核动力厂营运单位应当定期组织开展自我评估，并在国务院核安全监督管理部门例行核安全监督检查前对管理体系进行自查，对照监管要求和行业标杆查找问题，持续推动安全业绩提升和管理体系改进。

第三十九条 核动力厂营运单位应当确定核动力厂全寿期不同阶段技术评价的项目、时机、范围、要求和预期结果，通过检查、试验、审查、应急演练、定期安全评价等方式，对安全重要物项和活动进行审查验证，合理可行地加以改进。

第四十条 核动力厂营运单位应当定期组织开展管理体系内部监查，对重要的相关单位适时组织开展外部监查，必要时开展同行评估，系统评价管理体系各要素和工作过程的充分性、符合性和有效性，实施必要的管理改进。

第四十一条 核动力厂营运单位应当定期开展管理部门审查，全面审议管理体系运行情况、安全业绩和核安全文化现状与问题、政策目标和规划实现情况、内外部环境的重大变化及其机遇和挑战等重大事项，确定管理体系的适宜性和有效性，对管理体系实施必要的调整和改进。

第四十二条 核动力厂营运单位应当及时发现在核安全和生态环境保护等方面的不符合、事件或者事故，并按照相关要求进行报告、审查和处理。

第四十三条 核动力厂营运单位应当及时纠正所有安全相关隐患、缺陷和问题，建立清单及信息库并对其进行动态管理；对重要不符合项、事件或者事故以及其他对安全有重要影响的缺陷，应当分析根本原因，制定和实施纠正措施，并建立跟踪系统，确保每项纠正措施得到落实。

第七章 罚则

第四十四条 企业集团存在下列情形之一的，由国务院核安全监督管理部门责令限期整改，并对其主要负责人进行约谈，约谈结果应当向社会公开：

（一）未为核动力厂营运单位人员配置、核安全管理和财务保障提供支持和便利的；

（二）未建立合理有效的监督和考核制度，未督促核动力厂营运单位依据本规定履行安全责任的。

第四十五条 核动力厂营运单位存在下列情形之一的，由国务院核安全监督管理部门责令限期整改，并对其主要负责人进行约谈，约谈结果应当向社会公开：

（一）未按照本规定要求对管理体系进行整合、实施、评价或者持续改进的；

（二）未按照本规定要求制定或者实施核安全和生态环境保护等方面的政策、目标和规划的；

（三）未按照本规定要求建立或者实施清晰、协调、高效的安全决策机制、重大事项的安全审议机制的；

（四）未按照本规定要求为履行核安全责任提供足够的能力和资源保障的；

（五）未按照本规定要求对供应链进行有效管理的；

（六）未按照本规定要求组织开展核安全文化评估的；

（七）其他在管理体系建立和实施中存在工作推进不力、问题突出的情形的。

第四十六条 核动力厂营运单位和相关单位在管理体系的建立和实施过程中存在违法行为的，依据《中华人民共和国核安全法》等法律法规予以处罚。

第八章 附则

第四十七条 本规定中下列用语的含义：

（一）核安全文化，是指各有关组织和个人以"安全第一"为根本方针，以维护公众健康和生态环境安全为最终目标，达成共识并付诸实践的价值观、行为准则和特性的总和。

（二）供应链，是指为核动力厂提供材料、零部件、设备、计算机软件、工程和服务等的供应网络，通常涉及核动力厂工程总承包单位、设计单位、制造单位、工程勘探和建设施工单位、技术服务单位、各级供应商和经销商等。

第四十八条 本规定自2021年3月1日起施行。

附件：管理体系总论框架

管理体系总论框架

核安全承诺（主要负责人签字）

一、前言

（一）目的与适用范围

（二）企业简介

（三）术语和定义

（四）编制依据

二、管理体系

（一）管理体系合规性说明

（二）管理体系总要求

（三）管理体系结构说明

（四）管理体系文件

（五）分类分级管理

三、管理职责

（一）安全责任

（二）安全领导和承诺
（三）政策、目标和规划
（四）组织机构和职责
（五）核安全文化
四、资源管理
（一）资源策划和提供
（二）人力资源管理
（三）财务资源管理
（四）基础设施和工作环境
（五）知识和信息管理
（六）物质资产管理
（七）技术更新和物项替代
五、过程实施
（一）过程实施的一般要求
（二）核心工作过程
（三）通用管理过程
（四）支持保障过程
六、评价改进
（一）日常监督
（二）安全状态监测
（三）自我评估
（四）独立评价
（五）管理部门审查
（六）纠正措施
七、管理体系文件清单
八、参考文件

5. 关于发布《环境管理体系认证管理规定》的通知

（环指发〔2001〕2号）

各省、自治区、直辖市人民政府，国务院各有关部委，直属机构：

《环境管理体系认证管理规定》已经中国环境管理体系认证指导委员会第三次全体委员会议审议通过，现予发布，自发布之日起施行。

附件：《环境管理体系认证管理规定》

二〇〇一年八月六日

附：

环境管理体系认证管理规定

第一章 总则

第一条 为规范环境管理体系认证工作，保证认证质量，促进合理利用自然资源，节能降耗，减少污染物的产生和排放，保护环境，特制订本规定。

第二条 凡在中华人民共和国境内开展与环境管理体系认证相关的活动，必须遵守本规定。

第三条 本规定所称与环境管理体系认证相关的活动，是指环境管理体系认证、咨询、认可、培训、注册等工作。

第四条 环境管理体系认证遵循自愿原则，任何组织都可提出申请。

第二章 管理机构

第五条 中国环境管理体系认证指导委员会（以下简称指导委员会）是由国务院批准成立的部际协调机构，负责对环境管理体系认证以及 ISO14000 系列标准的实施工作进行统一管理。指导委员会办公室设在国家环境保护总局，负责指导委员会的日常工作。指导委员会下设中国环境管理体系认证机构认可委员会和中国认证人员国家注册委员会环境管理专业委员会，具体负责 ISO14000 系列标准实施的监督管理工作。

第六条 中国环境管理体系认证机构认可委员会（以下简称环认委）负责对环境管理体系认证机构的认可及认可后的监督管理。

第七条 中国认证人员国家注册委员会环境管理专业委员会（以下简称环注委）负责环境管理体系审核员的注册及对培训机构的认可。

第八条 国家环境保护总局依据有关管理规定，负责对环境管理体系咨询机构的备案管理。

第三章 环境管理体系认证管理要求

第九条 凡在中华人民共和国境内从事环境管理体系认证的机构须经环认委认可；从事环境管理体系认证或咨询工作的人员及相关培训课程须经环注委注册；环境管理体系咨询机构须到国家环境保护总局备案。

第十条 拟申请环境管理体系认证的组织（以下简称申请认证的组织）可以自主选择有资格的咨询机构和认证机构分别进行环境管理体系咨询和认证。

第十一条 申请认证的组织必须具备以下条件：

（1）依据 ISO14001 标准建立的环境管理体系在进行现场审核前应运行三个月以上；

（2）符合国家和地方环境保护法律、法规及规章的要求。

第十二条 申请认证的组织在申请认证审核时，应向认证机构提交如下证明材料：

（1）由具有法定资格的环境监测机构近一年内出具的该组织各项污染物监测结果；

（2）该组织所在地地（市）级以上环境保护行政主管部门出具的该组织在近一年内未因环境违法受到处罚的证明。

环境保护行政主管部门开具的证明应以日常执法监督情况为依据，不应收取任何费用。

第十三条 环境管理体系认证或咨询机构开展环境管理体系认证或咨询活动，应向申请认证的组织所在地省级环境保护行政主管部门提交其认可证书或备案资格证书，经验证、登记后方可开展认证或咨询活动。

环境管理体系咨询机构与有关组织签定环境管理体系咨询合同后，须将咨询项目名称抄送申请认证的组织所在地省级环境保护行政主管部门。

环境管理体系认证机构在与有关组织签定环境管理体系认证合同后、审核工作开始前，须将认证项目名称抄送申请认证的组织所在地省级环境保护行政主管部门。环境管理体系认证工作结束后，认证机构应将审核报告，在10个工作日内抄送申请认证的组织所在地的省级环境保护行政主管部门。

第四章 环境管理体系认证活动监督管理

第十四条 指导委员会负责对中国境内与环境管理体系认证相关的活动监督管理，并对环认委和环注委的工作进行日常监督管理。

第十五条 环认委负责对认证机构实施监督管理，并负责处理对认证机构的有关投诉。对于违反本规定或认证质量不合格的环境管理体系认证机构，任何社会团体和个人均有权向环认委投诉，环认委将依据《环境管理体系认证机构管理处罚规则》予以处理。

第十六条 环注委负责对环境管理体系审核员及审核员培训机构实施监督管理，并负责处理对审核员及审核员培训机构的有关投诉。对有违法失职、徇私舞弊、弄虚作假等情况的审核员，由环注委视其情节轻重予以警告或降低审核员级别直至注销注册，并予以公告。

第十七条 环境保护行政主管部门在日常行政监督管理中发现已通过环境管理体系认证的组织有违反环境法律、法规及规章要求的行为时，应依法进行处理，并可通报指导委员会。指导委员会应根据环境保护行政主管部门通报的违法处理结果，对通过认证的组织进行相应的处理，并将处理结果反馈给通报情况的环境保护行政主管部门。

环境保护行政主管部门在日常的监督管理中发现认证机构或咨询机构未按本规定开展工作的，应当向指导委员会报告，指导委员会应按规定予以调查处理。

第十八条 环境管理体系认证机构应按照国家规定的环境管理体系认证收费标准向申请认证组织收取费用。环认委应对认证机构的收费情况进行监督。

第五章 附则

第十九条 本规定由中国环境管理体系认证指导委员会办公室负责解释。

第二十条 本规定自发布之日起施行。《环境管理体系认证暂行管理规定》同时废止。

企业环保管家系列指南 | 丛书主编　宋海鸥

企业废水污染管控指南

张尊举　金泥沙　编著

中国环境出版集团・北京

图书在版编目（CIP）数据

企业废水污染管控指南/张尊举，金泥沙编著.—北京：中国环境出版集团，2023.6

（企业环保管家系列指南）

ISBN 978-7-5111-5535-1

Ⅰ.①企… Ⅱ.①张… ②金… Ⅲ.①企业－工业废水－水污染防治－指南 Ⅳ.①X52-62

中国国家版本馆CIP数据核字（2023）第102147号

出 版 人 武德凯
责任编辑 葛 莉 曹 玮
封面设计 彭 杉

出版发行 中国环境出版集团
（100062 北京市东城区广渠门内大街16号）
网　　址：http：//www.cesp.com.cn
电子邮箱：bjgl@cesp.com.cn
联系电话：010-67112765（编辑管理部）
010-67113412（第二分社）
发行热线：010-67125803 010-67113405（传真）

印　　刷 北京中科印刷有限公司
经　　销 各地新华书店
版　　次 2023年6月第1版
印　　次 2023年6月第1次印刷
开　　本 787×960 1/16
印　　张 13.25
字　　数 238千字
丛书定价 688.00元

丛书主编简介：

宋海鸥 河北环境工程学院教授，环境法学硕士，西北政法大学法学博士研究生，河北海立律师事务所律师，秦皇岛律师协会资源与环境委员会副主任，多地生态环境部门、企业法律顾问，主要从事环境法、环境执法及环境管理领域相关研究与实务工作。

本册作者简介：

张尊举 河北环境工程学院副教授，主要从事环境污染治理、环境监测、环境影响评价、污水资源化利用以及其他环境技术性工作。

金泥沙 河北环境工程学院高级工程师，主要从事环境污染治理、环境监测、环境影响评价、污水资源化利用以及其他环境技术性工作。

总　序

“环保管家”是一种以“合同环境服务”为核心的环境污染治理新模式。2014 年 12 月 27 日，国务院办公厅《关于推行环境污染第三方治理的意见》中指出：“到 2020 年，环境公用设施、工业园区等重点领域第三方治理取得显著进展，污染治理效率和专业化水平明显提高，社会资本进入污染治理市场的活力进一步激发。环境公用设施投资运营体制改革基本完成，高效、优质、可持续的环境公共服务市场化供给体系基本形成；第三方治理业态和模式趋于成熟，涌现一批技术能力强、运营管理水平高、综合信用好、具有国际竞争力的环境服务公司。”2016 年 4 月 15 日，环境保护部印发《关于积极发挥环境保护作用促进供给侧结构性改革的指导意见》（环大气〔2016〕45 号），该意见指出：“推进环境咨询服务业发展，鼓励有条件的工业园区聘请第三方专业环保服务公司作为‘环保管家’，向园区提供监测、监理、环保设施建设运营、污染治理等一体化环保服务和解决方案。”由此，在环境保护领域正式提出了“环保管家”的概念，诸多的“环保管家”公司如雨后春笋般涌现，为企业提供“全面体检”服务。

尽管有专业环境污染第三方治理机构的辅助，但排污企业不能也无法避免经营中环境违规行为的法律责任。在环保形势日益严峻的背景下，掌握环境法律基本规定、污染防治技术规范等成为企业生存发展的必备能力，企业有必要通过学习将“要我守法”内生为“我要守法”的动力。

编者在与能源、化工、运输、钢铁、建材、机械加工、装备制造、矿山等行业企业打交道的过程中，了解到企业尤为关注环保问题，有增加环保投入和增强自身环保专业知识的意愿，对降低环保经营风险有较高的期望值，但囿于环境保护知识的专业性，对通俗介绍企业生产经营中环保风险的指南、手册的需求迫切。正是基于这种市场需求，我们策划了这套专业的“企业环保管家系列指南”丛书（以下简称丛书），对企业环保问题开展“望闻问切”，对环保疑难杂症进行“科学会诊”，既能找准污染治理主要环节和风险隐患突出问题形成“体检报告”，也能开出诊治“药方”。“环保管家”通过常态化的“体检”和“问诊”，及时提出预警和针对性措施，以避免环境事故的发生，降低环境风险。

丛书分为四个板块，共计 13 个分册，旨在通过通俗易懂、实务的语境为企业提供环境守法的指引。在理论知识铺垫上，以够用为尺度，尽可能化繁为简；注重实操，并辅以案例，对企业生产经营中的环境管理事项和环境管理风险予以深度解读，帮助企业相关人员掌握企业环境管理的“钥匙”，最大限度降低企业的经营风险。

丛书的四个板块分别为：

1）法律法规板块：包括《企业常用环境法律法规手册》1 个分册，主要包含环境法律、法规、规章及政策性文件等内容。

2）常见环境管理事务板块：包括《企业环保合法合规管理指南》《企业建设项目环境影响评价管理指南》《企业排污许可证申领与实施操作指南》《企业自行监测管理指南》《企业环境信息化管理指南》《企业环境应急管理指南》6 个分册，主要从企业建设项目环境管理与企业环境风险防范角度进行阐释。

3）污染防治技术板块：包括《企业废水污染管控指南》《企业废气污染管控指南》《企业固体废物污染环境管控指南》《企业土壤污染管控指南》4 个分册，主要从治理设备、治理技术、产排污节点等方面对企业全流程技术管理予以说明。

4）企业环境金融与认证板块：包括《企业环境经济政策指南》《企业清洁生产审核与环境管理体系认证指南》2 个分册，主要包括环境税、排污权交易、碳排放交易以及清洁生产审核、ISO 14001 认证等相关知识。

丛书主要针对生产性企业的环境管理人员、环保管理型企业的工作人员以及对环境管理工作感兴趣的其他人员，也可以作为环境管理初学者的入门教材。

编写团队共25人，包括相关领域教授、副教授，专门从事环境法律事务的律师，生态环境部固体废物与化学品管理技术中心专家，大型企业从事环境管理的工作人员以及专业从事“环保管家”服务的企业人员等。编写团队中无论是“学院派”还是“实战派”，均是在相应领域深耕多年的行家里手。

本套丛书经过与出版社沟通和策划、制定编写大纲、组织编写人员、撰写初稿、修改初稿、定稿、统稿等多个流程，历时15个月。在组织编写过程中，各分册编者之间通力合作，各分册牵头人也与我进行有效沟通，保证了丛书的质量和覆盖面；同时，为保障丛书如期完成，众多编者付出了巨大心血，在此表示衷心感谢。组织如此大规模的编写队伍，于我而言也是前所未有的，其中有考虑不周之处，请各位编者海涵；因知识和技能所限，编写难免有疏漏，请各位读者批评指正。

最后要感谢河北环境工程学院领导的关心及中国环境出版集团对这套丛书的支持，尤其是第二分社全体编辑的专业和敬业让这套丛书由设想变为现实。

宋海鸥

2022年8月14日于秦皇岛

前　言

水环境保护关系着人民群众的切身利益，关系着“绿水青山就是金山银山”理念的践行和全面建成小康社会，关系着实现中华民族复兴的中国梦。目前，我国仍有一些地区存在水环境质量相对较差、水生态环境严重受损和环境隐患较多的问题，影响经济社会的可持续发展，损害群众的利益与健康。为切实加大水污染防治力度，保障国家水安全，需要全民行动起来保护水环境。《水污染防治行动计划》实施以来，我国水环境有较大改观，但也存在持续推进的阻力，一方面是经济快速发展和环境保护存在矛盾，另一方面是环保工作群体技术技能与行动能力存在差距，在解决水环境污染和经济发展矛盾的问题时存在“一刀切”等的问题。面对体量庞大、行业复杂的工业废水，片面的管理政策和单一的治理技术在水污染防治行动中易加剧经济发展和环境保护的矛盾，需要环保工作者全面了解水污染环境管理的知识和污染控制的技术。工业废水种类较多，水质复杂，水污染治理技术也因行业不同而错综复杂，为使环保管理工作者较快地了解各行业的水污染防治技术，笔者担任起“搬运工”的角色，编写了本书。

本书整理了纺织、造纸、制药、电镀、食品加工、制革等重点行业的水污染来源、水污染物质以及针对水污染的预防和治理技术，助力环保工作者全面了解工业废水，制定精准的水环境管理目标，做出科学的水环境管理决策和实施可行的水环境防治技术。

由于编著者水平、时间、条件以及编著版面等局限，本书在系统整合和论述划一等方面还有待进一步的完善和提高，不足之处敬请专家、读者不吝指教。

编者

2022年12月

目 录

第一章　总　论

第一节　工业废水的来源与特性

水是人类生活和生产活动中不可缺少的资源。水在参与人类生活和生产过程后，其组分或物理性质会发生变化而丧失使用价值，变成所谓的“废水”，排入受纳水体和环境，威胁人类的健康和生存环境。其中，工业废水是污染较重、处理难度较大的废水，对于保护环境来说，工业废水的处理比生活污水的处理更为重要。

一、工业废水的来源

工业废水是指工业生产过程中所排出的废水和废液，其中含有随水流失的工业生产用料、中间产物、副产品以及生产过程中产生的污染物，其成分主要取决于生产过程中采用的原料以及所应用的工艺。

工业废水包括生产废水和生产污水。所谓生产废水，是指较清洁、不经处理即可排放或回用到工业的废水（如冷却水）；而那些污染较严重，须经过处理后方可排放的工业废水就称为生产污水。

二、工业废水的特性

工业废水种类较多，成分较为复杂。根据污染物种类大致可分为固体污染物、需氧污染物、营养性污染物、酸碱污染物、有毒污染物、油类污染物、生物污染物、感官性污染物和热污染等。

（一）固体污染物

固体污染物根据存在粒径的大小，可以分为溶解态（直径小于 1 nm）、胶体态（直径为 1 ～ 100 nm）和悬浮态（直径大于 100 nm）。水质分析中把固体物质分为能透过滤膜（孔径为 3 ～ 10 μm）的溶解固体（DS）和不能透过滤膜的悬浮物（SS），两者合称为总固体（TS）。这种分类仅是水处理技术的需要。

固体污染物常用 SS 和浊度两个指标来表示。固体颗粒的存在不但使水质浑浊，而且使管道及设备阻塞、磨损，影响工业废水处理工艺及设备。由于多数废水中都有悬浮物，因此去除悬浮物是废水处理的一项基本任务。

（二）需氧污染物

需氧污染物是指废水中能够消耗溶解氧的物质，根据物质的性质可分为有机污染物和无机污染物，其中有机污染物是废水中主要的需氧污染物，无机污染物主要指亚铁盐、硫化物、氰化物、亚硝酸盐等还原性物质。因此，一般情况下我们所说的需氧污染物就是指有机污染物。

有机污染物的种类非常多，从现有的分析技术和经济可行性上难以实现逐一区分与定量，而且不具有实际意义。在工程实际中，通常采用五日生化需氧量（BOD_5）、化学需氧量（COD）和总有机碳（TOC）等综合水质污染指标来描述。

（三）营养性污染物

营养性污染物主要指废水中含有的氮（N）、磷（P）等物质。当 N、P 等物质随废水排入受纳水体，使水中 N 和 P 的质量浓度分别超过 0.2 mg/L 和 0.02 mg/L 时，就会引起受纳水体的富营养化，促使各种水生生物异常生长和增殖，导致水体缺氧、水生生物死亡、水体发臭等水环境恶化现象。

废水中含氮污染物主要来源是氮肥厂、洗毛厂、制革厂、造纸厂、印染厂、食品厂和饲养厂等，通常用氨氮、总氮指标衡量；含磷污染物主要来源是磷肥厂和含磷洗涤剂等，通常以磷酸盐和总磷指标衡量。

（四）酸碱污染物

酸碱污染物主要由工业废水排放的酸碱引起的污染。水质标准中以 pH 反映其含酸碱水平。

水体的 pH 发生变化，将会破坏自然水体的缓冲作用，抑制微生物的生长，妨碍水体自净，使水质恶化、土壤酸化或盐碱化。各种生物都有自己适应的 pH 范围，超过该范围，就会影响其生存。对多数生物而言，pH 低于 6 或高于 9 将会对其生存产生不利影响。

（五）有毒污染物

废水中能对生物引起毒性反应的化学物质，称为有毒污染物。目前世界上大约有 800 万种化学物质，其中常用的化学品就有 7 万多种，每年还有上千种新的化学品问世。在品种繁多的化学品中，有许多有毒化学物质，在生产、使用、贮存和运输过程中进入水体，危害水环境。

毒物是重要的水质指标，各类水质标准对主要的毒物都规定了限值。废水中的毒物可分为三大类：无机化学毒物、有机化学毒物和放射性物质。

1. 无机化学毒物

无机化学毒物包括金属毒物和非金属毒物两类，金属毒物主要为汞、铬、镉、铅、锌、镍、铜、钴、锰、钛、钒、钼和铋等。如汞进入人体后被转化为甲基汞，在脑组织内积累，破坏神经功能，无法用药物治疗，严重时能造成死亡。镉中毒时引起全身疼痛、腰关节受损、骨节变形，有时还会引起心血管病。

非金属毒物有砷、硒、氰、氟、硫、亚硝酸根等。如砷中毒时能引起中枢神经紊乱，诱发皮肤癌等。亚硝酸盐在人体内还能与仲胺生成亚硝胺，具有强烈的致癌作用。

2. 有机化学毒物

有机化学毒物是人工合成的有机物，难以被生化降解，并且大多是较强的“三致”（致癌、致畸、致突变）物质。主要有农药（DDT、有机氯、有机磷等）、酚类化合物、多氯联苯、多环芳烃（如苯并芘）、芳香族氨基化合物等。以有机氯农药为例，该物质化学性质稳定，在自然环境中的半衰期为十几年到几十年，可以通过食物链在人体内富集，危害人体健康。如 DDT 能蓄积在鱼脂中，浓度比在水体中高 12 500 倍。

3. 放射性物质

放射性是指原子核衰变而释放射线的物质属性。主要包括 X 射线、α 射线、β 射线、γ 射线及质子束等。废水中的放射性物质主要来自铀、镭等放射性金属的生产和使用过程，如核试验、核燃料再处理、原料冶炼厂等。主要引起慢性辐射和后期效应，如诱发癌症、对孕妇和婴儿产生损伤、引起遗传性伤害等。

（六）油类污染物

油类污染物包括石油类和动植物油两种。油类污染物能在水面上形成油膜，隔绝大气与水面，破坏水体的复氧条件。当水中含油 0.01 ～ 0.1 mg/L 时，就会对鱼类和水生生物产生影响。当水中含油 0.3 ～ 0.5 mg/L，就会产生石油气味，不适合饮用。

（七）生物污染物

生物污染物主要是指废水中的致病性微生物，它包括致病细菌、病虫卵和病毒。天然水中细菌含量很低，当城市污水、垃圾淋溶水、医院污水等排入后将带入各种病原微生物。如生活污水中可能含有能引起肝炎、伤寒、霍乱、痢疾、脑炎的病毒和细菌以及蛔虫卵与钩虫卵等。水质标准中的卫生学指标有细菌总数和总大肠菌群数等，其中大肠菌群数反映水体受动物粪便污染的状况。

（八）感官性污染物

废水中能引起异色、浑浊、泡沫、恶臭等现象的物质，虽无严重危害，但能引起人们感官上的极度不适，被称为感官性污染物。异色、浑浊的废水主要来源于印染、纺织、造纸、焦化、煤气等企业。恶臭废水来源于炼油、石化、橡胶、制药、屠宰、皮革等企业。当废水中含有表面活性物质时，在流动和曝气过程中会产生泡沫，如造纸废水、纺织废水等。水质标准中，常用色度、臭味、浊度、漂浮物等指标反映污染情况。

（九）热污染

废水温度过高而引起的危害，叫作热污染，热污染的主要危害有：水温升高，水体溶解氧浓度降低，生物耗氧速度加快，使鱼类和水生生物因缺氧而死亡；加快藻类繁殖，从而加快水体富营养化进程；加快水体的化学反应，使水体的物化性质（如离子浓度、电导率、腐蚀性）发生变化，可能对管道和容器造成腐蚀；加速细菌生长繁殖，增加后续水处理的费用等。

第二节　水质指标

为贯彻《中华人民共和国环境保护法》和《中华人民共和国水污染防治法》

等法律、法规，促进可持续发展和污染防治水平的提高，保护环境，维护生态平衡，生态环境部等有关部门制定了废水排放标准。

废水排放标准一般可分为国家综合排放标准与行业排放标准。其中《污水综合排放标准》(GB 8978)是国家综合排放标准。而行业排放标准涉及各个行业，标准较多，如《制浆造纸工业水污染物排放标准》(GB 3544)、《制革及毛皮加工工业水污染物排放标准》(GB 30486)、《纺织染整工业水污染物排放标准》(GB 4287)、《麻纺工业水污染物排放标准》(GB 28938)、《毛纺工业水污染物排放标准》(GB 28937)、《缫丝工业水污染物排放标准》(GB 28936)、《发酵酒精和白酒工业水污染物排放标准》(GB 27631)等。现有单位水污染物的排放管理，以及建设项目的环境影响评价、建设项目环境保护设施设计、竣工验收及其投产后的排放管理执行相应的行业标准，未有行业标准的执行污水综合排放标准。

对于企业废水的资源化利用而言，还应满足相应的用水水质标准。如《城市污水再生利用 工业用水水质》(GB/T 19923)、《农田灌溉水质标准》(GB 5084)等。

以下重点介绍应用最广泛的《污水综合排放标准》(GB 8978)。该标准是其他行业标准的依据，根据废水污染物危害程度可以把污染物分为两类。第一类污染物能在环境或在动植物体内积蓄，对人类健康产生长远的影响。标准规定含此类污染物的污水必须在车间或车间处理设施排放口处取样分析。同时其含量必须符合表 1-1 中的规定。第二类污染物的长远影响小于第一类，要求取样地点为排污单位的排出口，其最高允许排放浓度要按地面水使用功能的要求和污水排放去向，分别执行表 1-2 中的一级、二级、三级标准。

表 1-1 第一类污染物最高允许质量浓度 单位：mg/L

序号	污染物	最高允许排放质量浓度
1	总汞	0.05
2	烷基汞	不得检出
3	总镉	0.1
4	总铬	1.5
5	六价铬	0.5
6	总砷	0.5
7	总铅	1.0
8	总镍	1.0
9	苯并［a］芘	0.000 03

序号	污染物	最高允许排放质量浓度
10	总铍	0.005
11	总银	0.5
12	总 α 放射性	1 Bq/L
13	总 β 放射性	10 Bq/L

表 1-2　第二类污染物最高允许排放浓度（1998 年 1 月 1 日后建设的单位） 单位：mg/L

序号	污染物	适用范围	一级标准	二级标准	三级标准
1	pH	一切排污单位	6 ～ 9	6 ～ 9	6 ～ 9
2	色度（稀释倍数）	一切排污单位	50	80	—
3	悬浮物（SS）	采矿、选矿、选煤工业	70	300	—
		脉金选矿	70	400	—
		边远地区砂金选矿	70	800	—
		城镇二级污水处理厂	20	30	—
		其他排污单位	70	150	400
4	五日生化需氧量（BOD_5）	甘蔗制糖、苎麻脱胶、湿法纤维板、染料、洗毛工业	20	60	600
		甜菜制糖、酒精、味精、皮革、化纤浆粕工业	20	100	600
		城镇二级污水处理厂	20	30	—
		其他排污单位	20	30	300
5	化学需氧量（COD）	甜菜制糖、合成脂肪酸、湿法纤维板、染料、洗毛、有机磷农药工业	100	200	1 000
		味精、酒精、医药原料药、生物制药、苎麻脱胶、皮革、化纤浆粕工业	100	300	1 000
		石油化工工业（包括石油炼制）	60	120	—
		城镇二级污水处理厂	60	120	500
		其他排污单位	100	150	500
6	石油类	一切排污单位	5	10	20
7	动植物油	一切排污单位	10	15	100

序号	污染物	适用范围	一级标准	二级标准	三级标准
8	挥发酚	一切排污单位	0.5	0.5	2.0
9	总氰化合物	一切排污单位	0.5	0.5	1.0
10	硫化物	一切排污单位	1.0	1.0	1.0
11	氨氮	医药原料药、染料、石油化工工业	15	50	—
		其他排污单位	15	25	—
12	氟化物	黄磷工业	10	15	20
		低氟地区（水体含氟量＜0.5 mg/L）	10	20	30
		其他排污单位	10	10	20
13	磷酸盐（以P计）	一切排污单位	0.5	1.0	—
14	甲醛	一切排污单位	1.0	2.0	5.0
15	苯胺类	一切排污单位	1.0	2.0	5.0
16	硝基苯类	一切排污单位	2.0	3.0	5.0
17	阴离子表面活性剂（LAS）	一切排污单位	5.0	10.0	20.0
18	总铜	一切排污单位	0.5	1.0	2.0
19	总锌	一切排污单位	2.0	5.0	5.0
20	总锰	合成脂肪酸工业	2.0	5.0	5.0
		其他排污单位	2.0	2.0	5.0
21	彩色显影剂	电影洗片	1.0	2.0	3.0
22	显影剂及氧化物总量	电影洗片	3.0	3.0	6.0
23	元素磷	一切排污单位	0.1	0.1	0.3
24	有机磷农药（以P计）	一切排污单位	不得检出	0.5	0.5
25	乐果	一切排污单位	不得检出	1.0	2.0
26	对硫磷	一切排污单位	不得检出	1.0	2.0
27	甲基对硫磷	一切排污单位	不得检出	1.0	2.0
28	马拉硫磷	一切排污单位	不得检出	5.0	10.0
29	五氯酚及五氯酚钠（以五氯酚计）	一切排污单位	5.0	8.0	10.0
30	可吸附有机卤化物（AOX）（以Cl计）	一切排污单位	1.0	5.0	8.0
31	三氯甲烷	一切排污单位	0.3	0.6	1.0

序号	污染物	适用范围	一级标准	二级标准	三级标准
32	四氯化碳	一切排污单位	0.03	0.06	0.5
33	三氯乙烯	一切排污单位	0.3	0.6	1.0
34	四氯乙烯	一切排污单位	0.1	0.2	0.5
35	苯	一切排污单位	0.1	0.2	0.5
36	甲苯	一切排污单位	0.1	0.2	0.5
37	乙苯	一切排污单位	0.4	0.6	1.0
38	邻 - 二甲苯	一切排污单位	0.4	0.6	1.0
39	对 - 二甲苯	一切排污单位	0.4	0.6	1.0
40	间 - 二甲苯	一切排污单位	0.4	0.6	1.0
41	氯苯	一切排污单位	0.2	0.4	1.0
42	邻 - 二氯苯	一切排污单位	0.4	0.6	1.0
43	对 - 二氯苯	一切排污单位	0.4	0.6	1.0
44	对 - 硝基氯苯	一切排污单位	0.5	1.0	5.0
45	2,4- 二硝基氯苯	一切排污单位	0.5	1.0	5.0
46	苯酚	一切排污单位	0.3	0.4	1.0
47	间 - 甲酚	一切排污单位	0.1	0.2	0.5
48	2,4- 二氯酚	一切排污单位	0.6	0.8	1.0
49	2,4,6- 三氯酚	一切排污单位	0.6	0.8	1.0
50	邻苯二甲酸二丁酯	一切排污单位	0.2	0.4	2.0
51	邻苯二甲酸二辛酯	一切排污单位	0.3	0.6	2.0
52	丙烯腈	一切排污单位	2.0	5.0	5.0
53	总硒	一切排污单位	0.1	0.2	0.5
54	粪大肠菌群数	医院[*]、兽医院及医疗机构含病原体污水	500 个 /L	1 000 个 /L	5 000 个 /L
		传染病、结核病医院污水	100 个 /L	500 个 /L	1 000 个 /L
55	总余氯（采用氯化消毒的医院污水）	医院[*]、兽医院及医疗机构含病原体污水	＜ 0.5[**]	＞ 3（接触时间≥ 1 h）	＞ 2（接触时间≥ 1 h）
		传染病、结核病医院污水	＜ 0.5[**]	＞ 6.5（接触时间≥ 1.5 h）	＞ 5（接触时间≥ 1.5 h）

序号	污染物	适用范围	一级标准	二级标准	三级标准
56	总有机碳（TOC）	合成脂肪酸工业	20	40	—
		苎麻脱胶工业	20	60	—
		其他排污单位	20	30	—

注：其他排污单位指除在该控制项目中所列行业以外的一切排污单位。

* 指 50 个床位以上的医院。

** 指加氯消毒后须进行脱氯处理，达到本标准。

排放标准都是浓度标准，存在明显的缺陷：未考虑受纳水体的环境容量。因此即使满足排放标准，如果排放总量大，超过受纳水体的环境容量，将会对水体造成严重污染。此外，浓度标准无法防止采用清水稀释来降低排放浓度以满足排放标准的现象。针对这一状况，总量控制标准备受重视。总量控制标准根据一定范围内的水体环境容量和自净能力，计算出允许排入该水域的污染物总量，然后再按照一定的原则将这些允许的排污总量合理地分配给区域内各污染源。

因此，产污企业污染物的排放不仅要满足排放标准浓度的要求，还要满足排污总量的要求。因此，污染物的治理不仅要考虑末端治理技术，还要考虑生产过程的清洁生产和污染预防技术。

第三节 工业废水处理方法综述

按照对污染物实施的作用不同，工业废水处理方法大体可分为两类：一类是通过各种外力作用，把有害物质从废水中分离出来，称为分离法；另一类是通过化学或生化的作用，使其转化为无害或可分离的物质，再经过分离除去，称为转化法。

一、分离法

废水中的污染物大致存在形式有离子态、分子态、胶体和悬浮物。污染物存在形式的多样性和特性的各异性，决定了分离方法的多样性，详见表 1-3。

表 1-3 分离法

污染物存在形式	分离法
离子态	离子交换法、电解法、电渗析法、离子吸附法、离子浮选法、膜分离法
分子态	萃取法、结晶法、精馏法、浮选法、膜分离法、蒸发法
胶体	混凝法、气浮法、吸附法、过滤法、膜分离法
悬浮物	重力法、离心法、磁分离法、过滤法、气浮法、膜分离法

二、转化法

转化法可分为化学转化法和生化转化法两类，具体见表 1-4。

表 1-4 转化法

方法原理	转化法
化学转化	中和法、氧化还原法、化学沉淀法、电化学法
生化转化	活性污泥法、生物膜法

工业废水中的污染物组成相当复杂，往往需要采用几种方法的组合才能达到处理要求。对于某种废水，采用哪几种处理方法组合，要根据废水的水质、水量、排放要求以及回收有用物质的可能性，经过技术和经济的比较后才能决定，必要时还需进行试验，确定可行的技术方法。

第二章　纺织工业水污染防治技术

纺织工业是从事棉、毛、麻、丝等纺前纤维加工，以纺织材料前处理、染色、印花、整理为主的染整加工，以及从事织造加工的工业。纺织工业废水量大，是重要的水污染源之一，是工业水污染防治的重点领域。纺织工业废水中的污染物主要是棉毛等纺织纤维上的污染物、盐类、油类和脂类，以及加工过程中投加的各种浆料、染料、表面活性剂、助剂、酸碱等，因纺织材料、生产工艺、水污染物种类不同，处理方法和技术也各有不同。

第一节　纺织工业生产工艺和水污染物排放

一、丝绢纺织生产工艺及水污染物

丝绢纺织是蚕茧经过加工缫制成丝，及以丝为主要原料进行的丝织物织造加工的生产加工过程。丝绢纺织中将原料进行加工缫制的过程包括制丝和绢纺。制丝是将蚕茧加工成生丝的过程，包括烘茧、剥茧、混茧、选茧、煮茧、缫丝、复摇、整理等工序，生产工艺流程及主要产污环节如图 2-1 所示。制丝废水主要在煮茧和缫丝工序中产生，水污染物包括丝胶、丝素和蚕蛹蛋白等，一般废水

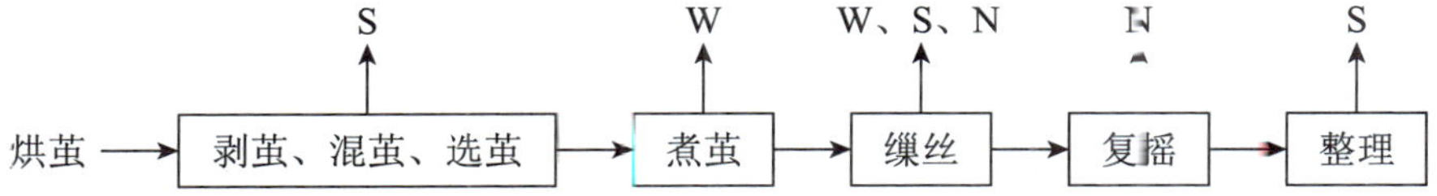

图中：S 表示固体废物，W 表示废水，G 表示废气，N 表示噪声，以后图中字母均同上

图 2-1　典型制丝工艺流程及主要产污环节

COD_{Cr} 质量浓度为 80 ～ 400 mg/L，总氮质量浓度为 40 ～ 60 mg/L，废水产生量为 400 ～ 700 m^3/t 产品。

绢纺是以疵茧、废丝和汰头等为原料加工成绢丝的过程，包括精练、烘干、制绵、纺纱等工序，生产工艺流程及主要产污环节如图 2-2 所示。绢纺废水主要在精练工序中产生，水污染物包括丝胶、油脂和蚕蛹蛋白等，污染物浓度较高，一般废水 COD_{Cr} 质量浓度为 800 ～ 4 000 mg/L，总氮质量浓度为 100 ～ 500 mg/L，废水产生量约为 1 000 m^3/t 产品。

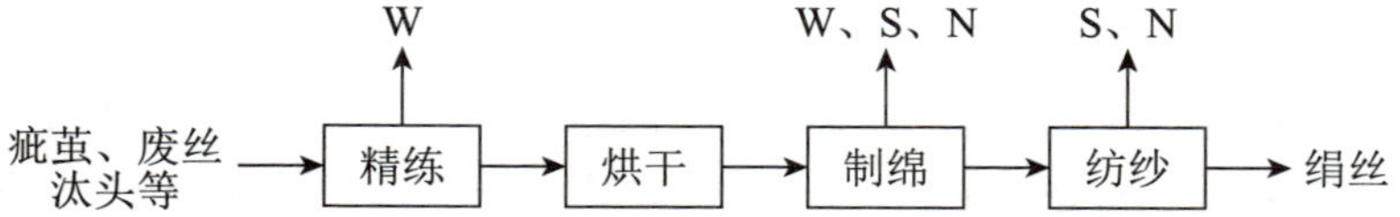

图 2-2 典型绢纺工艺流程及主要产污环节

二、麻纺织生产工艺及水污染物

麻纺织是指以苎麻、亚麻、黄麻、汉麻、工业大麻和罗布麻等纤维类农产品为主要原料进行脱胶和纺织加工的生产过程。其原料一般采用苎麻、亚麻、黄麻、汉麻等韧皮纤维。麻脱胶是麻类纤维纺前加工将韧皮纤维胶质去除的加工过程，生产工艺包括化学法脱胶、生物法脱胶和联合脱胶法。化学法脱胶利用碱、无机酸和氧化剂去除胶质，生物法脱胶是利用微生物代谢或酶去除胶质，联合脱胶法是两者联合使用。亚麻、黄麻、汉麻一般采用生物法脱胶，苎麻常用联合脱胶法。生产工艺流程及主要产污环节见图 2-3。麻纺织废水的主要污染物来自脱胶工艺，生物法脱胶废水含有果胶、脂蜡质、木质素、纤维素等污

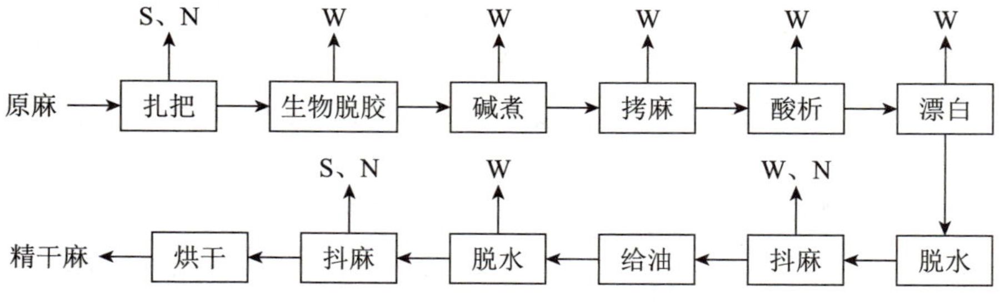

图 2-3 典型苎麻脱胶工艺流程及主要产污环节

染物，一般废水 COD_{Cr} 质量浓度为 3 000 ～ 7 000 mg/L，B/C（BOD/COD）为 0.2 ～ 0.4，生物法脱胶废水产生量为 80 ～ 200 m^3/t 产品。而化学法脱胶废水含有果胶、表面活性剂、脂蜡质、木质素、纤维素、酸碱、无机盐等污染物，一般废水 COD_{Cr} 质量浓度为 2 000 ～ 4 000 mg/L，B/C 为 0.15 ～ 0.3，pH 为 9 ～ 10。如采用氯漂工艺进行漂白，废水中含有可吸附有机卤素（AOX）。化学法脱胶废水产生量为 200 ～ 450 m^3/t 产品。

三、毛纺织生产工艺及水污染物

毛纺织是指以羊毛、山羊绒纤维及其他动物绒毛纤维为主要原料，进行洗毛、制条、纺纱、织造的生产过程。其中，洗毛加工是毛纺织原料加工的主要环节，指利用机械、水洗和化学等方法去除原毛上的油脂和附着的砂土、干草等杂质以获得洗净毛的生产加工过程，产污环节包括洗毛、炭化和丝光防缩等工序。洗毛是利用含表面活性剂的水或溶剂清洗原毛以脱除原毛上的油脂和杂质。因此其废水中含有油脂、植物性杂草、泥土和动物粪便等污染物，一般废水 COD_{Cr} 质量浓度为 9 000 ～ 40 000 mg/L，动植物油质量浓度为 5 000 ～ 15 000 mg/L。洗毛工序废水产生量为 15 ～ 20 m^3/t 产品。炭化是利用化学手段在梳毛工序前去除植物性杂质的过程，其废水含有无机酸、植物性杂质等污染物，一般废水 COD_{Cr} 质量浓度为 200 ～ 400 mg/L，pH 为 2 ～ 3。炭化工序废水产生量为 8 ～ 10 m^3/t 产品；丝光防缩工艺是采用氯和树脂作为化学助剂来去除表层羊毛鳞片，废水污染物包括活性氯、AOX 和动物性蛋白质等污染物，一般废水 COD_{Cr} 质量浓度为 400 ～ 600 mg/L，AOX 质量浓度为 30 ～ 40 mg/L。丝光防缩工序废水产生量为 12 ～ 18 m^3/t 产品。生产工艺流程及主要产污环节见图 2-4。

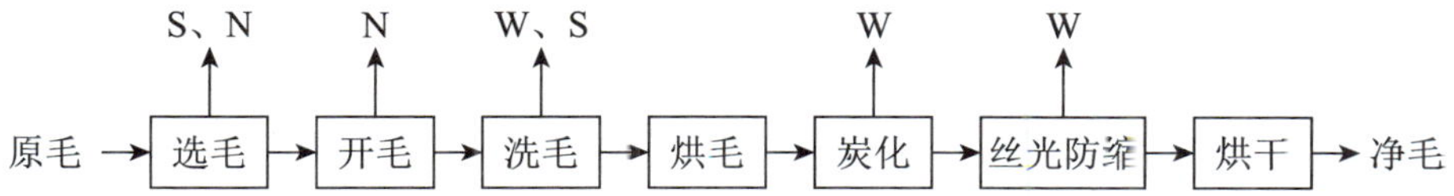

图 2-4　典型洗毛工艺流程及主要产污环节

四、化纤织造生产工艺及水污染物

化纤织造是以化纤长丝（含有色长丝）为主要原料进行机织物和色织物

的生产过程。其喷水织机工艺是利用水作为引纬介质的生产工艺。除化纤织造喷水织机工艺外，其他纺织织造生产工艺一般不产生工业废水。喷水织机废水含有化纤长丝脱落的油剂、浆料和纤维等污染物，一般废水 COD_{Cr} 质量浓度为 200 ～ 600 mg/L，SS 质量浓度大于 100 mg/L。喷水织机废水产生量为 50 ～ 100 m^3/t 产品。

五、染整生产工艺及水污染物

染整是对纺织材料（纤维、纱、线及织物）进行以化学处理为主的工艺过程，包括前处理、染色、印花、整理四个主要工段，前处理是去除纤维表面浆料、油剂或天然杂质的加工过程；染色是将纤维材料染上颜色的加工过程；印花是局部着色，是使纺织品获得各色花纹图案的加工过程；整理是通过化学或物理手段改善纺织品的服饰性能或赋予纺织品某些特殊功能的加工过程。不同原材料纺织品的生产工序及产排污环节有所不同，染整生产工艺流程及主要产污环节见图 2-5。

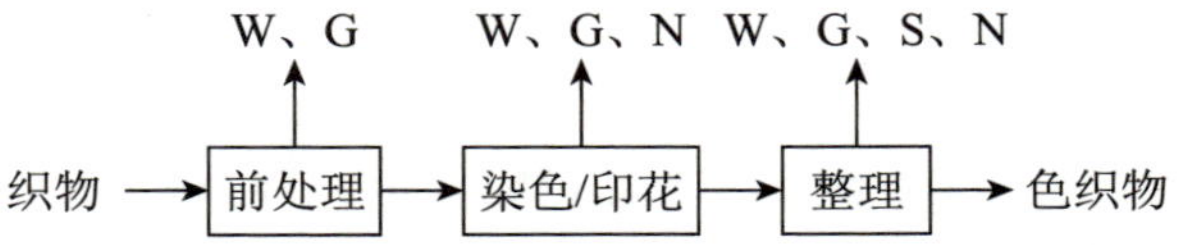

图 2-5　典型染整工艺流程及主要产污环节

（一）棉、麻及混纺机织物

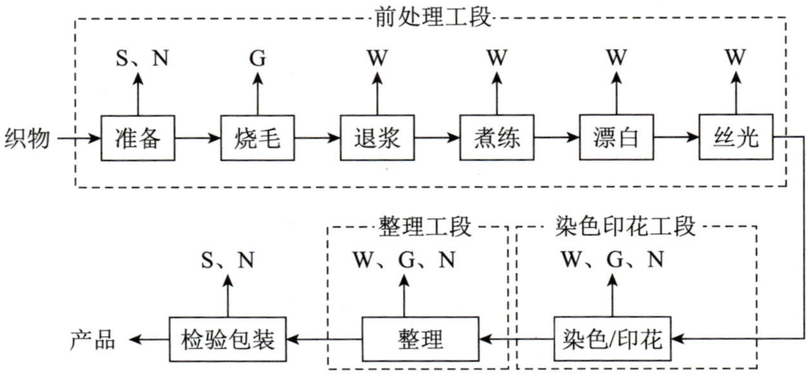

图 2-6　棉、麻及混纺机织物典型染整工艺流程及主要产污环节

棉、麻及混纺机织物的染整工艺流程及主要产污环节见图 2-6，废水产生量为 90 ～ 150 m^3/t 产品。各工序工艺及废水特点见表 2-1。

表 2-1　棉、麻及混纺机织物染整工艺段废水特点

工序	工艺	主要污染物	主要污染指标
退浆	采用碱、酸、酶或氧化剂退去纤维上的浆料	浆料、助剂、油剂等	COD_{Cr}：10 000 ～ 30 000 mg/L，pH ＞ 12
煮练	采用热碱液和表面活性剂进一步去除纤维的油脂、蜡质、果胶等杂质	纤维、果胶、蛋白质、蜡质、木质素、碱和表面活性剂等	COD_{Cr}：1 000 ～ 2 000 mg/L，pH ＞ 12
漂白	采用化学方法（棉织物选用过氧化氢，麻织物采用亚漂和氯漂工艺）对织物进行漂白处理	助剂和纤维屑等，若采用亚漂和氯漂工艺，还含有二氧化氯和 AOX	COD_{Cr}：200 ～ 400 mg/L
丝光	利用浓碱对织物中的棉纤维进行处理以增加表面光泽	烧碱和纤维屑等	COD_{Cr}：500 ～ 2 000 mg/L，pH ＞ 12
染色	采用染料对纤维材料进行染色处理	染料、助剂等	COD_{Cr}：500 ～ 2 500 mg/L，色度：300 ～ 500 倍，pH：8 ～ 10
印花	局部着色处理	染料、糊料和助剂等	COD_{Cr}：1 200 ～ 2 000 mg/L，总氮：50 ～ 300 mg/L
整理	化学或物理手段改善纺织品的服饰性能或赋予纺织品某些特殊功能	化学整理剂和有机硅等	COD_{Cr}：2 000 ～ 10 000 mg/L

（二）毛纺机织物

毛纺机织物染整主要分为匹染和毛条染，生产工艺流程及主要产污环节见图 2-7 和图 2-8。毛纺机织物整理包括蒸呢、煮呢、洗呢、烫光等工序。毛纺机

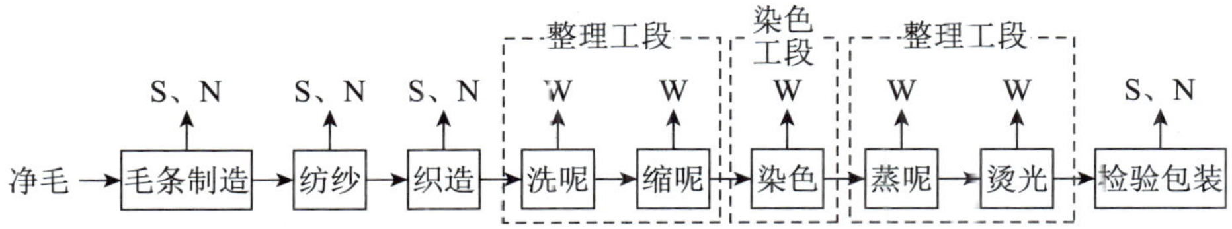

图 2-7　毛纺机织物典型匹染工艺流程及主要产污环节

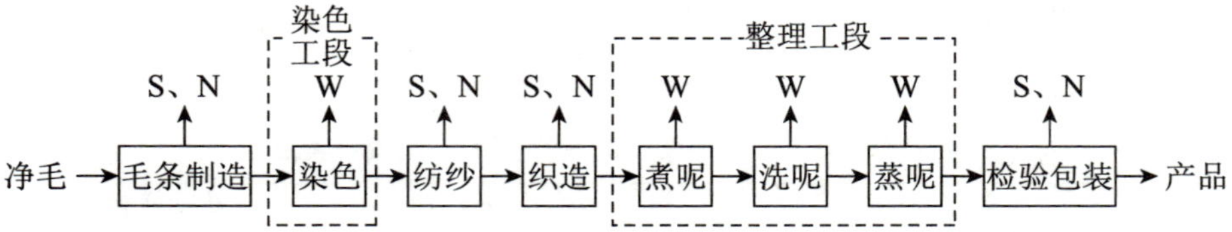

图 2-8　毛纺机织物典型毛条染工艺流程及主要产污环节

织物染整废水产生量为 100 ～ 150 m^3/t 产品。

（1）染色废水包括染料、助剂等污染物，一般 COD_{Cr} 质量浓度为 800 ～ 2 000 mg/L，色度为 300 ～ 500 倍，pH 为 3 ～ 6。如染色工序中使用含铬的媒介染料或助剂，废水中含有六价铬污染物。

（2）整理废水包括洗呢、煮呢、蒸呢等废水，含有纤维、表面活性剂等污染物，一般废水 COD_{Cr} 质量浓度为 300 ～ 1 000 mg/L，pH 为 7 ～ 10。

（三）丝机织物

丝机织物染整生产工艺流程及主要产污环节见图 2-9，废水产生量为 180 ～ 280 m^3/t 产品。

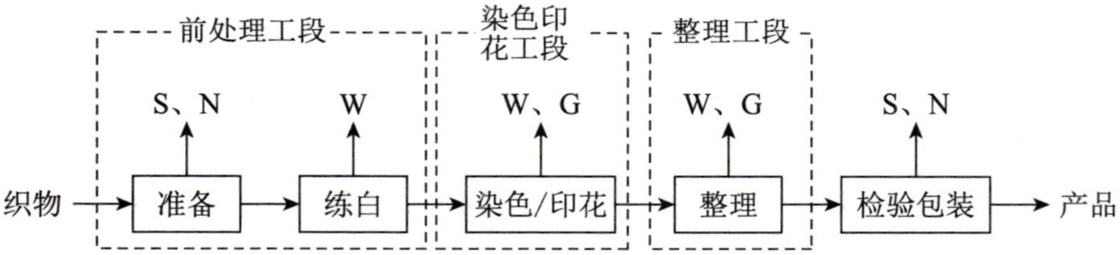

图 2-9　丝机织物典型染整工艺流程及主要产污环节

（1）前处理废水包括精练和漂白等废水，含有丝胶、油蜡和助剂等污染物，一般 COD_{Cr} 质量浓度为 1 500 ～ 2 500 mg/L，总氮质量浓度为 50 ～ 120 mg/L，pH 为 5 ～ 8。

（2）染色废水含有染料、助剂等污染物，一般 COD_{Cr} 质量浓度为 500 ～ 1 500 mg/L，色度为 300 ～ 500 倍，pH 为 8 ～ 10。

（3）印花废水含有染料、糊料和助剂等污染物，一般 COD_{Cr} 质量浓度为 1 200 ～ 2 000 mg/L，总氮为质量浓度 50 ～ 300 mg/L，色度为 300 ～ 500 倍，pH 为 8 ～ 10。

（四）化纤机织物

化纤机织物染整的生产工艺流程及主要产污环节见图 2-10，废水产生量一般为 60 ～ 120 m^3/t 产品。

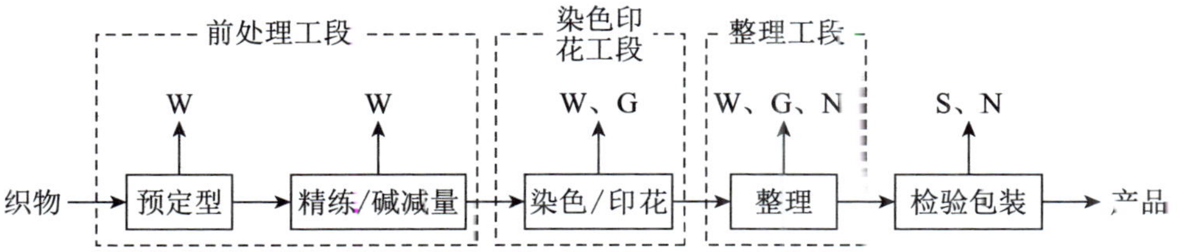

图 2-10　化纤机织物典型染整工艺流程及主要产污环节

（1）精练废水含有浆料、油剂和碱等污染物，一般废水 COD_{Cr} 质量浓度为 8 000 ～ 10 000 mg/L，pH 大于 11。

（2）涤纶织物的碱减量废水含聚酯低聚物、乙二醇、总锑、碱等污染物，一般废水 COD_{Cr} 质量浓度为 10 000 ～ 30 000 mg/L，pH 大于 12。

（3）染色工段废水一般 COD_{Cr} 质量浓度为 500 ～ 800 mg/L，色度为 100 ～ 400 倍，pH 为 8 ～ 10。

（4）印花工段废水一般 COD_{Cr} 质量浓度为 1 000 ～ 2 000 mg/L，色度为 200 ～ 800 倍，pH 为 8 ～ 10。

（5）整理工段废水为排放的废整理液和清洗废水，COD_{Cr} 质量浓度为 2 000 ～ 5 000 mg/L。

（五）针织物

针织物染整生产工艺流程及主要产污环节见图 2-11，生产废水产生量为 40 ～ 80 m^3/t 产品。针织物前处理工段一般不含退浆、碱减量等工序，其余各工序产生的废水水质与机织物相似。一般混合废水含油剂、天然杂质、染料和助剂等污染物，COD_{Cr} 质量浓度为 500 ～ 800 mg/L，色度为 100 ～ 500 倍，pH 为 8 ～ 10。

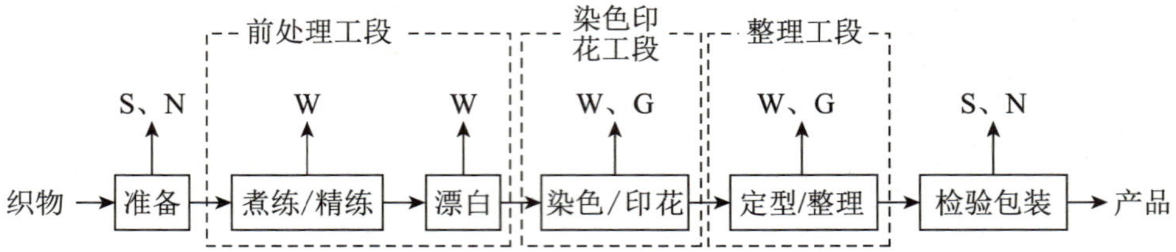

图 2-11　针织物典型染整工艺流程及主要产污环节

（六）散纤维、纱线类

散纤维、纱线类的染整生产工艺流程包括精练、漂白、染色、漂洗和烘干等工序，废水产生量为 60 ～ 90 m^3/t 产品。一般混合废水含油剂、天然杂质、染料和助剂等污染物，COD_{Cr} 质量浓度为 1 000 ～ 2 000 mg/L，色度为 200 ～ 500 倍，pH 为 8 ～ 10。

第二节　纺织工业水污染预防技术

纺织工业废水水量大，污染成分复杂；其废水的治理，应首先考虑预防，从源头减少废水量和污染物，即通过改革工艺减少污染物的产生量，其次才是治理和回收利用。随着纺织技术的发展，很多清洁高效的新技术进入纺织行业，提高了资源利用效率，节约用水，减少了有毒有害原料的使用，从源头削减废水与污染物产生量。

一、真空渗透煮茧技术

真空渗透煮茧技术适用于丝绢纺织制丝过程的煮茧工序。该技术采用机外真空渗透与机内煮熟技术对蒸汽和水温按照适煮工艺进行配置，可减少蚕茧丝胶溶失率，煮茧废水 COD_{Cr} 质量浓度可降低 20% 左右。

二、羊毛脂组合回收技术

羊毛脂组合回收技术适用于毛纺生产中的洗毛工序。将洗毛废水中羊毛脂进行提取，减少水污染物浓度，同时实现羊毛脂回收。羊毛脂主要提取方法有离心法、溶剂萃取法、超滤法，采用组合技术可实现更高的回收率，离心法与溶剂萃取法联合使用可达到 60% ～ 70% 的羊毛脂回收率，离心法与超滤法联合使用可达到 90% 及以上的羊毛脂回收率。

三、生物 - 化学联合脱胶技术

该技术适用于苎麻、荨麻等原麻脱胶生产。通过生物法去除部分果胶，减轻后续化学脱胶的负荷，失重率、残胶率均明显改善，化学药剂使用量减少 30% 以上，废水 COD_{Cr} 质量浓度可降低 30% ～ 50%。

四、染整污染预防技术

（一）前处理工段

1. 生物酶前处理技术

该技术适用于纯棉和涤棉混纺织物的前处理，利用多功能生物酶的高选择性和渗透性，去除纤维棉籽壳和蜡质物等杂质，缩短传统退煮漂流程，减少碱使用量，综合能耗降低近 50%。

2. 冷轧堆一步法前处理技术

该技术适用于纯棉织物、棉麻混纺织物、化纤及化纤混纺织物的前处理，通过一次性投加不同复合型的退浆剂和煮练剂，将前处理工段合并完成，再经漂洗完成前处理。该技术实现蒸汽使用量节约 50% ～ 80%，新鲜水用量减少 30% ～ 60%。

（二）染色工段

1. 气流染色技术

适用于坯布染色工序。该技术将高速气流和染液分别注入喷嘴后形成的雾状微细液滴喷向织物，使得染液与织物充分接触以达到均匀染色的目的，染液循环频率高，织物浴比为 1 ∶ 2.5 ～ 1 ∶ 4，废水产生量为传统溢流染色产生量的 20% ～ 30%。

2. 气液染色技术

适用于坯布染色工序。该技术以气流牵引织物循环，通过组合式染液喷嘴促使染液与被染织物充分接触进而实现染色。织物浴比为 1 ∶ 2.5 ～ 1 ∶ 4，与气流染色技术相比，循环风机额定功率降低约 30%。

3. 活性染料冷轧堆染色技术

适用于坯布染色工序。该技术在低温下通过浸轧染液和碱液，使染液吸附在织物纤维表面，再经打卷堆置完成染料的吸附、扩散和固色，通过水洗完成上染。该技术流程短，能耗低，设备简单，无须烘干和汽蒸工序，废水产生量比传统染缸染色减少 60% 以上，固色率比常规轧蒸法提高 15% ～ 25%。

4. 小浴比匀流染色技术

适用于坯布染色工序。该技术采用匀流染色机在染机主缸底部增加横向循环泵，加速染液间的交换速度和频次。该技术浴比为 1 ∶ 4 ～ 1 ∶ 4.5，节约蒸汽用量 20% 以上，废水产生量为 25 ～ 50 m^3/t 产品。

5. 涂料染色技术

适用于各种纤维材料的坯布和成衣染色工序。该技术是将不溶于水的颜料借助黏合剂固着在织物上的染色工艺，分为涂料轧染和涂料浸染。该技术色谱选择广，能耗低，染色过程无废水产生。

6. 无导布轮喷射染色技术

适用于自然或合成纤维、混纱布、超细纤维、高密度纤维塔夫塔布、弹性纱或新合成纤维等材料的坯布染色工序。该技术利用液流喷射力驱动布匹，通过导布管改变布匹运行方向，经格栅挡板前后摆动可使布匹产生前后叠放的效果，布匹在低浴比状态下可高速运转，上染率高，废水产生量可减少 20% 以上。

7. 筒子纱自动化染色技术

适用于纱线染色。该技术采用数字化及自动化技术实现筒子纱染色的自动化生产，与传统筒子纱染色技术相比，节水 25% 以上，节约染料 5% 以上。

（三）整理工段

1. 泡沫整理技术

适用于织物整理。该技术是将整理液发泡后施加于织物表面并透入织物内部的一种整理加工方式，耗水量下降 50% ～ 70%，整理剂消耗量降低 5% ～ 10%。在烘燥环节可节能 40% 以上。该技术也可用于染色，废水产生量降低 50% 以上，染化料和助剂用量降低 30% 以上。

2. 液氨丝光技术

适用于棉织物整理工序。该技术是将烘干后的织物在液氨整理机内浸轧液氨，使织物浸氨匀透并瞬时吸氨。浸轧液氨后的梭织布再进入反应室内与氨充分反应，同时蒸发织物上的余氨。液氨丝光可实现液氨的循环利用，不产生废碱液和丝光废水。

3. 水性聚氨酯涂层整理技术

适用于织物整理工序。该技术以水为分散介质，生产过程一般不产生废水和有机废气。

五、纺织工业先进清洁生产技术

国家推行的纺织工业先进清洁生产技术见表 2-2。

表 2-2　纺织工业先进清洁生产技术

序号	技术名称	适用范围	技术主要内容	解决的主要问题
1	棉短绒绿色制浆工程化技术	棉短绒制浆工艺	以棉短绒为原料，利用离子膜电催化作用及多元耦合低温催化作用，配以辅助药剂，使得天然高分子发生快速断裂反应，降聚反应时间由原来的 2 h 缩短到 20 ～ 30 min，降聚温度由原来的 165 ～ 170 ℃下降到 60 ～ 70 ℃。该反应过程可根据不同聚合度产品的要求，通过改变药剂配比、催化反应时间、蒸煮器的温度等来调节纤维素的聚合度、结晶状态等技术指标。主要技术参数：①综合能耗下降 30% ～ 40%，节约标准煤 150 ～ 200 kg/t 浆；②用水量下降近 50%，吨浆用水仅为 40 t；③吨浆 COD 排放下降 50%，由 300 kg 削减到 150 kg，色度由 13 500 倍降到 4 000 倍，下降幅度 75% 以上	(1) 从根本上消除了制浆黑液的污染问题； (2) 制浆过程由原来的高温、低浓度、间歇过程变为低温、高浓度、连续过程，缩短了过程反应时间，可实现节能节水，减少污染物排放

序号	技术名称	适用范围	技术主要内容	解决的主要问题
2	印染前处理环保助剂工艺	棉及棉混纺织物印染前处理	印染前处理环保助剂工艺是生物技术和化工技术的有机结合，可以有效替代传统精练漂白工艺中使用的多种化学助剂（烧碱、过氧化氢、精练剂、螯合剂等），可快速降解织物上的油脂、蜡脂及杂质，去除棉籽和木质素，还原出棉纤维的本白，使织物的煮、练、漂在同一设备、同一处理液中完成，满足织物前处理要求。技术指标：①水洗温度由90℃降为60℃，单缸节约蒸汽0.45 t；②可有效替代烧碱、精练剂等的使用，过氧化氢浓度由50 g/L下降到10 g/L；③可降低COD质量浓度30%～50%；④可节约用水15%～20%。⑤百米布综合成本降低5元	（1）不含烷基酚聚氧乙烯醚类化合物（APEO）等有害物质；（2）可替代传统精练漂白工艺中使用的多种助剂，一般织物使用时不必添加烧碱、过氧化氢及其他化学助剂，特殊织物使用少量的过氧化氢；（3）可降低企业水、电、蒸汽及污水处理等成本
3	高温高压气流染色技术	适用于印染企业各种松式绳状织物的染色及前后处理，特别适合于一些高档织物的加工	依据空气动力学原理，由高压风机产生的气流经特殊喷嘴后形成高速气流，牵引被染织物进行循环运动。同时染液以雾状喷向织物，使得染液与织物在很短时间内充分接触，以达到匀染的目的。技术指标：①浴比：化纤织物≤1∶2，棉、毛等织物≤1∶4；②最高工作温度：140℃，最高工作压力：0.4 MPa	（1）提高产品一次染色成功率；（2）与传统技术相比，可省水、蒸汽50%，节省染料10%～15%，节省助剂60%，减少污染排放
4	高温气液染色技术	需满足以松式绳状形式的织物染色、前处理及后处理等工艺条件	以循环气流牵引织物循环，组合式染液喷嘴进行染液与被染织物交换，完成染料对织物的上染过程。在织物单次循环过程中，织物首先与喷嘴染液进行交换，然后经提布辊进入气流喷嘴，受到气流的渗透压作用，进一步提高织物上染液分布的均匀性。织物离开导布管时，气流在自由射流的扩展作用下，可消除织物的绳状折痕。技术指标：①高档针织物浴比：1∶（2.5～3）；②最高工作温度：130 ℃；③最高工作压力：0.3 MPa	（1）风机耗电与气流染色相比，可节约50%以上；（2）提高产品一次染色成功率；（3）与传统设备相比，可节水50%，减少染料和助剂消耗和污染物产生，实现印染过程的清洁化

序号	技术名称	适用范围	技术主要内容	解决的主要问题
5	苎麻生物脱胶技术	适用于纺织企业麻类脱胶生产	苎麻生物脱胶技术采用 100% 嗜碱细菌脱胶工艺，辅以化学精练，再通过拷麻、漂洗、脱水等工序制成精干麻。该技术的重点是对菌类的培养。传统苎麻脱胶常采用化学法，过程中涉及强酸、强碱、高温、高压煮练等工序，成本高，且环境污染严重。技术指标：①化学脱胶用时约 2 h，生物脱胶需要 5 h；②化学脱胶需高温，生物脱胶只需常温；③化学脱胶废水（精练）中 COD 质量浓度在 10 000 mg/L 以上，而生物脱胶废水中 COD 质量浓度仅为 1 000 mg/L；④该技术可实现节能 15% 以上，节水 30% 以上，减少化学药剂使用量 60% 以上	（1）可大量减少化学药剂使用，减少污染物产生量，实现脱胶工艺的清洁化； （2）可实现脱胶废液和化学精练废液的重复利用； （3）可提升苎麻精干麻可纺性能及麻纱质量
6	无水液氨丝光整理技术	适用于牛仔布丝光整理	纤维织物在液氨作用下产生轻微膨胀，使织物表面产生绸缎的效果。氨处理不会降低纤维强度，比氢氧根更容易渗入织物内部，使得氨处理变得更加均匀、规则、有效和同质。技术指标：①以氨替代碱作为丝光液；②用高温高压除氨代替酸中和水洗除氨，大幅减少了水的消耗和污染物的产生；③传统丝光整理会产生大量废碱无法回收利用，处理成本高，而液氨工艺大幅降低了污染物产生及处理成本；④与传统碱丝光工艺比，每 100 m 牛仔布减少用水 95% 以上，减少 COD 排放 90% 以上，降低综合成本 15 元左右	（1）解决了丝光整理废碱处理问题； （2）整个系统处于密闭状态，氨的回收率达 95% 以上，并可以循环使用

序号	技术名称	适用范围	技术主要内容	解决的主要问题
7	十四效闪蒸一步法提硝处理酸浴清洁工艺技术	黏胶纤维生产行业	利用硫酸钠在 32.4 ℃以上析出时不含有结晶水的特性，在闪蒸后酸浴浴温不低于 35 ℃情况下，将酸浴增浓，使其达到硫酸钠饱和浓度，从而保障硫酸钠在 32.4 ℃以上析出。将析出的硫酸钠直接进行分离烘干，获得元明粉。技术指标：①提高了循环酸浴浓度，并能够提取元明粉；②设备占地面积可减少 40%，减少蒸汽 20%，减少用水 25%；③废水中不含酸浴中多余的硫酸钠，降低了废水处理难度和成本	（1）采用一体化元明粉装置结晶，取消了结晶和焙烧设备，工艺链缩短；（2）解决了酸浴中多余硫酸钠的处理问题，环境效益和经济效益明显
8	数码印花技术	适用于家纺、服装、地毯等织物的图案处理工艺	该技术是将数字化图案经编辑处理后，由纺织品数码印花系统将专用染料直接喷印到各种织物和织品，并通过互联网在线实现纺织品远程协同设计和定制服务。它具有短流程、反应快、弹性灵活、按需定量生产、精度高、色彩丰富等特点，具有较高的产品附加值。技术指标：①无须分色、描稿、制片、制网和配色调浆过程，印刷流程简单；②图案花样修改极为方便，可实现个性化和定制生产，满足小批量生产和快速反应的需要；③图案不受颜色数目和网版套准误差的影响，图案色彩逼真，层次丰富，印刷精度高；④按需喷墨，染料几乎没有浪费，生产过程无废水，能耗、噪声低，利于环保	（1）数码印花喷印过程不用水，不用调制色浆，无废染液；（2）工艺流程短，反应快，可实现按需定量生产；（3）低污染、低碳排放，高附加值

第三节　纺织工业水污染治理技术

一、物化处理技术

物化处理是指通过简单的物理和化学处理工艺去除废水中的部分污染物。纺织工业废水的物化处理技术包括格栅 / 筛网、调节、混凝、气浮和沉淀等操作单元或过程。

（一）格栅/筛网

格栅/筛网用于含织物纤维较多的纺织废水处理，宜选择格栅栅间距离1.5～10 mm、筛网孔径20～100目的设备，宜选用机械方式运行。

（二）调节

调节用于纺织工业废水的水质、水量调节，同时兼具中和、降温功能。在分质处理的情况下，需设置不同调节池对不同性质和浓度的废水进行独立收集。调节池的水力停留时间宜大于8 h，可采用穿孔管曝气、推流器或搅拌器形式改善水质混合效果。

碱性废水一般使用硫酸调节pH，后续生化工艺若采用水解酸化或厌氧工艺，宜用盐酸调节。酸性废水pH调节宜用氢氧化钠。

调节池废水温度宜控制在小于45℃，后续生化工艺如有脱氮工艺，应小于38℃。废水降温可采用冷却塔、热交换或热泵。在废水中含有挥发性有机溶剂的情形下，不宜采用冷却塔降温。

（三）混凝

混凝用于纺织工业废水中纤维、油脂、分散染料等悬浮颗粒或胶体颗粒等污染物的去除。混凝处理过程常用的混凝剂有铁盐、铝盐和聚合盐类，絮凝剂常用聚丙烯酰胺。混凝的设计与管理应符合《污水混凝与絮凝处理工程技术规范》（HJ 2006）要求。

（四）气浮

气浮用于纺织工业废水中比重较小的悬浮颗粒的去除，如纤维、油脂等。气浮形式宜采用加压溶气气浮和浅层气浮，分离区表面负荷分别为4.0～6.0 $m^3/(m^2 \cdot h)$和3.0～5.0 $m^3/(m^2 \cdot h)$，水力停留时间分别为10～20 min和12～16 min。气浮工艺的设计与管理应符合《污水气浮处理工程技术规范》（HJ 2007）要求。

（五）沉淀

沉淀用于纺织工业废水中比重较大的悬浮物的去除。生物处理系统出水的生化沉淀池表面负荷宜在0.5～1.0 $m^3/(m^2 \cdot h)$，水力停留时间宜在3～5 h；

物化沉淀池表面负荷宜在 0.8 ～ 1.2 m^3/（m^2 · h），水力停留时间宜在 2 ～ 4 h。物化沉淀池可通过增设斜板或者斜管的方式提高沉淀效率与表面负荷，表面负荷宜小于 8 m^3/（m^2 · h）。

二、生物处理技术

生物处理技术指通过生物降解的方式来实现有机物降解和脱氮，包括厌氧生物技术、好氧生物技术和生物脱氮技术。

（一）厌氧生物技术

1. 水解酸化

该技术适用于纺织工业中有机废水的处理，可对纤维素、浆料、染料、脂肪类、蛋白质类等有机高分子或大分子有机物进行降解。废水可生化性较差的情况下水解酸化的水力停留时间宜大于 24 h，COD_{Cr} 去除率一般为 10% ～ 20%，废水的可生化性提高 20% ～ 40%。水解酸化反应器的设计与管理应符合《水解酸化反应器污水处理工程技术规范》（HJ 2047）的要求。

2. 厌氧生物反应器

该技术利用一定结构形式的生物反应器进行含有机物废水的厌氧代谢处理，适用于绢纺废水、洗毛废水及以淀粉浆料为主的退浆废水等高浓度有机废水。纺织工业中常用的厌氧反应器形式有升流式厌氧污泥反应器（UASB）、厌氧折流板反应器（ABR）和内循环厌氧反应器（IC），纺织工业废水厌氧反应器的水力停留时间一般宜大于 12 h，COD_{Cr} 去除率一般为 40% ～ 60%。UASB 的设计与管理应符合《升流式厌氧污泥床反应器污水处理工程技术规范》（HJ 2013）的要求。

（二）好氧生物技术

该技术指在有氧条件下利用微生物降解有机物或氨氮等污染物的过程，适用于纺织工业废水中有机污染物、含氮污染物的去除，包括完全混合活性污泥法和生物膜法。好氧生物膜法的设计与运行管理应符合《生物接触氧化法污水处理工程技术规范》（HJ 2009）的要求。好氧生物技术可与膜分离技术结合使用，即膜生物反应器（MBR），MBR 设计与管理应符合《膜生物法污水处理工程技术规范》（HJ 2010）的要求。

（三）生物脱氮技术

纺织工业废水脱氮宜采用缺氧与好氧结合的生物处理技术。缺氧系统脱氮设计负荷宜小于 0.25 kg/（m^3·d），pH 应控制在 7 ～ 8，废水 C/N 小于 5 的情况下需补充反硝化碳源。纺织工业废水生物脱氮一般采用以下技术。

1. 序批式活性污泥法（SBR）

该技术是按间歇曝气方式来运行的活性污泥废水处理技术，与传统完全混合式废水处理工艺不同，该技术实现了时间上的推流操作方式，具有灵活的操作空间。该工艺及其改进工艺可以通过好氧、缺氧状态的交替运行，实现生物脱氮功能。SBR 的设计与运行管理应符合《序批式活性污泥法污水处理工程技术规范》（HJ 577）的要求。

2 缺氧 / 好氧法（A/O）

该技术在活性污泥系统中的好氧段进行硝化反应，在缺氧段中实现反硝化脱氮。缺氧段溶解氧应维持在 2 mg/L 以上，pH 应控制在 7 ～ 8。缺氧与好氧水力停留时间比宜控制在 1 ∶ 3 左右，缺氧生物系统 TN 负荷宜小于 0.25 kg/（m^3·d），在 C/N 小于 5 的情况下宜补充反硝化碳源。

3 氧化沟

该技术采用连续环式生物反应池，使混合液在反应池内连续循环流动，有机负荷较低，污泥龄较长。氧化沟工艺通过好氧、缺氧交替运行，实现生物脱氮，比常规的活性污泥法能耗降低 20% ～ 30%。

三、深度处理技术

深度处理一般指对生物处理出水进一步净化的处理过程，对纺织工业废水中的苯胺类、AOX 等行业特征污染物实现进一步降解。一般宜先采用混凝工艺进行处理，以减少后续处理的有机负荷和杂质影响。

（一）曝气生物滤池

该技术适用于好氧生物处理系统出水的深度处理，对低浓度的有机物进一步分离和降解。曝气生物滤池宜采用气、水联合反冲洗，反冲洗空气强度为 10 ～ 15 L/（m^2·s），反冲洗水强度为 4 ～ 6 L/（m^2·s）。曝气生物滤池的进水 COD_{Cr} 质量浓度应小于 200 mg/L，水力负荷 2 ～ 10 m^3/（m^2·h）。生物滤池的设计与管理应符合 HJ 2014 的要求。

（二）臭氧氧化

该技术适用于改善染整废水可生化性或者脱色，宜在弱碱性条件下（pH = 8 ～ 9）进行。反应时间一般为 0.5 ～ 2 h，色度去除率一般为 30% ～ 80%。

（三）芬顿氧化

该技术适用于纺织工业废水中难降解有机物处理和改善废水可生化性。该技术利用亚铁离子作为催化剂，在酸性条件下利用羟基自由基的氧化作用，将难生物降解的有机物分解生成小分子有机物或者矿化。反应时间一般为 0.5 ～ 2 h，pH 为 3 ～ 5，COD_{Cr} 去除效率为 40% ～ 90%。

（四）膜分离

该技术适用于纺织工业废水再生回用，通常包括微滤、超滤、纳滤和反渗透。废水进入膜系统前一般需进行砂滤和精密过滤的预处理。膜分离工艺的设计与管理应符合《膜分离法污水处理工程技术规范》（HJ 579）的要求。

四、污染治理设施管理

废水中含有棉毛短绒、纤维较多时应采用具有清洗功能的滤网设备，含细砂和短纤维的废水应设置除砂和过滤设备。采用化学脱色处理废水时，不宜选用含氯脱色剂。废水处理中产生的栅渣、污泥等做好收集处理处置，防止二次污染。定期对废水处理的构筑物、设备、电气及自控仪表进行检查维护，确保处理设施稳定运行。定期对废气处理设施进行检查维护，及时清理废气管道、滤网、喷淋系统和静电处理设备中沉积的纤维和油垢，保证流体流通通畅。强化高压静电设施的日常检查，排除火灾隐患。

第四节　纺织工业水污染防治可行技术

纺织工业废水种类较多，污染治理需根据废水水质特点选择相应处理技术，处理后水质应满足国家及地方标准、排污许可证、环境影响评价文件及其审批意见。在经济技术可行的前提下，企业应最大限度地提高废水的重复利用率和回用率。

一、丝绢纺织废水污染防治可行技术

丝绢纺织废水物化处理一般需要采用细筛网对蚕丝纤维和皮屑进行过滤。采用水解酸化工艺时，COD 容积负荷一般为 1.0 ～ 3.0 kg/（m^3·d）；丝绢纺织废水采用厌氧反应器时，COD 容积负荷一般为 2.0 ～ 6.0 kg/（m^3·d）。后续生物处理应采用具有脱氮功能的 SBR、A/O、氧化沟等工艺，水力停留时间 12 ～ 24h。采用混凝处理时，宜选用具有除磷功能的化学药剂。丝绢纺织废水污染防治可行技术见表 2-3。

二、麻脱胶废水污染防治可行技术

亚麻、汉麻等脱胶废水采用水解酸化工艺，COD 容积负荷一般为 1.0 ～ 3.0 kg/（m^3·d）；采用厌氧生物反应器，COD 容积负荷为 2.0 ～ 6.0 kg/（m^3·d）。苎麻、黄麻等脱胶废水的水解酸化工艺，COD 容积负荷一般为 0.8 ～ 1.5 kg/（m^3·d）。好氧生物工艺应采用具有脱氮功能的 SBR、A/O、氧化沟等工艺，水力停留时间 16 ～ 36 h。深度处理宜采用臭氧氧化或芬顿氧化。麻脱胶废水污染防治可行技术见表 2-4。

三、洗毛废水污染防治可行技术

洗毛废水一般需要采用细筛网对散毛纤维进行过滤。采用混凝处理时，宜选用具有破乳功能的化学药剂。生物处理采用水解酸化工艺时，COD 容积负荷为 4.0 ～ 8.0 kg/（m^3·d）；采用厌氧反应器，COD 容积负荷为 5.0 ～ 15.0 kg/（m^3·d）。后续生物处理应采用具有脱氮功能的 SBR、A/O、氧化沟等工艺，水力停留时间 12 ～ 24 h。深度处理宜采用生物滤池。洗毛废水污染防治可行技术见表 2-5。

表 2-3　丝绢纺织废水污染防治可行技术

序号	污染预防技术	污染治理技术	污染物排放质量浓度 /（mg/L）						
			COD_{Cr}	BOD_5	SS	氨氮	总氮	总磷	动植物油
1	真空渗透煮茧工艺	①格栅 / 筛网 - 调节池 + ②厌氧生物 - 生物脱氮	120 ～ 180	30 ～ 40	50 ～ 90	15 ～ 35	25 ～ 45	0.8 ～ 1.2	7 ～ 9
2		①格栅 / 筛网 - 调节池 + ②厌氧生物 - 生物脱氮 + ③混凝 - 沉淀或气浮	40 ～ 50	10 ～ 18	20 ～ 30	5 ～ 6	10 ～ 15	0.2 ～ 0.4	1 ～ 3

注：表中“+”代表水污染处理技术的组合，以下同。

表 2-4　麻脱胶废水污染防治可行技术

序号	污染预防技术	污染治理技术	污染物排放质量浓度 /（mg/L）						
			COD_{Cr}	BOD_5	SS	氨氮	总氮	总磷	AOX
1	生物 - 化学联合脱胶技术	①格栅 - 调节池 - 混凝 - 沉淀或气浮 + ②厌氧生物 - 好氧生物	150 ～ 180	30 ～ 40	50 ～ 90	15 ～ 18	25 ～ 28	0.8 ～ 1.2	7 ～ 9
2		①格栅 - 调节池 - 混凝 - 沉淀或气浮 + ②厌氧生物 - 好氧生物 + ③混凝 - 沉淀或气浮 - 深度处理	60 ～ 75	10 ～ 18	20 ～ 30	5 ～ 6	10 ～ 15	0.2 ～ 0.4	5 ～ 8

表 2-5　洗毛废水污染防治可行技术

序号	污染预防技术	污染治理技术	污染物排放质量浓度 / (mg/L)						
			COD_{Cr}	BOD_5	SS	氨氮	总氮	总磷	动植物油
1	羊毛脂组合回收技术	①格栅 / 筛网 - 调节池 - 混凝 - 气浮 + ②厌氧生物 - 生物脱氮	150 ～ 180	30 ～ 40	50 ～ 90	15 ～ 18	25 ～ 28	0.8 ～ 1.2	7 ～ 9
2		①格栅 / 筛网 - 调节池 - 混凝 - 气浮 + ②厌氧生物 - 生物脱氮 + ③深度处理	60 ～ 75	10 ～ 18	20 ～ 30	5 ～ 6	10 ～ 15	0.2 ～ 0.4	3 ～ 5

四、化纤织造废水污染防治可行技术

化纤织造废水一般需采用细格栅或筛网对化学纤维进行过滤预处理。废水通过混凝处理时，宜选用具有破乳功能的化学药剂并采用气浮分离。好氧生物工艺宜采用生物膜法，水力停留时间 8 ～ 16 h。以涤纶为原料的化纤长丝喷水织机废水一般含有锑污染物，宜通过投加硫酸亚铁或聚铁混凝剂进行总锑去除，涤纶水刺非织造的废水处理可参照喷水织机废水。化纤织造废水污染防治可行技术见表 2-6。

五、染整废水污染防治可行技术

染整加工中各工序产生污染物种类和浓度差异明显，宜对不同工序产生的高浓度和难处理废水进行单独收集，经分质预处理后再混合处理。染整废水污染防治可行技术见表 2-7。

（一）分质预处理

（1）精练、染色、印花等工序产生的高浓度有机废水，宜单独收集后采用混凝处理。

（2）退浆废水一般含有高浓度浆料，如聚乙烯醇（PVA）、改性淀粉、丙烯酸类浆料、聚酯类浆料等。含 PVA 浆料退浆废水宜单独收集后通过投加硼砂盐析工艺进行分离。

（3）碱减量工序废水一般含有高浓度聚酯聚合物，宜单独收集后加酸调节 pH 至 3 ～ 4 进行酸析处理，将聚合物析出实现分离。

（4）含磷酸盐助剂的生产废水，宜单独收集后投加具有除磷功能的混凝药剂生成磷酸盐沉淀去除。

（5）涤纶化纤染整废水一般含有锑污染物，宜通过投加硫酸亚铁或聚铁混凝剂去除。

（6）毛纺及印花制网工序中产生的含六价铬废水，须单独收集，在酸性条件下投加亚硫酸氢钠等还原剂将六价铬还原，再加碱生成氢氧化铬沉淀去除。

（二）生物处理

（1）染整废水可生化性较低，一般采用水解酸化进行厌氧生物处理，水解酸化的 COD 容积负荷为 0.5 ～ 2.0 kg/（m^3 · d）。退浆废水以淀粉浆料为主的情况下，可采用厌氧生物反应器收集处理，COD 容积负荷为 5.0 ～ 15.0 kg/（m^3 · d）。

（2）染整废水经过水解酸化或厌氧生物处理后，后续应采用好氧生物工艺处理。活性印花或蜡染废水一般总氮浓度高，宜采用 A/O、SBR 或氧化沟等生物脱氮工艺。

（三）深度处理

（1）染整废水深度处理前宜采用混凝进行预处理，降低深度处理过程的有机负荷和杂质影响。

（2）以涤纶为原料的染整废水宜通过投加硫酸亚铁或聚铁混凝剂除锑。

（3）染整废水深度处理生物处理工艺宜选用曝气生物滤池技术，强氧化工艺宜选用臭氧氧化和芬顿氧化技术。

（4）根据生产工艺用水水质要求，宜选择相应的膜分离技术。废水的再生利用设计与管理应满足《城镇污水再生利用工程设计规范》（GB 50335）的要求。

六、纺织工业集聚区废水污染防治可行技术

纺织工业集聚区废水治理可行技术参照表 2-8。

表 2-6 化纤织造废水污染防治可行技术

序号	污染预防技术	污染治理技术	污染物排放质量浓度 / （mg/L）						
			COD_{Cr}	BOD_5	SS	氨氮	总氮	总磷	总锑
1	羊毛脂组合回收技术	①格栅 / 筛网 - 调节池 - 混凝 - 气浮	150 ～ 180	30 ～ 40	50 ～ 90	15 ～ 18	25 ～ 28	0.8 ～ 1.2	0.03 ～ 0.08
2		①格栅 / 筛网 - 调节池 - 混凝 - 气浮 + ②好氧生物	60 ～ 75	10 ～ 18	20 ～ 30	5 ～ 6	10 ～ 15	0.2 ～ 0.4	0.03 ～ 0.08

表 2-7 染整废水污染防治可行技术

序号	适用条件	污染预防技术	污染治理技术	污染物排放质量浓度 / （mg/L）							
				COD_{Cr}	BOD_5	SS	氨氮	总氮	总磷	苯胺类	色度 / 倍
1	棉、麻及混纺机织物染整	生物酶前处理技术 / 冷轧堆一步法前处理技术 + 气流染色技术 / 气液染色技术 / 活性染料冷轧堆染色技术 / 小浴比匀流染色技术 / 无导布轮喷射染色技术 + 泡沫整理技术 / 液氨整理等	①格栅 / 筛网 - 调节池 + ②混凝 - 沉淀 / 气浮 + ③水解酸化 + ④好氧生物	360 ～ 480	80 ～ 130	50 ～ 90	15 ～ 15	15 ～ 25	1.0 ～ 1.2	0.5 ～ 1.0	50 ～ 80
2			分质预处理 + ①格栅 / 筛网 - 调节池 + ②混凝 - 沉淀 / 气浮 + ③水解酸化 - 好氧生物	120 ～ 180	30 ～ 45	50 ～ 90	10 ～ 15	15 ～ 25	1.0 ～ 1.2	0.5 ～ 1.0	50 ～ 80
3			分质预处理 + ①格栅 / 筛网 - 调节池 - 混凝 - 沉淀 / 气浮 + ②水解酸化 - 好氧生物 + ③混凝 - 沉淀 / 气浮 - 深度处理	50 ～ 75	12 ～ 18	20 ～ 30	5 ～ 6	8 ～ 15	0.2 ～ 0.5	0.5 ～ 1.0	30 ～ 50

序号	适用条件	污染预防技术	污染治理技术	污染物排放质量浓度 /（mg/L）							
				COD_{Cr}	BOD_5	SS	氨氮	总氮	总磷	苯胺类	色度 / 倍
4	丝、毛机织物染整、化纤机织物染整	冷轧堆一步法前处理技术 + 气流染色技术 / 气液染色技术 / 小浴比匀流染色技术 / 无导布轮喷射染色技术 + 泡沫整理技术等	①格栅 / 筛网 - 调节池 - 混凝 - 沉淀 / 气浮 + ②水解酸化 - 好氧生物	300～450	80～130	50～90	10～15	15～30	1.0～1.5	0.5～1.0	50～80
5			分质预处理 + ①格栅 / 筛网 - 调节池 - 混凝沉淀 / 气浮 + ②水解酸化 - 好氧生物 + ③混凝 - 沉淀 / 气浮	120～150	30～45	50～90	10～15	15～30	1.0～1.5	0.5～1.0	50～80
6			分质预处理 + ①格栅 / 筛网 - 调节池 - 混凝 - 沉淀 / 气浮 + ②水解酸化 - 好氧生物 + ③混凝 - 沉淀 / 气浮 - 深度处理	40～75	12～18	20～30	5～6	8～15	0.2～0.5	0.5～1.0	20～50
7	散纤维、纱线、针织物染整	气流染色技术、气液染色技术、无导布轮喷射染色技术、小浴比匀流染色技术、筒子纱自动化染色	①格栅 / 筛网 - 调节池 + ②水解酸化 - 好氧生物 - 混凝 - 沉淀或气浮	120～480	30～80	50～90	10～15	15～25	1.0～1.2	0.5～1.0	50～80
8			①格栅 / 筛网 - 调节池 + ②水解酸化 - 好氧生物 + ③混凝 - 沉淀 / 气浮 - 深度处理	40～75	12～18	20～30	5～6	8～15	0.2～0.5	0.5～1.0	30～50

表 2-8 纺织工业集聚区废水污染防治可行技术

序号	适用条件	污染治理技术	污染物排放质量浓度 /（mg/L）							
			COD_{Cr}	BOD_5	SS	氨氮	总氮	总磷	苯胺类	色度 / 倍
1	企业协商直接纳管	分质处理 + ①格栅 / 筛网 - 调节池 - 混凝 - 沉淀 + ②水解酸化 - 好氧生物 + ③混凝 - 沉淀 - 深度处理	40 ～ 75	12 ～ 18	30 ～ 45	5 ～ 6	8 ～ 15	0.2 ～ 0.5	0.5 ～ 1.0	30 ～ 50
2	企业预处理后执行行业间接排放标准纳管	①格栅 / 筛网 - 调节池 + ②水解酸化 - 好氧生物 + ③混凝 - 沉淀 - 深度处理	40 ～ 75	12 ～ 18	30 ～ 45	5 ～ 6	8 ～ 15	0.2 ～ 0.5	0.5 ～ 1.0	30 ～ 50

第三章　造纸行业水污染防治技术

造纸行业是制造各种纸张及纸板的工业部门。它包括用木材、芦苇、甘蔗渣、稻草、麦秸、棉秸、麻秆、棉花等原料制造纸浆的纸浆制造业，制造纸和纸板业以及生产涂层、上光、上胶、层压等加工纸及字形用纸版的加工纸制造业等。

第一节　造纸行业生产工艺和水污染物排放

一、化学法制浆生产工艺及产污环节

（一）生产工艺过程

植物原料经备料工段处理后进入蒸煮工段，在化学药液作用下蒸煮得到的粗浆经过洗涤、筛选工段净化，再根据需要通过氧脱木素及漂白工段生产纸浆。通常木（竹）采用硫酸盐法制浆，非木（竹）采用烧碱法或亚硫酸盐法制浆。硫酸盐法或烧碱法制浆洗涤工段产生的黑液经蒸发后进入碱回收炉燃烧，燃烧后的熔融物经苛化工段产生白液和白泥。白液回到蒸煮工段作为蒸煮药液。木浆生产产生的白泥通过石灰窑煅烧生产氧化钙回用到苛化工段；非木浆生产产生的白泥作为制备碳酸钙的原料或其他用途，一般不配套石灰窑。亚硫酸盐法制浆洗涤工段产生的废液经蒸发后综合利用。

（二）生产工艺各工段采用的技术及产污环节

备料工段主要包括原木的干法剥皮，竹材的干法备料，麦草及芦苇的干法、干湿法备料，蔗渣的湿法堆存；蒸煮工段主要包括连续蒸煮、间歇蒸煮；洗涤

工段主要包括压榨洗浆、置换洗浆、压力洗浆、真空洗浆等；筛选工段主要包括压力筛选和全封闭压力筛选；氧脱木素为可选工艺，常见为一段或两段氧脱木素；漂白工段主要是无元素氯漂白工艺；碱回收工段由蒸发、燃烧、苛化及石灰回收组成。废水主要由备料、蒸煮、漂白、蒸发等工段产生，主要污染物：COD_{Cr} 1 200 ～ 2 500 mg/L、BOD_5 350 ～ 800 mg/L、SS 250 ～ 1 500 mg/L、氨氮 2 ～ 5 mg/L。

典型硫酸盐法化学木（竹）制浆工艺过程及产污环节见图 3-1。

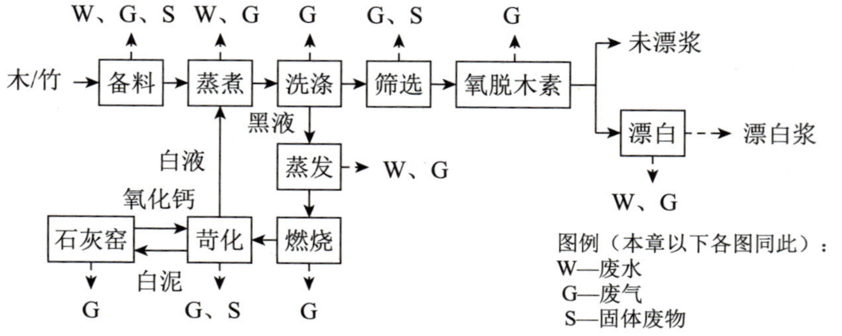

图 3-1　典型硫酸盐法化学木（竹）制浆工艺过程及产污环节

典型碱法或亚硫酸盐法非木材制浆工艺过程及产污环节见图 3-2。

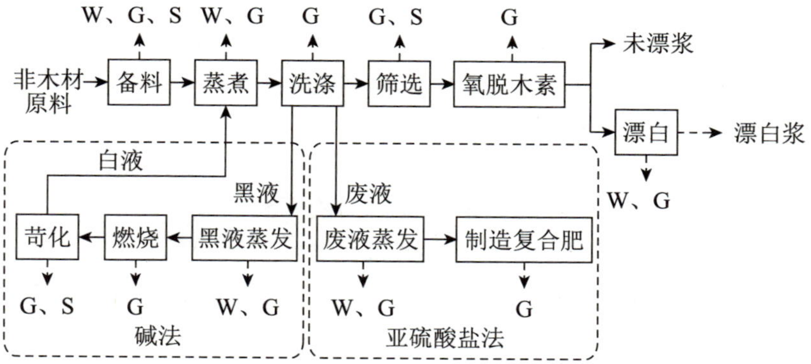

图 3-2　典型碱法或亚硫酸盐法非木材制浆工艺过程及产污环节

二、化学机械法制浆生产工艺及产污环节

（一）生产工艺过程

植物原料经备料工段处理后，在化学药液作用下预浸渍，而后送磨浆工序对原料进行磨解，再经漂白处理后进行洗涤、筛选生产纸浆。

（二）生产工艺各工段采用的技术及产污环节

备料工段主要为原木的干法剥皮；磨浆工段主要包括一段磨浆、二段低浓磨浆；洗涤工段主要包括螺旋压榨洗浆、真空洗浆等；筛选工段主要包括压力筛选和全封闭压力筛选。废水主要由备料、木片洗涤、洗涤、筛选等工段产生，主要污染物：COD_{Cr} 6 000 ～ 16 000 mg/L、BOD_5 1 800 ～ 4 000 mg/L、SS 1 800 ～ 3 800 mg/L、氨氮 3 ～ 5 mg/L。典型化学机械法制浆工艺过程及产污环节见图 3-3。

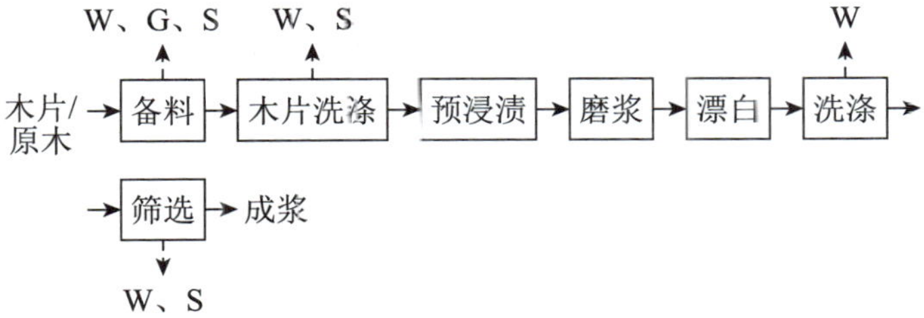

图 3-3 典型化学机械法制浆工艺过程及产污环节

三、废纸制浆生产工艺及产污环节

（一）生产工艺过程

废纸经分选后进入碎浆工段碎解，解离成纤维后，通过除渣、筛选工段净化，再根据需要进行脱墨和漂白生产纸浆。

（二）生产工艺各工段采用的技术及产污环节

备料工段主要为废纸原料分选，脱墨工段主要包括浮选脱墨、洗涤脱墨，漂白工段主要采用过氧化氢漂白。根据纸浆质量的要求，还可配套热分散或纤

维分级技术。废水主要由洗涤、筛选、脱墨及漂白等工段产生，主要污染物：COD_{Cr} 1 200 ～ 6 500 mg/L、BOD_5 350 ～ 2 000 mg/L、SS 450 ～ 3 000 mg/L、氨氮 2 ～ 15 mg/L。

典型脱墨废纸制浆工艺过程及产污环节见图 3-4，典型非脱墨废纸制浆工艺过程及产污环节见图 3-5。

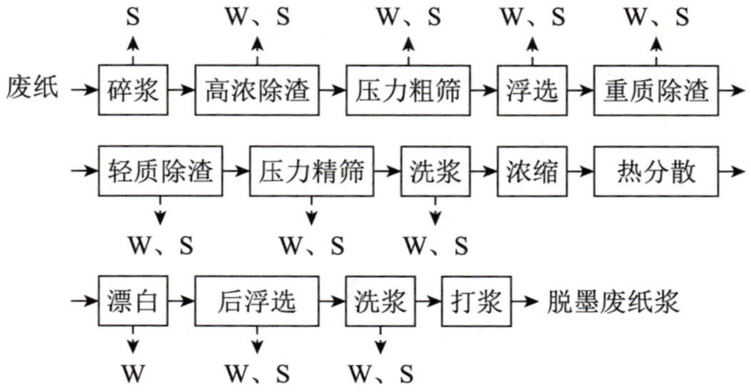

图 3-4　典型脱墨废纸制浆工艺过程及产污环节

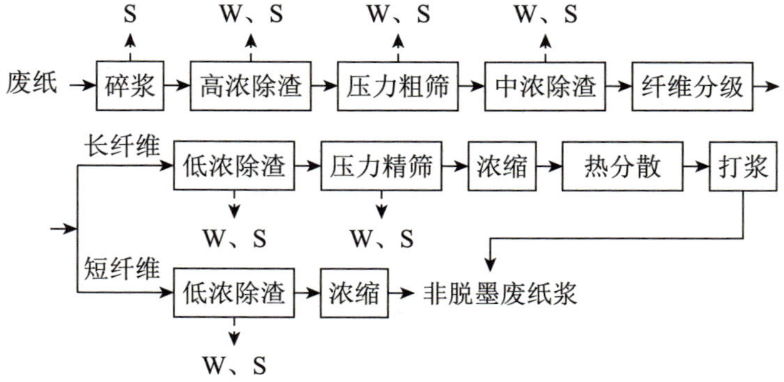

图 3-5　典型非脱墨废纸制浆工艺过程及产污环节

四、机制纸及纸板生产工艺及产污环节

（一）生产工艺过程

外购商品浆或自产浆经打浆工段进行碎浆或磨浆，由流送工段配浆并去除

杂质后，上网成型，经压榨部脱水，干燥部烘干，并根据产品要求选择施胶或涂布，再经压光、卷纸生产纸或纸板。

（二）生产工艺各工段采用的技术及产污环节

压榨部主要技术包括宽压区压榨及常规压榨；干燥部采用烘缸干燥的配套技术主要包括烘缸封闭气罩、袋式通风及废气热回收；成型、压榨部可进行纸机白水回收及纤维利用，施胶或涂布工段可采用涂料回收利用技术。

废水主要由打浆、流送、成型、压榨、施胶或涂布等工段产生，主要污染物：COD_{Cr} 500 ～ 1 800 mg/L、BOD_5 180 ～ 800 mg/L、SS 250 ～ 1 300 mg/L、氨氮 1 ～ 3 mg/L。

典型机制纸及纸板制造工艺过程及产污环节见图 3-6。

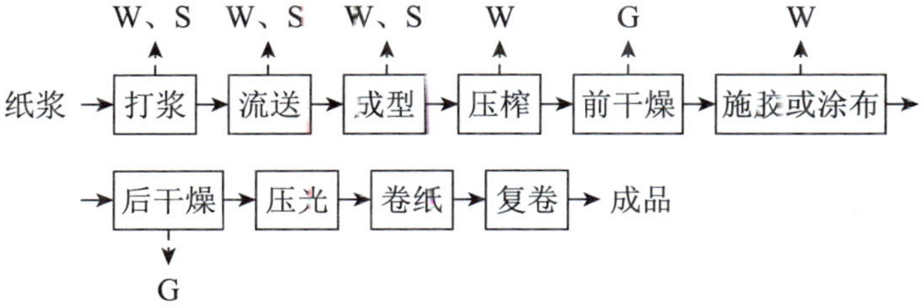

图 3-6　典型机制纸及纸板制造工艺过程及产污环节

第二节　造纸行业水污染预防技术

一、化学法制浆

（一）干法剥皮技术

原木在连续式剥皮机中做不规则运动，通过摩擦、碰撞使树皮剥离，剥皮过程不用水。主要设备包括圆筒剥皮机、辊式剥皮机。适用于以原木为原料的制浆企业，与湿法剥皮相比，吨浆用水量明显降低，吨浆节水 3 ～ 10 t。

（二）干湿法备料技术

将麦草、芦苇等原料经切草机切断，再经碎解、洗涤处理。合格草片经脱水后，通过螺旋喂料器送去蒸煮，通常与连续蒸煮配套使用。经干湿法备料后的原料干度在 40% 左右，尺寸 20 ～ 40 mm。该技术具有除杂率高、净化效果好等优点，可减少蒸煮用碱量和漂白化学品用量。

（三）新型立式连续蒸煮技术

包括低固形物蒸煮技术和紧凑蒸煮技术等。低固形物蒸煮技术是将木（竹）片浸渍液及大量脱木素阶段和最终脱木素阶段的蒸煮液抽出，大幅降低蒸煮液中固形物浓度的蒸煮技术，该技术可最大限度地降低大量脱木素阶段蒸煮液中的有机物。紧凑蒸煮技术是在大量脱木素阶段，通过增加氢氧根离子和硫氢根离子浓度，提高硫酸盐蒸煮的选择性，并提高该阶段的木素脱除率，从而减少慢速反应阶段的残余木素量。主要设备为立式连续蒸煮器（蒸煮塔），与传统立式连续蒸煮相比，该技术具有蒸煮温度低、电耗低、纸浆得率高、卡伯值低及可漂性好等特点。该技术与后续氧脱木素技术结合，可使送漂白工段的针叶木浆卡伯值降低 10 ～ 14，阔叶木浆或竹浆卡伯值降低 6 ～ 10。主要适用于化学木（竹）浆生产企业。

（四）改良型间歇蒸煮技术

通过置换和黑液再循环的方式深度脱木素，主要设备为立式蒸煮锅及不同温度的白液槽和黑液槽。该技术可降低纸浆卡伯值而不影响纸浆性能，与传统间歇蒸煮相比，该技术可有效降低蒸煮能耗，降低蒸汽消耗峰值。

（五）横管式连续蒸煮技术

主要设备为横管式连续蒸煮器，采用该技术较传统的间歇蒸煮技术粗浆得率提高 4% 左右，还具有工艺稳定、自动化程度高及运行费用低等优点。主要适用于化学非木（竹）浆生产企业。

（六）纸浆高效洗涤技术

通过挤压、扩散及置换等作用，以最少量的水最大限度地去除粗浆中溶解性有机物和可溶性无机物。传统真空洗浆机洗涤 COD_{Cr} 损失为 5 ～ 10 kg/t 风干浆，出浆含量 10% ～ 15%，吨浆带走的液体量为 5.7 ～ 9.0 t，而由压榨洗浆机组成的洗浆系统，洗涤 COD_{Cr} 损失约为 5 kg/t 风干浆，出浆含量为 25% ～ 35%，吨浆带走的液体量为 1.9 ～ 3.0 t。在相同的稀释因子条件下，采用压榨洗浆机较采用真空洗浆机耗水量可减少 3 ～ 5 t/t 风干浆。另外也可通过在传统的真空洗浆机等洗浆设备前增加挤浆工序，通过机械挤压的作用，以很小的稀释因子，实现废液中固形物和纤维的分离。

（七）封闭筛选技术

用水完全封闭的粗浆筛选系统，主要设备为压力筛。通常是组合在粗浆洗涤系统中，使用洗浆机滤液作为系统稀释用水，多级多段对纸浆进行筛选。筛选后的滤液最终进入碱回收系统。筛选系统一般采用两级多段模式，通常一级除节采用孔筛，二级筛选采用缝筛。筛选长纤维时通常采用 0.25 ～ 0.3 mm 缝筛，短纤维时通常采用 0.15 ～ 0.25 mm 缝筛。封闭筛选可以实现洗涤水完全封闭，筛选系统无清水加入，除浆渣等带走水分外，无废水排放。

（八）氧脱木素技术

在蒸煮后，为保持纸浆强度而选择性脱除木素的一种工艺。该技术通常采用一段或两段氧脱木素，在氧脱木素过程中，氧气、烧碱（或氧化白液）和硫酸镁与纸浆在反应器中混合。一般采用中浓氧脱木素，残余木素脱除率可达 40% ～ 60%。氧脱木素产生的废液可逆流到粗浆洗涤段，然后进入碱回收工段。该过程可减少漂白工段化学品用量，漂白工段 COD 产生负荷可减少约 50%。

（九）无元素氯（ECF）漂白技术

以二氧化氯（ClO_2）替代元素氯（氯气和次氯酸盐）作为漂白剂的技术。采用该技术，可有效降低漂白工段废水中二噁英及可吸附有机卤素（AOX）的产生。

（十）黑液碱回收技术

制浆洗涤工段送来的黑液经多效蒸发浓缩后，送碱回收炉燃烧，回收热能，而后进行苛化分离，最终回收碱送蒸煮工段循环使用。

化学法木（竹）制浆黑液固形物初始含量通常为 14% ～ 18%，多效蒸发后黑液固形物含量可达 50% ～ 65%。通过安装超级浓缩器或结晶蒸发器，黑液固形物含量可达 65% ～ 80%，蒸汽产量增加 7% ～ 9%，碱回收炉烟气中硫排放可降至 0.1 ～ 0.3 kg/t 风干浆。对于化学法非木（竹）制浆黑液固形物初始含量通常为 9% ～ 11%，多效蒸发后可达 42% ～ 45%，采用圆盘蒸发器蒸发后可达 48% ～ 50%。

（十一）废液综合利用技术

铵盐基亚硫酸盐法非木材制浆废液经提取（固形物含量 10% ～ 15%）和蒸发后（固形物含量 40% ～ 48%），通过热风炉喷浆造粒制造复合肥的技术。

化学法制浆污染预防技术参数见表 3-1。

表 3-1 化学法制浆污染预防技术参数

序号	工序	技术名称	技术参数
1	备料	干法剥皮	剥净度：95% ～ 98%；损失率：＜ 5%
2		干湿法备料	除杂率：15% 左右
3	蒸煮	新型立式连续蒸煮	蒸煮温度：140 ～ 160℃；蒸汽消耗：0.5 ～ 1.0 t/t 风干浆；粗浆得率：50% ～ 54%；卡伯值：针叶木 20 ～ 28，阔叶木 14 ～ 18
4		改良型间歇蒸煮	蒸煮温度：150 ～ 170 ℃；蒸汽消耗：0.5 ～ 0.8 t/t 风干浆；粗浆得率：50% ～ 54%；卡伯值：针叶木 20 ～ 25，阔叶木 14 ～ 16
5		横管式连续蒸煮	蒸煮温度：165 ～ 175℃；蒸汽消耗：2.0 ～ 2.5 t/t 风干浆；粗浆得率：45% ～ 52%
6	洗涤	纸浆高效洗涤	进浆含量：低含量 3% ～ 5%，中含量 6% ～ 10%；出浆含量：25% ～ 35%； 洗涤效率：木浆 95% ～ 98%、竹浆 89% ～ 92%、非木（竹）浆 83% ～ 88%
7	筛选	封闭筛选	压力差：50 kPa； 进浆含量：木浆 3.5% 左右、竹浆 2.5% 左右、非木（竹）浆 0.6% ～ 2%
8	氧脱木素	氧脱木素	浆含量：10% ～ 15%；用碱量：18 ～ 28 kg/t 风干浆； 用氧量：14 ～ 28 kg/t 风干浆；残余木素脱除率：40% ～ 60%
9	漂白	ECF 漂白	二氧化氯消耗量：15 ～ 30 kg/t 风干浆；厂内配套二氧化氯制备车间
10	碱回收	黑液碱回收	碱回收工段需配套蒸发、燃烧、苛化工序
11		高含量黑液蒸发及燃烧	蒸发后黑液固形物含量：50% ～ 65%； 超级浓缩器或结晶蒸发器后黑液固形物含量：65% ～ 80%
12	废液处置	废液综合利用	厂内配套热风炉，用于喷浆造粒制造复合肥

二、化学机械法制浆

（一）两段磨浆技术

在化学机械法制浆过程中，通常在第一段采用 30% ～ 40% 的磨浆，在第二段采用 5% 或更低的磨浆，使更多的纤维束充分磨解。在化学预处理碱性过氧化氢机械浆（P-RC APMP）工艺的二段采用低含量磨浆，可使磨浆能耗降低 120 ～ 200 kW · h/t 风干浆。

（二）高效洗涤和流程控制技术

采用螺旋压榨机等高效洗涤设备，通过置换压榨等作用分离浆中的溶解性有机物，优化用水回路，提高纸浆的洁净度，降低后续漂白化学品消耗量；同时，通过改进洗涤工艺，可减少洗涤损失，降低洗涤用水量。采用该技术，废液提取率可达 75% ～ 80%，较传统的洗涤设备提高 10% 左右。

（三）废液蒸发碱回收技术

化学机械法制浆废液除去悬浮物后，先经多效蒸发或机械式蒸汽再压缩技术（MVR）预蒸发，使其含量达到 15% 左右，再经多效蒸发浓缩至 65% 以上送入碱回收炉燃烧的技术。为避免含硅废液导致蒸发器结垢，须使用不含硅的稳定剂代替硅酸钠。该技术尤其适用于同时生产化学浆和化学机械浆的企业，可减少新鲜水使用量 5 t/t 风干浆左右，但蒸发工段将增加蒸汽和电能消耗。另外，运行过程中可能产生蒸发工段易堵塞的问题。

化学机械法制浆各预防技术的技术参数见表 3-2。

表 3-2 化学机械法制浆污染预防技术参数

序号	工序	技术名称	技术参数
1	磨浆	两段磨浆	一段磨浆含量：30% ～ 40%；二段磨浆含量：3% ～ 4.5%；磨浆电耗：800 ～ 1 200 kW · h/t 风干浆
2	洗涤	螺旋压榨机组成的洗浆系统	进浆含量：3% ～ 5%；出浆含量 20% ～ 25%
3	碱回收	废液碱回收	废液初始含量：1.5% ～ 2.0%；预蒸发后含量：15%；多效蒸发后含量：65%

三、废纸制浆

（一）废纸原料分选技术

将回收的废纸分类，根据生产产品要求选用质量过关、杂质较少的废纸原材料的过程。该技术可提高成品纸的质量，减少废纸加工过程污染物的产生量。

（二）浮选脱墨技术

根据废纸和油墨等的特性，在高浓碎浆机中通过化学、机械摩擦等作用，降低油墨粒子对纤维的黏附力，再利用浮选原理将油墨粒子与纤维分离的过程。该技术可减少纤维流失，降低废水的污染负荷。

四、机制纸及纸板制造

（一）宽压区压榨技术

由压脚顶着压辊形成压区（压区宽度达到 100 ～ 300 mm），延长湿纸幅在压区内的受压时间，提高压榨线压至 500 ～ 2 500 kN/m。该技术的典型代表是靴型压榨和大辊径压榨。相较于常规压榨，采用宽压区压榨技术后，干燥部可节约能耗 20% ～ 30%，同时，脱水效率、车速显著提高。适用于生产包装纸、文化用纸、纸板等的中高速纸机。

（二）烘缸封闭气罩技术

用封闭式烘缸气罩代替敞开式烘缸气罩。通过回收干燥纸页蒸发水蒸汽中的热量和水分，提高送风温度，减少进风、排风量，有效调节罩内气流，改善操作条件。该技术可降低干燥能耗及车间噪声，适用于中高速纸机。

（三）袋式通风技术

在干燥部袋区安装袋式通风装置，将经回收热量、蒸汽加热的干燥热风均匀地送到纸幅周围，抵消蒸发阻力，使整个纸幅横向比较均匀，提高车速及蒸发能力。该技术可使纸机车速提高约 10%，干燥能力提高 10% ～ 20%。适用于中高速纸机，一般与烘缸封闭气罩技术配套使用。

（四）废气热回收技术

回收干燥部的热能，用于加热干燥部空气、循环水或喷淋用水，以及建筑通风采暖等。热回收系统通常分为干燥部排气—空气换热器、干燥部排气—水换热器。空气换热器主要用于加热风罩供风和机房通风空气；水换热器主要用于加热循环水和工艺用水。为避免堵塞，热交换器通常配套清洗装置。该技术一般与烘缸封闭气罩技术配套使用。

（五）纸机白水回收及纤维利用技术

对成型、压榨部白水，直接或通过处理后回收利用。其中，浓白水可用于上浆系统浆的稀释，或用于打浆工段；稀白水可通过多圆盘回收机、圆网浓缩机、沉淀塔或气浮装置等处理后作为纸机网部、压榨部清洗水或生产工艺补充水等；其余可回用于制浆车间或其他造纸车间、密封水补水等。回收的纤维直接进配浆系统。该技术可减少清水用量，降低废水产生量，提高原料利用率。

（六）涂料回收利用技术

采用超滤等技术截留涂布废水中的涂料、黏合剂等大分子物质，将其回收利用。该技术可减少清水用量，降低废水的污染负荷，避免黏合剂、防腐剂等物质对污水处理厂运行造成影响。

第三节　造纸行业水污染治理技术

一、一级处理

1. 过滤

废水经过格栅和滤筛，去除其中悬浮物的过程。应设置粗格栅，当不设置纤维回收间时，应设置细格栅；当设置纤维回收间时，应安装滤筛，截留的纤维可回用于生产。

2. 沉淀

由于重力作用，密度比废水大的悬浮物通过自然沉降，从废水中分离的过程。常见构筑物为沉淀池。污泥脱水处理后，通常可焚烧或填埋处置。

3. 混凝

通过投加混凝剂、助凝剂，废水中的悬浮物、胶体生成絮状体，从废水中分离的过程。主要包括混凝沉淀、混凝气浮技术。

一级处理技术主要工艺参数见表 3-3。

表 3-3 一级处理技术主要工艺参数

序号	名称	技术参数	污染物去除效率
1	过滤	粗格栅，栅缝：10 ～ 20 mm。无纤维回收，采用细格栅，栅缝：2 ～ 5 mm。有纤维回收，采用细格栅，栅缝：0.2 ～ 0.25mm；采用筛网：60 ～ 100 目，过水能力 10 ～ 15 m^3/（m^2 · h）	COD_{Cr}：15% ～ 30% BOD_5：5% ～ 10% SS：40% ～ 60%
2	沉淀	初沉池表面负荷：0.8 ～ 1.2 m^3/（m^2 · h）；水力停留时间：2.5 ～ 4.0 h	COD_{Cr}：15% ～ 30% BOD_5：5% ～ 20% SS：40% ～ 55%
3	混凝	采用混凝沉淀池，混合区速度梯度（G）值 300 ～ 600 s^{-1}；混合时间 30 ～ 120 s；反应区 G 值 30 ～ 60 s^{-1}，反应时间 5 ～ 20 min；分离区表面负荷 1.0 ～ 1.5 m^3/（m^2 · h），水力停留时间：2.0 ～ 3.5 h	COD_{Cr}：55% ～ 75% BOD_5：25% ～ 40% SS：80% ～ 90%
		采用混凝气浮池，气水接触时间：30 ～ 100 s；表面负荷：5 ～ 8 m^3/（m^2 · h）；水力停留时间：20 ～ 35 min	COD_{Cr}：30% ～ 50% BOD_5：25% ～ 40% SS：70% ～ 85%

二、二级处理

1. 厌氧技术

厌氧技术包括水解酸化、升流式厌氧污泥床（UASB）、厌氧膨胀颗粒污泥床（EGSB）及内循环升流式厌氧反应器，其中水解酸化技术是将厌氧生物反应控制在水解和酸化阶段，一般要求进水 COD_{Cr} 小于 1 500 mg/L，其余厌氧处理技术一般要求进水 COD_{Cr} 大于 1 500 mg/L。厌氧进水 COD ：N ：P 宜为（100 ～ 500）：5 ：1，出水需进一步采用好氧生化处理。厌氧技术主要工艺参数见表 3-4。

表 3-4　厌氧技术主要工艺参数

序号	名称	技术参数	污染物去除效率
1	水解酸化	pH：5.0～9.0；COD_{Cr}容积负荷：4～8 kg/（m^3·d）；水力停留时间：3～8 h	COD_{Cr}：10%～30%；BOD_5：10～20%；SS：30%～40%
2	UASB	污泥质量浓度：10～20 g/L；COD_{Cr}容积负荷：5～8 kg/（m^3·d）；水力停留时间：12～20 h	COD_{Cr}：50%～60%；BOD_5：60%～80%；SS：50%～70%
3	EGSB（内循环升流式厌氧反应器）	污泥质量浓度：20～40 g/L；COD_{Cr}容积负荷：10～25 kg/（m^3·d）；水力停留时间：6～12 h	COD_{Cr}：50%～60%；BOD_5：60%～80%；SS：50%～70%

2. 好氧技术

好氧技术主要可分为活性污泥法及生物膜法，制浆造纸水处理主要采用活性污泥法，其中包括完全混合活性污泥法、氧化沟、厌氧/好氧（A/O）工艺、序批式活性污泥（SBR）法等。好氧技术主要工艺参数见表 3-5。

表 3-5　好氧技术主要工艺参数

序号	名称	技术参数	污染物去除效率
1	完全混合活性污泥法	污泥质量浓度：2.5～6.0 g/L；污泥负荷：0.15～0.4 kg COD_{Cr}/kg MLSS；水力停留时间：15～30 h	COD_{Cr}：60%～80%；BOD_5：80%～90%；SS：70%～85%
2	氧化沟	污泥质量浓度：3.0～6.0 g/L；污泥负荷：0.1～0.3 kg COD_{Cr}/kg MLSS；水力停留时间：18～32 h	COD_{Cr}：70%～90%；BOD_5：70%～90%；SS：70%～80%
3	A/O	污泥质量浓度：2.5～6.0 g/L；污泥负荷：0.15～0.3 kg COD_{Cr}/kg MLSS；水力停留时间：15～32 h	COD_{Cr}：75%～85%；BOD_5：70%～90%；SS：40%～80%
4	SBR	污泥质量浓度：3.0～5.0 g/L；污泥负荷：0.15～0.4 kg COD_{Cr}/kg MLSS；水力停留时间：8～20 h	COD_{Cr}：75%～85%；BOD_5：70%～90%；SS：70%～80%

三、三级处理

三级处理主要包括混凝沉淀/气浮、高级氧化技术。高级氧化技术是通过加入氧化剂，对废水中的有机物进行氧化处理的方法，一般包括调节 pH、氧化、中和、分离等过程，目前多采用硫酸亚铁 - 过氧化氢催化氧化（Fenton 氧化），氧化剂的投加比例需根据废水水质适当调整，反应 pH 一般为 3 ～ 4，氧化反应时间一般为 30 ～ 40 min，COD_{Cr} 去除效率为 70% ～ 90%。

第四节　造纸行业水污染防治可行技术

一、化学法制浆

化学木浆生产企业水污染防治可行技术见表 3-6。

表 3-6　化学木浆生产企业水污染防治可行技术

可行技术	预防技术	治理技术	污染物排放质量浓度 /（mg/L）			
			COD_{Cr}	BOD_5	SS	氨氮
可行技术 1	①干法剥皮 + ②新型立式连续蒸煮（或改良型间歇蒸煮）+ ③纸浆高效洗涤 + ④全封闭压力筛选 + ⑤氧脱木素 + ⑥ ECF 漂白 + ⑦碱回收（配套超级浓缩或结晶蒸发器）	①一级（混凝沉淀）+ ②二级（活性污泥法）+ ③三级（Fenton 氧化）	≤ 60	≤ 20	≤ 30	≤ 5
可行技术 2		①一级（混凝沉淀）+ ②二级（活性污泥法）+ ③三级（混凝沉淀）	≤ 90	≤ 20	≤ 30	≤ 8
可行技术 3	①干法剥皮 + ②连续蒸煮（或间歇蒸煮）+ ③压力洗浆机（或真空洗浆机）+ ④全封闭压力筛选（或压力筛选）+ ⑤氧脱木素 + ⑥ ECF 漂白 + ⑦碱回收	①一级（混凝沉淀）+ ②二级（活性污泥法）+ ③三级（混凝沉淀 / 气浮）	≤ 90	≤ 20	≤ 30	≤ 8

注：干法剥皮仅限于厂内有原木剥皮操作的企业。

化学竹浆生产企业水污染防治可行技术见表 3-7。

表 3-7　化学竹浆生产企业水污染防治可行技术

可行技术	预防技术	治理技术	污染物排放质量浓度 /（mg/L）			
			COD_{Cr}	BOD_5	SS	氨氮
可行技术 1	①干法备料 + ②新型立式连续蒸煮（或改良型间歇蒸煮）+ ③纸浆高效洗涤（或真空洗浆机）+ ④全封闭压力筛选 + ⑤氧脱木素 + ⑥ ECF 漂白 + ⑦碱回收	①一级（混凝沉淀）+ ②二级（活性污泥法）+ ③三级（混凝沉淀）	≤ 90	≤ 20	≤ 30	≤ 8
可行技术 2	①干法备料 + ②间歇蒸煮 + ③压力洗浆机（或真空洗浆机）+ ④全封闭压力筛选（或压力筛选）+ ⑤氧脱木素 + ⑥ ECF 漂白 + ⑦碱回收	①一级（混凝沉淀）+ ②二级（活性污泥法）+ ③三级（Fenton 氧化）	≤ 90	≤ 20	≤ 30	≤ 8
可行技术 3		①一级（混凝沉淀）+ ②二级（活性污泥法）+ ③三级（混凝沉淀 / 气浮）	≤ 90	≤ 20	≤ 30	≤ 8

化学蔗渣浆生产企业水污染防治可行技术见表 3-8。

表 3-8　化学蔗渣浆生产企业水污染防治可行技术

可行技术	预防技术	治理技术	污染物排放质量浓度 /（mg/L）			
			COD_{Cr}	BOD_5	SS	氨氮
可行技术 1	①湿法堆存 + ②横管式连续蒸煮 + ③纸浆高效洗涤（或真空洗浆机）+ ④全封闭压力筛选 + ⑤氧脱木素 + ⑥ ECF 漂白 + ⑦碱回收	①一级（混凝沉淀）+ ②二级（厌氧 + 活性污泥法）+ ③三级（Fenton 氧化）	≤ 90	≤ 20	≤ 30	≤ 8
可行技术 2	①湿法堆存 + ②横管式连续蒸煮 + ③真空洗浆机 + ④全封闭压力筛选 + ⑤ ECF 漂白 + ⑥碱回收		≤ 90	≤ 20	≤ 30	≤ 8

化学麦草及芦苇浆生产企业水污染防治可行技术见表 3-9。

表 3-9 化学麦草及芦苇浆生产企业水污染防治可行技术

可行技术	预防技术	治理技术	污染物排放质量浓度 / (mg/L)			
			COD_{Cr}	BOD_5	SS	氨氮
可行技术 1	①干湿法备料 + ②连续蒸煮 + ③纸浆高效洗涤 + ④全封闭压力筛选 + ⑤氧脱木素 + ⑥废液综合利用	①一级（混凝沉淀）+ ②二级（厌氧 + 活性污泥法）+ ③三级（Fenton 氧化）	≤ 90	≤ 20	≤ 30	≤ 8
可行技术 2	①干湿法备料 + ②横管式连续蒸煮 + ③纸浆高效洗涤（或真空洗浆机）+ ④全封闭压力筛选 + ⑤氧脱木素 + ⑥ ECF 漂白 + ⑦碱回收	①一级（混凝沉淀）+ ②二级（厌氧 + 活性污泥法）+ ③三级（混凝沉淀）	≤ 90	≤ 20	≤ 30	≤ 8
可行技术 3	①干湿法备料 + ②间歇蒸煮 + ③真空洗浆机 + ④全封闭压力筛选（或压力筛选）+ ⑤ ECF 漂白 + ⑥碱回收	①一级（混凝沉淀）+ ②二级（厌氧 + 活性污泥法）+ ③三级（Fenton 氧化）	≤ 90	≤ 20	≤ 30	≤ 8

注：1. 可行技术 1 为铵盐基亚硫酸盐法制浆水污染防治可行技术。

2. 可行技术 2、可行技术 3 为碱法制浆水污染防治可行技术。

二、化学机械法制浆

化学机械法制浆生产企业水污染防治可行技术见表 3-10。

表 3-10 化学机械法制浆生产企业水污染防治可行技术

可行技术	预防技术	治理技术	污染物排放质量浓度 / (mg/L)			
			COD_{Cr}	BOD_5	SS	氨氮
可行技术 1	①干法剥皮 + ②两段磨浆 + ③过氧化氢漂白 + ④螺旋挤浆机 + ⑤全封闭压力筛选（或压力筛选）+ ⑥碱回收	①一级（混凝沉淀）+ ②二级（活性污泥法）+ ③三级（Fenton 氧化）	≤ 60	≤ 20	≤ 30	≤ 5

可行技术	预防技术	治理技术	污染物排放质量浓度 /（mg/L）			
			COD_{Cr}	BOD_5	SS	氨氮
可行技术 2	①干法剥皮 + ②两段磨浆 + ③过氧化氢漂白 + ④螺旋挤浆机 + ⑤全封闭压力筛选（或压力筛选）+ ⑥碱回收	①一级（混凝沉淀）+ ②二级（活性污泥法）+ ③三级（混凝沉淀 / 气浮）	≤ 90	≤ 20	≤ 30	≤ 8
可行技术 3	①干法剥皮 + ②一段（或两段）磨浆 + ③过氧化氢漂白 + ④螺旋挤浆机（或真空洗浆机、带式洗浆机）+ ⑤全封闭压力筛选（或压力筛选）	①一级（混凝沉淀）+ ②二级（厌氧 + 活性污泥法）+ ③三级（Fenton 氧化）	≤ 90	≤ 20	≤ 30	≤ 8
可行技术 4		①一级（混凝沉淀）+ ②二级（厌氧 + 活性污泥法）+ ③三级（混凝沉淀 / 气浮）	≤ 90	≤ 20	≤ 30	≤ 8

三、废纸制浆

废纸制浆生产企业水污染防治可行技术见表 3-11。

表 3-11　废纸制浆生产企业水污染防治可行技术

可行技术	预防技术	治理技术	污染物排放质量浓度 /（mg/L）			
			COD_{Cr}	BOD_5	SS	氨氮
可行技术 1	①原料分选 + ②浮选脱墨	①一级（混凝沉淀或气浮）+ ②二级（厌氧 + 活性污泥法）+ ③三级（Fenton 氧化）	≤ 60	≤ 10	≤ 10	≤ 5
可行技术 2		①一级（混凝沉淀或气浮）+ ②二级（厌氧 + 活性污泥法）+ ③三级（混凝沉淀 / 气浮）	≤ 90	≤ 20	≤ 30	≤ 8

可行技术	预防技术	治理技术	污染物排放质量浓度 / (mg/L)			
			COD_{Cr}	BOD_5	SS	氨氮
可行技术 3	原料分选	①一级（混凝沉淀或气浮）+②二级（厌氧+活性污泥法）+③三级（Fenton 氧化）	≤ 60	≤ 10	≤ 10	≤ 5
可行技术 4		①一级（混凝沉淀或气浮）+②二级（厌氧+活性污泥法）+③三级（混凝沉淀 / 气浮）	≤ 90	≤ 20	≤ 30	≤ 8

四、机制纸及纸板

机制纸及纸板生产企业水污染防治可行技术见表 3-12。

表 3-12 机制纸及纸板生产企业水污染防治可行技术

可行技术	预防技术	治理技术	污染物排放质量浓度 / (mg/L)			
			COD_{Cr}	BOD_5	SS	氨氮
可行技术 1	①宽压区压榨+②烘缸封闭气罩+③袋式通风+④废气热回收+⑤纸机白水回收及纤维利用+⑥涂料回收利用	①一级（混凝沉淀 / 气浮）+②二级（活性污泥法）+③三级（混凝沉淀 / 气浮）	≤ 80	≤ 20	≤30	≤ 8
可行技术 2		①一级（混凝沉淀 / 气浮）+②二级（活性污泥法）	≤ 80	≤ 20	≤30	≤ 8
可行技术 3	①宽压区压榨+②烘缸封闭气罩+③袋式通风+④废气热回收+⑤纸机白水回收及纤维利用	①一级（混凝沉淀或气浮）+②二级（活性污泥法）+③三级（混凝沉淀 / 气浮）	≤ 50	≤ 10	≤10	≤ 5
可行技术 4		①一级（混凝沉淀 / 气浮）+②二级（活性污泥法）	≤ 80	≤ 20	≤30	≤ 8

可行技术	预防技术	治理技术	污染物排放质量浓度 /（mg/L）			
			COD_{Cr}	BOD_5	SS	氨氮
可行技术 5	纸机白水回收及纤维利用	①一级（混凝沉淀 / 气浮）+②二级（活性污泥法）+③三级（混凝沉淀 / 气浮）	≤ 50	≤ 10	≤ 10	≤ 5
可行技术 6		①一级（混凝沉淀 / 气浮）+②二级（活性污泥法）	≤ 30	≤ 20	≤ 30	≤ 8

第四章　制药工业水污染防治技术

第一节　制药工业生产工艺和水污染物排放

原料药制造主要有发酵类制药、化学合成类制药以及制剂类制药等。由于原料药品种众多，其生产方法各不相同，有全合成法、发酵法兼用提炼技术、合成法兼用生物技术、发酵产品再进行化学加工，也有主要采用分离提纯方法。大多数制药方法具有生产流程长、工艺复杂的特点；每一产品所需的原辅材料种类多，许多原料和生产过程中的中间体是易燃、易爆、有毒或腐蚀性很强的物质，这些物质进入废水中，造成制药废水水质的复杂特点，成为工业废水中较难处理的一类。

一、发酵类制药生产工艺及水污染物

（一）生产工艺及产污环节

发酵类制药生产工艺流程一般：种子培养、微生物发酵、发酵液预处理和固液分离、提炼纯化、精制、干燥、包装等步骤。种子培养阶段通过摇瓶种子培养、种子罐培养及发酵罐培养等连续的扩增培养，获得足够量、健壮、均一的种子投入发酵生产。发酵液预处理的主要目的是将菌体与滤液分离开，便于后续处理，通常采用过滤法处理。提取有从滤液中提取和从菌体中提取两种不同工艺过程，产物提取的方法主要有萃取、沉淀、盐析等。产品精制纯化主要有结晶、喷雾干燥、冷冻干燥等几种方式。

典型的发酵类制药生产工艺及产污环节如图 4-1 所示。

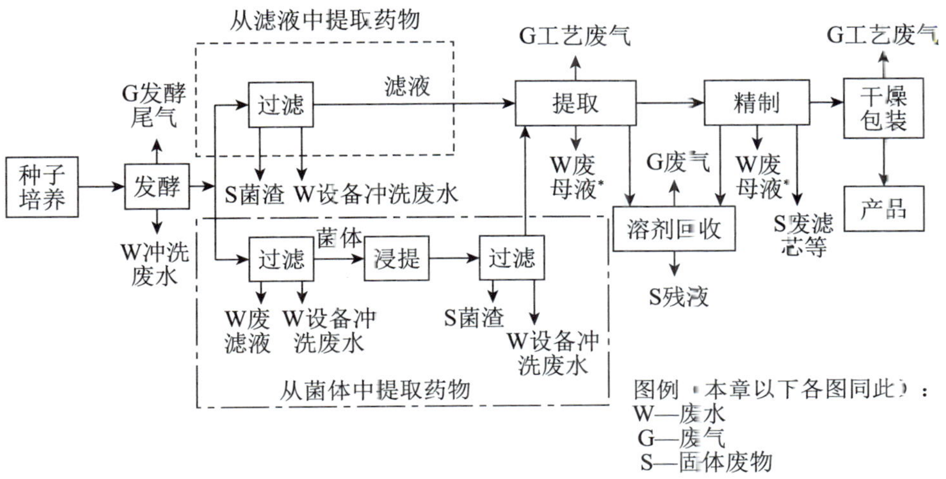

注：W 废母液 *：仅在从滤液中提取药物工艺过程中产生。

图 4-1　发酵类制药生产工艺及产污环节

因制药产品不同，其生产工艺有所区别，常用药品生产的工艺及产污环节［青霉素 G 钾（图 4-2）、维生素 B_{12}（图 4-3）、维生素 C（图 4-4）和 L- 赖氨酸（图 4-5）］。

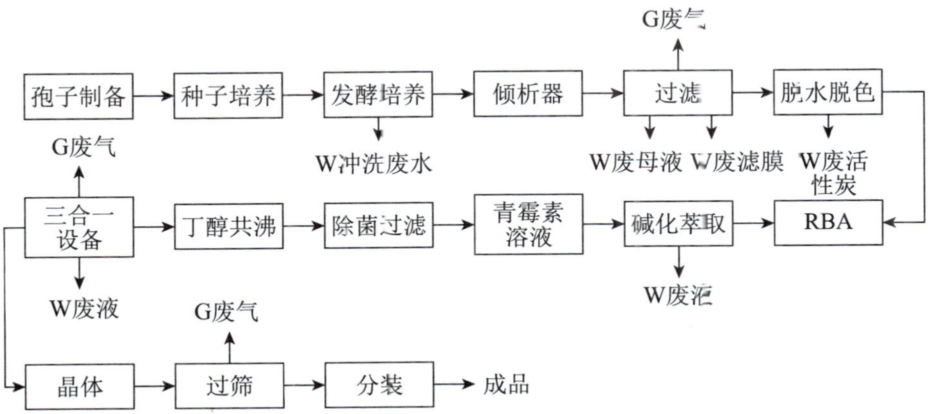

图 4-2　青霉素 G 钾生产工艺及产污环节

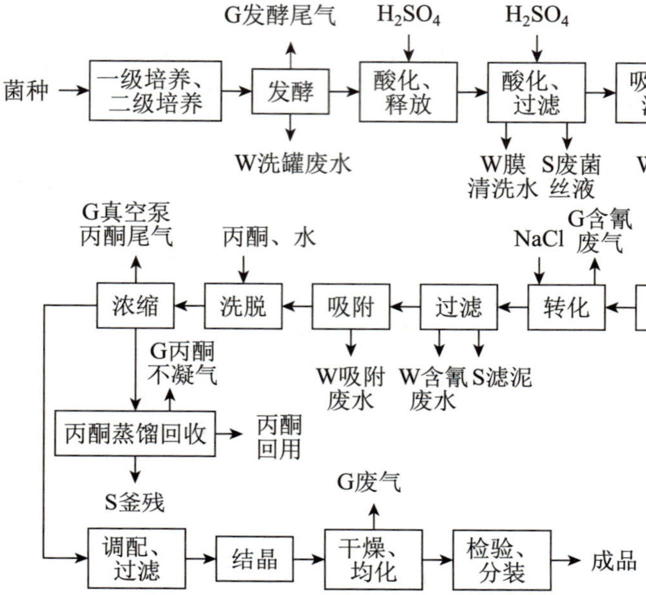

图 4-3　维生素 B_{12} 生产工艺及产污环节

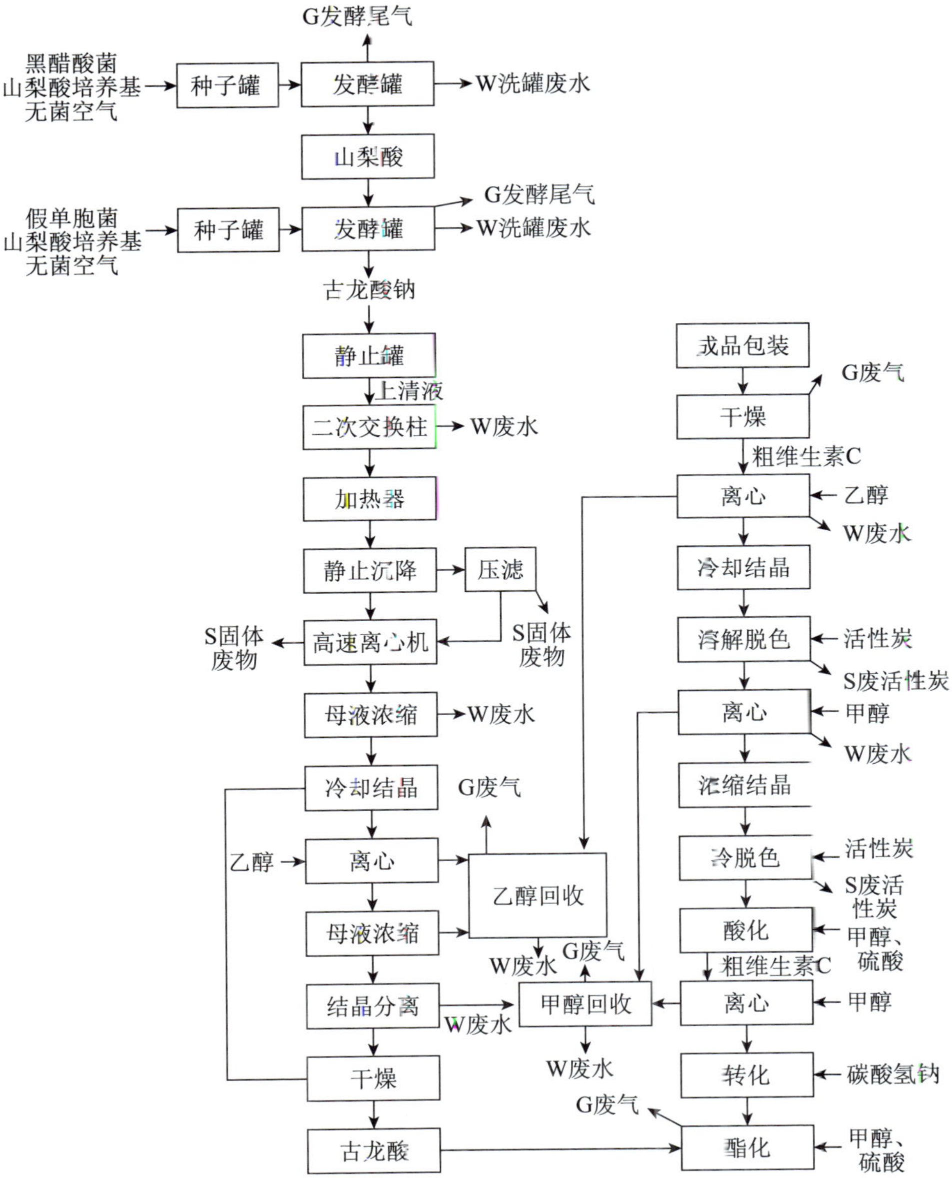

图 4-4 维生素 C 生产工艺及产污环节

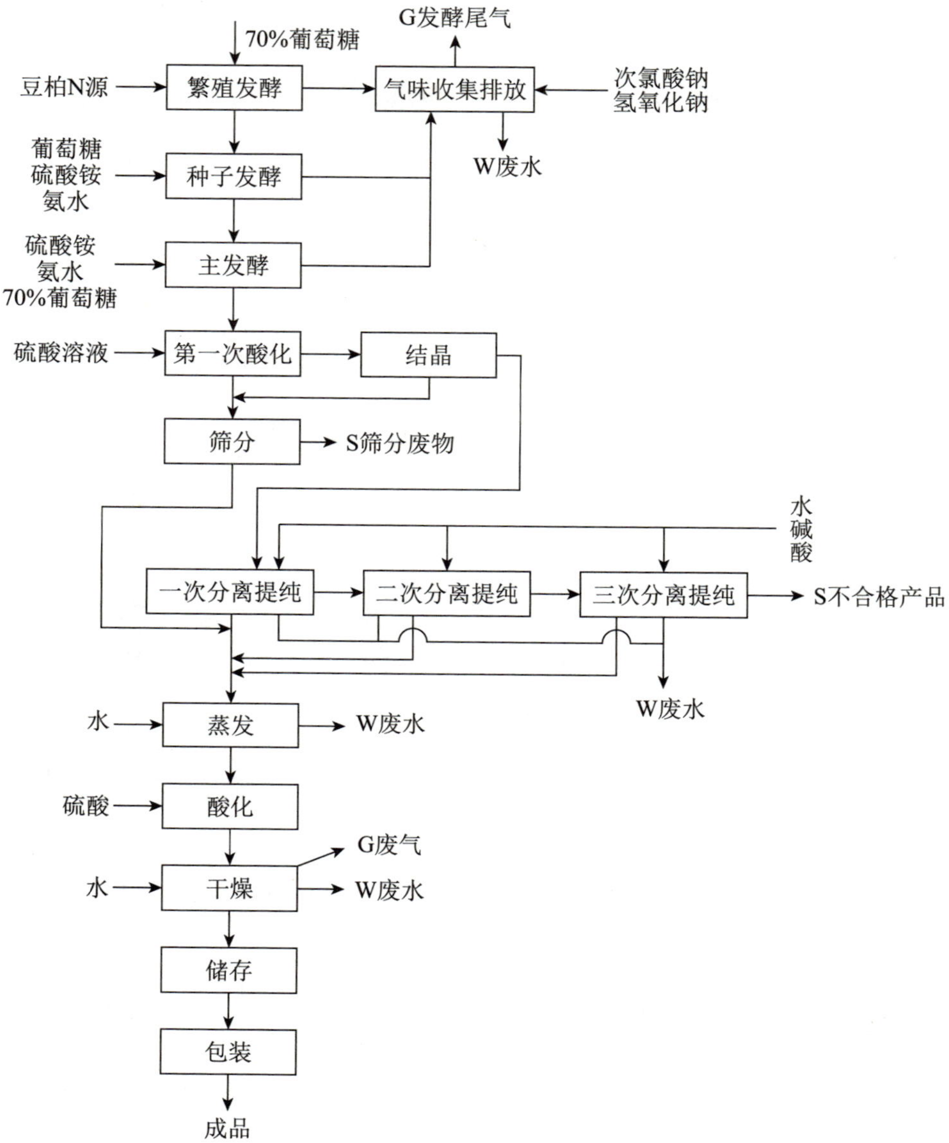

图 4-5　L- 赖氨酸生产工艺及产污环节

（二）发酵类制药水污染物

发酵类制药废水主要污染物为发酵残余物和中间产物、提取和精制过程中残留的各种有机溶剂和无机盐类等，属高浓度废水，水量大，酸碱性和温度变化大、碳氮比低（含氮量高）、硫酸盐浓度高、色度较高，有的还含有抗生素分子及其他特征污染物。发酵类制药废水主要污染物有 COD、BOD_5、SS、pH、色度和氨氮等，其来源及水质特点见表 4-1。发酵类制药生产代表性药物废水排放量见表 4-2，发酵类抗生素、维生素及氨基酸类制药废水水质概况见表 4-3。

表 4-1　发酵类制药废水水质特点

废水来源	水质特点	一般水质指标 /（mg/L）
主生产过程排水	包括废滤液（从菌体中提取药物）、废发酵母液（从过滤液中提取药物）、其他废母液等。此类废水浓度高、硫酸盐及氨氮含量高，酸碱性和温度变化大、一般含药物残留，水量相对较小	产品不同，指标差异也较大：COD ＞ 10 000；BOD_5/COD：0.3 ～ 0.5；SS：1 000 ～ 6 000
辅助过程	排水包括工艺冷却水（如发酵罐、消毒设备冷却水等）、动力设备冷却水（如空压机冷却水、制冷剂冷却水等）、循环冷却水系统排污，水环真空设备排水、去离子水制备过程排水、蒸馏（加热）设备冷凝水等。此类废水污染物浓度低，但水量大、季节性强企业间差异大	COD ≤ 100
冲洗水	包括容器设备冲洗水（如发酵罐冲洗水等）、过滤设备冲洗水（如板框压滤机、转鼓过滤机等过滤设备冲洗水）、树脂柱（罐）冲洗水、地面冲洗水等。其污染物浓度高、酸碱性变化大。水环真空设备排水与此类水浓度相近	COD：1 000 ～ 10 000
生活污水	与企业的人数、生活习惯、管理状态相关，但不是主要废水	同一般生活污水

表 4-2 发酵类制药生产代表性药物废水排放量

药物类别		代表性药物	单位产品排水量 / (m^3/t)
抗生素	β- 内酰胺类	青霉素	800 ～ 1 100
		头孢菌素	1 500 ～ 2 100
		其他	960 ～ 1 320
	氨基糖苷类	链霉素、双氢链霉素	1 160 ～ 1 600
		庆大霉素	5 200 ～ 7 150
		大观霉素	1 200 ～ 1 650
		其他	2 400 ～ 3 300
	大环内酯类	红霉素	680 ～ 900
		白霉素	600 ～ 800
		其他	680 ～ 900
	其他类	洁霉素、阿霉素、利福霉素等	4 800 ～ 6 600
维生素		维生素 C	240 ～ 330
		维生素 B_{12}	92 000 ～ 126 500
		其他	24 000 ～ 33 000
氨基酸		谷氨酸	60 ～ 90
		赖氨酸	40 ～ 60
		其他	160 ～ 220
其他			1 200 ～ 1 650

表 4-3 发酵类抗生素、维生素及氨基酸类制药废水水质概况

污染因子 / (mg/L) 药物类别		pH	COD	BOD_5	SS	硫酸盐	氨氮
抗生素类	β- 内酰胺类	3 ～ 7	15 000 ～ 26 000	3 000 ～ 7 000	1 100 ～ 3 400	500 ～ 1 000	100 ～ 360
	氨基糖苷类	4 ～ 7	5 000 ～ 13 000	3 000 ～ 5 000	1 000 ～ 4 000	500 ～ 800	30 ～ 160
	大环内酯类	3 ～ 7	5 000 ～ 13 000	2 500 ～ 5 600	1 000 ～ 3 000	200 ～ 800	40 ～ 150
	其他类	4 ～ 9	4 000 ～ 15 000	1 000 ～ 4 000	500 ～ 3 000	150 ～ 300	50 ～ 100
维生素类		3 ～ 9	1 000 ～ 14 000	260 ～ 3 500	100 ～ 3 150	100 ～ 1 000	80 ～ 420
氨基酸类		5.5 ～ 7	2 500 ～ 5 600	1 600 ～ 2 900	400 ～ 2 500	100 ～ 2 000	120 ～ 350

发酵类抗生素生产过程废水主要污染物为发酵残余物、破乳剂和残留抗生素效价及其降解物，还有抗生素提取过程中残留的各种有机溶剂和一些无机盐类等。其废水碳氮营养比例失调（氮源过剩），含有大量硫酸盐，带有较重的颜色和气味，悬浮物高，易产生泡沫，含有难降解物质和有抑菌作用的抗生素，并且有毒性等。发酵类维生素生产废水中主要含有机污染物，另外还含氮、磷及硫酸盐等，与抗生素废水相比，这类废水可生化性相对要好。发酵类氨基酸主要排放的废水为发酵罐气体洗涤水、蒸发气洗涤水和树脂洗涤水，含有蛋白、糖等。某些具有副产品生产能力的氨基酸生产企业，废水来源于副产品车间蒸发结晶工序及制肥车间等，废水中主要含有氨氮等。

二、化学合成类制药生产工艺及水污染物

（一）生产工艺及产污环节

化学合成类制药的生产工艺主要包括反应和药品纯化两个阶段。反应阶段包括合成、药物结构改造、脱保护基等过程。具体的化学反应类型包括酰化反应、裂解反应、硝基化反应、缩合反应和取代反应等。化学合成类制药的纯化过程包括分离、提取、精制和成型等。分离主要包括沉降、离心、过滤和膜分离技术；提取主要包括沉淀、吸附、萃取、超滤技术；精制包括离子交换、结晶、色谱分离和膜分离等技术；产品定形主要包括浓缩、干燥、无菌过滤和成型等技术。

化学合成类制药生产工艺及产污环节见图 4-6。

不同的药品生产工艺各不相同，常用药品生产的工艺及产污环节如下：头孢拉定（图 4-7）、阿司匹林（图 4-8）、咖啡因（图 4-9）、安乃近（图 4-10）、布洛芬（图 4-11）、氢化可的松（图 4-12）、盐酸赛庚啶（图 4-13）。

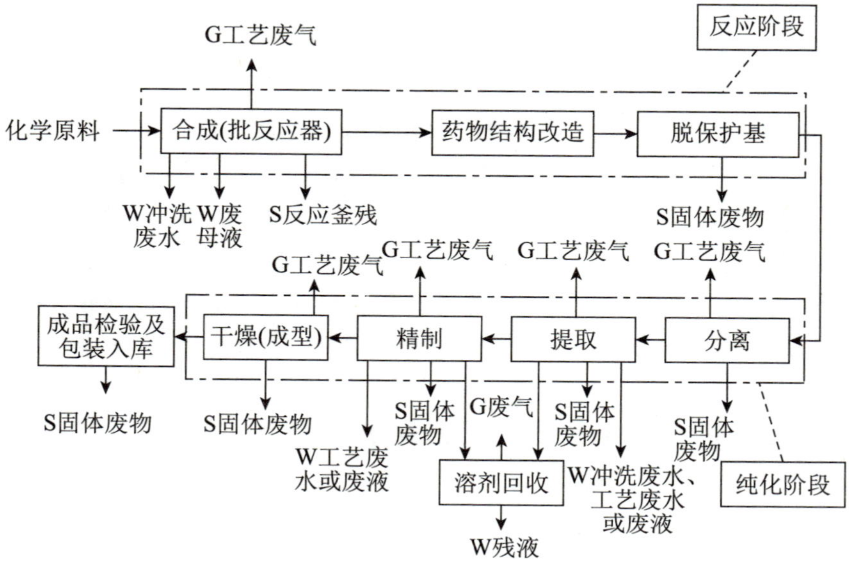

图 4-6 化学合成类制药生产工艺及产污环节

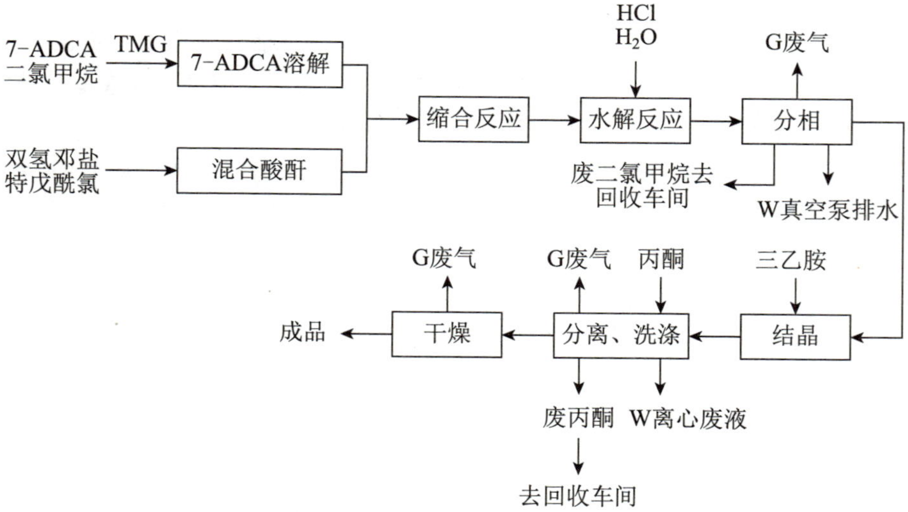

图 4-7 头孢拉定生产工艺及产污环节

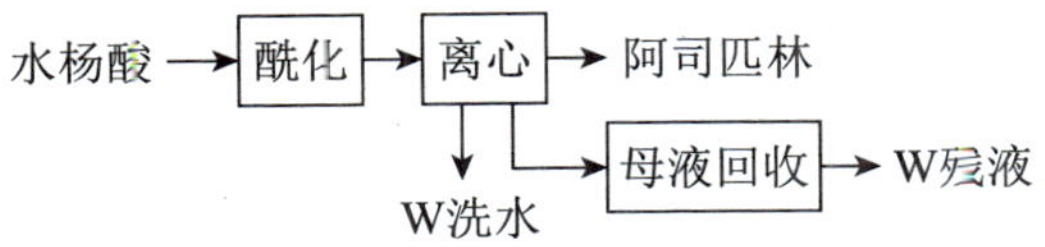

图 4-8　阿司匹林生产工艺及产污环节

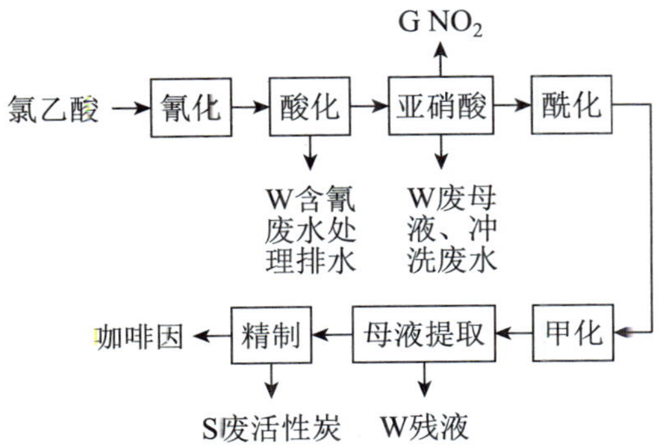

图 4-9　咖啡因生产工艺及产污环节

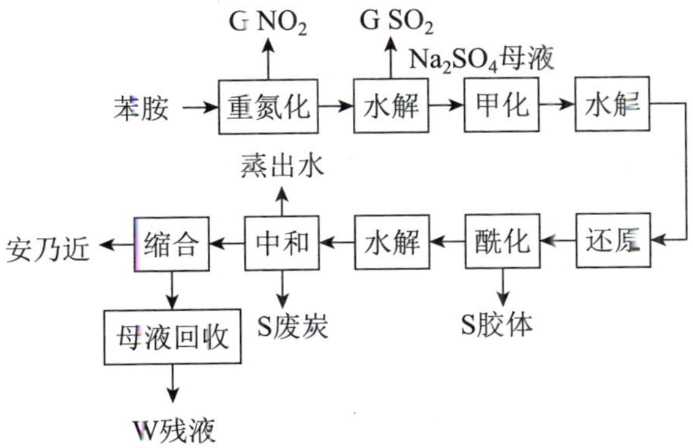

图 4-10　安乃近生产工艺及产污环节

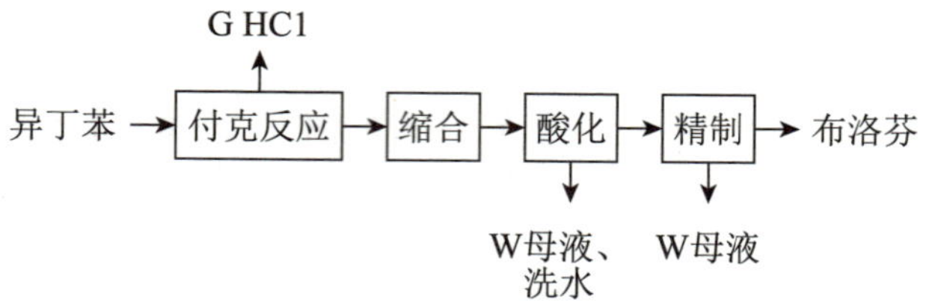

图 4-11　布洛芬生产工艺及产污环节

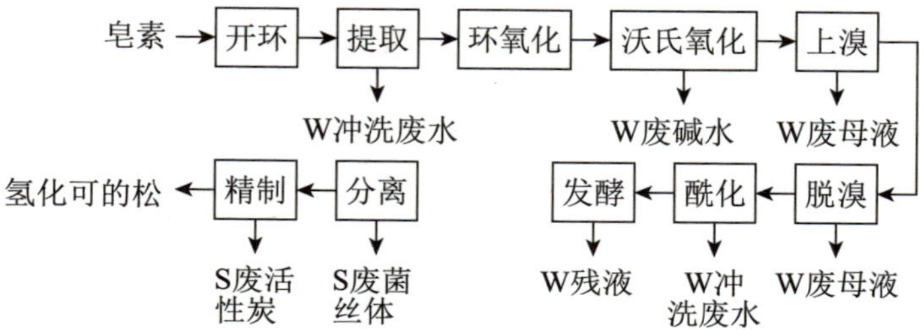

图 4-12　氢化可的松生产工艺及产污环节

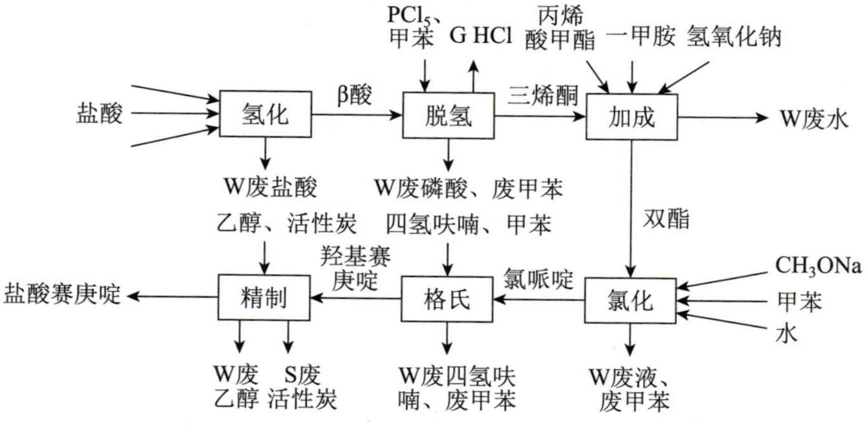

图 4-13　盐酸赛庚啶生产工艺及产污环节

（二）化学合成类制药水污染物

化学合成类制药废水大部分为高浓度有机废水，含盐量高，pH 变化大，部分原料或产物具有生物毒性或难被生物降解，如酚类化合物、苯胺类化合物、重金属、苯系物、卤代烃等。废水来源及水质特点见表 4-4。化学合成类制药生产代表性药物废水排放量可参考表 4-5。

表 4-4 化学合成类制药废水来源及水质特点

废水来源	水质特点	一般水质指标 /（mg/L）
母液类	包括各种结晶母液、转相母液、吸附残液等，污染物浓度高，含盐量高，废水中残余的反应物、生成物等浓度高，有一定生物毒性、难降解	COD 质量浓度一般在数万，最高可达几十万；B/C（BOD_5/COD）一般在 0.3 以下；含盐量一般在数千以上，最高可达数万，乃至几十万
冲洗废水	包括过滤机械、反应容器、催化剂载体、树脂、吸附剂等设备及材料的洗涤水。其污染物浓度高、酸碱性变化大	COD：4 000 ～ 10 000 BOD_5：1 000 ～ 3 000
辅助过程排水	包括循环冷却水系统排污，水环真空设备排水、去离子水制备过程排水、蒸馏（加热）设备冷凝水等	COD ≤ 100
生活污水	与企业的人数、生活习惯、管理状态相关，但不是主要废水	同一般生活污水

表 4-5 化学合成类制药生产代表性药物废水排放量

药物种类	代表性药物	单位产品排水量 /（m^3/t 产品）
维生素类	维生素 E	45
	维生素 B_1	3 400
神经系统类	安乃近	88
	阿司匹林	30
	咖啡因	248
	布洛芬	120
半合成类	阿莫西林	240
	头孢拉定	1 200
氨基酸类	甘氨酸	401
抗感染类	氯霉素	1 000
	磺胺嘧啶	280
	呋喃唑酮	2 400
呼吸系统类	愈创木酚甘油醚	45
心血管系统类	辛伐他汀	240
激素及影响内分泌类	氢化可的松	4 500
其他类	盐酸赛庚啶	1 894

三、制剂类制药生产工艺及水污染物

（一）生产工艺及产污环节

制剂类药物生产工艺过程是通过混合、加工和配制，将具有生物活性的药品制备成成品。根据制剂的形态可分为固体制剂类、注射剂类及其他制剂类三大类型。制剂类制药生产工艺及产污环节如图 4-14 所示。典型制剂类药物品种生产工艺及产污环节见图 4-15 ～图 4-17。

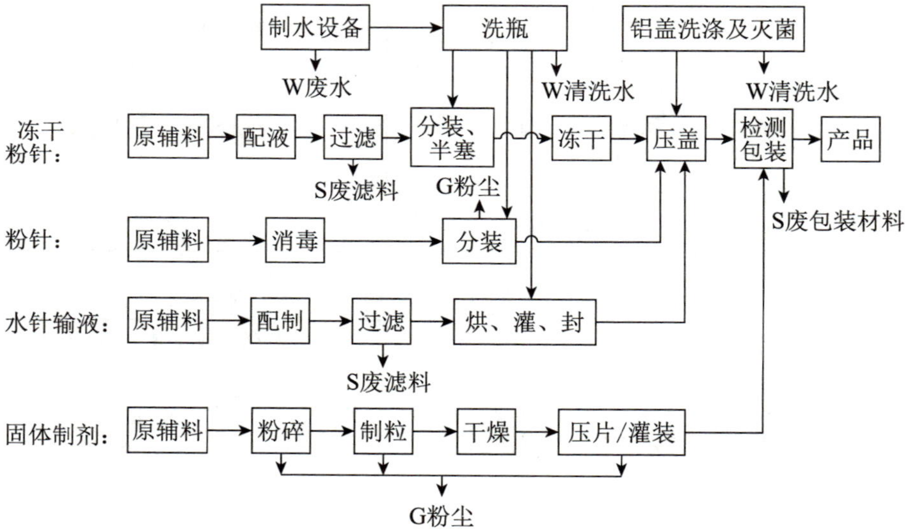

图 4-14　制剂类制药生产工艺及产污环节

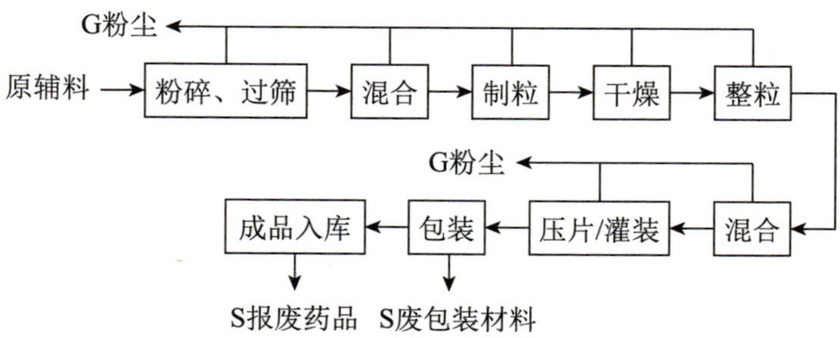

图 4-15　固体制剂类制药生产工艺及产污环节

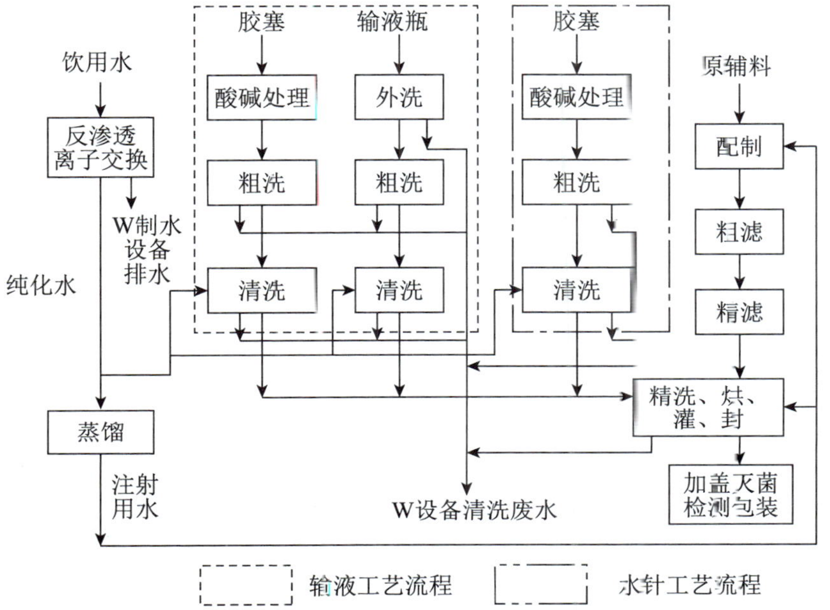

图 4-16　水针、输液注射剂类制药生产工艺及产污环节

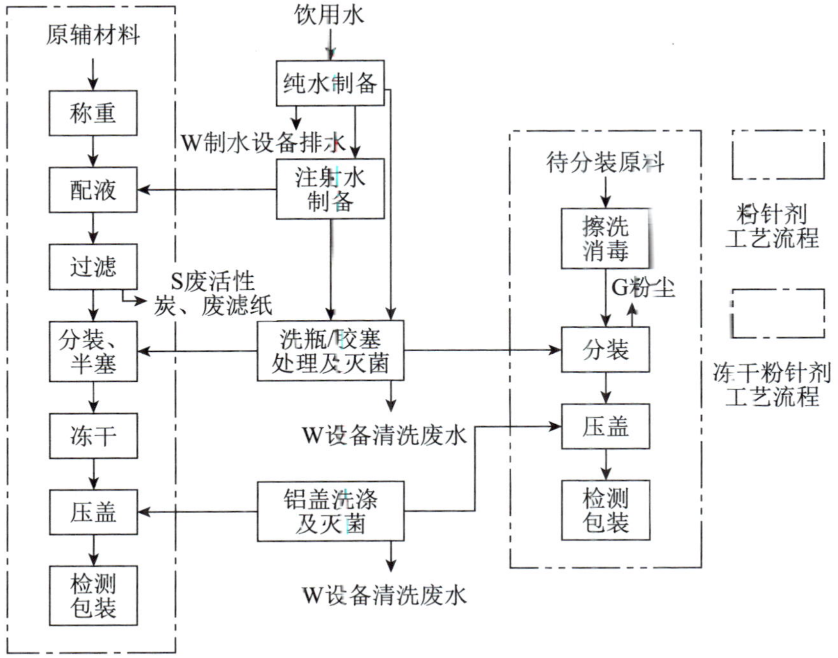

图 4-17　粉针、冻干粉针注射剂类制药生产工艺及产污环节

（二）制剂类制药水污染物

制剂类制药废水属中低浓度有机废水，水污染物主要有 pH、COD、BOD_5、SS 等。废水来源及水质特点见表 4-6。按照不同剂型可将制剂类分为片剂、胶囊剂、颗粒剂、水针、大输液、小输液、粉针、冻干粉和其他制剂九大类，每种剂型生产过程中废水排放量可参考表 4-7。

表 4-6　制剂类制药废水水质特点

废水来源	水质特点	一般水质指标 /（mg/L）
纯化水、注射用水制水设备排水	主要为酸碱废水	pH 1 ～ 12
包装容器清洗废水	此部分清洗废水污染物浓度很低，但水量较大	COD ＜ 100；SS ＜ 50
工艺设备清洗废水	该类废水 COD 较高，但水量较小	COD ＜ 1 500；SS ＜ 150 BOD_5/COD 一般 0 ～ 0.5
地面清洗废水	污染物浓度低	COD ＜ 400；SS ＜ 200
生活污水	与企业的人数、生活习惯、管理状态相关，但不是主要废水	COD ≤ 300；BOD_5 ≤ 200；SS ≤ 250；氨氮≤ 40

表 4-7　制剂类制药工业不同剂型产品废水排放量

序号	药物类别	排水量
1	片剂（规格：250 mg、125 mg、100 mg、50 mg）	8.8 m^3/ 万片
2	胶囊剂（规格：250 mg、125 mg、100 mg、50 mg）	8.6 m^3/ 万粒
3	颗粒剂（规格：125 mg、50 mg）	8.9 m^3/ 万袋
4	水针（装量＜ 50 mL）	15 m^3/ 万支
5	大输液（装量＞ 250 mL）	20 m^3/ 万瓶
6	小输液（装量：50 ～ 250 mL）	9.2 m^3/ 万瓶
7	粉针（规格：0.5 g、1.0 g）	6.27 m^3/ 万支
8	冻干粉（规格：80 mg、50 mg、250 mg）	5.3 m^3/ 万支
9	其他制剂	10 m^3/ 单位产品（以万计）

第二节　制药工业水污染预防技术

一、原料使用污染预防技术

（一）原料的替换

采用无毒、无害或低毒、低害的原料替代高毒和难以去除高毒的原料，以减少废物的产生量或降低废物的毒性。如用水质洗涤液取代其他溶剂、溶液；选择毒性低的或活性保持时间长的、不易流失的催化剂等；使用未经暴露（氧化、蒸发）和无杂质与未受到污染的原料；设备清洗时应选用不腐蚀设备且本身易被清除的清洁剂等。

（二）使用无毒或低毒溶剂

应当避免在生产过程中使用对人体有致癌性或可能引起神经中毒、畸变等不可逆毒性，以及对环境造成危害的溶剂。尽量使用对人体无害的溶剂，包括乙酸、丙酮、苯甲醚、乙酸乙脂、乙醇、乙醚、甲酸乙酯、甲酸等。

（三）减少发酵过程含氮物质、硫酸盐等物质的使用

发酵过程中为满足发酵微生物次级代谢过程的特定要求，一般控制发酵的C/N为4左右，废发酵液中的BOD_5/N一般为1～4，与废水处理微生物的营养要求［好氧20∶1，厌氧（40～60）∶1］相差甚远，加之硫酸铵、氨水等高含氮物质的使用导致发酵废水氮源过剩，严重影响后续污水生物治理过程中水处理微生物的生长与代谢，不利于提高废水生物处理的负荷和效率。同时，发酵过程中为保证菌种的营养或发酵条件，需要加入硫酸盐辅料，致使废水中的硫酸盐浓度过高，抑制后续厌氧生物处理过程中产甲烷菌的活性，影响厌氧生化处理的效果。鼓励在制药生产过程中采用新技术、新工艺，以减少含氮物质、含硫酸盐辅料、含磷物质、重金属等影响后续污染治理过程及造成二次污染的物质的使用。

二、药品分离提取工艺过程污染预防技术

制药过程中常采用的药物分离提取技术有溶剂萃取法、直接沉淀法和离子

交换吸附法。为减少污染物排放、提高产品收率、降低生产成本，近年来开发了一些新的产品回收工艺，如液膜分离、双水相萃取等药物提取分离技术。

（一）溶剂萃取法技术

采用有机溶剂回收活性药剂或产品，从混合物中制得很少量的产品需经过多种溶剂萃取。采用溶剂萃取工艺，少量未被回收的有机溶剂进入废水或逸散至空气中，对环境造成污染。

（二）直接沉淀法技术

采用含铜或锌等金属溶液，使产品以金属盐的形式沉淀下来，然后过滤，从剩余固体物中提取药品。

（三）离子交换吸附法

先采用离子交换树脂和活性炭等固体材料吸附产品，再采用溶剂洗脱、浓缩、结晶等方法提取药物，溶剂采用蒸馏法回收。

（四）液膜分离技术

液膜分离技术利用混合物各种成分渗透性能的差异来实现分离、浓缩或是提纯。在液膜法中提取和解吸同时完成，提高了分离效率，降低了试剂消耗量。在萃取分离柠檬酸、提取抗生素、提取生物碱等医药化工中得到应用。

（五）双水相萃取技术

双水相萃取技术依据物质在两相间的选择性分配，从发酵液中直接提取药物，工艺简单，回收率高，避免了发酵液的过滤预处理和酸化操作；不会引起药物活性的降低；所需的有机溶剂量大幅减少，同时降低了废液和废渣的排放量。

（六）酶促、无溶剂技术

酶促、无溶剂技术使得生产抗生素类等药品的原辅材料种类和数量均发生了变化，主要表现在：使原辅材料种类大幅减少，并提高了原辅材料的利用效率；不再使用有毒有害、易燃、易爆化学危险品，从而消除了这些化学品在运输、贮藏和使用过程中可能对环境造成的危害，从源头有效地控制了污染物的产生。

（七）无机陶瓷组合膜分离技术

无机陶瓷膜是以氧化铝、氧化钛、氧化锆等材料经特殊工艺制备而成的多孔非对称膜，其过滤精度涵盖微滤和超滤，可根据物料的黏度、悬浮物含量选择不同孔径的膜，以达到澄清分离的目的。

利用超滤、纳滤等无机陶瓷组合膜的选择性分离实现料液不同组分的分离、精制与浓缩，具有耐酸、耐碱、耐有机溶剂、耐高温高压、再生能力强、分离效率高等特点，可代替板框过滤等传统工艺设备。适用于各类制药工业生产过程的分离、精制与浓缩，尤其是发酵类制药。

（八）纳滤分离浓缩技术

纳滤是介于超滤与反渗透之间的一种膜分离技术，可对小分子有机物与水、无机盐等进行分离，使脱盐和浓缩过程同时进行。具有常温无破坏、低成本、收率高等特点。适用于各种制药生产中的分离、精制与浓缩。

（九）移动式连续离子交换分离技术

移动式连续离子交换系统由一个带有多个树脂柱的圆盘和一个多孔分配阀组成，通过圆盘的转动和阀口的转换，使分离柱在一个工艺循环中完成吸附、水洗、解吸、再生的全部工艺过程。与传统固定床式离子交换柱法相比，可节约树脂和洗涤水用量，洗脱剂消耗相应减少，产品总收率有所提高，单位产品原料消耗减少。适用于制药过程分离及精制工艺。

（十）高效动态轴向压缩色谱技术

动态轴向压缩色谱采用活塞装柱，并在操作过程中保持柱床压缩状态，所填装的色谱柱柱床均匀、性能稳定、密度高、柱效高、柱性能的再现性好。与传统多次结晶工艺相比，单位产品溶剂消耗减少，产品质量提高，单位产品运行成本下降。适用于理化性质相近的天然产物和生物大分子产品的分离制备。

三、纯水制备工艺过程污染预防技术

（一）离子交换树脂技术

离子交换树脂法树脂再生频率较高，再生剂的使用量较大，且产生酸碱废水。

（二）二级反渗透技术

反渗透（reverse osmosis）制水技术是利用高分子材料经过特殊工艺制成的半透膜（反渗透膜），用高压泵对水施加一定的压力使水分子通过一层反渗透膜，从而获得纯净水。而溶解在水中的绝大部分无机盐（包括重金属）、有机物以及细菌、病毒等无法透过反渗透膜，留在浓缩水中被排放掉。在多级流程中，将第一级的净化水作为第二级的进水，各级浓缩液可以单独排出，也可循环至前面各级作为进水。

（三）反渗透＋电子混床（EDI）技术

反渗透是一种借助于选择透过（半透过）性膜的功能以压力为推动力的膜分离技术。经过反渗透处理的水，为进一步提高水质，除去溶解在水中的微量元素和 CO_2 等，可增加 EDI 处理。EDI 是一种将离子交换技术、离子交换膜技术和离子电迁移技术相结合的纯水制造技术，通过使用由离子膜、离子交换树脂组成的基本单元——膜组件，在直流电的作用下，无须使用酸碱对树脂进行再生，即可连续不断地长期运行，稳定可靠地制出电阻率高达 18 MΩ/cm 的超纯水。

四、工艺节水技术

（一）减少清洗水的用量

①采用阀门、喷头等设施控制设备清洗水用量，选用耗水少、效率高的清洗喷头。

②用刮板及刮水器，采用用水量最少、效率高的清洗方法等。

③用最终漂洗水作为下一轮的预洗水。

④采用便于回收利用或处理处置的材料，在固体制剂类药品生产过程中，最终包装采用铝板，尽量避免药瓶的使用，减少洗瓶废水。

（二）超声波洗瓶工艺

超声波洗瓶机利用超声波粗洗及高压水多级重洗，使瓶子达到洁净要求，设备运行稳定，有利于减少玻璃瓶破损率，西林瓶利用率可达到 100%，生产能力是毛刷洗瓶机的 3 ～ 4 倍，用水量较毛刷洗瓶机减少 1/4。

（三）负离子空气洗瓶技术

负离子空气清洗技术是利用产生的负离子风吸附尘埃上的静电去除粉尘，从而达到清洗的目的，该技术是一种干洗技术，节水、节能、环保、不使用清洗剂，无污染。负离子空气洗瓶较水清洗瓶费用降低 60% 以上。适用于塑料瓶清洗，不适用于玻璃瓶。

（四）三合一无菌制剂生产技术

“制瓶—灌装—封口”三合一无菌灌装技术，是专门为无菌要求极高的行业发展起来的塑料容器内进行液体无菌灌装的生产技术。在无菌状态下，单机完成制瓶、灌装、封口三项工序，无须洗瓶，有助于节约水和能源消耗，可节约动力部分投资，设备占地面积小。且成品内在质量高且稳定可靠，单位产品生产成本下降 20%。适用于无菌制剂塑料容器的吹塑制瓶、灌装、封口全过程。

第三节 制药工业水污染治理技术

一、物化处理技术

物化处理主要作为生物处理工序的预处理或后处理工序。

（一）混凝沉淀 / 气浮法处理技术

混凝沉淀 / 气浮法通过投加混凝剂使水中难以自然沉淀的胶体物质以及细小的悬浮物聚集成较大的颗粒，然后用沉降法或气浮法予以分离。一般用于高悬浮物废水预处理和后处理，对悬浮物去除率达 90% 以上。

（二）电解法处理技术

电解法利用极板间发生的氧化还原反应产生电解断键、电解凝聚气浮或沉降三种作用，对废水进行预处理。

电解法具有良好的混凝效果，色度、COD 去除率高，同时可提高废水的可生化性。适用于难降解废水的预处理。

（三）微电解（Fe-C）法处理技术

微电解（Fe-C）法是基于电化学中的电池反应，通过氧化还原反应和铁离子对絮体的电附集、混凝、吸附、过滤等综合作用来处理废水。COD 去除率达 20% ～ 50%，可改善废水的可生化性。具有无须投加药剂、投资小、运行费用低的特点。适用于难降解废水提高可生化处理性的预处理，在中性或偏酸性条件下应用。

（四）Fenton 试剂氧化法处理技术

利用 Fe^{2+} 催化 H_2O_2 产生高氧化还原电位的羟基自由基（·OH），将废水中的有机物氧化为 CO_2 和 H_2O。氧化能力强、反应时间短、效果相对稳定、适用范围较大。COD 去除率能够达 60% 以上。可用于难降解废水的预处理或废水深度处理。

（五）臭氧氧化法处理技术

臭氧氧化法是用臭氧作氧化剂对废水进行净化和消毒处理的方法。优点是反应迅速，流程简单。缺点是目前生产臭氧的电耗仍然较高，同时需要加强对气水接触方式和接触设备的研究，提高臭氧的利用率。适用于含异味和恶臭，含有酚、氰等污染物质废水的处理，可用于难降解废水的预处理或废水深度处理。

（六）吸附过滤法处理技术

当流体与多孔固体接触时，流体中某一组分或多个组分在固体表面处产生积蓄的现象称为吸附；通过过滤介质的表面或滤层截留水体中悬浮固体和其他杂质的过程称为过滤。常用滤料有石英砂、无烟煤、石榴石粒、白云石粒、活性炭等。悬浮物去除率达 90% 以上，运行费用相对较高。适用于废水深度处理。

（七）蒸氨法处理技术

蒸氨法以水蒸气作为蒸馏热源，并加入氢氧化钠溶液分解废水中固定铵，将氨蒸出，蒸出的氨汽采用酸或水吸收，蒸完氨的废水送后续生化处理装置处理。氨氮去除率高，投资较大，可回收氨。适宜于含高浓度氨氮废水、含低沸点物质废水的预处理。

（八）吹脱法处理技术

吹脱法去除氨氮是利用 NH_3 与 NH_4^+ 间的动态平衡，通过调整 pH 至碱性，使氨氮主要以游离氨形态存在，然后再进行曝气吹脱，从而达到去除氨氮的目的。氨氮去除率可达 60% ～ 90%。从废水中脱离的氨和挥发性有机物需采取吸收、吸附等手段进行回收。

适用于含高氨氮废水和含低沸点、易挥发物质废水的预处理，不宜在水温较低时使用。

（九）汽提法处理技术

汽提法工作原理与吹脱法相同，只是使用的介质不同，汽提法使用的介质是水蒸气，使载气与废水充分接触，导致废水中的溶解性气体和某些挥发性物质向气相转移，从而达到脱除水中污染物的目的。氨氮去除率可达 60% ～ 90%。从废水中脱离的氨和挥发性有机物需采取吸收、吸附等手段进行回收。适用于含高氨氮废水和含低沸点、易挥发物质废水的预处理。

（十）多效蒸发处理技术

多效蒸发过程中，利用一次蒸发使废水沸腾汽化的二次蒸汽作为下一个蒸发器的热源，连续多级串联加热，废水与二次蒸汽呈逆行串联浓缩，与单效蒸发相比，可节省 40% ～ 50% 的能量。该法盐去除率达 95% 以上，能耗高、运行费用大，且生成的残液或渣应按危险废物处置。适用于高含盐废水处理。

（十一）刮板薄膜蒸发处理技术

采用固定刮板薄膜蒸发、浓缩、结晶、回收硫酸铵、硝酸铵作肥料或回用。适用于铵盐含量达 5% ～ 10% 的废水。

二、厌氧生物处理技术

（一）升流式厌氧污泥床（UASB）处理技术

在厌氧条件下，UASB 反应器通过沉淀性能好、生物活性高的颗粒或絮状污泥与废水的充分混合，利用微生物的代谢，达到去除有机物质效果。用于处理制药废水，COD 负荷一般为 3 ～ 10 kg/（m^3·d），COD 去除率达 50% ～ 90%，产生的沼气可收集利用，投资较低，但抗冲击能力较差。适用于高浓度有机废水处理，进水悬浮物一般控制在 1 000 mg/L 以下。

（二）厌氧颗粒污泥膨胀床（EGSB）处理技术

EGSB 反应器中维持高的上升流速，颗粒污泥处于膨胀悬浮状态，从而保证废水中的有机物与厌氧污泥充分接触，大分子有机物通过微生物代谢转化为小分子物质，如二氧化碳和甲烷。EGSB 反应器对于硫酸根、氨氮等有毒物质的承受能力较强。处理制药废水时有机容积负荷一般高于 UASB，COD 去除率可达 50% ～ 90%，占地面积小，抗冲击负荷能力强。适用于处理高浓度且具有一定生物毒性的有机废水。

（三）厌氧流化床（AFB）处理技术

厌氧流化床一般为柱状反应器，内装细而轻的载体（粒径小于 1 mm），比表面积可达 2 000 ～ 3 000 m^2/m^3，采用固体颗粒流态化技术，促进了生物膜与废水界面的更新，具有较强的有机物净化能力。厌氧流化床有机容积负荷高，耐冲击负荷，能耗大，运行成本较高。适用于处理高浓度且具有一定生物毒性、含盐较低的有机废水。

（四）复合式厌氧污泥床（UBF）处理技术

UBF 反应器下部有污泥床层，中上部安装固定填料，污水以升流式与床体污泥、填料上生物膜不断接触反应，其中有机物得到吸附、分解。UBF 反应器具有厌氧污泥和生物膜相结合的特点。该法处理效率高，占地面积小，适应性强，处理制药废水时有机负荷一般介于 UASB、EGSB 反应器之间。适用于处理高浓度且含盐较低的有机废水。

（五）厌氧内循环反应器（IC）处理技术

IC 反应器高径比一般可达 4 ～ 8，反应器的高度为 20 m 左右。整个反应器由第一厌氧反应室和第二厌氧反应室叠加而成。每个厌氧反应室的顶部各设一个气、固、液三相分离器。IC 反应器 COD 容积负荷为 10 ～ 30 kg/（m^3·d），抗冲击负荷能力高，COD 去除率达 60% ～ 80%。适用于处理以碳氢化合物为主的高浓度有机废水。

（六）折流板反应器（ABR）处理技术

ABR 中使用一系列垂直安装的折流板，使水流在反应器内的流径和总长度增加，生物固体被有效地截留在反应器内，从而达到较好的处理效果。ABR 具有较强的耐浓度冲击能力和对毒物冲击适应能力，稳定性好；构造简单、能耗低、投资省。多用于水解酸化，有效改善废水的可生化性。适用于处理可生化性较差的高浓度难降解有机废水。

（七）水解酸化处理技术

水解酸化工艺能够将不溶性有机物水解为溶解性有机物，将难生物降解的大分子物质转化为易生物降解的小分子物质，从而改善废水的可生化性。水解酸化对 COD 的去除率不一定很高，但可使废水的可生化性显著提高，抗冲击负荷能力强，停留时间短，投资及运行费用低。适用于难降解有机废水的预处理。

（八）两相厌氧反应器处理技术

两相厌氧工艺就是人为地将水解酸化菌群和产甲烷菌群分别设置在两个不同的反应器中，使产酸相反应器和产甲烷反应器均处于最优工况，总体负荷比单相工艺有明显提高。两相厌氧工艺运抗冲击负荷能力强，COD 去除率可达 80% 以上，能够处理高硫酸盐废水，产酸段对硫酸盐的去除率可达 70% 以上。适用于处理悬浮物浓度高的或含硫酸根、重金属等有毒物质及难降解物质的高浓度有机废水。

三、好氧生物处理技术

（一）传统活性污泥法处理技术

活性污泥法是在曝气条件下，利用活性污泥的生物凝聚、吸附和氧化作用，分解去除污水中有机污染物的处理技术。传统活性污泥法具有工艺稳定，有机物去除率高等优点，但容积负荷较低，占地面积、基建投资和动力消耗大，抗冲击负荷能力较差。适用于处理净化程度和稳定性要求较高的低浓度有机废水。

（二）接触氧化法处理技术

在曝气池中装入填料，利用填料表面生长的生物膜和悬浮活性污泥中微生物的联合作用净化污水。该法固定微生物种类多、食物链长，COD 去除率一般较高，可达 90% ～ 95%，氨氮硝化作用较强，对于难降解有机物也有一定处理效果。适用于在较低负荷下处理出水指标要求较高的低浓度有机废水。

（三）吸附生物降解法（AB 法）处理技术

AB 法是吸附 - 再生工艺的简称，A 段以高负荷或超高负荷运行，污泥负荷是普通活性污泥的数倍以上；B 段以低负荷运行。AB 工艺污染物去除效果好，出水水质稳定，抗冲击负荷能力强，具有良好的除磷效果，投资及运转费用较低，污泥产率高。

适用于处理浓度较高、难降解、水质水量变化较大的有机废水。

（四）曝气生物滤池（BAF）处理技术

BAF 集生物氧化和截留悬浮固体于一体，污水通过滤料层，水体含有的污染物被滤料层截留或吸附，并被滤料上附着的生物降解转化，同时所产生的污泥保留在过滤层中。曝气生物滤池有机负荷高，占地面积小。对进水悬浮物要求较严，反冲洗水量较大。适用于有机废水深度处理，进水悬浮物浓度要求一般小于 60mg/L。

（五）间歇曝气活性污泥法（SBR）及其变形工艺（CASS、ICEAS、UNITANK、CAST 等）

SBR 是一种按间歇曝气方式来运行的活性污泥污水处理技术，其技术核心是 SBR 反应池，集均化、初沉、生物降解、二沉等功能于一体，无污泥回流系统，运行上按时间顺序间歇操作。CASS 和 ICEAS 在反应器进水端增加生物选择器，可实现连续进水。UNITANK 系统由 3 个矩形池组成，可以通过时间及空间上的控制及曝气、搅拌的控制，使 3 个池内形成好氧、缺氧或者厌氧环境，实现多种工艺目的，如碳源有机物的去除、脱氨或者除磷。

间歇曝气活性污泥法具有无需回流、操作灵活、占地少、投资省、运行稳定、基质去除率高、出水效果好、脱氮除磷效果好等优点。适合处理水质、水量波动较大的有机废水处理。

（六）膜生物反应器（MBR）处理技术

MBR 组合工艺是将高效微滤或超滤膜分离技术与传统生物处理法结合在一

起的处理技术，以膜组件取代传统二沉池，以达到更好的固液分离效果。该法占地面积小，耐冲击负荷强，污泥产量少。COD 去除率较一般处理工艺高，在 90% 以上。适用于出水水质要求较高的有机废水处理。

（七）氧化沟法处理技术

氧化沟是平面呈椭圆环形或环形跑道式的活性污泥处理构筑物，因其构筑物呈封闭的沟渠而得名。普通氧化沟属低负荷延时活性污泥法。常用曝气转刷充氧和推动水流，保持污泥的悬浮状态。目前，已在普通氧化沟工艺技术的基础上，开发出多种类型氧化沟新工艺，如奥贝尔（Orbel）型氧化沟、卡鲁塞尔氧化沟、交替工作型（包括三沟式氧化沟）等。

氧化沟工艺处理效果稳定、耐冲击负荷能力强，可实现生物脱氮，但存在占地面积大、动力效率低等问题。适用于各种可生化降解的有机废水处理。

（八）生物流化床法处理技术

生物流化床处理技术是借助流体（液体、气体）使表面生长着微生物的固体颗粒（粒径 0.2 ～ 0.5 mm 的载体）呈流态化，同时降解废水中有机污染物的处理技术。该法具有容积负荷大、抗冲击负荷、设备紧凑、占地面积小等特点。但动力消耗大、操作较复杂。适用于各种可生化降解的有机废水处理。

四、新技术

（一）移动床生物膜反应器（MBBR）处理技术

MBBR 工艺原理是通过向反应器中投加一定数量的悬浮载体，每个载体内外均具有不同的生物种类，这样每个载体都为一个微型反应器，使硝化反应和反硝化反应同时存在，填料在反应器内混合液回旋翻转的作用下自由移动，从而提高了处理效果。MBBR 反应器既具有传统生物膜法耐冲击负荷、泥龄长、剩余污泥少的特点，又具有活性污泥法的高效性和运转灵活性。适用于现有污水处理厂升级改造。多级联用可处理高浓度废水，具有一定脱氮效果好。

（二）优势菌强化生物处理技术

优势菌技术是将某一种或几种特定的微生物菌群投加到某一生物反应器中，

使其在数量或质量上形成优势菌群，从而达到提高处理能力和效果的目的。目前已有应用的有光合细菌、基因工程菌等。

1. 光合细菌（Photosynthetic Bacteria，PSB）

光合细菌是能进行不放氧光合作用的一大类细菌总称，能有效去除废水中的有机物、氮、磷和硫化物。工艺简单，处理成本低，运行稳定，作为副产物的菌体可进行综合利用。

2. 基因工程菌

基因工程菌是指将所需的某一供体生物的遗传物质 DNA 分子提取出来，在离体条件下切割后，把它与作为载体的 DNA 分子连接起来，导入某一受体细胞中，让外来的遗传物质在其中进行正常的复制和表达，从而获得的新物种菌。在常规生物处理方法中接种基因工程菌，可加强对难降解有机污染物的去除，强化处理效果。

（三）新型生物脱氮技术

1. 同时硝化反硝化

当硝化与反硝化反应在同一个反应器中同时进行时，称为同时硝化反硝化（Simultaneous Nitrification and Denitrification，SND）。与传统生物脱氮技术相比，SND 技术具有节省反应器体积、缩短反应时间和节省碱度等优点。

2. 亚硝酸型（短程）硝化反硝化

短程硝化反硝化是利用亚硝酸菌和硝酸菌生物特性的差异，在特定的环境条件下使硝酸菌的生长受到抑制，将硝化过程控制在亚硝化阶段，然后直接进行反硝化。短程硝化反硝化可节约 40% 生物脱氮所需碳源。对于低 C/N 的高氮废水，采用此技术进行脱氮具有一定的可行性。技术的关键在于如何形成亚硝化菌群的富集。

3. 厌氧氨氧化

厌氧氨氧化（Anaerobic Ammonium Oxidation，ANAMMOX）是在缺氧条件下，以亚硝酸氮为电子受体，利用自养菌将氨氮直接氧化为氮气而实现脱氮的过程。与传统生物脱氮技术相比，该技术可减少耗氧、降低能耗和节省中和药剂，对于解决可生化性差的高氨氮废水脱氮问题具有重要的现实意义。技术关键在于有效解决厌氧氨氧化菌种来源、菌体增殖和持留问题。

五、制药工业水污染治理工艺

以发酵类制药工业废水处理为例，一般工艺流程如图4-18所示，典型工艺流程见图4-19～图4-21。

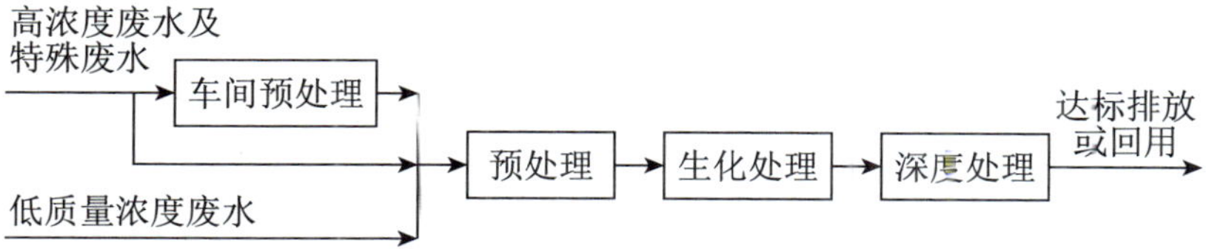

图4-18　发酵类制药工业废水处理工艺流程

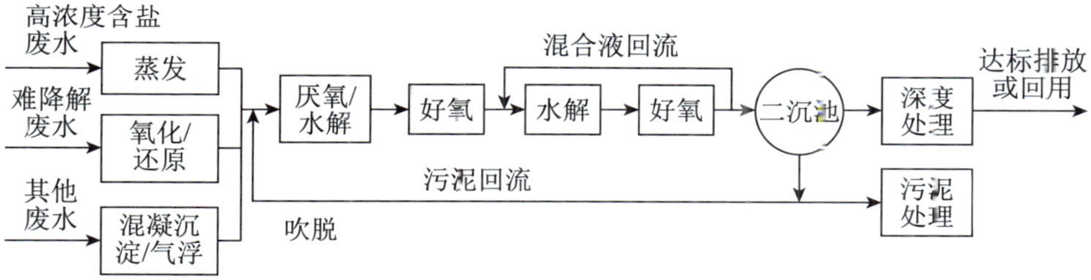

图4-19　“预处理＋二级组合生化＋深度处理”典型处理工艺流程

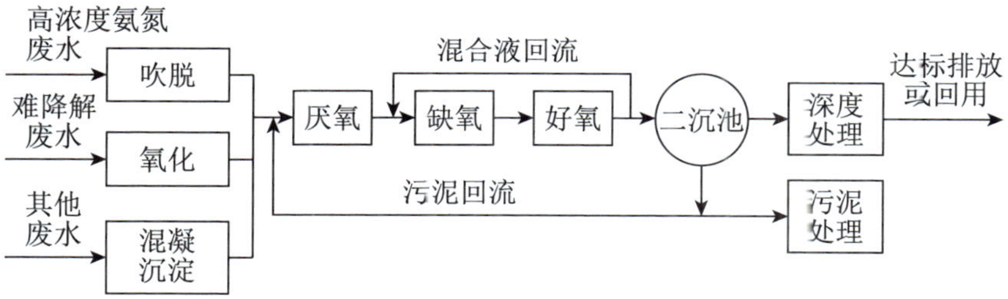

图4-20　“预处理＋厌氧-缺氧-好氧＋深度处理”典型处理工艺流程

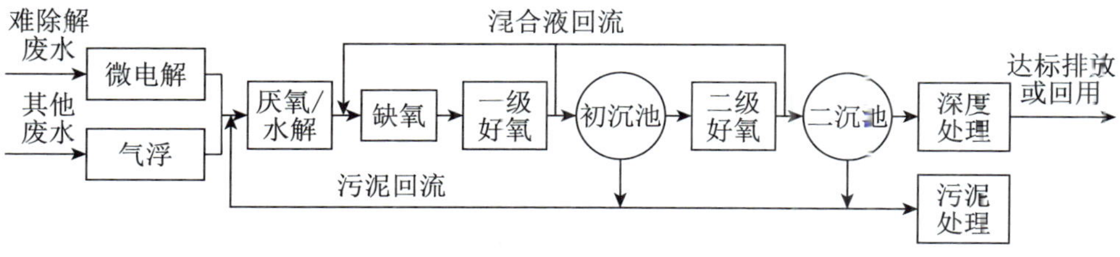

图4-21　“预处理＋厌氧-缺氧-二级好氧＋深度处理”典型处理工艺流程

通常废水中含有抗生素药物活性成分、生物毒性或生态风险的特殊废水，应按相关部门规定单独预处理；对于高氨氮废水宜选用汽提、蒸发、吹脱等一种或几种工艺的组合进行预处理；难降解有机物废水宜采取化学氧化、铁碳微电解、精馏等预处理工艺；高浓度有机废水宜选用精馏、物理分层、焚烧等工艺；高含盐废水宜采用蒸发等方式除盐预处理后，进入废水治理工程。

（一）废水收集与调节

制药废水应设置调节池：调节池应保证足够的有效容积，容积大小宜根据废水量及水量变化曲线采用图解法计算；调节池前端宜设置细或超细格栅等过滤装置；池内应设置潜水推进器或曝气混合工艺等搅拌装置，并采取废气收集和处理措施。当设置潜水推进器时，混合功率可采用 4 ～ 8 W/m^3；当采用曝气混合工艺时，曝气量不宜小于 3 m^3/（m^2·h）。

（二）废水预处理工艺流程

当硫酸盐质量浓度大于 5 000 mg/L 时，可采用多效蒸发等方式进行预处理，且进入完全混合式厌氧系统废水的硫酸盐质量浓度宜小于 1 500 mg/L，进入 UASB 及 EGSB 反应器的硫酸盐质量浓度应小于 1 000 mg/L；溶剂含量高于 5 % 或回收收益高于处置成本的有机废水，宜首先采用精馏、物理分层等方式进行回收；高氨氮废水（氨氮质量浓度大于 500 mg/L）可采用氨吹脱等工艺进行预处理，并对含氨废气进行收集处理；对含有大量难降解有机物的废水，宜采取化学氧化（臭氧氧化、二氧化氯氧化、Fenton 氧化）、铁碳微电解、精馏等预处理工艺处理；对含有大量悬浮物及大分子胶体有机物的废水，可采用混凝沉淀或气浮工艺处理。

（三）废水生化处理工艺流程

废水生化处理应根据污染物去除和脱氮除磷的要求采用厌（兼）氧与好氧工艺，并应根据废水的碳、氮、磷比例补充营养元素以保证脱氮效果。宜设置多级生化处理工艺单元。采用厌氧 - 缺氧 - 好氧活性污泥法时应参考生态环境标准 HJ 576。宜在好氧生化处理前设置水解酸化或厌氧工艺。当预处理后废水 COD_{Cr} 质量浓度小于 3 000 mg/L 时，宜采用水解酸化处理工艺；当预处理后废水 COD_{Cr} 质量浓度大于 3 000 mg/L 时，宜采用厌氧处理工艺，应根据废水水质、水量等情况选用水解反应器。进入厌氧反应器废水的 COD_{Cr} 质量浓度宜控制在 10 000 mg/L 以下，硫酸盐质量浓度宜控制在 1 000 mg/L 以下，进水悬浮物质量浓度宜控制在 1 000 mg/L 以下。当进水 COD_{Cr}、悬浮物浓度无法满足上述工艺条件时，可设置预酸化等预处理设施。

UASB、EGSB 及完全混合式反应器的详细参数可分别参考生态环境标准 HJ 2013、HJ 2023、HJ 2024。

好氧系统宜选用传统活性污泥、SBR、生物接触氧化、MBR 等，设计参数参照下述技术要求，并根据实验结果确定：

（1）需氧量应结合需去除的 BOD_5 和 NH_3-N 确定，计算方法参照 GB 50014 的规定。

（2）曝气池应考虑设置泡沫阻隔和消除设施，可采用加大曝气池超高、投加消泡剂、喷水消泡和机械消泡等措施。

（3）宜选用防堵塞、易维修的曝气方式。

（4）曝气设备应能根据废水水质、水量调节供氧量，20 000 m^3/d 以上规模的废水治理工程宜采用自动装置调节。

（5）采用带选择区的完全混合曝气池时，选择区水力停留时间 30 ～ 50 min，区内应设混合设施。当采用机械混合方式时，混合功率宜大于 25 W/m^3；当采用曝气混合方式时，曝气量应大于 3 m^3/（m^2·h）。

（6）好氧生化反应池（SBR、MBR 等除外）后应设置二沉池，二沉池表面负荷宜为 0.5 ～ 0.7 m^3/（m^2·h），污泥固体负荷宜为 60 ～ 150 kg /（m^2·d）。

（7）好氧生化处理工艺设计应符合 CECS 97、CECS 111、CECS 112 等标准[1]的规定；生物接触氧化法的详细参数参考 CECS 128、HJ 2009 有关规定；序批式活性污泥法的详细参数参考 HJ 577 有关规定；氧化沟活性污泥法的详细参数参考 HJ 578；膜生物法的详细参数参考 HJ 2010。

（四）深度处理工艺

深度处理可选择混凝沉淀 / 气浮、吸附、过滤、膜分离、化学氧化、生物滤池法等工艺中的一种或几种工艺组合。采用化学氧化工艺时，可选用臭氧、次氯酸钠、过氧化氢或二氧化氯等作为氧化剂，氧化反应时间 0.5 ～ 2 h。采用吸附工艺时，可选择活性炭、复合功能树脂等吸附剂，吸附流速不宜高于 10 BV/h[2]。

膜分离法、混凝沉淀法、气浮法和生物滤池法的详细参数可分别参考 HJ 579、HJ 2006、HJ 2007 和 HJ 2014 等标准的相关规定。

1　指中国工程标准化协会（CECS）标准。

2　BV 为吸附剂装柱体积。

第四节 制药工业水污染防治可行技术

一、水污染防治可行技术

（一）发酵类制药工业水污染防治可行技术

发酵类制药工业水污染防治可行技术组合见图 4-22。

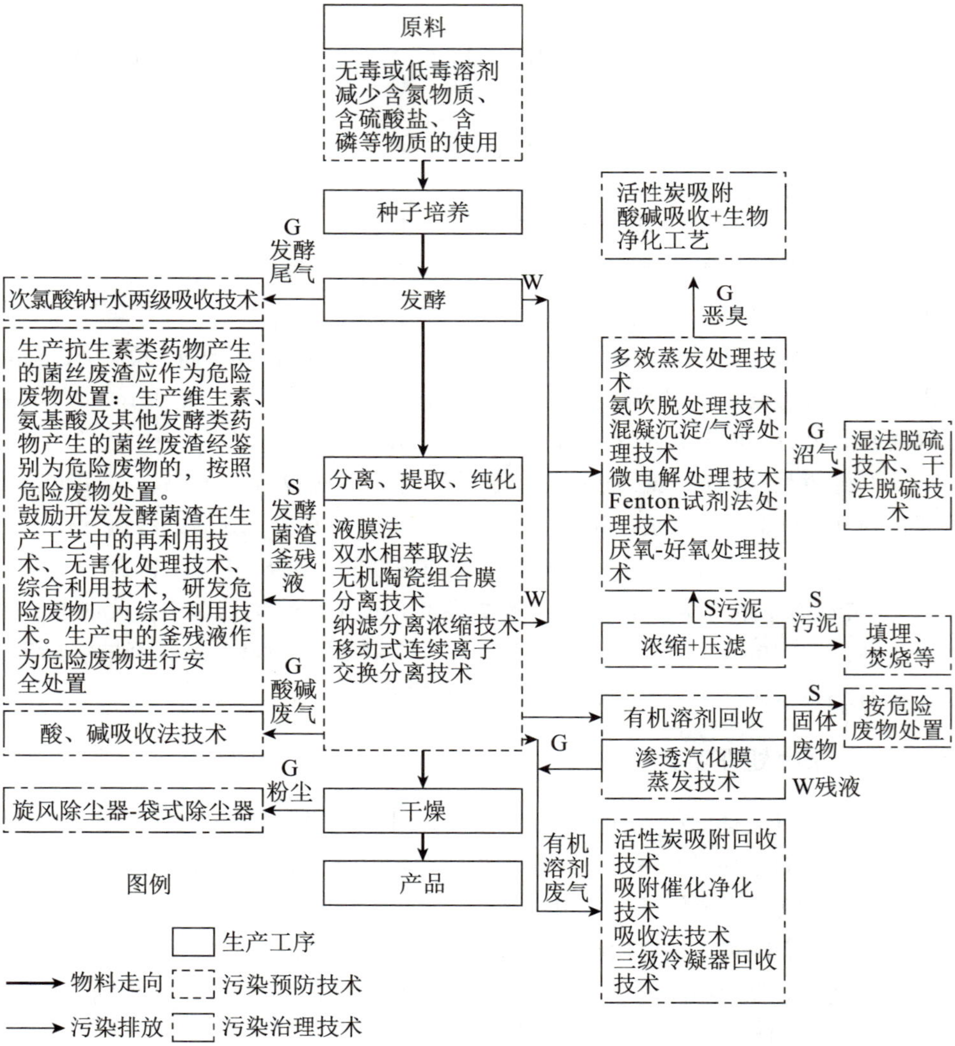

图 4-22 发酵类制药工业水污染防治可行技术组合

（二）化学合成类制药工业水污染防治可行技术

化学合成类制药工业水污染防治可行技术组合见图 4-23。

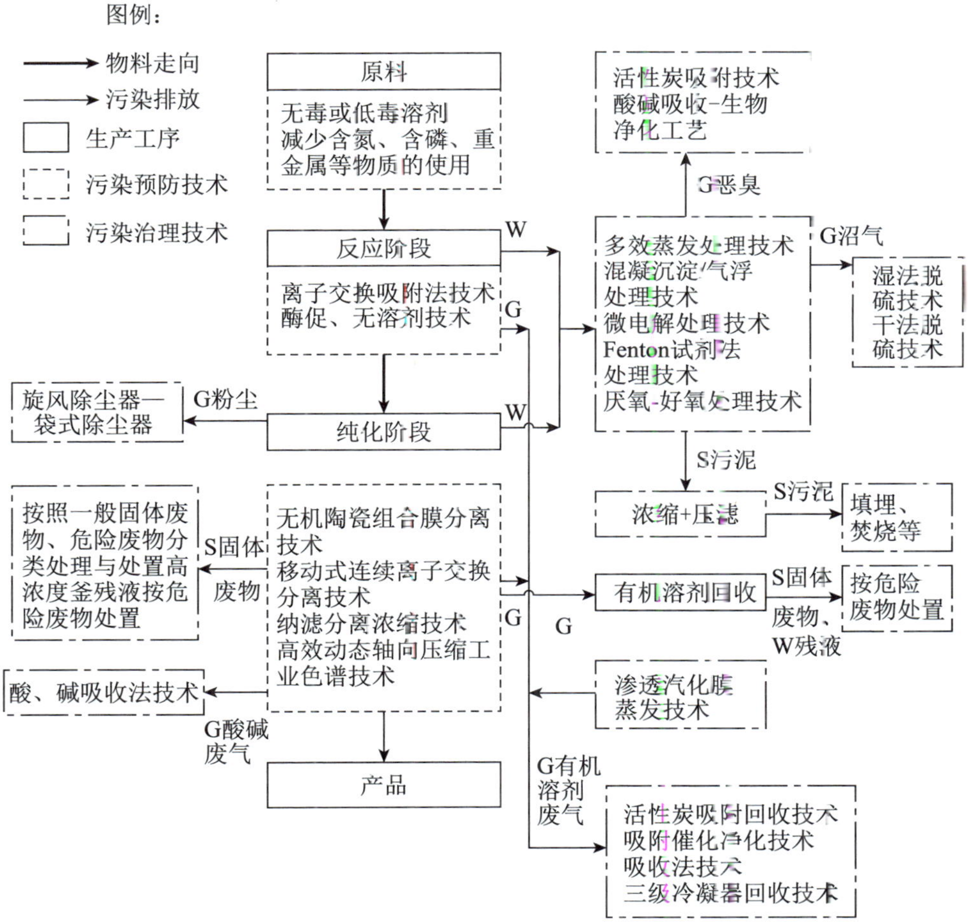

图 4-23　化学合成类制药工业水污染防治可行技术组合

（三）制剂类制药工业水污染防治可行技术

制剂类制药工业水污染防治可行技术组合见图 4-24。

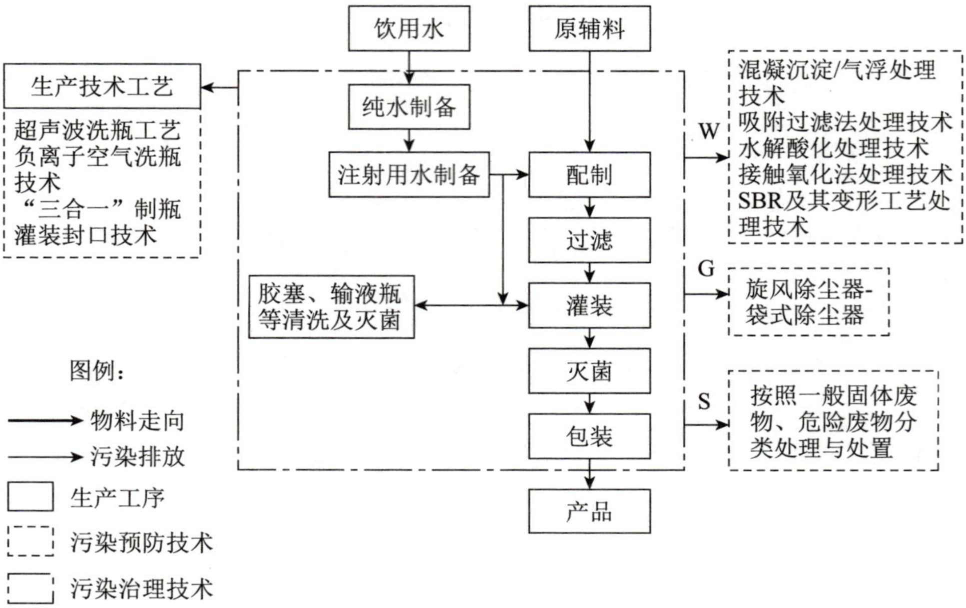

图 4-24　制剂类制药工业水污染防治可行技术组合

二、工艺过程污染预防可行技术

制药工业原料使用污染预防可行技术见表 4-8。

表 4-8　制药工业原料使用污染预防可行技术

可行技术	目的	技术适用性
使用无毒、无害或低毒、低害的“环境友好型”原料	减少废物的产生量或降低废物的毒性，防止或减少有毒有害物质进入环境	所有化学合成类、发酵类制药企业
鼓励在制药生产过程中采用新技术、新工艺，减少含氮物质、含硫酸盐辅料、含磷物质、重金属等物质的使用	降低生产废水中的氨氮、硫酸盐、磷浓度，提高厌氧生化处理效果	所有化学合成类、发酵类制药企业

制药工业生产药品分离提取工艺过程污染预防可行技术见表 4-9。

表 4-9　制药工业生产药品分离提取工艺过程污染预防可行技术

可行技术	目的	技术适用性
采用离子交换吸附法，液膜法，双水相萃取法，酶促、无溶剂技术，无机陶瓷膜组合膜分离技术、纳滤分离浓缩技术、移动式连续离子交换分离技术，高效动态轴向压缩工业色谱技术等清洁、无污染或低污染的生产工艺	减少溶剂使用量；减少废水产生量，降低能源消耗	生产过程中的分离、提取精制与浓缩

制药工业纯水制备工艺过程污染预防可行技术见表 4-10。

表 4-10　制药工业纯水制备工艺过程污染预防可行技术

可行技术	目的	技术适用性
采用二级反渗透，或反渗透＋电子混床（EDI）工艺	降低酸碱废水的产生量	纯水制备过程

制药工业工艺节水可行技术见表 4-11。

表 4-11　制药工业工艺节水可行技术

可行技术	目的	技术适用性
选用耗水少、效率高的清洗喷头、阀门等设备	减少冲洗水用量	制药生产车间
采用刮板及刮水器清洗方法		制药生产车间
用最终漂洗水作为下一轮的预洗水		制药生产车间
药品包装采用铝板		含有固体制剂产品的生产车间
采用超声波洗瓶工艺	减少洗瓶水量，降低玻璃瓶破损率	玻璃瓶清洗工序
采用负离子空气清洗技术，不使用清洗剂	节水、节能	塑料瓶清洗工序
采用“三合一”无菌灌装技术	节水、节能 塑料容器内液体	灌装工序

制药工业有机溶剂回收系统污染预防可行技术见表 4-12。

表 4-12 制药工业有机溶剂回收系统污染预防可行技术

可行技术		目的	技术适用性
无组织排放	采用密闭设备、密闭式操作、密闭原料输送管道，产品、有机溶剂从生产设备到储存区均为密闭的管道输送	减少无组织排放	适用于生产过程
	泵的轴封采用双机械密封、非石棉填料密封		控制泵的轴封泄漏
	在关键部位选用气密密封阀门		控制阀门无组织排放
	搅拌器采用油密封		控制搅拌器密封泄漏
	对于易挥发的原料采用内浮顶储罐，储罐呼吸气应由管道引至处理设施处理后排放，夏季采用降温措施		控制原料储存过程泄漏
有机溶剂回收	真空泵尾气采用经炭纤维吸附蒸发、冷凝回收溶剂后排放	降低有机溶剂的挥发量	有机溶剂回收过程
	有机溶剂脱水采用渗透汽化膜技术		
	真空泵废水中的有机溶剂送精馏塔回收		

三、水污染物排放控制可行技术

（一）发酵类制药工业水污染物排放控制可行技术

1. 可行技术路线

图 4-25 为推荐的工艺路线组合。工程实践中，可根据废水的水质特征、处理后水的去向、排放标准，进行技术经济比较后确定可行技术工艺路线，或通过实验等方式确定其他可行的技术。

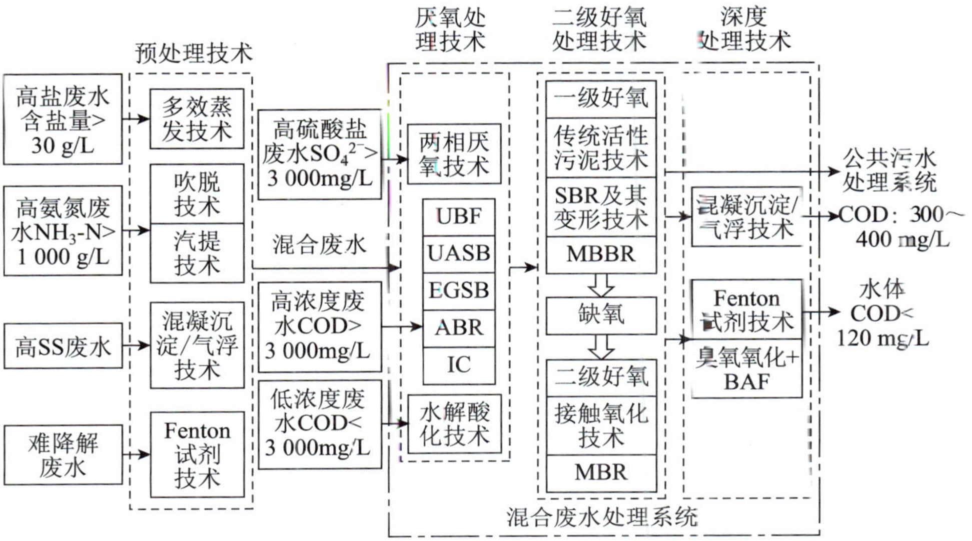

图 4-25　发酵类制药工业水污染物排放控制可行技术工艺流程

2. 可行技术及排放水平

发酵类制药工业水污染物排放可行技术及排放水平见表 4-13。

表 4-13　发酵类制药工业水污染物排放可行技术及排放水平

序号	名称	适用情况（混合废水污染物浓度水平）	可行控制技术	排放水平
1	高质量浓度硫酸盐废水污染控制可行技术	含盐量：> 30 g/L	多效蒸发预处理后，冷凝液进入混合废水处理系统	盐去除率> 95%
		SO_4^{2-}：> 3 000 mg/L	两相厌氧	SO_4^{2-} 去除率 > 70%
2	高质量浓度氨氮废水污染控制可行技术	氨氮：> 1 000 mg/L	吹脱或汽提预处理后，进入混合废水处理系统	氨氮去除率 60% ～ 90%
3	难降解废水污染控制可行技术	可生化性差，B/C < 0.3	Fenton 试剂等高级氧化技术预处理后，进入混合废水处理系统	预处理后废水 B/C > 0.3
4	高质量浓度 SS 废水污染控制可行技术	SS：> 500 mg/L	混凝沉淀 / 气浮预处理后，进入混合废水处理系统	SS 去除率 > 90%

序号	名称	适用情况（混合废水污染物浓度水平）	可行控制技术	排放水平
5	混合水污染控制可行技术	高质量浓度废水 COD ＞ 3 000 mg/L	厌氧 + 二级好氧 + 混凝沉淀 / 气浮技术	COD：300 ～ 400 mg/L
			厌氧 + 二级好氧 +Fenton 试剂技术（臭氧氧化 + BAF 技术）	COD ＜ 120 mg/L
		低质量浓度废水 COD ＜ 3 000 mg/L	水解酸化 + 二级好氧生化处理＋混凝沉淀 / 气浮技术	COD：300 ～ 400 mg/L
			水解酸化 + 二级好氧生化处理＋ Fenton 试剂技术（臭氧氧化 +BAF 技术）	COD ＜ 120 mg/L

（二）化学合成类制药工业水污染物排放控制可行技术

1. 可行技术路线

图 4-26 为推荐的工艺路线组合。

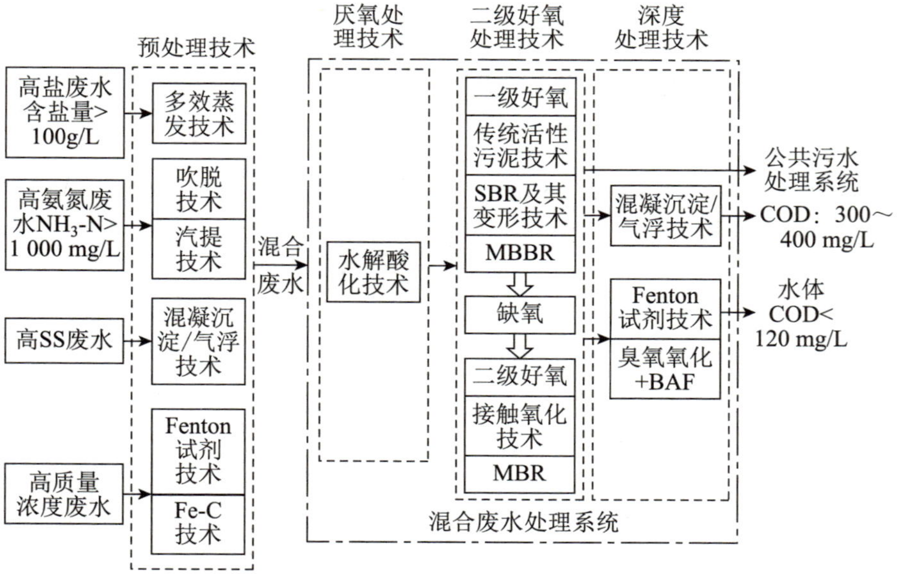

图 4-26　化学合成类制药工业水污染物排放控制可行技术工艺流程

2. 可行技术及排放水平

化学合成类制药工业水污染物排放可行技术及排放水平见表 4-14。

表 4-14　化学合成类制药工业水污染物排放可行技术及排放水平

序号	名称	适用情况	可行控制技术	排放水平
1	高质量浓度含盐废水污染控制可行技术	含盐量＞ 100 g/L	多效蒸发预处理后，进入混合废水处理系统	盐去除率＞ 95%
2	高质量浓度氨氮废水污染控制可行技术	氨氮＞ 1 000 mg/L	吹脱或汽提预处理后，进入混合废水处理系统	氨氮去除率 60% ～ 90%
3	高质量浓度 SS 废水染控制可行技术	SS ＞ 500 mg/L	混凝沉淀 / 气浮预处理后，进入混合废水处理系统	SS 去除率＞ 90%
4	高质量浓度废水污染控制可行技术	可生化性差，B/C ＜ 0.3	Fe-C 技术预处理后，进入混合废水处理系统预处理	COD 去除率 20% ～ 50%，B/C ＞ 0.3
			Fenton 试剂等高级氧化技术预处理后，进入混合废水处理系统预处理	B/C ＞ 0.3
5	混合废水污染控制可行技术	—	水解酸化 + 二级好氧生化处理 + 混凝沉淀 / 气浮技术	COD：200 ～ 500 mg/L
			水解酸化 + 二级好氧生化处理 +Fenton 试剂技术（臭氧氧化 + BAF 技术）	COD ＜ 120 mg/L

（三）制剂类制药工业水污染物排放控制可行技术

1. 可行技术路线

图 4-27 为推荐的工艺路线组合。

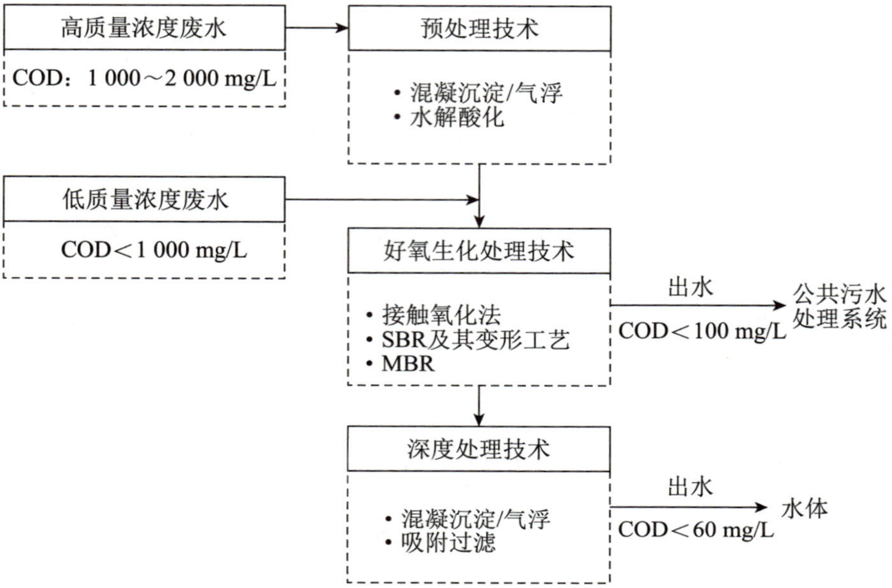

图 4-27　制剂类制药工业水污染物排放控制可行技术工艺流程

2. 可行技术及排放水平

制剂类制药工业水污染物排放可行技术及排放水平见表 4-15。

表 4-15　制剂类制药工业水污染物排放可行技术及排放水平

可行技术	适用情况（混合废水污染物浓度）/（mg/L）	排放浓度水平 /（mg/L）
好氧处理技术	COD ＜ 1 000	COD ＜ 120
好氧处理技术 + 深度处理技术	COD ＜ 1 000	COD ＜ 60
预处理技术 + 好氧处理技术	1 000 ≤ COD ＜ 2 000	COD ＜ 120
预处理技术 + 好氧处理技术 + 深度处理技术	1 000 ＜ COD ＜ 2 000	COD ＜ 60

（四）各单元技术可行工艺参数

各单元技术可行工艺参数可参考表 4-16。

表 4-16 各单元技术可行工艺参数

工艺单元技术	可行工艺参数	污染物削减和排放	二次污染及防治措施	技术适用性
混凝沉淀 / 气浮法处理技术	药剂投加量：PAC 投加量 1‰～25‰，PAM 投加量 2～10 mg/L；混凝沉淀法混凝时间：15～30 min，沉淀时间：25～55 min；气浮法反应时间：5～10 min，气浮时间：10～25 min	悬浮物的去除率达 90% 以上	沉淀污泥或气浮的浮渣与剩余活性污泥一并处理处置	悬浮物浓度较高的废水或后续生物处理对悬浮物要求较严格的废水
吸附过滤法处理技术	常用无烟煤和石英砂双层滤料，滤层厚度一般为 1.1～1.2 m，滤速为 8～10 m/s。为提高反洗效果，常辅以表面冲洗或压缩空气冲洗	悬浮物的去除率达 90% 以上	反冲洗废水回流至废水处理站前段处理	悬浮物浓度较低废水，如经生化处理后的制剂类制药废水的深度处理
臭氧氧化处理技术	臭氧投加量 20～30 mg/L，接触时间 1～2 h	可生化性可提高到 B/C ＞ 0.3，COD 去除率可达 50%	—	适用于作为预处理和深度处理技术
多效蒸发处理技术	根据蒸发的效数不同，蒸汽用量不同	盐的去除率达 95% 以上	蒸发残渣及残液按危险废物处置	盐含量＞ 30 g/L 的废水
Fe-C 法处理技术	停留时间 120～240 min。铁碳比 1∶1～5∶1，为防止铁碳结块，可曝气	可生化性可提高到 B/C ＞ 0.3，COD 去除率 20%～50%	—	合成制药废水生化处理前的预处理，提高废水的可生化性
Feton 试剂氧化法处理技术	摩尔浓度 Fe^{2+}：H_2O_2=1∶3，pH：2～4，停留时间：2～5 h	COD 去除率可达 60% 以上	—	发酵类及化学合成类制药废水生化处理前的预处理和生化后的深度处理，是达到排放水体标准的有效方法

工艺单元技术	可行工艺参数	污染物削减和排放	二次污染及防治措施	技术适用性
吹脱法处理技术	停留时间 0.5 ～ 1.5 h，pH：8 ～ 11，塔高 6 m 时，气液比 2 200 ～ 2 300，布水负荷率≤ 180 m^3/（m^2·d）	氨氮去除率 60% ～ 90%	处理废水时，易产生酸、碱性恶臭气体，可采用水吸收或酸吸收的方法处理后排放	氨氮＞ 5 000 mg/L 的废水。吹脱效果随 pH 上升而提高，水温低时吹脱效果低。适于两相厌氧工艺中产酸相出水中硫化氢的脱除
汽提法处理技术	蒸汽用量 200 ～ 300 kg /t 废水	氨氮≤ 15 mg/L		氨氮＞ 5 000 mg/L 的废水
水解酸化处理技术	COD 容积负荷高于 2 kg/（m^3·d），HRT 一般大于 12；池内可填装填料，推荐采用弹性立体填料，填装率 30% ～ 50%；可适量曝气，但应保证 DO ＜ 0.5 mg/L	COD 去除率达 20% 以上，可提高废水的可生化性	—	难降解有机废水的预处理
UASB 处理技术	中温（35 ～ 40 ℃）条件下，COD 容积负荷 5 ～ 10 kg/（m^3·d）。常温条件下，COD 容积负荷 3 ～ 5 kg/（m^3·d）	COD 去除率 50% ～ 90%	沼气脱硫后可作为燃料利用，沼气产生量少时不宜作为燃料，需设火炬处理	要求进水中 SS 含量＜ 1 000 mg/L，适用于高浓度制药废水

工艺单元技术	可行工艺参数	污染物削减和排放	二次污染及防治措施	技术适用性
EGSB 处理技术	常温条件下（20 ～ 30 °C），反应器的 COD_{Cr} 容积负荷：3 ～ 8 kg/（m^3·d）。中温条件下（35 ～ 40°C），反应器的 COD_{Cr} 容积负荷：5 ～ 12 kg/（m^3·d）。进水 pH：6.5 以上；COD_{Cr} ：N ：P =（100 ～ 500）：5 ：1；SS ＜ 2 000 mg/L；SO_4^{2-} ＜ 2 000 mg/L；COD_{Cr}=3 000 ～ 30 000 mg/L；严格控制重金属、氰化物、酚类等物质进入反应器	COD 去除率 50% ～ 90%	沼气脱硫后可作为燃料利用	适用于容积负荷高，需较强抗冲击负荷能力的
ABR 处理技术	中温条件下，COD 容积负荷 5 ～ 30 kg/（m^3·d）	COD 去除率 60% ～ 80%		可用于处理高浓度制药废水，也可作为水解酸化池或两相厌氧反应的产酸段
IC 处理技术	中温条件下，COD 容积负荷一般在 10 kg/（m^3·d）以上	COD 去除率 50% ～ 80%		可用于处理污染物以碳氢化合物为主的高浓度制药废水，也适合需较强抗冲击负荷能力的情况
两相厌氧反应器处理技术	产酸及硫酸盐还原厌氧反应器：中温条件，COD 容积负荷可达 4 kg/（m^3·d）以上，SO_4^{2-} 容积负荷可达 2 kg/（m^3·d）以上。出水采用沼气吹脱：气水比大于 5，吹脱反应时间 30 ～ 40 min。产甲烷厌氧反应器：COD 容积负荷 3 ～ 4 kg/（m^3·d）	产酸段经气体吹脱后对硫酸盐的去除率在 70% 以上。两相厌氧工艺 COD 去除率在 90% 以上	在处理高硫酸盐废水时，吹脱产生的含高浓度硫化氢的沼气需经脱硫处理后，一般采用湿法化学脱硫或生物脱硫	两相厌氧反应器除了适用于高浓度制药废水外，尤其适用于高硫酸盐废水

工艺单元技术	可行工艺参数	污染物削减和排放	二次污染及防治措施	技术适用性
复合式厌氧流化床处理技术	中温条件下，COD 容积负荷 5 ～ 10 kg/（m^3·d）	COD 去除率 50% ～ 90 %		高质量浓度废水处理
接触氧化法处理技术	COD 容积负荷一般在 1kg/（m^3·d）以下，出水溶解氧 2 ～ 3 mg/L。推荐采用组合填料，填料装填率 50% ～ 70%	COD 去除率 60% ～ 90%		适用于 COD 质量浓度在 2 000 mg/L 以下的废水
间歇曝气活性污泥法及其变形工艺处理技术	COD 容积负荷 1 ～ 2 kg/（m^3·d），出水溶解氧控制在 2 mg/L 左右	COD 去除率 50% ～ 80%		COD 质量浓度在 3 000 mg/L 以下的废水
MBR 处理技术	污泥浓度一般 6 ～ 10 g/L，污泥负荷 0.1 ～ 0.2 kg COD_{Cr} /（kgVSS·d）	COD 去除率 50% ～ 90%		出水要求较高的好氧生物处理工艺
MBBR 处理技术	COD 容积负荷 1.5 ～ 2 kg/（m^3·d），DO2 ～ 3 mg/L，消化速率 0.02 ～ 0.03 kg NH_3-N/（kgDS·d）	COD 去除率 50% ～ 90%，氨氮去除率达 50 % 以上		中低质量浓度废水的一级好氧技术
BAF 处理技术	气水比 15 ：1，停留时间 4 h 以上，反冲洗周期一般 15 ～ 30 d	COD 去除率 30% ～ 50 %		处理悬浮物浓度较低的废水，多用于废水深度处理

第五章　电镀工业水污染防治技术

第一节　电镀工业生产工艺和水污染物排放

电镀是通用性强、应用面广的工业行业之一，几乎所有的工业部门都有一定范围的电镀加工。电镀过程排放的各种废水，统称为电镀废水，包括镀件酸洗废水、漂洗废水、钝化废水、刷洗的废水以及由于操作或管理不善引起的跑、冒、滴、漏产生的废水等。这类废水中大多含有氰化物、酸、碱及镉、铬、铅、镍、银、铜、锌等金属污染物，毒性强、危害性大，是较难处理的废水之一。

一、生产工艺及产污环节

电镀工艺包括工件抛光、脱脂、上挂具、化学除油、酸洗、电解除油、弱腐蚀（活化）、电镀、浸洗回收、出光、低铬钝化、漂白、烘干、检验等生产过程，以镀锌和装饰性电镀为例，电镀生产工艺流程及产污环节见图 5-1。产生废水的主要过程是酸洗、水洗和浸洗过程。

二、废水污染物

一般按废水所含污染物类型或重金属离子的种类将电镀废水分为酸碱废水、含氰废水、含铬废水、重金属废水等。当废水中含有一种以上污染物时（如氰化镀镉，既有氰化物又有镉），一般仍按其中一种污染物分类；当同一镀种有几种工艺方法时，也可按不同工艺再分成小类，如焦磷酸镀铜废水、硫酸铜镀铜废水等。将不同镀种和不同污染物混合在一起的废水统称为电镀混合废水。

酸碱废水：包括预处理及其他酸洗槽、碱洗槽产生的废水，主要污染物为盐酸、硫酸、氢氧化钠、碳酸钠、磷酸钠等。

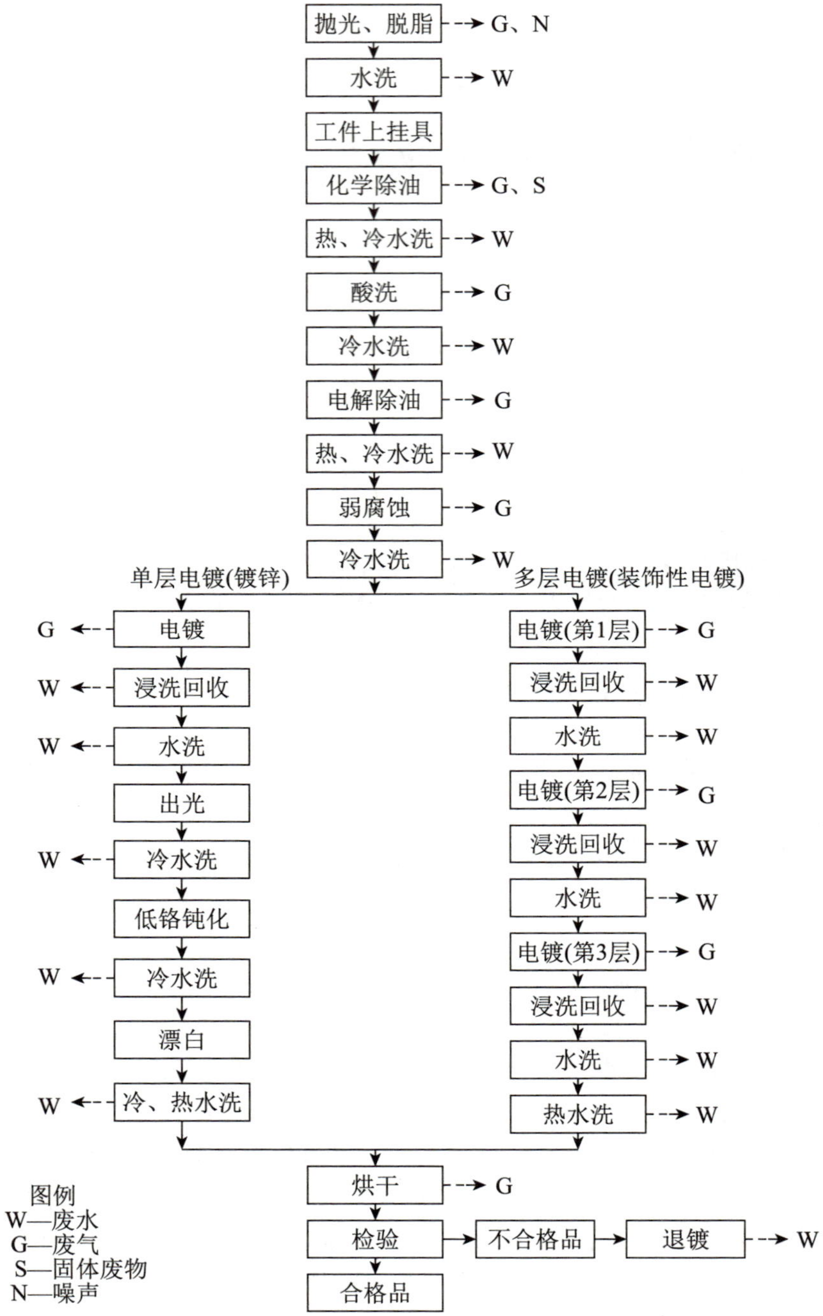

图 5-1　电镀生产工艺流程及产污环节

含氰废水：包括氰化镀铜，碱性氰化物镀金，中性和酸性镀金、银、铜锡合金，仿金电镀等含氰电镀工序产生的废水，主要污染物为氰化物、络合态重金属离子等。该类废水剧毒，须单独收集、处理。

含铬废水：包括镀铬、镀黑铬、表面钝化、退镀以及塑料电镀前处理粗化等工序产生的废水。主要污染物为六价铬、总铬等。该类废水毒性大，须单独收集、处理。

重金属废水：包括镀镍、镉、铜、锌等金属及其合金产生的废水，焦磷酸盐镀铜废水，钯镍合金电镀废水，化学镀废水以及阳极氧化、磷化工艺产生的废水。该类废水主要污染物为镍、氯化镉、硫酸镉及氰化镉、硫酸铜、氯化锌、氧化锌、硫酸锌、氯铵、络合态重金属离子及络合剂类有机物、甲醛和乙二胺四乙酸（EDTA）等。

有机废水：包括工件除锈、脱脂、除油、除蜡等电镀前处理工序产生的废水。该类废水主要污染物为有机物、悬浮物、重金属等。

电镀混合废水：包括多种工序排放的废水，组分复杂多变，主要污染物为多种金属离子，添加剂、络合剂、染料、分散剂等有机物，以及悬浮物、石油类、磷酸盐、表面活性剂等。

电镀废水的来源、主要成分及其质量浓度范围见表 5.1。

表 5-1 电镀废水的来源、主要成分及其质量浓度范围

废水种类	废水来源	废水主要成分	主要污染物质量浓度范围
酸碱废水	镀前处理、冲洗地坪	各种酸类和碱类等	酸、碱废水混合后，一般呈酸性，pH 为 3 ～ 6
含氰废水	氰化镀工序	氰络合金属离子、游离氰等	pH 为 8 ～ 11，总氰根离子为 10 ～ 50 mg/L
含铬废水	粗化、镀铬、钝化、化学镀铬、阳极化处理	六价铬、铜等金属离子	pH 为 4 ～ 6，六价铬离子为 10 ～ 200 mg/L
含镉废水	无氰镀镉、氰化镀镉	镉离子、游离氰离子	pH 为 8 ～ 11，镉离子≤ 50 mg/L，游离氰离子为 10 ～ 50 mg/L
含镍废水	镀镍、化学镀镍	镀镍：硫酸镍、氯化镍、硼酸、添加剂 化学镀镍：硫酸镍、络合剂、还原剂	镀镍：pH 为 6 左右，镍离子≤ 100 mg/L 化学镀镍：pH 取决于溶液类型，镍离子≤ 50 mg/L

废水种类	废水来源	废水主要成分	主要污染物质量浓度范围
含铜废水	酸性镀铜、焦磷酸盐镀铜、氰化镀铜、镀铜锡合金、镀铜锌合金	酸性镀铜废水：硫酸铜、硫酸 焦磷酸盐镀铜：焦磷酸铜、焦磷酸钾、柠檬酸钾、氨三乙酸以及添加剂	酸性铜：pH 为 2 ～ 3，铜离子≤ 100 mg/L 焦磷酸铜：pH 为 7 左右，铜离子≤ 50 mg/L
含锌废水	碱性锌酸盐镀锌	锌离子、氢氧化钠和部分添加剂等	pH ＞ 9，锌离子≤ 50 mg/L
	钾盐镀锌	锌离子、氯化钾、硼酸和部分光亮剂	pH 为 6 左右，锌离子≤ 50 mg/L
	硫酸锌镀锌	硫酸锌、部分光亮剂	pH 为 6 ～ 8，锌离子≤ 50 mg/L
	铵盐镀锌	氯化锌、氯化铵、锌的络合物和添加剂	pH 为 6 ～ 9，锌离子≤ 50 mg/L
含铅废水	氟硼酸盐镀铅、镀铅锡铜合金	氟硼酸铅、氟硼酸根、氟离子	pH 为 3 左右，铅离子为 150 mg/L 左右，氟离子为 60 mg/L 左右
含银废水	氰化镀银、硫代硫酸盐镀银	银离子、游离氰离子	pH 为 8 ～ 11，银离子≤ 50 mg/L，游离氰离子为 10 ～ 50 mg/L
含氟废水	冷封闭	镍离子、氟离子	pH 为 6 左右，镍离子≤ 20 mg/L，氟离子≤ 20 mg/L
混合废水	电镀前处理和清洗	铜、锌、镍、三价铬等重金属离子	pH 为 4 ～ 6，铜、锌、镍、三价铬等重金属离子均≤ 100 mg/L

第二节　电镀工业水污染预防技术

一、有毒原辅材料替代技术

1. 无氰镀锌技术

适用于电镀锌工艺，是以氯化物或碱性锌酸盐替代氰化物的镀锌技术。该技术明显提高了电镀质量，且工艺全过程不使用氰化物，减少了含氰污染物的排放。氯化物镀锌技术约占电镀锌工艺的 90%。

2. 无氰酸性镀铜技术

无氰酸性（CDS）镀铜技术适用于钢铁、铜、锡基质工件直接镀铜工艺，是在酸性（pH 1.0 ～ 3.0）溶液条件下，为钢铁工件电（或化学）镀铜。镀液由五水硫酸铜、阻化剂、络合剂、还原剂等组成。其原理：选择适合 CDS 镀铜液的酸盐与阻化剂合理配位，抑制铜离子与钢铁的置换反应；以葡萄糖等组成的复合还原剂，使二价铜离子（Cu^{2+}）在金属表面形成镀层而不是置换层，工件基体与镀层结合牢固；组合络合剂使酸性镀铜液产生的有害成分和带入的杂质，有效分离沉淀，从而获得结合力牢固的镀铜层。该技术镀层结晶细致牢固、工艺稳定、电流效率高、沉积速度快，镀液稳定，质量可靠、电镀成本低、操作简单。镀液不含氰化物、甲醛及强络合剂等有害成分，生产中无有毒、有害气体挥发。可有效减少水污染和大气污染。

3. 丙尔金镀金替代氰化物镀金技术

丙尔金镀金替代氰化物镀金技术适用于功能性电镀金及装饰性电镀金工艺，是采用一水合柠檬酸一钾二（以下简称丙尔金）镀液替代氰化亚金钾的镀金工艺。其原理是黄金在王水（强氧化剂）中溶解生成三氯化金，三氯化金在络合剂和丙二腈的作用下与柠檬酸盐反应生成柠檬酸金钾，经电离还原后金离子沉积在镀件上。柠檬酸金钾镀层不再发生氰溶蚀过程，镀层附着力强，表面光洁度高，镀金色泽呈 24K 纯正金黄色。其可焊性、抗氧化性、耐盐雾等理化性能均较好，且该技术无氰化物排放。

4. 亚硫酸盐镀金技术

亚硫酸盐镀金技术适用于装饰性电镀金工艺，是以亚硫酸盐镀金液代替氰化物的镀金工艺。该技术电流效率高，镀层细致光亮，沉积速度快，孔隙少，镀层与镍、铜、银等金属结合力好，镀液中如果加入铜盐或钯盐，硬度可达到 350 HV；但镀液稳定性不如含氰镀液，且硬金耐磨性差，接触电阻变化较大。阳极不溶解，需经常补加溶液中的金。

5. 三价铬电镀技术

三价铬电镀适用于装饰性电镀铬、钝化等工艺，是采用了氨基乙酸体系和尿素体系镀液，镀层质量、沉积速度、耐腐蚀性、硬度和耐磨性等都与六价铬镀层相似，且工艺稳定，电流效率高，节省能源，同时还具有微孔或微裂纹的特点；但镀层增厚困难，还不能取代功能性镀铬。三价铬镀液的毒性小，可有效防止六价铬污染，对环境和操作人员的危害比较小。

6. 纳米合金电镀替代电镀铬技术

纳米合金电镀技术适用于功能性电镀铬工艺，是通过电沉积的方法，在合金电镀溶液中添加经过特殊制备、分散的纳米铝粉材料，合金与纳米材料共沉积于镀层，生成纳米合金复合镀层使其性能得到改善。

纳米合金复合镀层的耐腐蚀性能、耐烧蚀性能、耐磨性能等综合指标均超过硬铬电镀，且工艺简单，可全部自动化控制。该技术不使用含铬化工原料，因此无重金属铬排放。该技术电流效率达 80%，材料利用率大于 95%。但原材料成本较硬铬电镀高约 20%。

7. 无镉电镀技术

无镉电镀技术适用于代镉电镀，尤其适用于在恶劣的工业大气和严酷的海洋环境中使用，是以锌镍合金镀层代替镀镉工艺。

锌镍合金镀层的防护性能优良，具有高耐磨性，且无重金属铬的排放；但仍需进行适当的钝化处理，否则表面容易氧化和腐蚀，破坏镀层的外观和使用性能。

二、电镀清洗水减量化技术

1. 多级逆流清洗技术

多级逆流清洗技术适用于挂镀、滚镀自动化生产工艺，不适用于钢卷及体积大于清洗槽的大型镀件电镀。它是由若干级清洗槽串联组成，从末级槽进水，第一级槽排出清洗废水，其水流方向与镀件清洗移动方向相反。

该技术可大大减少生产的用水量，并间接减少化学品的用量；但需要更多的空间，且总投资增加（增加槽、工件传输设备和控制设备）。

2. 间歇逆流清洗技术

间歇逆流清洗技术也称清洗废水全翻槽技术，适用于单一镀种的电镀工艺。当末级清洗槽里的镀液（或某离子）含量高于该镀件清洗水的标准含量时，电镀清洗槽逐级向前更换清洗水（全翻槽）一次。即把第一清洗槽清洗液全部注入备用槽，把第二清洗槽清洗液全部注入第一清洗槽，以此类推，在最后一个空槽中加满水，就可继续电镀一个翻槽周期。

该技术水利用率大于 90%；化工原料回收利用率为 100%，可有效防止电镀污染。

3. 喷射水洗技术

喷射水洗技术适用于自动或半自动电镀线，与生产线动作协调控制，分为喷淋水洗和喷雾水洗。喷淋水洗是通过水泵使水经喷管、喷嘴、喷孔等喷淋装置进行清洗；喷雾水洗是采用压缩空气的气流使水雾化，通过喷嘴形成气水雾冲洗镀件。

该技术由于喷嘴可调到任意需要的角度，可提高冲洗效率，对品种单一、批量较大的镀件有一定的优越性；但对复杂工件的喷射水洗效果较差。

4. 废水的分质梯度利用技术

适用于绝大多数电镀企业。电镀生产线上的用水点很多，不同的用水点有不同的水质标准。根据不同用水要求梯度使用废水，分质用水，一水多用，合理安排可获得约 30% 的节水效果。

该技术可减少总用水量，投资省、运行成本低、操作简单。

三、清洗废水槽边回收技术

1. 逆流清洗 - 离子交换技术

逆流清洗 - 离子交换技术是在逆流清洗的基础上，应用离子交换树脂（或纤维）将第一级清洗废水分离处理，处理后的清水回用于镀槽，补充镀液的损耗。

该技术比一般的并联清洗系统省水，可减少废水的排放，且各槽间水是以重力方式连续逆流补给，不需要动力提升。

连续逆流清洗适用于生产批量大、用水量较大的连续生产车间；间歇逆流清洗适用于间歇、小批量生产的电镀车间。

2. 逆流清洗 - 离子交换 - 蒸发浓缩技术

逆流清洗 - 离子交换 - 蒸发浓缩技术是通过蒸发浓缩装置将经过阳离子交换柱分离的第一级清洗槽液蒸发浓缩，浓缩液补充回镀槽，蒸馏水返回末级清洗槽循环使用。

该技术可有效回收水及镀液，操作简单，成本低，且可减少废水和镀液的排放；但蒸发浓缩要消耗能量，离子交换树脂（纤维）饱和后需进行再生处理，适用于用水量较大的电镀生产线。

3. 逆流清洗 - 反渗透薄膜分离技术

逆流清洗 - 反渗透薄膜分离技术是在逆流清洗的基础上，应用反渗透系统将第一级清洗水过滤分离，浓缩液返回镀槽，淡水用于末级清洗槽循环使用。

该技术不消耗化学药品，不产生废渣，无相变过程，且经济简便、可靠性高、无二次污染，适用于电镀镍、铬等贵金属清洗废水的回收利用。

4. 逆流清洗 - 电解回收技术

逆流清洗 - 电解回收技术是将第一级清洗槽的出水引入电解槽。当处理含铜废水时，电解槽采用无隔膜、单极性平板电极，直流电源。电解槽的阳极材料为不溶性材质，阴极材料为不锈钢板或铜板；在直流电场的作用下，铜离子凝聚于阴极。电解槽出水补充第二级清洗水；铜回收率为 100%。

当处理含银废水时，电解槽采用无隔膜、单极性平板电极电解槽或同心双筒电极旋流式电解槽。直流或脉冲电源，适用于酸性镀铜、氰化镀铜、氰化镀银等工艺。

5. 槽边化学反应技术

槽边化学反应技术是在镀液槽后面设置一台化学反应槽和一台清洗水槽。镀件进入化学反应槽时，带出液在化学反应槽中发生反应（如氧化、还原、中和、沉淀等），转变成无污染的物质。镀件进入清水槽时，已基本无污染物质，清洗水可以循环利用。

化学反应槽中含有大量的化学药品，可保证每一次都能实现完全的化学反应，回收化学反应槽沉淀的重金属盐。该技术适用于六价铬镀铬、氰化物电镀铜、镀镍、镀锌等工艺。

6. 镀铬废液回收利用技术

镀铬废液回收利用技术采用高强度、选择性阳离子交换树脂处理带出的镀铬废液和受金属污染的镀铬废液，当溶液中铬酐质量浓度低于 150 g/L 时，使用树脂消除其中的铜、锌、镍、铁等金属杂质，再经过蒸发浓缩，即可全部回用于镀铬槽。

该技术可节省大量材料，铬镀液及其废液中铬酸回用率大于 95%，适用于传统的镀铬工艺生产线改造和新建电镀铬生产线。

7. 溶剂萃取 - 电解还原法回收废蚀刻液技术

溶剂萃取 - 电解还原法回收废蚀刻液技术是使用萃取剂将废蚀刻液中的铜取出，使废蚀刻液分成油、水两相：铜进入萃取剂成为富铜油相，不含铜的废蚀刻液成为水相。水相只需补充氨水即可恢复蚀刻功能，成为再生蚀刻液，循环使用。

该技术的特点是回收利用废蚀刻液的同时，还可全部回收利用电解液、萃取剂和油相清洗水，适用于废蚀刻液的再生利用。

第三节　电镀工业水污染治理技术

一、化学法处理技术

（一）碱性氯化法处理技术

废水中含有氰化物时，将废水调控在碱性条件下，加入适量的氧化剂氧化废水中的氰化物，消除氰的毒性。经过两次破氰，氰化物被完全氧化。氧化剂多采用次氯酸钠、二氧化氯、液氯等。该技术具有稳定、可靠、易于实现自动控制等特点，适用于电镀企业含氰废水的处理。

（二）化学还原法处理技术

化学还原法是在酸性（pH 2.5 ～ 3.0）条件下，将废水中的六价铬还原成低毒的三价铬，再调整 pH 至 7.0 ～ 9.0，使其以氢氧化铬形态沉淀去除。

该技术可消除含铬废水的毒性，具有稳定、可靠、易于实现自动控制等特点，适用于电镀企业含铬废水的处理。

（三）化学沉淀法处理技术

化学沉淀法处理技术是通过投加氢氧化钠或硫化钠与废水中的金属离子反应生成氢氧化物或硫化物而沉淀。各种金属氢氧化物或硫化物沉淀的 pH 不同，选取各自的 pH 范围才能取得最佳沉淀效果。

该技术处理效果好，但是工艺流程较长、控制复杂、污泥量大，适用于各种重金属废水和混合废水的处理。

（四）化学法 + 膜分离法处理技术

含氰废水经化学破氰、含铬废水经化学还原后与其他重金属废水混合，在碱性状态下，形成金属氢氧化物沉淀，再采用膜技术处理器分离沉淀收集重金属。

微滤 / 超滤膜作为固液分离的介质，可全部回收含重金属固体物；水回收率约为 95%。该技术省去沉淀池和污泥池，占地少，节省工程总投资；具有污泥量少、运行费用低等特点。

该技术适用于各种重金属废水和混合废水的处理。

二、物化法处理技术

（一）臭氧氧化法处理技术

臭氧氧化法处理技术是利用臭氧的强氧化性能，在碱性（pH 9 ～ 11）条件下，将含氰废水中的游离氰根氧化为二氧化碳和氮气，氧化接触时间为15 ～ 20 min，游离氰根去除率为97% ～ 99%。投加亚铜离子催化剂，可缩短反应时间。反应池尾气须收集并经碱液吸收后排放。

该技术处理含氰废水时，实际投药量通常要比理论值大，设备复杂，较难控制，适用于含氰废水的处理。

（二）电解法处理技术

电解法处理技术是在调节池后设置电解池，当处理含氰废水时，调节进水pH为9 ～ 10，按氰浓度的30 ～ 60倍投加氯化钠，在直流电场的作用下，游离氰根被分解氧化。

当处理含铬废水时，进水pH控制在2 ～ 4，微电解装置的出水pH为8 ～ 9。该技术使用铁屑作为电解池中的填料。铁屑极易氧化、板结，影响处理效果。

该技术适用于含氰废水、含铬废水、含银废水的处理。

（三）电解法 + 膜分离法处理技术

电解法 + 膜分离法处理技术是指在电镀废水经过电解处理后，再经膜分离技术深度处理。该技术是将电镀废水先经过电解预处理后，采用膜技术处理器分离沉淀收集重金属。

该技术处理电镀混合废水时，应根据回用水水质、水量的要求选择膜分离工艺形式。膜分离产生的浓水，应进入有机废水生化处理系统继续处理，适用于电镀企业混合废水的处理。

三、生物化学法处理技术

（一）A/O（缺氧 / 好氧）生物处理技术

废水在调节池内通过曝气搅拌均匀水质水量，兼有初曝气作用，然后依次进入缺氧池和好氧池，利用活性污泥中的微生物降解废水中的有机污染物。通常缺氧池采用水解酸化工艺，好氧池采用接触氧化工艺。

当进水 COD_{Cr} 质量浓度低于 500 mg/L 时，COD_{Cr} 去除率大于 80%，出水 COD_{Cr} 质量浓度低于 100 mg/L。该技术可有效去除悬浮颗粒物。但缺氧池抗冲击负荷能力较差。

（二）A^2/O（厌氧 - 缺氧 / 好氧）生物处理技术

A^2/O 工艺是在 A/O 工艺中缺氧池前增加一个厌氧池，利用厌氧微生物先将复杂的长链大分子有机物降解为小分子，提高废水的可生物降解性，利于后续生物处理。

当进水 COD_{Cr} 质量浓度低于 500 mg/L、氨氮浓度低于 50 mg/L 时，COD_{Cr} 去除率为 80% ～ 90%，氨氮去除率为 80% ～ 90%，出水 COD_{Cr} 质量浓度为 50 ～ 100 mg/L，氨氮质量浓度为 5 ～ 10 mg/L。该技术可有效去除 COD、氨氮等污染物；但占地面积较大，工艺流程较长，运行费用较高。

（三）A/O^2（缺氧 / 好氧 - 好氧）生物处理技术

A/O^2 工艺是在 A/O 工艺中好氧池后增加一个好氧池，俗称短流程硝化 - 反硝化工艺。其中 A 段为缺氧反硝化段，第一个 O 段为亚硝化段，第二个 O 段为硝化段。

当进水 COD_{Cr} 质量浓度低于 500 mg/L、氨氮质量浓度低于 50 mg/L 时，COD_{Cr} 去除率为 80% ～ 90%，氨氮去除率为 85% ～ 90%，出水 COD_{Cr} 质量浓度为 50 ～ 100 mg/L，氨氮质量浓度 5 ～ 7.5 mg/L。

该技术可有效去除 COD、氨氮等污染物；但占地面积较大，工艺流程较长，运行费用较高。

（四）好氧膜生物处理技术

好氧膜生物处理技术是将活性污泥法与膜分离技术相结合，利用膜高效截留的特性，控制生物反应池内污泥质量浓度为 3 000 ～ 6 000 mg/L，污水经过好氧生物反应池降解，从而充分地氧化有机物，膜分离代替二沉池，得到高品质出水。

当进水 COD_{Cr} 质量浓度低于 500 mg/L、氨氮质量浓度低于 50 mg/L、总磷质量浓度低于 5 mg/L 时，COD_{Cr} 去除率为 90% ～ 95%，氨氮去除率为 85% ～ 90%，总磷去除率为 70% ～ 75%，出水 COD_{Cr} 质量浓度为 50 ～ 75 mg/L，

氨氮质量浓度为 5 ～ 7.5 mg/L，总磷质量浓度为 1.25 ～ 1.5 mg/L。

该技术可有效去除 COD、氨氮等有机污染物；但去除总磷效果较差，运行费用较高。

（五）缺氧（或兼氧）膜生物处理技术

缺氧膜生物处理技术是使污水不断经受缺氧生物和好氧生物的交替氧化，从而充分地降解有机污染物。膜生物反应池处于缺氧状态，控制溶解氧 0.2 ～ 0.5 mg/L，膜箱内处于好氧状态，控制溶解氧不低于 2.0 mg/L。生物反应池内污泥质量浓度 8 000 ～ 12 000 mg/L，在特性菌的作用下，在射流曝气的搅动下，池内形成旋流，实现高效特性菌定向富集培养，增强污泥活性。

与好氧膜生物法处理技术相比，该技术湿污泥减量在 95% 以上，容积负荷提高一倍以上。当进水 COD_{Cr} 质量浓度低于 500 mg/L、氨氮质量浓度低于 50 mg/L、总磷质量浓度低于 5 mg/L 时，COD_{Cr} 去除率可达 93% ～ 95%，氨氮去除率可达 90% ～ 95%，总磷去除率可达 90% ～ 95%。出水 COD_{Cr} 质量浓度为 25 ～ 35 mg/L，氨氮质量浓度为 2.5 ～ 5.0 mg/L，总磷质量浓度小于 0.5 mg/L。

该技术可有效去除 COD、氨氮、总磷等污染物。

（六）厌氧 - 缺氧（或兼氧）膜生物处理技术

在缺氧膜生物反应池前增加厌氧池，厌氧池采用水解酸化工艺，生物反应池内污泥质量浓度 10 000 ～ 15 000 mg/L，污泥回流 100% ～ 500%，该技术有机污泥排放量少、且降解有机污染物的同时具有除磷脱氮、节能降耗等效果。

当进水 COD_{Cr} 质量浓度低于 500 mg/L、氨氮质量浓度低于 50 mg/L、总磷质量浓度低于 5 mg/L、总氮质量浓度低于 60 mg/L 时，COD_{Cr} 去除率为 93% ～ 95%，氨氮去除率为 90% ～ 95%，总磷去除率为 90% ～ 95%，总氮去除率大于 90%，出水 COD_{Cr}25 ～ 35 mg/L，氨氮质量浓度为 2.5 ～ 5.0 mg/L，总磷质量浓度为 0.25 ～ 0.5 mg/L，总氮质量浓度不大于 6 mg/L。

该技术可有效去除 COD、氨氮、总磷、总氮等污染物。

四、反渗透深度处理技术

反渗透系统产生的淡水回用于生产线，浓水可经独立系统处理后排放，也可将浓水排入生化处理系统或混合废水调节池做进一步处理。该技术工艺流程短，占地面积小。不投加药剂，不产生污泥。全过程均属物理法，不发生相变，适用于所有电镀企业的各种电镀生产线废水的深度脱盐处理。

五、电镀工业污染防治新技术

（一）生物脱脂技术

生物脱脂技术是利用微生物的生长特性，净化工件表面上的油污，使油污降解为二氧化碳和水。该技术可代替传统的乳化、皂化等脱脂方法。生物脱脂温度低，节约能源；使用寿命长，节约资源；脱脂液不含磷，减少了对环境的污染。该技术必须由一个生物降解装置和脱脂槽连接组成一个循环系统，分离死菌，补充营养，保持微生物的浓度和活性，满足生产的要求，适用于镀件单一的新建大型电镀企业。

（二）无氰碱性镀银技术

无氰碱性镀银技术是在碱性（pH 8.8 ～ 9.5）及室温（15.5 ～ 24℃）条件下，采用 E-Brite 50/50 添加剂，直接在黄铜、铜、化学镍等工件表面镀银的工艺。该技术无须预镀银，镀层与工件的结合力优于氰化物镀银，镀件的颜色洁白、美观。镀液中银的补给来自银阳极，镀液稳定，阳极溶解效率高，具有镀层致密、光滑、结晶细致、极低空隙、焊接性能强的特点。该技术适用于黄铜、铜、化学镍等工件直接镀银工艺。

（三）吸附交换法回收废酸液技术

吸附交换法回收废酸液技术是利用离子交换树脂（或纤维）的阻滞特性，将废液中的酸吸附，其他金属盐顺利通过，然后利用纯水解析树脂回收酸。第一步除去废酸液中的悬浮固体物，第二步对废酸液净化处理。

该材料有优异的亲酸性，当它与酸接触时，酸被吸附截留。酸液中的其他物质，如金属离子，则流出系统。当吸酸离子交换柱饱和后，再用水洗掉吸酸离子交换柱吸附的酸，成为再生酸液。该技术适用于废酸液的回收利用。

（四）生物处理含铬废水技术

生物处理含铬废水技术是利用复合菌（由具核梭杆菌、脱氮副球菌、迟钝爱得华氏菌、厌氧化球菌组合而成）在生长过程中，其代谢产物将以 $HCrO_4^-$、$Cr_2O_7^{2-}$、CrO_4^{2-} 形式存在的六价铬还原为三价铬，形成氢氧化铬，与菌体其他金属离子的氢氧化物、硫化物混凝沉淀而被除去。

该技术产生的污泥量仅为化学法的 1%，形成的氢氧化铬、氢氧化铜、氢氧化镍、氢氧化锌沉淀物均可回收，适用于电镀企业含铬废水的处理。

第四节 电镀工业水污染防治可行技术

一、电镀工业水污染防治最佳可行技术概述

电镀工业水污染防治最佳可行技术组合见图 5-2。

二、电镀工艺过程水污染预防最佳可行技术

电镀工艺过程水污染预防最佳可行技术及主要技术指标见表 5-2。

三、水污染治理最佳可行技术

（一）酸、碱废水

酸、碱废水的处理应首先利用酸、碱废水本身的自然中和或利用酸、碱废液、废渣等相互中和处理。电镀预处理工序的酸、碱废水混合后，一般呈酸性，宜以中和酸为主。处理酸性废水，当没有碱性废物可利用时，可采用碱性药剂中和或过滤中和。当废水中含有多种金属离子时，宜采用药剂中和。中和反应会产生大量沉渣，应通过沉淀予以去除。当沉渣量少时，可采用竖流式沉淀池和连续排渣；当沉渣量大，重力排泥困难时，可采用平流式沉淀池，沉渣用吸泥机排出。酸、碱废水中和反应后所产生的干污泥量，宜通过试验确定。当无条件试验时，可按处理废水体积的 0.1% ～ 0.25% 估算。

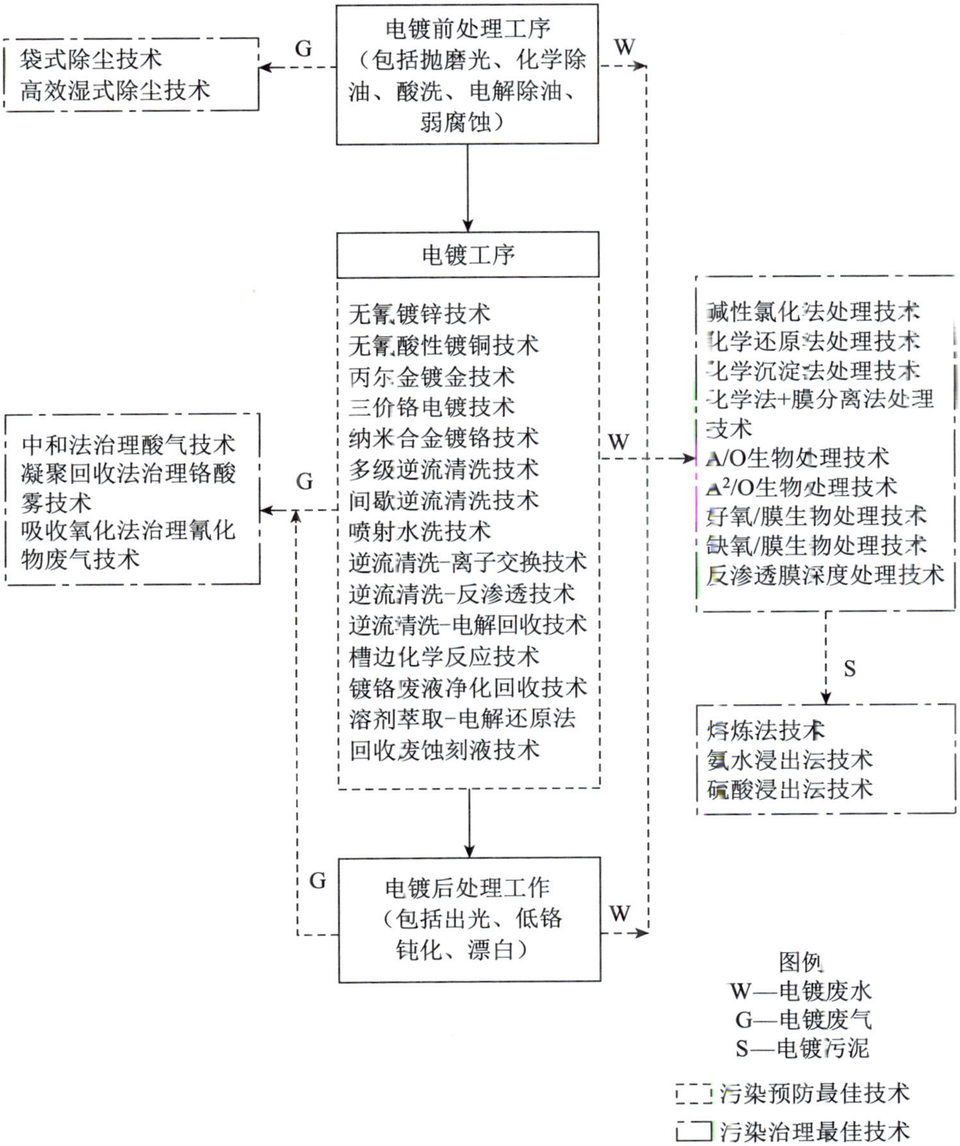

图 5-2　电镀工业水污染防治最佳可行技术组合

表 5-2　电镀工艺过程水污染预防最佳可行技术及主要技术指标

项目	最佳可行技术	主要技术指标	技术适用性
有毒材料替代	无氰镀锌技术	无氰化物产生	挂镀生产线电镀锌工艺
	无氰酸性镀铜技术	无氰化物、无甲醛、无强络合剂	钢铁、铜、锡基件镀铜工艺
	丙尔金镀金技术	无氰化物产生	功能性、装饰性电镀金工艺
	三价铬电镀技术	无六价铬产生	装饰性电镀铬、钝化等工艺
	纳米合金镀铬技术	无六价铬产生	功能型电镀铬工艺
清洗水减量化	多级逆流清洗技术	该技术比单槽清洗法节水 50% 以上	挂镀、滚镀自动化生产工艺，不适用于钢卷及体积大于清洗槽的大型镀件电镀
	间歇逆流清洗技术	水利用率大于 90%；化工原料回收利用率为 100%，比单槽清洗法节水 80% 以上	单一镀种的电镀工艺
	喷射水洗技术	比单槽清洗法节水 70% 以上	自动或半自动电镀线
槽边回收技术	逆流清洗 - 离子交换技术	贵重金属回收率 100%；COD_{Cr} 质量浓度小于 40 mg/L、悬浮物未检出、pH 为 6 ～ 9	批量大、用水量较大的连续生产车间
	逆流清洗 - 反渗透技术	贵重金属回收率 100%；COD_{Cr} 质量浓度小于 40 mg/L、悬浮物未检出、pH 为 6 ～ 9	电镀镍、铬等贵金属清洗废水回收利用
	逆流清洗 - 电解回收技术	氰酸根去除率大于 99%；银回收率为 100%，重金属回收率 100%；pH 为 6 ～ 9	酸性镀铜、氰化镀铜、氰化镀银等工艺
	槽边化学反应技术	清洗水循环利用 95%，重金属回收率 100%	六价铬镀铬、氰化物电镀铜，镀镍、镀锌等工艺
	镀铬废液回收技术	铬酸回收率 95% 以上	电镀铬生产线改造和新建电镀铬生产线
	溶剂萃取 - 电解还原法回收废蚀刻液技术	废蚀刻液再生利用率 100%	电解液、萃取剂油相洗水均实现闭路循环。废蚀刻液再生利用

（二）含氰废水

含氰废水应单独处理。在处理前，不得与其他废水混合。废水中氰离子质量浓度小于 50 mg/L 时，宜采用碱性氯化法处理；废水中氰离子质量浓度大于 50 mg/L 时，宜采用电解处理技术。臭氧处理含氰废水时，对进水氰离子质量浓度没有限制，但含有络合氰根离子的废水，不宜采用臭氧处理。含氰废水处理应避免铁、镍离子混入。含氰废水经过处理，游离氰达到控制要求后可进入混合废水处理系统，去除重金属离子。处理过程可能产生少量 CNCl 气体，故应在密闭和通风条件下操作，并采取防护措施。收集的气体应经过处理后，通过排气筒排放。

1. 碱性氯化法处理技术

废水处理量较小、水质浓度变化不大的，宜采用间歇式一级氧化处理；废水处理量较大、水质浓度变化幅度较大，而且对排放水质要求较高的，宜采用连续式二级氧化处理。含氯氧化剂宜选用次氯酸钠、二氧化氯、液氯等。选取氧化剂既要考虑经济性，也要注重安全性。

碱性氯化处理含氰废水，宜采用如图 5-3 所示的基本工艺流程。

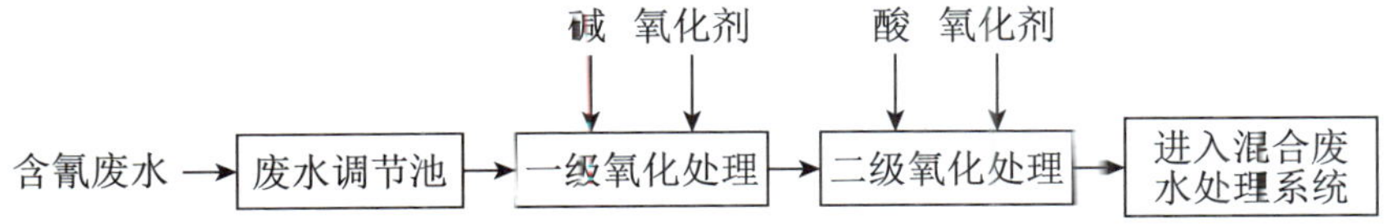

图 5-3　碱性氯化处理含氰废水基本工艺流程

碱性氯化处理含氰废水，应满足以下技术条件和要求：①氧化剂的投入量应通过试验确定。当无条件试验时，其投入量宜按氰离子与活性氯的重量比计算确定。其重量比：一级氧化处理时宜为 1 ∶ 3 ～ 1 ∶ 4；二级氧化处理时宜为 1 ∶ 7 ～ 1 ∶ 8。一级氧化和二级氧化所需氧化剂应分阶段投加，投加比为 1 ∶ 1。② pH 控制和反应时间：一级氧化的 pH 应控制在 10 ～ 11，反应时间宜为 10 ～ 15 min；二级氧化的 pH 应控制在 6.5 ～ 7.0，反应时间宜为 10 ～ 15 min。③有效氯的投加量可采用氧化还原电位（ORP）自动控制。一级处理，ORP 达到 300 mV 时反应基本完成；二级处理，ORP 需达到 650 mV。④废水温度宜控制在 15 ～ 50℃。反应后废水中余氯量应为 2 ～ 5 mg/L。宜采用水力或机械搅拌，空气搅拌会逸出刺激性气体。选取氧化剂时应考虑经济性和安全性。

氰离子最终可达的排放浓度：总氰化物（以 CN^- 计）低于 0.2 mg/L。

2. 臭氧氧化处理技术

臭氧氧化处理含氰废水，宜采用如图 5-4 所示的基本工艺流程。

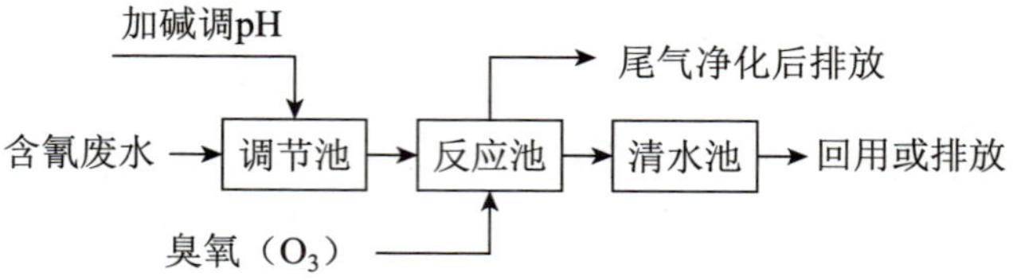

图 5-4 臭氧氧化处理含氰废水基本工艺流程

臭氧氧化处理含氰废水，应满足以下技术条件和要求：①臭氧投量：一级氧化反应理论投量质量比为 $m(CN^-):m(O_3)=1:1.85$；二级氧化反应理论投量质量比为 $m(CN^-):m(O_3)=1:4.61$。实际投药比要比理论值大，应根据试验确定。②对游离氰根，去除率达 97% 时，接触时间不宜少于 15 min；去除率达 99% 时，接触时间不宜少于 20 min。反应池尾气应收集并经碱液吸收后排放。③ pH 应控制在 9 ～ 11。④如采用亚铜离子为催化剂，可缩短反应时间。

3. 电解处理技术

电解处理含氰废水，宜采用如图 5-5 所示的基本工艺流程。

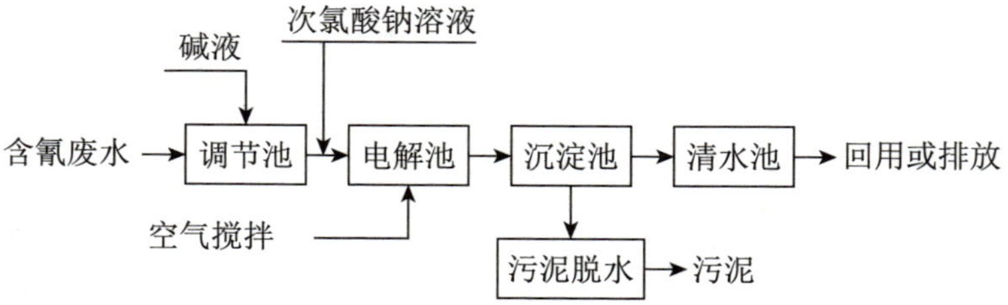

图 5-5 电解处理含氰废水基本工艺流程

电解处理含氰废水，宜满足以下技术条件和要求：①废水的 pH 宜控制在 9 ～ 10，可用 NaOH 溶液进行调节；② NaCl 投加量可按氰浓度的 30 ～ 60 倍估算；③电解槽净极距宜采用 20 ～ 30 cm；④阳极电流密度宜控制在 0.3 ～ 0.5 A/dm^2，槽电压宜为 6 ～ 8.5 V；⑤采用空气搅拌，用气量为 0.1 ～ 0.5 $m^3/(min \cdot m^3)$，空气压力为（0.5 ～ 1.0）$\times 10^5$ Pa；⑥产生的沉淀物沉淀困难时，可投加混凝剂。

（三）含铬废水

含铬废水应单独收集处理，不得将其他废水混入。将六价铬还原为三价铬后，可与其他重金属废水混合处理。用离子交换处理镀铬清洗废水，六价铬离子质量浓度不宜大于 200 mg/L；镀黑铬和镀含氟铬的清洗废水不宜采用离子交换处理。

1. 亚硫酸盐还原处理技术

亚硫酸盐还原处理含铬废水，宜采用如图 5-6 所示的基本工艺流程。

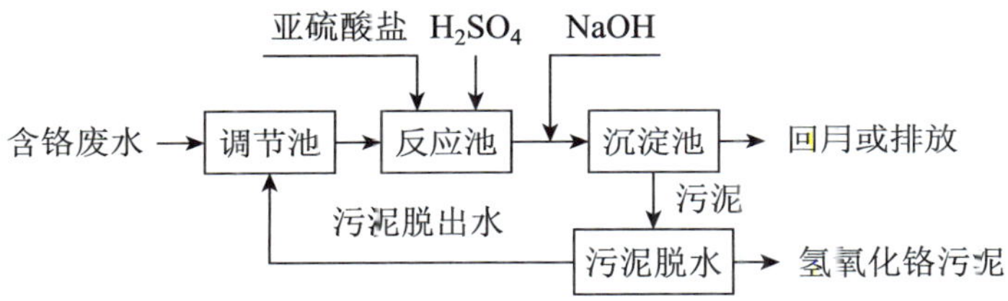

图 5-6　亚硫酸盐还原处理含铬废水基本工艺流程

亚硫酸盐还原处理含铬废水，应满足以下技术条件和要求：①可采用间歇式及连续式处理。采用间歇处理时，调节池容积按平均每小时废水流量的 4 ～ 8 h 计算；采用连续式处理时，可适当减小调节池容量，并设置自动检测与投药装置。②亚硫酸盐宜选用亚硫酸氢钠、亚硫酸钠、焦亚硫酸钠等。③进水 pH 宜控制在 2.5 ～ 3.0；ORP 宜控制在 230 ～ 270 mV；反应时间宜控制在 20 ～ 30 min。④亚硫酸盐的投加量应通过试验确定，也可按表 5-3 给出的参考值选择。⑤废水经还原反应后，宜加碱调废水 pH 为 7 ～ 8，使三价铬沉淀，反应时间应大于 20 min，反应后的沉淀时间宜为 1.0 ～ 1.5 h；⑥沉淀剂宜为氢氧化钠、氢氧化钙、碳酸钙等。通常根据价格、沉淀速率、污泥生成量、脱水效果和污泥是否回收进行选择。

表 5-3　亚硫酸盐与六价铬的投量比（质量比）

亚硫酸盐种类	理论值投量比	实际使用量
六价铬：亚硫酸氢钠	1 ：3	1 ：4 ～ 1 ：5
六价铬：亚硫酸钠	1 ：3.6	1 ：4 ～ 1 ：5
六价铬：焦亚硫酸钠	1 ：2.74	1 ：3.5 ～ 1 ：4

亚硫酸盐还原的反应池应满足处理一次的周期时间。反应池内宜采用机械搅拌，不宜采用空气搅拌。反应池和沉淀池宜设于地面，同时加盖，并设通风装置。

2. 硫酸亚铁 - 石灰处理技术

含铬废水采用硫酸亚铁 - 石灰处理时，基本工艺流程见图 5-6。其中还原剂采用硫酸亚铁，中和剂采用石灰。

硫酸亚铁 - 石灰处理含铬废水，应满足以下技术条件和要求：①运行条件应符合表 5-4 的基本要求。②连续处理时，反应时间应大于 30 min；间歇处理时，反应时间宜为 2～4 h。③反应时宜采用空气搅拌或机械搅拌。④石灰的投加量宜控制为 m（Cr^{6+}）：$m[Ca(OH)_2]$ = 1：8～1：15。

表 5-4　硫酸亚铁处理含铬废水的运行条件

六价铬质量浓度 /（mg/L）	加药前调 pH	投药量（质量比）六价铬：硫酸亚铁	反应后调 pH	搅拌时间 /min
＜25	2～3	1：40～1：50	7.5～8.5	搅拌混匀即可
25～50		1：35～1：40		5～10
50～100		1：30～1：35		10～20
＞100		1：30		20

3. 微电解处理技术

微电解处理含铬废水，宜采用如图 5-7 所示的基本工艺流程。

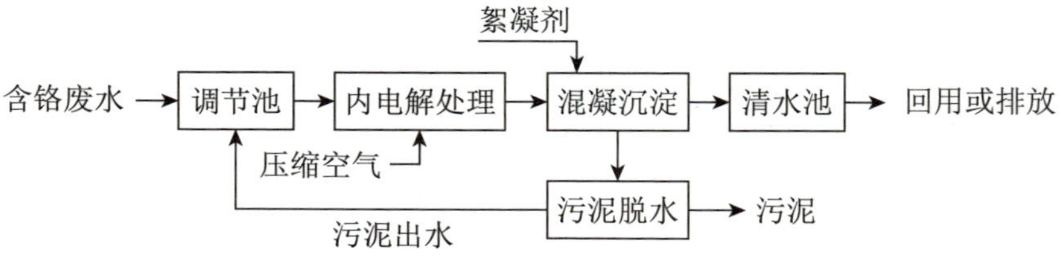

图 5-7　微电解处理含铬废水基本工艺流程

微电解处理含铬废水，应满足以下技术条件和要求：①处理废水量大于或等于 5 m^3/h 时，可采用连续式处理；小于 5 m^3/h 时，宜采用间歇式处理。②进水 pH 宜控制在 2～4，微电解装置的出水应加碱调 pH 为 8～9。铁屑在填装设备前，应进行除杂、除油和除锈处理。在运行过程中，为防止铁屑结块，应定时对其进行气水联合反冲，反冲洗水应进入污泥沉淀池。在设施检修或停运期间，微电解装置内的铁屑填料层必须保持用水浸没，防止空气氧化和板结。

4. 离子交换处理技术

离子交换处理含铬废水，宜采用如图 5-8 所示的基本工艺流程。

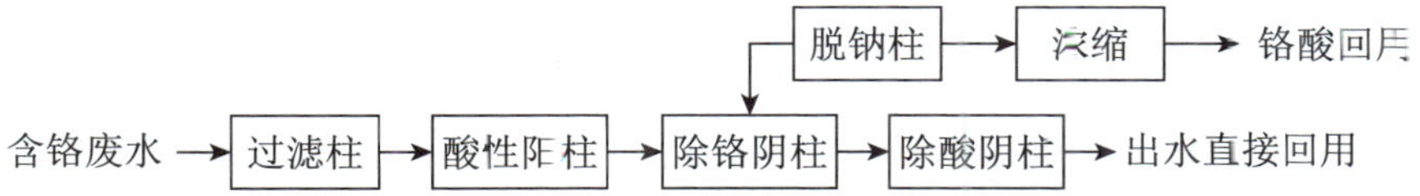

图 5-8　离子交换处理含铬废水基本工艺流程

离子交换处理含铬废水的设计、运行除符合《电镀废水治理设计规范》（GBJ 136）中的条件外，还应满足以下技术条件和要求：①进水六价铬离子质量浓度不宜大于 200 mg/L。②进入阴柱废水的 pH 应控制在 5 以下。③阴柱的再生剂宜选用工业用氢氧化钠，再生液用除盐水配制；阴柱的清洗水宜用除盐水。清洗终点 pH 应控制在 8 ～ 10。④阳柱的再生剂宜用工业用盐酸；阳柱的清洗水可用自来水。清洗终点 pH 为 2 ～ 3。离子交换树脂再生时的淋洗水，含六价铬离子部分应返回调节池；含酸、碱和重金属离子部分应经处理达标后回用或排放。

（四）重金属废水

1. 含镉废水

（1）氢氧化物沉淀处理技术

当废水中的镉以离子形式存在时，可采用氢氧化物沉淀处理技术。氢氧化物沉淀处理含镉废水，宜采用如图 5-9 所示的基本工艺流程。

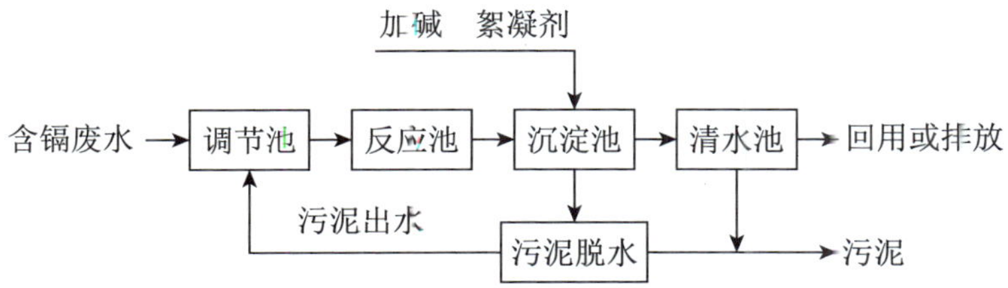

图 5-9　化学沉淀处理含镉废水基本工艺流程

氢氧化物沉淀处理含镉废水，应满足以下技术条件和要求：①废水中镉离子质量浓度不宜大于 50 mg/L。②可采用聚合硫酸铁为絮凝剂，聚丙烯酰胺或硫化铁为助凝剂。絮凝剂的投加量宜为 40 mg/L。③反应池宜设搅拌。混合反应时，废水 pH 宜控制在 9 左右；反应时间宜为 10 ～ 15 min。④沉淀时间应大于 30 min。

（2）硫化物沉淀处理技术

硫化物沉淀处理含镉废水，宜采用如图 5-10 所示的基本工艺流程。

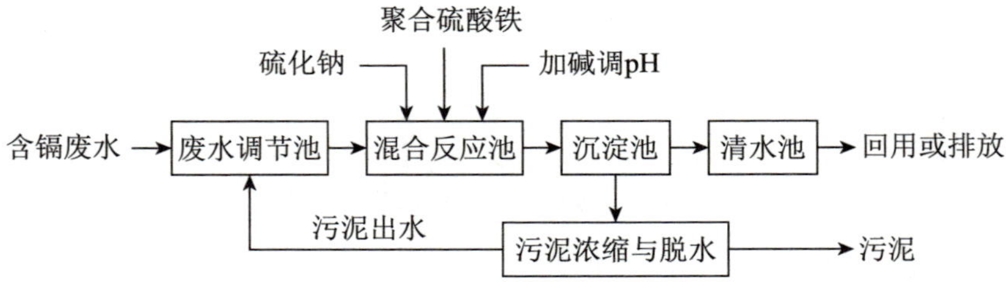

图 5-10　硫化物沉淀处理含镉废水基本工艺流程

硫化镉沉淀处理含镉废水，应满足以下技术条件和要求：①硫化钠投加量宜为 100 mg/L 左右。②聚合硫酸铁或其他铁盐投加量为 30 ～ 40 mg/L。③反应 pH 为 7 ～ 9。④反应搅拌时间 10 min；沉淀时间为 30 min。

（3）离子交换处理技术

氰化镀镉废水，宜采用如图 5-11 所示的基本工艺流程；无氰镀镉废水，宜采用如图 5-12 所示的基本工艺流程。

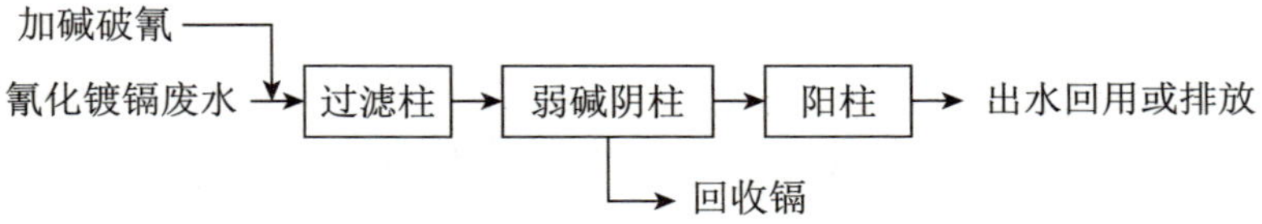

图 5-11　氰化镀镉废水离子交换处理基本工艺流程

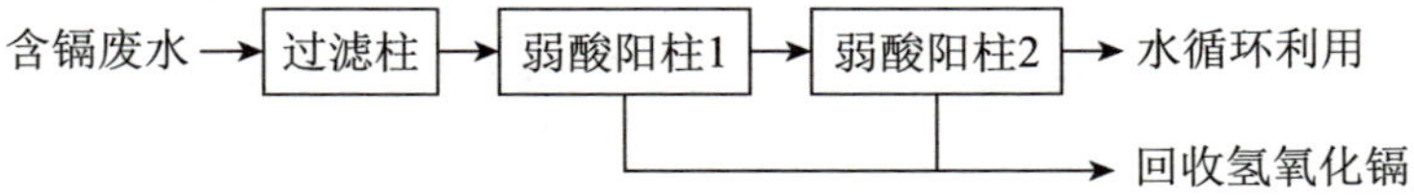

图 5-12　无氰镀镉废水离子交换处理基本工艺流程

离子交换处理含镉废水，应满足以下技术条件和要求：①进水中镉离子质量浓度不宜大于 100 mg/L。②废水中的镉以 Cd^{2+} 形式存在时，宜用酸性阳离子交换树脂处理；废水中的镉以各种络合阴离子形式存在时，宜选用阴离子交换树脂处理。③吸附饱和后的阴离子交换树脂，宜选用 NH_4NO_3 和氨水混合液作为再生剂进行再生，每小时用量为 4 倍于树脂体积，再生速度用 1 ～ 2 倍每小时树脂体积。④阳离子树脂交换柱应与阴离子树脂交换柱同步再生，再生剂为 2 mol/L 的盐酸，再生流速为 0.5 m/h，再生剂用量为 2 倍于树脂体积。阳离子树脂交换柱洗脱液进入中和池处理。

（4）化学沉淀 - 反渗透处理技术

化学沉淀 - 反渗透组合技术适用于氰化镀镉槽中清洗废水的处理，基本工艺流程见图 5-13。

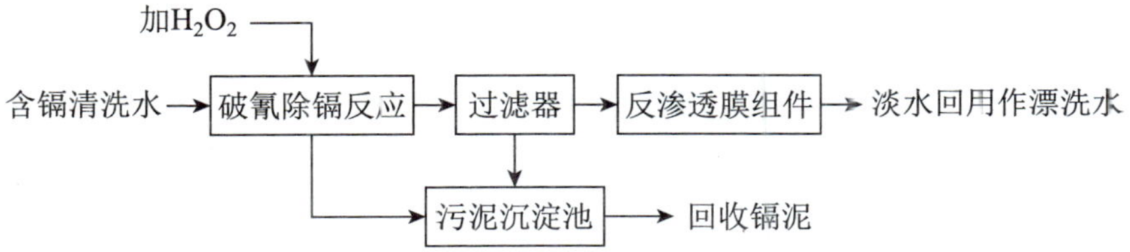

图 5-13　化学沉淀 - 反渗透联合处理氰化镀镉废水基本工艺流程

反渗透处理含镉清洗水，应符合以下技术条件和要求：①对单纯的硫酸镉废水，宜采用醋酸纤维膜进行反渗透分离；②对氰化镀镉漂洗废水，宜选用稳定性、抗氧化性、抗酸性和抗碱性良好的反渗透膜；③废水进入反渗透器前，需采用 H_2O_2 进行破氰和镉沉淀，废水经反应沉淀后，上清液再通过反渗透浓缩分离；④投加 H_2O_2 时，应不断搅拌。H_2O_2 的投量为理论值的 1.3 ～ 1.5 倍。

2. 含镍废水

（1）化学沉淀处理技术

采用化学沉淀处理含镍废水时，宜采用如图 5-9 所示的基本处理单元。同时，应满足以下技术条件和要求：①在废水中投加氢氧化钠，反应 pH 应大于 9；②反应时间不宜少于 20 min，并采用机械搅拌；③为加快悬浮物沉淀，可投加铁盐混凝剂。

（2）离子交换处理技术

离子交换处理镀镍清洗废水，宜采用如图 5-14 所示的双阳柱全饱和基本工艺流程。

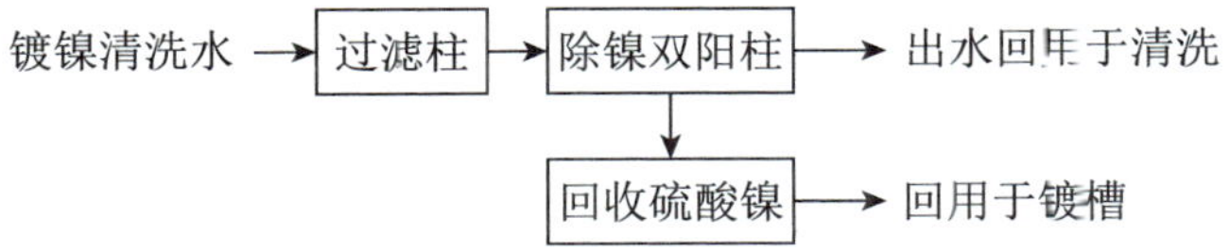

图 5-14　离子交换处理镀镍清洗水基本工艺流程

离子交换处理镀镍清洗水，应满足以下技术条件和要求：①进水镍离子质量浓度不宜大于 200 mg/L。②阳离子交换剂宜采用凝胶型强酸阳离子交换树脂、大孔型弱酸阳离子交换树脂或凝胶型弱酸阳离子交换树脂，均应以钠型投入运行。③强酸阳离子交换树脂在交换、再生等过程中胀缩率较小，而弱酸阳离子交换树脂的胀缩率很大，当树脂由 Na 型转化为 Ni 型或 H 型时，其体积比（Ni 型 /Na 型或 H 型 /Na 型）达 0.5 ～ 0.6，因此，在设计交换柱时，树脂层上部应留有足够的空间。④当进水中悬浮物质量浓度超过 10 mg/L 时，应设置过滤柱。⑤离子交换处理含镍废水回收的硫酸镍溶液，宜作为镀镍槽的蒸发损失的补充液或作为调整镀镍槽槽液 pH 的调整液使用。其中，镀光亮镍生产工艺的清洗水经处理后回收的硫酸镍溶液，应返回镀光亮镍镀槽，不可回用于半光亮镍镀槽。⑥当回收的硫酸镍溶液中含有的硫酸钙、硫酸镁、硫酸钠等杂质超过镀镍槽液允许限值时，应进行净化后才能回用。

（3）反渗透处理技术

反渗透处理镀镍清洗水，宜采用如图 5-15 所示的基本工艺流程。

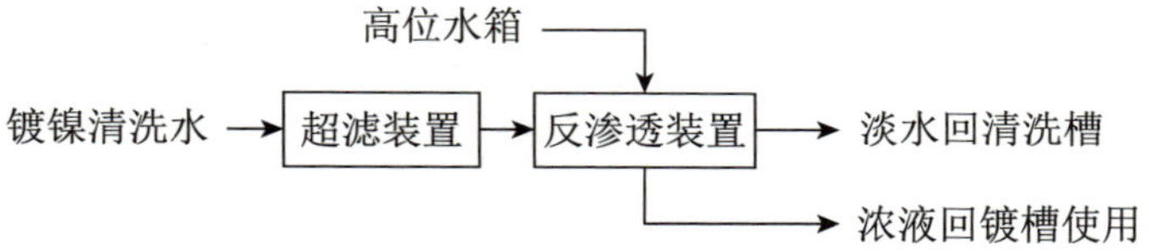

图 5-15　反渗透处理含镍清洗水基本工艺流程

反渗透处理镀镍清洗水，应满足以下技术条件和要求：①采用反渗透膜分离处理镀镍清洗水时，镀件的清洗方式必须采用二级、三级或多级逆流漂洗，以减少反渗透装置的容量。②在反渗透装置上方应设一个高位水箱，当高压泵停止工作时，水就自动从高压水箱流经管膜内，使膜保持湿润；高压水管路上应装有安全阀门，并设旁通管路。一旦压力超过工作压力，安全阀自动降压，原液经旁通管路流回原液槽。③为防止反渗透膜的化学损伤，进水中余氯含量应小于 0.1 mg/L。去除氧化剂的方法可采用颗粒活性炭吸附，也可投加还原剂（如亚硫酸氢钠），并通过 ORP 进行监控。④采用反渗透装置处理后的淡水可用于镀件漂洗，浓液可直接返回镀镍槽使用。

3. 含铜废水

（1）离子交换处理技术

离子交换处理氰化镀铜和铜锡合金废水，宜采用如图 5-16 所示的基本工艺流程。如废水中钙、镁离子浓度较高时，可在阴离子交换柱前增设 H 型弱酸阳离子交换柱。

图 5-16　离子交换处理氰化镀铜和铜锡合金废水基本工艺流程

离子交换处理氰化镀铜和铜锡合金废水，应满足以下技术条件和要求：①进水中总氰离子质量浓度不宜大于 100 mg/L。②阴树脂饱和后，应在负压条件下加酸进行再生。阴树脂再生柱下方应设置一个敞口碱槽，槽内贮存溶液量应大于 1/2 树脂量、碱液浓度不低于 10 mol/L。③处理装置所在场地应有每小时换气 8 ～ 12 次的机械通风设施。通风设施的电气开关应安装在门外或门口。④阴树脂再生，应严格遵守以下规定：a. 在树脂再生的整个过程中，非特殊情况不得中断。操作人员必须完成再生、淋洗等全过程后才能离开岗位；b. 在再生过程中，不准停止负压系统，特殊情况需要停止时，必须首先关闭树脂再生柱、碱液吸收罐、破氰反应罐所有阀门；c. 碱液吸收罐内氢氧化钠溶液浓度应不小于 2.8 mol/L，负压系统的循环水箱内循环水应呈碱性。⑤在运行和再生等过程排出的反洗水、淋洗水、废再生液以及更新后排出的循环水等，均含有氰离子，应经破氰处理。

离子交换处理硫酸铜镀铜废水，宜采用如图 5-17 所示的双阳柱全饱和基本工艺流程，并满足以下技术条件和要求：①可与电解联合使用，从再生洗脱液中回收铜；②处理系统循环水的补充水应用除盐水；③阳柱再生宜采用硫酸作为再生液，同时避免循环水中混入钙、镁离子，如再生洗脱液中有硫酸钙、硫酸镁白色沉淀时，应通过静止沉淀和过滤除去；④处理后水应循环利用。

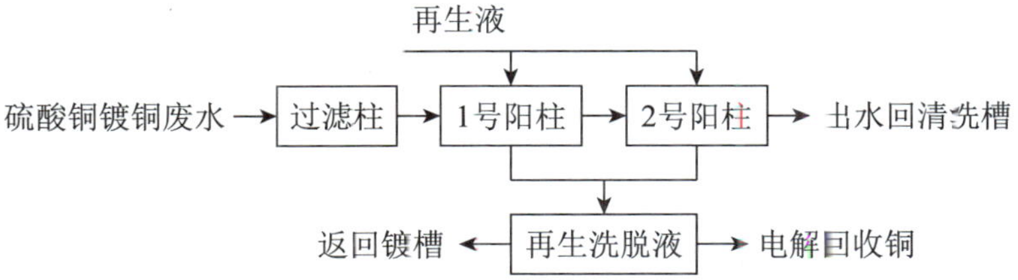

图 5-17　离子交换处理硫酸铜镀铜废水基本工艺流程

离子交换处理焦磷酸铜镀铜废水，宜采用如图 5-18 所示的双阴柱全饱和基本工艺流程，并应满足以下技术条件和要求：①再生柱的洗脱液，含有较高浓度的铜离子，可直接回镀槽作为补充液使用；②如运行中循环水和补充水采用自来水，由于自来水中钙、镁等离子形成白色沉淀，加重了过滤柱负荷，所以，应在过滤柱前增设一个阳柱。

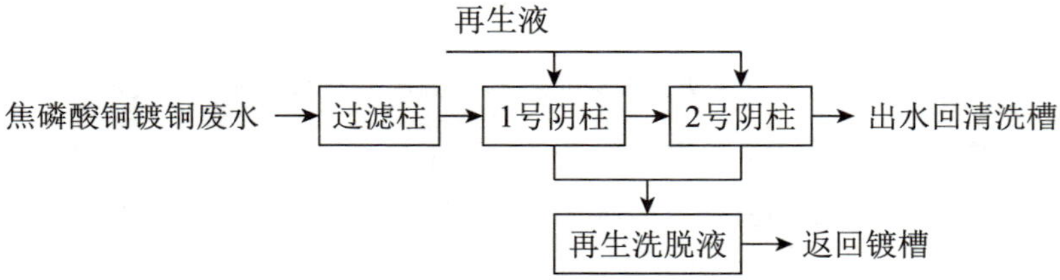

图 5-18　离子交换处理焦磷酸铜镀铜废水基本工艺流程

（2）电解处理技术

电解处理含铜废水并回收铜时，宜采用如图 5-19 所示的基本工艺流程，并满足以下技术条件和要求：①电解槽宜采用无隔膜、单极性平板电极。电解槽电源可采用直流电源。电解槽和电源设备均应可靠接地。②电解槽的阳极材料宜采用不溶性材质，阴极材料宜采用不锈钢板或铜板，并宜设置 2 套。③当废水含铜质量浓度大于 700 mg/L 时，阴极电流密度宜采用 0.5 ～ 1.0 A/dm^2；当废水含铜质量浓度小于 700 mg/L 时，阴极电流密度宜采用 0.1 ～ 0.5 A/dm^2，硫酸铜废水的电流密度可略高于氰化镀铜废水。

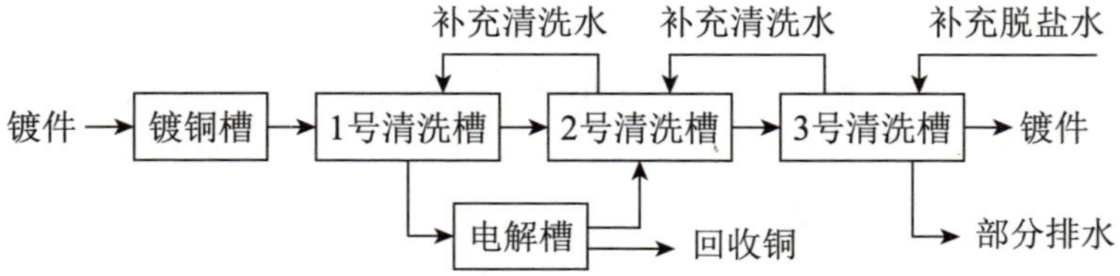

图 5-19　电解处理镀铜废水基本工艺流程

4. 含锌废水

（1）化学沉淀处理技术

化学沉淀处理碱性锌酸盐镀锌清洗废水，宜采用如图 5-20 所示的基本工艺流程，并满足以下技术条件和要求：①废水中锌离子含量不宜大于 50 mg/L；②废水进水的 pH 宜控制在 9 ～ 12；③反应时间宜采用 5 ～ 10 min；④絮凝剂宜采用碱式氯化铝，其投加量宜为 15 mg/L（以 Al^{3+} 计）；⑤经处理后的清洗水可循环利用，但每天应补充 10% ～ 15% 的新鲜水；⑥含锌污泥（含水率 99.7%）的体积宜按处理废水体积的 4% ～ 8% 确定。

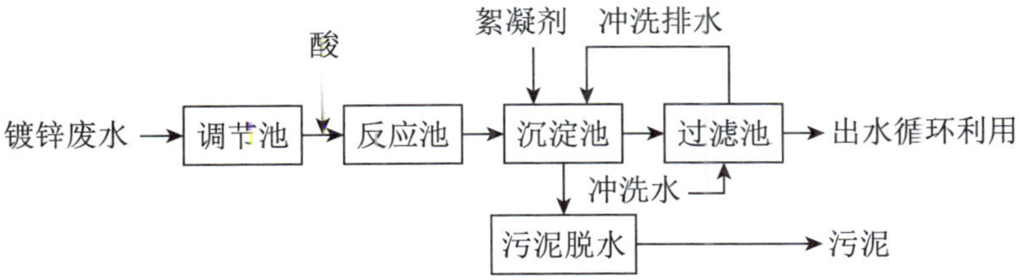

图 5-20　化学沉淀处理碱性锌酸盐镀锌废水基本工艺流程

化学沉淀处理铵盐镀锌废水，宜采用如图 5-21 所示的基本工艺流程，并满足以下技术条件和要求：①采用石灰处理铵盐镀锌废水时，石灰宜先调制成石灰乳后投加；氧化钙投加量（质量比）宜为 m（Ca^{2+}）：m（Zn^{2+}）= 3：1 ～ 4：1；②处理时可用石灰（按计算量）和氢氧化钠调整废水 pH 为 11 ～ 12，pH 不能超过 13，搅拌 10 ～ 20 min；③如废水中含有六价铬离子，宜投加硫酸亚铁，将六价铬还原为三价铬，硫酸亚铁的投加量根据六价铬离子浓度及废水中存在的亚铁离子总量确定，助凝剂宜采用阴离子型或非离子型的聚丙烯酰胺，投加量为 5 ～ 10 mg/L。

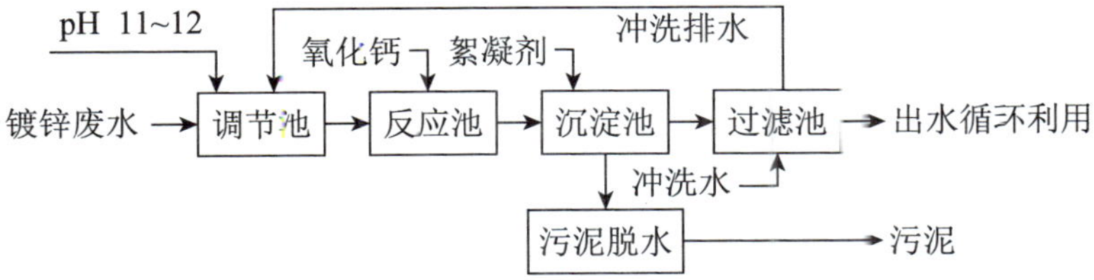

图 5-21　化学沉淀处理铵盐镀锌废水基本工艺流程

（2）离子交换处理技术

离子交换处理钾盐镀锌废水，宜采用如图 5-22 所示的双阳柱全饱和基本工艺流程。

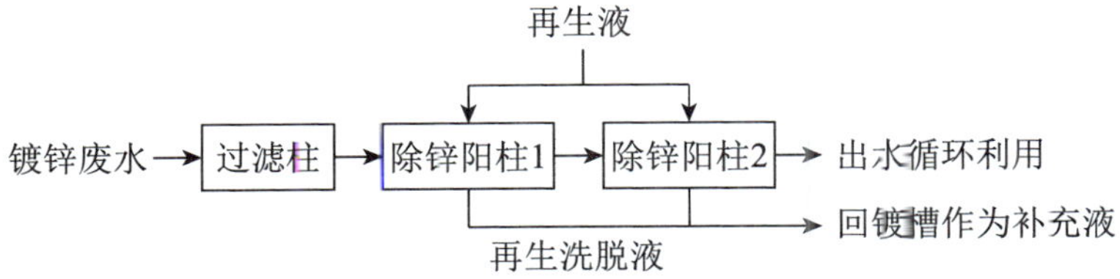

图 5-22　离子交换处理钾盐镀锌废水基本工艺流程

离子交换处理钾盐镀锌废水，应满足以下技术条件和要求：①过滤柱滤料采用活性炭时，宜用 3.0 mol/L HCl 活性炭体积量的 2 倍用量再生，再生时间为 50 min，再生后用自来水清洗到出水 pH 为 7 左右即可投入运行；②交换柱再生洗脱液含有较高浓度的锌离子，可直接回镀槽作为补充液使用。若洗脱液中带有铁离子量过多时，可用氢氧化钠调整 pH 到 3 以上，使氢氧化铁沉淀后再回用。

5. 含铅废水

磷酸盐沉淀处理含铅废水，宜采用如图 5-23 所示的基本工艺流程，并满足以下技术条件和要求：①沉淀剂宜采用磷酸钠，磷酸钠的投加量应根据试验确定；②反应时可投加助凝剂，助凝剂宜选用聚丙烯酰胺（PAM），其投加量宜控制在 5 mg/L；③磷酸钠和 PAM 不宜同时加入，应先加磷酸钠，0.5 min 后再加入 PAM；④沉淀后的沉渣经烘干脱水后，可用作塑料稳定剂。

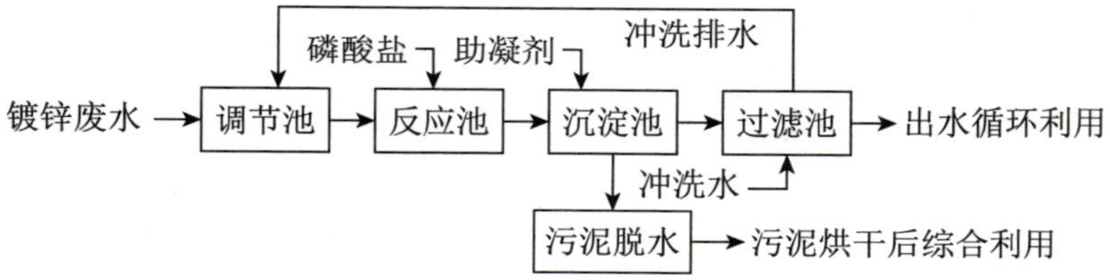

图 5-23 磷酸盐沉淀处理含铅废水基本工艺流程

6. 含银废水

用电解回收银时，一级回收槽内废水中银离子质量浓度宜在 200～600 mg/L。电解处理氰化镀银废水，可采用如图 5-24 所示的基本工艺流程。当清洗槽排水中氰离子浓度超过排放标准时，应经化学处理。

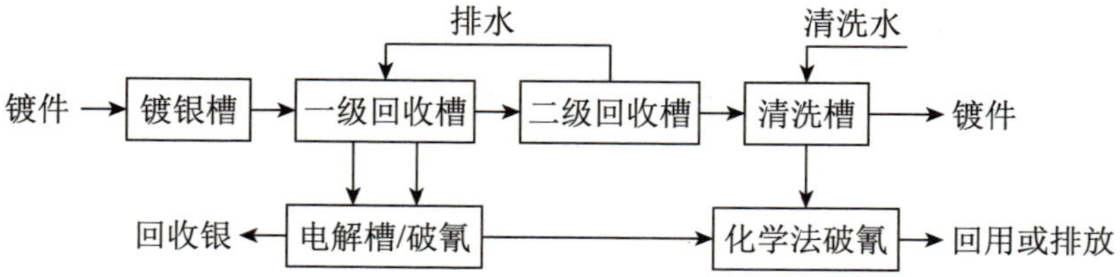

图 5-24 含银废水处理基本工艺流程

回收槽的补充水应采用除盐水。电解槽宜采用无隔膜、单极性平板电极电解槽或同心双筒电极旋流式电解槽。电解槽的电源，可采用直流电源或脉冲电源，但应通过技术经济比较确定。电解槽和电源设备应可靠接地。电解槽的阴极材料可采用不锈钢，并宜设两套。阳极材料应根据废水性质和电解槽形式确定。电解设备的选择应根据每小时镀件带出槽液银（或氰）离子量来确定。电解设备阴极析出银量可按式（5-1）计算：

$$M_x = IK\eta \tag{5-1}$$

式中：M_x——电解设备阴极析出银量，g/h；

I——采用的电流值，A；

K——银的电化当量，$K = 4.025$ g/（A·h）；

η——阴极电流效率，按设备给出值选（一般应为 20% ~ 50%）。

电解设备阴极析出银量，应大于 1.3 倍的每小时镀件带出槽液银离子量。采用旋流电解处理含银废水并回收银时，还应满足以下技术条件和要求：①阴、阳极间距宜控制在 5 ~ 10 mm。②旋流电解提取白银的最佳工艺条件宜采用：槽电压 1.8 ~ 2.2 V，电流密度 0.17 ~ 0.6 A/dm^3，电流效率 70% ~ 80%，旋流量 400 ~ 600 L/h，阴离子起始质量浓度为 0.5 ~ 5 g/L。③电解破氰的最佳工艺条件宜采用：槽电压 3 ~ 4 V，电流密度 10 ~ 13 A/dm^3，氯化钠质量分数 3% ~ 5%，氰酸根去除率大于 99%。④镀银漂洗水或老化液经回收白银，完成破氰后，若氰离子浓度仍不符合排放标准，可使用化学法破氰。

7. 含氟废水

对含氟废水宜采用石灰 - 硫酸铝处理，先向废水中投加石灰乳，调节废水 pH 为 6 ~ 7.5，然后再投加硫酸铝或碱式氯化铝，其投加量与除氟效果成正比，具体投加量应通过试验确定。由于电镀工艺中使用氢氟酸量不多，一般不单独处理。

（五）电镀混合废水

1. 微电解 - 膜分离联合处理技术

微电解 - 膜分离联合处理电镀混合废水，宜采用如图 5-25 所示的基本工艺流程。

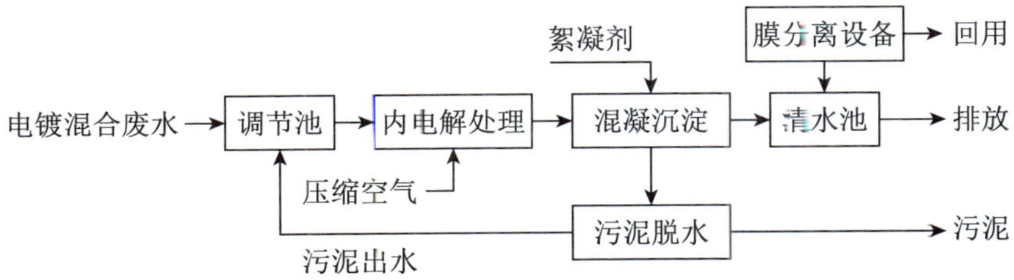

图 5-25　微电解 - 膜分离联合处理电镀混合废水基本工艺流程

微电解 - 膜分离联合处理电镀混合废水，宜满足以下技术条件和要求：①微电解处理设备的材质宜选用不锈钢或碳钢，内壁应做防腐处理。②铸铁屑粒径宜大于 5 mm，装填高度不宜小于 1.5 m。③进水 pH 宜控制在 2 ～ 5，废水与铁屑填料的接触时间不宜少于 20 min。④处理系统在运行期间，应定时向微电解设备自动通入压缩空气。空气通入量为 0.1 ～ 0.13 m^3/（min · m^2）；压力为 0.3 ～ 0.7 MPa；通气时间为 1 ～ 3 min；脉冲频率宜为 2 ～ 5 s；周期宜为 1 ～ 2 h。如采用溶气水，溶气水与原水的比例可为 30% ～ 50%，或视溶气水对反应器填料层冲击强度确定。溶气罐的水力停留时间宜设置为 3 min 左右。⑤微电解设备出水应用碱（或石灰乳）调节 pH 为 8 ～ 11 进行固液分离，为加快污泥沉淀，可适当投加助凝剂。⑥当采用连续式处理时，宜设水质自动检测和投药自动控制装置；间歇循环式处理废水，内电解设备内的流速不宜低于 20 m/h，填料的装填高度不宜低于 1.5 m。间歇循环处理以六价铬达标为终点，调整循环池内废水 pH 为 8 ～ 11 进行固液分离。⑦微电解设备在检修或不运行期间，应保持设备内的水位始终浸没铁屑填料。如设备维修需将废水排空时，其设备维修和注满水的时间间隔应不超过 4 h。⑧微电解与膜分离联合处理电镀混合废水时，应根据回用水水质、水量要求，选择膜分离工艺形式。对膜分离产生的浓水，宜进入有机废水生化处理系统，经处理达标后排放。

2. 凝聚沉淀处理技术

电镀混合废水中含有三价铬、铜、镍、锌、铁以及少量的铅时，宜采用硫酸亚铁作为还原剂，每种重金属离子质量浓度 30 ～ 40 mg/L。废水中的悬浮物总量不宜超过 600 mg/L。电镀混合废水中含有铬、铜、镍、锌时，处理过程中 pH 宜控制在 8 ～ 9 范围内；当有镉离子时，废水 pH 应大于或等于 10.5，同时应防止混合废水中两性金属的再溶解。处理过程中，可根据需要投加絮凝剂和助凝剂，其品种和投加量应通过试验确定。处理后出水一般可用于作镀前预处理用水，可作为冲洗地坪或冲洗厕所卫生设备等用水。

3. 生物处理技术

电镀废水中的 COD、石油类、总磷、氨氮与总氮等污染物，应采用生物处理达标后排放。生物处理电镀混合废水，宜采用如图 5-26 所示的基本工艺流程。

由于铬、铅、镉、铜、锌、铁等重金属对微生物均有毒害作用，所以，进入生物处理系统的重金属离子应经过预处理。宜根据综合电镀废水的水质，合理选用酸化水解池作为初级处理、生物活性炭作为二级处理，高效过滤器、药剂消毒作为深度处理工艺。处理过程中所产生的污泥，经管道汇集后自流入污

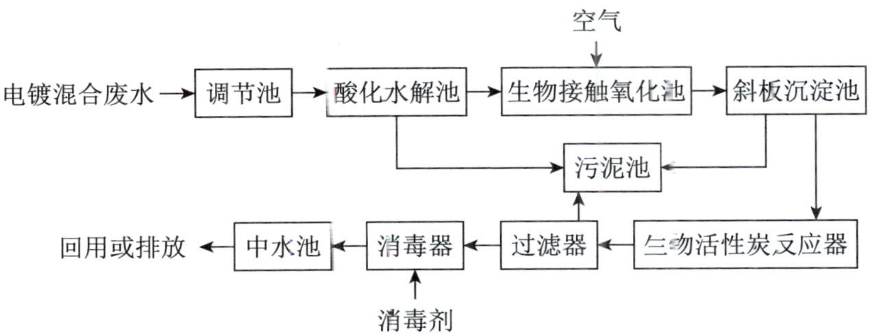

图 5-26 生物处理电镀混合废水基本工艺流程

泥浓缩池，经浓缩、脱水后外运集中处理，上清液重新流回调节池。

为保证整个处理系统的安全可靠运行，生物接触氧化池和高效过滤器应设有反冲洗管路，反冲洗水来自自来水或该流程处理后的出水。生物接触氧化池宜按一级、二级两格串联布置，水力停留时间不小于 4 h（一级 2.6 h、二级 1.4 h）。池中应设有立体弹性填料，框架为碳钢结构，内外涂防腐涂料，池底应设有微孔曝气软管布气，气水比宜按（10 ～ 15）：1 考虑。生物活性炭的主要设计和运行参数宜满足以下要求：

（1）活性炭粒径：0.9 ～ 1.2 mm；床高：2 ～ 4 m；空床停留时间：20 ～ 30 min；体积负荷（BOD）：0.25 ～ 0.75 kg/（m^3 · d）；水力负荷：8 ～ 10 m^3/（m^2 · h）。

（2）生物活性炭的有效体积（活性炭体积）宜按式（5-2）计算。

$$V=\frac{Q(S_o-S_e)}{N_V} \tag{5-2}$$

式中：V——有效体积，m^3；

Q——废水平均日流量，m^3/d；

S_o——进水 BOD，mg/L；

S_e——出水 BOD，mg/L；

N_v——容积去除负荷（BOD），g/（m^3 · d），一般取 0.5 ～ 1 g/（m^3 · d）。

（3）生物活性炭的总面积宜按式（5-3）计算：

$$A=V/H \tag{5-3}$$

式中：A——生物活性炭的总面积，m^2；

H——活性炭总高度，m。

第六章　食品加工业水污染防治技术

食品工业包括制糖、酿造、肉类、乳品加工等生产过程，所排出的废水都含有机物，具有较强的耗氧性，且有大量悬浮物随废水排出。动物性食品加工排出的废水中还含有动物排泄物、血液、皮毛、油脂等，并可能含有病菌，因此耗氧量很高，比植物性食品加工排放的废水污染性高得多。

第一节　食品加工业生产工艺和水污染物排放

一、制糖工业生产工艺及产污环节

（一）甘蔗制糖生产工艺与污染物的产生

1. 甘蔗制糖生产工艺过程

甘蔗破碎后，提取蔗汁，通过清净处理去除非蔗糖物质，蒸发浓缩为一定浓度的糖浆，糖浆进一步浓缩至蔗糖晶体析出，通过调节适当的温度和过饱和度，使晶体逐渐增大至符合要求的粒度，最后用离心机将母液与晶体分离，获得结晶糖，再经干燥、筛分，成品糖包装出厂。典型亚硫酸法甘蔗制糖生产工艺及产污环节见图 6-1，典型碳酸法甘蔗制糖生产工艺及产污环节见图 6-2。

2. 污染物的产生

废水主要由清净、蒸发和煮糖结晶等工序产生，包括洗罐水、洗滤布水等，主要污染物为 COD_{Cr}、BOD_5、SS、氨氮、总氮和总磷。由提汁工序产生的压榨机轴承冷却水经冷却降温后直接循环使用；由蒸发、煮糖结晶工序产生的冷凝水经冷却降温后直接循环使用或为其他工序循环使用。

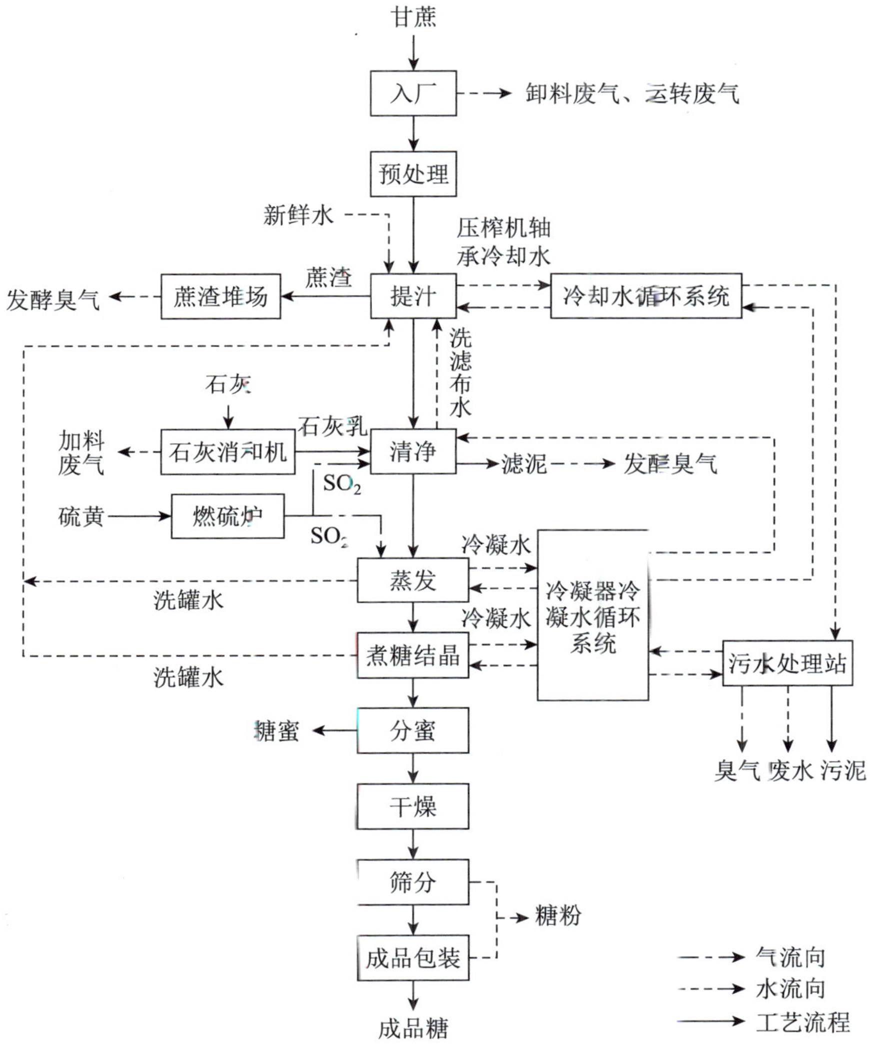

图 6-1 典型亚硫酸法甘蔗制糖生产工艺及产污环节

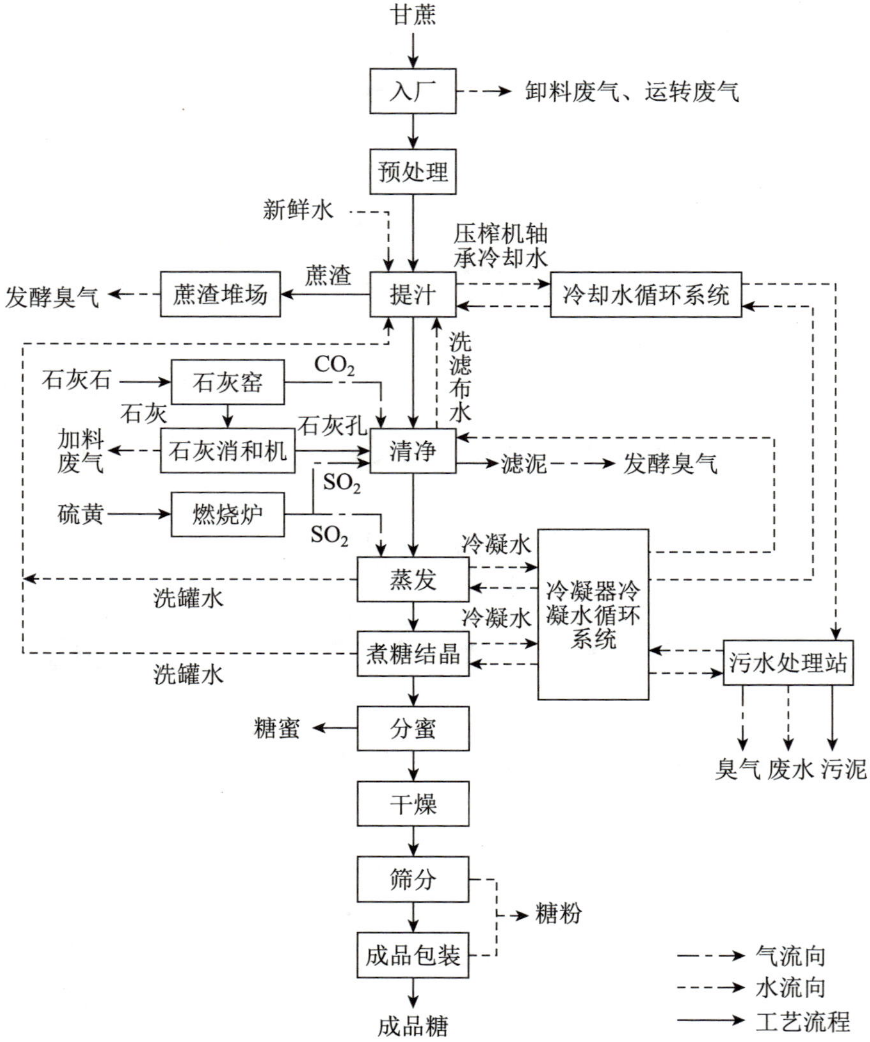

图 6-2 典型碳酸法甘蔗制糖生产工艺及产污环节

（二）甜菜制糖生产工艺与污染物的产生

1. 甜菜制糖生产工艺过程

甜菜经除杂、洗涤等预处理后切丝送入渗出器，渗出汁经清净处理去除非糖物质，清净后的糖汁经硫漂脱色后，送至多效蒸发器浓缩成糖浆，糖浆再经煮糖、结晶、分蜜、干燥、筛分，成品糖包装出厂。典型碳酸法甜菜制糖工艺及产污环节见图 6-3。

2. 污染物的产生

废水主要由清净、蒸发和煮糖结晶等工序产生，主要包括洗罐水、洗滤布水等。主要污染物为 COD_{Cr}、BOD_5、SS、氨氮、总氮和总磷。由流送、洗涤和渗出工序产生的洗涤水、流送水和压粕水经处理后直接循环使用；由蒸发、煮糖结晶工序产生的冷凝水经冷却降温后直接循环使用或为其他工序循环使用。

二、屠宰及肉类加工工业生产工艺及产污环节

（一）屠宰行业生产工艺及污染物产生

1. 牲畜屠宰

牲畜屠宰主要流程分为宰前准备、屠宰及宰后三个阶段。生猪屠宰和牛、羊屠宰生产工艺及产污环节见图 6-4 和图 6-5。

废水主要为屠宰阶段的生产废水，待宰间和生产车间的设备及地面冲洗水和胴体冲洗水。主要污染物为 COD_{Cr}、BOD_5、氨氮、总氮、总磷、悬浮物、动植物油和色度等。

2. 禽类屠宰

禽类屠宰主要流程分为宰前准备、屠宰及宰后三个阶段，屠宰阶段主要包括吊挂、电麻刺杀、沥血、浸渍和脱毛等工段。生产工艺及产污环节见图 6-6。

废水主要为屠宰过程中浸渍、脱毛等工段的生产废水，待宰间和生产车间的设备及地面冲洗水，胴体冲洗水和低温浸泡水。主要污染物为 COD_{Cr}、BOD_5、氨氮、总氮、总磷、悬浮物、动植物油和色度等。

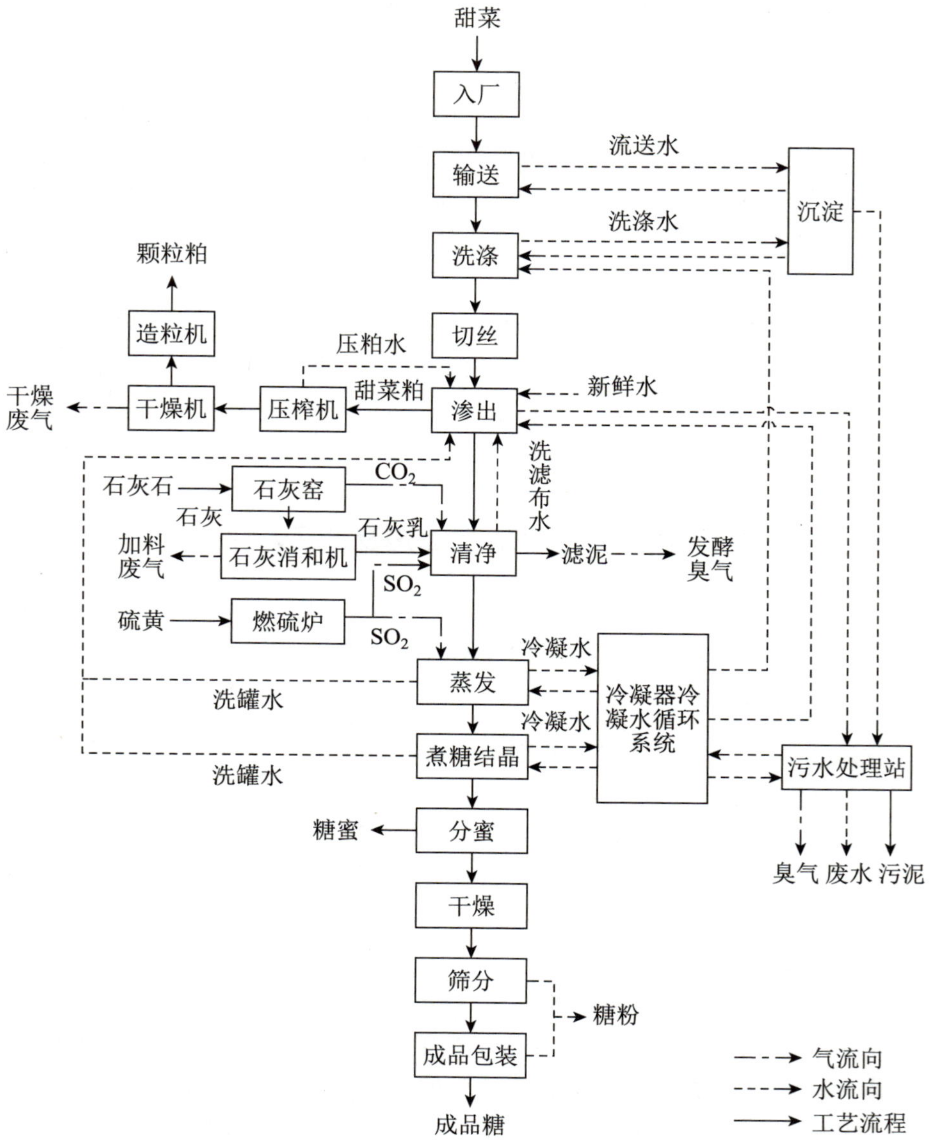

图 6-3　典型碳酸法甜菜制糖生产工艺及产污环节

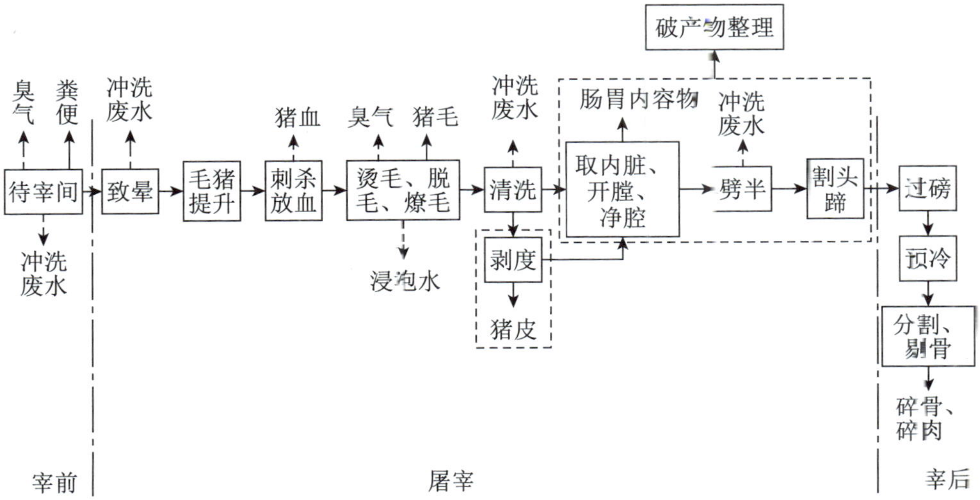

图 6-4 生猪屠宰生产工艺及产污环节

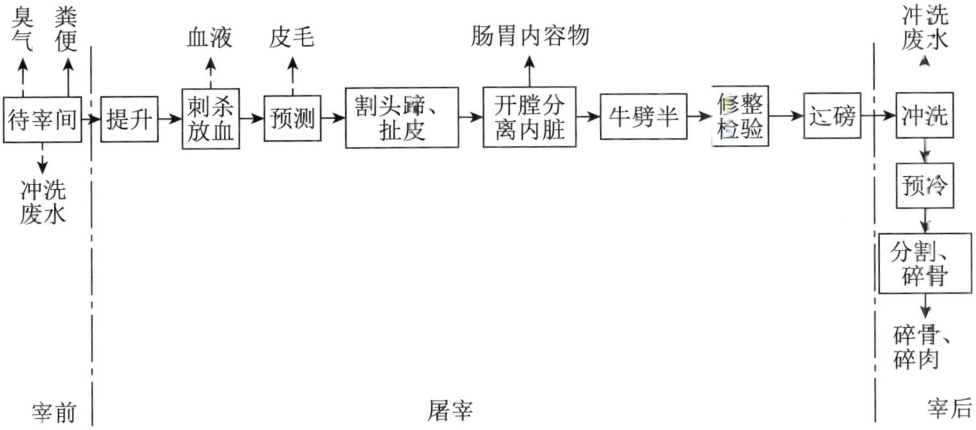

图 6-5 牛、羊屠宰生产工艺及产污环节

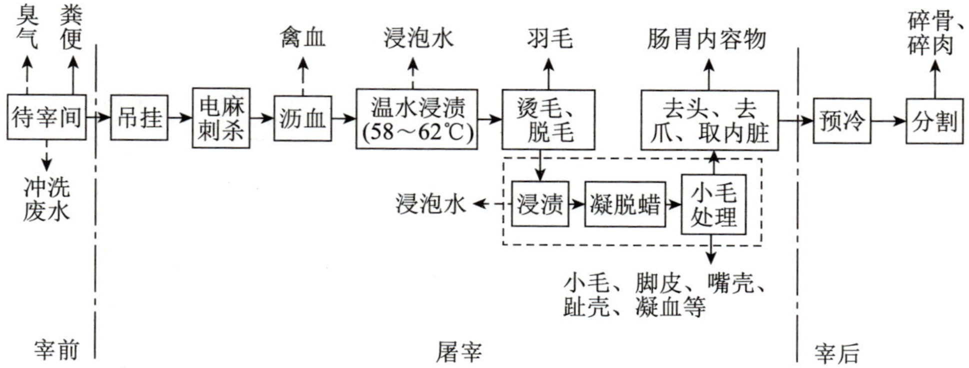

图 6-6　禽类屠宰生产工艺及产污环节

（二）肉制品加工行业生产工艺及污染物产生

肉制品主要包括酱卤肉制品、腌腊肉制品和熏烧焙烤肉制品等，生产工艺及产污环节见图 6-7 ～图 6-9。

废水主要为解冻、煮制 / 腌制等工段的生产废水，生产车间的设备及地面冲洗水。主要污染物为 COD_{Cr}、BOD_5、氨氮、总氮、总磷、悬浮物、动植物油和色度。

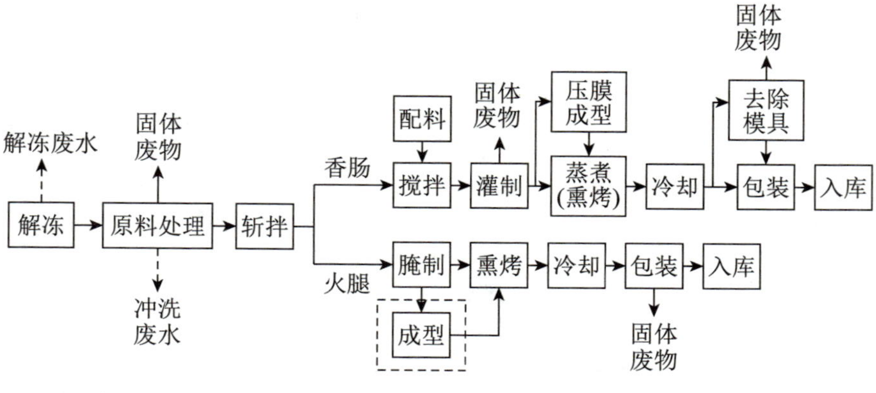

图 6-7　熏煮香肠火腿制品生产工艺及产污环节

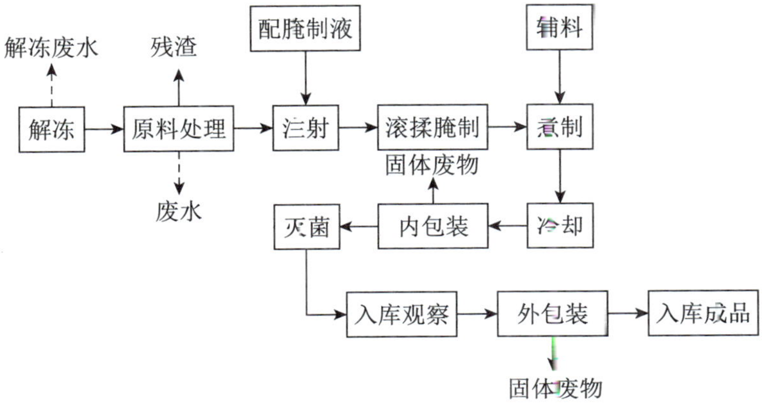

图 6-8　酱卤肉制品生产工艺及产污环节

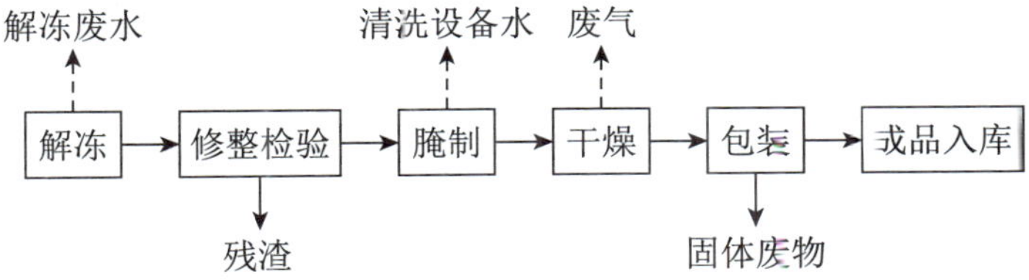

图 6-9　腌腊肉制品生产工艺及产污环节

第二节　食品加工业水污染预防技术

一、制糖工业水污染预防技术

（一）甘蔗制糖水污染预防技术

1. 压榨机轴承冷却水循环回用技术

适用于提汁工序。压榨车间配套隔油沉淀池，压榨机轴承冷却水经隔油、沉淀、降温后循环回用，水循环利用率可达 95% 以上。该技术可提高水循环利用率，减少新鲜水用量。

2. 无滤布真空吸滤技术

适用于亚硫酸法制糖清净工序。采用无滤布真空吸滤机替代有滤布真空吸滤机，使用不锈钢网作为过滤介质，在真空作用下实现固液分离。该技术不使用滤布，不产生洗滤布水，可减少新鲜水用量 30% 以上，减少洗滤布水有机污染负荷 70% 以上。

3. 喷射雾化式真空冷凝技术

适用于蒸发、煮糖工序。改进蒸发煮糖车间传统的冷凝器，在具有喷射抽吸功能的喷射喷嘴上增加具有雾化冷凝效果的喷雾喷嘴。该技术可提高冷凝器的冷凝效率，减少新鲜水用量 25% 以上。

4. 冷凝器冷凝水循环回用技术

适用于蒸发、煮糖工序。蒸发煮糖车间配套循环冷却塔、冷却池，将蒸发、煮糖工序的冷凝器冷凝水冷却降温后循环使用或作为工艺用水。部分冷凝水无须降温可直接回用于生产工艺，剩余的冷凝水经降温后循环回用。该技术可将水循环利用率提高到 95% 以上，减少新鲜水用量。

（二）甜菜制糖水污染预防技术

1. 流洗水循环利用技术和喷射雾化式真空冷凝技术

适用于流送洗涤工序。在流送洗涤工序后设置辐流式沉淀池，流洗水（流送水和洗涤水）经沉淀泥沙后循环利用。该技术可减少新鲜水补充量。流洗水循环利用率可达 60% 以上，流洗水量可控制在 5 ～ 7 t/t 甜菜。

2. 真空泵隔板冷凝技术和冷凝器冷凝水循环回用技术

适用于蒸发、煮糖工序。在蒸发、煮糖工序配套干式逆流的隔板式冷凝器和高效真空泵，利用隔板式冷凝器将蒸汽冷凝成水，再用高效真空泵将不凝气体抽走。该技术冷凝效果较好，真空度较高且稳定，可减少新鲜水用量 20% 以上。

3. 压粕水回用技术

适用于甜菜粕压榨工序。压粕水首先进入一级处理水箱进行初步沉淀，去除其中的粗杂质，再由水泵打入旋流除渣器进一步去除碎粕等杂物，出水与新鲜的渗出水通过计量装置按比例分配至渗出器，替代部分新鲜水。压粕水产率可达甜菜量的 45% ～ 65%。整个过程全封闭运行，压粕水回用率可达 100%。

二、屠宰及肉类加工工业水污染预防技术

（一）清洁生产综合技术

1. 干清粪技术

适用于屠宰企业待宰间。该技术可使粪便一经产生便分流，保持舍内清洁，无臭味，产生的污水量少，且浓度低，易于净化处理，最大限度地减少废水的

产生和排放，降低废水的污染负荷。

2. 畜禽骨深加工技术

适用于屠宰及肉类加工企业。通过改进骨蒸煮提取罐和浓缩机组，每加工 1 t 畜禽骨可节水 1.5 t，节电 11 kW · h。该技术可降低能源消耗，提高畜禽骨综合利用率，减少畜禽骨排入环境后引起的污染。

（二）废水污染预防技术（设备）

1. 生猪屠宰节水成套技术

适用于生猪屠宰企业。主要由同步接续式血液收集、蒸汽隧道式烫毛、履带式U形打毛机、自动定位精确劈半斧组成。该技术可节约生产用水 1.1 t/t（活屠重），降低生产成本，减少废水排放，节约废水处理费用。

2. 风送系统

适用于畜禽屠宰企业。该设备是将屠宰过程中产生的猪毛、牛皮、肠胃内容物等物质在密封管道内运送至污物储存处的输送系统。该技术能够削减水污染物排放量，单位减排 COD_{Cr}7.5 kg/t（活屠重）、氨氮 0.4 kg/t（活屠重），降低企业污水处理费用。

3. 节水型冻肉解冻技术

适用于肉制品加工企业。该技术主要包括空气解冻、高湿变温解冻和微波解冻，操作条件应符合《冷冻肉解冻技术规范》（NY/T 3524）的规定。该技术每解冻 1 t 原料肉的用水量约为流水解冻的 0.5%，节水约 24 t，能够降低水资源消耗，减少废水排放量。

第三节　食品加工业水污染治理技术

一、制糖工业水污染治理技术

制糖各生产工序产生的废水汇集排入污水处理站，一般采用一级处理 + 二级处理技术可达到《制糖工业水污染排放标准》（GB 21909）的要求。

（一）一级处理技术

主要去除制糖废水中的悬浮物和泥沙，包括格栅、调节池和沉淀池。制糖废水处理的沉淀池包括竖流式、平流式、辐流式和斜管（板）沉淀池，废水量较大时宜采用辐流式沉淀池。制糖废水竖流、平流、辐流式沉淀池表面水力负荷一般为 1.5 ～ 3.0 m^3/（m^2·h），斜管（板）沉淀池表面水力负荷一般为 2.5 ～ 5.0 m^3/（m^2·h）。通过沉淀，COD_{Cr}、BOD_5、总氮、总磷的去除率一般为 10% ～ 25%，SS 去除率一般为 40% ～ 70%。

（二）二级处理技术

主要去除制糖废水中的有机物，包括厌氧生物处理技术和好氧生物处理技术两类。厌氧生物处理技术主要有水解酸化处理技术和升流式厌氧污泥床处理技术。好氧生物处理技术主要有常规活性污泥法、序批式活性污泥法、氧化沟法、生物接触氧化法和生物转盘法等。当制糖废水中 COD_{Cr} 质量浓度小于 500 mg/L 时，二级处理一般采用好氧生物处理技术；COD_{Cr} 质量浓度为 500 ～ 1 500 mg/L 时，二级处理一般采用水解酸化 + 好氧生物处理技术；COD_{Cr} 质量浓度大于 1 500 mg/L 时，二级处理一般采用升流式厌氧污泥床 + 好氧生物处理技术。

1. 厌氧生物处理技术

（1）水解酸化处理技术

利用厌氧或兼性菌在水解和酸化阶段的作用，将制糖废水中不溶性大分子有机物水解为溶解性有机物，COD_{Cr} 的去除率不一定很高，但可以显著提高废水的可生化性。

当进水 COD_{Cr} 质量浓度为 500 ～ 1 500 mg/L、水力停留时间为 3 ～ 6 h 时，COD_{Cr} 去除率可达 20% ～ 40%、BOD_5 去除率可达 20% ～ 40%。

（2）升流式厌氧污泥床处理技术

通过布水装置使高浓度制糖废水依次进入污泥床底部的污泥层和中上部污泥悬浮区，在污泥床中厌氧微生物的作用下，高浓度有机废物降解生成沼气，COD_{Cr} 和 BOD_5 质量浓度大幅度降低，满足后续好氧生物处理技术进水要求。不同温度下升流式厌氧污泥床容积负荷差别较大，当温度为 35 ～ 40℃时 COD_{Cr} 容积负荷为 5 ～ 10 kg/（m^3·d），常温条件下 COD_{Cr} 容积负荷为 3 ～ 5 kg/（m^3·d）。

当进水 COD_{Cr} 质量浓度大于 1 500 mg/L、进水 B/C 大于 0.3、SS 含量小于 1 000 mg/L 时，COD_{Cr} 去除率可达 80% ～ 90%、BOD_5 去除率可达 70% ～ 80%、SS 去除率可达 30% ～ 50%。

2. 好氧生物处理技术

（1）常规活性污泥法

适合处理净化程度和稳定性要求较高的低浓度制糖废水，其工艺稳定，有机物去除率高，可有效去除制糖废水中的有机污染物。

当进水 COD_{Cr} 质量浓度小于 500 mg/L、废水中污泥质量浓度为 2 ～ 4 g/L、水力停留时间为 6 ～ 20 h 时，COD_{Cr} 去除率可达 80% ～ 90%、BOD_5 去除率可达 70% ～ 80%、SS 去除率可达 30% ～ 50%。

（2）序批式活性污泥法

适合处理水质、水量波动较大的制糖废水，可有效去除制糖废水中的有机污染物，同时具有较好的脱氮除磷效果，其主要变形工艺包括周期循环式活性污泥工艺、连续和间歇曝气工艺、交替式内循环活性污泥工艺等。

当进水 COD_{Cr} 质量浓度小于 500 mg/L、B/C 大于 0.3、污泥质量浓度为 3 ～ 5 g/L、水力停留时间为 8 ～ 20 h 时，COD_{Cr} 去除率可达 80% ～ 95%、BOD_5 去除率可达 80% ～ 90%、SS 去除率可达 70% ～ 90%、氨氮去除率可达 85% ～ 95%、总氮去除率可达 60% ～ 85%、总磷去除率可达 50% ～ 85%。

（3）氧化沟法

主要工艺包括单槽氧化沟、双槽氧化沟、三槽氧化沟、竖轴表曝机氧化沟和同心圆向心流氧化沟，变形工艺包括一体氧化沟、微孔曝气氧化沟。

当进水 COD_{Cr} 质量浓度小于 500 mg/L、B/C 大于 0.3、污泥质量浓度为 2 ～ 4.5 g/L、水力停留时间为 4 ～ 20 h 时，COD_{Cr} 去除率可达 80% ～ 90%、BOD_5 去除率可达 80% ～ 95%、SS 去除率可达 70% ～ 90%、氨氮去除率可达 85% ～ 95%、总氮去除率可达 55% ～ 85%、总磷去除率可达 50% ～ 75%。

（4）生物接触氧化法

适用于在较低负荷下处理出水指标要求较高的低浓度制糖废水。

当进水 COD_{Cr} 质量浓度小于 500 mg/L、B/C 大于 0.3、SS 小于 500 mg/L，填料区水力停留时间为 4 ～ 12 h 时，COD_{Cr} 去除率可达 80% ～ 90%、BOD_5 去除率可达 80% ～ 95%、SS 去除率可达 70% ～ 90%、氨氮去除率可达 60% ～ 90%、总氮去除率可达 50% ～ 80%。

（5）生物转盘法

不需要曝气和污泥回流，工艺流程简单，易于操作。

当进水 COD_{Cr} 质量浓度小于 500 mg/L、B/C 大于 0.3、生物转盘边缘线速度约为 20 m/min、水力停留时间为 0.6 ～ 3 h 时，COD_{Cr} 去除率可达 70% ～ 85%、BOD_5 去除率可达 70% ～ 90%、SS 去除率可达 70% ～ 90%。

二、屠宰及肉类加工工业水污染治理技术

屠宰及肉类加工废水可生化性好，COD_{Cr}、BOD_5、悬浮物、氮、磷浓度高，水质水量受企业生产影响大，一般采用预处理技术 + 生化处理技术 + 深度处理技术可达到排放标准。

（一）预处理技术

主要去除水中漂浮物、悬浮物、畜禽毛羽、动植物油等，工艺单元包括格栅、隔油池、调节池、气浮池和沉淀池等。

（二）生化处理技术

屠宰及肉类加工废水属于典型的高氮、高磷、高有机浓度废水。生化处理技术主要用于处理屠宰及肉类加工废水中的 COD_{Cr}、BOD_5、氮、磷等。该技术根据微生物对溶解氧的需求分为厌氧生物处理技术和好氧生物处理技术。

1. 厌氧生物处理技术

（1）水解酸化处理技术

适用于低有机负荷，水质水量波动较大的屠宰及肉类加工企业。当进水 pH 为 5.0 ～ 9.0、COD_{Cr} 质量浓度小于 1 500 mg/L 时，采用该技术处理屠宰及肉类加工废水的 COD_{Cr} 去除率可达 30% ～ 50%，BOD_5 去除率可达 20% ～ 40%。

（2）升流式厌氧污泥床（UASB）

适用于中、高有机负荷，水质水量较稳定的屠宰及肉类加工企业。当进水 pH 为 6.0 ～ 8.0、COD_{Cr} 质量浓度大于 1 500 mg/L、悬浮物质量浓度小于 1 500 mg/L 时，采用该技术处理屠宰及肉类加工废水的 COD_{Cr} 去除率可达 80% ～ 90%，BOD_5 去除率可达 70% ～ 80%。

（3）厌氧膨胀颗粒污泥床（EGSB）

适用于厂区用地紧张，技术水平较高的屠宰及肉类加工企业。当进水 pH 为 6.0 ～ 8.0、COD_{Cr} 质量浓度大于 1 000 mg/L、悬浮物质量浓度小于 2 000 mg/L 时，采用该技术处理屠宰及肉类加工废水的 COD_{Cr} 去除率可达 70% ～ 90%，BOD_5 去除率可达 60% ～ 80%。

2. 好氧生物处理技术

（1）常规活性污泥法

广泛适用于各种类型的屠宰及肉类加工企业。该技术主要包括具有脱氮

除磷功能的厌氧-好氧活性污泥法、缺氧-好氧活性污泥法、厌氧-缺氧-好氧活性污泥法以及改良工艺等。当进水 pH 为 6.0～9.0、COD_{Cr} 质量浓度小于 500 mg/L、B/C 大于 0.3、进水总碱度（以 $CaCO_3$ 计）/氨氮大于等于 7.14 时，采用该技术处理屠宰及肉类加工废水的 COD_{Cr} 去除率可达 70%～90%、BOD_5 去除率可达 80%～95%、氨氮去除率可达 80%～95%、总磷去除率可达 50%～85%。

（2）序批式活性污泥法

适用于水量波动较大的屠宰及肉类加工企业，主要变形工艺包括循环式活性污泥法、连续和间歇曝气活性污泥法、交替式内循环活性污泥法、间歇循环延时曝气活性污泥法等。当进水 pH 为 6.0～9.0、COD_{Cr} 质量浓度小于 500 mg/L、B/C 大于 0.3、进水总碱度（以 $CaCO_3$ 计）/氨氮大于等于 7.14 时，采用该技术处理屠宰及肉类加工废水的 COD_{Cr} 去除率可达 80%～90%、BOD_5 去除率可达 80%～95%、氨氮去除率可达 80%～95%、总磷去除率可达 50%～85%。

（3）生物接触氧化法

适用于厂区用地紧张、水质波动大的屠宰及肉类加工企业。在水质硬度较高（含钙量大于等于 100 mg/L）的地区，应采用相应的预处理以防止填料结垢。当进水 pH 为 6.0～9.0、COD_{Cr} 质量浓度小于 500 mg/L、B/C 大于 0.3、SS 小于 500 mg/L、进水总碱度（以 $CaCO_3$ 计）/氨氮大于等于 7.14 时，采用该技术处理屠宰及肉类加工废水 COD_{Cr} 去除率可达 80%～90%、BOD_5 去除率可达 80%～95%、氨氮去除率可达 50%～80%，总磷去除率可达 50%～80%。

（4）曝气生物滤池法

该技术容积负荷高，当排放标准对悬浮物要求不高时，可以不设二沉池，但是运行能耗高，适用于厂区用地紧张、经济条件较好的屠宰及肉类加工企业。按照滤池的功能，曝气生物滤池可分为碳氧化、硝化、前置反硝化或后置反硝化等。当进水 pH 为 6.5～9.5、COD_{Cr} 质量浓度小于 500 mg/L、B/C 大于 0.3、SS 小于 60 mg/L、进水总碱度（以 $CaCO_3$ 计）/氨氮大于等于 7.14 时，采用该技术处理屠宰及肉类加工废水的 COD_{Cr} 去除率可达 80%～90%、BOD_5 去除率可达 80%～95%、氨氮去除率可达 80%～95%，总磷去除率可达 40%～80%。

3. 深度处理技术

（1）化学除磷技术

化学除磷的药剂通常采用铝盐或铁盐，铝盐或铁盐与废水中总磷的摩尔比宜为 1.5 ～ 3.0。该技术除磷处理效果稳定，经济简便，适用于各种水量的屠宰及肉类加工企业。化学除磷的总磷去除率可达 80% ～ 90%。

（2）消毒技术

该技术的作用是杀灭废水中病原微生物，使其消除潜在的感染性危害，主要包括加氯（二氧化氯、次氯酸钠或次氯酸钙）消毒、臭氧消毒和紫外消毒。

加氯消毒杀菌效果稳定，经济简便，余氯具有持续杀菌作用，但杀灭病毒效果较差；臭氧消毒对细菌、病毒均具有良好的杀灭效果，但电能消耗大，运行成本高，并且不具有持续消毒效果；紫外消毒对细菌、病毒均具有良好的杀灭效果，但是对 SS 有要求（＜ 20 mg/L），并且不具有持续消毒效果。采用该技术处理屠宰及肉类加工废水，出水粪大肠菌群数可小于 10^3 个 /L。

（3）混凝

混凝剂为铝盐或铁盐时，pH 宜控制在 6.5 ～ 8.0；混凝剂为聚合盐类时，pH 宜控制在 6.0 ～ 9.0。采用该技术用于屠宰及肉类加工废水的深度处理总磷去除率可达 40% ～ 80%，出水浊度可达 1 ～ 5 NTU。

（4）过滤

进水 SS 小于 20 mg/L 时，悬浮物的去除率可达 50% ～ 70%。

（5）膜分离

该技术用于去除废水中的悬浮物、胶体颗粒、微生物、蛋白质和可溶性盐，也能取代常规重力沉淀用于生化处理技术的固液分离。膜分离技术处理效果稳定、占地面积小，但投资运行成本高，既适用于厂区用地紧张的屠宰及肉类加工企业，也适用于高品质再生水的生产。

第四节　食品加工业水污染防治可行技术

一、制糖工业水污染防治可行技术

甘蔗制糖和甜菜制糖水污染防治可行技术分别见表 6-1 和表 6-2。

二、屠宰及肉类加工工业水污染防治可行技术

屠宰及肉类加工工业可根据排放要求选择对应可行技术，水污染防治可行技术见表 6-3、表 6-4。

表 6-1　甘蔗制糖水污染防治可行技术

可行技术	预防技术	治理技术	污染物排放浓度水平 /（mg/L）						技术适用条件
			COD_{Cr}	BOD_5	SS	氨氮	总氮	总磷	
可行技术 1	①提汁工序压榨机轴承冷却水循环回用 + ②清净工序无滤布真空吸滤 + ③蒸发煮糖工序喷射雾化式真空冷凝 + ④蒸发煮糖工序冷凝器冷凝水循环回用（水循环利用率≥ 95%）	①一级处理技术 + ②二级处理技术（水解酸化 + 常规活性污泥法）	10 ～ 45	2 ～ 15	10 ～ 40	0.1 ～ 6.0	0.5 ～ 10.0	0.05 ～ 0.30	适用于进水水质、水量稳定，COD_{Cr} 质量浓度为 500 ～ 1 500 mg/L 的制糖废水
可行技术 2		①一级处理技术 + ②二级处理技术（水解酸化 + 序批式活性污泥法）	20 ～ 50	2 ～ 10	10 ～ 30	0.5 ～ 6.0	1.0 ～ 8.0	0.05 ～ 0.30	该技术抗冲击负荷能力较强，运行方式灵活，适用于进水水质、水量波动较大，脱氮除磷要求较高，COD_{Cr} 质量浓度为 500 ～ 1 500 mg/L 的制糖废水
可行技术 3	①提汁工序压榨机轴承冷却水循环回用 + ②蒸发煮糖工序冷凝器冷凝水循环回用（水循环利用率≥ 95%）	①一级处理技术 + ②二级处理技术（氧化沟）	15 ～ 40	2 ～ 10	10 ～ 35	0.2 ～ 6.0	3.0 ～ 10.0	0.20 ～ 0.30	该技术抗冲击负荷能力较强，适用于进水水质、水量波动较大，COD_{Cr} 质量浓度小于 500 mg/L 的制糖废水
可行技术 4	①清净工序无滤布真空吸滤 + ②蒸发煮糖工序喷射雾化式真空冷凝 + ③蒸发煮糖工序冷凝器冷凝水循环回用（水循环利用率≥ 95%）	①一级处理技术 + ②二级处理技术（序批式活性污泥法）	10 ～ 45	3 ～ 10	6 ～ 35	0.1 ～ 6.0	1.0 ～ 9.0	0.05 ～ 0.25	该技术抗冲击负荷能力较强，运行方式灵活，适用于进水水质、水量波动较大，COD_{Cr} 质量浓度小于 500 mg/L 的制糖废水

可行技术	预防技术	治理技术	污染物排放浓度水平 / (mg/L)						技术适用条件
			COD_{Cr}	BOD_5	SS	氨氮	总氮	总磷	
可行技术 5		①一级处理技术 + ②二级处理技术（常规活性污泥法）	20 ～ 50	2 ～ 10	5 ～ 30	0.1 ～ 5.0	1.0 ～ 10.0	0.05 ～ 0.20	适用于进水水质、水量稳定，进水 COD_{Cr} 质量浓度小于 500 mg/L 的制糖废水
可行技术 6	①清净工序无滤布真空吸滤 + ②蒸发煮糖工序喷射雾化式真空冷凝 + ③蒸发煮糖工序冷凝器冷凝水循环回用（水循环利用率≥ 95%）	①一级处理技术 + ②二级处理技术（水解酸化 + 生物接触氧化法或生物转盘法）	20 ～ 50	2 ～ 10	15 ～ 45	0.2 ～ 6.0	1.0 ～ 8.0	0.05 ～ 0.20	适用于水质、水量稳定，COD_{Cr} 质量浓度为 500 ～ 1 500 mg/L 的制糖废水
可行技术 7		①一级处理技术 + ②二级处理技术（生物接触氧化法或生物转盘法）	20 ～ 50	4 ～ 12	5 ～ 20	0.5 ～ 9.0	5.0 ～ 11.0	0.10 ～ 0.30	适用于进水水质、水量稳定，COD_{Cr} 质量浓度小于 500 mg/L 的制糖废水
可行技术 8	①提汁工序压榨机轴承冷却水循环回用 + ②蒸发煮糖工序喷射雾化式真空冷凝 + ③蒸发煮糖工序冷凝器冷凝水循环回用（水循环利用率≥ 95%）	①一级处理技术 + ②二级处理技术（升流式厌氧污泥床 + 常规活性污泥法）	15 ～ 45	5 ～ 15	10 ～ 30	0.2 ～ 6.0	3.0 ～ 10.0	0.30 ～ 0.50	适用于进水 COD_{Cr} 质量浓度大于 1 500 mg/L 的制糖废水

表 6-2 甜菜制糖水污染防治可行技术

可行技术	污染预防技术	污染治理技术	污染物排放浓度水平 / (mg/L)						技术适用条件
			COD_{Cr}	BOD_5	SS	氨氮	总氮	总磷	
可行技术 1	①输送工序流洗水循环利用（水循环利用率 ≥ 60%）+ ②蒸发煮糖工序冷凝器冷凝水循环回用 + ③甜菜粕压榨工序压粕水回用	①一级处理技术 + ②二级处理技术（升流式厌氧污泥床 + 常规活性污泥法）	20 ～ 50	10 ～ 20	10 ～ 30	0.1 ～ 5.0	10 ～ 15	0.1 ～ 0.2	适用于进水 COD_{Cr} 质量浓度大于 1 500 mg/L 的制糖废水
可行技术 2	①输送工序流洗水循环利用（水循环利用率 ≥ 60%）+ ②蒸发煮糖工序喷射雾化式真空冷凝或真空泵隔板冷凝 + ③甜菜粕压榨工序压粕水回用	①一级处理技术 + ②二级处理技术（水解酸化 + 常规活性污泥法）	20 ～ 50	10 ～ 20	10 ～ 30	0.1 ～ 5.0	10 ～ 15	0.1 ～ 0.3	适用于进水 COD_{Cr} 质量浓度小于 1 500 mg/L 的制糖废水

表 6-3　屠宰水污染防治可行技术

可行技术	企业类别	预防技术	治理技术	污染物排放浓度水平 / (mg/L)						技术适用条件
				COD_{Cr}	BOD_5	SS	氨氮	总氮	总磷	
可行技术 1	牲畜屠宰	①干清粪 ②现代化生猪屠宰成套技术 ③畜禽骨深加工技术	①预处理技术（格栅＋隔油沉淀＋气浮）＋②厌氧技术（水解酸化或 UASB 或 EGSB）＋③好氧技术（常规活性污泥法或生物接触氧化或曝气生物滤池）＋④深度处理技术（混凝或膜分离＋消毒）	20～50	5～10	5～10	0.1～5.0	5.0～50	0.2～8.0	该技术流程完备，出水水质优良，适用于含肉类加工的大型牲畜屠宰企业废水处理
可行技术 2			①预处理技术（格栅＋隔油沉淀＋气浮）＋②厌氧技术（水解酸化或 UASB）＋③好氧技术（常规活性污泥法或曝气生物滤池）＋④深度处理技术（消毒）	30～80	10～25	10～50	0.3～15	30～100	1.0～8.0	适用于大、中型畜屠宰企业废水处理
可行技术 3			①预处理技术（格栅＋气浮）＋②厌氧技术（水解酸化）＋③好氧技术（生物接触氧化）＋④深度处理技术（消毒）	30～100	15～30	15～60	0.3～30	55～100	1.0～8.0	该技术流程简单、抗冲击负荷能力较强，适用于小型牲畜屠宰企业废水处理

可行技术	企业类别	预防技术	治理技术	污染物排放浓度水平 / (mg/L)						技术适用条件
				COD_{Cr}	BOD_5	SS	氨氮	总氮	总磷	
可行技术 4	禽类屠宰	①干清粪 ②畜禽骨深加工技术	①预处理技术（格栅＋隔油沉淀＋气浮）＋②厌氧技术（水解酸化或UASB)+③好氧技术(常规活性污泥法或生物接触氧化）＋④深度处理技术（膜分离＋消毒）	20～50	5～10	5～10	0.1～5.0	5.0～50	0.2～8.0	该技术流程完备，出水水质优良，适用于含肉类加工的大型禽类屠宰企业废水处理
可行技术 5			①预处理技术（水力筛或捞毛机＋格栅＋隔油沉淀＋气浮）＋②厌氧技术（水解酸化）＋③好氧技术（常规活性污泥法或序批式活性污泥法）＋④深度处理技术（消毒）	30～80	10～25	10～50	0.3～15	30～100	1.0～8.0	适用于大、中型禽类宰企业废水处理
可行技术 6			①预处理技术（水力筛或捞毛机＋气浮）＋②厌氧技术（水解酸化）＋③好氧技术（生物接触氧化）＋④深度处理技术（消毒）	30～100	15～30	15～60	0.3～30	55～100	1.0～8.0	该技术流程简单、抗冲击负荷能力较强，适用于小型禽类屠宰企业废水处理

注：1. 表中屠宰废水包含屠宰及肉类加工综合废水。
2. 表中预防技术可根据实际条件组合使用。

表 6-4　肉制品加工水污染防治可行技术

可行技术	预防技术	治理技术	污染物排放浓度水平 / (mg/L)						技术适用条件
			COD_{Cr}	BOD_5	SS	氨氮	总氮	总磷	
可行技术 1	①节水型冻肉解冻技术 ②畜禽骨深加工技术	①预处理技术（格栅 + 隔油沉淀或气浮）+ ②厌氧技术（水解酸化）+ ③好氧技术（常规活性污泥法或序批式活性污泥法或生物接触氧化）+ ④深度处理技术（膜分离 + 消毒）	20～50	5～10	5～10	0.1～5.0	10～30	0.2～8.0	该技术流程完备，出水水质优良，适用于大型肉制品加工企业废水处理
可行技术 2		①预处理技术（格栅 + 隔油沉淀或气浮）+ ②厌氧技术（水解酸化）+ ③好氧技术（常规活性污泥法或生物接触氧化）+ ④深度处理技术（膜分离 + 消毒）	30～60	10～25	10～40	0.1～20	30～60	1.0～8.0	该技术流程简单，抗冲击负荷能力强，适用于中小型肉制品加工企业废水处理
可行技术 3		①预处理技术（格栅 + 隔油沉淀或气浮）+ ②好氧技术（生物接触氧化）+ ③深度处理技术（消毒）	30～60	10～25	10～40	0.1～45	30～60	1.0～8.0	该技术流程简单，运行简易，适用于小型肉制品加工企业废水处理

注：表中预防技术可根据实际条件组合使用。

第七章　制革工业水污染防治技术

制革是指将生皮鞣制成革的过程。除去毛和非胶原纤维等，使真皮层胶原纤维适度松散、固定和强化，再加以整饰（理）等一系列化学（包括生物化学）、机械处理。本章主要介绍以生皮为原料，采用铬鞣工艺的制革及毛皮加工废水治理工程，采用其他原料和鞣制工艺的制革及毛皮加工企业和集中加工区的废水治理工程可参照。

第一节　制革工业生产工艺和水污染物排放

一、皮革加工工艺

（一）牛皮、猪皮、羊皮革（以铬盐为鞣剂）加工生产工艺及产污环节

牛皮、猪皮、羊皮革（以铬盐为鞣剂）加工生产工艺及产污环节见图 7-1。

（二）毛皮加工生产工艺及产污环节

毛皮加工生产工艺及产污环节见图 7-2。

二、主要污染物的产生与排放

皮革的生产要经过浸水、浸灰脱毛、脱灰、浸酸、鞣制、中和、加脂、染色等多种复杂的物理化学过程，制革废水组分复杂，浓度高、色度大，有一定的毒性。毛皮加工不涉及浸灰、脱毛、脱灰等工序，其主要污染源和制革相似。废水中主要污染源见表 7-1。

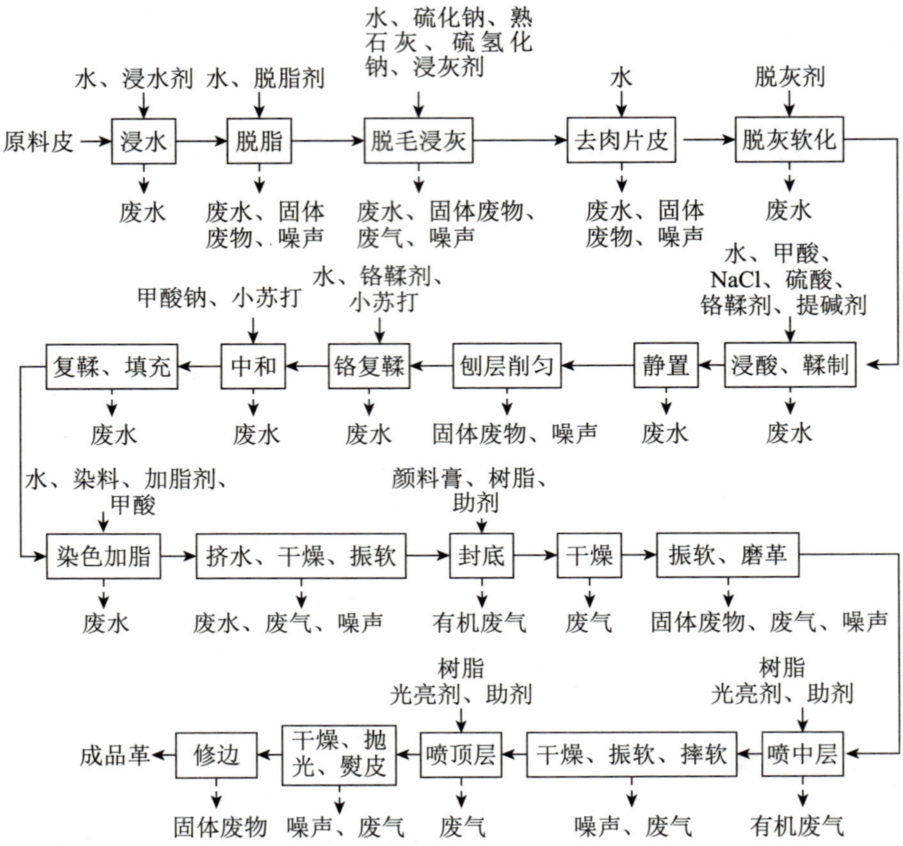

图 7-1 皮革加工生产工艺及产污环节

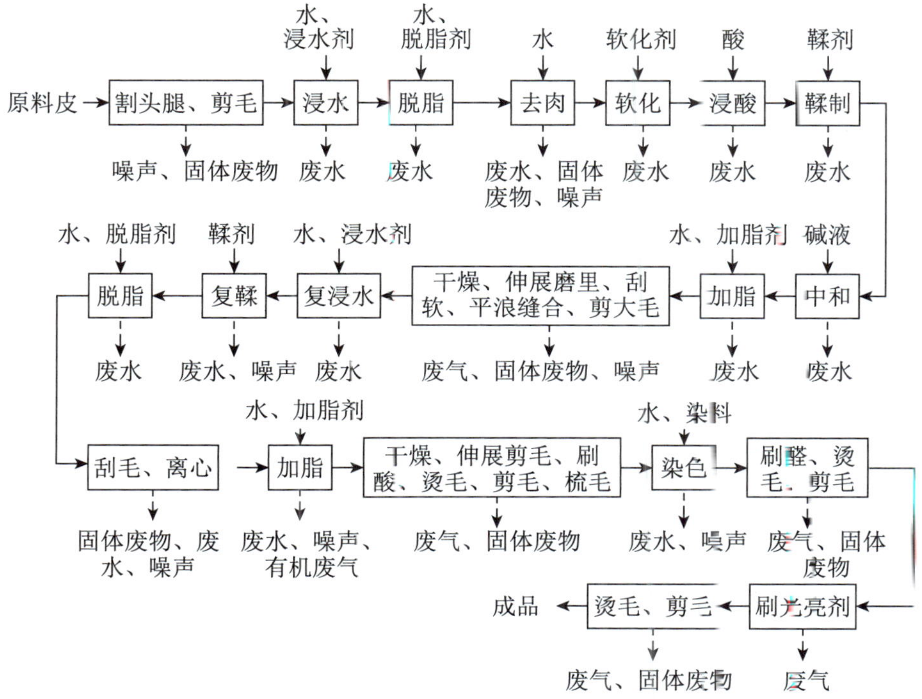

图 7-2　毛皮加工生产工艺及产污环节

表 7-1　制革各工序的污水来源和污染物特性

工段		内容
准备工段	污水来源	水洗、浸水、脱脂、脱毛浸灰、脱灰、软化等工序（毛皮加工不涉及脱毛浸灰、脱灰）
	主要污染物	废水：包含污血、蛋白质、油脂、脱脂剂、助剂等有机物和盐、硫化物、石灰、Na_2CO_3、硝酸盐等无机物 固体废物：大量的毛发、泥沙等固体悬浮物
	污染物特征指标	COD_{Cr}、BOD_5、SS、S^{2-}、pH、油脂、总氮、氨氮
	污染负荷比例	污水排放量占制革总水量的 60% ～ 70%；污染负荷占总排放量的 70% 左右，是制革废水的主要来源
鞣制工段	污水来源	浸酸和鞣制工序
	主要污染物	废水：包含无机盐、三价铬、悬浮物等 固体废物：包含含铬污泥

工段		内容
鞣制工段	污染物特征指标	COD_{Cr}、BOD_5、SS、Cr、pH、油脂、总氮、氨氮
	污染负荷比例	污水排放量占制革总水量的 8% 左右
复鞣、染色、加脂工段	污水来源	中和、复鞣、染色、加脂、喷涂、除尘等工序
	主要污染物	废水：包含色度、有机化合物（如表面活性剂、染料、各类复鞣剂、树脂）、悬浮物
	污染物特征指标	COD_{Cr}、BOD_5、SS、Cr、pH、油脂、氨氮
	污染负荷比例	污水排放量占制革总水量的 20% ～ 30%

第二节　制革工业水污染预防技术

一、有害化学原料替代技术

皮革、毛皮加工过程中用到多种化学材料，使用更为清洁的化学原料替代有害原料，可减轻皮革、毛皮加工工业对人类健康和环境的不利影响。有害化学原料替代技术见表 7-2。

表 7-2　清洁化学原料替代技术

工序	有害化学原料	清洁技术
浸水、浸灰、脱脂、染色等	烷基酚聚氧乙烯醚（APEO）	以脂肪醇聚氧乙烯醚或支链脂肪醇聚氧乙烯醚替代 APEO
脱脂	有机卤化物	使用非卤化溶剂，如线性烷基聚乙二醇醚、羧酸、烷基醚硫酸、烷基硫酸盐，采用水相脱脂系统； 对卤化溶剂采取封闭系统、溶剂回用、减排技术和土壤保护等措施
脱灰	铵盐	使用硼酸、乳酸镁和有机酸如乳酸、甲酸、醋酸等，以及有机酯降低废水中铵盐的浓度，但废液中 COD_{Cr} 和 BOD_5 会增加
鞣制、铬复鞣	铬鞣剂	使用钛盐（仅用于预鞣以及复鞣）、铝盐、锆盐等非铬金属鞣剂替代或部分替代铬鞣剂； 植物单宁与非铬金属鞣剂 / 醛类化合物结合替代或部分替代铬鞣剂

工序	有害化学原料	清洁技术
鞣后各工序	有机卤化物禁用染料未吸收的油脂、染料	使用不含有机卤化物的加脂剂、染料、防水剂、阻燃剂等； 使用与铬具有高亲和及高吸收的复鞣剂以减少向污水的排放量； 使用氮含量及盐含量低的复鞣剂； 使用高吸收加脂材料（如乳液加脂剂）； 采用低盐配方、易吸收、液态的染料，停止使用含致癌芳香胺基团的染料
涂饰	溶剂型涂饰材料	使用清洁的涂饰材料，如高吸收染色材料和固色材料、水基涂饰材料、涂饰层高效交联材料、环保型胶黏剂和整饰剂等
各工序	杀菌剂、杀虫剂等	用环境友好杀菌剂、杀虫剂代替
湿整饰工序	络合剂，如乙二胺四乙酸（EDTA）和次氮基三乙酸（NTA）	使用生物降解性好的络合剂

二、原皮保藏和浸水清洁工艺

（一）少盐原皮保藏技术

少盐原皮保藏技术是采用食盐和脱水剂结合使用或采用食盐和杀菌剂、抑菌剂结合使用的保藏方法，达到中短期保藏的目的。该技术可有效降低原皮保藏中食盐的使用量，适用于短期保存原料皮。

（二）干燥处理技术

干燥处理技术即直接晾晒原皮，或使用干燥器及其他机械方式。此过程可以配合使用环境友好的杀菌剂。该技术处理过程中不使用盐和其他化学品，无环境污染，成本较低。但受气候条件限制，仅适于湿度较低而气候温暖地区的企业采用。

（三）低温处理技术

低温处理技术是使用低温冷藏，保藏温度为2℃左右，可以使原皮保存3周以上，也可以配合使用杀菌剂，并与常规盐腌工艺结合使用。该技术可以基本消除浸水废液中盐的排放，但需设置冷藏库，能耗较大，且运输成本增大。该技术适用于屠宰场与制革厂距离较近、原皮购销渠道固定、原皮能在短期内投入生产的生产企业。

（四）转笼除盐技术

转笼除盐技术是盐腌皮浸水前在转笼（用纱网做的转鼓）中转动，使皮张外的食盐脱落，回收的食盐可以重新使用。该技术可以去除和回收盐腌皮上多余食盐，可节约盐的使用量，减少污水中盐的排放量。回收盐再利用前需进行处理，且原皮的品质可能会受影响。适合以腌制方法保存的皮革、毛皮。

三、脱毛浸灰工序清洁技术

（一）保毛脱毛技术

保毛脱毛技术，也称“免疫”法脱毛技术，即首先对毛干进行护毛（也称“免疫”）处理，再通过控制碱和还原剂对毛的作用条件，使脱毛作用主要发生在毛根，毛较完整地从毛囊中脱除，再使用循环过滤系统将毛回收利用。该技术能有效减少废水中 COD_{Cr}、BOD_5、悬浮物、有机物等的排放，降低后期污水处理成本，废毛可被加工为蛋白填充剂回用于制革。该技术适用于安装有循环过滤设备的企业。

（二）低硫脱毛技术

低硫脱毛技术是指用含硫有机物，代替或部分替代无机硫化物进行脱毛。该技术可减少硫化物用量及废水中污染物的排放量，适用于保毛脱毛工艺或毁毛脱毛工艺。

（三）脱毛浸灰液直接循环利用技术

脱毛浸灰液直接循环利用技术是收集含硫化物的保毛脱毛浸灰废液，过滤并调节浴液化学成分后，重新用于另一次脱毛浸灰作业。该技术可减少50% ～ 70% 硫化物污染，废水中的 BOD_5、COD_{Cr} 也大大降低，浸灰废液回收率可达 50% ～ 70%。蛋白质、中性盐等会在循环液中累积，要求严格的过程控制。

该技术适用于处理制革生产中以硫化物为脱毛剂的脱毛浸灰废水。

（四）浸灰废液全循环利用技术

在密闭容器中，加入酸性材料使硫化物转化为硫化氢气体逸出，并用碱性材料吸收，重新用于保毛脱毛的浸灰阶段，同时回收废液中的蛋白质，将废液回用于预浸水工序，将回收的硫化钠回用于脱毛工序，回收的蛋白质制备成蛋白填料后回用于复鞣工序，使浸灰废液完全得到回收利用。

该技术省去了反应釜中的搅拌装置，提高了硫化氢气体的回收率及容器的密封性能。硫化物回收利用率达99%以上，节水30%以上。

该技术适用于处理制革生产中以硫化物为脱毛剂的脱毛浸灰废水。

四、浸酸工艺

（一）浸酸废液循环利用

浸酸废液收集、过滤，并适当调整后，回用于下次浸酸过程。该技术可大大节省食盐的用量，同时减少酸的消耗。

（二）无盐/少盐浸酸技术

采用非膨胀酸或酸性辅助性合成鞣剂替代或部分替代浸酸，不会引起裸皮的膨胀，无须加入食盐。该技术可使浸酸后裸皮粒面平滑细致，有利于对酸皮进行削匀和剖层，铬鞣时有利于铬的渗透和吸收，有效减小盐对环境的影响。

五、鞣制工艺

（一）高吸收铬鞣技术

通过优化工艺参数，采用小液比工艺，延长处理时间，添加助鞣剂等方法提高传统铬鞣工艺中铬的吸收率。

该技术无须引入新的工艺及设备，可将铬吸收率提高至90%左右。结合助鞣剂，铬吸收率可达95%以上。采用该工艺可降低铬粉用量，减少含铬废水和污泥产生。

（二）铬鞣废液直接循环利用技术

鞣制、复鞣工序在鞣制结束后，将废铬液单独全部收集，过滤并调节组成后回用于浸酸工序或鞣制工序。

该技术可使杂质（蛋白、油脂）和化学品会在循环中累积，因此回用次数有限。该工艺不能解决鞣制后清洗废水中铬的问题。

（三）铬鞣废液全循环利用技术

通过过滤、沉淀、水解、氧化和还原等技术措施，去除废液中的固形物杂质、水溶性杂质以及与铬盐结合的杂质，重新恢复铬盐的鞣性。

该技术与未经再生处理直接回用铬鞣剂相比，鞣后皮革具有收缩温度高、蓝湿革外观浅淡等优点。该技术铬的回用率可达 99% 以上，可以完全解决铬盐污染问题。

（四）白湿皮技术

在铬鞣前先用铝、钛、硅、醛等非铬鞣剂进行预鞣，然后剖层削匀后再进行铬鞣，或者完全用非铬鞣剂代替铬鞣。该技术可消除铬污染，剖层削匀精度较高，产生固体废物中不含铬。白湿皮预鞣还可以提高后续铬鞣工序中铬的吸收率。

（五）植鞣技术

完全用植物鞣剂（栲胶）或与少量其他鞣剂结合鞣制。该技术可消除铬污染，但完全的植鞣工艺在产品性能方面很难达到铬鞣皮革的品质。

（六）无铬鞣技术

该技术使用铝、锆、钛等矿物鞣剂或其他有机无铬鞣剂代替铬鞣，可完全消除铬污染。目前单独使用非铬矿物鞣剂无法获得铬鞣革的品质，需要配套助剂的开发及平衡鞣制前后工艺。

六、涂饰工艺

该技术除了使用清洁的涂饰材料外，还可以采用高体积低压（HVLP）系统、泡沫喷涂系统、辊涂等清洁的涂饰方法。

七、节水工艺技术

（一）闷水洗工艺

该技术将制革工序中流水洗改为闷水洗或闷水、流水交替进行，用水量可以减少 25% ～ 30%，而且对产品质量有益而无害，适用于新建及已有制革、毛皮加工企业。

（二）采用小液比工艺

该技术采用新型节水设备，如倾斜转鼓或星形分隔转鼓等，可有效降低液比，节水分别可达 30% ～ 40% 以及 40% ～ 50%。结合闷水洗，可节水 70% 以上。

（三）工序合并工艺

该技术将复鞣、中和、染色、加脂在同浴中一次完成。与传统工艺相比，此工序可减少废液排出量 50% 左右。

（四）过程废水回用技术

该技术将制革加工过程中湿整饰工序的废水过滤收集处理后回用到指定工序。各工序产生的废水分开收集并分别处理。包括：①盐腌皮的浸水废水回用于浸酸；②制革生产中保毛脱毛浸灰废液回用；③软化、浸酸废液工序内部循环使用；④铬鞣、复鞣废液处理后工序内部循环使用或回用于浸酸；⑤复鞣染色前脱脂工序的废水用于浸水和地面清洁；⑥浅色的染色废水循环用于深色染色；深色废水进行脱色后用于染色或铬复鞣；⑦对多组分加脂废液工序内部循环使用。

该技术可节水 30% 以上，循环使用的最后废水进行终水处理。各工序可因需要废水收集、处理和调控设备，使用时需考虑额外的投资及运行费用。

八、工艺过程污染预防新技术

（一）热处理盐回收技术

该技术将盐腌皮上的盐抖落下来，再次使用。热处理法能有效杀灭回收盐中的细菌并分解有机污染物，从原皮上回收的盐经热处理杀菌及干燥后还能用于冬天路面防滑，减少精盐的使用量。在不改变传统原料皮保藏方法的基础上，对盐进行再利用，可以大大减少废水中盐的排放量。但同时也会增加能源消耗，且需要配备相关的操作设备，如储水池、给料箱、热处理系统（温度110 ～ 140℃）及干燥设备，而且将盐抖落的过程可能引起皮的擦伤。

（二）超临界液体脱脂

当气体被压缩到具有液体密度的超临界状态时，开始表现出显著的萃取性，该类物质成为超临界液体。初步研究表明，脂肪和油脂可采用超临界液体从毛皮中提取出来，为皮革生产提供清洁高效的脱脂效果。在 CO_2 在超临界条件（31.1℃，73.8 bar[1]）下可以允许在皮革未被鞣制的状态下将油脂从中萃取出来，从而大大减少了有机溶剂和清洗剂的使用。另外这个过程没有废水产生，并可在干净及不改变油脂化学性质的状态下，将其回收利用。

该技术所采用的超临界 CO_2 液体既不产生废水、有毒废物，又不会产生挥发性气体，被认为是具有前途的环境友好型技术。此外，超临界液体也可以用于皮革染色，并具有较好的染色效果，降低制革染色废水的排放量。

（三）非铬鞣制技术

1. 铁鞣

该技术使用混合二价铁络合物作为鞣剂，将铁及其络合物鞣剂鞣制，再与铝鞣剂和植物鞣剂结合，所处理的皮革的收缩温度可达 89℃以上。同时还有研究采用铁与其他金属（如铬、锌、铝）的多金属络合鞣剂混合后用于皮革鞣制工序，可大大提高铬吸收率，减少六价铬的排放。

2. 有机物鞣制

有机鞣剂中有机物易被分解及去除，其中新型两性有机复合物无铬鞣剂，可在鞣制过程中，既与胶原的氨基结合，也与羧基结合，释放出氢离子，而使浴液的 pH 自动降低，简化了制革的生产工序：裸皮软化后直接鞣制、前期不浸酸、后期不提碱，并在鞣制过程中不使用铬鞣剂，避免了浸酸、提碱过程中盐及铬鞣过程中铬的污染。

（四）连续复鞣及染色

在半连续式装置中实现复鞣、染色、填充等工序的连续运行，具有铬鞣效

1　1 bar=100 kPa。

果好、耗水量低、排污量少的优点。连续复鞣及染色装置由三个不同构件组成：①用于复鞣 / 填充的滚轧机。由于其独特设计，该设备有助于化学物质渗透进入皮革，还能将过量的化学物质挤压出来用于后续的复鞣。另外由于存在两个浸渍水槽，皮革能在设备两边同时加工，提高了鞣制及染色效率。②用于控制压力、湿度和温度的稳定室。稳定室可调节控制最佳状态，有助于化学物质的分散。③能使皮革在短时间内（数秒）完成染色的浸染系统。

该技术的滚轧机和浸染系统均以短时间水洗模式运作，耗水量少，废水排放量低，而且挤出来的多余化学品可以循环利用，但废水中化学物质浓度较高。此外，还需配备传感器用于监测主要运行参数（温度、pH 和电导率）以维持设备运行稳定。

（五）整饰

1. 粉末涂饰

粉末涂料是一种细粉状的固体，主要成分有树脂、黏结剂、色素、助流剂和其他添加剂。粉末涂饰工艺是先将粉末涂料涂于皮革或覆膜皮革上，再进行烘烤，直到溶解并形成光滑的薄膜。粉末涂料的主要应用技术包括静电喷涂、流化床预热沉积以及静电流化床沉积。

由于皮革不耐高温，导电导热性能不好，粉末涂料暂不适用于皮革。

2. 非有机溶剂涂饰

采用非有机溶剂或非溶剂涂饰，减少挥发性有机物及其他有害物质的使用，如新型水溶型或水乳型涂饰材料。

第三节　制革工业水污染治理技术

一、废水分质预处理技术

（一）脱脂废水预处理技术

脱脂废水预处理包括酸提取和浮选法等工艺。

酸提取处理脱脂废水包括破乳、皂化、酸化和水洗工序，在酸性条件下破乳，使油水分离、分层，将分离后的油脂层回收，经加碱皂化后再经酸化水洗，最后回收得到混合脂肪酸。

浮选法是投加化学药剂将废水中部分乳化油破乳，通过微小气泡携油上浮出，并在水体表面形成含油泡沫层，然后通过撇油器将油去除。

（二）含硫废水预处理技术

含硫废水预处理包括催化氧化、化学絮凝和酸化法等工艺。

锰盐催化氧化法是通过空气中的氧气和锰盐作为催化剂，在碱性条件下将 S^{2-} 氧化成无毒的存在方式：硫酸根、硫代硫酸根或单质硫。常用催化剂有硫酸锰、氯化锰和高锰酸钾等。

化学絮凝法是向脱毛液中加入可溶性化学药剂，使其与废水中的 S^{2-} 起化学反应，并形成难溶解的固体生成物，进行固液分离而去除废水中的 S^{2-}。常用的沉淀剂有亚铁盐、铁盐等。

酸化吸收法是在酸性条件下产生极易挥发的 H_2S 气体，再用碱液吸收硫化氧气体，生成硫化碱回用。参见浸灰废液全循环利用技术。

（三）脱灰软化废液预处理技术

脱灰软化废液调节 pH 为 10.0 ～ 11.0，采用空气吹脱法处理，氨氮去除率可达 70% ～ 80%。采用上述预处理技术，可减轻后续生化处理的难度和负荷，处理后废水一般合并入综合废水进行后续处理。

（四）含铬废水预处理技术

参见铬鞣废液直接循环利用技术和铬鞣废液全循环利用技术。

二、生化处理技术

（一）好氧生物处理技术

（1）氧化沟工艺；

（2）序批式活性污泥法（SBR 工艺）；

（3）生物接触氧化。

（二）厌氧 - 好氧生物组合处理技术

“上流式厌氧污泥床（UASB）+ 好氧”处理工艺。厌氧处理后的废水进入曝气池，将残余的还原性有机物生物氧化。该技术可使 95% 以上的硫化物得到回收，同时，COD_{Cr} 去除率达 98% 以上，UASB 可以降低后续处理过程的污染负荷，减少运行成本和减少污泥的产生量。由于废水中大量硫化物存在，设备投资成本较高。

（三）厌氧 - 好氧生物脱氮系统（A/O 工艺）

1. A/O 工艺

A/O 工艺称为缺氧 - 好氧生物法，A 段为厌氧 / 兼氧行处理，O 段则相当于传统活性污泥法。该工艺流程简单，装置少，建设费用低。除了可去除废水中的有机污染物外，还可同时去除氨、氮和磷。但缺氧池抗冲击负荷能力差，出水 COD 质量浓度偏高。

2. 二级 A/O 工艺

第一级以去除有机物为主要功能，第二级采用生物膜法以去除氨氮为主要功能。该技术针对氨氮浓度高的制革废水，处理效果稳定，氮去除效率高，能承受水量水质冲击负荷，可操作性强。

3. A^2/O 工艺

在 A/O 工艺中缺氧池前增加一个厌氧池，利用厌氧微生物先将复杂的复杂有机物降解为小分子，使废水的可生化性显著提高，从而大幅度降低进入后续 A/O 系统的有机物浓度。

该工艺可同时实现有机物降解和氨氮硝化反硝化过程；但占地面积大，工艺流程长，运行费用较高。

4. A/O^2（厌氧 / 好氧 - 好氧）工艺

A/O^2 又称短流程硝化 - 反硝化工艺，其中 A 段为缺氧反硝化段，第一个 O 段为亚硝化段，第二个 O 段为硝化段。该工艺能有效去除酚、氰及有机污染物，但占地面积大，工艺流程长，运行费用较高。

5. O-A/O（初曝 - 厌氧 / 好氧）

由两个独立的生化处理系统组成，第一个生化系统由初曝池（O）+ 初沉池构成，第二个生化系统由厌氧池（A）+ 好氧池（O）+ 二沉池构成。

该工艺降解有机污染物能力强，抗毒害物质和系统抗冲击负荷能力强，产泥量少。

三、深度处理技术

（一）膜处理技术

1. 膜生物反应器（MBR）强化废水生化处理技术

MBR 是高效膜分离技术与活性污泥法相结合的新型污水处理技术。内置中空纤维膜，利用固液分离原理，取代常规的沉淀、过滤技术，有效去除固体悬浮颗粒和有机颗粒以及难降解物质。该技术用于皮革及毛皮加工企业综合废水处理，进水使用范围大，产泥量小，有机物及氨氮去除率高，成本相对较低。

2. 膜分离技术

（1）微滤技术：微滤膜孔径为 0.2 μm 及以下。该技术能耗低、效率高、工艺简单、操作方便、投资小，适用于皮革及毛皮加工企业二级处理后废水的深度处理。

（2）超滤技术：截流相对分子质量 500 ～ 500 000，相应孔径大小的近似值为 0.002 ～ 0.1 μm。该技术设备体积小，结构简单，易于操作管理，投资费用低，适用于皮革及毛皮加工企业各工序废水以及综合废水回用或排放前的深度处理。

（3）反渗透技术：设备紧凑，占地少，操作简单，适用性强，易于实现自动化，除盐率可达 98% 以上，适用于皮革及毛皮加工企业处理后废水排放或回用前的除盐处理。

（二）深度脱氮技术

1. 曝气生物滤池

该技术是生物反应器内装填高比表面积的颗粒填料，提供微生物膜生长的载体，废水由下向上或由上向下流过滤层，滤池下设鼓风曝气系统，使空气与废水同向或逆向接触，通过生物膜的生物氧化降解、生物絮凝、物理过滤和生物膜与滤料的物理吸附作用，以及反应器内食物链的分级捕食作用，使污染物得以去除。对污水中的有机物、氨氮和 SS 等均有很好的去除效果。

该技术工艺简单、占地面积小，基建费用低。该技术适用于制革废水深度脱氮处理。

2. 人工湿地 - 生态植物塘

该技术是利用基质 - 微生物 - 植物 - 动物这个复合生态系统的物理、化学和生物的三重协调作用，通过过滤、吸附、共沉、离子交换、植物吸附和微生物分解等多种功能，实现对废水的高效净化。对总氮的去除率可达 60% 以上，BOD_5 去除率在 85% 以上，COD_{Cr} 去除率可达 80% 以上。该技术主要适用于生物处理效果好、出水氨氮浓度为每升几十毫克的企业。进一步去除氨氮和 COD_{Cr}。该技术占地面积大，系统运行受气候影响较大，仅适合在南方地区应用。

（三）深度物化处理技术

1. 臭氧氧化技术

催化氧化技术主要包括碱催化氧化、光催化氧化和多相催化氧化。

该技术毒性低，无污泥产生，处理时间短，所需空间小，操作简单，用于废水预氧化，可提高后续处理（特别是好氧生物处理）能力，还可有效降低废水色度。该技术适用于皮革及毛皮加工企业排放废水生物处理前的预处理，以及二级处理后的深度处理。

2. 芬顿氧化技术

亚铁离子作为与过氧化氢链式反应，催化产生具有极强氧化能力的羟基自由基（·OH），进攻有机物分子，加快有机物和还原性物质的氧化和分解。氧化作用完成后调节 pH 至中性或微碱性，铁离子形成铁盐絮状沉淀，可将溶液中剩余有机物和重金属吸附沉淀下来。

该技术操作过程简单，投资及运行成本较低，COD_{Cr} 去除率可达 60% ～ 90%，该技术适用于皮革及毛皮加工企业排放中段废水的预处理，以及二级处理后的深度处理。

第四节　制革工业水污染防治可行技术

皮革及毛皮加工工业污染防治可行技术组合见图 7-3。

一、工艺过程污染防治可行技术

皮革及毛皮加工行业中工艺过程清洁生产可行技术（BAT）见表 7-3。

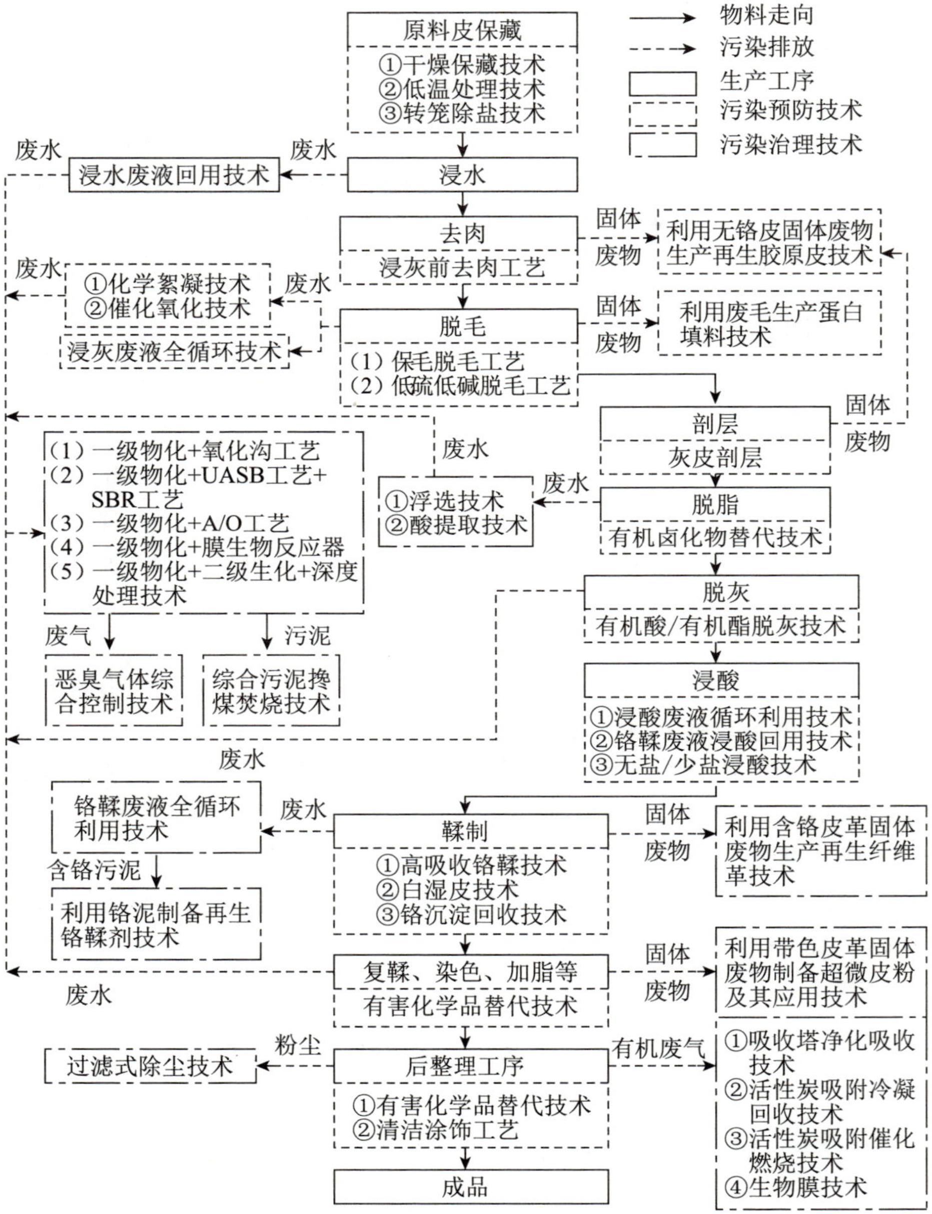

图 7-3　皮革及毛皮加工业污染防治可行技术组合

表 7-3　工艺过程污染防治可行技术

工序	BAT 技术	主要技术指标
原皮保藏	干燥保藏技术	使用低毒性、对环境影响小的杀虫剂和抑菌剂
	低温处理技术	鲜皮低温冷藏保存，适用于短期保存
	转笼除盐技术	盐腌皮在多孔倾斜转鼓（如用纱网做的转鼓）转动，直至两次称重相差不超过 1%
浸水	毛皮生产浸水废液回用于浸酸	可减少食盐的用量
去肉	浸灰前去肉，节省浸灰时的用水和化学品消耗	原皮经充分清洗、浸水后，进行机械去肉处理
脱毛	保毛脱毛技术	降低工序废水中 COD_{Cr}、BOD_5、SS、总氮、硫化物的排放
	低硫脱毛技术	使用有机硫制剂、酶制剂等减少硫化物用量
脱毛	浸灰废液全循环利用技术	悬浮物含量降低了 51.2%，硫化钠回收率达 99% 以上，COD_{Cr} 去除率达 90.4%，氨氮去除率达 80.5%。将去除硫化钠、蛋白质和氨氮后的清液回用于预浸水工序，实现了浸灰废液的全循环
剖层	灰皮剖层技术	降低后续工序化学品用量及含铬固体废物产出量
脱脂	有害化学原料替代技术	用羟乙基乙醇酯代替壬基酚酯作为表面活性剂，以减少可吸收性有机卤化物的排放量
		采用循环闭合工艺，减少有机溶剂排放
脱灰	无铵盐脱灰技术	CO_2 脱灰；硼酸、乳酸镁、乳酸、甲酸、醋酸或者有机酸代替铵盐脱灰
浸酸	无盐 / 少盐浸酸技术	用小液比浸酸法以减少水和盐的用量；用不膨胀的磺酸聚合物进行浸酸；用芳香族磺酸替代部分盐
	浸酸废液循环利用	循环利用浸酸液以减少盐的污染及水的排放量
	铬鞣废液浸酸回用	循环利用浸酸液以减少盐的污染及水的排放量，和铬鞣废液全循环利用技术一起实现
鞣制	高吸收铬鞣技术	优化工艺参数，结合铬鞣助剂，以及铬鞣液循环技术，提高铬鞣工序中铬的利用率
	铬鞣废液全循环利用技术	减排总铬 99.9%，减排含铬污泥 100%，铬鞣废液循环利用率为 97%
	铬沉淀回收技术	铬吸收率从 70% 提高至 85%，碱沉淀法的铬回收率达 99.7%，铬粉用量从 50 kg/t 原皮降至 29.55 kg/t 原皮，总铬排放量从 0.82 kg/ 万张降至 0.432 kg/ 万张
	白湿皮技术	可将铬粉用量从灰皮重的 8% 降至 5%

工序	BAT 技术	主要技术指标
复鞣加脂染色	有害化学原料替代技术	使用含少量自由酚基及自由甲醛的合成鞣剂，减少单体含量
		使用与革具高亲合及高吸收的复鞣剂，减少污水中的排放量
		应用氮含量和盐含量低的复鞣剂
		使用高吸收加脂材料（如乳液加脂剂）
		采用低盐含量的配方、易吸收、液态的染料，禁用含致癌芳香胺基团的染料
涂饰	有害化学原料替代技术及清洁工艺替代技术	使用清洁涂饰材料（高吸收染色材料和固色材料、水基涂饰材料、涂饰层高效交联材料、环保型胶黏剂和整饰剂等）和清洁涂饰工艺[高体积低压（HVLP）系统、泡沫喷涂系统、辊涂等]
湿操作工序	节水工艺技术	以闷水洗代替流水洗
		改进设备，采用小液比工艺
		过程废水回用技术

（一）原皮保藏和浸水清洁工艺

1. 干燥保藏技术

（1）可行工艺参数：原皮可通过四种方式干燥：地面干燥、日晒干燥、撑平干燥及阴干。可配合喷洒杀虫剂。

（2）污染物削减与排放：不使用盐，浸水废液中无盐的排放。

（3）技术适用性及经济性：适宜气候条件下成本很低。适于湿度较低和气候温暖地区。

2. 低温处理技术

（1）可行工艺参数：可采用制冷盘、冰块、干冰及冷藏库等措施降温，保藏温度取决于所需的保存期限。保藏期限：3 ～ 21 d。

（2）污染物削减与排放：几乎可以完全消除浸水废液中盐的排放。

（3）技术适用性及经济性：当屠宰场与企业距离较近，原皮购销渠道固定，原皮能在短期内投入生产时，可采用此短期保藏技术。经济成本与采用的制冷工艺有关。采用该工艺，也会增大运输成本。

3. 转笼除盐技术

（1）可行工艺参数：盐腌皮在多孔倾斜转鼓（如用纱网做的转鼓）转动，

直至两次称重相差不超过 1%。

（2）污染物削减与排放：可回收约 2% 的食盐，减少废水中盐的排放。

（3）技术适用性及经济性：减少食盐用量 30%，降低后期中性盐处理难度和成本。回收盐使用前需进行处理。

（二）去肉工序清洁工艺

◆ 浸灰前去肉技术

（1）可行工艺参数：原皮经充分清洗、浸水后，进行机械去肉处理，机械操作过程与浸灰后去肉相同。

（2）污染物削减与排放：产生废渣不含任何化学品，工序排放废水中油脂更易于去除。能减少 10% ～ 20% 的准备工段化学品消耗，节水 10% ～ 20%，而且后续脱毛浸灰工序的废水排放也会减少。

（3）技术适用性及经济性：设备投资和运行成本与浸灰后去肉相当。

（三）脱毛浸灰工序清洁工艺

1. 保毛脱毛工艺

（1）可行工艺参数：①加入石灰（或 NaOH）1.0% ～ 1.5% 以及各种助剂（皮重的 1.0% ～ 1.5%），浴液用量为皮重的 70% ～ 100%，免疫时间 45 ～ 90 min；②加入 NaHS/Na_2S 脱毛，废毛过滤回收；③补充石灰浸灰，水洗。

（2）污染物削减与排放：总固体量降低 30%，SS 降低 70%，BOD_5、COD_{Cr} 以及有机氮降低 50% 以上，氨氮降低 25%，硫化物减小 50% ～ 60%。毛回收量：30 ～ 50 kg/t 原牛皮，＞ 100 kg/t 羊皮。

（3）技术适用性及经济性：转鼓应配备循环过滤装置。但后期污水处理成本降低，废毛可进一步回收利用。

2. 低硫低碱脱毛工艺

（1）可行工艺参数：①水 100%；脱脂剂 0.4%；硫氢化钠 1%，转动 10 min。②加入氢氧化钠 0.7%；转动 120 min。③加入石灰 1.5%；15% 水稀释，转动 60 min，停 30 min。④加入水 75%，转动 30 min，过夜。

（2）污染物削减与排放：比传统技术减少了 60% 的硫化物的排放，减少了 60% 的碱度的排放，减少了 27% 的 COD 的排放。

（3）技术经济适用性：低硫低碱脱毛工艺适用于牛皮毁毛脱毛工艺。与传统的技术相比，低硫低碱脱毛浸灰技术可以节约 9.8% 的化料费用。

3. 浸灰液全循环利用技术

（1）可行工艺参数：在浸灰废液 1 ～ 5 次循环后通过处理回收废液中的硫化钠和蛋白质后，再将废液回用于制革的预浸水工序，将回收的硫化钠回用于脱毛工序，并将回收的蛋白质制备成为蛋白填料后回用于制革的复鞣工序，从而使浸灰废液完全得到回收利用。

（2）污染物削减与排放：浸灰废液中悬浮物含量降低了 51.2%，硫化钠回收率达 99% 以上，COD_{Cr} 去除率达 90.4%，氨氮去除率达 80.5%。此外，将去除硫化钠、蛋白质和氨氮后的清液回用于预浸水工序。

（3）技术经济适用性：通过本技术回收的蛋白质经过纯化和改性后可以回用于制革生产的复鞣填充工序，也可以作为肥料原料；回收的硫化钠可以直接回用于制革的脱毛工序。将处理后的浸灰废液上清液回用于浸水工序，实现浸灰废液全循环。

（四）灰皮剖层工艺

（1）工艺参数：以浸灰后剖层处理替代铬鞣后剖层。

（2）污染物削减与排放：产生废料不含铬，易于回收利用。

（3）技术经济适用性：可减少后续工序中水和化学品的消耗，节约成本。固体废物不含铬，处理费用更低。适用于新建和已有皮革及毛皮加工企业。

（五）清洁脱灰工艺

◆ 有机酸 / 有机酯脱灰技术

（1）可行工艺参数：有机酸 / 有机酯脱灰技术，具体工艺条件取决于使用的无氨脱灰助剂（无机酸、有机酸、碳酸酯、非膨胀酸等）。

（2）污染物削减与排放：消除废水中铵盐的污染，但会使废液 COD_{Cr} 和 BOD_5 值增加。

（3）技术经济适用性：适用于裸皮的脱灰处理。无氨脱灰剂的价格较高，但废液中氨氮含量大大降低，减少了制革废水氨氮中的治理费用。

（六）清洁浸酸工艺

1. 浸酸废液循环利用

（1）可行工艺参数：将全部浸酸废液从鼓内排出并收集，过滤并调整组成后，用于下批皮料的浸酸。

（2）污染物削减与排放：盐用量最高可节省 80%，酸的消耗量减少 10% ～ 25%，节省甲酸比硫酸多。

（3）技术经济适用性：适用于已有和新建皮革及毛皮加工企业，尤其适宜采用浸酸 / 鞣制分浴处理系统的企业。

2. 铬鞣废液浸酸回用

如果实施铬管理系统，在浸酸工序中也可回用铬鞣废液，会降低盐的用量及排放，具体内容参见下文铬鞣废液全循环利用技术。

3. 无盐 / 少盐浸酸技术

（1）工艺参数：常用的非膨胀性酸有砜酸聚合物、萘磺酸、磺基苯二甲酸、羟基芳香酸等。少盐浸酸：用非膨胀酸代替部分无机酸，食盐用量为裸皮重的 3% ～ 5%。无盐浸酸：砜酸聚合物直接浸酸，也可先用中性砜浸透裸皮后，再加酸酸化。

（2）污染物削减与排放：食盐用量从 6% ～ 8% 降至 0 ～ 5%，但芳香磺酸可能会导致废酸液中 COD_{Cr} 增加。

（3）技术经济适用性：成本略高于常规浸酸工艺。

（七）清洁鞣制工艺

1. 高吸收铬鞣技术

（1）可行工艺参数：铬鞣前充分浸灰，并进行灰皮剖层；采用小液比浸酸、铬鞣；添加助鞣剂。

（2）污染物削减与排放：铬吸收率达 80% ～ 98%，可减少铬粉用量 30% ～ 50%，废水及污泥中铬排放降低。

（3）技术经济适用性：需安装（自动）调控设备控制 pH、温度等；复鞣的效率较低，铬吸收率 60% ～ 70%；节约的铬粉成本可抵消较高的运行费用。

2. 铬鞣废液全循环利用技术

（1）可行工艺参数：①再生铬鞣剂的制备：铬泥的氧化：在温度为 60℃条件下，加入以铬泥重量计 10% 的氢氧化钠，边搅拌边滴加 60% 的过氧化氢，反应时间为 1 h，约 70% 的三价铬被氧化为六价铬，最后加入 18% 硫酸。铬泥的还原：另取 3 倍的铬泥，在微沸的条件下，逐渐加入被氧化的铬泥中，反应时间为 2 h，检测不到六价铬时，过滤。②铬鞣剂的回用：将制备的铬鞣剂回用于制革鞣制或复鞣工序。③上清液的回用：将处理后的上清液回用于浸酸工序。

（2）污染物削减与排放：减排总铬 99.9%，减排含铬污泥 100%，铬鞣废液循环利用率为97%。

（3）技术经济适用性：经过该技术再生处理后得到的铬鞣剂与未经再生处理直接回用铬鞣剂相比，具有收缩温度高（鞣性强）、蓝湿革外观浅淡等优点。

3. 铬沉淀回收技术

（1）可行工艺参数：①除固形物杂质：铬鞣废液收集后，先进入格栅池以除去固形物杂质，要求粗滤网网眼直径为1 cm，细滤网网眼直径为1 mm。②碱化处理：将废铬液进入碱化装置，采用蒸汽加热废液至30℃，每立方米废液加入氧化镁等碱性物质2.0 kg充分搅拌碱化120 min。③快速沉淀：废铬液通过管道混合器与少量聚丙烯酰胺等絮凝剂混匀，进入沉淀池，沉淀在20 min内快速沉降，沉淀体积小于总体积的15%。④回收：除去沉淀池上层60%清液，将剩余清液和沉淀絮状物注入离心机回收氢氧化铬沉淀。

（2）污染物削减与排放：铬回收彻底，废液中Cr^{3+}去除率达95%以上。

（3）技术适用性及经济性：该技术成熟，操作简便，但设备投资较高，沉淀周期长，加碱和加酸易造成二次污染。适用于皮革及毛皮加工企业铬鞣和含铬复鞣废液预处理。

4. 白湿皮技术

（1）可行工艺参数：白湿皮预鞣可采用铝盐预鞣，或铝盐与聚丙烯酸酯、戊二醛衍生物、钛盐、硅类化合物的结合预鞣。部分预鞣剂最低用量为三氧化二铝1.25%，戊二醛1.0%～1.5%，二氧化钛0.75%。其他工序操作和要求与常规方法相同，鞣制工序也可采用植鞣等其他鞣制工艺。白湿皮主鞣工艺取决于成革的需求品种。可以采用合成鞣剂、植物丹宁鞣剂和聚合物鞣剂。推荐采用戊二醛进行鞣制。

（2）污染物削减与排放：消除铬污染。若采用白湿皮预鞣，可将铬粉用量从灰皮重的8%降至5%。剖层、削匀、修边等操作产生的固体废物不含铬，易于回收利用。

（3）技术经济适用性：该技术增加了额外的处理工序，处理时间较长，且需要额外化学品的投入，从而导致生产成本增加。但同时也会降低废水和污泥的处理费用。技术适用于新建和已有皮革及毛皮加工企业，但后续的鞣制、染色、干燥、剖层等工艺必须做某些修改。

（八）节水工艺

（1）可行工艺参数：①废液收集并清除固形物杂质：将湿整饰阶段中非

铬复鞣、中和、染色、加脂、水洗工序的废水收集进混合池，并将收集的废水进入格栅池除去固形物杂质。②废水处理：将收集废水进行处理，使废水中 COD_{Cr} 质量浓度小于 800 mg/L，BOD_5 质量浓度小于 500 mg/L，色度小于 50 倍。③温度调节：将处理后废水制冷到（20±2）℃。④回用于准备工段：将经上述步骤处理后废液回用到准备工段，如水洗、浸水、脱毛浸灰等工序。

（2）污染物削减与排放：每投产 1 t 原料皮，可节约新鲜水量 30 t，减排废水量 30 t。

（3）技术经济适用性：循环使用的最后废水进行终水处理。过程废水回用原则上适用于所有新建及已有制革企业，各工序可因需要废水收集、处理和调控设备，使用时需考虑额外的投资及运行费用。

二、废水分质预处理可行技术

制革工序中的脱脂废液、浸灰脱毛废液及铬鞣废液是污染物含量较高的废水，一般采用预处理后再排入综合废水。废水分质预处理可行技术见表 7-4。

表 7-4　废水分质预处理可行技术

BAT 技术		主要技术指标	技术适用性
脱脂废液处理可行性技术	浮选技术	油脂去除率和 COD_{Cr} 去除率在 85% 左右，总氮去除率在 15% 以上	适用于皮革及毛皮加工企业脱脂废液的预处理
	酸提取法	出水油的质量浓度小于 0.1 g/L。回收油脂可达 95%，COD_{Cr} 去除率在 90% 以上	适用于含油脂废水的预处理
脱毛废液处理可行性技术	化学絮凝法	硫化物去除率在 95% 以上，硫化物可达标排放	适用于制革企业灰碱脱毛废液预处理
	催化氧化法	硫化物去除率在 80% 以上	适用于制革企业灰碱脱毛废液预处理
	浸灰废液全循环利用技术	悬浮物含量降低了 51.2%，硫化钠回收率达 99% 以上，COD_{Cr} 去除率达 90.4%，氨氮去除率达 80.5%。将去除硫化钠、蛋白质和氨氮后的清液回用于预浸水工序，实现了浸灰废液的全循环	适用于新建和已有皮革加工企业浸灰脱毛废液预处理
含铬废液处理可行性技术	含铬废液全循环利用技术	减排总铬 99.9%，减排含铬污泥 100%，铬鞣废液循环利用率达 97%	适用于新建和已有皮革加工企业铬鞣废液的预处理

（一）脱脂废液处理可行性技术

1. 浮选技术

（1）可行工艺参数：最小液体表面负荷率为 10 m^3/（m^2 · h），流速控制在 0.002 ～ 0.01 m/s，停留时间为 2 ～ 10 min，去油周期一般为 2 ～ 5 d。

（2）污染物削减与排放：去除脱脂废水中的脂肪、油脂和动物脂，油脂去除率和 COD_{Cr} 去除率在 85% 左右，总氮去除率在 15% 以上。

（3）二次污染及防治：处理后废水合并入综合废水进行后续处理。

（4）技术适用性及经济性：适用于皮革及毛皮加工企业脱脂废液的预处理。

2. 酸提取技术

（1）可行工艺参数：脱脂废水出鼓后，由集液槽收集，经分隔沟排入集水池，在集水池入流处放置格栅或滤床，经过滤后的脱脂废液上层清液由机泵提升至后处理工序的酸化槽中进行破乳，酸化 pH 为 4.0，破乳温度为 60℃，后经过分离操作，将油脂分离开来。

（2）污染物削减与排放：一般进水油的质量浓度为 8 ～ 10 g/L，出水油的质量浓度小于 0.1 g/L。回收油脂可达 95%，COD_{Cr} 去除率达 90% 以上。

（3）二次污染及防治：处理后废水合并入综合废水进行后续处理。

（4）技术适用性及经济性：适用于含油脂废水的预处理，是目前皮革及毛皮加工企业最广泛接受的油脂回收方法。

（二）脱毛废液处理可行性技术

1. 化学絮凝法

（1）可行工艺参数：将脱毛废液先用硫酸调节 pH 为 8.0 ～ 9.0，加入铁盐（硫酸铁或氯化铁），在 pH 大于 7.0 条件下，与 S^{2-} 起反应形成难溶解的固体硫化铁。静置澄清后，上层清液进入水处理系统，污泥则进入污泥浓缩干化系统。

（2）污染物削减与排放：硫化物去除率在 95% 以上，硫化物可达标排放。

（3）二次污染及防治：处理后废水合并入综合废水进行后续处理。

（4）技术适用性及经济性：操作简单，处理彻底。但该方法会生产大量黑色污泥，易造成二次污染；对高浓度含硫废水，药剂消耗量大，处理费用较高。适用于制革企业灰碱脱毛废液预处理。

2. 催化氧化法

（1）可行工艺参数：当废液中硫化物质量浓度低于 1 000 mg/L 时，催化剂用量应控制在 30 ～ 100 mg/L。硫化物浓度较高时，催化剂用量一般在 300 ～ 500 mg/L，催化剂以溶液状态加入，分别在曝气 15 min 后分两次加入。采用鼓风曝气和机械曝气进行连续式或间歇式曝气。所需空气量由废水中 S^{2-} 浓度决定。曝气时间一般为 3.5 ～ 8 h。

（2）污染物削减与排放：硫化物去除率在 80% 以上。

（3）二次污染及防治：该技术处理后废水合并入综合废水进行后续处理。

（4）技术适用性及经济性：该技术投资费费用低，处理后污泥量小。适用于制革企业灰碱脱毛废液预处理。

三、废水综合处理可行性技术

皮革及毛皮加工行业综合废水采用预处理 + 物化处理（一级）+ 生化处理（二级）+ 深度处理（三级）的组合处理工艺。

综合废水处理采用的可行技术见表 7-5。

表 7-5　综合废水处理可行技术

BAT 技术		主要技术指标	技术适用性
物化处理（一级）	气浮	SS 去除率 50% ～ 60%，COD_{Cr} 去除率 15% ～ 20%	新建及已有企业废水达标排放或回用
	混凝沉淀	SS 去除率 45% ～ 65%，COD_{Cr} 去除率 10% ～ 20%，BOD_5 去除率 10% ～ 15%	新建及已有企业废水达标排放或回用
生化处理（二级）	氧化沟	COD_{Cr} 去除率＞ 87%，BOD_5 去除率＞ 95%，SS 去除率＞ 95%，氨氮去除率＞ 60%，S^{2-} 去除率＞ 99%	新建企业综合废水生化处理，或已有企业氧化沟工艺改造
	UASB+SBR	COD_{Cr} 去除率＞ 95%，BOD_5 去除率＞ 98%，SS 去除率＞ 90%，氨氮和总氮去除率＞ 80%	新建企业综合废水生化处理，或已有企业 SBR 工艺改造
	A/O 工艺	COD_{Cr} 去除率＞ 95%，BOD_5 去除率＞ 96%，SS 去除率＞ 94%，氨氮和总氮去除率＞ 90%	新建企业综合废水生化处理，或已有企业的 A/O 工艺改造

BAT 技术			主要技术指标	技术适用性
生化处理（二级）	膜生物反应器		COD_{Cr} 去除率＞95%，BOD_5 去除率＞98%，SS 去除率＞98%，氨氮去除率＞98%，总氮去除率＞85%	新建企业综合废水生化处理
深度处理（三级）	人工湿地		氨氮去除率＞70%，COD_{Cr} 去除率＞50%	新建及已有企业废水达标排放或回用
	高级氧化	臭氧氧化	COD_{Cr} 去除率 60%～90%	新建及已有企业综合废水的预处理，以及达标排放或回用前的深度处理
	膜技术	微滤	与混凝沉淀工艺组合使用，SS 去除率＞90%	新建及已有企业废水达标排放或回用
		超滤	SS 去除率＞95% 以上	新建及已有企业各工序废水以及综合废水回用或排放前的深度处理
		反渗透	除盐率可达 98% 以上	新建及已有企业废水排放或回用前的除盐处理
	消毒		宜采用紫外线法和氯化法	新建及已有企业废水达标排放或回用

（一）综合废水生化处理可行性技术

1. 氧化沟工艺

（1）可行工艺参数：氧化沟：BOD_5 污泥负荷（BOD_5/MLSS）一般为 0.15～0.2 kg/（kg·d），TN 负荷（TN/MLSS）一般小于 0.05 kg/（kg·d），TP 负荷（TP/MLSS）一般为 0.003～0.006 kg/（kg·d），污泥浓度一般为 2 000～4 000 mg/L，水力停留时间为 6～8 h[其中厌氧：缺氧：好氧＝1：1：（3～4）]，而污泥回流比一般介于 25%～100%，污泥龄一般为 15～20 d。对于溶解氧浓度，好氧段为 2 mg/L 左右，缺氧段一般小于 0.5 mg/L，厌氧段一般不超过 0.2 mg/L。

（2）污染物削减与排放：COD_{Cr} 去除率大于 87%，BOD_5 去除率大于 95%，SS 去除率大于 95%，S^{2-} 去除率大于 99%，氨氮去除率大于 60%。产出废水应进行脱氮深度处理。

（3）二次污染及防治：废水处理产生污泥需按危险废物集中处理。废水处理过程中会产生硫化氢、氨等恶臭气体，可通过加装密闭罩、设置安全距离等措施减少对人群的影响。

（4）技术适用性及经济性：适用于新建皮革及毛皮加工企业综合废水一般生化处理，或已有企业氧化沟工艺改造。

2. UASB+SBR 工艺

（1）可行工艺参数：

UASB：进水 COD_{Cr} 负荷一般为 6 ～ 15 kg/（m^3·d），当为颗粒污泥时，允许上升流速为 0.25 ～ 0.30 m^3/h（日均流量），当为絮状污泥时，允许上升流速为 0.75 ～ 1.0 m^3/h（日均流量）。

SBR：推荐采用 DAT-IAT 工艺，BOD_5 污泥负荷（BOD_5/MLSS）为 0.02 ～ 0.10 kg/（kg·d），平均污泥浓度为 2 000 ～ 5 000 mg/L，需氧量（O_2/BOD_5）为 1.5 ～ 2.5 kg/kg，污泥产量（MLSS/SS）为 0.75 kg/kg 左右。IAT 池和 DAT 池回流活性污泥混合液最大回流比为 200%。

（2）污染物削减与排放：COD_{Cr} 去除率大于 95%，BOD_5 去除率大于 98%，SS 去除率大于 90%，氨氮和总氮去除率大于 80%。产出废水应进行脱氮深度处理。

（3）二次污染及防治：废水处理产生的污泥应按危险废物集中处理。废水处理过程中会产生硫化氢、氨等恶臭气体，可通过加装密闭罩、设置安全距离等措施减少对人群的影响。

（4）技术适用性及经济性：适用于新建皮革及毛皮加工企业综合废水处理，或已有企业 SBR 工艺改造。

3. A/O 工艺

（1）可行工艺参数：

A^2/O 工艺（水解酸化 +A/O 工艺）水解酸化：水力停留时间 10 ～ 12 h。

A/O 工艺：有机负荷（BOD_5/MLSS）≤ 0.08 kg/（kg·d），内循环比为 200% 左右，污泥回流比为 50% ～ 100%。污泥浓度为 3 500 ～ 4 000 mg/L，污泥龄≥ 25 d。

二级 A/O 工艺：两级 A/O 工艺串联使用；DO 值：A_1 池 0.3 ～ 0.5 mg/L，O_2 池 2.0 ～ 3.0 mg/L，A_2 池 0.5 mg/L 左右，O_2 池 3.0 ～ 4.0 mg/L；第一、第二级硝化液回流比为 200% ～ 250%；pH：O 池 6.5 ～ 8.5，A 池 7.5 ～ 8.5；第一、第二级污泥回流比分别为 85% 和 15% 左右。

（2）污染物削减与排放：COD_{Cr} 去除率大于 95%，BOD_5 去除率大于 96%，SS 去除率大于 94%，氨氮和总氮去除率大于 90%。

（3）二次污染及防治：废水处理产生的污泥需按危险废物集中处理。废水处理过程中会产生硫化氢、氨等恶臭气体，可通过加装密闭罩、设置安全距离等措施减少对人群的影响。

（4）技术适用性及经济性：适用于新建皮革及毛皮加工企业综合废水生化处理，或已有企业的 A/O 工艺改造。

4. 膜生物反应器

（1）可行工艺参数：预处理杂物及悬浮颗粒物，防止机械设备和管道或膜被磨损或污堵，油含量大 50 mg/L 时，应设置除油装置；宜进行好氧预处理（接触氧化）提高可生化性。

膜分离操作条件：运行压力：外置式 0.5 MPa，浸没式＜ 0.05 MPa。运行温度：15 ～ 35℃。MLSS：浸没式 MBR 好氧区（池）控制在 3 000 ～ 20 000 mg/L。反应池进水 pH：6 ～ 9。化学清洗频率：1 ～ 3 月 / 次。

（2）污染物削减与排放：COD_{Cr} 去除率大于 95%，BOD_5 去除率大于 98%，SS 去除率大于 98%，氨氮去除率大于 98%，总氮去除率大于 85%。

（3）二次污染及防治：废水处理产生的污泥应按危险废物集中处理。废水处理过程中会产生硫化氢、氨等恶臭气体，可通过加装密闭罩、设置安全距离等措施减少对人群的影响。膜清洗使用化学药品不当，可能会引起二次污染。

（4）技术适用性及经济性：适用于新建及已有皮革及毛皮加工企业综合废水二级生化处理。

（二）综合废水深度处理可行性技术

1. 人工湿地

（1）可行工艺参数：潜流式人工湿地系统，潜流系统设计分成为平流或垂直流。垂直流分为上流式和下流式。在系统中，污水在湿地床的表面下流动，可以充分利用填料表面生长的生物膜、丰富的植物根系及表层土和填料截留等作用，提高处理效果和处理能力；保温性好，处理效果受气候影响较小，且卫生条件较好。

（2）污染物削减与排放：总氮的去除率达 60% 以上，BOD_5 去除率在 85% 以上，COD_{Cr} 去除率达 80% 以上。

（3）技术适用性及经济性：适用于新建及已有皮革及毛皮加工企业二级生化处理后综合废水的 COD_{Cr} 和氨氮深度处理。

2. 臭氧 - 曝气生物滤池

（1）可行工艺参数：

臭氧接触时间：10 ～ 30 min，臭氧投放量：＞ 50 mg/L。

曝气生物滤池：有机负荷（BOD_5/MLSS）≤ 0.08 kg/（kg · d），内循环比为 200% 左右，污泥回流比为 50% ～ 100%。污泥浓度为 3 500 ～ 4 000 mg/L，污泥龄≥ 25 d。

（2）污染物削减与排放：COD_{Cr} 去除率大于 60%，氨氮和总氮去除率大于 90%。

（3）二次污染及防治：废水处理产生的污泥应按危险废物集中处理。废水处理过程中会产生硫化氢、氨等恶臭气体，可通过加装密闭罩、设置安全距离等措施减少对人群的影响。

（4）技术适用性及经济性：适用于新建及已有皮革及毛皮加工企业二级生化处理后综合废水的 COD_{Cr} 和氨氮深度处理。

3. 超滤 + 反渗透工艺

（1）可行工艺参数：①超滤产水指标：SDI ＜ 3、浊度＜ 0.2 NTU、胶体脱除率为 99%、悬浮物脱除率为 100%，有机物脱除率为 30% ～ 70%、超滤水利用率＞ 92%。②反渗透产水指标：脱盐率＞ 97%、反渗透水利用率＞ 75%、pH ＜ 6 ～ 9、悬浮物≈ 0。

（2）技术适用性及经济性：适用于新建及已有皮革及毛皮加工企业二级生化处理后综合废水的脱盐深度处理。

第八章　工业废水处理常见异常问题与措施

通过前面各类工业废水的介绍，可以体会到工业废水种类繁多，水质复杂，对应的处理工艺方法也多种多样，但从本质上出发，废水处理技术可以归纳为物理处理法（沉淀法和吸附法）、化学处理法和生物处理法。在实际运行操作中物理处理法和化学处理法常见异常问题一般通过试验优化可以顺利解决，比较难解决的是生物处理法中的问题，本章将重点讨论生物处理方法中的异常问题和措施。

第一节　物理性质异常问题及分析控制方法

一、污泥发白

（一）产生原因

工业废水采用活性污泥处理工艺，在运行过程中会发现污泥发白的现象，问题产生原因一般是进水中有机物浓度较低，使污水处理系统缺少营养，丝状菌或固着型纤毛虫大量繁殖，菌胶团生长不良；有时 pH 过高或过低，引起丝状菌大量生长，除了污泥发白、污泥松散、体积偏大、有发生污泥膨胀、导致水质变差的可能。

（二）解决办法

可按营养配比调整进水负荷，使碳、氮、磷比符合工艺设计要求（一般碳、氮、磷比控制在 100 ∶ 5 ∶ 1 左右），保持数日污泥颜色可以恢复；pH 过高或过低时，需调整进水 pH，保持曝气池 pH 为 6 ～ 9，才能有效防止污泥膨胀和污泥发白。

二、污泥发黑

（一）产生原因

曝气池污泥发黑很多时候是污泥缺少溶解氧造成的，溶解氧过低时，有机物厌氧分解释放出 H_2S，其与 Fe 作用生成 FeS；也可能由进水水质中含有较多的色素物质或毒性物质引起。因此，一旦发生污泥发黑的情形，首先应是检查曝气池的溶解氧含量，再检查进水水质，根据水质检查的结果，具体判断是由什么原因造成的。通常情况下，由于进水水质突变而引起的污泥中毒，进而使曝气池污泥发黑的现象，通常一级曝气池和二级曝气池污泥都会发黑。所以，通常情况下会引起曝气池污泥发黑的可能原因也可以通过二级 A/O 系统中一级曝气池的污泥颜色进行判断。

（二）解决办法

1. 溶解氧低导致的污泥发黑

测定溶解氧含量低于 2 mg/L 时，需要增加曝气池的供气量，使溶解氧的含量大于 2 mg/L，提高曝气池混合液的溶解氧含量（4 ～ 5 mg/L），几个小时的时间，污泥将逐渐恢复正常，由缺氧引起的污泥发黑问题将可以解决。

2. 由进水水质中含有色素物质或毒性物质引起的曝气池污泥发黑

当进水中含有生成 FeS 或其他色素物质时，因色素颜色（如 FeS 的颜色为黑褐色）而会使整个曝气池污泥变黑。这时可通过水质检测确定引起污泥发黑的原因，然后对症下药；同时，可以通过增大曝气量以及加大回流比来改善曝气池污泥发黑的状况。当进水中含有对微生物有毒害作用的物质，会使微生物死亡，也会造成曝气池污泥发黑，这时需要首先检查进水水质，如果发现进水中含有对微生物有剧毒作用的有毒物质，必须从前端控制好；其次，可以通过增大曝气量以及加大回流来提高曝气池的抗负荷能力，进而改善污泥发黑的状况，对于已经有大量含毒性的废液进入系统中而造成系统崩溃的情况，应对系统的污泥进行更换。

3. 污泥老化导致污泥发黑

污泥在曝气池中停留时间过长，导致污泥老化，从而出现曝气池污泥发黑的情况。这种情况应适当降低曝气量，同时，注意污泥在曝气池中的停留时间，及时排泥。此外，进水负荷突然增大，也会造成曝气池污泥发黑，这种情况的应对措施比较容易，只要减小进水量就可以明显改善曝气池污泥发黑状况。

造成曝气池污泥发黑的原因很多，应对措施也不相同，但是，通常情况下，出现污泥发黑的对应流程：先检查进水水质，若水质没有问题，再考察工艺参数是否设置得当；若进水水质有问题，应同时调整进水及工艺参数。对于常规的应对措施不能奏效的，需要在增大曝气池的溶解氧含量的同时，采取关闭二沉池到曝气池回流阀门、清理二沉池的腐化污泥以及向曝气池投加营养物质的手段才能使曝气池污泥发黑的情况改变。

三、出水色度升高

（一）产生原因

天然水一般呈现浅黄、浅褐或黄绿色，这些颜色主要是动植物死亡、腐化于水中所引起的，主要含有机物、无机物。而工业废水或生活污水中的色度则更多的是由于水中存在带色物质。特别是染料废水，由水中的可溶性、非可溶性色素在水中分散而使水质呈现所带色素颜色。另外水中存在金属等带色物质都可能使废水呈现该金属颜色。这些废水的颜色由所含污染物的量决定。

污水处理厂出水色度升高原因应该是水温过低或者污泥缺乏营养，导致生长不良，大量污泥解絮。

（二）解决办法

提高水温，投加碳源，增加均衡营养，改善污泥生长环境。如果水中含有金属等带色物质，需要控制进水水质或采取化学沉淀或混凝沉淀方法去除。

四、泡沫问题

（一）大量气泡

1. 产生原因

在污泥负荷适当、运行正常时，曝气池内泡沫量较少，泡沫外观呈新鲜的乳白色。污泥负荷过高，水质变化时，泡沫量往往增多，如污泥龄过短或废水中含大量洗涤剂时，即出现大量泡沫。过高的进水负荷冲击污泥，造成部分污泥分解并附着于气泡上使气泡发黏不易碎，因此水面积存大量气泡。

2. 解决办法

减少进水，稍微加大回流污泥量，稳定一段时间后气泡减少系统逐渐正常。

（二）白色泡沫

1. 产生原因

在曝气池表面产生白色、黏稠的空气泡沫，有时有较大的浪花；这种现象出现在活性污泥培养阶段，是正常现象，随着活性污泥数量的增长，白色泡沫会逐渐消失；这种现象出现在正常运行的活性污泥处理系统中，是不正常的。需测定 MLSS 是否降低，如果 MLSS 降低很多，应该分析原因：二沉池出水造成的污泥流失，导致 MLSS 降低；回流比控制不适当导致；排泥过量导致，此时应该减少排泥。如果测定后发现 MLSS 没有降低，则应该进行下述操作：检查污泥的好氧速率 SOUR，如果 SOUR 降低，说明污泥中毒，应该分析污泥中毒的原因并采取相应的解决方法。如果只有某些曝气池内有泡沫，其他的池子没有，此时应该注意检查各池子之间配水是否均匀，进入每个池子的回流污泥是否分配均匀。如果某一曝气池进入的污水多，而分配的回流污泥少，该池就容易出现泡沫。

2. 解决方法

根据产生原因，采取相应措施。

（三）暗褐色泡沫

1. 产生原因

在曝气池表面形成细微的暗褐色泡沫，一般是污泥老化、泥龄过高、负荷过低、污泥过氧化导致的。如果泡沫呈脂状、暗褐色并且异常强烈，随混合液进入二沉池，通常是由诺卡氏菌导致的生物泡沫，可通过检查系统是否存在丝状菌判断。

2. 解决办法

针对污泥老化引起的泡沫问题：增加排泥，逐渐更新系统中的新生污泥，污泥的更新过程需要持续几天时间，其间要控制好运行环境，保证新生污泥有较强的活性（保证溶解氧在 1.0 ～ 3.0 mg/L 内的稳定水平，营养物质比例要均衡，适当投加营养盐）。

针对生物泡沫问题：①喷洒水：一种最常用的物理方法。通过喷洒水流或水珠以打碎浮在水面的气泡，来减少泡沫。打散的污泥颗粒部分重新恢复沉降性能，但丝状细菌仍然存在于混合液中，所以，不能从根本上消除泡沫现象。②投加消泡剂：采用具有强氧化性的杀菌剂，如氯、臭氧和过氧化物等。还有利用聚乙二醇、硅酮生产的市售药剂，以及氯化铁和铜材酸洗液的混合药剂等。药剂的作用仅能降低泡沫的增长，却不能消除泡沫的形成。③降低污泥龄：采用降低曝气池中污泥的停留时间，以抑制有较长生长期的放线菌的生长。有实践证明，当污泥停留时间在 5 ～ 6 d 时，能有效控制 Nocardia 菌的生长，以避免由其产生的泡沫问题。④回流厌氧消化池上清液：采用厌氧消化池上清液回流到曝气池的方法，能控制曝气池表面的气泡形成。由于厌氧消化池上清液中含有高浓度好氧底物和氨氮，它们都会影响最后的出水质量，应慎重采用。⑤投加特别微生物：有研究提出，一部分特殊菌种可以消除 Nocardia 菌的活力，其中包括原生动物肾形虫等。另外，增加捕食性和拮抗性的微生物，对部分泡沫细菌有控制作用。⑥设置生物选择器：通过创造各种反应环境（氧、有机负荷或污泥浓度等），以选择优先生长的微生物，淘汰其他微生物。

五、泥水分离问题（污泥上浮）

（一）产生原因

总体来说，泥水分离问题产生原因包括污泥本身的质量问题和二沉池工况调整问题两个方面。无论是哪个方面的原因，运行管理中都应该及时的解决。因为二沉池是活性污泥处理工艺的最后一个单元，直接决定出水水质。在日常管理中，每天应该定时观察二沉池出水及泥水分离状况，并进行沉降试验。

（二）解决办法

泥水分离问题常见类型较多，需要针对不同现象进行处理。

1. 现象一及解决措施

从二沉池液面可观察到云浪状污泥浮起，并随水流走，但是沉降试验结果表明污泥沉降性能良好。这种现象可能是由二沉池运行工况控制不当引起的：①刮泥机行走速度太快，刮板扰动污泥层。应该降低刮泥机行走速度。②设备出故障或运行不当。例如，a）二沉池的进水或出水整流挡板脱落或者损坏，导致液流短路；b）出水三角堰板局部脱落或者损坏，导致液流短路；c）回流泵或者剩余污泥泵出现故障或管路堵塞，导致不能及时将二沉池污泥排出；d）调节阀门出故障，导致各池之间流量分配不均匀。③二沉池排泥速率太慢，导致污泥在池内积累，泥层上升，解决方法为增大排泥。④二沉池内发生反硝化产生的 N_2 气夹带污泥上浮，解决方法为加大回流比，以防污泥在沉淀池停留时间太长。⑤进入二沉池的混合液温度变化太大，产生密度流，局部发生短路。解决方法为增大出水挡板的水下深度。⑥入池混合液流量过大，水力超负荷将污泥冲走。应降低入池流量，减小水力表面负荷。⑦入池固体超负荷。如有可能，应降低入池固体负荷，一般应小于 100 kgSS/（m^2・d）。如有困难，亦可增大二沉池排泥。如为暂时超负荷，还可向二沉池内投加 $FeCl_3$ 等助凝剂。⑧风力太大，使辐流式二沉池出水不均匀，只从顺风侧的堰板出水。可临时加设风障。

2. 现象二及解决措施

从二沉池液面可观察到污泥陆续浮起，并随出水流走。镜检发现污泥中很少或没有丝状菌。此时如果上清液较清澈，则为高黏性非丝状菌膨胀。产生原因及相应的解决措施：①由于进水中含有大量的溶解性有机物，使污泥负荷（F/M）过高，应适宜控制污泥负荷；②进水缺乏足够的 N、P 等营养物质，应通过投加适宜调整 N、P 营养物含量。

3. 现象三及解决措施

从二沉池液面可观察到污泥陆续浮起，并随水流走。沉降试验发现，上清液特别清澈，镜检发现污泥中有大量丝状菌存在。该现象为丝状菌污泥膨胀。

产生原因及相应的解决措施：① DO 过低，导致丝状菌大量繁殖。② F/M 过高，曝气池中 DO 消耗加速。充氧条件不变，系统的 DO 降低，导致丝状菌大量繁殖；F/M 过低，食物不充足。③ P 的含量不足，即 C/N 升高时，适宜丝状菌生存。④硫化物的含量过高导致污泥膨胀，可加入 5 ～ 10 mg/L 氯加以控制或采用预曝气的方法将硫化物氧化成硫酸盐。⑤ pH 过低。

4. 现象四及解决措施

从二沉池表面可观察到污泥上浮，并伴随着有气泡冒出。气泡有时小至豌豆粒，有时大至篮球。此时为典型的污泥上浮现象。上浮的污泥用玻璃棒搅拌之后，如果又沉下去，说明系反硝化引起的污泥上浮；上浮的污泥用玻璃棒搅拌之后，污泥不下沉或者下沉非常慢，则说明系厌氧酸化引起的污泥上浮。

产生原因及相应的解决措施：①污泥脱氮上浮：a）产生原因：系统的 SRT 较长。b）防治方法：减少曝气，防止硝化反应的出现；及时排泥，增加回流量；

减少污泥在沉淀池中的停留时间；减少曝气池进水量，以减少二沉池中的污泥量。②污泥腐化上浮：a）产生原因：二沉池内污泥停留时间过长；局部区域污泥堵塞。b）防治方法：若沉淀池有死角，可以保持系统处于较高的溶解氧状态，问题可以得到缓解，需要对死角进行构造上的改造才能根本解决；加大回流比，适当增加排泥防止污泥在沉淀池停留时间太长。

5. 现象五及解决措施

从二沉池表面观察到漂浮着一层细小的针状絮体（大小似针尖），出水清澈。但有针絮随出水流走。该种现象称为针絮漂浮。

产生原因及相应的解决措施：针絮漂浮主要是由于系统的污泥负荷 F/M 太低，污泥老化，使污泥絮体沉降速度太快，来不及将悬浮在混合液中的微絮捕集沉淀下去。当 F/M 适当，污泥絮体沉速适中，大的正常絮体能有效地捕集微絮。

微絮漂浮一般不会导致出水 SS 超标。只是影响感官，如果增大剩余污泥排放，适当提高 F/M，针絮会消失。但当需要反硝化时，F/M 必须很低，此时产生针絮漂浮不可避免，可不予考虑。

6. 现象六及解决措施

从二沉池表面可观察到松散的絮状物漂浮，出水尚清澈，沉速较慢。该种现象称为散落状絮凝物悬浮。

产生原因及相应的解决措施：散落状絮凝物悬浮主要是由于系统的污泥负荷 F/M 太高，污泥年轻有活力，不易沉降。如果适当降低 F/M，散落状絮凝物可消失，与针絮漂浮不同的是，散落状絮凝物有可能导致出水 SS 超标，取决于其严重程度。

7. 现象七及解决措施

二沉池表面有大量絮体，随出水流走，出水 SS 超标，且出水浑浊。沉降试验发现，污泥基本不会形成沉降，无泥水界面。该现象称为反絮凝现象或污泥解体。沉降试验结果类似污泥膨胀，区别是发生污泥膨胀时，上清液及出水尚清澈，而污泥解体时，上清液及出水非常浑浊。

产生原因及相应的解决措施：污泥解体的原因很多。例如，由于毒物排入导致污泥中毒，产生解体；曝气池内存在大面积厌氧，使污泥发生酸化而解体；系统由于有有机冲击负荷或污泥流失，导致 F/M 急剧超高，使污泥解体。

如果 SOUR 低于 5 mgO_2/（gMLSS·h），则可确认系污泥中毒导致污泥解体。应设法增开备用池子，缓冲有机负荷冲击，或者减少排泥，提高 MLSS，以便降低 F/M，如果大面积厌氧导致解体，应检查曝气系统是否损坏，增加供氧。

六、污泥膨胀

污泥膨胀是典型的泥水分离问题。污泥膨胀是活性污泥系统最难解决的问题，至今仍未有较好的解决办法。表 8-1 是在实际运行过程中总结出来的运行对策。

表 8-1　污泥膨胀运行对策

序号	膨胀种类	现象	原因	解决对策
1	丝状菌膨胀	通过镜检发现大量丝状菌，其他种类偏少，曝气池泥水不分离，出水悬浮物多，曝气池颜色发黑，产生大量泡沫	进水有机质少，F/M 太低	加大进水量，提高进水有机负荷
			进水 N、P 等营养物质不足	适当调节营养比例，COD ∶ N ∶ P=100 ∶ 5 ∶ 1
			pH 太低	调节 pH 为 6 ～ 9
			曝气池溶解氧太低，DO＜0.8 mg/L	减少进水量，加大排泥量以减少对氧的消耗；或者投加化学药剂杀灭或抑制丝状菌的繁殖
			进水水温偏高，水温＞35℃，并影响到溶解氧的提高	增加水温调节设施（如喷淋冷却塔），或通过加强预曝气促进水气蒸发来降低温度
2	非丝状菌膨胀	污泥絮凝沉降性能差，泥水不分离	进水含有大量溶解性有机物，使污泥负荷 F/M 太高，而进水有缺乏足够的 N、P 或 DO，污泥结水率高达 400% 以上，远大于 100% 的正常水平	控制进水稳定，通过投加 N、P 等营养物质使营养均衡，提高曝气池溶解氧浓度。 投加絮凝剂助凝（聚铝、聚铁、或聚丙烯酰胺）
		污泥不絮凝，不沉降	进水中含有大量有毒物质，导致污泥中毒，使细菌不能分泌出足够的黏性物质	通过试验分析，找出有毒源，增加预处理设施，把有毒物质去除掉

调整运行工艺控制措施，对工艺条件控制不当产生的污泥膨胀非常有效。具体方法有：

（1）在曝气池的进水口处投加黏土、消石灰、生污泥或消化污泥等，以提高活性污泥的沉降性和密实性；

（2）使进入曝气池的废水处于新鲜状态，如采取预曝气措施，使废水处于好氧状态；

（3）加强曝气强度，提高混合液 DO 浓度，防止混合液局部缺氧或厌氧；

（4）补充 N、P 等营养盐，保持混合液中 C、N、P 等营养物质平衡；

（5）提高污泥回流比，降低污泥在二沉池的停留时间；

（6）对废水进行预曝气吹脱酸气或加碱调节，以提高曝气池进水的 pH；

（7）发挥调节池的作用，保证曝气池的污泥负荷相对稳定；

（8）控制曝气池的进水温度。

在曝气池前增设生物选择器（永久性措施）。好氧生物选择器就是在回流污泥进入曝气池前进行再生性曝气，减少回流污泥中黏性物质的含量，使其中微生物进入内源呼吸阶段，提高菌胶团细菌摄取有机物的能力和与丝状微生物的竞争能力。为加强生物选择器的效果，可以在曝气过程中投加足量的 N、P 等营养物质，提高污泥的活性。

第二节　工艺指标异常问题及分析控制方法

一、pH 和进水温度

在实际调节过程中 pH 宁可偏碱而不要偏酸，主要因为偏碱更利于后段絮凝沉淀效果提升。pH 与其他指标的关系如下。

（1）与水质水量的关系：工业排水中 pH 的波动主要由生产中使用的酸碱药品带来的，需要在运行中逐步熟悉企业排水情况，积累经验以通过颜色等物理性质判断水质偏酸或偏碱。

（2）与沉降比的关系：pH 低于 6 或高于 9 都会对系统造成冲击，出现污泥沉降缓慢，上清液浑浊，甚至液面有漂浮的污泥絮体。

（3）与污泥浓度（MLSS）的关系：越高的污泥浓度对 pH 的波动耐受力越强。在受冲击后应加大排泥量促进活性污泥更新。

（4）与回流比的关系：提高回流比以稀释进水的酸碱度也是降低 pH 波动对系统影响的方法之一。

水温高则影响充氧效率，溶解氧难以提高经常是由于这个原因；温度过低（一般认为低于 10℃影响明显）则絮凝效果变差明显，絮体细小、间隙水浑浊。

二、原水成分

原水成分变化对活性污泥的影响如表 8-2 所示。

表 8-2　原水成分变化对活性污泥的影响

原水成分变化	对活性污泥的影响	原因分析
pH 异常波动	抑制生长、导致死亡	不适合的生长环境
有机物浓度过高	造成冲击负荷，沉降性差	微生物增长迅速，活性高
有机物浓度过低	活性污泥易老化	食物供给不足，活性污泥死亡
悬浮物浓度过高	物化段去除不足，活性污泥有效成分低	混杂过多固体颗粒，造成活性污泥浓度增长假象
进水含有有毒物质	活性污泥解体，活性抑制	中毒发生，细胞合成受抑制
表面活性剂过多	池体泡沫过多，充氧效率低	泡沫覆盖池体表面，沿转移率低

三、污泥负荷（食微比 F/M）

污泥负荷（N_s）（也叫食微比）是反映食物与微生物数量关系的一个比值。运行管理中需要明白：养多少微生物才能降解多少有机物。通常需要控制污泥负荷在 0.3 左右，经常利用试验数据代入公式计算以确定适合的进水流量。BOD 按 COD 进行计算，并在日常化验的数据对比中找出适合该处理水质的 COD、BOD 比值。

污泥负荷计算方法为

$$N_S=QL_a/XV \tag{8-1}$$

式中：Q——污水流量，m^3/d；

V——曝气池容积，m^3；

X——混合液悬浮物（MLSS）质量浓度，mg/L；

L_a——进水有机物（BOD）质量浓度，mg/L。

1. 与污泥浓度的关系

根据有多少食物可以养多少微生物的原理，污泥浓度的调整要与进水浓度相适应，在系统进水水质频繁变化的情况下，以日平均浓度作为调整污泥浓度的参考依据较为合理。实际操作上，调整污泥浓度的最直接方法就是控制剩余污泥排放量，如能根据排泥数据制作出适合该废水处理的排泥曲线，对日后运行有很高的参考价值。

2. 与溶解氧的关系

污泥负荷过低时，活性污泥过剩，过剩部分污泥的呼吸消耗的氧量大于分解有机物需要的氧，但总需氧量不变，氧的利用率降低，形成功率的浪费。污泥负荷过高，系统需氧量上升造成供氧压力，超过系统供氧能力时造成系统缺氧，严重的将引起系统瘫痪。

3. 与活性污泥沉降比的对应关系

一般情况下，污泥负荷低时，污泥沉降过程可出现活性污泥过多，絮体小，污泥色泽较深，沉降过程较迅速，出水上清液带有小颗粒，沉降的活性污泥压缩性好；污泥负荷高时，活性污泥稀少，色泽鲜淡，絮凝沉降速度相对缓慢，出水上清液浑浊，沉降活性污泥阶段压缩性差。

四、溶解氧

运行中的溶解氧监测主要依靠在线监测仪表，便携式溶解氧仪和试验测定，仪器需要经常对比试验测定结果以确保仪器准确。在出现溶氧异常时，应在曝气池中采取多点采样的方法通过测定曝气池不同区域的溶解氧浓度，来分析故障原因。

1. 与原水成分的关系

原水对溶解氧的影响主要体现在大水量和高浓度有机物都会增加系统的耗氧量，因此运行中曝气机全开之后，要再提高进水量就要根据溶解氧情况而定了。另外，如原水中存在洗涤剂较多，使得曝气池液面存在隔绝大气的隔离层，同样会降低充氧效率。

2. 与污泥浓度的关系

越高的污泥浓度耗氧量也越大，因此运行中需要通过控制合适的污泥浓度，避免不必要过度耗氧。同时应该注意，污泥浓度低时应调整曝气量避免过度充氧引起污泥分解。

3. 与沉降比的关系

运行中要避免的是过度曝气。过度曝气会使污泥细小的空气泡附着在污泥上，导致污泥上浮，沉降比增大、沉淀池表面出现大量浮渣。

五、活性污泥浓度（MLSS）

活性污泥浓度是指曝气池中混合悬浮固体的含量，用 MLSS 表示，它是反映曝气池中微生物数量的指标。

1. 与污泥龄的关系

污泥龄是通过排除活性污泥来达到污泥龄指标的可操作手段。因此，控制好污泥龄也就同时得出了合适的污泥浓度范围。

2. 与温度的关系

对于正常的活性污泥菌群来说，温度每下降 10℃，其中的微生物活性就要下降 1 倍。因此，运行中我们只需要在温度高时降低系统污泥浓度，温度低时提高系统污泥浓度就能达到稳定处理效率。

3. 与沉降比的关系

活性污泥浓度越高沉降比的最终结果就越大，反之越小。运行中要注意的是，活性污泥浓度高引起的沉降比升高，观察到的沉降污泥压缩密实；而非活性污泥浓度升高导致的沉降比升高多半压实性差，色泽暗淡。低活性污泥浓度导致的沉降比过低，观察到的沉降污泥色泽暗淡、压缩性差、沉降的活性污泥稀少。

六、沉降比（SV_{30}）

用量筒从污水处理厂曝气池取 1 000 mL 水样，静置 30 min，沉淀的污泥体积占整个混合液体积的比例（%），为沉降比（SV_{30}）。

SV_{30} 应该说在所有操作控制中最具备参考意义，该指标较易快速获得。通过观察沉降比可以间接推定多项控制指标近似值，对综合判断运行故障和运转发展方向具有积极指导意义。影响沉淀效果的因素及处理对策如表 8-3 所示。

表 8-3　影响沉淀效果的因素及处理对策

影响因素	原因	对策
活性污泥浓度过低	过低的污泥浓度，使得活性污泥絮团间间距过大，碰撞机会减少，导致絮凝不充分沉淀效果差	确认活性污泥浓度与食微比以及污泥龄的关系，并加以调节适应
活性污泥浓度过高	污泥浓度过高，使得絮体没有完全形成就发生絮体间碰撞沉淀，压缩效果差，易出现翻底	用食微比以及污泥龄确定目前污泥浓度是否适合
曝气过度	曝气过度，导致细小气泡夹杂在污泥絮体中，降低沉降速度，从而影响沉淀效果	降低曝气量，并排出污泥老化等增加污泥黏度的因素
污泥丝状膨胀	膨胀后，污泥絮团间的吸附能力不足以抵消丝状菌产生的支撑膨胀力，导致沉淀速度极其缓慢	抑制丝状菌膨胀的方法将在后面章节中叙述

沉降过程的观察要点：

（1）在沉降最初 30 ～ 60 s 内污泥发生迅速的絮凝，并出现快速的沉降现象。如果此阶段消耗过多时间，往往是污泥系统故障即将产生的信号。如沉降缓慢是由于污泥黏度大，夹杂小气泡，则可能是污泥浓度过高、污泥老化、进水负荷高的原因。

（2）随沉降过程深入，将出现污泥絮体不断吸附结合凝聚成越来越大的絮体，颜色加深的现象。如沉淀过程中污泥颜色不加深，则可能是污泥浓度过低、进水负荷过高。如出现中间为沉淀污泥，上下皆是澄清液的情况则说明发生了中度污泥膨胀。

（3）沉淀过程的最后阶段就是压缩阶段。此时污泥基本处于底部，随沉淀时间的增加不断压实，颜色不断加深，但仍然保持较大颗粒的絮体。如发现，压实细密，絮体细小，则沉淀效果不佳，可能进水负荷过大或污泥浓度过低。如发现压实阶段絮体过于粗大且絮团边缘色泽偏淡，上层清液夹杂细小絮体，则说明污泥老化。

七、污泥体积指数（SVI）

污泥体积指数是沉降比和污泥浓度的比值，在 50 ～ 150 为正常值，对于工业废水可以高至 200。一般活性污泥体积指数超过 150，可以判定活性污泥结构松散，沉淀性能转差，产生原因可能是活性污泥负荷过大，导致污泥沉降性能降低，这时可以通过发挥调节池作用，均匀水质提高活性污泥浓度解决；也可能是发生污泥膨胀，需参照本章污泥膨胀的措施解决。当 SVI 低于 50 时，可以判定污泥老化需要缩短污泥龄。产生原因可能是活性污泥老化，导致沉降比异常降低，这时可以根据负荷调整活性污泥浓度，排出部分污泥；也可能是进水含大量无机悬浮物，导致活性污泥沉降的异常压缩，可适当在调节池投加絮凝剂，并加强排泥。运行中要注意的是，当负荷低时要相应调整曝气量，否则过度曝气将导致 SVI 增高，容易被误判成污泥膨胀。

八、污泥龄（t）

$$t=VX_1/(24X_2Q) \tag{8-2}$$

式中：V——曝气池容积，m；

X_1——曝气池混合悬浮物（MLSS）质量浓度，mg/L；

X_2——回流活性污泥混合悬浮物（MLSS）质量浓度，mg/L；

Q——剩余活性污泥排量，m^3/h。

污泥龄可以理解为活性污泥增殖1倍所需要的时间，实际运行中可以依据曝气池的污泥量和排泥流量简单的估算污泥龄。污泥龄7～15 d的范围仅是参考值，实际运行中需要根据现场的进水负荷情况来设置合理的污泥龄。

运行中污泥龄的确定方法：在“有多少食物就能养活多少微生物”这个大前提下，运行中就需要根据一段时间的平均污染物负荷用污泥负荷公式计算合理的污泥浓度，进而算出合理的污泥龄，并以此为依据对系统做出相应调整。

九、回流比

回流比在正常情况下的调整操作，正面作用并不明显，但是在污泥系统故障时的应急调控中具有重要作用。可依据表8-4控制回流比。

表8-4　回流比控制

回流比表现	控制依据	判别依据
回流比控制在较小值（＜60%）	污泥沉降性能、压缩性能好，降低回流比能使污泥停留在沉淀池时间加长，处于饥饿状态，增强其吸附降解有机物的能力	通过SVI和对SV_{30}沉降过程的观察来评判污泥压缩性能
	进水流量激增，污染物停留时间缩短，需要减小回流，增加停留时间	通过监测进水流量判别
回流比控制在较大值（60%以上）	低负荷运行，污泥易老化，加大回流抑制老化	通过监测进水浓度和观察SV_{30}进行判断
	进水浓度高，造成冲击负荷，加大回流提高污泥系统抗冲击能力	通过测定进水浓度和食微比确认冲击程度
	pH异常波动的冲击，也需要加大回流，用稀释作用降低pH的影响	通过对进水pH监测确认

十、营养的投加

营养投加不当产生的后果：当营养不足时，絮凝性差，形成絮体缓慢沉降性差，污泥絮体细小，在进水负荷不高等其他条件正常时，处理效率下降，司时沉淀池出水呈棕黄色。当营养过量时，沉淀池滋生青苔，沉淀池有黑色浮泥。

综上所述，活性污泥性状异常现象及其应采用的措施如表 8-5 所示。

表 8-5 活性污泥性状异常现象及其应采用的措施

异常现象症状	分析及诊断	解决对策
曝气池有臭味	供氧不足，DO 低，出水有机物较高	增加供氧，使曝气池 DO 高于 2 mg/L
污泥发黑	DO 低，有机物厌氧放出 H_2S，与 Fe^{2+} 作用生成 FeS	增加供氧或加大回流污泥量
污泥发白	丝状菌或固着型纤毛虫大量繁殖进水 pH 过低，曝气池 pH ≤ 6，丝状霉菌大量生长	如有污泥膨胀及其他症状参照其对策提高进水 pH
沉淀池黑色污泥上浮	沉淀池局部集泥厌氧，产生 CH_4、CO_2，附于泥粒之上浮，出水氨氮常常较高	防止沉淀池有死角，排泥后在死角区用压缩空气冲洗
二沉池泥面升高，初期出水清澈，流量大时污泥成层外溢	SV ＞ 30%，SVI ＞ 200 mL/g，污泥中丝状占优势，污泥膨胀	投加液氯、次氯酸钠、提高 pH 等化学方法杀死丝状细菌；投加颗粒碳、黏土等，提高 DO；间隙进水
二沉池泥面过高	丝状菌过量生长，MLSS 过高	增加排泥
二沉池泥面积累一层解絮污泥	微生物死亡，污泥解絮，出水 COD、BOD 上升；进水中有毒物浓度过高或 pH 异常	停止进水，排泥后投加营养，可引进生活污水使污泥复壮或引进新污泥菌种
二沉池有细小污泥不断外漂	污泥缺乏营养瘦小；进水中氨氮浓度过高，C/N 不合适；池温过高、搅拌过高使絮粒破碎	投加营养物质或引进高 BOD 污水，使 F/M ＞ 0.1，停开一个曝气池
二沉池上清液浑浊，出水水质差	污泥负荷过高，有机物氧化不完全	减少进水流量，减少排泥
曝气池表面出现浮渣	浮渣中诺卡氏菌过量生长；进水中洗涤剂含量过高	清除浮渣增加排泥
污泥未成熟，絮粒瘦小；出水浑浊，水质差；游动性差小型鞭毛虫多	水质成分及浓度变化过大；污水中营养物质不平衡或不足，污水中含毒物或 pH 异常	使污水成分浓度营养均化，并适当补充所需营养
污泥过滤困难	污泥解絮	酌情处理

异常现象症状	分析及诊断	解决对策
污泥脱水后泥饼松	有机物腐败；凝聚剂加量不足	及时处理污泥；增加剂量
曝气泡沫过多，色白	进水中洗涤剂过多	加消泡剂
曝气池泡沫不易破碎、发黏	负荷过高，有机物分解不全	降低负荷
曝气池泡沫茶色或灰色	污泥老化，泥龄过长，解絮污泥附于泡沫上	增加排泥量
出水 pH 下降	厌氧处理中负荷过高，有机酸积累好氧处理中负荷过低，氨氮硝化	降低负荷；增加负荷
出水悬浮固体（MLSS）升高	二沉淀池表面一层污泥，污泥中毒；污泥膨胀排泥不足，MLSS 过高；二沉池积泥，发生反硝化或腐败	见膨胀对策；增加排泥量
出水浑浊	负荷过低污泥凝聚性差，污泥解絮污泥中毒有机物分解不完全	增加营养停止进水，污泥复壮降低负荷
出水色度上升	污泥解絮，出水色度高	改善污泥性状
MLSS 下降	回流泵堵；污泥膨胀或中毒；污泥大量流失	相应对策
污泥灰分过高	初沉池、沉淀池运行不佳；进水泥沙或盐分过多	改善初沉池、沉砂池运行工况
曝气池 DO 低	进水负荷高；无机还原物质过多	减少负荷
厌氧产气量下降	污泥中毒、负荷过高、有机酸积累、传动装置失效	引进新污泥菌种，减少负荷、加碱，维修
出水 BOD 或 COD 升高	污泥中毒、进水过浓、进水中无机还原物质过多	相应对策

第三节　其他处理法异常问题及措施

一、混凝法异常问题及解决方法

混凝法是工业废水处理常用的一种方法，但是在实际污水处理工程中混凝池常常会出现一些问题。

（一）絮凝颗粒细小，出水携带矾花

1. 产生原因

混凝池末端絮体颗粒状况良好，水的浊度低，但沉淀池中絮体颗粒细小，出水携带絮体颗粒。出现这种情况的原因：一是混凝池末端积泥，堵塞了进水穿孔墙上的部分孔口，使孔口流速过大，打碎矾花，使之不易沉降；二是沉淀池内有积泥，降低了有效池容，使沉淀池内流速过大。

2. 解决方法

停池清泥。

（二）沉淀池出水携带矾花

1. 产生原因

混凝池末端矾花状况良好，水的浊度低，但沉淀池出水携带矾花。出现这种情况的原因：一是沉淀池超负荷；二是沉淀池内存在短流。

2. 解决方法

沉淀池超负荷时，应减少进水流量或增加沉淀池投运数量，降低沉淀池的水力表面负荷；沉淀池存在短流时，首先要判断短流原因，如果由堰板不平整所致，则应调平堰板。如果是由温度变化所致，则应在沉淀池进水口采取有效的整流措施。

（三）水体浑浊且沉淀池出水浊度高

1. 产生原因

混凝池末端矾花颗粒细小，水体浑浊，且沉淀池出水浊度提高。出现这种情况的可能原因：一是混凝剂投加量不足；二是混凝剂投加过量；三是进水碱度不足；四是水温降低；五是混凝强度不足。

2. 解决方法

通过试验，优化混凝剂的投加量，根据试验值及时增加或减少投药量；监测水体碱度，适量投加石灰，补充碱度不足；水温降低时，应采取试验选取无机高分子混凝剂等受水温影响小的混凝剂或者投加适宜助凝剂；加强运行的合理调度，尽量保证混合区内有充分的流速和合适的水力强度。

二、过滤异常问题及解决方法

在工业废水处理中过滤是一种较常用的污水处理工艺。过滤池的作用是利用滤料颗粒大小不同，对废水中的杂质进行拦截。除了过滤，它还有吸附和接触凝聚的作用。普通的滤池一般由两个过程交替进行，即过滤、反冲洗。过滤时，废水由上至下或由下至上通过滤料层，按水流性质可以分为压力滤池和重力滤池，过滤后清水经排水管排出；反冲洗时，利用与进水方向相反的高速空气或水流反向冲洗滤料层，将堵塞在滤料的细小颗粒带走，使料恢复到原来的工作性能，同时也是为了避免堵塞物发生腐败现象。

过滤池在使用过程中，可能会出现堵塞情况加重、难以反冲的情况。这是由于反冲洗强度不够，有些难以被冲出的污泥在滤料层内相互黏结、腐化发臭。对于该类现象，建议加强反冲洗的时间或加大反冲洗的强度。但冲洗强度过大可能造成滤料流失，这时可以暂停冲洗。投加氯浸泡半小时后再反冲，因此必要时需要人工进行清洗或是更换滤料。

过滤池在反冲过程中若出现大量的气泡从润料层内冒出，即发生了气闭或气阻，这是由于滤层中进入了空气，使滤层内部形成真空状态，导致过滤池出水大幅减少，出水水质严重下降。这时我们可以加大水流速度带走滤层中的气泡，若效果不佳，则需考虑调整滤料的颗粒或高度。

三、生物滤池运行中异常问题及解决方法

（一）滤池积水

预防和补救措施：①耗松滤池表面的滤料。②用高压水流冲洗滤料表面。③停止运行积水面积上的布水器，让连续的废水流将滤料上的生物膜冲走。④向滤池进水中投配一定量的游离氯（15 mg/L），历时数小时，隔周投配。投配时间可在晚间低流量时期，以减小氯的需要量。⑤停转滤池一天或更长一些时间以便使积水滤干。⑥对于有水封墙和可以封住排水渠的滤池，可用污水淹没滤池并持续至少一天 15 d。⑦如以上方法均无效时，可以更换滤料，这样做能比清洗旧滤料更经济。

（二）滤池蝇问题

防治措施有：①保持滤池连续进水不可间断；②按照与减少积水相类似的方法减少过量的生物膜；③每周或隔周用污水淹没滤池 1 d；④彻底冲淋滤池暴露部分的内壁，如尽可能延长布水横管，使废水能洒布于壁上，若池壁保持潮湿，则滤池蝇不能生存；⑤在厂区内消除滤池蝇的避难所；⑥在进水中加氯，使余氯为 0.5 ～ 1 mg/L，加药周期为 1 ～ 2 周，以避免滤池蝇完成生命周期；⑦在滤池壁表面施杀欲进入滤池的成蝇，施药周期为 4 ～ 6 周，即可控制池蝇。但在施药前应考虑杀虫剂对受纳水体的影响。

（三）臭味

防治措施：①维护所有设备（包括沉淀和废水系统）均为好氧状态；②降低污泥和生物膜的积累量；③当流量低时向滤池进水中短期加氯；④出水回流；⑤保持整个污水厂的清洁；⑥避免出现堵塞的下水系统；⑦清洗所有滤池通风口；⑧将空气压入滤池的排水系统以加大通风量；⑨避免高负荷冲击，如避免牛奶加工厂、罐头厂高浓度废水的进入，以免引起污泥的积累；⑩在滤池上加盖并对排放气体除臭。此外，美国还曾经采用加过氧化氢到初级塑料滤池出水，丹麦还曾采用塑料球覆盖在滤池表面上除臭等方法。

（四）滤池表面结冰问题

防治措施：①减少出水回流倍数，有时可完全不回流，直至气候暖和为止；②调节喷嘴，使之布水均匀；③在上风向设置挡风屏；④及时清除滤池边表面出现的冰块；⑤当采用二级滤池时，可使其并联运行，减少回流量或不回流，直至气候转暖。

（五）布水管及喷嘴的堵塞问题

防治措施：①清洗所有孔口；②提高初次沉淀池对油脂和悬浮物的去除率；③维持滤池适当的水力负荷；④按规定布水器进行涂油润滑等。

（六）蜗牛、苔藓和蟑螂问题

防治措施：①在进水中加氯；②用最大回流量冲洗滤池。

（七）生物膜过厚的问题

防治措施：①加大回流量，借助水力冲脱过厚的生物膜；②采取两级滤池串联，交替进水；③低频进水，使布水器的转速减慢，从而使生物膜下降。

四、厌氧反应存在问题及解决方法

厌氧法是工业高浓度有机废水处理常用的处理方法，其运行存在异常问题及解决方法如表 8-6 所示。

表 8-6 厌氧反应存在问题及解决方法

存在问题	产生原因	解决方法
污泥生长过慢	营养物不足，微量元素不足	增加营养物和微量元素
	进液酸化度过高	减少酸化度
	种泥不足	增加种泥
污泥活性不够	温度不够	控制温度
	产酸菌生长过快	控制产酸菌条件
	营养或微量元素不足	增加营养或微量元素
	无机物 Ca^{2+} 引起沉淀	减少进泥中 Ca^{2+} 含量
污泥流失	气体集于污泥中，污泥上浮	增加污泥负荷，增加内部水循环
	产酸菌使污泥分层	稳定工艺条件增加废水酸化程度
	污泥脂肪和蛋白过多	采取预处理去除脂肪、蛋白
污泥扩散颗粒污泥破裂	负荷过大	稳定负荷
	过渡机械搅拌	改水力搅拌
	存在有毒物质	废水清除毒素

参考文献

[1] 潘涛，李安峰，杜兵 . 废水污染控制技术手册 [M]. 北京：化学工业出版社，2012.
[2] 北京市环境保护科学研究院 . 三废处理工程技术手册（废水卷）[M]. 北京：化学工业出版社，2000.
[3] 杨苏铭，黄长盾 . 纺织印染工业废水治理技术 [M]. 北京：化学工业出版社，2002.
[4] 纺织工业污染防治可行技术指南 . HJ 1177—2021.
[5] 染料工业废水治理工程技术规范 . HJ 2036—2013.
[6] 纺织染整工业废水治理工程技术规范 . HJ 471—2009.
[7] 万金泉，马邕文 . 造纸工业废水处理技术及工程实例 [M]. 北京：化学工业出版社，2008.
[8] 制浆造纸工业污染防治可行技术指南 . HJ 2302—2018.
[9] 制浆造纸废水治理工程技术规范 . HJ 2011—2012.
[10] 造纸行业非木材制浆工艺污染防治最佳可行技术指南（试行）.
[11] 胡晓东 . 制药废水处理技术及工程实例 [M]. 北京：化学工业出版社，2008.
[12] 发酵类制药工业废水治理工程技术规范 . HJ 2044—2014.
[13] 制糖工业污染防治可行技术指南 . HJ 2303—2018.
[14] 屠宰及肉类加工业污染防治可行技术指南 .
[15] 屠宰与肉类加工废水治理工程技术规范 . HJ 2004—2010.
[16] 吴浩汀 . 制革工业废水处理技术及工程实例 [M]. 北京：化学工业出版社，2002.
[17] 制革及毛皮加工废水治理工程技术规范 . HJ 2003—2010.
[18] 水污染治理工程技术导则 . HJ 2015—2012.
[19] 膜生物法污水处理工程技术规范 . HJ 2010—2011.
[20] 污水混凝与絮凝处理工程技术规范 . HJ 2006—2010.
[21] 升流式厌氧污泥床反应器污水处理工程技术规范 . HJ 2013—2012.

企业环保管家系列指南 | 丛书主编　宋海鸥

企业废气污染管控指南

温　娟　编著

中国环境出版集团·北京

图书在版编目（CIP）数据

企业废气污染管控指南/温娟编著.—北京：中国环境出版集团，2023.6

（企业环保管家系列指南）

ISBN 978-7-5111-5535-1

Ⅰ.①企… Ⅱ.①温… Ⅲ.①企业－工业废气－废气治理－指南 Ⅳ.①X701-62

中国国家版本馆CIP数据核字（2023）第098473号

出 版 人 武德凯
责任编辑 葛 莉 宾银平
封面设计 彭 杉

出版发行 中国环境出版集团
（100062 北京市东城区广渠门内大街16号）
网 址：http：//www.cesp.com.cn
电子邮箱：bjgl@cesp.com.cn
联系电话：010-67112765（编辑管理部）
010-67113412（第二分社）
发行热线：010-67125803 010-67113405（传真）
印 刷 北京中科印刷有限公司
经 销 各地新华书店
版 次 2023年6月第1版
印 次 2023年6月第1次印刷
开 本 787×960 1/16
印 张 12
字 数 210千字
丛书定价 688.00元

企业环保管家系列指南

编 委 会

丛书主编简介：

宋海鸥 河北环境工程学院教授，环境法学硕士，西北政法大学法学博士研究生，河北海立律师事务所律师，秦皇岛律协资源与环境委员会副主任，多地生态环境部门、企业法律顾问，主要从事环境法、环境执法及环境管理相关领域的研究与实务工作。

本册作者简介：

温 娟 河北环境工程学院讲师，环境工程专业硕士，主要从事环境污染治理领域的教学与研究工作，了解环境污染治理政策动向，熟悉行业大气、水污染治理技术，先后承担或参与省部级课题多项，发表相关论文数篇，主编《污水治理技术与运行管理》（中国环境出版集团出版）。

总　序

“环保管家”是一种以“合同环境服务”为核心的环境污染治理新模式。2014 年 12 月 27 日，国务院办公厅《关于推行环境污染第三方治理的意见》中指出：“到 2020 年，环境公用设施、工业园区等重点领域第三方治理取得显著进展，污染治理效率和专业化水平明显提高，社会资本进入污染治理市场的活力进一步激发。环境公用设施投资运营体制改革基本完成，高效、优质、可持续的环境公共服务市场化供给体系基本形成；第三方治理业态和模式趋于成熟，涌现一批技术能力强、运营管理水平高、综合信用好、具有国际竞争力的环境服务公司。”2016 年 4 月 15 日，环境保护部印发《关于积极发挥环境保护作用促进供给侧结构性改革的指导意见》（环大气〔2016〕45 号），该意见指出：“推进环境咨询服务业发展，鼓励有条件的工业园区聘请第三方专业环保服务公司作为‘环保管家’，向园区提供监测、监理、环保设施建设运营、污染治理等一体化环保服务和解决方案。”由此，在环境保护领域正式提出了“环保管家”的概念，诸多的“环保管家”公司如雨后春笋般涌现，为企业提供“全面体检”服务。

尽管有专业环境污染第三方治理机构的辅助，但排污企业不能也无法避免经营中环境违规行为的法律责任。在环保形势日益严峻的背景下，掌握环境法律基本规定、污染防治技术规范等成为企业生存发展的必备能力，企业有必要通过学习将“要我守法”内生为“我要守法”的动力。

编者在与能源、化工、运输、钢铁、建材、机械加工、装备制造、矿山等行业企业打交道的过程中，了解到企业尤为关注环保问题，有增加环保投入和

增强自身环保专业知识的意愿，对降低环保经营风险有较高的期望值，但囿于环境保护知识的专业性，对通俗介绍企业生产经营中环保风险的指南、手册的需求迫切。正是基于这种市场需求，我们策划了这套专业的“企业环保管家系列指南”丛书（以下简称丛书），对企业环保问题开展“望闻问切”，对环保疑难杂症进行“科学会诊”，既能找准污染治理主要环节和风险隐患突出问题形成“体检报告”，也能开出诊治“药方”。“环保管家”通过常态化的“体检”和“问诊”，及时提出预警和针对性措施，以避免环境事故的发生，降低环境风险。

丛书分为四个板块，共计 13 个分册，旨在通过通俗易懂、实务的语境为企业提供环境守法的指引。在理论知识铺垫上，以够用为尺度，尽可能化繁为简；注重实操，并辅以案例，对企业生产经营中的环境管理事项和环境管理风险予以深度解读，帮助企业相关人员掌握企业环境管理的“钥匙”，最大限度降低企业的经营风险。

丛书的四个板块分别为：

1）法律法规板块：包括《企业常用环境法律法规手册》1 个分册，主要包含环境法律、法规、规章及政策性文件等内容。

2）常见环境管理事务板块：包括《企业环保合法合规管理指南》《企业建设项目环境影响评价管理指南》《企业排污许可证申领与实施操作指南》《企业自行监测管理指南》《企业环境信息化管理指南》《企业环境应急管理指南》6 个分册，主要从企业建设项目环境管理与企业环境风险防范角度进行阐释。

3）污染防治技术板块：包括《企业废水污染管控指南》《企业废气污染管控指南》《企业固体废物污染环境管控指南》《企业土壤污染管控指南》4 个分册，主要从治理设备、治理技术、产排污节点等方面对企业全流程技术管理予以说明。

4）企业环境金融与认证板块：包括《企业环境经济政策指南》《企业清洁生产审核与环境管理体系认证指南》2 个分册，主要包括环境税、排污权交易、碳排放交易以及清洁生产审核、ISO 14001 认证等相关知识。

丛书主要针对生产性企业的环境管理人员、环保管理型企业的工作人员以及对环境管理工作感兴趣的其他人员，也可以作为环境管理初学者的入门教材。

编写团队共25人，包括相关领域教授、副教授，专门从事环境法律事务的律师，生态环境部固体废物与化学品管理技术中心专家，大型企业从事环境管理的工作人员以及专业从事“环保管家”服务的企业人员等。编写团队中无论是“学院派”还是“实战派”，均是在相应领域深耕多年的行家里手。

本套丛书经过与出版社沟通和策划、制定编写大纲、组织编写人员、撰写初稿、修改初稿、定稿、统稿等多个流程，历时15个月。在组织编写过程中，各分册编者之间通力合作，各分册牵头人也与我进行有效沟通，保证了丛书的质量和覆盖面；同时，为保障丛书如期完成，众多编者付出了巨大心血，在此表示衷心感谢。组织如此大规模的编写队伍，于我而言也是前所未有的，其中有考虑不周之处，请各位编者海涵；因知识和技能所限，编写难免有疏漏，请各位读者批评指正。

最后要感谢河北环境工程学院领导的关心及中国环境出版集团对这套丛书的支持，尤其是第二分社全体编辑的专业和敬业让这套丛书由设想变为现实。

宋海鸥

2022年8月14日于秦皇岛

前　言

蓝天白云是人们对美好生活的追求之一，企业承担着大气污染防治的责任和任务。在环保要求越来越严格的形势下，提升企业自身的大气环境管控能力是企业生存发展的必然要求。希望本书作为“企业环保管家”丛书之一，能对企业大气环保问题进行“望闻问切”，对一些疑难杂症进行“科学会诊”，帮助企业找准大气污染治理的主要环节，并为解决一些常见问题提供思路和建议，全面有效地提升企业的大气治污能力。

全书分为六章，第一章绪论，简要介绍大气污染物的来源和类型，第二章至第五章分别详细介绍了我国目前控制的主要大气污染物——颗粒污染物、二氧化硫、氮氧化物和 VOCs 控制技术、原理、设备、影响因素、应用实例等内容，第六章介绍了大气污染控制重点行业——火电、水泥、钢铁、玻璃与陶瓷行业的产排污节点、大气污染控制技术及环境管理建议。

本书由温娟编著，河北环境工程学院王仲旭教授、景长勇教授、李国会教授进行了认真审阅，提出了许多宝贵的修改意见和建议，在此表示诚挚的感谢！

编著者在编写过程中吸取了许多优秀专著和教材的研究成果并参考了大量的文献资料，谨向他们表示谢意，如有未注明之处实及无意疏漏，谨向他们表示歉意。由于编写水平有限，错误在所难免，恳请广大读者批评指正。

编者

2022 年 11 月

目　录

第一章　绪论

近年来，我国的大气污染防治工作取得了很大进展，但大气环境形势依然严峻。2020 年，全国 337 个地级及以上城市中，有 135 个城市环境空气质量不达标，占比为 40.1%。其中，细颗粒物（$PM_{2.5}$）年均浓度为 33 μg/m^3，可吸入颗粒物（PM_{10}）年均浓度为 56 μg/m^3，SO_2 年均浓度为 10 μg/m^3，NO_2 年均浓度为 24 μg/m^3。

目前，我国的大气污染主要呈现煤烟型污染特征，主要来源是生产和生活燃煤及汽车排气等。煤和石油等化石燃料的燃烧过程中会产生大量的尘、二氧化硫（SO_2）、氮氧化物（NO_x）、挥发性有机物（VOCs）等污染物。同时，工业生产中的运输、装卸、储存等环节也会产生大量的颗粒污染物及其他气态污染物，各工业企业面临控制大气污染物排放的责任。

大气污染物按污染物存在形态可以分为颗粒污染物和气态污染物两大类。颗粒污染物主要用 TSP、PM_{10}、$PM_{2.5}$ 等指标表示，主要成分有碳粒、飞灰、碳酸钙、氧化锌、二氧化铅等。不同企业产生的颗粒物成分不同。气态污染物主要有硫化物、氮化物、VOCs 等。各类污染物也有很多不同的污染物成分，如硫化物有 SO_2、SO_3、H_2SO_4（雾）、H_2S 等，氮化物有 NO、NO_2、NH_3 等，卤化物有 Cl_2、HCl、HF 等。

大气污染物中影响范围广、对人类环境威胁较大的主要有烟粉尘、SO_2、NO_x、CO、CO_2、碳氢化合物、H_2S 和 NH_3 等。

不同行业的企业产生的主要大气污染物见表 1-1。

表 1-1　部分行业产生的主要大气污染物

行业	大气产污环节	主要大气污染物
火电行业	输煤、备煤过程、燃烧等	尘、SO_2、NO_x、Hg 等
钢铁行业	烧结、炼铁、炼钢、轧钢等	尘、SO_2、NO_x、CO_2 等
水泥行业	备料、煅烧、熟料粉碎、产品包装等	尘、NO_x、SO_2、CO_2 等

行业	大气产污环节	主要大气污染物
玻璃行业	备料、燃烧等	尘、SO_2、NO_x、HF、HCl、VOCs 等
陶瓷行业	备料（破碎、干燥等）、烧成等	尘、SO_2、NO_x、铅等
化工（炼油）工业	分离、转化工艺、原料和产品的储运等	SO_2、NO_x、CO、VOCs、尘等

第二章 颗粒污染物的控制

第一节 颗粒污染物的来源与危害

一、颗粒污染物的分类与来源

颗粒污染物主要是指空气中分散的液态或固态物质，粒度在分子级。颗粒状的污染物有许多类，但没有统一的名称和含义，按照习惯分为以下几种：

（1）总悬浮颗粒物（TSP）是用标准大容量颗粒采样器在滤膜上收集到的颗粒物的总质量。其粒径大小绝大多数在 100 μm 以下，其中多数在 10 μm 以下。TSP 是分散在大气中的各种粒子的总称，也是目前大气质量评价中的一个通用的重要污染指标。

（2）降尘是指用降尘罐采集到的大气颗粒物。总悬浮颗粒物中直径大于 10 μm 的粒子，一般会由于其自身的重力作用很快沉降下来，这样的微粒被称为降尘。

（3）飘尘是指能在大气中长期飘浮的悬浮物质，主要是粒径小于 10 μm 的微粒。空气动力学当量直径小于或等于 10 μm 的颗粒物称被为可吸入颗粒物（PM_{10}）。飘尘粒径小，能被人直接吸入呼吸道内造成危害；其在大气中长期飘浮，易将污染物带到很远的地方，导致污染范围扩大，同时在大气中还可为化学反应提供反应床。因此，飘尘是环境科学工作者研究的主要对象之一。

（4）细颗粒物（$PM_{2.5}$）是指大气中直径小于或等于 2.5 μm 的颗粒物。其直径不到人的头发丝粗细的 1/20。人体的生理结构对 $PM_{2.5}$ 没有任何过滤、阻拦能力。气象专家和医学专家认为，由细颗粒物造成的灰霾天气对人体健康的危害甚至比沙尘暴更大。

（5）粉尘或灰尘是指在工业生产中，由于物料的破碎、筛分、堆放、转运或其他机械处理而产生的直径介于 1 ～ 100 μm 范围内的固体微粒。

（6）烟尘是指由于燃烧、熔融、蒸发、升华、冷凝等过程形成的，粒径大于 1 μm 的固态或液态悬浮微粒。

（7）烟雾是空气中的煤烟和自然界的雾相结合的产物。人们往往把环境中类似上述产物的通称为烟雾。比较典型的烟雾有两类：一是硫酸型烟雾，是煤尘、SO_2 和雾相混合并伴有化学反应产生的烟雾；二是光化学烟雾，是汽车尾气中的碳氢化合物和 NO_x 通过光化学反应而形成的烟雾。

（8）烟气是含有粉尘、烟雾及有害有毒气体成分的废气的统称。

颗粒污染物的来源主要有自然源和人为源两大类。自然源主要指火山喷发、森林火灾、土壤灰尘等；人为源主要是矿物燃料的燃烧和部分工矿企业生产过程中的设备及车间等，如物料及产品的运输、固体废物的处理、露天采矿、建筑工地、化石燃料的燃烧等。

二、颗粒污染物的危害

颗粒污染物主要对人体呼吸系统产生影响，粒径小于 10 μm 的颗粒物可能被吸入人的气管和肺部，引起呼吸系统的疾病。落在植物枝叶上的颗粒物可引起机械性烧伤和减少叶片光合强度，使植物受损；沉积在蔬菜或食物表面的重金属颗粒物可通过食物链进入人或动物的身体，影响健康。颗粒污染物浓度高时，会遮挡阳光，使气温降低，或形成冷凝核心，使云雾和雨水增多，还会使大气能见度降低，带来交通不便，引起更多交通事故。能见度差也会导致照明耗电增加，燃料消耗随之增加，使大气污染更严重，形成恶性循环。尤其需要注意颗粒污染物和 SO_2 的协同作用，二者同时存在且浓度较高时，对呼吸系统的危害特别大。

第二节　机械除尘

一、重力除尘

（一）重力除尘的原理

重力除尘主要是通过颗粒物的重力作用使尘粒从气流中沉降分离的方法。

当气流进入重力沉降设备后，由于流动截面积增大，流速降低，较重颗粒会在重力作用下缓慢向灰斗沉降。

重力除尘有干式和湿式之分，干式除尘效率为 40% ～ 60%，湿式除尘效率为 60% ～ 80%。

重力沉降设备结构简单，投资少，压力损失小，一般为 50 ～ 130 Pa；维修管理容易；可处理高温烟气。但是设备体积大，除尘效率低，主要适于粒径为 40 ～ 50 μm 粉尘的去除，一般作为高效除尘器的预除尘装置，除去较大和较重的粒子。

（二）重力除尘器——重力沉降室

重力沉降室（图 2-1）的形式有单层沉降室和多层沉降室，多层沉降室是在单层沉降室中增加若干隔板（n 层），使尘粒沉降高度减少为原来的 1/（n+1），其中 n 为水平隔板层数。考虑到清灰的问题，一般隔板数在 3 层以下。

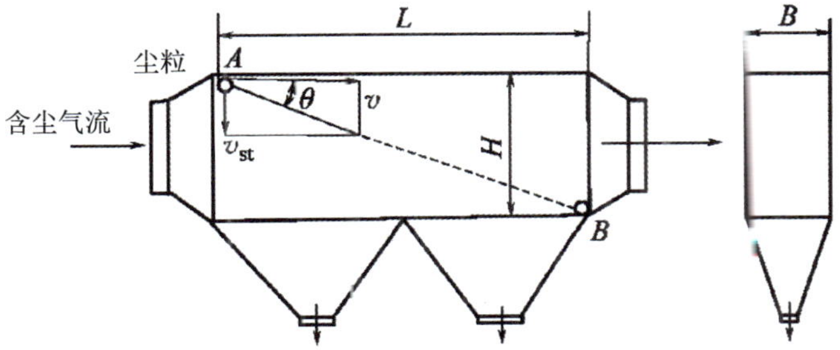

图 2-1　重力沉降室结构示意

提高沉降室效率的主要途径有降低沉降室内气流速度、增加沉降室长度，降低沉降室高度等。在重力除尘设备中，气体流动的速度越低，越有利于沉降细小的粉尘、提高除尘效率。一般控制气体的流动速度为 1 ～ 2 m/s，倘若速度太低，则设备相对庞大，投资费用会增高。在气体流速基本固定的情况下，重力除尘器设计得越长，越有利于提高除尘效率，但通常不宜超过 10 m。

（三）工程应用——某烧结厂增设重力除尘器实例

某烧结厂二烧车间机尾布袋除尘，原采用 LCM-13800 型布袋除尘器。在原

220 m^2 的烧结机机尾除尘器中，进口风管具有较大的风速（约 20 m/s），大颗粒尘灰直接进入机尾除尘器中，严重磨损了除尘器进气室布袋，影响了布袋的使用寿命。针对此情况，该厂采用了增设重力除尘器的方法。

该烧结厂将重力除尘器增设在机尾除尘器进口前位置，将双层卸灰阀设置在灰斗下。之后，将刮板机作为清灰设备，设置在卸灰阀下，完成定期清灰工作。考虑到风速的影响，决定在重力沉降室内降低风速至 10 m/s 以内，保证较大粒径粉尘在沉降室内得到有效沉降。此外，还将一块挡板合理地设置在重力除尘器内部，让除尘室入口的烟气均匀分布，有效减弱了烟气对布袋的冲击，避免了入口处布袋负荷过重的问题。

整个项目重力除尘器的制作和安装，以及刮板机的购买和安装，费用总计 65 万元。在重力除尘器投入使用后，与原机尾布袋除尘器的运行相比，除尘器壳体的磨损得到有效减少，除尘器维护工作的劳动强度大大降低，同时，机尾布袋冲刷有效减轻，延长了布袋使用寿命。机尾布袋除尘器布袋数量为 4 608 条，每条滤袋为 70 元，滤袋总计费用为 322 560 元。经过 1 年半的使用，对比以前，每年可节省布袋更换费用 300 000 元，2 年即可收回增设重力除尘器的投资费用。因此，增设重力除尘器设备可以有效提升经济效益。此外，随着布袋破损情况减少，除尘效果提升明显，粉尘排放浓度明显降低，周边环境得到改善。

二、惯性除尘

（一）惯性除尘的原理

惯性除尘是在沉降室内设置各种形式的挡板，当含尘气流冲击在挡板上时，气流方向发生急剧转变，而尘密度较大，会由于本身的惯性作用继续往前运动，撞击到挡板上而被捕集，从而实现与气流的分离。

（二）惯性除尘器

常见的惯性除尘器（图 2-2）有两大类，分别是冲击式惯性除尘器和反转式惯性除尘器。其中，冲击式惯性除尘器的气流直接冲击挡板，适宜捕集较粗粒子；反转式惯性除尘器则是通过改变气流方向来捕集较细粒子。

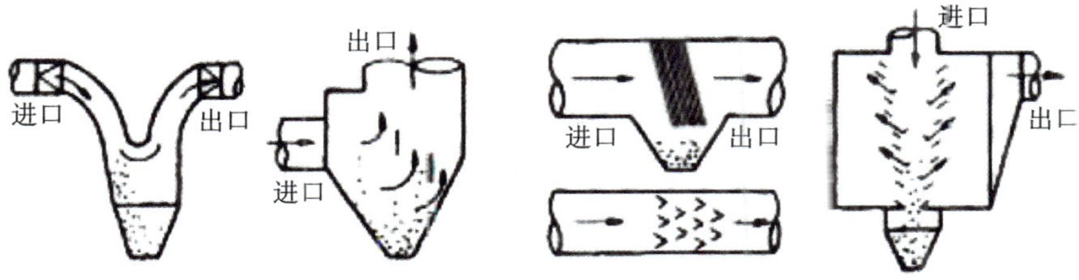

图 2-2　惯性除尘器结构示意

（三）惯性除尘器的应用

惯性除尘器结构简单，净化效率不高，为 50% ～ 70%；压力损失 150 ～ 700 Pa。一般只用于多级除尘中的一级除尘，捕集 10 ～ 20 μm 的粗颗粒；常用于密度和粒径较大的金属或矿物性粉尘的净化。重力除尘应用案例中，某烧结厂二烧车间机尾布袋除尘增设的重力除尘器中的挡板即起到了惯性除尘的作用。

三、离心力除尘

（一）离心力除尘的原理

离心力除尘依靠惯性离心力的作用，实现含尘气流中尘与气的分离，适于分离两相密度差较小，颗粒粒度较细的非均相物质。常用的离心力除尘设备为旋风除尘器。

旋风除尘器是利用旋转气流产生的离心力使尘粒从气流中分离的装置，主要用于分离粒径为 5 ～ 10 μm 的颗粒物，除尘效率为 85% 左右。由于对 5 μm 以下的颗粒捕集效率不高，一般作预除尘使用。

旋风除尘器结构简单，占地面积小，投资低，操作维修方便，但压力损失较大，动力消耗也较大。可用各种材料制造，能用于高温、高压及腐蚀性含尘气体的处理，还可回收干颗粒物。作为一种较高效率的除尘设备，被广泛应用于化工、石油、冶金、建筑、矿山、机械等工业部门。

（二）旋风除尘器

普通旋风除尘器由进气管、筒体、锥体和排气管等组成。气流沿外壁由上向下旋转运动，形成外涡旋；少量气体沿径向运动到中心区域，旋转气流在锥体底部转而向上沿轴心旋转形成内涡旋。到达外壁的尘粒在气流和重力共同作用下，沿壁面落入灰斗。颗粒在离心力作用下逐渐移向外壁。普通旋风除尘器的组成及内部气流见图 2-3。

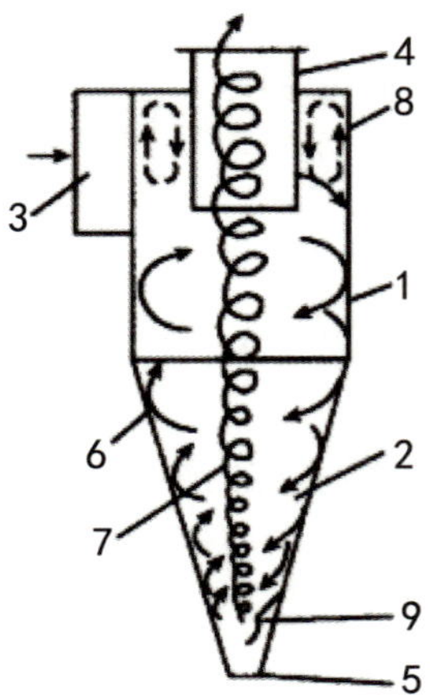

1. 筒体；2. 锥体；3. 进气管；4. 排气管；5. 排灰口；6. 外旋流；7. 内旋流；8. 二次流；9. 回流区

图 2-3 普通旋风除尘器的组成及内部气流

目前国内外常用的旋风除尘器种类很多。

（1）按照进口方式，旋风除尘器可分为四类：a. 切向进口，结构简单，较常用；b. 螺旋面进口，结构复杂，设计制造不方便；c. 蜗壳形进口，结构简单，可减小气体进口阻力；d. 轴向进口，常用于多管式旋风分离器。

（2）按气流组织方向，旋风除尘器可分为回流式旋风除尘器、直流式旋风除尘器（也叫旋流除尘器）。旋流除尘器的含尘气流由除尘器一端进入，作旋转运动，去除尘粒后的气体由除尘器的另一端排出，是直流式旋风除尘器。由于没有上升的内旋流，减少了返混，而且二次气体的导入使含尘气体旋转加强，增强了捕尘效果。常见的有喷嘴式旋流除尘器和导流叶片式旋流除尘器。

（3）多管旋风除尘器是由多个构造、形状和尺寸相同的小型旋风除尘器（又叫旋风子）组合在一个壳体内并联使用的除尘器组。常见的多管旋风除尘器也有回流式和直流式两种。

陶瓷多管式旋风除尘器由若干个并联的陶瓷旋风除尘器单元（又称陶瓷旋风体）组成。它可以由一般的陶瓷旋风除尘器单元或直流型旋风除尘器单元组成。这些单元被有机组合在一个壳体内，有总的进气管、排气管和灰斗。设备由陶瓷旋风管组成，比铸铁管更耐磨，表面更光滑，并耐酸耐碱，因此，还可用于湿式除尘，适用于捕集各种锅炉的非黏结型的干燥粉尘。

（4）旁路式旋风除尘器是在一般旋风除尘器上增设旁路分离室的一种除尘器。加设旁路后，与一般除尘器相比，压力损失减小，除尘效率提高。这种除尘器具有螺旋形旁路分离室，进口位置低，使除尘器顶部有充足的空间形成上旋涡，并形成粉尘环，从旁路分离室引至锥体部分，从而提高了除尘效率。同时，把旁路分离室设计成螺旋形，使进入的含尘气体切向进入锥体，防止其再次尘化，也起到提高除尘效率的作用，对 20 μm 以下粉尘的除尘效率能达到 80% ～ 90%。

（5）扩散式旋风分离器又称带倒锥体旋风除尘器，适用于捕集干燥的非纤维性的颗粒状粉尘。筒身呈倒圆锥形，因而减少了含尘气体自筒身中心短路到出口排出的可能性，并装有圆锥形的反射屏，防止二次气流将已经分离下来的粉尘重新卷起，被上升气流带出。它具有除尘效率高、结构简单、加工制造容易、投资低和压力损失适中等优点。

（三）影响旋风除尘器除尘效率的因素

1. 气流速度

在一定范围内提高进口气流速度，可以使除尘效率提高，烟气处理量增加；但气流速度不宜过大，过大会使压力损失急剧上升（压力损失与进气口流速的平方成正比），并且加剧粉尘的返混，从而导致效率下降。通过环状雾化器将水喷淋在旋风除尘器内壁上，能有效地控制返混。

2. 除尘器装置各部分尺寸

在相同的旋转速度下，筒体的直径 D 越小，除尘效率越高。但筒体直径小，处理风量也小，并且容易引起粉尘堵塞。若处理气量大，可将除尘器并联使用，或采用多管式旋风器。

减小排气管直径可以减小内旋流直径，有利于提高除尘效率，但过小也会增加出口阻力。一般取排出管直径 d_e ＝（0.4 ～ 0.65）D。

筒体和锥体高度适当加长，对提高除尘效率有利。

排尘口直径不能过小，过小会影响粉尘的沉降而使其被再次带走，同时易堵塞。

3. 除尘器底部的严密性

排灰口的严密程度是保证除尘效率的重要因素。排灰口的严密性应由闭风器严格控制。在锥体底部，气流雷诺准数较高，旋转气流中心产生负压。除尘器稍有漏气，便会使外界气体进入除尘器，造成二次夹带，降低除尘效率。对于收尘量较小、无须连续排灰的除尘器，可以在除尘器下部设置固定的排灰装置，如集尘斗。而对于收尘量大的除尘器，可以采用翻板式锁气器。为了减少二次扬尘，还可以采用环缝气垫耐磨旋风除尘器。这种除尘器是在普通旋风除尘器的基础上增设环缝，不但能够解决二次扬尘问题，还能够抑制上灰环的形成，提高除尘效率。

（四）工程应用——某高炉应用旋风除尘器实例

现代钢铁联合企业中，高炉连续生产过程中产生大量的煤气，利用价值比较高。但高炉炉顶煤气中含尘量较大，必须经过净化处理，使含尘量降到 10 mg/m^3 以下，才能有效利用。高炉煤气净化处理通常分两级处理：一级用重力除尘器或旋风除尘器进行粗除尘，除去煤气中大部分粗颗粒灰尘；二级进行湿法或布袋干法细除尘。

某高炉采用国产新型螺旋筒式旋风除尘器除尘。该除尘器由积压分配室、旋流筒、旋流室、集灰室等部分组成。与国外旋流筒式旋风除尘器相比，国产旋流筒式旋风除尘器的旋流通道较长，有利于气流的提速及粉尘的分离，旋流通道角度较小，使气流切向速度较大，增加气流在除尘器内的离心作用，有利于提高除尘效率，在实际生产中除尘效率可达 85% 左右，大大提升了高炉煤气除尘效率，延长了布袋除尘器使用寿命。半净煤气中含尘量减少，布袋反复吹振次数减少 40% ～ 60%，节省能源 40% 左右，二次布袋使用寿命提高 30% ～ 60%，设备检修量减少 50% 左右。一次煤气含尘量小于 10 mg/m^3，经过二次布袋除尘器后，净煤气含尘量基本在 2 mg/m^3 以下，远低于设计标准（5 mg/m^3）。

表 2-1　国产螺旋筒式旋风除尘器与国外旋流筒式旋风除尘器旋流板结构参数对比

项目	旋流板数量 / 块	旋流板角度 /（°）	旋流板宽度 /mm	旋流板高度 /mm
国产螺旋筒式旋风除尘器	8	21.27	510	1 582
国外旋流筒式旋风除尘器	30	30	530	800

（五）旋风除尘器的运行管理

旋风除尘器的故障一旦出现，应及时进行故障诊断分析，查找原因，进行维修。

1. 启动前

启动前，应检查是否有残余的堆积粉尘；检查除尘器安装接合部的气密性；检查除尘器（组）与风道接合部、灰斗接合部和灰斗与排灰装置的气密性。

2. 停车

整个系统停止运行后，旋风除尘器应继续运行，直到除尘器内 100% 被空气充满，从而有效防止粉尘附着或堆积在除尘器内，引起除尘器的腐蚀。

3. 日常维护管理

在旋风除尘器的维护中，应注意防止除尘器的磨损、腐蚀和堵塞。预防措施有：定时清理排灰口，防止其堵塞，保障排灰顺畅地进行；检修卸灰装置动作的灵活性和气密性，对耐磨衬里的磨损和脱落情况进行检查和修复，修复后的衬里表面光滑，设备的内径尺寸不变。防止排灰口处存在大量的气体倒流现象；在含尘气流剧烈碰撞的部位，应采用耐磨性好的抗磨板，或增设耐磨衬里；定时检查除尘器是否存在漏气现象，若存在，应及时采取补救措施；保持粉尘干燥，因为尘粒含水分和水汽冷凝，会导致旋风除尘器壁面积灰，进而导致旋风除尘器堵塞，甚至不工作。

多管旋风除尘器要及时检查旋风子的磨损情况，检查各设备的气密性，防止烟尘短路。运行过程中，观察除尘器前后压力差的变化及烟气尾色情况。如果烟气尾色浓黑，设备阻力增加，可能是旋风子外筒下部积灰过多造成的；如果烟气尾色浓黑，设备阻力减小，可能是旋风子外筒或内管磨损穿孔、气密性不良、旋转叶轮被磨损等原因造成的。

4. 常见故障及解决

详见表 2-2。

表 2-2　旋风除尘器常见故障及解决

故障	产生的可能原因	解决方法
壳体纵向磨损	①壳体弯曲过度，圆度不足，导致局部凸块； ②内部焊接焊珠光滑度不足； ③焊接金属和基底金属的硬度差很大	①矫正，清除凸形； ②打磨光滑，壳内壁表面的光滑度应均匀； ③尽量减小硬度差异

故障	产生的可能原因	解决方法
壳体横向磨损	①壳体连接处的内表面粗糙或不同心； ②不同金属的硬度差异	①打磨连接处内表面，确保其光滑度和同心度； ②减少硬度差异
圆锥体下部和排尘口磨损，排尘不良	①倒流入灰斗气体处在临界点甚至超过； ②排灰口出现堵塞现象或灰斗粉尘堆积过多	①防止灰斗或料腿部流入气体； ②及时或定时对堵塞进行疏通，防止灰斗中粉尘的堆积高度超过排尘口的高度
效率过低	①初始设计或选型不合理； ②有气体泄漏，进入旋风除尘器； ③内部堵塞； ④管道的入口或设计欠妥当	①当要求的性能改善幅度较小或接受较高的功率变化时，可对现有的旋风除尘器进行重新设计。若需要大幅改善除尘效率，应进行旋风除尘器更换。 ②若有泄漏处，应及时维修，并进行合理的气封处理。 ③若出现连续的堵塞，应尽快找到根本原因并予以解决，如凝结问题及排放口径太小等。 ④重新设计并予以更换
压降过高	①初始设计的管道系统或风机不当，从而导致气流速度太高； ②风机选用不当，使风速过高； ③含尘气体在进入旋风除尘器之前，可能就已经泄漏到系统中； ④旋风除尘器内部堵塞； ⑤旋风除尘器设计不合理	①重新换风机或增加额外的流速限制设备，从而减小气体的流速。 ②选用合适的风机。 ③检查设备，尤其是对管道系统或罩壳进行泄漏检查。若存在泄漏处，应及时维修。 ④清理内部阻塞。 ⑤重新设计或更换旋风除尘器
压降过低	①初始设计的管道系统或风机不当，致使气流速度太低； ②气体泄漏进旋风除尘器总装置中或下流型系统部件中； ③旋风除尘器初始设计不正确	①改变风机操作或用大一点的风机替换，以更高功率的部件重新设计； ②分析泄漏原因并解决； ③如果除尘效率的损失可以忽略，则不用处理；若除尘效率损失较大，则需重新设计除尘器

第三节　电除尘

一、电除尘的原理

电除尘通过使含尘气流中的粉尘在电场中荷电，并在电场力的作用下迁移到集尘极板，从而实现尘粒与气体的分离。静电除尘器由电晕极和集尘极两个电极组成，在两极间加高压。当电压超过起晕电压时，电晕极发生电晕放电，放出的电子迅速向正极移动，与气体分子撞击，使之离子化。气体分子离子化的过程中又产生大量电子，在远离金属丝的区域，电场强度降低，气体离子化过程结束，电子被气体分子捕获。自由电子和气体负离子成为粉尘荷电的电荷来源。气体离子化区域称为电晕区，随着电压的升高，电晕区范围逐渐扩大，致使极间空气全部电离，电场被击穿，相应的电压称为击穿电压。击穿电压下容易发生火花放电，对设备造成损坏。所以，操作电压应控制在起晕电压和击穿电压之间。在相同电压下，通常负电晕极产生较高的电晕电流，且击穿电压也高得多。因此，工业气体净化倾向采用稳定性强、操作电压和电流高的负电晕极。

粉尘荷电的机理主要有电场荷电和扩散荷电两种。电场荷电（碰撞荷电）即离子在静电力作用下作定向运动，与粒子碰撞而使粒子荷电。扩散荷电即离子的扩散现象导致的粒子荷电过程，主要依赖于离子的热能。粒子的荷电过程主要取决于粒径的大小，大于 0.5 μm 的微粒，以电场荷电为主；小于 0.15 μm 的微粒，以扩散荷电为主；介于二者之间的粒子，需要同时考虑这两个过程。

电晕极和集尘极上都会有粉尘沉积。粉尘沉积在电晕极上会影响电晕电流的大小和均匀性，一般采取振打清灰方式清除。对于集尘极上的灰，湿式电除尘器一般用水来冲洗集尘极板，干式电除尘器一般用机械撞击或电极振动产生的振动力清灰。现代的电除尘器大多采用电磁振打或锤式振打清灰。振打系统既要求产生高强度的振打力度，又能调节振打强度和频率。

静电除尘器理论上可以捕集一切细微粉粒或液滴，除尘效率高，可以达到 99% 以上；处理气量大，可应用于高温、高压环境，具有克服气体和粒子腐蚀的能力，而且电除尘在除尘的同时，还能协同对汞、氨气等其他污染物成分进行处理，因此适用范围较广，在火力发电、水泥窑等工业企业中，用于烟气量大且工况复杂的场合。但电除尘器也有不足，如占地面积大，一次性投资高，安装精度要求高，对粉尘比电阻有一定要求等。

二、电除尘器

（一）电除尘器的结构

各种不同类型的电除尘器都由除尘器本体、高压直流电源和附属设备三大部分构成。除尘器本体结构包括电晕极、集尘极、清灰装置、气流分布装置、壳体和灰斗等（图 2-4）。

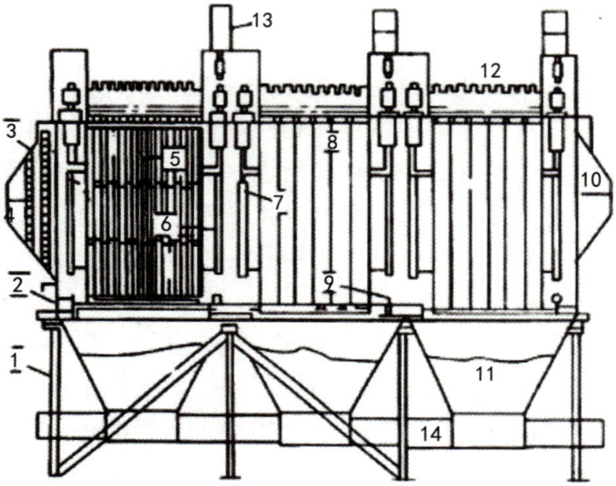

1 壳体；2 支架；3 进风口；4 分布板；5 电晕极；6 放电极振打结构；7 放电极悬挂框架；8 集尘极；9 集尘极振打及传动装置；10 出气口；11 灰斗；12 防雨盖；13 放电极振打及传动装置；14 拉链机

图 2-4　电除尘器结构示意

电晕极是产生电晕放电的主要部件，常用的有直径 3 mm 左右的圆形线、星形线及锯齿线、芒刺线等。电晕线的要求是起晕电压低，电晕电流大，机械强度高，能维持准确的极距，易清灰等。

集尘极的主要作用是收集粉尘。极板通常用厚度为 1.2 ～ 2.0 mm 的钢板在专用轧机上轧制而成，为了增大容纳粉尘量，通常将集尘极做成各种断面形状。极板高度一般为 2 ～ 15 m。性能良好的集尘极应满足下述基本要求：振打时粉尘的二次扬起少，易于清灰；单位集尘面积消耗金属量低，造价低；极板高度较大时，应有一定的刚性，不易变形。

清灰装置的作用是清除两极上的积灰。

气流分布装置主要是使气流分布均匀，同时减小阻力。电除尘器内气流分布对除尘效率有较大影响，为保证气流分布均匀，在进出口处应设变径管道，进口变径管内应设气流分布板。最常见的气流分布板有百叶窗式、多孔板式、槽形钢式和栏杆型。

壳体能使电除尘器严密，尽量减少漏风。

电除尘器要配备足够高压并具有足够功率的供电设备。高压供电设备提供粒子荷电和捕集所需要的高场强和电晕电流。供电设备必须十分稳定。通常高压供电设备的输出峰值电压为 70 ～ 100 kV，电流为 100 ～ 2 000 mA。

（二）电除尘器的分类

（1）按集尘电极型式，可分为管式电除尘器和板式电除尘器。

管式静电除尘器在圆管或其他形状管中心设置电晕极，管内壁作为集尘极内表面。管式静电除尘器一般用于气体流量小、含雾滴气体，或需要用水洗刷电极的场合。板式静电除尘器的电晕线接高压直流电源的负极，集尘极接地为正极，集尘极用平行的平面钢板做成。板式电除尘处理气体量大，是工业上应用的主要型式，气体处理量一般为 25 ～ 50 m^3/s。

（2）按气流流动方式，分为立式电除尘器和卧式电除尘器。

立式电除尘器一般制成管状，气流由下而上流动，常在正压下操作。卧式电除尘器中气流水平流动。由于分离效率较高，维修方便，工业上一般采用卧式电除尘器。

（3）按粉尘荷电区和分离区的空间布置不同，分为单区电除尘器和双区电除尘器。

单区电除尘器即电除尘粒子的荷电和集尘过程在同一区域进行，也就是电晕极和集尘极处于同一区域，现在工业上一般都采用这种型式。双区电除尘器即粒子荷电和沉降收尘分别在两个区域进行，在第一区域装有一组电极，使尘粒荷电；在第二区域装有另一组电极，使尘粒沉降集尘。双区电除尘器多应用于空气调节系统。

（4）按沉集粉尘的清灰方式，可分为湿式电除尘器和干式电除尘器。

干式除尘器主要通过振动方式将电极上的灰尘清除，容易受到比电阻影响。

比电阻过低，将导致尘粒难以保持在集尘极上，出现重返气流情况；比电阻过高，将给尘粒电荷释放带来困难，一旦在粉尘层构成电压梯度，容易引发放电和局部击穿问题。该类除尘器价格稍低，适用于烟气量大、温度高的场合。湿式静电除尘器通过喷射水流等方式，使集尘极表面形成水膜，冲走粉尘，避免粉尘再次飞扬，除尘效率高且稳定。该类除尘器需进行废水处理，同时设备价格和运行成本较高，一般在除尘要求较高的场所使用。

三、影响电除尘器除尘效率的因素

（一）比电阻

粉尘比电阻对电除尘器能否有效运行有显著影响，比电阻过高或过低都会大大降低电除尘器的除尘效率，适宜的范围为 $10^4 \sim 2\times10^{10}\ \Omega\cdot cm$。如果粉尘的比电阻小于 $10^4\ \Omega\cdot cm$，容易形成粉尘在集尘极上跳跃的现象，最后可能被气流带出除尘器。用电除尘器处理各种金属粉尘、石墨粉尘、炭黑粉尘，都有可能看到这一现象，可以采取在电除尘器后面串联旋风除尘器的办法来解决。

当粉尘的比电阻超过 $2\times10^{10}\ \Omega\cdot cm$ 时，电除尘器的除尘效率会随着比电阻的增加而下降。主要原因是易发生反电晕。反电晕是在集尘极上产生电晕放电的现象，与电晕极发生的现象类似，也会产生成对的离子和电子，正离子穿过极间区域朝放电极流动，结果使集尘极附近电场强度减弱，粉尘所带的负电荷部分被正离子中和，使粉尘的电荷减少，因而削弱了粉尘的沉降，除尘效率显著下降。克服高比电阻影响的方法有保持电极表面尽可能清洁；发展新型电除尘器；采用较好的供电系统；进行烟气调质，如增加烟气湿度，或向烟气中加入 SO_3、NH_3 及 Na_2CO_3 等化合物，使粒子导电性增加。最常用的化学调质剂是 SO_3。也可以改变烟气温度，如向烟气中喷水，既增加了烟气湿度，又降低了烟气温度，达到降低比电阻的目的。

（二）含尘浓度

气体含尘浓度很高时，电场内悬浮的大量微小尘粒，会使电除尘器的电晕电流急剧下降，严重时可能会趋近于零，这种情况被称为电晕闭塞。为了防止电晕闭塞的产生，处理含尘浓度较高的气体时，必须采取措施，如提高工作电压，采用放电强烈的电晕极，增设预净化设备等。气体的含尘浓度超过 30 g/m^3 时，必须设预净化设备。

（三）除尘器断面气流速度

随着气流速度的增大，粉尘在除尘器内停留的时间缩短，荷电的机会降低，除尘效率会降低。同时，风速增大，二次扬尘量也增大。但是风速过低，电除尘器体积大，投资增加。根据经验，电场风速不宜超过 2.0 m/s，除尘效率要求高的除尘器不宜超过 1.5 m/s。

四、工程应用实例

（一）某发电有限公司加装湿式静电除尘器实例

某发电有限公司 2×600 MW 燃煤机组于 2008 年投入运行，采用双室四电场干式静电除尘器，并采用高频电源。烟气脱硫工艺采用湿式石灰石—石膏烟气脱硫工艺，无烟气换热器（GGH）。由于流速、温度等原因，烟气在经过湿法烟气脱硫装置后，出现较严重的“石膏雨”现象。考虑到干式静电除尘器改造受场地限制，最终决定在湿法烟气脱硫装置后加装湿式静电除尘器。投入热态运行，在同一高压（46 kV）下，加装湿式静电除尘器后，$PM_{2.5}$、PM_{10} 的除尘效率在 400 MW 运行负荷下均比 500 MW 有不同程度的提高。原因可能是负荷降低，湿式电除尘器的烟气速度也下降，颗粒物在湿式静电除尘器内停留时间增加，因而除尘效率提高。该项目对 $PM_{2.5}$ 的去除率为 70% ～ 80%。从国内运行状况来看，湿式静电除尘器布置在湿法烟气脱硫装置之后，可有效除去 $PM_{2.5}$。

（二）某水泥厂 SCR 脱硝系统前应用高温电除尘实例

某水泥厂 5 000 t/d 新型干法水泥窑，为满足烟气排放氮氧化物的标准要求，新增 SCR 脱硝系统，在余热锅炉前，增加高温电除尘器和 SCR 反应器，工艺流程见图 2-5。

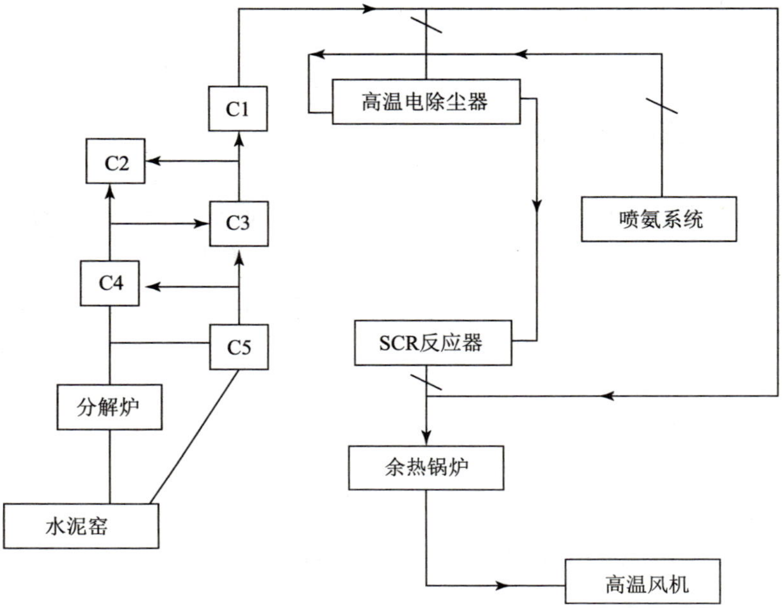

图 2-5　某水泥厂废气处理工艺流程

降低烟气中的粉尘浓度是水泥高温 SCR 脱硝的关键技术之一。为保证 SCR 系统的正常运行，需保证高温电除尘器除尘效果。该项目中，对高温电除尘器采取了以下改进措施。①降低高温电除尘器入口粉尘浓度。在进口封头内设置折板型分布板，使烟气中的粉尘撞击到分布板上，失去动能，随着重力下降到进口封头的下侧板上，进一步沿下侧板落入灰斗。②对烟气进行调质处理。利用 SCR 的喷氨系统，将稀释的氨水直接喷入除尘器进口烟道内，增加烟气的含湿量，氨水电离后，生成 NH_4^+ 和 OH^-，增加了电场中的正负离子密度，粉尘容易带电，提高了除尘效率。由于粉尘表面吸附了 NH_4^+，表面比电阻降低，吸附到集尘极的电荷容易释放，避免了反电晕现象发生。③采用大截面、小分区设计。高温电除尘器用于 SCR 脱硝之前的预除尘，除尘效率仅为 60%，所需比集尘面积小。但由于烟气量大，单室结构电场风速高，不利于除尘。该项目采用双室前后分区结构，前分区采用高电压、强放电，增加粉尘的荷电；后分区采用低电压、强电场，增加粉尘的吸附。采用低阻高效高温电除尘技术（280 ～ 350℃），可以将粉尘浓度（标态）降至 30 ～ 40 g/m³。

五、电除尘器的运行管理

（一）启动前

电除尘器正式送电启动前，应用干布将绝缘子和绝缘套管表面黏附的水分和粉尘擦拭干净，防止漏电，并重新测量接地电阻和高压网路上的绝缘电阻是否符合要求。如有异常，应及时处理。采用通入烟气或外加热的方法，使电场内放电电极、集尘电极及其各部构件充分干燥之后，方可向电场送电。

向电场引入烟气前，应先开动集尘电极和放电电极的振打机构，使烟气在振打状态下进入电极，防止粉尘黏结在电极上。

（二）停机

电除尘器停机后，应采用振打和蒸汽加温的办法，消除电极上黏结的烟尘和焦油物质，检查并修复断裂或变形的电极，保持极间距一致。还应认真检查绝缘套管，振打机构旋转轴的穿墙部位和检查门、入口法兰连接处的气密性，更换或修复密封垫料和有关配件，确保设备的气密性。

（三）日常维护管理

电除尘器运行后，要密切注意荷电特性的变化，即有效工作电压及电晕电流的变化情况。根据电荷特性，大致可以判断电场内粉尘荷电的效果，从而了解电除尘器的运行工况。

电除尘器容易因使用维护不当出现除尘效率下降问题，因此，要建立严格的检修维护制度。制定电阻维护方案，结合粉尘电阻比值情况对电阻配比进行准确调整，使设备性能得到改善。为使设备导电性得到提高，还应加强烟气调节，在烟气中喷洒定量水蒸气，并对设备内部温度进行干预，使设备维持较高运行效率。在频率检测上，应加强火花闪络控制，可以分别按照（70±10）次 / 分、（50±10）次 / 分、（30±10）次 / 分依次进行入口、中间和出口频率的设定，继而使设备达到最佳工作状态。此外，还要定期对电极框架、集尘电极、放电电极、振打装置等部位进行检查，及时发现和消除隐患。在日常管理工作中，还应加强电阻和频率检测，确保达到设备使用要求。

（四）常见故障及解决

电除尘器常见故障及解决方法详见表 2-3。

表 2-3 电除尘器常见故障及解决方法

故障	可能原因	解决方法
指示灯不亮	①接触不良，FU3 烧断 ②电源内部短路	①改善接触 ②排除短路点
按“自检按钮”，二次电流表无读数，一次电压表及二次电压表读数大于额定值的 70%	回路中有开路	排出开路
按“自检按钮”，二次电流表有读数，一次电压表及二次电压表无读数	回路中有短路	排出短路点
二次电压接近于零，或者二次电压升至较低便发生闪络	①石英套管或支柱绝缘子或绝缘瓷轴破损 ②两极间距变小 ③有杂物挂在集尘极或电晕极上 ④电晕极振打装置绝缘瓷轴受潮 ⑤高压硅堆坏 ⑥高压烧阻有击穿	①更换破坏件 ②调整极间距 ③清除杂物 ④擦抹石英套管或支柱绝缘子，提高保温箱内温度；减少漏风，擦抹绝缘瓷轴 ⑤换硅堆 ⑥送回制造厂修理
二次电压正常，二次电流显著降低	①集尘极积灰过多 ②集尘极或电晕极的振打未开或失灵 ③电晕极肥大，放电不良 ④旋风除尘器因漏风等造成除尘效率下降；电除尘烟气中粉尘浓度过大，出现电晕闭塞	①清除积灰 ②检查并修复振打装置 ③分析肥大原因，采取必要措施 ④处理旋风除尘器
过电压跳闸	①外部连线有松动或断开 ②电网输入的电压过高 ③工况变化，电场呈高阻状态	①接好松动或断开的线 ②适当减小输出电压 ③适当减小输出电流

故障	可能原因	解决方法
二次电压不稳定，二次电压表急剧摆动	①电晕线折断，其残留段受风吹摆动 ②电晕极支柱绝缘子对地产生沿面放电	①剪去残留段 ②处理放电部位
一次电压、二次电压、电流均正常，但除尘效率显著降低	①气流分布板孔眼被堵 ②灰斗的阻流板脱落，气流发生短路 ③靠出口处的排灰装置严重漏风	①检查气流分布板的振打装置是否失灵 ②检查阻流板，并作适当处理 ③减少漏风
二次电压表达到一定值后不再增大，反而下降	①变压器套管损坏 ②高压绕组被击穿	①换变压器套管 ②送回制造厂修理
排灰装置卡死或保险跳闸	机内有杂物掉入排灰装置	停机修理

第四节　袋式除尘

一、袋式除尘的原理

袋式除尘利用过滤原理实现除尘，主要作用力有惯性碰撞、扩散、重力沉降、筛滤、静电吸引等。

袋式除尘器是一种干式高效除尘器，它利用纤维织物的过滤作用进行除尘。对 0.5 μm 的粉尘，去除效率高达 98% ～ 99%。滤袋通常做成圆柱形（直径为 120 ～ 500 mm），有时也做成扁长方形，滤袋长度一般为 2 ～ 6 m。

含尘气流进入滤袋后，在通过滤料的孔隙时，粉尘被捕集于滤料上。沉积在滤料上的粉尘可在机械振动或气流喷吹的作用下，从滤料表面脱落，落入灰斗中（图 2-6）。

粉尘因截留、惯性碰撞、静电和扩散等作用在滤袋表面形成的粉尘层，常被称为粉层初层。新鲜滤料的除尘效率较低，粉尘初层形成后，成为袋式除尘器的主要过滤层，提高了除尘效率。随着粉尘在滤袋上积聚　滤袋两侧的压力差增大，会把已附在滤料上的细小粉尘挤压过去，使除尘效率下降、除尘器压力过高，还会使除尘系统的处理气体量显著下降。因此，除尘器阻力达到一定

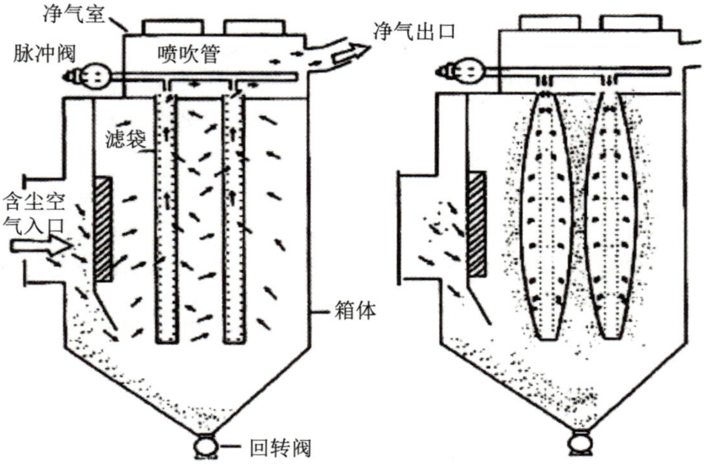

（a）过滤状态　　（b）清灰状态

图 2-6　袋式除尘示意

数值后，要及时清灰。清灰时应注意，不要破坏粉尘初层。

袋式除尘处理量大，结构简单，造价及运行费用低，处理碱性粉尘时，可提高干法脱硫的脱硫率。作为一种高效除尘器，袋式除尘器广泛用于各种工业部门的尾气除尘。它比电除尘器结构简单、投资省、运行稳定，可以回收高比电阻粉尘；与文丘里洗涤器相比，动力消耗小，没有污泥处理和腐蚀问题，回收的干粉尘便于综合利用。

二、袋式除尘器

（一）袋式除尘器类型

袋式除尘器有不同的分类方法，如滤袋的形状有筒形和扁形，进气方式分为上进气和下进气，过滤方式有内滤式和外滤式，还可以按照除尘器壳体是否密闭，分为密闭式和敞开式袋式除尘器。按清灰方式，袋式除尘器可分为简易清灰、机械振动清灰、逆气流清灰、脉冲喷吹清灰及联合清灰等几大类。

比较而言，机械振动类型袋式除尘器需要不断振打清灰，多为小型设备，主要适用于烟气量较小的场合。脉冲除尘器多采用圆袋，根据过滤风速、粉尘浓度等进行喷吹周期设定。为避免阻力过大，需适当缩短喷吹周期。但从延长使用寿命、能耗节约等角度考虑，需延长喷吹周期。高压脉冲设备阻力小，拥有较高过滤风速，清尘能耗较高，使用多个脉冲阀需要频繁进行膜片维修。低压脉冲除尘器喷吹压力小，气体从上部进入滤袋，清灰容易，能耗较小。分室反吹设备包含多个干袋室，压力适应范围大，可结合工况需要进行调节，并为维修提供便利。该类设备漏风率不超过 5%，喷吹强度大，清尘效果好。

（二）滤料

滤料的性能对袋式除尘器的作用具有很大的影响，选择滤料时必须考虑含尘气体的特性，如粉尘和气体性质、温度、湿度、粒径等。对滤料的一般要求如下：容尘量大、吸湿性小、效率高、阻力小，使用寿命长、耐高温、耐磨、耐腐蚀、机械强度高。

表面光滑的滤料容尘量小，清灰方便，适用于含尘浓度低、黏性大的粉尘，采用的过滤速度不宜过高。表面起毛（绒）的滤料容尘量大，粉尘能深入滤料内部，可以采用较高的过滤速度，但必须及时清灰。

滤料按结构可分为滤布（编织物）和毛毡两大类。其中，毛毡的工艺简单，致密，除尘效率高，容尘量小，易于清灰。滤布常见的有平纹、斜纹、缎纹三类，其中平纹致密，透气性差，阻力大，清灰难，易堵塞，净化效率高；斜纹迁移性较大，机械强度较低，耐磨性好，净化和清灰效果都较好，不易堵塞；缎纹透气性、弹性较好，迁移性大，易于清灰，净化效率低。

三、影响袋式除尘效率的因素

过滤速度是烟气实际体积流量与滤布面积之比，也称气布比。一般来讲，除尘效率随过滤速度增加而下降。选用高的过滤速度，所需要的滤布面积小，除尘器体积、占地面积和一次投资等都会减小，但除尘器的压力损失会加大。每一个过滤系统根据其清灰方式、滤料、粉尘性质、处理气体温度等因素，都有一个最佳的过滤风速。一般细粉尘的过滤风速要比粗粉尘的低，大除尘器的过滤风速要比小除尘器的低（因大除尘器气流分布不均匀）。

袋式除尘器体积和占地面积都很大，滤袋易破损，使用寿命短，长时间运行会出现气流分布不均等问题，处理高温、高湿度、腐蚀性气体，应慎选滤袋，不适用于含有油雾、凝结水和粉尘黏性大的含尘气体，不能用于处理有爆炸性或带有火花的烟气。

袋式除尘器主要用于 1 μm 以下粉尘的去除。气体的含尘浓度超过 5 g/m^3 时，最好采用两级除尘。

四、工程应用实例

（一）某水泥厂包装车间应用袋式除尘器实例

某水泥厂年生产能力为 80 万 t，产品分为水泥和矿渣微粉两大系列。其包装车间曾是水泥厂最为严重的尘源之一。连续测试结果表明，该厂老式包装机处于工作状态时，作业点粉尘浓度（标态）高达 9.6 mg/m^3，室内平均粉尘浓度为 7.8 mg/m^3，外排浓度为 210 mg/m^3，三项指标均超过了国家标准。实测表明，弥散于车间的粉尘绝大多数产生于包装机出料嘴处。针对这一特点，在机嘴斜上方（操作台上）特设了一个集尘罩，将弥散于外部的粉尘全部抽吸进去，最终汇合于提升机收尘点统一处理，工人的操作环境大为改善。

此后，该厂包装机及提升机采用 XMC70-3 型脉冲喷吹除尘器进行除尘，技术参数见表 2-4。实测数据表明，该除尘器投入运行几年来，设备运行稳定，出口烟气含尘浓度（标态）低于技术要求的 20 mg/m^3，达到国家排放标准。

表 2-4 设计参数

项目	参数
设计风量 /（万 m^3/h）	1.8
入口设计温度 /℃	≤ 100
入口浓度 /（g/m^3）	＜ 200
出口浓度 /（mg/m^3）	≤ 20
设计过滤风速 /（m/min）	≤ 1.0
滤袋材质	涤纶针刺毡
滤袋规格 /mm	φ130×3 500
滤袋数量 / 条	210
寿命 /a	≥ 1

（二）某煤矿筛分间应用袋式除尘器实例

某煤矿筛分间内设置了多台振动筛，在筛分过程中产生一定量的煤尘，粉尘初始浓度可达 3 000 mg/m^3，筛分过程中产生有组织煤尘排放量为 251 t/a。该公司通过在振动筛上方安设局部密闭罩，然后从局部密闭罩抽尘至脉动喷冲袋式除尘器进行粉尘捕集，技术参数见表 2-5。集尘率为 90%，除尘效率为 99%。经治理，粉尘最终排放浓度为 30 mg/m^3，有组织粉尘排放量为 2.51 t/a，无组织粉尘排放量为 25.1 t/a。煤尘排放浓度满足《煤炭工业污染物排放标准》（GB 20426—2006）的要求。

表 2-5　技术参数

项目	参数
型号	DMC72 型脉动喷冲袋式除尘器
风量 /（m^3/h）	3 240 ～ 12 960
过滤面积 /m^2	54
过滤风速 /（m/min）	1 ～ 4
滤袋 / 条	72
滤袋规格 /mm	φ 120×2 000

五、袋式除尘器的运行管理

（一）启动前

布袋安装时，喷嘴与滤袋口要对正，防止偏离中心，影响清灰效率。若对不正，还易吹破滤袋。安装时，要避免划伤滤袋；各滤袋的接缝应尽量避开过风口方向；袋口的弹簧胀圈与花板口的连接要紧密、无缝隙。检修作业时，需避免电焊火花溅到袋体上。在拆装、更换布袋时，还要细查袋笼，及时校正有变形的骨架，补焊断裂部位，打磨尖锐毛刺。当发生大批量滤袋破损、开裂等现象时，要及时分析是滤袋本身选型或质量问题，还是工况原因造成的，并更换布袋。

（二）停机

生产设备停机后，除尘器应继续运行 5 ～ 10 min 再停机，以便将系统内的烟气及粉尘全部排出，避免结露，防止对设备的腐蚀，确保检修人员的安全。除尘器停机后，在无引风的情况下，应开动喷吹清灰机构，连续喷吹清灰一段时间，使黏结在滤袋表面的粉尘尽可能抖落，防止滤袋堵塞，便于检查滤袋情况或停机封存。每次启动前或停机大修时，应特别注意检查花板连接处的气密性、滤袋变形破损情况，以及反吹清灰系统。若滤袋被堵塞或已破损，应及时更换。

（三）日常运行维护

运行过程中，应尽量减少漏入系统的空气量，消除滤料的静电效应，防止可燃气体引起燃烧和爆炸。

运行过程中，应特别注意进入袋滤室前的烟气温度，防止温度过高烧毁滤袋。当入口温度超过限定值时，应立即打开紧急冷风阀混入冷风，或停止系统进风。同时，要使进入滤袋室的烟气温度高于其露点温度 20℃以上，防止水蒸气冷凝，对滤袋造成堵塞。

对灰斗和滤袋不可过度清灰，在允许范围内尽可能延长清灰周期。清灰后，滤袋表面应保留少许细粉尘初层，以提高净化效率。灰斗内卸灰口以上应保留少量的积灰，用作防漏密封。

滤袋堆积过多粉尘或发生损坏将严重影响袋式除尘器性能，所以，日常应加强维护管理。建立定期巡检制度，对设备烟气量、温度、浓度等工艺参数进行监测，及时发现异常。巡检过程中，需要确认清灰周期是否准确，并通过检查压差及时发现滤袋故障：喷吹清灰后，滤袋室前后压差不变或不能恢复到规定值时，可能因清灰系统故障或滤袋堵塞；若滤袋室前后的压差值突然下降，尾气烟气变浓，可能因滤袋脱落、穿孔或花板连接处漏气，造成烟气短路。如果设备拥有多个滤袋，对故障进行定位，可在引风机运转时，从设备入口喷射荧光粉，用紫外线照射可以发现损坏的滤袋。使用脉冲设备，应定期清除脉冲阀内部水分、杂质等。针对输灰等机械部件，应定期换油，保证部件运行良好。

（四）常见故障及解决方法

袋式除尘器常见故障及解决方法详见表 2-6。

表 2-6　袋式除尘器常见故障及解决方法

故障	可能原因	解决方法
滤袋出现糊袋	①清灰持续时间过短，或清灰间隔太长 ②烟气有结露现象 ③压缩空气脱水处理不净，含较多水汽，接触滤袋，使滤袋受潮，滤灰板结	①适当延长清灰持续时间，缩短清灰间隔，彻底清灰 ②控制烟气温度，不低于露点，做好管道、箱体的外保温 ③处理通入脉冲阀分气包的压缩气体的干燥脱水问题，气包及管道做好保温；经常打开气包及管路上的排污阀，排放积水及油污
阻力异常上升	①滤料孔堵塞 ②脉冲阀动作不到位或漏风 ③喷吹管喷气孔堵塞 ④清灰时长设定不妥 ⑤灰斗内的积灰长时间处于高位及以上 ⑥进风量过大 ⑦压缩气体压力不足	①检查滤袋，清理堵塞物或更换滤袋，控制烟气湿度及温度 ②调整修复或更换脉冲阀 ③清理堵塞物，疏通管道 ④调整定时器，适当延长清灰持续时间，增加清灰频次 ⑤启动卸灰系统，将积灰卸走。如卸灰阻塞不畅，要及时疏通，必要时手动清理 ⑥减少进风量，控制进口风速 ⑦提高进气压力，保证压力正常供给
阻力异常下降	滤袋开裂、破损或脱落	更换破损的滤袋或重新安装，上部卡口要安装紧密牢固，并及时将掉入箱内的布袋取出，防止堵塞卸灰口
电磁脉冲阀漏气	①电磁脉冲阀的膜片有砂眼或损坏 ②膜片的出气口端面与垫片间有尘粒、锈渣等异物，致使密封不严	①拆检脉冲阀，更换损坏的膜片 ②拆开脉冲阀，清除异物，重新密封
烟气排放粉尘浓度高	①滤袋破漏或脱落缺失。含灰尘颗粒的烟气高速冲刷、袋笼变形使滤袋相互摩擦、袋笼骨架铁丝断裂划伤、烟气温度高于滤袋允许使用温度、布袋过度清灰、布袋安装不牢等，都可能造成滤袋破损或脱落缺失 ②箱体或除尘管道破损漏风	①更换破损或缺失的布袋，排查并消除布袋受损的原因 ②检查处理破损漏风点

第五节　电袋复合除尘器

一、电袋复合除尘器工作原理

随着国家对污染控制要求的不断提高，特别是对粉尘排放浓度的控制越来越严格，对环保产品的技术要求也越来越高。现有的电除尘器技术除尘效率受粉尘性质（化学成分和颗粒级配）和烟气参数（烟气量、烟气温度、烟气化学组成）影响大。虽然电除尘器也在不断创新、变革，涌现出许多新技术，如移动电极电除尘技术、低低温电除尘器、湿电除尘器，但实际应用中存在移动电极故障率高，低低温电除尘器容易爆管，湿法电除尘器投资大、容易腐蚀、维护不方便等问题。现有的布袋除尘器虽然排放可不受烟气工况的影响，较易获得高除尘效率，但其缺点是阻力大，相应的电耗大，滤袋寿命短，维护费用高，在电力行业应用中，多以失败告终。特别是在大机组上，几乎不采用。经开发研究，2003 年年初，我国第一台工业应用电袋结合的除尘器在上海浦东水泥厂电除尘改造中获得成功。

电袋复合除尘技术结合了静电除尘和布袋除尘的特点，其工作原理是将除尘分前后两级，前级采用电场力进行预收尘，后级利用滤袋区过滤，最终达到除尘效果，这样便充分发挥了这两种除尘方式各自的优势。

二、电袋复合除尘器

电袋复合除尘器是将电除尘和袋式除尘有机结合的一种新型除尘器（图 2-7）。燃煤烟气从烟道进入喇叭口，通过气流分布板，均匀进入电场区，粉尘在电场区完成荷电，在电场力作用下向集尘板移动并富集。运行一定时间后，通过振打系统完成清灰，烟尘去除放率一般可达 80% ～ 90%。电场区显著降低了后置滤袋区的运行负荷，同时，由于大部分粗大颗粒被去除，减少了对滤袋的磨损，延长了滤袋的使用寿命。剩余微细粉尘进入滤袋区，在滤袋区通过拦截和过滤去除。运行一定时间后，可通过脉冲气流达到清灰的目的。研究表明，微细粉尘在电场区荷电，出现异性电荷相吸的电凝并现象，小颗粒逐渐形成大颗粒，提高了粉尘的去除放率。此外，同性电荷相互排斥并迅速扩散，形成均匀分布的气溶胶悬浮状态，在滤袋表面形成有序、蓬松、透气性良好的粉尘层，其运行阻力较传统袋式除尘器显著下降。

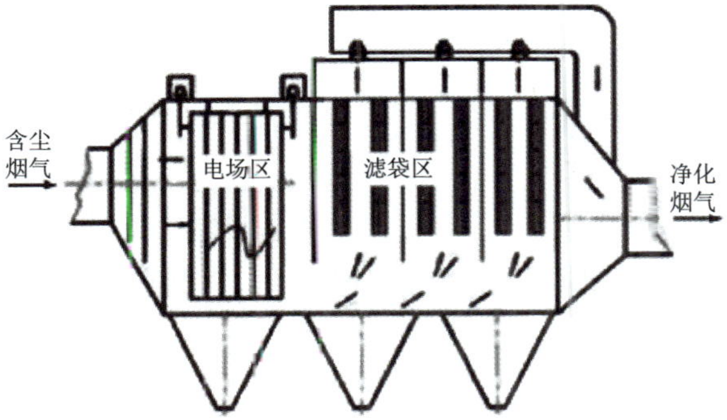

图 2-7　电袋复合除尘器（纵插袋）结构示意

三、影响电袋复合除尘器除尘效率的因素

（一）过滤风速

过滤风速是指工况条件下除尘器处理含尘烟气流量与滤袋总面积之比，是电袋复合除尘器的核心参数，直接影响布袋使用寿命、系统阻力。大量试验和工程实践证明，燃煤机组中主要用于收集粉尘的电袋复合除尘器的过滤风速在 0.9 ～ 1.0 m/min 时，性价比最高。改造工程过滤风速的选择受条件限制无法达到最佳效果时，也应尽量选择较低的过滤风速。新建工程中，建议选用最佳过滤风速，虽然一次性投入大，但后期运行费用可大大降低，还能保证机组的稳定运行。

（二）滤料选型

布袋是电袋复合除尘器满足排放标准的关键部件，直接影响电袋复合除尘器的除尘效率及运行稳定性。对于滤料的选型，主要关注其耐高温性能、耐腐蚀性能、导电性及过滤精度。

某公司 2 台机组排烟温度较高，改造中选用的滤料为 P84 材质，即 PI+PTFE 覆膜滤料，具有很高的耐腐蚀和耐氧化性能，并且具有低导电性能（低导电性非常有利于荷电粉尘形成电凝并现象，有利于降低系统阻力和提高除尘效率），适用于该工程的工况。但覆膜滤料也会增加除尘器的阻力，按经验计算，会增加 15% 的阻力。因此，滤料的选择需根据具体工程的工况及喷吹压缩空气的品质来选择。

四、工程应用实例

（一）某厂氢氧化铝焙烧炉应用高温超净电袋复合除尘技术实例

山东某厂 $Al(OH)_3$1# 焙烧炉额定产能为 3 000 t/d，原配套三电场电除尘器，由于收尘系统运行年限较长，装备较为落后且投运以来未进行过大规模改造，烟尘排放无法达到相关标准要求，最终采用高温超净电袋复合除尘技术进行改造。

高温超净电袋复合除尘器改造在原电收尘器内部完成，不需扩大场地和新增设备基础。技术方案如下：

（1）保留原电除尘器基础、原混凝土支架、壳体、灰斗、进口喇叭等。检查原有壳体并密封焊接、修复，对进口喇叭内部磨损构件进行修复。

（2）保留原电除尘器第一电场阴阳极系统、高低压设备，对阴极框架、阳极板排、振打清灰装置损坏部位进行更新，拆除原电除尘器内部第二、第三电场所有阴阳极系统、振打系统及高压供电设备。

（3）利用第二、第三电场空间布置滤袋区。滤袋采用耐高温的合金纤维材质，耐温达到 400℃以上。滤袋采用外滤式，其滤袋的喷吹系统选用固定行喷吹清灰技术。

（4）滤袋区布置净气室，净气室出口增设烟道，与原出气烟箱贯通连接。

（5）新增 PLC 控制系统，具备温度、压力、差压检测，滤袋区温度保护控制连锁的自动控制功能。

（6）高温超净电袋复合除尘器改造后，阻力仅增加不到 500 Pa。经核算，无须改造引风机。

（7）控制室拆除第二、第三电场高压低压控制柜，滤袋区控制柜布置在拆除位置，无须改造或新增控制室。

该厂 1# $Al(OH)_3$ 焙烧炉电除尘器，2019 年 4 月 16 日完成高温超净电袋复合除尘器的安装并顺利投运，设计参数见表 2-7。自投运起，先后两次对高温超净电袋复合除尘器进行性能测试。结果表明，除尘器出口颗粒物排放浓度均小于 5 mg/m³，分别为 3.2 mg/m³ 和 4.1 mg/m³，大大优于《铝工业污染物排放标准》（GB 25465—2010）修改单中大气污染物特别排放限值要求。采用该除尘技术后，不仅可以长期稳定可靠实现超低排放，而且可以大幅提高副产物回收率，降低电耗，减少排污费，具有良好的经济效益。

表 2-7　高温超净电袋复合除尘器设计参数

项目	技术参数
除尘器型式	高温超净电袋
入口烟尘浓度 /（g/m³）	100 ～ 150
出口烟尘浓度 /（mg/m³）	＜ 10
进出口阻力 /Pa	≤ 800
本体漏风率 /%	＜ 2
设计烟气量 /（万 m³/h）	52
烟气温度 /℃	150 ～ 350
流通面积 /m²	240
电场数 / 个	1×2
同级距 /mm	400
电收尘区效率 /%	＞ 95
滤袋材质	合金纤维滤料
滤料最高耐温 /℃	400
滤袋使用寿命 /a	≥ 8
喷吹压力 /MPa	0.3 ～ 0.5
压缩空气耗量 /（m³/min）	＜ 13

（二）某制衣厂锅炉静电除尘器改造为电袋复合除尘器实例

某制衣有限公司一期为 4 台 75 t 锅炉，原配套除尘器为三电场静电除尘设备，经过多年运行，设备老化严重，除尘器出口粉尘浓度高且波动大（120 ～ 16 030 mg/m³），严重影响镁法脱硫塔脱硫浆液的质量及脱硫效率。为满足日益严格的排放要求，将静电除尘器改造为电袋复合除尘器，主要技术参数见表 2-8。

表 2-8　主要技术参数

项目	技术参数
烟气量 /（m^3/h）	167 200
烟气温度 /℃	100 ～ 170（170 为瞬间）
除尘设备入口粉尘浓度 /（g/m^3）	≤ 30
除尘设备出口粉尘浓度 /（mg/m^3）	≤ 10
本体总阻力 /Pa	≤ 1 200（三年内）
本体漏风率 /%	≤ 2
电除尘器有效断面积 /m^2	60
比集尘面积 /［m^2/（m^3·s）］	23.23
过滤面积 /m^2	3 416
过滤速度 /（m/min）	0.82
滤袋材质	PPS+PTFE 混纺滤料

电场区采用小分区供电技术，即在同一个电场内分为前后两个小分区，两台独立电源控制，其中一个分区停运时，另一个分区可照常运行。阴极线采用高放电性能的大三角芒刺线，使前级电场针端放电性能有效提高，增加板电流密度，提高电场强度，强化电区颗粒荷电效果，提高电场区效率，减轻后级滤袋区的负担，有效提高了电袋除尘器的整体效率。

测试表明，各项性能参数满足设计要求，除尘器出口粉尘排放浓度达到超低排放要求。实测结果：漏风率为 1.2%，本体总阻力小于 1 000Pa，出口烟气颗粒物浓度（标态）为 6.5 mg/m^3。

五、电袋复合型除尘器的运行管理

（一）启动前

（1）点炉前 8 h，灰斗加热；电场投运前 6 ～ 12 h，运行灰斗和绝缘子加热系统，避免绝缘部件结露；在锅炉点火后，立即运行振打、排灰及输灰系统。

（2）在锅炉已经投粉、电场内温度高于烟气露点后，才允许运行电场区。

（3）在同时满足下列条件时，才可运行滤袋区：燃烧正常（如显示 CO 含量小于 250×10^{-6} 等）；烟气温度达到 110℃以上；锅炉油枪退出至仅有两支及以下小油枪；为使滤袋在最佳环境下运行，应尽可能减轻水分、酸性气体、含氧量对滤袋的影响。

（二）停机

如短时停机，一般应让输灰系统保持运行；停机时间较长，应根据灰斗内的灰位来决定是否停运输灰系统。检修时，人孔门打开的时间应尽可能缩短，尽力减少滤袋与壳体外潮湿空气接触时间。短时停机时，灰斗和绝缘子加热设备应保持连续运行。

启停炉期间，防糊袋措施：①在启停炉期间，要加强油枪检查，发现雾化不好和油枪不着火，立即停运，联系检修消缺；②在机组负荷 150 MW 以下时，不运行滤袋区，烟气经电场区除尘后走旁路。

（三）日常维护管理

1. 锅炉侧运行调整

第一，控制好排烟温度是保证电袋除尘器可靠运行的首要条件。温度过高或过低，对滤袋寿命影响都很大。调整方法主要有两种：一种是加强蒸汽吹灰管理，按规定及时对空预器和本体吹灰，发现吹灰器不正常时，要及时检修消缺。另一种是优化燃烧调整，减缓锅炉结焦和积灰来降低温度，主要调整措施：①将喷燃器摆角由“自动”改为“手动”,根据机组负荷高低适时调整燃烧器摆角；②在保证燃烧正常的情况下，尽量降低锅炉氧量；③磨煤机出口温度由 70℃改为 80℃；④在大负荷排烟温度高时，尽量不运行上层磨煤机；⑤二次风采取上大下小方式。

第二，防止滤袋损坏的强制退出条件。烟气温度超过滤袋所能承受的限值时，旁路自动打开，滤袋区退出运行，仅保留电场区运行。

第三，除尘器侧运行主要工作。①每班分析 LED 画面上的各项参数，各数据的逻辑关系应合理。如有报警信息，尽快找出原因并处理。②除尘器入口烟温若有异常，及时联系炉侧人员，协同处理。③检查所有输灰压缩空气、烟道系统，及时消除渗漏点。④检查所有出口风门和旁路风门的气路系统是否漏气。⑤确认清灰脉冲的频率正常。

第四，注意运行调整时易忽视的问题：炉侧测温通常采用网格法，取的是平均温度；除尘器入口采用的是点测法；单点测出的温度往往比排烟平均温度要高或低很多，切不可以炉侧排烟温度代替除尘器监测温度，不能在发现除尘器监测温度比排烟温度高时，认为是除尘器侧测试误差而转用排烟温度代替除尘器监测，以防止烧损滤袋。

第五，燃用煤种变化大时，可对来煤进行掺配后进炉燃烧，降低燃煤的含硫量。

2. 电袋除尘器主体设备维护工作

①保证各烟气通道出口风门和旁路风门运动自如，信号到位。②检查压缩空气系统，重点检查全部油杯及过滤器是否完好，必要时进行更换。③检查压差计，及时吹扫有堵塞倾向的取样管。④对各机械传动部位及时补加润滑油。⑤检查喷吹气包里面是否有水、油及腐蚀现象，及时排污。⑥检查喷吹脉冲阀，损坏的及时修复。

3. 电袋除尘器配套外围设备的维护工作

最常见的有：①输灰系统故障不及时处理，粉尘会堆积在壳体内，甚至触及极板极线和滤袋，涌动的灰流可能使极板极线变形脱落、阻流板塌陷、滤袋拧绞。最严重时，除尘器会完全失效。同时，灰斗长时间超量储灰，可能会引起整体坠落，造成人身和设备重大事故。②电加热器不工作会使绝缘子结露爬电、灰斗内流化性变差，出灰困难，甚至投不上电场。③设备泄漏粉尘会污染环境。

4. 机组停机时的例行检修维护工作

①每次停机都应进入壳体内部检查，清扫绝缘瓷件，消除运行时无法解决的缺陷。②检查净气室，判断是否有漏袋，及时更换或盖住破损的滤袋。③检查灰斗内是否有积灰，阻流板是否脱落。

第六节　湿法除尘

一、湿法除尘的原理

湿法除尘主要通过惯性碰撞、扩散、黏附等作用实现粉尘的去除。惯性碰撞是指含尘气流在运动过程中同液滴相遇，在液滴前气流开始改变方向，绕过液滴运动，而惯性较大的尘粒有继续保持其原来直线运动的趋势。尘粒直径和密度确定以后，对于一个已定的湿式除尘系统，要提高惯性碰撞数值，必须提高气液相对运动速度和减小液滴直径。试验表明，液滴直径约为捕集粒径的150倍时，效果最好，过大或过小都会使除尘效率下降。气流的速度也不宜过高，以免阻力增加。扩散作用是指微细粉尘在气体分子撞击下，像气体分子一样作布朗运动而发生扩散，并与水接触而从气流中分离。粒径在0.1 μm左右时，扩散是尘粒运动的主要因素。若气流中含有饱和蒸汽，当其与较冷液滴接触时，饱和蒸汽会在较冷的液滴表面上凝结，形成一个向液滴运动的附加气流，这就是所谓热漂移和扩散漂移。这种气流促使较小尘粒向液滴移动，并沉积在液滴表面而被捕集。此外，排烟中常含有水蒸气、气态有机物等，随着温度降低，这些凝结成分就会被吸附在粉尘表面，使尘粒彼此凝聚，形成较大的二次粒子，易于被液滴捕集。

在能耗相同时，湿法除尘器的除尘效率比干式机械除尘器高。高效湿式除尘器（如文丘里除尘器）清除0.1 μm以下粉尘粒子，仍有很高效率；除尘效率可与静电除尘器和布袋除尘器相比，而且可适用于它们不能胜任的条件，如能够处理高温、高湿气流，高比电阻粉尘，以及易燃易爆的含尘气体；在去除粉尘粒子的同时，还可去除气体中的水蒸气及某些气态污染物，既起到除尘的作用，又起到冷却、净化的作用。但湿法除尘排出的污水、污泥需要处理，澄清的洗涤水应重复使用；净化含有腐蚀性的气态污染物时，洗涤水具有一定程度的腐蚀性，因此要特别注意设备和管道腐蚀问题；不适用于净化含有憎水性和水硬性粉尘的气体。由于耗水量大，压力损失大，湿法除尘一般在中、小型机组应用，大型机组应用较少。

二、湿法除尘设备

根据含尘气流分散情况不同，湿法除尘设备可分为液滴和液膜两大类。

液滴洗涤器主要利用除尘器中喷洒的、自激产生的液滴与粉尘接触，使粉尘颗粒进入液相，从而达到粉尘颗粒从含尘气体中分离出来的目的，如文丘里除尘器、自激除尘器、喷雾除尘器等。

液膜洗涤器主要利用除尘器中存在的液膜将粉尘颗粒黏附在液膜表面，使粉尘颗粒进入液相，从而达到除尘的目的，如麻石水膜除尘器、填料洗涤塔、湍球塔等。

喷雾洗涤器是很常见的一类湿法除尘器，其运行过程中需要严格控制喷雾的过程，保证液滴大小均匀，以保证较好的除尘效果。喷雾塔结构简单，压力损失小，操作稳定，经常与高效洗涤器联用，捕集粒径较大的粉尘。

在干式旋风分离器内部以环形方式安装一排喷嘴，就构成一种最简单的旋风洗涤器。喷雾作用发生在外涡旋区，并捕集尘粒，携带尘粒的液滴被甩向旋风洗涤器的湿壁上，然后沿壁面沉落到器底。由于气流的旋转运动，其带水现象减弱，可采用比喷雾塔更细的喷嘴。在出口处通常需要安装除雾器。旋风水膜洗涤器兼具离心和湿法除尘的优点，对净化粒径小于 5 μm 的尘粒仍然有效。

泡沫除尘器在塔内装有筛板和挡水板。液体由塔上部喷入，含尘气体由下部进入除尘器。当含尘气体通过筛板时，气体中的一部分粉尘在泡沫层中被除去，另一部分粉尘则被筛板泄漏液所捕集。它通过气液两相的充分接触而达到除尘目的。

填料洗涤器在设备中填充不同形式的填料，将洗涤液喷洒在填料表面。含尘气流通过填料层时，尘粒撞上填料表面的液膜即被俘获而除去。这种除尘器可除去粒径 3 μm 以上的尘粒，除尘效率约为 90%，气流压力损失为 0.15 ～ 0.5 kPa。

自激式除尘器内先要贮存一定量的水，它利用气流与液面的高速接触，激起大量水滴，使尘粒从气流中分离。水浴除尘器、冲激式除尘器等，都属于这一类。

文丘里除尘器是一种高效湿法除尘器，对小于 1 μm 的粉尘仍有很高的除尘效率。它适用于高温、高湿和有爆炸危险的气体，可用于冶金、化工等行业高温烟气净化，如吹氧炼钢转炉烟气。它最大的缺点是阻力很大。

文丘里除尘器系统由文丘里管、除雾器、沉淀池和加压水泵几部分构成，其断面形状有圆形和矩形两大类（图 2-8）。

文丘里洗涤器分为收缩管、喉管、扩散管三部分，含尘气体由进气管进入收缩管后，流速逐渐增大，气流的压力能逐渐转变为动能。在喉管入口处，气速达到最大，一般为 50 ～ 180 m/s。洗涤液（一般为水）通过沿喉管周边均匀分布的喷嘴进入，液滴被高速气流雾化和加速。充分的雾化是实现高效除尘的基本条件。

文丘里除尘器高速气流的动能要用于雾化和加速液滴，因而压力损失远大于其他湿式除尘器和干式除尘器。

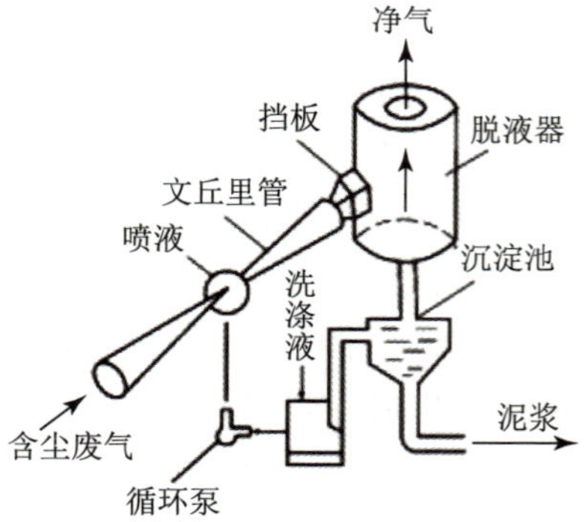

图 2-8　文丘里除尘系统示意

三、影响湿式除尘器除尘效率的因素

增加水与含尘气体的接触面积可以提高湿法除尘效率。对于旋风洗涤器，采用较高的气流速度（一般为 15 ～ 45 m/s），可增强捕集效率。对于喷雾类除尘器而言，控制雾滴尽可能细小且大小均匀，对提高除尘效率很重要。文丘里除尘器喉管内气速越高，液滴雾化效果越好，除尘效果越好。同时，增大液气比对提高除尘效果也有利。但要注意，液气比增大需与喉管气速相适应。

四、工程应用——某金属矿山湿法除尘实例

近年来，我国金属矿山开采深度和生产规模逐渐加大，导致生产作业面和岗位的粉尘污染日益严重，严重威胁到矿山的安全生产和作业人员的身心健康。对于金属矿山的粉尘，需在不同的场所采用多种除尘技术，湿法除尘得到较广泛的应用（表 2-9）。

表 2-9 金属矿山粉尘防治技术及适用场所

序号	除尘技术	主要技术	适用场所
1	通风排尘	压入式风机与除尘器联用混合通风、循环风式的混合通风、应用射流附壁效应的通风系统	爆破作业面、采掘工作面和巷道
2	密闭控尘	局部密闭、整体密闭、大容积密闭	放矿、卸矿、破碎、筛分、转运等作业场所
3	喷雾降尘	高压喷雾、气水喷雾、超声波雾化、磁化水喷雾	爆破作业面、采掘工作面和巷道、放矿、卸矿、破碎、筛分、转运、装运、路面等
4	抑尘剂降尘	湿润型、黏结型、凝聚型抑尘剂，复合抑尘剂	凿岩、爆破、路面等
5	除尘器捕尘	高效湿式除尘器、袋式除尘器	采掘工作面、放矿、卸矿、破碎、筛分、转运等作业场所
6	隔尘帘隔尘	空气幕、水幕、隔尘帘	采掘工作面和巷道

某金属矿山在开采、破碎、运输和选矿过程中都产生大量含硫粉尘。以产尘量特别大且工况复杂的 −850 m 下矿溜井为例，说明湿式过滤旋流除尘技术在该矿山的应用。

−850 m 下矿溜井是该矿山主要的溜井之一，主要承担井下矿石的倾倒和运送。由于此处各卸料口是连通的，不仅卸料时会产生大量粉尘，而且因矿石下落产生气流冲击，使下风卸料处受到比上风卸料处更严重的扬尘污染。此外，卸料时间是随机的。因此，−850 m 下矿溜井粉尘来源复杂。同时，考虑矿石含硫量高，不宜采用喷雾降尘；另外，由于溜井巷道空间有限，井下无轨设备来往频繁，像袋式除尘器、旋风除尘器等均无法使用。综合考虑上述因素，对 −850 m 下矿溜井，采用易于实现自动控制的湿式过滤旋流除尘器抽尘净化。除尘器主要由喷雾过滤除尘段、除尘风机、旋流脱水装置三部分组成（图 2-9）。其最大处理风量达 250 m^3/min，工作阻力为 1 800 Pa。除尘器以抽出式风机为动力，将下矿溜井内产生的大量粉尘吸入除尘器，利用螺旋喷雾器及过滤器组成螺旋雾化及过滤技术、叶片导向产生高速旋转离心效应和气流导向装置与脱水器组成的湿式旋流除尘技术等，将大量粉尘充分湿润，使尘粒质量增加、直径变大而变成尘泥，通过碰撞、拦截、扩散、离心和过滤等机理，使粉尘被湿润分离后进入环形排污槽脱水装置，洁净空气则直接排到巷道。

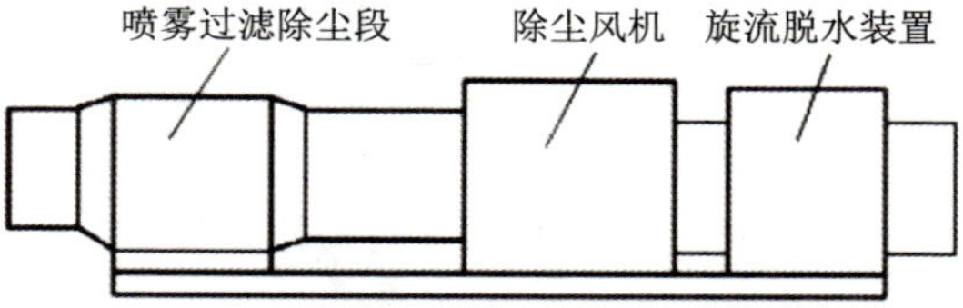

图 2-9　湿式过滤旋流除尘器结构示意

−850 m 下矿溜井采用上述湿式过滤旋流除尘系统，实际耗水量小于 30 L/min，对矿石的含水率影响较小；同时，系统结构紧凑，利用专用的通道可有效防止除尘器与无轨设备相撞；当矿车倾倒矿石或其他水平卸矿产生高浓度粉尘时，启动除尘器进行除尘。待粉尘浓度降到标准以下时，再关闭除尘系统。实践证明，此处总粉尘吸收率达 95% 以上，尤其对呼吸性粉尘，吸收率达 99% 以上，除尘效率高。

五、湿式除尘器的运行管理

（一）启动前

各类湿式除尘装置启动前，应先供水，再启动除尘系统的引风机。系统停机时，则应先停系统引风机，再停止供水。

（二）停机

除尘装置停机大修时，应全面检查除尘器本体、筛板、填料板、塑料小球、喷嘴、除雾装置及供水水泵等设备的腐蚀、破损或堵塞情况。

除尘器长期不使用时，应对设备内的各部件进行彻底的清洗，放空除尘器内及有关容器和管路的贮水后封存。

（三）日常维护管理

在正常运行期间，应保持连续不断地供水。在严寒地区使用时，应避免将设备安置在室外；确实需在室外安置时，必须采取切实可行的防冻措施，确保设备正常运行。根据各除尘器的特点和要求，调整和控制好供水系统的供水压力和水量或水槽内的水位，使除尘器在最佳状态下运行。定期清洗喷嘴、筛板、排污阀及除雾装置，防止堵塞。定期检查喷淋洗涤的洗涤液酸碱度，将 pH 控制在 6 ～ 9 范围内。若超出此范围，应排放，防止洗涤液对设备造成腐蚀或堵塞。

第七节　钢铁行业除尘技术的应用

我国的钢铁产量占世界钢铁总产量的 50% 以上，我国是世界上钢铁产量最大的国家。钢铁行业生产流程长，废气污染源多，污染物排放量大，尤其是颗粒物。本节以烧结（球团）和焦化过程为例，分析颗粒物的产生与控制。

烧结（球团）生产是钢铁行业的污染大户，工业粉尘约占钢铁行业总排放量的 25%，烟尘约占钢铁行业总排放量的 20%。烧结（球团）生产过程中的颗粒物排放节点及控制措施见表 2-10。

表 2-10　烧结（球团）生产过程中的颗粒物排放节点及控制措施

序号	工序	排放节点	控制措施
1	原料堆场	原料堆放、装卸	喷水；防风抑尘网；喷洒抑尘剂；封闭原料库
2	原料准备	物料装卸、破碎、筛分、干燥、转运、皮带运输	喷水；输送带罩；布袋收粉器；袋式除尘器
3	配料混合	配料、混合、造球	喷水；袋式除尘器
4	烧结机、球团焙烧设备	抽风烟道（机头废气）	静电除尘器；袋式除尘器；湿式除尘器；机械除尘器
5	烧结机机尾、带式焙烧机机尾、其他生产设备	烧结机尾卸矿、破碎、热筛分	静电除尘器；袋式除尘器；湿式除尘器；机械除尘器
6	冷却	鼓风冷却	废气回用；与机尾废气共用除尘器
7	成品整粒	破碎、筛分、成品转运	集中式除尘系统（袋式除尘器；静电除尘器；湿式除尘器；机械除尘器）

钢铁行业焦炉的颗粒物排放主要来自装煤、炼焦、出焦和熄焦。在装煤、焦化（炉门、炉顶泄漏和焦炉烟囱）、推焦和熄焦过程中，烟尘排放的比例分别占 15%、29%、30% 和 26%。焦化生产过程中的颗粒物排放节点及控制措施见表 2-11。

表 2-11　焦化生产过程中的颗粒物排放节点及控制措施

工序	排放节点	控制措施
备煤	原料堆存、装卸、破碎、转运	喷水；防风抑尘网；大型筒仓贮煤
装煤	装煤孔、上升管、装煤风机放散管等处逸散	高压氨水喷射；测导管、夏尔克（无烟装煤）；干式地面站；湿式地面站；装煤推焦二合一地面站；消烟除尘车等
炼焦	装煤孔盖 上升管、桥管 炉门	特制泥浆封闭； 设水封； 敲打刀边炉门、弹性刀边炉门
出焦	炉门、拦焦车、推焦车、熄焦车、上升管、推焦风机放散管等处逸散	推焦干式地面除尘站、推焦湿式地面站除尘系统、热浮力罩推焦除尘系统
熄焦	湿熄焦：熄焦塔； 干熄焦：干熄焦槽顶、排焦口、风机放散管	湿熄焦：带折流板熄焦塔； 干熄焦：袋式除尘设备

工序	排放节点	控制措施
筛贮焦	焦炭破碎、筛分、贮存、小品种焦炭装车	袋式除尘器；冲击式或泡沫式除尘设备
煤气净化	硫铵结晶干燥	旋风＋雾膜除尘
煤气燃烧	焦炉烟囱、管式加热炉	燃烧净化煤气

参考文献

[1] 肖世家．机尾布袋除尘器进口增设重力除尘器的应用 [J]. 企业科技与发展，2018（7）：119-120.

[2] 郭军伟，韦欢．国产高效旋风除尘器在安钢 3# 高炉上的应用 [J]. 河南冶金，2015（4）：38-40.

[3] 曾媛．旋风除尘器的运行管理分析 [J]. 机电设备管护，2017（8）：95，101.

[4] 王娴娜，朱林，姜艳靓，等．湿式静电除尘技术在燃煤电厂中的应用 [J]. 中国电力，2016（6）：157-160.

[5] 倪新华，赵文波，李小龙．电除尘器在水泥窑尾超低排放一体化中的应用 [J]. 中国环保产业，2021（2）：53-55.

[6] 田源．水泥工业通风设备的除尘工程实例介绍 [J]. 中国环保产业，2015（3）：18-20.

[7] 王娟．筛分间粉尘治理措施——山西美锦集团锦辉煤业有限公司煤矿筛分间煤尘治理措施 [J]. 节能与环保，2021（6）：53-54.

[8] 张建华．工业企业脉冲袋式除尘器的维护实践 [J]. 中国金属通报，2020（2）：274-275.

[9] 赵承山．脉冲袋式除尘器收尘效率常见问题及对策 [J]. 甘肃科技纵横，2019（5）：34-36.

[10] 周长灵．电袋复合除尘器技术进展及应用研究 [J]. 科学与信息化，2020（1）：97，99.

[11] 朱召平，肖德贵，信明勋，等．高温超净电袋复合除尘器在氧化铝行业的应用 [J]. 中国环保产业，2020（3）：43-46.

[12] 罗香銮．电袋复合除尘器技术进展及应用研究 [J]. 机电信息　2019（36）：92-94.

[13] 徐鹏 . 电袋复合型除尘器全过程管理探讨 [J]. 现代制造技术与装备，2016（5）：119-123.

[14] 李刚、吴将有，金龙哲，等 . 我国金属矿山粉尘防治技术研究现状及展望 [J]. 金属矿山，2021（1）：154-167.

[15] 张少伍，李从华，张良贵 . 降尘技术在冬瓜山铜矿的应用探讨 [J]. 山东农业工程学院学报，2020（8）：26-29.

[16] 王蓓蓓 . 国内钢铁行业废气防治现状及超低排放改造措施 [J]. 节能环保，2021（7）：23-24.

[17] 蒋展鹏，杨宏伟 . 环境工程学 [M]. 3 版 . 北京：高等教育出版社，2013.

[18] 朱亦仁 . 环境污染治理技术 [M]. 3 版 . 北京：中国环境出版社，2008.

[19] 郝吉明，马广大，王书肖 . 大气污染控制工程 [M]. 3 版 . 北京：高等教育出版社，2010.

[20] 张波 . 环境污染治理设施运营管理 [M]. 北京：中国环境科学出版社，2006.

第三章　二氧化硫污染的控制

第一节　二氧化硫的来源与脱硫技术简介

大气中的硫氧化物包括SO_2、SO_3、H_2SO_4、SO_4^{2-}等，其中SO_2为一次污染物，其余主要为SO_2氧化转化形成的二次污染物。硫氧化物通常指SO_2和SO_3。SO_2的产生有天然源和人为源，天然源主要是火山喷发，人为源主要是矿物燃料的燃烧或矿石冶炼等。我国能源结构以煤为主，在我国的SO_2排放占比中，燃煤排放占80%～90%。

SO_2进入人体有两种方式，一是皮肤接触，二是呼吸道吸入。如果人们长时间接触SO_2，就容易患皮肤疾病。SO_2进入呼吸道后，由于其易溶于水，大部分将被阻滞在人的呼吸道，在湿润的黏膜上生成具有腐蚀性的亚硫酸、硫酸和硫酸盐，使刺激作用增强。上呼吸道对SO_2的阻留在一定程度上可减轻SO_2对肺部的刺激。但进入血液的SO_2仍可通过血液循环抵达肺部，产生刺激作用。SO_2可被吸收进入血液，对全身产生毒副作用。它能破坏酶的活力，从而明显地影响碳水化合物及蛋白质的代谢，损害肝脏。

硫氧化物也是形成酸雨和硫酸型烟雾的主要物质。SO_2是导致酸性降雨的主要前体物。酸雨降落到地面后，会抑制土壤中有机物的分解和氮的固定，淋洗与土壤粒子结合的钙、镁、钾等营养元素，使土壤贫瘠化，也可能伤害植物的新生芽叶，干扰光合作用，影响其发育生长。酸雨还会腐蚀建筑材料、金属结构、油漆及名胜古迹。酸雨会使湖泊酸化，使河流pH降低，对水生生态系统产生影响。

燃煤锅炉烟气脱硫技术开发于20世纪60年代。10多年后，就出现了200多种脱硫技术。之后，各种脱硫技术在竞争中不断完善。这些方法的应用主要取决于锅炉容量和调峰要求、燃烧设备的类型、燃料的种类、含硫量的多少、脱硫率、脱硫剂的供应条件及企业的地理条件、副产品的利用等因素。

按是否回收产品或副产品，脱硫方法可以分为抛弃法和回收法，前者成本较低，但存在二次污染；后者成本高，有较好的环境效益。

按脱硫方式以及脱硫反应物的形态，又可将脱硫方法分为湿法、干法及半干法三大类。湿法脱硫技术主要包括石灰/石灰石-石膏法、双碱法、镁法、氨法、海水法等；干法脱硫技术主要包括循环流化床脱硫技术、增湿灰循环烟气脱硫技术等；半干法脱硫技术主要包括循环悬浮式半干法、喷雾干燥法、炉内喷钙/增湿活化脱硫技术等。干法脱硫工艺简单，成本低，不降低烟温，但效率低，吸收剂利用率低。湿法脱硫效率高，但腐蚀性较强。

SO_2 主要是在原煤燃烧过程中产生的。按脱硫工艺在生产中所处的部位，又可把脱硫技术分为三大类，即燃烧前脱硫，如原煤洗选脱硫；燃烧中脱硫，如混烧石灰石和炉内喷钙；燃烧后脱硫，如海水脱硫、石灰石-石膏湿法脱硫、电子束脱硫等。目前，较为普遍的技术是燃烧后脱硫技术，这也是目前控制 SO_2 对大气污染的主要方式。

燃烧前脱硫即“煤脱硫”，就是在煤燃烧前把煤中的硫分、灰分等脱除掉，主要有物理洗选煤法、化学洗选煤法、煤的气化和液化、水煤浆技术等。

洗选煤是采用物理、化学或生物方式对锅炉使用的原煤进行清洗，将煤中的硫部分除掉，使煤得以净化并生产出不同质量、规格的产品。目前，我国广泛采用的是物理洗选煤方法。其他技术如浮选法、氧化脱硫法、微波脱硫法、磁力脱硫法、微生物脱硫法等，处于实验室到半工业化阶段。

物理洗选煤法主要是利用清洁煤、灰分、黄铁矿的比重不同，去除部分灰分和黄铁矿硫，但不能去除煤中的有机硫。煤炭中的有机硫，目前尚无经济可行的去除技术。在物理洗选煤技术中应用最广泛的是跳汰选煤，指物料在以垂直脉动为主的介质中，按其物理-力学性质（主要是按密度）实现分层和重力选煤。物料在固定运动的筛面上连续进行跳汰，由于冲水、顶水和床层水平流动的综合作用，在垂直流和水平流的合力作用下分选。

煤的气化，是指用水蒸气、氧气或空气作氧化剂，在高温下与煤发生化学反应，生成 H_2、CO、CH_4 等可燃混合气体（称作煤气）的过程。

煤炭液化是将煤转化为清洁的液体燃料（汽油、柴油、航空煤油等）或化工原料的一种先进的洁净煤技术。

水煤浆是将灰分小于10%、硫分小于0.5%、挥发分高的原料煤，研磨成250～300 μm 的细煤粉，按65%～70%的煤、30%～35%的水和约1%的添加剂的比例配制而成。水煤浆可以像燃料油一样运输、储存和燃烧。燃烧时，水煤浆从喷嘴高速喷出，雾化成 50 ～ 70 μm 的雾滴，在预热到 600 ～ 700℃的炉膛内迅速蒸发，并伴有微爆，煤中挥发分析出而着火，其着火温度比干煤粉还低。

我国南方煤炭含硫量大，全国低硫煤储量有限。因此，燃用低硫煤会受到地域等因素制约。用物理方法洗煤只能粗洗，若要获得含硫量更低的煤，还需采用化学方法洗煤，但化学方法洗煤成本高，与我国目前国情不太适合，无法推广。尽管煤的燃烧前脱硫技术还存在种种问题，但其优点是能同时除去灰分和部分硫分，减轻运输量，减轻锅炉的沾污和磨损，减少电厂灰渣处理量，还可回收部分硫资源。

燃烧中脱硫，即在燃烧过程中加入石灰石或白云石粉作脱硫剂，碳酸钙 / 碳酸镁受热分解，生成氧化钙 / 氧化镁，与烟气中 SO_2 生成硫酸盐，随灰分排出，以达到去除硫的效果。

石灰石粉在氧化环境中的脱硫反应为

$$CaCO_3 \longrightarrow CaO+CO_2\uparrow$$

$$CaO+SO_2 \longrightarrow CaSO_3$$

$$CaSO_3+1/2O_2 \longrightarrow CaSO_4$$

在我国，采用煤燃烧过程脱硫的技术主要有两种：型煤固硫和循环流化床燃烧脱硫。

型煤是以粉煤为主要原料，按具体用途所要求的配比、机械强度和形状大小，经机械加工压制成型的，具有一定强度和尺寸、形状各异的煤成品，常见的有煤球、煤砖、煤棒、蜂窝煤等。我国大力推广使用固硫型煤，一是燃用固硫型煤可以减少烟尘和 SO_2 的排放量，二是我国在短期内难以彻底改变城市燃料结构。

循环流化床锅炉脱硫的原理是，将燃料和作为吸收剂的石灰石粉送入燃烧室中部，气流使燃料颗粒、石灰石粉和灰一起在循环流化床强烈扰动并充满燃烧室，石灰石粉在燃烧室内裂解成氧化钙，氧化钙和 SO_2 结合成亚硫酸钙。锅炉燃烧室温度一般控制在 850℃左右。

炉内喷钙加尾部烟气增湿活化脱硫工艺（LIFAC 工艺）是在炉内喷钙脱硫工艺的基础上，在锅炉尾部增设增湿段，以提高脱硫效率。该工艺多以石灰石粉为吸收剂，石灰石粉由气力喷入炉膛 850 ～ 1 150℃温度区，受热分解为 CaO 和 CO_2，CaO 与烟气中的 SO_2 反应，生成 $CaSO_3$。由于反应在气固两相之间进行，受到传质过程的影响，反应速度较慢，吸收剂利用率较低。在尾部增湿活化反应器内，增湿水以雾状喷入，与未反应的 CaO 接触，生成 $Ca(OH)_2$，进而与烟气中的 SO_2 反应。当钙硫比控制在 2.0 ～ 2.5 时，系统脱硫效率可达 65% ～ 80%。

尽管各国开发的烟气脱硫方法很多，但真正进行工业应用的方法仅有十几种：石灰 / 石灰石 – 石膏法、氨法、氧化镁法、海水法等。本章介绍几种目前主要的脱硫技术。

第二节　石灰 / 石灰石 – 石膏法脱硫技术

石灰 / 石灰石 – 石膏法脱硫技术是 20 世纪 70 年代发展起来的，石灰石是最早作为废气脱硫的吸收剂之一。目前应用较普遍的有湿式石灰 / 石灰石 – 石膏法、改进的石灰 / 石灰石法和喷雾干燥法等。最初采用的是干式抛弃法，投资和运行费用低，但存在脱硫率低、增加除尘设备的负荷等缺点，后来重点转向湿式洗涤法和喷雾干燥法。

湿式石灰 / 石灰石 – 石膏法工艺成熟、应用广泛，目前约占全部烟气脱硫装置的 90% 以上。该法利用石灰或石灰石浆液作为洗涤液，吸收净化 SO_2 并副产石膏，吸收剂价廉易得，副产物石膏可回收用作建筑材料，但是易发生设备结垢堵塞或磨损等问题。

为了克服石灰 / 石灰石法的结垢和堵塞问题，提高 SO_2 的脱除率，后来又开发了加入缓冲剂的石灰 / 石灰石法。目前工业上常采用的添加剂有 CaCl、Mg^{2+}、己二酸、氨等。加入添加剂后，不仅能抑制结垢和堵塞现象，还能提高 SO_2 吸收效率。

一、石灰 / 石灰石 – 石膏法脱硫原理

烟气首先进入湿式吸收塔，与自上而下喷淋的碱性石灰 / 石灰石浆液雾滴逆流接触，其中的 SO_2 及其他污染物（HCl、HF 等酸性气体）被吸收，烟气得以充分净化。吸收 SO_2 后的浆液反应生成 $CaSO_3$，通过就地强制氧化，结晶生成 $CaSO_4 \cdot 2H_2O$，经脱水后得到商品级脱硫副产品——石膏，最终实现含硫烟气的净化（图 3-1）。

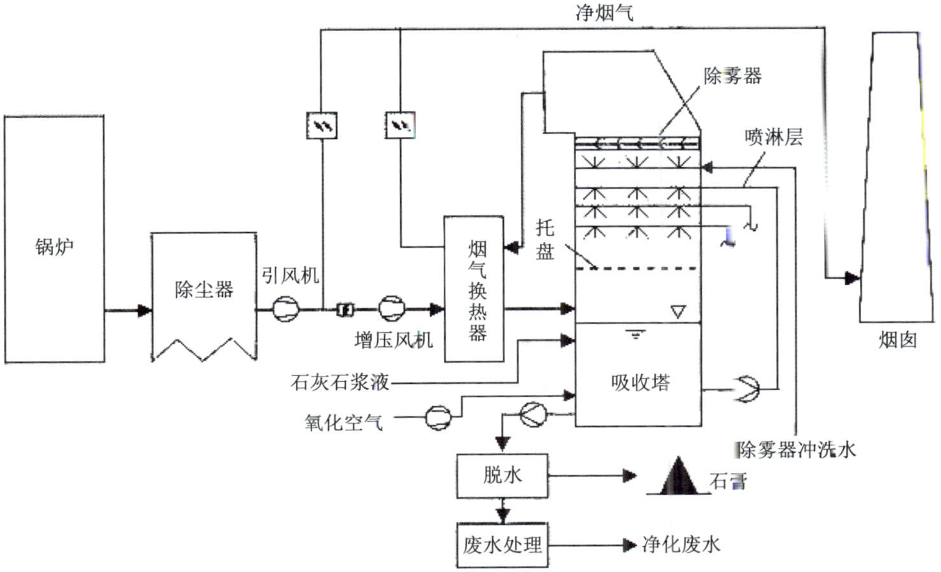

图 3-1　石灰 / 石灰石 - 石膏法工艺流程

石灰 / 石灰石 - 石膏法烟气脱硫系统包括烟气系统、SO_2 吸收系统、捕沫除雾系统及给排水系统。SO_2 吸收系统是烟气脱硫系统的核心，主要包括吸收塔、循环浆泵和氧化风机、浆液排出泵等。尾气中的 SO_2 含量较高时，脱硫系统采用高效逆喷洗涤器作为吸收塔，能保证烟气脱硫效率。以冶炼烟气制酸石灰 - 石膏法脱硫系统为例，系统运行时，烟气从洗涤器逆喷管顶部进入，循环浆液经循环泵加压后，从逆喷管底部进入，气液逆流接触，形成湍动段，烟气中的 SO_2 与浆液中的 $Ca(OH)_2$ 发生反应，生成 $CaSO_3$ 和 $Ca(HSO_3)_2$。$CaSO_3$、$Ca(HSO_3)_2$ 浆液在吸收塔底部的石灰循环浆池内与氧化风机鼓入的空气强制氧化，最终生成 $CaSO_4 \cdot 2H_2O$。脱硫后的烟气经除雾器除去烟气中的酸雾，然后排入烟囱。

石灰 - 石膏法主要反应式如下：

$$CaO+H_2O \longrightarrow Ca(OH)_2 \longrightarrow Ca^{2+}+2OH^-\text{（石灰溶解）}$$

$$SO_2(g)+H_2O \longrightarrow H_2O \cdot SO_2(l) \longrightarrow H^++HSO_3^- \longrightarrow 2H^++SO_3^{2-}$$

$$Ca(OH)_2+SO_2 \longrightarrow CaSO_3 \cdot 1/2H_2O+1/2H_2O\text{（}SO_2\text{吸收）}$$

$$CaSO_3 \cdot 1/2H_2O+1/2H_2O+SO_2 = Ca(HSO_3)_2$$

$$HSO_3^-+1/2O_2 \longrightarrow H^++SO_4^{2-}$$

$$SO_3^{2-}+1/2O_2 \longrightarrow SO_4^{2-}\text{（氧化）}$$

$$Ca^{2+} + SO_4^{2-} \longrightarrow CaSO_4$$（石膏生成）

石灰 / 石灰石－石膏法自动化程度高，占地面积小，操作简单方便，运行成本较低。该法采用石灰或石灰石作脱硫剂，原料来源广泛，脱硫效率可达 95% 以上，是世界上应用最为广泛的脱硫工艺之一。

二、影响脱硫效率的因素

（一）设计因素

1. 液气比

液气比是指与流经吸收塔单位体积烟气量相对应的浆液喷淋量，通常以洗涤 1 m^3 湿烟气（标准状态）所需的循环浆液升数来表示。在保证其他运行工况不变的情况下，提高液气比相当于增加了气体与石灰石浆液在吸收塔内的接触面积，使脱硫效率得以提高。但盲目提高液气比会使浆液循环泵的功耗增加，出口烟气含水量增大，烟气温度降低，不利于烟气的排出。因此，火电厂石灰石－石膏法液气比一般控制在 13 ～ 16。

2. 烟气流速

提高吸收塔内烟气流速，则提高了气液两相的湍动，降低了烟气与液滴间的膜厚度，因而提高了传质效果；烟气流速增加，喷淋液滴的下降速度降低，单位体积内持液量增大，传质面积增大，可提高脱硫效率。但是，烟气流速增加又会使气液接触时间缩短，脱硫效率可能下降。烟气流速增加使吸收塔内的压力损失增大，增加增压风机能耗；使净烟气携带石膏浆液滴增加，影响吸收塔除雾效果。因此，从脱硫效率的角度来讲，吸收塔内烟气流速有一最佳值，喷淋空塔内烟气流速一般控制在 3.5 ～ 4.5 m/s，无旁路要再低一些。

3. 浆液停留时间

延长浆液在反应池内停留时间，可以保证石灰石的充分溶解，有助于浆液中石灰石与 SO_2 完全反应，提高脱硫效率；浆液停留时间长，使反应生成物 $CaSO_3$ 有足够的时间完全氧化成 $CaSO_4$，有利于石膏晶体长大，形成高品质的粗粒状（而非片状和针状）、晶粒度均匀、纯度高的优质脱硫石膏；另外，延长浆液在反应池内停留时间，导致反应池的容积增大，氧化空气量和搅拌机的容量增大，土建和设备费用以及运行成本增加。因此，权衡各因素，一般设计的浆液循环停留时间为 3.5 ～ 8 min，浆液在吸收塔中的停留时间通常不低于 15 h。

（二）入口烟气因素

1. 入口烟气量

当进入脱硫系统的烟气量增加时，其他条件不变，意味着液气比的减小，脱硫效率随之减小。此外，当烟气量超过设计点后，氧化空气量受氧化风机额定出力所限，不能再增加时，脱硫效率将急剧下降。在这种情况下，对脱硫效率的影响迭加了氧化过程的影响。对于一个已建好的脱硫系统，如果实际烟气量超出设计范围，则脱硫效率难以保证。

2. 烟气中 SO_2 浓度

SO_2 浓度升高，应该增加石灰石投加量，否则，脱硫效率将降低。另外，当 SO_2 增加而氧化空气不足时，会出现石灰石"亚硫酸盐致盲"现象，使脱硫效率大幅下降，以至脱硫系统不能正常运行。

3. 入口烟气温度

脱硫反应是放热反应，温度升高不利于脱除 SO_2 化学反应的进行，故吸收塔进口烟气温度较低时，脱硫效率增加。因此，典型的脱硫系统布置用 GGH 降低烟温，或在进吸收塔前布置预喷水。

4. 入口烟气含尘浓度

锅炉烟气经过吸收塔洗涤后，烟气中约 75% 的飞灰留在了浆液中。飞灰中的 F^-、Cl^- 在一定程度上阻碍了石灰石的消溶，导致浆液 pH 降低，脱硫效率下降。同时，飞灰中溶出的一些金属如 Hg、Mg、Cd、Zn 等离子会抑制 Ca^{2+} 与 HSO_3^- 的反应，进而影响脱硫效果。此外，飞灰还会降低副产品石膏的白度和纯度，增加脱水系统管路堵塞、结垢的可能性。

5. 烟气中 F、Cl 含量

烟气中的 F、Cl 元素进入吸收塔浆液，极易引起腐蚀，严重时会出现"石灰石屏蔽"现象。Cl 会与浆液中的一些金属离子形成络合物，这些络合物会将 Ca^{2+} 或 $CaCO_3$ 颗粒包裹起来，使其化学活性严重降低，即惰性物增加，最终导致吸收塔浆液中的碳酸钙过剩、pH 无法上升的"石灰石屏蔽"现象。

6. 烟气中含油的影响

投油枪助燃将未燃尽的油污随烟气进入吸收塔内，甚至投油后还要停止部分电除尘运行，这就使大量的油污和粉尘进入吸收塔浆液中。这些物质都将影响石灰石的活性，阻碍脱硫化学反应的进行，使浆液的 pH 维持不住，脱硫效率也随之下降。因此，在锅炉较长时间投油运行时，应根据具体情况减少进入脱硫系统的烟气量或完全走旁路运行，待锅炉停油稳定运行后，再恢复脱硫系统的运行。

（三）石灰石的影响

1. 石灰石活性

石灰石活性影响脱硫过程中 SO_2 的溶解、吸收和氧化反应，对脱硫率的影响很大。

2. 石灰石成分

天然石灰石中的一些附属成分会使石灰石的性能降低，如石灰石中氟化物过高，氟化铝会从溶液中析出，覆盖在未溶解的石灰石颗粒上，抑制石灰石的溶解。溶解的氯化物也影响石灰石溶解，$CaCl_2$ 浓度增加，也同样阻碍石灰石溶解。

3. 石灰石粒度

颗粒粒度越小，与液相接触的比表面积越大，溶解及反应将更快、更充分，吸收剂利用率和脱硫效率将更高。然而，如果因此要求更小或超细的石灰石浆液固体颗粒，将会造成研磨系统功耗和设备投资增加。为保证脱硫反应效果，一般要求石灰石中 $CaCO_3$ 含量≥ 90%，杂质要少，且形成地质年代较晚。综合考虑能耗，一般石灰石粉粒径都在 325 目左右。

三、工程应用——某陶瓷厂采用石灰 - 石膏法脱硫实例

某陶瓷厂曾采用双碱法脱硫工艺，对 6 条窑炉日产 60 万 m^3 烟气进行大气污染治理。随着大气污染物排放标准逐步严格，双碱法脱硫设备结垢严重，工艺运行成本高，烟气排放难以满足当下的排放标准（2018 年，广东省对《陶瓷工业大气污染物排放标准》作出修改，将大气污染物排放标准修订为 SO_2 ≤ 30 mg/m^3，颗粒物≤ 20 mg/m^3）。针对这种状况，2019 年，该厂投资采用石灰 - 石膏法脱硫工艺方案对窑炉脱硫塔进行技术改造。改造后，脱硫塔运行的各项指标良好，性能参数和脱硫效果见表 3-1、表 3-2，脱硫烟气可达到清洁排放标准、满足生产要求。

表 3-1 石灰 – 石膏法脱硫塔性能参数

项目	技术参数
脱硫塔烟气量 /（万 m^3/h）	60
脱硫塔直径 /m	7.5
脱硫塔高度 /m	46
浆液循环方式	塔内循环
气体流速 /（m/s）	≤ 3.8
液气比 /（L/m^3）	7.5
Ca/S	1.02 ～ 1.05
浆液循环时间 /min	4

表 3-2 石灰 – 石膏法和双碱法脱硫效果对比

污染物排放	双碱法 /（mg/m^3）	石灰 – 石膏法 /（mg/m^3）
SO_2	40 ～ 45	20 以下
颗粒物	12 ～ 18	10 ～ 15

由表 3-3 可知，该厂采用石灰 – 石膏法脱硫工艺后，年节约成本 63.2 万元。同时，SO_2 排放降低，也降低了环保税。

表 3-3 石灰 – 石膏法与双碱法年运行成本对比

项目	双碱法	石灰 – 石膏法
年化工原料费用 / 万元	242	66
年消耗电费 / 万元	57.5	174
年维护费用 / 万元	4.7	1
年人工费用 / 万元	操作人员数量相同	
合计 / 万元	304.2	241

四、常见问题及改进措施

（一）设备的腐蚀与磨损

某 2#、3# 烧结烟气脱硫系统运行 8 年，脱硫塔塔体保温及外罩彩板、脱硫塔烟气入口护罩、塔内大梁局部、脱硫系统烟道金属结构及支撑部分均已腐蚀变形，腐蚀情况相对严重。虽已针对腐蚀情况进行补焊、防腐处理，但设备的腐蚀问题依然存在。分析认为，烟气中 SO_2 浓度高，对于吸收塔系统运行起到破坏性作用，造成氧化风量不足，浆液中 $CaSO_3$ 含量高，石膏品质差、脱水效果差、pH 低、浆液密度高等严重问题；另外，去除 SO_2 运行过程中增大了石灰石供浆量，破坏了系统水平衡，造成设备出力增大、频繁运行，浆液易沉积，加剧了系统内设备的腐蚀、磨损、堵塞，使设备的使用寿命降低。

降低设备腐蚀与磨损的措施有：对入口烟气的技术指标进行实时检测，降低入口烟气的含尘量；对腐蚀比较严重的烟道表面进行清理、加固和防腐处理；控制合理的石灰石浆液浓度，并严格监控进入制浆系统的石灰石粉粒径。

（二）SO_2 脱除效率降低

运行几年来，2#、3# 烧结机的 SO_2 脱除效率逐步降低，主要的问题有：脱硫系统浆液泵机封易损坏，使用性能不稳定；pH 控制过低，烟气流量或入口 SO_2 浓度增加，烟气入口氯化物浓度过高；吸收塔浆液循环泵流量下降；管道堵塞，喷嘴堵塞，相关阀门开 / 关不到位，泵的出力下降等。

针对以上问题，采取更换浆液泵，修复 pH 在线监测，增大废水排量，配低硫精粉，对机头电除尘器芒刺线、极板等进行修补，增加循环泵数量，清理管道喷嘴，检查并校正阀门位置状态等一系列措施予以解决。

（三）除雾器堵塞

1# ～ 3# 烧结机脱硫系统两台脱硫塔的除雾器表面以及内部都有严重的结垢现象，除雾器冲洗水也无法将积垢冲洗掉，严重影响了除雾器的正常运行，加重了下游设备的结垢堵塞，并出现“石膏雨”现象。分析其原因，主要是吸收塔中石膏浆液中 $CaSO_3$ 含量偏高，烟气携带的 $CaSO_3$ 也随之上升，进入除雾器，从而在除雾器叶片上形成软垢，然后慢慢被氧化，经过结晶、长大，最终形成硬垢，逐渐堵塞除雾器。因此，应该严格控制吸收塔浆液 pH 在 5.2 ～ 5.8。另外，应维持适当的吸收塔液位和浆液浓度，合理调整除雾器冲洗时间间隔，不要过于频繁冲洗，以免增加烟气湿度，影响脱硫效果。但当烟气中 SO_2 大幅增加时，应根据吸收塔浆液浓度来合理缩短冲洗周期，防止除雾器堵塞。在停产检修期间，应彻底清洗因长期得不到冲洗而附着在除雾器表面的硬垢，以保证除雾器正常运行。

（四）石膏脱水系统故障

石膏脱水系统在运行中，石膏浆液浓度过低，石膏排出泵压力小、出力不足，石膏旋流器积垢、输送能力过低等一系列问题，造成石膏排出故障。现场主要通过更换密度测量仪器，检查排出泵的出口压力和流量，清洗石膏旋流器，疏通排出泵管道等一系列措施，提高排出石膏效率。

（五）气泡溢流现象

某发电有限公司3号机组石灰石－石膏法脱硫吸收塔运行过程中，发现较为严重的起泡溢流现象，浆液泡沫大量从溢流口溢出。泡沫呈灰白色并夹杂有黑色漂浮物，随溢流浆液流动，严重影响脱硫装置的经济安全运行。

经分析判定，引起浆液起泡的原因是烟气中大量的粉尘以及其携带的有机物（未燃尽的煤）进入脱硫塔，造成脱硫浆液中粉尘杂质偏多，化学需氧量（COD_{Cr}）含量增高，液体表面张力下降，从而形成大量泡沫，最后导致溢流。

采取以下措施控制脱硫塔浆液 COD_{Cr} 含量，进行运行调整。

（1）进行石膏脱水时，增加脱硫废水处理量，严格按标准控制脱硫塔浆液密度，即1 120～1 180 kg/m^3。尽量靠近密度值下限运行，减少脱硫塔杂质累积以及浆液浓缩。

（2）加强锅炉燃烧调整，根据吸收塔情况及时调整粉煤灰的掺烧量，按设计要求控制锅炉飞灰可燃物含量，减少未燃尽的有机物。

（3）加强除尘器运行调整，提高除尘效率，监测电除尘出口粉尘浓度不能超过设计值。

调整后，COD_{Cr} 含量逐渐降低。约一星期后，降到100 mg/L以下，起泡现象几乎消失，达到机组安全经济运行的状态。

第三节 氨法脱硫技术

一、氨法脱硫原理

氨法脱硫是基于碱性脱硫剂（氨或者氨水）与酸性 SO_2 发生化学反应形成

$(NH_4)_2SO_4$ 的过程，主要包括吸收和氧化两个基本化学反应过程。吸收即 SO_2 被吸收，形成 $(NH_4)_2SO_3$；氧化过程即 $(NH_4)_2SO_3$ 被氧化成 $(NH_4)_2SO_4$。反应方程式如下：

吸收反应：

$$NH_3+H_2O+SO_2 \longrightarrow NH_4HSO_3$$

$$2NH_3 + H_2O+ SO_2 \longrightarrow (NH_4)_2SO_3$$

$$(NH_4)_2SO_3+ SO_2 +H_2O \longrightarrow 2NH_4HSO_3$$

$$NH_4HSO_3 + NH_3 \longrightarrow (NH_4)_2SO_3$$

氧化反应：

$$2(NH_4)_2SO_3 + O_2 \longrightarrow 2(NH_4)_2SO_4$$

$$2NH_4HSO_3+O_2 \longrightarrow 2NH_4HSO_4$$

烟气脱硫主要在氨洗塔中进行，氨洗塔从上而下分别为吸收段、浓缩段和氧化段。烟气经除尘后，进入氨洗塔中部的浓缩段，与 NH_4HSO_3 和 $NH_3 \cdot H_2O$ 接触、降温并进行反应，生成 NH_4HSO_3 和 $(NH_4)_2SO_3$，同时放出的热量带走大部分水，使混合液浓缩。未反应完的气体进入吸收段，与循环的氨水和未反应完的 NH_4HSO_3 和 $(NH_4)_2SO_3$ 再次反应，反应后的气体再经过回流吸收、高效除雾器，最后和水蒸气一起排放至大气。塔中浓缩段流下来的 $(NH_4)_2SO_3$ 溶液被从塔底通入的 O_2 氧化为 $(NH_4)_2SO_4$，用输送泵引出浓缩段溶液，进入料槽、分离器，

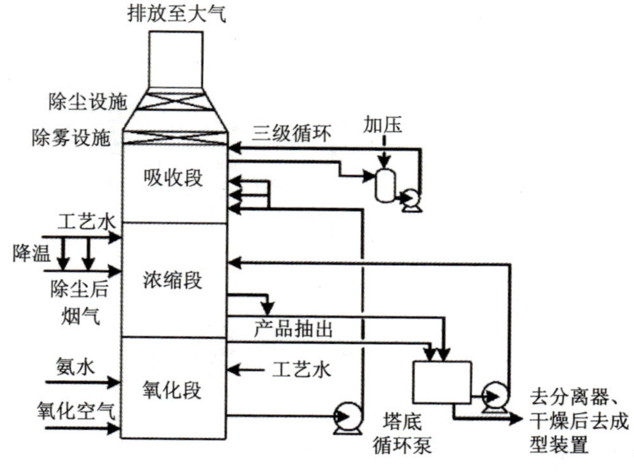

图 3-2 典型烟气氨法脱硫工艺流程

干燥后进入成型装置，产出硫酸铵肥料（图 3-2）。

氨法脱硫液气反应的接触面积大，反应动力强，脱硫效率高；烟气条件适应性强，气量及浓度的较大幅度波动对脱硫率影响较小；脱硫剂来源稳定，有合成氨和焦化制气的企业可实现“以废治废”；脱硫副产物应用市场大、附加值高，技术成熟，运行可靠，运行费用低，脱硫产物冲抵部分运行费用；无二次污染，无废水、废渣及 CO_2 排放；投资省，无须设置废水、废渣处理处置单元，处理烟气塔顶直排，无须单独设置湿烟囱或砼防腐处理。

二、影响脱硫效率的因素

（一）氨水喷嘴的角度与数量

氨水雾化效果与脱硫效率具有较大的相关性，雾化效果越好，氨水与烟气接触面积越大，SO_2 脱除效率越高。对于同等的烟气量，不能简单地通过增加氨水量提高脱硫效率，而应通过最大限度地提高喷雾技术，增加气液接触面积，实现脱硫效率的提高。微液滴与大的覆盖面积是关键。如果洗涤塔内烟气分布不均匀，不同区域 SO_2 浓度存在较大差别，以及塔内烟气流速与喷入氨水密度之间存在分配不均匀的矛盾，则会导致脱硫效率不高。因此，需通过合理设置氨水喷嘴角度和数量来解决此类问题，使脱硫效率整体水平得到提高。

（二）脱硫塔温度

脱硫塔内烟气温度与脱硫效率存在较大的相关性。对常温至 95℃脱硫塔脱硫效率与脱硫反应温度之间的关系进行了研究，发现低温状态下 SO_2 脱除效率较高，随着温度上升，SO_2 脱除效率下降；温度继续升高，SO_2 脱除效率又开始上升。在氨法脱硫工程实际应用过程中，将脱硫塔内温度控制在 60℃以下或 80℃以上，才能有效保证烟气脱硫效率。

（三）氨水喷入量

氨水喷入量越大，烟气与氨水接触面积越大，脱硫效率越高。但随着氨水量增加，脱硫效率增加缓慢并趋于稳定；脱硫设施外排废液 pH 随氨水量增加而升高，当 pH 大于 7 时，表明氨水利用率开始下降，随之会出现氨逃逸、外排废气气溶胶增加、脱硫副产品硫酸铵质量下降等问题。因此，氨水喷入量不是越多越好，要根据脱硫设施入口 SO_2 监测浓度、脱硫设施运行状态等实际情况确定。

（四）氨水浓度

在氨水喷入量一定的情况下，氨水浓度增加，氨传质速度加快，氨与 SO_2 反应时间缩短，脱硫效率提高，但是氨消耗量增加。当选用低浓度氨水时，氨水雾化效率较高，氨水利用率增大，可避免氨水浪费的情况，但是脱硫效率低于高浓度氨水。因此，在实际生产过程中，要综合考虑脱硫效率和氨水成本两个方面来确定氨水浓度。

（五）用水水质

当脱硫设施温度连续超过 50℃时，脱硫设施用水中的钙、镁等离子会在管路中结垢，造成堵塞，使氨水喷入量降低，脱硫效率下降，甚至出现脱硫设施堵塞停工的情况。不同地区水中钙、镁离子浓度不同，因此，脱硫设施用水要充分考虑水质的具体情况。

三、工程应用实例

（一）某煤化工项目高压煤粉锅炉氨法脱硫实例

某煤化工项目建设 4×465 t/h 高压煤粉锅炉，负责向厂内各工艺生产装置提供蒸汽、脱盐水和部分电力，配套需建设锅炉烟气脱硫系统及副产物的回收工程。烟气脱硫系统采用氨法烟气脱硫技术，采用 99.6% 液氨为脱硫剂。

氨法烟气脱硫主要处理系统包括吸收系统、硫铵结晶脱水系统、液氨储存及蒸发系统、工艺水系统、地坑及事故排放系统、控制系统。该项目高压煤粉炉氨法烟气脱硫工艺流程，如图 3-3 所示。

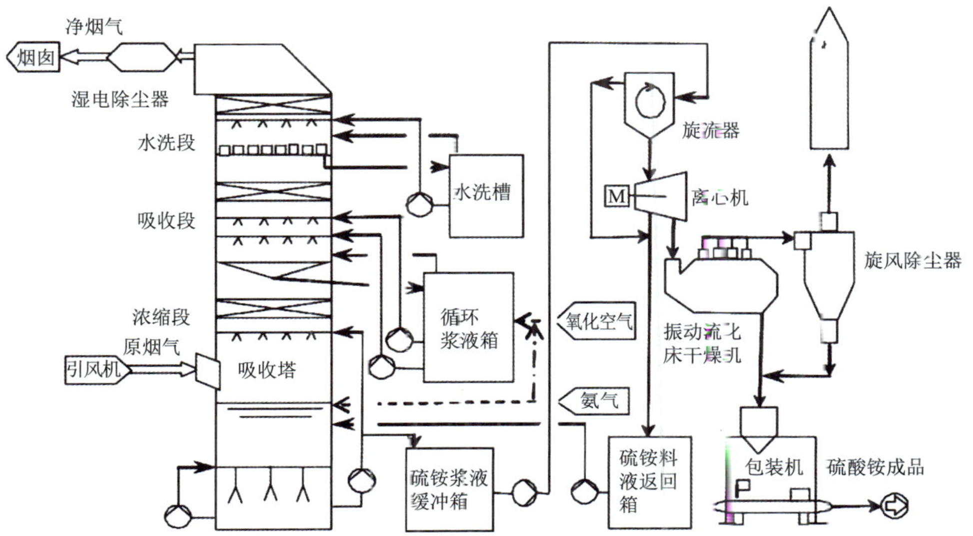

图 3-3　氨法烟气脱硫工艺流程

烟气进入吸收塔浓缩段后，经浓缩循环液的洗涤、降温至 50 ～ 60℃后，进入脱硫塔吸收段，烟气自下而上与喷淋液逆流接触，进行吸收反应，生成的 $(NH_4)_2SO_3$ 落入吸收液收集托盘、进入循环浆液箱后，通入氧化空气进行氧化，生成 $(NH_4)_2SO_4$。这一过程为主要的脱硫吸收过程，脱硫效率不低于 98%，出口烟气 SO_2 浓度≤ 30 mg/m^3。

吸收塔水洗段设置水洗喷淋层和屋脊式除雾器，可有效除去烟气中携带的微小硫铵晶体，提高脱硫效率，控制氨逃逸浓度，确保出口烟气雾滴浓度≤ 30 mg/m^3。

水洗后的净烟气进入塔外湿式电除尘器，经湿电除尘器荷电作用，除去剩余的粉尘、气溶胶、液滴后，烟气烟尘浓度可控制在 5 mg/m^3 以内。

该项目氨法烟气脱硫工艺实现了完全资源化，无废渣和水污染，脱硫副产物价值高；硫酸铵对脱硫设备磨损轻，能够延长设备运行时间。整个脱硫装置结构紧凑，占地面积小，流程短，能耗低。

（二）某企业燃煤锅炉氨法脱硫技改实例

某企业 2010 年新建 3 台 140 t/h 的燃煤锅炉。鉴于设计煤种中硫含量高，采用氨法脱硫技术，设计年副产硫酸铵 6.7 万 t，硫酸铵作为农用化肥直接出售。在工程建设中，该企业多次对该项目实施工程建设、工艺系统升级改造。截至 2014 年 4 月 23 日，脱硫塔烟囱“拖尾”现象持续存在，SO_2 排放质量浓度（标态）为 150 ～ 280 mg/m^3，高于地方标准规定（允许排放浓度为 100 mg/m^3）。因此，对烟气脱硫系统吸收塔进行技术改造，主要设备配置见表 3-4，具体方案如下。

表 3-4 吸收反应系统的主要设备配置

设备名称	参数	数量 / 台	备注
浓缩塔	Φ8.0 m×16 m	1	
浓缩泵	Q= 220 m^3/h，H=25.7 m	2	
浆液泵	Q= 40 m^3/h，H=30 m	2	
吸收塔	Φ8.0 m×28.4 m	1	改造后 Φ8.0 m×35.2 m
吸收循环泵	Q=500 m^3/h，H=28.6 m、30.6 m、32.5 m	3	
水洗循环槽	Φ6.6 m×6.5 m	1	改造后增设
水洗循环泵	Q=220 m^3/h，H=36 m	2	改造后增设
氧化槽	Φ3.0 m×6.0 m	1	

（1）从吸收塔的 24 m 处水平切断，植入直径 8.0 m、高 6.8 m 的碳钢筒体，原 24 m 以上塔体段随之抬高 6.8 m。植入的碳钢筒体采用玻璃鳞片防腐，内部设置集液盘、填料、喷淋层等组件，并增设水洗循环槽、水洗循环泵等工艺设备。改造后的吸收塔被分割成吸收段和水洗段，吸收段采用原设计参数，水洗段利用水洗循环泵和除雾器冲洗水的喷淋，完成对逃逸氨、逃逸硫酸铵液滴、硫酸铵粉尘等可溶性盐的二次吸收。

（2）沿塔体周边增加 16 根 200# 槽钢，材质为 Q235-B，用螺栓连接，固定在原塔体环形钢板上。

（3）将吸收塔补氨管线调整至第 3 级吸收循环泵进口，将浓缩塔补氨管线调整至浓缩泵进口，工艺调整点见图 3-4（b）中 2（浓缩泵）入口处 11（氨水）。

（4）将出氧化槽的氧化风从浓缩塔喷淋段调整至原烟气管道进浓缩塔前 3 m 位置的正上方，工艺调整点见图 3-4（b）中 8（氧化槽）顶部的出气管线。

（5）将浓缩塔的操作液位提高 30 ～ 50 cm。

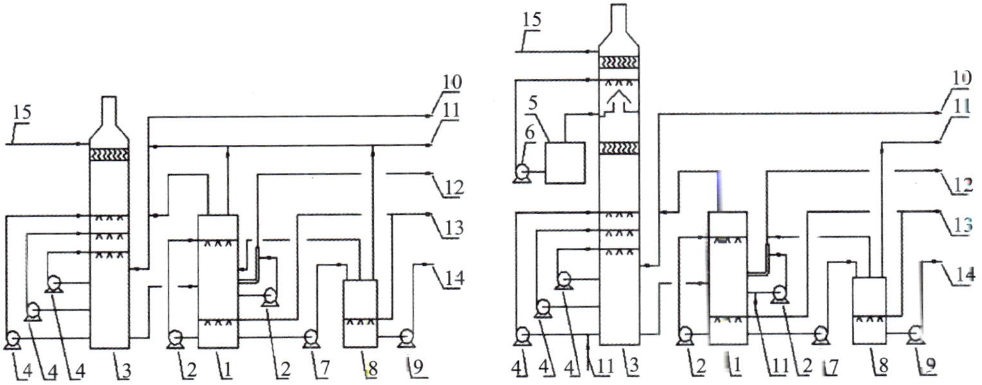

（a）改造前　　（b）改造后

1.浓缩塔；2.浓缩泵；3.吸收塔；4.吸收循环泵；5.水洗循环槽；6.水洗循环泵；7.浆液泵；8.氧化槽；9.硫酸铵泵；10.母液；11.氨水；12.代脱硫烟气；13.氧化风；14.硫酸铵浆液；15.冲洗水

图 3-4　锅炉烟气氨法脱硫工艺改造前后对比

改造后烟气在线监测系统（CEMS）上传的数据显示，出脱硫塔尾气中，SO_2、粉尘、氨逃逸等参数较改造前均呈降低趋势，现场观察脱硫塔烟囱“拖尾”现象消失。基于上传的 CEMS 数据计算，SO_2 排放量减少 860 ～ 1 270 t/a，粉尘排放量减少 10 ～ 50 t/a，氨排放量减少 60 ～ 176 t/a。改造前后主要性能参数对比见表 3-5。

表 3-5　改造前后主要性能参数对比

项目		设计参数	改造前参数	改造后参数
烟气量（标态）/（m^3/h）		600 000	470 000 ～ 530 000	470 000 ～ 530 000
进脱硫塔前（标态）/（mg/m^3）	SO_2	6 500	2 800 ～ 3 700	2 800 ～ 3 700
	粉尘	50	20 ～ 37	20 ～ 37
出脱硫塔后（标态）/（mg/m^3）	SO_2	200	150 ～ 280	5 ～ 18
	粉尘 1)	30	10 ～ 30	8 ～ 20
	氨逃逸 2)	10	20 ～ 50	8 ～ 15
系统用电负荷 /（kW · h）		1 053.9	742.37	826.52
蒸汽消耗量 /（t/h）		1.30	1.16	1.02

注：1) 不含可溶盐；2) 基于物料计算值。

改造后，以污染物减排量及能耗节省量的加权值进行计算，每年可节省支出 391.62 万～ 764.4 万元。经济效益分项汇总见表 3-6。

表 3-6 经济效益分项汇总

项目		数量	单价	小计[1] / 万元
污染物减排量	粉尘	10 ～ 50 t/a	1.2 元 /kg	1.20 ～ 6.00
	氨	60 ～ 176 t/a	1.2 元 /kg	7.20 ～ 21.12
	SO_2	680 ～ 1 270 t/a	6.0 元 /kg	408.00 ～ 762.00
能耗节省量	电	−84.15 kW · h	0.65 元 /（kW · h）	−45.94
	蒸汽	0.14 t/h	180 元 /t	21.17

注：[1] 年运行时间按 8 400 h 计。

四、常见问题及改进措施

（一）氨逃逸和气溶胶

气溶胶是液体或固体的小质点分散并悬浮于大气中形成的胶体分散体系，在阳光的折射下形成蓝色烟雾。氨法脱硫过程中，气溶胶形成的原因有：

（1）烟囱排放的烟气中夹带部分逃逸的氨水，与烟气中未脱除的 SO_2 反应，生成亚硫酸盐等组分，形成气溶胶。

（2）在脱硫反应后，生成的 $(NH_4)_2SO_3$ 液滴被烟气携带出烟囱，进入大气，经蒸发形成 $(NH_4)_2SO_4$ 结晶，进而形成气溶胶。

分析发现，出口氨逃逸量的大小受加氨处温度、加氨位置的影响，且设置水洗段可减少氨逃逸量。降低氨逃逸量和气溶胶的生成有两种方式：首先是从源头上降低氨的蒸发，降低气溶胶的生成，提高 SO_2 脱除效率；其次是对已蒸发到系统中的氨及生成的气溶胶进行捕集。

以下措施可有效解决氨逃逸和气溶胶的问题：

（1）选择合适的液气比。

（2）氧化罐的分区设置有助于亚硫酸铵充分氧化，避免二次分解。

（3）控制浓缩段浆液 pH，有效脱除 SO_3。

（4）在浓缩段设置气动脱硫单元，气动单元内会形成烟气与浆液的气液两相持液层，持液层会吸收 SO_3 溶解时所释放的大量热能，避免了 SO_3 雾滴气溶胶的二次产生。

（5）选择合适的加氨位置，降低进塔的游离氨含量。

（6）增加水洗段，可水洗除去一部分烟气中携带的氨。

（7）脱硫系统中采用的气动高效除尘除雾器可在一定程度上捕集雾滴，降低烟气中雾滴夹带量。

（8）高的喷嘴覆盖率可有效增加气液传质面积，提高脱硫效率，降低 SO_2 出口含量。

（二）脱硫塔腐蚀问题

催化剂再生过程中硫化物被高温氧化，氧充足环境下可少量生成 SO_3。因此，硫在烟气中主要以 SO_2 分子形态存在，具有较强腐蚀性，尤其在露点以下状态。脱硫系统中，氯离子富集的问题普遍存在。在石灰 / 石灰石 - 石膏法脱硫过程中，可通过外排废水的方式降低氯离子含量，保持系统平衡。氨法脱硫中，$(NH_4)_2SO_4$ 易溶于水，使用废水外排去除氯离子会造成 $(NH_4)_2SO_4$ 的浪费。因此，只能通过蒸发结晶的形式控制脱硫塔内氯离子含量，这就对脱硫装置防腐性能提出了更高的要求。采用 316 L 不锈钢塔体可有效解决腐蚀问题。

（三）催化剂磨损问题

催化裂化烟气中携带部分催化剂颗粒，进入脱硫系统。尽管在脱硫除尘过程中会脱除部分尘颗粒，但仍然存在对脱硫循环泵造成磨损的问题。因此，要选择耐磨泵。

（四）化肥品质

由于氧化罐分区设置，进入结晶器的 $(NH_4)_2SO_4$ 纯度较高，合理控制蒸发结晶的浓度可获得高质量的化肥。$(NH_4)_2SO_4$ 品质高，可获得较高的经济效益。

第四节　氧化镁法脱硫技术

氧化镁法脱硫技术是一种成熟度仅次于钙法的脱硫工艺，在世界各地都有较多应用。其中，在日本应用了 100 多个项目。此外，在美国、德国以及中国部分地区也有应用。

一、氧化镁法脱硫原理

湿式氧化镁法用 $Mg(OH)_2$ 作为脱硫剂进行脱硫，$Mg(OH)_2$ 是由 MgO 经熟化反应后得到的，熟化反应化学式为 $MgO+H_2O \longrightarrow Mg(OH)_2$。

其中，水需要加到氢氧化镁固体变为液体，成为 $Mg(OH)_2$ 浆液。此时，烟气中的 SO_2 与 $Mg(OH)_2$ 反应，生成 $MgSO_3$ 和 $MgSO_4$。主要反应化学式如下：

$$Mg(OH)_2+SO_2 \longrightarrow MgSO_3+H_2O$$

$$MgSO_3+1/2O_2 \longrightarrow MgSO_4$$

将含有硫酸盐的浆液经过离心机、回转干燥窑进行脱水和干燥，除去结晶水后，可以得到 $MgSO_3$、$MgSO_4$、MgO。在煅烧炉内添加少量焦炭，可使硫酸盐和亚硫酸盐还原分解成高浓度的 SO_2 气体和 MgO。MgO 经水合后又成为 $Mg(OH)_2$，可继续作为吸收液循环使用。高浓度的 SO_2 气体可用于制取硫酸或硫黄，$MgSO_3$ 是造纸行业中不可缺少的原料，$MgSO_3$、$MgSO_4$ 可制造含镁肥料或水处理工艺中的絮凝剂。

脱硫剂 $Mg(OH)_2$ 的原材料是 MgO。当前，我国已探明的 MgO 储量达到 160 亿 t，储量占全球的 80%。湿式氧化镁法设备吸收塔内的 pH 控制在 6 ～ 7，不存在结垢、堵塞等问题。镁基脱硫剂相对于钙基脱硫剂，其脱硫能力数十倍于后者，不同浓度的 SO_x 气体均可有效去除，去除效率高达 95%（图 3-5）。

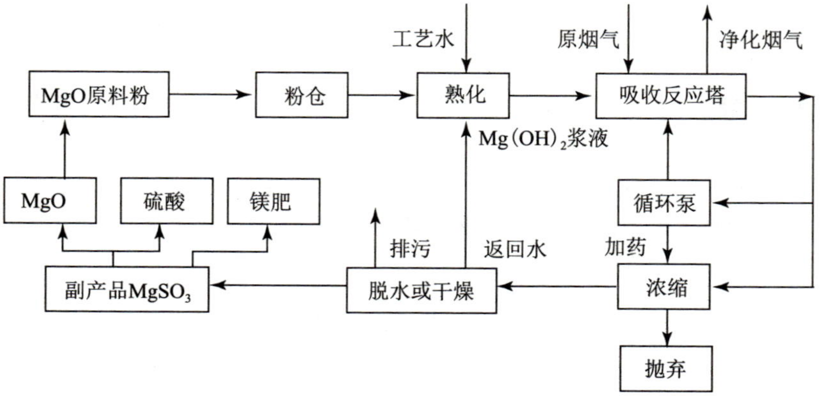

图 3-5 湿法氧化镁法脱硫工艺流程

二、影响脱硫效率的因素

（一）入口烟气参数

入口 SO_2 浓度、烟气流量、温度、含尘量等烟气参数对氧化镁法的脱硫效率都会产生影响。其中，入口 SO_2 浓度、烟气流量对脱硫效率的影响较为显著。

1.SO_2 浓度

脱硫吸收塔内传质过程主要以强迫对流为主，入口 SO_2 浓度增大，传质推动力就会增大，但脱硫负荷也会相应增加，镁硫比降低，SO_2 被吸收的概率就会减小，液相传质阻力增大，因此脱硫效率下降。袁钢等研究发现，氧化镁法烟气脱硫技术对入口 SO_2（标态）低于 10 000 mg/m^3 的烟气脱硫较为适宜，脱硫效率可以达到 94% 以上。

2. 烟气流量

烟气流量增大，烟气在塔内的流速增大，减小了气液界面传质阻力，有利于脱硫效率的提高，但随着烟气流量的增大，烟气在塔内的停留时间缩短，空塔气速会相应提高，减少了气液接触时间；在一定的浆液循环量条件下，烟气流量增大，液气比减小，脱硫效率降低；在一定的 SO_2 浓度下，烟气流量增大，脱硫负荷增大。总体来说，烟气流量增大会造成整个塔体的脱硫效率降低。徐宏建等研究表明，空塔气速控制在 5 m/s 以下时，脱硫效率较高。

3. 烟气温度

入口烟气温度越低，SO_2 的吸收越完全，有利于脱硫效率的提高。大多数含硫烟气的温度为 120 ～ 185℃，脱硫吸收操作一般在低于 60℃的条件下进行。所以，吸收前需要对烟气进行预冷却处理。

4. 含尘量

含尘量大一定程度上会阻碍 SO_2 与脱硫剂的接触，减小碱性物质表面积，从而降低 MgO 活性，导致 MgO 利用率降低。同时，含尘量若过高，粉尘中的氟化物、铝化物等物质还可能附着在脱硫剂表面，增大浆液密度，致使喷淋系统容易堵塞，循环泵等设备电耗增加，运行维护费用及设备故障率会相应增大。因此，要适当考虑设置除尘装置，控制进入吸收塔烟气的含尘量，将含尘浓度降至 50 mg/m^3 以下。

（二）pH

在氧化镁湿法脱硫工艺中，pH 控制是维持系统稳定运行和保证尾气达标的关键指标。通常氧化镁法脱硫技术 pH 控制在 6.0 ～ 6.5。在烟气吸收过程中，循环液 pH 先后经历了快速下降期和稳定期。在运行过程中，pH 控制不宜过低，那样会对系统内部管道设备造成腐蚀。吸收过程中 pH 降低的程度取决于脱硫液中 $MgSO_3$ 的浓度和循环浆液量。为得到较高的脱硫效率，必须保证有过剩的 $MgSO_3$ 存在。随着脱硫剂 $Mg(OH)_2$ 的加入，循环浆液的 pH 逐渐增加，高 pH 的环境有利于 SO_2 烟气的吸收。但随着 pH 上升，脱硫剂的利用率不断下降，当达到一定 pH 后，脱硫效率不再升高。溶液呈碱性时，会降低脱硫剂的利用率，SO_3^{2-} 大量生成，使系统中形成 $MgSO_3$ 结晶，使运行过程中磨损和沉淀增加，循环泵运行电流增加，脱硫效率下降。

（三）脱硫液密度

在吸收过程中，脱硫液的密度是需要重点关注的运行指标。循环液密度过大会导致循环泵电流上升，严重时可能会造成脱硫塔或管道堵塞，导致系统无法正常运行。正常运行时，循环液的密度应控制在 1 160 kg/m^3 以下。在实际运行过程中，通过定期外排置换和补水的方式，将密度控制在指标范围之内。结合实际生产不同的工况，技术人员总结出“一看、二排、三补、四调”浆液密度控制操作法。“一看”是指看电流，将电流进行三区控制，根据不同区间采取不同的措施。“二排”是指排浆液，当电流处于警戒区和危险区时，需要排出塔内的浆液。“三补”是指补水，先进行补水，补水的液位与排浆液位一致。若电流降至警戒区，则可暂时停止补水，查看电流有无下降趋势。若电流仍未下降，继续执行排液和补水的操作，直至电流降至正常区。“四调”是指调整循环液 pH，若 pH 低于 6.0，则需要加入氧化镁浆液提高 pH。当 pH 大于 6.5 时，可暂时不加新的浆液。

（四）液气比

随着液气比的增大，脱硫效率呈增长趋势，但具有饱和特性。在较低的液气比范围内，随着液气比的增大，脱硫效率增幅明显，这是因为，液气比的增大直接增加了气液传质面积，加快了反应速度，从而提高了脱硫效率。但提高液气比会增加喷淋量，导致循环动力消耗的增加，使脱硫成本提高。在氧化镁抛弃法烟气脱硫工艺中，应根据风机负荷的大小改变循环吸收剂浆液的流量。将液气比控制在 3 ～ 6 L/m^3 较为合适，可实现 94% 以上的脱硫效率，满足低能耗安全稳定运行的要求。

（五）硫酸镁浓度

体系中 pH ＞ 6.0 时，溶液中硫主要以 SO_3^{2-} 的形式存在，氧化使溶液中 SO_3^{2-} 不断减少，促进了 SO_2 的溶解和 $MgSO_3$ 的生成，进而加速 $Mg(HSO_4)_2$ 的溶解，MgO 利用率得到提高，在一定程度上保证了高效的脱硫效率和系统的稳定运行。胡晓玥等对脱硫浆液中 SO_3^{2-} 氧化的研究表明，在 SO_3^{2-} 的氧化产物 SO_4^{2-} 浓度未达到相应温度下的饱和浓度前，随着脱硫液中 $MgSO_4$ 浓度的升高，脱硫效率会相应升高。但当 SO_4^{2-} 高于 57.6 g/L 时，再提高 $MgSO_4$ 浓度，不能使脱硫效率显著升高。

三、工程应用——某电厂采用 MgO 法脱硫实例

某电厂 2×350 MW 机组原采用石灰石 – 石膏法工艺脱硫，按 SO_2 排放 200 mg/m^3 设计。为达到国家超低排放要求，电厂决定采用 MgO 脱硫工艺对烟气脱硫（FGD）系统进行增效改造。吸收剂采用轻烧氧化镁。由于氧化镁脱硫的基本工艺路线与石灰石法相近，均由脱硫剂制浆、脱硫塔循环吸收和脱硫副产物脱水组成，易于实现改造。

以 MgO 这一高效的脱硫原料改造传统的石灰石法脱硫工艺的主要技术措施包括：脱硫剂由石灰石粉改为轻烧氧化镁粉；保留现有脱硫塔，取消塔内氧化系统；保留循环喷淋泵系统，留出一台作为备用（氧化镁工艺的液气比较小）；保留现有烟道系统和 GGH；保留和改造现有副产物浆液脱水系统；保留和改造现有废水处理系统；保留现有公用水系统；相应调整电气负荷（显著减少）和仪表控制系统（表 3-7、表 3-8）。

表 3-7 FGD 改造前后设计数据

项目	改造前	改造后
入口烟气量（标态、6% O_2）/（m^3/h）	1 191 869	1 355 352
FGD 设计烟温 /℃	134.5	125
原烟气 SO_2 浓度 /（mg/m^3）	2 379.8	2 379.8
原烟气烟尘浓度 /（mg/m^3）	200	70
SO_2 脱除效率（GGH 出口）/%	95	98.5
GGH 出口 SO_2 浓度 /（mg/m^3）	119	35
除雾器出口液滴含量 /（mg/m^3）	75	75
FGD 出口烟尘浓度（含石膏）/（mg/m^3）	＜ 50	20
吸收塔液气比 /（L/m^3）	13.69	7.14
运行循环泵数量 / 台	3	2
脱硫剂原料消耗 /（t/h）	2×4.9	2×2.4
脱硫水耗 /（m^3/h）	2×45	2×50
脱硫电耗（2 套）/（kW · h）	7 280	5 730
脱硫副产物产量 /（t/h）	～ 15	～ 19

表 3-8 吸收塔主要设计数据

项目	原吸收塔	改造后的吸收塔
吸收塔吸收区	直径 11.5 m，高度（从正常液面至最高喷淋层中心标高）17 m，总高度 34.3 m	同原塔，新增 3 层塔内偏转环
吸收塔浆池	直径 11.5 m，正常高 10 m，容积 1 038 m^3	同原塔
喷淋层及浆液循环泵	3 层，间距 2 m，FRP 管，喷嘴为碳化硅，78 个喷嘴 / 层，最上层为空心锥单向喷嘴，下面两层为空心锥双向喷嘴。浆液循环泵流量 5 100 m^3/h，扬程 21 m、23 m、25 m	喷嘴更换为氧化镁脱硫喷嘴，液循环泵利旧，两运一备（设计条件）
烟气流速 /（m/s）	3.90	4.4
除雾器及冲洗	屋脊式 2 级，PP 材质。冲洗喷嘴压力 100 kPa，喷嘴流速 2.6 m/s，单位面积冲洗水消耗量 500 L/（m^2 · min），冲淋锥 60°，冲淋重叠 40%	新增一级 PPTV 管式除雾器；新增上层除雾器冲洗水系统，喷嘴流量 1.7 m^3/h，压力 0.2 MPa

改造后的主要技术经济性指标如下：2 次 168 h 运行中，燃煤硫分 1.2% 以下时，只运行 2 层喷淋（1 台循环泵备用），运行时的平均脱硫效率超过 98%，满足 35 mg/m^3 排放要求。而燃用高硫煤时，运行 3 层喷淋，可达到 99.57% 的

脱硫效率。氧化镁脱硫喷淋可以达到 60% 以上的除尘效率，利于实现除尘超低排放要求；取消石灰石磨粉系统，取消氧化风机，减少循环泵，降低风机压头，使脱硫厂用电率降低 0.5%（表 3-9）。

表 3-9　168 h 运行中 FGD 系统性能参数

项目	设计煤种	低硫煤	高硫煤
系统入口 SO_2 浓度 /（mg/m^3）	2 406.5	1 212.0	3 600.0
GGH 出口净烟气 SO_2 浓度 /（mg/m^3）	34.00	20.29	33.50
运行循环泵数量 / 台	2	2	3
GGH 出口脱硫效率 /%	98.59	98.33	99.07
脱硫塔出口脱硫效率 /%	99.09	98.83	99.57

350 MW 机组氧化镁脱硫增效改造的实践证明，用氧化镁脱硫工艺改造现有石灰石－石膏法脱硫系统，与仍然用石灰石法增效相比，具有以下优势和特性：脱硫效率达到 99%，可以在燃用较高硫煤和保留 GGH 的情况下达到超低排放要求；保留原脱硫塔、烟道、风机、循环泵、脱水系统设施，改造工程量小，比采用石灰石改造降低约 50% 成本；脱硫厂用电率比石灰石法降低约 0.5%，年节电约 1 800 万 kW · h，电费节省可抵销 MgO 原料的增加成本；脱硫副产物 $MgSO_3$ 可农用或再生处理，以实现经济循环；氧化镁法脱硫较石灰石法脱硫对运行操控要求高。

用氧化镁对石灰石脱硫增效改造须因地制宜，特别适用于以下场合：燃用较高硫煤，要求脱硫效率较高；受现场场地限制，无法采用双塔工艺；改造停机工期短；要求降低脱硫电耗；MgO 供应保障，副产物能在附近处理或利用；要求降低改造成本。

四、常见问题与改进措施——以某炼化企业为例

某炼化企业在新建 225 万 t/a 重交通道路沥青装置的烟气脱硫系统中，采用氧化镁法。该系统投用后，烟气中 SO_2 脱除效率达到 95% 以上。脱硫后，SO_2 含量（标态）低于 30 mg/m^3，排烟温度在 55 ～ 59℃范围内。从近几年的运行情况来看，该系统面临着脱硫后烟气酸性水汽对烟囱内壁产生腐蚀、吸收塔喷淋对塔壁产生冲刷腐蚀、除雾段冲洗水造成吸收塔 pH 波动等问题。

（一）干式烟囱内壁的腐蚀防护

设氧化镁法烟气脱硫系统后，烟囱内烟气变为低于 75℃的酸性湿烟气，为防止酸性湿烟气对干烟囱的腐蚀，在冷烟道、烟囱内壁等与湿烟气接触的部位，采用专门针对干式烟囱改造为湿式烟囱防腐的涂料进行防腐处理。在生产过程中，根据防腐涂料工作环境要求，要对吸收塔的氢氧化镁循环量、循环液浓度、排污频次、水冲洗量进行调整控制，确保烟囱内部酸液 pH 在 2 ～ 3，保证防腐层的防腐效果和长周期运行。

（二）吸收塔塔壁腐蚀的预防

为抵抗酸性介质对吸收塔塔壁的腐蚀，应选择抗腐蚀能力强的不锈钢材料，或将普通碳钢与防腐技术相结合。某石化烟气脱硫系统建设时，为减少投资，采用的是普通碳钢加玻璃鳞片树脂。玻璃鳞片树脂具有良好的抗渗透性、较高的机械强度和耐蚀性，能够有效抵抗反应过程中的酸腐蚀。同时在喷淋液容易冲刷的部位，采用内贴不锈钢板和加厚玻璃鳞片树脂的方法，确保防腐效果。

（三）除雾段水冲洗对吸收塔操作冲击控制

为了减少烟气的水雾夹带，在吸收塔上部设置除雾段，并设置水冲洗系统。水冲洗分上中下三层，采用分段分程控制，定期对除雾段破沫网进行冲洗。运行初期，经常发现由于冲洗量过大，造成吸收塔液面上升、循环液 pH 降低、系统排液量增大、新鲜 $Mg(OH)_2$ 吸收液补充量增加，造成系统不平衡。后采取控制水冲洗时间、将水冲洗频次与循环液循环量和 pH 相关联的操作方案。在系统 pH 较高时，对 SO_2 吸收效果好，循环液循环量适当降低，雾沫夹带相对较少，可减少水冲洗量；当系统 pH 降低时，加大循环液循环量，同时适当增加冲洗量，控制雾沫夹带。

第五节　海水脱硫技术

一、海水脱硫原理

天然海水呈弱碱性，pH 为 7.9 ～ 8.4，碱度为 2.2 ～ 2.7 mmol/L。海水中存在大量的 CO_3^{2-} 和 HCO_3^-，具有较强的酸碱缓冲能力。海水脱硫时，烟气中的 SO_2 首先溶解在海水液滴内，溶解态的 SO_2 与海水反应生成 H_2SO_3 后，电离出 H^+ 和 HSO_3^-，H^+ 及部分 SO_2 可以和 HCO_3^- 反应生成 CO_2。水质恢复通过曝气过程完成，SO_2 被氧化成稳定的 SO_4^{2-}。随着亚硫酸氢根的氧化以及 C_2 的吹脱，海水水质逐步恢复，当 pH、COD 等指标达到排放标准时，将海水直接排入大海。

典型的海水烟气脱硫工艺流程主要包括四个系统，即进气系统、脱硫反应系统、海水供排系统和海水水质恢复系统。工艺流程见图 3-6。

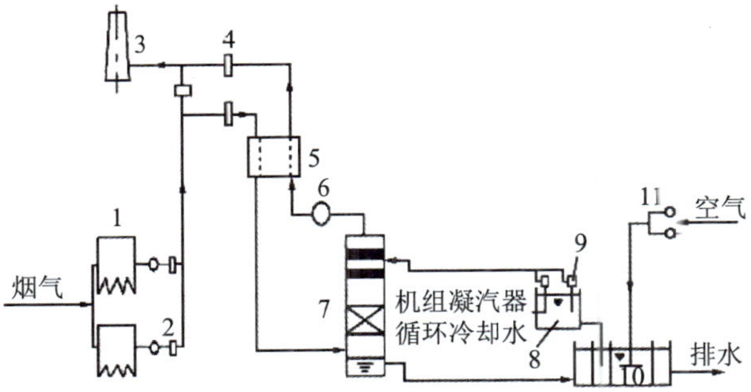

1. 电除尘器；2. 引风筒；3. 烟囱；4. 挡板门；5. 气 – 气换热器；6. 增压风机；7. 吸收塔；8. 混合器；9. 海水升泵机；10. 曝气池；11. 曝气风机

图 3-6　海水脱硫工艺流程

1. 进气系统

在典型的凝结式地热电站中，地热蒸汽在做功后，乏汽进入冷凝器，在冷凝器中与冷却液充分混合。其中，不凝结气体通过抽气直接进入脱硫塔。

2. 脱硫反应系统

不凝结气流入吸收塔，与经过喷淋层后被高度雾化的海水水雾充分接触，根据设计的停留时间保持一定的化学反应时间，去除 H_2S 和 SO_2，经除雾器将脱硫后烟气中携带的水雾除去，并从吸收塔塔顶排出。

3. 海水供排系统

海水被升压泵送至吸收塔进行雾化，与烟气充分接触，洗涤烟气并吸收 H_2S、SO_2。洗涤烟气后的酸性海水从吸收塔排出，经管道排至海水恢复系统，处理后经消能装置排回大海。

4. 海水水质恢复系统

由混合池、曝气池和排水池组成。吸收塔脱硫后，在曝气池内对自流来的酸性排水进行机械强制曝气，使曝气池内海水溶氧达到饱和状态。主要的化学反应为 $2SO_3^{2-}+O_2 = 2SO_4^{2-}$，$HCO_3^-+H^+ = H_2O+CO_2$。

海水脱硫工艺以海水为吸收剂，可节约淡水资源；脱硫效率高，一般可达 90% 以上；不产生副产品和废弃物，无二次污染；不存在设备及管道结垢、堵塞等问题，系统利用率高；技术成熟，工艺简单，维护方便，投资、运行费用低。

二、影响脱硫效率的因素

（一）烟气中 SO_2 浓度

在海水流量、海水水质、烟气流量、烟气其他成分基本不变的情况下，随着 SO_2 浓度的增加，脱硫效率下降。当进口烟气浓度变化时，吸收塔内能够吸收的 SO_2 量基本不变。低浓度烟气中的 SO_2 可被充分吸收，从而使被吸收 SO_2 的比率增高，因而脱硫效率较高。这也是海水脱硫工艺更适合中硫、低硫燃煤的原因。因此，按照设计煤种的要求，采用一定比例的掺配煤，保证入炉煤的含硫量小于 1%，可满足海水脱硫系统的运行要求，使吸收塔保持较高的脱硫效率。

（二）烟气温度

当烟气温度变化时，根据亨利定律：在一定的压力下，气体在水溶液中的溶解度随温度升高而降低。实际运行证明，当系统中吸收塔的工作条件确定后，海水吸收 SO_2 的能力主要与海水在吸收塔内的温度有关。因此，运行中需密切监视烟气换热器传热元件的压差变化，若压力大于 700 Pa，需用蒸汽吹扫烟气换热器，使其具有较好的换热效果。尽量降低吸收塔入口烟气温度，采用气－气回转式换热器设备，可将烟气的温度由 123℃降至 85℃。利用季节温度的变化，将循环水的排水温度控制在 30 ～ 38℃，以保证 SO_2 的吸收温度稳定在较低的水平。据实测，在我国北方沿海地区采用海水脱硫工艺 脱硫的效果会更好。

（三）液气比

在烟气流速一定、烟气流量和烟气中含硫量一定的情况下，进入吸收塔内的海水流量大小决定着脱硫效率的高低，一般海水流量越大，脱硫效率越高，这就是所谓液气比。液气比越高，脱硫效率越高，但也会增加脱硫系统内烟气的阻力，增加脱硫增压风机的能耗，不利于海水恢复系统的混合。因此，液气比需保证烟气中 SO_2 充分吸收并保持合适的裕量。深圳某电力有限公司工程设计液气（标态）比为 5 ～ 7 L/m^3，吸收塔内烟气流速为 2.5 m/s，烟气停留反应时间约 8 s。

（四）喷淋器的堵塞

喷淋器堵塞会造成进入吸收塔的海水喷淋不均，使填料层局部出现水量不足或无水情况，导致烟气部分未脱硫或脱硫不充分，脱硫效率降低，同时也增加了海水升压泵的能耗。某电厂发电机组的烟气脱硫系统投入运行的几年中，由于海水滤网损坏，海草等杂物进入喷淋器，或海洋生物在喷淋器内繁殖生长，4 台机组吸收塔都多次出现海水喷淋器堵塞而影响脱硫效率和喷淋器封头密封损坏情况。要保证脱硫效率不受上述状况影响，在日常的检修和设备维护中，必须做好喷淋器内部清洁保养工作，力争做到“逢停必查”，只要有机会进入喷淋器内部检查，就要对喷淋器内部进行清理。更重要的是，要定期对海水滤网进行检查和清理维修，避免因滤网的损坏使杂物进入喷淋器内。在夏季海洋生物大量繁殖期间，加大海水中氯气的投放量，减少海洋生物幼卵成活率，也会降低喷淋器堵塞故障的频率。

（五）吸收塔填料损坏减少和填料层堵塞

无论是散堆填料还是规整填料，填料层厚度对脱硫效率都有直接影响。填料层越厚，脱硫效率越高。脱硫系统运行时，烟气中的粉尘经过海水的冲洗积留在填料层中间，海水中的微小杂物和化学反应物及建设施工时的遗留物都是填料层堵塞的原因。检修人员在填料层上施工作业，也会加重填料的破碎损坏和堵塞，应定时清理或更换。

（六）海水赤潮现象的影响

海水作为海水脱硫系统中唯一的吸收剂，海水水质直接决定了系统脱硫效率的高低。近年来，沿海地区海水赤潮现象频繁发生。赤潮现象发生时，海水中的微量元素及含盐度等指标会发生变化，赤潮后的海水进入脱硫吸收塔进行烟气脱硫，脱硫效率将明显降低。自脱硫系统正式投入运行以来，某电厂每年都会有因海水赤潮致使脱硫效率降低现象发生。2011 年曾发生 4 次因海水赤潮而被迫停止脱硫系统运行的情况，累计停运 805 min。目前，还没有较好的方法来解决因海水赤潮而影响脱硫效率的问题，采取的办法只能是停止烟气进入脱硫系统，用海水直接对填料层进行冲洗，每次 3 ～ 6 h。

三、工程应用实例

海水脱硫工艺在挪威广泛用于炼铝厂、炼油厂等工业炉窑的烟气脱硫，先后有 20 多套脱硫装置投入运行。近年来，海水脱硫工艺在电厂的应用取得了较快的进展。这类工艺最大的问题是烟气脱硫后可能产生的重金属沉积和对海洋环境的影响。这些问题需要长时间的观察才能得出结论。因此，在环境质量比较敏感和环保要求较高的区域，需慎重考虑。其应用达标的主要条件有：适于项目建于海边，采用海水直接冷却，海水水质要求在第三类以下的滨海区域，处理后的海水排放口要求在易扩散的区域。取水口尽量在海平面以下位置，脱硫入口要安装高效除尘器，可减少汞等重金属排放。同时，能将排放海水悬浮物增量浓度降至最低，燃料中重金属含量尽量低，燃料含硫量推荐低于 1%。海水的性质决定了它对 SO_2 的吸收容量小，不能处理高含硫烟气。取消脱硫旁路后，燃用高硫煤不仅使脱硫效率下降，而且可能造成排放处海水污染。若燃煤含硫量达到 1.5% ～ 2%，需在海水中添加 NaOH、白泥等碱性物质，或增加稀释水量，满足海水达标排放。

(一)某燃煤发电工程海水脱硫工程实例

某燃煤发电工程位于印度尼西亚万丹省西冷市 Kramatwatu 北部工业区,由中国能源建设集团浙江火电建设有限公司和山东电力工程咨询院有限公司联合总承包,工程建设 2×1 050 MW 超超临界燃煤纯凝式机组。锅炉设计煤种为印尼褐煤(低位发热量为 16.78 MJ/kg,含硫量为 0.83%),锅炉烟气脱硫工艺采用纯海水法,一炉一塔配置,具体工艺流程和设计数据等情况见图 3-7、表 3-10。

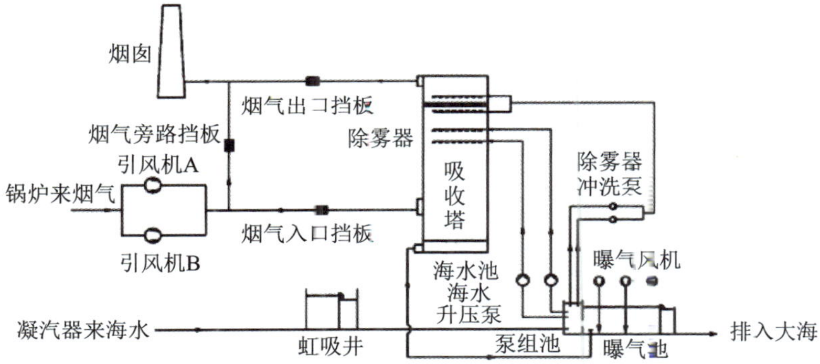

图 3-7 某燃煤发电工程海水脱硫系统工艺流程

表 3-10 某燃煤发电工程海水脱硫系统设计数据与性能试验数据对比

项目名称	设计数据	性能试验数据
脱硫效率 /%	82	90.4
排放海水 pH	6	6.89
海水中 SO_4^{2-} 浓度增量 /%	4	2.9
入口 SO_2 浓度(标态)/(mg/m³)	2 747.8	1 213.2
出口 SO_2 浓度(标态)/(mg/m³)	470	115.9

性能试验结果表明,该工程海水脱硫系统的主要性能及指标满足系统设计要求与当地环保要求,具体实测数据为:脱硫效率 90.4%、SO_2 排放浓度(标态)115.9 mg/m³、排放海水 pH 平均值 6.89、海水 SO_4^{2-} 浓度增量 2.9%。

(二)某沿海电厂采用海水脱硫法应用实例

某沿海电厂现有 2 台机组同步建设石灰石–石膏法烟气脱硫等环保设施。

目前，环保设施均满足环保排放标准要求，投产至今，运行情况良好。但电厂为实现近零排放的更高目标，提出对现有脱硫系统进行提效改造方案论证，要求改造后的 SO_2（标态）排放优于 35 mg/m³ 的排放要求。该发电厂各机组采用海水作为冷却水，水质条件良好；烟气含硫量适中，采用海水脱硫方案对两台炉的脱硫系统进行提效改造，除了需要对 SO_2 吸收系统和烟气系统进行改造，还需要新建供海水系统和配套的水质恢复系统。

烟气系统的改造内容有：对从引风机出口至脱硫吸收塔入口的烟道，从吸收塔出口至湿式电除尘器入口的烟道进行改造；加装低温省煤器，对烟气进入烟囱前的水平烟道（净烟道）等进行改造。整个脱硫系统的阻力由引风机克服。

海水脱硫 SO_2 吸收塔采用低能耗的填料塔型，特点是塔内流速低，直径大，塔高远低于湿法脱硫吸收塔。

该电厂机组的冷却用水通过循环水排水沟引至海水升压泵站，部分海水经海水升压泵送至吸收塔，剩余部分进入曝气池。每台机组新建 1 座海水升压泵站，每台升压泵站主要配备 3 台 50% 容量的海水升压泵，并配备地坑排水泵和其他辅助设备。

海水水质恢复系统方面，每台机组设置 1 座曝气池，曝气池与海水升压泵站、曝气风机房结合布置，单台机组曝气风机房设置 3 台曝气风机，不设备用。

采用海水脱硫工艺后，污染物排放优于《火电厂大气污染物排放标准》（GB 13223—2011）燃机排放标准的要求，即燃用设计煤种的 SO_2 排放浓度（标态）低于 20 mg/m³，燃用校核煤种的 SO_2 排放浓度低于 35 mg/m³。改造后，单台机组 SO_2 减排 660.55 ～ 752.49 t/a。脱硫排水中的各种污染物均得到有效控制，达到了国家规定的排放标准，不会对海洋环境产生不良影响，社会效益和环境效益明显。

四、常见问题与改进措施

（一）提升 pH

某电厂 7 台超临界机组烟气脱硫均采用纯海水处理方案，实际运行监测结果的排水 pH 为 6.0 ～ 6.3。该电厂外海区域，水质为《海水水质标准》（GB 3097—1997）规定的Ⅲ类水质，pH 为 6.8 ～ 8.8。按环保部门要求，需改进脱硫废水处理工艺，确保pH达标排放。研究表明，pH恢复与燃煤含硫量、海水工况（水量、碱度、水温）、曝气量、分段加入稀释海水等因素有关。根据实际脱硫运行参数、状况和改善要求和目的，改造方案主要针对曝气池和流道进行，改造重点包括设置新鲜海水旁路，结合煤含硫量调节混合水量，增大风机风量提高曝气气水比，采取浅层曝气减少风机电耗，提升CO_2的溢出效率等（表3-11）。

表3-11 曝气系统改造前后对比

序号	项目	改造前	改造后
1	工艺流程	脱硫海水与虹吸井来的新鲜海水在暗渠内混合，再进入曝气池，深层曝气后排放	脱硫海水与虹吸井来的部分新鲜海水在暗渠内混合，进入曝气池浅层曝气，于出口再与经旁路暗渠来的剩余新鲜海水混合后排放
2	曝气池进水渠道	脱硫海水渠道在曝气池外与虹吸井来的海水渠道连接，从同一入口进入曝气池	从虹吸井来的海水渠道分为2支，1支与脱硫海水渠道在曝气池外连接，从原入口进入曝气池；1支与新建旁路通道连接，从新建入口进入曝气池
3	曝气池功能	分配水区、曝气区及排放区，2个渠道	3个区功能不变，改为4个渠道。曝气区新建底板缩减池深，利用下部空间增设旁路通道
4	曝气管网布置	集中布置，分级分支管，深层曝气（水下7 m）	按风机独立布置，单级支管，浅层曝气（水下2.6 m）
5	风机数量/台	3（2运1备）	3（2大1小，组合运行）
6	风量/（m^3/h）	22 800	290 000

曝气池的主要目的是提升pH和恢复水质，而提升pH的关键在于CO_2的及时、有效吹脱。根据经验，曝气池中曝气管距离水面深度为2.5～3.0 m，曝气的气液比为3.5～4.4 m^3/（$m^3 \cdot h$），即采用浅层大气量的曝气方式。

通过曝气提升pH。原则上进入曝气池中海水的pH应为5～6，以利于CO_2释放。这就要求对凝汽器排水进行分配，一部分先与脱硫塔出水混合，剩余旁路到曝气池出口后混合，比例依调试确定。

曝气风机可设置为多台小风机，机动协调，以免大风机运行造成电力浪费。

（二）防腐失效

1. 防腐失效现象

某电厂海水脱硫系统烟道分为原烟道、净烟道两大部分，脱硫塔入口原烟道处的 VEGF-1 涂料有较多的开裂、起皮、脱壳、剥落现象，面积约占防腐面积的 45%，防腐蚀失效现象较为严重。

海水脱硫系统烟道防腐蚀失效后，高腐蚀性湿烟气会对烟道产生严重的腐蚀，轻则酸性脱硫水外泄，污染环境，重则使烟道失稳坍塌，国内电厂就曾经发生过这样的事故。因此，必须从防腐蚀设计、材料的选用、施工等各方面着手，采取有效的应对措施，避免防腐蚀失效的情况发生，保证电厂脱硫系统的安全运行。

2. 原因

某电厂海水脱硫系统受场地所限，脱硫塔入口处原烟道纵剖面为“S”形，烟气在烟道中连续切变，冲击较大。同时，烟道与脱硫塔接口处没有膨胀节，为刚性连接，缺乏振动缓冲，烟道振动较为明显，是涂料失效的重要原因之一。

当处于急热状态时，涂料的膨胀率没有烟道的钢基面膨胀率大，钢基面的膨胀量要大于涂料的膨胀量，涂料层被强制拉伸；反之，处于急冷状态时，涂料的收缩率没有烟道的钢基面收缩率大，钢基面的收缩量要大于涂料的收缩量，涂料层被强制压缩。急冷急热不断交替，涂料也在不断地被强制拉伸和压缩，很容易造成涂料层断裂，直至同烟道钢基面脱层剥落。因此，温度的冲击是 VEGF-1 涂料防腐蚀失效的最主要原因。

3. 解决对策

解决海水脱硫系统烟道腐蚀问题，需要优化设计，正确地选用防腐蚀材料，提高防腐蚀施工质量，加强运行调整和检修维护。

优化烟道结构设计包括减少烟道弯道设计。尽量采用较为平缓的弯道设计，减小烟气流的切变方向，降低烟气流的切变速度，使烟道中烟气流的冲击和烟道振动降至最低。烟道截面的变化会引起烟道中烟气流速的变化，局部地方会产生较大的紊流现象。应尽量减少烟道的变截面设计，使烟气流速尽量平缓。此外，在烟道系统中合理安装膨胀节，可以有效地降低烟道振动，减小因烟道振动对防腐蚀衬层的破坏性作用。这也是保证烟道防腐蚀效果的途径之一。

烟道应保证足够的刚性。烟道结构强度及刚性应符合相关设计标准，在拐弯区及导流板处应适当增加厚度或增加支承，导流板连接支承最好放置在外框架上，而不是直接焊接在烟道壁上，以免因导流板震颤引发烟道壁震颤，导致防腐蚀内衬层疲劳剥离。

合理选用防腐蚀材料。VEGF-1 涂料，不仅树脂基体与其中的玻璃鳞片之间的黏结强度较高，而且与碳钢基材之间的黏结强度较高，在净烟道工作温度不高、温度变化范围小的条件下，不易产生龟裂、分层或剥离，从而保证较好的耐蚀性。

此外，脱硫烟道钢基体表面处理质量的好坏，直接影响防腐蚀材料的附着力，这也是施工中较容易出现问题的地方，必须严格控制基体表面质量，且严格执行施工工艺。

加强运行调整和检修维护。一方面，脱硫系统在运行中尽量避免烟道的气动冲击和温度剧烈变化冲击，保证防腐蚀材料的效能。另一方面，在设备检修中要十分注意防腐蚀的保护，如在烟道中搭设脚手架时，要在脚手架与防腐蚀衬层的接触部分采取保护措施，避免防腐蚀衬层的机械损伤；严禁在已做防腐蚀烟道的外侧进行电焊或气割作业，因为此类作业的高温能使同部位烟道内侧防腐蚀材料变质失效，如不加以处理或处理不当，投入运行后会很快扩展，造成烟道防腐蚀的大面积失效。

第六节　其他脱硫技术

一、旋转喷雾干燥法

旋转喷雾干燥法吸收剂采用石灰乳，石灰浆液被雾化为微细的石灰浆滴（$< 100\ \mu m$），与高温烟气相接触，气、液、固三相之间发生复杂的传质、传热作用。喷雾干燥塔中的 SO_2 与浆滴中的 $Ca(OH)_2$ 颗粒发生反应，雾滴中的水分被高温烟气干燥，最后得到干燥的 $CaSO_4$、$CaSO_3$ 和未反应的 $Ca(OH)_2$ 固体混合物，全游离水分一般在 2% 以下，然后用除尘器进行气固分离，即达到烟气脱硫的目的。总反应为

$$Ca(OH)_2(s)+SO_2(g)+H_2O \longrightarrow CaSO_3 \cdot 2H_2O(s)$$

该方法脱硫效率达 70% ～ 90%。脱硫效率与吸收剂的利用率有关，一般控制吸收剂用量为理论用量的 1.5 ～ 2.0 倍。

喷雾干燥法介于湿法和干法之间，和湿式石灰 / 石灰石 – 石膏法相比，具有

以下优点：① 流程简单，设备少，省去了一套处理装置；②运行可靠，生产过程中不发生结垢和堵塞现象；③只要排气温度适宜，就不会产生腐蚀；④能量消耗低，投资及运行费用小；⑤对烟气量和烟气中 SO_2 浓度的适应性强。

某水泥企业在熟料生产线上采用喷雾干燥的方法进行脱硫改造。开生料磨时，雾滴进入磨内，与烟气中的 SO_2 反应。由于磨内湿度大，反应物停留时间长，SO_2 脱除效果可观，生成物随物料一同入窑，被固定在熟料中。停磨时，雾滴与增湿塔内烟气反应，生成物和未反应的石灰颗粒等一部分沉积在增湿塔的底部，通过拉链机进入生料均化库，另一部分随烟气进入除尘系统，净化后的烟气从烟囱排出。该工程采用的喷雾干燥脱硫系统包括生石灰储存系统、生石灰消化系统、脱硫剂储存、脱硫剂输送及喷射系统等。工艺流程见图 3-8。

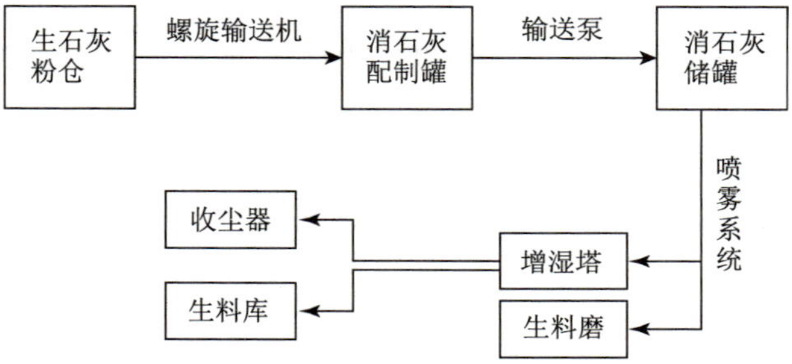

图 3-8 喷雾干燥脱硫流程

在喷雾干燥工艺中，影响 SO_2 去除效率的因素包括烟气出口温度接近绝热饱和温度的程度、吸收剂当量比及 SO_2 入口浓度等。烟气中的其他酸性气体成分如 SO_3 等，会同时与 $Ca(OH)_2$ 反应，而且 SO_3 脱除效率高达 75%。该系统烟气压力降适中，吸收液输送量小，系统能耗较低；工作过程中无废水产生；生成物为固态，随废气黏附于粉尘中，进入生料均化库；流程简单，易于运行和维护。

实践运行发现，SO_2 在基准值不太高（200 mg/m^3）的情况下，烟气无论是走生料磨还是走增湿塔，每个位置仅打开一半数量喷枪，脱硫效率就能达到 51.56% 及以上。通过调节喷枪数量及增大泵的频率，可以将脱硫效果再提高。同时，也发现了系统存在的一些问题。在生料磨开机时，通过入磨管道喷射的浆液可以使入磨温度降低 100℃以上。其原因是入磨热电偶距离喷枪较近，温度没来得及下降的浆液包裹住热电偶，导致实际温度虚降。将热电偶位置向下移动，即可解决。

二、循环流化床干法脱硫技术

循环流化床（CFB）烟气脱硫技术以循环流化床原理为基础，于20世纪80年代由德国鲁奇公司最早开发应用，后经改良形成多项技术。循环流化床技术的工艺流程如图3-9所示。原烟气从脱硫塔的底部经过文丘里管上升进入塔内。生石灰在消化器内加水消化后，在消石灰仓储存。在文丘里管喉口上端加入一定量的消石灰粉和水，在脱硫塔内与烟气混合流动，并与烟气中的SO_2反应，生成$CaSO_3$和$CaSO_4$。携带反应产物和煤灰的烟气冷却到稍高于露点以上的温度后，进入布袋除尘器。反应产物和煤灰被除尘器处理后，通过空气斜槽返回塔内，再次循环参与脱硫反应。剩余的脱硫反应产物和煤灰通过仓泵输灰至灰仓后外排。

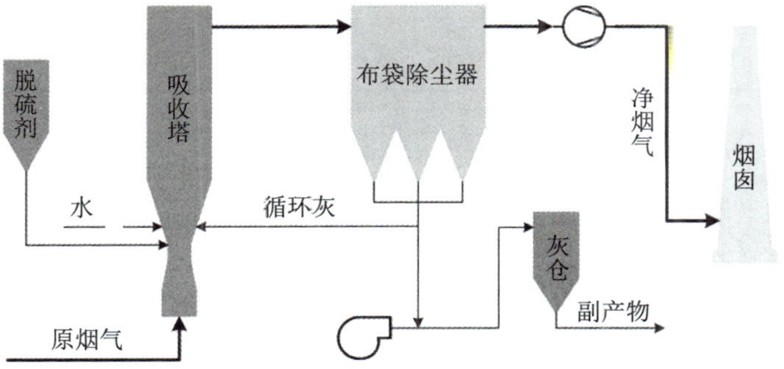

图3-9 循环流化床脱硫技术工艺流程

内蒙古某煤制油有限公司动力车间2×200 t燃煤锅炉的烟气脱硫采用循环流化床法。为提高烟气脱硫效率，在分析循环流化床脱硫工艺的基础上，根据煤质分析，选取了系统的烟气设计参数和脱硫剂参数，并对脱硫效率进行分析。结果表明，循环流化床烟气脱硫技术与炉内喷钙法相结合，可以达到90%的脱硫效率，SO_2的排放浓度小于200 mg/m^3，可以满足《锅炉大气污染物排放标准》（GB 13271—2014）的相关要求（表3-12、表3-13）。

表 3-12 烟气参数

项目	参数
入口烟气量 /m^3	240 000
入口烟气温度 /℃	135
H_2O 体积分数 /%	7.00
O_2 体积分数（干基）/%	6.00
SO_2 质量浓度（干基，6% 含氧量）/（mg/m^3）	2 000
SO_3 质量浓度 /（mg/m^3）	20
HCl 质量浓度 /（mg/m^3）	50
HF 质量浓度 /（mg/m^3）	15
烟尘质量浓度 /（mg/m^3）	300
出口排尘质量浓度 /（mg/m^3）	≤ 30
设计脱硫率 /%	90
出口 SO_2 质量浓度 /（mg/m^3）	≤ 200

表 3-13 脱硫剂参数

项目	参数
活性 CaO（轻烧）质量分数 /%	≥ 80
CaO 平均粒径 /mm	＜ 2
$Ca(OH)_2$ 质量分数 /%	＞ 88
$Ca(OH)_2$ 比表面积 /（m^2/g）	＜ 15
反应温度达到 60℃的时间 /min	＜ 4

实践表明，循环流化床烟气脱硫工艺适用于现有小机组的脱硫改造工程。与传统的湿法脱硫相比，其优点主要有：脱硫效率高，对高硫煤也可以达到 90%；无制浆系统，节省投资和用地；脱硫剂的利用效率较高；操作简单，运行可靠；温度适中，在烟气露点以上，不需要烟气再热装置；结构紧凑，不需要占用很大的空间；脱硫塔无须加内衬，采用普通碳钢材料即可；脱硫产物为干灰，以固态形式排放，不会产生二次污染。但该方法也存在一些不足，如脱硫效率较湿法脱硫技术偏低，对锅炉负荷的变化适应性差，运行控制要求较高等。

三、双碱法脱硫

双碱法是中小型锅炉应用较广的烟气脱硫技术，是为了克服石灰 / 石灰石 - 石膏法容易结垢的缺点而发展起来的。国内在用的双碱法种类较多，最常用的是钠钙双碱法。双碱法具有“三高、二低、一小”的特点，即脱硫效率高、可利用率高、可靠性高；投资成本低、运行费用低；占地面积小。

双碱法可采用 NaOH 或 $NaCO_3$ 为吸收液，吸收液通过喷嘴雾化喷入吸收塔，均匀分散成细小的液滴。这些液滴与塔内烟气接触，发生传质与吸收反应，烟气中的 SO_2、SO_3 及 HCl、HF 被吸收。SO_2 吸收产物经氧化和中和反应，最终形成 $NaSO_3$。基本化学原理可分为脱硫过程和再生过程两部分（图 3-10）。

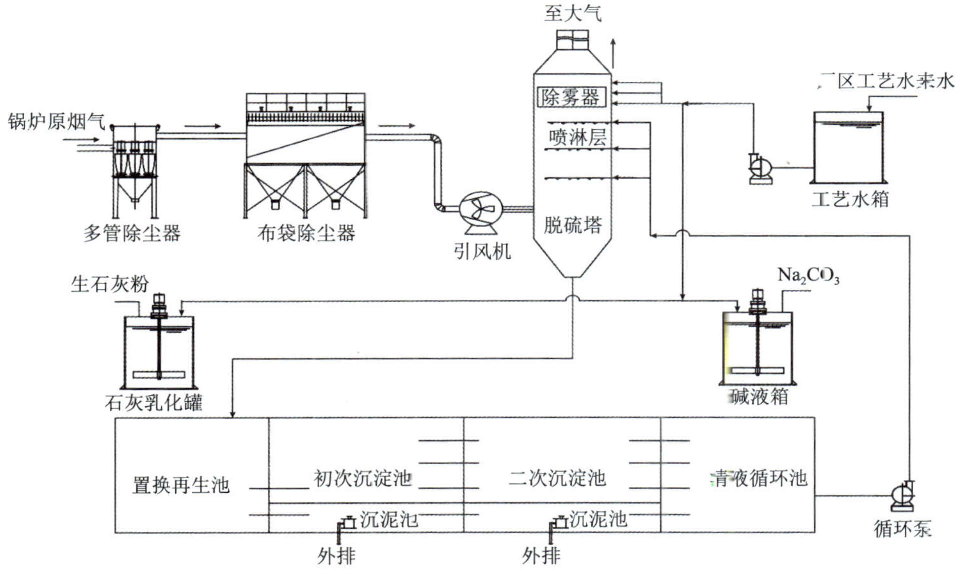

图 3-10　双碱法脱硫工艺流程

1. 吸收反应

烟气与循环浆液在吸收塔内有效接触，循环浆液吸收大部分 SO_2，反应如下：

$$2NaOH + SO_2 = Na_2SO_3 + H_2O \quad (1)$$

$$Na_2SO_3 + SO_2 + H_2O = 2NaHSO_3 \quad (2)$$

$$Na_2CO_3 + SO_2 = Na_2SO_3 + CO_2 \quad (3)$$

脱硫液 pH 小于 9 时，以式（1）为主要反应；降到中性甚至酸性时，则按式（2）反应。式（3）的反应只在系统启动时发生。

2. 再生反应

脱硫后的反应产物进入再生池，用另一种碱，一般是 $Ca(OH)_2$ 进行再生。

再生反应过程如下：

$$Ca(OH)_2 + Na_2SO_3 = 2NaOH + CaSO_3$$

$$Ca(OH)_2 + 2NaHSO_3 = Na_2SO_3 + CaSO_3 \cdot H_2O \downarrow + H_2O$$

在石灰浆液（石灰达到过饱和状态）中，$NaHSO_3$ 很快与 $Ca(OH)_2$ 反应，释放出 Na^+；SO_3^- 与 Ca^{2+} 反应生成的 $CaSO_3$，以半水化合物形式沉淀下来，使 Na^+ 得到再生。$NaOH(Na_2CO_3)$ 只是一种启动碱。启动后，实际上消耗的是石灰，理论上不消耗纯碱（清渣时会带走一些，因而有少量损耗），再生的 NaOH 和 Na_2SO_3 等脱硫剂循环使用。脱硫塔脱除的硫以亚硫酸钙、硫酸钙的形式析出，然后将其用泵打入石膏脱水处理系统或直接堆放、抛弃。

3. 氧化反应

一部分 HSO_3^- 在吸收塔喷淋区被烟气中的氧所氧化，其他的 HSO_3^- 在反应池中被空气完全氧化，反应如下：

$$HSO_3^- + 1/2O_2 \longrightarrow HSO_4^-$$

$$HSO_4^- \longrightarrow H^+ + SO_4^{2-}$$

4. 其他副反应

烟气中的其他污染物如 SO_3、HCl 和 HF 可与循环液中的 NaOH（或 $NaCO_3$）发生反应，被吸收和捕集。

内蒙古某矿燃煤锅炉采用多管 + 布袋除尘器除尘、钠钙双碱法湿法烟气脱硫工程，其除尘效率达 99% 以上，脱硫效率达 90% 以上。该系统烟气参数及排放要求见表 3-14，双碱法脱硫年运行费用见表 3-15。

表 3-14　系统烟气参数及排放要求

项目	参数	排放要求
烟气量 /（m^3/h）	冬季 24 000	—
	夏季 6 000	
烟气温度 /℃	约 160	—
烟气粉尘质量浓度 /（mg/m^3）	约 20 000	≤ 30
SO_2 质量浓度 /（mg/m^3）	—	≤ 200
耗煤量 /（t/h）	冬季 0.7	—
	夏季 0.2	

表 3-15　双碱法脱硫年运行费用

项目	计算标准	年消耗量	年总成本 / 万元
电耗	0.6 元 /（kW · h）	32.5 万 kW · h	19.50
生石灰消耗	800 元 /t	15.5 t	1.24
工业碳酸钠（99%）	1 300 元 /t	1.37 t	0.17
工艺耗水	4.0 元 /t	933 t	0.37
合计	—	—	21.28

烟气经多管除尘器及布袋除尘器除尘后，经锅炉引风机进入脱硫塔，与喷淋装置的脱硫浆液进行充分的传质，吸收烟气中的大部分 SO_2。烟气经除雾器脱水除雾后，经烟囱排放。脱硫过程生成的 Na_2SO_3 和 Na_2SO_4 浆液进入置换再生池。置换再生池内加入石灰浆液并在其中进行曝气氧化之后，一部分浆液经循环泵循环用于脱硫。当循环液 pH 小于设计值时，排除部分浆液，并加入新的碳酸钠溶液。

整套脱硫系统由烟气除尘系统、SO_2 吸收系统、脱硫剂制备再生及渣处理系统、工艺水系统四个分系统构成。项目建成并调试整改后，经专业机构对 SO_2、NO_x、颗粒物进行检测，检测结果见表 3-16。SO_2、NO_x、颗粒物排放值满足《锅炉大气污染物排放标准》（GB 13271—2014）中在用燃煤锅炉限值的要求。

表 3-16　烟气检测结果　　单位：mg/m^3

样品编号	SO_2		NO_x		颗粒物	
	实测	折算	实测	折算	实测	折算
1	21.3	76.7	51.3	184.7	6.4	23.0
2	24.2	87.1	52.6	189.4	7.1	25.6
3	24.9	84.7	52.7	179.2	8.3	28.2
限值	—	200	—	400	—	80

四、新型烟气脱硫技术

传统烟气脱硫技术虽已广泛工业化应用，但仍存在诸多问题，如系统易堵塞腐蚀、有二次污染、副产物出路困难等。针对此类问题发展起来的吸收剂可再生、烟气可资源化的新型烟气脱硫技术，如离子液体循环吸收法、磷酸钠盐法、氧化铜法等，可满足经济与环境效益的双重需求。

（一）离子液体循环吸收法

离子液体是由阴阳离子组成的盐类，低于100℃时呈液态，脱除SO_2具有不易挥发、无污染、可循环利用等优点。目前，国内外研究较多的离子液体主要有胍盐类、醇胺类、季胺类、咪唑类等。目前，离子液体循环吸收法在我国已有商业化应用，由成都华西化工科技公司自主研发的技术于2008年先后在内蒙古紫金矿业、攀钢建成投产，后又应用于有色冶炼、石化等行业。首台采用此法脱除烧结烟气的攀钢6#机组，烟气处理量（标态）为5.5×10^5 m^3/h，脱硫效率可达97%以上，SO_2减排2.1万t/a，副产工业硫酸3.2万t/a。脱硫机理如下式，其中R为离子液体。

$$SO_2+H_2O+R \longrightarrow RH^++HSO_3^-$$

离子液体循环吸收法具有脱硫效率高、产物附加值高、煤种适应性广等特点，但若要实现工业化广泛应用，仍需针对离子液体吸收量低、黏度大、解吸难等问题，进一步研发高效的功能性离子液体，优化脱硫工艺条件，降低运行成本。

（二）磷酸钠盐法

磷酸钠盐法是利用H_3PO_4与NaOH为原料制备混合液NaH_2PO_4-Na_2HPO_4进行脱硫的方法。该法具有脱除效率高、脱硫剂廉价易得、无二次污染等特点。国外对磷酸钠盐法的研究始于20世纪80年代，由美国Staufer公司发明了该法。随后，各国开始大量研究并做了工业化试验，较为典型的是挪威的Elsorb工艺。首套工业试验装置投资1 500万美元，烟气处理量（标态）为3 400 m^3/h，脱硫效率可达98%，SO_2减排92 kg/h，系统氧化率低于2.7%。主要反应机理如下：

$$Na_2HPO_4+SO_2+H_2O \longrightarrow NaH_2PO_4+NaHSO_3$$

目前，我国对磷酸钠盐法的研究多停留在实验阶段，研究重点在于脱硫液抗氧化及提高系统脱硫率等方面。袁志国采用该技术在超重力旋转填料床进行的10次吸收及再生试验表明，脱硫效率、解吸率基本稳定在98.2%和81.1%，Na_2SO_3氧化速率仅为0.003 05 mol/（L·h），说明该技术与磷酸钠盐法联合脱硫，可以强化SO_2的吸收与解吸，并有效抑制Na_2SO_3的氧化副反应，降低系统运行成本，具有良好的工业应用前景。

（三）氧化铜法

氧化铜法脱除 SO_2，首先需将 CuO 负载至载体上，制备成催化剂，再与 SO_2 反应，生成相应的硫酸盐，然后通入 H_2 等还原性气体，将硫酸盐还原成 SO_2 与金属单质 Cu，同时单质 Cu 被烟气氧化成 CuO 循环利用。脱硫反应公式如下：

$$2CuO+2SO_2+O_2 \longrightarrow 2CuSO_4$$

$$CuSO_4+2H_2 \longrightarrow Cu+SO_2+2H_2O$$

$$2Cu+O_2 \longrightarrow 2CuO$$

国外从 20 世纪 70 年代开始采用浸渍法制备催化剂，并在固定床上进行吸收解吸试验，随后出现了流化床、移动床及填充床等反应器和溶胶－凝胶法，提高了催化剂的吸收及再生性能。但由于催化剂成本、反应对温度要求较高等问题，未实现工业广泛应用。目前，国内外对该法的研究主要集中于制备高活性脱硫剂、降低再生难度、减少脱硫成本等方面。

第七节　有色冶炼行业和陶瓷行业脱硫技术的应用

一、有色冶炼行业脱硫技术的应用

据统计，2009—2019 年，我国 10 种有色金属产量从 2 681 万 t 猛增至 58 842 万 t 。随着有色行业发展及环保要求的不断提升，对冶炼烟气脱硫处理提出了越来越高的要求。有色金属矿物多数是以硫化物的形式存在，因而在火法冶炼过程中，会有相当浓度的 SO_2 污染物释放，如不进行资源化利用或净化治理，将会造成严重污染。对铜、镍、铅、锌等有色金属冶炼过程，由于产生的 SO_2 浓度较高，往往可达到 7% ～ 28%，一般采用先制酸后进行烟气脱硫治理的技术路线；而对其他 SO_2 浓度相对较低的冶炼烟气，一般直接进行烟气脱硫治理。

有色冶炼行业烟气脱硫治理相对起步较晚，目前在有色冶炼行业烟气脱硫治理中，湿法脱硫技术占整个市场分额的 90% 左右；除活性炭（焦）法外，基本为基于吸收原理的烟气脱硫技术。

（一）湿法烟气脱硫技术

湿法烟气脱硫技术，即在整个脱硫过程中均有水参与且脱硫剂和脱硫副产物均为湿态的一类烟气脱硫技术。目前的湿法脱硫技术中，石灰/石灰石－石膏法、双碱法、钠碱法、氧化锌法、离子液体法在有色冶炼行业烟气脱硫治理中应用较多。

石灰/石灰石－石膏法脱硫技术成熟，脱硫效率高，运行成本相对较低，但存在结垢堵塞、脱硫废水以及设备腐蚀等问题。同时，有色冶炼烟气中可能含有F、Cl、Br等有害成分，长期运行会造成各成分在浆液中的富集，从而造成脱硫浆液的中毒，降低脱硫效果。目前，该技术在有色行业应用比较广泛，已在云锡铜业、和鼎铜业、喀拉通克铜镍矿、华信有色等烟气脱硫治理中得到应用。

双碱法是石灰/石灰石－石膏法的改良，一定程度上缓解了后者普遍存在的结垢、堵塞问题，同时脱硫效率也得到提升，体现出一定的技术优势。但由于工艺流程的延长，路线相对复杂，潜在事故点增加。另外，由于双碱的应用，部分钠碱会掺入脱硫副产物，影响石膏品质和资源化利用。目前，该技术已在陕西锌业、赤峰山金银铅、河南志诚金铅、河南金利金铅、河池生富冶炼锑等烟气脱硫治理中得到应用。

钠碱法采用NaOH或Na_2CO_3为脱硫剂，因此脱硫效率很高，可达98%以上，适用于有色行业高硫烟气的脱硫治理。该技术脱硫剂和脱硫副产物的溶解性均非常好，因此无结垢、堵塞等问题。但是，由于脱硫剂原料成本较高，且脱硫副产物的综合利用相对较复杂，一定程度上限制了该技术的使用。而且，脱硫废水、设备腐蚀以及烟囱白色烟羽等问题依然存在。目前，该技术已在金川集团、大冶有色、金冠铜业、白银有色、河池南方有色等烟气脱硫治理中得到应用。

氧化锌法脱硫技术以含ZnO的烟灰或焙砂为脱硫剂，制成一定浓度浆液后，通过喷淋装置喷入脱硫塔，与含硫烟气接触反应，实现烟气脱硫。脱硫副产物主要为Zn_2SO_3，可转化后进行资源化利用。由于脱硫剂的特殊性，该技术一般适用于铅锌冶炼企业。由于实现了资源的循环利用，在大型铅锌冶炼企业应用较多。但是，该技术易出现结垢堵塞、设备腐蚀等问题，且工艺流程相对繁杂。目前，该技术已在豫光锌业、云铜锌业、江铜铅锌、丹霞冶炼厂等烟气脱硫治理中得到应用。

离子液体法因使用胺类较多，也称有机胺法。该技术以有机胺溶液为脱硫吸收剂，利用其高硫溶特性，将烟气中的SO_2吸收，形成富液。然后利用蒸汽在解吸塔内加热，将 SO_2 析出，并进入制酸系统用于制酸，而吸收剂经解吸后，循环进入脱硫系统，继续脱硫。该技术实现了脱硫剂的循环利用，也实现了脱硫副产物资源化利用，且具有较高的脱硫效率，克服了结垢堵塞等问题，因此具有一定的技术优势。该技术脱硫剂相对昂贵，且脱硫剂再生过程中需要消耗大量的蒸汽，因而显著增加了运行成本。而且，该技术对于 SO_2 浓度相对较低的烟气来说，不太经济。目前，该技术已在广西金川有色、中原黄金、阳谷祥光铜业、金川集团等烟气脱硫治理中得到应用。

（二）半干法烟气脱硫技术

半干法脱硫技术按照工艺特点的不同，主要有密相干塔法、循环流化床法、旋转喷雾法等。半干法烟气脱硫技术在烟气结露温度以上运行，因此可有效克服湿法脱硫技术普遍存在的腐蚀严重、脱硫废水难处理、烟囱白色烟羽、结垢堵塞等问题。但其脱硫副产物的资源化以及减量化、相对较低的脱硫效率（一般为 85% ～ 95%）等问题，还需进一步加以解决。

密相干塔技术是北京科技大学自主研发的加湿类半干法烟气脱硫技术。该技术以石灰（熟石灰）粉为脱硫剂，含有较多活性 CaO 组分的细粉状循环灰在加湿机内加湿，水均匀分配到颗粒表面。加湿后的循环灰与 SO_2 具有很好的反应活性，形成理想的脱硫反应条件。待处理的烟气与加湿活化后的脱硫剂同向进入脱硫系统入口烟道。烟道位于密相塔中下部，入口端设有搅拌装置，保证烟气与脱硫剂均匀混合。携带脱硫剂的烟气在塔内先向下、后向上流动，烟气中的 SO_2 与 $Ca(OH)_2$ 进行一系列反应，SO_2 得到去除，并生成含有 $CaSO_3$ 和 $CaSO_4$ 等的副产物，最后经布袋除尘器除尘后达标排放，如图 3-11 所示。

该技术的关键是脱硫剂需要在系统内形成密相，从而保证与含硫烟气充分接触。经理论计算和相关试验，综合考虑脱硫效果及经济因素，一般选择脱硫剂在系统内的浓度为 500 ～ 650 g/m^3。该技术克服了湿法的不足。由于脱硫剂密相运行的特点，不仅使得脱硫效率得到提升（可达 95% 以上），而且对烟气流量、温度、污染物浓度等的波动具有良好的适应性。目前，该技术已在新疆天龙矿业、贵州元豪铝业电解铝烟气脱硫工程中得到应用。

针对有色冶炼行业烟气存在的高硫现象，北京科技大学与矿冶科技集团联合研发的多级密相干塔烟气脱硫技术实现了对高浓度 SO_2 的成功脱除，已在江西新金叶实业有限公司再生铜冶炼烟气脱硫治理中得到成功应用。

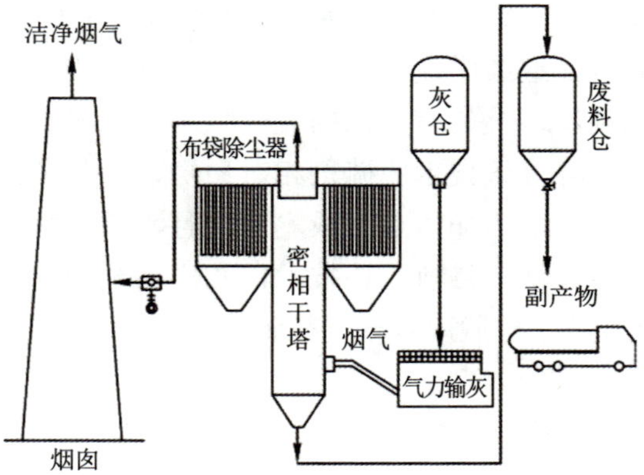

图 3-11 密相干塔脱硫技术示意

（三）干法烟气脱硫技术

目前应用较多的干法脱硫技术主要是活性炭（焦）法。活性炭（焦）技术即以活性炭（焦）为脱硫原料，利用活性炭（焦）的强吸附性，实现对烟气中 SO_2 的选择性吸附；吸附了 SO_2 的活性炭（焦）进入解吸塔，利用高温实现 SO_2 从活性炭（焦）中的解吸。解吸后的 SO_2 可进入制酸系统，实现资源化利用；活性炭（焦）重新进入吸附塔，对烟气中的 SO_2 进行吸附。其典型的工艺流程如图 3-12 所示。

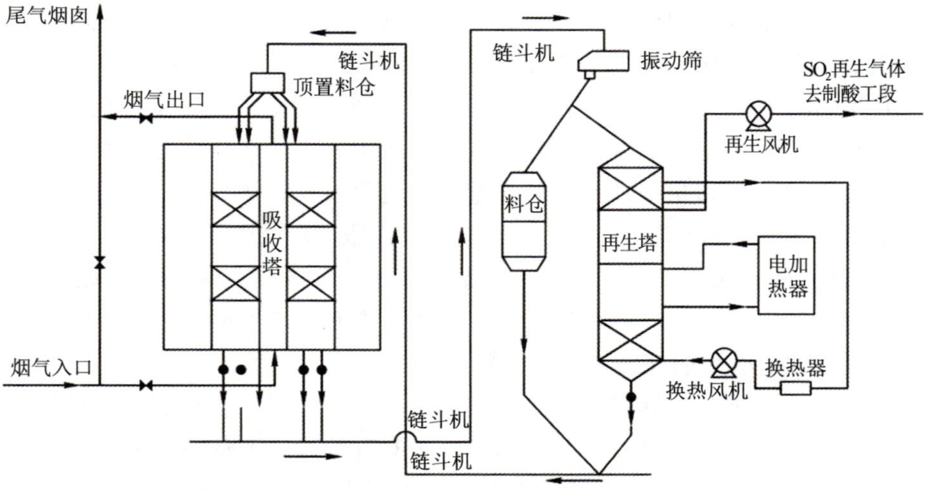

图 3-12 活性炭（焦）脱硫技术典型工艺流程

该技术不仅可实现烟气脱硫，还具备烟气脱硝功能，同时实现了对废气中SO_2的资源化利用，且具有较高的脱硫效率，因此，在有色、钢铁等行业均得到了应用。但是，该技术占地面积大、工艺路线繁杂、投资和运行成本高、对烟气条件波动适应性较差等不足，也限制了其推广应用。目前，该技术已在江西铜业、金川集团等烟气脱硫治理中得到应用。

尽管目前的烟气脱硫技术多达几十种，但每种技术均有其优缺点，必须根据实际烟气条件，从技术和经济等方面综合考虑，选择合适的脱硫方法。

二、陶瓷行业脱硫技术的应用与比较

陶瓷行业产生的废气中，主要污染物有SO_2、NO_x和粉尘等。该行业导致的SO_2污染约占污染源的1/3。陶瓷行业烟气中所含的SO_2主要产生于陶瓷烧成这一步骤。陶瓷窑炉产生的烟气中，SO_2浓度较低。现阶段应用于陶瓷行业烟气脱硫工艺中，比较成熟的有双碱法、石灰－石膏法、半干法（CFB）、干法（SDS）。各脱硫工艺的优缺点，具体见表3-17。

表3-17 窑炉烟气脱硫系统工艺对比

脱硫系统常用工艺	优点	缺点
双碱法脱硫	为气液反应，反应速度快，脱硫效率高，一般均高于99%；技术成熟，适用面广，生产运行安全可靠，在众多的脱硫技术中占据主导地位	生成物是液体或淤渣，有一定的白烟现象，投资和运行成本高；粉尘难达标，需增加湿电除尘器或用清水喷淋干净
石灰－石膏法脱硫	适用煤种范围广、脱硫效率高（有的装置Ca/S=1时，脱硫效率大于99%），吸收剂利用率高（可大于90%），设备运转率高（可达90%以上），工作可靠性高，脱硫剂来源丰富且廉价	产生的固体废物较多，并且一般仅作建筑材料，其他利用途径较少。粉尘难达标，需增加湿电除尘器或用清水喷淋干净
半干法脱硫	工艺设备简单，投资较少，脱硫剂利用率较高，占地面积较小；副产品是固态，无二次污染，不需要消白	操作难度较大，对窑炉烟气负荷要求较高，烟气变化对脱硫反应塔影响较大，设备投运及停机较复杂。运行成本较高，需增加布袋除尘工艺

脱硫系统常用工艺	优点	缺点
干法脱硫	工艺简单，无脱硫反应塔和复杂的制浆系统，投资少，占地面积小且不存在腐蚀和结露，烟风系统能快速响应 SO_2 浓度的变化；副产品是固态，无二次污染，不需要消白	脱硫剂单价较高，只适合烟气 SO_2 浓度低及烟气量小的工况，需增加布袋除尘工艺

因此，当燃料为水煤气或水煤浆且不需要消白、窑炉烟气中含硫量较高时，应该优先选择石灰－石膏法脱硫；当燃料为天然气且需要消白、窑炉烟气中含硫量较低时，应该优先选择干法脱硫。

参考文献

[1] 刘永龙，郑小娜．冶炼烟气制酸石灰石膏法脱硫系统运行实践与改造 [J]. 有色设备，2019（5）：45-48.

[2] 宋艳杰，贾志军．火电厂燃煤烟气石灰石－石膏湿法脱硫影响因素分析 [J]. 内蒙古石油化工，2018（10）：50-51.

[3] 赵文立．石灰－石膏法技术在陶瓷厂烟气脱硫系统中应用 [J]. 陶瓷，2020（5）：35-38.

[4] 苗慧源，隋孝利，吴迪，等．河钢承钢烧结烟气治理现状及超低排放改造 [J]. 河北冶金，2019 增刊（1）：141-145.

[5] 孙跃．石灰石－石膏法脱硫吸收塔浆液起泡问题分析 [J]. 煤炭加工与综合利用，2020（11）：82-84.

[6] 李玉杰．氨法脱硫过程中的常见问题探讨 [J]. 硫酸工业，2019（1）：50-53.

[7] 申彦斌．氨法脱硫工艺存在的问题及应对措施 [J]. 环球市场，2019（26）：349-351.

[8] 张丽珍，陈全军．中安煤化工 465 t/h 锅炉氨法烟气脱硫工程应用实例 [J]. 电力科技与环保，2019（6）：38-39.

[9] 高磊，折鹏飞，刘忠，等．氨法脱硫工程技改案例解析 [J]. 肥料与健康，2021（2）：48-51.

[10] 张超然，杨树卿．氨法脱硫工艺及其应用 [J]. 硫酸工业，2020（12）：30-36.
[11] 孙江颖．氧化镁法同石灰石法烟气脱硫的比选 [J]. 化工管理，2020（9）：132-133.
[12] 邵志超，高泽磊，官欣，等．氧化镁湿法脱硫技术在冶炼环集烟气治理中的应用 [J]. 硫酸工业，2019（2）：36-39.
[13] 路八智，李燕梅，魏占鸿，等．氧化镁法烟气脱硫特性及运行情况综述 [J]. 环境污染与防治，2018（3）：345-348.
[14] 袁钢，马永亮，汪黎东．氧化镁烟气脱硫反应特性研究 [J]．环境工程学报，2010（5）：1134-1138.
[15] 徐宏建，张超，葛洪花．镁法烟气脱硫工艺的实验室模拟及其优化 [J]．上海电力学院学报，2010（2）：145-147，156.
[16] 胡晓玥，李多松，田立江．镁法脱硫浆液 SO_4^{2-} 氧化及对脱硫效率的影响 [J]. 安全与环境学报，2014（1）：168-171.
[17] 朱林忠，门义正，匡真平，等．镁法脱硫工艺在 350 MW 机组超低排放改造的实践 [J]. 电力科技与环保，2019（5）：30-32.
[18] 李忠才，范能全，王雪晨．氧化镁法烟气脱硫运行问题分析及解决方案 [J]. 山东化工，2018（12）：189-190.
[19] 李宝顺，赵丽丽，周驰，等．湿法烟气脱硫装置的腐蚀与防护 [J]. 化工机械，2009，36（6）：640-642.
[20] 刘祯，姜华，张挺峰，等．海水脱硫在船舶烟气净化系统中的应用 [J]. 船舶物资与市场，2021（3）：55-57.
[21] 卢凤菊，沈晓倩，沈伯雄，等．海水脱硫过程中影响脱硫效率的因素研究 [J]. 化学工程，2019（2）：1-7.
[22] 蔡正敏，李刚，李源，等．海水脱硫法在印尼地热电站中的应用 [J]. 能源与节能，2018（12）：81-82.
[23] 孙双双，张少峰，唐猛，等．海水脱硫工艺的研究 [J]. 现代化工，2015（9）：131-134.
[24] 赵宏，肖永国．影响海水脱硫效率的因素分析 [C].2012 电站自动化信息化学术和技术交流会议论文集．2012：166-169.
[25] 胡立川，李威，魏世哲 .1036 MW 机组海水脱硫效率的影响因素分析及其运行优化 [J]. 电站辅机，2014（1）：35-38.
[26] 高亮明．烟气海水脱硫应用及改进分析 [J]. 节能与环保，2019（12）：54-55.
[27] 聂鑫．海水法烟气脱硫技术在爪哇 7 号工程中的应用 [J]. 能源科技，2021（4）：

57-62.

[28] 张林，周强 . 电厂海水脱硫提效改造分析 . 中国资源综合利用 [J]，2019（12）：115-117.

[29] 环境保护部 . 火电厂大气污染物排放标准：GB 13223—2011[S]. 北京：中国环境科学出版社，2011.

[30] 胡淑莲 . 纯海水脱硫法提升 pH 值技术改善的探讨 [J]. 能源与环境，2016（4）：71-72.

[31] 宫家宏，罗云岭，白世群 . 海水脱硫系统烟道防腐蚀失效原因分析 [J]. 发电运维，2018（11）：74-78.

[32] 蒋猛 . 喷雾干燥法脱硫在水泥企业中的应用实践 [J]. 水泥工程，2017（2）：66-68.

[33] 郭小虎，苟远波，韩松，等 . 半干法烟气脱硫技术在非电行业的应用 [J]. 中国环保产业，2021（4）：41-44.

[34] 郭小江，马海丽 . 伊泰锅炉循环流化床烟气脱硫技术研究 [J]. 洁净煤技术，2014（11）：122-124.

[35] 田向勤，宫国卓 . 双碱法脱硫技术在内蒙古某矿燃煤锅炉改造中的应用效果分析 [J]. 煤炭加工与综合利用，2021（6）：91-95.

[36] 陈欢哲，何海霞，万亚萌，等 . 燃煤烟气脱硫技术研究进展 [J]. 无机盐工业，2019（5）：6-11.

[37] 袁志国 . 超重力磷酸钠湿法再生烟气脱硫技术 [M]. 北京：化学工业出版社，2016：132.

[38] 童震松，赵志龙 . 有色行业冶炼烟气脱硫技术现状及展望 [J]. 有色金属，2021（3）：22，27.

[39] 宁翔，谷小兵，倪黎，等. 石灰石－石膏湿法脱硫系统氯离子富集时间的计算 [J]. 热能动力工程，2020（9）：154-160.

[40] 史元良，童震松，宋存义 . 球团烟气密相干塔脱硫 - 除尘一体化系统优化 [J]. 钢铁，2015（12）：72-79.

[41] 伍志良，黄春林，曾惠孙，等 . 陶瓷行业烟气脱硫处理工艺的比较 [J]. 陶瓷，2021（7）：14-16.

[42] 蒋展鹏，杨宏伟 . 环境工程学 [M]. 3 版 . 北京：高等教育出版社，2013.

第四章　氮氧化物污染的控制

第一节　氮氧化物的来源与脱硝技术简介

氮氧化物（NO_x）是 NO、N_2O、NO_2、N_2O_3、N_2O_4 等的总称。NO_x 的来源有天然源和人为源两类。人类活动产生的 NO_x 主要源于含氮化合物的燃烧和亚硝酸、硝酸及其盐类的工业生产及使用，其中前者的贡献较大。据美国国家环境保护局估计，99% 的 NO_x 产生于含氮化合物的燃烧，如煤等化石燃料燃烧产生的烟气、汽车尾气等。而在亚硝酸、硝酸及其盐类的工业生产及使用过程中，由于它们的还原分解，会放出大量的 NO_x，其局部浓度很高，处理难度较大。

在含 NO_x 废气中，对自然环境和人类生存危害最大的主要是 NO 和 NO_2，它们是大气污染控制的主要对象。城市大气中的 NO_x 大约 2/3 来自汽车等流动源的排放，1/3 来自固定源的排放。燃烧过程中直接产生的 NO_x 主要是 NO，只有很少一部分被氧化为 NO_2。一般假定，燃烧产生的 NO_x 中的 NO 占 90% 以上。

当混合气体中有大量 NO 时，高铁血红蛋白的形成占优势。此时，中毒发展迅速，出现高铁血红蛋白症和中枢神经损害症状。当污染以 NO_2 为主时，对肺的损害比较明显，严重时可出现以肺水肿为主的病变。此外，NO_2 还损害植物，使柑橘类等落叶和发黄、减产，浓度高时还会毁坏棉花、尼龙等织物，使其褪色。

降低 NO_x 的主要技术措施有三类：一是改变燃烧条件，包括低氧燃烧、空气分级燃烧、燃料分级燃烧、烟气再循环等技术。二是炉膛喷射脱硝，主要包括喷氨或尿素、喷入水蒸气、喷入二次燃料（属于燃料分级燃烧）等。三是烟气脱硝，包括选择性催化还原（SCR）法、选择性非催化还原（SNCR）法、电子照射烟气脱硝和湿法烟气脱硝等。

第二节 低氮燃烧技术

不同燃烧方式的 NO_x 产生量不同。在燃烧过程中采用 NO_x 产生率较低的燃烧方式，即改变燃烧条件的方法来降低 NO_x 的排放，统称为低氮燃烧技术。在各种降低氮氧化物排放的技术中，低氮燃烧技术是应用最广、最直接、相对简单经济，并且很有效的方法。

一、氮氧化物生成机理

燃烧过程中 NO_x 的生成机理主要包括三种，对应三种 NO_x 类型：燃料型 NO_x、热力型 NO_x 及快速型 NO_x（瞬时型 NO_x）。NO_x 生成量主要受温度、氧含量以及反应时间的影响，图 4-1 是三种类型 NO_x 与温度的关系曲线。

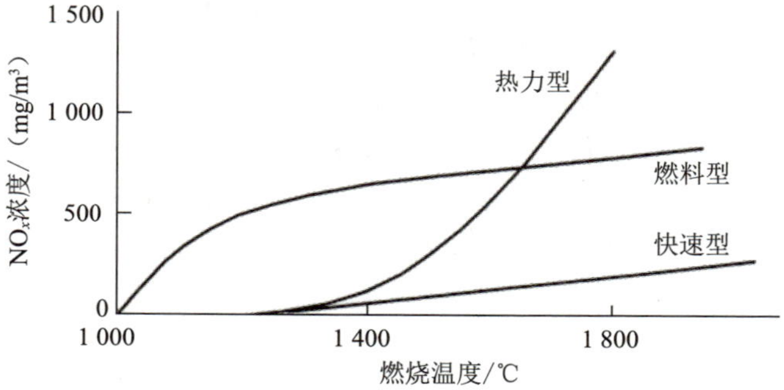

图 4-1 三种类型 NO_x 生成量与温度的关系

燃料型 NO_x 是 NO_x 的主要来源，是燃料中含有的氮元素氧化生成的 NO_x。热力型 NO_x 主要由燃烧空气中的 N_2 与含氧物质反应生成，占总 NO_x 排放量的 15% ～ 25%。空气中 N_2 键能较高，达到 946 kJ/(g · mol)，一般很难断裂。从图 4-1 可以看出，当温度高于 1 400℃时，热力型 NO_x 生成量迅速增大。碳氢化合物燃料如果在燃料浓度很高时进行燃烧，在反应区附近会快速生成 NO_x，因此称快速型 NO_x。快速型 NO_x 生成反应的时间大概是 0.06 s，温度依赖性较低，占全部 NO_x 的比例较小，约为 5%。

低氮燃烧技术主要是基于上述 NO_x 的三种生成机理，在燃烧的过程中采用降低燃烧区氧量、温度以及反应时间等方式来控制 NO_x 的生成，形成了低氧燃烧、空气分级燃烧、燃料分级燃烧、烟气再循环等技术。

二、低氧燃烧技术

低氧燃烧技术是通过燃烧及制粉系统优化调整，减少入炉风总量来降低 NO_x 的方法，减少入炉风量，即降低氧浓度，使燃烧过程中的过量空气系数尽可能接近 1，即在接近理论空气量的条件下进行燃烧。风量控制需要准确，如果炉内氧浓度过低（到 3% 以下），将增加化学不完全燃烧损失，造成 CO 浓度急剧增加，燃烧效率下降，飞灰含碳率上升。因此，在锅炉设计和运行中，需选取最合理的过量空气系数，在尽可能满足锅炉燃烧效率的情况下进行 NO_x 控制。这是一种最简单的降低 NO_x 排放的方法，采用该技术时，锅炉的燃烧系统不需要改造，一般可以降低 15% ～ 20% 的 NO_x 排放量。

目前常用的一种低氧燃烧技术是高温低氧燃烧技术，它主要通过提高助燃空气温度来对锅炉燃烧进行稳燃。助燃空气预热温度越高，稳燃范围越大，越有利于燃料的充分燃烧。研究表明，当助燃空气的温度提高到 1 000℃以上时，燃烧区的氧浓度降到 2%，仍然可以稳定燃烧。

根据现有技术水平，在确保安全前提下，炉膛出口的烟气含氧量控制在传统控制值 5% 以下，能够达到各项参数经济平衡，且能保证燃料完全燃烧，则属于低氧燃烧。

内蒙古京科发电有限公司结合脱硝系统投运后对风烟系统产生的影响，在保证锅炉燃烧安全稳定的基础上，结合锅炉燃烧实际情况对风量进行了调整，通过一次风、二次风、制粉系统运行方式及其他多方面控制，在不同负荷下进行氧量调整，负荷 120 ～ 165 MW 锅炉，氧量控制在 3.5% ～ 4.5% 运行；负荷 165 ～ 180 MW 锅炉，氧量控制在 3.0% ～ 3.5% 运行；负荷 180 ～ 220 MW 锅炉，氧量控制在 2.5% ～ 3.0% 运行；负荷 220 ～ 250 MW 锅炉，氧量控制在 2.0% ～ 2.5% 运行；负荷 250 MW 及以上，氧量控制在 1.0% ～ 2.0% 运行。实现了低氧燃烧，又确保了主蒸汽参数及飞灰、大渣含碳量等各指标稳定在较好水平，未发生由于低氧燃烧导致的指标恶化现象（表 4-1）。

表 4-1 低氧燃烧后各指标的变化情况对比

项目	2014 年	2015 年	2016 年	2017 年	2018 年	2019 年
主蒸汽温度 /℃	538	537.1	534	532	536	537.3
再热汽温 /℃	533	529	532	526	533	534
排烟温度 /℃	137.4	141.9	147.6	145.9	145.9	146
飞灰含碳量 /%	0.31	0.31	0.3	0.32	0.31	0.31
大渣含碳量 /%	0.31	0.29	0.21	0.24	0.29	0.31

通过低氧燃烧技术改进，2014—2019 年，实现环保物料成本、煤耗成本、电耗成本、检修费用成本等多项指标的降低，共计节省标煤 23 062 t，节约燃煤成本 800 余万元；节省厂用电量 536 万 kW · h，此项创造效益 161 万元；节省氨量 4 692 t，此项减少成本支出 1 685 万元。

三、空气分级燃烧

空气分级燃烧的基本原理是将燃烧过程分阶段完成。第一阶段，由主燃烧器供入炉膛的空气被减少到总供给空气量的 70% ～ 75%，形成贫氧而富燃料的第一燃烧区。由于过量空气系数小于 1，降低了燃烧的速度和温度水平，不但使燃烧过程延迟，而且减少了 NO_x 的生成量。第二阶段，为了实现完全燃烧，富余空气通过布置在主燃烧器上方的火上风喷口燃尽风（OFA）送入炉内，与第一燃烧区的烟气混合，形成富氧而贫燃料的第二燃烧区，在过量空气系数大于 1 的条件下完成燃烧全过程。第二燃烧区内烟气温度相对较低，有利于限制热力型 NO_x 的形成。由于燃烧过程所需要的空气是分级供入炉内的，故称为空气分级燃烧。

为满足燃烧锅炉改造需要，燃烧技术发展到沿炉膛横向的分段燃烧（LNCFS），即在切圆燃烧火炬中，让二次风偏离一次风，射向较大直径的假想圆，使锅炉中心形成贫氧的富燃料区，其外围形成富氧区。LNCFS 又称为集中燃烧系统。横向分段燃烧强化了脱硝效果，由于炉膛水冷壁周边附近为富氧区，能有效防止水冷壁结焦。

才雷等通过对采用空气分级燃烧前后的数据进行对比，发现炉膛温度、飞灰可燃物以及未完全燃烧热损失升高，而锅炉效率和 NO_x 浓度降低，特别是 NO_x 排放浓度显著降低（降低 39.5%）。

四、燃料分级燃烧

燃烧中生成的NO在遇到CH_4和未完全燃烧产物CO、H_2、C时，会发生NO的还原过程（$2NO+H_2 = N_2+2H_2O$）。可采用分段供给燃料的办法，在炉内形成三个不同燃烧段，各段分别在贫燃料富氧、富燃料、富氧状态运行。

80%～85%的燃料（一次燃料）送入一级燃烧区即主燃区，在过量空气系数大于1的条件下实现完全燃烧。一级燃烧将生成较多数量的NO_x。其余15%～20%的燃料（二次燃料或再燃燃料）在主燃烧器的上部送入二级燃烧区（再燃区），在过量空气系数小于1的条件下再燃，富余燃料形成强还原性气氛，不仅使得一级燃烧区所生成NO_x得到还原，还抑制了新的NO_x生成。最后，在再燃区的上面布置OFA喷口，形成三级燃烧区（燃尽区），保证未燃烧产物燃尽，从而完成燃烧全过程。第三次燃烧虽然会产生一定数量的NO_x，但总体上可以减少NO_x的排放，减少幅度达50%～70%。

某水泥企业位于北京外围地区，NO_x（标态）的排放标准为不大于260 mg/m^3。为达到排放标准，该公司的SNCR脱硝系统氨水消耗量达到1.6～2.0 m^3/h（20%湿重）。氨水的大量使用给企业的运行成本带来沉重的负担。为降低成本，该公司于2015年年底在其5 000 t/d熟料生产线上采用了窑尾燃料分级燃烧系统。该系统工艺简单，主要是将窑尾分解炉的两个燃烧器更换成低NO_x燃烧器，在窑尾增加一个低NO_x燃烧器，从分解炉分取一部分燃料到窑尾进行燃烧，以此来抑制NO_x的产生。该技术脱硝效率为10%～30%，与SNCR技术联合使用，可减少SNCR过程中氨水的使用量，降低整体脱硝运行成本。该企业分级燃烧系统运行后，氨水的使用量由原来的1.6～2.0 m^3/h（20%湿重）降至0.6～1.0 m^3/h（20%湿重），大大降低了企业的生产成本。

五、烟气再循环

烟气再循环法是从空气预热器前抽取温度较低的烟气，通过再循环风机送入空气烟气混合器，和空气混合后送入炉内。这种方法不仅降低燃烧温度，也降低氧气浓度，从而实现降低NO_x排放浓度的效果。再循环烟气量和不采用再循环时的烟气量之比，称为烟气再循环率。

烟气再循环降低NO_x的排放效果与燃料品种和烟气再循环率有关。试验表明，烟气再循环率为15%～20%时，煤粉炉的NO排放浓度可降低25%左右。

采用过高的烟气再循环率时，燃烧趋于不稳定，而且未燃烧空气的热损失会增加。因此，在采用烟气再循环时，再循环率的增加是有限的，电站锅炉一般控制在 10% ～ 20%。另外，采用烟气再循环时，要增加再循环风机、烟道，从而增大了投资，其系统也较复杂，同时对原有设备进行改装时，还受到场地条件的限制。

烟气再循环可以在一台锅炉上单独使用，也可以和其他低氮燃烧技术配合使用。

山东某 300 t/d 垃圾焚烧项目，2017 年年底进行烟气再循环改造。在垃圾仓充分发酵的垃圾经焚烧炉焚烧后，烟气热量经过余热锅炉充分吸收，到达锅炉出口，经过脱酸反应塔脱除烟气中的酸性物质（SO_2、HCl 和 HF 等），布袋除尘器脱除粉尘，在脱酸反应塔和布袋除尘器之间管道进行石灰干法喷射和活性炭喷射，进一步脱除酸性物质、重金属和二噁英等，最后，由引风机抽出烟气进入烟囱。再循环的烟气取风口为布袋除尘器后引风机出口，管路借用二次风机为再循环风机，循环烟气从引风机出口到二次风入口，通过阀门调节再循环风量和二次风的混合比例，混合后沿着二次风管道一并进入焚烧炉，脱硝效率为 10% ～ 30%。通过采用 SNCR+ 烟气再循环组合工艺，实现 ρ（NO_x）小于 100 mg/m^3 达标排放，系统运行相对稳定（图 4-2）。

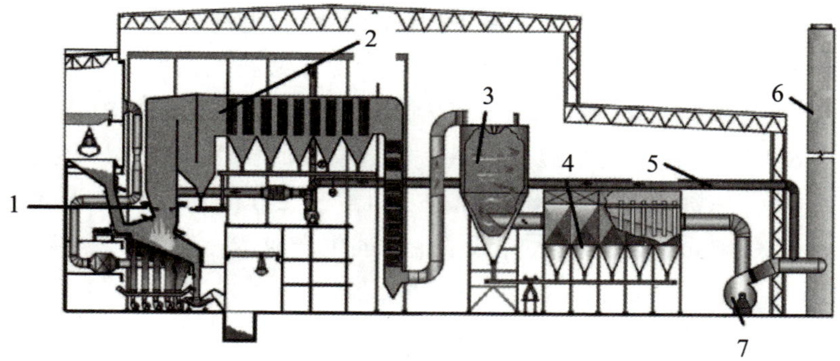

1. 焚烧炉；2. 余热锅炉；3. 脱酸反应塔；4. 袋式除尘器；5. 烟气再循环管道；6. 烟囱；7. 风机

图 4-2　垃圾焚烧烟气再循环系统工艺流程

六、低氮燃烧器

（一）低氮燃烧器的类型

低氮燃烧器是使燃料和空气混合喷出后燃烧的装置，其通过特殊的结构设计实现上述低氮燃烧技术，达到降低 NO_x 排放的效果（表 4-2）。

表 4-2 不同低氮燃烧器对比

分类	特点	优点	缺点	NO_x 排放	工程造价
燃料分级燃烧器	燃料分级送入	工业应用广泛	燃烧强度降低，燃烧效率可能降低	较高	较高
空气分级燃烧器	空气分级送入	工业应用广泛	燃烧强度降低，效率可能降低	较高	较高
烟气再循环燃烧器	将低温烟气引至燃烧区域	改善燃烧状态，余热利用	增加设备成本，燃烧不稳定	较低	高
复合燃烧器	多种低氮燃烧技术结合	大幅降低 NO_x 排放	结构复杂，成本高	较低	高
旋流撞击式气体燃烧器	空气分级，旋流改善混合条件	结构简单，NO_x 排放降低	暂无	较低	低

（二）低氮燃烧器的应用

某石化公司热炉布置较为松散，只有部分热炉在工作过程中存在烟气中的 NO_x 含量超标问题。分析认为，降低 NO_x 含量最有效的方法是更换 NO_x 燃烧器，使其排放含量达到规定的排放标准。改造过后的新型低氮燃烧器均采用分级燃烧器，材料为抗磨损、耐高温材料，并且燃烧器的气枪头为铸钢 310S，燃烧器的上升管材质与分布管材质原材料都经过精选确定。燃烧器自身还带有手动调风挡板。考虑后期对新型低氮燃烧器的维修养护，燃烧器的金属软管长度可以在检修部位抽出。在新型低氮燃烧器运行过程中，应确保燃烧器的调节装置在热运行状态下能够有效使用，以提高燃烧器的可靠性与安全性。

（三）低氮燃烧器运行维护

首先，应调整好 NO_x 的燃烧情况，以不超出限量为标准。例如，由于开大

燃尽风门在减少 NO_x 的含量中具有较为明显的效果，可以根据这一特性进行调整，务必保证燃尽风的开度超出 200%，同时含氧量也大于 3.5%。只有这样，才能降低 NO_x，以确保 CO 的指标满足排放标准。

其次，调整好燃尽风开度和燃烧区二次风开度。这是由于燃尽风开度较大，会导致 NO_x 降低，还容易发生燃烧区缺氧的问题，造成锅炉内部出现结焦的现象，致使排烟温度上升，从而令锅炉的风量逐渐增加，耗费的能量也会增加。例如，在锅炉调整后，应该令其中的含氧量在 2.5% ～ 3.5%，避免由于 CO 指标过大，影响 NO_x 的降低效率。

最后，加强对 NO_x 的调整工作。可以将二次风增加到 70%，然后观察火检的变化情况。当上层的燃尽风开到 90% 时，可以适当减少其他层的二次风开度情况；当中间各层二次风的开度维持在 20% ～ 30% 时，则可以调整二次风，并令周界风保持在 5% ～ 10%。

低氮燃烧器检修主要需要做好以下工作：第一，必须注重运行调整工作，并且科学合理地配风；第二，采用恰当的掺烧方式，尽可能选择和设计煤种相似的煤质；第三，定期检查燃烧器的燃烧情况，并及时将焦块清理干净；第四，一旦设备停止运行，必须进行检查，如检查燃烧器的磨损情况。如存在损坏的部位，须及时更换。

各种低氮燃烧技术都可以在一定程度上降低 NO_x 的生成量，但也会造成飞灰含碳量及系统能耗的增加、锅炉效率的降低等问题。单一的低氮燃烧技术不能满足目前 NO_x 的排放控制要求，需要结合选择性催化还原技术（SCR）以及选择性非催化还原技术（SNCR）等，进行 NO_x 的协同控制。

第三节　选择性催化还原（SCR）烟气脱硝技术

选择性催化还原烟气脱硝技术是目前烟气脱硝效率最高、最有效的一种技术，现已广泛应用于火电厂的锅炉、玻璃池窑、城市垃圾焚烧厂等的烟气脱硝治理。在氨氮当量比 $NH_3/NO_x = 1$ 时，脱硝效率可达 90% 以上，氨逃逸浓度（标态）小于 5 mg/m^3。欧洲、日本和美国等对 NO_x 排放控制严格的国家和地区，大量使用 SCR 脱硝技术对燃煤电厂废气中的 NO_x 进行减排。

我国 SCR 脱硝技术的研究起步较晚。20 世纪 90 年代，在福建后石火电厂 6×600 MW 火电机组上建成了第一套 SCR 脱硝装置。投运后效果很好，NO_x 的排放浓度（标态）只有 85 g/m³。此后经不断研究和开发，国内第一家以具有自主知识产权的 SCR 核心技术设计建设的脱硝工程，即国华太仓发电有限公司 7 号 600 MW 机组烟气脱硝工程，于 2006 年 1 月成功投入运行。

一、SCR 脱硝原理

SCR 脱硝是在一定温度和催化剂的条件下，以氨水和尿素为还原剂，有选择地将烟气中的 NO_x 催化还原为无害的氮气和水的过程。工业上应用的还原剂，大多为氨水和尿素水溶液，也有很少量的采用碳氢化合物中的甲烷和丙烯等。SCR 脱硝的原理见图 4-3。

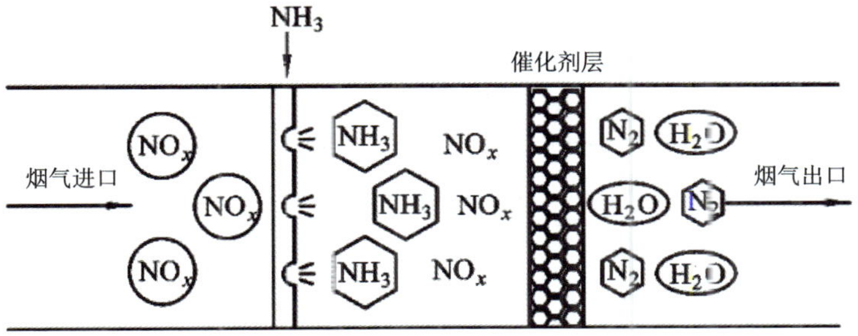

图 4-3　SCR 烟气脱硝技术的反应原理示意

其主要的化学反应方程式有两种情况。

一是有氧气存在的情况下，发生如下反应：

$$4NO+4NH_3+O_2 \longrightarrow 4N_2+6H_2O$$

$$2NO_2+4NH_3+O_2 \longrightarrow 3N_2+6H_2O$$

二是在无氧气存在的条件下，采用氨水为还原剂时，则有

$$NO + NO_2 + 2NH_3 \longrightarrow 2N_2 + 3H_2O$$

$$6NO_2 + 8NH_3 \longrightarrow 7N_2 + 12H_2O$$

若采用尿素为还原剂，则有

$$6NO+2CO(NH_2)_2 \longrightarrow 5N_2+4H_2O+2CO_2$$

$$6NO_2+4CO(NH_2)_2 \longrightarrow 7N_2+8H_2O+4CO_2$$

从反应结果看，不管采用氨水还是尿素为还原剂，都可以将烟气中的 NO_x 还原为 N_2 和 H_2O，只是数量有所不同。随着催化剂技术的发展，现有 SCR 技术可分为高温 SCR 和中低温 SCR，反应温度可低至 180℃。

二、影响 SCR 脱硝效率的因素

SCR 脱硝效率的影响因素很多，如烟气温度、空速（SV）、氨氮比（NSR）、所选催化剂的性能、催化装置、吹灰系统、混合装置的分布效果等。其中，前三项的影响较大。

（一）烟气温度

烟气温度是脱硝系统一个特别重要的参数，对脱硝效率的影响非常大，必须进行合理选定和控制。对 SCR 脱硝系统，烟气温度必须与所用催化剂要求的温度相一致，使烟气温度处于所选催化剂的反应温度窗口之内。试验表明，在相同喷氨量的条件下，排放烟气中的 NO_x 浓度随烟气温度的提高而降低，即脱硝效率随烟气温度的升高而提高。

（二）空速（SV）

空速即空间速度（SV），是催化塔中空间烟气流速的简称，是标态烟气流量与催化剂体积之比。NO_x 的脱硝效率随空速的增大而降低。意大利 Monselice 水泥厂采用的 SCR 脱硝系统，其烟气流量约为 110 000 m^3/h，催化剂的体积为 105.3 m^3，该系统的脱硝效率达到 95%。北京某水泥厂进行的 SCR 法脱硝试验，烟气流量为 1 250 m^3/h，催化剂的体积为 0.324 m^3，其 SV 约为 3 800 h^{-1}，脱硝效率达到 80% 以上。火电厂的 SCR 脱硝系统，其 SV 一般在 2 700 ～ 3 600 h^{-1}。

（三）氨氮比（NSR）

在采用还原法对烟气进行脱硝时，适宜的氨氮比（NSR）特别重要。理论上，1 mol NH_3 就能脱除 1 mol 的 NO_x。但由于多种因素影响，总有少量氨要逃逸，所以，实际的氨氮比需要大于 1，一般控制在 1.05 ～ 1.10，其脱硝效率可达到 80% ～ 90%，甚至更高一些。氨供应不足，会使脱硝效率降低；氨量过大，会增大运行成本，还会对环境造成二次污染。

三、工程应用——某石化公司高压煤粉炉 SCR 脱硝实例

（一）SCR 烟气脱硝装置组成

某石化公司于 2011 年新建 100 kt/a 甲胺 / 二甲基甲酰胺项目。为满足甲胺生产装置工艺用气需求，2012 年配套建成 1 套 160 t/h 高温高压煤粉锅炉。按照 GB 13223—2011 的规定，锅炉排放烟气中 NO_x 质量浓度（标态）必须小于 100 mg/m³。该公司最终采用 SCR 进行烟气脱硝。

SCR 烟气脱硝装置包括氨喷射系统、稀释风机、风道、催化剂吹灰系统、气氨缓冲供应系统。该公司自有合成氨装置，能够提供满足反应条件的还原剂（气态氨），故 SCR 烟气脱硝装置无须设置液氨存储及制备系统。锅炉加装 SCR 烟气脱硝装置后的烟风系统流程见图 4-4。

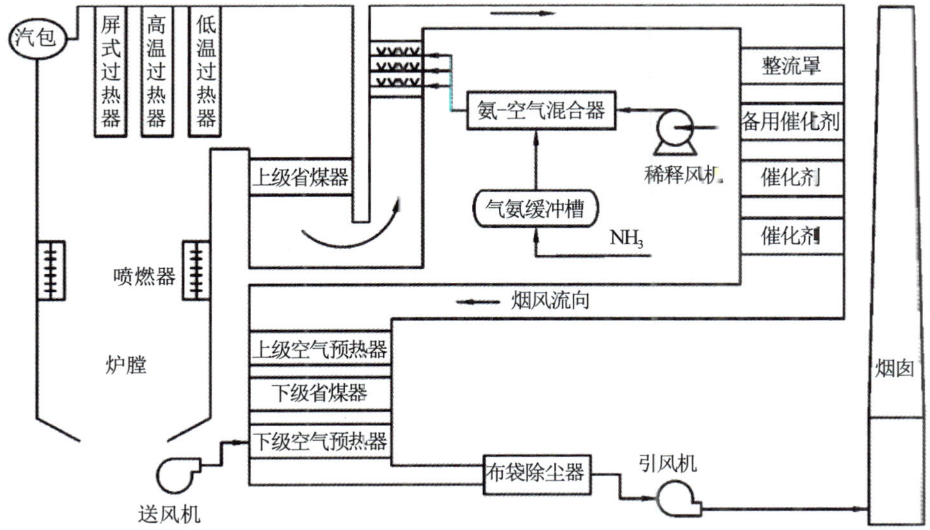

图 4-4　锅炉加装 SCR 烟气脱硝装置后的烟气系统流程

该项目温度区间，需通过调整省煤器分级来实现。SCR 反应器布置于高飞灰区，即布置在上级省煤器和上级空气预热器之间。锅炉产生的烟气经上级省煤器换热后，进入脱硝装置喷氨格栅，烟气中的 NO_x 在金属催化剂作用下与气氨进行反应，被还原成 N_2 和 H_2O。脱硝后的烟气进入上级空气预热器，经逐步换热回收热量后，从烟囱排出。氨气系统紧急排放的氨气送入氨气稀释槽中，

经水吸收后由废水泵送至脱硫区域氨水罐。

氨－空气喷射系统包括氨－空气混合器、喷氨格栅、稀释风机、阀门、管路等。气氨管路上设置调节阀和质量流量计，可根据反应器中氨氮物质的量比与出口气体中 NO_x 含量自动调整喷氨量。氨喷管位于催化剂层上游烟风道内。喷氨格栅分布管上设有压缩空气管道，当格栅喷头发生堵塞时，可用压缩空气进行吹扫。在进氨装置管路上设有氮气预留阀及接口，用于停工检修时吹扫管内氨气。

催化剂是 SCR 烟气脱硝技术的核心，一般分为平板式、蜂窝式和波纹板式三种。该公司选用的是蜂窝式催化剂，其主要成分为 TiO_2、V_2O_5 和 WO_3，具有优良的耐磨性、低压降，在 SCR 反应器区域分两层布置。由于 SCR 反应器布置在高飞灰区，为避免催化剂表面出现固体物沉积而引发堵塞，每层催化剂布置两台声波吹灰器，备用催化剂层只预留吹灰器接口。

为防止出现氨气泄漏，该 SCR 脱硝装置配有氨气泄漏检测器，当测得大气中氨含量过高时，在控制室发出警报，由操作人员采取相应措施。

该烟气脱硝装置采用以气氨为还原剂的 SCR 烟气脱硝技术，烟气处理量（标态）为 185 000 m^3/h，脱硝装置进、出口烟气中 NO_x 质量浓度（以 NO_2 计）分别为 560 mg/m^3 和小于 100 mg/m^3，脱硝效率大于 82%。

（二）运行注意事项

烟气温度是催化剂的重要运行参数，在电力系统燃煤锅炉脱硝装置中使用的催化剂，一般要求控制在 300 ～ 430℃。该公司的锅炉蒸汽负荷在 160 t/h，即在锅炉经济连续蒸发量工况下，出炉膛的烟气（900℃左右）经屏式过热器、高温过热器、低温过热器、上级省煤器换热后，温度降至 370℃，正好在催化剂最佳反应温度区间内。此时反应效果最好，脱硝效率可达最优值。

一般情况下，脱硝系统应设置省煤器高温旁路系统和烟气旁路。在锅炉负荷降低而使烟气流量减少时，若进入 SCR 反应器的烟气温度低于要求值，可打开省煤器旁路导入高温烟气。在锅炉开、停车时，为防止因低温造成催化剂中毒或污染，可打开烟气旁路，但插板门应密封严实，必须保证零泄漏。

烟气流速直接影响 NH_3 与 NO_x 的混合程度，需控制合理的流速，以保证 NH_3 与 NO_x 充分混合，使反应充分进行。该公司锅炉烟气风道壁厚大于或等于 6 mm，在锅炉经济连续蒸发量工况下，风道内烟气流速低于 15 m/s。根据燃煤煤质特点，催化剂区域内烟气流速一般低于 5 m/s。

提高氧含量可提高催化剂性能，但氧含量不能过高，其体积分数一般控制在 2% ～ 3%。

在 SCR 烟气脱硝装置中，NO_x 脱除效率随氨逃逸率的增大而增大。实际生产中，既要保证高效的 NO_x 脱除效率，又要限制氨的逃逸率低于 3×10^{-6}，必须控制好氨的喷射量。锅炉在经济连续蒸发量工况下，烟气流量为 456 523 m^3/h，烟气中 NO_x 质量浓度（标态）为 560 mg/m^3。此时，氨的喷射量为 31.71 kg/h。即使考虑其他因素的影响，氨的最大喷射量也不得高于 33.00 kg/h，否则会增大氨逃逸率。

烟气中的杂质及携带的扩散性极强的飞灰覆盖在催化剂表面，可使其中毒，将严重制约 SCR 烟气脱硝装置的正常运行，必须加以有效控制，如增设吹灰装置。该公司采用声波吹灰器清除飞灰，吹扫频率为每 10 min 吹扫 10 s，0.45 MPa 压缩空气耗量（标态）30 m^3/h，从最上层催化剂开始逐层吹扫。

SCR 烟气脱硝装置的运行成本在很大程度上取决于催化剂的寿命，故加强运行管理、延长催化剂的使用寿命尤为重要。

四、常见问题与解决措施

（一）催化剂堵塞

催化剂堵塞主要是由于铵盐及飞灰的小颗粒沉积在催化剂小孔中，阻碍了 NO_x、NH_3、O_2 到达催化剂活性表面，引起催化剂钝化。

某 3# 烧结脱硝系统于 2018 年 12 月 15 日投入运行。运行后，由于对反应温度、吹扫周期及吹扫压力等工艺参数的控制缺乏经验，运行不到 1 个月，催化剂总压差由 0.48 kPa 逐步升高至 1.5 kPa，系统阻力增加，导致烧结负压降低，影响烧结矿产量。2019 年 2 月 15 日，对脱硝系统工艺停机检查，发现催化剂堵塞严重。检修开机后采取增加吹扫频次、降低反应温度等措施，但催化剂仍有堵塞现象。4 月 4 日，再次停机清理催化剂堵塞。此次停机，在清理堵塞的同时，还采取了降低喷吹管与催化剂的垂直距离的措施，距离由 500 mm 降至 300 mm。另外，在第三层催化剂上部增加网链清扫装置，运行中定时对催化剂进行吹扫、声波振打等，减少催化剂积灰。此次检修开机后，催化剂堵塞现象得到一定改善，但压差还是有缓慢升高趋势。为彻底解决催化剂堵塞对生产的影响，5 月 11 日停机 12 h，通过对相关设备的改造和对接，实现往吹风管道中兑入调质剂。调质剂的主要作用是改善烟气的品质，降低烟气的黏度。调质剂使用后，催化剂堵塞现象得以消除，实现了 SCR 系统的长期平稳运行。

（二）催化剂的磨蚀

催化剂的磨蚀主要是由飞灰撞击催化剂表面造成的，磨蚀强度与气流速度、飞灰特性、撞击角度及催化剂本身特性有关。预防措施：加强生产操作管控，控制适宜的混合料水分，杜绝混合料出现干料；使用铺底料工艺，提高机头除尘效率，减少粉尘颗粒物进入脱硝系统。

（三）催化剂碱金属及砷中毒

碱金属中毒主要是烟气中 Na、K 腐蚀性混合物与催化剂表面接触，降低催化剂活性。砷（As）中毒主要是由烟气中的 As_2O_3 扩散进入催化剂表面及堆积在催化剂小孔中，在催化剂的活性位置与其他物质发生反应堆积，引起催化剂活性降低。预防措施：一是烧结配矿时综合考虑原料中碱金属及砷元素带入量，控制烧结矿中 $K_2O \leqslant 0.12\%$、$Na_2O \leqslant 0.05\%$、$As \leqslant 0.07\%$；二是做好机头除尘设备维护，提高除尘运行效率。通过以上措施，减少碱金属及砷进入 SCR 系统。

（四）NH_3 逃逸

NH_3 逃逸一般是 NH_3/NO_x 的摩尔比参数控制过高或催化剂性能降低，不仅浪费生产成本，而且造成环境的二次污染。另外，逃逸的 NH_3 与烟气中的 SO_3 反应，生成 NH_4HSO_4 和 $(NH_4)_2SO_4$ 等黏稠状的铵盐，黏结在下游设备上并腐蚀设备，同时增大了沿程阻力。减少 NH_3 逃逸的措施：在保证 SCR 系统出口 NO 浓度达标排放的情况下，减少喷氨量；停机检查催化剂是否完好，或检测催化剂的性能指标是否满足要求；检测烟气流场是否均匀。

（五）催化剂的更换与保养

当催化剂磨损或堵塞严重时，催化剂反应面积减少，会引起烟气流不均匀和催化剂反应不充分，导致脱硝效率降低、氨逃逸率增加。为了解决这一问题，需要对催化剂进行更换或清理。催化剂活性与氨逃逸率关系见图 4-5。

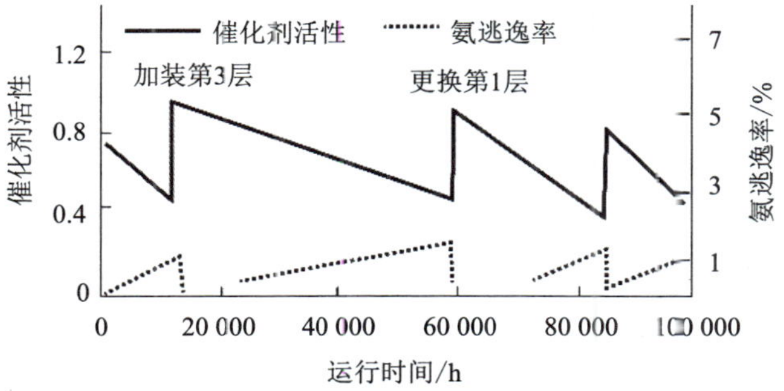

图 4-5　催化剂活性与氨逃逸率关系

第四节　选择性非催化还原（SNCR）烟气脱硝技术

一、SNCR 脱硝原理

选择性非催化还原工艺是以尿素或氨水为还原剂，在不使用催化剂的情况下，在合适的温度区间喷入还原剂，进行脱硝。该反应对温度敏感，通过确定温度场区域，选择喷枪喷射位置，从而获得脱硝效果。该法典型脱硝效率为30%～70%，适合于锅炉、焚烧炉、水泥窑等各种类型燃烧系统。

在 850～1 250℃，NH_3 或尿素还原 NO_x 的主要反应如下：

NH_3 为还原剂：$4NH_3+4NO+O_2 \longrightarrow 4N_2+6H_2O$

尿素为还原剂：$2NO+CO(NH_2)_2+O_2 \longrightarrow 2N_2+CO_2+2H_2O$

SNCR 系统简单，不需要改变锅炉主体结构，只需在原有的基础上添加 SNCR 脱硝系统。建设周期短，施工简单，停炉时间短，投资少，只需添加廉价的还原剂。而且，反应在炉膛内发生，不需要昂贵的催化剂和催化塔，运行成本低，运行阻力小。SNCR 脱硝系统不会干扰燃煤锅炉的运行。一般在中小型余热锅炉中，SNCR 脱硝效率达 50%～70%；在大型余热锅炉中，脱硝效率达 30%～50%。

二、影响 SNCR 法脱硝效率的因素

（一）烟气反应区温度

由于 SNCR 脱硝技术无催化剂的参与，所以对温度较为敏感，只有在较高的适宜温度范围（800 ～ 1 150℃）才能保证还原剂有效还原烟气中的 NO_x。反应区温度过低时，不仅影响脱硝效果，而且会增加氨的逃逸。当温度过高时，还原剂会与氧气发生反应而增加 NO_x 的浓度，降低脱硝效果。

（二）还原剂种类

不同还原剂之间形态和分解反应存在差异，导致其反应条件和脱硝效果不同。氨水的反应温度范围较广，反应速度快；而尿素的温度范围较窄，反应时间较长，反应速率慢。但尿素溶液具有更远的喷射距离，可以改善与烟气的混合效果，从而提高脱硝效率。一般氨水的反应温度控制在 800 ～ 1 100℃，尿素的反应温度控制在 900 ～ 1 150℃。

（三）混合条件

还原剂与烟气在短时间内的混合条件对脱硝效果起着关键作用。还原剂通过喷射装置进入炉膛内，与烟气混合并发生一系列化学反应。若还原剂与烟气没有均匀混合，或混合时间过短，会导致反应物分布不均，无法供给足够的反应物，将会抑制 NO_x 的还原反应，导致脱硝效果和还原剂的利用率降低。所以，必须改善还原剂与烟气的混合条件，不然会导致氨逃逸，造成二次污染，而且会影响脱硝效率。

（四）还原剂停留时间

还原剂在烟气中的停留时间过短，会导致反应物分布不均，抑制 NO_x 还原反应，导致脱硝效率的降低；若停留时间过长，NO_x 的还原已趋于饱和，会导致还原剂自身氧化反应的发生。一般情况下，随着温度的升高，脱硝反应加剧，所需时间也会相应缩短。

（五）氨氮比

氨氮比（NSR）是指 SNCR 脱硝反应中还原剂（以 NH_3 计算）与 NO_x（以 NO 计算）的摩尔数之比。根据反应方程式，理论上，当 NSR 等于 1 时，就能达到理想的脱硝效果。而实际上，系统内的反应受各种因素的影响，为了提高 NO_x 的脱除效果，通常维持反应体系中的 NSR 要大于理论值。当 NSR 为 1.0 ～ 2.0 时，NSR 的增加会促进反应的进行，提高 NO_x 的脱除效率；但是当 NSR 大于 2.0 时，反应已接近饱和，NSR 的增加不仅不会增加 NO_x 的脱除效率，还会降低还原剂的利用率。因此，NSR 一般控制在 1.0 ～ 2.0。

三、工程应用实例

（一）某造纸企业燃煤锅炉 SNCR 脱硝技术的应用

某造纸企业主要生产楞纸，产能约为 4 万 t/a。由于该企业所在区域的天然气管网尚未接通，用一台 15 t/h 燃煤锅炉提供过渡期热源。原有的燃煤锅炉废气先通过多管旋风除尘，再利用双碱法进行脱硫，最后通过排气管向 40 m 的高空排放。为满足国家有关环保法律法规的要求，使燃煤锅炉排放烟气中的 NO_x 浓度符合《锅炉大气污染物排放标准》（GB 13271—2014）规定的特别排放限值，该企业采用一套 SNCR 脱硝系统对企业燃煤锅炉废气处理设备进行提标改造，其工艺流程如图 4-6 所示。

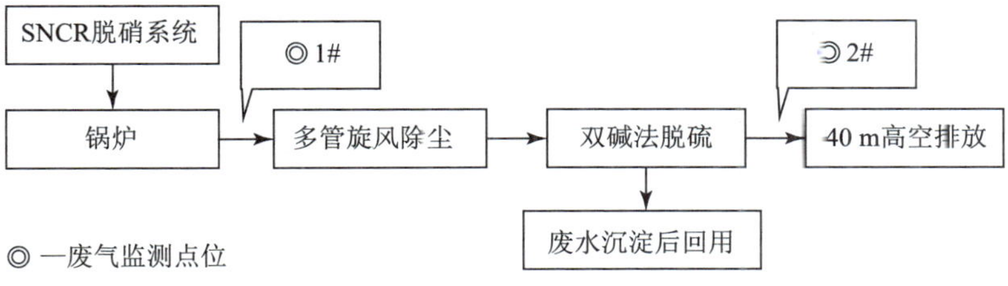

图 4-6　燃煤锅炉废气处理工艺流程及监测点位

SNCR 脱硝技术有效降低了锅炉废气中 NO_x 的浓度。脱硝前，废气中 NO_x 浓度均值为 262 mg/m³，脱硝后浓度为 100 mg/m³，处理效率达 61.8%。结合 SNCR 脱硝技术，经过处理的燃煤锅炉废气中的颗粒物、SO_2、NO_x 浓度及烟气黑度均能满足大气污染物排放限值的要求。

（二）某冶炼厂烟气炉 SNCR 尿素脱硝法的应用

某冶炼厂采用 SNCR 脱硝技术对烟化炉尾气进行脱硝，使用质量分数为 10% ～ 15% 的尿素水溶液，以 80 ～ 120 L/h 的喷淋量雾化喷入底吹炉直升烟道下部，制酸尾排烟气颜色明显变淡白色甚至无色，制酸生产及浓硫酸产品质量稳定，监测烟气尾排 $\rho(NO_x)$ 均在 20 mg/m^3 以下，远低于特别排放限值的 100 mg/m^3。此法投资少，运行费用较低，操作安全简便，脱硝效果较好（脱硝效率 76.4%）。

该企业现有的 SNCR 尿素法脱硝系统的初期设备设施投入少，主要设备配置包括尿素溶解搅拌罐、尿素水溶液静置储槽、计量泵、流量计、喷枪及工艺管道等，总投资约 5 万元（图 4-7）。

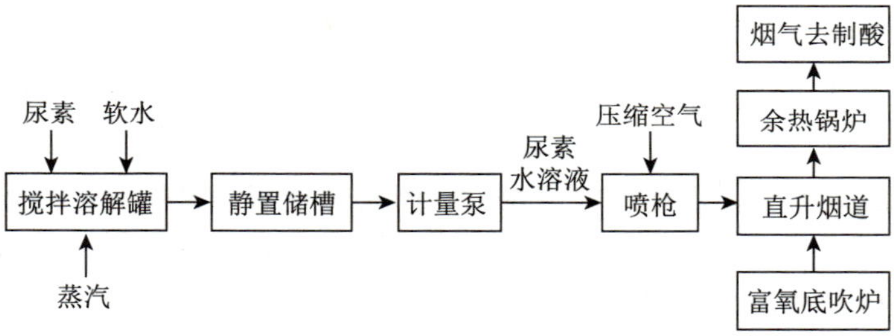

图 4-7　底吹炉烟气 SNCR 法脱硝工艺流程

从实际运行成本来看，因操作简单，监控简便，可不计人工成本。以尿素溶液质量分数 10%、喷淋量 100 L/h 测算，尿素月消耗为 7.2 t。尿素市场价格 2 200 元 /t，则每月尿素成本约 1.6 万元。加上搅拌、泵的动力消耗及蒸汽加热成本，估算该套 SNCR 尿素法脱硝系统月度运行费用在 2 万元左右。该装置运行后，制酸尾排烟气颜色明显变淡白色甚至无色，制酸生产及浓硫酸产品质量趋于稳定，产生了较好的综合效益。

在实际运行中，该冶炼厂存在 SNCR 尿素法脱硝效率难以准确判定的问题。理论上，在不考虑系统漏风的情况下，脱硝效率应该以尾排 NO_x 浓度和底吹炉出口烟气 NO_x 浓度来计算。但实际生产中，底吹炉出口烟气尘含量较高，气速较快，NO_x 浓度可能很高，如跟尾排 NO_x 数据测定一样采用在线监测仪器分析，则无法准确检测，需要另外设计特殊分析方法。因此，在实际应用中，脱硝底吹炉烟气脱硝效果均以尾排 $\rho(NO_x)$ 小于 100 mg/m^3 为判定依据。

另外，底吹炉生产工艺波动影响烟气脱硝效果。该企业底吹炉生产模式变更为以处理铅银渣、铅泥等复杂含铅原料为主，配料时增加烟煤、硫黄颗粒等辅助燃剂，一方面使烟气 NO_x 升高，产生了后续制酸工艺及尾排处理的问题；另一方面提高了烟气温度，为采用 SNCR 尿素法脱硝工艺创造了必要条件。但这种冶炼模式的生产工艺波动频繁，生产运行中出现过炉温偏低影响脱硝效果、烟尘量过大造成直升烟道喷淋口下部内壁结块等异常情况，给脱硝工艺调控带来难度，部分时段仍有超标现象。可观察制酸尾排，若烟气泛黄，及时调节尿素浓度、喷淋量等工艺参数，直至烟气由泛黄变为淡白色甚至无色，以达到良好的脱硝效果。

四、氨逃逸问题及解决

2017 年，佛山陶瓷行业 NO_x 污染物限额标准由 180 mg/m^3 降至 100 mg/m^3。为达标，陶瓷企业大多引入了 SNCR 烟气脱硝技术。SNCR 烟气脱硝技术是成熟经济的烟气脱硝技术，具有投资少、运行费用低、周期短等优点，但存在氨逃逸、二次污染及腐蚀设备等缺陷。

研究发现，脱硝效率或氨逃逸主要与喷入点的烟气温度、自动控制水平有关。当温度小于 900℃时，氨逃逸随着温度的降低迅速增大；温度大于 900℃后，氨逃逸则迅速减少，并随着温度的增大逐步趋于最低水平。同时，若氨喷入量与烟气工况条件未能实时匹配，如氨氮摩尔比增大或喷射不均等，均会造成氨逃逸的增加。此类影响均可归为自动控制水平不够，未能根据实际工况条件匹配氨喷入量等。

控制氨逃逸，要注意喷入点的精确选取。实际选择喷入点位置时，应结合设备工况。当生产产品结构发生较大变动时，应重新选择喷入点。例如熔块窑，生产不同产品所需的温度差异较大（1 350 ～ 1 600℃不等），造成熔块窑蓄热室中的烟气温度波动较大。因此，可安装温度监控装置，当监控温度离开最佳的反应温度窗，应结合实际情况考虑在不同位置加装喷氨喷头与温度监控，以便根据实际生产情况切换喷氨喷头系统。

控制氨逃逸的另一关键措施是精细化自动控制，它能够让喷氨量实时与烟气工况相匹配，使得氨逃逸水平降到最低（$<$ 8 mg/m^3）。精细化自动控制包括三部分：脱硝剂制备与存储系统、自动增压输送控制系统和良好的喷射系统，

如图 4-8 所示。

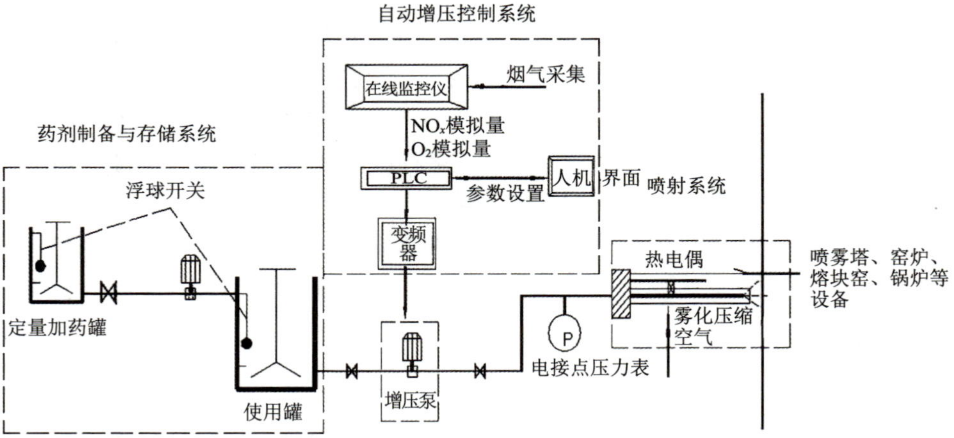

图 4-8　SNCR 脱硝精细化控制系统

脱硝剂制备与存储系统的关键在于，能够稳定提供恒定浓度的脱硝剂溶液。首先将脱硝剂（尿素）加入定量加药罐中，配置一定浓度的脱硝剂溶液（具体比例依据实际情况确定）并搅拌均匀，再通过 PLC 液位执行程序自动控制水泵给药至使用罐。

自动增压输送控制系统是整个精细化自动控制的核心，其目的就是采用烟气在线监控 NO_x 实时数据来控制脱硝剂喷入量，以实时匹配烟气实际工况。首先，从烟气在线监控实时数据中取得 NO_x 和氧含量实测值信号（一般为 4 ～ 20 mA 的电流信号），并送至 PLC 中；其次，通过人机界面设定 NO_x 折算值控制范围（80 ～ 95 mg/m^3）、偏差量报警值等；最后，由 PLC 执行程序输出变量至变频器控制脱硝增压泵流量，以达到最佳的氨喷入量。这里需要说明的是，变频器小于一定频率后，会出现喷雾压力不够的情况。因此，需根据实际情况确定变频器下限频率。

好的喷射系统不仅要求喷枪雾化效果（包含喷射覆盖面恰当、均匀雾化等）突出，而且要求做好喷枪的耐热保护（一般情况下，均在喷枪外加一套筒进行保护）。可在喷枪前面增加电接点压力表与自动滑动模块，当电接点压力表低于某一压力，即探测到喷枪前存在管道堵塞时，喷枪可自动退出高温设备。

第五节 其他脱硝技术

一、吸附法

吸附法是采用活性炭、分子筛和沸石等多孔材料来吸附烟气中的 NO_x，然后对吸收产物进行后续处理，以回收利用。其中，活性炭的应用最为广泛，它首先吸附 NO_x 与 O_2，之后在其活化位点上将吸附的 NO 氧化为 NO_2。当活性炭吸附 NO_x 达到饱和状态时，会发生解吸。

吸附法去除 NO_x 效率高，操作简单，无须消耗其他物质。但其吸附容量小，需要的吸附剂较多，投资成本较高，且需要间歇操作。因此，吸附法只适用于 NO_x 浓度较低的烟气脱硝。

Guo 等研究发现，利用椰子基活性炭可将 81% ～ 94% 的 NO 转化为 NO_2，利用沥青基活性炭的 NO 转化率为 44% ～ 75%，利用聚丙烯腈基活性炭的 NO 转化率为 25% ～ 68%。杨代军等利用 K_2CO_3 改性活性炭吸附 NO，经过四次吸附脱附循环后，吸附剂的 NO 吸附率仍高达 76%。

二、湿法脱硝

湿法脱硝主要包括氧化吸收法、吸收还原法和络合吸收法等。

（一）氧化吸收法

氧化吸收法先利用氧化剂将 NO 氧化为 NO_2，然后用碱液将 NO_2 吸收去除。常用的气相氧化剂有 O_3、Cl_2 和 ClO_2 等。

氧化吸收法简单易行，装置占地面积小，脱硝率高，但存在生成物较复杂、不易进行二次利用、容易造成二次污染等缺点。

徐凯杰等采用 ClO_2 气相氧化联合 $CaCO_3$ 浆液吸收工艺对模拟烟气进行同时脱硫脱硝。最佳反应条件下，SO_2 去除效率达 100%，NO_x 去除效率达 81% 左右。气相催化剂成本高且运输相对困难，存在泄漏的风险，因此，在液相中添加氧化剂的方法逐渐替代了气相氧化剂，常用的液相氧化剂有 H_2O_2、$KMnO_4$ 和 $NaClO_2$ 等。孙淑君等用液相 ClO_2 结合 $Ca(OH)_2$ 溶液进行 NO 脱除时，NO 去除效率稳定在 96% 以上。

（二）吸收还原法

吸收还原法是指利用具有还原能力的硫化物、亚硫酸盐和尿素等物质的水溶液，将 NO_x 还原为 N_2。张荣芳等采用 O_2 氧化部分 NO 得到 NO_2 来调节氧化度（NO_2 与 NO_x 的体积比），再以尿素溶液为吸收液还原吸收 NO_x。NO_x 去除效率可达 99.89%。

（三）络合吸收法

络合吸收法是利用液相络合剂与 NO 之间的配位作用，先将 NO 吸收，然后采用微生物、电解或加入还原剂等方式将吸收了 NO 的络合剂还原，从而使其再生并循环利用的方法。国外对该法的研究始于 20 世纪 60 年代；最初，美国、日本采用无机物 $FeSO_4$ 脱除 NO；80 年代至今，主要采用以 Fe^{2+} 或 Co^{2+} 为中心离子、氨基多羧酸类或巯基类（－SH）等有机物为配体构成的亚铁氨羧及亚铁含－SH 基螯合剂进行脱硝。目前，国内外研究最广泛的是以配体乙二胺四乙酸（EDTA）构成的亚铁氨羧螯合剂［Fe（Ⅱ）EDTA］为络合剂并与生物还原法联合脱除 NO 的工艺。

络合吸收联合生物还原法具有反应速率快、吸收液可循环利用、无二次污染、可同时脱硫脱硝等优点。但络合剂易氧化及微生物有厌氧性等问题阻碍了该法的工业化应用。

三、微生物法

微生物法处理 NO_x 操作简单，投资运行成本低，净化效果好，不会造成二次污染，近年来成为脱除烟气中 NO_x 的研究热点。

微生物法处理烟气中的 NO_x 主要包括传质和生化反应两个过程。首先，气相中的 NO_x 经过溶解或吸附等传质作用转移至液相中（如 NO_2 溶解于水中形成 NO_2^- 或 NO_3^-，NO 被液相中的微生物或固体物吸附），然后在外加碳源的作用下，凭借微生物的生命代谢活动，通过微生物液相中的含 NO_x 的吸收和在微生物体内进行氧化、分解和还原等代谢作用，将一部分吸收的氮转化为微生物生长所需的营养物质，用于细胞的生长繁殖。另一部分氮则通过微生物代谢活动转化为 N_2 排出，从而达到净化烟气中 NO_x 的目的。梁炜等利用具有高温好氧反硝化能力的菌株 *Chelatococcus daeguensis* TADl 作为菌源，建立了高温生物滴滤系统，进行脱除烟气中 NO_x 的研究。结果表明，系统温度控制在 20 ～ 50℃时，NO 去除效率均保持在 80% 以上。

微生物的操作条件和生存条件虽然易于控制，但由于 NO_x 中 NO 所占比例大，而 NO 又不溶于水，使得 NO 净化率不太高。烟气中的 NO 不仅传质效率极低，而且微生物对 NO 的吸附能力也不强，导致目前利用微生物净化 NO_x 的工业化应用程度较低。

四、化学吸收－生物还原技术

NO 传质效率低是限制微生物法工业化的关键问题，仅依靠生物工艺的改进很难从根本上解决。所以，化学吸收与生物法相结合的联合工艺成为解决 NO 传质效率低的有效途径。这种方法结合了化学吸收与生物法的优点，先通过络合剂吸收烟气中的 NO，形成 NO 络合物，大大提高了 NO 的气液传质效率，然后利用微生物将络合态 NO 还原为 N_2。化学吸收－生物还原法不仅提高了 NO 在液相中的吸收速率，还在一定程度上解决了吸收剂的损耗和再生的问题，受到国内外研究者的广泛关注。这一技术目前只停留在实验室研究阶段，尚未进行工业化应用。原因主要是，目前化学吸收剂大多是 Fe（Ⅱ）金属螯合物，Fe（Ⅱ）易被氧化为 Fe（III），从而丧失络合 NO 的能力。

Zhang 等利用 Fe（Ⅱ）EDTA 作为增强型吸附剂，采用化学吸收－生物还原工艺去除 NO_x。优化工况参数后，NO 去除效率保持在 90% 以上。

五、光催化氧化法

光催化氧化法脱硝是指在一定光照条件下光催化剂受到能量激发产生电子－空穴对，电子及空穴分别与烟气中的 O_2、$H_2O(g)$ 生成超氧基及羟基自由基，继而将吸附于催化剂表面的 NO_x 氧化为硝酸根的方法。

光催化氧化法脱硝反应条件温和，可协同脱硫，而且不会产生二次污染。目前，国内外常用的光催化剂有 TiO_2、ZnO 及 CdS 等半导体。其中，纳米 TiO_2 以绿色环保、催化活性高、化学及热稳定性好等优势被广泛研究，但也存在只吸收太阳光中的紫外线（$\lambda < 390$ nm）而对可见光（390 nm $< \lambda <$ 760 nm）利用率低，以及电子－空穴对易快速复合等缺点。

对烟气中各种 NO_x 脱除方法进行比较，其中，SCR 技术脱硝效率较高，但由于其需要催化作用，运行成本较高。SNCR 技术无须加入催化剂，成本相对较低，但操作温度很高，SNCR 与 SCR 都存在氨逃逸造成二次污染的风险。SNCR 技术脱硝效率较低，适用于处理垃圾焚烧和中小型发电厂烟气中的 NO_x。吸附法操作简单，但由于其吸附量较小，只适用于 NO_x 浓度较低的烟气脱硝。湿法脱硝技术的脱硝效率虽高，但其生成物成分复杂，普遍存在生成物难以回收利用的问题。微生物法去除烟气中 NO_x，投资运行成本低，操作简单，无二次污染，但由于烟气中 NO 气液传质效率低，实际 NO_x 净化效果并不理想。化学吸收－生物还原法克服了微生物法脱硝的缺点，通过络合吸收提高了 NO 的气液传质速率，提高了烟气中 NO_x 的去除效率。

目前，烟气脱硝技术广泛应用低氮燃烧技术、SCR 法和 SNCR 法。各企业应研究探索各技术方法的最优工况，同时大力发展吸附法、等离子体法等脱硫脱硝一体化技术，深入研究络合吸收法、光催化氧化法等新型烟气脱硝技术，探索适合本行业本地区域特色的烟气脱硝技术。

第六节　企业脱硝技术应用实例

一、某光伏企业“两级碱液喷淋＋两级硫化钠洗涤”脱硝实例

光伏企业硅片处理时使用浓硝酸和氢氟酸，从而产生氮氧化物和氟化物废气，因产生的废气混合收集，故 NO_x 废气呈酸性。江苏省某光伏企业采用“两级碱液喷淋＋两级硫化钠洗涤”工艺处理产生的 NO_x 废气，效果良好，NO_x 排放浓度能达到《电池工业污染物排放标准》(GB 30484—2013)的要求(图 4-9)。

含 NO_x 废气从喷淋塔下部进入，沿塔内上升，洗涤液自喷淋嘴由上至下均匀地喷洒于填料的表面。废气流经填料层时，吸收液将 NO_x 还原为氮气。

增强气液传质功效，关键在于选择抗堵塞、喷射力度与细密度大的喷嘴，与优良的填料或旋流（斜孔）板。同时，喷淋塔废气去除效果与空塔速度、喷淋液量、气体停留时间、填料比表面积等因素也有关，降低空塔速度、增加喷淋液量、提高停留时间、增加填料比表面积均可以改善传质条件，使废气中的

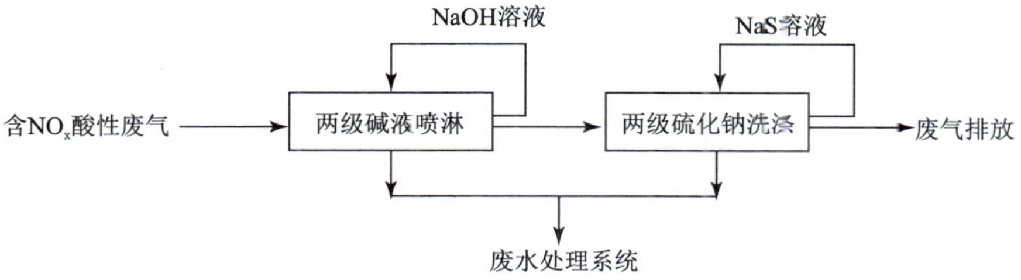

图 4-9　某光伏企业脱硝处理流程

污染物与吸收液充分接触，从而提高吸收效果（表 4-3）。

表 4-3　废气处理设施运行效果

次数 / 次	产生速率 /（kg/h）	产生浓度 /（mg/m^3）	排放速率 /（kg/h）	排放浓度 /（mg/m^3）	去除效率 /%
1	7.07	113.37	0.73	12.69	89.67
2	6.96	111.60	0.64	11.46	90.80
3	7.38	119.83	0.70	11.36	90.51
4	7.76	126.00	0.81	13.13	89.56

注：每次监测取样 4 次，表中的数据为 4 次监测结果的平均值。

采用湿法喷淋处理废气中 NO_x 时，需要配制合理浓度的吸收液。吸收液浓度过高，废气中 NO_x 虽能去除，却会增加处理成本；吸收液浓度过低，废气中的 NO_x 吸收效率低，影响系统处理效果。同时，硅片处理时，氢氟酸和硝酸的挥发量与其自身浓度密切相关。槽内初加入氢氟酸、硝酸时，氢氟酸、硝酸浓度高，挥发的废气量也大，但随着生产的不断进行，氢氟酸、硝酸浓度变小，挥发量将降低。因此，废气中的 NO_x 浓度处于变化状态。企业应根据每批次硅片生产处理的不同阶段，及时调节吸收液浓度，确保吸收液浓度和废气浓度相符。

吸收液虽通过调节有效成分后可循环利用，但吸收液有自身饱和量，企业应定期检测循环水池中有关污染物浓度，并根据生产工况　确定循环水池清空周期，定期更换吸收液，确保废气吸收效率。

二、某水泥公司低氮燃烧技术与 SNCR 法联合脱硝实例

某水泥公司有一条 5 500 t/d 生产线，二档短回转窑，分解炉为 TTF 炉。在

2014 年 10 月之前，该公司水泥窑 NO_x 排放浓度（标态）为 310 mg/m³，氨水用量为 22 ～ 24 L/min，且 SNCR 系统已经达到喷氨量极限。2014 年，该公司集团项目“高能效低氮燃烧预热分解系统开发及应用”的研究成果在该公司实施。至 2015 年 1 月，该公司水泥窑 NO_x 排放浓度（标态）为 284 mg/m³，氨水用量为 21 L/min，完成了 2014 年该公司集团项目的考核指标。但由于 2015 年 7 月 1 日起执行新的大气排放标准，其 NO_x 排放浓度不能满足新标准的要求。该公司与集团研究院通过对空气分级燃烧和燃料分级燃烧组合创新技术开发，结合 SNCR 技术组合工艺，大幅降低了窑尾烟囱 NO_x 的排放浓度。

该公司通过对原有的三次风分级系统进行改造，并增设燃料分级系统，经过调试，系统能够稳定运行，形成了三次风分级 + 燃料分级 +SNCR 脱硝技术的复合脱硝技术，且未对熟料产量、熟料质量、热耗以及窑况产生影响。调整优化后，三次风分级脱硝管开度为 35% ～ 45%，煤粉后燃分煤器开度为 15% 左右。

改造后，系统能够实现 NO_x 排放浓度（标态）低于 230 mg/m³、氨水流量低于 20 L/min 的目标。工况稳定时，可达到 NO_x 排放浓度（标态）低于 200 mg/m³、氨水流量低于 18.5 L/min 的水平。

三、某水泥厂 SNCR-SCR 混合脱硝工艺实例

SNCR-SCR 混合烟气脱硝技术，不是简单地将 SNCR 与 SCR 工艺结合，它充分发挥了 SNCR 对 NO_x 浓度较高的脱除优势和投资低的优点，同时利用 SCR 脱硝效率高和氨逃逸率小的特点，在大幅提升脱硝效率的情况下，降低脱硝运行成本并减少氨逃逸。

混合 SNCR-SCR 工艺具有两个反应区，其前端是 SNCR 反应区，是利用布置在窑炉墙壁的喷射系统，将还原剂（如 NH_3）喷入高温烟气（800 ～ 950℃）中。在高温下，还原剂与烟气中的 NO_x 发生非催化还原反应，脱除一部分 NO_x，此反应区为第一个反应区；未反应完的氨及 SCR 喷氨一起，经混合均匀分布进入第二个反应区——SCR 反应器，在催化剂的作用下进行选择性还原反应，进行二次 NO_x 脱除。在 SNCR-SCR 联合脱硝工艺中，烟气依次经过了 SNCR 脱硝环节和 SCR 脱硝环节。

某水泥厂有 5 000 t/d 水泥熟料生产线，当地环保政策要求，烟气中 NO_x 排放浓度（标态）不大于 50 mg/m³。该项目在利用原有 SNCR 脱硝系统的前提下，新建钢结构支架及 SCR 反应器、喷氨系统等配套设施，用于降低窑尾废气 NO_x

排放浓度。按照单窑单套脱硝系统的布置方式，实现 SNCR-SCR 烟气联合脱硝。

SCR 系统主要包括高温电除尘和 SCR 脱硝塔及配套设施，烟气由 C_1 出口引出，经高温电除尘后，烟气含尘浓度由 100 g/m^3 降至 40 g/m^3 左右，进入脱硝反应器。脱除 NO_x 后的烟气进入原工艺系统中，其催化剂选用 TiO_2 为载体的 V_2O_5 和 WO_3。由于 SNCR 中未反应的氨无法满足后续 SCR 所需的还原剂用量，在高温电除尘器入口处装设氨水喷枪，喷入一定量的还原剂，满足出口 NO_x 排放浓度（标态）低于 50 mg/m^3 的要求。SCR 烟气脱硝工艺流程见图 4-10。高温电除尘器设计参数见表 4-4。脱硝塔设计参数见表 4-5。

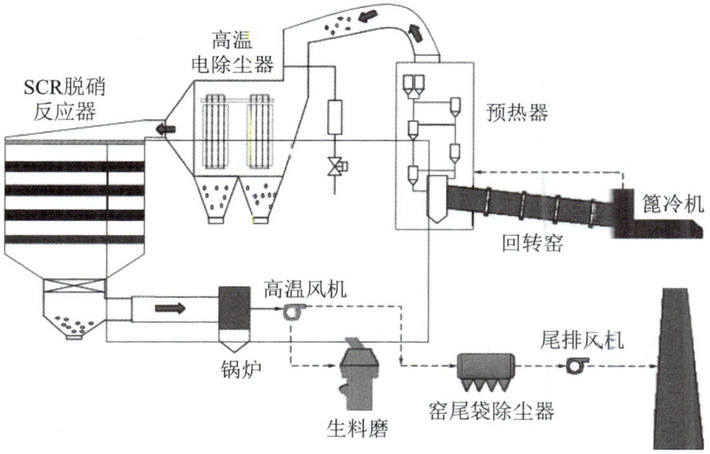

图 4-10 水泥窑炉 SCR 烟气脱硝工艺流程

表 4-4 高温电除尘器设计参数

型号	处理烟气量 /（m^3/h）	烟气温度 /℃	烟气含尘浓度 /（g/m^3）	排放浓度 /（g/m^3）	压力损失 /Pa
鲁奇 BS2000	1 000 000	295 ～ 350（瞬时 400）	80 ～ 100	满足脱硝要求且＜40	≤ 300

表 4-5 脱硝塔设计参数

项目	参数
处理风量 /（m^3/h）	1 000 000
烟气温度 /℃	295 ～ 350（瞬时 400）
烟气中氧含量 /%	2 ～ 3

项目	参数
处理风量 /（m^3/h）	1 000 000
烟气含尘浓度（标态）/（g/m^3）	≤ 30
入口 NO_x 浓度（标态）/（mg/m^3）	约 400
出口 NO_x 浓度（标态）/（mg/m^3）	< 50
压力损失 /Pa	≤ 600
脱硝效率 /%	≥ 90
氨逃逸（标志）/（mg/m^3）	≤ 2.28
催化剂布置层数 / 层	4+1
催化剂形式	蜂窝式

水泥生产线应用 SNCR-SCR 联合脱硝技术，脱硝效果明显。在入口 NO_x 浓度（标态）280 ～ 350 mg/m^3 情况下，及保证氨逃逸浓度小于 2.28 mg/m^3 时，能够实现 NO_x 排放浓度长期稳定小于 50 mg/m^3，脱硝效率达到 90% 以上。该项目自投运以来，各设备均运行正常，设备运行可靠性强，自动化高，完全满足超低排放要求。

四、有色企业烟气中 NO_x 控制

对照现行的 NO_x 控制指标，将有色金属冶炼企业需要进行脱硝处理的烟气分成三类：第Ⅰ类，处理后满足成品硫酸质量要求的炉窑烟气；第ⅡⅡ类，处理后满足 NO_x 排放要求的炉窑烟气；第Ⅲ类，湿法冶炼硝酸使用过程中产生的含 NO_x 烟气。

（一）第Ⅰ类烟气脱硝技术

第Ⅰ类含高浓度 SO_2 的冶炼烟气主要用于生产工业硫酸，但国内的《工业硫酸》（GB/T 534—2014）中，对成品酸中 NO_x 含量没有明确规定，只有更高等级硫酸的《蓄电池用硫酸》（HG/T 2692—2015）和《化学试剂　硫酸》（GB/T 625—2007）对 NO_x 含量有明确规定。从制酸尾气中 NO_x 排放浓度来看，大多符合国家 NO_x 排放要求。因此，国内对冶炼制酸烟气中的 NO_x 关注很少。

国外已经成功地把 SCR 法应用于冶炼烟气制酸中。去除 NO_x 用于冶炼制酸烟气脱硝是将脱硝反应器置于制酸一段转化前。此时，烟气已经得到充分的净化，

也经过气－气换热器的升温，满足反应温度（320 ～ 400℃）的要求。从这两方面看，比电厂烟气更有利。制酸烟气后续生产过程中含有的高浓度 SO_3^{2-}，在送第一吸收塔之前，要降温到约 190℃，满足硫酸铵的形成温度（低于 280℃）。因此，在应用 SCR 法时，NH_3 喷入的控制要比电厂更加严格。

（二）第 II 类烟气脱硝技术

第 II 类含低浓度 SO_2 的冶炼烟气，脱硫处理后排放。对于烟气脱硝来说，从有色炉窑出来的烟气基本可以满足 SNCR 法脱硝技术对“温度窗”的要求，烟气经过余热锅炉（或不设）、收尘过程，温度降到 120 ～ 300℃。这个过程中，烟气中含有的重金属氧化物烟尘，会使 SCR 催化剂迅速失活。后续的烟气脱硫过程中，无论是干法脱硫还是湿法脱硫，都不存在制酸过程中的高温洁净烟气。这类冶炼烟气可采用的脱硝技术包括：

1. 选择性非催化还原（SNCR）法

SNCR 脱硝技术现主要用于小的燃煤机组和几乎所有的水泥窑的烟气脱硝。对于有色炉窑来说，应用 SNCR 技术的优势在于，炉窑后的上升烟道为脱硝过程提供最好的反应场所，在约 1 s 的停留时间内可以完成脱硝反应；其次，第 II 类烟气中 SO_3 含量也不高，为反应提供了充分的条件。不利之处在于有色炉窑具有不同的生产周期，不同周期的温度、氧化氛围也不尽相同，因此，需要精确地控制还原剂喷入量和喷入点。

国内某冶炼厂铅系统烟化炉采用 SNCR 技术脱硝，炉窑出口烟气的 NO_x 浓度在 600 ～ 700 mg/m³，脱硝后出口的浓度在 100 ～ 150 mg/m³。考虑系统漏风的因素，脱硝效率达到 65% 以上。

2. 低温氧化法

低温氧化法现已应用于中小型燃煤机组以及石化系统裂化气脱硝。该工艺主要原理是，在低于 180℃的烟气温度下，利用一定浓度的臭氧（O_3）作为氧化剂，在气相中将不溶于水的 NO 转化为可与水完全反应的高价态 NO_x，利用碱性吸收剂（或水）将生成的高价态 NO_x 捕集下来。而在这一温度区间，O_3 对 SO_2 的氧化非常缓慢，可以忽略不计。

对于有色炉窑来说，应用低温氧化法脱硝的优势在于不存在重金属氧化物使催化剂中毒问题；脱硝过程位于收尘和脱硫之间，对冶炼和收尘过程没有影响；脱硝效率较高。不利之处在于高价态的 NO_x 与碱性吸收剂反应的副产物硝酸盐和亚硝酸盐同脱硫产物混合在一起，而硝酸盐在水中的溶解度较高，给副产物的处理带来一定麻烦。

国内某热电厂的 110 t/h 锅炉，采用低温氧化法脱硝，以石灰作为吸收剂，烟气的初始 NO_x 浓度在 230 ～ 250 mg/m^3，出口浓度不高于 100 mg/m^3，脱硝效率达到 60%。

3. 活性焦脱硫脱硝一体化法

活性焦脱硫脱硝一体化法已应用于钢铁烧结机的烟气脱硫脱硝。该工艺以 NH_3 为还原剂，将 NH_3 喷入活性炭体系中，副产物为 N_2 和 H_2O。其脱硝反应温度不低于 100℃，且脱硝过程要在脱硫过程之后，反应温度要求脱硫必须采用干法，因此，形成活性焦脱硫脱硝一体化技术。

对于有色炉窑来说，活性焦脱硫脱硝一体化技术的优势在于不存在重金属氧化物使催化剂中毒问题；脱硝过程位于收尘和脱硫之后，对冶炼、收尘、脱硫过程没有影响。不利之处在于活性焦脱硫脱硝反应效率都不高，更适合处理 NO_x 浓度 300 ～ 500 mg/m^3、含 SO_2 浓度 1 000 ～ 3 000 mg/m^3 的烟气，否则，一次性投资和运行成本会大大增加。有色冶炼烟气含 SO_2 浓度普遍偏高。

某公司的 450 m^2 烧结机组采用日本的活性焦脱硫脱硝一体化技术。烟气中初始 NO_x 浓度为 300 mg/m^3，SO_2 浓度为 820 mg/m^3；出口 NO_x 浓度为 180 mg/m^3，SO_2 浓度为 35 mg/m^3。其脱硝效率大约为 33%，脱硫效率达到 95%。

（三）第Ⅲ类烟气脱硝技术

第Ⅲ类烟气来源于有色冶炼稀贵金属车间湿法冶炼硝酸使用过程中收集的环境烟气。这类烟气不是有色企业所特有的，和其他硝酸使用过程中产生的 NO_x 的治理方法相近。它的特点是烟气温度不高，但 NO_x 浓度非常高，随生产周期变化波动大，烟气含水率高。经测定，含有 NO_2 的比例最多可达 90%。

该类烟气处理困难，流程相对较长，处理方法也比较多。其中技术成熟、已成功应用的方法有液体（碱、水、尿素）吸收法、组合 SCR 法、吸附法等。

第Ⅲ类烟气中 NO_2 比例高，采用碱液吸收的方法有比较好的脱硝效率，并生成硝酸盐、亚硝酸盐副产物。但是这两种副产物都需要经过进一步处理才能排放，副产物生成量越少越好。因此，现在主要将碱洗工艺用于 SCR 法处理的烟气净化工序，大量的 NO_x 采用 SCR 法去除。烟气中 NO_x 在 1 000 ～ 20 000 mg/m^3 时，经过碱洗预洗涤和 SCR 法脱硝处理，NO_x 浓度可降至 100 mg/m^3 以下。某冶炼厂采用 DBS 干法吸附处理金银工段造液、电解液浓缩烟气。处理后，NO_x 浓度分别为 230 mg/m^3 和 106 mg/m^3。

从目前有色冶炼厂 NO_x 排放状况看，除了硝酸使用过程中产生的烟气 NO_x 浓度很高外，煤为燃料的炉窑产生的烟气 NO_x 浓度都在 1 000 mg/m^3 以下，其他炉窑产生的烟气 NO_x 基本可以满足现行的气体排放标准。

参考文献

[1] 郭江源，张志勇 . 低氮燃烧技术浅析 [J]. 设备管理与维修，2020（8）：158-160.

[2] 冉初萌 . 低氮燃烧技术在电厂的应用 [J]. 技术与市场，2015（12）：128-129.

[3] 夏德宏，薛根山，敖雯青，等 . 低氧燃烧技术研究 [J]. 冶金能源，2009（1）：35-37，48.

[4] 李志国，张讳，梁军 . 燃煤锅炉低氧燃烧技术对提高机组经济运行的研究 [J]. 东北电力技术，2020（5）：14-17，24.

[5] 才雷，滕生平，祖兴利，等 . 空气分级燃烧技术在燃烧器低 NO_x 改造中的应用 [J]. 华北电力技术，2006（11）：33-35.

[6] 尹国明 . 水泥企业氮氧化物减排的两种技术措施及实践 [J]. 水泥技术，2016（4）：77，80.

[7] 朱传强，茹晋波，胡利华，等 . 垃圾焚烧电厂典型脱硝工艺对比及案例分析 [A]// 中国环境科学学会 2021 年科学技术年会——环境工程技术创新与应用分会场论文集（三）[C]. 2021：297-304.

[8] 万文雷，钱英芝，魏玉平，等 . 新型低氮燃烧器的研究进展 [J]. 上海节能，2020（8）：872-877.

[9] 杨刚 . 新型低氮燃烧器在加热炉脱硝改造中的应用 [J]. 工程设计与建设，2019（8）：117-118.

[10] 李岩 . 探讨 300 MW 锅炉脱硝系统与低氮燃烧器运行与检修维护 [J]. 应用能源技术，2021（6）：27-29.

[11] 江旭昌 . 选择性催化还原 SCR 法烟气脱硝技术 [J]. 新世纪水泥导报，2016（1）：1-4.

[12] 鲁博颖，马航 .SCR 法烟气脱硝技术应用总结 [J]. 化肥工业，2015（4）：51-54.

[13] 江旭昌 . 选择性催化还原 SCR 法烟气脱硝技术 [J]. 新世纪水泥导报，2016（4）：16-22.

[14] 孙东，梁春明 . 烧结烟气 SCR 脱硝技术的应用实践 [J]. 山东冶金，2020（3）：52-54.

[15] 何明乙，叶太林，张燕飞，等 .SNCR 脱硝技术在燃煤锅炉废气处理中的应用 [J]. 绿色科技，2019（9）：132-135.

[16] 周昊，张志中，鲍强，等 . 添加剂对 NO_x OUT 脱硝及 N_2O、CO 生成的影响特性 [J]. 化工学报，2014（6）：2232-2240.

[17] 赵律，张焰，张庭亮，等 .SNCR 脱硝技术在铅冶炼制酸尾气治理中的应用 [J]. 硫酸工业，2020（1）：47-50.

[18] 郭健 . 论 SNCR 脱硝技术的缺陷与解决措施 [J]. 佛山陶瓷，2018（1）：30-33.

[19] 杨景瑞，王莹，陈虎，等 . 烟气中 NO_x 脱除技术的研究进展 [J]. 化工环保，2020（5）：461-466.

[20] GUO Z C，XIE Y S，HONG I. Catalytic oxidation of NO to NO_2 on activated carbon[J].Energy Convers Manage，2001，42（15/17）：2005-2018.

[21] 杨代军，马晓伟，吕洪，等 . K_2CO_3 改性活性炭上 NO 的吸附和程序升温脱附 [J]. 中南大学学报（英文版），2018，（10）：2339-2348.

[22] 徐凯杰，文静，刘志华，等 .ClO_2 气相氧化联合 $CaCO_3$ 浆液吸收同时脱硫脱硝试验研究 [J]. 环境污染与防治，2017（5）：504-509.

[23] 孙淑君，马素霞，杨秉川，等 . 液相 ClO_2 脱除烟气中 NO_x 的实验研究 [J]. 化学工程，2020（2）：1-5.

[24] 张荣芳，张俊丰，易亮，等 . 基于氧化度调控的尿素还原脱除高浓度 NO_x [J]. 石油化工，2014（7）：827-831.

[25] 何飞强，邓先和，陈明 . 乙二胺四乙酸铁络合物湿法络合脱硝液的再生研究进展 [J]. 化工进展，2018（2）：737-743.

[26] 梁炜，黄少斌 . 高温下生物滴滤塔脱除烟气 NO_x 的研究 [J] . 环境工程，2016（11）：64-67，161.

[27] ZHANG C, ZHAO J, SUN C, et al. Two-stage chemical absorption-biological reduction system for NO removal：system start-up and optimal operation mode[J]. Energy & Fuels，2018（7）：7701-7707.

[28] 陈欢哲，何海霞，万亚萌，等 . 燃煤烟气脱硝技术研究进展 [J]. 应用化工，2019（5）：1146-1151.

[29] 刘莎，赵娜 . 光伏企业业废气中氮氧化物治理工程实例 [J]. 环境科学导刊，2019（3）：63-65.

[30] 田立柱，李寅明，刘鹏飞，等 . 水泥窑分级燃烧与 SNCR 复合脱硝应用实例 [J]. 中国水泥，2018（2）：77-79.

[31] 倪旭光，王涛，蒋宝庆 . SNCR-SCR 混合法烟气脱硝技术在水泥行业中的应用 [J]. 水泥，2021（2）：61-63.

[32] 王姣 . 有色冶炼厂烟气脱硝技术探讨 [J]. 中国有色冶金，2017（2）：50-53.

[33] 赵德生 . 太钢 450 m^2 烧结机烟气脱硫脱硝工艺实践 [A]//2011 年全国烧结机烟气脱硫技术交流会文集 [C]. 2011：17-24，35.

[34] 蒋展鹏，杨宏伟. 环境工程学 [M]. 3 版 . 北京：高等教育出版社，2013.

[35] 朱亦仁 . 环境污染治理技术 [M]. 3 版 . 北京：中国环境出版社，2008.

第五章　VOCs 污染的控制

2010 年 5 月，国务院发布了《关于推进大气污染联防联控工作改善区域空气质量的指导意见》，首次将挥发性有机污染物列入大气污染联防的重点污染物。挥发性有机化合物（Volatile Organic Compounds，VOCs）是指沸点在 50 ～ 250℃的有机化合物，这种化合物在常温下会以蒸气的形式存在于大气环境中，其主要成分包括烃类、卤代烃、氧烃和氮烃等，严重影响人体健康，其中部分成分可能致畸致癌，是人体健康的重要杀手。

VOCs 是随着工业生产规模的不断扩大而形成的。早在 20 世纪 40 年代，美国就发现了 VOCs 的危害，如大气环境变得浑浊，植物大量死亡，呼吸道疾病和眼疾患者数量大幅上升等。不同行业不同情况下排放的 VOCs 成分差异很大，涂层技术中大量使用的油漆、涂料等化学产品，汽车排放的尾气以及种类繁杂的杀虫剂、除草剂等化学试剂的广泛使用，都使得 VOCs 的成分十分复杂。常见的 VOCs 种类如表 5-1 所示。

表 5-1　常见的 VOCs 种类

类别	VOCs
脂肪类碳氢化合物	丁烷、正己烷
芳香类碳氢化合物	苯、甲苯、二甲苯、苯乙烯
氯化碳氢化合物	二氯甲烷、三氯甲烷
酮、醛、醇、多元醇类	丙酮、丁酮、环己酮、甲醇
酚、环氧类化合物	甲酚、苯酚、环氧乙烷
酯、酸类化合物	醋酸乙酯、醋酸丁酯、乙酸
胺类化合物	二甲基甲酰胺
其他	含氢氯氟烃

第一节　VOCs 的来源与危害

室外 VOCs 主要来自燃料燃烧、工业生产和交通运输，室内主要来自煤和天然气等燃烧产物，吸烟、采暖和烹调等的烟雾，建筑和装饰材料，家具，家用电器，清洁剂等。家庭装饰装修过程中使用的涂料是室内 VOCs 的主要来源之一。各国都对涂料等装饰装修材料中的 VOCs 含量作了限制。表 5-2 列出了行业 VOCs 的产生。

表 5-2　不同行业 VOCs 的产生

行业	VOCs 的产生
烟草行业	油墨、有机溶剂等
皮革行业	鞋及箱包类制品所用的胶水等
玩具行业	文具、香味玩具等
家具装饰材料	涂料、油漆、胶黏剂等
汽车配件材料	胶水、油漆等
电子电气行业	清洁溶剂等
其他	洗涤剂、衣物柔顺剂、化妆品、办公用品、壁纸及其他装饰品

一、VOCs 的主要来源

大气环境中 VOCs 主要来源于工业生产、道路运输，包括工业废气、汽车废气等。其中，工业废气是大气环境中 VOCs 的主要来源，石油化工、煤炭加工、天然气开采、印刷、涂装和制药等生产行业以挥发性有机化合物为原料，VOCs 排放量较大。

表 5-3 为我国部分城市大气中 VOCs 组分质量浓度；其中，广州等发达地区的 VOCs 主要源于工业溶剂使用和汽车尾气，兰州、郑州等重工业区的 VOCs 主要源于石油生产、运输过程挥发，济宁市大气中 VOCs 组分质量浓度则与上海、北京等地区类似，VOCs 污染主要源于汽车尾气排放、燃料挥发和溶剂挥发。

表 5-3　各大城市大气中 VOCs 组分质量浓度　　单位：$\mu g/m^3$

城市	烷烃	烯烃	苯系物	VOCs 总量
北京	26.6	57.9	38.0	142.5
上海	21.2	45.3	57.1	191.5

城市	烷烃	烯烃	苯系物	VOCs 总量
广州	119.6	169.6	47.7	336.9
兰州	54.3	98.2	72.1	285.8
郑州	89.7	78.3	50.6	299.0
济宁	18.9	42.1	49.8	175.4

二、VOCs 的危害

VOCs 对人体健康有巨大影响。VOCs 在居室中达到一定浓度时，会使长时间处在室内环境中的人产生恶心、头疼、肢体乏力的感觉，甚至造成记忆力下降、抽搐或者昏迷，会严重损伤人体的肝肾和神经系统。

室外危害分为直接危害与间接危害。其中，直接危害是指对人体健康与植物生长的影响；间接危害是指对气候环境的危害。VOCs 具有很强的活性，化学性能较为活跃，在接受紫外线辐射的情况下会发生多种形式的化学变化，以固态和液态并存的形式存在。大气中的 VOCs 增加，容易形成光化学反应，产生臭氧及过氧乙酰硝酸酯（PAN）等物质，损害人体机能并引起眼部及呼吸系统的疾病。植物方面，硫化物与氟化物等有害物质含量急剧上升可导致植物发病、枯萎、死亡，影响农作物的产量与农产品的质量。同时，VOCs 对气候环境也有影响，是 $PM_{2.5}$ 的前体物之一，可导致空气浑浊，遮挡阳光，地面光照辐射下降，植物生长的光合作用不足。

三、VOCs 污染防治

VOCs 污染行业分散，成分复杂，浓度变化大，需采用“源头防控、过程管理、末端治理”的模式进行高效防治。

（一）重视源头防控

首先，在工业生产中，生产高含量 VOCs 原料的企业，特别是石油化工、煤炭加工等行业，应注重生产技术的优化和完善，加强先进清洁生产技术的研究，提升原材料的转化率与利用率，研发并采用新技术，生产 VOCs 含量较低并符合客户需要的原料产品。生产过程需要注意车间的密闭，并做好设备与生产管线组件的检查与维护工作，阀门、泵体、材料存储、法兰、运输装置等均属于易泄漏设备与组件，要避免管线组件损伤而导致废气泄漏的情况出现，从源头减少 VOCs 的产生量。

对于喷涂、印刷等以含高挥发性有机溶剂为原辅材料的行业，将挥发性有机物产品作为生产企业的原料时，除了做好全程防止废气外泄之外，还应选用新的生产工艺，选用低挥发性新原料代替原来使用的高含量挥发性生产原料。

其次，做好监测工作，加大排放监控力度，减少大气环境污染。环境管理部门要做好监督和引导，按照规范监测 VOCs，做好 VOCs 治理设备的维护和日常管理，不断完善和规范管理制度，保证 VOCs 的治理设施设备与仪器设备正常高效运行。

（二）加强过程管理

注重工业清洁生产技术的优化。既要加强 VOCs 排放方面的宣传与引导，又要做好生产技术与设备的升级改造，注重清洁生产技术与设备的研发与应用，使 VOCs 排放量得到有效控制。

注重业务培训，不断强化企业的环保意识，召开行业企业 VOCs 治理技术与案例分析培训会，强化 VOCs 治理先进技术的宣传和典型治理案例的分析，讲解和学习行业大气污染排放标准，做好企业 VOCs 治理的部署。

各企业在生产现场做好对产品、生产装置以及工艺各环节的排查，做好生产现场的溯源，对 VOCs 的来源进行精准定位，并结合排查的问题做好整改工作。

（三）末端治理作保障

大气环境中 VOCs 末端治理技术很多，有燃烧法、冷凝法、吸收法、吸附法、生物法等，都可作为 VOCs 控制的保障措施，将在本章第二节中作详细介绍。

第二节 VOCs的控制技术

一、燃烧法

燃烧法是通过氧化作用将废气中的可燃有害组分转化为无害或易于处理和回收的物质。其化学作用主要是燃烧氧化，个别情况下是热分解。燃烧法适用于处理废气中浓度较高、发热量较大的可燃性有害气体，简便易行，可回收热能，但不能回收有害气体，有可能造成二次污染。

燃烧净化可广泛应用于有机溶剂蒸气及碳氢化合物的净化处理，也可以用于消除烟和臭味。有机污染成分在燃烧氧化过程中被氧化成 CO_2 和水蒸气。

（一）直接燃烧法

燃烧温度在 1 100℃以上，特点是有火焰燃烧，燃烧温度高，可燃烧掉废气中的碳粒。直接火焰燃烧系统中，废气中的有机物或溶剂蒸气作为燃料，并在燃烧中提供主要热量。直接燃烧不适用于可燃组分浓度低的有害气体。如果废气所含的可燃组分在燃烧下限以下，需要加入一定量的天然气或其他辅助燃料，以维护燃烧。如果浓度高于燃烧上限，则可以混以空气再烧。

含烃类废气主要来源于炼油厂和石油化工厂。烃类物质大都不易溶于水，但在高温下易氧化燃烧，完全氧化时生成 CO_2 和 H_2O。直接燃烧的设备，可以使用一般的炉、窑，把可燃废气当作燃料使用。敞开式的，特别是垂直位置的直接燃烧器称作火炬。火炬很少用于溶剂蒸气，而只用于灰分很少的废燃料气。火炬易受天气影响，特别是大风时，可使某些未烧掉的燃料气扩散。火炬燃烧虽然是炼油和石油化工生产中的一个安全措施，但是也造成了能源的巨大浪费。近年来，国内外大力开展火炬气的综合利用工作，较大型的石油化工企业先后建设了多套火炬综合利用工程。

碳氢化合物气体直接燃烧时，往往产生黑烟。碳氢化合物中 H/C 越低，越容易产烟，H/C 大于或等于 0.33 的，易燃烧是无烟。H/C 低导致火炬燃烧产烟时，可以于燃点温度射入水蒸气。H/C 越低，需水蒸气越多。

在喷漆或烘漆作业中，常有大量的溶剂如苯、甲苯、二甲苯等挥发出来，污染环境，损害工人身体健康。这些蒸气浓度较高时，可以采用直接燃烧法处理。

（二）热力燃烧法

热力燃烧法主要用于可燃有机质含量较低的废气的净化处理。这类废气往往只含几百 ppm[1] 的有机物质，废气本身不可燃。热力燃烧依靠热力，即用提高温度的方法，把废气中可燃的有害组分氧化销毁掉。

热力燃烧的条件是废气分子与氧气在反应温度下充分接触一定的时间。在供氧充分的情况下，热力燃烧的反应温度、驻留时间、湍流混合的三个要素，就是国外所称温度（Temperature）、时间（Time）、湍流（Turbulence）的“3 T 条件”。“3 T 条件”具体指出了热力燃烧的必要条件。反应温度与驻留时间的互换性，即温度高允许驻留时间短，在实际应用中有一定的限度，因为氧化速度对温度有十分强烈的相关性。

热力燃烧法不能把全部废气与所需的辅助燃料相混合，而要用一部分废气来助燃，把另一部分废气（旁通废气）与高温燃气混合，以达到反应温度。“火焰接触”是使火焰直接与旁通废气混合，以达到较理想的湍流混合条件。“火焰接触”可以改进高温燃气与冷的旁通废气的混合，而且火焰中存在的过量自由基可以加速氧化。但是，不能使全部废气都与火焰接触，盲目要求火焰接触会导致熄火，或污染加重。当发生“熄火”时，氧化过程终止，燃烧炉的排气中有醛、有机酸、CO 等中间产物和原来的碳氢化合物。

（三）催化燃烧法

在催化剂的作用下，有机废气中的碳氢化合物可以在较低的温度下（300 ～ 400℃）迅速氧化，生成 CO_2 和水，使气体得到净化。催化燃烧主要用来治理工业有机废气和消除恶臭。

催化燃烧要先将废气预热混合均匀，然后通过催化剂层使废气中的可燃组分发生氧化放热反应。催化燃烧对预热要求的温度较低，因而所需的辅助燃料少，设备也小而轻。催化燃烧只适用于含有可燃气体、蒸气的废气净化，不适用于含有大量尘粒雾滴的废气净化。因为尘粒雾滴不仅会堵塞催化剂的床层，而且会使催化剂本身覆盖污物而造成活性衰退。如果能使尘粒雾滴在预热阶段，即进入催化剂层以前，完全气化为蒸气，则此法仍然可用。

进行催化燃烧的关键是催化剂，用于催化燃烧的催化剂活性顺序如下：

1　1 ppm ＝ 10^{-6}。

$Pd > Pt > Co_3O_4 > PdO > Cr_2O_3 > Mn_2O_3 > CuO > CeO_2 > Fe_2O_3 > V_2O_5 > NiO > Mo_2O_3 > TiO_2$。

采用燃烧法净化有机气体，要考虑热量的回收利用，以减少能耗。需要注意的安全问题是防火、防爆及防止回火。

绝大部分有机物均具有可燃性，因此，催化燃烧法已成为净化含碳氢化合物废气的有效手段之一。以催化燃烧法净化有机废气已成功地应用于金属印刷、绝缘材料、漆包线、炼焦、化工等多种行业中。特别是在漆包线、绝缘材料、印刷等生产过程中排出的烘干废气，因废气温度和有机物浓度较高，对燃烧反应及热量回收有利，具有较好的经济效益，所以应用广泛。

二、吸附法

吸附是用多孔吸附剂将流体（气体或液体）混合物中一种或多种组分积聚或凝缩在表面，达到分离目的的操作，可用于分离水分、有机蒸气（如甲苯、氯乙烯等）、恶臭、HF、SO_2、NO_x 等，尤其能有效地捕集浓度很低的气态污染物。

常用的吸附剂有活性炭、活性氧化铝、硅胶、沸石分子筛、吸附树脂等。吸附剂需具备以下条件：①巨大的内表面，大的比表面积即大的吸附容量；②良好的选择性；③较高的机械强度、化学与热稳定性；④来源广泛，造价低廉；⑤良好的再生性能。

吸附法广泛应用于有机化工、石油化工等部门。用变压吸附法来处理合成氨放气，可回收纯度很高（> 98%）的氢气，实现废物资源化。

吸附法可用于含碳氢化合物的低浓度有机废气，并具备净化效率高、操作方便、无二次污染、可实现自动控制等优点。但由于吸附剂很容易因废气中的胶粒物质等杂质而失效，无法较好地处理高浓度有机气体，且吸附剂需要再生，吸附法的实用性受到一定影响。在吸附法的具体应用中，吸附剂的种类、操作温度、压力、湿度及 VOCs 的浓度与组分都会直接影响 VOCs 去除效率。商业化的活性炭空气净化器可实现 90% 的 VOCs 去除效率。

三、吸收法

吸收法是气体溶解于液体的过程。气体吸收可用于回收产品，如用洗油（焦化厂副产品，数十种碳氢化合物的混合物）吸收焦炉煤气中的苯、甲苯、二甲苯等。实际过程中往往兼有净化和回收双重目的。

吸收法能实现综合利用，将废物资源化。多数情况下，吸收过程仅是将污染物由气相转入液相，还需对吸收液作进一步处理，以免产生二次污染。

一个完整的吸收分离过程一般包括吸收和解吸两部分（图 5-1）。

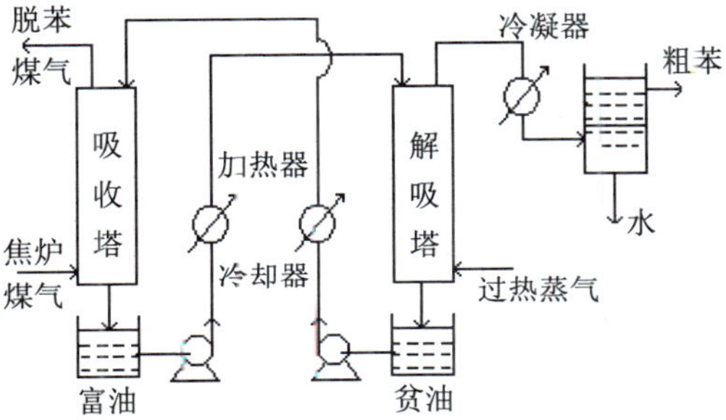

图 5-1　焦炉煤气中苯的吸收流程

吸收液的种类有水、碱性吸收液、酸性吸收液、有机吸收液等。吸收剂对溶质应有较大的溶解度，以提高吸收速率，减少吸收剂的用量；同时，为了便于吸收剂的再生回用，其溶解度应随操作条件的改变有显著的差异；吸收剂对溶质应有良好的选择性，即对于混合气中待吸收组分的溶解度要大，对其余组分的溶解度要小；溶剂的挥发性要小，即蒸气压低，以减少溶剂的损失量；溶剂的黏度要低，这样有利于气、液接触，提高吸收速率，也便于输送；无毒；难燃；腐蚀性小；易得价廉；易于再生利用；不污染环境。

吸收法可处理的 VOCs 气体流量、浓度应分别处于 3 000 ～ 15 000 m^3/h 与 0.05% ～ 0.5%（体积分数）区间，具有 95% ～ 98% 的去除效率。吸收法具备投资少、吸收剂价格便宜、运行费用低、工艺流程简单等优势，较为适宜废气流量较大、压力较高、温度较低、浓度较高情况下的 VOCs 治理，在化工、金属清洗、黏结、绝缘材料、喷漆等行业均有着较高应用价值。

四、冷凝法

冷凝净化就是将有机蒸气从空气中冷却凝结成液体，收集起来加以利用。冷凝净化法所需设备和操作条件比较简单，回收的物质比较纯净，一般适于作吸附或化学转化等处理技术的前处理。例如，沥青生产的尾气，可先经冷凝回收，而后送去燃烧净化。

冷凝净化一般适用于蒸气状态的物质，多用于从废气中回收高浓度的有机溶剂。废气中部分有机物质或其他有害组分可以溶解在冷凝液体中。冷凝液以及冷却水可以起到洗涤气体的作用，特别是由于大量水蒸气的凝结，减少了气体流量，对下一步的燃烧、吸附、袋滤或高烟囱排放等净化措施，都十分有利。

冷凝法对有害气体的去除程度，与冷却温度和有害成分的饱和蒸气压有关。冷却温度越低，有害成分越接近饱和，其去除程度越高。以冷却方法从空气中使蒸气凝成液体，其极限是冷却温度的饱和蒸气压。在气液两相共存的体系中，存在组分的蒸气态由于凝结变为液态的过程，同时也存在该物质液态组分由于蒸发变为蒸气态的过程。当凝结与蒸发的量相等时，称达到相平衡。相平衡时，液面上的蒸气压力即为该温度下与该组分相对应的饱和蒸气压。若气相中组分的蒸气压力小于其饱和蒸气压，液相组分将挥发至气相；若气相中组分蒸气压力大于其饱和蒸气压，蒸气就将凝结为液体。

冷凝法有一次冷凝法和多次冷凝法。多次冷凝法是通过两次以上冷凝去除有害气体，可提高废气的净化程度。

用冷凝回收的冷却方法，可分为直接法与间接法两种。直接冷却法使用的是接触冷凝器，被冷却的气体与冷却液或冷冻液直接接触，有利于传热，但冷凝液需进一步处理。间接冷却法则使用表面冷凝器，通常是间壁式换热器。

五、生物净化法

生物净化法是一种利用微生物的生命活动把废气中的气态污染物转化成少害甚至无害的物质的方法。该法不需要再生过程和其他高级处理，与其他净化法相比，处理设备简单，费用也低，且可以达到无害化的目的。但不能回收污染物质，只适用于污染物浓度很低的情况。

生物净化法广泛应用于废气治理工程中，特别是有机废气的净化，如屠宰厂、肉类加工厂、金属铸造厂的臭气处理。

根据介质性质的不同，废气生物处理的基本形式可以分为生物洗涤法和生物过滤法。生物洗涤法的设备（生物洗涤器）中是液态介质。生物过滤法采用固态介质，设备有生物滤池和生物滴滤池两类。

生物洗涤装置一般由吸收设备（洗涤器）和生物反应器两部分组成。吸收主要是物理溶解过程，采用的吸收设备有喷淋塔、筛板塔、鼓泡塔等。吸收过程进行很快，水在吸收设备中的停留时间约几秒钟；生物反应的净化过程较慢，吸收了挥发性气体的废水在反应器中一般需要停留几分钟至十几小时。生物反应器中可进行好氧处理，如采用活性污泥法和生物膜法。

生物滤池内的固态介质是一些天然材料，常用的固体颗粒有土壤和堆肥。这些材料为微生物的附着和生长提供表面，微生物可以吸收废气中的污染物，将其转化为无害物质。常用滤料有堆肥、土壤、草炭等。生物滤池适用于处理肉类加工厂、动物饲养场、污水处理厂和堆肥厂等产生的废气。这类废气的主要特点是浓度不高，但带有强烈的臭味。

生物滴滤池主要由箱体、生物活性床层、喷水器等组成。废气经过预处理，去除颗粒物和增湿后进入滤床底部。滤料使用颗粒状或有空隙的人工材料，如陶瓷、塑料和金属，床层厚度一般为 0.5 ～ 1.0 m。生物滴滤池的优点是滤料重量轻、空隙大、表面积大、废气和介质接触时间短（几秒钟），处理效率高，同时，滤料不需更换。处理废气中污染物的浓度一般为 0.1 ～ 5 g/m^3，流量为 5 ～ 50 000 m^3/h。

六、VOCs 控制的其他方法

（一）膜分离法

VOCs 排放控制技术的应用中，膜分离技术也是重要的选择。该法采用人工合成或天然的膜材料，在相应压力作用下使 VOCs 分子选择性透过膜加以富集，从而达到对 VOCs 分离的效果。膜分离处理技术的效率能达到 90% ～ 99%。采用膜分离技术能够对温湿度以及压力等有良好适应性，比较适合间歇性 VOCs 的排放源。

膜分离法应用于大气 VOCs 污染治理，可细分为气体膜分离、膜接触器、蒸汽渗透等，在天然气分离、浓缩氮气分离、空气中富集氧气等领域，膜分离法已实现广泛应用，用于 VOCs 回收的气体分离膜装置也在近年来大量涌现。在具体实践中，废气中的 VOCs 可通过压缩、冷凝与气体膜分离集成系统回收。

（二）微波催化氧化技术

微波催化氧化技术也是处理 VOCs 气体的有效技术。微波催化技术不仅结合了传统的空气净化解吸技术，还实现了从传统解吸治理向微波解吸治理的转变。治理 VOCs 时，使用微波催化氧化技术，可以明显缩短废气吸附时间，提高工作效率，同时可以降低成本消耗。微波催化氧化技术的优点是吸附能力很强，可以重复用 20 次以上，经济实用，且反复使用不会影响吸附的效果。

（三）低温等离子技术

低温等离子态集合了大量的中性离子和正负带电离子，是除液、固、气三态之外的第四种物质形态，是以一种以集体方式存在的准中性气体。低温等离子技术就是利用大量的高能电子以及自由基等活性粒子，以很高的频率反复轰击废气，从而电离废气中的各种成分，经过一系列化学反应后，可以将有害的气体转化为无害。与其他处理方法相比，这种技术具备占用空间小、操作性强、装置简单等优点，但这种技术容易形成小分子化合物，并且对 CO_2 的选择性不高，易造成二次污染，在实际应用中需要进一步改善。

（四）吸附 + 光催化技术

吸附 + 光催化技术是指在吸附剂的表面负载一层光催化剂，通过紫外光的照射，有机废气在催化剂的作用下被分解为 CO_2、H_2O 和无机小分子。目前市面上比较好的光催化剂是 TiO_2，它的优点有活性高、较稳定，而且成本低，对人体的危害很小。这种组合技术比较适合低浓度废气的处理。首先，通过活性炭表面丰富的微孔结构将 VOCs 富集到光催化剂表面，提高了 VOCs 浓度，进而在紫外光和催化剂的作用下进行光催化反应，提高净化效率。此外，吸附剂也可以吸附没有反应完全的中间产物，避免二次污染。吸附 + 光催化组合技术优化了设备空间结构，大大减少了设备占地面积，而且在废气处理的过程中，光催化反应的条件温和、能耗低、操作简单，有很好的应用前景。但该技术存在催化剂易失活、活性炭吸附容量有限等缺点，会导致设备净化效率不稳定。需开展对相关催化剂和吸附材料的进一步研究。

第三节　企业 VOCs 控制技术应用实例

当前科学技术迅速发展，VOCs 排放控制技术多样，行业企业需要在技术的应用选择环节加以重视。各行业对 VOCs 排放控制工作的开展，要结合当前我国的大气环境治理的目标方向，从整体治理的框架下采取适宜的方法。

一、某有机化工企业危险废物仓库 VOCs 的治理

某公司是一家液晶材料和精细化学品的技术开发、生产、销售与服务的制造公司，产品主要包括工控显示用液晶材料、车载显示用液晶材料，IT 显示用液晶材料和消费品用液晶材料。

公司厂房内东北角有两个危险废物仓库，分别为危险废物库 1 和危险废物库 2。危险废物库 1 主要存放生产中的废溶剂、污水站废溶剂、废油、精馏残渣、化学污泥等，主要污染物是甲苯、石油醚、乙醇等，采用氢火焰离子化检测仪，检测到仓库内 VOCs 的浓度为 0.8 mg/m^3；危险废物库 2 主要存放三苯氧磷、硅胶、废钯碳盐、废包装，主要污染物是甲苯、石油醚、乙醇等，检测到仓库内的 VOCs 浓度为 30 mg/m^3。

根据有机化工行业危险废物仓库 VOCs 浓度低、成分复杂的特点，采用“水洗＋气雾分离＋活性炭吸附”的废气组合处理工艺，工艺流程如图 5-2 所示。危险废物库中 VOCs 经高效收集后进入水洗塔，通过水洗去除废气中乙醇等易溶于水的物质以及少量微溶于水的甲苯。然后，废气进入气雾分离装置，通过装置中的玻璃丝纤维棉和折流板去除废气中残留的水分，最后进入活性炭吸附箱，通过活性炭吸附作用去除废气中的石油醚、苯系物等不溶于水的物质，通过风机在 15 m 高空排放。系统主要包括活性炭吸附装置、水洗塔、气雾分离器和离心风机，设备参数见表 5-4。治理效果满足河北省《工业企业挥发性有机物排放控制标准》(DB 13/2322—2016)，运行三个月后的检测结果见表 5-5，减少了大量的 VOCs 无组织排放。该治理工艺简捷有效，投资成本小，运营维护费用低，可在其他类似小风量、低浓度的 VOCs 治理中推广应用。

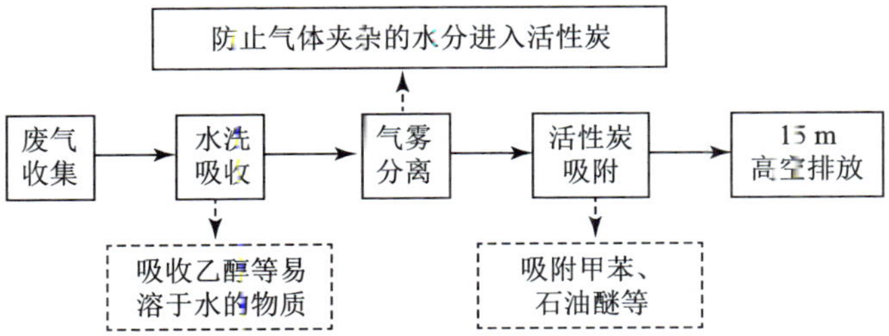

图 5-2　危险废物仓库 VOCs 治理工艺流程

表 5-4 设备参数

设备名称	设备参数	备注
活性炭吸附装置	外形尺寸：L2.0 m×W1.1 m×H1.1 m 处理风量：8 000 m^3/h 活性炭用量：0.8 m^3，碘值：900	材质：304 不锈钢 活性炭承载方式为抽拉式
水洗塔	外形尺寸：φ1.8 m×H2.8 m 处理风量：8 000 m^3/h 功率：3 kW	材质：玻璃钢 电机防爆
气雾分离器	导流栅两层，玻璃丝纤维棉两层	材质：304 不锈钢
离心风机	型号：4-68-8C 变频 风量：8 000 m^3/h 全压：2.45 kPa 功率：11 kW	材质：碳钢 电机防爆变频或软启动

表 5-5 检测结果

采样时间	采样点位	检测项目	检测结果				
			平行样Ⅰ	平行样Ⅱ	平行样Ⅲ	平均值	标准值
2018-12-26	排气筒出口	标干流量 /（m^3/h）	9 408	9 289	9 313	9 337	—
		非甲烷总烃（NMHC）浓度 /（mg/m^3）	4.64	4.86	4.83	4.78	≤ 80
		甲苯与二甲苯合计浓度 /（mg/m^3）	0.290	0.289	0.329	0.303	≤ 30

系统一次性投资成本主要包括离心风机、活性炭吸附装置、水洗塔以及管道安装等费用，总投资为 14.1 万元。系统运行维护费用主要包括活性炭更换及处理费用、工业用电费用和工业用水费用。系统装机功率为 14 kW，运行功率为 12.6 kW，以每日运行 18 h 计算，耗电量为 226.8 kW · h/d。以当地高峰电价中间值 0.757 4 元 /（kW · h）计算，工业用电费用 171.78 元 /d。活性炭填充量为 0.8 m^3，更换周期约为 1 次 /8 月，更换及处理成本约为 12 000 元 /m^3，则活性炭所需成本约为 40 元 /d。水洗塔用水量为 2.5 m^3，每月更换两次，费用以当地非居民用水价格 8.94 元 /m^3 计算，用水成本约为 1.49 元 /d。因此，系统整体运行维护成本为 213.27 元 /d，相较于同行业相关治理工艺具有一定的优势。

二、某印刷厂 VOCs 的治理

印刷生产过程中产生的大气污染物主要为 VOCs，VOCs 排放主要集中在印刷、干燥（如烘干）、复合和清洗等生产工艺过程中，主要来源于油墨、稀释剂、胶黏剂、涂布液、润版液、光油、清洗剂、各类溶剂等含 VOCs 原辅材料的挥发。废气种类主要包括油墨废气、稀释剂废气、润版液废气、洗车水废气、清洁剂废气、胶黏剂废气等。

印刷行业产生的有机废气可根据污染物浓度的高低选择适宜的防治技术进行治理。当 VOCs 浓度高于 1 000 mg/m^3 时，可选用“吸附 + 冷凝回收、活性炭吸附、活性炭 / 沸石转轮浓缩 + 热力（催化）氧化、直接热力（催化）氧化”等防治技术；当 VOCs 浓度低于 1 000 mg/m^3 时，可选用“活性炭吸附、活性炭 / 沸石转轮浓缩 + 热力（催化）氧化、直接热力（催化）氧化”等技术（图 5-3）。

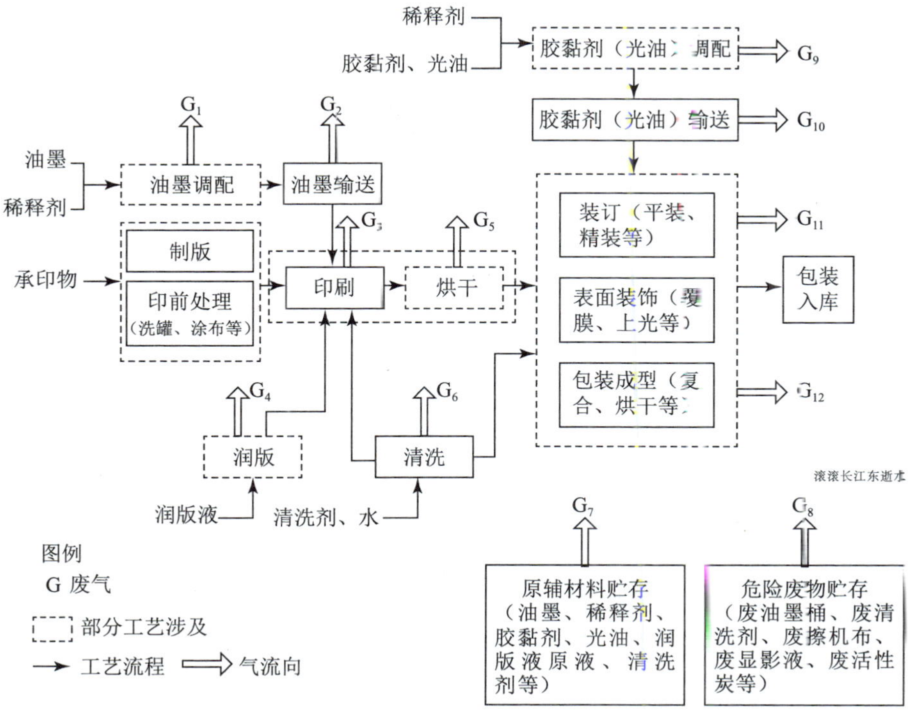

图 5-3　印刷企业常见工艺流程及产污节点

上海某印刷厂在生产过程中会用到两台糊箱机和三台印刷机，使用大量的胶水和水性油墨，由此产生大量含细小粉尘颗粒物的 VOCs。根据其原料检测报告，该印刷厂产生的 VOCs 成分主要是苯、甲苯、二甲苯等。该印刷厂拥有自己的污水处理站。

根据废气特点，考虑处理效果、成本等各种因素，该项目主流工艺采用吸收和紫外光解技术，即含有细小粉尘颗粒物 VOCs，经过喷淋洗涤吸收后满足紫外光解条件，而且定期更换的吸收液可以直接利用该厂的污水处理站进行处理。具体的工艺流程为：喷淋洗涤吸收 + 紫外光解氧化 + 水相雾化吸收（图 5-4）。工艺处理系统主要由喷淋塔、紫外光解氧化装置、气雾分离器、雾化吸收装置、风机、风管、控制系统以及烟囱组成。

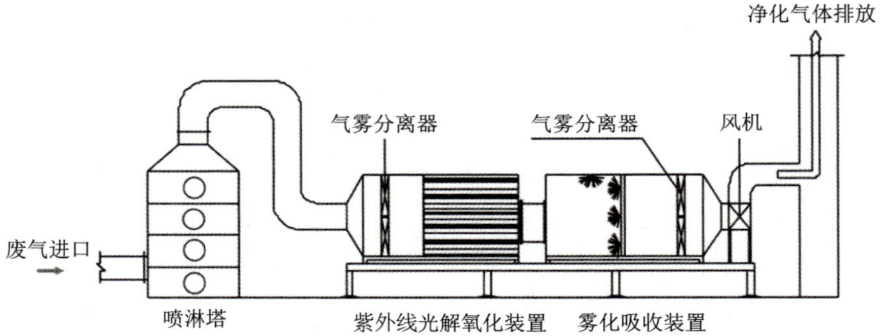

图 5-4　某印刷厂废气治理工艺流程

印刷废气处理系统收集后的印刷废气进入喷淋塔，喷淋塔采用旋流板塔，在旋流板塔径向进风管内设有第一级喷淋区，印刷废气在第一级喷淋区与吸收剂充分接触，然后气流由旋流塔的中下部均匀上升，进入第二级高密度洗涤喷淋区，在废气均匀穿过气液分布核心区域时，其表面的水膜会产生大量的液沫，为印刷废气和循环水提供了巨大的接触面积。喷淋洗涤后的印刷废气经过两重气雾分离后，其中的颗粒物和部分可溶性有机气体都得到去除，印刷废气的浓度和湿度均达到紫外光解的处理条件。印刷废气进入紫外光解装置中，在 185 nm 波长紫外光照射下，激发产生臭氧和羟基自由基等强氧化性基团，利用这些强氧化性基团对印刷废气中的苯、甲苯、二甲苯等有机物气体进行氧化，使其分解为 CO_2 和水。

经过紫外光解处理的印刷废气中，会有少量水溶性小分子生成及臭氧残留，经过后续的高效雾化吸收装置，可以将这些水溶性小分子和残留臭氧吸收，印刷废气基本得到净化。

对进出口的非甲烷总烃、苯、甲苯、二甲苯指标进行检测（表 5-6 和表 5-7），其出口的印刷废气污染因子浓度低于上海市地方标准《印刷业大气污染物排放标准》（DB 31/872—2015）中的限值。该套“喷淋洗涤吸收 + 紫外光解氧化 + 水相雾化吸收”印刷废气处理系统对非甲烷总烃的去除效率为 93.97% 以上；对苯、甲苯、二甲苯几乎可以完全去除，对颗粒物的去除也满足排放标准。

表 5-6 非甲烷总烃监测值

检测项目	处理前		处理后	
	废气量 /（m^3/h）	ρ/（mg/m^3）	废气量 /（m^3/h）	ρ/（mg/m^3）
非甲烷总烃	6.5×10^3	39.3	1.14×10^3	2.37

表 5-7 主要挥发性有机物监测值

检测项目	处理后		DB 31/872—2015 标准排放限值
	废气量 /（m^3/h）	ρ/（mg/m^3）	ρ/（mg/m^3）
颗粒物	1.14×10^3	10.2	20
苯		＜ 0.002	1
甲苯		＜ 0.002	3
二甲苯		＜ 0.002	12

该套“喷淋洗涤吸收 + 紫外光解氧化 + 水相雾化吸收”废气处理系统不需要昂贵的药品，使用廉价易得的水资源作为吸收液，而且整套工艺流程简单、风阻小、无大功率装置、耗电量小，极大降低了设备投资和运行费用。该废气处理系统适用于大风量、低浓度的有机废气，对污染物种类相同的其他行业废气的治理具有参考价值。

三、某中小型涂装企业 VOCs 的治理

调查泸州市 10 家中小型涂装企业的 VOCs 废气治理现状后发现：企业全部使用低 VOCs 含量的涂料，VOCs 产生量较少；其中 30% 的企业采用高压喷枪，油漆浪费较多；只有 30% 的企业对漆雾进行了回收利用；VOCs 废气收集普遍不完善，虽然所有企业都集中收集处理了喷漆房的 VOCs，但调漆间、流平室、固化区、危险废物暂存间的 VOCs 废气未进行有效的收集和处理；80% 的企业

的废气治理工艺不合理，如某使用紫外光（UV）固化油性漆的企业，VOCs 废气主要采用喷淋、UV 光解和活性炭吸附的方式来处理，难以使废气中的 VOCs 达标排放。另外，10 家企业的 VOCs 废气治理设备还存在以下问题：UV 光解设备的处理能力都偏小；70% 的企业活性炭吸附箱处理能力偏小；80% 的企业废气收集管的管径不适当，风速不适宜；所有企业都存在管线偏长、管道压力损失大、各并联管网压力损失不匹配的问题，且未设置调压装置，风机风压不足以克服压力损失，VOCs 废气收集系统难以正常运行。

以其中某一中小型涂装企业 VOCs 治理具体问题进行分析。该企业存在的问题有：涂装设备不合理，使油漆浪费较多；漆雾回收效率较低；废气收集不全面；废气治理工艺不适当；废气治理设备规模偏小；废气收集管网不匹配等（表 5-8）。对存在的问题进行逐项整改后，VOCs 废气去除效率和排放浓度都符合相关标准要求。

表 5-8 有机废气收集处理系统整改前后的对比

项目	原有废气收集处理系统	整改后废气收集处理系统	变化对比
涂装设备	高压喷枪，工作压力 0.4 MPa	低压喷枪，工作压力≤ 0.3 MPa	减少油漆浪费
废气收集区域	面漆房、底漆房	调漆间、面漆房、底漆房、面漆固化室、底漆固化室、危险废物暂存间	全面收集有机废气
油漆回收方式	底漆旋风回收	底漆旋风回收 + 脱脂箱回收；面漆脱脂箱回收	加强漆雾回收，节约原料，减少后端处理设备压力
废气治理工艺	喷漆房采用“两级水喷淋 + 活性炭吸附 +UV 光解”	喷漆房和固化室采用“脱脂箱（预处理）+ 活性炭吸附浓缩催化燃烧”；油漆分装间和危险废物暂存间采用“活性炭吸附”	VOCs 去除总效率由 44% 提高至 90%
废气治理设备	喷淋塔、UV 光解设备、活性炭吸附箱处理能力偏小	脱脂箱、活性炭吸附浓缩催化燃烧设备、活性炭吸附箱处理能力适当	增大末端处理设备处理能力
通风管网	管路混接，管线过长，并联管路未调压	合理设计通风管线，并联管路调压，风机能克服全线压力损失	通风管网更合理

四、炼化企业 VOCs 废气治理典型技术与工程实例

（一）污水处理厂 VOCs 废气治理

炼化污水处理厂隔油池、气浮池、均质调节池等 VOCs 废气可采用“脱硫及总烃浓度均化催化氧化”技术处理，曝气池、氧化沟等废气可采用“洗涤吸附”技术处理。

中国石油在河北省某炼化企业的污水处理厂建有 1 套 5 000 m^3/h 隔油池、气浮池、均质调节池、污泥池等废气“脱硫及总烃浓度均化－催化氧化”和 1 套 23 000 m^3/h 曝气池废气“洗涤吸附”联合装置。曝气池废气通过“洗涤”脱除污泥飞沫和部分恶臭物质，通过“吸附”脱除 VOCs 等污染物；饱和吸附剂采用催化氧化反应器排出的热气再生。该企业污水处理厂废气经过处理后，符合河北省《工业企业挥发性有机物排放控制标准》（DB 13/2322—2016）的要求。

（二）挥发性有机液体装载作业 VOCs 废气治理

汽油、石脑油、喷气燃料、芳烃装载作业油气，可采用低温柴油吸收、活性炭吸附、冷凝、膜分离等不同组合工艺处理。若处理后不能达标，可再采用催化氧化、蓄热氧化、焚烧等装置处理。

中国石化在山东省某炼化企业原有 1 套处理量 300 m^3/h 的汽油火车装车油气、低温柴油吸收装置，净化气 NMHC 质量浓度小于 300 mg/m^3，油气回收率大于 95%。该企业新建 1 套 4 000 m^3/h“总烃浓度均化催化氧化”装置，将喷气燃料火车、汽车装车油气与原有的汽油火车装车油气、低温柴油吸收装置尾气一起处理，净化气 NMHC 的质量浓度小于 20 mg/m^3，苯、甲苯、二甲苯浓度均低于检出限。

（三）挥发性有机液体储罐 VOCs 废气治理

挥发性有机液体储罐应优先采用浮顶罐或压力储罐控制 VOCs 排放。但酸性水罐、污油罐等排放废气中含有较高浓度的油气（VOCs）、硫化氢、有机硫化物等，恶臭气味严重，可采用低温柴油吸收＋碱洗＋催化氧化或蓄热氧化技

术处理；苯、甲苯、二甲苯浮顶罐区排放气需要治理，可采用活性炭吸附或预处理催化氧化工艺。

中国石油化工股份有限公司抚顺石油化工研究院采用以下工艺：①罐区废气低温柴油吸收活性炭吸附工艺，VOCs 去除效率达 98% 以上；②罐区废气低温柴油吸收催化氧化（或蓄热氧化）工艺，按所在地要求，NHMC 的质量浓度小于 80 mg/m^3 或 20 mg/m^3；③罐区废气低温柴油吸收焚烧工艺，NHMC 的质量浓度小于 20 mg/m^3。

中国石化在上海市某炼化企业储运罐区油浆、对二甲苯、渣油、沥青、重污油、轻污油等共 24 个中间油品储罐和 4 个污水池 VOCs 废气，采用“低温柴油吸收碱液脱硫 + 总烃浓度均化催化氧化”装置（简称低温柴油吸收 + 催化氧化装置）处理，催化氧化单元废气处理量 5 000 m^3/h，催化氧化反应器入口温度约 350℃，净化气中苯、甲苯、二甲苯浓度小于检出限，NHMC 的质量浓度小于 30 mg/m^3，远优于上海市《大气污染物综合排放标准》(DB 31933—2015)。

（四）橡胶装置 VOCs 废气治理

丁苯橡胶（SBS）、顺丁橡胶等生产装置 VOCs 废气可采用（冷凝、除雾、过滤、洗涤）预处理催化氧化技术处理，通过发生蒸汽等方式回收热量。

1. SBS 废气“冷凝除雾 - 催化氧化”装置

中国石化在北京市某橡胶厂 SBS 生产过程排放的废气主要包括螺杆挤压机出口闪蒸气和胶粒干燥气，其中闪蒸气主要由水蒸气和高浓度的环己烷组成，回收价值很大；胶粒干燥风的排气量较大，NMHC 的质量浓度为 5 000 ～ 8 000 mg/m^3。

2007 年 9 月，该橡胶厂建成 1 套 30 000 m^3/h 处理量 SBS 废气“冷凝除雾催化氧化”装置，闪蒸气首先经过两级冷凝预处理，废气中的水和环己烷大部分被回收，产生的不凝气与胶粒干燥气混合，依次经过除雾器、换热器、加热器等，废气被加热到 260℃以上，进入催化氧化反应器。在催化剂作用下，VOCs 被氧化成 CO_2 和 H_2O，净化气 NMHC 的质量浓度小于 100 mg/m^3。氧化产生的反应热通过换热器回收，部分反应热被用于 SBS 胶粒干燥。每年可减排有机物 900 t，装置回收的冷凝水和环己烷全部回用于 SBS 合成系统，可节约费用 80.8 万元 /a；排放的高温净化气回用于胶粒干燥系统，替代部分水蒸气，可节约费用 91 万元 /a。

2012 年年底，根据新标准要求，通过更换新型 WSH 催化剂和调整操作参数，该装置净化气 NMHC 降到 20 mg/m^3 以下，环己烷低于检出限，符合国家排放标准。

2. 顺丁橡胶废气“过滤除雾催化氧化”装置

该橡胶厂的顺丁橡胶后处理单元 VOCs 废气约 70 000 m^3/h，主要污染物是己烷。2014 年，“过滤除雾催化氧化”装置建成投用，采用 WSH-2F 型蜂窝状贵金属催化剂，催化氧化反应器进口温度 220 ～ 260℃、出口温度 370 ～ 470℃。处理前废气 NMHC 质量浓度为 5 000 ～ 10 000 mg/m^3，处理后净化气中 NMHC 的质量浓度小于 5 mg/m^3，己烷低于检出限。装置投用后，每年可减排 VOCs 近 2000 t。

（五）氯苯生产废气处理

氯苯生产废气可采用蓄热燃烧－氢氧化钠碱液吸收－活性炭吸附工艺处理；碱液吸收氯化氢（HCl），活性炭吸附二噁英。

中国石化在江苏省某化工企业氯苯装置区有氯苯装置、硝基氯苯装置、表面活性剂装置和 14 台原料及产品储罐排放 VOCs 废气。废气中含有氯苯、苯等污染物，其中，氯苯是含氯挥发性有机物。针对上述废气，该企业建设了 1 套 15 000 m^3/h“蓄热氧化（RTO）－吸收－吸附”集中处理装置，NMHC 去除效率达 99% 以上，净化气 NMHC 的质量浓度为 10 mg/m^3，氯苯、苯、HCl 等污染物浓度低于检出限，二噁英的质量浓度为 0.016 ～ 0.043 ng/m^3（毒性当量），净化气符合《石油化学工业污染物排放标准》（GB 31571—2015）。

（六）炼化行业 VOCs 废气治理中技术应用的注意事项

炼化行业在实际发展中产生的 VOCs 废气，涉及的废气类型较多，涉及的处理环节也较多。因此，在具体的 VOCs 废气治理中，应考虑安全性及经济性。

1. 安全性

炼化企业关于 VOCs 废气的治理，安全性为技术应用中的主要原则。企业应从前期分析准备、环境勘察，以及基础数据分析的过程进行处理。其中前期分析准备，主要通过炼化企业产生的 VOCs 废气组分现状进行基础的分析和处理。之后，编订废气成分表，并落实现场环境勘察及基础数据分析。结合环境现状、既有设施设备现状，以及周边生产线的安防要求，进行 VOCs 废气治理技术应用的安全性评估，通过对比具体的技术参数，评估技术应用的安全性，最终达到合理选用处理技术、提高 VOCs 废气处理质量的目的。

2. 经济性

炼化企业在处理 VOCs 废气前，应注重落实技术应用经济性的评估作业。其中经济性的评估作业实施，炼化企业可通过选取多组治理技术，通过单位处理量成本预算、成本数据分析的形式，结合多组数据的对比，进行最终处理技术的选用及其技术应用经济性的评估。合理发挥技术应用效果，降低因技术应用成本过高对企业造成的经营压力。

参考文献

[1] 李翠红．大气环境中挥发性有机废气治理技术发展研究 [J]. 中国资源综合利用，2020（2）：92-94.

[2] 梁钊堂．VOC 类有毒空气污染物有效控制 [J]. 中国资源综合利用，2018（3）：151-153.

[3] 王瑜华．大气中 VOCs 的污染现状及治理技术研究进展 [J]. 环境与发展，2020（5）：80-81.

[4] 彭成辉，黄仲文，黄岑彦，等．宁波市东部地区大气中有机氯污染物的时空分布和污染特征 [J]. 农业环境科学学报，2019（4）：787-797.

[5] 杨会玲．我国 VOC 废气治理的现状及展望 [J]. 化工管理，2017（16）：209.

[6] 雷海森．冶金化工行业 VOCs 废气治理技术应用 [J]. 中国金属通报，2020（5）：295-296.

[7] 王成磊，彭菲．组合式有机废气治理技术的思考 [J]. 大科技，2021（3）：329-330.

[8] 孙浩．蓄热式热氧化废气处理工艺的安全设计问题探讨 [J]. 上海节能，2020（11）：1309-1311.

[9] 王蒋镔，郭耀广，展佳航，等．某有机化工企业危险废物仓库挥发性有机物的治理案例 [J]. 上海第二工业大学学报，2020（6）：87-91.

[10] 刘从彬，赵青宁，钱薇，等．某化工企业废气治理工艺研究 [J]. 广东化工，2019（18）：105-107.

[11] 穆云．印刷行业废气污染治理探讨 [J]. 区域治理，2021（10）：88-89.

[12] 关杰，李锋，郭耀广，等 . 某印刷厂有机废气治理工程案例分析 [J]. 应用化工，2019（7）：1763-1769.

[13] 周玉娇，黎云祥 . 中小型涂装企业 VOCs 废气治理现状调研及整改实例 [J]. 电镀与涂饰，2021（11）：883-888.

[14] 刘忠生，廖昌建，王宽岭，等 . 炼化行业 VOCs 废气治理典型技术与工程实例 [J]. 炼油技术与工程，2017（12）：60-64.

[15] 王新，方向晨，刘忠生，等. 橡胶废气催化燃烧处理技术 [J]. 当代化工，2009（2）：191-193.

[16] 陈玲玲 . 浅谈炼化行业 VOCs 废气治理典型技术与工程实例 [J]. 化工管理，2019（12）：55-56.

[17] 叶茂省 . 大气环境中挥发性有机废气治理技术分析 [J]. 中国资源综合利用，2021（1）：184-186.

[18] 蒋展鹏，杨宏伟 . 环境工程学 [M]. 3 版 . 北京：高等教育出版社，2013.

第六章　典型行业废气污染控制分析

第一节　火电行业

电力工业是重要的基础性行业，也是社会经济持续发展的重要条件和保证。面对资源约束趋紧、环境污染严重、生态退化的严峻形势，以及生态文明建设的国家需求，必须按照国家大气污染防治行动计划，遵循“高效清洁燃烧—污染物协同控制—废物资源化”为一体的控制路线，实现电力工业绿色发展、循环发展和低碳发展。

随着《火电厂大气污染物排放标准》（GB 13223—2011）、《环境空气质量标准》（GB 3095—2012）、《大气污染防治行动计划》等的实施，火电行业全面推动除尘、脱硫和脱硝技术及其装备的进步和升级，实现火电由烟尘、SO_2、NO_x 治理阶段向综合治理（包括 $PM_{2.5}$、重金属、SO_3 和 CO_2 等）、循环经济和可持续方向发展。

一、主要大气污染物及来源

截至 2021 年 4 月底，我国发电装机容量 22.3 亿 kW，同比增长 9.5%；火电 12.6 亿 kW，同比增长 4.2%。其中，燃煤发电 10.8 亿 kW，同比增长 2.7%。火力发电占全国发电装机容量的 56%，燃煤发电占火力发电的 85%。由此可见，在未来较长时间内，煤电仍然会占主体地位。

烟尘、SO_2 和 NO_x 是燃煤电厂的首要污染物。根据《火电厂大气污染物排放标准》（GB 13223—2011），所有燃煤锅炉烟尘排放不能高于 30 mg/m^3；新建锅炉 SO_2 排放不能超过 100 mg/m^3，个别地区不能超过 200 mg/m^3；现有锅炉

SO_2 排放不能超过 200 mg/m^3，个别地区不能超过 400 mg/m^3；NO_x 排放不能超过 100 mg/m^3，个别地区不能超过 200 mg/m^3。表 6-1 为火电厂大气污染物的产污环节。

表 6-1　火电厂大气污染物产污环节

工序	产污环节	主要污染物
备煤系统	燃煤贮存、破碎、磨煤、输送过程	颗粒物
锅炉燃烧系统	燃烧过程	颗粒物、SO_2、NO_x、Hg 等
除灰系统	灰渣装车运输及贮灰场存	颗粒物

二、大气污染物的控制

目前，我国火电行业大气污染物控制处于超低排放阶段，燃煤电厂大气污染防治技术处于国际领先。燃煤电厂大气污染物超低排放技术既是减少大气污染的需要，也是解决我国环境污染的需要。燃煤电厂污染物超低排放主要针对烟尘、SO_2、NO_x 与汞及 $PM_{2.5}$，涉及除尘及脱硫改造、低氮燃烧、选择性催化还原（SCR）脱硝等。

（一）烟尘控制

目前，火电行业形成了以技术成熟可靠的电除尘器为主（90%）、日趋成熟的袋式除尘器和电袋复合除尘器为辅的格局。超低排放路线如下：

（1）烟囱出口烟尘质量浓度降至 20 mg/m^3 以下：①原除尘器出口烟尘质量浓度在 30 mg/m^3 以上，可改造除尘系统，使除尘器出口烟尘浓度降至 30 mg/m^3 以下。经湿法脱硫，烟囱出口烟尘质量浓度降至 20 mg/m^3 以下。除尘改造可采用增加除尘比收尘面积、低低温电除尘、新型高压电源等。②原除尘器出口烟尘质量浓度小于 30 mg/m^3，可对除尘或脱硫进行改造，建议综合比较除尘改造与脱硫改造的技术经济性，确定最终技术路线。除尘改造可采用增加除尘比收尘面积、低低温电除尘、新型高压电源等技术；脱硫系统改造可采用增加喷淋层、串联塔等技术。

（2）烟囱出口烟尘质量浓度降至 5 mg/m^3 以下：①脱硫系统可改造。改造湿法脱硫系统，使脱硫系统的除尘效率提高到 60% ～ 75%；同时改造除尘系统，使除尘器出口烟尘质量浓度降至 20 mg/m^3 以下。经湿法脱硫　烟囱出口烟尘质量浓度小于 5 mg/m^3。②脱硫系统不具备改造条件。改造除尘系统，使除尘器出口烟尘质量浓度降至 30 ～ 80 mg/m^3。加装湿式电除尘后，烟囱出口烟尘质量浓度小于 5 mg/m^3。

（3）新建机组：建议烟囱出口烟尘质量浓度降至 5 mg/m^3 以下。采用结合高效除尘器和新型湿法脱硫的一体化技术路线，使除尘器出口烟尘质量浓度降至 20 mg/m^3 以下，新型湿法脱硫系统的除尘效率达 60% 以上。经湿法脱硫，烟囱出口烟尘质量浓度小于 5 mg/m^3。

（二）SO_2 控制

在我国已投运的燃煤脱硫机组中，石灰石 - 石膏法脱硫技术占 90% 以上的份额，其脱硫效率一般为 90% ～ 95%。超低排放路线如下：

（1）已建燃煤机组。对于采用干法 / 半干法脱硫技术的机组，要达到燃气机组排放标准，需进行湿法改造，改造方案参照现有湿法装置改造路线。需执行燃气机组排放标准的脱硫装置需拆除烟气换热器（GGH），同时对烟囱进行防腐。

对于采用石灰石 - 石膏湿法脱硫技术的已建燃煤机组，根据燃煤含硫量的不同，改造路线如下：①燃烧低硫煤机组。原设计净烟气排放浓度相对较低，可通过进一步降低燃煤含硫量，满足燃气轮机组排放标准。②烟气脱硫（FGD）入口质量浓度（标态）低于 3 000 mg/m^3 机组。在此入口条件下，为实现 SO_2 超低排放，要求脱硫效率不低于 98.8%，可采取优化吸收塔设计、提高吸收塔液气比，或者增加液气传质等措施。③ FGD 入口质量浓度大于 4 000 mg/m^3 机组。在此入口条件下，为实现 SO_2 超低排放，要求脱硫效率稳定在 99.1% 以上。考虑到长期稳定运行，建议采用串联塔技术，一级吸收塔脱硫效率达 80% ～ 90%，控制一级吸收塔出口质量浓度到 500 ～ 700 mg/m^3，再利用脱硫效率约为 95% 的二级吸收塔，控制 SO_2 排放质量浓度在 35 mg/m^3 以下。实际改造中，为降低投资和缩短改造停机时间，可利用原有吸收塔，在原有吸收塔之前增加预洗涤吸收塔。

（2）对于新建燃煤机组，为达到 35 mg/m^3 以下的燃机排放标准，原则上考虑不设置 GGH，脱硫技术需采用石灰石 - 石膏湿法脱硫技术。

对于采用石灰石 - 石膏湿法脱硫技术的新建燃煤机组，根据燃煤含硫量的不同，技术路线如下：①燃烧低硫煤机组。若入口 SO_2 质量浓度（标态）在 1 000 mg/m^3 以下，采用石灰石 - 石膏湿法脱硫技术，吸收塔一般只需设置 3 ～ 4

层喷淋层，即可控制 SO_2 排放质量浓度在 35 mg/m^3 以下。② FGD 入口质量浓度（标态）低于 3 000 mg/m^3 机组。在此入口条件下，为实现 SO_2 超低排放，要求脱硫效率不低于 98.8%。可采取优化吸收塔设计、提高吸收塔液气比，或者增加液气传质等措施。③ FGD 入口质量浓度大于 4 000 mg/m^3 机组。在此入口条件下，为实现 SO_2 超低排放，要求脱硫效率稳定在 99.1% 以上。考虑到长期稳定运行，建议采用双循环 U 型塔技术，前塔脱硫效率约 80%，后塔脱硫效率为 96% ～ 98%，可以控制 SO_2 排放质量浓度在 35 mg/m^3 以下。后塔还可以预留增加双相整流烟气脱硫装置空间，以适应更高的环保要求。

（三）NO_x 控制

目前，适用于燃煤电厂成熟的 NO_x 控制技术主要有三种：低氮燃烧系统技术（LNB）、选择性非催化还原（SNCR）脱硝技术、选择性催化还原（SCR）脱硝技术。其中，SCR 技术因技术成熟、脱硝效率高等特点被广泛使用。

（1）低氮燃烧系统。不同的锅炉、不同的煤质，对锅炉燃烧器选择和改造均有不同要求，燃烧器改造后的效率也不一样。一般的低氮燃烧器降低 NO_x 的效率为 20% ～ 50%。对新建锅炉，采用技术成熟的燃烧系统，能有效降低炉膛出口 NO_x 排放。选择低氮燃烧器时，应考虑目前煤质和远期规划用煤，再针对煤质、锅炉型式、燃烧器对锅炉效率影响等经济技术指标，合理控制锅炉炉膛出口 NO_x 排放值。

对现役锅炉确定是否进行低氮燃烧系统改造，需要考虑煤质、锅炉型式、燃烧器型式、锅炉效率影响、锅炉寿命等经济性、合理性。确定对锅炉燃烧器进行改造时，需充分考虑锅炉燃烧经济性，以保证炉膛出口 NO_x 控制。采用低氮燃烧技术可能对锅炉运行性能产生一些影响。

（2）SNCR 脱硝。SNCR 脱硝效率为 15% ～ 40% [对循环流化床（CFB）锅炉为 30% ～ 70%]，同时会降低锅炉燃烧效率。在实际应用中，受机组负荷、炉膛温度区域变化等条件限制，脱硝效率不高；还原剂的利用率低（15% ～ 30%），消耗量较大，氨逃逸率较高（5.0×10^{-6} ～ 10.0×10^{-6}）。应通过技术经济分析比较，对脱硝效率要求低的项目采用 SNCR 脱硝技术。

（3）SCR 脱硝。SCR 是燃煤电厂普遍采用的烟气脱硝技术，脱硝效率高。SCR 脱硝所采用的氧化钛基催化剂对运行温度范围有限制要求（310 ～ 427℃），布置在省煤器与空气预热器之间。能将 NO_x 排放控制在 50 mg/m^3 或者更低。

SCR 脱硝装置运行中存在的问题是催化剂冲蚀破损、催化剂失活过快。特别是煤质特性变化较大，燃用高灰分、高硫煤，以及负荷变化较大时，会导致催化剂体积增加、化学寿命降低等问题。此外，SO_2/SO_3 转化率和氨逃逸量控制不当时，生成的硫酸氢铵在空预器换热面上积聚，会造成积灰堵塞和腐蚀等问题。

燃煤电厂脱硝改造技术方案的选择，主要根据 NO_x 排放现状与控制目标、机组容量、投资与运行成本等技术经济指标确定。原则上应采取低氮燃烧方式，在炉内燃烧过程中最大限度地抑制 NO_x 的生成，从而减少 SNCR 与 SCR 烟气脱硝装置的建设和运行费用，降低 NO_x 的减排总成本。超低排放改造路线如下：

①为达到 100 mg/m^3 的特别排放限值，燃煤锅炉可行的 NO_x 减排技术路线：a. 通过低 NO_x 燃烧技术将燃用烟煤的锅炉 NO_x 控制在 400 mg/m^3 以下；燃用贫煤的锅炉，NO_x 控制在 500 mg/m^3 以下；采用 W 火焰炉燃用无烟煤的锅炉，NO_x 控制在 800 mg/m^3 以下。b. 通过配煤等手段保持入炉煤煤质稳定，减少煤质波动引起的 NO_x 浓度大幅波动；通过燃烧优化调整、低氧燃烧等手段降低 NO_x 的生成。c. 在炉后增设 SCR 装置，反应器设置“2+1”“2+2”“3+1”等催化剂层模式。

②为达到 100 mg/m^3 的特别排放限值，CFB 锅炉可行的 NO_x 减排技术路线包括：a. 优先采用 SNCR 工艺，优化设计方案，尽可能提高 SNCR 工艺的设计效率。b. 当 SNCR 工艺不能满足排放要求时，在炉后适当位置增设 SCR 反应器。

③为达到 50 mg/m^3 的排放限值，锅炉可行的 NO_x 减排技术路线包括：a. 通过低 NO_x 燃烧技术将燃用烟煤的锅炉 NO_x 控制在 400 mg/m^3 以下；燃用贫煤的锅炉，NO_x 控制在 500 mg/m^3 以下。b. 通过配煤等手段，保持入炉煤煤质稳定，减少因煤质波动引起的 NO_x 浓度大幅波动；通过燃烧优化调整、低氧燃烧等手段降低 NO_x 的生成。c. 在炉后增设 SCR 装置，反应器设置“2+1”“2+2”“3+1”等催化剂层模式。d.CFB 锅炉炉膛出口 NO_x 浓度为 150 ～ 250 mg/m^3，部分机组采用脱硝效率为 40% ～ 70% 的 SNCR 装置，控制 NO_x 排放浓度到 100 mg/m^3。为进一步达到燃机排放标准 50 mg/m^3，需在炉外加装烟气脱硝 SCR 装置，但需考虑流化床锅炉的飞灰特性对 SCR 催化剂长期稳定运行的不利影响。

对于机组脱硝，要充分发挥低氮燃烧器的效能和烟气脱硝 SCR 技术，可控制 NO_x 排放浓度达到燃机排放标准 50 mg/m^3。对燃用无烟煤的 W 型机组，采用先进的燃烧器后加烟气脱硝 SCR 技术，可以使大部分脱硝反应器出口达到 50 mg/m^3 的排放标准。

（四）汞及 $PM_{2.5}$ 控制

目前，我国的大型燃煤电厂安装的湿法脱硫系统、SCR 脱硝装置、除尘器都能对烟气中不同形态的汞起到去除作用。电除尘器特别是布袋除尘器，可对烟气中的颗粒状的汞的化合物有 28% ～ 65% 的去除效率。SCR 脱硝工艺能将单质汞氧化成二价汞（Hg^{2+}），而溶解于水的 Hg^{2+} 可在下面的湿法脱硫吸收塔内被洗涤，进入脱硫废水和脱硫石膏中。

对 $PM_{2.5}$ 的控制主要包括对一次颗粒物和前体污染物的高效处理及协同控制，具体表现为：①利用 ESP、BP 和电袋等高效除尘设施，最大限度地减少 $PM_{2.5}$ 一次颗粒物的排放；②利用高效脱硫设施和脱硝设施，最大限度地减少易在大气中形成 $PM_{2.5}$ 的前体污染物（如 SO_2、NO_x、SO_3、NH_3 等）；③在湿法脱硫设施后建设烟气深度净化设施，如湿式电除尘器，脱汞效率可达 85% 以上，Hg 排放质量浓度小于 0.002 mg/m^3，SO_3 酸雾去除效率可达 80% 以上，能有效解决蓝烟 / 黄烟，“石膏雨”以及 Hg、雾滴排放等污染新问题，对燃煤电厂烟气排放的烟尘、SO_2、NO_x、SO_3 等多污染物进行末端协同控制，最终实现烟尘排放质量浓度不大于 10 mg/m^3、SO_2 排放质量浓度不大于 50 mg/m^3、NO_x 排放质量浓度不大于 100 mg/m^3 的目标。

三、环境管理建议

（一）强化环保意识

火电厂环保工作的开展水平与火电厂管理人员对环保工作的认识水平有直接关系，很多企业负责人是按照法律要求被动地进行环保管理。因此，在实际工作中，需要重视管理人员环保意识的增强。在企业实际生产过程中，必须从政策法规变化趋势的角度，对政府的环保法律、法规和标准加强研究，及时跟踪新变化。严格执行国家、政府部门的法律要求，加强项目环保管理，有效落实环保措施，确保环保管理依法合规，重视环评批复要求并认真贯彻落实，不存侥幸心理。要提高自身的责任意识，落实好最新环保政策，重视员工环保意识的树立，全面提高火电厂环保建设管理工作的水平。

（二）加强技术改造

为了适应环保新形势的要求，确保各项环保指标达标，必须做好环保设施维护与升级改造。国内各发电企业陆续开展了污染物“近零排放”技术，节能提效成为火电企业的改造重点。国内某电厂超低排放改造的技术路线为SNCR+SCR脱硝系统＋静电除尘＋石灰石－石膏湿法脱硫系统＋湿式电除尘器。利用煤种分级燃烧＋高效SNCR+SCR联合脱硝的技术工艺，NO_x排放浓度可稳定控制在40 mg/m^3以下。采用烟尘一体化高效脱除与智能控制技术，使烟尘排放达到超低排放的要求。

（三）加强环保管理

电厂的环保工作需要科学处理环境保护与经营效益的关系，应建立健全环保管理制度，成立专门的环保领导小组和环保技术监督网络，配备专职的环保监督管理部门和专职环保人员，开展全方位、全过程的环保监督管理；明确各个部门的职责权限、工作目标，并将环保工作逐级分解、落实到个人。另外，建立以定量考核为主、定性考核为辅的考核机制。从当前的形势来看，火电厂的环保工作主要从环保设施运维管理、危险废物规范化管理、无组织排放治理、有效控制污染物排放几个方面来开展。

（四）优化节能运行

锅炉作为火电厂生产运营的重要设备，在运行过程中需要定期对其污垢进行清理。日常运行工作中，要及时对锅炉受热面积累的灰垢进行清理，并与锅炉实际运行情况相结合，对清灰周期进行有效控制，全面提高锅炉受热面的传热性能，确保燃烧充分，保证锅炉运行的安全性和可靠性。合理控制锅炉气压，锅炉运行时蒸汽压力过高或过低，都会影响锅炉运行的效率和安全性。因此，在保证锅炉安全运行的基础上，要与锅炉实际运行情况相结合，通过对蒸汽压力的合理设置，使锅炉达到节能减排的目标。在锅炉实际运行过程中，还要对内部空气系数进行合理控制，保证锅炉内燃料与空气充分混合，提高燃料燃烧的效率，为锅炉运行效率的提高奠定良好的基础。此外，还要加大对汽轮机组运行的有效控制，对给水温度要合理控制，并改变汽轮机组回热抽汽量，针对外排烟气温度进行调节，全面提高热量利用率。定期对汽轮机组的密闭性进行检测，及时发现真空系统运行中的异常情况，并做好维护检修工作，确保汽轮机组的真空度，为其安全、稳定的运行提供重要保障。

第二节　水泥行业

水泥行业长期以来被认为是高污染、高能耗工业，打造绿色工厂既是改善水泥行业形象的需要，又是在积极承担社会责任。在生态文明建设持续推进的大背景下，环保标准提升是行业发展的必然趋势，推动行业绿色转型升级，持续开展水泥工业的大气污染物防治是必经之路。

一、主要大气污染物及来源

水泥是建筑施工中十分重要的原材料，在我国的经济发展中占据不可或缺的地位。从 20 世纪 80 年代初开始，我国水泥工业逐步发展起来。2000 年以来，我国水泥产业保持世界第一。与此同时，水泥产业也对大气环境造成了巨大的影响。水泥行业粉尘排放量很大，人均粉尘负荷量达 10.8 kg。颗粒物是水泥生产过程中最易产生的污染物，主要分为两种，一种是常温含尘气体，它的传播范围不远，限于 40 m 之内；另一种是高温含尘气体，因为质量轻、体积大、易扩散等特点，易导致严重环境污染，若在风口处，很容易飘散很远。每生产 1 kg 水泥，就要产生 1 ～ 2 kg 的各种污染物，其污染有运卸、拆封、堆运等过程造成的扬尘和运输、入库等过程造成的泄漏。在水泥生产过程中，经常产生非完全氧化反应，产生 NO、NO_2。另外，由于原材料中含有的少量硫，经过高温的煅烧，将硫化物排放到大气中。同时，每生产 1 kg 水泥，要排放 1 kgCO_2。

水泥企业废气对人们的居住环境和身体健康产生极大的影响。例如，某些粉尘会引起肺癌，降低植物进行光合作用的能力，从而影响植物的生长。聚集过多的粉尘容易造成爆炸，SO_2 会造成酸雨，CO_2 会造成全球变暖，破坏生态平衡。水泥行业大气污染物产污环节见表 6-2。

表 6-2 水泥企业大气污染物产污环节

工序	产污环节	主要污染物
矿山开采（石灰石）	开采、破碎、输送	颗粒物
原料处理（预均化、调配）	石灰石、辅料、煤预均化堆场	颗粒物
	原料调配站、输送	颗粒物
生料、燃料制备（包括均化）	原料烘干、粉磨、煤粉制备	颗粒物
	生料均化、输送	颗粒物
烧成系统（熟料生产）	水泥窑煅烧（如回转窑）	颗粒物、NO_x、SO_2、CO、氟化物等
	熟料冷却	颗粒物
	熟料储存、熟料外运	颗粒物
水泥粉磨	水泥添加剂及配送	颗粒物及油污
	水泥粉磨	颗粒物、挥发性有机物
水泥成品包装、散装和外运	水泥储库、包装、散装及袋装水泥储存	颗粒物

二、大气污染物的控制

（一）大气污染控制技术

水泥行业中，水泥窑烟气是最主要、最关键的废气排放源，烟气治理主要由脱硝、除尘两个环节构成，除尘技术为袋式除尘器、电除尘器以及电袋复合除尘器。

水泥窑内为碱性环境，预热器及分解炉的碱性物料在高温区域对窑尾燃煤排放出来的 SO_2 具有很高的捕捉力。通常情况下，水泥原料中低价硫含量不高。在正常的水泥窑运行条件下，窑尾 SO_2 排放浓度很低，通常无须末端脱硫措施。对于本身原料、燃料中含硫量较高，使水泥窑自身脱硫效果无法达到 SO_2 排放要求的企业，应采取相应烟气脱硫技术，以达到减排目的。目前，水泥行业采用的烟气脱硫技术主要分为干法（干脱硫剂喷注法）、半干法（喷雾干燥脱硫技术）、湿法（石灰石－石膏湿法脱硫技术）三类。

干法脱硫技术即干脱硫剂喷注法，具体方法是将分解炉热生料或外购的 CaO、$Ca(OH)_2$ 等脱硫剂随入窑生料送入预热器。采用分解炉热生料脱硫，效率为 30% 左右，其运行成本一般偏低；而采用氢氧化钙的脱硫效率可达 70% 左右，脱硫效率较高，但其运行成本较高。由于水泥生产的特殊环境，大部分水泥生产线 SO_2 排放浓度并不高。因此，水泥行业广泛采用干法脱硫技术控制 SO_2 排放。

由于水泥生产工艺的特殊性，水泥窑烟气温度高，产生的热力型 NO_x 浓度高，脱硝难度大。水泥窑烟气净化工艺较多，当前，常用烟气脱硝技术包括低氮燃烧技术、选择性非催化还原技术（SNCR）、选择性催化还原技术（SCR）、生产控制等。

低氮氧化物燃烧技术主要包括低氮燃烧器和分解炉分级燃烧技术。低氮燃烧器通过增加燃烧器风道，降低一次空气比例，使煤粉分级燃烧。燃料在高温区停留时间短，可减少 NO_x 产生量 5% ～ 15%。分解炉分级燃烧技术利用助燃风分级或燃料分级加入，减少分解炉内 NO_x 的生成，并通过控制燃烧过程，还原炉内的 NO_x，可减少 NO_x 产生量 10% ～ 20%。低氮燃烧器和分解炉分级燃烧技术联合使用，可减少 NO_x 产生量 20% ～ 30%。

选择性非催化还原法（SNCR）是将氨或尿素还原剂喷入炉内高温区，将 NO_x 还原为 N_2 的方法。若为提高 NO_x 的去除效率而增加药剂喷入量，未反应的氨会残留在烟气中，与烟气中的 HCl 反应，产生气态氯化铵，导致铵盐沉积在锅炉省煤器上，NO_x 去除率为 40% ～ 60%。

SCR 是在水泥窑预热器出口处安装催化反应器，在反应器前喷入还原剂（如氨水或尿素），在适当的温度（300 ～ 400℃）和催化剂作用下，将烟气中的 NO_x 还原成氮气和水。该技术的 NO_x 去除效率可达 85% ～ 90%（表 6-3）。

表 6-3　水泥窑 NO_x 控制措施及效果

措施分类		去除效率 /%	排放浓度 /（mg/m^3）
工艺控制措施	低氮燃烧器	5 ～ 30	300 ～ 600
	分解炉分级燃烧	10 ～ 30	
	添加矿化剂	10 ～ 15	
	工艺优化控制	10 ～ 20	
末端治理措施	SNCR	40 ～ 60	100 ～ 240
	SCR	60 ～ 80	≤ 100
	SNCR+SCR	≥ 90	≤ 50

从目前 SCR 技术的发展情况来看，有两种选择：一是将 SCR 设备安装在除尘器之前，这时烟气温度较高，可满足催化还原反应要求，但由于粉尘浓度过高，

会造成催化剂磨损和堵塞。另一种选择是将 SCR 设备安装在除尘器之后，此时粉尘浓度非常低，没有催化剂堵塞问题，但由于温度下降较多，催化还原反应温度不够。

目前，国内 NO_x 超低排放治理技术有“SNCR+SCR”、全系统综合脱硝技术。经 NO_x 减排技术综合应用后，NO_x 排放浓度可达到 50 mg/m^3。采用布袋除尘器对水泥窑烟气中颗粒物进行脱除后，窑尾颗粒物排放浓度可满足标准中颗粒物排放限值（10 mg/m^3）。

（二）超低排放技术

2021 年 4 月底，时任生态环境部大气环境司副司长吴险峰在接受《中国环境报》专访时表示，“初步考虑，接下来，要在全国范围内推动技术、资金等条件成熟、污染物排放量大的水泥行业实施超低排放改造”。

水泥工业超低排放除尘技术评价指标主要有四点：更高的除尘效率、更低的设备阻力、更可靠稳定的设备性能和更低廉的运行维护成本。按照工程分析的方法，静电除尘不宜作为超低排放的技术。应用最广泛、改造工作量小、造价低且无废水污染的袋式除尘技术，近年来在细颗粒物捕集、过滤材料选择、智能化网络化应用等方面都有卓越的进步，逐步成为超低排放的主流技术。若窑尾除尘器后配套了湿法脱硫装置，宜在湿法脱硫塔烟气出口配置高效除雾器或湿式电除尘器，解决湿态雾滴夹带造成的颗粒物排放问题。

超低排放脱硫技术选择方面，湿式脱硫法效果较好，脱硫效率可以达 80% ～ 95%，堵塞和维修问题较少。采用的湿法脱硫塔，改造后可达到超低排放的标准，但设备投资、运行费用和技术要求高；干反应剂喷注法的脱硫效率较高，但其成本较高，主要是购置熟石灰的费用，热生料喷注法存在热耗升高明显、管道易堵塞等明显缺点。复合脱硫技术应采用无氨无碱基材料，防止氨逃逸超标；慎用脱硫水剂，以防后续袋式除尘器糊袋；关注 SO_3 排放，防止产生二次污染问题。

窑炉脱硝超低排放技术改造，建议在低氮燃烧技术（低氮燃烧器、分解炉分级燃烧、回转窑烟气过程脱硝技术、原位还原炉）的基础上，选择采用垃圾衍生燃料（RDF）脱硝技术、高温催化粉体脱硝技术、SCR 脱硝技术、SNCR-SCR 复合技术或精准 SNCR 脱硝技术。

三、环境管理建议

水泥企业要根据相关规定的标准建立企业职业卫生管理机构，并配备相应的卫生管理人员。公布水泥粉尘的危害防治措施，建立标准的岗位操作方法，加大对水泥粉尘的个体防护用品的投入。使用先进科学的管理制度，加强管理者的环保意识，选择适宜的过滤式收尘方式，加强粉尘浓度的日常监测，确保水泥生产过程中粉尘浓度在国家标准范围内。

加强生产、运输、贮存环节无组织排放颗粒物的管控，各种水泥原料、燃料要入库入棚，可采用全封闭机械化料场、筒仓、圆库等物料储存方式，各产尘点应按照“应收尽收”原则配置废气收集设施，使收集治理设施与生产工艺设备同步运转。

推动落实水泥窑低氮燃烧，应根据所使用的燃料类型，结合生料中的硫、碱含量等，在窑尾、预热分解炉锥体等部位加装便于调整的燃烧器，避免产生局部高温区，使煤粉在贫氧区生成 CO 等还原性气体；同时，还可对回转窑系统的煅烧过程进行精细化控制，调整利于降低 NO_x 的火焰性状和适宜的煅烧温度，在不影响熟料质量的前提下，尽量降低过剩空气系数，确保原燃料喂料量准确均匀稳定。精细操作，适当调整窑系统的各项操作参数，从而最大限度地降低 NO_x 的产生，达到低氮燃烧效果。配套建设效率不低于 60% 的烟气脱硝装置。

做好水泥行业企业环境管理工作，需要研究相关政策，落实环境责任，强化信息公开，鼓励社会力量监督企业履行环境责任，加大对企业环境责任的硬约束。

第三节　钢铁行业

我国是世界上最大的钢铁生产国。2019 年，我国粗钢产量为 9.963 亿 t，同比增长 8.3%，占世界粗钢总产量的 53.3%。钢铁行业产生的废气量大，生产工艺流程长，产污环节多，污染物排放量大。其 SO_2、NO_x、颗粒物排放总量在工业行业中均居前三位。我国钢铁产能主要分布在京津冀及周边地区、长三角地区、汾渭平原等大气污染防治重点区域，是影响区域环境空气质量的重要因素。因此，推进实施钢铁行业超低排放是推动行业绿色发展、助力打赢“蓝天保卫战”的重要举措。

一、主要大气污染物及来源

钢铁行业主要生产工艺流程包括烧结（球团）、炼铁、炼钢连铸、轧钢等工序，配套设施有自备电厂等。同时，钢铁工业涉及大量原辅材料、产品的运输。废气主要来源于以下三个方面：一是对原材料进行装卸和运输期间形成的扬尘；二是在钢铁生产过程中，由于煤炭等能源燃烧产生大量的 SO_2 和 CO_2；三是在钢铁生产时产生的废气。除此之外，在炼铁、炼焦以及炼钢工艺中，均会产生烟粉尘和气态污染物（表 6-4）。

表 6-4 钢铁行业大气污染物产污环节

工艺	产污环节	大气污染物
烧结（球团）	原料装卸、煤粉制备、破碎、筛分、干燥、配料、混合、造球、运输	颗粒物
	烧结（焙烧）	颗粒物、SO_2、NO_x、氟化物、铅及其化合物、二噁英等
	烧结（球团）矿的破碎、筛分、冷却和运输	颗粒物
炼铁	各种原料、燃料及辅料的运输、筛分、转运	颗粒物
	热风炉	颗粒物、SO_2、NO_x
	高炉出铁场	颗粒物、CO
	高炉煤气放散、煤粉制备及喷吹过程、铸铁机铁水浇注	颗粒物
炼钢连铸	转炉炼钢铁水预处理、转炉炼钢、出钢出渣	颗粒物
	电炉炼钢配料、上料、炉顶装料、出钢、出渣	颗粒物、二噁英
	电渣炉	氟化物
	连铸工序中间罐、结晶罐、连铸切割及火焰清理过程	颗粒物
	石灰石焙烧工序给料、送料	颗粒物
	焙烧窑、预热器	颗粒物、SO_2、NO_x
轧钢	热轧加热炉、火焰切割机	颗粒物、SO_2、NO_x
	热轧轧制、抛丸、喷丸及表面修磨工序	颗粒物
	冷轧酸洗、钝化及酸再生系统	酸性废气
	冷轧碱洗工序	碱雾
	轧机轧制	颗粒物、油雾废气
	热处理炉	颗粒物、SO_2、NO_x
	精整工序	颗粒物
	涂层机组	有机废气

工艺	产污环节	大气污染物
配套设施	煤气发电	颗粒物、SO_2、NO_x
运输废气	原辅材料、产品等的运输车辆	汽车尾气

二、大气污染物的控制

目前，在钢铁运输方面有诸多渠道，包括水路运输、铁路运输、公路运输等。其中，公路运输最为灵活，可变性较强。因此，大部分钢铁运输都会选择公路运输，而在具体运输的过程中，容易造成大量的扬尘。我国对扬尘的治理，主要采用覆盖等简单的方式。厂区中的烟粉尘，大部分钢铁企业选择静电除尘和布袋除尘的方法进行治理，除尘效率较高，基本可达 99%。

（一）废气处理技术

目前，国内钢铁行业主要采取以下废气处理技术。

1. 颗粒物治理技术

钢铁企业中，颗粒物的产生工序最多，产污节点分散，治理难度较大。钢铁企业针对不同生产环节产生的颗粒物采取不同的除尘措施，主要有静电除尘、袋式除尘、电袋复合除尘、旋风除尘、滤筒除尘、湿电除尘等。目前应用最为广泛的是袋式除尘，可应用于原料装卸、转运、筛分及炼铁、炼钢、轧钢等产尘环节；静电除尘多用于烧结机机头废气中颗粒物的处理。转炉煤气和高炉煤气除尘方法主要有 LT 干法除尘、新型 OG 湿法除尘、半干法除尘等。

2. SO_2 治理技术

钢铁行业烟气湿法脱硫工艺主要有石灰石－石膏法、氨法、双碱法、有机胺法、离子液法等；半干法和干法脱硫工艺有循环流化床法、SDA 旋转喷雾干燥法、活性炭吸附法、NID 法、密相干塔法、MEROS 法、ENS 法、LEC 等。目前，石灰石－石膏法是钢铁行业应用较多的脱硫方法，该方法脱硫效率较高，工艺成熟；缺点是会产生脱硫废水、脱硫石膏，需要对副产物作进一步处理。

3. NO_x 治理技术

目前，国内烧结机机头、球团焙烧设备烟气脱硝尚处于起步阶段，脱硝多采取末端治理的措施，主要采用 SCR。近年来，随着排放标准的加严，燃烧煤气的热风炉、加热炉、电厂锅炉逐步开始对烟气进行脱硝，主要脱硝技术有低氮燃烧、SCR、SNCR 等。SCR 技术是目前应用较多、处理效率较高的一种脱硝方法，在电力行业应用较为普遍，但是钢铁企业部分工序产生的烟气条件与电力企业有差异，SCR 脱硝工艺在应用中存在一定的不利因素。例如，烧结机产生的烟气温度较低且浮动大、含湿量大、含氧量高，烟气中含有一定量的酸性、毒性物质，因此，在实际运行中存在催化剂堵塞、中毒失活的现象，从而影响脱硝效率。烧结机烟气脱硝前，需要对烟气进行升温，以达到 SCR 脱硝温度要求，其运行成本相对电力行业较高。

4. 污染物协同处理

烧结机机头、球团焙烧烟气成分复杂，除常规污染物外，还含有氟化物、铅、二噁英等特征污染物，需要采取有效方法去除。目前，钢铁行业废气协同处理技术主要是活性炭（焦）一体化脱硫脱硝技术，该工艺已在国内多家钢铁企业中使用，可同时去除烟气中的 SO_2、NO_x、铅及二噁英等多种污染物，SO_2、NO_x 排放浓度可以满足超低排放标准。但是，该方法投资及运行成本较高，对烟气温度要求较严。

（二）超低排放技术

2019 年 4 月，生态环境部等五部委联合印发了《关于推进实施钢铁行业超低排放的意见》，提出到 2020 年年底前，重点区域钢铁企业力争 60% 左右产能完成改造；2025 年年底前，全国力争 80% 以上产能完成改造。钢铁企业积极响应政策要求，实施超低排放改造，环保水平显著提升。据生态环境部门统计，截至 2020 年 9 月底，全国 228 家钢铁企业 6.1 亿 t 粗钢产能正在实施超低排放改造。

1. 烧结（球团）超低排放技术要点

烧结（球团）是一种人工提高铁矿石品质的工艺，烧结机排放的污染物总量约占钢铁行业污染物排放总量的 50% 以上，氟化物和二噁英排放量占 90% 以上，是钢铁行业大气污染排放量最大的工序。

烧结机机头废气流量大、烟温较低（80 ～ 200℃）、含湿量大（约 10%）、SO_2 质量浓度为 1 000 ～ 10 000 mg/m^3，NO_x 质量浓度为 150 ～ 600 mg/m^3。通过对现有的除尘、脱硫设施进行提标改造，较容易达到超低排放。在脱硝方面，传统热电行业脱硝技术无法直接移植，开展过程控制和末端治理相互耦合的关键技术，成为烧结烟气超低排放技术的关键。球团烟气与烧结烟气排放特征较为相似，末端治理技术可以互相借鉴。

目前，烧结废气治理措施主要采用两种工艺配置：一是双室四电场静电除尘器 + 主抽风机 +SSC 烧结烟气干式超净工艺（脱硫反应塔 + 脱硫布袋除尘器）+SCR 脱硝 + 引风机 + 烟囱排放。二是双室四电场静电除尘器 + 石灰－石膏湿法烟气脱硫 + 湿电 +SCR 脱硝 + 引风机 + 烟囱排放。除尘、脱硫、脱硝各部分技术比较成熟，根据铁精粉来料含硫量、运行工况，综合确定合理的工艺技术路线，是确保达到超低排放的重要保证。

烧结机除尘技术通常采用三级除尘：四电场静电除尘 + 脱硫（除尘效率 50%）+ 布袋除尘或湿电工艺，综合除尘效率大于或等于 99.9%，实际运行效果可达到 10 mg/m^3 以下。

烧结机头烟气脱硫主要采用湿法、半干法或者协同脱硫脱硝工艺，已经实际运行的有太钢公司的活性炭干法脱硫脱硝设施、宝钢公司的循环流化床半干法脱硫以及普遍使用的石灰－石膏法。石灰－石膏湿法脱硫、半干法 / 干法脱硫、活性炭法脱硫三种常用方法的技术经济比较见表 6-5。

表 6-5　烧结机头烟气脱硫方法技术经济比较

性能参数	石灰－石膏法（湿法）	半干法 / 干法	活性炭法
吸收剂	石灰	石灰	活性炭
吸收剂消耗	大	小	小
SO_2 入口质量浓度 /（mg/m^3）	500 ～ 1 000	500 ～ 1 000	500 ～ 1 000
SO_2 排放质量浓度 /（mg/m^3）	35	35	＜ 35
脱硫效率 /%	90 ～ 95	90 ～ 95	95 ～ 97
占地面积	较大	小	大
耗水量 /（t/h）	20	少量	少量
稳定性	高	较高	高
烧结机头应用实例	国内钢铁企业使用较普遍	国内已有首钢、石钢、昆钢等众多应用	日本、韩国、中国有近 10 家企业采用
投资成本	中等	中等	较高
运行成本	中等	中等	较高

钢铁企业超低改造脱硫设施，应综合考虑原辅材料含硫量及铁矿的预混调

节范围、实测烟气 SO_2 浓度、脱硫剂的采购条件及企业周边的综合利用区位优势等因素。综合考虑以上因素，在设计阶段确定脱硫效率、工艺技术参数十分重要。

我国的烧结废气脱硝起步较晚，采用的工艺技术路线不尽相同。由于烧结机头烟气烟温较低，目前主流的烧结机头烟气脱硝采用的是中高温 SCR 脱硝工艺。该工艺已在大型火力发电厂、钢铁企业的脱硝中得到广泛的运用，实际运行效果基本可达到超低排放要求。总体工艺布置为，SCR 反应器布置在脱硫、除尘系统、GGH 和燃烧器之后。在催化剂和氧气存在的条件下，在 300 ～ 350℃范围内，还原剂 NH_3 选择性地将烟气中的 NO_x 还原成 N_2 和 H_2O。

2. 高炉煤气精脱硫工艺

高炉煤气精脱硫是钢铁企业内燃烧设施烟气超低排放最有效的方法，也是燃烧烟气 SO_2 达标排放的重要保证。近两年，高炉煤气的精脱硫刚起步，运行效果有待进一步验证。

以山西省某钢铁厂于 2019 年 12 月投运的“有机硫水解转化 + 湿法脱硫”为例，介绍高炉煤气精脱硫的工艺技术路线。

高炉煤气精脱硫采用“水解转化 + 湿法脱硫”工艺。高炉煤气中硫的主要存在形式为有机硫和无机硫，有机硫主要为羟基硫、二硫化碳，无机硫主要为硫化氢。该工艺的前段水解酸化主要是利用催化剂将有机硫转化为无机硫，后端的湿法脱硫借鉴了焦炉煤气的 PDS 栲胶湿法脱硫工艺。根据目前的实际运行情况，脱硫效率可达 90%。煤气精脱硫净化系统技术参数见表 6-6。

表 6-6 煤气精脱硫净化系统技术参数

指标	质量浓度 / (mg/m^3)
处理前煤气总硫	约 60
净化后煤气总硫	约 25
净化后煤气 H_2S	约 10

在实际运行中，为了保证脱硫效率，水解催化剂更换频率较高，导致运行成本较大。另外，湿法脱硫产生的废液处理还存在一定的困难。脱硫后产生的硫膏和脱硫废液的属性需进一步调查，按《危险废物鉴别技术规范》《危险废物鉴别标准　通则》等国家规定的标准和方法对所产生的固体废物开展危险特性鉴别，根据其主要有害成分和危险特性确定所属废物类别并按要求进行管理。

3. 无组织超低排放技术要点

钢铁联合企业无组织排放源众多，无组织排放的治理是钢铁超低改造的重中之重，也是实施超低排放的重要保证。目前，钢铁企业普遍正在建立管控治一体化系统，可以实现产尘点、视频监控、治理设施、生产设施的联动。同时，建立无组织源排放清单是实现联动系统的基础工作，需要进行详细认真的现场调查，以确定上千个无组织源。

4. 清洁运输技术要点

清洁运输方式主要包括铁路、管道或者管状带式输送机，清洁方式运输比例应大于80%。较大规模的钢铁联合企业具备经济实力和条件建设铁路专用线，运输大宗物料和产品。但对于大多数独立的钢铁企业，必须在汽车运输（包括厂内非道路移动机械）方面制定严格的标准，包括外部运输、内部运输（包括厂内物料转运）、车辆监管系统平台、门禁系统。

三、环境管理建议

钢铁行业目前仍面临较大的环保压力，废气治理是钢铁行业环保工作的重点。企业想要实现高质量发展，必须采取措施，做好废气治理工作。

（一）加强环境管理，培养专业人才

随着河北、山东、河南等省相继出台钢铁工业大气污染物排放地方标准，超低排放改造已经从鼓励行为上升为具有法律效力的标准要求，污染物排放不达超低排放标准属违法行为。目前，山西、江苏等省的地方标准也正在制定中。同时，《关于推进实施钢铁行业超低排放的意见》明确，对不能稳定达到超低排放要求的，将视情节取消相关优惠政策，重污染天气应急绩效评级降级处理。上述要求均对钢企的环保管理水平提出了更高要求。钢铁企业要想实现全面稳定的超低排放，仅靠治理工程是远远不够的，环境管理能力建设是钢铁企业实施超低排放改造面临的重大挑战。当前，许多企业对日常的环境管理重视不够，存在环保管理体系缺失、环保管理人员专业水平不足、日常运行管理台账不规范等问题。随着超低排放改造的不断推进，在硬件改造方面达到要求的企业将陆续增多，真正能体现出企业间差距的不是环保设施硬件的投入，而是软实力——环保管理水平的提升。

环境管理是企业管理的重要环节，把环保工作纳入生产管理，对于减少企业污染物排放、促进企业资源合理利用与回收、提高经济效益和环境效益有重要的意义。目前，国内多数钢铁企业建设了较为完善的除尘、脱硫、脱硝等环保设施，其设计施工也由专业的设计单位完成，采取的污染防治工艺可以满足处理要求。但是，在日常生产中出现环保设施不能稳定运行的情况，导致污染物排放超标。一是设备长时间运行，缺乏专业维护；二是管理人员专业水平不足，巡检力度不够，不能及时发现环保设备运行中存在的问题，致使有些设备带病运行。因此，企业要建立健全内部环保机构，制定完善的环境管理体制和工作程序，配备专业环保管理人员，负责环保设施的运行维护，定期加强员工培训学习，增强其环保管理意识及责任心，提高发现问题、解决问题的能力，确保企业环保设施的稳定运行，满足排放标准要求。

（二）注重源头控制，降低污染物产生量

钢铁行业生产工艺流程长、过程复杂，原料、燃料和工艺过程对污染物的排放量影响较大，可从以下几个方面进行源头控制：一是采用烟气循环技术，将烧结、热风炉等产生的烟气重新引回工艺，减少废气排放量。二是优化生产工艺，调整高炉炉料结构，提高球团矿添加比例，降低烧结矿比例。球团生产工序产生的污染物大大低于烧结工序，调整高炉炉料配比，可减少烧结工序污染物排放量。三是对高炉煤气、焦炉煤气实施精脱硫。钢铁企业生产过程中产生大量煤气，这些煤气是企业重要的二次能源之一，可用于热风炉、锅炉等多个环节。煤气中的含硫量直接决定燃烧烟气中的 SO_2 浓度，从源头控制，实施煤气精脱硫可大幅降低末端治理的压力，这是最为经济且便于后续环保管理的技术手段。四是加强产尘点的密闭，提高废气收集效率，减少无组织废气的排放。

（三）控制废气二次污染

SCR、SNCR 等脱硝工艺实际运行期间，为使氮氧化物排放达标，企业往往通过增加氨、尿素的喷入量来提高脱硝效率，导致氨逃逸率提高，造成二次污染。同时，过量逃逸的氨可以与废气中的 SO_3 反应，生成硫酸氢铵，造成空预器堵塞、催化剂受损等问题，严重时会影响 SCR 脱硝设备的正常运行。生产期间，钢铁企业要重视氨逃逸造成的二次污染问题，综合考虑催化剂进出口的 NO_x 浓

度、烟气温度等因素，对喷氨系统布局、喷射速度进行合理设置，降低氨逃逸率。烟气脱硝排气筒出口设置氨逃逸量在线监测设施。目前，钢铁行业尚无烟气中氨的逃逸浓度或排放浓度限值要求，可参照执行火电行业脱硝烟气中氨的逃逸质量浓度要求，确保氨的逃逸率在合理范围内，避免脱硝设施造成二次污染。

（四）调整大宗物料运输方式，减少运输废气排放量

钢铁行业是我国运输量最大的行业之一，原材料与成品等运输量是钢铁产量的几倍。目前，钢铁行业运输以公路为主，多数运输车辆为国三、国四排放标准的柴油车，废气污染物排放量大。钢铁企业应按照《关于推进实施钢铁行业超低排放的意见》的要求，降低汽运在铁精矿、煤炭、焦炭等大宗物料和产品运输中的比例，采用铁路、水路、管道或管状带式输送机等清洁方式的运输比例不低于 80%；如不能满足，2021 年年底前，汽运部分采用国五排放标准的汽车，2022 年起全部采用新能源汽车或达到国六排放标准的汽车。

第四节　玻璃行业

玻璃工业作为国民经济重要的基础原材料工业，全行业能源消费量占全国能源消费总量的 1/10 左右，CO_2 排放约占我国排放总量的 1/6。我国玻璃工业产能高居世界首位，2019 年，平板玻璃产量为 9.3 亿重量箱，同比增长 6.6%。在产能提高的同时，国家对玻璃工业“节能、环保”问题的关注程度逐渐提高。

在国家有关节能环保政策和标准的指引下，我国玻璃工业在节能减排领域取得积极成效。虽然主要建材产品产量持续增长，能源消耗总量也在相应增加，但玻璃产业的污染物排放量总体呈下降趋势，SO_2、工业烟粉尘等主要污染物排放总量保持下降或低增长态势。此外，我国玻璃工业主要产业的工艺技术、装备水平已接近世界领先水平或达到世界先进水平。玻璃熔窑大型化、纯氧燃烧、富氧助燃、熔窑保温等熔窑节能技术以及原料优化、余热利用等技术装备已实现产业化，为平板玻璃节能降耗提供了有力保障。

一、主要大气污染物及来源

平板玻璃生产原料在破碎、装卸、存储、配料、输送等过程中会产生粉尘污染。烟尘主要来自玻璃熔化工序，主要包括配料夹带以及熔化的玻璃中物质的挥发和反应、燃料中的金属杂质、未燃尽碳粒等。HCl、HF 的排放主要来源于原料中含有的氯化物和氟化物杂质。在线镀膜废气产生的污染物主要是锡及其化合物（一般为有机化合物）、氯化氢和氟化物。平板玻璃行业产生的大气污染物中，全部 SO_2、NO_x 以及约 50% 的颗粒物来自玻璃熔窑排放。生产过程主要污染物及来源见表 6-7。

表 6-7 平板玻璃企业大气污染物产生环节

生产工艺	生产单元	产排污节点	主要污染物	排放方式
浮法	原料破碎系统	破碎、筛分、输送	颗粒物	有 / 无组织
	备料与储存系统	装卸、输送、储存	颗粒物	有 / 无组织
	配料系统	配料、输送	颗粒物	有 / 无组织
	碎玻璃系统	破碎、输送	颗粒物	有 / 无组织
	熔化工序	熔化	SO_2、NO_x、颗粒物、HCl、氟化物	有组织
	成型退火工序	在线镀膜	颗粒物、HCl、氟化物、锡及其化合物	有 / 无组织
压延	原料破碎系统	破碎、筛分、输送	颗粒物	有 / 无组织
	备料与储存系统	装卸、输送、储存	颗粒物	有 / 无组织
	配料系统	配料、输送	颗粒物	有 / 无组织
	碎玻璃系统	破碎、输送	颗粒物	有 / 无组织
	熔化工序	熔化	SO_2、NO_x、颗粒物、HCl、氟化物	有 / 无组织
燃料	煤制气	储存、输送	颗粒物、H_2S	有 / 无组织
	重油、煤焦油	储存、输送	挥发性有机物	无组织
	石油焦	破碎、研磨、筛分、输送	颗粒物	无组织
公用设施	液氨 / 氨水	储存、输送	氨气	无组织

二、大气污染物的控制

由于玻璃生产工艺的特殊性，熔窑烟气温度高，成分复杂，烟尘黏性高，NO_x 浓度高（可达 3 000 mg/m^3）；环保设备运行过程需要保证窑压平衡，窑炉周期性换火会造成 $PM_{2.5}$、SO_2、NO_x 浓度变化剧烈、波动巨大。玻璃熔窑烟气中包括氟化物和氯化物等非常规污染物，烟气治理技术流程复杂。

目前，平板玻璃生产线多数装配了余热发电系统。污染物控制，一方面采取源头治理措施，预防和减少污染物的生成；另一方面采取末端治理措施，减少生成污染物的危害。目前，降低 NO_x 排放的措施包括：低氮燃烧技术、全氧燃烧技术（废气排放量减少 60% 以上，废气中 NO_x 下降 80% ～ 90%，烟尘降低 50% 以上）、3R 技术、选择性催化还原技术（SCR）、选择性非催化还原技术（SNCR）及湿法氧化吸收法。降低 SO_2 的措施包括：使用低硫的燃料，减少原料中硫酸盐的使用，以及通过干法、半干法、湿法等技术进行烟气脱硫治理。

（一）污染预防技术

玻璃制造业的污染预防技术主要考虑三个因素：原料、燃料及燃烧技术。原料方面，主要采取原料替代和优化原料配方等方式，控制含有硝酸盐、硫化物、氟化物和氯化物等原料的使用量。燃料方面，主要使用清洁燃料或低硫燃料。清洁燃料是指燃烧时不产生或只产生极少量对人体和环境有害的物质，如天然气、液化石油气、清洁煤气、醇醚燃料（甲醇、乙醇、二甲醚等）、生物燃料、氢燃料等。目前玻璃制造业使用的各种燃料中，天然气为主要的清洁燃料。燃烧技术方面，主要对燃烧技术进行改造，使燃烧过程中产生的污染物浓度降低，从而达到预防的效果。目前玻璃制造业使用的燃烧预防技术包括全氧燃烧技术、低氮燃烧技术、纯氧助燃低氮燃烧技术等。

（二）粉尘防治

玻璃制造业采用的主要防尘措施包括：原辅材料的破碎、筛分、输送、混合过程均应密闭，产尘点应设置可靠的集气罩并配置除尘器。根据粉尘产生的实际情况选择袋式除尘器、干式电除尘器和滤筒除尘器。

玻璃行业多采用电收尘和布袋收尘进行烟气的除尘处理，也有少数采用湿式电收尘的玻璃企业。因各地排放限制不同，玻璃窑采用的燃料不同，电收尘和布袋收尘均有不同的应用。

湿式电除尘主要的作用是除尘和除去湿法脱硫的水雾，减少“大白烟”现象。湿式电除尘一般是配套湿法脱硫使用的，有一定的局限性，而且存在腐蚀情况，产生一定量的废水。

（三）NO_x 治理

玻璃行业的 NO_x 主要包括燃料型和热力型两种，当温度高于 1 500℃时，热力型 NO_x 占主导地位。因此，减少 NO_x 排放的预防技术主要包括采用全氧、富氧或纯氧燃烧技术，以及通过改进工艺降低熔窑温度等。

虽然脱硝工艺种类较多，但是玻璃行业脱硝工艺几乎都采用 SCR 技术，使用催化剂在烟气温度 300 ～ 420℃的范围内，采用 NH_3 作还原剂，将 NO_x 还原成 N_2 后排放。

（四）SO_2 治理

玻璃企业产生的 SO_2 主要来源于含硫燃料的燃烧和芒硝的分解。减少 SO_2 排放的预防技术主要包括采用低硫燃料及改进工艺，减少芒硝的用量。玻璃行业应用较多的烟气脱硫技术主要包括半干法和湿法。

（五）HCl、HF 和锡化合物治理

HCl、HF 的削减可采取合理选择原料、改进熔炉燃烧方式等工艺措施，也可采用烟气治理技术。在烟气脱硫过程中，由于 HCl、HF 属于酸性气体，可与碱发生中和反应得到去除。一般来说，在脱硫系统中，HCl、HF 去除效率能达 90% 以上。

锡及其化合物可采用两种方式处理：一种是低温冷凝法，将锡及其化合物冷凝为固体，将冷凝后的固体提纯再利用；另一种是焚烧法，将锡的有机化合物焚烧为无机物质。目前在线镀膜尾气一般采用低温冷凝 + 碱液吸收，或者焚烧 + 碱液吸收处理。

三、环境管理建议

（一）环境管理建议

企业要建立健全内部环保机构，制定完善的环境管理体制，配备专业环保管理人员负责环保设施的运行维护，定期开展员工培训，增强其环保管理意识及责任心，提高专业技术能力，确保企业排放污染物满足排放标准，保证环保设施的稳定运行。

在严格的产业政策和行业标准的驱动下，玻璃熔窑烟气治理技术工程实践进展显著，但设施投建运行时间较短，不稳定达标共性问题突出。要对平板玻璃行业特点作全面分析，根据玻璃原料种类、燃料类型、设施设备结构、工艺特性等对其大气污染防治弊端进行探索研究，继而通过针对性的优化措施，使大气污染防治效果和防治水平得以有效提升。

控制粉尘的无组织排放和原料的消耗。考虑原料的合理使用，精准控制配比，避免浪费。升降机料口有活动盖，倒入原料时，将编织袋放在升降机料口，避免粉尘的无组织排放。回收利用碎玻璃加入原料中，既节约成本，又节约资源。

对设备进行定期维护和保养。熔炉内温度非常高，炉壁会变薄，因此，要求有计划地定时维护和保养，避免出现玻璃液泄漏的情况，设置应急池和应急措施。

平板玻璃各环保设施投建运行时间较短，缺乏成熟的运行管理机制，烟气带有黏性，炉窑需周期性“换火”操作，导致玻璃熔窑废气排放浓度呈现出周期性不稳定排放的突出问题。需要对现状进行深入分析，提升玻璃行业污染控制技术水平，实现该行业的稳定达标排放。

（二）常见问题及对策

1. 锅炉积灰存在问题及对策

正常情况下，玻璃熔窑排烟温度为 420 ～ 450℃，与烟温相适应的 SCR 反应器温度范围为 320 ～ 420℃。熔窑烟气进入 SCR 反应器前需经余热锅炉冷却。余热锅炉内易发生积灰现象，SCR 脱硝前，换热管表面积尘较易清理，用水冲洗即可；而 SCR 脱硝后，烟气中水分含量增大，使得一部分黏性飞灰黏附于余热锅炉内换热管道和余热锅炉出口的引风机风叶上，且换热管表面会产生结晶现象，较难清理。

脱硝过程反应生成的逃逸氨与 SO_3 反应，形成硫酸氢铵，易与烟气中的飞灰粒子相结合，在换热管上形成黏结性极强的融盐状的积灰结晶。可通过控制 SCR 脱硝过程氨逃逸量和烟气中 SO_2 氧化率的方法减少硫酸氢铵的生成量。可优化 SCR 脱硝装置入口导流叶片的类型、数量和位置，使入口烟气流速、温度和浓度均匀，同时调整加氨系统，严控逃逸氨限值，使 NH_3 混合均匀，最终减少氨逃逸量。可调节控制烟气温度，合理选择催化剂类型，最大限度降低 SO_2/SO_3 的转化率，以减少 SO_3 与 NH_3 反应量，也可降低硫酸氢铵的产生。针对锅炉清灰系统，可采用过热蒸汽吹灰、压缩空气吹灰、激波清灰等方式。针对设施运行现状，增加备用余热锅炉或者余热管路，用于余热锅炉维护、清灰时切换，是短期内解决问题的快捷方案。

2. 除尘存在的问题及对策

（1）布袋除尘。玻璃熔窑烟气具有温度高、因生产换火在一定范围内温度频繁波动的特点，布袋除尘器前，一般布设烟气冷却系统。但烟尘颗粒较小且具有黏性，在一定温度下易堵塞布袋除尘器，发生“糊袋”“板结”等现象，导致清灰困难。

为使布袋除尘器正常运行，烟气温度的控制至关重要。齐晓芳等提出，采用模糊控制策略对布袋除尘器烟气进行温度控制，当烟气温度瞬时过高时，可迅速打开混风阀，使除尘器入口温度保持在许可范围内，有效维持布袋除尘效率。选用耐高温材料布袋，改善清灰方式，或者将布袋更换为湿式电除尘器是当前最为直接有效的解决途径。

（2）电除尘。电除尘器内部易出现极板短路问题，电场内部易出现放电、闪络等问题。极板长期高温作用下容易发生变形，积灰黏附在极板上，导致极线与极板距离过近，出现短路现象；而阴极绝缘距离过近、阳极板卡涩、防尘板结露积灰、阴极线断线导致的极间距超标是造成电压闪络的主要原因。

高温电除尘在玻璃行业应用时间较短，以上问题可通过以下方法解决：进一步优化电除尘器框架结构，减少高温形变；降低电场风速，减少二次扬尘；阴阳极振打改为侧部振打；采用 BS 状芒刺线减少阴极线形变；合理控制振打速度，减少因振打清灰引起的二次扬尘。

3. 脱硝存在的问题及对策

（1）催化剂物理堵塞问题。玻璃企业烟气处理工艺是“脱硝 + 除尘 + 脱硫”。脱硝装置布置在除尘装置之前，反应器内会产生严重积灰，造成脱硝反应器堵塞，致使催化剂物理中毒。因此，SCR 脱硝装置内的积灰需定期进行清理。脱硝催化剂的形态主要有蜂窝式、平板式和波纹板式三种类型。当前玻璃行业应用的主要是蜂窝式催化剂，该种催化剂气固接触面积大，反应物停留时间长，但是机械强度较低，容易发生堵塞，不适用于烟尘浓度较高的玻璃行业的脱硝。烟尘浓度高时，可采用具有较好的机械性、较强的抗腐蚀和防堵塞特性的平板式催化剂。此外，在催化剂运行管理过程中，要注意清灰与温度控制，改进 SCR 吹灰系统，加大压缩空气气压，增加吹扫次数，减少反应器堵塞。

（2）NO_x 超标和氨逃逸超标。在生产过程中，煤气“换火”时烟气温度提升快，烟道烟气量大，玻璃窑炉烟气内 NO_x 波动幅度较大。自动喷氨系统不完善，手动喷氨又带有滞后性，难以控制。喷氨量大，容易造成催化剂失去活性，降低脱硝效率，产生 NO_x 超标和氨逃逸超标问题。

为缓冲玻璃窑炉因“换火”操作导致的 NO_x 浓度波动，可在 SCR 装置前设计烟气预处理塔，保持脱硝效率稳定。此外，通过完善喷氨系统，实现自动化精确控制喷氨量；增强催化剂反应活性，提高氨水和 NO_x 反应效率，均可在一定程度上降低氨逃逸率，确保 NO_x 达标排放。

（3）SO_2 浓度增高。现场测试数据显示，脱硝设施出口的 SO_2 浓度明显高于脱硝设施入口。以天然气为燃料的玻璃窑炉，SO_2 浓度增幅为 50% ～ 100%；以煤制气为燃料的熔窑，增幅为 40% ～ 70%。尤其是以天然气为燃料的熔窑，脱硝前 SO_2 质量浓度均低于 250 mg/m^3，无须再经脱硫环节，SO_2 即可实现达标排放。经脱硝后，反需追加脱硫设施才能满足标准要求。初步判断是，熔窑烟气中含有 H_2S 类物质，经催化后反应生成了 SO_2。因此，需开展玻璃熔窑烟气成分分析，进一步确定脱硝装置入口处含硫物质的种类和浓度。

4. 脱硫存在的问题及对策

玻璃企业脱硫装置多采用双碱法、石灰石－石膏法等湿法脱硫。实际运行中，脱硫装置出口处的烟气里含有部分脱硫浆液，脱硫液里溶解有脱硫剂或脱硫产物，造成烟气颗粒物增加；另外，脱硫塔中喷头堵塞，除雾器和旋转隔板结垢、管道结晶等现象严重。SO_2 溶解、石灰石溶解、氧化反应和石膏结晶均会不同程度地受浆液 pH 的影响，需加强运行管理，加大脱硫设备喷射药剂管路口径，改手动加药为机械加药，调节脱硫塔内溶液 pH，使其稳定在 6 ～ 8 范围内。此外，增大脱硫循环池面积，使循环池达到最好的澄清效果，也可减少沉淀物堵塞装置组件。

玻璃熔窑配套 SCR 脱硝设施后烟气 SO_2 浓度增高，增加脱硫设施后粉尘浓度增高，继而增加湿式电除尘器。“头痛医头，脚痛医脚”的烟气治理现状，导致大气环保治理工艺路线冗长，并陷入问题循环中。需加强玻璃烟气治理工艺路线优化研究，尤其要加强脱硝技术研发。

第五节 陶瓷行业

我国是陶瓷生产大国，建筑、卫生、日用陶瓷产量多年居世界第一。陶瓷产区主要分布在广东、福建、江西、山东等地。据统计，我国年产建筑陶瓷100多亿 m^2，约占世界总产量的2/3；年产卫生陶瓷2亿多件，占世界总产量近50%；年产日用陶瓷400多亿件，占世界总产量的60%以上。其中，建筑陶瓷生产规模最大，约占陶瓷总产量的90%以上。

建筑陶瓷行业存在企业数量多、规模小、能耗高、污染严重等问题，对周边地区的环境造成了较为明显的污染，是所在地区的环保工作重点。建筑陶瓷行业典型工艺如图6-1所示。

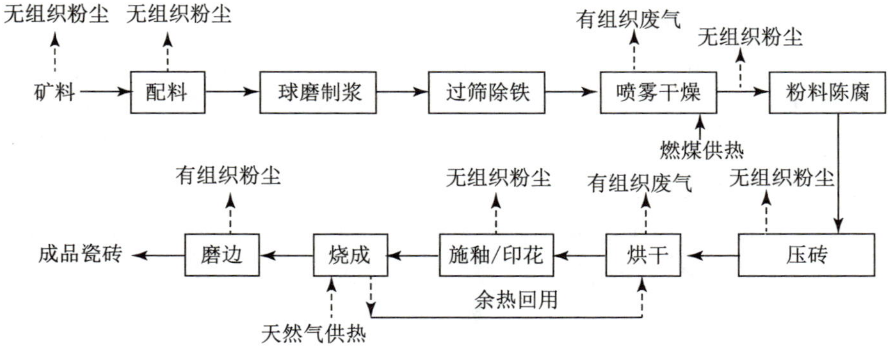

图6-1 建筑陶瓷典型工艺及废气产污环节

一、主要大气污染物及来源

建筑陶瓷行业废气分为有组织排放源和无组织排放源两大类。

（一）有组织排放源

1. 喷雾塔废气

喷雾干燥塔采用煤粉为燃料的热风炉供热，一般为间歇生产，废气主要污染物为烟（粉）尘、SO_2、NO_x 等。

2. 炉窑（辊道窑）废气

烧成窑采用天然气直燃供热，余热引入烘干窑利用，废气主要污染物为烟（粉）尘、SO_2、NO_x、氟化物、氯化物、铅及其化合物、镍及其化合物、镉及其化合物等。

3. 磨边粉尘

部分产品为保持产品周边的光洁度或弧度，需要进行不同细度的磨边处理，会产生磨边粉尘。

（二）无组织排放源

无组织排放污染物主要为粉尘，主要来源于矿料的堆存与装卸、配料下料、粉料输送、粉料压砖、釉前吹扫等工序。表 6-8 列出了建筑陶瓷企业大气污染物产污环节。

表 6-8　建筑陶瓷企业大气污染物产污环节

废气源类型	产污环节	排放方式	主要污染物
有组织排放源	喷雾干燥工段（喷雾干燥塔）	间歇	烟（粉）尘、SO_2、NO_x
	炉窑（辊道窑）生产线	连续	烟（粉）尘、SO_2、NO_x、氟化物、氯化物、铅及其化合物、镍及其化合物、镉及其化合物
	磨边工段（磨边机）	连续	颗粒物（粉尘）
无组织排放源	堆存与装卸、配料下料、粉料输送、粉料压砖、釉前吹扫等工序	连续	颗粒物（粉尘）

二、大气污染物的控制

（一）有组织排放源

喷雾干燥塔废气主要污染物为烟（粉）尘、SO_2、NO_x，采用以煤为燃料的热风炉供热。由于碱性粉料的吸附作用，除采用高硫煤的情况下，SO_2 一般不需要脱硫也可达到相应排放标准要求，NO_x 质量浓度一般也在 100 mg/m^3 以下，废气主要治理对象为烟（粉）尘。以泉州地区为例，喷雾干燥塔废气治理工艺主要有“水喷淋＋湿法静电”二级烟气除尘脱硫工艺和“脉冲袋式除尘＋水喷淋”二级除尘脱硫工艺。其中，“水喷淋＋湿法静电”工艺约占喷雾干燥塔烟气治理工艺的 75%，“脉冲袋式除尘＋水喷淋”工艺约占 20%，另外 5% 使用其他工艺。

炉窑（辊道窑）的烧成窑采用天然气供热，温度为 1 200℃左右，部分矿料发生氧化、分解等化学反应过程，会产生部分污染物。烧成窑的主要污染物为烟（粉）尘、SO_2、NO_x、氟化物、氯化物、铅及其化合物、镍及其化合物、镉及其化合物等。从多家建筑陶瓷企业浓度检测结果看，重金属、氯化物的产生浓度较小，NO_x 质量浓度在 100 mg/m^3 以下，可以做到达标排放，炉窑废气的主要治理对象为烟（粉）尘、SO_2、氟化物。

窑炉烟气治理主要有石灰－石膏法、钠碱法和双碱法脱硫（协同除氟、除尘），分别占 65%、23% 和 10%，其他治理方法约占 2%。

磨边大多采用干式磨边，主要污染物为粉尘，目前均采用袋式除尘。

（二）无组织粉尘治理措施

由于陶瓷行业生产需要消耗大量无机非金属矿料，原料运输装卸堆存、配料、粉料输送、压制成型、釉前吹扫等工序均存在明显的无组织粉尘排放。目前，建筑陶瓷企业普遍采用的无组织粉尘控制措施如下：

（1）原料堆场尽可能采用室内储存，库房间隔成若干间储藏室，并设有运输通道；因用地手续等原因无法在室内储存的露天堆场，采用雾炮车，或顶部安装雾化喷头定期喷淋洒水抑尘，降低扬尘产生量。在汽车装卸料时，对装卸料进行喷淋，降低扬尘产生量。

（2）喷雾干燥后粉料采用料仓密闭储存，到压砖机的粉料输送采用密闭管道输送。

（3）喷雾法施釉时，在挡雾罩内作业。施釉时，“雾粒”大部分喷射在挡雾罩内。

（4）厂区运输道路硬化，定期清扫。

三、环境管理建议

（一）完善环境管理制度

建立、健全和落实环境管理制度，主要包括环境保护责任制度、污染治理设施运行维护及岗位培训制度、无组织排放控制措施管理制度、非正常情况管理制度、自行监测管理制度、环境管理台账及记录制度，结合国家排污许可证的申领工作，配套排污许可证执行报告制度等。

（二）加强环保治理设施运行维护

喷雾干燥塔热风炉选用低硫燃料（低硫煤的空气干燥基全硫含量一般不超过 0.5%）。喷雾干燥塔煤基燃料热风炉，建议采用钙基固硫剂伴烧进行烟气预脱硫，钙硫比一般约为 1 ∶ 1（摩尔比），采用低硫煤技术和高温固硫技术，喷雾干燥塔烟气初始排放浓度通常不超过 50 mg/m^3。区域天然气供应充足的条件下，尽可能全部使用清洁能源。

喷雾干燥塔烟气具有含湿量较大、有腐蚀性、启塔和洗塔操作过程中温度波动范围大、高浓度颗粒物对滤料磨损大等特点，袋式除尘器宜选用耐酸、耐腐蚀、耐磨损及经防水处理的滤料。湿式电除尘器内部应具备良好的防腐蚀措施；水喷淋设施保证足够的液气比（不小于 2 L/m^3）和停留时间（不小于 4 s）。

炉窑废气脱硫装置，为保证去除效率及避免脱硫产物硫酸钙在管道中结垢，保证液气比不小于 3 L/m^3，吸收液 pH 在 6 ～ 7 范围内，烟气停留时间不小于 4 s。

（三）将无组织粉尘治理作为日常重点关注问题

随着雾霾天气预报、重污染天气预警发布制度的实施，在有组织废气稳定达标前提下，陶瓷工业无组织粉尘治理尤为重要。建议强化以下无组织粉尘控制措施：

（1）矿料堆场围墙应高于最大堆料高度，宜采取定时水雾喷淋等抑尘措施，特别是堆场装卸作业时，应尽量降低落料高度并平整压实，同步采取雾化喷淋稳定剂等抑尘措施；配备水池和泵房专用降尘给水系统，保证喷枪、喷嘴的喷洒压力。

（2）原料外运至厂区车辆采用封闭式车厢，或者全部加盖帆布。

（3）及时清除散落的物料，保持道路整洁。在未采取洒水等抑尘措施前，不得直接清扫，以防二次扬尘。

（4）矿料堆场出口设置洗车台，运输车辆离开堆场时，冲洗轮胎。

（5）矿料球磨工段利用铲车向衡重器加料时，应在落料处设防尘反射板及喷水抑尘装置；矿料转运和卸料时，尽可能降低物料落差，球磨机加料口设置喷雾装置。釉料球磨机加料口设置局部吸尘罩和收尘装置，包装袋的清理回收在加料口吸尘罩内进行。

（6）喷雾干燥后，干粉料的带式输送应采用密闭廊道；胶带输送机在输送粒径小于 0.5 mm 的物料时，速度应控制在 1 m/s 以内；当输送粒径为 0.4 ～ 4 mm 的物料时，速度应控制在 1.25 m/s 以内。粉料经带式输送至料仓下料时，采用低落差，使粉料沿料仓壁滑落；有条件情况下，改用负压气力输送。

（7）清理喷雾干燥塔热风炉炉渣及煤灰时，应加水湿式作业。

（8）压砖机配备移动式吸风罩和收尘装置，或者采用密闭围挡设施；模具、料板清理在压砖机收尘罩或者密闭围挡设施内进行。

（9）釉前吹扫阶段，于吹扫方向设置半密闭围挡设施。

（10）定期测试除尘设施的漏风率，减少无组织粉尘。

（四）废气污染物处理设施优化建议

1. 喷雾塔废气处理优化方案

首先对喷雾塔布袋的废气出口，安排专业的技术人员定期进行烟尘、灰尘以及粉尘等污染物的浓度检测与相关的环境污染测试。若发现喷雾塔布袋出口的污染物排放浓度较高，则检查喷雾塔布袋是否出现破损或者脱落的情况。布袋出现破损情况，要及时更换，并且派遣专业技术人员进行检查与维护。

针对废气污染物沉降室的循环水处理系统进行污染物沉降处理技术方面的改造。使用独立的污染物沉降系统，不要与其他的污染物沉降设备共用一个污染物沉降池。同时，要尽量延长污染物的沉降时间，使废气中的粉尘、煤渣等污染物质及时得到处理。

2. 辊道窑废气处理优化方案

定期进行污染物碱液循环池的 pH 检测，将污染物碱液循环池的 pH 控制在合理范围内。

对陶瓷生产污染物的循环水沉淀系统进行沉淀技术的改造，从而实现废气污染物的多次、多级、多方面沉淀，并延长废气污染物的滞留时间。同时注意，未经过循环水沉淀系统处理的废气污染物，不要直接投入其他污染物沉降池中，以免造成二次污染。

加强对技术人员操作的管理，规范相关技术人员的操作行为，同时加强对技术工人的职业培训，不断提高技术人员污染物防治的技术水平。

参考文献

[1] 刘晓威，王冰，鞠鑫，等 . 火电厂大气污染物近“零”排放污染控制技术的示范应用 [J]. 电力科技与环保，2015（12）：25-27.

[2] 薛建明，柏源，陈焱 . 火电行业大气污染控制现状、趋势及对策 [J]. 电力科技与环保，2014（2）：9-12.

[3] 中电联电力统计与数据中心．2021 年 1—4 月份电力工业运行简况［EB/OL］（2021-05-21）［2021-06-20］．https:// cec.Org.cn/detail/index．html?3-296559.

[4] 王济平 . 燃煤电厂烟气污染物超低排放技术路线的研究 [J]. 化工管理，2021（2）：51-52.

[5] 闫力源 . 燃煤电厂环境保护问题及科学管理措施分析 [J]. 科技创新与应用，2019（5）：183-184.

[6] 李小明，林勇 . 水泥行业超低排放及烟气治理技术 [J]. 水泥工程，2019（6）：70-72.

[7] 王庆华 . 加强水泥企业环保综合治理减少污染物排放 [J]. 绿色环保建材，2019（3）：9-10.

[8] 胡志颖，尹靖宇，李晋梅，等 . 水泥大气污染物及防治技术现状 [A]// 中国环境科学学会 2019 年科学技术年会——环境工程技术创新与应用分论坛论文集（四）[C]. 2019：364-368.

[9] 王珊 .“十四五”如何推进超低排放 ?[N/OL]. 中国环境报社，（2021-04-30）. https：//www.cenews.com.cn/opinion/gdftx/202104/t20210430_974747.html.

[10] 王作杰 . 水泥窑尾废气超低排放的技术探讨（上）[J]. 水泥技术，2019（2）：50-57.

[11] 王玉红，姚群，陈志炜．我国袋式除尘行业技术新进展 [J]. 工业安全与环保，2020（6）：65-70.

[12] 李晓斌．钢铁行业废气污染物治理现状和优化对策 [J]. 化工管理，2019（3）：33-34.

[13] 桑博．钢铁行业废气治理研究 [J]. 中国资源综合利用，2020（6）：183-185.

[14] 于树斌，陈胜，苏俊峰，等．烧结烟气脱硫的发展 [J]. 冶金设备，2018（2）：78-83.

[15] 耿立志．钢铁行业大气污染防治现状简析与若干建议 [J]. 资源节约与环保，2015（11）：24-25.

[16] 董文进．烧结烟气脱硝技术进展与应用现状 [J]. 中国资源综合利用，2017（11）：74-77.

[17] 张翀．钢铁工业实施超低排放改造技术要点分析 [J]. 山西化工，2021（4）：222-224.

[18] 弓原，李晓新．钢铁行业超低排放改造现状分析及对策建议 [J]. 绿色制造，2021（1）：16-18.

[19] 赵恩录，张文玲，黄俏，等．平板玻璃行业大气污染物排放现状及减排控制措施 [J]. 玻璃，2020（4）：18.

[20] 赵卫凤，倪爽英，王洪华，等．平板玻璃行业大气污染防治的问题与对策 [J]. 中国环境管理干部学院学报，2017（5）：78-81.

[21] 齐晓芳，陈长征，刘姿含，等．变工况玻璃窑炉布袋除尘器温度控制方法 [J]. 机械工程师，2010（1）：103-105.

[22] 张吉庆，黄瑞．电除尘器电场闪络原因分析及改进 [J]. 吉林电力，2006（1）：36-39.

[23] 冯吉燕．建筑陶瓷行业废气污染治理现状及环境管理建议 [J]. 海峡科学，2019（2）：49-52.

[24] 《陶瓷工业污染物排放标准》（GB 25464—2010）修改单（征求意见稿）编制说明 [Z]. 2017.

[25] 杜文尧．建筑陶瓷行业废气污染治理现状及环境管理建议 [J]. 陶瓷，2021（5）：112-113.

[26] 张娜．我国建筑陶瓷工业环境污染与治理 [J]. 陶瓷，2006（7）：9-11，18.

企业环保管家系列指南 | 丛书主编　宋海鸥

企业土壤污染管控指南

主　编　胡晓波　刘庆辉

副主编　任　钢　田文凯　倪亭亭

中国环境出版集团·北京

图书在版编目（CIP）数据

企业土壤环境污染管控指南/胡晓波，刘庆辉主编.—北京：中国环境出版集团，2023.6

（企业环保管家系列指南）

ISBN 978-7-5111-5535-1

Ⅰ.①企… Ⅱ.①胡… ②刘… Ⅲ.①企业—土壤污染—污染防治—指南 Ⅳ.①X53-62

中国国家版本馆CIP数据核字（2023）第098488号

出 版 人 武德凯
责任编辑 葛 莉 曹 玮
封面设计 彭 杉

出版发行 中国环境出版集团
（100062 北京市东城区广渠门内大街16号）
网 址：http://www.cesp.com.cn
电子邮箱：bjgl@cesp.com.cn
联系电话：010-67112765（编辑管理部）
010-67112735（第二分社）
发行热线：010-67125803 010-67113405（传真）

印 刷 北京中科印刷有限公司
经 销 各地新华书店
版 次 2023年6月第1版
印 次 2023年6月第1次印刷
开 本 787×960 1/16
印 张 8.25
字 数 150千字
丛书定价 688.00元

企业环保管家系列指南

编 委 会

从书主编简介：

宋海鸥　河北环境工程学院教授，环境法学硕士，西北政法大学法学博士研究生，河北海立律师事务所律师，秦皇岛律师协会资源与环境委员会副主任，担任多地生态环境部门、企业法律顾问，主要从事环境法、环境执法及环境管理相关领域的研究与实务工作。

本册作者简介：

胡晓波　河北正润环境科技有限公司正高级工程师、河北省政府津贴专家，主要从事环境影响评价、环境科研、环境规划、环境监理、排污许可、土壤调查与修复、固体（危险）废物无害化处置及资源化利用、环境风险与应急预案及其他环境技术性工作。

刘庆辉　河北集梦环保工程有限公司高级工程师，主要从事土壤污染状况调查及风险评估、环境影响评价、环境科研、环境监理、固体废物危险特性鉴别及其他环境咨询技术性工作。

任　钢　河北正润环境科技有限公司高级工程师，主要从事环境影响评价、环境科研、环境规划、污染治理、环境监理、土壤调查与修复、固体（危险）废物无害化处置及资源化利用及其他环境技术性工作。

田文凯　河北正润环境科技有限公司高级工程师，主要从事环境影响评价、环境监理、土壤调查与修复、清洁生产审核及其他环境技术性工作。

倪停亭　河北雅马特信息科技有限公司工程师，主要从事土壤污染状况调查、环境影响评价、环境科研及其他环境咨询技术性工作。

总　序

“环保管家”是一种以“合同环境服务”为核心的环境污染治理新模式。2014 年 12 月 27 日，国务院办公厅《关于推行环境污染第三方治理的意见》中指出：“到 2020 年，环境公用设施、工业园区等重点领域第三方治理取得显著进展，污染治理效率和专业化水平明显提高，社会资本进入污染治理市场的活力进一步激发。环境公用设施投资运营体制改革基本完成，高效、优质、可持续的环境公共服务市场化供给体系基本形成；第三方治理业态和模式趋于成熟，涌现一批技术能力强、运营管理水平高、综合信用好、具有国际竞争力的环境服务公司。”2016 年 4 月 15 日，环境保护部印发《关于积极发挥环境保护作用促进供给侧结构性改革的指导意见》(环大气〔2016〕45 号)，该意见指出：“推进环境咨询服务业发展，鼓励有条件的工业园区聘请第三方专业环保服务公司作为‘环保管家’，向园区提供监测、监理、环保设施建设运营、污染治理等一体化环保服务和解决方案。”由此，在环境保护领域正式提出了“环保管家”的概念，诸多的“环保管家”公司如雨后春笋般涌现，为企业提供“全面体检”服务。

尽管有专业环境污染第三方治理机构的辅助，但排污企业不能也无法避免经营中环境违规行为的法律责任。在环保形势日益严峻的背景下，掌握环境法律基本规定、污染防治技术规范等成为企业生存发展的必备能力，企业有必要通过学习将“要我守法”内生为“我要守法”的动力。

编者在与能源、化工、运输、钢铁、建材、机械加工、装备制造、矿山等行业企业打交道的过程中，了解到企业尤为关注环保问题，有增加环保投入和增强自身环保专业知识的意愿，对降低环保经营风险有较高的期望值，但囿于环境保护知识的专业性，对通俗介绍企业生产经营中环保风险的指南、手册的需求迫切。正是基于这种市场需求，我们策划了这套专业的“企业环保管家系列指南”丛书（以下简称丛书），对企业环保问题开展“望闻问切”，对环保疑难杂症进行“科学会诊”，既能找准污染治理主要环节和风险隐患突出问题形成“体检报告”，也能开出诊治“药方”。“环保管家”通过常态化的“体检”和“问诊”，及时提出预警和针对性措施，以避免环境事故的发生，降低环境风险。

丛书分为四个板块，共计 13 个分册，旨在通过通俗易懂、实务的语境为企业提供环境守法的指引。在理论知识铺垫上，以够用为尺度，尽可能化繁为简；注重实操，并辅以案例，对企业生产经营中的环境管理事项和环境管理风险予以深度解读，帮助企业相关人员掌握企业环境管理的“钥匙”，最大限度降低企业的经营风险。

丛书的四个板块分别为：

1）法律法规板块：包括《企业常用环境法律法规手册》1 个分册，主要包含环境法律、法规、规章及政策性文件等内容。

2）常见环境管理事务板块：包括《企业环保合法合规管理指南》《企业建设项目环境影响评价管理指南》《企业排污许可证申领与实施操作指南》《企业自行监测管理指南》《企业环境信息化管理指南》《企业环境应急管理指南》6 个分册，主要从企业建设项目环境管理与企业环境风险防范角度进行阐释。

3）污染防治技术板块：包括《企业废水污染管控指南》《企业废气污染管控指南》《企业固体废物污染环境管控指南》《企业土壤环境污染管控指南》4 个分册，主要从治理设备、治理技术、产排污节点等方面对企业全流程技术管理予以说明。

4）企业环境金融与认证板块：包括《企业环境经济政策指南》《企业清洁生产审核与环境管理体系认证指南》2 个分册，主要包括环境税、排污权交易、碳排放交易以及清洁生产审核、ISO 14001 认证等相关知识。

丛书主要针对生产性企业的环境管理人员、环保管理型企业的工作人员以及对环境管理工作感兴趣的其他人员，也可以作为环境管理初学者的入门教材。

编写团队共 25 人，包括相关领域教授、副教授，专门从事环境法律事务的律师，生态环境部固体废物与化学品管理技术中心专家，大型企业从事环境管理的工作人员以及专业从事“环保管家”服务的企业人员等。编写团队中无论是“学院派”还是“实战派”，均是在相应领域深耕多年的行家里手。

本套丛书经过与出版社沟通和策划、制定编写大纲、组织编写人员、撰写初稿、修改初稿、定稿、统稿等多个流程，历时 15 个月。在组织编写过程中，各分册编者之间通力合作，各分册牵头人也与我进行有效沟通，保证了丛书的质量和覆盖面；同时，为保障丛书如期完成，众多编者付出了巨大心血，在此表示衷心感谢。组织如此大规模的编写队伍，于我而言也是前所未有的，其中有考虑不周之处，请各位编者海涵；因知识和技能所限，编写难免有疏漏，请各位读者批评指正。

最后要感谢河北环境工程学院领导的关心及中国环境出版集团对这套丛书的支持，尤其是第二分社全体编辑的专业和敬业让这套丛书由设想变为现实。

宋海鸥

2022 年 8 月 14 日于秦皇岛

前　言

近年来，中国坚持预防为主、保护优先、分类管理、风险管控的总体思路，以管控土壤污染风险为核心，采取一系列有效措施，在土壤污染防治方面取得了积极进展，但土壤污染一直是一个必须面对的问题。由于长期积累，受污染地区的土壤环境问题变得越来越严重，这给当前污染场地的土壤清理工作带来了更大的挑战。因此，定期开展企业土壤和地下水环境质量调查有利于及时发现污染状况，避免造成大污染、重污染的场地，防患于未然，降低后续治理和修复成本，具有非常重要的实际意义。

本书主要从土壤污染管理的现行制度、土壤污染重点监管单位及责任、在产企业的自行监测、隐患排查及防治对策、退市企业的土壤污染调查及污染地块系统填报、土壤污染责任认定、土壤污染防治专项资金等方面进行了探讨，明确了工业企业不同阶段土壤污染存在的隐患、责任及应对策略，为工业企业新、改、扩建提供最新的政策动态及污染问题的解决思路。

本书由胡晓波、刘庆辉担任主编，任钢、田文凯、倪停亭担任副主编，韩辉、温楠楠、孙博飞、梁静、陈会会、董冰冰、张灿灿、王光辉、闫海、苏超、赵志鑫、王颜平、王琳凯、曹鹏、孙宁等参与编写。由于作者经验有限，编写过程中难免有疏漏，请读者谅解，恳请提出宝贵意见。

编者

2022 年 12 月

目　录

第一章　土壤污染管理概述

第一节　我国土壤管理工作简介

一、我国土壤环境管理的相关法律法规及标准

（一）法律法规

《中华人民共和国土壤污染防治法》，于2018年8月31日由第十三届全国人民代表大会常务委员会第五次会议通过，自2019年1月1日起施行；

《污染地块土壤环境管理办法（试行）》，于2016年12月27日由环境保护部审议通过，于2016年12月31日公布，自2017年7月1日起施行；

《农用地土壤环境管理办法（试行）》，于2017年9月25日由环境保护部会同农业部发布，自2017年11月1日起施行；

《工矿用地土壤环境管理办法（试行）》，于2018年4月12日由生态环境部审议通过，于2018年5月3日公布，自2018年8月1日起施行。

（二）政策规章

《国务院关于印发土壤污染防治行动计划的通知》（国发〔2016〕31号）（简称“土十条”）自2016年5月28日起实施。“土十条”从开展土壤污染调查、推进土壤污染防治立法与标准制定、实施农用地分类管理、实施建设用地准入管理、强化未污染土壤保护、加强土壤污染源监管、开展污染治理与修复、

加大科技研发、构建土壤环境治理体系和加强目标考核等方面，为切实加强土壤污染防治、逐步改善土壤环境质量提供了指引。

国务院第 149 次常务会议于 2021 年 9 月 15 日通过《地下水管理条例》(国务院令　第 748 号)，自 2021 年 12 月 1 日起施行。

（三）导则

《污染地块地下水修复和风险管控技术导则》（HJ 25.6—2019），自 2019 年 12 月 5 日起实施；

《污染地块风险管控与土壤修复效果评估技术导则》（HJ 25.5—2018），由生态环境部于 2018 年 12 月 5 日公布并实施；

《建设用地土壤污染状况调查技术导则》（HJ 25.1—2019），自 2019 年 12 月 5 日起实施；

《建设用地土壤污染风险管控和修复监测技术导则》（HJ 25.2—2019），自 2019 年 12 月 5 日起实施；

《建设用地土壤污染风险评估技术导则》（HJ 25.3—2019），自 2019 年 12 月 5 日起实施；

《建设用地土壤修复技术导则》（HJ 25.4—2019），自 2019 年 12 月 5 日起实施；

《建设用地土壤污染风险管控和修复术语》（HJ 682—2019），自 2019 年 12 月 5 日起实施；

《建设用地土壤环境调查评估技术指南》，自 2018 年 1 月 1 日起施行；

《工业企业土壤和地下水自行监测技术指南（试行）》，自 2022 年 1 月 1 日起施行；

《环境影响评价技术导则　土壤环境（试行）》（HJ 964—2018），自 2019 年 7 月 1 日起实施；

《环境影响评价技术导则　地下水环境》（HJ 610—2011），自 2011 年 6 月 1 日起实施。

（四）标准规范

1.《土壤环境质量　建设用地土壤污染风险管控标准（试行）》（GB 36600—2018，2018 年 8 月 1 日实施）

《土壤环境质量　建设用地土壤污染风险管控标准（试行）》（GB 36600—2018）是针对建设用地、以人体健康为保护目标的标准，依据《城市用地分类与规划建设用地标准》（GB 50137）将建筑用地分为第一类用地和第二类用地，其中第一类用地对儿童和成人均存在长期暴露风险，第二类用地主要对成人存在长期暴露风险。该标准还指出建设用地土壤污染风险筛选值和管控值。

表 1-1　建设用地土壤污染风险筛选值和管制值（部分基本项目） 单位：mg/kg

序号	污染物项目	筛选值		管制值	
		第一类用地	第二类用地	第一类用地	第二类用地
重金属和无机物					
1	砷	20	60	120	140
2	镉	20	65	47	172
3	铬（六价）	3.0	5.4	30	78
4	铜	2 000	18 000	8 000	36 000
5	铅	400	800	800	2500
6	汞	8	28	33	82
7	镍	150	900	600	2 000
挥发性有机物					
8	四氯化碳	0.9	2.8	9	36
9	氯仿	0.3	0.9	5	10
10	氯甲烷	12	37	21	120

表 1-2　建设用地土壤污染风险筛选值和管制值（部分其他项目） 单位：mg/kg

序号	污染物项目	筛选值		管制值	
		第一类用地	第二类用地	第一类用地	第二类用地
重金属和无机物					
1	锑	20	180	40	360
2	铍	15	29	98	290

序号	污染物项目	筛选值		管制值	
		第一类用地	第二类用地	第一类用地	第二类用地
3	钴	20	70	190	350
4	甲基汞	5.0	45	10	120
5	钒	165	752	330	1 500
6	氰化物	22	135	44	270
挥发性有机物					
7	一溴二氯甲烷	0.29	1.2	2.9	12
8	溴仿	32	103	320	1 030
9	二溴氯甲烷	9.3	33	93	330
10	1,2- 二溴乙烷	0.07	0.24	0.7	2.4

2.《土壤环境质量　农用地土壤污染风险管控标准（试行）》（GB 15618—2018），2018 年 8 月 1 日起实施）

这是针对农用地，以保护食用农产品质量安全为主要目标的标准，采用的土地分类标准是《土地利用现状分类》（GB/T 21010）。该标准设定了农用地土壤污染风险筛选值和管制值。

表 1-3　农用地土壤污染风险筛选值（基本项目）　单位：mg/kg

序号	污染物项目①②		风险筛选值			
			pH ≤ 5.5	5.5 < pH ≤ 6.5	6.5 < pH ≤ 7.5	pH > 7.5
1	镉	水田	0.3	0.4	0.6	0.8
		其他	0.3	0.3	0.3	0.6
2	汞	水田	0.5	0.5	0.6	1.0
		其他	1.3	1.8	2.4	3.4
3	砷	水田	30	30	25	20
		其他	40	40	30	25
4	铅	水田	80	100	140	240
		其他	70	90	120	170
5	铬	水田	250	250	300	350
		其他	150	150	200	250
6	铜	水田	150	150	200	200
		其他	50	50	100	100

序号	污染物项目[①②]	风险筛选值			
		pH ≤ 5.5	5.5 < pH ≤ 6.5	6.5 < pH ≤ 7.5	pH > 7.5
7	镍	60	70	100	190
8	锌	200	200	250	300

注：①重金属和类金属砷均按元素总量计。
②对于水旱轮作地，采用其中较严格的风险筛选值。

表 1-4　农用地土壤污染风险筛选值（其他项目）　单位：mg/kg

序号	污染物项目	风险筛选值
1	六六六总量[①]	0.10
2	滴滴涕总量[②]	0.10
3	苯并 [*a*] 芘	0.55

注：①六六六总量为 α- 六六六、β- 六六六、γ- 六六六、δ- 六六六 4 种异构体的含量总和。
②滴滴涕总量为 *p*, *p*′- 滴滴伊、*p*, *p*′- 滴滴滴、*o*, *p*′- 滴滴涕、*p*, *p*′- 滴滴涕 4 种衍生物的含量总和。

表 1-5　农用地土壤污染风险管制值　单位：mg/kg

序号	污染物项目	风险管制值			
		pH ≤ 5.5	5.5 < pH ≤ 6.5	6.5 < pH ≤ 7.5	pH > 7.5
1	镉	1.5	2.0	3.0	4.0
2	汞	2.0	2.5	4.0	6.0
3	砷	200	150	120	100
4	铅	400	500	700	1 000
5	铬	800	850	1 000	1 300

3. 其他标准

《温室蔬菜产地环境质量评价标准》（HJ 333—2006），自 2007 年 2 月 1 日起实施；

《食用农产品产地环境质量评价标准》（HJ 332—2006），自 2007 年 2 月 1 日起实施；

《土壤环境监测技术规范》（HJ/T 166—2004），自 2004 年 12 月 9 日起实施；

《中国土壤分类与代码》（GB/T 17296—2009）、《环境影响评价技术导则　土壤环境（试行）》（HJ 964—2018）规定，土壤环境影响评价中仅区分到60土类即可。土壤类型可在国家土壤信息服务平台确定（/map/index.aspx）。

二、土壤污染管理的责任

（一）政府责任

《中华人民共和国土壤污染防治法》第五条明确规定，地方各级人民政府应当对本行政区域土壤污染防治和安全利用负责。

国家实行土壤污染防治目标责任制和考核评价制度，将土壤污染防治目标完成情况作为考核评价地方各级人民政府及其负责人、县级以上人民政府负有土壤污染防治监督管理职责的部门及其负责人的内容。

《土壤污染防治行动计划》（三十二）明确地方政府主体责任。地方各级人民政府是实施本行动计划的主体，要于2016年年底前分别制定并公布土壤污染防治工作方案，确定重点任务和工作目标。要加强组织领导，完善政策措施，加大资金投入，创新投融资模式，强化监督管理，抓好工作落实。各省（区、市）工作方案报国务院备案。

《土壤污染防治行动计划》（十三）落实监管责任。地方各级城乡规划部门要结合土壤环境质量状况，加强城乡规划论证和审批管理。地方各级国土资源部门要依据土地利用总体规划、城乡规划和地块土壤环境质量状况，加强土地征收、收回、收购以及转让、改变用途等环节的监管。地方各级环境保护部门要加强对建设用地土壤环境状况调查、风险评估和污染地块治理与修复活动的监管。建立城乡规划、国土资源、环境保护等部门间的信息沟通机制，实行联动监管。

《土壤污染防治行动计划》(二十八)强化政府主导。完善管理体制。按照“国家统筹、省负总责、市县落实”原则，完善土壤环境管理体制，全面落实土壤污染防治属地责任。探索建立跨行政区域土壤污染防治联动协作机制。

《土壤污染防治行动计划》（十六）防范建设用地新增污染。排放重点污染物的建设项目，在开展环境影响评价时，要增加对土壤环境影响的评价内容，并提出防范土壤污染的具体措施；需要建设的土壤污染防治设施，要与主体工程同时设计、同时施工、同时投产使用；有关环境保护部门要做好有关措施落实情况的监督管理工作。自2017年起，有关地方人民政府要与重点行业企业签订土壤污染防治责任书，明确相关措施和责任，责任书向社会公开。

《土壤污染防治行动计划》（二十一）明确治理与修复主体。按照“谁污染，谁治理”原则，造成土壤污染的单位或个人要承担治理与修复的主体责任……责任主体灭失或责任主体不明确的，由所在地县级人民政府依法承担相关责任。

（二）企业责任

《中华人民共和国土壤污染防治法》第四条明确规定，土地使用权人从事土地开发利用活动，企业事业单位和其他生产经营者从事生产经营活动，应当采取有效措施，防止、减少土壤污染，对所造成的土壤污染依法承担责任。

《中华人民共和国土壤污染防治法》第四十五条明确规定，土壤污染责任人负有实施土壤污染风险管控和修复的义务。土壤污染责任人无法认定的，土地使用权人应当实施土壤污染风险管控和修复。

《土壤污染防治行动计划》（二十一）明确治理与修复主体。按照“谁污染，谁治理”原则，造成土壤污染的单位或个人要承担治理与修复的主体责任。责任主体发生变更的，由变更后继承其债权、债务的单位或个人承担相关责任；土地使用权依法转让的，由土地使用权受让人或双方约定的责任人承担相关责任……

《土壤污染防治行动计划》（三十四）落实企业责任。有关企业要加强内部管理，将土壤污染防治纳入环境风险防控体系，严格依法依规建设和运营污染治理设施，确保重点污染物稳定达标排放。造成土壤污染的，应承担损害评估、治理与修复的法律责任。逐步建立土壤污染治理与修复企业行业自律机制。国有企业特别是中央企业要带头落实。

第二节　土壤污染管理现行制度

一、土壤污染防治规划、标准、普查和监测制度

1. 规划制度

县级以上人民政府应当将土壤污染防治工作纳入国民经济和社会发展规划、环境保护规划。设区的市级以上地方人民政府生态环境主管部门应当会同发展改革委、农业农村、自然资源、住房和城乡建设、林业草原等主管部门，根据环境保护规划要求、土地用途、土壤污染状况普查和监测结果等，编制土壤污染防治规划，报本级人民政府批准后公布实施。

2. 标准制度

国务院生态环境主管部门根据土壤污染状况、公众健康风险、生态风险和科学技术水平，并按照土地用途，制定国家土壤污染风险管控标准，加强土壤污染防治标准体系建设。

省级人民政府对国家土壤污染风险管控标准中未作规定的项目，可以制定地方土壤污染风险管控标准；对国家土壤污染风险管控标准中已作规定的项目，可以制定严于国家土壤污染风险管控标准的地方土壤污染风险管控标准。地方土壤污染风险管控标准应当报国务院生态环境主管部门备案。

3. 普查、详查制度

国务院统一领导全国土壤污染状况普查。国务院生态环境主管部门会同国务院农业农村、自然资源、住房和城乡建设、林业草原等主管部门，每十年至少组织开展一次全国土壤污染状况普查。

国务院有关部门、设区的市级以上地方人民政府可以根据本行业、本行政区域实际情况，组织开展土壤污染状况详查。

4. 监测制度

国家实行土壤环境监测制度。国务院生态环境主管部门制定土壤环境监测规范，会同国务院农业农村、自然资源、住房和城乡建设、水利、卫生健康、林业草原等主管部门组织监测网络，统一规划国家土壤环境监测站（点）

的设置。

地方人民政府农业农村、林业草原主管部门应当会同生态环境、自然资源主管部门对下列农用地地块进行重点监测：

（1）产出的农产品污染物含量超标的；

（2）作为或者曾作为污水灌溉区的；

（3）用于或者曾用于规模化养殖，固体废物堆放、填埋的；

（4）曾作为工矿用地或者发生过重大、特大污染事故的；

（5）有毒有害物质生产、贮存、利用、处置设施周边的；

（6）国务院农业农村、林业草原、生态环境、自然资源主管部门规定的其他情形。

地方人民政府生态环境主管部门应当会同自然资源主管部门对下列建设用地地块进行重点监测：

（1）曾用于生产、使用、贮存、回收、处置有毒有害物质的；

（2）曾用于固体废物堆放、填埋的；

（3）曾发生过重大、特大污染事故的；

（4）国务院生态环境、自然资源主管部门规定的其他情形。

二、土壤污染预防制度

1. 环境影响评价制度

各类涉及土地利用的规划和可能造成土壤污染的建设项目，应当依法进行环境影响评价。环境影响评价文件应当包括对土壤可能造成的不良影响及应当采取的相应预防措施等内容。

2. 土壤污染隐患排查和监测制度

土壤污染重点监管单位应当履行下列义务：

（1）严格控制有毒有害物质排放，并按年度向生态环境主管部门报告排放情况；

（2）建立土壤污染隐患排查制度，保证持续有效防止有毒有害物质渗漏、流失、扬散；

（3）制定、实施自行监测方案，并将监测数据报生态环境主管部门。

土壤污染重点监管单位应当对监测数据的真实性和准确性负责。生态环境主管部门发现土壤污染重点监管单位监测数据异常，应当及时进行调查。

3. 防止设施设备拆除的污染

企业事业单位拆除设施、设备或者建筑物、构筑物的，应当采取相应的土壤污染防治措施。

土壤污染重点监管单位拆除设施、设备或者建筑物、构筑物的，应当制定包括应急措施在内的土壤污染防治工作方案，报地方人民政府生态环境、工业和信息化主管部门备案并实施。

4. 农业投入品管理

国务院农业农村、林业草原主管部门应当制定规划，完善相关标准和措施，加强农用地农药、化肥使用指导和使用总量控制，加强农用薄膜使用控制。国务院农业农村主管部门应当加强农药、肥料登记，组织开展农药、肥料对土壤环境影响的安全性评价。制定农药、兽药、肥料、饲料、农用薄膜等农业投入品及其包装物标准和农田灌溉用水水质标准，应当适应土壤污染防治的要求。

禁止向农用地排放重金属或者其他有毒有害物质含量超标的污水、污泥，以及可能造成土壤污染的清淤底泥、尾矿、矿渣等。农田灌溉用水应当符合相应的水质标准，防止土壤、地下水和农产品污染。

国家鼓励和支持农业生产者采取下列措施：

（1）使用低毒、低残留农药以及先进喷施技术；

（2）使用符合标准的有机肥、高效肥；

（3）采用测土配方施肥技术、生物防治等病虫害绿色防控技术；

（4）使用生物可降解农用薄膜；

（5）综合利用秸秆，移出高富集污染物秸秆；

（6）按照规定对酸性土壤等进行改良。

禁止生产、销售、使用国家明令禁止的农业投入品。农业投入品生产者、销售者和使用者应当及时回收农药、肥料等农业投入品的包装废弃物和农用薄膜，并将农药包装废弃物交由专门的机构或者组织进行无害化处理。国家采取措施，鼓励、支持单位和个人回收农业投入品包装废弃物和农用薄膜。

三、土壤污染风险管控和修复制度

土壤污染风险管控和修复，包括土壤污染状况调查和土壤污染风险评估、风险管控、修复、风险管控效果评估、修复效果评估、后期管理等活动。

土壤污染责任人负有实施土壤污染风险管控和修复的义务。土壤污染责任人无法认定的，土地使用权人应当实施土壤污染风险管控和修复。地方人民政府及其有关部门可以根据实际情况组织实施土壤污染风险管控和修复。国家鼓励和支持有关当事人自愿实施土壤污染风险管控和修复。

土壤污染责任人不明确或者存在争议的，农用地由地方人民政府农业农村、林业草原主管部门会同生态环境、自然资源主管部门认定，建设用地由地方人民政府生态环境主管部门会同自然资源主管部门认定。认定办法由国务院生态环境主管部门会同有关部门制定。

因实施或者组织实施土壤污染状况调查和土壤污染风险评估、风险管控、修复、风险管控效果评估、修复效果评估、后期管理等活动所支出的费用，由土壤污染责任人承担。

土壤污染责任人变更的，由变更后承继其债权、债务的单位或者个人履行相关土壤污染风险管控和修复义务并承担相关费用。

四、农用地分类管理制度

国家建立农用地分类管理制度。按照土壤污染程度和相关标准，将农用地划分为优先保护类、安全利用类和严格管控类。

县级以上地方人民政府应当依法将符合条件的优先保护类耕地划为永久基本农田，实行严格保护。在永久基本农田集中区域，不得新建可能造成土壤污染的建设项目；已经建成的，应当限期关闭拆除。

对安全利用类农用地地块，地方人民政府农业农村、林业草原主管部门，应当结合主要作物品种和种植习惯等情况，制定并实施安全利用方案。

对严格管控类农用地地块，地方人民政府农业农村、林业草原主管部门应当采取下列风险管控措施：

（1）提出划定特定农产品禁止生产区域的建议，报本级人民政府批准后实施；

（2）按照规定开展土壤和农产品协同监测与评价；

（3）对农民、农民专业合作社及其他农业生产经营主体进行技术指导和培训；

（4）其他风险管控措施。

各级人民政府及其有关部门应当鼓励对严格管控类农用地采取调整种植结构、退耕还林还草、退耕还湿、轮作休耕、轮牧休牧等风险管控措施，并给予相应的政策支持。

对产出的农产品污染物含量超标、需要实施修复的农用地地块，土壤污染责任人应当编制修复方案，报地方人民政府农业农村、林业草原主管部门备案并实施。修复方案应当包括地下水污染防治的内容。修复活动应当优先采取不影响农业生产、不降低土壤生产功能的生物修复措施，阻断或者减少污染物进入农作物食用部分，确保农产品质量安全。风险管控、修复活动完成后，土壤污染责任人应当另行委托有关单位对风险管控效果、修复效果进行评估，并将效果评估报告报地方人民政府农业农村、林业草原主管部门备案。农村集体经济组织及其成员、农民专业合作社及其他农业生产经营主体等，负有协助实施土壤污染风险管控和修复的义务。

五、建设用地风险管控和修复名录制度

建立并不断完善我国污染土壤环境管理制度体系是《土壤污染防治行动计划》确定的重要任务之一。2017 年，环境保护部发布了《污染地块土壤环境管理办法（试行）》（环境保护部令　第 42 号），明确提出了建立疑似污染地块名单制度和污染地块名录制度；2019 年 1 月 1 日实施的《中华人民共和国土壤污染防治法》第五十八条明确提出，建立“建设用地土壤污染风险管控和修复名录制度”。疑似污染地块名单制度、污染地块名录制度、建设用

地土壤污染风险管控和修复名录制度（以下简称“一名单二名录”）构成了中国特色的污染地块环境管理基本制度。

将我国土壤环境管理的“一名单二名录”制度的主要内容，包括责任部门、进入退出条件以及主要内容进行梳理，如表 1-6 所示。

表 1-6　“一名单二名录”制度的主要内容

制度名称	制定的责任部门	名单（名录）进入条件	制度主要内容	名单（名录）退出条件
疑似污染地块名单制度	县级生态环境主管部门，及工业和信息化、城乡规划、国土资源等部门	根据国家有关保障工业企业场地再开发利用环境安全的规定，会同工业和信息化、城乡规划、国土资源等部门，建立本行政区域疑似污染地块名单	①将疑似污染地块名单及时上传污染地块信息系统；②实行动态更新；③列入疑似污染地块名单的地块，所在地县级生态环境主管部门应当书面通知土地使用权人。土地使用权人应当自接到书面通知之日起 6 个月内完成土壤环境初步调查，编制初步调查报告、向社会公开调查报告内容等	未作规定
建设用地土壤污染风险管控和修复名录制度	省级人民政府生态环境主管部门及自然资源等主管部门	经详细调查和风险评估后确定的需要实施风险管控、修复的地块	①将需要实施风险管控、修复的地块纳入建设用地土壤污染风险管控和修复名录，按照规定向社会公开；②根据风险管控、修复情况适时更新；③列入名录的地块，不得作为住宅、公共管理与公共服务用地	达到土壤污染风险评估报告确定的风险管控、修复目标且可以安全利用的地块

制度名称	制定的责任部门	名单（名录）进入条件	制度主要内容	名单（名录）退出条件
污染地块名录制度	设区的市级生态环境主管部门	根据土地使用权人提交的土壤环境初步调查结论，确认超过国家有关土壤环境质量标准的地块	①建立污染地块名录，及时上传污染地块信息系统，同时向社会公开；②通报各污染地块所在地县级人民政府；③污染地块名录实行动态更新；④对列入污染地块名录的地块，设区的市级生态环境主管部门应当书面通知土地使用权人。土地使用权人应按照国家有关环境标准和技术规范，开展土壤环境详细调查	未作规定
建设用地土壤污染风险管控和修复名录制度	省级人民政府生态环境主管部门及自然资源等主管部门	经详细调查和风险评估后确定的需要实施风险管控、修复的地块	①将需要实施风险管控、修复的地块纳入建设用地土壤污染风险管控和修复名录，按照规定向社会公开；②根据风险管控、修复情况适时更新；③列入名录的地块，不得作为住宅、公共管理与公共服务用地	达到土壤污染风险评估报告确定的风险管控、修复目标且可以安全利用的地块

这3项制度环环相扣，形成了污染地块环境管理制度的有机整体，覆盖了我国污染地块管理的全过程：①疑似污染地块名单由县级生态环境保护主管部门提出，会同工业和信息化、城乡规划、国土资源等部门共同确认，这样可把住土壤环境管理“进入”关口，不漏掉可能造成污染的地块。在此基础上，进行制度的实施。若确认为污染地块，则进入下一个管理环节，即污染地块名录制度管理范畴；②污染地块名录制度为开展详细的土壤污染调查把住关口，收入该名录的地块一般需要根据详细调查结果开展风险评估，一旦确认该地块存在不可接受的风险，则该地块将被纳入风险管控和修复名录制度的管理范畴，即推进到下一步管理制度中；③风险管控和修复名录把住“进入”“退出”双重关口，即风险超过可接受水平的地块“进入”名录的关

口及达到修复目标要求、可实现安全利用地块的“退出”关口。一旦退出，该地块即可被认为已达到可安全利用的水平，便可按照预定用途类型开展土地的开发利用，从而实现污染地块安全利用的最终目标。

与 3 项制度实施相关的技术报告包括初步调查报告、详细调查报告、风险评估报告、修复（风险管控）方案和效果评估报告。《中华人民共和国土壤污染防治法》对各个技术报告的评审作出的规定见表 1-7。

表 1-7　对不同技术报告的评审要求

技术报告名称	评审要求
初步调查：污染地块初步调查报告	未作规定
详细调查：污染地块详细调查报告	将污染地块调查报告报送市级地方人民政府生态环境主管部门；由市级地方人民政府生态环境主管部门会同市级自然资源主管部门组织评审
风险评估报告	将风险评估报告报送省级人民政府生态环境主管部门；由省级人民政府生态环境主管部门会同省级自然资源等部门，按照生态环境部发布的评审指南和该省评审要求（指南）组织评审
土壤污染修复（管控）方案	土壤污染责任人负责组织编制修复方案，并组织专家对修复方案进行评审；评审后的报告报项目所在地人民政府生态环境主管部门备案
效果评估报告	土壤污染责任人委托第三方技术单位对风险管控效果、修复效果进行评估，并将效果评估报告报省级生态环境部门，省级生态环境主管部门会同自然资源部门对风险管控效果评估报告、修复效果评估报告组织评审。评审通过后的报告同时报项目所在地生态环境主管部门备案

第二章　企业运营中的土壤环境污染防治

第一节　土壤环境污染重点监管单位的污染防治责任

一、土壤环境污染重点监管单位的界定

土壤环境污染重点监管单位主要依据《工矿用地土壤环境管理办法（试行）》《重点排污单位名录管理规定（试行）》确定。

《工矿用地土壤环境管理办法（试行）》第五条规定，设区的市级以上地方生态环境主管部门应当制定公布本行政区域的土壤环境污染重点监管单位名单，并动态更新。

《工矿用地土壤环境管理办法（试行）》第三条规定了土壤环境污染重点监管单位（以下简称重点单位），包括：（1）有色金属冶炼、石油加工、化工、焦化、电镀、制革等行业中应当纳入排污许可重点管理的企业；（2）有色金属矿采选、石油开采行业规模以上企业；（3）其他根据有关规定纳入土壤环境污染重点监管单位名录的企事业单位。重点单位以外的企事业单位和其他生产经营者生产经营活动涉及有毒有害物质的，其用地土壤和地下水环境保护相关活动及相关环境保护监督管理，可以参照本办法执行。

《重点排污单位名录管理规定（试行）》第二条规定，重点排污单位名录实行分类管理。按照受污染的环境要素，分为水环境重点排污单位名录、大气环境重点排污单位名录、土壤环境污染重点监管单位名录、声环境重点排污单位名录，以及其他重点排污单位名录五类。同一家企业事业单位因排污

种类不同，可以同时属于不同类别重点排污单位。纳入重点排污单位名录的企业事业单位应明确所属类别和主要污染物指标。

《重点排污单位名录管理规定（试行）》第七条规定，具备下列条件之一的企业事业单位，纳入土壤环境污染重点监管单位名录：①有事实排污且属于土壤污染重点监管行业的所有大中型企业。土壤污染重点监管行业包括：有色金属矿采选、有色金属冶炼、石油开采、石油加工、化工、焦化、电镀、制革等。各地可根据本地实际情况增加相关土壤污染重点监管行业。②年产生危险废物 100 t 以上的企业事业单位。③持有危险废物经营许可证，从事危险废物贮存、处置、利用的企业事业单位。④运营维护生活垃圾填埋场或焚烧厂的企业事业单位，包含已封场的垃圾填埋场。⑤三年内发生较大及以上突发固体废物、危险废物和地下水环境污染事件，或者因土壤环境污染问题造成重大社会影响的企业事业单位。

二、重点监管单位的法定义务

1. 有毒有害物质年度报告

《中华人民共和国土壤污染防治法》第二十一条："土壤污染重点监管单位应当履行下列义务：（一）严格控制有毒有害物质排放，并按年度向生态环境主管部门报告排放情况……"

2. 建立土壤污染隐患排查制度

（1）《中华人民共和国土壤污染防治法》第二十一条："土壤污染重点监管单位应当履行下列义务……（二）建立土壤污染隐患排查制度，保证持续有效防止有毒有害物质渗漏、流失、扬散……"

（2）《工矿用地土壤环境管理办法（试行）》第十一条："重点单位应当建立土壤和地下水污染隐患排查治理制度，定期对重点区域、重点设施开展隐患排查。发现污染隐患的，应当制定整改方案，及时采取技术、管理措施消除隐患。隐患排查、治理情况应当如实记录并建立档案……"

3. 开展土壤自行监测并将监测数据报生态环境主管部门

（1）《中华人民共和国土壤污染防治法》第二十一条："土壤污染重点监

管单位应当履行下列义务……（三）制定、实施自行监测方案，并将监测数据报生态环境主管部门……”

土壤污染重点监管单位应当对监测数据的真实性和准确性负责。生态环境主管部门发现土壤污染重点监管单位监测数据异常，应当及时进行调查……”

（2）《工矿用地土壤环境管理办法（试行）》第十二条：重点单位应当按照相关技术规范要求，自行或者委托第三方定期开展土壤和地下水监测，重点监测存在污染隐患的区域和设施周边的土壤、地下水，并按照规定公开相关信息。

4. 企业开展拆除活动，编制应急措施在内的土壤污染防治工作方案

（1）《中华人民共和国土壤污染防治法》第二十二条：“企业事业单位拆除设施、设备或者建筑物、构筑物的，应当采取相应的土壤污染防治措施。

土壤污染重点监管单位拆除设施、设备或者建筑物、构筑物的，应当制定包括应急措施在内的土壤污染防治工作方案，报地方人民政府生态环境、工业和信息化主管部门备案并实施。”

（2）《工矿用地土壤环境管理办法（试行）第十四条：“重点单位拆除涉及有毒有害物质的生产设施设备、构筑物和污染治理设施的，应当按照有关规定，事先制定企业拆除活动污染防治方案，并在拆除活动前十五个工作日报所在地县级生态环境、工业和信息化主管部门备案。

企业拆除活动污染防治方案应当包括被拆除生产设施设备、构筑物和污染治理设施的基本情况、拆除活动全过程土壤污染防治的技术要求、针对周边环境的污染防治要求等内容。

重点单位拆除活动应当严格按照有关规定实施残留物料和污染物、污染设备和设施的安全处理处置，并做好拆除活动相关记录，防范拆除活动污染土壤和地下水。拆除活动相关记录应当长期保存。”

（3）《工矿用地土壤环境管理办法（试行）》第十五条：“重点单位突发环境事件应急预案应当包括防止土壤和地下水污染相关内容。……”

5. 属于重点监管的尾矿库的运营、管理单位应按规定进行土壤污染状况监测和定期评估

《中华人民共和国土壤污染防治法》第二十三条第（二）款：“尾矿库运

营、管理单位应当按照规定加强尾矿库的安全管理，采取措施防止土壤污染。危库、险库、病库以及其他需要重点监管的尾矿库的运营、管理单位应当按照规定，进行土壤污染状况监测和定期评估。”

6. 禁止向农用地排放三类物质

《中华人民共和国土壤污染防治法》第二十八条：“禁止向农用地排放重金属或者其他有毒有害物质含量超标的污水、污泥，以及可能造成土壤污染的清淤底泥、尾矿、矿渣等……”

7. 企业用地用途变更，依法开展土壤污染状况调查并将调查报告报生态环境主管部门备案

（1）《中华人民共和国土壤污染防治法》第六十七条：“土壤污染重点监管单位生产经营用地的用途变更或者在其土地使用权收回、转让前，应当由土地使用权人按照规定进行土壤污染状况调查。土壤污染状况调查报告应当作为不动产登记资料送交地方人民政府不动产登记机构，并报地方人民政府生态环境主管部门备案。”

（2）《工矿用地土壤环境管理办法（试行）》第八条：“重点单位新、改、扩建项目用地应当符合国家或者地方有关建设用地土壤污染风险管控标准……”

（3）《工矿用地土壤环境管理办法（试行）》第十三条：“重点单位在隐患排查、监测等活动中发现工矿用地土壤和地下水存在污染迹象的，应当排查污染源，查明污染原因，采取措施防止新增污染，并参照污染地块土壤环境管理有关规定及时开展土壤和地下水环境调查与风险评估，根据调查与风险评估结果采取风险管控或者治理与修复等措施。”

（4）《工矿用地土壤环境管理办法（试行）》第十六条：“重点单位终止生产经营活动前，应当参照污染地块土壤环境管理有关规定，开展土壤和地下水环境初步调查，编制调查报告，及时上传全国污染地块土壤环境管理信息系统。

重点单位应当将前款规定的调查报告主要内容通过其网站等便于公众知晓的方式向社会公开。

土壤和地下水环境初步调查发现该重点单位用地污染物含量超过国家或

者地方有关建设用地土壤污染风险管控标准的，应当参照污染地块土壤环境管理有关规定开展详细调查、风险评估、风险管控、治理与修复等活动。”

8. 新、改、扩建项目应当依法进行环境影响评价，并开展工矿用地土壤和地下水环境现状调查，编制调查报告并向社会公开

（1）《中华人民共和国土壤污染防治法》第十八条：“各类涉及土地利用的规划和可能造成土壤污染的建设项目，应当依法进行环境影响评价。环境影响评价文件应当包括对土壤可能造成的不良影响及应当采取的相应预防措施等内容。”

（2）《工矿用地土壤环境管理办法（试行）》第七条：“重点单位新、改、扩建项目，应当在开展建设项目环境影响评价时，按照国家有关技术规范开展工矿用地土壤和地下水环境现状调查，编制调查报告，并按规定上报环境影响评价基础数据库。

重点单位应当将前款规定的调查报告主要内容通过其网站等便于公众知晓的方式向社会公开。”

9. 设施设备防泄漏

《工矿用地土壤环境管理办法（试行）》第九条：“重点单位建设涉及有毒有害物质的生产装置、储罐和管道，或者建设污水处理池、应急池等存在土壤污染风险的设施，应当按照国家有关标准和规范的要求，设计、建设和安装有关防腐蚀、防泄漏设施和泄漏监测装置，防止有毒有害物质污染土壤和地下水。”

10. 有毒有害物质地下储罐备案

《工矿用地土壤环境管理办法（试行）》第十条：“重点单位现有地下储罐储存有毒有害物质的，应当在本办法公布后一年之内，将地下储罐的信息报所在地设区的市级生态环境主管部门备案。

重点单位新、改、扩建项目地下储罐储存有毒有害物质的，应当在项目投入生产或者使用之前，将地下储罐的信息报所在地设区的市级生态环境主管部门备案。

地下储罐的信息包括地下储罐的使用年限、类型、规格、位置和使用情况等。”

11. 企业应积极配合检查，如实反映有关情况

（1）《中华人民共和国土壤污染防治法》第七十七条："生态环境主管部门及其环境执法机构和其他负有土壤污染防治监督管理职责的部门，有权对从事可能造成土壤污染活动的企业事业单位和其他生产经营者进行现场检查、取样，要求被检查者提供有关资料、就有关问题作出说明。

被检查者应当配合检查工作，如实反映情况，提供必要的资料。

实施现场检查的部门、机构及其工作人员应当为被检查者保守商业秘密。"

（2）《工矿用地土壤环境管理办法（试行）》第十七条："县级以上生态环境主管部门有权对本行政区域内的重点单位进行现场检查。被检查单位应当予以配合，如实反映情况，提供必要的资料。实施现场检查的部门、机构及其工作人员应当为被检查单位保守商业秘密。"

三、重点监管单位的法律责任

1.《中华人民共和国土壤污染防治法》第八十六条明确了重点监管单位、尾矿库运营和管理单位、建设和运行污水集中处理设施和固体废物设施等单位未履行法定义务的法律责任

（1）土壤污染重点监管单位未制定、实施自行监测方案，或者未将监测数据报生态环境主管部门的，由地方人民政府生态环境主管部门或者其他负有土壤污染防治监督管理职责的部门责令改正，处以二万元以上二十万元以下的罚款；拒不改正的，责令停产整治。

（2）土壤污染重点监管单位篡改、伪造监测数据的，由地方人民政府生态环境主管部门或者其他负有土壤污染防治监督管理职责的部门责令改正，处以二万元以上二十万元以下的罚款；拒不改正的，责令停产整治；造成严重后果的，处二十万元以上二百万元以下的罚款。

（3）土壤污染重点监管单位未按年度报告有毒有害物质排放情况，或者未建立土壤污染隐患排查制度的，由地方人民政府生态环境主管部门或者其他负有土壤污染防治监督管理职责的部门责令改正，处以二万元以上二十万元以下的罚款；拒不改正的，责令停产整治。

（4）拆除设施、设备或者建筑物、构筑物，企业事业单位未采取相应的土壤污染防治措施或者土壤污染重点监管单位未制定、实施土壤污染防治工作方案的，由地方人民政府生态环境主管部门或者其他负有土壤污染防治监督管理职责的部门责令改正，处以二万元以上二十万元以下的罚款；拒不改正的，责令停产整治；造成严重后果的，处二十万元以上二百万元以下的罚款。

（5）尾矿库运营、管理单位未按照规定采取措施防止土壤污染的，由地方人民政府生态环境主管部门或者其他负有土壤污染防治监督管理职责的部门责令改正，处以二万元以上二十万元以下的罚款；拒不改正的，责令停产整治；造成严重后果的，处二十万元以上二百万元以下的罚款。

（6）尾矿库运营、管理单位未按照规定进行土壤污染状况监测的，由地方人民政府生态环境主管部门或者其他负有土壤污染防治监督管理职责的部门责令改正，处以二万元以上二十万元以下的罚款；拒不改正的，责令停产整治。

（7）建设和运行污水集中处理设施、固体废物处置设施，未依照法律法规和相关标准的要求采取措施防止土壤污染的，由地方人民政府生态环境主管部门或者其他负有土壤污染防治监督管理职责的部门责令改正，处以二万元以上二十万元以下的罚款；拒不改正的，责令停产整治；造成严重后果的，处二十万元以上二百万元以下的罚款。

2.《中华人民共和国土壤污染防治法》第九十二条明确了未按规定实施后期管理的法律责任：“违反本法规定，土壤污染责任人或者土地使用权人未按照规定实施后期管理的，由地方人民政府生态环境主管部门或者其他负有土壤污染防治监督管理职责的部门责令改正，处一万元以上五万元以下的罚款；情节严重的，处五万元以上五十万元以下的罚款。”

3.《中华人民共和国土壤污染防治法》第九十四条明确了常见的不履行土壤污染风险管控和修复义务行为的法律责任

（1）未按照规定进行土壤污染状况调查的，由地方人民政府生态环境主管部门或者其他负有土壤污染防治监督管理职责的部门责令改正，处二万元以上二十万元以下的罚款；拒不改正的，处二十万元以上一百万元以下的罚款，并委托他人代为履行，所需费用由土壤污染责任人或者土地使用权人承担；对直接负责的主管人员和其他直接责任人员处五千元以上二万元以下的罚款。

（2）未按照规定进行土壤污染风险评估的，由地方人民政府生态环境主管部门或者其他负有土壤污染防治监督管理职责的部门责令改正，处二万元以上二十万元以下的罚款；拒不改正的，处二十万元以上一百万元以下的罚款，并委托他人代为履行，所需费用由土壤污染责任人或者土地使用权人承担；对直接负责的主管人员和其他直接责任人员处五千元以上二万元以下的罚款。

（3）未按照规定采取风险管控措施的，由地方人民政府生态环境主管部门或者其他负有土壤污染防治监督管理职责的部门责令改正，处二万元以上二十万元以下的罚款；拒不改正的，处二十万元以上一百万元以下的罚款，并委托他人代为履行，所需费用由土壤污染责任人或者土地使用权人承担；对直接负责的主管人员和其他直接责任人员处五千元以上二万元以下的罚款；情节严重的，地方人民政府生态环境主管部门或者其他负有土壤污染防治监督管理职责的部门可以将案件移送公安机关，对直接负责的主管人员和其他直接责任人员处五日以上十五日以下的拘留。

（4）未按照规定实施修复的，由地方人民政府生态环境主管部门或者其他负有土壤污染防治监督管理职责的部门责令改正，处二万元以上二十万元以下的罚款；拒不改正的，处二十万元以上一百万元以下的罚款，并委托他人代为履行，所需费用由土壤污染责任人或者土地使用权人承担；对直接负责的主管人员和其他直接责任人员处五千元以上二万元以下的罚款；情节严重的，地方人民政府生态环境主管部门或者其他负有土壤污染防治监督管理职责的部门可以将案件移送公安机关，对直接负责的主管人员和其他直接责任人员处五日以上十五日以下的拘留。

（5）风险管控、修复活动完成后，未另行委托有关单位对风险管控效果、修复效果进行评估的，由地方人民政府生态环境主管部门或者其他负有土壤污染防治监督管理职责的部门责令改正，处二万元以上二十万元以下的罚款；拒不改正的，处二十万元以上一百万元以下的罚款，并委托他人代为履行，所需费用由土壤污染责任人或者土地使用权人承担；对直接负责的主管人员和其他直接责任人员处五千元以上二万元以下的罚款。

4.《中华人民共和国土壤污染防治法》第九十五条明确了违反备案规定的法律责任

（1）土壤污染重点监管单位未按照规定将土壤污染防治工作方案报地方人民政府生态环境、工业和信息化主管部门备案的，由地方人民政府有关部门责令改正；拒不改正的，处一万元以上五万元以下的罚款。

（2）土壤污染责任人或者土地使用权人未按照规定将修复方案、效果评估报告报地方人民政府生态环境、农业农村、林业草原主管部门备案的，由地方人民政府有关部门责令改正；拒不改正的，处一万元以上五万元以下的罚款。

（3）土地使用权人未按照规定将土壤污染状况调查报告报地方人民政府生态环境主管部门备案的，由地方人民政府有关部门责令改正；拒不改正的，处一万元以上五万元以下的罚款。

5.《中华人民共和国土壤污染防治法》第九十六条明确了侵权责任：污染土壤造成他人人身或者财产损害的，应当依法承担侵权责任

土壤污染责任人无法认定，土地使用权人未依照本法规定履行土壤污染风险管控和修复义务，造成他人人身或者财产损害的，应当依法承担侵权责任。

土壤污染引起的民事纠纷，当事人可以向地方人民政府生态环境等主管部门申请调解处理，也可以向人民法院提起诉讼。

四、重点监管单位土壤环境污染防治措施

（一）完善应急管理制度

进一步完善对于突发事件的应急管理，防止突发的环境问题对土壤造成污染。在实际工作中，要制定对于突发事件的应对措施，并及时进行完善和补充。如发生污染土壤的突发事件，可立即启动有关防治措施。并且，在突发事件结束以后，对于已经造成污染的地块，要根据防治要求对其进行修复和治理，确保污染土壤得到恢复。

（二）做好自行监测工作

企业按照法律法规要求开展自行监测，是土壤污染防治工作的根本保障。通过开展土壤监测和地下水监测，监管部门可以督促土壤重点监管企业落实各项污染防治工作要求，同时也帮助企业及时发现污染隐患。在自行监测管理模式下，监测费用是由土壤重点监管单位支付的，其通过向第三方支付监测费用以进行委托监测。因双方存在“交易”的行为，如果不加以监督管理，可能会导致个别企业或第三方擅自改动数据，这对土壤污染防治工作会造成不利影响。因此，可尝试企业在采取自行监测的同时，与生态环境部门开展共同监督、监测的工作方式，这样既能够监管土壤污染重点单位和第三方，又能够监督其日常监测行为，保障土壤污染防治工作落到实处。

（三）全面实施土壤污染隐患排查

相关部门全面推进以及规范土壤污染重点监管单位的污染隐患排查，是落实土壤污染防治要求、促进土壤污染防治目标实现的核心要求。

（1）土壤污染重点监管单位应加大污染隐患的排查力度，确保有害物质不会扬散或者渗漏到土壤中。在实际工作中，对一些重点区域，如生产区、污染处理设施、废物储放区、堆存区等地方，要进行定期排查，并根据排查结果制定相应的整改方案，上报生态环境部门进行备案，同时整改进度也需定期向生态环境部门报告。

土壤污染重点监管单位对于土壤治理和修复情况必须根据实际情况进行记录，并将记录结果存档。另外，在排查土壤污染隐患的过程中，要建立领导小组，小组内必须有技术人员和管理人员。其中，对于土壤污染重点监管单位的排查，既可以独立完成，也可以邀请技术单位共同完成。

（2）预防土壤污染的管理措施以及设备、设施是确保降低土壤污染隐患的软件和硬件。土壤污染重点监管单位在治理实践中，要加大对设备设施的排查力度，如配备情况、是否正常运转等，并根据排查结果作出分析判断，确保出现污染问题时，会在第一时间内作出反应。对于排查结果应真实记录，并建立隐患排查台账。

（3）将隐患整改落到实处。土壤污染重点监管单位在对相关地块进行隐患排查的基础上，应根据排查结果制定相应的整改措施。要具体到每一个安全隐患，并确定预计完成整改措施的具体时间。同时，应根据整改方案对相关地块的安全隐患进行整改，并将整改实施过程真实记录，建立整改台账。

第二节　企业运营中的土壤环境污染防治措施

一、土壤污染自行监测

2016 年 5 月印发的《土壤污染防治行动计划》（十八）规定，各地要根据工矿企业分布和污染排放情况，确定土壤环境重点监管企业名单，实行动态更新，并向社会公布。列入名单的企业每年要自行对其用地进行土壤环境监测，结果向社会公开。（三十）规定，重点行业企业要依据有关规定，向社会公开其产生的污染物名称、排放方式、排放浓度、排放总量，以及污染防治设施建设和运行情况。

2018 年 5 月印发的《工矿用地土壤环境管理办法》第十一条规定，重点单位应当建立土壤和地下水污染隐患排查治理制度，定期对重点区域、重点设施开展隐患排查。发现污染隐患的，应当制定整改方案，及时采取技术、管理措施消除隐患。隐患排查、治理情况应当如实记录并建立档案。第十二条规定，重点单位应当按照相关技术规范要求，自行或者委托第三方定期开展土壤和地下水监测，重点监测存在污染隐患的区域和设施周边的土壤、地下水，并按照规定公开相关信息。

2019 年开始实施的《中华人民共和国土壤污染防治法》第二十一条明确规定："土壤污染重点监管单位应当履行下列义务：（一）严格控制有毒有害物质排放，并按年度向生态环境主管部门报告排放情况；（二）建立土壤污染隐患排查制度，保证持续有效防止有毒有害物质渗漏、流失、扬散；（三）制定、实施自行监测方案，并将监测数据报生态环境主管部门。"

2021 年 11 月发布的《工业企业土壤和地下水自行监测技术指南》规定了工业企业土壤和地下水自行监测的一般要求，监测方案制定，样品采集、保存、流转、制备与分析，监测结果分析，质量保证与质量控制，监测报告编制，监测管理的基本内容和要求。

1. 自行监测的适用范围

《工业企业土壤和地下水自行监测技术指南》适用于土壤污染重点监管单位中在产工业企业内部的土壤和地下水自行监测。其他工业企业的土壤和地下水自行监测可参照本标准执行。土壤污染重点监管单位中贮存场和填埋场的监测，国家已发布相应技术规定的，从其规定。土壤污染重点监管单位中贮存场和填埋场的监测，参照国家已发布的相应技术规定 GB 16889、GB 18598 和 GB 18599 执行。

2. 自行监测的要求

（1）制定监测方案

企业应通过资料收集、现场踏勘及人员访谈等工作，排查企业内所有可能导致土壤或地下水污染的场所及设施设备，将其识别为重点监测单元并对其进行分类，制定自行监测方案。监测方案内容至少包括：监测点位及布置图，监测指标与频次，拟选取的样品采集、保存、流转、制备与分析方法，质量保证与质量控制等。

（2）建设与管理监测设施

企业应根据监测方案确定的监测点位与监测指标，按照 HJ 164 的要求建设并管理地下水监测井。地下水监测井应建成长期监测井。

（3）实施监测方案

企业应按照监测方案，根据自身条件和能力自行或委托相关机构定期开展监测活动，并将相关内容纳入企业自行监测年度报告及排污许可证年度执行报告（仅限已核发排污许可证的企业）。

（4）做好监测质量保证与质量控制

企业应建立自行监测质量体系，按照本标准及相关技术规范要求做好各环节质量保证与质量控制。

（5）报送和公开监测数据

企业应按照相关法规的要求，将监测数据报生态环境主管部门并向社会公开监测结果。

3. 自行监测的技术要点

（1）重点设施识别

美国 RCRA 对危险废物贮存和处理处置设施的监管方法中曾提出，将厂区内每一个可能发生污染的区域识别为一个污染源（潜在污染单元）开展监测，在每个污染源的下游布设至少 1 个污染物监测井，以便及时捕捉地下水的污染状况，并判断发生泄漏的污染源。

我国 2018 年 5 月印发的《工矿用地土壤环境管理办法（试行）》提出了类似的监测原则——“重点监测存在污染隐患的区域和设施周边的土壤、地下水”。这一原则将企业视为一个整体进行监测，具有两个优势：一是能够确保及时发现污染状况，二是能够准确判断污染区域。

案例 2-1

某医药企业土壤自行监测

（1）企业基本情况

某医药企业已建设 5 座合成车间及配套所需的锅炉房、动力车间、回收车间、干燥车间、储罐区、各类仓库、车间控制楼和办公楼，已投产的产品主要有吲哚、哌嗪、噻烷、MGH、HME、CME、三唑酮、5FC、FCME 等，行业类别属于 2710 化学药品原料药制造，属于土壤环境重点监管企业。

（2）疑似污染区域识别

通过人员访谈、资料审阅及现场踏勘，开展重点物质、重点设施及区域排查，识别重点隐患区。

企业大门及办公区域位于东南部，生产区域位于中部位置，生产区域西北部依次为锅炉房、危险废物暂存间、污水处理站，生产区域北部、东部为储罐区及原料仓库，西南部为成品仓库。企业地块 2013 年前土地用途为耕地，2013—2016 年为医药企业建设期，2016 年至今为该企业生产用地，行业类别为 2710 化学药品原料药制造。

（3）制定监测方案

厂区内可分为4个重点区域，根据布点原则并结合企业内部土壤潜在污染识别、重点监测单元识别及重点区域划分、风险划分等情况，于企业内部共布设8个土壤一般监测点，分别为废气处理、危险废物贮存及污水处理区S01（涉及深层采样）和S02，危险品原料、初期雨水及应急池区S03和S04，生产车间区S05（涉及深层采样）、S06、S07以及成品仓库区S08。

编号	疑似污染区域	布点位置	识别依据 / 筛选依据
S01	废气处理、危险废物贮存及污水处理区	污水处理站及废气处理系统中部	有机废气处理系统可能存在泄漏的风险；长期进行危险废物堆存，可能存在有毒有害物质跑、冒、滴、漏风险；污水处理站处理含有机物等危险化学品污染物的废水，有地下污水处理池、污水地下输送管线，可能存在跑、冒、滴、漏的风险。周边场地已硬化且有较多地下管线工程，故选择附近未硬化区域，且尽可能靠近危险废物贮存区和污水处理站。 污水处理站污水处理池单元涉及一级风险单元，S01点位靠近污水处理池，也作为深层采样点位
S02		污水处理站南	
S03	危险品原料、初期雨水及应急池区	储罐区西	仓库、储罐区长期进行属于危险化学品的原材料（氯乙烯、甲苯、二氯甲烷等）贮存，输送管线等可能存在跑、冒、滴、漏的风险；周边地面均已硬化或无法采样，无明显裂痕，故选择危险品仓库、储罐区等重点监测单元附近未硬化地面，且尽可能靠近重点监测单元布点
S04		危险品仓库北	
S05	生产车间区	噻烷生产车间南	车间涉及危险化学品的使用，会产生含硫酸雾、挥发性有机物等的废气，该区域生产过程中会产生排放含有危险化学品以及酸碱的废水；生产车间可能存在跑、冒、滴、漏的情况。周边场地已硬化或无法采样，无明显裂痕，且有较多地下管线工程，故选择附近未硬化区域，且尽可能靠近各生产车间。 车间污水应急收集池涉及一级风险单元，S05点位处于噻烷车间、氯乙醛车间、齐拉西酮车间和三唑酮车间之间，处于重点区域核心位置，作为深层采样点
S06		三唑酮生产车间东	
S07		5-FC生产车间南	

编号	疑似污染区域	布点位置	识别依据 / 筛选依据
S08	成品仓库区	成品仓库中部	成品仓库内长期贮存含有危险化学品的成品，可能存在有毒有害物质泄漏的风险。周边现状地面均已硬化或无法采样，无明显裂痕，故选择成品仓库附近未硬化地面，且尽可能靠近其布点

案例 2-2

某医疗废物处置企业土壤和地下水自行监测

（1）企业基本情况

2017 年 3 月，固体废物回收处置中心医疗垃圾焚烧项目建设完成并投入使用；2018 年 6 月，医疗垃圾焚烧项目停产且企业停止医疗废物回收；2018 年 7 月—2020 年 2 月，对原有医疗垃圾焚烧相关设施进行拆除作业，并新建医疗垃圾微波消毒项目；2020 年 2 月，医疗垃圾微波消毒项目建设完成并投产使用，地块运行微波消毒工艺至今。

企业医疗废物微波消毒项目建设生产车间 1 座，建筑面积 1 006.03 m^2，位于厂区北侧。车间内设处理车间 1 座、冷藏间 1 座、危险废物间 1 座、车辆冲洗间 1 座、污水处理间 1 座、库房 1 座。处理车间内设置一体化微波消毒处理设备 1 套，用于处理医疗废物；冷藏库位于处理车间内，用于医疗垃圾暂存；危险废物间主要对废催化剂、废紫外灯管进行暂存，定期交由有资质单位处置；车辆清洗车间用于消毒清洗全封闭厢式运输车，车间内设有周转箱清洗生产线；污水站设计处理能力为 20 m^3/d，处理工艺采用“AO+MBR+消毒”；库房用于存储清洗后的周转箱。

（2）疑似污染区域识别

通过人员访谈、资料审阅及现场踏勘，开展重点物质、重点设施及区域排查，识别重点隐患区。

①土壤隐患排查污染物种类。根据企业情况，本次土壤隐患排查需要关

注污染物为生产过程中涉及的有毒有害物质，重点物质为渗滤液（重金属类）、二噁英、石油类。

②企业重点设施区域包含生产车间、危险废物间、污水处理站、污水管线等区域，隐患排查重点关注区为污水处理站、生产车间和危险废物暂存区等潜在污染区域。

（3）制定监测方案

①布点。在不影响企业正常生产且不造成二次污染的前提下，结合隐患排查识别结果和项目所在区域地下水流向，在重点区域设置地下水和土壤采样点位，地块外布设参照点。

②监测因子。根据重点区域和设施的生产工艺和使用功能、污染物的产生和排放情况确定各污染点位土壤和地下水的监测因子，本项目监测因子选取《土壤环境质量　建设用地土壤污染风险管控标准（试行）》（GB 36600—2018）表1—建设用地土壤污染风险筛选值和管制值（基本项45项），并补充pH、氟化物、苯并[a]芘、二噁英、总石油烃、锑等特征因子；地下水监测因子和土壤监测因子一致。

编号	疑似污染区域	布点位置	识别依据 / 筛选依据
1A01	生产车间	一般固体废物区南	处理车间内一般固体废物区南侧，原医疗废物焚烧项目危险废物间南侧，存在污染风险
1A02		生产区	处理车间主要生产区，包括微波消毒区和周转箱清洗区，原医疗废物焚烧炉位于该区，存在污染风险
1A03 2A01		污水处理间南	污水处理间主要对车辆及周转箱消毒清洗废水进行处理，存在污染风险
1B01 2B01	事故池	事故水池东侧	事故水池储存厂区雨水及事故废水，存在泄漏风险
1BJ01 2BJ01	背景点	厂区西北侧农田	地下水流向上游，参照点

注：1A为A区土壤点编号，2A为A区地下水点编号。

案例 2-3

某危险废物处置企业土壤和地下水自行监测

1. 企业基本情况

（1）地块现状

2017 年 4 月，某危险废物处理企业建设完成并投入使用。地块占地面积为 227 568.85 m^2。其中生产区 5 处，贮存区 4 处，废水治理区 2 处（其中渗滤液调节池未投入使用），固体废物贮存区 1 处。

地块内构筑物较新，厂区内厂界部分区域、办公区周边为绿化区域，安全填埋场内填埋完成区已进行防水材料覆盖，未填埋区为防尘网覆盖区，其余区域为水泥硬化，水泥硬化层厚度为 0.15 ～ 0.20 m，场地内水泥出现裂缝现象较少。

（2）生产工艺

1）危险废物的接收、暂存

暂存库房 3 座，有机废液储罐区 1 个，无机废物仓库、有机废物仓库和甲类废物仓库各 1 座。每座仓库均设置不同种类废物存储区，按照各类废物的化学特性存放，以避免发生相互反应，引起燃烧爆炸等事故。

2）物化处理

物化车间主要生产工艺包括酸碱中和处理、含铬废液的还原沉淀处理、重金属废液的化学沉淀处理、含氰废液的碱性氯化法处理，以及有机废水的蒸馏浓缩处理。

酸碱中和处理：采用消石灰和硫酸分别对废酸和废碱进行酸碱中和处理，在调节最终反应液 pH 时会用到少量的氢氧化钠。

含氰废液的碱性氯化法处理：该工艺是破坏废水中氰化物的较成熟的方法，其原理是将废水中氰氧化成 CO_2 和 N_2 等无毒物质。

有机废水主要是分层含油废水和乳化含油废水。分层含油废水的处理：含油废水在贮罐内进行油水分离，分离出的废油送至焚烧车间，分离出的有机废水送入污水处理站处理；乳化含油废水的处理：首先调节 pH，中和有机废水的酸性或碱性。定量加入絮凝剂，再过滤其中水不溶物。滤液经澄清罐汇总后排往污水处理车间，滤饼收集送至焚烧车间处理。

重金属废液的化学沉淀处理：含铜、锌、铅、钡废物中的液态废物经收集后分批次进入预处理系统，进行除重金属（铜、锌、铅、钡）反应；最后向反应槽中加入石灰，搅拌溶液若干分钟后，取样送检。重金属（铜、锌、铅、钡）含量达标后，泵入板框过滤机过滤，滤液进厂区污水预处理站进行二次处理，污泥可安全填埋。

3）固化/稳定化

固化车间内主要有固化主机（配有搅拌机、液压提升器、稳定剂储槽等）、物料储罐（配有螺旋进料器、拨料器、振打器、安全阀、布袋除尘等装置）、除尘器和控制系统等设备。

料仓内的水泥和粉煤灰分别由各自的螺旋推进器进入搅拌机，搅拌槽内设有布水器，能做到定量加水。废物与粉煤灰、水泥的搅拌必须均匀，搅拌器内设喷水系统和稳定剂的添加装置和计量系统。废物进料口有自动开启和关闭门。稳定剂溶于水中，计量加入，固化剂（飞灰、水泥）由储罐经螺旋推进器计量加入，石灰与废物一起由工人加入。固化完的废物由皮带输送机进入砌块机，砌块成形后，在养护房养护，再运至填埋场进行处理。

4）焚烧系统

危险废物通过进料系统送入回转窑本体内进行高温焚烧，经过一定时间的高温焚烧，物料被彻底焚烧成高温烟气和残渣，通过对回转窑的运行进行控制，保持一定厚度的稳定渣层，可以起到保护耐火层作用。其操作温度根据不同工况控制在850～1 100℃，高温烟气和炉渣从窑尾进入二燃室，焚烧残渣从窑尾进入出渣机，水淬后至本处置中心内的安全填埋场处置。

5）安全填埋

将整个填埋区分成6个填埋分区，分区进行清理、建设，待区块要填到封场高度时，再进行下一区块的清场和系统建设。

填埋场清场方案：采用分区清理方案，并进行地下水导排系统、防渗系统、渗滤液导排系统和填埋气体导排系统的建设，待上一区块要填到封场高度时，再进行下一区块的清场和系统建设。

填埋作业方式：将符合入场填埋的废物运至填埋区；非固化体废物用推土机推开、摊平并进行碾压，固体废物用运输车运至填埋场场底，通过叉车码放。码放的方式采用平铺、搭砌及退台的方式。在填埋作业叉车码放不方便的情况下，可采用人工辅助的方式，但尽量以机械填埋作业为主；在填埋过程中注意不同级配的废物混合填埋，以减少填埋体积，增加填埋量。对于不相容的废物应分开填埋，并采取一定的隔离措施。废物必须在指定的填埋区进行填埋，并做好填埋单元作业记录，记录的数据进行归档，以便管理。雨季作业时，在现行作业的填埋分区覆盖 PVC 三防布，防止雨水对填埋运行的影响。废物从铺设的衬层之上开始逐层填埋，逐步填高。单层的填埋高度为 1.0 m，每日作业完毕后，覆盖 0.30 m 厚的土层，防止填埋挥发性气体无序扩散。填埋场边坡随填埋高度的增加进行一定的封场处理，封场的顶面做成坡向四周的排水坡面，坡度≥ 3%。填埋场底部作业时，为保护防渗系统，用污泥类废物铺垫 30 cm 以上厚度，并避免用固化砌块，防止锐利物破坏防渗系统。

地下水导排系统：采用全场满铺碎石及导排盲沟形式。导排系统主要由碎石、HDPE 管、无纺土工布、集水池和排水泵组成。地下水导排盲沟汇集的地下水，通过 HDPE 管穿过围堰汇集到库区外的集水池，进入集水池的地下水经检测无污染后，由排水泵排入库区外的排水沟。

防渗结构：选用高密度聚乙烯（HDPE）土工膜和膨润土垫为本危险废物填埋场水平防渗层的主要防渗材料。

填埋气体导排系统：由于填埋有机物很少，产气量很低。每个填埋区设 1 层场气收集层和 1 个导气管，场气收集层为 30 cm 厚的砂石，外裹铁丝网，顶有雨帽，防止降雨流入。

排水沟：洪雨水导排系统的防洪按照 50 年标准进行设计，100 年标准校核。

渗滤液收集系统：设置水平和垂直渗滤液收集系统，渗滤液水平收集系统又可根据所处衬层系统中的位置不同分为初级收集系统、次级收集系统和排出系统。

初级渗滤液收集系统位于上衬层表面和填埋废物之间，由碎石过滤导排层和 HDPE 穿孔集水管组成，用于收集和导排初级防渗衬层上的渗滤液。

次级渗滤液收集系统位于上衬层和下衬层之间，用于检测初级衬层的防渗情况，并能排出渗漏的渗滤液。

初级和次级渗滤液收集系统收集到的渗滤液由各自的渗滤液收集管汇集到提升井，再通过污水泵提升进入渗滤液调节池。

渗滤液收集池未投入使用。

6）容器清洗

容器清洗车间是清洗沾染有机废料容器的。有机废桶全部来自本中心，一类是多次装载同种物料，为避免桶内因过多积累导致桶报废而需要清洗，另一类是因为所收废品种类、数量发生变化，需要装载其他物料而进行的清洗。废包装桶清洗回收工艺为“筛选＋刮签＋冲桶＋刷桶＋检验”。有机溶剂清洗液蒸馏回收工艺为“蒸馏釜＋冷凝”。

7）污水处理

该危险废物处置企业主要包含物化、固化、焚烧、综合利用等工段，产生的污水主要由车间地面冲洗水、物化车间容器冲洗水、化验室排水、焚烧、固化、物化处理车间排水和生活污水等组成。本工程处理工艺采用以“气浮＋外置式膜生化反应器”（MBR）为核心工艺的处理工艺，并辅以其他辅助处理工艺。

2. 疑似污染区域识别

（1）生产车间识别

安全填埋场于 2017 年投入使用，处置的危险废物主要包括 HW17、HW18、HW19、HW20、HW21、HW22、HW23、HW24、HW25、HW26、HW27、HW28、HW29、HW30、HW31、HW32、HW33 中 的 092-003-33，HW36、HW46、HW47、HW48、HW49 中的 309-001-49、900-040-49、900-044-49（除去废弃的铅蓄电池）、900-045-49，HW50 除 900-048-50 废液体催化剂。区域面积为 14.86 hm^2，库容量 86.5×10^4 m^3，每年平均填埋的废物量约为 66 894.8 t，使用时间约为 18 年。填埋场包括地下水导排、防渗结构设计、填埋气体导排系统、排水沟等内容。区内无明显污染痕迹，存在渗滤液导排

系统地下管道。特征污染物为铍、铬、砷、铜、锌、硒、镉、锑、铊、汞、铅、氟化物、氰化物、镍、钡。区内污染物种类较多，毒性较大，可能对土壤及地下水造成污染。

物化车间于2017年投入使用，处理的危险废物主要包括HW06、HW21、HW07、HW17和HW33、HW34、HW35、HW22、HW23、HW31、HW47中的液态废物，处置中心运营过程中所产生的含重金属的冲洗废水、填埋场渗滤液以及冲洗含氰废液盛装容器所产生的含氰废水。区内地面已硬化，无破损和裂缝，区内无明显污染痕迹，存在地下反应设施。该区内特征污染物为石油烃、铬、氰化物、铜、锌、铅、钡，区内污染物种类较多，毒性较大，可能对土壤及地下水造成污染。

固化车间于2017年投入使用，处理的主要危险废物包括两大类：一类是原生危险废物，包括HW17、HW18、HW19、HW20、HW21、HW22、HW23、HW24、HW25、HW26、HW27、HW28、HW29、HW30、HW31、HW32、HW33中的092-003-33、HW36、HW46、HW47、HW48、HW49中的309-001-49、900-040-49、900-044-49（除去废弃的铅蓄电池）、900-045-49，HW50除900-048-50废液体催化剂；另一类是处置中心运营过程中产生的废物，如水处理污泥、物化处理废渣和焚烧飞灰等。区内地面已硬化，无破损及裂缝，区内无明显污染痕迹。区内特征污染物为铍、铬、铜、锌、砷、硒、镉、锑、汞、铊、铅、氟化物、氰化物、镍、钡。区内污染物种类较多，毒性较大，可能对土壤及地下水造成污染。

焚烧车间于2017年投入使用，处置能力为14 850 t/a，焚烧危险废物种类包括HW02、HW03、HW04、HW05、HW06、HW07中的336-001-07、336-002-07、336-003-07、336-004-07、336-049-07、HW08、HW09、HW10中的900-009-10、900-010-10，HW11、HW12、HW13、HW16、HW37、HW38，HW39、HW40，HW45，HW49（除309-001-49、900-040-49、900-044-49、900-045-49外），HW50中的900-048-50废液体催化剂。区内地面已硬化，无破损及裂缝，区内无明显污染痕迹，无地下设施。区内特征污染物为二噁英、汞、镉、铅、砷、石油烃、多氯联苯、氰化物、二氯酚。区内污染物种类较多，

毒性较大，可能对土壤及地下水造成污染。

预处理车间于2017年投入使用，部分危险废物如酸碱类废物、含较高毒性的废物需经物化处理、分离后再进行下一步处理。区内地面已硬化，无破损及裂缝，区内无明显污染痕迹，无地下设施。区内特征污染物为苯并[a]芘、苯酚、甲酚、3,5-二甲苯酚、二氯甲烷、1,2-二氯乙烷、苯、甲苯、间二甲苯+对二甲苯、总石油烃、正丁醇、1,2-二甲苯、环己酮、多氯联苯、氟、氰化物、硒、汞、镉、铅、砷、镍、铬、六价铬、锡、锑、铜、锰、铍、锌、乙酸乙酯、钡、铊。区内污染物种类较多，毒性较大，可能对土壤及地下水造成污染。

容器清洗车间于2017年投入使用，是清洗沾染有机废料容器的处理工序，本项目清洗的废桶按照所盛放的物质不同，可分为沾有有机树脂类废桶和沾有有机溶剂类废桶。区内地面已硬化，无破损及裂缝，区内无明显污染痕迹，无地下设施。区内特征污染物为石油烃、二甲苯、正丁醇、环己酮、乙酸乙酯。区内污染物为易挥发、半挥发物质，可能对土壤及地下水造成污染。

（2）污染治理设施识别

废水治理区于2017年投入使用，处置包含物化、固化、焚烧、综合利用等工段产生的污水和生活污水。污水处理站正常情况下每天运行12 h，处理量为300 m^3/d。当有处理初期雨水必要时，污水处理设施可以24 h连续运行，于48 h内将一次初期雨水处理完毕。区内地面已硬化，无破损及裂缝，区内无明显污染痕迹，存在废水池等地下设施，地下设施有防渗措施。特征污染物为苯酚、甲酚、3,5-二甲苯酚、二氯甲烷、1,2-二氯乙烷、苯、甲苯、间二甲苯+对二甲苯、总石油烃、正丁醇、1,2-二甲苯、环己酮、多氯联苯、甲硫醚、氟、氰化物、硒、汞、镉、铅、砷、镍、铬、六价铬、锡、锑、铜、锰、铍、锌、乙酸乙酯、钡、铊、甲硫醇。区内污染物种类较多，毒性较大，可能对土壤及地下水造成污染。

渗滤液调节池自建成后，未投入使用。

（3）存储区域识别

无机废物仓库于2017年投入使用，主要堆放处置前的危险废物，区内地面已硬化，无破损及裂缝，且地面有防渗措施，区内无明显污染痕迹，无地下设施，防护措施较好，仓库内有收集及净化气体装置。涉及污染物为铍、铬、铜、锌、砷、硒、镉、锑、汞、铊、铅、氟化物、氰化物、镍、钡。区内污染物种类较多，毒性较大，可能对土壤及地下水造成污染。

有机废液储存罐区于2017年投入使用，有机废液储存于罐内，罐区已硬化，无破损及裂缝，区内无明显污染痕迹，无地下设施。区内特征污染物为苯并[*a*]芘、苯酚、甲酚、3,5-二甲苯酚、二氯甲烷、1,2-二氯乙烷、苯、甲苯、间二甲苯+对二甲苯、总石油烃、1,2-二甲苯、环已酮、多氯联苯。区内污染物种类较多，毒性较大，可能对土壤及地下水造成污染。

有机废物仓库于2017年投入使用，主要储存含有机污染物的危险废物。区内地面已硬化，无破损及裂缝，区内无明显污染痕迹，无地下设施，仓库内有收集及净化气体装置。区内特征污染物为苯并[*a*]芘、苯酚、甲酚、3,5-二甲苯酚、二氯甲烷、1,2-二氯乙烷、苯、甲苯、间二甲苯+对二甲苯、总石油烃、1,2-二甲苯、环已酮、多氯联苯。区内污染物种类较多，毒性较大，可能对土壤及地下水造成污染。

甲类废物仓库于2017年投入使用，主要储存易燃、易爆危险废物，容器清洗车间需用到的有机溶剂。区内地面已硬化，无破损及裂缝，区内无明显污染痕迹，无地下设施，仓库内有收集及净化气体装置。区内特征污染物为苯、甲苯、二甲苯。区内污染物为易挥发物质，可能对土壤及地下水造成污染。

（4）其他区域识别情况

办公区、门卫房不涉及生产，不属于疑似污染区；变电站为干式变电站，已硬化，无破损及裂缝，区内无明显污染痕迹，无地下设施，不属于疑似污染区；机修及备件库地面已硬化，无破损及裂缝，区内无明显污染痕迹，无地下设施，不属于疑似污染区；洗车间洗车过程中产生废水污染物为固体悬浮物（SS）等，非特征污染物，消防水池及泵房地面已硬化，无破损及裂缝，区内无明显污染痕迹，无地下设施，不属于疑似污染区。该地块不存在其他区域识别情况。

3. 制定监测方案

根据布点区域筛选原则对每个疑似污染区域进行筛选，最终确定本次布点采样区域，具体情况如下：

编号	疑似污染区域	识别依据 / 筛选依据
A	安全填埋区	为所有预处理和处理后的废物进行最终处置而设，入场废物包括原生废物和固化后的危险废物两大类。区域内涉及污染物种类较多，毒性较大，对土壤造成污染的风险较高
G	物化处理车间	处理的危险废物主要包括有机溶剂废物及含氰化物、重金属废物。区域内涉及污染物种类较多，毒性较大，对土壤造成污染的风险较高
D	固化车间	主要处置原生危险废物（无机废物）及处置中心运营过程中产生的水处理污泥、物化处理废渣和焚烧飞灰等。区域内涉及污染物种类较多，毒性较大，对土壤造成污染的风险较高
B	焚烧车间	焚烧危险废物种类较多（20 种）。区域内涉及污染物种类较多，毒性较大，对土壤造成污染的风险较高
I	预处理车间	区域内涉及污染物种类较多，毒性较大，对土壤造成污染的风险较高
H	容器清洗车间	清洗沾染有机废料容器的处理工序。本项目清洗的废桶按照所盛放的物质不同，可分为沾有有机树脂类废桶和沾有有机溶剂类废桶。区内存在特征污染物为易挥发、半挥发物质，存在渗漏风险
C	废水治理区	处置包含物化、固化、焚烧、综合利用等工段产生的污水和生活污水，处理能力为 25 m^3/h。区域内涉及污染物种类较多，毒性较大，对土壤造成污染的风险较高
F	渗滤液调节	主要收集安全填埋场渗滤液。区域内涉及污染物种类较多，毒性较大，对土壤造成污染的风险较高
E	无机废物仓库	主要堆放处置前含有无机物的危险废物。区域内涉及污染物种类较多，毒性较大，对土壤造成污染的风险较高
K	有机废液储存罐区	有机废液储存于罐内，罐区已硬化，无破损及裂缝，区内无明显污染痕迹，无地下设施。区域内涉及污染物种类较多，毒性较大，对土壤造成污染的风险较高

编号	疑似污染区域	识别依据 / 筛选依据
J	有机废物仓库	主要储存含有机污染物的危险废物。区域内涉及污染物种类较多，毒性较大，对土壤造成污染的风险较高
L	甲类废物仓库	主要储存易燃、易爆危险废物。区内存在特征污染物为易挥发物质，存在渗漏风险

具体地块监测方案如下：

注：2A—安全填埋场，2G—物化车间，2D—固化车间，2B—焚烧车间，2I—预处理车间，2H—容器清洗车间，2C—废水治理区，2F—渗滤液调节池，2E—无机废物仓库，2K—有机废液储存罐区，2J—有机废物仓库，2L—甲类废物仓库。

（2）重点区域识别

在企业现场调研过程中发现，部分企业规模较大，重点设施较多，分布比较密集，如对所有重点设施开展监测，成本较高。因此，《工业企业土壤和地下水自行监测技术指南》中提出：“重点场所或重点设施设备分布较密集的区域可统一划分为一个重点监测单元，每个重点监测单元原则上面积不大于 6 400 m^2。”根据重点区域内部重点设施分布情况，统筹规划重点区域内部自行监测点 / 监测井的布设，布设位置应当尽量接近重点区域内污染隐患较大的重点设施，以便及时发现污染状况。

二、土壤污染隐患排查

《中华人民共和国土壤污染防治法》第二十一条明确规定，土壤污染重点监管单位应当履行“建立土壤污染隐患排查制度，保证持续有效防止有毒有害物质渗漏、流失、扬散”的义务。

《工矿用地土壤环境管理办法（试行）》第十一条明确规定，重点单位应当建立土壤和地下水污染隐患排查治理制度，定期对重点区域、重点设施开展隐患排查。发现污染隐患的，应当制定整改方案，及时采取技术、管理措施消除隐患。隐患排查、治理情况应当如实记录并建立档案。

为贯彻落实《中华人民共和国土壤污染防治法》《工矿用地土壤环境管理办法（试行）》，指导和规范土壤污染重点监管单位（以下简称重点监管单位）建立土壤污染隐患排查制度，及时发现土壤污染隐患并采取措施消除或者降低隐患，制定《重点监管单位土壤污染隐患排查指南（试行）》，于 2021 年 1 月 4 日 生态环境部 2021 年第 1 号公告发布并施行。

按照《中华人民共和国土壤污染防治法》“预防为主、保护优先”的原则，《重点监管单位土壤污染隐患排查指南（试行）》的出台指导企业通过土壤污染隐患排查，及时发现土壤污染隐患或者土壤污染，及早采取措施消除隐患，管控风险，防止污染或者污染扩散和加重，降低后期风险管控或修复成本。

1. 隐患排查的适用范围

《重点监管单位土壤污染隐患排查指南（试行）》适用于重点监管单位为保证持续有效防止重点场所或者重点设施设备发生有毒有害物质渗漏、流失、扬散造成土壤污染，而依法自行组织开展的土壤污染隐患排查工作。

其他工矿企业开展土壤污染隐患排查工作，可参照《重点监管单位土壤污染隐患排查指南（试行）》。《重点监管单位土壤污染隐患排查指南（试行）》

未作规定事宜，应符合国家和行业有关标准的要求或规定。

2. 隐患排查的总体要求

重点监管单位是土壤污染隐患排查工作的实施主体，应建立隐患排查组织领导机构，配备相应的管理和技术人员。可根据自身技术能力情况，自行组织开展排查，或者委托相关技术单位协助完成排查。

重点监管单位原则上应在《重点监管单位土壤污染隐患排查指南（试行）》发布后一年内，以厂区为单位开展一次全面、系统的土壤污染隐患排查。新增重点监管单位应在纳入土壤污染重点监管单位名录后一年内开展排查。之后，原则上针对生产经营活动中涉及有毒有害物质的场所、设施设备，每 2 ～ 3 年开展一次排查。重点监管单位可结合行业特点和生产实际，优化调整排查频次和排查范围。对于新、改、扩建项目，应在投产后一年内开展补充排查。

重点监管单位开展土壤和地下水自行监测，结果存在异常的，应及时开展土壤污染隐患排查。

生态环境部门现场检查发现存在有毒有害物质渗漏、流失、扬散等污染土壤风险的，可要求重点监管单位及时开展土壤污染隐患排查，重点监管单位应按照《重点监管单位土壤污染隐患排查指南（试行）》的要求开展排查。

3. 隐患排查的工作程序和要点

隐患排查的工作程序和要点一般包括确定排查范围、开展现场排查、落实隐患整改、档案建立与应用等。

（1）确定排查范围

通过资料收集、人员访谈，确定重点场所和重点设施设备，即可能或易发生有毒有害物质渗漏、流失、扬散的场所和设施设备。

（2）开展现场排查

土壤污染隐患取决于土壤污染预防设施设备（硬件）和管理措施（软件）的组合。针对重点场所和重点设施设备，排查土壤污染预防设施设备的配备和运行情况，有关预防土壤污染管理制度建立和执行情况，分析判断是否能有效防止和及时发现有毒有害物质渗漏、流失、扬散，并形成隐患排查台账。

（3）落实隐患整改

根据隐患排查台账，制定整改方案，针对每个隐患提出具体整改措施，以及计划完成时间。整改方案应包括必要的设施设备提标改造或者管理整改措施。重点监管单位应按照整改方案进行隐患整改，形成隐患整改台账。

（4）档案建立与应用

隐患排查活动结束后，应建立隐患排查档案并存档备查。隐患排查成果可用于指导重点监管单位优化土壤和地下水自行监测点位布设等相关工作。

案例 2-4

某有色金属矿隐患排查

（1）企业基本情况

某有色金属矿在 1984 年建成并投入试生产，日采选万吨规模（露天），1989 年达产并于 1990 年通过了竣工环保“三同时”验收。目前以露天和地下开采的方式开采，主要产品为铜精矿、硫精矿。矿山现有设施和改、扩建工程的主要建设内容包括露天采场、废石场、地下开采系统、充填系统、选矿厂（碎矿工段、磨矿工段、浮选工段、精矿工段、尾矿系统）和各类环保设施等主体工程以及供水、供电、行政生活设施、道路等公辅工程。矿山运营执行《铜、镍、钴工业污染物排放标准》（GB 25467—2010）。

（2）重点设施排查

①针对企业存在的土壤或地下水污染隐患的重点设施排查，主要从以下几个方面进行：

地下储罐和接地储罐、地上储罐、液体储存池；

液体物料装卸平台、散装货物转运平台、运输管道、传输泵、运输桶（罐）；

生产加工车间；

散装货物储存区、一般性固体废物储存区、危险废物储存区。

②针对可能造成土壤污染的物质，主要对以下几类物质进行排查：

有机液体或乳液：醇、醚、酯、有机酸、芳烃、酚、多环芳烃（PAHs）、氯化碳和氯氟碳化合物、农药以及农药中活性物质成分、溶剂、脱脂剂、脱漆剂和清洁剂、金属处理液、清漆、油漆和油墨、油（如钻井油、切削油、轧制油、研磨油、润滑油、热油、杂酚油、食用油）、木材防腐剂、杂酚油、蒽油、萘、液体燃料。

无机化合物、矿物和矿石：盐和水溶液（铬、钴、镍、铜、砷、钼、镉、锡、钡、汞、铅等重金属或类金属）、无机酸、氨、氟化物、氰化物、硫化物、溴化物、磷酸盐、硝酸盐；电镀槽、酸洗槽；无机木材防腐剂及其水溶液；道路防结冰的盐；硫；铁矿石、铝土矿、钛铁矿、黄钾铁矾、磷酸盐矿石、智利硝石等。

有毒有害废物：国家危险废物名录中列举的内容。

（3）重点区域排查

本次重点区域排查主要以各二级单位为单元进行，并参考下列次序识别潜在污染区域及其潜在的污染程度：

根据资料或已有调查确定存在污染的区域；

曾发生泄漏事故或环境污染事故的区域；

各类地下罐槽、管线、集水井、检查井等所在区域；

固体废物堆放或填埋区域；

原辅材料、产品、化学品、有毒有害物质以及危险废物等生产、贮存、装卸、使用和处置区域；

其他存在明显污染痕迹或存在异味的区域。

（4）隐患排查结果

经排查，截至目前，未有确定存在的污染区域，也未发生过泄漏事故和环境污染事件，因此，重点排查了各二级单位液体物料储放区、转运区、生产区、原材料及固体废物堆存区。根据排查结果，主要识别了采矿区、选矿区、HDS 废水处理站、药剂公司、运输中心（储油库）、炸药厂、尾矿库、物资供应中心等 8 个潜在污染区域。

重点区域	重点设施	土壤污染预防设施
液体物料储放区	地下储罐和接地储罐	二次阻隔保护设施（双层储罐）
	地上储罐	涂覆腐蚀控制材料的钢制储罐、液位监测系统、地面硬化

重点区域	重点设施	土壤污染预防设施
	液体储存池	酸性废水调节库、沉淀池、混凝土围堰、防渗池、事故池
转运区	散装货物转运平台	地面硬化、苫盖／顶棚等
	液体物料装卸平台	地面硬化
	运输管道	涂覆腐蚀控制材料的钢制管道
	传输泵	地面硬化、进料端安装的关闭控制阀门
		库内浮船输送泵、收集池、事故池
生产区	生产加工车间	地面硬化、防渗漏地板、沉淀池、HDS 废水处理系统、尾矿坝
原材料及固废堆存区	散装货物储存区	硬化路面、室内储存
	一般性固体废物储存区	符合 GB 18599 的场址选择、设计、运行管理等环境保护要求
	危险废物储存区	符合 GB 18597 的场址选择、贮存设施的运行管理等环境保护要求

（5）整改方案

1）技术整改

HDS 废水处理系统液体储存池：酸性水调节库坝体下游 100 m 左右设废水收集池，对渗漏废水进行收集，将土壤污染风险降至可忽略水平。做好储存池周边雨污分流，加强储存池运行调度，库内酸性废水通过水泵和管路输送至 HDS 废水处理系统进行处理，强化满溢预警管理。

物资供应中心（油库）地上储罐：修补硬化储罐排水沟，对含油排水采取自建简易隔油池或采购安装隔油池装置措施。

物资供应中心（油库）危险废物暂存区：转移处置库存废油桶，设立废油桶储存区，硬化路面，建立排水设施，搭建雨棚。

通过积极落实上述整改措施，将遏制土壤及地下水污染物累积趋势。

2）管理整改

建立日常巡查制度：对溢流收集和故障发生率较低的简单设施进行的检查，由那些经验丰富的员工完成，两天一次。对于开放防渗设施的目视检查，检查员须保持记录结果和行动日志。

建立专项巡查制度：对于存在土壤污染隐患的重点区域及设施，应按照重点区域及设施对应的重点排查的位置进行专项排查，并建立排查档案，识别泄漏、扬散和溢漏的潜在风险。

人员培训：指导和培训员工以正确方式使用和检查设备，规范检查程序要求。明确相关保护措施检查要点，包括紧急措施使用、清理释放物质和事件报告等。熟练的操作人员能降低生产活动特定监管区域的土壤污染风险。

警示牌设立：规范重点区域及设施设立警示牌，内容包括重点设施规范操作的方法等，比如液体物料在装卸过程中，应有清晰的灌注和抽出说明。

档案建立：企业的土壤污染隐患排查活动需要建立档案，档案中应当包括资料收集的所有信息、隐患排查记录表、日常巡查制度、专项巡查制度、人员培训方案以及警示牌设立等内容。日常巡查、专项巡查以及人员培训都应当有相应的记录表存档。

案例 2-5

某危险废物处置企业隐患排查

（1）企业基本情况

某危险废物处理企业于 2015 年开始建设，2019 年正式投产，主要从事危险废物处置。占地面积为 8 0611.00 m^2，现有焚烧车间 1 个、物化车间 1 个、固化（稳定化）车间 1 个、安全填埋场 2 个（其中一期填埋场未使用）。一期安全填埋场库容 8 000 m^3（暂未使用），二期安全填埋场有效库容 54 万 m^3，安全填埋场设计使用年限 43 年。

（2）重点场所排查

通过资料收集、人员访谈，确定涉及有毒有害物质的重点场所或重点设施设备，具体见下表。

重点区域	重点场所	重点设施
液体储存	废水处理区	调节池、气浮池、还原池、中和池、絮凝沉淀池、MBR池、污泥池、初期雨水池、事故池
	渗滤液调节池	二期渗滤液调节池
	综合水池	事故池、初期雨水池、污水池
	废液罐区	柴油储罐、高热值储罐、低热值储罐、氨水储罐
	焚烧车间	碱液储罐、液态危险废物储罐
	固化车间	药剂稀释罐
	物化车间	废酸储罐、废碱储罐、重金属A罐、重金属B罐
散装液体转运与厂内转运	装卸平台	装卸平台
	物料管线	传输泵、运输管线
	污水管线	传输泵、运输管线
货物的储存和传输	焚烧车间	上料坑、石灰仓、活性炭仓
	固化车间	水泥储仓、螯合剂储存仓、进料储槽、粉煤灰储仓、飞灰储仓、固化料仓
生产区	焚烧车间	进料机、焚烧炉、回转窑、急冷塔、湿法塔等
	固化车间	混炼机、振动排料器
	物化车间	酸雾洗涤塔、重金属观察罐、重金属絮凝罐、重金属综合反应罐、重金属压泥机、酸碱综合反应罐、酸碱混凝沉淀罐、酸碱观察罐、酸碱压泥机、接收槽、反应槽
其他活动区	危险废物暂存间	储存HW18、HW29、HW49废物
	有机暂存库	储存HW17、HW03、HW06、HW08、HW09、HW11、HW12、HW13、HW16、HW49废物
	无机暂存库	储存HW17、HW21、HW23、HW31、HW34、HW35、HW46、HW49废物
	甲乙类暂存库	储存危险化学原辅料
	二期填埋场	二期填埋场

（3）隐患排查结果

基于资料分析和现场踏勘，在充分分析企业生产污染源分布、污染物类型、污染物迁移途径等的基础上，对该企业存在对土壤构成污染的重点场所和重点设备进行了风险预测，按照各隐患排查对象主体生产功能分为液体储存区、散装液体转运与厂内运输、货物的储存和传输、生产区和其他活动区。

<table>
<tr><th>重点区域</th><th colspan="2">重点设施</th><th>土壤污染预防设施</th></tr>
<tr><td rowspan="10">液体储存</td><td rowspan="2">焚烧车间</td><td>碱液储罐</td><td>接地，单层内衬玻璃钢，设置 1.2 m 高围堰</td></tr>
<tr><td>液态危险废物储罐</td><td>离地，316 不锈钢，设置 1.2 m 高围堰</td></tr>
<tr><td>固化车间</td><td>药剂稀释罐</td><td>接地，碳钢内衬玻璃钢</td></tr>
<tr><td>物化车间</td><td>废酸储罐、废碱储罐、重金属 A 罐、重金属 B 罐</td><td>设置 0.6 m 高围堰</td></tr>
<tr><td rowspan="2">废液罐区</td><td>柴油储罐、高热值储罐、低热值储罐</td><td>离地，316 不锈钢</td></tr>
<tr><td>氨水储罐</td><td>接地，316 不锈钢</td></tr>
<tr><td>综合水池</td><td>事故池、初期雨水池、污水池</td><td>地下，地面硬化、防渗良好</td></tr>
<tr><td colspan="2">渗滤液调节池</td><td>地下，地面硬化、防渗良好</td></tr>
<tr><td rowspan="2">废水治理区</td><td>调节池、气浮池、还原池、中和池、絮凝沉淀池</td><td>地面硬化、防渗良好</td></tr>
<tr><td>MBR 池、污泥池、初期雨水池、事故池</td><td>地下，地面硬化、防渗良好</td></tr>
<tr><td rowspan="5">散装液体转运与厂内运输</td><td colspan="2">装卸平台</td><td>地面硬化</td></tr>
<tr><td rowspan="2">物料管线</td><td>传输泵</td><td>安装关闭控制阀门</td></tr>
<tr><td>运输管线</td><td>涂覆腐蚀控制材料的管道</td></tr>
<tr><td rowspan="2">污水管线</td><td>传输泵</td><td>进调节池</td></tr>
<tr><td>运输管线</td><td>涂覆腐蚀控制材料的管道</td></tr>
<tr><td>货物的储存和传输</td><td>焚烧车间</td><td>上料坑、石灰仓、活性炭仓</td><td>密闭料仓</td></tr>
</table>

重点区域	重点设施		土壤污染预防设施
货物的储存和传输	物化车间	水泥储仓、螯合剂储存仓、进料储槽、粉煤灰储仓、飞灰储仓、固化料仓	密闭料仓
生产区	焚烧车间	进料机、焚烧炉、回转窑、急冷塔、湿法塔等	地面硬化，防渗良好，安装焚烧自动控制系统、气体泄漏监测报警装置、烟气在线自动监测系统、VOCs超标报警传感装置
	固化车间	混炼机、振动排料器	地面硬化，防渗良好，安装固化车间自动控制系统
	物化车间	酸雾洗涤塔、重金属观察罐、重金属絮凝罐、重金属综合反应罐、重金属压泥机、酸碱综合反应罐、酸碱混凝沉淀罐、酸碱观察罐、酸碱压泥机、接收槽、反应槽	地面硬化，防渗良好，安装物化车间自动控制系统
其他活动区	危险废物暂存间		符合GB 18597的场址选择、储存设施运行管理等环境保护要求，安装VOCs超标报警传感装置
	有机暂存库		地面硬化，防渗良好，有避雨及应急措施，安装VOCs超标报警传感装置
	无机暂存库		地面硬化，防渗良好，有避雨及应急措施，安装VOCs超标报警传感装置
	甲乙类暂存库		地面硬化，防渗良好，有避雨及应急措施，安装VOCs超标报警传感装置
	二期填埋场		地面硬化，防渗良好

三、企业新、改、扩建中的土壤污染环境标准

《工矿用地土壤环境管理办法（试行）》（生态环境部令　第3号）第八条规定，重点单位新、改、扩建项目用地应当符合国家或者地方有关建设用地土壤污染风险管控标准。

在产企业新、改、扩建中适用的土壤污染环境标准包括：

《环境影响评价技术导则　土壤环境（试行）》（HJ 964—2018）由生态环境部于2018年9月13日发布，自2019年7月1日起实施。该标准规定了土壤环境影响评价的一般性原则、内容、工作程序、方法和要求，适用于化工、冶金、矿山采掘、农林、水利等可能对土壤环境产生影响的建设项目的环境影响评价。

《土壤环境质量　建设用地土壤污染风险管控标准（试行）》（GB 36600—2018）于2018年6月22日发布，自2018年8月1日起实施。该标准规定了保护人体健康的建设用地土壤污染风险筛选值和管制值，以及监测、实施与监督要求，适用于建设用地土壤污染风险筛查和风险管制。

《土壤环境质量　农用地土壤污染风险管控标准（试行）》（GB 15618—2018）于2018年6月22日发布，自2018年8月1日起实施。该标准规定了农用地土壤污染风险筛选值和管制值，以及监测、实施与监督要求，适用于耕地土壤污染风险筛查和分类。

《环境影响评价技术导则　地下水环境》（HJ 610—2011）由环境保护部于2016年1月7日公布并实施。该标准规定了地下水环境影响评价的一般性原则、内容、工作程序、方法和要求，适用于对地下水环境可能产生影响的建设项目的环境影响评价。

《地下水质量标准》（GB/T 14848—2017）于2017年10月14日发布，自2018年5月1日起实施。该标准规定了地下水质量分类、指标及限值，地下水质量调查与监测，地下水质量评价等内容，适用于地下水质量调查、监测、评价与管理。

四、企业运营中的土壤污染防治技术要点

1. 液体储存

（1）储罐类储存设施

储罐类储存设施包括地下储罐、接地储罐和离地储罐等。造成土壤污染主要是罐体的内、外腐蚀造成液体物料泄漏、渗漏。一般而言，地下储罐和接地储罐具有隐蔽性，土壤污染隐患更高。可参考表 2-1 开展排查和整改。

表 2-1　储罐类储存设施土壤污染预防设施与措施推荐性组合

组合	土壤污染预防设施 / 功能	土壤污染预防措施
一、地下储罐		
1	单层钢制储罐 阴极保护系统 地下水或者土壤气监测井	定期开展阴极保护有效性检查 定期开展地下水或者土壤气监测
2	单层耐腐蚀非金属材质储罐 地下水或者土壤气监测井	定期开展地下水或者土壤气监测
3	双层储罐 泄漏检测设施	定期检查泄漏检测设施，确保正常运行
4	位于阻隔设施（如水泥池等）内的单层储罐 阻隔设施内加装泄漏检测设施	定期检查泄漏检测设施，确保正常运行
二、接地储罐		
1	单层钢制储罐 阴极保护系统 泄漏检测设施 普通阻隔设施	定期开展阴极保护有效性检查 定期检查泄漏检测设施，确保正常运行 日常维护（如及时解决泄漏问题，及时清理泄漏的污染物，下同）
2	单层耐腐蚀非金属材质储罐 泄漏检测设施 普通阻隔设施	定期检查泄漏检测设施，确保正常运行 日常维护
3	双层储罐 泄漏检测设施	定期检查泄漏检测设施，确保正常运行 日常维护
4	防渗阻隔系统，能防止雨水进入，或者及时有效排出雨水 渗漏、流失的液体能得到有效收集和定期清理	定期开展防渗效果检查（如物探检测、注水试验检测等，下同） 定期采用专业设备开展罐体专项检查 日常维护

组合	土壤污染预防设施 / 功能	土壤污染预防措施
三、离地储罐		
1	单层储罐 普通阻隔设施	目视检查外壁是否有泄漏迹象 有效应对泄漏事件（包括完善工作程序，定期开展巡查、检修，以预防泄漏事件发生；明确责任人员，开展人员培训；保持充足事故应急物资，确保能及时处理泄漏或者泄漏隐患；处理受污染的土壤等，下同）
2	单层储罐 防滴漏设施	定期清空防滴漏设施 目视检查外壁是否有泄漏迹象 有效应对泄漏事件
3	双层储罐 泄漏检测设施	定期采用专业设备开展罐体专项检查日常目视检查（如按操作规程或者交班时，对是否存在泄漏、渗漏等情况进行快速检查，下同）日常维护
4	防渗阻隔系统，能防止雨水进入，或者及时有效排出雨水渗漏、流失的液体能得到有效收集和定期清理	定期开展防渗效果检查 日常维护

（2）池体类储存设施

包括地下或者半地下储存池、离地储存池等。造成土壤污染主要有两种情况：①池体老化、破损、裂缝造成的泄漏、渗漏等；②满溢导致的土壤污染。一般而言，地下或半地下储存池具有隐蔽性，土壤污染隐患更高。可参考表 2-2 开展排查和整改。

表 2-2　池体类储存设施土壤污染预防设施与措施推荐性组合

组合	土壤污染预防设施 / 功能	土壤污染预防措施
一、地下或者半地下储存池		
1	防渗池体 泄漏检测设施	定期检查泄漏检测设施，确保正常运行 日常目视检查 日常维护

组合	土壤污染预防设施 / 功能	土壤污染预防措施
2	防渗池体	定期检查防渗、密封效果 日常目视检查 日常维护
二、离地储罐		
1	防渗池体 防渗阻隔系统，能防止雨水进入，或者及时有效排出雨水 渗漏、流失的液体能得到有效收集和定期清理	定期开展防渗效果检查 日常维护

2. 散装液体转运与厂内运输

（1）散装液体物料装卸

散装液体物料装卸造成土壤污染主要有两种情况：①液体物料的满溢；②装卸完成后，出料口及相关配件中残余液体物料的滴漏。可参考表 2-3 开展排查和整改。

表 2-3　液体物料装卸平台土壤污染预防设施与措施推荐性组合

组合	土壤污染预防设施 / 功能	土壤污染预防措施
一、顶部装载		
1	普通阻隔设施，能防止雨水进入，或者及时有效排出雨水 出料口放置处底部设置防滴漏设施 溢流保护装置 渗漏、流失的液体能得到有效收集和定期清理	定期清空防滴漏设施 日常目视检查 设置清晰的灌注和抽出说明标识牌 有效应对泄漏事件
2	防渗阻隔系统，能防止雨水进入，或者及时有效排出雨水 溢流保护装置 渗漏、流失的液体能得到有效收集和定期清理	定期防渗效果检查 设置清晰的灌注和抽出说明标识牌 日常维护

组合	土壤污染预防设施 / 功能	土壤污染预防措施
二、底部装卸		
1	普通阻隔设施，能防止雨水进入，或者及时有效排出雨水 溢流保护装置 渗漏、流失的液体能得到有效收集和定期清理	自动化控制或者由熟练工操作 设置清晰的灌注和抽出说明标识牌，特别注意输送软管与装载车连接处 有效应对泄漏事件
2	普通阻隔设施，能防止雨水进入，或者及时有效排出雨水 正压密闭装卸系统；或者在每个连接点（处）均设置防滴漏设施 溢流保护装置 渗漏、流失的液体能得到有效收集和定期清理	定期清空防滴漏设施 日常目视检查 设置清晰的灌注和抽出说明标识牌，特别注意输送软管与装载车连接处 有效应对泄漏事件
3	防渗阻隔系统，能防止雨水进入，或者及时有效排出雨水 溢流保护装置 渗漏、流失的液体能得到有效收集和定期清理	定期开展防渗效果检查 设置清晰的灌注和抽出说明标识牌，特别注意输送软管与装载车连接处 日常维护

（2）管道运输

包括地下管道和地上管道。管道运输造成土壤污染主要是由于管道的内、外腐蚀造成泄漏、渗漏。一般而言，地下管道具有隐蔽性，土壤污染隐患更高。可参考表 2-4 开展排查和整改。

表 2-4 管道运输土壤污染预防设施与措施推荐性组合

组合	土壤污染预防设施 / 功能	土壤污染预防措施
一、地下管道		
1	单层管道	定期检测管道渗漏情况（内检测、外检测及其他专项检测） 根据管道检测结果，制定并落实管道维护方案
2	双层管道 泄漏检测设施	定期检查泄漏检测设施，确保正常运行

组合	土壤污染预防设施 / 功能	土壤污染预防措施
二、地上管道		
1	注意管道附件处的渗漏、泄漏	定期检测管道渗漏情况 根据管道检测结果，制定并落实管道维护方案 日常目视检查 有效应对泄漏事件

（3）导淋

导淋（相关行业对管道、设备等设施中的液体进行排放的俗称）造成土壤污染主要是排净物料时的滴漏。可参考表 2-5 开展排查和整改。

表 2-5 导淋土壤污染预防设施与措施推荐性组合

组合	土壤污染预防设施 / 功能	土壤污染预防措施
1	普通阻隔设施 注意排液完成后，导淋阀残余液体物料的滴漏	日常目视检查 有效应对泄漏事件
2	防滴漏设施 防止雨水造成防滴漏设施满溢	定期清空防滴漏设施 日常目视检查 日常维护
3	防渗阻隔系统，能防止雨水进入，或者及时有效排出雨水 渗漏、流失的液体能得到有效收集和定期清理	定期开展防渗效果检查 日常目视检查 日常维护

（4）传输泵

传输泵造成土壤污染主要有两种情况：①驱动轴或者配件的密封处发生泄漏；②润滑油的泄漏或者满溢。可参考表 2-6 开展排查和整改。

表 2-6 传输泵土壤污染预防设施与措施推荐性组合

组合	土壤污染预防设施 / 功能	土壤污染预防措施
一、密封效果较好的泵（如采用双端面机械密封等）		
1	普通阻隔设施 进料端安装关闭控制阀门	制定并落实泵检修方案 日常目视检查 有效应对泄漏事件

组合	土壤污染预防设施 / 功能	土壤污染预防措施
2	对整个泵体或者关键部件设置防滴漏设施 进料端安装关闭控制阀门	定期清空防滴漏设施 制定并实施检修方案 日常目视检查 日常维护
3	防渗阻隔系统，能防止雨水进入，或者及时有效排出雨水 进料端安装关闭控制阀门 渗漏、流失的液体能得到有效收集和定期清理	定期开展防渗效果检查 日常目视检查 日常维护
二、密封效果一般的泵（如采用单端面机械密封等）		
1	对整个泵体或者关键部件设置防滴漏设施 进料端安装关闭控制阀门	定期清空防滴漏设施 制定并落实泵检修方案 日常目视检查 日常维护
2	防渗阻隔系统，能防止雨水进入，或者及时有效排出雨水 进料端安装关闭控制阀门 渗漏、流失的液体能得到有效收集和定期清理	定期开展防渗效果检查 日常目视检查 日常维护
三、无泄漏离心泵（如磁力泵、屏蔽泵等）		
1	进料端安装关闭控制阀门	日常目视检查 日常维护

3. 货物的储存和传输

（1）散装货物的储存和暂存

散装货物储存和暂存造成土壤污染主要有两种情况：①散装干货物因雨水或者防尘喷淋水冲刷进入土壤；②散装湿货物因雨水冲刷，以及渗出有毒有害液体物质进入土壤。可参考表 2-7 开展排查和整改。

表 2-7 散装货物的储存和暂存土壤污染预防设施与措施推荐性组合

组合	土壤污染预防设施 / 功能	土壤污染预防措施
一、干货物（不会渗出液体）的储存		
1	注意避免雨水冲刷，如有苫盖或者顶棚	日常目视检查 日常维护

组合	土壤污染预防设施 / 功能	土壤污染预防措施
二、干货物（不会渗出液体）的暂存		
1	普通阻隔设施	日常目视检查 有效应对泄漏事件
三、湿货物（可以渗出有毒有害液体物质）的储存和暂存		
1	防渗阻隔系统，能防止雨水进入，或者及时有效排出雨水 防止屋顶或者覆盖物上流下来的雨水冲刷货物	定期开展防渗效果检查 日常目视检查 日常维护
2	防渗阻隔系统，能防止雨水进入，或者及时有效排出雨水 渗漏、流失的液体能得到有效收集和定期清理	定期开展防渗效果检查 日常目视检查 日常维护

（2）散装货物密闭式 / 开放式传输

散装货物密闭式传输造成土壤污染主要是由于系统的过载。散装货物开放式传输造成土壤污染主要有两种情况：①系统过载；②粉状物料扬散等造成土壤污染。可参考表 2-8 开展排查和整改。

表 2-8　散装货物密闭式 / 开放式传输土壤污染预防设施与措施推荐性组合

组合	土壤污染预防设施 / 功能	土壤污染预防措施
一、密闭传输方式		
1	无须额外防护设施 注意设施设备的连接处	制订检修计划 日常目视检查 日常维护
二、开放式传输方式		
1	普通阻隔设施	日常目视检查 有效应对泄漏事件

（3）包装货物的储存和暂存

包装货物储存和暂存造成土壤污染主要是包装材质不合适造成货物渗漏、流失或者扬散。可参考表 2-9 开展排查和整改。

表 2-9　包装货物储存和暂存土壤污染预防设施与措施推荐性组合

组合	土壤污染预防设施 / 功能	土壤污染预防措施
一、包装货物为固态物质		
1	普通阻隔设施 货物采用合适的包装（适用于相关货物的储存，下同）	日常目视检查 有效应对泄漏事件
2	防渗阻隔系统，能防止雨水进入，或者及时有效排出雨水	定期开展防渗效果检查 日常目视检 日常维护
二、包装货物为液态或者黏性物质		
1	普通阻隔设施 货物采用合适的包装	日常目视检查 有效应对泄漏事件
2	防滴漏设施 货物采用合适的包装	定期清空防滴漏设施 目视检查
3	防渗阻隔系统，能防止雨水进入，或者及时有效排出雨水 渗漏、流失的液体能得到有效收集和定期清理	定期开展防渗效果检查 日常目视检查 日常维护

（4）开放式装卸（倾倒、填充）

开放式装卸造成土壤污染主要是物料在倾倒或者填充过程中的流失、扬散或者遗洒。可参考表 2-10 开展排查和整改。

表 2-10　开放式装卸土壤污染预防设施与措施推荐性组合

组合	土壤污染预防设施 / 功能	土壤污染预防措施
1	普通阻隔设施 防止雨水进入阻隔设施	日常目视检查 有效应对泄漏事件
2	防滴漏设施 防止雨水造成防滴漏设施满溢	定期清空防滴漏设施 日常目视检查 日常维护
3	防渗阻隔系统，能防止雨水进入，或者及时有效排出雨水 渗漏、流失的液体能得到有效收集和定期清理	定期开展防渗效果检查 日常目视检查 日常维护

4. 生产区

生产加工装置一般包括密闭、开放和半开放类型。密闭设备指在正常运行管理期间无须打开，物料主要通过管道填充和排空，例如，密闭反应釜、反应塔，土壤污染隐患较低；半开放式设备指在运行管理期间需要打开设备，开展计量、加注、填充等活动，需要配套土壤污染预防设施和规范的操作规程，避免土壤受到污染；开放式设备无法避免物料在设备口的泄漏、渗漏，例如，喷洒、清洗设备等。可参考表 2-11 开展排查和整改。

表 2-11　生产区土壤污染预防设施与措施推荐性组合

组合	土壤污染预防设施 / 功能	土壤污染预防措施
一、密闭设备		
1	无须额外防护设施 注意车间内传输泵、易发生故障的零部件、检测样品采集点等位置	制订检修计划 对系统做全面检查（如定期检查系统的密闭性，下同） 日常维护
2	普通阻隔设施 注意车间内传输泵、易发生故障的零部件、检测样品采集点等位置	制订检修计划 对系统做全面检查 日常维护
3	防渗阻隔系统，能防止雨水进入，或者及时有效排出雨水 渗漏、流失的液体能得到有效收集和定期清理	定期开展防渗效果检查 日常维护
二、半开放式设备		
1	普通阻隔设施 防止雨水进入阻隔设施	日常目视检查 有效应对泄漏事件
2	在设施设备容易发生泄漏、渗漏的地方设置防滴漏设施 能及时排空防滴漏设施中雨水	定期清空防滴漏设施 日常目视检查 日常维护
3	防渗阻隔系统，能防止雨水进入，或者及时有效排出雨水 渗漏、流失的液体能得到有效收集和定期清理	定期开展防渗效果检查 日常目视检查 日常维护

组合	土壤污染预防设施 / 功能	土壤污染预防措施
三、开放式设备（液体物质）		
1	防渗阻隔系统，能防止雨水进入，或者及时有效排出雨水 渗漏、流失的液体能得到有效收集和定期清理	定期开展防渗效果检查 日常目视检查 日常维护
四、开放式设备（黏性物质或者固体物质）		
1	普通阻隔设施，能防止雨水进入，或者及时有效排出雨水	日常目视检查 有效应对泄漏事件
2	防渗阻隔系统，能防止雨水进入，或者及时有效排出雨水 渗漏、流失的液体能得到有效收集和定期清理	定期防渗效果检查 日常目视检查 日常维护

5. 其他活动区

（1）废水排水系统

废水排水系统造成土壤污染主要是管道、设备连接处、涵洞、排水口、污水井、分离系统（如清污分离系统、油水分离系统）等地方的泄漏、渗漏或者溢流。可参考表 2-12 开展排查和整改。

表 2-12　废水排水系统土壤污染预防设施与措施推荐性组合

组合	土壤污染预防设施 / 功能	土壤污染预防措施
一、已建成的地下废水排水系统		
1	注意排水沟、污泥收集设施、油水分离设施、设施连接处和有关涵洞、排水口等，防止渗漏	定期开展密封、防渗效果检查，或者制订检修计划 日常维护
二、新建地下废水排水系统		
1	防渗设计和建设 注意排水沟、污泥收集设施、油水分离设施、设施连接处和有关涵洞、排水口等，防止渗漏	定期开展防渗效果检查 日常维护
三、地上废水排水系统		
1	防渗阻隔设施 注意排水沟、污泥收集设施、油水分离设施、设施连接处和有关涵洞、排水口等，防止渗漏	目视检查 日常维护

（2）应急收集设施

应急收集设施造成土壤污染主要是设施的老化造成的渗漏、流失。可参考表 2-13 开展排查和整改。

表 2-13　应急收集设施土壤污染预防设施与措施推荐性组合

组合	土壤污染预防设施 / 功能	土壤污染预防措施
1	若为地下储罐型事故应急收集设施，参照表 2-1	参考表 2-1
2	防渗应急设施	定期开展防渗效果检查 日常维护

（3）车间操作活动

车间操作活动包括在升降桥、工作台或者材料加工机器（如车床、锯床）上的操作活动，造成土壤污染主要是物料的飞溅、渗漏或者泄漏。可参考表 2-14 开展排查和整改。

表 2-14　车间操作活动土壤污染预防设施与措施推荐性组合

组合	土壤污染预防设施 / 功能	土壤污染预防措施
1	普通阻隔设施 渗漏、流失的液体应得到有效收集和定期清理	目视检查 日常维护 有效应对泄漏事件
2	普通阻隔设施 在设施设备容易发生泄漏、渗漏的地方设置防滴漏设施 注意设施设备频繁使用的部件与易发生飞溅的部件	定期清空防滴漏设施 目视检查 日常维护
3	防渗阻隔系统 渗漏、流失的液体能得到有效收集和定期清理	定期开展防渗效果检查 日常维护

（4）分析化验室

分析化验室造成土壤污染主要是物质的泄漏、渗漏或者遗洒。可参考表 2-15 开展排查和整改。

表 2-15　生产区土壤污染预防设施与措施推荐性组合

组合	土壤污染预防设施 / 功能	土壤污染预防措施
1	普通阻隔设施 关键点位设置防滴漏设施 渗漏、流失的液体得到有效收集和定期清理	定期清空防滴漏设施 日常维护和目视检查
2	防渗阻隔系统 渗漏、流失的液体得到有效收集和定期清理	定期检测密封和防渗效果 日常维护和目视检查

（5）一般工业固体废物贮存场和危险废物贮存库

《一般工业固体废物贮存和填埋污染控制标准》（GB 18599—2020）规定了一般工业固体废物贮存场的选址、建设、运行、封场等过程的环境保护要求，以及监测要求、实施与监督等内容。一般工业固体废物贮存场可按照 GB 18599—2020 的要求开展排查和整改。

《危险废物贮存污染控制标准》（GB 18597—2001）规定了对危险废物贮存的一般要求，以及对危险废物包装、贮存设施的选址、设计、运行、安全防护、监测和关闭等要求。危险废物贮存库可按照 GB 18597—2001 的要求开展排查和整改。

第三章　企业退市土壤污染管理

第一节　企业退市土壤污染管理

一、企业退市土壤污染管理流程

《中华人民共和国土壤污染防治法》第六十七条规定，土壤污染重点监管单位生产经营用地的用途变更或者在其土地使用权收回、转让前，应当由土地使用权人按照规定进行土壤污染状况调查。土壤污染状况调查报告应当作为不动产登记资料送交地方人民政府不动产登记机构，并报地方人民政府生态环境主管部门备案。

《工矿用地土壤环境管理办法（试行）》第十六条规定，重点单位终止生产经营活动前，应当参照污染地块土壤环境管理有关规定，开展土壤和地下水环境初步调查，编制调查报告，及时上传全国污染地块土壤环境管理信息系统。

根据《中华人民共和国土壤污染防治法》和《工矿用地土壤环境管理办法（试行）》，本书所述的“企业退市”仅指企业生产经营用地用途变更，土地使用权被收回、转让前或者工矿企业终止生产经营时的状态。

为贯彻落实《中华人民共和国土壤污染防治法》，指导和规范建设用地土壤污染状况调查报告、土壤污染风险评估报告、风险管控效果评估报告及修复效果评估报告的评审工作，生态环境部会同自然资源部研究制定了《建设用地土壤污染状况调查、风险评估、风险管控及修复效果评估报告评审指南》（以下简称《指南》）。《指南》适用于经土壤污染状况普查、详查、监测、现场检查等方式，表明有土壤污染风险的建设用地地块，以及用途变更为住宅、公共管理与公共服务用地的，变更前应当按照规定进行土壤污染状况调查的地块的土壤污染状况调查、风险评估、效果评估等报告的评审工作。因此，企业退市的土壤环境管理流程应当遵循《指南》以及《建设用地土壤污染状况调查技术导则》（HJ 25.1—2019）、《建设用地土壤污染风险管控和修复监测技术导则》（HJ 25.2—2019）、《建设用地土壤污染风险评估技术导则》（HJ 25.3—2019）、《建设用地土壤修复技术导则》（HJ 25.4—2019）、《建设用地土壤污染风险管控和修复术语》（HJ 682—2019）、《污染地块风险管控与土壤修复效果评估技术导则（试行）》（HJ 25.5—2018）、《污染地块地下水修复和风险管控技术导则》（HJ 25.6—2019）等标准的要求。

二、企业退市土壤污染调查启动的情形

1.《中华人民共和国土壤污染防治法》规定的调查情形

（1）未利用地、复垦土地等拟开垦为耕地的，地方人民政府农业农村主管部门应当会同生态环境、自然资源主管部门进行土壤污染状况调查，依法进行分类管理。

（2）对土壤污染状况普查、详查和监测、现场检查表明有土壤污染风险的农用地地块，地方人民政府农业农村、林业草原主管部门应当会同生态环境、自然资源主管部门进行土壤污染状况调查。

（3）对土壤污染状况调查表明污染物含量超过土壤污染风险管控标准的农用地地块，地方人民政府农业农村、林业草原主管部门应当会同生态环境、自然资源主管部门进行土壤污染风险评估，并按照农用地分类管理制度管理。

（4）对土壤污染状况普查、详查和监测、现场检查表明有土壤污染风险的建设用地地块，地方人民政府生态环境主管部门应当要求土地使用权人按照规定进行土壤污染状况调查。

（5）用途变更为住宅、公共管理与公共服务用地的，变更前应当按照规定进行土壤污染状况调查。

（6）对土壤污染状况调查报告评审表明污染物含量超过土壤污染风险管控标准的建设用地地块，土壤污染责任人、土地使用权人应当按照国务院生态环境主管部门的规定进行土壤污染风险评估，并将土壤污染风险评估报告报省级人民政府生态环境主管部门。

（7）土壤污染重点监管单位生产经营用地的用途变更或者在其土地使用权收回、转让前，应当由土地使用权人按照规定进行土壤污染状况调查。土壤污染状况调查报告应当作为不动产登记资料送交地方人民政府不动产登记机构，并报地方人民政府生态环境主管部门备案。

2.《污染地块土壤环境管理办法（试行）》规定的调查情形

对列入疑似污染地块名单的地块，所在地县级环境保护主管部门应当书面通知土地使用权人。土地使用权人应当自接到书面通知之日起6个月内完成土壤环境初步调查，编制调查报告，及时上传污染地块信息系统，并将调查报告主要内容通过其网站等便于公众知晓的方式向社会公开。

3.《工矿用地土壤环境管理办法（试行）》规定的调查情形

（1）重点单位新、改、扩建项目，应当在开展建设项目环境影响评价时，按照国家有关技术规范开展工矿用地土壤和地下水环境现状调查，编制调查报告，并按规定上报环境影响评价基础数据库。

（2）重点单位通过新、改、扩建项目的土壤和地下水环境现状调查，发现项目用地污染物含量超过国家或者地方有关建设用地土壤污染风险管控标准的，土地使用权人或者污染责任人应当参照污染地块土壤环境管理有关规定开展详细调查、风险评估、风险管控、治理与修复等活动。

（3）重点单位终止生产经营活动前，应当参照污染地块土壤环境管理有关规定，开展土壤和地下水环境初步调查，编制调查报告，及时上传全国污染地块土壤环境管理信息系统。

（4）土壤和地下水环境初步调查发现该重点单位用地污染物含量超过国家或者地方有关建设用地土壤污染风险管控标准的，应当参照污染地块土壤环境管理有关规定开展详细调查、风险评估、风险管控、治理与修复等活动。

三、土壤污染防治的费用承担

（1）因实施或者组织实施土壤污染状况调查和土壤污染风险评估、风险管控、修复、风险管控效果评估、修复效果评估、后期管理等活动所支出的费用，由土壤污染责任人承担。

（2）土壤污染责任人变更的，由变更后承继其债权、债务的单位或者个人履行相关土壤污染风险管控和修复义务并承担相关费用。

（3）土壤污染责任人不明确或者存在争议的，农用地由地方人民政府农业农村、林业草原主管部门会同生态环境、自然资源主管部门认定，建设用地由地方人民政府生态环境主管部门会同自然资源主管部门认定。认定办法由国务院生态环境主管部门会同有关部门制定。

（4）各级人民政府应当加强对土壤污染的防治，安排必要的资金用于下列事项：

1）土壤污染防治的科学技术研究开发、示范工程和项目。

2）各级人民政府及其有关部门组织实施的土壤污染状况普查、监测、调查和土壤污染责任人认定、风险评估、风险管控、修复等活动。

3）各级人民政府及其有关部门对涉及土壤污染的突发事件的应急处置。

4）各级人民政府规定的涉及土壤污染防治的其他事项。使用资金时，应当加强绩效管理和审计监督，确保资金使用效益。

5）国家加大土壤污染防治资金投入力度，建立土壤污染防治基金制度。设立中央土壤污染防治专项资金和省级土壤污染防治基金，主要用于农用地土壤污染防治和土壤污染责任人或者土地使用权人无法认定的土壤污染风险管控和修复以及政府规定的其他事项。

《中华人民共和国土壤污染防治法》实施之前产生的，且土壤污染责任人无法认定的污染地块，土地使用权人实际承担土壤污染风险管控和修复的，可以申请土壤污染防治基金，集中用于土壤污染风险管控和修复。

土壤污染防治基金的具体管理办法，由国务院财政主管部门会同国务院生态环境、农业农村、自然资源、住房城乡建设、林业草原等主管部门制定。

6）国家鼓励金融机构加大对土壤污染风险管控和修复项目的信贷投放。

国家鼓励金融机构在办理土地权利抵押业务时开展土壤污染状况调查。

7）从事土壤污染风险管控和修复的单位依照法律、行政法规的规定，享受税收优惠。

8）鼓励并提倡社会各界为防治土壤污染捐赠财产，并依照法律、行政法规的规定，给予税收优惠。

第二节 土壤污染防治责任主体

一、土壤污染责任人 / 土地使用权人的责任

1.《中华人民共和国土壤污染防治法》规定的责任主体

（1）实施风险管控、修复活动前，土壤污染责任人、土地使用权人采取移除污染源、防止污染扩散等措施。

（2）风险管控、修复活动完成后，需要实施后期管理的，土壤污染责任人应当按照要求实施后期管理。

（3）土壤污染责任人负有实施土壤污染风险管控和修复的义务。土壤污染责任人无法认定的，土地使用权人应当实施土壤污染风险管控和修复。

（4）对安全利用类和严格管控类农用地地块，土壤污染责任人应当按照国家有关规定以及土壤污染风险评估报告的要求，采取相应的风险管控措施，并定期向地方人民政府农业农村、林业草原主管部门报告。

（5）对产出的农产品污染物含量超标，需要实施修复的农用地地块，土壤污染责任人应当编制修复方案，报地方人民政府农业农村、林业草原主管部门备案并实施。修复方案应当包括地下水污染防治的内容。

（6）风险管控、修复活动完成后，土壤污染责任人应当另行委托有关单位对风险管控效果、修复效果进行评估，并将效果评估报告报地方人民政府农业农村、林业草原主管部门备案。

（7）对土壤污染状况调查报告评审表明污染物含量超过土壤污染风险管控标准的建设用地地块，土壤污染责任人、土地使用权人应当按照国务院生

态环境主管部门的规定进行土壤污染风险评估，并将风险评估报告报省级人民政府生态环境主管部门。

（8）对建设用地土壤污染风险管控和修复名录中的地块，土壤污染责任人应当按照国家有关规定以及土壤污染风险评估报告的要求，采取相应的风险管控措施，并定期向地方人民政府生态环境主管部门报告。风险管控措施应当包括地下水污染防治的内容。

（9）对建设用地土壤污染风险管控和修复名录中需要实施修复的地块，土壤污染责任人应当结合土地利用总体规划和城乡规划编制修复方案，报地方人民政府生态环境主管部门备案并实施。修复方案应当包括地下水污染防治的内容。

（10）风险管控、修复活动完成后，土壤污染责任人应当另行委托有关单位对风险管控效果、修复效果进行评估，并将效果评估报告报地方人民政府生态环境主管部门备案。

（11）对达到土壤污染风险评估报告确定的风险管控、修复目标的建设用地地块，土壤污染责任人、土地使用权人可以申请省级人民政府生态环境主管部门移出建设用地土壤污染风险管控和修复名录。

2.《污染地块土壤环境管理办法（试行）》规定的责任主体

（1）土地使用权人应当按照规定，开展疑似污染地块和污染地块相关活动，并对上述活动的结果负责。

（2）按照“谁污染，谁治理”原则，造成土壤污染的单位或者个人应当承担治理与修复的主体责任；责任主体发生变更的，由变更后继承其债权、债务的单位或者个人承担相关责任；土地使用权依法转让的，由土地使用权受让人或者双方约定的责任人承担相关责任；土地使用权终止的，由原土地使用权人对其使用该地块期间所造成的土壤污染承担相关责任；土壤污染治理与修复实行终身责任制。

3.《工矿用地土壤环境管理办法（试行）》规定的责任主体

造成工矿用地土壤和地下水污染的企业应当承担治理与修复的主体责任。

二、土壤污染责任的认定

《中华人民共和国土壤污染防治法》第四十八条规定：土壤污染责任人不明确或者存在争议的，农用地由地方人民政府农业农村、林业草原主管部门会同生态环境、自然资源主管部门认定，建设用地由地方人民政府生态环境主管部门会同自然资源主管部门认定。认定办法由国务院生态环境主管部门会同有关部门制定。

《建设用地土壤污染责任人认定暂行办法》和《农用地土壤污染责任人认定暂行办法》的出台，为在土壤污染责任人不明确或者存在争议的情况下开展责任人认定提供依据，进一步落实污染担责的原则。

1. 建设用地土壤污染责任人的认定

建设用地土壤污染责任人（以下简称土壤污染责任人），是指因排放、倾倒、堆存、填埋、泄漏、遗撒、渗漏、流失、扬散污染物或者有毒有害物质等，造成建设用地土壤污染，需要依法承担土壤污染风险管控和修复责任的单位和个人。

涉及建设用地土壤污染责任的单位和个人之间，因建设用地土壤污染民事纠纷引发的土壤污染责任人认定活动，不适用《建设用地土壤污染责任人认定暂行办法》。

建设用地土壤污染责任人不明确或者存在争议，包括以下情形：①建设用地上曾存在多个从事生产经营活动的单位和个人的；②建设用地土壤污染存在多种来源的；③法律、法规、规章规定的其他情形。

建设用地土壤污染责任人的认定由建设用地所在地设区的市级生态环境主管部门会同同级自然资源主管部门负责。跨设区的市的建设用地土壤污染责任人认定由省级生态环境主管部门会同同级自然资源主管部门负责。

（1）申请与调查

对经土壤污染风险评估，依法需要采取风险管控措施或者实施修复的建设用地，土壤污染责任人不明确或者存在争议的，建设用地使用权人、土壤污染状况调查报告或者土壤污染风险评估报告中提出的涉及土壤污染责任的单位和个人，可以向有管辖权的生态环境主管部门提出土壤污染责任人认定申请。

生态环境主管部门可以会同自然资源主管部门根据实际情况依职权主动开展土壤污染责任人认定。

申请土壤污染责任人认定的，应当提交以下材料：

①申请书；

②申请人及其法定代表人身份信息；

③已经依法评审通过的土壤污染状况调查报告、土壤污染风险评估报告等信息；

④涉及土壤污染及责任人认定的相关信息和线索；

⑤生态环境主管部门会同自然资源主管部门要求提供的其他相关材料。

接到土壤污染责任人认定申请后，生态环境主管部门根据下列情况分别作出处理：

①不符合本办法规定的，应当当场或者在 5 个工作日内作出不予受理的决定，并告知申请人。

②不属于本行政机关受理的，应当当场作出不予受理的决定，并告知申请人向有关行政机关提出。

③申请材料不齐全的，应当当场或者在 5 个工作日内一次性告知申请人需要补正的全部材料。可以当场更正的，应当允许申请人当场更正。

④符合本办法规定，申请材料齐全或者申请人按照要求提交全部补正材料的，应当受理。

生态环境主管部门可以会同自然资源主管部门在受理申请之日起 10 个工作日内，成立调查组，启动土壤污染责任人调查，也可以指定或者委托调查机构启动调查工作。

调查机构应当具备土壤污染责任人认定所需要的专业技术能力。调查机构、调查人员不得与所调查的建设用地、涉及土壤污染责任的单位和个人存在利益关系。

（2）审查与认定

设区的市级或者省级生态环境主管部门会同同级自然资源主管部门成立土壤污染责任人认定委员会。认定委员会成员由设区的市级或者省级生态环境主管部门、自然资源主管部门专职工作人员和有关专家组成。认定委员会成员不得与要审查的土壤污染责任人存在利益关系。

调查工作结束后，原则上 3 个工作日内，调查组或者调查机构应当将调查报告提交认定委员会进行审查。

认定委员会应当自收到调查报告之日起 15 个工作日内进行审查，出具审查意见。审查意见应当包括以下内容：

①调查报告提出的事实是否清楚、证据是否确实充分、适用法律是否正确；

②调查程序是否合法合规；

③是否通过审查的结论。

调查报告通过审查的，土壤污染责任人认定委员会应当在 3 个工作日内将调查报告及审查意见报送生态环境主管部门和自然资源主管部门。

调查报告未通过审查的，认定委员会应当将调查报告退回调查组或者调查机构补充调查或者重新调查。调查组或者调查机构应当自调查报告退回之日起 30 日内重新提交调查报告。

生态环境主管部门会同自然资源主管部门应当在收到土壤污染责任人认定委员会报送的调查报告及审查意见之日起 15 个工作日内作出决定，并于 10 个工作日内连同认定委员会审查意见告知申请人、建设用地使用权人和土壤污染责任人；无法确定责任人的，告知申请人和建设用地使用权人。

2. 农用地土壤污染责任人的认定

农用地主要包括耕地、林地、草地和其他农用地。农用地土壤污染责任人，是指因排放、倾倒、堆存、填埋、泄漏、遗撒、渗漏、流失、扬散污染物或者其他有毒有害物质，造成农用地土壤污染，需要依法承担土壤污染风险管控和修复责任的单位和个人。

涉及农用地土壤污染责任的单位和个人之间，因农用地土壤污染民事纠纷引发的土壤污染责任人认定活动，不适用《农用地土壤污染责任人认定暂行办法》。

农用地土壤污染责任人不明确或者存在争议，包括以下情形：

①农用地或者其周边曾存在多个从事生产经营活动的单位和个人的；

②农用地土壤污染存在多种来源的；

③法律、法规、规章规定的其他情形。

农用地土壤污染责任人的认定由农用地所在地县级以上地方农业农村、林草主管部门会同同级生态环境、自然资源主管部门负责。跨行政区域的农用地土壤污染责任人认定由其上一级地方农业农村、林草主管部门会同同级生态环境、自然资源主管部门负责。

耕地由农业农村主管部门会同生态环境、自然资源主管部门认定土壤污染责任人；林地、草地由林草主管部门会同生态环境、自然资源主管部门认定土壤污染责任人；其他农用地由农业农村、林草主管部门按照职责分工会同生态环境、自然资源主管部门认定土壤污染责任人。

（1）启动与调查

农用地土壤污染责任人不明确或者存在争议，依法需要采取风险管控措施或者实施修复的农用地，符合下列情形的，由县级以上地方农业农村、林草主管部门会同生态环境、自然资源主管部门制订年度工作计划，启动农用地土壤污染责任人认定：①周边曾存在相关污染源或者有明显污染物排放；②倾倒、堆存、填埋、泄漏、遗撒、渗漏、流失、扬散污染物或者其他有毒有害物质。

农业农村、林草主管部门可以会同生态环境、自然资源主管部门成立调查组，启动土壤污染责任人调查，也可以指定或者委托调查机构启动调查工作。

调查机构应当具备土壤污染责任人认定所需要的专业技术能力。调查机构、调查人员不得与所调查的农用地、涉及土壤污染责任的单位和个人存在利益关系。

调查组或者调查机构应当在启动调查之日起60个工作日内完成调查工作，并提交调查报告，情况复杂，不能在规定期限内完成调查的，经农业农村、林草主管部门会同生态环境、自然资源主管部门批准，可以适当延长。

（2）审查与认定

县级以上地方农业农村、林草主管部门会同生态环境、自然资源主管部门成立土壤污染责任人认定委员会。认定委员会成员由县级以上地方农业农村、林草、生态环境、自然资源主管部门专职工作人员和有关专家组成。认定委员会成员不得与要审查的土壤污染责任人存在利益关系。

调查工作结束后，原则上3个工作日内，调查组或者调查机构应当将调查报告提交认定委员会进行审查。

认定委员会应当在收到调查报告之日起15个工作日内进行审查，出具审查意见。审查意见应当包括以下内容：

①调查报告提出的事实是否清楚、证据是否确实充分、适用法律是否正确；

②调查程序是否合法合规；

③是否通过审查的结论。

调查报告通过审查的，认定委员会应当在3个工作日内将调查报告及审查意见报送农业农村、林草、生态环境、自然资源主管部门。

调查报告未通过审查的，认定委员会应当将调查报告退回调查组或者调查机构补充调查或者重新调查。调查组或者调查机构应当在调查报告退回之日起30日内重新提交调查报告。

农业农村、林草主管部门应当会同生态环境、自然资源主管部门在收到认定委员会报送的调查报告及审查意见之日起15个工作日内作出决定，并于10个工作日内连同认定委员会审查意见告知土壤污染责任人。

三、企业退市时的土壤污染风险防范

1. 建立土壤污染防范体系

加强内部管理，建立责任制度/土壤污染调查/监控等制度，将土壤污染防治纳入环境风险防控体系，严格按照法律法规的规定建设和运营污染治理设施，确保重点污染物稳定达标排放，按要求定期开展土壤隐患排查、自行监测、跟踪性监测，以防止生产活动对相关的土壤环境造成污染。

2. 防范土地出让、收回、续期与开发的影响

现有的地块中，如存在土壤已经受到污染的地块，土地使用权人或土地受让人应及时对污染场地进行土壤环境调查评估，并对污染场地进行修复。

企业如果未能完成土壤修复，则面临土地续期、出让及建设开发不能实施的风险。

3. 防范场地转让、公司并购中的土壤污染风险责任

在商业并购中，涉及土地使用权转让的，收购方应聘请专业第三方评估机构对场地的土壤环境进行调查评估，以全面了解标的土地的污染状况。

在土地使用权转让合同或并购协议中，明确约定土壤污染责任的承担方，并对修复费用的承担问题进行具体约定。

第三节 企业土壤污染调查、风险评估与土壤修复

一、土壤污染状况调查

土壤污染状况调查可分为三个阶段，调查的工作程序如图 3-1 所示。

1. 第一阶段 场地环境调查（污染识别）

若第一阶段调查确认场地内及周围区域当前及历史上均无可能的污染源，则认为场地的环境状况可以接受，调查活动可以结束。

（1）资料收集

场地利用变迁资料：卫片、航片；土地登记信息；建筑、设施、工艺流程和生产污染变化情况。

场地环境资料：土壤、地下水污染记录，危险废物堆放记录，以及与自然保护区、水源地保护区位置关系等。

场地相关记录：产品、原辅料、平面布置图、工艺流程图、地下管线图、化学品储存、储罐、监测数据、环评报告、地勘报告等。

有关政府文件：环境保护规划等。

场地所在区域的自然和社会信息：地理位置、地形地貌、土壤、水文地质、气象；敏感目标分布、土地利用方式、发展规划等。

当调查场地与相邻场地存在相互污染的可能时，须调查相邻场地的相关记录和资料。

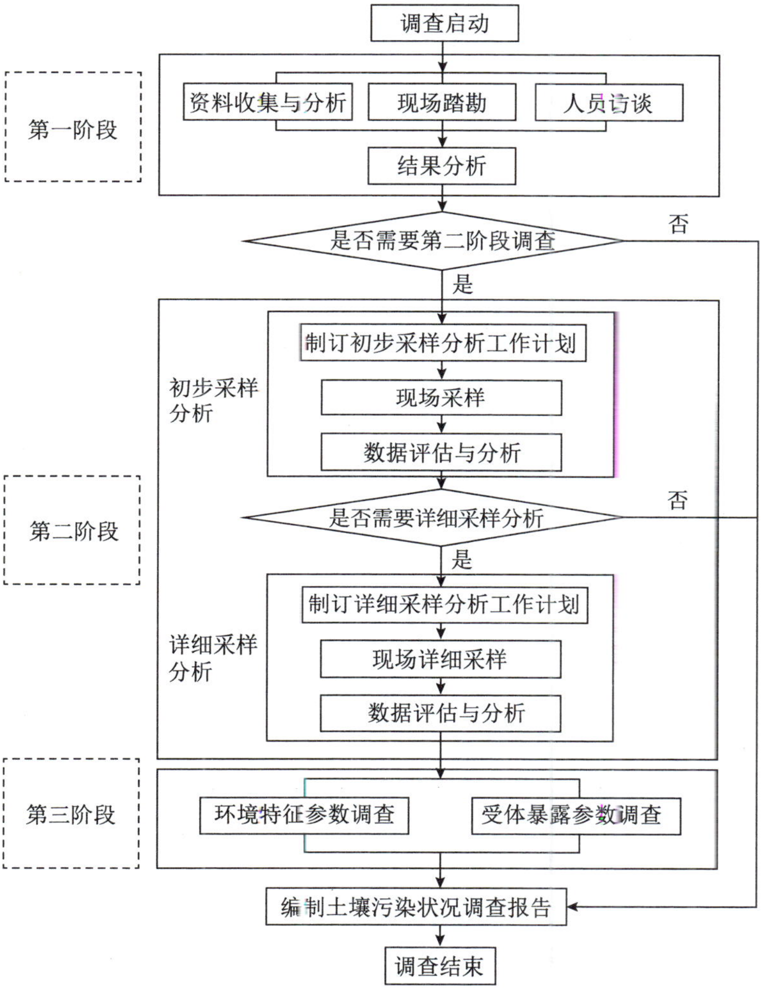

图 3-1　土壤污染状况调查

表 3-1　资料收集清单、应用及来源

资料类别	资料名称	应用	来源
基本资料	环境影响评价报告书（表）、环境影响评价登记表	企业基本信息、主要产品、原辅材料、排放污染物名称、特征污染物、周边环境及敏感受体相关信息	企业、环保部门

资料类别	资料名称	应用	来源
基本资料	工业企业清洁生产审核报告	地块利用历史、企业平面布置、主要产品及产量、原辅材料及使用量、周边敏感受体、特征污染物、企业清洁生产审核等相关信息	企业、清洁生产审核主管部门
	安全评价报告	企业基本信息、主要产品、原辅材料、危险化学品等相关信息	企业、安监部门
	排放污染物申报登记表	企业基本信息、主要产品、原辅材料、固体废物贮存量、危险废物产生量、排放污染物名称、在线监测装置、治理设施等信息	企业、环保部门
	工程地质勘察报告	土壤与地下水特性相关信息	企业
	平面布置图	生产区、储存区、废水治理区、固体废物贮存或处置场等区域分布	企业
辅助资料	营业执照	企业名称、法定代表人、地址、营业时间、登记注册类型	企业
	全国企业信用信息公示	企业名称、法定代表人、地址、营业时间、登记注册类型	网络查询
	土地使用证或不动产权证	地址、位置、占地面积及使用权属	企业
	土地登记信息、土地使用权变更登记记录	地址、位置、占地面积及使用权属、地块利用历史	土地行政主管部门
	区域土地利用规划	地块及周边用地类型、地块规划用途	国土、发改、规划等部门
	危险化学品清单	危险化学品名称、产量或使用量、特征污染物	企业、安监部门
	危险废物转移联单	固体废物、危险废物名称、危险废物产生量	企业、环保部门
	环境统计报表	固体废物贮存量、危险废物产生量	企业、环保部门

资料类别	资料名称	应用	来源
辅助资料	竣工环境保护验收监测报告	企业基本信息、主要产品、原辅材料、排放污染物名称	企业、环保部门
	环境污染事故记录	环境污染事故发生情况	企业、环保部门
	责令改正违法行为决定书	企业环境违法行为	环保部门、网络查询
	土壤及地下水监测记录	土壤和地下水监测数据和污染相关信息	企业
	调查评估报告或相关记录	调查评估结果、土壤和地下水污染信息	企业

（2）现场踏勘

范围：场内为主，包括周围区域。

主要内容：场地现状及历史情况，相邻场地的现状及历史情况，周围区域的现状及历史情况，地质、水文地质及地形描述。

重点：有毒有害物质使用、处理、储存、处置；生产过程和设备，储槽和管线；恶臭、化学品味道和刺激性气味，污染和腐蚀的痕迹；排水管或渠，污水池或其他地表水体，废物堆放地、井等。

记录周边可能受到影响的居民区、学校、医院、饮用水水源保护区及其他公共场所，明确其位置。

（3）人员访谈

主要内容：前期工作的疑问，信息补充及已有资料的考证。

对象：场地现状或历史的知情人。

方式：面谈、电话、调查表等。

访谈重点内容包括地块使用历史和规划、地块可疑污染源、污染物泄漏或环境污染事故、地块周边环境及敏感受体状况。

（4）初步调查结论

污染识别阶段调查应明确地块内及周围区域有无可能的污染源，并进行不确定性分析。若有可能的污染源，应说明可能的污染类型、污染状况和来源，构建概念模型，并提出第二阶段地块环境调查建议。

识别判断地块未受到污染时，可终止调查工作并编制建设用地土壤污染状况调查报告。

重点区域：

①从事过有色金属冶炼、石油加工、化工、焦化、电镀、制革等行业生产经营活动，以及从事过危险废物贮存、利用、处置活动的用地；

②污染识别阶段现场踏勘过程中发现污染痕迹，或已有证据（如已有地块土壤、地下水监测数据等）表明土壤/地下水已受到污染的地块；

③未发现污染痕迹，但生产过程涉及有毒有害物质且不能排除其对土壤、地下水已产生影响的地块；

④有证据表明周边工业企业可能对地块内土壤、地下水已造成污染的地块；

⑤地块及周边地块用地历史资料缺失，不能排除土壤、地下水已受污染的地块。

2. 第二阶段　场地环境调查（污染证实）

当第一阶段结果表明场地内或周围地区存在可能的污染源，如化工厂、农药厂、冶炼厂、储罐、固体废物堆场等可能产生有毒有害物质的设施或活动，以及由于资料缺失等原因造成无法排除场地内外存在污染源时，需要开展第二阶段调查，确定污染物种类、浓度及空间分布。

根据第一阶段的工作结果，制订第二阶段的工作计划，内容主要包括核查已有信息、判断污染物的可能分布、制定采样方案、制订健康和安全防护计划、制定样品分析方案，以及确定质量保证和质量控制程序等任务。

（1）采样目标

初步采样的工作目标是确定场地是否存在污染及污染区域分布，筛选场地关注污染物类型。

详细采样的工作目标是确定场地内主要污染物的分布范围、区域及其污染程度，为合理确定修复范围提供可靠依据。

（2）初步调查采样方案

1）常见点位布设

随机布点：污染分布均匀，如气源污染；

分区布点：污染分布不均匀，且初步明确污染潜在情况，如办公区、生产区；

系统布点（网格）：各类场地，尤其是污染情况不明的场地；

判断布点：潜在污染明确的场地。

表 3-2　常见布点方法

不同区域	介质	布点方法	布点数量	采样深度	布点位置
疑似污染区	土壤	判断布点	不少于 3 个，酌情增加	扣除地表非土壤硬化层；采集 0 ～ 0.5 m 表层土样；下层建议 0.5 ～ 6 m；土壤采样间隔不超过 2 m	疑似污染区域且在污染物迁移下游方向；距离较远时，应在具备采样条件后补充采样
非生产区	土壤	随机布点	不少于总数量的 5%，且不少于 3 个，酌情增加	不同土层至少 1 个土样；同一土层厚度大或出现明显污染痕迹时，酌情在该层位增加采样点	
无法确定区	土壤	系统布点（网格）	地块 ≤ 5 000 m^2，不少于 3 个；> 5 000 m^2，不少于 6 个，酌情增加	最大深度应直至未受污染的深度为止	网格中心
地下水监测井		判断布点	至少布置 3 个，酌情增加	一般采样深度在监测井水面下 0.5 m 以下；LNAPL 含水层顶部；DNAPL 含水层底部和不透水层顶部；含水层大于 3 m 且存在明显污染，可考虑分层取样	地块内地下水上、下游及疑似污染区域内

注：污染识别判断地块可能存在挥发性有机物及氨等可以气态形式赋存于土壤气中的污染物时，可结合土壤、地下水采样点的布置，设置土壤气监测井。

2）对照点位的布设

一般情况下，设置在地块外部区域。

对照监测点位：地块外部区域、四个垂直轴向上、每个方向上等间距布设 3 个采样点，分别进行采样分析。监测点位可根据实际情况进行调整。

对照监测点位采集土壤，表层为主，有必要也应采集下层土壤样品。

一般情况下，应在地下水流向上游的一定距离设置对照监测井。

3）样品分析项目的确定

《土壤环境质量　建设用地土壤污染风险管控标准》（GB 36600—2018）基本项目 45 项；通过前期的资料分析获取的特征污染物。

（3）详细调查采样方案

基于对初步采样工作成果的分析评估而进行，主要包括：土壤类型、水文地质条件、地层情况、分析数据；初步确认污染物的种类、程度及空间分布。

1）采样点布设原则

结合场地分区，采用系统布点法设置采样点，采样单元面积不大于 40 m×40 m，对于重点区域不大于 20 m×20 m。垂直方向采样深度，依据初步采样结果及实际情况确定。

2）样品分析项目的确定

初步调查筛选的特征污染物 + 超标污染物。

（4）准备工作

采样前的准备工作见表 3-3。

表 3-3　采样前准备工作

准备工作	工作内容
入厂前准备	①安全培训（包括企业安全培训、钻探单位安全培训）； ②采样技术培训； ③入厂前各方技术交底会，确定时间、人员联系、企业提供的协助（临时存储采样工具仓库、人员和车辆进出厂证件、企业现场陪同的环境或安保人员）等
钻探准备	与地质勘探单位联系，确定钻机型号、数量，各钻机机长，准备套管、钻头、钻杆、岩心箱、钻探记录单等

准备工作	工作内容
采样准备	①确定采样调查组人员名单； ②采样工具：卷尺、记号笔、采样记录单、采样手柄、采样管、采样铲、采样瓶、垃圾箱、废液桶、一次性台布、自封袋、垃圾袋、样品保温箱、蓝冰等； ③便携仪器：便携 PID、便携 XRF、便携式水质测试仪； ④个人防护：安全帽、一次性手套、口罩、安全警示绳等； ⑤地下水洗井和采样设备：低流量潜水泵或蠕动泵、贝勒管； ⑥地下水监测井建设材料：石英砂、膨润土球、割缝管、不锈钢或 PVC 管、水泥等建井材料

（5）放点

依据布点方案现场放点，并根据现场具体情况进行调整（有建筑物或地下管线无法钻探），同时，在后期的工作实施过程中，也可能会有调整（打不下去）。所以，现场工作完毕后，应该对钻探点进行复测。

3. 第三阶段　场地环境调查（场地特征参数和受体暴露参数调查）

需要风险评估或污染修复时，以补充采样和测试为主，获取满足风险评估及土壤和地下水修复所需的参数。本阶段可单独进行，也可在第二阶段中同时开展。

（1）特征参数

不同代表位置和土层或选定土层的土壤样品的理化性质分析数据，如土壤 pH、容重、有机碳含量、含水率和质地等；场地气候、水文、地质特征信息和数据，如地表年平均风速和水力传导系数等。根据风险评估和修复实际需要，选取适当的参数进行调查。

（2）受体暴露参数

场地及周边地区土地利用方式、人群及建筑物等相关信息。

基于场地调查、监测以及水文地质勘查的工作成果，结合场地未来用地规划，进一步对场地概念模型进行细化，明确场地中污染物的空间分布、迁移途径、暴露途径等要素。

案例 3-1

原毛纺织厂场地初步调查

（1）场地现状

目前厂区地面构筑物除两座机加工车间、配电室和办公楼外，其余已全部拆除，厂区内已无生产设备。厂区四周围墙完好，硬化面积较大。自拆除后，场地内未进行其他土石方作业，地面平整。除大门口、未拆除建筑物和硬化道路外，其余区域都长满杂草和灌木。现场未发现地下储罐及拆除痕迹，厂区内地上、地下管线较少。厂区西南角污水处理区原有调节池、浓缩池等地下构筑物，为砖砌水泥结构，深度在 8 m 左右。1998 年前后，污水处理站停止使用，目前调节池、浓缩池等地下构筑物已拆除并用土壤覆盖，无法直接观察地下构筑物情况。

序号	原用途	环境现状
1	织布纺纱车间	厂房及设备均已拆除，地面平整且有硬化面，偶见硬化面破损情况
2	机加工车间	遗留有两座厂房，原设备均已拆除。车间内零散堆存一些杂物，水泥地面保存完好
3	锅炉房及煤场	厂房及设备均已拆除，部分区域可见水泥硬化面
4	染色车间、染整车间	厂房及设备均已拆除，部分区域可见水泥硬化面，未发现明渠及排水沟等构筑物
5	机修车间	厂房及设备均已拆除，区域散落有建筑垃圾，未见硬化面
6	污水处理站	污水处理站已全部拆除，该区域未见硬化面，散落有大量水泥块和砖块，未发现地下构筑物
7	仓库	仓库楼房已全部拆除，能够看到遗留的部分墙壁，地面散落有大量砖块、石子，水泥地面保存完好
8	配电室	配电室遗留有两座平房，房间内堆放有杂物和部分配电箱设备
9	污水地下管线	在遗留硬化道路上可见 3 口污水井，内部可见砖砌结构，散落有大量枝叶

（2）污染识别

①染色车间工艺路线如下：

根据染色车间所使用的原辅材料及生产工艺，该车间主要污染源为染色废水，废水中排放的污染物主要为酸、氨氮和COD。

②染整车间内主要是对纺织好的布匹进行干整理。根据其生产工艺，车间内排放的主要污染物为蒸呢机排放的冷却水和修布、剪毛、刷毛过程中产生的废毛条。

③织布纺纱车间主要产生的污染物为落毛和丝线，全部为固体废物，车间内定期收集外售。

④污水处理工艺如下：

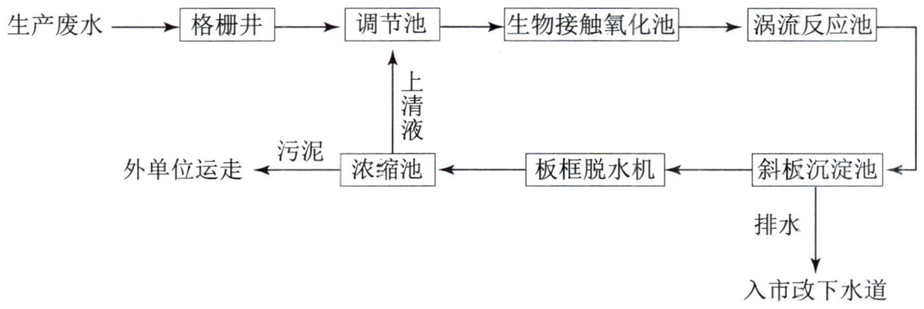

污水处理站所产生的污染物主要为格栅井过滤出的废毛条等杂物，以及浓缩池产生的污泥和处理后的达标废水。

⑤锅炉烟气中的主要污染物铅、汞、镍等重金属经大气沉降，可能造成场地土壤的污染。另外，煤场主要污染物多环芳烃随降雨淋溶也可能对周围土壤造成污染。

⑥根据机加工车间的生产工序判断，其主要排放的污染物为切割、焊接工序中会产生焊接烟气和粒径细微的金属，以及机加工设备产生的废机油。

⑦机修车间主要对故障的纺织设备进行维修和检查，设备产生的废机油

等未及时清理回收而泄漏至车间地面，存在对该区域土壤的总石油烃类污染隐患。

⑧配电室内含有变压器、变电柜等高温涉电设备，设备也会因故障或年久失修，造成含多氯联苯的物质泄漏，进入土壤环境中，存在对该区域土壤的多氯联苯污染隐患。

⑨仓库内存放的羊毛条、涤纶和机械设备均不会对土壤造成污染。仓库内存放有分散染料等化学物品会对土壤造成环境污染。

（3）调查方案

在场地污染识别的基础上，判断出本场地的土壤污染可能性较大的重点污染区（主要为涉及染色废水区域）为染色车间、污水处理站和地下污水管线。土壤污染可能性较小的一般污染区为锅炉房及煤场、机加工车间、机修车间。不涉及土壤污染的清洁区为织布纺纱车间、染整车间、库房、办公楼、职工生活区、消防站、配电室、给水站、空气冷却塔及厂区内主干路。具体场地调查方案如下：

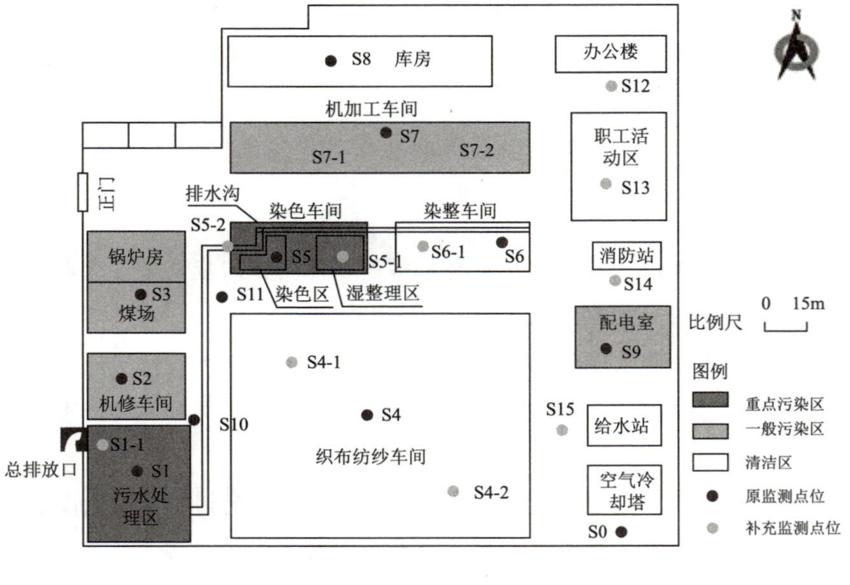

（4）调查结论

对照执行标准，定量分析调查结果，得出以下结论：

根据本次场地土壤环境初步调查结果判断，场地内原机修车间区域存在总石油烃类和多环芳烃类污染。根据《场地环境调查技术导则》，需要进一步调查并开展风险评估工作。

案例 3-2

原涉铅企业遗留场地调查

（1）企业概况

该项目地块位于上海市某地区，地块面积约 16 000 m^2。地块以前一直为农用地，于 1995 年前后开始进行开发建设。地块从 1999 年至 2018 年一直作为工业用地。2016 年，地块建筑开始拆除，目前为空地。该地块历史上共有 5 家企业，其中只有一家某塑料制品企业经营范围涉及生产制造活动，且在地块内经营时间最长，占地块面积最多。该塑料制品企业的行业类别为 3525 模具制造和 2927 日用塑料制品制造。根据规划文件，该地块未来规划为商业服务业用地。

现场踏勘显示，地块周围有围挡，无人看管。地块内原生产企业厂房全部拆除，房屋拆除后产生的建筑垃圾大部分已清运出去，目前地块内地面上仍存在少量碎石块，且长满杂草。现场调查时，地块内未发现现场土壤和地下水颜色或气味异常，无明显污染痕迹。

（2）潜在污染源识别

通过收集到的资料及人员访谈了解到，该地块历史上存在过工业生产活动，主要为某塑料制品有限公司进行生产建筑用手动工具、注塑件、吸塑件和金属探测器等，生产过程中产生的废气主要为增塑剂等有机废气和焊接烟气，以无组织排放为主，对地块环境可能造成影响。同时，生产过程中会有废塑料、废弃包装材料等，机器设备维修过程中也会产生废机油，若处置不当且地面防渗效果不佳，可能造成地块石油烃类污染。该塑料制品企业在地块内经营期间，还建有变电站、化学品（机油）储存区以及危险废物和固体废物临时堆放区，在地面防渗效果不佳的情况下，可能会导致污染物渗漏到地下，考虑可能会造成地块石油烃类污染和多氯联苯类污染。

地块内除某塑料制品有限公司外，还存在过某实业有限公司、某设备有限公司、某灌溉有限公司和某科技有限公司。这4家公司均不涉及工业生产活动，以办公、仓储和物流活动为主。其日常的生活污水经管网收集后统一排入市政管网，生活垃圾由环卫部门定期清运，不直接排入环境，对地块环境影响较小。

（3）调查方案

根据地块用地历史及现场踏勘、访谈情况，依据《建设用地土壤环境调查评估技术指南》《建设用地土壤污染状况调查技术导则》（HJ 25.1—2019）等相关技术规范的要求，进行土壤和地下水监测点位的布设。

根据对地块历史和现状的了解，地块内历史用途主要为工业用地和农用地，故该地块采用专业判断布点法，在地块内历史上的塑料制品企业生产区、原辅材料暂存区、变电站及机修车间、固体废物及危险废物暂存间和化学品堆放暂存区进行了点位布设，共布设了11个土壤监测点和7个地下水监测点。根据地块周边历史影像图及现场踏勘情况可知，地块西南侧约400 m处历史上一直为农用地，未涉及工业生产活动，受人为干扰程度小，故在该处布置了1个对照采样点。

依照采样相关导则、规范并根据Powerprobe钻机现场钻孔获得的土层信息、初见水位埋深，对地块土壤监测点：表层土壤（0～0.5 m）、下层土壤（0.5 m～地下水水位）及饱和带土壤（地下水水位以下），至少各采集1个样品，送实验室进行分析。样品采集的具体深度根据现场PID和XRF进行快速筛选结果综合确定，且确保每层土采集不少于1个样品，平行样不少于总样品数的10%。

具体调查方案如下：

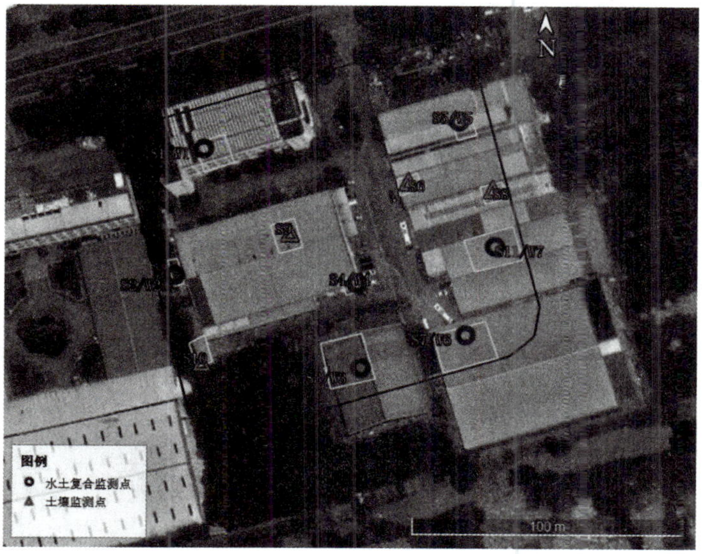

（4）调查结果

根据本次土壤污染状况初步调查结果，该地块土壤及地下水环境状况符合后续作为商业服务业用地的要求，无须开展地块土壤污染状况详细调查和风险评估工作，可用于后续第二类用地的开发利用。

考虑到地块靠近建筑工地，可能被倾倒垃圾，建议委托单位在地块四周设置明显标识，避免被倾倒垃圾，造成地块污染。在今后的地块开发过程中，建议开发建设单位完善管理制度，避免由于施工带来的二次污染。

二、地块风险评估

地块风险评估：工作内容包括危害识别、暴露评估、毒性评估、风险表征，以及土壤和地下水风险控制值的计算。地块风险评估程序见图 3-2。

土壤污染风险评估（四步法）：①危害性识别：识别污染物（或化学物质）的固有危害属性，主要包括生态毒理和健康毒理属性。②剂量（浓度）-反应（效应）评估：确定污染物暴露浓度 / 剂量与毒性效应之间的关系。简

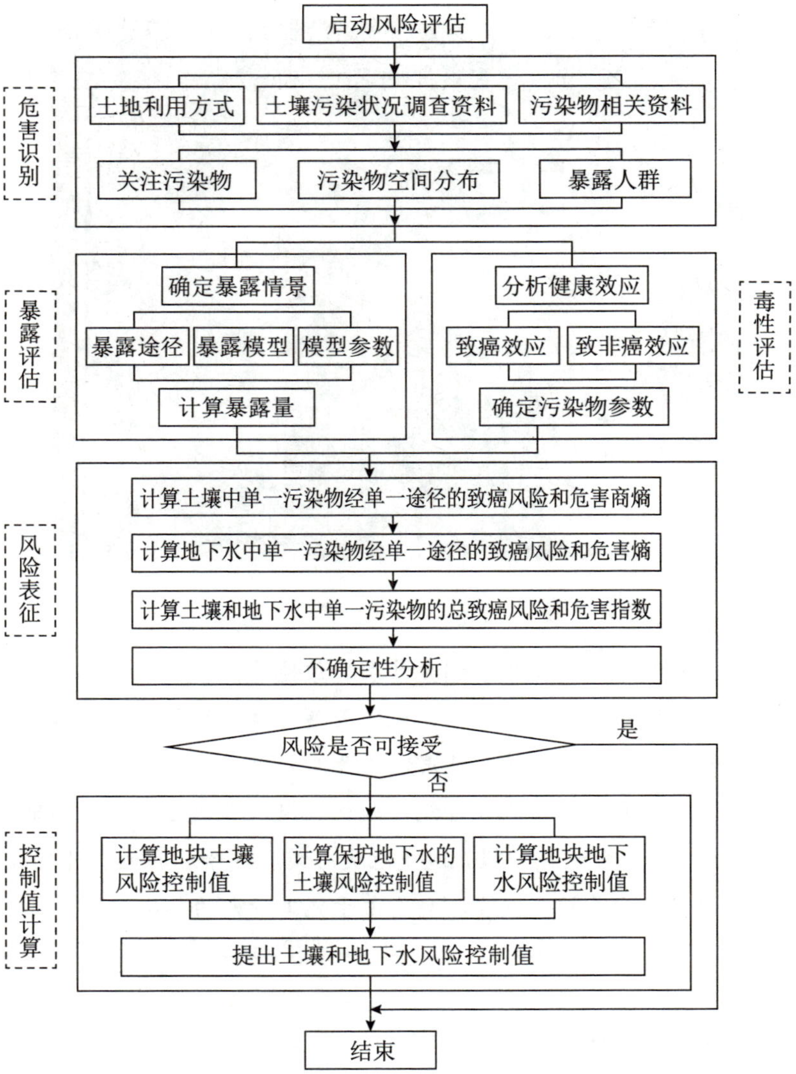

图 3-2 地块风险评估

单来讲，就是多少剂量会产生不良反应，不能抛开剂量谈毒性。③暴露评估：估算人体等对污染物的暴露程度。④风险表征：定性或定量分析污染物对人体等造成危害的风险程度。

暴露途径：①土壤中污染物经口摄入、呼吸吸入和皮肤接触等方式进入人体；②进入地下水等水体，通过饮水危害人体健康；③被农作物吸收，造成农产品污染物超标，进而影响人体健康。

1. 危害识别

（1）关注污染物暴露浓度的确定

如某一地块内关注污染物的检测数据呈正态分布，可根据检测数据的平均值、平均值置信区间上限值或最大值计算致癌风险和危害熵（符合正态分布的数据，采用 95% 置信上限值作为暴露浓度；不符合正态分布的数据，将采用最大值作为暴露浓度）。

污染物浓度正态性检验：可采用 SPSS 软件实现。

置信上限值：采用 EPA 的 ProUCL 软件计算。

（2）关注污染物的筛选

1）土壤：参考《土壤环境质量　建设用地土壤污染风险管控标准（试行）》（GB 36600—2018），第一类用地和第二类用地；

2）地下水：参考《地下水质量标准》（GB/T 14848—2017）相应功能的标准值；

3）缺少的指标：可参考 HJ 25.3—2020 等标准及相关技术要求开展风险评估，推导特定污染物的风险筛选值；也可参考国内外其他筛选值。

2. 毒性评估

在危害识别的基础上，分析关注污染物对人体健康的危害效应，包括致癌效应和非致癌效应，确定与关注污染物相关的参数，包括参考剂量、参考浓度、致癌斜率因子和呼吸吸入单位致癌因子等。

“剂量—效应关系”是风险评估理论的基本概念。美国风险评估历史上较为著名的有红皮书“Risk Assessment in the Federal Government: Managing the Process”、银皮书“Science and Decisions: Advancing Risk Assessment”、蓝皮书“Science and Judgment in Risk Assessment”3 本书。最早的红皮书出版于 1983 年。

（1）污染物危害效应

1）致癌效应：导致恶性肿瘤细胞的增殖。参数包括：致癌斜率因子（SF_o、SF_d）、呼吸吸入单位致癌因子（IUR）。

2）非致癌效应：影响生长发育、体型大小、整个身体或特殊器官的发育。参数包括：参考剂量（RfD_o、RfD_d）、呼吸吸入参考浓度（RfC）。

$$SF_d = \frac{SF_o}{ABS_{gi}}$$

$$RfD_d = RfD_o \times ABS_{gi}$$

$$SF_i = \frac{IUR \times BW_a}{DAIR_a}$$

$$RfD_i = \frac{RfC \times DAIR_a}{BW_a}$$

（2）参数取值

参考《污染场地风险评估技术导则》表 B.1，缺少的参考 RSL 推荐值。

3. 暴露评估

在危害识别的基础上，分析场地内关注污染物迁移和危害敏感受体的可能性，确定场地土壤和地下水污染物的主要暴露途径和暴露评估模型，确定评估模型参数取值，计算敏感人群对土壤和地下水中污染物的暴露量。

（1）暴露途径

表层土壤暴露途径：①经口摄入土壤；②皮肤接触土壤；③吸入土壤颗粒物；④吸入室外空气来自表层土壤气态污染物。

下层土壤暴露途径：①吸入室外空气来自下层土壤气态污染物；②吸入室内空气来自下层土壤气态污染物。

地下水暴露途径：①吸入室外空气来自地下水的气态污染物；②吸入室内空气来自地下水的气态污染物；③饮用地下水。

（2）暴露评价模型

1）经口暴露评价模型

$$ADD_{oral} = \frac{IR \times C \times EF \times ED}{BW \times AT}$$

式中，BW——体重，kg；

IR——土壤 / 水 / 食物摄入量，mg/d；

ED——暴露持续时间，a。

2）经呼吸暴露评价模型

$$ADD_{inhalation}=\frac{IR\times C\times EF\times ED}{BW\times AT}$$

式中，IR——呼吸量，m^3/d；

EF——活动时间，h/d。

3）经皮肤暴露评价模型

$$ADD_{demar}=\frac{C\times SA\times AF\times EF\times CF\times ED}{BW\times AT}$$

式中，AF——皮肤表面积，cm^2；

CF——皮肤暴露频次，contact/d；

EF——皮肤黏附系数。

（3）参数取值

1）人体暴露参数：参考《污染场地风险评估技术导则》附录 G 推荐值；

2）土壤、地下水参数：场地实测值→经验值、导则推荐值；

3）污染物理化性质参数：参考《污染场地风险评估技术导则》表 B.2，缺少的参考 RSL 推荐值；

4）建筑及气体参数：实测值→导则推荐值。

4. 风险表征

（1）计算致癌风险和非致癌危害熵：

1）单一途径致癌风险：

CRi= 介质中污染物浓度 × 不同途径土壤（地下水）暴露量 ×SF

2）单一污染物所有途径致癌风险：

$$CR_n=CR_{ois}+CR_{dcs}+CR_{pis}+CR_{iov1}+CR_{iov2}+CR_{iiv1}$$

3）单一途径非致癌危害熵：

HQ*i*= 介质中污染物浓度 × 不同途径土壤暴露量（地下水）/［RfD×*S*(*G*) AF］

4）单一污染物所有途径非致癌危害熵：

$$HI_n=HQ_{ois}+HQ_{dcs}+HQ_{pis}+HQ_{iov1}+HQ_{iov2}+HQ_{iiv1}$$

（2）可接受致癌风险为 10^{-6}，可接受非致癌危害熵为 1。

5. 农用地风险管控流程

农用地风险管控流程见图 3-3。

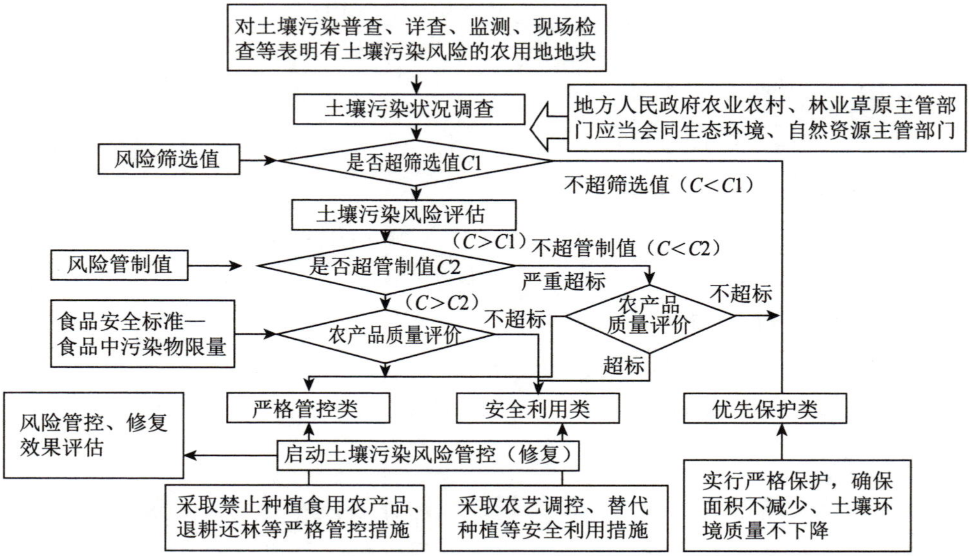

图 3-3 农用地风险管控流程

6. 建设用地风险管控流程

建设用地风险管控流程见图 3-4。

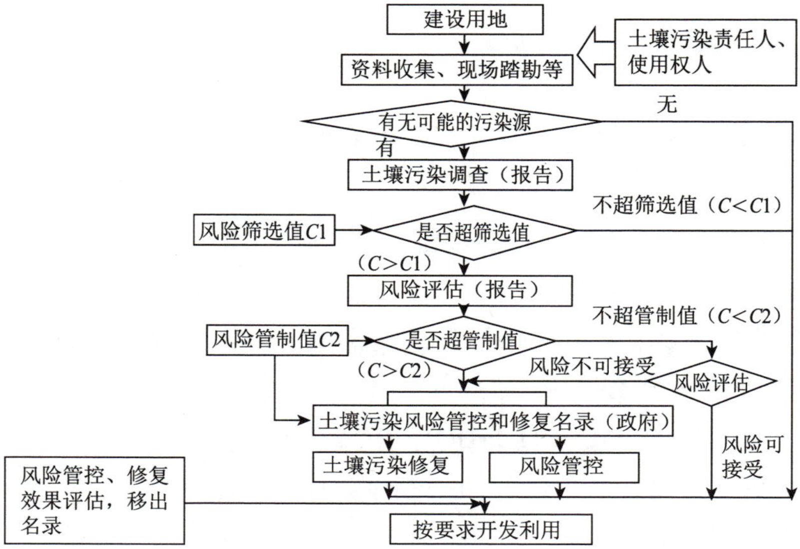

图 3-4 建设用地风险管控流程

案例 3-3

典型工业遗留场地调查及风险评估

（1）企业概况

研究区域为位于某重要工业城镇内的工业遗留场地。该场地历史上建有某染料化工总厂、某染料化工一分厂和某染料化工二分厂。三家化工厂始建于 1993 年，2002 年前后关闭，生产年限久，主要生产染料中间体、颜料中间体等多种产品，均属于化学原料和化学制品制造业。

某染料化工总厂、染料化工一分厂和染料化工二分厂占地面积分别约为 2.8 km^2、2.3 km^2 和 2 km^2。目前，厂区内部分区域已重新浇筑混凝土，转租其他单位办公用，无新污染物产生。然而将来重新开发利用，场地土壤中的

序号	采样点位		采样深度	备注
T01	某染料化工总厂	原生产车间	表层样，0～20 cm	遇到回填土或受人为因素影响较大的土层，尽量避开，采样深度可适当放大
T06				
T03		原排污池	表层样，0～20 cm	
T05				
T02		新办公区	表层样，0～20 cm	
T04				
T10	某染料化工一分厂	原生产区	表层样，0～20 cm	
T11				
T13				
T12			深层样，0～160 cm	按照 20 cm 间隔垂直分层采集 5 件土壤样品
T07		新办公区	表层样，0～20 cm	遇到回填土或受人为因素影响较大的土层，尽量避开，采样深度可适当放大
T08				
T09				
T14	某染料化工二分厂	原生产区	表层样，0～20 cm	
T15				
T17				
T18				
T19				
T16		新办公区	表层样，0～20 cm	

污染物可能仍会对人体和周边环境产生风险。

（2）调查方案

依据《场地环境调查技术导则》相关要求，在调查场地内布设土壤采样点。

根据地块的具体情况、地块内外的污染源分布，以及污染物的迁移和转化等因素，对地块内不同类型土壤或有不同污染特征的土壤分开采集。

通过前期现场踏勘调查发现，各化工厂分为不同的区块单元：已废弃原染料厂生产区、新单位办公区、已废弃原排污池。采用分区布点法布设采样点，保证各分区及分区内不同单元都有样点控制；针对存在污染的原生产区等重点区域，加密布点。共布设18个表层土壤点、1个深层土壤点。其中，总厂布设6个表层土壤点，一厂布设6个表层土壤点和1个深层土壤点，二厂布设6个表层土壤点。具体调查方案如下：

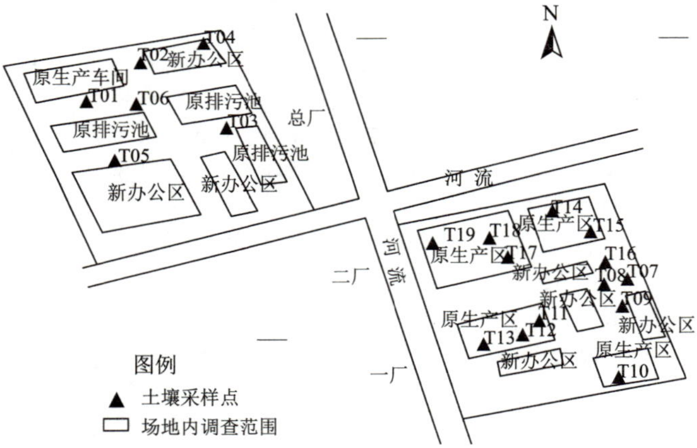

（3）执行标准及方法

该工业遗留场地未明确用地规划。场地土壤污染状况评价参照当地土壤背景值，背景值为当地城镇全域2017年的1∶50 000土地质量地球化学调查项目采集的土壤样品重金属含量均值。筛选值采用《土壤环境质量 建设用地土壤污染风险管控标准（试行）》（GB 36600—2018）中第一类用地筛选值和第二类用地筛选值，以及《污染场地风险评估技术导则》（DB 33/T

892—2013）中住宅及公共用地筛选值和商服及工业用地筛选值作为评价依据。所检测的土壤污染物质量比超过筛选值的将被作为关注污染物。同时，考虑当地土壤背景值，若场地土壤污染物质量比超过当地土壤背景值较高，为安全考虑，也将其作为关注污染物。根据《建设用地土壤污染风险评估技术导则》（HJ 25.3—2019）进行第一类用地和第二类用地的土壤风险评估。

（4）风险评估结果

场地健康风险评估结果表明，用地规划为第一类用地和第二类用地时，Cd 致癌风险分别为 2.70×10^{-8} 和 1.2×10^{-8}，小于可接受致癌风险 10^{-6}，Cd、Cu、Hg、Zn 非致癌危害熵范围分别为 0.023 ～ 0.542 和 0.006 ～ 0.060，均小于可接受非致癌危害熵 1。Cd、Cu、Hg、Zn 风险值均在可接受范围内。

案例 3-4

某典型香料厂地块调查及风险评估

（1）企业概况

目标地块位于北回归线以南，濒临南海，属南亚热带季风气候，年平均降水量为 1 650.33 mm，年平均相对湿度为 77%，常年主导风向为北风。地块周围地势平坦，主要由冲积形成，地下层大部分为沙质黏土、黏质砂土，最下层多属砂岩、页岩，地表土壤主要为冲积土，经长期耕作，演变为冲积水稻土和菜园土。地块内地下水水位埋深为 0.250 ～ 0.969 m，平均埋深 0.608 m，位于填土层，属上层滞水。该地块规划用地面积约 5 万 m^2，从 1956 年建厂至 2015 年已有 59 年历史，主要生产香料、食品香精、烟用香精、日化香精、饲料香精、调味品等。该地块将从现行控规的工业用地为主，调整为以居住用地为主。

（2）污染识别

通过资料收集与分析、现场踏勘、人员访谈等形式，对地块的历史、现状和未来的使用情况以及与其相关的生产过程进行分析，识别潜在的地块污染状况、污染源和污染特征。

项目组在踏勘期间，对目标地块内的建筑、地面、植被、管线以及周边环境进行了详细调查。在目标地块周边没有发现需要特别关注的地块外污染源，地块外敏感受体存在1条地表河流，该河流不作为集中供水水源地。在目标地块内的办公区和仓储区没有发现明显的污染痕迹，生产区存在潜在的污染痕迹和污染源。根据厂区功能划分，调查分析目标地块平面布置、生产工艺、原辅料、污染物排放和污染痕迹的可能性，确定可能导致土壤和地下水污染的潜在污染源为酯化车间、烟用车间、新羟基车间、檀香车间、紫罗兰酮车间、新日化车间、皂用车间等生产车间的原辅材料、废旧原料桶、冷冻机房、配电房、各式储罐、污水收集池、隔油池及污水管道。

根据工艺流程以及地块功能区分析，目标地块主要涉及的污染物为挥发性和半挥发性有机污染物（苯系物、甲苯、丙酮等）、石油烃类、酞酸酯类，可能涉及重金属类及多氯联苯类污染物。地块内可能存在的所有污染物在第一阶段调查中均被认为是潜在关注污染物。可通过检测重金属、总石油烃、半挥发性有机物、挥发性有机物、多氯联苯等指标定量确认。以上检测因子可涵盖地块内涉及的有毒有害物质。

（3）调查方案

本阶段主要包括初步采样调查和详细采样调查两个阶段。初步采样调查阶段根据第一阶段地块环境调查的污染识别结果，采用判断布点法布设采样点位，详细采样调查阶段根据初步采样调查阶段识别的污染区域布设加密采样点，采用系统布点和判断布点相结合的方法，对关注区域进行网格布点。初步采样结果显示，检出的污染物主要存在于填土层、淤泥层中，详细采样设计深度为初见水位以下3～4 m，每个采样深孔设计3～6个不同深度的土壤样品，最大调查深度为7.5 m。共钻取土壤取样点47个，单点最大调查深度13.5 m，采集103个土壤样品（含10个平行样、2个对照样品），检测挥发性有机物（VOCs）、半挥发性有机物（SVOCs）、重金属、总石油烃等污染物。

具体调查方案如下：

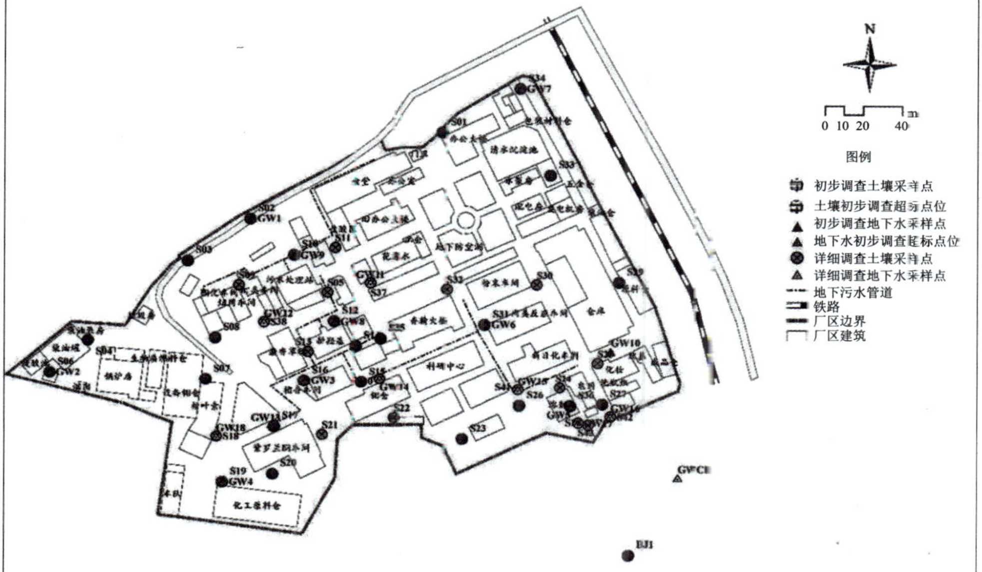

（4）风险评估结果

根据《建设用地土壤污染风险评估技术导则》（HJ 25.3—2019）的要求，地块风险评估按照危害识别、暴露评估、毒性评估、风险表征和风险控制值计算5个步骤展开。根据土壤风险表征结果，土壤中共有S8烟用车间、S12污水处理站和S36皂用车间共3个点位存在风险和危害超标的情况。

根据地下水的风险表征结果，地下水中未发现污染物超过可接受的风险水平的情况。根据土壤风险控制值对土壤样品数据进行筛选分析，超过风险控制值的污染物为邻苯二甲酸双（2-乙基己基）酯、苯并[*a*]蒽、苯并[*a*]芘。

三、地块土壤修复

地块土壤修复方案编制分为三个阶段：选择修复模式、筛选修复技术、制定修复方案。地块土壤修复方案编制的工作程序如图3-5所示。

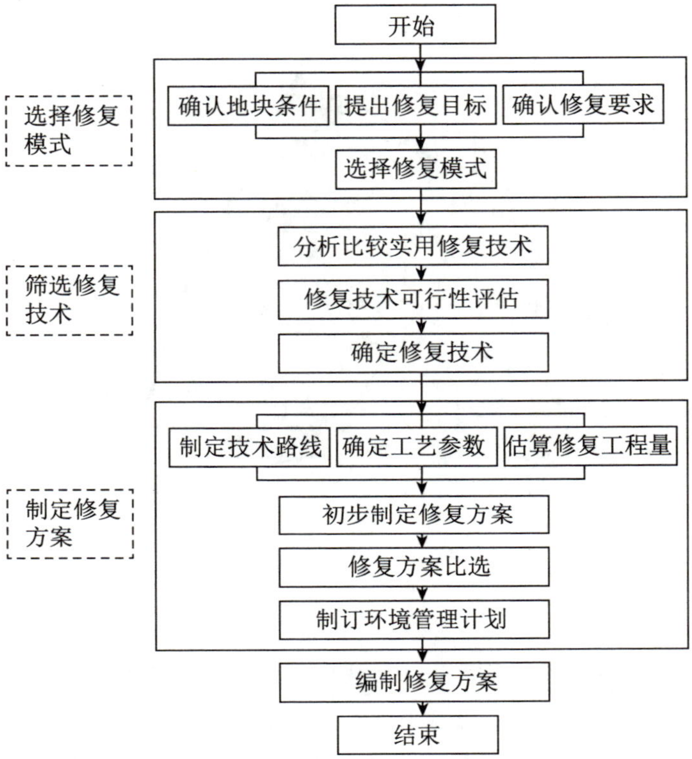

图 3-5 地块土壤修复方案

四、污染地块风险管控与土壤修复效果评估

工作内容包括更新地块概念模型、布点采样与实验室检测、风险管控与修复效果评估、提出后期环境监管建议、编制效果评估报告。污染地块风险管控与土壤修复效果评估工作程序见图 3-6。

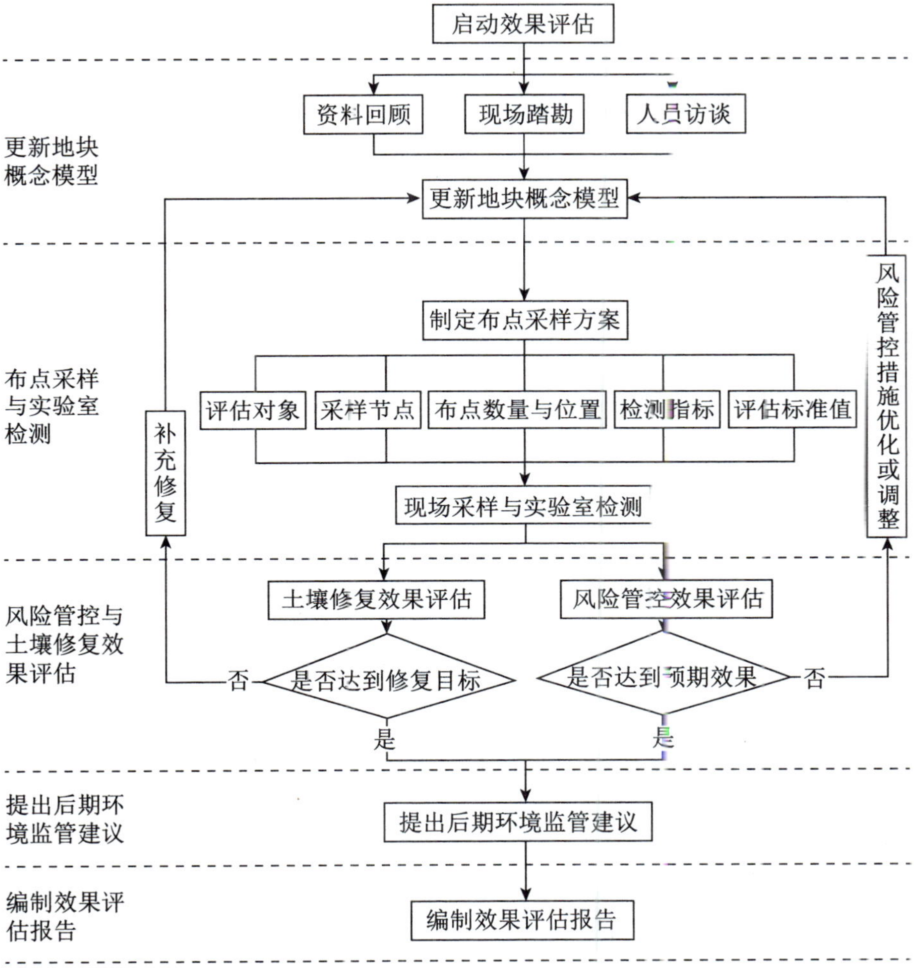

图 3-6 污染地块风险管控与土壤修复效果评估

第四节　污染地块系统填报

一、地块填报的相关规定

1. 疑似污染地块

根据《污染地块土壤环境管理办法》（试行）的规定，疑似污染地块，是指从事过有色金属冶炼、石油加工、化工、焦化、电镀、制革等行业生产经营活动，以及从事过危险废物贮存、利用、处置活动的用地。

按照国家技术规范，超过有关土壤环境标准的疑似污染地块，称为污染地块。

《污染地块土壤环境管理办法》（试行）指出，疑似污染地块和污染地块相关活动，是指对疑似污染地块开展的土壤环境初步调查活动，以及对污染地块开展的土壤环境详细调查、风险评估、风险管控、治理与修复及其效果评估等活动。

县级生态环境主管部门应当根据国家有关保障工业企业场地再开发利用环境安全的规定，会同工业和信息化、城乡规划、自然资源等部门，建立本行政区域疑似污染地块名单，并及时上传污染地块信息系统。

疑似污染地块名单实行动态更新。

2. 填报人

按照《污染地块土壤环境管理办法》（试行）的规定，土地使用权人应当负责开展疑似污染地块和污染地块相关活动。

3. 填报时限

根据《污染地块土壤环境管理办法》（试行）的规定，土地使用权人应当在接到书面通知之日起 6 个月内完成土壤环境初步调查，编制调查报告，及时上传至污染地块信息系统，并将调查报告主要内容通过其网站等便于公众知晓的方式向社会公开。

二、污染地块系统填报

1. 建立账号

区县级管理员用户登录系统，在“建设用地土壤污染状况调查名录”中按要求新增调查地块。

在添加建设用地土壤污染状况调查地块时，如果该地块已有规划，填写规划中的地块名称，如“某某棚改区 195-1 地块”。备注栏中，填写该地块的规划用途。

填报完毕后保存，系统分配土地使用权人的账户和初始密码。

重点关注：对列入疑似污染地块名单的地块，所在地县级生态环境主管部门应当书面通知土地使用权人；土地使用权人在规定期限内进行系统登录、修改密码并根据通知书日期如实填写“收到账户的时间”。区县级管理员应当定期对首次登录系统的土地使用权人账号进行核查，做到“地块创建时间”和“首次登录时间”一致。

2. 土地使用权人资料填报

土地使用权人根据土壤污染状况调查结果，选择合适的填报方式：初步调查（没有超标）、详细调查、初步调查 + 详细调查。

初步调查（没有超标）方式适用于经初步调查专家评审无环境风险地块；

详细调查方式适用于初步调查和详细调查一同评审的超标地块；

初步调查 + 详细调查方式适用于初步调查和详细调查分别经过专家评审的超标地块。

重点关注：详细调查、初步调查 + 详细调查均为超标地块；选择初步调查 + 详细调查方式的地块，一般存在分阶段开展、编制单位不同等情况，土地使用权人应当及时根据各阶段开展完成情况进行系统资料填报并单击【保存】，待所有工作均完成后才可点击【提交】。

3. 市级管理部门评审

土地使用权人完成调查信息填报并提交后，市级管理员可在【地块调查】的【待评审】中查阅提交的信息。选中某个地块后，点击【查看基本信息】，可查看土地使用权人的信息，可以进行【下达意见】【退回】【查看地块全流程信息】【退改历史】操作。

市级管理员选中某个地块后，点击【评审材料上传】并填写相关信息，按系统要求进行填报后点击【提交】，即可完成评审。

重点关注：评审信息上传后，地块直接进入相应的目录，调查未超标的进入“移出调查名录地块清单”（未超标地块），调查超标地块进入“建设用地土壤污染风险评估名录”（调查超标地块），省厅按系统相应名单进行核实并定期考核、核实。仅完成初步调查地块，未完成详细调查的，属于填报类别选择错误，应进行退改，要求土地使用权人重新进行填报。

4. 注意事项

（1）“全国污染地块土壤环境管理系统”是各省（区、市）地块管理的重要辅助系统，市级管理部门上报省生态环境厅的文字材料应与系统保持一致。

（2）对于系统中存在地块名称错误、分期建设、填报错误等问题及其他系统问题，应向省生态环境厅进行请示或情况说明，由省生态环境厅核实后进行系统操作或协调生态环境部进行操作。

（3）上传的评审信息附件应包含签到表、专家评审意见、专家确认、评审指南要求的申请表等附件内容。

（4）部分地块土地使用权人上传的报告、检测报告内容不全，且封面无土地使用权人和编制单位签章。

（5）地块占地面积不得随意变更，地块调查、风险评估、管控及修复、管控及修复效果评估各阶段应保持一致。

第四章　土壤污染防治专项资金制度

第一节　资金制度的来源依据

《土壤污染防治行动计划》（二十八）明确指出，中央和地方各级财政加大对土壤污染防治工作的支持力度。中央财政整合重金属污染防治专项资金等，设立土壤污染防治专项资金，用于土壤环境调查与监测评估、监督管理、治理与修复等工作。各地应统筹相关财政资金，通过现有政策和资金渠道加大支持，将农业综合开发、高标准农田建设、农田水利建设、耕地保护与质量提升、测土配方施肥等涉农资金，更多用于优先保护类耕地集中的县（市、区）。有条件的省（区、市）可对优先保护类耕地面积增加的县（市、区）予以适当奖励。统筹安排专项建设基金，支持企业对涉重金属落后生产工艺和设备进行技术改造。

《中华人民共和国土壤污染防治法》第七十一条明确规定："国家加大土壤污染防治资金投入力度，建立土壤污染防治基金制度。设立中央土壤污染防治专项资金和省级土壤污染防治基金，主要用于农用地土壤污染防治和土壤污染责任人或者土地使用权人无法认定的土壤污染风险管控和修复以及政府规定的其他事项。

对本法实施之前产生的，并且土壤污染责任人无法认定的污染地块，土地使用权人实际承担土壤污染风险管控和修复的，可以申请土壤污染防治基金，集中用于土壤污染风险管控和修复。

土壤污染防治基金的具体管理办法，由国务院财政主管部门会同国务院生态环境、农业农村、自然资源、住房城乡建设、林业草原等主管部门联合制定。"

《土壤污染防治基金管理办法》（财资环〔2020〕2 号）由六部委于 2020 年 1 月 17 日发布，自 2020 年 2 月 28 日起实施。该办法共十九条细则。

《土壤污染防治基金管理办法》鼓励土壤污染防治任务重、具备条件的省设立基金，积极探索基金管理有效模式和回报机制。中央财政通过土壤污染防治专项资金对本办法出台后一年内建立基金的省予以适当支持。

《土壤污染防治基金管理办法》明确基金主要用途：农用地土壤污染防治；土壤污染责任人或者土地使用权人无法认定的土壤污染风险管控和修复；政府规定的其他事项。土壤污染防治专项资金与基金不得对同一项目安排资金，避免重复投入。

《土壤污染防治基金管理办法》明确，基金按照市场化原则运作，各出资方应当按照“利益共享、风险共担”的原则，明确约定收益处理和亏损负担方式。投资收益和利息等归属政府的，除明确约定继续用于基金滚动使用外，应当按照财政国库管理制度有关规定及时足额上缴本级国库。基金的亏损应当由出资方共同承担，政府应当以出资额为限承担有限责任。

根据《土壤污染防治基金管理办法》，地方政府确需举借债务用于土壤污染防治的，应当按照预算法等有关规定，采取发行地方政府债券等方式规范举债，不得以基金方式变相举债、新增隐性债务。

此外，《土壤污染防治基金管理办法》要求，省级财政部门应当会同有关业务部门对基金运作情况进行监督，对于发现的问题应当按照预算法和财政违法行为处罚处分条例等有关规定予以处理。涉嫌犯罪的，移送司法机关追究刑事责任。

第二节　专项资金制度的现行政策要求

一、《关于加强生态环保资金管理　推动建立项目储备制度的通知》

2020 年 3 月 6 日，自然资源部、生态环境部、国家林草局会同财政部印发《关于加强生态环保资金管理　推动建立项目储备制度的通知》（财资环〔2020〕7号），自印发之日起实施。

本通知明确提出加强项目储备建设。各地要采取积极有效措施，按照“资金跟着项目走”的原则，推动建立中央生态环保资金项目储备库制度，做好项目前期准备工作，加快预算执行，尽快形成有效投资，避免“资金等项目”。

（1）入库项目资金范围

中央财政安排以下转移支付中可形成实物工作量的资金预算，均纳入中央项目储备库管理范围，具体包括：大气、水、土壤污染防治资金，农村环境整治资金，海洋生态保护修复资金，重点生态保护修复资金；林业草原生态保护恢复资金、林业改革发展资金（不含两项资金中全面停止天然林采伐补助及到人到户的补助）。

纳入涉农、扶贫资金整合的农村环境整治、林业草原生态保护恢复、林业改革发展等资金，被整合用于涉农、扶贫领域的，按涉农、扶贫相关资金管理规定执行；没有被整合，仍用于生态环保方面且可形成实物工作量的资金，按本通知规定执行。特大型地质灾害防治资金，下一步将视情况研究，参照本通知规定执行。

（2）项目储备入库指南

本通知印发后一个月内，三部门分别会同财政部编制印发本领域生态环保资金中央储备库项目入库指南，明确项目储备库申报流程、时间节点，以及项目入库条件、绩效目标制定、申报材料、负面项目清单等相关要求，对地方项目库建设和项目申报予以规范和指导。

（3）储备库项目应用

项目储备是中央生态环保转移支付资金预算安排、项目执行的基础和前提。未列入中央项目储备库的项目，原则上不得安排资金支持。确需安排的，应向三部门履行必要的补库手续。中央项目储备库实行动态滚动管理。

二、《关于印发〈土壤污染防治专项资金管理办法〉的通知》

2020年3月23日，财政部公布了《关于印发〈土壤污染防治专项资金管理办法〉的通知》（财资环〔2020〕10号），明确了防治资金重点支持范围，包括：

（1）土壤污染状况监测、评估、调查；

（2）土壤污染源头防控；

（3）土壤污染风险管控；

（4）土壤污染修复治理；

（5）土壤环境监管能力提升；

（6）土壤污染防治先进技术推广；

（7）土壤污染防治管理改革创新；

（8）应对突发事件所需的土壤污染防治支出，以及其他与土壤环境质量改善密切相关的支出。

除明确专项资金支持范围等相关要求外，还应重点关注：

（1）支持开展土壤修复治理的项目应当充分考虑技术可行性和经济性，避免不计成本、不顾技术可行性，盲目推进大治理大修复；

（2）通过种植结构调整等方式进行农用地污染防治的相关涉农补贴事项，不纳入防治资金支持范围。

三、《关于印发〈中央生态环境资金项目储备库入库指南（2021年）〉的通知》

2021年10月19日，财政部联合生态环境部公布了《关于印发〈中央生态环境资金项目储备库入库指南（2021年）〉的通知》（环办科财函〔2021〕22号）。

（1）实施中央项目储备制度。按照“资金跟着项目走”的原则，大气、水、土壤污染防治资金及农村环境整治资金（未被涉农、扶贫资金整合部分）支持的项目，均应纳入中央生态环境资金项目储备库管理范围。

（2）统筹谋划重大项目。以生态环境治理改善为核心，组织地市、县区重点储备对污染防治攻坚任务支撑作用大、环境效益显著的项目，加强项目谋划与整合，鼓励整体立项、一体化推进的重大工程项目储备，避免储备小散项目。重大工程项目可以予以跨年度支持，原则上不超过3年。在首次安排资金支持时，须明确资金支持总规模，并在后续年度中予以优先支持，确保重大工程项目实施成效。

（3）加强项目前期准备。应加强项目事前论证，重点论证项目必要性、支撑污染防治攻坚战的精准性、投入经济性、绩效目标合理性、建设方案可行性、筹资合规性等，夯实项目实施基础，入库项目原则上不得随意调整项目信息，以维护项目储备的严肃性。中央项目储备库申报窗口全年开放，各地成熟项目可随时通过中央生态环境资金项目管理系统申请入库。

（4）严格项目审核把关。省级生态环境、财政部门要根据职责分工对建设方案必要性、可行性、绩效目标、投资估算、资金筹措、中央资金申请等进行严格把关，确保项目真实必要。对于存在严重环保失信和严重环境违法行为的企业项目，3年内不得申请入库。

（5）完善项目储备库管理。生态环境部于每年4月15日和9月15日前分别组织开展一次项目入库集中审核，并根据入库申请情况适当加大入库审核频次。

第三节　土壤污染防治项目储备库的建设

一、项目范围及类型

土壤污染防治资金支持的项目类型包括地块调查及风险评估、土壤污染源头防控、土壤污染风险管控与修复、土壤环境监管能力提升及其他项目。具体如下：

1. 地块调查及风险评估项目

主要包括建设用地地块调查评估项目和农用地地块调查项目。其中，建设用地地块调查评估项目主要支持《建设用地土壤污染状况调查技术导则》（HJ 25.1—2019）规定的第二、第三阶段调查和风险评估，且必须满足下列条件之一：重点行业企业调查发现的高关注度或中关注度地块；曾用于生产、使用、贮存、回收、处置有毒有害物质的，曾用于固体废物堆放、填埋的，曾发生过重大、特大污染事故的，以及其他有明显证据表明受污染的建设用地。农用地地块调查项目原则上应开展土壤和主载农产品协同调查，调查结果能够为后续农用地安全利用提供详翔实的数据支撑，且必须满足下列条件之一：通过全国农用地土壤污染状况详查以及有关监测、调查和科学研究等，发现的农用地土壤超筛选值集中区域；粮食、农业等部门通过监测数据发现的产出农产品污染物含量超标区域；位于有色金属矿采选、有色金属冶炼、石油开采、石油加工、化工、焦化、电镀、制革等土壤污染重点监管单位周边影响区；涉镉等重点行业企业排查发现的问题突出区域；作为或曾作为污水灌溉区的，用于或者曾用于规模化养殖，固体废物堆放、填埋的，曾作为工矿用地或者发生过重大、特大污染事故的，有毒有害物质生产、贮存、利用、处置设施周边的，其他有明显证据表明受污染的农用地等。

2. 土壤污染源头防控项目

主要包括耕地周边重金属污染源防控项目、历史遗留污染源整治项目和耕地土壤污染成因分析项目。其中，耕地周边重金属污染源防控项目包括在产达标企业重金属治理提标改造、企业排污口整治及其他切断污染物进入农田链条的措施等；历史遗留污染源整治项目应以历史遗留废水废渣等治理为主，治理的主要污染物以镉、汞、砷、铅、铬等为主；耕地土壤污染成因分析项目仅限于试点省份。

3. 土壤污染风险管控与修复项目

主要包括建设用地土壤污染风险管控项目、建设用地土壤污染修复项目、建设用地土壤污染风险管控与修复方案编制项目、农用地安全利用项目、农用地修复项目。其中，建设用地土壤污染风险管控与修复项目中，对于污染物类型复杂、修复难度大的项目，要通过小试、中试等论证技术路线的合理性。建设用地土壤污染风险管控与修复方案编制项目支持生产经营时间长、污染物类型复杂、污染范围大或程度深等类型的地块，原则上每省每年该类项目不超过5个，申报资金额度全省不超过2 000万元。农用地安全利用类项目支持小试、中试、大范围推广项目。申报中试项目必须完成小试项目，申报大范围推广项目必须完成小试、中试项目。农用地土壤污染修复项目，除技术应用试点项目外，原则上不予支持。

4. 土壤环境监管能力提升项目

包括土壤环境监测监管能力建设、土壤环境管理信息化平台建设等类型项目。

5. 其他项目

包括土壤污染防治先进技术推广、土壤污染防治管理改革创新、应对突发事件所需的土壤污染防治支出及其他与土壤环境质量改善密切相关的类型项目。

二、项目类型建设思路

以完成土壤污染防治行动计划、“十三五”生态环境保护规划等相关规划任务为目标，以保障吃得放心、住得安心为出发点，以切实解决区域突出土壤环境问题为导向，坚持实事求是，各类项目要确保其必要性、可行性充分，技术路线科学合理，能够落地实施并解决具体环境问题，最大限度发挥专项资金效益。

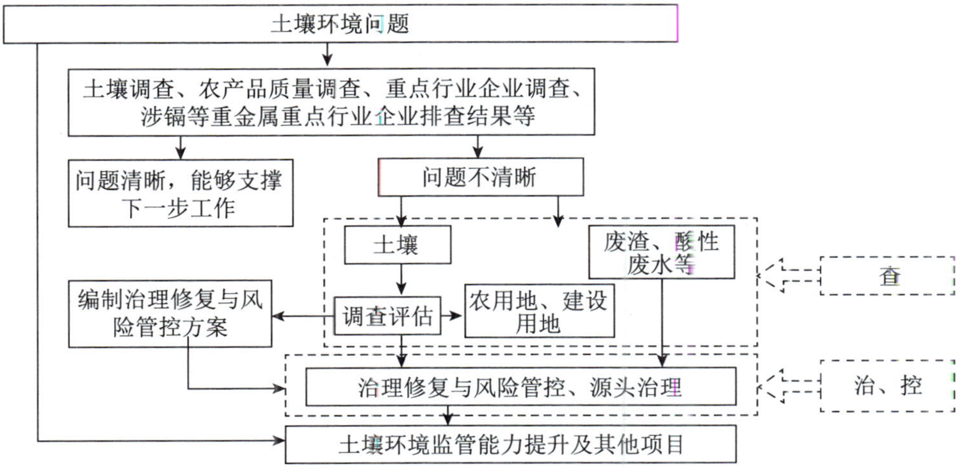

图 4-1　建设思路

三、项目方案内容设计

1. 总体要求

实施方案（或可行性研究报告）主要内容应当包括项目概况、必要性、项目范围及内容、技术路线（或技术方案、建设方案）、投资估算、拟申请中央土壤污染防治专项资金额度、实施进度安排、预期成果等。

建设用地土壤污染风险管控项目、建设用地土壤污染修复项目、农用地安全利用项目、农用地土壤污染修复项目，还要附调查报告、风险评估报告，或包含调查、风险评估章节及专家评审意见。

2. 农用地地块调查类项目方案编制要求

（1）总体要求

农用地地块调查，应以已发现的土壤中污染物含量超筛选值集中区、粮食超标区和土壤污染重点监管单位周边影响区的农用地为重点，以查清土壤污染状况和主栽农产品质量为目标，应坚持“哪里有污染，在哪里调查”。

土地用途拟变更为建设用地或其他用途的农用地，或土壤未超筛选值的，或调查区域主栽农产品质量未超标的地块，不纳入调查范围；若某地块农产品质量监测数据缺乏，可以用该地块所处的详查单元监测数据替代。原则上应开展土壤和主栽农产品协同调查，调查结果能够为后续农用地安全利用提供翔实的数据支撑。农用地地块调查类项目必须说清项目必要性，必要性是开展项目调查的前提条件。

（2）方案编制要点

方案编制应包括项目基本概况、调查范围和目标、调查内容和方法、经费概算、组织管理与实施等。

1）关于项目基本概况

自然概况主要包括调查区土壤类型、地形地貌、河流水系、水文地质等；

经济概况主要包括调查区土地利用规划、农业种植结构、产业结构和布局等；

环境概况主要包括涉重金属主要污染源类型、历史遗留污染源分布及治理情况等。

2）关于调查范围和目标

农用地地块调查目标为查清调查区土壤状况和农产品质量情况，为后续农用地安全利用提供详细数据支撑。

根据调查区已有土壤状况和农产品质量调查结果、涉重金属污染源企业影响分析等，明确调查区范围，并提供确定范围的相关依据。

3）调查内容与方法

调查方案依据《土壤环境监测技术规范》（HJ 166—2004）、《农田土壤环境质量监测技术规范》（NY/T 395—2012）等相关技术指南，结合污染源分布及其影响范围、现场踏勘情况等，分别确定土壤和农产品调查方法和流程、布点原则、网格密度，以及采样、质控等要求。

在布点时，原则上优先分析农用地土壤污染来源，如大气污染型、水污染型、固体废物堆体污染等。根据污染类型，结合项目区地形地貌（如高程等），合理布设点位；应充分与详查结果衔接。应布设项目区背景值点位，开展项目区农用地土壤环境质量背景值调查。

4）经费概算

经费估算依据采用单价乘以调查量的合价法。原则上，经费估算应与工作量相匹配。根据调查方案和进度要求，提出经费使用年度计划。

5）组织实施与进度安排

6）质量管理

3. 农用地安全利用类项目方案编制要点

（1）总体要求

农用地安全利用类项目，原则上不支持单价较高的项目。所选项目区必须要有详尽的土壤状况和农产品质量调查结果，以明确土壤污染的范围和程度、农产品质量状况等。原则上所选的农用地安全利用项目区主栽的农产品质量状况必须是超标的，且污染源已切断，或即将采取切断污染源措施。应避免“边污染、边治理”。

土地用途拟变更为建设用地或其他用途的农用地，原则上不纳入安全利用范围；所选取安全利用项目区必须是无责任主体或责任主体灭失的；农用地安全利用类项目，应按照“小试、中试、大范围推广”的顺序逐步开展；

实施“中试”范围的农用地安全利用项目必须要有“小试”的工作基础，实施“大范围推广”的农用地安全利用项目必须要有“中试”的工作基础，以此类推。

（2）方案编制要点

方案编制应包括项目基本概况、修复目标和范围、修复技术比选、修复工程方案设计、经费概算、组织管理与实施等。

1）项目基本概况

自然概况主要包括调查区土壤类型、地形地貌、河流水系等；经济概况主要包括调查区土地利用规划、农业种植结构、产业结构和布局等；

环境概况主要包括土壤污染范围与程度、农产品质量超标情况等；

说明项目实施必要性，如农产品质量超标等；

说明土壤污染来源，若土壤污染来源尚未切断，应在项目实施过程中说明拟采取的断源措施；

2）安全利用目标和范围

关于安全利用目标：安全利用目标中必须包含农产品质量达标指标；所制定的目标应与所采取的措施具有关联性，如采取钝化措施，应包括土壤中污染物浸出浓度指标；安全利用前后所设计的相关指标要有对照。

关于安全利用范围：应根据前期项目区域土壤和农产品质量评价结果，进一步明确需实施安全利用的主要污染物、工程实施四至范围和面积等。

3）安全利用技术比选

单项技术比选：在筛选农用地安全利用技术前，应说明各项技术在项目区或项目区类似地区开展农用地安全利用小试、中试、大范围推广情况；应综合考虑土壤污染特征、土壤性质、目标要求、安全利用技术原理、安全利用效果与成本、项目实施周期等因素，科学制定安全利用技术方案（农用地安全利用类项目，支持小试、中试、大范围推广项目。申报中试项目必须完成小试项目，申报大范围推广项目必须完成小试、中试项目）。

安全利用方案：在安全利用技术筛选的基础上，可组合成不同（至少2种）的安全利用技术方案；安全利用技术方案可以单项技术为主，也可由两项或多项技术组成；通过不同安全利用技术方案的比较优化，最后确定推荐的安全利用技术方案。

4）工程方案设计

关于工程规模：主要包括安全利用区面积、工程周期，并在平面布置图上标明项目区的四至范围、不同项目区和各项工程的空间布置和占地面积；详细介绍安全利用的工艺流程和具体步骤。

关于主体工程：依据所采取的安全利用工艺、工程规模等详细描述主体工程内容、二次污染防治措施（如低累积农作物收获物离田等）、环境监测计划等。

5）经费概算

经费估算依据采用单价乘以工程量的合价法。估算价格一般采用当前的静态价，也可考虑动态价格，要说明有关单价和税率采用的依据。总概算要有详细的计算过程，并附总预算表。

6）组织管理与实施

7）质量管理

4. 农用地治理修复类项目方案编制要点

农用地治理修复类项目方案编制要点，可参考农用地安全利用类项目。

农用地土壤污染修复项目，除技术应用试点项目外，原则上不予支持。

5. 污染源整治类项目方案编制要点

（1）总体要求

污染源整治类项目，应坚持“谁污染、谁治理”，以耕地周边污染源、历史遗留废水废渣等治理为主。治理的污染物应以镉、汞、砷、铅、铬等为主，废渣、酸性废水等治理均可。废渣类治理，必须要有废渣酸浸、水浸等检出结果。对于耕地周边存在的涉重金属污染物排放企业，在达标排放的前提下，可支持企业开展污染治理设施提标改造、排污口整治及其他切断污染物进入农田链条的措施。

（2）方案编制技术要点

方案编制应包括污染源基本概况、治理内容与治理目标、治理方案设计、经费概算、组织管理与实施等。

1）关于污染源基本概况

对于在产企业，应明确企业生产规模、生产时间、主要工艺、主要产品、主要原辅材料、是否产生废水与废气、废水与废气中主要污染物及其排放途径，周边耕地分布情况、企业污染物排放对耕地影响途径等；

对于历史遗留污染源，除明确原有企业上述信息外，还应补充遗留污染源现状描述，及其对周边耕地、地表水或地下水影响状况；

应明确治理的主要污染物，土壤污染防治专项资金原则上仅支持镉、汞、砷、铅、铬等重金属治理。

2）治理工程量和治理目标

耕地周边污染源治理项目应包括提标改造、排污口整治等切断污染物进入农田措施的目标要求，历史遗留污染源整治应包括工业废渣处理处置和风险管控等措施的目标要求，应明确治理工程量及其保护目标（如对象、范围等）。

3）污染源治理类方案设计

应分析现有设施设备、污染治理工艺现状及其治理水平，治理方案包括但不限于：拟采取的工艺措施、更新或置换的设备装置、生产工艺和污染治理工艺监管水平提升等。

4）经费概算

原则上，经费估算应与需完成的工程量及其目标相匹配。根据治理工程方案和进度要求，提出经费使用年度计划。

5）组织实施与进度安排

6）质量管理

6. 建设用地地块调查评估类项目方案编制要点

（1）总体要求

建设用地地块调查评估，应以重点行业企业调查中发现的中高关注度地块或其他迹象表明已污染的建设用地地块为主，以查清建设用地地块土壤和地下水污染物含量及分布范围为目标，评估污染物暴露途径及环境风险或危害水平。

调查评估结果能够为后续建设用地地块风险管控与修复提供翔实的数据

支撑，为地块的环境管理提供依据；所选取的调查地块必须是无责任主体或责任主体灭失的。

建设用地地块调查评估项目，主要支持《建设用地土壤污染状况调查技术导则》（HJ 25.1—2019）规定的第二、第三阶段调查和风险评估。第一阶段调查必须有书面调查结论，且明确必须开展初步调查；详细调查必须有初步调查结论，且需要明确土壤中污染物是否超筛选值，是否需要开展进一步详细调查。原则上，初步调查需按照建设用地风险管控标准，开展45项指标检测，每个样品检测费用在2 500元左右。

（2）方案编制技术要点

方案编制应包括项目基本概况、调查范围和目标、调查评估内容与方法、经费概算、组织管理与实施等。

1）关于项目基本概况

自然概况主要包括调查区土壤类型、地形地貌、水文地质等；

社会经济概况主要包括调查区土地利用规划、产业结构和布局等；

环境概况主要包括企业生产历史、用地变更情况、主要原辅材料及产品、污染物类型、地块土壤及地下水污染记录、地块与自然保护区和水源地保护区的位置关系等。

2）调查评估目标和范围

应依据相关技术导则，查清项目土壤和地下水污染物含量、范围，根据用地方式、暴露情景和可接受风险水平，采用风险评估方法，计算获得土壤和地下水风险控制值，确定需治理修复与风险管控的方量。

调查范围原则上为疑似污染地块的边界范围内。可根据实际情况扩大到地块边界以外：如地块边界附近土壤可能受到本地块污染，需确定地块地下水污染范围，地块周边存在环境敏感目标（如学校、居民区）等情形。

3）调查评估内容与方法

调查内容应符合《建设用地土壤污染状况调查技术导则》（HJ 25.1—2019）、《建设用地土壤污染状况风险评估技术导则》（HJ 25.3—2019）等技术指南要求，结合企业生产历史、重点设施和重点区域分布、现场踏勘情况等，分别确定土壤和地下水调查方法和流程、布点原则、网格密度，以及采样、质控等要求，重点说明布点必要性；确定污染地块概念模型建立、风险评估参数选择、风险控制值计算方法等要求。

4）经费概算

经费估算依据采用单价乘以调查量的合价法。根据调查评估方案和进度要求，提出经费使用年度计划。

5）组织实施与进度

6）质量管理

7. 建设用地地块风险管控与治理修复项目方案编制技术

（1）总体要求

建设用地地块风险管控与治理修复项目，所选取的治理修复项目区必须是无责任主体或责任主体灭失的，且污染源已切断；所选项目区必须有详尽的调查与风险评估报告，以明确土壤和地下水的污染物含量、范围及其危害；

合理选择土壤修复与风险管控技术，因地制宜制定修复方案，修复方案必须达到可研水平；二次污染防治措施切实可行；风险管控与治理修复完成后，地块土壤和地下水中污染物对人体健康和生态受体等风险水平可接受。

（2）方案编制技术要点

方案编制应包括项目基本概况、修复目标和范围、修复技术比选、修复工程方案、经费概算、项目组织实施与管理等。

1）项目基本概况

自然概况主要包括项目区土壤类型、地形地貌、水文地质等；

经济概况主要包括项目区土地利用规划、产业结构和布局等；

环境概况主要包括企业生产历史、用地变更情况、主要原辅材料及产品、污染物类型、地块土壤及地下水污染记录、地块与自然保护区和水源地保护区的位置关系等；

应包括项目区土壤和地下水污染物含量及程度、敏感受体、风险评估结果、修复范围和面积（或方量）等；

若前期调查不清楚，可补充必要的土壤和地下水调查，并说明补充调查的必要性。

2）修复目标和范围

修复目标：应根据调查风险评估结果，确定项目区土壤与地下水修复目标值或风险管控相关要求。

修复范围及工程量：根据场地土壤污染调查和风险评估结果，确定场地土壤修复的四至范围、深度和土方量。

3）修复技术及方案比选

建设用地地块修复与风险管控技术方案应依据《建设用地土壤修复技术导则》（HJ 25.4—2019）等有关技术导则制定。对于治理修复工程量较大、污染程度较重、呈现复合污染等复杂的项目，在制定修复技术方案时，原则上应开展小试、中试等，确保技术方案比选应充分合理、经济可行。在方案中，应明确开展小试、中试的必要性；工程实施方案或建设内容应设计合理，工程量测算科学，能够支撑项目目标的实现，同时重点突出；应当设计完善的环境管理方案，防止工程实施造成二次污染。

4）修复工程方案设计

工程规模：工程占地面积、修复分区、不同修复技术和各项工程（永久工程和临时工程）的位置和占地面积、工程周期和工程量、运输线路、临时建筑物或构筑物等内容，须在平面布置图中表述清楚。

工艺流程：需要详细介绍工艺流程和具体步骤，从材料、设备、对土壤的处理流程和管理措施，到污染物的去向、最终污染介质的处置、土壤的再利用等，须在工艺流程图中表述清楚。

主体工程内容，包括但不限于以下几个方面：废弃物的清理与处置；污染土壤的处理处置；明确污染土壤储存和运输方案，包括地块内临时堆场、地块外堆场的位置、运输车辆的规格和数量、运输路线等。工程建设，应包括永久工程（如填埋场）和临时工程（如堆场、污染土壤处置场、临时道路、临时仓库等），以及工程的运行与维护，二次污染防范和安全防护措施等。

5）经费概算及资金筹措

经费估算依据采用单价乘以工程量的合价法。根据风险管控或修复方案和进度要求，提出经费使用年度计划。说明资金的来源和额度，包括中央资金、地方资金和自筹资金等。应有明确的资金筹措方案，明确地方资金和社会资本投入；资金结构应当合理。

6）组织实施与进度安排

应包括管理组织机构设置、准备工作、工作计划制订、工程实施措施、效果评估、全过程监管等阶段。

7）质量管理

应明确项目实施过程中的管理制度、方法和具体要求等。

8. 土壤环境监测监管能力建设类项目方案编制技术要点

（1）总体要求

土壤环境监测监管能力建设类项目，应以提高各地环保部门土壤环境监测监管能力为目标，服务于重点区域土壤污染状况调查，以及贯彻落实《中华人民共和国土壤污染防治法》《土壤污染防治行动计划》。在申报能力建设类项目时，应充分评估土壤污染防治工作需求和现有监测监管能力水平，重点围绕土壤污染成因排查来开展能力建设，要避免购置的仪器设备等闲置或空置，未能充分发挥国家专项资金效益。原则上仅支持开展重金属、有毒有害有机污染物监测为主的仪器设备购置。

（2）方案编制技术要点

能力建设类方案编制，应充分评估现有土壤污染防治工作和已有能力建设基础，提出需新配置的仪器、设备等；提出相关能力支撑具体需求，如围绕成因分析所需建设的土壤环境信息化平台、进行污染耕地地块成因排查等；结合监测监管能力建设具体需求，科学概算项目资金需求。原则上，经费估算应与工作量相匹配。

四、注意事项

（一）不予入库的情况

1. 土壤污染源头防控项目

一是以土地平整、矿山复垦、采石场生态复绿等为主的项目；二是以技术改造或者扩大再生产为目的，或者现状超标排放的企业土壤污染预防项目。

2. 地块调查及风险评估项目

建设用地地块调查评估：有污染责任人的地块或依法必须招标拍卖挂牌出让的工业、商业、旅游、娱乐、商品住宅等经营性用地（《中华人民共和国土壤污染防治法》第四十五条第二款规定的情形除外）。

农用地调查：一是拟变更为建设用地或其他用途的农用地；二是调查布点方案未与已有相关调查结果（如农用地土壤污染状况详查等）充分衔接，未按照国家有关技术规范布点；三是土壤未超筛选值的项目；四是主栽农产品质量未超标的地块。

3. 土壤污染风险管控与修复项目

（1）建设用地土壤污染风险管控项目、修复项目及方案编制项目：一是有污染责任人的地块或依法必须招标拍卖挂牌出让的工业、商业、旅游、娱乐、商品住宅等经营性用地（《中华人民共和国土壤污染防治法》第四十五条第二款规定的情形除外）；二是未开展污染状况调查和风险评估的地块；三是风险评估结果为人体和生态受体可接受的地块；四是成片受污染建设用地，分期分批实施风险管控、修复，毗邻地块可能再次污染本项目地块且未采取有效措施防止污染的。

（2）农用地安全利用项目、修复项目：一是未开展详尽的土壤状况和农产品质量调查的地块；二是土壤未超筛选值的项目；三是主栽农产品质量未超标的地块；四是项目区污染源未切断或工程方案中未包含切断污染源措施的；五是拟变更为建设用地或其他用途的农用地；六是以有机肥替代、测土配方、秸秆还田、农药减量化与农业生物防治、田间道路整理、灌溉水工程等为主的项目。

4. 协同管控土壤污染风险的“无废城市”建设项目

已从中央基建投资等其他渠道获得中央财政资金支持的项目；企业事权类项目；不符合固体废物管理实际工作需要的能力建设项目；日常工作经费类项目、科研类项目、运行维护类项目；其他与固体废物污染防治关联不大或成熟度不符合入库要求的项目等。

5. 其他项目

设备购置、平台系统建设等能力建设项目；以土壤污染防治科研为主的项目；以畜禽养殖粪便处理处置设施、有机肥生产设施建设等为主的项目；已获得中央基建投资等其他中央财政资金支持的项目；与土壤污染防治关联性不大的项目等。

（二）常见的问题

1. 关于申报材料不完整和批复问题

缺批复材料、项目绩效表，第二轮未通过项目中缺批复材料约占 1/3，如某省 12 个项目，均缺批复材料。

材料上传错误，如将可行性研究报告作为项目实施方案上传。

部分项目批复明确资金来源为企业自筹、地方政府自筹，比如来源于 ×× 省专项资金或 ×× 地市专项资金。

项目批复日期与项目实施期限不一致，如批复日期为 2017 年至 2020 年。

关于批复的几个原则：同一单位不能既为项目申报单位又为项目批复单位，比如一般地市环保局项目，可由同级人民政府或发展改革委批复；审查意见、会议纪要、专家论证意见，原则上不作为批复文件。

2. 关于资金支持范围

责任主体未灭失，比如由尾矿库导致的下游农田污染问题中，尾矿库企业主尚存在；×× 化肥厂地块治理与修复中，化肥厂责任主体尚存在；

农业废弃物综合利用、土地平整、矿山复垦、非正规垃圾堆放点整治、采石场生态复绿等；

有商业开发用途，如 ×× 地块开发为旅游公司；

对农产品未超标的区域，开展农用地安全利用与修复；

非试点省份申报耕地土壤污染成因分析项目或申报多个项目；

部分地方工作经费类项目，如 ×× 省土壤污染治理与修复成效评估、土壤污染重点监管单位有毒有害物质排放报告技术指南及试点；

其他科研类项目，如明确 ×× 省土壤重金属污染的时空变化，识别土壤中重金属污染源的自然因素和人为影响，准确判断并具体量化各污染源的贡献率。

3. 方案内容不完整或不合理

污染源头治理类项目，问题不明确，如部分项目仅描述现场存在废渣，也有附图照片，但缺乏废渣酸浸、水浸等数据，缺乏项目的必要性支撑和治理修复目标；

未开展调查与风险评估，风险水平结论为可接受；

实施方案内容简单，如简单介绍项目、罗列技术导则和要求，无项目实施必要性；

部分技术单价过高，如农用地安全利用项目 2 万元 / 亩；热脱附修复价格达到 4 300 元 /m^3（市场价为 600 ～ 1 500 元）；

对于有污染责任人的地块或依法必须招标拍卖挂牌出让的工业、商业、旅游、娱乐、商品住宅等经营性用地的情形，需各地附上证明材料，说明地块不属于资金不支持范围；或者依据《中华人民共和国土壤污染防治法》第四十五条第二款的规定，需要政府或有关部门根据实际情况组织风险管控和修复。

企业环保管家系列指南 | 丛书主编　宋海鸥

企业固体废物污染环境管控指南

生态环境部固体废物与化学品管理技术中心　编

中国环境出版集团·北京

图书在版编目（CIP）数据

企业固体废物污染环境管控指南/生态环境部固体废物与化学品管理技术中心编.—北京：中国环境出版集团，2023.6

（企业环保管家系列指南）

ISBN 978-7-5111-5535-1

Ⅰ.①企… Ⅱ.①生… Ⅲ.①企业－固体废物－污染防治－指南 Ⅳ.①X705-62

中国国家版本馆CIP数据核字（2023）第098469号

出 版 人 武德凯
责任编辑 葛　莉　宾银平
封面设计 彭　杉

出版发行 中国环境出版集团
（100062 北京市东城区广渠门内大街16号）
网　　址：http：//www.cesp.com.cn
电子邮箱：bjgl@cesp.com.cn
联系电话：010-67112765（编辑管理部）
010-67113412（第二分社）
发行热线：010-67125803 010-67113405（传真）
印　　刷 北京中科印刷有限公司
经　　销 各地新华书店
版　　次 2023年6月第1版
印　　次 2023年6月第1次印刷
开　　本 787×960　1/16
印　　张 10
字　　数 170千字
从书定价 688.00元

企业环保管家系列指南

编 委 会

丛书主编简介：

宋海鸥 河北环境工程学院教授，环境法学硕士，西北政法大学法学博士研究生，河北海立律师事务所律师，秦皇岛律协资源与环境委员会副主任，多地生态环境部门、企业法律顾问，主要从事环境法、环境执法及环境管理领域研究与实务工作。

本册主要编者简介：

邓　毅 现任生态环境部固体废物与化学品管理技术中心综合业务部政策研究室主任。作为技术业务骨干，参与生态环境部的废电器处理基金补贴技术复核工作，处理企业补贴资格核查、信息管理系统建设、电子废物越境转移管理国际合作等管理技术支持工作。作为业务骨干，主持和参与10余项国家生态保护政策法规、国家标准、技术政策和管理报告等研究拟订工作，在有关期刊发表论文、文章20余篇。

石一辰 现任生态环境部固体废物与化学品管理技术中心办公室副主任。长期在生态环境系统工作，曾主持过多项固体废物与化学品、大气污染防治、环境经济政策、生态环境宣传等管理研究项目。在有关期刊和主流媒体上发表论文、文章10余篇，参与编纂出版2部生态环境保护书籍，参与编写多项生态环境领域发展规划。

韦洪莲 理学博士，正高级工程师，现任生态环境部固体废物与化学品管理技术中心总工程师。历任国家环境保护总局、环境保护部、生态环境部主任科员、副处长、处长。曾主持数十项生态环境保护重要政策、法规、规划、文件、标准和规范的编制、修订和实施工作，在工业污染防治、城市环境管理、大气污染防治、生态环境保护督察、固体废物和化学品污染防治方面具有丰富管理经验。在国内外核心期刊发表学术论文10多篇，编纂出版2部生态环境保护书籍，获得3项省部级科技奖励二等奖。

侯贵光 正高级工程师，现任生态环境部固体废物与化学品管理技术中心综合业务部主任，历任河池市环境保护局副局长（挂职）、环境保护部环境规划院固体废物与化学品研究室主任等职务。在固体废物与化学品污染防治领域深耕多年，曾主持多项生态环境综合性政策、规划、技术规范和标准的编制和修订工作，对一般工业固体废物污染防治、危险废物污染防治、固体废物信息化管理系统建设和应用、土壤污染治理、废弃电器电子产品处理基金审核有着丰富的管理经验。

李淑媛 高级工程师，现任生态环境部固体废物与化学品管理技术中心综合业务部副主任，主要从事电子废物管理与资源化等固体废物管理研究。主持“废弃电器电子产品处理基金”审核工作及相关政策研究。主持或参与制定部门规章 1 部、规范性文件 11 项、环境保护技术要求和标准 3 项。主持完成联合国全球环境基金示范项目 2 项，并开展多项社会咨询项目。

总　序

“环保管家”是一种以“合同环境服务”为核心的环境污染治理新模式。2014 年 12 月 27 日，国务院办公厅《关于推行环境污染第三方治理的意见》中指出：“到 2020 年，环境公用设施、工业园区等重点领域第三方治理取得显著进展，污染治理效率和专业化水平明显提高，社会资本进入污染治理市场的活力进一步激发。环境公用设施投资运营体制改革基本完成，高效、优质、可持续的环境公共服务市场化供给体系基本形成；第三方治理业态和模式趋于成熟，涌现一批技术能力强、运营管理水平高、综合信用好、具有国际竞争力的环境服务公司。”2016 年 4 月 15 日，环境保护部印发《关于积极发挥环境保护作用促进供给侧结构性改革的指导意见》（环大气〔2016〕45 号），该意见指出：“推进环境咨询服务业发展，鼓励有条件的工业园区聘请第三方专业环保服务公司作为‘环保管家’，向园区提供监测、监理、环保设施建设运营、污染治理等一体化环保服务和解决方案。”由此，在环境保护领域正式提出了“环保管家”的概念，诸多的“环保管家”公司如雨后春笋般涌现，为企业提供“全面体检”服务。

尽管有专业环境污染第三方治理机构的辅助，但排污企业不能也无法避免经营中环境违规行为的法律责任。在环保形势日益严峻的背景下，掌握环境法律基本规定、污染防治技术规范等成为企业生存发展的必备能力，企业有必要通过学习将“要我守法”内生为“我要守法”的动力。

编者在与能源、化工、运输、钢铁、建材、机械加工、装备制造、矿山等行业企业打交道的过程中，了解到企业尤为关注环保问题，有增加环保投入和增强自身环保专业知识的意愿，对降低环保经营风险有较高的期望值，但囿于环境保护知识的专业性，对通俗介绍企业生产经营中环保风险的指南、手册的

需求迫切。正是基于这种市场需求，我们策划了这套专业的“企业环保管家系列指南”丛书（以下简称丛书），对企业环保问题开展“望闻问切”，对环保疑难杂症进行“科学会诊”，既能找准污染治理主要环节和风险隐患突出问题形成“体检报告”，也能开出诊治“药方”。“环保管家”通过常态化的“体检”和“问诊”，及时提出预警和针对性措施，以避免环境事故的发生，降低环境风险。

丛书分为四个板块，共计 13 个分册，旨在通过通俗易懂、实务的语境为企业提供环境守法的指引。在理论知识铺垫上，以够用为尺度，尽可能化繁为简；注重实操，并辅以案例，对企业生产经营中的环境管理事项和环境管理风险予以深度解读，帮助企业相关人员掌握企业环境管理的“钥匙”，最大限度降低企业的经营风险。

丛书的四个板块分别为：

1）法律法规板块：包括《企业常用环境法律法规手册》1 个分册，主要包含环境法律、法规、规章及政策性文件等内容。

2）常见环境管理事务板块：包括《企业环保合法合规管理指南》《企业建设项目环境影响评价管理指南》《企业排污许可证申领与实施操作指南》《企业自行监测管理指南》《企业环境信息化管理指南》《企业环境应急管理指南》6 个分册，主要从企业建设项目环境管理与企业环境风险防范角度进行阐释。

3）污染防治技术板块：包括《企业废水污染管控指南》《企业废气污染管控指南》《企业固体废物污染环境管控指南》《企业土壤污染管控指南》4 个分册，主要从治理设备、治理技术、产排污节点等方面对企业全流程技术管理予以说明。

4）企业环境金融与认证板块：包括《企业环境经济政策指南》《企业清洁生产审核与环境管理体系认证指南》2 个分册，主要包括环境税、排污权交易、碳排放交易以及清洁生产审核、ISO 14001 认证等相关知识。

丛书主要针对生产性企业的环境管理人员、环保管理型企业的工作人员以及对环境管理工作感兴趣的其他人员，也可以作为环境管理初学者的入门教材。

编写团队共 25 人，包括相关领域教授、副教授，专门从事环境法律事务的律师，生态环境部固体废物与化学品管理技术中心专家，大型企业从事环境管理的工作人员以及专业从事“环保管家”服务的企业人员等。编写团队中无论是“学院派”还是“实战派”，均是在相应领域深耕多年的行家里手。

本套丛书经过与出版社沟通和策划、制定编写大纲、组织编写人员、撰写初稿、修改初稿、定稿、统稿等多个流程，历时 15 个月。在组织编写过程中，各分册编者之间通力合作，各分册牵头人也与我进行有效沟通，保证了丛书的质量和覆盖面；同时，为保障丛书如期完成，众多编者付出了巨大心血，在此表示衷心感谢。组织如此大规模的编写队伍，于我而言也是前所未有的，其中有考虑不周之处，请各位编者海涵；因知识和技能所限，编写难免有疏漏，请各位读者批评指正。

最后要感谢河北环境工程学院领导的关心及中国环境出版集团对这套丛书的支持，尤其是第二分社全体编辑的专业和敬业让这套丛书由设想变为现实。

宋海鸥

2022 年 8 月 14 日于秦皇岛

前　言

《企业固体废物污染环境管控指南》是“企业环保管家”丛书污染防治技术篇4个分册之一。本书主要包括三章：第一章固体废物管理总体要求，内容包括防治原则，污染担责，鉴别标准、程序和技术标准，项目环评，倾倒堆放禁止性规定，跨省转移，设施、设备和场所管理及维护；第二章一般固体废物管理，内容包括工业固体废物，废弃电器电子产品管理要求及风险点，尾矿库，固体废物进口管理规定；第三章危险废物管理工作，内容包括危险废物管理概述，危险废物产生单位管理，危险废物收集、运输与贮存管理，危险废物利用处置单位管理，危险废物污染环境违法案例分析。

企业在固体废物管控过程中，应当强化产生者主体责任意识，主动承担环境管理主体责任，建立健全设备、设施安全管理制度，创建设施运行维护台账，加强设备、设施的日常检查、维护、保养和检修。本书为规范企业收集、运输、利用、贮存、处置行为，增强企业环境风险防控意识提供参考。

各章的主要编写人员如下：第一章第一、二节（胡楠），第三节（崔晋意），第四、五节（孙京楠），第六节（周荃），第七节（刘纯新），第二章第一节（闫景武、陈曾思澈），第二节（窦从从、王波），第三节（罗锦程），第四节（韩帅帅），第三章第一节（韩晓阳、薛宁宁），第二节（宋鑫、鞠红岩），第三节（顾芮冰、熊晖），第四节（徐紫寅），第五节（王恒广、张冰洁）。

由于时间紧及经验不足，书中疏漏在所难免，欢迎各位专家学者批评指正。

编者

2022年12月

目　录

第一章　固体废物管理总体要求

第一节　防治原则

依据2020年新修订的《中华人民共和国固体废物污染环境防治法》（以下简称新《固废法》）第四条“固体废物污染环境防治坚持减量化、资源化和无害化的原则”，确立废物管理的优先次序，其目的是减少废物对环境的影响，增加废物管理的资源效率。“防”的成本要远远小于“治”的代价，所以应当先“防”后“治”。我国固体废物产生量大、积存量多，固体废物污染防治面临严峻挑战。以工业固体废物为例，2018年全国一般工业固体废物产生量为34.9亿t，综合利用量为19.3亿t，综合利用率为55.3%。根据历史数据分析，我国每年工业固体废物的产生量约是综合利用量的1.7倍，每年有13亿～16亿t的工业固体废物需要贮存和处置。面对如此巨大的工业固体废物产生量和较低的综合利用率，贯彻减量化、资源化和无害化原则，尤其是通过推动“减量化、资源化”来缓解“无害化”的压力显得尤为必要。

强化减量化和资源化的约束性规定。在政府层面，新《固废法》第十三条提出，地方政府在制定有关规划时，应最大限度降低固体废物填埋量，“倒逼”源头减量和资源化；第四十四条提出，地方政府应当减少燃料废渣等固体废物的产生量；第五十八条提出，建立生活垃圾处理收费制度，体现分类计价、计量收费等差别化管理；第六十四条提出，农业农村主管部门负责指导农业固体废物回收利用体系建设。在企业层面，第三十八条规定产生固体废物的单位应当依法实施清洁生产审核；第三十九条要求产生固体废物的单位应当取得排污许可证，提供的资料需要包括减少工业固体废物产生、促进综合利用的具体措施。

突出固体废物污染防治的无害化底线要求。不同于大气、水、噪声污染物，固体废物种类繁多、成分复杂，不同种类的固体废物对应的利用技术不同，同一类废物、不同种类的利用产品，其利用工艺和污染防治技术也不相同。原《固废法》中，缺少针对固体废物综合利用过程以及综合利用产品的技术政策和规范标准要求。在我国现有的标准体系中，也未明确规定固体废物利用过程和利用产品的控制标准，难以发挥标准规范对产业发展的规范引导作用，产品安全性受到质疑，制约了固体废物综合利用产业的规模化发展。新《固废法》第十五条要求有关部门制定固体废物综合利用标准，防止固体废物综合利用过程和产品的二次污染，确保固体废物综合利用过程和产品的无害化。

任何单位和个人都应当采取措施，减少固体废物的产生量，促进固体废物的综合利用，降低固体废物的危害性。国家采取有利于固体废物综合利用活动的经济、技术政策和措施，对固体废物实行充分回收和合理利用。国家鼓励、支持采取有利于保护环境的集中处置固体废物的措施，促进固体废物污染环境防治产业发展。

第二节 污染担责

新《固废法》第五条规定，固体废物污染环境防治坚持污染担责的原则。产生、收集、贮存、运输、利用、处置固体废物的单位和个人，应当采取措施，防止或者减少固体废物对环境的污染，对所造成的环境污染依法承担责任。

污染担责是应对环境污染和生态破坏带来的不利后果的指导性原则。明确污染担责，细化治理相关制度，是贯彻落实习近平生态文明思想和党中央关于生态文明建设决策部署的重大任务，是依法推动打好污染防治攻坚战的迫切需要，是健全最严格、最严密生态环境保护法律制度和强化公共卫生法治保障的重要举措。新《固废法》实施后，将为进一步推进绿色发展方式，推广“无废城市”建设，切实提升国内固体废物回收利用水平提供更完善的法律制度保障，促进提升全社会参与“环境有价、污染担责”的意识。

在企业管理方面，污染担责原则要求污染企业除需要承担因预防或治理污染而支出相关费用的经济性责任之外，还需要承担诸如淘汰严重污染环境的工艺或设备、向社会公开自身的排污情况以接受监督、承担相应的罚款、限制生产、停产整治以及修复受损的生态环境等责任，并将其贯穿于企业日常生产经营活动的始终。

第三节　鉴别标准、程序和技术标准

一、鉴别标准

1996年发布的《危险废物鉴别标准 腐蚀性鉴别》（GB 5085.1—1996）、《危险废物鉴别标准　急性毒性初筛》（GB 5085.2—1996）、《危险废物鉴别标准 浸出毒性鉴别》（GB 5085.3—1996）和《国家危险废物名录》等技术文件，形成了我国危险废物鉴别制度的雏形。2006年4月，国家环境保护总局联合海关总署、国家质量监督检验检疫总局等五部门发布了《固体废物鉴别导则（试行）》；2017年，环境保护部发布的《固体废物鉴别标准　通则》（GB 34330—2017），成为固体废物属性鉴别的判断依据。之后发布或修订的《危险废物鉴别技术规范》（HJ/T 298）、《国家危险废物名录》及一系列危险废物鉴别标准（包括《危险废物鉴别标准　通则》《危险废物鉴别标准　腐蚀性鉴别》《危险废物鉴别标准　急性毒性初筛》《危险废物鉴别标准　浸出毒性鉴别》《危险废物鉴别标准　易燃性鉴别》《危险废物鉴别标准　反应性鉴别》《危险废物鉴别标准　毒性物质含量鉴别》等），形成了我国危险废物鉴别技术体系，成为我国近年来危险废物类物质鉴别的重要技术依据。

二、鉴别程序

固体废物一般先按照《危险废物鉴别标准》（GB 5085）浸出试验，判断是否属于危险废物；再按照《固体废物　浸出毒性浸出方法　水平振荡法》（HJ 557）判断，属于一般工业固体废物第Ⅰ类还是第Ⅱ类；浸出液中任何一种污染物的浓度均未超过《污水综合排放标准》（GB 8978）最高允许排放浓度一级，且pH在6～9的一般工业固体废物，属于第Ⅰ类工业固体废物；浸出液中有一种或一种以上的污染物浓度超过GB 8978最高允许排放浓度一级，或者pH在6～9之外的一般工业固体废物，属于第Ⅱ类工业固体废物。

其中，明确在《国家危险废物名录》中的固体废物，不需要鉴定，直接判定即可。

（一）危险废物鉴别

依据《危险废物鉴别标准　通则》（GB 5085.7）中的规定：固体废物依据 GB 5085.1 ～ GB 5085.6 鉴别标准进行鉴别，凡具有腐蚀性、毒性、易燃性、反应性等一种或一种以上危险特性的，属于危险废物。

（1）易燃性鉴别。《危险废物鉴别标准　易燃性鉴别》（GB 5085.4）适用于任何生产、生活和其他活动中产生的固体废物的易燃性鉴别。鉴别项目：固体 / 液体 / 气体易燃性鉴别。

（2）反应性鉴别。《危险废物鉴别标准　反应性鉴别》（GB 5085.5）适用于任何生产、生活和其他活动中产生的固体废物的反应性鉴别。鉴别项目：氧化性鉴别、爆炸性鉴别、遇水反应性鉴别、有机过氧化性鉴别。

（3）腐蚀性鉴别。《危险废物鉴别标准　腐蚀性鉴别》（GB 5085.1）适用于任何生产、生活和其他活动中产生的固体废物的腐蚀性鉴别。鉴别项目：pH 鉴别。

（4）急性毒性鉴别。《危险废物鉴别标准　急性毒性初筛》（GB 5085.2）适用于任何生产、生活和其他活动中产生的固体废物的急性毒性鉴别。鉴别项目：急性经口毒性鉴别、急性经皮毒性鉴别、急性吸入毒性鉴别。

（5）浸出毒性鉴别。《危险废物鉴别标准　浸出毒性鉴别》（GB 5085.3）适用于任何生产、生活和其他活动中产生的固体废物的浸出性鉴别。鉴别项目：无机元素及化合物鉴别、非挥发性有机物鉴别、挥发性有机物鉴别等。

（6）毒性物质含量鉴别。《危险废物鉴别标准　毒性物质含量鉴别）（GB 5085.6）适用于任何生产、生活和其他活动中产生的固体废物的毒性物质含量鉴别。鉴别项目：有机物毒性含量鉴别、无机物毒性含量鉴别。

注：实际工作中，并非每个特性都需要进行鉴别，而是要根据生产工艺，初步判定具有哪些特性，有针对性地进行判定，如毒性和腐蚀性。

（二）一般固体废物鉴定

不属于危险废物的固体废物进入一般固体废物属性鉴别程序。

（1）鉴别方法：以纯水为浸提剂，模拟固体废物在特定场合受到地表水或地下水的浸沥，其中的有害组分浸出而进入环境的过程。

（2）结论不属于危险废物的，按照 HJ 557 规定方法进行浸出试验。在获得的浸出液中，任何一种污染物的浓度均未超过《污水综合排放标准》（GB 8978）最高允许排放浓度一级，且 pH 在 6 ～ 9 的一般固体废物，属于第Ⅰ类固体废物。

按照 HJ 557 规定方法进行浸出试验而获得的浸出液中，有一种或一种以上的污染物浓度超过《污水综合排放标准》（GB 8978）最高允放排放浓度一级，或者 pH 在 6 ～ 9 之外的一般固体废物，属于第Ⅱ类固体废物。

第四节　项目环评

《中华人民共和国环境保护法》（以下简称《环境保护法》）对环境实施监督管理，其中第十九条规定，编制有关开发利用规划，建设对环境有影响的项目，应当依法进行环境影响评价。未依法进行环境影响评价的开发利用规划，不得组织实施；未依法进行环境影响评价的建设项目，不得开工建设。

环境影响评价，是指对规划和建设项目实施后可能造成的环境影响进行分析、预测和评估，提出预防或者减轻不良环境影响的对策和措施，进行跟踪监测的方法与制度。环境影响评价必须客观、公开、公正，综合考虑规划或者建设项目实施后对各种环境因素及其所构成的生态系统可能造成的影响，为决策提供科学依据。

《中华人民共和国环境影响评价法》（以下简称《环境影响评价法》）第十六条规定：“国家根据建设项目对环境的影响程度，对建设项目的环境影响评价实行分类管理。

建设单位应当按照下列规定组织编制环境影响报告书、环境影响报告表或者填报环境影响登记表（以下统称环境影响评价文件）：

（一）可能造成重大环境影响的，应当编制环境影响报告书，对产生的环境影响进行全面评价；

（二）可能造成轻度环境影响的，应当编制环境影响报告表，对产生的环境影响进行分析或者专项评价；

（三）对环境影响很小、不需要进行环境影响评价的，应当填报环境影响登记表。

建设项目的环境影响评价分类管理名录，由国务院生态环境主管部门制定并公布。”

《建设项目环境影响评价分类管理名录》（2021 版）根据建设项目特征和所在区域的环境敏感程度，综合考虑建设项目可能对环境产生的影响，对建设项目的环境影响评价实行分类管理。建设单位应当按照名录的规定，分别组织编制建设项目环境影响报告书、环境影响报告表，或者填报环境影响登记表。

表 1-1 固体废物处置或利用项目环评类别

项目类别		报告书	报告表	登记表	本栏目环境敏感区含义
三十九、废弃资源综合利用业 42					
85	金属废料和碎屑加工处理 421；非金属废料和碎屑加工处理 422（421 和 422 均不含原料为危险废物的，均不含仅分拣、破碎的）	废电池、废油加工处理	废弃电器电子产品、废机动车、废电机、废电线电缆、废钢、废铁、金属和金属化合物矿灰及残渣、有色金属废料与碎屑、废塑料、废轮胎、废船、含水洗工艺的其他废料和碎屑加工处理（农业生产产生的废旧秧盘、薄膜，破碎和清洗工艺的除外）	—	
四十七、生态保护和环境治理业					
100	脱硫、脱硝、除尘、VOCs 治理等大气污染治理工程	—	—	全部	
101	危险废物（不含医疗废物）利用及处置	危险废物利用及处置（产生单位内部回收再利用的除外；单纯收集、贮存的除外）	其他	—	
102	医疗废物处置、病死及病害动物无害化处理	医疗废物集中处置（单纯收集、贮存的除外）	其他	—	

项目类别		报告书	报告表	登记表	本栏目环境敏感区含义
103	一般工业固体废物（含污水处理污泥）、建筑施工废弃物处置及综合利用	一般工业固体废物（含污水处理污泥）采取填埋、焚烧（水泥窑协同处置的改造项目除外）方式的	其他	—	
104	泥石流等地质灾害治理工程（应急治理、应急排危除险工程除外）	—	涉及环境敏感区的特大型泥石流治理工程	其他（不涉及环境敏感区的小型地质灾害治理工程除外）	第三条（一）中的全部区域

新《固废法》第十七条和第十八条对固体废物项目环境影响评价进行了规定。第十七条“建设产生、贮存、利用、处置固体废物的项目，应当依法进行环境影响评价，并遵守国家有关建设项目环境保护管理的规定”。第十八条“建设项目的环境影响评价文件确定需要配套建设的固体废物污染环境防治设施，应当与主体工程同时设计、同时施工、同时投入使用。建设项目的初步设计，应当按照环境保护设计规范的要求，将固体废物污染环境防治内容纳入环境影响评价文件，落实防治固体废物污染环境和破坏生态的措施以及固体废物污染环境防治设施投资概算。建设单位应当依照有关法律法规的规定，对配套建设的固体废物污染环境防治设施进行验收，编制验收报告，并向社会公开”。

这些条款要求固体废物项目须进行环境影响评价，环境影响评价文件需要明确相关配套固体废物污染环境防治设施的内容。固体废物污染防治设施的环保竣工验收，由生态环境部门负责验收改为企业自主验收，进一步强化了企业主体责任。建设单位应该按照有关法规标准要求配套建设固体废物污染防治设施，并完成环境影响评价报告。

第五节　倾倒堆放禁止性规定

产生、收集、贮存、运输、利用、处置固体废物的单位和其他生产经营者，应当采取防扬散、防流失、防渗漏或者其他防止污染环境的措施，不得擅自倾倒、堆放、丢弃、遗撒固体废物。

禁止任何单位或者个人向江河、湖泊、运河、渠道、水库及其最高水位线以下的滩地和岸坡以及法律法规规定的其他地点倾倒、堆放、贮存固体废物。

禁止向生活垃圾收集设施中投放工业固体废物。

禁止中华人民共和国境外的固体废物进境倾倒、堆放、处置。

禁止擅自倾倒、堆放、丢弃、遗撒城镇污水处理设施产生的污泥和处理后的污泥。禁止重金属或者其他有毒有害物质含量超标的污泥进入农用地。

产生危险废物的单位，应当按照国家有关规定和环境保护标准要求贮存、利用、处置危险废物，不得擅自倾倒、堆放。

第六节　跨省转移

近年来，国内各个省（区、市）及地区间因为经济发展差异，对固体废物处理的要求也不一致，导致固体废物在不同行政区间转移。然而，缺乏监管的固体废物无序地转移，势必会给固体废物接受地以及运输沿途环境造成一系列影响。

我国对于固体废物跨省转移的法律规定主要来自新《固废法》第二十二条：转移固体废物出省、自治区、直辖市行政区域贮存、处置的，应当向固体废物移出地的省、自治区、直辖市人民政府生态环境主管部门提出申请。移出地的省、自治区、直辖市人民政府生态环境主管部门应当及时商经接受地的省、自治区、直辖市人民政府生态环境主管部门同意后，在规定期限内批准转移该固体废物出省、自治区、直辖市行政区域。未经批准的，不得转移。转移固体废物出省、自治区、直辖市行政区域利用的，应当报固体废物移出地的省、自治区、直辖市人民政府生态环境主管部门备案。移出地的省、自治区、直辖市人民政府生态环境主管部门应当将备案信息通报接受地的省、自治区、直辖市人民政府生态环境主管部门。

此外，新《固废法》第八十二条规定“转移危险废物的，应当按照国家有关规定填写、运行危险废物电子或者纸质转移联单”。对危险废物转运进行了特别规定。跨省、自治区、直辖市转移危险废物的，应当向危险废物移出地省、自治区、直辖市人民政府生态环境主管部门申请。移出地省、自治区、直辖市人民政府生态环境主管部门应当及时商经接受地省、自治区、直辖市人民政府生态环境主管部门同意后，在规定期限内批准转移该危险废物，并将批准信息通报相关省、自治区、直辖市人民政府生态环境主管部门和交通运输主管部门。未经批准的，不得转移。危险废物转移管理应当全程管控、提高效率，具体办法由国务院生态环境主管部门会同国务院交通运输主管部门和公安部门制定。

各省贯彻落实新《固废法》，纷纷印发结合本省实际情况的跨省管理办法。针对不同类型及特点的固体废物进行规定，能更好地对固体废物的转移进行监督。

（1）危险废物跨省转移

由于危险废物对环境危害巨大，新《固废法》对危险废物也作出特别规定。

第一，危险废物跨行政区域转移的审批机构应该为多级，应由危险废物转移方和接收方的县、市、省三级环境保护部门进行逐级审批。

第二，危险废物跨省转移的审批程序当中，应该增加危险废物接收方对危险废物进行必要评估的过程。对危险废物可以逐步实现编号制度，保证所有危险废物的转移过程能够得到有效监督。

第三，危险废物跨省审批应包括：①该行政区域暂无相应的危险废物处理能力，或因本单位生产经营需要，必须委托其他行政区域企业贮存、处置危险废物；②运输危险废物必须符合国家有关标准、技术规范和要求；③申请单位应具备与外运频次相匹配的危险废物暂存能力，并制订临时贮存的污染防治方案；④针对运输、贮存、处置活动中可能发生的污染事故和其他突发性事件，有相应的应急预案。

（2）工业固体废物的跨省转移

工业固体废物具有重复利用价值且数量巨大，其有序地转移常常能带来一定的经济效益。因此，应鼓励最大化发挥工业固体废物剩余价值的跨省转移。

第一，工业固体废物跨省转移的审批机构应包括固体废物转移方和接收方的县、市、省三级生态环境部门，在需要的时候增加具有相关专业知识和经验的工业管理机构。

第二，工业固体废物跨省转移的审批程序当中，应该有对工业固体废物重复利用价值进行评估的程序。

第三，工业固体废物跨省转移的审批条件应该包括以下几条：①该行政区域暂无相应的工业固体废物处理能力，或因本单位生产经营需要，必须委托其他行政区域企业贮存、处置固体废物；②运输工业固体废物必须符合国家有关标准、技术规范和要求；③申请单位应具备与外运频次相匹配的固体废物暂存能力，并制订临时贮存的污染防治方案。

(3) 城市垃圾的跨省转移

城市垃圾产生量大，其转移去向一般为城市周围的县城，这种转移在目前看来是不可避免的。城市垃圾跨省转移的审批程序当中，必须对城市垃圾的转移进行环境影响评价。在其转移的审批条件中应包括：①城市垃圾接收方已经建立足以接收城市垃圾并进行有效处理的设施；②该转移行为已经通过环境影响评价。

第七节 设施、设备和场所管理及维护

新《固废法》规定，收集、贮存、运输、利用、处置固体废物的单位和其他生产经营者，应当加强对相关设施、设备和场所的管理和维护，保证其正常运行和使用。

企业在固体废物管控过程中，应当建立健全设备、设施安全管理制度，创建设施运行维护台账，加强设备设施的日常检查、维护、保养和检修。设备、设施的设计与安装应充分考虑安全性、经济性及适用性。对重要岗位的电气、机械等设备，应当实行操作牌制度。安全设施和职业病防护设施应符合安全卫生设施的有关规定。

第二章　一般固体废物管理

第一节　工业固体废物

工业固体废物，是指在工业生产活动中产生的固体废物。它是固体废物中的一类，简称工业固废，是工业生产过程中排入环境的各种废渣、粉尘及其他废物。工业固体废物可分为一般工业固体废物（如高炉渣、钢渣、赤泥、有色金属渣、粉煤灰、煤渣、硫酸渣、废石膏、脱硫灰、电石渣、盐泥等）和工业有害固体废物。本章所述工业固体废物指一般工业固体废物，一般工业固体废物又分为第Ⅰ类一般工业固体废物和第Ⅱ类一般工业固体废物两种。

一、产生者污染环境防治责任制度、产生单位责任变更

新《固废法》第三十六条和第四十一条分别对产生者污染环境防治责任以及产生单位变更情况的污染防治责任作出了要求。

（一）产生者污染环境防治责任制度

1. 管理要求

新《固废法》第三十六条规定，产生工业固体废物的单位应当建立健全工业固体废物产生、收集、贮存、运输、利用、处置全过程的污染环境防治责任制度，建立工业固体废物管理台账，如实记录产生工业固体废物的种类、数量、流向、贮存、利用、处置等信息，实现工业固体废物可追溯、可查询，并采取防治工业固体废物污染环境的措施。

禁止向生活垃圾收集设施中投放工业固体废物。

2. 要点分析

新《固废法》第三十六条将原《固废法》中污染环境防治责任制度细化，增加“产生、收集、贮存、运输、利用、处置全过程”，充分明确各环节污染防治责任，要求企业重视环境污染风险，切实做好各个环节的责任落实工作，做到有计划、可追溯、主要环节设置责任人，以避免环境事故发生。

（二）产生单位责任变更

1. 管理要求

新《固废法》第四十一条规定，产生工业固体废物的单位终止的，应当在终止前对工业固体废物的贮存、处置的设施、场所采取污染防治措施，并对未处置的工业固体废物作出妥善处置，防止污染环境。

产生工业固体废物的单位发生变更的，变更后的单位应当按照国家有关环境保护的规定，对未处置的工业固体废物及其贮存、处置的设施、场所进行安全处置，或者采取有效措施保证该设施、场所安全运行。变更前当事人对工业固体废物及其贮存、处置的设施、场所的污染防治责任另有约定的，从其约定；但是，不得免除当事人的污染防治义务。

对2005年4月1日前已经终止的单位未处置的工业固体废物及其贮存、处置的设施、场所进行安全处置的费用，由有关人民政府承担；但是，该单位享有的土地使用权依法转让的，应当由土地使用权受让人承担处置费用。当事人另有约定的，从其约定；但是，不得免除当事人的污染防治义务。

2. 要点分析

新《固废法》第四十一条从两个角度提出产生单位责任变更后对工业固体废物的处理要求。

一是产生工业固体废物的单位终止的（该单位不再存续），企业需要在终止前，对厂区内可能造成环境污染的设备、场地等采取污染防控措施，避免造成二次污染。同时，对厂区内未处理的工业固体废物及时开展妥善处理，防止造成环境污染。禁止随意弃置，污染环境。此外，针对2005年4月1日以前的历史遗留问题作出处置费相关说明。

二是产生单位发生变更的，污染防治责任由变更后单位承担，变更前后有额外约定除外。变更前后单位应对环境风险因素做好交接工作，并且变更后单位应提前制定污染防治措施，保证原单位已经建立的贮存、处置设施、场所无环境风险。尤其注意，这种情况下，当事人依旧具有污染防治的义务。

二、运输、利用、贮存、处置管理要求及风险点

（一）管理要求

新《固废法》第三十六条、第三十七条对工业固体废物运输、利用、贮存、处置管理作出了要求。

第三十六条　产生工业固体废物的单位应当建立健全工业固体废物产生、收集、贮存、运输、利用、处置全过程的污染环境防治责任制度，建立工业固体废物管理台账，如实记录产生工业固体废物的种类、数量、流向、贮存、利用、处置等信息，实现工业固体废物可追溯、可查询，并采取防治工业固体废物污染环境的措施。

禁止向生活垃圾收集设施中投放工业固体废物。

第三十七条　产生工业固体废物的单位委托他人运输、利用、处置工业固体废物的，应当对受托方的主体资格和技术能力进行核实，依法签订书面合同，在合同中约定污染防治要求。

受托方运输、利用、处置工业固体废物，应当依照有关法律法规的规定和合同约定履行污染防治要求，并将运输、利用、处置情况告知产生工业固体废物的单位。

产生工业固体废物的单位违反本条第一款规定的，除依照有关法律法规的规定予以处罚外，还应当与造成环境污染和生态破坏的受托方承担连带责任。

（二）要点分析

1. 台账具体详细

新《固废法》第三十六条明确要求，工业固体废物在厂区内处理的全过程应实现详细的台账记录，要做到固体废物可追溯、可查询。目的是方便生态环境主管部门的统一管理，实现固体废物“有账可查，有理可依”。否则，根据第一百零二条规定，由生态环境主管部门责令改正，处以罚款，没收违法所得；情节严重的，报经有批准权的人民政府批准，可以责令停业或者关闭。

2. 禁止随意倾倒

工业固体废物由于其特殊的化学属性，有些物质易溶于水，会对水体造成污染；粉末状的工业固体废物飘到空气中，会对大气造成污染。因此，禁止工业固体废物随意倾倒。新《固废法》第一百零二条对擅自倾倒、堆放、丢弃、遗撒工业固体废物，或者未采取相应防范措施，造成工业固体废物扬散、流失、渗漏或者其他环境污染的处罚方式进行了说明。

3. 贮存处置设施

《一般工业固体废物贮存和填埋污染控制标准》（GB 18599—2020）对贮存场和填埋场的选址、技术、出入厂、运行等提出了具体要求。

4. 委托方、被委托方共同担责

新《固废法》第三十七条规定，工业固体废物转移、利用、处置过程中，委托方和被委托方签订合同时，需明确污染防治要求。如果在过程中出现问题，受委托方有连带责任。企业应注意，本条款强化了产生者主体责任意识，重视在运输处置后的环境防控责任，旨在规范企业运输、利用、处置行为，增强企业环境风险防控意识。

三、清洁生产

当前，我国工业固体废物规模总量大、综合利用率低、风险隐患高，工业固体废物治理任务十分艰巨。自 2011 年以来，我国每年产生的一般工业固体废物超过 30 亿 t，2018 年达到 34.9 亿 t。与此同时，我国工业固体废物减量化、资源化利用相对滞后。尽管近年来我国在产业结构调整方面取得了很大成绩，固体废物产生强度已明显趋缓，但产业结构仍然偏重，污染者依法负责的各项制度落实不够到位，企业清洁生产积极性不高，导致固体废物产生量仍处于高位。

清洁生产是指不断采取改进设计、使用清洁的能源和原料、采用先进的工艺技术与设备、改善管理、综合利用等措施，从源头削减污染，提高资源利用效率，减少或者避免生产、服务和产品使用过程中污染物的产生和排放，以减轻或者消除其对人体健康和环境的危害。清洁生产从本质上来说，就是对生产过程与产品采取整体预防的环境策略，减少或者消除它们对人类及环境的可能危害，同时充分满足人类需要，使社会经济效益最大化的一种生产模式。清洁生产的结果就是减少对环境的污染，所以固体废物污染控制就是清洁生产的一部分内容。

新《固废法》明确提出，国家推行绿色发展方式，促进清洁生产和循环经济发展。新《固废法》第三章将强化工业固体废物源头减量和综合利用的原则贯穿始终。源头减量方面，与《中华人民共和国清洁生产促进法》进行了统筹和衔接。要求产生工业固体废物的单位依法实施清洁生产审核；要求产生工业固体废物的单位向所在地生态环境主管部门提供减少工业固体废物产生、促进综合利用的具体措施，并执行排污许可管理制度的相关规定；要求矿山企业采取科学的开采方法和选矿工艺，减少矿业固体废物，切实加强尾矿库风险预警和防控，推动绿色矿山建设。综合利用方面，明确国务院工业和信息化主管部门对推动工业固体废物综合利用的引导作用，增加"国家鼓励采取先进工艺对尾矿、煤矸石、废石等矿业固体废物进行综合利用"的要求，并提出"县级以上地方人民政府组织建设工业固体废物集中处置等设施"。实施工业绿色生产，推进循环经济发展和工业资源综合利用，对于治理工业固体废物污染具有长远而重大的意义。我国正在开展的"无废城市"建设试点聚焦于推动实现固体废物可持续管理，助力城市经济社会高质量发展。

四、排污许可

排污许可，是指生态环境主管部门依照排污单位的申请和承诺，通过发放排污许可证，以法律文书形式，规范和限制排污单位的排污行为，并明确环境管理要求，依据排污许可证对排污单位实施监管执法的环境管理制度。排污单位开展自行监测，向社会公开污染物排放状况是其应尽的法律责任。2015 年 1 月 1 日起施行的《环境保护法》第四十二条明确提出："重点排污单位应当按照国家有关规定和监测规范安装使用监测设备，保证监测设备正常运行，保存原始监测记录。"第五十五条要求："重点排污单位应当如实向社会公开其主要污染物的名称、排放方式、排放浓度和总量、超标排放情况，以及防治污染设施的建设和运行情况，接受社会监督。"《中华人民共和国水污染防治法》（以下简称《水污染防治法》）第二十三条规定："实行排污许可管理的企业事业单位和其他生产经营者应当按照国家有关规定和监测规范，对所排放的水污染物自行监测，并保存原始监测记录。重点排污单位还应当安装水污染物排放自动监测设备，与环境保护主管部门的监控设备联网，并保证监测设备正常运行。具体办法由国务院环境保护主管部门规定。"《中华人民共和国大气污染防治法》（以下简称《大气污染防治法》）第二十四条规定："企业事业单位和其他生产经营者应当按照国家有关规定和监测规范，对其排放的工业废气和本法第七十八条规定名录中所列有毒有害大气污染物进行监测，并保存原始监测记录。”

新《固废法》明确提出“产生工业固体废物的单位应当取得排污许可证”，并要求产生工业固体废物的单位执行排污许可管理制度的相关规定，为将工业固体废物纳入现行排污许可制度提供了法律支撑。国务院办公厅于2016年11月印发了《控制污染物排放许可制实施方案》，明确要建立以排污许可制为核心的固定污染源管理制度体系，将排污许可证作为企事业单位和其他生产经营者在生产运营期间污染防治的唯一行政许可，实现将污染物排放落到排放口管控的精细化管理，落实企业环境管理主体责任。将工业固体废物、危险废物纳入排污许可管理，实现对水、大气、土壤及固体废物污染管控的全覆盖和“一证式”管理，可有效避免为降低某一类污染物排放而导致的污染物跨介质转移，同时可在系统中收集统计各排污单位的工业固体废物产生、利用、处置和贮存等信息，推进实现固体废物全过程管理。

补充完善排污许可制度，要求产生工业固体废物的单位等申请领取排污许可证，并按照排污许可证要求管理所产生的工业固体废物。产生工业固体废物的单位应当取得排污许可证。排污许可的具体办法和实施步骤由国务院规定。产生工业固体废物的单位应当向所在地生态环境主管部门提供工业固体废物的种类、数量、流向、贮存、利用、处置等有关资料，以及减少工业固体废物产生、促进综合利用的具体措施，并执行排污许可管理制度的相关规定。

五、污染防治措施

（1）建设项目的环境影响评价文件确定需要配套建设的固体废物污染环境防治设施，对固体废物采取防扬散、防流失、防渗漏或者其他防治固体废物污染环境和破坏生态的措施，并应当与主体工程同时设计、同时施工、同时投入使用。建设单位应当依照有关法律法规的规定，对配套建设的固体废物污染环境防治设施进行验收，编制验收报告，并向社会公开。

（2）企业应当建立健全工业固体废物产生、收集、贮存、运输、利用、处置全过程的污染环境防治责任制度，建立工业固体废物管理台账，如实记录产生工业固体废物的种类、数量、流向、贮存、利用、处置等信息，实现工业固体废物可追溯、可查询，依法及时公开固体废物污染环境防治信息。加强固体废物现场管理，定期进行风险排查、评估、整改，定期参加固体废物污染防治培训，避免受到处罚。

（3）企业委托他人运输、利用、处置工业固体废物的，应当对受托方的主体资格和技术能力进行核实，依法签订书面合同，在合同中约定污染防治要求。不得向生活垃圾收集设施中投放工业固体废物。不得向江河、湖泊、运河、渠道、水库及其最高水位线以下的滩地和岸坡以及法律法规规定的其他地点倾倒、堆放、贮存固体废物。

（4）企业应当向所在地生态环境主管部门提供工业固体废物的种类、数量、流向、贮存、利用、处置等有关资料，以及减少工业固体废物产生、促进综合利用的具体措施，并执行排污许可管理制度的相关规定。

（5）企业终止的，应当在终止前对工业固体废物的贮存、处置的设施、场所采取污染防治措施，并对未处置的工业固体废物作出妥善处置，防止污染环境。企业发生变更的，变更后的单位应当按照国家有关环境保护的规定，对未处置的工业固体废物及其贮存、处置的设施、场所进行安全处置，或者采取有效措施保证该设施、场所安全运行。变更前，当事人对工业固体废物及其贮存、处置的设施、场所的污染防治责任另有约定的，从其约定；但是，当事人仍需履行污染防治义务。

（6）企业应当按照工业和信息化部等发布的要求，积极采用减少工业固体废物产生量和降低工业固体废物危害性的生产工艺和设备。企业应当购买、使用综合利用产品和可重复使用产品。企业应当按照淘汰名录的限期要求，淘汰产生严重污染环境的工业固体废物的落后生产工艺、设备。不得将列入限期淘汰名录被淘汰的设备转让给他人使用。矿山企业的尾矿、煤矸石、废石等矿业固体废物贮存设施停止使用后，矿山企业应当按照国家有关环境保护等规定进行封场。

（7）固体废物经过一定的处理或加工，可使其中所含的有用物质提取出来，继续在工农业生产中发挥作用，也可使有些固体废物改变形式，成为新的能源或资源。这种由固体废物到有用物质的转化称为固体废物的综合利用或资源化。综合利用是处理一般工业固体废物的主要途径。企业应当根据经济、技术条件对工业固体废物加以利用；对暂时不利用或者不能利用的，应当按照国务院生态环境等主管部门的规定建设贮存设施、场所，安全分类存放，或者采用无害化处置措施。贮存工业固体废物，应当采取符合国家环境保护标准的防护措施。建设工业固体废物贮存、处置的设施、场所，应当符合国家环境保护标准。综合利用固体废物，应当遵守生态环境法律法规，符合固体废物污染环境防治技术标准。使用固体废物综合利用产品，应当符合国家规定的用途、标准。

固体废物综合利用的原则：首先，综合利用技术应是可行的；其次，固体废物综合利用要有较大的经济效益，要尽可能在排出源就近利用，以便节省废物收贮和运输等过程的投资，提高综合利用的经济效益；最后，固体废物综合利用生产的产品应当符合国家相应产品的质量标准，具有与用相应的原材料所制的产品相竞争的能力。

固体废物综合利用的范围很宽，主要包括建材利用、农业利用、化工利用以及固体废物能的利用等方面。

（8）企业也可以采用符合生态环境法律法规、标准等要求的方式、方法，对产生的工业固体废物自行进行处置。处置是指将固体废物焚烧和用其他改变固体废物的物理、化学、生物特性的方法，减少已产生的固体废物数量、缩小固体废物体积、减少或者消除其危险成分的活动，或者将固体废物最终置于符合环境保护规定要求的填埋场的活动。

1）固体废物预处理方法：收集、运输、压实、破碎、分选等工艺过程。

2）固体废物处理方法：好氧发酵、厌氧发酵、焚烧、热解等。

3）固体废物处置方法：土地利用、土地填埋、深层地质处置、海洋处置等。

4）工业污泥处置方法：浓缩、调理、发酵、脱水、干燥、焚烧、固化、填埋等。

六、企业环境信息依法披露

为建立健全企业环境信息依法披露制度，明确规定、落实责任、规范行为，生态环境部于2021年5月印发了《环境信息依法披露制度改革方案》，于2021年12月印发了《企业环境信息依法披露管理办法》（以下简称《管理办法》，自2022年2月8日起施行）。

《管理办法》聚焦对生态环境、公众健康和公民利益有重大影响、市场和社会关注度高的企业环境行为，加快建立企业自律、管理有效、监督严格、支撑有力的环境信息依法披露制度。一是着重健全环境信息依法披露制度的具体安排，将多部生态环境法律法规关于环境信息披露的规定整合，解决环境信息披露形式、程序、时限等要求不明确问题；二是着重解决环境信息披露内容不规范问题，强化对深入打好污染防治攻坚战、碳达峰碳中和等生态环境领域重点工作的支撑，实现对重要主体、重要行为、重要信息等关注度高、使用需求大的信息全覆盖；三是着重解决环境信息披露渠道过于分散、部门协作不足等问题，规范环境信息披露途径，明确管理部门责任，保障合理分工、有效执行。

《管理办法》分为 6 章，共 33 条，对环境信息依法披露主体、披露内容和时限、监督管理等基本内容进行了规定。

第一章为总则。对《管理办法》的适用范围进行了解释，规定了环境信息依法披露的部门职责、主体责任、基本要求、信息安全等内容。

第二章为披露主体。重点关注环境影响大、公众关注度高的企业，要求重点排污单位、实施强制性清洁生产审核的企业、符合规定情形的上市公司、发债企业等主体依法披露环境信息，同时规定了制定环境信息依法披露企业名单的程序、企业纳入名单的期限。

第三章为披露内容和时限。要求企业按照《企业环境信息依法披露格式准则》（以下简称《准则》）编制年度环境信息依法披露报告和临时环境信息依法披露报告，并分别在规定的时限内上传至企业环境信息依法披露系统。对于年度环境信息依法披露报告，要求重点排污单位披露企业环境管理信息，污染物产生、治理与排放信息，碳排放信息等 8 类信息；要求实施强制性清洁生产审核的企业在披露 8 类信息的基础上，披露实施强制性清洁生产审核的原因、实施情况、评估与验收结果等信息；要求符合规定情形的上市公司、发债企业在披露 8 类信息的基础上，披露融资所投项目的应对气候变化、生态环境保护等信息。对于生态环境行政许可变更、行政处罚、生态环境损害赔偿等市场关注度高、时效性强的信息，要求企业以临时环境信息依法披露报告形式及时披露。同时，规定了年度环境信息依法披露报告和临时环境信息依法披露报告的披露时限。

第四章为监督管理。对企业环境信息依法披露系统建设、信息共享和报送、监督检查和社会监督等进行了规定，同时明确将企业环境信息依法披露的情况作为评价企业信用的重要内容。

第五章为罚则。对违反《管理办法》的情形进行了规定，并明确相应罚则。第二十八条规定：企业违反本办法规定，不披露环境信息，或者披露的环境信息不真实、不准确的，由设区的市级以上生态环境主管部门责令改正，通报批评，并可以处 1 万元以上 10 万元以下的罚款。第二十九条规定：企业违反本办法规定，有下列行为之一的，由设区的市级以上生态环境主管部门责令改正，通报批评，并可以处 5 万元以下的罚款：（一）披露环境信息不符合准则要求的；（二）披露环境信息超过规定时限的；（三）未将环境信息上传至企业环境信息依法披露系统的。

七、管理台账制定

台账制度是规范工业固体废物流向的重要抓手，是实现工业固体废物全过程管理的基础性、保障性制度。产生工业固体废物的单位（以下简称产废单位）建立工业固体废物管理台账，如实记录工业固体废物的种类、数量、流向、贮存、利用、处置等信息，可以实现工业固体废物可追溯、可查询，推动企业提升固体废物管理水平。

（一）前期准备工作

（1）分析一般工业固体废物的产生情况。从原辅材料与产品、生产工艺等方面分析固体废物的产生情况，确定固体废物的种类，了解并熟悉所产生固体废物的基本特性。

（2）明确负责人及相关设施、场地。明确固体废物产生部门、贮存部门、自行利用部门和自行处置部门负责人，为固体废物产生设施、贮存设施、自行利用设施和自行处置设施编码。

（3）确定接受委托的利用处置单位。委托他人利用、处置的，应当按照新《固废法》第三十七条的要求，选择有资格、有能力的利用处置单位。

（二）台账管理要求

（1）一般工业固体废物管理台账实施分级管理。《一般工业固体废物产生清单（　年度）》《一般工业固体废物流向汇总表（　年　月）》《一般工业固体废物出厂环节记录表》为必填信息，主要用于记录固体废物的基础信息及流向信息，所有产废单位均应填写。《一般工业固体废物产生清单（　年度）》按年填写，应当结合环境影响评价、排污许可等材料，根据实际生产运营情况记录固体废物产生信息，生产工艺发生重大变动等原因导致固体废物产生种类等发生变化的，应当及时另行填写；《一般工业固体废物流向汇总表（　年　月）》按月填写，记录固体废物的产生、贮存、利用、处置数量和利用、处置方式等信息；《一般工业固体废物出厂环节记录表》按批次填写，每一批次固体废物的出厂及转移信息均应如实记录。

（2）《一般工业固体废物产生环节记录表》《一般工业固体废物贮存环节记

录表》《一般工业固体废物自行利用环节记录表（接收）》《一般工业固体废物自行利用环节记录表（运出）》《一般工业固体废物自行处置环节记录表》为选填信息，主要用于记录固体废物在产废单位内部的贮存、利用、处置等信息，根据地方及企业管理需要填写，省级生态环境主管部门可根据工作需要，另行规定具体适用范围和记录要求。填写时应确保固体废物的来源信息、流向信息完整准确；根据固体废物产生周期，可按日或按班次、批次填写。

（3）产废单位填写台账记录表时，应当根据自身固体废物产生情况，从《一般工业固体废物分类表》（表 2-1）中选择对应的固体废物种类和代码，并根据固体废物种类确定固体废物的具体名称。

表 2-1　一般工业固体废物分类表

废物代码	废物种类	废物描述
SW01	冶炼废渣	黑色金属冶炼、有色金属冶炼、贵金属冶炼等产生的固体废物（不含赤泥），包括炼铁产生的高炉渣、炼钢产生的钢渣、电解锰产生的锰渣等
SW02	粉煤灰	从燃煤过程产生烟气中收捕下来的细微固体颗粒物，不包括从燃煤设施炉膛排出的灰渣，主要来自火力发电和其他使用燃煤设施的行业
SW03	炉渣	燃烧设备从炉膛排出的灰渣（不含冶炼废渣），不包括燃料燃烧过程中产生的烟尘
SW04	煤矸石	煤炭开采、洗选产生的矸石以及煤泥等固体废物
SW05	尾矿	金属、非金属矿山开采出的矿石，经选矿厂选出有价值的精矿后产生的固体废物，包括铁矿、铜矿、铅矿、铅锌矿、金矿（涉氰或浮选）、钨钼矿、硫铁矿、萤石矿、石墨矿等矿石选矿后产生的尾矿
SW06	脱硫石膏	废气脱硫的湿式石灰石 / 石膏法工艺中，吸收剂与烟气中 SO_2 等反应后生成的副产物
SW07	污泥	各类污水处理产生的固体沉淀物
SW09	赤泥	从铝土矿中提炼氧化铝后排出的污染性废渣，一般含氧化铁量大，外观与赤色泥土相似
SW10	磷石膏	在磷酸生产中用硫酸分解磷矿时产生的二水硫酸钙、酸不溶物，未分解磷矿及其他杂质的混合物。主要来自磷肥制造业

废物代码	废物种类	废物描述
SW11	工业副产石膏	工业生产活动中产生的以硫酸钙为主要成分的石膏类废物，包括氟石膏、硼石膏、钛石膏、芒硝石膏、盐石膏、柠檬酸石膏等，不含脱硫石膏、磷石膏
SW12	钻井岩屑	石油、天然气开采活动以及其他采矿业产生的钻井岩屑等矿业固体废物，不包括煤矸石、尾矿
SW13	食品残渣	农副食品加工、食品制造等产生的有机类固体废物，包括各类农作物、牲畜、水产品加工残余物等
SW14	纺织皮革业废物	纺织、皮革、服装等行业产生的固体废物，包括丝、麻、棉边角废料等
SW15	造纸印刷业废物	造纸业、印刷业产生的固体废物，包括造纸白泥等
SW16	化工废物	石油煤炭加工业、化工行业、医药制造业产生的固体废物，包括气化炉渣、电石渣等
SW17	可再生类废物	工业生产加工活动中产生的废钢铁、废有色金属、废纸、废塑料、废玻璃、废橡胶、废木材等
SW59	其他工业固体废物	除上述种类以外的工业固体废物

注：1. 本表的目的是为固体废物环境管理提供便利，不是固体废物或危险废物鉴别的依据。
2. 列入本表的一般工业固体废物，是指按照国家规定的标准和程序判定不属于危险废物的工业固体废物。

（4）鼓励产废单位采用国家建立的一般工业固体废物管理电子台账，简化数据填写、台账管理等工作。地方和企业自行开发的电子台账要实现与国家系统对接。建立电子台账的产废单位，可不再记录纸质台账。

（5）台账记录表各表单的负责人对记录信息的真实性、完整性和规范性负责。

（6）产废单位应当设立专人负责台账的管理与归档，一般工业固体废物管理台账保存期限不少于 5 年。

（7）鼓励有条件的产废单位在固体废物产生场所、贮存场所及磅秤位置等关键点位设置视频监控，提高台账记录信息的准确性（表 2-2 ～表 2-9）。

表 2-2　一般工业固体废物产生清单（　　年度）

负责人签字：　　　　　　　　　填表人签字：　　　　　　　　　填表日期：

序号	代码	名称	类别	产生环节	物理性状	主要成分	污染特性	产废系数 / 年产生量
1								
2								
…								

注：

1. 代码：根据实际情况从表 2-1 中选择对应的代码。
2. 名称：结合表 2-1 中的废物种类确定具体的名称。以尾矿为例，应当依据采选的主要矿种命名尾矿的具体名称，如铁尾矿、铜尾矿、铅尾矿、铅锌尾矿等。
3. 类别：选择第Ⅰ类一般工业固体废物或第Ⅱ类一般工业固体废物。
4. 产生环节：说明固体废物的产生来源。例如，在某个设施以某种原辅材料生产某种产物时产生的废物，明确产生废物的生产设施编码。
5. 物理性状：选择固态、半固态、液态、气态或其他形态。
6. 主要成分：固体废物含有的典型物质成分，如磷石膏的主要成分为硫酸钙。
7. 污染特性：描述固体废物的特征污染物，以及其释放迁移对大气、水、土壤环境造成的影响。
8. 产废系数 / 年产生量：单位产品或单位原料所产生的固体废物量，或者填写固体废物的年度产生量。

表 2-3 一般工业固体废物流向汇总表（ 年 月）

负责人签字： 填表人签字： 填表日期：

代码	名称	类别	产生量	贮存量	累计贮存量	自行利用方式	自行利用数量	委托利用方式	委托利用数量	自行处置方式	自行处置数量	委托处置方式	委托处置数量
1													
2													
…													

注：

1. 产生量、贮存量、利用量、处置量：均为填表期间的实际发生数量。
2. 累计贮存量：截止到填表当月月底，累计实际贮存总量，包括本指南实施之前发生的贮存量。
3. 自行 / 委托利用方式：根据实际情况，简要描述利用技术路线和利用产物。
4. 自行 / 委托处置方式：根据实际情况，选择焚烧、填埋、其他处置方式。
5. 利用 / 处置数量：原则上应以“吨（t）”为单位计量。如以其他单位计量，应说明计量单位，并通过估算换算成“吨（t）”。

表 2-4 一般工业固体废物出厂环节记录表

记录表编号： 负责人签字： 填表日期：

代码	名称	出厂时间	出厂数量（单位）	出厂环节经办人	运输单位	运输信息	运输方式	接收单位	流向类型

注：

1. 记录表编号：可采用“出厂”首字母加年月日再加编号的方式设计，例如“CC20210731001”，也可根据需要自行设计。
2. 出厂时间：原则上应精确至“分”。
3. 出厂数量：原则上应以“吨（t）”为单位计量。如以其他单位计量，应说明计量单位，并通过估算换算成“吨（t）”。
4. 运输信息：填写运输车辆车牌号码、驾驶员姓名及联系方式。
5. 运输方式：选择公路、铁路、水路。
6. 流向类型：选择省内转移、跨省转移、越境转移。

表 2-5 一般工业固体废物产生环节记录表

记录表编号：　　生产设施编码：　　废物产生部门负责人：　　填表日期：

代码	名称	产生时间	产生数量(单位)	转移时间	转移去向	产生部门经办人	运输经办人

注：

1. 记录表编号：可采用“产生”首字母加年月日再加编号的方式设计，例如“CS20210731001”，也可根据需要自行设计。
2. 生产设施编码：填写排污许可证载明的设施编码，无编码的依据 HJ 608 自行编码。无固定产生环节的固体废物，可不填写编码。
3. 转移去向：是指固体废物在厂内的转移去向。如不经过贮存、利用等环节直接出厂，则填写“出厂”。
4. 运输经办人：是指固体废物在厂内的运输经办人员。
5. 对于废物连续产生的情况，产生时间可按日或按班次计，“转移时间”填写“连续产生”，“运输经办人”项可不填写。

表 2-6　一般工业固体废物贮存环节记录表

记录表编号：　　　　贮存设施编码：　　　　贮存部门负责人：　　　　填表日期：

入库情况								出库情况				
废物来源	前序表单编号	代码	名称	入库时间	入库数量（单位）	运输经办人	贮存部门经办人	出库时间	出库数量（单位）	废物去向	贮存部门经办人	运输经办人

注：

1. 记录表编号：可采用“贮存”首字母加年月日再加编号的方式设计，例如“ZC20210731001”，也可根据需要自行设计。
2. 贮存设施编码：填写排污许可证载明的设施编码，无编码的依据 HJ 608 自行编码。
3. 废物来源：填写废物移出设施（废物产生设施或贮存设施）的编码和名称。
4. 前序表单编号：如废物来自生产环节，则填写表 2-5 的记录表编号；如废物来自贮存环节，则填写表 2-6 的记录表编号。
5. 如废物为连续产生且经过皮带、管道等方式自动入库而无废物运输经办人，则运输经办人可不填，入库时间可按日计。

表 2-7　一般工业固体废物自行利用环节记录表（接收）

记录表编号：　　自行利用设施编码：　　自行利用部门负责人：　　填表日期：

废物来源	前序表单编号	代码	名称	接收时间	接收数量（单位）	运输经办人	自行利用部门经办人

注：

1. 记录表编号：可采用“接收”首字母加年月日再加编号的方式设计，例如“JS20210731001”，也可根据需要自行设计。
2. 自行利用设施编码：填写排污许可证载明的设施编码，无编码的依据 HJ 608 自行编码。
3. 前序表单编号：如废物来自生产环节，则填写表 2-5 的记录表编号；如废物来自贮存环节，则填写表 2-6 的记录表编号。
4. 运输经办人：是指固体废物在厂内的运输经办人员。

表 2-8　一般工业固体废物自行利用环节记录表（运出）

记录表编号：　　自行利用设施编码：　　自行利用部门负责人：　　填表日期：

利用产物名称	运出时间	运出数量（单位）	运出去向	自行利用部门经办人	运输经办人

注：

1. 记录表编号：可采用“运出”首字母加年月日再加编号的方式设计，例如“YC20210731001”，也可根据需要自行设计。
2. 运出去向：根据实际情况填写，利用产物可写企业自用，也可写对外销售。
3. 运输经办人：可根据实际情况，填写厂内运输经办人或出厂运输经办人。

表 2-9　一般工业固体废物自行处置环节记录表

记录表编号：　　自行处置设施编码：　　自行处置部门负责人：　　填表日期：

废物来源	前序表单编号	代码	名称	接收时间	接收数量(单位)	代码	自行处置部门经办人

注：

1. 记录表编号：可采用“处置”首字母加年月日再加编号的方式设计，例如“CZ20210731001”，也可根据需要自行设计。
2. 自行处置设施编码：填写排污许可证载明的设施编码，无编码的依据 HJ 608 自行编码。
3. 前序表单编号：如废物来自生产环节，则填写表 2-5 的记录表编号；如废物来自贮存环节，则填写表 2-6 的记录表编号。

八、案例分析

根据《2020 年全国大、中城市固体废物污染环境防治年报》，2019 年，196 个大、中城市一般工业固体废物产生量达 13.8 亿 t，综合利用量 8.5 亿 t，处置量 3.1 亿 t，贮存量 3.6 亿 t，倾倒丢弃量 4.2 万 t。综合利用量占利用处置及贮存总量的 55.9%，处置和贮存分别占比 20.4% 和 23.6%。针对重点发表调查工业企业的大宗固体废物利用情况：①尾矿产生量为 10.3 亿 t，综合利用量为 2.8 亿 t（其中利用往年贮存量 1 777.5 万 t），综合利用率为 27.0%。②粉煤灰产生量 5.4 亿 t，综合利用量为 4.1 亿 t（其中利用往年贮存量为 213.0 万 t），综合利用率为 74.7%。③煤矸石产生量为 4.8 亿 t，综合利用量为 2.9 亿 t（其中利用往年贮存量 525.7 万 t），综合利用率为 58.9%。④冶炼废渣产生量为 4.1 亿 t，综合利用量为 3.6 亿 t（其中利用往年贮存量 498.8 万 t），综合利用率为 88.6%。⑤炉渣产生量为 3.2 亿 t，综合利用量为 2.3 亿 t（其中利用往年贮存量 121.4 万 t），综合利用率为 72.7%。⑥脱硫石膏产生量为 1.3 亿 t，综合利用量为 9617.4 万 t（其中利用往年贮存量 75.9 万 t），综合利用率为 71.3%。

冶金工业是国民经济中的原料生产部门，它涉及经济建设的各行各业，尤其是钢铁工业，它支撑着国民经济的发展。冶金工业固体废物是指金属（钢铁等）生产过程中产生的固体、半固体或泥浆状废物，主要包括采矿废石，矿石洗选过程中排出的尾砂、矿泥，以及冶炼过程中产生的各种冶炼渣。

案例 2-1

高炉渣的综合利用

高炉渣是高炉炼铁的废物，是冶金工业中数量最多的一种渣。炼铁的原料是铁矿石、焦炭、助熔剂（石灰石或白云石）烧结矿和球团矿等。在高炉冶炼过程中，由于大部分铁矿石中的脉石主要由酸性氧化物 SiO_2、Al_2O_3 等组成，当炉内温度达到 1 300 ～ 1 500 ℃时，炉料熔融，矿石中的脉石、焦炭中的灰分和助熔剂等非挥发组分形成以硅酸盐和铝酸盐为主、浮在铁水上面的熔渣，这就是高炉渣。

高炉渣的产生量与矿石品位的高低、焦炭中的灰分含量及石灰石、白云石的质量有关，也和冶炼工艺有关。通常每炼 1 t 生铁产渣 300 ～ 900 kg。高炉渣含有 15 种以上成分，其化学成分与普通硅酸盐水泥相似，主要是 Ca、Mg、Al、Si、Mn 的氧化物，它们约占高炉渣总重量的 95%，少数渣中含 TiO_2、V_2O_5 等。

由于矿石的品位及冶炼生铁的种类不同，高炉渣的化学成分波动较大。而在冶炼炉料固定和冶炼正常时，高炉渣的化学成分变化不大，对综合利用有利。

我国高炉渣的应用主要是把热熔渣制成水渣，用于生产水泥和混凝土，其次是开采老渣山，生产矿渣骨料，少量高炉渣用于生产膨珠和矿渣棉。

（1）用水淬渣作建材。我国高炉水渣主要用于生产水泥和混凝土。在水泥生产中，掺入15%以下水淬渣的水泥叫普通硅酸盐水泥，掺入15%以上水淬渣的水泥叫矿渣硅酸盐水泥。目前，我国约有75%的水泥中掺有粒状高炉渣。湿碾矿渣混凝土，是以水淬渣为原料，配以水泥熟料、石灰、石膏等，放入轮碾机中加水碾磨，与骨料拌和而成。其物理性能与普通混凝土相似。

（2）用膨珠作轻骨。膨珠全称膨胀矿渣珠，是在适量水冲击和成珠设备的配合作用下，被甩到空气中使水蒸发成蒸汽并在内部形成空隙，再经空气冷却形成的珠状矿渣。膨珠质轻、面光、自然级配好，吸声、隔热性能好，以它作骨料配制的轻质混凝土，性能良好，广泛应用于建筑业。

（3）用重矿渣作骨料和道砟。矿渣碎石的物理性能与天然岩石相近，其稳定性、坚固性、撞击强度以及耐磨性、韧度均满足工程要求。稳定性好的重矿渣，经破碎、分级，可以代替碎石，用作骨料配制混凝土，或在公路、铁路、机场道路建设中作道砟。

（4）用高炉渣生产矿渣棉。矿渣棉是以高炉渣为主要原料，加入白云石、玄武岩等成分及燃料，一起加热熔化后，采用高速离心法或喷吹法制成的一种棉丝状矿物纤维。矿渣棉具有质轻、保温、隔声、隔热、防震等性能，可以加工成各种板、毡、管壳等制品。许多国家都用高炉渣生产矿渣棉。

（5）利用高钛矿渣作护炉材料。高钛矿渣的主要矿物成分是钙钛矿、安诺石、钛辉矿及TiC、TiN等。利用高钛矿渣钛的低价氧化物在高温冶炼过程中溶解，并在低温时自动析出，沉积于炉缸、炉底的侵蚀严重部位的特点，可减缓渣铁的侵蚀作用，从而达到护炉的作用。我国首钢、鞍钢、包钢等均采用高钛矿渣作护炉材料。

除上述主要用途外，高炉渣还可以用来生产微晶玻璃、陶瓷、铸石等，并能加工成硅钙肥，作为肥料用于农业。

案例 2-2

钢渣的综合利用

钢渣总量在冶金工业渣中仅次于高炉渣。炼钢的基本原理与炼铁相反，它是利用空气或氧气去氧化炉料（主要是生铁）中所含的碳、硅、锰、磷等元素，在高温下与熔剂（主要是石灰石）起反应，形成熔渣。钢渣就是炼钢过程中排出的熔渣。钢渣的主要化学成分是 CaO、SiO_2、Al_2O_3、FeO、Fe_2O_3、MgO、MnO、P_2O_5，有的还含有 V_2O_5 和 TiO_2。钢渣与高炉渣的主要区别是：钢渣中铁的氧化物以 FeO 为主，含量在 25% 以下，而高炉渣中铁的氧化物以 Fe_2O_3 形式存在，一般含量在 5% 以下。

当前，我国采用的炼钢方法主要有转炉和电炉炼钢。按炼钢方法，钢渣可分为转炉钢渣和电炉钢渣；按不同生产阶段，电炉钢渣可分为氧化渣和还原渣；按钢渣性质，又可分为碱性渣和酸性渣。

转炉吹氧炼钢是现代炼钢的主要方法，它生产周期短，大都一次出渣。目前我国转炉炼钢比例已达 60%，转炉钢渣约占钢渣总量的 70%。每生产 1 t 转炉钢，产生 130 ～ 240 kg 的钢渣。电炉炼钢是以废钢为原料，主要生产特殊钢。电炉生产周期也长，分氧化期和还原期，并分期出渣。目前，每生产 1 t 电炉钢产生 150 ～ 200 kg 钢渣，其中氧化渣占 55%。

钢渣常用作钢铁冶炼的熔剂、水泥掺合料，或生产钢渣矿渣水泥，作筑路与回填工程材料，作农业肥料和回收废钢等。

（1）作钢铁冶炼熔剂。钢渣可用作烧结剂。转炉钢渣一般含 40% ～ 50% 的 CaO，1 t 钢渣相当于 0.7 ～ 0.75 t 石灰石。把钢渣加工到小于 10 mm 钢渣粉，便可代替部分石灰石作烧结配料用。钢渣作烧结熔剂，不仅回收了钢渣中的 Ca、Mg、Mn、Fe 等元素，而且提高了烧结机的利用系数和烧结矿的质量，降低了燃料消耗。

钢渣还可用作高炉炼铁熔剂。钢渣中含有 10% ～ 30% 的 Fe，40% ～ 60% 的 CaO，2% 左右的 Mn。若把钢渣加工成 10 ～ 40 mm 粒渣，可用作炼铁熔剂，不仅可以回收钢渣中的 Fe，而且可以把 CaO、MgO 等作为助熔剂，从而节省大量石灰石、白云石资源。钢渣中的 Ca、Mg 等均以氧化物形式存在，不需要经过碳酸盐的分解过程，因而可以节省大量热能。

（2）钢渣作水泥。高碱度钢渣有很好的水硬性，把它与一定量的高炉水渣、煅烧石膏、水泥熟料及少量激发剂配合球磨，即可生产钢渣矿渣水泥。钢渣水泥具水化热低、后期强度高、抗腐蚀、耐磨等特点，是理想的大坝水泥和道路水泥。

电炉还原渣具有很高的白度，与煅烧石膏和少量外加剂混合、研磨，即可生产 325 号白水泥。利用电炉还原渣作白水泥，具有投资少、能耗低、效益高、见效快等特点，是钢渣利用的有效途径之一。

（3）作筑路与回填工程材料。钢渣碎石具有密度大、强度高、表面粗糙、稳定性好、耐磨与耐久性好、与沥青结合牢固等特点，因而广泛用于铁路、公路、工程回填。由于钢渣具有活性，能板结成大块，特别适于沼泽、海滩筑路造地。钢渣作公路碎石，用量大且具有良好的渗水与排水性能。其用于沥青混凝土路面，耐磨防滑。钢渣作铁路道砟，除了前述优点外，还具有导电性小、不会干扰铁路系统的电讯工作等优点。

为克服钢渣替代碎石存在体积膨胀这一技术问题，我国用钢渣作工程材料的基本要求是：钢渣必须陈化，粉化率不能高于 5%；要有合适级配，最大块直径不能超过 300 mm；最好与适量粉煤灰、炉渣或黏土混合使用，严禁将钢渣碎石作混凝土骨料使用。

（4）作农肥和酸性土壤改良剂。钢渣含 Ca、Mg、Si、P 等元素，当钢渣中的 P_2O_5 超过 4% 时，可以磨细，作为低磷肥使用。生产实践表明，钢渣磷肥可以用于酸性土壤与缺磷碱性土壤，也适于水田与旱地耕作，具有很好的增产效果。

（5）回收废钢。钢渣一般含 7% ～ 10% 废钢，加工磁选后，可回收其中 90% 的废钢。

化工固体废物主要有废碱液、废酸液、废催化剂、反应废物、污水处理厂污泥等。

案例 2-3

废碱液的处理

废碱液主要来自石油产品的碱洗精制，如石油化工生产原料中所含的硫化物会分解，生成硫化氢等酸性化合物。为除去这些有害物质，往往用碱加以洗涤。碱洗后一般生成 Na_2S、Na_2CO_3、含酚钠盐等，与部分未反应的碱一起成为废碱液，其中还溶解了某些烃类化合物。由于被洗的产品不同，废碱液的性质和组成也不相同。

目前废碱液的资源化处理，一般是采用酸性物质进行中和，并回收其生成的有用物质。如石油炼制过程中产生的废碱液，可采用硫酸中和法回收环烷酸、粗酚，还可采用二氧化碳中和法回收环烷酸和碳酸钠。另外，像精制常压柴油过程中产生的废碱液可用加热闪蒸法生产贫赤铁矿浮选剂，液态烃碱洗过程中产生的废碱液可用于造纸，等等。

案例 2-4

废酸液的处理

废酸液主要来源于油品酸精制和烷基化装置排出的废硫酸催化剂。其成分除硫酸外，还有硫酸酯、磺酸等有机物及其叠合物。含酸废液除了用废碱液中和外，大部分石油化工公司对废酸液进行回收利用。

（1）热解法回收硫酸。将废酸送往硫酸厂，并将废酸喷入燃料热解炉中。废酸和燃料一起在燃烧室中热解，分解成 SO_2 和 H_2O，而其中的油和酸酯分解成 CO_2。燃烧裂解后的气体，在文丘里洗涤器中除尘后，冷却至 90℃左右，再通过冷却器和静电酸雾沉降器除去水分和酸雾，并经干燥塔除去残余水分，以防止设备腐蚀和转化器中催化剂活性失效。在 V_2O_5 的作用下，SO_2 转化成 SO_3，用稀酸吸收，制成浓硫酸。

（2）废酸液浓缩。废酸液浓缩的方法很多，目前使用较广泛、工艺较成熟的方法为塔式。此法可将 70% ～ 80% 的废酸液浓缩到 95% 以上。这种装置工艺成熟，在国内运行已近 40 年，目前仍然是稀酸浓缩的重要方法。其缺点是生产能力小，设备腐蚀严重，检修周期短，费用高，处理 1 t 废酸需消耗燃料油 50 kg。

在石油化工生产中，对生产丙烯酸甲酯时产生的废酸液，一般用浓度为 99.5% 以上的液氨中和，使之转化为硫酸铵，再用空气浮选法除去聚合物，这样生产的固体硫酸铵可作农肥，达到以废治废、综合利用的效果。另外，还有从己二酸废液中回收二元酸等资源化处理方法。

案例 2-5

废催化剂的处理

废催化剂主要产生于石油化工生产中的催化重整、催化裂化、加氢裂化等装置。这些装置在生产过程中需要使用一定的催化剂，当使用一定阶段后，这些催化剂的活性会降低或失活，成为废催化剂。对于废催化剂的处理主要有以下途径：

（1）代替白土用于油品精制。催化裂化装置所使用的催化剂在再生过程中，有部分细粉催化剂由再生器出口排入大气，严重污染周围环境。采用高效三级旋风分离器可将细粉催化剂回收，回收的催化剂可代替白土，用于油品精制，既可以降低精制温度，其含水量又无须严格控制。

（2）贵重金属的回收。石油化工过程中的化学反应多数采用贵稀金属作催化剂，如镍、银、钴、锰等。这些金属往往附于载体之上，使废催化剂成为一种有用的资源，可送到专门的工厂，回收其中的贵重金属。

（3）用废催化剂生产釉面砖。釉面砖的主要化学组分与催化裂化装置所用催化剂的化学组分基本相同。在制造釉面砖的原料中加入20%的废催化剂，制造出的釉面砖质量符合要求。

对一些不含重金属的废催化剂，在无更好的处理方法的情况下，应进行隔离填埋。

第二节　废弃电器电子产品管理要求及风险点

一、管理要求

（一）管理体系

为了规范废弃电器电子产品（以下简称“废电器”）的回收处理活动，我国从2001年开始着手研究建立中国废电器回收处理体系和立法工作。2003年，依据《固废法》有关减量化、资源化和无害化的规定，借鉴欧盟《废弃电子电气设备指令》（WEEE）和《关于在电子电气设备中限制使用某些有害物质指令》（ROHS）两项指令，研究建立基于“生产者责任延伸制”的废电器回收处理体系框架。2009年，国务院发布《废弃电器电子产品回收处理管理条例》（以下简称《条例》），针对列入《废弃电器电子产品处理目录》（以下简称《目录》）的废电器，提出了国家建立废电器多渠道回收和集中处理体系。废电器处理实行资格许可制度，国家建立废电器处理基金，由电器电子产品生产企业按规定缴纳处理基金，用于废电器回收处理费用的补贴。在《条例》基础上，对废电器处理基金征收使用、废电器处理资格审查、废电器拆解处理情况审核等方面，相继出台了《废弃电器电子产品处理基金征收使用管理办法》《废弃电器电子产品处理资格许可管理办法》《废弃电器电子产品处理企业资格审查和许可指南》《关于组织开展废弃电器电子产品拆解处理情况审核工作的通知》等一系列配套文件。我国以“生产者责任延伸制”为核心的废电器回收处理体系已基本建立，但回收管理体系有待进一步完善。

（二）管理制度

《条例》以实行“生产者责任延伸制”为出发点，从生产、进口、回收、处理等各个环节，对规范我国废电器的回收处理活动、确定各有关部门的职责分工、明确各相关方的责任，进行了一系列制度设计。

1. 废电器处理目录制度

2009年，《条例》发布后，由国家发展改革委会同环境保护部、工业和信息化部开展了《目录》制定工作，于2010年发布《目录》（第一批）。电视机、电冰箱、洗衣机、房间空调器、微型计算机（简称“四机一脑”）5种产品作为首批《目录》产品纳入《条例》管理范围。2015年，国家发展改革委会同环境保护部、工业和信息化部等六部门发布了新版《目录》。在“四机一脑”的基础之上新增9类电器电子产品——吸油烟机、电热水器、燃气热水器、打印机、复印机、传真机、监视器、移动通信手持机和电话单机。纳入《目录》的废电器适用《条例》的规划、基金、资质许可、多渠道回收和集中处理等相关规定。

2. 废电器回收处理发展规划制度

按照《条例》要求，地方实行废电器处理发展规划制度，并报国务院生态环境主管部门备案。由各省（区、市）生态环境主管部门会同资源综合利用、商务、工业和信息化主管部门开展辖区内废电器处理发展规划编制工作，以“立足当前、着眼长远、因地制宜、突出重点”为原则，对处理企业数量、结构和规模进行统筹规划，合理布局，保证足够的处理能力。

3. 废电器处理资格许可制度

《条例》规定，废电器是指列入国家发展改革委、环境保护部（现为生态环境部）、工业和信息化部发布的《目录》的产品。国家对列入《目录》的废电器处理实行资格许可制度，由设区的市级人民政府生态环境主管部门审批废电器处理企业资格。取得废电器处理资格，才能从事废电器处理活动。企业申请废电器处理资格，需符合本地区废电器处理发展规划的要求，向设区的市级人民政府生态环境主管部门提交书面申请，并提供相关证明材料。设区的市级人民政府生态环境主管部门对申请的有关信息进行公示，对企业提交的材料进行审查，并组织现场核查。对符合条件的，颁发废电器处理资格证书，并予以公告；不符合条件的，书面通知申请企业并说明理由。

4. 废电器处理基金制度

国家建立废电器处理基金，用于废电器回收处理费用的补贴。电器电子产品生产者、进口电器电子产品的收货人或者其代理人应当按照规定履行废电器处理基金的缴纳义务。纳入基金征收范围的电器电子产品按照《目录》执行，目前征收范围仅包括第一批纳入《目录》的“四机一脑”5种产品。电器电子产品生产者应缴纳的基金，由国家税务总局负责征收。进口电器电子产品的收货人或者其代理人应缴纳的基金，由海关负责征收。基金补贴名单内的处理企业对“四机一脑”废电器进行处理，可以申请基金补贴。各省（区、市）生态环境主管部门接到处理企业报送的相关资料后，组织开展审核工作，并将审核情况报送生态环境部。生态环境部负责对各省（区、市）生态环境主管部门上报情况进行核实，确认每个处理企业完成拆解处理的废电器种类、数量，并汇总提交财政部。财政部按照生态环境部提交的废电器拆解处理种类、数量和基金补贴标准，核定对每个处理企业补贴金额并支付资金。

为合理引导废电器回收处理，加快提升行业技术水平和整体效率，2015年，财政部、环境保护部、国家发展改革委、工业和信息化部四部门发布公告，对废电器处理基金补贴标准进行了调整，取消了部分规格废电器的补贴，并对废电视机、洗衣机等产品设置了分档补贴标准。废电视机分为“废电视机-1”和“废电视机-2”两档，废洗衣机分为“废洗衣机-1”和“废洗衣机-2”两档。调整后，部分品类的补贴标准有所下调，部分品类的补贴标准增加。2021年，废电器基金补贴标准再次调整，全部品类的补贴标准大幅下调。

财政部会同生态环境部、国家发展改革委、工业和信息化部等部门全面落实并不断完善废电器处理企业基金征收和补贴制度，调动生产者、回收经营者和处理企业等各方面参与废弃电器电子产品回收处理的积极性，促进废弃电器电子产品有效回收与无害化拆解处理。

二、场地要求（物流仓储拆解贮存）

（一）具有集中和独立的厂区

厂区必须为集中、独立的一整块场地。2011年1月1日以后新建的处理企业应当拥有该厂区的土地使用权。2010年12月31日以前已经从事废电器处理活动的企业，如无该厂区的土地使用权，则应当签订该厂区的土地租赁合同，合同有效期自申请之日起算，不少于5年。

中东部省（区、市）申请企业的总设计处理能力不低于 10 000 t/a，厂区面积（建筑面积）不低于 20 000 m^2；其中，生产加工区（指处理废电器的操作区域和贮存区域，不包括深加工区、行政办公场所、道路以及绿地等其他与直接处理电器电子产品无关区域）的面积（建筑面积）不低于 10 000 m^2。西部省（区、市）申请企业的总设计处理能力不低于 5 000 t/a，厂区面积不低于 10 000 m^2；其中，生产加工区的面积不低于 5 000 m^2。

仅处理含阴极射线管（以下简称 CRT）的废电器（如电视机、微型计算机显示器等）的，设计处理能力不低于 5 000 t/a，厂区面积不低于 10 000 m^2。其中，生产加工区面积不低于 5 000 m^2。

厂区不得混杂于饮用水水源保护区、基本农田保护区和其他需要特别保护的区域。

（二）贮存场地

（1）具有用于贮存废弃电器电子产品及其拆解产物（包括最终废弃物）的场地。

（2）贮存场地的容量应不低于日处理能力的 10 倍。

（3）贮存场地周边应设置围栏，以利于监控货物和人员的进出，并配备现场闭路电视（以下简称 CCTV）监控设备。

（4）贮存场地应具有防渗的水泥硬化地面。

（5）贮存场地应具有可防止废液、废油等液体积存、泄漏的排水和污水收集系统。

（6）位于室外的贮存场地应具有防止雨淋的遮盖措施，如安装防雨棚。

（7）不同类别的废电器及其拆解产物（包括最终废弃物）应当分区贮存。各分区应在显著位置设置标识，标明贮存物的名称、贮存时间、注意事项等，如 CRT 电视机应当单独分区贮存并采取相应的固定措施，防止碰撞和散落。

（8）贮存场地附近不得有明火或热源，如焚烧炉、蒸汽管道、加热盘管等。

（三）处理场地

（1）具有处理废弃电器电子产品的专用场地。

（2）处理场地应位于室内，具有防止水、油类等液体渗透的水泥硬化地面。

（3）具有对处理场地地面的冲洗水、处理过程中产生的废水或废油等液体物质的截流、收集设施和油水分离设施。

（4）处理场地应当分区。不同类型的废电器应当在不同的区域处理。各处理区域之间应有明显的界限，并在显著位置设置提示性标志和操作流程图。有潜在危险的处理区，应设置警示标志。各处理区应分别配备现场 CCTV 监控设备。

三、拆解要求（场地设备产物）

（一）基本要求

处理 CRT 电视机的，应当将锥、屏玻璃分离，并收集荧光粉等粉尘。

处理电冰箱的，应当依据《消耗臭氧层物质管理条例》（国务院令 第 573 号）的有关规定，对消耗臭氧层物质进行回收、循环利用，或者交由从事消耗臭氧层物质回收、再生利用、销毁等经营活动的单位进行无害化处置。

处理 CRT 显示器微型计算机的，应当将锥、屏玻璃分离，并收集荧光粉等粉尘。

（二）设备要求

具有与所处理废电器相适应的处理设备（表 2-10）。涉拆解小型电器电子产品或元（器）件、（零）部件（如电路板、汞灯管等）的，应具有负压工作台。

表 2-10　废弃电器电子产品处理设备要求

序号	产品类别	类型	关键部件	具体设备要求	备注
1	废弃电视机	CRT 电视机	阴极射线管	1）具有锥屏玻璃分离或锥玻璃拣出设备或装置，如 CRT 切割机	*
				2）具备防止含铅玻璃散落的措施，如带有围堰的作业区域、作业区域地面平整等，使含铅玻璃易于收集	*
				3）具有荧光粉收集装置，如粉尘扫取装置	*
				4）采用干法进行处理的，应具有玻璃干洗设备，如干式研磨清洗机	

序号	产品类别	类型	关键部件	具体设备要求	备注
1	废弃电视机	CRT 电视机	阴极射线管	5）采用湿法进行处理的，应具有废水回收处理装置及超声清洗机	
				6）不自行利用铅玻璃的，应具有将含铅玻璃交由有能力利用的玻壳厂或其他企业处理的证明，包括委托合同及受托方的危险废物经营许可证复印件	* 根据所用处理工艺，须满足 6）或 7）两项要求中的一项；如根据 7）项要求自行利用铅玻璃，满足此项所列任意一种设施或装置即可
				7）自行利用铅玻璃的，应具有铅提取设备或装置，或联合冶炼设备或装置，或将锥玻璃加工成资源化产品的设备	
		液晶电视机	液晶显示器、背光灯	1）具有背光灯的拆除装置或设备，如带有抽风系统、尾气净化装置的负压工作台	*
				2）具有液晶分离设备或装置，如带有废水循环利用的超声清洗设备	
				3）具有面板玻璃与有机薄膜分离设备或装置，如热冲击设备或装置，使面板玻璃与有机薄膜分离	
2	废弃电冰箱	—	制冷剂、润滑油以及聚氨酯泡沫塑料	1）具有将制冷系统中的制冷剂和润滑油抽提和分离的专用设备	*
				2）具有存放制冷剂的密闭压力钢瓶或装置	*
				3）具有存放润滑油的密闭容器	*
				4）采取粉碎、分选方法处理废弃电冰箱保温层时，应具有专用负压密闭设备及聚氨酯泡沫塑料减容设备	*
3	废弃房间空调器	—	制冷剂、润滑油	1）具有将制冷系统中的制冷剂和润滑油抽提和分离的专用设备	*
				2）具有存放制冷剂的密闭压力钢瓶或装置	*
				3）具有存放润滑油的密闭容器	*

序号	产品类别	类型	关键部件	具体设备要求	备注
4	废弃微型计算机	CRT显示器计算机	阴极射线管显示器	1）具有锥屏玻璃分离或锥玻璃拣出设备或装置，如CRT切割机	*
				2）具备防止含铅玻璃散落的措施，如带有围堰的作业区域、作业区域地面平整等，使含铅玻璃易于收集	*
				3）具有荧光粉收集装置，如粉尘抽取装置	*
				4）采用干法进行处理的，应具有玻璃干洗设备	
				5）采用湿法进行处理的，应具有废水回收处理装置及超声清洗机	
				6）不自行利用铅玻璃的，应具有将含铅玻璃交由有能力利用的玻壳厂或其他企业进行无害化处理的证明，包括委托合同及受托方的危险废物经营许可证复印件	*根据所用处理工艺，须满足6）或7）两项要求中的一项；如根据7）项要求自行利用铅玻璃，满足此项所列任意一种设施或装置即可
				7）自行利用铅玻璃的，应具有铅提取设备或装置，或联合冶炼设备或装置，或将锥玻璃加工成资源化产品的设备	
		带有液晶显示器的计算机	液晶显示器	1）具有背光灯的拆除装置或设备，如带有抽风系统、尾气净化装置的负压工作台	*
				2）具有液晶分离设备或装置，如带有废水循环利用的超声清洗设备	
				3）具有面板玻璃与有机薄膜分离设备或装置，如热冲击设备或装置，使面板玻璃与有机薄膜分离	
		笔记本电脑或一体机	液晶显示器	1）具有背光灯的拆除装置或设备，如带有抽风系统、尾气净化装置的负压工作台	*
				2）具有液晶分离设备或装置，如带有废水循环利用的超声清洗设备	

序号	产品类别	类型	关键部件	具体设备要求	备注
4	废弃微型计算机	笔记本电脑或一体机	液晶显示器	3）具有面板玻璃与有机薄膜分离设备或装置，如热冲击设备或装置，使面板玻璃与有机薄膜分离	
5	废弃电视机、电冰箱、房间空调器、洗衣机或微型计算机		印刷电路板	1）采用火法处理电路板的，应具有满足危险废物焚烧装置运行条件和污染控制要求的热处理设备	*根据所用处理工艺，须具备相应的设备或装置、设施
				2）采用湿法处理电路板的，应具有元器件拆解设备，以及能够将铅、铜、金提取出来的、符合相关污染控制要求的湿法处理装置	
				3）采用机械方法处理电路板的，应具有元器件拆解设备，以及将电路板破碎、分选以回收铅、铜等金属的机械处理装置	*根据所用处理工艺，须具备相应的设备或装置、设施
				4）涉及湿法处理电路板的，应具备污泥处理方案或利用设施	
				5）涉及湿法处理电路板的，应具备具有防化学药液外溢措施，如设置围堰或底部做防渗处理等	
			印刷电路板	6）涉及机械方法处理电路板的，应具有将电路板分离产生的环氧树脂等非金属材料利用的设备或装置，或环氧树脂处置设施，如填埋或焚烧	*根据所用处理工艺，须具备相应的设备或装置、设施
				7）不自行利用或处置的，应委托给持有危险废物经营许可证并具有相应经营范围的单位利用或处置	

注："*"为所申请处理的废弃电器电子产品必须具备的处理设备。

四、转移运输要求

（1）具有运输车辆或委托具有相关资质的单位运输，车厢周围和上方有栏板等防散落装置，以及遮雨布等防雨措施。

（2）具有能够搬运较重物品的设备，如叉车等。

（3）具有压缩打包的设备，如打包机等。

（4）具有专用容器。

具有存放废电器及其拆解产物（包括最终废弃物）的专用容器，特别要具有存放含液体物质的零部件（如压缩机等）、电池、电容器以及腐蚀性液体（如废酸等）的专用容器。

废电器应当整齐存放在统一规格的铁筐或其他牢固且易于识别内装物品的容器中，容器上应当贴有标识其内装废弃电器电子产品种类、数量和重量等基本特征的标签。

拆解产物应当整齐存放在容器中，同种拆解产物的容器应当一致。容器上应当贴有标识其内装废电器种类、数量或者重量等基本特征的标签。

需要多层存放的，应当配置牢固的分层存放架，并将容器整齐存放在架上。

（5）具有计量设备。

具有量程 30 t 以上（将废电器装入托盘分别称重的，量程可低于 30 t）与电脑联网的电子地磅，能够自动记录并打印每批次废电器、拆解产物（包括最终废弃物）进出量。

计量设备应当设置于厂区所有进出口处以及贮存区域的进出口处。计量设备应经检验部门度量衡检定合格。计量设备过磅时间不得与现场 CCTV 监视录像记录的时间相差超过 3 min 以上。

五、污染防治措施

（1）具有与所处理废电器相配套的污染防治设施、设备并通过环境保护竣工验收（具体监测指标参见表 2-11）。

污水排放应当符合《污水综合排放标准》（GB 8978）或地方标准。采用非焚烧方式处理废电器及其元（器）件、（零）部件的设施或设备，废气排放应符合《大气污染物综合排放标准》（GB 16297）或地方标准；采用焚烧方式处理废电器及其元（器）件、（零）部件的设施或设备，废气排放应符合《危险废物焚烧污染控制标准》（GB 18484）中危险废物焚烧炉大气污染物排放标准或地方标准。噪声应符合《工业企业厂界环境噪声排放标准》（GB 12348）或地方标准。

（2）具有相应的环境监测仪器、设备；不具备自行监测能力的，应当与有监测资质的单位签订委托监测合同。

（3）经县级人民政府生态环境主管部门同意的年度监测计划，定期对排入大气和水体中的污染物、厂界噪声及附近敏感点进行监测。

（4）具有对不能完全处理的废电器妥善利用或处置的方案。应制订并组织实施妥善利用或者处置方案，或者签订合同，委托给具有相应能力和资格的单位利用或者处置。

（5）具有针对突发环境事件的防范措施和应急预案。

表 2-11 废弃电器电子产品处理的主要污染物

序号	处理方式	主要污染物	介 质
1	阴极射线管干法处理	铅、粉尘	大气
2	阴极射线管湿法处理	铅、镉、镍	水体
3	聚氨酯泡沫塑料的处理	粉尘	大气
4	液晶显示器背光灯的拆除	汞	大气
5	液晶分离（湿法处理）	汞	水体
6	液晶显示器面板玻璃与有机薄膜分离	粉尘、苯系物、酚类、挥发性卤代烃	大气
7	电路板火法处理的	二噁英、铜、铅、锑、、锡、苯系物、酚类、挥发性卤代烃	大气
8	电路板湿法处理的	pH、锑、铜、铅、砷、铬、铍、镉、锡	水体
9	电路板机械方法处理电路板的	铜、锡、铅	大气
10	电路板处理产生的非金属材料热处理	二噁英、锑	大气
11	电线电缆焚烧	二噁英、铅、苯系物、酚类、挥发性卤代烃	大气
12	开关、灯管拆除处理	汞	大气
13	镍镉电池处理	粉尘、镉	大气
14	铅酸蓄电池处理	铅、pH	大气、水体
15	锂电池处理	pH	水体
16	含多氯联苯（PCBs）的电容器处理	PCBs	水体

注：1. 苯系物包括苯、甲苯、二甲苯。

2. 废水排放处除应当监测上述特征污染物外，还应当监测悬浮物（SS）、化学需氧量（COD）、氨氮等。

3. 对表中未列明的情形，应当根据处理产品类型、生产工艺及污染物特征情况进行监测。

六、案例分析

1. 拆解基金补贴范围外废电器申报补贴的

基金补贴范围内的废电器是指整机，不包括零部件或散件。

基金补贴范围外的废电器包括：工业生产过程中产生的残次品或报废品；海关、市场监督管理等部门罚没，并委托处置的电器电子产品；处理企业接收和处理的废电器完整性不足，缺失《废弃电器电子产品规范拆解处理作业及生产管理指南》（以下简称《规范拆解指南》）所列的主要零部件或关键拆解产物的；在运输、搬运、贮存等过程中严重破损，造成上线拆解处理时不具有主要零部件，或无法以整机形式进行拆解处理作业的；非法进口产品；电器电子产品模型以及采取假造仿制、拼装零部件等手段制作的不具备电器电子产品正常使用功能、未经正常使用即送交企业处理的仿制品（简称仿制废电器）。

拆解上述基金补贴范围外废电器的，不应申请补贴。省级审核或生态环境部复核发现企业存在拆解补贴范围外废电器并申请补贴的，按照2019年6月生态环境部发布的《废弃电器电子产品拆解处理情况审核工作指南（2019年版）》（国环规固体〔2019〕1号）（以下简称《审核指南（2019年版）》）的相关规定，计算规范差异率是否超过5%，对涉及品种的申报数量进行相应规则扣减。某企业2015年第三季度、第四季度拆解便携式微型计算机并申报补贴，经生态环境部复核发现，该企业拆解的便携式微型计算机存在依靠胶带粘贴固定液晶屏，线路板无连接线，缺少线路板、液晶屏等主要零部件的情况，属于仿制废电器，且规范差异率超过了10%。根据《审核指南（2019年版）》相关规定，给予该企业所在季度各种类的申报数量全部扣减处理。

2. 视频录像遗失被覆盖的

《审核指南（2019年版）》与《审核指南（2015年版）》相比，对视频录像缺失损坏问题的处理更为严格。

2019年，生态环境部复核某企业时发现，该企业2018年第一季度、第二季度均存在部分视频资料无法播放且无法修复的情况，根据《审核指南（2015年版）》的相关规定，给予该企业丢失视频的废电器拆解数量全部扣减的处理。

2020年，生态环境部复核某企业时发现，该企业2016年洗衣机-2拆解视频丢失时长10h以上，根据《审核指南（2019年版）》的相关规定，给予该企业涉及季度洗衣机-2申报拆解数量全部扣减的处理。

3. 废电器年实际拆解处理量超过核准年处理能力的

2021 年，生态环境部复核某企业时发现，该企业 2020 年存在洗衣机 -2 和电脑的年拆解处理量分别超过其核准年处理能力的情况，根据《审核指南（2019 年版）》的相关规定，对超过的部分，给予该企业 2020 年第四季度相关品类的申报拆解数量扣减的处理。

4. 生产台账记录数量大于视频录像反映情况的

省级生态环境部门审核或生态环境部复核发现企业存在上述问题的，根据《审核指南（2019 年版）》的相关规定，给予企业涉及季度相关品类的申报拆解数量按比例进行扣减的处理。

5. 拆解处理过程不规范的

企业存在拆解处理过程不规范行为，是指未按照相关法律法规、《规范拆解指南》规定要求进行规范拆解处理。主要包括：采取摔、砸等粗暴操作拆解废电器；彩色 CRT 电视机或显示器未进行屏锥分离或分离不完全；审核时段内彩色 CRT 电视机或显示器屏锥分离过程中屏面玻璃破碎（分离成两块及以上）的比例超过 20%；CRT 电视机或显示器未收集荧光粉或荧光粉收集不完全；微型计算机显示器混入电视机拆解处理；拆解冰箱、空调拆压缩机前未回收或未有效收集（如存在跑冒、泄漏等现象）属于消耗臭氧层物质的制冷剂；冰箱、空调的压缩机未做沥油处理等。经省级生态环境部门审核或生态环境部复核，企业存在上述不规范拆解处理行为的，根据《审核指南（2019 年版）》的相关规定，给予企业涉及季度相关品类的申报拆解数量按比例扣减的处理。

6. 拆解产物处理不规范的

拆解产物处理不规范，是指未按照相关法律法规及规范性文件要求处理拆解产物的行为。包括：废电器外壳以及国家规定的其他主要零部件出厂前，未进行有效毁形；危险废物（如电路板、CRT 彩色电视机管颈管玻璃、锥玻璃等含铅玻璃、荧光粉、含汞背光灯管、润滑油等）出厂，未交由持有危险废物经营许可证且具有相关经营范围的单位处理，或者未履行危险废物转移联单手续；含有消耗臭氧层物质的制冷剂出厂，未交由专门从事消耗臭氧层物质回收、再生利用或者销毁等经营活动且在所在地省级生态环境主管部门备案的单位处理；审核时段末日，关键拆解产物的库存量大于 1 年内的产生量；自行处理拆解产物过程不符合相关生态环境保护要求的。

2021 年，生态环境部复核某企业时发现，该企业 2019 年第三季度存在关键拆解产物 CRT 锥玻璃、电路板超期贮存的情况，根据《审核指南（2019 年版）》

的相关规定，给予企业涉及季度电视机申报拆解数量的 5% 进行扣减的处理。

7. 非法处置拆解产物的

处理企业涉嫌犯罪被立案侦查的，生态环境部暂缓对其涉事季度及后续的审核结果进行确认。法院判定其构成犯罪的，从犯罪行为发生所在季度起的拆解处理种类和数量不再审核确认。如不构成犯罪，生态环境部恢复审核确认。

2016 年，某企业涉嫌非法处置拆解产物（危险废物），当地人民法院审理认为，相关被告单位、被告人实施、参与非法接受、贮存、处置、销售、购买危险废物等行为，均构成污染环境罪。根据相关规定，生态环境部对该企业犯罪行为发生所在季度起的拆解处理种类和数量不再审核确认。

第三节 尾矿库

一、尾矿库的基本概念

尾矿库是指筑坝拦截谷口或围地构成的、用以堆存金属或非金属矿山进行矿石选别后排出尾矿或其他工业废渣的场所，一般由尾矿堆存系统、尾矿库排洪系统、尾矿库回水系统等部分组成。一个矿山的选矿厂只要有尾矿产生，就必须建有尾矿库。作为矿山选矿厂生产必不可少的组成部分，尾矿库也是矿山企业最大的环境保护工程项目，可以防止尾矿向江、河、湖、海、沙漠及草原等地任意排放。

二、尾矿库的环境安全风险

尾矿是我国目前产生量最大的大宗工业固体废物，主要贮存于尾矿库中，尾矿库的整治需统筹考虑安全问题及环境问题。我国尾矿库种类复杂、数量繁多、分布广泛，且多居于山区和水源上游，是一个具有高势能的人造泥石流危险源，存在溃坝的安全风险。尾矿中常含有重金属、选矿药剂等有毒有害物质，属于高环境风险设施场所，一旦发生尾矿溃坝等安全事件，极易引发突发环境事件，其中含有的重金属和选矿药剂等高毒害化学物质将对周边土壤、地表水和地下水造成全方位污染，严重威胁群众的正常生产生活和周边生态环境。近年来，由尾矿库引起的水污染、土壤污染、大气污染等环境问题及区域生态安全问题正逐渐受到人们的重视。

三、尾矿库污染防治现状扫描

我国大部分尾矿库的建设及堆存的时间较长，污染防控方面的历史欠账较多。生态环境部发布的《2020 年全国大、中城市固体废物污染环境防治年报》指出，2019 年重点发表调查工业企业尾矿产生量为 10.3 亿 t，综合利用量为 2.8 亿 t（其中利用往年贮存量 1 777.5 万 t），综合利用率为 27.0%。尾矿产生量最大的两个行业是有色金属矿采选业和黑色金属矿采选业，其产生量分别为 4.6 亿 t 和 4.4 亿 t，综合利用率分别为 27.1% 和 23.4%。

四、尾矿库环境管理进入新阶段

新《固废法》规定，矿山企业应当采取科学的开采方法和选矿工艺，减少尾矿、煤矸石、废石等矿业固体废物的产生量和贮存量。国家鼓励采取先进工艺，对尾矿、煤矸石、废石等矿业固体废物进行综合利用。尾矿、煤矸石、废石等矿业固体废物贮存设施停止使用后，矿山企业应当按照国家有关环境保护等规定进行封场，防止造成环境污染和生态破坏。新《固废法》的施行将有效促进工业固体废物的规范化管理、处理利用技术的研发投入及技术成果转化，有助于产业的规模化发展，我国尾矿库环境管理进入了新阶段。

五、矿山企业尾矿库环境综合治理展望

（一）夯实基础，完善尾矿环境污染防控体系

以新《固废法》为工作主线，加快修订《防治尾矿污染环境管理规定》等相关法律法规。紧密围绕风险防控这一核心，明确尾矿污染防治管理职责范围和责任分工，做好与上位法律法规的配套和衔接。持续细化现有尾矿管理内容，完善相关技术规范，建立健全尾矿全过程污染防治环境管理和环境风险应急管理体系。建立标准化体系与业务化平台，明晰生态环境风险和生产安全风险边界。逐步形成全链条的环境风险管理技术标准体系，逐步建立尾矿库业务化环境监

管平台，逐步开展分级分类监管，提升预报、预警、管控和应急管理能力。有条件的企业要建立闭库标准化制度，在闭库之前委托有相应资质的设计单位编制闭库设计报告，并向生态环境主管部门提交审查通过的闭库设计报告。

（二）加强源头管理，压实尾矿库环境风险防控主体责任

矿山企业应当建立健全尾矿产生、收集、贮存、运输、利用、处置全过程的污染环境防治责任制度，制定有针对性的风险防范措施及应急预案。不断完善安全生产责任制和管理制度，将安全责任落实到人，落实好岗位责任制、设施管理制度、各工种操作规程、安全检查制度、日常巡检制度、安全教育培训制度、隐患整改制度等。逐级成立尾矿库安全运行管理领导小组，配备专职专业技术人员，明确各级职责及完善配合协作机制，结合企业尾矿库的实际情况，制定完备的运行规定、安全规定、安全技术规程等制度，同时应根据尾矿库渣量增加、渣位抬升和弃渣回采利用，制定渣场运行年度及中长期运营规划。采用现代化的运行管理方式，建立健全尾矿库运营台账制度，依托工业互联网、大数据、区块链、人工智能等现代化手段，推进信息化建设，实现对尾矿库运行数据的实时监测及在线分析。建立健全尾矿库环境基础信息数据库和影像档案，实现“一库一档”。一旦发生安全事故，要立即采取环境污染应急处理措施。按要求完善尾矿库污染防治设施，公开尾矿污染防治信息，并主动接受社会监督。定期开展环境风险评估，编制尾矿库环境应急预案并完成备案。加强日常环境执法与监管，借助中央生态环境保护督察等专项行动，逐步开展尾矿库环境隐患排查治理，有重点、有计划地实施行政执法，持续提高环境风险防控能力。加强尾矿库污染防治人员队伍建设，开展交流和培训，提升环境执法和环境应急防范能力，稳定并优化尾矿库人才培养的“教育链”和“创新链”。

（三）协同共治，加强联动协作和全方位监督

明确尾矿库管理各类主体职责范围，确保职、责、权相统一。尾矿库应根据规范要求设置监测监控设施，运行管理单位应保持观测设施齐全完好。各项安全监测应参照规程规范定期进行，并做好详细、连续的记录。发现异常，应及时向有关部门报告，采取相应措施进行处理。加强跨部门协调工作机制，明确各部门责任和分工，综合防控尾矿污染风险，进一步深化跨区域尾矿库突发

环境事件应急联动机制建设，加强信息共享和联合执法。尾矿库可能导致跨行政区域突发环境事件的，相关地方政府应协商编制应急联动工作方案，督促尾矿库生产运营单位落实主体责任，公开尾矿污染防治信息，强化社会监督。严格新建尾矿库环境准入，完善尾矿建设项目环评、环保设计、依法验收要求等。完善环境监测、预警和应急体系，落实好各项风险防范措施，配备必须的应急器材，并定期安排人员培训与应急演练。加强地表水水质监测、土壤监测和舆情跟踪，构建“地表水—土壤—地下水”立体的污染风险防控技术体系，整体系统地统筹尾矿库的环境污染防控与治理。将尾矿库纳入全国土壤污染状况普查范围，做好动态更新、动态管理。加强尾矿库及所在企业的日常环境执法与监管，逐步开展排查治理尾矿库环境隐患，提高区域流域环境风险防控能力。探索编制闭库管理技术指南，完善周边环境整治闭库后治理内容。对历史遗留尾矿库，要加强财税和金融支持，形成多部门合力，依法优先开展生态保护红线内尾矿库的环境退出治理。

（四）升级技术工艺，全面落实尾矿库“三化”建设

秉持“减量化、资源化、无害化”的固体废物管理原则，从源头减少尾矿产生。对产渣种类多、产渣量大、产渣企业距离较远的产业园区进行分区规划，分区建设尾矿库，针对不同尾矿种类，合理规划填埋区域。加大研发投入，开发技术先进、环境友好的采选工艺，提高矿产品位，同时降低尾矿废石等矿山固体废物的产生。鼓励开展尾矿库回采再利用，充分挖掘现有尾矿库中的矿产潜力。促进尾矿综合利用，大力推广以胶结充填、膏体充填等为代表的尾矿充填、回填技术，加强充填技术的科技研发，为绿色矿山建设出谋划策。转变尾矿管理理念，由地上贮存向地下充填发展，同时加强对地下充填环境影响评估的技术研究，确保尾矿潜在环境污染风险隐患可控。加强对综合利用的政策鼓励，鼓励矿山企业优先综合利用尾矿，组建专门从事尾矿综合利用的产业集团或技术公司，形成产业化链条，制定优惠的投资政策和投资机制，保障尾矿综合利用与治理的资金来源。

六、尾矿库（铜矿）环境治理的典型案例

尾矿只要处理得当，就是一种良好的材料来源，具有就地取材、来源丰富

和输送方便的特点。以铜尾矿为例，其中就含有许多可以回收利用的有价组分，如铁、硫、磷、钴等。一些科研人员开展了这方面的基础研究，主要有以下几种循环利用途径：一是利用铜尾矿制造水泥。铜尾矿中含有铁、铜、硅等有益元素，可以作为水泥复合矿化剂或制造水泥的原料。二是利用铜尾矿制造建筑用砖。利用铜尾矿、磨细矿渣、粉煤灰，在碱性复合激发剂存在的情况下，通过湿热养护工艺制成承重标准砖。蒸压砖的制备中，尾矿用量高达固体原料总质量的 85%。三是利用铜尾矿制造装饰材料。通过向铜尾矿中添加少量辅料（尾矿含量大于 90%），采用熔制—成型—退火三步工艺，可制得深黑色玻璃。四是利用尾矿回填采空区，有助于稳固矿山、防止地表塌陷，尤其适用于大型矿山。

第四节　固体废物进口管理规定

固体废物是指在生产、生活和其他活动过程中产生的丧失原有的利用价值，或者虽未丧失利用价值但被抛弃或者放弃的固体、半固体和置于容器中的气态物品、物质以及法律、行政法规规定纳入废物管理的物品、物质，包括不能排入水体的液态废物和不能排入大气的置于容器中的气态物质。固体废物进口是指将中华人民共和国境外的固体废物运入中华人民共和国境内的活动，固体废物运抵关境即视为进口行为。

我国进口固体废物管理制度与措施是随着经济社会的全面发展、环保意识的觉醒等因素逐步发展和建立起来的。对固体废物的认识也经历了由单一、局部向全面、系统的转变。我国固体废物进口管理制度经历了一系列发展，逐渐走向成熟，从无到有，形成较为完善的管理体系。

20 世纪 80 年代以来，我国经济发展迅速，同时对原材料需求迅速增加。为缓解原料不足，我国开始从境外进口可用作原材料的固体废物，并逐步建立了较为完善的固体废物进口管理制度体系。进口固体废物本身具有双重属性，如果得到合理有效的利用，就可“变废为宝”，成为产品生产的原材料，创造经济效益；如果利用不当，则会对环境造成危害，成为社会和自然环境的沉重负担。因此，必须发挥政府部门的宏观调控作用，通过政策、技术等方面给予相关企业以引导和支持，促进其国际贸易的健康发展。

一、《巴塞尔公约》

为控制有害废物和垃圾跨国转移，国际上通过了《控制危险废物越境转移及其处置巴塞尔公约》（以下简称《巴塞尔公约》），为防止境外有害废物向我国越境转移，我国于1990年3月22日签署了该公约。

危险废物指国际上普遍认为具有爆炸性、易燃性、腐蚀性、化学反应性、急性毒性、慢性毒性、生态毒性和传染性等特性中一种或几种特性的生产性垃圾和生活性垃圾，前者包括废料、废渣、废水和废气，后者包括废食、废纸、废瓶罐、废塑料和废旧日用品，这些垃圾给环境和人类健康带来危害。

《巴塞尔公约》旨在遏止越境转移危险废物，特别是向发展中国家出口和转移危险废物。公约要求各国把危险废物数量减到最低限度，用最有利于环境保护的方式就地贮存和处理。该公约明确规定：如出于环保考虑确有必要越境转移废物，出口危险废物的国家必须事先向进口国和有关国家通报废物的数量及性质；越境转移危险废物时，出口国必须持有进口国政府的书面批准书。该公约还呼吁发达国家与发展中国家通过转让技术、交流情报和培训技术人员等多种途径，在处理危险废物领域加强国际合作。

1995年《巴塞尔公约》的修正案禁止发达国家以最终处置为目的向发展中国家出口危险废物，并规定发达国家在1997年年底以前停止向发展中国家出口用于回收利用的危险废物。

二、《关于严格控制从欧共体进口废物的暂行规定》

1991年3月，国家环保局与海关总署联合发布《关于严格控制境外有害废物转移到我国的通知》，列出23类废物禁止到境内倾倒、处置。要求对用作原料回收利用的废物进行风险评价。1994年7月21日，国家环保局发布《关于严格控制从欧共体进口废物的暂行规定》，规定不得从欧共体国家进口欧共体定义的红色废物，对用作回收利用的绿色废物，分为禁止进口、需预先审批和可按正常商业贸易进行三大类。这可以看作我国对固体废物进口行为进行管理的开始。以这些规定的出台为标志，我国进口固体废物的分类管理制度、进口审批制度、风险评价制度得以初步确立。

三、《固体废物污染环境防治法》

进口固体废物由于其本身特性，容易携带有害废物，同时有不法分子以进口固体废物为借口，将“洋垃圾”向国内运输，造成我国境内环境污染严重。为了防止境外固体废物污染我国环境，我国于1995年10月30日颁布了《中华人民共和国固体废物污染环境防治法》（以下简称《固体废物污染环境防治法》），自1996年4月1日起施行。该法经过2004年、2016年和2020年3次修改（订），目前根据国家禁止进口洋垃圾的要求，在法律条文中对进口固体废物予以明确：

第二十三条　禁止中华人民共和国境外的固体废物进境倾倒、堆放、处置。

第二十四条　国家逐步实现固体废物零进口，由国务院生态环境主管部门会同国务院商务、发展改革、海关等主管部门组织实施。

第二十五条　海关发现进口货物疑似固体废物的，可以委托专业机构开展属性鉴别，并根据鉴别结论依法管理。

《固体废物污染环境防治法》将固体废物进口管理纳入法治化轨道，开始限制固体废物进口。经过多年的发展，国家对进口固体废物的管理取得了明显成效，境外有害废物向我国转运的情况已基本得到遏制。为提升国内固体废物回收利用水平，加快国内固体废物回收利用体系建设，提高国内固体废物的回收利用率，要求全面禁止洋垃圾入境，完善进口固体废物管理制度，加强固体废物回收利用管理，大力发展循环经济，切实改善环境质量，维护国家生态环境安全和人民群众身体健康。

四、《禁止洋垃圾入境推进固体废物进口管理制度改革实施方案》

20世纪80年代以来，为缓解原料不足，我国开始从境外进口可用作原料的固体废物。同时，为加强管理，防范环境风险，逐步建立了较为完善的固体废物进口管理制度体系。近年来，各地区、各有关部门在打击洋垃圾走私、加强进口固体废物监管方面做了大量工作，取得了一定成效。但由于一些地方仍然存在重发展、轻环保的思想，部分企业为牟取非法利益，不惜铤而走险，致使洋垃圾非法入境问题屡禁不绝，严重危害人民群众身体健康和我国生态环境安全。按照党中央、国务院关于推进生态文明建设和生态文明体制改革的决策部署，为全面禁止洋垃圾入境，推进固体废物进口管理制度改革，促进国内固体废物无害化、资源化利用，保护生态环境安全和人民群众身体健康，2017 年 7 月 18 日，国务院办公厅发布了《禁止洋垃圾入境推进固体废物进口管理制度改革实施方案》（国办发〔2017〕70 号）。

实施方案主要目标是严格固体废物进口管理，2017 年年底前，全面禁止进口环境危害大、群众反映强烈的固体废物；2019 年年底前，逐步停止进口国内资源可以替代的固体废物。通过持续加强对固体废物进口、运输、利用等各环节的监管，确保生态环境安全。保持打击洋垃圾走私高压态势，彻底堵住洋垃圾入境渠道。强化资源节约集约利用，全面提升国内固体废物无害化、资源化利用水平，逐步补齐国内资源缺口，为建设美丽中国和全面建成小康社会提供有力保障。

实施方案提出，完善堵住洋垃圾进口的监管制度。禁止进口环境危害大、群众反映强烈的固体废物。2017 年 7 月底前，调整进口固体废物管理目录；2017 年年底前，禁止进口生活来源废塑料、未经分拣的废纸以及纺织废料、钒渣等品种。逐步有序减少固体废物进口种类和数量。分批分类调整进口固体废物管理目录，大幅减少固体废物进口种类和数量。提高固体废物进口门槛，进一步加严环境保护控制标准，提高进口废纸加工利用企业规模要求。完善法律法规和相关制度，限定进口固体废物口岸，取消贸易单位代理进口。加强政策引导，保障政策平稳过渡。

实施方案要求，强化洋垃圾非法入境管控。持续严厉打击洋垃圾走私，开展强化监管严厉打击洋垃圾违法专项行动，重点打击走私、非法进口利用废塑料、废纸、生活垃圾、电子废物、废旧服装等固体废物的各类违法行为。加大全过程监管力度，加强对重点风险监管企业的现场检查，严厉查处倒卖、非法加工利用进口固体废物以及其他环境违法行为。开展全国典型废塑料、废旧服装和电子废物等废物堆放处置利用集散地专项整治行动，整治情况列入中央环保督察重点内容。

实施方案明确，建立堵住洋垃圾入境长效机制。落实企业主体责任，强化日常执法监管，加大违法犯罪行为查处力度；加强法治宣传培训，进一步提升企业守法意识；建立健全信息共享机制，公示固体废物利用处置违法企业信用信息，开展联合惩戒。加强与世界海关组织、国际刑警组织、联合国环境规划署等机构合作，完善走私洋垃圾退运国际合作机制。推动贸易和加工模式转变，开拓新的再生资源渠道。

实施方案强调，提升国内固体废物回收利用水平。加快国内固体废物回收利用体系建设，建立健全生产者责任延伸制，提高国内固体废物的回收利用率。完善再生资源回收利用基础设施，规范国内固体废物加工利用产业发展。加大科技研发力度，提升固体废物资源化利用装备技术水平。积极引导公众参与垃圾分类，倡导绿色消费，抵制过度包装，倡导节约使用纸张、塑料等，努力营造全社会共同支持、积极践行保护环境和节约资源的良好氛围。

五、《关于全面禁止进口固体废物有关事项的公告》

2020 年 11 月 24 日，生态环境部、商务部、国家发展改革委、海关总署四部委联合发布《关于全面禁止进口固体废物有关事项的公告》，禁止以任何方式进口固体废物，禁止我国境外的固体废物进境倾倒、堆放、处置。该公告自 2021 年 1 月 1 日开始施行。

第三章　危险废物管理工作

第一节　危险废物管理概述

一、危险废物的定义

（一）危险废物的定义

危险废物的定义比较困难，因为废物的危害性表现在多个方面，其危害性与废物的物理结构、化学成分、物理性质、化学性质及生化特性有关。危险废物术语在20世纪70年代随着其研究的进行而开始被接受，并随着20世纪70年代中期的美国立法管理的发展而流行。在其被称为现在的名称以前，“危险的”是指工业废物或化学废物，而这仍是欧洲习惯使用的。

新《固废法》规定，危险废物是指列入国家危险废物名录，或者根据国家规定的危险废物鉴别标准和鉴别方法认定的具有危险特性的固体废物。《国家危险废物名录》（2021年版）对于危险废物的定义，是具有下列情形之一的固体废物（包括液态废物）：“（一）具有毒性、腐蚀性、易燃性、反应性或者感染性一种或者几种危险特性的；（二）不排除具有危险特性，可能对生态环境或者人体健康造成有害影响，需要按照危险废物进行管理的。”

《巴塞尔公约》对危险废物的定义为：“1）属于附件一所载任何类别的废物，除非它们不具备附件三所列的任何特性；2）任一出口、进口或过境缔约国的国内立法确定为或视为危险废物的、不包括在1）项内的废物。附件一为应加控制的废物类别，附件三为危险特性的清单。”

联合国环境规划署对危险废物的定义为：“除放射性废物外，具有毒性、腐蚀性、易爆性等化学特性并且可能对环境和生物健康造成损害的物质。”

危险废物的概念具有法律和科学双重特点。首先，由于它的危害本质，必须在法律上满足易于理解和明白的要求，体现废物对人类和环境具有危害性的本质特点。其次，需科学、准确地界定危险废物，可通过建立具体种类的废物详细名录、规定实验方法和鉴别标准、建立排除方法等形式，形成一个完整的科学判别体系。

（二）危险废物的产生源

工业、农业、商业和家庭活动均会产生危险废物。其中，可燃性废物主要来自化学工厂、洗衣干洗店、金属电镀、皮革和印刷商品的溶剂；腐蚀性废物主要来自保洁、设备维护、车辆商店等；反应性废物来自化学工业和实验室的漂洗剂和氧化剂；毒性废物主要来自金属制造、影印和农药使用所排放的重金属、农药和氰化物。危险废物的产生源主要分为工业产生源和社会产生源两类（表 3-1）。

表 3-1　危险废物产生源

	来源	危险特性
工业产生源	化学原料及化学制品制造业	毒性、易燃性
	石油加工、炼焦及核燃料加工业	毒性、易燃性
	有色冶炼及压延加工业	毒性、反应性
	有色金属矿采选业	毒性
	黑色金属冶炼及压延加工业	毒性、反应性、腐蚀性
	通信计算机及其他电子设备制造业	易燃性、毒性
	医药制造业	毒性
	金属制品业	毒性、反应性
	电力、热力的生产和供应业	毒性
	纺织业	腐蚀性、毒性
	仪器仪表及文化办公用机械制造业	毒性
	化学纤维制造业	腐蚀性、毒性
	非金属矿采选业	毒性
	石油和天然气开采业	毒性、易燃性
	交通运输设备制造业	毒性
	造纸及纸制品业	毒性

	来源	危险特性
社会产生源	家庭清洁用品	腐蚀性、易燃性
	个人护理产品	毒性、易燃性
	废药品	毒性
	打印店	毒性
	干洗店	毒性
	汽车修理店	毒性
	化学品商店	毒性
	农业生产	毒性
	医疗过程	感染性、毒性

1. 危险废物的工业产生源

所有工业都或多或少产生一定的危险废物，产生量较大的几类行业为化学制药、金属冶炼、石油煤矿、金属加工制造及橡胶塑料制造等。国内外的实践经验表明，工业生产是产生危险废物的主要来源，由于工业行业门类很多，工艺技术千差万别、产品种类众多、原材料各不相同，决定了产生危险废物的数量、种类、性质都非常复杂，所以工业危险废物的处理处置也不相同，主要包括贮存、回收二次利用、焚烧、填埋等。

根据工业生产过程性质，工业危险废物来源大致有以下三个方面：

（1）不具有原有使用价值，或使用价值已经被消耗但保持原有基本形态的原料或产品，包括过期或受污染的原料（如废酸废碱、废溶剂、废催化剂、废药剂等），报废或不合格的产品或其中的有害组分（如不合格药品、产品残次品、拆解废物等）。由于这类危险废物产生特点不同，具有危害的废原料较少地参与到生产工艺之中，或者参与到生产工艺中但不直接作为生产产品的组成；报废或不合格的危险产品作为危险废物不再参与到生产工艺当中。

（2）生产过程中产生的、不能作为产品和直接使用原料的副产品，如各类工艺危险废渣和废液、拆解产生的危险废物等。这一过程特点是，工业生产要符合物料平衡原理，除排放的废水、废气、一般工业固体废物和产品外，剩下的就是危险废物。种类繁多的危险废物主要来自工业生产过程，其中以化学工业和石油化工行业产生的危险废物最具代表性，不仅种类较多、成分复杂、有毒物质含量高，而且多数危险废物具有浸出毒性、腐蚀性、反应性、易燃性、“三致”毒性、生物毒性、遗传变异性等有害特性，对环境与健康危害更大。

（3）工业生产当中产生的危险废物和危害组分在泄漏、反应等情况下的污染物，例如污染的土壤和场地、污染的物品、反应产生的各种衍生废物等。

2. 危险废物的社会产生源

社会源危险废物是指在日常生活和社会活动过程中产生的危险废物，主要产生形式为失去使用价值的含有危害组分的报废产品。如果报废产品中的危害组分释放出来或流散到社会上，会严重影响人类的健康与环境。因此，在危险废物管理中应该高度重视。

社会来源的危险废物种类多，成分复杂，有些废物整体应被视为危险废物，有些废物的组成部件是危险废物。其中具有重要环境意义和资源化价值的废物，包括部分电子电器废物、废铅酸电池、废矿物油、反光材料废物和废荧光灯管。产生危险废物的社会源包括家庭、学校、机关、写字楼、科研单位、服务性企业、医疗机构、农业生产活动、环保设施运行等，尤其是集团式的社会源危险废物更值得关注，而对人体健康具有重要影响的废物类别主要是医疗废物。

（三）危险废物产生特性

危险废物的产生特性是指危险废物产生过程中所具有的基本特点，包括产生源、产生种类、产生量、废物去向、分布以及与经济发展的关系等，即危险废物产生源的复杂性、产生量的规律性、产生种类的多样性、危险废物迁移的可控性、危险废物区域分布的不均衡性、危险废物产生与经济发展的关联性等特点。

（1）危险废物产生源及其复杂性。危险废物曾被认为主要来源于工业活动。随着对危险废物认知范围的逐渐扩大，危险废物的主要来源不仅仅是各类工业行业，还包括生活与商业活动垃圾、农业生产、医疗服务，甚至包括不完善的环保设施。因此，按产生源归类，危险废物分为工业源和社会源两类。

（2）危险废物产生量及其规律性。危险废物主要是在人类生产和生活过程中产生的，而且主要是由于工业生产活动引起的。危险废物的产生源不同，其产生量的规律性也不同。危险废物产生量的规律性是指在一定的时空范围内，危险废物产生量的分布是有规律的，体现在一个国家、一定区域、一个工业行业、一个具体的生产工艺和一个具体产品等各个层面上，都有一定的规律。危险废物产生量的规律性主要表现在以下几个方面：①一个国家的危险废物产生量在一定的时期内具有规律性。②一个区域或国家的危险废物产生量会随着经济发展水平的提高而增加，这种增加是可以预测的，具有明显的定量数学关系。③一个行业在一段时期内如无剧烈的产业结构调整，危险废物的产生量是稳定的。它与行业的产品产量和原材料消耗呈现明显的相关性。④一个稳定的工艺技术或工业产品的生产，如工艺条件无大的改变，在很长的时间内产生的危险废物量和种类是一定的。

（3）危险废物产生种类及其多样性。我国危险废物名录中共有 49 类废物。

（4）危险废物去向及其可控性。危险废物的去向包括利用、贮存、处置、运输和排放等。危险废物从产生到最终处置的每个环节都可能对环境和人体健康产生威胁，因此，必须对其实行全过程管理。在危险废物全过程管理中，管理对象有针对性，管理目标明确，管理手段也必须符合安全的要求。因此，危险废物全过程管理实际上就是全程控制管理。可控性是危险废物的管理要求和产生特性之一。

（5）危险废物区域分布及其不均衡性。危险废物的主要产生源是工业生产，但在不同的国家和地区，不同的经济发展程度，不同的工业类型，所产生的危险废物的性质和数量差异很大，这种差异在时空分布上的表现是不一样的，即危险废物产生量的分布具有区域不均衡性。

（6）危险废物产生与经济发展的关联性。通常来说，危险废物的产生种类和数量与一个国家或地区的工业发展方向和工业生产水平、工业经济结构、工艺水平以及产品产量等具有密切的相关性。人均危险废物的产生量、万元工业产值产生危险废物的量、经济增长率与危险废物的增长率的关系，社会消费水平的增长与危险废物的增长之间的关系等就体现这种关联性。危险废物产生与产业有很大关系，不同产业所产生危险废物的水平不同。有的行业产生危险废物量比较大，如石油焦化行业、化学原料和化学品行业；有的行业危险废物产生量就很少，如玻璃加工行业。

二、危险废物的分类

危险废物的分类依据主要有物理形态、所含化学元素、危险废物热值、危险废物的危险性、废物的类似分子结构和反应特征以及危险废物的来源等。

（一）形态分类

按照形态的不同，危险废物可细分为固态危险废物、液态危险废物、气态危险废物、污泥状危险废物、泥浆状危险废物、桶装危险废物等。按照危险废物所含的化学元素不同，可将危险废物分为清洁的危险废物、会产生气态污染物的危险废物、含重金属的危险废物、含碱金属的危险废物。

（二）特性分类

《国家危险废物名录》（2021 年版），标明了各类废物的危险特性。“危险特性”是指对生态环境和人体健康具有有害影响的毒性（toxicity，T）、腐蚀性（corrosivity，C）、易燃性（ignitability，I）、反应性（reactivity，R）和感染性（infectivity，In）。

具有不同危险特性的危险废物对贮存和运输都有不同的要求。按危险废物的危险特性，可将危险废物分为易燃性危险废物、腐蚀性危险废物、反应性危险废物、浸出毒性危险废物、急性毒性危险废物和毒性危险废物。将危险废物按照其危险特性分类，有利于危险废物的贮存、运输等方面的管理。

由化学常识可知，类似的分子结构往往具有类似的反应特性。将其按照分子结构或者类似反应特征进行分类，有助于危险废物的存放及处理处置工艺的选择。但危险废物大都是多类物质的混合物，而且其中的组分容易发生变化，要确定其中每种物质的分子结构及其所占的比例是相当困难的。在实际工作中，往往只是根据危险废物的来源判断其中主要物质的大致成分。

（三）来源分类

危险废物来源分类是指危险废物产生的过程和行业的类型。根据《国家危险废物名录》（2021 年版）的分类，并结合《中国环境统计年鉴 2016》的数据，我国危险废物主要包含废碱（15.67%）、废酸（14.37%）、石棉废物（13.81%）、有色金属冶炼废物（9.78%）、无机氰化物废物（8.94%）等，见图 3-1。

危险废物主要来源于化学原料制造、石油炼制、金属、采矿、机械、医药行业。其中化学原料和化学制品制造业、有色冶炼及压延加工业、非金属矿采选业、造纸和纸制品业占整体来源的 61%，其余约占 39%，见图 3-2。

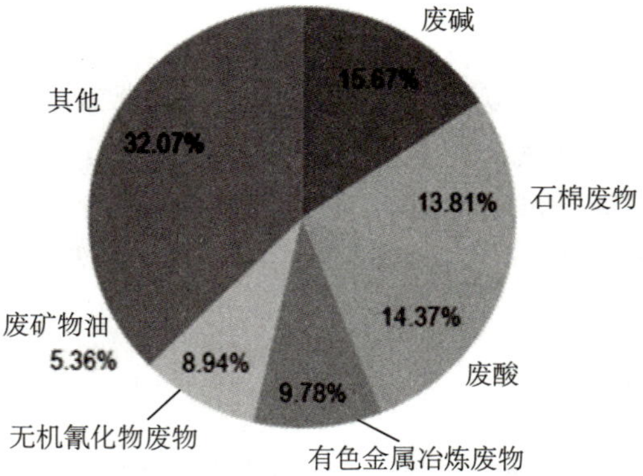

图 3-1 危险废物主要构成

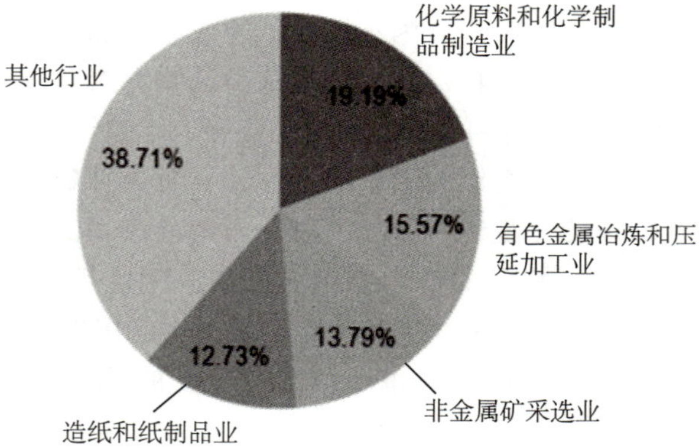

图 3-2 工业危险废物产生行业分布

（四）设施分类

设施分类是指执行危险废物管理政策法规时采用的具体设施，包括包装设施、运输设施、贮存设施、处理设施、处置设施。包装设施包括钢（铁）桶、铝桶、钢罐、胶合板桶、木琵琶桶、天然木箱、纺织品编织袋、塑料袋等；运输设施包括火车、汽车、船舶等；贮存设施分为贮存桶、贮存池、贮存井等；针对不同类型的危险废物，处理方式各不一样，危险废物的处理设施类型多种多样，包括蒸馏塔、冶炼炉、中和池等；处置设施主要包括填埋设施、焚烧炉、水泥窑等。

（五）处理处置方式分类

危险废物类型多样，处理处置方式也各不相同。主要的危险废物处理处置方式及适用的危险废物类型，见表 3-2。

表 3-2　处理处置技术的适用性

处理处置方式	适用性
利用	适用：可回收有价成分或可转化为产品、材料或燃料的废物
	不适用：含 PCBs、二噁英或呋喃的废物，感染性废物，石棉类废物等
物理方法	适用：各种能通过物理性质差异处理的有机废物和无机废物
化学方法	适用：主要是通过微生物的代谢来处理有机废物，也可以处理无机废物，主要用于无机危险废物的处理
生物方法	通过生物富集和生物酶的作用处理一些无机废物
固化 / 稳定化	适用：各种无机危险废物
	不适用：有机废物与含有机成分的废液
焚烧	适用：各种有机废物，特别是热值高的废物
	不适用：有机成分含量很少的废物、爆炸性废物
填埋	适用：所有达到填埋场入场标准的废物，通常经过固化 / 稳定化预处理

三、危险废物的鉴别体系

根据《固体废物污染环境防治法》，我国先后制定了《危险废物鉴别标准　通则》《危险废物鉴别技术规范》及《国家危险废物名录》，并于 2019—2020 年先后进行了修订。

国家危险废物鉴别标准规定了固体废物危险特性技术指标，危险特性符合标准规定的技术指标的固体废物属于危险废物，须依法按危险废物进行管理。

（一）危险废物鉴别体系

国家危险废物鉴别标准由以下 7 个标准组成：

1）危险废物鉴别标准　通则（GB 5085.7—2019）

2）危险废物鉴别标准　腐蚀性鉴别（GB 5085.1—2007）

3）危险废物鉴别标准　急性毒性初筛（GB 5085.2—2007）

4）危险废物鉴别标准　浸出毒性鉴别（GB 5085.3—2007）

5）危险废物鉴别标准　易燃性鉴别（GB 5085.4—2007）

6）危险废物鉴别标准　反应性鉴别（GB 5085.5—2007）

7）危险废物鉴别标准　毒性物质含量鉴别（GB 5085.6—2007）

我国危险废物鉴别体系见图 3-3。

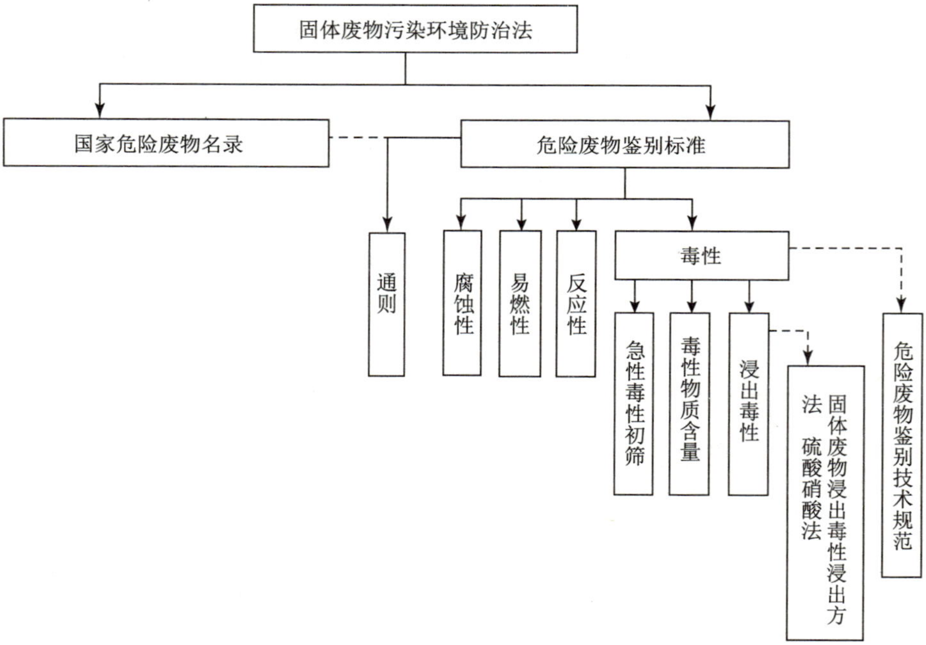

图 3-3　我国危险废物鉴别体系

《危险废物鉴别标准　通则》（GB 5085.7—2019）对危险废物的鉴别程序进行了规定：

1）依据法律规定和《固体废物鉴别标准　通则》（GB 34330—2017），判断待鉴别的物品、物质是否属于固体废物，不属于固体废物的，则不属于危险废物。

2）经判断属于固体废物的，则首先依据《国家危险废物名录》鉴别。凡列入《国家危险废物名录》的固体废物，属于危险废物，不需要进行危险特性鉴别。

3）未列入《国家危险废物名录》，但不排除具有腐蚀性、毒性、易燃性、反应性的固体废物，依据 GB 5085.1—2007、GB 5085.2—2007、GB 5085.3—2007、GB 5085.4—2007、GB 5085.5—2007 和 GB 5085.6—2007，以及《危险废物鉴别技术规范》（HJ 298—2019）进行鉴别。凡具有腐蚀性、毒性、易燃性、反应性中一种或一种以上危险特性的固体废物，属于危险废物。

4）对未列入《国家危险废物名录》且根据危险废物鉴别标准无法鉴别，但可能对人体健康或生态环境造成有害影响的固体废物，由国务院生态环境主管部门组织专家认定。

我国危险废物鉴别程序见图 3-4。

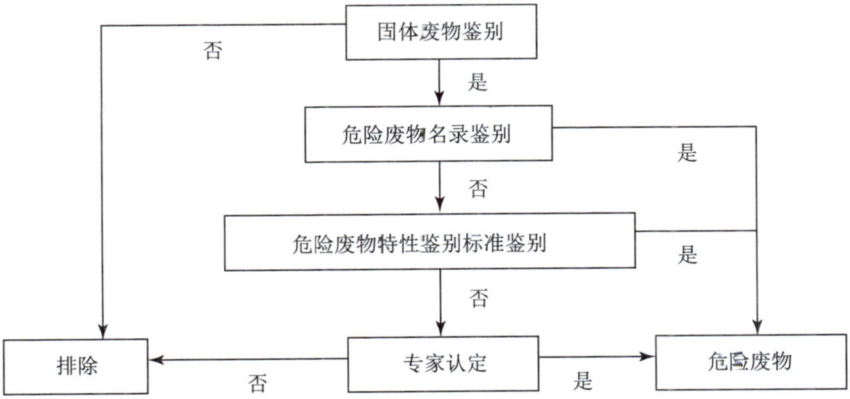

图 3-4　我国危险废物鉴别程序

危险废物的鉴别基本原则包括：

1）源头鉴别，包括名录鉴别优先和混合规则。混合后判定规则是指：①具有毒性、感染性中一种或两种危险特性的危险废物与其他物质混合，导致危险特性扩散到其他物质中，混合后的固体废物属于危险废物；②仅具有腐蚀性、易燃性、反应性中一种或一种以上危险特性的危险废物与其他物质混合，混合后的固体废物经鉴别不再具有危险特性的，不属于危险废物；③危险废物与放射性废物混合，混合后的废物应按照放射性废物管理。

2）过程与风险控制，包括处理后判定规则和豁免规则。处理后判定规则是指：①仅具有腐蚀性、易燃性、反应性中一种或一种以上危险特性的危险废物在利用过程中和处置后产生的固体废物，经鉴别不再具有危险特性的，不属于危险废物；②具有毒性危险特性的危险废物在利用过程中产生的固体废物，经鉴别不再具有危险特性的，不属于危险废物。除国家有关法规、标准另有规定外，具有毒性危险特性的危险废物处置后产生的固体废物，仍属于危险废物；③除国家有关法规、标准另有规定外，具有感染性危险特性的危险废物在利用处置后，仍属于危险废物。豁免规则是指：列入《国家危险废物名录》附录《危险废物豁免管理清单》中的危险废物，在所列的豁免环节，满足相应的豁免条件时，可以按照豁免内容的规定实行豁免管理。

《危险废物鉴别技术规范》（HJ 298—2019）规定了固体废物的危险特性鉴别中样品的采集和检测，以及检测结果判断等过程的技术要求，包括：①样品采集；②制样、样品的保存和预处理；③样品检测；④检测结果判断。

腐蚀性鉴别、急性毒性初筛、浸出毒性鉴别、易燃性鉴别、反应性鉴别、毒性物质含量鉴别等危险废物鉴别标准，在此不再叙述。

（二）危险废物名录

《国家危险废物名录》（2021 年版）主要包括两部分：《国家危险废物名录》、附录《危险废物豁免管理清单》。

《国家危险废物名录》主要列入了：①具有毒性、腐蚀性、易燃性、反应性或者感染性中一种或者几种危险特性的；②不排除具有危险特性，可能对生态环境或者人体健康造成有害影响，需要按照危险废物进行管理的。

名录主要分为 5 类，分别为废物类别、行业来源、废物代码、危险废物、废物特性。废物类别是在《巴塞尔公约》划定的类别基础上，结合我国实际情况对危险废物进行的分类；行业来源是指危险废物的产生行业；废物代码是指危险废物的唯一代码，为 8 位数字，其中，第 1 ～ 3 位为危险废物产生行业代码（依据《国民经济行业分类》（GB/T 4754—2017）确定），第 4 ～ 6 位为危险废物顺序代码，第 7 ～ 8 位为危险废物类别代码；危险特性是指对生态环境和人体健康具有有害影响的毒性、腐蚀性、易燃性、反应性和感染性。危险废物名录样式见表 3-3。

表 3-3 危险废物名录样式

废物类别	行业来源	废物代码	危险废物	危险特性
HW01 医疗废物	卫生	841-001-01	感染性废物	In
		841-002-01	损伤性废物	In
		841-003-01	病理性废物	In
		841-004-01	化学性废物	T/C/I/R
		841-005-01	药物性废物	T

《国家危险废物名录》中规定，医疗废物属于危险废物，医疗废物分类按照《医疗废物分类目录》执行，见表 3-4。

表 3-4 医疗废物分类目录

类别	特征	常见组分或者废物名称
感染性废物	携带病原微生物，具有引发感染性疾病传播危险的医疗废物	1. 被病人血液、体液、排泄物污染的物品，包括：棉球、棉签、引流棉条、纱布及其他各种敷料；一次性使用卫生用品、一次性使用医疗用品及一次性医疗器械；废弃的被服；其他被病人血液、体液、排泄物污染的物品
		2. 医疗机构收治的隔离传染病病人或者疑似传染病病人产生的生活垃圾
		3. 病原体的培养基、标本和菌种、毒种保存液
		4. 各种废弃的医学标本
		5. 废弃的血液、血清
		6. 使用后的一次性使用医疗用品及一次性医疗器械
病理性废物	诊疗过程中产生的人体废弃物和医学实验动物尸体等	1. 手术及其他诊疗过程中产生的废弃的人体组织、器官等
		2. 医学实验动物的组织、尸体
		3. 病理切片后废弃的人体组织、病理蜡块等
损伤性废物	能够刺伤或者割伤人体的废弃的医用锐器	1. 医用针头、缝合针
		2. 各类医用锐器，包括解剖刀、手术刀、备皮刀、手术锯等
		3. 载玻片、玻璃试管、玻璃安瓿等
药物性废物	过期、淘汰、变质或者被污染的废弃药品	1. 废弃的一般性药品，如抗生素、非处方类药品等
		2. 废弃的细胞毒性药物和遗传毒性药物，包括：致癌性药物，如硫唑嘌呤、苯丁酸氮芥、萘氮芥、环孢霉素、环磷酰胺、苯丙胺酸氮芥、司莫司汀、三苯氧胺、硫替派等；可疑致癌性药物，如顺铂、丝裂霉素、阿霉素、苯巴比妥等；免疫抑制剂
		3. 废弃的疫苗、血液制品等

类别	特征	常见组分或者废物名称
化学性废物	具有毒性、腐蚀性、易燃易爆性的废弃化学物品	1. 医学影像室、实验室废弃的化学试剂
		2. 废弃的过氧乙酸、戊二醛等化学消毒剂
		3. 废弃的汞血压计、汞温度计

此外，列入本名录附录《危险废物豁免管理清单》中的危险废物，在所列的豁免环节，满足相应的豁免条件时，可以按照豁免内容的规定实行豁免管理。危险废物豁免管理清单样式，见表 3-5。

表 3-5　危险废物豁免管理清单样式

序号	废物类别 / 代码	危险废物	豁免环节	豁免条件	豁免内容
2	HW01	重大传染病疫情其间产生的医疗废物	处置	按事发地的县级以上人民政府确定的处置方案进行处置	处置过程不按危险废物管理

四、危险废物的污染危害

人类每天都会产生大量废物，其中掺杂了不少具有毒性、易燃性、爆炸性、腐蚀性、化学反应性或传染性的“危险分子”。如果处理不当，它们就会变成危害生态环境和人类健康的“杀手”。危险废物对环境的污染和对人体健康的危害是非常严重的，且往往具有隐蔽性，但却没有引起人们的足够重视，只是在引发或出现环境污染事故或灾害时才被发现。那时，其带来的后果往往是到了难以克服的地步。如不相容的化学品废物混合在一起时，能引起爆炸或燃烧；与强废酸废碱相接触，能腐蚀皮肤和引起严重的角膜损伤；皮肤吸收了一定量的农药，能引起急性中毒；贮存过化学物品的空容器或罐，如未经适当处理，或在废物贮存和倾倒场所戒备不严，均能引起严重的中毒事故，特别是儿童，更容易受到伤害。

（一）危险废物主要污染途径

危险废物污染的主要途径包括：不恰当的处理处置；收集、运输、处理处置和再生过程中产生污染；事故污染。

20 世纪以来，危险废物的事故污染不断。20 世纪 60 年代，在日本的米那玛塔（水俣病）事故中，大量的重金属汞未经任何处理直接排放于海洋中，汞通过海水中微生物作用转变为剧毒的甲基汞，许多人因吃了被汞污染的鱼类食品而死于非命。1972 年 2 月，在英国，包含热处理氰化物岩浴渣的圆桶无处理地堆放在小孩经常玩耍的地方而引起事故。1978 年，肯塔基州的一个废弃物堆放场——鼓峡，由于盛装危险物的桶泄漏，该垃圾堆放场很快成为全美国臭名昭著的危险废物堆放场之一。1980 年，在密苏里州的危险废物堆放场，含有大量剧毒的二噁英的石油废料污染城镇的土壤和水源，使得人们的生存受到了威胁，并使城镇周围的生态环境遭到严重的破坏。填埋场和垃圾场中的渗滤液含有大量的硝酸盐和重金属，也可能对附近的饮用水造成污染。

我国在逐步推进工业化的进程中，危险废物的产量也逐年增加。虽然对危险废物的处置已得到公众认可，但目前我国危险废物的处理处置还不尽如人意，有大量的危险废物仍未得到妥善处理处置。对危险废物处理不当也会带来危害，如在焚烧含氯废物过程中，会产生二噁英、呋喃等剧毒物质，形成二次污染。一些来自工业，比如化工、冶金、印染行业的废水废渣或者医疗系统的危险废弃物，由于其化工毒性、重金属毒性、病菌型毒性等，对环境和人畜的健康造成的破坏要比一般废物严重得多，而且这种破坏具有长期性和潜伏性。此外，它们还可以通过雨雪渗透污染土壤、地下水，或由地表径流的冲刷污染江河湖海，从而对人类本身及其生存环境造成长久的、难以恢复的隐患及后果。

图 3-5 给出了危险废物对人类、环境污染的途径。可以看出，危险废物中的有毒有害成分，如化学物质、病原微生物，可以通过环境介质如大气、土壤、水体（地表水和地下水）进入生态系统，形成化学物质型污染和病原体型污染。对人类的危害首先是对人类居住环境的污染，再通过食物链，最终危害人类或动物的健康，危险废物对人类的危害具有长久性、潜伏性，这种影响甚至是终生的、不可挽回的。

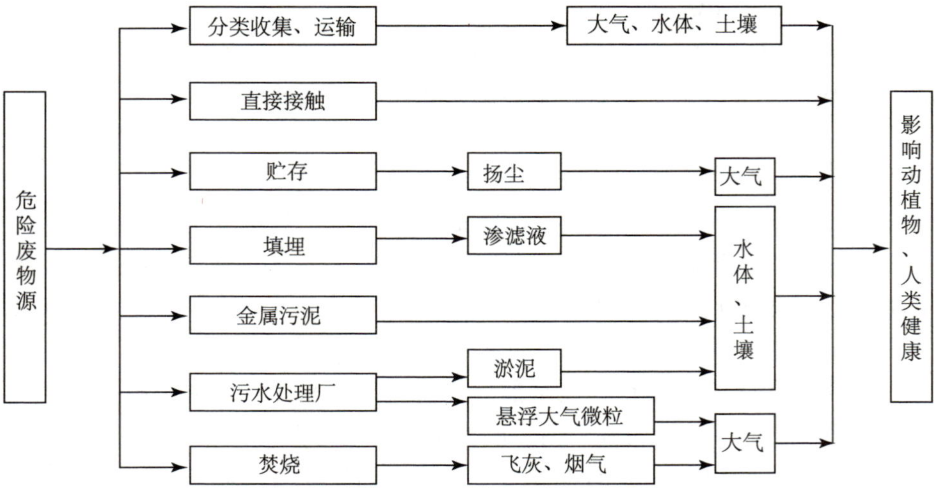

图 3-5　危险废物对人类、环境污染的途径

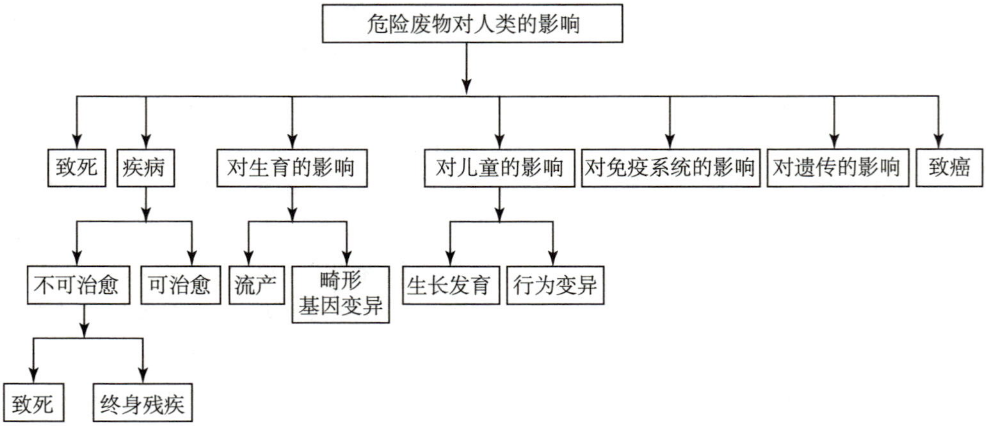

图 3-6　危险废物对人类的影响

（二）危险废物的主要污染形式

大量的危险废物首先给环境带来很大危害，主要表现在：侵占土地；直接污染周围环境的大气、土壤及水体，且造成难以恢复的危害；污染还会传递，严重影响人类的生活环境。为保护居民生活环境及自身的安全，危险废物必须

得到妥当的处理。

危险废物的主要污染形式包括感官污染、土壤污染、水体污染、大气污染、对人体的直接伤害。

第二节 危险废物产生单位管理

一、概述

我国危险废物产生单位应该遵守污染环境防治责任制度、标识制度、管理计划及备案制度、申报登记制度、排污许可制度、源头分类制度、转移联单制度、应急预案及备案制度等一系列制度。

二、污染环境防治责任制度

危险废物产生单位应承担污染环境防治责任。新《固废法》第三十六条规定："产生工业固体废物的单位应当建立健全工业固体废物产生、收集、贮存、运输、利用、处置全过程的污染环境防治责任制度，建立工业固体废物管理台账，如实记录产生工业固体废物的种类、数量、流向、贮存、利用、处置等信息，实现工业固体废物可追溯、可查询，并采取防治工业固体废物污染环境的措施。"新《固废法》第七十九条规定："产生危险废物的单位应当按照国家有关规定和环境保护标准要求贮存、利用、处置危险废物，不得擅自倾倒、堆放。"

产生危险废物的单位应当建立健全包括危险废物在内的工业固体废物产生、收集、贮存、运输、利用、处置全过程的污染环境防治责任制度，采取防治工业固体废物污染环境的措施。产生危险废物的单位负责人明确，各项责任分解清晰；负责人熟悉危险废物环境管理相关法规、制度、标准、规范；制定的制度得到落实，采取了防治工业固体废物污染环境的措施。危险废物产生单位还要执行危险废物污染防治责任信息公开制度，在显著位置张贴危险废物防治责任信息。

三、危险废物鉴别制度

新《固废法》第七十五条规定，国务院生态环境主管部门应当会同国务院有关部门制定国家危险废物名录，规定统一的危险废物鉴别标准、鉴别方法、识别标志和鉴别单位管理要求，确立了危险废物鉴别制度的法律地位。《国家危险废物名录》、《危险废物鉴别标准　通则》（GB 5085.7—2019）、《危险废物鉴别标准　腐蚀性鉴别》（GB 5085.1—2007）、《危险废物鉴别标准　急性毒性初筛》（GB 5085.2—2007）、《危险废物鉴别标准　浸出毒性鉴别》（GB 5085.3—2007）、《危险废物鉴别标准　易燃性鉴别》（GB 5085.4—2007）、《危险废物鉴别标准　反应性鉴别》（GB 5085.5—2007）、《危险废物鉴别标准　毒性物质含量鉴别》（GB 5085.6—2007）、《固体废物鉴别标准　通则》（GB 34330—2017）、《危险废物鉴别技术规范》（HJ 298—2019）等标准规范，构建了危险废物鉴别技术体系。

四、源头分类制度

（一）相关法律法规

新《固废法》第八十一条规定："收集、贮存危险废物，应当按照危险废物特性分类进行。禁止混合收集、贮存、运输、处置性质不相容而未经安全性处置的危险废物"。

（二）源头分类要求

收集、贮存危险废物，应当按照危险废物特性分类进行。危险废物依其危险废物的不同而分为不同的种类，如毒性（含急性毒性、浸出毒性等）、易燃性、腐蚀性、传染性、反应性等。所有危险废物产生环节均按种类分别收集；危险废物按种类分别存放，不同废物间有明显间隔。

五、危险废物标识制度

（一）相关法律法规

新《固废法》第七十七条规定："对危险废物的容器和包装物以及收集、贮存、运输、利用、处置危险废物的设施、场所，应当按照规定设置危险废物识别标志。”

新《固废法》第一百一十二条规定了对“未按照规定设置危险废物识别标志的”行为，处10万元以上100万元以下的罚款。由生态环境主管部门责令改正，处以罚款，没收违法所得；情节严重的，报经有批准权的人民政府批准，可以责令停业或关闭。

（二）标识要求

《危险废物贮存污染控制标准》（GB 18597）第4.9条规定“盛装危险废物的容器上必须粘贴符合本标准附录A所示的标签”，并在标准附录A中对危险废物标签样式、危险废物种类标志等方面作出具体规定。《环境保护图形标志　固体废物贮存（处置）场》（GB 15562.2）对固体废物贮存、处置场的警示标志作了规定。《医疗废物专用包装袋、容器和警示标志标准》（HJ 421）第5.3条规定“医疗废物包装袋的颜色为淡黄，颜色应符合GB/T 3181中Y06的要求，包装袋的明显处印制警示标志和警告语”，并对警告标志的样式和警告语作了规定。

对危险废物的容器和包装物以及收集、贮存、运输、处置危险废物的设施、场所，必须设置危险废物识别标志。2021年9月29日生态环境部发布的《危险废物识别标志设置技术规范（征求意见稿）》对危险废物识别标志的分类图形、规格和使用方法等进行了系统规范。危险废物的容器和包装物，以及收集、贮存、利用、处置危险废物的设施、场所使用的环境保护识别标志有了推荐性标准。需要按照危险货物运输的危险废物，其运输工具的识别标志按照《道路运输危险废物车辆标志》（GB 13392）和《危险货物包装标志》（GB 190）等执行。医疗废物的识别标志按照HJ 421执行。

（1）危险废物标签

用于传递危险废物特定信息的文字、象形图和编码组合，可采用印刷、粘贴、拴挂和钉附等方式固定在危险废物的容器或包装物上（表3-6、图3-7）。

表3-6　危险废物标签的尺寸

序号	容器或包装物容积 /L	标签尺寸 /（mm×mm）
1	≤50	100×100
2	＞50，≤450	150×150
3	＞450	200×200

危险废物		
废物名称：		
废物类别：	废物代码：	
产生日期：	经营单位入库日期：	
危险特性：□易燃性□反应性□腐蚀性□毒性□感染性		
废物形态：□液态 □固态 □半固态 □气态		
主要成分：		
危害成分：		
注意事项：		
数字识别码：		
产生（收集）单位：______ 地 址：______ 联系人：______联系方式：______		二维码
备注：		

图 3-7 危险废物标签式样

废物名称：列入《国家危险废物名录》中的危险废物，参考名录中“危险废物”一栏，填写简化的名称；经 GB 5085.1 ～ GB 5085.7 和 HJ 298 鉴别判定的危险废物，应按照其产生来源和工艺填写废物描述，如水性漆生产过程中产生的废水处理污泥。

废物类别、废物代码和危险特性：列入《国家危险废物名录》中的危险废物，参考名录中内容填写；经 GB 5085.1 ～ GB 5085.7 和 HJ 298 鉴定属于危险废物的，应当根据其主要有害成分和危险特性确定所属废物类别，并按代码“900-000-××”（×× 为危险废物类别代码）填写。

产生日期：填写危险废物的初始产生日期，按照年月日的要求填写，如 2021 年 1 月 1 日。容器内存放多个产生日期的废物时，填写时间最早的产生日期。

经营单位入库日期：由从事收集、贮存、利用、处置危险废物经营活动的单位负责填写，填写危险废物进入本单位贮存设施的日期，按照年月日的要求填写。

主要成分：组成和成分明晰的废物，填写废物的主要化学组成或成分（5 项以内），如土壤、矿物油、SiO_2 等。

危害成分：填写废物中对环境有害的主要污染物名称，如苯系物、氰化物、砷等。

注意事项：根据危险废物的成分和理化特性，填写贮存及应急处置时必要的注意事项。常见的注意事项用语包括必须锁紧、放在阴凉地方、切勿放进住所、容器必须盖紧、容器必须保持干燥等。

产生（收集）单位名称、地址、联系人和联系方式：此处填写产生单位的信息。如容器内盛装两家及以上单位的危险废物（如废矿物油），此处填写收集单位的信息。

未使用信息化管理系统的单位，可不填写二维码和数字识别码。

备注：地方生态环境主管部门或相关单位，可根据自身需求自行设置需要填写的其他信息。

（2）危险废物贮存分区标志

危险废物贮存场所内，用于标示危险废物贮存分区信息的局部信息标志。

危险废物贮存分区标志的图形和图案应根据贮存设施结构和贮存分区划分情况设计。危险废物贮存分区标志中，应至少包含设施内部所有贮存分区的平面分布、各分区存放的废物信息、本贮存分区的具体位置、环境应急物资所在位置，以及进出口位置和方向等信息（图 3-8、图 3-9）。

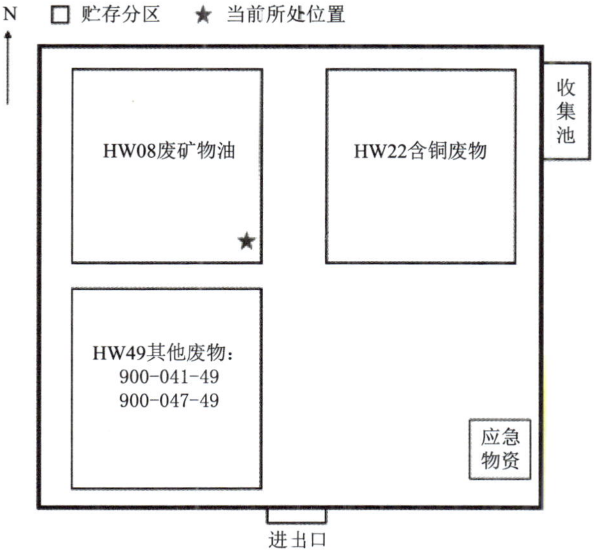

图 3-8　危险废物产生单位的贮存分区标志示意图

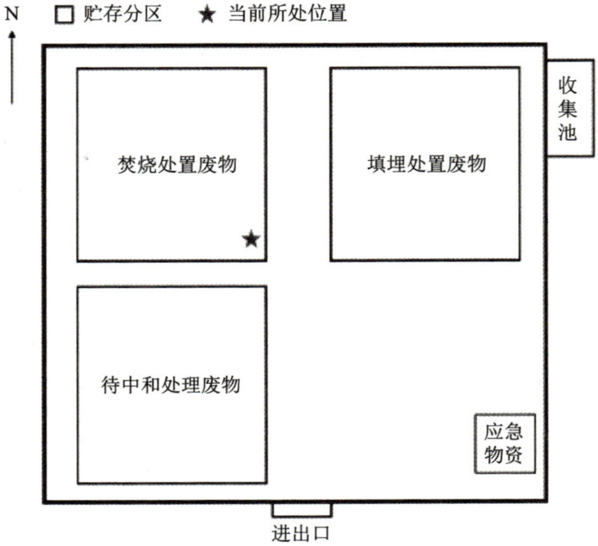

图 3-9 危险废物处置单位贮存分区标志示意图

贮存分区标志的最小尺寸为 250 mm×250 mm 或 200 mm×300 mm。贮存分区标志中的颜色和字体、文字大小可根据实际情况自行设置，但应保证标志上的文字信息易于识别和阅读。贮存分区标志应使用坚固耐用的材料为衬底，标志上的图案和文字信息等可采用印刷、粘贴或手写的方式设置在衬底上。

（3）危险废物设施场所标志牌

在危险废物收集、贮存、利用、处置设施、场所，用于提醒人们对周围环境加以注意，以避免可能发生危害的警告性区域信息标志（图 3-10）。

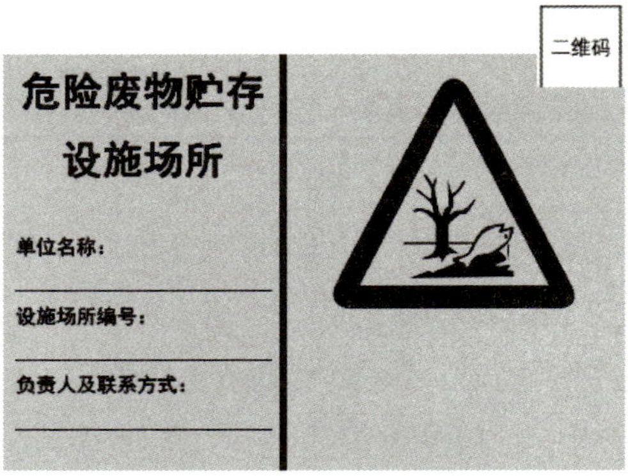

图 3-10 危险废物贮存设施场所标志牌

危险废物设施场所标志牌的尺寸为 900 mm×600 mm，其中三角形标志的外边长为 420 mm，内边长为 300 mm。标志牌背景颜色为黄色（RGB 颜色值为 255, 255, 0），三角形图案中图形和边框颜色为黑色（RGB 颜色值为 0, 0, 0）。字体为黑体，文字大小随标志牌的尺寸调整。标志牌应采用坚固耐用的材料（如 1.5 ～ 2 mm 冷轧钢板），并作搪瓷或贴膜处理。一般不宜使用遇水变形、变质或易燃的材料。柱式标志牌的立柱可采用 φ38 mm×4 mm 无缝钢管或其他坚固耐用的材料，并经过防腐处理。标志牌、立柱无明显变形；标志牌表面无气泡，膜或搪瓷无脱落；图案清晰，色泽一致，不得有明显缺损；标志牌的表面不应有开裂、脱落及其他破损。

危险废物收集、利用、处置的设施、场所标志牌式样类似。

六、危险废物管理计划和申报制度

（一）相关法律法规

新《固废法》第七十八条规定："产生危险废物的单位，应当按照国家有关规定制定危险废物管理计划；建立危险废物管理台账，如实记录有关信息，并通过国家危险废物信息管理系统向所在地生态环境主管部门申报危险废物的种类、产生量、流向、贮存、处置等有关资料。"

2016 年，环境保护部印发《危险废物产生单位管理计划制定指南》，规定了危险废物管理计划由具有独立法人资格的产生危险废物的单位制定。不具有独立法人资格的分公司或者生产基地，按照属地管理原则划分制定单位；提出了危险废物管理计划编制的基本原则、基本要求、主要内容和建立台账的有关要求；明确了危险废物管理计划和危险废物台账的表格样式等。危险废物管理计划的内容包括：减少危险废物产生量和环境危害性的措施，以及危险废物贮存、利用、处置措施。这些措施应当符合危险废物污染防治的有关国家标准和技术要求。

（二）危险废物管理计划制定要点

危险废物管理计划应当包括减少危险废物产生量和降低危险废物危害性的措施，以及危险废物贮存、利用、处置措施。因此，危险废物产生单位应当制定危险废物管理计划；计划应内容齐全，对于危险废物的产生环节、种类、危害特性、产生量、利用处置方式，描述清晰。

危险废物产生单位的危险废物管理计划应当报产生危险废物的单位所在地生态环境主管部门备案。通过国家危险废物信息管理系统报所在地生态环境主管部门备案；内容发生变更时，及时变更相关备案内容。

（三）危险废物台账和申报要点

危险废物产生单位应按照国家有关规定建立危险废物管理台账，如实记录有关信息。全面、准确地记录危险废物产生、入库、出库、自行利用处置等各环节在企业内部流转情况，且可提供各环节台账记录表等证明材料。

通过国家危险废物信息管理系统向所在地生态环境主管部门全面、准确地申报危险废物的种类、产生量、流向、贮存、利用、处置情况，且可提供证明材料（如危险废物管理台账、环评文件、竣工验收文件、危险废物转移联单、危险废物利用处置合同、财务数据等）。

七、经营许可证制度

（一）相关法律法规

为了加强对危险废物收集、贮存和处置经营活动的监督管理，防治危险废物污染环境，根据《固体废物污染环境防治法》，国家制定了《危险废物经营许可证管理办法》（以下简称《办法》），并于 2004 年 5 月 19 日国务院第 50 次常务会议上通过，自 2004 年 7 月 1 日起施行。

《办法》第一章第二条规定，在中华人民共和国境内从事危险废物收集、贮存、处置经营活动的单位，应当依照本办法的规定，领取危险废物经营许可证。

第三条规定，危险废物经营许可证按照经营方式，分为危险废物收集、贮存、处置综合经营许可证和危险废物收集经营许可证。领取危险废物综合经营许可证的单位，可以从事各类别危险废物的收集、贮存、处置经营活动；领取危险废物收集经营许可证的单位，只能从事机动车维修活动中产生的废矿物油和居民日常生活中产生的废镉镍电池的危险废物收集经营活动。

《办法》第二章对“申请领取危险废物经营许可证的条件”进行规定。其中，“申请领取危险废物收集、贮存、处置综合经营许可证”应具备的条件包括：（一）有3名以上环境工程专业或者相关专业中级以上职称，并有3年以上固体废物污染治理经历的技术人员；（二）有符合国务院交通主管部门有关危险货物运输安全要求的运输工具；（三）有符合国家或者地方环境保护标准和安全要求的包装工具，中转和临时存放设施、设备以及经验收合格的贮存设施、设备；（四）有符合国家或者省、自治区、直辖市危险废物处置设施建设规划，符合国家或者地方环境保护标准和安全要求的处置设施、设备和配套的污染防治设施。其中，医疗废物集中处置设施，还应当符合国家有关医疗废物处置的卫生标准和要求；（五）有与所经营的危险废物类别相适应的处置技术和工艺；（六）有保证危险废物经营安全的规章制度、污染防治措施和事故应急救援措施；（七）以填埋方式处置危险废物的，应当依法取得填埋场所的土地使用权。“申请领取危险废物收集经营许可证”应具备的条件包括：（一）有防雨、防渗的运输工具；（二）有符合国家或者地方环境保护标准和安全要求的包装工具，中转和临时存放设施、设备；（三）有保证危险废物经营安全的规章制度、污染防治措施和事故应急救援措施。

另外，《办法》还对“申请领取危险废物经营许可证的程序”“监督管理”“法律责任”等内容进行了详细的规定。

（二）经营和委托要点

在中华人民共和国境内从事危险废物收集、贮存、处置经营活动的单位，应当依照《办法》的规定，领取危险废物经营许可证。禁止无经营许可证或者不按照经营许可证规定从事危险废物收集、贮存、处置经营活动。禁止从中华人民共和国境外进口或者经中华人民共和国过境转移电子类危险废物。禁止将危险废物提供或者委托给无经营许可证的单位进行收集、贮存和处置经营。禁止伪造、变造、转让危险废物经营许可证。危险废物综合经营许可证有效期为5年；危险废物收集经营许可证有效期为3年。危险废物经营许可证有效期届满，危险废物经营单位继续从事危险废物经营活动的，应当于危险废物经营许可证有效期届满30个工作日前向原发证机关提出换证申请。原发证机关应当自受理换证申请之日起20个工作日内进行审查。符合条件的，予以换证；不符合条件的，书面通知申请单位并说明理由。

危险废物产生单位委托他人处置（利用）危险废物，必须做到以下几点：

（1）在委托前，产生者应对拟接受委托的处置者的处置资格、能力和处置设备等进行调查、核实，查明拟接受委托的处置者的处置设施是否具备处置拟交与其处置的危险废物的种类、性质的条件，其处置水平和可能达到的环境、安全标准，其能够接受的数量，其实际操作和管理水平，其是否拥有法定的经营许可证等。

（2）应以书面形式签订委托协议，在协议中明确说明拟交与的危险废物的种类、性质、数量，交付方式，交付核查、处置要求与标准，处置核查的事项。

（3）在处置时，产生者应要求处置者报告处置情况并应主动查询、核实处置情况，保证委托协议得到实施，保证危险废物得到有效、安全和无害环境的处置。

八、排污许可证制度

（一）相关法律法规

新《固废法》第三十九条规定，产生工业固体废物的单位应当取得排污许可证。排污许可的具体办法和实施步骤由国务院规定。

（二）排污许可证填报质量要求

危险废物产生单位应当依法取得排污许可证，许可证中，按照技术规范对工业固体废物提出明确环境管理要求，对工业固体废物的贮存、自行处置和外委符合许可证要求，按要求及时提交台账记录和执行报告。

九、危险废物转移联单制度

（一）相关法律法规

新《固废法》第三十七条规定，产生工业固体废物的单位委托他人运输、利用、处置工业固体废物的，应当对受托方的主体资格和技术能力进行核实，依法签订书面合同，在合同中约定污染防治要求。受托方运输、利用、处置工业固体废物，应当依照有关法律法规的规定和合同约定履行污染防治要求，并将运输、利用、处置情况告知产生工业固体废物的单位。

新《固废法》第八十二条规定，转移危险废物的，应当按照国家有关规定填写、运行危险废物电子或者纸质转移联单。跨省、自治区、直辖市转移危险废物的，应当向危险废物移出地省、自治区、直辖市人民政府生态环境主管部门申请。移出地省、自治区、直辖市人民政府生态环境主管部门应当及时商经接受地省、自治区、直辖市人民政府生态环境主管部门同意后，在规定期限内批准转移该危险废物，并将批准信息通报相关省、自治区、直辖市人民政府生态环境主管部门和交通运输主管部门。未经批准的，不得转移。

危险废物跨省转移申请表（样式）见表 3-7，危险废物转移联单见表 3-8。

表 3-7　危险废物跨省转移申请表

（样式）

一、移出人信息		
单位名称： （加盖公章）	统一社会信用代码：	
单位地址：		
联系人：	联系电话：	
二、接受人信息		
单位名称：	统一社会信用代码：	
单位地址：		
危险废物经营许可证编号：	许可证有效期：___年___月___日至___年___月___日	
联系人：	联系电话：	
三、危险废物信息（涉及多种危险废物的，可增加条目）		
废物名称：	废物代码：	拟移出量 /t：
有害成分名称：		
形态：固态□　半固态□　液态□　气态□　其他□______		
危险特性：毒性□　腐蚀性□　易燃性□　反应性□　感染性□		
拟包装方式：桶□　袋□　罐□　其他□______		
拟利用处置方式：贮存□　利用□　处置□　其他□______		
四、转移信息		
拟转移期限：___年___月___日至___年___月___日（转移期限不超过 12 个月）		
拟运输起点：	拟运输终点：	

途经省份（按途经顺序列出）：
五、提交材料清单
随本申请表同时提交下列材料： （一）危险废物接受人的危险废物经营许可证复印件； （二）接受人提供的贮存、利用或处置危险废物方式的说明； （三）移出人与接受人签订的委托协议、意向或者合同； （四）危险废物移出地的地方性法规规定的其他材料
我特此确认，本申请表所填写内容及所附文件和材料均为真实的。我对本单位所提交材料的真实性负责，并承担内容不实之后果。 法定代表人 / 单位负责人：（签字）　　　　　　日期：___年___月___日

表 3-8　危险废物转移联单

（样式）

联单编号：
（二维码）

第一部分 危险废物移出信息（由移出人填写）								
单位名称：					应急联系电话：			
单位地址：								
经办人：		联系电话：			交付时间：___年___月___日___时___分			
序号	废物名称	废物代码	危险特性	形态	有害成分名称	包装方式	包装数量	移出量 /t
第二部分 危险废物运输信息（由承运人填写）								
单位名称：					营运证件号：			
单位地址：					联系电话：			
驾驶员：					联系电话：			
运输工具：					牌号：			
运输起点：					实际起运时间：___年___月___日___时___分			
经由地：								
运输终点：					实际到达时间：___年___月___日___时___分			
第三部分 危险废物接受信息（由接受人填写）								
单位名称：					危险废物经营许可证编号：			
单位地址：								

经办人：		联系电话：		接受时间：___年___月___日___时___分		
序号	废物名称	废物代码	是否存在重大差异	接受人处理意见	拟利用处置方式	接受量 /t

填写说明：

1. 联单编号和二维码

1.1 联单编号由国家危险废物信息管理系统（以下简称信息系统）根据《危险废物转移管理办法》规定的编码规则自动生成。

1.2 二维码由信息系统自动生成，通过扫描二维码，可获取联单有关信息。

2. 危险废物移出信息填写注意事项

2.1 单位名称、地址、经办人及联系电话，根据移出人在信息系统注册信息自动生成。

2.2 应急联系电话是为应对危险废物转移过程中突发环境事件、需要紧急联系的单位电话，可以是移出人的电话，也可以是受移出人委托、提供应急处置服务的机构的电话。

2.3 废物名称、废物代码、危险特性、形态、有害成分名称等危险废物信息，可以根据移出人在信息系统中备案的危险废物管理计划点选生成。废物名称、废物代码、危险特性，根据《国家危险废物名录》确定；危险废物形态，填写固态、半固态、液态、气态、其他（需说明具体形态）；有害成分名称是指危险废物中的主要有害成分名称，每种废物可包含多种有害成分；包装方式，填写桶、袋、罐、其他（需说明具体包装方式）；包装数量，填写不同包装方式的数量；移出量，填写该类危险废物移出的重量（以吨计，精确至小数点后第 4 位）。

3. 危险废物运输信息填写注意事项

3.1 单位名称、营运证件号等信息，根据承运人在信息系统中注册信息自动生成。

3.2 驾驶员、联系电话、运输工具及牌号，根据承运人在信息系统中注册信息进行点选；运输工具，填写汽车、船等交通工具；牌号为交通工具对应的牌照号码。

3.3 运输起点，填写危险废物运输起始的地址，应该为移出人生产或经营设施地址；经由地为危险废物运输依次经过的地级市（盟、自治州），由信息系统生成或驾驶员填写；运输终点，填写危险废物运输终止的地址，应该为接受人生产或经营设施地址。

3.4 采用联运方式转移危险废物的，可在运输信息部分增加后续承运人相关运输信息。

3.5 实际起运时间、实际到达时间，由驾驶员完成信息系统相关操作后生成。

4. 危险废物接受信息填写注意事项

4.1 危险废物接受信息中的危险废物序号、废物名称和废物代码由信息系统自动生成，与移出人填写的一致。

4.2 是否存在重大差异，在信息系统中进行点选，主要内容为无、数量存在重大差异、包装存在重大差异、形态存在重大差异、性质存在重大差异、其他方面存在重大差异（需说明哪方面存在重大差异）。

4.3 接受人处理意见，在信息系统中进行点选，内容主要为接受、部分接受、拒收。

4.4 拟利用处置方式，在信息系统中进行点选，利用处置方式主要参考《排污许可证申请与核发技术规范　工业固体废物和危险废物治理》（HJ 1033）附录F“危险废物利用、处置方式代码”等；如点选其中的“其他”方式，需说明具体利用处置方式。

4.5 接受量，填写接受人实际接受该类危险废物的重量（以吨计，精确至小数点后第4位）。

5. 移出人、承运人、接受人应保证本转移联单填写的信息是真实、准确的。

（二）危险废物转移管理要点

核实受托方的主体资格和技术能力。对受托方的主体资格和技术能力进行核实，且可提供证明材料。

按照实际转移的危险废物填写危险废物转移联单。转移危险废物的，按照危险废物转移有关规定，通过国家危险废物信息管理系统如实填写、运行电子联单。

向移出地省级生态环境主管部门申请并获得批准。跨省转移危险废物的，在转移危险废物前向移出地省级生态环境主管部门申请并得到批准。

十、危险废物环境影响评价和“三同时”制度

（一）相关法律法规

新《固废法》第十七条规定，建设产生、贮存、利用、处置固体废物的项目，应当依法进行环境影响评价，并遵守国家有关建设项目环境保护管理的规定。

新《固废法》第十八条规定，建设项目的环境影响评价文件确定需要配套建设的固体废物污染环境防治设施，应当与主体工程同时设计、同时施工、同时投入使用。建设项目的初步设计，应当按照环境保护设计规范的要求，将固体废物污染环境防治内容纳入环境影响评价文件，落实防治固体废物污染环境和破坏生态的措施以及固体废物污染环境防治设施投资概算。建设单位应当依照有关法律法规的规定，对配套建设的固体废物污染环境防治设施进行验收，编制验收报告，并向社会公开。

此外，为贯彻落实《环境保护法》《环境影响评价法》《固体废物污染环境防治法》等法律法规，按照《建设项目环境影响评价技术导则　总纲》（HJ 2.1）

及其他相关技术标准的规定，进一步规范建设项目产生危险废物的环境影响评价工作，指导各级生态环境主管部门开展相关建设项目环境影响评价审批，生态环境部制定了《建设项目危险废物环境影响评价指南》（以下简称《指南》），自 2017 年 10 月 1 日起施行。

《指南》规定了产生危险废物建设项目环境影响评价的原则、内容和技术要求。《指南》适用于需编制环境影响报告书（表）的建设项目。相关竣工环境保护验收、规划环评工作也可参照《指南》试行。

（二）“环评”与“三同时”要点

1. 工程分析

工程分析应结合建设项目主辅工程的原辅材料使用情况及生产工艺，全面分析各类固体废物的产生环节、主要成分、有害成分、理化性质及其产生、利用和处置量。

2. 环境影响分析

在工程分析的基础上，环境影响报告书（表）应从危险废物的产生、收集、贮存、运输、利用和处置等全过程以及建设期、运营期、服务期满后等全时段考虑，分析预测建设项目产生的危险废物可能造成的环境影响，进而指导危险废物污染防治措施的补充完善。

同时，应特别关注与项目有关的特征污染因子，按《环境影响评价技术导则　地下水环境》《环境影响评价技术导则　大气环境》等要求，开展必要的土壤、地下水、大气等环境背景监测，分析环境背景变化情况。

3. 污染防治措施技术经济论证

环境影响报告书（表）应对建设项目可研报告、设计等技术文件中的污染防治措施的技术先进性、经济可行性及运行可靠性进行评价，根据需要补充完善危险废物污染防治措施。明确危险废物贮存、利用或处置相关环境保护设施投资并纳入环境保护设施投资、“三同时”验收表。

4. 环境风险评价

按照《建设项目环境风险评价技术导则》（HJ/T 169）和地方生态环境部门有关规定，针对危险废物产生、收集、贮存、运输、利用、处置等不同阶段的特点，进行风险识别和源项分析并进行后果计算，提出危险废物的环境风险防范措施和应急预案编制意见，并纳入建设项目环境影响报告书（表）的突发环境事件应急预案专题。

5. 环境管理要求

按照危险废物相关导则、标准、技术规范等要求，严格落实危险废物环境管理与监测制度，对项目危险废物收集、贮存、运输、利用、处置各环节提出全过程环境监管要求。

列入《国家危险废物名录》附录《危险废物豁免管理清单》中的危险废物，在所列的豁免环节，且满足相应的豁免条件时，可以按照豁免内容的规定实行豁免管理。

对冶金、石化和化工行业中有重大环境风险，建设地点敏感，且持续排放重金属或者持久性有机污染物的建设项目，提出开展环境影响后评价要求，并将后评价作为其改扩建、技改环评管理的依据。

6. 危险废物环境影响评价结论与建议

归纳建设项目产生危险废物的名称、类别、数量和危险特性，分析预测危险废物产生、收集、贮存、运输、利用、处置等环节可能造成的环境影响，提出预防和减缓环境影响的污染防治、环境风险防范措施以及环境管理等方面的改进建议。

7. 附件

危险废物环境影响评价相关附件可包括：

（1）开展危险废物属性实测的，提供危险废物特性鉴别检测报告；

（2）改扩建项目，附已建危险废物贮存、处理及处置设施照片等。

十一、应急预案制度

（一）相关法律法规

新《固废法》第八十五条规定，产生、收集、贮存、运输、利用、处置危险废物的单位，应当依法制定意外事故的防范措施和应急预案，并向所在地生态环境主管部门和其他负有固体废物污染环境防治监督管理职责的部门备案；生态环境主管部门和其他负有固体废物污染环境防治监督管理职责的部门应当进行检查。

（二）应急预案编制要点

危险废物产生单位应当依法制定意外事故的环境污染防范措施和应急预案。有意外事故应急预案（综合性应急预案有相关篇章或有专门应急预案）。应急预案有明确的管理机构及负责人；有意外事故的情形及相应的处理措施；有应急预案中要求配置的应急装备及物资；内部及外部环境发生改变时，及时对应急预案进行修订。

危险废物产生单位应向所在地生态环境主管部门和其他负有固体废物污染环境防治监督管理职责的部门备案。环境应急预案报所在地生态环境主管部门和其他负有固体废物污染环境防治监督管理职责的部门备案，有相关证明材料。

危险废物应按照预案要求，每年组织应急演练。对于危险废物年产生量在 10 t 以下的企业组织的环境应急演练，应有图片、文字或视频记录。对于危险废物年产生量在 10 t（含）以上的企业，按年度组织环境应急演练，应有详细的演练计划；有演练的图片、文字或视频记录；有演练后的总结材料；参加演练人员熟悉意外事故的环境污染防范措施。

十二、贮存设施环境管理

（一）相关法律法规

新《固废法》第十七条规定，建设产生、贮存、利用、处置固体废物的项目，应当依法进行环境影响评价，并遵守国家有关建设项目环境保护管理的规定。

新《固废法》第十八条规定，建设项目的环境影响评价文件确定需要配套建设的固体废物污染环境防治设施，应当与主体工程同时设计、同时施工、同时投入使用。建设项目的初步设计，应当按照环境保护设计规范的要求，将固体废物污染环境防治内容纳入环境影响评价文件，落实防治固体废物污染环境和破坏生态的措施以及固体废物污染环境防治设施投资概算。

新《固废法》第七十九条规定，产生危险废物的单位，应当按照国家有关规定和环境保护标准要求贮存、利用、处置危险废物，不得擅自倾倒、堆放。

（二）贮存设施环境管理要点

依法进行环境影响评价，完成“三同时”验收。环境影响评价文件对全部危险废物贮存设施进行了评价，且完成了“三同时”验收，或在经核准的试生产期内。

符合《危险废物贮存污染控制标准》的有关要求。根据危险废物贮存设施使用功能及贮存废物的种类、数量、特性和环境风险防控要求进行设置，选址、建设、贮存、运行、监测和退役等过程的环境保护符合《危险废物贮存污染控制标准》有关要求。

十三、信息发布制度

（一）相关法律法规

新《固废法》第二十九条规定，产生、收集、贮存、运输、利用、处置固体废物的单位，应当依法及时公开固体废物污染环境防治信息，主动接受社会监督。

（二）信息发布要求

危险废物产生单位应当“依法及时公开”环境信息。通过企业网站等途径依法公开当年危险废物污染环境防治信息。

十四、利用设施环境管理

（一）相关法律法规

新《固废法》第十七条规定，建设产生、贮存、利用、处置固体废物的项目，应当依法进行环境影响评价，并遵守国家有关建设项目环境保护管理的规定。

新《固废法》第十八条规定，建设项目的环境影响评价文件确定需要配套建设的固体废物污染环境防治设施，应当与主体工程同时设计、同时施工、同时投入使用。建设项目的初步设计，应当按照环境保护设计规范的要求，将固体废物污染环境防治内容纳入环境影响评价文件，落实防治固体废物污染环境和破坏生态的措施以及固体废物污染环境防治设施投资概算。

新《固废法》第十九条规定，收集、贮存、运输、利用、处置固体废物的单位和其他生产经营者，应当加强对相关设施、设备和场所的管理和维护，保证其正常运行和使用。

新《固废法》第七十九条规定，产生危险废物的单位，应当按照国家有关规定和环境保护标准要求贮存、利用、处置危险废物，不得擅自倾倒、堆放。

（二）利用设施环境管理

依法进行环境影响评价，完成“三同时”验收。环境影响评价文件对全部危险废物利用设施进行了评价，且完成了“三同时”验收，或在经核准的试生产期内。

定期对利用设施污染物排放进行环境监测，且符合相关标准要求。监测点位、指标及频次符合要求，有定期环境监测报告，且污染物排放符合相关标准要求。按照有关法律和排污单位自行监测技术指南等规定，建立企业监测制度，制订监测方案，每年按照监测方案要求的监测点位、监测指标和监测频次对自行利用设施污染物排放情况进行监测，有环境监测报告，且污染物排放符合执行标准。

十五、处置设施环境管理

（一）相关法律法规

新《固废法》第十七条规定，建设产生、贮存、利用、处置固体废物的项目，应当依法进行环境影响评价，并遵守国家有关建设项目环境保护管理的规定。

新《固废法》第十八条规定，建设项目的环境影响评价文件确定需要配套建设的固体废物污染环境防治设施，应当与主体工程同时设计、同时施工、同时投入使用。建设项目的初步设计，应当按照环境保护设计规范的要求，将固体废物污染环境防治内容纳入环境影响评价文件，落实防治固体废物污染环境和破坏生态的措施以及固体废物污染环境防治设施投资概算。

新《固废法》第十九条规定，收集、贮存、运输、利用、处置固体废物的单位和其他生产经营者，应当加强对相关设施、设备和场所的管理和维护，保证其正常运行和使用。

新《固废法》第七十九条规定，产生危险废物的单位，应当按照国家有关规定和环境保护标准要求贮存、利用、处置危险废物，不得擅自倾倒、堆放。

（二）处置设施环境管理

依法进行环境影响评价，完成“三同时”验收。环境影响评价文件对全部危险废物处置设施进行了评价，且完成了“三同时”验收，或在经核准的试生产期内。

符合运行环境管理要求。以焚烧、填埋、水泥窑等方式自行处置危险废物的运行要求符合国家和地方相关标准规范（如《危险废物焚烧污染控制标准》《危险废物填埋污染控制标准》《水泥窑协同处置固体废物污染控制标准》等）。

定期对处置设施污染物排放进行环境监测，并符合相关标准要求。按照有关法律和排污单位自行监测技术指南等规定，建立企业监测制度，制订监测方案，且近 1 年内按照监测方案要求的监测点位、监测指标和监测频次对自行处置设施污染物排放情况进行了监测，有环境监测报告，且污染物排放符合执行标准。

第三节　危险废物收集、运输与贮存管理

一、概述

近年来，危险废物全过程管理及安全处置问题引起社会各界普遍重视。通过实际调查发现，在危险废物全过程管理和处置的各个环节中，收集、运输环节最易出现意外事故，对环境和人身安全威胁最大。在收集与运输过程中最容易发生交通事故，也最容易出现二次污染。危险废物在转移过程中因丢弃、遗撒造成的污染事故屡屡发生，引起社会各界的广泛关注。

有些危险废物存放及收集运输时间延长，可能加快某些有机废物的腐败、分解和变质，还会产生异味和有害气体，影响人体健康。废物中不但有有害物质，还有很多化学性能不稳定的物质。在收集及运输过程中，包装容器材质必须与转化后的废物特性相适应。应对操作人员的个人防护及作业场所的安全保

障，提出明确、专业的规定，达到保护环境、保证人身安全的目的。

目前，我国除交通部门已经出台的关于危险货物包装、运输的一套法规（如《危险货物运输包装通用技术条件》（GB 12463—2009）、《常用危险化学品贮存通则》、《汽车危险货物运输规则》、《铁路危险货物运输管理规则》、《水路危险货物运输规则》等）以外，还没有专门对于危险废物的收集、贮存、运输的技术标准和规范，只是在国家大法和管理规定层面给出了宏观的发展方向及基本框架。但危险货物和危险废物的定义本身就有差别，况且这些规定只是从交通安全的角度出发，对于危险废物的收集、贮存、运输环节的污染控制没有更具体、更明确的规定。在无法可依的情况下，危险废物的包装、运输等活动只能依据交通部门对危险货物的已有要求参照执行。具体操作执行过程中难免会出现纰漏，也难免会出现法律规定与实际操作情况不符的现象。2004 年《全国危险废物和医疗废物处置设施建设规划》颁布以后，我国危险废物和医疗废物处置设施陆续建设，特别是危险废物综合处置厂，服务范围通常是一个省，收集、运输、中转暂存将成为不可回避的问题。

为了规范收集、运输、中转暂存的行为，减少危险废物收集、贮存与运输的环境污染事故发生率和对人体及环境的潜在影响，2012 年，环境保护部发布了《危险废物收集、贮存、运输技术规范》（HJ 2025—2012），为我国的危险废物收集、贮存、运输行为提供了管理和技术依据。

二、危险废物收集许可证

危险废物的收集，指持有危险废物经营许可证、专门从事危险废物收集的单位，将其他企事业单位产生的危险废物收集后，暂存在其所设置防扬散、防流失、防渗透的贮存场所，并适时转移至危险废物经营许可证的单位进行利用、处置的行为。危险废物收集的主体及相关责任对不同的产生者来说是不同的。对于工业企业产生的危险废物，其收集的主体为企业内部的专业机构；对于社会源产生的危险废物（如废铅蓄电池、部分废日光灯管及部分家用化学品的包装容器等）和特殊的危险废物（如多氯联苯、医院临床废物），其收集的主体为持有环境保护部门颁发的经营许可证的专业公司。危险废物收集的主体对各自工作范围内人员保护、操作安全及安全环境影响负责。

（一）收集原则

危险废物收集单位必须在危险废物经营许可证规定的范围内开展相关危险废物收集经营活动，不受行政区域限制。危险废物收集单位应当按自愿、自主的原则，收集危险废物产生单位的危险废物。危险废物产生单位可以自主选择危险废物收集单位，也可直接交给持有危险废物经营许可证的单位进行利用、处置。

危险废物收集的原则是，危险废物必须与一般废物分开进行收集。要根据危险废物的成分，用符合国家标准的专门容器进行分类收集。对于需要包装或盛装的危险废物，装运危险废物的容器应根据其不同特性进行设计，应当不易损坏、变形、老化，能有效地防止渗透、扩散。装有危险废物的容器必须贴有标签，在标签上详细标明危险废物的名称、重量、成分、特性以及发生泄漏、扩散污染事故时的应急措施和补救方法。对于需要预处理的危险废物，可根据处理、处置或利用的要求采取相应的措施。对于居民生活、办公和第三产业产生的危险废物，如部分废电池、废日光灯管等，应与生活垃圾分类收集，以提高其回收利用率和无害化处理处置比例，逐步建立和完善社会源危险废物的回收网络。

（二）收集方法

危险废物的收集通常采用分类收集。所谓分类收集是指在鉴别试验的基础上，根据废物的特点、数量、处理和处置的要求分别收集。从处理与处置的角度来看，对危险废物的分类收集是非常有必要的。不知道废物的特征、成分而将其混合在一起，除了增加危险废物处理、处置的数量外，还会引发爆炸、释放有毒气体。这些潜在的副反应不但能造成环境污染，而且会使危险废物的处理与处置变得更加困难。因此，分类收集有利于危险废物的处理、处置以及资源化循环利用，同时减少对环境的潜在危害。

三、危险废物运输

（一）运输原则

运输危险废物，必须同时符合两个要求，即无害环境和安全。

（1）必须采取各种防止污染环境的措施，符合环境保护的要求，做到无害环境的运输。

（2）必须将所运输的危险废物作为危险货物对待，使用和遵守国家有关危险货物运输管理的规定。

（二）运输方式

汽车可以进行直接装卸的收集和运输，具有适应情况变化的灵活性。而且初期投资和使用成本也较低，驾驶人员也好调配，是使用最多的方式。但是，汽车运输易受道路交通情况影响，受高速公路路况、路线可变性大、天气、日夜、司机身体状态等综合因素的影响，并伴有汽车尾气、噪声、振动、破坏沿线环境的问题。随着运输距离增大，还存在运输效率下降的问题。交通部于 1988 年 1 月 9 日发布了《汽车危险货物运输规则》（JT 3130—1988），规定了汽车危险货物运输的技术管理规章、制度、要求与方法，除军运或国际联运另有规定外，均按本标准执行。

铁路运输可以在全国的集装箱车站运输危险废物，优点是比较安全且运输量大，远距离、大量运输时有明显优势。缺点是受到车辆运行时间的限制，且量少的危险废物很难利用，对货站的要求较高，转运手续复杂，个别特殊危险废物禁运。个别国家直管大型企业都有内部铁路线，与国家公共铁路之间货物转运交接尚未规范，担心由于危险废物专业管理人员无法介入转运过程，由无经验的工作人员进行转运操作，存在一定的二次污染和人身健康危害的风险。1995 年，铁道部根据《中华人民共和国铁路法》《化学危险物品安全管理条例》和《铁路货物运输规程》等法规的基本原则，制定《铁路危险货物运输管理规则》（铁运〔1995〕104 号），对危险废物铁路运输的包装和标志、托运和承运、装卸和运输等内容作了详细的规定。

船舶可以长距离运输大量货物，与其他运输方式相比，也比较便宜。优点是很少受陆地交通影响，最适合海边企业向海边处置厂运输废物；缺点是运输方式受天气影响，货物的装卸和航运费时费事，设施整治投资巨大，港湾地区建设转运站受到一些法律的制约。为加强水路危险货物运输管理，保障运输安全，防止事故发生，适应国民经济的发展，根据国家有关法律法规，交通部制定《水路危险货物运输规则》（交通部令 1996 年第 10 号），对危险废物水路运输的包装和标志、托运与承运、装卸和运输、储存和交付等内容作了详细的规定。

（三）包装基本要求

（1）危险货物运输包装应结构合理，具有一定强度，防护性能好。包装的材质、型式、规格、方法和单件质量（重量），应与所装危险货物的性质和用途相适应，且便于装卸、运输和储存。

（2）包装应质量良好，其构造和封闭形式应能承受正常运输条件下的各种作业风险，不应因温度、湿度或压力的变化而发生任何渗（撒）漏。包装表面应清洁，不允许黏附有害的危险物质。

（3）包装与内装物直接接触部分，必要时应有内涂层或进行防护处理，包装材质不得与内装物发生化学反应而形成危险产物，或导致削弱包装强度。

（4）内容器应予固定。如属易碎性的，应使用与内装物性质相适应的衬垫材料或吸附材料衬垫妥实。

（5）盛装液体的容器，应能经受在正常运输条件下产生的内部压力。灌装时必须留有足够的膨胀余量（预留容积）。除另有规定外，并应保证在55℃时，内装液体不致完全充满容器。

（6）包装封口应根据内装物性质采用严密封口、液密封口或气密封口。

（7）盛装需浸湿或加有稳定剂的物质时，其容器封闭形式应能有效地保证内装液体（水、溶剂和稳定剂）的百分比在贮运期间保持在规定的范围之内。

（8）有降压装置的包装，其排气孔设计和安装应能防止内装物泄漏和外界杂质进入，排出的气体量不得造成危险和污染环境。

（9）复合包装的内容器和外包装应紧密贴合，外包装不得有擦伤内容器的凸出物。

（10）无论是新型包装、重复使用的包装，还是修理过的包装，均应符合《危险货物运输包装通用技术条件》（GB 12463—2009）第八章危险货物运输包装性能试验的要求。

（11）盛装爆炸品包装的附加要求：①盛装液体爆炸品容器的封闭形式，应具有防止渗漏的双重保护。②除内包装能充分防止爆炸品与金属物接触外，铁钉和其他没有防护涂料的金属部件不得穿透外包装。③双重卷边接合的钢桶、金属桶或以金属作衬里的包装箱，应能防止爆炸物进入隙缝。钢桶或铝桶的封闭装置必须有合适的垫圈。④包装内的爆炸物质和物品，包括内容器，必须衬垫妥实，在运输中不得发生危险性移动。⑤盛装有对外部电磁辐射敏感的电引发装置的爆炸物品，包装应具备防止所装物品受外部电磁辐射源影响的功能。

（12）常用危险货物运输包装的组合型式、标记代号、限制重量等，参见《危险货物运输包装通用技术条件》（GB 12463—2009）附录 A。

（四）包装容器

1. 钢（铁）桶

a. 桶端应采用焊接或双重机械卷边，卷边内均匀填涂封缝胶。桶身接缝，除盛装固体或 40 L 以下（包括 40 L）的液体桶可采用焊接或机械接缝外，其余均应焊接。

b. 桶的两端凸缘应采用机械接缝或焊接，也可采用加强箍。

c. 桶身应有足够的刚度，容积大于 60 L 的桶，桶身应有两道模压外凸环筋，或两道与桶身不相连的钢质滚箍套在桶身上，使其不得移动。滚箍采用焊接固定时，不允许点焊，滚箍焊缝与桶身焊缝不得重叠。

d. 最大容积为 450 L。

e. 最大净重为 400 kg。

2. 铝桶

a. 制桶材料应选用纯度至少为 99% 的铝，或具有抗腐蚀和合适机械强度的铝合金。

b. 桶的全部接缝必须采用焊接。如有凸边接缝，应用与桶身不相连的加强箍予以加强。

c. 容积大于 60 L 的桶，至少有两个与桶身不相连的金属滚箍套在桶身上，使其不得移动。滚箍采用焊接固定时，不允许点焊，滚箍焊缝与桶身焊缝不得重叠。

d. 最大容积为 450 L。

e. 最大净重为 400 kg。

3. 钢罐

a. 钢罐两端的接缝应焊接或双重机械卷边。40 L 以上的罐身接缝应采用焊接；40 L 以下（包括 40 L）的罐身接缝可采用焊接或双重机械卷边。

b. 最大容积为 60 L。

c. 最大净重为 120 kg。

4. 胶合板桶

a. 胶合板所用材料应质量良好，板层之间应用抗水黏合剂按交叉纹理黏接，经干燥处理，不得有降低其预定效能的缺陷。

b. 桶身至少用三合板制造。若使用胶合板以外的材料制造桶端，其质量应与胶合板等效。

c. 桶身内缘应有衬肩。桶盖的衬层应牢固地固定在桶盖上，并能有效地防止内装物撒漏。

d. 桶身两端应用钢带加固。必要时，桶端应用十字形木撑予以加固。

e. 最大容积为 250 L。

f. 最大净重为 400 kg。

5. 木琵琶桶

a. 所用木材应质量良好，无节子、裂缝、腐朽、边材或其他可能降低木桶预定用途效能的缺陷。

b. 桶身应用若干道加强箍加强。加强箍应选用质量良好的材料制造，桶端应紧密地镶在桶身端槽内。

c. 最大容积为 250 L。

d. 最大净重为 400 kg。

6. 硬质纤维板桶

a. 所用材料应选用具有良好抗水能力的优质硬质纤维板，桶端可使用其他等效材料。

b. 桶身接缝应加钉结合牢固，并具有与桶身相同的强度，桶身两端应用钢带加强。

c. 桶口内缘应有衬肩，桶底、桶盖应用十字形木撑予以加固，并与桶身结合紧密。

d. 最大容积为 250 L。

e. 最大净重为 400 kg。

7. 硬纸板桶

a. 桶身应用多层牛皮纸黏合压制成的硬纸板制成。桶身外表面应涂有抗水能力良好的防护层。

b. 桶端若采用与桶身相同材料制造，应符合《危险货物运输包装通用技术条件》（GB 12463—2009）中 5.6.2 和 5.6.3 条的规定，也可用其他等效材料制造。

c. 桶端与桶身的结合处应用钢带卷边压制接合。

d. 最大容积为 450 L。

e. 最大净重为 400 kg。

8. 塑料桶、塑料罐

a. 所用材料能承受正常运输条件下的磨损、撞击、温度、光照及老化作用的影响。

b. 材料内可加入合适的紫外线防护剂，但应与桶（罐）内装物性质相容，并在使用期内保持其效能。用于其他用途的添加剂，不得对包装材料的化学和物理性质产生有害作用。

c. 桶（罐）身任何一点的厚度均应与桶（罐）的容积、用途和每一点可能受到的压力相适应。

d. 最大容积：塑料桶为 450 L；塑料罐为 60 L。

e. 最大净重：塑料桶为 400 kg；塑料罐为 120 kg。

9. 天然木箱

a. 箱体应有与容积和用途相适应的加强条档和加强带。箱顶和箱底可由抗水的再生木板、硬质纤维板、塑料板或其他合适的材料制成。

b. 满板型木箱各部位应为一块板或与一块板等效的材料。平板榫接、搭接、槽舌接，或者在每个接合处至少用两个波纹金属扣件对头连接等，均可视作与一块板等效的材料。

c. 最大净重为 400 kg。

10. 胶合板箱

a. 所用材料应符合《危险货物运输包装通用技术条件》（GB 12463—2009）中 5.4.1 条的规定。

b. 胶合板箱的角柱件和顶端应用有效的方法装配牢固。

c. 最大净重为 400 kg。

11. 再生木板箱

a. 箱体应用抗水的再生木板、硬质纤维板或其他合适类型的板材制成。

b. 箱体应用木质框架加固，箱体与框架应装配牢固，接缝严密。

c. 最大净重为 400 kg。

12. 硬纸板箱、瓦楞纸箱、钙塑板箱

a. 硬纸板箱或钙塑板箱应有一定抗水能力。硬纸板箱、瓦楞纸箱、钙塑板箱应具有一定的弯曲性能，切割、折缝时应无裂缝，装配时无破裂、表皮断裂或过度弯曲，板层之间应黏合牢固。

b. 箱体接合处，应用胶带粘贴、搭接胶合，或者搭接并用钢钉或 U 形钉钉合。搭接处应有适当的重叠。如封口采用胶合或胶带粘贴，应使用抗水胶合剂。

c. 钙塑板箱外部表层应具有防滑性能。

d. 最大净重为 400 kg。

13. 钢箱

a. 箱体一般应采用焊接或铆接。花格型箱如采用双重卷边接合，应防止内装物进入接缝的凹槽处。

b. 封闭装置应采用合适的类型，在正常运输条件下保持紧固。

c. 最大净重为 400 kg。

14. 纺织品编织袋

a. 袋需采用缝制、编织或用其他等效强度的方法制作。

b. 防撒漏型袋应使用抗水黏合剂将纸或塑料薄膜粘在袋的内表面上。

c. 防水型袋应用塑料薄膜或其他等效材料黏附在袋的内表面上。

d. 最大净重为 50 kg。

15. 塑料编织袋

a. 袋应缝制、编织或用其他等效强度的方法制作。

b. 防撒漏型袋应用纸或塑料薄膜粘在袋的内表面上。

c. 防水型袋应用塑料薄膜或其他等效材料黏附在袋的内表面上。

d. 最大净重为 50 kg。

16. 塑料袋

a. 袋的材料应用质量良好的塑料制成，接缝的封口应牢固，密闭性能好，有足够强度，并在正常运输条件下保持其效能。

b. 最大净重为 50 kg。

17. 纸袋

a. 袋的材料应用质量良好的多层牛皮纸或与牛皮纸等效的纸制成，并具有足够强度和韧性。

b. 袋的接缝和封口应牢固，密闭性能好，并在正常运输条件下保持其效能。

c. 防撒漏型袋应有一层防潮层。

d. 最大净重为 50 kg。

18. 瓶、坛

a. 应有足够厚度，容器壁厚均匀，无气泡或砂眼。陶、瓷容器外部表面不得有明显的剥落和影响其效能的缺陷。

b. 最大容积为 32 L。

c. 最大净重为 50 kg。

19. 筐、篓

a. 应采用优质材料编制而成，形状周正，有防护盖，并具有一定刚度。

b. 最大净重为 50 kg。

（五）具体措施

（1）运输时应当采取密闭、遮盖、捆扎、喷淋等措施防止扬散。

（2）对运输危险废物的设施和设备应当加强管理和维护，保证其正常运行和使用。

（3）禁止混合运输性质不相容而又未经安全性处置的危险废物。

（4）转移危险废物时，必须按照规定填危险废物转移联单，并向危险废物移出地和接受地的县级以上地方人民政府环境保护主管部门报告。

（5）禁止将危险废物与旅客在同一运输工具上载运。

（6）运输危险废物的设施和设备在转作他用时，必须经过消除污染的处理，方可使用。

（7）运输危险废物的人员，应当接受专业培训。经考核合格后，方可从事运输危险废物的工作。

（8）运输危险废物的单位应当制定发生意外事故时采取的应急措施。

（9）运输时发生突发性事故，必须立即采取措施，消除或者减轻对环境的污染危害，及时通报给附近的单位和居民，并向事故发生地县级以上人民政府环境保护主管部门和有关部门报告，接受调查处理。

四、危险废物贮存

（一）贮存方式和类型

危险废物贮存是指危险废物再利用或无害化处理和最终处理前的存放行为。危险废物的贮存方式可以分为集中贮存、隔离贮存、隔开贮存和分离贮存。集中贮存是指危险废物集中处理、处置设施中所附设的按规定设计、建造或改建的用于专门存放危险废物的贮存设施和区域性的贮存设施；隔离贮存是指在同一房间或同一区域内，不同的物料之间分开一定的距离，非禁忌物料间用通道保持空间的贮存方式；隔开贮存是指在同一建筑或同一区域内，用隔板或墙将其与禁忌物料分离开的贮存方式；分离贮存是指在不同的建筑物或远离所有建筑的外部区域内的贮存方式（表 3-9）。

表 3-9 危险废物贮存量及贮存安排

贮存要求	露天贮存	隔离贮存	隔开贮存	分离贮存
平均单位面积贮存量 /（t/m^2）	1.0 ～ 1.5	0.5	0.7	0.7
单一贮存区最大贮量 /t	2 000 ～ 2 400	200 ～ 300	200 ～ 300	400 ～ 600
垛距限制 /m	2	0.3 ～ 0.5	0.3 ～ 0.5	0.3 ～ 0.5
通道宽度 /m	4 ～ 6	1 ～ 2	1 ～ 2	5
墙距宽度 /m	2	0.3 ～ 0.5	0.3 ～ 0.5	0.3 ～ 0.5
与禁忌品距离 /m	10	不得同库贮存	不得同库贮存	7 ～ 10

危险废物贮存是指按规定设计、建造或改建的用于专门存放危险废物的设施。危险废物贮存的类型主要有贮存容器、贮罐、地表蓄水池、填埋、废物堆栈和深井灌注等。贮存容器是危险废物贮存最常用的形式之一。它是任何可移动的装置，物料在其中被贮存、运输、处理或管理。贮罐是用于贮存或处理危险废物的固定设备，被广泛地用于危险废物的贮存或累积。地表蓄水池是一种天然的下沉地形结构、人造坑洞，或是主要由土质材料建造的堤防围起的区域，用于处理、贮存或处理液态危险废物。填埋是一种可以在土地上或土地中安置非液态危险废物的处理装置。废物堆栈是一种处理或贮存非液态危险废物的露天堆栈。深井灌注是指把液态废物注入地下、与饮用水和矿脉层隔开的可渗透的岩层中。

（二）贮存容器要求

（1）应当使用符合标准的容器盛装危险废物。

（2）装载危险废物的容器及材质要满足相应的强度要求。

（3）装载危险废物的容器必须完好无损。

（4）盛装危险废物的容器材质和衬里要与危险废物相容（不相互反应）。

（5）液体危险废物可注入开孔直径不超过 70 mm 并有放气孔的桶中。

（三）危险废物贮存设施的运行管理

（1）从事危险废物贮存的单位，必须得到有资质单位出具的该危险废物样品物理和化学性质的分析报告。认定可以贮存后，方可接收。

（2）危险废物贮存前应进行检验，确保同预定接收的危险废物一致，并登记注册。

（3）不得接收未粘贴符合规定的标签或标签没按规定填写的危险废物。

（4）盛装在容器内的同类危险废物可以堆叠存放。

（5）每个堆间应留有搬运通道。

（6）不得将不相容的废物混合或合并存放。

（7）危险废物产生者和危险废物贮存设施经营者均须做好危险废物情况的记录，记录上须注明危险废物的名称、来源、数量、特性和包装容器的类别、入库日期、存放库位、废物出库日期及接收单位名称。危险废物的记录和货单在危险废物回取后应继续保留 3 年。

（8）必须定期对所贮存的危险废物包装容器及贮存设施进行检查，发现破损，应及时采取措施清理更换。

（9）泄漏液、清洗液、浸出液必须符合《污水综合排放标准》（GB 8978）的要求方可排放。气体导出口排出的气体经处理后，应满足《大气污染物综合排放标准》（GB 16297）和《恶臭污染物排放标准》（GB 14554）的要求。

（四）标识与警示

同一区域贮存两种或两种以上不同级别的危险废物时，应按最高等级危险废物的性能进行标志[1]。产生、贮存危险废物的单位及盛装危险废物的容器和包装物要按照《危险废物贮存污染控制标准》（GB 18597—2001）附录 A 的规定设置危险废物标签；收集、运输、处置危险废物的设施、场所要按照《环境保护图形标志　固体废物贮存（处置）场》（GB 15562.2—1995）的要求设置危险废物警告标志；医疗废物专用包装物要按照《医疗废物专用包装物、容器标准和警示标识规定》（环发〔2003〕188 号）的要求设置医疗废物专用警示标识；医疗废物转运车辆要按照《医疗废物转运车技术要求（试行）》（GB 19217—2003）的要求设置医疗废物转运车标志。各类危险废物标识牌由各市环保局统一监制。

1　《常用化学危险品贮存通则》（GB 15603—1995）。

（五）安全防护与监测

（1）危险废物贮存设施都必须按 GB 15562.2 的规定设置警示标志。

（2）危险废物贮存设施周围应设置围墙或其他防护栅栏。

（3）危险废物贮存设施应配备通信设备、照明设施、安全防护服装及工具，并设有应急防护设施。

（4）危险废物贮存设施内清理出来的泄漏物，一律按危险废物处理。

（5）按国家污染源管理要求对危险废物贮存设施进行监测。

（六）贮存设施的关闭

（1）危险废物贮存设施经营者在关闭贮存设施前，应提交关闭计划书，经批准后方可执行。

（2）危险废物贮存设施经营者必须采取措施消除污染。

（3）无法消除污染的设备、土壤、墙体等，按危险废物处理，并运至正在营运的危险废物处理处置场或其他贮存设施中。

（4）监测部门的监测结果表明已不存在污染时，方可摘下警示标志，撤离留守人员。

（七）贮存设施的选址和设计原则

1. 危险废物集中贮存设施的选址

（1）地质结构稳定、地震烈度不超过 7 度的区域内。

（2）设施底部必须高于地下水最高水位。

（3）场界应位于居民区 800 m 以外、地表水域 150 m 以外。

（4）应避免建在溶洞区或易遭受严重自然灾害如洪水、滑坡、泥石流、潮汐等影响的地区。

（5）应在易燃、易爆等危险品仓库，高压输电线路防护区域以外。

（6）应位于居民中心区常年最大风频的下风向。

2. 危险废物贮存设施（仓库式）的设计原则

（1）地面与裙脚要用坚固、防渗的材料建造，建筑材料必须与危险废物相容。

（2）必须有泄漏液体收集装置、气体导出口及气体净化装置。

（3）设施内要有安全照明设施和观察窗口。

（4）用以存放装载液体、半固体危险废物容器的地方，必须有耐腐蚀的硬化地面，且表面无裂隙。

（5）应设计堵截泄漏的裙脚，地面与裙脚所围建的容积不低于堵截最大容器的最大储量或总储量的 1/5。

（6）不相容的危险废物必须分开存放，并设有隔离间隔断。

3. 危险废物的堆放

（1）基础必须防渗，防渗层为至少 1 m 厚黏土层（渗透系数≤ 10^{-7}cm/s），或 2 mm 厚高密度聚乙烯，或至少 2 mm 厚的其他人工材料，渗透系数≤ 10^{-10}cm/s。

（2）堆放危险废物的高度应根据地面承载能力确定。

（3）衬里放在一个基础或底座上。

（4）衬里要能够覆盖危险废物或其溶出物可能涉及的范围。

（5）衬里材料与堆放危险废物相容。

（6）在衬里上设计、建造浸出液收集清除系统。

（7）应设计建造径流疏导系统，保证能防止 25 年一遇的暴雨流到危险废物堆里。

（8）危险废物堆内设计雨水收集池，并能收集 25 年一遇的暴雨 24 h 降水量。

（9）危险废物堆要防风、防雨、防晒。

（10）产生量大的危险废物可以散装方式堆放贮存在按上述要求设计的废物堆里。

（11）不相容的危险废物不能堆放在一起。

（12）总贮存量不超过 300 kg(L) 的危险废物要放入符合标准的容器内，加上标签，容器放入坚固的柜或箱中，柜或箱应设多个直径不少于 30 mm 的排气孔。不相容危险废物要分别存放，或存放在不渗透、间隔分开的区域内，每个部分都应有防漏裙脚或储漏盘，防漏裙脚或储漏盘的材料要与危险废物相容。

第四节　危险废物利用处置单位管理

一、危险废物综合经营许可证

新《固废法》第八十条规定，从事收集、贮存、利用、处置危险废物经营活动的单位，应当按照国家有关规定申请取得许可证。许可证的具体管理办法由国务院制定。禁止无许可证或者未按照许可证规定从事危险废物收集、贮存、利用、处置的经营活动。禁止将危险废物提供或者委托给无许可证的单位或者其他生产经营者从事收集、贮存、利用、处置活动。我国对许可证的管理办法主要是《危险废物经营许可证管理办法》，于 2004 年 5 月 19 日国务院第 50 次常务会议通过，自 2004 年 7 月 1 日起施行。

《危险废物经营许可证管理办法》规定，在中华人民共和国境内从事危险废物收集、贮存、处置经营活动的单位，应当依照本办法的规定领取危险废物经营许可证。危险废物经营许可证按照经营方式，分为危险废物收集、贮存、处置综合经营许可证和危险废物收集经营许可证。领取危险废物综合经营许可证的单位，可以从事各类别危险废物的收集、贮存、处置经营活动；领取危险废物收集经营许可证的单位，只能从事机动车维修活动中产生的废矿物油和居民日常生活中产生的废镉镍电池的危险废物收集经营活动。

本节将详细介绍危险废物收集、贮存、处置综合经营许可证（以下简称危险废物综合经营许可证）的有关内容。

（一）危险废物综合经营许可证内容

（1）危险废物综合经营许可证的内容应包括“危险废物经营许可证正文”和“危险废物经营许可证附件”两部分。危险废物综合经营许可证可分为正本和副本，正本为一份，副本可为多份。危险废物综合经营许可证正本应当保存于危险废物综合经营设施所在地，以备环保部门检查。危险废物综合经营许可证副本可供危险废物经营单位与危险废物产生单位签订危险废物收集、贮存、利用和处置合同，以及办理危险废物转移等手续时使用。

（2）危险废物综合经营许可证正文应至少包括以下主要内容：①危险废物经营许可证的编号。②审批颁发危险废物经营许可证的机关，并加盖公章。③颁发危险废物经营许可证的日期；危险废物经营许可证的有效期限（标注起止日期）；初次颁发危险废物经营许可证的日期。④危险废物经营许可证的法人名称、法定代表人、住所。⑤核准的危险废物经营方式。主要有：收集；收集、贮存、利用；收集、贮存、处置；收集、贮存、利用、处置。⑥核准经营的危险废物类别。应根据《国家危险废物名录》将危险废物类别尽可能确定到具体的危险废物。⑦许可经营的危险废物贮存、利用和处置设施的年经营规模。

⑧危险废物贮存、利用、处置设施的地址，并应注明其经度和纬度。可对各设施进行编号，以利于规范化管理。

（3）危险废物经营许可证附件应至少包括以下主要内容：①许可条件。将法律法规和标准规范的有关规定以及合理的管理要求作为许可条件。②核准经营的危险废物贮存、处置及利用设施，危险废物经营类别及规模明细表。③环境监测方案。即要求危险废物经营单位对污染物排放及环境质量自行监测的方案。

（二）危险废物综合经营许可证申领条件

（1）有3名以上环境工程或者相关专业中级以上职称，且有3年以上固体废物污染治理经验的技术人员；

（2）有符合国务院交通主管部门有关危险货物运输安全要求的运输工具；

（3）有符合国家或者地方环境保护标准和安全要求的包装工具，中转和临时存放设施、设备以及经验收合格的贮存设施、设备；

（4）有符合国家或者省、自治区、直辖市危险废物处置设施建设规划，符合国家或者地方环境保护标准和安全要求的处置设施、设备和配套的污染防治设施，其中，医疗废物集中处置设施，还应当符合国家有关医疗废物处置的卫生标准和要求；

（5）有与所经营的危险废物类别相适应的处置技术和工艺；

（6）有保证危险废物经营安全的规章制度、污染防治措施和事故应急救援措施；

（7）以填埋方式处置危险废物的，应当依法取得填埋场所的土地使用权。

（三）危险废物综合经营许可证申领程序

1. 证明材料

（1）有3名以上环境工程或者相关专业中级以上职称，且有3年以上固体废物污染治理经验的技术人员。证明材料主要包括：

1）环境工程或者化工、冶金、分析测试等相关专业技术人员的学历和学位证书、职称证书复印件。

2）技术人员具有3年以上固体废物污染治理经验的证明材料。

3）技术人员与申请单位签订的劳动合同等能证明劳动关系的证明材料，如合同聘用文本及聘期、合同期间社保证明等。

4）其他相关证明材料。

（2）有符合国务院交通主管部门有关危险货物运输安全要求的运输工具。证明材料主要包括：

1）交通主管部门颁发的允许从事危险货物运输的道路运输经营许可证的复印件。

2）危险废物运输车辆运营证、危险货物运输驾驶员证和押运员证的复印件。

3）无危险货物运输资质的申请单位应提供与拥有相关危险货物运输资质的单位签订的运输协议（或合同）的复印件，并同时提供上述证明材料。

4）其他相关证明材料。

（3）有符合国家或者地方环境保护标准和安全要求的包装工具，中转和临时存放设施、设备以及经验收合格的贮存设施、设备。证明材料主要包括：

1）包装工具照片或图样及文字说明。

2）中转和临时存放设施、设备以及贮存设施、设备的照片、设计文件及文字说明、施工报告等。

3）贮存设施、设备，经环保、卫生、消防安全等部门验收合格的证明文件的复印件。

4）中转和临时存放设施、设备以及贮存设施的名称、贮存能力、数量、贮存危险废物的种类、其他技术参数。

5）其他相关证明材料。

（4）有符合国家或者省、自治区、直辖市危险废物处置设施建设规划，符合国家或者地方环境保护标准和安全要求的处置设施、设备和配套的污染防治设施。证明材料主要包括：

1）《企业法人营业执照》和《组织机构代码证》复印件。

2）关于选址符合《危险废物焚烧污染控制标准》《危险废物填埋污染控制标准》等相关标准的材料。

3）厂区平面布置图（应绘出：设施法定边界；进货和出货装置的地点；各危险废物处置设施、贮存设施、配套污染防治设施以及事故应急池、雨水收集池的位置，排污口位置，地下水监测井的位置等）。危险废物经营单位应确保有足够道路空间，以保障在紧急状态下，相关的救援人员，消防、泄漏控制、去污设备通行无阻。

4）处置设施、设备，以及配套污染防治设施的设计文件及文字说明。对于填埋设施，应当提供有关施工质量保证书、施工和监理情况的报告，以及地下水监测井设计方案的依据（如地下水的流向和速率等）。

5）已通过建设项目竣工环境保护验收的项目，应提供环境影响评价文件及批复复印件、试运行报告和建设项目竣工环境保护验收意见的复印件；新建成且未验收的项目，应提供环境影响评价文件及批复复印件和试运行计划（含环境保护设施试运行计划）。

6）现有设施最近1年内的监督性监测报告的复印件。提供企业自行监测报告的，应当提供其符合相关监测质量要求的证明材料。

7）现有危险废物焚烧炉，应提供论证其符合《危险废物焚烧污染控制标准》（GB 18484）关于焚烧炉的技术性能指标（包括焚烧炉温度、烟气停留时间、燃烧效率、焚毁去除率、焚烧残渣的热灼减率等）、焚烧炉出口烟气中的氧气含量等证明材料。

如为证明焚烧炉满足《危险废物焚烧污染控制标准》关于温度大于1100℃要求，应当提供焚烧炉的设计温度、实际运行温度（对已运行设施）、耐火材料的规格（如能够耐受的温度范围），并书面解释焚烧过程如何达到要求的温度。书面解释如何控制氧气浓度，使其满足《危险废物焚烧污染控制标准》关于焚烧炉出口烟气中的氧气含量应为6%～10%（干气）的要求。书面解释如何在最大气体流量时达到负压（计算公式），并提供有关抽风机额定流量及压降的数据。

8）分析实验仪器的名称、照片或图纸、文字说明、用途以及所能分析和监测的项目。

9）有关应急装备、设施和器材的清单，包括种类、名称、数量、存放位置、规格、性能、用途和用法等信息。

10）经营易燃易爆化学品废物的，需提供消防部门的证明材料。

11）经营剧毒化学品废物的，需提供公安部门的证明材料。

12）经营危险化学品废物的，需提供经营安全生产评估报告及备案的证明材料。

13）建设项目工程质量、消防和安全验收的相关证明材料。

14）其他相关证明材料。

（5）有与所经营的危险废物类别相适应的处置技术和工艺。证明材料主要包括：

1）详细描述危险废物预处理和处置工艺及操作要求。

2）危险废物预处理和处置主要设备的名称、规格型号、设计能力、数量、其他技术参数。

3）危险废物预处理和处置主要设备所能预处理和处置的废物名称、类别、形态和危险特性。

4）其他相关证明材料。

（6）有保证危险废物经营安全的规章制度、污染防治措施和事故应急救援措施。证明材料主要包括：

1）废物分析方案 / 制度。分析废物的目的是确保持证单位仅接收许可经营的危险废物，从而确保危险废物得到正确贮存或处置。废物分析方案 / 制度至少应包含以下内容：①持证单位如何了解所接收的危险废物与危险废物转移联单所列危险废物相一致；②对各危险废物拟分析的参数 / 成分及理由；③拟采用的取样方法；④拟采用的分析测试方法；⑤重复测试的频率；⑥每批废物的接收标准和拒绝标准。

2）安保措施。危险废物经营单位应当防止无关人员进入厂区，特别是危险废物利用处置区。比如：控制进入危险废物贮存、处置设施的安全措施。如设置 24 h 监控系统，对进出危险废物贮存、处置设施进行不间断监控；在危险废物贮存、处置设施周围设置人工或天然的障碍物（如栅栏），控制出入；在设施的入口处设置中英文标识："危险一非授权人员不得进入"（Danger-Unauthorized Personnel Keep Out），等等。

3）内部监督管理措施和制度。为及时纠正问题，防止危害环境和人体健康，危险废物经营单位应当制订检查方案，针对可能导致危险废物组分泄漏到环境中，以及对人体健康造成威胁的设备故障和老化，操作错误，有意或无意的危险废物溢出、泄漏等情况，以及预防、侦测或应对有关环境或人体健康威胁的重要设施和设备［如监测设备、安全及应急设备、保安设施、操作设备（如泵）等］进行检查。检查方案应当包括拟检查的问题类型及检查频率。如：对危险废物装卸区等易发生泄漏的区域是否存在泄漏，焚烧炉及附属设备（如泵、阀门、传送设施、管道）是否存在泄漏和无组织排放（可肉眼观察）等，每天至少检查一次。对防火通道是否畅通，去污设备是否充足等，每周至少检查一次。

4）意外突发事故应急救援措施及相关设备。可参见《危险废物经营单位编制应急预案指南》（国家环境保护总局公告　2007 年第 48 号）。

5）关于易燃性、反应性和不相容废物的特别防范措施。危险废物经营单位应当采取特别措施，防范易燃性、反应性和不相容废物的安全风险。比如：关于确保这些废物远离火源和反应源的措施。在贮存处理易燃、反应性或不相容废物的场所设置“禁止吸烟”的标识。设置隔离的吸烟区域。防止将彼此或与贮存设施、设备起剧烈反应（如起火，爆炸、释放有毒粉尘、气体或烟气）的不相容废物混合贮存。

6）有关预防风险的措施（包括相关应对程序和硬件设施）。如：在危险废物装卸操作时预防风险的措施（如特殊的叉车）；防止危险废物处理区域的废水流入其他区域或环境中，以及防止雨水侵入危险废物处理区域的措施（如排水沟或阻水堤）；防止污染水源的措施；降低设备故障或断电影响的措施；防止人体不适当暴露于危险废物的措施（如防护服、呼吸器、防毒面具、防毒口罩、安全帽、防酸碱手套及长筒靴等）。

7）人员培训制度。危险废物经营单位应当清晰描述涉及危险废物管理的每个岗位的职责，并依此制订各个岗位从业人员的培训计划。培训计划应当包括针对该岗位的危险废物管理程序和应急预案的实施等。培训可分为课堂培训和现场操作培训。应急培训应当使得受训人员能够有效地应对紧急状态。这要求受训人员熟悉：①应急程序、应急设备、应急系统，包括使用、检查、修理和更换设施内应急及监测设备的程序；②自动进料切断系统的主要参数；③通信联络或警报系统；④火灾或爆炸的应对；⑤地表水污染事件的应对。

8）环境监测制度。危险废物经营单位应当制订环境监测方案，对废水处理、大气污染物排放、噪声、地下水等，定期进行监测。环境监测方案应确定监测指标和频率。危险废物经营单位自行监测的，还应当制订监测仪器的维护和标定方案，定期维护，标定并记录结果。

9）新产生危险废物的管理计划。

10）发生意外突发事件或正常操作下，造成土壤等环境污染时消除污染的保障措施。

（7）以填埋方式处置危险废物的，需依法取得填埋场所的土地使用权。证明材料主要包括：

1）建设用地规划许可证的复印件。

2）建设用地厂区用地界限图的复印件。

3）地方人民政府颁发的土地权利证书的复印件。

4）其他相关证明材料。

2. 审批程序及时限

《危险废物经营许可证管理办法》规定，国家对危险废物经营许可证实行分级审批颁发。医疗废物集中处置单位的危险废物经营许可证，由医疗废物集中处置设施所在地设区的市级人民政府环境保护主管部门审批颁发。其他危险废物综合经营许可证，由省、自治区、直辖市人民政府环境保护主管部门审批颁发。申请领取危险废物经营许可证的单位，应当在从事危险废物经营活动前向发证机关提出申请。具体审批程序及时限如下：

1）受理（5 个工作日内）：负责审批危险废物经营许可证的环保部门（以下简称“审批部门”）收到申请材料（包括证明材料）后，应对申请是否属于受理范围、材料的完整性等进行书面审查，作出受理或不受理的决定。

2）专家评审（40 个工作日内）：审批部门应当组织专家对受理的申请材料（包括证明材料）进行评审，并进行现场核查。专家组应当提交关于申请材料评审和现场核查的意见，并起草危险废物经营许可证草案或不予颁发许可证的文件。

3）审批（20 个工作日内）：审批部门根据专家评审意见，依法作出审批决定。对符合条件的申请单位，审批部门依法发布有关给予颁发危险废物经营许可证的公告；对不符合条件的申请单位，审批部门书面通知申请单位并说明理由。

4）制作颁发许可证（10 个工作日内）：对符合条件的申请单位，审批部门制作并颁发许可证；批准日期以公告日期为准。

（四）危险废物综合经营许可证的使用管理

1. 许可证的使用

禁止无经营许可证或者不按照经营许可证规定从事危险废物收集、贮存、处置经营活动。禁止从中华人民共和国境外进口或者经中华人民共和国过境转移电子类危险废物。禁止将危险废物提供或者委托给无经营许可证的单位从事收集、贮存、处置经营活动。禁止伪造、变造、转让危险废物经营许可证。

2. 许可证的有效期

危险废物综合经营许可证有效期为 5 年。危险废物综合经营许可证有效期届满，危险废物经营单位继续从事危险废物经营活动的，应当于危险废物综合经营许可证有效期届满 30 个工作日前向原发证机关提出换证申请。

3. 许可证的变更

危险废物经营单位变更法人名称、法定代表人和住所的，应当自工商变更登记之日起 15 个工作日内，向原发证机关申请办理危险废物综合经营许可证变更手续。

有下列情形之一的，危险废物经营单位应当按照原申请程序，重新申请领取危险废物综合经营许可证：①改变危险废物经营方式的；②增加危险废物类别的；③新建或者改建、扩建原有危险废物经营设施的；④经营危险废物超过原批准年经营规模 20% 以上的。

4. 许可证的注销

危险废物经营单位终止从事收集、贮存、处置危险废物经营活动的，应当对经营设施、场所采取污染防治措施，并对未处置的危险废物作出妥善处理。危险废物经营单位应当在采取前款规定措施之日起 20 个工作日内向原发证机关提出注销申请，由原发证机关进行现场核查合格后，注销危险废物综合经营许可证。

二、自建设施管理

根据《全国危险废物和医疗废物处置设施建设规划》："原则上以省为单位统筹规划建设危险废物集中处置设施，要求危险废物产生量大的企业按照无害化的要求自行建设处置设施。"

目前国内对自建危险废物处理处置设施的要求主要有以下几点：

（1）新项目配套建设危险废物处理处置设施和现有危险废物产生单位建设危险废物处理处置设施，用于处理自身产生的危险废物，必须符合省重污染行业统一规划、统一定点的要求，由所在地政府将其纳入当地废物处理处置基地规划，且基地的环评经省生态环境厅审批同意后，才能将项目报有审批权的生态环境行政主管部门按照从严掌握的原则审批，同意后方可建设；已由市、县（区）生态环境部门审批同意建设的，应报省生态环境厅复核。

（2）危险废物处理处置设施必须符合《固体废物污染环境防治法》《危险废物污染防治技术政策》等有关规定。

（3）危险废物处理处置设施必须符合国家危险废物贮存的相关技术要求和省不定期公布的各种危险废物综合利用的技术标准，不符合要求的不得自行回收利用。

（4）危险废物产生单位兴建的危险废物处理处置设施，用于处理、处置其他单位产生的危险废物的，必须申领危险废物经营许可证，否则按无经营许可证经营危险废物处理。

三、综合利用设施管理

根据国家相关政策出台情况，本节主要介绍废氯化汞触媒综合利用设施管理、废烟气脱硝催化剂综合利用设施管理、废铅蓄电池综合利用设施管理。

（一）废氯化汞触媒综合利用设施管理

《废氯化汞触媒危险废物经营许可证审查指南》细化了废氯化汞触媒危险废物经营许可证审批工作，并对废氯化汞触媒综合利用企业的技术人员、运输能力、贮存设施等方面作了进一步规定。

废氯化汞触媒综合利用设施管理具体要求如下：

1. 预处理

1）利用废氯化汞触媒提炼金属汞应进行预处理。

2）预处理加热设备应采用带计量装置的密闭式加料机，能准确计量进行预处理的原辅材料的重量，并保证预处理过程处于密闭状态；加热过程应有温度控制系统，自动控制加热温度和时间。

3）预处理加热设备应保持在负压状态下运行，并有尾气处理装置。

4）预处理转化场地应符合《危险废物贮存污染控制标准》（GB 18597）中“6.3 危险废物的堆放”的相关要求。

5）预处理转化场地要防风、防雨、防晒，必须有液体收集装置及气体导出口和气体净化装置。

2. 利用

1）利用废氯化汞触媒提炼金属汞一般采用的是冶炼炉或蒸馏炉。利用废氯化汞触媒提炼氯化汞一般采用的是干馏炉。

2）冶炼炉、蒸馏炉或干馏炉应采用带计量装置的密闭式加料方式。

3）冶炼炉、蒸馏炉或干馏炉应具有自动化控制系统和报警系统，能自动控制工艺系统的炉内温度、冶炼（蒸馏或干馏）时间等主要工况参数；工况参数偏离正常运行范围，可自动启动报警系统。炉内温度、冶炼（蒸馏或干馏）时间，应有 1 年以上的历史数据可查。

4）单台冶炼炉或蒸馏炉处理能力应达到 1 000 t/a 及以上，冶炼炉或蒸馏炉应保持在负压状态下运行。单台干馏炉处理能力应达到 3000 t/a 及以上；干馏炉应保持在负压状态和充足的惰性气体情况下运行。

5）具有完备的汞冷凝回收系统，不断提高汞回收率；应保证冶炼、蒸馏或干馏后的废活性炭根据《危险废物鉴别标准　浸出毒性鉴别》（GB 5085.3）鉴别不属于危险废物。

6）经冶炼、蒸馏或干馏后的废活性炭，如用于生产新的氯化汞触媒产品，应符合《煤质颗粒活性炭　载体用煤质颗粒活性炭》（GB/T 7701.3）的技术要求。

3. 污染防治措施

1）生产废水应全部回用，禁止外排；具有相关设施，收集和处理整个厂区内的初期雨水及因危险废物溢出、泄漏或发生火灾灭火时产生的污水。

2）尾气应采用活性炭吸附等措施进行处理，多台冶炼炉、蒸馏炉或干馏炉尾气应集中排放，并符合《大气污染物综合排放标准》（GB 16297）有关要求。

3）经冶炼、蒸馏或干馏后产生的废活性炭应在密闭、缺氧和冷却的条件下从炉内排出。

4）应有专用的临时堆存场地，用于堆存冶炼、蒸馏或干馏后产生的废氯化汞触媒，临时堆存场地应符合《一般工业固体废物贮存和填埋污染控制标准》（GB 18599）的有关要求；临时堆存场地周边应设置监测井，且每季度进行监测。应妥善利用处置经冶炼、蒸馏或干馏后产生的废氯化汞触媒。

5）厂区的噪声应符合《工业企业厂界环境噪声排放标准》（GB 12348）的有关要求。

6）污染物排放口必须实行规范化整治，按照国家标准《环境保护图形标志》（GB 15562.1 ～ GB 15562.2）的规定，设置与之相适应的环境保护图形标志牌。环境保护图形标志牌设置位置应距污染物排放口或采样点较近，且标志醒目，以设置立式标志牌为主，并应长久保留。

（二）废烟气脱硝催化剂综合利用设施管理

《废烟气脱硝催化剂危险废物经营许可证审查指南》细化了废烟气脱硝催化剂危险废物经营许可证审批工作，并对废烟气脱硝催化剂（钒钛系）综合利用企业的技术人员、运输能力、贮存设施等方面作了进一步规定。

废烟气脱硝催化剂综合利用设施管理具体要求如下：

1. 一般要求

1）应在密闭、具备良好通风条件的装置内清除废烟气脱硝催化剂（钒钛系）表面浮尘和孔道内积灰，疏通催化剂淤堵，采取必要的防尘、除尘措施，产生的粉尘应集中收集。

2）预处理场地要防风、防雨、防晒，并具有防渗功能，必须有液体收集装置及气体净化装置。

3）针对收集的废烟气脱硝催化剂（钒钛系），应以再生为优先原则。再生方法可采用水洗再生、热再生和还原再生。

4）因破碎等原因而不能再生的废烟气脱硝催化剂（钒钛系），应尽可能回收其中的钒、钨、钛、钼等金属。

2. 污染防治和环境风险防控措施

1）预处理产生的粉尘等污染物，应当配套建设废气治理设施进行处理，颗粒物以及汞、铅、镉、铍等元素及其化合物等污染物排放，应符合《大气污染物综合排放标准》（GB 16297）的相关要求。预处理作业区工人应采取必要的劳动卫生防护措施。

2）再生和利用过程中产生的清洗废水尽可能回用；如需排放，废水经处理后，总钒、总铅、总汞、总砷、总镉、总铬、六价铬等应符合《钒工业污染物排放标准》（GB 26452）的有关要求，总铍应符合《污水综合排放标准》（GB 8978）的有关要求。酸洗废水和废浸取液应达标处理后进入废水处理设施，与清洗废水混合处理；配备相关设施，收集和处理整个厂区的初期雨水及因危险废物溢出、泄漏时产生的污水或消防水。

3）煅烧、干燥或焙烧等工艺环节产生的废气，应当配套建设废气治理设施进行处理，铅、汞、铍及其化合物等污染物应符合《工业炉窑大气污染物综合排放标准》（GB 9078）要求后集中排放。

4）预处理、再生和利用过程中产生的废酸液、废有机溶剂、废活性炭、污泥、废渣等，按照危险废物进行管理。

5）厂区的噪声应符合《工业企业厂界环境噪声排放标准》（GB 12348）的有关要求。

6）污染物排放口必须实行规范化整治，按照国家标准《环境保护图形标志》（GB 15562.1 ～ GB 15562.2）的规定，设置与之相适应的环境保护图形标志牌。设置位置应距污染物排放口或采样点较近，且标志醒目，以设置立式标志牌为主，并应长久保留。

7）进行环境风险评估，落实各项环境风险防范措施，厂区内的初期雨水，溢出、泄漏的物料或消防水应当收集并妥善处理。厂区周边卫生防护距离内没有居民等环境敏感点。厂区配备必要的应急物资。

（三）废铅蓄电池综合利用设施管理

《废铅蓄电池危险废物经营许可证审查指南》细化了废铅蓄电池危险废物经营许可证审批工作，并对废铅蓄电池综合利用企业的技术人员、运输能力、贮存设施等方面作了进一步规定。《废铅蓄电池处理污染控制技术规范》（HJ 519—2020）规定了废铅蓄电池收集、贮存、运输、利用处置过程中的污染控制要求。

废铅蓄电池综合利用设施管理具体要求如下：

1. 预处理

1）废铅蓄电池的利用处置应先经过预处理，再采用冶金的方法处理铅膏等含铅物料。

2）废铅蓄电池的预处理一般包括破碎、分离等，其过程应符合以下要求：①再生铅企业应对带壳废铅蓄电池进行预处理，加强对原料场所无组织排放的控制。②预处理过程应采用自动破碎分选设备。③废铅蓄电池破碎工艺应保证电池中的铅栅、连接器、电池槽盒和酸性电解质等成分在后续步骤中易被分离。④破碎后的铅及其化合物应从其他原料中分离出来。

3）不得对废铅蓄电池进行人工破碎，禁止在露天环境进行破碎作业。

4）拆解过程中产生的废塑料、废铅栅、废铅膏、废隔板、废电解质等固体废物，应分类收集、处理，并对各自的去向有明确的记录。

5）废铅蓄电池中的废电解质应收集处理，不得将其排入下水道或环境中。

6）预处理车间地面必须进行硬化、防腐和防渗漏处理。

2. 铅回收

1）经预处理后的含有金属铅、铅的氧化物、铅的硫酸盐以及其他金属的电池碎片，可采取火法冶金工艺或湿法冶金工艺把金属铅从混合物中提取出来。废铅膏与废铅栅应分别熔炼；废铅栅熔炼宜采用低温熔炼技术。

2）铅回收过程应采用技术装备先进、设备能效高、资源综合利用率高、污染防治水平高的先进工艺，不得采用设备能效低、处理能力小、资源综合利用率低、环境污染严重、能耗高的落后工艺。

3）火法冶金：①利用火法冶金工艺回收铅，其尾气应经净化处理，达到《再生铜、铝、铅、锌工业污染物排放标准》（GB 31574）的要求后排放，可对冶炼过程中产生的含二氧化硫烟气进行集中收集利用。②火法冶金熔炼工序应采用密闭熔炼设备。应严格控制熔炼介质和还原介质的加入量，以保证去除所有的硫和其他杂质并还原所有的铅氧化物。③采用火法冶金工艺利用处置废铅蓄电池，其冶炼过程应在负压条件下进行，避免有害气体和粉尘逸出，收集的气体应进行净化处理，达到 GB 31574 的要求后排放。

4）湿法冶金：①对于预脱硫 - 电解沉积工艺，宜将废铅膏中的硫酸铅脱硫，并将二氧化铅转化为氧化铅，再将铅转移到富铅电解液中，通过电解沉积得到电解铅产品。②对于固相电解还原铅工艺，经过还原处理的铅膏宜填装于阴极框架中。电解时，将铅膏中的固相铅物质直接还原为金属铅。③宜收集铅的结晶状或海绵状的电解沉积物，并压成纯度高的铅饼，然后送到炉中浇铸成锭，或直接熔铸成锭。④采用湿法冶金工艺利用处置废铅蓄电池，排出气体应进行除尘和酸雾净化，达到 GB 31574 的要求后排放。

四、处置设施管理

根据《危险废物经营许可证管理办法》的用语含义解释，处置，是指危险废物经营单位将危险废物用焚烧、煅烧、熔融、烧结、裂解、中和、消毒、蒸馏、萃取、沉淀、过滤、拆解以及用其他改变危险废物物理、化学、生物特性的方法进行处理，达到减少危险废物数量、缩小危险废物体积、减少或者消除其危险成分的活动，或者将危险废物最终置于符合环境保护规定要求的场所或者设施且不再回取的活动。

危险废物处置技术主要包括焚烧处置技术、非焚烧处置技术、安全填埋技术。焚烧处置技术适用于处置有机成分多、热值高的危险废物，处置危险废物的形态可为固态、液态和气态，但含汞废物不适宜采用焚烧技术进行处置，爆炸性废物必须经过合适的预处理技术，消除其反应性后再进行焚烧处置，或者采用专门设计的焚烧炉进行处置。危险废物非焚烧处置技术应根据技术特点和被处置废物的特性进行选择。安全填埋处置技术适用于《国家危险废物名录》中，除填埋场衬层不相容废物之外的危险废物的安全处置。性质不稳定的危险废物需经过固化 / 稳定化后方可进行安全填埋处置，有机危险废物不适宜采用安全填埋进行处置。

（一）填埋处置设施管理

危险废物填埋场（以下简称“填埋场”），是处置危险废物的一种陆地处置设施，由若干个处置单元和构筑物组成，主要包括接收与贮存设施、分析与鉴别系统、预处理设施、填埋处置设施（其中包括防渗系统、渗滤液收集和导排系统）、封场覆盖系统、渗滤液和废水处理系统、环境监测系统、应急设施及其他公用工程和配套设施。

《危险废物填埋污染控制标准》（GB 18598—2019）规定了填埋场的选址、设计施工与质量保证等方面的要求。

填埋场运行管理具体要求如下：

（1）在填埋场投入运行之前，企业应制定运行计划和突发环境事件应急预案。突发环境事件应急预案应说明各种可能发生的突发环境事件情景及应急处置措施。

（2）填埋场运行管理人员应参加企业的岗位培训，合格后上岗。

（3）柔性填埋场应根据分区填埋原则进行日常填埋操作，填埋工作面应尽可能小，方便及时得到覆盖。填埋堆体的边坡坡度应符合堆体稳定性验算的要求。

（4）填埋场应根据废物的力学性质合理选择填埋单元，防止局部应力集中对填埋结构造成破坏。

（5）柔性填埋场应根据填埋场边坡稳定性要求对填埋废物的含水量、力学参数进行控制，避免出现连通的滑动面。

（6）柔性填埋场日常运行要采取措施保障填埋场稳定性，并根据 CJJ 176 的要求对填埋堆体和边坡的稳定性进行分析。

（7）柔性填埋场运行过程中，应严格防止外部雨水进入。每日工作结束时，以及填埋完毕的区域，必须采用人工材料覆盖。除非设有完备的雨棚，雨天不宜开展填埋作业。

（8）填埋场运行记录应包括设备工艺控制参数，入场废物来源、种类、数量，废物填埋位置等信息，柔性填埋场还应当记录渗滤液产生量和渗漏检测层流出量等。

（9）企业应建立有关填埋场的全部档案，包括入场废物特性、填埋区域、场址选择、勘察、征地、设计、施工、验收、运行管理、封场及封场后管理、监测以及应急处置等全过程所形成的一切文件资料；必须按国家档案管理等法律法规进行整理与归档，并永久保存。

（10）填埋场应根据渗滤液水位、渗滤液产生量、渗滤液组分和浓度、渗漏检测层渗漏量、地下水监测结果等数据，定期对填埋场环境安全性能进行评估，并根据评估结果确定是否对填埋场后续运行计划进行修订以及采取必要的应急处置措施。填埋场运行期间，评估频次不得低于两年一次；封场至设计寿命期，评估频次不得低于三年一次；设计寿命期后，评估频次不得低于一年一次。

（二）焚烧处置设施管理

焚烧设施是以焚烧方式处置危险废物，达到减少数量、缩小体积、消除其危险特性目的的装置，包括进料装置、焚烧炉、烟气净化装置和控制系统等。

《危险废物焚烧污染控制标准》（GB 18484—2020）规定了填埋场的选址要求、污染控制技术、排放控制、环境监测等方面的要求。此外，《危险废物集中焚烧处置工程建设技术规范》（HJT 176—2005）规定了焚烧处置工程规划、设计、施工及验收和运行管理等方面的要求；《危险废物（含医疗废物）焚烧处置设施性能测试技术规范》（HJ 561—2010）规定了性能测试的内容、程序、技术要求等方面的要求；《危险废物集中焚烧处置设施运行监督管理技术规范（试行）》（HJ 515—2009）规定了集中焚烧处置设施运行监督管理的程序、要求、内容等方面的要求；《危险废物焚烧尾气处理设备》（JB/T 11643—2013）规定了危险废物焚烧尾气处理设备的工艺、技术性能方面的要求；《危险废物（含医疗废物）焚烧处置设施二噁英排放监测技术规范》（HJ/T 365—2007）规定了废气中二噁英的监测程序和现场监测等方面的要求。

焚烧处置设施管理具体要求如下：

1. 一般规定

1）危险废物焚烧单位收集、贮存、运输危险废物应符合 HJ 2025 的要求。

2）焚烧设施运行期间，应建立运行情况记录制度，如实记载运行管理情况。运行记录至少应包括危险废物来源、种类、数量、贮存和处置信息，入炉废物理化特征分析结果和配伍方案，设施运行及工艺参数信息，环境监测数据，活性炭品质及用量，焚烧残余物的去向及其数量等。

3）焚烧单位应建立焚烧设施全部档案，包括设计、施工、验收、运行、监测及应急等，档案应按国家有关档案管理的法律法规进行整理和归档。

4）焚烧单位应编制环境应急预案，并定期组织应急演练。

5）焚烧单位应依据国家和地方有关要求，建立土壤和地下水污染隐患排查治理制度，并定期开展隐患排查。发现隐患，应及时采取措施消除，并建立档案。

2. 焚烧设施运行要求

1）危险废物焚烧设施在启动时，应先将炉膛内温度升至表 3-10 规定的温度，再投入危险废物。焚烧设施启动，开始投入危险废物后，应逐渐增加投入量，并在 6 h 内达到稳定工况。

2）焚烧设施停炉时，应通过助燃装置保证炉膛内温度符合表 3-10 规定的要求，直至炉内剩余危险废物完全燃烧。

3）焚烧设施在运行过程中发生故障无法及时排除时，应立即停止投入危险废物并按照要求停炉。单套焚烧设施因启炉、停炉、故障及事故排放污染物的持续时间，每个自然年度累计不应超过 60 h。炉内投入危险废物前的烘炉升温时段不计入启炉时长，炉内危险废物燃尽后的停炉降温时段不计入停炉时长。

4）在 1）、2）和 3）规定的时间内，在线自动监测数据不作为评定是否达到本标准排放限值的依据，但排放的烟气颗粒物浓度的 1 h 均值不得大于 150 mg/m³。

5）应确保正常工况下焚烧炉炉膛内热电偶测量温度的 5 min 均值不低于 1 100 ℃。

表 3-10　危险废物焚烧炉的技术性能指标

指标	焚烧炉高温段温度 /℃	烟气停留时间 /s	烟气含氧量（干烟气，烟囱取样口）/%	烟气一氧化碳浓度 /（mg/m³）		燃烧效率 /%	焚毁去除率 /%	热灼减率 / %
限值	≥ 1 100	≥ 2.0	6 ～ 15	1 h 均值	24 h 均值	≥ 99.9	≥ 99.99	＜ 5
				≤ 100	≤ 80			

（三）水泥窑协同处置设施管理

水泥窑协同处置是指将满足或经过预处理后满足入窑要求的固体废物投入水泥窑，在进行水泥熟料生产的同时实现对废物的无害化处置的过程。《水泥窑协同处置固体废物污染控制标准》（GB 30485—2013）规定了协同处置固体废物水泥窑的设施技术、入窑废物特性、运行技术等方面的要求。《水泥窑协同处置固体废物技术规范》（GB 30760—2014）规定了生产工艺过程、产品的控制及管理等方面的要求。《水泥窑协同处置固体废物环境保护技术规范》（HJ 662—2013）规定了水泥窑协同处置固体废物的设施选择、设施建设和改造、操作运行及污染控制等方面的要求。

水泥窑协同处置设施具体要求如下：

（1）用于协同处置固体废物的水泥窑应满足以下条件：单线设计熟料生产规模不小于 2 000 t/a 的新型干法水泥窑；采用窑磨一体机模式；水泥窑及窑尾余热利用系统采用高效布袋除尘器作为烟气除尘设施；协同处置危险废物的水

泥窑，按 HJ 662 要求测定的焚毁去除率应不小于 99.999 9%；对于改造利用原有设施协同处置固体废物的水泥窑，在进行改造之前，原有设施应连续 2 年达到 GB 4915 的要求。

（2）入窑协同处置固体废物特性：禁止将下列固体废物入窑进行协同处置：放射性废物，爆炸物及反应性废物，未经拆解的废电池、废家用电器和电子产品，含汞的温度计、血压计、荧光灯管和开关，铬渣，未知特性和未经鉴定的废物。入窑固体废物应具有相对稳定的化学组成和物理特性，其重金属以及氯、氟、硫等有害元素的含量及投加量应满足 HJ 662 的要求。

（3）运行技术要求：①在运行过程中，应根据固体废物特性，按照 HJ 662 中的要求正确选择固体废物投加点和投加方式。②固体废物的投加过程和在水泥窑中的协同处置过程应不影响水泥的正常生产。③在水泥窑达到正常生产工况并稳定运行至少 4 h 后，方可开始投加固体废物；因水泥窑维修、事故检修等原因停窑前至少 4 h 内，禁止投加固体废物。④当水泥窑出现故障或事故造成运行工况不正常，如窑内温度明显下降、烟气中污染物浓度明显升高等情况时，必须立即停止投加固体废物，待查明原因并恢复正常运行后，方可恢复投加。⑤在协同处置固体废物时，水泥窑及窑尾余热利用系统排气筒总有机碳因协同处置固体废物增加的浓度不应超过 10 mg/m^3，总有机碳的测定步骤和方法执行 HJ 662 和 HJ/T 38 等国家环境保护标准。

五、应急预案管理

新《固废法》第八十五条明确规定：产生、收集、贮存、运输、利用、处置危险废物的单位，应当依法制定意外事故的防范措施和应急预案，并向所在地生态环境主管部门和其他负有固体废物污染环境防治监督管理职责的部门备案；生态环境主管部门和其他负有固体废物污染环境防治监督管理职责的部门应当进行检查。

为指导危险废物经营单位制定应急预案，有效应对意外事故，2007 年 7 月，国家环保总局发布了《危险废物经营单位编制应急预案指南》，明确了制定应急预案的原则要求、基本框架、保证措施、编制步骤、文本格式等。

（一）应急预案编制步骤

1. 准备工作

1）成立应急预案制定小组：小组应当由熟悉单位自身情况的人员和各方面（如安全、环境保护、工程技术、组织管理、医疗急救等）的专业人员或专家组成。必要时，可邀请危险废物产生单位人员参加或利用专家系统。

2）制订工作计划：制订详细周密计划，确保应急预案的制定工作有条不紊地进行。

3）收集资料和信息：包括但不限于：适用的法律法规和标准；单位安全与环保记录、生产事故及环境污染事故情况；国内外同类单位环境污染事故资料；地理、环境、气象资料；政府相关部门，以及外部相关单位的应急预案等。

4）分析评估：包括但不限于：可能发生的环境污染事故；环境污染事故后果；环境污染事故的有效预防措施；环境污染事故案例及可借鉴的经验；环境污染事故可能影响区域；应急组织机构的模式、职责、权利和义务、相关工作程序；报警方式、方法；有效通信方式；自身能力和具备的资源；可用的外部援助资源及联系方式。

2. 起草应急预案

组织编写应急预案。要特别考虑分析评估时针对应急工作各方面不足提出的改进建议。

3. 审定、发布实施并备案

邀请有关机构和专家对应急预案草案的合理性、能否达到预期的目的、在应急过程中是否会产生新的危害等，进行科学评价和审核。经审核，报单位主管领导审定后发布实施，并依法报所在地生态环境主管部门备案。

4. 修订应急预案

（二）应急预案保证措施

应急预案是紧急状态期间的行动方案。危险废物经营单位应当采取措施，确保紧急状态期间应急预案的有效实施。包括：

（1）对全体员工，特别是对应急工作组进行培训和演练。一般应当针对事故易发环节，每年至少开展一次预案演练。应急响应一般程序是：①评估紧急状态；②隔离并防止人员进入受影响的现场，有关人员撤离或进入避难场所；

③必要时，提供紧急医疗救助；④通知响应机构和设施响应人员；⑤如果可行，控制事故（如控制泄漏等），但要注意安全，工作人员要受过训练并使用合适的装备；⑥为公共机构响应人员提供支持；⑦清理和处理现场，结束；⑧后续事项：报告，评估。

（2）建立应急队伍。大中型危险废物经营单位应当建立专业的应急队伍（如火灾小组、爆炸小组等）；小型经营单位应当建立兼职的应急队伍。

（3）安排应急专项资金，用于隐患排查整改、危险源监控、应急队伍建设、物资设备购置、应急预案演练、应急知识培训和宣传教育等工作。

（4）与周围社区和邻近企业、外部应急/救援力量建立定期沟通机制，促进相互配合。

（5）将应急预案依法报政府相关主管部门备案。

（6）在事故应急期间，按照地方政府的统一要求，做好各项应急措施的衔接和配合。

第五节　危险废物污染环境违法案例分析

一、相关法律责任

新《固废法》对违反危险废物环境管理规定的罚则摘录如下：

第一百一十二条　违反本法规定，有下列行为之一，由生态环境主管部门责令改正，处以罚款，没收违法所得；情节严重的，报经有批准权的人民政府批准，可以责令停业或者关闭：

（一）未按照规定设置危险废物识别标志的；

（二）未按照国家有关规定制定危险废物管理计划或者申报危险废物有关资料的；

（三）擅自倾倒、堆放危险废物的；

（四）将危险废物提供或者委托给无许可证的单位或者其他生产经营者从事经营活动的；

（五）未按照国家有关规定填写、运行危险废物转移联单或者未经批准擅自转移危险废物的；

（六）未按照国家环境保护标准贮存、利用、处置危险废物或者将危险废物混入非危险废物中贮存的；

（七）未经安全性处置，混合收集、贮存、运输、处置具有不相容性质的危险废物的；

（八）将危险废物与旅客在同一运输工具上载运的；

（九）未经消除污染处理，将收集、贮存、运输、处置危险废物的场所、设施、设备和容器、包装物及其他物品转作他用的；

（十）未采取相应防范措施，造成危险废物扬散、流失、渗漏或者其他环境污染的；

（十一）在运输过程中沿途丢弃、遗撒危险废物的；

（十二）未制定危险废物意外事故防范措施和应急预案的；

（十三）未按照国家有关规定建立危险废物管理台账并如实记录的。

有前款第一项、第二项、第五项、第六项、第七项、第八项、第九项、第十二项、第十三项行为之一，处十万元以上一百万元以下的罚款；有前款第三项、第四项、第十项、第十一项行为之一，处所需处置费用三倍以上五倍以下的罚款，所需处置费用不足二十万元的，按二十万元计算。

第一百一十三条　违反本法规定，危险废物产生者未按照规定处置其产生的危险废物，被责令改正后拒不改正的，由生态环境主管部门组织代为处置，处置费用由危险废物产生者承担；拒不承担代为处置费用的，处代为处置费用一倍以上三倍以下的罚款。

第一百一十四条　无许可证从事收集、贮存、利用、处置危险废物经营活动的，由生态环境主管部门责令改正，处一百万元以上五百万元以下的罚款，并报经有批准权的人民政府批准，责令停业或者关闭；对法定代表人、主要负责人、直接负责的主管人员和其他责任人员，处十万元以上一百万元以下的罚款。

未按照许可证规定从事收集、贮存、利用、处置危险废物经营活动的，由生态环境主管部门责令改正，限制生产，停产整治，处五十万元以上二百万元以下的罚款；对法定代表人、主要负责人、直接负责的主管人员和其他责任人员，处五万元以上五十万元以下的罚款；情节严重的，报经有批准权的人民政府批准，责令停业或者关闭，还可以由发证机关吊销许可证。

第一百一十八条　违反本法规定，造成固体废物污染环境事故的，除依法承担赔偿责任外，由生态环境主管部门依照本条第二款的规定处以罚款，责令限期采取治理措施；造成重大或者特大固体废物污染环境事故的，还可以报经有批准权的人民政府批准，责令关闭。

造成一般或者较大固体废物污染环境事故的，按照事故造成的直接经济损失的一倍以上三倍以下计算罚款；造成重大或者特大固体废物污染环境事故的，按照事故造成的直接经济损失的三倍以上五倍以下计算罚款，并对法定代表人、主要负责人、直接负责的主管人员和其他责任人员处上一年度从本单位取得的收入百分之五十以下的罚款。

第一百一十九条　单位和其他生产经营者违反本法规定排放固体废物，受到罚款处罚，被责令改正的，依法作出处罚决定的行政机关应当组织复查，发现其继续实施该违法行为的，依照《中华人民共和国环境保护法》的规定按日连续处罚。

第一百二十条　违反本法规定，有下列行为之一，尚不构成犯罪的，由公安机关对法定代表人、主要负责人、直接负责的主管人员和其他责任人员处十日以上十五日以下的拘留；情节较轻的，处五日以上十日以下的拘留。

（一）擅自倾倒、堆放、丢弃、遗撒固体废物，造成严重后果的；

（二）在生态保护红线区域、永久基本农田集中区域和其他需要特别保护的区域内，建设工业固体废物、危险废物集中贮存、利用、处置的设施、场所和生活垃圾填埋场的；

（三）将危险废物提供或者委托给无许可证的单位或者其他生产经营者堆放、利用、处置的；

（四）无许可证或者未按照许可证规定从事收集、贮存、利用、处置危险废物经营活动的；

（五）未经批准擅自转移危险废物的；

（六）未采取防范措施，造成危险废物扬散、流失、渗漏或者其他严重后果的。

第一百二十一条　固体废物污染环境，破坏生态，损害国家利益、社会公共利益的，有关机关和组织可以依照《中华人民共和国环境保护法》《中华人民共和国民事诉讼法》《中华人民共和国行政诉讼法》等法律的规定向人民法院提起诉讼。

第一百二十二条　固体废物污染环境、破坏生态给国家造成重大损失的，由设区的市级以上地方人民政府或者其指定的部门、机构组织与造成环境污染和生态破坏的单位和其他生产经营者进行磋商，要求其承担损害赔偿责任；磋商未达成一致的，可以向人民法院提起诉讼。

对于执法过程中查获的无法确定责任人或者无法退运的固体废物，由所在地县级以上地方人民政府组织处理。

第一百二十三条　违反本法规定，构成违反治安管理行为的，由公安机关依法给予治安管理处罚；构成犯罪的，依法追究刑事责任；造成人身、财产损害的，依法承担民事责任。

二、典型违法案例

以下案例来源于生态环境部官网《生态环境部公布打击危险废物环境违法犯罪典型案件办理进展情况》。

案例 3-1

天津市武清区刘某某非法收集处置废铅蓄电池涉嫌污染环境案

【案情简介】

2020 年 7 月，有群众举报天津市武清区某镇有人非法收集、处置废铅蓄电池造成环境污染。市区两级生态环境部门会同公安机关对该处置点进行现场检查。

经查，该处置点主要从事废弃铅蓄电池（属 HW49 类危险废物）收集、处置业务，未办理危险废物经营许可证。在对收购的汽车、电动车废铅蓄电池进行打孔拆解时，将产生废电解液（酸液、未经处理）（属 HW31 类危险废物），直接倾倒至厂房内西北侧由 3 根硬质 PVC 管相连接的下水道内。该下水道未与其他管网连接，末端用塑料编织袋简单封堵，废电解液通过下水道口裂隙、PVC 管连接处及封堵口处渗流至周边无防渗措施的土壤内。经监测人员对该厂房内下水道 PVC 管连接处积存废液取样监测，pH 为 0.61，总铅为 10.4 mg/L。天津市武清区生态环境保护综合行政执法支队执法人员经与公安机关共同核验称重，该处置点现场处置的废铅酸蓄电池共计 82 t。

【查处情况】

依据《中华人民共和国刑法》第三百八十三条、《最高人民法院、最高人民检察院关于办理环境污染刑事案件适用法律若干问题的解释》（法释〔2016〕29 号）第一条第（二）项、第（五）项，第十六条和《关于办理环境污染犯罪案件若干问题的意见》规定，该处置点非法处置危险废物超过 3 t，且通过逃避监管的方式排放有毒物质，已涉嫌污染环境刑事犯罪。天津市武清区生态环境局将此案移送公安机关侦查办理，公安机关已控制相关责任人。

天津市生态环境保护综合行政执法总队确认该举报事项属实，符合《天津市环境违法行为有奖举报暂行办法》和《天津市全面排查整治危险废物专项行动方案》规定的奖励条件。天津市生态环境局按照有关程序审核后，将对举报人奖励人民币 20 万元。

【案例点评】

本案是一起典型的非法倾倒危险废物的环境污染犯罪案件。本案的环境犯罪嫌疑人在未办理危险废物经营许可证的情况下，将未经处理的危险废物直接倾倒至下水道里，给当地的生态环境造成严重损害，情节十分恶劣。

案例 3-2

江苏省苏州市胡某某等人跨省非法倾倒填埋酸洗污泥污染环境案

【案情简介】

2016 年 5 月，江苏省苏州市张家港市环境保护局（现苏州市张家港生态环境局）接群众举报，称有人将污泥等固体废物填埋在某大桥北侧一处田地里。环境保护局立即组织专业人员赴现场勘查，采样分析，采取应急管控措施，控制污染扩散。通过公安等部门进一步调查，填埋固体废物来源于浙江某机械有限公司。调查结果显示，2015 年 12 月、2016 年 3 月，浙江某机械有限公司于张家港市某码头与某山交界处、某大桥北侧长江滩涂地区倾倒酸洗水处理污泥。倾倒行为发生后，固体废物直接暴露于空气中，事件区域水交换频繁。张家港市环境保护局迅速组织应急处置工作，遏制污染物迁移扩散。

案件发生后，张家港市环境保护局立即会同公安机关开展案情分析，明确办案思路，委托有资质的鉴定评估机构开展倾倒污泥的危险废物特性鉴别，并展开涉事地块生态环境损害评估。由于案发突然、隐蔽，同时涉及跨省倾倒行为，导致前期溯源调查和取证工作缓慢。受托方通过现场踏勘、资料收集、专家研判等方式，结合现场快速检测（XRF）数据，初步研判倾倒污泥为含重金属（镍等）的工业固体废物，后按照《危险废物鉴别标准　通则》（GB 5085.7）等相关技术规范开展浸出毒性检测。检测结果显示，涉事固体废物中重金属镍、总铬、铜等和无机氟化物的浸出浓度不同程度超过标准限值，判定此次涉事固体废物为具有毒性的危险废物。

损害调查评估区域内地表水及地下水样品检测结果显示，地表水、地下水中特征污染物为无机氟化物，且超过基线水平 20% 以上，满足《生态环境损害鉴定评估技术指南　总纲》与《环境损害鉴定评估推荐方法》（第Ⅱ版）规定的损害判断标准。同时，通过分析污染来源和污染排放行为关系、污染物迁移路径的合理性、受体暴露的可能性、环境介质污染物与污染源的一致性等，确定了固体废物倾倒和生态环境损害的因果关系。因此，可判定本次固体废物倾倒涉事区域的地表水、地下水生态环境要素均受到了损害。经量化，此次倾倒事件造成的生态环境损害费用为2 400余万元，造成公私财产损失合计560余万元。

在张家港市环境保护局的监督下，涉事企业委托张家港某工程有限公司负责固体废物及污染土壤的清运和填埋处置工作，共清理倾倒的固体废物及毗邻土壤共计约3 152.35 t，均按照危险废物规范处置。2018年7月，倾倒场地所在乡镇依据场地环境调查结论和专家评审意见开展具体修复工作。2019年3月，通过公开招投标确定修复单位，于2019年9月完成污染场地修复。2019年10月，对修复工程进行了验收，修复效果通过了专家评审，生态环境恢复良好。

【查处情况】

一、刑事判决情况

检察机关依法对浙江某机械有限公司和相关责任人员提起公诉，法院于2017年8月作出刑事判决：

1. 浙江某机械有限公司犯污染环境罪，判处罚金人民币200万元。

2. 浙江某机械有限公司安环科科长胡某犯污染环境罪、非国家工作人员受贿罪，判处有期徒刑四年，并处罚金人民币10万元。非法所得人民币10万元，予以追缴，上缴国库。

3. 倾倒人袁某犯污染环境罪、非国家工作人员行贿罪，判处有期徒刑三年六个月，并处罚金人民币11万元。非法所得人民币15.084 2万元，予以追缴，上缴国库。

二、民事赔偿情况

张家港市环境保护局会同张家港市检察院先后多次与浙江某机械有限公司进行诉前磋商沟通，最终达成生态环境损害赔偿协议。2018年2月，倾倒地所在乡镇与浙江某机械有限公司签订《生态环境损害赔偿协议》，扣除应急处置等费用后，浙江某机械有限公司承担环境损害赔偿费用1 600余万元，生态环境损害修复由该镇负责组织实施。

【案例点评】

本案件是一起典型的跨区域非法倾倒固体废物案件。执法人员通过跨区域调查、跨部门联动，依法追究了污染行为人的刑事责任，并通过磋商要求污染行为人承担了生态环境损害赔偿责任，兼顾了打击污染犯罪和修复受损生态环境，具有积极的示范效应，也为类似可能存在的行为敲响了警钟。

案例 3-3

浙江省郑某某露天焚烧危险废物涉嫌污染环境案

【案情简介】

2020 年 6 月 26 日，杭州市生态环境局淳安分局（以下简称淳安分局）接 110 联动通知，反映淳安县某镇有人焚烧具有刺激性气味的固体废物。淳安分局立即赶赴现场，发现有 4 人正在焚烧固体废物。经检查，7 个废油桶内有固体废物正在焚烧，山弯处一堆废布料和废纸管正在焚烧（拌有废胶水），另有 3 个装有废弃胶水的塑料桶，疑似露天焚烧危险废物。

淳安分局立即联合淳安县公安局开展调查，在调阅嫌疑人提供的危险废物转移联单时，执法人员发现落款及盖章单位为早已停用的“淳安县环境保护局”，随即心生警惕，开始对相关资质情况进行核实调查。经查实，郑某某无危险废物经营许可证，私刻公章、伪造危险废物转移联单，收取 3 700 元 /t 的处置费用，将浙江海宁某纺织装饰有限公司（以下简称纺织公司）危险废物仓库内的危险废物运输至该镇，在未采取任何防治措施的情况下进行露天焚烧。

图 3-11　生态环境部门与公安机关现场核实情况

经查，该纺织公司主要从事纺织品的复合、印花、烫金、定型（涂层）等后整理加工，危险废物仓库内的危险废物主要来源于烫金、复合工艺产生的废胶水（废弃黏合剂）、沾染过废胶水的边角料、沾染过废胶水的废包装桶。根据《国家危险废物名录》，废胶水（废弃的黏合剂）属于危险废物，类别 HW13（有机树脂类废物），代码 900-014-13（废弃的黏合剂和密封剂），危险特性为毒性；危险仓库内的包装桶属于危险废物，类别 HW49（其他废物），代码 900-041-49（含有或沾染毒性、感染性危险废物的废弃包装物、容器、过滤吸附介质），危险特性为毒性；按照《危险废物鉴别标准　通则》中关于危险废物混合后的判定规则，沾染过废胶水的边角料（废布料和废纸管等）也属于危险废物。淳安分局据此出具危险废物认定意见。

图 3-12　危险废物露天焚烧场景

为准确核定涉案危险废物数量，淳安分局与公安机关联合调查，深入产废源头，认真核实台账等材料，确认涉案危险废物总计约 30 t。现场检查时遗留的已烧、未烧的危险废物约 2 t。淳安分局已将其组织转移至符合危险废物贮存标准的暂存点，待结案后进行处置。

【查处情况】

根据《固体废物污染环境防治法》（2016 修正）第七十七条第一款、《中华人民共和国刑法》（2017 修正）第三百八十三条、《最高人民法院、最高人民检察院关于办理环境污染刑事案件适用法律若干问题的解释》（法释〔2016〕29 号）第一条第（二）项，淳安分局经案审会讨论，于 2020 年 7 月 15 日将该案移送公安机关。2020 年 11 月 3 日，该案正式开庭审理。

【案例点评】

本案是一起典型的非法处置危险废物的环境污染犯罪案件。本案中郑某某私刻公章、伪造危险废物转移联单、冒充有资质单位收集处理危险废物，有别于一般的无证经营。本案更具有迷惑性，性质更为恶劣，后果更为严重，应当依法予以严厉打击。

新《固废法》规定的产废单位应当对受托方的主体资格和技术能力进行核实的要求显得更为必要。产废单位不能仅仅凭借受托方提供的资料，还应当与相关生态环境部门进行资质的核实，并对其实际处理能力进行现场核实，以避免被欺骗和蒙蔽。

案例 3-4

浙江省台州市 3 家企业跨区域倾倒危险废物涉嫌污染环境案

【案情简介】

2020 年 4 月 2 日，丽水市生态环境局青田分局（以下简称青田分局）接到该县某生活垃圾填埋场举报，3 月 31 日晚，有来历不明的外地牌照半挂车在某本地车辆带领下，运载污泥偷倒至该填埋场。执法人员立即赶赴现场调查处理。

图 3-13　倾倒污泥现状

现场发现，倾倒污泥外观性状为黄褐色、饼状，疑似为工业企业污水处理设施产生。执法人员随即对周边相关企业的污水处理污泥去向开展调查，同时指导保护现场，并委托有资质的第三方检测机构对污泥成分开展检测。检测结果显示，该污泥中镍、铬、锌等金属元素含量分别高达 30 800 mg/kg、24 891 mg/kg、74 908 mg/kg。

青田分局联合青田县公安局，通过车辆行驶轨迹追踪、大数据排查等技术侦查手段，迅速锁定疑似带路车辆和带路人等信息，并根据倾倒车辆信息及当日行驶轨迹，确定该运输车辆始发地为台州市。4 月 26 日，执法人员对疑似带路人进行调查询问，但其拒不承认污泥倾倒相关行为。

4 月 28 日，青田分局联同县公安局赴台州市温岭市调查，确定了运输车辆驾驶员的身份信息。4 月 29 日，执法人员连夜对驾驶员开展询问。该驾驶员供述，3 月 31 日，由其驾驶的满载污泥的半挂车驶入青田界后，在某加油站附近等带路车辆，大约 23 时驶入垃圾填埋场，驾驶员负责卸载污泥，带路人对垃圾填埋场铲车搭线处理，启动铲车扎破吨袋使污泥混杂在垃圾中；自 2019 年 9 月起，该驾驶员已多次运输污泥到青田倾倒，除该垃圾填埋场外，还由该带路人指引倾倒至某工业园区外水塘边空地。该水塘为上游水电站泄洪产生，水位及水域范围会随泄洪水量而变化，有污泥进入水塘的可能。

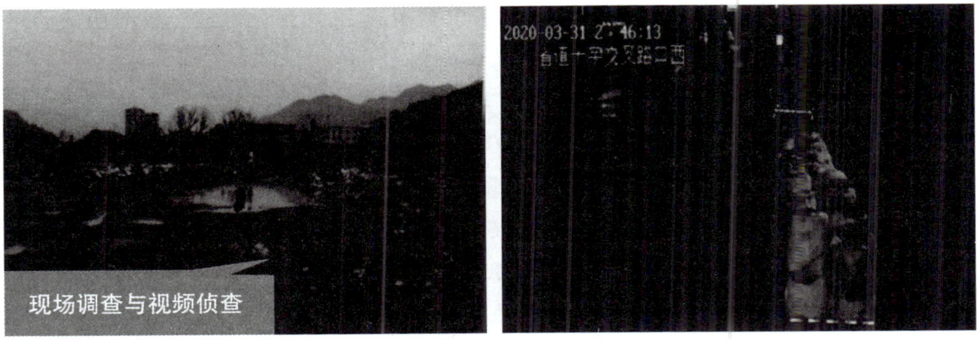

图 3-14　污泥倾倒现场调查与视频侦查

根据驾驶员的供述，污泥来源于台州市某电镀园区 A 企业。调查组立即会同台州市生态环境局温岭分局连夜赶赴 A 企业，调取该企业建设项目环评、验收等材料，确定其产生的电镀污泥为危险废物（废物类别 HW17，废物代码 336-062-17（铜）、336-068-17（铬）、336-055-17（镍）、336-063-17（其他）、336-066-17）。通过核对污泥转移联单及污泥管理台账数据发现，该企业存在台账造假嫌疑。

图 3-15　水塘采样现场

5 月 8 日，青田县公安局通报，倾倒污泥嫌疑企业还有台州市同一电镀园区的 B 企业。青田分局执法人员立即赶赴台州，调取、查阅 B 企业建设项目环评、验收、固体废物管理台账、联单等信息材料，确定其产生的污泥为危险废物（废物类别 HW17、HW49，废物代码 336-062-17（铜）、336-068-17（铬）、336-055-17（镍）、336-063-17（其他）、336-066-17、900-041-49）。

经进一步调查，确定该案件涉及企业 3 家，倾倒点位 2 个，涉及危险废物总量约 300 t。第 3 家企业涉案污泥正在进行属性鉴定等相关工作。5 月中旬，经检测，倾倒点水塘水质无异常，未检测出重金属相关成分，2个倾倒点位的污泥处置方案正在制订中。

【查处情况】

依据《固体废物污染环境防治法》(2016修正)第五十五条、《刑法》(2017修正)第三百三十八条、《最高人民法院、最高人民检察院关于办理环境污染刑事案件适用法律若干问题的解释》（法释〔2016〕29号）第一条第（二）项、第十五条第（一）项、《行政执法机关移送涉嫌犯罪案件的规定》（国务院令 第310号）第三条、《环境保护行政执法与刑事司法衔接工作办法》（环环监〔2017〕17号）第五条之规定，5月1日，青田分局将相关线索移送至县公安局。青田县公安局当日对该线索进行立案。该案件相关涉案人员达11人，其他涉案企业及涉案人员正在进一步侦查中。

【案例点评】

根据《国家危险废物名录》第二条之规定，危险废物是指具有腐蚀性、毒性、易燃性、反应性或者感染性等一种或者几种危险特性，或不排除具有危险特性，可能对环境或者人体健康造成有害影响，需要按照危险废物进行管理的废物。其具有腐蚀性、毒性、易燃性、反应性、感染性、危险性等特性。

本案适用2016年修正版的《固体废物污染环境防治法》。值得注意的是，2020年9月1日起，新《固废法》正式施行。根据新《固废法》第七十七条至第八十五条的规定，处置危险废物需要申请相关的许可证，对运输转移危险废物，法律也有非常严格的要求。对于违反前述规定的，今后生态环境部门将依据新《固废法》第一百一十二条、第一百一十四条之规定，对违法行为进行更严厉的处罚。

案例 3-5

广东省东莞市某运动器材有限公司非法处置危险废物涉嫌污染环境案

【案情简介】

2020年2月22日晚，东莞市生态环境局横沥分局（以下简称横沥分局）接到群众举报，某镇山坡下倾倒大量工业固体废物。接报后，执法人员第一时间赶到现场调查，发现现场油漆味严重，露天堆放有100多袋废油漆渣、废树脂以及少量废弃头盔，目测总量超过3 t，涉嫌刑事案件。横沥分局迅速抽调执法骨干成立专案组，联合公安机关展开调查。根据现场勘查发现的油漆渣和废弃头盔等线索，专案组对案发周边区域50多家企业进行地毯式排查，将目标锁定为头盔生产企业。2月27日，执法人员在现场100余袋废物中耐心仔细翻查，找出一张印有“东莞某运动器材公司半成品标识单”的单据，为案件的侦破取得关键线索。专案组当晚顺藤摸瓜，找到了该运动器材公司（产品包括头盔）。

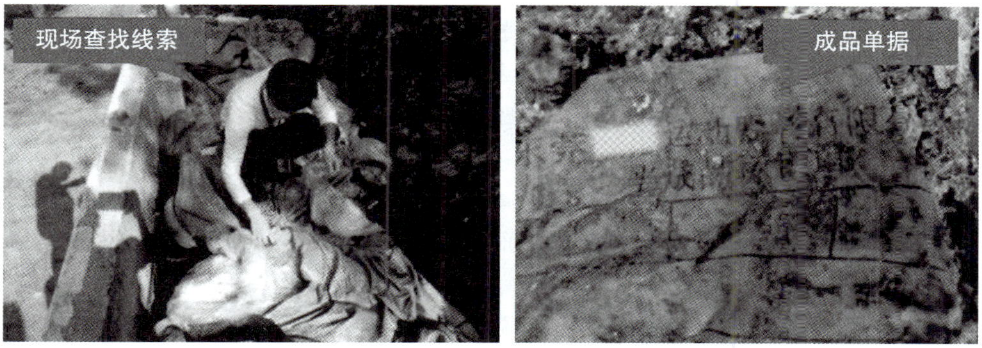

图 3-16　东莞某运动器材公司半成品标识单现场线索

经查，刘某进伙同刘某知冒用“东莞某环保科技有限公司”的营业执照（无危险废物处置资质），并伪造了该公司印章，与东莞某运动器材公司签订一般工业固体废物转移处置合同，将其油漆渣、废树脂等以每吨 1 350 元的价格承包处置。刘某进再以每吨 700 元的价格转给刘某知非法处置。今年 1 月 20 日，刘某知接收涉案公司 9.94 t 油漆渣、废树脂后，于 2 月 21 日凌晨，在案发地倾倒 3.61 t，余下的一直存放在车上伺机倾倒。根据《国家危险废物名录》、东莞某运动器材公司环保主管人员的指认及环评文件（环评文件中明确指出涉案物为危险废物），涉案油漆渣、废树脂系危险废物。

经查，东莞某运动器材公司签有两份处置合同，一份以每吨 1 万多元的价格与有危险废物处置资质的公司签订危险废物处置合同，一份以每吨 1 000 多元的价格与刘某进、刘某知冒用的环保科技公司签订一般工业固体废物转移处置合同。东莞某运动器材公司仅将少量产生的危险废物交由有资质的公司处置，大多交由刘某进、刘某知处置。东莞某运动器材公司涉事人未对处置单位进行资质审查，知晓刘某进、刘某知的环保科技公司并无危险废物经营许可证。

【查处情况】

1. 东莞某运动器材有限公司将危险废物提供给无经营许可证的刘某进处置，违反了《固体废物污染环境防治法》（2016 修正）第五十七条第三款的规定。依据《固体废物污染环境防治法》（2016 修正）第七十五条第（五）项的规定，东莞市生态环境局对该公司处以 20 万元罚款。

2. 依据《刑法》(2017 修正)、《最高人民法院、最高人民检察院关于办理环境污染刑事案件适用法律若干问题的解释》(法释〔2016〕29 号)第一条第(二)项和第七条的规定，东莞某运动器材有限公司环保主管人员、相关危险废物收运和倾倒人员涉嫌污染环境罪。东莞市生态环境局横沥分局依法将案件移交给公安机关，公安机关已将涉案公司总经理贺某、环保主管人员何某及刘某进、刘某知抓获归案。目前，案件正在审理过程中。

【案例点评】

本案是一起产废单位将危险废物委托给无危险废物处置资质的主体处置，受托方非法处置危险废物，导致产废单位承担刑事责任的典型案例。本案的典型特点有：

一是体现了产废单位违法委托处置危险废物导致的法律责任风险。2016 年修正的《固废法》已明确禁止产废单位委托无资质的单位进行危险废物处置等经营活动。2020 年《固废法》修订后，对产废单位规定了更严格的合规要求及法律责任，包括其应当核实受托方的主体资格和技术能力，依法签订书面合同并约定污染防治要求。否则，不仅会面临行政处罚，还会与造成环境污染和生态破坏的受托方承担连带责任。

二是本案中，未通过检测鉴定进行危险废物鉴别，而是结合当事人对现场的各类固体废物产生工序和工艺的指认和公司环评资料等证据，直接对危险废物的属性进行了确认。依据《国家危险废物名录》和《危险废物鉴别标准　通则》的相关要求，通常需要通过检测鉴定作出危险废物鉴别。然而，依据《环境污染犯罪司法解释》第十三条第一款，执法人员也可以依据对涉案物质的来源、产生过程、被告人供述、证人证言以及经批准或者备案的环境影响评价文件等的全面调查，形成关于危险废物属性的完整证据链，直接认定危险废物属性，以节约资源、提高效率。

案例 3-6

广东省肇庆市龚某等非法倾倒危险废物涉嫌污染环境案

【案情简介】

2019 年 12 月 18 日，根据肇庆市广宁县某镇反映“在本镇地点 1 发现露天堆放大量疑似工业污泥”的线索，肇庆市生态环境局广宁分局(以下简称“广宁分局”)执法人员立即开展现场勘查，初步判断倾倒物为工业污泥。经 X 射线荧光光谱分析(XRF)快速测定仪测定，发现其中多种重金属超标，可能是危险废物。

现场地面有车辆痕迹，但未发现相关车辆及人员。

执法人员走访村委、场地所有人和附近放羊的群众，群众提供了“晚上曾有两辆外地货车进出倾倒现场”的线索。广宁分局立即与公安机关联系，调取沿途监控，查找倾倒车辆；同时对沿线村庄、油站、店铺等进行布控，告知群众留意可疑车辆，发现疑似车辆要及时举报；此外，要求该镇政府加强沿线巡查，特别是倾倒现场周边的交通要道、加油站点、停车点，重点关注周末及夜间时段。

2020 年 1 月 5 日，又有群众举报在该镇一路口停放两辆疑似运输工业固体废物的车辆，同时，地点 1 倾倒现场发现新增两堆工业固体废物。广宁分局第一时间赶到现场，对可疑车辆进行勘查。现场停放两辆重型自卸货车，车厢内残留黑色的污泥，通过比对，与地点 1 新增的工业固体废物高度相似。现场车辆周边未发现驾驶人员。执法人员在进一步调查中发现，两辆车均属于清远市某运输经营部。广宁分局执法人员通过走访养羊户等村民，锁定了嫌疑人为本地村民胡某、运输司机龚某等多人。经对涉案人员调查询问，查实龚某等在 2019 年 9 月 13 日前后商量确定，于地点 1 倾倒来源于东莞某公司的污泥。第一次运输倾倒时间为 2019 年中秋节后，最后一次为 2020 年 1 月 4 日，合计约 25 车。经采样鉴定，倾倒在地点 1 的污泥均为危险废物。同时，在肇庆市生态环境局与东莞市生态环境局的沟通协调下，东莞市生态环境局茶山分局执法人员配合广宁分局共赴涉案固体废物产生单位，核实环评、产生工艺等资料和信息。

2020 年 3 月 5 日，在广宁县该镇地点 2 再次发现倾倒工业固体废物现象。经鉴定，该工业固体废物也属于危险废物。执法人员调查发现，该工业固体废物案件与倾倒在该镇地点 1 固体废物案件涉案人员及固体废物来源一致。广宁分局将该案件移送广宁县公安局，与前案合并处理。非法倾倒在地点 1 和地点 2 的危险废物已被应急清运处置，经过磅称重，共处置危险废物 854.32 t。

2020 年 5 月 12 日，广宁分局委托有资质的鉴定评估机构对该案件开展环境损害鉴定评估，鉴定评估报告显示，地点 1 和地点 2 评估区域内土壤环境均已受到损害。环境损害评估量化结果表明，倾倒事件造成的生态环境损害费用共 235.9 万元。

【查处情况】

1. 刑事案件情况

依据《中华人民共和国刑法》（2017 修正）第三百三十八条、《最高人民法院、最高人民检察院关于办理环境污染刑事案件适用法律若干问题的解释》（法释〔2016〕29 号）第一条、第十五条，该案件已涉嫌污染环境罪。依据《环境保护行政执法与刑事司法衔接工作办法》(环环监〔2017〕17号)第七条、第八条,该案件需移送公安机关立案侦查。受到春节假期及疫情影响,广宁分局于2020年3月2日将案件移送广宁县公安局。广宁县公安局于2020年3月6日对该案立案侦查,于2020年4月10日先后对涉案嫌疑人刑事拘留。

2. 生态环境损害赔偿情况

广宁分局按照《肇庆市生态环境局关于印发肇庆市生态环境损害赔偿制度改革实施方案的通知》(肇环字〔2020〕9号)的规定,迅速启动生态环境损害赔偿程序,结合案件的实际情况,与广宁县检察院进行讨论,确定启动磋商机制,县检察院提前协助开展生态环境损害赔偿的相关工作。2020年5月6日、7月10日,广宁分局、广宁县检察院、该镇人民政府及赔偿义务人进行了2轮磋商。第一次磋商时,由于鉴定评估结果尚未出具,土壤受到损害的程度、修复费用暂不确定,当时主要对危险废物鉴别费用、应急处置费用等相关费用开展初步赔偿磋商;第二次磋商,主要讨论修复方案及修复费用。2020年7月31日,第三轮磋商会议在广宁分局召开。经过磋商讨论,双方对本案生态环境损害赔偿磋商内容达成一致,达成赔偿总金额为279.463万元。赔偿义务人现场在生态环境损害赔偿协议书上签字确认,并当场支付了剩余的25.6万元生态环境损害鉴定评估费用。生态损害修复所需22万元,由赔偿义务人自行支付给对受损环境进行修复的第三方机构。在生态环境部门及检察机关的督促下,赔偿义务人按照赔偿协议内容,在规定的时间内对受损环境启动生态环境修复工程。

2020年8月19日,受肇庆市生态环境局委托,广宁分局与赔偿义务人到广宁县人民法院提交了司法确认申请及相关资料,申请法院对赔偿协议书进行司法确认,法院审核资料后当即受理,并于2020年9月4日在《人民法院报》公告了相关内容。

【案例点评】

本案是一起典型的非法倾倒危险废物的环境违法案件。本案的侦办得益于"行—检—刑"协同打击,高压、有效遏制环境违法行为。案件发生后,行政机关、公安机关协同调查、侦办,及时锁定证据,抓捕犯罪嫌疑人;检察机关提前介入生态环境损害赔偿磋商;司法机关快审快结环境犯罪案件。呈现出多方协同、快速高效打击环境违法、修复生态环境的良好局面。

本案犯罪分子异地倾倒危险废物的行为性质较为恶劣,违法行为、手段较为隐蔽。在群防群治、网络化社会治理环境下,"群众的眼睛是雪亮的",任何违法行为都无处遁形,终将承担相应的法律后果。

案例 3-7

重庆大足区某加工厂以逃避监管的方式倾倒有毒物质涉嫌污染环境案

【案情简介】

2020年9月2日，重庆市大足区生态环境保护综合行政执法支队接到群众电话举报，述称大足区某镇一农田内被不法分子非法倾倒大量黑色工业废物。执法人员立即赶赴现场调查。

9月2日上午9时，执法人员会同监测人员对倾倒点及周边溪沟水质进行现场采样，初步判断倾倒物属于废碱液，pH高达12.5。根据污染现场和对辖区企业生产、排污情况的了解，执法人员判断当地只有竹浆造纸企业产生的未经处理的废碱液能达到如此高的pH。执法人员随即结合前期开展的该镇“散乱污企业”环保整治摸排情况，初步判断该镇仅有的一家从事碱法制造竹浆的某竹制品加工厂存在重大作案嫌疑。

图 3-17 黑色工业废物倾倒现场

9月2日上午11时左右，执法人员对该厂进行现场检查，发现该厂厂区内建有4个碱液废水池，池内均有黑色、有刺激性气味废液少量残留，池体旁有明显废水抽取转移痕迹。执法人员立即对该厂投资人进行询问，当事人主动供述了违法事实。

经查，该厂于2019年6月开工建设碱法制造竹浆项目，2020年3月项目建成投产，2020年4月底因“散乱污”企业整治停产至今。该厂的生产工艺为收购干竹—碱水池发酵—打浆机打制竹浆—外售。制浆过程中，发酵工序有废碱液产生。自4月底停产后，水池内留存100余吨废碱液。8月，杨某应得知该厂要处置废水后，通过张某青联系到该厂投资人吴某飞，吴某飞将废碱水交由杨某应倾倒处置，并与杨某应签订了虚假的《废碱水买卖合同》。8月28日至9月

1日晚，杨某应驾驶货车搭载张某青，连续4日在夜间前往春泽竹制品加工厂，装载废碱水运输到重庆市龙水湖育才中学附近的高坡村征地区域进行倾倒，共计倾倒20车约140 t废碱水，造成约15亩农田及下游无名小溪沟500 m的水体受到不同程度污染。

9月4日，大足区生态环境局依法开展危险废物认定工作。已查明废碱液产生单位为该厂，但该厂无环评文件，无法简单对照《国家危险废物名录》直接认定，

图3-18 厂区碱液废水池

故对原辅材料和废物产生工序作进一步分析，废碱液来源于碱法制造竹浆发酵工序，且未经任何处理。依据新《固废法》第一百二十五条的规定，并对照《固体废物鉴别标准 通则》(GB 34330—2017) 7.3，该厂产生的废碱液适用《固体废物污染环境防治法》中关于液态废物管理的规定。同时，废碱液具有较强的腐蚀性，大足区生态环境监测站对废液贮存池残液进行取样检测。检测结果表明，pH为12.61，氨氮浓度为64.8 mg/L。化学需氧量浓度为26 700 mg/L。据此，大足区生态环境局对照《危险废物鉴别标准 腐蚀性鉴别》(GB 5085.1—2007) 3.1的规定，依法出具认定意见，认定该厂产生并倾倒的废碱液属于危险废物。

大足区生态环境局出动危险化学品运输车辆转运废液12车次，出动挖机4台次，使用抽水泵4台，参与应急处置相关人员100余人次，抽运污染废水180 m^3左右，全部转移暂存至大足区某工业园区污水处理厂应急池内，有效避免了污染的进一步扩大。

【查处情况】

根据《最高人民法院、最高人民检察院关于办理环境污染刑事案件适用法律若干问题的解释》(法释〔2016〕29号) 第一条第（五）项规定，通过暗管、

渗井、渗坑、裂隙、溶洞、灌注等逃避监管的方式排放、倾倒、处置有放射性的废物、含传染病病原体的废物、有毒物质的，应当认定为《刑法》（2017 修正）第三百三十八条规定的“严重污染环境”情形。本案中，执法人员根据掌握的信息，依法认定倾倒的废碱液属于危险废物，根据《最高人民法院、最高人民检察院关于办理环境污染刑事案件适用法律若干问题的解释》（法释〔2016〕29 号）第十五条之规定，危险废物属于《中华人民共和国刑法》第三百三十八条规定的“有毒物质”。

本案中，当事人通过铁皮水箱装载废碱液，用货车转运出厂。参照《关于〈水污染防治法〉第二十二条有关“采取其他规避监管的方式排放水污染物”及相关法律责任适用问题的复函》（环函〔2008〕308 号）关于“将废水通过槽车、储水罐等运输工具或容器转移出厂、非法倾倒”的，属于“采取其他规避监管的方式排放水污染物”的规定，监管部门认定吴某飞与杨某应将废碱液通过货车水箱转移出厂非法倾倒在荒废的农田内，属于逃避监管排放污染物的行为。据此，该厂及直接责任人员的行为应当认定为环境污染犯罪。

《关于办理环境污染刑事案件有关问题座谈会纪要》（高检会〔2019〕3 号）中规定，通过暗管、渗井、渗坑、裂隙、溶洞、灌注等逃避监管的方式排放污染物，犯罪嫌疑人、被告人不能作出合理解释的，可以认定其故意实施环境污染犯罪。该厂以逃避监管的方式倾倒危险废物，且吴某某企图通过签订《废碱水买卖合同》的方式，转嫁倾倒废碱液的法律责任，倾倒行为在夜间秘密实施，具有明显的环境违法主观恶意。

综上，该厂行为涉嫌构成以逃避监管的方式倾倒危险废物，违反了新《固废法》第七十九条的规定，大足区生态环境保护综合行政执法支队于当日进行了立案登记。9 月 3 日，依据新《固废法》第一百一十二条第一款第三项的规定，大足区生态环境保护综合行政执法支队下达了《责令改正违法行为决定书》，责令该厂立即停止违法行为，采取措施消除污染。9 月 5 日，依据《环境保护行政执法与刑事司法衔接工作办法》（环环监〔2017〕17 号）第五条的规定，大足区生态环境保护综合行政执法支队依法将案件移送公安机关。目前，此案正在进一步侦办中。

下一步，大足区生态环境保护综合行政执法支队将依法开展应急处置，并充分收集应急处置费用证据材料，然后向公安机关补充移送。同时，大足区生态环境局将启动生态环境损害赔偿程序，依法追究污染责任人生态环境损害赔偿责任。

【案例点评】

本案是一起典型的非法处置危险废物的环境污染犯罪案件。本案中，执法人员根据产废单位的生产工艺，通过采样分析，根据危险废物鉴别标准的规定，依法出具认定意见，认定其属于危险废物。

本案中，非法处置危险废物的数量超过 3 t，已经构成污染环境犯罪。同时，监管部门根据法律、司法解释和相关规定，认定以逃避监管的方式倾倒有毒物质的犯罪构成要件，认为其主观故意更为明显、恶性更大。司法解释将“非法排放、倾倒、处置危险废物 3 t 以上”和“通过暗管、渗井、渗坑、裂隙、溶洞、灌注等逃避监管的方式排放、倾倒、处置有放射性的废物、含传染病病原体的废物、有毒物质”并列为“严重污染环境”的情形之一。尽管从司法解释的字面看，认定以逃避监管的方式排放、倾倒、处置有毒物质，并不要求在数量上达到 3 t 以上。但在适用“以逃避监管的方式排放、倾倒、处置有毒物质”时，应当综合考虑其主观故意、采取的手段和方式、有毒物质的数量、产生的后果等多种因素，避免该条款的滥用。

本案涉案的是已经停产的企业。有的企业在正常生产经营时，顾及执法部门的监管，可能不太敢违法。但在停产后考虑如何处置残留的固体废物时，可能会有一种侥幸心理，认为反正是“最后一次”了而铤而走险。实践中这样的案件不少。本案警示停产企业应合法处置固体废物，执法部门也不能放松对停产企业的监管，从源头防范不当处置固体废物行为的发生。

案例 3-8

四川省攀枝花市张某某等非法收集处置废机油涉嫌污染环境案

【案情简介】

2020 年 6 月 11 日，陕西省汉中市生态环境局宁强分局通过“12369 环保举报热线”向四川省攀枝花市提供“宁强县交警查获 1 台装载 29.24 t 废机油的罐车，废机油由攀枝花市盐边县红格镇运出，车主不能提供危险废物转运联单”的案件线索。攀枝花市生态环境局立即组织分析研判，正式立案并设立专案组，由攀枝花市生态环境保护综合行政执法支队主要领导担任组长，全市抽调 8 名环境执法骨干、4 名公安食药环犯罪侦查精干警力，会同环境领域专家、环境监测技术人员等参与，专门负责组织协调调查取证工作，及时明确办案方向，确定工作方法，积极协调内部、外部力量，共同参与办案。为规范执法程序，专案组聘请法律顾问，全程介入调查，对案件查办采取“跟踪服务”，对证据采集、固定、审核、案卷组卷等环节全程把关。

经查，宋某某于 2017 年、2018 年先后在攀枝花市 X 区、R 区非法建设两处炼油窝点，炼制、销售劣质燃油。其原料来自涉案人张某某、王某某等人从四川省攀枝花市、凉山州以及云南省部分城乡接合部的个体汽车修理、机械维修厂非法收集的废机油。

经现场勘验核实，两处窝点均未办理任何环保手续、未安装相应环保设备、未建设雨水导排系统，地面也未进行防渗处置。X 区窝点生产线已拆除，场地遗弃废油渣 7 桶，约 880 kg；R 区窝点生产线未拆除，现场有生产痕迹，地面有油污残留。专案组聘请环境保护、危险废物处置行业相关专家对留存设备和废渣进行现场勘查，运用物料平衡倒推原料消耗，并出具专家鉴定意见，确定两处窝点生产工艺为土法炼油。现场留存的设备为废矿物油再生工艺设备，基本工艺流程为通过加热、加碱及各类净化剂，进行脱水、脱酸、絮凝、沉降、过滤等净化，生产再生燃料油。燃烧加热过程中产生大量有害物质（包括颗粒物、酸性气体 HCl、NO_x、SO_2、HF 等、重金属、有机污染物），处置现场没有任何净化设施、措施，污染物直排，有毒有害成分扬散、流失、泄漏、挥发，污染周边环境。依据现场遗留的废油渣量进行物料平衡推算，忽略加工过程中的损耗量，该窝点非法处置废矿物油（危险废物）已明显超过 3 t。

四川省攀枝花生态环境监测中心站对两地土壤实施了应急监测。监测结果显示，两处窝点既往生产行为已对周边土壤造成影响。攀枝花市生态环境局已委托相关单位制订土壤详查方案，将根据详查结果开展对应的整治工作。两处地块周边无居民，无农业耕地和地下水源，污染情况可控。

两处窝点分别在 2017 年年底、2018 年 8 月由于经营原因停产。此后，张某某、王某某分别再次非法将窝点收集、存储的废机油外运售卖。其中，张某某于 2020 年 6 月 10 日从攀枝花市盐边县将一批废机油（29.24 t）运往山东莱芜。途中，被陕西省宁强县交警查获。

2020 年 9 月，四川省生态环境厅、公安厅、人民检察院组成省级督导组，对该涉及多省多地的非法收集、

图 3-19 非法处置危险废物窝点

运输、处置危险废物（废机油）案件进行现场督导，协调统一公安机关和生态环境部门对部分证据的认定方式，督促两部门加强配合，密切协作。一是及时与检察机关沟通，准确理解《固体废物污染环境防治法》和《环境污染犯罪司法解释》的有关规定，按照最高人民法院、最高人民检察院、公安部、司法部、生态环境部（简称两高三部）《关于办理环境污染刑事案件有关问题座谈会纪要》（2018 年 12 月）精神“从其行为方式是否违反国家规定或者行业操作规范、污染物是否与外环境接触、是否造成环境污染的危险或者危害等方面进行综合分析判断”，解决环境刑事案件中“行为”与“结果”的争议。二是邀请专家根据现场遗留的生产设备，推定其生产工艺为“土法炼油工艺”；将现场遗弃的“废油渣”判定为生产过程中必然产生的具有排他性的危险废物，并运用物料平衡倒推原料（废机油）消耗量，锁定实施“非法处置危险废物 3 t 以上”行为的关键证据。三是公安机关通过侦查调取了炼油窝点既往生产影像资料，生态环境部门对周边土壤进行采样监测，进一步完善证据链条。

目前，陕西省汉中市宁强县查获的废机油，留取相关证据后，已由陕西省汉中市生态环境局宁强分局委托当地有资质的单位进行处理；攀枝花市查获的废油渣，按证据保存程序，转运至危险废物处置中心暂存。

【查处情况】

经攀枝花市生态环境局环境行政处罚案件审议委员会讨论研究认为，涉案人员未办理危险废物经营许可证和相关手续，无危险废物收集转运资质，非法收集、贮存、处置危险废物，造成公私财产损失，其行为违反《固体废物污染环境防治法》（2016 修正）第五十七条、第五十九条，《刑法》（2017 修正）第三百三十八条之规定，符合《最高人民法院、最高人民检察院关于办理环境污染刑事案件适用法律若干问题的解释》（法释〔2016〕29号）第一条第（二）项“非法排放、倾倒、处置危险废物3 t以上的”应当认定为严重污染环境的情形。2020年7月23日，攀枝花市生态环境局将案件移送至攀枝花市公安局，攀枝花市公安局于2020年8月21日正式刑事立案。

目前，已将非法炼油装置设备依法查封，涉案油罐车依法扣押。案件正在进一步侦办中。

【案例点评】

本案是一个典型的行刑衔接密切、充分参考专家意见办理的疑难复杂涉嫌污染环境犯罪案件。在跨省的废机油非法运输中，陕西省汉中市生态环境局宁强分局利用“12369环保举报热线”向四川省攀枝花市提供案件线索，避免了复杂的上报审批程序，使案件得到攀枝花市生态环境局的及时关注和处理。

本案中，生态环境部门、公安机关、检察机关协调联动，立案后就由生态环境部门执法骨干、公安民警、相关领域的专家和技术人员组成专案组，共同办理案件，并由检察机关参与会商。专案组的调查并未止于非法处置的废矿物油的吨数是否超过3 t，还考虑了《环境污染犯罪司法解释》、两高三部《关于办理环境污染刑事案件有关问题座谈会纪要》的相关规定，对犯罪嫌疑人的行为是否违反国家规定或者行业操作规范、污染物是否与外环境接触、是否造成环境污染的危险或者危害等，进行了全面细致的调查。

本案中查处的两处非法收集、炼制、贮存废矿物油的窝点没有任何环保手续，废矿物油的运输也无危险废物转运联单，缺少作为调查基础的文件资料；而且，两处窝点均已停产，一处已拆除，对污染物种类、排放路径、排放量等进行调查取证存在困难。专案组聘请环境保护、危险废物处置行业专家，通过对留存设备和废渣的勘查，通过留存设备判断工艺流程，通过物料平衡倒推出原料消耗，有效解决了这一难题，为“严重污染环境”这一犯罪构成结果要件的认定提供了依据。本案中，生态环境部门还邀请外聘法律专家全程把关，体现了对行政执法程序合法性、规范性的重视。

参考文献

[1] 王硕，田祎，叶旌，等 . 国内外尾矿管理制度比较研究和展望 [J]. 中国环境监测，2020，36（6）：29-35.

[2] 李金惠，张上，孙乾予 . 我国工业固体废物处理利用产业状况分析与展望 [J]. 环境保护，2021，49（2）：14-18.

[3] 苏超，郝萌，康建雄，等 . 一般工业固体废物堆场污染防控技术研究——以某尾矿库污染截渗工程实践为例 [J]. 工业安全与环保，2021，47（4）：97-100.

[4] 方彦霞，张彦翠，王彬，等 . 某铜尾矿库物料固体废物属性鉴别及环境治理建议 [J]. 甘肃冶金，2020，42（6）：105-108.

[5] 庄正宁 . 环境工程基础——普通高等教育“十一五”规划教材 [M]. 北京：中国电力出版社，2006.

[6] 再协 . 2020 年全国大中城市固体废物污染环境防治年报 [J]. 中国资源综合利用，39（1）：1.

[7] 本刊编辑部 . 坚持污染担责 推动固废污染防治迈上新台阶 [J]. 环境保护，2020，48（9）：2.

[8] 丁存凡 . 损害担责原则的内涵及支撑 [J]. 环境法评论，2020（2）：113-136.

[9] 国家发展和改革委员会资源节约和环境保护司 . 废弃电器电子产品回收处理研究与实践 [M]. 北京：社会科学文献出版社，2012.

[10] 胡华龙，邱琪，温雪峰，等 . 电子废物综合管理 [M]. 北京：化学工业出版社，2010.

[11] 罗锦程，徐紫寅，李淑媛，等 . 我国废弃电器电子产品回收管理体系存在的问题及对策 [J]. 环境保护，2021，49（5）：73-75.

[12] 废弃电器电子产品回收处理管理条例 [Z]. 中华人民共和国国务院令　第 551 号 . 2009.

[13] 废弃电器电子产品处理目录（2014 年版）[Z]. 国家发展改革委，环境保护部，工业和信息化部，财政部，海关总署，税务总局 . 2015.

[14] 废弃电器电子产品处理资格许可管理办法 [Z]. 中华人民共和国环境保护部令

第 13 号 . 2010.

[15] 废弃电器电子产品处理企业资格审查和许可指南 [Z]. 中华人民共和国环境保护部公告 2010 年第 90 号 . 2010.

[16] 废弃电器电子产品处理基金征收使用管理办法 [Z]. 财综〔2012〕34 号 . 财政部，环境保护部，发展改革委，工业和信息化部，财政部，海关总署，税务总局 .2012.

[17] 废弃电器电子产品规范拆解处理作业及生产管理指南（2015 年版）[Z]. 环境保护部，工业和信息化部公告 2014 年第 82 号 . 2014.

[18] 废弃电器电子产品拆解处理情况审核工作指南（2019 年版）[Z]. 国环规固体〔2019〕1 号 . 生态环境部 . 2019.

[19] 中华人民共和国环境保护法 [Z]. 2014-04-24.

[20] 中华人民共和国环境影响评价法 [Z]. 2018-12-29.

[21] 建设项目环境影响评价分类管理名录 [Z]. 2020-12-03.

[22] 生态环境部 . 中华人民共和国固体废物污染环境防治法 [Z]. 2020-04-29.

[23] 国家环境保护总局 . 关于严格控制从欧共体进口废物的暂行规定 [Z]. 1994-07-21.

[24] 环境保护部 . 固体废物进口管理办法 [Z]. 2011-04-08.

[25] 雒书鸿 . 我国进口固体废物管理措施研究 [D]. 北京：北京交通大学，2007.

[26] 国务院 . 禁止洋垃圾入境推进固体废物进口管理制度改革实施方案 [Z]. 2017-07-18.

[27] 国务院办公厅印发《禁止洋垃圾入境推进固体废物进口管理制度改革实施方案》[Z]. 2017-07-27.

[28] 徐五通，刘俊强 . 进口固体废物原料管理制度变化分析 [N]. 中国国门时报，2018-09-12.

[29] 聂永丰 . 固体废物处理工程技术手册 [M]. 北京：化学工业出版社，2013.

[30] 李家瑞 . 工业企业环境保护 [M]. 北京：冶金工业出版社，1992.

[31] 北京环境科学学会 . 工业企业环境保护手册 [M]. 北京：中国环境科学出版社，1990.

[32] 企业环境信息依法披露管理办法 [Z]. 生态环境部部令 2021 年第 24 号，2021-12-21.

[33] 一般工业固体废物管理台账制定指南（试行）[Z]. 生态环境部公告 2021 年第 82 号，2021-12-31.

企业环保管家系列指南 | 丛书主编　宋海鸥

企业环境应急管理指南

韩小铮　编著

中国环境出版集团 · 北京

图书在版编目（CIP）数据

企业环境应急管理指南/韩小铮编著.—北京：中国环境出版集团，2023.6

（企业环保管家系列指南）

ISBN 978-7-5111-5535-1

Ⅰ.①企… Ⅱ.①韩… Ⅲ.①企业－环境污染事故－应急对策－指南 Ⅳ.①X507-62

中国国家版本馆CIP数据核字（2023）第102148号

出 版 人 武德凯
责任编辑 葛　莉
封面设计 彭　杉

出版发行 中国环境出版集团
（100062 北京市东城区广渠门内大街16号）
网　　址：http：//www.cesp.com.cn
电子邮箱：bjgl@cesp.com.cn
联系电话：010-67112765（编辑管理部）
010-67113412（第二分社）
发行热线：010-67125803 010-67113405（传真）

印　　刷 北京中科印刷有限公司
经　　销 各地新华书店
版　　次 2023年6月第1版
印　　次 2023年6月第1次印刷
开　　本 787×960　1/16
印　　张 8
字　　数 150千字
丛书定价 688.00元

丛书主编简介：

宋海鸥　河北环境工程学院教授，环境法学硕士，西北政法大学法学博士研究生，河北海立律师事务所律师，秦皇岛律协资源与环境委员会副主任，担任多地生态环境部门、企业法律顾问，主要从事环境法、环境执法及环境管理领域相关研究与实务工作。

本册作者简介：

韩小铮　河北环境工程学院副教授，长期从事环境安全与应急管理工作。完成过累计近万人次参加的环境安全与应急管理培训工作，为近 50 家企业提供了环境安全与应急管理工作的技术支持。

总　序

“环保管家”是一种以“合同环境服务”为核心的环境污染治理新模式。2014年12月27日，国务院办公厅《关于推行环境污染第三方治理的意见》中指出：“到2020年，环境公用设施、工业园区等重点领域第三方治理取得显著进展，污染治理效率和专业化水平明显提高，社会资本进入污染治理市场的活力进一步激发。环境公用设施投资运营体制改革基本完成，高效、优质、可持续的环境公共服务市场化供给体系基本形成；第三方治理业态和模式趋于成熟，涌现一批技术能力强、运营管理水平高、综合信用好、具有国际竞争力的环境服务公司。”2016年4月15日，环境保护部印发《关于积极发挥环境保护作用促进供给侧结构性改革的指导意见》（环大气〔2016〕45号），该意见指出：“推进环境咨询服务业发展，鼓励有条件的工业园区聘请第三方专业环保服务公司作为‘环保管家’，向园区提供监测、监理、环保设施建设运营、污染治理等一体化环保服务和解决方案。”由此，在环境保护领域正式提出了“环保管家”的概念，诸多的“环保管家”公司如雨后春笋般涌现，为企业提供“全面体检”服务。

尽管有专业环境污染第三方治理机构的辅助，但排污企业不能也无法避免经营中环境违规行为的法律责任。在环保形势日益严峻的背景下，掌握环境法律基本规定、污染防治技术规范等成为企业生存发展的必备能力，企业有必要通过学习将“要我守法”内生为“我要守法”的动力。

编者在与能源、化工、运输、钢铁、建材、机械加工、装备制造、矿山等行业企业打交道的过程中，了解到企业尤为关注环保问题，有增加环保投入和

增强自身环保专业知识的意愿，对降低环保经营风险有较高的期望值，但囿于环境保护知识的专业性，对通俗介绍企业生产经营中环保风险的指南、手册的需求迫切。正是基于这种市场需求，我们策划了这套专业的“企业环保管家系列指南”丛书（以下简称丛书），对企业环保问题开展“望闻问切”，对环保疑难杂症进行“科学会诊”，既能找准污染治理主要环节和风险隐患突出问题形成“体检报告”，也能开出诊治“药方”。“环保管家”通过常态化的“体检”和“问诊”，及时提出预警和针对性措施，以避免环境事故的发生，降低环境风险。

丛书分为四个板块，共计 13 个分册，旨在通过通俗易懂、实务的语境为企业提供环境守法的指引。在理论知识铺垫上，以够用为尺度，尽可能化繁为简；注重实操，并辅以案例，对企业生产经营中的环境管理事项和环境管理风险予以深度解读，帮助企业相关人员掌握企业环境管理的“钥匙”，最大限度降低企业的经营风险。

丛书的四个板块分别为：

1）法律法规板块：包括《企业常用环境法律法规手册》1 个分册，主要包含环境法律、法规、规章及政策性文件等内容。

2）常见环境管理事务板块：包括《企业环保合法合规管理指南》《企业建设项目环境影响评价管理指南》《企业排污许可证申领与实施操作指南》《企业自行监测管理指南》《企业环境信息化管理指南》《企业环境应急管理指南》6 个分册，主要从企业建设项目环境管理与企业环境风险防范角度进行阐释。

3）污染防治技术板块：包括《企业废水污染管控指南》《企业废气污染管控指南》《企业固体废物污染环境管控指南》《企业土壤污染管控指南》4 个分册，主要从治理设备、治理技术、产排污节点等方面对企业全流程技术管理予以说明。

4）企业环境金融与认证板块：包括《企业环境经济政策指南》《企业清洁生产审核与环境管理体系认证指南》2 个分册，主要包括环境税、排污权交易、碳排放交易以及清洁生产审核、ISO 14001 认证等相关知识。

丛书主要针对生产性企业的环境管理人员、环保管理型企业的工作人员以

及对环境管理工作感兴趣的其他人员，也可以作为环境管理初学者的入门教材。

编写团队共 25 人，包括相关领域教授、副教授，专门从事环境法律事务的律师，生态环境部固体废物与化学品管理技术中心专家，大型企业从事环境管理的工作人员以及专业从事“环保管家”服务的企业人员等。编写团队中无论是“学院派”还是“实战派”，均是在相应领域深耕多年的行家里手。

本套丛书经过与出版社沟通和策划、制定编写大纲、组织编写人员、撰写初稿、修改初稿、定稿、统稿等多个流程，历时 15 个月。在组织编写过程中，各分册编者之间通力合作，各分册牵头人也与我进行有效沟通，保证了丛书的质量和覆盖面；同时，为保障丛书如期完成，众多编者付出了巨大心血，在此表示衷心感谢。组织如此大规模的编写队伍，于我而言也是前所未有的，其中有考虑不周之处，请各位编者海涵；因知识和技能所限，编写难免有疏漏，请各位读者批评指正。

最后要感谢河北环境工程学院领导的关心及中国环境出版集团对这套丛书的支持，尤其是第二分社全体编辑的专业和敬业让这套丛书由设想变为现实。

宋海鸥
2022 年 8 月 14 日于秦皇岛

前 言

环境安全与应急管理工作是企业环境管理工作的重要组成部分，工作内容涵盖范围广、技术性强，而且具有一定的风险性，给企业带来了一定的压力。为了帮助企业更好地开展环境安全与应急管理工作，本书主要介绍环境风险评估、环境隐患排查、环境应急资源调查、环境应急预案等相关内容。其中，环境应急预案是企业环境安全与应急管理工作的重点。

本书在编写时参考了大量的相关法律法规以及技术文件，由于这些文件时效性较强，在具体应用时要注意文件的版本更新问题。同时本书在编写时，为提高内容的普适性，并未将地方颁布的相关文件内容纳入其中。应该注意的是，在我国环境安全与应急管理以属地管理为主的背景下，很多地方管理部门都颁布了与环境安全与应急管理相关的文件，有些涉及环境安全与应急管理工作，有些涉及技术方面的内容，对于企业开展相关工作有着重要的指导意义。因此，在具体开展工作时，一定要关注地方管理部门所颁布的相关政策文件。

由于笔者水平有限，本书肯定会有不足之处，请读者给予批评指正。

编者

2022 年 12 月

目　录

第一章　绪　论

随着我国社会的高速发展，环境污染事故发生的频次明显增加，给政府和企业带来的压力也越来越大，一些重大环境污染事故的发生促使全社会更加重视环境安全与应急工作。我国政府非常重视环境安全问题，早在1996年第四次全国环境保护会议上就提出了“确保环境安全”的明确要求，这是我国首次提出环境安全概念。2001年、2002年的中央人口资源环境工作座谈会上进一步强调了“确保国家环境安全”“要建立环境安全防范体系”的要求。为了提高环境安全与应急管理水平，我国在《国家环境保护“十二五”规划》中提出“加强重点领域环境风险防控”的战略任务。针对我国处于工业化中后期，高发的环境污染事故破坏环境改善成果的现状，在深化总量控制、改善环境质量等各项工作任务基础上，明确提出加强重点领域环境风险防控。将核与辐射、重金属、危险废物、持久性有机污染物、危险化学品等作为防范环境风险的重点，完善风险管理制度，着力解决工业化过程中的环境安全保障问题。

正是因为我国对于环境安全与应急管理非常重视，我国的环境安全与应急工作取得了长足的进步，自“十三五”以来，全国范围内的突发环境事件数量明显下降。在污染事故处理中，生态环境部门及时处理了一些有可能造成严重社会影响的环境事件，维护了人民群众生命财产和生态环境安全。但同时也应该注意到，随着我国改善环境质量工作的逐步深入，对环境事件，尤其是有可能造成较严重社会影响的环境事件的防控成为关键。随着新媒体的快速发展，公众对环境污染事件信息更加敏感，对环境污染事故的关注度也越来越高。因此，我国将营造安全稳定的社会环境，提高公共安全的保障能力等相关的内容写入了“十四五”规划和2035年远景目标纲要之中，这也体现了我国对环境安全与应急管理的重视程度。

但从我国当前环境安全的现状可以看出，我国存在着部分地区污染物排放强度较高和总量较大的问题，同时危险废物、重金属污染、化学品污染、土壤污染等方面新的环境问题不断出现，从而导致了环境突发事件、环境风险源多样化的问题。通过梳理可以发现，对于我国而言，影响环境安全的因素有：①高速发展的工业化、城镇化加剧了环境事件的突发与频发；②资源的不合理利用、产业粗放、布局与结构不合理的情况仍然存在；③排污总量仍然较高；④个别地方为片面发展经济，重经济轻环保，给环境安全工作带来了较大的压力；⑤工业污染，危险化学品生产、运输的泄漏，突发环境事件等也可能危及环境安全；⑥不合理经济开发和工程开发，导致物种入侵、生态破坏等情况时有发生。

同时，我国的结构性、布局性环境风险仍较为突出。我国危险化学品生产经营企业数量较多，沿江、沿河区域高环境风险行业企业集聚带来了一定的环境风险隐患，而且人为活动、气候等不确定性因素的增加，也提高了环境污染事故发生的概率。环境污染事故造成的影响是多方面的，污染事故会影响环境和生活的质量；会影响社会稳定，引起人们心理恐慌，引发群众与企业事业单位或政府之间的矛盾和冲突，产生群体事件；可能影响区域的经济发展，影响国际或区域之间的和谐关系。环境污染或自然资源的破坏甚至可能引发国家或区域之间的矛盾和冲突。

从安全管理的角度分析，安全是相对的，事故不可能完全避免，因此，环境事故也同样不可能完全杜绝。这对于涉及的相关工作的人员而言，需要解决一些环境安全与应急管理工作中的关键问题；对于生态环境部门而言，环境安全与应急管理工作的具体管理内容、管理方法与手段都要明晰；对于企业而言，如何提高自身的环境安全与应急管理水平，以及如何及时处理环境污染事故，也是需要研究的课题。

第二章　环境安全与应急工作解析

我国环境安全与应急工作的法律规定以《突发环境事件应急管理办法》（环境保护部令　第34号）（以下简称《办法》）为统领。《办法》将环境应急管理定位于国家战略层面，提出建立环境风险管理体系，以及建设环境应急管理、技术支撑、应急救援三支队伍，来强化应急处置能力，并明确环境安全与应急工作有两个主体，即企业环境安全责任主体和政府环境安全监管主体。

《办法》是为预防和减少突发环境事件的发生，控制、减轻和消除突发环境事件引起的危害，规范突发环境事件应急管理工作，保障公众生命安全、环境安全和财产安全而制定的。

《办法》细化了生态环境部门和企业的责、权、利，其中对生态环境部门和企业“管什么”进行了相对详细的描述；明确了生态环境部门和企业事业单位在突发环境事件应急管理工作中的职责定位，从风险控制、应急准备、应急处置和事后恢复4个环节构建全过程突发环境事件应急管理体系，规范工作内容，理顺工作机制，并根据突发事件应急管理的特点和需求，设置了信息公开专章，充分发挥舆论宣传和媒体监督作用。

《办法》围绕生态环境部门和企业事业单位两个主体，构建了八项基本制度，分别是风险评估制度、隐患排查制度、应急预案制度、预警管理制度、应急保障制度、应急处置制度、损害评估制度、调查处理制度。这八项基本制度构成了突发环境事件应急管理工作的核心内容。

《办法》突出了企业事业单位的环境安全主体责任。企业事业单位在应对本单位的环境安全中承担主体责任，具体体现在日常管理和事件应对两个层次的责任。在日常管理方面，企业事业单位应当开展突发环境事件风险评估，健全突发环境事件风险防控措施，排查环境安全隐患，制定突发环境事件应急预案并备案、演练，加强环境应急能力保障建设；在事件应对方面，企业事业单位应立即采取有效措施处理，及时通报可能受到危害的单位和居民，并向所在地生态环境主管部门报告、接受调查处理，以及对所造成的损害依法承担责任。

一、生态环境部门在突发环境管理工作中的职责

（一）生态环境部门在日常环境安全与应急管理中的职责

（1）县级以上人民政府生态环境主管部门履行对本行政区域环境保护工作统一监督管理的职责。

县级以上人民政府生态环境主管部门及其委托的环境监察机构和其他负有环境保护监督管理职责的部门，有权对排放污染物的企业事业单位和其他生产经营者进行现场检查。必要时可以查封、扣押造成污染物排放的设施、设备（《中华人民共和国环境保护法》第二十四条、第二十五条）。

（2）县级以上人民政府生态环境主管部门和其他负有生态环境监督管理职责的部门，应当依法公开环境质量、环境监测、突发环境事件以及环境行政许可、行政处罚等信息。

县级以上地方人民政府生态环境主管部门和其他负有生态环境监督管理职责的部门，应当将企业事业单位和其他生产经营者的环境违法信息记入社会诚信档案，及时向社会公布违法者名单（《中华人民共和国环境保护法》第五十四条第 2 款、第 3 款）。

（3）履行统一监管职责，做好突发环境事件的风险控制、应急准备、应急处置和事后恢复等工作。

（4）完善各类突发环境事件应急预案，并做好企业应急预案的备案管理工作。

（二）生态环境部门在应急状态下的工作内容

1. 信息上报和通报

获知突发环境事件信息后，事件发生地县级以上地方生态环境主管部门应

当按照《突发环境事件信息报告办法》规定的时限、程序和要求，向同级人民政府和上级生态环境主管部门报告，适时向社会发布环境突发事件信息。

跨区域突发环境事件应急通报：突发环境事件已经或者可能涉及相邻行政区域的，事件发生地生态环境主管部门应当及时通报相邻区域同级生态环境主管部门，并向本级人民政府提出向相邻区域人民政府通报的建议。

2. 排查污染源

获知突发环境事件信息后，县级以上地方生态环境主管部门应当组织排查污染源，初步查明事件发生的时间、地点、原因、污染物质及数量、周边环境敏感区等。

3. 环境应急监测

获知突发环境事件信息后，县级以上地方生态环境主管部门应当按照《突发环境事件应急监测技术规范》开展应急监测，及时向本级人民政府和上级人民政府报告。

4. 提出处置建议

应急处置期间，事发地县级以上地方生态环境主管部门应当组织开展事件信息的分析、评估，提出应急处置方案和建议，报本级人民政府。

5. 应急终止

突发环境事件的威胁和危害得到控制或者消除后，事发地县级以上地方生态环境主管部门应当根据本级人民政府的统一部署，停止应急处置措施。

6. 总结持续改进

县级以上地方生态环境主管部门应当及时总结应急处置工作情况，制定改进措施，并向上级生态环境主管部门报告。

7. 事件损害评估

县级以上地方生态环境主管部门应当在本级人民政府的统一部署下，组织开展突发环境事件污染损害评估工作，并依法向有关人民政府报告。

8. 事后调查处理

生态环境主管部门应当按有关规定开展事件调查，查清突发环境事件原因，确认事件性质，认定事件责任，提出整改措施和处理意见。

9. 生态环境恢复计划

县级以上地方生态环境主管部门应当在本级人民政府的统一领导下，参与组织制订生态环境恢复计划，推动恢复重建工作。

10. 应急状态时信息发布

突发环境事件发生后，县级以上地方生态环境主管部门应当认真研判事件影响和等级，及时向本级人民政府提出信息发布建议。履行统一领导职责或者组织处置突发事件的人民政府，应当按照有关规定统一、准确、及时发布有关突发事件事态发展和应急处置工作的信息。

县级以上生态环境主管部门应当在职责范围内向社会公开有关突发环境事件应急管理的规定和要求，以及突发环境事件应急预案和演练情况等环境信息。对本行政区域内突发环境事件进行汇总分析，定期向社会公开突发环境事件的数量、级别，以及事件发生的时间、地点、应急处置概况等信息。

进行环境应急事件处理时，生态环境部门应做到“五个第一时间”和“三快”。“五个第一时间”：第一时间赶赴现场、第一时间开展监测、第一时间向上级报告、第一时间组织开展调查、第一时间向社会发布信息（统一、准确、及时）。“三快”：快响应、快报告、快处置。

二、企业环境安全与应急工作日常管理

建立健全自身环境风险源的监督管理工作，企业事业单位应当开展突发环境事件风险评估，健全突发环境事件风险防控措施，排查治理环境安全隐患，制定突发环境事件应急预案并备案、演练，加强环境应急能力保障建设，对企业人员进行环境安全相关的培训工作。

三、企业环境安全与应急事件应对

按照本单位环境应急预案规定，预防环境事故的发生；企业进行先期响应和处置，控制事故的最初发展态势；采取有效措施进行处理，参与事故救援和处置，积极配合政府部门应急处置；及时通知可能受到危害的单位和居民，并向所在地生态环境主管部门报告，接受调查处理，对所造成的损害依法承担责任。

参与事故调查和评估，事后向生态环境主管部门提供调查报告。参与环境和生产恢复。

四、企业环境安全与应急工作的法律责任

（一）企业环境安全与应急的义务

《突发环境事件应急管理办法》第六条、第十三条规定了企业事业单位应当按照相关法律法规和标准规范的要求履行以下义务：

（1）开展突发环境事件风险评估；

（2）完善突发环境事件风险防控措施；

（3）排查治理环境安全隐患；

（4）制定突发环境事件应急预案并备案、演练；

（5）加强环境应急能力保障建设；

（6）制定突发环境事件应急预案，并按照分类分级管理的原则，报县级以上生态环境主管部门备案。

（二）企业环境安全与应急的行政法律责任

1. 发生突发环境事件的法律责任

《突发环境事件应急管理办法》第三十七条规定，企业事业单位违反本办法规定，导致发生突发环境事件，《突发事件应对法》《中华人民共和国水污染防治法》（以下简称《水污染防治法》）、《中华人民共和国大气污染防治法》（以下简称《大气污染防治法》）、《中华人民共和国固体废物污染环境防治法》（以下简称《固体废物污染环境防治法》）等法律法规已有相关处罚规定的，依照有关法律法规执行。

较大、重大和特别重大突发环境事件发生后，企业事业单位未按要求执行停产、停排措施，继续违反法律法规规定排放污染物的，环境保护主管部门应当依法对造成污染物排放的设施、设备实施查封、扣押。

2. 违反法定义务的法律责任

《突发环境事件应急管理办法》第三十八条规定，企业事业单位有下列情形之一的，由县级以上生态环境主管部门责令改正，可以处一万元以上三万元以下罚款：

①未按规定开展突发环境事件风险评估工作，确定风险等级的；

②未按规定开展环境安全隐患排查治理工作，建立隐患排查治理档案的；

③未按规定将突发环境事件应急预案备案的；

④未按规定开展突发环境事件应急培训，如实记录培训情况的；

⑤未按规定储备必要的环境应急装备和物资的；

⑥未按规定公开突发环境事件相关信息的。

第三章　企业环境安全与应急管理工作解析

一、企业环境安全与应急管理工作中的责任解析

我国目前的环境安全与应急工作包括事前、事发、事中、事后的完整流程，具体工作内容包括预防准备、监测预警、处置救援、恢复重建等方面。环境安全与应急工作的关键是环境风险管理，其核心内容是在环境风险评估的基础上，运用法律、法规、政策、行政、技术、保险等手段，控制或降低环境风险，从而减少突发环境事件的发生，并降低或消除突发环境事件造成的危害。

风险管理工作的内容有：

（1）预防与准备，定期开展环境风险隐患排查治理；

（2）主动申报环境风险；

（3）开展环境风险评估；

（4）制定、评审、报备、演练、修订突发环境事件应急预案；

（5）加强环境风险防范制度、措施、应急救援物资、专职或兼职应急救援队伍等应急能力建设；

（6）监测与预警，设置厂界环境化学品泄漏监测、报警装置并与企业中控室联网，有条件的可与相关监管部门联网；

（7）应急处置与救援，实施先期处置，切断事故源头，控制事故最初态势，防止衍生或次生环境事件发生；

（8）主动报告事故情况；

（9）参与突发环境事件应急救援与处置；

（10）事后恢复与重建，配合事件原因和责任调查；

（11）对所造成的环境污染和生态破坏进行恢复，或支付相应的费用、赔偿经济损失；

（12）参与生态环境恢复工作等。

二、企业环境风险评估

企业事业单位是环境安全的责任主体，应当按照有关规定开展突发环境事件风险评估，排查环境安全隐患，健全环境风险防范措施。风险评估有助于提高企业环境应急预案编制水平。通过指导企业开展环境风险识别、应急资源调查、各种可能发生的突发环境事件及其后果情景分析、现有环境风险防控与应急措施差距分析、完善环境风险防控与应急措施实施计划的制订等一系列工作，使企业系统评估自身环境风险状况，根据可调用的应急资源，落实可行的环境风险防控和应急措施。企业在编制环境应急预案时，可针对各种突发环境事件情景制定措施得当、程序明确、责任落实的现场应急处置方案，使预案回归本质，也可以起到辅助提升地方政府和生态环境主管部门环境应急管理水平的作用。

在风险评估工作中，环境风险评估的主要依据是《企业突发环境事件风险分级方法》（HJ 941—2018）。该文件与现行其他风险评估方法的主要区别是，《重点环境管理危险化学品环境风险评估报告编制指南（试行）》主要用于对列入《重点环境管理危险化学品目录》的化学品长期、累积和持久性危害及不利影响的评估，侧重于危险化学品环境管理登记服务。《建设项目环境风险评价技术导则》主要用于部分重点行业新、改、扩建建设项目的环境风险评估。硫酸、氯碱以及粗铅行业的《环境风险评估技术指南——氯碱企业环境风险等级划分方法》《环境风险评估技术指南——硫酸企业环境风险等级划分方法（试行）》《环境风险评估技术指南——粗铅冶炼企业环境风险等级划分方法（试行）》主要用于企业环境污染责任保险工作。

根据要求，企业要开展环境风险评估并将评估报告作为环境应急预案的附件向当地生态环境主管部门备案。地方政府和生态环境主管部门通过评估报告掌握辖区内企业环境风险等级、风险状况及应急资源情况。一方面可以将其作为区域环境应急预案编制的重要基础，提高预案的针对性和可操作性；另一方面可根据环境风险等级，对企业实施差别化管理，在管理资源有限的情况下优先关注重大环境风险企业。

在环境应急管理工作中，一定要重视环境风险评估报告的编制工作。企业的环境风险是什么、风险等级多高，直接决定了环境应急的所有工作，故风险评估报告编制是环境应急工作的重点。

实施后，企业突发环境事件风险分级不再执行《企业突发环境事件风险评估指南（试行）》（环办〔2014〕34 号）中的相关规定。

（一）《企业突发环境事件风险分级方法》（HJ 941—2018）的适用范围

该标准适用于对可能发生突发环境事件的企业进行环境风险分级。适用对象为涉及生产、加工、使用、存储或释放该标准附录 A 中突发环境事件风险物质的企业。事业单位可参照本标准进行突发环境事件风险分级。

该标准中的附录 A 列出了 392 种（类）化学品名称，企业应梳理自身生产中在原辅料、中间产品、产品、辅产品、废弃物等方面涉及的物质。工作中一定要进行全面的梳理，否则有可能会造成风险评估不准确的后果。将梳理出的清单与该标准中的附录进行对比，进一步落实相关工作。在标准附录中，要注意第八部分——其他类物质及污染物，其中涉及《化学品分类和标签规范　第 18 部分：急性毒性（GB30000.18）》和《化学品分类和标签规范　第 28 部分：对水生环境的危害（GB30000.28）》标准。这两个标准在使用中会参考化学品的毒理学参数，如果梳理出的化学品不在清单中，则应分析化学品的毒理学参数，确定其是否归属第八部分所列范围。

该标准明确提出，标准不适用于军事设施、石油天然气长输管道、城镇燃气管道、核设施与加工放射性物质的单位，不适用于从事危险化学品运输或搬运（如港口装卸）的载具或单位。

该标准中明确了不适用的设施或单位等情况，主要原因在于，这些情况需制定专门的评估方法，实行专门管理，或不属于生态环境部门监管职责。但如果企业涉及相应的工作内容或单位，就需要进行环境安全与应急的相关工作，应和属地的归口管理部门进行沟通，确认环境风险评估工作的具体要求。

（二）《企业突发环境事件风险分级方法》（HJ 941—2018）的分级程序

企业的环境风险分级程序主要分为三步：一是确定企业生产、使用、存储和释放的突发环境事件风险物质数量与其临界量的比值（Q）；二是评估生产工艺过程与环境风险控制水平（M）；三是对企业周边环境风险受体敏感程度（E）进行评估分析。

分别评估企业突发大气环境事件风险和突发水环境事件风险，将企业突发大气或水环境事件风险等级划分为一般环境风险、较大环境风险和重大环境风险三级，分别用蓝色、黄色和红色标识。同时涉及突发大气和水环境事件风险的企业，以等级高者确定企业突发环境事件风险等级。

应注意的是，该标准强调的是大气与水环境事件相关内容，但很多企业在生产中涉及危险废物方面的工作内容。目前，对于危险废物的环境应急工作，多数要求编制专门的预案。企业在进行预案编制时，应和管理部门进行沟通，确定危险废物预案的相关要求。

企业下设位置毗邻的多个独立厂区，可按厂区分别评估风险等级，以等级高者确定企业突发环境事件风险等级并进行表征，也可分别表征为企业（某厂区）突发环境事件风险等级。

企业下设位置距离较远的多个独立厂区，分别评估确定各厂区风险等级，表征为企业（某厂区）突发环境事件风险等级。

企业突发环境事件风险分级流程见图 3-1。

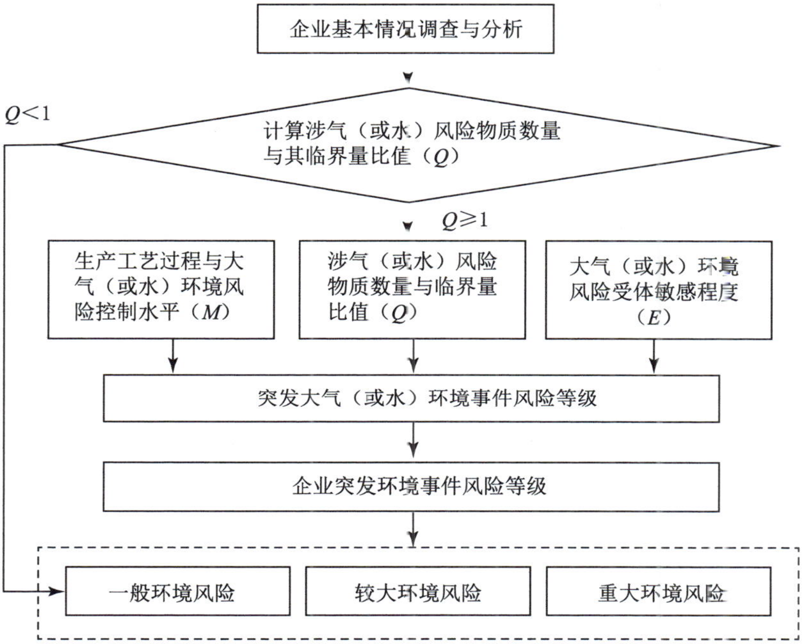

图 3-1 企业突发环境事件风险分级流程

（三）《企业突发环境事件风险分级方法》（HJ 941—2018）的风险物质识别

依据企业涉及的各类化学物质种类和数量进行风险物质识别。突发环境事件风险物质及临界量清单，见 HJ 941—2018 附录 A 表格。

此处应注意的是，企业在生产中，物料的存储量是动态变化的，在进行风险评估时，建议按企业正常生产时物料的最大存储量进行评估，从而尽可能避免在污染事故发生时因为没有足够的应急物资或措施而影响应急工作。

（四）突发大气环境事件风险分级

在风险分级工作中，首先是 Q 值的计算。对于 Q 值的计算，方法较为简单，即企业自身所有的风险物质数量与临界量相比得到的比值。

1. 计算涉气风险物质数量与临界量比值（Q）

涉气风险物质包括HJ 941—2018附录A中的第一、第二、第三、第四、第六部分全部风险物质以及第八部分中除NH_3-N浓度≥2 000 mg/L的废液、COD_{Cr}浓度≥10 000 mg/L的有机废液之外的气态和可挥发、造成突发大气环境事件的固态、液态风险物质。

判断企业生产原料、产品、中间产品、副产品、催化剂、辅助生产物料、燃料、“三废”污染物等是否涉及大气环境风险物质（混合或稀释的风险物质按其组分比例折算成纯物质），计算涉气风险物质在厂界内的存在量（如存在量呈动态变化，则按年度内最大存在量计算）与其在附录A中的临界量的比值Q。

（1）当企业只涉及一种风险物质时，该物质的数量与其临界量的比值，即为Q。

（2）当企业存在多种风险物质时，则按下式计算：

$$Q=\frac{w_1}{W_1}+\frac{w_2}{W_2}+\cdots+\frac{w_n}{W_n}$$

式中：

w_1，w_2，…，w_n——每种风险物质的存在量，t；

W_1，W_2，…，W_n——每种风险物质的临界量，t。

按照数值大小，将Q划分为以下4个水平：

①当$Q<1$时，以Q_0表示，企业直接评为一般环境风险等级；

②当$1\leqslant Q<10$时，以Q_1表示；

③当$10\leqslant Q<100$时，以Q_2表示；

④当Q=100时，以Q_3表示。

2. 生产工艺过程与大气环境风险控制水平（M）评估

采用评分法对企业生产工艺过程、大气环境风险防控措施及突发大气环境事件发生情况进行评估，将各项指标分值累加，确定企业生产工艺过程与大气环境风险控制水平（M）。

（1）生产工艺过程含有风险工艺和设备情况

对企业生产工艺过程中含有风险工艺和设备情况的评估按照工艺单元进行。具有多套工艺单元的企业，对每套工艺单元分别评分并求和。该指标分值最高为 30 分。

（2）大气环境风险防控措施及突发大气环境事件发生情况

企业大气环境风险防控措施及突发大气环境事件发生情况评估指标见评估办法中附录的表 2。对各项评估指标分别评分、计算总和，各项指标分值合计最高为 70 分。

（3）企业生产工艺过程与大气环境风险控制水平

将企业生产工艺过程、大气环境风险防控措施及突发大气环境事件发生情况各项指标评估分值累加，得出生产工艺过程与大气环境风险控制水平值，按照表 3-1 划分为 4 种类型。

表 3-1　企业生产工艺过程与环境风险控制水平类型划分

生产工艺过程与环境风险控制水平值	生产工艺过程与环境风险控制水平类型
$M < 25$	M_1
$25 \leqslant M < 45$	M_2
$45 \leqslant M < 65$	M_3
$M \geqslant 65$	M_4

3. 大气环境风险受体敏感程度（*E*）评估

大气环境风险受体敏感程度类型，按照企业周边人口数进行划分。按照企业周边 5 km 或 500 m 范围内人口数，将大气环境风险受体敏感程度划分为类型 1、类型 2 和类型 3，分别以 E_1、E_2 和 E_3 表示，见表 3-2。

大气环境风险受体敏感程度按类型 1、类型 2 和类型 3 顺序依次降低。若企业周边存在多种敏感程度类型的大气环境风险受体，则按敏感程度高者确定企业大气环境风险受体敏感程度类型。

表 3-2　大气环境风险受体敏感程度类型划分

敏感程度类型	大气环境风险受体
类型 1（E_1）	企业周边 5 km 范围内居住区、医疗卫生机构、文化教育机构、科研单位、行政机关、企事业单位、商场、公园等人口总数 5 万人以上，或企业周边 500 m 范围内人口总数 1 000 人以上，或企业周边 5 km 涉及军事禁区、军事管理区、国家相关保密区域

敏感程度类型	大气环境风险受体
类型 2（E_2）	企业周边 5 km 范围内居住区、医疗卫生机构、文化教育机构、科研单位、行政机关、企业事业单位、商场、公园等人口总数 1 万人以上、5 万人以下，或企业周边 500 m 范围内人口总数 500 人以上、1 000 人以下
类型 3（E_3）	企业周边 5 km 范围内居住区、医疗卫生机构、文化教育机构、科研单位、行政机关、企业事业单位、商场、公园等人口总数 1 万人以下，且企业周边 500 m 范围内人口总数 500 人以下

4. 突发大气环境事件风险等级确定

根据企业周边大气环境风险受体敏感程度（E）、涉气风险物质数量与临界量比值（Q）和生产工艺过程与大气环境风险控制水平（M），按照表 3-3 确定企业突发大气环境事件风险等级。

表 3-3 企业突发环境事件风险分级矩阵

环境风险受体敏感程度（E）	风险物质数量与临界量比值（Q）	生产工艺过程与环境风险控制水平（M）			
		M_1 类水平	M_2 类水平	M_3 类水平	M_4 类水平
类型 1（E_1）	$1 \leqslant Q < 10(Q_1)$	较大	较大	重大	重大
	$10 \leqslant Q < 100(Q_2)$	较大	重大	重大	重大
	$Q \geqslant 100(Q_3)$	重大	重大	重大	重大
类型 2（E_2）	$1 \leqslant Q < 10(Q_1)$	一般	较大	较大	重大
	$10 \leqslant Q < 100(Q_2)$	较大	较大	重大	重大
	$Q \geqslant 100(Q_3)$	较大	重大	重大	重大
类型 3（E_3）	$1 \leqslant Q < 10(Q_1)$	一般	一般	较大	较大
	$10 \leqslant Q < 100(Q_2)$	一般	较大	较大	重大
	$Q \geqslant 100(Q_3)$	较大	较大	重大	重大

5. 突发大气环境事件风险等级表征

企业突发大气环境事件风险等级表征分为以下两种情况：

（1）当 $Q < 1$ 时，企业突发大气环境事件风险等级表示为“一般—大气（Q_0）”；

（2）当 $Q \geqslant 1$ 时，企业突发大气环境事件风险等级表示为“环境风险等级—大气（Q 水平—M 类型—E 类型）”。

（五）突发水环境事件风险分级

对水环境事件风险等级的确定，总体流程与大气一致，分为3部分，分别是风险物质与临界量的比值计算、风险控制水平以及防控措施与突发水环境事件发生情况的确定。

（六）计算涉水风险物质数量与临界量比值（Q）

涉水风险物质包括HJ 941—2018附录A中的第三、第四、第五、第六、第七和第八部分全部风险物质，以及第一、第二部分中溶于水和遇水发生反应的风险物质，具体包括溶于水的硒化氢、甲醛、乙二腈等。

判断企业生产原料、产品、中间产品、副产品、催化剂、辅助生产物料、“三废”污染物等是否涉及水环境风险物质，计算涉水风险物质（混合或稀释的风险物质按其组分比例折算成纯物质）与其临界量的比值Q，计算方法同大气部分。

1. 生产工艺过程与水环境风险控制水平（M）评估

采用评分法对企业生产工艺过程、水环境风险防控措施及突发水环境事件发生情况进行评估，将各项分值累加，确定企业生产工艺过程与水环境风险控制水平（M）。

（1）生产工艺过程包含风险工艺和设备情况

同大气部分的分析方法。

（2）水环境风险防控措施及突发水环境事件发生情况

企业水环境风险防控措施及突发水环境事件发生情况评估指标，见HJ 941—2018表6。对各项评估指标分别评分、计算总和，各项指标分值合计最高为70分。

（3）企业生产工艺过程与水环境风险控制水平

将企业生产工艺过程、水环境风险控制措施及突发水环境事件发生情况各项指标评估分值累加，得出生产工艺过程与水环境风险控制水平值，按照HJ 941—2018的标准划分为4种类型。

2. 水环境风险受体敏感程度（E）评估

按照水环境风险受体敏感程度，同时考虑河流跨界的情况和可能造成土壤污染的情况，将水环境风险受体敏感程度类型划分为类型 1、类型 2 和类型 3，分别以 E_1、E_2 和 E_3 表示。

水环境风险受体敏感程度按类型 1、类型 2 和类型 3 顺序依次降低。若企业周边存在多种敏感程度类型的水环境风险受体，则按敏感程度高者确定企业水环境风险受体敏感程度类型（表 3-4）。

表 3-4　水环境风险受体敏感程度类型划分

敏感程度类型	水环境风险受体
类型 1 （E_1）	（1）企业雨水排口、清净废水排口、污水排口下游 10 km 流经范围内有以下一类或多类环境风险受体：集中式地表水、地下水饮用水水源保护区（包括一级保护区、二级保护区及准保护区）；农村及分散式饮用水水源保护区； （2）废水排入受纳水体后 24 h 流经范围（按受纳河流最大日均流速计算）内涉及跨国界的
类型 2 （E_2）	（1）企业雨水排口、清净废水排口、污水排口下游 10 km 流经范围内有生态保护红线划定的或具有水生态服务功能的其他水生态环境敏感区和脆弱区，如国家公园，国家级和省级水产种质资源保护区，水产养殖区，天然渔场，海水浴场，盐场保护区，国家重要湿地，国家级和地方级海洋特别保护区，国家级和地方级海洋自然保护区，生物多样性保护优先区域，国家级和地方级自然保护区，国家级和省级风景名胜区，世界文化和自然遗产地，国家级和省级森林公园，世界级、国家级和省级地质公园，基本农田保护区，基本草原； （2）企业雨水排口、清净废水排口、污水排口下游 10 km 流经范围内涉及跨省界的； （3）企业位于熔岩地貌、泄洪区、泥石流多发地等地区
类型 3 （E_3）	不涉及类型 1 和类型 2 情况的

注：本表中规定的距离范围以到各类水环境保护目标或保护区域的边界为准。

3. 突发水环境事件风险等级确定

根据企业周边水环境风险受体敏感程度（E）、涉水风险物质数量与临界量比值（Q）和生产工艺过程与水环境风险控制水平（M），按照 HJ 941—2018 中的表 5 确定企业突发水环境事件风险等级。

4. 突发水环境事件风险等级表征

企业突发水环境事件风险等级表征分为以下两种情况：

（1）当 $Q < 1$ 时，企业突发水环境事件风险等级表示为“一般—水（Q_0）”；

（2）当 $Q \geqslant 1$ 时，企业突发水环境事件风险等级表示为“环境风险等级—水（Q 水平—M 类型—E 类型）”。

（七）企业突发环境事件风险等级确定与调整

1. 风险等级确定

以企业突发大气环境事件风险和突发水环境事件风险等级高者确定企业突发环境事件风险等级。

2. 风险等级调整

近 3 年内因违法排放污染物、非法转移处置危险废物等行为受到环境保护主管部门处罚的企业，在已评定的突发环境事件风险等级基础上调高一级，最高等级为“重大”。

3. 风险等级表征

只涉及突发大气环境事件风险的企业，或只涉及突发水环境事件风险的企业，风险等级按前述内容进行表征。

同时涉及突发大气和水环境事件风险的企业，风险等级表示为“企业突发环境事件风险等级［突发大气环境事件风险等级表征＋突发水环境事件风险等级表征］”，例如，重大［重大—大气（Q_1-M_3-E_1）＋较大—水（Q_2-M_2-E_2）］。

三、企业环境风险隐患排查

环境风险隐患排查，从广义上要求是多个部门共同参与完成的工作，监管主体涉及多个政府部门，如安监、交通、质检、环保、消防、公安、经贸、工商等。但环境隐患排查的责任主体为企业，因此企业需要按照要求完成相应的环境隐患排查工作。目前，指导企业此项工作的文件为环境保护部发布的《企业突发环境事件隐患排查与治理工作指南（试行）》（环境保护部公告 2016年第74号）（以下简称《指南》）。

《指南》适用于企业为防范火灾、爆炸、泄漏等生产安全事故直接导致或次生突发环境事件而自行组织的突发环境事件隐患的排查和治理。《指南》未作规定事宜，应符合国家和行业有关标准的要求或规定。应注意的是，环境隐患排查工作与风险评估、应急预案编写和备案等工作同等重要，需要和这些工作一并完成。

从环境应急管理和突发环境事件风险防控措施两大方面进行排查，找到可能直接导致或次生突发环境事件的隐患。

（一）企业突发环境事件应急管理

企业突发环境事件应急管理主要从环境事件风险评估、制定突发环境事件应急预案并备案、建立健全隐患排查治理制度、开展隐患排查治理工作和建立档案情况、开展突发环境事件应急培训、如实记录培训情况、储备必要的环境应急装备和物资情况、公开突发环境事件应急预案及演练情况等方面进行评价。在《指南》的附表1中，列出了相应的具体内容。企业突发环境事件应急管理应注意以下内容：

（1）企业现有突发环境事件风险物质种类和风险评估报告相比是否发生变化。企业突发环境事件风险物质种类、数量变化是否影响风险等级

在上述内容中，企业的环境风险物质种类变化是企业正常生产过程中经常会发生的情况。如果企业进行了改建、扩建，则应注意自身生产中所使用的相应的风险物质是否有种类和数量的变化。如果有相应的变化，则应更新风险评估报告。否则，有可能造成一定的隐患。

（2）是否将预案做了备案，是否每3年进行回顾性评估。

环境应急预案无其他变化情况下，应该每3年进行一次回顾性评估。但有些企业对于此项工作并未给予足够的重视，以致完成备案后，环境应急预案无法和企业的实际情况相匹配。在进行回顾性评估时，应视情况确定相应的修改工作。需要注意的是，各地对于如何进行回顾性评估，要求不尽相同，因此在进行此项工作时，应首先和归属地的管理部门进行沟通，确定相关工作如何开展。

在完成此部分工作后，企业应将回顾性评估的相关证明材料与环境应急预案一起存档，以备检查。

（3）预案应进行修订的条件：应急管理组织指挥体系与职责发生重大变化、报告联络信息及机制发生重大变化。

企业在完成应急预案备案工作后，如果企业涉及预案中职责的人员有职务变动，则应及时更新环境应急预案中的相应内容。同时，如果企业中的信息报告流程、涉及的人员有变动，同样应该对应急预案进行更新。

在完成环境应急预案的更新后，应和属地主管部门进行及时的沟通，履行相应的环境应急预案更新程序，同时保留相应的证明材料。

（4）是否按规定配备足以应对预设事件情景的环境应急装备和物资。

由于部分环境应急物资具有有效期，在完成环境应急预案备案及编写应急物资调查报告之后，有可能发生应急物资过期问题。企业需要定期对应急物资进行核查，从而确定物资是否可以正常使用，以免造成企业的应急管理隐患。

（5）是否按规定公开突发环境事件应急预案及演练情况。

环境应急预案的公开，可以通过企业自己的网站或者通过归属地管理部门提供的统一公开平台进行公开。具体采用何种方式，应和归属地管理部门进行沟通后确定。在公开时，涉及企业自身的敏感内容时，可以适当处理。同时，要将公开方式、访问方法等事项进行存档说明，以便应对隐患排查工作。

（二）企业突发环境事件风险防控措施

1. 突发水环境事件风险防控措施

（1）应急池。是否设置中间事故缓冲设施、事故应急水池或事故存液池等各类应急池；应急池容积是否满足环评文件及批复等相关文件要求；应急池位置是否合理，是否能确保所有受污染的雨水、消防水和泄漏物等通过排水系统接入应急池或全部收集；是否通过厂区内部管线或协议单位管线，将所收集的废（污）水送至污水处理设施进行处理。

应急池的相关要求是环境应急工作相关文件中高频出现的内容。生态环境部于 2019 年 11 月 14 日在“关于事故应急池咨询的回复”中明确说明：国家有明确的要求，对于可能发生突发环境事件的企业事业单位，应配套事故废水收集和应急储存设施。“事故应急池”是事故废水收集和应急储存设施的俗称。企业可以参考《建设项目环境风险评价技术导则》（HJ 169—2018）以及《石油化工给水排水系统设计规范》（SH/T 3015—2019）等，结合自身特点进行设计、建设、管理。

（2）正常情况下，厂区内涉有危险化学品或其他有毒有害物质的各个生产装置、罐区、装卸区、作业场所和危险废物贮存设施（场所）的排水管道（如围堰、防火堤、装卸区污水收集池）接入雨水或清净下水系统的阀（闸）是否关闭；通向应急池或废水处理系统的阀（闸）是否打开；受污染的冷却水和上述场所的墙壁、地面冲洗水和受污染的雨水（初期雨水）、消防水等是否都能排入生产废水处理系统或独立的处理系统；有排洪沟（排洪涵洞）或河道穿过厂区时，排洪沟（排洪涵洞）是否与渗漏观察井、生产废水、清净下水排放管道连通。

（3）雨水系统、清净下水系统、生产废（污）水系统的总排放口是否设置监视及关闭闸（阀）；是否设专人负责在紧急情况下关闭总排口，确保受污染的雨水、消防水和泄漏物等被全部收集。

2. 突发大气环境事件风险防控措施

（1）企业与周边重要环境风险受体的各类防护距离是否符合环境影响评价文件及批复的要求；

（2）涉有毒有害大气污染物名录的企业是否在厂界建设针对有毒有害特征污染物的环境风险预警体系；

（3）涉有毒有害大气污染物名录的企业是否定期监测或委托监测有毒有害大气特征污染物；

（4）突发环境事件信息通报机制建立情况，是否能在突发环境事件发生后及时通报可能受到污染危害的单位和居民。

可参考《企业突发环境事件隐患排查和治理工作指南（试行）》的附表 2—企业突发环境事件风险防控措施隐患排查表，结合自身实际制定本企业突发环境事件风险防控措施隐患排查清单。

（三）隐患分级

1. 分级原则

根据可能造成的危害程度、治理难度及企业突发环境事件风险等级，将隐患分为重大突发环境事件隐患（以下简称重大隐患）和一般突发环境事件隐患（以下简称一般隐患）。

具有以下特征之一的可认定为重大隐患，除此之外的隐患可认定为一般隐患：

（1）情况复杂，短期内难以完成治理并可能造成环境危害的隐患；

（2）可能产生较大环境危害的隐患，如可能造成有毒有害物质进入大气、水、土壤等环境介质次生较大以上突发环境事件的隐患。

2. 企业自行制定分级标准

企业应根据前述关于重大隐患和一般隐患的分级原则、自身突发环境事件风险等级等实际情况，制定本企业的隐患分级标准。可以立即完成治理的隐患一般可不判定为重大隐患。

（四）企业隐患排查治理的基本要求

1. 建立完善隐患排查治理管理组织

企业应当建立并完善隐患排查治理管理组织，配备相应的管理和技术人员。

2. 建立隐患排查治理制度

企业应当按照下列要求建立健全隐患排查治理制度。

（1）建立隐患排查治理责任制。企业应当建立健全从主要负责人到每位作业人员，覆盖各部门、各单位、各岗位的隐患排查治理责任体系；明确主要负责人对本企业隐患排查治理工作全面负责，统一组织、领导和协调本单位隐患排查治理工作，及时掌握、监督重大隐患排查治理情况；明确分管隐患排查治理工作的组织机构、责任人和责任分工，按照生产区、储运区或车间、工段等划分排查区域，明确每个区域的责任人，逐级建立并落实隐患排查治理岗位责任制。

（2）制定突发环境事件风险防控设施的操作规程和检查、运行、维修与维护等规定，保证资金投入，确保各设施处于正常完好状态。

（3）建立自查、自报、自改、自验的隐患排查治理组织实施制度。

（4）如实记录隐患排查治理情况，形成档案文件并做好存档。

（5）及时修订企业突发环境事件应急预案，完善相关突发环境事件风险防控措施。

（6）定期对员工进行隐患排查治理相关知识的宣传和培训。

（7）有条件的企业应当建立与企业相关信息化管理系统联网的突发环境事件隐患排查治理信息系统。

3. 明确隐患排查方式和频次

（1）企业应当综合考虑自身突发环境事件风险等级、生产工况等因素，合理制订年度工作计划，明确排查频次、排查规模、排查项目等内容。

（2）根据排查频次、排查规模、排查项目不同，排查可分为综合排查、日常排查、专项排查及抽查等方式。企业应建立以日常排查为主的隐患排查工作机制，及时发现并治理隐患。

综合排查是指企业以厂区为单位开展全面排查，一年应不少于一次。日常排查是指以班组、工段、车间为单位，组织对单个或几个项目采取日常的、巡视性的排查工作，其频次根据具体排查项目确定，但一个月应不少于一次。专项排查是指在特定时间或对特定区域、设备、措施进行的专门性排查，其频次根据实际需要确定。

企业可根据自身管理流程，采取抽查方式排查隐患。

（3）在完成年度计划的基础上，当出现下列情况时，应当及时组织隐患排查：

1）出现不符合新颁布、修订的相关法律、法规、标准、产业政策等情况的；

2）企业有新建、改建、扩建项目的；

3）企业突发环境事件风险物质发生重大变化导致突发环境事件风险等级发生变化的；

4）企业管理组织应急指挥体系机构、人员与职责发生重大变化的；

5）企业生产废水系统、雨水系统、清净下水系统、事故排水系统发生变化的；

6）企业废水总排口、雨水排口、清净下水排口与水环境风险受体连接通道发生变化的；

7）企业周边大气和水环境风险受体发生变化的；

8）季节转换或发布气象灾害预警、地质地震灾害预报的；

9）敏感时期、重大节假日或重大活动前；

10）突发环境事件发生后或本地区其他同类企业发生突发环境事件的；

11）发生生产安全事故或自然灾害的；

12）企业停产后恢复生产前。

4. 隐患排查治理的组织实施

（1）自查。企业根据自身实际制定隐患排查表，包括所有突发环境事件风险防控设施及其具体位置、排查时间、现场排查负责人（签字）、排查项目现状、是否为隐患、可能导致的危害、隐患级别、完成时间等内容。

（2）自报。企业的非管理人员发现隐患时，应当立即向现场管理人员或者本单位有关负责人报告；管理人员在检查中发现隐患，应当向本单位有关负责人报告。接到报告的人员应当及时予以处理。

在日常交接班过程中，做好隐患治理情况交接工作；在隐患治理过程中，明确每一工作节点的责任人。

（3）自改。一般隐患必须确定责任人，立即组织治理并确定完成时限，治理完成情况要由企业相关负责人签字确认，予以销号。

对于重大隐患要制订治理方案，治理方案应包括治理目标、完成时间和达标要求、治理方法和措施、资金和物资、负责治理的机构和人员责任、治理过程中的风险防控和应急措施或应急预案。重大隐患治理方案应报企业相关负责人签发，抄送企业相关部门落实治理。

企业负责人要及时掌握重大隐患治理进度，可指定专门负责人对治理进度进行跟踪监控；对于不能按期完成治理的重大隐患，及时发出督办通知，加大治理力度。

（4）自验。重大隐患治理结束后，企业应组织技术人员和专家对治理效果进行评估和验收，编制重大隐患治理验收报告，由企业相关负责人签字确认，予以销号。

5. 加强宣传、培训和演练

企业应当定期就企业突发环境事件应急管理制度、突发环境事件风险防控措施的操作要求、隐患排查治理案例等开展宣传和培训，并通过演练检验各项突发环境事件风险防控措施的可操作性，提高从业人员隐患排查治理能力和风险防范水平。如实记录培训、演练的时间、内容、参加人员以及考核结果等情况，并将培训情况备案存档。

6. 建立档案

及时建立隐患排查治理档案。隐患排查治理档案包括企业隐患分级标准、隐患排查治理制度、年度隐患排查治理计划、隐患排查表、隐患报告单、重大隐患治理方案、重大隐患治理验收报告、培训和演练记录以及相关会议纪要、书面报告等隐患排查治理过程中形成的各种书面材料。隐患排查治理档案应至少留存 5 年，以备生态环境主管部门抽查。

四、企业环境应急资源调查

《环境应急资源调查指南（试行）》（环办应急〔2019〕17 号）是指导企业进行环境应急资源调查的文件，重点规范了环境应急资源的调查内容和调查程序，适用于生态环境部门、企业事业单位组织开展环境应急资源调查工作。

环境应急资源是指采取紧急措施应对突发环境事件时所需要的物资和装备。开展环境应急资源调查，可以将应急管理、技术支持、处置救援等环境应急队伍和应急指挥、应急拦截与储存、应急疏散与临时安置、物资存放等环境应急场所同步纳入调查范围。

企业环境应急资源调查工作的成果为环境应急资源调查报告（表），此文件是环境应急预案备案需要提交的文档之一。在编写时，要注意将企业第一时间可调用的环境应急队伍、装备、物资、场所写清楚。重点调查可以直接使用的环境应急资源，包括：专职和兼职应急队伍，自储、代储、协议储备的环境应急装备，自储、代储、协议储备环境应急物资，应急处置场所、应急物资或装备存放场所、应急指挥场所。预案中的应急措施使用的环境应急资源与现有资源一致。

预案在评审工作中，会对此报告中的相应内容进行审核，尤其是对环境应急资源清单中的数据进行审核，专家会对数据进行逻辑分析并以现场检查等方式进行审核，因此一定要保证此部分内容客观、真实。

应注意的是，环境应急资源调查是生态环境部门和企业都要完成的任务，而不仅仅是企业的工作。而且，应急资源也不仅包括物品，还包括应急队伍、场所等方面的内容。

（一）调查目的

开展环境应急资源调查，收集和掌握本地区、本单位第一时间可以调用的环境应急资源状况，建立健全重点环境应急资源信息库，加强环境应急资源储备管理，促进环境应急预案质量和环境应急能力提升。

（二）调查原则

环境应急资源调查应遵循客观、专业、可靠的原则。“客观”是指针对已经储备的资源和已经掌握的资源信息进行调查；“专业”是指重点针对环境应急时的专用资源进行调查；“可靠”是指调查过程科学，调查结论可信，资源调集可保障。

对于客观要求而言，应将生态环境部门或企业自身的环境应急资源真实的现状加以体现，而不能为了完成环境应急预案备案等相关工作而弄虚作假。专业则是指应针对有可能发生的环境污染事故进行资源调查，而不应该仅是把企业在安全工作方面的应急物资进行简单统计，应付工作。

（三）调查主体

调查主体为生态环境部门或企业事业单位。

（四）调查内容

调查内容包括：发生或可能发生突发环境事件时，第一时间可以调用的环境应急资源情况，包括可以直接使用或可以协调使用的环境应急资源；环境应急资源的管理、维护、获得方式与保存时限等。

《环境应急资源调查指南（试行）》的附录A为环境应急资源参考名录。调查主体可以从环境应急的任务需求、作业方式或资源功能，进一步扩展调查内容。需要注意的是，环境应急资源来源广泛，在应急现场常常会结合实际将普通物品直接或简单改造用于现场处置，如木糠用于吸附，吨桶改造成加药设备。

1. 生态环境部门的调查

以本级行政区域内为主，必要时可以对区域、流域周边环境应急资源信息进行调查。优先调查政府及生态环境等相关部门应急物资库的环境应急资源，同时将重点联系的企业事业单位尤其是大型企业的物资库纳入调查范围。根据风险情况和应急需求，还可以将生产、供应环境应急资源的单位，产品、原料、辅料可以用作环境应急资源的单位等其他有必要调查的单位纳入调查范围。

对于生态环境部门而言，应注意的是对重点企业事业单位的应急物资调查。由于生态环境部门在应急中负责的区域较大，企业数量众多，往往政府的应急物资库无法全面覆盖应急要求，在环境应急时就需要调用相关企业的物资，此时就需要生态环境部门进行物资的调配。而想掌握重点企业事业单位的应急物资状况，可以在完成辖区内企业的应急物资调查后再梳理汇总相关资源，从而可以提高工作效率。

2. 企业事业单位的调查

以企业事业单位内部为主，包括自储、代储、协议储备的环境应急资源，必要时可以把能够用于环境应急的产品、原料、辅料纳入调查范围。

（五）调查程序

一般按以下程序组织开展调查，调查主体可根据调查规模适当简化。

1. 制订调查方案

收集分析环境风险评估、应急预案、演练记录、事件处置记录和历史调查、日常管理资料，确定本次调查的目标、对象、范围、方式、计划等，设计调查表格，明确人员和任务。

2. 安排部署调查

通过印发通知、组织培训、召开会议等形式，安排部署调查任务，使调查人员了解调查内容和时间安排，掌握调查技术路线和调查技术重点。

3. 信息采集审核

调查人员按照调查方案，采取填表调查、问卷调查、实地调查相结合的方式收集有关信息，填写调查表格。汇总收集到的信息，通过逻辑分析、人员访谈、现场抽查等方式，查验数据的完备性、真实性、有效性。对重点环境应急资源应进行现场勘察。

4. 编写调查报告

调查报告一般包括调查概要、调查过程与数据核实、调查结果与结论，并附以环境应急资源信息清单、分布图、调配流程及调查方案等必要的文件。

5. 建立信息档案

汇总整理调查成果，建立包括资源清单、调查报告、管理制度在内的调查信息档案，逐步实现调查信息的结构化、数据化、信息化。

6. 调查数据更新

调查主体应当加强对环境应急资源信息的动态管理，及时更新环境应急资源信息。在评估修订环境应急预案时，应对环境应急资源情况一并进行更新。

调查数据更新，可参照以上调查程序适当简化，参考名录见表 3-5，调查报告见表 3-6。

表 3-5　环境应急资源参考名录

主要作业方式或资源功能	重点应急资源名称	备注
污染源切断	沙包沙袋、快速膨胀袋、溢漏围堤； 下水道阻流袋、排水井保护垫、沟渠密封袋； 充气式堵水气囊	
污染物控制	围油栏（常规围油栏、橡胶围油栏、PVC 围油栏、防火围油栏）； 浮桶（聚乙烯浮桶、拦污浮桶、管道浮桶、泡沫浮桶、警示浮球）； 水工材料（土工布、土工膜、彩条布、钢丝格栅、导流管件）	

主要作业方式或资源功能	重点应急资源名称	备注
污染物收集	收油机、潜水泵（包括防爆潜水泵）； 吸油毡、吸油棉、吸污卷、吸污袋； 吨桶、油囊、储罐	
污染物降解	溶药装置：搅拌机、搅拌桨； 加药装置：水泵、阀门、流量计，加药管水污染、大气污染、固体废物处理一体化装置； 吸附剂：活性炭、硅胶、矾土、白土、膨润土、沸石； 中和剂：硫酸、盐酸、硝酸、碳酸钠、碳酸氢钠、氢氧化钙、氢氧化钠、氧化钙； 絮凝剂：聚丙烯酰胺、三氯化铁、聚合氯化铝、聚合硫酸铁； 氧化还原剂：过氧化氢、高锰酸钾、次氯酸钠、焦亚硫酸钠、亚硫酸氢钠、硫酸亚铁； 沉淀剂：硫化钠	
安全防护	预警装置； 防毒面具、防化服、防化靴、防化手套、防化护目镜、防辐射服； 氧气（空气）呼吸器、呼吸面具； 安全帽、手套、安全鞋、工作服、安全警示背心、安全绳； 碘片等	
应急通信和指挥	应急指挥及信息系统； 应急指挥车、应急指挥船； 对讲机、定位仪； 海事卫星视频传输系统及单兵系统	
环境监测	采样设备； 便携式监测设备； 应急监测车（船）； 无人机（船）	具体可参考《环境应急监测装备推荐配置表》

注：1. 应急资源来源广泛，调查时可结合环境风险特点对参考名录进行扩展；

2. 参考名录收录资源突出环境应急特点，其他通用性资源可参考《应急保障重点物资分类目录（2015 年）》（发改办运行〔2015〕825 号）等；

3. 应急资源可能有多种功能，参考名录按照应急资源的突出功能收录。

表 3-6 企业事业单位环境应急资源调查报告

<table>
<tr><td colspan="4">1. 调查概述</td></tr>
<tr><td>调查开始时间</td><td>年 月 日</td><td>调查结束时间</td><td>年 月 日</td></tr>
<tr><td>调查负责人姓名</td><td></td><td>调查联系人 / 电话</td><td></td></tr>
<tr><td>调查过程</td><td colspan="3">（简要说明调查过程）</td></tr>
<tr><td colspan="4">2. 调查结果（调查结果如果为“有”，应附相应调查表）</td></tr>
<tr><td>应急资源情况</td><td colspan="3">资源品种：_____种；
是否有外部环境应急支持单位：□有，_____家；□无</td></tr>
<tr><td colspan="4">3. 调查质量控制与管理</td></tr>
<tr><td colspan="4">是否进行了调查信息审核：□有；□无
是否建立了调查信息档案：□有；□无
是否建立了调查更新机制：□有；□无</td></tr>
<tr><td colspan="4">4. 资源储备与应急需求匹配的分析结论</td></tr>
<tr><td colspan="4">□完全满足；□满足；□基本满足；□不能满足</td></tr>
<tr><td colspan="4">5. 附件</td></tr>
<tr><td colspan="4">一般包括以下附件：
（1）环境应急资源 / 信息汇总表；
（2）环境应急资源单位内部分布图；
（3）环境应急资源管理维护更新等制度</td></tr>
</table>

注：1. 企业事业单位可依据突发环境事件风险评估，分析环境应急资源匹配情况，给出分析结论；

2. 参考《环境应急资源调查指南（试行）》的附录 B 汇总形成环境应急资源 / 信息汇总表等相关附件（单位内部的资源可不提供经纬度），绘制环境应急资源分布图并说明调配路线。

五、环境应急演练相关工作

环境应急演练是指各级政府、部门、企业事业单位、社会团体等演练组织单位，针对本区域地理环境和污染类型等实际情况，假想和设计特定的突发环境事件情景，按照各类环境应急预案所规定的职责和程序，在规定的时间和地点内，组织相关环境应急人员与群众执行环境应急响应任务训练或实战的活动。

环境应急演练是检验、评价和保持应急能力的一个重要手段。企业应高度重视环境应急演练相关工作，去检验应急预案的有效性、应急准备的完善性、响应能力的适应性和救援人员的协同性。在事故真正发生前暴露预案和程序的缺陷，以发现应急资源的不足（包括人力和设备等），提高应急人员操作的熟练程度和技术水平，进一步明确各自的岗位与职责，改善各应急部门、机构、人员之间的协调，提高整体应急反应能力，增强应对突发重大事故的信心，提高社会应急意识。

（一）环境应急演练目的、原则与分类

1. 演练目的

开展环境应急演练的主要目的是贯彻执行《突发事件应对法》《国家突发环境事件应急预案》有关内容，检查演练组织单位对各类环境应急预案的执行情况和应急处置程序的熟悉程度，检查演练组织单位环境应急系统的响应速度，完善“职责明确、规范有序、协同作战、高效运行”的环境应急指挥体系和工作联动机制，建立科学的环境应急处置体系，发挥应急管理、环境监测、科研部门、应急专家、专业救援五支保障队伍的作用，彰显演练组织单位同多部门应对突发环境事件的联动机制，探索演练组织单位调度专业环保救援队伍处置环境污染渠道，从而提高演练组织单位应对突发环境事件的综合防范能力。

2. 演练原则

（1）统一领导，分工协作。在演练组织单位领导和指挥下，各参演单位要听从指挥，分工负责，密切配合，精诚协作，相互协调，严格按既定的演练程序和进度安排开展工作，确保演练工作顺利进行。

（2）结合实际，目的明确。紧密结合应急管理工作实际需求，根据资源条件情况，突出演练重点，合理确定演练方式和规模；强化对应急预案所确定的应急响应责任、程序和保障措施的演练。

（3）着眼实战，讲求实效。以提高应急指挥人员的指挥协调能力、应急队伍的实战能力为着眼点；重视对演练过程和效果及组织工作的评估和考核，发

挥应急演练的实效，达到查找差距、持续改进的目的；注重新闻宣传报道工作，达到扩大社会影响、强化示范教育的效果。

（4）精心组织，确保安全。围绕演练目的，充分考虑演练场所特殊性，从积极、主动、合理防灾减灾的角度出发，在最大限度地减小对参演单位正常生产和生活影响的基础上，精心策划演练内容，认真准备演练物资设备，周密组织演练过程；制定并严格遵守有关安全措施，稳妥地推进演练工作进度，确保演练参与人员的安全。

（5）统筹规划，厉行节约。各地区、各部门要统筹规划应急演练活动，安排好各级各类演练的顺序、方式、时间及地点，避免重复和相互冲突；充分利用已有资源，努力控制应急演练的成本。

3. 演练分类

（1）按组织形式分类

可分为桌面演练和实战演练两类。

1）桌面演练

桌面演练又称图上演练、沙盘演练、计算机模拟演练、视频会议演练等，是指参演人员在非实战的环境下，利用地图、沙盘、流程图、计算机模拟、视频会议等辅助手段，针对事先假定的环境应急演练情景，讨论和推演环境应急决策及现场处置的过程，从而促进相关人员掌握环境应急预案中所规定的职责和程序，提高环境应急指挥决策和协同配合能力。桌面演练通常在室内完成，其情景和问题通常以口头或书面叙述的方式呈现。

桌面演练基本任务是锻炼参演人员解决问题的能力，解决应急组织相互协作和职责划分的问题，并为实战演练或综合演练做前期准备。事后采取口头评论形式收集参演人员的建议，提交一份简短的书面报告，总结演练活动并提出有关改进应急响应工作的建议。

2）实战演练

实战演练是指参演人员以现场实战操作的形式开展的演练活动，即参演人员在贴近实际状况和高度紧张的环境下，根据演练情景的要求，利用环境应急处置涉及的设备和物资，针对事先设置的突发环境事件情景及其后续的发展情景，通过实际决策、行动和操作，完成真实环境应急响应的过程，从而检验和提高相关环境应急人员的临场组织指挥、队伍调动、应急处置技能和后勤保障等应急能力。实战演练通常要在特定场所完成。

实战演练由于是现场演练，学习过程要求尽量真实，调用更多的应急人员和资源，进行实战性演练，可采取交互式方式进行，一般持续几个小时或更长时间；演练完成后，除采取口头评论外，应提交正式的书面报告。

（2）按内容规模分类

可分为单项演练和综合演练两类。

1）单项演练

单项演练是指涉及环境应急预案中特定应急响应功能或现场应急处置方案中一系列或单一应急响应功能的演练活动。一般在某个行政区内、某个演练组织内部进行，注重针对一个或少数几个参与单位（岗位）的特定环节和功能进行检验。单项演练基本任务是针对应急响应功能，检验应急人员以及应急体系的策划和响应能力。演练完成后，除采取口头评论形式外，还应提交有关演练活动的书面汇报，提出改进建议。

2）综合演练

综合演练是指涉及环境应急预案中多项或全部应急响应功能的演练活动。注重对多个环节和功能进行检验，一般是跨流域、行政区域的演练，是对不同单位和政府部门之间应急机制和联合应对能力的检验。

（3）按目的作用分类

可分为训练性演练、检验性演练、示范性演练、专业性演练和研究性演练五类。

1）训练性演练

训练性演练是以训练环境应急队伍或指挥机关为主，就环境应急接警与出警响应、指挥与资源调度、调查与污染处置、监测与预测预警、通信与信息报送等应急程序进行分解训练，主要目的是提高队伍的训练水平。

2）检验性演练

检验性演练是指为检验环境应急预案的可行性、应急准备的充分性、应急机制的协调性及相关人员的应急处置能力而组织的演练，也称为校阅性演练，主要目标是对环境应急队伍的训练成果进行检验。

3）示范性演练

示范性演练是指为向观摩人员展示环境应急能力或提供示范教学，严格按照环境应急预案规定开展的表演性演练，意在为其他环境应急队伍树立样本、确立标准。

4）专业性演练

专业性演练是指针对核与辐射管理、危险化学品管理、环境应急指挥、环境应急监测、信息通信保障、环境应急救援及污染物处置等专业化队伍进行的单一专业演练。

5）研究性演练

研究性演练是指为研究和解决突发环境事件应急处置的重点、难点问题，探索新的应急思路、作战样式、编制体制和试验新方案、新技术、新装备而组织的演练。按照不同演练组织形式与内容的交叉组合，可以形成单项桌面演练、综合桌面演练、单项实战演练和综合实战演练等多种演练方式。演练组织单位应当根据实际情况选择适合的演练方式。

（二）环境应急演练组织机构与职责

组织演练要明白建立组织机构、明确工作职责重要性，演练应在相关环境应急预案确定的应急领导机构或指挥机构领导下组织开展。演练组织单位要成立由相关单位领导组成演练领导小组，负责演练活动组织领导、演练重大事项审批。演练领导小组组长一般由演练组织单位或其上级单位的领导担任，在环境应急演练实战阶段，一般担任演练总指挥。在演练领导小组的统一领导下，成立由相关单位有关领导和人员组成的策划部、保障部和评估组；不同类型和规模的演练活动，其组织机构和职能可以适当调整。同时，根据需要，可成立现场指挥部。桌面演练和单项实战演练，其组织结构可以适当简化。

环境应急演练基本组织机构：后方（幕后），演练领导小组、策划部、保障部；前方（参演），现场指挥部、评估组、参演队伍和人员。

1. 演练领导小组（幕后）

演练领导小组负责应急演练活动全过程的组织领导，审批决定演练的重大事项。演练领导小组组长一般由演练组织单位或其上级单位的负责人担任；副组长一般由演练组织单位或主要协办单位负责人担任；小组其他成员一般由各演练参与单位相关负责人担任。在环境应急演练实战阶段，演练领导小组组长、副组长通常分别担任演练总指挥、副总指挥。

2. 策划部（幕后）

策划部负责应急演练策划、演练方案设计、环境应急演练实战阶段的组织协调、环境应急演练组织实施的评估总结等工作。策划部设总策划（或称总导演）和副总策划（或称副总导演）、文案组、协调组、控制组、宣传组等。对于桌面演练和单项实战演练，可以将总策划、文案组、控制组精简为导调组。

（1）总策划

总策划（总导演）是环境应急演练准备阶段的组织、环境应急演练实战阶段的实施、演练总结等阶段各项工作的主要组织者，一般由演练组织单位具有应急演练组织经验和突发事件应急处置经验的人员担任（最好是由具有应急演练组织经验的高层领导担任，也可以由演练总指挥兼任）；副总策划（副总导演）协助总策划开展工作，一般由演练组织单位或参与单位的有关人员担任（最好由演练组织单位或参与单位的副职领导担任）。

（2）文案组

在总策划的直接领导下，负责制订演练计划、设计演练方案、编写演练总结报告、对演练文档进行归档与备案等。其成员应具有一定的演练组织经验和突发事件应急处置经验，但不能是参加本次演练活动的人员。文案组还收集、报送、发布联合演练期间各类信息。

（3）协调组

负责与演练涉及的相关单位以及本单位有关部门之间的沟通协调，督促参演各单位按照演练总体设计细化演练方案并按要求组织演练。其成员一般为演练组织单位及参与单位的行政、外事等部门人员。

（4）控制组

在环境应急演练实战阶段，在总策划的直接指挥下，负责向演练人员传送各类控制消息，引导应急演练进程按计划进行。其成员最好具有一定的演练经验，也可以从文案组和协调组抽调，常称为演练控制人员（或称导调员）。注意，不能是参加本次演练活动的人员。

（5）宣传组

负责编制演练宣传方案，整理演练信息、组织新闻媒体和开展新闻发布等。其成员一般是演练组织单位及参与单位宣传部门人员。

3. 保障部（幕后）

保障部成员一般是演练组织单位及参与单位信息、后勤、财务、办公等部门人员，常称为技术或后勤保障人员。考虑到演练的技术特点，其牵头部门最好由熟悉各类通信技术合成的信息部门承担。

（1）技术保障组

技术保障组对演练所需各类物资装备的购置、制作、调集、联合调试和维护等技术方案进行总体设计，组织落实各参演单位之间、参演单位与应急指挥中心之间的信息传递，确保演练相关信息渠道畅通。具体负责保证演练指挥部的指挥调度系统、施救现场的通信系统、12369 投诉语音受理系统、环境及污染源在线监控系统网络畅通；负责在观摩场地实现事故演练处置现场的数据、“单兵—指挥车—指挥中心”音视频交互，并负责包括指挥平台、信息通信系统、演练模型等在内的设备选购、安装、调试；负责演练指挥平台及预测模式的优化设计和开发，并保障参演部门音视频切换、现场演练多过程多场景同步导播、导演和预制作，同时负责演练所有信息数据的采集、编制工作。

（2）编导摄制组

负责对演练全过程专题片的总体策划、编导和摄制，负责主会场与分会场、各演练现场的拍摄和视频信号传递，负责编制分步演练剧本，组织落实分步演练专题片的编导和摄制（含配音合成等），编制本次演练全过程纪录片。

（3）后勤保障组

准备演练场地、道具、场景，承担演练车辆、人员生活保障工作，并在模拟突发环境事件发生后负责重点部门（部位）的安全保卫工作，维持演练现场秩序，避免混乱和人为破坏；清点各岗位受伤人员并向指挥部通报，调查因环境污染造成的灾情，统计并上报应急指挥部；同时，组织相关队伍进入场地进行处置和救护，指导周边群众进行自救、互救。参演人员应是环境应急预案中明确规定了应急处置职责的个人、机构与队伍。

4. 现场指挥部（参演）

环境应急演练时，一般要成立现场指挥部。现场指挥部的组成人员及其职责要根据应急预案的规定设置。一般来说，现场指挥部是由一个总指挥和若干个副总指挥组成的。演练筹备阶段，其职责是按演练工作计划安排、演练脚本或剧本协助演练领导小组和策划部进行分解训练、预演练。当演练进行时，应急指挥部成员组织相关部门和单位进行环境应急响应和污染物处置，并根据现场情况向当地政府部门请求支援；向上级有关部门汇报突发环境事件的情况，同时，在发生环境污染事故并危及人畜安全时，制定疏散措施，并安排人员按照统一指挥、上下有序、安全第一的原则，对污染事故企业和周边群众逐一落实疏散工作。

参加演练的队伍按照应急预案所规定的应急组织指挥体系，在现场指挥部的指挥协调下，开展演练活动。

5. 评估组（参演）

评估组负责设计环境应急演练评估方案和演练评估报告，对环境应急演练准备阶段的组织、实施及其安全事项进行全过程、全方位观察、记录和评估，及时向演练领导小组、策划部和保障部提出意见、建议。其成员一般包括评估人员、过程记录人员，以及应急管理专家、具有一定演练评估经验和突发事件应急处置经验的专业人员，但这些人员不能是参加本次演练活动的人员，常称为演练评估人员。评估组可由上级部门组织，也可由演练组织单位自行组织。

6. 参演队伍和人员（参演）

参演队伍包括环境应急预案规定的有关应急管理部门（单位）工作人员、各类专兼职应急救援队伍以及志愿者队伍。

参演人员承担具体演练任务，针对模拟事件场景做出应急响应行动，有时也可以使用模拟人员替代未在现场参加演练的单位人员，或模拟事故的发生过程，如释放烟雾、模拟泄漏等。

（三）环境应急演练准备阶段的组织

演练准备是一个系统工作，是演练任务最艰巨的环节。环境应急演练准备阶段的组织是整个演练活动的第一步，也是最重要的阶段。在这一阶段，各参演单位根据各自职责，组建演练工作班子，重点进行演练计划和脚本制订、演练方案设计、演练动员与培训、应急演练保障等系列演练筹备工作，并依据演练的总体要求，通过检查应急装备、物资的储备和维护、保养状况，评估目前参演队伍应急能力是否能满足演练的需求；结合参演单位实际情况选择演练的内容，做好应急演练人员、车辆、物资、指挥调度、监测仪器、通信设备等各项演练环节的落实工作。

1. 制订演练计划

演练组织单位在开展环境应急演练的组织工作前，应先制订演练计划。演练计划是有关演练的基本构想和对演练活动的详细安排，一般包括演练的目的、方式、时间、地点、内容、经费、参与演练的机构和人员、演练的宣传报道工作安排和保障措施等。演练计划又称为筹备方案。

（1）确定演练目的

归纳、提炼举办环境应急演练活动的原因、演练要解决的问题和期望达到的效果等。

（2）分析演练需求

在对所面临的环境风险及环境应急预案进行认真分析的基础上，发现应急准备存在的问题和薄弱环节，确定需加强演练的人员、需锻炼提高的技能、需测试的设施装备和需进一步明确的职责等。

（3）确定演练范围

根据演练需求及经费、资源和时间等条件的限制，确定环境应急演练事件类型、规模、举办地点、展示功能、参与演练机构和人员，以及适合的演练方式。

（4）安排环境应急演练

制订环境应急演练准备阶段的组织与实施的各项活动的工程计划，包括各种演练文件编写与审定的期限、物资器材准备的期限、演练人员培训的日期、环境应急演练评估总结的日期等。

（5）编制演练经费预算

演练往往涉及组织单位有关信息网络基础设施、数据中心决策支撑体系、突发事件应急指挥体系升级、污染源监控平台联网、音视频卫星或无线同传设备（包括现场监测数据实时传输到GIS三维地图上综合展现、监测设备的数据采集传输装置、租用相应的无线线路及实施软件集成；租用或采购在现场架设的固定点位的摄像机等、GIS污染物扩散模拟系统）、事故现场布设费用（包括场地使用、道具制作）、电视转播和导播费等费用。所以，必须在演练计划中明确演练经费筹措渠道，以保障演练各项工作顺利开展。

为做好应急演练计划，演练组织单位要先成立应急演练工作领导小组，负责安排专人进行演练工作计划研讨和编制。

2. 召开演练筹备会

制订演练计划后，应由演练组织单位或上级单位组织召开演练筹备会。演练组织单位或上级单位在筹备会上就有关演练的基本构想和对演练活动的详细安排，向参加环境应急演练的所有单位、各单位的分管领导和单位中的应急办公室，以及与这次环境应急演练有关的消防、卫生、财务、环保等部门的成员及相关的单位、环境应急专业救援处置单位进行通报，和他们一起商讨这次演练内容。其目的是搭建演练筹备班子，明确各单位和部门在这次演练中的职责和各自承担的任务，确立各单位在演练筹备中的领导小组和执行组成员，并要求各部门按演练职责分工分头准备。筹备组领导小组和执行组原则上分别由各部门相关负责人组成。

3. 设计演练方案

演练组织单位在举办演练活动前，组织制订演练方案。演练方案一般由导调组（策划部的总策划、文案组、控制组）负责编写，由演练领导小组或主管部门批准。

演练方案的设计一般包括确定演练目标、明确组织职责、设计演练情景、细化实施步骤、设置时间与地点、工作要求等内容。

（1）确定演练目标

演练目标是为实现演练目的而需完成的演练任务及效果。目标一般说明“由谁在什么条件下完成什么任务，依据什么标准或取得什么效果”。目标应简单、具体、可量度、可实现。一次演练的目标可以有多项甚至上百项。每项演练目标都与演练内容密切相关。在演练内容中要有相应的事件和问题导出演练活动，并在演练评估中有相应的评估项目判断该目标的实现情况。本部分着重围绕打造一支保障环境安全的现代化环境应急队伍，以环境应急科学化、现代化、信息化为手段，建立健全“统一领导、分级管理、职责明确、部门联动、反应迅速、协调配合、处置有效”的环境应急机制，以环境安全最大化的社会责任体系来确定演练目标，主要涉及“演练指导思想”和“演练目的”两部分内容。

（2）明确组织职责

这部分内容包括明确主办、会办、协办、参演单位及其职责，还有演练组织领导机构及工作组。这个组织领导机构及工作组可以和“演练的组织结构”相对应起来：一是由演练组织单位或上级部门成立应急演练领导小组，明确主办、会办、承办、协办单位主要领导，领导小组负责统一领导、指挥演练的筹备和实施，包括确定演练方案及演练总脚本，协调解决环境应急演练的组织和实施过程中出现的重大问题。各参演单位也要相应成立由二把手负责的领导小组，指挥本单位演练的筹备及实施，并明确具体责任人；二是成立演练领导小组办公室，负责统一组织协调演练筹备及实施工作，协调解决环境应急演练准备阶段的具体问题。领导小组办公室一般按演练组织结构，下设相对应的临时工作组，由相关参演单位抽调人员组成，集中办公，并按各组的职能职责分头完成演练的各项筹备工作。

（3）设计演练情景

演练情景是为演练而假设的突发环境事件发生、发展和环境应急响应、处置过程。演练情景的作用，一是为演练活动提供初始条件；二是通过一系列的情景事件引导演练活动，直至演练完成。演练情景包括演练情景概述和演练事件清单。

1）演练情景概述

对演练情景的概要说明，为演练活动设置初始的场景。在演练情景概述中，要说明突发环境事件类别、发生的时间地点、事态发展速度、污染物强度与危险性、受影响范围、人员和物资分布、已造成的损失情况、后续发展预测、气象及其他环境条件。

2）演练事件清单

要明确演练过程中各场景的时间顺序和空间分布情况。事件的顺序决定了演练的实施步骤。演练事件的设计应以突发环境事件真实案例为基础，符合事件发展的科学规律。对每项演练事件，要确定其发生的时间、地点、事件的描述、控制消息和期望参演人员采取的行动。确定演练过程中向演练人员传递的事件信息，包括消息发送方、接收方、传递方式、传递时间和内容等。规定演练人员在收到控制消息后应该采取的应急响应行动。

3）重点展现内容

一个演练必须按照这次演练所要达到的目的，突出演练重点展示的内容，为观摩和脚本设计确定基调。一般来说，有以下几方面内容：各单位、各部门、各级政府对环境污染事故的报告程序和事故方应急响应，及时处理泄漏、爆炸等事故，组织设备抢修，快速恢复系统安全稳定运行，切断污染源头；政府有关部门启动相关应急响应，采取应急措施积极处置，协调各级、各部门（单位）形成联动；演练单位中的生态环境部门启动应急响应，开展环境污染的应急预警、应急监测和对污染态势的预测工作，会同演练单位中的安全、消防等部门，组织单位内部的应急救援队伍进行应急处置等。

（4）细化实施步骤

实施步骤是为保障多个演练情景按一定逻辑顺序实施而规定的工作步骤。实施步骤设计，一方面是为假设的突发环境事件及其发生发展和环境应急响应、处置过程设计具体内容，保障各个情景发生发展的连贯性；另一方面是通过一系列工作步骤规定，保障演练活动从筹备设计直至演练完成的有序性和时效性。实施步骤主要包括演练情景实施步骤和演练筹备工作实施计划。

1）演练情景实施步骤

演练情景实施步骤也称为演练过程。一般来说，一个环境应急演练情景实施步骤设计内容主要包括事故发生和企业启动应急预案，企业事故报告与初始扑救，启动环境应急预案和成立环境应急指挥部，演练单位的生态环境部门按预案响应到位和对事故污染初步评估，对外发布环境预警和建立应急工作区域，现场环境应急监测和数据分析与报送，污染发展态势模拟和专家评估，确定环境应急救援和实施事故现场的专业救援处置，环境应急状况中止和环境恢复等。以综合实战演练为例，设计的演练过程一般分为事故发生、信息报送、先期处置、预警发布、应急处置、应急终止、善后处理、评估总结共 8 个阶段。这部分工作主要是根据演练情景概述、演练事件清单细化每一个过程所要演练的内容。

2）演练筹备工作实施计划

演练筹备工作实施计划也称为演练筹备工作安排，主要内容是按演练阶段进行工作倒计时安排，即设计筹划、脚本研讨、场景制作（设备购置）、设备联动、分阶段推演、多部门联合预演、演练观摩等。同时，明确每一个阶段或每一个环节的工作任务、责任单位、完成期限。

以综合实战演练为例，主要包括：①召开演练工作动员、部署会议。工作任务：组织制订环境应急演练实战阶段的实施方案，报上级主管部门审定；确定演练领导小组、领导小组办公室、工作组成员和参演单位名单及联系方式，筹备并组织召开动员会。②制订演练议程、方案，编制演练脚本。工作任务：成立临时工作组，集中办公，完成相关筹备工作，包括集中培训临时工作组全体人员；细化演练方案，确定各单位分步演练日程，编制学习总脚本；编制并实施宣传策划方案，组织同期宣传；指导各参演单位制定完善本单位突发环境污染事故应急预案，并报领导小组批准。③组织分步演练，完成演练视频摄制。工作任务：组织各参演单位分步演练，并完成分步演练视频的摄制、剪辑等；调试各级指挥中心之间、现场同步演练点与各指挥中心之间信息传输渠道，实现传输渠道畅通，为正式演练时的通信提供保障；联系、确定演练评估专家组，并组织对各参演单位进行指导，为正式演练做好评估准备。④组织同步预演练。工作任务：组织两次以上的预演，并调试有关设备和组织程序等，为预演做好充分准备。

（5）设置时间与地点

演练具体时间由领导小组确定。一般来说，正式演练的时间应控制在半天内。地点视演练重点展现内容而定，分为现场观摩和室内观摩两种。一般演练要设主会场（观摩指挥中心）、分会场（演练现场应急指挥中心）、同步演练单位地点（各参演单位的相关调度和事故现场等）。

（6）工作要求

一是要做好各类预案的收集、整理工作。在筹备演练前期，首先收集各类应急预案，包括演练组织单位各类突发环境事件应急预案以及各参演单位的应急预案。研究各级预案之间的衔接关系，重点是厘清各级应急响应的级别关系、汇报流程等内容。

二是要精心策划、编写好各级演练方案。依据演练总体工作方案，各参演单位要根据自身实际，在相关部门和专家的指导下，组织人员精心策划，编写本单位的演练方案。方案要综合考虑各种因素，包括演练组织、演练内容、演练过程、后勤保障等多方面内容，方案需经演练领导小组办公室审核批准。

三是具体落实和细化各项工作。根据企业所在地的环境实际和潜在安全风险，合理设置突发环境污染故障。加强演练期间环境安全管理，确保演练期间环境安全。加强社会参演各单位的协调，按演练总体设计细化演练方案，确保分步演练、同步演练和摄制工作符合总体设计要求，落实演练期间各参演单位安全管理要求。做好技术支持工作，包括实现主会场与分会场、同步演练现场之间的音视频的传输、主会场信息下传等。做好新闻宣传策划工作，充分发挥媒体作用，让全社会了解突发环境事件发生的可能性，以及突发环境事件时的应急处置措施。加强协调，精心拍摄和编制分步演练的视频。编制评估方案，合理选配评估专家，做好对演练方案设计编制、组织策划、实战演练效果和宣传效果等评审做好演练的后勤保障工作。

四是要高度重视脚本的编写工作。编写演练脚本是演练的关键环节，决定了整个演练的质量和水平。总脚本要根据各相关应急预案的规定编写，同时要符合演练总体方案的技术要求，做到演练主线清晰，流程逻辑合理。脚本中的流程序号、时间、事故、场景画面、人物对白、解说词等要素表述具体、明确、清楚，且必须经过内部推演及专业机构的技术审核，具有可操作性。脚本应能规范或指导录制和转播工作。

五是认真做好演练组织和配合工作。各单位要加强组织领导，制订本单位具体工作计划，全面落实各项措施。要以本次演练为契机，提高各级管理机构、社会团体、企业事业单位的环境应急综合能力，有效减少环境污染事故对人民群众造成的损失。对本次同步演练、分步演练中各单位产生的各项费用，本着节约、高质量完成工作的原则，由演练单位的财务部门统一安排。

（四）方案评审

对综合性较强、环境安全风险较大的应急演练，评估组要认真对照企业重大危险源、重点部位及敏感区域，从科学性和安全性入手，对演练方案制定的实施内容进行评审，确保演练方案科学可行、应急演练工作顺利进行。必要时，将评审后演练方案再次提交筹备会进行确定，并以确定稿为基础开展演练的筹备工作。

（五）演练脚本和工作文件

1. 编写演练脚本

演练脚本要按照突发环境事件应急预案规定的职责分工与承担的任务编写，围绕预案展开，紧扣预案的各个环节和各项要求。编写时，一要突出实战特点。演练脚本必须从实战出发，针对应急指挥调度、响应、处置、监测的特点和要求编写，做到重点突出、情景逼真。结合应急响应程序与关键步骤精心编排，使演练达到实战的效果。二要简捷、便于操作。由于演练要动用较多人力、物力，演练脚本编写要把握好点和面的关系，力求简捷，便于操作，既要使参加演练的人员装备都得到演练，又要抓住重点，突出主要部分，保证演练质量，节约人力、物力，提高演练效率。

（1）脚本编写方法

应急演练脚本必须主题明确，内容连贯、流畅，有较强的逻辑性。同时，应具有很强的针对性和可操作性。在编写方法上，可把事故情景演变过程作为演练脚本编排的顺序，也可按环境应急工作响应程序编排。总体要求是使参演人员得到一次实战锻炼，获得提高。

1）按响应程序编写脚本

突发环境事件应急处置一般包括预案启动、应急待命、应急响应、应急终止等程序与步骤，应急演练脚本可以按此程序与步骤把演练任务分别进行描述。主要描写各个演练阶段起止时间、场景布置、人员动作、情景解说等内容。该演练脚本多适合综合演练。例如，某化工厂发生火灾，并引发环境污染事故。演练企业的主管部门下达命令，启动应急预案，各级环境应急人员按照制定的各类突发环境事件应急预案做出相应的应急响应。这样就可以按应急受理、事件甄别、启动预案、应急准备、赶赴现场、现场调查指挥、实施监测处置、应急终止、关闭预案、后期监测工作、移交和后评估等程序分步编写演练脚本。

2）按事故情景编写脚本

以设计的事故情景演变为主线，是应急演练脚本编写的一种方法。有的环境污染事故演变很快，极短时间内就可能发展到严重状态。因此，应急演练脚本编写可以直接对事故情景下的某项演练动作进行编排，对预案的某个部分或环节进行重点演练，同样可以达到锻炼队伍、提高对突发环境事件应急响应能力的目的。其演练动用人力、物力少，牵扯面小，灵活机动，效率高，很适合单项演练。突发环境事件具有复杂性、偶然性和不可预见性。因此，应急预案需要不断修订完善，演练脚本也要模拟各种可能发生的环境事故情景编写不同版本（如单项演练、综合演练等）供演练使用。平时的演练越逼真，在真正的危机来临时所受到的损害就越小。

（2）脚本编写步骤

演练脚本的编写采取由粗到细、分工协作、不断完善的方式。首先由应急准备人员根据事故情景和演练内容方案编制粗放的演练总脚本，然后由各应急专业组指定人员，根据粗放的总脚本，分头编写本组详细的分脚本，并注意及时协调各分脚本编写中出现的问题。分脚本编写完成后，再着手编写详细的总脚本，然后经过对各分脚本和总脚本的多次讨论与协调，形成具有一定可操作性的较详细的一份总脚本和若干份分脚本。为检验脚本的可操作性，进一步发现脚本中的不足和不协调之处，要组织各专业组进行单项演练以及两次综合预演练，并根据演练和预演的经验反馈对演练分脚本和总脚本进行修改完善，最终定稿。这样的脚本编写过程有以下优点：一是使得有关方面专业人员参与脚本编写，从而改善了总脚本及各分脚本的可操作性和协调性；二是使得作为应急响应骨干的有关方面专业人员，通过编写脚本得到了在应急计划及其执行程序方面的较全面细致的培训。

（3）脚本编写样式

脚本编写没有统一的格式，但是可根据演练重点展现内容而定，分为观摩型脚本和互动型脚本两种。

1）观摩型脚本

编写这类脚本，主要是因为演练的观摩是在现场进行的，而且是展示性的，不需要观摩人员或参演人员互动。主要通过解说词、字幕、同期声、特写画面、现场画面、同期声加画面等方式把整个演练的过程展现出来。这种脚本也适用于预先录制（不是实时的）的演练片的制作。

2）互动型脚本

这类脚本适合以下演练：演练的观摩在一个集中的会议区域，并且是在应急现场、现场指挥部和观摩地点之间进行的，是互动的，需要观摩指挥人员与环境应急监察、监测、处置、联动单位的参演人员互动。主要利用环境应急指挥平台、音视频同传设备、视频会议系统等高科技手段，在演练实地与指挥部实现指挥中心 — 现场指挥部 — 单兵的连通。组网互动展示应急预案的启动、污染态势的预测、现场污染物监测与处置等，展现现代化的远程指挥和快速反应能力。通过大屏幕（GIS）显示，细化演练时间、阶段、项目、主要内容（状况内容、主题）、情景（屏幕画面与处置动作）、对白（解说）、地点、角色，以交互方式把整个演练的过程展现出来。这种脚本是目前演练组织单位比较喜欢采用的。

2. 编写演练方案

演练方案是指导环境应急演练实施的详细工作文件，内容一般包括演练基本情况、演练情景、环境应急实施步骤、评估标准与方法、后勤保障、安全注意事项等。根据演练类别和规模的不同，演练方案可以是一个文件，也可以是一组多个文件。多个文件一般包括演练人员手册、演练控制指南、环境应急演练组织实施的评估指南、演练宣传方案、演练脚本等，分别发给相关人员。对涉密应急预案的演练或不宜公开的演练内容，还要制定保密措施。

（1）演练人员手册

演练人员手册是对演练基本情况和注意事项的说明文件，内容应包括演练概述、组织结构、时间、地点、参加单位、演练目的、演练情景概述、演练现场标识、演练后勤保障、演练安全注意事项等，但不包括演练的细节，如演练事件清单等。演练人员手册可发放给所有参加演练的人员。

（2）演练控制指南

演练控制指南是关于演练控制、模拟等活动的工作程序和职责的说明。演练控制指南的内容包括演练情景概述、演练事件清单、演练场景说明、参演人员及其位置、演练控制规则、导调（总策划、方案组、控制组）人员组织结构与职责、联系方式等。演练控制指南主要供导调人员使用，一般不发给参演人员。

（3）演练评估指南

演练评估指南是有关演练评估方法与程序的说明，内容应包含演练情景概述、演练事件清单、演练目标、演练场景说明、参演人员及其位置、评估人员组织结构与职责、评估人员位置、评估表格及相关工具、联系方式等。演练评估指南主要供演练评估人员使用。

（4）演练脚本细化文件

对于重大综合性示范演练，为了确保演练顺利实施，根据演练脚本编制相关细化文件，详细描述演练时间、场景、事件、处置行动及执行人员、指令与对白、视频画面与字幕、解说词等。

（5）演练宣传方案

演练宣传方案内容主要包括宣传目标、宣传方式、传播途径、主要任务及分工、技术支持、联系方式等。

（6）应急处置方案

突发环境事件往往涉及危险化学品的泄漏、爆炸，进入大气、水体等环境中。因此，监控和预测危险化学品污染扩散是环境应急处置的首要任务。此时，演练组织单位要编写好演练中涉及的危险化学品污染特性和应急处置方案，方案中要包括危险化学品的理化性质、危险特性、健康危害、安全防护、环境标准、监测方法、应急措施和储运等内容。

（六）演练动员与培训

在演练开始前，演练组织单位要进行演练动员和培训，确保所有演练参与人员掌握应急基本知识、演练基本概念、演练规则、演练情景和各自在演练中的任务。一是对导调人员进行环境岗位职责、演练方案编制、演练过程控制和管理等方面的知识和技能培训；二是对评估人员进行环境应急岗位职责、演练组织实施的评估方法、工具使用等方面的培训；三是对现场参演人员进行环境应急预案、环境应急知识与技能及个体防护装备使用等方面的培训；四是对所有演练参与人员进行应急基本知识、演练基本概念、安全知识等方面的培训。

（七）筹备推进

在进行演练培训的同时，演练组织单位要按设计的演练方案迅速落实演练领导小组、策划部、保障部和评估组及现场指挥部人员到位，按演练阶段进行工作倒计时安排，推进各单位、各环节及总脚本研讨、场景制作（设备购置）、设备联动、分阶段推演、多部门联合预演等重要阶段的工作。

演练组织单位还要负责向各个组传达筹备领导小组的指令，联系和督促各组工作进度；报告各组筹备工作中的重大问题；负责向领导小组报告演练推进情况，主持相关协调工作会议，并组织分部演练或合练。如发现推进过程中存在难点和不能解决的问题，要及时提出建议，迅速解决。筹备工作推进期间，要避免演练经费不落实、应急设备购置迟缓、各参加或协助演练单位准备不到位等情况。

（八）环境应急演练实战阶段的实施

1. 演练动员

在演练正式开始前，应进行演练动员，确保所有参与人员了解演练现场规则、演练情景和各自在演练中的任务。必要时可分别召开导调人员、评估人员、参演人员参加的预备会，即演练战前动员。

①导调人员预备会主要讲解演练情景事件清单，导调组组成及联系方式，导调人员的工作岗位、任务及详细要求，演练现场规则，演练安全及安保工作的详细要求等。

②评估人员预备会主要讲解演练情景评估清单，演练目标，评估准则，评估组组成及联系方式，各评估人员的工作岗位、任务及其详细要求，演练现场规则，演练安全及安保工作的详细要求等。

③参演人员预备会主要讲解参演人员演练前应当知道的信息，包括各类参演人员、车辆、设备物资的准备工作，进场顺序，现场标识，演练开始与终止条件，有关行政事务，后勤保障或联系方式，演练安全及安保工作的详细要求等。

2. 演练启动

演练正式启动前，一般要举行简短仪式，由演练总指挥宣布演练开始，然后由总导演启动演练活动。

（1）桌面演练

一般由总导演叙述演练情景，并辅以演示材料（地图、图片、视频、软件模拟、沙盘等），提出第一个演练问题或发出第一个事件消息，开始演练活动。

（2）实战演练

一般是通过事先设计好的方式将演练场景呈现给演练参与人员，由总导演发出第一个事件消息，触发演练活动。

3. 演练执行

（1）演练指挥与行动

1）演练总指挥负责演练全过程的监督控制。当出现特殊或意外情况时，在与其他相关人员会商后迅速作出决策，必要时可调整演练方案，尽量保证演练的继续进行。当演练总指挥不兼任总导演时，由演练总指挥授权总导演对演练过程进行控制。

2）现场总指挥按照应急预案规定和演练方案要求，指挥参演队伍和人员开展对模拟演练事件的应急处置行动，完成各项演练活动。

3）参演人员按照应急预案所规定的职责和程序，听从现场指挥人员指挥，开展应急处置行动，完成各项演练活动。

4）模拟人员按照演练方案要求，模拟未参加演练的机构、单位或人员的行动，并作出信息反馈。

（2）演练过程控制

总导演负责演练过程的控制，原则上应严格按照演练方案执行演练的各项活动。

1）桌面演练过程控制

在桌面演练中，演练活动主要是对所提出的问题进行讨论。由总导演以口头或书面形式，一次引入一个或若干个问题。参演人员根据应急预案或有关规定，针对要处理的问题，讨论应采取的行动。每一个问题都有一个建议的讨论时限，如果已经超过设定的时限，总导演可以选择终止讨论或者延长时间。

桌面演练有两种讨论方式。第一种是全体参演人员共同讨论一个问题，并根据讨论结果确定行动方案；第二种是每个参演人员（或小组）只得到与其有关的问题，参演人员独立（或小组协商后）作出行动决定。

2）实战演练过程控制

在实战演练中，主要是通过传递控制消息来控制演练进程。总导演按照演练方案发出控制消息；调理员（导调员）向参演人员和模拟人员传递控制消息，向总导演报告演练行动情况和出现的各种问题。控制消息可由人工传递，也可用对讲机、电话、手机、传真机、网络等方式传送。

参演人员和模拟人员接收到模拟事件信息后，按照发生真实事件时的应急处置规则，或根据事先设计好的行动方案，采取相应的应急处置行动。

当演练过程中出现演练行动过于提前、延迟或偏离预定方向等问题时，总导演可通过临时生成控制消息、取消控制消息、必要时强行干预等手段，保证演练按计划顺利完成。

（3）演练解说

在综合性示范演练的实施过程中，演练组织单位可以安排专人对演练过程进行解说。解说内容一般包括背景描述、进程讲解、案例介绍等。对于有演练脚本的重大综合性示范演练，可按照脚本中的解说词进行讲解。

（4）演练记录

演练组织单位要安排专门人员，采用文字、照片和声像等手段对环境应急演练实战阶段的实施过程进行记录。文字记录一般由评估人员完成，主要包括演练实际开始与结束时间、演练过程控制情况、各项演练活动中参演人员的表现、意外情况及其处置等内容。照片和声像记录可安排专业人员在不同现场、不同角度进行拍摄，尽可能全方位地反映环境应急演练实战阶段的实施过程。

在实战演练中，可能因演练方案或现场决策不当，出现人员“伤亡”及财产“损失”等后果。对此，评估人员要进行详细记录，事后评估总结时要给予特别关注。

（5）演练宣传报道

演练组织单位要重视演练的宣传报道工作。演练宣传组要事先做好演练宣传报道方案，及时准备新闻通稿，必要时可邀请相关媒体到现场观摩。对不宜或不便公开的演练内容，演练组织单位要采取必要的保密措施，做好保密工作。

为避免信息不畅造成社会恐慌，组织单位或当地政府及相关部门要提前做好通知、报道。

（九）演练终止

演练正常实施完毕，由总导演发出演练结束信号，由演练总指挥宣布演练结束。演练结束后，所有人员停止演练活动，按预定方案集合，进行讲评总结，并按计划组织解散。后勤保障人员负责对演练场地进行清理和恢复。

环境应急演练实战阶段的实施过程中出现下列情况，经演练领导小组决定，由演练总指挥按照事先规定的程序和指令终止演练。

①出现真实突发环境事件，需要参演人员参与应急处置时，要终止演练，使参演人员迅速回归其工作岗位，履行应急处置职责。

②出现特殊或意外情况，短时间内不能妥善处理或解决时，可提前终止演练。

（十）环境应急演练组织实施的评估

1. 演练评估的内容

演练组织单位要组织开展演练评估。演练评估是在全面分析演练记录及相关资料的基础上，对比参演人员表现与演练目标要求，对演练活动及其组织过程作出客观评估，并编写演练评估报告的过程。

在环境应急演练实战阶段的实施过程中，应当在演练区域的关键地点和各参演应急机构的关键岗位上，派驻训练有素的评估人员。评估人员通过观察演练的进程，记录参演人员采取的每一项关键行动及其实施时间和效果。演练结束后，可组织评估会议、填写演练评估表和对参演人员进行访谈，进一步收集演练组织实施的情况。还可要求参演单位提供对本单位及参演人员表现进行评估的报告。

演练评估报告的主要内容一般包括演练执行情况，预案的合理性与可操作性，应急指挥人员的指挥协调能力，参演人员的处置能力，演练的设备、装备的适用性，演练目标的实现情况，演练的成本效益等。

2. 演练总结

演练组织单位要组织开展演练总结，演练总结可分为现场总结和事后总结。

（1）现场总结

一般在演练一个阶段结束后，由导调人员或现场观摩的专家组当场有针对性地作出现场总结。内容主要包括本阶段的演练目标、参演队伍及人员的表现、演练中暴露的问题、解决问题的办法等。

（2）事后总结

在演练结束后，由导调组和评估组根据演练记录、环境应急演练组织实施的评估报告、应急预案，对演练进行较为系统的总结，并形成演练总结报告。参与演练的单位也可对本单位的演练情况进行总结。

演练总结报告一般应包括：演练目的、时间、地点、气象条件，参与演练的部门、组织和人员，演练计划与演练方案，演练情况的全面评估，演练中发现的问题与原因、可能造成的后果及纠正措施建议，对应急预案和有关执行程序的改进建议，对应急物资、装备维护与更新方面的建议，对应急组织、应急响应人员能力与培训方面的建议，对应急演练组织工作的建议，其他受演练启发得到的经验与教训等。

3. 成果运用

对演练中暴露出来的问题，演练单位应当及时采取措施予以改进，包括修改完善应急预案、有针对性地加强应急人员的教育和培训、对应急物资装备有计划地更新等，并建立改进任务表，按规定时间对改进情况进行监督检查。

4. 文件归档与备案

演练组织单位在演练结束后，应将演练计划、演练方案、环境应急演练组织实施的评估报告、演练总结报告等资料归档保存。

对于由上级有关部门布置或参与组织的演练，或者其他法律、法规、规章要求备案的演练，演练组织单位应当将相关资料报有关部门备案。

应急演练是完善应急预案、充分发挥应急预案作用的重要环节。国家生态环境部门从 2003 年开始，每年都要举办 1 ～ 2 次国家级的环境应急演练。各级生态环境部门和企业事业单位也要参照加强演练工作。按照应急预案的要求，针对辖区内重点风险源及敏感区域，组织开展应急演练，把不同形式的环境应急演练作为环境危机管理的重要环节，纳入环境应急工作体系。同时，相关政府部门要指导、督促企业，特别是具有高环境风险的单位开展环境应急演练，真正落实企业防范、处置突发环境事件的主体责任，以提高应急能力和应急实战水平。

六、环境事故损害赔偿

企业环境事故损害赔偿的相关工作，应参考生态环境部制定的《突发生态环境事件应急处置阶段直接经济损失评估工作程序规定》和《突发生态环境事件应急处置阶段直接经济损失核定细则》。

在《突发生态环境事件应急处置阶段直接经济损失核定细则》中，规定了直接经济损失的核定流程，如图 3-2 所示。

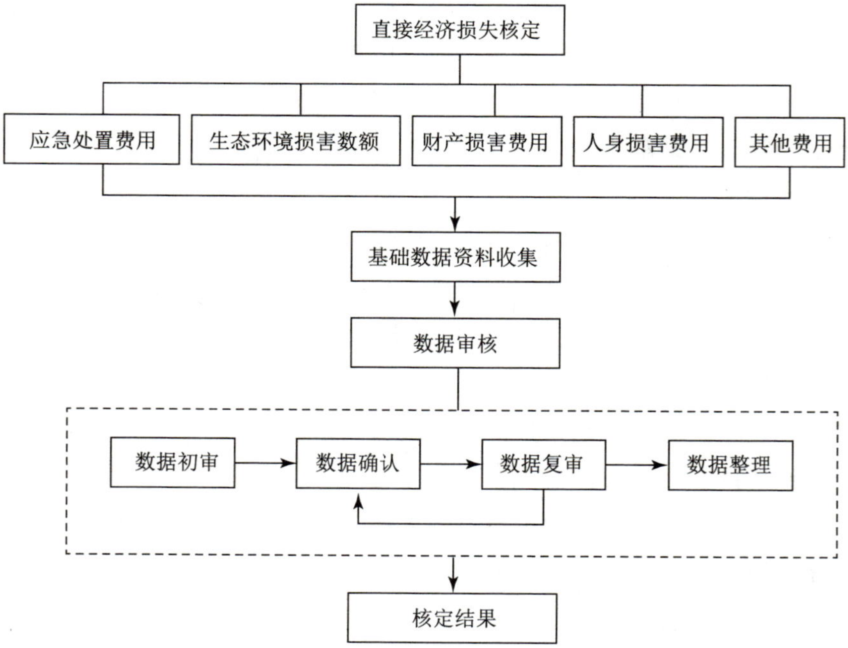

图 3-2　直接经济损失的核定流程

环境事故损害赔偿的核定工作是技术性非常强的工作，因此，在《突发生态环境事件应急处置阶段直接经济损失评估工作程序规定》中，规定了组织开展评估的单位可以委托有技术能力的第三方机构开展评估工作。开展评估的机构对直接经济损失评估结论负责。

在时限方面的要求，则是在环境污染事故的应急处置工作结束后，应当立即组织开展评估工作，并于30个工作日内完成。情况特别复杂的，可以延长30个工作日。

七、环境应急预案编写

环境应急预案是环境安全与应急工作中的重点，也是全部环境安全与应急工作的基础。我国突发环境事件的相关环境问题已成为威胁群众健康、公共安全和社会稳定的重要因素。因此，提高环境应急预案的质量已经成为当前环境安全与应急工作的重点。无论对于企业还是对于管理部门而言，环境应急预案的管理工作都是重中之重，目前在环境安全与应急管理工作中，企业环境应急预案编制工作尚有不足之处。

应急预案有多种称呼，如应急处理预案、应急处置预案、应急救援预案、应急计划。它是针对可能发生的突发事件，为保证迅速、有序、有效地开展应急救援，降低人员伤亡和经济损失而预先制订的有关计划或方案。应急预案明确了在突发事件发生前、过程中及刚刚结束之后，谁负责做什么、何时做，以及相应的策略和资源准备等。应急预案对于安全与应急管理能起到非常重要的作用，包括降低事故损失、利于应急准备工作的制度化和规范化、提高风险意识以及促进安全生产。

环境应急预案属于应急预案的一种，企业编写环境应急预案也是目前相关法律法规的要求。为了贯彻实施“预防为主”的方针，目前我国已经针对环境应急预案出台了一些法律、法规、指南等。认真地解读这些文件可以起到提高环境应急预案水平的作用。在编写预案时，也要在国家相关政策的基础上，进一步结合本企业的实际情况进行编写。

应急预案管理是我国突发事件应急管理体系的核心内容之一。目前，我国的环境应急预案体系包括：《国家突发环境事件应急预案》，流域、区域、特别预案（黄河流域敏感河段水环境应急预案，三峡库区及其支流水环境应急预案，城市光化学烟雾事件应急预案等），省、市、县环境应急预案（生态环境部门环境污染事故应急预案、环境污染事故应急监测预案等），以及基层的企业事业单位的应急预案。

目前，仍有少数应编制环境应急预案的企业事业单位未编制预案，已编制的企业预案中也存在针对性不强、实用性和可操作性差的问题，例如，有的企业重视程度不够，有的企业往往侧重于对生产安全事故的防范和处置，而对如何有效防范和积极应对生产安全事故次生的突发环境事件，则疏于关注。应急预案千篇一律，影响了预案的针对性和可操作性。预案中组织、机构、制度的描述多，危险化学品危害分析多，现场应急处置方案少。而部分中介机构没有专门的技术人员，导致很多企业的应急预案都是流于形式。究其原因，在于企业对相关工作不重视，对自身和周边环境风险以及第一时间可调用的应急资源未掌握，对可能发生的突发环境事件不清楚。

在企业环境应急预案编制中存在的常见问题如下：

（1）缺乏针对性

缺少全面调查研究，缺乏科学分析和论证，缺少重大环境危险源基础数据，缺乏全面、科学的环境风险评估。

（2）缺乏实用性

应急预案应充分反映危险源真实情况及其特殊性、应急资源与能力、不同环境敏感点和环境保护目标。

（3）缺乏系统性

地方各种应急预案相互独立，部门缺乏联动、协调机制，缺乏资源共享。

（4）缺乏有效实施

已有应急预案缺乏相应组织机构和人力去落实，缺乏物力资源、公众的应急知识宣传、应急救援人员的各种培训和训练、应急演练等环节来保障。

（5）缺乏评审与更新

已有应急预案要得到相关多方（如地方政府部门、周边居民、相邻企业或单位等）的认可，才能保证在事故发生时调动各方的应急资源；应急预案应根据外部及内部因素的变化及时更新，才能保持时效性。

目前，预案编写在细节方面存在以下不足：

（1）事件分级不规范

企业环境应急预案中事件分级主要有沿用《国家环境预案》分级标准、引用《突发环境事件信息报告办法》中的相关标准、企业自定分级标准3种类型。应注意的是，有些文件中的事件分级方法已经较为陈旧，可操作性不强，也与当前我国的相关要求不一致。其中，企业自定分级标准，虽然增强了可操作性，但不符合《突发事件应对法》第三条的规定。

（2）事件预警不统一

部分企业的预警级别存在如何确定的问题。《突发事件应对法》第四十二条规定了预警的相关内容，但将其用于企业中时存在着一定问题。有些企业在环境应急预案编制工作中，只是简单地把安全预案部分的内容直接应用于环境应急预案中，并未考虑安全生产事故和环境污染事故的区别。

（3）应急响应不明确

相当一部分企业将应急响应分为部门级（三级）、公司级（二级）和地方政府级（一级），有的还分为个人级，但是与国家规定的Ⅰ、Ⅱ、Ⅲ、Ⅳ级响应不符。部分企业仅拟定响应分级而没有具体的响应工作，预案没有可行性。

（4）应急处置不具体

相当多的中小企业的应急预案中，现场应急处置不具体，在综合预案中泛泛而谈。个别曾发生重大污染事件的企业甚至没有编制专项和现场处置预案。

（5）预案衔接性和协调性差

安全生产预案、危险化学品应急预案、火灾消防预案、职业卫生评价以及政府（市、县、区）、周边企业、下风向和上下游敏感目标的应急预案是企业环境应急预案的基础。至今，能与各种预案有机衔接和协调的环境预案仍难得一见。

针对目前企业环境应急预案存在的问题，在预案编制时特别要注意以下内容：

（1）国家的相关指南

包括《石油化工企业环境应急预案编制指南》《尾矿库环境应急预案编制指南》《危险废物经营单位编制应急预案指南》《环境污染事故应急预案编制技术指南》等，同时，还应注意自己所属地区所出台的一些地方指南。

（2）《国家突发环境事件应急预案》

这是企业编写预案的重要参考，其中的污染事故分级、信息上报等相关内容是企业环境应急预案编制时必备的内容。

（3）《企业突发环境事件风险分级方法》

该方法是环境应急预案编制的基础，只有正确地进行环境风险等级的划分、风险源的确定，才能保证环境应急预案的实用性。

（4）《企业事业单位突发环境事件应急预案备案管理办法（试行）》

该办法规定了环境应急预案备案的全部要求。企业在编制环境应急预案时，要依据该办法的要求完成所有文档的编写，并完成备案。

（5）《突发环境事件应急管理办法》

该办法是环境安全与应急管理工作的基础，其中规定了企业在环境安全与应急工作中的职责，这对于环境应急预案的编制有着非常重要的指导作用。

（6）《突发环境事件信息报告办法》

在环境污染事件应急处理工作中，信息的上报与通报是非常重要的，是能否在第一时间让相关单位与部门进行联动的关键。但在什么时间报、报什么、向谁报等方面，有些企业的环境应急预案中的表述并不清楚，这也会影响环境污染事件应急处理的相关工作。

八、环境应急预案管理

《环境保护法》第四十七条第三款规定："企业事业单位应当按照国家有关规定制定突发环境事件应急预案，报环境保护主管部门和有关部门备案。"这一规定将环境应急预案的制定和备案确定为企业的法定义务。为了提高环境应急预案管理水平，国家和地方分别出台了相关的法律法规，加强了企业环境风险管理和预案管理工作。其中，在环境应急预案的管理工作中，较为重要的有《企业事业单位突发环境事件应急预案备案管理办法（试行）》。

1. 企业环境应急预案的指导

《企业事业单位突发环境事件应急预案备案管理办法（试行）》第六条规定，县级以上地方环境保护主管部门可以参照有关突发环境事件风险评估标准或指导性技术文件，结合实际指导企业确定其突发环境事件风险等级。而且指出，主管部门可以对企业的风险评估进行指导。

2. 企业环境应急预案的责任主体

企业是制定环境应急预案的责任主体，根据应对突发环境事件的需要，开展环境应急预案制定工作，对环境应急预案内容的真实性和可操作性负责。第八条规定明确指出，企业要对自己的风险评估负责。如果企业不按自身实际情况进行评估，则要承担相应的法律责任。

企业可以自行编制环境应急预案，也可以委托相关专业技术服务机构编制环境应急预案。委托相关专业技术服务机构编制的，企业指定有关人员全程参与。此处明确提出，企业可以将相应的工作委托给第三方。但应注意的是，目前存在很多企业把风险评估和预案的工作委托给第三方后，就不再参与相关工作的情况，导致风险评估或预案与企业实际情况有一定差距。这种情况是严格禁止的。

3. 企业环境应急预案的特点

环境应急预案具有自救互救、信息报告和先期处置等特点，侧重明确现场组织指挥机制、应急队伍分工、信息报告、监测预警、不同情景下的应对流程和措施、应急资源保障等内容。

经过评估确定为较大以上环境风险的企业，可以结合经营性质、规模、组织体系和环境风险状况、应急资源状况，按照环境应急综合预案、专项预案和现场处置预案的模式建立环境应急预案体系。环境应急综合预案体现战略性，环境应急专项预案体现战术性，环境应急现场处置预案体现操作性。

4. 企业环境应急预案的分类

跨县级以上行政区域的企业，编制分县域或者分管理单元的环境应急预案。

上述内容中应注意的是，如企业被评估为较大以上等级，则应建设综合、专项以及现场三级预案体系，从而更好地应对有可能发生的污染事故。同时，对于一些业务范围涉及管道运输、车辆运输等方面的企业，则应在预案编制时，针对有可能涉及的地区进行有针对性的编制。

5. 企业环境应急预案的备案

（1）备案的时间

企业环境应急预案应当自签署发布之日起 20 个工作日内，向企业所在地生态环境主管部门备案。县级生态环境主管部门应当自备案之日起 5 个工作日内，将较大和重大环境风险企业的环境应急预案备案文件，报送市级生态环境主管部门；重大的，同时报送省级生态环境主管部门。

（2）备案的部门

跨县级以上行政区域的企业环境应急预案，应当向沿线或跨域涉及的县级生态环境主管部门备案。县级生态环境主管部门应当将备案的跨县级以上行政区域企业的环境应急预案备案文件，报送市级生态环境主管部门；跨市级以上行政区域的，同时报送省级生态环境主管部门。

在上述内容中，对于预案的备案部门提出了明确的要求。对于不同风险评估级别的企业而言，备案的部门不同。同时，对于涉及多个区域的企业，备案时还应向涉及的不同区域的部门进行备案。

企业向哪里备案：企业环境应急预案实行属地管理、统一备案，备案受理部门为地县级生态环境主管部门。建设单位需要向建设项目所在地县级生态环境主管部门备案。跨县级以上行政区域企业的环境应急预案，可以分县域或者分管理单元编制，向沿线或跨域涉及的县级生态环境主管部门备案。在收到企业提交的备案文件后，受理部门应出具加盖行政机关印章的突发环境事件应急预案备案表，即完成备案。

（3）备案时需提交的文件

企业环境应急预案首次备案，现场办理时应当提交下列文件：①突发环境事件应急预案备案表。②环境应急预案及编制说明的纸质文件和电子文件。环境应急预案包括环境应急预案的签署发布文件、环境应急预案文本；编制说明包括编制过程概述、重点内容说明、征求意见及采纳情况说明、评审情况说明。③环境风险评估报告的纸质文件和电子文件。④环境应急资源调查报告的纸质文件和电子文件。⑤环境应急预案评审意见的纸质文件和电子文件。提交备案文件也可以通过信函、电子数据交换等方式进行。通过电子数据交换方式提交的，可以只提交电子文件。

以上内容对风险评估和应急预案的备案提出了要求。企业在进行环境应急预案备案时，在编制完成突发环境事件应急预案并通过专家评审后，可进行备案程序。在备案时，应和属地管理部门进行沟通。目前，很多地方已经实现了网上备案的工作。在备案时，要提交的文件有：①环境应急预案（签署发布文件、环境应急预案文本），编制说明（编制过程概述、重点内容说明、征求意见及采纳情况说明、评审情况说明）；②环境风险评估报告；③环境应急资源调查报告；④环境应急预案评审意见。

6. 主管部门对企业环境应急预案的监督

备案后，生态环境主管部门对应急预案的监督管理工作主要有：对环境应急预案汇总、整理、归档，建立环境应急预案数据库。县级以上生态环境主管部门对备案的环境应急预案进行抽查。企业未按照有关规定制定、备案环境应急预案，或者提供虚假文件备案的，由县级以上生态环境主管部门责令限期改正，并依据国家有关法律法规给予处罚。县级以上生态环境主管部门在对突发环境事件进行调查处理时，应当把企业环境应急预案的制定、备案、日常管理及实施情况纳入调查处理范围。

第四章　企业环境应急预案编写

一、流程与具体内容解析

（一）编写流程

1. 成立环境应急预案编制组

明确编制组组长和成员组成、工作任务、编制计划和经费预算。

2. 开展环境风险评估和应急资源调查

根据国家相关文件完成企业的环境风险评估工作以及企业的应急资源调查。

3. 编制环境应急预案

预案的内容要重点说明可能的突发环境事件情景下需要采取的处置措施、向可能受影响的居民和单位通报的内容与方式、向生态环境主管部门和有关部门报告的内容与方式，以及与政府预案的衔接方式等内容。编制过程中，应征求员工和可能受影响的居民与单位代表的意见。

4. 评审和演练环境应急预案

根据国家的相关标准，完成预案的评审工作。企业组织专家和可能受影响的居民、单位代表对环境应急预案进行评审，开展演练进行检验。

5. 签署发布环境应急预案

环境应急预案经企业有关会议审议，由企业主要负责人签署发布。应注意的是，预案编制期间产生的环境风险评估报告、应急资源调查报告、评审意见是预案备案的必要文件。

（二）环境应急预案编制说明

环境应急预案编制说明应单独成册，内容包括：

1. 预案编制过程

预案编制过程主要包括成立环境应急预案编制工作组，开展环境风险评估和环境应急资源调查，征求关键岗位员工和可能受影响的居民、单位代表的意见，组织对预案内容进行推演等。要尽可能将预案编制工作中的流程详细进行表述。

2. 预案编制中的改进情况

说明意见建议及采纳情况、演练暴露问题及解决措施，一般应有意见建议清单，并说明采纳情况或未采纳理由；演练（一般为检验性的桌面推演）暴露问题清单及解决措施，并体现在预案中。

（三）环境应急预案内容

目前，对于环境应急预案的内容可以参考的文件较多，同时许多地方也出台了相应的预案编制指南，在编制预案时应注意所属地是否已出台了相应的指南。为保证内容的通用性，本节仅以生态环境部所发布的《典型行业企业突发环境事件应急预案编制指南（征求意见稿）》为基础，进行预案内容的分析。同时，为了保证预案的科学性、完备性，还参考了《企业事业单位突发环境事件应急预案评审工作指南（试行）》中的相关内容。

应急预案应包括的主要内容有：预案总则、应急组织体系、应急响应、后期处置、应急保障措施、预案管理和预案附件、附则等，并给出了环境应急预案的参考大纲。但应注意，大纲并非固定不变，而是要根据本企业属地管理部门的要求以及企业的自身具体情况进行相应的调整。下述环境应急预案大纲示例，主要是以《典型行业企业突发环境事件应急预案编制指南（征求意见稿）》为基础进行简单修改而来。

预案的封面应该有环境应急预案、预案编制单位名称，预留正式发布预案的版本号、发布日期等设计。预案版本号指为便于索引、回溯而在发布时赋予预案的标识号，企业可以按照内部技术文件版本号管理要求执行。

预案的目录要有编号、标题和页码，预案各章节可以有多级标题，但在目录中至少列出两级标题，便于查找。

在预案的结构和格式方面，要求结构完整，格式规范。结构完整指预案文件布局合理，层次分明，无错漏章节、段落等。格式规范指预案文件符合企业内部公文格式标准，文件字体、字号、版式、层次等遵循一定的规范。文字准确，无错别字、多字、漏字、语句错误、数据错误、时间错误等现象。语言通顺、规范、连贯、易懂，合乎事理逻辑，关键内容不会产生歧义等。详略得当，环境应急预案重点说明应急措施，环境风险评估报告重点说明可能发生的突发环境事件情景，环境应急资源调查报告重点说明可用的环境应急资源，三者各自定位明确，相互衔接。环境应急预案中无须大篇幅引用或转述环境风险评估报告的内容。

预案的一般框架如表 4-1 所示。应注意的是，预案的框架，目前并没有固定的要求。因此，下述内容仅为示例，具体框架的要求首先要看归属地的管理部门是否有具体要求。

表 4-1 环境应急预案的一般框架

1. 预案总则
   1.1 编制目的
   1.2 编制依据
   1.3 适用范围
   1.4 工作原则
   1.5 应急预案关系说明
2. 应急组织体系
   2.1 内部应急组织机构与职责
   2.2 外部应急救援机构
3. 企业环境风险分析
   3.1 环境污染事故危险源基本情况
   3.2 风险物质分析
   3.3 环境风险受体分析
   3.4 突发环境事件情景分析

3.5 后果分析

4. 应急响应

4.1 预警

4.1.1 接警

4.1.2 预警研判

4.1.3 预警分级

4.1.4 发布预警和预警行动

4.1.5 预警解除与升级

4.2 信息报告与通报

4.2.1 企业内部信息报告

4.2.2 通知协议单位协助应急救援

4.2.3 向事发地人民政府和生态环境主管部门报告

4.2.4 向邻近单位通报

4.3 应急处置措施

4.3.1 分级响应

4.3.2 切断和控制污染源

4.3.3 事件情景与应急处置措施

4.3.4 应急监测

4.4 政府主导应急处置后的指挥与协调

4.5 应急终止

5. 后期处置

5.1 事后恢复

5.1.1 现场保护

5.1.2 现场清消与恢复

5.1.3 污染物跟踪与评估

5.1.4 环境恢复计划

5.1.5 善后处置

5.2 评估与总结

5.3 应急改进建议
6. 应急保障措施
7. 预案管理
7.1 附则
7.2 预案附件
7.3 培训

在环境应急预案编制中，《突发事件应急预案管理办法》强调应急预案重在“应对”，适当向前延伸至“预警”，向后延伸至“恢复”。实行企业环境应急预案备案管理，其中一个重要作用是服务于生态环境部门收集信息。因此，预案编制的目的是强调规范事发后的应对工作，加强企业与政府应对衔接。

每部分的注意事项如下。

1. 预案总则

（1）编制目的

此部分内容主要是为了明确企业应急预案编制目的，规范事发后的应对工作，提高事件应对能力，避免或减轻事件影响，加强企业与政府应对衔接。环境应急预案最主要的编制目的是提高企业应对突发环境事件的能力，确保突发环境事件发生后，企业能及时、有序、高效地组织应急救援工作，将事件造成的损失与社会危害降到最低。同时，环境应急预案还有实现企业与地方政府及其相关部门现场处置工作的顺利过渡和有效衔接的作用。

（2）编制依据

明确预案编制所依据的国家及地方法律法规、规章制度，部门文件，有关行业技术规范标准，以及企业关于应急工作的有关制度和管理办法等。

应注意的是，对于依据中所引用的所有文件，如果为技术性文件，则应将实施时间、版本号（标准号）等信息写完整；如果是管理类的文件，则可视情况写清实施时间与文号，如果不写时间，则视为文件内容更新的情况下也适用于自己的预案。

（3）企业基本情况与预案适用范围

企业基本情况：企业名称、详细地址、占地面积、经济性质、隶属关系、从业人数、主要生产设备名称、生产能力、原材料名称和储量、产品、产量等。

明确应急预案适用的对象、范围。应注意的是，如果企业是集团公司，则应在此处明确写出此预案的适用范围，否则无法落实预案中的相应工作。如果企业有多个厂区，则在此处也应该明确写出预案适用于哪个厂区。

此处的适用范围，要明确预案适用的主体、地理或管理范围、事件类别、工作内容。不同类型的预案，适用范围不同。如果是综合预案，则范围较广；如果为专项或现场预案，则需要视预案的具体内容来确定适用的范围。此部分内容直接决定了预案使用者是谁，因此要表述清楚适用的对象或范围。

（4）工作原则

明确应急预案的工作原则，既要符合国家有关规定和要求，也要结合本单位实际情况。

原则示例一：救人第一、环境优先；先期处置、防止危害扩大；快速响应、科学应对；应急工作与岗位职责相结合。

原则示例二：应急预案实施过程中应遵循以人为本、减少危害；科学预警、做好准备；高效处置、协同应对；统一领导、分工负责。

在工作原则部分，我国对于环境应急工作的基本要求一致。因此，除非企业有自身较特殊的情况，都可以参考上述内容进行编写。

（5）应急预案关系说明

如果企业有综合、专项和现场三级预案，则要明确三者之间的关系。专项和现场处置预案重点对综合预案在监测预警、不同情景下的应对流程和措施等进行细化和补充。一般来说，综合预案体现战略性，专项预案体现战术性，现场处置预案体现操作性。

同时，还要明确本预案在企业突发事件应急预案体系中的定位。企业应急预案与企业内部其他预案的关系，主要是与安全预案的关系。重点明确企业应急预案与企业内部其他预案在应急组织体系、信息报告与通报、生产安全事故发生后预警、切断与控制污染源等方面的内容。

明确企业应急预案和政府及有关部门应急预案的关系，重点明确在政府及有关部门介入后，企业内部指挥协调、配合处置、参与应急保障等工作任务和责任人等方面的相关内容。需要将上述内容以关系图的形式进行表现。

此处，要将不同预案之间的衔接清楚地进行说明。预案的衔接分为横向和纵向两个方面，横向是指与企业相邻或在环境应急工作中能起到作用的相关企业的联系。环境应急预案在编制时，应和这些企业进行沟通，根据对方的预案来编制自己的应急预案的相应内容。纵向则主要是指企业环境应急工作中的上级政府管理部门，一般包括生态环境部门和政府相关部门。企业在编写应急预案时，应和这些部门进行沟通，得到对方的环境应急预案，根据相应内容来编写自己的预案，主要是明确生态环境部门所具备的应急资源、人员、对应的联系人，以及事故发生后的联系人、可用的应急资源等，与企业自身的预案进行衔接。

2. 应急组织体系

企业根据突发环境事件应急工作特点，建立负责人、组成成员和工作职责明确的环境应急组织机构。注意与企业突发事件应急预案以及生产安全等预案中组织指挥体系的衔接。要理顺指挥运行的机制。指挥运行机制指的是总指挥与各行动小组相互作用的程序和方式，能够对突发环境事件状态进行评估，迅速有效地进行应急响应决策，指挥和协调各行动小组活动，合理高效地调配和使用应急资源。

（1）内部应急组织机构与职责

明确企业内部应急组织机构的构成、责任人和联系方式、日常职位、应急状态的工作职责和日常的应急管理工作职责，发生变化时及时进行更新，尽可能以结构图的形式表示。

应急组织机构通常包括应急指挥部（包括总指挥、副总指挥和应急办公室）、综合协调组、现场处置组、应急监测组、应急保障组、专家组以及其他必要的行动组。各应急组织机构应明确各岗位的主要责任人和替补责任人，重要岗位应当有多个后备人员。

应急组织机构应当和企业内部的常设机构及其他预案的组织机构进行衔接，匹配相应职责。

此处应注意的是，如果企业内部管理人员发生变动，涉及预案组织机构相关成员，则需要及时更新此部分内容。否则，有可能会影响预案在应急处置时的实用性。此部分内容同样要求使用图示的形式进行表现。

（2）外部应急救援机构

明确突发环境事件时可请求支援的外部应急救援机构以及可保障的支持方式和支持能力，并定期更新相关信息，包括但不限于：①上级主管部门；②专业公司或与企业签订应急联动协议的企业或单位。

此处的外部救援机构一定是在污染事故发生时可以及时参与救援的单位，必须和相应的单位签订了协议或合同，并落实了具体的细节，同时，按照应急预案附件要求，在预案中列出协议单位名称、联系人及联系方式。

3. 企业环境风险分析

环境应急工作的核心是对企业自身环境风险的管理，因此，需要在应急预案中将企业自身的环境风险分析明确写出。

应注意的是，此处的风险分析应与企业风险评估中的相关内容一致。也就是说，企业的环境风险评估应为环境应急预案的基础。

同时，应急预案中的应急处置部分的内容要和此部分内容对应，针对不同的环境风险源如何进行处置，是在环境应急预案中明确表述的内容，否则无法保证环境应急预案的实用性。

（1）环境污染事故危险源基本情况

主要内容包括：企业的生产工艺流程说明，主、副产品及中间产品的产生量、消耗量等，排放污染物的名称、日排放量，污染治理设施去除量及处理后废物产生量，污染治理工艺流程说明及主要设备、构筑物说明，其他环境保护措施等。

（2）风险物质分析

识别出所有重要的环境风险物质。列表，至少列出重要环境风险物质的名称、数量（最大存在总量）、位置 / 所在装置；环境风险物质数量大于临界量的，辨识重要环境风险单元。此部分内容要和环境风险分析报告中的内容相一致。

（3）环境风险受体分析

要按企业自身所在位置的情况，确定出大气、水体的环境风险受体，并用图、表等形式进行明确说明。

（4）突发环境事件情景分析

列明国内外同类企业的突发环境事件信息，提出本企业可能发生的突发环境事件情景。在此处应注意的是，因污染事故有一定的不可预测性，在环境事件情景分析内容中，要考虑增加普适、通用的污染事故情景，例如，增加“其他”类型的污染事件情景，从而为发生未在预案中列出的污染事故情景的应急处理提供参考。

（5）后果分析

源强分析，重点分析释放环境风险物质的种类、释放速率、持续时间；释放途径分析，重点分析环境风险物质从释放源头到受体之间的过程；危害后果分析，重点分析环境风险物质的影响范围和程度。明确在最坏情景下，大气环境风险物质影响最远距离内的人口数量及位置等，水环境敏感受体的数量及位置等信息，并附相关示意图。

4. 应急响应

根据突发环境事件的发展态势、紧急程度和可能造成的危害程度，结合企业自身应急响应能力等，建立应急响应机制，并配以应急响应流程图。

响应的总体流程可以为接警、预警、应急处置或解除预警几部分。应急响应分为两种情况，一是接到报警时，生产安全事故未发生，可以通过发布预警、采取预警行动予以应对，根据事态发展调整或解除预警；二是接到报警时，生产安全事故已发生，需要立即采取应急处置措施。具体如何进行应急响应，企业应结合自身实际情况执行。

（1）预警

预警是从企业获得突发环境事件信息开始，到做出进一步行动的过程。预警要按照早发现、早报告、早处置的原则，根据可能引发突发环境事件的因素和企业自身实际，建立企业突发环境事件预警机制，明确接警、预警分级、预警研判、发布预警和预警行动、预警解除与升级的责任人、程序和主要内容。

企业的预警应当和企业内部的安全生产预案及其他预案的预警进行衔接，确保预警及时，避免流程独立而不符合企业实际情况，导致操作无法有效实行。

1）接警

预警的起始工作是获得突发环境事件可能发生的信息。目前，企业获得突发环境事件的信息途径有：周边企业或社会群众告知的突发事件信息、政府新闻媒体公开发布的信息，基层单位或岗位上报生产安全事故信息，经风险评估、隐患排查、专业检查等发现可能发生突发环境事件的征兆，政府主管部门向企业应急指挥部告知的预警信息，企业内部检测到污染物排放不达标现象等。

在此部分预案编写时，要针对不同的事件信息来源，写清楚相应的接警处理人员，要将人员的姓名、职责、接警后应采取的措施等方面的内容明确写出。

不同的企业应根据各自不同的生产情况制定明确的信息报告程序，并明确每个环节的岗位负责人与联系方式，以及24小时应急值守电话。

2）预警研判

预警研判工作非常重要，如果不能正确做出相关决定，可能会导致污染事故不能及时处理的严重后果。因此，预警研判工作需要有企业内从事生产管理、安全与环保工作的相关人员参与，条件允许时，还需要有企业以外的专业人员参与研判。

在预案中，此部分内容要明确预警信息研判的责任人、程序、时限和内容等，一定要明确进行研判的人员信息以及分工，同时要明确研判完成后的工作流程。

通常，在接到警报时，应先对报警信息进行初步研判。若确定为假警，则针对假警的内容进行相应的信息处置；若确定报警信息属实，则上报应急指挥部。应急指挥部组织有关部门和专家，根据预报信息分析对该事件的危害程度、紧急程度和发展态势进行会商初判，必要时可安排人员进行先期处置，采取相应的防范措施，避免事态进一步恶化。

3）预警分级

明确企业预警分级的原则、情景、内容和要求。预警分级的具体工作内容，需要按企业的自身情况确定，下述内容仅供参考。

通常根据发生突发环境事件的可能性大小、紧急程度以及采取的响应措施，可将企业内部预警分为橙色预警和红色预警。橙色预警是指接到报警时事故未发生的应急响应，企业最终只启动了橙色预警，并未启动应急处置。包括但不限于下列情景：①企业监控设施发现异常波动或者超标排放等情况；②接到有关主管部门通知，企业可能出现非正常排放情况；③周边企业发生火灾爆炸事件，可能影响到本厂区，导致多米诺骨牌效应（连锁反应）时；④政府部门发布极端天气和自然灾害预警信息时。

红色预警是指接到报警时事故已发生的应急响应，或由橙色预警升级为红色预警，即启动了应急处置。包括但不限于下列情景：①由橙色预警升级为红色预警；②接警时已发生泄漏、火灾、爆炸等生产安全事故；③接警时已发生治污设施故障事故。

对于预警分级，应重点把握是否启动了应急处置工作。如果还是在事故有可能发生期，则为较低级别预警；而如果接警时已经启动了应急处置工作，则应升级为较高级别的预警。

4）发布预警和预警行动

明确预警信息后，发布预警，并采取行动对事态进行控制。明确发布预警责任人、程序、时限、内容和发布对象等。

发布预警通常包括但不限于以下内容：

①下达启动预案命令；

②通知本预案涉及的相关人员进入待命状态，做好应急准备；

③对可能造成或已造成污染的源头，加强监控或进行控制；

④明确在应急人员未抵达事故现场时，事故现场负责人需根据不同的事故情景，组织对事态进行先期控制，核实可能造成污染的风险物质、种类和数量，避免事态进一步加剧；

⑤调集应急物资和设备，做好应急保障；

⑥做好事故信息上报、通报或相关准备工作；

⑦协助政府做好疏散周边敏感受体准备工作；

⑧做好应急监测的准备工作。

发布预警时，要有明确的启动预案的过程。这对于企业应急工作而言，较为重要。我国目前很多部法律中，都对应急工作中是否及时启动了应急预案有明确的要求。

5）预警解除与升级

明确预警解除与升级责任人、程序、时限和内容等。

当突发环境事件的危险已经消除时，经过评估确认，由应急指挥部适时下达预警解除指令，应急办公室将指令信息及时传达至各相关职能部门。分为以下 3 种情况：

一是接到报警时事故未发生，发布了橙色预警但未进行应急处置，预警解除；

二是接到报警时事故未发生，发布了橙色预警且橙色预警升级为红色预警

（采取了应急处置），处置完成，环境突发事件危险已经消除后，预警解除（应急终止）；

三是接到报警时事故已发生，启动红色预警，处置完成，环境突发事件危险已经消除后，预警解除（应急终止）。

为简化程序，一般预警解除即响应自动终止，响应终止即预警自动解除。

在此部分工作中，一定要注意预警解除时条件的研判。是否达到了解除预警的条件，需要由预案中所规定的负责人进行确定，否则有可能造成研判不准确而导致事故没有完全处理的情况。

（2）信息报告与通报

污染事故处理中，信息报告与通报至关重要，直接关系到污染事故最后的处理是否成功。

此部分要写清楚以下内容：

1）企业内部报告程序

明确信息报告发布程序、内容和方式；确定报警系统分级程序。从事件第一发现人至事件指挥人之间信息传递的方式、方法及内容，内容一般包括事件的时间、地点、涉及物质、简要经过、已造成或者可能造成的污染情况、已采取的措施等。

2）信息上报时限要求及程序

明确事故发生后向上级主管部门和地方人民政府报告事故信息的流程、内容和时限。从企业报告决策人、负责人到当地人民政府及其生态环境部门负责人（单位）之间信息传递的方式、方法及内容，内容一般包括企业及周边概况，事件的时间、地点、涉及物质、简要经过，已造成或者可能造成的污染情况，已采取的措施，请求支持的内容等。

3）通报可能受影响的区域的通报方式、联络方式、内容及防护措施

从企业通报决策人、通报负责人到周边居民、单位负责人之间信息传递的方式、方法及内容，内容一般包括事件已造成或者可能造成的污染情况、居民或单位避险措施等。

4）被报告人及联系方式的清单

确定 24 小时应急值守电话，与相关部门的通信联络方式。

在信息报告与通报工作中，一定要将事故发生后需要联系的单位及其负责人的联系方式明确列表写出，并在此部分中写出在什么条件下与什么单位进行联系沟通，以及要沟通的内容。

通常企业的信息报告包括企业内部信息报告、通知协议单位协助应急救援、向当地人民政府与生态环境部门报告和向邻近单位通报这4种情况。明确信息报告与通报的责任人、程序、时限和内容等。

在上报时限要求方面，目前在国家突发环境事件应急预案与突发环境事件信息报告办法中，对于不同的污染事故所要求的上报时限略有不同。在编写预案时应注意：按地方要求进行编写；如没有地方要求，则按从严的原则来编写。

我国的《国家突发环境事件应急预案》中的“3.3 信息报告与通报”部分明确规定：“突发环境事件发生后，涉事企业事业单位或其他生产经营者必须采取应对措施，并立即向当地环境保护主管部门和相关部门报告……。”此处的“立即”也就是要求，当污染事故发生时，应第一时间进行上报。目前，有些企业在应急预案的时限部分写作2小时或4小时，已不适用。

在信息报告与通报工作中，《突发环境事件信息报告办法》是较为重要的文件。但此文件颁布时间较早，而且从颁布至今，我国在环境安全与应急管理工作方面的要求改动较大，因此，文件中一些内容已不适用于实际的环境安全与应急工作，如在信息上报的时限等方面。但此文件中，诸如上报的内容等方面还是有一定的参考意义。在此文件的第十二条中，规定突发环境事件的报告分为初报、续报和处理结果报告。初报是在发现或者得知突发环境事件后的首次上报；续报是在查清有关基本情况、事件发展情况后，随时上报；处理结果报告是在突发环境事件处理完毕后上报。在此文件的第十三条中，规定了报告内容，初报应当报告突发环境事件的发生时间、地点、信息来源、起因和性质、基本过程，主要污染物和数量，监测数据，人员受害情况，饮用水水源地等环境敏感点受影响情况，事件发展趋势、处置情况、拟采取的措施以及下一步工作建议等初步情况，并提供可能受到突发环境事件影响的环境敏感点的分布示意图。续报应当在初报的基础上，报告有关处置进展情况。处理结果报告应当在初报和续报的基础上，报告处理突发环境事件的措施、过程和结果，突发环境事件潜在或者间接危害以及损失、社会影响、处理后的遗留问题、责任追究等详细情况。此文件的第十五条规定了相应的罚则：在突发环境事件信息报告工作中，迟报、谎报、瞒报、漏报有关信息的，给予通报批评；造成后果的，对直接负责的主管人员和其他直接责任人员依法依纪给予处分；构成犯罪的，移送司法机关追究刑事责任。

1）企业内部信息报告

明确企业内部在接警、发布预警和预警行动、预警解除与升级、应急处置、应急终止和后期处置等方面信息报告的责任人、程序、对象和内容等，并明确各个阶段信息报告的主要负责人的联系方式与24小时应急值守电话。

2）通知协议单位协助应急救援

明确企业内部向协议单位传递事件信息的责任人、程序、时限和内容等。明确通知协议单位时需传递的风险物质及风险源情况，应急物资需求、人员需求及其他必要的需求等信息。

3）向事发地人民政府和生态环境主管部门报告

明确一旦事故发生，企业应当按照有关法律、法规及政府应急预案的要求，立即向事发地人民政府及其相关部门（如环保、公安消防、安监、水务、卫生等）报告，跨行政区域的需向所有涉事区域人民政府报告，明确报告的责任人、程序、时限和内容等。

报告通常包括但不限于以下内容：

①发生事件的单位名称和地址；

②事件发生的时间和具体位置；

③事件类型：如有毒有害气体中毒事件、废水非正常排放事件、泄漏、火灾、爆炸等；

④主要污染物特征、污染物质的量；

⑤事件发生的原因、过程、进展情况及采取的应急措施等基本情况，以及需进一步采取应急措施和预防措施的建议；

⑥涉及有毒有害气体事故，应重点报告泄漏物质名称、泄漏量、影响范围、近地面风向、疏散建议；

⑦已污染的范围、潜在的危害程度、转化方式趋向，并提供可能受影响的敏感点分布示意图；

⑧已监测的数据以及需进一步监测的方案建议等；

⑨联系人姓名和电话。

4）向邻近单位通报

根据实际情况，协助地方政府向邻近单位、社区、受影响区域人群通报事件信息，发出警报。明确相关责任人，通报方式、内容和要求。如果决定疏散，应当通知居民避难所位置和疏散路线。

向邻近单位和有可能受影响人群通报时，一定要注意，是在协助地方政府的前提下进行，企业尽量不要自行进行相关的工作。否则，可能对事故后果研判不准确，造成过度应急等情况。

（3）应急处置措施

此部分是环境应急预案的核心内容，对于环境应急预案的实用性、针对性等方面的要求，均需要在此部分内容中体现。

对于针对性的要求，在此部分的现场处置中，要根据企业的环境风险评估报告中对于自身的风险源的内容进行编写，而不能只是根据通用的或常见的环境污染事故编写应急处置的内容。从实用性上考虑，要在针对性的基础上，将应急处置措施按企业的实际情况进行编写，应充分征求企业内部从事生产、安全等方面的人员的意见。

企业应针对各种突发环境事件情景制定相应的应急处置措施，对流程、步骤、措施、职责、所需应急资源等进行事前规定，并按照一岗一措施的原则设置应急处置措施，明确每一个岗位在突发环境事件发生时应该采取的具体行动，以及行动要达到的目标。措施要内容完善、易理解、易操作。

1）分级响应

在分级响应工作中，应注意环境污染事故的特征。如果污染事故经研判，其影响范围在厂界内，则可定为较低的响应等级；而如果事故涉及的污染物已超出厂界，则应定为较高的响应等级。

可根据事故的可能影响范围、可能造成的危害和需要调动的应急资源，明确应急响应级别。通常分为Ⅰ级响应（社会级）和Ⅱ级响应（企业级）。根据自身应急情况，可在Ⅱ级响应（企业级）中再分解响应级别。

明确响应流程与升（降）级的关键节点，并以流程图表示。

Ⅰ级响应（社会级）：污染的范围超出厂界，或污染的范围在厂界内但企业不能独立处理，为了防止事件扩大，需要调动外部力量。确定为Ⅰ级应急响应，立即通报当地人民政府和相关部门，由政府主导应急响应，企业积极协助配合。

Ⅱ级响应（企业级）：污染的范围在厂界内且企业能独立处理。Ⅱ级响应由企业总指挥负责应急指挥，组织相关应急小组开展应急工作。

2）切断和控制污染源

无论是在预警阶段还是直接应急处置阶段，企业应第一时间采取切断和控制污染源措施，避免事态进一步扩大。此部分内容应对应企业的环境风险分析以及相应的情景分析部分进行编写，针对不同类型的风险源，采取不同的污染源切断和控制措施。其中，涉及生产安全事故应急预案的，应按照本单位相关预案的要求，立即采取关闭、封堵、围挡、喷淋等措施，切断和控制泄漏点。做好有毒有害物质和消防废水、废液等收集、清理和安全处置工作。

应明确切断和控制污染源的责任人、程序、时限和内容等，并根据不同的污染源，明确应准备的物质和工具等。同时，在人员、程序、设备、物资等方面与安全生产应急预案的现场处置进行衔接和协调，避免流程独立而不符合企业实际情况，导致操作无法有效实行。

此部分内容要明确切断污染源的基本方案。以下面内容为示例，按企业自身的环境风险情况具体编写。

①关闭、堵漏与输转：

a）关闭前置阀门，切断泄漏源。

b）关闭有关阀门，停止作业或采取改变工艺流程、物料走副线、局部停车、减负荷运行等措施，必要时全厂停止生产。

c）堵漏：根据现场泄漏状况、接近泄漏源存在的危险性、泄漏孔的大小及形状、泄漏点处实际或潜在的压力、有害物质的物化特性和危险特性等，研究制订堵漏方案，并严格按照方案实施。常用的堵漏方法有木楔堵漏法、管卡堵漏法、密封胶堵漏法、带压注射密封胶堵漏法等。

d）输转：利用工艺措施导流或倒罐，转移较危险的瓶（罐、桶）。

e）冷却燃烧罐（瓶）及与其相邻的容器，重点应是受火热威胁的一面。

②污染物的源阻断：

a）如是气体污染，应启用单位喷淋、泡沫、蒸汽等固定、半固定灭火设施；设置水幕或屏封水枪，稀释、降解泄漏物浓度，或设置蒸汽幕；采用雾状射流形成水幕墙，防止泄漏物向重要目标或危险源扩散。同时，对高温的燃烧罐（瓶）及与其相邻的容器进行冷却。

b）围堤筑坝堵截：如果污染物为液体或消防水，为防止四处蔓延扩散，需筑堤堵截，或者挖掘沟槽引流、收容泄漏物到安全地点。贮罐区发生液体泄漏时，要及时关闭雨水阀，防止物料沿明沟外流。

c）对于大型液体容器泄漏，收容后可选择用隔膜泵将泄漏出的物料抽入容器内或槽车内，待进一步处置。

d）通过限产限排、加大治污效果等措施控制污染源。

e）特别注意，对于处置事故时可能产生二次污染的物质（如消防水、固体物质等）的收集与处理。

③明确减轻与消除污染物的技术方案，如中和、固化、沉淀、降解、清理等。

④明确事故处理过程中产生的伴生/次生污染（如消防水、事故废水、固态液态废物等，尤其是危险废物）的消除措施。

⑤明确应急过程中使用的药剂及工具（可获得性说明）。

⑥明确应急过程中采用的工程技术说明。

⑦明确应急过程中，在生产环节所采用的应急方案及操作程序，生产过程中可能出现问题的解决方案，应急时紧急停车停产的基本程序，控险、排险、堵漏、输转的基本方法。

⑧明确污染治理设施的应急方案。

⑨危险区、安全区的设定；事故现场隔离区的划定方式、方法；事故现场隔离方法。

⑩明确事故现场人员清点、撤离的方式、方法及安置地点。

⑪明确应急人员进入与撤离事故现场的条件、方式。

⑫明确人员的救援方式、方法及安全保护措施。

⑬明确应急救援队伍的调度及物质保障供应程序。

3）事件情景与应急处置措施

企业应充分梳理国内外同行业企业发生突发环境事件的类型，根据风险评估报告确定企业可能发生的突发环境事件情景，制定现场处置预案。

此部分内容是预案核心部分，直接关系到污染事故发生时能否及时有效处理。它是指导环境应急工作的主要部分，编写时一定要保证实用性。

在环境应急预案的评估与实际使用中，此部分内容都是重点。在预案的评估意见中出次频次较高的针对性不强、实用性不强等相关内容，均指此部分存在的问题。因此，此部分内容，应组织专人进行编写。

在应急处置措施内容中，要注意和前面的企业自身环境风险源分析部分的内容相对应，即针对企业自身的风险源，分析有可能发生的环境污染事故情景，然后针对相应的情景确定不同的应急措施。在针对这些内容进行编写后，还需要编写普适性的应急处理措施，为应对有可能发生的不在风险评估中的污染事故。

考虑到措施的实用性，需要在此部分编写时，让企业中负责安全、生产（尤其是环境风险源工段）的人员参与，将实际生产中对于事故的应急处理措施进行汇总分析，并针对污染事故的特征编写相应的应急措施。此部分不能完全借鉴其他企业的内容，一定要根据企业自身的具体情况进行编写。

同时，由于环境污染事故的影响范围超出厂界后，会有政府管理部门参与应急工作，企业的现场处置预案应明确在政府及有关部门介入后，企业内部指挥协调、配合处置、参与应急保障等工作任务和责任人等方面内容，例如，提供大气污染范围、敏感点信息、疏散建议等，给有关部门作现场处置参考。

下面以较为常见的企业突发水环境事件和大气环境事件为例，分析如何进行相应的应急处理。应注意的是，这里仅为示例，为通用性的应急处理措施。具体编写时，要根据自身情况进行。

对于突发水环境事件的现场处置，通常采取利用围堰收集事故废水（根据实际情况，可用沙袋等构筑临时围堰），切换排水阀门，将事故废水引入应急池，关闭雨水阀门、污水阀门和清净下水阀门，并采取拦截、导流、疏浚等措施防止水体污染扩大。

应包括以下内容：

①可能受影响水体及饮用水水源地污染的说明；

②事故发生后泄漏至外环境的污染物控制、削减技术方法及说明；

③需要其他措施的说明（如其他企业事业单位污染物限排、停排及调水、污染水体疏导、自来水厂的应急措施等）；

④跨界污染事故应急处置措施说明；

⑤其他。

突发大气环境事件的现场处置，通常需要及时切断污染源，并根据污染情况初步确定扩散范围、途径，可能影响的敏感点和影响程度等，及时上报政府部门并协助其做好周边敏感点的警戒、隔离和疏散工作。

应包括以下内容：

①可能受影响区域的说明和最短响应时间；

②可能受影响区域单位、社区人员疏散的方式、方法、地点；

③可能受影响区域企业、社区人员基本保护措施和防护方法；

④周边道路隔离或交通疏导方案；

⑤临时安置场所；

⑥其他。

在此部分内容中，一定要注意针对不同情境的现场处置，制定突发环境事件应急处置措施。要保证现场处置措施能及时有效实施，起到减缓或者避免有毒有害物质扩散、进入环境的作用。突发环境事件应急措施包括规定人员职责的岗位措施和按事件演变的情景措施等相关内容。

应急处置措施应明确特定环境事件现场处置的一整套流程及相应部门，包括风险描述、报告程序、上报内容、预案启动、排查、控源截污、监测、后勤保障、后期处置、恢复处置和注意事项等。

××　突发环境事件现场应急处置措施（通用措施示例）

风险描述：结合风险评估及应急预案中的分级响应内容，说明污染物超标排放事件应急响应的流程、风险情况等。

报告程序：根据信息报告程序图简单说明上报程序。

上报内容：时间、地点、事件类型、影响范围、人员遇险情况、事件原因等。

初步判断已采取的应急抢救方案、措施和进展情况。

预案启动：应急总指挥启动相应级别的应急预案。

排查：说明事件原因，排查点位、方式等。

控源截污：结合导致污染物超标排放的各项情景，如设备损坏、工艺失调等，有针对性地进行处置。

监测：

1. 现场或实验室监测泄漏物浓度等，记录数据；
2. 监测点位和监测方案；
3. 考虑不具备监测能力时的处置措施。

后勤保障：

1. 物资的供应；
2. 应急救护措施；
3. 其他保障措施。

恢复处置：

1. 运行生产恢复措施；
2. 现场恢复措施；
3. 受纳水体的恢复措施；
4. 其他恢复处置措施。

注意事项：

1. 应急人员防护措施；
2. 危险状况防护措施；
3. 其他相关注意事项。

注：以上内容仅供参考，具体内容需根据企业实际情况进行细化和完善。同时，不同类型的污染事故在应急处置措施方面也不尽相同，在预案编写时要特别注意。

典型行业企业情景设置及现场处置措施示例

事故情景：大气环境污染事故

环境风险物质：有机物废气等；危险化学品泄漏或火灾等安全事故衍生的二次大气污染物等。

处置措施：

断源：

（1）根据不同的情景，采取不同的措施切断污染源，如停产、调整生产工艺、停止物料输送、堵漏、集中收集处理等。

（2）及时转移事故现场可能受到污染的物质，或清除可能导致事态进一步恶化的危险源。

监测 / 疏散：

（1）在事故发生初期，根据当时的气象条件与事故情景，根据风险评估报告的分析结果，明确污染物质类型。针对污染物质的特性，制定现场监测方案，明确监测点位，及时开展应急监测工作，确定污染物质的影响程度与范围。

（2）明确在应急处置过程中的持续监测方案，实时了解事态的发展，为应急处置提供依据。

污染控制：

（1）根据应急监测的结果与风险评估报告进行情景分析，划定环境安全距离，及时提出受影响区域内的人员疏散建议。若事故的最大影响范围可控制在厂内，预案中应明确由企业组织应急疏散工作。

（2）若事故已影响外环境，则企业提供相应的建议，由政府主导应急疏散工作。预案中要明确企业需要配合的事项。

污染消除：

根据污染物质的特性，配备相应的防护设备，在必要的情况下采取喷洒水雾等溶剂、强力通风、加快污染物质的扩散速率等有效措施处置污染气体。必要时采取设临时围堰、挖排水沟、导流等措施对事故废水进行收集，并排放到事故应急池暂存，或排至污水处理系统直接处理。

注意事项：

若出现超出企业应急能力的情况，及时向外部请求支援，并根据当地生态环境部门的要求及专家的意见对事态进行控制。在外部救援力量抵达现场时，全力配合应急抢险工作。

事故情景设置：水体环境污染事故

染料泄漏、液碱泄漏、助剂泄漏、酸泄漏、存放布料的仓库发生火灾、污水处理系统运行异常等情景。

环境风险物质：印染废水。

处置措施：

断源：

（1）根据不同的情景采取不同的措施切断污染源，如停产、停止物料输送、堵漏、物料转移等。

（2）及时转移事故现场可能受到污染的物资，或清除可能导致事态进一步恶化的危险源。

（3）封闭雨水排水管线及雨水外排口，启动应急池，保障泄漏物料和废水集中收集，防止进入外环境。

监测 / 疏散：

（1）在事故发生初期，根据风险评估报告的分析结果，明确污染物质类型。针对污染物质的特性，明确现场监测方案。在事故现场周边的雨水井、雨水排放口、事故应急池等关键的节点，及时开展应急监测工作，确定污染物质的浓度与危害性，为应急处置提供依据。

（2）明确在应急处置过程中的持续监测方案，实时了解事态的发展，为应急处置提供依据。

根据监测结果判断污染物质的危害性与影响范围，设置警戒区。若有部分泄漏物料进入外环境，根据风险评估对该情景影响范围的分析结果，结合实际的监测结果，建议政府部门对该区域的水体进行隔离，避免下游的居民或牲畜饮用，导致中毒事件。

污染控制：

（1）截污：在处置过程中，首先考虑把污染物质控制在围堰内。若未设置围堰或无法控制在围堰内，则把污染物质排放到事故应急池进行暂存，或直接排放到污水处理设施中进行处理。在处置过程中要注意当时的天气情况，若出现暴雨情况，则对事故废水叠加暴雨量后围堰是否满足要求进行分析。必要时，在事故现场周边设置临时围堰或拦截坝，对事故废水进行拦截，避免事故废水进入雨水管网或直接从地面蔓延，造成外界水体或土壤污染。

（2）导流：案例中需明确各风险单元的排水设施（如排水沟），必要时采取相应的导流措施，将事故现场的事故废水引流至集水沟内，排放到事故应急池进行暂存，或直接排放到污水处理设施进行处理。当排水设施无法及时将事故废水转运时，应结合企业的实际情况，采用架设泵等方式，将事故废水进行转移。

污染消除：

在应急处置过程中，根据污染物质的性质与浓度，结合企业污水处理设施的处理能力，考虑将事故废水直接排放到污水处理设施进行处理。若污水处理设施无法直接处理，则将事故废水排放到事故应急池，经缓冲或投加药物等预处理后，定量将事故废水输送至污水处理设施进行处理，或转交具备处理能力的单位进行处理。

注意事项：

若出现超出企业应急能力的情况，及时向外部请求支援，并根据当地生态环境部门的要求及专家的意见对事态进行控制。在外部救援力量抵达现场时，全力配合应急抢险工作。

事故情景设置：危险废物污染事故

环境风险物质：废油、印染污染等。

处置措施：

断源：

了解泄漏物质的类型，结合风险评估报告分析的结果，了解泄漏物质的特性，切断污染源，并对周边可能受影响的物质进行转移，将可能导致事故进一步扩大的危险源进行清除。

监测 / 疏散：

根据风险评估报告中对泄漏物质的危险性分析，对事故现场划定隔离区域，对事故现场的无关人员进行疏散。

污染控制：

在发生小型泄漏时，用砂土等物质覆盖泄漏物料，避免泄漏的危险废物扩散，造成环境污染。在发生大型泄漏时，在事故现场设置围堰等，避免泄漏物质直接从地面蔓延或通过雨水管网进入外环境，造成水体或土壤污染。

污染消除：

将泄漏的危险废物收集于特定的容器内或收集池内，对泄漏物质进行分析。若污水处理设施可接纳，则排放到污水处理设施进行处理，达标后排放。对于一些危险性较大的物质，企业无法处理的，交由有资质的单位进行处理。

注意事项：

若出现超出企业应急能力的情况，及时向外部请求支援，并根据当地生态环境部门的要求及专家的意见对事态进行控制。在外部救援力量抵达现场时，全力配合应急抢险工作。

事故情景设置：火灾爆炸事故引起的环境污染事故

环境风险物质：

消防废水等。

事故确认：

确认事故源、物质的性质，以及事故消防工作和警戒等现场情况。

处置措施：

断源：

切断该单元的物料传输，对周边可能受影响的物质及危险源进行转移，或采取防护措施。

截流：

切断企业的雨水及清净下水外排口，避免泄漏物料从雨水或清净下水管网直接进入外环境；控制大气污染物的扩散速率与扩散浓度，将消防废水进行截流、导流与收集。

污染消除：

根据消防废水的受污染程度进行预处理，排放至废水处理系统进行处理，达标排放；对物料进行回收利用，或交由有资质的单位处理处置；使用清洁剂等清洁用品对事故现场进行清洗。

注意事项：

（1）注意控制消防废水的量，企业无法自主收集时，需及时向外求助。

（2）若在暴雨天气下，需做好分区控制，尽可能避免消防废水和雨水混合。

事故情景设置：甲醇、苯类、酚类等危险化学品泄漏事故

环境风险物质：甲醇、苯类、酚类等危险化学品。

处置措施：

（1）确认泄漏位置，初步分析泄漏量和泄漏溶液主要污染物及其浓度。

（2）关闭泄漏罐体围堰区域雨水导流阀，启动导流回收设备，将泄漏在围堰中的危险化学品及时转移到备用的罐体或应急池中。

（3）防止事故扩大，准备事故可能扩大后所需的药剂及工具。

（4）明确启动截流措施、事故应急池收集措施的操作方案。

（5）当危险化学品泄漏到围堰区外时，启动雨水系统防控措施，避免危险化学品通过雨水管网进入外环境。

注意事项：

苯类物质泄漏：一是操作人员佩戴防毒口罩或空气呼吸器，立即关闭管道阀门，切断物料来源，将泄漏的苯类物质控制在防火堤内；二是使用泡沫进行覆盖，抑制其蒸发，然后进行转移处理，严禁苯类物质流入下水道；三是在处理过程中要消除静电和明火，防止发生火灾事故。

酚类物质泄漏：一是立即关闭管道阀门，切断物料来源，将泄漏物质控制在防火堤内，引入地下槽内；二是少量泄漏用木屑、活性炭进行吸附，然后用水清洗，将废水引入应急池；三是处理过程中要穿戴好个人防护用品，佩戴空气呼吸器；四是吸附了苯酚的木屑、活性炭，可掺入炼焦用煤烧掉。

甲醇泄漏：一是立即关闭管道阀门，切断物料来源，同时切断防火堤排水阀门；二是开启罐顶喷淋水，并用雾状消防水对泄漏空间及设备进行稀释冲洗，控制扩散，将甲醇收集在围堤内，启动回收泵，将泄漏污染物回收至事故池，然后回收到甲醇精馏系统进行处理；三是处理甲醇泄漏过程中要穿戴好个人防护用品，佩戴空气呼吸器。

事故情景设置：车间火灾引起的次生环境事故

环境风险物质：车间物料、事故废水等。

处置措施：

（1）根据车间生产工艺特点和事故情况，明确事故车间限产或紧急停产方案。

（2）确认泄漏位置，初步分析判断泄漏量和泄漏溶液主要污染物及其浓度。

（3）采用堵漏、输转的基本方法。

（4）防止事故扩大，准备事故可能扩大后所需的药剂及工具。

（5）明确启动截流措施、事故应急池收集措施的操作方案。

（6）启动清净下水系统防控措施、雨水系统防控措施，及时切断、分流无污染的水流，避免污染物通过雨水管网进入外环境。

> **事故情景设置：厂内收集能力不足**
>
> 环境风险物质：消防废水等。
>
> 处置措施：
>
> 一旦消防废水以及各种物料废水由于厂区应急池收集能力不足而进入外环境（厂外），企业要根据自身的地理条件和周边地区环境风险敏感目标的实际情况，明确处置措施。可以通过修筑临时收集池、围堰等对外泄废水进行妥善收集，事后及时对泄漏废水进行回抽处理；如果泄漏废水进入河道中，即事态扩大，特别是河道下游有饮用水水源地的，要第一时间向当地政府及生态环境部门报告，同时尽可能对下泄废水进行拦截，通过投加药剂或者活性炭吸附等措施，减轻和消除对河道下游水体的污染。应急处置工作结束后，企业要委托有资质机构开展事故环境污染损害评估，抓紧河道生态治理赔偿和土壤修复等工作。

4）应急监测

环境应急监测是环境污染事故应急处理工作的重要程序，需要通过事故现场的监测得到污染事故的现状，从而为污染事故的定级、应急处理、应急解除等相关工作提供支持。但应注意的是，此处的应急监测指的是事故状态下的环境监测工作，这与传统的常规监测有明显的区别。环境应急监测是有时效性、移动性的监测工作，需要有特殊的设备进行支撑。

应按照《突发环境事件应急监测技术规范》等有关要求，确定可能外排渠道监测的一般原则，为针对具体事件情景制订监测方案提供指导。很多企业具备常规的实验室监测条件，但并不具备环境应急监测的条件，因此在此部分内容的编写中，一定要注意结合企业自身的条件，对具体事件情景制订监测方案。如果企业自身不具备应急监测的条件，应与当地环境监测机构或其他机构衔接，企业进行配合，确保迅速获得环境监测支持。

此部分应包括以下内容：

①明确应急监测方案。根据不同事故情景下产生的特征污染物种类、数量、可能影响范围和程度，以及周边环境敏感点分布情况等，结合自身环境监测能力，特别是快速环境监测能力，制定企业内部应急监测方案，为应急决策提供依据。

②明确污染物现场、实验室应急监测方法和标准。

③明确现场监测与实验室监测所采用的仪器、药剂等。在企业自行监测能力下，应当明确企业可监测的因子，监测方法，监测的仪器设备类型、数量、使用情况、存放地点，联系人及联系方式。若企业自身无监测能力，应和协议单位一起制订应急监测方案。

④明确可能受影响区域的监测布点和频次。

⑤明确根据监测结果对污染物变化趋势进行分析和对污染扩散范围进行预测的方法，适时调整监测方案。

⑥明确监测人员的安全防护措施。

⑦明确内部、外部应急监测分工。企业的应急监测方案应明确，在政府及有关部门介入后，企业应急监测与政府及有关部门监测的衔接，明确配合监测，上报企业已监测内容、监测方案建议、责任人等，给有关部门作应急监测参考。

⑧明确应急监测仪器、防护器材、耗材、试剂等用品的日常管理要求。

5）政府主导应急处置后的指挥与协调

环境污染事故的应急处理过程中，当影响范围超出厂界时，有可能影响公共区域，需要由政府主导应急处理工作。此时，企业的环境应急工作主要是配合政府部门的应急处置工作。

当政府或者有关部门介入或者主导突发环境事件的应急处置工作时，企业应积极配合，同时需明确企业内部指挥协调、配合处置、人员疏散、应急保障和环境监测等工作的责任人和工作任务。

6）应急终止

结合企业的实际，明确应急终止责任人、终止的条件和应急终止的程序。同时，在明确应急状态终止后，应继续进行环境跟踪监测和评估。

企业应急终止的同时，预警自动解除。

企业通常可以从以下几个方面明确终止条件：

①事故现场得到控制，事故得到消除；

②污染源的泄漏或释放已得到完全控制；

③事件造成的危害已彻底消除，无继发可能；

④事故现场的各种专业应急处置行动无继续的必要；

⑤采取了必要的防护措施，以保护公众免受再次危害，并使事件可能引起的中长期影响降至尽可能低的水平；

⑥根据环境应急监测和初步评估结果，由应急指挥部决定应急响应终止，下达终止指令。

应急终止后的行动：

①通知本企业相关部门、周边环境相关单位及人员，事故危险已解除；

②解除可能受事故污染区域的警戒；

③应急处置结束后，继续采取降低污染对环境的中、长期和累积影响的善后处理、恢复措施；

④事故原因调查、责任认定和应急评价。

在作应急中止的决策时，一定要对终止的条件进行缜密的判断。从以往的污染事故案例中可以看出，有极少数的案例，由于应急终止时研判不准确，造成污染源没有完全处理，污染事故死灰复燃，造成了后续的严重后果。如果污染事故影响范围较大，在应急终止工作中，就需要配合政府部门应急管理人员的相关工作，而不要企业自己发布应急终止指令。

5. 后期处置

污染事故的后期处置主要是评估、恢复、赔偿、调查处理等相关工作。《突发事件应急预案管理办法》强调，应急预案重在“应对”，适当向后延伸至“恢复”，“重建”不属于预案规范的内容。

企业要明确突发环境事件后期处置各项工作的责任人、具体任务和工作要求等。

（1）事后恢复

明确事后恢复的责任人、程序、时限和内容等，通常包括：现场污染物的后续处理；环境应急相关设施设备的维护；配合开展环境损害评估、赔偿、事件调查处理等。

1）现场保护

明确现场保护的责任人、程序、时限和内容等。企业进行现场保护时，应设置内部警戒线，以保护现场和维护现场秩序，保证政府部门到现场后的调查取证的相关工作顺利开展。

2）现场清消与恢复

明确现场清消与恢复的责任人、程序、时限和内容等。

现场清消与恢复工作，应明确应急过程中造成环境污染物产生的环节，并根据污染物的特征类型与事件造成的影响程度提出相应的清消和恢复方法。并注意明确清消废水的排水路径与最终处理处置情况。

3）污染物跟踪与评估

明确污染物跟踪与评估的责任人、程序、时限和内容等。通常企业协助政府部门或委托有资质单位对污染状况进行跟踪调查，根据水体及大气进行有计划的监测，及时记录监测数据，对监测情况进行反馈。具体监测点位，视企业发生突发环境事件的种类及程度进行设置。同时，根据监测数据和其他数据编制分析图表，预测污染迁移强度、速度和影响范围，及时调整对策。

4）环境恢复计划

明确环境恢复计划的责任人、程序、时限和内容等。

根据环境恢复工作的各项内容，科学、合理地安排计划，以便有步骤、有针对性地进行每一项工作，保证环境恢复工作顺利完成。

5）善后处置

企业要明确对应急处置结束后现场遗留污染物进行后续处理措施，以及对应急仪器设备进行维护、保养，对应急物资进行补充更新，恢复企业设备（施）的正常运转，逐步恢复企业的正常生产秩序的责任人和时限要求；明确配合地方政府及其生态环境等相关部门开展环境损害评估、赔偿、事件调查处理、环境修复和生态恢复等工作的责任人和主要内容。

（2）评估与总结

事件结束后，组织人员对事件进行调查与评估，可从管理防范的措施、以及工程防范措施等方面提出企业防范措施完善建议。企业要明确组织有关专家对突发环境事件应急响应过程进行评估、明确配合地方政府开展评估、编制应急总结报告、提出修订预案的建议的责任人和具体工作内容。

明确总结与评估的主要事项和内容，并形成文档，经过会议学习与讨论后进行发布。主要包括事件调查分析、风险防范措施与应急准备的评估、应急过程、事件的影响等内容。

评估的内容：风险防范与应急准备、风险源的监控、管理是否合理、工程防范措施是否满足需要、应急准备工作是否充足等。

在应急过程中，要评估信息接收、传递、响应措施是否及时，事态的初步评估与发展趋势是否准确，处置措施是否恰当，应急任务的完成程度如何，出动的应急物资与人员是否与应急任务相适应，应急工作是否符合保护公众、环境的总要求等。

对于事件影响的评估，则要对事件造成的经济损失、环境的损害程度、对公众的生活与心理造成的影响等方面进行评估。

（3）应急改进建议

应急改进建议是对整个应急机制中各项工作的改进建议，具体包括预警程序、上报程序、应急响应、物资配备及人员安排等方面，以进一步完善应急预案内容。

6. 应急保障措施

要明确应急预案的应急资源、应急通信、应急技术、人力资源、财力、物资以及其他重要设施的保障措施。编写预案中的应急保障部分内容时，应充分和生态环境部门进行沟通。政府在环境应急物资、人员等方面也有一定的储备，这部分资源也可以在企业的环境应急工作中起到相应作用。因此，在企业的环境应急预案中，应将此部分内容尽可能明确。

（1）应急资源

针对应急资源调查，制定应急资源建设及储备目标，落实主体责任，明确应急专项经费来源，确定外部依托机构。落实应急专家、应急队伍、应急资金、应急物资配备、调用标准及措施。建立健全以应急物资储备为主、社会救援物资为辅的物资保障体系，建立应急物资动态管理制度。

（2）应急通信

明确与应急工作相关的单位和人员联系方式，并提供备用方案。建立健全应急通信系统与配套设施，确保应急状态下信息通畅。

（3）应急技术

阐述应急处置技术手段、技术机构等内容。

（4）其他保障

根据应急工作需求，确定其他相关保障措施（交通运输、治安、医疗、后勤、体制机制、对外信息发布等）。

7. 预案管理

（1）预案培训

明确本企业开展的预案培训计划、方式和要求。企业应通过编发培训材料等方式，对与应急预案实施密切相关的组织和人员开展应急预案培训，制作通俗易懂、好记管用的宣传普及材料，向企业员工及周边公众免费发放。

（2）预案演练

明确应急演练的方式、频次等内容，制定企业预案演练的具体计划并组织策划和实施，适时组织有关企业和专家对应急演练进行观摩与交流，演练结束后做好总结。

企业应当建立应急演练制度，每年至少开展一次演练。根据实际情况采取实战演练、桌面推演等方式，组织开展人员广泛参与、处置联动性强、形式多样、节约高效的应急演练。要对演练的执行情况、预案的合理性与可操作性、指挥协调和应急联动情况、应急人员的处置情况、演练所用设备装备的适用性进行评估，根据评估结果，及时修订预案。

（3）预案修订

明确应急预案修订、变更、改进的基本要求及时限，以及采取的方式等。

企业环境应急预案修订的基本要求：

一般情况下，企业应结合环境应急预案的实施情况，至少每 3 年进行一次回顾性评估。如出现下列任何一种情形，应及时修订：

①面临的环境风险发生重大变化，需要重新进行环境风险评估；

②应急管理组织指挥体系与职责发生重大变化；

③环境应急监测预警及报告机制、应对流程和措施、应急保障措施发生重大变化；

④重要应急资源发生重大变化；

⑤在突发事件实际应对和应急演练中发现问题，需要对环境应急预案做出重大调整。

对环境应急预案进行重大修订时，应参照环境应急预案制定步骤进行。对环境应急预案个别内容进行调整的，修订工作可适当简化。

（4）预案备案

明确预案备案的方式、审核要求、报备部门等内容。

1）附则

①应急预案中出现的名词术语解释等。

②应急预案的签署发布、解释权限、实施时间等。

2）预案附件

环境应急预案的附件非常重要。在环境应急工作中，应急预案的附件对应急工作有着重要的参考意义。因此，附件中的图、文字说明等内容一定要尽可能详尽。

①企业基本信息。包括企业平面分布图、企业所处位置图、区域位置图、本企业及周边区域人员撤离路线图、企业所在区域地下水流向图、饮用水水源保护区规划图等。

②企业环境风险信息。包括企业环境风险物质分布图、环境风险源分布图、应急物资和应急设备分布图、事故废水走向图等。可按照水污染事件和大气污染事件来制定企业环境风险信息图。

水污染事件包含污染源头、污染途径、截流位置、应急物资分布、应急池位置、雨水排口位置、污水排口位置、清净下水排口位置等信息。

大气污染事件包含污染源头、应急物资分布、影响范围、风玫瑰、受体情况等信息。

③企业周围敏感受体信息。包括企业周围敏感受体信息，包括敏感点的范围、与企业的距离、联系方式、联系人等。

明确环境保护目标分布及位置关系，尽量使用大气环境风险受体图和水环境风险受体图等形式进行表述。

在此部分内容中，一定要对企业周边的敏感受体进行充分的调研，这对于污染事故的应急处理有着重要的作用。

下面为敏感受体分析的示例。

以铅冶炼企业为例：

（1）是否位于重点流域。如果粗铅冶炼企业位于巢湖、太湖、滇池、淮河、海河、辽河、松花江流域及长江三峡、黄河小浪底、黄河中上游、南水北调沿线等重点流域地区，其环境风险水平高于非重点流域地区的粗铅冶炼企业。

（2）是否位于饮用水水源保护区等环境敏感地区。粗铅冶炼企业选址，应避开饮用水水源保护区和其他环境敏感区。若其排污口下游 10 km 范围内有饮用水水源保护区，环境风险显著增大。

（3）是否位于城镇主导上风向。若粗铅冶炼企业位于城镇主导上风向 5 km 范围内，其环境风险水平高于其他区域的粗铅冶炼企业。

（4）是否位于工业园区内。位于专业化的工业园区内的粗铅冶炼企业，因园区的基础设施（包括热电厂、自来水厂、污水处理厂及污水管道等）配套完整，其环境风险水平低于工业园区外的粗铅冶炼企业。

（5）卫生防护距离或大气环境防护距离内是否有人口密集区。若铅冶炼企业的卫生防护距离或者大气环境防护距离内有居民区、学校、医院等人口密集区，其环境风险水平高于相应距离内无人口密集区的粗铅冶炼企业。

④企业应急组织机构与职责。明确企业应急组织机构的组成、责任人和联系方式、日常职位、日常职责和应急职责。

通常企业应急组织机构和职责设置如下（仅供参考）：

应急机构：应急指挥部

组成：总指挥

责任人和联系方式：为企业应对突发环境事件的总指挥，一般由企业的负责人担任。

日常职位：明确具体人员的日常职位。企业应急组织机构的人员应与其日常职位匹配。

日常职责：贯彻执行国家、当地政府、上级主管部门关于突发环境事件发生和应急救援的方针、政策及有关规定；对突发环境事件应急预案的编制、修订内容进行审定、批准；保障企业突发环境事件应急保障经费的投入。

应急职责：

（1）接受政府的指令和调动；

（2）决定应急预案的启动与终止；

（3）审核突发环境事件的险情及应急处理进展等情况，确定预警和应急响应级别；

（4）发生环境事件时，亲自或委托副总指挥赶赴现场进行指挥及组织现场应急处理；

（5）发布应急处置命令；

（6）如果事故级别升到社会应急，负责及时向政府部门报告并提出协助请求。

组成：副指挥

责任人和联系方式：为企业应对突发环境事件的副指挥，一般由企业的相关部门负责人担任，并需要熟悉现场的实际情况。明确具体的责任人、手机、电话，并确保通畅，能及时联系。

日常职位：明确具体人员的日常职位。企业应急组织机构的人员应与其日常职位匹配。

日常职责：

（1）组织、指导突发环境事件的应急培训工作，协调指导应急救援队伍的管理和救援能力评估工作；

（2）检查、督促突发环境事件的预防措施和应急救援的各项准备工作；

（3）监督应急体系的建设和运转，审查应急救援工作报告。

应急职责：

协助总指挥组织和指挥应急任务；事故现场应急的直接指挥和协调；对应急行动提出建议；负责企业人员应急行动的顺利执行；控制现场出现的紧急情况；现场应急行动与场外人员操作指挥的协调。

应急指挥部办公室

组成：企业现场应急上传下达的机构，一般由企业日常管理应急预案的人员负责。

责任人和联系方式：明确具体的责任人、手机、电话，并确保通畅，能及时联系。

日常职位：明确具体人员的日常职位。企业应急组织机构的人员应与其日常职位匹配。

日常职责：

（1）组织应急预案制定、修订工作；

（2）本公司应急预案的日常管理工作；

（3）日常的接警工作；

（4）组织应急的培训、演练等工作。

应急职责：

（1）上传下达、指挥安排应急任务；

（2）负责人员配置、资源分配、应急队伍的调动；

（3）负责事故信息的上报，并与相关外部应急部门、组织和机构进行联络，及时通报应急信息；负责保护事故发生后的相关数据。

应急机构：应急处置小组

组成：综合协调组

为企业现场应急时的综合协调机构，一般由熟悉全厂基本情况的人员组成。

责任人和联系方式：明确具体的责任人、手机、电话，并确保通畅，能及时联系。

日常职位：明确具体人员的日常职位。通常企业应急组织机构的人员应与其日常职位匹配。

日常职责：

（1）熟悉疏散路线；

（2）管理好警戒疏散的物资；

（3）负责用电设施、车辆的维护及保养等；

（4）参与相关培训及演练，熟悉应急工作。

应急职责：

（1）阻止非抢险救援人员进入事故现场；

（2）负责现场车辆疏导；

（3）根据指挥部的指令及时疏散人员；

（4）维持厂区治安秩序；

（5）负责厂区事故现场隔离区域和疏散区域的警戒与交通管制；

（6）确保各专业队与场内事故现场指挥部广播和通信的畅通；

（7）负责修复用电设施或敷设临时线路，保证事故用电，维修各种被损坏的急用设备设施；

（8）按总指挥部命令，恢复供电或切断电源。

组成：现场处置组

企业现场抢修及现场处置机构，一般由企业熟悉现场设备及现场工作的人员组成。

责任人和联系方式：明确具体的责任人、手机、电话，并确保通畅，能及时联系。

日常职位：

明确具体人员的日常职位。通常企业应急组织机构的人员应与其日常职位匹配。

日常职责：

（1）负责消防设施的维护保养，并负责其他抢险抢修设备的管理和维护等工作；

（2）熟悉抢险抢修工作的步骤，积极参与培训、演练并不断总结，保证事故发生后及时抢险抢修。

应急职责：

（1）紧急状态下现场排险、控险、灭火等工作；

（2）抢修被事故破坏的设备、道路交通设施、通信设施设备；

（3）抢救遇险人员，转移物资；

（4）及时掌握事故的变化情况，采取相应措施；

（5）根据事故变化及时向指挥部报告，以便统筹调度与救灾有关的人力、物力。

组成：应急监测组

企业的应急监测及污染物截流机构，一般由企业的环保相关人员组成。

责任人和联系方式：明确具体的责任人、手机、电话，并确保通畅，能及时联系。

日常职位：明确具体人员的日常职位。通常企业应急组织机构的人员应与其日常职位匹配。

日常职责：

（1）日常大气和水体的监测；

（2）应急池、雨水阀门、消防泵等环境应急资源的管理；

（3）应急监测设备的维护及保养；

（4）参与相关培训及演练，熟悉应急工作，并负责制订应急监测方案。

应急职责：

（1）对事故状态下的大气、水体环境进行监测，为应急处置提供依据与保障。

（2）协助生态环境部或监测站进行环境应急监测。

（3）对事故产生的污染物进行控制，避免或减少污染物对外环境造成污染；雨水排口、污水排口和清净下水排口的截断，防止事故废水蔓延，同时将事故废水引入应急池。

（4）对事故产生的环境污染物进行处理。

应急机构：后勤保障组

组成：为企业现场应急的后勤保障机构，一般由日常负责企业后勤，有医疗救护经验等人员组成。

责任人和联系方式：明确具体的责任人、手机、电话，并确保通畅，能及时联系。

日常职位：

明确具体人员的日常职位。通常企业应急组织机构的人员应与其日常职位匹配。

日常职责：

人员救护及救援行动所需物资的准备及其维护；参与相关培训及演练，熟悉应急工作。

应急职责：

（1）对伤员的救护、包扎、诊治和人工呼吸等现场急救；保护、转送事故中的受伤人员；

（2）车辆的安排和调配；

（3）为救援行动提供物质保证（包括应急抢险器材、救援防护器材、监测器材和指挥通信器材）；

（4）应急时的后勤保障工作；

（5）善后处置工作，包括人员安置、补偿，征用物资补偿，救援费用的支付，灾后重建，污染物收集、清理与处理等；

（6）尽快消除事故后果和影响，安抚受害和受影响人员，保证社会稳定，尽快恢复正常秩序。

应急机构：应急专家组

组成：为参谋机构，可由企业内部或外界应急管理、工程技术、安全生产、环境保护等方面的专家组成。

责任人和联系方式：明确具体的责任人、手机、电话，并确保通畅，能及时联系。

日常职位：

指导企业进行日常的应急工作，包括培训、演练、隐患整改等。

日常职责：

为现场应急处置行动提供技术支持。

⑤外部救援机构联系方式。明确相关上级主管部门的联系方式。对于直接的上级环境行政管理部门，应写清楚具体的部门、联系人的姓名、联系方式等相关内容。

明确与企业签订协议的单位的联系方式、协议单位可提供的应急物资、应急设备和人员名单等内容，必要时可附上签订的协议。

⑥企业应急监测方案。明确企业应急监测方案的具体内容，包括应急监测程序、内容、点位布设、频次、结果报告制度、人员的防护措施等。明确在企业不具备应急监测能力的情况下，企业应按照事发地政府生态环境部门要求，配合开展监测工作。

企业应急监测方案需要重点说明企业内部水体监测和大气监测的项目与点位等内容。根据事件的不同，对于厂内水体的监测点位，建议设于污水处理场进水口与排放口、企业雨水排放、清净下水排口和应急池入口。对于厂内大气的监测点位布设，采用扇形布点法，以点源为顶点，主导风向为轴线，在下风向地面上画出一个扇形区域，作为布点范围。扇形角度与弧线的选取根据污染物质的扩散特点与事故发生时的风速、风向等进行选取，事故现场事故采样点设于边线与围墙的交点处。除此之外，应在厂区人员密集区（如办公楼等）进行布点采样。

具体参考《突发环境事件应急监测技术规范》。

⑦企业制度及程序。明确与本预案有关的各种制度、程序等，如突发环境事件信息报告（格式）表、应急预案启动（终止）令（格式）、应急预案变更记录表等。

⑧其他相关证明文件。明确企业的相关证明文件，如危险废物处理处置合同及转移联单、环评批复等预案所必需的内容。

3）培训

应急宣教、培训包括：应急救援人员培训，员工基本培训，运输司机、监测人员等特殊岗位培训，外部公众环境应急知识宣传培训，应急培训内容、方式、记录表。

企业员工环境应急培训应包括以下内容：

①环境污染事故应急预案的作用与内容；

②工厂环境危险源的位置、发生事故的可能性，鉴别异常情况的危险辨识；

③本企业污染物的种类、数量，各类污染物的危害性；

④防止污染物扩散，处理、处置各类污染事故的基本方法；

⑤周围环境敏感点的位置、数量与类型，本企业污染事故对其影响；

⑥工艺流程中可能出现问题的解决方案；

⑦控险、排险、堵漏、输转的基本方法；

⑧主要消防器材、防护设备等的位置及使用方法；

⑨紧急停车停产的基本程序；

⑩如何正确报警，内外部电话清单；

⑪逃生避难及撤离路线；

⑫配合应急人员的基本要求及责任；

⑬自救与互救、消毒的基本知识；

⑭污染治理设施的运行要求，可能产生的环境污染事故。

二、环境应急预案的评审

环境应急预案的评审应该按照生态环境部发布的《企业事业单位突发环境

事件应急预案评审工作指南（试行）》（以下简称《指南》）（环办应急〔2018〕8号）开展工作。《指南》规定了企业组织评审环境应急预案的基本要求、评审内容、评审方法、评审程序，并附有评审表等表格，供企业和评审人员参考。

评审的主体应为预案制定企业，评审的时间应在环境应急预案审签发布前。

1. 评审人员

评审人员及其数量由企业自行确定。

评审人员包括：①具有相关领域专业知识、实践经验的专家；②可能受影响的居民代表、单位代表。

评审专家可以选自监管部门专家库，企业内部专家库，相关行业协会，同行业或周边企业具有环境保护、应急管理知识经验的人员，而与企业有利害关系的一般应当回避。应注意的是，对于评审专家的选择，应和管理部门进行沟通后确定。各地对于评审专家的选择条件、要求不尽相同，如果选择了不符合要求的专家进行评审，则有可能导致预案无法顺利备案的问题。

评审人员数量：较大以上突发环境事件风险（以下简称环境风险）企业不少于5人，一般环境风险企业不少于3人。其中，较大以上环境风险企业评审专家不少于3人，可能受影响的居民代表、单位代表不少于2人。

2. 评审方式

评审可以采取会议评审、函审或者二者相结合的方式进行。较大以上环境风险企业，一般应采取会议评审方式，并对环境风险物质及环境风险单元、应急措施、应急资源等进行查看核实。

会议评审是指企业组织评审人员召开会议，集中评审。

函审是指企业通过邮件等方式将环境应急预案文件送交评审人员，分散评审。

3. 评审程序

（1）评审准备

1）确定评审人员、时间、地点、具体方式。

2）准备评审材料，包括环境应急预案及其编制说明、突发环境事件风险评估报告、环境应急资源调查报告（表）等文本，并在评审前送交评审人员。

（2）评审实施

会议评审的，一般按以下程序进行（函审参照执行）：

1）企业负责人介绍评审安排、评审人员。

2）评审人员组成评审组，确定组长。

3）企业负责人介绍环境应急预案和编修过程，向评审人员说明重点内容。

4）评审组组长对评审工作进行适当分工，组织资料审核、现场查验、定性判断和定量打分。现场查验可以在会议评审前进行。

5）评审组开展定性判断和定量打分。定性判断为未通过的，可以结束评审。

6）评审组组长汇总评审情况，形成初步评审意见。

7）评审组与企业相关人员进行沟通，形成评审意见。评审意见一般包括评审过程、总体评价、评审结论、问题清单、修改意见等内容，附定量打分结果和各评审专家评审表。

4. 评审意见使用

企业对照评审意见修改完善环境应急预案，并说明修改情况。

评审结论原则上通过但需进行修改复核的，企业形成修改说明，送评审组组长复核。涉及设施设备的应附现场图片。评审组组长对修改内容进行复核并签字确认。必要时，评审组组长应征求其他评审人员的意见。

评审结论为未通过评审的，企业应当对环境应急预案进行修改，重新组织评审。

评审意见、修改说明应与环境应急预案一并提交企业有关会议审议。

第五章　环境污染事故案例分析

一、天脊集团苯胺泄漏事故[1]

2012年12月30日，潞安集团天脊煤化工集团有限公司方元公司储运车间成品罐区，当班人员未按规程操作和检测，导致进料管道上存在质量问题的金属软管破裂，致使苯胺泄漏到围堰内。由于日常巡检维护不到位，工作人员对罐区与围堰外相通的雨水阀未完全关闭的隐患没能及时发现并处置，导致苯胺通过雨水阀流入排洪渠，并进入浊漳河。又因当班人员未按规定定时巡检，造成没有及时发现苯胺泄漏。

苯胺从30日13时45分开始泄漏，至31日7时45分发现苯胺泄漏，8时15分停止送料，苯胺总泄漏时间长达18.5小时。经调查测算，苯胺泄漏总量为319.87 t，流出厂区134.29 t。其中，流入浊漳河8.76 t。泄漏导致大量苯胺进入海河流域的漳河，造成了波及下游山西、河北、河南3个省的水环境污染事件，使河北省邯郸市自来水停水，在社会上引起重大影响。

事故发生后，天脊集团并未及时向环保部门报告，直至31日下午16时30分，才第一次向潞城市环境保护局报告。2013年1月1日16时10分，天脊集团第一次以书面形式向长治市环境保护局报告。长治市环境保护局直至1月5日9时40分才向省环境保护厅传真报告了事故初步情况，但未提及2013年1月3日、4日浊漳河出省口王家庄断面苯胺超标情况。1月5日12时，长治市政府向省

① 案例来源：冀业：《山西长治苯胺泄漏事故真相查清》，载于人民网 http://cpc.people.com.cn/n/2013/0221/c83083-20552494.html。

政府值班室传真报送《关于山西天脊煤化工集团股份有限公司苯胺泄漏事故情况报告》。这是长治市政府第一次以书面形式向省政府报告，此时距泄漏事故发生已有 6 天。1 月 5 日下午，山西省政府接到此次泄漏报告，称泄漏苯胺可能随河水流出省外。山西省委、省政府高度重视，立即启动应急预案，成立了省级应急处置小组，启动了事故调查处置工作，要求长治市和有关部门尽快采取有效措施，封堵源头，清理污染物，加强对污染物的全面检测，防止有新的污染物向下游扩散，积极做好与兄弟省市的沟通、协助、预警工作，共同处理好这起泄漏事故。

长治市政府和天脊煤化工集团启动应急预案，在浊漳河河道中打了 3 个焦炭坝，对水质污染物进行活性炭吸附清理。设置了 5 个监测点，每 2 小时上报一次监测数据，同时沿着河流深入河北境内 80 km 进行水质监测。此次苯胺泄漏事故中，受到影响的山西境内河道长约 80 km，平顺县和潞城市 28 个村、2 万多人受到波及。

在本案例中，天脊集团误报苯胺泄漏量为 1 ～ 1.5 t，迟报事故及事件信息，未在规定时间报告，误导和延误了有关部门进行准确判断和快速处置；信息上报迟缓，应急处置不力，未及时将环境信息通报下游省市有关部门。由于瞒报、迟报，错过事故的最佳处置时机，导致事态扩大，影响了群众的生命财产安全。

此案例启示：突发环境事故前，做好应急准备，制订应急方案并定期演练。突发环境事故时，应当立即启动本单位的应急方案（停止或者减少排污），并及时向事故发生地的县级以上地方人民政府或者环境保护主管部门报告（如发生的时间、地点、类型和排放污染物的种类、数量、经济损失、人员受害及应急措施等情况）。

事故查清后，应当向当地生态环境部门做出事故发生的原因、过程、危害，应急方案启动情况，采取的具体措施，处理结果以及事故潜在危害或者间接危害、社会影响、遗留问题和防范措施等情况的书面报告，并附有关证明文件。事故处理完成后，积极参与并努力做好事后环境恢复工作。

二、广西龙江河镉污染事件[①]

2012 年 1 月 15 日，龙江河宜州市怀远镇河段水质出现异常，环境保护部门在调查中发现，龙江河拉浪电站坝首前 200 m 处，镉含量超《地表水环境质量标准》Ⅲ类约 80 倍。在此情况下，下游城市的市民出现抢水情况，市区超市内瓶装水被市民抢购。经相关部门进行调查，河池市金城江区鸿泉立德粉材料厂 2009 年转手后，不挂牌闭门生产，擅自变更原来的生产工艺。没有建设污染防治设施，利用溶洞恶意排放含高浓度镉的废水，造成龙江河镉污染事故，手段恶劣，情节严重。监测结果表明，溶洞前外排镉浓度严重超标，溶洞入口旁的底泥镉含量严重超出土壤环境质量标准。据参与事故处置的专家估算，此次镉污染事件中，镉泄漏量约 20 t，波及河段达到约 300 km。

本次事故的主要污染物为浸出渣和压滤渣，均属于危险废物。但该厂渣场根本没有按照相关要求建设，渣场防渗、防漏、防雨、防洪措施不完善，而浸出渣、净化渣等危险废物和其他一般固体废物混杂堆放于渣场，未按规定做到分类分区堆放。通过岩溶落水洞将镉浓度超标的废水排入龙江河，部分废渣渗滤液及厂区面源污水通过该排水沟流入溶洞。

2012 年 1 月 21 日，柳州市人民政府初步确定了应对龙江镉污染事件的应急处置方案。柳江上游 4 个电站停止发电，最大限度蓄水；由市住建委牵头，对全市可用的地下水井做好应急备用，万一水厂停水时，要发挥地下水井的应急作用。此次镉污染事件中，采用了 3 种处置龙江镉污染方法：河道除镉、调水稀释及水厂处理。2012 年 1 月 19 日前，河池市政府已将拉浪水电站以下至三岔水电站的水电站和水库控制下泄量，拉浪水电站以上的水电站加大下泄量，保证被污染水体得到稀释。1 月 24 日，柳州市水利局对柳城大埔水电站开闸调水，加大柳江水量，稀释污染水团。通过加大上游的大埔水电站和磨石水电站放水量，龙江、融江汇合口上游清洁水可达龙江受污染水量的 3 倍。在稀释受污染水体后，水流达到柳州各自来水厂取水口时，镉浓度已符合国家标准。2 月 1 日，原水镉浓度为 0.003 ～ 0.004 mg/L，出厂水镉浓度为 0.0005 mg/L，为国家标准限量的 1/10。2012 年 2 月 2 日，经过每天定时检测，水厂出厂水按规定应检测 106 项

① 案例来源：央视网 http://news.cntv.cn/special/gewuran/gxgwr/index.shtml。

指标全部达到国家标准。

从本案例的分析中可以看出，事故发生的主要原因在于，企业生产工艺改变后，未进行相应的环境管理申报流程与配套污染治理工程的建设工作，从而导致严重的后果。对于企业而言，生产工艺的变动是有可能发生的情况，但在生产工艺、污染治理设施等发生变动时，一定要完成相应的环境管理工作，及时和生态环境部门进行沟通。

三、黑龙江伊春鹿鸣矿业有限公司“3·28”尾矿库泄漏次生重大突发环境事件[①]

鹿鸣矿业尾矿库是鹿鸣矿业贮存尾矿的设施，尾矿主要成分为粒度 200 目以下的尾砂和水的混合物。尾矿库位于其选矿厂东侧 1 km 处，周边为小兴安岭林区，水系丰富，下游距离依吉密河 5 km，依吉密河流经 115 km 汇入呼兰河，呼兰河流经 295 km 汇入松花江。依吉密河为铁力市第一水厂饮用水水源地。

2020 年 3 月 28 日 13 时 30 分左右，黑龙江省伊春市伊春鹿鸣矿业有限公司（以下简称鹿鸣矿业）尾矿库发生泄漏，造成铁力市第一水厂停止取水，伊春市、绥化市境内部分河段、农田及林地受到污染。事件发生后，经对尾矿库内存留以及泄漏尾矿进行比对检测，确定主要特征污染物为钼。鉴于事件对依吉密河集中式地表水饮用水水源地造成影响，因此参照《地表水环境质量标准》（GB 3838—2002）中“集中式生活饮用水地表水源地特定项目标准限值”，将受污染河道中钼浓度处置目标设定为 0.07 mg/L。

2020 年 3 月 28 日 13 时 30 分左右，鹿鸣矿业发现尾矿库排水隧洞发生尾矿泄漏。13 时 40 分，下达停产指令并开展泄漏排查。15 时，启动应急预案，组织开展救援。15 时 03 分，发现 4# 排水井井架发生倾斜。15 时 45 分，通知鹿鸣林场组织 14 户 26 人全部撤离。18 时 30 分，发现 4# 排水井井架倒塌，事件未造成人员伤亡。22 时 19 分，伊春市生态环境局向黑龙江省生态环境厅报告事件发生情况。3 月 29 日 18 时，依吉密河入呼兰河交汇口下游 10km 处（距离事发点 125 km）出现钼浓度超标，至 4 月 6 日 5 时达标，其间最高超标约 9 倍。

① 案例来源：https://www.mee.gov.cn/ywgz/hjyj/yjxy/202105/t20210520_833709.shtml

21 时 30 分，铁力市第一水厂受事件影响停止供水。4 月 10 日 10 时，距离事发点 340 公里处兰西老桥出现钼浓度超标，至 4 月 11 日 3 时达标，其间最高超标 0.14 倍。兰西老桥下游 50 km、55 km、65 km 处未出现钼浓度超标。4 月 11 日 14 时，依吉密河、呼兰河全线稳定达标。18 日 18 时，黑龙江省人民政府解除二级应急响应。

经专家核算，此次事件中尾矿库泄漏 232 ～ 245 万 m^3 尾矿（砂水混合物）。泄漏钼总量 89.39 ～ 117.53 t，其中砂相中 87 ～ 115 t、水相中 2.39 ～ 2.53 t。事件造成依吉密河至呼兰河约 340 km 河道钼浓度超标，其中依吉密河河道约 115 km、呼兰河河道约 225 km。3 月 29 日 21 时 30 分，铁力市第一水厂（依吉密河水源地）受事件影响停止取水，至 5 月 3 日由铁力市第三水厂替代供水，其间约 6.8 万人用水因减压供水等受到一定影响。依吉密河沿岸部分农田和林地受到一定程度污染，其中伊春市受影响农田约 4312 亩[1]、林地约 6721 亩，绥化市受影响林地约 2068 亩。伊吉密河及呼兰河沿线 3km 范围内农村饮用水地下水源未发现钼浓度超标现象。

此次事件是我国近 20 年来尾矿泄漏量最大、应急处置难度最大、后期生态环境治理修复任务异常艰巨的突发环境事件，沿线地理条件和春寒季节性气象水文条件复杂，应急处置工作面临巨大困难和挑战。

事件发生后，伊春市人民政府组织实施构筑拦截坝等先期处置措施。3 月 29 日 21 时，黑龙江省人民政府启动突发环境事件应急二级响应，成立应急指挥部，下设综合外事、环境监测、应急处置、新闻宣传、损害评估、农业评估、专家咨询等 7 个工作组，统筹各方力量开展工作。生态环境部第一时间启动应急响应程序，派出包括环境、矿业、水利等领域 10 余位专家组成的工作组，赴现场指导应急处置，提出“不让超标污水进入松花江”的应急目标。同时，组织中国环境监测总站指导调整环境应急监测方案，科学确定监测点位。应急管理部派出工作组指导开展封堵泄漏点、确保坝体安全、防范次生安全风险等工作。国家综合性消防救援队伍闻令而动，组织 1000 余人参与应急处置工作。

3 月 28 日下午，黑龙江省组织应急抢险队伍，紧急修筑 2 km 通往 4# 排水井的道路，通过直升机、无人机等，于 3 月 30 日 7 时准确定位泄漏点位置，随

1　1 亩 =1/15hm^2

后构筑大型机械设备作业平台，清理冰块、淤泥，30 日 14 时开始封堵。通过将直径 0.6 m、长 6 m 的尾矿排放钢管（两端用木材封堵）作为支撑材料投入 4# 排水井竖井内，然后投掷“打包”的土工布、棉被等作为底部填充材料，再不断投入整袋水泥、砂石等封堵材料，至 31 日 6 时 45 分完成封堵工作，切断泄漏源头。为确保应急封堵的稳定性，4 月 8 日完成排水井上部筑岛填土、帷幕注浆全面封堵工程。

在应急监测工作中，根据污水团移动趋势及时延伸监测，全过程全时段监测监视水体变化。调集生态环境监测系统和第三方检测机构共 20 家单位，统一采样规范和分析方法。建立国家、省级监测专家会商机制，采取无人机追踪航拍、便携仪器快速测定、实验室精准分析、自动监测实时辅助等多种手段，做到出数及时、结果精准，为指挥部决策判断提供坚实技术支撑。

在污染物削减工作中，构建了以“投加絮凝剂沉砂净水”为核心的污染处置技术体系，实施依吉密河“污染控制”工程和呼兰河“污染清洁”工程。在依吉密河先后构筑 18 道拦截坝，分段对泄漏水体进行拦截和导流，创造沉砂条件，全力阻截污水团下移，为在呼兰河下游进行污染物削减赢得时间。同时，在依吉密河汇入呼兰河河口设置 2 道控制工程，分别投加助凝剂、絮凝剂，实现沉砂与降钼，控制削减依吉密河下泄的污水团。在呼兰河利用现有水闸、桥梁等设施设置 5 个处置点位，投加絮凝剂对污染物进行絮凝沉淀处置，通过多级削峰，逐级降低污水团钼污染物浓度。4 月 11 日 3 时，呼兰河干流全线特征污染物钼浓度达标。

事件造成伊春铁力市依吉密河地表水饮用水水源地受到影响。3 月 28 日晚，伊春铁力市发布关于拟关停第一水厂和引导市民适度储水的信息，为市民储水预留时间。黑龙江省人民政府启动突发环境事件应急二级响应后，铁力市于 29 日 21 时 30 分关闭依吉密河水源地，启动原第二水源和备用水源供水，并在 48 个小区设置临时供水点，保障居民临时用水安全，同时加快替代水厂建设。5 月 3 日，铁力市第三水厂升级改造工程完成，水质达到生活饮用水卫生标准，替代第一水厂供水，居民用水需求得到满足。

生态环境部及时通过官网、“双微”、中国环境报等平台连续发布处置进展信息。黑龙江省实时发布环境应急处置进展和河道水环境质量情况通报，对媒体和公众关注的问题进行解答。针对事件可能造成的国际影响，生态环境部 6 次向俄方通报事故处置、河流水质等情况。黑龙江省制定应对国际影响的工作预案，黑龙江省生态环境厅及时回复哈巴罗夫斯克边疆区自然资源部问询。

经现场调查取证和检测分析论证，鹿鸣矿业尾矿库 4# 排水井拱板和井架工程质量达不到设计和施工规范要求，拱板发生结构破坏导致尾矿泄漏，井架在不平衡尾矿、水和冰块的压力作用下倒塌，进而导致尾矿经排水隧洞大量泄漏，是事件发生的直接原因。

此案例给予我们的启示有：在工作中要注意防范化解尾矿库重大风险；强化尾矿库建设工程质量管理；加强尾矿库重点设施风险管控；切实履行尾矿库监督管理职责；提升尾矿库应急处置能力；提高应急支撑保障能力。

四、重庆巫山千丈岩水库污染事件①

2014 年 8 月 13 日，重庆市巫山县红椿乡红椿村村民发现，饮用水竟然变成了暗灰色！村民立即向当地政府反映情况。很快，巫山县便安排相关专业技术人员赶赴现场进行调查，并启动应急预案：停止对周边群众供水，确保被污染水体不外排，对千丈岩水质进行送检。

经重庆巫山与湖北建始县联合调查，初步判断为建始县磺厂坪矿业有限公司硫精矿洗矿场未经处理废水直接排放至山沟，渗透至地下，污染千丈岩饮用水水源，污染物为乙基钠黄药和二号起泡剂。重庆市环境保护局 14 日监测结果表明，被污染水体无重金属毒性，但悬浮物高达 260 mg/L，具有有机物毒性，COD、铁分别超标 0.25 倍和 30.3 倍。

千丈岩水库为巫山、奉节等周边 4 个乡镇 51 400 余名群众提供生活及灌溉用水，是巫山已建成的容量最大的水库，而且该水库地处三峡库区腹地，距离长江仅 13 km。水库附近村民反映，在被污染前，水库非常美观。被污染后，水库成了黑水沟。

事件发生后，国务院领导高度重视。针对重庆市巫山县千丈岩水库污染事件，环境保护部启动了突发环境事件调查程序，成立调查组，赴湖北、重庆两

① 案例来源：中国新闻网 https://www.chinanews.com.cn/sh/2014/08-18/6502109.shtml。

地开展调查，并派出工作组督促指导两地妥善处置事件。在环境保护部工作组的指导下，湖北、重庆两地加强联动，经联合排查认定，肇事企业为湖北省恩施自治州建始县磺厂坪矿业有限公司。调查认为，这家企业将试生产期间产生的废浆水直接排放到未做防渗处理的洼地。废浆水经洼地底部裂隙渗漏，沿暗河水系进入千丈岩水库，造成污染。千丈岩水库水污染事件属于跨省界污染事件，根据有关规定，已构成重大突发环境事件。此事件导致重庆市巫山县、奉节县共 5 万人饮用水受到影响，直接经济损失 334.32 万元。

经湖北方面对污染源实施清污分流、尾矿浆蘸，重庆方面对受污染水体实施药物净化等应急措施，8 月 16 日，污染源得到有效控制；8 月 18 日，千丈岩水库水体及暗河出水水质各项指标基本达标，同日，完成了备用水源应急供水管网与既有管网的铺设、对接工作，基本满足群众两个月的生活用水；8 月 19 日，巫山县政府宣布终止应急状态，转入后续处置阶段。

在此案例中，事故发生的主要原因在于企业在试生产期间违法排污。从相关部门所公示的案例来看，企业在试生产期间所发生的环境污染事故并不鲜见，主要原因在于，企业在试生产期间对于环保相关工作重视程度不高，相应设施设备也可能未达到正常状态，综合起来导致了污染事故的发生。因此，企业应对于试生产、设备检修等特殊时期的环境工作予以特别的重视，防止污染事故的发生。

五、广东茂名“1·10”污染环境案①

2014 年 1 月 9 日夜 23 时许，茂名市茂南区公馆镇白沙河沿河周围地区的空气中突然散发出强烈的刺激性恶臭，造成茂名市第五中学、公馆镇第一中学 96 名学生吸入污染的空气后，出现头晕、头痛、呕吐等中毒症状。环境保护部门接报后，迅速查明污染源并移送公安机关立案侦查。经茂名市公安局茂南分局侦查查明：1 月 9 日，位于茂名市茂南区公馆镇的茂南区信诺汽车维修厂的经营者吴某新指示莫某萍、汪某汉、罗某富、江某铭等驾驶两辆油罐车，将黄某新、

① 案例来源：吴凡、李佳伟：《偷排化工废水毒倒 96 名学生》，载于中国环境报 http://epaper.cenews.com.cn/html/2014-07/16/content_13994.htm 。

柯某胜、曾某玉经营的广西北流市清湾镇新发建筑材料厂生产沥青产生的废液65.52 t运回茂名。然后，吴某新指挥莫某萍具体操作，黄某新、曾某玉、柯某胜在场监督，将油罐车装载的21.96 t废液通过信诺汽车维修厂停车场内靠近白沙河一侧偷埋的一条排污管排放到白沙河，时间持续约40分钟。排放的废液随着河水流动而不断扩散，有毒物质不断挥发，污染了附近地区的大气环境。经权威部门检测，油罐车装载的废液属于液体易燃性危险废物。

茂名市茂南区人民检察院认为，吴某新、黄某新、莫某萍、柯某胜、汪某汉、罗某富无视国法，违反国家规定，排放、倾倒、处置有毒物质，严重污染环境，6人的行为触犯了《中华人民共和国刑法》第三百三十八条的规定，均构成污染环境罪。吴光新还违反国家规定，实施其他严重扰乱市场秩序的非法经营行为，情节严重，其行为已构成非法经营罪，提请法院依法判处。

庭审时，有辩护人认为，部分被告人是过失犯罪。法院认为，我国对危险废物实施严格的管理制度，运输、处理危险废物均需要具有相应的资质，办理相关的手续，按照法定程序进行处理，防止对环境造成污染。本案6名被告人在信诺汽车维修厂没有危险废物的处理资质，也没有办理运输审批手续的情况下，明知会对附近环境造成污染，仍然将危险废物非法排放到白沙河中，属于间接故意，不是过失犯罪。同时，茂南区法院还认为，被告人吴某新、黄某新、莫某萍、柯某胜、汪某汉、罗某富非法排放有毒物质，严重污染环境，其行为均已构成污染环境罪，特别是在学校、居民区等人口集中地区及其附近，更具有严重的社会危害性，依法应从重处罚。

2014年6月5日，茂南区人民法院对该案作出一审判决：被告人吴某新犯污染环境罪，判处有期徒刑二年九个月，并处罚金人民币十万元；被告人黄某新犯污染环境罪，判处有期徒刑二年六个月，并处罚金人民币八万元；被告人莫某萍犯污染环境罪，判处有期徒刑一年九个月，并处罚金人民币五万元。法院还分别判处柯某胜、汪某汉、罗某富三名从犯有期徒刑十个月至拘役五个月，并各处罚金人民币二万至三千元。

六、贵州遵义桐梓中石化西南成品油管道柴油泄漏事故①

2020 年 7 月 14 日 6 时 6 分许，贵州省遵义市桐梓县境内中石化输油管道柴油发生泄漏，造成跨贵州、重庆两省（市）的重大突发环境事件。事件发生后，生态环境部迅速派出工作组指导贵州、重庆两地开展应急处置工作。经过共同努力，实现了保障饮用水安全、不让超标污水进入长江的应急目标。

事发地点位于贵阳至重庆段成品油管道桐梓县新站镇捷阵村段（管道桩号 ZY109+410），管线总长度为 362km，事发时输送 0# 柴油。

7 月 14 日 6 时 6 分许，值守人员发现管道发生柴油泄漏。7 月 14 日 14 时起，松坎河贵州重庆交界断面开始超标；14 日 16 时 45 分，污染团前锋到达松藻煤矿取水点；15 日 8 时 35 分，污染团前锋到达綦江区三江四钢取水点；16 日 9 时 10 分，污染团前锋到达綦江区出境断面；16 日 16 时 20 分，污染团前锋到达江津区广兴饮用水水源地。重庆市境内监测断面水质于 7 月 18 日 6 时起全面达标，贵州省境内监测断面水质于 7 月 19 日 6 时起全面达标。

经专家核算，此次事件中柴油泄漏量约为 289.91t。其中，回收约 252.21t，吸附约 3.67t，入土壤约 20.58t，入河约 13.45t。事件造成事故点下游捷阵溪、松坎河及綦江共计 119km 河道石油类超标。綦江区三江水厂因饮用水水源地水质超标中断取水 19h，缩减了供水区域。事故点周边 4.5 亩农田被污染，受污染土壤约 461.9t。

事件发生后，贵州省省长、分管副省长，重庆市委书记、市长、副市长均做出批示指示，7 月 14 日即派出工作组现场指导。生态环境部于 7 月 15 日获知事件信息后，立即派出工作组赶赴现场，指导地方做好应急工作，提出了“保障饮用水安全、不让超标污水进入长江”的应急目标。中石化华南分公司及时采取停输、关阀、泄压等措施，遵义市和桐梓县人民政府分级启动应急响应，紧急集合抢险力量，开展现场应急处置。重庆市綦江区人民政府于 7 月 14 日 8 时许得到相关事件信息后，立即安排应急监测、水厂错时取水、污染处置和发布信息通告等措施，并及时将信息向下游的江津区通报；江津区人民政府安排 24 小时轮流值班观察源水状况并开展水质监测。重庆市的快速响应确保了在相

① 案例来源：https://www.mee.gov.cn/ywgz/hjyj/yjxy/202010/t20201029_805480.shtml

关水源水质受影响的情况下，没有影响到居民供水安全，保障了舆情和社会的稳定。

7 月 14 日发现泄漏后，中石化华南分公司紧急停止输油，迅速关闭泄漏点上游的阀室，并对泄漏点下游的尧龙山站通过大流量泄放进行泄压　7 月 15 日 10 时完成封堵。

本次事件处置共布设 31 道围油栏，其中贵州省境内 15 道，重庆市境内 16 道；贵州省还在境内构筑拦油坝 12 道、活性炭坝 12 道、隔油池 1 座，共削减污染物约 3.67 t。通过收油机等回收柴油 14.01 t。事件处置中，在泄漏点上游附近设置排水沟 5 处，在泄漏点下游设置用于收集泄漏柴油以及含油雨水的集油坑 1 个，用于将雨水、地表径流拦截并引出，在泄漏区域共覆盖防雨布约 2882 m^2。应急处置结束后，清挖被污染土壤 461.9 t。重庆市对受影响自来水厂实施应急改造，綦江区三江水厂及时缩减了供水区域，从 7 月 15 日至 17 日，将原供水区域的桥河、沱湾片区改由文龙水厂供水。7 月 16 日 4 时，三江水厂通过工艺改造，达到供水要求，居民用水需求得到满足。贵州省于 7 月 16 日通过《娄山资讯》平台将事故信息及初步处置情况向公众发布。重庆市綦江区应急局分别于 7 月 16 日、18 日分 3 次通过公共信息预警平台发布事件信息；重庆市渝綦水务技术开发有限公司 7 月 15 日在“大美綦江”APP 上发布《因綦江河水源污染造成城区部分区域水压不足的通告》。

本次事件发生的直接原因是山体滑坡导致输油管道受到挤压，发生位移变形和局部损伤，致使柴油泄漏，进而造成跨省界环境污染。在应急处置中，存在的问题有：对可能产生的严重后果研判失误、准备不足；先期处置不当，引发大量泄漏；地方政府有关部门履责不及时；应急指挥部架构不合理；政企联动不充分，地方和企业信息沟通不畅；上下游联动不够完善。

此案例给予我们的启示有：进一步提升各级政府领导干部环境应急管理能力，完善突发环境事件应急机制；提升管道企业风险防控水平和应急处置能力；加强地方环境应急能力建设；加快推进上下游联防联控机制建设；建立多部门参与的饮用水源安全保障机制。

七、山西新绛粗苯罐车侧翻泄漏次生突发环境事件[①]

2017年1月18日9时23分，一辆装载约29 t粗苯的槽罐车，在驶经汾河大桥时与大客车相撞后跌落到汾河中，罐车粗苯发生泄漏。事故发生后，环境保护部，山西省、市、县三级政府及当地环境保护部门第一时间抵达现场开展应对。陕西省同步开展应急监测及物资准备工作。

经现场检测和专家测算，事故罐车实际拉载粗苯量28.66 t，共导出回收24.34 t，泄漏到汾河中4.32 t。事件发生后，运城市政府成立了事故抢险救援指挥部，制订了总体救援处置方案，组织公安、消防、环保等部门以及新绛、稷山、河津、万荣4县政府，统筹实施断源、拦截降污、应急监测等应对措施。1月18日11时左右，消防支队全勤指挥部到达现场开始潜水作业，对事故车进行定位和车体固定后，准备实施整体吊装。但由于水体流速快、流量大，工程进度受阻。前期整体吊装遇到困难后，导流工作随即开展。2辆吊车、30余辆装载机、挖掘机、卡车陆续到场展开作业，通过在事故点上下游50 m处采取筑拦河坝、挖导流渠的办法，让河水绕过罐体，隔离污染物。但由于水流湍急，拦截坝合龙失败。应急救援指挥部随即召开会议，调整作战方案，确定了“打孔破拆、输转倒罐、吊装罐体”的战术措施。在前期挖掘引流渠的基础上，在罐体上开孔并架设输转泵及其管线进行倒罐，待罐体重量下降后进行吊装。1月19日16时44分，罐体内粗苯全部导出，罐体被吊至桥上，装车运离现场，事故污染源被彻底清除。1月18日下午，根据环境保护部专家意见，稷山、河津、万荣等地汾河沿线全面开展构筑水泥管活性炭拦截坝工作。1月18日夜，环境保护部工作组到达运城市，连夜沿汾河入黄河口断面，从下游往上逐点查看了万荣、河津、稷山、新绛县汾河水质情况和水泥管活性炭吸附坝建筑情况，及时提出要根据污染团带迁移情况准确确定活性炭的投放地点和时间，最大限度地保障吸附效率。19日凌晨，环境保护部工作组抵达事故现场，主持召开专题研讨会，要求河津和万荣两地加固加密吸附坝，及时更换活性炭，确保污染物在万荣县境内得到有效控制，入黄污染物浓度控制在0.15 mg/L以下。因为苯比水轻，水

① 案例来源：《案例：山西新绛粗苯罐车侧翻泄漏次生突发环境事件》，载于生态环境部网站 https://www.mee.gov.cn/ywgz/hjyj/yjxy/201912/t20191228_752089.shtml。

泥管应按顺水流方向摆放并有一定间隔，水泥管上下几层要交错摆放，这样可以放置活性炭，而且活性炭的摆放高度要略高于水面。事发地下游新绛、稷山、河津、万荣 4 县市共构筑了 36 道活性炭、草帘、秸秆等吸附坝，包括 4 道水泥管为主体的吸附坝，并 24 小时值守，防止发生溃坝事件。同时，定期添加吸附原材料，保障吸附效率。

这次应急事故以苯为主要监测指标。监测以抓住污染团迁移轨迹、及时分析处置效果为核心。空气监测方面，事故前期在事发区域开展苯系物监测。水质监测方面，针对水质情况，科学布点并加密监测频次。在监测过程中，由山西省统一调度省内监测资源，同时调集中国监测总站专家和物资支援。根据流速科学布点，调取水文数据，按照汾河流速 2.5 ～ 3 km/h 集中力量提前布点监测，掌握污染前锋和峰值，研判污染趋势。针对地方前期监测上下游采样时间不一致、难以研判污染趋势的问题，及时提出，上下游点位监测要同步采样、同步送样、同步检测。监测数据反映，自 1 月 21 日 13 时起，汾河入黄河口断面的苯浓度持续未检出。自 21 日 16 时起，黄河陕西韩城、渭南段各监测点苯浓度持续未检出。黄河河南三门峡各监测点苯浓度持续未检出。运城市政府于 22 日 18 时许正式终止应急响应，转为常态化管理。

按照突发事件舆论传播规律和新闻发布流程，新绛县“1·18”交通事故处理领导组新闻发布小组迅速与运城市新闻中心对接，确定县内县外新闻发布平台、发布内容和发布时间。同时跟紧处理进展，及时撰写新闻动态消息，经领导组授权市新闻中心，统一在新绛县政府网站、名城新绛微信平台、新华社山西分社刊登发布新闻。

在这次突发事件中，环境保护部及时调度、科学指导，山西省、市、县三级人民政府及相关部门高度重视，第一时间开展应急处置工作。在科学制订处置总体方案、统筹调度资源力量、及时科学引导舆论方面做了大量卓有成效的工作。首先，把握时机是关键。第一时间了解事件关键信息并掌握周边环境敏感点；初步研判，及时向地方政府及有关部门报告；采取一切办法切断污染源，最大限度防止污染范围扩大。其次，应急监测是基础。应科学布点，统筹资源，协同作战。最后，科学方法是重点。应根据污染物理化特征，科学处置，严防二次污染，提高效率。同时，处置工作中也存在一些不足之处：

一是应急监测数据没有同步采样、同步送样、同步检测，对研判污染趋势造成困难。部分监测点位设置在死水区，造成数据持续偏高；针对苯含量低水样采用稀释法进样，导致分析误差放大。二是应对交通事故倒罐断源经验不足，缺乏危险化学品应急处置专家和处置队伍储备，技术支撑力量薄弱。三是筑坝难度预估、物资储备不足。部分点位未及时完成筑坝要求，活性炭等物资未能及时调集到位。

本案例的事故起因是一起交通事故。在目前的环境污染事故案例中，起因是交通事故的占比较高。此类事故在处理时具有一定的难度，主要在于，事故污染物的种类多样、发生地多在交通路线以及河道等公共区域，在处理时难度较高。企业在日常生产中，对于涉及交通运输物料的情况时，一定要按环保、安全、运输管理等部门的相关要求完成相应的工作，确保在运输途中的安全，防止污染事故的发生。

八、嘉陵江“1·20”甘陕川交界断面铊浓度异常事件①

2021 年 1 月 20 日 4 时，嘉陵江陕西入四川断面铊浓度首次出现异常，铊浓度超过《地表水环境质量标准》（GB 3838—2002）中铊标准限值，21 日 23 时达到峰值（超标 1 倍）。经专家核算，此次事件中铊浓度异常的河道约 248 km，其中嘉陵江干流约 187 km，一级支流青泥河约 52 km、东渡河约 1 km，二级支流南河约 8 km。

四川省广元市西湾水厂取水口位于嘉陵江干流，距陕西入四川断面约 55 km。西湾水厂于 2014 年 7 月建成投运，设计供水 10 万 t/d，承担广元市城区 70% 的供水任务。此次事件造成该水源地铊超标约 235 h（1 月 20 日 21 时—1 月 30 日 16 时），西湾水厂低压供水时间约 442 h（1 月 21 日 0 时—2 月 8 日 10 时），受低压供水影响居民约 4.5 万人。此次事件污染沿线甘肃省境内无集中式地表水饮用水水源地。陕西省有 6 个村设有河道取水井，涉及人口 931 人，但未出现铊超标情况。经初步评估，本次突发环境事件应急响应阶段共造成直

① 案例来源：《嘉陵江“1·20”甘陕川交界断面铊浓度异常事件调查报告》，载于生态环境部网站 https://www.mee.gov.cn/ywgz/hjyj/yjxy/202107/t20210716_847470.shtml。

接经济损失 1 807.7 万元，主要包括污染处置费用、应急监测费用、保障工程费用、组织指挥和后勤保障费用、财产损失费用等。

事件发生后，生态环境部以及四川、陕西、甘肃 3 省迅速派出工作组和专家组赶赴现场，相关市县政府先后启动突发环境事件应急响应程序，全面做好溯源断源、应急监测、污染控制、饮水保障等工作，使事件得到妥善处置，保障了沿线群众生产生活用水安全。

1 月 21—23 日，四川、陕西、甘肃 3 省组织对嘉陵江干流和相关支流、相关企业开展溯源监测，判断铊污染来自上游陕西和甘肃境内的东渡河、青泥河及其支流南河，锁定了肇事企业。1 月 21 日 6 时，陇南市对污水排口完成封堵，切断了污水外排通道。17 时，对企业实施停产整改。1 月 23 日 17 时，汉中市对肇事企业实施停产，并对厂区内积水、集尘、淤泥进行清理。1 月 25 日，完成 17 个雨水排口的封堵，切断污染排放途径。陕西省境内共设置 23 道围堰，对污染水体进行拦截；铺设 2.5 km 的输水管道，导流东渡河上游清洁来水；在青泥河、东渡河分别设置 3 个、4 个工程削污点位，充分利用围堰、桥梁等设施，投加混凝剂、絮凝剂等，对污染物进行多级削峰。甘肃省境内共构筑 10 座拦污坝，对污染水体进行拦截，同时设置 4.5 km 导流渠、4 km 导流管道，导流企业排污口上游清洁来水；在南河、青泥河分别设置 4 个加药点，投加混凝剂、絮凝剂等，削减污染物浓度。

1 月 21 日 0 时 30 分，四川省广元市启动供水应急预案，调整白龙水厂、西湾水厂对城区供水比例，组织西湾水厂实施低压供水和原水微污染净化工程，投加活性炭、絮凝剂净化水质。启用香颂湾、城北水厂等应急水源，对学校、医院、监狱等重点用水单位和高边远小区按需送水 17 余车次，送水量约 340 t，保障群众正常生产生活。

此次事件的肇事企业为某锌冶炼厂和某钢铁有限责任公司。某锌冶炼厂设计年产锌锭 10 万 t、副产品硫酸 17 万 t，某钢铁厂年产钢 150 万 t。2012 年 8 月当地环境保护厅组织的竣工环保验收文件显示，企业生产废水零排放。经调查分析，本次事件中铊浓度异常是企业日常性铊排放量增加，叠加枯水期大环境容量减少造成的。

某锌冶炼厂生产原料、生产废水和废渣中含铊。企业原执行标准未对铊排放进行规定，虽建有污水处理设施，但没有针对铊的去除工艺，铊随着生产废水、生活污水和初期雨水经过污水处理站，通过污水总排口集中外排后进入南河、青泥河，汇入嘉陵江。某钢铁厂原料含铊，虽然生产废水基本回用，但初期雨水收集设施缺失，厂区雨污分流不彻底，存在跑冒滴漏等问题，造成部分铊外排。此案例中，还存在某锌冶炼厂废水超总量排放的情况。陇南市环境保护局在2017年的环评批复中规定，此企业年废水排放总量为23.99万t。调查认定，企业2020年实际排放废水25.49万t，超总量排放1.50万t。某钢铁厂涉水环境管理不规范。企业设施老旧，环境管理粗放，含铊烟尘灰、地面集尘等随着降水或地面冲洗水进入厂区无防渗漏措施的雨水沟道后，排入东渡河。

在此案例中，涉及的污染物是日常管理工作中较为少见的污染物。两家企业生产原料中含有铊，但企业都没有针对性的污染治理设施。这是目前企业污染治理中应予以重视的问题。同时在本案例中，某钢铁企业虽然对于生产废水基本回用，但初期雨水收集设施缺失，导致铊外排。这对于企业而言有着重要的警示意义。从目前的现状分析，极端天气的出现频次较之以往有所提高，一旦发生暴雨等特殊天气，对于企业的日常环境安全与应急工作是较大的考验。

企业环保管家系列指南 | 丛书主编　宋海鸥

企业自行监测管理指南

编著　石碧清　董　冰　程　颖

主审　刘　湘

中国环境出版集团·北京

图书在版编目（CIP）数据

企业自行监测管理指南/石碧清，董冰，程颖编著.—北京：中国环境出版集团，2023.6

（企业环保管家系列指南）

ISBN 978-7-5111-5535-1

Ⅰ.①企… Ⅱ.①石… ②董… ③程… Ⅲ.①企业－排污－环境监测－指南 Ⅳ.①X506-62

中国国家版本馆CIP数据核字（2023）第098494号

出 版 人 武德凯
责任编辑 葛 莉 曹 玮
封面设计 彭 杉

出版发行 中国环境出版集团
（100062 北京市东城区广渠门内大街16号）
网 址：http：//www.cesp.com.cn
电子邮箱：bjgl@cesp.com.cn
联系电话：010-67112765（编辑管理部）
010-67113412（第二分社）
发行热线：010-67125803 010-67113405（传真）
印 刷 北京中科印刷有限公司
经 销 各地新华书店
版 次 2023年6月第1版
印 次 2023年6月第1次印刷
开 本 787×960 1/16
印 张 10.75
字 数 193千字
丛书定价 688.00元

丛书主编简介：

宋海鸥　河北环境工程学院教授，环境法学硕士，西北政法大学法学博士研究生，河北海立律师事务所律师，秦皇岛律师协会资源与环境委员会副主任，多地生态环境部门、企业法律顾问，主要从事环境法、环境执法及环境管理相关领域的研究与实务工作。

本册作者简介：

石碧清　河北环境工程学院教授，环境工程硕士，河北省教学名师，主要从事环境监测及环境污染物质等相关领域的教学和研究工作。

董　冰　河北环境工程学院副教授，无机化学博士，主要从事环境监测、环境功能材料等相关领域的教学和研究工作。

程　颖　河北环境工程学院副教授，化学博士，主要从事环境监测、环境催化与功能材料等相关领域的教学和研究工作。

本册主审简介：

刘　湘　河北环境工程学院教授，主要从事环境法与环境执法等相关领域的教学、研究和实务工作。

总　序

“环保管家”是一种以“合同环境服务”为核心的环境污染治理新模式。2014 年 12 月 27 日，国务院办公厅《关于推行环境污染第三方治理的意见》中指出：“到 2020 年，环境公用设施、工业园区等重点领域第三方治理取得显著进展，污染治理效率和专业化水平明显提高，社会资本进入污染治理市场的活力进一步激发。环境公用设施投资运营体制改革基本完成，高效、优质、可持续的环境公共服务市场化供给体系基本形成；第三方治理业态和模式趋于成熟，涌现一批技术能力强、运营管理水平高、综合信用好、具有国际竞争力的环境服务公司。”2016 年 4 月 15 日，环境保护部印发《关于积极发挥环境保护作用促进供给侧结构性改革的指导意见》（环大气〔2016〕45 号），该意见指出：“推进环境咨询服务业发展，鼓励有条件的工业园区聘请第三方专业环保服务公司作为‘环保管家’，向园区提供监测、监理、环保设施建设运营、污染治理等一体化环保服务和解决方案。”由此，在环境保护领域正式提出了“环保管家”的概念，诸多的“环保管家”公司如雨后春笋般涌现，为企业提供“全面体检”服务。

尽管有专业环境污染第三方治理机构的辅助，但排污企业不能也无法避免经营中环境违规行为的法律责任。在环保形势日益严峻的背景下，掌握环境法律基本规定、污染防治技术规范等成为企业生存发展的必备能力，企业有必要通过学习将“要我守法”内生为“我要守法”的动力。

编者在与能源、化工、运输、钢铁、建材、机械加工、装备制造、矿山等行业企业打交道的过程中，了解到企业尤为关注环保问题，有增加环保投入和增强自身环保专业知识的意愿，对降低环保经营风险有较高的期望值，但囿于环境保护知识的专业性，对通俗介绍企业生产经营中环保风险的指南、手册的需求迫切。正是基于这种市场需求，我们策划了这套专业的“企业环保管家系列指南”丛书（以下简称丛书），对企业环保问题开展“望闻问切”，对环保疑难杂症进行“科学会诊”，既能找准污染治理主要环节和风险隐患突出问题形成“体检报告”，也能开出诊治“药方”。“环保管家”通过常态化的“体检”和“问诊”，及时提出预警和针对性措施，以避免环境事故的发生，降低环境风险。

丛书分为四个板块，共计 13 个分册，旨在通过通俗易懂、实务的语境为企业提供环境守法的指引。在理论知识铺垫上，以够用为尺度，尽可能化繁为简；注重实操，并辅以案例，对企业生产经营中的环境管理事项和环境管理风险予以深度解读，帮助企业相关人员掌握企业环境管理的“钥匙”，最大限度降低企业的经营风险。

丛书的四个板块分别为：

1）法律法规板块：包括《企业常用环境法律法规手册》1 个分册，主要包含环境法律、法规、规章及政策性文件等内容。

2）常见环境管理事务板块：包括《企业环保合法合规管理指南》《企业建设项目环境影响评价管理指南》《企业排污许可证申领与实施操作指南》《企业自行监测管理指南》《企业环境信息化管理指南》《企业环境应急管理指南》6 个分册，主要从企业建设项目环境管理与企业环境风险防范角度进行阐释。

3）污染防治技术板块：包括《企业废水污染管控指南》《企业废气污染管控指南》《企业固体废物污染环境管控指南》《企业土壤污染管控指南》4 个分册，主要从治理设备、治理技术、产排污节点等方面对企业全流程技术管理予以说明。

4）企业环境金融与认证板块：包括《企业环境经济政策指南》《企业清洁生产审核与环境管理体系认证指南》2 个分册，主要包括环境税、排污权交易、碳排放交易以及清洁生产审核、ISO 14001 认证等相关知识。

从书主要针对生产性企业的环境管理人员、环保管理型企业的工作人员以及对环境管理工作感兴趣的其他人员，也可以作为环境管理初学者的入门教材。

编写团队共 25 人，包括相关领域教授、副教授，专门从事环境法律事务的律师，生态环境部固体废物与化学品管理技术中心专家，大型企业从事环境管理的工作人员以及专业从事“环保管家”服务的企业人员等。编写团队中无论是“学院派”还是“实战派”，均是在相应领域深耕多年的行家里手。

本套丛书经过与出版社沟通和策划、制定编写大纲、组织编写人员、撰写初稿、修改初稿、定稿、统稿等多个流程，历时 15 个月。在组织编写过程中，各分册编者之间通力合作，各分册牵头人也与我进行有效沟通，保证了丛书的质量和覆盖面；同时，为保障丛书如期完成，众多编者付出了巨大心血，在此表示衷心感谢。组织如此大规模的编写队伍，于我而言也是前所未有的，其中有考虑不周之处，请各位编者海涵；因知识和技能所限，编写难免有疏漏，请各位读者批评指正。

最后要感谢河北环境工程学院领导的关心及中国环境出版集团对这套丛书的支持，尤其是第二分社全体编辑的专业和敬业让这套丛书由设想变为现实。

宋海鸥

2022 年 8 月 14 日于秦皇岛

前 言

随着我国社会经济的高速发展，生态环境问题日益突出，生态环境监测工作显得尤为重要。《“十四五”生态环境监测规划》中明确指出：生态环境监测是生态环境保护的基础，是生态文明建设的重要支撑。全面实行排污许可发证单位自行监测及信息公开制度，加强技术帮扶与监督管理，督促企业依证监测、依法公开。

《中华人民共和国环境保护法》《中华人民共和国水污染防治法》和《中华人民共和国大气污染防治法》等相关法律法规中明确要求企业对自身排污状况开展监测。企业开展排污状况自行监测是法定的责任和义务，自行监测是排污单位排污许可证的重要组成部分，也是企业自证守法、自我保护的重要手段和途径。

为规范和指导企业开展自行监测工作，生态环境部发布了《排污单位自行监测技术指南　总则》（HJ 819—2017）等一系列自行监测技术指南。本书依据排污单位自行监测技术指南以及相关的生态环境监测标准，从自行监测方案的制定、监测指标和监测方法的确定、手工监测和自动监测技术、企业周边环境影响与厂界噪声监测、企业自行监测质量管理以及企业自行监测数据记录与公开等自行监测的工作过程要点进行编写，希望本书能对企业开展自行监测工作有所帮扶。本书由石碧清教授统稿，各章编写人员如下：第一章、第二章，石碧清；第三章，程颖、石碧清；第四章、第五章，董冰；第六章，董冰、石碧清；

第七章、第八章，程颖；附录：石碧清。

本书由河北环境工程学院刘湘教授主审，刘湘教授提出了指导性意见和建议。在此，本书编者表示诚挚的谢意。

本书在编写过程中参考并引用了大量文献资料，咨询了部分行业、企业专家。在此，谨对参考文献的原作者和对本书提出宝贵意见和建议的行业、企业专家表示衷心的感谢。

由于编者水平有限，书中难免出现错误和纰漏，敬请读者予以批评、指正。

编者

2022 年 6 月

目 录

第一章　企业自行监测概述

《“十四五”生态环境监测规划》中明确指出，生态环境监测是生态环境保护的基础，是生态文明建设的重要支撑。全面实行排污许可发证单位自行监测及信息公开制度，加强技术帮扶与监督管理，督促企业依证监测、依法公开。

第一节　企业自行监测法律依据

《中华人民共和国环境保护法》《中华人民共和国水污染防治法》《中华人民共和国大气污染防治法》等法律法规均有规范排污单位自行监测的规定，《生态环境监测网络建设方案》等规范性文件也有大量关于排污单位开展自行监测的要求或指导。

一、自行监测与自行监测范围

（一）自行监测

自行监测是指排污单位为掌握本单位的污染物排放状况及其对周边环境质量的影响等情况，按照相关法律法规和技术规范，组织开展的环境监测活动。

（二）自行监测范围

排污单位可参照《排污单位自行监测技术指南　总则》（HJ 819—2017）在生产运行阶段对其排放的水、气污染物，噪声以及对其周边环境质量影响开展监测。

二、开展自行监测是排污单位应尽的责任

开展自行监测是排污单位应尽之责。排污单位有效地开展自行监测，及时向社会公开污染物排放情况，接受群众监督，是其应尽的社会义务和法律责任。我国多项法律法规对企业自行监测工作提出明确要求。

（一）《中华人民共和国环境保护法》有关自行监测的规定

第四十二条(第三款、第四款)规定：重点排污单位应当按照国家有关规定和监测规范安装使用监测设备，保证监测设备正常运行，保存原始监测记录。严禁通过暗管、渗井、渗坑、灌注或者篡改、伪造监测数据，或者不正常运行防治污染设施等逃避监管的方式违法排放污染物。

第五十五条规定：重点排污单位应当如实向社会公开其主要污染物的名称、排放方式、排放浓度和总量、超标排放情况，以及防治污染设施的建设和运行情况，接受社会监督。

第六十二条、第六十三条、第六十五条、第六十八条分别规定：重点排污单位、企事业单位、环评机构和监测机构、环境监管部门等应承担的法律责任，违反相关规定，将给予不同程度的处罚。

（二）《中华人民共和国水污染防治法》有关自行监测的规定

第二十三条规定：实行排污许可管理的企业事业单位和其他生产经营者应当按照国家有关规定和监测规范，对所排放的水污染物自行监测，并保存原始监测记录。重点排污单位还应当安装水污染物排放自动监测设备，与环境保护主管部门的监控设备联网，并保证监测设备正常运行。具体办法由国务院环境保护主管部门规定。（排污单位需按许可要求开展自行监测，重点排污单位还需开展自动监测。）

第八十二条规定：违反本法规定，有下列行为之一的，由县级以上人民政府环境保护主管部门责令限期改正，处二万元以上二十万元以下的罚款；逾期不改正的，责令停产整治。

（1）未按照规定对所排放的水污染物自行监测，或者未保存原始监测记录的；

（2）未按照规定安装水污染物排放自动监测设备，未按照规定与环境保护

主管部门的监控设备联网，或者未保证监测设备正常运行的；

（3）未按照规定对有毒有害水污染物的排污口和周边环境进行监测，或者未公开有毒有害水污染物信息的。

第八十三条规定：违反本法规定，有下列行为之一的，由县级以上人民政府环境保护主管部门责令改正或者责令限制生产、停产整治，并处十万元以上一百万元以下的罚款；情节严重的，报经有批准权的人民政府批准，责令停业、关闭。其中第三款规定：利用渗井、渗坑、裂隙、溶洞，私设暗管，篡改、伪造监测数据，或者不正常运行水污染防治设施等逃避监管的方式排放水污染物的。

第八十五条规定：有下列行为之一的，由县级以上地方人民政府环境保护主管部门责令停止违法行为，限期采取治理措施，消除污染，处以罚款；逾期不采取治理措施的，环境保护主管部门可以指定有治理能力的单位代为治理，所需费用由违法者承担。

（三）《中华人民共和国大气污染防治法》有关自行监测的规定

第二十四条第一款规定：企业事业单位和其他生产经营者应当按照国家有关规定和监测规范，对其排放的工业废气和本法第七十八条规定名录中所列有毒有害大气污染物进行监测，并保存原始监测记录。其中，重点排污单位应当安装、使用大气污染物排放自动监测设备，与生态环境主管部门的监控设备联网，保证监测设备正常运行并依法公开排放信息。

（四）《中华人民共和国环境保护税法》有关自行监测的规定

第十条规定：（1）纳税人安装使用符合国家规定和监测规范的污染物自动监测设备的，按照污染物自动监测数据计算；（2）纳税人未安装使用污染物自动监测设备的，按照监测机构出具的符合国家有关规定和监测规范的监测数据计算。

生态环境主管部门和税务机关应当建立涉税信息共享平台和工作配合机制。生态环境主管部门应当将排污单位的排污许可、污染物排放数据、环境违法和受行政处罚情况等环境保护相关信息，定期交送税务机关。

（五）《排污许可管理条例》有关自行监测的规定

第十一条第四款规定：自行监测方案的监测点位、指标、频次等符合国家自行监测规范。

第十三条第八款规定：排污许可证应当记载下列信息：自行监测、环境管理台账记录、排污许可证执行报告的内容和频次等要求。

第二十九条规定：排污单位自行监测数据与生态环境主管部门及其所属监测机构在行政执法过程中收集的监测数据不一致的，以生态环境主管部门及其所属监测机构收集的监测数据作为行政执法依据。

（六）《最高人民法院、最高人民检察院关于办理环境污染刑事案件适用法律若干问题的解释》有关自行监测的规定

实施刑法第三百三十八条规定的行为，具有下列情形之一的，应当认定为“严重污染环境”：（七）重点排污单位、实行排污许可重点管理的单位篡改、伪造自动监测数据或者干扰自动监测设施，排放化学需氧量、氨氮、二氧化硫、氮氧化物等污染物的。

重点排污单位、实行排污许可重点管理的单位篡改、伪造自动监测数据或者干扰自动监测设施，排放化学需氧量、氨氮、二氧化硫、氮氧化物等污染物，同时构成污染环境罪和破坏计算机信息系统罪的，依照处罚较重的规定定罪处罚。

从事环境监测设施维护、运营的人员实施或者参与实施篡改、伪造自动监测数据、干扰自动监测设施、破坏环境质量监测系统等行为的，应当从重处罚。

（七）《生态环境监测网络建设方案》有关自行监测的规定

第五条规定：健全重点污染源监测制度。各级环境保护部门确定的重点排污单位必须落实污染物排放自行监测及信息公开的法定责任，严格执行排放标准和相关法律法规的监测要求。国家重点监控排污单位要建设稳定运行的污染物排放在线监测系统。各级环境保护部门要依法开展监督性监测，组织开展面源、移动源等监测与统计工作。

第十四条规定：实现生态环境监测与执法同步。各级环境保护部门依法履行对排污单位的环境监管职责，依托污染源监测开展监管执法，建立监测与监管执法

联动快速响应机制，根据污染物排放和自动报警信息，实施现场同步监测与执法。

第十七条规定：明确生态环境监测事权。各级环境保护部门主要承担生态环境质量监测、重点污染源监督性监测、环境执法监测、环境应急监测与预报预警等职能。环境保护部适度上收生态环境质量监测事权，准确掌握、客观评价全国生态环境质量总体状况。重点污染源监督性监测和监管重心下移，加强对地方重点污染源监督性监测的管理。地方各级环境保护部门相应上收生态环境质量监测事权，逐级承担重点污染源监督性监测及环境应急监测等职能。

（八）《控制污染物排放许可制实施方案》有关自行监测的规定

第十一条规定：实行自行监测和定期报告。企事业单位应依法开展自行监测，安装或使用监测设备应符合国家有关环境监测、计量认证规定和技术规范，保障数据合法有效，保证设备正常运行，妥善保存原始记录，建立准确完整的环境管理台账，安装在线监测设备的应与环境保护部门联网。企事业单位应如实向环境保护部门报告排污许可证执行情况，依法向社会公开污染物排放数据并对数据真实性负责。排放情况与排污许可证要求不符的，应及时向环境保护部门报告。

第十六条规定：加大信息公开力度。在全国排污许可证管理信息平台上及时公开企事业单位自行监测数据和环境保护部门监管执法信息。

（九）《国家重点监控企业自行监测及信息公开办法（试行）》有关自行监测的规定

《国家重点监控企业自行监测及信息公开办法（试行）》要求企业制定完整的监测方案并备案，且对方案制定的依据、方案内容以及备案作了要求，具体内容如下：

方案制定依据：企业应当按照国家或地方污染物排放（控制）标准、环境影响评价报告书（表）及其批复、环境监测技术规范的要求，制定自行监测方案。

方案内容：企业基本情况、监测点位、监测频次、监测指标、执行排放标准及其限值、监测方法和仪器、监测质量控制、监测点位示意图、监测结果公开时限等。

备案：自行监测方案及其调整、变化情况应及时向社会公开，并报地市级环境保护主管部门备案，其中装机总容量30万千瓦以上火电厂向省级环境保护主管部门备案。

三、自行监测是排污单位排污许可证的重要组成部分

我国目前正在着手建立覆盖所有固定污染源的排污许可证制度，并明确将把“排污许可一证式管理”建设成为固定污染源环境管理的核心制度，进一步整合衔接现行各项环境管理制度，形成系统完整、权责清晰、监管有效的污染源管理新格局，提升环境治理能力和管理水平。其中自行监测要求是排污许可证的重要载明事项，规定在申请和核发环节应明确自行监测方案及信息记录要求。按照生态环境部统一部署，排污许可证分行业、分批次逐步推进。排污许可证明确规定排污单位的污染物浓度限值和总量限值，排污单位开展自行监测后，其监测结果一方面可作为评价排污单位治污效果、排污状况、对环境质量影响状况的重要依据；另一方面也为生态环境管理部门进行污染源达标状况判定、排放量核算等提供数据支撑。因此，排污单位自行监测是精细化、规范化污染源管理的重要基础，是排污许可证制度的有机组成部分。

第二节　企业自行监测一般要求

近年来，我国的环境管理方式由监督性监测管理向排污单位自行监测转变，我国污染物排放自行监测体系已基本建立。截至 2022 年 2 月底，我国已发布 30 余项排污单位自行监测技术指南。按照开展自行监测活动的一般流程，排污单位应查清本单位的所有污染源，确定主要污染源、主要监测指标及潜在的环境影响，制定监测方案，设置和维护监测设施，开展自行监测，做好监测质量保证与质量控制，记录和保存监测数据，依法向社会公开监测结果。

一、自行监测一般要求

（一）制定监测方案

排污单位应查清所有污染源，确定主要污染源及主要监测指标，制定监测方案。制定监测方案时，应保证监测点位、监测指标、监测频次的全面性、科学性，确保监测数据具有代表性，能够全面反映排污单位的实际排污情况。

监测方案内容包括单位基本情况、监测点位及示意图、监测指标、执行标

准及其限值、监测频次、采样和样品保存方法、监测分析方法和仪器、质量保证与质量控制等。

新建排污单位应当在投入生产或使用并产生实际排污行为之前完成自行监测方案的编制及相关准备工作。

（二）设置和维护监测设施

排污单位应按照规定设置满足开展监测所需要的监测设施。设置和维护监测设施时，应能够满足监测要求，同时为监测活动的开展提供便利条件。开展废水、废气污染物排放监测时，废水排放口，废气（采样）监测平台、监测断面和监测孔的设置应符合监测规范要求，要保证水流、气流不受干扰，混合均匀，使得监测点位的监测数据能够反映污染物排放的真实情况。监测平台空间要方便、足够大、要备有需要的电源等辅助设备以及必要的防护设施，保证各类监测设备摆放和监测人员开展监测活动，应能保障监测人员的安全。

（三）开展自行监测

排污单位应按照最新的监测方案开展监测活动，可根据自身条件和能力，利用自有人员、场所和设备自行监测；也可委托其他有资质的检（监）测机构代其开展自行监测。无论是排污单位自行开展监测还是委托其他有资质的检(监）测机构代其开展自行监测，都应该按照国家发布的环境监测技术规范、监测方法标准开展监测活动，都应该对自行监测数据真实性负责。持有排污许可证的企业自行监测年度报告内容可以在排污许可证年度执行报告中体现。

（四）做好监测质量保证与质量控制

无论是排污单位自行开展监测还是委托其他有资质的检（监）测机构代其开展自行监测，都应该根据相关监测技术规范、监测方法标准等要求做好监测质量保证与质量控制工作。

自行开展监测的排污单位，应建立自行监测质量管理制度，按照相关技术规范要求做好监测质量保证与质量控制，以确保监测数据的质量。

（五）记录和保存监测数据

排污单位应做好与监测相关的数据记录，按照规定进行保存，保证监测过程的可溯源性，并依据相关法规向社会公开监测结果。

二、已发布的企业自行监测技术指南

根据《国民经济行业分类（2019 修订版）》（GB/T 4754—2017）和排污许可证核发技术规范分类，构建了“1+43+1”的排污单位自行监测技术指南体系，以《排污单位自行监测技术指南　总则》（HJ 819—2017）为统领，以 43 项重点行业和通用工序为主体，以《工业企业土壤和地下水自行监测技术指南（试行）》（HJ 1209—2021）为要素补充，共 45 项，现均已公开发布（表 1-1）。

表 1-1　排污单位自行监测技术指南

序号	标准号	标准名称	实施时间
1	HJ 819—2017	排污单位自行监测技术指南　总则	2017-06-01
2	HJ 820—2017	排污单位自行监测技术指南　火力发电及锅炉	2017-06-01
3	HJ 821—2017	排污单位自行监测技术指南　造纸工业	2017-06-01
4	HJ 848—2017	排污单位自行监测技术指南　水泥工业	2017-11-01
5	HJ 878—2017	排污单位自行监测技术指南　钢铁工业及炼焦化学工业	2018-01-01
6	HJ 879—2017	排污单位自行监测技术指南　纺织印染工业	2018-01-01
7	HJ 880—2017	排污单位自行监测技术指南　石油炼制工业	2018-01-01
8	HJ 881—2017	排污单位自行监测技术指南　提取类制药工业	2018-01-01
9	HJ 882—2017	排污单位自行监测技术指南　发酵类制药工业	2018-01-01
10	HJ 883—2017	排污单位自行监测技术指南　化学合成类制药工业	2018-01-01
11	HJ 946—2018	排污单位自行监测技术指南　制革及毛皮加工工业	2018-10-01
12	HJ 947—2018	排污单位自行监测技术指南　石油化学工业	2018-10-01
13	HJ 948.1—2018	排污单位自行监测技术指南　化肥工业—氮肥	2018-10-01
14	HJ 985—2018	排污单位自行监测技术指南　电镀工业	2019-03-01
15	HJ 986—2018	排污单位自行监测技术指南　农副食品加工业	2019-03-01
16	HJ 987—2018	排污单位自行监测技术指南　农药制造工业	2019-03-01
17	HJ 988—2018	排污单位自行监测技术指南　平板玻璃工业	2019-03-01
18	HJ 989—2018	排污单位自行监测技术指南　有色金属工业	2019-03-01

序号	标准号	标准名称	实施时间
19	HJ 1083—2020	排污单位自行监测技术指南　水处理	2020-04-01
20	HJ 1084—2020	排污单位自行监测技术指南　食品制造	2020-04-01
21	HJ 1085—2020	排污单位自行监测技术指南　酒、饮料制造	2020-04-01
22	HJ 1086—2020	排污单位自行监测技术指南　涂装	2020-04-01
23	HJ 1087—2020	排污单位自行监测技术指南　涂料油墨制造	2020-04-01
24	HJ 1088—2020	排污单位自行监测技术指南　磷肥、钾肥、复混肥料、有机肥料和微生物肥料	2020-04-01
25	HJ 1138—2020	排污单位自行监测技术指南　无机化学工业	2021-01-01
26	HJ 1139—2020	排污单位自行监测技术指南　化学纤维制造业	2021-01-01
27	HJ 1204—2021	排污单位自行监测技术指南　电池工业	2022-01-01
28	HJ 1205—2021	排污单位自行监测技术指南　固体废物焚烧	2022-01-01
29	HJ 1206—2021	排污单位自行监测技术指南　人造板工业	2022-01-01
30	HJ 1207—2021	排污单位自行监测技术指南　橡胶和塑料制品	2022-01-01
31	HJ 1208—2021	排污单位自行监测技术指南　有色金属工业—再生金属	2022-01-01
32	HJ 1209—2021	工业企业土壤和地下水自行监测技术指南（试行）	2022-01-01
33	HJ 1244—2022	排污单位自行监测技术指南　稀有稀土金属冶炼	2022-07-01
34	HJ 1245—2022	排污单位自行监测技术指南　聚氯乙烯工业	2022-07-01
35	HJ 1246—2022	排污单位自行监测技术指南　印刷工业	2022-07-01
36	HJ 1247—2022	排污单位自行监测技术指南　煤炭加工—合成气和液体燃料生产	2022-07-01
37	HJ 1248—2022	排污单位自行监测技术指南　陆上石油天然气开采工业	2022-07-01
38	HJ 1249—2022	排污单位自行监测技术指南　储油库、加油站	2022-07-01
39	HJ 1250—2022	排污单位自行监测技术指南　工业固体废物和危险废物治理	2022-07-01
40	HJ 1251—2022	排污单位自行监测技术指南　金属铸造工业	2022-07-01
41	HJ 1252—2022	排污单位自行监测技术指南　畜禽养殖行业	2022-07-01
42	HJ 1253—2022	排污单位自行监测技术指南　电子工业	2022-07-01
43	HJ 1254—2022	排污单位自行监测技术指南　砖瓦工业	2022-07-01
44	HJ 1255—2022	排污单位自行监测技术指南　陶瓷工业	2022-07-01
45	HJ 1256—2022	排污单位自行监测技术指南　中药、生物药品制品、化学药品制剂制造业	2022-07-01

第二章　企业自行监测方案制定要点

企业自行监测方案是对监测活动开展所进行的计划和安排，是自行监测实施过程中的核心内容之一。监测方案的内容包括监测点位的设置、监测指标的筛选、监测频次的确定、采样方法和分析测试方法的选择、执行标准及其限值、质量保证与质量控制措施等。

企业自行监测的内容包括污染物排放监测、周边环境质量影响监测、关键工艺参数监测和污染治理设施处理效果监测等。

监测点位可分为外排口监测点位、内部监测点位、无组织排放监测点位、噪声监测点位、周边环境监测点位。其中内部监测点位包括污染治理设施进口、污水处理厂进水、特征工艺参数监测点位等。

第一节　废气自行监测方案制定要点

一、有组织废气排放监测方案

（一）主要污染源和主要排放口

1. 主要污染源的确定

废气常规污染物的主要来源包括燃烧排放和工艺排放两类。工业企业燃烧排放主要是锅炉燃烧排放源，包括电站锅炉和普通工业锅炉；工艺排放主要是通过各类工业炉窑排放的废气污染物。

对于挥发性有机物和部分有毒有害污染物，除锅炉和炉窑等排放源外，涉及化工生产的反应设备以及大宗溶剂存储和使用设备也是重要排放源。

根据《排污单位自行监测技术指南　总则》的规定，主要排放源包括以下 4 种情况：

（1）单台出力 14 MW 或 20 t/h 及以上的各种燃料的锅炉和燃气轮机组。

（2）重点行业的工业炉窑（水泥窑、炼焦炉、熔炼炉、焚烧炉、熔化炉、铁矿烧结炉、加热炉、热处理炉、石灰窑等）。

（3）化工类生产工序的反应设备（化学反应器 / 塔、蒸馏 / 蒸发 / 萃取设备等）。

（4）其他与上述所列相当的污染源。

符合以上条件的排放源，必须列为本企业的主要排放源；不符合以上条件的排放源企业，按照不存在主要排放源情况对待；对于未进行列举的而排放量与列举出的排放源排放量相当的，也应列为主要排放源。

2. 主要排放口的确定

对于某一个排放口，只要有主要排放源的废气经此排放口排放，那么该排放口就应该视为主要排放口。《排污单位自行监测技术指南　总则》中明确了“排污许可证申请与核发技术规范”确定的主要排放口也作为自行监测的主要排放口。主要排放口包括以下 3 种情况：

（1）主要污染源的废气排放口。

（2）“排污许可证申请与核发技术规范”确定的主要排放口。

（3）对于多个污染源共用一个排放口的，凡涉及主要污染源的排放口均为主要排放口。

（二）监测点位

1. 废气外排口监测点位的设置

点位设置应满足《固定污染源排气中颗粒物测定与气态污染物采样方法》（GB/T 16157—1996）、《固定污染源烟气（SO_2、NO_x、颗粒物）排放连续监测技术规范》（HJ 75—2017）等的要求。净烟气与原烟气混合排放的应在排气筒或烟气汇合后的混合烟道上设置监测点位；净烟气直接排放的应在净烟气烟道上设置监测点位，有旁路的旁路烟道也应设置监测点位。

2. 废气内部监测点位的设置

当污染物排放标准中有污染物处理效果要求时，应在进入相应污染物处理设施单元的进出口设置监测点位。当环境管理文件有要求，或排污单位认为有必要的，可设置开展相应监测内容的内部监测点位。

（三）监测指标

各外排口监测点位的监测指标应至少包括所执行的国家或地方污染物排放（控制）标准、环境影响评价文件及其批复、排污许可证等相关管理规定明确要求的污染物指标。排污单位还应根据生产过程的原辅用料、生产工艺、中间及最终产品，确定是否排放纳入相关有毒有害或优先控制污染物名录中的污染物指标，或其他有毒污染物指标，这些指标也应纳入监测指标。主要排放口监测点位的监测指标，符合以下条件的为主要监测指标：

（1）二氧化硫、氮氧化物、颗粒物（或烟尘 / 粉尘）、挥发性有机物中排放量较大的污染物指标。

（2）能在环境或动植物体内积蓄且对人类产生长远不良影响的有毒污染物指标（存在有毒有害或优先控制污染物相关名录的，以名录中的污染物指标为准）。

（3）排污单位所在区域环境质量超标的污染物指标。

内部监测点位的监测指标根据点位设置的主要目的确定。

（四）监测频次

监测频次的确定主要考虑监测成本和监测需求两个方面的因素，并结合废气排放监测经验情况，将废气排放监测频次设定为自动监测、月、季度、半年、年 5 个等级。对于排放量大，且自动监测技术成熟的主要污染源的主要污染物指标，可采用自动监测。对于排放量相对小或目前无法实现自动监测的主要污染源的主要污染物指标，按月 / 季度的频次开展监测。对于非主要污染源的污染物指标，按照半年 / 年的频次开展监测。

1. 确定监测频次的基本原则

排污单位应在满足监测标准要求的基础上，遵循以下原则确定各监测点位不同监测指标的监测频次。

（1）不应低于国家或地方发布的标准、规范性文件、规划、环境影响评价文件及其批复等明确规定的监测频次。

（2）主要排放口的监测频次高于非主要排放口。

（3）主要监测指标的监测频次高于其他监测指标。

（4）排向敏感地区的应适当增加监测频次。

（5）排放状况波动大的，应适当增加监测频次。

（6）历史稳定达标状况较差的需增加监测频次，达标状况良好的可以适当降低监测频次。

（7）监测成本应与排污企业自身能力相一致，尽量避免重复监测。

2. 外排口监测点位的监测频次

原则上，外排口监测点位最低监测频次按照《排污单位自行监测技术指南 总则》规定执行（表 2-1）。废气烟气参数和污染物浓度应同步监测。

表 2-1　废气监测指标的最低监测频次

排污单位级别	主要排放口		其他排放口的监测指标
	主要监测指标	其他监测指标	
重点排污单位	月 / 季度	半年 / 年	半年 / 年
非重点排污单位	半年 / 年	年	年

注：为最低监测频次的范围，分行业排污单位自行监测技术指南中依据此原则确定各监测指标的最低监测频次。

3. 内部监测点位的监测频次

根据该监测点位的设置目的、结果评价的需要、补充监测结果的需要等来确定。

不同企业的生产过程不同或所含工序不同，若企业的生产过程或所含工序复杂，涉及的排放源种类多，排放口数量多，监测点位多，污染物种类多，则对监测频次的要求也不同。以水泥、协同处置固体废物、钢铁工业及炼焦化学工业企业为例进行说明（表 2-2 ～表 2-4）。

表 2-2　水泥企业有组织废气监测点位、监测指标及最低监测频次

生产过程	监测点位	监测指标	监测频次[a]
水泥制造	水泥窑及窑尾余热利用系统排气筒	颗粒物、氮氧化物、二氧化硫	自动监测
		氨[b]	季度
		氟化物（以总 F 计）、汞及其化合物	半年
	水泥窑窑头（冷却机）排气筒	颗粒物	自动监测
	烘干机、烘干磨、煤磨排气筒	颗粒物、二氧化硫[c]、氮氧化物[c]	半年

生产过程	监测点位	监测指标	监测频次[a]
水泥制造	破碎机、磨机、包装机排气筒	颗粒物	半年
	输送设备及其他通风生产设备的排气筒	颗粒物	两年
矿山开采	破碎机排气筒	颗粒物	半年
	输送设备及其他通风生产设备的排气筒	颗粒物	两年
散装水泥中转站及水泥制品生产	水泥仓及其他通风生产设备的排气筒	颗粒物	两年

注：[a] 重点控制区可根据管理需要适当增加监测频次；

[b] 适用于使用氨水、尿素等含氨物质作为还原剂，去除烟气中氮氧化物的工艺；

[c] 适用于采用独立热源的烘干设备或利用窑尾余热烘干经独立排气筒排放的工艺。

表 2-3 协同处置固体废物有组织废气监测点位、监测指标及最低监测频次

监测点位	监测指标	监测频次[a]	
		协同处置非危险废物	协同处置危险废物
水泥窑及窑尾余热利用系统排气筒	颗粒物、二氧化硫、氮氧化物	自动监测	自动监测
	氨[b]	季度	季度
	汞及其化合物	半年	半年
	氯化氢（HCl）、氟化氢（HF）、铊、镉、铅、砷及其化合物（以Tl+Cd+Pb+As计）、铍、铬、锡、锑、铜、钴、锰、镍、钒及其化合物（以Be+Cr+Sn+Sb+Cu+Co+Mn+Ni+V计）、总有机碳（TOC）[c]	半年	季度
	二噁英类	年	年
水泥窑旁路放风系统排气筒	颗粒物、氮氧化物、二氧化硫、氨[b]、氯化氢（HCl）、氟化氢（HF）、汞及其化合物、铊、镉、铅、砷及其化合物（以Tl+Cd+Pb+As计）、铍、铬、锡、锑、铜、钴、锰、镍、钒及其化合物（以Be+Cr+Sn+Sb+ Cu+Co+Mn+Ni+V计）、总有机碳（TOC）[c、d]	半年	季度
	二噁英类	年	年

监测点位	监测指标	监测频次[a]	
		协同处置非危险废物	协同处置危险废物
固体废物储存、预处理单元排气筒	臭气浓度、硫化氢、氨、颗粒物	半年	—
	臭气浓度、硫化氢、氨、非甲烷总烃、颗粒物	—	季度

注[a]：重点控制区可根据管理需要适当增加监测频次；

[b]：适用于使用氨水、尿素等含氨物质作为还原剂，去除烟气中氮氧化物的生产工艺；

[c]：在国家标准监测方法发布前，TOC 可按照 HJ 662 和 HJ/T 38 等相关标准进行监测；

[d]：适用于协同处置危险废物的水泥（熟料）制造排污单位。

表 2-4　钢铁工业及炼焦化学工业有组织废气监测点位、监测指标及最低监测频次

生产工序	监测点位	监测指标	监测频次
原料系统	供卸料设施、转运站及其他设施排气筒	颗粒物	两年
烧结	配料设施、整粒筛分设施排气筒	颗粒物	季度
	烧结机机头排气筒	颗粒物、二氧化硫、氮氧化物	自动监测
		氟化物	季度
		二噁英类	年
	烧结机机尾排气筒	颗粒物	自动监测
	破碎设施、冷却设施及其他设施排气筒	颗粒物	年
球团	配料设施排气筒	颗粒物	季度
	焙烧设施排气筒	颗粒物、二氧化硫、氮氧化物	自动监测
		氟化物	季度
	破碎、筛分、干燥及其他设施排气筒	颗粒物	年
炼焦	精煤破碎、焦炭破碎、筛分、转运设施排气筒	颗粒物	年
	装煤地面站排气筒	颗粒物、二氧化硫	自动监测
		苯并 [*a*] 芘	半年
	推焦地面站排气筒	颗粒物、二氧化硫	自动监测
	焦炉烟囱（含焦炉烟气尾部脱硫、脱硝设施排气筒）	颗粒物、二氧化硫、氮氧化物	自动监测
	干法熄焦地面站排气筒	颗粒物、二氧化硫	自动监测
	粗苯管式炉、半焦烘干和氨分解炉等燃用焦炉煤气的设施排气筒	颗粒物、二氧化硫、氮氧化物	半年

生产工序	监测点位	监测指标	监测频次
炼焦	冷鼓、库区焦油各类贮槽排气筒	苯并 [*a*] 芘、氰化氢、酚类、非甲烷总烃、氨、硫化氢	半年
	苯贮槽排气筒	苯、非甲烷总烃	半年
	脱硫再生塔排气筒	氨、硫化氢	半年
	硫铵结晶干燥排气筒	颗粒物、氨	半年
炼铁	矿槽排气筒	颗粒物	自动监测
	出铁场排气筒	颗粒物、二氧化硫 [a]	自动监测
	热风炉排气筒	颗粒物、二氧化硫 [a]、氮氧化物 [a]	季度
	原料系统、煤粉系统及其他设施排气筒	颗粒物	年
炼钢	转炉二次烟气排气筒	颗粒物	自动监测
	转炉三次烟气排气筒	颗粒物	季度
	电炉烟气排气筒	颗粒物	自动监测
		二噁英类	年
	石灰窑、白云石窑焙烧排气筒	颗粒物、二氧化硫、氮氧化物	季度
	铁水预处理（包括倒罐、扒渣等）、精炼炉、钢渣处理设施排气筒	颗粒物	年
	转炉一次烟气、连铸切割和火焰清理及其他设施排气筒	颗粒物	两年
	电渣冶金排气筒	氟化物	半年
轧钢	热处理炉排气筒	颗粒物、二氧化硫、氮氧化物	季度（自动监测 [b]）
	热轧精轧机排气筒	颗粒物	年
	拉矫机、精整机、抛丸机、修磨机、焊接机及其他设施排气筒	颗粒物	两年
	轧制机组排气筒	油雾	半年
	废酸再生排气筒	颗粒物、氯化氢、硝酸雾、氟化物	半年
	酸洗机组排气筒	氯化氢、硫酸雾、硝酸雾、氟化物	半年
	涂镀层机组排气筒	铬酸雾	半年
	脱脂排气筒	碱雾	半年
	涂层机组排气筒	苯、甲苯、二甲苯、非甲烷总烃	半年

注：[a] 为选测指标；

[b] 燃用发生炉煤气的热处理炉排气筒须采用自动监测；

[c] 待国家污染物监测方法标准发布后实施，未发布前可以选测。

（五）监测技术

监测技术包括手工监测、自动监测两种。排污单位可根据监测成本、监测指标以及监测频次等内容，合理选择适当的监测技术。对于相关管理规定要求采用自动监测的指标，应采用自动监测技术；对于监测频次高、自动监测技术成熟的监测指标，应优先选用自动监测技术；其他监测指标可选用手工监测技术。

（六）采样方法

废气手工采样方法的选择参照相关污染物排放标准及《固定污染源排气中颗粒物和气态污染物采样方法》（GB/T 16157—1996）、《固定源废气监测技术规范》（HJ/T 397—2007）等执行。废气自动监测参照《固定污染源烟气（SO_2、NO_x、颗粒物）排放连续监测技术规范》（HJ 75—2017）和《固定污染源烟气（SO_2、NO_x、颗粒物）排放连续监测系统技术要求及检测方法》（HJ 76—2017）执行。

（七）监测分析方法

监测分析方法的选用应充分考虑相关排放标准的规定、排污单位的排放特点、污染物排放浓度的高低、所采用监测分析方法的检出限和干扰等因素。监测分析方法应优先选用所执行的排放标准中规定的方法。选用其他国家、行业标准方法的，方法的主要特性参数（包括检出下限、精密度、准确度、干扰消除等）需符合标准要求。尚无国家和行业标准分析方法的，或采用国家和行业标准方法不能得到合格测定数据的，可选用其他方法，但必须做方法验证和对比实验，证明该方法主要特性参数的可靠性。

二、无组织废气排放监测方案

（一）监测点位

存在废气无组织排放源的，应设置无组织排放监测点位，具体要求按相关污染物排放标准及《大气污染物无组织排放监测技术导则》（HJ/T 55—2000）和《泄漏和敞开液面排放的挥发性有机物检测技术导则》（HJ 733—2014）等执行。

根据生产工序具体情况，需要在生产车间或厂界设置无组织废气监测点。

（二）监测指标

监测指标的确定方法和原则按有组织废气排放指标确定。

（三）监测频次

钢铁、水泥、焦化、石油加工、有色金属冶炼、采矿业等无组织废气排放较重的污染源，无组织废气每季度至少开展 1 次监测；其他涉及无组织废气排放的污染源，每年至少开展 1 次监测。以水泥、钢铁工业及炼焦化学工业企业为例进行说明（表 2-5 ～表 2-7）。

表 2-5　水泥工业排污单位无组织废气排放监测点位、监测指标及最低监测频次

监测点位	监测指标	监测频次
厂界	颗粒物	季度
	氨[a]、硫化氢[b]、臭气浓度[b]、非甲烷总烃[c]	年

注：[a] 适用于使用氨水、尿素等含氨物质作为还原剂去除烟气中氮氧化物的水泥工业排污单位，以及利用水泥窑协同处置固体废物的水泥工业排污单位；

[b] 适用于利用水泥窑协同处置固体废物的水泥工业排污单位；

[c] 适用于利用水泥窑协同处置危险废物的水泥工业排污单位。

表 2-6　钢铁工业及炼焦化学工业生产车间无组织废气监测指标及最低监测频次

生产工序	无组织排放源	监测指标	监测频次
烧结、球团、炼铁、炼钢	生产车间	颗粒物	年（季度[a]）
炼焦	焦炉	颗粒物、苯并[a]芘、硫化氢、氨、苯可溶物	季度
轧钢	板坯加热、磨辊作业、钢卷精整、酸再生下料车间	颗粒物	年
	酸洗机组及废酸再生车间	硫酸雾、氯化氢、硝酸雾	年
	涂层机组车间	苯、甲苯、二甲苯、非甲烷总烃	年

注：[a] 适用于无完整厂房车间的情况。

表 2-7 钢铁工业及炼焦化学工业厂界无组织废气监测指标及最低监测频次

排污单位类型	监测点位	监测指标	监测频次
有炼焦化学生产过程	厂界	颗粒物、二氧化硫、苯并[*a*]芘、氰化氢、苯、酚类、硫化氢、氨、氮氧化物	季度
无炼焦化学生产过程		颗粒物	季度

（四）采样和监测分析技术

无组织监测技术方法的确定原则参照有组织排放监测方法。无组织采样方法参照相关污染物排放标准及《大气污染物无组织排放监测技术导则》（HJ/T 55—2000）、《泄漏和敞开液面排放的挥发性有机物检测技术导则》（HJ 733—2014）执行。无组织监测分析方法的确定原则与有组织废气监测方法相同。

第二节 废水自行监测方案制定要点

废水排放一般都是汇合后集中排放，废水排放口往往不太多，因此，不再区分主要排放源和主要排放口。

一、废水排放监测

（一）监测点位

排放废水的排污单位均应在废水总排放口、雨水排放口设置监测点位；生活污水单独排入水体的须在生活污水排放口设置监测点位；涉及监控位置为车间或生产设施废水排放口的，采样点位一律设在车间或车间处理设施排放口或专门处理此类污染物设施的排放口。

《污水综合排放标准》（GB 8978—1996）将废水污染物排放监管位置分为两类：车间或车间处理设施废水排放口、企业废水总排放口。第一类污染物（总汞、烷基汞、总镉、总铬、六价铬、总砷、总铅、总镍、苯并[*a*]芘、总铍、总银、总 α 放射性和总 β 放射性），是在环境中难以降解或能在动植物体内蓄积，对人体健康和生态环境产生长远不良影响，具有致癌、致畸、致突变作用的物质，属于在车间或生产设施排放口监控的水污染物。在含有此类水污染物的污水与其他污水混合前的车间或车间预处理设施的出水口设置监测点位，如果含此类水污染物的同种污水实行集中预处理，则车间预处理设施排放口是指集中预处理设施的出水口；如环境管理有要求，还可同时在排污单位的总排放口设置监测点位。对于其他水污染物，监测点位设在排污单位的总排放口；如环境管理有要求，还可同时在污水集中处理设施的排放口设置监测点位。

《排污单位自行监测技术指南　有色金属工业》（HJ 989—2018）中规定：排污单位均须在废水总排放口、雨水排放口设置监测点位，生活污水单独排入水体的须在生活污水排放口设置监测点位。涉及监控位置为车间或生产设施废水排放口的，采样点位一律设在车间或车间处理设施排放口或专门处理此类污染物设施的排放口。

《排污单位自行监测技术指南　电镀工业》（HJ 985—2018）中规定：电镀工业排污单位、专门处理电镀废水的集中式污水处理厂须在废水总排放口，以及排放总铬、六价铬、总镍、总镉、总银、总铅、总汞相应的车间或生产设施排放口设置监测点位。

（二）监测指标

废水排放口监测指标确定的基本原则与有组织废气排放口监测原则相同。符合以下条件的为各废水外排口监测点位的主要监测指标：

（1）化学需氧量、五日生化需氧量、氨氮、总磷、总氮、悬浮物、石油类中排放量较大的污染物指标。

（2）污染物排放标准中规定的监控位置为车间或生产设施废水排放口的污染物指标，以及有毒有害或优先控制污染物相关名录中的污染物指标。

（3）排污单位所在流域环境质量超标的污染物指标。

（三）监测频次

废水监测频次的确定所考虑的因素与有组织废气排放监测所考虑的因素相同。将废水排放监测频次设定为自动监测、日、月、季度、半年、年 6 个等级。对于排放量大，且自动监测技术成熟的主要污染源的主要污染物指标，可采用自动监测。对于排放量相对小或目前无法实现自动监测的主要污染源的主要污染物指标，按日 / 月的频次开展监测。对于其他污染物指标，按照半年 / 年的频次开展监测。对于非重点排污单位，主要污染物指标可考虑按季度开展监测，其他污染物指标按年开展监测。

监测频次确定的基本原则与有组织废气排放监测原则相同。原则上，外排口监测点位最低监测频次按照表 2-8 执行。各排放口废水流量和污染物浓度同步监测。

表 2-8　废水监测指标的最低监测频次

排污单位级别	主要监测指标	其他监测指标
重点排污单位	日 / 月	季度，半年
非重点排污单位	季度	年

注：为最低监测频次的范围，在行业排污单位自行监测技术指南中依据此原则确定各监测指标的最低监测频次。

不同企业的生产过程不同或所含工序不同，若企业的生产过程或所含工序复杂，涉及的排放源种类多，排放口数量多，监测点位多，污染物种类多，则对监测频次的要求也不同。以水泥、石油化学工业为例进行说明（表 2-9、表 2-10）。

表 2-9　水泥工业废水排放监测点位、监测指标及最低监测频次

监测点位	监测指标	监测频次	适用条件
废水总排放口	pH、悬浮物、化学需氧量、五日生化需氧量、石油类、氟化物、氨氮、总磷、水温、流量	半年	适用于废水外排的所有水泥工业排污单位
车间或车间处理设施排放口	总汞、总镉、总铬、六价铬、总砷、总铅	半年	适用于废水外排的协同处置固体废物的水泥工业排污单位

注：2015 年 1 月 1 日（含）后取得环境影响评价批复排污单位的其他监测指标还应依据环境影响评价文件及其批复确定。

表 2-10 石油化学工业废水排放监测点位、监测指标及最低监测频次

<table>
<tr><th rowspan="2">企业类型</th><th rowspan="2">监测点位</th><th rowspan="2">监测指标</th><th colspan="2">监测频次</th></tr>
<tr><th>直接排放</th><th>间接排放</th></tr>
<tr><td rowspan="4">石油化学工业</td><td rowspan="4">废水总排放口</td><td>化学需氧量、氨氮、流量</td><td>自动监测</td><td>周</td></tr>
<tr><td>pH、悬浮物、总氮、总磷、石油类、硫化物、挥发酚</td><td>周</td><td>月</td></tr>
<tr><td>五日生化需氧量、总有机碳、氟化物、总钒、总铜、总锌、总氰化物、可吸附有机卤化物</td><td>月</td><td>季度</td></tr>
<tr><td>废水有机特征污染物</td><td colspan="2">半年</td></tr>
<tr><td rowspan="3">石油化学工业</td><td rowspan="2">车间或生产设施废水排放口[a]</td><td>总铅、总镉、总砷、总镍、总汞、总铬、六价铬</td><td colspan="2">月</td></tr>
<tr><td>苯并 [a] 芘、烷基汞</td><td colspan="2">半年[b]</td></tr>
<tr><td>雨水排放口</td><td>pH、化学需氧量、氨氮、石油类、悬浮物</td><td colspan="2">日[c]</td></tr>
<tr><td rowspan="7">合成树脂工业</td><td rowspan="4">废水总排放口</td><td>化学需氧量、氨氮、流量</td><td>自动监测</td><td>周</td></tr>
<tr><td>pH、悬浮物、总氮、总磷</td><td>周</td><td>月</td></tr>
<tr><td>五日生化需氧量、总有机碳、可吸附有机卤化物</td><td>月</td><td>季度</td></tr>
<tr><td>其他废水污染物[d]</td><td colspan="2">半年</td></tr>
<tr><td rowspan="2">车间或生产设施废水排放口</td><td>总铅、总镉、总砷、总镍、总汞、总铬、六价铬</td><td colspan="2">月</td></tr>
<tr><td>烷基汞</td><td colspan="2">半年[b]</td></tr>
<tr><td>雨水排放口</td><td>pH、化学需氧量、氨氮、悬浮物</td><td colspan="2">日[c]</td></tr>
</table>

注：1. 设区的市级及以上环境保护主管部门明确要求安装自动监测设备的污染物指标，须采取自动监测。

2. 监测污染物浓度时应同步监测流量。

[a] 凡涉及附录 E 中规定的生产工艺及产品种类，须在涉及该生产工艺及产品的车间或生产设施废水排放口监测产生的污染物指标；附录 E 中不涉及的，应根据使用的原料，生产工艺过程，生产的产品、副产品，确定是否在车间或生产设施废水排放口进行该项指标的监测。

[b] 2020 年 1 月 1 日起按月执行。

[c] 排放期间按日监测。

[d] 指附录 C 中列举的其他废水污染物。

3. 2 中所指附录 E、附录 C 见《排污单位自行监测技术指南 石油化学工业》（HJ 947—2018）。

（四）监测技术

监测技术包括手工监测、自动监测两种，排污单位可根据监测成本、监测指标以及监测频次等内容，合理选择适当的监测技术。对于相关管理规定要求采用自动监测的指标，应采用自动监测技术；对于监测频次高、自动监测技术成熟的监测指标，应优先选用自动监测技术；其他监测指标可选用手工监测技术。

（五）废水采样技术

废水手工采样方法的选择参照相关污染物排放标准及《污水监测技术规范》（HJ 91.1—2019）、《水污染物排放总量监测技术规范》（HJ/T 92—2002）、《水质　采样　样品的保存和管理技术规定》（HJ 493—2009）、《水质　采样技术指导》（HJ 494—2009）、《水质　采样方案设计技术规定》（HJ 495—2009）等执行，根据监测指标的特点确定采样方法为混合采样方法或瞬时采样方法，单次监测采样频次按相关污染物排放标准和 HJ 91.1 执行。

污水自动监测采样方法参照《水污染源在线监测系统（COD_{Cr}、NH_3-N 等）安装技术规范》（HJ 353—2019）、《水污染源在线监测系统（COD_{Cr}、NH_3-N 等）验收技术规范》（HJ 354—2019）、《水污染源在线监测系统（COD_{Cr}、NH_3-N 等）运行技术规范》（HJ 355—2019）、《水污染源在线监测系统（COD_{Cr}、NH_3-N 等）数据有效性判别技术规范》（HJ 356—2019）执行。

废水分析方法的选择原则同有组织废气监测方法的选择。废水自动监测技术比较成熟的指标有化学需要量、氨氮、总氮、总磷、pH、温度和流量。重金属自动监测在部分地方有试点，目前全国尚无统一要求。

第三节　厂界噪声自行监测方案制定要点

一、监测点位

厂界环境噪声的监测点位具体要求按《工业企业厂界环境噪声排放标准》（GB 12348—2018）执行。

噪声布点应遵循以下原则：

（1）根据厂内主要噪声源距厂界位置布点。

（2）根据厂界周围敏感目标布点。

（3）“厂中厂”是否需要监测，应根据内部和外围排污单位实际情况协商确定。

（4）面临海洋、大江、大河的厂界原则上不布点。

（5）厂界紧邻交通干线不布点。

（6）厂界紧邻另一排污单位的，在临近另一排污单位侧是否布点由排污单位协商确定。

二、评价量

按照《工业企业厂界环境噪声排放标准》，厂界环境噪声的评价量为等效连续 A 声级，各个测点的测量结果应单独评价。同一监测点每天的测量结果按昼间、夜间进行评价。夜间有频发、偶发噪声影响时，同时测量最大声级（L_{max}）直接评价。

三、监测频次

厂界环境噪声每季度至少开展 1 次监测。按照《工业企业厂界环境噪声排放标准》，厂界噪声分别在昼间、夜间两个时段测量，昼间（6：00—22：00）、夜间（22：00—次日 6：00）各测 1 次。夜间生产的要监测夜间噪声。

四、监测技术

厂界环境噪声测量仪器为积分平均声级计或环境噪声自动监测仪，其性能应不低于《电声学　声级计　第 1 部分：规范》（GB/T 3785.1—2010）和《积分平均声级计》（GB/T 17181—1997）对 2 型仪器的要求。测量 35 dB 以下的噪声应使用 1 型声级计，且测量范围应满足所测量噪声的需要。校准所用仪器应符合《电声学　声校准器》（GB/T 15173—2010）对 1 级或 2 级声校准器的要求。当需要进行噪声的频谱分析时，仪器性能应符合《电声学　倍频程和分数倍频程滤波器》（GB/T 3241—2010）中对滤波器的要求。

被测声源是稳态噪声，采用 1min 的等效声级。被测声源是非稳态噪声，则测量被测声源有代表性时段的等效声级，必要时测量被测声源整个正常工作时段的等效声级。

第三章　企业自行监测指标与监测方法要点

排污单位根据其产品、原材料及生产工艺的特点，往往会产生多种污染物。对污染物的分类主要从对环境质量的影响和对人体健康的影响两个角度考虑。对于环境质量的影响，重点考虑采用综合性污染物指标进行表征，综合性污染物指标统称为一般污染物；对于人体健康的影响，重点考虑的是有毒污染物，以《有毒有害大气污染物名录》《有毒有害水污染物名录》为依据，列入其中的统称为有毒污染物。一般污染物和有毒污染物都有确定的范围；一般污染物、有毒污染物之外的污染物，统称为其他污染物。

第一节　废气自行监测指标与监测方法要点

一、排污单位废气主要污染物的筛选条件

根据污染物的分类，可按照以下条件筛选主要污染物：

（1）综合性污染物指标二氧化硫、氮氧化物、颗粒物（或烟尘 / 粉尘）、挥发性有机物中排放量较大的污染物指标。

（2）《有毒有害大气污染物名录》中列明的污染物，且在日常平均生产工况下能够检出的污染物。

（3）排污单位所在区域环境质量超标的污染物指标（空气环境质量 6 项基本项目之外）。

二、排污单位废气自行监测主要指标

我国根据《国民经济行业分类（2019 修订版）》和排污许可证核发技术规范分类，构建了“1+43+1”的排污单位自行监测技术指南体系。该体系以《排污单位自行监测技术指南　总则》（以下简称《总则》）为统领，以 43 项重点行业和通用工序为主体，以《工业企业土壤和地下水自行监测技术指南（试行）》为要素补充，共 45 项，现均已公开发布。根据国家已发布的“排污单位自行监测技术指南”进行总结汇总，各行业涉及的废气监测指标见表 3-1，不限于表中所列内容，表 3-1 只是列出了常见的监测指标。

表 3-1　已发布排污单位自行监测技术指南的行业废气主要监测指标

污染物分类	监测指标	涉及主要行业
一般污染物	颗粒物	所有已发布排污单位自行监测技术指南的行业
	烟尘	发酵类制药工业，化学合成类制药，提取类制药
	氮氧化物（以 NO_2 计）	水处理，电池，磷肥、钾肥、复混肥料、有机肥料和微生物肥料，电镀，钢铁工业及炼焦化学，固体废物焚烧，化肥工业 - 氮肥，化学合成类制药，化学纤维制造，火力发电及锅炉，农副食品加工，农药制造，平板玻璃，石油化学，石油炼制，水泥，提取类制药，无机化学，橡胶和塑料制品，有色金属，造纸，食品制造，涂料油墨制造，涂装，发酵类制药，聚氯乙烯工业，印刷工业，煤炭加工 - 合成气和液体燃料生产，陆上石油天然气开采工业，工业固体废物和危险废物治理，金属铸造工业，电子工业，砖瓦工业，陶瓷工业
	二氧化硫	水处理，磷肥、钾肥、复混肥料、有机肥料和微生物肥料，钢铁工业及炼焦化学，固体废物焚烧，化肥工业 - 氮肥，化学合成类制药，化学纤维制造，火力发电及锅炉，农副食品加工，农药制造，平板玻璃，石油化学，石油炼制，水泥，提取类制药，无机化学，橡胶和塑料制品，有色金属，造纸，食品制造，涂料油墨制造，涂装，发酵类制药，聚氯乙烯工业，印刷工业，煤炭加工 - 合成气和液体燃料生产，陆上石油天然气开采工业，工业固体废物和危险废物治理，金属铸造工业，砖瓦工业，陶瓷工业，稀有稀土金属冶炼
	挥发性有机物	电池，发酵类制药工业，固体废物焚烧，化学合成类制药，农药制造，石油炼制，提取类制药，橡胶和塑料制品，涂装，金属铸造工业，电子工业，中药、生物药品制品、化学药品制剂制造业

污染物分类	监测指标	涉及主要行业
一般污染物	苯	钢铁工业及炼焦化学，石油化学，石油炼制，橡胶和塑料制品，制革及毛皮加工，涂料油墨制造，涂装，印刷工业，金属铸造工业，电子工业
	甲苯、二甲苯	纺织印染，钢铁工业及炼焦化学，石油化学，石油炼制，橡胶和塑料制品，制革及毛皮加工，涂装
	非甲烷总烃	纺织印染，钢铁工业及炼焦化学，化肥工业 - 氮肥，化学纤维制造，火力发电及锅炉，农副食品加工，平板玻璃，石油化学，石油炼制，水泥，橡胶和塑料制品，制革及毛皮加工，食品制造，涂料油墨制造，聚氯乙烯工业，印刷工业，煤炭加工 - 合成气和液体燃料生产，储油库、加油站，工业固体废物和危险废物治理，金属铸造工业，中药、生物药品制品、化学药品制剂制造业，稀有稀土金属冶炼
有毒污染物	砷及其化合物	水处理，电池，发酵类制药工业，固体废物焚烧，化学合成类制药，农药制造，平板玻璃，石油化学，石油炼制，水泥，提取类制药，无机化学，有色金属，工业固体废物和危险废物治理
	汞及其化合物	水处理，电池，发酵类制药工业，固体废物焚烧，化肥工业 - 氮肥，化学合成类制药，农药制造，平板玻璃，石油化学，石油炼制，水泥，提取类制药，无机化学，有色金属，聚氯乙烯工业，煤炭加工 - 合成气和液体燃料生产，工业固体废物和危险废物治理
	镉及其化合物	水处理，电池，发酵类制药工业，固体废物焚烧，化学合成类制药，农药制造，平板玻璃，石油化学，石油炼制，水泥，提取类制药，无机化学，工业固体废物和危险废物治理
	铅及其化合物	水处理，电池，固体废物焚烧，化学合成类制药，农药制造，平板玻璃，石油化学，石油炼制，水泥，提取类制药，无机化学，有色金属，工业固体废物和危险废物治理，金属铸造工业，电子工业，陶瓷工业
	铬及其化合物	水处理，发酵类制药工业，固体废物焚烧，化学合成类制药，农药制造，平板玻璃，石油化学，石油炼制，水泥，提取类制药，工业固体废物和危险废物治理，陶瓷工业
	甲醛	化肥工业 - 氮肥，化学纤维制造
	乙醛	化学纤维制造
其他污染物	烟气黑度	水处理，发酵类制药工业，化肥工业 - 氮肥，化学合成类制药，化学纤维制造，火力发电及锅炉，农药制造，平板玻璃，石油化学，石油炼制，提取类制药，造纸，煤炭加工 - 合成气和液体燃料生产，陆上石油天然气开采工业，陶瓷工业

污染物分类	监测指标	涉及主要行业
其他污染物	一氧化碳	水处理，发酵类制药工业，固体废物焚烧，化学合成类制药，农药制造，石油化学，石油炼制，提取类制药
	氯化氢	水处理，电池，电镀，发酵类制药工业，钢铁工业及炼焦化学，固体废物焚烧，化学合成类制药，农副食品加工，农药制造，平板玻璃，石油化学，石油炼制，水泥，提取类制药，无机化学，有色金属，造纸，涂装，聚氯乙烯工业，电子工业，陶瓷工业，稀有稀土金属冶炼
	硫酸雾	电池，磷肥、钾肥、复混肥料、有机肥料和微生物肥料，电镀，钢铁工业及炼焦化学，固体废物焚烧，化肥工业 - 氮肥，石油炼制，无机化学，有色金属，涂装，煤炭加工 - 合成气和液体燃料生产
	铬酸雾	电镀，钢铁工业及炼焦化学，固体废物焚烧，无机化学
	氰化氢	电镀，钢铁工业及炼焦化学，化肥工业 - 氮肥，无机化学，煤炭加工 - 合成气和液体燃料生产
	硫化氢	水处理，磷肥、钾肥、复混肥料、有机肥料和微生物肥料，酒、饮料制造，纺织印染，钢铁工业及炼焦化学，固体废物焚烧，化肥工业 - 氮肥，化学纤维制造，农副食品加工，石油化学，石油炼制，无机化学，造纸，制革及毛皮加工，食品制造，涂料油墨制造，聚氯乙烯工业，煤炭加工 - 合成气和液体燃料生产，陆上石油天然气开采工业，储油库、加油站，工业固体废物和危险废物治理，稀有稀土金属冶炼
	氯气	电池，石油化学，无机化学，有色金属，稀有稀土金属冶炼
	氨	水处理，电池，磷肥、钾肥、复混肥料、有机肥料和微生物肥料，酒、饮料制造，纺织印染，钢铁工业及炼焦化学，固体废物焚烧，化肥工业 - 氮肥，化学纤维制造，火力发电及锅炉，农副食品加工，平板玻璃，水泥，无机化学，有色金属，造纸，制革及毛皮加工，食品制造，涂料油墨制造，聚氯乙烯工业，煤炭加工 - 合成气和液体燃料生产，陆上石油天然气开采工业，工业固体废物和危险废物治理，电子工业，稀有稀土金属冶炼
	臭气浓度	磷肥、钾肥、复混肥料、有机肥料和微生物肥料，酒、饮料制造，电镀，发酵类制药工业，纺织印染，固体废物焚烧，化肥工业 - 氮肥，化学合成类制药，农副食品加工，石油炼制，水泥，提取类制药，无机化学，橡胶和塑料制品，造纸，制革及毛皮加工，食品制造，涂料油墨制造，聚氯乙烯工业，工业固体废物和危险废物治理，金属铸造工业，砖瓦工业，中药、生物药品制品、化学药品制剂制造业

污染物分类	监测指标	涉及主要行业
其他污染物	氟化物	水处理，电池，磷肥、钾肥、复混肥料、有机肥料和微生物肥料，电镀，发酵类制药工业，钢铁工业及炼焦化学，固体废物焚烧，化学合成类制药，农药制造，平板玻璃，石油化学，石油炼制，水泥，提取类制药，无机化学，有色金属，电子工业，砖瓦工业，陶瓷工业，稀有稀土金属冶炼
	锡及其化合物	平板玻璃，有色金属，水处理，发酵类制药工业，固体废物焚烧，化学合成类制药，农药制造，石油化学，石油炼制，水泥 提取类制药
	铜及其化合物	水处理，发酵类制药工业，固体废物焚烧，化学合成类制药，农药制造，石油化学，石油炼制，水泥，提取类制药
	钴、铊及其化合物	固体废物焚烧，水泥，无机化学
	锑及其化合物	有色金属，水处理，发酵类制药工业，固体废物焚烧，化学合成类制药，农药制造，石油化学，石油炼制，水泥，提取类制药，无机化学
	锰及其化合物	水处理，发酵类制药工业，固体废物焚烧，化学合成类制药，农药制造，石油化学，石油炼制，水泥，提取类制药，无机化学
	二噁英	水处理，发酵类制药工业，钢铁工业及炼焦化学，固体废物焚烧，化学合成类制药，农药制造，石油化学，石油炼制，水泥，提取类制药，涂料油墨制造，聚氯乙烯工业，电子工业
	苯并[*a*]芘	钢铁工业及炼焦化学，化肥工业-氮肥，石油炼制，煤炭加工-合成气和液体燃料生产

三、废气自行监测主要指标的监测方法

工业废气监测包括有组织废气排放监测和无组织废气排放监测。根据国家已发布的“排污单位自行监测技术指南”（截至2022年5月底，共45项），各行业涉及的废气主要监测指标的监测方法不限于表3-2中所列方法，表3-2只是列出了常见的监测方法。

表 3-2 废气主要监测指标的常见监测方法

污染物分类	监测指标	涉及主要行业监测方法标准
一般污染物	颗粒物	《固定污染源废气 低浓度颗粒物的测定 重量法》（HJ 836—2017） 《固定污染源烟气（SO_2、NO_x、颗粒物）排放连续监测技术规范》（HJ 75—2017） 《固定污染源排气中颗粒物测定与气态污染物采样方法》（GB/T 16157—1996）
		《环境空气和废气 颗粒物中砷、硒、铋、锑的测定 原子荧光法》（HJ 1133—2020）
		《空气和废气 颗粒物中铅等金属元素的测定 电感耦合等离子体质谱法》（HJ 657—2013）
		《空气和废气 颗粒物中金属元素的测定 电感耦合等离子体发射光谱法》（HJ 777—2015）
		《环境空气和废气 气相和颗粒物中多环芳烃的测定 气相色谱-质谱法》（HJ 646—2013）
		《环境空气和废气 气相和颗粒物中多环芳烃的测定 高效液相色谱法》（HJ 647—2013）
	氮氧化物（以 NO_2 计）	《固定污染源废气 氮氧化物的测定 定电位电解法》（HJ 693—2014） 《固定污染源废气 氮氧化物的测定 便携式紫外吸收法》（HJ 1132—2020） 《固定污染源排气 氮氧化物的测定 酸碱滴定法》（HJ 675—2013） 《固定污染源废气 氮氧化物的测定 非分散红外吸收法》（HJ 692—2014） 《固定污染源排气中氮氧化物的测定 紫外分光光度法》（HJ/T 42—1999） 《固定污染源排气中氮氧化物的测定 盐酸萘乙二胺分光光度法》（HJ/T 43—1999）

污染物分类	监测指标	涉及主要行业监测方法标准
一般污染物	二氧化硫	《固定污染源废气　二氧化硫的测定　定电位电解法》（HJ 57—2017） 《固定污染源废气　二氧化硫的测定　非分散红外吸收法》（HJ 629—2011） 《固定污染源排气中二氧化硫的测定　碘量法》（HJ/T 56—2000） 《固定污染源废气　二氧化硫的测定　便携式紫外吸收法》（HJ 1131—2020）
	挥发性有机物	《固定污染源废气　挥发性有机物的采样　气袋法》（HJ 732—2014） 《固定污染源废气　挥发性有机物的测定　固相吸附 - 热脱附 / 气相色谱 - 质谱法》（HJ 734—2014）
	苯系物	《环境空气　苯系物的测定　固体吸附 / 热脱附 - 气相色谱法》（HJ 583—2010） 《环境空气　苯系物的测定　活性炭吸附 / 二硫化碳解吸 - 气相色谱法》（HJ 584—2010）
	非甲烷总烃	《固定污染源废气　总烃、甲烷和非甲烷总烃的测定　气相色谱法》（HJ 38—2017）
有毒污染物	砷及其化合物	《固定污染源废气　砷的测定　二乙基二硫代氨基甲酸银分光光度法》（HJ 540—2016） 《环境空气和废气　颗粒物中砷、硒、铋、锑的测定　原子荧光法》（HJ 1133—2020）
	汞及其化合物	《固定污染源废气　汞的测定　冷原子吸收分光光度法（暂行）》（HJ 543—2009）
	镉及其化合物	《大气固定污染源　镉的测定　火焰原子吸收分光光度法》（HJ/T 64.1—2001） 《大气固定污染源　镉的测定　石墨炉原子吸收分光光度法》（HJ/T 64.2—2001）
	铅及其化合物	《固定污染源废气　铅的测定　火焰原子吸收分光光度法》（HJ 685—2014） 《固定污染源废气　铅的测定　火焰原子吸收分光光度法（暂行）》（HJ 538—2009）
	铬及其化合物	《环境空气　六价铬的测定　柱后衍生离子色谱法》（HJ 779—2015）

污染物分类	监测指标	涉及主要行业监测方法标准
有毒污染物	甲醛	《固定污染源废气　醛、酮类化合物的测定　溶液吸收 - 高效液相色谱法》（HJ 1153—2020）
其他污染物	烟气黑度	《固定污染源排放烟气黑度的测定　林格曼烟气黑度图法》（HJ/T 398—2007）
	一氧化碳	《固定污染源废气　一氧化碳的测定　定电位电解法》（HJ 973—2018）
	氯化氢	《固定污染源废气　氯化氢的测定　硝酸银容量法》（HJ 548—2016） 《环境空气和废气　氯化氢的测定　离子色谱法》（HJ 549—2016） 《固定污染源排气中氯化氢的测定　硫氰酸汞分光光度法》（HJ/T 27—1999）
	硫酸雾	《固定污染源废气　硫酸雾的测定　离子色谱法》（HJ 544—2016）
	铬酸雾	《固定污染源排气中铬酸雾的测定　二苯基碳酰二肼分光光度法》（HJ/T 29—1999）
	氰化氢	《固定污染源排气中氰化氢的测定　异烟酸 - 吡唑啉酮分光光度法》（HJ/T 28—1999）
	硫化氢	《空气质量　硫化氢、甲硫醇、甲硫醚和二甲二硫的测定　气相色谱法》（GB/T 14678—1993）
	氯气	《固定污染源废气　氯气的测定　碘量法》（HJ 547—2017）
	氨	《环境空气和废气　氨的测定　纳氏试剂分光光度法》（HJ 533—2009）
	臭气浓度	《空气质量　恶臭的测定　三点比较式臭袋法》（GB/T 14675—1993）
	氟化物	《大气固定污染源　氟化物的测定　离子选择电极法》（HJ/T 67—2001） 《固定污染源废气　氟化氢的测定　离子色谱法》（HJ 688—2019）
	锡及其化合物	《大气固定污染源　锡的测定　石墨炉原子吸收分光光度法》（HJ/T 65—2001）
	锑及其化合物	《环境空气和废气　颗粒物中砷、硒、铋、锑的测定　原子荧光法》（HJ 1133—2020 ）

污染物分类	监测指标	涉及主要行业监测方法标准
其他污染物	二噁英	《环境空气和废气　二噁英类的测定　同位素稀释高分辨气相色谱—高分辨质谱法》（HJ 77.2—2008）
	苯并 [*a*] 芘	《固定污染源排气中苯并 [*a*] 芘的测定　高效液相色谱法》（HJ/T 40—1999）

第二节　废水自行监测指标与监测方法要点

一、排污单位废水中主要污染物的筛选条件

根据污染物的分类，可按照以下条件筛选主要污染物：

（1）综合性污染物指标化学需氧量、五日生化需氧量、氨氮、总磷、总氮、悬浮物、石油类中排放量较大的污染物指标。

（2）污染物排放标准中规定的监控位置为车间或生产设施废水排放口的污染物指标，《有毒有害水污染物名录》中列明的污染物，且在日常平均生产工况下能够检出的污染物。

（3）排污单位所在流域环境质量超标的污染物指标。

二、排污单位废水自行监测主要指标

根据国家已发布的“排污单位自行监测技术指南”（截至 2022 年 5 月底，共 45 项）进行总结汇总，各行业涉及的废水监测指标见表 3-3，但不限于表中所列内容，表 3-3 只是列出了常见的监测指标。

表 3-3 所有已发布排污单位自行监测技术指南的行业的废水主要监测指标

废水类型	排放口类型	主要监测指标
城镇污水处理厂和其他生活污水处理厂废水排放监测指标	废水总排放口	流量、pH、水温、化学需氧量、氨氮、总磷、总氮、悬浮物、色度、五日生化需氧量、动植物油、石油类、阴离子表面活性剂、粪大肠菌群数、总镉、总铬、总汞、总铅、总砷、六价铬、烷基汞、《城镇污水处理厂污染物排放标准》(GB 18918—2002)的表 3 中纳入许可的指标、其他污染物(接纳工业废水执行的排放标准中含有的其他污染物)
	雨水排放口	pH、化学需氧量、氨氮、悬浮物
工业废水集中处理厂废水排放监测指标	废水总排放口	流量、pH、水温、化学需氧量、氨氮、总磷、总氮、悬浮物、色度、五日生化需氧量、石油类、总镉、总铬、总汞、总铅、总砷、六价铬、其他污染物(接纳工业废水执行的排放标准中含有的其他污染物)
	雨水排放口	pH、化学需氧量、氨氮、悬浮物

注:(1)水环境质量中总磷实施总量控制区域及氮、磷排放重点行业的重点排污单位,总磷须采取自动监测。

(2)水环境质量中总氮实施总量控制区域及氮、磷排放重点行业的重点排污单位,总氮最低监测频次按日执行,待自动监测技术规范发布后,须采取自动监测。

(3)雨水排放口有流动水排放时按月监测。若监测 1 年无异常情况,可放宽至每季度开展 1 次监测。

(4)色度:适用于发酵酒精和白酒制造排污单位,其他排污单位为选测项目。

三、废水自行监测主要指标的监测方法

根据国家已发布的“排污单位自行监测技术指南”进行总结汇总,各行业涉及的废水主要监测指标监测方法不限于表 3-4 中所列方法,表 3-4 只是列出了常见的监测方法。

表 3-4　废水主要监测指标的常见监测方法标准

污染物分类	监测指标	监测方法标准
一般污染物	化学需氧量	《水质　化学需氧量的测定　重铬酸盐法》（HJ 828—2017） 《水质　化学需氧量的测定　快速消解分光光度法》（HJ/T 399—2007） 《高氯废水　化学需氧量的测定　氯气校正法》（HJ/T 70—2001） 《高氯废水　化学需氧量的测定　碘化钾碱性高锰酸钾法》（HJ/T 132—2003）
	五日生化需氧量	《水质　五日生化需氧量（BOD_5）的测定　稀释与接种法》（HJ 505—2009） 《水质　生化需氧量（BOD）的测定　微生物传感器快速测定法》（HJ/T 86—2002）
	氨氮	《水质　氨氮的测定　纳氏试剂分光光度法》（HJ 535—2009） 《水质　氨氮的测定　水杨酸分光光度法》（HJ 536—2009） 《水质　氨氮的测定　蒸馏 - 中和滴定法》（HJ 537—2009） 《水质　氨氮的测定　气相分子吸收光谱法》（HJ/T 195—2005） 《水质　氨氮的测定　连续流动 - 水杨酸分光光度法》（HJ 665—2013） 《水质　氨氮的测定　流动注射 - 水杨酸分光光度法》（HJ 666—2013）
	总磷	《水质　总磷的测定　钼酸铵分光光度法》（GB 11893—1989） 《水质　总磷的测定　流动注射 - 钼酸铵分光光度法》（HJ 671—2013） 《水质　磷酸盐和总磷的测定　连续流动 - 钼酸铵分光光度法》（HJ 670—2013）
	总氮	《水质　总氮的测定　碱性过硫酸钾消解紫外分光光度法》（HJ 636—2012） 《水质　总氮的测定　气相分子吸收光谱法》（HJ/T 199—2005） 《水质　总氮的测定　流动注射 - 盐酸萘乙二胺分光光度法》（HJ 668—2013） 《水质　总氮的测定　连续流动 - 盐酸萘乙二胺分光光度法》（HJ 667—2013）
	悬浮物	《水质　悬浮物的测定　电极法》（GB 11901—1989）
	石油类	《水质　石油类的测定　紫外分光光度法》（试行）（HJ 970—2018） 《水质　石油类和动植物油类的测定　红外分光光度法》（HJ 637—2018）
有毒污染物	六价铬化合物	《水质　六价铬的测定　二苯碳酰二肼分光光度法》（GB 7467—1987） 《水质　六价铬的测定　流动注射 - 二苯碳酰二肼光度法》（HJ 908—2017） 《六价铬水质自动在线监测仪技术要求及检测方法》（HJ 609—2019）

污染物分类	监测指标	监测方法标准
有毒污染物	总汞	《水质　汞的测定　冷原子荧光法》（试行）（HJ/T 341—2007） 《水质　汞、砷、硒、铋和锑的测定　原子荧光法》（HJ 694—2014） 《水质　总汞的测定　冷原子吸收分光光度法》（HJ 597—2011 ）
	总镉	《水质　镉的测定　双硫腙分光光度法》（GB 7471—1987） 《水质　铜、锌、铅、镉的测定　原子吸收分光光度法》（GB 7475—1987） 《镉水质自动在线监测仪技术要求及检测方法》（HJ 763—2015）
	总铅	《水质　铅的测定　双硫腙分光光度法》（GB 7470—1987） 《水质　铜、锌、铅、镉的测定　原子吸收分光光度法》（GB 7475—1987） 《铅水质自动在线监测仪技术要求及检测方法》（HJ 762—2015）
	总砷	《水质　总砷的测定　二乙基二硫代氨基甲酸银分光光度法》（GB 7485—1987） 《水质　汞、砷、硒、铋和锑的测定　原子荧光法》（HJ 694—2014） 《砷水质自动在线监测仪技术要求及检测方法》（HJ 764—2015） 《水质　痕量砷的测定　硼氢化钾 - 硝酸银分光光度法》（GB 11900—1989）
其他污染物	pH	《水质　pH 值的测定　电极法》（HJ 1147—2020）
	色度	《水质　色度的测定　稀释倍数法》（HJ 1182—2021）
	动植物油	《水质　石油类和动植物油类的测定　红外分光光度法》（HJ 637—2018）
	阴离子表面活性剂	《水质　阴离子表面活性剂的测定　亚甲蓝分光光度法》（GB 7494—87） 《水质　阴离子表面活性剂的测定　流动注射 - 亚甲基蓝分光光度法》（HJ 826—2017）
	粪大肠菌群数	《水质　粪大肠菌群的测定　多管发酵法》（HJ 347.2—2018） 《水质　粪大肠菌群的测定　滤膜法》（HJ 347.1—2018） 《水质　总大肠菌群和粪大肠菌群的测定　纸片快速法》（HJ 755—2015） 《水质　总大肠菌群、粪大肠菌群和大肠埃希氏菌的测定　酶底物法》（HJ 1001—2018）
	氟化物	《水质　氟化物的测定　离子选择电极法》（GB 7484—87） 《水质　氟化物的测定　氟试剂分光光度法》（HJ 488—2009 ） 《水质　氟化物的测定　茜素磺酸锆目视比色法》（HJ 487—2009 ）
	氯离子	《水质　氯化物的测定　硝酸银滴定法》（GB 11896—1989） 《水质　氯化物的测定　硝酸汞滴定法（试行）》（HJ/T 343—2007）

污染物分类	监测指标	监测方法标准
其他污染物	总氰化物，氰化物	《水质　氰化物的测定　容量法和分光光度法》（HJ 484—2009） 《水质　氰化物的测定　流动注射 - 分光光度法》（HJ 823—2017） 《水质　氰化物等的测定　真空检测管 - 电子比色法》（HJ 659—2013）
	硫化物	《水质　硫化物的测定　亚甲基蓝分光光度法》（GB/T 16489—1996） 《水质　硫化物的测定　碘量法》（HJ/T 60—2000） 《水质　硫化物的测定　气相分子吸收光谱法》（HJ/T 200—2005） 《水质　硫化物的测定　流动注射 - 亚甲基蓝分光光度法》（HJ 824—2017）
	挥发酚	《水质　挥发酚的测定　4- 氨基安替比林分光光度法》（HJ 503—2009） 《水质　挥发酚的测定　溴化容量法》（HJ 502—2009） 《水质　挥发酚的测定　流动注射 -4- 氨基安替比林分光光度法》（HJ 825—2017）
	总铜	《水质　铜、锌、铅、镉的测定　原子吸收分光光度法》（GB 7475—87） 《水质　铜的测定　2,9- 二甲基 -1,10- 菲啰啉分光光度法》（HJ 486—2009） 《水质　铜的测定　二乙基二硫代氨基甲酸钠分光光度法》（HJ 485—2009）
	总锌	《水质　锌的测定　双硫腙分光光度法》（GB 7472—87） 《水质　铜、锌、铅、镉的测定　原子吸收分光光度法》（GB 7475—87）
	总铬	《水质　铬的测定　火焰原子吸收分光光度法》（HJ 757—2015） 《总铬水质自动在线监测仪技术要求及检测方法》（HJ 798—2016）
	烷基汞	《水质　烷基汞的测定　气相色谱法》（GB/T 14204—1993） 《水质　烷基汞的测定吹扫捕集 / 气相色谱 - 冷原子荧光光谱法》（HJ 977—2018）
	急性毒性（$HgCl_2$ 毒性当量）	《水质　急性毒性的测定　发光细菌法》（GB/T 15441—1995）
	总有机碳	《水质　总有机碳的测定　燃烧氧化 - 非分散红外吸收法》（HJ 501—2009） 《总有机碳（TOC）水质自动分析仪技术要求》（HJ/T 104—2003）

污染物分类	监测指标	监测方法标准
其他污染物	硝基苯类	《水质　硝基苯类化合物的测定　气相色谱法》（HJ 592—2010） 《水质　硝基苯类化合物的测定　气相色谱 - 质谱法》（HJ 716—2014） 《水质　硝基苯类化合物的测定　液液萃取 / 固相萃取 - 气相色谱法》（HJ 648—2013）
	苯胺类	《水质　苯胺类化合物的测定　*N*-（1- 萘基）乙二胺偶氮分光光度法》（GB 11889—89）
	可吸附有机卤素（AOX）	《水质　可吸附有机卤素（AOX）的测定　离子色谱法》（HJ/T 83—2001） 《水质　可吸附有机卤素（AOX）的测定　微库仑法》（GB/T 15959—1995）
	二噁英	《水质　二噁英类的测定　同位素稀释高分辨气相色谱 - 高分辨质谱法》（HJ 77.1—2008）
	多环芳烃	《水质　多环芳烃的测定　液液萃取和固相萃取高效液相色谱法》（HJ 478—2009）

第四章　企业手工监测技术要点

根据污染源监测的具体工作内容，污染源监测技术包括手工监测技术和自动监测技术。手工监测技术又分为实验室监测技术和现场快速监测技术。本章以《固定源废气监测技术规范》（HJ/T 397—2007）、《大气污染物无组织排放监测技术导则》（HJ/T 55—2000）、《污水监测技术规范》（HJ 91.1—2019）等现行的监测技术规范以及监测指标测定的方法标准为依据进行编写。

第一节　废气手工监测技术要点

废气污染源包括固定污染源和流动污染源。固定污染源又分为有组织排放源和无组织排放源。有组织排放源指烟道、烟囱及排气筒等，无组织排放源指设在露天环境中的无组织排放设施或无组织排放的车间、工棚等。流动污染源指汽车、摩托车、火车、飞机、轮船等交通运输工具排放的废气。本节只介绍固定污染源排放的废气样品的监测技术。

废气监测分为有组织监测和无组织监测两大类。废气有组织监测技术包括手工监测技术和自动监测技术，手工监测技术又分为现场监测技术和手工采样结合实验室分析技术；废气无组织监测技术主要采用手工采样结合实验室分析技术。

一、废气排放口类型

排污单位应当依据国家污染源监测相关规范、污染物排放标准、自行监测技术指南和其他相关规定进行监测点位的确定和排污口规范化的设置。如果地方规范、标准对此有规定时，可按照地方规范、标准从严执行。

排污单位的废气排放口一般包括生产设施工艺废气排放口、自备火力发电机组（厂）或配套动力锅炉废气排放口、污染处理设施排放口（如自备危险废物焚烧炉废气排放口、污水处理设施废气排放口）等。排气筒（烟道）是目前排污单位废气有组织排放的主要排放口，因此，有组织废气的监测点位通常设置在排气筒的横截断面（监测断面）上，并在监测断面上开监测孔，完成废气污染物的采样监测及烟气压力、烟气温度等废气参数的测量。

二、废气采样位置的布设方法

（一）有组织排放源废气采样位置的布设

有组织排放源废气样品的采集，通常是用采样管从排气筒（烟道）中抽取一定体积的烟气。若要获得代表性的废气样品，排污单位应按照相关技术规范、标准的规定，根据所监测的污染物的类别、监测技术手段的不同要求，尽可能地节约人力、物力，正确地选择采样位置和确定合适的采样点数目。

1. 采样位置的设置

采样位置应避开对测试人员操作有危险的场所。在满足相关监测技术规范、标准规定的前提下，尽量选择方便人员操作、设备运输和安装的位置进行设置。

若一个固定污染源废气排放是先通过多个烟道或管道后进入该固定污染源的总排气管时，应尽可能将废气采样位置设置在总排气管上。允许在每个烟道或管道上均设置采样点位，同步开展废气污染物排放监测；但不允许只在其中一个烟道或管道上设置采样位置，并将监测值作为该污染源的排放结果。

（1）烟道颗粒物采样位置。采样位置应优先选择在垂直管段，应避开烟道弯头和断面急剧变化的部位，确保所采集的样品具有代表性。采样位置应设置在距弯头、阀门、变径管等阻力构件下游方向不小于 6 倍直径，和距上述部件上游方向不小于 3 倍直径处。当监测现场空间位置有限，很难满足上述要求时，可选择比较适宜的管段采样，但采样断面与弯头等阻力构件的距离至少是烟道直径的 1.5 倍，并应适当增加测点的数量和采样频次。采样断面的气流速度最好在 5 m/s 以上。对矩形烟道，其当量直径按公式 $D=2AB/(A+B)$ 计算，式中 A、B 为边长。

（2）气态污染物采样位置。由于气态污染物混合较均匀，采样位置可不受上述规定限制，但应避开涡流区。如果同时测定颗粒物、排气流速、排气流量时，采样位置仍按上述“烟道颗粒物采样位置”要求设置。

2. 采样孔

在选定的采样位置上开设采样孔，采样孔的内径应不小于 80 mm，采样孔管长应不大于 50 mm。不使用时应用盖板、管堵或管帽封闭。当采样孔仅用于采集气态污染物时，其内径应不小于 40 mm。

对正压下输送高温或有毒气体的烟道，应采用带有闸板阀的密封采样孔。

对圆形烟道，采样孔应设在包括各测点在内的互相垂直的直径线上。

对矩形或方形烟道，采样孔应设在包括各测点在内的延长线上。

3. 采样点的位置和数目的确定

采样点的位置和数目主要根据烟道断面的形状、尺寸大小和流速分布情况确定。烟道的形状一般有圆形、矩形（或方形）、拱形。

（1）圆形烟道。在选定的采样断面上两个垂直方向分别开采样孔，根据烟道的内径大小划分适当数量的等面积同心圆环，沿着两个采样孔中心线设采样点，共设 8 个采样点（图 4-1）。若采样断面上气流速度较均匀，可设一个采样孔，采样点数减半。当烟道直径小于 0.3 m、流速分布均匀时，可在烟道中心设 1 个采样点。不同直径圆形烟道的等面积环数、采样点数及采样点距烟道内壁的距离，见表 4-1、表 4-2。原则上测点不超过 20 个。

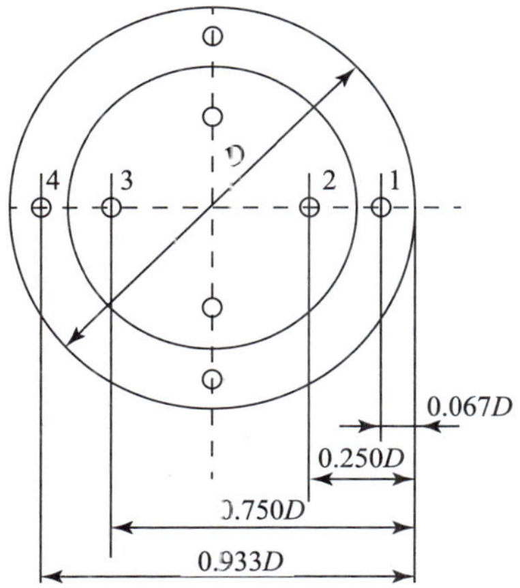

图 4-1　圆形烟道采样点设置

表 4-1 圆形烟道分环及测点数的确定

烟道直径 /m	等面积环数 / 环	测量直径数 / (*D*)	测点数 / 个
＜0.3			1
0.3 ～ 0.6	1 ～ 2	1 ～ 2	2 ～ 8
0.6 ～ 1.0	2 ～ 3	1 ～ 2	4 ～ 12
1.0 ～ 1.2	3 ～ 4	1 ～ 2	6 ～ 16
2.0 ～ 4.0	4 ～ 5	1 ～ 2	8 ～ 20
＞4.0	5	1 ～ 2	10 ～ 20

表 4-2 测点距烟道内壁的距离（以烟道直径 *D* 计）

测点号	环数				
	1	2	3	4	5
1	0.146	0.067	0.044	0.033	0.026
2	0.854	0.250	0.146	0.105	0.082
3	—	0.750	0.296	0.194	0.146
4	—	0.933	0.704	0.323	0.226
5	—	—	0.854	0.677	0.342
6	—	—	0.956	0.806	0.658
7	—	—	—	0.895	0.774
8	—	—	—	0.967	0.854
9	—	—	—	—	0.918
10	—	—	—	—	0.974

（2）矩形（或方形）烟道。将烟道断面划分为适当数量的等面积矩形小块，以各个矩形小块的中心为采样点。划分矩形小块的数量和大小按照表 4-3 确定，原则上测点不超过 20 个。

表 4-3 矩（方）形烟道的分块和测点数

烟道断面面积 /m^2	等面积小块长边长度 /m	测点总数 / 个
＜0.1	＜0.32	1
0.1 ～ 0.5	＜0.35	1 ～ 4
0.5 ～ 1.0	＜0.50	4 ～ 6
1.0 ～ 4.0	＜0.67	6 ～ 9
4.0 ～ 9.0	＜0.75	9 ～ 16
＞9.0	≤1.0	16 ～ 20

（二）无组织排放源废气采样点的布设

按照《大气污染物综合排放标准》（GB 16297—1996）的规定，我国以控制无组织排放所造成的后果来对无组织排放实行监督和限制，采用的基本方式是规定设立监控点（监测点）和规定监控点的空气浓度限值。《大气污染物综合排放标准》规定要在二氧化硫、氮氧化物、颗粒物和氟化物的无组织排放源下风向设监控点，同时在排放源上风向设参照点，以监控点同参照点的浓度差值不超过规定限值来限制无组织排放，规定对其余污染物在单位周界外设监控点和监控点的浓度限值。

根据《大气污染物综合排放标准》的规定，二氧化硫、氮氧化物、颗粒物和氟化物的监控点设在无组织排放源下风向 2 ～ 50 m 范围内的浓度最高点，相对应的参照点设在排放源上风向 2 ～ 50 m 范围内；其余物质的监控点设在单位周界外 10 m 范围内的浓度最高点。按规定监控点最多可设 4 个，参照点只设 1 个。

三、样品采集方法

（一）颗粒物的采集方法

1. 颗粒物的采样原则

（1）等速采样。将烟尘采样管由采样孔插入烟道中，使采样嘴置于测点上，正对气流，按颗粒物等速采样原理，即采样嘴的吸气速度与测点处气流速度相等（其相对误差应在 10% 以内），抽取一定量的含尘气体。根据采样管滤筒上所捕集到的颗粒物质量和同时抽取的气体量，计算出排气中颗粒物浓度。

维持颗粒物等速采样的方法有普通型采样管法（预测流速法）、皮托管平行测速采样法、动压平衡型采样管法和静压平衡型采样管法等。可根据不同测量对象状况，选用其中的一种方法。

（2）多点采样。由于颗粒物在烟道中的分布是不均匀的，要取得有代表性的烟尘样品，必须在烟道断面按一定的规则多点采样。

2. 颗粒物的采样方式

（1）移动采样。用一个滤筒在已确定的采样点上移动采样，各点采样时间相等，求出采样断面的平均浓度。

（2）定点采样。每个测点上采一个样，求出采样断面的平均浓度，并可了解烟道断面上颗粒物浓度变化状况。

（3）间断采样。对有周期性变化的排放源，根据工况变化及其延续时间分段采样，然后求出其时间加权平均浓度。

（二）气态污染物的采集方法

由于气态污染物在采样断面内分布比较均匀，不需要多点采样，在靠近烟道中心的任何一点都可采集到具有代表性的气样。同时，气体分子质量极小，可不考虑惯性作用，故也不需要等速采样。其采样方法有化学法采样和仪器直接测试法采样。

1. 化学法采样

通过采样管将样品抽入装有吸收液的吸收瓶或装有固体吸附剂的吸附管、真空瓶、注射器或气袋中，样品溶液或气态样品经化学分析或仪器分析得出污染物含量。

2. 仪器直接测试法采样

通过采样管、颗粒物过滤器和除湿器，用抽气泵将样气送入分析仪器中，直接指示被测气态污染物的含量。

四、排气参数的测定方法要点

（一）排气温度的测定

根据《固定污染源排气中颗粒物和气态污染物采样方法》（GB/T 16157—1996）及《固定源废气监测技术规范》（HJ/T 397—2007）的要求，使用热电偶、电阻或水银玻璃温度计等温度测量单元进行排气温度测定，测定时温度测量单元应插入并靠近烟道中心。

（二）排气中水分含量的测定

根据《固定污染源排气中颗粒物和气态污染物采样方法》（GB/T 16157—1996）、《固定源废气监测技术规范》（HJ/T 397—2007）、《固定污染源废气　低浓度颗粒物的测定　重量法》（HJ 836—2017）及《固定污染源烟气（SO_2、

NO_x、颗粒物）排放连续监测系统技术要求及检测方法》（HJ 76—2017）要求，使用干湿球法、冷凝法、重量法及仪器法等进行排气中水分含量的测定，测定位置一般应为靠近烟道中心的一点。

（三）排气中 CO、CO_2、O_2 等气体成分的测定

根据《固定污染源排气中颗粒物和气态污染物采样方法》（GB/T 16157—1996）及《固定源废气监测技术规范》（HJ/T 397—2007）的要求，使用奥氏气体分析仪法、电化学法、热磁式氧分析仪法、氧化锆氧分析仪法等进行排气中氧气等成分的测定，测定位置一般应为靠近烟道中心的一点。

（四）排气流速、流量的测定

根据《固定污染源排气中颗粒物和气态污染物采样方法》（GB/T 16157—1996）及《固定源废气监测技术规范》（HJ/T 397—2007）的要求，使用皮托管、斜管微压计和 U 形压力计或流速测定仪等测量及计算排气的流速和流量。

五、监测指标的主要测定方法

（一）烟气中颗粒物的测定方法

颗粒物是指燃料中和其他物质在燃烧、合成、分解以及各种机械处理中所产生的悬浮于排放气体中的固体和液体颗粒状物质。

烟气中颗粒物指标是国家已发布的“排污单位自行监测技术指南”（截至 2022 年 5 月底，共 45 项）中几乎都要求监测的一个指标。烟气中颗粒物指标测定常用的方法见表 4-4。

表 4-4 烟气中颗粒物测定方法

测定方法	适用范围
《颗粒物测定与气态污染物采样方法》（GB/T 16157—1996）	本标准适用于各种锅炉、工业窑炉及其他固定污染源排气中颗粒物的测定和气态污染物的采样

测定方法	适用范围
《固定污染源废气　低浓度颗粒物的测定　重量法》（HJ 836—2017）	本标准适用于各类燃煤、燃油、燃气锅炉、工业窑炉、固定式燃气轮机以及其他固定污染源废气中颗粒物的测定 本标准适用于低浓度颗粒物的测定，当测定结果大于 50 mg/m^3 时，表述为“＞ 50 mg/m^3”。当采样体积为 1 m^3 时，本标准方法检出限为 1.0 mg/m^3

（二）烟气黑度的测定方法

烟气黑度是以人的视觉反应强弱来判断烟气污染的指标，其测定方法简便易行，成本低廉，适合反映燃煤类烟气中有害物质的排放情况。但这一指标难以确定与烟气中有害物质含量之间的精确对应关系，因此不能取代污染物排放量和排放浓度的实际监测。烟气黑度测定的方法见表 4-5。

表 4-5　烟气黑度测定方法

测定方法	适用范围
《固定污染源排放　烟气黑度的测定　林格曼烟气黑度图法》（HJ/T 398—2007）	本标准适用于固定污染源排放的灰色或黑色烟气在排放口处黑度的监测，不适用于其他颜色烟气的监测

（三）二氧化硫的测定方法

二氧化硫（SO_2）来源于煤和石油等燃料的燃烧、含硫矿石的冶炼、农药、化肥、石化、制药、火力发电及锅炉、钢铁工业、硫酸等化工产品生产排放的废气。SO_2 是一种无色、易溶于水、有刺激性气味的气体，能通过呼吸进入气管，对局部组织产生刺激和腐蚀作用，是诱发支气管炎等疾病的因素之一，特别是当它与烟尘等气溶胶共存时，可加重对呼吸道黏膜的损伤。二氧化硫的测定方法见表 4-6。

表 4-6　二氧化硫测定方法

测定方法	适用范围
《固定污染源废气　二氧化硫的测定　定电位电解法》（HJ 57—2017）	本方法的检出限为 3 mg/m^3，测定下限为 12 mg/m^3

测定方法	适用范围
《固定污染源废气　二氧化硫的测定　非分散红外吸收法》（HJ 629—2011）	本方法的检出限为 3 mg/m^3，测定下限为 10 mg/m^3
《固定污染源废气　二氧化硫的测定　便携式紫外吸收法》（HJ 1131—2020）	本方法检出限为 2 mg/m^3，测定下限为 8 mg/m^3

（四）氮氧化物的测定方法

空气中的氮氧化物主要来源于石化燃料高温燃烧和农药、化肥、石化、制药、火力发电及锅炉、钢铁工业等生产排放的废气及汽车尾气等。氮氧化物包括 NO、NO_2、N_2O、N_2O_3、N_2O_4、N_2O_5 等，其中 NO、NO_2 是主要存在形态，为通常所指的氮氧化物（NO_x）。氮氧化物的测定方法见表 4-7。

表 4-7　氮氧化物测定方法

测定方法	适用范围
《固定污染源废气　定电位电解法》（HJ 693—2014）	本方法的检出限为一氧化氮 3 mg/m^3（以 NO_2 计），二氧化氮 3 mg/m^3；测定下限为一氧化氮 12 mg/m^3（以 NO_2 计），二氧化氮 12 mg/m^3
《固定污染源废气　非分散红外吸收法》（HJ 692—2014）	本方法一氧化氮（以 NO_2 计）的检出限为 3 mg/m^3，测定下限为 12 mg/m^3
《固定污染源废气　盐酸萘乙二胺分光光度法》（HJ/T 43—1999）	当采样体积为 1 L 时，本方法的定性检出浓度为 0.7 mg/m^3，定量测定的浓度范围为 2.4 ～ 208 mg/m^3
《固定污染源废气　便携式紫外吸收法》（HJ 1132—2020）	一氧化氮的方法检出限为 1 mg/m^3，测定下限为 4 mg/m^3；二氧化氮的方法检出限为 2 mg/m^3，测定下限为 8 mg/m^3

（五）挥发性有机物的测定方法

挥发性有机物（volatile organic compounds, VOCs），根据世界卫生组织（WHO）的定义，VOCs 是在常温下，沸点 50 ～ 260℃的各种有机化合物。在我国，VOCs 是指常温下饱和蒸汽压大于 70 Pa、常压下沸点在 260℃以下的有机化合物；或在 20℃条件下，蒸汽压大于或者等于 10 Pa 且具有挥发性的全部有机化合物。

VOCs 通常分为非甲烷碳氢化合物（NMHCs）、含氧有机化合物、卤代烃、含氮有机化合物、含硫有机化合物等几大类。主要来源于煤化工、石油化工、燃料涂料制造、溶剂制造与使用等过程。VOCs 是形成细颗粒物（$PM_{2.5}$）、臭氧（O_3）等二次污染物的重要前体物，进而引发灰霾、光化学烟雾等大气环境问题。大多数 VOCs 具有令人不适的特殊气味，并具有毒性、刺激性、致畸性和致癌作用，特别是苯、甲苯及甲醛等对人体健康会造成很大的伤害。

《固定污染源废气　挥发性有机物的测定　固相吸附 - 热脱附 / 气相色谱 - 质谱法》（HJ 734—2014）测定方法可以测定固定污染源废气中 24 种挥发性有机物，包括：丙酮、异丙醇、正己烷、乙酸乙酯、苯、六甲基二硅氧烷、3- 戊酮、正庚烷、甲苯、环戊酮、乳酸乙酯、乙酸丁酯、丙二醇单甲醚乙酸酯、乙苯、对 / 间二甲苯、2- 庚酮、苯乙烯、邻二甲苯、苯甲醚、苯甲醛、1- 癸烯、2- 壬酮、1- 十二烯。其他挥发性有机物经过验证后也可使用本方法。

挥发性有机物的测定方法见表 4-8。

表 4-8　挥发性有机物测定方法

测定方法	适用范围
《固定污染源废气　挥发性有机物的测定　固相吸附 - 热脱附 / 气相色谱 - 质谱法》（HJ 734—2014）	当采样体积为 300 mL 时，本标准的方法检出限为 0.001 ～ 0.01 mg/m³，测定下限为 0.004 ～ 0.04 mg/m³

（六）总烃、甲烷和非甲烷总烃的测定方法

总烃（total hydrocarbons, THC）指在本标准规定的测定条件下，在气相色谱仪的氢火焰离子化检测器上有响应的气态有机化合物的总和。

非甲烷总烃（non-methanehydrocarbons, NMHC）指在本标准规定的测定条件下，从总烃中扣除甲烷后其他气态有机化合物的总和（除非另有说明，结果以碳计）。

总烃、甲烷和非甲烷总烃的测定方法见表 4-9。

表 4-9　总烃、甲烷和非甲烷总烃测定方法

测定方法	适用范围
《固定污染源废气　气相色谱法》（HJ 38—2017）	当采样体积为 1.0 mL 时，本方法测定总烃、甲烷的检出限均为 0.06 mg/m³（以甲烷计），测定下限均为 0.24 mg/m³（以甲烷计）；非甲烷总烃的检出限为 0.07 mg/m³（以碳计），测定下限为 0.28 mg/m³（以碳计）

（七）醛、酮类化合物的测定方法

《固定污染源废气　醛、酮类化合物的测定　溶液吸收 - 高效液相色谱法》（HJ 1153—2020）适用于固定污染源有组织排放废气中甲醛、乙醛、丙烯醛、丙酮、丙醛、丁烯醛、2- 丁酮、正丁醛、苯甲醛、异戊醛、正戊醛、正己醛共 12 种醛、酮类化合物的测定（表 4-10）。

表 4-10　醛、酮类化合物测定方法

测定方法	适用范围
《固定污染源废气　醛、酮类化合物的测定　溶液吸收 - 高效液相色谱法》（HJ 1153—2020）	当试样定容体积 10.0 mL，进样量 10 μL 时，醛、酮类化合物的最低检出量为 0.13 ～ 0.29 μg，当采集有组织排放废气 20 L（标准状态下干烟气）时，方法的检出限为 0.01 ～ 0.02 mg/m³，测定下限为 0.04 ～ 0.08 mg/m³

（八）甲硫醇等 8 种含硫有机化合物的测定方法

《固定污染源废气　甲硫醇等 8 种含硫有机化合物的测定　气袋采样 - 预浓缩 / 气相色谱 - 质谱法》（HJ 1078—2019）适用甲硫醇、乙硫醇、甲硫醚、甲乙硫醚、二硫化碳、乙硫醚、二甲二硫、噻吩共 8 种含硫有机化合物的测定（表 4-11）。

表 4-11　甲硫醇等 8 种含硫有机化合物测定方法

测定方法	适用范围
《固定污染源废气　甲硫醇等 8 种含硫有机化合物的测定　气袋采样 - 预浓缩 / 气相色谱 - 质谱法》（HJ 1078—2019）	当取样量为 50.0 mL 时，本标准测定的含硫有机化合物的方法检出限为 0.01 ～ 0.02 mg/m³　测定下限为 0.04 ～ 0.08 mg/m³

（九）油烟和油雾的测定方法

油烟（oil fume）是指食物烹饪、加工过程中挥发的油脂、有机质及其加热分解或裂解产物。

油雾（oil mist）是指工业生产过程（如机械加工、金属材料热处理等工艺）中挥发产生的矿物油及其加热分解或裂解产物。

油烟和油雾的测定方法见表 4-12。

表 4-12　油烟和油雾测定方法

测定方法	适用范围
《固定污染源废气　油烟和油雾的测定　红外分光光度法》（HJ 1077—2019）	当采样体积为 250 L（标准状态），萃取液体积为 25 mL，使用 4 cm 石英比色皿时，本方法油烟和油雾的检出限均为 0.1 mg/m³，测定下限均为 0.4 mg/m³

第二节　废水手工监测技术要点

工业废水是在工矿生产活动中产生的废水，包括工艺过程用水、机械设备用水、设备和场地洗涤水、烟气洗涤水等。

废水监测技术包括手工监测技术和自动监测技术。手工监测技术又分为实验室监测技术和现场快速监测技术。废水现场快速监测技术主要用于突发性环境事件应急监测中。pH、水温等常规理化监测指标要求现场监测。目前废水手工监测技术以手工采样结合实验室分析监测技术为主。

一、废水监测点位的设置方法

废水是流量和浓度都随时间变化的非稳态流体，采集的样品应能反映这种变化情况且具有代表性，以满足总量控制和浓度控制相结合的管理要求，所以合理确定监测点位显得尤为重要。

水污染源一般经管道或渠、沟排放，截面积比较小，所以不需设置监测断面，而直接确定监测点位。

（一）污染物排放监测点位的设置

污染物排放监测点位应在污染物排放（控制）标准规定的监控位置设置监测点位。

对于环境中难以降解或能在动植物体内蓄积，对人体健康和生态环境产生长远不良影响，具有致癌、致畸、致突变的，根据环境管理要求确定的应在车间或生产设施排放口监控的水污染物，应在含有此类水污染物的污水与其他污水混合前的车间或车间预处理设施的出水口设置监测点位。如果含此类水污染物的同种污水实行集中预处理，则车间预处理设施排放口是指集中预处理设施的出水口。如环境管理有要求，还可同时在排污单位的总排放口设置监测点位。

对于其他水污染物，监测点位设在排污单位的总排放口。如环境管理有要求，还可同时在污水集中处理设施的排放口设置监测点位。

（二）污水处理设施处理效率监测点位设置

监测污水处理设施的整体处理效率时，在各污水进入污水处理设施的进水口和污水处理设施的出水口设置监测点位；监测各污水处理单元的处理效率时，在各污水进入污水处理单元的进水口和污水处理单元的出水口设置监测点位。

二、采样器材的准备

采样器材主要有采样器具和样品容器。

（一）采样器具

采样器材的材质应具有较好的化学稳定性，在样品采集、样品贮存期内不会与水样发生物理、化学反应，从而引起水样组分浓度的变化。

采样器具可选用聚乙烯、不锈钢、聚四氟乙烯等材质。采样器具内壁表面应光滑，易于清洗、处理。采样器具应有足够的强度，使用灵活、方便可靠，没有弯曲物干扰流速，尽可能减少旋塞和阀的数量。

（二）样品容器

样品容器应具备合适的机械强度、密封性好，样品容器可选用硬质玻璃、聚乙烯等材质。用于微生物检验的样品容器应能耐受高温灭菌，并在灭菌温度下不释放或产生任何能抑制生物活动或导致生物死亡或促进生物生长的化学物质。

污水监测应配置专用采样器材，不能与地表水、地下水等环境样品的采样器材混用。

应按照监测项目所采用的分析方法的要求，准备合适的采样器材；如要求不明确时，可选用《污水监测技术规范》（HJ 91.1—2019）附录 A（表 4-13）。

表 4-13 水样的采样容器及保存方法

序号	项目	采样容器	采集或保存方法	保存期限	建议采样量 / mL
1	pH	P 或 G		12 h	250
2	色度	P 或 G		12 h	1 000
3	悬浮物	P 或 G	冷藏，避光	14 d	500
4	五日生化需氧量	溶解氧瓶	冷藏，避光	12 h	250
		P	−20℃冷冻	30 d	1 000
5	化学需氧量	G	冷藏，避光	2 d	500
		P	−20℃冷冻	30 d	100
6	氨氮	P 或 G	H_2SO_4，pH ≤ 2	24 h	250
		P 或 G	H_2SO_4，pH ≤ 2，冷藏	7 d	250
7	总氮	P 或 G	H_2SO_4，pH ≤ 2	7 d	250
		P	−20℃冷冻	30 d	500
8	总磷	P 或 G	HCl，H_2SO_4，pH ≤ 2	24 h	250
		P	−20℃冷冻	30 d	250
9	石油类和动植物油类	G	HCl，pH ≤ 2	7 d	500
10	挥发酚	G	H_3PO_4，pH 约为 2，用 0.01 ～ 0.02 g 抗坏血酸除去残余氯	24 h	1 000
11	总有机碳	G	H_2SO_4，pH ≤ 2	7 d	250
		P	−20℃冷冻	30 d	100
12	阴离子表面活性剂	P 或 G		24 h	250
		G	1%（体积分数）的甲醛，冷藏	4 d	
13	可吸附有机卤素	G	水样充满采样瓶，HNO_3，pH 1 ～ 2，冷藏，避光	5 d	1 000
14	急性毒性	G（带聚四氟乙烯衬垫瓶盖）	水样充满采样瓶，采样后密封瓶口，冷藏	24 h	
15	氟化物	P	冷藏，避光	14 d	250
16	氯化物	P 或 G	冷藏，避光	30 d	250
17	余氯 [a]	P 或 G	避光	5 min	500
18	二氧化氯 [a]	P 或 G	避光	5 min	500

序号	项目	采样容器	采集或保存方法	保存期限	建议采样量 / mL
19	溴化物	P 或 G	冷藏，避光	14 h	250
20	碘化物	P 或 G	NaOH，pH 约为 12	14 h	250
21	单质磷	P 或 G	pH 6 ～ 7	48 h	
22	磷酸盐	P 或 G	NaOH，H_2SO_4，pH 约为 7，$CHCl_3$0.5%	7 d	250
23	硫化物	P 或 G	水样充满容器，1 L 水样加 NaOH 至 pH 约为 9，加入 5% 抗坏血酸 5 mL，饱和 EDTA3 mL，滴加饱和 $Zn(AC)_2$ 至胶体产生，常温避光	24 h	250
24	硫酸盐	P 或 G	冷藏，避光	30 d	250
25	硫氰酸盐	G	1 L 水样加入 2.5 g Na_2SO_3，在不断摇动下加 100 g/L NaOH 溶液调至 pH ≥ 12，冷藏	24 h	
26	硝酸盐氮	P 或 G	冷藏，避光	24 h	250
		P 或 G	HCl，pH 1 ～ 2	7 d	250
		P	-20℃冷冻	30 d	250
27	亚硝酸盐氮	P 或 G	冷藏，避光	24 h	250
28	氰化物[b]	P 或 G	NaOH，pH ≥ 9，冷藏	7 d	250
29	汞	P 或 G	1% HCl，如水样为中性，1 L 水样中加浓 HCl 10 mL	14 d	250
30	铬	P 或 G	HNO_3，1 L 水样中加浓 HNO_3 10 mL	30 d	100
31	六价铬	P 或 G	NaOH，pH 8 ～ 9	14 d	250
32	银	P 或 G	HNO_3，1 L 水样中加浓 HNO_3 10 mL	14 d	250
33	铍	P 或 G	HNO_3，1 L 水样中加浓 HNO_3 10 mL	14 d	250
34	钠	P	HNO_3，1 L 水样中加浓 HNO_3 10 mL	14 d	250
35	镁	P 或 G	HNO_3，1 L 水样中加浓 HNO_3 10 mL	14 d	250
36	钾	P	HNO_3，1 L 水样中加浓 HNO_3 10 mL	14 d	250
37	钙	P 或 G	HNO_3，1 L 水样中加浓 HNO_3 10 mL	14 d	250
38	锰	P 或 G	HNO_3，1 L 水样中加浓 HNO_3 10 mL	14 d	250
39	铁	P 或 G	HNO_3，1 L 水样中加浓 HNO_3 10 mL	14 d	250
40	镍	P 或 G	HNO_3，1 L 水样中加浓 HNO_3 10 mL	14 d	250

序号	项目	采样容器	采集或保存方法	保存期限	建议采样量 / mL
41	铜	P	HNO_3，1 L 水样中加浓 HNO_3 10 mL，如用溶出伏安法测定，可改用 1 L 水样中加 19 mL 浓 $HClO_4$	14 d	250
42	锌	P	HNO_3，1 L 水样中加浓 HNO_3 10 mL，如用溶出伏安法测定，可改用 1 L 水样中加 19 mL 浓 $HClO_4$	14 d	250
43	砷	P 或 G	HNO_3，1 L 水样中加浓 $HNO_3$10 mL，DDTC 法 HCl 2 mL，原子荧光法加 10 mL 浓 HCl	14 d	250
44	镉	P 或 G	HNO_3，1 L 水样中加浓 HNO_3 10 mL，如用溶出伏安法测定，可改用 1 L 水样中加 19 mL 浓 $HClO_4$	14 d	250
45	锑	P 或 G	HCl，0.2%（氢化物法），如用原子荧光法测定，1 L 水样中加 10 mL 浓 HCl	14 d	250
46	铅	P 或 G	HNO_3，1 L 水样中加浓 HNO_3 10 mL，如用溶出伏安法测定，可改用 1 L 水样中加 19 mL 浓 $HClO_4$	14 d	250
47	硼	P	HNO_3，1 L 水样中加浓 HNO_3 10 mL	14 d	250
48	硒	P 或 G	HCl，1 L 水样中加浓 HCl 2 mL，如用原子荧光法测定，1 L 水样中加 10 mL 浓 HCl	14 d	250
49	锂	P	HNO_3，pH 1 ～ 2	30 d	100
50	钒	P	HNO_3，pH 1 ～ 2	30 d	100
51	钴	P 或 G	HNO_3，pH 1 ～ 2	30 d	100
52	铝	P 或 G	HNO_3，pH 1 ～ 2	30 d	100
53	铊	P 或 G	HNO_3，1 L 水样中加浓 HNO_3 10 mL	14 d	1 000
54	钼	P 或 G	HNO_3，pH 1 ～ 2	14 d	
55	烷基汞	P	如在数小时内样品不能分析，应在样品瓶中预先加入 $CuSO_4$，加入量为每升 1 g（水样处理时不再加入），冷藏		2 500
56	农药类	G	加入抗坏血酸 0.01 ～ 0.02 g 除去残余氯，冷藏，避光	24 h	1 000

序号	项目	采样容器	采集或保存方法	保存期限	建议采样量 / mL
57	杀虫剂（包含有机氯、有机磷、有机氮）	G（带聚四氟乙烯瓶盖）或P（适用草甘膦）	冷藏	24 h（萃取）5 d（测定）	1 000 ～ 3 000
58	氨基甲酸酯类杀虫剂[c]	G	冷藏	14 d	1 000
59	除草剂类	G	加入抗坏血酸 0.01 ～ 0.02 g 除去残余氯，冷藏，避光	24 h	1 000
60	挥发性有机物	G	用 1+10（*V*/*V*）HCl 调至 pH 约为 2，加入 0.01 ～ 0.02 g 抗坏血酸除去残余氯，冷藏，避光	12 h	1 000
61	挥发性卤代烃[d]	G（棕色，带聚四氟乙烯瓶盖）	如果水样含有余氯，向采样瓶中加入 0.3 ～ 0.5 g 抗坏血酸或 $Na_2S_2O_3 \cdot 5H_2O$。采样时样品沿瓶壁注入，防止气泡产生，水样充满后不留液上空间，冷藏	7 d	40
62	甲醛	G	加入 0.2 ～ 0.5 g/L $Na_2S_2O_3 \cdot 5H_2O$ 除去残余氯，冷藏，避光	24 h	250
63	三氯乙醛	G	中性条件下冷藏	5 d	
64	丙烯醛	G（棕色，带聚四氟乙烯瓶盖）	采样前须加入 0.3 g 抗坏血酸于样品瓶中；采集样品时，应使水样在样品瓶中溢流而不留气泡，再加入数滴 1+9（*V*/*V*）H_3PO_4 溶液固定，使样品的 pH 为 4 ～ 5，冷藏，避光	5 d	40
65	三乙胺	G		24	
66	丙烯酰胺	G（棕色，带聚四氟乙烯瓶盖）	冷藏，避光	7 d（萃取）30 d（测定）	250
67	酚类	G	H_3PO_4，pH 约为 2，用 0.01 ～ 0.02 g 抗坏血酸除去残余氯，冷藏，避光	24 h	1 000

序号	项目	采样容器	采集或保存方法	保存期限	建议采样量 / mL
68	邻苯二甲酸酯类	G	加入抗坏血酸 0.01 ～ 0.02 g 除去残余氯，冷藏，避光	24 h	1 000
69	肼	G	HCl，pH 约为 1，避光	24 h	500
70	苯系物	G	水样充满容器，并加盖瓶塞，冷藏	14 d	
71	氯苯	G	水样充满容器，并加盖瓶塞，不得有气泡，冷藏	7 d	1 000
72	多氯联苯[c]	G（带聚四氟乙烯瓶盖）	冷藏	7 d	500
73	多环芳烃[c]	G（带聚四氟乙烯瓶盖）	冷藏	7 d	500
74	二噁英类[e]	对二噁英类无吸附作用的不锈钢或玻璃材质可密封器具	4 ～ 10℃的暗冷处，密封遮光	尽快进行分析测定	
75	吡啶	G	水样充满容器，赶出气泡，塞紧瓶塞（瓶塞不能使用橡皮塞或木塞），冷藏	48 h	
76	梯恩梯、黑索今、地恩梯	G（棕色）	冷藏，避光	7 d（萃取）30 d（测定）	
77	彩色显影剂总量	G（棕色）	水样充满容器，避免光、热和剧烈振动；按 1 L 样品中加入 0.1 g Na_2SO_3 的比例加入保护剂，冷藏	48 h	
78	显影剂及其氧化物总量	G（棕色）或 P	避免光、热和剧烈振动；按 1 L 样品中加入 0.1 g Na_2SO_3 的比例加入保护剂，冷藏	48 h	

序号	项目	采样容器	采集或保存方法	保存期限	建议采样量 / mL
79	总大肠菌群和粪大肠菌群、细菌总数、大肠菌总数、粪大肠菌、粪链球菌、沙门氏菌、志贺氏菌等[c]	G（灭菌）或无菌袋	与其他项目一同采样时，先单独采集微生物样品，不预洗采样瓶；冷藏；避光；样品采集至采样瓶体积的 80% 左右	6 h	250
80	蛔虫卵	P	常温下运回实验室，立即进行过滤和沉淀		10 L
81	总 α 放射性、总 β 放射性[e]	P	HNO_3，1 L 水样中加浓 HNO_3 10 mL	30 d	2 000
82	铀	P		30 d	2 000

注：冷藏温度范围为 0 ～ 5℃；

[a] 最好在采集后 5 min 内现场分析；

[b] 如果硫化物存在，保存 12h；

[c] 如水样中有余氯，每 1 L 样品中加入 80 mg $Na_2S_2O_3 \cdot 5H_2O$；

[d] 所有样品均采集平行样；

[e] 如果样品已蒸发，不酸化。

三、采样方式的选择

采集的水样应具有代表性，能反映污水的水质情况，满足水质分析的要求。水样采集方式可通过手工或自动采样，自动采样时所用的水质自动采样器应符合《水质自动采样器技术要求及检测方法》（HJ/T 372—2007）的相关要求。采集样品的时候要根据污水的具体情况确定采集瞬时水样还是混合水样。

（一）采集瞬时水样

瞬时水样是指从污水中随机手工采集的单一水样。

下列情况适用瞬时采样：

（1）所测污染物性质不稳定，易受到混合过程的影响。

（2）不能连续排放的污水，如间歇排放。

（3）需要考察可能存在的污染物，或特定时间的污染物浓度。

（4）需要得到污染物最高值、最低值或变化情况的数据。

（5）需要得到短期（一般不超过 15min）的数据以确定水质的变化规律。

（6）需要确定水体空间污染物变化特征，如污染物在水流的不同断面和（或）深度的变化情况。

（7）污染物排放（控制）标准等相关环境管理工作中规定可采集瞬时水样的情况。

当排污单位的生产工艺过程连续且稳定，有污水处理设施并正常运行，其污水能稳定排放的（浓度变化不超过 10%），瞬时水样具有较好的代表性，可用瞬时水样的浓度代表采样时间段内的采样浓度。

（二）采集混合采样

下列情况适用混合采样：

（1）计算一定时间的平均污染物浓度；

（2）计算单位时间的污染物质量负荷；

（3）污水特征变化大；

（4）污染物排放（控制）标准等相关环境管理工作中规定可采集混合水样的情况。

混合采样包括等时混合水样和等比例混合水样两种。当污水流量变化小于平均流量的 20%，污染物浓度基本稳定时，可采集等时混合水样；当污水的流量、浓度甚至组分都有明显变化，可采集等比例混合水样。等比例混合水样一般采用与流量计相连的水质自动采样器采集，分为连续比例混合水样和间隔比例混合水样两种。连续比例混合水样是在选定采样时段内，根据污水排放流量，按一定比例连续采集的混合水样。间隔比例混合水样是根据一定的排放量间隔，分别采集与排放量有一定比例关系的水样混合而成的。

四、采样频次的确定

（一）对采样频次有明确规定的情况

已经发布排污单位自行监测技术指南的行业、排污单位的排污许可证、相关污染物排放（控制）标准、环境影响评价文件及其审批意见、其他相关环境管理规定等对采样频次有规定的，按规定执行。

（二）对采样频次没有明确规定的情况

按照生产周期确定采样频次。生产周期在 8 h 以内的，采样时间间隔应不小于 2 h；生产周期大于 8 h 的，采样时间间隔应不小于 4 h；每个生产周期内采样频次应不少于 3 次。如无明显生产周期、稳定、连续生产，采样时间间隔应不小于 4 h，每个生产日内采样频次应不少于 3 次。排污单位间歇排放或排放污水的流量、浓度、污染物种类有明显变化的，应在排放周期内增加采样频次。雨水排放口有明显水流动时，可采集一个或多个瞬时水样。

为确认自行监测的采样频次，排污单位也可在正常生产条件下的一个生产周期内进行加密监测：周期在 8 h 以内的，每小时采 1 次样；周期大于 8 h 的，每 2 h 采 1 次样。每个生产周期采样次数不少于 3 次，采样的同时测定流量。

五、水样的采集及保存与运输方法

（一）确定采样位置

采样位置应在污水混合均匀的位置，如计量堰跌水处、巴歇尔量水槽喉管处等。

（二）样品采集方法

应按照监测方案采集样品。采样时应去除水面的杂物、垃圾等漂浮物，不可搅动水底部的沉积物。

一般情况下采样前先用水样荡涤采样容器和样品容器 2 ～ 3 次。

对不同的监测项目选用的容器材质、加入的保存剂及其用量、保存期限和采集的水样体积等，须按照监测项目的分析方法要求执行；如未明确要求，执行表 4-13。

采样完成后应在每个样品容器上贴上标签，标签内容包括样品编号或名称、采样日期和时间、监测项目名称等，同步填写现场记录。

（三）其他要求

（1）部分监测项目采样前不能荡洗采样器具和样品容器，如动植物油类、石油类、挥发性有机物、微生物等。

（2）部分监测项目在不同时间采集的水样不能混合测定，如水温、pH、色度、动植物油类、石油类、生化需氧量、硫化物、挥发性有机物、氰化物、余氯、微生物和放射性等。

（3）部分监测项目保存方式不同，须单独采集储存，如动植物油类、石油类、硫化物、挥发酚、氰化物、余氯、微生物等。

（4）部分监测项目采集时须注满容器，不留顶上空间，如生化需氧量、挥发性有机物等。

（四）现场监测项目的测定

水温、pH 等能在现场测定的监测项目或分析方法中要求须在现场完成测定的监测项目，应在现场测定。

流量测量：已安装自动污水流量计，且通过计量部门检定或通过验收的，可采用流量计的流量值。采用明渠流量计测定流量，应按照《城市排水流量堰槽测量标准》（CJ/T 3008.1 ～ CJ/T 3008.5）等相关技术要求修建或安装标准化计量堰（槽）。排污渠道的截面底部须硬质平滑，截面形状为规则几何形，排放口处须有 3 ～ 5 m 的平直过流水段，且水位高度不小于 0.1 m。通过测量排污渠道的过水截面积，以流速仪测量污水流速，计算污水量。在以上流量测量方法不满足条件无法使用时，可用统计法、水平衡计算法等方法。

水样感官指标：用文字定性描述水的颜色、浑浊度、气味（嗅）等样品状态、水面有无油膜等表观特征，并均应作现场记录。

（五）现场记录

现场记录应包含以下内容：监测目的、排污单位名称、气象条件、采样日期、采样时间、现场测试仪器型号与编号、采样点位、生产工况、污水处理设施处理工艺、污水处理设施运行情况、污水排放量/流量、现场测试项目和监测方法、水样感官指标的描述、采样项目、采样方式、样品编号、保存方法、采样人、复核人、排污单位人员及其他需要说明的有关事项，具体格式可自行制订。

（六）样品保存与运输

（1）样品采集后应尽快送实验室分析，并根据监测项目所采用分析方法的要求确定样品的保存方法，确保样品在规定的保存期限内分析测试。如要求不明确时，可按照表 4-13 执行。

（2）根据采样点的地理位置和监测项目保存期限，选用适当的运输方式。样品运输前应将容器的外（内）盖盖紧。装箱时应用泡沫塑料等减震材料分隔固定，以防破损。除防震、避免日光照射和低温运输外，还应防止样品被沾污。

（3）同一采样点的样品应尽量装在同一样品箱内，运输前应核对现场采样记录上的所有样品是否齐全，应有专人负责样品运输。

六、废水主要监测指标的常用测定方法

通常采用水质指标来衡量水质的好坏和水体被污染的程度。废水水质指标可以分为三大类：物理性水质指标、化学性水质指标和生物学水质指标。

物理性水质指标，包括温度、色度等。

化学性水质指标，包括一般化学性水质指标，如 pH、各种阳离子、各种阴离子、总含盐量、一般有机物质等；有毒化学性水质指标，如重金属、氰化物、多环芳烃、各种农药等；有关反映污染程度的综合性指标，如化学需氧量（COD）、生化需氧量（BOD_5）、总需氧量（TOD）等。

生物学水质指标，包括细菌总数、总大肠菌群数、各种病原菌、病毒等。

（一）pH 的测定

pH 是水中氢离子活度的负对数。天然水的 pH 多在 6 ～ 9 范围内。由于 pH 受水温影响，测定时应在规定温度下进行，或者校正温度。

pH 测定方法：玻璃电极法《水质　pH 值的测定　电极法》（HJ 1147—2020）。

本标准适用于地表水、地下水、生活污水和工业废水中 pH 的测定。测定范围为 0 ～ 14。

pH 由测量电池的电动势而得。该电池通常由参比电极和氢离子指示电极组成。溶液每变化 1 个 pH 单位，在同一温度下电位差的改变是常数，据此在仪器上直接以 pH 的读数表示。

酸度计应参照仪器说明书使用和维护。电极应参照说明书使用和维护。使用过的标准缓冲溶液不允许再倒回原瓶中。

（二）悬浮物的测定

悬浮物（SS）又称不可滤残渣。造纸、皮革、冲渣、选矿、湿法粉碎和喷淋除尘等工业操作中产生大量含无机、有机的悬浮物废水。因此，在废水处理中，测定悬浮物具有特定意义。

悬浮物的测定方法：《水质　悬浮物的测定　重量法》（GB 11901—1989）。

本标准适用于地表水、地下水，也适用于生活污水和工业废水中悬浮物的测定。水中的悬浮物是指不能通过孔径为 0.45 μm 滤膜的固体物。用 0.45 μm 滤膜过滤水样，经 103 ～ 105℃烘干后得到不可滤残渣（悬浮物）含量。

（三）色度的测定

色度是反映水体外观的指标。工业废水和生活污水含有染料、生物色素、有色悬浮物等，且常常因排放到环境中而使环境水体着色。有颜色的水可减弱水体的透光性，影响水生生物生长。

色度的测定方法：《水质　色度的测定　稀释倍数法》（HJ 1182—2021）。

本标准适用于生活污水和工业废水色度的测定。方法检出限和测定下限为 2 倍。本标准中的色度是指由溶解物质和不溶解悬浮物产生的表观颜色，用经过沉降 15 min 的原始样品上清液测定。将样品稀释至与水相比无视觉感官区别，用稀释后的总体积与原体积的比表达颜色的强度，单位为倍。

（四）氨氮的测定

氨氮（NH_3-N）以游离氨（NH_3）或铵盐（NH_4^+）的形式存在于水中，两者的组成比取决于水的 pH 和水温。当 pH 偏高时，游离氨的比例高；反之铵盐的比例高。水温的影响则相反。

水中氨氮的来源主要为生活污水中含氮有机物受微生物作用的分解产物，某些工业废水，如焦化废水和合成氨化肥厂废水等，以及农田排水。此外，在无氧环境中，水中存在的亚硝酸盐亦可受微生物作用，还原为氨。在有氧环境中，水中氨也可转变为亚硝酸盐，甚至继续转变为硝酸盐。

氨氮的测定方法见表 4-14。

表 4-14　氨氮测定方法

测定方法	适用范围
《水质　氨氮的测定　纳氏试剂光度法》（HJ 535—2009）	本标准适用于地表水、地下水、生活污水和工业废水中氨氮的测定。当水样体积为 50 mL，使用 20 mm 比色皿时，本方法的检出限为 0.025 mg/L，测定下限为 0.10 mg/L，测定上限为 2.0 mg/L（均以 N 计）
《水质　氨氮的测定　水杨酸分光光度法》（HJ 536—2009）	本标准适用于地下水、地表水、生活污水和工业废水中氨氮的测定。当取样体积为 8.0 mL，使用 10 mm 比色皿时，检出限为 0.01 mg/L，测定下限为 0.04 mg/L，测定上限为 1.0 mg/L（均以 N 计）
《水质　氨氮的测定　蒸馏 - 中和滴定法》（HJ 537—2009）	本标准适用于生活污水和工业废水中氨氮的测定。当试样体积为 250 mL 时，方法的检出限为 0.2 mg/L，测定下限为 0.8 mg/L（均以 N 计）
《水质　氨氮的测定　流动注射 - 水杨酸分光光度法》（HJ 666—2013）	本标准适用于地表水、地下水、生活污水和工业废水中氨氮的测定。当检测光程为 10 mm 时，本方法的检出限为 0.01 mg/L（以 N 计），测定范围为 0.04 ～ 5.00 mg/L

（五）总氮的测定

总氮是衡量水质的重要指标。总氮是指水体中所有含氮化合物中的氮含量，是反映水体富营养化程度的重要指标之一。总氮包括有机氮和无机氮。总氮的测定方法见表 4-15。

表 4-15 总氮测定方法

测定方法	适用范围
《水质 总氮的测定 碱性过硫酸钾消解紫外分光光度法》（HJ 636—2012）	本标准适用于地表水、地下水、工业废水和生活污水中总氮的测定。当样品量为 10 mL 时，本方法的检出限为 0.05 mg/L，测定范围为 0.20 ～ 7.00 mg/L
《水质 总氮的测定 流动注射 - 盐酸萘乙二胺分光光度法》（HJ 668—2013）	本标准适用于地表水、地下水、生活污水和工业废水中总氮的测定。 当检测光程为 10 mm 时，本方法的检出限为 0.03 mg/L（以 N 计），测定范围为 0.12 ～ 10 mg/L

（六）总磷的测定

磷是评价水质的重要指标。化肥、冶炼、合成洗涤剂等行业的工业废水及生活污水中常含有较大量磷。磷是生物生长必需的元素之一，但水体中磷含量过高（如超过 0.2 mg/L），可造成藻类的过度繁殖，直至数量上达到有害的程度（称为富营养化），造成湖泊、河流透明度降低，水质变坏。

总磷的测定方法见表 4-16。

表 4-16 总磷测定方法

测定方法	适用范围
《水质 总磷的测定 钼酸铵分光光度法》（GB 11893—1989）	本标准适用于地表水、生活污水、化工、磷肥、机械加工金属表面磷化处理、农药、钢铁、焦化等行业的工业废水中的正磷酸盐测定。 最低检出限为 0.01 mg/L，测定上限为 0.6 mg/L
《水质 总磷的测定 流动注射 - 钼酸铵分光光度法》（HJ 671—2013）	本标准适用于地表水、地下水、生活污水和工业废水中总磷的测定。 当检测池光程为 10 mm 时，本方法的检出限为 0.005 mg/L（以 P 计），测定范围为 0.020 ～ 1.00 mg/L

（七）化学需氧量的测定

化学需氧量（COD），是指在一定的条件下，用强氧化剂重铬酸钾处理水样时所消耗氧化剂的量，以氧的 mg/L 来表示。

化学需氧量反映了水中受还原性物质污染的程度，水中还原性物质包括有机物、亚硝酸盐、亚铁盐、硫化物等。化学需氧量作为有机物相对含量的指标之一，只能反映能被氧化的有机污染，不能反映多环芳烃、多氯联苯、二噁英类等的污染状况。

化学需氧量的测定方法见表 4-17。

表 4-17　化学需氧量测定方法

测定方法	适用范围
《水质　化学需氧量测定　重铬酸盐法》（HJ 828—2017）	本标准适用于地表水、生活污水和工业废水中化学需氧量的测定。 本标准不适用于含氯化物浓度大于 1 000 mg/L（稀释后）的水中化学需氧量的测定。 当取样体积为 10.0 mL 时，本方法的检出限为 4 mg/L，测定下限为 16 mg/L。未经稀释的水样测定上限为 700 mg/L，超过此限时须稀释后测定
《水质　化学需氧量测定　快速消解分光光度法》（HJ/T 399—2007）	本标准对未经稀释的水样，其 COD 测定下限为 15 mg/L，测定上限为 1 000 mg/L，其氯离子浓度不应大于 1 000 mg/L。本标准对于化学需氧量（COD）大于 1 000 mg/L 或氯离子含量大于 1 000 mg/L 的水样，可经适当稀释后进行测定

（八）生化需氧量的测定

生化需氧量（BOD_5）是反映水体被有机物污染程度的综合指标，也是研究废水的可生化降解性和生化处理效果以及生化处理废水工艺设计和动力学研究中的重要参数。BOD_5 测定的是五日培养过程中溶解氧的损失量，故对于较清洁的水（损失量小于 7 mg/L）可以不必稀释，直接测定；对于有机物浓度较高的水则需先进行稀释，稀释倍数视有机物浓度而定。

BOD_5 的测定方法见表 4-18。

表 4-18　生化需氧量测定方法

测定方法	适用范围
《水质　五日生化需氧量（BOD_5）的测定　稀释接种法》（HJ 505—2009）	本标准适用于地表水、工业废水和生活污水中五日生化需氧量（BOD_5）的测定。 方法的检出限为 0.5 mg/L，方法的测定下限为 2 mg/L；非稀释法和非稀释接种法的测定上限为 6 mg/L；稀释与稀释接种法的测定上限为 6 000 mg/L

测定方法	适用范围
《水质　五日生化需氧量（BOD_5）的测定　微生物传感器快速测定法》（HJ/T 86—2002）	本标准适用于地表水、生活污水、工业废水中的 BOD_5 值的测定。本法适用于测定 BOD_5 值为 2 ～ 500 mol/L 的水样，较高时可经适当稀释后测定

（九）氟化物的测定

氟是人体必需元素之一，缺氟易患龋齿病，饮水中含氟离子的适宜浓度为 0.5 ～ 1.0 mg/L。含量过高，则会产生毒害。当人长期饮用含氟量达 1 ～ 1.5 mg/L 的水时，易患氟斑牙；长期饮用含氟量高于 4 mg/L 的水时，人的骨骼会变形，引起氟骨症和肾脏损伤。氟化物广泛存在于天然水体中。有色冶金、钢铁和铝加工、焦炭、玻璃、陶瓷、电子、电镀、化肥、农药中的废水及含氟化物的废水中常常都存在氟化物。

氟化物的测定方法见表 4-19。

表 4-19　氟化物测定方法

测定方法	适用范围
《水质　氟化物的测定　离子选择电极法》（GB 7484—1987）	具有测定简便、快速、灵敏、选择性好和可测定浑浊和有色水样等优点。最低检出浓度为 0.05 mg/L（以 F^- 计），测定上限可达 1 900 mg/L（以 F^- 计）
《水质　氟化物的测定　氟试剂分光光度法》（HJ 488—2009）	本方法适用于地表水、地下水和工业废水中氟化物的测定。本方法的检出限为 0.02 mg/L，测定下限为 0.08 mg/L

（十）氰化物的测定

氰化物是剧毒物质，进入人体后，主要与高铁细胞色素氧化酶结合，生成氰化高铁细胞色素氧化酶而失去传递氧的作用，引起组织缺氧窒息。

氰化物的主要来源是小金矿的开采、冶炼、电镀、有机化工、选矿、炼焦、造气、化肥等工业排放废水。水中氰化物可分为简单氰化物和络合氰化物两种。

氰化物的测定方法见表 4-20。

表 4-20　氰化物测定方法

测定方法	适用范围
《水质　氰化物的测定　容量法和分光光度法》（HJ 484—2009）	异烟酸 - 吡唑啉酮分光光度法 本方法适用于地表水、生活污水和工业废水中氰化物的测定。 本方法检出限为 0.004 mg/L，测定下限为 0.016 mg/L，测定上限为 0.25 mg/L
《水质　氰化物的测定　容量法和分光光度法》（HJ 484—2009）	异烟酸 - 巴比妥酸分光光度法 本方法适用于地表水、生活污水和工业废水中氰化物的测定。 本方法检出限为 0.001 mg/L，测定下限为 0.004 mg/L，测定上限为 0.45 mg/L
《水质　氰化物的测定　容量法和分光光度法》（HJ 484—2009）	吡啶 - 巴比妥酸分光光度法 本方法适用于地表水、生活污水和工业废水中的氰化物的测定。 本方法检出限为 0.002 mg/L，测定下限为 0.008 mg/L，测定上限为 0.45 mg/L
《水质　氰化物的测定　容量法和分光光度法》（HJ 484—2009）	硝酸银滴定法 本方法适用于受污染的地表水、生活污水和工业废水中氰化物的测定。 本方法检出限为 0.25 mg/L，测定下限为 1.00 mg/L，测定上限为 100 mg/L
《水质　氰化物的测定　流动注射 - 分光光度法》（HJ 823—2017）	本方法适用于地表水、地下水、生活污水和工业废水中氰化物的测定。 当检测光程为 10 mm 时，异烟酸 - 巴比妥酸法测定水中氰化物检出限为 0.001 mg/L，测定范围为 0.004 ～ 0.10 mg/L；吡啶 - 巴比妥酸法测定水中氰化物的检出限为 0.002 mg/L，测定范围为 0.008 ～ 0.50 mg/L

（十一）铜的测定

铜（Cu）是人体必需的微量元素，成人每日铜的需要量估计为 20 mg。缺铜会发生贫血、腹泻等病症，但过量摄入铜也会产生危害。水中铜达 0.01 mg/L 时，对水体自净有明显的抑制作用。铜对水生生物毒性很大，一般认为水体含铜量超过 0.01 mg/L 时对鱼类有危害。铜的主要污染源有电镀、冶炼、五金、矿山开采、石油化工和化学工业等排放的废水。

铜的测定方法见表 4-21。

表 4-21 铜的测定方法

测定方法	适用范围
《水质 铜的测定 二乙基二硫代氨基甲酸钠分光光度法》（HJ 485—2009）	本方法适用于地表水、地下水、生活污水和工业废水中总铜和可溶性铜的测定。 当使用 10 mm 比色皿，萃取用试样体积为 10 mL 时，方法的测定上限为 6.00 mg/L
《水质 铜的测定 2, 9- 二甲基 -1, 10- 菲啰啉分光光度法》（HJ 486—2009）	萃取光度法适用于地表水、地下水、生活污水和工业废水中总铜和可溶性铜的测定。 当使用 10 mm 比色皿，试料体积为 50 mL 时，测定上限为 3.2 mg/L
《水质 铜、锌、铅、镉的测定 原子吸收分光光度法》（GB 7475—1987）	适用于地下水、地表水和废水中铜、锌、铅、镉的测定。 适用浓度范围 0.05 ～ 5 mg/L
《水质 32 种元素的测定 电感耦合等离子体发射光谱法》（HJ 776—2015）	本方法适用于地表水、地下水、生活污水及工业废水中砷、镉、铬、铅、铜、锌等 32 种元素的测定。 本标准中各元素的方法检出限为 0.009 ～ 0.1 mg/L，测定下限为 0.036 ～ 0.39 mg/L
《水质 65 种元素的测定 电感耦合等离子体质谱法》（HJ 700—2014）	本方法适用于地表水、地下水、生活污水、低浓度工业废水中银、铝、砷、镉、铬、铅、铜、锌等 65 种元素的测定。 本方法各元素的方法检出限为 0.02 ～ 19.6 μg/L，测定下限为 0.08 ～ 78.4 μg/L

（十二）锌的测定

锌（Zn）也是人体必不可少的有益元素，每升水含数毫克锌对人体和温血动物无害，但对鱼类和其他水生生物影响较大。水中含锌 1 mg/L 时，对水体的生物氧化过程有轻微的抑制作用。锌的主要污染源是电镀、冶金、颜料及化工等部门排放的废水。

锌的测定方法见表 4-22。

表 4-22 锌的测定方法

测定方法	适用范围
《水质 锌的测定 双硫腙分光光度法》（GB 7472—1987）	本方法适用于天然水和轻度污染的地表水、工业废水中锌的测定。使用 20 mm 的比色皿，试样体积为 100 mL 时，最低检出浓度为 0.005 mg/L

测定方法	适用范围
《水质　铜、锌、铅、镉的测定　原子吸收分光光度法》（GB 7475—1987）	见表 4-21“铜的测定方法”
《水质　32 种元素的测定　电感耦合等离子体》发射光谱法（HJ 776—2015）	见表 4-21“铜的测定方法”
《水质　65 种元素的测定　电感耦合等离子体质谱法》（HJ 700—2014）	见表 4-21“铜的测定方法”

（十三）镉的测定

镉（Cd）不是人体的必需元素。长期饮用受镉污染的水，食用受镉污染的水进行灌溉的农作物（特别是稻谷），会使镉在体内蓄积，主要蓄积在肾脏，引起泌尿系统的功能变化，造成肾损伤，进而导致骨软化症，周身疼痛，称为“痛痛病”。此外，慢性镉中毒对人体生育能力也有影响。镉的主要来源有电镀、采矿、冶炼、染料、电池和化学工业等排放的废水。

镉的测定方法见表 4-23。

表 4-23　镉的测定方法

测定方法	适用范围
《水质　镉的测定　双硫腙分光光度法》（GB 7471—1987）	本方法适用于天然水、废水中镉的测定。取 250 mL 水样测定，最低检出浓度为 2 μg/L，测定上限为 40 μg/L
《水质　铜、锌、铅、镉的测定　原子吸收分光光度法》（GB 7475—1987）	见表 4-21“铜的测定方法”
《水质　32 种元素的测定　电感耦合等离子体发射光谱法》（HJ 776—2015）	见表 4-21“铜的测定方法”
《水质　65 种元素的测定　电感耦合等离子体质谱法》（HJ 700—2014）	见表 4-21“铜的测定方法”

（十四）铬的测定

铬（Cr）是银白色的坚硬金属，其化合物有二价、三价和六价 3 种价态，其中三价和六价化合物较常见。在水体中，六价铬一般以 CrO_4^{2-}、$HCr_2O_7^-$、$Cr_2O_7^{2-}$ 3 种阴离子形式存在。受水体 pH、温度、氧化还原物质、有机物等因素的影响，三价铬和六价铬化合物可以互相转化。

环境中铬的污染主要来源于采矿场、选矿厂、冶炼电镀厂、机器制造厂、汽车制造厂、飞机制造厂、染料厂、印刷厂、制药厂等工业企业排出的废水与烟尘。

铬是生物体所必需的微量元素之一。铬的毒性与其存在价态有关，对人体来说，六价铬具有强毒性，六价铬的毒性比三价铬大 100 倍。铬可通过消化道、呼吸道、皮肤和黏膜侵入人体，对人体的毒害为全身性的，对皮肤黏膜具有刺激作用，可引起皮炎、湿疹、气管炎和鼻炎，并有致癌作用，如六价铬化合物可以诱发肺癌和鼻咽癌。对鱼类来说，三价铬化合物的毒性比六价铬大。

铬的测定方法见表 4-24。

表 4-24　铬的测定方法

测定方法	适用范围
《水质　六价铬的测定　二苯碳酰二肼分光光度法》（GB 7467—1987）	本方法适用于地表水、工业废水中六价铬的测定。 取 50 mL 水样测定，使用 30 mm 比色皿，最低检出浓度为 0.004 mg/L；使用 10 mm 比色皿，测定上限为 1 mg/L
《水质　六价铬的测定　流动注射 - 二苯碳酰二肼光度法》（HJ 908—2017）	本方法适用于地表水、地下水和生活污水中六价铬的测定。 当检测光程为 10 mm 时，本标准的方法检出限为 0.001 mg/L，测定下限为 0.004 mg/L。未经稀释的样品测定上限为 0.600 mg/L，超出测定上限应稀释后测定
《水质　总铬的测定　高锰酸钾氧化 - 二苯碳酰二肼分光光度法》（GB 7466—1987）	本方法适用于地表水、工业废水中总铬的测定。 取 50 mL 水样测定，使用 30 mm 比色皿，最低检出量为 0.2 μg，最低检出浓度为 0.004 mg/L；使用 10 mm 比色皿，测定上限为 1.0 mg/L
《水质　铬的测定　火焰原子吸收分光光度法》（HJ 757—2015）	本方法适用于水和废水中高浓度可溶性铬和总铬的测定。 当取样体积与试样制备后定容体积相同时，本方法测定铬的检出限为 0.03 mg/L，测定下限为 0.12 mg/L
《水质　32 种元素的测定　电感耦合等离子体发射光谱法》（HJ 776—2015）	见表 4-21“铜的测定方法”
《水质　65 种元素的测定　电感耦合等离子体质谱法》（HJ 700—2014）	见表 4-21“铜的测定方法”

（十五）铅的测定

铅（Pb）是可以在人体和动植物组织中蓄积的有毒金属。铅及其化合物主要损害的是人体中枢神经系统，还可以降低人体红细胞的输氧能力。铅的冶炼、熔化、加工、铸造等工业，以蓄电池为主，包括铅包电线、铅管板、软焊条、颜料、涂料、化学试剂、药品以至化妆品等含铅物品，都被广泛应用，由此引起的铅污染是不容忽视的。

铅的测定方法见表 4-25。

表 4-25　铅的测定方法

测定方法	适用范围
《水质　铅的测定　双硫腙分光光度法》（GB 7470—87）	本方法适用于地表水、废水中痕量铅的测定。 取 100 mL 水样测定，使用 10 mm 比色皿，用 10 mL 双硫腙 - 三氯甲烷萃取，最低检出浓度为 0.01 mg/L，测定上限为 0.3 mg/L
《水质　铜、锌、铅、镉的测定　原子吸收分光光度法》（GB 7475—87）	见表 4-21“铜的测定方法”
《水质　32 种元素的测定　电感耦合等离子体发射光谱法》（HJ 776—2015）	见表 4-21“铜的测定方法”
《水质　65 种元素的测定　电感耦合等离子体质谱法》（HJ 700—2014）	见表 4-21“铜的测定方法”

（十六）砷的测定

水体中砷（As）的污染主要来自冶金、化工、化学制药、农药、玻璃、染料和制革等部门排放的工业废水，以及采矿和冶炼中的含砷废渣等，其中以冶金、化工行业排放的砷含量较高。砷是人体非必需元素，元素砷毒性极低，而砷的化合物均有剧毒，三价砷化合物比其他砷化物毒性更强。慢性砷中毒有消化系统症状、神经系统症状、皮肤病变等。砷还有致癌作用，能引起皮肤癌。

砷的测定方法见表 4-26。

表 4-26 砷的测定方法

测定方法	适用范围
《水质 总砷的测定 二乙基二硫代氨基甲酸银分光光度法》（GB 7485—1987）	本方法适用于地表水和废水中砷的测定。 取 50 mL 水样测定，最低检出浓度为 0.007 mg/L，测定上限为 0.50 mg/L
《水质 汞、砷、硒、铋和锑的测定 原子荧光法》（HJ 694—2014）	本方法适用于地表水、地下水、生活污水和工业废水中汞、砷、硒、铋和锑的溶解态与总量的测定。 本方法砷的检出限为 0.3 μg/L，测定下限为 1.2 μg/L
《水质 32 种元素的测定 电感耦合等离子体发射光谱法》（HJ 776—2015）	见表 4-21“铜的测定方法”
《水质 65 种元素的测定 电感耦合等离子体质谱法》（HJ 700—2014）	见表 4-21“铜的测定方法”

（十七）汞的测定

水中汞（Hg）污染主要来自氯碱工业、塑料工业、仪表工业、医院、实验室以及汞矿和冶炼厂等工业废水及废弃物的排放。元素汞（Hg）不稳定，在环境中很容易转化成各种无机的和有机的汞化合物。无机汞有一价和二价两种价态。有机汞有烷基汞（如甲基汞、二甲基汞、氯化乙基汞等）、芳基汞和烷氧基汞，其中甲基汞的毒性最大。

汞的测定方法见表 4-27。

表 4-27 汞的测定方法

测定方法	适用范围
《水质 总汞的测定 高锰酸钾 - 过硫酸钾消解法 双硫腙分光光度法》（GB/T 7469—1987）	本方法适用于生活污水、工业废水和受污染的地表水中汞的测定。 取 250 mL 水样测定，最低检出浓度为 2 μg/L，测定上限为 40 μg/L

测定方法	适用范围
《水质　总汞的测定　冷原子吸收分光光度法》（HJ 597—2011）	本方法适用于地表水、地下水、工业废水和生活污水中总汞的测定。 采用高锰酸钾 - 过硫酸钾消解法和溴酸钾 - 溴化钾消解法，当取样量为 100 mL 时，检出限为 0.02 μg/L，测定下限为 0.08 μg/L；当取样量为 200 mL 时，检出限为 0.01 μg/L，测定下限为 0.04 μg/L。采用微波消解法，当取样量为 25 mL 时，检出限为 0.06 μg/L，测定下限为 0.24 μg/L
《水质　汞、砷、硒、铋和锑的测定　原子荧光法》（HJ 694—2014）	本标准适用于地表水、地下水、生活污水和工业废水中汞、砷、硒、铋和锑的溶解态与总量的测定。 本标准方法汞的检出限为 0.04 μg/L，测定下限为 0.16 μg/L
《水质　32 种元素的测定　电感耦合等离子体发射光谱法》（HJ 776—2015）	见表 4-21“铜的测定方法”
《水质　65 种元素的测定　电感耦合等离子体质谱法》（HJ 700—2014）	见表 4-21“铜的测定方法”

（十八）挥发酚的测定

环境中的酚主要来自炼焦、炼油、制取煤气、造纸、合成氨、木材防腐和化工等废水。酚有多种化合物，一般根据酚类能否与水蒸气一起蒸出，分为挥发酚与不挥发酚。通常认为沸点在 230℃以下的为挥发酚（属一元酚），而沸点在 230℃以上的为不挥发酚。酚类为原生质毒，属高毒物质。可经皮肤、黏膜、呼吸道和口腔等多种途径进入人体。酚除具有毒性外，还有恶臭，尤其是当它同水中游离氯结合时，可产生使人厌恶的氯酚臭，其嗅觉阈为 0.01 mg/L。

挥发酚的测定方法见表 4-28。

表 4-28　挥发酚的测定方法

测定方法	适用范围
《水质　挥发酚的测定　4-氨基安替比林分光光度法》（HJ 503—2009）	直接分光光度法：工业废水和生活污水宜用直接分光光度法测定，检出限为 0.01 mg/L，测定下限为 0.04 mg/L，测定上限为 2.50 mg/L

测定方法	适用范围
《水质　挥发酚的测定　溴化容量法》(HJ 502—2009)	本方法适用于含高浓度挥发酚工业废水中挥发酚的测定。 本标准检出限为 0.1 mg/L，测定下限为 0.4 mg/L，测定上限为 45.0 mg/L
《水质　挥发酚的测定　流动注射 -4- 氨基安替比林分光光度法》(HJ 825—2017)	本方法适用于地表水、地下水、生活污水和工业废水中挥发酚的测定。 当检测光程为 10 mm 时，本标准的方法检出限为 0.002 mg/L，测定范围为 0.008 ～ 0.200 mg/L

（十九）石油和动植物油的测定

矿物油含有多种毒性物质，其中几种化合物，尤其是四环、五环和六环结构的，是公认的致癌和致突变化合物。

水中的矿物油主要来自石油开采和炼制产生的油泥和油脚，矿物油类仓储过程中产生的沉积物，机械、动力、运输等设备的更换油及清洗油（泥），油加工及再生过程中的油渣及过滤介质等。

油类（oil and grease）：指在 pH ≤ 2 的条件下，能够被四氯乙烯萃取且在波数为 2 930 cm^{-1}、2 960 cm^{-1} 和 3 030 cm^{-1} 处有特征吸收的物质，主要包括石油类和动植物油类。

石油类（petroleum）：指在 pH ≤ 2 的条件下，能够被四氯乙烯萃取且不被硅酸镁吸附的物质。

动植物油类（animal and vegetable oils）：指在 pH ≤ 2 的条件下，能够被四氯乙烯萃取且被硅酸镁吸附的物质。

石油类和动植物油类的测定方法见表 4-29。

表 4-29　石油和动植物油的测定方法

测定方法	适用范围
《水质　石油类的测定　紫外分光光度法（试行）》(HJ 970—2018)	本方法适用于地表水、地下水和海水中石油类的测定。 当取样体积为 500 mL，萃取液体积为 25 mL，使用 20 mm 石英比色皿时，方法检出限为 0.01 mg/L，测定下限为 0.04 mg/L

测定方法	适用范围
《水质　石油类和动植物油类的测定　红外分光光度法》（HJ637—2018）	本方法适用于工业废水和生活污水中的石油类和动植物油类的测定。 当取样体积为 500 mL，萃取液体积为 50 mL，使用 40 mm 石英比色皿时，方法检出限为 0.06 mg/L，测定下限为 0.24 mg/L

（二十）阴离子表面活性剂的测定

水体中表面活性剂主要来自生产性污染和使用性污染废水，包括洗涤剂生产的工业废水排放，洗衣工厂废水以及大量生活污水的排放。表面活性剂会在水体中产生气泡、乳化和微粒悬浮，隔绝氧气的交换。表面活性剂按其在水中电离后离子状态的不同，分为阴离子表面活性剂、阳离子表面活性剂、两性表面活性剂和非离子表面活性剂。阴离子表面活性剂是普通合成洗涤剂的主要活性成分，使用最广泛的阴离子表面活性剂是直链烷基苯磺酸钠（LAS）。

阴离子表面活性剂的测定方法见表 4-30。

表 4-30　阴离子表面活性剂的测定方法

测定方法	适用范围
《水质　阴离子表面活性剂的测定　亚甲蓝分光光度法》（GB 7494—1987）	本方法适用于测定饮用水、地表水、生活污水及工业废水中低浓度阴离子表面活性物质的测定。 采用 10 mm 光程的比色皿，试样体积为 100 mL 时，检出限为 0.05 mg/L LAS，测定上限为 2.0 mg/L LAS
《水质　阴离子表面活性剂的测定　流动注射 - 亚甲基蓝分光光度法》（HJ 826—2017）	本方法适用于地表水、地下水、生活污水和工业废水中阴离子表面活性剂的测定。 当检测光程为 10 mm 时，本方法的检出限为 0.04 mg/L（以 LAS 计），测定范围为 0.13 ～ 2.00 mg/L（以 LAS 计）

（二十一）烷基汞的测定

烷基汞（甲基汞、乙基汞）是具有严重生物毒性的环境污染物。烷基汞中甲基汞毒性最强，环境中任何形式的汞（金属汞、无机二价汞和烷基汞等）均可在一定条件下转化为有剧烈毒性的甲基汞，称为汞的甲基化。甲基汞又有一甲基汞（氯化甲基汞、碘化甲基汞等）和二甲基汞。此类化合物脂溶性强，易残留在自然水体中的生物体脂肪组织中，并在水体食物链中富集，进而对人类及生活在水生生态系统和湿地生态系统中的动物产生严重危害。

烷基汞的测定方法见表 4-31。

表 4-31　烷基汞的测定方法

测定方法	适用范围
《水质　烷基汞的测定　吹扫捕集 / 气相色谱 - 冷原子荧光光谱法》（HJ 977—2018）	本方法适用于地表水、地下水、生活污水、工业废水和海水中烷基汞（甲基汞、乙基汞）的测定。 当取样体积为 45 mL 时，甲基汞和乙基汞的方法检出限均为 0.02 ng/L，测定下限均为 0.08 ng/L
《水质　烷基汞的测定　气相色谱法》（GB/T 14204—1993）	本方法规定了测定地表水和污水中烷基汞（甲基汞、乙基汞）的气相色谱法。 当水样取 1 L 时，甲基汞通常检测到 10 ng/L，乙基汞检测到 20 ng/L

（二十二）硝基苯类化合物的测定

15 种硝基苯类化合物包括硝基苯、对 - 硝基甲苯、间 - 硝基甲苯、邻 - 硝基甲苯、对 - 硝基氯苯、间 - 硝基氯苯、邻 - 硝基氯苯、对 - 二硝基苯、间 - 二硝基苯、邻 - 二硝基苯、2,4- 二硝基甲苯、2,6- 二硝基甲苯、3,4- 二硝基甲苯、2,4- 二硝基氯苯、2,4,6- 三硝基甲苯。

液液萃取：用一定量的甲苯萃取水中硝基苯类化合物，萃取液经脱水、净化后进行色谱分析。

固相萃取：使用固相萃取柱或萃取盘吸附富集水中硝基苯类化合物，用正己烷 / 丙酮洗脱，洗脱液经脱水、定容后进行色谱分析。萃取液注入气相色谱仪中，用石英毛细管柱将目标化合物分离，用电子捕获检测器测定，保留时间定性，外标法定量。

硝基苯类化合物的测定方法见表 4-32。

表 4-32　硝基苯类化合物的测定方法

测定方法	适用范围
《水质　硝基苯类化合物的测定　气相色谱法》（HJ 592—2010）	本方法适用于工业废水和生活污水中硝基苯类化合物的测定。当样品体积为 500 mL 时，本方法的检出限为 0.002 ～ 0.003 mg/L、测定下限为 0.008 ～ 0.012 mg/L，测定上限为 2.0 ～ 2.8 mg/L
《水质　硝基苯类化合物的测定　液液萃取 / 固相萃取 - 气相色谱法》（HJ 648—2013）	本方法规定了水中 15 种硝基苯类化合物的液液萃取和固相萃取气相色谱测定方法。本方法适用于地表水、地下水、工业废水、生活污水和海水中硝基苯类化合物的测定
《水质　硝基苯类化合物的测定　气相色谱 - 质谱法》（HJ 716—2014）	本方法适用于地表水、地下水、工业废水、生活污水和海水中 15 种硝基苯类化合物的测定。当取样量为 1 L 时，目标化合物的方法检出限为 0.04 ～ 0.05 μg/L，测定下限为 0.16 ～ 0.20 μg/L

（二十三）苯系物的测定

苯系物，即芳香族有机化合物（monoaromatic hydrocarbons, MACHs），为苯及衍生物的总称，是人类活动排放的常见污染物。完全意义上的苯系物绝对数量可高达千万种，一般意义上的苯系物主要包括苯、甲苯、乙苯、二甲苯、三甲苯、苯乙烯、苯酚、苯胺、氯苯、硝基苯等。由于苯（benzene）、甲苯（toluene）、乙苯（ethylbenzene）、二甲苯（xylene）四类为其中的代表性物质，也有人简称苯系物为 BTEX。

苯系物的来源广泛，比如汽车尾气、建筑装饰材料中的有机溶剂，包括油漆的添加剂，日常生活中常见的胶黏剂，人造板家具等都是苯系化合物的污染来源。

苯系物的测定方法见表 4-33。

表 4-33　苯系物的测定方法

测定方法	适用范围
《水质　苯系物的测定　顶空 / 气相色谱法》（HJ 1067—2019）	本方法适用于地表水、地下水、生活污水和工业废水中苯、甲苯、乙苯、对 - 二甲苯、间 - 二甲苯、邻 - 二甲苯、异丙苯和苯乙烯 8 种苯系物的测定。当取样体积为 10.0 mL 时，本标准测定水中苯系物的方法检出限为 2 ～ 3 μg/L，测定下限为 8 ～ 12 μg/L

（二十四）可吸附有机卤素的测定

可吸附有机卤素（AOX），《水质　可吸附有机卤素（AOX）的测定　微库仑法》（GB/T 15959—1995）中指按本标准规定的方法测定与有机化合物结合的卤素中氯、溴的总量（以氯计）。《水质　可吸附有机卤素（AOX）的测定　离子色谱法》（HJ/T 83—2001）中指按本标准规定的条件下，可被活性炭吸附的结合在有机化合物上的卤族元素（包括氟、氯和溴）的总量（以氯计）。

可吸附有机卤素的测定方法见表 4-34。

表 4-34　可吸附有机卤素的测定方法

测定方法	适用范围
《水质　可吸附有机卤素（AOX）的测定　微库仑法》（GB/T 15959—1995）	本方法适用测定饮用水、地下水、地表水、污水中有机卤化物，其测定范围为 10 ～ 400 μg/L。如超过上限，可减少取样量
《水质　可吸附有机卤素（AOX）的测定　离子色谱法》（HJ/T 83—2001）	本方法适用测定水和污水中可吸附有机卤素，包括可吸附有机氯、有机氟和有机溴。 当取样体积为 50 ～ 200 mL 时，可测定水中可吸附有机氯的浓度范围为 15 ～ 600 μg/L，可吸附有机氟的浓度范围为 5 ～ 300 μg/L，可吸附有机溴的浓度范围为 9 ～ 1 200 μg/L

（二十五）二噁英类的测定

二噁英通常指具有相似结构和理化特性的一组多氯取代的平面芳烃类化合物，属氯代含氧三环芳烃类化合物，包括 75 种多氯代二苯并 - 对 - 二噁英（polychlorodibenzo-*p*-dioxins, PCDDs）和 135 种多氯代二苯并呋喃（polychloro-dibenzofurans, PCDFs），缩写为 PCDD/Fs 或 dioxin。研究最为充分的有毒二噁英为 2 位、3 位、7 位、8 位被氯原子取代的 17 种同系物异构体单体（congenor），其中，2, 3, 7, 8- 四氯二苯并 - 对 - 二噁英（2, 3, 7, 8-TCDD）是所有已知化合物中毒性最强的二噁英单体，具有极强的致癌性和极低剂量的环境内分泌干扰作用在内的多种毒性作用。这类物质既非人为生产，又无任何用途，是燃烧和各种工业生产的副产物。由于木材防腐和防止血吸虫而使用氯酚类造成的蒸发、焚烧以及工业的排放、落叶剂的使用、杀虫剂的制备、纸张的漂白和汽车尾气的排放等是环境中二噁英的主要来源。

二噁英类的测定方法见表 4-35。

表 4-35　二噁英的测定方法

测定方法	适用范围
《水质　二噁英类的测定　同位素稀释高分辨气相色谱 - 高分辨质谱法》（HJ 77.1—2008）	本标准规定了采用同位素稀释高分辨气相色谱 - 高分辨质谱法（HRGC-HRMS）对 2,3,7,8- 氯代二噁英类、四氯至八氯取代的多氯代二苯并 - 对 - 二噁英和多氯代二苯并呋喃进行定性和定量分析的方法。 本方法适用于原水、废水、饮用水与工业生产用水中二噁英类污染物的采样、样品处理及其定性和定量分析。2, 3, 7, 8-T_4CDD 仪器检出限应低于 0.1 pg，当取样量为 10 L 时　本方法对 2, 3, 7, 8-T_4CDD 的最低检出限应低于 0.5 pg/L

（二十六）多环芳烃的测定

多环芳烃（polycyclic aromatic hydrocarbons，PAHs）是指 2 个以上苯环以稠环形式相连的化合物，是目前环境中普遍存在的污染物质。按照苯环的不同连接方式，多环芳烃可分为两类：第一类为稠环芳烃，即相邻的苯环至少有 2 个共用碳原子的多环芳烃，其性质介于苯和烯烃之间，如萘、蒽、菲、苯并 [*a*] 芘（Benzo[a]pyrene，BaP）等；第二类是苯环直接通过单键联合，或通过一个或几个碳原子连接的碳氢化合物，称为孤立多环芳烃，如联苯、三联苯等。通常所说的 PAHs 是指稠环芳烃。《水质　多环芳烃的测定　液液萃取和固相萃取高效液相色谱法》（HJ 478—2009）适用于饮用水、地下水、地表水、海水、工业废水及生活污水中 16 种多环芳烃的测定。16 种多环芳烃（PAHs）包括：萘、苊、二氢苊、芴、菲、蒽、荧蒽、芘、䓛、苯并 [*a*] 蒽、苯并 [*b*] 荧蒽、苯并 [*k*] 荧蒽、苯并 [*a*] 芘、茚并 [1, 2, 3-*c, d*] 芘、二苯并 [*a, h*] 蒽、苯并 [*g, h, i*] 苝。

液液萃取法是用正己烷或二氯甲烷萃取水中多环芳烃，萃取液经硅胶或弗罗里硅土柱净化，用二氯甲烷和正己烷的混合溶剂洗脱，洗脱液浓缩后，用具有荧光 / 紫外检测器的高效液相色谱仪分离检测。

固相萃取法采用固相萃取技术富集水中多环芳烃，用二氯甲烷洗脱，洗脱液浓缩后，用具有荧光 / 紫外检测器的高效液相色谱仪分离检测。

多环芳烃的测定方法见表 4-36。

表 4-36 多环芳烃的测定方法

测定方法	适用范围
《水质 多环芳烃的测定 液液萃取和固相萃取高效液相色谱法》（HJ 478—2009）	液液萃取法适用于饮用水、地下水、地表水、工业废水及生活污水中多环芳烃的测定。 当萃取样品体积为 1 L 时，方法的检出限为 0.002 ～ 0.016 μg/L，测定下限为 0.008 ～ 0.064 μg/L。萃取样品体积为 2 L，浓缩样品至 0.1 mL，苯并 [*a*] 芘的检出限为 0.000 4 μg/L，测定下限为 0.001 6 μg/L。 固相萃取法适用于清洁水样中多环芳烃的测定。 当富集样品的体积为 10 L 时，方法的检出限为 0.000 4 ～ 0.001 6 μg/L，测定下限为 0.001 6 ～ 0.006 4 μg/L

第五章　企业自动监测技术要点

第一节　废气自动监测技术要点

排污单位可根据监测成本、监测指标以及监测频次等内容，合理选择适当的监测技术；对于相关管理规定要求采用自动监测的指标，应采用自动监测技术；对于监测频次高、自动监测技术成熟的监测指标，应优先选用自动监测技术。

本节主要以《固定污染源烟气（SO_2、NO_x、颗粒物）排放连续监测技术规范》（HJ 75—2017）、《固定源废气监测技术规范》（HJ/T 397—2007）、《固定污染源监测质量保证与质量控制技术规范（试行）》（HJ/T 373—2007）、《大气污染物无组织排放监测技术导则》（HJ/T 55—2000）、《固定污染源废气非甲烷总烃连续监测系统技术要求及检测方法》（HJ 1013—2018）、《固定污染源烟气（SO_2、NO_x、颗粒物）排放连续监测系统技术要求及检测方法》（HJ 76—2017）、《固定污染源排气中颗粒物测定与气态污染物采样方法》（GB/T 16157—1996）以及一些地方关于污染源监控管理办法为重点进行介绍。

一、烟气排放连续监测系统组成

连续监测固定污染源颗粒物和（或）气态污染物排放浓度和排放量所需要的全部设备组成烟气排放连续监测系统（continuouse emission monitoring system, CEMS）。CEMS 主要由颗粒物监测单元、气态污染物监测单元、烟气参数监测单元、数据采集与处理单元组成。

颗粒物监测单元主要对排气中的烟尘浓度进行测定。气态污染物监测单元主要对排气中的二氧化硫、氮氧化物、氯化氢、一氧化碳等气态污染物进行测定。

烟气参数监测系统（continuous monitoring system, CMS）主要对烟气的温度、压力、湿度、含氧量等进行测定，同时计算烟气中污染物排放速率和排放量。数据采集与处理单元主要完成数据的采集、存储、统计等，形成相关图表，并通过数据、图文等方式传输至管理部门。

二、污染物排放口安装自动监测设备的要求

已核发排污许可证的大气环境重点排污单位应当按照许可证要求实施自动监控，其他重点排污单位的主要废气有组织排放口应当纳入实施自动监控范围，具体可参考已发布的相关行业排污许可证申请与核发技术规范、自行监测技术指南等。

重点排污单位应当在下列污染物排放口安装自动监测设备：

（1）已发布的相关行业排污许可证申请与核发技术规范、自行监测技术指南和相关污染物排放标准等文件要求的废气有组织排放口。

（2）已核发排污许可证的单位，排污许可证中载明应实施自动监测的污染物排放口。

（3）环评报告书（表）、环评报告书（表）批复意见、建设项目竣工环境保护设施验收意见中明确要求应实施自动监测的污染物排放口。

（4）其他需要安装自动监测设备的污染物排放口。

三、废气自动监测主要监测指标及分析方法

（一）废气自动监测主要监测指标

按照《关于加强重点排污单位自动监控建设工作的通知》（环办环监〔2018〕25 号）规定，被纳入大气环境重点排污单位的，废气监控点应当监控颗粒物、二氧化硫、氮氧化物三项污染物以及烟气含氧量、流速、流量、温度、湿度 5 项烟气参数。自 2019 年起，重点排污单位中的挥发性有机物（VOCs）排放重点源应当将 VOCs 项目纳入监控。

垃圾焚烧炉和危险废物焚烧设施的废气排放口，监测项目至少包含二氧化硫、氮氧化物、颗粒物、一氧化碳、氯化氢以及相关工艺参数（包括烟气温度、

压力、流速或流量、湿度、含氧量和炉膛内温度等）。

产生 VOCs 的生产设施，其废气排放口监测项目至少包含非甲烷总烃和相关废气参数（包括温度、压力、流速或流量、湿度等），排放标准中规定需要按含氧量折算污染物排放浓度的，还应监测含氧量。

排放标准中规定其他特征污染物的，还应监控相应特征污染物。

（二）废气自动监测主要分析方法

1. 废气中颗粒物自动监测分析方法

颗粒物自动采样方法主要有直接监测（适用于干烟气）和抽取后监测（适用于湿烟气）。颗粒物直接监测的方法主要有光学透射法、光学散射法（前散射、后散射）和电荷法等。颗粒物抽取后监测的方法主要有直接抽取前向散射法、稀释加热抽取前向散射法和 β 射线法等。

2. 气态污染物自动监测分析方法

气态污染物自动监测系统采样方法主要有完全抽取法（热管法）、稀释抽取法和直接测量法 3 种。完全抽取法是通过一根伴热管，将烟气传输到分析仪器进行分析。稀释抽取法是将烟气用零空气稀释后，将混合烟气的结露点降到一定温度下，再传输到分析仪进行分析。直接测量法是将分析仪直接插入所要测量的烟道中现场进行分析。

气态污染物浓度监测方法主要有非分散红外光谱吸收法（NDIR）、紫外差分吸收光谱法（DOAS）、傅里叶变化红外光谱分析法（FTIR）、紫外荧光法、化学发光法、激光分析法等。

采用抽取测量方式的气态污染物 CEMS，应具备固定的和便于操作的标准气体全系统校准功能，即能够完成从样品采集和传输装置、预处理设备及分析仪器的全系统校准。

3. 烟气参数自动监测方法

烟气参数主要有烟气含氧量、烟气流速、烟气温度、烟气湿度 4 项烟气参数。具体监测方法见表 5-1。

表 5-1 烟气参数自动监测方法

烟气参数	自动监测方法
烟气含氧量	顺磁法、氧化锆法和化学原电池传感器法等
烟气流速	皮托管法（差压法）、热式流量计法（热传感法）、靶式流量计法、转子流量计法（风杯）和超声波法等
烟气温度	热电偶或热电阻温度传感器法
烟气湿度	干湿球法、阻容法、重量法和冷凝法等

四、废气污染源自动监测设备安装调试管理要求

（一）自动监测设备要求

应当选用符合国家有关环境监测和计量规定的设备。其安装的污染源自动监控设备需符合下列条件。

1. 仪器设备应具备的资质证书

（1）中华人民共和国计量器具制造许可证。

（2）进口仪器持有国家质量技术监督部门颁发的计量器具型式批准证书。

（3）环境监测仪器质量监督检验中心出具的适用性检测报告。

（4）国家环境保护产品认证证书（限于国家已开展认证的品目）。

2. 仪器设备性能指标应符合的标准和规范要求

（1）《固定污染源烟气（SO_2、NO_x、颗粒物）排放连续监测系统技术要求及检测方法》（HJ/T 76—2017）。

（2）《污染源在线自动监控（监测）数据采集传输仪技术要求》（HJ 477—2009）。

（3）国家和省其他有关标准规范。

（二）自动监测设备的安装和调试

自动监测设备的安装和调试应当符合污染源自动监测设备现场端建设技术规范等标准和要求。自动监测设备的安装和调试需执行《固定污染源烟气（SO_2、NO_x、颗粒物）排放连续监测系统技术要求及检测方法》（HJ 76—2017），《固定污染源烟气（SO_2、NO_x、颗粒物）排放连续监测技术规范》（HJ 75—2017）。

（三）自动监测数据的采集和传输

自动监测数据的采集和传输应当符合有关污染源自动监控（监测）系统数据传输标准。现场端和监控平台的数据传输需执行《污染源在线自动监控（监测）系统数据传输标准》（HJ/T 212—2005），自动监控设施数据采集传输仪需满足《污染源在线自动监控（监测）数据采集传输仪技术要求》（HJ 477—2009），不得添加其他可能干扰监测数据存储、处理、传输的软件或设备。

五、污染源自动监控设备的验收管理要求

（一）联网工作管理要求

排污单位应在完成自动监测设备安装和调试工作后，在规定的时间内申请与生态环境行政主管部门联网，并如实提供单位名称、地址、排污口名称、监测和监控项目、排放标准等信息。

（二）验收工作管理要求

排污单位应在自动监测设备满足技术规范要求的验收条件并与生态环境主管部门联网后，在规定的时间内，按照建设项目竣工环境保护验收管理相关法律法规的规定，组织完成验收工作。验收合格后的设备方可投入使用。

验收合格后在规定的时间内向所在地生态环境主管部门登记备案。验收的具体项目和要求按照自动监测相关技术规范执行。

排污单位更换自动监测设备，或者出现采样位置变更、设备核心部件更换等重大变化的，应当重新进行验收，并报所在区生态环境行政主管部门登记备案。

六、废气自动监测设备的运行管理要求

（1）可以自行或由委托运营单位负责自动监测设备的运行和维护。

（2）自动监测设备的操作和运行维护应当按照相关技术规范与标准，符合仪器设备厂商提供的运维手册或者使用说明书。

（3）自动监测设备应当按照有关标准、规范与生态环境主管部门监控设备联网，及时准确地传输监控信息和数据。

（4）自动监测设备所需的试剂和标准物质，应注明制备单位、制备日期、物质浓度和有效期限等重要信息。

（5）自动监测设备应至少每半年开展 1 次比对监测，开展比对监测的单位应具备相应检验检测能力，并取得检验检测机构资质认定证书。比对监测结果应符合技术规范要求。

（6）自动监测设备因故障不能正常监测、采集、传输数据的，应当于发生故障后 24 h 内（或按当地有关规定的时间）向生态环境主管部门报告，并在规定时间内恢复正常运行。手工监测大气污染物的频次每天不少于 1 次。手工监测数据应报送属地生态环境主管部门，原始监测报告留存备查。备用仪器使用时限不超过 30 d（或按当地有关规定的时间），超过时限应对备用仪器组织验收。

（7）自动监测设备需要进行更换的，应当至少提前 5 d（或按当地生态环境主管部门规定的时间）向生态环境主管部门报告，设备更换时间不得超过 5 d（或按当地有关规定的时间），期间应当采用手工监测的方式对污染物排放状况进行监测，具体要求同（6）。

（8）不得擅自停用、移动或者改变自动监测设备及其附属设施。

（9）应按照生态环境主管部门的要求记录自动监测设备运行和维护信息，保证记录信息的完整、真实。

（10）自动监测设备故障维修期间、维护保养期间以及检定、校准、校验等非常规采样监测时间段内输出的自动监测数据应传输至生态环境主管部门的监控平台，同时对该时段数据进行标记。

（11）定期维护视频监控、自动监控站房、采样或监测平台等附属设施，保证设施正常运行。

（12）自动监测设备在运行过程中产生的废液应由重点排污单位按照国家有关规定纳入危险废物管理，建立台账，处理废液应具备危险废物处理资质。

（13）排污单位应建立污染源自动监测设备运行、维护、管理制度和记录台账。自动监测历史数据应保存 5 年以上（或按当地有关规定的时间），污染源排放过程（工况）监测历史数据应保存 1 年以上（或按当地有关规定的时间）。

第二节　废水自动监测技术要点

排污单位可根据监测成本、监测指标以及监测频次等内容，合理选择适当的监测技术；对于相关管理规定要求采用自动监测的指标，应采用自动监测技术；对于监测频次高、自动监测技术成熟的监测指标，应优先选用自动监测技术。

本节主要以《水污染源在线监测系统（COD_{Cr}、NH_3-N 等）安装技术规范》（HJ 353—2019）、《水污染源在线监测系统（COD_{Cr}、NH_3-N 等）验收技术规范》（HJ 354—2019）、《水污染源在线监测系统（COD_{Cr}、NH_3-N 等）运行技术规范》（HJ 355—2019）、《水污染源在线监测系统（COD_{Cr}、NH_3-N 等）数据有效性判别技术规范》（HJ 356—2019）以及一些地方关于污染源监控管理办法为重点进行介绍。

一、水污染源在线监测系统组成

水污染源在线监测系统（wastewater on-line monitoring system）是指由水污染源流量监测、水污染源水样采集、分析及分析数据统计与上传等功能的软硬件设施组成的系统。水污染源在线监测系统主要由 4 部分组成，即流量监测单元、水质自动采样单元、水污染源在线监测仪器、数据控制单元以及相应的建筑设施等。

水污染源在线监测仪器（wastewater on-line monitoring equipment）是指水污染源在线监测系统中用于在线连续监测污染物浓度和排放量的仪器、仪表。

（一）流量监测单元

需测定流量的排污单位，根据地形和排水方式及排水量大小，应在其排放口上游能包含全部污水束流的位置，修建一段特殊渠（管）道的测流段，以满足测量流量、流速的要求。

一般可安装三角形薄壁堰、矩形薄壁堰、巴歇尔槽等标准化计量堰（槽）。

（二）水质自动采样单元

水质自动采样单元具有采集瞬时水样及混合水样、混匀及暂存水样、自动润洗及排空混匀桶，以及留样功能。

pH 水质自动分析仪和温度计应原位测量或测量瞬时水样。

COD_{Cr}、TOC、NH_3-N、TP、TN 水质自动分析仪应测量混合水样。

水质自动采样单元应设置混合水样的人工比对采样口。

水质自动采样单元的管材应采用优质的聚氯乙烯（PVC）、三丙聚丙烯（PPR）等不影响分析结果的硬管。

（三）水污染源在线监测仪器单元

水污染源在线监测仪器主要有 pH 水质自动分析仪、COD_{Cr} 水质自动分析仪、TOC 水质自动分析仪、NH_3-N 水质自动分析仪、TP 水质自动分析仪、TN 水质自动分析仪等。

（四）数据控制单元

数据控制单元可协调统一运行水污染源在线监测系统，采集、储存、显示监测数据及运行日志，向监控中心平台上传污染源监测数据。数据控制单元可控制水质自动采样单元采样、送样及留样等操作。数据控制单元触发水污染源在线监测仪器进行测量、标液核查和校准等操作。数据控制单元读取各个水污染源在线监测仪器的测量数据，并实现实时数据、小时均值和日均值等项目的查询与显示，并通过数据采集传输仪上传至监控中心平台。

二、废水污染物排放口安装自动监测设备的要求

重点排污单位应当在下列污染物排放口安装自动监测设备：

（1）已发布的相关行业排污许可证申请与核发技术规范、自行监测技术指南和相关污染物排放标准等文件要求的废水排放口。

（2）已核发排污许可证的单位，排污许可证中载明应实施自动监测的污染物排放口。

（3）环评报告书（表）、环评报告书（表）批复意见、建设项目竣工环境保护设施验收意见中明确要求应实施自动监测的污染物排放口。

（4）其他需要安装自动监测设备的污染物排放口。

三、废水自动监测主要监测指标及分析方法

（一）废水自动监测主要监测指标

按照《关于加强重点排污单位自动监控建设工作的通知》（环办环监〔2018〕25号）规定，被纳入水环境重点排污单位的，应当监控化学需氧量、氨氮2项污染物以及废水流量、pH 2项参数。其中，集中式污水处理设施和纳入生态环境部《关于加强固定污染源氮磷污染防治的通知》（环水体〔2018〕16号）规定的氮、磷重点排放行业的企业还应当监控总氮、总磷2项污染物。有条件的地区可以结合重金属污染排放控制有关要求，对汞、铬、镉、铅、砷等污染物排放实施自动监控。

（二）选用的自动监测设备应该符合相关规定

1. 化学需氧量、氨氮、总磷、总氮自动监测设备

化学需氧量、氨氮、总磷、总氮自动监测设备应分别满足《化学需氧量（COD_{Cr}）水质在线自动监测仪技术要求及检测方法》（HJ/T 377—2019）、《氨氮水质在线自动监测仪技术要求及检测方法》（HJ/T 101—2019）、《总磷水质自动分析仪技术要求》（HJ/T 103—2003）、《总氮水质自动分析仪技术要求》（HJ/T 102—2003）、《水污染源在线监测系统（COD_{Cr}、NH_3-N等）安装技术规范（试行）》（HJ 353—2019）、《水污染源在线监测系统（COD_{Cr}、NH_3-N等）验收技术规范（试行）》（HJ 354—2019）等相关规范要求，建议选用"水质在线自动监测仪检测合格名录"内的产品。

2. 一类污染物自动监测设备

一类污染物自动监测设备应满足《六价铬水质自动在线监测仪技术要求及检测方法》（HJ 609—2019）、《铅水质自动在线监测仪技术要求及检测方法》（HJ 762—2015）、《镉水质自动在线监测仪技术要求及检测方法》（HJ 763—2015）、《砷水质自动在线监测仪技术要求及检测方法》（HJ 764—2015）、《总铬水质自动在线监测仪技术要求及检测方法》（HJ 798—2016）等相关规范要求，排污单位应当根据污染物浓度和排放标准，选择检测范围与之匹配的监测设备。

（三）废水自动监测主要分析方法

废水自动监测主要分析方法见表 5-2。

表 5-2 废水自动监测主要分析方法

监测指标	主要分析方法
废水流量	明渠采用超声波法，管道采用电磁法。流量测量方法有超声波回声测距法、法拉第电磁感应原理测量法等
化学需氧量	重铬酸钾氧化 - 光度测量法、高锰酸钾氧化 - 光度测量法、库仑滴定法、紫外吸收法（UV 法）等
pH	玻璃电极法等
氨氮	气敏电极法、纳氏试剂光度法、水杨酸光度法等
总磷	加热分解 - 钼锑抗分光光度法、紫外分解 - 钼锑抗分光光度法、氧化电分解 - 钼锑抗分光光度法等
重金属	分光光度法、X 射线荧光光谱法、阳极溶出伏安法等
浊度和悬浮物	光散射法等
溶解氧	电极法和荧光法等
总有机碳	燃烧氧化 - 非分散红外吸收法等

四、废水自动监测设备安装调试管理要求

（一）自动监测设备要求

应当选用符合国家有关环境监测和计量规定的设备，其安装的污染源自动监控设备需符合下列条件。

1. 仪器设备应具备的资质证书

（1）中华人民共和国计量器具制造许可证。

（2）进口仪器持有国家质量技术监督部门颁发的计量器具型式批准证书。

（3）环境监测仪器质量监督检验中心出具的适用性检测报告。

（4）国家环境保护产品认证证书（限于国家已开展认证的品目）。

2. 仪器设备性能指标应符合的标准和规范要求

（1）《水污染源在线监测系统（COD_{Cr}、NH_3-N 等）安装技术规范（试行）》（HJ 353—2019）。

（2）《污染源在线自动监控（监测）数据采集传输仪技术要求》（HJ 477—2009）。

（3）国家和省其他有关标准规范。

（二）自动监测设备的安装和调试

废水自动监测设备的安装和调试应当符合污染源自动监测设备现场端建设技术规范等标准和要求。自动监测设备的安装和调试需执行《水污染源在线监测系统（COD_{Cr}、NH_3-N 等）安装技术规范》（HJ 353—2019）、《水污染源在线监测系统（COD_{Cr}、NH_3-N 等）验收技术规范》（HJ 354—2019）、《水污染源在线监测系统（COD_{Cr}、NH_3-N 等）运行技术规范》（HJ 355—2019）、《水污染源在线监测系统（COD_{Cr}、NH_3-N 等）数据有效性判别技术规范》（HJ 356—2019）等。

（三）废水自动监测数据的采集和传输

同本章第一节“废气自动监测数据的采集和传输”。

五、废水自动监控设备的验收管理要求

同本章第一节“废气自动监控设备的验收管理要求”。

六、废水自动监测设备的运行管理要求

同本章第一节“废气自动监控设备的验收管理要求”。

第六章　企业周边环境影响监测要点

企业因其生产工艺流程不同，会不同程度地产生废水、废气、废渣、噪声等污染，可能会对厂界周边地表水、地下水、土壤、大气以及声环境质量产生影响。为了周边环境质量的安全，企业应该对其周边环境影响进行自行监测。

第一节　企业周边水环境质量影响监测要点

一、企业周边地表水环境质量影响监测

排污单位周边的地表水环境质量影响监测点位的设置，相关法律法规或环境影响评价文件及其批复（仅限 2015 年 1 月 1 日及以后取得环境影响评价批复的排污单位）和其他环境管理有明确规定的，按要求执行。无明确要求的，若排污单位认为有必要，可对周边地表水开展监测。可按照《环境影响评价技术导则　地表水环境》（HJ 2.3—2018）、《地表水环境监测技术规范》（HJ 91.2—2022）、受纳水体环境管理要求设置地表水的监测断面和监测点位。

（一）地表水监测点位的设置

1. 河流水质监测点位的设置

（1）河流水质监测断面的设置。水质监测断面应布设对照断面、控制断面。排污单位在排放口上游应布置对照断面（宜在 500 m 以内），根据受纳水域水环境质量控制管理要求设定控制断面。控制断面可结合水环境功能区或水功能区、水环境控制单元区划情况，直接采用国家及地方确定的水质控制断面。评价范

围内不同水质类别区、水环境功能区或水功能区、水环境敏感区及需要进行水质预测的水域，应布设水质监测断面。

（2）河流采样垂线和采样点位的设置。设置监测断面后，应根据水面的宽度确定断面上的采样垂线，再根据采样垂线的深度确定采样点位置和数目。在一个监测断面上设置的采样垂线数和各垂线上的采样点位数应符合表 6-1 和表 6-2。

表 6-1　采样垂线数的设置

水面宽（b）	垂线数	说明
$b \leqslant 50$ m	1 条（中泓线）	1. 垂线布设应避开污染带，要监测污染带应另加垂线。 2. 确能证明该断面水质均匀时，可仅在中泓线设置垂线。 3. 凡在该断面要计算污染物通量时，必须按本表设置垂线
50 m $< b \leqslant$ 100 m	2 条（左、右近岸有明显水流处）	
$b >$ 100 m	3 条（左、中、右）	

表 6-2　采样垂线上采样点数的设置

水深（h）	采样点数	说明
$h \leqslant 5$ m	上层 1 点	1. 上层指水面下 0.5 m 处；水深不到 0.5 m 时，在水深 1/2 处。 2. 下层指河底以上 0.5 m 处。 3. 中层指 1/2 水深处。 4. 凡在该断面要计算污染物通量时，必须按本表设置采样点
5 m $< h \leqslant$ 10 m	上层、下层 2 点	
$h >$ 10 m	上层、中层、下层 3 点	

2. 湖泊和水库水质监测点位的设置

（1）湖泊和水库水质取样垂线的布设。水质取样垂线的设置可采用以排放口为中心、沿放射线布设或网格布设的方法，按照下列原则及方法设置：一级评价在评价范围内布设的水质取样垂线数宜不少于 20 条，二级评价在评价范围内布设的水质取样垂线数宜不少于 16 条。评价范围内不同水质类别区、水环境功能区或水功能区、水环境敏感区、排放口和需要进行水质预测的水域，应布设取样垂线。

（2）湖泊和水库监测垂线上采样点的设置。根据采样垂线的深度确定采样点位置和数目，采样点位的数目符合表 6-3 的要求。

表 6-3 湖泊和水库监测垂线采样点的设置

水深	采样点位
$h \leqslant 5$ m	一点（水面下 0.5 m 处，水深不足 1 m 时，在 1/2 水深处设置采样点）
5 m $< h \leqslant$ 10 m	二点（水面下 0.5 m，水底上 0.5 m）
$h >$ 10m	三点（水面下 0.5 m，中层 1/2 水深处，水底上 0.5 m）

注：1：根据监测目的．如需要确定变温层（温度垂直分布梯度≥ 0.2℃ /m 的区间），可从水面向下每隔 0.5 m 测定并记录水温、溶解氧和 pH 值，计算水温垂直分布梯度。

2：湖泊、水库有温度分层现象时，可在变温层增加采样点。

3：有充分数据证实垂线上水质均匀时，可酌情减少采样点。

4：受客观条件所限，无法实现底层采样的深水湖泊、水库，可酌情减少采样点。

（二）地表水水质监测指标

国家已发布“排污单位自行监测技术指南”的排污单位，可以按照指南的要求执行。否则根据排污单位环境影响评价文件、批复及其他环境管理的规定执行，或根据排放的污染物对环境的影响确定。

对于废水排入地表水的排污单位，需参考《地表水环境质量标准》（GB 3838—2002）及排污单位的具体排污情况选择监测指标。如《排污单位自行监测技术指南　纺织印染工业》（HJ 879—2017）、《排污单位自行监测技术指南　造纸工业》（HJ 821—2017）、《排污单位自行监测技术指南　电镀工业》（HJ 985—2018）中对监测指标的规定，见表 6-4。

表 6-4 周边地表水环境质量影响监测指标及最低监测频次

行业	监测指标	监测频次
纺织印染工业	pH、悬浮物、高锰酸盐指数、五日生化需氧量、氨氮、总磷、总氮、总锑[a]、总铬[b]、苯胺类[c]等	季度
造纸工业	pH、悬浮物、化学需氧量、五日生化需氧量、氨氮、总磷、总氮、石油类	每年丰、平、枯水期至少各监测 1 次
电镀工业	地表水：pH、总铬、六价铬、总镍、总镉、总银、总铅、总汞、总铜、总锌等	季度
	地表水体沉积物：pH、总铬、总镍、总镉、总银、总铅、总汞、总铜、总锌等	年

注：a 适用于原料含涤纶的排污单位，以及接收此类排污单位废水的集中处理设施。

b 适用于使用含铬染料及助剂、有感光制网工艺进行染色印花的排污单位，以及接收此类排污单位废水的集中处理设施。

c 适用于印染行业排污单位，以及接收此类排污单位废水的集中处理设施。

（三）地表水水质监测频次

国家已发布"排污单位自行监测技术指南"的排污单位，可以按照指南的要求执行。否则根据排污单位环境影响评价文件、批复及其他环境管理的规定执行。涉水重点排污企业地表水每年丰水期、枯水期、平水期至少各监测 1 次。如《排污单位自行监测技术指南　纺织印染工业》（HJ 879—2017）中规定的监测频次为每季度 1 次，《排污单位自行监测技术指南　造纸工业》（HJ 821—2017）中规定的监测频次为每年丰水期、枯水期、平水期至少各监测 1 次，《排污单位自行监测技术指南　电镀工业》（HJ 985—2018）中规定的水质指标监测频次为每季度 1 次、地表水体沉积物监测频次为每年 1 次（表 6-4）。

（四）地表水水质监测技术

监测技术包括手工监测、自动监测 2 种，排污单位可根据监测成本、监测指标以及监测频次等内容，合理选择适当的监测技术。

对于排污单位周边地表水环境质量影响监测，监测频次比较低，一般选用手工监测。

（五）地表水水质监测采样方法

排污单位周边地表水环境质量监测点采样方法参照《地表水环境质量监测技术规范》（HJ/T 91.2—2022）等。

（六）地表水水质监测分析方法

监测项目分析方法应优先选用 GB 3838 等地表水环境质量标准中规定的标准分析方法；若适用性满足要求，其他国家、行业标准分析方法也可选用。选用的标准分析方法的测定下限应低于该监测项目规定的环境质量标准限值。

二、企业厂界周边的地下水环境质量影响监测

（一）地下水监测点位的设置

排污单位厂界周边的地下水环境质量影响监测点位的设置，如果相关法律法规或环境影响评价文件及其批复（仅限 2015 年 1 月 1 日及以后取得环境影响评价批复的排污单位）和其他环境管理有明确规定的，按要求执行。无明确要求的，若排污单位需要对周边地下水开展监测，可按照《环境影响评价技术导则　地下水环境》（HJ 610—2016）、《地下水环境监测技术规范》（HJ 164—2020）的要求设置地下水监测点位。

参照《环境影响评价技术导则　地下水环境》（HJ 610—2016），排污单位周边的地下水环境敏感程度可分为敏感、较敏感、不敏感 3 级，分级原则见表 6-5。

表 6-5　地下水环境敏感程度分级

敏感程度	地下水环境敏感特征
敏感	集中式饮用水水源（包括已建成的在用、备用、应急水源，在建和规划的饮用水水源）准保护区；除集中式饮用水水源以外的国家或地方政府设定的与地下水环境相关的其他保护区，如热水、矿泉水、温泉等特殊地下水资源保护区
较敏感	集中式饮用水水源（包括已建成的在用、备用、应急水源，在建和规划的饮用水水源）准保护区以外的补给径流区；未划定准保护区的集中式饮用水水源，其保护区以外的补给径流区；分散式饮用水水源地；特殊地下水资源（如热水、矿泉水、温泉等）保护区以外的分布区等其他未列入上述敏感分级的环境敏感区[a]
不敏感	上述地区之外的其他地区

注：a“环境敏感区”是指《建设项目环境影响评价分类管理名录》中所界定的涉及地下水的环境敏感区。

参照《环境影响评价技术导则　地下水环境》（HJ 610—2016），排污单位对地下水环境质量影响的等级，可分为 3 级，分级原则见表 6-6。

表 6-6　地下水环境影响等级分级

环境敏感程度	等级划分		
	Ⅰ类项目	Ⅱ类项目	Ⅲ类项目
敏感	一级	一级	二级

环境敏感程度	等级划分		
	Ⅰ类项目	Ⅱ类项目	Ⅲ类项目
较敏感	一级	二级	三级
不敏感	二级	三级	三级

地下水环境质量影响监测点位的设置：影响等级为一级的，原则上排污单位上游和两侧的地下水水质监测点均不得少于1个，排污单位及其下游影响区的地下水水质监测点不得少于3个；影响等级为二级的，原则上排污单位上游和两侧的地下水水质监测点均不得少于1个，排污单位及其下游影响区的地下水水质监测点不得少于2个；影响等级为三级的，原则上排污单位上游及下游影响区的地下水水质监测点各不得少于1个。

（二）地下水监测指标的确定

国家已发布“排污单位自行监测技术指南”的排污单位，可以按照指南的要求执行。否则根据排污单位环境影响评价文件、批复及其他环境管理的规定执行，或根据排放的污染物对环境的影响确定。

对于废水排入地下水的排污单位，需参考《地下水质量标准》（GB 14848—2017）及排污单位的具体排污情况选择监测指标。如《排污单位自行监测技术指南　化学纤维制造业》（HJ 1139—2020）、《排污单位自行监测技术指南　钢铁工业及炼焦化学工业》（HJ 878—2017）、《排污单位自行监测技术指南　电镀工业》（HJ 985—2018）中规定的监测指标，见表6-7。

表6-7　周边地下水质量影响监测指标及最低监测频次

行业	监测指标	监测频次
化学纤维制造业	pH、高锰酸盐指数、氨氮、总锌[a]、总锑[b,c]等	年
钢铁工业及炼焦化学工业	pH、总硬度、溶解性总固体、硫酸盐、氯化物、铁、铜、锌、挥发酚、高锰酸盐指数、硝酸盐、亚硝酸盐、氨氮、氟化物、氰化物、汞、砷、镉、六价铬、铅、镍、硫化物、总铬、多环芳烃、苯、甲苯、二甲苯等	年
电镀工业	水位、pH、高锰酸盐指数、氰化物、总铬、六价铬、总铜、总锌、总镍、总铁等	年

注：a 适用于黏胶纤维制造排污单位。

b 适用于具有聚合生产单元的涤纶纤维制造排污单位。

c 待国家污染物相关排放标准发布后实施。

（三）地下水监测频次

如果国家已发布“排污单位自行监测技术指南”的排污单位，可以按照指南的要求执行或根据排污单位环境影响评价文件、批复及其他环境管理的规定执行。一般情况每年至少监测 1 次。

（四）地下水水质监测技术

监测技术包括手工监测、自动监测 2 种，排污单位可根据监测成本、监测指标以及监测频次等内容，合理选择适当的监测技术。

对于排污单位周边地下水环境质量影响监测，监测频次比较低，一般选用手工监测。

（五）地下水水质监测采样方法

排污单位周边地下水环境质量影响监测采样方法参照《地下水环境监测技术规范》（HJ 164—2020）等。

（六）地下水水质监测分析方法

地下水监测项目分析方法可参照《地下水环境标准》（GB/T 14848—2017）附录 B。监测项目分析方法应优先选用国家或行业标准方法。尚无国家或行业标准分析方法时，可选用行业统一分析方法或等效分析方法，但须按照 HJ 168 的要求进行方法确认和验证，方法检出限、测定下限、准确度和精密度应满足地下水环境监测要求。所选用分析方法的测定下限应低于该监测项目规定的地下水标准限值。

三、企业厂界周边近岸海域环境质量影响监测

（一）近岸海域监测点位的设置

相关法律法规或环境影响评价文件、批复（仅限 2015 年 1 月 1 日及以后取

得环境影响评价批复的排污单位）和其他环境管理有明确规定的，按要求执行。无明确要求的，若排污单位认为有必要，可对周边近岸海域开展监测。可按照《近岸海域环境监测技术规范》（HJ 442—2020）、《近岸海域环境监测点位布设技术规范》（HJ 730—2014）及受纳水体环境管理要求设置近岸海域的监测断面和监测点位。

1. 沿岸排放的陆域直排海污染源污染影响监测点位布设

按建设项目环境影响评价报告中预测的影响区边界布设站位，站位数量一般不少于 6 个；在附近海域设置 1 ～ 2 个对照站位。当建设项目环境影响评价报告中预测的影响区边界与实际监测存在差异时，在陆域直排海污染源可能的影响范围设置监测点位，以排放口为放射中心，在扇形 3 条边界线布设监测站位，数量一般不少于 66 个；在附近海域设置 1 ～ 2 个对照站位。排污口对重要湿地可能产生影响的，应在排污口附近布设潮间带监测断面，同时布设 1 个潮间带对照监测断面。

2. 深海排放的陆域直排海污染源污染影响监测点位布设

以深海排放口位置为中心，沿海流方向中线及两侧 15° 夹角线，在建设项目环境影响评价报告中确定的影响区外边界及外边界向外 500 m 点处各设置 1 个监测点，并在海流反方向建设项目环境影响评价报告中确定的影响区外边界外 500 m 处设置 1 个对照点，共设置 7 个监测点。采样层次要求见表 6-8。

表 6-8 近岸海域监测采样层次设置

水深范围 /m	标准层次	底层与相邻标准层最小距离 /m
＜ 10	表层[a]	—
10 ～ 25	表层，底层[b]	—
25 ～ 50	表层、10 m、底层	5
50 ～ 100	表层、10 m、50 m、以下水层酌情加层、底层	10

注：a 表层系指海面以下 0.1 ～ 1 m；

b 对河口及港湾海域最好取离海底 2 m 的水层，深海或大风浪时可酌情增大离底层的距离。

（二）近岸海域监测指标

国家已发布“排污单位自行监测技术指南”的排污单位，可以按照指南的要求执行。否则根据排污单位环境影响评价文件、批复及其他环境管理的规定执行，或根据排放的污染物对环境的影响确定。

对于废水排入海水的排污单位，需参考《海水水质标准》（GB 3097—1997）及排污单位的具体排污情况选择监测指标。如《排污单位自行监测技术指南　制革及毛皮加工业》（HJ 946—2018）、《排污单位自行监测技术指南　钢铁工业及炼焦化学工业》（HJ 878—2017）、《排污单位自行监测技术指南　造纸工业》（HJ 821—2017）中规定的监测指标，见表 6-9。

表 6-9　排污单位周边近岸海域监测指标及最低监测频次

行业	监测指标	监测频次
制革及毛皮加工业	pH、化学需氧量、五日生化需氧量、溶解氧、活性磷酸盐、无机氮、动植物油、总铬、六价铬	半年
钢铁工业及炼焦化学工业	pH、溶解氧、化学需氧量、五日生化需氧量、无机氮、非离子氮、活性磷酸盐、汞、镉、铅、六价铬、总铬、砷、铜、锌、镍、氰化物、硫化物、挥发酚、石油类、氟化物、铁、苯、多环芳烃等	半年
造纸工业	pH、化学需氧量、五日生化需氧量、溶解氧、活性磷酸盐、无机氮、石油类	每年大潮期、小潮期至少各监测 1 次

（三）近岸海域监测频次

如果国家已发布“排污单位自行监测技术指南”的排污单位，可以按照指南的要求执行或根据排污单位环境影响评价文件及其批复、其他环境管理的规定执行。每年在大潮期、小潮期至少各监测 1 次。

（四）近岸海域监测技术

监测技术包括手工监测、自动监测 2 种，排污单位可根据监测成本、监测指标以及监测频次等内容，合理选择适当的监测技术。

对于排污单位厂界周边近岸海域环境质量影响监测，监测频次比较低，一般选用手工监测。

（五）近岸海域监测采样方法

排污单位厂界周边近岸海域环境质量影响监测采样方法参照《近岸海域环

境监测技术规范　第三部分　近岸海域水质监测》（HJ 442.8—2020）和《近岸海域环境监测技术规范　第八部分　直排海污染源及对近岸海域水环境影响监测》（HJ 442.8—2020）。

（六）近岸海域监测分析方法

监测分析方法按照 HJ 442.1 的相关要求选择。常用现场测试和实验室分析方法参见附录 A 和附录 B 或按照 HJ 442.3 ～ HJ 442.6 相规定执行。按照 HJ 442.1 的相关要求，在初次使用方法、条件发生变化时开展方法的验证和确认并符合相关要求后，方可用于样品测定。

第二节　企业周边空气质量影响监测要点

一、企业周边空气质量影响监测点位设置

相关法律法规或环境影响评价文件、批复（仅限 2015 年 1 月 1 日及以后取得环境影响评价批复的排污单位）和其他环境管理有明确规定的，按要求执行。无明确要求的，若排污单位认为有必要，可对周边空气质量开展监测，并可按照《环境影响评价技术导则　大气环境》（HJ 2.2—2018）、《环境空气质量手工监测技术规范》（HJ/T 194—2017）的要求设置监测点位。

排污单位周边空气质量监测点位一般设在厂界或大气环境防护距离（如有）外侧，设置 1 ～ 2 个监测点。

二、企业周边空气质量影响监测指标

国家已发布“排污单位自行监测技术指南”的排污单位，可以按照指南的要求执行。否则根据排污单位环境影响评价文件、批复及其他环境管理的规定执行，或根据排放的污染物对环境的影响确定。

排污单位周边空气质量影响监测指标的确定，需参考《环境空气质量标准》（GB 3095—2012）及排污单位的具体排污情况选择监测指标。如《排污单位自行监测技术指南　石油炼制工业》（HJ 880—2017）、《排污单位自行监测技术指

南　石油化学工业》（HJ 947—2018）、《排污单位自行监测技术指南　固体废物焚烧》（HJ 1205—2021）中规定的监测指标，见表 6-10。

表 6-10　排污单位周边空气质量监测指标及最低监测频次

行业	监测指标	监测频次
石油炼制工业	非甲烷总烃、颗粒物、氯化氢[a]、苯、甲苯、二甲苯、氨、硫化氢	半年
	苯并 [*a*] 芘	年
石油化学工业	非甲烷总烃、颗粒物、氯化氢[b]、苯、甲苯、二甲苯、氨、硫化氢	半年
	苯并 [*a*] 芘、废气有机特征污染物等	年
固体废物焚烧	氨、硫化氢、臭气浓度、二噁英类、其他特征污染物[c]	年

注：a 适用于工艺装置中有连续重整装置或采用离子液法的烷基化装置的情况。

b 适用于生产装置的原料、排气中含卤代烃的情况。

c 根据排放标准及处置固体废物种类等实际生产情况，结合 GB 3095、HJ 2.2、GB 15618 和 GB 36600，筛选确定具体监测指标。

三、排污单位周边空气质量影响监测频次

符合国家已发布的“排污单位自行监测技术指南”的排污单位，可以按照指南的要求执行；若环境影响评价文件及其批复等管理文件有明确要求的，排污单位周边环境质量监测频次按照要求执行。一般情况涉气重点排污单位周边空气质量每半年至少监测 1 次，每次连测 3 天。

四、排污单位周边空气质量影响监测技术

监测技术包括手工监测、自动监测 2 种，排污单位可根据监测成本、监测指标以及监测频次等内容，合理选择适当的监测技术。

对于排污单位周边空气质量影响监测，监测频次比较低，一般选用手工监测。

五、排污单位周边空气质量影响监测采样方法

排污单位周边空气质量影响监测采样方法参照《环境空气质量手工监测技术规范》（HJ/T 194—2017）等。

六、排污单位周边空气质量影响监测分析方法

监测项目分析方法应优先选用 GB 3095 等环境空气质量标准中规定的标准分析方法；若适用性满足要求，其他国家、行业标准分析方法也可选用。选用的标准分析方法的测定下限应低于该监测项目规定的环境质量标准限值。

第三节　企业周边土壤质量影响监测要点

一、排污单位周边土壤质量影响监测点位设置

排污单位厂界周边的土壤环境质量影响监测点位的设置，相关法律法规或环境影响评价文件及其批复（仅限 2015 年 1 月 1 日及以后取得环境影响评价批复的排污单位）和其他环境管理有明确规定的，按要求执行。无明确要求的，若排污单位认为有必要，可对周边土壤质量开展监测。可按照《环境影响评价技术导则　土壤环境（试行）》（HJ 964—2018）、《土壤环境监测技术规范》（HJ/T 166—2004）的要求设置监测点位。

参照《环境影响评价技术导则　土壤环境（试行）》，排污单位周边的土壤环境敏感程度等级分为敏感、较敏感、不敏感，判别依据见表 6-11。

表 6-11　排污单位周边的土壤环境敏感程度分级

敏感程度	判别依据
敏感	周边存在耕地、园地、牧草地、饮用水水源地或居民区、学校、医院、疗养院、养老院等
较敏感	周边存在其他土壤环境敏感目标的
不敏感	其他情况

参照《环境影响评价技术导则　土壤环境（试行）》，将建设项目占地规模分为大型（≥ 50 hm^2）、中型（5 ～ 50 hm^2）、小型（≤ 5 hm^2），建设项目占地主要为永久占地。划分排污单位对土壤环境质量影响的等级，可分为 3 级，分级原则见表 6-12。

表 6-12 排污单位土壤影响等级划分表

敏感程度	Ⅰ类			Ⅱ类			Ⅲ类		
	大	中	小	大	中	小	大	中	小
敏感	一级	一级	二级	二级	二级	三级	三级	三级	—
较敏感	一级	一级	二级	二级	二级	三级	三级	—	—
不敏感	一级	二级	二级	二级	三级	—	—	—	—

注："—"表示可不开展土壤环境影响评价工作。

参照《环境影响评价技术导则 土壤环境（试行）》，排污单位周边土壤环境监测点位重点布设在主要产污装置或设施附近或土壤环境敏感目标附近，并根据排污点位对土壤影响的等级确定监测点位数目，见表 6-13。

表 6-13 排污单位周边土壤环境监测布点类型与数量

评价工作等级	占地范围内	占地范围外
一级	5 个柱状样点，2 个表层样点	4 个表层样点
二级	3 个柱状样点，1 个表层样点	2 个表层样点
三级	3 个表层样点	—

注：1. "—"表示无现状监测布点类型与数量的要求。

2. 表层样应在 0 ～ 0.2 m 取样。

3. 柱状样通常在 0 ～ 0.5 m、0.5 ～ 1.5 m、1.5 ～ 3 m 分别取样，3 m 以下每 3 m 取 1 个样，可根据基础埋深、土体构型适当调整。

二、企业周边土壤质量影响监测指标

国家已发布"排污单位自行监测技术指南"的排污单位，可以按照指南的要求执行；否则根据排污单位环境影响评价文件、批复及其他环境管理的规定执行，或根据排放的污染物对环境的影响确定。

对于土壤监测指标的确定，需参考《土壤环境质量 农用地土壤污染风险管控标准（试行）》（GB 15618—2018）及排污单位的具体排污情况选择监测指标。如《排污单位自行监测技术指南 农药制造工业》（HJ 987—2018）、《排污单位自行监测技术指南 石油化学工业》（HJ 947—2018）、《排污单位自行监测技术指南 电镀工业》（HJ 985—2018）中规定的监测指标，见表 6-14。

表 6-14　排污单位周边土壤质量监测指标及最低监测频次

行业	监测指标	监测频次
农药制造工业	pH、汞、镉、铬、砷、铅、镍、锌等	年
石油化学工业	pH、硫化物、苯并 [*a*] 芘、总铅、总镉、总砷、总镍、总汞、烷基汞、总铬、六价铬等	年
电镀工业	pH、总铬、总镍、总镉、总银、总铅、总汞、总铜、总锌等	年

三、企业周边土壤质量影响监测频次

国家已发布“排污单位自行监测技术指南”的排污单位，可以按照指南的要求执行；若环境影响评价文件及其批复等管理文件有明确要求的，排污单位周边土壤环境质量监测频次按照要求执行。《排污单位自行监测技术指南　总则》（HJ 819—2017）中规定：涉重金属、难降解类有机污染物等重点排污单位的土壤每年至少监测 1 次。

四、企业周边土壤质量影响监测技术

对于排污单位周边土壤质量影响监测，就目前的土壤监测技术发展情况，一般选用手工监测。

五、企业周边土壤质量影响监测采样方法

排污单位周边土壤质量影响监测采样方法参照《土壤环境监测技术规范》等。

六、企业周边土壤质量影响监测分析方法

监测项目分析方法应优先选用 GB 15618 等土壤环境质量风险管控标准中选配的分析方法，其次可以选用由权威部门规定或推荐的方法，也可以根据各地实情，自选等效方法，但应作标准样品验证或比对实验，其检出限、准确度、精密度不低于相应的通用方法要求水平或待测物准确定量的要求。

第四节 企业厂界环境噪声监测要点

工业企业厂界环境噪声是指在工业生产活动中使用设备等产生的、在厂界处进行测量和控制的干扰周围生活环境的声音。

厂界环境噪声的监测点位设置应遵循《工业企业厂界环境噪声排放标准》（GB 12348—2008）和《排污单位自行监测技术指南 总则》（HJ 819—2017）。监测点位布设应根据工业企业声源、周围噪声敏感建筑物的布局以及毗邻的区域类别，在工业企业厂界布设多个测点，其中包括距噪声敏感建筑物较近以及受被测声源影响大的位置。

一、排污单位厂界环境噪声监测布点原则

（1）根据厂内主要噪声源距厂界位置布点。

（2）根据厂界周围敏感目标布点。

（3）“厂中厂”是否需要监测，根据内部和外围排污单位协商确定。

（4）面临海洋、大江、大河的厂界原则上不布点。

（5）厂界紧邻交通干线不布点。

（6）厂界紧邻另一排污单位的，在临近另一排污单位侧是否布点由排污单位协商确定。

二、排污单位厂界环境噪声监测点位设置

厂界环境噪声监测点位设置应遵循《排污单位自行监测技术指南 总则》（HJ 819—2017）中的原则，主要考虑噪声源在厂区内的分布情况和周边环境敏感点的位置。

（一）厂界环境噪声的主要噪声源

（1）生产车间及配套工程的主要设备：如清洗机、破碎机、脱水机、干燥机、大型排风扇、冷风机、真空泵、制冷机、包装机等强噪声设备。

（2）污水处理设施：如进水泵、曝气机、污泥回流泵、污泥脱水机、空压机、各类风机等。

（3）周边环境敏感点的位置：主要关注周围噪声敏感建筑物，即医院、学校、机关、科研单位、住宅等需要保持安静的建筑物。

（二）监测点位具体规定

1. 一般规定

一般情况下，测点选在工业企业厂界外 1 m、高度 1.2 m 以上、距任一反射面距离不小于 1 m 的位置。

2. 测点位置其他规定

（1）当厂界有围墙且周围有受影响的噪声敏感建筑物时，测点应选在厂界外 1 m、高于围墙 0.5 m 以上的位置。

（2）当厂界无法测量到声源的实际排放状况时（如声源位于高空、厂界设有声屏障等），应按上述“一般规定”设置测点，同时在受影响的噪声敏感建筑物户外 1 m 处另设测点。

（3）室内噪声测量时，室内测量点位设在距任一反射面至少 0.5 m 以上、距地面 1.2 m 高度处，在受噪声影响方向的窗户开启状态下测量。

（4）固定设备结构传声至噪声敏感建筑物室内，在噪声敏感建筑物室内测量时，测点应距任一反射面至少 0.5 m 以上、距地面 1.2 m、距外窗 1 m 以上，窗户关闭状态下测量。被测房间内的其他可能干扰测量的声源（如电视机、空调机、排气扇以及镇流器较响的日光灯、运转时出声的时钟等）应关闭。

三、监测频次

厂界环境噪声每季度至少开展 1 次监测，夜间生产的要监测夜间噪声。厂界噪声昼间（6：00—22：00）、夜间（22：00—次日 6：00）各测 1 次，周边有敏感点的，应提高监测频次。夜间有频发、偶发噪声影响时同时测量最大声级。被测声源是稳态噪声，采用 1 min 的等效声级。被测声源是非稳态噪声，测量被测声源有代表性时段的等效声级，必要时测量被测声源整个正常工作时段的等效声级。

四、评价量

按照《工业企业厂界环境噪声排放标准》(GB 12348—2008)，厂界环境噪声的评价量为等效连续 A 声级。各个测点的测量结果应单独评价。同一测点每天的测量结果按昼间、夜间进行评价。最大声级 L_{max} 直接评价。

五、监测技术

测量仪器和校准仪器应定期检定合格，并在有效使用期限内使用；每次测量前、后必须在测量现场进行声学校准，其测量前、后校准示值偏差不得大于 0.5 dB，否则测量结果无效。测量时传声器加防风罩。测量仪器时间计权特性设为“F”档，采样时间间隔不大于 1 s。

测量应在无雨雪、无雷电天气，风速为 5 m/s 以下时进行。不得不在特殊气象条件下测量时，应采取必要措施保证测量的准确性，同时注明当时所采取的措施及气象情况。测量应在被测声源正常工作时间进行，同时注明当时的工况。噪声测量值与背景噪声值相差大于 10 dB（A）时，噪声测量值不做修正，否则按照《工业企业厂界环境噪声排放标准》(GB 12348—2008）的规定进行修正。

第七章　企业自行监测质量保证与质量控制要点

环境监测的质量保证与质量控制是依靠系统的文件规定来实施的内部技术和管理手段，是提高监测数据质量的重要保障。排污单位应建立并实施质量保证与控制措施方案，以自证自行监测数据的质量。

第一节　环境监测质量体系基本要点

一、建立质量体系

排污单位应根据本单位自行监测的工作需求设置监测机构，梳理监测方案、样品采集、样品分析、监测结果报出、样品留存、相关记录保存等监测的各个环节，为保证监测工作质量建立自行监测质量体系。建立质量体系应制定工作流程、管理措施与监督措施，可使质量管理工作程序化、文件化、制度化和规范化，并保证其有效运行。质量体系应覆盖环境监测活动所涉及的全部场所，按照国家的《检验检测机构资质认定管理办法》（国家市监总局令　第 38 号）、《检验检测机构资质认定评审准则》和《检验检测机构资质认定准则及释义》的要求建立并运行质量体系。

质量体系应包括以下内容：监测机构、人员、出具监测数据所需仪器设备、监测辅助设施和实验室环境、监测方法技术能力验证、监测活动质量控制与质量保证等。

委托其他有资质的检（监）测机构代其开展自行监测的，排污单位不用建立监测质量体系，但应对检（监）测机构的资质进行确认。

二、编制质量体系文件

一般而言，应建立质量体系文件，包括质量手册、程序文件、作业指导书和记录 4 个层次。

（一）质量手册

质量手册是检测实验室质量体系运行的纲领性文件，阐明质量方针和目标，描述全部质量活动的要素，规定质量活动人员的责任、权限和相互之间的关系，明确质量手册的使用、修改和控制的规定等。质量手册的一般结构应包括或涉及封面、前言（实验室简介）、目录、发布令（批准页）、公正性声明、质量方针声明、术语和定义（如需要）、目的和适用范围、管理体系、管理职责、管理要求、技术要求等。

（二）程序文件

程序文件是规定质量活动方法和要求的文件，是质量手册的支持性文件。程序文件应明确质量控制目的、适用范围、职责分配、活动过程规定和相关质量技术要求，具有可操作性。编制程序文件的主要目的是对产生检测数据的各个环节、各个影响因素和各项工作进行全面规范，包括人员、设备、试剂、标准物质、检测方法、设施和环境、记录和数据录入发布等各因素，以保证检测数据的质量。程序文件的构成如下：实验室名称、文件编号、版本、更改、编写、审核、批准、发布日期、实施日期、密级、受控状态和发放号等。程序文件的内容包括目的、适用范围、职责、工作程序、质量记录表格和引用文件等。

（三）作业指导书

作业指导书是针对特定岗位工作或活动应达到的要求和遵循的方法的文件，是规定某项具体活动的详细指导性文件。一般可包括（但不限于）计量检定规程、校准规程、操作规程、试验大纲、通用标准、产品标准、编写规则、检验/

验收准则、技术标准、行政管理制度、相关法规等。作业指导书的格式多种多样，主要内容应包括组织名称、文件编号、作业指导书名称、修订次数/日期、发布日期、目的、范围、工作要求、相关文件和记录等。

（四）记录

记录是证明数据产生过程满足技术标准和规范要求的基础，是管理体系运行的见证。记录包括质量记录和技术记录。质量记录是质量体系活动所产生的记录，质量记录表格是程序文件的附录内容，是管理活动的证据，如内审记录、质量监督记录等。技术记录贯穿"产品"（证书/报告）形成的全过程，是各项监测活动所产生的记录，如《化学需氧量分析原始数据记录表》《氨氮分析原始数据记录表》等。记录是一种特殊类型的文件，无规定格式，根据需要设定。

三、监测机构

监测机构应具有与监测任务相适应的技术人员、仪器设备和实验室环境，明确监测人员和管理人员的职责、权限和相互关系，有适当的措施和程序保证监测结果准确可靠。

四、监测人员

应配备数量充足、技术水平满足工作要求的技术人员，规范监测人员录用、教育培训和能力确认与考核等活动，建立人员档案，并对监测人员实施监督和管理，规避人员因素对监测数据正确性和可靠性的影响。

五、监测设施和环境

用于监测的设施和环境条件，应满足相关法律、法规和标准的要求。

根据仪器使用说明书、监测方法和规范等的要求，配备必要的如除湿机、空调、干湿度温度计等辅助设施，以使监测工作场所条件得到有效控制。

实验室区域间应采取有效隔离措施，防止交叉污染。有毒有害废物应妥善处理，或交有资质的单位处置。应建立并保持安全作业管理程序，确保危险化学品、有毒物品、有害生物、辐射、高温、高压、撞击以及水、气、火、电等危及安全的因素和环境得到有效控制，并有相应的应急处理措施，危险化学品储存应执行其相关规定。应制定并实施有关实验室安全和人员健康的程序，并配备相应的安全防护设施。

现场监测时，监测时段的气象等环境条件，水、电和气供给等工作条件，企业工况及污染物变化（稳定性）条件应满足监测工作要求。应有确保人员和仪器设备安全的措施。

六、监测仪器设备和实验试剂

应配备数量充足、技术指标符合相关监测方法要求的各类监测仪器设备、标准物质和实验试剂。

建立仪器设备（含自动在线等集成的仪器设备系统）的管理程序，确保其购置、验收、使用和报废的全过程均受控。

监测仪器性能应符合相应方法标准或技术规范要求，对监测结果的准确性或有效性有影响的仪器设备，包括辅助测量设备，应有量值溯源计划并定期实施，在有效期内使用。量值溯源方式包括：①检定。列入国家强制检定目录，且国家有检定规程的仪器应经有资质的机构检定。②校准。未列入国家强制检定目录或尚没有国家检定规程的仪器可由有资质的机构进行校准，也可自校准。

所有仪器设备都应建立档案，并实行动态管理。档案包括购置合同、使用说明书、验收报告、检定或校准证书、使用记录、期间核查记录、维护和维修记录、报废单等以及必要的基本信息。基本信息包括名称、规格型号、出厂编号、管理（或固定资产）编号、购置时间、生产厂商、使用部门、放置地点和保管人等。标准物质、试剂、耗材的购买和使用情况应建立台账予以记录。

七、监测方法

应按照相关标准或技术规范要求，选择能满足监测工作需求和质量要求的方法实施监测活动。原则上优先选择国家环境保护标准、其他的国家标准和其他行业标准方法，也可采用国际标准和国外标准方法，或者公认权威的监测分析方法。所选用的方法应通过实验验证。

应组织监测人员按照其所承担监测指标的方法步骤开展实验活动，测试方法的检出浓度、校准（工作）曲线的相关性、精密度和准确度等指标，实验结果满足方法相应的规定以后，方可确认该人员实际操作技能满足工作需求，能够承担测试工作。

第二节　环境监测过程质量保证与质量控制方法要点

按照监测方法和技术规范的要求开展监测活动，若存在相关标准规定不明确但又影响监测数据质量的活动，可编写《作业指导书》予以明确。

编制工作流程等相关技术规定，规定任务下达和实施，分析仪器设备购买、验收、维护和维修，监测结果的审核签发、监测结果录入发布等工作的责任人和完成时限，确保监测各环节无缝衔接。

设计记录表格，对监测过程的关键信息予以记录并存档。

定期对自行监测工作开展的时效性、自行监测数据的代表性和准确性、管理部门检查结论和公众对自行监测数据的反馈等情况进行评估，识别自行监测存在的问题，及时采取纠正措施。管理部门执法监测与排污单位自行监测数据不一致的，以管理部门执法监测结果为准，作为判断污染物排放是否达标、自动监测设施是否正常运行的依据。

一、监测样品采集与流转质量控制要点

（一）监测点位布设

监测点位应根据监测对象、污染物性质和数据的预期用途等，按国家环境保护标准、其他的国家标准和其他行业标准、相关技术规范和规定进行设置，保证监测信息的代表性和完整性。样本的时空分布应能反映主要污染物的浓度水平、波动范围和变化规律。重要的监测点位应设置专用标志。

（二）样品采集

做好采样前的准备工作，包括采样器、装样容器、样品的保存和运输过程

应采取的措施及采样记录表等。根据监测方案所确定的采样点位、污染物项目、频次、时间和方法进行采样。样品接收、核查和发放各环节应受控。样品保存条件应符合相关标准或技术规范要求。

（三）样品管理

1. 样品运输与交接

样品运输过程中应采取措施保证样品性质稳定，避免被沾污、损失和丢失。样品接收、核查和发放各环节应受控；样品交接记录、样品标签及其包装应完整。若发现样品有异常或处于损坏状态，应如实记录，并尽快采取相关处理措施，必要时重新采样。

2. 样品保存

样品应分区存放，并有明显标志，以免混淆。样品保存条件应符合相关标准或技术规范要求。

二、实验室分析质量控制方法要点

编制监测工作质量控制计划，选择与监测活动类型和工作量相适应的质控方法，包括标准样品 / 有证标准物质测定、空白试验、平行样测定、加标回收率测定、质量控制图、方法比对或仪器比对等，定期进行质控数据分析。实验室质量控制方法分为实验室内部质量控制和实验室外部质量控制 2 种方法。

（一）实验室内部质量控制

监测人员应执行相应监测方法中的质量保证与质量控制规定，还可以采取以下内部质量控制措施。

1. 空白样品

空白样品（包括全程序空白、采样器具空白、运输空白、现场空白和实验室空白等）测定结果一般应低于方法检出限。一般情况下，不应从样品测定结果中扣除全程序空白样品的测定结果。

2. 校准曲线

采用校准曲线法进行定量分析，仅限在其线性范围内使用。必要时，对校准曲线的相关性、精密度和置信区间进行统计分析，检验斜率、截距和相关系数是否满足标准方法的要求。若不满足，需从分析方法、仪器设备、量器、试剂和操作等方面查找原因，改进后重新绘制校准曲线。校准曲线不得长期使用，不得相互借用。一般情况下，校准曲线应与样品测定同时进行。

3. 方法检出限和测定下限

开展新的监测项目前，应通过实验确定方法检出限，并满足方法要求。方法检出限和测定下限的计算方法执行《环境监测分析方法标准制订技术导则》（HJ 168—2020）。

4. 平行样测定

应按方法要求随机抽取一定比例的样品做平行样品测定。

5. 加标回收率测定

加标回收实验包括空白加标、基体加标及基体加标平行等。空白加标在与样品相同的前处理和测定条件下进行分析。

基体加标和基体加标平行是在样品前处理之前加标，加标样品与样品在相同的前处理和测定条件下进行分析。在实际应用时应注意加标物质的形态、加标量和加标的基体。

6. 标准样品 / 有证标准物质测定

监测工作中应使用标准样品 / 有证标准物质或能够溯源到国家基准的物质。应有标准样品 / 有证标准物质的管理程序，对其购置、核查、使用、运输、存储和安全处置等进行规定。标准样品 / 有证标准物质应与样品同步测定。进行质量控制时，标准样品 / 有证标准物质不应与绘制校准曲线的标准溶液来源相同。应尽可能选择与样品基体类似的标准样品 / 有证标准物质进行测定，用于评价分析方法的准确度或检查实验室（或操作人员）是否存在系统误差。

7. 质量控制图

常用的质量控制图有均值 - 标准差控制图和均值 - 极差控制图等，在应用上分为空白值控制图、平行样控制图和加标回收率控制图等。日常分析时，质量控制样品与被测样品同时进行分析，将质量控制样品的测定结果标于质量控制图中，判断分析过程是否处于受控状态。

8. 方法比对或仪器比对

对同一样品或一组样品可用不同的方法或不同的仪器进行比对测定分析，

以检查分析结果的一致性。

（二）实验室外部质量控制

外部质量控制指本机构内质量管理人员对监测人员或行政主管部门和上级环境监测机构对下级机构监测活动的质量控制，可采取以下措施。

1. 密码平行样

质量管理人员根据实际情况，按一定比例随机抽取样品作为密码平行样，交付监测人员进行测定。若平行样测定偏差超出规定的允许偏差范围，应在样品有效保存期内补测；若补测结果仍超出规定的允许偏差，说明该批次样品测定结果失控，应查找原因，纠正后重新测定，必要时重新采样。

2. 密码质量控制样及密码加标样

由质量管理人员使用有证标准样品/标准物质作为密码质量控制样品，或在随机抽取的常规样品中加入适量标准样品/标准物质制成密码加标样，交付监测人员进行测定。如果质量控制样品的测定结果在给定的不确定度范围内，则说明该批次样品测定结果受控。反之，该批次样品测定结果作废，应查找原因，纠正后重新测定。

3. 人员比对

不同分析人员采用同一分析方法、在同样的条件下对同一样品进行测定，比对结果应达到相应的质量控制要求。

4. 实验室间比对

可采用能力验证、比对测试或质量控制考核等方式进行实验室间比对，证明各实验室间的监测数据的可比性。

5. 留样复测

对于稳定的、测定过的样品保存一定时间后，若仍在测定有效期内，可进行重新测定。将两次测定结果进行比较，以评价该样品测定结果的可靠性。

三、监测数据处理的质量管理与质量控制

应保证监测数据的完整性，确保全面、客观地反映监测结果。不得利用数据有效性规则达到不正当的目的；不得选择性地舍弃不利数据，人为干预监测和评价结果。

（一）有效数字及数值修约

数值修约和计算按照《数值修约的规则与极限数值的表示和判定》（GB/T 8170—2008）和相关环境监测分析方法标准的要求执行。

记录测定数值时，应同时考虑计量器具的精密度、准确度和读数误差。对检定合格的计量器具，有效数字位数可以记录到最小分度值，最多保留一位不确定数字。精密度一般只取 1 ～ 2 位有效数字。校准曲线相关系数只舍不入，保留到小数点后第一个非 9 数字。如果小数点后多于 4 个 9，最多保留 4 位。校准曲线斜率的有效位数，应与自变量的有效数字位数相等。校准曲线截距的最后一位数，应与因变量的最后一位数取齐。

（二）异常值的判断和处理

异常值的判断和处理执行《数据的统计处理和解释　正态样本离群值的判断和处理》（GB/T 4883—2008），当出现异常高值时，应查找原因，原因不明的异常高值不应随意剔除。

（三）数据校核及审核

应对原始数据和拷贝数据进行校核。对可疑数据，应与样品分析的原始记录进行校对。

监测原始记录应有监测人员和校核人员的签名。监测人员负责填写原始记录；校核人员应检查数据记录是否完整、抄写或录入计算机时是否有误、数据是否异常等，并考虑监测方法、监测条件、数据的有效位数、数据计算和处理过程、法定计量单位和质量控制数据等因素。

审核人员应对数据的准确性、逻辑性、可比性和合理性进行审核。重点考虑以下因素：监测点位；监测工况；与历史数据的比较；总量与分量的逻辑关系；同一监测点位的同一监测因子，连续多次监测结果之间的变化趋势；同一监测点位、同一时间（段）的样品，有关联的监测因子分析结果的相关性和合理性等。

（四）监测结果的表示

监测结果应采用法定计量单位。

平行样的测定结果在允许偏差范围内时，用其平均值报告测定结果。监测结果低于方法检出限时，用“ND”表示，并注明“ND”表示未检出，同时给出方法检出限值。需要时，应给出监测结果的不确定度范围。

定期对自行监测工作开展的时效性、自行监测数据的代表性和准确性、管理部门检查结论和公众对自行监测数据的反馈等情况进行评估，识别自行监测存在的问题，及时采取纠正措施。管理部门执法监测与排污单位自行监测数据不一致的，以管理部门执法监测结果为准，作为判断污染物排放是否达标、自动监测设施是否正常运行的依据。

第八章　企业自行监测信息记录与报告要点

依法排污是法律赋予排污单位的权利和义务。企业自证守法需要有强有力的证据资料，信息记录是要把所有可作为证据的信息记录下来，以便有据可查，所以监测信息记录和报告是排污单位必须开展的工作。信息记录也便于监测结果溯源，便于规范监测过程，可以实现信息间的相互校验、丰富基础信息以及利于科学研究。

第一节　企业自行监测信息记录要点

监测信息记录的目的在于真实反映排污单位生产情况、污染治理情况、污染物排放情况以及监测的实际情况。监测记录要求记录内容便于查阅，因此排污单位应尽可能根据一般逻辑习惯将其整理成为台账保存，台账可以是电子形式，也可以是纸质形式。

一、监测信息记录内容

目前我国监测方式是手工监测和自动监测并行，手工监测和自动监测的记录均按照《排污单位自行监测技术指南　总则》（HJ 819—2017）或各行业自行监测技术指南执行。记录要求及时、真实、准确、清晰、完整。自动监测结果的电子版和手工监测结果的纸质版环境监测管理台账应保存备查。

（一）手工监测记录

采用手工监测时，手工监测记录应包括采样、样品保存和交接、样品分析和质控等环节的记录。

1. 采样记录

主要记录采样日期、采样时间、采样点位、样品数量、样品状态描述、采样器名称、采样人等采样信息。废气采样记录还包括采样工况下烟气量、烟气流速、烟温、含湿量、氧含量、污染物实测浓度和排放浓度等监测信息。

2. 样品保存和交接记录

主要记录样品保存方式、样品传输交接过程等。

3. 样品分析记录

主要记录分析日期，使用仪器名称、型号及编号，样品处理方式，使用的监测方法及标准号，质控措施，分析结果，分析人等信息。

4. 质控记录

记录分析过程所采取的质控措施，填写质控结果报告单。

（二）自动监测运维记录

排污单位或负责运行维护的公司需要如实记录自动监测设备的运行维护情况，包括自动监测系统运行状况、系统辅助设备运行状况、系统校准、校验工作等；仪器说明书及相关标准规范中规定的其他检查项目；校准、维护保养、维修记录等。

二、生产和污染治理设施运行状况信息记录

排污单位或负责运行维护的公司应详细记录其生产和污染治理设施运行状况，日常生产中应参照以下内容记录相关信息，并整理成台账保存备查。

（一）生产运行状况记录

按照工艺生产单元和生产流水线分类，根据各排污单位具体情况，选择记录以下相关信息：

（1）原辅料用量。包括主要原料用量、各类涂料用量、各类溶剂用量、吸附剂用量、其他辅料用量等。

（2）产品产量，按生产单元记录各工序产品产量及其他关键指标。

（3）取水量（新鲜水）、用水量、用电量、燃料用量等。

（4）主要生产设备、设施的操作使用记录等。

（二）废水处理设施运行状况记录

按日（或班次）记录废水处理量、废水回用量、废水排放量、污泥产生量（记录含水率）、废水处理使用的药剂名称及用量、电耗等；记录废水处理设施运行、故障及维护情况等。

（三）废气处理设施运行状况记录

按日（或更换频次）记录废气处理使用的药剂等耗材名称及用量，记录废气处理设施运行参数、故障及维护情况等。

（四）一般工业固体废物和危险废物记录

按日记录一般工业固体废物和危险废物产生量、综合利用量、处置量、贮存量，还应记录危险废物的具体去向。原料或辅助工序中产生的其他危险废物的情况也应记录。危险废物按照《国家危险废物名录》或国家规定的危险废物鉴别标准和鉴别方法认定。

（1）根据排污单位工艺产污情况，确定具体的种类指标。

（2）其他可能产生的危险废物按照《国家危险废物名录》或国家规定的危险废物鉴别标准和鉴别方法认定。

（3）列入一般工业固体废物的，若综合分析原辅材料、生产工艺、产生环节、主要危害成分等，可能具有危险特性，应按照国家规定的危险废物鉴别标准和鉴别方法认定是否属于危险废物。

第二节　企业自行监测信息报告要点

一、信息报告

为使排污单位更好地掌握本单位的实际排污状况，也便于更好地对公众说明本单位的排污状况和监测情况，《国家重点监控企业自行监测及信息公开办法（试行）》（环发〔2013〕81 号）要求排污单位编制完成自行监测开展情况年度报告，监测信息报告也是排污许可年度执行报告中的重要组成部分。年度报告至少应包含以下内容：

（1）监测方案的调整变化情况及变更原因。

（2）企业及各主要生产设施（至少涵盖废气主要污染源相关生产设施）全年运行天数，各监测点、各监测指标全年监测次数、达标次数、超标情况、浓度分布情况。

（3）按要求开展的周边环境质量影响状况监测结果。

（4）自行监测开展的其他情况说明。

（5）排污单位实现达标排放所采取的主要措施。

二、应急报告

排污单位由于某种原因出现非正常排放对环境或者污水处理设施产生影响，或监测结果出现超标的排污单位应加密监测，并检查超标原因。短期内无法实现稳定达标排放的，应向生态环境主管部门提交事故分析报告，说明事故发生的原因，采取减轻或防止污染的措施，制定今后的预防及改进措施等；若因发生事故或者其他突发事件，排放的污水可能危及城镇排水与污水处理设施安全运行的，应当立即采取措施消除危害，并及时向城镇排水主管部门和生态环境主管部门等有关部门报告。

三、自行监测信息公开

《企业环境信息依法披露管理办法》（生态环境部令　第 24 号）及《国家重点监控企业自行监测及信息公开办法（试行）》（环发〔2013〕81 号）规定企业应将自行监测工作开展情况及监测结果向社会公众公开，非重点排污单位的信息公开要求由地方生态环境主管部门确定。

排污单位自行监测信息公开内容应包括：①基础信息：企业名称、法人代表、所属行业、地理位置、生产周期、联系方式、委托监测机构名称等；②自行监测方案；③自行监测结果：全部监测点位、监测时间、污染物种类及浓度、标准限值、达标情况、超标倍数、污染物排放方式及排放去向；④未开展自行监测的原因；⑤污染源监测年度报告。

企业可通过对外网站、报纸、广播、电视等便于公众知晓的方式公开自行监测信息。同时，应当在省级或地市级生态环境主管部门统一组织建立的公布平台上公开自行监测信息。

企业自行监测信息按以下要求的时限公开：①企业基础信息应随监测数据一并公布，基础信息、自行监测方案如有调整变化，应于变更后的 5 d 内公布最新内容；②手工监测数据应于每次监测完成后的次日公布；③自动监测数据应实时公布监测结果，其中废水自动监测设备为每 2 h 均值，废气自动监测设备为每 1 h 均值；④每年 1 月底前公布上年度自行监测年度报告。

附录 1：企业自行监测方案示例

____________________省
企业自行监测方案

企业名称：________________________________

监测单位：________________________________

备案日期：__________年__________月__________日

______（单 位 名 称）______ 自行监测方案

根据《企业环境信息依法披露管理办法》（生态环境部令 第 24 号）、《国家重点监控企业自行监测及信息公开办法（试行）》和《排污单位自行监测技术指南 总则》（HJ 819—2017）、《排污单位自行监测技术指南 水处理》（HJ 1083—2020）的规定，制定本企业自行监测方案。

一、基本情况

企业名称	×××× 污水处理厂	行业类别	污水处理及其再生利用
曾用名		注册类型	
组织机构代码		社会信用代码	
企业规模		对应市平台自动监控企业	
中心经度		中心纬度	
企业注册地址		邮编	
企业生产地址		邮编	
法定代表人		企业网址	
企业类别		所属集团	
建成投产年月		管理级别	
许可证编号		许可证发证日期	
控制级别	污水处理厂：□ 国控 □省控 □市控 □其他		
环保联系人		联系电话	
传真		联系人手机	
电子邮箱			
企业生产情况	污水处理厂设计规模为…… 设计进水水质： 化学需氧量（COD_{Cr}）……，悬浮物（SS）……， 生化需氧量（BOD_5）……，总氮（以 N 计）……， 氨氮（以 N 计）……，总磷（以 P 计）……，pH …… 设计出水水质污水处理厂出水执行《城镇污水处理厂污染物排放标准》（GB 18918—2002）一级 A 标准： 化学需氧量（COD_{Cr}）≤ 50 mg/L，悬浮物（SS）≤ 10 mg/L， 生化需氧量（BOD_5）≤ 10 mg/L，总氮（以 N 计）≤ 15 mg/L， 氨氮（以 N 计）≤ 5（8）mg/L，总磷（以 P 计）≤ 0.5 mg/L， pH 6 ～ 9，粪大肠菌群数≤ 1 000 个 /L		
企业污染治理情况	处理工艺：…… 废水污染物主要产污环节及治理措施：…… 废气污染物主要产污环节及治理措施：…… 噪声主要产污环节及治理措施：…… 固体废物主要产污环节及治理措施：……		
备注			

二、企业自行监测开展情况说明

企业自行监测采用手工监测和自动监测相结合的方式。废水中开展自动监测的指标有流量、pH、化学需氧量、总磷、氨氮和总氮，其他未开展自动监测的指标均采用手工监测。废气监测指标、噪声均采用手工监测。

对废气、废水重金属、噪声的手工监测委托有 CMA 资质的 ×××× 有限公司进行委托监测。

自动监测指标进行实时监测，并与省、市生态环境部门联网。

三、监测内容

（一）废水监测

废水监测点位、监测指标、监测频次、执行排放标准、监测方法及依据、仪器设备及监测方式等见表 1。

表 1　企业废水自行监测一览表

监测指标	排放口	监测点位	监测频次	执行排放标准	标准限值	监测方法及依据	仪器设备	监测方式
pH	DW001	总排口	连续监测	城镇污水处理厂污染物排放标准（GB 18918—2002）	6 ～ 9	玻璃电极法 HJ 1147—2020	pH 自动检测仪	自动监测
化学需氧量	DW001	总排口	连续监测	城镇污水处理厂污染物排放标准（GB 18918—2002）	50 mg/L	重铬酸盐法 HJ 828—2017	化学需氧量自动检测仪	自动监测
色度	DW001	总排口	1 次 / 月	城镇污水处理厂污染物排放标准（GB 18918—2002）	30 倍	稀释倍数法 HJ 1182—2021	比色管	手动监测
五日生化需氧量	DW001	总排口	1 次 / 月	城镇污水处理厂污染物排放标准（GB 18918—2002）	10 mg/L	稀释与接种法 HJ 505—2009	溶解氧仪 / 生化培养箱	手动监测
悬浮物	DW001	总排口	1 次 / 月	城镇污水处理厂污染物排放标准（GB 18918—2002）	10 mg/L	重量法 GB 11901—1989	真空抽滤装置 / 烘箱	手动监测
氨氮（以N计）	DW001	总排口	连续监测	城镇污水处理厂污染物排放标准 (GB 18918—2002)	5(8) mg/L	纳氏试剂分光光度法 HJ 535—2009	氨氮自动检测仪	自动监测
总氮（以N计）	DW001	总排口	连续监测	城镇污水处理厂污染物排放标准 (GB 18918—2002)	15 mg/L	碱性过硫酸钾消解紫外分光光度法 HJ 636—2012	总氮自动检测仪	自动监测
总磷（以 P 计）	DW001	总排口	连续监测	城镇污水处理厂污染物排放标准 (GB 18918—2002)	8 mg/L	钼酸铵分光光度法 GB/T 11893—1989	总磷自动检测仪	自动监测
石油类、动植物油	DW001	总排口	1 次 / 月	城镇污水处理厂污染物排放标准 (GB 18918—2002)	1 mg/L	红外分光光度法 HJ 637—2012	红外测油仪	手动监测
……								

监测指标	排放口	监测点位	监测频次	执行排放标准	标准限值	监测方法及依据	仪器设备	监测方式
污染物排放方式及排放去向	排放方式为连续排放，排放去向为 ×× 海湾							
监测质量控制措施	检测仪器全部检定合格，定期进行校准和期间核查，人员持证上岗，采用国家有关部门颁布的标准方法采样							
监测结果公开时限	按照《国家重点监控企业自行监测及信息公开办法》要求的时限公开							

（二）废气监测

1. 废气有组织监测

废气有组织监测点位、监测指标、监测频次、执行排放标准、监测方法及依据、仪器设备及监测方式等见表 2。

表 2　企业废气有组织监测一览表

监测指标	排放口	监测点位	监测频次	执行排放标准	标准限值	监测方法及依据	仪器设备	监测方式
氨	DA001	预处理生物除臭装置排放口	1 次 / 半年	恶臭污染物排放标准（GB 14554—1993）	4.9 kg/h（排气筒高度 15m）	次氯酸钠 - 水杨酸分光光度法 GB/T 14679—1993	可见分光光度计	手动监测
硫化氢	DA001	预处理生物除臭装置排放口	1 次 / 半年	恶臭污染物排放标准（GB 14554—1993）	0.33 kg/h（排气筒高度 15m）	气相色谱法 GB/T 14678—1993	气相色谱仪	手动监测
臭气浓度	DA001	预处理生物除臭装置排放口	1 次 / 半年	恶臭污染物排放标准（GB 14554—1993）	2 000（量纲一）	三点比较式臭袋法 HJ 1262—2022	臭气袋	手动监测
烟尘	DA002	锅炉排口	1 次 / 月	×× 省锅炉大气污染物排放标准	10 mg/m^3	固定污染源废气 低浓度颗粒物的测定 重量法 HJ 836—2017	烟尘采样器	手动监测
二氧化硫	DA002	锅炉排口	1 次 / 月	×× 省锅炉大气污染物排放标准	50 mg/m^3	定电位电解法 HJ 57—2017	定电位电解法二氧化硫测定仪	手动监测
氮氧化物	DA002	锅炉排口	1 次 / 月	×× 省锅炉大气污染物排放标准	100 mg/m^3	定电位电解法 HJ 693—2014	定电位电解法氮氧化物测定仪	手动监测
烟气黑度	DA002	锅炉排口	1 次 / 年	×× 省锅炉大气污染物排放标准	1 级	林格曼烟气黑度图法 HJ/T 398—2007	林格曼黑度图	手动监测
……								
污染物排放方式及排放去向	排放方式为连续排放，排放去向为厂区							

监测指标	排放口	监测点位	监测频次	执行排放标准	标准限值	监测方法及依据	仪器设备	监测方式
采样和样品保存方法	采样方法为吸收液 / 气袋采样，样品保存方法为密封避光冷藏 / 密封避光							
监测质量控制措施	委托具有资质的第三方进行检测							
监测结果公开时限	生物除臭排放口每半年；锅炉废气排放口氮氧化物每月 1 次，其他指标每年 1 次（当沼气锅炉全月不运行时，不进行自行监测）							

2. 废气无组织监测

废气无组织监测点位、监测指标、监测频次、执行排放标准、监测方法及依据、仪器设备及监测方式等见表 3。

表 3　企业废气无组织监测一览表

监测指标	排放源	监测点位	监测频次	执行排放标准	标准限值	监测方法及依据	仪器设备	监测方式
氨气	厂界	厂界上风向和下风向	1 次 / 半年	城镇污水处理厂污染物排放标准（GB 18918—2002）	1.5 mg/m^3（标态）	次氯酸钠——水杨酸分光光度法 GB/T 14679—1993	分光光度计	手动监测
硫化氢	厂界	厂界上风向和下风向	1 次 / 半年	城镇污水处理厂污染物排放标准（GB 18918—2002）	0.06 mg/m^3	气相色谱法 GB/T 14678—1993	气相色谱仪	手动监测
臭气	厂界	厂界上风向和下风向	1 次 / 半年	城镇污水处理厂污染物排放标准（GB 18918—2002）	4.0	三点比较式臭袋法 HJ 1262—2022	臭气袋	手动监测
……								
污染物排放方式及排放去向			排放方式为连续，排放去向为厂区					
采样和样品保存方法			采样方法为吸收液 / 气袋采样，样品保存方法为密封避光冷藏 / 密封避光					
监测质量控制措施			委托具有资质的第三方进行检测					
监测结果公开时限			每半年 1 次					

（三）厂界噪声监测

噪声主要来源于机械设备在运转过程中因振动、摩擦、撞击产生的机械性噪声，以及电器设备在磁场交变过程中产生的电磁性噪声，如发电机、电动机等。在噪声控制方面，公司选用低噪声设备，主要设备均采取减震、消声措施，厂区内根据功能分区，建设了绿化隔声带以降低噪声。

厂界噪声监测点位、监测指标、监测频次、执行排放标准、监测方法及依据、仪器设备及监测方式等见表 4。

表 4　厂界噪声监测一览表

监测指标	监测点位	监测频次	执行排放标准	标准限值	监测方法及依据	仪器设备	监测方式
工业企业厂界环境噪声（夜间）	东厂界	1 次 / 季度	工业企业厂界环境噪声排放标准 GB 12348—2008	45 dB	工业企业厂界环境噪声排放标准 GB 12348—2008	多功能声级计	手动监测
工业企业厂界环境噪声（昼间）	东厂界	1 次 / 季度	工业企业厂界环境噪声排放标准 GB 12348—2008	55 dB	工业企业厂界环境噪声排放标准 GB 12348—2008	多功能声级计	手动监测
……							
污染物排放方式及排放去向	排放方式为连续，排放去向为厂区						
采样和样品保存方法	现场监测						
监测质量控制措施	委托具有资质的第三方进行检测						
监测结果公开时限	每季度 1 次						

四、质量控制措施

（一）人员

公司有 × 人参加了 ×××× 培训，并取得相应的岗位证书。运维人员具有 ×××× 合格证书。委托具有 CMA 资质的 ×××× 监测机构开展手工监测。

（二）仪器设备

公司安装了 pH、氨氮、总磷、总氮和 COD 污水在线监测设备，均有 ×××× 认证和标志。仪器设备档案必须齐全，且所有监测仪器、量具均应经过质检部门检定合格并在有效期内使用。

（三）监测技术

废气监测平台、监测断面和监测孔以及污水监测位置的设置均符合 ×××× 等的要求，同时安装 ×××× 对自动监测设备进行校准与维护。监测技术方法选择首先采用国家标准方法，没有国家标准方法时，采用行业标准方法或生态环境部推荐方法。

（四）信息记录与报告

信息记录包括监测和运维记录、生产和污染治理设施运行状况记录。自动和手工监测的记录均按照《排污单位自行监测技术指南　总则》（HJ 819—2017）、《排污单位自行监测技术指南　水处理》（HJ 1083—2020）执行。

自动监测设备应保存仪器校验记录，校验记录必须按照相关规范进行记录，记录内容要完整准确，不得随意涂改，并有相关人员签字。

手工监测记录必须由委托的有资质的 ×××× 环境监测机构提供盖章件的监测结果。自动监测结果的电子版和手工监测结果的纸质版环境管理台账均应保存 3 年。

每年年底要编制第二年的自行监测方案。自行监测方案至少应包含以下内容：①监测方案的调整变化情况及变更原因；②企业及各主要生产设施去年运行天数，各监测点、各监测指标去年监测次数、超标情况和年度分布等；③自行监测开展的其他情况说明；④实现达标排放所采取的主要措施。

（五）自行监测信息公布

自动监测和手工监测分别在××××和××××（网址：××××）进行信息公开。

公布的内容包括基础信息、排污信息、污染防治设施的建设和运行情况、建设项目环境影响评价及其他环境保护行政许可情况、自行监测报告、未开展自行监测的原因、自行监测年度报告和突发环境事件应急预案等。

公布时限：企业基础信息随监测数据一并公布，基础信息、自行监测方案一经审核备案一年内不得更改；手工监测数据根据监测频次按时公布；自动监测数据实时公布；每年1月底前公布上年度自行监测年度报告。

五、附件

（一）监测点位示意图

企业可根据具体情况自行确定比例，标明工厂方位、四邻，标明办公区域、主要生产车间（场所）及主要设备的位置，标明各种污染治理设施的位置，标明排放口及其监测点位的编号和名称（图1）。

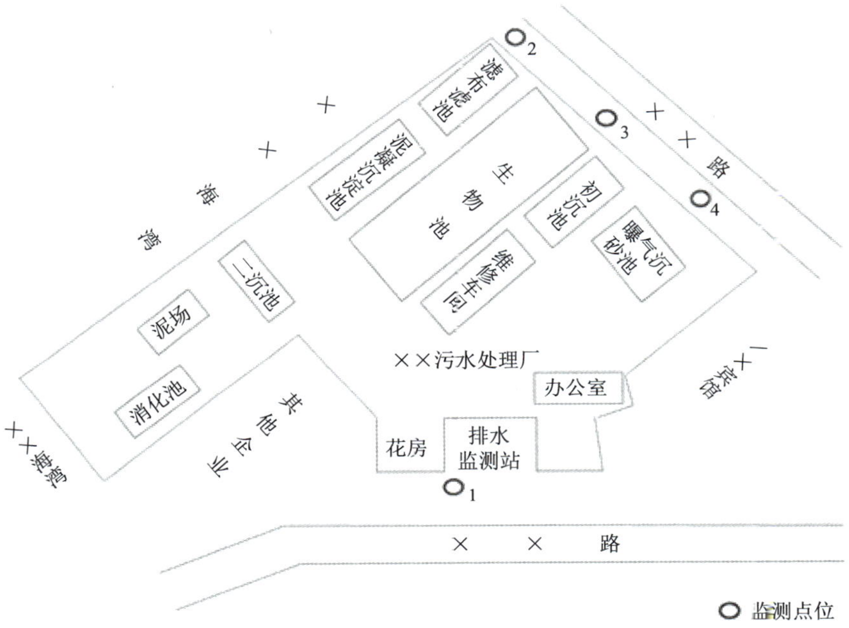

图 1　监测点位示意图

（二）生产工艺流程图

应包括主要生产设施（设备）、主要原燃料的流向、生产工艺流程等内容（图 2）。

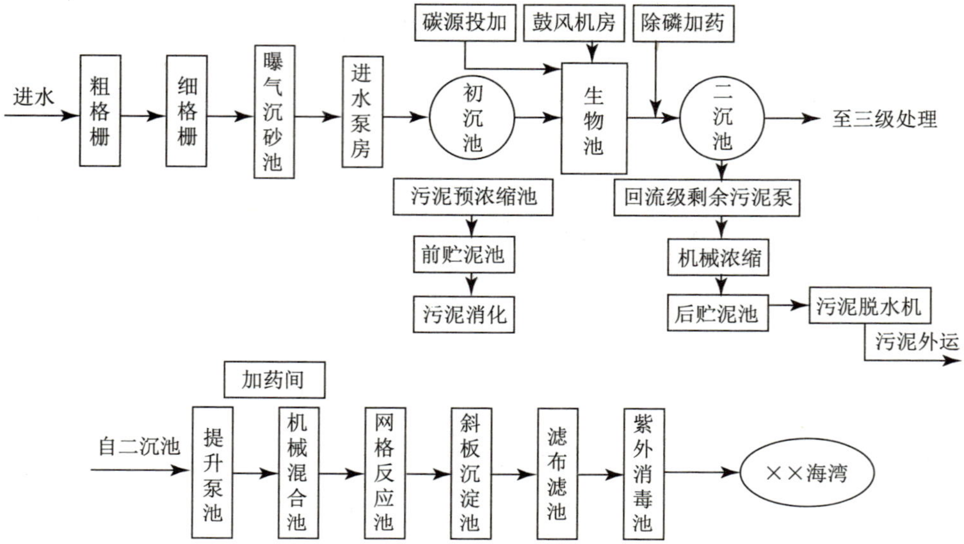

图 2　生产工艺流程图

（三）排污许可

包括排污许可证编号、文件等。

排污许可证编号	文件地址

（四）环评批复文件

包括环评批复文号、文件等。

环评批复文号	文件地址

附录 2：企业自行监测原始记录样表

废（污）水采样原始记录表

第　　页 共　　页

方法依据		流量计型号及编号	pH 计型号及编号	天气情况

采样时间	排污口编号	样品编号	水温 /℃	pH	流量		监测项目	废（污）水表观描述	废（污）水主要来源	废（污）水排放规律
					m^3/h	m^3/d				
时 分										
时 分										
时 分										
时 分										
时 分										
时 分										
时 分										
时 分										
时 分										
时 分										

治理设施运行情况	治理设施类型及名称						新鲜用水量 /（t/d）	
	处理量 /（t/d）	设计		建设日期		COD 设计去除率	回用水量 /（t/d）	
		实际		处理规律		氨氮设计去除率	生产负荷	
	主要原料					主要产品		
备注	表观描述：应包括颜色、气味、浮油、悬浮物含量情况等信息。回用水量不含设施循环水部分。 排放规律：以流速变化判断，连续稳定、连续不稳定、间接稳定、间接不稳定							

分析人员：　　　　校核人员：　　　　审核人员：　　　　分析日期：　　年　　月　　日

悬浮物分析原始记录表

第　　页共　　页

方法名称	仪器型号及编号	烘干温度 /℃	烘干时间 /h	室温 /℃	湿度 /% RH	计算公式

样品名称	取样量 V/mL	（滤膜 + 称量瓶）质量 M_1/g			（滤膜 + 称量瓶 + 被测物）质量 M_2/g			样品质量（M_2−M_1）/g	样品浓度 /（mg/L）	备注
		1	2	3	1	2	3			

分析人员：　　　　校核人员：　　　　审核人员：　　　　分析日期：　　年　　月　　日

总磷分析原始记录表

第　　页 共　　页

方法依据	比色皿 /mm	测定波长 /nm	参比溶液	仪器型号	计算公式

标准溶液名称	标准值 /（mg/L）	取液体积 V/mL	空白吸光度 A_0	标液吸光度 A	校正吸光度 $A-A_0$	实测浓度 /（mg/L）	相对误差 /%
总磷标准使用溶液							

样品名称	取样体积 V/mL	稀释倍数	样品吸光度		校正吸光度		样品浓度 /（mg/L）		样品浓度均值 /（mg/L）	相对偏差 /%	备注
			A_1	A_2	A_1-A_0	A_2-A_0	1	2			

标准曲线									
标准曲线	标液量（　）								标准使用液浓度：
	吸光度 A								回归方程（$y=bx+a$）：
	$A-A_0$								相关系数：

分析人员：　　　　校核人员：　　　　审核人员：　　　　分析日期：　　年　　月　　日

氨氮分析原始记录表

第　页共　页

方法依据	比色皿 / mm	测定波长 / nm	参比溶液	仪器型号	计算公式

标准溶液名称	标准值 /（mg/L）	取液体积 V/mL	空白吸光度 A_0	标液吸光度 A	校正吸光度 $A-A_0$	实测浓度 /（mg/L）	相对误差 /%
氨氮标准使用溶液							

样品名称	初始取样体积 /mL	流出液体积 / mL	取样体积 /mL	定容体积 /mL	稀释倍数	样品吸光度		校正吸光度		样品浓度 /（mg/L）		样品浓度均值 /（mg/L）	相对偏差 /%
						A_1	A_2	A_1-A_0	A_2-A_0	1	2		
标准曲线	标液量（　）										标准使用液浓度：		
	吸光度 A										回归方程（$y=bx+a$）：		
	$A-A_0$										相关系数：$r=$		

分析人员：　　　　校核人员：　　　　审核人员：　　　　分析日期：　　年　　月　　日

总氮分析原始记录表

第　　页共　　页

方法依据	比色皿 /mm	测定波长 /nm	参比溶液	仪器型号及编号	计算公式

标准溶液名称	标准值 /（mg/L）	取液体积 V/mL	空白吸光度 A_0			标液吸光度 A			校正吸光度 $A - A_0$	实测浓度 /（mg/L）	相对误差 /%
			$A_{0(220)}$	$A_{0(275)}$	$A_{0(220)} - 2A_{0(275)}$	A_{220}	A_{275}	$A_{(220)} - 2A_{(275)}$			
硝酸钾标准使用液											

样品名称	取样体积 V/mL	稀释倍数	样品吸光度		校正吸光度		样品浓度 /(mg/L)		样品浓度均值 /(mg/L)	相对偏差 /%	备注
			A_1	A_2	$A_1 - A_0$	$A_2 - A_0$	1	2			

标准曲线									
	标液量（ ）								标准使用液浓度：
	吸光度 A								回归方程（$y=bx+a$）：
	$A - A_0$								相关系数：r =

分析人员：　　　　校核人员：　　　　审核人员：　　　　分析日期：　　年　　月　　日

化学需氧量分析原始记录表

第　　页共　　页

方法依据	检出限	仪器型号及编号	计算公式

标准溶液名称	标准值 /（mg/L）	标准溶液取样量 /mL	硫酸亚铁铵标准溶液消耗量			测定值 /（mg/L）	相对误差 /%
			浓度 /（mol/L）	V_0/mL	$V_{耗}$/mL		
COD 标准溶液							

样品名称	取样体积 V/mL	稀释倍数 K	硫酸亚铁铵标准溶液消耗量 /mL							样品浓度 /（mg/L）		样品浓度均值 /（mg/L）	相对偏差 /%	备注
			浓度 /（mol/L）	第一次			第二次							
				$V_{1始}$	$V_{1终}$	$V_{1耗}$	$V_{2始}$	$V_{2终}$	$V_{2耗}$	1	2			
滴定空白时硫酸亚铁铵标准溶液消耗量 V_0/mL														

分析人员：　　　　校核人员：　　　　审核人员：　　　　分析日期：　　年　　月　　日

五日生化需氧量分析原始记录表

第　　页 共　　页

方法依据	检出限	仪器型号及编号	计算公式

样品名称	标准值 /（mg/L）	稀释倍数 1				稀释倍数 2				样品浓度 /（mg/L）		样品浓度均值 /（mg/L）	相对误差 / %
		试样体积 V_e/mL	稀释后总体积 V_t/mL	培养前 DO/（mg/L）	培养后 DO/（mg/L）	试样体积 V_e/mL	稀释后总体积 V_t/mL	培养前 DO/（mg/L）	培养后 DO/（mg/L）	1	2		
BOD_5 标准溶液													

样品名称	稀释倍数 1				稀释倍数 2				样品浓度 /（mg/L）		样品浓度均值 /（mg/L）	相对偏差 / %
	试样体积 V_e /mL	稀释后总体积 V_t /mL	培养前 DO/（mg/L）	培养后 DO/（mg/L）	试样体积 V_e /mL	稀释后总体积 V_t /mL	培养前 DO/（mg/L）	培养后 DO/（mg/L）	1	2		
空白培养前 DO/（mg/L）					空白培养后 DO/（mg/L）							

分析人员：　　　　校核人员：　　　　审核人员：　　　　分析日期：　　年　　月　　日

固定污染源排气中污染物采样原始记录表

第　页共　页

方法依据	仪器型号及编号	引风机型号	引风机额定风量	环境温度 /℃	大气压 /kPa

污染源基本情况	样品（或滤筒）编号	监测项目	含氧量 /%	实际空气过剩系数 α	实测浓度 /（mg/m^3）	换算浓度 /（mg/m^3）	烟气流速 /（m/s）	排气温度 /℃	标干采气体积 /L	实际烟气流量 /（m^3/h）	标干烟气流量 /（m^3/h）
被监测设备名称及型号： 排气筒高度： 排气筒材质： 排气筒断面尺寸： 排气筒壁厚： 采样断面位置： 断面采样点数： 标准空气过剩系数：											

标准气体校准情况	
备注	燃料种类：　燃料设计消耗量：　燃料实际消耗量：　生产负荷：

采样人员：　　校核人员：　　审核人员：　　分析日期：　年　月　日

固定污染源排气中污染物采样原始记录表

附电脑打印单

采样点位示意图：

烟气黑度监测现场记录表

第　　页共　　页

方法依据	仪器型号及编号	天气状况

序号	排气筒名称及排气筒高度	监测次数	监测开始时间（h：min）	监测终止时间（h：min）	累计监测时间 / min	林格曼黑度 / 级	备注

分析人员：　　校核人员：　　审核人员：　　分析日期：　　年　　月　　日

烟尘浓度分析原始记录表

第　　页共　　页

方法依据	天平型号	室温 /℃	湿度 /% RH	计算公式

序号	滤筒编号	滤筒重量 /g				标干采气体积 V_{nd}/m^3	浓度 ρ_B /（mg/m^3）	备注
		采样前 w_1	采样后 w_2	差值 w_0	烟尘重量 w			
	1							
	2							

分析人员：　　　　校核人员：　　　　审核人员：　　　　分析日期：　　年　　月　　日

空气中颗粒物浓度分析原始记录表

第　　页共　　页

空气中颗粒物	分析方法	采样仪器型号及编号	天平型号及编号	计算公式
○ $PM_{2.5}$ ○ PM_{10} ○ TSP				

序号	滤膜编号	滤膜重量 /g				采样体积 V/m^3	浓度 ρ_B/（mg/m^3）	备注
		采样前 w_1	采样后 w_2	差值 w_0	颗粒物质量 w			

分析人员：　　　　校核人员：　　　　审核人员：　　　　分析日期：　　年　　月　　日

二氧化硫（氮氧化物）分析原始记录表

第　　页 共　　页

方法依据	仪器型号及编号	测定波长 /nm	比色皿厚度 / mm	试剂空白吸光度 A_0

序号	样品名称	吸收液体积 / mL	取样体积 / mL	定容体积 / mL	稀释倍数	样品吸光度 A	$A-A_0$	回归方程计算结果 / μg	样品结果 / （$\mu g/m^3$）	备注

标准曲线									
	标液量（ ）								标准使用液浓度：
	吸光度 A								回归方程（$y=bx+a$）：
	$A-A_0$								相关系数：$r=$

分析人员：　　　　校核人员：　　　　审核人员：　　　　分析日期：　　年　　月　　日

参考文献

[1] 生态环境部生态环境监测司，中国环境监测总站．排污单位自行监测技术指南教程——造纸工业 [M]. 北京：中国环境出版集团，2019.

[2] 生态环境部生态环境监测司，中国环境监测总站．排污单位自行监测技术指南教程 [M]. 北京：中国环境出版集团，2018.

[3] 王军霞，敬红，唐桂刚．中国环境监测总站．排污单位自行监测技术研究 [M]. 北京：中国环境出版集团，2020.

[4] 强杰．石家庄市国控废水污染源与污水处理厂污染评价 [D]. 石家庄：河北科技大学，2019.

[5] 胡娟．大气污染物排放许可中自行监测与报告程序研究 [D]. 杭州：浙江农林大学，2018.

[6] 沈伟晨．工业污水集中处理排放信息披露问题研究 [D]. 杭州：浙江农林大学，2021.

[7] 陈杰．我国排污单位自行监测制度法律问题研究 [D]. 昆明：昆明理工大学，2020.

[8] 焦国嵩，马立科，石仁德．企业自行环境监测工作中存在的问题及应对策略 [J]. 生物化工，2021，7（1）：120-122.

[9] 赵威，白烨．排污许可制度下排污单位自行监测实施要点和难点分析 [J]. 上海船舶运输科学研究所学报，2021，44（4）：79-83.

[10] 孙强，王越，于爱敏，等．国控企业开展环境自行监测存在的问题与建议 [J]. 环境与发展，2016，28（5）：68-71.

[11] 王军霞，唐桂刚，赵春丽．企业污染物排放自行监测方案设计研究——以造纸行业为例 [J]. 环境保护，2016，44（23）：45-48.

[12] 王金双．火电厂自行监测方案的制定研究与工作开展建议 [J]. 江西化工，2019（6）：308-311.

[13] 金福杰．水泥工业自行监测方案的设计研究 [J]. 环境保护科学，2018，44（2）：61-64.

[14] 王洪燕，高山，杨伟伟，等.纺织印染排污单位如何设计自行监测方案？[J].环境经济，2019（24）：50-53.

[15] 闻欣，张迪生，王军霞，等.化学合成类制药工业污染排放自行监测方案设计要点[J].环境监测管理与技术，2018，30（5）：4-7.

[16] 谢一鸣，胡垒，吴庆瑞.环境监测水和废水现场采样的影响因素研究[J].资源节约与环保，2021（8）：54-55.

[17] 赵湖南.固定污染源废气手工监测的问题及对策探析[J].资源节约与环保，2020（2）：39.

[18] 程宏芬，金范.固定污染源中废气监测质量的影响因素及监测方法研究[J].环境与发展，2019，31（12）：136-137.

[19] 何盛勇，万丹玲，刘念，等.地表水水质自动监测质量管理概述[J].科技创新与应用，2019（27）：187-188.

[20] 耿晔，孙开争，杜天君.固定污染源颗粒物在线监测现状——以济南市为例[J].环境监控与预警，2020，12（4）：56-59.

[21] 应慧娟，蒋蜓露，童晓玲.污水处理厂水质污染在线监测仪的检定[J].中国计量，2020（7）：114.

[22] 赵湖南.固定污染源废气手工监测的问题及对策探析[J].资源节约与环保，2020（2）：39.

[23] 赵慧娟，马立强.工业企业厂界环境噪声监测如何布点？[J].环境经济，2021（2）：54-55.

[24] 赵小丰.如何做好工业企业厂界噪声监测质量保证工作[J].环境与发展，2019，31（11）：142-143.

[25] 王小明，廖银辉，张莉.某工业企业厂界噪声监测案例分析[J].化工管理，2016（18）：139-140.

[26] 陆桂勇，刘礼祥，许光明，等.城镇污水处理厂噪声污染防治案例分析[J].中国给水排水，2021，37（8）：114-119.

[27] 陈靖，胡白英，孙中党.石油企业厂界噪声现状调查[J].化学工程与装备，2015（1）：214-219.

[28] 邱国良，陈泓霖，付柳淑.土壤环境重点监管企业周边土壤环境质量监测的建议[J].中国环保产业，2021（10）：49-52.

[29] 田一茗，孟美杉，孙杰夫.关于我国土壤环境质量监测的发展历程、思考与建议[J].环境与可持续发展，2021，46（6）：75-81.

[30] 邱奶彝．工业企业场地土壤环境监测质量控制探讨 [J]. 中国环保产业，2021（1）：58-60.

[31] 朱静，雷晶，张虞，等．关于中国土壤环境监测分析方法标准的思考与建议 [J]. 中国环境监测，2019，35（2）：1-12.

[32] 敖兴兵．云南省文山州畜禽养殖场周边土壤环境质量监测及评价分析 [J]. 环境科学导刊，2017，36（4）：80-85.

[33] 何瑞瑞．土壤环境监测中现场采集与实验室分析控制 [J]. 清洗世界，2020，36（10）：64-65.

[34] 魏娅冰．集中式饮用水水源地周边土壤环境质量监测与评价研究 [J]. 城市建设理论研究（电子版），2020（12）：45.

[35] 岳治国，韩明，安秀刚，等．在产企业土壤及地下水环境调查的意义、问题与建议 [J]. 环境与发展，2020，32（9）：229-230.

[36] 邹旭梅，张同星．化工园区周边土壤、地下水自行监测相关问题及建议 [J]. 化工管理，2020（32）：9-10.

[37] 徐永辉，黄文国，曾鸿俏．海洋环境监测质量管理现状及解决措施探析 [J]. 广东化工，2021，48（13）：215，219.

[38] 周文．某污水处理厂对地下水环境影响分析 [J]. 陕西水利，2022（1）：108-110.

[39] 杨亚科，程志伟，吕玉新．浅析重点监控企业土壤环境的自行监测 [J]. 中小企业管理与科技（中旬刊），2021（9）：119-121.

[40] 毛丽，季冬冬．在产化工企业土壤、地下水自行监测前期工作方法细化 [J]. 化工管理，2020（12）：40-41.

[41] 郭晶．计量检定和校准在环境监测质量管理中的应用 [J]. 科技与创新，2021（20）：138-139.

[42] 王生林．试论大气环境监测质量管理现状及展望 [J]. 资源节约与环保，2020（1）：58.

[43] 李海珊．污水处理厂水质检测的质量控制 [J]. 资源节约与环保，2021（11）：59-61.

[44] 范思思．国控企业自行监测及信息公开研究 [J]. 资源节约与环保，2017（7）：53，57.

[45] 吴旻妍，王亚超．企业自行监测信息应用于环境监管的路径探析 [J]. 环境监控与预警，2017，9（1）：67-70.

[46] 崔锁文 . 辽宁省环境监测信息公开问题探讨 [J]. 南方农业，2020，14（14）：181-182.

[47] 方军毅 . 企业排污状况自行监测及信息公开常见问题及对策建议 [J]. 科技与创新，2020（3）：146-147.

[48] 马骏 . 重点排污单位自行监测与信息公开常见问题及对策建议 [J]. 产业科技创新，2019，1（8）：48-49.

[49] 朱海星，王光明，吕玉新 . 环境监测报告及原始记录技术审核关键点 [J]. 河南科技，2021，40（30）：94-96.

[50] 陈洪伟 . 实现生态环境监测数据可追溯性的常见问题及对策分析 [J]. 皮革制作与环保科技，2021，2（23）：124-125，128.

企业环保管家系列指南丨丛书主编　宋海鸥

企业排污许可证申领与实施操作指南

主　编　胡晓波　李秀芳
副主编　郝明亮　赵文英　冀志国

中国环境出版集团·北京

图书在版编目（CIP）数据

企业排污许可证申领与实施操作指南/胡晓波，李秀芳主编.—北京：中国环境出版集团，2023.6

（企业环保管家系列指南）

ISBN 978-7-5111-5535-1

Ⅰ. ①企… Ⅱ. ①胡… ②李… Ⅲ. ①企业－排污许可证－许可证制度－中国－指南 Ⅳ. ①X-652

中国国家版本馆CIP数据核字（2023）第102151号

出 版 人 武德凯
责任编辑 葛 莉
封面设计 彭 杉

出版发行 中国环境出版集团
（100062 北京市东城区广渠门内大街16号）
网 址：http://www.cesp.com.cn
电子邮箱：bjgl@cesp.com.cn
联系电话：010-67112765（编辑管理部）
010-67112735（第二分社）
发行热线：010-67125803 010-67113405（传真）
印 刷 北京中科印刷有限公司
经 销 各地新华书店
版 次 2023年6月第1版
印 次 2023年6月第1次印刷
开 本 787×960 1/16
印 张 6.75
字 数 120千字
丛书定价 688.00元

企业环保管家系列指南

编 委 会

丛书主编简介：

宋海鸥　河北环境工程学院教授，环境法学硕士，西北政法大学法学博士研究生，河北海立律师事务所律师，秦皇岛律协资源与环境委员会副主任，担任多地生态环境部门、企业法律顾问，主要从事环境法、环境执法及环境管理相关领域的研究与实务工作。

本册作者简介：

胡晓波　河北正润环境科技有限公司正高级工程师、河北省政府津贴专家，主要从事环境影响评价、环境科研、环境规划、环境监理、排污许可、土壤调查与修复、固体（危险）废物无害化处置及资源化利用、环境风险与应急预案及其他环境技术性工作。

李秀芳　河北正润环境科技有限公司高级工程师，主要从事排污许可证审核、环境科研、环境影响评价、固体废物危险特性鉴别及其他环境技术性工作。

郝明亮　河北正润环境科技有限公司正高级工程师，主要从事环境影响评价、环保科研、环境规划、排污许可、污染治理、环境监理、清洁生产审核、环境风险与应急预案及其他环境技术性工作。

赵文英　河北正润环境科技有限公司正高级工程师，主要从事环境影响评价、环境科研、环境规划、排污许可、固体（危险）废物无害化处置及资源化利用、环境风险与应急预案及其他环境技术性工作。

冀志国　河北正润环境科技有限公司正高级工程师，主要从事环境规划、环境科研、环境影响评价、排污许可证审核及其他环境技术性工作。

总　序

“环保管家”是一种以“合同环境服务”为核心的环境污染治理新模式。2014 年 12 月 27 日，国务院办公厅《关于推行环境污染第三方治理的意见》中指出：“到 2020 年，环境公用设施、工业园区等重点领域第三方治理取得显著进展，污染治理效率和专业化水平明显提高，社会资本进入污染治理市场的活力进一步激发。环境公用设施投资运营体制改革基本完成，高效、优质、可持续的环境公共服务市场化供给体系基本形成；第三方治理业态和模式趋于成熟，涌现一批技术能力强、运营管理水平高、综合信用好、具有国际竞争力的环境服务公司。”2016 年 4 月 15 日，环境保护部印发《关于积极发挥环境保护作用促进供给侧结构性改革的指导意见》(环大气〔2016〕45 号)，该意见指出：“推进环境咨询服务业发展，鼓励有条件的工业园区聘请第三方专业环保服务公司作为‘环保管家’，向园区提供监测、监理、环保设施建设运营、污染治理等一体化环保服务和解决方案。”由此，在环境保护领域正式提出了“环保管家”的概念，诸多的“环保管家”公司如雨后春笋般涌现，为企业提供“全面体检”服务。

尽管有专业环境污染第三方治理机构的辅助，但排污企业不能也无法避免经营中环境违规行为的法律责任。在环保形势日益严峻的背景下，掌握环境法律基本规定、污染防治技术规范等成为企业生存发展的必备能力，企业有必要通过学习将“要我守法”内生为“我要守法”的动力。

编者在与能源、化工、运输、钢铁、建材、机械加工、装备制造、矿山等行业企业打交道的过程中，了解到企业尤为关注环保问题，有增加环保投入和增强自身环保专业知识的意愿，对降低环保经营风险有较高的期望值，但囿于环境保护知识的专业性，对通俗介绍企业生产经营中环保风险的指南、手册的需求迫切。正是基于这种市场需求，我们策划了这套专业的“企业环保管家系列指南”丛书（以下简称丛书），对企业环保问题开展“望闻问切”，对环保疑难杂症进行“科学会诊”，既能找准污染治理主要环节和风险隐患突出问题形成“体检报告”，也能开出诊治“药方”。“环保管家”通过常态化的“体检”和“问诊”，及时提出预警和针对性措施，以避免环境事故的发生，降低环境风险。

丛书分为四个板块，共计 13 个分册，旨在通过通俗易懂、实务的语境为企业提供环境守法的指引。在理论知识铺垫上，以够用为尺度，尽可能化繁为简；注重实操，并辅以案例，对企业生产经营中的环境管理事项和环境管理风险予以深度解读，帮助企业相关人员掌握企业环境管理的“钥匙”，最大限度降低企业的经营风险。

丛书的四个板块分别为：

1）法律法规板块：包括《企业常用环境法律法规手册》1 个分册，主要包含环境法律、法规、规章及政策性文件等内容。

2）常见环境管理事务板块：包括《企业环保合法合规管理指南》《企业建设项目环境影响评价管理指南》《企业排污许可证申领与实施操作指南》《企业自行监测管理指南》《企业环境信息化管理指南》《企业环境应急管理指南》6 个分册，主要从企业建设项目环境管理与企业环境风险防范角度进行阐释。

3）污染防治技术板块：包括《企业废水污染管控指南》《企业废气污染管控指南》《企业固体废物污染环境管控指南》《企业土壤污染管控指南》4 个分册，主要从治理设备、治理技术、产排污节点等方面对企业全流程技术管理予以说明。

4）企业环境金融与认证板块：包括《企业环境经济政策指南》《企业清

洁生产审核与环境管理体系认证指南》2 个分册，主要包括环境税、排污权交易、碳排放交易以及清洁生产审核、ISO 14001 认证等相关知识。

从书主要针对生产性企业的环境管理人员、环保管理型企业的工作人员以及对环境管理工作感兴趣的其他人员，也可以作为环境管理初学者的入门教材。

编写团队共 25 人，包括相关领域教授、副教授，专门从事环境法律事务的律师，生态环境部固体废物与化学品管理技术中心专家，大型企业从事环境管理的工作人员以及专业从事“环保管家”服务的企业人员等。编写团队中无论是“学院派”还是“实战派”，均是在相应领域深耕多年的行家里手。

本套丛书经过与出版社沟通和策划、制定编写大纲、组织编写人员、撰写初稿、修改初稿、定稿、统稿等多个流程，历时 15 个月。在组织编写过程中，各分册编者之间通力合作，各分册牵头人也与我进行有效沟通，保证了丛书的质量和覆盖面；同时，为保障丛书如期完成，众多编者付出了巨大心血，在此表示衷心感谢。组织如此大规模的编写队伍，于我而言也是前所未有的，其中有考虑不周之处，请各位编者海涵；因知识和技能所限，编写难免有疏漏，请各位读者批评指正。

最后要感谢河北环境工程学院领导的关心及中国环境出版集团对这套丛书的支持，尤其是第二分社全体编辑的专业和敬业让这套丛书由设想变为现实。

宋海鸥

2022 年 8 月 14 日于秦皇岛

前　言

全面实施污染物排放许可制，是党中央、国务院从推进生态文明建设全局出发，全面深化环境治理基础制度改革的一项重要部署，是切实改善环境质量的战略举措。新修订的《中华人民共和国环境保护法》《中华人民共和国大气污染防治法》《中华人民共和国水污染防治法》对实施排污许可制度提出了明确要求。近两年来，全国各级生态环境部门积极探索推动排污许可制，生态环境部出台了《排污许可管理办法（试行）》《固定污染源排污许可分类管理名录（2019 年版）》；2020 年，国务院发布《排污许可管理条例》，建立以排污许可证申请与核发技术规范为核心的排污许可技术支撑体系，建成了全国统一的排污许可管理信息平台，推动了生态环境保护由粗放式管控转向精细化管控。

《排污许可管理条例》的落实，旨在将排污许可制建设成为固定污染源环境管理的核心制度，作为企业守法、部门执法、社会监督的依据。衔接整合相关环境管理制度，融合总量控制制度，有机衔接环境影响评价制度，为环境保护税征收、年度生态环境统计、污染物总量考核、污染源排放清单制定等工作提供统一的污染物排放数据。对固定污染源实施全过程管理和多污染物协同控制，实现系统化、科学化、法治化、精细化、信息化的“一证式”管理。

随着我国经济长期高速发展，快速城镇化和工业化进程中累积的环境问题越来越多，我国面临的环境压力日益加大。新环境保护法和环境保护督查制度实施以来，我国的环境监管体系呈现污染排放标准不断提升、国家处罚力度不断加大、环保执法检查常态化的趋势。排污企业面对环保监管高压的大环境，其对专业环境服务供给的旺盛需求推动着我国环保服务业逐步成熟。

本书把排污许可管理制度分为管理名录、技术体系、信息操作系统、证后管理4个篇章，分别对其进行介绍，帮助我们了解与排污许可管理制度相关的法规政策和技术规范要求，将有助于我们做好常态化的排污许可申请登记及日常管理工作。

编者

2022年11月

目　录

第一章　排污许可管理——管理名录

一、固定污染源排污许可分类管理名录作用

《固定污染源排污许可分类管理名录》是排污许可制度改革的重要支撑，规定了哪些行业、哪些排污单位被纳入排污许可管理范畴，以及对同一行业不同类型排污单位实施什么级别的管理。

二、固定污染源排污许可分类管理名录解读

（一）《固定污染源排污许可分类管理名录（2019 年版）》主要有哪些内容

《固定污染源排污许可分类管理名录（2019 年版）》（以下简称《名录（2019 年版）》）根据排污单位污染物产生量、排放量、对环境的影响程度等因素，设置了排污许可重点管理、简化管理和登记管理 3 种管理类别。对 107 个行业类别（涉及国民经济行业分类中 49 个大类、212 个中类、706 个小类）和 4 个通用工序明确了不同管理类别划分依据，包括是否属于重点排污单位、企业产品及生产能力、生产工艺类型、原辅材料使用种类或使用量、是否设置污水排放口、是否涉及通用工序等。《名录（2019 年版）》中第 108 类行业是指除第 1 ～ 107 类行业以外的其他行业，涉及通用工序或第七条规定六项条件之一的被纳入排污许可管理，如未涉及则属未作规定行业。

（二）如何确定排污单位的管理类别

排污单位可按以下步骤和条件确定排污许可管理类别：

1. 根据《国民经济行业分类》、生产工艺及产品、各行业排污许可证申请与核发技术规范，初步确定所属行业。

2. 根据《名录（2019 年版）》中所属行业的分级条件确定所属管理类别，应区分以下几种情形：已明确规定管理类别条件的，以行业规定的管理类别为准；规定通用工序区分管理类别的，以通用工序管理类别条件判定管理类别。

3.《名录（2019 年版）》第 108 类行业的排污单位，涉及 4 个通用工序的，按通用工序管理类别条件判定管理类别。

（三）《名录（2019 年版）》中为何设置“通用工序”类别

通用工序通常指能为多个行业生产所共用的配套生产工序。《控制污染物排放许可制实施方案》提出排污许可全覆盖的目标，部分行业，虽然自身主行业产排污量较小，但此类行业中可能存在锅炉、污水处理站等污染物排放量大、社会关注度高的污染源。为防止部分污染较大的工序因主行业环境管理类别低而游离于环境监管之外，《名录（2019 年版）》设置了 4 个通用工序，分别为锅炉、工业炉窑、表面处理、水处理。

（四）第 1 ~ 107 类行业中涉及通用工序的，管理类别的确定原则是什么

《名录（2019 年版）》中第 1 ～ 107 类行业中，很多排污单位都涉及通用工序，其管理类别的确定原则如下：

1. 主行业有明确行业划分的，按主行业的管理类别申请排污许可证；如主行业与通用工序分属不同管理类别，以主行业确定管理类别。例如，《名录（2019 年版）》第 95 类中明确，火力发电（4411）属于重点管理，若一家火电企业申请排污许可证，锅炉属于企业自身生产设备，同时还涉及水处理站，则应根据火电行业技术规范中的要求对企业锅炉、水处理和其他生产设备以及相应的排放口等申请一张重点管理的排污许可证。

2. 如所属行业按照通用工序划定重点管理或者简化管理，则应根据通用

工序的管理类别申请排污许可证。例如，《名录（2019 年版）》第 91 类仪器仪表制造业列明，按照所涉及通用工序进行管理。某家通用仪器仪表制造企业仅涉及表面处理通用工序，则企业只需要对表面处理设施和相应的排放口申请重点或简化的排污许可证。

（五）当排污单位涉及多个行业时，如何确定管理类别

按从严的原则确定。如排污单位同时涉及重点管理、简化管理及登记管理的行业，重点和简化管理只需从严申领一张重点管理的排污许可证。对于登记管理的内容，在申请排污许可证时填报补充登记表单。

（六）排污单位如何确认是否属于重点排污单位

重点排污单位是地方人民政府生态环境主管部门确定的重点排污单位名录内的排污单位。

（七）暂未纳入重点排污单位名录的新建企业如何确定管理类别

《名录（2019 年版）》中部分行业的管理类别确定条件为“是否纳入重点排污单位名录”，部分新建排污单位因时间等原因暂未纳入重点排污单位名录。目前，申领排污许可证时，只以是否纳入重点排污单位名录确定，不考虑其是否满足重点排污单位筛选条件。尚未纳入重点排污单位名录的，管理类别不属于重点管理。按规定，重点排污单位名录每年年初更新一次。重点排污单位名录公告后，排污单位应主动申请或变更排污许可证。

（八）根据《名录（2019 年版）》要求，未作规定的排污单位，排污许可管理类别是否可以由省级生态环境主管部门提出建议来确定？对于已有规定的行业，地方是否可以根据实际需要对管理类别提出调整建议？该如何操作

《名录（2019 年版）》第八条明确，未作规定的排污单位，确需纳入排污许可管理的，其排污许可管理类别由省级生态环境主管部门提出建议，报生态环境部确定。对于《名录（2019 年版）》中已经有明确规定的，必须严格按照《名录（2019 年版）》管理类别要求执行。

（九）产能或原辅料用量如何确定

《名录（2019 年版）》中，部分行业的管理类别确定条件为“产能或原辅料用量”。

（1）产能作为确定条件时。该产能是指生产能力，请注意生产能力和生产量的区别，生产能力是能生产多少，生产量是生产了多少，生产量通常小于或者等于生产能力。

（2）原辅料用量作为确定条件时。原则上投运满三年的，使用量按照近三年年最大量确定；投运满一年但不满三年的，使用量按投运期间年最大量确定；未投运或者投运不满一年的，按照环境影响报告书（表）批准文件确定。投运日期为排污单位发生实际排污行为的日期。

（十）生产场所是否位于工业建筑中，该如何界定

《名录（2019 年版）》中，部分行业的管理类别确定条件为“生产场所是否位于工业建筑中”。根据《工程结构设计基本术语标准》（GB/T 50083—2014），工业建筑指提供生产用的各种建筑物，如车间、厂前区建筑、生活间、动力站、库房和运输设施等。

是否为工业建筑，与是否为工业用地、商业用地没有直接关系。混合功能的商场、民房所在位置虽不是工业建筑，但专门从事生产的，《名录（2019 年版）》一律认定为工业建筑。

（十一）《名录（2019 年版）》第 108 类行业中应纳入重点管理的情形有哪些

《名录（2019 年版）》中第 108 类行业是指除第 1 ～ 107 类行业以外的其他行业。这些行业中，应纳入排污许可重点管理的情形包括：

（1）被列入重点排污单位名录的；

（2）二氧化硫或者氮氧化物年排放量大于 250 t 的；

（3）烟粉尘年排放量大于 500 t 的；

（4）化学需氧量年排放量大于 30 t，或者总氮年排放量大于 10 t，或者总磷年排放量大于 0.5 t 的；

（5）氨氮、石油类和挥发酚合计年排放量大于 30 t 的；

（6）其他单项有毒有害大气、水污染物污染当量数大于 3 000 的。

（十二）《名录（2019 年版）》第七条的“污染当量数”如何计算

污染当量是指根据污染物或者污染排放活动对环境的有害程度以及处理的技术经济性，是衡量不同污染物对环境污染的综合性指标或者计量单位。污染当量是以某一污染物的排放量除以该污染物的污染当量值计算，污染当量值可在《中华人民共和国环境保护税法》附表 2《应税污染物和当量值表》中查询。

（十三）对于《名录（2019 年版）》中第 61 类，实行简化管理的橡胶制品业 291，提出的年耗胶量 2 000 t 及以上的，是仅适用于橡胶板、管、带制造 2912，还同时适用于橡胶零件制造 2913 以及 2914、2915、2916、2919

在《名录（2019 年版）》规定的行业判别中，如果中间使用顿号隔开，定语是从前一直管到最后的；如果使用逗号隔开，定语就是截止的。所以，这种对于年耗胶量 2 000 t 及以上的都是适用的，即不仅适用于 2912，还适用于 2913、2914、2915、2916、2919。

（十四）《名录（2019 年版）》中提出的“汽车、摩托车修理与维护 811”中，纳入简化管理条件为“营业面积 5 000 m² 及以上且有涂装工序的”，这里的营业面积是特指涂装工序面积还是整个面积

汽车、摩托车修理和维护的营业面积包括涂装工序，以及销售、汽车的配套设施所占的总面积。

（十五）如果属于《名录（2019 年版）》第 108 类，但不涉及通用工序，而是属于危险废物重点排污单位或土壤重点排污单位，是否纳入许可管理

属于《名录（2019 年版）》第 108 类，但不涉及通用工序的，不纳入许可管理范围。《名录（2019 年版）》中通用工序提出纳入重点排污单位的，是指纳入水环境或者大气环境重点排污单位名录的排污单位。

（十六）废塑料回收都是简化管理，还是有水洗工艺的才是简化管理

废塑料回收都属于简化管理类别。

（十七）《名录（2019 年版）》中的金属表面处理及热处理加工 336 和通用工序表面处理如何合法界定？假定一家五金件来料加工的小企业不在重点排污单位名录内，又含铬钝化工序，是属于金属表面处理及热处理加工 336 的重点管理，还是属于通用工序表面处理简化管理

金属表面处理及热处理加工 336 是指对外来的金属物件表面进行的电镀、镀层、抛光、喷涂、着色等专业性作业加工，即专业进行金属表面处理的企业；通用工序表面处理是指一个企业涉及多个工序，而表面处理只是生产工序之一。比如，通用设备制造和专用设备制造企业既涉及机械加工的工艺，又涉及表面处理工艺，那么这个企业不属于专业进行金属表面处理的企业，不属于金属表面处理及热处理加工 336，而是属于名录中通用工序表面处理的企业。例如，五金件来料加工的企业专业做表面处理，属于金属表面处理及热处理加工 336。

（十八）由地方政府部门建设的农村分散式生活污水处理设施，是否属于“城乡污水集中处理场所”？是否需要列入《名录（2019 年版）》第 99 类进行登记管理

根据《中华人民共和国环境保护税法实施条例》，农村分散式生活污水处理设施属于为社会公众提供生活污水处理服务的场所，应属于城乡污水集中处理场所，需要对照《名录（2019 年版）》第 99 类，按照日处理能力规模实行分类管理。

（十九）城市内河污水截污建的那种日处理 1 万 t 的小污水处理站，是属于名录第 99 类污水处理及再生利用，还是属于通用工序的 112 类水处理

属于《名录（2019 年版）》第 99 类污水处理及再生利用 462。

（二十）《名录（2019 年版）》第 95 类 441 电力生产行业只包括火力发电、热电联产、生物质能发电三类，其他发电行业不包括吗

不包括，比如 441 电力生产行业中的水力、核力、风力、太阳能或者潮汐能发电等都不包括，不需要实行重点、简化以及登记管理。

（二十一）白乳胶属于溶剂型胶黏剂吗

不属于。白乳胶属于水基型胶黏剂。

水基型胶黏剂指的是以水为载体的胶黏剂。除白乳胶外，主要还有水溶型聚乙烯醇建筑胶黏剂。

溶剂型（油型）胶黏剂是指以溶剂为载体的树脂胶黏剂，比如甲苯、丁酯等溶剂。

（二十二）如何确定畜牧业排污许可管理类别

（1）牲畜饲养 031、家禽饲养 032：设有污水排放口的规模化畜禽养殖场、养殖小区，作为重点管理；无污水排放口的规模化养殖场、养殖小区以及设有污水排放口的规模化以下养殖场、养殖小区，纳入登记管理。

（2）其他畜牧业：设有污水排放口的养殖场、养殖小区，纳入登记管理。

污水排放口的界定分 3 种情形：①直排自然水体的；②排至灌渠后再间接排至自然水体的；③没有粪污储存设施、运输设施、灌溉设施及配套的消纳土地的。符合以上一种情形的都算作有排放口。

（3）《畜禽规模养殖污染防治条例》第四十三条规定，畜禽养殖场、养殖小区的具体规模标准由省级人民政府确定，而各省级人民政府又大多是以年出栏数认定是否达到畜禽养殖的规模标准。根据《河北省农业厅、河北省环境保护厅关于印发〈河北省畜禽养殖污染防治畜禽养殖场养殖小区规模标准〉的通知》（冀农业牧发〔2016〕7 号）规定，河北省畜禽养殖规模标准如下：生猪养殖场、养殖小区年出栏 500 头及以上；肉牛养殖场、养殖小区年出栏 100 头及以上；肉鸡养殖场、养殖小区年出栏 50 000 只及以上；蛋鸡养殖场、养殖小区年存栏 10 000 只及以上；奶牛养殖场、养殖小区年存栏 100 头以上；其他畜禽养殖场、养殖小区规模标准以猪当量折算。畜禽养殖专业户规模标准参照畜禽养殖场、养殖小区执行。

（二十三）砖瓦、石材等建筑材料制造 303 的“仅切割加工”实行登记管理，如果有磨边工序该如何管理

如果是建材市场，把建材切割后手工打磨，产污量很小，可实行登记管理；如果是生产石料、石材的专业生产企业，含破碎、切割、筛分等工艺，有大型磨边机等，则实行简化管理。

（二十四）怎么理解废弃资源综合利用业 42 与再生物资回收与批发 5191 两个行业的区别

（1）废弃资源综合利用业 42 指废弃资源和废旧材料回收加工（注意，该行业含有对回收的旧料进行加工的工序）。

（2）再生物资回收与批发行业 5191 指将可再生的废旧物资回收，并批发给制造企业作初级原料的活动。

回收的废旧物资破碎、清洗和分选的企业属于废弃资源综合利用业 42，应按照《名录（2019 年版）》第 37 类进行管理。即废电池、废油、废轮胎加工处理属于重点管理；废弃电器电子产品、废机动车、废电机、废电线电缆、废塑料、废船、含水洗工艺的其他废料和碎屑加工处理属于简化管理；其他类型属于登记管理。

仅回收（包括暂存）与批发物资的企业属于再生物资回收与批发行业 5191，应按照《名录（2019 年版）》第七条进行管理，对该企业的通用工序部分核发排污许可证或办理排污登记。如有第七条所列其他情形的，还需对相应的排放口核发排污许可证。若不涉及通用工序或其他情形，则不纳入排污许可管理范围。

（二十五）金属门窗制造企业属于家具制造业 21 还是金属制品业 33

根据国民经济行业分类定义，金属门窗制造企业应属于金属制品业。这类企业应根据其涉及的通用工序判定管理类别。

（二十六）码头该如何实施排污许可管理

（1）码头分类：码头分为通用码头、专用码头和多用途码头。

通用码头分为通用干散货（不以自然数计件的，如煤炭、矿石、粮食等）码头和通用杂货（以自然数计件的，如钢材、木材、袋装品等）码头。

专用码头分为专业散货（煤炭、矿石、水泥、粮食）码头、专业集装箱码头、专业液体码头。

多用途码头用于装卸集装箱和计件杂货。

（2）排污许可类别：上述类型中的单个泊位 1 000 t 级及以上的内河、单个泊位 1 万 t 级及以上的沿海专业化干散货（煤炭、矿石）码头和通用散货码头，办理简化管理排污许可证。其他类型货运码头，统一办理排污登记。

（二十七）回收废弃建筑垃圾或土方、破碎水洗后制砂的企业，该如何判定行业类别

用矿石制砂的企业属于“其他非金属矿物制品制造 3099”行业；用废弃建筑材料、垃圾、土方或河沙等制砂的企业属于“其他建筑材料制造 3039”。

（二十八）利用木屑、木材、椰壳等木质原料生产木炭、椰壳炭的排污单位，该如何确定行业类别及管理类别

根据《排污许可证申请与核发技术规范　专用化学产品制造》附录 B 林产化学品中“木质活性炭或木炭、竹炭”的原料为“木材、果壳、椰壳……等”，可判定上述排污单位行业类别为专用化学产品制造 2663。

（1）除单纯混合或者分装，有热解或者水解工艺的实施重点管理，无热解或者水解工艺的实施简化管理。

（2）单纯混合或者分装的实施登记管理。

（二十九）关于工业炉窑和锅炉的区别及管理类别判定问题

（1）《工业炉窑大气污染综合治理方案》中工业炉窑的定义：在工业生产中利用燃料燃烧或电能等转换产生的热量，将物料或工件进行熔炼、熔化、焙（煅）烧、加热、干馏、气化等的热工设备；包括熔炼炉、熔化炉、焙（煅）

烧炉（窑）、加热炉、热处理炉、干燥炉（窑）、焦炉、煤气发生炉 8 类。

（2）锅炉和工业窑炉最大区别：锅炉有“锅”和“炉”。燃料在“炉”内燃烧，为“锅”中的水或其他工质提供热能，产生蒸汽、热水或其他工质，属于间接加热；工业窑炉只有“炉”，直接利用燃料燃烧所产生的热量或电能转换的热量直接加热或熔炼、烧结、热处理、保温、干燥“炉”中的物料或工件，属于直接加热。

（3）根据《名录（2019 年版）》，除了按照通用工序判定管理类别的行业，《名录（2019 年版）》中已经明确重点、简化或者登记管理的，锅炉、工业炉窑均随主行业申报。按照通用工序判定管理类别的行业，企业的锅炉、工业炉窑按照通用工序管理要求执行。

（三十）关于生活垃圾填埋场的渗滤液处理行业类别及管理类别判定问题

（1）生活垃圾填埋场渗滤液处理站是否需要单独申请排污许可证，应根据其经营属性进行判定。

①生活垃圾渗滤液的处理站是生活垃圾填埋场的配套设施，与填埋场属同一法人单位，则不需要单独办理。生活垃圾填埋场申请排污许可证时，将配套的渗滤液处理站一并申报申请即可。

②若是专门处理生活垃圾渗滤液的处理站（独立法人），且与生活垃圾填埋场不为同一法人单位，则需要单独申请排污许可证。

（2）专门处理生活垃圾渗滤液的处理站（独立法人）虽是独立单位，但一般都是生活垃圾填埋场的渗滤液处理设施。考虑其日常监管的特殊性及证后管理的合理性，在申报排污许可证时，按照环境卫生管理业 782（重点管理）执行。

（三十一）关于家具行业的“或者”的理解。《名录（2019 年版）》中写道，“年使用 20 t 及以上水性涂料或者胶黏剂的”。我们现在有一个排污单位，水性漆年用量 9 t，水性胶黏剂年用量 18 t，那应该是简化管理吗？“或者”的意思是 20 t ＝水性漆＋水性胶黏剂？还是说水性漆、水性胶黏剂各 20 t

只要二者用量之和超过 20 t，就属于简化管理。

（三十二）综合医院的老人床位（用于护理的）是否算在该医院的总床位内

是。考虑到实际判别过程中的可操作性，医院不同类型的床位均计入该综合医院的总床位。

（三十三）纸制品制造的排污单位（代码 223），其工艺就是把纸板切割、黏结、印刷，能否按照 231 印刷进行分类

该纸制品生产排污单位代码为 223，主行业为纸制品制造，按《名录（2019 年版）》第 38 类进行分类，不需要按照印刷行业进行分类。

（三十四）《名录（2019 年版）》中的“单纯混合与分装”如何理解

具体如表 1-1 所示。

表 1-1　不同行业中单纯混合与分装详细解释

序号	行业类别	具体解释
1	植物油加工 133	单纯混合或者分装是指无初榨、分离、精炼等工序，原料为成品油。对于不同成品油单纯混合或者调和，不改变原料理化性质，或者对单一原料进行分装等
2	方便食品制造 143，其他食品制造 149	单纯混合或者分装是指无熟化、膨化、烘烤、油炸、杀菌、磨浆、干燥、速冻、原料清洗、破碎等工序，单独对不同原料进行简单拌和，或者对单一原料进行分装
3	乳制品制造 144	单纯混合或者分装是指无杀菌、浓缩、老化、干燥、分离乳清、冷冻、发酵等工序，原料为成品乳制品，或者对单一原料进行分装
4	调味品、发酵制品制造 146	单纯混合或者分装是指原料为成品调味品，简单混合或拌和，无（微生物）发酵、结晶、造粒、脱色、蒸馏、熏醅 / 淋醋 / 煮醋、拌曲、淋油等，或者对单一原料进行分装
5	精炼石油产品制造 251	单纯混合或者分装是指原料为成品油，无提炼、化学加工等，仅对原料进行保温、拌和或添加一定试剂但未改变原料化学结构的，或者对单一原料进行分装。其中，对矿物基油进行加热的工艺非单纯混合工艺

序号	行业类别	具体解释
6	基础化学原料制造 261	单纯混合或者分装是指无干燥、破碎、筛分等工序，对不同原料化学品按一定的比例进行混合、搅拌，不发生任何化学反应，混合后未改变原料理化性质的，或者对单一原料进行分装
7	肥料制造 262	单纯混合或者分装是指无原料制造，原料为成品化肥，无化合、发酵、造粒、破碎、干燥、中和、复分解、熔融等工序，仅为简单掺和，或者对单一原料进行分装
8	农药制造 263	单纯混合或者分装是指无发酵、反应、精制、溶剂回收、分离、干燥、制剂加工等工序，仅对原料进行简单混合分装，混合后未对原料理化性质产生改变，或者对单一原料进行分装
9	涂料、油墨、颜料及类似产品制造 264	单纯混合或者分装是指不涉及化学反应的工序，如涂料、油墨制造中的研磨 / 砂磨不涉及反应，属于物理混合；粉末涂料的熔融挤出，也属于物理混合。这些均属于单纯混合与分装范围
10	专用化学产品制造 266	单纯混合或者分装是指对几种原料进行简单的混合，再进行分装，不发生化学反应；或者对单一原料进行分装
11	日用化学产品制造 268	单纯混合或者分装是指无油脂精炼、皂化、水解、蒸馏、中和、干燥、酸碱处理、热处理加工、喷粉、化学反应、浸提、冷榨（磨）等工序，生产过程对原料未产生理化性质的改变，或者对单一原料进行分装
12	化学药品制剂制造 272	单纯混合或者分装是指无复配、破碎、粉碎、筛分、制粒、灭菌、加热等工序，原料理化性质未发生改变，或者对单一原料进行分装
13	兽用药品制造 275	单纯混合或者分装是指无复配、破碎、粉碎、筛分、制粒、灭菌、加热等工序，原料理化性质未发生改变，或者对单一原料进行分装
14	生物药品制品制造 276	单纯混合或者分装是指无工程菌制备、接种、培养、发酵、提取、纯化、灭活、干燥等工序，制品物理性质（固体、液体、半固化）或化学结构未发生变化

第二章　排污许可管理——技术体系

一、排污许可制度的技术体系

党的十九届四中全会提出，要构建以排污许可制为核心的固定污染源监管制度体系。党的十九届五中全会提出，要全面实行排污许可制。为加快推进排污许可制改革，国家持续加强法律法规、政策、规范和平台建设，排污许可制度体系已经基本成型。2016年，国务院印发了《控制污染物排放许可制实施方案》，提出了排污许可制改革的总体目标、工作任务和实施步骤，要求建立“法规体系完备、技术体系科学、管理体系高效”的排污许可制，实现系统化、科学化、法治化、精细化、信息化的“一证式”管理。《排污许可管理条例》《排污许可管理办法（试行）》规定了排污许可证的内容、核发程序，明确了环保部门、排污单位和第三方机构的责任。《固定污染源排污许可分类管理名录》是实施排污许可制度的重要基础性文件，明确了纳入排污许可管理的固定污染源行业范围和管理类别，旨在实现对排污许可证的分类管理。建成全国排污许可管理信息平台，发布75个申请与核发技术规范，配套印发自行监测技术指南、污染防治可行技术指南等技术文件。

二、排污许可证申请与核发技术规范的作用

排污许可证申请与核发技术规范是排污许可制度的重要技术体系之一，主要用于指导和规范排污单位和核发部门排污许可证申请与核发工作。技术

规范主要明确排污单位基本情况申报要求、产排污环节及排放口类型、许可排放限值确定、实际排放量核算、合规判定的方法以及环境管理台账与执行报告等环境管理要求，同时还给出了自行监测、污染防治可行技术的原则要求。

三、排污单位如何确定适用哪项技术规范

各行业排污许可申请与核发技术规范的第一章是“适用范围”，明确规定了本技术规范的适用领域；第二章是“术语和定义”，明确规定了各行业的具体定义。排污单位应依据生产工艺及产品并结合《国民经济行业分类》确定所属行业，参考技术规范的“适用范围”“术语定义”等信息，选择适用的行业技术规范。如无行业技术规范，按《排污许可证申请与核发技术规范　总则》执行；如涉及工业炉窑、表面处理、水处理等通用工序，还应根据通用工序技术规范申请排污许可证。

四、申请排污许可证应参考哪些技术文件

排污许可制度的技术体系主要由排污许可证申请与核发技术规范、排污单位自行监测技术指南、污染防治可行技术指南三大类构成。排污单位应按照所属行业排污许可证申请与核发技术规范提交排污许可申请，申报与“产污—治污—排污”有关的所有内容；在选择污染物排放浓度限值时，主要参考各要素综合排放标准、行业污染物排放标准或地方排放标准；判定污染治理技术是否为可行技术时，主要参考行业污染防治可行技术指南；编制自行监测方案时，主要参考行业技术规范和自行监测技术指南。无行业技术规范（指南）时，可依据《排污许可证申请与核发技术规范　总则》申请。

五、申请排污许可证相关问题解读

（一）排污单位申报生产设施应申报哪些内容

排污单位申报的生产设施应是与“产污－治污－排污”有关的，直接参加生产过程或为生产服务的生产设施，申报时应依据行业技术规范真实、完整地申报，包括主要生产单元名称、主要工艺名称、生产设施名称、生产设施编号、设施参数、产品名称、生产能力、计量单位、设计年生产时间及其他。

（二）需要申报的原料、辅料和燃料有哪些

申报的原料、辅料和燃料种类及数量与排污单位管理类别、许可污染物排放种类以及自行监测要求有密切联系，应注意申报的真实性、完整性和准确性。申报时应按原料、辅料、燃料种类分别填写具体物质名称。涉及化学品的，应申报化学品名称及 CAS 号。

（1）原料应申报生产加工过程所需的主要原材料以及所有有毒有害化学品原材料。

（2）辅料应申报产品生产加工过程中添加的主要辅料和污染治理过程中添加的化学品。

（3）燃料种类包括固体燃料（煤炭、煤矸石、焦炭、生物质燃料等）、液体燃料（汽油、煤油、柴油、燃料油等）、气体燃料（天然气、煤层气、副产煤气、副产燃气等）。

（三）如何申报生产线、生产设施、排放口编号

生产线、生产设施编号，建议按排污单位内部编号填写。如果排污单位内部无编号，则采取生产线、生产设施首字母缩写的方式填写。排放口编号可填写地方生态环境主管部门现有编号，排污单位也可根据《排污单位编码规则》（HJ 608—2017）进行编号并申报。

（四）排污单位如何申报生产能力及设计生产时间

生产能力是指排污单位的设计产能。无设计产能数据时，以近三年实际产量均值计算。

设计生产时间按环境影响评价文件及审批意见或地方政府对违规项目的认定，抑或备案文件中的年生产时间填写。若无相关文件或者文件中未明确生产时间，可按实际生产时间填写。

排污单位应按照各行业申请与核发技术规范中“废气产排污环节名称”“废水类别、污染物种类”的具体要求，全面梳理本单位的产排污环节，并结合行业污染物排放标准、各要素综合排放标准、地方排放标准以及环评文件中规定的污染物种类，进一步明确对应排放口的污染物种类。

（五）污染物的排放方式有哪些

废气的排放形式包括有组织排放和无组织排放两种。

（1）有组织排放指大气污染物经过排气筒排放。

（2）无组织排放指大气污染物不经过排气筒的无规则排放［行业排放标准另有规定除外，如《恶臭污染物排放标准》（GB 14554—93）中规定，无组织排放源指没有排气筒或排气筒高度低于 15 m 的排放源］。

（六）排污单位如何确定排放口类别及其许可排放限值

对于大气污染物，以排放口为单位确定主要排放口许可排放浓度和排放量，一般排放口仅许可排放浓度（行业技术规范另有规定除外，如钢铁行业的一般排放口许可排放量和排放浓度）。无组织排放仅许可厂界浓度（行业排放标准另有规定除外）。石化行业需计算 VOCs 无组织许可排放量。

对于水污染物，以排放口为单位确定主要排放口许可排放浓度和排放量，一般排放口仅许可排放浓度。

（七）排污单位的初期雨水什么情形下需纳入排污许可

《排污许可证申请与核发技术规范　总则》（HJ 942—2018）明确废水类别分为对应工艺（工序）的生产废水、综合废水、生活污水、初期雨水、循环冷却废水等。初期雨水一般指下雨时前 15 分钟左右的雨水，因其含有较多污染物，须经收集并处理后才能排放。排污单位申请时，需注意行业技术规范的相关规定。如明确有初期雨水的管控要求，申领排污证时应申报初期雨水的收集方式、治理设施、排放去向和监测要求。

（八）排污单位如何判定污染防治技术为可行技术

可行技术可按照行业污染防治可行技术指南和污染物排放标准控制要求确定。以污染防治技术的污染物排放持续稳定达标性、规模应用和经济可行性作为确定污染防治可行技术的重要依据。对采用相应污染防治可行技术的，或者新建、改建、扩建建设项目排污单位采用符合环境影响评价审批意见要求的污染治理技术的，原则上认为排污单位具有符合国家要求的污染防治设施或污染物处理能力；对于未采用的，排污单位应当在申请时提供相关证明材料（如已有监测数据；对于国内外首次采用的污染防治技术，还应当提供中试数据等说明材料），证明可达到与污染防治可行技术相当的处理能力。

（九）排污单位申请排污许可证时需上传哪些附图

排污单位申请排污许可证时需上传的附图包括生产工艺流程图、厂区总平面布置图、雨水和污水管网平面布置图、监测点位示意图。属于城镇和工业污水集中处理设施的，还包括排污单位的纳污范围图及管网布置图。生产工艺流程图包括主要生产设施（设备）、主要生产工艺流程、主要原辅材料和产排污节点等内容；厂区总平面布置图包括主体设施、公辅设施、废气处理设施、废水处理设施等，并标注废气主要排放口、一般排放口和无组织排放的生产单元；雨水和污水管网平面布置图应标明雨污流向及排放口；监测点位示意图包括废水、废气（有组织和无组织）和噪声、地下水、土壤和周边环境质量监测点位。

（十）污染物排放浓度限值的确定原则是什么

确定排污单位许可排放浓度时，应依据排污单位执行的国家或地方污染物排放标准从严确定。对于废气，若执行不同排放浓度的多台生产设施或排放口采用混合排放方式排放废气，且选择的监测位置只能监测混合废气中的大气污染物浓度，则应根据污染物排放标准要求确定许可排放浓度。若污染物排放标准中无混合排放浓度确定要求，则应执行各限值要求中最严格的排放浓度。对于废水，若排污单位生产设施为两种及以上工序，或同时生产两种及以上产品，可适用不同污染物排放控制要求或不同行业污染物排放标准，且生产设施产生的污水混合处理排放，则应根据污染物排放标准要求确定许可排放浓度。若污染物排放标准中无混合排放浓度确定要求，则应执行各限值要求中最严格的排放浓度。

（十一）哪些污染物需要申请年许可排放量

对于大气污染物，废气主要排放口通常对颗粒物、二氧化硫、氮氧化物、挥发性有机物（石化、化工、工业涂装等重点行业）、重金属（有色冶炼等重点行业）等污染物许可排放量。钢铁行业还应许可一般排放口排放量及颗粒物无组织排放量，石化行业应许可挥发性有机物无组织排放量。

对于水污染物，以排放口为单位确定主要排放口许可排放浓度和排放量，一般排放口仅许可排放浓度。单独排入城镇集中污水处理设施的生活污水，仅说明排放去向。废水主要排放口通常对化学需氧量、氨氮，以及受纳水体环境质量超标且列入相关污染物排放标准的污染物许可排放量；对位于总磷、总氮总量控制区域内排放总磷、总氮的排污单位，废水主要排放口还应分别申请总磷及总氮年许可排放量。

（十二）确定许可排放量的原则是什么

排污单位应当按照行业重点污染物许可排放量核算方法、环境质量改善要求和重点污染物排放总量控制指标，从严确定许可排放量。2015 年 1 月 1 日（含）后取得环境影响评价批复的排污单位，许可排放限值还应同时满足环境影响评价文件和批复要求。

（十三）排污单位在申报自行监测内容时应注意什么

排污单位在申请排污许可证时，应根据行业技术规范和行业自行监测技术指南等文件要求，编制自行监测方案。

（1）污染因子的监测方法应选择其执行的污染物排放标准中规定的方法。

（2）有组织燃烧类废气监测内容至少包含“氧含量、烟气流速、烟气温度、烟气含湿量、烟气量、烟气压力”，非燃烧类至少包含“烟气流速、烟气温度、烟气含湿量、烟气量、烟气压力”。

（3）无组织废气监测至少包含“温度、湿度、气压、风速、风向”等相关内容。

（4）废水监测至少包含“流量”。

（5）污染因子的最低监测频次按照对应行业技术规范中“自行监测要求”章节规定的监测频次执行；已发布行业监测技术指南的，从其规定。行业技术规范和监测技术指南未规定的其他监测因子指标，按照《排污单位自行监测技术指南　总则》（HJ 819—2017）等标准规范执行。

（6）各省有更严格要求的，从其规定。

（十四）排污单位合规判定主要有哪些内容

排污单位合规包括排污单位许可事项、环境管理要求符合排污许可证规定。许可事项合规是指排污单位排放口位置和数量、排放方式、排放去向、排放污染物项目、排放限值符合排污许可证规定。其中，排放限值合规对于重点管理企业是指排污单位污染物实际排放浓度和排放量满足许可排放限值要求；对于简化管理企业是指排污单位污染物实际排放浓度满足许可排放限值要求。环境管理要求合规是指排污单位按排污许可证规定落实自行监测、台账记录、执行报告、信息公开、特殊时段污染防治等环境管理要求。

（十五）如何判定排污单位的污染物排放浓度合规

排污单位废气有组织排放口污染物排放浓度或生产设施、生产单元、厂界无组织污染物排放浓度达标均是指“任一小时浓度均值均满足许可排放浓度要求”。排放标准中浓度限值非小时均值的污染物，其排放浓度达标是指按相关监测规范要求测定的排放浓度满足许可排放浓度要求。

排污单位废水排放口污染物排放浓度达标是指任一有效日均值（除 pH 外）满足许可排放浓度要求。排放标准中浓度限值非日均值的污染物，其排放浓度达标是指按相关监测规范要求测定的排放浓度满足许可排放浓度要求。

生态环境部发布在线监测数据达标判定方法的，从其规定。

（十六）如何判定排污单位的污染物排放量合规

污染物排放量合规指排污单位污染物年实际排放量满足年许可排放量要求。对于特殊时段有许可排放量要求的排污单位，实际排放量之和不得超过特殊时段许可排放量。

不同类型排放口不同种类污染物实际排放量，可根据技术规范的要求采用实测法（包括自动监测和手工监测）、物料衡算法和产排污系数法进行计算。

各行业排污许可证申请与核发技术规范有明确要求的，从其规定。

（十七）实际排放量核算一般原则是什么

实际排放量一般按照以下原则核算：

（1）实际排放量为正常情况和非正常情况实际排放量之和。

（2）排污许可证要求应采用自动监测的污染物项目，根据符合监测规范的有效自动监测数据核算实际排放量。对于排污许可证中载明应采用自动监测的排放口或污染物而未采用的，按产污系数法核算排放量，且按直排核算。

（3）对于排污许可证未要求采用自动监测的污染物项目，按照优先顺序依次选取自动监测数据、执法监测数据和手工监测数据核算实际排放量。

（十八）环境管理台账记录主要有什么要求

环境管理台账指排污单位根据排污许可证的规定，对自行监测、落实各项环境管理要求等行为的具体记录，可采用电子台账或纸质台账进行记录。

环境管理台账包括基本信息、生产设施运行管理信息、污染防治设施运行管理信息、监测记录信息及其他环境管理信息等内容。

实施简化管理的排污单位，其环境管理台账内容可适当缩减，至少记录污染防治设施运行管理信息和监测记录信息，记录频次可适当降低。

排污单位在持证期间环境管理台账记录具体要求，执行对应行业技术规范；无行业技术规范的，执行《排污单位环境管理台账及排污许可证执行报告技术规范　总则（试行）》（HJ 944—2018）。

第三章　排污许可管理——信息操作系统

一、全国排污许可证管理信息平台的定位和作用

生态环境领域首个实现“互联网申请、政务外网审核、互联网公开”，国家、省、市、区县“四级联动”，统一部署的“云服务平台”，是排污许可制改革的重要技术支撑平台。平台实现全国排污许可证在同一平台申请、核发、监管和信息公开，形成从排污许可、监测、监管到许可符合性评价的闭环管理，创新固定污染源“一证式”监管模式，提高环境管理效能，为建立以排污许可为核心的固定污染源管理制度提供信息化基础。

二、全国排污许可证管理信息平台的基本架构

全国排污许可证管理信息平台（以下简称国家平台）由排污许可申请与核发系统、排污许可实施与监管系统、排污许可信息公开系统、固定污染源数据挖掘与应用系统组成。国家平台公开端导航栏分为网上申报、申请前信息公开、许可信息公开、登记信息公开、许可注销公告、许可撤销公告、许可遗失声明、重要通知、法规标准、公告栏等。

平台网址：http://permit.mee.gov.cn/permitExt/defaults/。

注意：系统注册登录用户较多，为确保注册、申报过程流畅高效，请使用 IE9、IE10、IE11、谷歌浏览器，并安装 flash 插件。

三、固定污染源管理类型

《名录（2019 年版）》第二条规定：国家根据排放污染物的企业事业单位和其他生产经营者产生量、排放量、对环境的影响程度等因素，实行排污许可重点管理、简化管理和登记管理。

对污染物产生量、排放量或者对环境的影响程度较大的排污单位，实行排污许可重点管理；对污染物产生量、排放量和对环境的影响程度较小的排污单位，实行排污许可简化管理。对污染物产生量、排放量和对环境的影响程度很小的排污单位，实行排污登记管理。

实行登记管理的排污单位，不需要申请取得排污许可证，应当在全国排污许可证管理信息平台填报排污登记表，登记基本信息、污染物排放去向、执行的污染物排放标准以及采取的污染防治措施等信息。

四、重点管理 / 简化管理

（一）系统注册

打开网页，使用 IE9 及以上版本 IE 浏览器，打开国家平台，点击“网上申报”（网址：http://permit.mee.gov.cn/）。

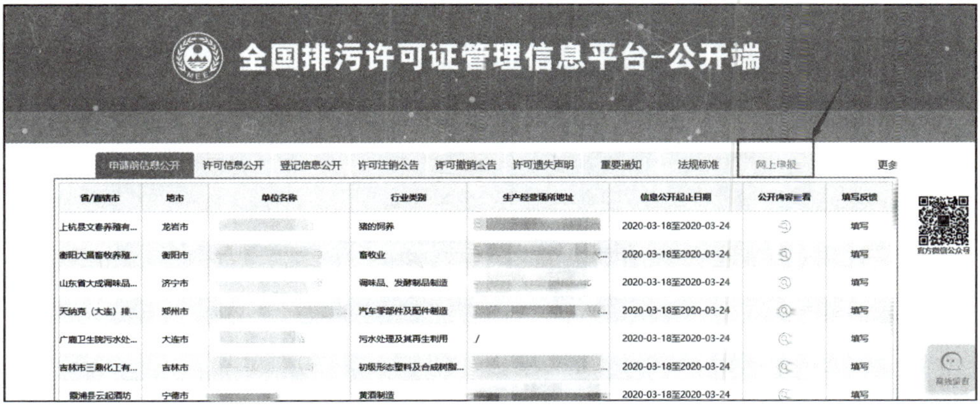

（二）注册账号

首次申报的排污单位，需要注册账号，点击“注册”。

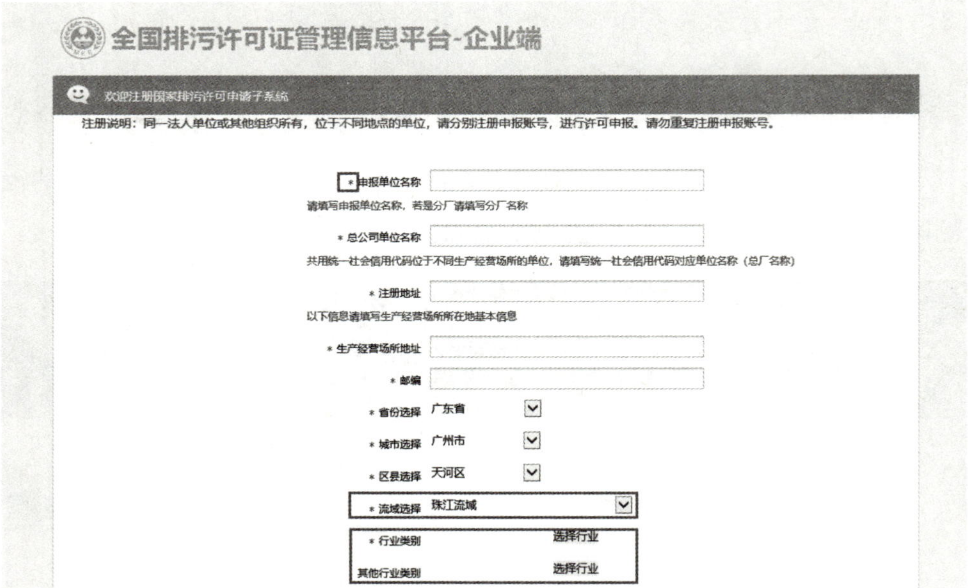

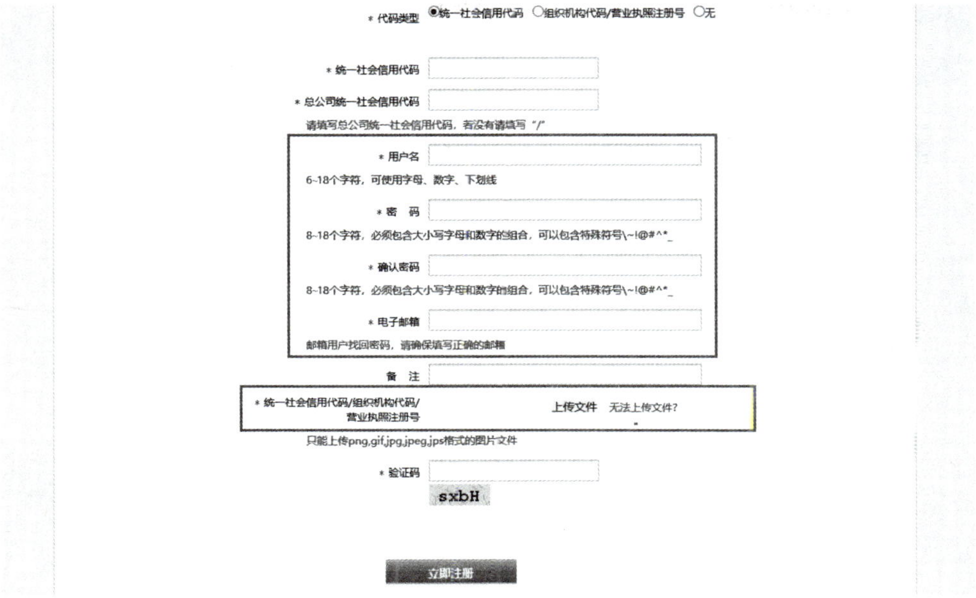
* 代码类型
统一社会信用代码
组织机构代码/营业执照注册号
无
* 统一社会信用代码
* 总公司统一社会信用代码
请填写总公司统一社会信用代码，若没有请填写“/”
* 用户名
6~18个字符，可使用字母、数字、下划线
* 密　码
8~18个字符，必须包含大小写字母和数字的组合，可以包含特殊符号\~!@#^*_
* 确认密码
8~18个字符，必须包含大小写字母和数字的组合，可以包含特殊符号\~!@#^*_
* 电子邮箱
邮箱用户找回密码，请确保填写正确的邮箱
备　注
* 统一社会信用代码/组织机构代码/营业执照注册号
上传文件
无法上传文件?
只能上传png,gif,jpg,jpeg,jps格式的图片文件
* 验证码
sxbH
立即注册

（三）系统填报

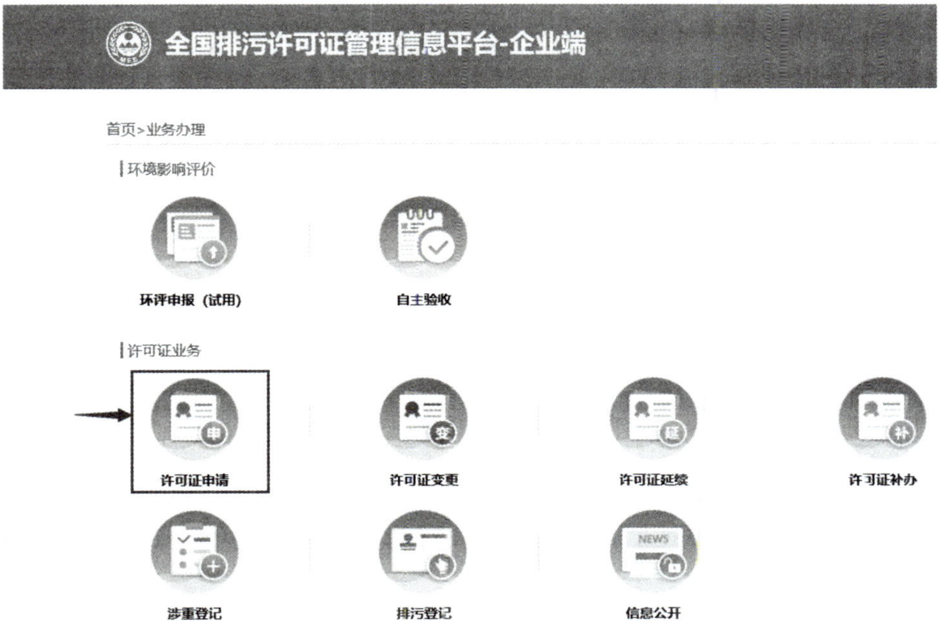
全国排污许可证管理信息平台-企业端
首页>业务办理
环境影响评价
环评申报（试用）
自主验收
许可证业务
许可证申请
许可证变更
许可证延续
许可证补办
涉重登记
排污登记
信息公开

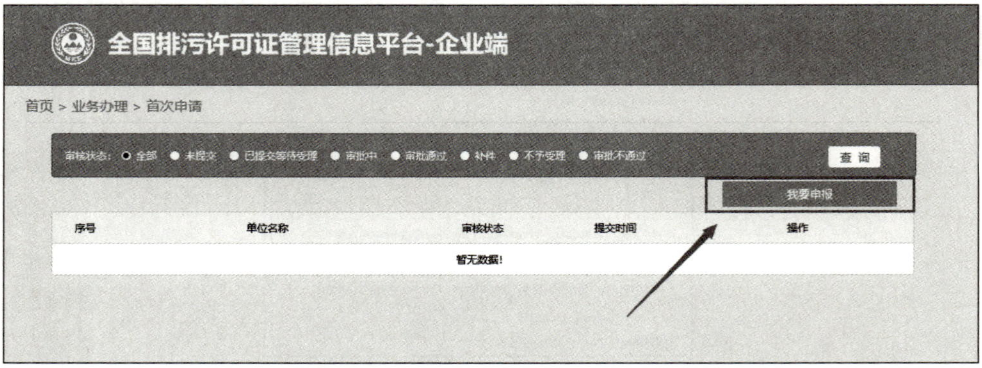

1. 排污单位基本信息

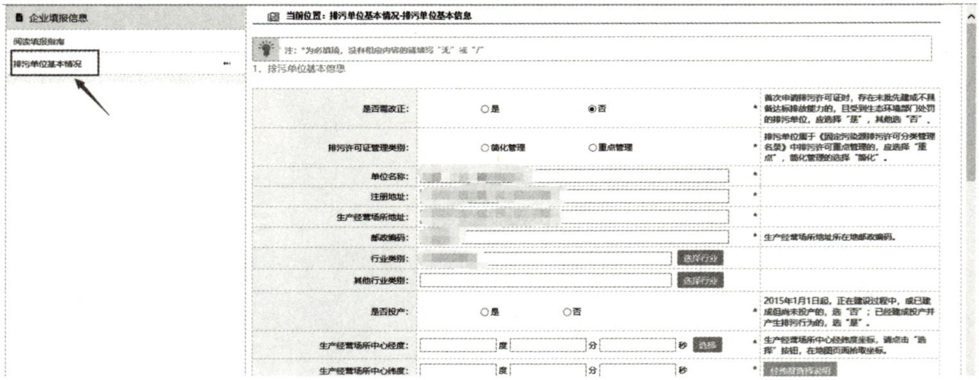

排污单位基本信息表填报注意事项：

（1）是否需要改正

根据《关于固定污染源排污限期整改有关事项的通知》（环环评〔2020〕19 号），存在以下情形之一的，选择“是”：

①“不能达标排放”类，污染物排放不符合污染物排放标准要求；重点污染物排放不符合排污许可证申请与核发技术规范、环境影响报告书（表）批准文件、重点污染物排放总量控制要求；排污单位位于未达到国家环境质量标准的重点区域、流域，污染物排放不符合有关地方人民政府关于改善生态环境质量特别要求的。

②“手续不全”类，未依法取得建设项目环境影响报告书（表）批准文件，未办理环境影响登记备案手续，但是已经按照有关规定获得经地方人民政府依法处理、整顿规范并符合要求的相关证明材料的，或者按照地方人民政府有关规定已经取得排污许可证的除外。

③“其他”类，如未按照规定安装、使用自动监测设备并与生态环境主管部门监控设备联网，未按规定设置污染物排放口等。

对于上述情形之一的限期整改类企业，填报时对于限期整改的填报要求可以咨询所在区生态环境主管部门。

不存在上述情形的，选择“否”。

（2）管理类别

根据《名录（2019年版）》判断、确定。

（3）地址

注册地址填写营业执照上的地址，生产经营场所地址填写实际生产场所的地址。

（4）“生产经营场所中心经度”或“生产经营场所中心纬度”

拾取步骤分3步：

第1步：点击“拾取”；第2步：在地图上找到企业位置后，左键单击地图，出现青色圆点；第3步：点击“确定”。

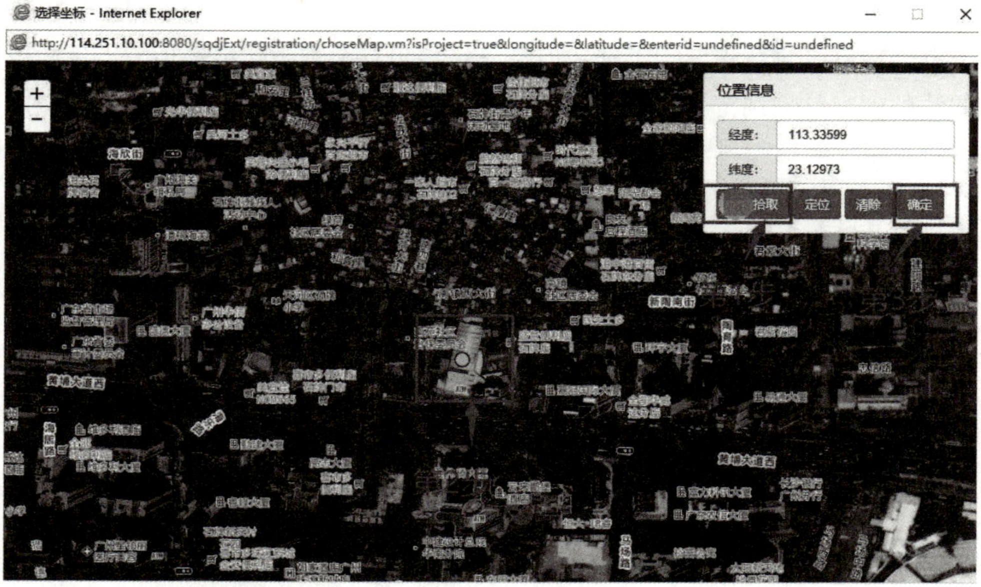

（5）是否属于“大气”“总磷”“总氮”“重金属”控制区

所在地是否属于大气重点控制区:	◉是	○否	*	重点控制区域
所在地是否属于总磷控制区:	○是	◉否	*	指《国务院关于印发“十三五”生态环境保护规划的通知》（国发〔2016〕65号）以及生态环境部相关文件中确定的需要对总磷进行总量控制的区域。
所在地是否属于总氮控制区:	◉是	○否	*	指《国务院关于印发“十三五”生态环境保护规划的通知》（国发〔2016〕65号）以及生态环境部相关文件中确定的需要对总氮进行总量控制的区域。
所在地是否属于重金属污染物特别排放限值实施区域:	○是	◉否	*	特排区域清单

（6）环评审批文件

若有环评审批文件，则“是否有环评审批文件”选“是”，并填写环评审批文件文号或备案编号；有多个环评文件的，应点击“添加文号”，分别逐行填写文号。

若无环评审批文件，则“是否有环评审批文件”选“否”。

是否有环评审批文件:	◉是　　○否	*	指环境影响评价报告书、报告表的审批文件号，或者是环境影响评价登记表的备案编号。
			添加文号
环境影响评价审批文件文号或备案编号:	［　　］ ［　　］删除	* *	若有不止一个文号，请添加文号。

（7）地方政府对违规项目的认定或备案文件

如有，填“是”，并填写文号；如无，填“否”。

（8）“是否有主要污染物总量分配计划文件”

如果有总量分配文件，填写“是”；没有，填写“否”。

（9）“废气废水污染物控制指标”

此处只填写除默认指标以外，且根据行业技术规范需要核定许可排放量的指标。默认大气污染物控制指标为二氧化硫、氮氧化物、颗粒物和挥发性有机物，其中颗粒物包括颗粒物、可吸入颗粒物、烟尘和粉尘4种，默认水污染物控制指标为化学需氧量和氨氮。

若根据行业技术规范，不需核定许可排放量或者需核定许可排放量的指标属于默认指标的企业，此处不需要填写。

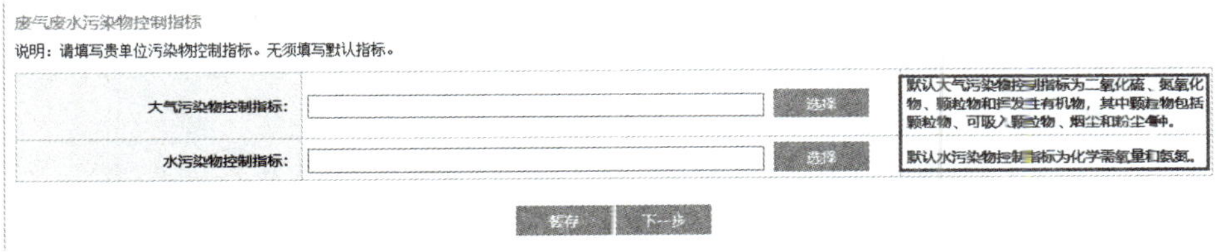

2. 排污单位登记信息—主要产品及产能

（1）行业类别

在填报“主要产品及产能”时，需选择所属行业类别。若本单位涉及多个行业，请分别对每个行业进行添加。

（2）主要生产单元名称、主要工艺名称、生产设施名称

对于部分行业，此表只能填写产品及产能，无法填写主要生产单元名称、主要工艺名称、生产设施名称等内容。此种情况下，应先在本表填写产品及产能，再在下一张表“排污单位登记信息—主要产品及产能（补充）”中填写设施等信息。

对于在此表可以填写主要生产单元名称、主要工艺名称、生产设施名称等全部内容的行业企业，填写本表时需注意以下事项：

①应参照行业技术规范，对生产设施所属的生产单元、生产工艺进行归

类填报。

②注意行业技术规范中是否有“必填项”“选填项”设施分类填写要求。

③注意行业技术规范是否明确可以将同规格同参数的多台设施合并填报。如未明确，则应逐个设施单独填报。

④如有下拉菜单中未列出的设施，可采用自定义输入设施名称的方式填写，不可泛填“其他”。

⑤设施编号可填写企业内部设施编号，也可按照 HJ 608 进行编号。

（3）主要产品及产能

指相应工艺中主要产品设计产能，注意要与环评批复产能保持一致。

3. 排污单位登记信息—主要产品及产能（补充）

对于在上一张表——“排污单位登记信息—主要产品及产能”表中，能填写主要生产单元名称、主要工艺名称、生产设施名称等全部内容的行业企业，本表无须填写，直接点击“下一步”。

对于在上一张表——“排污单位登记信息—主要产品及产能”表中，只能填写产品与产能，无法填写主要生产单元名称、主要工艺名称和生产设施名称等信息的行业企业，需填写本表。填写产品、工艺、设施等信息时，需注意事项同上一张表——“排污单位登记信息—主要产品及产能”表。

4. 排污单位登记信息—主要原辅材料及燃料

（1）有毒有害成分及占比

有毒有害成分及占比是指有毒有害物质或元素及其在原料或辅料中的成分占比，如氟元素（0.1%）。此内容各行业要求不同，具体请参照各行业技术规范说明。

（2）原料及辅料种类及使用量

按各行业技术规范要求填报，注意设计年使用量和实际年使用量的区别，建议在“其他信息”栏备注所填数据来源。

系统下拉菜单中未列出的原料及辅料种类，可自定义输入原料及辅料名称。

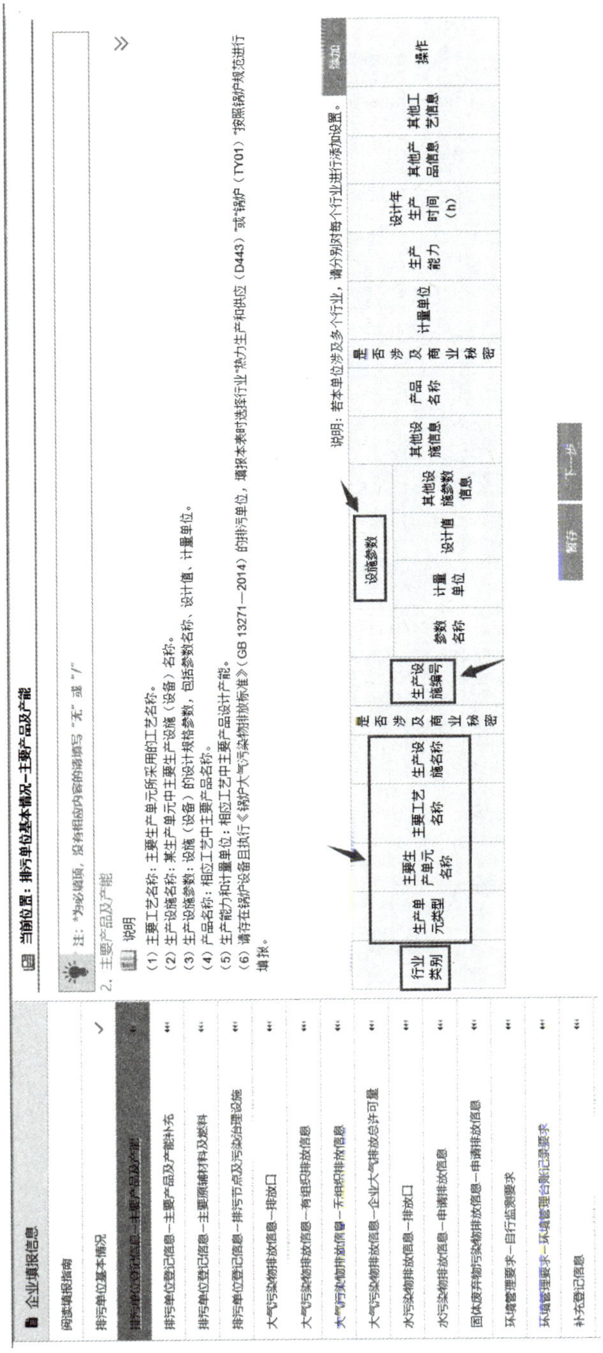
企业填报信息
阅读填报指南
排污单位基本情况
排污单位登记信息—主要产品及产能
排污单位登记信息—主要产品及产能补充
排污单位登记信息—主要原辅材料及燃料
排污单位登记信息—排污节点及污染治理设施
大气污染物排放信息—排放口
大气污染物排放信息—有组织排放信息
大气污染物排放信息—无组织排放信息
大气污染物排放信息—企业大气排放总许可量
水污染物排放信息—排放口
水污染物排放信息—申请排放信息
固体废弃物污染物排放信息—申请排放信息
环境管理要求—自行监测要求
环境管理要求—环境管理台账记录要求
补充登记信息
当前位置：排污单位基本情况—主要产品及产能
注：*为必填项，没有相应内容的请填写“无”或“/”
2、主要产品及产能
说明
（1）主要工艺名称：主要生产单元所采用的工艺名称。
（2）生产设施名称：某生产单元中主要生产设施（设备）名称。
（3）生产设施参数：设施（设备）的设计规格参数，包括参数名称、设计值、计量单位。
（4）产品名称：相应工艺中主要产品名称。
（5）生产能力和计量单位：相应工艺中主要产品设计产能。
（6）请存在锅炉设备且执行《锅炉大气污染物排放标准》（GB 13271—2014）的排污单位，填报本表时选择行业“热力生产和供应（D443）”或“锅炉（TY01）”按照锅炉规范进行填报。
说明：若本单位涉及多个行业，请分别对每个行业进行添加设置。
添加
行业类别
生产单元类型
主要生产单元名称
主要工艺名称
生产设施名称
是否涉及商业秘密
生产设施编号
设施参数
参数名称
计量单位
设计值
其他设施参数信息
其他设施信息
产品名称
是否涉及商业秘密
计量单位
生产能力
设计年生产时间（h）
其他产品信息
其他工艺信息
操作
暂存
下一步

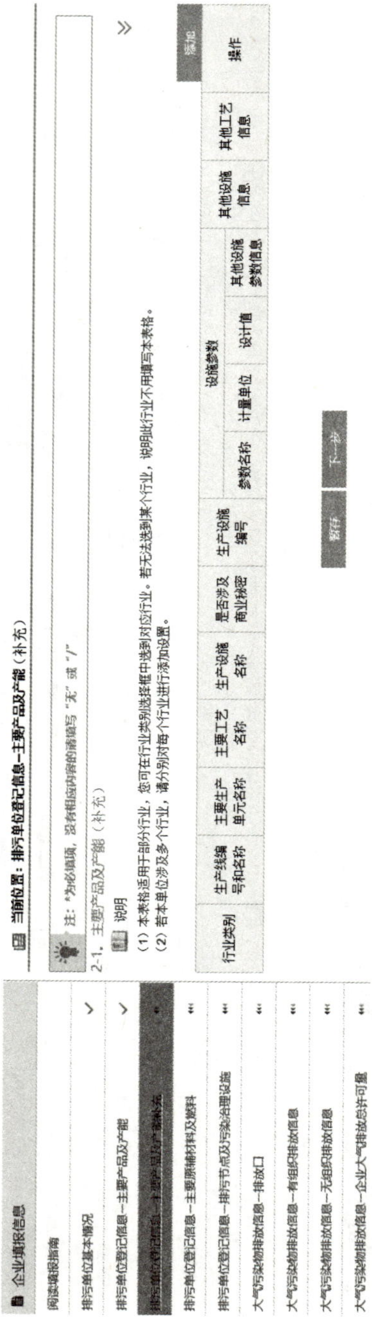
企业填报信息
阅读填报指南
排污单位基本情况
排污单位登记信息–主要产品及产能
排污单位登记信息–主要产品及产能补充
排污单位登记信息–主要原辅材料及燃料
排污单位登记信息–排污节点及污染治理设施
大气污染物排放信息–排放口
大气污染物排放信息–有组织排放信息
大气污染物排放信息–无组织排放信息
大气污染物排放信息–企业大气排放总许可量
当前位置：排污单位登记信息–主要产品及产能（补充）
注：*为必填项，没有相应内容的请填写“无”或“/”
2-1、主要产品及产能（补充）
说明
（1）本表格适用于部分行业，您可在行业类别选择框中选到对应行业。若无法选到某个行业，说明此行业不用填写本表格。
（2）若本单位涉及多个行业，请分别对每个行业进行添加设置。
添加
行业类别
生产线编号和名称
主要生产单元名称
主要工艺名称
生产设施名称
是否涉及商业秘密
生产设施编号
设施参数
参数名称
计量单位
设计值
其他设施参数信息
其他设施信息
其他工艺信息
操作
暂存
下一步

（3）燃料

注意燃料参数的填写，可联系燃料供应商提供燃料信息文件。对于实在无法收集到的燃料参数，填写“/”。

（4）生产工艺流程图

①应包括主要生产设施（设备）、主要原燃料的流向、生产工艺流程等内容。

②可上传文件格式应为图片格式，不超过5M，可上传多张图片。

③图件应清晰规范，不建议用手机拍摄计算机屏幕后上传手机照片。

（5）生产厂区总平面布置图

①应包括主要工序、厂房、设备位置关系，注明厂区雨水、污水收集和运输走向等内容。

②可上传文件格式应为图片格式，不超过5M，可上传多张图片。

③图件应清晰规范，不建议用手机拍摄计算机屏幕后上传手机照片。

5. 排污单位登记信息—排污节点、污染物及污染治理设施

（1）废气产排污节点、污染物及污染治理设施信息表

①产排污环节。对照技术规范，不能遗漏排污单位实际存在的有组织产排污环节；无组织产排污环节，在本表可不填写，但无组织管控标准、无组织监测等，在后续表格中依然要按照技术规范填报。

②废气污染物种类。对照技术规范，污染物种类至少应包含技术规范中对应产排污节点列明的污染物。排污单位另有补充的，可自愿补充添加。

③废气污染治理设施。废气污染防治设施编号可用企业内部编号，也可编号TA001、TA002等；“是否为可行技术”需对照行业技术规范核实，若不属于可行技术，则应核实是否为环评批复的技术，或者提供相关证明材料（如已有的监测数据），作为附件上传。

④废气有组织排放口编号。有组织排放口编号可填写已有在线监测排放口编号或执法监测使用编号。若无相关编号，可按照《固定污染源（水、大气）编码规则（试行）》中的排放口编码规则编写，如DA001、DA002等。建议填写现有排污口规范化的编号，并与许可证生成的编号做好对应记录，便于

后期管理。

⑤废气排放口设置是否符合要求。核实排放口设置是否符合排污口规范化整治技术要求等相关文件的规定，如不符合要求，应列明整改计划，并及时整改。

⑥废气排放口类型。按照各行业技术规范对大气排放口的分类标准来判断排放口类型（主要排放口、一般排放口）。

（2）废水类别、污染物及污染治理设施信息表

①废水类别。废水类别指产生废水的工艺、工序，或废水类型的名称，按各行业技术规范要求核实填报，不可漏填企业实际有的废水类别。

②废水污染物种类。对照技术规范，污染物种类至少应包含技术规范中对应废水类别列明的污染物，排污单位另有补充的，可自愿补充添加。

③废水污染治理设施。废水污染防治设施编号可用企业内部编号，也可编号 TW001、TW002 等；“是否为可行技术”需对照行业技术规范核实，若不属于可行技术，则应核实是否为环评批复的技术，或者提供相关证明材料（如已有监测数据），作为附件上传。

④废水排放去向。废水排放去向包括不外排，排至厂内综合污水处理站，直接进入海域，直接进入江河、湖、库等水环境，进入城市下水道（再入江河、湖、库），进入城市下水道（再入沿海海域），进入城市污水处理厂，直接进入污灌农田，进入地渗或蒸发地，进入其他单位，工业废水集中处理厂，其他（包括回喷、回填、回灌、回用等）。对于工艺、工序产生的废水，“不外排”指全部在工序内部循环使用，“排至厂内综合污水处理站”指工序废水经处理后排至综合处理站。对于综合污水处理站，“不外排”指全厂废水经处理后全部回用，不排放。

⑤废水排放口编号。废水排放口编号可填写已有在线监测排放口编号或执法监测使用编号。若无相关编号，可按照《固定污染源（水、大气）编码规则（试行）》中的排放口编码规则编写，如 DW001、DW002 等。我们建议填写现有排污口规范化的编号，并与许可证生成的编号做好对应记录，便于后期管理。

⑥废水排放口设置是否符合要求。核实废水排放口设置是否符合排污口

规范化整治技术要求等相关文件的规定，如不符合要求，应列明整改计划，并及时整改。

⑦排放口类型。按照各行业技术规范对废水排放口的分类标准判断排放口类型（主要排放口、车间排放口、一般排放口）。

6. 大气污染物排放信息—排放口

（1）大气排放口基本情况表

①排放口地理坐标。指排气筒所在地经纬度坐标，可通过点击“选择”按钮在 GIS 地图中点选后自动生成。操作同“排污单位基本信息”表中“生产经营场所中心经度”或“生产经营场所中心纬度”拾取方式。

②排气筒出口内径。对于不规则形状排气筒，填写等效内径。

③锅炉排放口基本情况。锅炉排污单位填写本表时，请点击显示为蓝色的排放口编号按钮完成基准烟气量的计算。

④其他信息栏。有条件的，建议在“其他信息”一栏填入底基高度（m）、排气速率（m/s）、烟囱是否有上盖等信息。

（2）废气污染物排放执行标准信息表

①排放口编号、排放口名称、污染物种类为系统根据产排污节点表中填报内容自动生成。

②国家或地方污染物排放标准。填写对应排放口需执行的国家或地方污染物排放标准的名称、标准号及浓度限值。注意国家标准与地方标准、综合排放标准与行业排放标准等标准的取舍。

③环境影响评价批复要求。填写企业的项目环评文件批复中确定的许可排放浓度和速率限值，应以“数值＋单位”的形式填报。如批复的限值为某个国家标准或地方标准中的限值，则在“其他信息”中注明该标准名称及标准号；如执行标准对应有多个限值，则在“其他信息”中备注是执行哪个限值；如批复中无明确限值，则填“/”。

④承诺更加严格排放限值。如有，则应以“数值＋单位”的形式填报；如无，填“/”。

7. 大气污染物排放信息—有组织排放信息

（1）按照行业技术规范要求，无须计算污染物许可排放量的行业企业，无论环评或省版许可证中是否有总量指标，本表中“申请年许可排放量限值”“申请特殊时段许可排放量限值”都统一填写“/”。

（2）按照行业技术规范要求，需计算污染物许可排放量的行业企业，“申请年许可排放量限值（t/a）”填写以下 3 个量的最小值（三者取严）：

①现有总量控制指标核定的年许可排放量——2015 年 1 月 1 日前排污单位的环评批复、主管部门发文确定的排污单位总量控制指标、通过排污权有权使用和交易确定的总量控制指标等；

②根据行业技术规范的计算方法计算的结果；

③ 2015 年 1 月 1 日及以后取得批复的项目，其环评文件及批复中针对该排放口的年许可排放量。

（3）需填报“申请特殊时段许可排放量限值”。该限值是指特殊时段企业日许可排放量（t）。计算方法见各行业的申报技术规范。其中的减排系数应取按应急预案规定的最大减排比例。

（4）“申请年排放量限值计算过程包括方法、公式、参数选取过程，以及计算结果的描述等内容”，这一栏可填“计算过程详见附件”，然后在“相关附件”中添加年排放量具体计算和确定过程。

8. 大气污染物排放信息—无组织排放信息

（1）大气污染物无组织排放信息表

①部分行业可能需对生产单元或厂界无组织排放监测浓度进行管控，可在此表中直接添加，在“生产设施编号 / 无组织排放编号”处选择具体生产单元或“厂界”。

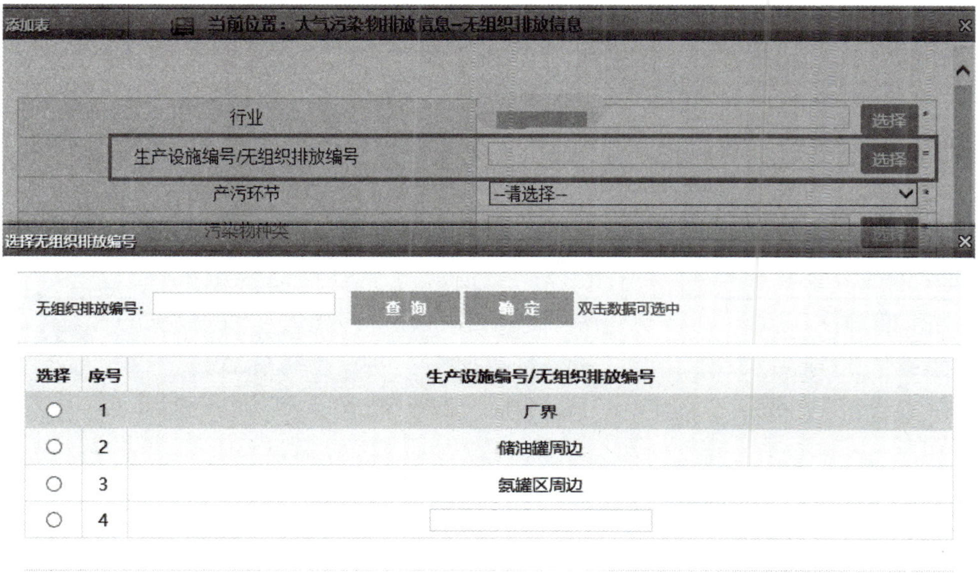

②“国家或地方污染物排放标准”应选取相应的无组织浓度标准。

（2）无组织许可排放量

根据已核发行业的经验，“无组织排放”大多不核定许可排放量；少数行业无组织排放仍需核定许可排放量；具体规定见各行业申报技术规范。“年许可排放量限值（t/a）”填报方法和相关要求与有组织排放口的一致。

（3）无组织排放控制要求

“无组织防治措施”应按照技术规范中无组织排放控制要求逐一核实。若存在该无组织产污环节并已实现该无组织排放控制要求或相类似控制要求，则填具体的控制措施；若存在该产污环节但没实现该无组织排放控制要求，则填“未实现该排放控制要求”，并进行说明，承诺改正措施及改正期限。

全厂无组织排放总计

说明：

（1）全厂无组织排放总计为系统根据产污环节填写内容加和计算，可按照贵单位实际情况进行核对与修改。

请点击计算按钮，完成加和计算　计算

	污染物种类	年许可排放量限值（t/a）					申请特殊时段许可排放量限值
		第一年	第二年	第三年	第四年	第五年	
全厂无组织排放总计	颗粒物	/	/	/	/	/	
	SO2	/	/	/	/	/	
	NOx	/	/	/	/	/	
	VOCs	/	/	/	/	/	

无组织排放控制要求

添加

生产单元	产污环节	无组织排放控制要求	公司无组织管控现状	操作

暂存　下一步

9. 大气污染物排放信息—企业大气排放总许可量

（1）是否需要按月细化

选“否”。

（2）企业大气排放总许可量

“全厂合计（t/a）”为有组织排放与无组织排放许可排放量之和，由系统自动加和。若取严结果不是根据技术规范计算方法测算的结果，此时应将取严结果填入表中。点击“下一步”后，依据提示操作，系统会自动将取严后的总许可排放量分配到各排放口。

10. 水污染物排放信息—排放口

（1）废水直接排放口基本情况表

①排放口地理坐标：对于直接排放至地表水体的排放口，指废水排出厂界处经纬度坐标；纳入管控的车间或车间处理设施排放口，指废水排出车间或车间处理设施边界处经纬度坐标。可通过点击“选择”按钮在GIS地图中点选后自动生成。具体操作同“排污单位基本信息”表中“生产经营场所中心经度”或“生产经营场所中心纬度”拾取方式。

②受纳自然水体名称：受纳水体的名称。

③受纳自然水体功能目标：对于直接排放至地表水体的排放口，指其所

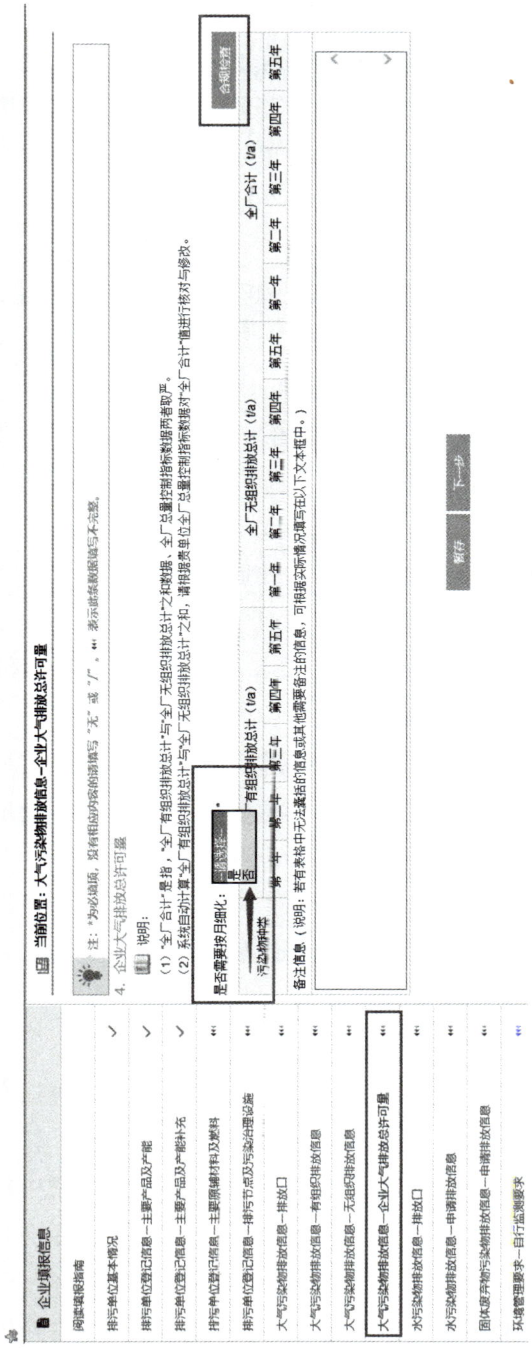

企业填报信息
阅读填报指南
排污单位基本情况
排污单位登记信息—主要产品及产能
排污单位登记信息—主要产品及产能补充
排污单位登记信息—主要原辅材料及燃料
排污单位登记信息—排污节点及污染治理设施
大气污染物排放信息—排放口
大气污染物排放信息—有组织排放信息
大气污染物排放信息—无组织排放信息
大气污染物排放信息—企业大气排放总许可量
水污染物排放信息—排放口
水污染物排放信息—申请排放信息
固体废弃物污染物排放信息—申请排放信息
环境管理要求—自行监测要求
当前位置：大气污染物排放信息—企业大气排放总许可量
4. 企业大气排放总许可量
说明：
（1）"全厂合计"是指，"全厂有组织排放总计"与"全厂无组织排放总计"之和数据，全厂总量控制指标数据两者取严。
（2）系统自动计算"全厂有组织排放总计"与"全厂无组织排放总计"之和，请根据贵单位全厂总量控制指标数据对"全厂合计"值进行核对与修改。
合规检查
是否需要按月细化：
是
否
污染物种类
有组织排放总计（t/a）
全厂无组织排放总计（t/a）
全厂合计（t/a）
第一年
第二年
第三年
第四年
第五年
备注信息（说明：若有表格中无法囊括的信息或其他需要备注的信息，可根据实际情况填写在以下文本框中。）
暂存
下一步

处受纳水体功能类别，如Ⅱ类、Ⅳ类、Ⅴ类等。

④汇入受纳自然水体处地理坐标：对于直接排放至地表水体的排放口，指废水汇入地表水体处经纬度坐标。可通过点击“选择”按钮在 GIS 地图中点选后自动生成。具体操作同“排污单位基本信息”表中“生产经营场所中心经度”或“生产经营场所中心纬度”拾取方式。

（2）入河排污口信息

如有，则填写入河排污口的编号、名称、批复文号；如无，则不填或填“/”。

（3）雨水排放口基本情况表

①畜禽养殖行业排污单位无须填报雨水排放口信息。

②如有雨水排放口，在此表中添加。雨水排放口编号，建议编为“YS001”“YS002”等。

（4）废水间接排放口基本情况表

①排放口地理坐标：对于排至厂外城镇或工业污水集中处理设施的排放口，指废水排出厂界处经纬度坐标；对于纳入管控的车间或者生产设施排放口，指废水排出车间或者生产设施边界处经纬度坐标。可通过点击“选择”按钮在 GIS 地图中点选后自动生成。

②受纳污水处理厂名称：厂外城镇或工业污水集中处理设施名称。

③排水协议规定的浓度限值：排污单位与受纳污水处理厂等协商的污染物排放浓度限值要求。属于选填项，若没有，可以填写“/”。

④点击受纳污水处理厂名称后的“增加”按钮，可设置污水处理厂排放的污染物种类及其浓度限值。注意，此处是填写受纳污水处理厂的排放浓度限值信息，不是排污单位废水排放浓度限值。

（5）废水污染物排放执行标准表

①排放口编号、排放口名称、污染物种类：系统根据产排污节点表中填报内容自动生成。

②国家或地方污染物排放标准：填写对应排放口需执行的国家或地方污染物排放标准的名称、标准号及浓度限值。注意国家标准与地方标准、综合排放标准与行业排放标准等标准的取舍。

③排水协议规定的浓度限值：排污单位与受纳污水处理厂等协商的污染

物排放浓度限值要求。属于选填项，若没有，可以填写“/”。

④环境影响评价批复要求：填写企业的项目环评文件批复中确定的许可排放浓度和速率限值，应以“数值 + 单位”的形式填报。如批复的限值为某个国家标准或地方标准中的限值，则在“其他信息”中注明该标准名称及标准号；如执行标准对应有多个限值，则在“其他信息”中备注是执行哪个限值；如批复中无明确限值，则填“/”。

⑤承诺更加严格排放限值：如有，则应以“数值 + 单位”的形式填报；如无，填“/”。

11. 水污染物排放信息—申请排放信息

（1）按照行业技术规范要求，无须计算水污染物许可排放量的行业企业，无论环评或省版许可证中是否有总量指标，本表中“申请年许可排放量限值”“申请特殊时段许可排放量限值”统一填写“/”。

（2）按照行业技术规范要求，需计算水污染物许可排放量的行业企业，“申请年许可排放量限值（t/a）”填写以下 3 个量的最小值（三者取严）：

①根据行业技术规范的计算方法计算的结果；

②环评批复的总量；

③ 2015 年 1 月 1 日及以后取得批复的项目，还需考虑环评文件中的总量。

（3）水污染物的“申请特殊时段许可排放量限值”统一填“/”。

（4）全排放口总计是否需要按月细化：选“否”。

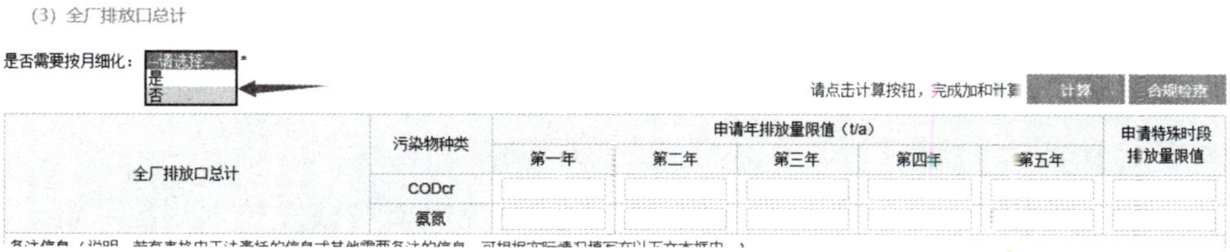

（5）“申请年排放量限值计算过程包括方法、公式、参数选取过程，以及计算结果的描述等内容”，这一栏可填“计算过程详见附件”，然后在“相关附件”中添加年排放量具体计算和确定过程。

12. 固体废物污染排放信息—申请排放信息

（1）固体废物排放信息

本表需填写“行业类别”、“固体废物来源”（来源于某生产单元或设施）、“固体废物名称”、“固体废物种类”（如尾矿、冶炼渣、炉渣等）、“固体废物类别”（一般工业固体废物、危险废物）、“固体废物描述”、“固体废物产生量（t/a）”、“处理去向”等。

固体废物综合处理量、固体废物处置量、固体废物贮存量、固体废物排放量加和，应等于固体废物产生量。

固体废物数据可填写上一年度数据或环评中数据。

（2）委托利用、委托处置

固体废物委托利用或委托处置的，应填写委托单位名称。涉及危险废物的，还应填写危险废物利用和处置单位的危险废物经营许可证编号。同时建议将委托合同作为附件上传系统。

（3）自行处置

自行处置的，需概况描述自行处置的方式。

13. 环境管理要求—自行监测要求

（1）自行监测要求表

①监测内容：污染源类别为“废气”的，监测内容应至少填写烟气参数，包括烟气温度、烟气流速、烟气含湿量、烟道截面积、烟气量，对于锅炉、焚烧炉等燃烧废气，烟气参数还应增加“氧含量”，有条件的还可增加监测气象条件——温度、气压、风向、风速；污染源类别为“废水”的，监测内容应至少填写“流量”。

②监测设施：根据所在行业的《排污许可证申请与核发技术规范》要求，选择“自动”或“手工”。若行业技术规范对自行监测设施不能正常运行期间有手工监测要求，则除了选择自动监测，还应在“手工监测采样方法及个数”“手工监测频次”“手工测定方法”这几栏补充自动监控设备故障时采取的手工监测要求。其中，“手工监测频次”应至少为“1 次 /6 小时”（具体频

次要求根据所在行业技术规范中自动监控设施故障期间的要求执行，无具体要求的按“1 次 /6 小时”执行），并在“其他信息”一栏备注“自动监控设备故障时采用手工监测”。

③手工监测频次：指一段时间内的监测次数要求，如 1 次 / 周、1 次 / 月等。监测频次根据行业技术规范及自行监测技术指南填报。

④手工测定方法：指污染物浓度测定方法，如“测定化学需氧量的重铬酸钾法”“测定氨氮的水杨酸分光光度法”等。一般情况下，测定方法根据执行排放标准的要求进行选择。

⑤对于行业技术规范及行业自行监测技术指南没有明确要求监测频次的排放口，监测要求可参照《排污单位自行监测技术指南　总则》（HJ 819—2017）的要求执行。

（2）其他自行监测及记录信息

该表格填报无组织废气，“雨水排放口”（若技术规范有要求），按照环境管理要求、环评文件要求等未在“自行监测要求”表中体现的需要补充的监测要求（如部分行业技术规范及自行监测技术指南要求监测流量）。该表格中无组织废气的“监测内容”应填写监测时的气象条件，至少包括温度、气压、风速、风向。

（3）监测质量保证与质量控制要求

排污单位按照 HJ 819—2017 要求建立并实施自行监测质量保证与质量控制措施方案，以保证自行监测数据的质量。

（4）监测数据记录、整理、存档要求

“监测期间手工监测的记录和自动监测运维记录按照 HJ 819—2017 执行，同步记录监测期间的生产工况。监测数据存档期限不少于 5 年”。

（5）监测点位示意图

应包括所有监测点位置和编号，包括有组织废气排口监测点、无组织废气监测点、雨水监测点（如有要求）、排水口监测点等所有监测点位置和编号。

14. 环境管理要求—环境管理台账记录要求

环境管理台账记录要求分基本信息、生产设施运行管理信息、污染防治设施运行管理信息、监测记录信息、其他环境管理信息等。

行业技术规范中，对于台账记录的要求为最基本要求，企业可根据情况自行完善、增加要求，但不得低于技术规范的要求。

15. 补充登记信息

对于发证企业，如有属于登记管理的部分，可在本表填报登记信息。

16. 地方生态环境主管部门依法增加的内容

（1）噪声排放信息

根据行业技术规范及自行监测技术指南的要求填报。

对于行业技术规范和自行监测技术指南均没有噪声监测要求的行业企业，噪声排放信息表可不填。

（2）有核发权的地方生态环境主管部门增加的管理内容

如主管部门有要求增加的管理内容，可在此填报；如无，填“/”。

17. 相关附件

相关附件要求如表 3-1 所示。

表 3-1　相关附件要求

序号	文件名称	备注
1	守法承诺书	必须项。模板见网站首页底部
2	符合建设项目环境影响评价程序的相关文件或证明材料	必须上传：项目相关的环评文件、环评批复、备案文件（如有）。建议上传：验收报告、验收批复等相关材料
3	排污许可证申领信息公开情况说明表	重点管理企业必须上传 / 简化管理不需要上传
4	通过排污权交易获取排污权指标的证明材料	—
5	城镇污水集中处理设施应提供纳污范围、管网布置、排放去向等材料	属于城镇污水集中处理设施的必须上传

序号	文件名称	备注
6	排污口和监测孔规范化设置情况说明材料	上传排污口、监测孔已规范化设置的证明材料
7	达标证明材料	包括环评、监测数据证明、工程数据证明等
8	生产工艺流程图	包括主要生产设施（设备）、主要原辅料的流向、产排污节点、生产工艺流程等内容
9	生产厂区总平面布置图	应包括主要工序、厂房、设备位置关系，注明厂区雨水、污水收集和运输走向等内容
10	监测点位示意图	应包括上述自行监测要求中的所有监测点
11	申请年排放量限值计算过程	对于需要核定许可排放量的排污单位，属于必须项
12	自行监测相关材料	应上传符合技术规范或指南的监测方案，即监测指标、监测频次等内容应符合行业技术规范或行业自行监测技术指南的要求
13	地方规定排污许可证申请表文件	—
14	其他	上传固体废物合同、其他需要说明的材料等。对于限期整改类的企业，需上传整改承诺和整改方案

18. 提交申请

重点管理企业在提交申请前，需要完成不少于5个工作日的“许可前信息公开”。

在未完成信息公开前，请不要提交系统。

可下载保存“排污许可申请表”，即系统所填全部表单内容；若系统填报表单有更新，此表也应更新后重新下载。

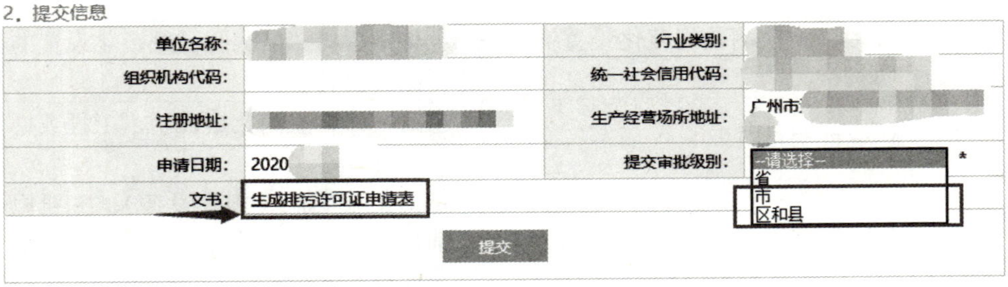

19. 常见问题处理

（1）注册时上传不了营业执照，或者经纬度选择时弹不出地图，怎么办？

先检查浏览器，建议使用 IE9 及以上版本 IE 浏览器；如问题仍未解决，则在系统首页右下角下载“无法上传附件或图片解决方案”，按指引操作。

（2）忘记账号和密码，且无法通过邮箱找回，该怎么办？

一般情况下，忘记账号和密码时，企业可通过注册时填报的邮箱找回密码。但如果已经忘了填报的哪个邮箱，或者出现原邮箱使用人已离职等情况，导致企业无法自主找回密码，可联系当地核发人员修改注册邮箱，再通过注册邮箱找回账号和密码。

（3）排污许可证的有效期是多久？需要每年更新吗？

排污许可证自作出许可决定之日起生效。首次发放的排污许可证有效期为三年，延续换发的排污许可证有效期为五年。

对于限期整改类企业，整改期限为 3 个月至 1 年。具体整改期限以整改通知书要求为准。

20. 信息公开

完成系统中“固体废物污染排放信息—申请排放信息”表之前所有表单的填报之后，即可开展“信息公开”。具体操作如下：

第 1 步：点击系统中“信息公开”模块。

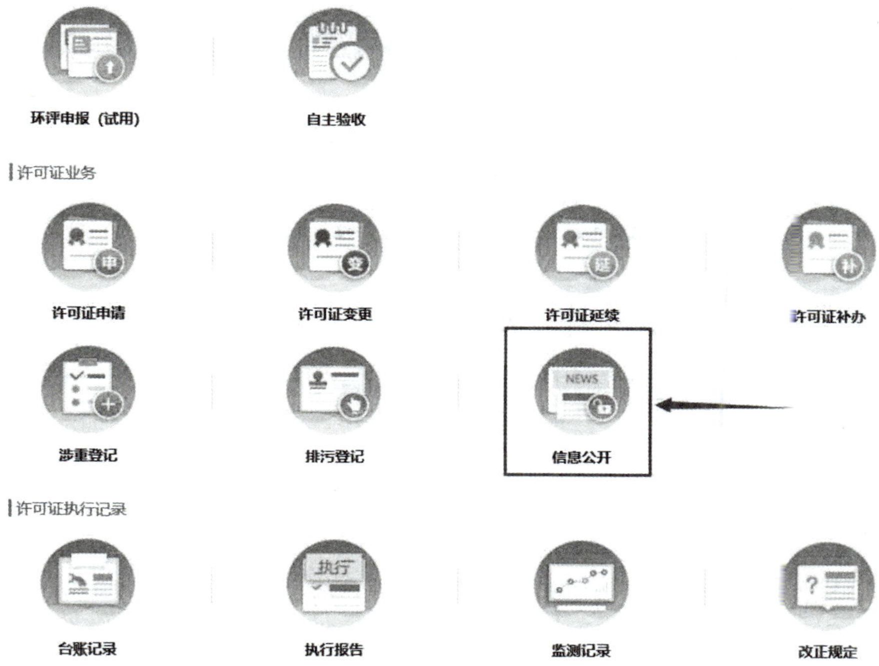

第 2 步：点击“许可申请信息公开发布”。

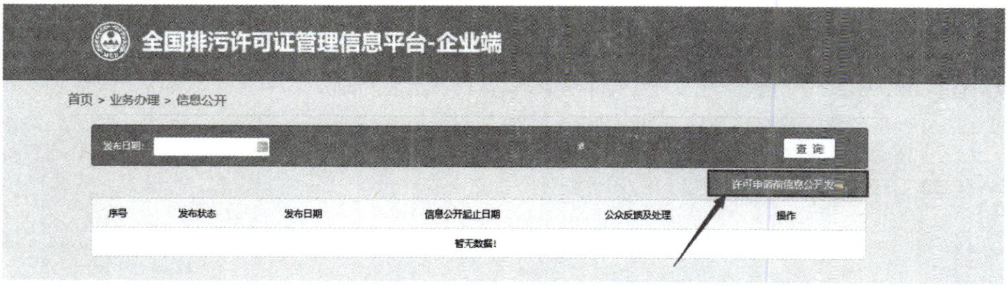

第 3 步：上传图片格式的守法承诺书，再点击“确认发布”。

若未完成系统中“固体废物污染排放信息—申请排放信息”表之前所有表格的填报，则无法进行信息公开。

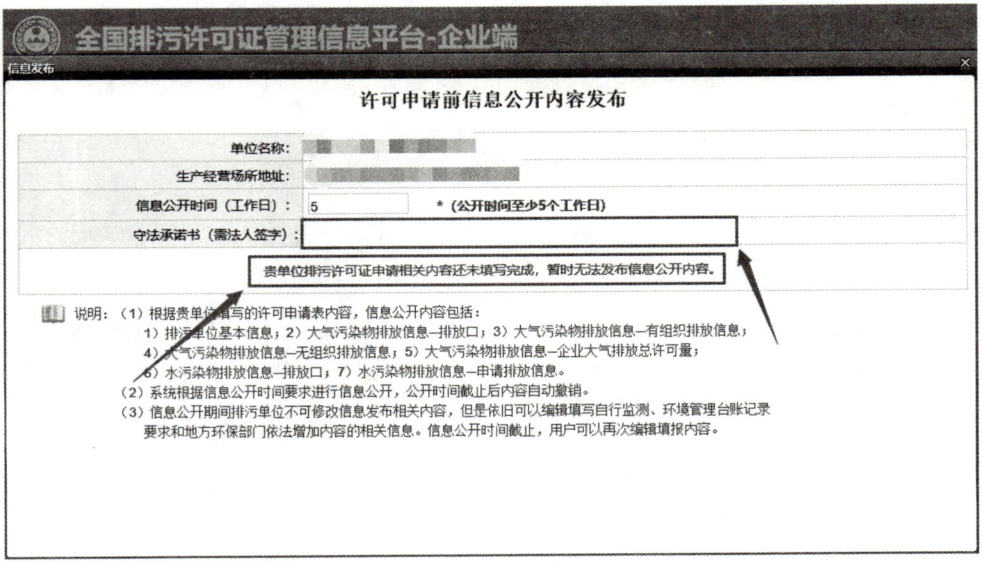

信息公开期间，可以继续填报“固体废物污染排放信息—申请排放信息”“环境管理要求—自行监测要求”“环境管理要求—环境管理台账记录要求”内容，但无法修改基本信息、登记信息、水污染物排放信息和大气污染物排放信息等正在公开部分的内容。信息公开结束之后，可再次修改系统填报内容。

信息公开结束后，应根据信息公开情况，填写“排污许可证申领信息公开情况说明表”，并签字、盖章，作为附件上传系统。

五、登记管理

（一）系统注册

打开网页，使用IE9及以上版本IE浏览器，打开国家平台，点击“网上申报”（网址：http://permit.mee.gov.cn/）。

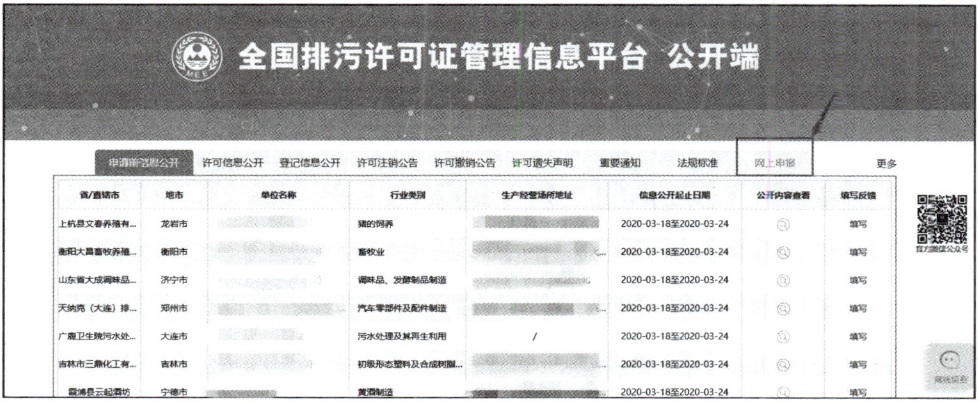

（二）注册账号

首次申报的排污单位，需要注册账号。点击“注册”。

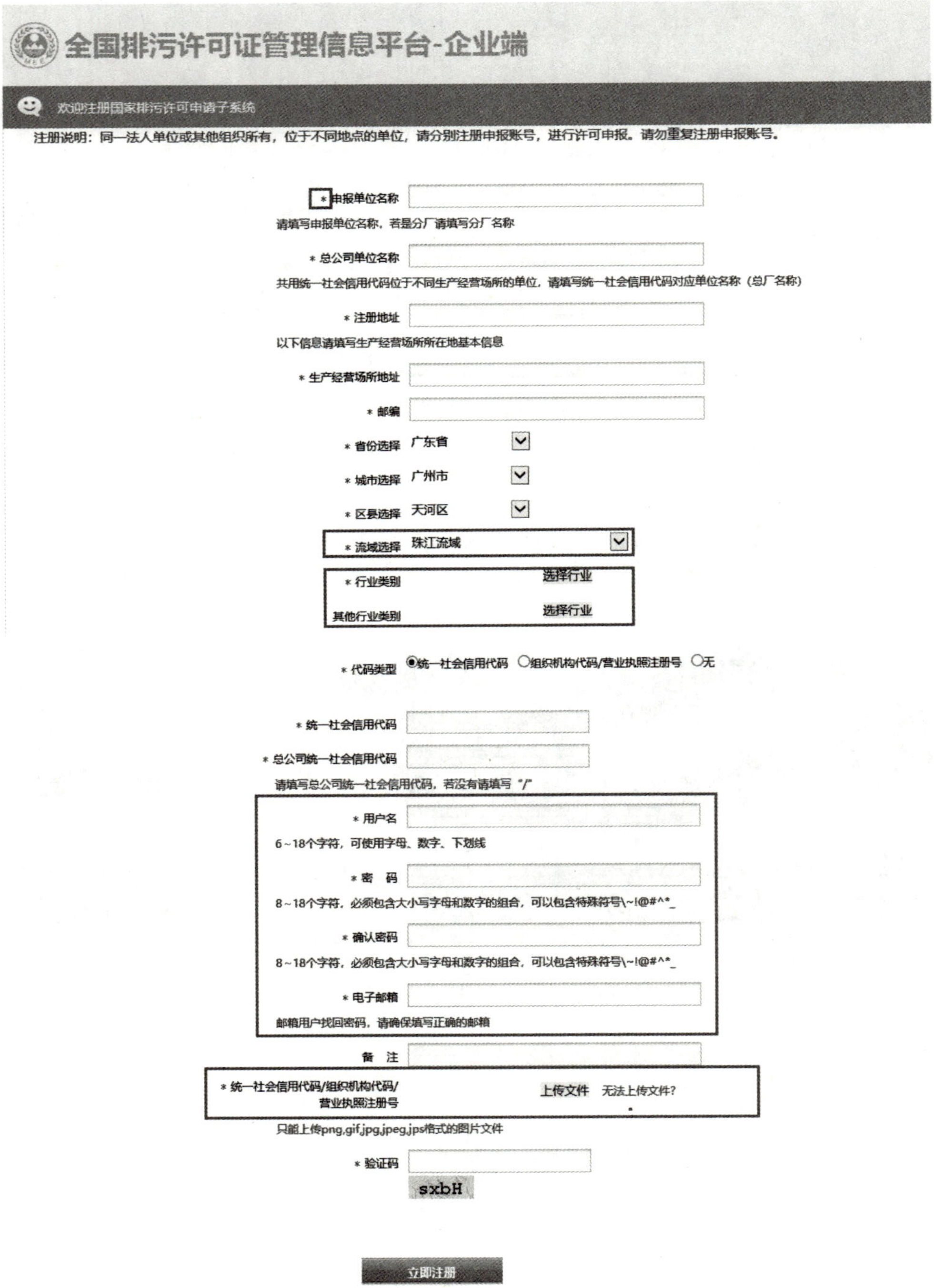
全国排污许可证管理信息平台-企业端
欢迎注册国家排污许可申请子系统
注册说明：同一法人单位或其他组织所有，位于不同地点的单位，请分别注册申报账号，进行许可申报。请勿重复注册申报账号。
* 申报单位名称
请填写申报单位名称，若是分厂请填写分厂名称
* 总公司单位名称
共用统一社会信用代码位于不同生产经营场所的单位，请填写统一社会信用代码对应单位名称（总厂名称）
* 注册地址
以下信息请填写生产经营场所所在地基本信息
* 生产经营场所地址
* 邮编
* 省份选择 广东省
* 城市选择 广州市
* 区县选择 天河区
* 流域选择 珠江流域
* 行业类别 选择行业
其他行业类别 选择行业
* 代码类型 统一社会信用代码 组织机构代码/营业执照注册号 无
* 统一社会信用代码
* 总公司统一社会信用代码
请填写总公司统一社会信用代码，若没有请填写“/”
* 用户名
6~18个字符，可使用字母、数字、下划线
* 密 码
8~18个字符，必须包含大小写字母和数字的组合，可以包含特殊符号\~!@#^*_
* 确认密码
8~18个字符，必须包含大小写字母和数字的组合，可以包含特殊符号\~!@#^*_
* 电子邮箱
邮箱用户找回密码，请确保填写正确的邮箱
备 注
* 统一社会信用代码/组织机构代码/营业执照注册号 上传文件 无法上传文件？
只能上传png,gif,jpg,jpeg,jps格式的图片文件
* 验证码
sxbH
立即注册

（三）系统填报

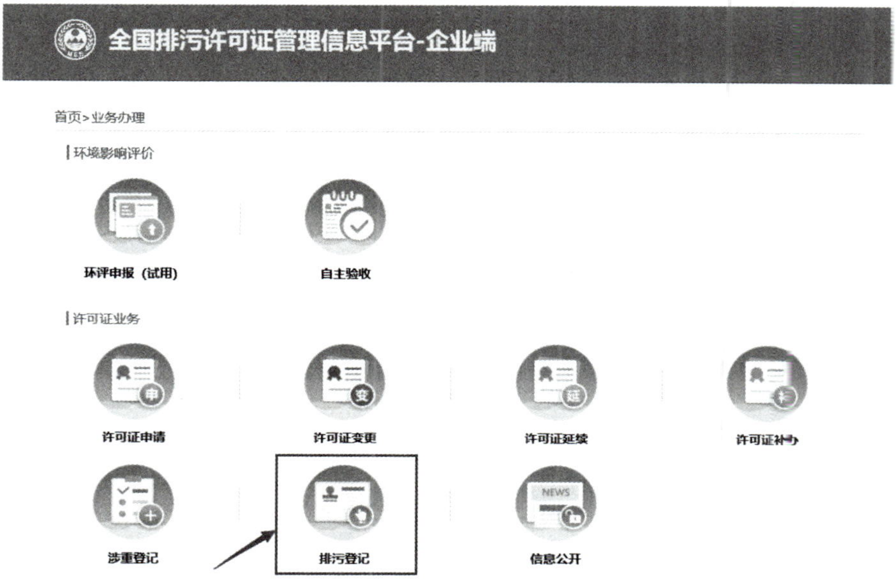
全国排污许可证管理信息平台-企业端
首页>业务办理
环境影响评价
环评申报（试用）
自主验收
许可证业务
许可证申请
许可证变更
许可证延续
涉重登记
排污登记
信息公开

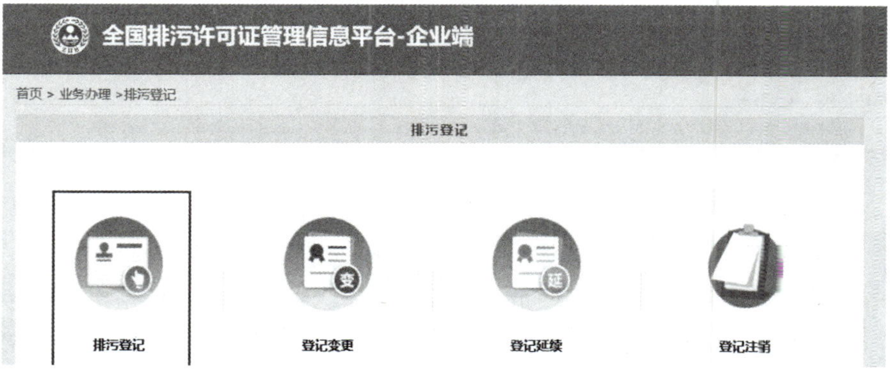
全国排污许可证管理信息平台-企业端
首页 > 业务办理 >排污登记
排污登记
排污登记
登记变更
登记延续
登记注销

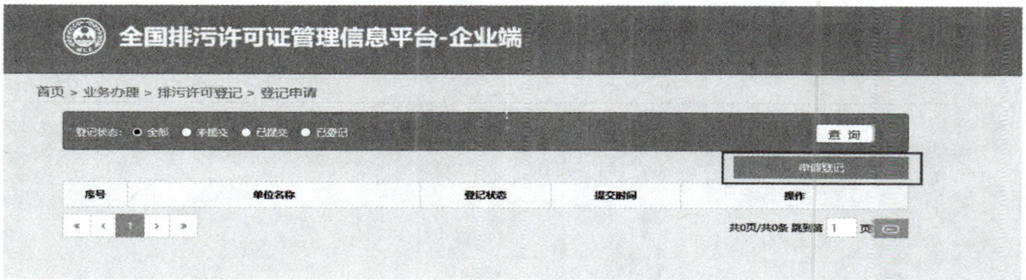
全国排污许可证管理信息平台-企业端
首页 > 业务办理 > 排污许可登记 > 登记申请
查 询
申请登记
序号
单位名称
登记状态
提交时间
操作

1. 排污单位信息

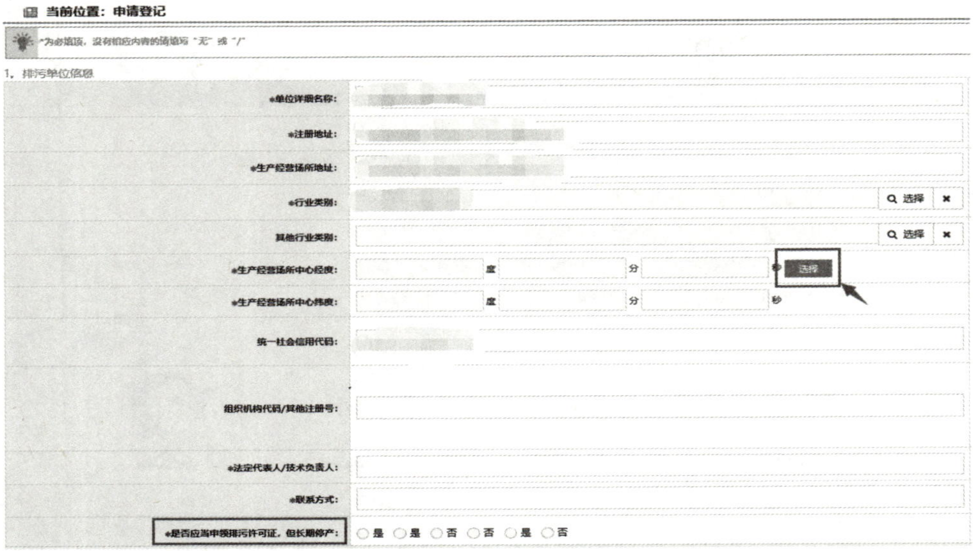

经纬度拾取步骤：

第1步：点击"拾取"；第2步：在地图上找到企业位置后，左键单击地图，出现青色圆点；第3步：点击"确定"。

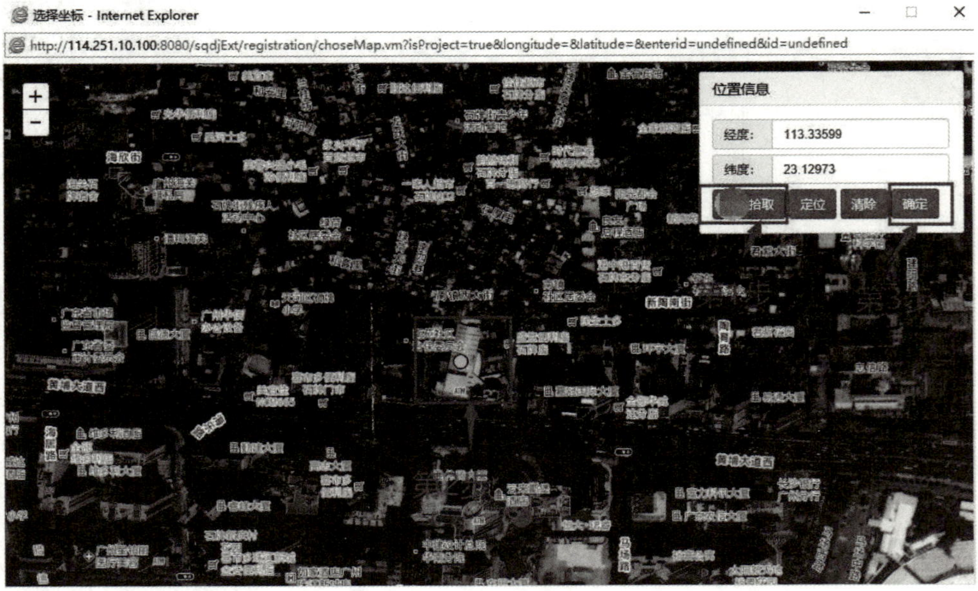

2. 主要产品及产能信息

说明：①生产工艺名称：与产品、产能相对应的生产工艺，填写内容应与排污单位环境影响评价文件一致。非生产类单位可不填。②主要产品：填报某种或某类主要产品及其生产能力。生产能力填写设计产能（环评批复的产能），无设计产能的可填上一年实际产量。非生产类单位可不填。可在备注栏说明所填写数据的来源（说明是设计产能还是上一年的实际产量）。

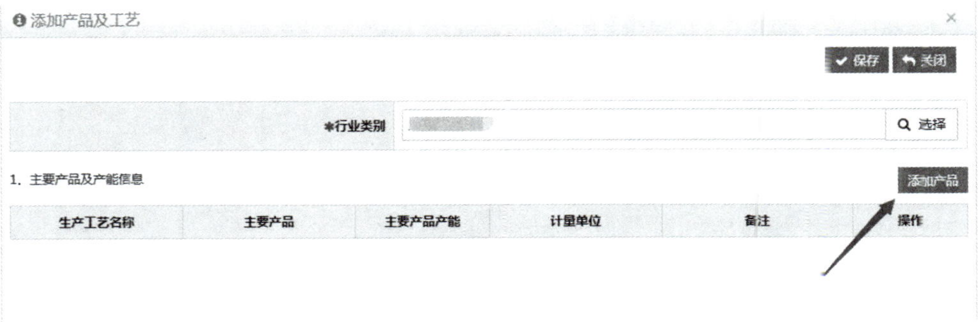

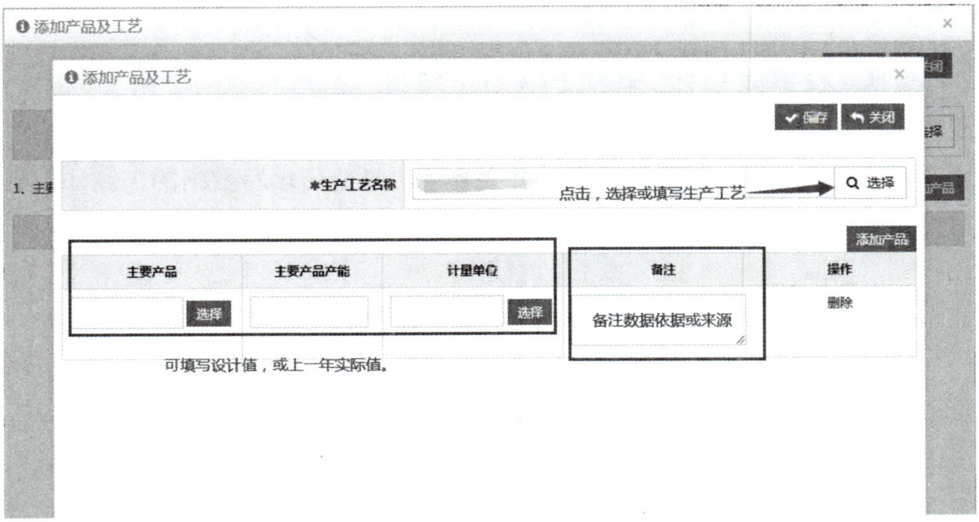

3. 燃料使用信息

说明：①使用固体和液体燃料 10 t/a 以上、气体燃料 1 万 m^3/a 以上填写。

需填写燃料类别（“固体燃料”“液体燃料”“气体燃料”“其他”）、燃料名称（原煤、无烟煤、天然气、液化天然气等）以及燃料使用量。②燃料使用量，建议填设计值或者上一年实际使用量，并在备注栏说明所填写数据的来源（说明是设计产能还是上一年的实际产量）。③企业实际使用的燃料名称在系统下拉菜单中找不到的，可选择“其他”。

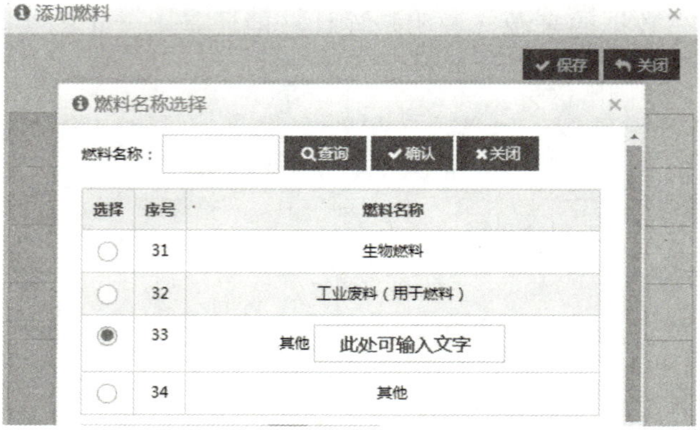

4. 涉 VOCs 辅料使用信息表

说明：使用涉 VOCs 辅料 1 t/a 以上填写。需填写辅料类别（“涂料、漆”“胶”“有机溶剂”“油墨”“其他”）、辅料名称、使用量。使用量，建议填设计值或者上一年实际使用量，并在备注栏说明所填写数据的来源（说明是设计产能还是上一年的实际产量）。

5. 废气排放信息

说明：①废气污染治理设施：对于有组织废气，污染治理设施名称包括除尘器、脱硫设施、脱硝设施、VOCs 治理设施等；对于无组织废气排放，污染治理设施名称包括分散式除尘器、移动式焊烟净化器等。②废气排放口名称：有组织的排放口，不含无组织排放口。排放同类污染物、执行相同排放标准的排放口可合并填报，否则应分开填报。

6. 废水排放信息

说明：①废水污染治理设施：主要污水处理设施名称，如“综合污水处理站”“生活污水处理系统”等。②废水治理工艺：包括物理处理法、化学处理法、好氧生物处理法、厌氧生物处理法等。③废水排放去向：废水出厂界后的排放去向，不外排包括全部在工序内部循环使用、全厂废水经处理后全部回用，不向外环境排放（畜禽养殖行业废水用于农田灌溉，也属于不外排）；间接排放去向包括工业园区集中污水处理厂、市政污水处理厂、其他企业污水处理厂等；直接排放包括进入海域，进入江河、湖、库等水环境。

7. 工业固体废物排放信息

说明：根据《危险废物鉴别标准》判定是否属于危险废物。需填写“工业固体废物名称”“是否属于危险废物”“去向”（贮存、处置、利用），建议填写上一年度实际产生及去向信息。如委托第三方处置，可在“备注”栏说明情况。

8. 其他需要说明的信息

对于上述表单没有囊括而企业认为需要说明的事项，可在本栏填写。例如，按照《名录（2019 年版）》本应申报重点或简化管理排污许可证，但因长期停产而在本登记系统填报的企业，应在本栏说明情况。

9. 提交信息

10. 生成登记编号和回执

企业填报完上述表格并提交后，系统即生成“固定污染源排污登记回执”，如下图所示。

固定污染源排污登记回执

登记编号：[redacted]

排污单位名称：[redacted]

生产经营场所地址：[redacted]

统一社会信用代码：[redacted]

登记类型：☑首次 ☐延续 ☐变更

登记日期：2020年03月18日

有 效 期：2020年03月18日至2025年03月17日

六、排污许可申报审核要点

根据《排污许可管理条例》（国务院令　第736号）、《排污许可管理办法（试行）》（环境保护部令　第48号），结合各行业排污许可证申请与核发技术规范，排污许可证审核要点如下。

（一）基本条件

1. 发证前提条件

排污单位不得存在下列情形之一：位于饮用水水源保护区等法律法规明确规定禁止建设区域内；属于国家产业政策目录中明令淘汰或者立即淘汰的落后生产工艺装备、落后产品。

2. 批建相符性

主要审核排污单位的生产地点、生产规模、生产工艺、污染防治措施等内容与相关环评文件的一致性，包括排放口数量、污染因子、危险废物贮存能力或处置方式等。若排污许可证载明的生产和排污现状与相关环评文件不符，应按照国家建设项目重大变动清单和《污染影响类建设项目重大变动清单（试行）》（环办环评函〔2020〕688号）等文件，核查其变化部分是否属于重大变动。对于重大变动部分，不应在排污许可证中予以许可；对于非重大变动部分，应对企业提交的非重大变动环境影响分析说明等材料进行审核，符合要求的内容可纳入排污许可证管理。

（二）登记事项

按照许可证技术规范等要求，结合相关环评文件和申请材料，审核产品产能、原辅材料及燃料、产排污节点、污染治理设施等信息记载的完整性和规范性。

1. 排污单位基本信息

主要审核是否规范填写投产日期、污染控制区、相关环评文件和总量分配计划文件的名称及文号等信息。

2. 主要产品及产能信息

主要审核是否规范填写生产设施（装置）、公共设施等信息。其中，“年生产时间”应采用环评文件中明确的年生产小时数据。

3. 主要原辅材料及燃料信息

主要审核原辅材料是否完整填写“有毒有害成分及占比”等信息；燃料为煤炭时，是否完整填写硫分、灰分、热值等信息。

4. 产排污节点信息

主要审核是否规范填写废水和废气产污设施、排放去向，固体废物类别、产生量、去向等信息。

5. 污染治理设施信息

主要审核治污设施是否采用许可证技术规范明确的可行技术，未采用可行技术的，排污单位应提交证明具备同等污染防治能力的证明材料，如满足达标排放要求的监测报告等；危险废物是否委托有资质的单位进行处置或按规定开展“点对点”定向利用。

（三）许可事项

按照许可证技术规范等要求，结合相关环评文件和申请材料，审核排放口、污染因子、许可排放限值和许可排放量的合规性和准确性。

1. 排放口

对于有组织排放，主要审核是否准确区分各排放口的类型，包括主要排放口、一般排放口、特殊排放口。

对于无组织排放，主要审核无组织排放源是否属于《挥发性有机物无组织排放控制标准》（GB 37822）等规定的许可范围，即设备管线与组件密封点泄漏（包括采样），挥发性有机液体储存和调和损失，有机液体装载挥发损失，废水集输、储存、处理处置过程逸散，冷却塔和循环水冷却系统释放5个环节。

2. 污染因子

对于废水和废气，主要审核各排放口和无组织排放源、厂区内、厂界是否准确识别了污染因子。对于许可证技术规范和环评文件中明确的污染因子，原则上应全面识别。对于固体废物，重点审核排污许可证记载的危险废物去向是否合规。

3. 许可排放限值

对于废水和废气，对照《生态环境标准管理办法》（生态环境部令　第17号）等文件，审核排放标准的选用和许可排放限值的取值是否规范。①有行业排放标准的，优先执行行业排放标准；行业标准中未作规定的污染因子，若排污单位确有排放且需要纳入管理的，经论证属于排污单位主要污染物的，根据综合排放标准纳入排污许可证管理。②有地方标准的，优先执行地方标准；若国家新颁布更严格的排放要求，在地方标准完成修订前，应执行更严格的排放要求。③对于排放标准出台之后批复的建设项目，若其环评文件及批复对污染物排放提出严于相关排放标准的要求，原则上应按环评要求执行。④涉及多种类型废气（废水）混合排放的排放口，应同时执行各类废气（废水）相应的排放标准，各标准中存在重复的污染因子时，应从严确定其排放限值。

（四）许可排放量

1. 许可量控制因子

主要审核是否根据许可证技术规范，结合排污单位环评文件和相关文件确定许可量控制因子。原则上，废气许可量控制因子应包括颗粒物、二氧化硫、氮氧化物、挥发性有机物；废水许可量控制因子应包括化学需氧量、氨氮、总氮、总磷（直排）、一类污染物。

2. 许可排放量

主要审核许可排放量是否按照“三者取严”原则进行核定。①“绩效量”，按照许可证技术规范的许可排放量核算办法计算。②“环评量”，按照环评文件明确的预测排放量、地方政府生态环境主管部门发文确定的排污单位总量控制指标等确定。③原排污单位由生态环境主管部门许可总量，按照三者取严进行核定。

（五）管理要求

1. 排污单位主体责任

（1）自行监测

主要审核是否按照许可证技术规范、自行监测技术指南、环评文件等载明自行监测要求，包括监测设施（手动或自动）、监测频次、自动监测设施安装要求等。其中，对于应当安装自动监测设施而尚未安装的，自动监测是否联网，并在“其他信息”中明确安装要求。

（2）台账记录

主要审核是否按照许可证技术规范、《排污单位环境管理台账及排污许可证执行报告技术规范 总则（试行）》（HJ 944—2018）等载明台账记录要求，包括污染治理设施运行管理信息、监测记录信息、台账记录保存期限等。

（3）执行报告

主要审核是否按照许可证技术规范、《排污单位环境管理台账及排污许可证执行报告技术规范 总则（试行）》（HJ 944—2018）载明执行报告的上报频次和主要内容。

（4）信息公开

主要审核是否按照《排污许可管理条例》《企业事业单位环境信息公开办法》等法律规范要求，载明信息公开的方式和内容等信息。

2. 其他控制及管理要求

主要审核是否根据《排污许可管理条例》、相关标准规范及规范性文件要求，载明排放口规范化及标志牌设置、污染治理设施运行维护，无组织排放控制、冬防及重污染天气管理、固体废物环境管理等其他管理要求。

第四章　排污许可管理——证后管理

一、排污许可证后管理的原则

1. 资料检查为主，现场检查为辅，两者相互衔接，提高效率，降低成本

根据排污许可制度的定位与特点，主要根据排污单位上报的资料进行监督检查。现场检查作为资料检查的补充和延伸。资料检查结果作为确定现场检查对象和检查内容的重要依据，提高现场检查发现和解决问题的针对性。现场检查主要用于核实资料检查发现的问题，同时，现场检查结果可以进一步作为改进资料检查重点的参考。通过资料检查和现场检查的有机衔接，提高监管效率，降低监管成本。

2. 以排污单位台账资料真实性和污染治理设施运行、排污行为是否合规为监管重点

通过不同数据间的交叉印证和现场检查分析排污单位台账资料的真实性。

在此基础上，以台账资料为主要依据，检查排污单位是否依证运行、维护污染治理设施，是否做到稳定达标排污，是否满足总量控制要求。

二、申领排污许可证后企业需落实哪些主体责任

根据《排污许可管理条例》（国务院令　第 736 号），企业需要落实如下主体责任：

1. 排污口规范化

依据第十八条　排污单位应当按照生态环境主管部门的规定建设规范化污染物排放口，并设置标志牌。

2. 自行监测

依据第十九条　排污单位应当按照排污许可证规定和有关标准规范，依法开展自行监测，并保存原始监测记录。原始监测记录保存期限不得少于 5 年。

3. 执行报告

依据第二十二条　排污单位应当按照排污许可证规定的内容、频次和时间要求，向审批部门提交排污许可证执行报告，如实报告污染物排放行为、排放浓度、排放量等。

4. 台账记录

依据第二十一条　排污单位应当建立环境管理台账记录制度，按照排污许可证规定的格式、内容和频次，如实记录主要生产设施、污染防治设施运行情况以及污染物排放浓度、排放量。环境管理台账记录保存期限不得少于 5 年。

5. 信息公开

依据第二十三条　排污单位应当按照排污许可证规定，如实在全国排污许可证管理信息平台上公开污染物排放信息。

三、排污口规范化管理要求

（1）依据《排污口规范化整治技术要求（试行）》（环监〔1996〕470 号）及各地固定污染源排放口标识牌信息化建设技术要求，排污单位应当按照生态环境主管部门规定，建设规范化污染物排放口，并设置标识牌。

（2）污染物排放口位置和数量、污染物排放方式和排放去向应当与排污许可证规定相符。

四、自行监测管理要求

（1）排污单位应按照《排污单位自行监测技术指南　总则》、行业技术规范、行业及行业自行监测技术指南相关要求，建立并实施质量保证与控制措施方案，以自证监测数据的质量，对提交的监测数据的真实性、完整性负责。

（2）排污单位应当按照排污许可证规定，安装或者使用符合国家有关环境监测、计量认证规定的监测设备，按照规定维护监测设施。

（3）排污单位应按照排污许可证规定的监测因子、监测频次、监测设备、设备联网和相关监测技术规范要求开展自行监测，并保存原始监测记录。

五、执行报告管理要求

（1）根据《排污许可管理条例》第二十二条，排污单位应当按照排污许可证规定的内容、频次和时间要求，向审批部门提交排污许可证执行报告，如实报告污染物排放行为、排放浓度、排放量等。

排污许可证有效期内发生停产的，排污单位应当在排污许可证执行报告中如实报告污染物排放变化情况并说明原因。

排污许可证执行报告中报告的污染物排放量可以作为年度生态环境统计、重点污染物排放总量考核、污染源排放清单编制的依据。

（2）根据《排污许可管理条例》第二十三条，排污单位应当按照排污许可证规定，如实在全国排污许可证管理信息平台上公开污染物排放信息。

污染物排放信息应当包括污染物排放种类、排放浓度和排放量，以及污染防治设施的建设运行情况、排污许可证执行报告、自行监测数据等。其中，水污染物排入市政排水管网的，还应当包括污水接入市政排水管网位置、排放方式等信息。

（3）根据《排污许可管理条例》第二十六条，排污单位应当配合生态环境主管部门监督检查，如实反映情况，并按照要求提供排污许可证、环境管理台账记录、排污许可证执行报告、自行监测数据等相关材料。

禁止伪造、变造、转让排污许可证。

（4）根据《排污许可管理条例》第二十七条，生态环境主管部门可以通过全国排污许可证管理信息平台监控排污单位的污染物排放情况，发现排污单位的污染物排放浓度超过许可排放浓度的，应当要求排污单位提供排污许可证、环境管理台账记录、排污许可证执行报告、自行监测数据等相关材料进行核查，必要时可以组织开展现场监测。

（5）根据《排污许可管理条例》第二十八条，生态环境主管部门根据行政执法过程中收集的监测数据，以及排污单位的排污许可证、环境管理台账记录、排污许可证执行报告、自行监测数据等相关材料，对排污单位在规定周期内的污染物排放量，以及排污单位污染防治设施运行和维护是否符合排污许可证规定进行核查。

（6）根据《排污许可管理条例》第三十条，国家鼓励排污单位采用污染防治可行技术。国务院生态环境主管部门制定并公布污染防治可行技术指南。

排污单位未采用污染防治可行技术的，生态环境主管部门应当根据排污许可证、环境管理台账记录、排污许可证执行报告、自行监测数据等相关材料，以及生态环境主管部门及其所属监测机构在行政执法过程中收集的监测数据，综合判断排污单位采用的污染防治技术能否稳定达到排污许可证规定；对不能稳定达到排污许可证规定的，应当提出整改要求，并可以增加检查频次。

制定污染防治可行技术指南，应当征求有关部门、行业协会、企业事业单位和社会公众等方面的意见。

（7）根据《排污许可管理条例》第三十七条，违反本条例规定，排污单位有下列行为之一的，由生态环境主管部门责令改正，处每次 5 000 元以上 2 万元以下的罚款；法律另有规定的，从其规定。

①未建立环境管理台账记录制度，或者未按照排污许可证规定记录；

②未如实记录主要生产设施及污染防治设施运行情况，或者污染物排放

浓度、排放量；

③未按照排污许可证规定提交排污许可证执行报告；

④未如实报告污染物排放行为或者污染物排放浓度、排放量。

六、执行报告编制内容

根据《排污单位环境管理台账及排污许可证执行报告技术规范 总则（试行）》（HJ 944—2018），执行报告包括年报、季报、月报。重点管理排污单位提交年报、季报和月报；简化管理排污单位至少提交年报、季报。

（一）年报（重点管理）

1. 排污单位基本情况

①说明排污许可证执行情况，包括排污单位基本信息、产排污节点、污染物及污染防治设施、环境管理要求等，参见 HJ 944—2018 附录 E。

②按照生产单元或主要工艺，分析排污单位的生产状况，说明平均生产负荷、原辅料及燃料使用等情况；说明取水及排水情况；对于报告期内有污染防治投资的，还应说明防治设施建成运行时间、计划总投资、报告周期内累计完成投资等。

③说明排放口规范性整改情况（如有）。

④新（改、扩）建项目环境影响评价及其批复、竣工环境保护验收等情况。

⑤其他需要说明的情况，包括排污许可证变更情况，以及执行过程中遇到的困难、问题等。

2. 污染防治设施运行情况

①正常情况说明。分别说明有组织废气、无组织废气、废水等污染防治设施的处理效率、药剂添加、催化剂更换、固体废物产生、副产物产生、运行费用等情况，以及防治设施运行维护情况。

②异常情况说明。排污单位拆除、停运污染防治设施，应说明实施拆除、停运的原因、起止日期等情况，并提供生态环境主管部门同意文件；因故障等紧急情况停运污染防治设施，或污染防治设施运行异常的，排污单位应说明故障原因、废水废气等污染物排放情况、报告提交情况及采取的应急措施。

③如发生污染事故，排污单位应说明发生事故的次数、等级，事故发生时采取的措施，污染物排放、处理情况等信息。

3. 自行监测执行情况

①说明自行监测要求执行情况，并附监测布点图。

②对于自动监测，说明是否满足相关规范要求。说明自动监测系统发生故障时，向生态环境主管部门提交补充监测和事故分析报告的情况。

③对于手工监测，说明是否满足相关标准与规范要求。

④对于非正常工况，说明废气有效监测数据数量、监测结果等。

⑤对于特殊时段，说明废气有效监测数据数量、监测结果等。

⑥对于有周边环境质量监测要求的，说明监测点位、指标、时间、频次、有效监测数据数量、监测结果等内容，并附监测布点图。

⑦对于未开展自行监测、自行监测方案与排污许可证要求不符、监测数据无效等情形，说明原因及措施。

4. 环境管理台账执行情况

说明是否按排污许可证要求记录环境管理台账的情况。

5. 实际排放情况及合规判定分析

①以自行监测数据为基础，说明各排放口的实际排放浓度范围、有效数据数量等内容。

②按照《排污许可证申请与核发技术规范　总则》，核算排污单位实际排放量，给出计算方法、所用的参数依据来源和计算过程，并与许可排放量进行对比分析。

③对于非正常工况，说明发生的原因、次数、起止时间、防治措施等。

④对于特殊时段，说明各污染物的排放浓度及达标情况等。

⑤对于废气污染物超标排放，应逐时说明；对于废水污染物超标排放，应逐日说明；说明内容包括排放口、污染物、超标时段、实际排放浓度、超标原因，以及向生态环境主管部门报告及接受处罚的情况。

⑥说明实际排放量与生产负荷之间的关系。

6. 信息公开情况

说明信息公开的方式、内容、频率及时间节点等信息。

7. 排污单位内部环境管理体系建设与运行情况

①说明环境管理机构及人员设置情况、环境管理制度建立情况、排污单位环境保护规划、环保措施整改计划等。

②说明环境管理体系的实施、相关责任的落实情况。

8. 其他排污许可证规定的内容执行情况

说明排污许可证中规定的其他内容执行情况。

9. 其他需要说明的问题

对于违证排污的情况，提出相应的整改计划。

10. 结论

总结排污单位在报告周期内排污许可证执行情况，说明执行过程中存在的问题，以及下一步需整改的内容。

11. 附图附件

①附图包括自行监测布点图等。执行报告附图应清晰、要点明确。

②附件包括污染物实际排放量计算过程、非正常工况证明材料，以及支持排污许可证执行报告的其他材料。

（二）年报（简化管理）

1. 排污单位基本情况

①说明排污许可证执行情况，包括排污单位基本信息、产排污节点、污染物及污染防治设施、环境管理要求等。

②说明排放口规范性整改情况（如有）。

2. 污染防治设施运行情况

①正常情况说明。分别说明有组织废气、无组织废气、废水等污染防治设施的运行时间、污水处理量、脱硫脱硝剂用量、运行费用等情况。

②异常情况说明。排污单位拆除、停运污染防治设施，应说明实施拆除、停运的原因、起止日期等情况，并提供环境保护主管部门同意文件；因故障等紧急情况停运污染防治设施，或污染防治设施运行异常的，排污单位应说明故障原因、废水废气等污染物排放情况、报告提交情况及采取的应急措施。

③如发生污染事故，排污单位应说明发生事故的次数、等级、事故发生时采取的措施，污染物排放、处理情况等信息。

3. 自行监测执行情况

①说明自行监测要求执行情况，并附监测布点图。

②对于自动监测，说明是否满足相关规范要求。说明自动监测系统发生故障时，向生态环境主管部门提交补充监测和事故分析报告的情况。

③对于手工监测，说明是否满足相关标准与规范要求。

④对于非正常工况，说明废气有效监测数据数量、监测结果等，参见 HJ 994—2018 附录 G 中表 G.7 和表 G.8。

⑤对于特殊时段，说明废气有效监测数据数量、监测结果等，参见 HJ 994—2018 附录 G 中表 G.9。

⑥对于有周边环境质量监测要求的，说明监测点位、指标、时间、频次、有效监测数据数量、监测结果等内容，并附监测布点图。

⑦对于未开展自行监测、自行监测方案与排污许可证要求不符、监测数据无效等情形，说明原因及措施。

4. 环境管理台账执行情况

说明是否按排污许可证要求记录环境管理台账的情况。

5. 实际排放情况及合规判定分析

①以自行监测数据为基础，说明各排放口的实际排放浓度范围、有效数据数量等内容。

②按照《排污许可证申请与核发技术规范　总则》，核算排污单位实际排放量，给出计算方法、所用的参数来源和计算过程，并与许可排放量进行对比分析。

③对于非正常工况，说明发生的原因、次数、起止时间、防治措施等。

④对于特殊时段，说明各污染物的排放浓度及达标情况等。

⑤对于废气污染物超标排放，应逐时说明；对于废水污染物超标排放，应逐日说明；说明内容包括排放口、污染物、超标时段、实际排放浓度、超标原因，以及向生态环境主管部门报告及接受处罚的情况。

⑥说明实际排放量与生产负荷之间的关系。

6. 结论

总结排污单位在报告周期内排污许可证执行情况，说明执行过程中存在的问题，以及下一步需整改的内容。

（三）季报

至少包括污染物实际排放浓度和排放量，合规判定分析，超标排放或污染防治设施异常情况说明等内容。其中，季度执行报告还应包括各月度生产小时数、主要产品及其产量、主要原料及其消耗量、新水用量及废水排放量、主要污染物排放量等信息。

（四）月报

至少包括污染物实际排放浓度和排放量，合规判定分析，超标排放或污染防治设施异常情况说明等内容。

七、执行报告核查时限要求

排污单位按照排污许可证规定的时间提交执行报告，应每年提交一次排污许可证年度执行报告；同时，还应依据法律法规、标准等文件的要求，提交季度执行报告或月度执行报告。

1. 年度执行报告

对于持证时间超过三个月的年度，报告周期为当年全年（自然年）；对于持证时间不足三个月的年度，当年可不提交年度执行报告，排污许可证执行情况纳入下一年度执行报告。

年度执行报告的上报时限：次年的 1 月底之前。

2. 季度执行报告

对于持证时间超过一个月的季度，报告周期为当季全季（自然季度）；对于持证时间不足一个月的季度，该报告周期内可不提交季度执行报告，排污许可证执行情况纳入下一季度执行报告。

季度执行报告的上报时限：每季度后月份的 15 日之前。

3. 月度执行报告

对于持证时间超过十日的月份，报告周期为当月全月（自然月）；对于持证时间不足十日的月份，该报告周期内可不提交月度执行报告，排污许可证执行情况纳入下一月度执行报告。

月度执行报告的上报时限：每月的后一个月 10 日之前。

八、执行报告填报

（一）年报

1. 登录

打开网页，使用 IE9 及以上版本 IE 浏览器，打开国家平台，点击“网上申报”（网址：http://permit.mee.gov.cn/）。

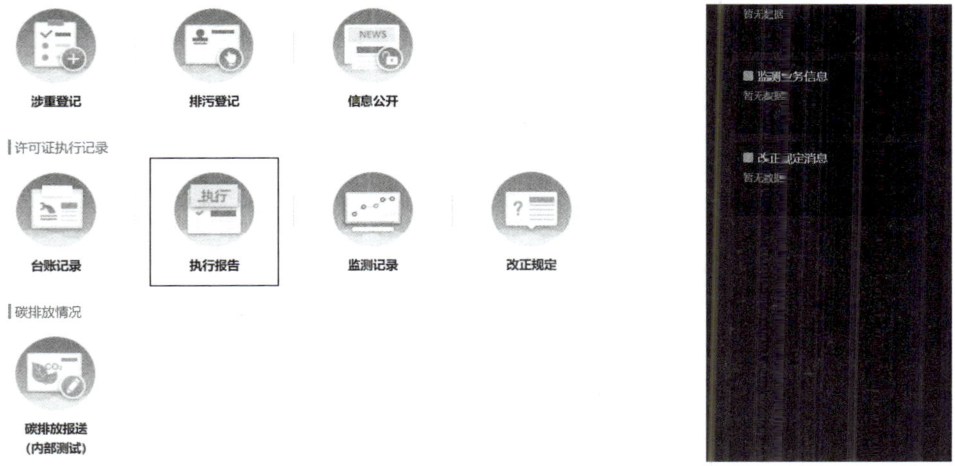

2. 年份选择

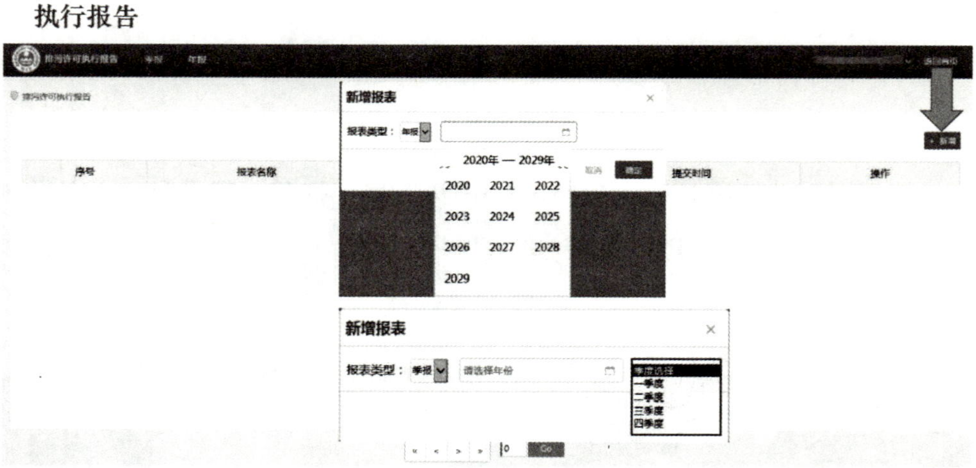

3. 排污许可执行情况汇总表

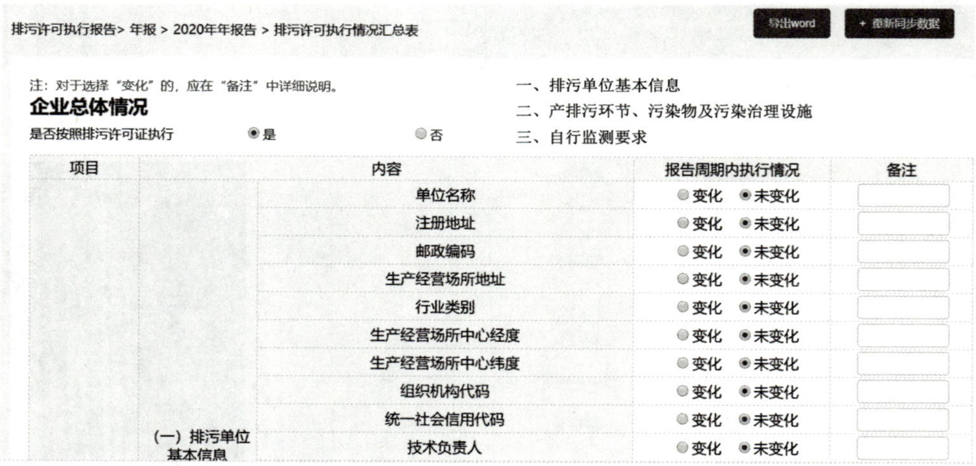
排污许可执行报告> 年报 > 2020年年报告 > 排污许可执行情况汇总表　　导出word　　+ 重新同步数据

注：对于选择“变化”的，应在“备注”中详细说明。

企业总体情况

是否按照排污许可证执行　　◉是　　○否

一、排污单位基本信息
二、产排污环节、污染物及污染治理设施
三、自行监测要求

项目	内容		报告周期内执行情况	备注
		单位名称	○变化 ◉未变化	
		注册地址	○变化 ◉未变化	
		邮政编码	○变化 ◉未变化	
		生产经营场所地址	○变化 ◉未变化	
		行业类别	○变化 ◉未变化	
		生产经营场所中心经度	○变化 ◉未变化	
		生产经营场所中心纬度	○变化 ◉未变化	
		组织机构代码	○变化 ◉未变化	
		统一社会信用代码	○变化 ◉未变化	
	(一) 排污单位基本信息	技术负责人	○变化 ◉未变化	

4. 企业基本信息表

排污单位基本信息记录内容

- 1. 主要原料用量
- 2. 主要辅料用量
  - （1、2）包括各生产单元用量
- 3. 能源消耗——各生产单元用电量、蒸汽消耗量、燃料用量
- 4. 生产规模
- 5. 运行时间和生产负荷——各生产单元
  - 正常运行时间
  - 非正常运行时间
  - 停产时间
  - 生产负荷
- 6. 主要产品产量
- 7. 取排水——各生产单元
  - 工业新鲜水
  - 回用水
  - 生活用水
  - 废水排放量
- 8. 污染治理设施计划投资情况
  - 治理设施编号
  - 治理设施类型
  - 开工时间
  - 建设投产时间
  - 计划总投资
  - 报告周期内累计完成投资

5. 污染防治设施运行情况

污染防治设施运行情况

- 1. 正常运转信息
  - 废水污染治理设施正常运转情况表
    - 污水处理量
    - 污水回用量
    - 污水排放量
    - 耗电量
    - 药剂使用量
    - 污染物处理效率
    - 运行费用
  - 废气污染治理设施正常运转情况表
    - 运行时间
    - 运行费用
    - 去除效率
    - 药剂使用量
    - 固体废物产生量
- 2. 异常运转信息
  - 故障设施
  - 异常开始和结束时间
  - 故障原因
  - 应对措施
  - 排放因子
  - 排放浓度
- 3. 小结

排污许可执行报告
月报
季报
年报
返回首页
执行报告信息
一、排污许可执行情况汇...
二、企业基本信息表
三、污染防治设施运行情况
正常运转信息
异常运转信息
小结
四、自行监测情况
五、台账管理情况
六、实际排放情况及达标...
七、信息公开情况
八、企业内部情况环境体...
九、其他排污许可证规定...
排污许可执行报告 > 年报 > 2020年年报告 > 污染防治设施运行情况 > 正常运转信息
导出word
+ 重新同步数据
废水污染治理设施正常运转情况表
+ 新增
序号
设施名称
设施编号
参数
数量
单位
备注
操作
1
综合废水处理设施
TW001
废水防治设施运行时间
h
污水处理量
t
污水回用量
t
污水排放量
t
耗电量
kW · h
药剂使用量
kg
污染物处理效率
%
运行费用
万元
编辑
删除
废气污染治理设施正常运转情况表
+ 新增
序号
设施名称
设施编号
设施类型
参数
数量
单位
备注
操作
脱硝设施运行时间
h
脱硝剂用量
t

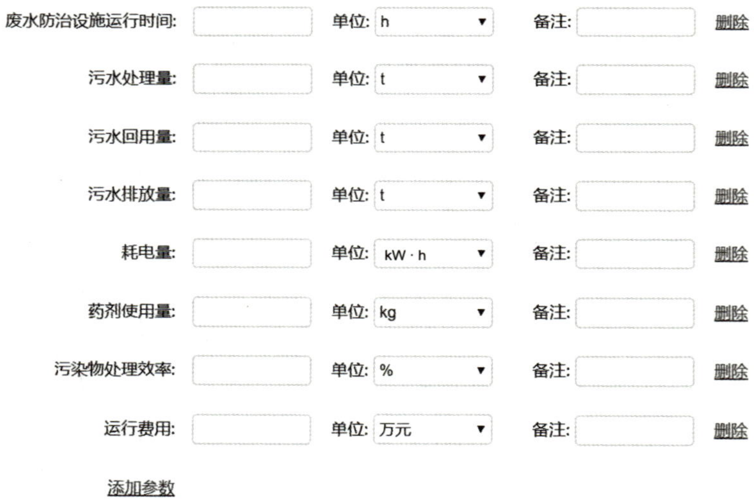
废水防治设施运行时间:
单位: h
备注:
删除
污水处理量:
单位: t
备注:
删除
污水回用量:
单位: t
备注:
删除
污水排放量:
单位: t
备注:
删除
耗电量:
单位: kW · h
备注:
删除
药剂使用量:
单位: kg
备注:
删除
污染物处理效率:
单位: %
备注:
删除
运行费用:
单位: 万元
备注:
删除
添加参数

* 设施编号:
TA001
* 设施名称:
其他废气收集处理系统
* 设施类别:
其他设施
请输入设施类型
运行时间:
单位: h
备注:
删除
运行费用:
单位: 万元
备注:
删除
去除效率:
单位: %
备注:
删除
固体废物产生量:
单位: t
备注:
删除
药剂用量:
单位: t
备注:
删除
添加参数

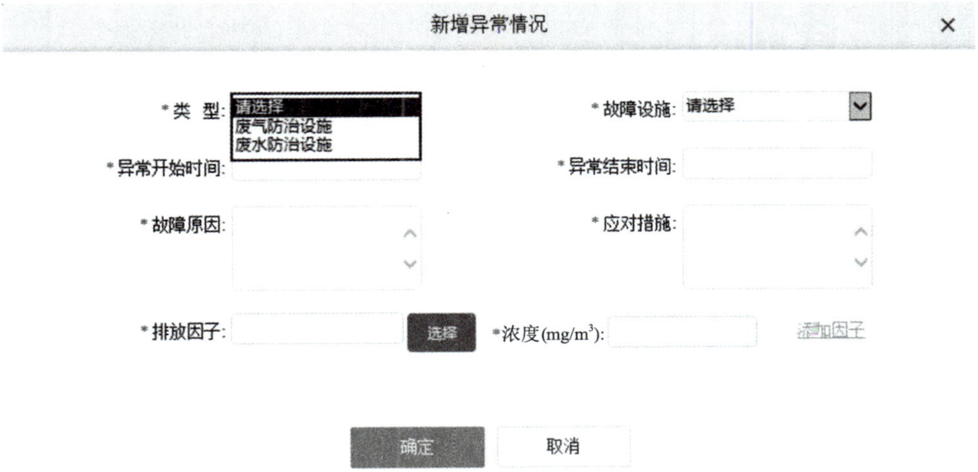
新增异常情况
* 类　型:
请选择
废气防治设施
废水防治设施
* 故障设施:
请选择
* 异常开始时间:
* 异常结束时间:
* 故障原因:
* 应对措施:
* 排放因子:
选择
* 浓度(mg/m3):
添加因子
确定
取消

6. 自行监测情况

- 自行监测情况
  - 1. 正常时段排放信息
    - 有组织废气污染物排放浓度监测数据统计表
      - 监测结果（折标，小时浓度）
      - 有效监测数据（小时值）数量
      - 超标数据数量
      - 超标率（%）
    - 有组织废气污染物排放速率监测数据统计表 —— 如排污许可证未许可排放速率，可不填
    - 无组织废气污染物排放浓度监测数据统计表
      - 监测点位/设施
      - 监测时间
      - 监测结果（折标，小时浓度）
      - 有效监测数据（日均值）数量
      - 是否超标及超标原因
    - 废水污染物排放浓度监测数据统计表
      - 浓度监测结果（日均浓度）
      - 超标数据数量
      - 超标率（%）
  - 2. 非正常时段排放信息
  - 3. 小结

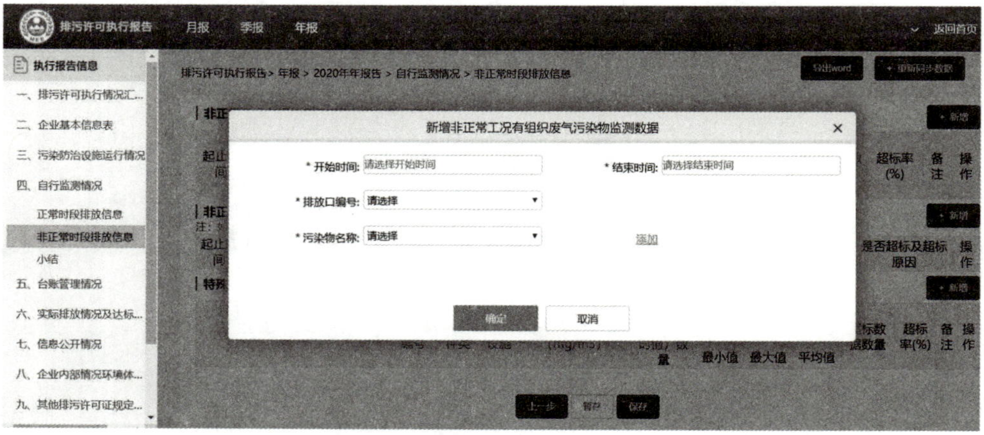

7. 台账管理情况

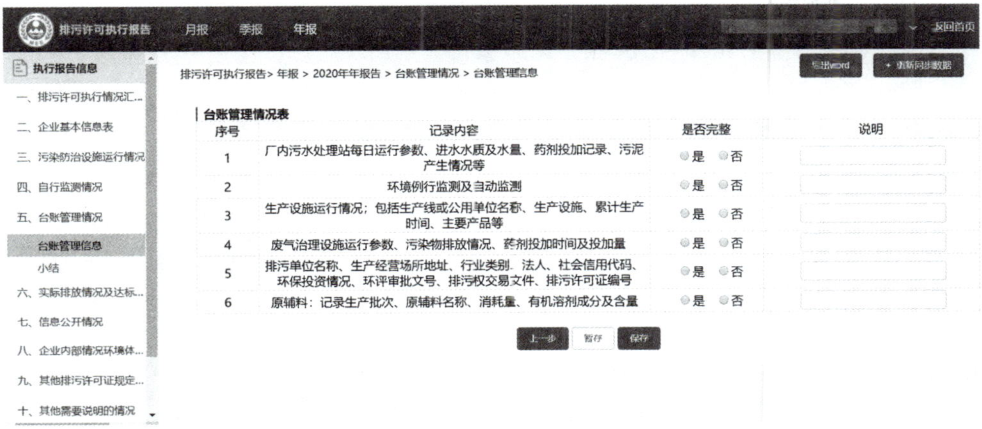

序号	记录内容	是否完整	说明
1	厂内污水处理站每日运行参数、进水水质及水量、药剂投加记录、污泥产生情况等	○是 ○否	
2	环境例行监测及自动监测	○是 ○否	
3	生产设施运行情况：包括生产线或公用单位名称、生产设施、累计生产时间、主要产品等	○是 ○否	
4	废气治理设施运行参数、污染物排放情况、药剂投加时间及投加量	○是 ○否	
5	排污单位名称、生产经营场所地址、行业类别、法人、社会信用代码、环保投资情况、环评审批文号、排污权交易文件、排污许可证编号	○是 ○否	
6	原辅料：记录生产批次、原辅料名称、消耗量、有机溶剂成分及含量	○是 ○否	

8. 实际排放情况及达标判定分析

自行监测情况

- 1. 实测法
  - 自动监测
  - 手工监测
  - 应采用符合监测规范的有效自动监测数据核算污染物实际排放量；排污许可证未要求采用自动监测的污染物项目，可采用手工监测数据核算污染物实际排放量
- 2. 物料衡算法 —— 利用物料数量或元素数量在输入端与输出端之间的平衡关系，核算污染物实际排放量
- 3. 产排污系数法 —— 根据单位产品污染物的产生量和排放量，核算污染物实际排放量。产污系数参考污染源普查产污系数手册或《未纳入排污许可管理行业适用的排污系数、物料衡算方法（试行）》

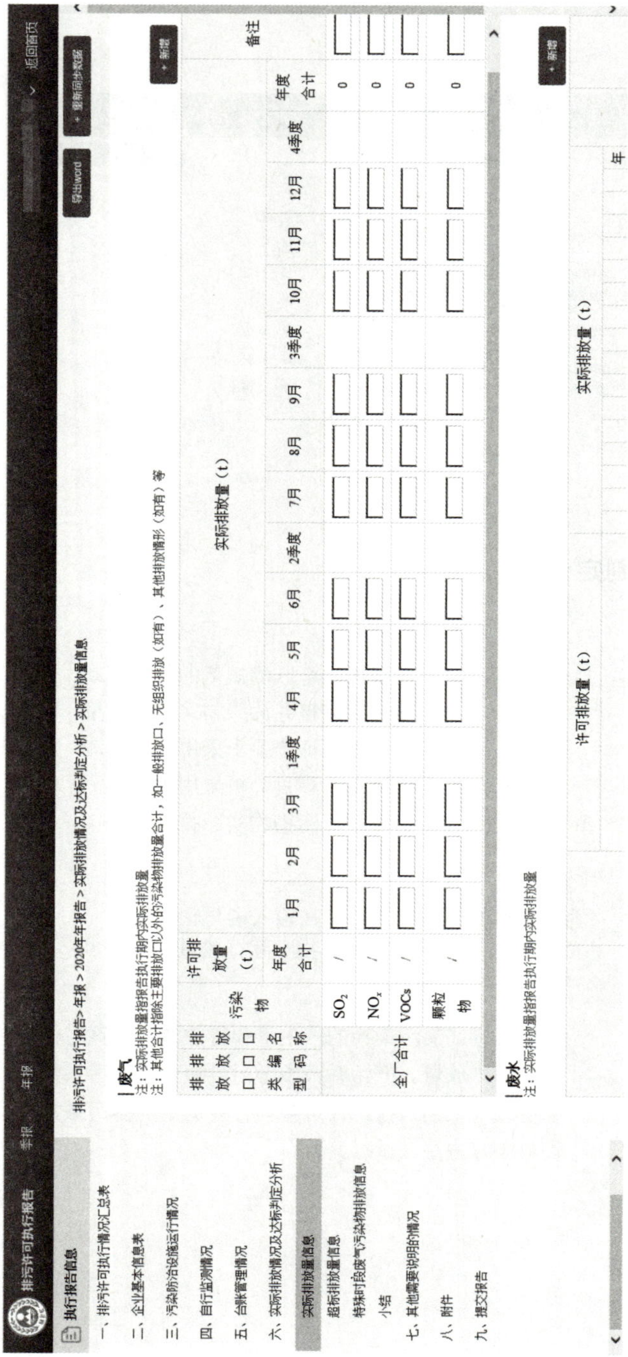
排污许可执行报告
季报
年报
返回首页
执行报告信息
一、排污许可执行情况汇总表
二、企业基本信息表
三、污染防治设施运行情况
四、自行监测情况
五、台账管理情况
六、实际排放情况及达标判定分析
实际排放量信息
超标排放量信息
特殊时段废气污染物排放信息
小结
七、其他需要说明的情况
八、附件
九、提交报告
排污许可执行报告> 年报 > 2020年年报告 > 实际排放情况及达标判定分析 > 实际排放量信息
导出word
+ 重新同步数据
废气
注：实际排放量指报告执行期内实际排放量
注：其他合计指除主要排放口以外的污染物排放量合计，如一般排放口、无组织排放（如有）、其他排放情形（如有）等
+ 新增
排放口类型
排放口编码
排放口名称
污染物
许可排放量（t）
年度合计
实际排放量（t）
1月
2月
3月
1季度
4月
5月
6月
2季度
7月
8月
9月
3季度
10月
11月
12月
4季度
年度合计
备注
全厂合计
SO2
NOx
VOCs
颗粒物
/
0
废水
注：实际排放量指报告执行期内实际排放量
+ 新增
许可排放量（t）
实际排放量（t）
年

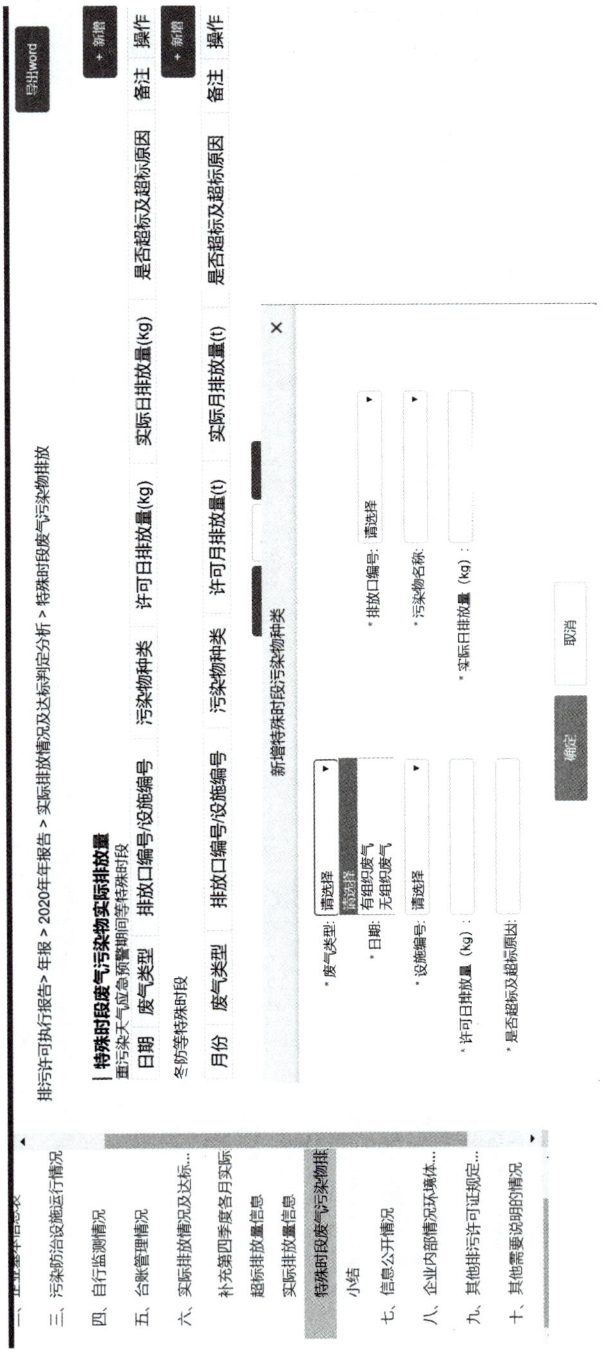
一、企业基本信息表
三、污染防治设施运行情况
四、自行监测情况
五、台账管理情况
六、实际排放情况及达标...
补充第四季度各月实际
超标排放量信息
实际排放量信息
特殊时段废气污染物排
小结
七、信息公开情况
八、企业内部情况环境体...
九、其他排污许可证规定...
十、其他需要说明的情况
排污许可执行报告> 年报 > 2020年年报告 > 实际排放情况及达标判定分析 > 特殊时段废气污染物排放
导出word
特殊时段废气污染物实际排放量
重污染天气应急预警期间等特殊时段
+ 新增
日期 废气类型 排放口编号/设施编号 污染物种类 许可日排放量(kg) 实际日排放量(kg) 是否超标及超标原因 备注 操作
冬防等特殊时段
+ 新增
月份 废气类型 排放口编号/设施编号 污染物种类 许可月排放量(t) 实际月排放量(t) 是否超标及超标原因 备注 操作
新增特殊时段污染物种类
×
* 废气类型: 请选择
请选择
有组织废气
无组织废气
* 日期:
* 排放口编号: 请选择
* 设施编号: 请选择
* 污染物名称:
* 许可日排放量（kg）:
* 实际日排放量（kg）:
* 是否超标及超标原因:
确定
取消

9. 信息公开情况

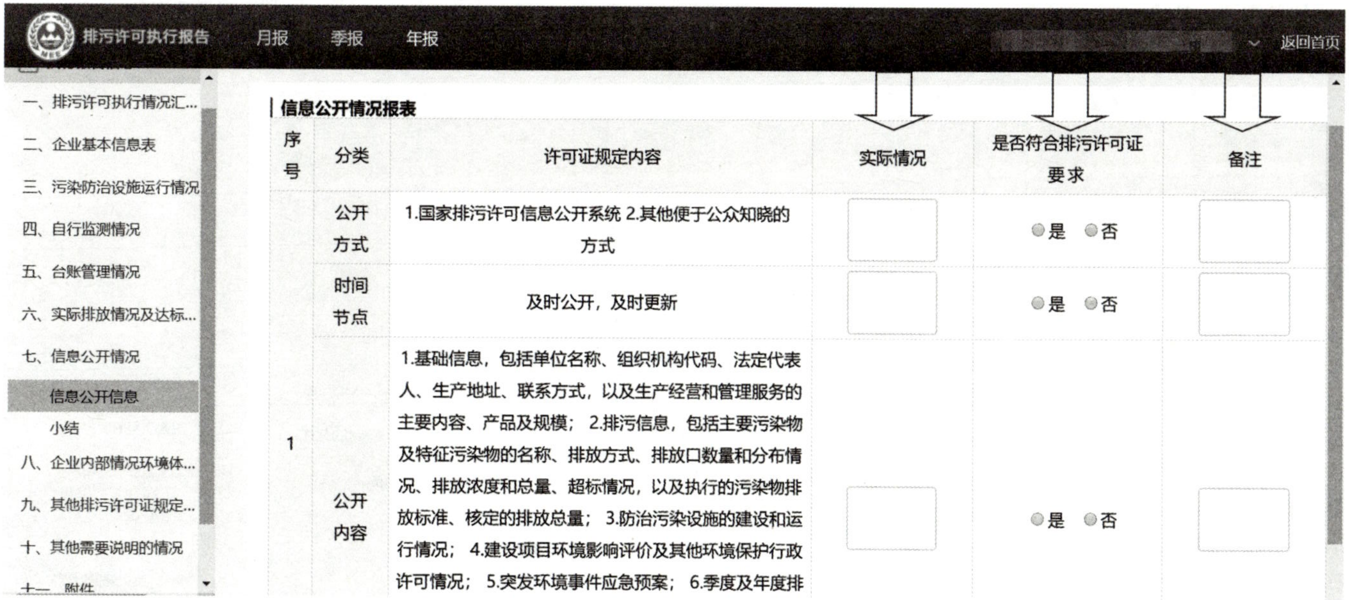
排污许可执行报告
月报
季报
年报
返回首页
一、排污许可执行情况汇...
二、企业基本信息表
三、污染防治设施运行情况
四、自行监测情况
五、台账管理情况
六、实际排放情况及达标...
七、信息公开情况
信息公开信息
小结
八、企业内部情况环境体...
九、其他排污许可证规定...
十、其他需要说明的情况
十一、附件
信息公开情况报表
序号
分类
许可证规定内容
实际情况
是否符合排污许可证要求
备注
1
公开方式
1.国家排污许可信息公开系统 2.其他便于公众知晓的方式
是 否
时间节点
及时公开，及时更新
是 否
公开内容
1.基础信息，包括单位名称、组织机构代码、法定代表人、生产地址、联系方式，以及生产经营和管理服务的主要内容、产品及规模；2.排污信息，包括主要污染物及特征污染物的名称、排放方式、排放口数量和分布情况、排放浓度和总量、超标情况，以及执行的污染物排放标准、核定的排放总量；3.防治污染设施的建设和运行情况；4.建设项目环境影响评价及其他环境保护行政许可情况；5.突发环境事件应急预案；6.季度及年度排
是 否

10. 企业内部情况环境体系建设运行情况

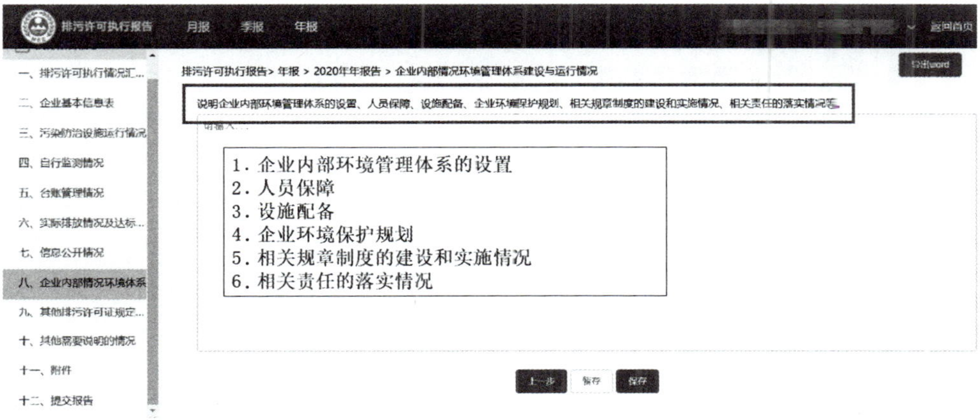

11. 其他排污许可证规定的内容执行情况

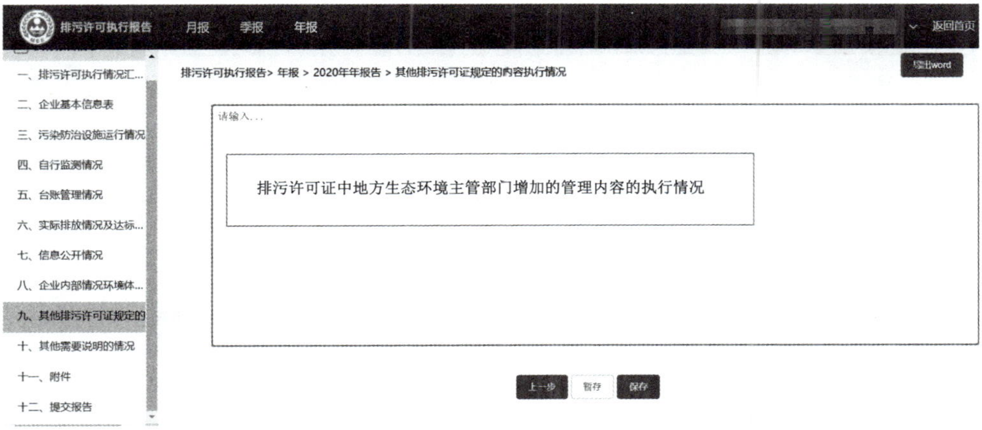

12. 其他需要说明的情况

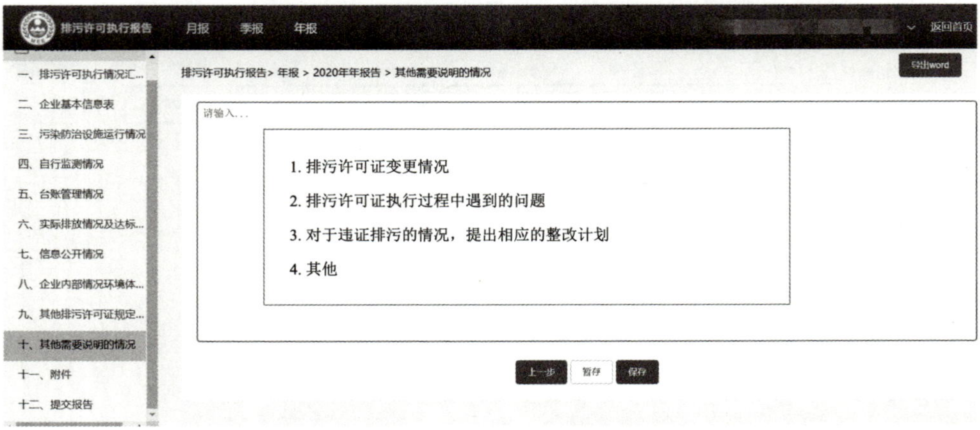

13. 附件

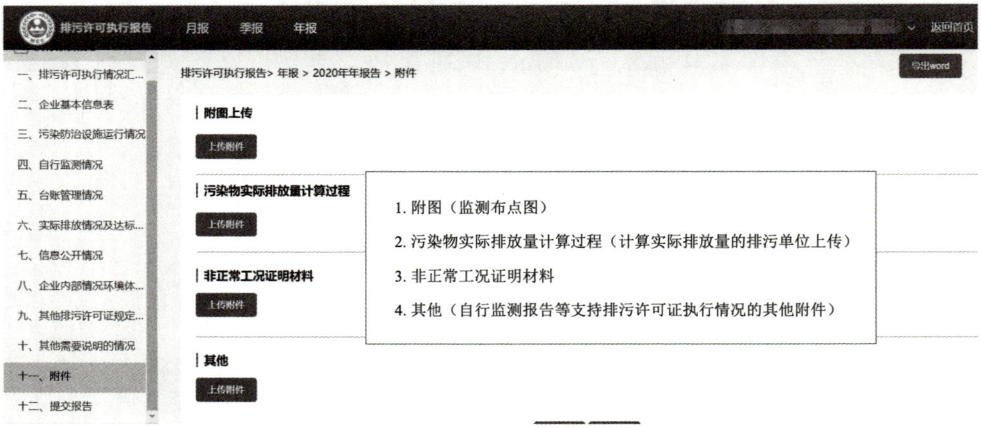

14. 提交报告

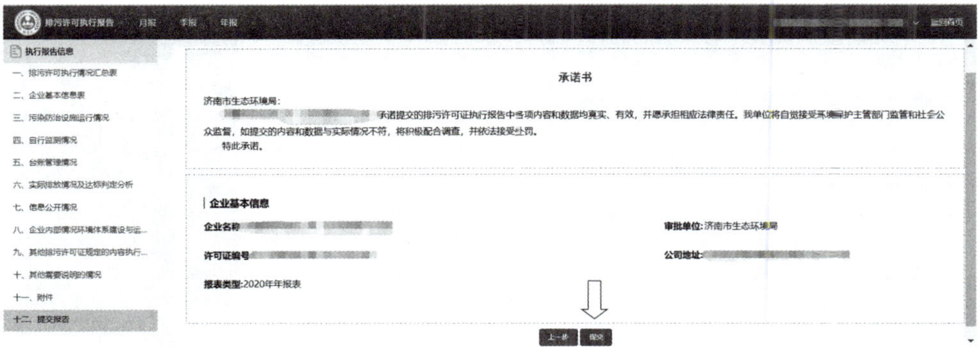

（二）季报 / 月报

1. 登录

打开网页，使用 IE9 及以上版本 IE 浏览器，打开国家平台，点击“网上申报”（网址：http://permit.mee.gov.cn/）。

2. 登录后，选择台账记录执行报告

3. 进入执行报告后，选择季报 / 月报

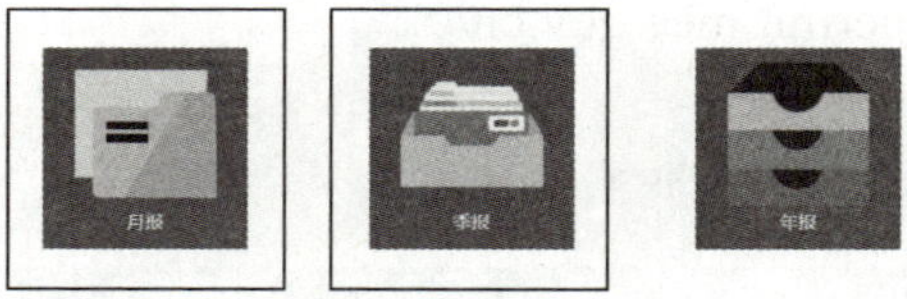

4. 进入后点击新增，选择年份、季度或者月份

5. 排污单位基本信息（月报无此内容）

6. 选择实际排放量信息，填写该季度每月废气、废水实际排放量，填入数据需有检测报告作支撑。填写完成后，点击下一步

7. 超标排放量信息：若有超标排放，则按表填写；若无超标排放，不填写

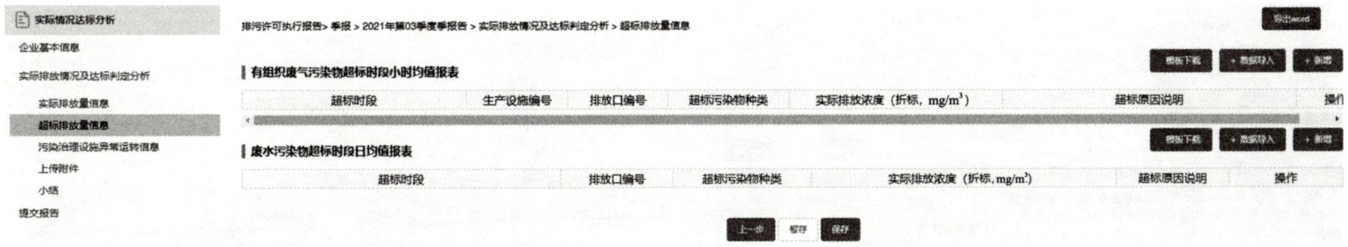

8. 污染治理设施异常运转信息：若有，则按表填写；若无，不填写

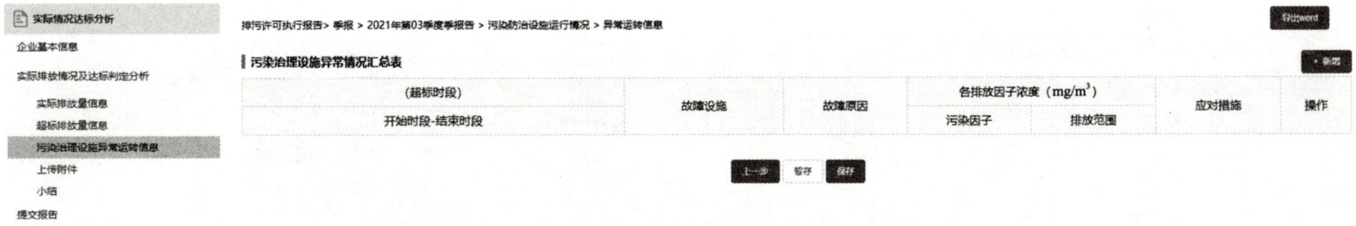

9. 上传附件：需上传该季度废气、废水实际排放量计算过程，其余附件按照当地要求上传

10. 小结

包括企业的基本情况，排放污染物情况，该季度生产运行状况、原辅料使用情况、污染治理设施运行情况等。

11. 确认填写内容无误后，点击“提交”

九、执行报告审核要点

（一）完整性审核

完整性审核主要是审核执行报告中排污单位基本情况、排污单位内部环境管理体系建设与运行情况、附图附件等内容是否填写完整。

1. 排污单位基本情况

（1）核查执行报告周期内排污单位基本信息、产排污节点、污染物及污染治理设施、环境管理要求等信息发生变化的情况，重点审核：

①针对排污单位基本信息，审核报告周期内排污单位生产经营场所位置、设计生产能力、主要污染物类别及种类、排放方式、排放规律及执行标准等信息是否发生变化，发生变化的内容是否有相关文件支持，如营业执照、环境影响评价报告批复文件、相关规范等；

②针对排污单位产排污节点、污染物及污染治理设施，审核报告周期内排污单位各污染治理设施工艺、排放口位置、形式及排放污染物的种类是否发生变化，重点审核发生变化的内容是否上报、是否有相关文件支持，如环境影响评价批复文件、相关规范等；通过全国排污许可证管理信息平台，查阅排污单位排污许可证变更相关内容，审核排污许可证是否根据要求对发生变化的内容进行变更，如排污许可证内容未进行变更，将该项列入执行报告审核意见中；

③针对排污单位环境管理要求，审核自动监测设施及安装位置变化情况，审核手工监测采样方法及个数、监测频次、测定方法，重点审核发生变化的内容是否上报。

（2）审核执行报告周期内排污单位运行时间，生产规模，主要产品产量、原辅料用量、燃料用量及成分等能源消耗量等信息是否完整。

（3）审核是否说明排放口规范化整改情况。

2. 排污单位内部环境管理体系建设与运行情况

主要审核执行报告中关于排污单位环境管理体系的设置、人员保障、设备配备、规章制度、环保措施整改计划、实施情况、相关责任的落实等内容填写的完整性。

3. 附图附件

（1）附图

审核是否包括监测布点图、平面布置图。附图应图像清晰，显示要点明确，包括图例、比例尺、风向标等内容。

监测布点图是否涵盖了执行报告周期内涉及的排污许可证自行监测及记录表中监测点位（含排污单位涉及周边环境质量监测要求的监测点）。

（2）附件

重点审核附件的全面性，具体包括：

①污染物实际排放量计算过程；

②相关特殊情况的证明材料：

a）执行报告周期内排污单位如涉及拆除、闲置停运污染防治设施时，需提供生态环境主管部门关于上述情况的回复文件；

b）排污单位如涉及自动监测系统出现设备异常的情况，需提供其向生态环境主管部门提交的补充监测和事故分析报告等文件；

c）排污单位如涉及在线数据缺失、数据异常，且不是排污单位责任，需提供证明材料；

d）排污单位如涉及因故障等紧急情况停运污染防治设施或污染防治设施运行异常的情况，需提供生态环境主管部门关于上述情况的书面回复文件；

e）执行报告周期内，生态环境主管部门出具的对排污单位超标排放的处罚文件（如涉及）。

③支持排污许可证执行报告的其他相关材料：

a）排污单位自行（手工）监测报告、执法监测报告；

b）排污单位自动监控设施故障时间记录；

c）排污单位各机组开停机时间记录；

d）排污单位如涉及营业执照信息调整，需提供最新的营业执照；

e）排污单位如涉及环保治理设施提标改造，需提供环境影响评价报告批复文件。

（二）技术性审核

技术性审核主要是对执行报告中污染防治设施运行情况、自行监测执行情况、环境管理台账执行情况、实际排放情况及合规判定分析、信息公开情况，从报告内容关联性和报告内容与排污单位实际生产情况的符合性进行审核。

1. 污染防治设施运行情况

主要针对污染防治设施正常、异常及事故运行情况进行审核，具体内容如下：

（1）正常情况

对照《排污单位环境管理台账及排污许可证执行报告技术规范　总则（试行）》（HJ 944—2018）附录F中表F.2污染防治设施正常情况汇总表，核查执行报告中污染防治设施运行情况内容是否全面，同时核查排污单位根据行业特征对污染防治设施运行情况补充说明的内容。

1）废水治理设施

审核执行报告中，根据废水治理设施类型是否对应填写了其涉及的实际处理量、回用量、排放量、药剂使用量、污染物处理效率、治理设施运行费用等相关参数，以便对执行报告废水治理设施填写内容的全面性进行审核。

2）废气治理设施

①废气治理设施运行时间

根据各生产单元执行报告周期内实际生产时间，对废气治理设施运行时间进行校核。一般情况，废气治理设施运行时间大于等于生产单元实际生产时间。

②废气治理设施相关内容填写的全面性

a）除尘设施

主要审核除尘设施涉及的相关参数的填写是否全面，如除尘设施运行时间、平均除尘效率、除尘灰产生量等内容。

b）脱硫、脱硝设施

主要审核脱硫、脱硝设施涉及的相关参数的填写是否全面，如运行时间、脱硫剂及脱硝剂用量、脱硫副产品产量、平均脱硫及脱硝效率等内容。

（2）异常情况

排污单位拆除、停运污染防治设施，排污单位因故障等紧急情况停运污染治理设施或污染治理设施运行异常等情况导致污染物超标排放，均属于异常情况。对于上述异常情况，主要审核以下内容：

①异常情况下，排污单位拆除、停运污染防治设施时，生态环境主管部门出具同意上述情况的相关文件是否齐全，重点审核出现上述情况的原因。

②针对排污单位因故障等紧急情况停运污染防治设施或污染防治设施运行异常的情况，审核排污单位向生态环境主管部门提交的关于上述情况报告的递交情况，重点审核故障的原因及采取的应急措施。其中，故障原因的审核原则是：说明因生产设施故障而停运污染防治设施，明确引起污染防治设施运行异常的原因，如具体部件突发性损坏或设施运行管理疏漏导致滤袋更换不及时、催化剂失效等原因。

2. 自行监测执行情况

主要审核以下内容：

（1）监测数据的有效性

①对于自动监测数据，生态环境主管部门可通过在线监测平台，校核执行报告填写的监测数据的真实有效性；

②对于手工监测数据，可通过排污单位提供的自行监测报告，审核执行报告填写的监测数据的真实有效性。

（2）监测要求与排污许可证的一致性

根据排污单位提供的自行监测报告，审核排污单位开展的自行监测的监测要求与排污许可证自行监测及记录表中关于手工测定方法的一致性。

（3）有效监测数据数量与排污许可证监测频次的符合性

①对于自动监测数据：

a）对于执行报告周期内有组织废气污染物排放浓度或速率监测数据，排放口自动监测系统未出现故障的情况，审核执行报告周期内有效监测数据数量与该排放口废气治理设施运行时间（小时）的一致性；对于执行报告周期内废水污染物排放浓度监测数据，排放口自动监测系统未出现故障的情况，审核执行报告周期内有效监测数据数量与该排放口废水治理设施运行时间（天数）的一致性；

b）对于执行报告周期内，排放口自动监测系统部分时段出现故障的情况，审核执行报告周期内有效监测数据数量与该排放口废气治理设施运行时间（小时）、自动监测系统故障时间段内手工监测有效数据数量之和的一致性；对于执行报告周期内，废水排放口自动监测系统部分时段出现故障的情况，审核执行报告周期内有效监测数据数量与该排放口废水治理设施运行时间（天数）、自动监测系统故障时间段内手工监测有效数据数量之和的一致性。

②对于手工监测数据，审核执行报告周期内有效监测数据数量与排污许可证自行监测及记录表中关于手工监测频次的一致性。

（4）监测数据超标原因

主要对执行报告给出的数据超标原因进行逻辑性分析，审核超标原因合理的情况一般包括：

①环保设施运行异常，且针对此情况已向生态环境主管部门提交书面报告，并收到其书面回复；

②排污单位因故障等紧急情况停运污染防治设施，且针对此情况已向生态环境主管部门提交书面报告，并收到其书面回复；

③自行监测系统设备异常，且针对此情况已向生态环境主管部门提交补充监测报告。

（5）自行监测方案、监测布点图中内容全面性

核查自行监测方案、监测布点图是否涵盖了排污单位排污许可证自行监测及记录表中全部废气、废水监测点位，同时，核查排污单位涉及周边环境质量监测要求的监测点，其监测点位、指标、时间、频次、有效监测数据数量、监测结果等内容是否全面。

3. 信息公开情况

审核排污单位信息公开的方式、内容、频次及时间节点等与排污许可证副本中规定内容的一致性。

十、环境管理台账的记录要求

根据《排污单位环境管理台账及排污许可证执行报告技术规范　总则（试行）》（HJ 944—2018）要求，主要包括基本信息、生产设施运行管理信息、污染防治设施运行管理信息、监测记录信息及其他环境管理信息等。

1. 基本信息

包括排污单位生产设施基本信息、污染防治设施基本信息。

（1）生产设施基本信息：主要技术参数及设计值等。

（2）污染防治设施基本信息：主要技术参数及设计值；对于防渗漏、防泄漏等污染防治措施，还应记录落实情况及问题整改情况等。

2. 生产设施运行管理信息

包括主体工程、公用工程、辅助工程、储运工程等单元的生产设施运行管理信息。

（1）正常工况：运行状态、生产负荷、主要产品产量、原辅料及燃料等。

①运行状态：是否正常运行，主要参数名称及数值。

②生产负荷：主要产品产量与设计生产能力之比。

③主要产品产量：名称、产量。

④原辅料：名称、用量、硫元素占比、有毒有害物质及成分占比（如有）。

⑤燃料：名称、用量、硫元素占比、热值等。

⑥其他：用电量等。

（2）异常工况：起止时间、产品产量、原辅料及燃料消耗量、事件原因、应对措施、是否报告等。

对于无实际产品、燃料消耗，非正常工况的辅助工程及储运工程的相关生产设施，仅记录正常工况下的运行状态和生产负荷信息。

3. 污染防治设施运行管理信息

（1）正常情况：运行情况、主要药剂添加情况等。

①运行情况：是否正常运行，治理效率、副产物产生量等。

②主要药剂（吸附剂）添加情况：添加（更换）时间、添加量等。

③涉及 DCS 系统的，还应记录 DCS 曲线图。DCS 曲线图应按不同污染物分别记录，至少包括烟气量、污染物进出口浓度等。

（2）异常情况：起止时间、污染物排放浓度、异常原因、应对措施、是否报告等。

4. 监测记录信息

按照 HJ 819 及各行业自行监测技术指南规定执行。

监测质量控制按照 HJ/T 373 和 HJ 819 等规定执行。

5. 其他环境管理信息

无组织废气污染防治措施管理维护信息：管理维护时间、主要内容等。

特殊时段环境管理信息：具体管理要求及其执行情况。

其他信息：法律法规、标准规范确定的其他信息，企业自主记录的环境管理信息。

企业环保管家系列指南 | 丛书主编　宋海鸥

企业建设项目
环境影响评价管理指南

周建勋　刘　威　李永臣　**编著**

中国环境出版集团·北京

图书在版编目（CIP）数据

企业建设项目环境影响评价管理指南/周建勋，刘威，李永臣编著.—北京：中国环境出版集团，2023.6
（企业环保管家系列指南）
ISBN 978-7-5111-5535-1

Ⅰ. ①企… Ⅱ. ①周… ②刘… ③李… Ⅲ. ①企业—基本建设项目—环境影响—评价—指南 Ⅳ. ①X820.3-62

中国国家版本馆CIP数据核字（2023）第098484号

出 版 人 武德凯
责任编辑 葛 莉 董蓓蓓
封面设计 彭 杉

出版发行 中国环境出版集团
（100062 北京市东城区广渠门内大街16号）
网　　址：http：//www.cesp.com.cn
电子邮箱：bjgl@cesp.com.cn
联系电话：010-67112765（编辑管理部）
010-67113412（第二分社）
发行热线：010-67125803 010-67113405（传真）
印　　刷 北京中科印刷有限公司
经　　销 各地新华书店
版　　次 2023年6月第1版
印　　次 2023年6月第1次印刷
开　　本 787×960 1/16
印　　张 10.75
字　　数 125千字
丛书定价 688.00元

企业环保管家系列指南

编 委 会

丛书主编简介：

宋海鸥 河北环境工程学院教授，环境法学硕士，西北政法大学法学博士研究生，河北海立律师事务所律师，秦皇岛律协资源与环境委员会副主任，担任多地生态环境部门、企业法律顾问，主要从事环境法、环境执法及环境管理领域相关研究与实务工作。

本册作者简介：

周建勋 北京市律师协会第十届、第十一届环境与资源委员会委员，环境与资源专业法学副教授，北京德恒律师事务所律师，生态环境部环境工程评估中心执法研究院入库专家。2006 年开始从事环评工程师考前培训工作。在核心期刊和《中国环境报》等期刊发表环境法专业论文多篇。承办多起在全国有较大影响的环境案件。担任多家央企和政府部门的法律顾问，为企业和政府部门提供环境法律风险评估与合规指引专项法律服务。

刘　威 环评工程师，注册环保工程师，高级工程师，咨询工程师（投资），山西迈润田环保工程有限公司合伙人，北京飞翔飞专业环保培训中心高级顾问、讲师。2014 年开始从事环评工程师考前培训，并为多家大型企业开展环保培训。主编《2005—2015 年全国环境影响评价工程师职业资格考试案例分析解析》（化学工业出版社），参编《环境影响评价技术方法试题解析》和《环境影响评价案例分析试题解析》（中国环境出版集团）。

李永臣 环境影响评价工程师，毕业于沈阳工业大学环境工程专业。从事环保咨询工作多年，承担多项省市级项目编制工作，具有丰富的环评工作经验。

总 序

“环保管家”是一种以“合同环境服务”为核心的环境污染治理新模式。2014 年 12 月 27 日，国务院办公厅《关于推行环境污染第三方治理的意见》中指出：“到 2020 年，环境公用设施、工业园区等重点领域第三方治理取得显著进展，污染治理效率和专业化水平明显提高，社会资本进入污染治理市场的活力进一步激发。环境公用设施投资运营体制改革基本完成，高效、优质、可持续的环境公共服务市场化供给体系基本形成；第三方治理业态和模式趋于成熟，涌现一批技术能力强、运营管理水平高、综合信用好、具有国际竞争力的环境服务公司。”2016 年 4 月 15 日，环境保护部印发《关于积极发挥环境保护作用促进供给侧结构性改革的指导意见》（环大气〔2016〕45 号），该意见指出：“推进环境咨询服务业发展，鼓励有条件的工业园区聘请第三方专业环保服务公司作为‘环保管家’，向园区提供监测、监理、环保设施建设运营、污染治理等一体化环保服务和解决方案。”由此，在环境保护领域正式提出了“环保管家”的概念，诸多的“环保管家”公司如雨后春笋般涌现，为企业提供“全面体检”服务。

尽管有专业环境污染第三方治理机构的辅助，但排污企业不能也无法避免经营中环境违规行为的法律责任。在环保形势日益严峻的背景下，掌握环境法律基本规定、污染防治技术规范等成为企业生存发展的必备能力，企业有必要通过学习将“要我守法”内生为“我要守法”的动力。

编者在与能源、化工、运输、钢铁、建材、机械加工、装备制造、矿山等行业企业打交道的过程中，了解到企业尤为关注环保问题，有增加环保投入和

增强自身环保专业知识的意愿，对降低环保经营风险有较高的期望值，但囿于环境保护知识的专业性，对通俗介绍企业生产经营中环保风险的指南、手册的需求迫切。正是基于这种市场需求，我们策划了这套专业的“企业环保管家系列指南”丛书（以下简称丛书），对企业环保问题开展“望闻问切”，对环保疑难杂症进行“科学会诊”，既能找准污染治理主要环节和风险隐患突出问题形成“体检报告”，也能开出诊治“药方”。“环保管家”通过常态化的“体检”和“问诊”，及时提出预警和针对性措施，以避免环境事故的发生，降低环境风险。

丛书分为四个板块，共计 13 个分册，旨在通过通俗易懂、实务的语境为企业提供环境守法的指引。在理论知识铺垫上，以够用为尺度，尽可能化繁为简；注重实操，并辅以案例，对企业生产经营中的环境管理事项和环境管理风险予以深度解读，帮助企业相关人员掌握企业环境管理的“钥匙”，最大限度降低企业的经营风险。

丛书的四个板块分别为：

1）法律法规板块：包括《企业常用环境法律法规手册》1 个分册，主要包含环境法律、法规、规章及政策性文件等内容。

2）常见环境管理事务板块：包括《企业环保合法合规管理指南》《企业建设项目环境影响评价管理指南》《企业排污许可证申领与实施操作指南》《企业自行监测管理指南》《企业环境信息化管理指南》《企业环境应急管理指南》6 个分册，主要从企业建设项目环境管理与企业环境风险防范角度进行阐释。

3）污染防治技术板块：包括《企业废水污染管控指南》《企业废气污染管控指南》《企业固体废物污染环境管控指南》《企业土壤污染管控指南》4 个分册，主要从治理设备、治理技术、产排污节点等方面对企业全流程技术管理予以说明。

4）企业环境金融与认证板块：包括《企业环境经济政策指南》《企业清洁生产审核与环境管理体系认证指南》2 个分册，主要包括环境税、排污权交易、碳排放交易以及清洁生产审核、ISO 14001 认证等相关知识。

丛书主要针对生产性企业的环境管理人员、环保管理型企业的工作人员以

及对环境管理工作感兴趣的其他人员，也可以作为环境管理初学者的入门教材。

编写团队共 25 人，包括相关领域教授、副教授，专门从事环境法律事务的律师，生态环境部固体废物与化学品管理技术中心专家，大型企业从事环境管理的工作人员以及专业从事“环保管家”服务的企业人员等。编写团队中无论是“学院派”还是“实战派”，均是在相应领域深耕多年的行家里手。

本套丛书经过与出版社沟通和策划、制定编写大纲、组织编写人员、撰写初稿、修改初稿、定稿、统稿等多个流程，历时 15 个月。在组织编写过程中，各分册编者之间通力合作，各分册牵头人也与我进行有效沟通，保证了丛书的质量和覆盖面；同时，为保障丛书如期完成，众多编者付出了巨大心血，在此表示衷心感谢。组织如此大规模的编写队伍，于我而言也是前所未有的，其中有考虑不周之处，请各位编者海涵；因知识和技能所限，编写难免有疏漏，请各位读者批评指正。

最后要感谢河北环境工程学院领导的关心及中国环境出版集团对这套丛书的支持，尤其是第二分社全体编辑的专业和敬业让这套丛书由设想变为现实。

宋海鸥

2022 年 8 月 14 日于秦皇岛

前言

对企业而言，建设项目的环境影响评价制度（以下简称环评）可以说既熟悉又陌生。说熟悉，是因为很多企业都知道进行投资和项目建设一般绕不开环评手续的办理；说陌生，是因为很多企业对环评制度的理解仅止步于此。很多企业对建设项目环评制度缺乏基本认知，不知道哪些建设项目必须办理环评手续，哪些建设项目不需要办理；不知道报批环评报告书时应当一并报送公众参与文件；不知道环评报告表中的专项设置还可以有所选择；不知道哪些建设项目存在环境影响后评价问题；不知道环评文件出现严重质量问题时，建设单位是第一责任人，等等。

除此之外，不少企业还对环评制度存在诸多误解。例如，认为环评是环评技术单位的事情，与企业关系不大；企业只要花钱办理，就一定可以取得环评批复；环评批复一到手，环评工作就基本结束，环评也就没什么用了；只要厂房有环评手续，租赁厂房生产经营就无须再办理环评手续；在竣工环保验收前，随时可以重新报批环评文件；企业资本注入时，原环评批复可以有偿转让，等等。

企业对建设项目环评制度的认知不足和存在误解，是当前建设项目环评违法事件频发的主要原因之一。要改变企业的这种认知现状，一个重要途径就是站在企业视角，结合实际案例，系统讲解建设项目环评制度，引导企业逐步形成环境管理能力，建立对建设项目环评制度的正确认识。

正是基于上述目的，我们编写了《企业建设项目环境影响评价管理指南》一书。本书力求从建设单位角度出发，以建设项目环境影响评价的基本流程为主线，以确保环评文件质量为核心，结合当前环境领域的典型案例，并融合当前最新的环境管理政策、规范和技术标准，解读和分析我国现行建设项目环评制度，希望为企业防范建设项目环评违法风险提供指导。

本书共十二章，由周建勋任主编。具体编写分工为：周建勋负责第一章，第二章，第三章，第五章，第六章，第七章，第八章，第十二章第一节、第二节、第四节以及第九章第二节、第三节；刘威负责第九章第一节、第四节、第五节，第十章；李永臣负责第十一章和第十二章第三节；第四章由李永臣和刘威共同编写。全书由周建勋负责统稿，刘威和李永臣为全书的审校提供了支持。在本书的前期编写工作中，环评工程师董宏静和中国环境科学研究院环境技术工程有限公司竹怀林两位同志提供了极大帮助，在此一并表示感谢。

由于编者水平有限，编写时间仓促，错漏之处在所难免，恳请读者朋友们批评指正。

编者

2022 年 11 月

目　录

第一章　企业建设项目环评管理概述

环境影响评价又称环评，是我国环境法律体系中的一项重要制度。建设项目环评管理制度是约束建设项目环境准入的法治保障，是在发展中守住“绿水青山”的前沿防线，为协同推进经济高质量发展和生态环境高水平保护发挥着重要作用。

长期以来，企业对经济发展的重视程度远高于环境质量，往往将建设项目环评作为项目建设中的一道形式化的手续，忽视了建设项目环评管理制度在项目竣工环保验收、领取排污许可、碳排放交易等方面的前提和基础作用。不少人存在诸如“环评不过是一纸文书”“环评是环评技术单位的事情，与企业无关”等诸多误区，导致企业面临“未批先建”“未验先投”“无证排污”等一系列的环境违法风险。

本书以企业建设项目环评管理为研究对象，希望能够帮助企业建立以防范和化解环境法律风险为目的，贯穿建设项目环评的编制、审批、落实以及风险防范全过程的环评管理机制，提升企业环境管理能力。

第一节　建设项目环评管理的重要意义

企业环境管理能力是企业以改善环境质量为目的，依法对其建设项目（包括拟建、在建和已建）产生或可能产生的不利环境影响进行管控的能力。其内容既包括环境管理的相关权利，诸如合规管理权、排污权、碳排放权等，又包括环境管理的义务，诸如环评管理、环保设施“三同时”管理、排污许可管理等。

对于已经依法承担环境法律责任后被注销、关停的企业，或者依法被取缔的企业而言，由于与建设项目生产运营完全分离，其已丧失企业环境管理能力。而合法成立并存续的企业在管控建设项目不利环境影响时，则具有环境管理能力。

建设项目环评管理是企业环境管理能力的内容之一，是环境法“预防为主”原则的具体体现。建设项目环评管理所针对的是项目的环境影响，核心是环评文件质量，要务是落实环评及其批复要求，最终实现环境行为合规、防范违法风险的目的。

法律责任上，建设单位不仅是建设项目环境影响评价的责任主体，也是建设项目环境影响公众参与的责任主体，还是环评质量违法的第一责任人，更是“未批先建”等一系列环境违法行为的责任主体。因此，建设项目环评管理是企业环境管理中不可或缺的内容。

企业开展建设项目环评管理的意义包括以下三个方面。

一、有利于创新项目的工程管理

现代项目工程管理是为保证工程项目在设计、采购、施工、安装调试等各个环节的顺利进行，而基于统筹方法进行的系统性工程管理。生态环境保护只有成为这一统筹管理的重要目标之一，才能将生态环境保护设施与措施有效地融合在工程项目建设过程中。

从生态环境保护角度而言，自2016年后，我国确立了“以改善环境质量为核心”的生态环境管理目标。要求建设项目落实生态保护红线、环境质量底线、资源利用上线和环境准入负面清单的约束，建立项目环评审批与规划环评、现有项目环境管理、区域环境质量联动机制。严格建设项目全过程管理、深化信息公开和公众参与、加强建设项目环境保护相关科普宣传。近年来的法律法规规章的修订中，“试生产”许可被取消，“限期治理”的适用范围被极大限缩，取而代之的是更为严格的“排污即须达标”的法律规则。这意味着，企业必须秉持新发展理念，创新性地将工程项目管理与建设项目环评管理相融合，才能实现工程建设与生态环境的和谐发展。

企业将建设项目环评管理融入工程项目管理，可以避免对建设项目环评管理的认识不足，防止出现项目建设时序、布局不合理，环保对策措施不可行，环保设施无法实现“三同时”等情形。

比如，对生态类项目建设而言，水电类的环评文件一般会明确工程建设的施工时序。建设单位必须将生态保护工程融入工程建设时序，以免影响蓄水和发电。再如，在规划区域建设生活垃圾焚烧发电厂，建设项目的环评文件通常会明确提出，需要配套建设渗滤液收集池、调节池，炉渣综合利用设施以及相应规模的污水处理设施，建设单位需要将这些配套工程统筹设计和施工，避免主体工程完工后，环保设施却未建成，以致无法按期完成验收。

二、有利于防范环境法律风险

“用最严格制度、最严密法治保护生态环境”已经成为我国环境政策与立法的必然趋势。“先上车后买票”式的补办环评、“环境保护让位于经济发展”的传统思维已经过时。建设项目环评管理绝不是形式上的文件管理，而是在确保环评严肃性和延续性的基础上，实现防范环境违法风险的目的。

建设单位只有主动提高建设项目环评管理水平，才能清楚理解环评结论，减少违规投资。例如，根据国务院大气污染防治的有关规定，河南郑州、开封、安阳等地属于大气污染防治重点区域，在这一区域严禁新增钢铁、水泥等产能，并且应严格执行产能置换实施办法。如果企业恰好计划在河南郑州投资建设一个水泥项目，环评文件提出了“该项目在严格执行水泥产能减量或等量置换替代的前提下投资建设是可行的”的结论。企业若缺乏环评管理的知识，忽略“在严格执行水泥产能减量或等量置换替代”这一环评结论的前提条件而盲目上马项目，必然存在环境违法风险。

建设单位只有主动提高建设项目环评管理水平，才能及时发现环评编制质量违法的问题。建设单位承担着环评的主体责任，应尽快形成建设项目环评的审查能力。实践中，有些环评文件的编制质量不佳。例如，未能发现拟建项目所采用的生产工艺、设备已被列入国家限制或淘汰的工艺、设备目录；或者对危险废物的判定失当，将本可以带来经济效益的副产品判定为危险废物；或者将危险废物判定为非危险废物；或者对重点污染物排放总量的计算错误，使得企业在竣工环保验收监测中计算的排污总量远大于环评文件批复的总量而无法通过验收。若企业未能发现并纠正这些环评编制质量问题，则可能将自身置于环境违法的境地。

建设单位只有主动提高建设项目环评管理水平，才能避免环评违法行为。“未批先建”是典型的环评违法行为，而与“未批先建”伴生的违法风险同样不容小觑。除“未批先建”外，环评质量违法、未能落实环评及其批复等也是应受到行政处罚的违法行为。

建设单位只有主动提高建设项目环评管理水平，才能避免陷入取得环评批复后又被依法撤销的窘境。企业取得环评批复并非万事大吉，一旦触碰了环评管理中的五条“红线”，即使环评一时通过了审批，也可能在后续的环评复核或抽查程序中，或者在利害关系人提起的环境行政诉讼中被依法撤销。

三、有利于面临环境诉讼时自证清白

环境诉讼包括环境民事诉讼、环境行政诉讼和环境刑事诉讼。企业在环境诉讼中通常以环境侵害人的角色出现，处于被告地位。《中华人民共和国民法典》（以下简称《民法典》）将环境侵权之诉中的环境污染、生态破坏的举证责任分配给了被告即侵权行为人一方，迫使被告企业必须在应对环境侵权之诉时能够自证清白。在环境行政诉讼或环境刑事诉讼中，企业同样需要自证清白，才可能实现从轻、减轻或免除行政处罚或刑事追究的目的。

在环境诉讼中，企业需要自证清白的证据很多，而企业经过批复的建设项目环评文件显然可以为其提供有力的证据支撑。

为此，企业建设项目的环评管理不仅要确保环评文件编制过程的合法依规，而且需要妥善保管与环评文件编制相关的各类环境监测数据，土壤和地下水、地表水采样数据，生态调查方案，现场踏勘照片等环评原始资料，以备自证清白时进行分析和比较。

第二节　建设项目环评管理的基本理念

随着我国生态环境保护立法的不断完善，企业所面临的环境合规与违法风险越来越大。与安全生产、消防应急等法律风险一样，稍有不慎，不仅企业会受到严厉的环境行政处罚，企业负责人还可能面临牢狱之灾。即使企业设立专门的环保职能部门，企业法人也照样难辞其咎。在低碳、可持续发展的社会背景下，企业环境法律风险不再局限于企业环境管理部门或者某几个员工，而是已经演变为企业全部管理流程之中的广泛性责任。

不过也有企业提出，当前我国正在开展环境影响评价“告知承诺制”审批试点。未来将可能取消环境影响评价审批制度，那时就不用再担心环评违法被追责了。

事实上，我国经过30余年的探索和完善，以《中华人民共和国环境影响评价法》（以下简称《环评法》）的立法形式建立了环境影响评价法律制度，这是我国环境保护“预防为主”原则的重要体现。“告知承诺制”的主要功能是解决行政工作低效、不便等行政管理难点，并非为了否定环境影响评价的制度价值，况且“告知承诺制”仍然以审批为结果，而不是取消了“审批”环节。目前，实行“告知承诺制”审批仅是政策支撑而缺乏法律依据，还存在诸多制度障碍，并不能代替环境法律中的环境影响评价审批。实践中，所有采取环评“告知承诺制”审批的试点，均仅针对特定范围内的特定项目，而不是针对全部建设项目。有些地区允许建设单位选择采取“告知承诺制”审批还是法定方式审批[1]。

因此，建设单位切不可对建设项目的环评管理管中窥豹，而应当强化建设项目环评管理的基本理念。

一、建设项目环评管理是企业环境管理的重要抓手

建设项目环评管理是建设项目环境管理的制度起点。为维护建设项目环评的严肃性和延续性，确保项目环评与项目建设之间的一致性，现行环境法律不仅确立了环境影响评价重新报批、重新审核、环境影响后评价等多项制度，还将环评制度确立为竣工环保验收、排污许可管理等的制度基础。可见，建设项目的环评管理是企业环境管理的重要抓手，是保障企业环境合规和风险防范的基础。

二、建设项目环评管理是主动性的企业环境管理

传统的企业环境管理主要依托科层化的企业内设环境部门和人员进行。企业环境管理是否合规往往被视为被动行为，在建设项目的投资决策、建设施工、发展运营等诸多企业管理的环节中，企业环境管理几乎没有地位和话语权。企业环境管理部门与领导层和其他部门之间经常缺乏良好的沟通机制，在当前严格的环境立法和环保督察执法等多重压力下，企业一旦被环保督察问责、被提起环境公益诉讼或被追究环境行政责任乃至刑事责任，企业环境部门立刻就成为各方的众矢之的，似乎一切问题的根源都是企业环境部门管理不善造成的。这种被动的企业环境管理模式不仅不能发现和纠正企业存在的环境问题，反而

1　见上海市生态环境局《上海市建设项目环境影响评价文件行政审批告知承诺办法》（沪环规〔2021〕9号）。

成为企业内部责任推诿的基本模式。

开展建设项目环评管理，就是要将环境管理从环评开始就主动纳入企业投资决策、建设施工和发展运行的全过程中，将环评中提出的各项环境保护措施和要求融入企业运行和管理的每个阶段，形成“人人为环保，环保为人人”的局面，促使企业环境管理模式由被动变为主动。

三、建设项目环评管理须以环评质量为核心

众所周知，建设项目环评是对拟建项目的环境影响进行预测、分析和评估，并提出环境保护的对策和措施的一系列专业技术活动。根据《环评法》，建设单位应当对建设项目环境影响报告书、环境影响报告表的内容和结论负责。

纵观建设项目环评管理的全过程，取得环评批复并不是建设项目环评管理的终点，而是新的起点。建设单位应将环评文件及其批复所提出的各项环保措施和要求落实到企业环境管理之中，满足“三同时”的环保要求。切不可认为已经委托了环评技术单位编制环评文件，就可以不闻不问了。一旦该环评文件的内容和结论错误，建设单位就是承担这种错误的第一责任人。因此，建设项目环评管理的核心不是环评批复，而是环评质量管理。

第三节 建设项目环评管理的主要内容

一、一个核心

建设单位开展环评管理的核心是环评质量管理。建设项目的环评质量不仅关系建设项目能否顺利获得生态环境主管部门的环评批复，还关系企业环境信息公开和公众参与，以及环境影响后评价是否充分和准确，更是建设项目开工建设、排污许可、环保验收等诸多环境管理环节的基础。建设单位开展环评质量管理是其承担环评主体责任的内在要求。

这里的环评质量管理并不等同于环评文件的编制质量管理，而是包括保证编制质量、确保贯彻落实、防范环评违法三个方面的主要任务。

二、三项任务

（一）保证编制质量

保证编制质量是环评质量管理的首要任务。

所谓保证编制质量，是指保证建设项目环境影响报告书（表）[也称环评报告书（表）] 的编制质量。由于环境影响登记表采取填报和备案方式，不具有编制过程，因而保证编制质量不包括对环境影响登记表的填报。

建设单位将环评编制工作委托给环评技术单位后，一个常见的误区就是认为全部环评工作与己无关了。这样做的结果无疑是令建设单位环评管理工作从一开始就处于“无人驾驶”的状态。虽然环评报告书（表）的编制是环评技术单位的专业领域，但并不意味着建设单位就无所作为，听之任之。建设单位可以着重从以下三个方面控制和保证环评报告书（表）的编制质量。

1. 前期准备

（1）准备基础资料与数据

建设单位开展项目环评前，应准备与建设项目有关的立项批准文件、选址意见书、厂房租赁合同、用地及厂区总平面图、可行性研究报告、目标产品和生产工艺、原辅料和燃料来源、投资规模（含环保投资预算）以及初步设计等基础资料与数据。

（2）选择环评技术单位

环评编制质量与环评技术单位的编制技术能力密切关联，更是确保环评报告书（表）及其批复有效性的关键。建设单位应在主体资格上准确识别环评技术单位，并依据现行法律及相关规范，谨慎选择环评编制技术能力强和信用良好的环评技术单位。

（3）签订环评技术咨询合同

签订书面委托合同是开展环评编制管理的关键性步骤。建设单位应在明确合同目的的情况下，合理确定环评技术合同中涉及质量管理的关键条款。

2. 中期审查

（1）审查环评文件的编制

虽然立法上并没有规定建设单位对环评文件的审查程序，却规定建设单位是《环评法》中无过错处罚原则下的第一责任人。建设单位只有掌握有关环评文件审查的基本要点，主动进行环评文件编制过程中的审查，才能切实保证环评文件编制过程不会偏离“航向”。

（2）审查编制期间的资金使用

环评文件的编制包括现场踏勘、资料核实、环境监测、数据分析、报告编制、质量控制等多个环节，建设单位应与环评技术单位密切合作，确保编制资金的拨付和使用符合环评技术合同约定。

（3）审查公众参与的过程和意见

公众参与关系环评报告书（表）的内容和结论的客观、可行。建设单位作为公众参与的责任主体，可以委托环评技术单位协助履行公众参与义务，建设单位应对公众参与的过程和意见予以审查。

3. 后期存档

（1）档案保管

建设单位对与编制过程有关的全部资料均应予以保管，切勿发生需要运用环评相关档案文件时却找不到的情况。这些资料包括建设项目有关基础资料和数据、环评技术咨询合同、环评文件批复、环评报告书（表）或环境影响登记表、与环评相关的环境监测报告、调查报告、采样原始记录（或备份）、有关承诺书等内容。档案的形式包括文书档案、音像（照片、录音、录像）档案、电子档案等。

（2）档案使用

经审批的环评文件及相关资料是建设单位“会说话”的环境合规“证明人”。建设单位在未来的建设、施工和运营过程，排污许可证领取过程，竣工环保验收过程中，会不断与这位“证明人”发生对照和交流。在发生环境纠纷时，这位“证明人”还能为建设单位发挥自证清白的作用。

（二）确保贯彻落实

确保贯彻落实是环评管理的第二项任务。

要避免环评文件与项目实际建设存在“两层皮”的现象，就必须在保证环评编制质量的基础上，落实环评文件及其批复中提出的各项目标和要求。这是建设项目环评质量管理的关键。

1. 解读环评批复意见

建设项目环评取得批复后，切不可只看“同意”开工建设的批复结论而对其他批复内容置之不理。有些环评批复是有明确指示的，建设单位必须按照其中的指示去执行；有些环评批复的指示是模糊的、附条件的甚至是矛盾的，建设单位务必对此类环评批复的指示进行认真理解，并与生态环境主管部门进行请示和沟通，方可开工建设。

2. 落实环评及其批复意见

（1）对照和修改初步设计

在建设单位清晰解读环评文件及其批复的基础上，应第一时间对照初步设计等建设方案，将环评文件及批复意见中的环境保护要求逐一落实。必要时，还应修改初步设计等建设方案。

（2）落实环保投资和环保措施

在实际开工建设中，建设单位应严格执行环评文件及其批复意见中的要求，落实环保投资和环保措施，尽量减少变动事项。

（三）防范环评违法

所谓环评违法，不仅指建设项目实际建设过程中发生的环评违法行为，而且包括从环评编制、审批到环评落实全过程的环评违法问题。

1. 审批前环评违法的防范

（1）及时修改环评文件

生态环境主管部门受理建设单位报送的环评报告书（表）后，可以直接向建设单位提出修改和补充意见，也可以组织环评技术评估单位的专家对环评报告书（表）进行技术评估，由评估专家对送审的环评报告书（表）提出修改意见。建设单位应与环评技术单位一道，及时完成对环评报告书（表）的修改，在确保环评质量的情况下报送审批，否则会面临环评文件被退回的风险。

（2）真实充分开展公众参与

在环评报告书（表）报送审批前，除非开展深度公众参与，建设单位一般应进行三次信息公开。建设单位应保证信息公开的真实性和完整性，确保公众参与的充分和客观。尤其应防止环境影响报告书（表）因公众参与不充分而被生态环境主管部门退回。

2. 审批中环评违法的防范

（1）接受生态环境主管部门的监督

生态环境主管部门受理环评报告书（表）后，依法对其合法性进行实质审查。对不符合审批规定的，有权予以退回补充或者不予批准。建设单位在此阶段应积极与生态环境主管部门沟通，及时了解审批进度，接受生态环境主管部门的监督。被提出补充要求的，建设单位应主动补充并及时报送。

（2）准备审批过程中的听证程序

生态环境主管部门受理环评报告书（表）至决定审批期间，也要开展信息公开和公众参与。有利害关系的公民、法人和其他组织有权按照规定的方式、途径和期限，提出投诉和建议，乃至举报相关环评违法行为。生态环境主管部门会依法组织建设单位与有关利害关系人召开听证会。建设单位应当与环评技术单位积极协调，共同应对环评文件审批前的听证会。

（3）审批前及审批过程中切勿开工建设

无论环评报告书（表）被审批前还是正处于报送审批过程中，建设单位除现行规范允许的准备工作外，不得进行开工建设，否则属于“未批先建”的违法行为。我国环境法律对“未批先建”的处罚是相当严厉的。例如，山东菏泽民用机场“未批先建”案，建设单位被处罚人民币 1 989 万元。教训深刻，建设单位应当引以为戒[1]。

3. 审批后环评违法的防范

（1）发生重大变动应重新报批

若建设项目在取得环评批复后，实际开工建设前，发生了法定的重大变动事项，建设单位应当主动重新报批环评文件及其批复，防止发生“未批先建”的违法行为。

（2）超期开工建设应重新审核

若建设项目在取得环评批复后，超过了法律规定的一定期限才开工建设，建设单位应依法开展重新审核。否则，同样会发生“未批先建”的违法行为。

（3）积极应对环评行政复议与诉讼

建设项目环评文件取得了批复，并不意味着就进了“保险箱”。有利害关系的公民、法人或者其他组织认为环评审批决定侵犯其合法权益的，仍可以依法提起行政复议或行政诉讼。建设单位切不可存在“已经环评审批就万无一失”的误解，应积极应对环评行政复议与行政诉讼。

1　2017 年 11 月 20 日，山东菏泽民用机场的建设单位在项目实际开工建设后才向环境保护部报送审批项目环评报告书。环境保护部受理后发现其存在“未批先建”行为且未受处罚，故作出退回审批决定。2018 年 2 月 1 日，菏泽市定陶区环境保护局向建设单位出具了《菏泽市定陶区环境保护局行政处罚决定书》（菏定环罚字〔2018〕9 号），对其“未批先建”行为责令停止建设，并处罚款人民币 1 989 万元。

三、五道关口

通过对建设项目环评质量管理三大任务的梳理可以发现，建设项目环评管理中有五个环节对建设单位环评质量管理至关重要，被称为“五道关口”。

（一）选任关

选任关是指对环评技术单位的选择，是建设单位环评质量管理的第一道关口。委托技术能力强、环评信用良好的环评技术单位从事环评编制工作，将对建设项目环评管理产生事半功倍的效果。

（二）合同关

建设单位与环评技术单位签订技术咨询合同虽属于民事行为，却可以明确划定并约束建设单位承担法定义务和环评技术单位履行编制责任。完善的环评技术咨询合同是环评质量得以保障的第二道关口。

（三）审查关

要确保环评质量“过硬”，就需要建设单位主动开展对环评报告书（表）的审查。必要时，建设单位可以用另行协商的方式，委托第三方或请求环评技术单位协助开展审查。

（四）落实关

要保证项目建设方向“不跑偏”，落实环评文件及其批复是关键。建设单位不仅要将环评文件与批复中的各项要求落实到项目设计、施工等各个环节，还要保证环保投资落实到项目建设过程中，确保建设项目的环境保护“三同时”制度的实施。

（五）风险关

风险防范是维护建设项目环评质量管理成果、避免发生环评违法的必要手段，贯穿建设项目环评质量管理的全过程。建设单位应当从环评编制开始，强化环评违法的风险意识。在建设项目建设、运行过程中，对照经审批的环评文件的要求，时刻防范环评违法责任。

第二章　建设单位对环评技术单位的选择

2020年年初发生“深圳湾环评抄袭事件”[1]后，生态环境部为此发布《关于加强环境影响报告书（表）编制质量监管工作的通知》（环办环评函〔2020〕181号），明确：对违法事实清楚的，坚决依照《环评法》严厉惩处，将建设单位及其相关责任人以及环评技术单位和环评人员纳入环评文件质量责任追究范畴，实施“双罚制”。对监督检查中发现的环评文件一般性质量问题，要对建设单位、环评技术单位和环评人员予以公开通报批评，实行常态化通报，加大警示力度。2020年9月，生态环境部发布《关于严惩弄虚作假提高环评质量的意见》（环办环评〔2020〕48号），再次重申：环评文件弄虚作假的，市级以上生态环境部门应对建设单位及其法定代表人、主要负责人、直接负责的主管人员和其他直接责任人员依法处罚，并向社会曝光。

建设单位只有选择技术能力强、信用等级好的环评技术单位从事环评编制，才能确保环评文件编制质量，避免环评违法风险。这是把好企业环评质量管理的第一道关口。

1　2020年3月，《深圳湾航道疏浚工程（一期）环境影响报告书（送审稿）》在公示阶段被公众发现抄袭行为，存在基础资料明显不实、内容虚假等严重质量问题。生态环境部立即责成地方生态环境部门依法严肃查处。深圳市生态环境局于2020年5月完成行政处罚程序并在官网上公开，对建设单位深圳市交通运输局、广东省深圳航道事务中心分别予以罚款100万元和200万元；对环评文件编制单位中国科学院南海海洋研究所按环评编制收费的5倍予以顶格罚款，共计320万元，并予以失信记分15分；对编制主持人兼主要编制人员予以5年内禁止从事环评文件编制工作的处罚，同时予以失信记分20分。

第一节 环评技术单位的识别

自 2015 年国家开展环保系统环评技术单位“脱钩”以后，环评技术单位走向了市场化发展。但同时，也形成了环评市场鱼龙混杂的局面。如何识别环评技术单位，成为建设单位遇到的首要问题。

一、环评技术单位的含义

所谓环评技术单位，是指具备环境影响评价技术能力、接受委托为建设单位编制环境影响报告书（表）的单位，也就是人们常说的环评机构。由于环境影响登记表需要填报而不需要编制，现行规范不对填报环境影响登记表的单位予以限制。

环评技术单位不同于环评编制单位。所谓编制单位，是指主持编制环境影响报告书（表）的单位，包括主持编制环境影响报告书（表）的技术单位和自行主持编制环境影响报告书（表）的建设单位。环评技术单位只是其中之一。

同时，根据《建设项目环境影响报告书（表）编制监督管理办法》（以下简称《编制监督管理办法》），与生态环境主管部门（或其他负责环评审批的部门）有任何利害关系的单位均不能成为环评技术单位。

二、环评技术单位可否是个人

（一）个人不能成为环评技术单位

环评技术单位应当是能够依法独立承担法律责任的单位。所谓“单位”应当以组织形式存在。个人不具有单位的组织形式，是无法成为环评技术单位的。

（二）个人独资企业或一人有限公司可以成为环评技术单位

《编制监督管理办法》并不禁止一人有限责任公司和个人独资企业主持编制环境影响报告书（表）。因此，这两类市场主体可以与建设单位签订环评技术咨询合同，成为环评技术单位。

（三）风险提示

经过注册登记的个体工商户可以从事环境咨询服务行业。但根据《编制监督管理办法》，个体工商户不得主持编制环境影响报告书（表）。这意味着个体工商户虽可独立承担法律责任，但只能承揽环评业务，不能成为环评技术单位。

三、环评技术单位可否是分支机构

（一）分支机构能够承揽环评业务

环评技术单位往往通过设立分支机构拓展业务。公司、个人独资企业和合伙企业均可以依法设立分支机构。分支机构以自己的名义从事民事活动，产生的民事责任一般由设立的单位承担。当然，也可以先以该分支机构管理的财产承担，不足以承担的，由设立分支机构的单位承担。

现行规范并未禁止环评技术单位的分支机构与建设单位签订环评技术咨询合同，承揽环评编制业务。

（二）分支机构不得主持编制环评文件

根据《编制监督管理办法》的规定，分支机构或者临时机构不得主持编制环境影响报告书（表）。因此，环评技术单位的分支机构即使签订了环评技术咨询合同，也不得作为环评技术单位主持编制环评文件。该环评业务只能由设立其的环评技术单位承担或委托其他环评技术单位承担。

（三）风险提示

1. 环评文件不予受理的风险

列入限期整改名单或者“黑名单”的编制单位、编制人员编制的环评文件，生态环境主管部门不予受理。因此，如果设立分支机构的环评技术单位被列入上述名单，则该分支机构同样不能承担相关环评业务。

2. 被随时注销的风险

分支机构的主体地位并不稳定，可被其设立机构随时注销。虽然最终的民事责任由设立的单位承担，但对已经开展的环评编制工作来说，陷入民事纠纷无疑会造成时间和成本的无端损失。

3. 转委托的风险

分支机构承揽环评业务后，将全部工作转委托给其他环评技术单位时，除非建设单位同意，否则将面临多重法律关系、多个参与主体的复杂局面，发生违约风险的概率增加。

可见，当前的市场主体中，除个体工商户、分支机构或临时机构外，其余包括合伙企业、独资企业、公司等各类企业均具有成为环评技术单位的条件。环评市场主体十分复杂，环评编制技术能力各不相同且差异巨大。建设单位不能仅看其组织形式是否合法，还要关注其是否具有一定的环评技术能力。

四、利用环评信用平台识别

从上述研究可知，当前的环评服务市场中，市场主体众多，组织形式各异，风险与责任承担方式复杂。有些环评技术单位为了生存，哪怕只有一名环评工程师作为主要编制人员，也要大量承揽环评业务，根本无法保证环评编制质量，因而增加了建设单位的环评违法风险。

建设单位在选择环评技术单位时，不仅要关注市场主体的外在形式，更要关注他们的技术能力和信用状况，切不可只求取得环评批复，其他一概不闻不问。

依据《编制监督管理办法》，生态环境部于2019年组织建设了全国统一的环境影响评价信用平台[1]（图2-1）。环评技术单位和编制人员的相关信息都已经通过信用平台向社会公开。建设单位可以通过信用平台查询环评技术单位和环评编制人员的环评信用状况，选择符合要求的环评技术单位。

1　信用平台在生态环境部网站（http://www.mee.gov.cn）的访问路径为“首页—环境影响评价—信用平台”或“首页—环境影响评价—建设项目环境影响报告书（表）编制监督管理—信用管理—信用平台”。查询网址为：http://114.251.10.92:8080/XYPT/。

图 2-1　环境影响评价信用平台示意图

第二节　环评技术单位技术能力的判断

2015 年 3 月，环境保护部发布《关于印发〈全国环保系统环评编制单位脱钩工作方案〉的通知》，开启了环评技术单位市场化的进程。2018 年修正的《环评法》彻底废除了环评技术单位的资质要求，结束了我国长达 20 年[1]的环评技术单位资质管理制度。取而代之的是技术能力与信用状况相结合的新型评价标准。

对于环评技术能力，建设单位可依据《建设项目环境影响报告书（表）编制能力建设指南（试行）》（以下简称《能力建设指南》），从物质条件、业绩条件、人员条件、技术分析能力和质控条件五个方面进行判断。

一、有固定的经营场所

具备固定的工作场所是保障技术能力实现的物质条件，包括具备必要的办公条件和环境影响评价档案资料管理设施及场所。对于这一物质条件，环评技术单位很容易实现，建设单位不能仅凭场所条件判断环评技术单位的技术能力。

应注意的是，固定的经营场所并非唯一的经营场所。场所与《中华人民共和国公司法》等法律中规定的“住所”也不一致。“住所”是指主要办事机构所

1　从 1998 年的《建设项目环境保护管理条例》将“环评资质”作为从事环评技术服务的准入门槛算起，至 2018 年修正后的《环评法》取消环评资质，我国环评技术单位的“资质化”经历了 20 年时间。

在地，具有唯一性，是行政管理和司法程序中文书送达的法定地址。因此，建设单位应在签订环评合同时区分经营场所与住所。

二、有相关环评工作业绩

环评工作业绩一般分为两类：第一，编制环境影响报告书（表）的单位，近3年内主持编制过一定数量的环境影响报告书（表）或规划环境影响报告书（表）；第二，编制重点项目环境影响报告书的单位，近3年内主持编制过一定数量的相应类别环境影响报告书。

建议建设单位在委托编制环评报告书（表）前，明确将环评工作业绩作为筛选环评技术单位的业绩条件。具体如何判定建设项目的环评等级和类别，可参见本书第四章。

三、具备相关环评技术人员

为保障其技术能力，《能力建设指南》要求环评技术单位配备一定数量的全职专业技术人员。

所谓“全职”，根据《编制监督管理办法》的规定，是指与编制单位订立劳动合同（非全日制用工合同除外）并由该单位缴纳社会保险，或者在事业单位类型的编制单位中在编等用工形式。另外，还规定专业技术人员完成一定数量的继续教育学时。

不过，建议建设单位仍以环评技术单位作为筛选的重心。至于全职环评技术人员主持编制环评报告书（表）的问题，可以在环评技术咨询合同中约定。

四、具备相应的分析评价能力

分析评价能力是评价环评技术单位技术能力的核心条件。《能力建设指南》虽然从基础能力和科研能力两方面规定了环评技术单位的技术能力，但这两方面能力都是隐性的，无法直接体现。建设单位需要结合环评技术单位的信用情况予以综合把握。

五、具备环评编制质控体系

质控能力是环评技术单位技术能力的保障条件。具备完善的质量保证体系是保障环评文件编制质量的重要环节。按照 ISO 14001 国际标准的要求，建设单位可以考察环评技术单位是否具备编制、内部评估、审核、改进、纠正等质量控制机制。

第三节　环评技术单位信用情况的判断

我国生态环境主管部门对环评技术单位的信用管理，主要采取信用记分的机制。生态环境部建立了可供公众公开查询、全国统一的环境影响评价信用平台，向社会实时公开环评技术单位的信用状况。

环评技术单位因编制质量问题，设立主体不当，分支机构主持编制环评文件，未由全职技术人员作为编制主持人，向信用平台提交信息不真实、不完整，未签订书面委托合同，未建立环评质控体系等诸多情形，都会被记入失信记分。

失信记分管理覆盖了环评技术单位技术能力的各个方面。建设单位可通过考察其环评信用的失信记分情况，选择环评技术单位。

一、警示分数与限制分数

环评文件存在编制质量问题，环评技术单位在一个记分周期内被累计失信记分 10 分的，为警示分数；直接或者实时累计达到 20 分的，为限制分数。

一般情形下，警示分数与限制分数是累计达到的，但在环评文件存在严重质量问题或编制主体不适合的情形下，将会被直接记为警示分数或限制分数。这两类分数与信用名单机制密切相关，对环评技术单位信用状况影响最大。

二、限期整改名单与“黑名单”

限期整改名单与“黑名单”均为严重失信名单。

（一）限期整改名单的失信记分

环评技术单位在一个记分周期内的失信记分实时累计达到限制分数（20分）的，信用平台将其列入限期整改名单，并将相关情况记入其诚信档案。限期整改期限为6个月，自达到限制分数之日起计算。

如果环评技术单位在限期整改期间的失信记分再次累计达到限制分数，应当自再次达到限制分数之日起限期整改6个月。

（二）“黑名单”的失信记分

环评技术单位因环评文件的编制质量问题，受到禁止从事环境影响报告书（表）编制工作行政处罚的，失信记分直接记为限制分数。信用平台将其列入“黑名单”，并将相关情况记入其诚信档案。列入“黑名单”的期限与处罚决定中禁止从事环境影响报告书（表）编制工作的期限一致。

生态环境部每半年对列入限期整改名单和“黑名单”的环评技术单位通报一次，并向社会公开。环评技术单位被列入限期整改名单和“黑名单”的，在信用平台的保留期限为5年。

（三）风险提示

生态环境主管部门发现环境影响报告书（表）是由列入限期整改名单或者“黑名单”的环评编制单位、编制人员编制的，将不予受理其编制的环评文件（参见案例2-1）。

因此，建设单位不仅要在签订环评技术合同前谨慎选择，防止与严重失信的单位签约，而且在履行环评技术合同过程中，也要关注环评技术单位信用状况的变化，防止由于被列入严重失信名单，导致环评文件编制工作被搁置，或者被生态环境主管部门拒绝受理。

案例2-1

生态环境部对列入“黑名单”和限期整改名单情况的通报

生态环境部于2021年8月2日发布了《关于2021年上半年环境影响评价信用管理对象列入“黑名单”和限期整改名单有关情况的通报》（环办环评函

〔2021〕376号）。

根据《建设项目环境影响报告书（表）编制监督管理办法》有关规定，将2021年上半年被环境影响评价信用平台列入限期整改名单和环境影响评价失信“黑名单”的信用管理对象情况通报如下：

2021年1月1日至6月30日，河南某环环境影响评价有限公司、湖北某某福科技有限公司、重庆某达环保工程有限公司3家单位和22人因所编制的建设项目环境影响报告书（表）存在严重质量问题，受到禁止从事环境影响报告书（表）编制工作的处罚，被信用平台列入“黑名单”。2021年1月1日至6月30日，重庆某润环境科学研究院有限公司、江西某成环保技术服务有限公司、河北某某风翰环保科技有限公司等119家单位和79人因在建设项目环境影响报告书（表）编制过程中存在失信行为较多，被信用平台列入限期整改名单。其中，40家单位和23人被2次或2次以上列入限期整改名单。

信用管理对象列入“黑名单”期间，各级生态环境部门依法不予受理其编制的建设项目环境影响报告书（表）；列入限期整改名单期间，各级生态环境主管部门应加强对其编制的建设项目环境影响报告书（表）规范性检查和质量检查，从严审批把关。各省级生态环境主管部门要加大宣传力度，引导建设单位择优选取环评单位，并确保行政区域内各级环评审批部门将有关要求落实到位。

三、重点监督检查名单

（一）重点监督检查名单的失信记分

环评技术单位在一个记分周期内累计失信记分达到警示分数（10分）的，信用平台在后续两个记分周期内将其列入重点监督检查名单，并将相关情况记入其诚信档案。

如果环评技术单位本身就是由列入“黑名单”单位的出资人设立，或者是由列入“黑名单”单位或者其法定代表人以及由列入“黑名单”单位出资人出资设立的，信用平台也会将其列入重点监督检查名单，并将相关情况记入其诚信档案。列入重点监督检查名单的期限为2年，自列入“黑名单”单位达到限制分数之日起计算。

（二）风险提示

列入重点监督检查名单后，生态环境主管部门将提高对列入名单的环评技术单位编制的环境影响报告书（表）的复核抽取比例和抽取频次。

列入重点监督检查名单的原因正是环评文件编制质量问题，因此，增加复核抽取比例和抽取频次，对委托他们的建设单位而言，无疑增加了环评文件被撤销、退回或者行政处罚的法律风险。

第三章　建设项目环评的合同管理

建设项目环评合同是建设单位与环评技术单位签订的，由建设单位委托环评技术单位编制环境影响评价文件的技术咨询合同。根据《民法典》，技术咨询合同是当事人一方以技术知识为对方就特定技术项目提供可行性论证、技术预测、专题技术调查、分析评价报告等所订立的合同。技术咨询合同的委托人按照受托人提供的符合约定要求的咨询报告和意见而作出决策时所造成的损失，由委托人承担，但是当事人另有约定的除外。

对建设单位而言，技术咨询合同有着天然的法律风险。因为根据《民法典》，建设单位委托环评技术单位编制环评文件后，建设单位按照环境影响评价文件作出决策时所造成的损失，应当由建设单位而非环评技术单位承担。而且，无论建设单位是否采纳或实施技术咨询的结论和建议，都不构成技术咨询合同的对价。《环评法》也规定，建设单位应当对建设项目环境影响报告书（表）的内容和结论负责。

因此，建设单位应把好建设项目环评质量管理的“合同关”，签好技术咨询合同，避免合同风险。

第一节　环评合同受托人的判定

通常，环评合同的受托人就是在合同上签字盖章的人。实践中，由于环评技术单位的市场化，有些环评技术单位在与建设单位签约后，会将其环评编制工作全部或部分委托给其他环评技术单位承担。于是，出现了在环评合同中签约的环评技术单位与实际编制环评文件的单位不相符的情况。司法机关对于如何判定环评合同受委托主体的标准并不统一。

一、主观原则

有些法院采取主观主义的判定标准，即签订环评合同的主体是谁，谁就是受托方。只要环评合同中没有禁止委托第三方出具相应的技术咨询报告的约定，那么，即使实际出具环评文件的单位不是签订环评合同的环评技术单位，也视为环评合同中的受托方履行了合同义务。在元某臻公司与某丰公司技术咨询合同纠纷案[1]中，法院认为：从涉案技术咨询合同的相关表述中也不能得出双方约定被上诉人元某臻公司不得委托第三方制作技术咨询报告的推论。同时，某丰公司实际上也接受了涉案相关报告并参加评审，并未提出异议。某丰公司主张元某臻公司非法委托他人制作涉案报告的主张缺乏事实和法律依据，法院不予采纳。

二、客观原则

有些法院则采用客观主义的判定标准，即以技术咨询报告的编制主体作为标准，技术咨询报告的编制人与技术咨询合同的受托人不一致的，无论案涉的技术咨询报告是否已经通过评审，都视为环评合同的受托人未履行合同义务，应当承担违约责任。在宏远公司与某地 ×× 技术咨询合同纠纷案[2]中，法院认为：上诉人宏远公司在原审中提供的环境影响报告书系中国科学院新疆生态与地理研究所作出，并非上诉人所作出，上诉人也未提供证据证明该报告书系其委托作出或经被上诉人同意后作出，上诉人不能证明该报告书与其具有关联性。上诉人未按合同约定向被上诉人提供环境影响评价成果资料报批稿，系未全面履行合同义务。法院除酌定上诉人宏远公司的必要费用外，驳回了其支付技术咨询费的诉讼请求。

三、风险提示

（一）明确对转委托的约定

此处的转委托是指在环评技术咨询合同签订后，受托人又将环评工作全部

1 参见江苏省高级人民法院 (2014) 苏知民终字第 00257 号判决书。

2 参见新疆生产建设兵团第（农）八师中级人民法院 (2016) 兵 08 民终 196 号判决书。

委托给第三方完成的情形。由于有些环评技术单位的技术能力有限，在承揽业务后又不能及时完成环评编制工作，为避免违约而采取转委托的方式，由第三方履行合同义务。

环评技术咨询合同中，建设单位务必明确约定环评编制工作的具体承担主体，是否允许转委托，即环评建设单位能力不足时，可否同意其转托他人承担环评编制工作。

（二）明确约定技术协作的范围和界限

由于环评编制工作涉及大气、水、地下水、土壤等环境监测，以及生态调查等一系列专业性很强的技术工作，环评技术单位在缺乏专业人才储备或技术成本过高的情况下，会将其中部分环评技术工作分包给其他单位，形成环评技术协作关系。

此时，应明确约定环评合同的签约主体，还要明确是否允许受托人采取技术协作的工作模式。若允许，则应约定技术协作的具体项目和范围。同时，应明确建设单位有权取得环评技术协作成果，有权对全部技术协作过程中产生的原始资料（或备份、复件等）妥善保管并存档。

第二节　环评合同的关键条款

一、环评合同有关期限的约定

《民法典》规定，技术咨询合同的受托人应当按照约定的期限完成咨询报告或者解答问题，提出的咨询报告应当达到约定的要求。环评技术咨询合同应当对技术咨询报告的编制、技术咨询成果的提交以及技术资料或数据的异议等期限予以明确的约定，否则极易发生合同履行的纠纷。

（一）环评报告书（表）的编制期限

环评报告书（表）的编制期限约定过长，会妨碍项目的建设进度；环评技告书（表）的编制期限约定过短，会使得现场踏勘、环境监测、数据分析等诸多环节难以开展，影响环评报告书（表）的编制质量。

虽然建设项目千差万别，环评报告书（表）的编制期限也无法统一，但环评技术合同中对编制期限的约定也是有章可循的。应当考虑以下因素。

1. 环评流程的完整性

无论如何确定环评报告书（表）编制期限，都应当保证环评流程的完整性。环评技术合同所约定的时间应足以覆盖调查分析和工作方案制定阶段，分析论证和预测评价阶段，环境影响报告书（表）编制阶段等工作阶段。如建设单位发现合同中拟定的环评报告书（表）编制期限太短，难以覆盖这些工作阶段，应与环评技术单位进一步协商；若环评建设单位故意压缩环评报告书（表）编制期限，建设单位应当提高警惕。

2. 公众参与的充分性

针对编制环境影响报告书（表）的项目，环境信息公开的次数多，公众参与的时间长。采纳公众提出的合理意见的，要有时间对环评报告书（表）进行修改；对未采纳的意见，由提供有效联系方式的公众提出的，建设单位还应当通过该联系方式，向公众说明未采纳的理由。因此，建设单位应当在环评技术合同中预留足够的时间，以保证环境信息公开的全面履行和公众参与的真实充分。

3. 现场工作的真实性

环评文件的编制离不开现场踏勘、实地采样、环境监测以及生态调查等现场工作。有时涉及水文特点的环境监测，还要采集河流丰枯期的不同数据，这些工作会占用大量的时间。环评报告书（表）编制期限的设定应考虑现场工作的开展顺序和季节特点，保留充足的现场工作时间。

（二）建设单位技术资料的提交期限

根据《民法典》，建设单位未按照约定提供必要的资料，影响工作进度和质量，又不接受或者逾期接受工作成果的，支付的报酬不得追回，未支付的报酬应当支付。

1. 技术资料的范围和期限应明确

环评合同应明确约定建设单位提交技术资料的期限和范围，防止约定不清、发生纠纷。

在连江县某镇卫生院与万某公司技术咨询合同纠纷案[1]中，法院认为：环评

1 参见福建省福州市中级人民法院 (2020) 闽 01 民初 2367 号判决书。

合同规定“环评所需资料清单”由万某公司向镇卫生院列出并作为本合同附件 1。但至本案开庭之日，万某公司未提供任何其已经要求镇卫生院提供相应资料的清单并作为合同附件的证据。另外，镇卫生院的主要义务是支付费用，其已经支付了第一期款项 50 000 元。万某公司收到该款项后，既未要求镇卫生院提供相应资料，也未编制环境影响报告书。万某公司的行为已经构成违约，应当返还镇卫生院支付的第一期款项。

2. 未按约定提交技术资料系违约

如果环评技术单位按照环评合同的约定提出了技术资料清单，而建设单位也收到了需要提供的技术资料清单却仍未提供的，法院会认定建设单位违约。

在润某公司与中某公司技术咨询合同纠纷案[1]中，法院认为：根据《技术咨询合同》的约定，润某公司负有向中某公司开具项目所需资料清单的义务，而中某公司负有按资料清单提供资料的义务。润某公司先后三次向中某公司发送资料清单，列明需补充的资料，且通过微信的方式要求中某公司提交主体设计方案和废气废水处理方案等资料，并表示可协助中某公司与相关设计单位取得联系。根据案涉项目性质，上述两项资料属必需资料，且只有中某公司才能提供，润某公司无法自行取得。在案证据未能证明中某公司履行上述资料提供义务。根据合同约定，润某公司编制环评报告的时间可相应向后顺延，其未在约定期限内提交环评报告不构成违约。

（三）关于技术咨询成果的提交期限

根据《民法典》，技术咨询合同的受托人未按期提出咨询报告，或者提出的咨询报告不符合约定，应当承担减收或者免收报酬等违约责任。

1. 约定技术成果提交期限

在三木公司与金某公司技术咨询合同纠纷案[2]中，法院认为：双方签订《环境影响报告书编制协议》，成立技术咨询合同关系。三木公司作为委托人已按约支付环评预付款，金某公司作为受托人应当履行编制环境影响报告书及检测报告、获得区环保局环评批复的合同义务。根据法院查明事实，金某公司在合理期限内未向三木公司交付编制环境影响报告书及检测报告，也未取得区环保局环评批复，且金某公司未提交证据证明已实际履行合同义务，金某公司构成违约。

1　参见广东省佛山市中级人民法院 (2020) 粤 06 民终 3452 号判决书。

2　参见广东省广州市花都区人民法院 (2021) 粤 0114 民初 933 号判决书。

三木公司诉请金某公司返还预付款，合理合法，法院予以支持。

2. 约定技术成果的形式

建设单位应要求环评技术单位向其提交的报告上明确标注是“初稿”、“送审稿”，还是“报批稿”。正式“报批稿”中应附有编制单位和编制人员情况表。除“报批稿”是向生态环境主管部门报送审批的文件外，环境影响评价文件的初稿或送审稿，都是可以修改和完善的。未清晰标示技术成果形式的，也易引发双方的合同纠纷。

3. 约定技术成果提交的形式

环评合同还应对技术成果的提交形式加以约定，不仅要约定技术咨询成果一式几份，如有电子版，还要约定接收电子版的联系人邮箱或微信号（昵称及真实名称），并在合同中明确，提交电子版或者光盘均视为提交技术成果的形式。对于环评文件“报批稿”的提交，环评合同中不仅要明确双方在“报批稿”共同签字或盖章，还要明确具体的提交人是哪一方，无正当理由且非由提交人提交的，另一方有权要求其承担违约责任或者解除合同。如在提交“报批稿”前，双方解除环评合同的，除履行书面解除手续外，还应以附件方式约定已经完成的“初稿”或“送审稿”作废。

（四）关于技术资料缺陷的异议期限

根据最高人民法院《关于审理技术合同纠纷案件适用法律若干问题的解释》，技术咨询合同受托人发现委托人提供的资料、数据等有明显错误或者缺陷，未在合理期限内通知委托人的，视为其对委托人提供的技术资料、数据等予以认可。委托人在接到受托人的补正通知后未在合理期限内答复并予补正的，发生的损失由委托人承担。

受托人对委托人提交的技术资料及时提出异议并要求及时补正，以及委托人按照要求补正并及时完善技术资料，是技术合同双方遵守诚实信用原则的体现。

在元某臻公司与盛丰公司技术咨询合同纠纷案[1]中，元某臻公司认为，涉案环评报告评审未获得通过主要是由于盛丰公司提供的项目技术资料欠缺、不全等原因所致，与其无关。而法院认为：元某臻公司作为专业的技术咨询公司，如在评审前发现盛丰公司提供的资料欠缺、不全，理应及时通知盛丰公司，而

1 参见江苏省高级人民法院（2014）苏知民终字第 00257 号判决书。

不应在评审未通过后反过来再指控盛丰公司提供的资料有缺陷，这显然不符合诚实信用原则。故环评报告评审未通过的责任应由元某臻公司承担。

二、环评公众参与的承担主体

依据《环评法》，开展环境影响公众参与的主体是建设单位，而非环评技术单位。建设单位不能以约定方式将开展公众参与的责任转嫁给环评技术单位。在开展环境影响报告书的公众参与过程中，环评技术单位的主要作用是协助，主要表现为：

第一，在建设单位对收到的公众意见进行整理后，根据建设单位的需求，对公众意见进行专业分析后提出采纳或者不采纳的建议。

第二，协助建设单位对未采纳的意见说明理由；未采纳的意见由提供有效联系方式的公众提出的，协助建设单位通过该联系方式，向其说明未采纳的理由。

第三，在向生态环境主管部门报批环境影响报告书前，协助建设单位组织编写建设项目环境影响评价公众参与说明等。

在建设项目环评合同中，若未将上述协助义务予以明确约定，则环评技术单位不承担协助义务。

在湖南某环保公司与湘潭某卫生院技术咨询合同纠纷案[1]中，双方签订的《技术咨询合同》只是要求湖南某环保公司配合甲方完成公众参与调查工作，对下户调查及调查户数没有具体约定。湘潭某卫生院以湖南某环保公司“没有完成25户下户调查”为由，认为其工作没有完成而不支付咨询费的主张，法院认为缺乏事实和理由，不予支持。

三、环评合同的目的

（一）书面确定合同目的

建设单位订立环评合同的主要目的就是取得环评批复，但有时也可能包含按期进入工业园区或按计划投产运营等动机。以书面形式将订约动机作为合同目的加以约定，将为当事人创造按约定行使解除权的条件。若环评合同中对合

1 湖南省湘潭市中级人民法院（2019）湘03民初102号判决书。

同目的只字不提，当发生纠纷时，是否能够解除合同，一般只能依赖法院的解释和判定。

（二）将“取得环评批复”等作为付款条件的风险

在环评合同中，将“取得环评批复”作为合同目的，并不涉及违反法律、行政法规的强制性规定。但是，将“取得环评批复”作为付款条件，可能得不到法院的支持。环评文件是否取得环评批复，存在诸多环评技术单位不能控制的因素，而且这也不是环评技术单位单方的义务，而取决于建设单位和环评技术单位双方的合作。即使做了这样的约定，当发生纠纷时，法院也会结合双方的过错程度加以判断。

（三）无法实现合同目的的责任归属应明确约定

“取得环评批复”虽是建设单位追求的结果，但其是否可以实现并不确定。在环评合同中，如对无法实现这一目的的责任归属缺乏细致约定，那么在发生纠纷时，即便是司法机关也无法从环评合同文本中找到相应的条款。为此，环评合同中应对无法实现合同目的时的责任归属原则和方式进行明确约定，以便能妥善解决纠纷。

第三节　环评合同的审核

在环评合同的签订和履行过程中，建设单位和环评技术单位都应当对环评合同进行审核。特别是建设单位，绝不能认为合同已经签订，自己只有付款义务和领受环评技术咨询成果的权利，而忽视对环评合同的审核。

一、审核环评合同的合规性

环评合同属于企业市场交易合同类型之一，建设单位应环将评合同纳入企业合同合规管理之中。通过对环评合同的归档管理与合规审查，可以确保企业在法人授权委托、合同专用章管理、合同审批、合同台账管理、合同档案管理、招投标管理、合同相对方管理等方面的合规性，并对环评合同的审计、支付和结算等环节加强监管。

二、审核环评技术单位的信用情况

即使在环评合同签订后，环评技术单位的信用情况仍在发生变化。建设单位一旦发现环评技术单位被列入严重失信的名单之中，应及时向环评技术单位发出书面通知，在环评文件存在不予受理等风险时，及时中止合同的履行或者解除合同。

三、审核环评编制的委托与协作情况

建设单位应当关注环评合同中的委托情况。不仅要审核合同中有关转委托的约定，还应对环评技术单位以协作方式委托给第三方的工作进展予以监管，防止环评编制工作久拖不决，影响环评文件的编制质量。

第四章　建设项目环评文件的审查

依据法律规定，建设单位是履行环评的责任主体，负责组织编制环评文件，并对环评文件的内容和结论负责。建设单位将环评业务委托给第三方技术单位后，建设单位依然是责任主体。

当前，我国环评文件质量问题频发，建设单位更是环境行政处罚的对象[1]。因此，建设单位务必尽快消除“花钱买环评”的消极思想，主动学习和掌握审查环境影响评价文件的方法和要点。在环评文件报送审批或填报提交前主动开展环评文件审核是加强环评文件质量管理、降低环评违法风险的有效方法。

第一节　环境影响评价文件的类别审查

一、类别审查依据

（一）法律依据

1. 法律规定

根据《环评法》第十六条、《建设项目环境保护管理条例》第七条规定，国家对建设项目环境保护实行分类管理。具体分类如下：

（1）建设项目对环境可能造成重大影响的，应当编制环境影响报告书，对建设项目产生的污染和对环境的影响进行全面、详细的评价；

1　例如，生态环境部在对2020年环评文件复核中发现，河南省某市印刷纸制品建设项目环评文件存在严重质量问题，未针对建设项目可能产生的环境污染提出有效防治措施，未针对制版过程中存在的危险废物、废显影液提出有效防治措施。该县生态环境局已撤销该项目环评批复，市生态环境局对企业罚款90多万元。

（2）建设项目对环境可能造成轻度影响的，应当编制环境影响报告表，对建设项目产生的污染和对环境的影响进行分析或者专项评价；

（3）建设项目对环境影响很小、不需要进行环境影响评价的，应当填报环境影响登记表。

建设项目的环境影响评价分类管理名录，由国务院生态环境主管部门制定并公布。

2.《建设项目环境影响评价分类管理名录》规定

建设单位应当按照生态环境部更新的《建设项目环境影响评价分类管理名录》[以下简称《名录》(2021年版)] 的规定，分别组织编制建设项目环境影响报告书、环境影响报告表，或者填报环境影响登记表。

（二）地方有关的规定

省级生态环境主管部门对《名录》未作规定的建设项目，认为确有必要纳入建设项目环境影响评价管理的，可以根据建设项目的污染因子、生态影响因子特征及其所处环境的敏感性质和敏感程度等，提出环境影响评价分类管理的建议，报生态环境部认定后实施。

建设单位除遵循《名录》的规定外，还应当遵循地方生态环境主管部门有关环评类别的具体规定。

二、类别审查原则

（一）类别法定原则

1.《名录》为法定类别

建设项目无论被列入生态环境部还是省生态环境部门制定的《名录》之中，均是建设项目环评分类的法定依据。当然，建设项目环评文件的类别并非一成不变的，国家可以通过调整《名录》的方式使之适应经济社会发展和生态环境保护形势的变化。

2. 未纳入《名录》的情形

根据《名录》规定，本版《名录》未作规定的建设项目，不纳入建设项目环境影响评价管理。

（二）从严原则

1. 不得擅自变更

建设单位应当严格按照《名录》确定建设项目环境影响评价类别，不得擅自改变环境影响评价类别。

2. 就高不就低

建设内容涉及《名录》中两个及以上项目类别的建设项目，其环境影响评价类别按照其中单项等级最高的确定。

案例 4-1

某水泥公司拟建设水泥生产项目，同时利用生产的水泥配套建设商品混凝土搅拌站，延长企业产业链。该项目同时涉及《名录》中“54 水泥、石灰和石膏制造 301”和“55 石膏、水泥制品及类似制品制造 302”，54 水泥制造需要编制环境影响报告书，55 商品混凝土需要编制环境影响报告表，根据“就高不就低”原则，该项目应当编制环境影响报告书。

建设内容不涉及主体工程的改建、扩建项目，其环境影响评价类别按照改建、扩建的工程内容确定。

案例 4-2

某公司高档陶瓷生产项目于 2014 年 12 月完成环境影响报告书编制，于 2015 年 2 月取得省厅环评批复。2021 年 2 月，考虑到生产过程中陶瓷模具委外维修成本较高，为降低运营成本，拟利用厂内空地，建设模具维修中心建设项目，专门维修厂内受损陶瓷模具，维修过程中涉及溶剂型涂料的使用。根据《名录》，扩建项目不涉及主体工程，环境影响评价类别按照改建、扩建的工程内容确定，扩建项目属于“86 专用设备修理 433”“年用溶剂型涂料（含稀释剂）10 t 以下的”，应当编制环境影响报告表。

三、类别审查的一般方法

（一）查询对照法

《名录》根据建设项目特征和所在区域的环境敏感程度，综合考虑建设项目可能对环境产生的影响，对建设项目的环境影响评价实行分类管理。

建设单位可以通过查询表格的方法来确定环评类别。下面以表 4-1《名录》摘录内容为例进行说明。

表 4-1　分类管理名录（摘录）

		报告书	报告表	登记表	本栏目环境敏感区含义
一、农业 01、林业 02					
1	农产品基地项目（含药材基地）	—	涉及环境敏感区的	其他	第三条（一）中的全部区域；第三条（二）中除（一）外的生态保护红线管控范围，包括基本草原、重要湿地、水土流失重点预防区和重点治理区
2	经济林基地项目	—	原料林基地	其他	
二、畜牧业 03					
3	牲畜饲养 031；家禽饲养 032；其他畜牧业 039	年出栏生猪 5 000 头（其他畜禽种类折合猪的养殖量）及以上的规模化畜禽养殖；存栏生猪 2 500 头（其他畜禽种类折合猪的养殖规模）及以上无出栏量的规模化畜禽养殖；涉及环境敏感区的规模化畜禽养殖	—	其他（规模化以下的除外）（具体规模化的标准按《畜禽规模化养殖污染防治条例》执行）	第三条（一）中的全部区域；第三条（三）中的全部区域

从以上摘录的名录表可知，左侧第一栏为序号，第二栏为行业分类。中间三栏是环境影响评价文件的编制类型，根据项目规模、工艺或选址的敏感性划分为环境影响报告书、报告表和登记表。

（二）谨慎对待《国民经济行业分类》

虽然《名录》比照《国民经济行业分类》（以下简称《行业分类》）进行了排序，

且其中超过一半的行业小类可以对应，便于查询和界定行业类别，但两者的制定目的和适用领域并不完全相同。

1.《名录》中标“*”的，专指工业建筑中的建设项目

在《名录》中，有些条目后是带有“*”标记的。根据《名录》规定，标“*”的条目是指工业建筑中的建设项目。工业建筑的定义参见《工程结构设计基本术语标准》（GB/T 50083—2014），指提供生产用的各种建筑物，如车间、厂前区建筑、生活间、动力站、库房和运输设施等。也就是说，这些项目是进行工业化生产的建设项目。未能在工业建筑中生产的项目，不符合相对应《名录》的要求（表 4-2）。

表 4-2 《名录》中标“*”的条目（示例）

二十四、医药制造业 27					
序号	项目类别	报告书	报告表	登记表	本栏目环境敏感区含义
48	中药饮片加工 273*；中成药生产 274*	有提炼工艺的（仅醇提、水提的除外）	其他（单纯切片、制干、打包的除外）	—	

2.《名录》中以数字结尾的，应当对照《行业分类》进行校核

《名录》中项目类别后面带有阿拉伯数字结尾的，如表 4-2 所示，“二十四、医药制造业”后面的数字是“27”，“中药饮片加工”后面的数字是“273”，“中成药生产”后面的数字是“274”。这些阿拉伯数字代表的就是《行业分类》中的行业代码。

对于这些带有数字结尾的建设项目，按《名录》确定环评类别的同时，应当对照《行业分类》校核环评类别的准确性。如不符合《行业分类》，应当及时修正。

例如，某带治疗性中药提炼工艺的药酒制造项目，既涉及白酒的生产，又涉及中药的生产。初步可选择《名录》“25 酒的制造 151*”，之后对照《行业分类》“151 酒的制造”和《2017 年国民经济行业分类注释》“1512 白酒制造”校核，会发现其中特别列明“专门治病的药酒，列入 2740（中成药生产）”。由此可知，应将该药酒制造项目归入“中成药生产 2740”类，对应《名录》应为“48 中成药生产 274”。该项目有提炼工艺，就应当编制环评报告书（表）。

3.《名录》中结尾无任何标记的，应谨慎适用《行业分类》

《名录》中结尾无任何标记的，很多建设单位在判断环评类别时，会误将《行业分类》作为判断依据。其实，应以《名录》而不是《行业分类》作为判断环评类别的首选标准（参见案例 4-3[1]）。

案例 4-3

误以《国民经济行业分类》作为环评类别依据案

【案情】

某工程公司是具有国家认可证书的从事建设工程质量检测的第三方质检机构。2019 年 10 月，天津市某区环境局在对工程公司进行现场执法检查时发现，该公司建设的混凝土抗压实验室、钢筋拉伸实验室、钢筋五元素实验室等实验室正在进行试验，而实验室未办理环评手续，且需要配套建设的环境保护设施未经验收即投入生产或者使用。2019 年 11 月，天津市某区环境局向该公司分别下达了《责令改正违法行为通知书》和《行政处罚决定书》。该公司不服，诉至法院。

该公司向法院主张：工程公司目前存在的实验室均具有相应的资质，且在运营过程中不存在对环境造成不良影响的情形。工程公司所从事的实验室行业属于《国民经济行业分类》中的 M 门类“科学研究和技术服务业”中的 74 大类“专业技术服务业”，不属于《建设项目环境影响评价分类管理名录》列明的行业，无须履行环评手续。

【裁判】

法院经审理认为，《国民经济行业分类》规定了全社会经济活动的分类，适用于在统计、计划、财政、税收、工商等国家宏观管理中对经济活动的分类，并用于信息处理和信息交换。《国民经济行业分类》和《建设项目环境影响评价分类管理名录》分类的目的、方式、适用的管理领域不同，二者在分类上不具有一一对应的关系，《国民经济行业分类》也非《建设项目环境影响评价分类管理名录》的制定依据。工程公司以其对应的《国民经济行业分类》中的分类主张其不属于《建设项目环境影响评价分类管理名录》列明的行业，无须履行环评手续，缺乏依据，本院不予支持。上述实验室属于《建设项目环境影响评价分类管理名录》“三十七、研究和试验发展”中“107 专业实验室”的“其他”类别，应当编制环境影响报告表。天津市某区环境局作出的行政处罚并无不当。

1　参见北京市第四中级人民法院（2021）京 04 行终 3 号判决书。

第二节　环境影响报告表专项设置的审查

编制环境影响报告表的项目是可能对环境造成轻度影响的项目，占全国环评审批项目数的90%以上[1]，其中大部分是中小企业。某些环评编制技术单位为了增加报告表的合同额，会建议编制环境影响报告表的项目增设多个专项评价。因此，建设单位有必要了解环境影响报告表对专项设置的相关要求，合理判定是否有必要设置专项评价，从而避免不必要的专项评价，提高环境影响报告表编制质量和合理确定费用预算，切实保护自身的合法利益；对需要开展专项评价的项目，应提高预算，开展专项评价工作，规避环评文件质量风险。

一、污染影响类项目

（一）污染影响类项目的范围

根据《建设项目环境影响报告表编制技术指南（污染影响类）（试行）》（以下简称《报告表编制指南（污染影响类）》），污染影响类项目主要包括以下行业：制造业，电力、热力生产和供应业的火力发电、热电联产、生物质能发电、热力生产项目，燃气生产和供应业，水的生产和供应业，研究和试验发展，生态保护和环境治理业（不包括泥石流等地质灾害治理工程），公共设施管理业，卫生、社会事业与服务业的有化学或生物实验室的学校、胶片洗印厂、加油加气站、汽车或摩托车维修场所、殡仪馆和动物医院，交通运输业中的导航台站、供油工程、维修保障等配套工程，装卸搬运和仓储业，海洋工程中的排海工程，核与辐射（不包括已单独制定建设项目环境影响报告表格式的核与辐射类建设项目），以及其他以污染影响为主的建设项目。

（二）无须开展土壤和声环境专项评价

所有污染影响类建设项目，均不开展土壤和声环境的专项评价。建设单位可首先排除这两类的专项评价。

1　数据来源于2021年1月4日，生态环境部环境影响评价与排放管理司有关负责人就《关于印发〈建设项目环境影响报告表〉内容、格式及编制技术指南的通知》答记者问。

（三）专项评价设置的数量

为解决环评报告表专项评价设置数量不统一、徒增建设单位成本的问题，《报告表编制指南（污染影响类）》规定，专项评价一般不超过两项，印刷电路板制造类建设项目专项评价不超过三项。

（四）专项评价设置的情形

《报告表编制指南（污染影响类）》规定了 6 种需要设置专项评价的情形。

1. 大气专项评价的设置

建设项目同时具有以下两种情形时，应当开展大气专项评价：

（1）项目排放废气含有毒有害污染物、二噁英、苯并 [*a*] 芘、氰化物、氯气，有毒有害污染物指纳入《有毒有害大气污染物名录》的污染物（不包括无排放标准的污染物）；

（2）项目厂界外 500 m 范围内有环境空气保护目标，环境空气保护目标指自然保护区、风景名胜区、居住区、文化区和农村地区中人群较集中的区域。

2. 地表水专项评价的设置

建设项目具有以下两种情形之一时，应当开展地表水专项评价：

（1）项目新增工业废水直排，不包含槽罐车外送污水处理厂的情形；

（2）项目为新增废水直排的污水集中处理厂。

所谓直排，是指项目污水经处理达标后，直接排入地表水体。

3. 地下水专项评价的设置

地下水原则上不开展专项评价，但涉及集中式饮用水水源和热水、矿泉水、温泉等特殊地下水资源保护区的项目，应开展地下水专项评价工作。

4. 环境风险专项评价的设置

对于涉及有毒有害和易燃易爆危险物质且存储量超过临界量的建设项目，需开展环境风险专项评价。

危险物质临界量及其计算方法，可参考《建设项目环境风险评价技术导则》（HJ 169）附录 B、附录 C。

5. 生态专项评价的设置

建设项目同时具有以下两种情形时，应当开展生态专项评价：

（1）项目新增河道取水；

（2）取水口下游 500 m 范围内有重要水生生物的自然产卵场、索饵场、越冬场和洄游通道。

目前，我国现行法律或标准中对重要水生生物尚无明确界定，在实际工作中一般按以下原则把握：一是国家和地方重点保护的水生生物；二是列入国际、国家、地方物种红色名录的水生生物；三是区域流域特有水生生物；四是重要经济水生生物；五是具有典型洄游或迁移习性的水生生物[1]。

6. 海洋专项评价的设置

直接向海洋排放污染物的建设项目，需开展海洋专项评价。

二、生态影响类项目

（一）生态影响类项目的范围

根据《建设项目环境影响报告表编制技术指南（生态影响类）（试行）》，生态影响类项目主要包括以下行业：农业，林业，渔业，采矿业，电力、热力生产和供应业的水电、风电、光伏发电、地热等其他能源发电，房地产业，专业技术服务业，生态保护和环境治理业的泥石流等地质灾害治理工程，社会事业与服务业（不包括有化学或生物实验室的学校、胶片洗印厂、加油加气站、洗车场、汽车或摩托车维修场所、殡仪馆、动物医院），水利，交通运输业（不包括导航台站、供油工程、维修保障等配套工程）、管道运输业，海洋工程（不包括排海工程），以及其他以生态影响为主要特征的建设项目（不包括已单独制定建设项目环境影响报告表格式的核与辐射类建设项目）。

（二）专项评价的设置数量

生态影响类项目专项评价一般不超过两项，水利水电、交通运输（公路、铁路）、陆地石油和天然气开采类建设项目不超过三项。

（三）专项评价设置的原则

生态影响类项目应当根据建设项目特点和涉及的环境敏感区类别，确定专

1　参见生态环境部部长信箱《关于“重要水生生物”该如何界定的回复》。

项评价的类别。建设项目的主要环境影响属于应当开展专项评价的规定类别的，以及建设项目涉及《名录》中针对该项目的环境敏感区的，就应当开展生态影响类的专项评价。具体原则见表 4-3。

表 4-3　生态影响类项目专项评价设置原则

序号	专项评价类别	设置原则
1	地表水	水力发电：引水式发电、涉及调峰发电的项目； 人工湖、人工湿地：全部； 水库：全部； 引水工程：全部（配套的管线工程等除外）； 防洪除涝工程：包含水库的项目； 河湖整治：涉及清淤且底泥存在重金属污染的项目
2	地下水	陆地石油和天然气开采：全部； 地下水（含矿泉水）开采：全部； 水利、水电、交通等：含穿越可溶岩地层隧道的项目
3	生态	涉及环境敏感区（不包括饮用水水源保护区，以居住、医疗卫生、文化教育、科研、行政办公为主要功能的区域，以及文物保护单位）的项目
4	大气	油气、液体化工码头：全部； 干散货（含煤炭、矿石）、件杂、多用途、通用码头：涉及粉尘、挥发性有机物排放的项目
5	噪声	公路、铁路、机场等交通运输业涉及环境敏感区（以居住、医疗卫生、文化教育、科研、行政办公为主要功能的区域）的项目； 城市道路（不含维护，不含支路、人行天桥、人行地道）：全部
6	环境风险	石油和天然气开采：全部； 油气、液体化工码头：全部； 原油、成品油、天然气管线（不含城镇天然气管线、企业厂区内管线），危险化学品输送管线（不含企业厂区内管线）：全部

需要注意：

1. 何为“涉及”环境敏感区

“涉及环境敏感区”是指建设项目位于、穿（跨）越（无害化通过的除外）环境敏感区，或环境影响范围涵盖环境敏感区。

2. 何为“该项目的环境敏感区”

环境敏感区是指《名录》中针对该类项目所列的敏感区。以“内陆养殖

0412”项目为例（表4-4），该项目的敏感区不是《名录》中所有的三大类环境敏感区，而仅是该类项目对应的“本栏目环境敏感区含义”，即对于“内陆养殖0412”项目，不涉及该栏最右侧标明环境敏感区的项目，不用编制生态专项评价。

表4-4 《名录》中内陆养殖环评类别判定

项目类别		环评类别			
		报告书	报告表	登记表	本栏目环境敏感区含义
5	内陆养殖0412	—	网箱、围网投饵养殖；涉及环境敏感区的	其他	第三条(一)中的全部区域；第三条(二)中的除(一)外的生态保护红线管控范围，重要湿地，重要水生生物的自然产卵场、索饵场、越冬场和洄游通道

第三节　环境影响报告表现状监测或调查的审查

生态环境部发布的建设项目环境影响报告表的编制技术指南，对环境影响评价报告表填报内容做了很多简化和调整，以环评有效性为出发点，坚持问题导向，简化优化内容和技术要求，减轻企业负担。新版《报告表》简化了环境质量现状监测要求，原则上以引用现行有效监测数据为主。

但某些情况下，还需要开展现状监测或调查，以说明区域环境质量现状。开展现状监测或调查势必会延长报告表编制时间、提高编制费用，因此，建设单位有必要了解现状监测的要求，加强与环评技术单位的沟通，合理判定是否有必要进行现状监测或调查。这对于缩短报告表编制时间、提高编制质量和合理确定费用预算等有很大帮助，将切实保护建设单位自身的合法利益。

一、不开展专项评价的项目

（一）污染影响类项目

1. 地表水环境现状

污染影响类项目报告表中地表水环境现状调查和评价一般采取引用监测数据或结论的方式。

2. 电磁辐射环境现状

电磁辐射根据《环境影响评价技术导则　广播电视》（HJ 1112—2020）等相关导则开展现状评价。

3. 大气环境现状

建设项目同时满足下列情形时，需开展补充大气环境质量监测。

（1）项目废气排放国家、地方环境空气质量标准中有标准限值要求的特征污染物；

（2）未收集到项目周边 5 km 范围内近 3 年的现有监测数据。

案例 4-4

某公司拟建设年产 3 万 t 莫来石材料生产项目，位于某工业园区，拟使用园区天然气作为燃料，回转窑烟气拟采用 SNCR+ 布袋除尘处理达标后经 40 m 高排气筒排放，未收集到项目周边 5 km 范围内近 3 年的现有监测数据。

该项目属于《名录》中“耐火材料制品制造 308”—“其他”，应当编制环境影响报告表；回转窑烟气特征污染物涉及 NO_x，NO_x 在《环境空气质量标准》（GB 3095）中有明确限值，且未收集到现有监测数据。因此，该项目编制环境影响报告表时，需补充大气环境质量现状监测数据。

4. 声环境现状

项目厂界外周边 50 m 范围内存在声环境保护目标时，应监测保护目标声环境质量现状；没有声环境保护目标时，不用补充声环境质量监测。声环境保护目标主要是指医院、学校、机关、科研单位、住宅、自然保护区等对噪声敏感的建筑物或区域。

5. 生态环境现状

建设项目同时满足下列三种情形时，需补充生态环境现状调查：

（1）项目位于产业园区外；

（2）项目新增用地；

（3）项目用地范围内含有生态环境保护目标。生态环境保护目标包括国家公园，自然保护区，风景名胜区，世界文化和自然遗产地，重要湿地，天然林，重点保护野生动物栖息地，重点保护野生植物生长繁殖地，重要水生生物的自然产卵场、索饵场、越冬场和洄游通道，水土流失重点预防区和重点治理区，沙化土地封禁保护区等。

案例 4-5

某公司拟建设的年产 20 万 t 铝土矿粗加工项目位于某经开区，采用“粗破—筛分—二次破碎”工艺，破碎筛分粉尘采用布袋除尘器处理后经 15 m 高排气筒排放，厂址南侧 30 m 处有居民 5 户。

该项目属于《名录》中“化学矿开采 102”—“单独的矿石破碎、集运”，应当编制环境影响报告表；厂界外周边 50 m 范围内存在声环境保护目标，位于产业园区内，因此，该项目编制环境影响报告表时需补充声环境质量监测，不用进行生态环境现状调查。

6. 地下水和土壤环境现状

地下水和土壤环境原则上不开展环境质量现状调查，但建设项目存在土壤、地下水环境污染途径的，应结合污染源、保护目标分布情况开展现状调查，以留作背景值。

地下水和土壤环境情况较为复杂，是否需要开展现状调查需要进行论证。因此，为降低环评质量风险和运营期环境风险，建议建设单位尽量选址在合规的产业园区，租赁已建标准厂房，降低项目区域环境敏感程度。

（二）生态影响类项目

生态影响类项目应优先引用与项目距离近的有效数据和调查资料，说明区域环境质量现状，减少费用支出。对无法引用相关数据的，生态影响类项目要求较为严格。其中，大气环境和声环境监测情形与污染影响类项目要求一致；地表水环境、地下水环境、土壤环境和生态环境等其他要素，参照相应技术导则开展补充监测或调查。

对未配备专业技术人员的建设单位而言，熟悉技术导则再判定是否需补充监测或调查，有较高的难度。因此，建议建设单位可要求环评技术单位给出是否进行现状监测的理由。若理由合理，应予以支持；若理由不合理，应予以拒绝。

二、开展专项评价的项目

对开展专项评价的报告表、开展专项评价的环境要素，需根据相应环境影响评价技术导则要求开展生态环境现状监测或调查。

是否开展专项评价或补充现状监测，建议在合同签订阶段确定，以合理确定编制费用，顺利推进项目环评。

案例 4-6

某乡镇污水项目采用 A^2/O+MBR 处理工艺，处理规模 800 m^3/d。处理后达到《城镇污水处理厂污染物排放标准》（GB 18918—2002）一级 A 标准后，排入周边地表水体。该项目属于《名录》中“污水处理及其再生利用”—“新建、扩建日处理 10 万 t 以下 500 t 及以上城乡污水处理”，应当编制污染类环境影响报告表。

项目为新增废水直排的污水集中处理项目，应当开展地表水环境影响专项评价，其余环境要素无须开展专项评价。

地表水环境质量现状调查与评价工作应按照《环境影响评价技术导则　地表水环境》（HJ 2.3）要求，开展地表水环境质量现状监测。大气环境质量现状评价可引用当地生态环境主管部门公开发布的环境质量公告；根据厂界外 50 m 范围内居民、学校等声环境保护目标调查结果，视情况决定是否需要开展声环境补充监测。如果 50 m 范围内存在声环境保护目标，则需对保护目标进行现状监测；如果不存在，则无须开展声环境质量现状监测工作。

第四节　环境影响报告书（表）内容的审查

一、项目环境可行性审查

（一）环境可行性的意义

根据《建设项目环境影响评价技术导则　总纲》（HJ 2.1—2016），环境影响评价工作程序的第一阶段是进行调查分析和工作方案制订。通过研究相关技术文件和其他文件、进行初步工程分析、开展初步的环境现状调查，分析判定建设项目选址选线、规模、性质和工艺路线等与国家和地方有关环境保护法律法规、标准、政策、规范、相关法定规划[1]、环境影响评价结论及审查意见的符合性，并

1　2018 年，生态环境部专门就“相关法定规划”进行回复：“相关法定规划”是指依法依规编制的有关规划，包括环境功能区规划、土地利用总体规划、城市总体规划、区域控制性详细规划、行业主管部门的专项规划等。

与生态保护红线、环境质量底线、资源利用上线和环境准入负面清单进行对照。以下简称法律法规规划符合性、“三线一单”符合性分析。

环境影响评价文件中，项目环境可行性评价包括法律法规规划符合性、“三线一单”符合性和环境影响可接受性。其中，法律法规规划符合性、“三线一单”符合性属于环评工作程序中的前期工作，是建设单位对环评文件进行审查时的重点关注内容。

这两项内容是开展环境影响评价工作的前提和基础。不能满足法律法规规划和“三线一单”要求的项目，必须进行调整，必要时提出替代方案，直到满足要求后才能继续开展后续环境影响评价工作。如果通过调整仍然不能满足要求，那么项目从环境保护角度考虑是不可行的，不能进行建设。

满足环境可行性的项目，在前期工作中，从环境保护、环境可行性角度出发，对方案进行优化，既可减小生态环境破坏，又能给企业带来经济效益，可以真正实现环境效益和经济效益“双赢”。

（二）环境可行性审查的要点

建设单位在对项目进行环境可行性审查时，应重点关注以下几点：

（1）建设项目与产业政策、环境政策的符合性，与国家总体功能区划、生态保护规划等规划的符合性；园区内建设项目，还应符合园区规划和园区规划环评的要求。

（2）建设项目选址选线、施工布置与国家公园、自然保护区、世界自然遗产地、风景名胜区、森林公园、地质公园、湿地公园、沙漠公园、水产种质资源保护区、海洋特别保护区等的位置关系。

（3）项目是否满足生态保护红线、环境质量底线、资源利用上线和环境准入负面清单的要求。

（4）从原料、产品、工艺技术、装备水平分析清洁生产情况，是否满足清洁生产、循环经济要求。

（5）分析厂区与周围环境保护目标之间距离，是否满足相关防护距离的要求。

（6）以企业目前的经济技术水平，是否能够接受环评技术单位给出的替代或调整方案。

案例 4-7

山西某煤化工企业，拟建厂址位于某水源地保护区上游准保护区范围内。环评初期，环评编制技术单位从地下水环境影响和环境风险影响方面建议另行选址，建设单位没有同意。经过双方多次协商，最终建设单位听取了环评单位的建议，另行选址建设。随着国家对地下水资源保护力度不断加大，环保政策不断从严，就在该项目在新厂址投入生产之际，原选址区域的化工企业被政府要求全部搬迁。如果当时该建设单位不听取环评单位建议，非要将项目建在原选址，不但地下水环境保护措施和环境风险防范措施需要投入大量资金，而且最后在政策的要求下，不得不忍痛搬迁，势必会造成巨大的经济损失。

二、工程分析审查

工程分析是对建设项目的工程方案及整个工程活动进行分析，从环境保护的角度，分析项目性质、规模、工艺流程，环保措施方案及总图布置，选址选线方案等，提出要求与建议，确定项目在建设期、运行期及服务期满后主要污染源强以及生态影响等，为项目的环境管理提供建议指标和科学依据。

工程分析的编制质量不仅直接关系到环评编制质量的好坏，也涉及建设单位环评质量违法的法律责任。工程情况是污染物产排情况、生态破坏程度、污染防治措施合理性等分析的基础。建设单位有必要对环评文件中的工程情况进行审查。

（一）基础资料审查

审查环评文件中基础资料的准确性。对建设单位名称、法人代表、联系人及联系电话、项目名称和代码、建设地点、用地面积、产品方案等项目概况的基础信息进行审查。

（二）工程内容审查

审查环评文件中工程建设内容完整性。建设单位向环评技术单位介绍工程时，不能只关注自己主体工程内容，而对其他工程内容轻描淡写。有的项目主体工程没有大量污染物产生排放，而恰恰原料储存、供热锅炉公用工程产生的污染物对环境影响较大。比如中药原料烘干项目，原料烘干主体工艺产生少量颗粒物，而提供烘干热源的锅炉排放 SO_2、NO_x，对环境影响较大。有些项目化验室、实验室会产生有毒有害废水、废气。因此，审查时应关注环评文件对主体工程、辅助工程、储运工程、公用工程内容等的各项工程描述是否全面，是否存在丢项、漏项问题。

（三）原辅料、产品等物料审查

审查原料、辅料、产品、副产品相关数据的准确性。这些内容是确定环境评价文件类型、环境影响评价等级，分析确定污染物的种类、数量、性质的基础。比如，根据《名录》（2021 年版），年用溶剂型涂料（含稀释剂）10 t 及以上的木质家具制造项目环评文件编制类别是报告书；根据《环境影响评价技术导则 地表水环境》（HJ 2.3—2018），向水体直接排放第一类污染物（总汞、烷基汞、总镉、总铬、六价铬、总砷、总铅、总镍等）的项目，地表水环境影响评价等级为一级。

因此，审查时应关注环评文件中描述的项目生产涉及的物料种类是否全面、数量是否准确，包括原辅料名称、来源、消耗量、组分、配比，产品、中间产品、副产品的组分和成分。

（四）工艺流程审查

审查工艺过程完整性、工艺参数准确性。这是环评工作中确定环评文件编制类型、判定评价等级、确定产排污环节的基础。比如，根据《名录》（2021 年版），纺织业项目中，有使用有机溶剂的涂层工艺的，需要编制环境影响报告书，不涉及该工艺的不需要编制报告书；根据《建设项目环境风险评价技术导则》（HJ 169—2018），以涉及危险物质的工艺过程是否涉及高温、高压工艺［高温指工艺温度≥ 300℃，高压指压力容器的设计压力（P）≥ 10.0 MPa］确定行业及生产工艺 M 值范围，再结合危险物质数量与临界量比值等内容确定环境风险评价等级。由于热力性 NO_x 产生条件为 1 100℃，燃烧温度大于 1 100℃的焚烧、冶炼工艺需要识别大气污染物 NO_x。石油化工生产装置的工艺过程大部分为密闭的生产工艺，但是涉及手工加料、敞开式操作的方式，就会有挥发性有机物无组织排放。

因此，审查时应关注环评文件中对工艺流程、工艺参数的描述，包括工艺过程、加料方式、开停工及检修情况等内容是否完整，工艺温度、压力、反应时间、主要化学反应式和副反应式等参数是否准确等。

三、环境保护措施审查

建立环评制度的目的就是保护生态环境，环评中提出预防或者减轻不良环境影响的对策和措施是实施环境影响评价制度的一项重要内容，是环境影响评价工作的核心。建设单位对环评文件中环保措施进行审查时，应关注以下几点。

（一）环保措施总投资和运行维护费用

有些建设单位环评阶段不关注环保投资问题，直到设计、施工阶段才发现，以企业目前的经济实力和经营状况，无法负担巨额的环保投资费用。建设单位如能提前对环评文件中环保措施内容进行审查，发现环保投资费用超预算问题，就可以及时和环评编制单位沟通，在满足达标排放等环保要求基础上，替代成技术可行、经济上更加合理的其他措施。

（二）环保设施占地问题

有些大型环保设施占地面积很大，有的项目风险防范措施需要建设较大容积的事故应急池。建设单位应注意审核环保设施地上、地下占地面积，判断企业是否具有环保设施施工条件。如果在建设项目的详细设计或者施工过程中发生平面布置调整，也要注意给环保设施留下足够施工、运行空间。

案例 4-8

某建设单位的环评及批复文件要求，针对废气污染物设置 3 套治理措施，并分别设置 1 个主要排放口。由于厂区平面布置、占地面积限制，没有足够空间建设 3 套治理措施和 3 个排放口，企业自行建设了 1 套治理措施和 1 个主要排放口。结果导致没有落实环评要求，无法办理排污许可证。没有排污许可证，就不能办理验收手续，也就不能按时生产。

四、总量控制指标审查

《建设项目主要污染物排放总量指标审核及管理暂行办法》（环发〔2014〕197号）要求严格落实污染物排放总量控制制度，把主要污染物排放总量指标作为建设项目环境影响评价审批的前置条件。排放主要污染物的建设项目，在环境影响评价文件审批前，须取得主要污染物排放总量指标。因此，建设单位应当审查建设项目环评文件中是否包含主要污染物总量控制内容，是否明确了主要生产工艺、生产设施规模、资源能源消耗情况、污染治理设施建设和运行监管要求等，提出总量指标及替代削减方案。

更为重要的是，根据《关于加强重点行业建设项目区域削减措施监督管理的通知》（环办环评〔2020〕36号），重点行业建设项目未提交区域削减措施落实情况证明材料或证明材料不全的，排污许可证核发部门不予核发其排污许可证，建设单位不得排污。建设项目投运后，生态环境主管部门会及时检查削减替代方案落实情况，确保减排措施落实。建设项目主要污染物实际排放量超过许可排放量的，或替代削减方案未落实的，不予竣工环境保护验收，并依法处罚。

由于有些地区试行排污权交易，建设项目还可以通过排污权交易获取总量指标，也就是通常所说的“购买总量”。某些地区污染物排放总量指标有限，有些建设单位会委托环评编制单位特意将污染物排放量计算得越低越好，意图将总量指标看成申请环评批复的工具，通过“数字游戏”获得总量指标。这种做法会使得项目运行之后的实际排放量大大超过环评批复许可的排放量，导致无法正常开展竣工环保验收和办理排污许可证。

因此，建设单位不但要重视污染物排放总量，还要在总量指标许可之前，对环评文件中指标来源进行审核，充分分析企业目前清洁生产水平和污染减排削减方案。尤其应当关注建设项目的污染治理设施投资是否能够负担，预定的污废水回用率是否能够真正实现，改扩建项目是否真正能够通过“以新带老”措施平衡排放量，实现“增产不增污”。

第五节　环境影响登记表的填报和审查

《建设项目环境影响登记表备案管理办法》（环境保护部令 第41号，以下简称《登记表备案管理办法》）第九条规定，建设单位应当在建设项目建成并投入生产运营前，登录网上备案系统，在网上备案系统注册真实信息，在线填报并提交建设项目环境影响登记表。

建设单位可自行登录当地环境管理部门网站进行填报，如果自身的环保技术能力薄弱，也可以委托环评编制单位进行填报。建设单位选择自行填报的，需要了解与填报环境影响登记表相关的基础知识；选择委托环评编制单位填报的，建设单位也应当对环评编制单位的填报要点进行审查。

一、填报前的注意事项

（一）哪些项目需要填报

根据《环评法》，环境影响很小、不需要进行环境影响评价的建设项目，应当填报环境影响登记表。建设单位可以参考本章环境影响报告书（表）、登记表分类审查的相关内容，确定哪些项目属于填报环境影响登记表的类别。

（二）什么时候填报

根据《登记表备案管理办法》第九条，建设单位应当在建设项目建成并投入生产运营前，登录网上备案系统，在网上备案系统注册真实信息，在线填报并提交建设项目环境影响登记表。

填报要求时间与环境影响报告书和报告表不同，环境影响报告书和报告表要求在建设项目开工前就取得环评批复。

（三）在哪里填报

环境影响登记表主要采取线上填报备案的方式，生态环境部已统一布设建设项目环境影响登记表网上备案系统，可通过地方生态环境部门网站进入填报。

同时，根据《登记表备案管理办法》，对国家规定需要保密的建设项目，建设项目环境影响登记表备案采用纸质备案方式。

（四）向哪个部门备案

县级生态环境部门或市级生态环境部门所属派出分局；建设项目的建设地

点涉及多个县级行政区域的，建设单位应当分别向各建设地点所在地的县级生态环境主管部门备案。

（五）如何确定完成了备案

建设单位在线提交环境影响登记表后，网上备案系统自动生成备案编号和回执，该建设项目环境影响登记表备案即为完成。

（六）什么情况下需要重新填报备案

备案完成后，建设单位或者其法定代表人，抑或主要负责人在建设项目建成并投入生产运营前发生变更的，建设单位应当依照本办法规定，再次办理备案手续。

二、填报要点

（一）环境影响登记表内容和格式

《登记表备案管理办法》规范了环境影响登记表的填报和管理。建设项目环境影响登记表填报说明见表 4-5。

表 4-5 建设项目环境影响登记表填报说明

环境影响登记表模板				说明
项目名称				有发改委或其他主管部门备案的，以文件上项目名称为准
建设地点		占地（建筑、营业）面积（m^2）		按要求填写
建设单位		法定代表人或者主要负责人		按要求填写
联系人		联系电话		按要求填写
项目投资（万元）		环保投资（万元）		按要求填写

环境影响登记表模板		说明
拟投入生产运营日期		按要求填写
项目性质	□新建　□改建　□扩建	按要求填写
备案依据	该项目属于《建设项目环境影响评价分类管理名录》中应当填报环境影响登记表的建设项目，属于第××类××项中××	填写项目属于《建设项目环境影响评价分类管理名录》中的哪个类别
建设内容及规模	□工业生产类项目□生态影响类项目□餐饮类项目□畜禽养殖类项目□核工业类项目（核设施的非放射性和非安全重要建设项目）□核技术利用类项目□电磁辐射类项目	按要求勾选，并填写项目建设的内容和规模大小
主要环境影响	□废气 □废水 □生活污水 □生产废水 □固废 □噪声 □生态影响 □辐射环境影响 采取的环保措施及排放去向： □无环保措施： 直接通过__排放至__。 □有环保措施： □__采取__措施后通过__排放至__。 □其他措施：__	勾选项目主要的环境影响，并填写采取的相应环保措施
承诺：××（建设单位名称及法定代表人或者主要负责人姓名）承诺所填写各项内容真实、准确、完整，建设项目符合《建设项目环境影响登记表备案管理办法》的规定。如存在弄虚作假、隐瞒欺骗等情况及由此导致的一切后果，由××（建设单位名称及法定代表人或者主要负责人姓名）承担全部责任。 法定代表人或者主要负责人签字：		按要求填写
备案回执 该项目环境影响登记表已经完成备案，备案号：××××××		

（二）填报环境影响登记表注意事项

填报环境影响登记表的项目并不是不会对环境产生影响，同样会有废气、废水、噪声和固体废物等污染物产生。在填报的时候，企业需要根据原辅料和工艺条件、过程，对各类污染物提出合理、可行的治理措施。

（三）填报过程中常见的问题

建设项目环境影响登记表填报过程中常见的问题有提高（或降低）环评等级填报、项目名称与建设内容完全不相符、投运后填报、环保措施填报错误等。在此，重点提示提高环评等级填报与环保措施填报错误两种情形。

1. 提高环评等级填报

提高环评等级，即未纳入登记管理的项目，填报了环境影响登记表。图 4-1 为某汽修项目环境影响登记表公开内容，从图 4-1 可以看出，该项目为汽车维修项目，其类别应当属于《名录》中“122 汽车、摩托车维修场所”，该行业无登记管理，不满足填报登记表要求，无须填报环境影响登记表。

建设项目环境影响登记表

填表日期：2021-08-31

项目名称	[illegible]气车维修部建设项目		
建设地点	[illegible]	占地面积（平方米）	300
建设单位	[illegible]	法定代表人	[illegible]
联系人	[illegible]	联系电话	[illegible]
项目投资(万元)	500	环保投资(万元)	3
拟投入生产运营日期	2021-09-02		
建设性质	新建		
备案依据	该项目属于《建设项目环境影响评价分类管理名录》中应当填报环境影响登记表的建设项目，属于第**131 城市道路(不含维护；不含支路、人行天桥、人行地道)项中其他。**		
建设内容及规模	建设内容：办公区，休息区，维修点，储物间 建设规模：2间办公室，1间休息区，2间储物间，160平米操作场地		
	废水 生活污水		**生活污水** 无环保措施: 生活污水直接通过污水管网排放至市政管网

图 4-1　某汽修项目环境影响登记表截图

2. 环保措施填报错误

环保措施填报错误是环境影响登记表填报过程中常见的问题，如废水治理工艺错误、废气收集治理措施错误、漏填噪声防治措施、固体废物堆存措施不合理等。图 4-2 为某医院项目环境影响登记表公开内容，从图 4-2 可以看出，该项目污水仅经沉淀处理即排入市政污水管网，该处理方式不符合《医疗机构水污染物排放标准》（GB 18466—2005）4.1.3 要求，即“县级以下或 20 张床位以下的综合医疗机构和其他所有医疗机构污水经消毒处理后方可排放”。建设单位应当增加污水消毒设施，并重新填报环境影响登记表。

建设项目环境影响登记表

填表日期：2021-10-27

项目名称			
建设地点		**占地面积（平方米）**	
建设单位		**法定代表人**	
联系人		**联系电话**	
项目投资(万元)	4317.98	**环保投资(万元)**	65
拟投入生产运营日期	2022-01-17		
建设性质	新建		
备案依据	该项目属于《建设项目环境影响评价分类管理名录》中应当填报环境影响登记表的建设项目，属于第**108 医院；专科疾病防治院(所、站)；妇幼保健院(所、站)；急救中心(站)服务；采供血机构服务；基层医疗卫生服务项中住院床位20张以下的(不含20张住院床位的)。**		
建设内容及规模	项目总规划用地面积14418.31㎡，总建筑占地面积2328.98㎡，总建筑面积7765.51㎡(其中新建面积1298.12㎡，原有建筑装饰面积6467.39㎡，建筑密度16%，容积率0.54，绿化率30%。以及室外附属工程　医疗及办公设备采购等。		
主要环境影响	废水 生活污水 生产废水	**采取的环保措施及排放去向**	**生活污水** 有环保措施: 污水采取沉淀处理措施后通过污水管道排放至市政污水管网 **生产废水** 有环保措施: 废水采取沉淀处理措施后通过污水管道排放至市政污水处理
	固废		环保措施: 一次性医疗用品、各类塑料制品等用塑料袋分装统一收集后交由专门的医疗废物处理机构进行处置

图 4-2　某医院项目环境影响登记表截图

第五章　建设项目环境影响评价公众参与

就制度属性而言，生态环境主管部门进行环评批复属于国家行政许可，而建设项目环评的公众参与则属于社会认可。我国《环评法》明确鼓励有关单位、专家和公众以适当方式参与环境影响评价。

当前，我国法律上建设项目环境影响评价的公众参与，针对的是编制环境影响报告书项目，执行的具体依据是《环境影响评价公众参与办法》（以下简称《公参办法》）。对编制环境影响报告表的建设项目而言，生态环境主管部门可根据实际情况，在环评报告表审批前组织听证程序。

第一节　公众参与的责任主体

一、公众参与的核心指向

我国现行环境法律体系下的公众参与，与通常的“听取意见和建议”截然不同，其核心指向是责任主体对公众意见的“征求”和“反馈”，具有明显的主动性和质询性特征。

所谓“征”，是开展公众参与的责任主体应当主动、广泛地向公众告知建设项目的环境影响评价信息，这是责任主体的法定义务，而非可以放弃的权利。

所谓“求”，是责任主体采取各种可能的途径和方式，获得来自公众的各种各样的不同意见。这其中必然包括公众对建设项目环境影响评价的同意、反对、怀疑等各种情形。

所谓“反馈”，就是在充分“征求”公众意见之后，责任主体应当采纳与建设项目环境影响有关的合理意见，并依据采纳的意见修改完善环境影响报告书；

对未采纳的意见，责任主体应当主动联系质询者，并说明理由。

可见，环境法律中的公众参与应以全面、主动的信息公开为前提，以客观、充分的意见反馈为核心，绝非被动的和可有可无的。

二、建设单位的主体责任

根据《环评法》第二十一条和《中华人民共和国环境保护法》（以下简称《环保法》）第五十六条规定，对依法应当编制环境影响报告书的建设项目，建设单位应当在编制时向可能受影响的公众说明情况，充分征求意见。建设单位报批的环境影响报告书应当附具对有关单位、专家和公众的意见采纳或者不采纳的说明。

因此，建设单位是承担建设项目环境影响评价公众参与的唯一责任主体。虽然建设单位委托环评技术单位编制环评报告书，也可以委托其开展公众参与，但不能有“环评技术单位负责公众参与”的误解。

三、生态环境主管部门的监督责任

生态环境主管部门依法监督建设单位是否充分履行了环评公众参与的工作。发现建设项目未充分征求公众意见时，应当责成建设单位重新征求公众意见，退回环境影响报告书。现行规定并未规定退回的次数，建设单位收到退回环境影响报告书的决定后，应及时重新征求公众意见，避免再次退回。

即使生态环境主管部门审批了未充分征求公众意见的环境影响报告书，而利害关系人提起行政复议或诉讼的，未履行监督责任的生态环境主管部门也是被诉主体，建设单位属于行政复议或诉讼的第三人。司法机关（或复议机关）也将依据《中华人民共和国行政许可法》和《环评法》的规定，撤销已经审批的环境影响报告书（参见案例 5-1[1]）。

案例 5-1

林某等 51 人诉某市生态环境局环境行政许可案

【案情】

某眼科医院有限公司（以下简称某眼科医院）拟选址某市某区某商城（以

1 参见福建省高级人民法院（2019）闽行终 303 号判决书。

下简称某商城）1号楼一层、二层改造建设眼科医院，并委托环评机构编制环境影响报告书，申请环境影响评价许可。2017年6月，现某市生态环境局（原某市某区环境保护局，以下简称某生态环境局）公示受理该审批事项，从专家库随机抽取评审专家，召开技术审查会，并于同年9月作出同意项目建设的批复。林某等51人系某商城的业主或经营者，向法院提起行政诉讼，请求撤销批复。

【裁判】

某省某市中级人民法院认为，某商城系以居住为主要功能，在此区域建设眼科医院应以编制环境影响报告书的形式进行全面的环境影响评价。某眼科医院作为建设单位，应依法征求某商城有关单位和居民的意见。某眼科医院提供的《公众参与个人调查表》中公众参与材料内容不真实、不可靠，某生态环境局未尽基本的审查注意义务，作出的批复主要证据不足。一审判决撤销批复。某省高级人民法院二审维持原判。

【评析】

建设项目环境影响评价公众参与的真实性和充分性是公众参与的客观基础，建设单位应尽量保证环境影响评价范围内的公众都能参与，提出意见。在社会环保意识不断增强的背景下，通过弄虚作假方式取得公众参与意见，不仅违法，也不符合社会发展的趋势。本案之所以发生，就在于林某等51人认为，某眼科医院在环境影响报告书编制过程中公众参与材料弄虚作假，某生态环境局对此未尽审查义务，违法审批。司法机关根据在案证据，依法撤销了经过审批的环评文件，体现了司法对公众参与中弄虚作假行为的“零容忍”态度。

第二节　公众范围的界定

一、界定标准

（一）法定标准——环境影响评价范围

根据《环保法》第五十六条，建设单位征求公众意见的范围是可能受影响的公众。

而《公参办法》第五条规定，建设单位应当依法听取环境影响评价范围内的公民、法人和其他组织的意见；鼓励建设单位听取环境影响评价范围之外的公民、法人和其他组织的意见。环境影响评价范围就是公众的范围。

应注意，环评范围不仅确定了公众的范围，也确定了建设单位环境信息公开的地域范围。建设单位发放公众意见表等材料时，应以此范围为界限。如果超越范围任意发放，建设单位应承担更广泛的公众参与责任。

（二）环境影响评价范围的确定

环评范围指建设项目整体实施后可能对环境造成的影响范围。根据《建设项目环境影响评价技术导则　总纲》（HJ 2.1—2016），环评范围应具体根据环境要素和专题环境影响评价技术导则的要求确定。环境影响评价技术导则中未明确具体评价范围的，根据建设项目可能影响的范围确定。

（三）辅助标准——利害关系人

利害关系人并非环境法上的专门用语，其概念范围比环境影响评价范围要大得多，不仅包括环境影响评价范围内的公众，还包括与建设项目存在民法上相邻关系的公众。利害关系人不仅对生态环境主管部门的环评审批决策产生影响，而且在环境司法中有着与环境法下的“公众”不同的法律地位。

不过，在环境诉讼中，以环评范围确定公众范围仍然是判断利害关系人的首要标准（参见案例 5-2[1]）。

案例 5-2

非环评范围内的公众不服环评批复案

【案情】

光大某能源有限公司（以下简称光大公司）拟在江苏省常州市投资兴建生活垃圾焚烧发电 BOT 项目。2014 年，光大公司向江苏省环保厅报送《环境影响报告书》《技术评估意见》《预审意见》等材料，申请环境评价许可。江苏省环保厅受理后，先后发布受理情况及拟审批公告，并经审查作出同意项目建设的《批复》。常州某化学有限公司（以下简称常州某公司）作为案涉项目附近、经营范围为化妆品添加剂制造的已处于停产状态的企业，不服该《批复》，向环境保护部申请行政复议。环境保护部在收到江苏省环保厅报送的《行政复议答复书》《现

1　参见最高人民法院（2017）最高法行申 4795 号行政裁定书。

场调查情况报告》后，作出维持《批复》的《行政复议决定书》。常州某公司不服，提起诉讼。

【裁判】

本案一审、二审法院均驳回常州某公司起诉。最高人民法院再审后认为：常州某公司并非案涉项目厂界周围范围内的环境敏感保护目标，且处于停产状态，尚不足以表明常州某公司与光大公司之间就案涉环境保护行政许可存在重大利益关系。案涉项目环评过程中保障了公众参与权，江苏省环保厅在作出环境评价许可过程中履行了对项目选址、污染物排放总量平衡等问题的审查职责，也未侵犯常州某公司的权利。

【评析】

本案为环境许可案件中重大利益关系范围的确定提供重要范本。根据《建设项目环境影响评价技术导则　总纲》（HJ 2.1—2016），环境保护目标是在环评范围内，依据环境影响因素识别的结果。不属于环境保护目标的，也就不在环评范围之内，不属于需要公众参与的公众范围。本案中，法院通过确定环境保护目标进而判断是否属于公众参与范围和重大利益关系的做法，符合环评规律和社会认知。

二、公众类型

《建设项目环境保护管理条例》第十四条规定，建设单位编制环境影响报告书，应当依照有关法律规定，征求建设项目所在地有关单位和居民的意见。在具体类型上，应注意以下情形。

（一）建设项目所在地的居民

根据环评导则和技术规范，在环评范围内的居民区属于环境敏感区，通常也是环境保护目标。因此，在建设项目所在地环评范围内的居民属于“公众”的主要类型。

（二）建设项目所在地的有关单位

在建设项目所在地且在环评范围内的有关单位，也是公众的类型之一，但此处的单位应当不包括与建设项目规划、工程建设或者环评审批等有关的行政机关。

（三）核设施环评公众参与的公众范围

1. 核反应堆设施和商用乏燃料后处理厂

堆芯热功率 300 MW 以上的反应堆设施和商用乏燃料后处理厂半径 15 km 范围内的公民、法人和其他组织。

2. 其他核设施和铀矿冶设施

根据环境影响评价的具体情况，确定一定范围内的公民、法人和其他组织。

第三节　公众参与信息的公开

一、不予公开的范围

（一）国家秘密不公开

建设单位应当根据《中华人民共和国保守国家秘密法》和《环境保护工作中国家秘密及其密级具体范围的规定》，结合建设项目的实际情况判断建设项目的环评报告书是否涉及国家秘密。同时，对于建设项目环评报告书涉及国家秘密的，应当依法报请国家有关部门予以密级认定。涉密的环境信息，应当在环评报告书中予以删除，并编制包含删除内容及删除依据和理由的说明报告。

（二）商业秘密不公开

商业秘密是指不为公众所知悉、能为权利人带来经济利益、具有实用性并经权利人采取保密措施的技术信息和经营信息。商业机密具有秘密性、价值性和保密性的特征。

建设项目环评报告书包含商业秘密的，应由商业秘密鉴定机构出具鉴定报告。涉及商业秘密的环境信息，应在环评报告书中删除，并编制删除商业秘密的说明报告。

（三）个人隐私以不公开为原则

根据《公参办法》，环境信息涉及个人隐私的，不得公开。但是《环保法》仅规定国家秘密、商业秘密不得公开，并未提及个人隐私不得公开。因此，建设项目环评报告书中涉及个人隐私的，应以不公开为原则，以公开为例外。

二、环评报告书的全文公开

根据《环保法》，建设项目环评报告书应当在删除涉及国家秘密和商业秘密的事项后，全文公开。《公参办法》则对“全文公开”进一步扩展，规定从建设项目环评报告书的征求意见稿到报批稿，建设单位均应当全文公开。

生态环境主管部门的环境信息公开，也应当对受理后的环评报告书进行全文公开。

三、三种公开方式

为实现广泛而充分的公众参与,《公参办法》规定了三种环境信息公开的方式。

（一）网络平台

《公参办法》中的网络平台是指建设单位的网站、建设项目所在地公共媒体网站、建设项目所在地相关政府网站等平台。建设单位应对网络平台公示的环境信息及时予以截图保留。

由于公众参与是以建设项目所在地而非建设单位所在地为地域范围的，无论是哪一个网络平台，均应以建设项目所在地的公众能够知悉为充分履行公众参与的前提条件。

（二）报纸媒介

报纸媒介的信息公开应选择建设项目所在地公众易于接触的报纸进行公开。

建议建设单位购买刊登信息公开的报纸多份，留档保存，并对报纸原件进行复印或扫描。

（三）张贴公告

张贴公告方式的信息公开是指在建设项目所在地公众易于知悉的场所以张贴公告的方式公开。实践中，公众易于知悉的场所包括居民住宅区出入口的公示栏、必经通道的公示栏、社区居民委员会和村民委员会驻地的公示栏，以及地方政府的公告栏等。

建设单位张贴公告的范围应以环评范围最外侧边界为限。同时，对建设单位张贴公告者的外观、全部的张贴过程、张贴后的公告位置和张贴状态、公众阅读公告时的情景、公告张贴后有无被人破坏等情况进行同步拍照摄像，作为公众参与信息公开的原始资料予以留档保存。

为争取建设项目环评范围内的公众客观了解建设项目的环境影响，建设单位应当通过宣传、科普等方式，建立公众获得环境信息的正常渲道，加强公众与建设单位的沟通互动，尽量避免公众受到其他不当舆论的引导。这是消解“邻避效应”的重要手段。

四、三次信息公开

（一）第一次信息公开

1. 公开时间

第一次信息公开应当在建设单位确定环境影响报告书编制单位后 7 个工作日内进行。

2. 公开方式与内容

通过网络平台公开建设项目名称、选址选线、建设内容等基本情况，改建、扩建、迁建项目应当说明现有工程及其环境保护情况；建设单位名称和联系方式；环境影响报告书编制单位的名称；公众意见表的网络链接；提交公众意见表的方式和途径等。

第一次信息公开，既无环评报告书征求意见稿，也无法确定公众的范围，建设单位唯须确保信息公开的真实性和完整性。在征求意见稿编制期间，公众可向建设单位提出与环境影响评价相关的意见。

（二）第二次信息公开

1. 公开时间

第二次信息公开是在建设项目环境影响报告书征求意见稿形成后进行的。

2. 公开内容

建设单位应当公开环境影响报告书征求意见稿全文的网络链接及查阅纸质报告书的方式和途径，征求意见的公众范围、公众意见表的网络链接、公众提出意见的方式和途径、公众提出意见的起止时间等五类信息，征求与该建设项目环境影响有关的意见。

由于编制了环评报告书征求意见稿，确定了环评范围，进而明确了征求意见的公众范围，建设单位应确保公众参与通道的畅通。

3. 公开期限和方式

第二次信息公开时，建设单位征求公众意见应当以网络平台、报纸媒介、张贴公告三种方式同步进行，缺一不可；期限不得少于 10 个工作日。具体如下：

（1）通过网络平台公开，且持续公开期限不得少于 10 个工作日；

（2）通过建设项目所在地公众易于接触的报纸公开，且在征求意见的 10 个工作日内公开信息不得少于 2 次；

（3）通过在建设项目所在地公众易于知悉的场所张贴公告的方式公开，且持续公开期限不得少于 10 个工作日。

（三）第三次信息公开

1. 公开时间

第三次信息公开是在建设单位向生态环境主管部门报批环境影响报告书之前。

2. 公开方式与内容

建设单位应当通过网络平台，公开拟报批的环境影响报告书全文和公众参与说明。

3. 公开期限

第三次信息公开没有法定公开期限。

五、可简化的信息公开

建设项目在同时符合规定的条件时，环评公众参与的信息公开可以根据《公参办法》的规定予以简化。

（一）简化的法定条件

1. 项目建设在依法批准设立的产业园区内；
2. 该产业园区已依法开展了规划环境影响评价公众参与；
3. 建设项目性质、规模等符合经生态环境主管部门组织审查通过的规划环境影响报告书和审查意见。

（二）简化的法定方式

1. 不再开展第一次信息公开和公众参与，并将第一次信息公开的内容融入第二次进行；
2. 开展第二次信息公开的时限缩短为 5 个工作日；
3. 开展第二次信息公开时，无须采取张贴公告的方式。

第四节　公众参与的方式

一、一般方式

（一）参与时间

公众参与应在“规定的时间内”进行。具体而言：

1. 第一次信息公开时公众参与的“规定时间”是从建设单位第一次信息发布公开的公告开始，至发布建设项目环评报告书征求意见稿为止。

2. 第二次信息公开时公众参与的“规定时间”是从建设单位发布征求意见稿全文等信息公开的公告开始后的 10 个工作日。

3. 对于第三次信息公开时的公众参与，《公参办法》只规定应当信息公开，未规定公开期限和公众参与的方式，也就不存在公众参与的“规定时间”要求。

应注意，由于只有在第二次信息公开时才能确定公众的范围，建设单位应当高度重视第二次信息公开和公众参与，且不得随意自行设定公众参与的时间。

（二）参与方式

1. 书面的公众意见表方式

公众意见表的获取途径已经被公告于第一次和第二次信息公开之中。公众可以通过信函、传真、电子邮件或者建设单位提供的其他方式，在规定时间内将填写的公众意见表等提交建设单位，反映与建设项目环境影响有关的意见和建议。

2. 口头方式是例外

《公参办法》并未排除公众以口头方式提出公众意见。

3. 应当提供联系方式

无论是书面方式还是口头方式，《公参办法》规定，公众提交意见时，应当提供有效的联系方式，并被鼓励实名制提交意见。建设单位应当为公众提供的个人信息保密。除法律法规另有规定的以外，未经个人信息相关权利人允许，不得公开。

（三）意见内容

提出的公众意见应与建设项目环境影响有关。

公众提出的涉及征地拆迁、财产、就业等与建设项目环境影响评价无关的意见或诉求，则不属于建设项目环境影响评价公众参与的内容。建设单位可以告知公众，可依法向其他主管部门反映。

涉及环境防护距离内的环保搬迁诉求的，建设单位可以向公众说明，环保搬迁属于当地政府落实环境保护责任的行政职责，不是建设单位的法定义务。

二、深度公众参与

建设单位应当在第一次和第二次信息公开和公众参与过程中，及时掌握公众意见的主要走向，视情况开展深度公众参与。

（一）开展深度公众参与的责任人

《公参办法》规定，建设单位是开展深度公众参与的唯一责任人。

对于环境影响方面公众质疑性意见多的建设项目，建设单位有责任开展深度公众参与。同时，建设单位决定开展深度公众参与的，应当符合规定的程序和方式。

（二）公众代表的选取

1. 公众代表的选择权

建设单位享有公众参与代表的选择权，其他行政机关或公众群体没有选择权。同时，建设单位应当履行公众代表选择前的报名程序，之后才能进行公众代表的选择。

2. 选取代表的依据

建设单位应当综合考虑地域、职业、受教育水平、受建设项目环境影响程度等因素，从报名的公众中选择参加会议或者列席会议的公众代表。

（三）深度公众参与的两种方式

1. 质疑环评结论与环保措施为主的，召开座谈会或听证会

公众质疑性意见主要集中在环境影响预测结论、环境保护措施、环境风险防范措施等方面的，建设单位应当组织召开公众座谈会或听证会。

建设单位应当邀请在环境方面可能受建设项目影响的公众代表参加座谈会或听证会。

应注意，建设单位组织召开听证会的，可以参考环境保护行政许可听证的有关规定执行。

2. 质疑环评技术为主的，召开专家论证会

公众质疑性意见主要集中在环境影响评价相关专业技术方法、导则、理论等方面的，建设单位应当组织召开专家论证会。专家论证会应当邀请相关领域的专家参加。

建设单位应当邀请在环境方面可能受建设项目影响的公众代表列席专家论证会。

特别提示，如公众意见对上述两个方面都提出质疑，建设单位应按照程序分别组织座谈会和专家论证会。

（四）深度公众参与的协调请求权

建设单位可以根据实际需要，向建设项目所在地县级以上地方人民政府报告，并请求其加强对公众参与的协调指导。

（五）深度公众参与的程序

1. 深度公众参与的公告时间

建设单位决定组织召开公众座谈会、专家论证会的，应当在会议召开的10个工作日前，向社会公告。

对于既需召开座谈会，又要召开专家论证会的，《公参办法》并没有规定两类会议召开的先后顺序和必须相差一定时间召开，只要满足“召开的10个工作日前公告”的程序要求即可。

2. 深度公众参与的公告内容

（1）座谈会、专家论证会的时间、地点、主题；

（2）可以报名的公众范围、报名办法。

3. 深度公众参与的公告途径

建设单位应通过网络平台和在建设项目所在地公众易于知悉的场所张贴公告等方式向社会公告。无须报纸媒介公告。

4. 选取公众代表后的告知

建设单位依法选择参加座谈会、专家论证会的公众代表后，应当在会议召开的5个工作日前，通知拟邀请的相关专家，并书面通知被选定的代表。

建设单位完成上述程序后，方可开展深度公众参与。

（六）完成深度公众参与后的信息公开

1. 公开时间

建设单位应当在公众座谈会、专家论证会结束后5个工作日内，向社会公开深度公众参与情况。

2. 建设单位如实记录和整理的义务

建设单位应当根据现场记录，整理座谈会纪要或专家论证结论，并保证座谈会纪要和专家论证结论如实记载各种意见。

3. 公开内容和方式

建设单位通过网络平台向社会公开座谈会纪要或专家论证结论，而非公开全部公众参与意见的原始资料，也无须再采取其他信息公开方式。

第五节　公众参与意见的报送与审查

一、公众参与意见报送前的处理

（一）整理与分析

建设单位负责对收到的公众意见进行整理，组织环境影响报告书编制单位或者其他有能力的单位进行专业分析后，提出采纳或者不予采纳的建议。

组织环评技术单位协助的，应当在环评技术合同中明确约定。

（二）采纳与修改

建设单位应当综合考虑建设项目情况、环境影响报告书编制单位或者其他有能力的单位的建议、技术经济可行性等因素，采纳与建设项目环境影响有关的合理意见，并组织环境影响报告书编制单位根据采纳的意见修改完善环境影响报告书。

（三）不采纳说明理由

对未采纳的意见，建设单位应当说明理由。未采纳的意见由提供有效联系方式的公众提出的，建设单位应当通过该联系方式，向其说明未采纳的理由。

（四）编制公众参与说明

建设单位向生态环境主管部门报批环境影响报告书前，应当按照生态环境部制定的公众参与说明的内容和格式，组织编写建设项目环境影响评价公众参与说明。

公众参与说明应当包括公众参与的过程、范围和内容；公众意见收集整理和归纳分析情况；公众意见采纳情况，或者未采纳情况、理由及向公众反馈的情况等内容。

二、公众意见报送的要求

（一）报送前的信息公开

建设单位在向生态环境主管部门报批环境影响报告书前，应当通过网络平台，公开拟报批的环境影响报告书全文和公众参与说明，即前述的第三次信息公开。

（二）一并报送

建设单位向生态环境主管部门报批环境影响报告书时，应当附具公众参与说明，即将建设项目环评报告书与公众参与说明两份文件一同报送。

三、生态环境主管部门的审查

（一）审查对象

生态环境主管部门应当对公众参与说明内容和格式是否符合要求、公众参与程序是否符合本办法的规定进行审查。

（二）处理结果

经综合考虑收到的公众意见、相关举报及处理情况、公众参与审查结论等，生态环境主管部门发现建设项目未充分征求公众意见的，应当责成建设单位重新征求公众意见，退回环境影响报告书。

第六节 环境影响报告表的公众参与问题

一、无开展公众参与的强制性要求

为提高经济决策和审查效率，在我国环评法律制度中，并非所有建设项目的环境影响评价都要进行公众参与。只有对环境可能造成重大影响、应当编制环境影响报告书的建设项目，才必须执行公众参与程序。[1]

因此，编制环境影响报告表的建设项目并不属于应当开展环评公众参与的法定类型。

二、依《行政许可法》组织听证

对环境可能造成轻度影响的建设项目，建设单位应当依法编制环境影响报告表。但是，即使是“轻度”的环境影响，也同样会对项目周边的公众造成不利影响，甚至严重损害周边公众的身心健康和生活安宁。就《中华人民共和国行政许可法》（以下简称《行政许可法》）而言，在环境影响报告表项目周边，可能受影响的公众属于与建设项目有重大利益关系的利害关系人。

同时，《建设项目环境影响评价政府信息公开指南（试行）》规定，各级生态环境主管部门在对建设项目作出建设项目环境影响报告书（表）的审批意见前，应当向社会公开拟作出的批准和不予批准环境影响报告书（表）的意见，并告知申请人、利害关系人听证权利。

因此，如果编制环境影响报告表项目的周边公众对环境影响报告表提出异议，应由有审批权的生态环境主管部门而非建设单位，依据《行政许可法》的规定主持召开听证会，并参照利害关系人的意见，作出审批或不予审批的决定。至于利害关系人的范围，仍应依据环境影响评价的范围确定。

---

1 参见信春鹰主编:《中华人民共和国环境保护法释义》，北京:法律出版社，2014年，第195页。

第六章　建设项目环评的报送与审批

报送环评审批的责任主体是建设单位，而非环评技术单位。同时，取得环评批复也不是环评管理的终点。建设单位应抓好建设项目环评管理的“落实关”。

第一节　审批前的准备

在生态环境主管部门审批建设项目环评文件前，建设项目环评文件一般需要经过送审、受理、技术评估、文件修改、报送审批等流程，最后由有审批权的生态环境主管部门审批。本节主要对材料准备、文件修改两个环节予以强调。

一、材料准备

（一）确保报批材料符合审批规定

1. 完整提供要求

建设单位应根据《建设项目环境影响评价审批程序规定》和地方生态环境主管部门的具体规定，准备和提供完整的报批材料，以免由于报批材料不完整而延误报批。

例如，北京市生态环境局《关于规范建设项目环境影响评价审批事项的通知》（京环发〔2021〕11 号）只要求建设单位提交《建设项目环境影响评价文件报批申请书》（纸质版或电子版）、建设项目环境影响评价文件（分为环境影响报告书、报告表，纸质版或电子版）、《环境影响报告书（表）全本（公示稿）》（纸质版或电子版）、《环境影响报告书（表）全本（公示稿）删除内容说明报告》（纸质版或电子版）；编制环境影响报告书的建设项目（涉密项目除外），还应提供公众参与说明（纸质版或电子版）等材料。

而原河北省环境保护厅《建设项目环境影响评价文件审批程序规定》除了要求提交上述种类的材料外，还要求产能过剩行业提交相关部门对建设项目立项批复或备案准予文件，以及是否存在环评违法行为的情况说明等文件。

2. 容缺受理要求

地方生态环境部门对建设项目环评文件的审批实行容缺受理的，建设单位应当主动向当地生态环境主管部门了解容缺情况，明确需要提交的具体资料，提高环评文件审批的效率。

（二）审查报批材料的真实性

建设单位应当确保向生态环境主管部门所申报材料内容的真实性。审查的范围应覆盖环评报告书（表）全文，公众参与说明，各项审批立项文件，与污染物委托收集、利用和处置有关的各类第三方合同等。

（三）告知承诺与报批材料一并准备

为营造良好的营商环境，有些地区试行了建设项目环评审批告知承诺制。建设单位不仅应切实履行告知承诺，还要同时准备好其他环评审批材料，以免影响审批进程。

例如，上海市在实施环评审批告知承诺制[1]时，建设单位对列入告知承诺适用范围的项目，需选择是否采取告知承诺制方式审批。选择这一方式的，应作出书面确认和承诺并签章。而广东省实施环评审批告知承诺制的程序则不涉及选择审批方式的环节[2]。

建设单位切记，“一纸承诺”绝不能取代建设项目环评审批的全部材料，是否最终依法取得审批，要看建设单位是否履行承诺，真实完整地提供全部环评文件。

1　参见上海市生态环境局关于印发《上海市建设项目环境影响评价文件行政审批告知承诺办法》的通知（沪环规〔2021〕9号）。

2　参见《广东省生态环境厅建设项目环境影响评价文件告知承诺制审批规程》（粤环发〔2020〕3号）。

二、对建设项目环评文件的修改

（一）自我审查后修改

只要在公告建设项目环评报告书报批稿和公众参与说明之前，即第三次信息公开前，建设单位都可以根据公众意见和自我审查的结果，对已经编制的环评文件进行修改。环评报告表无公众参与的法定要求，建设单位可以在报批前，自我审查修改。

（二）技术评估后修改

1. 建设单位参加技术评估

生态环境主管部门在建设项目环评文件受理后和审批前，有权组织技术机构对建设项目环评报告书（表）进行技术评估。参加技术评估并非仅是环评技术单位单方义务，也是建设单位的重要责任。

2. 按专家意见及时修改完善

经技术评估，专家对建设项目环评报告书（表）提出修改意见的，建设单位必须及时修改。建设单位应将及时修改的事宜约定在环评技术合同中，确保双方依法履约。

实践中，由于建设单位对修改环评文件的重视不足，且与环评技术单位缺乏有效沟通，使得在规定的时间内，建设项目环评报告书（表）未能达到评估专家的修改要求，有审批权的生态环境主管部门往往会对报送的环评文件作出退回受理决定（参见案例 6-1）。

案例 6-1

某矿产开采项目环境影响报告书不予许可案

2020 年 9 月，河南省三门峡市某矿业公司向河南省生态环境厅报送了该公司《45 万吨 / 年铝土矿开采项目环境影响报告书》。但最终该环评报告书被河南省生态环境厅退回。除该项目存在其他环评问题需要修正外，未能补充完善专家技术评审提出的修改内容是未能通过许可的重要原因之一。

第二节　取得环评批复的期限

一、一般情形

（一）“60 日”与“30 日”

有审批权的生态环境主管部门应当在收到建设项目的环境影响报告书之日起 60 日内、收到环境影响报告表之日起 30 日内，分别作出审批决定，并书面通知建设单位。

（二）“日”的含义

除非法律有特别规定，法律规定中的“日”均是指自然日。这里的“60 日”和“30 日”指的就是自然日。

应注意，现行环评法律中并不存在因建设项目“复杂”或环境影响“重大”而可以报请有关部门延期审批的规定，各级生态环境主管部门应当在法律规定的期限内完成审批。另外，负责审批的生态环境主管部门委托环境影响评价技术评估的期限也属于审批期限内的期限，同样不存在延期审批的情形。

二、告知承诺制下的情形

（一）告知承诺制的含义

告知承诺是行政审批的方式之一，主要是指公民、法人或其他组织提出建设项目环境影响评价文件的行政审批申请，生态环境主管部门一次性告知其审批条件和需要提交的材料，申请人以书面形式承诺其符合审批条件，由生态环境主管部门作出行政审批告知承诺决定的方式。

（二）告知承诺制的审批期限

地方各级生态环境主管部门采取“告知承诺制”的目的是提高审批效率，

压缩审批期限。

以上海为例。2018年，上海市环境保护局实施《关于优化本市建设项目环境影响评价文件审批时限的通知》，将环境影响报告表的审批时限调整为10个工作日（不含法定公示时间）；将环境影响报告书的审批时限调整为20个工作日（不含法定公示时间）。自2019年上海市实施《建设项目环境影响评价文件行政审批告知承诺办法（试行）》[1]后，对于材料齐全且符合要求的，环境影响评价文件的审批时限可以缩短为收到申请材料的当天。

三、区域限批下的情形

（一）区域限批的含义

区域限批是指对超过国家重点污染物排放总量控制指标或者未完成国家确定的环境质量目标的地区，省级以上人民政府环境保护主管部门应当暂停审批其新增重点污染物排放总量的建设项目环境影响评价文件。

2015年，环境保护部发布《建设项目环境影响评价区域限批管理办法（试行）》，地方省级环境保护主管部门也参照该规定，发布了有关建设项目环评区域限批的规定。

（二）区域限批下的审批要求

通常，区域限批的期限视具体情况为3个月至12个月不等。如存在环境问题整改未能按期完成的情况，则可能延长区域限批的期间，延长的期限不超过6个月。

自区域限批决定下达之日起，负责环境影响评价审批的部门即暂停审批被限批地区的相关建设项目环境影响评价文件，同时，地方各级环境保护部门应当同步暂停审批被限批地区的相关建设项目环境影响评价文件。未执行同步限批要求的地方环境保护部门审批的建设项目环境影响评价文件，上级环境保护部门应当责令其撤销该审批决定；拒不撤销的，上级环境保护部门可以直接撤销。

1　参见上海市《建设项目环境影响评价文件行政审批告知承诺办法（试行）》（沪环规〔2019〕9号）和（沪环规〔2021〕9号）。

因此，受区域限批影响的建设项目，建设单位只有在解除区域限批的决定下达之后，方能向有审批权的部门提出环境影响评价审批申请。

第三节　环评审批中的五条“红线”

为落实“以改善环境质量为核心”的要求，我国《建设项目环境保护管理条例》为建设项目的环境影响评价文件的审批设置了五条“红线”。这五条“红线”既是建设项目环评审批的统一标准，也是建设项目环评质量管理的“高压线”。

一、不符合环境法律法规和相关规划的项目

“建设项目类型及其选址、布局、规模等不符合环境保护法律法规和相关法定规划”是建设项目环评审批的第一道“红线”，确立了建设项目生态环境准入的合法性门槛，目的在于保证建设项目在产业、行业方面，满足国家有关优化空间布局、调整产业结构、化解过剩产能的政策要求。

建设单位要避免触碰第一道“红线”，应关注以下几个方面。

（一）选址意见书

取得选址意见书是建设项目符合相关城乡规划的基本标志。建设单位应依法取得建设项目选址意见书，以证明建设项目选址的规划合理性。如建设项目连选址意见书都无法取得，即使违规通过了环评审批，也可能被依法撤销（参见案例 6-2[1]）。

案例 6-2

建设项目选址毗邻居民楼致环评批复撤销案

【案情】

2018 年 6 月 23 日，第三人某县康复医院承租某县医药局办公大楼作为医疗机构经营使用，租期为五年。2019 年 1 月，被告某县生态环境局受理了某县康复医院报送的《建设项目环境影响报告表》。2019 年 4 月 22 日，某县生态

1　参见河南省洛阳市中级人民法院（2021）豫 03 行终 3 号判决书。

环境局作出《关于某县康复医院改扩建项目环境影响报告表的批复》（某环审〔2019〕17号）。关某等五位原告住户居住在某县医药局的家属楼，与第三人某县康复医院使用的办公大楼毗邻。2018年以来，原告关某等人就第三人某县康复医院改扩建一事向某县信访局等多个部门进行反映。因对被告作出的上述批复不服，提起行政诉讼。

【裁判】

法院经审理认为，根据《建设项目环境保护管理条例》第十一条的规定，对选址、布局、规模等是否符合环境保护法律法规和相关法定规划进行审核是被告在审批时的法定职责。市生态环境局《建设项目环境评价文件审批告知单》明确记载提交国土规划部门出具的建设项目选址意见是申请条件之一。被告在第三人必须提交的申请材料不全的情况下仍作出批复，该批复应予撤销。

【评析】

选址意见书系城乡规划部门根据建设单位申请依法出具的意见，其目的在于，为相关部门批准或核准建设项目提供决策参考，本身并不直接决定建设项目的实施与否，一般也不会直接侵犯利害关系人的环境利益。即使此种环境利益存在，也非城乡规划部门核发选址意见书时需要重点审查的权益，而是通过环保部门在对建设项目环境影响报告书进行审批时予以考量。但无论如何，建设单位依法取得建设项目的选址意见书是满足环境合法性审查的最低要求。

（二）环境可行性

选址意见书是城乡规划部门出具的意见，并不专门考量项目本身的环境问题。取得了选址意见书，并不等于建设项目就具备了环境合理性与可行性。

建设单位应当通过自我审查（详见本书第四章），判定建设项目的选址、布局和规模是否满足环境可行性，是否与环境法律法规、相关法定规划相符合。

（三）行业准入条件的环境限制

规划环评与项目环评的联动是当前我国实现改善环境质量目标的重要措施之一。为此，生态环境部和国家发改委均陆续发布了众多行业的准入条件。这些准入条件通常都规定建设项目的选址、规模和布局要符合相关规划的环境影响评价的要求，甚至明确提出了环境敏感区周边一定距离内不得新建建设项目的具体要求。其本质是，建立了建设项目环境影响评价与有关规划环境影响评价的联动约束机制。

建设单位应当在项目投资建设前，充分认识和理解建设项目环境准入条件的规范，并将其转化为建设项目环评管理的内容，防止项目盲目上马（参见案例6-3）。

案例6-3

不符合环境准入条件环评批复撤销案

2018年11月，某电力有限公司向省生态环境厅报送《生活垃圾焚烧发电项目环境影响报告书》请示。2018年12月初，该项目通过省环境科学院组织的技术评估。12月底，省生态环境厅作出了环境影响评价文件批复，原则同意项目环评文件的内容和结论。2019年4月，省生态环境厅向省发改委出具了《××省生活垃圾焚烧发电专项规划环境影响报告书审查意见》。2019年5月，该项目周边的居民向生态环境部提起行政复议，请求撤销该环评批复。

生态环境部审查后认为，2018年3月实施的《生活垃圾焚烧发电建设项目环境准入条件（试行）》第三条规定："项目建设应当符合……生活垃圾焚烧发电有关规划及规划环境影响评价要求。"案涉环境影响评价批复于2018年12月作出，应当受到该项准入条件的约束。本案环评批复作出时，《生活垃圾焚烧发电专项规划》尚未出台，未进行相关规划的环境影响评价及规划环评的审查。因此，省生态环境厅的案涉环境影响评价批复并不符合生活垃圾焚烧发电建设项目环境准入条件的规定。生态环境部经复议，决定撤销省生态环境厅的环评批复。

二、无法满足区域环境质量改善目标的项目

"所在区域环境质量未达到国家或者地方环境质量标准，且建设项目拟采取的措施不能满足区域环境质量改善目标管理要求"是建设项目环评审批的第二道"红线"，体现了国家改善环境质量、落实"三线一单"约束的环境管理要求。建设单位须围绕区域环境质量，关注以下三个方面。

（一）是否处于区域环境质量不达标区

建设单位需清楚项目所在区域的环境质量改善目标。就大气而言，只有城

市环境空气质量达标情况评价指标中六项污染物全部达标，才是城市环境空气质量达标。

若建设项目处于环境质量不达标区，建设单位应采取国内外先进可行的环境保护措施，结合区域限期达标规划及实施情况，分析建设项目实施对区域环境质量改善目标的贡献和影响。

（二）是否符合污染防治攻坚战要求

污染防治攻坚战是我国特有的集中解决环境问题的政策手段。建设单位务必注意把握投资建设项目是否属于污染防治攻坚战中被严禁新增的产能。

例如，根据2018年6月国务院发布的《打赢蓝天保卫战三年行动计划》，重点区域严禁新增钢铁、焦化、电解铝、铸造、水泥和平板玻璃等产能。如果建设单位在重点区域投资新建钢铁项目，极有可能被禁止上马。

（三）是否满足区域削减措施

2020年12月30日，生态环境部印发《关于加强重点行业建设项目区域削减措施监督管理的通知》，对部、省两级审批的编制环境影响报告书的石化、煤化工、燃煤发电（含热电）、钢铁、有色金属冶炼、制浆造纸等6个行业建设项目，提出专门的区域削减要求。

1. 区域削减措施全覆盖

环境质量达标区域实行污染物排放的等量削减，环境质量不达标区域实行污染物排放的倍量削减。

2. 不落实削减不排污

建设单位应积极推动落实区域削减措施在项目投产前完成。削减措施落实前，不得排污，建设项目建成后申领排污许可证时，如未完成区域削减措施，排污许可证核发部门不予核发。

应注意，地方市级生态环境主管部门审批的编制环境影响报告书的重点行业建设项目参照上述规定执行。

三、不能确保排放达标的项目

“建设项目采取的污染防治措施无法确保污染物排放达到国家和地方排放标准，或者未采取必要措施预防和控制生态破坏”是建设项目环评审批的第三道“红线”。

（一）项目排污即应达标

达标排放是建设项目具备环境合法性的基本要求。在项目正式排污前，就要求建设单位确保项目达标排放，彻底推翻了以往“先投产后达标”的错误认识，并且与建设项目竣工环保验收和排污许可制度形成了制度上的衔接。

（二）以客观原则审查环保达标措施

建设单位不能以理论上可以实现污染物排放达标，代替污染物达标效果的客观性。忽视拟采取的污染防治措施客观上能否确保达标排放或防控生态破坏的效果，即使建设项目取得了环评批复，同样会因环评违法而被撤销（参见案例 6-4[1]）。

案例 6-4

路桥施工噪声污染行政许可及行政复议纠纷案

【案情】

2018 年 7 月 4 日，第三人广东某工程管理有限公司向被告佛山市生态环境局禅城分局提交关于雾岗路（季华路）跨线桥工程建设项目环境影响报告表的环评审批申请。被告经公示、听证后，于 2018 年 8 月 17 日作出予以批准的批复。何某胜等 6 人居住的房屋与拟建设的跨线桥相邻，建设单位拟在与跨线桥相邻的住房窗户上加装隔音窗以使噪声达到环保标准。何某胜等 6 人对《批复》不服，向被告佛山市生态环境局申请行政复议。该局作出《行政复议决定书》，维持禅城生态环境分局作出的《批复》。何某胜等 6 人不服，诉至法院，请求撤销《批复》和《行政复议决定书》。

1　参见广东省佛山市中级人民法院（2019）粤 06 行终 494 号。

【裁判】

二审法院认为，《建设项目环境保护管理条例》第十一条第（三）项规定："建设项目采取的污染防治措施无法确保污染物排放达到国家和地方排放标准，或者未采取必要措施预防和控制生态破坏。"案涉《报告表》认为，通过在居民楼窗户上加装隔音窗可使室内噪声达标，但该《报告表》未明确不同噪声敏感点需要加装隔音窗的等级，无法说服环境敏感点的居民相信环保措施在技术上可行。而何某胜等6人作为噪声敏感点的房屋所有权人，有权同意或拒绝建设单位在其房屋上加装隔音窗。如其拒绝加装环保设备，必然导致案涉《报告表》设计的噪声污染防治措施无法确保噪声排放达到国家排放标准，故生态主管部门依法不应对《报告表》予以批准。遂终审判决，撤销被告作出的环评批复。

【评析】

虽然本案是以生态环境部门为被告，但对建设单位更具有现实意义。建设项目污染防治措施的可行性包括理论技术可行性和客观实际可行性两个方面。建设单位在环评管理中，不仅要考虑理论技术可行性，还应考虑客观实际可行性。本案中，由于污染防治设施需要添附在利害关系人的不动产之上，案涉《报告表》提出的技术方案的实施理应以包括六原告在内的相关权利人的同意为前提。在环评审批前的听证阶段，就已经体现出建设项目拟采取的环保措施缺乏客观实际可行性的问题，但建设单位并未予以充分重视，以致环评批复被撤销，影响了建设项目的正常进行。

四、未对现有环保问题提出有效防治措施的改扩建及技改项目

"改建、扩建和技术改造项目，未针对项目原有环境污染和生态破坏提出有效防治措施"是建设项目环评审批的第四道"红线"。

强调改扩建以及技改项目应"以新带老"，解决现有项目存在的环境问题，这实际上是建立了建设项目环评审批与现有项目环境管理的联动机制（参见案例6-5）。

建设单位在对改建、扩建和技术改造项目进行环评管理过程中，应对现有工程的环境保护措施及效果进行全面梳理。如现有工程已经造成明显环境问题，应提出有效的整改方案和"以新带老"措施。否则，改扩建及技术改造项目的环评文件将不能通过审批。当然，法规并未将已经完成整改作为不予批准的"红线"。

案例 6-5

某升级改造项目环境影响报告书退回案

2019 年 5 月，洛阳栾川某冶炼公司向河南省生态环境厅报送该公司《升级改造项目环境影响报告书》，申请环境影响评价许可。

2019 年 8 月，省生态环境厅作出退回该公司升级改造项目环境影响报告书的函。其理由之一是，未全面梳理现有工程存在的环保问题，“以新带老”措施不完善。

五、环评文件存在严重环评质量问题的项目

“建设项目的环境影响报告书、环境影响报告表的基础资料数据明显不实，内容存在重大缺陷、遗漏，或者环境影响评价结论不明确、不合理”是建设项目环评审批的第五道“红线”。

这一规定澄清了以往对环境影响评价文件弄虚作假行为的模糊认识，对环评文件存在的严重质量问题作出了细致化要求（参见本书第十二章）。

建设单位是建设项目环评报告书（表）编制的各项基础资料和数据的提供方，又是建设项目环境影响评价的法定责任主体。务必确保提供的基础资料数据的真实性和完整性，审慎选择环评技术单位，加强对环评文件编制质量的自我审查。

第四节 环评批复的理解和执行

环评批复与颁发证照的行政许可不同，是对环境影响评价文件审查后作出的具有实质审查内容的行政许可，而不是环评文件内容和结论的简单摘录。建设单位应对环评批复中作出的指示、要求以及所附条件等有清楚的理解。与此同时，为贯彻执行环评批复，防止陷入违法困境，必要时，建设单位还应就有关批复的指示，主动与生态环境主管部门进行沟通。

一、执行指示明确的环评批复

（一）清晰义务性指示的执行

所谓指示明确的环评批复，是指环评批复所提要求、措施、标准等含义明确，

或者义务性（诸如“严禁”“不得”等）指示明确，且不存在歧义或自相矛盾之处。对此类指示明确的环评批复，建设单位应当严格执行。

例如，批复中写明“本项目仅限于生活垃圾焚烧发电，在项目正常运行下严禁补充其他燃料”，建设单位应当在建设、运行后严格按照该项要求执行，不能在生活垃圾焚烧发电过程中掺烧煤炭等能源。建设单位如在生活垃圾焚烧发电系统正常运行的过程中掺烧了煤炭等其他能源，该项目环境污染的不利影响必然加重。符合重大变动情形时，应当重新报批环评文件。否则，有可能涉嫌环评违法行为。

（二）清晰定量性指示的执行

批复中的定量指示明确时，也应当予以执行。例如，有的环评批复中要求“本项目工业废水、生活污水排放量应分别控制在 777 t/d、7.74 t/d 内”，有的批复中要求“要根据《环境影响报告书》论证确定的卫生防护距离（不少于 300 m）设定本项目的卫生防护距离”，那么，建设单位就应当根据环评批复的定量要求执行。否则，一旦发生环境污染侵权纠纷，就可能成为判定建设单位存在环境侵权过错的重要依据。

二、请示指示不明确的环评批复

实践中，有些环评批复的指示并不明确，容易产生歧义。建设单位应就此及时向负责审批的生态环境主管部门请示，在对有关指示的具体含义得到明确的答复后再予以执行。

例如，环评批复对某建设项目的重点污染物总量控制指标要求是“项目二氧化硫、氮氧化物排放量的具体总量控制指标由某市生态环境局在省下达的指标内核拨”，并未明确具体总量数据。此时，建设单位应当专门函请负责环评批复的生态环境主管部门，以确定本项目的具体指标。

三、积极沟通附条件的环评批复

有时，生态环境主管部门考虑到拟建项目的环境制约因素较多，会在环评批复时附加条件，形成附条件的环评批复。建设单位对此类环评批复应高度重视，一旦违反所附条件，很可能陷入两难的环境违法困境。

（一）提防“零排放”陷阱

很多建设单位为了顺利取得环评批复，乐意将环保“零排放”作为项目的主要环保措施。殊不知，其中可能隐藏陷阱。以废水“零排放”为例：

若项目环评文件及批复中不对排污口的设置予以规范，建设项目实际上又不能实现废水“零排放”，则环评文件中的“零排放”就是虚假的，属于环评违法行为。

若项目环评文件和批复都确认项目废水全部利用、不准外排，即废水“零排放”，则项目就不能构成污染源，就不能设排污口。如环评以及环评批复中要求排污口规范化和设置在线监控装置，就成为无的放矢。这直接导致建设单位的环境管理发生两难悖论：若排污口规范化和设置在线监控装置，则变相承认污水可排放；若不设，又与环评批复不符。[1]

（二）沟通附条件环评批复

如果建设单位发现环评批复中附加了不属于建设单位的责任，务必在第一时间与负责审批的生态环境主管部门沟通。在取得书面解释或澄清，或者采取其他补救措施后，才能开工建设，以免陷入环境违法的尴尬境地。

以环保搬迁为例。环保搬迁是政府责任，政府何时能完成环保搬迁，不是建设单位能够控制的因素。若建设项目的环评批复中附加了类似“环境防护距离内居民搬迁未完成，本项目不得投入生产”的附条件指示，且政府在相当长的时间内无法完成搬迁，则企业只能处于未投产状态，无形之中造成巨大损失。

第五节 环评批复可否转让或变更

建设项目的环境管理是以企业具备环境管理能力为前提，以项目的环境影响为管理对象的。只要开办建设项目的企业没有注销登记，即使项目关停，

1 转引自郑永红．从一起典型环评报告及批复看目前建设项目环境管理存在的若干问题 [J]. 环境保护，2016，44（2）：65-67.

企业的环境管理能力也始终存在。让企业取得环评批复是对企业环境管理能力的承认。

一、环评批复不得转让

企业已经取得的环评许可是企业得以正常生产经营的资格，而非一项资产。取得环评认可还是通过竣工环保验收、领取排污许可证的前提条件。因此，环评批复不能通过买卖、租赁、借用、赠予等方式在企业之间进行转让。

虽然我国《环保法》中并未对此进行明确的规定，但是我国《行政许可法》第九条规定："依法取得的行政许可，除法律、法规规定依照法定条件和程序可以转让的外，不得转让。"

二、环评批复尚无变更规定

目前，我国《环保法》尚无变更环评许可的制度规定。企业如果发生下列变更情形，可以依据有关解释精神予以办理。

（一）单纯变更企业名称、法人代表的情形

根据2004年国家环境保护总局《关于企业工商变更登记环境影响评价制度适用问题的复函》（环函〔2004〕95号，以下简称"2004年95号函"）的规定，办理工商变更登记的企业，如果只是变更法人代表、企业名称，项目的性质、规模、地点或者采用的生产工艺未发生重大变动，无须报批或者重新报批建设项目环境影响评价文件。

（二）原企业被注销登记后新办企业的情形

根据"2004年95号函"，如果原有企业办理工商注销登记后重新设立新企业，可以认定为建设项目，应当执行建设项目环境保护管理的规定。

企业注销登记意味着企业主体正常生产经营资格的丧失和终止，即使企业注销后，原有的厂房、设备等仍然保留。但若再利用原有的厂房、设备重新开办企业，生态环境主管部门则可以认定为新的建设项目，要求其办理环评手续。

（三）变更企业住所地的情形

根据《中华人民共和国公司法》、《公司登记管理条例》和《企业法人登记管理条例》等现行法律法规的规定，住所地与经营场所并不相同。住所地是指主要办事机构所在地，具有唯一性，而经营场所则不具有唯一性，可以有多个。企业住所地与经营场所分离的，应当分别办理登记和领取营业执照[1]。对于变更企业住所地或经营场所的，应当区分以下情况：

1. 仅变更住所地的

如果企业只是变更住所地，而不涉及变更建设项目所在的生产经营场所，仅属于企业形式上的变化，项目原有的环境影响并未发生改变。根据“2004年95号函”的精神，不涉及重新办理环评批复的问题。

2. 变更经营场所的

（1）如果企业在竣工环保验收前变更项目生产经营场所，表明项目的建设地点已经发生重大变动，应当重新报批环评文件。

（2）如果企业已完成竣工环保验收，在正常生产经营过程中，欲变更生产经营场所，表明项目的地点将要发生变化，项目的环境影响也将发生改变，已取得的环评批复将失去环境管理对象。此时，建设单位应当按照《名录》所规定的环评等级和类别，重新办理环评手续。

三、租赁厂房经营的情形

企业租赁厂房经营的，建设项目与厂房之间是不同的项目，有各自不同的环境影响。

依据国家环境保护总局《关于租赁他人房屋经营新的产业应纳入建设项目环境管理有关问题的复函》（环函〔2001〕123号，以下简称“2001年123号函”），应当根据《建设项目环境保护管理条例》和《名录》的规定，分别办理环评手续。即使是填报环境影响登记表的项目，其投资建设单位也不得以未进行土建施工而是租赁他人场所经营为由，拒绝法定的环境影响登记义务。

因此，企业在租赁厂房、投资开工建设之前，应当及时办理环评手续。切

1　2020年9月1日，国务院办公厅印发《关于深化商事制度改革进一步为企业松绑减负激发企业活力的通知》（国办发〔2020〕29号），支持各省级人民政府统筹开展住所与经营场所分离登记试点。市场主体可以登记一个住所和多个经营场所。

不可有“租赁的厂房有环评批复,所以承租建设后不用再办理环评手续”的误解。否则，将被追究“未批先建”的法律责任。

如果企业租赁的不仅仅是厂房，而且将原环评手续所涵盖的全部内容，包括生产设备、环保处理设施等整体承租，也不改变生产规模、工艺、原料、产品，不产生超出原环评手续的不利环境影响，则原已办理的环评手续仍可继续使用。

四、企业合并、分立的情形

企业完成竣工环保验收后，正常经营期间发生合并、分立时，应根据环境影响是否变化以及环境管理能力是否存续，判断企业办理环评批复的问题。

（一）被注销的企业

分立、合并中被注销的企业，因其经营主体资格不复存在，其相应的环境管理能力也随之消灭，已经取得的环评批复随之失效。

（二）延续的企业

分立、合并中延续的企业，仍具有环境管理能力。如企业的性质、规模、生产工艺等发生改变，项目的环境影响必然也发生变化，需按照新的建设项目，依法重新办理环评手续，不得沿用已有的环评批复。

第六节　取得环评批复后的落实环节

要保证项目建设方向“不跑偏”，落实环评文件及其批复是关键。建设单位常见的一个误区是取得环评批复后即可着手开工建设，环评有关工作到此结束。恰恰忽视了建设项目环评文件及其批复的“落实关”。

一、修改和完善建设项目的初步设计

建设单位可能会有疑问：建设项目的初步设计并非环境影响评价审批的必

备文件，为何要在取得环评批复后，修改完善项目的初步设计呢？

（一）修改初步设计的必要性

1. 防止出现“两层皮”

项目的初步设计是建设项目环境影响评价的基础技术文件之一，并非环评技术单位编制。在环评报告书（表）编制完成并取得环评批复后，必然涉及生态环境保护设施或措施的变化，增加项目的环保投资。

如果不能在取得环评批复后，及时修改和完善项目的初步设计，将使得环评文件与建设项目的设计、建设客观上形成“两层皮”。

2. 初步设计违法处罚严

《建设项目环境保护管理条例》规定，建设单位编制建设项目初步设计未落实防治环境污染和生态破坏的措施以及环境保护设施投资概算的，建设单位将会受到责令限期改正，处 5 万元以上 20 万元以下的罚款的行政处罚；逾期不改正的，将被处 20 万元以上 100 万元以下的罚款。

2018 年，环境保护部发布实施的《关于强化建设项目环境影响评价事中事后监管的实施意见》在强调严格环评违法行为查处时指出，要依法查处建设单位在建设项目初步设计中未落实防治污染和生态破坏的措施等违法行为。

（二）取得环评批复后的第一要务

建设单位在取得建设项目环评批复后的第一件事，并不是立即着手开工建设，而应当是对照经审批后的环评文件，修改和完善建设项目的初步设计。修改后，满足经批复的环评文件要求的，建设单位方能开工建设。

如在实际开工前、修改初步设计的过程中，发生了《环评法》规定的重大变动，应当按照法律法规的相关规定，重新报批环评文件。

二、建设过程中落实环境保护对策措施

（一）建设中落实环评质量管理

建设单位完成项目的初步设计修改后，在项目建设过程中，应当同时实施

环境影响报告书、环境影响报告表以及环境影响评价文件审批部门审批意见中提出的环境保护对策措施。这是项目建设过程中的环评管理要求，目的是确保与项目实施前取得的环评批复保持一致。

在无环境监理法律制度的情况下，建设过程中强调环评管理，落实环保对策措施，是发挥环评约束机制的内在要求。

（二）建设中防范法律风险

建设单位在建设过程中，落实环评文件及批复中所要求的环保对策措施，可以有效防范施工阶段的环境侵权纠纷。

同时，由于现行竣工环保验收实行“排污即应当达标”的严格要求，建设单位如果在建设施工过程中，不能依据已经批复的环评文件的要求落实环保对策措施，将直接影响建设项目在竣工验收阶段的达标排放，影响建设项目竣工环保验收的正常进行。

（三）建设中不落实环保对策措施需担责

《建设项目环境保护管理条例》规定，建设单位在项目建设过程中未同时组织实施环境影响报告书、环境影响报告表及其审批部门审批决定中提出的环境保护对策措施的，由建设项目所在地县级以上环境保护行政主管部门责令限期改正，处 20 万元以上 100 万元以下的罚款；逾期不改正的，责令停止建设。

第七章　建设项目重大变动的环评管理

我国《环评法》确立了建设项目重大变动环境影响评价文件重新报批制度。建设单位常对建设项目重大变动认识不清，对建设项目环评的重新报批理解有误，对建设项目环评与重新报批的关系难以区分，对建设项目环评重新报批与环境影响后评价之间的关系发生混淆。为此，有必要对这些问题加以澄清。

第一节　建设项目重大变动的识别

我国自2002年《环评法》确立建设项目重大变动环境影响评价文件重新报批制度后，直至2015年才以清单列举方式正式出台了30个行业的建设项目重大变动清单。制度的长期不完善，客观上制约了建设单位对建设项目重大变动的识别。那么，什么属于环境领域的建设项目重大变动呢？

2015年，环境保护部发布的《关于印发环评管理中部分行业建设项目重大变动清单的通知》（环办〔2015〕52号，以下简称“52号文”）规定，建设项目的性质、规模、地点、生产工艺和环境保护措施五个因素中的一项或一项以上发生重大变动，且可能导致环境影响显著变化（特别是不利环境影响加重）的，界定为重大变动。属于重大变动的，应当重新报批环境影响评价文件；不属于重大变动的，纳入竣工环境保护验收管理。

若建设项目发生重大变动，而建设单位未予以识别，也没有按《环评法》要求重新办理报批手续，则属于“未批先建”的违法行为。因此，建设单位既要利用清单识别重大变动，也应掌握未列入清单时的重大变动的判定。

一、列入行业清单的重大变动的识别

2015 年至今，生态环境部（原环境保护部）分别于 2015 年、2016 年、2018 年、2019 年和 2020 年发布了 30 个行业的重大变动清单（表 7-1）。2020 年，发布了《污染影响类建设项目重大变动清单（试行）》。建设项目的变动事项如果属于已经发布的重大变动清单范围的，则可以根据清单的要求识别建设项目是否发生了重大变动。具体识别时，应注意以下几项。

（一）无须考虑不利环境影响的情形

在重大变动清单中，有些变动事项是无须考虑不利环境影响的，只要变动情况发生，即为重大变动。以建设项目的性质变化为例，建设项目的“一般工业固体废物填埋场调整为危险废物填埋场”、铁路建设项目“客运专线或货运专线改客货共线”、火电建设项目“由热电联产机组、矸石综合利用机组变为普通发电机组”等，只要发生变动，就属于重大变动。

再如，建设项目的规模方面，煤炭建设项目“井（矿）田采煤面积增加 10% 及以上”、镁冶炼建设项目的“镁冶炼生产能力增加 10% 及以上”等，同样无须考虑环境影响，只要建设项目规模发生规定比例的变动，就可以直接判定为重大变动。

（二）必须考虑不利环境影响的情形

重大变动清单中，有些变动是必须考虑不利环境影响，才能判定为重大变动的。这种情形在清单中一般会有“导致新增污染物项目或污染物排放量增加”“导致新增环境敏感点”“导致不利环境影响加重”等表述。

对此类重大变动事项，建设单位务必结合环境监测或环境调查等得出的实际数据，依据物料平衡等原则测算后予以判定，而不能主观臆断不利环境影响是否存在。

例如，建设项目发生“在原厂址附近调整（包括总平面布置变化）导致防护距离内新增敏感点”的变化，建设单位应当自行或委托环评技术单位进行现场踏勘，实际调查是否新增环境敏感点。

再如，建设项目发生“废水、废气处理工艺变化，导致新增污染物或污染物排放量增加”的变动，建设单位应根据排污处理工艺的对比，识别新增的污染物，或测算处理工艺变化后的污染物排放量。不经过实际的识别或者测算，就不能判定是否发生了重大变动。

表 7-1　已发布的行业建设项目重大变动清单（截至 2021 年 11 月）

文号	序号	行业建设项目重大变动清单
环办〔2015〕52 号	1	水电建设项目重大变动清单（试行）
	2	水利建设项目（枢纽类和引调水工程）重大变动清单（试行）
	3	火电建设项目重大变动清单（试行）
	4	煤炭建设项目重大变动清单（试行）
	5	油气管道建设项目重大变动清单（试行）
	6	铁路建设项目重大变动清单（试行）
	7	高速公路建设项目重大变动清单（试行）
	8	港口建设项目重大变动清单（试行）
	9	石油炼制与石油化工建设项目重大变动清单（试行）
环办环评〔2018〕6 号	1	制浆造纸建设项目重大变动清单（试行）
	2	制药建设项目重大变动清单（试行）
	3	农药建设项目重大变动清单（试行）
	4	化肥（氮肥）建设项目重大变动清单（试行）
	5	纺织印染建设项目重大变动清单（试行）
	6	制革建设项目重大变动清单（试行）
	7	制糖建设项目重大变动清单（试行）
	8	电镀建设项目重大变动清单（试行）
	9	钢铁建设项目重大变动清单（试行）
	10	炼焦化学建设项目重大变动清单（试行）
	11	平板玻璃建设项目重大变动清单（试行）
	12	水泥建设项目重大变动清单（试行）
	13	铜铅锌冶炼建设项目重大变动清单（试行）
	14	铝冶炼建设项目重大变动清单（试行）
环办环评函〔2019〕934 号	1	淀粉建设项目重大变动清单（试行）
	2	水处理建设项目重大变动清单（试行）
	3	肥料制造建设项目重大变动清单（试行）
	4	镁、钛冶炼建设项目重大变动清单（试行）
	5	镍、钴、锡、锑、汞冶炼建设项目重大变动清单（试行）

文号	序号	行业建设项目重大变动清单
环办辐射〔2016〕84号	1	输变电建设项目重大变动清单（试行）
环办辐射函〔2020〕717号	1	铀矿冶建设项目重大变动清单（试行）

二、未列入行业清单的重大变动的判定

（一）自行判定的依据

对于生态环境部未发布行业重大变动清单的建设项目，建设单位和生态环境主管部门均缺乏直接判定依据。若直接参照已发布的重大变动清单开展环评管理，依据又不足。这制约了建设项目环评管理的效能。为此，生态环境部于2020年专门制定了《污染影响类建设项目重大变动清单（试行）》，为未列入清单管理的建设项目重大变动提供了判定标准，规范了环境影响评价重大变动管理。

尤其应当注意的是，《污染影响类建设项目重大变动清单（试行）》进一步强调了不利环境影响加重的结果判断，除性质外，规模、地点、生产工艺、环境保护措施四个方面均强化了不利环境影响加重的认定要求。建设单位可结合该清单和生态环境部对该清单的解释，予以自我判定，具体参见表7-2。

表 7-2　污染影响类建设项目重大变动清单

类型	重大变动的内容	界定原则
性质	1. 建设项目开发、使用功能发生变化的	一般工业固体废物填埋场调整为危险废物填埋场的情形，界定为重大变动
规模	2. 生产、处置或储存能力增大 30% 及以上的	规模变动是比较常见的变动内容，包括主体装置、主要产品以及配套装置、副产品等规模变动。重大变动清单将超过装置设计裕量、导致不利于环境影响加重的情形列为重大变动。同时，按照变动可能产生的环境影响，结合区域环境容量并针对达标区和不达标区，采取差异化环境管理要求，明确判定条件
	3. 生产、处置或储存能力增大，导致废水第一类污染物排放量增加的	
	4. 位于环境质量不达标区的建设项目生产、处置或储存能力增大，导致相应污染物排放量增加的（细颗粒物不达标区，相应污染物为二氧化硫、氮氧化物、可吸入颗粒物、挥发性有机物；臭氧不达标区，相应污染物为氮氧化物、挥发性有机物；其他大气、水污染物因子不达标区，相应污染物为超标污染因子）；位于达标区的建设项目生产、处置或储存能力增大，导致污染物排放量增加 10% 及以上的	
地点	5. 重新选址	“重新选址”是指建设项目调整后，厂址红线范围与原厂址红线范围没有重叠部分的情形
	6. 在原厂址附近调整（包括总平面布置变化）导致环境防护距离范围变化且新增敏感点的	“在原厂址附近调整”是指建设项目调整后，厂址红线范围与原厂址红线范围有重叠部分的情形
生产工艺	7. 新增产品品种或生产工艺（含主要生产装置、设备及配套设施），主要原辅材料、燃料变化，导致以下情形之一的： （1）新增排放污染物种类的（毒性、挥发性降低的除外）； （2）位于环境质量不达标区的建设项目，相应污染物排放量增加的； （3）废水第一类污染物排放量增加的； （4）其他污染物排放量增加 10% 及以上的	重大变动清单将项目发生变动导致新增污染物种类、相应污染物排放量增加作为重大变动的判定依据
	8. 物料运输、装卸、贮存方式变化，导致大气污染物无组织排放量增加 10% 及以上的	

类型	重大变动的内容	界定原则
环境保护措施	9. 废气、废水污染防治措施变化，导致第七条中所列情形之一（废气无组织排放改为有组织排放、污染防治措施强化或改进的除外），或大气污染物无组织排放量增加 10% 及以上的	对污染防治措施优化、强化、改进等可有效提升污染防治水平，不会加重环境不利影响的，不判定为重大变动。从环境保护角度出发，将污染防治措施变化，导致新增污染物或污染物排放量增加的界定为重大变动
	10. 新增废水直接排放口；废水由间接排放改为直接排放；废水直接排放口位置变化，导致不利环境影响加重的	
	11. 新增废气主要排放口（废气无组织排放改为有组织排放的除外）；主要排放口排气筒高度降低 10% 及以上的	
	12. 噪声、土壤或地下水污染防治措施变化，导致不利环境影响加重的	
	13. 固体废物利用处置方式由委托外单位利用处置改为自行利用处置的（自行利用处置设施单独开展环境影响评价的除外）；固体废物自行处置方式变化，导致不利环境影响加重的	
	14. 事故废水暂存能力或拦截设施变化，导致环境风险防范能力弱化或降低的	

（二）无法自行判定时申请判定

建设单位依据已经发布的行业重大变动清单和污染影响类建设单位重大变动清单仍不能自行判定时，可委托环评技术单位或者有关环境技术单位进行重大变动的论证和分析，形成建设项目重大变动分析论证意见。之后，向有审批权的生态环境主管部门报请审查和认定。对此，有些地方生态环境部门已经制定了相关规范性文件。[1]

（三）倒推假设判定须慎重

当无法判定是否发生重大变动时，应慎重采用倒推假设判定的方法。所谓倒推假设判定，就是从排放的污染物和特征因子的角度，反向推定生产工艺或者环保措施发生了重大变动，从而予以判定的方式。这种方法看似简便易行，却极易导致误判。即使是生态环境主管部门也不能轻易采用这种方式判定，否则，该判定结论会因缺乏有效证据支持而不被法院认可（参见案例 7-1[2]）。

案例 7-1

倒推假设判定重大变动撤销案

【案情】

2010 年 11 月，某电镀厂取得某市人居环境委员会作出的《建设项目环境影响审查批复》。项目设置有 3 条电镀线。2017 年 12 月，该电镀厂取得某市人居环境委员会颁发的《排污许可证》。上述《建设项目环境影响审查批复》没有镀锌、

1　例如，重庆市环境保护局于 2015 年出台的《重庆市建设项目重大变动界定程序规定》（渝环发〔2014〕65 号）中就设置了申请界定环节，规定：建设项目环评文件经批准后，建设单位在设计、建设等前期工作中，认为项目的性质、规模、地点、生产工艺或防止污染和生态破坏的措施发生了重大变动，可以申请界定。环保部门在受理申请后 3 个工作日内，可委托市环境工程评估中心组织专家对申请材料进行审查。市环境工程评估中心反馈审查意见 5 个工作日内，环保部门将界定结果书面告知建设单位，并对项目环保管理提出要求。通过以上方式，可以协助建设单位确定是否存在重大变动。

再如，陕西省生态环境厅于 2021 年 3 月发布《关于加强建设项目重大变动环境影响评价管理工作的通知》（陕环环评函〔2021〕11 号），其中也规定：建设项目是否属于重大变动，由建设单位自行判定。建设单位如无法自行判定，可报现行有审批权的环评审批部门认定。

2　参见广东省深圳市中级人民法院 (2019) 粤 03 行终 812 号判决书。

仿金电镀或铜锌二元合金电镀工艺，《排污许可证》载明的主要原料、辅料和处理药剂均不包含锌元素。

2018 年 3 月 21 日，市生态环境局在电镀厂现场检查，在 3 条生产线原液槽及废水设施综合收集池内收集水质样品，监测均含有总锌。执法人员询问企业经理，该经理称仿金槽和酸铜槽使用的原辅材料含锌，生产工艺中有仿金工序，无论何种仿金电镀，锌元素都不可避免带出。

2018 年 4 月 20 日，不具有电镀行业资质的某环保咨询公司受市生态环境局委托，出具《专家核查评估报告》，认定该电镀厂存在镀锌工序，该企业未申报镀锌工序和原辅材料使用锌或氧化锌，废水综合收集池总锌浓度约为 16.1 mg/L。根据环境影响审查批复及新版排污许可证，不应排放总锌。

2018 年 7 月 31 日，市生态环境局组织行政处罚听证。该电镀厂申辩称只有镀铜工序，没有镀锌工艺。听证中执法人员建议，对该公司仿金电镀（铜锌二元合金电镀）工序在电镀行业是否认定为镀铜的种类由相关电镀行业专家核查。但未实际进行。

2018 年 8 月 19 日，市生态环境局对电镀厂作出行政处罚决定，认定其存在未重新编制环境影响评价文件，擅自增设了仿金电镀（铜锌二元合金电镀）工艺并投入生产的违法行为，处以罚款 100 万元。电镀厂不服，提起诉讼。

【裁判】

法院认为：根据《建设项目环境影响审查批复》《排污许可证》及现场检查、监测报告、调查询问等证据，可以证明批复有镀铜工序，没有镀锌或仿金电镀工序。从现场检查、监测报告、调查询问和听证笔录等证据可以证明，企业的 3 条生产线原液槽及废水设施综合收集池内收集水质样品监测均含有总锌，这是证明可能存在仿金电镀（铜锌二元合金电镀）工艺的间接证据，而不足以作为证明确实存在仿金电镀（铜锌二元合金电镀）工艺的直接证据。企业解释为生产锌合金产品溶解和镀铜工序使用少量氧化锌带出。对于该申辩，市生态环境局未予查证；听证时，执法人员提出由电镀行业专家核查，也未进行核查。因此，在认定增设仿金电镀（铜锌二元合金电镀）工艺的直接证据不足，且由非电镀行业专家出具本案的《专家评估意见》不符合最高人民法院《关于行政诉讼证据若干问题的规定》第十四条关于鉴定结论的规定。最终，法院撤销了市生态环境局于 2018 年 8 月 19 日对该电镀企业作出的行政处罚决定。

【评析】

认定重大变动的标准不能仅仅依赖从排放的污染物或特征污染因子的反向

推定，而应当结合经批复后的环评文件的内容，对现有的生产工艺进行专业核查，并在取得客观科学的认定意见后再行判定。

三、重大变动发生阶段的判定

（一）竣工环保验收前的重大变动

根据“52 号文”中“属于重大变动的应当重新报批环境影响评价文件，不属于重大变动的纳入竣工环境保护验收管理”的规定，建设项目重大变动的发生阶段被界定为“竣工环保验收阶段”。其后发生的重大变动，不再被认可为重大变动。即使发生重大变动事项，也应当按照新项目办理环境影响评价。陕西、江苏、上海等地生态环境主管部门均将建设项目重大变动的时间节点确定为“建设项目竣工环境保护验收前”。[1]

（二）竣工环保验收后不属于重大变动

如果建设项目的环评文件经审批后，建设单位无论什么时间阶段都可以对项目的建设进行重大变动，那么，环境影响评价制度就会被架空而失去存在的意义。建设单位在取得环评批复后，应努力确保建设过程与经审批的环评文件的要求相符合，减少变动的发生。

若在环评文件审批后、竣工环保验收前确实发生重大变动，应及时办理环

1　陕西省生态环境厅发布的《关于加强建设项目重大变动环境影响评价管理工作的通知》（陕环环评函〔2021〕11 号）规定，建设项目重大变动环评管理适用于环境影响报告书（表）已经批准且未通过竣工环境保护验收的建设项目。已通过竣工环境保护验收的自主建设项目发生重大变动的，建设单位应根据变动的内容，按照改建、扩建项目编制并报批环评文件。

江苏省生态环境厅发布的《关于加强涉变动项目环评与排污许可管理衔接的通知》（苏环办〔2021〕122 号）界定依据中规定：建设项目环境影响评价文件经批准后、通过竣工环境保护验收前的建设过程中，项目的性质、规模、地点、生产工艺和环境保护措施五个因素中的一项或一项以上发生变动，未列入重大变动清单的，界定为一般变动。建设项目涉及一般变动的，纳入排污许可和竣工环境保护验收管理。

上海市生态环境局《关于规范本市建设项目环境影响评价调整变更工作的通知》（沪环规〔2020〕5 号）规定：项目已完成竣工环境保护验收的，重大变动部分应按照新项目报批环评。

评文件的重新报批，切不可进行建设和投产，否则，将面临“未批先建”和未验先投的处罚。

若在建设项目验收后进行项目变动，应按照新建、改建、扩建以及技术改造等新项目报批环评文件。

2022 年 9 月 20 日，生态环境部在给宁夏回族自治区生态环境厅《关于建设项目环境影响评价重大变动执行时段的复函》（环评函〔2022〕91 号）中明确：如建设项目已完成竣工验收，则不属于重大变动界定范畴。已完成环境保护设施验收的建设项目，后续发生调整应判定是否属于改建、扩建，按照《建设项目环境影响评价分类管理名录》依法履行环境影响评价手续。

第二节　建设项目环境影响评价重新报批

一、影响评价等级的重大变动

对因重大变动而导致环评级别提升发生的建设项目环评的重新报批，建设单位应按照提高后的评价等级确定环评编制类别。

例如，某 30 km 铁路联络线项目原本属于编制环境影响报告表类别，但由于工程线路、车站等发生变化，评价范围内出现新的自然保护区等环境敏感区，判定为重大变动。根据《名录》（2021 年版）132 新建、增建铁路的项目类别，涉及环境敏感区的应当编制环境影响报告书。因此，原编制环境影响报告表的该铁路建设项目应按照环境影响报告书的类别重新编制和报批环评文件。

二、评价等级降低后的重大变动

（一）从环境影响报告书变更为环境影响报告表

建设项目环评文件被批准后、实际开工建设前，由于《名录》（2021 年版）的变化，使得建设项目评价等级从环境影响报告书变为报告表。若此时发生重大变动，且能导致评价等级提升，则不能按环境影响报告表重新报批，而应按照提升后的评价等级编制环境影响报告书并重新报批。

（二）从环境影响报告表变更为环境影响登记表

对于原应编制环境影响报告表的类别降低为填报环境影响登记表类别的项目，由于建设项目环境影响登记表实行备案管理，且不再纳入竣工环保验收，即使发生重大变动，也应当按照环境影响登记表类别管理。

（三）填报登记表项目的变动导致评价等级提升的情形

应注意，如果本应填报环境影响登记表的项目在备案前，发生了能够导致评价等级提升的重大变动（比如发生变动后应编制环境影响报告书或报告表）时，应当按照评价等级提升后的类别编制和报批环境影响评价文件。建设单位若仍按照环境影响登记表进行备案，则属于虚假备案。如果已经开工建设，将被追究“未批先建”的法律责任；如果已经投产，将被追究“未批先建”和“未验先投”的法律责任。

三、对建设项目环评重新报批批复的解读与执行

建设项目重大变动环评的重新报批势必导致评价等级和环评类别的变化，从而发生有审批权的生态环境主管部门的变化。在评价等级和环评类别变化后，相应的环境影响评价环节和审批流程也会随之变化，由此形成的关于重新报批后的环评批复也必然区别于原环评批复。建设单位应重视对重新报批环评批复的解读和执行。

（一）覆盖原环评文件的重新报批

在重大变动导致环评等级提升、环评类别由环境影响报告表变为报告书的项目，重新报批的环评批复相当于对原环评批复的全覆盖或全替代。此时，无论重新报批的环评批复中是否会明示原环评内容的法律效力被替代，建设单位都应严格按照环境影响报告书及其环评批复的意见，执行新的环境管理要求。

（二）与原环评有交叉的重新报批

若重大变动没有导致环评等级和环评类别的变化，建设单位对重新报批后

的环评批复解读时，除执行新的批复内容外，还应注意以下两个方面：

一方面，识别重新报批的环评批复与原环评批复之间是否存在交叉关系。如果存在交叉关系，在执行交叉部分的要求时，按照重新报批的环评批复执行。

另一方面，识别重新报批的环评批复与原环评批复之间是否存在覆盖替代关系。若存在，建设单位应当放弃执行原环评及批复的相关内容，并按照重新报批的环评内容及其批复执行。

对重新报批批复的解读和执行，可参见图 7-1。

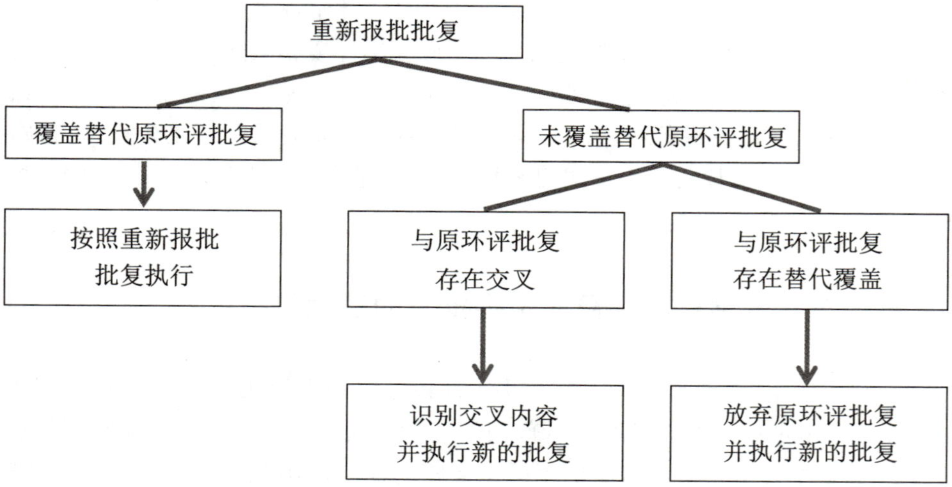

图 7-1　环评文件重新报批批复的解读与执行

四、竣工环保验收后变动事项的环评管理

（一）不与重新报批的环评管理等效

建设项目竣工环保验收后发生重大变动的，属于新的建设项目，应当对照有效施行的《名录》（2021 年版）规定，重新确定环评的级别和类别，且不得擅自改变环境影响评价类别。建设内容不涉及主体工程的改建、扩建项目，其环境影响评价类别按照改建、扩建的工程内容确定。

不过，需要明确的是，上述情形虽与重新报批的环评管理不能等效，但是在承担法律责任方面是一致的。即无论是未重新报批环评文件擅自开工建设，还是在竣工环保验收后新的项目未经审批擅自开工建设，均应承担“未批先建”的环境法律责任。

（二）遵循“从严管理”环评级别原则

建设项目在竣工环保验收后发生的重大变动事项，不再属于重新报批制度下的重大变动，建设单位也不能再以重新报批的思路对待这些重大变动，更不能以是否加重不利环境影响作为判断环评文件等级的标准。

尤其是当发生变动的事项涉及建设项目的主要工序，或者属于主体工程部分时，即使发生变动的事项能够显著降低不利环境影响，甚至依据有效施行的《名录》（2021年版）具备编制环境影响报告表或填报登记表的条件，仍应根据项目的整体情况判定评价等级。

若建设内容涉及《名录》（2021年版）中两个及以上项目类别的建设项目，其环境影响评价类别按照其中单项等级最高的确定（参见案例7-2[1]）。

案例7-2

竣工环保验收后新建项目的环评处理

【案情】

某玻璃制造企业于2009年9月取得市环境保护局作出的《关于扩建950 t/d优质超厚特种玻璃生产线项目意见的函》，产品为平板玻璃。同年，通过了竣工环保验收。2017年，该企业进行技术改造，将燃料由重油改为天然气，并作为“热力生产和供应工程”编制了环境影响报告表等材料进行报批。但环保部门认为，前述玻璃窑炉油改气项目属于《建设项目环境影响评价分类管理名录》（以下简称《名录》）中的第52项“玻璃及玻璃制品”，应当编制建设项目环境影响报告书，遂作出《关于退回玻璃窑炉油改气项目环境影响报告表的函》（以下简称《退回决定》），告知其所提交的建设项目环境影响评价文件不符合《名录》中的评价类别及评价等级。

该企业不服该《退回决定》，申辩称：油改气项目使用的能源更为清洁，不利环境影响降低显著；玻璃生产线由多部分组成，油改气涉及的仅是玻璃生产的热力功能部分。故此，该技改项目属于重大变动。应参照《名录》“热力生产

1 参见广东省江门市中级人民法院（2019）粤07行终168号判决书。

和供应工程”编制环境影响报告表。遂提起行政复议。经复议，维持了环保部门的退回决定。该企业向法院提起行政诉讼。

【裁判】

终审法院经审理认为：

首先，根据《建设项目环境保护条例》第十二条第（一）款“建设项目重大变动”是建设项目已通过环评审批但未通过竣工验收期间所发生的五个法定方面的重大变动。该企业玻璃生产线项目已经通过环评审批和竣工验收，已投产多年，现对该生产线的玻璃窑炉进行技术改造，明显不属于重大变动情形，应当依法执行建设项目环境影响评价的报审制度。

其次，将燃料由重油改为天然气，而玻璃窑炉燃用燃料工序是其生产工艺中的关键环节，也是产生大气污染物的主要工序。而《国民经济行业分类》中类别名称为“热力生产和供应”是指利用煤炭、油、燃气等能源，通过锅炉等装置生产或外购蒸汽、热水进行供应销售、供热设施的维护和管理的活动。油改气建设项目作为其生产工艺的重要改造项目，必然会引起所产生污染物的变化、污染物治理工艺的调整等问题，与“热力生产和供应”的定义是不相同的。

最后，该企业的产品始终是平板玻璃，应按照《建设项目环境影响评价分类管理名录》第52项“玻璃及玻璃制品”中的“平板玻璃制造”编制环境影响报告书，而不能参照《建设项目环境影响评价分类管理名录》中“热力生产和供应”来确定环评类别，降低环境影响评价等级。

因此，法院认定环保部门作出的《退回决定》和行政复议决定均合法。

五、项目资产注入时变动事项的环评管理

建设项目的资产注入是建设项目得到新的投资后，投资人、实际控制人等发生变化，对原有建设项目的产品、设备、生产工艺等进行的一系列更新投资建设活动。在环境法领域，建设项目的投资人、实际控制人发生变化并未被列入重大变动清单的范畴，但这些投资主体的加入或者出现大多不会延续建设项目原有的产品、工艺和规模。无论原有企业的名称是否会变化，都势必发生与经审批的环评文件不一致的情况。因此，参与资产注入的建设单位务必注意相关变动事项的环评管理，防止环境违法行为的发生。

（一）项目关停但未注销被资产注入的情形

原建设项目关停后，虽然原有的建设单位和建设场地、厂房、生产设备等还保留，但在环境管理中，其原有的经过审批的环评文件已经失去管理对象，已经取得的排污许可证被注销，排污总量被削减。此时，新加入的投资人或实际控制人等对该原有建设项目进行更新投资的，由于产品、规模、生产工艺等的变动，原建设项目开始了重新启动和运行，成为新的环境管理对象。故此，参与投资的建设单位应当按照新的建设项目（而非重新报批的项目），向有审批权的生态环境主管部门办理环境影响评价手续，不能再沿用原有建设项目曾经取得环评批复的环评文件。

（二）项目未关停且被资产注入的情形

项目关停前被资产注入的，按照是否通过了竣工环保验收而分为两种情况：如果资产注入发生在原建设项目正常运行且未通过竣工环保验收的阶段，那么，参与投资的建设单位应当按照重新报批的规定，向有审批权的生态环境主管部门重新报批环评文件；如果更新投资发生在原建设项目正常运行且已经通过竣工环保验收的阶段，那么，参与更新投资的建设单位应按照新的建设项目编制环境影响评价文件并报批。

应注意，在发生建设项目资产注入的场合，参与投资的建设单位应有意识地将资产注入后的环境管理纳入其投资风险之中，以加强对项目投资的风险管理。

第三节　区分建设项目环境影响后评价与重新报批

建设项目环境影响评价文件的重新报批与环境影响后评价是我国环境影响评价制度中的两类制度，不可混淆。

一、管理阶段不同

根据现行的法律法规和政策规定，建设项目环评的重新报批发生在建设项目环评文件审批后、竣工环保验收前的阶段；而根据《环评法》的规定，环境影响后评价发生在建设项目的建设、运行过程中；《建设项目环境影响后评价管理办法（试行）》则具体规定为，编制环境影响报告书的建设项目，应当在正式投入生产或者运营后三至五年内开展环境影响后评价。因此，两种制度的管理阶段是不同的。

两种制度的目的也有本质区别。建设项目环评重新报批制度的目的是维护环评行政许可的严肃性、延续性和稳定性，确保建设项目环境影响的可控性。而环境影响后评价是环评制度中跟踪监测方法的制度体现，目的是跟踪监测和验证评价实际产生的环境影响以及环保措施的有效性，为下一步采取补救或改进等环境管理措施提供技术支持，而非为了否定或撤销已经审批的环评文件。

环境影响后评价的跟踪和验证对象是经过审批的环评文件，当然也包括因建设项目重大变动而重新报批的环评文件。

二、发生原因不同

建设项目环评的重新报批来源于建设项目的重大变动，与建设单位的积极作为紧密关联，具有典型的主观性特征。为了维护经审批的环评文件的严肃性、稳定性和延续性，需要对重大变动的事项进行环评文件的重新报批。

环境影响后评价则不然，其发生原因是建设项目的实际环境影响与经审批的环境影响评价文件的预测之间出现了差异，存在环境影响的不利加重或者有环境风险隐患的可能。

这种差异并非主要来自建设单位的积极作为，甚至与建设单位的主观性没有关联。在严格遵循和穷尽科学方法后，环境影响预测评估的技术局限性是产生预测差异的主要原因。除此之外，还包括项目周边人口迁移、用地规划调整、自然环境改变等其他客观原因。故此，才需要通过后评价采取补救或者改进措施。

需说明，只有建设单位加强在建设、运行阶段的环境监测，运营期的自行监测以及生态调查等活动，才能及时发现与经审批的环评文件不相符合的情形。一旦发现，就应当主动开展环境影响后评价。

三、管理方式不同

根据《环评法》，建设项目环评的重新报批仍然属于环境行政许可。

环境影响后评价的管理方式是“双备案”制，即环境影响后评价的改进措施，要报原环境影响评价文件审批部门和建设项目审批部门备案。同时，原环境影响评价文件审批部门也可以责成建设单位进行环境影响的后评价，采取改进措施。

第四节　建设项目环评重新报批的时间点

应注意，建设项目重大变动的发生阶段与建设项目环评重新报批的时间点是截然不同的两个时间段。建设单位绝不能将其理解为“应当在竣工环保验收阶段”重新报批环评文件。否则，将蕴含巨大的环境违法风险。

一、不得违背环评制度的内在逻辑

建设项目的实际建设不可避免地会与环评的预测性评价产生差异，但只要在建设项目的实际建设行为发生前，对重大变动进行了环境影响评价的重新报批，经过环境行政许可，就遵循了环评制度的内在逻辑——将建设项目的环境影响控制在政府批准的可以接受的范围之内。

如果建设单位不是在实际建设发生前，而是在竣工环保验收前才着手对重大变动事项引起的环境影响评价进行重新报批，由于建设行为已经完成，就直接陷入了环境违法的境地。

二、重新报批的时间点

（一）实际开工建设前

建设单位重新报批的时间点是重大变动发生后、实际开工建设前。只要未进行实际开工建设，就不会被认定为擅自开工建设的违法行为。

根据环境保护部《关于加强“未批先建”建设项目环境影响评价管理工作的通知》（环办环评〔2018〕18 号，以下简称“18 号文”）的规定，下列情形不属于开工建设行为：

1. 火电项目的主厂房基础垫层浇筑第一方混凝土前的其他施工行为；

2. 电网项目中变电工程和线路工程的主体工程基础开挖和线路基础开挖前

的其他施工行为；

3. 水电项目“三通一平”工程前的其他施工行为，不属于开工建设。至于围堰工程（包括分期围堰）和河床内导流工程，属于主体工程内容，不纳入“三通一平”工程范围。

（二）切勿“未批先建”

认定“未批先建”的关键在于“擅自开工建设”。

因此，除火电等项目的特殊规定外，其他建设项目的建设单位至迟应当在建设项目的准备工作期间，就完成重大变动事项的环境影响评价重新报批。如迟滞到了永久性工程正式破土开槽开始施工时，甚至在竣工环保验收时再重新报批环评文件，就已经涉嫌“未批先建”的违法行为。

可见，建设单位绝不能将建设项目环评重新报批的时间点理解为项目竣工环保验收前。

第八章　建设项目环评的重新审核

根据《环评法》第二十四条第二款，建设项目的环境影响评价文件自批准之日起超过 5 年方决定该项目开工建设的，其环境影响评价文件应当报原审批部门重新审核；原审批部门应当自收到建设项目环境影响评价文件之日起 10 日内，将审核意见书面通知建设单位。

同时，《建设项目环境保护管理条例》第十二条第二款规定：建设项目环境影响报告书、环境影响报告表自批准之日起满 5 年，建设项目方开工建设的，其环境影响报告书、环境影响报告表应当报原审批部门重新审核。原审批部门应当自收到建设项目环境影响报告书、环境影响报告表之日起 10 日内，将审核意见书面通知建设单位；逾期未通知的，视为审核同意。

建设单位有必要对环评文件的重新审核制度的适用对象、环评管理模式等内容清楚把握。

第一节　建设项目环评重新审核的对象

一、重新审核的立法目的

根据中国人大网“法律释义与问答”中的解释，《环评法》第二十四条第二款规定的重新审核的目的在于，防止因时间变迁、建设项目所在地环境状况或者国家环保方面的规定发生变化，使原来进行的环境影响评价失去价值的情况出现。与原来的审批不同，通常只是对过去已经批准的建设项目环境影响评价文件予以重新核实。重新审核的结果大体有三种情况：

第一，建设项目所在地的环境状况未发生改变或者环境状况的变化不影响该建设项目继续建设的，予以审核同意，也就是对原批准的环境影响评价文件重新肯定和确认其法律效力。

第二，建设项目所在地的环境状况发生根本改变，根据法律、法规和国家有关规定，原建设项目已经属于禁止在该地建设的项目的，对该建设项目予以否决，也就是不同意原建设单位在该地继续从事该建设项目的建设活动。

第三，建设项目所在地的环境状况发生较大变化，原经批准的环境影响评价文件已经不能准确地说明该建设项目对环境的影响。在这种情况下，决定该建设项目应当重新进行环境影响评价，建设单位应当重新履行环境影响评价文件的审批手续。

不管属于哪一种情况，原审批部门都应当自收到建设项目环境影响评价文件之日起 10 日内，将审核意见书面通知建设单位[1]。

可见，我国环评重新审核的重点是围绕建设项目所在地周围的环境状况变化程度与原环境影响评价有效性之间的关系，并不涉及建设项目本身发生重大变动的情形。

二、经环评批复后未开工建设超过 5 年的项目

通常，建设项目取得环评批复后就进入了开工建设阶段。但有时，建设单位基于自身考虑，可能会推迟开工建设，甚至不再开工建设项目，已经取得的环评批复也将因此而被搁置。从取得环评批复时计算，5 年后，建设单位再开工建设时，就需要通过对原环评文件进行重新审核，才可以开工建设。

若取得环评批复后并未超过 5 年的期限，则建设单位的原环评文件仍然适用，仍应按照原环评文件及其批复执行，无须进行环评文件的重新审核。

同时应当注意，根据“18 号文”的规定，除火电、水电、电网等项目外的其他建设项目，在永久性工程正式破土开槽开始施工以前的准备工作，如地质勘探，平整场地，拆除旧有建筑物、临时建筑，施工用临时道路，通水，通电等，不属于开工建设。建设单位即使做了这些准备工作，也不能认定其进行了实际开工建设行为。

1　参见中国人大网 http://www.npc.gov.cn/npc/c2186/200410/3c74c9ce518246689b004c612a0d8708.shtml，最后访问日期：2021 年 11 月 9 日。

三、排除重大变动后须重新报批的项目

环评文件的重新审核制度的目的也是维护环评行政许可的严肃性和延续性。对经环评批复后未开工建设持续超过 5 年的项目进行重新审核，以确保原环评文件及批复的有效性。

但与环评文件的重新报批制度不同的是，重新审核仅是由于未开工建设的期限超过 5 年，需要重新审核原环评文件及其批复的有效性，并不涉及建设项目的重大变动。

若建设项目取得环评批复后超过 5 年决定开工建设时，在建设项目的性质、规模、地点、生产工艺或环保措施等方面发生重大变动，不属于重新审核的制度范畴。

对于取得同一环评批复后的分期建设项目，其二期项目如已经超过 5 年才动工建设，仍建议首先开展环评文件的重新审核，按重新审核结果，依法开展建设。这是因为分期建设的项目，环评报告书（表）以及审批文件同样应当列明分期建设内容，明确分期实施后排放口数量、位置以及每个排放口的污染物种类、允许排放浓度和允许排放量、排放方式、排放去向、自行监测计划等与污染物排放相关的主要内容，建设单位也应据批复的环评文件分期申请排污许可证。如分期建设项目超过 5 年才开工建设，仍然面临分期项目因时间变迁、环境状况变化或国家有关环境保护规定的变化，导致与原批复的环评文件发生较大不一致的情况。为避免产生新的环境法律风险，建设单位有必要对超过 5 年才开工建设的分期项目开展重新审核。

第二节　建设项目环评重新审核的管理

一、报送原审批机关重新审核

（一）重新审核的机关

按照现行法律规定，建设单位应当向建设项目环评文件的原审批部门报送重新审核的申请和相关材料。

（二）重新审核不受审批权调整影响

虽然建设单位取得环评批复后经过了5年期限也没有开工建设（可能在此期间，相应项目的环评审批权已经以下放或上收方式，调整到了其他部门），但建设单位仍应向环评文件的原审批部门申报重新审核，而不能直接向审批权限调整后的生态环境主管部门报送重新审核，即重新审核不受环评审批权调整的影响。

二、重新审核后需重新报批的情形

（一）此“重新报批”非彼重新报批

原审批部门面对原环评的重新审核，仍属于实质审查而非形式审查。

对于重新审核时的审查要求，根据《关于重新审核建设项目环境影响评价文件有关问题的复函》（环办环评函〔2019〕203号，以下简称“203号文”），重新审核环境影响评价文件时，应按照建设单位报请重新审核时新的法律法规、国家标准和技术规范执行。经审核，需依法补充或重新编制环境影响评价文件并重新报批的，应当自收到建设项目环境影响评价文件之日起10日内书面通知建设单位；建设单位重新报批的，应按重新报批时的分级审批规定，报有审批权的生态环境主管部门。

此文件中的“重新报批”指的是建设项目所在地的环境状况发生较大变化，原经批准的环境影响评价文件已经不能准确地说明该建设项目对环境的影响时，需要重新履行环评审批手续。这明显不同于建设单位重大变动引起的重新报批。

（二）重新审核后的不同情形

1. 同意建设的审核意见

这意味着建设项目所在地的环境状况变化不大，原环评及其批复仍然有效。经重新审核同意后，如发生建设项目重大变动情况，在实际开工建设前向有审批权的生态环境主管部门提出重新报批的申请。

2. 重新审核被驳回

这意味着建设项目所在地周围的环境状况发生了根本改变，原环评文件所预测的环境影响已不再适合，新的法律法规、规划、环境标准及技术规范对该建设项目明确有禁止再行建设的要求。此类建设项目也就谈不上因重大变动而进行环评文件的重新报批了。

3. 重新审核后被要求重新履行环评审批手续

这意味着建设项目所在地的环境状况虽然发生较大变化，原环评文件的预测结果也因无法适应新的环境状况而不再有效，但生态环境主管部门并未禁止项目建设。此时，建设单位应当重新编制环境影响评价文件并履行审批手续，因而也同样不存在环评文件重新报批的问题。

例如，某输变电架空高压线路工程项目于2012年8月取得环评批复，而该工程实际开工建设的时间却是2020年6月。从2012年原环评取得批复到2020年实际开工的8年间，在拟建架空高压线路工程沿线，规划建设的居民区从当初的几个发展到了开工时的几十个。该建设项目环评文件的原审批部门应根据工程沿线的环境状况判断是否仍允许其建设。如该输变电工程与当前的环境状况、相关规划等不相符，则应当否决该环评文件；如果认为现有资料证明该工程仍具有环境符合性，可以继续建设但需要补充说明，应当告知建设单位补充环境影响评价的资料；如果认为虽具备环境符合性，但原有环评文件的预测已经不适应当前的环境状况，应要求重新编制环评文件并向有审批权的生态环境主管部门报送审批。

应注意，“203号文”中所提“补充”环境影响评价并非现行环境影响评价法律中的评价类型，也不存在行政许可的法定程序。其在重新审核制度中的作用是建设项目无重大变动的情况下，建设项目所在地的环境状况发生变化，而需要在重新审核时补充说明环境影响的情形。

第三节　建设项目环评重新审核的适用依据

就立法而言，建设项目环评重新审核制度在“开工建设”方面规定并不一致。当建设项目环评文件自批准之日起满5年及以上的情况下，《环评法》规定的适用依据是“方决定开工”建设，采用了以“决定开工”为要件的主观原则；而《建设项目环境保护管理条例》规定的适用条件是“方开工”建设，采用了“实际开工”为要件的客观原则。而环境保护部“18号文”对于建设项目开工建设的定义也采用了“实际开工”的客观原则。

“开工建设”的确定标准决定了建设项目环评重新审核的适用原则。采用“实际开工”作为重新审核的适用依据时，只要原环评文件批准后满5年，建设项目准备实际开工建设的，建设单位就必须在实际开工前申请重新审核，否则，就可能涉嫌“未批先建”的环境违法行为。而采用“决定开工”作为重新审核的适用依据时，建设单位可能会采取在重新审核的5年期间先作出开工“决定”以避免启动重新审核程序，之后再择机实际开工的方式，实质架空了重新审核制度。由于开工“决定”是建设单位内部的、单方的文件，不具有信息公开和公众参与的法律义务，面对环境执法，建设单位存在于5年期内补发和倒签“开工决定”的可能，反而进一步背离了重新审核的立法目的[1]。

从减少环境违法、避免未来发生环境侵权纠纷的角度出发，建议建设单位在履行建设项目环评重新审核时遵循“实际开工”的客观原则。

1 周建勋．项目环评重新审核亟待立法统一[N]. 中国环境报，2020-08-28（006）.

第九章　建设项目环境影响后评价

环境影响评价是对尚未建设的项目预测其实际建成后对环境产生的影响。由于其属于预测性质，并且限于环评当时的技术手段，往往对项目产生的实际环境影响的分析具有不确定性。在项目建设、运行过程中，可能会产生不符合经审批的环境影响评价文件的情形。依据《环评法》，建设单位应当组织建设项目环境影响的后评价。

建设单位作为环境影响后评价的责任主体，有必要了解环境影响后评价的启动类型，掌握其制度属性，理解其主要功能，避免可能发生的环境违法风险。

第一节　环境影响后评价的启动类型

启动环境影响后评价的前提是能够发现建设项目产生了与原环评不相符的情况。实践中，这种发现机制主要来源于建设单位、生态环境主管部门、公众与环保组织。因此，环境影响后评价的启动主要分为自主启动、生态环境主管部门监督下的启动，以及社会公众监督下的启动三种类型。

一、自主启动

根据《建设项目环境影响后评价办法（试行）》（以下简称《后评价方法》）第三条的规定，建设单位或生产经营单位自主开展环境影响后评价的情形主要有两种：

①水利、水电、采掘、港口、铁路行业中实际环境影响程度和范围较大，且主要环境影响在项目建成运行一定时期后逐步显现的建设项目，以及其他行

业中穿越重要生态环境敏感区的建设项目；

②冶金、石化和化工行业中有重大环境风险，建设地点敏感，且持续排放重金属或者持久性有机污染物的建设项目。

二、原审批环评的部门责成启动

根据《环评法》第二十七条，当建设项目在建设、运行过程中产生不符合经审批的环境影响评价文件的情形时，原环境影响评价文件审批部门也可以责成建设单位或生产运营单位进行环境影响的后评价，采取改进措施。

应注意，并非各级生态环境主管部门都能责成建设单位开展后评价，只有审批环评文件的原审批部门才能行使此项权力。

三、通过社会公众监督启动

随着全民环境保护意识的增强，公众的监督举报已成为揭露环境保护热点事件的重要来源。近年来，备受关注的云南西双版纳某水电站事件和绿孔雀事件就是典型的因社会公众监督引发的环境公益诉讼案件。这两个事件中，生态环境主管部门均在社会监督发起后，依法启动了建设项目环境影响后评价工作（参见案例 9-1[1] 和案例 9-2[2]）。

案例 9-1

云南西双版纳某水电站环境影响后评价

云南西双版纳某水电站于 2011 年取得环评批复，2015 年 10 月正式开工建设。自开建以来，多次被举报环评报告存在遗漏热带植被、珍稀淡水鱼类洄游通道被阻隔等问题。云南省环保厅于 2018 年 5 月 4 日责令该水电站暂停工程建设，组织开展环境影响后评价。

该水电站的后评价过程运用了当前较为先进的生态环境调查科技手段，特别是遥感卫星、无人机等，在水库淹没区的沟壑崖谷中发现了残存的热带雨林，并对电站建设对热带雨林和洄游鱼类等的实际影响进行论证评估，提出了补救方案和改进措施。

1 参见云南省玉溪市中级人民法院 (2018) 云 04 民初 15 号调解书。

2 参见云南省高级人民法院 (2020) 云民终 824 号判决书。

该水电站建设单位依据环境影响后评价提出的补救方案和改进措施，投入巨额资金，对原有环境影响评价中要求的生态流量、水生生态监测和陆生生态监测等增加保障措施，增加建设了增殖放流设施，采取了过鱼措施、人工模拟产卵场、保护小区、珍稀植物保护基地等环保措施。

在严格执行环境影响后评价提出的补救方案和改进措施，且满足生态环境主管部门监督管理和社会环保组织生态环境保护要求的情况下，该水电站得以继续建设。

案例 9-2

云南戛洒江某水电站环境影响后评价

云南戛洒江某水电站在 2014 年取得环境影响评价批复文件。2016 年 3 月，工程正式开工。2017 年，被举报该水电站淹没区涉及国家一级保护动物、濒危物种绿孔雀的栖息地。

针对这些与经审批的环境影响评价文件不符合的情形，生态环境部及时组织了现场调研，开展了“三同时”监督检查，并责令建设单位开展环境影响后评价，要求在后评价工作完成前，项目不得蓄水发电。根据环境影响后评价，客观评估相关措施的有效性后，再作出是否实施项目的决定。

经法院判决，该项目已经停止基于原环境影响评价下的水电站建设项目，正处于环境影响后评价阶段。

第二节　环境影响后评价的制度属性

环境影响后评价之所以受到环境行政部门、司法机关和社会公众的广泛关注，正是由于环境影响后评价本身的制度属性。

一、验证性

环评是对拟建项目开工前的预测性评价，而环境影响后评价则是对环评预测的验证性评价。前者是事先进行，体现预防性；后者是事后进行，体现验证性。从环境制度完整性而言，环境影响后评价构成了环境影响评价制度的重要组成部分。两者不能混淆和相互替代。

但是，鉴于制度运行成本和环境影响的差异，并不是所有经过环评审批的建设项目都应当进行环境影响的后评价。

为了防止这些建设项目的实际环境影响与预测评价之间发生过大的偏差，对那些环境影响较大（包括环境风险隐患较大）、涉及环境敏感区以及生态影响（包括生物多样性影响）较大的建设项目，有必要进行验证性评价。环境影响验证的范围包括主要环境要素的预测影响与实际影响差异，原环境影响报告书内容和结论有无重大漏项或者明显错误，持久性、累积性和不确定性环境影响的表现等。

二、客观性

建设项目在严格执行环评文件的内容和结论的具体要求的情形下，由于相关规划、环境标准以及周边环境状况发生变化，客观上出现了与原环评文件不相符的情况。这并非建设单位主观上对环评预测的违反，也不是对建设项目进行了重大变动，主要是由于客观原因导致出现不符合环评预测的情形。

故此，《后评价办法》第七条规定，建设项目环境影响后评价文件还应当包括建设项目的工程现状评价、建设项目所在区域的环境变化评价，以及环境保护措施有效性评估，包括环评文件所规定的污染防治、生态保护和风险防范措施是否适用、有效，能否达到国家或者地方相关法律、法规、标准的要求等。

这些评价内容均排除了建设项目主动发生重大变动的情况，仅是就项目的客观现状进行环境影响的评价。

三、强制性

任何社会成员，只要发现项目的建设和运行过程中产生了与环评预测不相符的情形，建设单位作为启动环境影响后评价的第一责任人，就应当启动环境影响后评价。这是我国法律为建设单位设置的强制性义务。

环境影响后评价实行“双备案”制度，即建设单位启动环境影响后评价后，必须向原环境影响评价文件审批部门和建设项目审批部门备案。这同样具有强制性。

四、修正性

后评价的目的并非否定或者撤销经过审批的环评文件，而是要在验证评价的基础上修正原环评预测的错误，采取现实有效的补救和改进措施，将不利环境影响降至最低。因此，《环评法》和《后评价办法》均规定，建设单位应当明确环境保护补救方案和改进措施并备案。

当然，如果在启动环境影响后评价过程中，有证据证明经审批的环评文件存在涉及严重质量问题的环评违法行为，有关生态环境主管部门有权依据《环评法》第三十二条规定，对建设单位及其法定代表人、主要负责人、直接负责的主管人员和其他直接责任人员，作出罚款的行政处罚；对违反国家有关环境影响评价标准和技术规范编制环评文件的环评技术单位和人员，作出罚款、禁止从业以及没收违法所得的行政处罚。

第三节 环境影响后评价的责任主体

一、以具备环境管理能力为原则

（一）法律和规章的规定并不明确

《环评法》第二十七条仅规定建设单位负责环境影响后评价，但《后评价办法》第六条则规定“建设单位或生产经营单位”负责开展环境影响后评价。

由于开展环境影响后评价具有法律强制性，而现行规范又对“由谁开展后评价”的责任主体规定不明，极易导致在应当开展环境影响后评价时发生责任推脱和扯皮的问题。

（二）建议以具有环境管理能力为确定标准

为避免因未及时开展环境影响后评价引起的违法风险，建议以企业是否具备环境管理能力作为确定责任主体的标准。企业环境管理能力是企业依法对其建设项目（包括拟建、在建和已建项目）产生或可能产生的不利环境影响进行管控的能力。

1. 建设单位对不利环境影响能够完全管控的情形

在此情形下，即使建设项目的生产运营存在其他第三方主体（如租赁已有部分厂房、部分设施生产，或受委托对环保设施进行运维等），由建设单位负责环境影响后评价也是最为恰当的，因为建设单位可以对建设项目的不利环境影响采取完全的管控措施，不影响环境影响后评价的修正性功能的实现。

2. 建设单位对不利环境影响不能完全管控的情形

此种情形意味着，建设项目不利环境影响的责任主体不仅有建设单位，还包括其他生产运营单位。而建设单位并不能对整个项目的不利环境影响采取完全的管控措施。

考虑到不利环境影响的累积性和叠加性，以及环境影响后评价制度的验证性和修正性属性，建议由建设单位承担整体建设项目的环境影响后评价责任，除非建设单位和生产运营单位另有约定或经生态环境主管部门责成确定。

3. 建设单位对不利环境影响完全不能管控的情形

此种情形意味着，建设单位与生产运营完全分离，整个项目的不利环境影响均由生产运营单位产生。例如，建设项目建成后，建设单位将项目整体出租或者委托给生产运营单位生产经营。这时，建设单位除取得租金等收益外，已经失去对建设项目的不利环境影响的管控能力。虽然建设单位是原环评文件的报批单位，但在与生产运营分离后，已经不具有对该项目不利环境影响的环境管理能力。如仅以建设单位作为启动环境影响后评价的唯一主体，则无法充分实现后评价制度的修正性功能。在此情形下，生产运营单位应承担开展环境影响后评价的责任。

二、以编制环境影响报告书的项目为主

（一）符合《后评价办法》规定

按照《后评价办法》第二条，环境影响后评价专门针对的是编制环评报告书的建设项目，而对编制环评报告表的建设项目，并无强制性要求。

（二）符合《环评法》规定

《环评法》第二十七条所规定的环境影响后评价并未专门针对环评报告书项目，而是针对需要审批的环评报告书和报告表两类建设项目。因此，建议单位开展后评价时，以符合《后评价办法》的、编制环评报告书的建设项目为主，但也不应忽视编制环评报告表的建设项目的环境影响后评价问题。

第四节 环境影响后评价的主要功能

一、弥补和修正环境影响评价

前已述及，由于水利、水电、采掘、港口、铁路等生态影响为主的行业和冶金、石化和化工等高污染行业具有较大的建设难度和复杂性，在环评阶段很难准确预测其生态环境影响，尤其是长期的、累积的生态环境影响。当项目显现出对环境的不利影响时，其生态损失往往已经较为严重，造成的损失已很难挽回。通过环境影响后评价制度，可以及时发现建设、营运过程中存在的生态影响问题，对环境影响评价进行弥补、修正，保证项目实施的环境安全性。

二、验证涉及生态敏感区项目的生态环境影响

生态敏感区作为生态保护红线的主要保护内容，对于维持区域乃至国家生态安全起到了重要作用。其作为重要的生态功能节点，对于维持区域生态平衡、保护关键生态系统与关键物种等，具有十分关键的作用，应引起足够的重视。《后评价办法》第三条规定，水利、水电、采掘、港口、铁路行业以外的行业中，穿越重要生态环境敏感区的建设项目，运行过程中产生不符合经审批的环境影响报告书情形的，应当开展环境影响后评价。

涉及生态敏感区的建设项目运营期的环境影响方式比较复杂，而敏感区所在生态系统，其自身的结构和功能变化是一个相对长期的过程，呈现明显的累积影响特征。环境影响评价阶段工作周期较短，在此阶段往往不能准确地预测。比如，公路修建后对重点保护野生动物迁徙的影响，隧洞工程对地下水和洞顶

植被的影响，桥梁对跨越水体或重要湿地区的不利影响等，这些建设项目的生态影响的预判结果在项目建设运行前基本无法验证。对涉及生态敏感区的项目开展环境影响后评价，可以研究和验证建设项目对生态敏感区实际影响，采取补救或者改进措施。这些工作对以后建设同类型项目时开展环境影响评价的类比分析，推进环境影响评价的技术发展具有重要意义。

三、解决环境污染纠纷

建设项目对环境产生的不良影响是在项目建成并投入运行后逐渐显露出来的，因此会引发建设单位与周边社会公众的环境污染纠纷。通过启动环境影响后评价，可以对项目的正常化运行、社会的和谐稳定起到积极的作用（参见案例 9-3[1]）。

案例 9-3

葫芦岛某碳素厂利用环境影响后评价解决环保投诉

葫芦岛市某碳素厂新建年生产 3 万 t 压型超高功率石墨电极、中间产品煅烧焦 3 万 t 项目环境影响报告表于 2011 年通过了环评审批，2012 年通过了竣工环保验收。2017 年，企业周边群众开始上访，主要涉及环评报告表中未设置卫生防护距离，企业二氧化硫、沥青烟、非甲烷总烃味道刺鼻等问题。上访群众向当地政府和环保部门多次投诉，要求有关部门尽快查处。

为客观、如实反映企业环境管理和污染物排放现状，该碳素厂委托第三方机构开展了环境影响后评价工作。通过实施环境影响后评价，碳素厂摸清了企业环境管理水平、污染物达标排放现状；在环境影响后评价报告中补充卫生防护距离，并明确最近敏感点不在卫生防护距离包络线范围内；同时，改进多项环保设施，保证有组织、无组织废气达标排放，项目废水不外排，危险废物送有资质单位处理，企业正常运行，未对周边环境空气质量产生不利影响。

该碳素厂通过环境影响后评价，经过现场踏勘、现状监测以及环保设施运行情况调查，全面了解企业污染防治措施、风险防范措施落实情况，改进环保设施，确保后期正常运行不会对周围环境产生不利影响，使地方政府、环保部门、周边居民得到了一个满意的答复，解除了周边百姓对环境污染的担忧，保证了

1 贾玉鹤．环境影响后评价在解决企业环境问题中的作用分析 [J]. 环境保护与循环经济，2021-06-15 (99-101).

企业的正常运行，也为政府部门提供了科学的环境管理决策依据，促进了经济社会与环境保护的和谐健康发展。

四、提高企业环境管理水平

有些企业建设时间早、运行时间长，在不断发展中，通过扩大投资，建设了较多的项目，生产规模也逐渐扩大，甚至形成了包括上下游行业的大型产业集团。但是，由于我国早期的建设项目环境法律制度不健全，特别是环评管理制度的缺失，导致企业较长时期内对建设、运行过程的环境影响预测和论证不充分，形成了我国企业特有的环境现状。

对于这类企业的建设项目开展环境影响评价时，往往只是针对该项目自身建设内容和依托企业原有的部分建设内容进行评价，并不能针对建厂以来多个建设项目的叠加、累积环境影响进行评价，难以体现企业整体的环境管理水平。因此，企业要想从整体上了解污染防治成果和环境管理水平，只有开展全企业的环境影响后评价（参见案例 9-4[1]）。

案例 9-4

某石化老企业全厂环境影响后评价

某石化老企业 1970 年建厂，经过 50 多年的发展，一共实施了 43 个建设项目。其中大部分项目已完成竣工环境保护验收工作，部分项目正在开展竣工环境保护验收，部分项目正在建设中。现有原油加工能力 550 万 t/a，产品繁多，项目之间相互关联依托，整体情况比较复杂。企业为了了解整体环境保护情况，委托开展了整体环境影响后评价。

环境影响后评价将企业看成一个整体，通过企业工程现状全面调查、周围环境质量现状变化趋势分析、环境影响回顾分析、各环保设施建设和运行情况调查、各污染物排放情况监测分析，对环保措施的有效性进行验证评价，找到企业存在的环保问题，并提出以下改进建议。

（1）加强污水治理，节水减排

根据《石油炼制工业污染物排放标准》、企业水资源利用水平以及纳污水体环境质量现状，建议该企业进一步采取节水减排措施，加强清洁生产和运行管理，

1　刘金玲，杨婧晖，董文婉，等．某石化老企业环境影响后评价实践及建议 [J]. 油气田环境保护 2020，30（5）：7-60.

降低加工吨原油取水量；对全厂污水处理厂进行深化处理改造，提高污水回用率，降低加工吨原油排水量，进一步加强对全厂废水水质环境监测，以保障全厂的废水处理和排放适应国家、地方的新环保要求，满足“总量控制、污水排放达标、清洁生产”的要求。

（2）固体废物减量化及合理处置

该企业产生的工业固体废物主要有废油泥、废白土、碱渣和废催化剂等，各类固体废物能够按照国家和地方政府相关要求进行合规处置。建议该企业进一步开展污泥干化研究，以减少固体废物外委处置量，实现固体废物减量化，以满足国家环境保护管理要求。

（3）强化地下水污染防治措施

根据监测数据，企业及周边地下水环境中特征污染物石油类均有检出。建议该企业完善三级防控设施，对现有老装置区、罐区等破损地面及时修补，对污水池（井）、污水沟（管）等查漏补缺，必要时开展厂区土壤污染的修复工作；对新建及改扩建项目，严格按照《石油化工工程防渗技术规范》（GB/T 50934—2013）进行防渗设计；加强对厂区周边地下水环境的监测工作，实现环境风险可控。

（4）落实卫生防护距离

随着城市人口规模不断扩大，该企业周边人口相对比较密集，卫生防护距离内仍有常住居民，未完全落实环评及批复相关要求。据了解，当地政府已将居民搬迁工作列入计划，建议该企业加强与地方政府部门的沟通协调，密切关注搬迁计划的落实情况，力争使企业发展与城市规划相协调，规避企业发展的制约因素。

通过环境影响后评价，最后得出的结论是：该企业各项环境保护措施得到有效落实，各污染物排放浓度和总量指标均满足相关要求，未对周围环境质量造成明显影响，其环境影响可接受。

通过对老企业多个建设项目的累积环境影响进行现状监测和评估，掌握了企业的实际环境影响，及时发现存在的环境问题，并提出了补救方案和改进措施，从而提高了企业整体环境管理水平。我国《后评价管理办法》第九条规定：“建设单位或者生产经营单位可以对单个建设项目进行环境影响后评价，也可以对在同一行政区域、流域内存在叠加、累积环境影响的多个建设项目开展环境影响后评价。”

需要说明的是，对运行了一定时期、环境影响较大、存在一定环境风险的企业及时开展后评价，可以在企业所在区域发生环境污染等突发事件时，将后评价取得的环境监测数据、验证结果和环境影响后评价结论，作为企业自证清白的有力证据。

第五节　环境影响后评价的发展趋势

开展环境影响后评价可以更好地促进我国生态文明型社会的建设和发展。实践经验表明，及时开展环境影响后评价，对纠正环境影响初期的预测失误、弥补建设运行期间产生的重大不利影响，具有不可替代的作用，也是提升环境预测水平、提高环境保护能力的有效手段之一。

早在2009年，新疆维吾尔自治区质量技术监督局就发布了《环境影响后评价技术导则》（DB 65/T 3016—2009）。2011年，重庆市环境保护局发布《重庆市建设项目环境影响后评价技术导则》（试行）。2015年，国家能源局发布了《河流水电开发环境影响后评价规范》（NB/T 35059—2015）。同年，环境保护部发布《建设项目环境影响后评价管理办法（试行）》。自此，环境影响后评价制度开始逐渐健全和完善。

随后，地方生态环境主管部门纷纷制定有关环境影响后评价的制度规范。2018年，生态环境部发布了水利水电和煤炭采选两个行业的建设项目环境影响后评价技术导则征求意见稿。同年，甘肃省生态环境厅印发《建设项目环境影响后评价文件备案程序（试行）》。2019年，安徽省生态环境厅发布《关于加强建设项目环境影响后评价工作的通知》。2021年，宁夏回族自治区生态环境厅发布《宁夏回族自治区建设项目环境影响后评价技术指南》。

在当前生态文明建设的新形势下，环境影响后评价正在受到越来越多的关注，评价技术和备案管理程序也在逐步健全和完善。在环境影响评价制度的未来发展中，环境影响后评价势必成为建设项目环境管理的抓手。

建设单位应高度重视环境影响后评价的制度作用，将其视为企业降低环境法律风险、自证清白的环境风险控制手段。及时发现与环评不符的情形，主动开展环境影响后评价，承担企业环境主体责任。

第十章　重点领域的建设项目环评管理

第一节　涉及环境风险的建设项目环评管理

环境风险是突发性事故对环境造成的危害程度和可能性。建设项目在严格采取环评提出的各项保护措施并正常运行情况下，对环境影响较小。一旦发生环境风险事故，可能造成严重的环境污染和生态破坏。如渤海湾溢油污染、松花江水污染、江苏淮安液氯泄漏事件、贵州遵义柴油泄漏事件。2020 年 7 月，贵州省遵义市某成品油管道柴油发生泄漏，造成跨贵州、重庆两省（市）影响的重大突发环境事件，使某饮用水水源地水质超标，中断取水 19 h，缩减了供水区域；污染事故点周边 4.5 亩[1]农田，受污染土壤约 461.9 t[2]。

“十四五”提出推动绿色发展，促进人与自然和谐共生，守住自然生态安全边界的环保目标。想要守住自然生态安全边界，就需加强突发性环境污染事故的管理。

一、环评管理要点

（一）“事前”预防

建设单位及其所属企业是环境风险防范的责任主体，应严格落实环评文件中环境风险防范措施，并在环境保护设施验收之前，委托编制环境风险应急预

1　1 亩 $=1/15\ hm^2$。

2　生态环境部 2020 年 10 月 29 日公布的《贵州遵义桐梓中石化西南成品油管道柴油泄漏事故次生重大突发环境事件调查报告》。

案文件，取得生态环境主管部门备案文件。配备风险物资，加强风险演练。建立有效的环境风险防范与应急管理体系并不断完善。

（二）“事中”管控

建设单位及其所属企业是妥善处置突发环境事件的第一道防线。企业应对环境风险事件的能力和水平关乎群众身体健康、生命安全和社会稳定。

如果遇到突发环境风险事故，建设单位应按照环评文件和环境风险应急预案的要求，及时开展有效的应急响应，切断污染源，防止污染物扩散，防止污染物出厂界。及时向所在地人民政府或者有关部门报告。及时通报、疏散、安置可能受到危害的单位和居民，将其危害性控制在生态环境和人体健康可接受的范围内，降低对生态环境和人体健康的影响。

二、风险提示

（一）转变思想

很多建设单位麻痹大意，存在侥幸心理，导致对可能产生的严重后果研判失误、准备不足。贵州省遵义市成品油管道发生柴油泄漏前，涉事公司已经获悉山体滑坡威胁管道安全等信息，但是没有充分研判，甚至在有关主管部门提出停输等要求的情况下，没有及时采取排除管道安全隐患和避免管道输送介质泄漏污染环境的措施，导致管道破损，油品泄漏，造成严重的环境污染[1]。

建设单位应牢固树立“隐患险于事故，防范胜过救灾”的科学理念，以“保安全，防风险”为基本思路，防患于未然，将环境污染、生态破坏程度降到最低。

（二）“事后”担责

建设单位及其所属企业是承担突发环境事故生态环境损害后果的责任主体，需对造成的环境污染和生态破坏进行治理和恢复。无法修复的，实施货币赔偿，

1　生态环境部 2020 年 10 月 29 日公布的《贵州遵义桐梓中石化西南成品油管道柴油泄漏事故次生重大突发环境事件调查报告》。

用于替代修复。

在早期的渤海湾溢油污染、松花江水污染等诸多突发环境事件中，公共生态环境损害未得到足额赔偿，受损的生态环境未得到及时修复[1]。2015 年，吉林、山东、江苏、湖南、重庆、贵州、云南 7 个省（市）开展生态环境损害赔偿制度改革试点工作。2017 年，贵州省环保厅对非法处理污泥渣污染环境的一家企业索赔 900 多万元，用于被损害地区的生态修复工作。2018 年 1 月 1 日起，在全国范围内实行生态环境损害赔偿制度。该制度明确规定，发生较大及以上突发环境事件的，依法追究生态环境损害赔偿责任，破解“企业污染、群众受害、政府埋单”的困局。一旦发生突发性环境污染事故，建设单位依法承担生态环境损害赔偿责任。

（三）购买保险

为完善环境污染损害赔偿机制，2019 年 5 月，我国开始实施环境污染强制责任保险制度，规定从事环境高风险生产经营活动的企业事业单位或其他生产经营者，应当投保环境污染强制责任保险。建设单位可以对建设项目突发环境事件应急预案中确定的环境风险等级为较大及以上项目，投保环境污染强制责任保险。一旦发生环境风险事故，可以获得第三者人身损害赔偿、第三者财产损害赔偿、生态环境损害赔偿和应急处置与清污费用赔偿。

生态环境损害赔偿包括生态环境修复费用、生态环境修复期间服务功能的损失和生态环境功能永久性损害造成的损失，以及其他必要的合理费用。

应急处置与清污费用是指，为避免或减少第三者人身损害、财产损失，或生态环境损害而支出的必要、合理的应急处置费用、污染物清理费用。

第二节　涉及挥发性有机物的建设项目环评管理

研究表明，VOCs 是形成细颗粒物（$PM_{2.5}$）和臭氧（O_3）的重要前体物，是现阶段重点区域 O_3 生成的主控因子。相对于颗粒物、二氧化硫、氮氧化物污染控制，VOCs 管理基础薄弱，已成为大气环境管理短板。我国正在不断推动和深化 VOCs 治理。

1　参见《国务院生态环境损害赔偿制度改革方案（解读）》，2017-12-03。

一、环评管理要点

（一）源头控制

建设单位在设计、环评阶段主动考虑项目的生产工艺绿色化水平和使用低 VOCs 含量原辅材料。如采用原辅材料利用率高、废弃物产生量少的生产工艺；采用密闭化、连续化、自动化、管道化等生产技术；从车间布局、工艺装备等方面全面提升治理水平。如果使用低 VOCs 含量原辅材料，则建立台账，记录原辅材料的使用量、废弃量、去向以及 VOCs 含量。

（二）过程控制

建设单位应严格落实环评文件中 VOCs 无组织排放。在保证安全的前提下，加强含 VOCs 物料全方位、全链条、全环节密闭管理，做好 VOCs 物料储存、转移和输送，设备与管线组件泄漏，敞开液面逸散以及工艺过程等无组织排放环节的管理。生产应优先采用密闭设备，在密闭空间中操作，或采用全密闭集气罩收集方式。全面开展泄漏检测与修复（LDAR）。

企业应重视非正常工况排放管理。合理安排停检修计划，制定开停工（车）、检修、设备清洗等非正常工况的环境管理制度。在确保安全的前提下，尽可能不在 O_3 污染高发时段安排全厂开停车、装置整体停工检修和储罐清洗作业等，减少非正常工况 VOCs 排放；确实不能调整的，应加强清洗、退料、吹扫、放空、晾干等环节的 VOCs 无组织排放控制，产生的 VOCs 应收集处理，确保满足安全生产和污染物排放控制要求。

（三）末端治理

加强治理设施运行管理。按照治理设施较生产设备“先启后停”的原则，提升治理设施投运率。根据处理工艺要求，在治理设施达到正常运行条件后，方可启动生产设备。在生产设备停止、残留 VOCs 收集处理完毕后，方可停运治理设施。

（四）跟踪监测

严格按照环评文件提出的监测计划，加强污染源 VOCs 监测监控。VOCs 重点排污单位应对主要排放口排放的非甲烷总烃自动进行监测，并联网。

二、风险提示

（一）浓度达标即可不安装治理设施？

对于涉及无组织排放 VOCs 的企业，经常会面临这样一个难题：对 VOCs 废气进行收集后，不采取治理措施即可达到低于最高允许排放浓度限值要求，企业是否必须对此 VOCs 废气加装相关治理设施？

其实，企业生产过程中产生的含 VOCs 废气除浓度达标外，处理效率也需达标。根据《挥发性有机物无组织排放控制标准》（GB 37822—2019），收集废气中 NMHC 初始排放速率大于等于 2 kg/h 时，应配置 VOCs 处理设施，处理效率不应低于 80%。

因此，建设单位不能仅依据浓度达标就私自不建、停运、拆除环保设施，一定要综合考虑初始排放速率，决定是否需要加装废气治理设施。否则，一旦发现存在“该装不装”“已装停运”的违法事件，将受到严厉的处罚。

（二）安装了治理设施即可一劳永逸？

对于涉及 VOCs 排放的企业，经常会误以为只要按照环评要求加装了废气治理设施，废气就能一直稳定达标排放，就可以一劳永逸、高枕无忧了。很多 VOCs 治理设施需要及时清理，更换吸附剂、吸收剂、催化剂、蓄热体、过滤棉、灯管、电器元件等治理设施耗材，以确保设施稳定高效运行，保障污染物长期稳定达标排放。

第三节　涉及“两高”行业的建设项目环评管理

“十四五”初期，部分地区上马高耗能、高排放（以下简称“两高”）项目的数量有所增加，这势必会影响“碳达峰”目标的实现和区域环境质量的改善。要坚决遏制“两高”项目盲目发展，推动绿色转型，实现积极发展。不符合要求的高耗能、高排放项目，要坚决拿下来。

一、环评管理要点

（一）严把环境准入关

新建、改建、扩建“两高”项目须符合生态环境保护法律法规和相关规划要求，满足重点污染物排放总量控制、碳排放达峰目标、生态环境准入清单、相关规划环评和相应行业建设项目环境准入条件、环评文件审批原则要求。

石化、现代煤化工项目应纳入国家产业规划。新建、扩建石化、化工、焦化、有色金属冶炼、平板玻璃项目应布设在依法合规设立并经规划环评的产业园区。

建设单位在涉及“两高”项目投资机会研究中，聘请环评技术单位早期介入，委托环评技术单位进行环境准入判断，避免不符合相关法律法规的建设项目进入可研、环评、设计阶段，造成投资浪费。

（二）落实区域削减要求

新建“两高”项目，建设单位应制订配套区域污染物削减方案，采取有效的污染物区域削减措施，腾出足够的环境容量。国家大气污染防治重点区域内新建耗煤项目还应严格按规定采取煤炭消费减量替代措施，不得使用高污染燃料作为煤炭减量替代措施。

（三）减污降碳协同控制

将碳排放影响评价纳入环境影响评价文件，衔接落实有关区域和行业碳达峰行动方案、清洁能源替代、清洁运输、煤炭消费总量控制等政策要求。在环评编制过程中，和环评技术单位一起，统筹考虑企业目前工艺生产水平，提出可行的减污降碳措施，制订协同控制最优方案。

二、风险提示

国家通过建立管理台账、加强监督检查、强化责任追究等措施，强调建设单位应承担的生态环境保护有关责任。对未依法报批环评文件即擅自开工建设的“两高”项目，或未依法重新报批环评文件擅自发生重大变动的，地方生态环境部门应责令立即停止建设，依法严肃查处；对不满足生态环境准入条件的，依法责令恢复原状；对不落实环评及“三同时”要求的“两高”项目，应责令按要求整改；造成重大环境污染或生态破坏的，责令停止生产或使用，或依法报经有批准权的人民政府责令关闭。

第四节　涉及重金属的建设项目环评管理

重金属污染具有长期性、累积性、潜伏性和不可逆性等特点，危害大，治理成本高。我国在长期的矿产开采、加工以及工业化进程中累积形成的重金属污染近年来逐渐显现，污染事件呈多发态势。特别是 2009 年以来，连续发生了陕西凤翔县、湖南武冈市和浏阳市等多起重特大重金属污染事件，威胁群众健康和农产品质量安全，社会反响强烈。

为进一步加强涉重金属行业污染防控，2018 年，生态环境部发布《关于加强涉重金属行业污染防控的意见》（环土壤〔2018〕22 号），强调要坚决打好重金属污染防治攻坚战。因此，涉及重金属的建设项目，建设单位必须加强重金属污染防控，而加强环评管理是加强重金属污染防控的重要手段。

一、环评管理要点

（一）合理选址

为了进一步遏制粮食镉超标等风险，应严格控制在优先保护类耕地集中区域开展新建、改建、扩建增加重金属污染物排放的项目。涉及重金属污染物排放的建设单位在项目初期宜聘请环评技术单位早期介入，委托环评技术单位从保护耕地的角度对厂址进行初选、比选，最终确定合理的厂址。

（二）严厉治污

建设单位应严格按照环评文件提出的污染防治措施，对含重金属废气、废水、固体废物进行治理。对于以不正常运行污染防治设施等逃避监管的方式违法排放污染物的，严格依法移送公安机关，予以行政拘留处罚；对非法排放、倾倒、处置含铅、汞、镉、铬、砷等重金属的污染物，涉嫌犯罪的，及时移送公安机关，依法追究刑事责任。

（三）严守大气环境防护距离

大气环境防护距离内，污染物排放是达标的，但是环境空气质量超标。如果长期居住人群，会对人群健康产生不利影响。以备受舆论关注的陕西凤翔县血铅事件为例，监测结果显示，该冶炼公司废水、废气、固体废渣排放均符合国家相关标准[1]。但是，却引发了如此严重的中毒事件。主要原因是重金属污染具有长期性和累积性，居住在不符合环境质量标准的区域的人短期内不会出现健康问题，但是长期居住，健康就会受到损害。陕西凤翔县血铅事件，就是企业运行 3 年后发生的，而该冶炼公司在没有落实环评文件提出的对厂址 1 000 m 范围内村民进行搬迁情况下从事铅锌冶炼，是引发该地区部分儿童血铅超标的主要原因[2]。

建设单位一定要严格执行环评文件及其批复的大气环境防护距离，真正落实大气防护距离内人群的搬迁工作。

（四）严格执行自行监测

《环评法》中定义的环境影响评价，要求对建设项目实施后可能造成的环境影响进行跟踪监测。跟踪环境监测计划应包括污染源监测计划和环境质量监测计划，对存在较大潜在人群健康风险的建设项目，应提出对人群健康的监测。建设单位自主开展环境监测工作，可及时发现项目运行过程中存在的问题，尽快采取处理措施，减少或者避免污染和损失。如果血铅事件中的建设单位在运行阶段对周围村庄环境空气质量和人群健康进行定期监测，就不会导致如此严

1　刘彤，陈钢．陕西凤翔铅中毒事件再生疑云 [N]. 西部时报，2009-08-18（C02）.

2　陈钢，刘彤．陕西凤翔“血铅”事件调查 [N]. 经济参考报，2009-08-14（007）.

重的后果。

涉及重金属的建设项目，建设单位应严格按照环评文件中的要求开展自行监测，包括对所属涉重金属废气、废水排污口和周边大气环境、水环境、土壤环境和人群健康进行监测。自行监测数据还可在日后万一发生环境纠纷时，作为自证清白的有力证据。

（五）严格落实环境风险防范措施

当前，我国环境保护提出以改善环境质量为核心、严防环境风险为底线的总体要求。因此，全生命周期的环境风险防控是重金属防控的总体思路。

建设项目在严格落实环评提出的各项重金属污染防治措施情况下，正常运行过程中，重金属对外界环境影响较小，而突发性环境风险事故是导致重金属污染的一个主要原因。建设单位应严格落实环评文件中对环境风险防范措施，如果发生突发环境风险事故，及时开展有效的应急响应，将其危害性控制在生态环境和人体健康可接受的范围内，做到风险可控。

二、风险提示

建设单位不要误以为只要严格落实污染治理措施，实现污染物达标排放和总量控制要求，对环境的不利影响、对人群健康的危害就可以消除了。一定要严格执行环评文件及其批复的大气环境防护距离，落实大气防护距离内人群的搬迁工作。

搬迁措施确实存在很多困难。根据 2021 年 8 月 23 日生态环境部印发的《关于进一步完善建设项目环境保护“三同时”及竣工环境保护自主验收监管工作机制的意见》，涉及居民搬迁等要求的环评文件批复后，可将批文转送所在地人民政府及相关部门，并明确落实居民搬迁等环保措施有关责任和完成时限。因此，建设单位需要和政府部门多沟通，保障搬迁工作顺利完成，并严格做到“搬迁不执行，生产不开机”。

第十一章　碳排放环境影响评价

根据生态环境部《碳排放权交易管理办法（试行）》，碳排放是指煤炭、石油、天然气等化石能源燃烧活动和工业生产过程以及土地利用变化与林业等活动产生的温室气体排放，也包括因使用外购的电力和热力等所导致的温室气体排放。

2021 年 7 月和 10 月，生态环境部分别印发了《关于开展重点行业建设项目碳排放环境影响评价试点的通知》（环办环评函〔2021〕346 号）和《关于在产业园区规划环评中开展碳排放评价试点的通知》（环办环评函〔2021〕471 号），标志着我国建设项目和规划的碳排放环境影响评价试点工作正式开始。

第一节　需要进行碳排放环境影响评价的项目和规划

一、建设项目

（一）试点范围

根据《关于开展重点行业建设项目碳排放环境影响评价试点的通知》要求，试点范围见表 11-1，重点行业及代码见表 11-2。本次试点范围共 7 个省份，试点行业集中在电力、钢铁、建材、有色、石化和化工等重点行业，试点项目原则上选取《名录》中规定需要编制环境影响报告书的建设项目。

表 11-1　试点地区和行业名单

序号	试点地区	试点行业
1	河北	钢铁

序号	试点地区	试点行业
2	吉林	电力、化工
3	浙江	电力、钢铁、建材、有色、石化、化工
4	山东	钢铁、化工
5	广东	石化
6	重庆	电力、钢铁、建材、有色、石化、化工
7	陕西	煤化工

表 11-2 重点行业及代码

行业	《国民经济行业分类》（GB/T 4754—2017）代码	类别名称
电力	44	电力、热力生产和供应业
	4411	火力发电
	4412	热电联产
钢铁	31	黑色金属冶炼及压延加工业
	3110	炼铁
	3120	炼钢
	3130	钢压延加工
建材	30	非金属矿物制品业
	3011	水泥制造
	3041	平板玻璃制造
有色	32	有色金属冶炼及压延加工业
	3216	铝冶炼
	3211	铜冶炼
石化	25	石油、煤炭及其他燃料加工业
	2511	原油加工及石油制品制造
	2522	煤制合成气生产
	2523	煤制液体燃料生产
化工	26	化学原料和化学制品制造业
	2614	有机化学原料制造

（二）评价因子

本次试点主要开展建设项目二氧化碳（CO_2）排放环境影响评价，有条件的地区还可开展以甲烷（CH_4）、氧化亚氮（N_2O）、氢氟碳化物（HFCs）、全氟碳化物（PFCs）、六氟化硫（SF_6）、三氟化氮（NF_3）等其他温室气体排放为主的建设项目环境影响评价试点。

（三）地方试点的探索

目前，陕西、浙江、广东和重庆等省（市）对试行范围进行了进一步明确。下面以陕西省和浙江省为例，对试点行业作简要介绍，供参考。

1. 陕西省

根据《陕西省生态环境厅关于开展重点行业建设项目碳排放环境影响评价试点工作的通知》（陕环环评函〔2021〕65 号）要求，陕西省试点范围为列入《国民经济行业分类》（GB/T 4754—2017）中“2522 煤制合成气生产”“2523 煤制液体燃料生产”及“4411 火力发电”“4412 热电联产”小类，以煤炭作为原料或燃料，且《名录》规定需要编制环境影响报告书的新建、改建、扩建项目。同时，对部分省级试点项目进行指导帮扶，帮扶名单见表 11-3。

表 11-3　陕西省指导帮扶省级试点项目

序号	项目名称	建设单位	建设内容
1	中煤榆林煤炭深加工基地项目	中煤陕西公司化工分公司	规划建设 200 万 t/a 煤制甲醇和 90 万 t/a 聚烯烃
2	陕煤 1 500 万 t 煤炭分质转化项目	陕煤集团榆林化学有限责任公司	1 350 t/a 煤热解、粉焦气化、甲醇制烯烃、煤焦油加氢、芳烃联合、焦炉气生产 LNG 等主装置和烯烃、芳烃深加工工程，以及配套公用工程和辅助设施
3	煤炭分质分级清洁高效多联产项目	陕西省神木市远兴煤业化工有限责任公司	300 万 t/a 煤基材料及煤炭（小粒煤）
4	陕西榆能杨伙盘煤电二期项目	陕西榆林能源集团杨伙盘煤电有限公司	2×1 000 MW 超超临界燃煤发电机组

2. 浙江省

根据《浙江省生态环境厅关于印发实施〈浙江省建设项目碳排放评价编制指南（试行）〉的通知》（浙环函〔2021〕179 号）要求，浙江省纳入试点范围的有钢铁、火电、建材、化工、石化、有色、造纸、印染、化纤九大重点行业，其建设项目需编制环境影响报告书。具体行业见表 11-4。

表 11-4 浙江省试点行业及项目类别

行业	《国民经济行业分类》（GB/T 4754—2017）代码	项目类别[①]
火电（含热力）	44 电力、热力生产和供应业	
	4411 火力发电	含掺烧生活垃圾发电、掺烧污泥发电。发电机组节能改造的除外；燃气发电除外；单纯利用余热、余压、余气（含煤矿瓦斯）发电的除外
	4412 热电联产	
	4417 生物质能发电	生活垃圾发电（掺烧生活垃圾发电的除外）；污泥发电（掺烧污泥发电的除外）
建材	30 非金属矿物制品业	
	3011 水泥制造	水泥粉磨站除外
	3041 平板玻璃制造	全部
	307 陶瓷制品制造	在工业建筑中生产、使用高污染燃料的建设项目[②]
钢铁	31 黑色金属冶炼及压延加工业	
	311 炼铁	全部
	312 炼钢	全部
	313 钢压延加工	年产 50 万 t 及以上的冷轧
	314 铁合金冶炼	全部
有色金属冶炼	32 有色金属冶炼及压延加工业	
	321 常用有色金属冶炼	利用单质金属混配重熔生产合金的除外
	322 贵金属冶炼	利用单质金属混配重熔生产合金的除外
	323 稀有稀土金属冶炼	利用单质金属混配重熔生产合金的除外
	324 有色金属合金制造	利用单质金属混配重熔生产合金的除外
石化	25 石油、煤炭及其他燃料加工业	
	251 精炼石油产品制造	单纯物理分离、物理提纯、混合、分装的除外
	252 煤炭加工	单纯物理分离、物理提纯、混合、分装的除外；煤制品制造（2524）除外；其他煤炭加工（2529）除外
化工	26 化学原料和化学制品制造业	
	261 基础化学原料制造	含研发中试；不含单纯物理分离、物理提纯、混合、分装的

行业	《国民经济行业分类》（GB/T 4754—2017）代码	项目类别[①]
化工	262 肥料制造	化学方法生产氮肥、磷肥、复混肥的
	263 农药制造	含研发中试；不含单纯物理分离、物理提纯、混合、分装的
	265 合成材料制造	含研发中试；不含单纯物理分离、物理提纯、混合、分装的
化纤	28 化学纤维制造业	
	281 纤维素纤维原料及纤维制造	全部（单纯纺丝、单纯丙纶纤维制造的除外）
	282 合成纤维制造	全部（单纯纺丝、单纯丙纶纤维制造的除外）
造纸	22 造纸和纸制品业	
	2211 木竹浆制造	手工纸、加工纸制造除外
	2212 非木竹浆制造	手工纸、加工纸制造除外
	2221 机制纸及纸板制造	手工纸、加工纸制造除外
印染	纺织业 17	
	171 棉纺织及印染精加工	有洗毛、脱胶、缫丝工艺的；染整工艺有前处理、染色、印花（喷墨印花和数码印花的除外）工序的；有使用有机溶剂的涂层工艺的
	172 毛纺织及染整精加工	有洗毛、脱胶、缫丝工艺的；染整工艺有前处理、染色、印花（喷墨印花和数码印花的除外）工序的；有使用有机溶剂的涂层工艺的
	173 麻纺织及染整精加工	有洗毛、脱胶、缫丝工艺的；染整工艺有前处理、染色、印花（喷墨印花和数码印花的除外）工序的；有使用有机溶剂的涂层工艺的
	174 丝绢纺织及印染精加工	有洗毛、脱胶、缫丝工艺的；染整工艺有前处理、染色、印花（喷墨印花和数码印花的除外）工序的；有使用有机溶剂的涂层工艺的
	175 化纤织造及印染精加工	有洗毛、脱胶、缫丝工艺的；染整工艺有前处理、染色、印花（喷墨印花和数码印花的除外）工序的；有使用有机溶剂的涂层工艺的

行业	《国民经济行业分类》（GB/T 4754—2017）代码	项目类别①
印染	176 针织或钩针编织物及其制品制造	有洗毛、脱胶、缫丝工艺的；染整工艺有前处理、染色、印花（喷墨印花和数码印花的除外）工序的；有使用有机溶剂的涂层工艺的
	177 家用纺织制成品制造	有洗毛、脱胶、缫丝工艺的；染整工艺有前处理、染色、印花（喷墨印花和数码印花的除外）工序的；有使用有机溶剂的涂层工艺的
	178 产业用纺织制成品制造	有洗毛、脱胶、缫丝工艺的；染整工艺有前处理、染色、印花（喷墨印花和数码印花的除外）工序的；有使用有机溶剂的涂层工艺的

注：①项目类别：参照《建设项目环境影响评价分类管理名录（2021 年版）》中需要编制建设项目环境影响报告书的项目制订。在使用过程中，若分类管理名录进行修正或调整，本表类别进行相应调整。

②工业建筑定义参见《工程结构设计基本技术标准》（GB/T 50083—2014），指提供生产用的各种建筑物；高污染燃料指《高污染燃料目录》（国环规大气〔2017〕2 号）中规定的燃料。

从陕西省和浙江省的试点范围可以看出，两省均结合本省实际情况，对试点范围进行了拓展。试点范围适当扩大，有助于本次试点积累更多的经验，更好地推进后续工作。

从短期来看，试点地区和试点行业建设单位在进行环境影响评价时应关注碳排放工作的开展；从中长期来看，试点地区的非重点但碳排放强度高的行业和非试点地区的重点行业建设单位进行环境影响评价时，应关注碳排放工作的开展；从长期来看，纳入环评管理和排污许可管理的建设项目，均需关注碳排放工作的开展。而对于未纳入环评管理和排污许可管理的建设项目，也需关注碳排放工作。随着碳排放后续工作的开展，年度温室气体排放量达到 2.6 万 t 二氧化碳当量的企业，将被列入《温室气体重点排放单位名录》，进入碳排放权交易市场。

二、规划

（一）试点范围

根据《关于在产业园区规划环评中开展碳排放评价试点的通知》要求，试点对象选择具备碳排放评价工作基础的国家级和省级产业园区，优先选择涉及碳排放的重点行业或正在开展规划环评工作的产业园区。第一批试点产业园区名单见表 11-5。要求试点工作结合规划环评工作统筹推进，完成一个，报送一个，整体在 2022 年 11 月底前完成。

表 11-5　试点产业园区名单（第一批）

序号	所在省（市）	园区名称	园区设立级别
1	江苏	江宁经济技术开发区	国家级
2	江苏	常熟经济技术开发区	国家级
3	浙江	宁波石化经济技术开发区	国家级
4	重庆	万州经济技术开发区	国家级
5	山西	山西转型综合改革示范区晋中开发区	省级
6	重庆	重庆铜梁高新技术产业开发区	省级
7	陕西	陕西靖边经济技术开发区	省级

（二）产业园区规划环评导则的新要求

2021 年 9 月，生态环境部发布了《规划环境影响评价技术导则　产业园区》（HJ 131—2021），明确提出：

（1）以电力、钢铁、建材、有色、石化和化工等重点碳排放行业为主导产业的产业园区，应调查碳排放控制水平与行业碳达峰要求的差距和降碳潜力。

（2）提出产业园区碳减排的主要途径和主要措施建议，包括涉碳排放产业规模、结构调整、原料替代、能源利用效率提升、绿色清洁能源利用、废物的节能与低碳化处置等。

该导则于 2021 年 12 月 1 日起实施，对产业园区和入园企业提出了新的要求。在新设产业园区的规划环评和现有园区的跟踪环评中，均应体现导则所要求的碳排放评价的内容。

第二节 建设单位应重点关注的内容

一、碳排放量

碳排放量指建设项目在生产运行阶段煤炭、石油、天然气等化石燃料（包括自产和外购）燃烧活动和工业生产过程等活动，以及因使用外购的电力和热力等所导致的二氧化碳排放量，包括建设项目正常和非正常工况，以及有组织和无组织的二氧化碳排放量，计量单位为“t/d”。

建设项目碳排放主要包括燃料燃烧、工业生产过程、净购入电力和热力三个领域的二氧化碳排放。无论是二氧化碳源强核算、产能置换和区域削减、碳减排措施可行性论证，还是污染治理措施比选，都涉及碳排放量的核算。因此，在评价过程中，建设单位应重点关注碳排放量能否满足区域碳达峰要求。

二、减排措施

减排措施主要包括能源结构优化，生产过程节能和提高能效技术，对余热、余压和放散可燃气体的回收利用等过程管理要求，碳捕集、利用和封存（CCUS）等措施。建设单位应关注具体的减排措施，对不适合拟建项目的、投资费用过高的措施，应及时提出，以免影响后续验收和运营。

三、碳排放绩效

碳排放绩效是指建设项目在生产运行阶段单位原料、产品（或主产品）或工业产值碳排放量，考核指标主要包括“t/t 原料”“t/t 产品”“t/ 万元工业产值”和“t/ 万元工业增加值”。目前，浙江省已提出单位工业增加值碳排放水平评价，并给出了试点范围行业单位工业增加值碳排放参考值，作为评价依据。

碳排放环境影响评价工作已在试点省份相关行业展开。不在试点范围内的部分省份也陆续自愿开展碳排放环境影响评价相关工作。2021 年 10 月，国务院印发《国务院关于印发 2030 年前碳达峰行动方案的通知》（国发〔2021〕23 号），生态环境部印发《关于征求〈“三线一单”减污降碳协同管控试点工作方案（征求意见稿)〉意见的函》，表明国家正在推动 2030 年碳达峰落实；生态环境部拟将碳排放与“三线一单”相融合，对碳排放实施源头管控。可以预见，在试点完成后，建设项目碳排放环境影响评价将在全国范围内推广实施，建设单位应提前做好减污降碳的准备工作，以适应未来的发展要求。

第十二章　建设单位环评违法的责任

从广义上讲，建设单位环评违法的责任泛指建设单位由于环境影响评价文件的编制质量、审批或备案等方面存在违法行为而在环评审批、环保验收、领取排污许可证以及离任审计中应承担的各类责任。从狭义上讲，仅指建设单位违反《环评法》的法律责任。

本章采用狭义观点，并在此之外，就环评违法对领导干部生态环境离任审计的不利影响一并提及。

第一节　环评质量违法的责任

一、环评质量违法的情形

（一）基础资料方面

1. 一般违法——基础资料不实

（1）评价因子中遗漏建设项目相关行业污染源源强核算或者污染物排放标准规定的相关污染物的；

（2）建设项目概况描述不全或者错误的；

（3）环境质量现状数据来源、监测因子、监测频次或者布点等不符合相关规定，或者所引用数据无效的；

（4）环境影响评价范围内的相关环境要素现状调查与评价、区域污染源调查内容不全或者结果错误的。

2. 严重违法——基础资料明显不实

（1）建设项目概况中的建设地点、主体工程及其生产工艺，或者改扩建和技术改造项目的现有工程基本情况、污染物排放及达标情况等描述不全或者错误的；

（2）未开展环境影响评价范围内的相关环境要素现状调查与评价，或者编造相关内容、结果的。

（二）内容方面

1. 一般违法——内容存在缺陷、遗漏或虚假

（1）降低环境影响评价工作等级，降低环境影响评价标准，或者缩小环境影响评价范围的；

（2）环境影响因素分析不全或者错误的；

（3）污染源源强核算内容不全，核算方法或者结果错误的；

（4）遗漏环境保护目标，或者环境保护目标与建设项目位置关系描述不明确或者错误的；

（5）环境影响预测与评价方法或者结果错误，或者相关环境要素、环境风险预测与评价内容不全的；

（6）未按相关规定提出环境保护措施，所提环境保护措施或者其可行性论证不符合相关规定的。

2. 严重违法——内容存在重大缺陷、遗漏或虚假

（1）遗漏自然保护区、饮用水水源保护区或者以居住、医疗卫生、文化教育为主要功能的区域等环境保护目标的；

（2）未开展相关环境要素或者环境风险预测与评价，或者编造相关内容、结果的；

（3）所提环境保护措施无法确保污染物排放达到国家和地方排放标准，或者无法确保有效预防和控制生态破坏，未针对建设项目可能产生的或者原有的环境污染和生态破坏提出有效防治措施的；

（4）建设项目所在区域环境质量未达到国家或者地方环境质量标准，所提环境保护措施不能满足区域环境质量改善目标管理相关要求的。

（三）环境影响评价结论方面

涉及环评结论不正确或者不合理的，均属于严重违法情形。

（1）建设项目类型及其选址、布局、规模等不符合环境保护法律法规和相关法定规划，却给出环境影响可行结论的；

（2）因环评质量一般违法行为而导致最终环评结论不正确或者不合理的；

（3）其他基础资料明显不实，内容有重大缺陷、遗漏、虚假，或者环境影响评价结论不正确、不合理的。

二、法律责任

（一）一般违法的责任——通报批评

负责环评报告书（表）的受理、复核、抽查的生态环境主管部门，在监督检查中发现环评报告书（表）存在一般环评质量违法行为的，应当分别对建设单位、环评技术单位和编制人员给予通报批评。

应注意，自 2021 年 7 月 15 日修订的《中华人民共和国行政处罚法》实施后，通报批评也属于行政处罚的类型之一。受到通报批评的，将会对其社会信用产生不利影响。

（二）建设单位严重环评质量违法的责任

1. 处罚对象

严重环评质量违法的第一责任人是建设单位，而不是环评技术单位。

2. 处罚主体

设区的市级以上人民政府生态环境主管部门是实施处罚的机关。这与审批环评文件的部门并不对应。

3. 处罚方式

实行“双罚式”，即不仅对建设单位予以处罚，还对建设单位的法定代表人、主要负责人、直接负责的主管人员和其他直接责任人进行处罚。

4. 处罚金额

建设单位发生环评质量违法时的处罚金额，最低为50万元，最高可达200万元；对有关责任人的处罚金额为5万元至20万元。

5. 处罚原则

采取无过错原则。对建设单位环评违法的处罚不考虑其主观过错，只要"存在"严重质量问题，就要予以行政处罚。而对环评技术单位的处罚则需要考虑其主观过错，只有在"违反国家有关环境影响评价标准和技术规范等规定"导致环评严重质量问题时，才会被处罚。这是由环境影响评价的预测属性决定的。

应注意，建设单位在发生环评质量违法时，不能依据《中华人民共和国行政处罚法》第三十三条第二款[1]规定，以"环评文件是第三方编制的""不懂环评编制技术"等理由，主张没有主观过错而请求免除或减轻处罚。无论如何，从环评技术单位的选择，签订环评技术合同，再到环评文件的报送审批，以及批复后的环评管理，都是建设单位自主决策的结果。更何况，环评技术单位存在过错情况下，同样应承担其环评质量违法责任。

因此，建设单位务必重视企业的环境影响评价管理，加强在环评技术单位的选任、合同签订、环评文件自行审查、报送审批、批后管理等方面的环境管理责任，防范环评质量违法行为的发生。

尤其应当注意的是，2021年3月1日起施行的《刑法修正案（十一）》首次在刑法中明确中介机构环评及环境监测造假入刑，通过提供虚假证明文件罪和出具证明文件重大失实罪两项罪名进行规制。一旦建设单位委托的环评技术机构构成上述罪名，所涉及环评文件的批复将可能因建设单位以欺骗等不正当手段取得行政许可而被撤销。从而，建设单位也可能因此而承担环评违法的法律责任。

第二节　"未批先建"的法律责任

一、"未批先建"的责任主体

立法上，"未批先建"的责任主体就是建设单位。但实践中，"谁是建设单位"

1　《中华人民共和国行政处罚法》第三十三条第二款：当事人有证据足以证明没有主观过错的，不予行政处罚。法律、行政法规另有规定的，从其规定。

并不一定准确清晰。

（一）“小散乱污”企业不能直接认定为建设单位

环境法上的“建设单位”被赋予了一系列的环境法律责任。而“小散乱污”企业属于非法设立的或缺乏治理能力、无法完成整改的企业，不能成为环境法上的“建设单位”。

具体规定“小散乱污”企业的文件是环境保护部印发的《京津冀及周边地区 2017 年大气污染防治工作方案》。其中规定：“相关地方各级政府对不符合产业政策、当地产业布局规划，污染物排放不达标，以及土地、环保、工商、质监等手续不全的‘小散乱污’企业，依法依规开展专项取缔行动，采取拆除生产设施、断水断电等措施，确保‘小散乱污’企业整改到位。”上述规定被解读为采取“两断三清”方式取缔“小散乱污”企业。

因此，非法设立或无法完成整改治理的企业属于被取缔的对象，不具有环境管理能力，不能成为环境法上的“建设单位”，难以成为“未批先建”的责任主体。

（二）无环境管理能力的企业不是建设单位

如前所述，环境管理能力是依法设立的企业对其建设项目的不利环境影响依法管控的能力。有些企业虽然依法成立，却由于没有对建设项目不利环境影响的管控能力，而无法被认定为“未批先建”的责任主体。例如，A 是施工企业，为 B 企业承建某项建设工程，虽然 A、B 均是依法成立的企业，但 A 只是施工企业，B 应依法报批该建设项目的环评文件。故此，B 是对整个建设项目不利环境影响予以管控的责任人，也是“未批先建”的责任主体。

司法实践中，法院也要求生态环境主管部门对“未批先建”责任主体予以充分证明后，才能予以“未批先建”的行政处罚（参见案例 12-1[1]）。

案例 12-1

未澄清建设单位，“未批先建”处罚被撤销

【案情】

某项目是某市政府投资建设的市政道路工程，某市政府设立某项目指挥

1 参见最高人民法院（2021）最高法行再 248 号行政判决书。

部（以下简称某指挥部）作为开发执行机构，某隆公司为项目的建设业主单位。2016 年 3 月 31 日，某隆公司获得案涉项目的《选址意见书》。同年 5 月 6 日，获得《建设用地规划许可证》。11 月 3 日，获得《建设工程规划许可证》。2017 年 3 月 30 日，某隆公司获得案涉项目的《建筑工程施工许可证》，合同工期一栏标注开工日期为 2016 年 12 月 30 日。

但某指挥部出具的《情况说明》证实，某隆公司自 2015 年 9 月起。即早于施工许可证载止日期，就开展了案涉项目道路土石方施工作业。原因是响应某市政府保障 2016 年火箭首发时某镇区道路通行的要求。2016 年 6 月火箭首发前，已完成路基垫层及级配碎石施工，具备基本通行条件。

2017 年 10 月 13 日，该市环境局对案涉项目进行检查，制作了现场照片，并与某隆公司员工陈某某制作了《现场检查（勘察）笔录》。2018 年 8 月 13 日，认定案涉项目未经环保部门审批，擅自开工建设，违反了《环保法》《环评法》等法律的规定，决定对某隆公司作出总投资额 11 971.16 万元的 1%，即 119.711 6 万元的罚款。2018 年 8 月 14 日，某市环境局向某隆公司送达了 21 号处罚决定。

某隆公司不服，遂成讼。本案经过复议，一审、二审和最高人民法院再审。

【认定】

最高人民法院对“未批先建”处罚认定的再审意见为：现有证据证实，案涉项目较为特殊，建设参与主体多元。该项目系某市政府投资建设的市政道路工程，某市政府设立某指挥部作为项目的开发执行机构，某隆公司为项目的建设业主单位，某镇政府也承担部分业主单位责任。本案中，某市环境局以某隆公司没有依法办理环境影响评价文件审批手续为由对其进行处罚。但事后，某市环境局又对某镇政府报送的环境影响评价报告表作出批复。因此，某隆公司是否属于《环境保护法》等法律法规规定所指的“建设单位”，某市政府及其设立的某指挥部、某镇政府以及某隆公司是否均属有义务申请办理环境影响评价文件审批手续的责任主体，存在相互冲突的证据。某市环境局将某隆公司作为未批先建的责任主体和处罚对象的事实不清，且未作出合理说明。

【裁判】

再审裁判：撤销本案终审、一审法院判决，撤销某市政府行政复议决定，撤销某市环境局 21 号行政处罚决定，责令某市生态环境局依法重新调查处理。

二、“未批先建”的情形

（一）“未批先建”的类型

根据《环评法》第三十一条，建设单位的“未批先建”违法行为包括三个类型：

第一类，未依法报批建设项目环境影响报告书（表），擅自开工建设的；

第二类，未依法重新报批或者报请重新审核环境影响报告书（表），擅自开工建设的；

第三类，环境影响报告书（表）未经批准或者未经原审批部门重新审核同意，擅自开工建设的。

上述三类“未批先建”行为的核心都是“擅自开工建设”。前两种属于建设单位“未依法报批”，即未向环评审批部门报送环评文件；第三种是“未经批准”，即向环评审批部门报送了但未获得批准。

（二）“未批先建”中“开工建设”的定义

根据生态环境部“18号文”，“未批先建”中“开工建设”的认定标准：除火电、水电和电网项目外，建设项目开工建设是指建设项目的永久性工程正式破土开槽、开始施工。在此以前的准备工作，如地质勘探、平整场地、拆除旧有建筑物、临时建筑、施工用临时道路、通水、通电等不属于开工建设。

火电项目开工建设是指主厂房基础垫层浇筑第一方混凝土。

电网项目中变电工程和线路工程开工建设是指主体工程基础开挖和线路基础开挖。

水电项目筹建及准备期相关工程按照《关于进一步加强水电建设环境保护工作的通知》（环办〔2012〕4号）执行。

三、“未批先建”的法律责任

（一）具体规定

建设单位存在“未批先建”违法行为的法律责任是，由县级以上生态环境主管部门责令停止建设；根据违法情节和危害后果，处建设项目总投资额[1]1%以上5%以下的罚款，并可以责令恢复原状；对建设单位直接负责的主管人员和其他直接责任人员，依法给予行政处分。

（二）两个“责令”的性质

第一个“责令”是“责令停止建设”，其性质属于行政命令而非行政处罚。县级以上生态环境主管部门有权对“未批先建”行为“责令停止建设”，并处总投资额一定比例的罚款。

第二个“责令”是“责令恢复原状”，其性质也属于行政命令。但《中华人民共和国行政强制法》却专门就“恢复原状”赋予了行政机关普遍的代履行职权。也就是说，即使是依法下达“责令恢复原状”行政号令的生态环境主管部门，也没有被法律赋予强制执行权，但由于《中华人民共和国行政强制法》第五十条规定，行政机关有权代履行，则当事人逾期不履行且经催告后仍不“恢复原状”时，县级以上生态环境主管部门有权代履行，或者委托没有利害关系的第三人代履行，费用由当事人承担。

1　生态环境部、国家发改委两部门专门出台了《关于生态环境执法中建设项目“总投资额”认定问题的指导意见（试行）》（环政法〔2018〕85号），提出了以下意见：

一、对实行审批制管理的政府投资项目，已经取得建设项目审批文件的，可以根据与该建设项目所处进度对应的有关审批文件中的投资匡算、投资估算或者投资概算认定总投资额。

二、对实行核准制管理的企业投资项目，已经取得建设项目核准文件的，可以根据该建设项目核准文件确定的投资规模认定总投资额。

三、对实行备案制管理的企业投资项目，可以根据备案的项目总投资额认定。

四、有下列情形之一的建设项目，有关行使行政处罚权的主管部门可以委托工程咨询单位、资产评估机构、会计师事务所等专业机构进行评估，确定其总投资额：

（一）备案的项目总投资额与实际情况存在明显差异的；

（二）未经审批、核准、备案的；

（三）产业政策禁止投资建设的。

地方有关行使行政处罚权的主管部门可以根据实际情况，探索采取要求建设单位有关责任人出具证明文件、第三方询价等方式，对建设项目总投资额进行认定。

五、对建设过程中的建设项目，不能根据建设项目在建设过程中实际发生的投资额认定该建设项目总投资额。

六、对已经全部建成并投入生产或者使用的建设项目，项目单位能够证明项目实际投资额与审批、核准文件或者备案信息不一致的，根据该建设项目实际全部投资额认定总投资额。

就第二个“责令”而言，建设单位因“未批先建”而被处以罚款并责令恢复原状的，将是非常严重的处罚结果。近年来，生态环境主管部门已经在多起“未批先建”违法行为的处罚中下达了“责令恢复原状”的行政命令，使建设单位付出了巨大的违法成本（参见案例 12-2）。

案例 12-2

三亚新机场“未批先建”环境行政处罚案

【案情】

海南省生态环境厅于 2020 年 1 月 7 日公示琼环罚决字〔2020〕1 号行政处罚决定书，认定三亚新机场 ×× 建设有限公司和三亚新机场 ×× 空港区建设发展有限公司自 2016 年 10 月 1 日起至今，在海洋环境影响评价报告书未经海洋行政主管部门审查批准的情况下，在海南省三亚市红塘湾附近海域，擅自填海建设海洋工程暨三亚新机场人工岛项目起步工程。对上述两家公司责令停止施工，处以 11 418.44 万元罚款，并责令恢复原状的处罚。

2020 年 6 月 18 日，公示琼环罚决字（2020）1 号行政处罚决定书，认定上述两家公司自 2016 年 8 月起至今，在海南省三亚市红塘湾附近海域，在未编制海洋环境影响评价报告书并未经海洋行政主管部门审查批准的情况下，擅自填海建设海洋工程暨三亚新机场临空国际旅游商贸区填海工程。对上述两家公司责令停止施工，按照总投资额的 4% 处以 8 000 万元罚款，并责令恢复原状。

【行政处罚】

《中华人民共和国海洋环境保护法》第八十二条规定：违反本法第四十七条第一款的规定，进行海洋工程建设项目的，由海洋行政主管部门责令其停止施工，根据违法情节和危害后果，处建设项目总投资额 1% 以上 5% 以下的罚款，并可以责令恢复原状。海南省生态环境厅正是根据上述规定，对上述两家公司作出了责令停止施工，处建设项目总投资额一定比例罚款，并恢复原状的行政处罚。

【评析】

根据《中华人民共和国海洋环境保护法》第四十七条第一款，海洋工程建设项目必须符合全国海洋主体功能区规划、海洋功能区划、海洋环境保护规划和国家有关环境保护标准。海洋工程建设项目单位应当对海洋环境进行科学调查，编制海洋环境影响报告书（表），并在建设项目开工前，报海洋行政主管部门审查批准。海洋行政主管部门在批准海洋环境影响报告书（表）之前，必须征求海事、渔业行政主管部门和军队环境保护部门的意见。

2018 年国家“大部制”改革以后，部分海洋环境行政执法权纳入生态环境主管部门。由于新《环评法》的实施，对“未批先建”的处罚力度明显加大，对建设单位形成了较大的震慑作用。“先污染后治理”和“先上车后补票”的传统环境管理模式已经不复存在。建设单位应当主动担负起环境主体责任，从源头上做到合法守规经营，有效避免高额罚款或者被责令停产的风险。

四、处罚执行完毕前能否“补办环评”

建设单位因“未批先建”被行政处罚后，履行处罚完毕前，向生态环境主管部门报送审批环评报告书（表）的，生态环境主管部门不能以“行政处罚未履行完毕”而拒绝受理“补办”的环评文件。

2018 年环境保护部发布的“18 号文”和《关于建设项目“未批先建”违法行为法律适用问题的意见》（环政法函〔2018〕31 号）均认为，新《环保法》和新《环评法》并未禁止建设单位主动补交环境影响报告书、报告表报送审批。建设单位主动补交环境影响报告书、报告表并报送生态环境部门审查的，有权审批的生态环境部门应当受理，并根据技术评估和审查结论分别作出相应处理（参见案例 12-3[1]）。

案例 12-3

行政处罚未履行完毕，环评文件不予受理案

【案情】

某玻璃公司因玻璃熔窑生产线烟气脱硫脱硝除尘工程建设项目“未批先建”的违法行为被某市环境保护局查处。某市环境保护局先后作出了《责令改正违法行为决定书》及《行政处罚决定书》，对玻璃公司予以处罚。玻璃公司被处罚后，向某市环境保护局提交涉案《建设项目环境影响评价文件审批申请书》《环境影响报告表》《建设项目环境影响评价文件技术评估提交函》等材料，申请对其公司玻璃熔窑生产线烟气脱硫脱硝除尘工程建设项目环境影响评价文件进行审批。

某市环境保护局认为，玻璃公司被处罚后、报批环评文件时，仍然未依法实施某市环境保护局作出的行政处罚。某市环境保护局根据《关于进一步加强环境影响评价违法项目责任追究的通知》（环办函〔2015〕389 号）中“……三、对于未依法实施行政处罚、未按处罚要求整改到位的环评违法项目，一律不予

1　参见广东省江门市中级人民法院 (2019) 粤 07 行终 26 号判决书。

受理其环评文件、竣工环境保护验收申请……”的规定，依法退回了玻璃公司提交的《环境影响报告表》。

玻璃公司不服，遂提起行政诉讼。

【裁判】

法院认为，玻璃公司被处罚后，向某市环境保护局提交涉案《环境影响报告表》等材料，申请对其公司玻璃熔窑生产线烟气脱硫脱硝除尘工程建设项目环境影响评价文件进行审批，符合原环境保护部《关于加强“未批先建”建设项目环境影响评价管理工作的通知》（环办环评〔2018〕18 号）中“三、环保部门应当按照本通知第一条、第二条规定对‘未批先建’等违法行为作出处罚，建设单位主动报批环境影响报告书（表）的，有审批权的环保部门应当受理，并根据技术评估和审查结论分别作出相应处理”的规定。

《关于进一步加强环境影响评价违法项目责任追究的通知》是环境保护部办公厅于 2015 年 3 月 18 日发出的，而《关于加强“未批先建”建设项目环境影响评价管理工作的通知》是环境保护部办公厅于 2018 年 2 月 24 日发出的，属于环境保护部办公厅对“未批先建”建设项目最新的规定，应当优先适用。

【评析】

该案经二审终审，体现了司法机关对于未履行完毕行政处罚时，申请补办环评的基本思路。即“未批先建”的行政处罚，与建设项目本身不具有环境可行性之间，并不相等同。建设项目是否具有环境可行性仍应当通过环评文件的结论来确定。因此，在建设单位受到“未批先建”处罚，但未整改完成前，如积极补办环评文件并向生态环境主管部门报批，生态环境主管部门应予受理，并根据环评文件作出批准与否的决定。

五、“未批先建”处罚的追诉时效可为“五年”

《关于建设项目“未批先建”违法行为法律适用问题的意见》（环政法函〔2018〕31 号）中明确规定：“未批先建”违法行为自建设行为终了之日起二年内未被发现的，环保部门应当遵守《中华人民共和国行政处罚法》第二十九条的规定，不予行政处罚。

但 2021 年 7 月 15 日实施的新《中华人民共和国行政处罚法》，对有关行政处罚追诉时效的规定作了调整。其中第三十六条第一款规定：违法行为在二年内未被发现的，不再给予行政处罚；涉及公民生命健康安全、金融安全且有危害后果的，上述期限延长至五年。法律另有规定的除外。

据此，对于涉及公民生命健康安全、金融安全且有危害后果的建设项目，其“未批先建”违法行为的处罚追诉时效也应为五年，而不是之前规定的“二年”。

六、“未批先建”的伴生风险

（一）“未批先建”导致“未验先投”的行政处罚

对建设项目“未批先建”并已建成投入生产或者使用，同时违反环保设施“三同时”验收制度的违法行为，可以同时对“未批先建”和“未验先投”两种行为予以处罚。对于项目建成时已经超过追溯期的，可以按照“未验先投”予以处罚。

（二）“未批先建”导致“无证排污”的行政处罚

《排污许可管理条例》第十一条规定：依法取得建设项目环境影响报告书（表）批准文件，或者已经办理环境影响登记表备案手续是颁发排污许可证的必备前提。“未批先建”将直接导致企业发生“无证排污”的法律风险。

（三）“未批先建”项目面临民事惩罚性赔偿

《民法典》第一千二百三十二条规定：侵权人违反法律规定，故意污染环境、破坏生态，造成严重后果的，被侵权人有权请求相应的惩罚性赔偿。无论哪种情形的“未批先建”均对建设单位是否具有污染环境、破坏生态的主观故意产生了极大的负面评价效果，极有可能最终被认定承担惩罚性赔偿责任。

第三节　环境影响登记表违法填报和备案的责任

一、未依法备案

根据《建设项目环境影响登记表备案管理办法》，建设单位未依法备案建设项目环境影响登记表的，由县级生态环境主管部门根据《环评法》第三十一条第三款的规定，责令建设单位备案，并处五万元以下的罚款。

二、降低环评等级填报

（一）备案无效

应当编制环境影响报告书或者报告表的建设项目，建设单位擅自降低环境影响评价等级，填报环境影响登记表并办理备案手续的，生态环境主管部门应当依法认定，已经取得的备案无效。

（二）未投产或经营的情形

对于已开工建设但未投入生产或者经营的项目，按照“未批先建”的违法行为予以处罚。

（三）已投产或经营的情形

对于已投入生产或者经营的项目，按照“未批先建”和“未验先投”的违法行为予以处罚。

可见，对于降低环评等级填报环境影响登记表的处罚是相当严厉的。建设单位务必核实拟建项目类别，如实填报相关手续，慎重填报，不要抱有侥幸心理，以免面临法律风险。

三、弄虚作假致备案内容失实

建设单位违反承诺，在填报建设项目环境影响登记表时弄虚作假，致使备案内容失实的，由县级环境保护主管部门将该建设单位违反承诺情况记入其环境信用记录，向社会公布。

应注意，建设单位降低环评等级填报环境影响登记表的，也可能涉嫌弄虚作假，但仍应以降低环评等级违法填报的行为予以处罚。

第四节　环评违法对领导干部离任审计的影响

2017 年 11 月，中共中央办公厅、国务院办公厅印发《领导干部自然资源资产离任审计规定（试行）》，对领导干部自然资源资产离任审计工作提出具体要求。该规定强调，审计机关应当根据被审计领导干部任职期间所在地区或者主管业务领域自然资源资产管理和生态环境保护情况，结合审计结果，客观评价被审计领导干部履行自然资源资产管理和生态环境保护责任情况。审计机关将坚持问题导向，揭示存在的问题，根据审计结果对领导干部任职期间的相关情况画像，作出总体评价。

那么，国有企业发生环评违法行为是否会对领导干部离任审计产生不利影响呢？答案是肯定的。落实环境影响评价及其批复，恰恰属于国有企业履行生态环境保护责任的重要内容，存在环评违法行为必然受到离任审计的违规追责（参见案例 12-4）。

案例 12-4

“批建不符”致离任审计认定在任违规

某国有企业于 2017 年 9 月向某省环境保护厅报送其建设项目环境影响报告书，于当月获得环评批复。该环评批复根据环评报告书中环境防护距离的设定要求，作出一项附条件的批复指示，即项目所在地政府“应立即按照环评报告书要求完成本项目环境防护距离内居民搬迁……环境防护距离内居民搬迁未完成，本项目不得投入生产”。

生态环境审计发现，由于当地政府资金困难，截至 2020 年年底，该项目环境防护距离内仍有一百余户居民未搬迁，但企业已经投入生产，共计 480 多天。企业认为，未能落实环评批复的原因是政府未能履行环评批复，并非企业故意行为。

但审计部门认为，政府未能按要求落实固然属于政府的违规责任，但企业在居民未搬迁的情况下开机投产，是企业未执行环评批复的要求。最终，审计结论认定，该国有企业当时在任的领导在贯彻执行中央重大经济方针政策和决策部署方面，存在生态环境保护责任未落实的违规行为。

企业环保管家系列指南丨丛书主编　宋海鸥

企业清洁生产审核与环境管理体系认证指南

张俊安　郝英君　**编著**

中国环境出版集团·北京

图书在版编目（CIP）数据

企业清洁生产审核与环境管理体系认证指南/张俊安，郝英君编著. —北京：中国环境出版集团，2023.6

（企业环保管家系列指南）

ISBN 978-7-5111-5535-1

Ⅰ.①企… Ⅱ.①张… ②郝… Ⅲ.①企业—无污染工艺—检查—指南 ②企业环境管理—质量管理体系—中国—指南 Ⅳ.①X383-62②X322.2-62

中国国家版本馆CIP数据核字（2023）第102149号

出 版 人 武德凯
责任编辑 葛 莉
封面设计 彭 杉

出版发行 中国环境出版集团
（100062 北京市东城区广渠门内大街16号）
网　　址：http：//www.cesp.com.cn
电子邮箱：bjgl@cesp.com.cn
联系电话：010-67112765（编辑管理部）
010-67113412（第二分社）
发行热线：010-67125803 010-67113405（传真）

印　　刷 北京中科印刷有限公司
经　　销 各地新华书店
版　　次 2023年6月第1版
印　　次 2023年6月第1次印刷
开　　本 787×960 1/16
印　　张 9.25
字　　数 166千字
丛书定价 688.00元

中国环境出版集团郑重承诺：
中国环境出版集团合作的印刷单位、材料单位均具有中国环境标志产品认证。

丛书主编简介：

宋海鸥　河北环境工程学院教授，环境法学硕士，西北政法大学法学博士研究生，河北海立律师事务所律师，秦皇岛律协资源与环境委员会副主任，多地生态环境部门、企业法律顾问，主要从事环境法、环境执法及环境管理领域研究与实务工作。

本册作者简介：

张俊安　河北环境工程学院副教授，主要从事环境管理、清洁生产、水污染防治等领域的教学、研究与应用工作。参与国家级规划教材《清洁生产及应用》《环境经济学》的编写，主持编写《畜禽养殖业清洁生产》《环境管理》等著作，主持了河北省省级精品在线开放课程“环境管理”的开发建设工作。

郝英君　河北环境工程学院讲师，主要从事企业环境管理方面的教学与研究工作。主持科研课题十余项，先后发表企业环境管理类论文4篇，出版专著1部，参与编写教材1部。

总　序

“环保管家”是一种以“合同环境服务”为核心的环境污染治理新模式。2014 年 12 月 27 日，国务院办公厅《关于推行环境污染第三方治理的意见》中指出：“到 2020 年，环境公用设施、工业园区等重点领域第三方治理取得显著进展，污染治理效率和专业化水平明显提高，社会资本进入污染治理市场的活力进一步激发。环境公用设施投资运营体制改革基本完成，高效、优质、可持续的环境公共服务市场化供给体系基本形成；第三方治理业态和模式趋于成熟，涌现一批技术能力强、运营管理水平高、综合信用好、具有国际竞争力的环境服务公司。”2016 年 4 月 15 日，环境保护部印发《关于积极发挥环境保护作用促进供给侧结构性改革的指导意见》（环大气〔2016〕45 号），该意见指出：“推进环境咨询服务业发展，鼓励有条件的工业园区聘请第三方专业环保服务公司作为‘环保管家’，向园区提供监测、监理、环保设施建设运营、污染治理等一体化环保服务和解决方案。”由此，在环境保护领域正式提出了“环保管家”的概念，诸多的“环保管家”公司如雨后春笋般涌现，为企业提供“全面体检”服务。

尽管有专业环境污染第三方治理机构的辅助，但排污企业不能也无法避免经营中环境违规行为的法律责任。在环保形势日益严峻的背景下，掌握环境法律基本规定、污染防治技术规范等成为企业生存发展的必备能力，企业有必要通过学习将“要我守法”内生为“我要守法”的动力。

编者在与能源、化工、运输、钢铁、建材、机械加工、装备制造、矿山等行业企业打交道的过程中，了解到企业尤为关注环保问题，有增加环保投入和增强自身环保专业知识的意愿，对降低环保经营风险有较高的期望值，但囿于环境保护知识的专业性，对通俗介绍企业生产经营中环保风险的指南、手册的

需求迫切。正是基于这种市场需求，我们策划了这套专业的“企业环保管家系列指南”丛书（以下简称丛书），对企业环保问题开展“望闻问切”，对环保疑难杂症进行“科学会诊”，既能找准污染治理主要环节和风险隐患突出问题形成“体检报告”，也能开出诊治“药方”。“环保管家”通过常态化的“体检”和“问诊”，及时提出预警和针对性措施，以避免环境事故的发生，降低环境风险。

丛书分为四个板块，共计 13 个分册，旨在通过通俗易懂、实务的语境为企业提供环境守法的指引。在理论知识铺垫上，以够用为尺度，尽可能化繁为简；注重实操，并辅以案例，对企业生产经营中的环境管理事项和环境管理风险予以深度解读，帮助企业相关人员掌握企业环境管理的“钥匙”，最大限度降低企业的经营风险。

丛书的四个板块分别为：

1）法律法规板块：包括《企业常用环境法律法规手册》1 个分册，主要包含环境法律、法规、规章及政策性文件等内容。

2）常见环境管理事务板块：包括《企业环保合法合规管理指南》《企业建设项目环境影响评价管理指南》《企业排污许可证申领与实施操作指南》《企业自行监测管理指南》《企业环境信息化管理指南》《企业环境应急管理指南》6 个分册，主要从企业建设项目环境管理与企业环境风险防范角度进行阐释。

3）污染防治技术板块：包括《企业废水污染管控指南》《企业废气污染管控指南》《企业固体废物污染环境管控指南》《企业土壤污染管控指南》4 个分册，主要从治理设备、治理技术、产排污节点等方面对企业全流程技术管理予以说明。

4）企业环境金融与认证板块：包括《企业环境经济政策指南》《企业清洁生产审核与环境管理体系认证指南》2 个分册，主要包括环境税、排污权交易、碳排放交易以及清洁生产审核、ISO 14001 认证等相关知识。

丛书主要针对生产性企业的环境管理人员、环保管理型企业的工作人员以及对环境管理工作感兴趣的其他人员，也可以作为环境管理初学者的入门教材。

编写团队共 25 人，包括相关领域教授、副教授，专门从事环境法律事务的律师，生态环境部固体废物与化学品管理技术中心专家，大型企业从事环境管理的工作人员以及专业从事“环保管家”服务的企业人员等。编写团队中无论是“学院派”还是“实战派”，均是在相应领域深耕多年的行家里手。

本套丛书经过与出版社沟通和策划、制定编写大纲、组织编写人员、撰写初稿、修改初稿、定稿、统稿等多个流程，历时 15 个月。在组织编写过程中，各分册编者之间通力合作，各分册牵头人也与我进行有效沟通，保证了丛书的质量和覆盖面；同时，为保障丛书如期完成，众多编者付出了巨大心血，在此表示衷心感谢。组织如此大规模的编写队伍，于我而言也是前所未有的，其中有考虑不周之处，请各位编者海涵；因知识和技能所限，编写难免有疏漏，请各位读者批评指正。

最后要感谢河北环境工程学院领导的关心及中国环境出版集团对这套丛书的支持，尤其是第二分社全体编辑的专业和敬业让这套丛书由设想变为现实。

宋海鸥

2022 年 8 月 14 日于秦皇岛

前　言

建设生态文明是中华民族永续发展的千年大计。清洁生产方式是生态文明观在生产领域的一种展现。随着《中华人民共和国清洁生产促进法》以及《清洁生产审核办法》的实施，清洁生产已经成为生态环境保护工作的重要组成部分，引导着产业结构、产品结构、能源结构向环境友好方面发展。

编者结合最近几年国家清洁生产审核的法律法规、标准、指标体系、指南、要求及清洁生产审核实践，以及编者在高等院校从事的清洁生产教学研究工作，参考了大量的清洁生产审核书籍和文献资料，编写了本书。本书既有法定的清洁生产审核程序、最新的相关法律法规、目前实行的清洁生产行业技术标准、评价体系和审核指南，又有清洁生产工程技术案例；既可用作清洁生产审核从业人员的参考书，又可作为高等院校清洁生产审核教材，还可用于有意愿从事清洁生产审核的广大工程技术人员提高业务能力。

本书共分六章，主要介绍清洁生产与清洁生产审核、清洁生产审核依据、清洁生产审核程序、清洁生产审核评估与验收、环境管理体系标准概述、ISO 14001 企业环境管理体系认证等内容。

本书由张俊安、郝英君编写完成，其中，第一章至第四章由张俊安完成，第五章、第六章由郝英君完成。本书在编写过程中，得到了河北环境工程学院雷兆武教授的帮助，在此表示诚挚的感谢。

由于编者水平及编写时间有限，书中疏漏及不当之处在所难免，欢迎广大同行、读者朋友给予批评指正。

编者

2022 年 2 月

目　录

第一章　清洁生产与清洁生产审核

第一节　清洁生产概述

一、清洁生产的定义

1.《中华人民共和国清洁生产促进法》中的定义

2012 年修正的《中华人民共和国清洁生产促进法》(以下简称《清洁生产促进法》)第二条规定：本法所称清洁生产，是指不断采取改进设计、使用清洁的能源和原料、采用先进的工艺技术与设备、改善管理、综合利用等措施，从源头削减污染，提高资源利用效率，减少或者避免生产、服务和产品使用过程中污染物的产生和排放，以减轻或者消除对人类健康和环境的危害。

2.《中国 21 世纪议程》中的定义

1994 年 3 月 25 日，经国务院第十六次常务会议审议通过的《中国 21 世纪议程》，定义清洁生产是指既可满足人们的需要，又可合理使用自然资源和能源，并保护环境的生产方法和措施，其实质是一种物料和能源消费最小的人类活动的规划和管理，将废物减量化、资源化和无害化，或消灭于生产过程之中。同时，对人体和环境无害的绿色产品的生产亦将随着可持续发展进程的深入而日益成为今后产品生产的主导方向。

3. 联合国环境规划署的定义

1996 年，联合国环境规划署在总结各国开展的污染预防活动并加以分析提高后，完善了清洁生产的定义：清洁生产是一种新的创造性思想，该思想将整体预防的环境战略持续应用于生产过程、产品和服务中，以增加生态效率，减少人类和环境的风险。

对于生产过程，要求节约原材料和能源，淘汰有毒原材料，减少所有废弃物的数量和降低废物的毒性。对于产品，要求减轻从原材料提炼到产品最终处置的全生命周期的不利影响。对于服务，要求将环境因素纳入设计和所提供的服务中。

二、清洁生产的内容

清洁生产的内容可归纳为“三清一控制”四个方面。

1. 清洁的原料和能源

清洁能源是指，常规能源的清洁利用；加速以节能为重点的技术进步和技术改进，提高能源利用率；加快开发水能资源，优先发展水力发电；积极发展核能发电；开发利用太阳能、风能、地热能、海洋能、生物质能等可再生的新能源；选用高纯、无毒原材料；开发各种节能技术等。

2. 清洁的生产过程

清洁的生产过程是指，尽量少用和不用有毒有害的原料；采用无毒、无害的中间产品；选用少废、无废工艺和高效设备；尽量减少生产过程中的各种危险性因素，如高温、高压、低温、低压、易燃、易爆、强噪声、强振动等；采用可靠和简单的生产操作和控制方法；物料的再循环利用（包括厂内和厂外）；完善科学量化管理等。

3. 清洁的产品

清洁的产品是指，节约原材料和能源，少用昂贵和稀缺原料，尽量利用二次资源作原料；产品在使用过程中以及使用后不含危害人体健康和破坏生态环境的因素；产品包装合理，产品使用后易于回收、重复使用和再生；产品应具有合理的使用功能（以及具有节能、节水、降低噪声的功能）和合理的使用寿命；产品报废后易处理、易降解等。

4. 贯穿于清洁生产中的全过程控制

它包括两方面的内容，即生产原料或物料转化的全过程控制和生产组织的全过程控制。生产原料或物料转化的全过程控制，也常称产品的生命周期的全过程控制，是指从原材料的加工、提炼到产出产品、产品的使用直到报废处置的各个环节所采取的必要的污染预防控制措施。生产组织的全过程控制，即工业生产的全过程控制，是指从产品的开发规划、设计、建设到运营管理，所采取的防止污染发生的必要措施。

三、实施清洁生产的方向

1. 资源的综合利用

资源的综合利用是推行清洁生产的首要方向，是全过程控制的关键。资源综合利用的前提是资源的综合勘探、综合评价和综合开发。可采取如下措施：寻找资源的综合利用途径，提高产品的转化效率，减少稀缺资源消耗，废物得到综合利用，降低工业污染及其处置费用等方面。改变原料结构，如利用可再生原料，改变原料配方，革除有毒有害物质，保证原料质量，采用精料，对原料进行适当预处理，利用废料作为原料等。采用新能源和节能措施，保证能源的有效利用。

2. 改革工艺和设备

改革工艺和设备可考虑如下措施：

简化流程中的工艺和设备，实现过程连续操作，减少因开车、停车造成的不稳定状态的发生；在原有工艺基础上，适当改变工艺条件，如温度、流量、压力、停留时间、搅拌强度、必要的预处理等。

装置大型化，配备自动控制装置，实现过程的优化控制；改变原料配方，采用精料、替代原料、原料预处理；原料的质量管理；换用高效设备，改善设备布局和管线；开发利用最新科学技术成果的全新工艺，如生化技术、高效催化技术、电化学有机合成、膜分离技术、光化学过程、等离子体化学过程等。

3. 优化操作

采取的措施包括：加强科学研究，优化操作参数，提高生产效率，减少资源消耗；变间歇操作为连续操作，简化操作，提高精度，提高生产率；优化操作，减少失误，减少浪费，控制消耗，降低成本；安装环保、安全、卫生设施，维护安全运行稳定，保护职工身心健康。

4. 改革产品体系

采取的措施包括：改革产品体系，开发生产过程节约、环保的新产品；开发安全、环保的产品，注重产品整个生命周期的设计，提升产品质量。

5. 提高员工素质

采取的措施包括：加强职工培训，强化员工的清洁生产理念，提高员工的技术操作水平，增强员工的工作责任心，通过员工素质的整体提升，促进企业生产的优化控制，达到清洁生产的目标要求。

6. 提升管理水平

采取的措施包括：计划管理、生产管理、财务管理、建设管理等。强化管理的措施包括把环境管理落实到企业管理的各个层次，分解到生产过程的各个环节，贯穿于企业的全部经济活动之中，提高管理效率。

7. 循环利用废物

采取的措施包括：组织好厂内物料循环，将流失的物料回收后，经过适当处理，作为原料或原料替代物返回原生产过程或其他生产过程中；组织好区域内的清洁生产，按生态工业学原理组织区域的企业组织群，根据产业特点及物料的流向合理布局，在企业间建立物流和能流关系；建立供水、用水、排水、净化的一体化管理机制；实现废热、废水、废气、废渣和生活垃圾的集中处理及回收利用。

8. 必要的末端处理措施

清洁生产并不排斥末端处理，在采取了清洁生产措施后还不能达到环境质量要求时，末端处理是最后把关的措施，必须考虑但不优先考虑。在实施末端治理时，要注意厂内末端处理与厂外集中处理相结合，末端处理应重视从废物中回收有用的组分。

第二节　清洁生产审核概述

一、清洁生产审核的定义

1.《中华人民共和国清洁生产促进法释义》中的定义

清洁生产审核是一套对正在运行的生产过程进行系统分析和评价的程序，是通过对一家公司（工厂）的具体生产工艺、设备和操作的诊断，找出能耗高、物耗高、污染重的原因，掌握废物的种类、数量以及产生原因的详尽情况，提出减少有毒和有害物料的使用、产生以及废物产生的方案，经过对备选方案的技术经济及环境可行性分析，选定可实施的清洁生产方案的分析过程。

2.《清洁生产审核办法》中的定义

《清洁生产审核办法》（自 2016 年 7 月 1 日起施行）第二条规定：本办法所称清洁生产审核，是指按照一定程序，对生产和服务过程进行调查和诊断，找出能耗高、物耗高、污染重的原因，提出降低能耗、物耗、废物产生以及减少有毒有害物料的使用、产生和废弃物资源化利用的方案，进而选定并实施技术经济及环境可行的清洁生产方案的过程。

二、清洁生产审核的目的

清洁生产审核是支持和帮助企业有效开展清洁生产活动的工具和手段，也是企业实施清洁生产的基础。企业通过实施清洁生产审核，可以达到以下目的。

（1）获得有关单元操作的投入和产出，主要包括原辅材料、产品、中间产品、水和能源的消耗及废物的有关数据和资料；

（2）确定废物来源、数量、特征和类型，确定废物削减的目标，制定经济有效的废物削减对策；

（3）提高企业对由削减废物获得效益的认识，强化污染预防的自觉性；

（4）判定企业效率低的“瓶颈”和管理不善的地方；

（5）提高企业经济效益和产品质量；

（6）强化科学量化管理，规范单元操作；

（7）获得单元操作的最优工艺、技术参数；

（8）全面提高职工的素质和技能。

三、清洁生产审核的原则

《清洁生产审核办法》第五条规定：清洁生产审核应当以企业为主体，遵循企业自愿审核与国家强制审核相结合、企业自主审核与外部协助审核相结合的原则，因地制宜，有序开展，注重实效。《清洁生产审核办法》对清洁生产审核行为提出明确要求，体现了四个原则。

1. 以企业为主体

清洁生产审核的对象是企业，离开了企业，所有工作都无法开展。通过清洁生产审核，可以帮助企业找出生产过程、产品和服务中存在的问题。通过解决这些问题，使企业获得经济效益和环境效益。

2. 自愿审核与强制审核相结合

清洁生产审核分为自愿审核和强制审核。国家鼓励企业自愿开展清洁生产审核，但有下列情形之一的企业，应当实施强制性清洁生产审核：

（1）污染物排放超过国家或地方规定的排放标准，或者虽未超过国家或地方规定的排放标准，但超过重点污染物排放总量控制指标的。

（2）超过单位产品能源消耗限额标准，构成高耗能的。

（3）使用有毒有害原料进行生产或者在生产中排放有毒有害物质的。其中，有毒有害原料或物质包括以下几类：第一类，危险废物，包括列入《国家危险废物名录》的危险废物，以及根据国家规定的危险废物鉴别标准和鉴别方法认定的具有危险特性的废物；第二类，剧毒化学品、列入《重点环境管理危险化学品目录》的化学品，以及含有上述化学品的物质；第三类，含有铅、汞、镉、铬等重金属和类金属砷的物质；第四类，《关于持久性有机污染物的斯德哥尔摩公约》附件所列物质；第五类，其他具有毒性、可能污染环境的物质。

3. 企业自主审核与外部协助审核相结合

企业对自身的产品、原料、生产工艺、资源能源利用效率、污染物排放以及内部管理状况比较熟悉，可以根据对清洁生产审核方法和程序的掌握程度以及人员力量情况，全部或部分开展自主审核。如果企业没有能力自主审核，可以寻求外部专家的指导和帮助。

4. 因地制宜，注重实效，逐步开展

我国地域辽阔，企业众多，各地区经济发展很不均衡，不同地区、不同行业的企业在工艺技术、资源消耗、污染排放等方面的情况千差万别。在实施清洁生产审核时，应结合本地实际情况，因地制宜地开展工作。

四、清洁生产审核的方式

1. 企业自我审核

企业自我审核，是指在没有或很少有外部帮助的前提下，主要依靠企业（或其他法人实体）内部技术力量完成整个清洁生产审核过程。

2. 外部专家指导审核

外部专家指导审核，是指在外部清洁生产审核专家和行业专家指导下，依靠企业内部技术力量完成整个清洁生产审核过程。

3. 清洁生产审核咨询机构审核

清洁生产审核咨询机构审核，是指企业委托清洁生产审核咨询机构，完成整个清洁生产审核过程。协助企业组织开展清洁生产审核工作的咨询服务机构应当具备下列条件：具有独立法人资格，具备为企业清洁生产审核提供公平、公正和高效率服务的质量保证体系和管理制度；具备开展清洁生产审核物料平衡测试、能量和水平衡测试的基本检测分析器具、设备或手段；拥有熟悉相关行业生产工艺、技术规程和节能、节水、污染防治管理要求的技术人员；拥有掌握清洁生产审核方法并具有清洁生产审核咨询经验的技术人员。

五、清洁生产审核的人员

1. 专家

专家包括清洁生产审核专家、行业技术专家和环保专家。其中，清洁生产审核专家的作用就是组织和培训有关人员，确保清洁生产审核过程按科学的方式进行，并取得最大成效；行业技术专家的作用就是帮助企业发现生产中存在的问题，解答有关工艺的技术难题，提供国内外的新技术、新设备和新工艺；环保专家的作用就是向企业宣讲环境保护方面的政策法规和传授污染防治新技术。

2. 企业清洁生产审核小组

审核小组成员包括企业决策者、管理人员、工程技术人员、环保技术人员、材料采购人员、市场销售人员和生产人员，有时也需要外来指导人员。

3. 全体员工

全体员工包括企业所有管理人员和车间操作人员，他们直接参与并充分了解企业的生产管理和操作过程。发挥这些人的积极性和创造性，往往会发现更多的清洁生产机会。

六、清洁生产审核的思路

1. 找出污染源及存在的问题

通过现场调查和物料平衡找出废物的产生部位和产生量，也可以找出存在问题的地点和部位，列出相应的废物和问题清单，并加以简单描述。

2. 分析产生废物的原因

通过从原辅材料和能源、技术工艺、设备、过程控制、管理、员工、产品和废弃物八个主要方面，分析产生废物和出现问题的原因。

3. 提出削减或消除这些污染和问题的措施

依靠专家、企业清洁生产审核小组和全体员工，制定相应的清洁生产方案，包括无 / 低费方案和中 / 高费方案。通过实施这些清洁生产方案，从源头消除这些废物，达到减少废物产生的目的。

七、清洁生产审核的技巧

通常情况下，一个组织的生产过程可以用图 1-1 简单地表示出来。从生产过程的简图可以看出，一个组织的生产过程实际上包含了八个方面。因此，在企业清洁生产审核过程中，应自始至终考虑这八个方面的问题。八个方面在许多情况下存在相互交叉和渗透。对于每一个废弃物产生源，都要从以上八个方面进行原因分析。这并不是说每个废弃物产生源都存在八个方面的原因，它可能是其中的一个或几个。

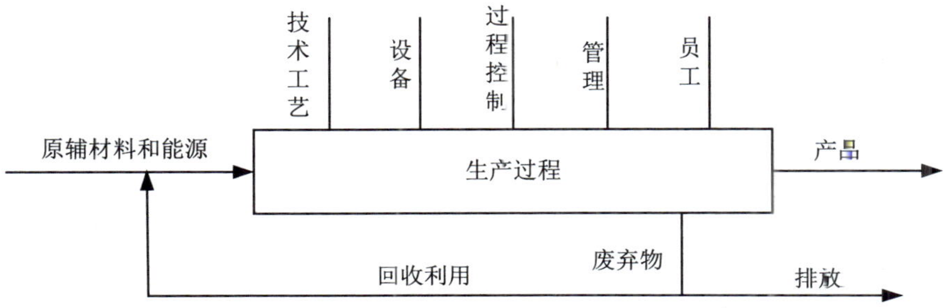

图 1-1　企业生产过程示意图

1. 原辅材料和能源

原辅材料本身所具有的特性在一定程度上决定了产品及其生产过程对环境的危害程度，因而选择对环境无害的原辅材料是清洁生产所要考虑的重要方面。作为动力基础的能源在使用过程中有的会直接产生废弃物，有的会间接产生废弃物，因而节约能源、使用二次能源和清洁能源有利于减少污染物的产生。

2. 技术工艺

生产过程中的技术工艺水平基本上决定了废弃物的产生量和状态，先进而有效的技术可以提高原材料的利用效率，减少废弃物的产生。结合技术改造预防污染是实现清洁生产的重要途径。

3. 设备

设备作为技术工艺的具体体现在生产过程中具有重要作用，设备的适用性及其维护、保养情况等均会影响废弃物的产生。

4. 过程控制

过程控制对生产过程极为重要，对产品的得率和优质品的得率具有直接影响，因而直接影响废弃物的产生量。

5. 产品

产品的要求决定了生产过程，产品性能、种类和结构的变化要求生产过程做出相应的改变和调整，因而也会影响废弃物的产生。另外，产品的包装、体积等也会对生产过程及其废弃物的产生形成影响。

6. 废弃物

废弃物本身所具有的特性和所处的状态直接关系到它是否可以现场再用和循环使用。

7. 管理

管理是企业发展的永恒主题，任何管理上的松懈都会加大废弃物的产生。

8. 员工

任何生产过程都需要人的参与，因此，提高员工素质是有效控制废弃物产生的重要因素。

第二章　清洁生产审核依据

第一节　国家清洁生产法律法规

一、《中华人民共和国环境保护法》

《中华人民共和国环境保护法》（自 2015 年 1 月 1 日起施行）（以下简称《环境保护法》）第四十条规定：国家促进清洁生产和资源循环利用。国务院有关部门和地方各级人民政府应当采取措施，推广清洁能源的生产和使用。企业应当优先使用清洁能源，采用资源利用率高、污染物排放量少的工艺、设备以及废弃物综合利用技术和污染物无害化处理技术，减少污染物的产生。

二、《清洁生产促进法》

《清洁生产促进法》（2012 年修正）对清洁生产的定义、推行、实施、鼓励措施等作了说明。《清洁生产促进法》的出台，旨在通过明确工作职责、奖惩措施、法律责任等，强化社会责任的履行，进而推动全社会从源头削减和控制污染，提高资源利用效率，减少或者避免生产、服务和产品使用过程中污染物的产生。通过推广应用先进生产技术，推进产品升级和产业结构优化，推动实现节能减排目标、转变经济发展方式，是实施可持续发展必不可少的重要手段。

三、《清洁生产审核办法》

《清洁生产审核办法》对清洁生产审核的定义、范围、实施、组织和管理、鼓励和处罚等作了说明。清洁生产审核是实施清洁生产的前提和基础，也是评价各项环保措施实施效果的工具。《清洁生产审核办法》的出台，进一步规范了清洁生产审核程序，将更好地指导地方和企业开展清洁生产审核，降低企业的能耗、物耗，提高资源利用效率。

四、《中华人民共和国大气污染防治法》

《中华人民共和国大气污染防治法》（自 2016 年 1 月 1 日起施行）（以下简称《大气污染防治法》）第四十一条规定：燃煤电厂和其他燃煤单位应当采用清洁生产工艺，配套建设除尘、脱硫、脱硝等装置，或者采取技术改造等其他控制大气污染物排放的措施。国家鼓励燃煤单位采用先进的除尘、脱硫、脱硝、脱汞等大气污染物协同控制的技术和装置，减少大气污染物的排放。

五、《中华人民共和国固体废物污染环境防治法》

《中华人民共和国固体废物污染环境防治法》（2020 年 4 月第二次修订，自 2020 年 9 月 1 日起施行）（以下简称《固体废物污染环境防治法》）第三条第一款规定：国家推行绿色发展方式，促进清洁生产和循环经济发展。第三十八条规定，产生工业固体废物的单位应当依法实施清洁生产审核，合理选择和利用原材料、能源和其他资源，采用先进的生产工艺和设备，减少工业固体废物的产生量，降低工业固体废物的危害性。第六十八条规定，产品和包装物的设计、制造，应当遵守国家有关清洁生产的规定。国务院标准化主管部门应当根据国家经济和技术条件、固体废物污染环境防治状况以及产品的技术要求，组织制定有关标准，防止过度包装造成环境污染。

六、《中华人民共和国循环经济促进法》

《中华人民共和国循环经济促进法》（自 2009 年 1 月 1 日起施行）第四十四条规定：企业使用或者生产列入国家清洁生产、资源综合利用等鼓励名录的技术、工艺、设备或者产品的，按照国家有关规定享受税收优惠。

七、《关于印发重点企业清洁生产审核程序的规定的通知》

《关于印发重点企业清洁生产审核程序的规定的通知》（环发〔2005〕151 号）公布了重点企业清洁生产审核的程序。其中，重点企业是指污染物超标排放或者污染物排放总量超过规定限额的污染严重企业（简称“第一类重点企业”）和生产中使用或排放有毒有害物质的企业（简称“第二类重点企业”）。

八、《关于进一步加强重点企业清洁生产审核工作的通知》

《关于进一步加强重点企业清洁生产审核工作的通知》（环发〔2008〕60 号）对环保部门在重点企业清洁生产审核工作中的职责和作用，抓好重点企业清洁生产审核、评估和验收，加强清洁生产审核与现有环境管理制度的结合，规范管理清洁生产审核咨询机构，提高审核质量，对重点企业清洁生产审核的奖惩措施等工作做了要求和说明。同时，公布了《重点企业清洁生产审核评估、验收实施指南》。

九、《关于深入推进重点企业清洁生产的通知》

《关于深入推进重点企业清洁生产的通知》（环发〔2010〕54 号）对依法公布应实施清洁生产审核的重点企业名单，积极指导督促重点企业开展清洁生产审核，强化对重点企业清洁生产审核的评估验收，及时发布重点企业清洁生产公告，制订清洁生产推行年度计划，完善促进重点企业实施清洁生产的政策措施，充分发挥国家环境保护模范城市和国家生态工业园区的带头示范作用，加强对重点企业实施清洁生产的监督检查等工作做了要求和说明。同时，公布了重点企业清洁生产行业分类管理名录（表 2-1）。

表 2-1 重点企业清洁生产行业分类管理名录

行业类别	子行业（产品）
1. 火电	火力发电（含热电、矸石综合利用发电、垃圾发电、生物质燃料发电等）
2. 炼焦	焦炭、干馏炭生产（含煤焦油、沥青等副产品生产）
3. 多晶硅	多晶硅生产
4. 金属表面处理及热处理加工	电镀；使用有机涂层、热镀锌（有钝化）工艺
5. 有色金属冶炼及压延加工	常用有色金属冶炼（包括铜冶炼、铅锌冶炼、镍钴冶炼、锡冶炼、锑冶炼、铝冶炼、镁冶炼，以及其他常用有色金属冶炼）
	贵金属冶炼（包括金冶炼、银冶炼，以及其他贵金属冶炼）
	稀有稀土金属冶炼（包括钨钼、稀土金属冶炼，以及其他稀有金属冶炼）
	有色金属合金制造
	有色金属压延加工
6. 非金属矿物制品业	水泥制造（含熟料制造）
	玻璃及玻璃制品制造
	玻璃纤维及玻璃纤维增强塑料制品制造
	陶瓷制品制造
	石棉制品制造；耐火陶瓷制品及其他耐火材料制造
	石墨及碳素制品制造
7. 黑色金属冶炼及压延加工	炼铁（包括高炉炼铁、直接还原炼铁、熔融还原炼铁）
	球团及烧结
	炼钢（包括转炉炼钢、电炉炼钢）
	铁合金冶炼（包括硅铁、锰铁、铬铁、镍铁，以及其他常用铁合金冶炼）
	钢压延加工（包括热轧、冷轧、涂镀层、热处理）
	其他黑色金属冶炼（包括锰、铬冶炼）
8. 采矿	石油开采
	天然气开采
	非金属矿采选（化学矿采选；石灰石、石膏开采；建筑装饰用石开采；耐火土石开采；黏土及其他土砂石开采；采盐；石棉、云母矿采选；石墨、滑石采选；宝石、玉石开采）
	黑色金属矿采选（铁矿、其他黑色金属矿采选）
	有色金属矿采选（常用有色金属矿、贵金属矿、稀有稀土金属矿采选）

行业类别	子行业（产品）
9. 化学原料及化学制品制造	基础化学原料制造（无机酸、无机碱、无机盐、有机化学原料、其他基础化学原料制造）
	肥料制造（氮肥、磷肥、钾肥、复混肥料、有机肥料及微生物肥料、其他肥料制造）
	农药制造［化学农药、生物化学农药及微生物农药制造（含中间体）］
	涂料、染料、颜料、油墨及其他类似产品制造
	合成材料制造［初级形态的塑料及合成树脂、合成橡胶、合成纤维单（聚合）体、其他合成材料制造］
	专用化学品制造（化学试剂和助剂、专项化学用品、林产化学产品、炸药及火工产品、信息化学品、环境污染处理专用药剂材料、动物胶、其他专用化学产品制造）
	日用化学产品制造（肥皂及合成洗涤剂、化妆品、口腔清洁用品、香料香精、其他日用化学产品制造）
10. 橡胶制品	橡胶加工、轮胎制造、再生橡胶制造、橡胶零件制造、日用及医用橡胶制品制造、橡胶靴鞋及其他橡胶制品制造
11. 煤炭	煤炭开采及洗选
	煤炭地下气化
	煤化工（煤制油、煤制气、煤制甲醇或二甲醚等）
12. 石化	原油加工
	天然气加工
	石油制品生产（包括乙烯及其下游产品生产）
	油母页岩中提炼原油
	生物制油
13. 制药	化学药品制造（含中间体）
	化学药品制剂制造
	生物、生化制品的制造
	中成药制造
14. 轻工	酿造，包括酒类及饮料制造［酒精、白酒、啤酒、黄酒、葡萄酒、其他酒制造；碳酸饮料、瓶（罐）装饮用水、果菜汁及果菜汁饮料、含乳饮料和植物蛋白饮料、固体饮料、茶饮料及其他软饮料制造；精制茶加工］
	造纸，包括纸浆制造、造纸（含废纸造纸）
	发酵，包括调味品制造（味精、柠檬酸、氨基酸制造等）；有发酵工艺的粮食、饲料加工

行业类别	子行业（产品）
14. 轻工	制糖
	植物油加工
15. 纺织	化学纤维制造
	棉、化纤纺织及印染精加工
	毛纺织和染整精加工
	丝绢纺织及精加工
	化纤浆粕制造
	棉浆粕制造
16. 皮革及其制品	皮革鞣制加工
	毛皮鞣制及制品加工（包括毛皮鞣制加工、毛皮服装加工、其他毛皮制品加工）
17. 废弃资源和废旧材料回收加工	金属废料和碎屑的加工处理
	非金属废料和碎屑的加工处理
18. 电气机械及器材制造	电机制造（包括电动机制造，变压器、整流器和电感器制造，电力电容器制造，配电开关控制设备制造）
	输配电及控制设备制造（包括电力电容器制造、配电开关控制设备制造）
	电线、电缆、光缆及电工器材制造
	电池制造（包括锌锰电池、镉镍 / 镍氢电池、铅酸蓄电池）
	照明器具制造（包括电光源、照明灯具、灯用电器附件及其他照明器具制造）
19. 交通运输设备制造	汽车制造（包括汽车整车制造，改装汽车制造，电车制造，汽车车身、挂车的制造，汽车零部件及配件制造，汽车修理，涂装）。 船舶及浮动装置制造（包括金属船舶制造、非金属船舶制造、娱乐船和运动船的建造和修理、船用配套设备制造、船舶修理及拆船）
20. 通信设备、计算机及其他电子设备制造	电子器件制造（包括电子真空器件、半导体分立器件、集成电路、光电子器件及其他电子器件制造）。 电子元件制造（包括电子元件及组件、印制电路板制造）。 通信设备制造、雷达及配套设备制造、广播电视设备制造、电子计算机制造、家用视听设备制造和其他电子设备制造
21. 环境治理	城市垃圾处理、水污染治理、危险废物治理和其他环境治理

十、《清洁生产审核评估与验收指南》

为科学推进清洁生产工作，规范清洁生产审核行为，指导清洁生产审核评估与验收工作，根据《清洁生产促进法》《清洁生产审核办法》的规定，生态环境部、国家发展改革委制定了《清洁生产审核评估与验收指南》（环办科技〔2018〕5号）。

该指南适用于“需要开展强制性清洁生产审核工作的企业”“申请各级清洁生产、节能减排等财政资金的企业”，以及从事清洁生产管理活动的部门。其他需要开展清洁生产审核评估与验收的企业可参照执行。

第二节　清洁生产评价指标体系

一、已颁布的清洁生产评价指标体系

为贯彻和落实《清洁生产促进法》，评价企业清洁生产水平，指导和推动企业依法实施清洁生产，国家发展改革委组织编制了50多个重点行业的清洁生产评价指标体系。截至2021年12月，已颁布了90多项清洁生产评价指标体系（含征求意见稿、试行、已废止），具体见表2-2。

表2-2　已发布的行业清洁生产评价指标体系

序号	清洁生产评价指标体系名称	发布时间	备注
1	化学原料药制造业清洁生产评价指标体系	2020年12月	
2	硫酸行业清洁生产评价指标体系	2020年12月	
3	再生橡胶行业清洁生产评价指标体系	2020年12月	
4	锗行业清洁生产评价指标体系	2020年12月	
5	住宿餐饮业清洁生产评价指标体系	2020年12月	
6	淡水养殖业（池塘）清洁生产评价指标体系	2020年12月	
7	煤炭采选业清洁生产评价指标体系	2019年08月	
8	硫酸锌行业清洁生产评价指标体系	2019年08月	
9	锌冶炼业清洁生产评价指标体系	2019年08月	
10	污水处理及其再生利用行业清洁生产评价指标体系	2019年08月	

序号	清洁生产评价指标体系名称	发布时间	备注
11	肥料制造业（磷肥）清洁生产评价指标体系	2019 年 08 月	
12	铜冶炼清洁生产评价指标体系（征求意见稿）	2019 年 07 月	
13	铅冶炼清洁生产评价指标体系（征求意见稿）	2019 年 07 月	
14	钛行业清洁生产评价指标体系（征求意见稿）	2019 年 07 月	
15	锡行业清洁生产评价指标体系（征求意见稿）	2019 年 07 月	
16	再生汞清洁生产评价指标体系（征求意见稿）	2019 年 07 月	
17	电解铝行业清洁生产评价指标体系（征求意见稿）	2019 年 07 月	
18	甲苯二异氰酸酯行业清洁生产评价指标体系（征求意见稿）	2019 年 07 月	
19	苯乙烯行业清洁生产评价指标体系（征求意见稿）	2019 年 07 月	
20	发酵行业（黄原胶）清洁生产评价指标体系（征求意见稿）	2019 年 07 月	
21	发酵行业（酵母）清洁生产评价指标体系（征求意见稿）	2019 年 07 月	
22	发酵行业（木糖醇）清洁生产评价指标体系（征求意见稿）	2019 年 07 月	
23	发酵行业（味精）清洁生产评价指标体系（征求意见稿）	2019 年 07 月	
24	玻璃纤维制造行业清洁生产评价指标体系（征求意见稿）	2019 年 07 月	
25	印染行业清洁生产评价指标体系（征求意见稿）	2019 年 07 月	
26	钢铁行业（烧结、球团）清洁生产评价指标体系	2018 年 12 月	
27	钢铁行业（高炉炼铁）清洁生产评价指标体系	2018 年 12 月	
28	钢铁行业（炼钢）清洁生产评价指标体系	2018 年 12 月	
29	钢铁行业（钢延压加工）清洁生产评价指标体系	2018 年 12 月	
30	钢铁行业（铁合金）清洁生产评价指标体系	2018 年 12 月	
31	再生铜行业清洁生产评价指标体系	2018 年 12 月	
32	电子器件（半导体芯片）制造业清洁生产评价指标体系	2018 年 12 月	
33	合成纤维制造业（氨纶）清洁生产评价指标体系	2018 年 12 月	
34	合成纤维制造业（锦纶 6）清洁评价指标体系	2018 年 12 月	
35	合成纤维制造业（聚酯涤纶）清洁生产评价指标体系	2018 年 12 月	
36	合成纤维制造业（维纶）清洁生产评价指标体系	2018 年 12 月	
37	合成纤维制造业（再生涤纶）清洁生产评价指标体系	2018 年 12 月	
38	再生纤维素纤维制造业（粘胶法）清洁生产评价指标体系	2018 年 12 月	
39	印刷业清洁生产评价指标体系	2018 年 12 月	
40	电解锰行业清洁生产评价指标体系	2016 年 10 月	
41	涂装行业清洁生产评价指标体系	2016 年 10 月	
42	合成革行业清洁生产评价指标体系	2016 年 10 月	
43	光伏电池行业清洁生产评价指标体系	2016 年 10 月	
44	黄金行业清洁生产评价指标体系	2016 年 10 月	

序号	清洁生产评价指标体系名称	发布时间	备注
45	垃圾焚烧行业清洁生产评价指标体系（征求意见稿）	2016年10月	
46	环氧树脂行业清洁生产评价指标体系（征求意见稿）	2016年10月	
47	活性染料行业清洁生产评价指标体系（征求意见稿）	2016年10月	
48	印刷行业清洁生产评价指标体系（征求意见稿）	2016年10月	
49	制革行业清洁生产评价指标体系（征求意见稿）	2016年10月	
50	电池行业清洁生产评价指标体系	2015年12月	
51	镍钴行业清洁生产评价指标体系	2015年12月	
52	锑行业清洁生产评价指标体系	2015年12月	
53	再生铅行业清洁生产评价指标体系	2015年12月	
54	平板玻璃行业清洁生产评价指标体系	2015年11月	
55	铅锌采选业清洁生产评价指标体系	2015年11月	
56	电镀行业清洁生产评价指标体系	2015年11月	
57	黄磷行业清洁生产评价指标体系	2015年11月	
58	生物药品制造业（血液制品）清洁生产评价指标体系	2015年11月	
59	有机硅行业清洁生产评价指标体系（征求意见稿）	2015年11月	
60	电力（燃煤发电企业）行业清洁生产评价指标体系	2015年04月	
61	制浆造纸行业清洁生产评价指标体系	2015年04月	
62	稀土行业清洁生产评价指标体系	2015年04月	
63	铁行业清洁生产评价指标体系	2014年02月	
64	水泥行业清洁生产评价指标体系	2014年02月	
65	石油和天然气开采行业清洁生产评价指标体系（试行）	2009年02月	
66	精对苯二甲酸（PTA）行业清洁生产评价指标体系（试行）	2009年02月	
67	电石行业清洁生产评价指标体系（试行）	2009年02月	
68	有机磷农药行业清洁生产评价指标体系（试行）	2009年02月	
69	黄磷行业清洁生产评价指标体系（试行）	2009年02月	已废止
70	电镀行业清洁生产评价指标体系（试行）	2009年02月	已废止
71	日用玻璃行业清洁生产评价指标体系（试行）	2009年02月	已废止
72	硫酸行业清洁生产评价指标体系（试行）	2007年07月	已废止
73	机械行业清洁生产评价指标体系（试行）	2007年07月	
74	发酵行业清洁生产评价指标体系（试行）	2007年07月	
75	纯碱行业清洁生产评价指标体系（试行）	2007年07月	
76	水泥行业清洁生产评价指标体系（试行）	2007年07月	已废止
77	制革行业清洁生产评价指标体系（试行）	2007年07月	已废止
78	涂料制造业清洁生产评价指标体系（试行）	2007年04月	

序号	清洁生产评价指标体系名称	发布时间	备注
79	陶瓷行业清洁生产评价指标体系（试行）	2007 年 04 月	
80	轮胎行业清洁生产评价指标体系（试行）	2007 年 04 月	
81	磷肥行业清洁生产评价指标体系（试行）	2007 年 04 月	
82	包装行业清洁生产评价指标体系（试行）	2007 年 04 月	
83	铅锌行业清洁生产评价指标体系（试行）	2007 年 04 月	已废止
84	火电行业清洁生产评价指标体系（试行）	2007 年 04 月	已废止
85	铬盐行业清洁生产评价指标体系（试行）	2006 年 12 月	
86	铝行业清洁生产评价指标体系（试行）	2006 年 12 月	
87	煤炭行业清洁生产评价指标体系（试行）	2006 年 12 月	
88	烧碱 / 聚氯乙烯行业清洁生产评价指标体系（试行）	2006 年 12 月	
89	印染行业清洁生产评价指标体系（试行）	2006 年 12 月	
90	电池行业清洁生产评价指标体系（试行）	2006 年 12 月	已废止
91	制浆造纸行业清洁生产评价指标体系（试行）	2006 年 12 月	已废止
91	电镀行业清洁生产评价指标体系（试行）	2005 年 06 月	已废止
93	氮肥行业清洁生产评价指标体系（试行）	2005 年 06 月	

二、清洁生产指标体系框架

1. 清洁生产指标体系分类

清洁生产评价指标体系是指由相互联系、相对独立、互相补充的系列清洁生产评价指标所组成的，用于衡量清洁生产状态的指标集合。行业清洁生产评价指标体系由一级指标和二级指标组成，一级指标包括生产工艺及装备指标、资源能源消耗指标、资源综合利用指标、污染物产生指标、产品特征指标和清洁生产管理指标六类指标，每类指标又由若干个二级指标组成。

1）生产工艺及装备指标

包括装备要求、生产规模、工艺方案、主要设备参数、自动化控制水平等指标。因行业性质不同，根据具体情况作适当调整。

2）资源能源消耗指标

包括单位产品综合能耗、单位产品取水量、单位产品原 / 辅料消耗、一次能源消耗比例等指标。因行业性质不同，根据具体情况作适当调整。

3）资源综合利用指标

包括余热余压利用率、工业用水重复利用率、工业固体废物综合利用率等。因行业性质不同，根据具体情况作适当调整。

4）污染物产生指标

包括单位产品废水产生量、单位产品化学需氧量产生量、单位产品二氧化硫产生量、单位产品氨氮产生量、单位产品氮氧化物产生量和单位产品粉尘产生量，以及行业特征污染物等。因行业性质不同，根据具体情况作适当调整。

5）产品特征指标

包括有毒有害物质限量、易于回收和拆解的产品设计、产品合格率等。因行业性质不同，根据具体情况作适当调整。

6）清洁生产管理指标

包括清洁生产审核制度执行、清洁生产部门设置和人员配备、清洁生产管理制度、强制性清洁生产审核政策执行情况、环境管理体系认证、建设项目环保“三同时”执行情况、合同能源管理、能源管理体系实施等。因行业性质不同，根据具体情况作适当调整。

2. 定量指标与定性指标

根据评价指标的性质，可分为定量指标和定性指标两种。定量指标是具有代表性，能反映“节能”“降耗”“减污”和“增效”等有关清洁生产最终目标的指标，能综合考评企业实施清洁生产的状况和企业清洁生产程度。定性指标根据国家有关推行清洁生产的产业发展和技术进步政策、资源环境保护政策规定以及行业发展规划选取，用于考核企业对有关政策法规的符合性及其清洁生产工作实施情况。

3. 限定性指标

对节能减排有重大影响的指标，或者法律法规明确规定严格执行的指标，为限定性指标。原则上，限定性指标主要包括但不限于单位产品能耗限额，单位产品取水定额，有毒有害物质限量，行业特征污染物，行业准入性指标，以及二氧化硫、氮氧化物、化学需氧量、氨氮、放射性污染物、噪声等污染物的产生量。因行业性质不同，根据具体情况作适当调整。

三、清洁生产评价指标权重及基准值

一级指标的权重之和为 1 或 100，每个一级指标下的二级指标权重之和为 1 或 100。

各指标的评价基准值是衡量该项指标是否符合清洁生产基本要求的评价基准。在行业清洁生产评价指标体系中，根据当前各行业清洁生产技术、装备和管理水平，将二级指标的基准值分为三个等级：Ⅰ级为国际清洁生产领先水平，Ⅱ级为国内清洁生产先进水平，Ⅲ级为国内清洁生产一般水平。表 2-3 为《污水处理及其再生利用行业清洁生产评价指标体系》技术指标表。

四、清洁生产水平等级

采用限定性指标评价和指标分级加权评价相结合的方法。在限定性指标达到Ⅲ级水平的基础上，采用指标分级加权评价方法，计算行业清洁生产综合评价指数。根据综合评价指数，确定清洁生产水平等级。

（1）Ⅰ级清洁生产水平（国际清洁生产领先水平）应同时满足以下条件：

——$Y_{\mathrm{I}} \geqslant 85$；

——限定性指标全部满足Ⅰ级基准值要求。

（2）Ⅱ级清洁生产水平（国内清洁生产先进水平）应同时满足以下条件：

——$Y_{\mathrm{II}} \geqslant 85$；

——限定性指标全部满足Ⅱ级基准值要求及以上。

（3）Ⅲ级清洁生产水平（国内清洁生产一般水平）应满足下面条件，即 $Y_{\mathrm{III}} = 100$。

五、清洁生产水平评价方法

1. 指标无量纲化

$$Y_{g_k}(x_{ij}) = \begin{cases} 100, x_{ij} \in g_k \\ 0, x_{ij} \notin g_k \end{cases}$$

表 2-3 《污水处理及其再生利用行业清洁生产评价指标体系》技术指标表

一级指标指标项	一级指标权重值	序号	二级指标指标项	单位	二级指标分权重值	Ⅰ级基准值	Ⅱ级基准值	Ⅲ级基准值
生产工艺及装备指标	0.29	1	工艺先进性及设计规范性		0.21	使用“二级处理＋深度处理”工艺		使用二级处理工艺；工艺设计符合国家相关规范要求
		2	自动控制系统		0.16	配套精确控制系统，如精确曝气系统或反馈控制系统等	建有废水处理设施运行中控系统，在满足工艺控制条件的基础上合理选择配置集散控制系统（DCS）或可编程序控制（PLC）自动控制系统	
		3	投药系统		0.07	配套反馈系统的全自动加药装置	全部药剂添加使用计量泵加药	
		4	污泥处理工艺		0.16	配套污泥消化、干化以及综合利用（土地利用、建筑材料等）、焚烧等其他资源化工艺	配套污泥浓缩或脱水工艺	
		5	消毒工艺		0.10	配套非加药的消毒工艺，如紫外线消毒或臭氧消毒工艺等		配套加药的消毒工艺，如投加液氯、二氧化氯的消毒工艺等
		6	臭气处理		0.10	对恶臭气体有良好收集、净化装置，并定期检测达标		恶臭气体厂界达标

一级指标指标项	一级指标权重值	序号	二级指标指标项		单位	二级指标分权重值	Ⅰ级基准值	Ⅱ级基准值	Ⅲ级基准值
生产工艺及装备指标	0.29	7	设备			0.10	采用泵与风机容量匹配及变频技术，且达到一级能效水平		没有使用国家明文规定需要落后淘汰的设备；采用泵与风机容量匹配或变频技术，且达到国家规定的能效标准
		8	调节池和应急池			0.10	污水处理设施应设置足够容积的调节池和应急池，并根据相关规定做好日常的管理维护工作		
资源能源消耗指标	0.23	1	处理单位污水的新鲜水耗量		m^3/万 t	0.09	1.50	3.00	7.00
		2	* 处理单位污水的耗电量	华北、东北	kWh/t	0.45	0.21	0.25	0.30
				华南、华中、华东			0.11	0.15	0.20
				西南、西北			0.15	0.20	0.24
		3	去除单位化学需氧量的耗电量	华北、东北	kWh/kg	0.30	1.10	1.20	1.50
				华南、华中、华东			0.70	0.90	1.20

一级指标指标项	一级指标权重值	序号	二级指标指标项		单位	二级指标分权重值	I 级基准值	II 级基准值	III级基准值
资源能源消耗指标	0.23	3		西南、西北			1.00	1.10	1.30
		4	处理单位绝干污泥的絮凝剂用量①		kg/t	0.16	1.50	2.00	3.00
资源综合利用指标	0.10	1	尾水回用率②	缺水地区	%	0.55	20.0	15.0	10.0
				一般地区			15.0	2.0	0.0
		2	一般工业固体废物综合利用率		%	0.35	90.0	70.0	50.0
		3	危险废物处置率		%	0.10	100.0	100.0	100.0
污染物产生指标	0.16	1	污泥含水率		%	0.53	40	60	75
		2	处理单位污水产生绝干污泥量		t/ 万 t	0.17	0.5	1.0	1.5
		3	去除单位化学需氧量产生绝干污泥量		kg/kg 化学需氧量	0.15	0.20	0.35	0.50
		4	去除单位 SS 产生绝干污泥量		kg/kg SS	0.15	0.30	0.50	0.80

一级指标指标项	一级指标权重值	序号	二级指标指标项	单位	二级指标分权重值	Ⅰ级基准值	Ⅱ级基准值	Ⅲ级基准值
产品特征指标	0.14	1	* 化学需氧量去除率[③]	%	0.35	95.0	90.0	85.0
		2	* 氨氮去除率[③]	%	0.35	97.0	90.0	85.0
		3	出水色度	稀释倍数	0.15	6	15	30
		4	出水稳定度 STEQ		0.15	0.08	0.15	0.25
清洁生产管理指标	0.08	1	* 环境法律法规标准执行情况		0.20	符合国家和地方有关环境法律、法规，严格遵循“三同时”管理制度，水、废气、噪声等污染物排放符合国家和地方排放标准；主要污染物排放应达到国家和地方污染物排放总量控制指标，尾水回用应满足国家对不同用途的水质标准要求		
		2	产业政策执行情况		0.14	生产规模和工艺符合国家和地方相关产业政策，不采用国家明令禁止和淘汰的生产工艺、装备		
		3	环境管理体系制度，清洁生产审核情况，危险化学品管理		0.20	按照 GB/T 24001 建立并运行环境管理体系，环境管理程序文件及作业文件齐备；按照国家和地方要求，开展清洁生产审核；符合《危险化学品安全管理条例》相关要求	拥有健全的环境管理体系和完备的管理文件；按照国家和地方要求，开展清洁生产审核；符合《危险化学品安全管理条例》相关要求	

一级指标指标项	一级指标权重值	序号	二级指标指标项	单位	二级指标分权重值	Ⅰ级基准值	Ⅱ级基准值	Ⅲ级基准值
清洁生产管理指标	0.08	4	*废水处理设施运行管理		0.19	符合 HJ 978 要求，出水口有自动监测装置，建立运行台账，至少每月自行或委托监测一次，并对监测数据进行记录、整理、统计和分析；应设水质检验室，配备检验人员和仪器。具有健全的设备维护保养制度，并有效实施	符合 HJ 978 要求，出水口有自动监测装置，建立运行台账；应设水质检验室，配备检验人员和仪器。具有健全的设备维护保养制度，并有效实施	符合 HJ 978 要求，出水口有自动监测装置，建立运行台账；应设水质检验室，配备检验人员和仪器。具有健全的设备维护保养制度，并有效实施
		5	*固体废物管理情况		0.15	应保持污泥处理设施稳定运行，产生的污泥应及时处理和清运，防止二次污染，记录污泥产生、处置及出厂总量，污泥处理处置情况应全程跟踪，并严格执行污泥转移联单制度。污泥暂存间地面应采取防雨、防渗漏措施，排水设施应采取防渗措施。采用符合国家规定的废物处置方法处置废物：一般固体废物按照 GB 18599 相关规定执行；危险废物按照 GB 18597 相关规定执行		应保持污泥处理设施稳定运行，产生的污泥应及时处理和清运，记录污泥产生、处置及出厂总量，污泥处理处置情况应全程跟踪。采用符合国家规定的废物处置方法处置废物：一般固体废物按照 GB 18599 相关规定执行；危险废物按照 GB 18597 相关规定执行

一级指标指标项	一级指标权重值	序号	二级指标指标项	单位	二级指标分权重值	Ⅰ级基准值	Ⅱ级基准值	Ⅲ级基准值
清洁生产管理指标	0.08	6	环境应急预案		0.06	建立、制定环境突发性事件应急预案（预案要通过相应环保部门备案）并定期演练		
		7	环境信息公开		0.04	按照《企业事业单位环境信息公开办法》，公开相关环境信息		
		8	劳动安全卫生指标		0.02	建立职业健康安全管理体系		建立安全生产管理相关规定，与污水污泥有直接接触的员工配备口罩、手套等劳保用品

注：①处理单位绝干污泥的絮凝剂用量：此处药剂主要指用于污泥浓缩脱水的絮凝剂。

②尾水回用率：尾水回用水质需符合相应用途的国家标准，如《城市污水再生利用　分类》（GB/T 18919）、《城市污水再生利用 城市杂用水水质》（GB/T 18920）以及《城市污水再生利用　景观用水水质》（GB/T 18921）等，其中缺水地区是指西北地区和华北地区，其他地区为一般地区。

③对应污染物进水水质浓度低于设计值 50% 以下时，该指标不作为限定性指标。

④带 * 的指标为限定性指标。

不同清洁生产指标由于量纲不同，不能直接比较，需要建立原始指标的隶属函数。式中，x_{ij} 为第 i 个一级指标下的第 j 个二级评价指标；g_k 为二级指标基准值，其中 g_1 为Ⅰ级水平，g_2 为Ⅱ级水平，g_3 为Ⅲ级水平；$Y_{g_k}(x_{ij})$ 为二级指标 x_{ij} 对于级别 g_k 的隶属函数。

若指标 x_{ij} 属于级别 g_k，则隶属函数的值为 100，否则为 0。

2. 综合评价指数计算

通过加权平均、逐层收敛可得到评价对象在不同级别 g_k 的得分 Y_{gk}。

$$Y_{g_k}=\sum_{i=1}^{m}\left[w_i\sum_{j=1}^{n_i}\omega_{ij}Y_{g_k}(x_{ij})\right]$$

式中，w_i 为第 i 个一级指标的个数；ω_{ij} 为第 i 个一级指标下第 j 个二级指标的个数；$\sum_{i=1}^{m}w_i=1$，$\sum_{j=1}^{n_i}\omega_{ij}=1$，$m$ 为一级指标的个数；n_j 为第 i 个一级指标下二级指标的个数；Y_{g1} 等同于 $Y_{\text{Ⅰ}}$，Y_{g2} 等同于 $Y_{\text{Ⅱ}}$，Y_{g3} 等同于 $Y_{\text{Ⅲ}}$。

3. 综合评价指数计算步骤

（1）第一步

将新建企业或新建项目、现有企业相关指标与Ⅰ级限定性指标进行对比，全部符合要求后，再将企业相关指标与Ⅰ级基准值进行逐项对比，计算综合评价指数得分 $Y_{\text{Ⅰ}}$，当综合指数得分 $Y_{\text{Ⅰ}}\geqslant 85$ 分时，可判定企业清洁生产水平为Ⅰ级。当企业相关指标不满足Ⅰ级限定性指标要求或综合指数得分 $Y_{\text{Ⅰ}}<85$ 分时，则进入第二步计算。

（2）第二步

将新建企业或新建项目、现有企业相关指标与Ⅱ级限定性指标进行对比，全部符合要求后，再将企业相关指标与Ⅱ级基准值进行逐项对比，计算综合评价指数得分 $Y_{\text{Ⅱ}}$，当综合指数得分 $Y_{\text{Ⅱ}}\geqslant 85$ 分时，可判定企业清洁生产水平为Ⅱ级。当企业相关指标不满足Ⅱ级限定性指标要求或综合指数得分 $Y_{\text{Ⅱ}}<85$ 分时，则进入第三步计算。

新建企业或新建项目不再参与第三步计算。

（3）第三步

将现有企业相关指标与Ⅲ级限定性指标基准值进行对比，全部符合要求后，再将企业相关指标与Ⅲ级基准值进行逐项对比，计算综合指数得分，当综合指数得分 $Y_{Ⅲ}$= 100 分时，可判定企业清洁生产水平为Ⅲ级。当企业相关指标不满足Ⅲ级限定性指标要求或综合指数得分 $Y_{Ⅲ}$< 100 分时，表明企业未达到清洁生产要求。

第三节 清洁生产标准

为贯彻《环境保护法》和《清洁生产促进法》，提高企业清洁生产水平，提供清洁生产技术改进方向，根据《清洁生产标准 制订技术导则》（HJ/T 425—2008），环境保护部组织编制了 58 项重点行业的清洁生产标准（含已废止的 8 项）。具体见表 2-4。

表 2-4 已发布的重点行业清洁生产标准一览

序号	清洁生产标准	标准号	备注
1	清洁生产标准 酒精制造业	HJ 581—2010	
2	清洁生产标准 制革工业（羊革）	HJ 560—2010	
3	清洁生产标准 铜电解业	HJ 559—2010	
4	清洁生产标准 铜冶炼业	HJ 558—2010	
5	清洁生产标准 宾馆饭店业	HJ 514—2009	
6	清洁生产标准 铅电解业	HJ 513—2009	
7	清洁生产标准 粗铅冶炼业	HJ 512—2009	
8	清洁生产标准 废铅酸蓄电池铅回收业	HJ 510—2009	
9	清洁生产标准 氯碱工业（聚氯乙烯）	HJ 476—2009	
10	清洁生产标准 氯碱工业（烧碱）	HJ 475—2009	
11	清洁生产标准 纯碱行业	HJ 474—2009	
12	清洁生产标准 氧化铝业	HJ 473—2009	
13	清洁生产标准 钢铁行业（铁合金）	HJ 470—2009	已废止
14	清洁生产标准 清洁生产审核指南制订技术导则	HJ 469—2009	
15	清洁生产标准 造纸工业（废纸制浆）	HJ 468—2009	已废止
16	清洁生产标准 水泥工业	HJ 467—2009	已废止
17	清洁生产标准 葡萄酒制造业	HJ 452—2008	
18	清洁生产标准 印制电路板制造业	HJ 450—2008	

序号	清洁生产标准	标准号	备注
19	清洁生产标准　合成革工业	HJ 449—2008	已废止
20	清洁生产标准　制革工业（牛轻革）	HJ 448—2008	
21	清洁生产标准　铅蓄电池工业	HJ 447—2008	已废止
22	清洁生产标准　煤炭采选业	HJ 446—2008	
23	清洁生产标准　淀粉工业	HJ 445—2008	
24	清洁生产标准　味精工业	HJ 444—2008	
25	清洁生产标准　石油炼制业（沥青）	HJ 443—2008	
26	清洁生产标准　电石行业	HJ/T 430—2008	
27	清洁生产标准　化纤行业（涤纶）	HJ/T 429—2008	
28	清洁生产标准　钢铁行业（炼钢）	HJ/T 428—2008	已废止
29	清洁生产标准　钢铁行业（高炉炼铁）	HJ/T 427—2008	已废止
30	清洁生产标准　钢铁行业（烧结）	HJ/T 426—2008	已废止
31	清洁生产标准　制订技术导则	HJ/T 425—2008	
32	清洁生产标准　白酒制造业	HJ/T 402—2007	
33	清洁生产标准　烟草加工业	HJ/T 401—2007	
34	清洁生产标准　平板玻璃行业	HJ/T 361—2007	已废止
35	清洁生产标准　彩色显像（示）管生产	HJ/T 360—2007	
36	清洁生产标准　化纤行业（氨纶）	HJ/T 359—2007	已废止
37	清洁生产标准　镍选矿行业	HJ/T 358—2007	
38	清洁生产标准　电解锰行业	HJ/T 357—2007	已废止
39	清洁生产标准　造纸工业（漂白化学浆烧碱法麦草浆生产工艺）	HJ/T 339—2007	已废止
40	清洁生产标准　造纸工业（硫酸盐化学木浆生产工艺）	HJ/T 340—2007	已废止
41	清洁生产标准　钢铁行业（中厚板轧钢）	HJ/T 318—2006	
42	清洁生产标准　造纸工业（漂白碱法蔗渣浆生产工艺）	HJ/T 317—2006	已废止
43	清洁生产标准　乳制品制造业（纯牛乳及全脂乳粉）	HJ/T 316—2006	
44	清洁生产标准　人造板行业（中密度纤维板）	HJ/T 315—2006	
45	清洁生产标准　电镀行业	HJ/T 314—2006	已废止
46	清洁生产标准　铁矿采选业	HJ/T 294—2006	
47	清洁生产标准　汽车制造业（涂装）	HJ/T 293—2006	已废止

序号	清洁生产标准	标准号	备注
48	清洁生产标准　基本化学原料制造业（环氧乙烷/乙二醇）	HJ/T 190—2006	
49	清洁生产标准　钢铁行业	HJ/T 189—2006	已废止
50	清洁生产标准　氮肥制造业	HJ/T 188—2006	
51	清洁生产标准　电解铝业	HJ/T 187—2006	
52	清洁生产标准　甘蔗制糖业	HJ/T 186—2006	
53	清洁生产标准　纺织业（棉印染）	HJ/T 185—2006	
54	清洁生产标准　食用植物油工业（豆油和豆粕）	HJ/T 184—2006	
55	清洁生产标准　啤酒制造业	HJ/T 183—2006	
56	清洁生产标准　制革行业（猪轻革）	HJ/T 127—2003	
57	清洁生产标准　炼焦行业	HJ/T 126—2003	
58	清洁生产标准　石油炼制业	HJ/T 125—2003	

目前颁布的清洁生产标准还不能涵盖所有行业，所以在对未出台清洁生产标准的行业进行清洁生产审核时，缺少审核依据，存在一定的审核障碍。此外，我国所颁布的清洁生产标准只给出了清洁生产参考限值或要求，并没有给出实现这些标准或要求的具体技术途径。由于清洁生产在行业方面具有特殊性和专业性，单纯依靠清洁生产审核方法学依据程序进行审核，已满足不了我国进一步推进和深化清洁生产审核的需求。

最佳可行技术参考文件是我国清洁生产审核实践的技术支撑。最佳可行技术参考文件不仅可以保证清洁生产审核人员快速掌握不同行业的概况，了解每个行业不同生产工艺的清洁生产技术清单，在清洁生产审核后期产生有针对性的成熟的清洁生产方案，还可以从技术上进一步推动清洁生产审核工作的开展，确保清洁生产审核质量稳步提高，切实以经济有效的方式解决企业的环境问题。所以，开发出类似欧盟标准的最佳可行技术参考文件将是我国清洁生产标准领域重要的工作。

一、清洁生产标准

清洁生产标准指依据生命周期分析原理，从生产工艺与装备、资源能源利用、产品、污染物产生（末端处理前）、废物回收利用和环境管理六个方面，对行业的清洁生产水平给出阶段性的指标要求，指导企业清洁生产和污染的全过程控制。

（1）生产工艺与装备指标

该类指标为定性指标。通过调查国内外同行业的先进生产工艺与装备水平，在满足国家产业政策要求的基础上，采用资源消耗低、污染排放少的清洁生产工艺、装备和制造技术。具体指标包括装备要求、生产规模、工艺方案、主要设备参数、自动化控制水平等。因行业性质不同，根据具体情况作适当调整。

（2）资源能源利用指标

该类指标为定量指标。可选择行业最常用的经济技术指标。具体指标包括原辅料的选择、单位产品原辅材料的消耗、单位产品取水量、水的重复利用率、水的循环利用率、单位产品耗电量、单位产品耗蒸汽量、综合能耗等，因行业性质不同，根据具体情况作适当调整。

（3）产品指标

该类指标为定量指标。具体指标包括产品一次合格率，以及产品（特别是有毒有害主、副产品）贮存、包装、装卸、运输、使用和废弃过程中的清洁生产要求等。

（4）污染物产生指标（末端处理前）

该类指标为定量指标。主要根据总量控制要求，给出单位产品的污染物产生指标，主要包括废水、废气和固体废物三类污染物。结合行业污染物产生的特点，重点关注二氧化硫、氮氧化物、烟尘、工业粉尘、化学需氧量、氨氮、总磷、重金属、工业固体废物、持久性有机污染物和行业特征污染物。

（5）废物回收利用指标

该类指标为定量指标。具体指标包括工业废水重复利用率、工业气体重复利用率、固体废物回用率以及本企业不能回收利用的废物但可作为其他企业的原辅材料的利用率等。因行业性质不同，根据具体情况作适当调整。

（6）环境管理指标

该类指标为定性指标。具体指标包括环境法律法规标准指标、环境审核指标、生产过程环境管理指标、固体废物处理处置指标、相关方环境管理指标等。因行业性质不同，根据具体情况作适当调整。各项环境管理指标应侧重本行业的环境薄弱环节、特征污染物或环境风险的问题。

二、清洁生产标准指标分级

根据当前的行业技术、装备水平和管理水平，原则上将各项指标分为三个等级：一级为国际清洁生产先进水平，二级为国内清洁生产先进水平，三级为国内清洁生产基本水平。

对于我国特有的行业，三个等级可定义如下：一级为国内清洁生产领先水平，二级为国内清洁生产先进水平，三级为国内清洁生产基本水平。

第四节　相关发展规划

一、《“十三五”生态环境保护规划》

《国务院关于印发〈“十三五”生态环境保护规划〉的通知》（国发〔2016〕65 号）涉及清洁生产的工作任务包括：

第三章第二节：推进供给侧结构性改革。严格环保能耗要求，促进企业加快升级改造：钢铁、有色金属、化工、建材、轻工、纺织等传统制造业全面实施电机、变压器等能效提升、清洁生产、节水治污、循环利用等专项技术改造，实施系统能效提升、燃煤锅炉节能环保综合提升、绿色照明、余热暖民等节能重点工程。

第三章第三节：强化绿色科技创新引领。完善环境标准和技术政策体系：健全钢铁、水泥、化工等重点行业清洁生产评价指标体系。

第五章第四节：加快农业农村环境综合治理。打好农业面源污染治理攻坚战：优化调整农业结构和布局，推广资源节约型农业清洁生产技术，推动资源节约型、环境友好型、生态保育型农业发展；推进种植业清洁生产，开展农膜回收利用，率先实现东北黑土地大田生产地膜零增长。

二、《“十四五”节能减排综合工作方案》

《国务院关于印发〈“十四五”节能减排综合工作方案〉的通知》（国发〔2021〕33号）发布了《“十四五”节能减排综合工作方案》。方案中涉及清洁生产的工作任务包括以钢铁、有色金属、建材、石化化工等行业为重点，推进节能改造和污染物深度治理。加强行业工艺革新，实施涂装类、化工类等产业集群分类治理，开展重点行业清洁生产和工业废水资源化利用改造。推动绿色铁路、绿色公路、绿色港口、绿色航道、绿色机场建设，有序推进充换电、加注（气）、加氢、港口机场岸电等基础设施建设。加快风能、太阳能、生物质能等可再生能源在农业生产和农村生活中的应用，有序推进农村清洁取暖。严格合理控制煤炭消费增长，抓好煤炭清洁高效利用。推进原辅材料和产品源头替代工程，实施全过程污染物治理。

三、《大气污染防治行动计划》

《国务院关于印发大气污染防治行动计划的通知》（国发〔2013〕37号）中涉及清洁生产的工作任务包括：第九条，全面推行清洁生产：对钢铁、水泥、化工、石化、有色金属冶炼等重点行业进行清洁生产审核；针对节能减排关键领域和薄弱环节，采用先进适用的技术、工艺和装备，实施清洁生产技术改造。

四、《水污染防治行动计划》

《国务院关于印发水污染防治行动计划的通知》（国发〔2015〕17号）中涉及清洁生产的工作任务包括：第十一条，推广示范适用技术。发挥企业的技术创新主体作用，推动水处理重点企业与科研院所、高等学校组建产学研技术创新战略联盟，示范推广控源减排和清洁生产先进技术。第十六条，建立激励机制。鼓励节能减排先进企业、工业集聚区用水效率、排污强度等达到更高标准，支持开展清洁生产、节约用水和污染治理等示范。第十七条，完善法规标准。健全重点行业水污染物特别排放限值、污染防治技术政策和清洁生产评价指标体系。

五、《土壤污染防治行动计划》

《国务院关于印发土壤污染防治行动计划的通知》（国发〔2016〕31号）中涉及清洁生产的工作任务包括：第十八条，加强涉重金属行业污染防控：制定涉重金属重点工业行业清洁生产技术推行方案，鼓励企业采用先进适用生产工艺和技术；第十九条，控制农业污染：推行农业清洁生产，开展农业废弃物资源化利用试点，形成一批可复制、可推广的农业面源污染防治技术模式。

六、《工业绿色发展规划（2016—2020年）》

《工业和信息化部关于印发〈工业绿色发展规划（2016—2020年）〉的通知》（工信部规〔2016〕225号）中涉及清洁生产的工作任务包括：围绕重点污染物开展清洁生产技术改造，推广绿色基础制造工艺，降低污染物排放强度，促进大气、水、土壤污染防治行动计划落实。针对二氧化硫、氮氧化物、化学需氧量、氨氮、烟（粉）尘等主要污染物，积极引导重点行业企业实施清洁生产技术改造，逐步建立基于技术进步的清洁生产高效推行模式。在京津冀、长三角、珠三角、东北地区等重点区域组织实施钢铁、建材等重点行业清洁生产水平提升工程，降低二氧化硫、氮氧化物、烟（粉）尘排放强度。在长江、黄河等七大流域组织实施重点行业清洁生产水平提升工程，降低造纸、化工、印染、化学原料药、电镀等行业废水排放总量及化学需氧量、氨氮等污染物排放强度。推进工业领域土壤污染源头防治，推广先进适用的土壤修复技术装备和产品。

以挥发性有机物、持久性有机物、重金属等污染物削减为目标，围绕重点行业、重点领域实施工业特征污染物削减计划。重点推广绿色的铸造、锻压、焊接、切削、热处理、表面处理等基础制造工艺技术与装备。提升中小企业清洁生产技术研发应用水平，开展政府购买清洁生产服务试点，实施中小企业清洁生产培训计划。围绕钢铁、纺织印染、造纸、石化化工、食品发酵等重点行业，实施节水治污改造工程，推进节水技术改造。在缺水地区实施工业节水专项行动，加强非常规水资源利用。

第五节 相关产业政策

一、《水污染防治重点行业清洁生产技术推行方案》

《关于印发〈水污染防治重点行业清洁生产技术推行方案〉的通知》（工信部联节〔2016〕275号）发布了造纸、食品加工、制革、纺织、有色金属、氮肥、农药、焦化、电镀、化学原料药和染料颜料制造11个重点行业的清洁生产技术推行方案。这11个重点行业水污染物排放量约占全部工业的50%，是工业水污染防治的重点领域。通过在水污染防治重点行业推广采用先进适用清洁生产技术，实施清洁生产技术改造，从源头减少废水、化学需氧量、氨氮等污染物的产生和排放。

二、《大气污染防治重点行业清洁生产技术推行方案》

《关于印发〈大气污染防治重点行业清洁生产技术推行方案〉的通知》（工信部节〔2014〕273号）明确主要目标：通过在钢铁、建材、石化、化工、有色等重点行业企业推广采用先进适用清洁生产技术，实施清洁生产技术改造，大幅削减工业烟（粉）尘、二氧化硫、氮氧化物、挥发性有机物等大气污染物产生和排放。

三、《国家重点行业清洁生产技术导向目录》

《国家重点行业清洁生产技术导向目录》已经颁布了三批，第一批2000年颁布，涉及冶金、石化、化工、轻工和纺织5个重点行业，共57项清洁生产技术；第二批2003年颁布，涉及冶金、机械、有色金属、石油和建材5个重点行业，共56项清洁生产技术；第三批2006年颁布，涉及钢铁、有色金属、电力、煤炭、化工、建材、纺织等行业，共28项清洁生产技术。

四、《国家重点节能低碳技术推广目录》

2016年12月30日，国家发展改革委发布了《国家重点节能低碳技术推广目录（2016年本，节能部分）》（以下简称《目录》），涉及煤炭、电力、钢铁、有色、石油石化、化工、建材、机械、轻工、纺织、建筑、交通、通信13个行业，共296项重点节能技术。《目录》的发布对加快节能技术进步和推广普及，引导用能单位采用先进适用的节能新技术、新装备、新工艺，促进能源资源节约集约利用，缓解资源环境压力具有重要意义。

五、《产业结构调整指导目录》

《产业结构调整指导目录（2019年本）》由鼓励、限制和淘汰三类目录组成。不属于鼓励类、限制类和淘汰类，且符合国家有关法律、法规和政策规定的，为允许类。鼓励类主要是对经济社会发展有重要促进作用，有利于节约资源、保护环境、产业结构优化升级，需要采取政策措施予以鼓励和支持的关键技术、装备及产品；限制类主要是工艺技术落后，不符合行业准入条件和有关规定，不利于产业结构优化升级，需要督促改造和禁止新建的生产能力、工艺技术、装备及产品；淘汰类主要是不符合有关法律法规规定，严重浪费资源、污染环境，不具备安全生产条件，需要淘汰的落后工艺技术、装备及产品。

第六节　相关行业准入

为积极有效地化解钢铁、水泥、电解铝、平板玻璃、船舶等行业产能严重过剩矛盾，进一步推进产业结构调整，根据有关法律法规和产业政策，国家有关部门从2000年开始，陆续出台了近70个行业准入条件（标准）。目前，行业准入条件的发布由工业和信息化部牵头负责，其他部门参与。部分行业准入条件见表2-5。

表 2-5　部分行业准入条件一览

序号	行业准入条件名称	发布时间
1	《新能源汽车生产企业及产品准入管理规定》	工信部公告　2017 年第 39 号
2	《废钢铁加工行业准入条件》	工信部公告　2016 年第 74 号
3	《轮胎行业准入条件》	工信部公告　2014 年第 53 号
4	《铸造行业准入条件》	工信部公告　2013 年第 25 号
5	《二硫化碳行业准入条件》	工信部公告　2013 年第 19 号
6	《建筑防水卷材行业准入条件》	工信部公告　2013 年第 3 号
7	《合成氨行业准入条件》	工信部公告　2012 年第 64 号
8	《石墨行业准入条件》	工信部公告　2012 年第 60 号
9	《玻璃纤维行业准入条件（2012 年修订）》	工信部公告　2012 年第 46 号
10	《再生铅行业准入条件》	工信部公告　2012 年第 38 号
11	《稀土行业准入条件》	工信部公告　2012 年第 33 号
12	《葡萄酒行业准入条件》	工信部公告　2012 年第 22 号
13	《铅蓄电池行业准入条件》	工信部、环保部公告　2012 年第 18 号
14	《岩棉行业准入条件》	工信部公告　2012 年第 10 号

第三章 清洁生产审核程序

《清洁生产审核办法》（自 2016 年 7 月 1 日起施行）第十四条规定：清洁生产审核程序原则上包括审核准备、预审核、审核、方案的产生和筛选、方案的确定、方案的实施、持续清洁生产等。以上为清洁生产审核的基本程序，无论是自愿审核还是协助审核，都要严格遵循以上程序。但是，对于清洁生产审核主体企业而言，编写清洁生产报告并不意味着清洁生产审核的终结，企业还要进行持续清洁生产。持续清洁生产包括建立企业清洁生产组织机构、建立企业清洁生产激励机制、制订企业持续清洁生产计划等，保证企业把清洁生产纳入日常管理之中。

因此，企业开展清洁生产审核的程序可分以下七个步骤：审核准备、预审核、审核、方案的产生和筛选、方案的确定、方案的实施、持续清洁生产。

第一节 审核准备

审核准备是清洁生产审核工作的第一阶段，目的是通过宣传活动，使公司领导和员工正确认识清洁生产的理念及清洁生产审核的目的和意义，了解清洁生产审核的内容、要求、工作步骤和程序，从而能够积极参与，为清洁生产审核工作的全面开展奠定坚实的群众基础。

审核准备阶段主要工作内容包括取得领导支持，组建审核小组，制订工作计划，开展宣传教育，消除思想上和观念上的障碍。

一、取得领导支持

清洁生产审核是一项系统工作，涉及企业自上而下各级部门和所有员工。审核工作的开展，必须在取得公司高层领导的支持和参与时才能顺利进行。有了企业高层领导的支持和参与，才能调动和协调各个部门和所有员工，积极投入到清洁生产审核的全过程中，为企业深入开展清洁生产审核创造良好环境。清洁生产审核过程中产生的方案，尤其是中 / 高费方案，必须由企业高层确定才能落实完成。因此，取得领导支持是顺利进行清洁生产审核的首要任务。

1. 宣讲效益

通过宣讲效益吸引企业领导对清洁生产的兴趣，使其建立初步、正确的认识，充分理解清洁生产审核开展的必要性。

（1）环境效益

自人类科技快速发展以来，对自然的无节制索取和破坏产生的环境污染逐渐影响了人类的生产、生活和健康，环境问题层出不穷。环境问题的日益严重使得污染治理和资源节约成为必需，清洁生产的概念则始于“消除造成污染的根源”的思想，清洁生产审核是产生环境效益的必要手段。

①清洁生产审核提出的方案可以及时有效地产生环境效益；

②国内外对环境的要求日益严格，需要企业实施清洁生产；

③企业提高环境效益有利于建立良好的企业形象，增强企业软实力；

④良好的环境效益有利于企业取得同行业较高地位。

（2）经济效益

国内外对环境日益严格的要求常常令企业“不堪重负”，经济压力大，以致“偷排”现象频发。清洁生产不同于传统的“末端治理”，不仅要解决环境问题，更要使企业增加经济效益，降低能源、物料单耗，提高产出率、合格率，降低生产成本，从而从源头上减少污染物的产生。

①实施清洁生产可减少资源消耗，增加企业经济效益；

②实施清洁生产可提高产品合格率，增加企业经济效益；

③实施清洁生产可减少污染物产生，降低企业末端治理的投入和排污费用；

④实施清洁生产可提高产品质量，提高企业竞争力；

⑤通过清洁生产审核可帮助企业申请技术资金；

⑥通过清洁生产审核可依据国家和地方相关政策减免部分税费。

（3）其他效益

①清洁生产审核可提高企业管理水平；

②清洁生产审核能提高员工素质；

③清洁生产审核能帮助企业领导全面了解企业情况；

④清洁生产审核有利于企业了解行业水平，确定发展方向。

2. 阐明投入

清洁生产审核需要企业作出一定投入，确保审核工作顺利开展，确保获得更多的效益。

①需要管理人员、技术人员和操作工人必要的时间投入；

②需要一定的监测设备和监测费用投入；

③承担聘请外部专家费用；

④承担编制审核报告费用；

⑤承担实施中 / 高费用清洁生产方案可能产生不利影响的风险，包括技术风险和市场风险。

宣讲效益和阐明投入以及对企业领导和部门负责人进行清洁生产基本知识介绍通常需要举行宣贯会，由企业负责人主持，聘请外部清洁生产专家进行讲座。讲座时需签到并作相关记录，在此基础上，再进行第四步骤“宣传和教育”。

二、组建审核小组

清洁生产审核具体工作的开展必须有由本企业权威人士组建的审核小组进行计划、组织和协调，才能顺利开展。审核小组通常有两个，一个为清洁生产审核领导小组，另一个为清洁生产审核工作小组。企业如果规模较小，人员结构简单，也可只设置一个清洁生产审核小组。

1. 推选组长

（1）清洁生产审核领导小组组长

清洁生产审核领导小组组长是审核小组的核心，通常在审核准备阶段的第一步骤中已经确定，一般情况下，由企业最高层领导兼任。审核小组组长必须熟悉企业的生产、工艺、设备与技术，必须熟悉行业相关政策和与本行业有关的环保法规、环保政策，必须熟悉清洁生产审核的工作程序，熟悉小组成员，在清洁生产审核过程中全面负责筹划与组织、协调各部门的工作。

（2）清洁生产审核工作小组组长

清洁生产审核工作小组组长由领导小组组长推选，通常为领导小组中一名与生产相关的副组长，负责组织协调各阶段的工作，参与审核工作的所有具体内容。工作小组组长同样必须熟悉企业的生产、工艺、设备与技术，必须熟悉行业相关政策和与本行业有关的环境法规、环境政策，必须熟悉清洁生产审核的工作程序，熟悉小组成员，能够调动小组成员配合相关工作。

2. 选择成员

（1）清洁生产审核领导小组成员

清洁生产审核领导小组其他成员包括副组长和组员，成员人数由企业规模决定，各人员各司其职。副组长主要负责协调各部门工作，提供各部门资料，组织方案的产生、筛选、评价、可行性分析；组员根据本职岗位负责审核过程中不同阶段、不同任务的具体工作。一般情况下，小组成员必备的条件包括：

①熟悉清洁生产审核的知识和实施步骤；

②熟悉企业生产、工艺、设备和技术以及本行业新技术；

③熟悉企业的污染物产生和治理情况，熟悉环境相关法律法规和政策；

④能够协调各部门工作，具有组织、宣传和领导各部门的能力。

审核领导小组成员中必须有一名公司财务部门主管或负责人，财务人员主要负责资料提供，应熟悉审核工作程序，但不需要参与审核全过程。在整个审核过程中，不宜中途换人，确保提供材料一致性，能够对所提供的材料做出解释。

（2）清洁生产审核工作小组成员

清洁生产审核工作小组组员由小组组长决定，除包括领导小组部分成员外，主要选择与生产相关的各个分厂、车间或工段负责人以及技术人员，能够在预审核、审核和方案产生筛选、评价等阶段进行相关工作。一般情况下，小组成员必备的条件包括：

①熟悉清洁生产审核的知识和实施步骤；

②熟悉本工段（或本企业）生产、工艺、设备和技术，以及本行业新技术；

③熟悉企业的污染物产生和治理情况，熟悉环境相关法律法规和政策；

④能够协调各部门工作，具有组织、宣传和领导各部门的能力。

审核工作小组成员中，必须有一名来自公司财务部门。在整个审核过程中，不宜中途换人，能够对所提供的材料做出解释。

3. 明确任务

清洁生产审核小组成员的主要工作任务包括：

①制订工作计划；

②开展宣传教育；

③确定审核重点和目标；

④组织和实施审核工作；

⑤编写审核报告；

⑥总结经验，并提出持续清洁生产的建议。

来自企业财务部门的审核成员，应该介入审核过程中一切与财务计算有关的活动（如原辅材料相关费用，产品产量、产值，税费，水、电、天然气、煤等资源消耗相关费用等），准确计算企业清洁生产审核所有方案的投入和收益，并将其单独列账。中小型企业和不具备清洁生产审核技能的大型企业，其审核工作要取得外部专家的帮助和指导。本企业的审核小组还应负责与外部专家联络，研究外部专家的建议并尽量吸收其有用的意见。

审核小组成员的职责应列表说明，表中要列出审核小组成员的姓名，在审核小组中的职务，所在部门职务、职称等。

【案例 3-1】

某汽车有限公司关于成立清洁生产审核领导小组和工作小组的通知

公司各厂、部、办：

根据《中华人民共和国清洁生产促进法》《清洁生产审核办法》和《某市经济和信息化委员会关于下达 2021 年度工业企业清洁生产审核计划的通知》等文件精神，为使我公司清洁生产审核顺利进行，达到“节能、降耗、减排、增效”目的，实现环境效益和经济效益的统一，提高企业的整体竞争能力，经公司研究决定，成立清洁生产审核领导小组和清洁生产审核工作小组，在我公司开展清洁生产审核工作。清洁生产审核领导小组和工作小组名单，见表 3-1、表 3-2。领导小组和工作小组成员各司其职，各负其责，相互协调，共同推进清洁生产审核工作。

表 3-1　某汽车有限公司清洁生产审核领导小组成员表

<table>
<tr><th>姓名</th><th>职务</th><th>职务、职称</th><th>职责</th></tr>
<tr><td></td><td>组长</td><td>总经理</td><td>全面组织筹划、协调各部门工作</td></tr>
<tr><td></td><td>副组长</td><td>副总经理</td><td>配合组长，具体负责组织协调各阶段的工作，组织方案的产生、筛选、评价、可行性分析等全过程</td></tr>
<tr><td></td><td>副组长</td><td>副总经理</td><td>技术负责，负责审核有关技术资料，解决审核过程中的技术问题</td></tr>
<tr><td></td><td>副组长</td><td>财务总监</td><td>提供与审核过程有关的一切财务资料，并进行相关活动</td></tr>
<tr><td></td><td>组员</td><td>生产部部长</td><td rowspan="6">负责本部门的清洁生产工作，审核、实施部门提出的清洁生产方案；汇总方案实施成果，进行部门的持续清洁生产工作</td></tr>
<tr><td></td><td>组员</td><td>安环部部长</td></tr>
<tr><td></td><td>组员</td><td>冲压厂厂长</td></tr>
<tr><td></td><td>组员</td><td>焊装厂厂长</td></tr>
<tr><td></td><td>组员</td><td>涂装厂厂长</td></tr>
<tr><td></td><td>组员</td><td>总装厂厂长</td></tr>
<tr><td></td><td></td><td>清洁生产审核专家</td><td>技术负责，负责审核有关技术资料和组织方案的产生、筛选、评价、推荐，解决全过程中的技术问题</td></tr>
</table>

表 3-2　某汽车有限公司清洁生产审核工作小组成员表

<table>
<tr><th>姓名</th><th>职务</th><th>职务、职称</th><th>职责</th></tr>
<tr><td></td><td>组长</td><td>副总经理</td><td>全面组织筹划、协调各部门工作，负责审核组的全面工作</td></tr>
<tr><td></td><td>副组长</td><td>安环部部长</td><td rowspan="3">配合组长，具体负责组织协调各阶段的工作</td></tr>
<tr><td></td><td>副组长</td><td>生产部部长</td></tr>
<tr><td></td><td>副组长</td><td>财务部副部长</td></tr>
<tr><td></td><td>组员</td><td>冲压厂厂长</td><td rowspan="3">负责生产现场调研、资料收集，组织方案的产生、筛选、评价、推荐，解决全过程中的技术问题</td></tr>
<tr><td></td><td>组员</td><td>焊装厂厂长</td></tr>
<tr><td></td><td>组员</td><td>涂装厂厂长</td></tr>
</table>

姓名	职务	职务、职称	职责
	组员	总装厂厂长	负责生产现场调研、资料收集，组织方案的产生、筛选、评价、推荐，解决全过程中的技术问题
	组员	生产部副部长	
	组员	安环部经理	
	组员	安环部专员	
	组员	生产部现场管理	

三、制订工作计划

制订一个比较详细的清洁生产审核工作计划，有助于审核工作按一定的程序和步骤进行，组织好人力与物力，各司其职，协调配合。只有这样，审核工作才会获得满意的效果，公司的清洁生产目标才能逐步实现。

清洁生产审核小组成立后，第一个工作任务即制订审核计划。需要编制审核工作计划表，该表需包括审核过程的 7 个主要阶段和后续评审的具体工作内容、完成时间、责任部门和负责人姓名，以及该阶段任务完成后需要获得的成果。清洁生产审核所需时间通常为 6 ～ 12 个月，审核的 7 个阶段需在此时间内完成，每个阶段的时间安排应合理、符合实际情况。具体安排可参考表 3-3。

表 3-3 清洁生产审核工作计划

序号	阶段	时间进度	负责人	工作内容	本轮成果
1	审核准备			取得领导支持；组建审核小组；制订工作计划；开展宣传工作	审核领导小组工作小组名单；审核工作计划表；宣贯会、培训班
2	预审核			进行现状调研；进行现场考察，评价产排污现状；确定审核重点；设置清洁生产目标；提出和实施无 / 低费方案	现状调查；生产资料收集清单；污染物监测数据；确定审核重点；确定审核目标；预审核阶段潜力点和方案汇总，无 / 低费方案实施
3	审核			准备审核重点资料；实测输入、输出物流；建立物料平衡；分析废物产生原因；提出和实施无 / 低费方案	物料平衡图表；能源平衡和水平衡图表；污染重、能耗高原因分析；审核阶段潜力点和方案汇总，继续实施无 / 低费方案

序号	阶段	时间进度	负责人	工作内容	本轮成果
4	方案产生和筛选			产生方案；分类汇总方案；筛选方案；优化方案；继续实施无 / 低费方案	清洁生产方案汇总与分类；中 / 高费方案可行性判断；无 / 低费方案实施情况汇总；中 / 高费方案可行性分析　中期审核报告
5	方案确定			进行市场调查；进行技术评估；进行环境评估；进行经济评估；推荐可实施方案	中 / 高费方案技术、经济和环境可行性分析；推荐的可实施方案汇总
6	方案实施			组织方案实施；汇总已实施的无 / 低费方案的成果；验证已实施的中 / 高费方案的成果；分析总结已实施方案对企业的影响	方案实施情况说明；已实施方案效果汇总
7	持续清洁生产			建立和完善清洁生产组织；建立和完善清洁生产管理制度；制订持续清洁生产计划；编写清洁生产审核报告	持续清洁生产组织；清洁生产管理制度；持续清洁生产计划
8	清洁生产审核报告编制			编制审核报告	清洁生产审核报告
9	清洁生产审核评估			与相关行政部门联系，进行技术评审	专家评审，召开评估会
10	清洁生产审核验收			与相关行政部门联系，进行清洁生产审核验收	专家评审，召开验收会

四、开展宣传教育

由于清洁生产是一种新思维、新理念，必须使每个员工都清楚地认识和理解它并积极参与，以保证清洁生产审核工作的顺利开展。广泛开展宣传教育活动，争取企业内部各部门和广大职工的支持，尤其是现场技术人员和一线工人的积极参与，是清洁生产工作顺利进行和取得更大成效的必要条件。

1. 宣传方式和内容

（1）宣传方式

为广泛宣传清洁生产，在取得领导支持和参与的步骤中，已对企业领导层、各分厂或各车间领导、骨干成员进行了清洁生产审核宣贯会，使公司领导层熟悉清洁生产的概念和实施方式。在此基础上，进行深入的宣传教育。

①利用公司部门例会宣传清洁生产相关知识；

②清洁生产专家深入车间，与员工面对面交流；

③清洁生产专家针对不同部门进行小型宣贯会；

④利用宣传栏、宣传标语方式展示清洁生产相关内容；

⑤发放清洁生产培训资料，组织清洁生产知识考试；

⑥奖励提出清洁生产方案的员工和小组。

宣传方式要避免形式主义，避免增加员工负担。应注意沟通交流和正面激励，确保企业员工积极参与，并增加企业主人翁意识。

（2）宣传内容

宣传内容应以宣传资料、宣传栏、企业广播、网站等形式反复出现，内容要条理清晰，举例要尽量贴近企业特点和员工特点。应包含以下几点：

①清洁生产和清洁生产审核的概念，清洁生产审核的程序；

②清洁生产和末端治理的区别；

③清洁生产审核中企业和员工的地位和作用；

④国内外企业清洁生产审核的成功案例；

⑤本行业清洁生产方案；

⑥本行业清洁生产标准；

⑦清洁生产审核过程中的常见问题和意识障碍；

⑧本行业清洁生产的鼓励措施。

此外，企业对审核过程中提出的方案，应及时总结和公示。对提出有效方案的个人和小组，应及时奖励并在宣传材料中展示。随着清洁生产审核工作的开展，宣传的内容也应根据阶段变化而有所更新。

2. 克服障碍

清洁生产审核的宣传教育步骤须达到使企业全体员工人人皆知、共同参与的目的和效果。但清洁生产是一种创造性思维，员工们对它的理解和认识是一个逐渐深入的过程。在此过程中，会遇到一些障碍。障碍主要分为四类：

①思想观念障碍；

②技术障碍；

③资金和物质障碍；

④政策法规障碍。

为使每个员工都能清楚地认识和理解清洁生产，积极参与企业的清洁生产活动，在审核领导小组的领导下，在审核专家的指导下，审核工作小组针对公司清洁生产审核过程中发现的问题以及可能遇到的障碍进行分析，提出一些具体的解决办法。清洁生产常见障碍及解决办法见表 3-4。

表 3-4 清洁生产障碍及解决办法

障碍类型	障碍表现	解决办法
思想认识行动障碍	员工对清洁生产认识不够，认为清洁生产就是清洁卫生	进行清洁生产知识培训
	各个部门相互协作有困难	成立由公司高层领导组成的审核领导小组，协调各部门的清洁生产工作
	各部门生产工作都很紧张，难以保证足够的时间投入	审核工作小组的成员责任明确，各司其职
	清洁生产只与环保有关，与其他部门无关	讲清清洁生产是从原料到产品全过程、全方位的污染预防，要从八大方面实行控制
	清洁生产是有投入而没有效益的工作，会加重企业负担	边审核边用具体的实例和数据证明，清洁生产从源头上削减，可以给企业带来很好的环境效益和经济效益
技术障碍	清洁生产审核技能有待加强；物料平衡难以统计、计算	加强培训；在清洁生产审核专家组的指导和宣传下，由浅入深，由易到难，逐步掌握清洁生产审核技能
资金障碍	缺少实施清洁生产中 / 高费方案的资金	一方面，企业内部挖潜；另一方面，通过银行贷款和申报项目多渠道、多途径筹集资金

宣传教育步骤中，除发放清洁生产审核培训资料外，还应在与一线员工交流的过程中发放清洁生产潜力点收集表，由一线员工填写并形成方案，在第二阶段预审核和第三阶段审核中提交。

【案例 3-2】

某制药企业开展清洁生产审核工作，需对公司全体员工进行清洁生产培训，并制作展板、横幅，采取问答形式对企业员工进行清洁生产知识考查，考查例题如下：

（1）什么是清洁生产？

（2）清洁生产是如何产生和发展的？

（3）我国实施清洁生产的现状如何？

（4）某省加快发展清洁生产的基本思路及对策有哪些？

（5）什么是清洁生产审核？

（6）清洁生产审核的目的和意义有哪些？

（7）清洁生产审核的内容有哪些？

（8）企业如何开展清洁生产审核？

（9）哪些企业必须进行清洁生产审核？审核办法由谁制定？

（10）清洁生产方案是如何产生的？

（11）清洁生产审核如何评估与验收？

（12）为什么要实行落后生产技术、工艺、设备和产品的限期淘汰制度？

（13）限期淘汰的生产技术、工艺、设备和产品的目录由哪个部门制定和发布？

（14）在新建、改建和扩建项目中，如何实施清洁生产？

（15）开办药品生产企业的暂行规定是什么？

（16）制药行业实施清洁生产审核的依据有哪些？

（17）制药行业是否有相关的清洁生产标准或指标体系？

第二节 预审核

预审核是清洁生产审核的第二阶段，目的是通过对企业全貌进行调查与分析，发现清洁生产的潜力和机会；通过对各车间或工序的能耗和污染产生量的分析，确定本轮审核的重点，并针对审核重点设置清洁生产目标。

主要任务是从清洁生产审核的八个方面着手，调查组织活动、服务和产品中最明显的废物和废物流失点；能耗和物耗最多的环节和数量；原料的输入和产出；物料管理状况；生产量、成品率、损失率；管线、仪表、设备的维护与清洗等。以此为基础，确定审核重点。同时，对发现的问题找出对策，实施明显的简单易行的无 / 低费废物削减方案。

预审核阶段工作流程：从生产全过程出发，对企业现状进行调研和考察，摸清污染现状和产污重点，并通过定性比较或定量分析，确定审核重点，制订清洁生产目标，产生针对企业的无 / 低费方案。

一、进行现状调研

1. 企业概况

通过查阅历史和企业运行资料，描述企业的基本情况，包括企业性质、发展简史、生产规模、产品体系、产值与利税、组织结构、人员状况、发展规划，以及企业所在区域的地理、地质、水文、气象、地形和生态环境等基本情况。

2. 企业的生产与管理状况

企业的生产与管理状况，主要从以下几个方面进行调研：

①企业的主要原辅料、主要产品、能源及用水情况，要求以表格形式列出总耗及单耗，并列出主要车间或分厂的情况。

②企业的主要工艺流程，用框图表示。要求标出主要原辅料、水、能源及废弃物的流入、流出和去向。

③企业的设备水平及维护情况，如安装率、完好率、泄漏率等。

④企业的管理状况，包括从原材料采购和库存、生产及操作直到产品出厂的全面管理水平。

【案例 3-3】

以某生活污水处理企业为例，说明企业的主要原辅料、主要产品、能源及用水情况。

（1）原辅材料的消耗情况

企业在生产过程中使用的主要原材料为城市污水，辅料为絮凝剂，能源为煤炭和电力。近3年主要原辅料和能源消耗情况见表3-5。通过近3年能源消耗量的比较可以看出，我厂能耗呈逐步下降的趋势。

表3-5 近3年主要原辅料和能源消耗情况

主要原辅料和能源	单位	近3年消耗总量			近3年单位污水消耗量		
		2014年	2015年	2016年	2014年	2015年	2016年
污水进水量	m^3/a	7 703 861	10 013 315	9 898 958	—	—	—
新鲜水	t	11 211	7 771	10 521			
冲洗回用水	t	—	42 768	—			
絮凝剂（PAM）	t/a	2.775	3.225	2.025	0.36（g/t）	0.32（g/t）	0.21（g/t）
电	kW·h	2 935 487	2 991 392	2 804 830	0.381（kW·h/t）	0.299（kW·h/t）	0.283（kW·h/t）

（2）能源消耗

电由供电干线接入，有电容补偿装置，功率因数在0.95左右。能耗折标系数：电力1.229 t标准煤/万（kW·h）[0.1 229 kg ce/（kW·h）]；自来水2.571 t标准煤/万t。近3年能资源消耗见表3-6。

表3-6 近3年能源、资源消耗情况

名称	2014年		2015年		2016年	
	用量	吨污水消耗	用量	万吨污水消耗	用量	万吨污水消耗
生产用自来水/t	8 969	—	6 217		8 717	
办公生活用水/t	2 242	—	1 554		2 104	
生产用电/（kW·h）	2 923 745	0.380	2 979 426	0.298	2 793 611	0.282
办公生活用电/（kW·h）	11 742	0.001	11 966	0.001	11 219	0.001
综合能耗（当量值）/（g标准煤/t）		46.7		36.7		34.7

2015年，污水处理厂污水提升能耗占总能耗的17.3%，污水生物处理能耗（主要用于曝气供氧）占总能耗的66.5%，污泥处理占总能耗的15.2%，主要能耗在污水处理工段。

（3）主要设备一览表

企业主要生产设备情况见表3-7。根据《高耗能落后机电设备（产品）淘汰目录（第一批）》《部分工业行业淘汰落后生产工艺装备和产品指导目录（2010年本）》《产业结构调整指导目录（2011年本）》《高耗能落后机电设备（产品）淘汰目录（第二批）》（工业和信息化部公告 2012年第14号），我厂生产过程中没有使用国家明令淘汰的耗能设备，符合国家产业政策要求。

表3-7 主要生产设备一览

序号	设备名称	规格型号	数量/（台/套）	功率/kW	备注
1	格栅机	HF2000	1	2.2	
2	格栅机	HF2400	1	2.2	
3	污水泵	WQ2368-609-250	5	30	
4	初沉刮泥机	GB-B-24-7	2	0.75	
5	水下推进器	QJB3/4-1100/2-85/P	12	3	
6	初沉污泥泵	NM076BY01L06B	1	18.6	
7	鼓风机	GM20L	3	160	两台备用
8	二沉池刮泥机	2ZG-24	5	0.75	
9	外回流泵	WL2327-671	4	18.5	一台备用
10	内回流泵	ZQ1210-2（4°）	4	15	两台备用
11	脱水机	DNY2000	12	3	一台备用
12	无轴螺旋输送机	LSW320-9000	1	2.2	
13	无轴螺旋输送机	LSW260-5600	1	1.5	
14	加药设备	PT2660	1	2.38	
15	加药泵	NM031BY01L06B	2	1.5	一台备用
16	污泥泵	NM076BY01L06B	2	8.6	一台备用
17	冲洗泵	KDL50-250IB	1	11	

【案例3-4】

以某生活污水处理企业为例，说明企业的主要工艺流程。

企业主要处理附近城区的生活污水，处理工艺为A^2/O工艺，即厌氧/缺氧/

好氧活性污泥法。污水在流经三个不同功能分区的过程中，在不同微生物菌群的作用下，其中的有机物、氮和磷得到去除，达到同时进行生物除磷和生物除氮的目的。处理达标后的废水输送到某市中水处理厂。污泥处理采用机械浓缩脱水工艺，该生产工艺流程见图 3-1。

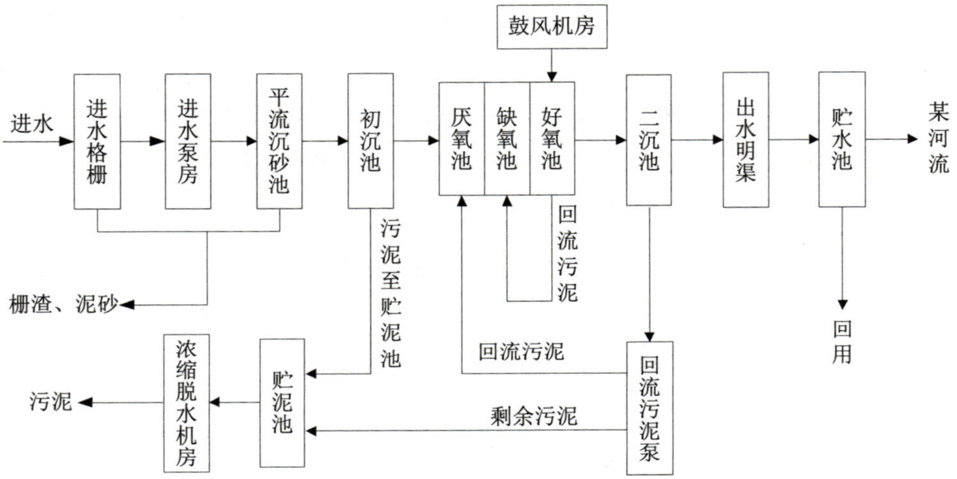

图 3-1 污水处理工艺流程

（1）物理处理工段

污水首先经过粗格栅、细格栅，拦截大块污物，产生栅渣；再通过污水泵提升至平流沉砂池，分离、去除较大的无机颗粒；最后进入初沉池，将污水中较易沉淀的悬浮固体沉淀下来，产生初沉污泥。此阶段去除部分污染物。

（2）生化处理工段

初沉池出水依次进入厌氧池、缺氧池和好氧池，好氧池末端污水和污泥的混合液回流到缺氧池，生物池出水进入二沉池，进行泥水分离，出水排放，污泥一部分回流至厌氧池，余下污泥成为剩余污泥，排到污泥浓缩池。厌氧池的主要功能是通过聚磷菌释放磷，为在好氧池进行磷的超量吸收、实现生物除磷创造条件。在缺氧池中，反硝化菌利用污水中的有机物作为碳源，将回流混合液中的大量 NO_3-N 还原为 N_2，释放至空气中，达到除氮的目的，并使水中 BOD_5 的浓度下降。

在好氧池中，有机物被生物生化降解，氨氮被硝化成硝基氮，同时聚磷菌进行磷的超量吸收，在排除剩余污泥的过程中被除去，完成生物除磷。在生化处理单元，好氧池进行有机物的氧化和氨氮的硝化，缺氧池完成脱氮的功能，厌氧池和好氧池联合完成除磷功能。

（3）污泥处理工段

初沉污泥和剩余污泥在浓缩池混合，充氧曝气沉降浓缩，通过污泥泵排到脱水机房，和 1‰ PAM 混合，利用带式浓缩脱水一体机进行机械脱水，泥饼外运，产生污水回流至一次格栅，进入污水处理系统。调整浓缩池运行工艺，实现污泥曝气、沉降和排掉上清液的需要。

3. 企业的环境保护状况

企业的环境保护状况主要从以下几个方面进行调研。

①主要污染源及其排放情况，包括状态、数量、毒性等；

②主要污染源的治理现状，包括处理方法、效果、问题及单位废弃物的年处理费等；

③“三废”的循环 / 综合利用情况，包括方法、效果、效益以及存在的问题；

④企业涉及的有关环保法规与要求，如排污许可证、区域总量控制、行业排放标准等。

【案例 3-5】

以某生活污水处理企业为例，说明企业的产排污状况。

（1）达标废水

企业进水为附近城区的生活污水，废水中的主要污染物为 COD、BOD_5、TP、SS、NH_3-N。出水执行《城镇污水处理厂污染物排放标准》（GB 18918—2002）一级标准。标准值为 COD $\leqslant$ 50 mg/L，BOD_5 $\leqslant$ 10 mg/L，SS $\leqslant$ 10 mg/L，NH_3-N $\leqslant$ 15 mg/L，TP $\leqslant$ 1 mg/L。污染物排放量，见表 3-8。

表 3-8 污染物排放量

序号	内容	2015 年排放量	2015 年削减量
1	总排水 / 万 t	1001.33	
2	BOD_5/t	110	1 372

序号	内容	2015 年排放量	2015 年削减量
3	COD/t	541	2 874
4	SS/t	230	1 592
5	NH_3-N/t	75.3	488.45
6	TP/t	23.8	19.93

（2）废气

污水处理厂的废气主要为恶臭。

恶臭属于无组织排放，主要为格栅井、进水泵房、沉砂池、厌氧 / 缺氧区、污泥脱水车间等散发出来的臭气，主要恶臭物质为 H_2S。

废气排放标准：

① 厂区粉尘执行《大气污染物综合排放标准》（GB 16297—2001）表 2 中无组织排放监控浓度限值，周界外浓度最高值：颗粒物 1.0 mg/L；

② 恶臭执行《恶臭污染物排放标准》（GB 14554—1993）表 1 中二级标准。

表 3-9　大气污染物排放

污染物产生部位	污染物名称	浓度 / （mg/m^3）		
		平均值	最高值	最低值
生化处理池	H_2S	0.015	0.019	0.012
	NH_3	0.117	0.122	0.113

（3）固体废物、危险废物及重金属

污水处理厂产生的固体废物主要有格栅渣、沉砂、废水处理污泥、水处理药剂包装袋、化学试剂瓶、废润滑油和生活垃圾。废水处理污泥送至本地指定的生活污泥处理中心进行无害化处理，格栅渣、沉砂和生活垃圾送至垃圾填埋场填埋，絮凝剂包装袋、润滑油包装属于危险废物，由供应商回收。

表 3-10　主要固体废物产生和处理情况统计

废物名称	类别	2016 年产生量 /t	处理办法
生活垃圾	一般废物	7.5	送垃圾填埋场填埋
栅渣和沉砂池沉渣	一般废物	100	

废物名称	类别	2016 年产生量 /t	处理办法
废水处理污泥	危险废物	5 584.8	本地区指定的生活污泥处理中心
絮凝剂包装袋、废润滑油包装		0.2	供应商回收

（4）噪声

曝气鼓风机、污泥脱水机、水泵等是噪声的主要来源。车间设备合理布局，主要采用防震、消声、建筑物隔声等措施，经距离衰减。2016 年 6 月，经当地有资质的监测机构监测，厂界噪声，昼间为 48.3 ～ 53.3 dB（A），夜间为 45.1 ～ 47.6 dB（A），均符合《工业企业厂界环境噪声排放标准》（GB 12348—2008）2 类功能区的昼间 60 dB（A）、夜间 50 dB（A）的标准，为达标排放。

二、进行现场考察

1. 现场考察内容

（1）对整个生产过程进行实际考察，即从原料开始，逐一考察原料库、生产车间、成品库和“三废”处理设施。

（2）重点考察各产污、排污环节，水耗或能耗大的环节，设备事故多发的环节或部位。

（3）考察实际生产管理状况，如岗位责任制执行情况、工人技术水平及实际操作状况、车间技术人员及工人的清洁生产意识等。

2. 现场考察方法

（1）对比法。对比资料和现场情况，核查分析有关设计资料和图纸，工艺流程图及其说明，物料衡算、能（热）衡算的情况，设备与管线的选型与布置等。

（2）查阅资料法。查阅现场记录、生产报表（月平均及年平均统计报表）、原料与成品库记录、废弃物报表、监测报表等。

（3）座谈或交流法。与工人和工程技术人员座谈，了解并核查实际的生产与排污情况，听取意见和建议，发现关键问题和部位，同时征集无 / 低费方案。

三、评价产污排污状况

在对比分析国内外同类企业产污排污及能源、原材料利用状况的基础上，对本企业的产污原因进行初步分析，并评价企业执行环保能源法规的情况。

1. 分析企业产污排污状况

（1）在资料调研、现场考察及专家咨询的基础上，汇总国内外同类工艺、同等装备、同类产品先进企业的生产、消耗、产污排污及管理水平，与本企业的各项指标相对照，并列表说明。

（2）对比国内外同类企业的先进水平，结合本企业的原料、工艺、产品、设备等实际状况，确定本企业的理论产污排污及能源利用效率水平。

（3）调查汇总企业目前的实际产污排污及能源利用效率状况。

（4）从影响生产过程的八个方面出发，对产污排污的理论值与实际状况之间的差距进行初步分析，并评价在现状条件下，企业的产污排污及能源利用状况是否合理。

2. 清洁生产水平评价

如果该类行业企业已发布了清洁生产评价指标体系，利用清洁生产评价指标权重及基准值，进行清洁生产水平评价。

【案例 3-6】

现有 A、B、C 三家硫黄制酸生产企业，在清洁生产预审核阶段，审核人员经调查，三家企业各自的指标如表 3-10、表 3-11 所示。试评价三家企业各自的清洁生产水平。

（1）对标行业清洁生产水平评价指标

硫黄制酸企业清洁生产评价指标项目、权重及基准值见表 3-12。

（2）A 企业清洁生产水平分析

将 A 企业的相关指标与Ⅰ级限定性指标对比，因为限定性指标“单位产品二氧化硫产生量”不满足Ⅰ级清洁生产要求。因此，将企业相关指标与Ⅱ级限定性指标对比，全部限定性指标均符合Ⅱ级要求（表 3-13）。再将企业相关指标与Ⅱ级基准值逐项对比，计算Ⅱ级清洁生产综合评价指数，得分为：$Y_{Ⅱ}=100$，$Y_{Ⅱ}>85$（表 3-14）。所以，该企业清洁生产水平等级为Ⅱ级。

表 3-11 三家硫黄制酸企业的现状值

序号	一级指标	一级指标权重	二级指标	单位	二级指标权重	A 企业现状值	B 企业现状值	C 企业现状值
1	生产工艺及装备指标	0.2	* 单套装置生产能力	万 t/a	0.1	65	45	25
2			是否有尾气处理装置	—	0.1	是	是	是
3			* 进入转化器二氧化硫气浓	%	0.3	12	11	11
4			* 二氧化硫总转化率	%	0.3	99.9	99.9	99.7
5			运输车辆“国五”的比例	%	0.2	100	89	85
6	资源能源消耗指标	0.3	* 单位产品综合能耗	kg ce/t 酸	0.4	−220	−190	−140
7			硫黄	kg/t 酸	0.2	330	335	350
8			单位产品取水量	t/t 酸	0.4	1.8	2.5	2.9
9	资源综合利用指标	0.1	吨酸产蒸汽量	t/t 酸	0.6	1.3+0.5	1.2+0.5	1.2
10			尾吸副产品是否利用	—	0.4	是	是	是
11	污染物产生指标	0.3	* 单位产品二氧化硫产生量	g/t 酸	0.8	1 100	1 200	2 500
12			废催化剂产生量	L/t 酸	0.2	0.07	0.09	0.11
13	产品特征指标	0.05	硫酸灰分含量	%	0.2	0.015	0.02	0.09
14			硫酸中铁含量	%	0.2	0.004	0.009	—
15			硫酸中砷含量	%	0.2	0.000 05	0.000 5	0.005
16			硫酸中铅含量	%	0.2	0.004	0.01	—
17			硫酸中汞含量	%	0.2	0.000 5	0.005	—

序号	一级指标	一级指标权重	二级指标	单位	二级指标权重	A企业现状值	B企业现状值	C企业现状值
18	清洁生产管理指标	0.05	*产业政策执行情况	—	0.1	生产规模符合国家和地方相关产业政策，不采用国家限制、淘汰类的生产工艺、装备，不生产国家限制、淘汰类的产品	生产规模符合国家和地方相关产业政策，不采用国家限制、淘汰类的生产工艺、装备，不生产国家限制、淘汰类的产品	生产规模符合国家和地方相关产业政策，但采用国家限制类的生产工艺、装备，或生产国家限制类的产品
19			*环保法律法规执行情况	—	0.1	符合国家和地方有关环境法律、法规，企业污染物排放及能源消耗总量满足国家及地方政府相关标准，满足环评批复、环保“三同时”制度、总量控制和排污许可证管理要求	符合国家和地方有关环境法律、法规，企业污染物排放及能源消耗总量满足国家及地方政府相关标准，满足环评批复、环保“三同时”制度、总量控制和排污许可证管理要求	符合国家和地方有关环境法律、法规，企业污染物排放及能源消耗总量满足国家及地方政府相关标准，满足环评批复、环保“三同时”制度、总量控制和排污许可证管理要求
20			清洁生产审核	—	0.1	按政府规定要求，制订有清洁生产审核工作计划，对原料及生产全流程定期开展清洁生产审核活动，中/高费方案实施率为85%	按政府规定要求，制订有清洁生产审核工作计划，对原料及生产全流程定期开展清洁生产审核活动，中/高费方案实施率为65%	按政府规定要求，制订有清洁生产审核工作计划，原料及生产全流程中部分生产工序定期开展清洁生产审核活动，中/高费方案实施率为55%

序号	一级指标	一级指标权重	二级指标	单位	二级指标权重	A企业现状值	B企业现状值	C企业现状值
21	清洁生产管理指标	0.05	清洁生产管理	—	0.1	按照GB/T 24001建立并运行环境管理体系，建有专门负责清洁生产的领导机构，各成员单位及主管人员职责分工明确；有健全的清洁生产管理制度和奖励管理办法，有执行情况检查记录；制定有清洁生产工作规划及年度工作计划，对规划、计划提出的目标、指标、清洁生产方案，认真组织落实；资源、能源、环保设施运行统计台账齐全；建立、制定环境突发性事件应急预案（预案要通过相应环保部门备案）并定期演练。按行业无组织排放监管的相关政策要求，加强对无组织排放的防控措施，减少生产过程无组织排放	按照GB/T 24001建立并运行环境管理体系，建有专门负责清洁生产的领导机构，各成员单位及主管人员职责分工明确；有健全的清洁生产管理制度和奖励管理办法，有执行情况检查记录；制定有清洁生产工作规划及年度工作计划，对规划、计划提出的目标、指标、清洁生产方案，认真组织落实；资源、能源、环保设施运行统计台账齐全；建立、制定环境突发性事件应急预案（预案要通过相应环保部门备案）并定期演练。按行业无组织排放监管的相关政策要求，加强对无组织排放的防控措施，减少生产过程无组织排放	按照GB/T 24001建立并运行环境管理体系，建有专门负责清洁生产的领导机构，各成员单位及主管人员职责分工明确；有健全的清洁生产管理制度和奖励管理办法，有执行情况检查记录；制定有清洁生产工作规划及年度工作计划，对规划、计划提出的目标、指标、清洁生产方案，认真组织落实；资源、能源、环保设施运行统计台账齐全；建立、制定环境突发性事件应急预案（预案要通过相应环保部门备案）并定期演练。按行业无组织排放监管的相关政策要求，加强对无组织排放的防控措施，减少生产过程无组织排放

序号	一级指标	一级指标权重	二级指标	单位	二级指标权重	A企业现状值	B企业现状值	C企业现状值
22	清洁生产管理指标	0.05	污染物排放监测	—	0.1	按照排污许可证规定的自行监测方案自行或委托第三方监测机构开展监测工作，安排专人专职对监测数据进行记录、整理、统计和分析，公开自行监测信息	按照排污许可证规定的自行监测方案自行或委托第三方监测机构开展监测工作，安排专人专职对监测数据进行记录、整理、统计和分析，公开自行监测信息	按照排污许可证规定的自行监测方案自行或委托第三方监测机构开展监测工作，安排专人专职对监测数据进行记录、整理、统计和分析，公开自行监测信息
23			污染物处理设施运行管理	—	0.1	建有废水、废气处理设施运行中控系统，按照排污许可证规定建立治污设施运行台账	建有废水、废气处理设施运行中控系统，按照排污许可证规定建立治污设施运行台账	按照排污许可证规定建立治污设施运行台账
24			节能管理	—	0.1	按国家规定要求，组织开展节能评估与能源审计工作，实施节能改造项目完成率＞95%	按国家规定要求，组织开展节能评估与能源审计工作，实施节能改造项目完成率＞75%	按国家规定要求，组织开展节能评估与能源审计工作，实施节能改造项目完成率＞60%
25			*危险化学品管理	—	0.1	符合《危险化学品安全管理条例》相关要求	符合《危险化学品安全管理条例》相关要求	符合《危险化学品安全管理条例》相关要求
26			计量器具配备情况	—	0.05	计量器具配备满足国家标准GB 7167、GB24789三级计量配备要求	计量器具配备满足国家标准GB 7167、GB24789三级计量配备要求	计量器具配备满足国家标准GB7167、GB 24789三级计量配备要求

序号	一级指标	一级指标权重	二级指标	单位	二级指标权重	A企业现状值	B企业现状值	C企业现状值
27	清洁生产管理指标	0.05	土壤污染隐患排查	—	0.05	参照国家有关技术规范，建立土壤污染隐患排查制度，保证持续有效防止有毒有害物质渗漏、流失、扬散	参照国家有关技术规范，建立土壤污染隐患排查制度，保证持续有效防止有毒有害物质渗漏、流失、扬散	参照国家有关技术规范，建立土壤污染隐患排查制度，保证持续有效防止有毒有害物质渗漏、流失、扬散
28			一般工业固体废物管理	—	0.05	对一般工业固体废物加以循环利用，利用率为85%，且按照GB 18599相关规定对暂时不利用或者不能利用的一般工业固体废物进行贮存或处置	对一般工业固体废物加以循环利用，利用率为65%，且按照GB 18599相关规定对暂时不利用或者不能利用的一般工业固体废物进行贮存或处置	对一般工业固体废物加以循环利用，利用率为55%，且按照GB 18599相关规定对暂时不利用或者不能利用的一般工业固体废物进行贮存或处置
29			*危险废物管理	—	0.05	根据《危险废物规范化管理指标体系》综合评估，危险废物规范化管理情况为“达标”	根据《危险废物规范化管理指标体系》综合评估，危险废物规范化管理情况为“达标”	根据《危险废物规范化管理指标体系》综合评估，危险废物规范化管理情况为“达标”

注：1.* 的指标项为限定性指标。

2.“—”代表不做具体要求。

表 3-12 硫黄制酸企业清洁生产评价指标项目、权重及基准值

序号	一级指标	一级指标权重	二级指标	单位	二级指标权重	Ⅰ级基准值	Ⅱ级基准值	Ⅲ级基准值
1	生产工艺及装备指标	0.2	*单套装置生产能力	万 t/a	0.1	≥ 60	≥ 40	≥ 20
2			是否有尾气处理装置	—	0.1	是		
3			*进入转化器二氧化硫气浓	%	0.3	≥ 11	≥ 10.5	≥ 10
4			*二氧化硫总转化率	%	0.3	≥ 99.85	≥ 99.80	≥ 99.60
5			运输车辆“国五”的比例	%	0.2	100	≥ 90	≥ 80
6	资源能源消耗指标	0.3	*单位产品综合能耗	kg ce/t 酸	0.4	≤ -200	≤ -180	≤ -130
7			硫黄	kg/t 酸	0.2	≤ 335	≤ 340	≤ 345
8			单位产品取水量	t/t 酸	0.4	≤ 2.0	≤ 2.4	≤ 3.0
9	资源综合利用指标	0.1	吨酸产蒸汽量	t/t 酸	0.6	≥ 1.2+0.5	≥ 1.15+0.4	≥ 1.1
10			尾吸副产品是否利用	—	0.4	是		
11	污染物产生指标	0.3	*单位产品二氧化硫产生量	g/t 酸	0.8	≤ 980	≤ 1 300	≤ 2 620
12			废催化剂产生量	L/t 酸	0.2	≤ 0.08	≤ 0.1	≤ 0.12
13	产品特征指标	0.05	硫酸灰分含量	%	0.2	≤ 0.02	≤ 0.03	≤ 0.10

序号	一级指标	一级指标权重	二级指标	单位	二级指标权重	Ⅰ级基准值	Ⅱ级基准值	Ⅲ级基准值
14	产品特征指标	0.05	硫酸中铁含量	%	0.2	≤ 0.005	≤ 0.010	—
15			硫酸中砷含量	%	0.2	≤ 0.000 1	≤ 0.001	≤ 0.01
16			硫酸中铅含量	%	0.2	≤ 0.005	≤ 0.02	—
17			硫酸中汞含量	%	0.2	≤ 0.001	≤ 0.01	—
18	清洁生产管理指标	0.05	* 产业政策执行情况	—	0.1	生产规模符合国家和地方相关产业政策，不采用国家限制、淘汰类的生产工艺、装备，不生产国家限制、淘汰类的产品		生产规模符合国家和地方相关产业政策，但采用国家限制类的生产工艺、装备，或生产国家限制类的产品
19			* 环保法律法规执行情况	—	0.1	符合国家和地方有关环境法律、法规，企业污染物排放及能源消耗总量满足国家及地方政府相关标准，满足环评批复、环保“三同时”制度、总量控制和排污许可证管理要求		
20			清洁生产审核	—	0.1	按政府规定要求，制订有清洁生产审核工作计划，对原料及生产全流程定期开展清洁生产审核活动，中／高费方案实施率≥ 80%	按政府规定要求，制订有清洁生产审核工作计划，对原料及生产全流程定期开展清洁生产审核活动，中／高费方案实施率≥ 60%	按政府规定要求，制订有清洁生产审核工作计划，原料及生产全流程中部分生产工序定期开展清洁生产审核活动，中／高费方案实施率≥ 50%

序号	一级指标	一级指标权重	二级指标	单位	二级指标权重	Ⅰ级基准值	Ⅱ级基准值	Ⅲ级基准值
21	清洁生产管理指标	0.05	清洁生产管理	—	0.1	按照GB/T 24001建立并运行环境管理体系，建有专门负责清洁生产的领导机构，各成员单位及主管人员职责分工明确；有健全的清洁生产管理制度和奖励管理办法，有执行情况检查记录；制定有清洁生产工作规划及年度工作计划，对规划、计划提出的目标、指标、清洁生产方案，认真组织落实；资源、能源、环保设施运行统计台账齐全；建立、制定环境突发性事件应急预案（预案要通过相应环保部门备案）并定期演练。按行业无组织排放监管的相关政策要求，加强对无组织排放的防控措施，减少生产过程无组织排放		
22			污染物排放监测	—	0.1	按照排污许可证规定的自行监测方案自行或委托第三方监测机构开展监测工作，安排专人专职对监测数据进行记录、整理、统计和分析，公开自行监测信息		
23			污染物处理设施运行管理	—	0.1	建有废水、废气处理设施运行中控系统，按照排污许可证规定建立治污设施运行台账		按照排污许可证规定建立治污设施运行台账
24			节能管理	—	0.1	按国家规定要求，组织开展节能评估与能源审计工作，实施节能改造项目完成率≥90%	按国家规定要求，组织开展节能评估与能源审计工作，实施节能改造项目完成率≥70%	按国家规定要求，组织开展节能评估与能源审计工作，实施节能改造项目完成率≥50%
25			* 危险化学品管理	—	0.1	符合《危险化学品安全管理条例》相关要求		

序号	一级指标	一级指标权重	二级指标	单位	二级指标权重	Ⅰ级基准值	Ⅱ级基准值	Ⅲ级基准值
26	清洁生产管理指标	0.05	计量器具配备情况	—	0.05	计量器具配备满足国家标准 GB 7167、GB 24789 三级计量配备要求		
27			土壤污染隐患排查	—	0.05	参照国家有关技术规范，建立土壤污染隐患排查制度，保证持续有效防止有毒有害物质渗漏、流失、扬散		
28			一般工业固体废物管理	—	0.05	对一般工业固体废物加以循环利用，利用率高于 80%，且按照 GB 18599 相关规定对暂时不利用或者不能利用的一般工业固体废物进行贮存或处置	对一般工业固体废物加以循环利用，利用率高于 60%，且按照 GB 18599 相关规定对暂时不利用或者不能利用的一般工业固体废物进行贮存或处置	对一般工业固体废物加以循环利用，利用率低于 60%，且按照 GB 18599 相关规定对暂时不利用或者不能利用的一般工业固体废物进行贮存或处置
29			* 危险废物管理	—	0.05	根据《危险废物规范化管理指标体系》综合评估，危险废物规范化管理情况为“达标”		

注：1. * 的指标项为限定性指标。

2. “—”代表不做具体要求。

表 3-13　A 企业相关指标与Ⅱ级基准值相对比得分表

序号	一级指标	一级指标权重	二级指标	单位	二级指标权重	Ⅱ级基准值	企业现状值	得分
1	生产工艺及装备指标	0.2	*单套装置生产能力	万 t/a	0.1	≥ 40	45	100
2			是否有尾气处理装置	—	0.1	是	是	100
3			*进入转化器二氧化硫气浓	%	0.3	≥ 10.5	12	100
4			*二氧化硫总转化率	%	0.3	≥ 99.80	99.9	100
5			运输车辆“国五”的比例	%	0.2	≥ 90	100	100
6	资源能源消耗指标	0.3	*单位产品综合能耗	kg ce/t 酸	0.4	≤ -180	-220	100
7			硫黄	kg/t 酸	0.2	≤ 340	330	100
8			单位产品取水量	t/t 酸	0.4	≤ 2.4	1.8	100
9	资源综合利用指标	0.1	吨酸产蒸汽量	t/t 酸	0.6	≥ 1.15+0.4	1.3+0.5	100
10			尾吸副产品是否利用	—	0.4	是	是	100
11	污染物产生指标	0.3	*单位产品二氧化硫产生量	g/t 酸	0.8	≤ 1 300	1 100	100
12			废催化剂产生量	L/t 酸	0.2	≤ 0.1	0.09	100

序号	一级指标	一级指标权重	二级指标	单位	二级指标权重	Ⅱ级基准值	企业现状值	得分
13	产品特征指标	0.05	硫酸灰分含量	%	0.2	≤ 0.03	0.02	100
14			硫酸中铁含量	%	0.2	≤ 0.010	0.009	100
15			硫酸中砷含量	%	0.2	≤ 0.001	0.000 5	100
16			硫酸中铅含量	%	0.2	≤ 0.02	0.01	100
17			硫酸中汞含量	%	0.2	≤ 0.01	0.005	100
18			* 产业政策执行情况	—	0.1	生产规模符合国家和地方相关产业政策，不采用国家限制、淘汰类的生产工艺、装备，不生产国家限制、淘汰类的产品	生产规模符合国家和地方相关产业政策，不采用国家限制、淘汰类的生产工艺、装备，不生产国家限制、淘汰类的产品	100
19			* 环保法律法规执行情况	—	0.1	符合国家和地方有关环境法律、法规，企业污染物排放及能源消耗总量满足国家及地方政府相关标准，满足环评批复、环保“三同时”制度、总量控制和排污许可证管理要求	符合国家和地方有关环境法律、法规，企业污染物排放及能源消耗总量满足国家及地方政府相关标准，满足环评批复、环保“三同时”制度、总量控制和排污许可证管理要求	100
20			清洁生产审核	—	0.1	按政府规定要求，制订有清洁生产审核工作计划，对原料及生产全流程定期开展清洁生产审核活动，中 / 高费方案实施率≥ 60%	按政府规定要求，制订有清洁生产审核工作计划，对原料及生产全流程定期开展清洁生产审核活动，中 / 高费方案实施率 85%	100

序号	一级指标	一级指标权重	二级指标	单位	二级指标权重	Ⅱ级基准值	企业现状值	得分
21	产品特征指标	0.05	清洁生产管理	—	0.1	按照GB/T 24001建立并运行环境管理体系，建有专门负责清洁生产的领导机构，各成员单位及主管人员职责分工明确；有健全的清洁生产管理制度和奖励管理办法，有执行情况检查记录；制定有清洁生产工作规划及年度工作计划，对规划、计划提出的目标、指标、清洁生产方案，认真组织落实；资源、能源、环保设施运行统计台账齐全；建立、制定环境突发性事件应急预案（预案要通过相应环保部门备案）并定期演练。按行业无组织排放监管的相关政策要求，加强对无组织排放的防控措施，减少生产过程无组织排放	按照GB/T 24001建立并运行环境管理体系，建有专门负责清洁生产的领导机构，各成员单位及主管人员职责分工明确；有健全的清洁生产管理制度和奖励管理办法，有执行情况检查记录；制定有清洁生产工作规划及年度工作计划，对规划、计划提出的目标、指标、清洁生产方案，认真组织落实；资源、能源、环保设施运行统计台账齐全；建立、制定环境突发性事件应急预案（预案要通过相应环保部门备案）并定期演练。按行业无组织排放监管的相关政策要求，加强对无组织排放的防控措施，减少生产过程无组织排放	100

序号	一级指标	一级指标权重	二级指标	单位	二级指标权重	Ⅱ级基准值	企业现状值	得分
22	产品特征指标	0.05	污染物排放监测	—	0.1	按照排污许可证规定的自行监测方案自行或委托第三方监测机构开展监测工作，安排专人专职对监测数据进行记录、整理、统计和分析，公开自行监测信息	按照排污许可证规定的自行监测方案自行或委托第三方监测机构开展监测工作，安排专人专职对监测数据进行记录、整理、统计和分析，公开自行监测信息	100
23			污染物处理设施运行管理	—	0.1	建有废水、废气处理设施运行中控系统，按照排污许可证规定建立治污设施运行台账	建有废水、废气处理设施运行中控系统，按照排污许可证规定建立治污设施运行台账	100
24			节能管理	—	0.1	按国家规定要求，组织开展节能评估与能源审计工作，实施节能改造项目完成率≥70%	按国家规定要求，组织开展节能评估与能源审计工作，实施节能改造项目完成率＞95%	100
25			*危险化学品管理	—	0.1	符合《危险化学品安全管理条例》相关要求	符合《危险化学品安全管理条例》相关要求	100
26			计量器具配备情况	—	0.05	计量器具配备满足国家标准 GB 7167、GB 24789 三级计量配备要求	计量器具配备满足国家标准 GB 7167、GB 24789 三级计量配备要求	100

序号	一级指标	一级指标权重	二级指标	单位	二级指标权重	Ⅱ级基准值	企业现状值	得分
27	产品特征指标	0.05	土壤污染隐患排查	—	0.05	参照国家有关技术规范，建立土壤污染隐患排查制度，保证持续有效防止有毒有害物质渗漏、流失、扬散	参照国家有关技术规范，建立土壤污染隐患排查制度，保证持续有效防止有毒有害物质渗漏、流失、扬散	100
28			一般工业固体废物管理	—	0.05	对一般工业固体废物加以循环利用，利用率高于60%，且按照GB 18599相关规定对暂时不利用或者不能利用的一般工业固体废物进行贮存或处置	对一般工业固体废物加以循环利用，利用率为85%，且按照GB 18599相关规定对暂时不利用或者不能利用的一般工业固体废物进行贮存或处置	100
29			* 危险废物管理	—	0.05	根据《危险废物规范化管理指标体系》综合评估，危险废物规范化管理情况为“达标”	根据《危险废物规范化管理指标体系》综合评估，危险废物规范化管理情况为“达标”	100

注：1. * 的指标项为限定性指标。

2.“—”代表不做具体要求。

表 3-14 A 企业相关指标与Ⅱ级基准值相对比综合指数得分表

一级指标名称	一级指标汇总	得分
生产工艺及装备指标	100×0.1+100×0.1+100×0.3+100×0.3+100×0.2	100
资源能源消耗指标	100×0.4+100×0.2+100×0.4	100
资源综合利用指标	100×0.6+100×0.4	100
污染物产生指标	100×0.8+100×0.2	100
产品特征指标	100×0.2+100×0.2+100×0.2+100×0.2+100×0.2	100
清洁生产管理指标	100×0.1+100×0.1+100×0.1+100×0.1+100×0.1+100×0.1+100×0.1+100×0.1+100×0.05+100×0.05+100×0.05+100×0.05	100
综合指数计算		
综合指数得分	Y_{II} = 100×0.2+100×0.3+100×0.1+100×0.3+100×0.05+100×0.05	100

（3）B 企业清洁生产水平分析

将 B 企业的相关指标与Ⅰ级限定性指标进行对比，限定性指标“单套装置生产能力”不符合Ⅰ级清洁生产要求。将 B 企业的相关指标与Ⅱ级限定性指标对比，所有限定性指标都符合Ⅱ级要求（表 3-15）。

再将企业相关指标与Ⅱ级基准值逐项对比，只有“运输车辆‘国五’比例”和“单位产品取水量”两项非限定性指标不符合要求，两项指标的指数得分为 100×0.2×0.2+100×0.4×0.3 = 4+12 = 16，该企业二级清洁生产综合评价指数得分为 Y_{II} = 100−16 = 84，Y_{II} < 85，不符合二级要求。

表 3-15 B 企业相关指标与Ⅱ级基准值对比综合指数得分表

一级指标	计算	得分
生产工艺及装备指标	100×0.1+100×0.1+100×0.3+100×0.3+0×0.2	80
资源能源消耗指标	100×0.4+100×0.2+0×0.4	60
资源综合利用指标	100×0.6+100×0.4	100
污染物产生指标	100×0.8+100×0.2	100
产品特征指标	100×0.2+100×0.2+100×0.2+100×0.2+100×0.2	100
清洁生产管理指标	100×0.1+100×0.1+100×0.1+100×0.1+100×0.1+100×0.1+100×0.1+100×0.1+100×0.05+100×0.05+100×0.05+100×0.05	100
综合指数计算		
综合指数得分	Y_{II} = 80×0.2+60×0.3+100×0.1+100×0.3+100×0.05+100×0.05	84

将B企业的所有指标逐项与Ⅲ级指标对比，所有限定性指标和非限定性指标都符合要求，该企业Ⅲ级清洁生产综合评价指数得分为 $Y_{Ⅲ}=100$，$Y_{Ⅲ}>85$。所以，该企业清洁生产水平等级为Ⅲ级（表3-16）。

表3-16　B企业相关指标与Ⅲ级基准值对比综合指数得分表

一级指标	计算	得分
生产工艺及装备指标	100×0.1+100×0.1+100×0.3+100×0.3+100×0.2	100
资源能源消耗指标	100×0.4+100×0.2+100×0.4	100
资源综合利用指标	100×0.6+100×0.4	100
污染物产生指标	100×0.8+100×0.2	100
产品特征指标	100×0.2+100×0.2+100×0.2+100×0.2+100×0.2	100
清洁生产管理指标	100×0.1+100×0.1+100×0.1+100×0.1+100×0.1+100×0.1+100×0.1+100×0.1+100×0.05+100×0.05+100×0.05+100×0.05	100
综合指数计算		
综合指数得分	$Y_{Ⅲ}=$ 100×0.2+100×0.3+100×0.1+100×0.3+100×0.05+100×0.05	100

（4）C企业清洁生产水平分析

将C企业的相关指标与Ⅰ级限定性指标对比，限定性指标“单套装置生产能力”不符合Ⅰ级清洁生产要求。将C企业的相关指标与Ⅱ级限定性指标对比，限定性指标“单套装置生产能力”不符合Ⅱ级要求。将C企业的相关指标与Ⅲ级限定性指标对比，所有限定性指标“单套装置生产能力”都符合Ⅲ级要求（表3-17）。

再将企业的所有指标逐项与Ⅲ级指标对比，“资源能源消耗”指标下的非限定性指标“硫黄”不符合要求，$Y_{Ⅲ}=94$，$Y_{Ⅲ}<100$，该企业的清洁生产水平达不到Ⅲ级要求。所以，C企业未达到清洁生产要求。

表3-17　C企业相关指标与Ⅲ级基准值对比综合指数得分表

一级指标	计算	得分
生产工艺及装备指标	100×0.1+100×0.1+100×0.3+100×0.3+100×0.2	100
资源能源消耗指标	100×0.4+0×0.2+100×0.4	80
资源综合利用指标	100×0.6+100×0.4	100
污染物产生指标	100×0.8+100×0.2	100
产品特征指标	100×0.2+100×0.2+100×0.2+100×0.2+100×0.2	100

一级指标	计算	得分
清洁生产管理指标	100×0.1+100×0.1+100×0.1+100×0.1+100×0.1+100×0.1+100×0.1+100×0.1+100×0.05+100×0.05+100×0.05+100×0.05	100
综合指数计算		
综合指数得分	$Y_{Ⅲ}$= 100×0.2+80×0.3+100×0.1+100×0.3+100×0.05+100×0.05	94

3. 评价企业环境法规执行状况

评价企业执行国家及当地环保法规及行业排放标准的情况，包括达标情况、缴纳排污费情况、处罚情况等。

四、确定审核重点

通过前面三步的工作，已基本探明了企业存在的问题及薄弱环节，可从中确定本轮审核的重点。审核重点是审核工作的主线，是审核工作的重心所在，也是审核绩效的主要产出点。一旦出现审核重点确定错误，审核过程中的大量工作将前功尽弃。

审核重点的确定，应结合企业的实际综合考虑。对工艺简单、产品单一的中小企业，可不必经过备选审核重点阶段，而依据定性分析，直接确定审核重点。

（一）确定备选审核重点

企业生产通常由若干单元操作构成。单元操作指具有物料的输入、加工和输出功能并能完成某一特定工艺过程的一个或多个工序或工艺设备。原则上，所有单元操作均可作为潜在的审核重点。根据调研结果，通盘考虑企业的财力、物力和人力等实际条件，选出若干车间、工段或单元操作，作为备选审核重点。

根据所获得的信息，列出企业主要问题，从中选出若干问题或环节，作为备选审核重点。

1. 确定备选审核重点的原则

确定备选审核重点时，重点考虑以下环节：

（1）污染物产生量大、排放量大的环节或部位；

（2）资源能源消耗量大的环节或部位；

（3）环境及公众压力大的环节或部位；

（4）有明显的清洁生产机会的环节或部位。

2. 确定备选审核重点的方法

将所收集的数据进行整理、汇总和换算，并列表说明，为后续步骤“确定审核重点”服务。填写数据时，应注意：

（1）消耗及废弃物量应以各备选重点的月或年的总发生量统计；

（2）“能耗”一栏根据企业实际情况调整，可以是标准煤、电、油等能源形式。

3. 备选审核重点的整理

将所收集的数据进行整理、汇总和换算，填写《备选审核重点情况汇总表》。注意：消耗及废弃物量应以各备选重点的月或年总发生量统计。

（二）确定审核重点

确定审核重点的方法有简单比较法和权重总和计分排序法。常用方法为权重总和计分排序法。

1. 简单比较法

根据各备选审核重点的废弃物排放量和毒性及消耗等情况，进行对比、分析和讨论。通常将污染严重、消耗最大、清洁生产机会明显的部位定为第一轮审核重点。

2. 权重总和计分排序法

权重总和计分排序法是一种将定量数据与定性判断相结合的加权评分方法。共包括两个数值：各因素的重要程度，即权重值（W）；对相关数据或信息打分，即分值（R）。具体操作方法：先将 $R \times W$，再求出乘积之和，最后将总分排序。

根据各因素的重要程度，将权重值简单分为三个层次：高重要性（权重值为 8 ～ 10）；中等重要性（权重值为 4 ～ 7）；低重要性（权重值为 1 ～ 3）。从已进行的清洁生产工作来看，在筛选审核重点时，各权重因素值（W）可参照以下数值：

废弃物量 $W=10$

主要消耗 $W=7\sim9$

环保费用 $W=7\sim9$

废物的毒性 $W=7\sim8$

市场发展潜力 $W=4\sim6$

车间积极性 $W=1\sim3$

（1）上述权重值仅为一个范围，实际审核时，每个因素必须确定一个数值。一旦确定，在整个审核过程中不得改动。

（2）统计废弃物量时，应选取企业最主要的污染形式，而不是把水、气、渣进行累计。

（3）可根据实际情况增补项目，如增加 COD 总量项目。

审核小组或有关专家根据收集的信息，结合有关环保要求及企业发展规划，对每个备选重点，就上述各因素，按备选审核重点情况汇总表（表 3-18）提供的数据或信息进行打分，分值（R）为 1 ～ 10，以最高者（10 分）为满分。将打分与权重值相乘（$R\times W$），并求所有乘积之和。为该备选重点总得分排序，最高者即为本次审核重点，依此类推。具体应用见表 3-18。

表 3-18　权重总和计分排序法确定审核重点

因素	权重（W）	备选审核重点得分							
		车间一		车间二		车间三		车间四	
		R	$R\times W$	R	$R\times W$	R	$R\times W$	R	$R\times W$
废弃物量	10	10	100	6	60	4	40	7	70
主要消耗	9	5	45	10	90	8	72	6	54
环保费用	8	10	80	4	32	1	8	3	24
废弃物毒性	7	4	28	10	70	5	35	7	49
市场发展潜力	5	6	30	10	50	2	10	5	25
车间积极性	2	5	10	10	20	7	14	8	16
总分		293		322		179		238	
排序		2		1		4		3	

通过表 3-18 权重总和计分排序法的分析，将车间二确定为清洁生产的审核重点。

五、设置清洁生产目标

设置定量化的硬性指标，才能使清洁生产真正落实，并能据此进行检验与考核，达到通过清洁生产预防污染的目的。

1. 目标设置的原则

（1）清洁生产目标是针对审核重点，设置定量化、可操作并有激励作用的指标；

（2）不仅要有减污、降耗或节能的绝对量，还要有相对量指标，并与现状对照；

（3）具有时限性，要分近期和远期。近期一般指本轮审核基本结束并完成审核报告；

（4）容易被人理解、接受且易于实现。

2. 目标设置的依据

（1）外部的环境管理要求，如达标排放、限期治理等；

（2）行业清洁生产标准、清洁生产指标体系；

（3）本企业历史最高水平；

（4）参照国内外同行业，类似规模、工艺或技术装备的厂家先进水平。

【案例 3-7】

以某企业为例，设置清洁生产目标（表 3-19）。

表 3-19　某企业清洁生产目标一览

序号	项目	现状 /（t/a）	近期目标（至 2022 年年底）		远期目标（至 2025 年）	
			绝对量 /（t/a）	相对量 / %	绝对量 /（t/a）	相对量 / %
1	废水排放量	150 000	削减 30 000	削减 20	削减 60 000	削减 40
2	COD 排放量	1 200	削减 250	削减 20.8	削减 600	削减 50
3	固体废物排放量	80	削减 20	削减 25	削减 80	削减 100

六、提出和实施无 / 低费方案

预审核过程中，在全厂范围内各个环节发现的问题，有相当部分可迅速采取有效措施解决。这些无须投资或投资很少、容易在短期（如审核期间）内见效的措施，称为无 / 低费方案。

预审核阶段的无 / 低费方案是通过调研，特别是现场考察和座谈而不必对生产过程作深入分析便能发现的方案，是针对全厂的；审核阶段的无 / 低费方案是必须深入分析物料平衡结果才能发现的方案，是针对审核重点的。

1. 方案提出的目的和方法

（1）提出和实施无 / 低费方案目的

贯彻清洁生产边审核边实施原则，及时取得成效，滚动式地推进审核工作。

（2）提出和实施无 / 低费方案方法

座谈、咨询、现场查看、分发清洁生产建议表，及时改进、及时实施、及时总结。对于涉及重大改变的无 / 低费方案，应遵循企业正常的技术管理程序。

2. 常见的无 / 低费方案

对于无 / 低费方案，一般从原辅料及能源、技术工艺、过程控制、设备、产品、管理、废弃物、员工等八个方面提出方案。无 / 低费方案举例见表 3-20。

表 3-20　常见无 / 低费方案举例

序号	原因分析	方案举例
1	原辅料及能源	采购量与需求量匹配；加强原料质量（如纯度、水分等）的控制；根据生产操作调整包装的大小及形式
2	技术工艺	改进备料方法；增加捕集装置，减少物料或成品损失；改用易于处理、处置的清洁剂
3	过程控制	选择在最佳配料比下进行生产；增加检测计量仪表；校准检测计量仪表；改善过程控制及在线监控；调整优化反应的参数，如温度、压力等
4	设备	改进并加强设备定期检查和维护，减少“跑冒滴漏”；及时修补完善输热、输气管线的隔热保温
5	产品	改进包装及其标志或说明；加强库存管理
6	管理	清扫地面时改用干扫法或拖地法，以取代水冲洗；减少物料溅落并及时收集；严格岗位责任制及操作过程
7	废弃物	冷凝液的循环使用；现场分类收集可回收的物料与废弃物；余热利用；清、污分流
8	员工	加强员工技术与环保意识的培训；采用各种形式的精神与物质激励措施

第三节　审核

本阶段是对组织审核重点的原材料、生产过程以及浪费的产生进行审核。审核是通过对审核重点的物料平衡、水平衡、能量衡算及价值流分析，分析物料、能量流失和其他浪费的环节，找出废弃物产生的原因，查找物料储运、生产运行、管理以及废弃物排放等方面存在的问题，寻找与国内外先进水平的差距，为清洁生产方案的制定提供依据。

本阶段工作重点是实测输入、输出物流，建立物料平衡，分析废弃物产生原因。

一、准备审核重点资料

1. 收集审核重点的资料

（1）收集基础资料

收集的基础资料见表 3-21。

表 3-21　收集审核重点基础资料

编号	资料类型	收集资料内容
1	工艺资料	工艺流程图；工艺设计的物料、热量平衡数据；工艺操作手册和说明；设备技术规范和运行维护记录；管道系统布局图；车间内平面布局图
2	原材料和产品及生产管理资料	产品的组成及月、年度产量表；物料消耗统计表；产品和原材料库存记录；原料进厂检验记录；能源费用；车间成本费用报告；生产进度表
3	废弃物资料	年度废弃物排放报告；废弃物（水、气、渣）分析报告；废弃物管理、处理和处置费用；排污费；废弃物处理设施运行和维护费
4	国内外同行业资料	国内外同行业单位产品原辅材料消耗情况（审核重点）；国内外同行业单位产品排污情况（审核重点）；列表与本企业比较

（2）现场调查

现场调查的目的主要在于补充验证已有数据。主要工作包括：不同操作周期的取样、化验；现场提问；现场考察、记录；追踪所有物流；建立产品、原料、添加剂及废物流的记录。

2. 编制审核重点的工艺流程图

为了更充分和较全面地对审核重点进行实测和分析，首先应掌握审核重点的工艺过程和输入、输出物流情况。通过工艺流程图，以图解的方式整理、标示工艺过程及进入和排出系统的物料、能源以及废物流的情况。

3. 编制单元的工艺流程图和功能说明表

当审核重点包含较多的单元操作，而一张审核重点流程图难以反映各单元操作的具体情况时，应在审核重点工艺流程图的基础上，分别编制各单元操作工艺流程图和功能说明表。

4. 编制工艺设备的流程图

工艺设备流程图主要是为实测和分析服务。与工艺流程图主要强调工艺过程不同，它强调的是设备和进出设备的物流。设备流程图要求按工艺流程，分别标明重点设备输入、输出物流及监测点。

二、实测输入、输出物流

为在审核阶段重点进行深入细致的物料平衡和废弃物产生原因分析，必须实测审核重点的输入、输出物流。

审核人员要了解与每一个操作相关的功能和工艺变量，核对单元操作和整个工艺的所有资料（包括原材料、中间产品、产品的物料管理与操作方式），为以后的审核工作所用。

对于复杂的生产工艺流程，可能一个单元操作就表明一个简单的生产工艺流程（对于那些主要工艺来说，更是如此），必须将其一一列出、分析，并绘制审核重点的输入与输出示意图。

1. 准备及要求

（1）准备工作

制订现场实测计划，确定监测项目、监测点，确定实测时间和周期；校验监测仪器和计量器具。

（2）要求

①监测项目。应对审核重点全部的输入、输出物流进行实测，包括原料、辅料、水、产品、中间产品、废弃物等。物流中组分的测定根据实际工艺情况而定，有些工艺应测，有些工艺则不一定测，原则是监测项目应满足对废弃物流的分析。

②监测点。监测点的设置须满足物料衡算的要求，即主要的物流进出口要监测，但对因工艺条件所限无法监测的某些中间过程，可用理论计算数值代替。

③实测时间和周期。对周期性（间歇性）生产企业，按正常一个生产周期（由一次配料投入到产品产出为一个生产周期）进行逐个工序的实测，而且至少实测三个周期。对于连续生产的企业，应连续跟班 72 h。输入、输出物流的实测注意同步性，即在同一生产周期内完成相应的输入和输出物流的实测。

④实测的条件。正常工况下，按正确的检测方法进行实测。

⑤现场记录。边实测边记录，及时记录原始数据，并标出测量时的工艺条件（温度、压力等）。

⑥数据单位。数据收集的单位要统一，并注意与生产报表及年、月统计表的可比性。间歇操作的产品，采用单位产品进行统计；连续生产的产品，可用单位时间产量进行统计。

2. 实测及数据汇总

（1）实测

①实测输入物流。输入物流指所有投入生产的输入物，包括进入生产过程的原料、辅料、水、气、中间产品、循环利用物等。包括数量、组分（应有利于废物流分析）、实测时的工艺条件。

②实测输出物流。输出物流指所有排出单元操作或某台设备、某一管线的排出物，包括产品、中间产品、副产品、循环利用物以及废弃物（废气、废渣、废水等）。包括数量、组分（应有利于废物流分析）、实测时的工艺条件。

（2）数据汇总

①汇总各单元操作数据。将现场实测的数据经过整理、换算，汇总在一张或几张表上。

②汇总审核重点数据。在单元操作数据的基础上，将审核重点的输入和输出数据汇总成表，使其更加清楚明了。对于输入、输出物料不能简单加和的，

可根据组分的特点自行编制表格。

三、建立物料平衡

进行物料平衡的目的，是准确判断审核重点的废弃物流，定量地确定废弃物的数量、成分以及去向，从而发现过去无组织排放或未被注意的物料流失，并为产生和研制清洁生产方案提供科学依据。

从理论上讲，物料平衡应满足：物质输入＝物质输出。

1. 进行预平衡测算

根据物料平衡原理和实测结果，考察输入、输出物流的总量和主要组分达到的平衡情况。一般来说，如果输入总量与输出总量之间的偏差在 5% 以内，则可以用物料平衡的结果进行随后的有关评估与分析。但对于贵重原料、有毒成分等的平衡，偏差应更小或应满足行业要求；否则，须检查造成较大偏差的原因，比如，可能是实测数据不准或存在无组织物料排放等情况。这种情况下，应重新实测或补充监测。

2. 编制物料平衡图

物料平衡图是针对审核重点编制的，即用图解的方式将预平衡测算结果表示出来。在此之前，需编制审核重点的物料流程图，即把各单元操作的输入、输出标在审核重点的工艺流程图上。

当审核重点涉及贵重原料和有毒成分时，物料平衡图应标明其成分和数量，或每一成分单独编制物料平衡图。

水平衡是物料平衡的一部分。水若参与反应，则是物料的一部分，但在许多情况下，它并不直接参与反应，而是作为清洗和冷却之用。在这种情况下，当审核重点的耗水量较大时，为了了解耗水过程，寻找减少水耗的方法，应另外编制水平衡图。有些情况下，审核重点的水平衡图并不能全面反映问题，或水耗在全厂占有重要地位，可考虑全厂编制一个水平衡图。

【案例 3-8】

以某酿造企业为例，编制物料平衡图和水平衡图。

根据审核重点分析，本轮清洁生产审核的重点是酿造车间。酿造车间的物料平衡图见图 3-2。

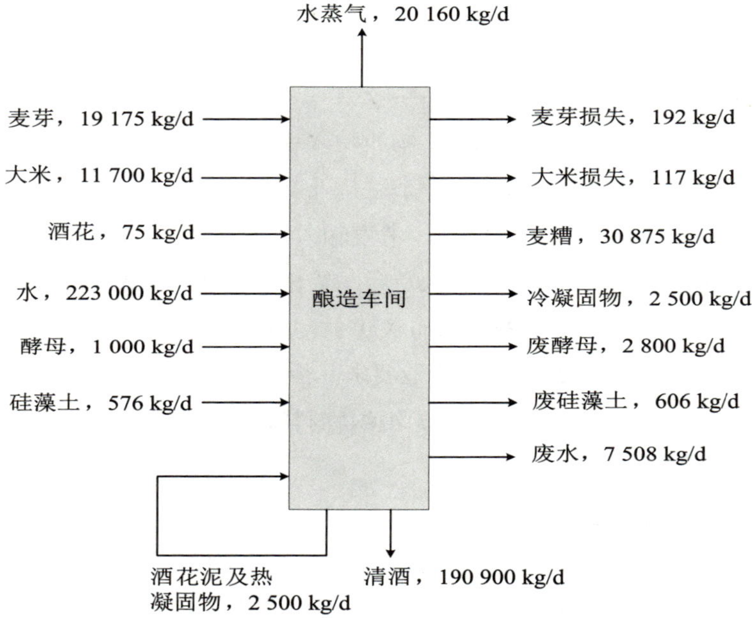

图 3-2 审核重点（酿造车间）物料平衡图

总物料输入＝ 19 175+11 700+75+223 000+1 000+576+2 500 ＝ 258 026

总物料输出＝ 20 160+192+117+30 875+2 500+2 800+606+7 508+2 500+190 900 ＝ 25 8158

物料输入与输出的偏差为（258 158−258 026）/258 028×100% ＝ 0.05%，物料损耗小于 5%，数据可作为物料平衡分析的基础。

3. 阐述物料平衡结果

在实测输入、输出物流及物料平衡的基础上，寻找废弃物及其产生部位，阐述物料平衡结果，对审核重点的生产过程做出评估，主要内容如下：

（1）物料平衡的偏差；

（2）实际原料利用率；

（3）物料流失部分（无组织排放）及其他废弃物产生环节和产生部位；

（4）废弃物（包括流失的物料）的种类、数量和所占比例，以及对生产和环境的影响部位。

四、分析废物产生原因及能耗、物耗高的原因

一般来说，如果输入总量与输出总量之间的误差在5%以内，则可以用物料平衡的结果进行随后的有关评估与分析；否则，须检查造成较大误差的原因，重新进行实测和物料平衡。针对每一个物料流失和废弃物产生部位进行分析，找出它们产生的原因。可从影响生产过程的八个方面进行分析。

1. 原辅料和能源

原辅料指生产中的主要原料和辅助用料，包括添加剂、催化剂、水等；能源指维持正常生产所用的动力源，包括电、煤、蒸汽、油等。因原辅料及能源导致产生废弃物，主要有以下几个方面的原因：

（1）原辅料不纯和（或）未净化；

（2）原辅料储存、发放、运输中的流失；

（3）原辅料的投入量和（或）配比的不合理；

（4）原辅料及能源的超定额消耗；

（5）有毒、有害原辅料的使用；

（6）未利用清洁能源和二次资源。

2. 技术工艺

因技术工艺而导致产生废弃物，有以下几个方面的原因：

（1）技术工艺落后，原料转化率低；

（2）设备布置不合理，无效传输线路过长；

（3）反应及转化步骤过长；

（4）连续生产能力差；

（5）工艺条件要求过严；

（6）生产稳定性差；

（7）需使用对环境有害的物料。

3. 设备

因设备而导致产生废弃物，有以下几个方面的原因：

（1）设备破旧、漏损；

（2）设备自动化控制水平低；

（3）有关设备之间配置不合理；

（4）主体设备和公用设施不匹配；

（5）设备缺乏有效维护和保养；

（6）设备的功能不能满足工艺要求。

4. 过程控制

因过程控制而导致产生废弃物，主要有以下几个方面的原因：

（1）计量检测、分析仪表不齐全，或监测精度达不到要求；

（2）某些工艺参数（如温度、压力、流量、浓度等）未能得到有效控制；

（3）过程控制水平不能满足技术工艺要求。

5. 产品

产品包括审核重点内生产的产品、中间产品、副产品和循环利用物。因产品而导致产生废弃物，主要有以下几个方面的原因：

（1）产品储存和搬运过程中的破损、漏失；

（2）产品的转化率低于国内外先进水平；

（3）不利于环境的产品规格和包装。

6. 废弃物

因废弃物本身具有的特性而未加利用导致产生废弃物，主要有以下几个方面的原因：

（1）对可利用废弃物未进行再利用和循环使用；

（2）废弃物的物理化学性能不利于后续的处理和处置；

（3）单位产品废弃物产生量高于国内外先进水平。

7. 管理

因管理而导致产生废弃物，有以下几个方面的原因：

（1）有利于清洁生产管理的条例、岗位操作规程等未能得到有效的执行。

（2）现行管理制度不能满足清洁生产的需要：

①岗位操作规程不够严格；

②生产记录（包括原料、产品和废物）不完整；

③信息交换不畅；

④缺乏有效的奖惩方法。

8. 员工

因员工而导致产生废弃物，有以下几个方面的原因：

（1）员工素质不能满足生产需要：缺乏优秀管理人员，缺乏专业技术人员，缺乏熟练人员，员工的技能不能满足本岗位的要求。

（2）缺乏对员工主动参与清洁生产的激励措施。

五、提出与实施无 / 低费方案

主要针对审核重点，根据废弃物产生原因分析，提出并实施无 / 低费方案。同样，对无 / 低费方案，应采取“边审核，边实施”原则。

第四节　方案的产生和筛选

方案的产生和筛选是企业清洁生产审核工作的第四阶段。目的是通过方案的产生、筛选、研制，为下一阶段可行性分析提供足够的中 / 高费清洁生产方案。工作重点是根据审核阶段的结果，制定审核重点的清洁生产方案；在分类汇总的基础上，经过筛选确定出两个以上中 / 高费方案，供下一阶段进行可行性分析；对已实施的无 / 低费方案实施效果核定与汇总；编写清洁生产中期审核报告。

一、产生方案

清洁生产方案的数量、质量和可实施性直接关系到企业清洁生产审核的成效，是审核过程的一个关键环节。因此，应广泛发动群众征集、产生各类方案。

（1）广泛采集创新思路

在全厂范围内，利用各种渠道和多种形式进行宣传动员，鼓励全体员工提出清洁生产方案或合理化建议。通过实例教育克服思想障碍，制定奖励措施，以鼓励创造性思想和方案的产生。

（2）根据物料平衡，针对废弃物产生原因，分析产生方案

进行物料平衡和废弃物产生原因分析，目的就是为清洁生产方案的产生提供依据。方案的产生要紧密结合这些结果，只有这样才能使所产生的方案具有针对性。

（3）广泛收集国内外同行业先进技术

类比是产生方案的一种快捷、有效的方法。应组织工程技术人员广泛收集国内外同行业的先进技术，并以此为基础，结合本企业的实际情况，制定清洁生产方案。

（4）向行业专家进行技术咨询

当企业利用本身的力量难以完成某些方案时，可以借助外部力量，向行业专家进行技术咨询，这对启发思路、畅通信息很有帮助。

（5）全面系统地产生方案

清洁生产涉及企业生产和管理的各个方面。虽然物料平衡和废弃物产生原因分析有助于方案的产生，但是在其他方面也可能存在一些清洁生产的机会。可以从影响生产过程的八个方面全面系统地产生方案：原辅材料和能源替代、技术工艺改造、设备维护和更新、过程优化控制、产品更换或改进、废弃物回收利用和循环使用、加强管理、员工素质的提高及积极性的激励。

二、分类汇总方案

对所有的清洁生产方案，不论已实施的还是未实施的，不论是属于审核重点的还是不属于审核重点的，均按上述八个方面列表，简述其原理和实施后的预期效果。

三、筛选方案

在进行方案筛选时，可采用两种方法：一是用比较简单的方法进行初步筛

选，二是采用权重总和计分排序法进行筛选和排序。

1. 初步筛选法

初步筛选法是对已产生的所有清洁生产方案进行简单检查和评估，从而分出可行的无 / 低费方案、初步可行的中 / 高费方案和不可行方案三大类。其中，可行的无 / 低费方案可立即实施，初步可行的中 / 高费方案可供下一阶段研制和进一步筛选，不可行的方案则搁置或否定。

（1）确定初步筛选因素

初步筛选因素可考虑技术可行性、环境效果、经济效益、实施的难易程度，以及对生产和产品的影响等几个方面。

①技术可行性主要考虑该方案的成熟程度，是否已在企业内部其他部门或同行业其他企业采用过，以及采用的条件是否基本一致。

②环境效果主要考虑该方案是否可以减少废弃物的数量和毒性，是否能改善工人的操作环境等。

③经济效益主要考虑投资和运行费用能否承受得起，是否有经济效益，能否减少废弃物的处理处置费用等。

④实施的难易程度主要考虑是否在现有的场地、公用设施、技术人员等条件下即可实施，或稍做改进即可实施，实施的时间长短等。

⑤对生产和产品的影响主要考虑方案的实施对企业正常生产的影响以及方案实施后对产量、质量的影响。

（2）进行初步筛选

在进行方案的初步筛选时，可采用简易筛选法，即组织企业领导和工程技术人员进行讨论来决策。

方案的简易筛选方法基本步骤如下：第一步，参照前述筛选因素的确定方法，结合本企业的实际情况确定筛选因素。第二步，确定每个方案与这些筛选因素之间的关系，若是正面影响关系，则打“√”；若是反面影响关系，则打“×”。第三步，综合评价，得出结论。

2. 权重总和计分排序法

权重总和计分排序法适合于处理方案数量较多或指标较多、相互比较有困难的情况，一般仅用于中 / 高费方案筛选和排序。

方案的权重总和计分排序法基本等同于审核重点的权重总和计分排序法，只是权重因素和权重值可能有些不同。权重因素和权重值的选取，可参照以下几个方面执行。具体方法参见表 3-22。

表 3-22 权重总和计分排序法（筛选方案）

因素	权重值 W	方案							
		方案 1		方案 2		……		方案 n	
	(1~10)	R(1~10)	R×W	R(1~10)	R×W	R(1~10)	R×W	R(1~10)	R×W
环境效果									
经济可行性									
技术可行性									
可实施性									
总分									
排序									

①环境效果。权重值 W 为 8 ～ 10 分，主要考虑是否减少了对环境有害物质的排放量及其毒性，是否减少了对工人安全和健康的危害，是否能够达到环境标准等。

②经济可行性。权重值 W 为 7 ～ 10 分，主要考虑费用效益比是否合理。

③技术可行性。权重值 W 为 6 ～ 8 分，主要考虑技术是否成熟、先进，能否找到有经验的技术人员，国内外同行业是否有成功的先例，是否易于操作、维护等。

④可实施性。权重值 W 为 4 ～ 6 分，主要考虑方案实施对生产的影响，施工难度、周期，工人是否易于接受等。

3. 汇总筛选结果

按可行的无 / 低费方案、初步可行的中 / 高费方案和不可行方案列表，汇总方案的筛选结果。

四、研制方案

经过筛选得出的初步可行的中 / 高费清洁生产方案，投资额较大，而且一般对生产工艺过程有一定程度的影响，因而需要进一步研制。主要是进行一些工程化分析，从而提供两个以上方案，供下一阶段作可行性分析。

1. 内容

方案的研制内容包括以下四个方面：

①方案的工艺流程图；

②方案的主要设备清单；

③方案的费用和效益估算；

④编写方案说明。对每一个初步可行的中/高费清洁生产方案均应编写方案说明，主要包括技术原理、主要设备、主要的技术及经济指标、可能的环境影响等。

2. 原则

一般来说，对筛选出来的每一个中/高费方案进行研制和细化时，都应考虑以下几个原则：

（1）系统性

考察每个单元操作在一个新的生产工艺流程中所处的层次、地位和作用，以及与其他单元操作的关系，从而确定新方案对其他生产过程的影响，并综合考虑经济效益和环境效果。

（2）闭合性

尽量使工艺流程对生产过程中的载体，如水、溶剂等，实现闭路循环。

（3）无害性

清洁生产工艺应该是无害（至少是少害）的生态工艺，要求不污染（或轻污染）空气、水体和地表土壤；不危害操作工人和附近居民的健康；不损坏风景区、休憩地的美学价值；生产的产品要提高其环保性，使用可降解原材料和包装材料。

（4）合理性

合理性是指合理利用原料，优化产品的设计和结构，降低能耗和物耗，减少劳动量和劳动强度等。

五、继续实施无 / 低费方案

经过分类和分析，对一些投资费用较少、见效较快的方案，要继续贯彻边审核、边削减污染物的原则，组织人员、物力，实施经筛选确定可行的无 / 低费方案。

六、核定并汇总无 / 低费方案实施效果

对已实施的无 / 低费方案，包括在预审核和审核阶段所实施的无 / 低费方案，应及时核定其效果并进行汇总分析。核实及汇总内容包括方案序号、名称、实施时间、投资、运行费、经济效益和环境效益。

七、编写清洁生产中期审核报告

编写清洁生产中期审核报告在方案产生和筛选工作完成之后进行，是对前面所有工作的总结。清洁生产中期审核报告的内容如下：

1. 前言
2. 审核准备
   2.1 审核小组
   2.2 审核工作计划
   2.3 宣传和教育
3. 预审核
   3.1 企业概况
   3.2 产污和排污现状分析
   3.3 确定审核重点
   3.4 清洁生产目标
4. 审核
   4.1 审核重点概况

4.2 输入、输出物流的测定
4.3 物料平衡
4.4 废物产生原因分析
5. 方案产生和筛选
5.1 方案汇总
5.2 方案筛选
5.3 方案研制
5.4 无 / 低费方案的实施效果分析

第五节　方案的确定

方案的确定是企业进行清洁生产审计工作的第五个阶段。本阶段的目的是对筛选出来的中 / 高费清洁生产方案进行分析和评估，以便选择最佳的、可实施的清洁生产方案。本阶段工作重点是，在结合市场调查和收集一定资料的基础上，进行方案的技术、环境、经济的可行性分析和比较，从中选择和推荐最佳的可行方案。

最佳的可行方案是指在技术上先进适用，在经济上合理有利，又能保护环境的最优方案。

一、进行市场调查

清洁生产方案涉及以下情况时，需首先进行市场调查，为方案的技术与经济可行性分析奠定基础：

①拟对产品结构进行调整；

②有新的产品（或副产品）产生；

③将得到用于其他生产过程的原材料。

1. 调查市场需求

①国内同类产品的价格、市场总需求量；

②当前同类产品的总供应量；

③产品进入国际市场的能力；

④产品的销售对象（地区或部门）；

⑤市场对产品的改进意见。

2. 预测市场需求

①国内市场发展趋势预测；

②国际市场发展趋势分析；

③产品开发生产销售周期与市场发展的关系。

3. 确定方案的技术途径

通过市场调查和市场需求预测，对原来方案中的技术途径和生产规模做相应调整。在进行技术、环境、经济评估之前，要最后确定方案的技术途径。每一方案中应包括 2 ～ 3 种不同的技术途径以供选择，其内容应包括以下几个方面：

①方案技术工艺流程详图；

②方案实施途径及要点；

③主要设备清单及配套设施要求；

④方案所达到的技术经济指标；

⑤可产生的环境、经济效益预测；

⑥方案的投资总费用。

二、进行技术评估

对初步筛选的中 / 高费清洁生产方案进行技术评估，评估项目在预定条件下，为达到投资目的而采用的工程技术、工艺路线、技术设备是否有其先进性、实用性和可实施性。可以从以下方面进行：

①方案设计中采用的工艺路线、技术设备在经济合理的条件下的先进性、适用性；

②与国家有关的技术政策和能源政策的相符性；

③技术引进或设备进口要符合我国国情，引进技术后要有消化吸收能力；

④资源的利用率和技术途径合理；

⑤技术设备操作上安全、可靠；

⑥技术成熟（如国内有实施的先例）。

三、进行环境评估

清洁生产方案都应该有显著的环境效益，但也要防止在实施后会对环境产生新的影响。因此，对生产设备的改进、生产工艺的变更、产品及原材料的替代等清洁生产方案，必须进行环境评估。环境评估是方案可行性分析的核心。评估应包括以下内容：

①资源的消耗与资源可持续利用要求的关系；

②生产中废弃物排放量的变化；

③污染物组分的毒性及其降解情况；

④污染物的二次污染；

⑤操作环境对人员健康的影响；

⑥废弃物的复用、循环利用和再生回收。

四、进行经济评估

经济评估是对清洁生产方案的综合性全面经济分析，它应在方案通过技术评估和环境评估后再进行。若前二者通不过，则不必进行方案的经济评估。

经济评估的基本目标是说明资源的利用优势，它以项目投资所能增加的效益为评价内容。经济评估主要计算方案实施时所需各种费用的投入和所节约的费用，以及各种附加的效益，通过分析比较，选择耗费最少和经济效益最佳的方案，为投资决策提供科学依据。

经济评估主要采用现金流量分析和财务动态获利性分析等方法。

1. 总投资费用（I）

一般情况下，总投资包括项目建设投资、建设期利息、项目流动资金。

项目总投资＝建设投资＋建设期利息＋流动资金

其中，建设项目投资包括固定资产投资、无形资产投资、开办费、不可预见费等。建设期利息指项目贷款在建设期中的利息，项目竣工时，应计入固定资产值。流动资金指为项目启动而增加的原料、物料等费用。由于进行技术改造引起资金较原生产线所需增加，计算时需要区别哪些是由于方案改造而增加的流动资金，哪些是方案改造前所需的流动资金。在投资汇总中，只考虑前者。

在项目有政策补贴或其他来源补贴时：

总投资费用（I）＝项目总投资－总补贴

2. 年净现金流量（F）

从企业角度来看，企业的经营成本、工商税和其他税金以及利息支付都是现金流出。销售收入是现金流入。企业从建设总投资中提取的折旧费可由企业用于偿还贷款，而也是企业现金流入的一部分。

净现金流量是现金流入和现金流出之差额，年净现金流量就是一年内现金流入和现金流出的代数和。

年净现金流量（F）＝销售收入－经营成本－各类税－年折旧费

＝年净利润＋年折旧费

3. 投资偿还期（N）

投资偿还期是指项目投产后，以项目获得的年净现金流量来回收项目建设总投资所需的年限。可用下列公式计算：

$$N=\frac{I}{F}$$

式中，I 为总投资费用；F 为年净现金流量。

4. 净现值（NPV）

净现值是指在项目经济寿命周期内（或折旧年限内）将每年的净现金流量按规定的贴现率折现到计算期初的基年（一般为投资期初）现值之和。净现值是动态获利性分析指标之一，贴现率 i 的数值可以查阅贴现系数资料。其计算公式为

$$\mathrm{NPV}=\sum_{j=1}^{n}\frac{F}{(1+i)^{j}}-I$$

式中，i 为贴现率；n 为项目寿命周期（或折旧年限）；j 为年份。

5. 净现值率（NPVR）

净现值率为单位投资额所得到的净收益现值。如果两个项目投资方案的净现值相同而投资额不同，则应以单位投资能得到的净现值进行比较。即以净现值率进行选择。其计算公式是

$$\mathrm{NPVR}=\frac{\mathrm{NPV}}{I}\times 100\%$$

净现值和净现值率均按规定的折现率进行计算确定，它们还不能体现出项目本身内在的实际投资收益率。因此，还需采用内部收益率指标来判断项目的真实收益水平。

6. 内部收益率（IRR）

内部收益率是投资项目在计算期内各年净现金流量现值累计为 0 时的贴现率，即

$$\mathrm{NPV}=\sum_{j=1}^{n}\frac{F}{(1+\mathrm{IRR})^{j}}-I=0$$

计算内部收益率的简易方法可用试差法。

$$\mathrm{IRR}=i_1+\frac{\mathrm{NPV}_1(i_2-i_1)}{\mathrm{NPV}_1+\left|\mathrm{NPV}_2\right|}$$

式中，i_1 为当净现值 NPV_1 为接近于 0 的正值时的贴现率；i_2 为当净现值 NPV_2 为接近于 0 的正值时的贴现率。NPV_1、NPV_2 分别为试算贴现率 i_1 和 i_2 对应的净现值。

i_1 和 i_2 可查表获得。i_1 和 i_2 的差值为 1% ～ 2%。

内部收益率是项目投资的盈利率，反映投资效益，可用以确定能接受贷款的最低条件。在多个投资方案供选择时，应选择最大值。

7. 经济评估准则

①投资偿还期（N）应小于定额投资偿还期（视项目不同而定）。定额投资偿还期一般是由各个工业部门结合企业生产特点，在总结过去建设经验统计资料的基础上，统一确定的回收期限。有的根据贷款条件而定。一般情况下：

中费项目 $N<3$ 年

较高费项目 $N<5$ 年

高费项目 $N<10$ 年

投资偿还期小于定额偿还期，项目投资方案可接受。

②净现值为正值，$NPV \geqslant 0$。当项目的净现值大于或等于 0 时（为正值），则认为此项目投资可行；如净现值为负值，就说明该项目投资收益率低于贴现率，应放弃此项目投资；在两个以上投资方案中进行选择时，应选择净现值最大的方案。

③净现值率最大。在比较两个以上投资方案时，不仅要考虑项目的净现值大小，而且要选择净现值率最大的方案。

④内部收益率（IRR）应大于基准收益率或银行贷款利率。IRR 是项目投资的最高盈利率，也是项目投资所能支付贷款的最高临界利率。如果贷款利率高于内部收益率，则项目投资会造成亏损。因此，内部收益率反映了实际投资效益，可用以确定能接受投资方案的最低条件。

【案例 3-9】

某企业清洁生产审核中 / 高费方案的经济可行性分析。

某企业通过清洁生产审核，提出了冷凝水余热回收的清洁生产方案。经过筛选，确定冷凝水余热回收方案在技术上可行，现需要进行经济可行性分析。该项目总投资费用（I）为 70.72 万元，年净现金流量（F）为 18.1 万元，取设备折旧期 $n=10$ 年，贴现率 $i=8\%$。试计算该项目的投资偿还期 N、净现值 NPV 和内部收益率 IRR。

解：投资偿还期 N 为

$N=I/F=70.72/18.1=3.91$（年）

在设备折旧年限为 10 年、利率为 8% 时，贴现系数为 6.7101，则

$NPV=F\times$ 贴现系数 $-I$

$=18.1\times6.7101-70.72$

$=50.73$（万元）

当 $i=22\%$，$NPV_1=18.1\times3.923\,2-70.72=0.29$

当 $i=23\%$，$NPV_2=18.1\times3.799\,3-70.72=-1.95$

$$IRR = i_1 + \frac{NPV_1(i_2 - i_1)}{NPV_1 + |NPV_2|} = 22\% + \frac{0.29 \times (0.23 - 0.22)}{0.29 + 1.95}\% = 22.13\%$$

五、推荐可实施方案

汇总列表，比较各投资方案的技术、环境、经济评估结果，确定最佳可行的推荐方案，再按国家或地方的程序进行项目实施前的准备。

第六节　方案的实施

本阶段目的是通过推荐方案（经分析可行的中 / 高费最佳可行方案）的实施，提高企业的清洁生产水平，并获得显著的经济和环境效益。同时，通过评估已实施的清洁生产方案效益，激励企业推行清洁生产。

方案实施阶段工作程序包括实施前准备、实施方案、评估方案实施效果。本阶段的工作重点是组织方案实施、汇总已实施方案效益、评价已实施中 / 高费方案的效果、整体评价已实施方案对企业的影响。

一、组织方案实施

1. 统筹规划

可行性分析完成之后，从筹措实施方案的资金开始，直至正常运行与生产，这是一个非常繁杂的过程。首先应该把其间所做的工作一一列出，制订一个比较详细的实施计划和时间进度表。一般来说，这些内容包括：筹措资金；设计；征地、现场开发；申请施工许可证；兴建厂房；设备选型调研、设计、加工或订货；落实公共设施的服务；设备安装；企业操作、维修、管理班子；制订各项规程；人员培训；原材料准备；试车；正常运行与生产。

上述各项内容中，落实资金与落实施工力量是比较关键的内容。需要筹划的内容有：筹措资金；设计；征地、现场开发；申请施工许可；兴建厂房；设备选型、调研、设计、加工或订货；落实配套公共设施；设备安装；组织操作、维修、管理班子；制订各项规程；人员培训；原辅料准备；应急计划（突发情况或障碍）；施工与企业正常生产的协调；试运行与验收；正常运行与生产。

统筹规划时，建议采用甘特图形式制订实施进度表。在时间进度表中，还应列出具体的负责单位，以利于责任分工。

2. 筹措资金

（1）资金的来源

资金的来源有两个渠道：一是企业内部自筹资金，包括现有资金和通过实施清洁生产无 / 低费方案，逐步积累的资金。二是企业外部资金，包括国内借贷资金，如国内银行贷款等；国外借贷资金，如世界银行贷款等；其他资金来源，如国际合作项目赠款、环保资金返回款、政府财政专项拨款、发行股票和债券融资等。

（2）合理安排有限的资金

若同时有数个方案需要投资实施，则要考虑如何合理有效地利用有限的资金。

在方案可分别实施且不影响生产的条件下，可以对方案实施顺序进行优化，先实施某个或某几个方案，然后利用方案实施后的收益作为其他方案的启动资金，使方案滚动实施。汇总已实施的无 / 低费方案的成果。

已实施的无 / 低费方案的成果有两个主要方面：环境效益和经济效益。通过调研、实测和计算，分别对比各项环境指标，包括物耗、水耗、电耗等资源消耗指标以及废水量、废气量、固体废物量等废弃物产生指标在方案实施前后的变化，从而获得无 / 低费方案实施后的环境效益；分别对比产值、原材料费用、能源费用、公共设施费用、水费、污染控制费用、维修费、税金以及净利润等经济指标在方案实施前后的变化，从而获得无 / 低费方案实施后的经济效益。最后，对本轮清洁生产审计中无 / 低费方案的实施情况做阶段性总结。

3. 实施方案

方案的立项、设计、施工、验收等，按照国家、地方或部门的有关规定执行：无 / 低费方案的实施过程也要符合企业的管理和项目的组织、实施程序。

二、评价已实施的中 / 高费方案的成果

对已实施的中 / 高费方案成果，进行技术、环境、经济和综合评价。

1. 技术评价

主要评价各项技术指标是否达到原设计要求。若没有达到要求，说明如何改进。

2. 环境评价

环境评价主要对中 / 高费方案实施前后各项环境指标进行追踪，并与方案的设计值相比较，考察方案的环境效果以及企业环境形象的改善。

通过方案实施前后的数字，可以获得方案的环境效益；通过方案的设计值与方案实施后的实际值的对比，即方案理论值与实际值的对比，可以分析两者差距，对方案进行完善。

3. 经济评价

经济评价是评价中 / 高费清洁生产方案实施效果的重要手段。分别对比产值、原材料费用、能源费用、公共设施费用、水费、污染控制费用、维修费、税金以及净利润等经济指标在方案实施前后的变化以及实际值与设计值的差距，从而获得中 / 高费方案实施后所产生的经济效益情况。

4. 综合评价

通过对每一个中 / 高费清洁生产方案进行技术、环境、经济三个方面的评价，可以对已实施的各个方案成功与否做出综合、全面的评价。

三、分析总结已实施方案对企业的影响

无 / 低费和中 / 高费清洁生产方案经过征集、设计、实施等环节，使企业面貌有了改观。有必要进行阶段性总结，以巩固清洁生产成果。

1. 汇总环境效益和经济效益

将已实施的无 / 低费和中 / 高费清洁生产方案成果汇总成表，内容包括实施时间、投资运行费用、经济效益和环境效益，并进行分析。

2. 对比各项单位产品指标

虽然可以定性地从技术工艺水平、过程控制水平、企业管理水平、员工素质等多方面考察清洁生产带给企业的变化，但最有说服力、最能体现清洁生产效益的方法是考察审计前后企业各项单位产品指标的变化情况。

一方面，通过定性、定量分析，企业可以从中体会清洁生产的优势，总结经验，以利于在企业内推行清洁生产；另一方面，利用以上方法，从定性、定量两个方面与国内外同类型企业的先进水平进行对比，寻找差距，分析原因，加以改进，从而在深层次上寻求清洁生产机会。

3. 宣传清洁生产成果

在总结已实施的无 / 低费和中 / 高费方案清洁生产成果的基础上，组织宣传材料，在企业内广为宣传，为继续推行清洁生产打好基础。

第七节　持续清洁生产

清洁生产并非一个阶段性工作，而是一种企业从上至下、涉及全体员工和部门的先进生产方式，是持续改进企业技术、设备、过程控制、管理水平和员工素质的管理模式。因此，需要持续开展下去。

持续清洁生产的目的是使清洁生产工作能够在企业内长期、持续地推行下去。本阶段的工作重点应该是继续完善清洁生产的组织机构，建立促进实施清洁生产的管理制度，制订企业持续清洁生产的计划并编写本轮清洁生产审核报告。

一、建立和完善清洁生产组织

清洁生产是一个相对的概念，它是动态的、发展的，随着社会的进步、科技的发展而不断上升到新的水平。为保持企业清洁生产的持续开展，企业应将清洁生产工作纳入各部门的工作职能中。因此，需要组建由专人负责、由各职能部门负责人参与的清洁生产审核工作小组（常设机构），以巩固已取得的清洁生产成果，督促未实施完的清洁生产方案继续实施，确保方案资金到位，确保清洁生产的理念在企业的发展过程中得以延续并不断深入。

1. 明确任务

（1）组织协调并监督实施本轮审核提出的清洁生产方案

企业该轮审核确定清洁生产方案中无 / 低费方案应“边审核、边实施、边见效”，而中 / 高费方案由于资金、时间和管理等原因，不能在审核时间内全部完成。后续还需要继续对这些已实施的方案成果进行监督，对未实施的方案进行监督，确保其正常实施和发挥作用。

（2）经常性地组织员工进行清洁生产教育和培训

一家经营状况良好的企业应有长期的针对新入职员工和在职员工的多方面培训，其中应包括清洁生产、环保和品质意识等内容的培训，使全体员工进一步增强各方面的意识，自觉参与到这些活动当中，为持续开展清洁生产工作及全公司的各项工作打下良好基础。

（3）选择下一轮清洁生产审核重点，并准备启动新一轮的清洁生产审核工作

企业在该轮清洁生产审核工作结束后，应该发动全体员工，找出全公司下一轮清洁生产审核重点，然后制订计划和目标，为启动新一轮清洁生产审核工作做好准备。

（4）负责清洁生产活动的日常管理

企业将定期组织清洁生产审核小组会议，并充分调动员工的积极性，使其做好日常检查、收集、汇总等工作，使企业的清洁生产组织更完善、更好。

2. 落实归属

清洁生产机构要起到保证清洁生产持续开展的作用，及时完成方案实施，及时确定下一轮工作重点，必须落实其归属。企业可以根据自身规模、类型、原有结构特点确定组织形式，如单独设立清洁生产办公室，直接归总经理领导；在环保部门增设清洁生产机构；在管理或技术部门设立清洁生产机构。

无论以何种形式设立清洁生产机构，企业高层领导都要直接或指派专人领导该机构的工作，因为清洁生产涉及生产、环保、技术、管理等各个部门，必须由高层管理者协调完成工作。

（1）固定组织领导

持续清洁生产机构应由企业总经理担任，也可以由总经理指派一名代表其领导和协调清洁生产工作的人员担任，其职能分工为总负责人。清洁生产审核持续工作小组具体负责抓好本企业的清洁生产的推行和管理工作。与清洁生产领导小组组长相同，持续清洁生产机构负责人必须熟悉企业生产情况，熟悉清洁生产和清洁生产审核概念及实施步骤，熟悉企业产排污状况和环保措施，能协调企业人员。

（2）确定组织人员

清洁生产审核工作结束后，可在原有清洁生产审核领导小组和清洁生产审核工作小组的基础上，形成长期稳定的持续清洁生产小组，继续组织和确保清洁生产工作。其工作内容包括协助组长做好企业清洁生产工作，组织清洁生产定期培训，负责本部门清洁生产日常管理工作，负责本部门清洁生产的联络和具体执行。

二、建立和完善清洁生产制度

建立清洁生产管理制度旨在把审核成果纳入企业的日常管理轨道，是巩固清洁生产成效、防止清洁生产形式化的重要手段。

（1）建立较为完善的清洁生产激励机制

在奖金、工资待遇、提级、上下岗、表彰与批评等方面，充分与清洁生产挂钩，建立清洁生产激励机制，以调动全体职工参与清洁生产的积极性。

（2）保证稳定的清洁生产资金来源

清洁生产的资金来源可以有多重渠道，如自行筹措、贷款、行政奖励。清洁生产管理制度的一项重要作用是保证实施清洁生产所产生的经济效益，全部或部分用于清洁生产和清洁生产审核中，以推动持续清洁生产。建议组织财务部门对清洁生产的投资和效益单独建立账目。

（3）将清洁生产融入现有的管理体系和制度中

将清洁生产审核提出的加强管理的措施文件化、制度化；将清洁生产审核提出的岗位操作改进措施写入岗位的操作规程，并要求严格遵照执行；将清洁生产审核提出的工艺操作要求写入操作规范。

三、制订持续清洁生产计划

由于时间限制，清洁生产审核工作只能对一些已显现的问题或潜力点提出改进方案，而清洁生产并非一朝一夕就可以完成的事情。为了防止清洁生产审核的效果止步，应该制订持续清洁生产计划，确保清洁生产在企业进行下去。持续清洁生产的计划应包括：

1. 持续宣传和培训计划

持续清洁生产阶段应继续利用各种宣传方式，继续宣传清洁生产，使清洁生产思想深入职工工作意识。定期对职工进行培训和教育，使职工有自觉的清洁生产行动和思维。总结和检查清洁生产的效果、经验和方法，并在企业推行。

2. 下一轮清洁生产审核工作计划

某一时期的清洁生产审核完成时，清洁生产工作不应该停止。新一轮清洁生产审核可以在总结已有成效的基础上开始。

3. 清洁生产方案实施计划

清洁生产提出的方案中，绝大部分无/低费方案和部分中/高费方案已经实施完毕，但仍有部分方案未实施。对于未实施方案，应确定实施时间、资金筹措方式、负责部门等内容，制订实施计划。

4. 清洁生产新技术的研究和开发计划

清洁生产审核过程中发现的一些问题和现象可以促使企业发展新技术。建议各个部门加大新技术研发，制订开发计划。

第八节 清洁生产审核报告的编制

清洁生产审核报告在审核全部完成之后进行，是一轮审核完成后的总结文件，也是提交有关部门的主要验收材料。编制清洁生产审核报告的目的是总结本轮清洁生产审核成果，为组织落实各种清洁生产方案、持续执行清洁生产计划提供一个重要平台。

一、审核报告的基本要求

清洁生产审核报告书应全面、概括地反映清洁生产审核的全部工作，文字应简洁、准确，并尽量采用图表和照片，使提出的资料清楚，论点明确，利于阅读和审查。原始数据、全部计算过程等不必在报告书中列出，必要时可编入附录。所参考的主要文献应按其发表的时间次序，由近及远，列出目录。审核内容较多的报告书，其重点审核项目可另编分项报告书，主要技术问题可另编专题技术报告。

二、审核报告的基本框架

在审核报告中，应说明清洁生产审核过程，总结企业清洁生产审核成果，汇总分析各项调查、实测结果，寻找物耗高 / 能耗高 / 废弃物产生原因和清洁生产机会，实施并评估清洁生产方案，建立和完善持续推行清洁生产机制。以下是编制清洁生产审核报告的基本框架。

前　言

介绍企业本轮清洁生产审核的背景信息。

1　审核准备

1.1 取得领导支持和参与

1.2 组建审核小组

1.3 制订审核工作计划

1.4 开展宣传教育与培训

本章要求有如下图表：

- 审核小组成员表；
- 审核工作计划表。

2　预审核

2.1 企业整体概况

通过现状调研和现场考察，全面系统地总结企业现状，包括原辅材料、水、能源、产品、生产、人员、管理及环保等概况。

在介绍企业生产、管理现状的同时，还要掌握企业自身最好历史水平、同行业同规模企业生产、管理、环保水平等基础资料与信息，为后续分析评价企业清洁生产潜力提供充分翔实的资料与现场依据。

2.2 企业清洁生产潜力分析与评价

依据本行业清洁生产标准、评价指标体系，或对比分析国内外同类企业物耗、能耗和产污排污等状况，对本企业的清洁生产潜力进行全面分析与评价。

2.3 明确审核总体方向与审核主线

2.4 确定审核重点

2.5 设置清洁生产目标

本章要求有如下图表：

- 企业平面布置简图；
- 企业组织机构图；
- 企业主要工艺流程图；
- 企业输入物料汇总表；
- 企业主要废弃物特性表；
- 企业历年废弃物情况表；
- 企业能耗高/物耗高/废弃物产生原因分析表；
- 清洁生产目标一览表。

3 评估

3.1 审核重点概况

本节主要包括：审核重点的工艺流程图、工艺设备流程图和各单元操作流程图。

3.2 输入、输出物流

3.3 建立物料平衡关系

3.4 进行物质流分析

3.5 分析问题产生原因

本章主要包括如下图表（可根据审核重点特性加以调整、补充）：

- 审核重点平面布置图；
- 审核重点组织机构图；
- 审核重点工艺流程图；
- 审核重点各单元操作工艺流程图；
- 审核重点单元操作功能说明表；
- 审核重点工艺设备流程图；
- 审核重点物流实测准备表；
- 审核重点物流实测数据表；
- 审核重点工艺流程物料平衡图；
- 审核重点物料平衡（汇总）图；
- 审核重点清洁生产问题产生原因分析表。

4　方案的产生和筛选

4.1 方案汇总

包括所有的已实施、未实施、可行、不可行的方案。

4.2 方案筛选

4.3 清洁生产审核阶段性总结

本章要求有如下图表：

- 方案汇总表；
- 方案的权重总和让分排序表（若实际使用）；
- 方案筛选结果汇总表。

5　可行性分析

5.1 调研确定方案基本内容

5.2 技术评估

5.3 环境评估

5.4 财务评估

5.5 确定推荐实施的最佳可行方案

本章要求有如下图表：

- 方案初步研制表；
- 方案财务评估基础数据与评估指标汇总表；
- 方案简述及可行性分析结果表。

6 方案实施

6.1 方案实施情况简述

6.2 已实施的无 / 低费方案的成果汇总

6.3 已实施的中 / 高费方案的成果验证

6.4 已实施方案对企业的影响分析

- 已实施的无 / 低费方案环境效益对比一览表；
- 已实施的无 / 低费方案经济效益对比一览表；
- 已实施的中 / 高费方案环境效益对比一览表；
- 已实施的中 / 高费方案经济效益对比一览表；
- 已实施的清洁生产方案实施效果的核定与汇总表；
- 审核前后企业各项单位产品指标对比表。

7 持续清洁生产

7.1 清洁生产组织机构

7.2 清洁生产管理制度

7.3 持续清洁生产计划

结 论

结论包括以下内容：

- 企业清洁生产现状（审核结束时）所处水平及其真实性、合理性评价；
- 是否达到所设置的清洁生产目标；
- 已实施的清洁生产方案的成果总结；
- 拟实施的清洁生产方案的效果预测。

第四章　清洁生产审核评估与验收

清洁生产审核评估是指企业基本完成清洁生产无 / 低费方案，在清洁生产中 / 高费方案可行性分析后和中 / 高费方案实施前的时间节点，对企业清洁生产审核报告的规范性、清洁生产审核过程的真实性、清洁生产中 / 高费方案及实施计划的合理性和可行性进行技术审查的过程。

清洁生产审核验收是指按照一定程序，在企业实施完成清洁生产中 / 高费方案后，对已实施清洁生产方案的绩效、清洁生产目标的实现情况及企业清洁生产水平进行综合性评定，并做出结论性意见的过程。

第一节　清洁生产审核评估

清洁生产审核评估的重点是企业清洁生产审核过程的真实性、清洁生产审核报告的规范性、清洁生产方案的合理性和有效性。

一、清洁生产审核评估所需材料

申请清洁生产审核评估的企业应提交的材料：

（1）《清洁生产审核报告》及相应的技术佐证材料。

（2）委托咨询服务机构开展清洁生产审核的企业，应提交咨询服务机构具备条件的证明材料。

（3）自行开展清洁生产审核的企业，提供以下技术能力证明材料：

1）具备开展清洁生产审核的质量保证体系和管理制度。

2）具备开展清洁生产审核物料平衡测试、能量和水平衡测试的基本检测分析器具、设备或手段。

3）拥有熟悉相关行业生产工艺、技术规程和节能、节水、污染防治管理要求的技术人员。

4）拥有掌握清洁生产审核方法并具有清洁生产审核咨询经验的技术人员。

二、清洁生产审核评估内容

清洁生产审核评估包括但不限于以下内容：

（1）清洁生产审核过程是否真实，方法是否合理；清洁生产审核报告是否能如实客观反映企业开展清洁生产审核的基本情况等。

（2）对企业污染物产生水平、排放浓度和总量，能耗、物耗水平，有毒有害物质的使用和排放情况是否进行客观、科学的评价；清洁生产审核重点的选择是否反映了能源、资源消耗，废物产生和污染物排放方面存在的主要问题；清洁生产目标设置是否合理、科学、规范；企业清洁生产管理水平是否得到改善。

（3）提出的清洁生产中 / 高费方案是否科学、有效，可行性是否论证全面，选定的清洁生产方案是否能支撑清洁生产目标的实现。对“双超”和“高耗能”企业通过实施清洁生产方案的效果进行论证，说明能否使企业在规定的期限内实现污染物减排目标和节能目标；对“双有”企业实施清洁生产方案的效果进行论证，说明其能否替代或削减其有毒有害原辅材料的使用和有毒有害污染物的排放。

三、清洁生产审核评估结果

清洁生产审核评估结果实施分级管理，总分低于 70 分的企业，被视为审核技术质量不符合要求，应重新开展清洁生产审核工作；总分为 70 ～ 90 分的企业，需按专家意见补充审核工作，完善审核报告，上报主管部门审查后，方可继续实施中 / 高费方案；总分高于 90 分的企业，可依据方案实施计划推进中 / 高费方案的实施。

第二节 清洁生产审核验收

一、清洁生产审核验收所需材料

（1）《清洁生产审核评估技术审查意见》；

（2）《清洁生产审核验收报告》；

（3）清洁生产方案实施前、后企业自行监测或委托有相关资质的监测机构提供的污染物排放、能源消耗等监测报告。

二、清洁生产审核验收内容

清洁生产审核验收内容包括但不限于以下内容：

（1）核实清洁生产绩效：企业实施清洁生产方案后，对是否实现清洁生产审核时设定的预期污染物减排目标和节能目标，是否落实有毒有害物质减量、减排指标进行评估；查证清洁生产中 / 高费方案的实际运行效果及对企业实施清洁生产方案前后的环境效益、经济效益进行评估。

（2）确定清洁生产水平：已经发布清洁生产评价指标体系的行业，利用评价指标体系评定企业在行业内的清洁生产水平；未发布清洁生产评价指标体系的行业，可以参照行业统计数据评定企业在行业内的清洁生产水平定位，或根据企业近 3 年历史数据进行纵向对比，说明企业清洁生产改进情况。

三、清洁生产审核验收报告的内容

《清洁生产审核验收报告》由企业或委托咨询服务机构完成，内容包括但不限于以下方面：

（1）企业基本情况；

（2）《清洁生产审核评估技术审查意见》的落实情况；

（3）清洁生产中 / 高费方案完成情况及环境效益、经济效益汇总；

（4）清洁生产目标实现情况及所达到的清洁生产水平；

（5）持续开展清洁生产工作机制建设及运行情况。

四、清洁生产审核验收结果

清洁生产审核验收结果分为“合格”和“不合格”两种。依据《清洁生产审核验收评分表》，综合得分达到60分及以上的企业，其验收结果为“合格”。

存在但不限于下列情况之一的，清洁生产审核验收不合格：

（1）企业在方案实施过程中存在弄虚作假行为；

（2）企业污染物排放未达标或污染物排放总量、单位产品能耗超过规定限额的；

（3）企业不符合国家或地方制定的生产工艺、设备以及产品的产业政策要求的；

（4）达不到相关行业清洁生产评价指标体系三级水平（国内清洁生产一般水平）或同行业基本水平的；

（5）企业在清洁生产审核开始至验收期间，发生节能环保违法违规行为或未完成限期整改任务的。

第五章　环境管理体系标准概述

第一节　ISO 14000 环境管理系列标准的构成

ISO 14000 环境管理系列标准是国际标准化组织（ISO）第 207 技术委员会，即 ISO/TC207 环境管理技术委员会组织制定的，其标准号从 14001 到 14100，共预留 100 个标准号，统称为 ISO 14000 系列标准。

1. 国际标准化组织与 ISO/TC207

国际标准化组织成立于 1947 年 2 月，是目前世界上最大的非政府性国际标准化机构，也是当今世界上规模最大的国际科学技术组织之一。该组织的主要活动就是制定有关国际标准，协调世界范围内的标准化工作。

国际标准化组织下设若干个技术委员会，其中国际标准化组织 TC176 技术委员会（ISO/TC176）在 1987 年成功制定并颁布了 ISO 9000 质量管理体系系列标准，在世界范围内引起了巨大的反响。

1993 年 6 月，国际标准化组织成立了 ISO/TC207 环境管理技术委员会，开始制定环境管理标准。

2. ISO 14000 系列标准的构成

ISO 14000 系列标准是庞大的系统。ISO 秘书处给 ISO 14000 系列预留 100 个标准号，见表 5-1。这足以表明这个标准系列未来的发展规模。ISO 14000 则是这个系列标准的总称。

表 5-1　ISO 14000 系列标准的标准号分类

分号	名称（标准子系统）	标准号
SC 1	环境管理体系（EMS）	14001 ～ 14009

分号	名称（标准子系统）	标准号
SC 2	环境审核（EA）	14010 ～ 14019
SC 3	环境标志（EL）	14020 ～ 14029
SC 4	环境表现评价（EPE）	14030 ～ 14039
SC 5	生命周期评估（LCA）	14040 ～ 14049
SC 6	术语和定义（T&D）	14050 ～ 14059
WG 1	产品标准中的环境指标（EAPS）	14060
WG 2	可持续森林	
备用		14061 ～ 14100

第二节　环境管理体系理解要点

一、实施环境管理体系标准的作用和意义

执行 ISO 14001 标准，其意义绝不仅仅是拿到一张证书。推行 ISO 14001 标准的过程，在企业里进行的是一场管理思想的更新，是适应国际潮流、向社会展示企业对环境保护的责任心。在企业推行环境管理体系，既有重大的社会意义，又有显著的现实意义。

（1）有效的环境管理体系帮助组织持续改进环境绩效，避免、减少或控制其活动、产品和服务中有害环境影响；

（2）降低环境风险和法律风险，实现对适用法律法规和其他要求的符合；

（3）在实现环境效益的同时，实现经济效益；

（4）实施环境管理体系的组织能获得显著的竞争优势；

（5）提高员工、供方、合同方的环境意识；

（6）ISO 14001 标准提供了一整套系统化的管理方法，有助于组织提高环境管理水平；

（7）有利于增进企业与周围居民、社区、政府和其他相关方的相互了解，改善相互关系。

二、ISO 14001：2015（GB/T 24001—2016）《环境管理体系 要求及使用指南》标准理解要点

（一）引言

标准引言表述了标准背景、环境管理体系的目的、成功因素、策划—实施—检查—改进模式和标准内容五部分，是正确理解和应用标准的基础。

引言部分给出的内容，用标准化的语言来说，是资料性的内容。这意味着它不是GB/T 24001—2016标准的正式内容。它的存在是为了提供有关标准背景、环境管理体系的目的、成功因素、采用模式和标准的内容等信息。

图5-1展示了本标准采用的结构如何融入策划—实施—检查—改进（PDCA）模式，它能够帮助组织理解系统方法的重要性。PDCA模式为组织提供了一个循序渐进的过程，用以实现持续改进。该模式可应用于环境管理体系及其每个单独的要素。

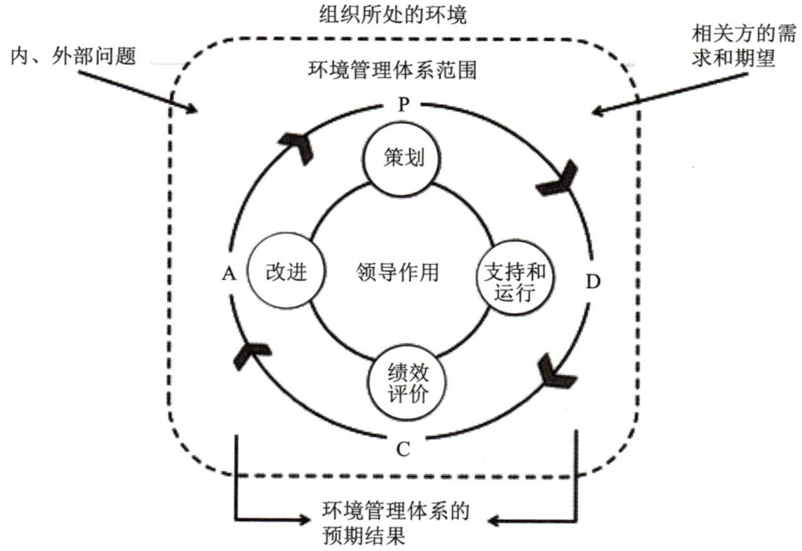

图 5-1　PDCA 与本标准结构之间的关系

（二）范围和规范性引用文件

本章明确了标准的应用范围，说明采用标准组织可以得到什么结果。

本章明确了标准的广泛适用性，适用于任何规模、类型和性质的组织，并适用于组织基于生命周期观点所确定的其活动、产品和服务中能够控制或施加影响的环境因素。

本标准未提出具体的环境绩效准则。本标准能够全部或部分地用于系统改进环境管理。本标准的所有要求都被包含在组织的环境管理体系中且全部得到满足，组织才能声明符合本标准。

（三）术语和定义

术语和定义可以帮助组织更加准确地理解 GB/T 24001 标准的要求，便于一致性地应用标准，达到环境管理体系的预期目标。组织可在应用 GB/T 24001 标准时，结合相关术语和定义理解。

本标准中的术语和定义分为四部分，共 33 个术语，具体内容如下：

——与组织和领导作用有关的术语 6 个，分别是管理体系、环境管理体系、环境方针、组织、最高管理者、相关方；

——与策划有关的术语 11 个，分别是环境、环境因素、环境状况、环境影响、目标、环境目标、污染预防、要求、合规义务、风险、风险和机遇；

——与支持和运行有关的术语 5 个，分别是能力、文件化信息、生命周期、外包、过程；

——与绩效评价和改进有关的术语 11 个，分别是审核、符合、不符合、纠正措施、持续改进、有效性、参数、监视、测量、绩效、环境绩效。

环境管理体系常用术语：

环境因素：一个组织的活动、产品和服务中与环境或能与环境发生相互作用的要素。

环境状况：在某个特定时间点确定的环境的状态或特征。

环境影响：全部或部分由组织的环境因素给环境造成的不利或有益的变化。

环境目标：组织依据其环境方针建立的目标。

环境绩效：与环境因素的管理有关的绩效。

合规义务：组织必须遵守的法律法规要求，以及组织必须遵守或选择遵守的其他要求。

文件化信息：组织需要控制并保持的信息，以及承载信息的载体。

生命周期：产品（或服务）系统中前后衔接的一系列阶段，从自然界或从自然资源中获取原材料，直至最终处置。

持续改进：不断提升绩效的活动。

审核：获取审核证据并客观评价，以判定审核准则满足程度的系统的、独立的、形成文件的过程。

（四）组织所处的环境

组织建立环境管理体系应考虑并理解内外部环境、相关方的需求；明确了环境管理体系所适用的物理和组织边界，细化了范围确定时要考虑的五方面因素，均要求文件化信息；明确了建立环境的目的是实现预期结果，强调了建立体系后环境绩效应不断提升。

（五）领导作用

1. 领导作用与承诺

条款明确了最高管理者对环境管理体系全过程的支持，对体系有效性负责，制定方针和目标，整合到业务的环境管理中，提供资源，传达管理要求和体系要求的重要性，实现预期结果，指导支持员工做贡献，支持下级领导作用，促进持续。为了证明最高管理者的领导作用与承诺，最高管理者负有环境管理体系有关的特定职责，应当亲自参与或进行指导。最高管理者可向他人委派职责，但有责任确保行动得到实施。

2. 环境方针

环境方针是声明承诺的一系列原则，最高管理者在这些承诺中概述了组织支持并提升其环境绩效的意图，环境方针应以文件化信息形式予以保持和实施。本标准规定了环境方针的三项基本承诺：

（1）保护环境；

（2）履行组织的合规义务；

（3）持续改进环境管理体系，以提升环境绩效。

环境方针的示例如下：

提高作为自然资源的水和化石燃料的使用效率，减少用于生产的自然资源的消耗，再利用，再循环。

3. 组织的角色、职责和权限

参与组织环境管理体系的人员应该对其在遵守本标准要求和实现预期结果方面的岗位、职责和权限有清晰的理解。

环境管理职责与角色示例见表 5-2。

表 5-2 环境管理职责与角色示例

环境职责	典型责任人
确定总体方向	总裁、首席执行官、董事会
制定环境方针	总裁、首席执行官、其他适当人员
制定环境目标和过程	有关管理者、其他适当人员
考虑设计过程中的环境因素	产品和服务设计人员、设计师和工程师
监督总体环境管理体系绩效	环境主管人员
促进持续改进	所有管理者
确保合规性义务	所有管理者
确定顾客期望	营销人员
确定供方及采购要求	采购人员
建立和保持结算过程	财会主管人员
符合环境管理体系要求	在组织控制下工作的所有人员
环境管理体系运行的评审	最高管理者

（六）策划

1. 应对风险和机遇的措施

总体目的在于，确保组织能够实现环境管理体系的预期结果，预防或减少非预期影响，以实现持续改进。组织可通过确定其需要应对的风险和机遇、策划措施进行处理来实现，这些风险和机遇可能与环境因素、合规义务、其他问题，或其他相关方的需求和期望有关。

2. 环境因素

环境因素应从生命周期进行辨识，但不要求进行详细的生命周期评价。环境因素强调了重要环境因素沟通的要求，明确了应保持的文件化信息的要求，以及重要环境因素可能带来的风险和机遇。

确定其环境因素时，组织可能考虑下列事项：

（1）向大气的排放；

（2）向水体的排放；

（3）向土壤的排放；

（4）原材料和自然资源的使用；

（5）能源的使用；

（6）能量的释放，如热能、辐射、振动（噪声）和光能；

（7）废物和（或）副产品的产生；

（8）空间的使用。

3. 合规义务

合规义务包括组织需遵守的法律法规要求，以及组织需遵守或选择遵守的其他要求，包括与客户达成的协议、自愿性原则，组织签订的合同约定的义务等。

4. 措施的策划

组织需在高层策划应采取的措施，以管理其重要环境因素、合规义务、风险和机遇，实现环境管理体系的预期结果。策划措施时应考虑的因素示例见表 5-3。

表 5-3　策划措施时应考虑的因素示例

活动、产品、服务	环境因素	实际的和潜在的影响	风险和机遇	策划措施
活动：矿物燃料锅炉运行				
锅炉运行	消耗燃油	消耗不可再生自然资源	风险： ——燃油无法供应； ——燃油成本增加； ——用太阳能代替锅炉热源； ——降低运营成本	财务部要求监控燃油价格，比较未来成本情况，进行成本效益分析，制定代替锅炉热源的环境目标
	排放 SO_2、NO_x、CO_2	空气污染对当地居民呼吸的影响； 酸雨对地表水的影响； 全球变暖和气候变化	风险： ——不满足合规性义务的要求； ——可能的处罚； ——负面宣传机会； ——减少降低排放（安装脱硫装置）	实施运行控制，确保合规义务，履行设置环境目标，安装适当的治理设备
	排放热水	水质变化	机会： ——废水热回收利用； ——降低运营成本	设置环境目标，安装热回收循环系统
服务：维修和保养服务				
化学品的处理和使用	火灾、爆炸情况下的意外释放（紧急情况）	空气污染； 土壤污染； 对人体的伤害	风险： ——清理费用； ——罚款； ——负面宣传	制定环境目标，消除化学品的使用

5. 环境目标及其实现的策划

环境目标应与最高管理者在环境方针中做出的承诺保持完全的对应和协调，包括持续改善的承诺。最高管理者可从战略层面、战术层面或运行层面来制定环境目标，并确定环境目标能否得以实现，策划采取的任何措施。

可以选择参数来评价可测量的环境目标的实现情况。环境绩效参数的示例如下：

——原材料或能源的消耗量；

——单位产量成品产生和排放的污染物的量；

——材料和能源的使用效率；

——诉讼数量；

——环境事故数量等。

（七）支持

1. 资源

环境管理体系所需的资源可能包括人力资源、自然资源、基础设施、技术和财务资源等。

2. 能力

人员能力明确为对组织环境绩效和履行合规义务有影响的能力，能力是运用知识和技能实现预期结果的本领。能力需求示例见表 5-4。

表 5-4 能力需求示例

组织的典型责任人	能力需求示例	获得能力的方式
最高管理者	● 建立和实施环境方针内涵方面的知识与理解； ● 为环境管理体系提供和运用资源，包括分配作用、职责和权限方面的知识与理解	● 环境管理体系，包括开展环境方面的培训； ● 业务管理的经验
环境主管人员	● 建立、实施、保持和改进环境管理体系的能力； ● 确定需要应对的风险和机遇，确保环境管理体系实现预期结果的能力； ● 分析和处置环境绩效和合规义务方面问题的能力	● 运行环境管理体系的经验； ● 环境管理体系要求的培训
内审方案管理人员	● 制定和管理审核方案，以确定环境管理体系运行有效性的能力	● 审核方案管理的培训； ● 审核方案实施方面的经验

3. 意识

确保组织的工作人员意识到环境方针的存在、目的及其在实现承诺中所起的作用，包括他们的工作如何能影响组织履行其合规义务的能力。能力是要求，培训是手段，意识是基础。

4. 信息交流

信息交流使组织能够提供并获得与其环境管理体系相关的信息，包括与其重要环境因素、环境绩效、合规义务和持续改进建议相关的信息。信息交流是一个双向的过程，包括组织内部交流和外部交流。

5. 文件化信息

组织在创建并保持充分的文件化信息时，首要关注点应当放在环境管理体系的实施和环境绩效，而非复杂的文件化信息控制系统，以确保形成适宜、充分和有效的环境管理体系。

（八）运行

1. 运行策划和控制

本条款明确了产品和服务的生命周期的环境控制要求，强调了组织需要控制或影响外部供方（包括合同方）提供产品和服务过程，应同外部供方（包括合同方）沟通其相关环境要求。

运行控制的类型和程度取决于运行的性质、风险和机遇、重要环境因素及合规义务。组织可灵活选择，确保过程有效和实现预期结果所需的运行控制的方法类型。

（1）实施运行控制的顺序为：

——消除，如禁用多氯联苯（PCBs）、氟氯烃（CFCs）；

——替代，如水性涂料替代溶剂性涂料；

——工程控制，如污染物治理技术；

——管理控制，如工程、视觉控制。

（2）运行控制的途径包括：

——选择控制；

——选择可接受的运行准则，例如，设备和测量仪器的运行特性，包括重量、温度等；

——根据需要建立过程，确定如何制订行动计划，予以实施和控制；

——根据需要记录这些过程，如指令、标志、表格、视频、照片等；

——应用技术手段，如自动化系统、材料、设备、软件等。

2. 应急准备和响应

组织应建立、实施并保持对风险识别中的潜在紧急情况进行应急准备，并做出响应所需的过程。建立应急响应措施时，应考虑以下因素：

——实际和潜在的外部环境状况，包括自然灾害；

——现场危险的类型，如存在易燃液体、贮罐、压缩气体等，以及发生溅洒或意外泄漏时的应对措施；

——对紧急情况或事故类型和规模的预测；

——设备和资源的需求；

——周边设施（如工厂、道路、铁路等）可能发生的紧急情况；

——处理紧急情况的最适当方法；

——将环境损害降到最低的措施；

——应急组织及职责；

——疏散路线和集合地点；

——关键人员和救援机构（如消防、泄漏清理等部门）名单，包括详细联络信息；

——邻近单位相互支援的可能性；

——针对不同类型的紧急情况的补救和响应措施；

——紧急情况发生后评价、制定、实施纠正和预防措施；

——定期试验应急响应程序；

——危险材料说明，包括每种材料对环境的潜在影响，以及一旦发生泄漏事故时所应采取的措施；

——包括应急响应人员在内的培训或能力要求及有效性试验。

（九）绩效评价

1. 监视、测量、分析和评价

当确定应当监视和测量的内容时，除环境目标的进展外，组织应当考虑其重要环境因素、合规义务和运行控制。组织应当在其环境管理体系中规定进行监视、测量、分析和评价时所使用的方法。

2. 合规性评价

由于法律环境、运行控制能力、绩效结果是不断变化的，组织对合规状态的认知和理解也是不尽相同的。因此，评价的频次和时机需要结合实际情况确定，且应定期进行评价。

如果合规性评价结果表明未遵守合规义务，如与监管部门签订的法律法规和其他要求的协议未能达标履行，则组织需要确定并采取必要措施，以实现合规义务。

3. 内部审核

（1）组织应按计划的时间间隔（审核计划一般安排一年或半年进行一次全面内部审核），以提供下列关于环境管理体系的信息：

是否符合：

——组织自身环境管理体系要求；

——本标准的要求。

是否得到了有效实施和保持。

（2）组织应建立、实施并保持一个或多个内部审核方案，包括审核的频次、方法、职责、策划要求和内部审核报告。

（3）只要可行，审核员均应当独立于被审核的活动，并应当在任何情况下均以不带偏见、不带利益冲突的方式进行审核。对内部审核所识别的不符合应采取适当的纠正措施。

考虑以往的审核结果时，组织应当考虑以下内容：

——以往识别的不符合及所采取措施的有效性；

——内外部审核的结果。

关于制定内部审核方案、实施环境管理体系审核并评价审核人员能力的信息见 GB/T 19011。

4. 管理评审

最高管理者应按计划的时间间隔（一般每年一次，连续时间间隔不超过 12 个月）对组织的环境管理体系进行评审，以确保其持续的适宜性、充分性和有效性。

实施本条款需重点关注：

（1）管理评审应当是高层次的，不必对详尽信息进行彻底评审。不需要同时处理所有管理评审主题。评审可在一段时期内开展，并可能成为定期安排的管理活动的一部分，例如：董事会议或运营会议，它不一定成为一项单独的活动。

（2）最高管理者应当评审各相关方的抱怨，以确定改进的机会。

（3）管理评审“适宜性”是指环境管理体系如何适合于组织，其运行、文化及业务系统。“充分性”指组织的环境管理体系是否符合本标准要求并予以适当的实施。“有效性”指是否正在实现所预期的结果。

（十）改进

组织采取措施改进时，应当考虑环境绩效分析和评价、合规性评价、内部审核和管理评审的结果。

通过整体运用环境管理体系或改进其中一个或多个要素，组织可能提升其环境绩效。

改进的示例如下：

——建立一个过程，对新材料进行评价，以促进低毒材料的使用；

——改进识别适用的合规性义务的过程，以便更及时地确定新的合规性义务；

——改进关于材料和操作的员工培训，以减少废弃物的产生；

——将打印机的设置由“默认”状态改为双面打印，以节约纸张；

——合理设计货物输送路线，以减少运输部门的燃料消耗；

——制定环境目标，在锅炉运行中进行燃料替代，以减少粉尘颗粒物的排放；

——在组织内建设环境改进文化；

——发展与相关方的合作关系；

——组织业务过程考虑可持续发展。

第六章　ISO 14001 企业环境管理体系认证

生态文明建设是我国新时代绿色发展的基本路径，要求企业建立一套可以实现节能减耗、预防污染和改进生产的环境管理体系。环境管理体系认证的核心目标是，企业通过 ISO 14001 标准提高环境绩效，合理使用资源，提高资源使用效率，回收利用废弃物，减少污染物排放，降低环境成本和外部不经济性。环境管理体系认证标准（ISO 14001）作为具有广泛适用性、通用性的国际标准，可以有效地指导并推动企业开展和改进环境管理工作，帮助企业建立环境管理体系，从而进一步提升企业环境绩效和企业声誉。

第一节　认证要求

相较于国外市场经济发达的国家，中国企业环境管理研究起步较晚。但是从近 20 年认证情况来看，中国 ISO 14001 认证证书的发证量位居全球第一。从数量和占比情况来看，中国目前是名副其实的认证大国，其 ISO 14001 认证数量占比达到世界的 35.78%，超过世界其他国家及地区，并且每年仍在持续增长。可以预见的是，在未来较长一段时期内，中国在一流国际管理体系标准的认证方面都将保持世界领先地位。

一、企业申请 ISO 14001 认证基本要求

企业申请 ISO 14001 认证，需要具备以下基本要求：

（1）有独立的法人资格。若是集团公司下属企业，应有集团公司的授权证明；

（2）本年度内无污染事故，无生态环境部门监督抽查不合格记录；

（3）经营状况良好。

二、企业申请 ISO 14001 认证其他要求

除基本要求外，企业还需要符合以下要求：

（1）企业应建立符合 ISO 14001 标准要求的文件化环境管理体系，在申请认证之前，应完成内部审核和管理评审，并保证环境管理体系有效、充分运行 3 个月以上。

（2）企业应向认证机构提供环境管理体系运行的充分信息。对于多现场，应说明各现场的认证范围、地址及人员分布等情况。认证机构将以抽样方式对多现场进行现场审核。

（3）ISO 14001 认证是一项收集客观证据的符合性验证活动。为使审核顺利进行，企业应为认证机构开展认证审核、跟踪审核、监督审核、复审换证以及解决投诉等活动做出必要的安排，包括文件审核、现场审核、调阅相关记录、访问人员等方面。

（4）当企业的环境管理体系出现变化，或出现影响环境管理体系符合性的重大变动时，应及时通知认证机构。认证机构将视情况进行监督审核、换证审核或复审，以保持证书的有效性。

（5）企业获证后，应遵守认证机构的有关要求，在进行宣传时应仅就获准认证的范围做出申明，并遵守认证机构有关认证证书及认证标志使用规定；在监督审核时，认证机构将对认证证书及标志的使用情况进行审核。

（6）企业自建立环境管理体系开始，应保持对法律法规符合性的自我评价，并提交企业的“三废”监测报告及运行环境管理体系以来的守法证明。在不符合相关法律法规要求时，应及时采取必要的纠正措施。

（7）企业应向认证机构提供与相关方信息沟通和投诉的记录，以及采取纠正措施的记录。

第二节 认证范围

《环境管理体系要求及使用指南》（ISO 14001：2015）标准（以下简称标准）第一部分“范围”中规定了认证 ISO 14001 的企业范围。

标准规定了企业能够用于提升其环境绩效的环境管理体系要求，可供寻求以系统的方式管理其环境责任的企业使用，从而为“环境支柱”的可持续性做出贡献。

标准可帮助企业实现环境管理体系的预期结果，这些结果将为环境、企业自身和相关方带来价值。与企业的环境方针保持一致的环境管理体系预期结果包括：

（1）提升环境绩效；

（2）履行合规义务；

（3）实现环境目标。

标准能够全部或部分地用于系统改进企业环境管理。然而，只有当标准的所有要求都被包含在企业的环境管理体系中且全部得到满足时，企业才能声明符合标准。

标准适用范围中明确了 ISO 14001 认证范围，并说明了通过认证，企业能够得到什么结果。认证适用于任何规模、类型和性质的企业，具有广泛的适用性，并适用于企业基于生命周期观点所确定的其活动、产品和服务中能够控制或能够施加影响的环境因素。

第三节 认证流程

企业申请环境管理体系（EMS）ISO 14001 认证的主要流程，如图 6-1 所示。

一、选择认证机构并提交申请

申请认证的企业，首先要综合考虑各认证机构的权威性、信誉和费用等方面的因素，尤其要审核认证机构的资质及范围，然后选择合适的认证机构，与

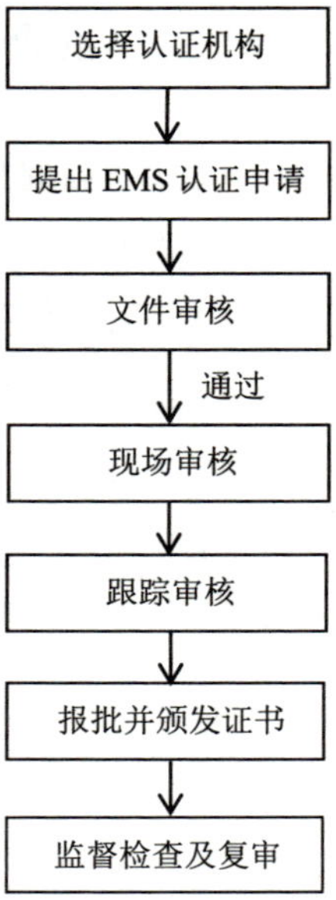

图 6-1　企业环境管理体系认证流程

其取得联系，提出环境管理体系认证申请。可以登录“国家市场监督管理总局全国认证认可信息公共服务平台”（http://cx.cnca.cn/CertECloud/index/index/page），查询具有认证咨询资质的机构。在平台登记的共有609个认证机构，部分认证机构名录见表6-1。

表 6-1　ISO 14001 认证机构名录（部分）

序号	认证机构名称	机构所在地
1	中国质量认证中心	北京
2	河北英博认证有限公司	石家庄
3	上海质量体系审核中心	上海
4	江苏九州认证有限公司	南京
5	中鉴认证有限责任公司	广州
6	长城（天津）质量保证中心有限公司	天津
7	东北认证有限公司	沈阳
8	浙江公信认证有限公司	杭州
9	四川三峡认证有限公司	成都
10	山东世通国际认证有限公司	青岛

认证机构在接到企业的正式申请书之后，将对企业的申请文件进行初步审查。如果符合申请要求，则与其签订管理体系审核或者注册合同，确定受理其申请。不同认证机构的申请书模板不同。申请书样本见表 6-2。

表 6-2 认证申请书样本

<table>
<tr><td rowspan="2">申请组织名称（中英文）</td><td colspan="9">中文：</td></tr>
<tr><td colspan="9">英文：</td></tr>
<tr><td rowspan="2">申请组织注册地址（中英文）</td><td colspan="9">中文：</td></tr>
<tr><td colspan="9">英文：</td></tr>
<tr><td rowspan="2">申请组织现场审核地址（中英文）</td><td colspan="9">中文：</td></tr>
<tr><td colspan="9">英文：</td></tr>
<tr><td>申请组织通信地址</td><td colspan="8">同上</td><td>邮编：</td></tr>
<tr><td>总经理</td><td colspan="2"></td><td colspan="2">电话</td><td colspan="2"></td><td colspan="2">手机</td><td></td></tr>
<tr><td>联系人</td><td colspan="2"></td><td colspan="2">电话</td><td colspan="2"></td><td colspan="2">手机</td><td></td></tr>
<tr><td>联系人职位</td><td colspan="2"></td><td colspan="2">传真</td><td colspan="2"></td><td colspan="2">电子信箱</td><td></td></tr>
<tr><td>法人代表</td><td colspan="2"></td><td colspan="2">企业所有制形式</td><td colspan="2"></td><td colspan="2">网址</td><td></td></tr>
<tr><td>认证标准</td><td colspan="2">ISO 9001：2015</td><td colspan="2">认可标志</td><td colspan="2">□ UKAS
□ CNAS
□其他</td><td colspan="2">审核语言要求</td><td></td></tr>
<tr><td rowspan="2">认证范围</td><td colspan="9">中文：晒衣架、折叠梯、购物车的设计、生产与服务和五金的加工</td></tr>
<tr><td colspan="9">英 文：</td></tr>
<tr><td>与申请的认证范围有关的员工人数</td><td></td><td colspan="2">其中：管理人员及设计人员</td><td></td><td>生产部门</td><td></td><td>多场所人员人数</td><td></td><td>多场所与总部距离</td></tr>
<tr><td>是否含设计</td><td>□是
□否</td><td colspan="2">是否为多场所</td><td colspan="6">□是 请填写《多场所征询单》（含建筑、监理、物业等有临时场所的企业）
□否</td></tr>
<tr><td>是否倒班流水线</td><td colspan="9">□是 请说明每班（每条流水线）的作息时间、人数和主要作业流程，如空格不够请另付
□否</td></tr>
<tr><td>是否有外包</td><td colspan="9">□是□贴牌□产品实现全过程□单过程工序□其他（请具体说明情况）
□否</td></tr>
<tr><td>主要产品</td><td colspan="6">晒衣架、折叠梯、购物车的设计、生产与服务和五金的加工</td><td colspan="2">主要原材料</td><td></td></tr>
</table>

产品涉及的主要标准和法律法规要求			是否涉及许可经营	□是 许可证类型： □否	
体系是否运行了至少3个月并完成一个周期	□是 □否	管理体系文件是否完全电子化管理	□是 □否	体系建立过程中是否聘请咨询公司或咨询师	□是 请具体说明 □否
申请人（签字或盖章）：		日期：		期望认证时间	

二、对企业开展环境管理体系审核

审核在整个认证过程中是非常关键的环节。认证机构正式受理企业的申请之后，会迅速成立一个审核小组，并任命一名审核组长。审核小组中，至少应有一名该审核范围专业项目的审核人员或技术专家，协助审核组进行审核工作。

审核工作主要分三步：文件审核、现场审核和跟踪审核。

（一）文件审核

文件审核是对企业提交的准备文件进行详细的审查。通常所说的文件审核，就是现场审核工作。企业需要按照《环境管理体系　要求及使用指南》（GB/T 24001—2016）标准要求，编写环境管理体系文件。企业的环境管理体系标准必须包含标准中所有要求且全部满足。组织建立的环境管理体系遵循PDCA运行模式（图5-1）、PDCA循环的方法系统管理过程，包括子过程。标准所要求的环境管理体系包括策划、支持和运行、绩效评价、改进四个主要过程。

1. 策划过程

包括标准第4部分、第6部分内容，输入的是组织所处的环境、相关方（含顾客）的需求和期望、领导作用，输出的是策划的结果，即应对风险和机遇的措施。

2. 支持和运行过程

包括标准第7部分、第8部分的内容，支持过程包括资源、能力、意识、信息交流和文件化信息过程。运行过程包括运行策划和控制过程、应急准备和响应过程。通过对支持和运行过程的控制，确保环境管理体系要求得到有效实施，企业获得良好的环境管理绩效。

3. 绩效评价过程

包括标准的第 9 部分内容，通过监视、测量、分析和评价过程控制，内部审核和管理评审，评价环境管理体系的绩效和有效性。

4. 改进过程

包括标准的第 10 部分内容，通过确定和选择改进的机会，针对不合格者采取纠正措施并有效实施，持续改进环境管理体系。

在审核过程中，若发现企业的 EMS 手册不符合要求，则需采取有效纠正措施，直至符合要求。认证机构对这些文件进行认真审核之后，如果认为合格，就准备进入现场审核阶段。

（二）现场审核

企业在现场审核前要完成内部审核和管理评审。内部审核和认证审核的具体要求见《管理体系审核指南》（GB/T 19011—2013）。

1. 审核准则

现场审核的依据是 ISO 14001 标准要求、合同要求、相关法律法规和企业环境管理体系文件化信息等。

2. 审核目的

现场审核的主要目的是，通过对申请方进行现场实地考察，验证 EMS 手册、程序文件和作业指导书等一系列文件的实际执行情况，从而评价该环境管理体系运行的有效性，判定企业建立的环境管理体系和 ISO 14001 标准是否相符合。

3. 审核计划

在完成对企业的文件审查和预审的基础上，审核组长要制订一个审核计划，告知企业并征求意见。企业接到审核计划后，如果对其中某些条款或安排有不同意见，应立即通知审核组长或认证机构，并在现场审核前解决这些问题。

4. 审核实施

解决上述问题后，审核组正式实施现场审核。审核组将按照审核计划实施现场审核。审核要求覆盖申请认证全部范围并符合 ISO 14001 环境管理体系标准的全部要求。审核以抽样方式进行。现场审核将开出不符合项，并要求实施纠正。现场审核将给出书面的审核报告，宣布现场审核结果，告知是否予以推荐注册。

（三）跟踪审核

按照审核计划与认证机构商定时间，纠正发现的不符合项。纠正措施完成之后，递交认证机构。认证机构收到材料后，组织原来的审核小组成员对纠正措施的效果进行跟踪审核。如果审核结果表明被审核方报来的材料详细确实，则可以进入注册阶段。

（四）报批并颁发证书

根据注册材料上报清单的要求，审核组长对上报材料进行整理并填写注册推荐表。该表被上交至认证机构进行复审，如果合格，认证机构将编制并发放证书，将该企业列入获证目录。企业可以通过各种媒介来宣传，并在产品上加贴注册标识。

（五）监督检查及复审

证书有效期为 3 年，换证在证书有效期限内。认证机构对获证企业进行监督检查，以保证该环境管理体系符合 ISO 14001 标准要求，并能够切实、有效地运行。证书有效期满，或者企业的认证范围、模式、机构名称等发生重大变化后，该认证机构受理企业的换证申请，以保证企业不断改进和完善其环境管理体系。

第四节　认证提交的具体资料

一、企业申请 ISO 14001 认证资料清单

企业申请 ISO 14001 认证提交的具体资料及英文见表 6-3。

表 6-3 ISO 14001 认证准备资料

序号	资料名称	英文
1	EMS 手册及程序	EMS Manual and Procedures (if applicable)
2	程序一览表	Photocopy of List of Procedures
3	危险源和环境因素识别清单	Hazard and Environmental Aspect Identification List
4	法规及其他要求清单	List of Laws, Legal and Other Requirements
5	目标及指标	Photocopy of Objective and Targets
6	管理方案	Photocopy of Management Programs
7	管理评审记录	Minutes of Management Review Meeting
8	内审记录	Records of Internal Audit
9	组织机构图	Photocopy of Organization Chart
10	生产工艺流程	Producing Flowchart
11	涉及环保法规符合性的信息： ——环保“三同时”验收报告； ——环评报告和批复； ——公司废水、废气、噪声检测报告； ——消防验收报告； ——自动消防设施年度测试报告	Legal Compliance Evidences of EMS : Environmental Project Inspection Report Environmental Impact Assessment Report Wastewater，Gas，Noise Monitoring Report Fire Control System Inspection Report Fire Auto-control System Annual Inspection Report
12	营业执照、排污许可证	Business License，Discharge Permits etc.

二、企业申请 ISO 14001 认证具体资料

企业提交 ISO 14001 认证申请，具体资料包括：

1. 证明强制性法律法规要求符合性的文件

（1）环境影响评价文件及批复；

（2）排污监测报告（有资质的检测机构出具）；

（3）“三同时”验收报告；

（4）排污许可证；

（5）消防验收报告；

（6）危险废弃物处理合同及转移联单（必须提交的材料，主要是 5 联单，

平时的废弃物处理也要有记录)。

2. 证明体系符合性的文件

(1)环境因素清单以及重大环境因素清单;

(2)环境目标、指标和管理方案;

(3)目标、指标、管理方案的监控记录;

(4)内部审核、管理评审相关记录;

(5)适用环境法律法规及其他要求清单(法律法规清单要包含与企业所有产品相关的法律法规;法律法规要更新到最新版本,并收集地方有关规定);

(6)体系监控记录(平时的5S或者7S检查记录);

(7)法律法规、其他要求符合性评估;

(8)环境培训计划(包括关键岗位的培训计划);

(9)应急设施档案、清单;

(10)应急设施检查记录;

(11)应急演习计划、报告;

(12)特种设备及其安全附件强制性检验报告(叉车、行车、电梯、空压机储气罐及压力表/安全阀、架空索道、锅炉及压力表/安全阀、压力管道、其他压力容器等);

(13)特种设备使用许可证(叉车、电梯、行车、储气罐等);

(14)特种作业人员资格证书或其复印件;

(15)测量设备的校验;

(16)消防、安全生产、急救、反恐演习等活动方案和记录(照片)。

参考文献

[1] 杨永杰，涂郑禹．环境保护与清洁生产 [M]. 北京：化学工业出版社，2021.

[2] 苏荣军，郭鸿亮，夏至，等．清洁生产理论与审核实践 [M]. 北京：化学工业出版社，2019.

[3] 鲍建国，张莉君，周发武．清洁生产实用教程 [M]. 北京：中国环境出版集团，2018.

[4] 雷兆武，薛冰，王洪涛．清洁生产与循环经济 [M]. 北京：化学工业出版社，2017.

[5] 朱邦辉，钟琼，谢武．清洁生产审核 [M]. 北京：化学工业出版社，2017.

[6] 渠开跃，吴鹏飞，吕芳．清洁生产 [M]. 北京：化学工业出版社，2017.

[7] 雷兆武，张俊安，申左元．清洁生产及应用 [M]. 北京：化学工业出版社，2016.

[8] 环境保护部清洁生产中心．清洁生产审核手册 [M]. 北京：中国环境出版社，2015.

[9] 万端极，李祝，皮科武．清洁生产理论与实践 [M]. 北京：化学工业出版社，2015.

[10] 工业和信息化部节能与综合利用司．工业清洁生产关键共性技术案例 [M]. 北京：冶金工业出版社，2015.

[11] 曲向荣．清洁生产与循环经济 [M]. 第 2 版．北京：清华大学出版社，2014.

[12] 谢武，王金菊．清洁生产审核案例教程 [M]. 北京：化学工业出版社，2014.

[13] 鲍建国．清洁生产实用教程 [M]. 北京：中国环境科学出版社，2014.

[14] 刘建秋．清洁生产审核 [M]. 北京：化学工业出版社，2014.

[15] 奚旦立，徐淑红，高春梅．清洁生产与循环经济 [M]. 北京：化学工业出版社，2014.

[16] 赵玉明．清洁生产 [M]. 第 2 版．北京：中国环境出版社，2014.

[17] 于宏兵 . 清洁生产教程 [M]. 北京 : 化学工业出版社，2012.

[18] 国家发展和改革委员会，生态环境部，工业和信息化部 . 硫酸行业清洁生产评价指标体系 [Z]. 2020-12-31.

[19] 国家发展和改革委员会，生态环境部，工业和信息化部 . 污水处理及其再生利用行业清洁生产评价指标体系 [Z]. 2019-09-19.

[20] 生态环境部，国家发展和改革委员会 . 清洁生产审核评估与验收指南 [Z]. 2018-04-12.

[21] 国家发展和改革委员会，环境保护部 . 清洁生产审核办法 [Z]. 2016-07-01.

[22] 全国人民代表大会常务委员会 . 中华人民共和国清洁生产促进法 [Z]. 2012-07-01.

[23] 国家发展和改革委员会，生态环境部，工业和信息化部 . 关于发布煤炭采选业等 5 个行业清洁生产评价指标体系的公告 [EB/OL].（2019-08-28）. https://www.ndrc.gov.cn/xxgk/zcfb/gg/201909/t20190919_1181886.html?code = &state = 123.

[24] 国家发展和改革委员会，生态环境部，工业和信息化部 . 关于印发化学原料药等 6 个行业清洁生产评价指标体系的通知 [EB/OL].（2020-12-31）. https://www.ndrc.gov.cn/xxgk/zcfb/tz/202101/t20210119_1265242.html?code = &state = 123.

[25] 白艳英，于秀玲，马妍，等 . 重点企业清洁生产审核评估验收指标体系研究 [J]. 观察思考，2012 卷（期）: 40-43.

[26] 朱威丽 . 中国清洁生产现状与发展趋势探析 [J]. 资源节约与环保，2015 卷（期）: 8-9.

[27] 袁宝成 . 清洁生产和末端治理的发展 [J]. 科技风，2016（7）: 9.

[28] 武冰倩 . ISO 14001 认证与财务绩效对环境绩效的影响 [J]. 现代商业，2021（10）: 181-183.

[29] 辛效威，任翔，何冰宇 . 数据分析视角下的 ISO 9001 和 ISO 14001 认证格局 [J]. 中国标准化，2017（8）: 59-62.

企业环保管家系列指南丨丛书主编　宋海鸡

企业环境信息化管理指南

安徽环境智能科技有限公司
安徽环境科技研究院股份有限公司　编著

中国环境出版集团·北京

图书在版编目（CIP）数据

企业环境信息化管理指南/安徽环境智能科技有限公司，安徽环境科技研究院股份有限公司编著.—北京：中国环境出版集团，2023.6

（企业环保管家系列指南）

ISBN 978-7-5111-5535-1

Ⅰ.①企… Ⅱ.①安… ②安… Ⅲ.①企业环境管理—信息化建设—指南 Ⅳ.①X322-62

中国国家版本馆CIP数据核字（2023）第098462号

出 版 人 武德凯
责任编辑 葛　莉　董蓓蓓
封面设计 彭　杉

出版发行 中国环境出版集团
（100062 北京市东城区广渠门内大街16号）
网　　址：http：//www.cesp.com.cn
电子邮箱：bjgl@cesp.com.cn
联系电话：010-67112765（编辑管理部）
010-67113412（第二分社）
发行热线：010-67125803 010-67113405（传真）
印　　刷 北京中科印刷有限公司
经　　销 各地新华书店
版　　次 2023年6月第1版
印　　次 2023年6月第1次印刷
开　　本 787×960　1/16
印　　张 8.25
字　　数 150千字
丛书定价 688.00元

《企业环境信息化管理指南》

编　委　会

丛书主编简介：

宋海鸥 河北环境工程学院教授，环境法学硕士，西北政法大学法学博士研究生，河北海立律师事务所律师，秦皇岛律协资源与环境委员会副主任，担任多地生态环境部门、企业法律顾问，主要从事环境法、环境执法及环境管理领域相关研究与实务工作。

本册主要作者简介：

方降龙 工程硕士，环境影响评价工程师，高级工程师，曾任安徽省生态环境厅政策法规处处长、安徽省环境科学研究院院长，现任安徽环境科技集团股份有限公司党委书记、董事长，安徽省生态环境保护协会会长，长三角生态环保产业链联盟第一届理事会副理事长。

宇　丰 中国科技大学公共管理硕士，本科毕业于浙江大学电气工程学院，现任安徽环境科技集团股份有限公司党委副书记、总经理。曾任职省政府办公厅，负责联系生态环境保护、科技、自然资源等部门工作，协助省政府领导制定了一系列省委、省政府重要文件和重大部署，协助做好大气、水、土壤污染防治，主要污染物总量减排，环保督察，环保产业发展等重点工作。

夏本成 工程硕士，先后就职于安徽省生态环境厅、安徽省发展和改革委员会，分别从事全省流域水环境保护和安徽省重大调水工程引江济淮规划设计管理工作。获授权专利 1 项，参与发明及实用新型专利 12 项，著有生态环境相关论文多篇。先后主持或参与安徽省水质良好湖泊保护规划 4 项、重大调水工程规划 4 项，以及安徽省重大新兴产业专项 1 项。

总　序

“环保管家”是一种以“合同环境服务”为核心的环境污染治理新模式。2014年12月27日，国务院办公厅《关于推行环境污染第三方治理的意见》中指出：“到2020年，环境公用设施、工业园区等重点领域第三方治理取得显著进展，污染治理效率和专业化水平明显提高，社会资本进入污染治理市场的活力进一步激发。环境公用设施投资运营体制改革基本完成，高效、优质、可持续的环境公共服务市场化供给体系基本形成；第三方治理业态和模式趋于成熟，涌现一批技术能力强、运营管理水平高、综合信用好、具有国际竞争力的环境服务公司。”2016年4月15日，环境保护部印发《关于积极发挥环境保护作用促进供给侧结构性改革的指导意见》（环大气〔2016〕45号），该意见指出：“推进环境咨询服务业发展，鼓励有条件的工业园区聘请第三方专业环保服务公司作为‘环保管家’，向园区提供监测、监理、环保设施建设运营、污染治理等一体化环保服务和解决方案。”由此，在环境保护领域正式提出了“环保管家”的概念，诸多的“环保管家”公司如雨后春笋般涌现，为企业提供“全面体检”服务。

尽管有专业环境污染第三方治理机构的辅助，但排污企业不能也无法避免经营中环境违规行为的法律责任。在环保形势日益严峻的背景下，掌握环境法律基本规定、污染防治技术规范等成为企业生存发展的必备能力，企业有必要通过学习将“要我守法”内生为“我要守法”的动力。

编者在与能源、化工、运输、钢铁、建材、机械加工、装备制造、矿山等行业企业打交道的过程中，了解到企业尤为关注环保问题，有增加环保投入和

增强自身环保专业知识的意愿，对降低环保经营风险有较高的期望值，但囿于环境保护知识的专业性，对通俗介绍企业生产经营中环保风险的指南、手册的需求迫切。正是基于这种市场需求，我们策划了这套专业的“企业环保管家系列指南”丛书（以下简称丛书），对企业环保问题开展“望闻问切”，对环保疑难杂症进行“科学会诊”，既能找准污染治理主要环节和风险隐患突出问题形成“体检报告”，也能开出诊治“药方”。“环保管家”通过常态化的“体检”和“问诊”，及时提出预警和针对性措施，以避免环境事故的发生，降低环境风险。

丛书分为四个板块，共计 13 个分册，旨在通过通俗易懂、实务的语境为企业提供环境守法的指引。在理论知识铺垫上，以够用为尺度，尽可能化繁为简；注重实操，并辅以案例，对企业生产经营中的环境管理事项和环境管理风险予以深度解读，帮助企业相关人员掌握企业环境管理的“钥匙”，最大限度降低企业的经营风险。

丛书的四个板块分别为：

1）法律法规板块：包括《企业常用环境法律法规手册》1 个分册，主要包含环境法律、法规、规章及政策性文件等内容。

2）常见环境管理事务板块：包括《企业环保合法合规管理指南》《企业建设项目环境影响评价管理指南》《企业排污许可证申领与实施操作指南》《企业自行监测管理指南》《企业环境信息化管理指南》《企业环境应急管理指南》6 个分册，主要从企业建设项目环境管理与企业环境风险防范角度进行阐释。

3）污染防治技术板块：包括《企业废水污染管控指南》《企业废气污染管控指南》《企业固体废物污染环境管控指南》《企业土壤污染管控指南》4 个分册，主要从治理设备、治理技术、产排污节点等方面对企业全流程技术管理予以说明。

4）企业环境金融与认证板块：包括《企业环境经济政策指南》《企业清洁生产审核与环境管理体系认证指南》2 个分册，主要包括环境税、排污权交易、碳排放交易以及清洁生产审核、ISO 14001 认证等相关知识。

丛书主要针对生产性企业的环境管理人员、环保管理型企业的工作人员以

及对环境管理工作感兴趣的其他人员，也可以作为环境管理初学者的入门教材。

编写团队共25人，包括相关领域教授、副教授，专门从事环境法律事务的律师，生态环境部固体废物与化学品管理技术中心专家，大型企业从事环境管理的工作人员以及专业从事“环保管家”服务的企业人员等。编写团队中无论是“学院派”还是“实战派”，均是在相应领域深耕多年的行家里手。

本套丛书经过与出版社沟通和策划、制定编写大纲、组织编写人员、撰写初稿、修改初稿、定稿、统稿等多个流程，历时15个月。在组织编写过程中，各分册编者之间通力合作，各分册牵头人也与我进行有效沟通，保证了丛书的质量和覆盖面；同时，为保障丛书如期完成，众多编者付出了巨大心血，在此表示衷心感谢。组织如此大规模的编写队伍，于我而言也是前所未有的，其中有考虑不周之处，请各位编者海涵；因知识和技能所限，编写难免有疏漏，请各位读者批评指正。

最后要感谢中国环境出版集团对这套丛书的支持，尤其是第二分社全体编辑的专业和敬业让这套丛书由设想变为现实。

宋海鸥

2022年8月14日于秦皇岛

前　言

2018年4月在全国网络安全和信息化工作会议上，习近平总书记指出，要发展数字经济，加快推动数字产业化，依靠信息技术创新驱动，不断催生新产业、新业态、新模式，用新动能推动新发展。要推动产业数字化，利用互联网新技术、新应用对传统产业进行全方位、全角度、全链条的改造，提高全要素生产率，释放数字对经济发展的放大、叠加、倍增作用。要推动互联网、大数据、人工智能和实体经济深度融合，加快制造业、农业、服务业数字化、网络化、智能化。

当前，以互联网为代表的信息技术正在深度影响各个领域，并带来了颠覆性的变化。就生态环境保护和企业环境管理来说，随着环境保护相关法律法规和标准体系的不断完善，传统的管理方式与技术手段已经很难满足当下的环境管理需求。因此，利用信息化技术和物联网思维来提高企业环境管理水平，减少污染物的产生和排放，稳定设施设备的运行效率，降低污染防治设施的运行成本，已经是现代企业发展的必由之路。

尤其是面对当前经济社会快速发展的迫切需要和居民维护环境权益意识的日益提高，传统的生态环境保护工作模式已不能完全适应生态环境保护工作历史性转变的需求，亟须一套先进的精细化生态环境管理手段。环境信息化是补齐环境保护工作短板，夯实工作基础，提升管理能力，实现环境保护工作系统化、科学化、法制化、精细化的必由之路。

环境信息化将成为环境管理创新发展的杠杆。以生态环境监测网络系统带动管理决策的科学化，为转变环境管理方式带来新动能，促进环保治理的整体改革。提高行政权力透明度，满足公众多方面的环境知情权，向公众提供新的参政、议政渠道。加强公众监督，推动全民参与，增强互动，改变传统政管企的单向模式，构建以生态环境部门、企业、社会公众为多元主体的环境污染防治体系，发挥公众参与环境污染治理的作用，打造政管企、民监企的双管齐下新模式。

本书对生态环境信息化管理和企业环境信息化能力建设进行了简要阐述，希望能够为生态环境行政管理部门和各环境行为的参与者提供帮助和支持！

编者

2022 年 10 月

目　录

第一章　环境信息化概述

第一节　环境信息化的基本概念及定义

环境信息化是环境保护的一项基础性工作，其含义是指利用信息网络、数据处理设备、电子传感设备等高新科技收集、传输、存储和处理环境数据，从而提高环境信息资源的有效利用，为政府、企业以及其他环境行为的参与者在环境保护决策方面提供数据支持，提高保护环境的综合能力。

1. 生态环境

生态环境是指影响人类生存和发展的水资源、土地资源、生物资源以及气候资源数量与质量的总称，是关系社会和经济持续发展的复合生态系统。生态环境问题是指人类为其自身生存和发展，在利用和改造自然的过程中，对自然环境破坏和污染所产生的危害人类生存的各种负反馈效应。

2. 信息化

信息化是充分利用信息技术，开发利用信息资源，促进信息交流和知识共享，提高经济增长质量，推动经济社会发展转型的历史进程。1997 年召开的首届全国信息化工作会议对信息化的定义为：信息化是指培育、发展以智能化工具为代表的新的生产力并使之造福于社会的历史过程。

3. 生态环境信息化

生态环境信息化是指面向生态环境决策、管理、服务工作，采集、治理、开发和利用数据资源，推动信息技术与生态环境业务深度融合，不断提高生态环境治理体系与治理能力现代化水平的过程。

4. 企业信息化建设

随着计算机技术、网络技术和通信技术的发展和应用，企业信息化已成为企业实现可持续发展和提高市场竞争力的重要保障。企业应该采取积极的对策措施，推动企业信息化的建设进程。

5. 环境信息

指环境管理、环境科学、环境技术、环境保护产业等与环境保护相关的数据、指令和信号等，以及相关动态变化信息，包括文字、数字、符号、图形、图像、影像和声音等各种形式。

6. 环境信息系统

环境信息从产生到应用于环境保护工作所构成的系统，称为环境信息系统。环境信息系统由工作人员、设备（计算机、网络技术、GPS 技术、模型库等软硬件）及环境原始信息等组成。研究环境信息系统的目的在于：一方面，促进环境系统的发展；另一方面，使环境系统更好地为环境管理服务。

7. 环境信息管理

人类为了有效地开发和利用环境信息资源，以现代信息技术为手段，对环境信息资源进行计划、组织、领导和控制的社会活动。

8. 污染源编码

表示污染源名称、属性、状态的符号和记录，用来唯一标识污染源数据信息，是计算机用来识别事物的代码。污染源数据信息交流需要统一的编码。

9. 环境信息分类

根据环境信息的属性或特征，按一定的规则对其进行区分和归类的过程。通过分类为环境信息建立起分类系统和排列顺序，有利于管理和使用信息。

10. 基础地理空间数据

统一的空间定位框架和空间分析基础的空间数据，包括测量控制点、国家基本比例尺系列地形图数据，以及按测绘行业标准生产的其他空间数据。

11. 环境基础空间数据

生态环境部门和其他相关部门采集、生产、加工的具有空间位置的环境业务数据。

12. 环境统计

用数字反映并计量人类活动引起的环境变化和环境变化对人类的影响。

13. 大数据

大数据是以容量大、类型多、存取速度快、应用价值高为主要特征的数据集合，正快速发展为对数量巨大、来源分散、格式多样的数据进行采集、存储和关联分析，从中发现新知识、创造新价值、提升新能力的新一代信息技术和服务业态。

14. 互联网 +

“互联网 +”即“互联网 + 传统行业”。随着科学技术的发展，利用信息和互联网平台，使得互联网与传统行业进行融合；利用互联网具备的优势特点，创造新的发展机会。“互联网 +”通过其自身的优势，使传统行业实现优化升级转型，能够适应当下的新发展，从而推动社会不断向前发展。

15. 物联网

物联网是指通过信息传感器、射频识别技术、全球定位系统、红外感应器、激光扫描器等各种装置与技术，实时采集任何需要监控、连接、互动的物体或过程，采集其声、光、热、电、力学、化学、生物、位置等各种需要的信息，通过各类可能的网络接入，实现物与物、物与人的泛在连接，实现对物品和过程的智能化感知、识别和管理。物联网是一个基于互联网、传统电信网等的信息承载体，它让所有能够被独立寻址的普通物理对象形成互联互通的网络。

16. 排污单位

各类排放污染物的企业事业单位和其他生产经营者。

17. 固定污染源

由同一排污单位组织管理，位于相同或相邻位置的产生、处理或排放污染物的生产设施、污染治理设施和排放口等的集合。

18. 生产设施

固定污染源中直接或间接产生和排放污染物的主要设备、装置和建筑物。

19. 污染治理设施

固定污染源内部建设、使用的大气污染物处理设施、工业废水处理设施、生活污水处理设施、噪声与振动处理设施、固体废物处理设施、畜禽养殖贮存处理设施等。

20. 排放口

固定污染源中有组织的废气、废水等污染物排放口。

21. 污染源自动监控

利用自动监控设备对污染源排放情况进行自动监测与监视，并对业务管理和决策支持提供支撑的有机协作整体。

22. 环境数据采集传输仪

用于采集、存储各种类型环境监测仪表的数据，并具有向上位机传输数据功能的单片机系统、工控机、嵌入式计算机或可编程控制器等。

第二节 环境信息化建设的总体目标和内容

环境信息化建设的总体目标是实现监管执法精准化、综合决策科学化、公共服务便民化、治理能力现代化的“四化”提升，为大气、水、土壤污染防治攻坚战提供精细化管理科学依据，促进生态环境管理水平迈向新台阶。生态环境信息化建设的内容包括：

一、完善感知网

完善生态环境监测物联网，建立健全相关的物联网管理平台，对新建的和现有的环境质量、污染源、核与辐射、生态监测系统进行有效的整合，将其纳入统一的管理平台中。对于固定的污染源，可以采用物联网技术及相关的信息技术手段，对其进行有效的监测，提高政府相关部门对于污染源的监管力度，提高监察效率，同时对于异常情况及时做出响应和处理，为污染源的监管和治理提供有效的技术及数据支持，为后期污染源管理工作的有序开展奠定良好的基础。

二、构建环保云

环保云即环境保护云平台，是在环境大数据基础上构建的，能够将监测系统所反馈的数据进行整合，集中提供信息化基础设施统一支撑、统一服务和一体化运维能力，提高网络平台的安全保障能力，真正实现生态环境保护业务的全面云部署。

三、形成环保数

在传统数据中心的基础上，根据具体的功能及生态环境保护的实际需求将其转变为生态环境数据资源中心，对监测范围内所有的生态环境业务数据进行有效的筛选整合、储存、管理、监控、交换、共享。这一环节提高了数据的运用效率，规范了数据的类别功能及作用，在一定程度上为后期业务发展提供相应的数据基础，也强化了数据分析的基本能力，将生态环境所反馈出的一系列数据通过管理维护的方式，打造出贴近生活、具有现实意义的一套环保数。

四、创建环境脑

环境脑是与生态环境业务同步发展的，是通过充分运用大数据技术云平台，对数据进行深入整合、研究和开发后逐渐建立起来的健全完善的监管平台。它能够实现综合、实时、移动、多元化的监管方式，对收集的数据进行深入分析，同时搭建起相应的数据预警机制，指明环境保护未来的发展趋势及与其他各环节之间的关系，做到说清现状、说清关系和说清方向，例如环境质量状况、环境容量大小、环境污染程度及来源，支持基于特定的生态环境质量目标分析，确定环境污染排放总量减排目标。同时，通过数据分析加强对污染行业、产业发展的有效分析，明确污染控制的主要方向及管控的企业范围，通过将核心数据、核心能力、核心分析进行整合，最终形成环境脑，为生态环境的可持续发展夯实基础。

五、建立信息平台

一方面，省、市各级政府相关部门应当根据当前生态环境工作的具体开展情况及工作要求，运用先进的信息技术，建立起统一的生态环境综合信息平台，将环境监测、监管服务纳入统一体系中，加强不同部门之间的联系协作，实现共同监管，提高监管效率，真正实现全面管理的目标任务，使得生态环境工作得以有序规范展开；另一方面，各级行政管理部门应当加大对环境保护的宣传力度，实行企业环保信息制度，从整体上提高外部服务水平，同时有针对性地增加移动平台中的服务模块。

第三节　环境信息化数据类型

从自然环境到人类活动的系统过程考虑，把环境质量数据分为以下几部分：从环境质量和生态本身的信息，到对环境和生态产生影响的污染源情况，再到针对污染源进行管理治理的业务、相关的科技和产业信息，然后到日常的政务信息和其他相关信息。这些数据类型分别是环境质量数据、生态环境数据、污染源数据、环境管理业务数据、环境科技数据、环保产业数据、环境保护相关数据和其他环境数据。

一、环境质量数据

按照环境质量数据的获取过程分类，从环境质量数据的获取范围、基础数据到数据整理分析后得到的对环境质量的评价结果，分为环境功能区划、环境质量数据和环境质量报告等。

二、生态环境数据

按照生态系统的各个侧面进行分类，包括生态环境本身和生态环境数据的综合表现情况。因此，生态环境数据分为自然生态、生物多样性和生物安全等。自然保护区、风景名胜区和森林公园等人为划分的生态区域的管理属性较强，同时，因为与森林生态等有重复，所以归入环境管理业务数据。

三、污染源数据

“污染源数据”大类下，重点按人类活动情况分类，包括工业污染源、农业污染源、生活污染源、交通运输污染源、施工工地污染源、服务业污染源和集中式污染治理设施。另外，存在内源（如底泥等）、水土流失、大气输移等自然因素较多的污染源，以及入河 / 湖 / 库 / 海排污口等区域综合性污染源。

四、环境管理业务数据

环境管理业务数据的分类按照环境管理制度以及生态环境部门的具体管理业务进行分类，并不是按照业务部门一一对应地划分。本分类的数据主要指环境管理过程本身产生的数据，其中涉及环境质量描述的数据应该归入“环境质量数据”大类，涉及污染源的描述数据应该归入“污染源数据”大类，涉及生态环境描述的数据应该归入“生态环境数据”大类。详细数据包括规划计划、环境管理制度、污染防治、生态保护与生态修复、核与辐射安全管理、环境污染事故与应急管理、监测管理、政策法规、环境执法、环境行政处罚 / 复议和诉讼、国际合作与交流、环境公众监督、环境宣传教育和环境数据管理等。

五、环境科技数据

为突出科技管理与业务管理的差别，把环境科技数据的边界拓展到科技管理以及一些相关的特殊数据。由此确定环境科技数据的分类，包括“环保科技数据”本身及其管理数据“环境科技管理”。同时，单列特殊的环境科技数据——“环境标准”，它连接了科技和管理；也单列了特殊的环境科学理念和管理结合体数据的“ISO14001 环境管理体系认证管理”。

六、环保产业数据

主要根据环保产业的生产流程所涉及的各类要素划分，包括环保产品数据、环保产品认证、环境标志产品认证管理、环保产业项目、环保产业单位、环保技术转化与推广、环保工程设计、环保产业园区、环保产业服务、环保设施运营、环保产业学会、环保计量认证和环保检测机构认可等。同时，单列了与环保产业密切相关的两大类模式——“清洁生产”和“循环经济”。

七、环境保护相关数据

环境保护相关数据是对基础的自然环境及社会环境的相关数据的描述。其中，自然环境又包括各种环境资源数据。同时，由于管理类数据已经在“环境管理业务数据”“环境科技数据”和“环保产业数据”中列出，在此不再重复划分类目。因此，环境保护相关数据划分为自然系统数据和社会经济数据等。

第四节　环保物联网

环保物联网是指在传统环保行业引入自动化和信息化的技术来实现环境保护科学化管理的系统网络。环保物联网从结构上分，可以分为三层结构。首先，是基础层，即感知层，此层面主要包括污染治理设施（污染源）现场端的感知，主要包括现代化的传感器、分析仪、智能仪表等。其次，是通信层，通信层的主要作用是实现感知层数据的传输，主要包括两种数据传输方式——有线传输和无线传输。最后，是数据应用层，数据应用有两方面的含义，一方面是通过数据分析，得出相关的结论，支持环保管理决策；另一方面是通过远程控制来优化环保治理设计的工艺运行条件。

环保物联网是将信息技术用于环境质量、污染源、生态保护、环境风险等环境数据获取与应用的物联网。它是环境保护行业引入物联网技术来实现科学化管理的系统网络，属于物联网的应用范畴。

对环保物联网概念模型（图 1-1）的说明如下：

1. 环保用户域

环保用户域是环保物联网用户和用户系统的集合。环保物联网用户可通过用户系统及其他域的实体获取对环境目标对象域中实体感知和操控的服务。

2. 环境目标对象域

环境目标对象域是环保物联网用户期望获取相关信息或执行相关操控的物理对象集合。环境目标对象域中的物理对象可与环境感知控制域中的实体（如感知设备、控制设备等）以非数据通信类接口或数据通信类接口的方式进行关联。

3. 环境感知控制域

环境感知控制域是环保物联网各类获取感知对象信息与操控控制对象的系统的集合。环境感知控制域中的感知系统为其他域提供远程的管理和服务，并

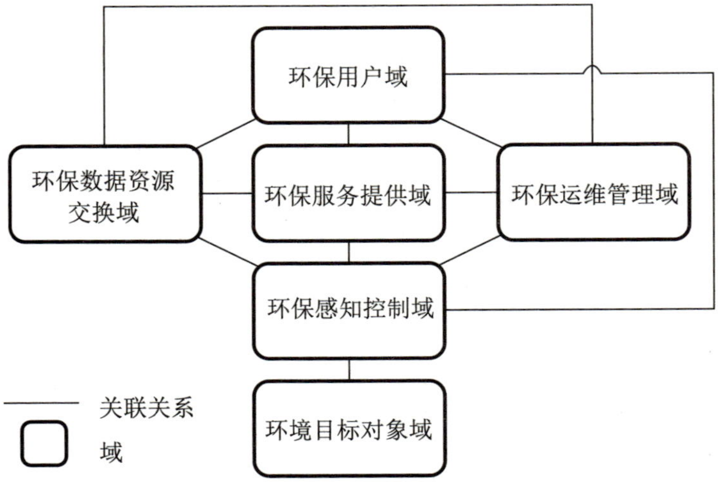

图 1-1　环保物联网概念模型

可提供本地化的管理和服务。

4. 环保服务提供域

环保服务提供域是实现环保物联网业务服务和基础服务的实体集合，满足用户对环境目标对象域中物理对象的感知和操控的服务需求。

5. 环保运维管理域

环保运维管理域是环保物联网系统运行维护和信息安全等的实体集合，从规章制度符合性管理、系统运行技术性管理、信息安全性管理等方面，保证环保物联网其他域的稳定、可靠、安全运行等。

6. 环保数据资源交换域

环保数据资源交换域是根据环保物联网系统自身与其他相关系统的应用服务需求，实现信息资源的交换与共享功能的实体集合。环保数据资源交换域可为其他域提供系统自身所缺少的外部信息资源，以及对外提供其他域的相关信息资源。

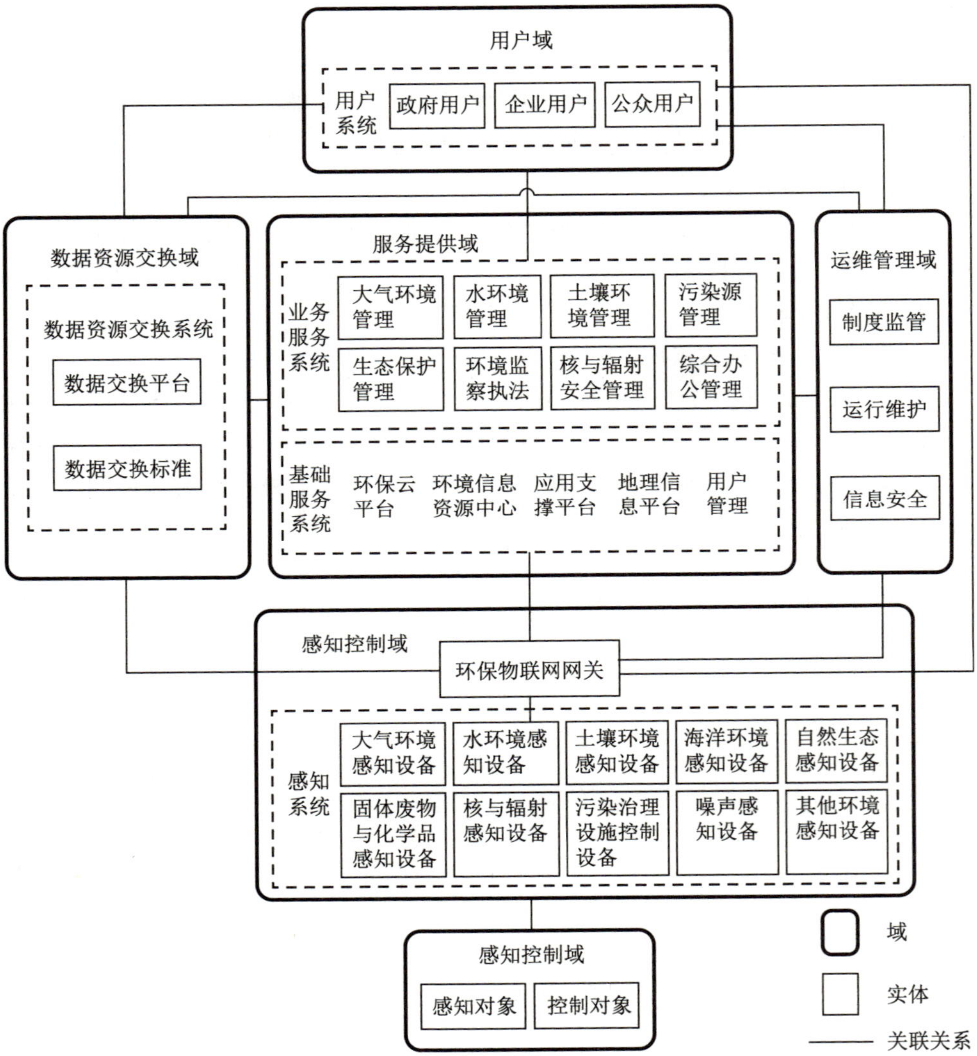

图 1-2 环保物联网体系结构

第二章　环境信息化管理体系

第一节　环境信息化标准

一、标准体系组成

环境信息化标准体系由总体标准、应用标准、信息资源标准、应用支撑标准、网络基础设施标准、信息安全标准和管理标准 7 个分体系组成（图 2-1）。这 7 个分体系相互作用、相互依赖、相互补充，每个分体系又可划分为若干个二级类目。

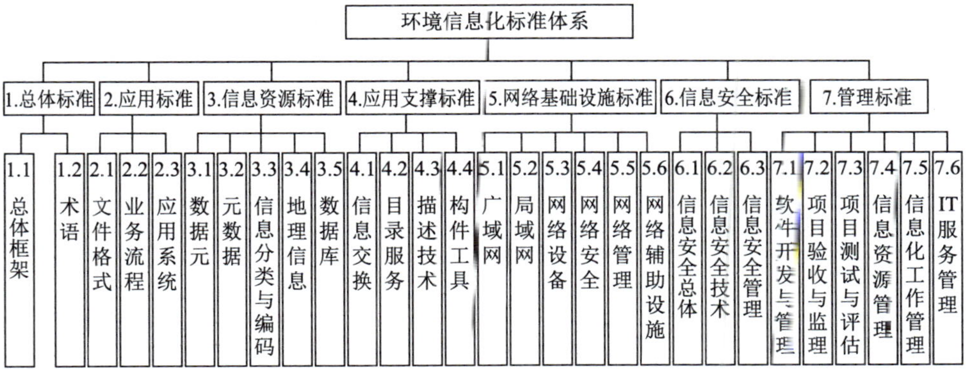

图 2-1　环境信息化标准体系结构

二、标准体系逻辑框图

环境信息化标准体系逻辑如图 2-2 所示。总体标准处于整个体系的最上端，它为下位的其他 6 个分体系提供总体指导和机制保障。信息安全标准和管理标准贯穿于网络基础设施标准、应用支撑标准、信息资源标准和应用标准之中。

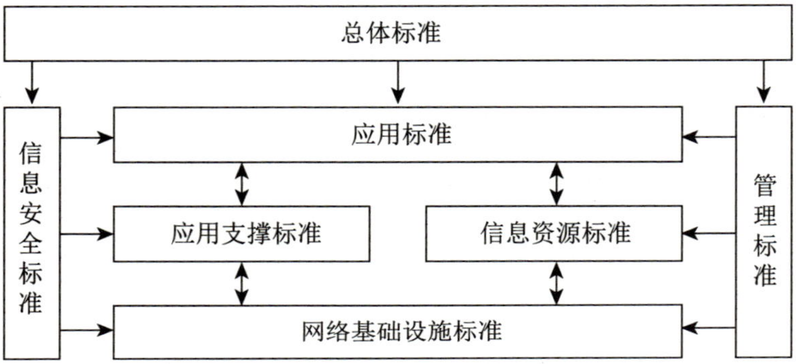

图 2-2 环境信息化标准体系逻辑框图

第二节 环境信息化标准体系分体系

一、总体标准分体系

总体标准分体系为环境信息化标准提供基本原则、指南和框架，以及基础性的信息化术语。总体标准分体系层次结构如图 2-3 所示，包括总体框架和术语两个二级类目。

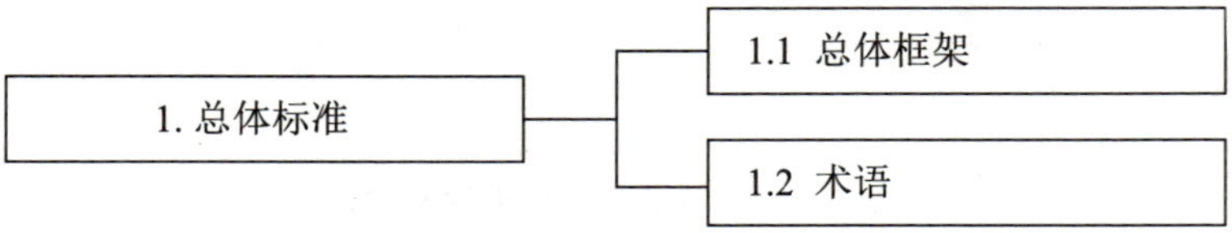

图 2-3 总体标准分体系层次结构

总体框架标准为环境信息化标准提供基本原则、指南和框架。总体框架标准主要包括环境信息化标准指南等总体性标准和相关标准。

术语标准的目的是统一环境信息化建设中遇到的主要名词、术语和技术词汇，避免对它们的歧义性理解。术语标准包括环境信息术语、基础术语和专业术语。

二、应用标准分体系

应用标准分体系为环境信息系统提供应用方面的标准与规范。

应用标准分体系的层次结构如图 2-4 所示，包括文件格式、业务流程和应用系统 3 个二级类目。

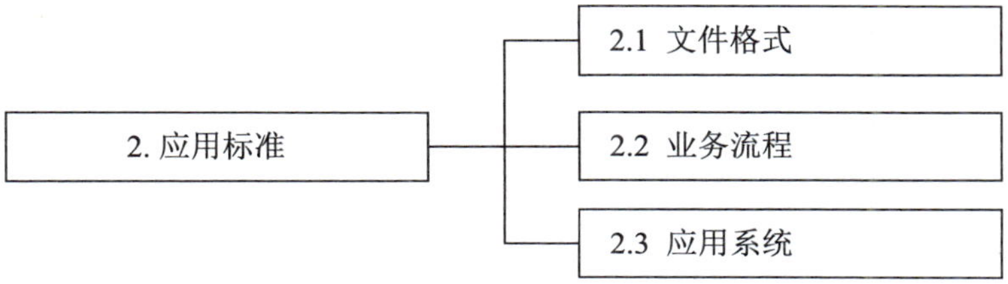

图 2-4　应用标准分体系层次结构

文件格式标准提供环境保护业务信息各个系统间交换和共享的、规范化的文件格式。文件格式标准主要包括环境保护业务所涉及的文件格式和相关标准。

业务流程是在环境保护业务信息领域中，为达到业务目标的一类过程和策略。该过程由一组按策略执行的、相互协调的活动步骤组成。业务流程标准包括环境保护信息业务所涉及的业务流程和相关标准。

应用系统标准包括环境保护的核心业务应用系统和综合应用系统，以及相关电子政务标准。

环境保护核心业务应用系统包括环境监测管理信息系统、污染监控管理信息系统、生态保护管理信息系统、核安全与辐射管理信息系统、环境应急管理信息系统。环境监测管理信息系统用于实现对全国环境质量数据（包括地表水、大气、近岸海域、酸雨、沙尘暴等数据）的管理，并覆盖生态监测、污染源监测等业务；污染监控管理信息系统覆盖污染控制管理、环境影响评价和环境统计等业务；生态保护管理信息系统覆盖区域生态环境管理、农村环境保护管理、生物多样性保护管理等业务；核安全与辐射管理信息系统覆盖核设施与材料监督管理、放射源监督管理、辐射环境质量监测管理、核安全许可证管理、核与电磁辐射管理等业务；环境应急管理信息系统覆盖环境应急的接警和预警管理、环境应急指挥调度、环境应急监测管理、环境应急决策支持、环境应急现场处置管理、环境突发事件后评估等业务。

环境保护综合应用系统包括各类行政办公管理信息系统、环境保护政府网站、环境科技管理信息系统、环境政策法规管理信息系统、环境财务与资产管理信息系统和环境外事管理信息系统等综合性的、为核心业务应用系统提供支持与服务的应用系统。

三、信息资源标准分体系

信息资源标准用于规范各类环保业务信息的数据类型，以实现跨部门、跨地区的信息资源共享。

信息资源标准分体系的层次结构如图 2-5 所示，包括数据元、元数据、信息分类与编码、地理信息和数据库 5 个二级类目。

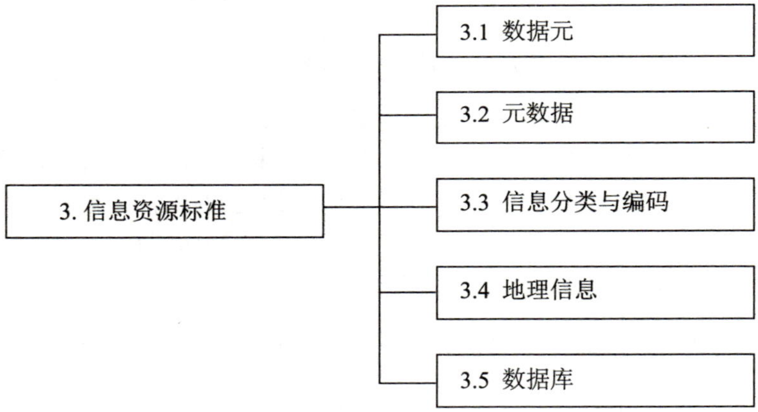

图 2-5 信息资源标准分体系层次结构

数据元是指用一组属性描述定义、标识、表示和允许值的数据单元。数据元字典列出并定义相关数据元。数据元标准包括环境保护专用的数据元以及数据元的通用规则和电子政务数据元等方面的相关标准。

元数据是定义和描述其他数据的数据，是按照一定的规则，从信息资源中抽取相应的特征，组成一个特征元素的集合。元数据标准主要包括环境保护元数据和相关标准。

信息分类与编码标准包括环境保护专用信息分类与编码标准以及方法性、区域、场所和地点、计量单位、人力资源、产品与运输、组织机构代码和科学技术等标准。信息分类是指将具有共同属性或特征的信息，按科学的规律集合在一起并进行概念上的划分，以区别和判断不同的信息。信息编码是指科学性地对分类的信息赋予代码或某种符号体系，作为有关信息系统进行处理和交换的共同语言。

地理信息标准包括环境保护业务所涉及的地理信息和相关标准。

数据库标准包括环境保护标准相关的数据库标准和环境信息资源共享平台，以及相关标准。环境信息资源共享平台建立在环境保护的基础数据库、中心数据库和共享数据库之上，它为信息资源提供共享交换机制。

四、应用支撑标准分体系

应用支撑标准分体系为各项环境保护业务提供独立于网络与应用的支撑和服务，确保各类业务资源的可互联、可访问、可交换、可共享、可整合。

应用支撑标准分体系的层次结构如图 2-6 所示，包括信息交换、目录服务、描述技术和构件工具 4 个二级类目。

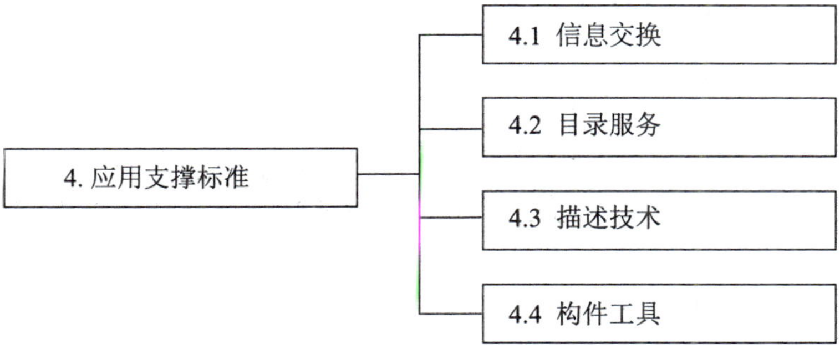

图 2-6 应用支撑标准分体系层次结构

信息交换标准包括环境信息交换所涉及的标准和相关标准，可以为跨部门、跨地区的信息交换提供交换机制。

目录服务是指在网络环境中定位和标识各种数据和数据处理资源，并提供搜索和权限管理功能的服务机制。目录服务标准包括环境保护行业信息资源目录的分级分类标准以及 X.500 系列目录服务、政务信息资源目录、Web 服务和消息服务方面的相关标准。

描述技术标准包括通用置标语言（SGML）、可扩展置标语言（XML）、超文本置标语言（HTML）等相关标准。

构件工具是一种软件开发技术，它将软件开发过程中会重复用到的部分封装起来，实现其特定的功能，通过调用实现同样的功能需求。构件工具通过接口提供服务。构件工具标准尚在发展中，目前主要包括软件构件管理和产品质量。

五、网络基础设施标准分体系

根据生态环境行业对通信和计算机网络基础建设的实际需求，网络基础设施标准分体系的层次结构如图 2-7 所示，包括广域网、局域网、网络设备、网络安全、网络管理和网络辅助设施 6 个二级类目。

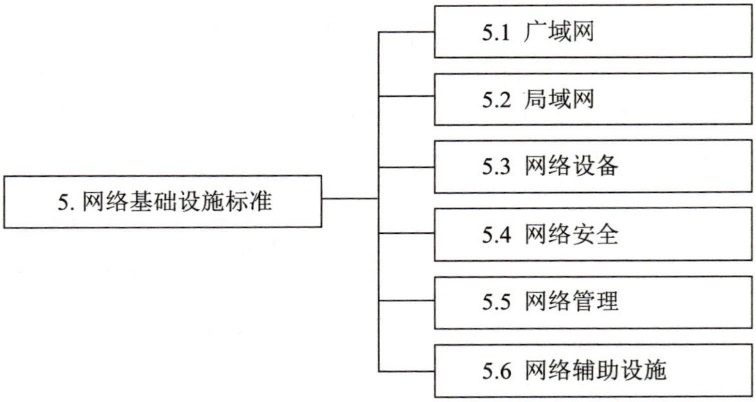

图 2-7 网络基础设施标准分体系层次结构

广域网标准包括生态环境行业专用的标准和 IP 网总体要求、IP 传输方式、协议、IP-VPN 等方面的相关标准。

局域网标准包括局域网、无线局域网和 VLAN 等相关标准。

网络设备标准主要包括路由器、交换机、网络接入服务器、ADSL 接入和综合布线等方面的相关标准。

网络安全标准主要包括生态环境标准以及总技术要求、安全协议、电子邮件安全、Web 安全和域名系统安全等方面的相关标准。

网络管理标准主要包括生态环境标准以及总体、网络协议、路由管理信息管理库、网络服务器管理信息管理库和网络管理接口等方面的相关标准。

网络辅助设施标准主要包括机房设计、施工、防静电以及空调等相关标准。

六、信息安全标准分体系

信息安全标准分体系是确保环境信息系统安全运行，确保信息和系统的保密性、完整性和可用性的保障体系，为环境信息化建设提供各种安全保障的技术和管理方面的标准规范。

信息安全标准分体系的层次结构如图 2-8 所示，包括信息安全总体、信息安全技术和信息安全管理 3 个二级类目。

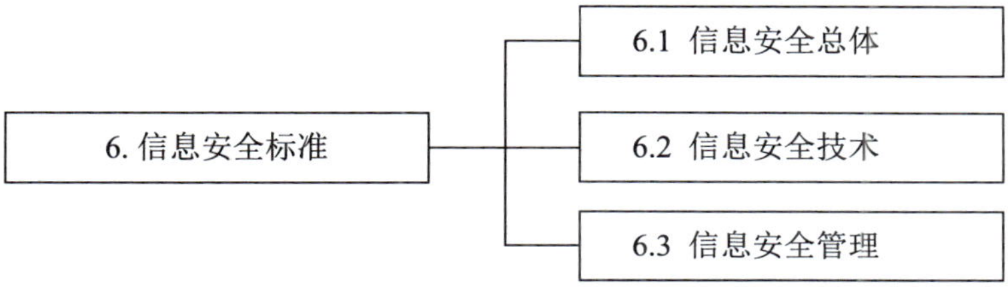

图 2-8　信息安全标准分体系层次结构

信息安全总体标准包括相关国家环境保护标准以及安全体系结构、模型和总技术要求方面的相关标准。

信息安全技术标准包括相关国家环境保护标准以及密码技术、标识与鉴别、授权与访问、物理安全、防信息泄露和安全产品方面的相关标准。

信息安全管理标准包括系统安全管理以及等级保护与风险管理的相关标准。

七、管理标准分体系

管理标准分体系为环境信息化建设提供管理的手段和措施，是环境信息化建设实现科学管理、保证信息系统有效运转的重要保障，是环境信息化建设正常运行的保障体系。

管理标准分体系层次结构如图 2-9 所示，包括软件开发与管理、项目验收与监理、项目测试与评估、信息资源管理、信息化工作管理和 IT 服务管理 6 个二级类目。在该分体系中，除参照相应的国际标准、国家标准和行业标准外，还包括环境信息化工作管理所需的标准、规范以及相应的管理文件和规章制度。

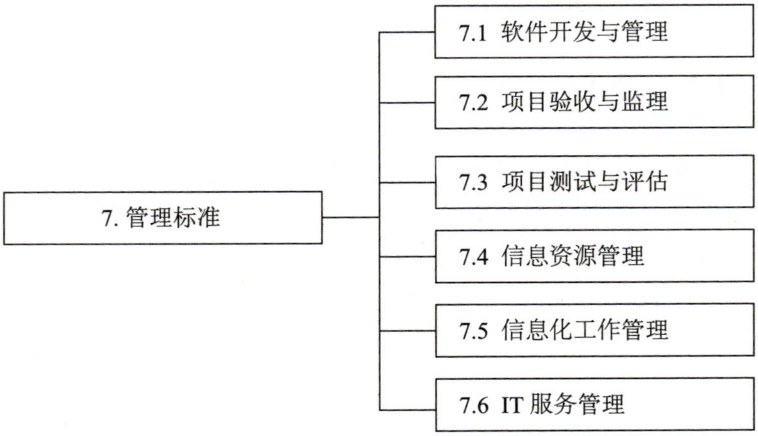

图 2-9 管理标准分体系层次结构

软件开发与管理标准包括生态环境行业在软件开发与管理过程中涉及的标准。

项目验收与监理标准包括与环境信息化建设项目的验收与监理相关的标准。

项目测试与评估标准包括与环境信息化建设项目相关的测评和评估标准。

信息资源管理标准包括对生态环境行业信息系统中信息资源进行质量管理和共享程度评价的标准。

信息化工作管理标准包括环境信息化主管部门为环境信息化建设工作制定的标准。

IT 服务管理（ITSM）标准是基于 IT 基础架构库（ITIL）的信息管理模式的相关标准，它以流程为中心，以用户满意和服务质量为核心，整合信息服务与业务流程，为信息服务组织提供规划、研发、实施、运维的规范。IT 服务管理标准目前主要包括服务管理的规范和实践规则。

第三章　企业环境信息化建设

第一节　企业环境保护法规标准信息化

一、环境保护法规标准体系

目前，我国已形成由法律、行政法规、部门规章、地方性法规和地方政府规章、环境标准、环境保护国际条约组成的环境保护法律法规体系，并已基本实现各环境要素监管主要领域全覆盖。环境保护法规标准体系树见图 3-1。

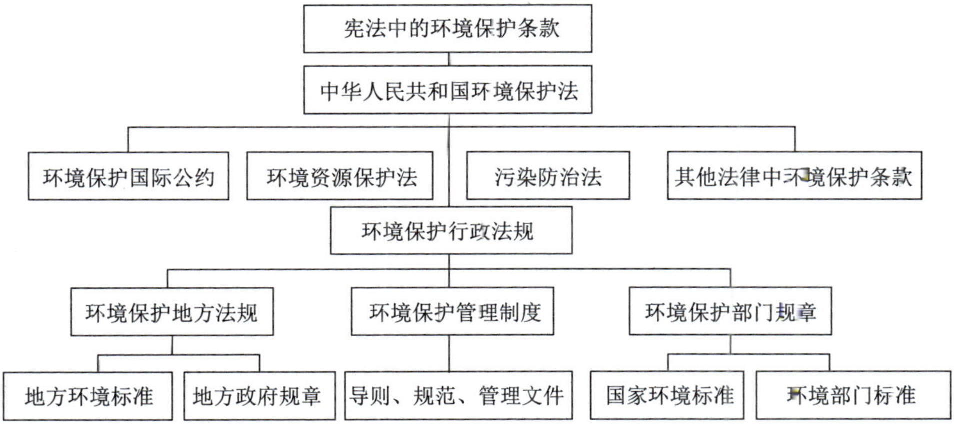

图 3-1　我国环保法规标准体系树

在日常的环境管理中，企业涉及的环境法律、法规、标准、导则、指南、管理办法等具体条文繁杂，各法规的适用条件、适用范围及适用行业等差别较大。近年来，随着环境管理工作的不断深入，法规标准的制修订、废止和更新频繁，条文针对性和限定性也越来越细致。企业在日常环境管理中，如何能够及时、准确地应用这些标准和法规，成为很多管理者亟须解决的问题。法规及政策文件的检索、查阅、引用和更新采用信息化管理模式，有利于企业更精准地开展环境管理。

二、环境保护法规标准信息化的途径

一般情况下，企业环保法规标准体系信息化可采用数据库管理模式，具体实现则可依托于企业环保综合管理平台或企业级手机客户端进行统一管理，也可借助于第三方环保法规标准体系软件或手机客户端开展相关工作。信息化内容可全面包含所有法律法规、标准、技术规范等，也可就某几项内容建立单独管理平台或软件。

总体而言，法规标准体系信息化平台或软件需要满足以下条件：收录全面，查阅便捷，文本准确，更新及时。

图 3-2 为典型的环境标准体系第三方软件管理程序，该程序利用后台数据库管理环境保护相关的标准规范体系，实时更新法律条文，及时公布废止文件。用户可采用精确或模糊查询方式，通过标题或全文查询需要了解的标准字条。该程序便于企业开展与环境标准相关的管理工作。

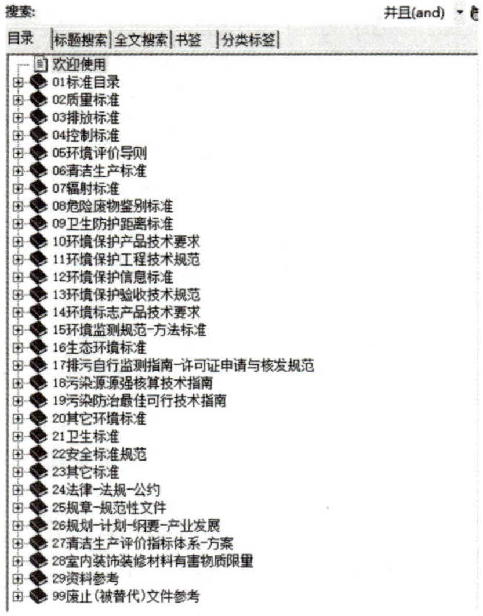

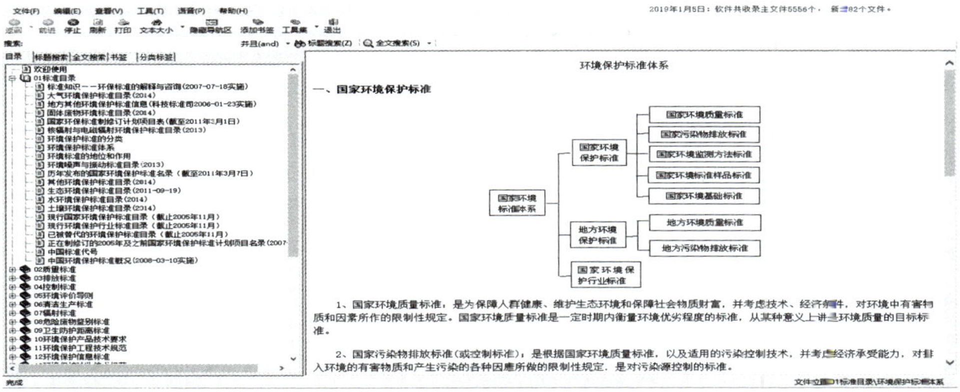

图 3-2　环境保护标准体系数据库管理

图 3-3 为典型的环境法规标准体系手机客户端应用程序，App 可收录环保相关的标准导则和政策法规，并实时更新和补充。用户可便捷查询和使用对应的条目，并可对数据库中缺失或存在疑问的条文提出疑问或修改建议，有利于从业者及时、准确、全面地开展环境管理工作。

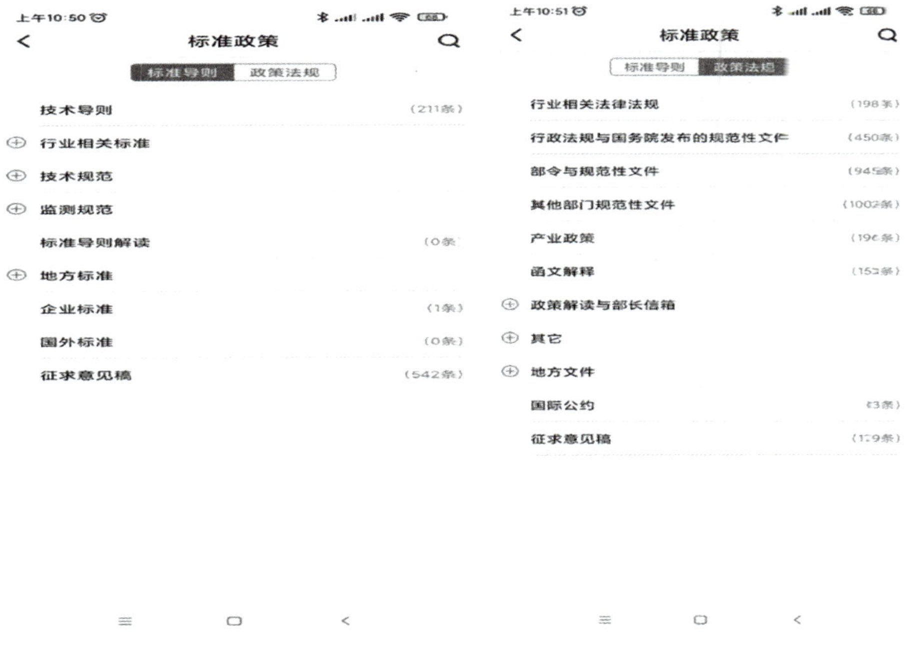

图 3-3　环境保护法规标准体系 App 管理示例

第二节 企业污染防治管理信息化

一、企业污染物排放自动监测

现阶段，针对企业污染物排放的信息化管理主要通过自动监控（监测）设备实现。企业环境自动监控（监测）系统的主要任务是连续或间歇地监测企业内部固定污染源向环境排放的污染物浓度及总量，达到从源头控制污染的目的。系统由厂内污染源监测站、厂界环境质量监测点、信息传输系统及企业环境监控中心组成。

厂内污染源监测包括废气监测、废水监测；厂界环境质量监测点主要监测厂界空气质量和环境噪声等。信息传输可采用有线和无线两种方式，将监测数据以模拟或数字形式传送给企业环境监控中心，企业环境监控中心将厂内、厂外各监测点传送来的各种监测数据进行汇集、展示、存储和分析，必要时主动发出预警或提醒信息。

（一）监测类型

1. 废气监测

在主要烟气源的烟道上布设监测点，安装二氧化硫、氮氧化物、颗粒物、挥发性有机物等主要污染物浓度和排气量废气在线监测设备。

2. 废水监测

在工厂的废水排放口布设监测点，安装 pH、COD、氨氮、总磷、总氮等水污染物在线监测设备和流量计。

3. 厂界监测

根据所在地区常年主导风向和地形特征，按照相关布点方法在厂界位置布设监测点，安装二氧化硫、氮氧化物自动监测仪，颗粒物和噪声监测设备。

（二）技术要求

1. 废气污染源自动监控（监测）系统现场端技术要求

（1）排放口的设置

排放口环境保护图形标志牌的设置应符合 GB 15562.1 的要求，其他的设置应符合 HJ/T 75 及各级生态环境主管部门的相关要求。

（2）监测点位的设置

1）总体要求。监测点位的选择应符合 HJ/T 75 中关于监测点位的要求。应位于烟气中颗粒物、气态污染物和流速分布相对均匀、排放状况有代表性的位置，在固定污染源排放控制设备的下游和手工参比方法监测断面上游。尽可能选择在气流稳定的直管段，避开烟道弯头和断面急剧变化的部位和涡流区，不受环境光线和电磁辐射的影响，烟道振动幅度尽可能小，避开烟气中水滴和水雾的干扰。

2）颗粒物和流速监测点位的设置。优先选择在垂直管段和烟道负压区域，在距弯头、阀门、变径管下游方向不小于 4 倍烟道直径，以及距上述部件上游方向不小于 2 倍烟道直径处。

3）气态污染物监测点位的设置。设置在距弯头、阀门、变径管下游方向不小于 2 倍烟道直径，以及距上述部件上游方向不小于 0.5 倍烟道直径处。当在排放口附近设置监测断面时，监测断面应设置在距离排放口 0.5 ～ 1.5 倍烟道直径处。

4）矩形烟道直径按当量直径计算，当量直径 $D=2AB/(A+B)$，式中 A、B 为边长。

5）当安装直管段不能满足上述要求时，参照以下方法确定监测点位：

颗粒物的监测点位：当采用抽取式点测量时，应选择单点布设；当采用线测量光学法时，应尽可能延长测量光程距离。

气态污染物的监测点位：监测点位要求可适度放宽，但布设在排气出口附近时，应位于距离 0.5 ～ 1.5 倍烟道直径处，且避开涡流区。

流速的监测点位：可根据固定源的具体情况选择安装符合点测量、线测量或面测量装置的点位。

（3）采样平台

1）采样平台的建设应符合 HJ/T 75 中关于平台建设的要求。应易于人员到达，当采样平台设置在离地面高度≥ 2 m 的位置时，应有通往平台的斜梯、Z 字梯或者旋梯，不得使用直爬梯；当采样平台设置在离地面高度≥ 20 m 的位置时，应有往平台的升降梯。爬梯的宽度不得小于 0.9 m，爬梯的角度不得大于 51°，脚部踏板宽度不得小于 0.1 m，采样平台长和宽均不得小于 2 m 或采样枪长度外延 1 m，护栏不得低于 1.5 m，平台的承重不得小于 300 kg/m^2。爬梯、采样平台和护栏的安装应符合 GB 4053.2、GB 4053.3 和 GB 4053.4 的要求，电梯的安装和安全应符合 GB 7588 的要求。

2）采样平台上应在监测设备附近提供干燥、清洁、无油、无尘、无污染因子成分的反吹气源，气源压力要求在 0.6 ～ 0.8 MPa 范围内。

3）采样平台上应在监测设备附近布设安全的供电电源，电压要求在 198 ～ 242 V 范围内。

（4）现场端设备的安装

1）采样孔

①固定污染源烟气排放连续监测系统（CEMS）采样孔的开孔位置和数目均应符合 HJ/T 75 中关于采样孔的要求。

②在 CEMS 现场端监测断面下游应预留手工参比方法采样孔，开孔位置和数目应符合 GB/T 16157 中关于手工参比方法采样孔的要求。手工参比方法采样孔内径不得小于 100 mm，配套的采样管应和烟道壁垂直，且向外伸出烟道外壁不得小于 50 mm。当烟道为正压或有毒气时，应采用带闸板阀的密封采样孔。

③各采样孔法兰、采样管及其固定连接材料（包括螺母、螺栓、短管、法兰等）应采用不锈钢，法兰密封圈应采用耐热材料。焊件应组对成焊，其壁（板）的错边量应符合以下要求：短管和管件应对口，内壁齐平，最大错边量应不大于 1 mm。

④在互不影响测量的前提下，手工参比方法采样孔应尽可能靠近 CEMS 现场端监测断面。当监测点位设置在矩形烟道时，若烟道截面的高度大于 4m，则不宜在烟道顶层开设参比方法采样孔；若烟道截面的宽度大于 4 m，则应在烟道两侧开设参比方法采样孔，并设置多层采样平台。

⑤监测设备采样孔距平台底面距离应在 0.5 ～ 1.3 m 范围内，手工参比方法采样孔距平台底面距离应在 1.2 ～ 1.3 m 范围内。单层平台面积不能满足全部采样孔设置的，应设置多层采样平台。

2）颗粒物监测设备的安装

颗粒物监测设备应安装在无涡流、气流扰动小、易于接近、便于维护的烟道段，位于顺气流方向的下游。颗粒物监测仪法兰与安装法兰应加耐热材料，用连接螺栓紧固。

①对射法颗粒物监测设备的安装：在烟道壁的两侧安装监测设备，要求烟道两端法兰的轴心线保持同轴，两法兰轴心线角度误差应小于 1°，确保光路准直，两法兰牢固可靠。发射单元的激光从发射孔中心射到对面反射单元，发射光和反射光中心线相叠合的极限偏差应≤ 2‰。连接发射端和接收端的风管风压

大于烟道内的风压，并将风管整齐固定。

②光学后向散射法颗粒物监测设备的安装：在烟道壁的一侧安装监测设备，应根据烟道内径及壁厚确定颗粒物监测仪探头的长度和有效光程，并保证法兰孔及烟道内无任何物件遮挡仪器光路。

③抽取式 β 法颗粒物监测设备的安装：在烟道壁的一侧安装监测设备，采样嘴必须正对气流方向，将烟道壁上的法兰与监测设备的法兰之间加耐热垫密封并紧固。

④抽取式光前散射法颗粒物监测设备的安装：在烟道壁的一侧安装监测设备，采样嘴必须正对气流方向，将烟道壁上的法兰与监测设备的法兰之间加耐热垫密封并紧固。

3）气态污染物监测设备的安装

①抽取式气态污染物监测设备：

a. 完全抽取式监测设备安装法兰应上倾 5° 焊接，采样孔的法兰与连接法兰的几何尺寸极限偏差不得大于 ±5 mm，法兰端面垂直度的极限偏差不得大于 2‰。设备的安装法兰通过焊接或水泥固定在烟道上，安装法兰之间加耐热垫密封，用螺栓连接紧固。采样头、采样管、伴热管各连接处应严格密封。

b. 稀释抽取式监测设备的安装法兰通过焊接或水泥固定在烟道上，安装法兰之间加耐热垫密封，用螺栓连接紧固。外稀释抽取式监测设备的安装法兰的要求同完全抽取式监测设备。

②点式直接测量气态污染物设备安装在烟道壁的一侧。将已知长度的测量探头直接插入烟道，法兰之间的连接、密封和紧固同抽取式气态污染物监测设备，并采取减震措施。

③线式直接测量气态污染物监测设备在烟道壁的两侧分别安装设备的光发射端和光接收端。调整光发射端光源的调节器，测定光接收端接收到的最大信号，表明测量仪器光路准直，将位置固定，或按照测量仪器说明书的方法确定。法兰之间的连接、密封和紧固同抽取式气态污染物监测设备，并采取减震措施。

4）流速监测设备的安装

①单点皮托管压差法流速监测设备的安装：皮托管探头不宜安装在烟道内烟气流速小于 5 m/s 的位置。安装皮托管探头时，全压口与气体流动方向的偏差角不得超过 ±5°，探头的全压口和静压口应位于距烟道内壁当量直径的 1/3 ～ 1/2 处，或距离烟道内壁不小于 1 m 处。托管与微差压变送器应尽可能靠近。皮托管全压口、静压口与微差压变送器的压力检测口用聚四氟乙烯管相连，

连接处应密封。微差压变送器的安装位置宜高于皮托管安装位置，固定法兰与安装法兰间应加耐热材料密封，用连接螺栓紧固。

②多点皮托管压差法流速监测设备的安装：在烟道壁的一侧或两侧安装。应根据烟道实际情况开孔并进行密封；将面向气流各测点串连并引出一根总管（全压管），将背向气流各测点串连并引出一根总管（静压管），并分别与压差变送器对应的端口连接；点测量仪安装完成后，检查系统密闭性，应合格。其余同单点皮托管压差法流速监测设备的安装。

③平均压差法皮托管线流速监测设备的安装：同单点皮托管压差法流速监测设备的安装和多点皮托管压差法流速监测设备的安装。

④超声波法流速测量仪：在烟道壁的一测气流的上游和烟道壁的另一侧气流的下游分别安装一台超声波发射 / 接受装置。发射 / 接受超声波装置所在直线位置与烟道轴线的典型夹角为 30 ～ 60°。在测量装置法兰盘和固定在烟道上的法兰盘之间加耐热垫密封并紧固。

⑤测点排列矩阵压差法流速监测设备的安装：在水平烟道的上部开槽，从开槽处将 6 面流速测量仪垂直插入烟道并进行固定和密封；将面向气流各测点串连并引出一根总管（全压管），再将背向气流各测点串联并引出一根总管（静压管），并分别与压差变送器对应的端口连接，应保证系统的气密性。其余要求同单点皮托管压差法流速监测设备的安装和多点皮托管压差法流速监测设备的安装。

5）烟气温度、压力、湿度及含氧量探头的安装

①温度传感器、压力传感器、湿度传感器探头安装位置距气态污染物探头或颗粒物探头位置应不小于 0.5 m。

②温度传感器、压力传感器法兰水平安装或焊接在烟道上，传感器安装应密封、紧固。

③湿度探头法兰安装时，宜使安装法兰端上倾 5°，以免冷凝水进入探头。湿度探头、安装法兰间加耐热材料密封，并用螺栓连接紧固。

④含氧量探头法兰安装时，宜使安装法兰端上倾 5°，以免冷凝水进入探头。含氧量探头、安装法兰间加耐热材料密封，并用螺栓连接紧固。

6）其他附属设备的安装

①抽取式 CEMS 采样管：

a. 完全抽取式 CEMS：采用伴热管，管路长度应尽可能短，长度不宜超过 76 m，管路倾斜角度不得小于 5°，在每隔 4 ～ 5 m 处装线卡箍，整条管路不得

出现 U 形和 V 形的布线形状，避免形成水封。

b. 稀释抽取式 CEMS：采用普通导气管，管路长度不宜超过 100 m。

②站房机柜的安装位置，应确保完全抽取式 CEMS 的伴热管或稀释抽取式 CEMS 的导气管从监测站房墙壁进口处到站房机柜接口处的弯曲圆弧半径不小于 0.5 m，机柜的前后左右与墙壁要留有一定空间，保证能打开柜门，便于维护。

③系统的电气、仪表、管线、施工配管配线的连接应符合 GB/T 6988.5 的规定，系统的管线、施工配管配线应标明名称，并用不同标志予以区别，整洁固定排列。

④平台、监测站房、交流电源设备、机柜、仪表和设备金属外壳、管缆屏蔽层和套管的防雷接地，可利用厂内区域保护接地网，采用多点接地方式。厂区内不能提供接地线或提供的接地线达不到要求的，应在子站附近重做接地装置。

⑤在条件成熟时，鼓励在采样平台上安装视频监控探头，要求能清晰监控相关人员在采样平台上监测和维护设备的情况，预留通信接口，影像资料应至少保留三个月。

2. 排水污染源自动监控（监测）系统现场端技术要求

（1）排放口的设置

1）排放口环境保护图形标志牌的设置应符合 GB 15562.1 的要求，其他的设置应符合 HJ/T 353 及各级生态环境主管部门的相关要求。

2）废水可以通过矩形、圆管形及梯形的管道或明渠方式排放，管道或明渠宜选用混凝土、陶瓷、钢板、钢管、玻璃钢和塑料等防腐及易清洁的硬质材质。

3）对于存在倒灌等影响流量监测的，排放口在建设时应确保特殊时期也能排水顺畅。

4）管道式排放废水的，应在管道上安装取样阀门；明渠式排放废水的，排放口上游应有一段底壁平滑且长度大于 5 倍渠道宽度的平直明渠。

5）排放口设置在地下时，污水面距地面大于 1 m 时，应设置取样台阶，每级台阶高度应在 0.15 ～ 0.2 m 范围内，向下倾斜坡度不得大于 45°，宽度应不小于 0.6 m。

（2）监测点位的设置

1）监测点位应符合 HJ/T 353 中关于监测点位的要求。

2）监测点位应避开有腐蚀性气体、较强的电磁干扰和振动的地方，应易于到达，且保证采样管路不超过 50 m。采样点位应有足够的工作空间和安全措施，便于采样和维护操作。

3）管道式排放废水的，监测点位应设置在封闭式管道前；明渠式排放废水的，监测点位应设置于明渠测流段上游，采样口应设置在距水面 0.1 ～ 0.3 m 以下，离渠底 0.2 m 以上，不得贴近渠底。通过明渠方式连续排放废水的水位小于 0.5 m 时，应采用翻水井方式采样。

4）合流排水时，采样点位应设置在合流并充分混合后的位置，且避开紊流气泡区域。

（3）测流段的建设

1）应在总排放口上游能对全部污水束流的位置，根据地形和排水方式及排水量大小，修建一段特殊渠（管）道的测流段。

2）通过泵排水的，应加装缓冲堰板，使水流平稳匀速流入堰槽。

（4）采样管路的建设

1）根据废水水质选择适宜的采样管材质，防止腐蚀和堵塞，不应使用软管。采样管路应采取必要的防冻和防腐措施。应对各采样管路名称、水流方向进行标识。

2）室外采样管路应离地架设或加保护管埋地。

（5）现场端设备的安装

1）采样泵的选型及安装

①应根据水样流量、水质自动采样器的水头损失及水位差合理选择采样泵。采样泵应一用一备，能保证将水样无变质地输送至水质自动采样器。

②当采样点到仪器的水平距离小于 20 m，垂直高度差小于 3 m 时，应选用功率不小于 350 W 的潜水泵或自吸泵。

③当采样点到仪器的水平距离大于 20 m 时，应选用功率为 550 ～ 750 W 的潜水泵或自吸泵。

④根据废水水质选择适宜材质的水泵，防止腐蚀和堵塞。

⑤固定采样管道与采样头或潜水泵之间应装有活接头，便于维护。

2）流量计的安装

①明渠流量计的堰槽的选型采用超声波明渠流量计测定流量，应按 JJG 711、CJ/T 3008.1、CJ/T 3008.2、CJ/T 3008.3 要求修建堰槽，堰槽的选型应符合 JJG 711 的规定。明渠流量计堰槽的选型应符合表 3-1 要求。

表 3-1 明渠流量计堰槽选型技术要求

序号	堰槽类型	测量流量范围 /（m^3/s）	流量计安装点位	堰槽
1	巴歇尔槽	$0.1\times10^{-3}\sim93$	应位于堰槽入口段（收缩段）1/3 处	堰槽上游宜大于 5 倍渠道宽
2	三角形薄壁堰	$0.2\times10^{-3}\sim1.8$	应位于堰槽上游 3 ～ 4 倍最大液位处	堰槽上游宜大于 10 倍渠道宽
3	矩形薄壁堰	$1.4\times10^{-3}\sim49$	应位于堰槽上游 3 ～ 4 倍最大液位处	堰槽上游宜大于 10 倍渠道宽

②明渠流量计的安装。应保证明渠水流能平稳进入堰槽，堰槽的中心线应与渠道的中心线重合。堰槽内的水流态应为自由流。巴歇尔槽淹没度应小于临界淹没度；三角堰、矩形堰下游水位应低于堰坎。堰槽内表面应平滑，尺寸准确，安装牢固，不得出现漏水现象，宜在堰槽旁设置静水井。流量计传感器应安装牢固，有必要的防震措施。仪器周围应留有足够空间，方便仪器维护。

③管道流量计的选型。管道流量计可选择电磁流量计或超声流量计，宜优先选择电磁流量计。根据日常排水量选择适合公称通径的流量计，优先选择能保证流体流速在 1 ～ 3 m/s 范围内的流量计。不能满足上述要求时，所选择的流量计应满足流体流速在 0.5 ～ 15 m/s 范围内，确保日排水流量在流量计的量程范围之内。采用电磁流量计测定流量，应按 HJ/T 367 和 JB/T 9248 要求进行选型。电磁流量计的最大允许误差为 1.5%（满量程误差），超声流量计的最大允许误差为 2%（满量程误差）。

④管道流量计的安装。管道流量计安装位置应优先选择垂直管段，无垂直管段时，传感器安装位置管段与水平面角度≥ 30°，应使污水流向自下而上，保证管道污水满流。流量计的安装应按 JJG 1030、JJG 1033 的要求确定上、下游侧的直管段长度，宜加装隔离球阀和伸缩节。公称通径 1 000 mm 以下的仪表，其上游直管段长度不小于 5 倍公称通径，下游不小于 2 倍公称通径。管道流量计传感器安装位置应预留足够空间。管道流量计的安装应避开震动及电磁干扰。

3）在线监测仪的安装

在线监测仪的安装应符合 HJ/T 353 的技术规定，采样管路不应出现吸附和堵塞现象。对于电极法废水连续自动监测仪，应保证电极探头与探杆一体化且垂直于水平面安装，同时便于清洁探头上的沉积物；对于光学法分析的连续自动监测仪，安装时应保证光路的准直，保证与废水接触的光学视窗的清洁。系统的电气、仪表、管线、施工配管配线的连接应符合 GB/T 6988.5 的规定，系统的管线、施工配管配线应标明名称，并予以标识。

3. 监测站房的建设要求

（1）监测站房的整体建设

监测站房的建筑设计应满足在线监测监控功能需求且专室专用，建设在远离腐蚀性气体的地点，并满足所处位置的气候、生态、地质、安全等要求。

1）独立设置的监测站房占地面积应满足不同监测站房的功能需要并保证仪器的摆放和维护，排气监测站房使用面积应≥ 12 m^2，长≥ 4 m，宽≥ 3 m。监测设备大于 4 台时，在监测站房设计之初，应考虑增加面积。每增加 1 台仪器，增加 3 m^2，以此类推；排水监测站房使用面积应≥ 15 m^2，长≥ 5 m，宽≥ 3 m。监测设备大于 5 台时，在监测站房设计之初，应考虑增加面积。每增加 1 台仪器，增加 3 m^2。站房顶空高度应不低于 2.8 m。

2）监测站房的地面应平整和水平、耐腐蚀、无震动，应保证所布管道中间没有凸起或凹下部分，仪器附近无强电磁场干扰和腐蚀性气体。

3）监测站房内应提供与 4.3.2 要求相同压力的反吹气源。

（2）监测站房的结构

1）监测站房的基础荷载强度为 2 000 kg/m^2。

2）独立设置的监测站房可以采用砖混或钢混的结构，应具有防火阻燃、防潮、抗震和抗风能力。

3）站房地面高度应根据当地水位和降水量水平决定（一般站房地面标高为 ±0.25 m）。

（3）监测站房的供电

1）监测站房的供电电源应能满足仪器运行的需求，供电电源电压在接至站房内总配电箱处的电压降小于 5%。供电线路应符合 GB 50303 相关要求。

2）电源供电平稳，电压波动和频率波动符合 GB 12326 的要求。对于电压不稳定和经常断电的地区，宜使用功率匹配的交流电源稳压器，以保护仪器。电源线引入方式应符合国家标准。监测房室内管线、分析仪器设备应和配电柜、仪表柜等保持一定的距离。

（4）监测站房的通风采暖

1）监测站房通风应满足自动监测的环境条件，应设计进风及出风排气扇。

2）监测站房室内环境条件，应清洁、通风、干燥、空气相对湿度≤ 85%，室内温度应保持在 18 ～ 28℃。站房内应备有空调，保证室内温度恒定，且空调要求具备来电自动复位功能，同时应当采取必要的保温措施。

（5）排水监测站房的给排水

1）给水

采样水：采用潜水泵或自吸泵等，将被监测水样采入自动监测站站房内，供仪器进行分析。

采水管：采水管路进入站房的位置靠近仪器安装的墙面下方，采水配管DN32，压力0.3 kg/cm^2，并设PVC或钢保护套管（DN150），保护套管高出地面50 mm。

辅助用水：站房内引入自来水（或井水），必要时要加设高位水箱，且自来水的瞬时最大流量为3 m^3/h，压力不小于0.5 kg/cm^2，每次采样管路清洗用量不大于1 m^3。

2）排水

除分析废液外，多余的样品废水应排入采水点下游20 cm的水面下或当地地下水管网，排水管要求与采水管一致。

（6）监测站房的辅助设施要求

1）排气监测站房内应安装标准气体高压气瓶的固定装置；排水监测站房内应设置废液储存和回收装置，以及多余样品回流入取样点措施。

2）站房内应配置不间断电源（UPS），电源容量应不小于10 kW。

3）有条件的地区，可在站房内安装门禁系统和监控探头。门禁系统要求与监控中心联网，监控探头的视角不得有遮挡，能清晰监控进出站房人员的情况，以及运维人员操作自动监控设备的情况。

4）监测站房内应配备防火、防盗、防渗漏器材。

5）监测站房外应有雨水排出系统。

4. 监测站房的布局技术要求

（1）基本要求

1）监测站房应建设在远离粉尘、烟雾、噪声、散发异味气体等地点，应避免通信盲区，电源电压应当相对稳定。

2）监测站房应有对开窗户与排风扇，保障室内采光与通风，监测站房应设有文件柜，存放在线监测设备基本信息文件、设备运行记录等。

3）进入站房内的管路或线路应标明相应的用途。

4）规则制度上墙美观大方，运维人员信息、联系方式，各在线监测仪工作原理，主要技术参数应在墙上显著位置显示。

5）监测站房应划分功能区域，按规范进行地面标识。

6）监测站房内应配有干粉或二氧化碳灭火器，以备电器或化学品燃烧时灭火时使用，灭火装置应位于站房门口左右位置。

7）站房外应在醒目位置安装基站标识牌，应标注单位名称、排污口编号、站房编号、监控因子、设备厂家、运行单位名称等内容。

8）有条件的地区，可在监测站房外显著位置设置LED显示屏，实时公布监测数据。

（2）排气监测站房内布局

1）仪器的摆放应考虑方便操作与设备检修。有效利用室内面积。仪器左右两边与墙距离不小于0.6 m，后方与墙距离不小于0.9 m。

2）站房内应有专门的放置和固定标准气体高压气瓶的区域。

（3）排水监测站房内布局

1）试验台长不小于1.2 m，宽不小于0.65 m，高度0.8 m左右，下部设储物柜，存放危险化学药品。

2）仪器的摆放应考虑方便操作与设备检修。有效利用室内面积。仪器左右两边与墙距离不小于0.6 m，后方与墙距离不小于0.9 m。

3）站房内给水管道和排水管道应沿墙、柱、管道井等下方部位合理布置，不得影响人员通行，不得布置在遇水会迅速分解，引起燃烧、爆炸或损坏的物品旁，以及贵重仪器设备的上方。

4）进入站房内的管路或线路应标明相应的用途，进入站房的水路部分每根支管上应装有阀门。

二、危险废物全程信息化管理

（一）系统概述

危险废物物联网智能管理平台主要涉及四大应用对象：固体废物管理部门、产废单位、运输单位、处置单位，不同的应用对象具备不同的业务、流程和功能需求。因此，针对危险废物管理过程的不同用户，分别建设有针对性的应用门户：产废单位门户、经营单位门户、运输单位门户、管理部门门户，实现危险废物管理业务外网申报、内网审核的先进、快速、便捷的管理模式。

产废单位门户主要实现对产废单位的针对性管理，为产废单位建立一个专门的应用门户，提供产废单位进行信息台账、产废登记、管理计划申报备案等业务外网申请办理的入口，以及办理状态、处理结果情况查看的端口。处置单位门户主要实现对处置单位的针对性管理，为整个区域的处置单位建立一个专门的应用门户，为处置单位提供信息台账、经营情况登记，经营许可证申报等业务外网申请办理的入口，以及办理状态、处理结果情况查看的端口。

运输单位门户主要实现对运输单位的针对性管理，为整个区域的运输单位建立一个专门的应用门户。运输单位网上申请注册，登记填报基本信息，终端设备注册确认，并经固体废物管理部门审核通过后，即可在网上进行电子联单终端管理系统的应用、查看联动信息，进行运输车辆数据信息的维护上报、运输人员信息的管理、车辆轨迹信息查看等操作，使运输单位便捷地完成废物转移上报工作，实现固体废物管理部门对运输单位基本情况的全面掌控、对废物运输情况数据的及时感知。

管理部门门户将产废单位、经营单位外网申报的业务流转至内网门户进行统一管理、快速便捷审批办理，实现对产废单位、运输单位、处置单位的相关信息的统一查看，实现对危险废物产生情况、转移情况、处置情况数据信息的统一管理和分析应用。

（二）系统架构

危险废物物联网智能管理平台的设计基于物联网体系结构的五层架构，包括感知层、物联层、支撑层、应用层、门户层。

感知层：应用视频监控设备、GPS、二维码、IC 卡、手持终端等前端设备，采集企业、危险废物产生过程、转移过程、处置过程相关信息，快速、及时、实时地感知危险废物全过程监管信息。

物联层：应用移动网络、光纤、有线网络等信息传输设备，将前端采集感知的危险废物信息传输至系统后台数据库，进行数据的汇总分析及应用展示。

支撑层：包括应用支撑、GIS 平台及数据中心，提供统一系统用户、权限、工作量引擎、GIS 平台等底层支撑服务。

应用层：集成危险废物监督管理、电子联单管理、危险废物超市管理、污泥刷卡转运管理、GIS 及 GPS 监控管理等应用系统，覆盖整个危险废物业务流程，真正实现全过程监管。

门户层：统一的危险废物管理门户，为产废单位、运输单位、处置单位提供统一的危险废物业务申报、审批结果查询入口，为危险废物管理部门提供统一的危险废物业务综合处理、危险废物信息全盘掌握的入口。

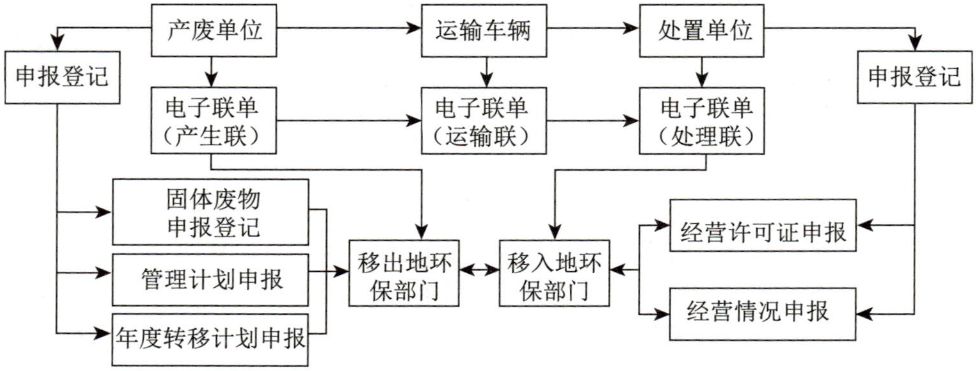

图 3-4　危险废物信息化管理流程

（三）系统内容

危险废物物联网智能管理平台着力于加强危险废物监管基础能力建设，通过引入新一代信息处理和综合集成数据库技术、互联网技术及 GPS/GIS 技术，实现对危险废物产生、贮存、运输和处置全过程的数字化和动态化管理。系统对危险废物管理相关的工作程序进行了整合和进一步优化，支持危险废物企业信息、危险废物经营许可证信息、危险废物转移联单信息的在线查询，提供 GPS 实时追踪信息和智能预警、远程监控功能，大大提高管理工作的效率，切实提升监管能力，有效降低危险废物的安全风险。

1. 固体废物企业数据查询系统

对接省级固体废物信息管理系统，实现数据无缝对接和自动导入，无须再次填报和采集数据。建设固体废物企业数据查询系统，实现危险废物企业信息、经营单位经营许可证信息、运输单位运输许可证信息、危险废物填报信息和危险废物转移信息等固体废物信息数据的整合和查询应用等。

2. 基于物联网的危险废物智能监管系统

危险废物具有毒害性、爆炸性、易燃性、腐蚀性、化学反应性、传染性等危害特性，对环境和人体健康存在很大的威胁。当前，由危险废物引发的环境污染事故逐年上升，非法跨地区转移危险废物的现象也日益增加，影响了环境安全，亟须加强对危险废物的监管力度。对危险废物的产生、贮存、转移和处置全过程开展有效管理，是解决危险废物对环境污染问题的主要途径。除制定必要的法规制度外，更需借助先进、科学的管理手段和高效、可行的监管模式，全面把握危险废物信息，管控危险行为，从源头控制好危险废物问题的产生。通过集成物联网、二维码、GPS、GIS、智能终端、移动互联等技术，搭建危险废物智能管理平台，借助前沿的科学技术来实现对危险废物的监管，实现对危险废物从“摇篮”到“坟墓”的全过程跟踪管理。

三、企业产污、治污设施运行管理信息化

（一）系统概述

企业产污、治污设施工况监控系统是将现代计算机技术、网络技术、通信技术和自动化技术等相关技术，以及DCS等过程管理手段融入企业产、排污设施及污染治理设施的运行、管理等环节。对企业生产设备、治理设施、排放风机（水泵）的用电状况和运行数据进行监控，便于企业实时掌握各污染物产生、收集、治理、排放的状况，进而实现对企业从生产运行到产污、治污的精细化管理。

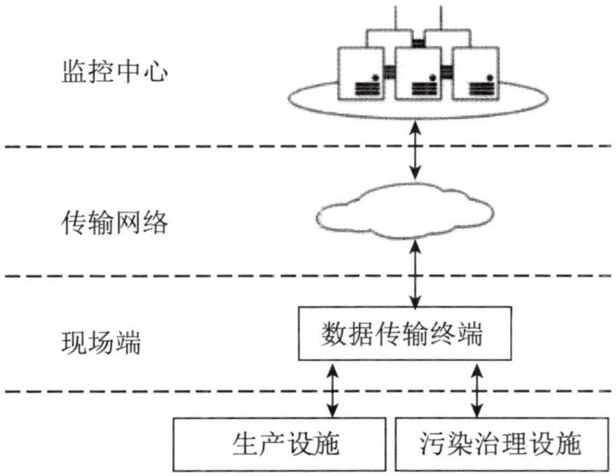

图3-5 企业产污、治污设施工况监控系统示意图

（二）系统架构

采用分层分布式网络结构，主要由现场设备层（现场仪表及能源计量终端）、通信管理层（通信管理终端）和主站层（能源监控平台）三个部分组成。以上三个部分分别贯穿于整个系统的全部结构。能源管理系统总体设计结构按照能源管理的基本结构设计，满足以上三部分的同时，增加了部分分析、监控、决策和发布平台。

综合分析层：以门户、统计图表形式进行工况、能耗、分析评估数据等的综合展示分析和预警。实时与定时发布采集数据、分析数据和决策信息。

数据查询层：按时间段、单位、工序、班次、线路、产品等方式，查询能耗数据和各类能耗统计报表。

数据操作层：对能耗数据进行处理，统计峰平谷电量，核算成本。对重点耗能设备档案、维修记录、能耗记录进行管理。

数据采集层：通过与智能仪表、自动化系统接口采集能耗、生产相关数据，并支持手工录入等方式采集能源消耗数据。生产数据包括产量、用能、设备运行状态等方面数据。

（三）系统功能

1. 可视化展示

展示企业各类能耗总量、折标值、能源成本、能源消耗趋势、分项能耗占比、区域能源消耗对比，以及当前天气情况、污染情况，并三维展示企业重要工艺或工段的能源消耗动态。

2. 实时监控

对企业各点位的能源使用、报警等情况进行实时监控，以便企业用户能够实时监测各个点位的运作情况，同时能更快速有效地掌握点位的报警。

3. 变压器监控

展示各变压器的负载情况，从而可以为变压器配备情况进行科学合理的规划。通过各种运行参数状态下用电效能的对比分析，找出较佳运行模式。根据较佳运行模式调整负载，从而降低用电单耗，使电能损失降低。

4. 用能统计

从能源使用种类、监测区域、生产工艺 / 工段时间、分项等维度，采用曲线、饼图、直方图、累积图、数字表等方式对企业用能进行统计，同比、环比分析，折标对比，找出能源使用过程中的漏洞和不合理地方，从而调整能源分配策略，减少能源使用过程中的浪费。

5. 单耗统计

与企业 MES 系统对接，通过产品产量以及系统采集的能耗数据，在产品单耗中生成产品单耗趋势图，并进行同比和环比分析，以便企业能够根据产品单耗情况来调整生产工艺，从而降低能耗。

6. 绩效分析

对各类能源使用、消耗、转换，按班组、区域、产线、工段等进行日、周、月、年、指定时段，结合能源计划或定额制定的绩效指标进行 KPI 比较考核，帮助企业了解内部能效水平和节能潜力。

7. 能耗预测

通过对企业生产工艺、生产设备等的能耗情况进行分析，建立能耗计算模型，根据人工智能算法对数据和模型进行修正，对未来企业能耗趋势进行预测分析，为节能提供有效的决策依据。

8. 运行监测

系统对区域、工段、设备能源消耗进行数据采集，监测重点设备及工艺运行状态，如温度、湿度、流量、压力、速度等，并支持变配电系统一次运行监视。可直接从动态监测平面图快速浏览到所管理的能耗数据，支持按能源种类、车间、工段、时间等维度查询相关能源用量。

9. 移动端支持

App 支持 Android、IOS 操作系统，方便用户按能源分类、区域、车间、工序、班组、设备等不同维度掌握企业能源消耗、效率分析、同环比分析、能耗折标、用能预测、运行监视、异常报警等。

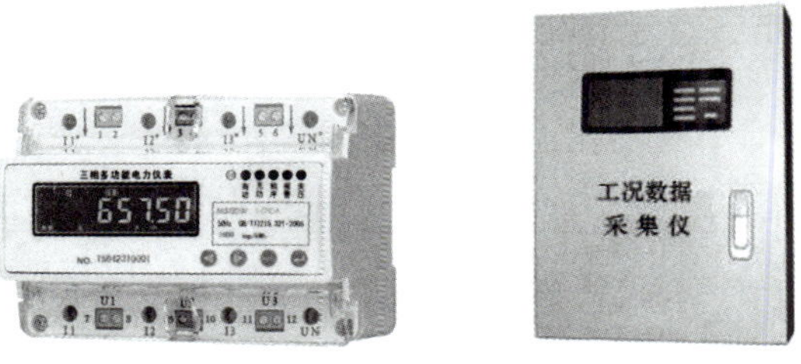

图 3-6 智能电表及工况数据采集仪

（四）企业废水产污、治污环节监控要求

一般情况下，企业车间生产环节中产生的废水通过管道或沟渠集中到废水收集池中，再进行一系列的物化、生化处理工艺，最终实现废水达标排放。其基本工艺流程见图 3-7，监控环节见表 3-2。

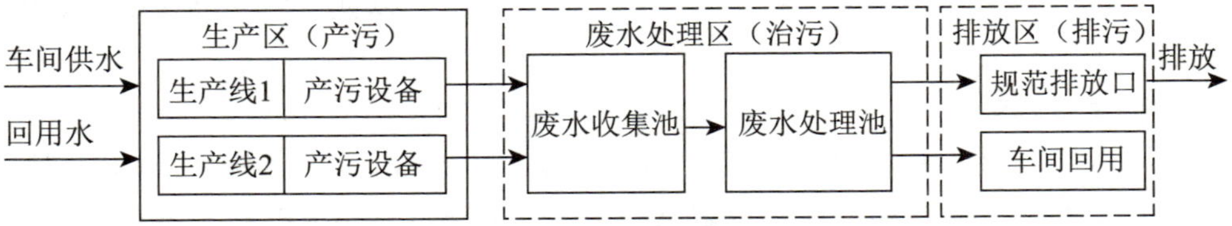

图 3-7　企业废水基本工艺流程

表 3-2　企业废水监控环节

项目	对应监控节点
产污环节	产污车间设备能耗、废水流量
治污环节	治理设备能耗、回用量、排放量

（五）企业废气产污、治污环节监控要求

大部分工业废气排放企业的废气类型主要分为粉尘、锅炉（燃烧）烟气、有机废气（VOCs）等。企业车间生产环节中产生的废气通过排气筒或集气罩收集后，输送至治理设施中进行处理。目前，针对工业废气的常见处理工艺技术有布袋（旋风、水膜）除尘、喷淋吸附、活性炭吸附、UV 光解等。在实际的处理过程中，企业可以根据自身情况建设一套或多套治理设施，以及多种技术相结合的治理工艺，来实现废气治理和排放。其典型处理工艺流程如下。

1. 粉尘排放环节

粉尘排放见图 3-8。

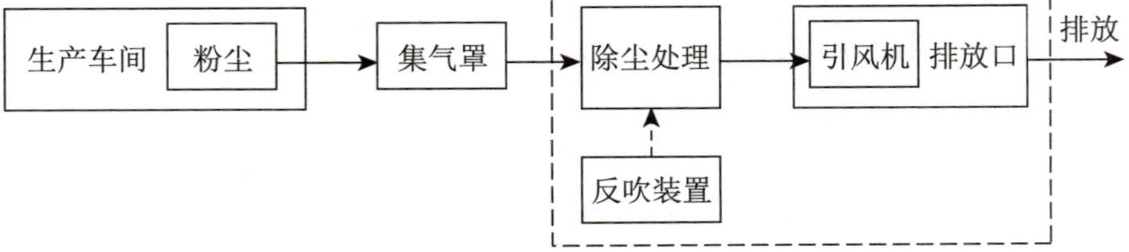

图 3-8　粉尘排放

现场端监控节点见表 3-3。

表 3-3　粉尘排放监控节点

项目	对应监控节点
产污环节监控	生产车间设备能耗信息
	集气罩风机能耗信息
治污环节监控	除尘设备运行能耗信息
	引风机运行能耗信息
	排放口监测数据

2. 锅炉烟气排放环节

锅炉烟气排放见图 3-9。

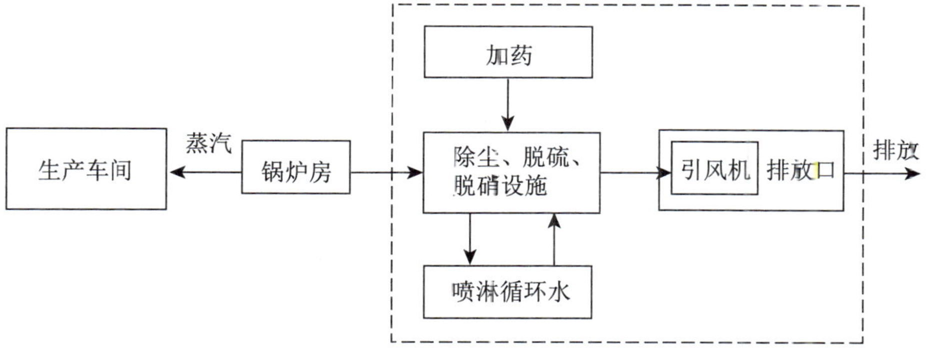

图 3-9　锅炉烟气排放

现场端监控节点见表 3-4。

表 3-4　锅炉烟气排放监控节点

项目	对应监控节点
产污环节监控	生产车间能耗信息
	锅炉运行情况监控
治污环节监控	喷淋泵能耗信息
	脱硝设施情况监控
	脱硫设施情况监控
	治污设备能耗信息
	排放口监测数据

3.VOCs 废气排放环节

VOCs 废气排放见图 3-10。

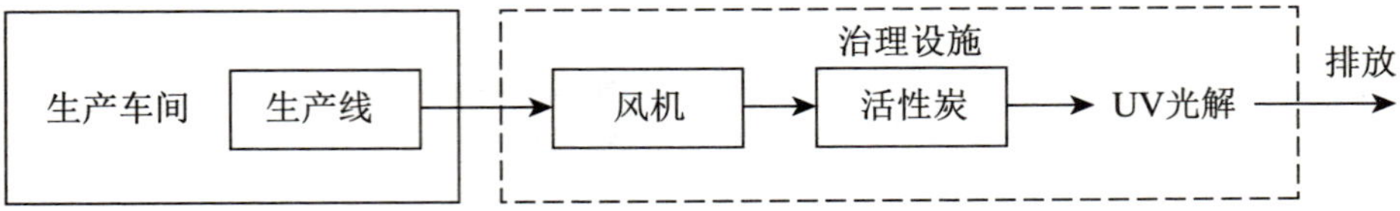

图 3-10　VOCs 废气排放

现场端监控节点见表 3-5。

表 3-5　VOCs 废气排放监控节点

项目	对应监控节点
产污环节监控	产污车间能耗信息监控
治污环节监控	风机能耗信息
	活性炭饱和度监控
	UV 光解装置能耗信息
	排放口监测数据

第三节　企业排污许可证管理信息化

一、排污许可证的基本概念

排污许可证是指排污单位向生态环境主管部门提出申请后，生态环境主管部门经审查发放的允许排污单位排放一定数量污染物的凭证。《排污许可管理条例》（中华人民共和国国务院令　第 736 号）（以下简称《条例》）于 2020 年 12 月 9 日经国务院第 117 次常务会议通过，自 2021 年 3 月 1 日起施行。《条例》规定，依照法律规定实行排污许可管理的企业事业单位和其他生产经营者（以下称排污单位），应当依照《条例》规定申请取得排污许可证；未取得排污许可证的，不得排放污染物。同时，根据污染物产生量、排放量、对环境的影响程度等因素，对排污单位分别实行排污许可重点管理或简化管理。

二、排污许可证的取得方式

《条例》规定，申请取得排污许可证，可以通过全国排污许可证管理信息平台提交排污许可证申请表，也可以通过信函等方式向所在地市级以上地方人民政府生态环境主管部门提交。其中，通过全国排污许可证管理信息平台提交的具体操作方式如图 3-11 所示。

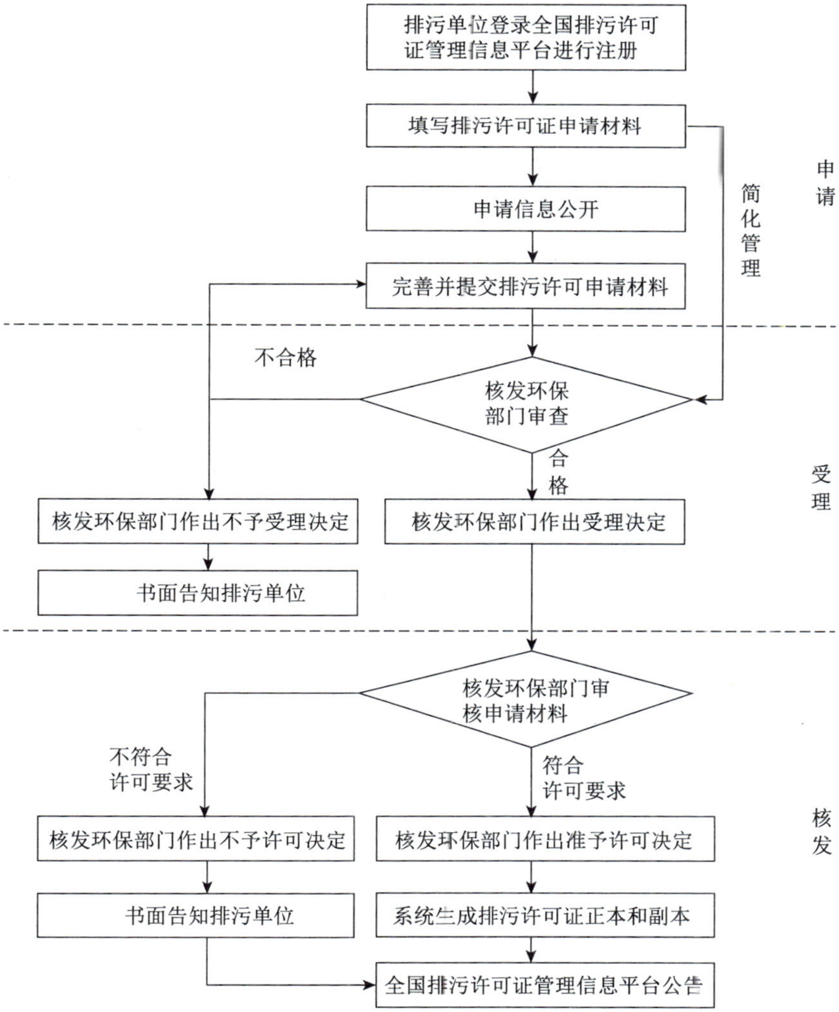

图 3-11　排污许可证申请与核发程序流程

三、填报平台注册与登录

全国排污许可证管理信息平台 - 企业端（http://permit.mee.gov.cn/permitExt）是排污单位进行排污许可证申请的唯一官方网络渠道。排污单位需在该网站进行注册并填写排污许可申请材料。申请前，信息公开结束后，排污单位在全国排污许可证管理信息平台上填写《排污许可证申领信息公开情况说明表》，并按照平台“业务办理流程”，将相关申请材料一并提交，同时向核发生态环境部门提交通过全国排污许可证管理信息平台印制的书面申请材料。

核发生态环境部门收到排污单位提交的申请材料后，对材料的完整性、规范性进行审查，并在全国排污许可证管理信息平台上作出受理或者不予受理排污许可证申请的决定。同意受理的进入审核流程，核发生态环境部门对排污单位的申请材料进行审核，对满足条件的排污单位核发排污许可证，对不满足条件的排污单位不予核发排污许可证。

排污单位首次使用全国排污许可证管理信息平台，需先自行注册账户，并用此账户登录和办理排污许可和申报审批事项。具体填报方法如下：

①点击“注册”，进入注册界面（温馨提示：请使用 IE9 及以上版本 IE 浏览器）。

图 3-12　平台界面

②注册界面。

图 3-13 注册界面

提示：在此界面中，带 * 的都是必填项。

③注册成功后，即可输入账号、密码及验证码，进行登录。

图 3-14　登录界面

④进入全国排污许可证管理信息平台。

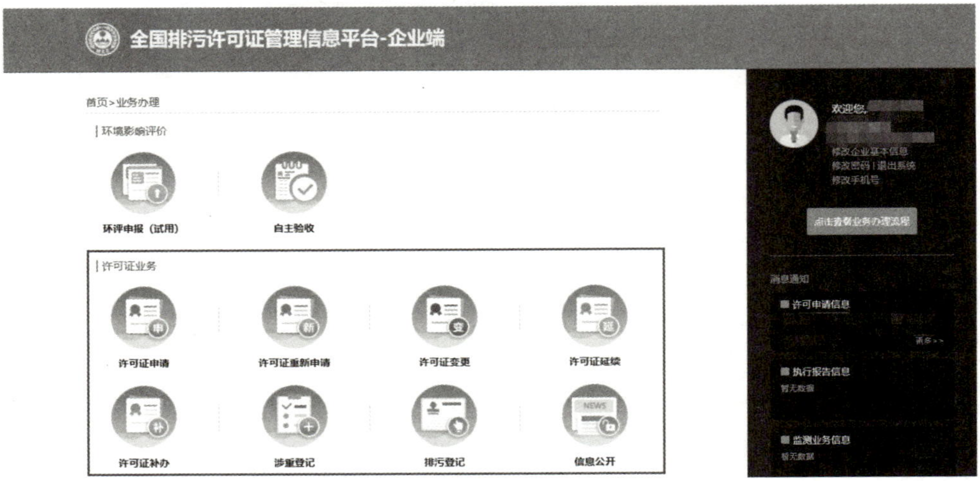

图 3-15　业务办理界面

四、排污登记表填报

固定污染源排污登记，是指污染物产生量、排放量和对环境的影响程度很小，依据 2019 年版《固定污染源排污许可分类管理名录》判定属于“登记类”，依法不需要申请取得排污许可证的企业事业单位和其他生产经营者，应当填报排污登记表。

1. 登记方式

排污登记采取网上填报方式。排污单位在全国排污许可证管理信息平台上填报排污登记表后，将自动即时生成登记编号和回执，排污单位可以自行打印留存。

2. 填报步骤

①登录全国排污许可证管理信息平台后，进入“业务办理”界面，点击“许可证业务”板块中的“排污登记”图标，进入“排污登记”主界面。

图 3-16　许可证业务界面

②点击“排污登记”图标，进入“登记申请”界面。

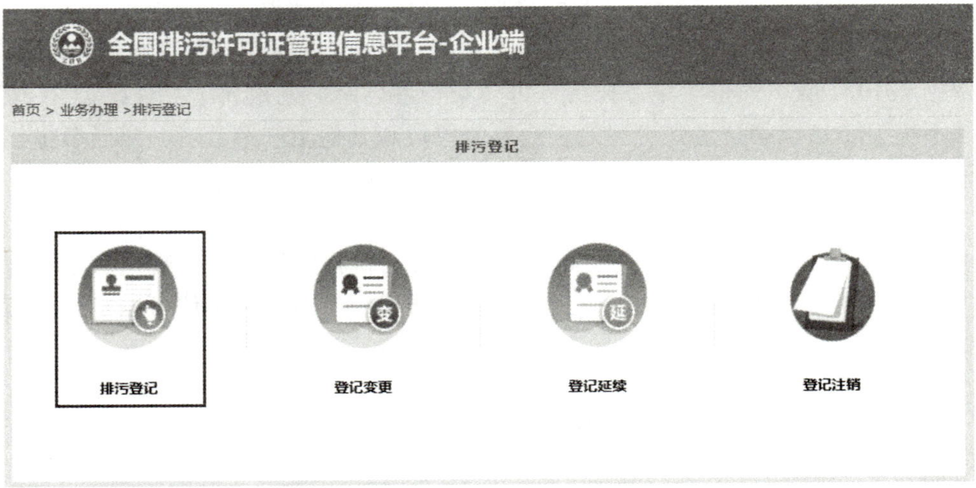

图 3-17　排污登记界面

③点击“申请登记”图标，进入“申请登记”具体填报界面。

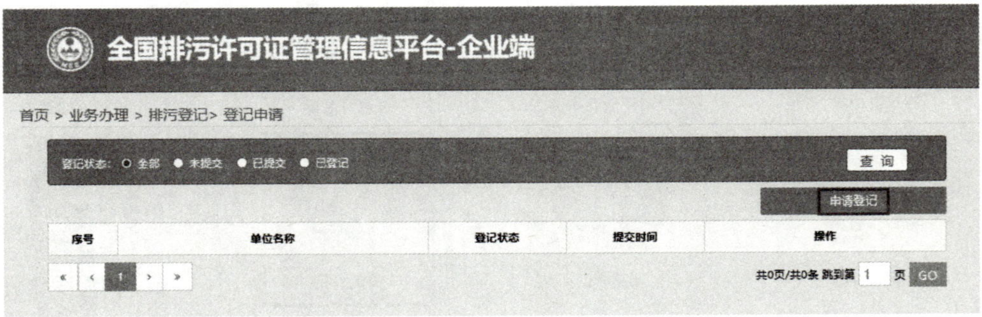

图 3-18　登记申请界面

④在登记表填报主界面中，需要填报的主要内容包括排污单位信息、主要产品信息、燃料使用信息、涉 VOCs 辅料使用信息、废气排放信息、废水排放信息、工业固体废物排放信息、其他需要说明的信息、提交信息等九大方面的内容。主界面中蓝色、红色字体为填报说明。

3. 提示

①“单位名称、地址、行业类别”是系统自动代入账号申请时的填报信息。

②“生产经营场所中心经度、纬度”需要通过点击“选择”图标，进入遥

感图界面；将遥感图放大，等待图像清晰后，再进一步找到企业的具体位置；点击右上角的“拾取”按钮，点击地图中企业所在中心位置，出现“浅蓝色的小圆圈”。“拾取”完成后，经、纬度数字会自动显示在文本框中。最后，点击“确定”按钮，即可完成经、纬度选择，并返回主界面。

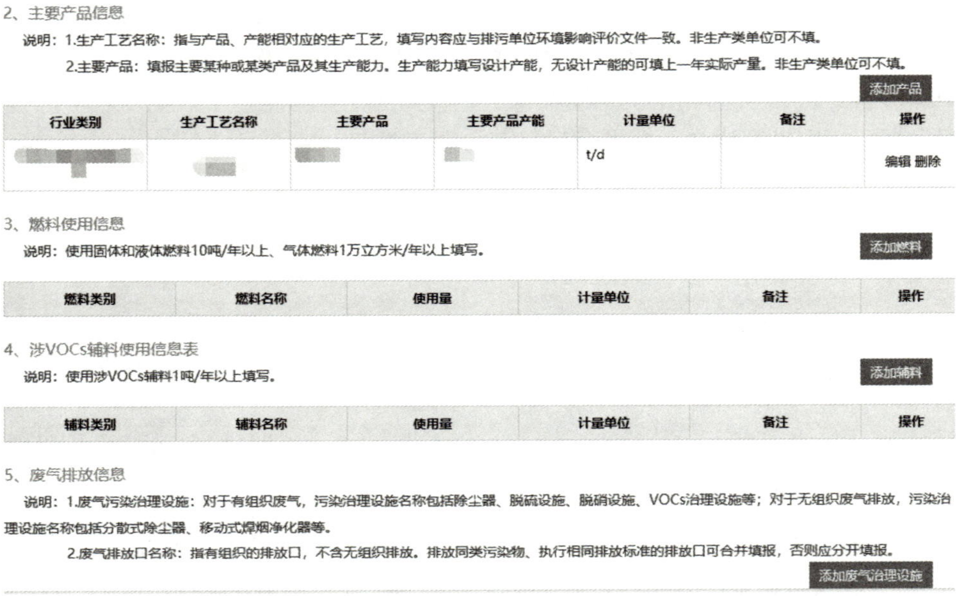

图 3-19　信息填报界面

③填报完成后，点击“生成固定污染源排污登记表”，网页上跳出“已经进入生成队列，请耐心等待系统生成”字样。

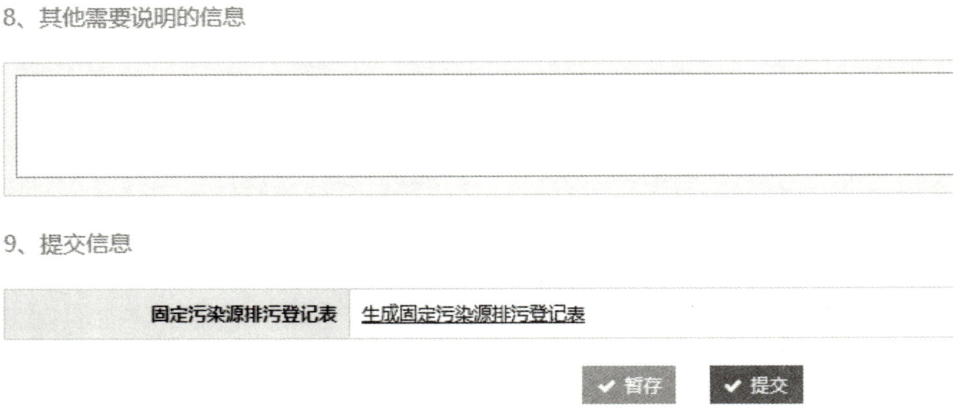

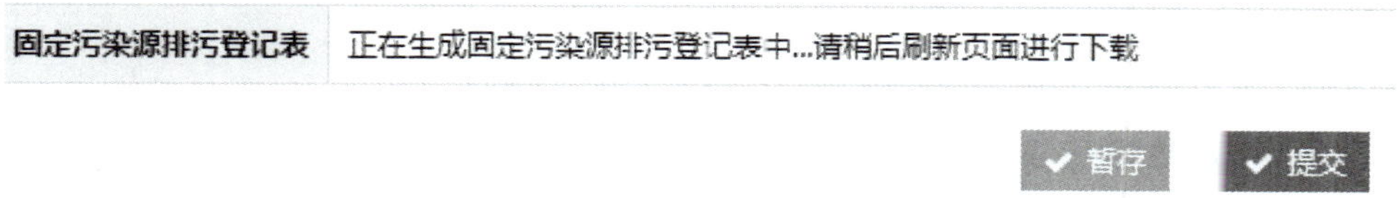

图 3-20　生成登记界面

4. 生成回执

提交完成后，等待几分钟，返回到“登记申请”界面，登记状态显示为“已登记”。点击“登记回执”，系统将自动生成“回执”。

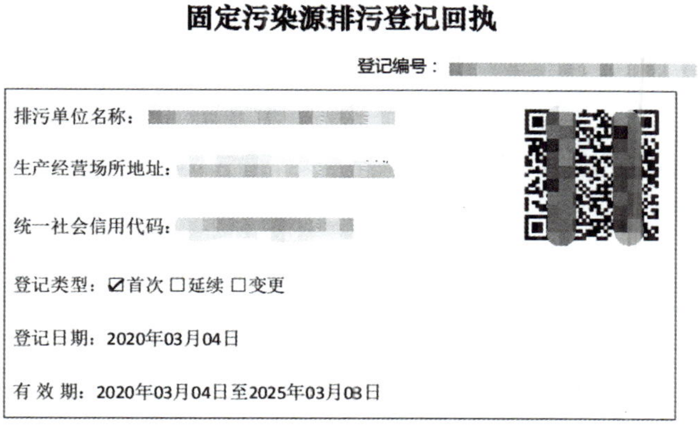
固定污染源排污登记回执

登记编号：[redacted]

排污单位名称：[redacted]

生产经营场所地址：[redacted]

统一社会信用代码：[redacted]

登记类型：☑首次 ☐延续 ☐变更

登记日期：2020年03月04日

有 效 期：2020年03月04日至2025年03月03日

图 3-21　登记回执

回执中包含“登记编号”“二维码”，可以下载此回执，打印留存。至此，依法不需要申请取得排污许可证的企业事业单位和其他生产经营者，排污登记表登记填报成功。

五、排污许可证申请填报

填报方式：采取网上填报方式。排污单位在全国排污许可证管理信息平台上填报，并经核发部门审核通过后，系统将自动生成《排污许可证正本和副本》。正本载明基本信息，副本包括基本信息、登记事项、许可事项、承诺书等内容。

①在全国排污许可证管理信息平台完成注册后，输入账号、密码，进行登录。

图 3-22 登录界面

②登录全国排污许可证管理信息平台后，进入“业务办理”界面，然后点击“许可证业务”板块中的“许可证申请”图标，进入“许可证申请”主界面。

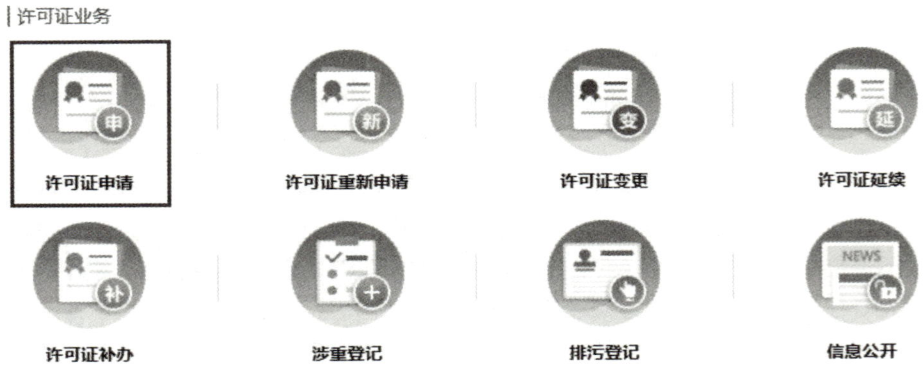

图 3-23 许可证业务界面

③在“许可证申请”主界面，点击“首次申请”。

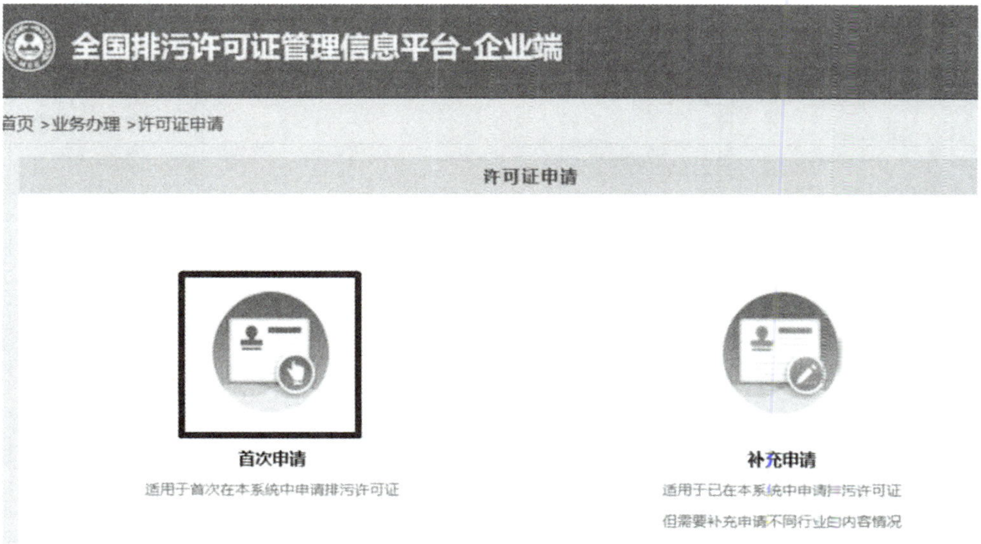

图 3-24 许可证申请界面

④点击右侧“我要申报”图标，进入全国排污许可证管理信息平台填报的主界面。

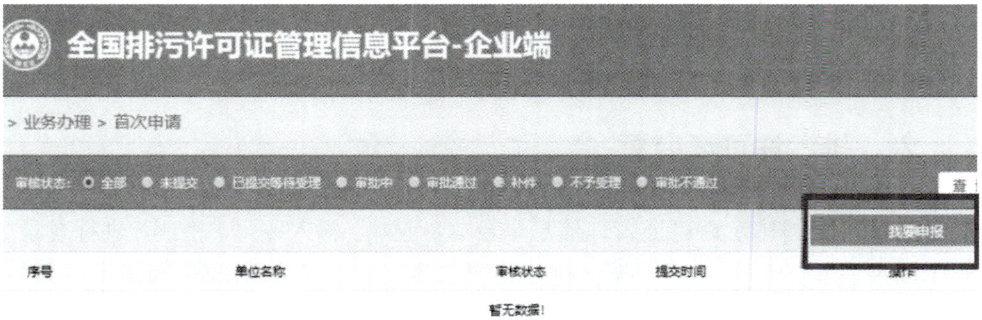

图 3-25 首次申请界面

⑤填报主界面有三大版块，左侧为填报信息的“目录”，中间为“填报对话框”，右侧为“填报提示说明”。左侧目录要从上往下逐条填报，填报完整，并符合系统自检要求后，目录右侧会显示绿色“打钩”，进入“下一页”填报界面，否则会以醒目的方式跳出需要完善的对话框。尚未填报完整或者填报不符合系统要

求的会显示“红色图标”。当左侧目录中所有红色标志都变成绿色“打钩”时，填报信息即为完整，可以向主管部门提交申请。提交后，主管部门将受理并审核。

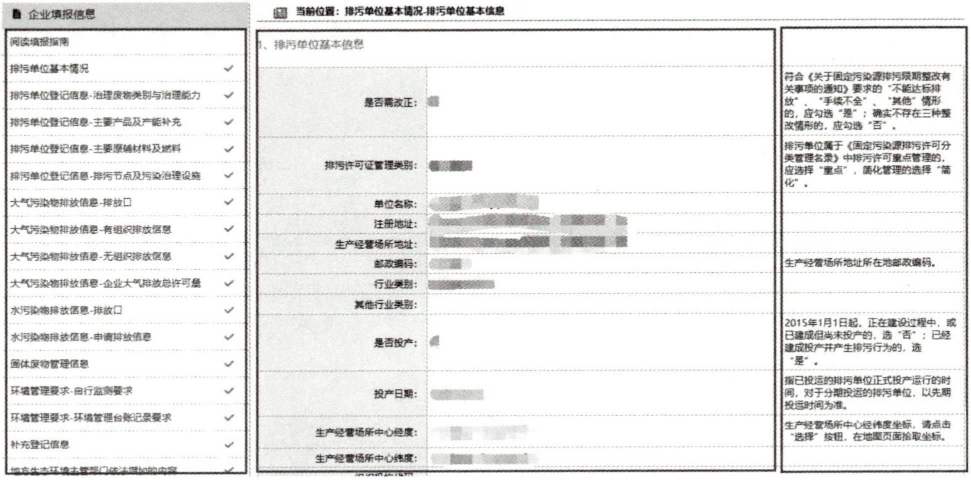

图 3-26 填报主界面

⑥填报依据：不同行业，其填报的内容、格式不同。生态环境部已颁发了《排污许可证申请与核发技术规范 总则》和一系列行业技术规范，例如，《排污许可证申请与核发技术规范 汽车制造业》。请根据2017年版《国民经济行业分类》选择企业所属行业（代码）及相应的排污许可证申请与核发技术规范要求进行填报。

六、排污许可证变更

①登录全国排污许可证管理信息平台 - 企业端，输入账号、密码，进行登录；对于需要变更的内容，可根据《排污许可管理条例》中第十四条和第十六条规定进行变更。

图 3-27　登录界面

②点击“许可证业务”中“许可证变更”按钮。

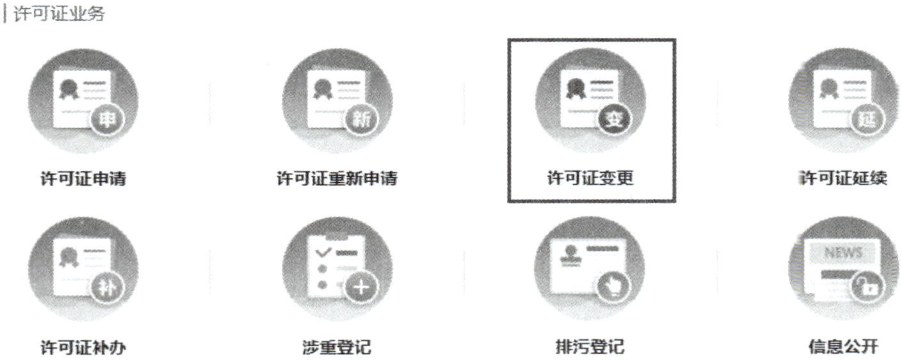

图 3-28　许可证业务界面

③根据企业需要选择变更类型，并完成变更申报。

图 3-29　许可证变更界面

七、排污许可证证后管理工作

排污许可证是排污单位合法排污的“身份证”，是生态环境管理部门对排污单位“一证式”管理的开始。取得排污许可证后，排污单位必须持证生产、按证排污。证后管理的重点事项如下：

1. 做好台账记录

排污单位应根据排污许可证中台账记录要求的信息进行记录。记录形式为电子台账和纸质台账。保存期限不少于 3 年，具体可在“环境管理要求—环境管理台账记录要求”中查看。

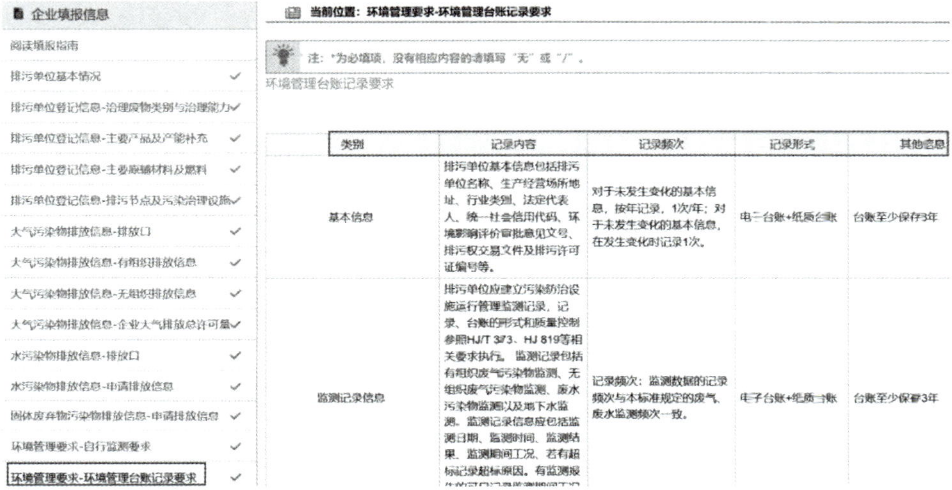

图 3-30　台账记录要求界面

台账记录模板可在全国排污许可证管理信息平台企业端台账记录模块下载。填报好的电子版台账可在该模块上传。具体操作如图 3-31 所示。

图 3-31　台账记录界面

2. 开展自行监测

排污单位应根据排污许可证中的“自行监测要求”确定的监测内容、频次开展自行监测。具体可在排污许可证“环境管理要求—自行监测要求”中查看。

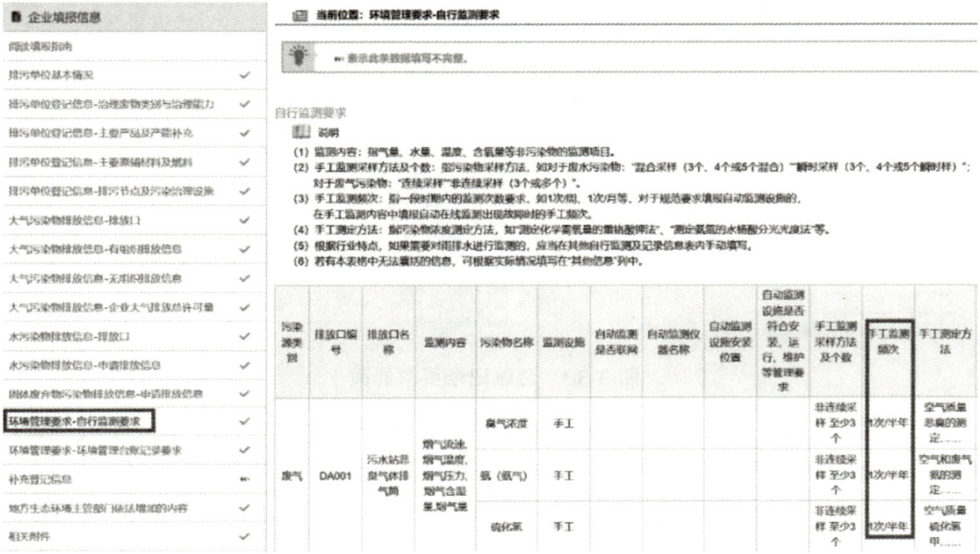

图 3-32 自行监测要求界面

开展自行监测的排污单位可在全国排污许可证管理信息平台企业端监测记录模块公开。

图 3-33　监测记录界面

3. 按期上传执行报告

排污单位应根据排污许可证副本关于执行报告内容和频次的要求，编制排污许可证执行报告。执行报告分为年报和季报。重点管理的排污单位需要编制年报和季报；简化管理的排污单位需要编制年报。具体在排污许可证“环境管理要求—执行（守法）报告要求”中查看，如图 3-34 所示。

当前位置：执行（守法）报告要求

执行（守法）报告

主要内容	上报频次	其他信息
1. 排污单位基本情况；2. 污染防治设施运行情况；3. 自行监测执行情况；4. 环境管理台账记录执行情况；5. 实际排放情况及合规判定分析；6. 信息公开情况；7. 排污单位内部环境管理体系建设与运行情况；8. 其他排污许可证规定的内容执行情况；9. 其他需要说明的问题；10. 结论；11. 附图附件	年报	执行报告详细要求按照《排污许可证申请与核发技术规范 工业固体废物和危险废物治理》中"执行报告编制规范"执行
内容应包括污染物实际排放浓度和排放量、合规判定分析、超标排放或污染防治设施异常情况说明等内容，以及各月度生产小时数、主要产品及其产量、主要燃料及其消耗量、新水用量及废水排放量、主要污染物排放量等信息	季报	执行报告详细要求按照《排污许可证申请与核发技术规范 工业固体废物和危险废物治理》中"执行报告编制规范"执行

图 3-34　执行（守法）报告要求界面

执行报告的编制，可直接在全国排污许可证管理信息平台—企业端执行报告模块添加年报或季报，填写相关内容，提交并公开。季度执行报告于当季结束后 15 日内提交；年度执行报告于次年 1 月底前提交。同时向核发生态环境部门提交通过全国排污许可证管理信息平台印制的书面执行报告。书面执行报告应当由法定代表人或者主要负责人签字或者盖章。系统填报位置和内容，如图 3-35 所示。

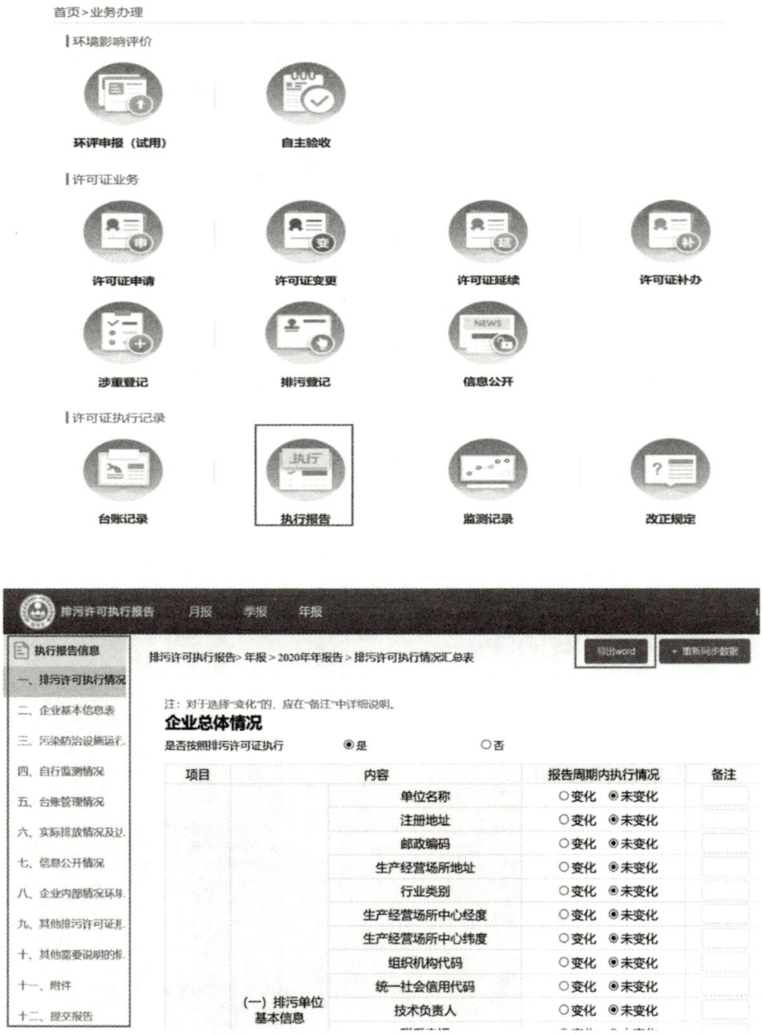

图 3-35　执行报告界面

4. 做好信息公开工作

通过国家排污许可证信息公开系统或其他便于公众知晓的方式，按照《企业事业单位信息公开办法》和《排污许可证管理办法（试行）》相关规定进行信息公开。

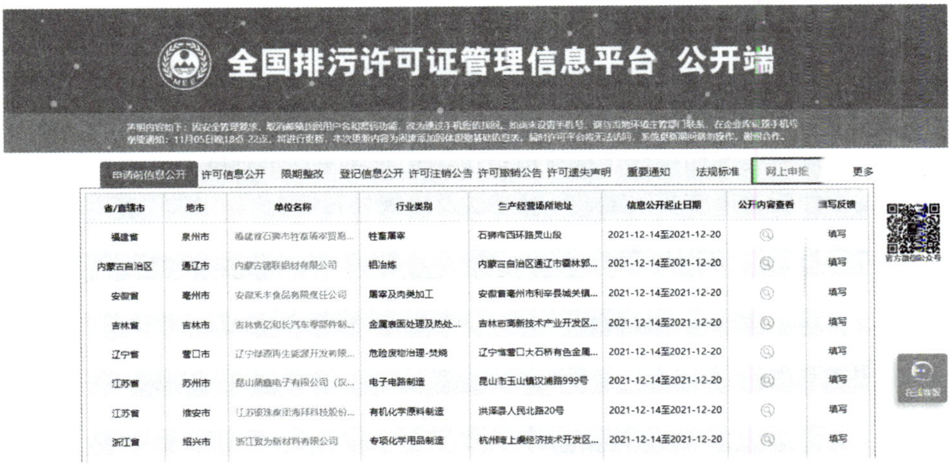

图 3-36　信息公开界面

第四节　企业环保档案管理信息化

环保档案工作是企业环境管理工作的基础，是企业环境保护工作的重要组成部分，也是企业开展生产活动，特别是开展与环保相关联的生产和管理工作中不可缺少的信息资源。环保档案可以为企业管理层进行环境保护决策与有效提高企业经济效益及时提供科学依据。随着近年来环境信息化的迅速深入发展，企业环保档案大量电子化和信息化，环保档案的种类、数量、格式也发生了巨大变化。为确保企业环保管理工作的安全、便捷，提高企业环保管理效率和质量，完善企业环保档案信息工作具有重要意义。

一、环保档案类型

一般情况下，企业环境保护档案主要由以下要素构成：

（一）企业基本情况介绍

1. 企业基本情况

主要包括企业（项目）地址、法人代表、联系电话、占地面积、建筑面积、投资情况、环保投资比例、建设时间、环评时间、验收时间等。

2. 项目信息

企业主要的产品方案、生产规模、生产工艺及主要设备情况（附生产工艺流程图），企业主要的污染治理方案和治理措施、环保设备建设和运行情况、主要的污染治理工艺和污染物达标排放情况，企业环保管理制度建立及执行情况、环保突发事件应急措施及预案、环境守法及违规处罚情况等。

3. 企业相关材料原件或复印件

企业法人营业执照、工商营业执照、机构代码、企业台账、企业环保培训宣传资料、相关资格认证材料等。

4. 相关图件

厂区平面图、雨水管网图、污水管网图等。

5. 企业环保培训、宣传等资料

（二）企业环保建设资料

1. 环评材料

企业自建立之日起的所有建设项目环评报告书（报告表或登记表）、立项报批、评估意见和审批意见等资料。

2. “三同时”验收材料

包括验收申报表格、验收意见和验收监测报告等资料。

3. 排污口规范化建设

排污口规范化建设情况及自动监控系统建设情况，包括排污口设计方案、标志牌照片等资料，在线监控系统（包括在线运行状态监控系统和污水自动控制系统）安装设计方案、到货单、在线监控系统验收意见等资料。

4. 环境突发事件应急设施建设资料

应急设施设计方案、岗位责任制度、使用制度和应急设施（如应急池）、设备、应急物品的照片等资料。

5. 排污许可相关材料

排污许可证及污染物排放总量指标文件，包括近三年的排污许可证复印件及生态环境部门下达给企业的排放总量指标文件等资料。

（三）企业环境管理资料

1. 企业环保管理机构、环保管理制度等资料

包括成立企业内部环境管理机构的相关文件、企业环保管理制度等资料。如有环保监督员制度，则把相关文件及开展的工作报告或报表类资料归档，如无则免。

2. 治理设施运行管理制度、作业指导书

包括治理设施运行管理制度（包括人员班制安排）、治理设施操作规程等资料。

3. 环境突发事件应急预案及应急演练情况

包括应急预案和近三年应急演练资料与照片，要求应急演练情况和总结以企业内部文件形式发布并归档。

4. 实施清洁生产审核相关资料

包括清洁生产审核报告，通过清洁生产审核的验收类材料或证书等资料。

5. 辐射装置许可证及审批资料

（四）企业治理设施运行资料

1. 治理设施日常运行记录

包括一年以上治理设施日常运行记录。

2. 治理设施设备维修、维护记录

包括一年以上治理设施维修和维护记录。

3. 治理设施电耗、药耗单据

包括一年以上的单据、合同等资料。

4. 固体废物及危险废物处理情况材料

包括处置合同协议、管理计划、管理台账、统计表、转移计划、转移联单，以及自行处置设施管理制度、操作规程、运行记录、维修维护记录等资料。

5. 治理设施及在线监控设备数据异常情况记录

包括一年以上治理设施的异常情况和在线监控系统设备故障、数据异常等情况记录表和向生态环境部门（包括在线监控系统运营商）提交的设备（数据）

异常情况报告等资料。

（五）生态环境部门监管情况资料

1. 监测报告

包括委托监测报告、监督性监测报告等资料。

2. 日常巡查记录

包括近三年生态环境部门的现场检查表、监察记录等原始资料。

3. 限期治理整改通知书、处罚通知书等

包括近三年生态环境部门的限期治理整改通知书、处罚通知书等资料。

（六）其他环保台账资料

1. 企业内部例行监测数据

包括一年以上的企业内部监测数据（或委托监测报告）。

2. 排污申报登记报表及排污费缴费单据

包括近三年排污申报登记年报表和排污费缴纳单据复印件。

二、环保档案管理系统

将环保档案电子化，并建立电子档案管理系统，可使企业环保档案归档管理更加高效、规范。可参考《电子文件管理系统通用功能要求》（GB/T 29194）。

（一）环保档案电子化管理系统的建立

1. 环保电子档案管理系统一般功能

（1）系统配置管理功能，包括分类方案管理、档号规则管理、保管期限表管理、元数据方案管理、门类定义等。

（2）电子档案管理功能，包括电子档案及其元数据的采集、登记、分类、编目、命名、存储、利用、统计、鉴定、销毁、移交、备份、报表管理等。

（3）电子档案安全管理功能，包括身份认证、权限管理、跟踪审计、生成固化信息等。本功能对于保证电子档案的真实性、可靠性具有重要作用。

（4）系统管理功能，包括系统参数管理、系统用户和资源管理、系统功能配置、操作权限分配、事件报告等。

（5）各门类纸质档案管理功能，包括对电子档案和纸质档案同步编目、排序、编制档号等。

（6）纸质档案数字化以及纸质档案数字副本管理功能。

2. 环保电子档案管理系统与综合业务系统衔接

环保电子文件归档和电子档案管理主要是借助信息系统的功能来实现的。环保电子文件归档和电子档案管理工作既可以通过电子档案管理系统来实现，也可以通过在业务系统中设计执行环保电子文件归档和电子档案管理功能来实现，还可以将相关功能分别设计在业务系统和电子档案管理系统中。

三种方式利弊比较见表 3-6。

表 3-6　环保电子文件归档和电子档案管理工作与业务系统衔接的关系

功能设计方式	利	弊
电子文件归档和电子档案管理功能由独立的电子档案管理系统执行	（1）能将各业务系统中的电子文件与其他系统归档的电子文件集中管理； （2）可灵活应对不同时期、不同技术平台的业务系统形成的电子文件归档； （3）可充分利用独立的电子档案管理系统，减轻业务系统负担	（1）归档过程中的电子文件导入/导出可能存在风险； （2）可能存在重复归档
电子文件归档和电子档案管理功能分别由业务系统和独立的电子档案管理系统执行	（1）能将各业务系统中的电子文件与其他系统归档的电子文件集中管理； （2）可充分利用独立的电子档案管理系统，一定程度上减轻业务系统负担	（1）独立的电子档案管理系统的功能可能会影响业务系统流程的无缝衔接； （2）两个系统中任何一个系统的升级可能会引发复杂的问题； （3）对灾难恢复和真实性维护可能存在困难
电子文件归档和电子档案管理功能集中于业务系统并由业务系统执行	（1）电子文件归档和电子档案管理功能成为业务系统功能的一部分； （2）业务系统可直接利用本系统产生的电子档案	（1）存储容量存在问题； （2）开发成本高； （3）无法对电子档案实行集中统一管理

从我国企业环保管理现状、环保电子档案管理成本、管理流程优化等因素综合考虑，一般情况下，将环保电子文件归档和电子档案功能由独立的电子档案管理系统执行是最为经济、合理和科学的方案。

（二）环保电子档案管理系统的运行维护

环保电子档案管理系统的一般性运行维护可按照《档案信息系统运行维护规范》（DA/T 56）进行，相关方法和原则可按照以下方案进行。

1. 环保电子文件收集、鉴定、整理与归档移交

（1）环保电子文件的收集可以通过在线自动、手动等方式进行，但归档传递过程必须安全可控，应有相应措施防止传递过程中环保电子文件丢失、信息损失和发生非法篡改，以保证环保电子文件的真实性。

（2）环保电子文件归档鉴定是指对环保电子文件划定保管期限，并对环保电子文件的真实性、可靠性、完整性和可用性进行监测，监测合格方可归档。

（3）环保电子文件归档整理包括分类、组成保管单位、保管单位内文件排序和编号等工作。

（4）当环保电子文件完成整理、组成保管单位后，其管理权应向企业档案部门或档案人员移交。移交可以通过业务系统、电子档案管理系统设定的功能自动记录，也可以通过手工填写纸质表格形式进行。

（5）档案部门或档案人员应对业务部门移交的环保电子文件或电子档案进行清点，并进行真实性、可靠性、完整性和可用性的监测，监测合格方可接收。

2. 电子档案存储、保管、利用、处置

（1）电子档案存储方式

在线存储：电子档案在线存储方式应在电子档案管理系统设计开发时进行规划。选择的存储方式应有利于保障电子档案的真实性、可靠性、完整性、长期可用性，有利于保证电子档案的安全，且管理成本最小。

离线存储：有条件的企业可以对电子档案进行以单份文件（含元数据）为存储单元的离线存储，并进一步降低电子档案长期保存风险。

云存储：利用云平台。

（2）电子档案保管

档案管理部门应每年对电子档案的可读取性进行评估，形成评估报告；如存在因软、硬件或其他技术升级、变动出现电子档案不可读取的风险，应对电子档案进行迁移或处理。

电子档案迁移前，应进行迁移可行性评估，包括目标载体、系统、格式的可持续性评估、保管成本评估等，并保证迁移过程中环保电子文件的真实性，过程可控，防止迁移过程中环保电子文件信息丢失、被非法篡改。

（3）电子档案利用

企业应制定详细的电子档案利用权限规定，利用权限应在电子档案管理系统中实现，并经过确认。当超权限利用时，必须进行审批，并保证利用过程中电子档案不被非法篡改。

电子档案可根据授权通过电子档案管理系统在线或离线提供利用，通过日志或其他方式记录利用过程，记录信息包括利用人、利用方式、档号、文件编号、文件名、利用时间等。

（4）电子档案处置

企业应当定期对保管期限到期的电子档案进行鉴定。电子档案的销毁应先登记，编制清册，按企业相关规定履行审批手续后，再将电子档案进行物理删除。

3. 电子档案管理中的安全与保密

（1）安全与保密内容

电子档案的安全与保密包括物理安全与保密、系统安全与保密、信息安全与保密和安全保密管理。电子档案管理过程中，应实施全方位的安全与保密措施，其中部分安全保密措施应纳入企业安全保密管理体系。

（2）备份安全

电子档案管理系统应具备可靠的备份设备和备份机制，以保障系统安全。

（3）涉密电子档案管理

管理涉密电子档案的电子档案管理系统应通过国家有关机构评测合格后，方可投入使用。

（4）电子档案管理系统安全与保密

电子档案管理系统安全管理应参照国家有关计算机信息系统保密管理和信息安全等级保护管理等相关规定执行。

电子档案管理系统以及信息化基础设施、信息安全设施等各种设备的选型、采购应符合国家有关信息安全和知识产权保护等方面的规定。

涉密电子档案管理系统部署、运行的网络应与互联网物理隔离；非密电子档案管理系统部署、运行的网络应与互联网逻辑隔离。

应建立电子档案管理系统管理制度，明确管理职责和要求，规范操作行为。

应严格按照信息安全管理规定实施电子档案管理系统与互联网设备之间的数据传输和交互操作。

严格管理电子档案管理系统的用户及其权限，监控非授权用户的登录与操作行为。

严格管理接入电子档案管理系统的离线存储介质，定期查杀病毒，保护电子档案及其元数据不受病毒感染。

应制定并实施电子档案管理系统应急处理预案，明确职责分工和保障措施，建立预防预警、应急响应和奖惩等应急处置机制。

第四章　企业环境信息化应用案例

第一节　企业污染源自动监控系统信息化管理案例

一、企业污染源自动监控信息化管理系统的基本功能

企业环境信息化监控管理是基于环保云构建的、融合环保大数据和环保智能技术的“一站式、全托管”环保物联网平台和智能化环保服务平台，提供物联网接入、物联网解析、物联网管理、规则引擎、时序数据库、机器学习、数据托管分析等一系列环保物联网核心产品和服务，帮助企业快速实现从设备端到服务端的无缝连接，高效构建各种环保物联网应用（如数据采集、设备监控、预测性维保等）。通过环境监测设备、信息化应用软件对企业污染源监控管理、企业能耗监控、危险废物过程监管、企业生产安全管理和运维管理等数据进行监测、监督、采集、传输、分析及应用，及时、准确地反映污染源、能耗和生产的实时运行情况、监测数据质量状况等，为企业环境和相关管理部门提供科学、有效的污染源排放现场运行状况监督监管手段及评价结果，为制定合理有效的企业环保管理策略提供决策支持；通过环保信息、相关环保数据、污染源排放数据、国家相关政策等的推送服务，为企业制定管理制度和办法提供参考意见。

（一）企业污染源监控管理

企业污染源监控管理系统是实现对废水、废气等污染源的实时在线监测，通过对污染监测数据的采集、传输、统计、分析等，实现对污染源监测数据的统一管理、数据超标预警、对监测设备的管理及反控，统计分析结果以报表、

图表等多种形式展示。

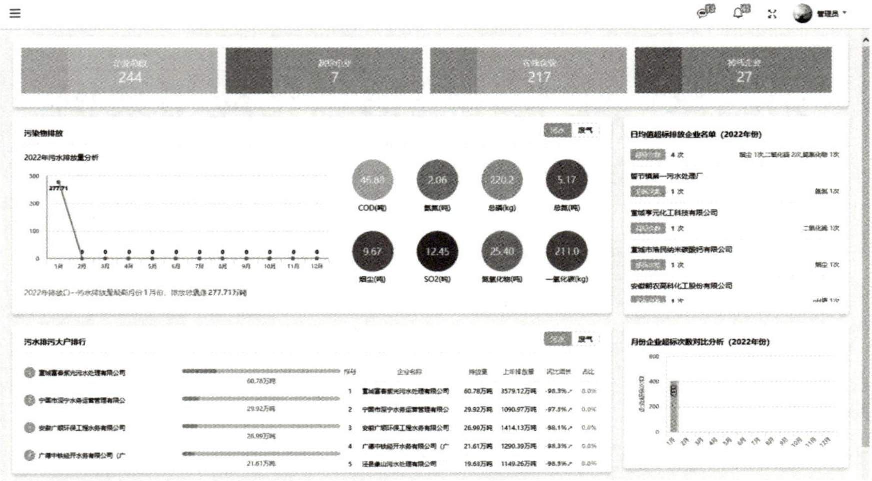

图 4-1 系统首页

系统主要建设内容如下：

1. 实现数据实时监控

实时一览：集中监控所有污染物实时排放状况（正常、超标、预警、异常）及联网情况，同步采集污染排放数据，可查看污染物变化趋势，从而快速掌握污染物排放现状。同时支持视频接入，更直观展示污染物排放状况。

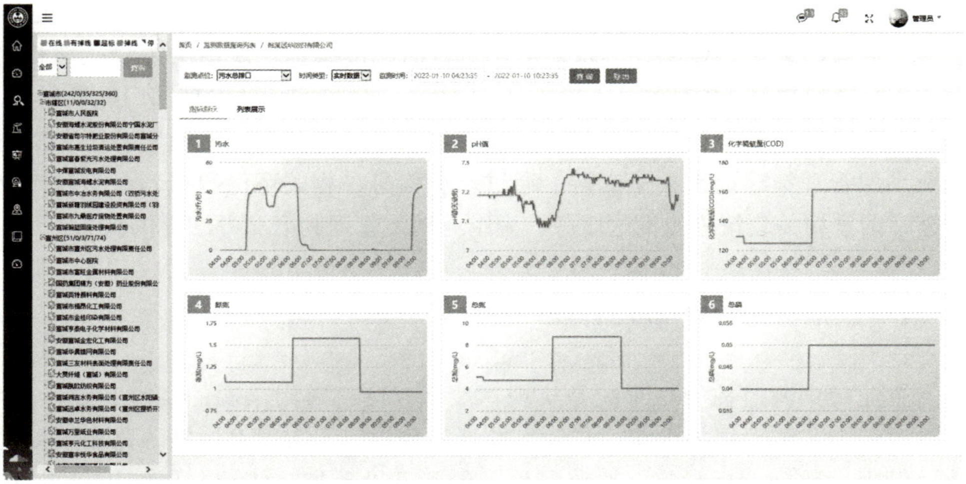

图 4-2 实时监控数据

2. 数据采集

系统自动采集废水、废气排放数据，实现数据包的有效性检查、解析和入库（数据存储）；采用多线程异步通信技术与各监测点通信，可查看原始数据，并可实现数据同步转发。

3. 自动采样及设备反控

可以对前端数采仪设备进行反控操作。主要反控操作包括设备即时采样（包括定时采样、即时采样、同步采样等）、图片抓拍、数采仪电源状态、开关门状态等功能；反控获取历史数据包括开关门历史数据、考勤历史数据、电源状态历史数据、超标报警历史数据等；场地监控设备掉线重启反控、数采仪掉线自动重启反控等；设备反控可以对单个数采仪进行反控，也可以对多个选定的数采仪进行批量反控，采用 ICE 通信技术与前端设备通信，保证通信的可靠性与实时性，实现在超阈值情况下的关闭阀门操作等。

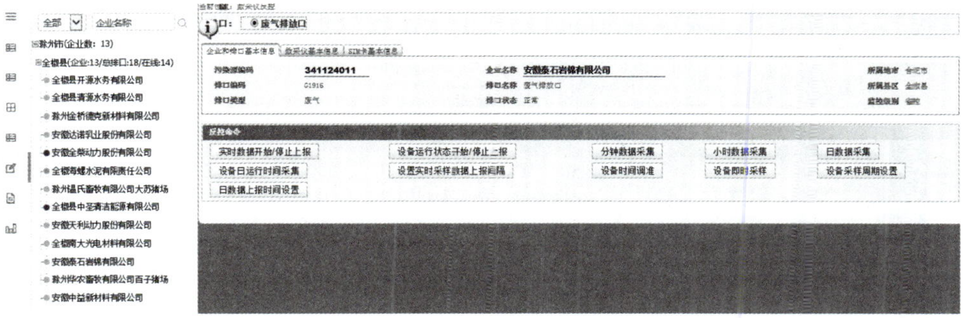

图 4-3　数据采样及设备反控

4. 污染源在线视频监控

实现对企业监测点的视频监控，按需显示。在进行数据查询的同时，可以对视频进行查询，以便结合实时数据和实时视频进行管理和决策。

将企业排污口处实时视频直接集成于系统软件之中，实现在同一系统界面对视频和在线数据的展示。非弹出式窗口，非多页面。

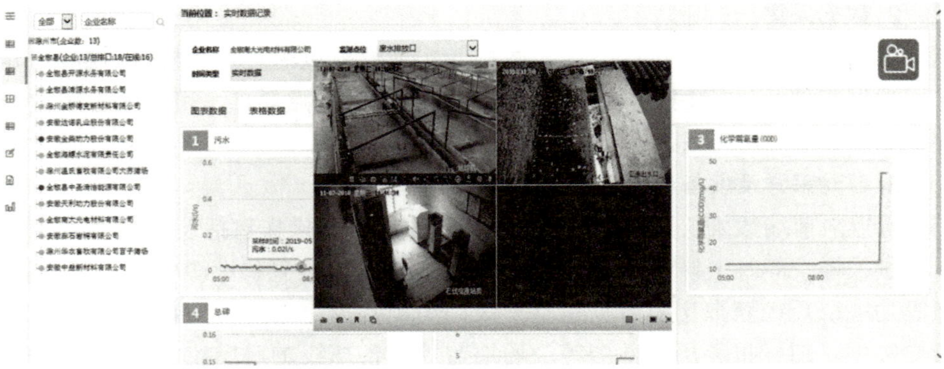

图 4-4　在线视频监控

5. 智能分析

智能分析主要包括同比分析、污染物趋势分析和污染物同比分析，以曲线图、柱状图、饼图、数据表等多种图表形式综合比较分析，用户可直观清晰地进行对比分析。

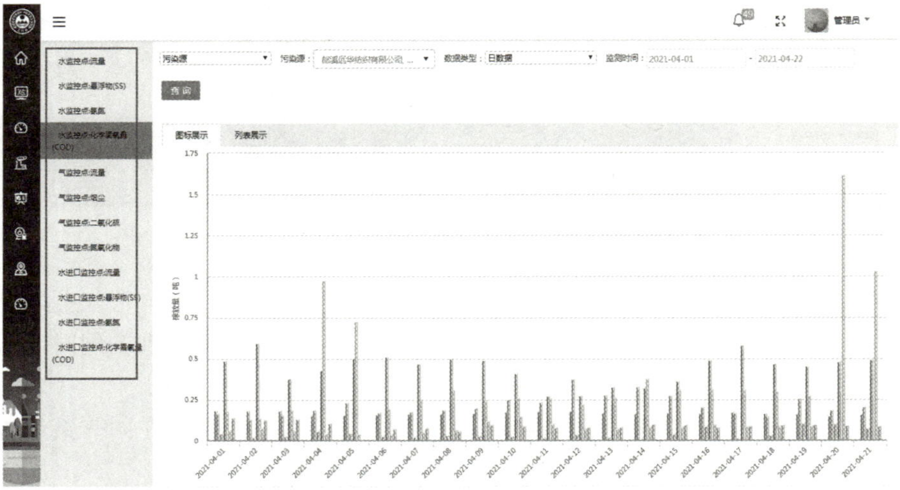

图 4-5　数据智能分析

（二）企业能耗监控管理

企业能耗在线监控管理系统是应用信息网络技术对企业内用能单位和建筑

物的能耗数据进行实时采集、汇总的节能管理系统。该系统以帮助节能主管部门进行宏观能源管理和对重点用能单位进行节能监管为宗旨，以提高能源利用率、调整产业结构为目标，以实现实时能耗管理、落实政策方针、节能减排为目的。建立企业能耗在线监测管理系统是使节能主管部门和重点用能单位能够及时跟踪了解企业的实际耗能情况，及时准确把握和分析节能降耗的空间。同时，该管理系统是加强能耗数据质量控制，开展能源审计、能效水平对标以及提升精细化管理水平的一项重要的基础性工作。

企业能耗管理中心是指采用自动化、信息化技术和集中管理模式，对企业能耗系统的产生环节实施集中扁平化的动态监控和数字化管理，改进和优化能源平衡，实现系统性节能降耗的管控一体化系统。

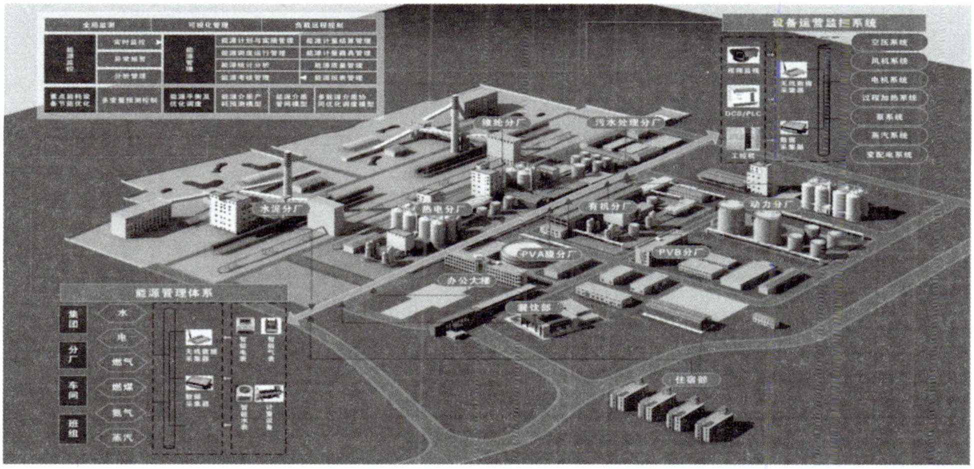

图 4-6　企业能耗在线监控管理系统

整个系统的建设是利用物联网技术、数据通信技术、网络技术、数据库技术、存储技术、系统工程、管理技术等高科技手段，建立全方位发挥作用的安全、可信、实时、高效的数字化、信息化的节能降耗管理、能耗监控体系，实现智能监控、集中管理。

1. 实时监测

实时监测实现企业树和对应的企业监测点位实时监测数据的显示，包括图表数据和表格数据，数据可实现基于实时、分钟、小时、日等时间类型和监测时间范围选择的混合查询显示，生成曲线图和数据表，同时提供表格导出电子表格功能。

企业监测数据出现异常时，系统会自动报警提示。报警有两种方式：系统通过图标闪烁、语音报警提示系统操作人员；发送手机短信给相关人员。对报警记录可以进行查询、导出。

2. 数据查询

包括能耗数据查询、汇总查询、数据看板。实时监测查询和数据查询导出。

汇总查询主要实现企业所有变电站、所有电表，在统计时间范围内的日能耗总量查询。

数据看板主要实现企业能耗数据日汇总、站房小时数据获取率、监测设备在线率等。

3. 能耗报表

包括企业能耗总量报表、异常能耗报表、在线监测数据报表、自动监测月报表等。

4. 业务报表

包括能耗监测在线时间统计、企业监测在线数量统计、运行监控周报、数据完整率统计周报等。

5. 监测配置管理

包括企业管理、变电房管理、电表管理、采集仪管理、采集仪厂家管理、采集仪反控、SIM 卡管理、维修停运登记、报警人管理、字典表管理、监测配置表导出等。

6. 对比分析

智能分析主要包括同比分析、能耗趋势分析和能耗同比分析，以曲线图、柱状图、饼图、数据表等多种图表形式综合比较分析，用户可直观清晰地进行对比分析。

7. 能耗监测数据管理

包括能耗监测数据手工补录、数据修正、数据审核等。

（三）企业危险废物过程监控管理

系统实现对危险废物的基础信息及业务信息进行采集、分析和汇总，向监管部门提供危险废物管理的“一本账”，提升信息共享效率，便于领导和管理人员快速、便捷地掌握危险废物监管的各个方面工作。

在实现对危险废物基础信息采集、管理的基础上，系统利用视频监控、GIS

等技术，对危险废物的产生、临时贮存、转移运输、处置跟踪整个过程进行视频监控。

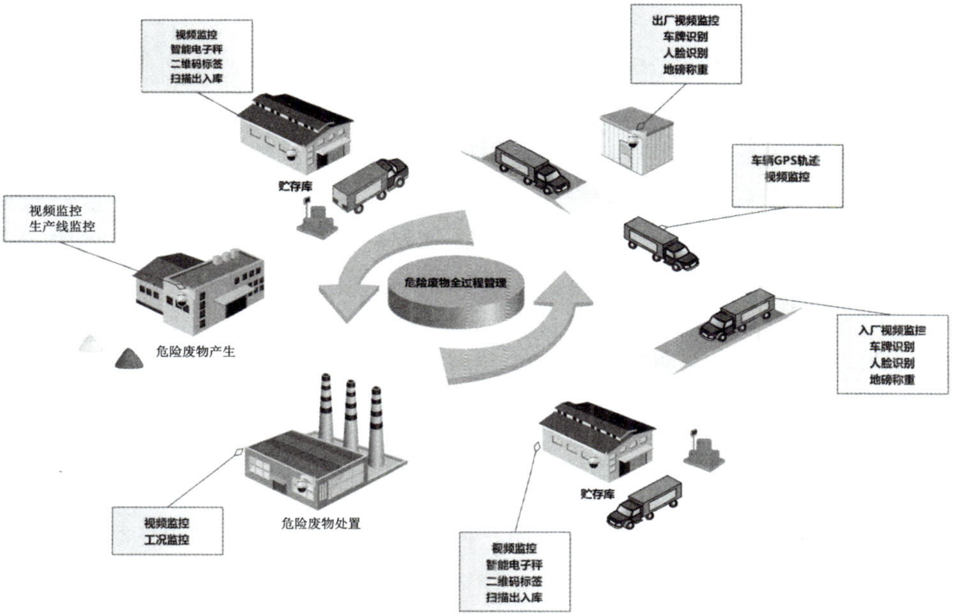

图 4-7　企业危险废物过程监控管理示意

1. 一企一档

以企业唯一编码为身份识别，建立唯一的基本信息档案，可对危险废物产生、经营、运输企业进行身份追踪。

2. 业务协同

业务协同办理模块内嵌专用的工作流引擎，将任务中心的相关业务以任务事件形式进行管理，便于对业务办理情况、流程进行电子化管理。

3. 全过程监管

实现企业危险废物申报审批管理过程监管、危险废物转移联单数据过程监管、危险废物转移过程 GPS 监控及视频监控。

4. 有效监管

对企业的危险废物产生、经营和运输等行为进行有效监管，通过管理数据实现对企业的日常行为监控。

5. 决策分析

利用大数据技术对固体废物信息进行数据挖掘分析，完成数据的共享互通，对危险废物产生、转移、运输、贮存、处置全过程进行数据的统计、分析、展示。

（四）企业安全生产监控管理

安全生产综合监管以满足日常监管需要为基础，以重大事故风险控制为主线，以重大危险源的管理、安全生产隐患管理为重点，通过信息化手段，实现安全监管规范化、科学化，全面提升安全监管机构信息化业务效能。同时，利用物联网等新技术，建设企业重大危险源监测系统和危险废物管理系统。其主要目的，一是以强化企业主体责任落实为目标，加强对企业重大危险源监测和危险废物仓储监控主体责任落实情况的动态监管；二是为应急救援提供现场监控视频及监测数据。

1. 企业管理

企业信息主要包括生产经营单位安全生产基本信息、企业基本概况、安全生产管理结构图、企业法人营业执照、厂房平面图、安全生产责任制、安全生产管理规章制度、安全生产事故应急预案、安全教育培训情况、安全生产责任人、管理人员任命情况、特种设备登记和管理情况、事故调查处理情况等，涵盖企业现有安全监管领域多方面信息。

2. 隐患排查管理

“安全隐患排查管理”是一个资源共享、多级互联的网络化的安全隐患监管平台，能够进行安全隐患自查、排查治理情况上报、汇总、统计分析等。管理部门通过该系统，可以全面了解企业安全隐患情况，实现对重大隐患排查治理的动态监管。

3. 安全事故管理

主要是对企业环保、爆炸、火灾、泄漏、中毒等各类安全生产事故，特别是重、特大事故的基本情况、事故评估、地理位置等相关信息，如事故单位、事故级别、伤亡情况、调查与处理情况、事故处罚情况等，建立企业事故信息档案，进行事故统计分析，为事故预防提供决策依据。提供相关信息的录入 / 导入、管理、维护、查询、分类统计分析、地图标注等功能。

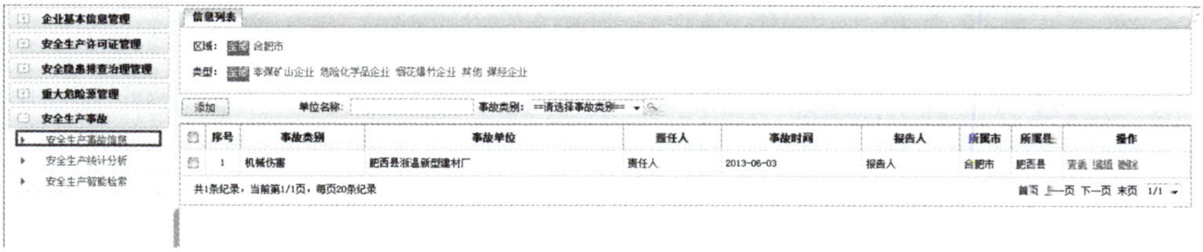

图 4-8　安全事故信息显示

二、企业污染源自动监控信息化管理案例

污染源自动监控系统是利用自动监控设备实现对污染源排放情况的自动监测与监视，并对业务管理和决策提供支撑的有机协作整体。它由自动监控设备和监控中心组成。自动监控设备是在污染源现场安装的用于监控、监测污染物排放的仪器、流量（速）计、污染治理设施运行记录仪和数据采集传输仪等仪器、仪表，是污染防治设施的组成部分；监控中心是生态环境部门或企业通过通信传输线路与自动监控设备连接，用于对污染物排放实施自动监控的计算机软件和设备等。

（一）系统登录界面

系统登录界面见图 4-9。

图 4-9　系统登录界面

（二）系统首页

系统首页见图 4-10。

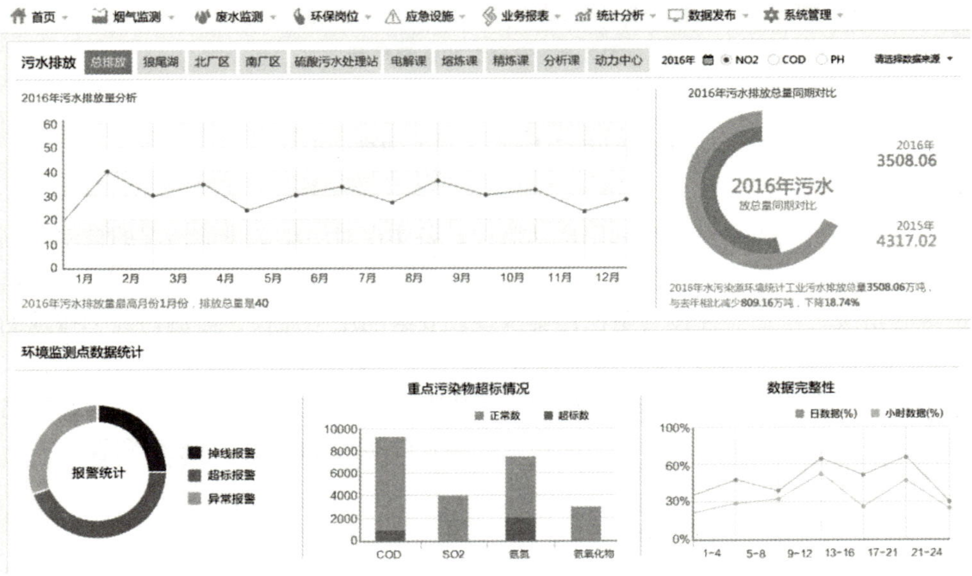

图 4-10　系统首页

系统基础支撑平台对系统公共服务和通用业务服务（如权限管理、用户管理、日志管理等）进行归纳和封装，为环保信息化应用系统提供多种公共的服务，使应用系统具备良好的拓展性，从而实现系统复用。

系统基础支撑平台主要为环保信息化系统解决资源共享、信息交换、业务访问、业务集成、安全可信、可管理等共性和关键的问题。应用支撑平台具备且不限于以下功能：同一用户及权限管理、单点登录、日志管理、第三方应用集成、信息建模、流程设计、界面设计等。

系统基础支撑平台是一个分布式实时数据接入和管理平台，提供了分布式环境下的实时数据高效接入、转发、访问、存档以及查询功能。它本身不属于某个特定应用系统，而是所有应用系统的载体。环境业务支撑构建平台支持控件和 Web 服务方式的二次开发，用户可以在这个载体上，根据信息化的应用需求以及业务发展的需要，构造各种具体的应用，降低在线监控应用系统的开发难度。

（三）监测配置

监测配置见图 4-11。

首页 烟气监测 废水监测 环保岗位 应急设施 业务报表 统计分析 数据发布 系统管理
当前位置： 首页 » 系统配置
系统参数设置
是否发布： 是 否
公共静态资源根目录： /webcontent/static/
公共附件上传地址根目录： /webcontent/static/
私有附件上传地址根目录： /webcontent/static/
合同附件上传地址根目录： /webcontent/static/
调查附件上传地址根目录： /webcontent/static/
是否显示超级管理员： true
显示超级管理员名称： 超级管理员
添加用户的默认密码： *****
姓名： 姓名
系统参数设置
是否显示超级管理员： true
显示超级管理员名称： 超级管理员
添加用户的默认密码： *****
姓名： 姓名
保存 返回
首页 烟气监测 废水监测 环保岗位 应急设施 业务报表 统计分析 数据发布 系统管理
当前位置： 首页 » 用户管理
用户名称： 所属部门： --请选择所属部门-- 查询 添加
序号 用户登录名 用户姓名 所属部门 最后上线时间 是否为监察人员 操作
1 admin 管理员 安环部 2016/3/23 14:05:30 否 编辑 分配权限 重置密码 删除
每页显示 15 条记录 当前显示1-15条，共 1048 条记录
1 2 3 4 5 ... 10

图 4-11 监测配置页面

1. 监测站管理

空气质量监测站点的新增、修改、删除等操作管理。

监测站基本信息包括监测站代码、名称、地址、图片，地区代码，监管级别，设备，点位城市位置，点位 Num、地形标高、类型、覆盖面积、功能区类型、覆盖人口等。

2. 监测因子管理

站点监测因子的新增、修改、删除等操作管理。

监测因子基本信息包括因子代码、中文名、英文名、单位、是否使用、是否默认、备注。

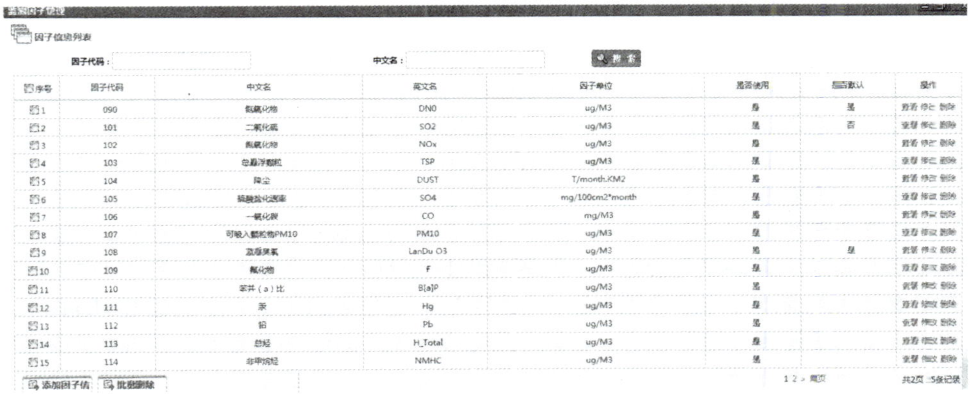

序号	因子代码	中文名	英文名	因子单位	是否使用	是否默认	操作
1	090	氮氧化物	DN0	ug/M3	是	是	查看 修改 删除
2	101	二氧化硫	SO2	ug/M3	是	否	查看 修改 删除
3	102	氮氧化物	NOx	ug/M3	是		查看 修改 删除
4	103	总悬浮颗粒	TSP	ug/M3	是		查看 修改 删除
5	104	降尘	DUST	T/month.KM2	是		查看 修改 删除
6	105	硫酸盐化速率	SO4	mg/100cm2*month	是		查看 修改 删除
7	106	一氧化碳	CO	mg/M3	是		查看 修改 删除
8	107	可吸入颗粒物PM10	PM10	ug/M3	是		查看 修改 删除
9	108	蓝度臭氧	LanDu O3	ug/M3	是	是	查看 修改 删除
10	109	氟化物	F	ug/M3	是		查看 修改 删除
11	110	苯并（a）比	B[a]P	ug/M3	是		查看 修改 删除
12	111	汞	Hg	ug/M3	是		查看 修改 删除
13	112	铅	Pb	ug/M3	是		查看 修改 删除
14	113	总烃	H_Total	ug/M3	是		查看 修改 删除
15	114	非甲烷烃	NMHC	ug/M3	是		查看 修改 删除

图 4-12　监测因子管理

3. 数采仪管理

数采仪设备的新增、修改、删除等操作管理。

数采仪基本信息包括监测设备 MN、产品 ID、SIM 卡号、卡号 / 手机号、适配器类型、是否启用、访问密码、数据上报间隔、是否上报日数据、是否上报小时数据、是否上报分钟数据、是否上报实时数据等。

4. 数采仪厂家管理

数采仪厂家的新增、修改、删除等操作管理。

数采仪厂家基本信息包括产品 ID、产品名称、制造厂家、联系电话、备注。

5. SIM 卡管理

手机 SIM 卡的新增、修改、删除等操作管理。

SIM 卡基本信息包括 SIM 卡号、领用状态、使用状态、租赁持有、领用单位、领用时间、注册人、注册单位、注册时间、开通状态、开卡人、开卡单位等。

6. 监测配置表管理

对各监测站点的监测因子的超标上限、超标下限、异常上限、异常下限等信息的配置管理。

监测配置基本信息包括监测站代码、因子代码、超标值上限、超标值下限、异常值上限、异常值下限、操作人、操作时间、备注。

7. 监测设备停运管理

空气质量监测设备的停运申报和审核的管理。

用户可新增设备停运申报记录，然后对新增后的停运申报记录进行审核、删除等操作。

空气质量停运申报记录基本信息包括监测站编码、开始时间、结束时间、审核状态、审核人、审核时间、原因、审核描述、审核通过证明材料。

（四）污染源管理

1. 污染源管理

污染源企业的新增、修改、删除等操作管理，管理列表页中同时提供了快捷检索、批量删除、注销、启用、审核通过、审核驳回等功能，审核通过的企业不能再进行修改操作（一个完整的污染源企业新增的流程是：新增 SIM 号；添加数采仪；添加污染源企业；添加污染源排放口；添加排放口因子）。

污染源基本信息包括企业编码、企业名称、所属地市、企业类型、监控级别、所属县区、污染源类型、行业类别、所属流域、单位类别、单位级别、污染源状态、最新扩改建时间、企业规模等。

2. 排放口管理

污染源企业废气或污水排放口的新增、修改、删除等操作管理。

废气排放口基本信息包括污染源编码、污染源名称、气功能类别、排放口编码、排放口名称、排放方向、脱硫除尘、数采仪编号、监控级别、排放规律、燃烧方式、废气类型、排放口位置、排放口坐标等。

污水排放口基本信息包括污染源编码、污染源名称、水功能区域、排放口编码、排放口名称、排放方向、数采仪编号、监控级别、排放规律、排放去向、排放口坐标、标志牌安装、启用状态等。

用户新增一排放口后，点击该企业排放口的“修改”按钮，修改页面中，用户可以为该排放口添加因子，也可以查看该排放口最新超标 / 异常记录、SIM

卡的数据流量、最新数据等信息。

3. 治理设施管理

污染源治理设施的新增、修改、删除等操作管理。

污染治理设施基本信息包括污染源企业、污染类别、排入口、排出口、污染治理设施编码、污染治理设施名称、设计处理能力、处理方法、排放口通道号、投入使用日期、设计单位、状态、处理特称、处理工艺流程等。

4. 数采仪管理

数采仪的新增、修改、删除、启用、反控等操作管理。

数采仪基本信息包括 SIM 卡号、适配器类型、区域编码、数采仪编号、访问密码、数据上报间隔、上报数据、生产厂家 ID、是否启用等。

5. 数采仪厂家管理

数采仪厂家的新增、修改、删除等操作管理。

数采仪厂家基本信息包括数采仪厂家名称、联系人、联系电话、备注。

6. 数采仪反控

对数采仪的反控操作，用户可以在 PC 端进行实时数据开始 / 停止上报、设备运行状态开始 / 停止上报、分钟数据采集、小时数据采集、日数据采集、设备日运行、设置实时采样数据上报间隔、设备时间调准、设备即时采样、设备采样周期设置、日数据上报时间设置等操作管理，同时，可以查看到该污染源企业的数采仪基本信息和 SIM 卡基本信息。

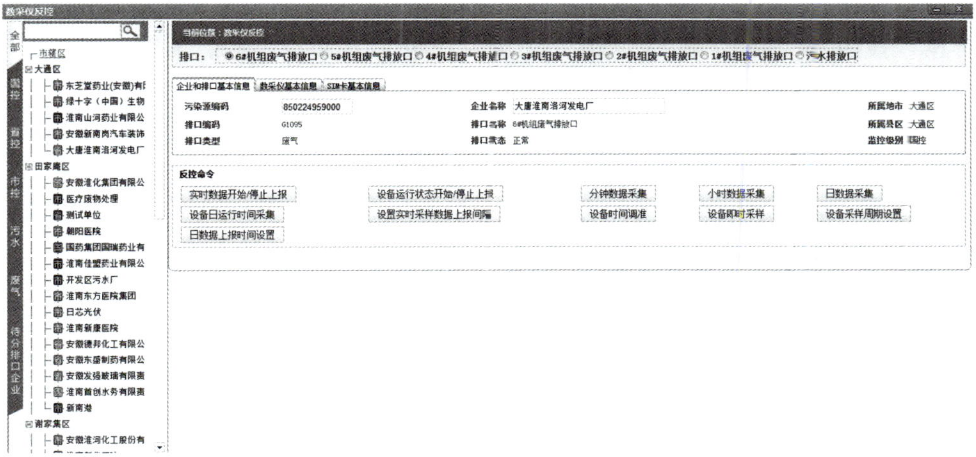

图 4-13　数采仪反控

7. SIM 卡管理

手机 SIM 卡新增、修改、删除等操作管理，用户需正确填写，便于以后预警短信的正确接收。

SIM 卡基本信息包括 SIM 卡编号、卡号、状态、领用人、领用单位、领用时间、注册人、注册单位、注册时间、开通人、开通人单位、开通时间、区域代码、计划分配的企业名称、计划分配的排口名称。

8. 污染源维修停运登记

污染源企业排口的维修停运登记，维修申请的管理，提交后的维修申请单在“污染源维修停运管理”中可查到，并可进行相关的审核操作。

污染源维修停运登记基本信息包括污染源编码、排放口编码、开始时间、结束时间、原因。

9. 污染源维修停运管理

对污染源维修停运登记中的维修申请单进行管理，如查看、审核、删除等。

污染源维修停运管理单基本信息包括污染源编码、排放口编码、开始时间、结束时间、原因、操作人、审核状态、审核描述。

10. 污染源报警人管理

对企业污染源的报警人的新增、删除、修改等操作管理，可设置企业污染源名称、报警人、手机号码、报警类型（如超标、异常、掉线）、超标类型（如一级、二级、三级）、报警时间段等信息。

污染源报警人的基本信息包括污染源编码、用户姓名、报警类型（如超标、异常、掉线）、超标类型（如一级、二级、三级）、时间、状态、备用。

11. 区域报警人管理

区域报警人的新增、修改、删除等操作管理，如区域报警人的报警区域、用户姓名、手机号码、报警时间段、超标级别（一级、二级、三级）、报警类型（超标、异常、掉线）、污染源企业名称等。

区域报警人基本信息包括区域、用户 ID、用户姓名、手机号码、起始时间、结束时间、超标级别（一级、二级、三级）、报警类型（超标、异常、掉线）、状态、备用、污染源编码。

12. 字典表管理

系统建立统一的数据字典，对整个系统的元数据信息进行统一管理维护。具体提供数据字典信息的添加、修改、删除等（图 4-14）。

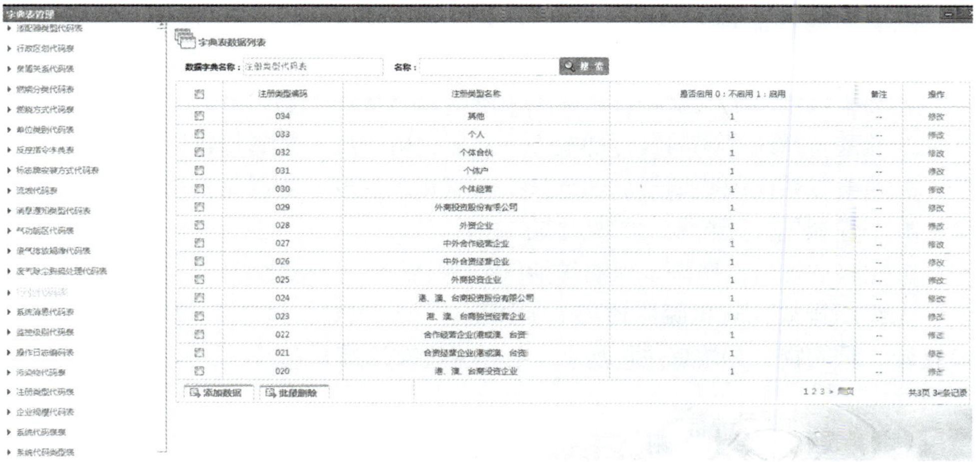

图 4-14　字典数据列表

13. 烟气自动监测

烟气自动监测见图 4-15。

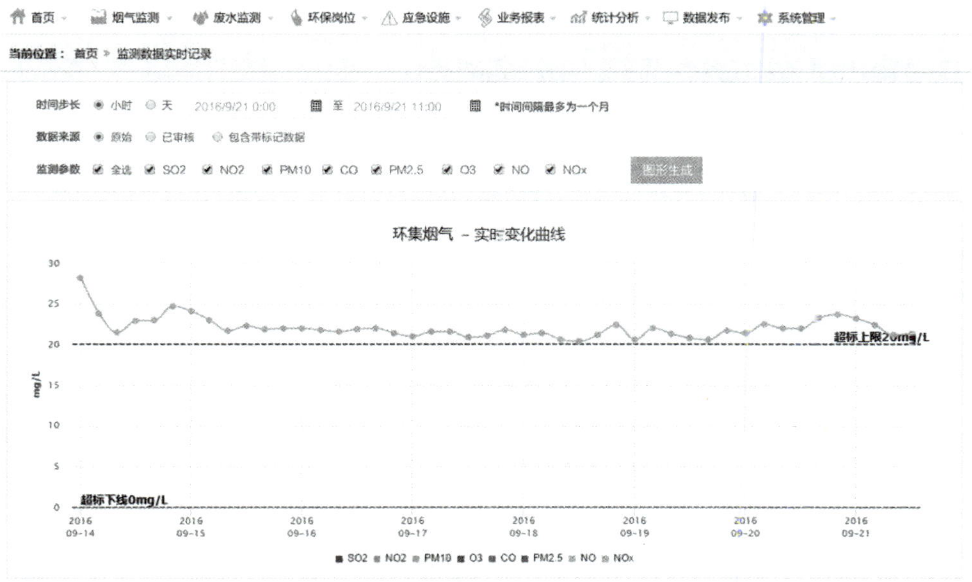

图 4-15　烟气自动监测

（五）烟气监测对象

1. 环集烟气：烟气量、二氧化硫浓度、氮氧化物浓度。

2. 硫酸一系统脱硫烟气：烟气量、二氧化硫浓度、氮氧化物浓度。

3. 硫酸二系统脱硫烟气：烟气量、二氧化硫浓度、氮氧化物浓度。

4. 干燥烟气：颗粒物、二氧化硫。

5. 阳极炉烟气（竖炉、保温炉烟气）：颗粒物、二氧化硫。

无组织排放二氧化硫监控点：①熔炼主厂房主导下风向 1（总降位置）：二氧化硫、颗粒物；②熔炼主厂房 2（电解硫酸镍位置）：二氧化硫、颗粒物。

（六）烟气实时监测

不同站点的实时数据监测，其中部分因子以实际图标的形式展示，如气温、室温、湿度、气压和风向风力；$PM_{2.5}$、PM_{10}、二氧化硫、二氧化氮、一氧化氮、臭氧等监测因子则以曲线图和数据表的形式展示；用户点击“查看气象详细数据”可以进行详细查看，主要以曲线图显示（图 4-16）。

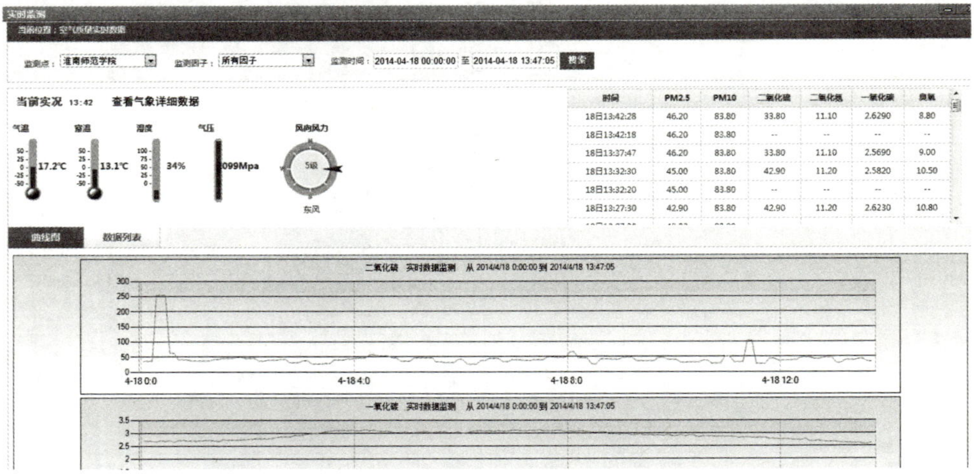

图 4-16　气象详细数据显示

（七）废水、废气自动监测

实时监控中主要包括监测数据实时记录、监测数据实时监控、异常 / 超标报警记录及重点监测因子实时监测，从多方面进行查询统计分析，为用户提供更直观易懂的数据分析。

1. 排水监测对象

狼尾湖排放口：pH、铜、砷、COD、氨氮、硫化物、氟。

北厂区排放口：pH、铜、砷、COD、氨氮、水泵开停情况。

南厂区排放口：pH、铜、砷、COD、氨氮、硫化物、氟。

硫酸污水处理站总出口：pH、铜、砷、COD、氨氮、硫化物、氟。

电解排放口：pH；预留铜、砷。

熔炼排放口：pH；预留铜、砷。

精炼排放口：pH；预留铜、砷。

动力中心排放口：pH。

分析外排放口：pH。

2. 监测数据实时记录

以曲线图和数据表的形式实时显示企业污染源各排放口的实时污染因子波动情况。

（1）左边企业导航菜单中，选择需要监控查询的污染源企业。各企业主要按区域进行划分，也可点击其左边的各个选项卡进行快速筛选，更快捷地找到目的企业（筛选方式有国控、省控、市控、废水、废气及待分排口企业）。同时，用户可以在上方的查询框中输入企业名称，进行快速检索。

（2）选择污染源企业后，选择该企业的已有排放口，根据时间类型（实时数据、分钟数据、小时数据和日数据）在指定的监测时间段内进行查询统计分析。各污染因子以曲线图和数据表的形式展示出来，用户可直观明了地了解该时间段各污染因子的数据波动情况。

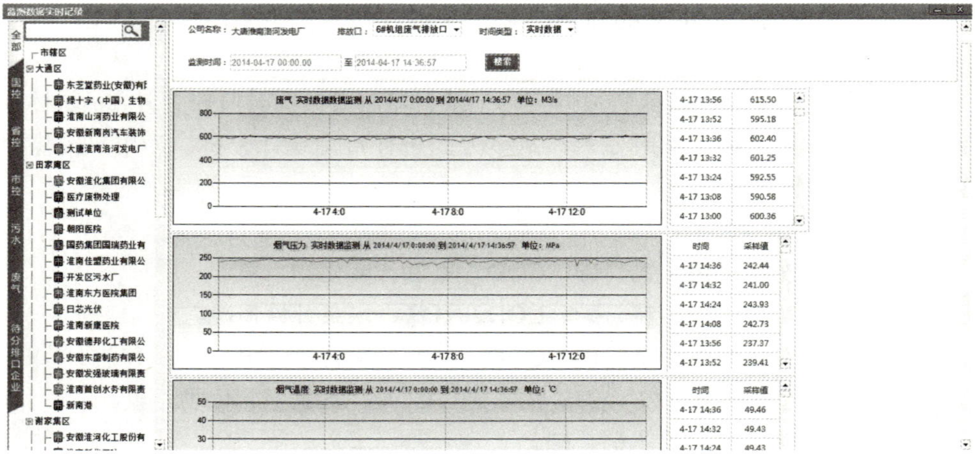

图 4-17　监测数据实时记录

3. 监控数据实时监测

监控数据实时监测主要是各污染企业排放口的最新数据情况，主要以数据表的形式展示出来，同时为用户提供导出功能。

（1）由于废水和废气监测因子不同，可以按废水和废气两种类型进行筛选，默认情况是废水。

（2）排放口的接收数据形式有多种，时间类型包括实时数据、分钟数据、小时数据和日数据，提供多样式的时间类型查询。

（3）提供了导出功能，用户可以把当前的筛选结果导出到 Excel 中，制成数据报表。

4. 异常 / 超标报警记录

查询各污染源企业监测时间段内的异常 / 超标情况，如超标 / 异常因子、超标 / 异常值、起报时间、超标类型等详细统计情况。

（1）左边企业导航菜单中，选择需要监控查询的污染源企业，各企业主要按区域进行划分，也可点击其左边的各个选项卡进行快速筛选，更快捷地找到目的企业（筛选方式有国控、省控、市控、污水、废气及待分排放口企业）。用户也可以在上方的查询框中输入企业名称，进行快速检索。

（2）选择污染源企业、超标状态及监测时间段，即可查询出该时间段内该企业的超标 / 异常情况。同时，在查询结果中详细给出排放口、污染物、起报值、解报值、最大值、起报时间、解报时间、上限值、下限值和超标类型。

（3）点击“导出”，用户可把结果导出到 Excel 中。

（八）重点监测因子实时监测

主要是污染源企业的当前实时监测信息，以数据表和曲线图两种形式直观地显示出来。

左边企业导航菜单中，选择需要监控查询的污染源企业，各企业主要按区域进行划分，也可以点击其左边的各个选项卡进行快速筛选，更快捷地找到目的企业（筛选方式有国控、省控、市控、废水、废气及待分排放口企业）。用户也可以在上方的查询框中输入企业名称，进行快速检索。

选择污染源企业后，按时间类型（实时数据、分钟数据、小时数据和日数据）和企业排放口进行筛选，查询结果以数据表和曲线图的形式直观地显示各时间点各污染因子的数据浮动情况。

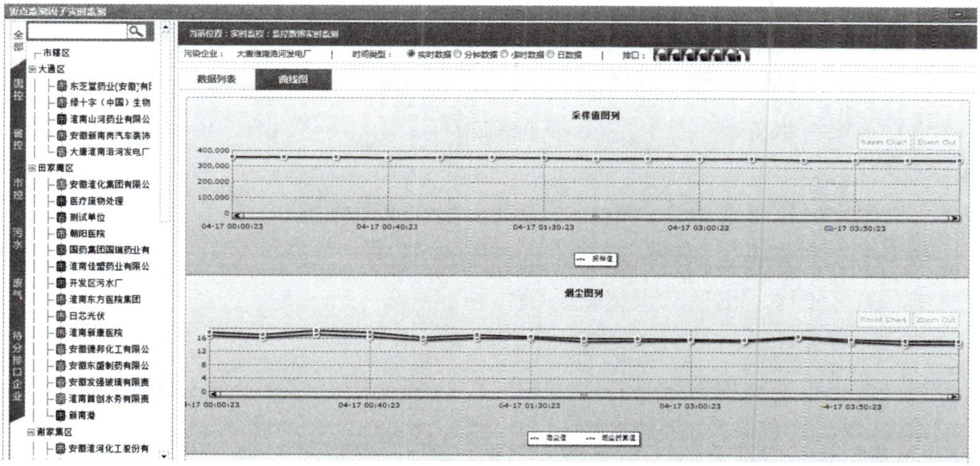

图 4-18　曲线图

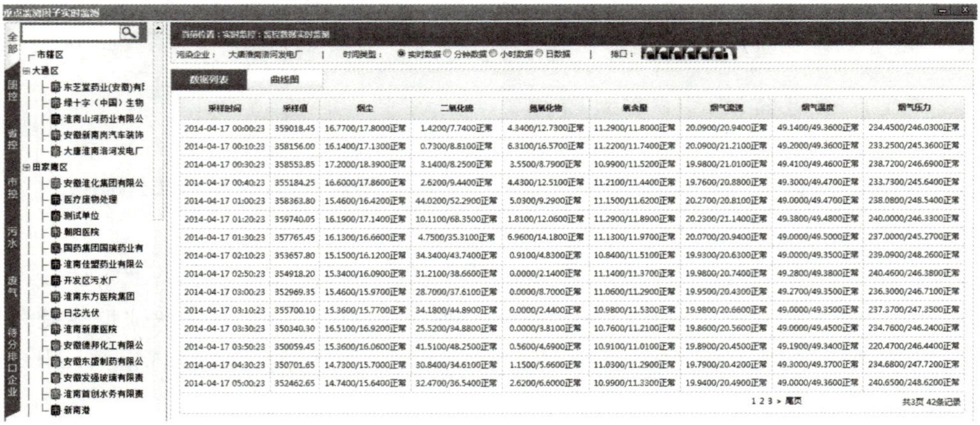

采样时间	采样值	烟尘	二氧化硫	氮氧化物	氧含量	烟气流速	烟气温度	烟气压力
2014-04-17 00:00:23	359018.45	16.7700/17.8000正常	1.4200/7.7400正常	4.3400/12.7300正常	11.2900/11.8000正常	20.0900/20.9400正常	49.1400/49.3600正常	234.4500/246.0300正常
2014-04-17 00:10:23	358156.00	16.1400/17.1300正常	0.7300/8.8100正常	6.3100/16.5700正常	11.2200/11.7400正常	20.0900/21.2100正常	49.2000/49.3600正常	233.2500/245.3600正常
2014-04-17 00:30:23	358553.85	17.2000/18.3900正常	3.1400/8.2500正常	3.5500/8.7900正常	10.9900/11.5200正常	19.9800/21.0100正常	49.4100/49.4600正常	238.7200/246.6900正常
2014-04-17 00:40:23	355184.25	16.6000/17.8600正常	2.6200/9.4400正常	4.4300/12.5100正常	11.2100/11.4400正常	19.7600/20.8800正常	49.3000/49.4700正常	233.7300/245.6400正常
2014-04-17 01:00:23	358363.80	15.4600/16.4200正常	44.0200/52.2900正常	5.0300/9.2900正常	11.1500/11.6200正常	20.2700/20.8100正常	49.0000/49.4700正常	238.0800/248.5400正常
2014-04-17 01:20:23	359740.05	16.1900/17.1400正常	10.1100/68.3500正常	1.8100/12.0600正常	11.2900/11.8900正常	20.2300/21.1400正常	49.3800/49.4800正常	240.0000/246.3300正常
2014-04-17 01:30:23	357765.45	16.1300/16.6600正常	4.7500/35.3100正常	6.9600/14.1800正常	11.1300/11.9700正常	20.0700/20.9400正常	49.0000/49.5000正常	237.0000/245.2700正常
2014-04-17 02:10:23	353657.80	15.1500/16.1200正常	34.3400/43.7400正常	0.9100/4.8300正常	10.8400/11.5100正常	19.9300/20.6300正常	49.0000/49.3500正常	239.0900/248.2600正常
2014-04-17 02:50:23	354918.20	15.3400/16.0900正常	31.2100/38.6600正常	0.0000/2.1400正常	11.1400/11.3700正常	19.9800/20.7400正常	49.2800/49.3800正常	240.4600/246.3800正常
2014-04-17 03:00:23	352969.35	15.4600/15.9700正常	28.7000/37.6100正常	0.0000/8.7000正常	11.0600/11.2900正常	19.9500/20.4300正常	49.2700/49.3500正常	236.3000/246.7100正常
2014-04-17 03:10:23	355700.10	15.3600/15.7700正常	34.1800/44.8900正常	0.0000/2.4400正常	10.9800/11.5300正常	19.9800/20.6600正常	49.0000/49.3500正常	237.3700/247.3500正常
2014-04-17 03:30:23	350340.30	16.5100/16.9200正常	25.5200/34.8800正常	0.0000/3.8100正常	10.7600/11.2100正常	19.8600/20.5600正常	49.0000/49.4500正常	234.7600/246.2400正常
2014-04-17 03:50:23	350059.45	15.3600/16.0600正常	41.5100/48.2500正常	0.5600/4.6900正常	10.9100/11.0100正常	19.8900/20.4500正常	49.1900/49.3400正常	220.4700/246.4400正常
2014-04-17 04:30:23	350701.65	14.7300/15.7000正常	30.8400/34.6100正常	1.1500/5.6600正常	11.0300/11.2900正常	19.7900/20.4200正常	49.3000/49.3700正常	234.6800/247.7200正常
2014-04-17 05:00:23	352462.65	14.7400/15.6400正常	32.4700/36.5400正常	2.6200/6.6000正常	10.9900/11.3300正常	19.9400/20.4900正常	49.0000/49.3600正常	240.6500/248.6200正常

图 4-19　数据表

1. 环保岗位控制参数

（1）环保岗位监测对象

1）环集脱硫：脱硫循环液 pH、进口二氧化硫、出口二氧化硫；

2）硫酸脱硫：脱硫循环液 pH、进口二氧化硫、出口二氧化硫；

3）常规污水处理（4 个系统）：控制指标：中和一次 pH、中和二次 pH；出水水质指标；

4）废水电化学：电流、电压、曝气；出水水质指标；

5）环集布袋收尘：进口压力、出口压力；

6）蒸汽干燥：出口二氧化硫、颗粒物；

7）污酸处理；

8）生活污水处理设施。

（2）环保岗位自动监测

环保岗位控制参数实时监控，主要包括监测数据实时记录、监控数据实时监控、异常 / 超标报警记录及重点监测因子实时监测，从多方面进行查询统计分析，为用户提供更直观易懂的数据分析。

2. 应急事故设施监测

（1）应急设施监测对象

3 号门事故应急水池：pH、铜、砷、液位、水泵开停情况；

北厂区事故应急水池：pH、铜、砷、液位、水泵开停情况；

熔炼主厂房应急水池：pH、铜、砷、液位、水泵开停情况；

南厂北排放口：液位、水泵开停情况；

12 号路两个循环清洗水池：液位、水泵开停情况等。

（2）应急设施实时监测

安全报警实时状态。可提供企业总设备数量、在线正常及报警数量统计。

图 4-20　安全报警状态列表

图 4-21　安全报警实时状态

同时提供了某监测时间段内的企业设备报警状态查询，主要以曲线图和数据表形式展示。

图 4-22 安全报警设备实时状态监测

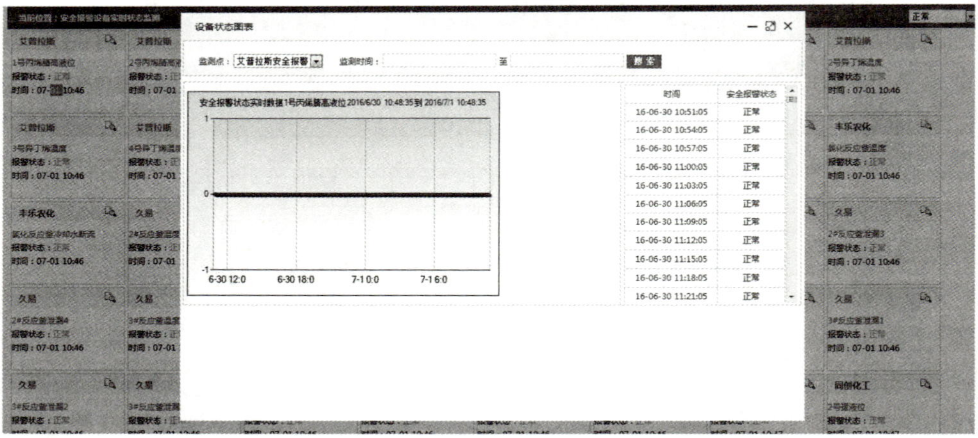

图 4-23 设备状态图表

3. 数据查询

数据查询功能包括实时监测查询和查询导出。

(1) 实时监测查询

不同站点的实时数据监测，其中部分因子以实际图表的形式展示，如气温、室温、湿度、气压和风向风力；$PM_{2.5}$、PM_{10}、二氧化硫、二氧化氮、一氧化氮、臭氧等监测因子则以曲线图和数据表的形式展示。

用户点击“查看气象详细数据”可进行详细查看，主要以曲线图的形式显示。

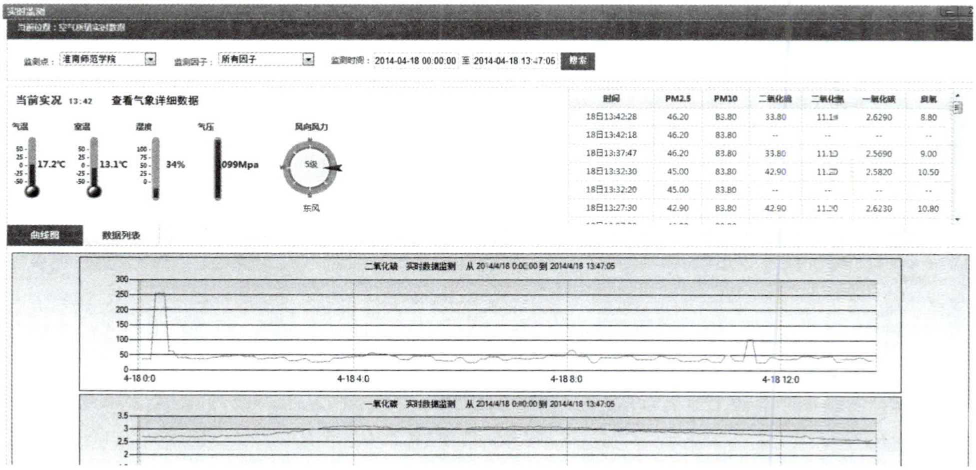

图 4-24　气象详细数据显示

各监测站点的实时平均值（或小时平均值、日平均值、月平均值）的修正值（或初始值）的查询，同时提供了导出功能，可导出到 Excel 中。

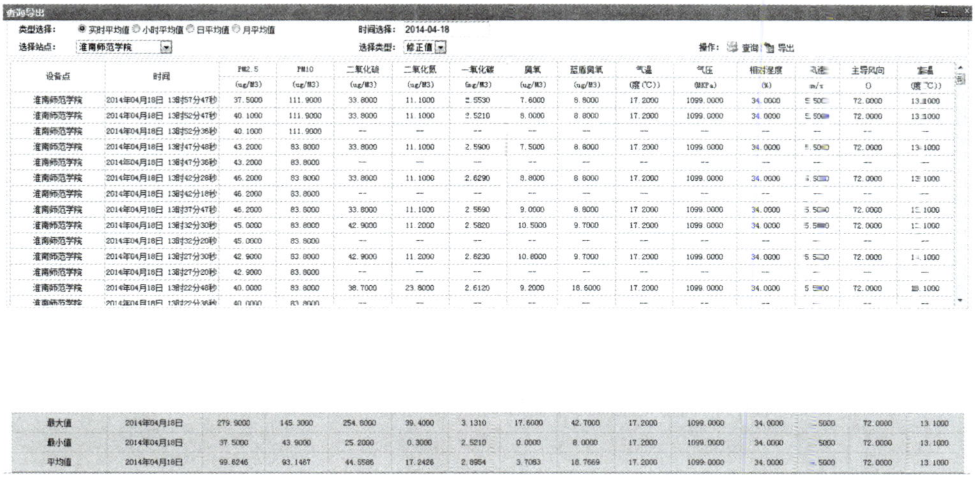

图 4-25　数据查询和导出

（2）废水、废气数据查询

查询已通过审核的历史监测数据，包括实时数据、分钟数据、小时数据和日数据，生成曲线图和数据表。

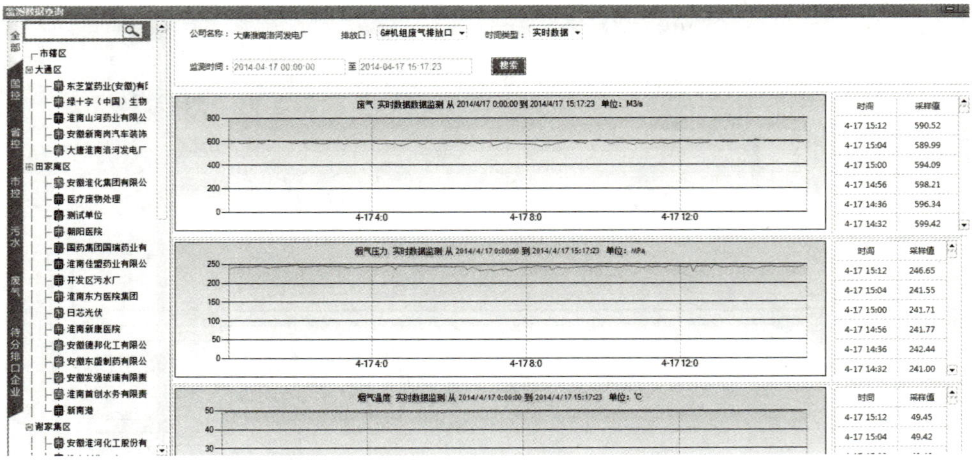

图 4-26　监测数据实时记录

4. 应急安全数据查询统计

（1）安全报警状态查询

不同监测点某监测时间段内的安全报警状态查询。

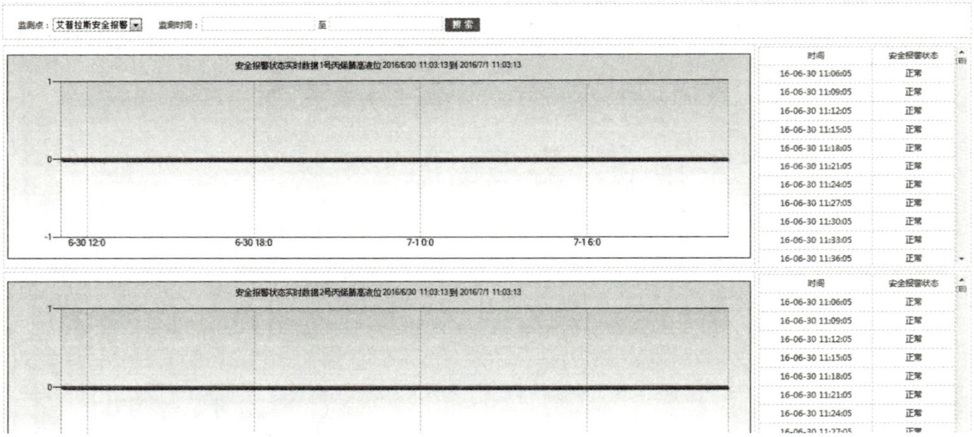

图 4-27　安全报警状态查询

（2）安全报警数据导出

不同排放口各报警设备的报警状态查询统计，同时提供导出功能。

序号	安全报警企业	安全报警设备	采样时间	报警状态
1	同创化工安全报警	3号罐液位	2016/6/30 9:02:43	报警
2	同创化工安全报警	3号罐液位	2016/6/30 9:03:01	报警
3	同创化工安全报警	3号罐液位	2016/6/30 9:03:29	报警
4	同创化工安全报警	3号罐液位	2016/6/30 9:03:50	报警
5	同创化工安全报警	3号罐液位	2016/6/30 9:04:08	报警
6	同创化工安全报警	3号罐液位	2016/6/30 9:04:30	报警
7	同创化工安全报警	3号罐液位	2016/6/30 9:05:23	报警
8	同创化工安全报警	3号罐液位	2016/6/30 9:05:43	报警
9	同创化工安全报警	3号罐液位	2016/6/30 9:06:01	报警
10	同创化工安全报警	3号罐液位	2016/6/30 9:06:05	报警
11	同创化工安全报警	3号罐液位	2016/6/30 9:06:22	报警
12	同创化工安全报警	3号罐液位	2016/6/30 9:06:44	报警
13	同创化工安全报警	3号罐液位	2016/6/30 9:07:09	报警
14	同创化工安全报警	3号罐液位	2016/6/30 9:07:37	报警
15	同创化工安全报警	3号罐液位	2016/6/30 9:07:57	报警
16	同创化工安全报警	3号罐液位	2016/6/30 9:08:15	报警
17	同创化工安全报警	3号罐液位	2016/6/30 9:08:36	报警
18	同创化工安全报警	3号罐液位	2016/6/30 9:09:22	报警

图 4-28　安全报警数据查询

（3）安全报警按企业统计

不同企业某监测时间段内的安全报警次数统计，主要按月进行，并以数据表和曲线图的形式展示。

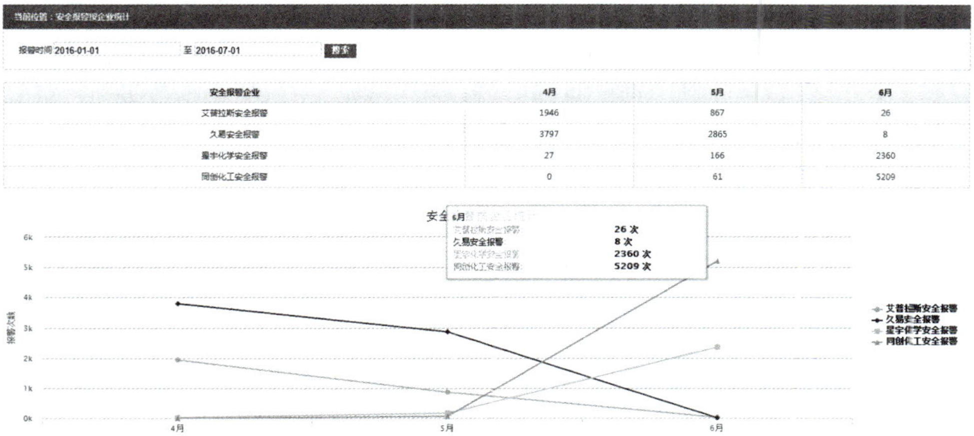

安全报警企业	4月	5月	6月
艾普拉斯安全报警	1946	867	26
久易安全报警	3797	2865	8
星宇化学安全报警	27	166	2360
同创化工安全报警	0	61	5209

图 4-29　安全报警按企业统计

（4）安全报警按因子统计

不同报警企业某监测时间段内各报警因子的报警次数统计。

图 4-30 安全报警按因子统计

5. 业务报表

（1）烟气数据报表

1）空气质量指数日报

按日统计分析各站点的二氧化硫 24 小时平均的浓度值和分指数、二氧化氮 24 小时平均的浓度和分指数、颗粒物 (粒径小于等于 10 μm）24 小时滑动平均浓度和分指数、空气质量指数（AQI）、首要污染物、空气质量指数级别、空气质量指数类别等详细信息，并可进行导出操作。

2）空气质量指数小时报

按小时统计分析各站点的二氧化硫 1 小时平均的浓度值和分指数、二氧化氮 1 小时平均的浓度和分指数、颗粒物（粒径小于等于 10 um）1 小时滑动平均浓度和分指数、AQI、首要污染物、空气质量指数级别、空气质量指数类别等详细信息，并可进行导出操作。

3）空气质量日报

按日统计分析各站点的二氧化硫浓度、二氧化氮浓度、颗粒物（粒径小于等于 10 μm）浓度、污染指数、主要污染物、空气质量状况等信息，也可以形成站点空气质量日报报表，用户可以进行导出和打印操作。

4）设备在线率

按时间统计分析监测时间段内的各站点在线时间（分钟）、停运时间（分钟）、在线率情况，主要以数据表和柱状图的形式展示出来，同时提供了导出功能。

（2）污染物报表

1）企业污染物排量报表

主要是污染源企业不同排放口、时间类型（包括日数据、月数据、年数据）、监测类型（包括污水和废气）在监测时间段内的排量数据统计报表，并提供了导出、打印、缩放、刷新等辅助功能。

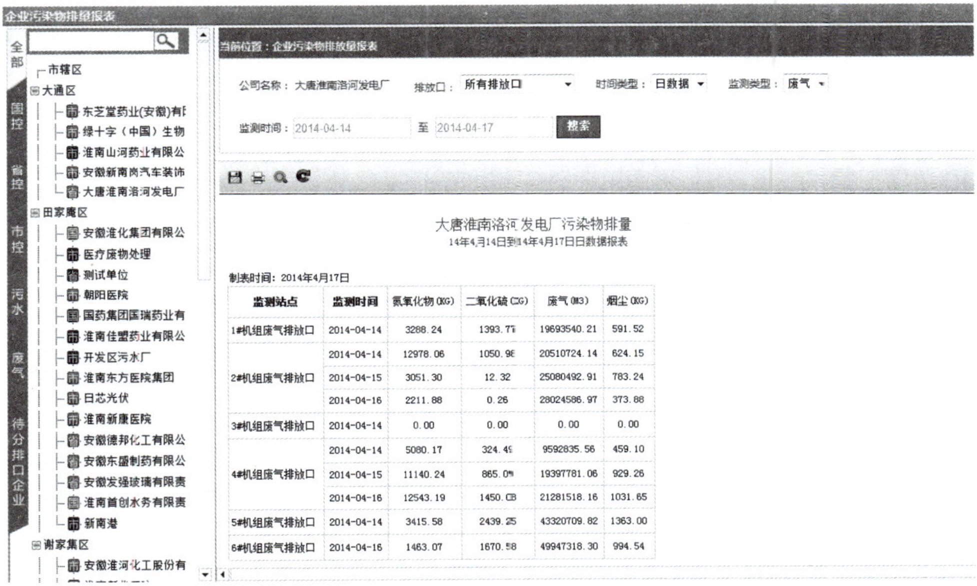

图 4-31　企业污染物排量报表

2）企业污染物浓度报表

各污染源企业不同排放口、时间类型（包括日数据、分钟数据、小时数据）、监测类型（如废水或废气）、污染因子（污染源因子可定制）、在监测时间段内的浓度数据统计报表（如因子的最小值、平均值和最大值），并提供了导出、打印、缩放、刷新等辅助功能。

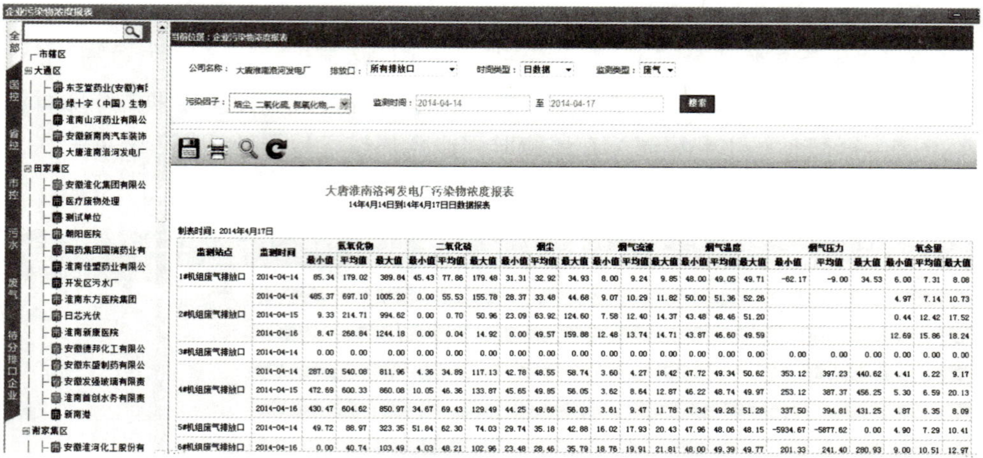

图 4-32　企业污染物浓度报表

3）类型级别报警企业报表

按区域划分，统计分析各区域内的污染源企业超标/异常报警情况，在报表中显示出区域、企业名称、企业报警数、报警排口名称、排口报警数、污染物、污染物报警数。

4）污染源排口超标报表

按区域划分，统计分析各区域内的污染源企业超标报警情况，在报表中显示出区域、企业名称、报警排口名称、报警次数、详细信息。

（3）废水、废气业务报表

1）污染源排口在线时间统计

各企业污染源在监测时间段内的在线时间统计情况，报表结果中显示出各企业实际在线时间（分钟）、应在线时间（分钟）、在线时间比、检修时间（分钟）等详细统计信息。

2）污染源排口在线数量统计

按区域划分，统计监测时间内各区域污染源的污染源总数、排口总数、当日掉线排口数、当日超标排口数等详细信息，并以数据表和柱状图两种形式直观显示。用户也可以进行导出和打印操作。

3）重点污染源运行监控周报

按周进行划分，统计分析出各区域污染源在线运行情况、在线数据传输情况、企业污染设施运行记录仪运行情况、企业污染源超标等信息，并为用户提供了导出和打印功能。

4）分钟污染物数据完整率统计周报

按周进行划分，统计分析分钟流量数据（或分钟污染物数据）的分钟污染源数据完整率情况，并提供了导出和打印功能。

5）排口分钟数据完整率周报

按区域和周划分，统计监测时间内各区域污染源的完整率情况，如数据完整率达到 75% 的排口数、数据完整率未达到 75% 的排口数、国控达到 75% 的百分比等详细信息。用户也可以进行导出操作。

6. 统计分析

（1）烟气统计分析

总体分析。首先对比分析监测时间内 AQI、首要污染物、活动指数等信息；然后以饼图的形式分析空气的优、良、轻度污染，中度污染，重度污染，严重污染等各污染指数的百分比情况，并以数据表的形式分析出各站点的 AQI、空气质量级别和空气质量状况；再以柱状图形式展示出各站点的 $PM_{2.5}$ 实时数据、$PM_{2.5}$ 日数据、PM_{10} 实时数据、PM_{10} 日数据、空气质量分指数（IAQI）实时数据和 IAQI 日数据的对比分析。

同比分析。根据监测站点和监测时间对比分析本年度空气质量各级别天数和年度百分率（包括优、良、轻度污染，中度污染，重度污染，严重污染）、去年同期的对比、优良率的对比分析，主要以数据表的形式显示。同时给出柱状图，对今年和去年的数据进行对比分析。

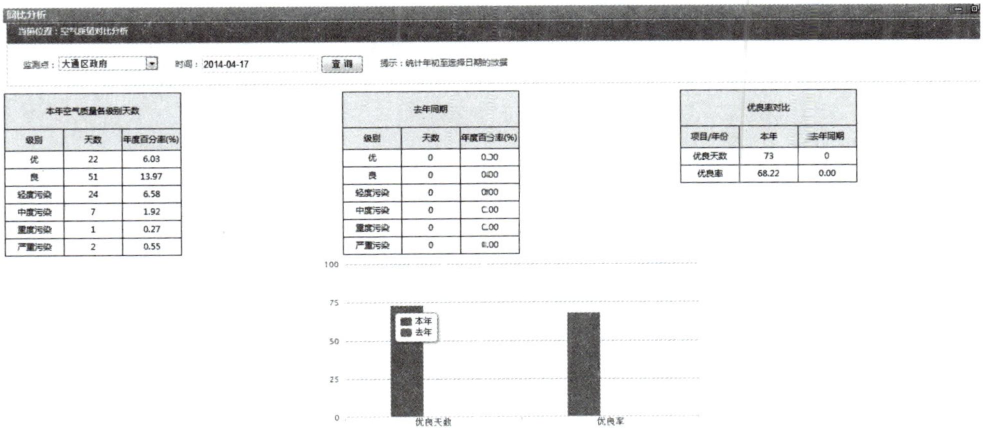

图 4-33　空气质量对比分析

趋势分析。按小时进行统计分析，分析监测时间点的AQI、首要污染物、环境指数、各监测站点的AQI、空气质量状况、PM_{10}浓度、$PM_{2.5}$浓度、首要污染物等信息（数据表中空气质量状况用不同的颜色进行标示，橙色表示轻度污染、黄色表示良、绿色表示优、红色表示中度污染等）。另外，以曲线图的浮动形式展示出最近24 h空气质量指数趋势和最近30天空气质量指数趋势分析比较。

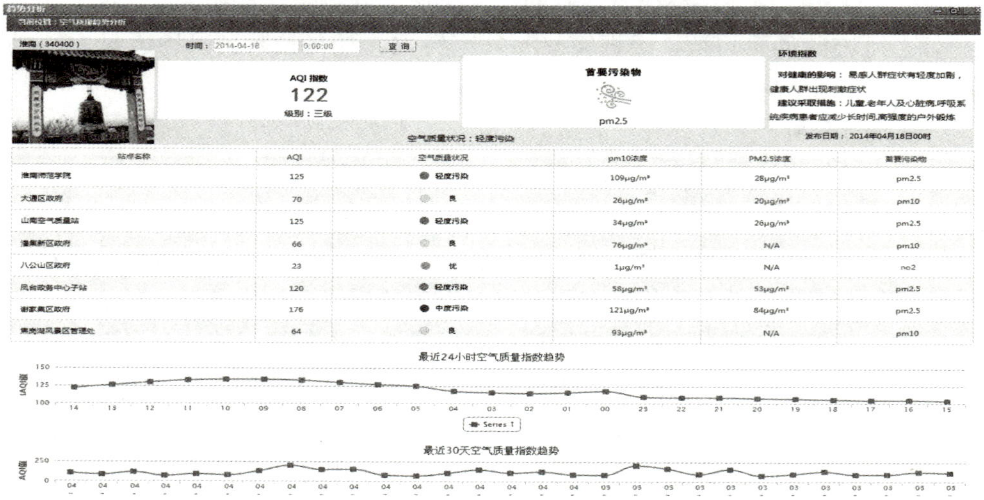

站点名称	AQI	空气质量状况	pm10浓度	PM2.5浓度	首要污染物
淮南师范学院	125	轻度污染	109μg/m³	28μg/m³	pm2.5
大通区政府	70	良	26μg/m³	20μg/m³	pm10
山南空气质量站	125	轻度污染	34μg/m³	26μg/m³	pm2.5
潘集新区政府	66	良	76μg/m³	N/A	pm10
八公山区政府	23	优	1μg/m³	N/A	no2
凤台政务中心子站	120	轻度污染	58μg/m³	53μg/m³	pm2.5
谢家集区政府	176	中度污染	121μg/m³	84μg/m³	pm2.5
焦岗湖风景区管理处	64	良	93μg/m³	N/A	pm10

图 4-34 空气质量趋势分析

多站点同比分析。根据监测时间点的小时IAQI、AQI、空气污染指数（API）统计分析各监测站点的小时IAQI（或AQI、API）、PM_{10}浓度、SO_2浓度、NO_2浓度，以数据表形式显示。以柱状图展示各站点的小时IAQI、AQI、API的对比分析。为更清晰对比各站点监测因子的浮动状况，将因子对比分析以曲线图形式直观展示出来。

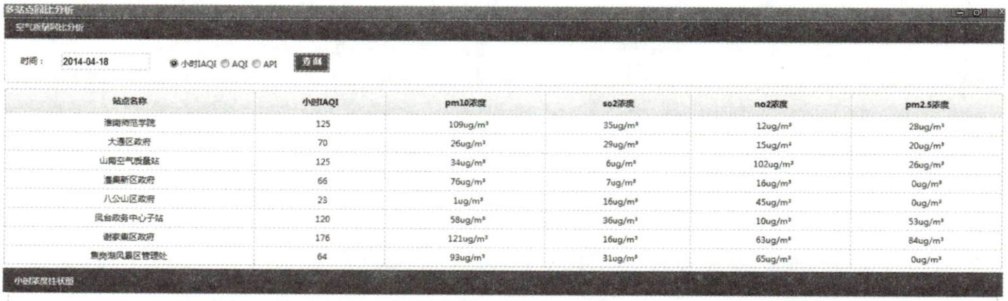

站点名称	小时IAQI	pm10浓度	so2浓度	no2浓度	pm2.5浓度
淮南师范学院	125	109ug/m³	35ug/m³	12ug/m³	28ug/m³
大通区政府	70	26ug/m³	29ug/m³	15ug/m³	20ug/m³
山南空气质量站	125	34ug/m³	6ug/m³	102ug/m³	26ug/m³
潘集新区政府	66	76ug/m³	7ug/m³	16ug/m³	0ug/m³
八公山区政府	23	1ug/m³	16ug/m³	45ug/m³	0ug/m³
凤台政务中心子站	120	58ug/m³	36ug/m³	10ug/m³	53ug/m³
谢家集区政府	176	121ug/m³	16ug/m³	63ug/m³	84ug/m³
焦岗湖风景区管理处	64	93ug/m³	31ug/m³	65ug/m³	0ug/m³

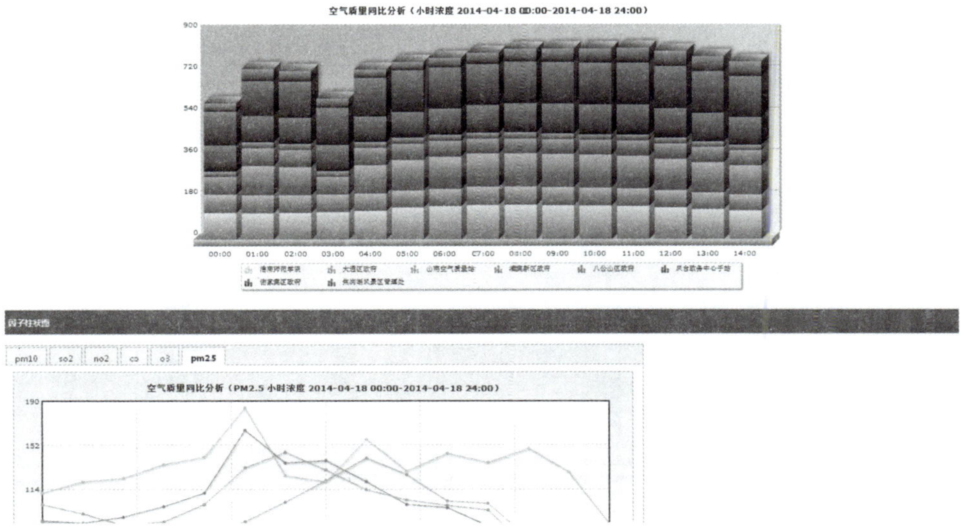

图 4-35 空气质量多站点同比分析

空气情况统计。以数据表和柱状图两种形式比对分析各站点小时 IAQI（或 AQI）的优、良、轻度污染，中度污染，严重污染及重度污染情况。

空气情况统计

开始时间： 2014-04-16 15:00:00 结束时间： 2014-04-18 15:00:00 ◉ 小时IAQI ○ AQI 查询

站点名称	优	良	轻度污染	中度污染	严重污染	重度污染
淮南师范学院	0	0	48	0	0	0
大通区政府	0	48	0	0	0	0
山南空气质量站	0	0	40	0	0	0
潘集新区政府	1	47	0	0	0	0
八公山区政府	39	0	9	0	0	0
凤台政务中心子站	0	20	28	0	0	0
谢家集区政府	0	0	34	14	0	0
焦岗湖风景区管理处	7	41	0	0	0	0
城市平均	0	3	44	1	0	0

空气情况统计图表

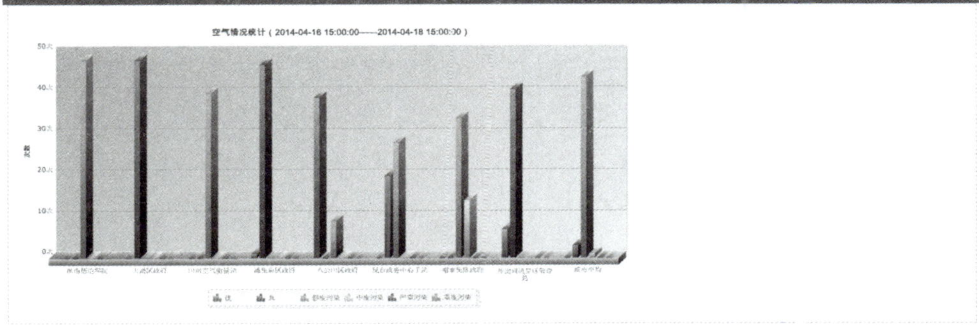

图 4-36 空气情况统计

（2）废水、废气统计分析

智能分析主要包括同比分析、趋势分析和综合分析，以曲线图、柱状图、饼图、数据表等多种图表形式综合比较分析，用户可直观清晰地进行对比分析。

同比分析。按区域或企业进行划分，统计分析不同企业（或区域）废水（或废气）的排放浓度（或排放量），并以柱状图的形式展示出来。

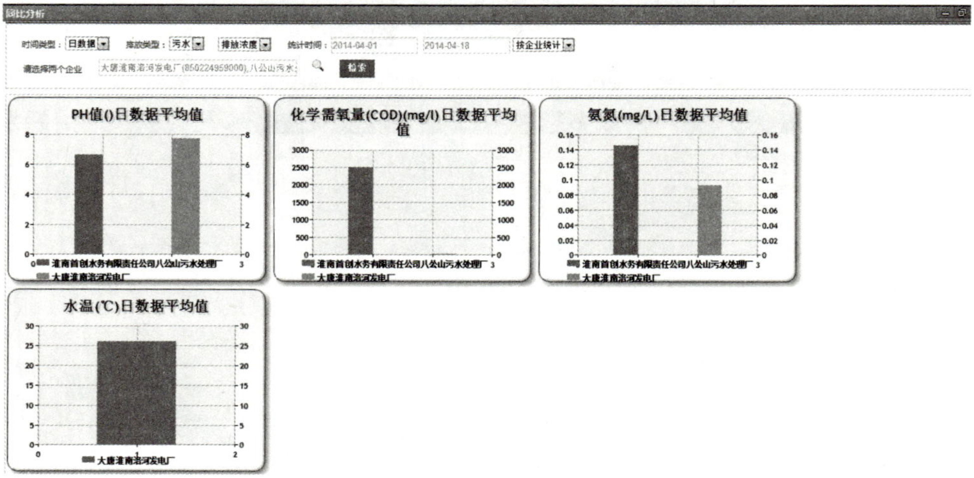

图 4-37 废水同比分析

趋势分析。不同企业（或区域）的废水（或废气）排口在监测时间段内的排量综合分析，以曲线图的形式展示监测时间段内的各因子排量波动情况。

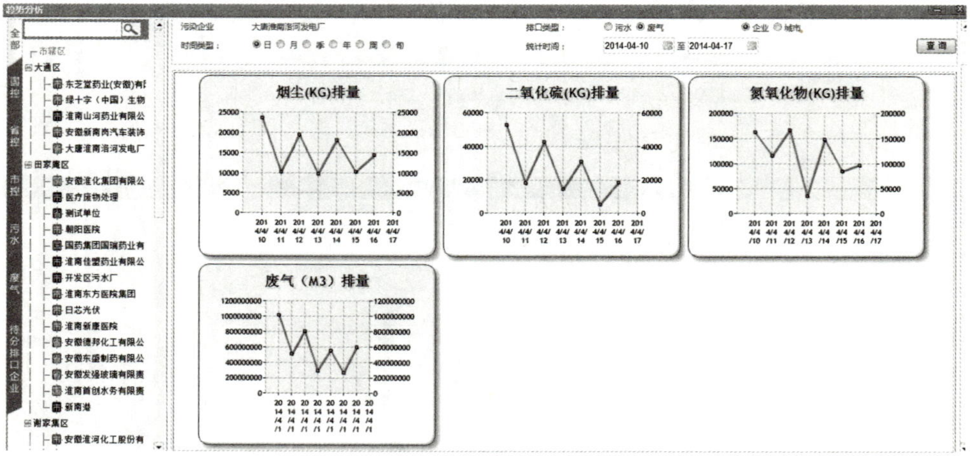

图 4-38 废气趋势分析

综合分析。监测时间段内企业排量、城市排量、企业超标、城市超标、企业监控系数与城市监控系数的综合比较分析（其中企业排量、企业超标与企业监控系数，由于企业过多，只统计排量最大、超标最多、监控系数最大的前6家企业排放情况），以柱状图和数据表的形式展示。

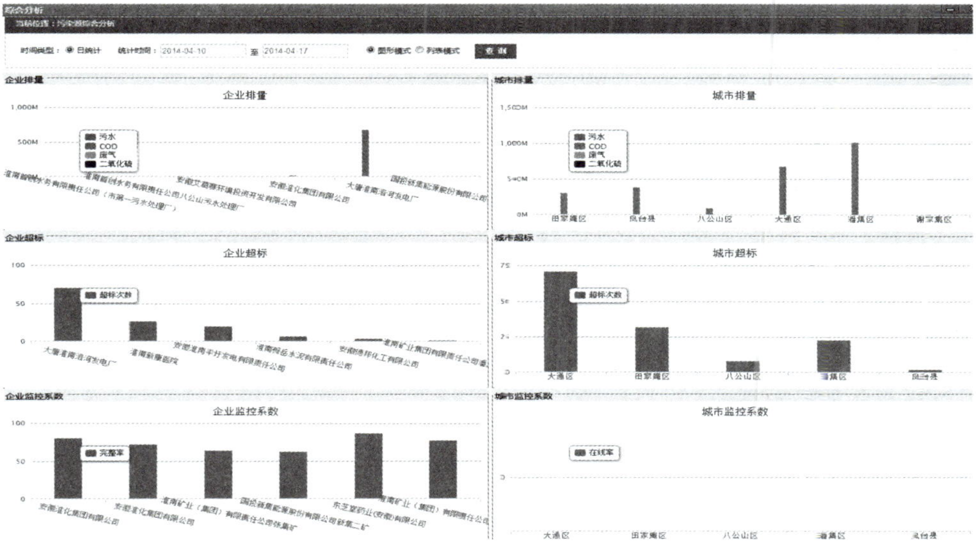

图 4-39　废水、废气综合分析

7. 环境数据发布

（1）空气质量发布系统

1）实时数据发布

通过电子地图直观展示空气质量监测站点位置，并通过颜色类别区分实时空气质量等级（每小时更新发布一次）。

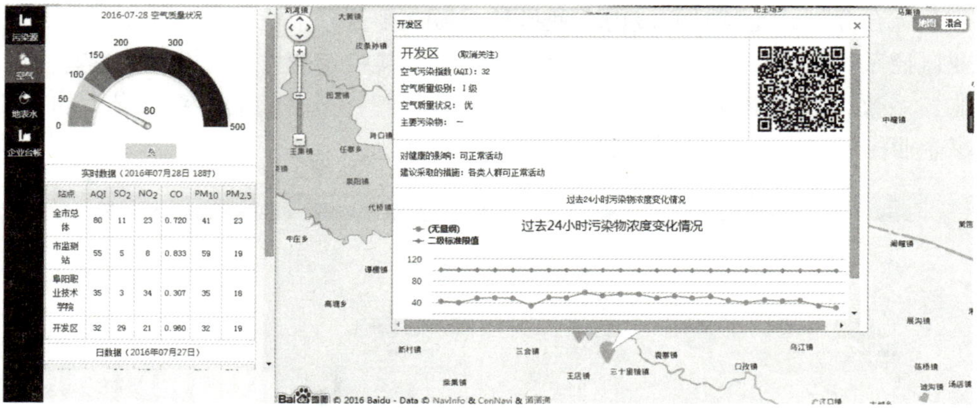

图 4-40　环境空气质量指数（AQI）发布系统—电子地图版本

直接选择站点，可查看 AQI 实时报；通过站点名称查询，也可以在地图上快速定位，查看 AQI 实时报。

2）日报数据发布

AQI 日报：通过直观的信息告诉公众最近 24 h 空气质量指数、空气质量等级、首要污染物、对健康的影响情况和建议公众采取的应对措施。

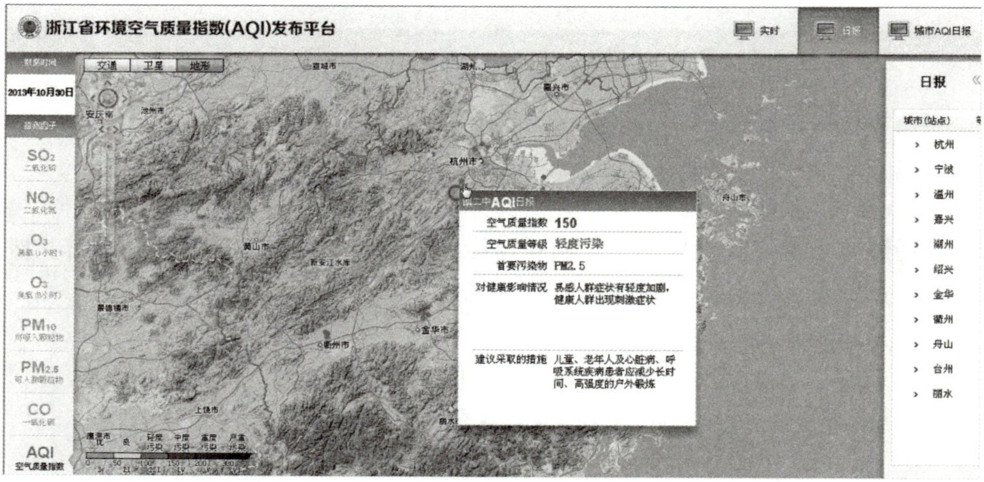

图 4-41　AQI 日报

IAQI 指数：根据监测因子不同，显示 SO_2、NO_2、PM_{10}、$PM_{2.5}$、CO 的 24 h 浓度均值和分指数；O_3 最大 1 h 均值（24 h 内）、最大 8 h 滑动均值（24 h 内）

和分指数。

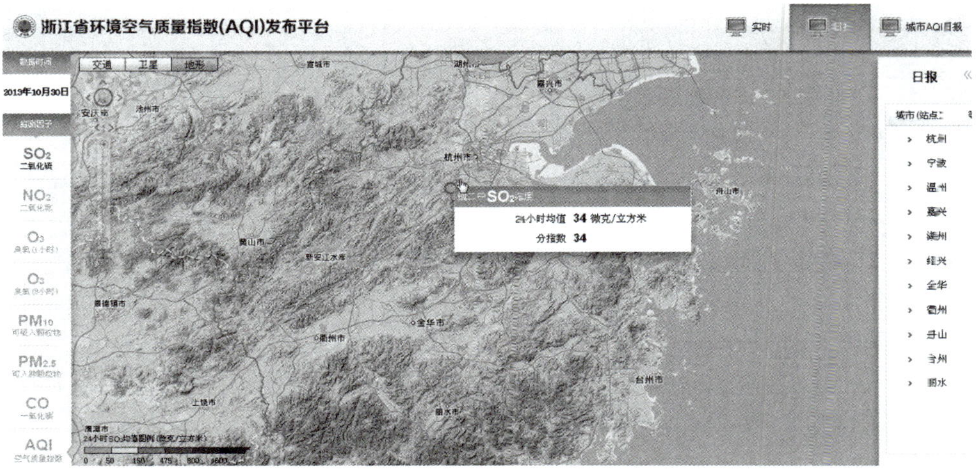

图 4-42　SO_2 24 h 均值和分指数

选择城市，可展示该城市所有监测站点的空气质量等级、AQI 和首要污染物信息。

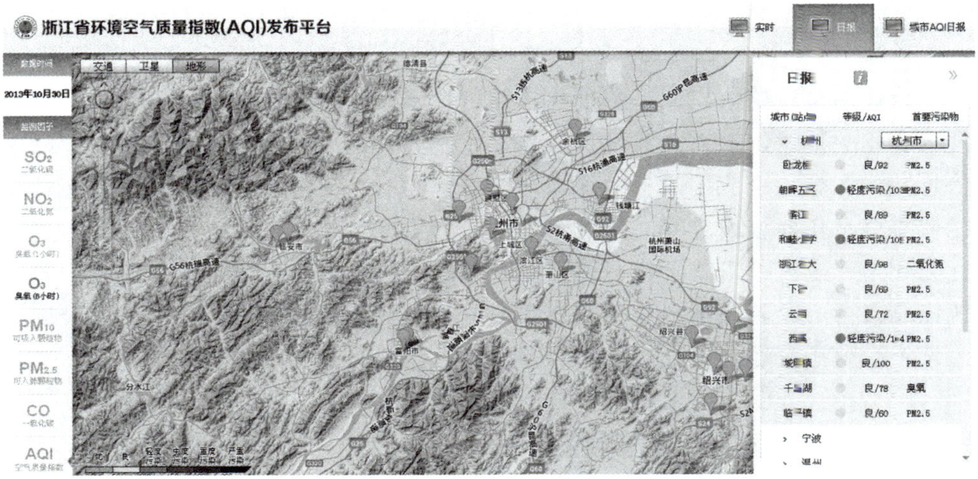

图 4-43　单一城市所有站点空气质量信息

AQI 日报发布。展示城市（监测站点）AQI、首要污染物、空气质量指数级别、空气质量指数类别（及对应颜色类别）。其中，省级按照城市排名，城市按照监测站点排名。

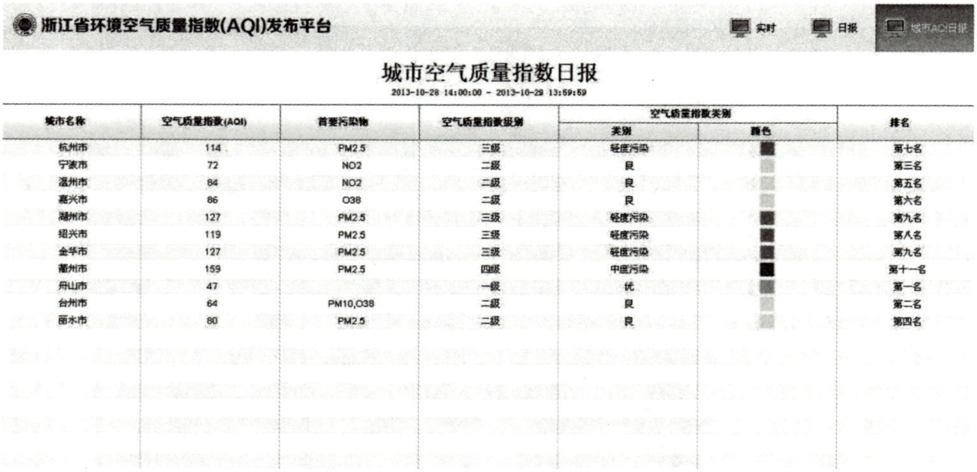

浙江省环境空气质量指数(AQI)发布平台　实时　日报　城市AQI日报

城市空气质量指数日报

2013-10-28 14:00:00 - 2013-10-29 13:59:59

城市名称	空气质量指数(AQI)	首要污染物	空气质量指数级别	空气质量指数类别		排名
				类别	颜色	
杭州市	114	PM2.5	三级	轻度污染		第七名
宁波市	72	NO2	二级	良		第三名
温州市	84	NO2	二级	良		第五名
嘉兴市	86	O38	二级	良		第六名
湖州市	127	PM2.5	三级	轻度污染		第九名
绍兴市	119	PM2.5	三级	轻度污染		第八名
金华市	127	PM2.5	三级	轻度污染		第九名
衢州市	159	PM2.5	四级	中度污染		第十一名
舟山市	47		一级	优		第一名
台州市	64	PM10,O38	二级	良		第二名
丽水市	80	PM2.5	二级	良		第四名

图 4-44　城市空气质量指数日报

第二节　环保设施运行管理信息化案例

企业环保设施信息化是将现代计算机技术、网络技术、通信技术和自动化技术等相关技术，融入企业环保设备、设施的建设、运行、管理等环节。随着信息技术在企业中应用的不断深入，信息化显得越来越重要，甚至许多企业只能依靠信息化建设而生存。通过对污染防治设施实时监控，实现对企业生产运行无死角、全流程、差别化、精细化管理，达到变人防为信息化技防，扭转传统依靠人力、经验及部分监测在线数据进行现场核查的状态，将有效提升区域污染防治设施规范运行水平，为环境监管开辟更加切实、有效的监管方式。

一、污水处理和排放监测信息化

（一）信息化建设的意义

污水处理厂（站）信息化是通过现场加装智能网关，在无人状态下运行，将分布在不同现场水质及状态数据实时采集、上报至数据中心，将各种水质监测数据进行统一管理，实现数据实时显示、分析、处理和存储。将这些数据组成一个远距离监测系统，可以向运营和监管单位发送监测日报和故障警报，且配有短信报警模块。当检测到相关现场水质数据异常时，可通过短信预警。通过信息化建设，可以实现污水处理厂（站）高效低耗运行，使其设备尽可能少，值守人员尽可能少，需要操作控制的点尽可能少，自动化控制程度尽可能高，运行费用尽可能低。

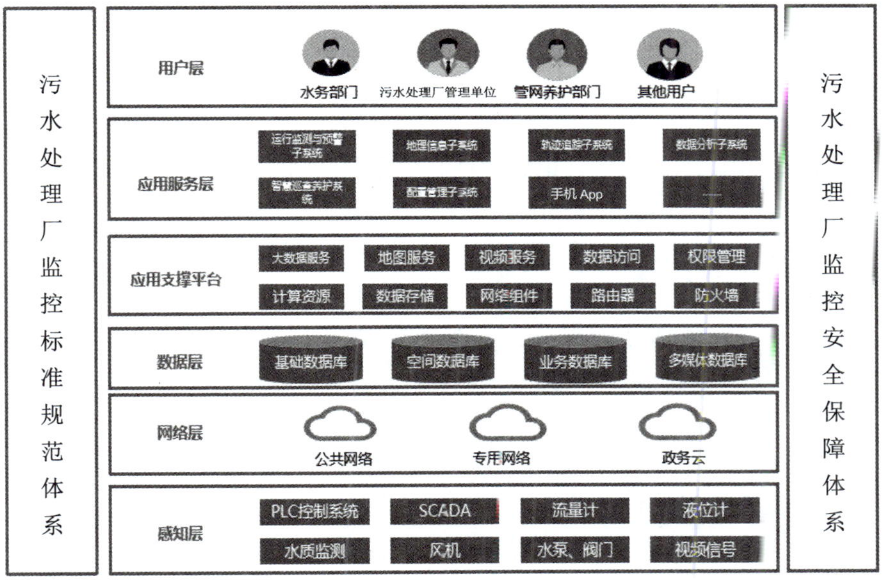

图 4-45 污水处理厂监控标准规范和安全保障体系

（二）信息化建设功能

1. 集中监控管理

构建资源集约化的运营中心管理体系，实现集约化、标准化、信息化的运营管理模式，实现对各分散厂（站）的高效管控。

2. 可视化在线监测

可视化展示方式展示污水处理的工艺流程图，直观展现出各个设备的运行状态，实现对污水处理厂（站）信息的直观掌握。

3. 统计分析决策支撑

对设备运行数据和监测数据进行实时采集归档，并根据业务需求，进行统计分析，形成以数据驱动的运营模式，指导污水处理厂高效运营，降低运行成本。

4. 科学维保养护

根据历史养护记录，建立周期性的评估、养护、维保计划，实现对分散厂站的养护管理。

5. 外勤管控调度

建立基于移动端的外勤管控机制，准确掌握人员车辆位置及轨迹，在加强管控的同时，便于调度管理。

6. 手机客户端

面向移动管理的手机客户端，可实现监测数据查看、生产数据查看、事件上报、地图监测、维修工单、报警管理、考勤、轨迹监测等多项功能。

（三）监测数据汇聚能力

数据汇聚中心主要进行数据的汇聚、存储、计算以及容灾备份。对于污水处理厂监测可实现以下重要功能：

①满足平台自用的数据分析功能（报表统计、能耗分析等）；

②对于管理部门，可保障平台及数据的安全可靠（数据容灾备份）；

③对第三方平台提供开放 API，便于其大数据应用。

实时监控主要包括监测数据实时记录、监控数据实时监控、异常 / 超标报警记录及重点监测因子实时监测，从多方面进行查询统计分析，为用户提供更直观易懂的数据分析。

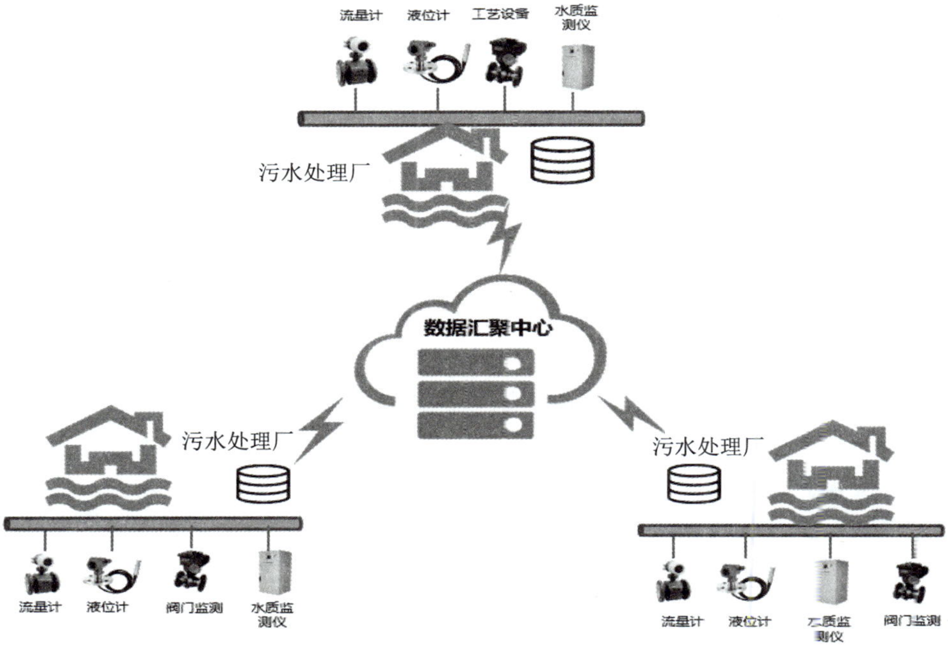

图 4-46　数据汇聚中心示意

（四）应用价值

信息化系统从厂站的建设、运行、管理的实际需求出发，实现厂站的资源管理、查询统计、在线监控、分析优化以及信息共享等业务需求，为企业创造价值。

①构建厂站设施资料数字化管理模式，提升设施管理水平及效率；

②打造多维度可视化监控管理模式，全方位掌握各站点运行状况；

③基于监测数据的数据统计分析，提升决策分析能力；

④建立基于移动端的巡检跟踪管理机制，规范巡检流程，落实责任机制；

⑤提供远程控制、诊断的运维辅助手段，实现厂站少人值守，降低运营成本；

⑥建立完善的设备运维管理体系，延长设备寿命，降低维修养护成本。

二、固定污染源烟气排放监测

（一）信息化建设的意义

近年来，国家高度重视大气污染防治与环保监管。国控重点、市重点污染源企业应根据文件要求，安装烟气、废气自动监控设备，并联网生态环境管理部门；工业园区应建设园区环保监测平台，对辖区涉污染源企业实现信息化自动监管。同时信息化技术应运而生，基于物联网技术，数据采集、存储、分析统计、推送、基础服务，以及数据交换、扩展应用等部分，可支撑多业务平台，实现政务管理信息化、远程视频会议、应急指挥等功能。基础办公应用可实现日常政务、监管信息化，包括企业污染源基础信息登记、企业档案、监管工作日志，立案信息、处理过程、处理结果等信息化录入记录管理，信息化监控、数据监控、数据管理及动态信息支持，实现环保政务信息化基础服务。环保大数据分析，通过对数据的汇总与逻辑设计推送，以可视化数据的形式，快速全面地提供相关联的信息，实现快速指挥、快速决策、快速反应。

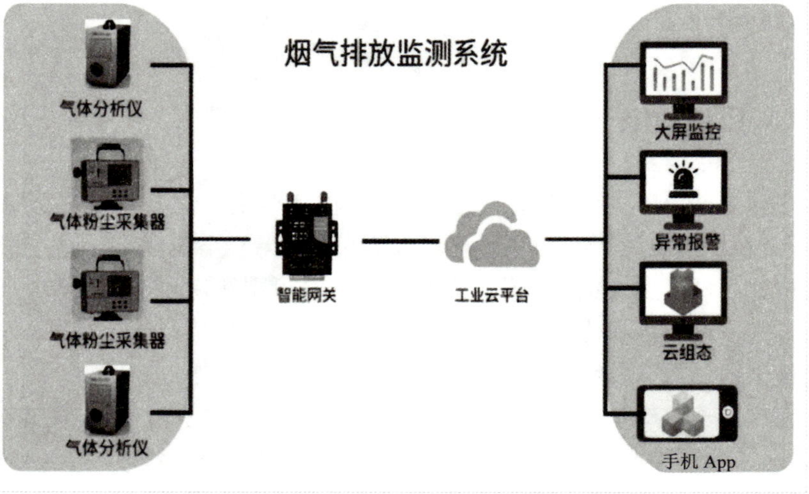

图 4-47 烟气排放监测系统

（二）信息化建设功能

1. 监测子系统

通过数据采集和监控点设置，对排水、排气等相关工况排放信息进行监测，包含结果分析、过程监控等。

2. 采集传输子系统

通过搭建采集传输子系统网络，设置采集频率、采集点、时间段等信处，对工况信息进行采集传输，为后屋工况的监测和分析提供可靠的依据。

3. 现场端应用系统

通过实时工况信息，实现对企业污染的产生、治理、排放数据进行实施监控及展示，展示方式有实施数据列表展示和污染处理工艺流程图展示；在工况在线监控系统中，需要经过数据采集、传输后，将数据接收、汇总到统一的前端工况存储单元中，再通过数据传输模块发送到中心工况过程数据服务器中。

4. 监控平台

中心端平台通过网络将各企业端工况数据进行实时接收、统一存储及分析，实现工况总览、企业概况、实时工况、预警查询、趋势分析、工况核定、统计分析、交互平台等的正常应用。

（三）应用价值

1. 系统长期稳定运行

保障监测站内监测仪表长期、稳定、正常运行，为企业提供优质、高效的环保运维服务。

2. 数据可靠，传输达标

杜绝安全隐患，保障数据传输稳定可靠，数据完整率达标。

3. 超标预警，避免处罚

超标预警，及时采取应急措施，避免行政处罚，降低风险。

三、工厂环境自动监测

工厂环境自动监测系统的主要任务是连续或间歇地监测固定污染源向环境排放的污染物浓度及总量，达到从源头控制污染的目的。这是改善和提高环境质量最有效的手段。系统由厂内污染源监测站、厂区周围环境质量监测站、气象参数观测站、信息传输系统及监测管理中心组成。

厂内污染源监测包括废气（主要是烟气）监测、废水监测和噪声监测；厂区周围环境质量监测主要监测厂区外一定范围内的空气质量；气象观测除监测常规地面气象参数外，还要监测梯度气象参数；信息传输可采用有线和无线两种方式，将监测数据以模拟或数字形式传送给监测管理中心；监测管理中心将厂内、厂外各监测点传送来的各种监测数据进行显示、记录和数据处理，编制环境质量报告。

系统正常运行时，每天有维护人员巡视各监测站，执行仪表调校、维护检修等任务。监测管理中心管理人员随时观察系统的运行情况，根据监测数据分析污染趋势。一旦出现异常情况，迅速研究和采取控制污染的措施。随着计算机技术的发展和监测仪器的不断开发和应用，系统硬件的长期连续运转能力、自动化水平和综合功能得到不断提高和扩展。

（一）厂内监测

1. 烟气监测

在烧结、焦化、热轧、无缝钢管、自备电厂等分厂的主要烟气源的烟道上布设监测点，安装紫外脉冲荧光监测仪、化学发光式监测仪和文丘里管差压计，分别测定二氧化硫、氮氧化物浓度和排放量。此外，污染物发生量与能源消耗密切相关，所以，还需用流量计法测量燃料（煤气、重油等）用量。

2. 排水监测

在工厂的排水口布设监测点，安装温度、pH、浊度等自动监测仪，分别测定排水的水温、pH、浊度、COD、氨氮、总磷、总氮等。

3. 环境噪声监测

在不同方位的厂界布设噪声监测点，安装噪声计，监测厂界噪声。

4. 气象观测

由两部分组成：一是在较开阔的地带设置地面常规气象观测站，安装风向风速、温度、湿度、日照量和降水量测量仪，测量常规气象参数；二是在烧结厂 200 m 的高架烟囱 6 个不同高度上安装温度、风向、风速仪，进行高空气象参数的梯度观测。因为污染事件的发生往往与气象背景密切相关，所以气象观测是环境监测系统中不可缺少的组成部分。

（二）厂外监测

根据所在地区常年主导风向和地形特征，按照几何图形布点法在厂区外2～14 km范围内布设监测点，安装二氧化硫、氮氧化物自动监测仪和集尘器，分别测定二氧化硫、氮氧化物浓度及降尘量。在测点安装可吸入颗粒物自动监测仪，测定颗粒物浓度。在测点装有风向、风速仪。厂内、厂外站装备的监测仪器工作原理，在空气污染连续自动监测系统和水污染源连续自动监测系统中已作介绍，不再赘述。不过，因为烟气具有温度和湿度高、含尘量和污染物浓度大、腐蚀性强、不稳定等特点，采样和前处理系统往往比较复杂，给污染物监测带来困难。

（三）监测管理中心

监测管理中心接收厂内外各监测点以有线传送形式传来的监测信息。厂内传来的模拟量信号直接接入端子盘，厂外传来的数字信号经D/A（数模转换）变换后接入端子盘，端子盘再将这些数据传送给环境监视大屏和计算机。

环境监视屏上装有模拟图板、指示表和记录仪，用于指示、记录各测点的监测数据。记录仪上一旦出现超标设定值，警报装置就立刻自动报警。计算机用于进行数据处理，编制监测信息日报、月报，并定期打印。

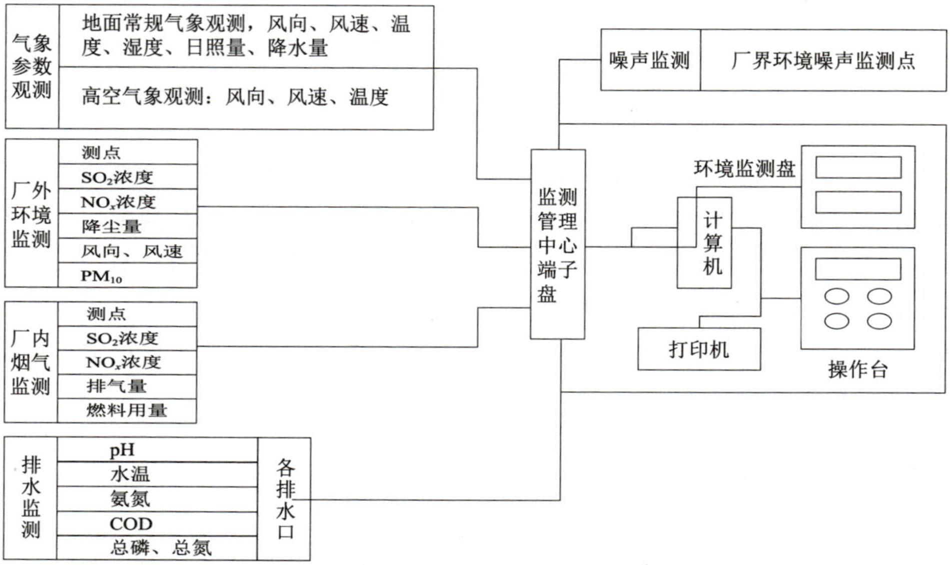

图 4-48　监测管理中心数据流程示意图

1. 系统组网

网络组网设计方案，主要现场数据采集设备完成数据网络有机构成，系统支持传感器设备设施无缝扩展与集成能力。网络架构参考图 4-49。

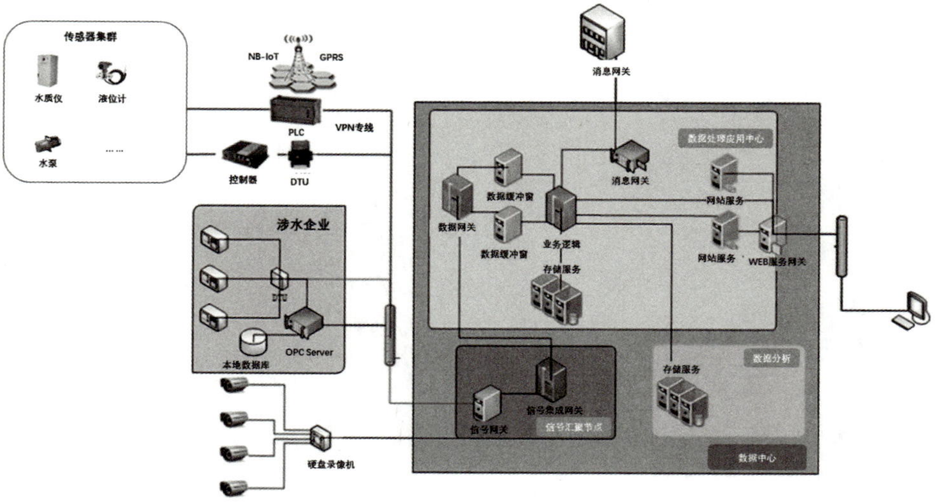

图 4-49　网络组网设计方案

①系统网络架构设计支持多场景、多源数据采集与传输；

②网络架构采用内存数据缓冲窗设计，保证数据实时性要求；

③网络架构中业务单元采用数据持久化服务，分发到多个数据库单元，便于数据分析等业务的扩展；

④信号数据与数据字典分离，保证信号节点的灵活配置以及扩展

⑤业务逻辑与 Web 服务器分离，便于业务扩展，保证系统的稳定。

2. 监控平台视频监控及数据的有机融合

信息化实现厂区排口视频监测系统与监控平台的融合应用，实现无缝对接和单点登陆。

（1）系统架构

对企业排污进行实时监控，视频信号采用本地存储，通过网络接入管控中心，统一存储管理。具体架构设计如图 4-50 所示。

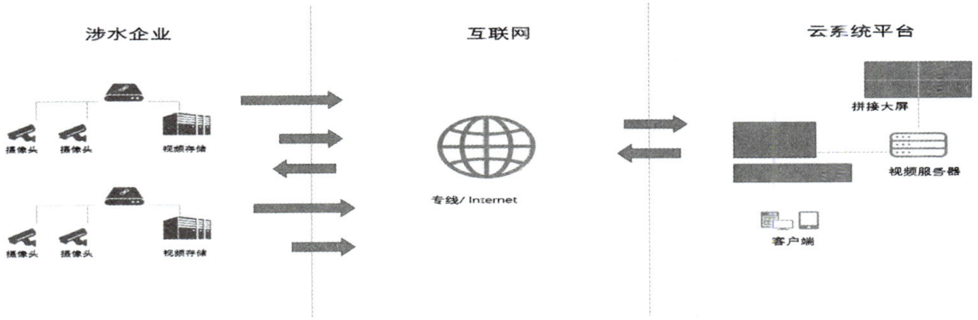

图 4-50　监控平台系统架构

（2）系统设计

视频监控按功能共分为三个子系统：前端信号收集子系统、信号传输子系统、远程监控子系统。

前端信号收集子系统包括视频信号采集设备、视频信号压缩设备、数字报警信息采集设备、前端系统控制设备、前端通信设备。

信号传输子系统包括传输控制设备、专用视频 / 电源 / 控制线缆、驱动设备、通信接口。

远程监控子系统包括远程监控软件系统、图像显示设备、通信设备、控制设备。

（3）实施细则

通过在各涉水企业内安装的网络监控摄像机，组成数字化生产视频监控系

统，把数字视频集成在一个统一的平台上，采用分布式集中管理的控制模式进行管理和控制。用户登录后，显示全部有权限的监控点位，并可对其进行实时观看、历史回放等。

平台融合：通过视频服务器，调取前端摄像头的视频，集中到统一的平台，实现远程监控。

大屏融合：将信号导入大屏，形成统一显示平台。

操作中心融合：通过新建机房，建设形成统一监控中心。

3. 监控架构

监控系统云平台建设分为三层：现场监控层、传输网络层、中心展示层。如图 4-51 所示。

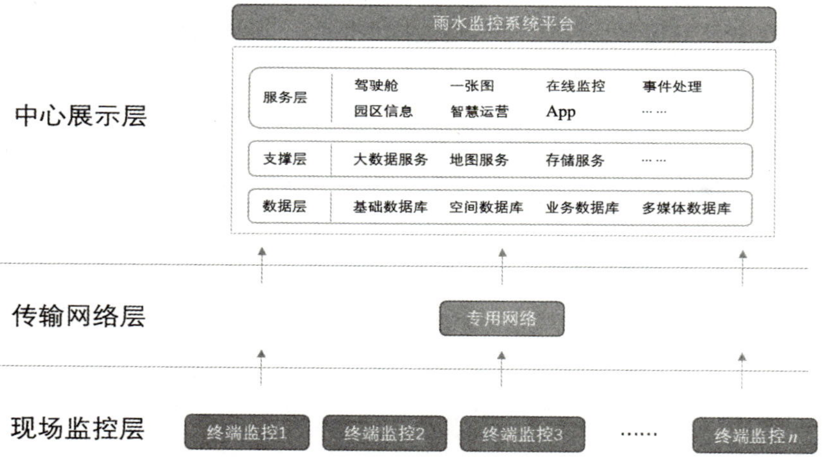

图 4-51　监控架构

（1）现场监控层

现场监控层主要是指包括企业在线监控设备、视频监控设备等在内的物联传感设备信息的感知层，为整体系统提供数据来源。主要功能包括：实时监控相关企业内的重点区域，并将画面传输到运维服务中心的视频监控管理平台上；实时采集企业排污数据及相关仪表状态数据，并通过网络传输至云控平台。

现场控制系统通常包括电气控制、PLC 控制、视频监控、电气参数监测、工艺参数监测、视频信号等，最终实现自动控制，达到无人或少人值守。监测仪表实时感知现场水位、流量、水质、电量数据，通过 PLC 控制器采集相应的各类参数，并向电气控制系统发出控制指令，驱动工艺设备完成分散式农村污水处理工艺设备的运行；视频监控实施采集现场视频信号。现场配置相应的联网设备，通过有线或无线公网传输，为分散式农村污水集中控制系统提供无人或少人值守、稳定可靠的现场控制系统。

对于网络环境较好的现场，通常采用有线 Internet 网络，利用 PLC+VPN 的有线方式进行数据传输；对分布偏远、网络环境较差、有线网络暂时辐射困难的厂站，多采用 GPRS，利用一体化 RTU 或控制器 +DTU 的无线方式，实现监控数据的无线远程传输。

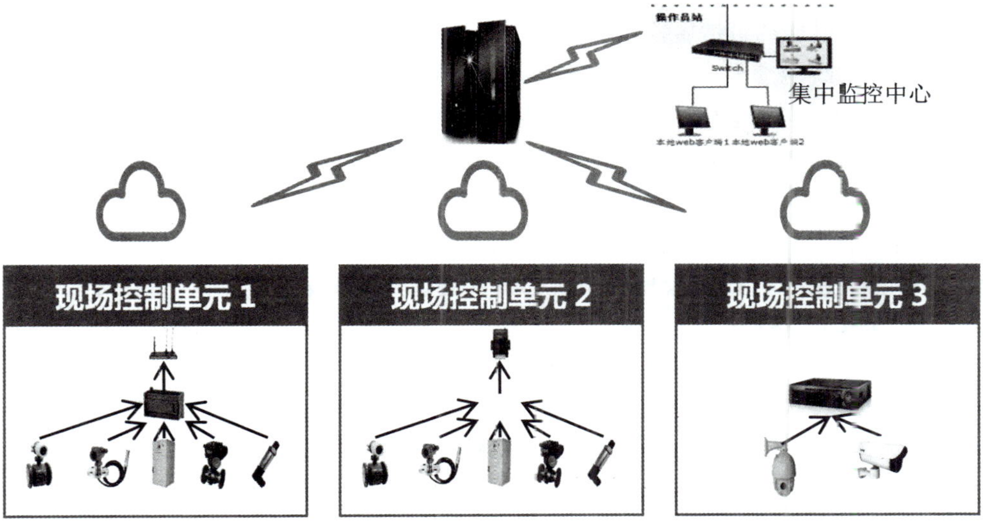

图 4-52　现场监控层

（2）传输网络层

将现场采集数据通过不同形式网络传输至平台。根据客户需求和现场状况，本项目优先采用专用网络。同时，本系统支持公用网络。

（3）中心展示层

中心展示层是本项目信息化云平台部分，中心展示层在现场监测数据采集与传输基础上，通过数据支撑和业务应用支持，为客户提供平台服务，满足监管部门、运维部门及其他责任相关用户需求。支持用户通过 Web 端、移动端和大屏端等多端登录。

数据层提供数据层支持，建设数据库，为上层应用提供数据支持。包括基础数据库、空间数据库、业务数据库、多媒体数据库等。

支撑层为云平台提供必要的基础应用支撑，主要包括数据服务支撑、地图服务支撑、视频服务支撑及权限管理支撑。

服务层主要建设内容和应用展现方式。平台依据客户需求开发相应信息化应用，包括驾驶舱、一张图、雨水水质监测、事件处置系统、视频监控、园区信息管理、运营管理系统、设备管理系统、配置管理系统、办公系统、系统管理系统及手机 App 端等。

用户层为监管部门、运营部门提供服务，包括对企业排水监督、日常运维服务等，必要时也可以支持其他用户。

4. 接入设备的可扩展性

平台系统应充分考虑后期新增设的监测数据接入平台，满足通过管理系统页面配置能力，快速实现平台已有设备的更换或布设调整，快速实现新增设备监测数据的采集与展示。后期设备的接入，不收取二次开发费用。

5. 平台可扩展性设计

系统设计需综合考虑平台的扩容能力，支持云计算模式部署，支持数据采集、数据库各级别的负载均衡与分布式部署能力，支持雨水监测站的动态接入与修改，支持容灾备份能力。

（1）接口设计

数据共享。考虑到其他职能机构对数据的共享需求，在数据汇聚中心建设过程中需充分考虑数据共享需求，在数据汇聚中心对外提供标准的数据访问 API 接口，满足外部系统的数据共享与调用需求。

扩展能力设计。考虑未来新型传感器应用增加及在线监测业务扩展，在系统设计阶段应充分考虑第三方驱动程序的动态扩展能力以及新设备信号解析能力建设，建立相应的接口能力，实现新增传感器设备的无缝接入；应用平台建设采用迭代模式，以满足后续新增业务需求的无缝升级。

（2）性能设计

系统开发以 Jakarta EE（Java EE）为总体技术主线，使用 B/S 架构。系统设计主要从三个层面考虑性能要求：系统扩展能力、系统容错能力及系统并行服务能力。

系统扩展能力：方便的扩容机制；数据量和用户负载的横向可扩展性；实现负载均衡和高可用性。

系统容错能力：服务进程失败，自动重启；中心节点通信心跳机制；基于

TCP/IP 协议的可靠数据传输；单节点宕机，不影响整个系统功能。

系统并行服务能力：数据网关、上位机、消息队列负载均衡，支持高并发、多线程的实时数据流；支持多现场、高频率的数据采集。

第三节　企业环境数据展示案例

信息发布平台是根据企业需要，为企业定制的用于数据发布展示应用的功能模块，也是管理人员、工作人员、现场运维检查人员了解企业监控运行状况的窗口。相关人员通过该系统了解监控运行情况、设备状况、监控数据等。该平台对企业环境监控起着良好的监督指导作用。

一、可视化监控数据

定制化的企业可视化实时监控系统，结合地理信息系统、智能监控平台各子系统运行数据等，实现对各类运行数据的最直观、智能化的观看。系统具备单屏、全屏化、直观、美观、操作便捷等特点。

分析展示污染源企业总体数量情况、污染源企业类型数量情况、污染源数量分布情况等，使领导能通过一图摸清污染源底数。具体分析展示信息包括企业总数、重点污染源数量、固体废物产废企业数量以及污染源分布数量。企业数量分析以数字、图表形式展示。

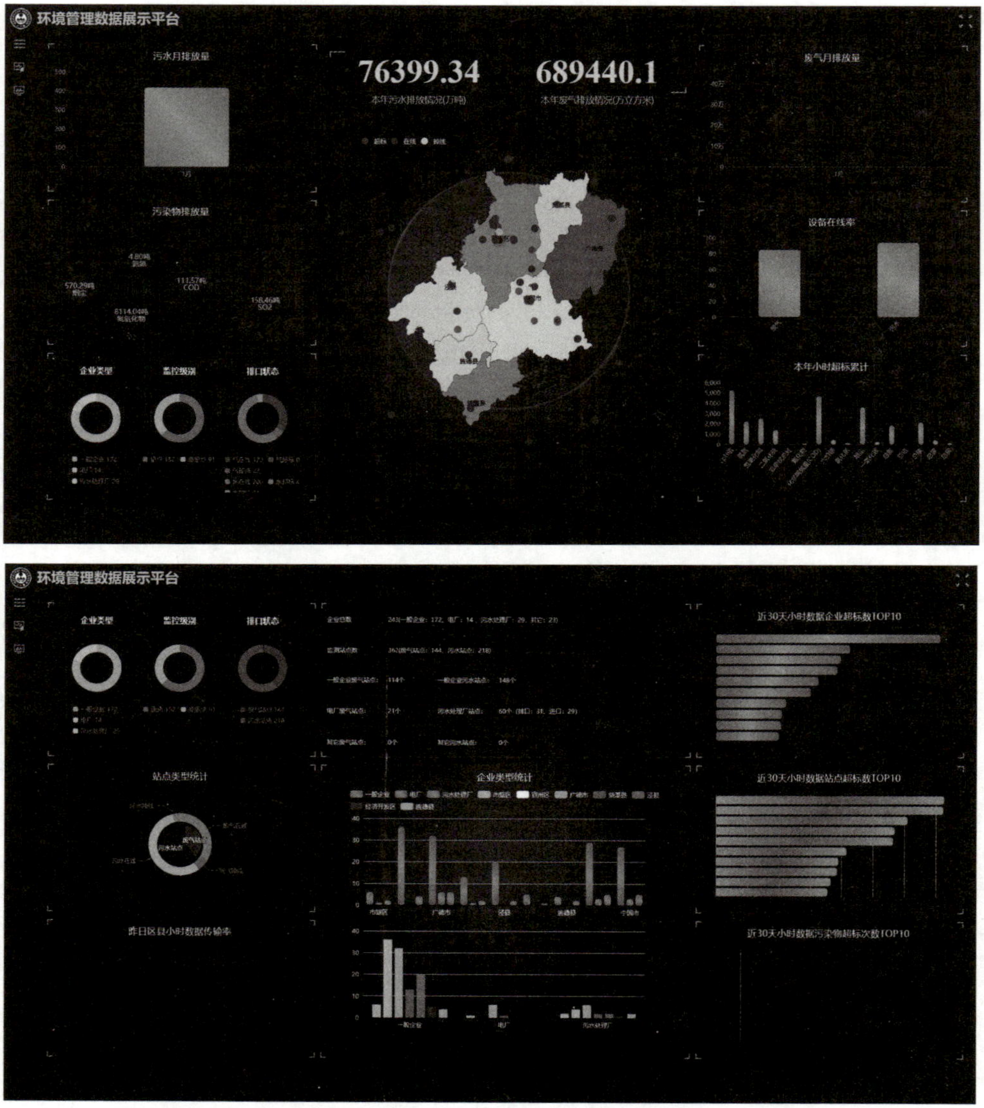

图 4-53　环境管理数据展示平台界面

二、企业辅助决策

基于企业用电情况、用水情况、生产经营情况、物料使用情况，构建企业监管水平衡模型、电平衡模型、物料平衡模型，辅助智慧决策。

企业环保管家系列指南丨丛书主编　宋海鸡

企业环境经济政策指南

李克国　岳卫峰　代　伟　编著

中国环境出版集团·北京

图书在版编目（CIP）数据

企业环境经济政策指南/李克国，岳卫峰，代伟编著.—北京：中国环境出版集团，2023.6

（企业环保管家系列指南）

ISBN 978-7-5111-5535-1

Ⅰ.①企… Ⅱ.①李… ②岳… ③代… Ⅲ.①企业环境－环境经济－环境政策－中国－指南 Ⅳ.①X196-62

中国国家版本馆CIP数据核字（2023）第098467号

出 版 人 武德凯
责任编辑 葛 莉 董蓓蓓
封面设计 彭 杉

出版发行 中国环境出版集团
（100062 北京市东城区广渠门内大街16号）
网 址：http：//www.cesp.com.cn
电子邮箱：bjgl@cesp.com.cn
联系电话：010-67112765（编辑管理部）
010-67113412（第二分社）
发行热线：010-67125803 010-67113405（传真）
印 刷 北京中科印刷有限公司
经 销 各地新华书店
版 次 2023年6月第1版
印 次 2023年6月第1次印刷
开 本 787×960 1/16
印 张 10.5
字 数 190千字
丛书定价 688.00元

丛书主编简介：

宋海鸥 河北环境工程学院教授，环境法学硕士，西北政法大学法学博士研究生，河北海立律师事务所律师，秦皇岛律协资源与环境委员会副主任，多地生态环境部门、企业法律顾问，主要从事环境法、环境执法及环境管理领域研究与实务工作。

本册作者简介：

李克国 河北环境工程学院环境科学系教授，西北农林科技大学兼职教授，秦皇岛市委特邀咨询研究员。主要研究方向为环境经济学、环境政策。出版教材、著作 11 部，其中，2007 年出版的《环境经济学》（第二版）于 2008 年被教育部评为“十一五”精品教材。发表研究论文 80 余篇，主持课题 30 余项。

岳卫峰 河北环境工程学院副教授、教研室主任，中国社会科学院研究生院法学博士，主持和参与多项省部级课题，出版专著 1 部，发表研究论文 20 多篇。研究方向为经济法、环境法。

代　伟 河北环境工程学院基础部教授，主要研究方向为应用数学、环境统计。出版教材、著作 2 部，发表研究论文 40 余篇，主持课题 10 余项。

总　序

“环保管家”是一种以“合同环境服务”为核心的环境污染治理新模式。2014 年 12 月 27 日，国务院办公厅《关于推行环境污染第三方治理的意见》中指出：“到 2020 年，环境公用设施、工业园区等重点领域第三方治理取得显著进展，污染治理效率和专业化水平明显提高，社会资本进入污染治理市场的活力进一步激发。环境公用设施投资运营体制改革基本完成，高效、优质、可持续的环境公共服务市场化供给体系基本形成；第三方治理业态和模式趋于成熟，涌现一批技术能力强、运营管理水平高、综合信用好、具有国际竞争力的环境服务公司。”2016 年 4 月 15 日，环境保护部印发《关于积极发挥环境保护作用促进供给侧结构性改革的指导意见》（环大气〔2016〕45 号），该意见指出：“推进环境咨询服务业发展，鼓励有条件的工业园区聘请第三方专业环保服务公司作为‘环保管家’，向园区提供监测、监理、环保设施建设运营、污染治理等一体化环保服务和解决方案。”由此，在环境保护领域正式提出了“环保管家”的概念，诸多的“环保管家”公司如雨后春笋般涌现，为企业提供“全面体检”服务。

尽管有专业环境污染第三方治理机构的辅助，但排污企业不能也无法避免经营中环境违规行为的法律责任。在环保形势日益严峻的背景下，掌握环境法律基本规定、污染防治技术规范等成为企业生存发展的必备能力，企业有必要通过学习将“要我守法”内生为“我要守法”的动力。

编者在与能源、化工、运输、钢铁、建材、机械加工、装备制造、矿山等行业企业打交道的过程中，了解到企业尤为关注环保问题，有增加环保投入和增强自身环保专业知识的意愿，对降低环保经营风险有较高的期望值，但囿于环境保护知识的专业性，对通俗介绍企业生产经营中环保风险的指南、手册的

需求迫切。正是基于这种市场需求，我们策划了这套专业的“企业环保管家系列指南”丛书（以下简称丛书），对企业环保问题开展“望闻问切”，对环保疑难杂症进行“科学会诊”，既能找准污染治理主要环节和风险隐患突出问题形成“体检报告”，也能开出诊治“药方”。“环保管家”通过常态化的“体检”和“问诊”，及时提出预警和针对性措施，以避免环境事故的发生，降低环境风险。

丛书分为四个板块，共计 13 个分册，旨在通过通俗易懂、实务的语境为企业提供环境守法的指引。在理论知识铺垫上，以够用为尺度，尽可能化繁为简；注重实操，并辅以案例，对企业生产经营中的环境管理事项和环境管理风险予以深度解读，帮助企业相关人员掌握企业环境管理的“钥匙”，最大限度降低企业的经营风险。

丛书的四个板块分别为：

1）法律法规板块：包括《企业常用环境法律法规手册》1 个分册，主要包含环境法律、法规、规章及政策性文件等内容。

2）常见环境管理事务板块：包括《企业环保合法合规管理指南》《企业建设项目环境影响评价管理指南》《企业排污许可证申领与实施操作指南》《企业自行监测管理指南》《企业环境信息化管理指南》《企业环境应急管理指南》6 个分册，主要从企业建设项目环境管理与企业环境风险防范角度进行阐释。

3）污染防治技术板块：包括《企业废水污染管控指南》《企业废气污染管控指南》《企业固体废物污染环境管控指南》《企业土壤污染管控指南》4 个分册，主要从治理设备、治理技术、产排污节点等方面对企业全流程技术管理予以说明。

4）企业环境金融与认证板块：包括《企业环境经济政策指南》《企业清洁生产审核与环境管理体系认证指南》2 个分册，主要包括环境税、排污权交易、碳排放交易以及清洁生产审核、ISO 14001 认证等相关知识。

丛书主要针对生产性企业的环境管理人员、环保管理型企业的工作人员以及对环境管理工作感兴趣的其他人员，也可以作为环境管理初学者的入门教材。

编写团队共 25 人，包括相关领域教授、副教授，专门从事环境法律事务的律师，生态环境部固体废物与化学品管理技术中心专家，大型企业从事环境管理的工作人员以及专业从事“环保管家”服务的企业人员等。编写团队中无论是“学院派”还是“实战派”，均是在相应领域深耕多年的行家里手。

本套丛书经过与出版社沟通和策划、制定编写大纲、组织编写人员、撰写初稿、修改初稿、定稿、统稿等多个流程，历时 15 个月。在组织编写过程中，各分册编者之间通力合作，各分册牵头人也与我进行有效沟通，保证了丛书的质量和覆盖面；同时，为保障丛书如期完成，众多编者付出了巨大心血，在此表示衷心感谢。组织如此大规模的编写队伍，于我而言也是前所未有的，其中有考虑不周之处，请各位编者海涵；因知识和技能所限，编写难免有疏漏，请各位读者批评指正。

最后要感谢河北环境工程学院领导的关心及中国环境出版集团对这套丛书的支持，尤其是第二分社全体编辑的专业和敬业让这套丛书由设想变为现实。

宋海鸥

2022 年 8 月 14 日于秦皇岛

前　言

党的十八大以来，以习近平同志为核心的党中央高度重视生态文明建设和生态环境保护工作，生态环境保护发生历史性、转折性、全局性变化，一个重要经验就是系统谋划生态文明体制改革。环境经济政策是我国生态文明体制改革的重要组成部分，是协同支撑经济高质量发展和环境高水平保护的长效机制，对我国经济社会发展、环境保护、生态文明建设有着重要的作用。“十三五”时期，我国的环境经济政策加速发展。“十四五”时期，生态文明与美丽中国建设对环境经济政策创新提出了新的要求，环境经济政策改革将进一步深化。

环境经济政策与企业关系密切，对企业的成本、效益影响深远。企业经营者必须了解我国的环境经济政策，挖掘环境经济政策的最大“红利”，提升企业经济效益。本书对我国的环境经济政策进行了全面介绍。全书由环境经济政策、环境税费、绿色金融、排污权交易、碳排放交易、生态环境损害赔偿与生态保护补偿 6 章和附录组成。

本书由李克国负责总体设计，李克国、岳卫峰、代伟共同完成。第一章由李克国完成，第二章由李克国、代伟完成，第三章、第四章、第五章由岳卫峰完成，第六章、附录由李克国、代伟完成。

本书的编写及出版得到了河北环境工程学院领导和中国环境出版集团领导的大力支持，在此致以衷心的感谢。

目前，我国的环境经济政策进入了快速发展期。由于作者水平有限，加之本书写作较为仓促，书中难免存在一些有待商榷的问题。我们衷心希望有关专家、读者提出批评和建议。

编者

2022 年 11 月

目　录

第一章　环境经济政策

环境经济政策是生态文明制度的重要组成部分，建立、完善环境经济政策是运用经济手段保护环境的有效途径。建设生态文明是一场涉及生产方式、生活方式、思维方式和价值观念的根本性变革，必须依靠制度和法治，必须加快制度创新，增加制度供给，完善制度配套，强化制度执行，让制度成为刚性的约束和不可触碰的“高压线”。通过实施环境经济政策，可以把环境治理转化为经济发展的动力，解决环境治理与经济发展的矛盾，实现经济发展与生态环境保护共赢。

第一节　运用经济手段保护环境

一、环保靠政府

在市场经济体制下，环境保护必须依靠政府，原因如下：

第一，在生态环境保护领域，市场失灵非常突出。由于生态环境资源的产权不明晰、生态环境资源的公共商品属性、环境污染及生态破坏的负外部性、生态建设及环境保护的正外部性、生态环境信息的稀缺性和不对称性、生态环境资源无市场和自然垄断等原因，必然出现生态环境资源配置的市场失灵。政府调控是纠正市场失灵的有效手段。因此，应该加强政府对环境保护的干预力度，即环保靠政府。

第二，环境保护是一项基本国策。我国已经把环境保护列为一项基本国策，环境保护是政府的一项基本职能。《中华人民共和国环境保护法》第四条、第六条分别规定“保护环境是国家的基本国策”“地方各级人民政府应当对本行政区域的环境质量负责”，明确规定政府应该在环境保护中发挥主导作用，即环保靠政府。

第三，生态环境保护事业涉及面广。生态环境保护几乎涉及社会经济生活的各个方面，单靠某个部门或几个部门的力量不能完成环境保护的任务，只有依靠政府的力量才能做好环境保护工作。在市场经济体制下，环境保护是政府的基本职能，政府在环境保护中的职能在逐步加强。

需要指出的是，“环保靠政府”不等于政府包揽环境保护的一切活动。“环保靠政府”是指依靠政府在环境保护中的组织、协调作用，而政府利用法律的、经济的、行政的、技术的、教育的手段保护环境。通过政府在环境保护中的组织、协调作用，强化市场主体的环境保护责任。

制定环境政策是政府保护环境的重要职责。随着经济发展及环境问题的变化，世界各国的环境政策也在不断变化。环境政策手段的发展变化情况见表 1-1。

表 1-1　环境政策手段的发展变化情况

时间	20 世纪 70 年代	20 世纪 80 年代	20 世纪 90 年代及 2000 年之后
环境政策	命令—控制手段 污染治理 法规 单一介质 增长极限	市场手段 预防和防止 法规改革 环境税费 可交易许可证 定价政策 多介质 消费者需求	混合途径 长远规划 可持续发展 法规与经济措施 寿命周期分析 污染预防与控制 自愿协商 对话

二、运用经济手段保护环境的必要性

在社会主义市场经济体制下，需要依靠政府的力量来管理、保护环境。政府主要依靠法律手段和经济手段保护环境。运用经济手段保护环境的必要性可以从三个方面来说明。

1. 生态环境问题实质上是个经济问题

生态环境问题实质上是个经济问题，解决生态环境问题必须利用经济手段；另外，市场经济是一种利益经济，市场主体的行为主要受利益机制驱动，利用经济手段解决生态环境问题，可以对市场主体的环境行为施加一定的经济刺激，从而促使其采取积极、主动的措施保护环境。

2. 市场经济体制的需要

发达国家的经验表明，经济手段是解决经济外部性问题的有效途径。关于这一点，可以通过图 1-1 说明。图中，MB 代表企业的边际效益曲线，MSC 代表边际社会成本曲线，MPC 代表边际私人成本曲线，t 代表税收（收费）水平或补贴水平。图 1-1（a）说明经济机制对企业外部不经济性（如向环境排放污染物）的影响：受利益机制的驱使，企业的最佳生产水平（排污量）为 Q（此时 MPC = MB）；若从社会角度看，企业的最佳生产水平（排污量）为 Q^*（此时 MSC = MB）。通过征收环境税（或排污费）t，企业边际私人成本曲线由 MPC 变为 MPC+t。此时，企业的生产水平（排污量）将调整为 Q^*（此时 MPC+t = MB）。这说明，通过经济手段可以刺激企业主动削减排污量。图 1-1（b）说明经济机制对企业外部经济性行为（如植树造林）的影响：在现行体制下，植树造林的直接经济效益较低（如图中 MB 曲线所示）。若通过经济手段，给植树造林一定的补贴，则植树造林的边际效益曲线将变为 MB+t。此时，植树造林的规模将达到 Q^*。这说明，通过经济手段可以刺激市场主体主动进行外部经济性的活动（如植树造林）。总之，经济手段可以有效地引导市场主体主动地从事有利于环境保护的活动。

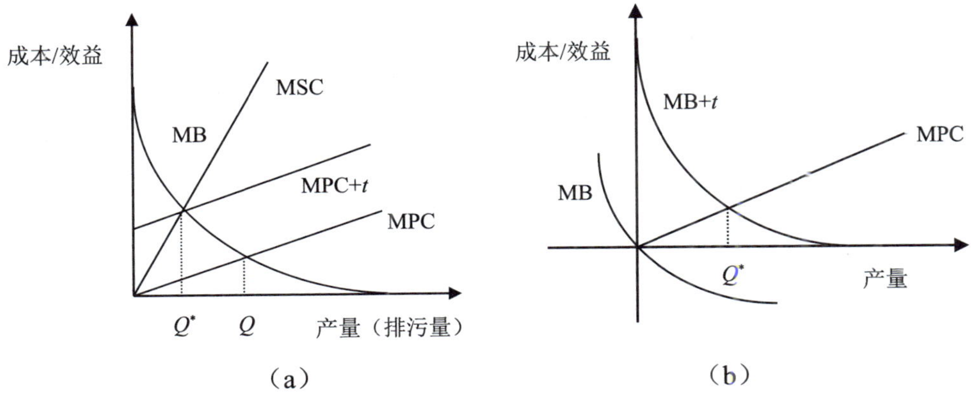

图 1-1 经济手段的环境效果分析

3. 生态环境保护及生态文明建设的需要

环境保护与经济发展密切相关，解决环境问题离不开经济政策的支持。从国际发展趋势看，积极运用环境经济政策是环境管理改革的重要方向。过去 20 多年，环境经济政策的发展非常迅速，并快速走向国际环境领域，如在气候变化领域利用 CDM 机制、排放贸易、碳税等政策。从环境与发展的国际进展情况看，市场手段在降低环境保护成本、提高行政效率、减少政府补贴和扩大财政收入等方面，具有行政命令手段所不具备的显著优点。

我国环保工作进入了一个新的历史阶段，环境形势发生了多方面的变化，仅靠传统的环境管理方式，即单一的命令强制方式远远不够，需要综合运用法律、经济、技术和必要的行政办法等多方面的政策措施。随着社会主义市场经济体制不断完善，我国更加重视环境经济政策，环境经济政策实践不断深化，促进了污染减排、环境质量改善、资源节约高效利用，助推绿色、高质量发展。

环境保护是生态文明建设的主阵地，环境经济政策是实现环境保护法规制度的重要保障和基石。党的十九大报告强调："深化资源性产品价格和税费改革，建立反映市场供求和资源稀缺程度、体现生态价值和代际补偿的资源有偿使用制度和生态补偿制度。"

2018 年 5 月 18 日至 19 日，全国生态环境保护大会在北京召开，会议标志着我国开启了生态环境保护工作的新阶段。随后，中共中央、国务院颁布了《关于全面加强生态环境保护　坚决打好污染防治攻坚战的意见》，明确了打好污染防治攻坚战的时间表、路线图、任务书。该意见用比较长的篇幅论述了"健全生态环境保护经济政策体系"。

2020 年 3 月，中共中央办公厅、国务院办公厅印发《关于构建现代环境治理体系的指导意见》，明确提出："坚持市场导向。完善经济政策，健全市场机制，规范环境治理市场行为，强化环境治理诚信建设，促进行业自律。"同时，还对"健全价格收费机制""加强财税支持""完善金融扶持"等环境经济政策提出了具体要求。文件强调，以环境经济政策为重要内容来构建环境治理体系，通过环境经济政策，把环境治理转化为经济发展的动力，协调生态环境保护与经济发展的关系，实现经济发展与生态环境保护共赢。

第二节　环境经济政策概述

一、环境经济政策的概念

环境经济政策是环境政策的一个重要组成部分，是根据环境经济理论和市场经济原理，运用财政、税收（收费）、信贷、价格、投资、市场等经济杠杆，调整利益相关者的环境行为，实现经济社会可持续发展的机制和制度。

与传统的行政手段“外部约束”相比，环境经济政策是基于市场原理的“内在约束（激励）”力量，它以内化环境成本为原则，对各类市场主体进行基于环境资源利益的调整，从而建立保护和可持续利用资源环境的激励和约束机制。

环境经济政策一般具有明显的利益刺激因素，其目的是纠正环境问题的外部不经济性，使外部费用内部化。环境经济政策以市场为基础，着重于间接宏观调控，通过市场信号的改变，影响政策对象的经济利益，以引导其改变行为；同时，给予政策对象一定的行为决策权，允许其以最适合自身的方式履行保护环境的责任，以充分发挥政策对象的积极性、主动性，提高其自觉参与意识。因此，与命令—控制型政策相比，环境经济政策具有政策执行成本低和管理更加灵活的特点。在市场经济体制下，环境经济政策是协调经济发展与环境保护之间关系的有效手段。

20 世纪 70 年代初，市场经济国家和经济合作与发展组织（OECD）积极倡导应用环境经济手段，并取得了许多成功的经验。目前，环境经济政策已经成为发达国家环境保护的重要政策工具。

20 世纪 70 年代末期实施的排污收费制度标志着我国开始在环境保护领域应用环境经济政策。此后，环境经济政策在我国得到不断发展。尤其是党的十八大以来，党和国家更加重视发挥环境经济政策在生态环境保护中的作用，不断推进环境政策改革与创新；仅 2017 年，国家层面出台的环境经济政策相关文件就达 42 个。

环境经济政策日益成为推进绿色生产与绿色消费的长效政策机制。“十四五”期间，我国将进入生态环境质量提升的爬坡期，需要继续推进建立行政手段引导、以市场手段为主的长效环境经济政策机制，进一步整合现有各项环境经济政策，合理定位和协调各政策工具作用，强化政策手段的组合调控。

二、环境经济政策的功能

环境经济政策是国家宏观经济政策的有机组成部分，是指令控制型政策的一种必要补充，在经济建设和社会发展中发挥着重要作用。

1. 行为激励功能

通过环境经济政策手段，借助于市场机制的作用，使经济外部性内部化。环境经济政策可以对市场主体（政府、企业、个人）的环境行为施加经济刺激，对有利环境保护的行为给予经济奖励，对破坏环境和生态的行为给予经济处罚，促使市场主体主动采取有利于环境保护的行为。

2. 筹集环保资金功能

通过实施环境经济政策，可以筹集一定的资金，用于保护环境和提高可持续发展能力。

三、影响环境经济政策实施效果的因素

环境经济政策目标能否实现，取决于社会、经济、政治甚至文化等背景条件的约束。

具体表现在以下几个方面。

1. 政策的可接受程度

环境经济政策实施后，会影响一些部门、地区和团体的利益。不同的利益集团将从自身利益出发，反对或支持政策的实施，最后的结果将取决于这两股力量的对比及其对政治决策过程的影响。当反对的力量强大到足以影响政策决策时，该项环境经济政策就会被修改乃至被放弃。

2. 体制变革的可行性

环境经济政策是一种克服市场“失灵”和促使外部不经济性内部化的手段。因此，环境经济政策的实施需要现行管理体制的变革。只有当这种变革在资金、管理和技术上可行时，才能为环境经济政策的实施提供支持。否则，政策将难以执行。

3. 公平性的考虑

由于环境经济政策涉及经济利益的再分配，比如，环境保护税的纳税人并不一定是税负的最终承担者。因此，必须全面衡量环境经济政策对不同对象（如企业、政府和居民）及不同收入阶层的影响，确保政策的有效性。

4. 政策的执行成本

执行成本低是环境经济政策的基本特点之一，如果某项政策的实施操作成本很高，这项政策就偏离了制定环境经济政策者的最初意愿，即以较小的成本达到保护环境的目的。这项政策在实施过程中将会面临很大阻力，从社会的观点来看，其不是一项经济有效的政策。

5. 对市场竞争力的担心

一些行业部门和地方政府认为，实施环境经济政策会给企业造成经济负担，影响企业的经济效益，最终会影响本部门和地方产品的市场竞争力乃至国际贸

易水平。因此，可能对于某一环境经济政策持消极或抵触态度。这种态度和行为也会干扰环境经济政策的实施。

四、环境经济政策的优缺点

1. 优点

环境经济政策具有以下优点：

（1）灵活性。一般来说，经济手段允许污染者选择合适的方式达到规定的标准，如交排污费、购买排污许可证、投资治理污染等。

（2）环境管理经济手段可以提供经济刺激。市场经济是一种利益经济，在市场经济体制下，市场主体的行为主要受经济利益驱使。通过实施经济手段，可以对市场主体的行为（尤其是和环境直接相关的行为）产生经济刺激，引导人们积极、主动地保护环境。

（3）筹集专项资金。通过实施经济手段，可以筹集到专项资金，用于环境保护。如我国通过实施排污收费制度，为环境保护事业筹集到大量资金。

2. 缺点

环境经济政策具有以下缺点：

（1）环境效果的不确定性。经济手段实施后，污染者会根据自身的情况作出不同的选择，其环境效果就表现出不确定性。例如，与排污许可证制度相比，排污收费制度的环境效果不确定。

（2）经济手段存在政治障碍。一般来说，经济手段会增加市场主体的成本开支，因而容易引起产业部门、政府部门及公民的反对（表 1-2）。

表 1-2　管制手段与经济手段的比较

比较项目	管制手段	经济手段
企业自主性	无	有
政策灵活	无	有
经济激励性	无	有
执行成本	较大	较小
环境效果	确定	不确定
筹集资金	不能	能
政治障碍	较弱	较强
适用的体制	计划经济或市场经济	市场经济

第三节　中国的环境经济政策

一、中国的环境经济政策概况

1982年，国务院发布了《征收排污费暂行办法》，标志着我国开始利用环境经济政策保护环境。受计划经济体制的影响，1992年以前，环境经济政策在我国环境保护中的作用十分有限。1992年，我国提出建立社会主义市场经济体制，环境经济政策逐渐被重视。《大气污染防治行动计划》（简称“大气十条”）、《水污染防治行动计划》（简称“水十条”）、《土壤环境保护和污染行动计划》（简称“土十条”）以及《关于加快推进生态文明建设的意见》（中发〔2015〕12号）、《关于全面加强生态环境保护　坚决打好污染防治攻坚战的意见》（中发〔2018〕17号）、《关于构建现代环境治理体系的指导意见》（中办发〔2020〕6号）等，均高度重视环境经济政策。目前，我国已经初步建立了适应社会主义市场经济体制及环境保护要求的环境经济政策体系，包括国家环境经济政策和地方环境经济政策。国家层面的环境经济政策主要包括环境财政政策、环境税费政策、环境资源定价政策、绿色金融政策、绿色贸易政策、排污权交易政策、生态补偿政策、行业环境经济政策等。

二、“十三五”时期环境经济政策建设评估

目前，国家高度重视环境经济政策在加速绿色发展转型、深入推进生态文明建设、提升改革效能方面的作用与成效。为了更好地推进环境经济政策建设，生态环境部先后制定和实施了《“十二五”全国环境保护法规和环境经济政策建设规划》、《“十三五”全国环境保护法规和环境经济政策建设规划》（以下简称《规划》）。根据《规划》要求，“十三五”期间，要通过改革创新构建激励约束并重、系统框架较为完整、针对性和可操作性较强的环境经济政策体系。

生态环境部环境规划院是我国环境经济政策体系的主要技术支持单位，每年都会在环境经济政策研究和试点进展的基础上，编制发布年度环境经济政策研究与试点项目进展报告。璩爱玉等对《规划》中期进展进行了系统评估。首先，将《规划》分解为三个层次实施评估：目标层（1个目标）、领域层（7个领域）、任务层（28项具体任务）。其次，对28项任务进行系统评估，评估指标包括政策制定、政策执行、政策效果等。其中，在政策制定方面考虑是否出台了相关

法律法规、政策文件；在政策执行方面主要考虑政策文件落实情况；政策效果主要是指政策实施后产生的影响，包括对污染减排、环境质量改善的推动作用，对企业环境行为的改善作用，筹集资金等。最后，通过对政策制定、政策执行和政策效果的综合评判，得出对各项规划任务进度的评估结论。评估结论分为 3 类：①进展一般（包括没有进展、进展较小或进展一般），需要加快推进；②进展较好，但是面临不少问题，需要进一步推进和完善；③进展良好，需要稳中求进。

评估结论：

（1）《规划》实施总体进展良好。《规划》中的 28 项任务总体进展良好（表 1-3）。其中，绿色信贷、环境信息披露制度、环境污染强制责任险、企业环境信用体系、环保电价、排污权交易制度等 13 项规划任务进展良好；企业环境信息的共享机制、生态环境损害赔偿制度、资源税改革等 11 项规划任务进展较好；环境信用建设内容“入法”、绿色供应链构建等 4 项规划任务进展较小或者进展一般，需要加快推进。

（2）环境经济政策的效果显著。“十三五”时期，国家高度重视环境经济政策的顶层设计，深入推进政策改革与创新，政策体系不断完善，环境经济政策在生态文明建设和生态环境保护工作中的地位快速上升。环境经济政策改革取得了重要进展和显著成效，主要表现在：完善的环境经济政策体系已经基本建立，深化环境经济政策改革为生态文明建设提供了新动能，环境经济政策日益成为推进绿色生产与绿色消费的长效政策机制。

表 1-3 “十三五”时期环境经济政策建设规划中期评估结果

目标层	领域层	任务层	评估结果
构建激励约束并重、系统框架较为完整、针对性和可操作性较强的环境经济政策体系	1. 着力构建绿色金融体系	（1）及时将企业环境违法违规信息等企业环境信息纳入金融信用信息基础数据库，建立企业环境信息的共享机制，为金融机构的贷款和投资决策提供依据，引导金融机构将企业环境信用信息作为信贷审批、贷后监管的重要依据	进展较好
		（2）鼓励各类金融机构加大绿色信贷的发放力度，推动银行间绿色债券市场发展，为环境治理提供更为充足的资金保障	进展良好
		（3）完善上市公司和发债企业强制性环境信息披露制度，对属于重点排污单位的上市公司，研究制定并严格执行对主要污染物达标排放情况、企业环保设施建设和运行情况，以及重大环境事件的具体信息披露要求，加大对伪造环境信息的上市公司和发债企业的惩罚力度	进展良好

目标层	领域层	任务层	评估结果
构建激励约束并重、系统框架较为完整、针对性和可操作性较强的环境经济政策体系	2. 依法推动绿色保险制度改革	（4）按程序制定修订环境污染强制责任保险相关法律或行政法规，研究制定实施性规章；选择环境风险较高、环境污染事件较为集中的领域，依法将相关企业纳入应当投保环境污染强制责任保险的范围	进展良好
		（5）鼓励保险机构发挥环境风险防范方面的积极作用，对企业开展“环保体检”，为加强环境风险监管提供支持；加快定损和理赔进度，及时救济污染受害者，降低对环境的损害程度	进展良好
	3. 推进生态环境损害赔偿制度改革	（6）2016—2017年，在吉林、江苏、山东、湖南、重庆、贵州、云南开展生态环境损害赔偿制度改革试点。从2018年开始，在全国试行生态环境损害赔偿制度。到2020年，力争在全国范围内初步构建责任明确、途径畅通、技术规范、保障有力、赔偿到位、修复有效的生态环境损害赔偿制度	进展较好
		（7）继续推动环境损害鉴定评估工作。在《生态环境损害鉴定评估——总纲》框架下，开展《生态环境损害鉴定评估技术指南——土壤和地下水》《生态环境损害鉴定评估技术指南——污染物性质鉴别》《生态环境损害鉴定评估技术指南——替代等值分析法》等技术方法的研究工作，进一步完善生态环境损害鉴定评估技术方法体系；继续开展对鉴定评估从业人员的技术培训，提升其工作能力。加强环境损害司法鉴定机构建设，为环境损害司法鉴定提供支撑	进展较好
	4. 加快环境信用体系建设	（8）研究推动环境信用建设内容“入法”，将其纳入环境保护和其他相关法律法规中	进展一般
		（9）规范并完善环境信用信息归集、分类、管理，将环境管理中依法获取的各种信息逐步归集汇总，形成较为全面的环境信用信息，与全国信用信息共享平台等对接，提供给有关部门参考使用，并依法向社会公开	进展较好
		（10）继续指导地方环保部门落实《企业环境信用评价办法（试行）》《关于加强企业环境信用体系建设的指导意见》。及时总结、提炼地方环境信用体系建设的实践经验，向全国环保部门宣传推广。强化相关培训，指导地方环保部门较为全面地掌握环境信用体系建设的业务知识、技术方法	进展良好

目标层	领域层	任务层		评估结果
构建激励约束并重、系统框架较为完整、针对性和可操作性较强的环境经济政策体系	5. 推动完善重点领域重点经济政策	完善资源环境价格机制	（11）完善资源环境价格机制，全面反映市场供求、资源稀缺程度、生态环境损害成本和修复效益等因素	进展较好
			（12）推动有关部门落实调整污水处理费和水资源费征收标准政策，提高垃圾处理费收缴率，完善再生水价格机制	进展良好
			（13）研究完善燃煤电厂环保电价政策，加大高耗能、高耗水、高污染行业差别化电价水价等政策实施力度	进展良好
			（14）推动深化脱硫脱硝除尘超低排放环保电价政策，研究将脱汞纳入环保电价	进展良好
		完善绿色税收政策	（15）推动和配合有关部门，完善企业所得税、增值税环保优惠政策，修订相关优惠目录	进展较好
			（16）参与和推动资源税改革，逐步将资源税扩展到占用各种自然生态空间范畴	进展较好
			（17）推动落实环境保护、生态建设、新能源开发利用的税收优惠政策	进展较好
			（18）继续推动将部分“高污染、高环境风险”产品纳入消费税征收范围，取消出口退税商品目录和禁止加工贸易商品目录	进展一般
		（19）建立健全排污权初始分配、有偿使用和排污交易制度，推进排污权有偿使用和交易试点		进展良好
		（20）推动有关部门加大环境保护财政资金投入，提高资金使用效率		进展良好
		（21）规范环境治理市场环境		进展较好
		（22）继续按照国家有关规定，推动相关地区开展跨地区生态保护补偿试点，研究推进省级区域内横向补偿		进展良好
		（23）引导重点行业和企业构建绿色供应链，推动和配合有关部门研究制定相关激励机制		进展一般
	6. 深化综合名录制定与运用	（24）继续更新环境保护综合名录（以下简称综合名录），提供给有关部门参考使用；完善综合名录制定程序和规范，广泛征求意见，强化专家论证，开展成效评估		进展良好

<table>
<tr><th>目标层</th><th>领域层</th><th>任务层</th><th>评估结果</th></tr>
<tr><td rowspan="4">构建激励约束并重、系统框架较为完整、针对性和可操作性较强的环境经济政策体系</td><td>6. 深化综合名录制定与运用</td><td>（25）推动综合名录与地方环境管理需求紧密结合，研究地方对重点行业、产品环境管理的经验做法和问题，融入综合名录制定全过程中，并予以综合分析；将综合名录制定过程中形成的环境经济信息提供给地方环保部门，服务环境管理。引导行业协会和企业将综合名录融入行业绿色供应链构建、企业绿色采购中，发挥综合名录对绿色生产的引导作用</td><td>进展一般</td></tr>
<tr><td rowspan="3">7. 开展环境经济核算研究</td><td>（26）不断完善环境经济核算相关技术指南，研究建立生态系统生产总值核算体系，适时将核算结果提供给有关部门、地方政府及其环保部门进行参考</td><td>进展较好</td></tr>
<tr><td>（27）继续指导地方绿色 GDP2.0 核算试点，结合地方实际，研究提出核算细则。深化区域和行业核算技术指南，并根据核算结果提出推动地方绿色转型的政策建议</td><td>进展良好</td></tr>
<tr><td>（28）国家统计局开展编制自然资源资产负债表试点工作</td><td>进展较好</td></tr>
</table>

资料来源：《“十三五”环境经济政策建设规划中期评估研究》。

三、“十四五”时期环境经济政策展望

根据董战峰等学者的研究，“十四五”期间，我国环境经济政策改革将进一步深化。要深入贯彻习近平生态文明思想，系统考虑政策改革创新面临的新形势和新要求，推进建立“绿水青山就是金山银山”的理念和环境质量达标的长效激励机制，突出环境质量持续改善激励，突出经济过程全链条调控，突出政策手段的系统优化与协同增效，突出政策执行能力保障（图 1-2）。

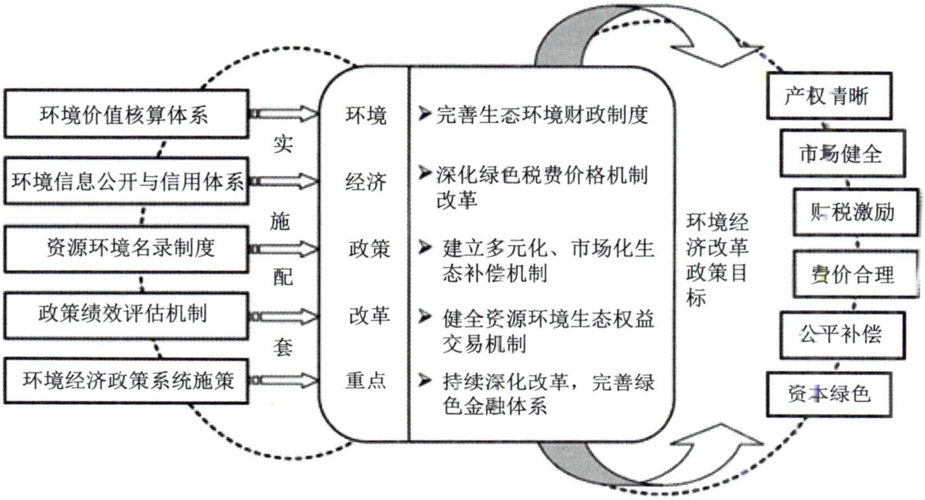

图 1-2 “十四五”时期环境经济政策改革思路与框架

资料来源：《国家“十四五”环境经济政策改革路线图》。

“十四五”时期环境经济政策改革重点包括：完善生态环境财政制度，深化绿色税费价格机制改革，建立多元化、市场化生态补偿机制；健全资源环境生态权益交易机制，持续深化改革完善绿色金融体系（表 1-4）。同时，“十四五”时期环境经济政策还需要完善配套政策体系：构建生态环境核算体系，推动环境信息公开和信用体系建设，继续深化资源环境名录研究与应用，建立政策执行绩效评估机制，强化环境经济政策优化组合调控。

表 1-4 国家“十四五”时期环境经济政策改革

政策领域	2021—2023 年	2024—2025 年
生态环境财政政策	建立中央环保财政资金的生态环境质量改善绩效机制；建立环保投入稳定增长机制；建立生态环境保护财政账户；完善生态环境保护补贴机制	推进中央和地方生态环境财权和事权相匹配的财政体制机制改革；补贴从以生产端为主调整到以消费端为主，补贴方向调整为针对生态环境技术创新应用

政策领域	2021—2023 年	2024—2025 年
绿色税费价格政策	继续深化环境保护税收改革，推动将挥发性有机物等特征污染物纳入征收范围，研究将二氧化碳排放纳入环境保护税征收范围，研究完善固体废物、污水处理厂环境保护税政策；加大对节能环保企业、环境污染第三方治理、生态环境保护 PPP 项目的税收优惠激励；优化机动车相关税收政策；继续推进资源税改革，扩大消费税征税范围；持续完善资源要素价格形成机制	建立全成本覆盖的污水处理收费政策；建立健全覆盖成本并合理盈利的固体废物处理收费机制；对具有重要生态功能的区域确定统一的生态产品价格；建立由市场供求决定的要素价格体制；同步推进价格体制与产业结构调整升级
多元化、市场化生态补偿机制	推动出台国家重点生态功能区转移支付测算办法；研究出台生态补偿机制实施技术指南；研究出台生态补偿标准制定技术指南；研究出台生态补偿条例；推进跨省界流域上下游生态补偿机制建设，探索建立长江、黄河流域以及京津冀等区域性补偿机制；推动建立国家绿色发展基金；推动海洋生态补偿，研究建立海洋生态环境损害赔偿责任制度；建立生态综合补偿资金机制	建立体现生态价值与代际补偿的资源有偿使用制度和生态补偿制度；建立完善的重要生态功能地区的发展权补偿机制；基本形成健全的多元化、市场化生态补偿机制；不断健全海洋、湿地等要素领域生态补偿机制；研究出台“生态补偿法”
资源环境生态权益交易机制	继续推动排污权交易，探索建立区域间、不同污染物之间，以及点源与面源之间的二级市场交易机制；研究推动碳市场行业范围拓展到钢铁、水泥、化工等其他重点行业，完善全国碳交易平台和市场；探索资源使用权市场化交易；建立水资源取用权出让、转让和租赁的交易机制	推动粤港澳大湾区和长三角区域建立区域碳交易市场；推进节能量、用能权、用水权和绿色电力证书等交易制度探索；研究制定产能置换指标交易实施办法；推进协同建立健全用能权、用水权、排污权、碳排放权初始分配制度；继续完善资源产权体系，建立健全归属清晰、权责明确、流转顺畅、保护严格、监管有效的自然资源产权制度

政策领域	2021—2023 年	2024—2025 年
绿色金融政策	引导鼓励长江等重点流域以及粤港澳大湾区等重点区域探索设立绿色发展基金；推进省级地方设立土壤污染防治基金；鼓励企业、金融机构发行绿色债券；推进环境污染责任险立法工作；研究制定环境污染责任保险投保指南、环境污染责任保险、风险评估指南、环境污染强制责任保险管理办法；鼓励银行金融机构设立绿色金融数据中心，构建绿色金融政策配套项目库	不断健全绿色信贷指南、企业环境风险评级标准、上市公司环境绩效评估等标准和规范；出台支持绿色债券的财政激励政策；健全环保信用评价制度，将环境信用作为企业信贷、发行绿色债券等的基础条件；推动建立长江经济带、京津冀等重点区域“互认互用”评价结果机制；健全上市公司环境信息强制性披露、定期报告披露机制
政策实施配套保障	推进生态环境价值核算方法体系研究；指导和鼓励地方开展生态环境价值核算探索；推进编制自然资源资产负债表；完善企业环境信息公开制度；健全上市公司环境信息强制性披露、定期报告披露机制；继续加强环境综合名录、节能环保名录等环境保护相关名录的研究与实施；加强环保名录清单在贸易、税收、金融等领域的基础作用；扩大环境综合名录的覆盖范围，将环境影响严重的“双高”产品纳入综合名录；出台环境政策的成本效益评估技术指南；出台环境经济政策应用工具包；建立生态产品供给激励经济政策机制	出台生态环境价值核算的规范文件；推进环境信息公开渠道多元化、覆盖全面化；健全环保信用评价制度，将环境信用作为企业信贷、发行绿债等的基础条件；完善对环保领域失信企业联合惩戒、守信企业联合激励制度；完善绿色技术清单或名录工作，加大对技术创新的财税优惠激励；继续推进完善绿色采购清单；建立环境经济政策绩效评估机制；建立政策风险防范机制；建立环境经济政策的第三方评估机制；持续推进能效、水效、环保“领跑者”制度建设；基本建立有效的绿色供应链制度

参考文献

[1] 习近平 . 推动我国生态文明建设迈上新台阶 [J]. 求是，2019（3）：6-9.

[2] 董战峰，李红祥，葛察忠，等 . 国家环境经济政策进展评估报告 2018[J]. 中国环境管理，2019，11（3）：60-64.

[3] 董战峰，陈金晓，葛察忠，等 . 国家“十四五”环境经济政策改革路线图 [J]. 中国环境管理，2020，12（1）：5-13.

[4] 璩爱玉，董战峰，李红祥，等．“十三五”环境经济政策建设规划中期评估研究 [J]. 中国环境管理，2019，11（5）：20-25.

[5] 环境保护部环境与经济政策研究中心课题组．“十三五”时期我国环境经济政策创新发展思路、方向与任务 [J]. 经济研究参考，2015（3）：32-41.

[6] 李海棠．全球城市环境经济政策与法规的国际比较及启示 [J]. 浙江海洋大学学报（人文科学版），2019，36（5）：28-36.

[7] 李克国．环境经济学（第四版）[M]. 北京：中国环境出版集团，2021.

第二章　环境税费

发达国家十分重视运用税收手段保护环境。20 世纪 70 年代以来，我国开始利用环境税费手段保护环境。目前，我国十分重视环境税与环境收费。党的十八届三中全会通过的《中共中央关于全面深化改革若干重大问题的决定》提出："加快资源税改革，推动环境保护费改税。"本章将全面介绍环境税和环境收费。

第一节　环境税

一、基本概念

1. 税收与环境

税收是指国家为了向社会提供公共产品、满足社会共同需要，按照法律的规定，参与社会产品的分配，强制、无偿取得财政收入的一种规范形式。税收是国家（政府）公共财政最主要的收入形式和来源。税收的本质是国家为满足社会公共需要，凭借公共权力，按照法律所规定的标准和程序，参与国民收入分配，强制取得财政收入所形成的一种特殊分配关系。税收体现了一定社会制度下国家与纳税人在征收、纳税的利益分配上的一种特定分配关系。税收具有强制性、无偿性、固定性。税收具有对宏观经济的调控、对收入分配的调节、对服务资源的保障等功能。

税收作为政府用以调节社会经济生活的一种重要工具和手段，在保护环境方面发挥着越来越重要的作用。发达国家由于在经济发展过程中曾饱受环境问题的困扰，率先尝试将税收用于环境保护，并收到了较好的效果。此后，一些发展中国家也开始将保护环境作为其税制改革的一个重要政策目标。

税收手段是一项重要的宏观经济调控手段，同时，税收政策在环境保护工作中也可以发挥重要作用。税收政策在环境保护中的应用主要有差别税收、设置环境税、税制绿色化三方面。

2. 环境税

环境税的思想源于20世纪20年代英国福利经济学家庇古（Arthur C. Pigou）。在其1920年出版的著作《福利经济学》中，最早系统地研究和阐述环境与税收的理论问题。庇古认为，由于私人的最优导致社会的非最优，环境污染存在负的外部性，因此需要设计一种制度来使外部性内部化，并提出征收庇古税以解决外部性问题。20世纪80年代，环境问题日益突出，OECD的一些国家为了解决经济发展与环境保护的矛盾，开始进行绿化税制的改革实践，并取得了一定的成效。

OECD对环境税的定义：环境税是以对环境有负面影响的物质或替代物为税基的一种税。OECD（1996）在《环境税的实施战略》一书中通过列举的方式给出了环境税的构成，包括排污税、产品税、使用费和税收减免等。国际财政文献局（IBFD）在《国际税收词典》（第二版）中对于环境税的定义是："对污染企业或者污染物所征收的税，或对投资于防治污染和环境保护的纳税人给予的减免。"在OECD和欧洲经济区（EEA）建立的与环境相关的经济政策数据库中，将环境税（称之为与环境相关的税收，Environmentally Related Taxes）定义为："政府征收的具有强制性、无偿性，针对特别的与环境相关税基的任何税收。税种具有无偿性，即政府为纳税人提供的利益与纳税人缴纳的税款之间没有对应关系。"

欧盟统计局根据税基将环境税划分为能源税（energy taxes）、交通税（transport taxes）、污染税（pollution taxes）和资源税（resource taxes）。能源税的税基为能源产品，包括汽油、柴油、其他燃料油、天然气、煤炭和电力，碳税也属于能源税的范畴。交通税主要是指与机动车的保有和使用相关的税种。资源税主要是指对取水、森林和诸如沙砾等原材料征收的税种。

国内对环境税有广义和狭义两种看法。广义的环境税是税收体系中与环境、资源利用和保护有关的各种税种和收费的总称。广义环境税既包括狭义环境税，也包括与环境和资源有关的税收政策，涉及资源税、消费税、车船税、增值税和企业所得税等税种的与环境保护相关的税收规定。

狭义的环境税主要是指对开发、保护和使用环境资源的单位和个人，按其对环境资源的开发利用、污染、破坏和保护程度进行强制、无偿的征收或减免的一种制度安排，如硫税、碳税、能源税等，也称为独立环境税。

国内一般将环境税划分为污染排放税、污染产品税、碳税等。污染排放税是对污染物（如废气、污水和固体废物等）排放征收的环境税种；污染产品税是对有潜在污染的产品（如能源燃料、机动车、臭氧损耗物质、化肥农药、含磷洗涤用品、汞镉电池等）征收的环境税种；碳税是对产生二氧化碳的煤、石油、天然气等化石燃料征收的环境税种。

环境税是为了保护环境而征收的税，以及最初并不是为保护环境而征税，但是从长远来看对环境保护产生影响，或者后来逐渐从保护环境的立场来修改、增加或减免的税。就其内容来讲，可以划分为针对破坏、污染相关行为征收的税和其他税种中与保护环境和资源利用相关的规定。欧盟统计局根据税基将环境税划分为能源税、交通税、污染税和资源税。环境税并不是单一的税种，而是一整套税收体系。

“污染者付费”原则是环境税征税的理论依据，该原则的出发点是商品价格应充分体现生产成本和消耗的资源，利用经济手段将污染防治的资源重新分配，以减少污染，合理使用环境资源。通过征收环境税，可以实现污染排放产生的外部不经济性内部化。

二、中国的环境税（费）

1. 中国环境税（费）概况

我国虽然在环境税方面起步较晚，但也取得了一系列重要进展。从现行的环境税体系可以看出，我国非常重视运用环境税（费）手段保护环境，环境税（费）手段逐步完善。目前，我国与环境相关的税收见表 2-1。

表 2-1 我国与环境相关税收概况

环境税（费）	征收依据	政策内容
环境保护税	《中华人民共和国环境保护税法》	见本章第二节
资源税	《中华人民共和国资源税法》	见本章第三节

环境税（费）	征收依据	政策内容
水资源税	《扩大水资源税改革试点实施办法》（财税〔2017〕80号）	选择北京、天津、山西、内蒙古、河南、山东、四川、陕西、宁夏9个省（区、市）进行水资源税改革试点。通过扩大试点，进一步发挥税收杠杆调节作用，有效抑制不合理用水需求，促进水资源节约保护；有利于丰富完善水资源税制度设计，为全面推开水资源税制度积累经验、创造条件
消费税	《中华人民共和国消费税暂行条例》 《中华人民共和国消费税暂行条例实施细则》（2008年修订）	对烟、酒及酒精、鞭炮、焰火、化妆品、成品油、贵重首饰及珠宝玉石、游艇、汽车轮胎、摩托车、小汽车、木制一次性筷子、实木地板等少数消费品征收的一个税种，主要是为了调节产品结构、引导消费方向、筹集资金，同时有一定程度的环境保护作用。2014—2018年，我国消费税年征收额分别为8 907.12亿元、10 542.16亿元、10 217.23亿元、10 225.09亿元、10 631.75亿元
车船税	《中华人民共和国车船税法》	对中国境内的车辆、船舶的所有人或者管理人，按其适用的计税单位从量定额征收，主要是为了组织收入、控制车船的使用和消费。通过对造成环境污染的车船征税，起到一定程度的污染减排作用。2014—2018年，我国车船税年征收额分别为541.06亿元、613.29亿元、682.68亿元、773.59亿元、831.19亿元
车辆购置税	《中华人民共和国车辆购置税法》	在中华人民共和国境内购置汽车、有轨电车、汽车挂车、排气量超过150 mL的摩托车的单位和个人，征收车辆购置税，税率为10%。通过对造成环境污染的车辆购置征税，起到一定程度的减排作用。2014—2018年，我国车辆购置税年征收额分别为2 885.11亿元、2 792.56亿元、2 674.16亿元、3 280.67亿元、3 452.53亿元
城镇土地使用税	《中华人民共和国城镇土地使用税暂行条例》	对在城市、县城、建制镇、工矿区范围内使用土地的单位和个人征收土地使用税，税率为每平方米0.2～10元。2014—2018年，我国城镇土地使用税年征收额分别为1 992.6亿元、2 142.04亿元、2 255.74亿元、2 360.55亿元、2 387.60亿元

环境税（费）	征收依据	政策内容
耕地占用税	《中华人民共和国耕地占用税法》	在我国境内占用耕地建设建筑物、构筑物或者从事非农业建设的单位和个人，即耕地占用税的纳税人，应当依照本法规定缴纳耕地占用税，税率为每平方米 5 ～ 50 元。2014—2018 年，我国耕地占用税年征收额分别为 2 059.0 亿元、2 097.21 亿元、2 028.89 亿元、1 651.89 亿元、1 318.85 亿元

2. 中国环境税（费）应用前景

利用税收手段保护环境是市场经济体制的必然要求。虽然我国已经实施了一些与环境相关的税收，但与发达国家相比，税收手段在我国环境保护中的作用还没有充分发挥，与环境保护相关的税收种类比较少、税率偏低。

税收体制改革是一项复杂的系统工程。党的十八届三中全会通过的《中共中央关于全面深化改革若干重大问题的决定》提出："完善税收制度。深化税收制度改革，完善地方税体系，逐步提高直接税比重。推进增值税改革，适当简化税率。调整消费税征收范围、环节、税率，把高耗能、高污染产品及部分高档消费品纳入征收范围。逐步建立综合与分类相结合的个人所得税制。加快房地产税立法并适时推进改革，加快资源税改革，推动环境保护费改税。"

（1）完善现有环境税收体系

根据实际国情逐步完善税种，合理扩大征收范围。第一，开征碳税。以生产生活中消耗的能源作为征税对象，以减少二氧化碳排放量。第二，完善资源税。将水资源、森林资源、生物资源、海洋资源等纳入税收范围，建立健全资源税体系。第三，完善消费税。将"两高一资"产品纳入消费税制度体系，同时对现行消费税税率进行调整。

（2）根据环境保护工作需要，完善差别税收制度

差别税率是环境税中有效的调节手段。美国几乎所有税目都设置了几十个档次详细的差别税率，比如交通税中的重型车辆高速公路使用税，税率为 75 ～ 550 美元 /a，设置了 44 档税率。我国的差别税率设置较为简单。

借鉴国际上成熟的税收优惠，进一步扩大现有的税收优惠方式。美国的环境税优惠包括直接减税细则、加速折旧制度、企业所得税抵免等多项政策，而且各个州政府还可以根据地方情况制定有利于环境保护的税收优惠政策，如差别征税、先征后退、即征即退等。其次，要完善现行税制中不利于环境保护的

优惠政策。如《中华人民共和国环境保护税法》规定了对农业生产排污暂免征收环境保护税。但是我国农业污染形势十分严峻，此项税收优惠政策并不利于农业生产纳税人对环境保护加以重视，不仅会对环境造成极大的污染，而且会违反税法公平原则，因为农业生产排污的税收负担实际上是由其他纳税人承担的。因此，现有的税收优惠政策需要改进，针对农业生产排污暂免征收环境保护税，可以设置恰当的触发条件，只有满足预设条件的农业生产才可以享受免征或减征环境保护税的税收优惠。

（3）构建环境税收入使用制度

国际上针对环境税收入有几种使用模式：一般性财政收入模式、专款专用模式、收入再循环模式。结合国外的成功经验和我国的实际情况，建议我国采用分类和混合使用的环境税收入使用制度。

第一，将资源类环境税税收作为一般收入。政府将环境税收入作为一般性财政收入，一方面可以弥补财政赤字；另一方面可以使政府具有更大的灵活性，比如用来为其他社会服务进行筹资。但是对于这种收入，在纳入一般财政收入时，必须在中央和地方中作出明确划分。

第二，将环境污染和损害有关的收入，专门用于环境治理。为实现可持续发展，政府应该将污染者缴纳的污染税类收入投入环境治理中，为我国污染控制和排污技术的研发提供长期资金，实现真正保护环境的目的。此类收入同样也需要在中央和地方之间作出明确划分。划分到地方政府的收入，地方政府可针对本地区的生态环境，建设环保公共设施，如污染物处理设施；分配给中央政府的收入，可用于荒漠治理、水土流失的防治以及大型节能环保项目的开发等。

第二节　环境保护税

环境保护税是中国环境保护税收体系的一部分，是指政府对与环境相关的特定税基所征收的具有强制性、无偿性和一般性的税收收入。

党的十八届三中全会明确提出“推动环境保护费改税”，环境保护税由此进入中国的政策议程。2015 年 6 月，《中华人民共和国环境保护税法（征求意见稿）》首次呈现在公众视野，经过人大常委会三次审议，2016 年 12 月 25 日正式表决，通过了以税负平移为原则，以排放税为实质的《中华人民共和国环境保护税法》，于2018年1月1日起正式实施。中国财政税收体系完成了从排污费向环境保护税的转变。

环境财税制度是生态文明制度建设的重要组成部分。随着环境保护工作的深入，党和国家对设立环境保护税高度重视，将环境保护税作为生态文明建设的一项重要财税制度。环保税法是我国首部“绿色税法”，主要根据企业排污多少来征税。在我国经济迈向高质量发展阶段的当口，开征环境保护税可以说是恰逢其时。开征环境保护税，将形成有效约束和激励机制，有利于减少污染物排放，促进生态文明建设。

一、环境保护税理论分析

（一）环境保护税的理论基础

我国的环境保护税基于“庇古税”，环境资源价值理论和经济外部性理论是其理论基础。

1. 环境资源价值理论

根据环境经济学理论，环境资源是有价值的。因此，对环境资源必须实行有偿使用。

向环境排放污染物，实质上是利用了稀缺的环境容量资源。环境容量资源是一种环境资源，也具有价值，对环境容量资源也应该实行有偿使用。环境保护税是排污者缴纳的环境容量资源有偿使用费。

2. 经济外部性理论

向环境排放污染物，会造成环境污染，环境污染又会造成社会损害，即产生了外部不经济性。根据环境经济学理论，应该使外部不经济性内部化。因此，排污者向环境排放污染物，应该为因污染而产生的外部不经济性后果支付费用。

（二）环境保护税的作用

在市场经济体制下，利用税收杠杆针对污染和破坏环境的行为征收环境税，使企业补偿排污造成的环境外部不经济性，实现企业环境外部成本内部化的目的。环境保护税的经济刺激作用表现在以下几个方面：一是促进了老污染源的治理；二是控制了新污染源的产生；三是引导企业走绿色发展之路。《中华人民共和国环境保护税法》第一条明确规定："为了保护和改善环境，减少污染物排放，推进生态文明建设，制定本法。"实行环境保护费改税是落实党中央、国务院决策部署的重要举措，有利于提高纳税人环保意识和遵从度，强化企业治污减排责任，实现污染减排的目的。

（三）中国环境保护税发展历程

我国的环境保护税由排污收费平移而来。我国环境保护税发展可以分为排污收费和环境保护税两个阶段。

1. 排污收费阶段

排污收费在我国实施了近 40 年。我国的排污收费的发展历程分为提出及试行、建立与实施、改革与发展三个阶段。

提出及试行阶段：1978 年，国务院环境保护领导小组向中央提交的《环境保护工作汇报要点》提出："必须把控制污染源的工作作为环境管理的重要内容，排污单位实行排放污染物的收费制度，由环境保护部门会同有关部门制定具体收费办法。"这是国家重要文件中第一次提出在我国建立排污收费制度的设想。1979 年 9 月，第五届全国人大常委会公布的《中华人民共和国环境保护法（试行）》明确规定："超过国家规定的标准排放污染物，要按照排放污染物的数量和浓度，根据规定收取排污费。"《中华人民共和国环境保护法（试行）》的颁布为在我国建立排污收费制度提供了法律依据。1979 年 9 月，江苏省苏州市开始在 15 个企业开展征收排污费的试点工作，这是我国最早试行排污收费制度的城市。此后，其他省、自治区、直辖市也相继开始进行征收排污费的试点工作。截至 1981 年年底，除西藏、青海外，全国其他省、自治区、直辖市都开始了征收排污费的试点工作。

建立与实施阶段（1982 年 2 月至 1987 年年底）：1982 年 2 月 5 日，国务院发布了《征收排污费暂行办法》（简称 21 号文），这标志着排污收费制度在我国正式建立。《征收排污费暂行办法》对征收排污费的目的、对象、收费标准、收费政策、排污费管理、排污费使用等内容作了详细的规定。《征收排污费暂行办法》颁布后，排污收费制度在全国范围推广。

改革与发展阶段：1988 年 7 月 28 日，国务院发布《污染源治理专项基金有偿使用暂行办法》（简称十号令），由此拉开了我国的排污收费制度改革的帷幕。

此后，《关于调整超标污水和统一超标噪声排污费征收标准的通知》《关于开展征收工业燃煤二氧化硫排污费试点工作的通知》《关于征收污水排污费的通知》《关于在酸雨控制区和二氧化硫控制区开征二氧化硫排污费扩大试点的通知》《关于在杭州等三城市实行总量排污收费试点的通知》《排污费征收使用管理条例》《排污费征收标准管理办法》等文件陆续出台，排污收费制度不断完善。

2. 环境保护税阶段

2015 年 6 月，财政部、国家税务总局等部门起草了《中华人民共和国环境保护税法（征求意见稿）》及说明，公开征求社会各界意见。

2015 年 9 月，《生态文明体制改革总体方案》提出，要构建更多运用经济杠杆进行环境治理和生态保护的市场体系，加快资源环境税费改革，加快推进环境保护税立法。

2016 年 12 月，在全国人大常委会第二十五次会议上，全体表决通过了《中华人民共和国环境保护税法》。2018 年 1 月 1 日，《中华人民共和国环境保护税法》正式在全国范围内施行。

2017 年 12 月 25 日，国务院总理李克强签署国务院令，公布了《中华人民共和国环境保护税法实施条例》。

自 2018 年 1 月 1 日起，环境保护税法正式施行，排污费被环境保护税取代。《中华人民共和国环境保护税法》是我国第一部生态税法，标志我国的环境保护从收费制度向征税制度的重大转变，环保“费”改“税”，彰显了国家对治理环境问题的重视与决心。环境保护税能够促进企业环境成本内部化，推动企业转型、产业升级，有利于改善我国生态环境质量，贯彻绿色发展理念，推动绿色税制体系建设。

二、环境保护税的法律、政策体系

（一）法律依据

我国环境保护税的法律依据包括《中华人民共和国环境保护税法》和《中华人民共和国环境保护税法实施条例》。《中华人民共和国环境保护税法》包括“总则、计税依据和应纳税额、税收减免、征收管理、附则”5 章 28 条，以及“环境保护税目税额表”“应税污染物和当量值表”2 个附表。《中华人民共和国环境保护税法实施条例》包括“总则、计税依据、税收减免、征收管理、附则”5 章 26 条。

（二）环境保护税收标准

我国的环境保护税由排污收费制度平移而来，环境保护税与排污费在征收对象、征收范围、计税方法、计税标准等方面有较多的相似之处。我国的环境保护税法规定的税目税额见表 2-2。

表 2-2　环境保护税目税额表

<table>
<tr><th colspan="2">税目</th><th>计税单位</th><th>税额</th><th>备注</th></tr>
<tr><td colspan="2">大气污染物</td><td>每污染当量</td><td>1.2 ～ 12 元</td><td></td></tr>
<tr><td colspan="2">水污染物</td><td>每污染当量</td><td>1.4 ～ 14 元</td><td></td></tr>
<tr><td rowspan="4">固体废物</td><td>煤矸石</td><td>每吨</td><td>5 元</td><td></td></tr>
<tr><td>尾矿</td><td>每吨</td><td>15 元</td><td></td></tr>
<tr><td>危险废物</td><td>每吨</td><td>1 000 元</td><td></td></tr>
<tr><td>冶炼渣、粉煤灰、炉渣、其他固体废物（含半固态、液态废物）</td><td>每吨</td><td>25 元</td><td></td></tr>
<tr><td rowspan="6">噪声</td><td rowspan="6">工业噪声</td><td>超标 1 ～ 3 dB</td><td>每月 350 元</td><td rowspan="6">1. 一个单位边界有多处噪声超标，根据最高一处超标声级计算应纳税额。
2. 一个单位有不同地点作业场所的，应当分别计算应纳税额，合并计征。
3. 昼、夜均超标的环境噪声，昼、夜分别计算应纳税额，累计计征。
4. 声源一个月内超标不足 15 d 的，减半计算应纳税额。
5. 夜间频繁突发和夜间偶然突发厂界超标噪声，按等效声级和峰值噪声两种指标中超标分贝值高的一项计算应纳税额</td></tr>
<tr><td>超标 4 ～ 6 dB</td><td>每月 700 元</td></tr>
<tr><td>超标 7 ～ 9 dB</td><td>每月 1 400 元</td></tr>
<tr><td>超标 10 ～ 12 dB</td><td>每月 2 800 元</td></tr>
<tr><td>超标 13 ～ 15 dB</td><td>每月 5 600 元</td></tr>
<tr><td>超标 16 dB 以上</td><td>每月 11 200 元</td></tr>
</table>

《中华人民共和国环境保护税法》第六条规定，省、自治区、直辖市人民政府统筹考虑本地区环境承载能力、污染物排放现状和经济社会生态发展目标要

求，在本法所附《环境保护税税目税额表》规定的税额幅度内确定、调整环境保护税税目、税额，报同级人民代表大会常务委员会决定，并报全国人民代表大会常务委员会和国务院备案。2018 年我国各地环境保护税税额标准见表 2-3。

表 2-3　各地环境保护税税额标准

地区	大气污染物税额 /（元 / 污染当量）	水污染物税额 /（元 / 污染当量）
北京	12	14
天津	10	12
河北	按区域分档。一档：三要污染物 9.6，其他污染物 4.8；二档：主要污染物 6，次要污染物 4.8；三档：4.8	按区域分档。一档：主要污染物 11.2，其他污染物 5.6；二档：主要污染物 7，其他污染物 5.6；三档：5.6
上海	SO_2 6.65，NO_x 7.6，其他 1.2	COD_5，氨氮 4.8，其他 1.4
江苏	南京市 8.4，无锡市、常州市、苏州市、镇江市 7，其他城市 5.6	南京市 8.4，无锡市、常州市、苏州市、镇江市 6，其他城市 4.8
山东	SO_2、NO_x 6，其他 1.2	COD、氨氮、五项重金属污染物 3，其他 1.4
河南	4.8	5.6
四川	3.9	2.8
重庆	2.4	3
湖南	2.4	3
贵州、海南	2.4	2.8
湖北	SO_2、NO_x 2.4，其他 1.2	COD、氨氮、总磷、五项重金属污染物 2.8，其他 1.4
广东、广西	1.8	2.8
山西	1.8	2.1
浙江	1.2，四项重金属污染物 1.8	1.4，五项重金属污染物 1.8
福建	1.2	五项重金属、COD、氨氮 1.5，其他 1.4
内蒙古、辽宁、吉林、黑龙江、安徽、江西、云南、西藏、陕西、甘肃、青海、宁夏、新疆	1.2	1.4

资料来源：《环境保护税税额地方差异研究》。

对比排污收费标准和环境保护税收标准可以发现，二者在征收对象、范围、税（费）额标准、计税依据方面都没有作大的调整。因此，环境保护税改革对依法治污和规范缴纳排污费的企业来说，负担不会明显增加。有些企业污染物排放浓度低于标准，还能享受到税收减免的优惠政策。费改税后，由于税法的刚性和更加严格的管理，被纳入征管范围的小企业总体负担可能会有所增加。

（三）环境保护税收优惠政策

我国环境保护税的优惠政策包括免征、减征两种：

1. 免征

根据《中华人民共和国环境保护税法》的规定，免征环境保护税的情形包括：农业生产（不包括规模化养殖）排放应税污染物的；机动车、铁路机车、非道路移动机械、船舶和航空器等流动污染源排放应税污染物的；依法设立的城乡污水集中处理场所、生活垃圾集中处理场所排放相应应税污染物，不超过国家和地方规定的排放标准的；纳税人综合利用的固体废物，符合国家和地方环境保护标准的；国务院批准免税的其他情形。

2. 减征

纳税人排放应税大气污染物或者水污染物的浓度值低于国家和地方规定的污染物排放标准30%的，减按75%征收环境保护税。纳税人排放应税大气污染物或者水污染物的浓度值低于国家和地方规定的污染物排放标准50%的，减按50%征收环境保护税。

（四）环境保护税纳税人

《中华人民共和国环境保护税法》第二条规定，直接向环境排放应税污染物的企业事业单位和其他生产经营者为环境保护税的纳税人。

纳税义务发生时间为纳税人排放应税污染物的当日。纳税人应当向应税污染物排放地的税务机关申报缴纳环境保护税。应当如实向税务机关报送所排放应税污染物的种类、数量，大气污染物、水污染物的浓度值，以及税务机关根据实际需要要求纳税人报送的其他纳税资料，纳税人对申报的真实性和完整性承担责任。

纳税人按季申报缴纳的，应当自季度终了之日起15日内，向税务机关办理纳税申报并缴纳税款。纳税人按次申报缴纳的，应当自纳税义务发生之日起15

日内，向税务机关办理纳税申报并缴纳税款。

纳税人申报时，各类污染排放量是重点，也是难点。目前，排污量核算的常用方法有实测法、物料核算法、经验系数法。《中华人民共和国环境保护税法》规定了纳税人申报时的方法和顺序：

（1）纳税人安装使用符合国家规定和监测规范的污染物自动监测设备的，按照污染物自动监测数据计算；

（2）纳税人未安装使用污染物自动监测设备的，按照监测机构出具的符合国家有关规定和监测规范的监测数据计算；

（3）因排放污染物种类多等原因不具备监测条件的，按照国务院环境保护主管部门规定的排污系数、物料衡算方法计算；

（4）不能按照本条第一项至第三项规定的方法计算的，按照省、自治区、直辖市人民政府环境保护主管部门规定的抽样测算的方法核定计算。

三、计税依据

（一）应税大气污染物、应税水污染物的计税依据

根据《中华人民共和国环境保护税法》，应税大气污染物有44项，应税水污染物有44项，这些污染物的性质有很大差别。为了简化环境保护税收方法和依据，沿用排污收费制度提出的污染当量作为计税依据。《中华人民共和国环境保护税法》第七条规定，应税大气污染物、应税水污染物的计税依据是污染物排放量折合的污染当量数。

污染当量是指根据污染物或者污染排放活动对环境的有害程度以及处理的技术经济性，衡量不同污染物对环境污染的综合性指标或者计量单位。同一介质相同污染当量的不同污染物，其污染程度基本相当。

根据污染物或者污染排放活动对环境的有害程度，可以确定污染物或污染排放活动的有害当量；根据污染物或者污染排放活动对生物的毒性，可以确定污染物或污染排放活动的毒性当量；根据污染物或者污染排放活动处理的技术经济性，可以确定污染物或污染排放活动的费用当量。有害当量、毒性当量和费用当量综合为污染当量。《中华人民共和国环境保护税法》附表二规定了应税污染物和污染当量值（表2-4、表2-5、表2-6、表2-7、表2-8）。

表 2-4　第一类水污染物污染当量值

污染物	污染当量值 /kg	污染物	污染当量值 /kg
1. 总汞	0.000 5	6. 总铅	0.025
2. 总镉	0.005	7. 总镍	0.025
3. 总铬	0.04	8. 苯并 [*a*] 芘	0.000 000 3
4. 六价铬	0.02	9. 总铍	0.01
5. 总砷	0.02	10. 总银	0.02

表 2-5　第二类水污染物污染当量值

污染物	污染当量值 /kg	污染物	污染当量值 /kg
11. 悬浮物（SS）	4	37. 五氯酚及五氯酚钠（以五氯酚计）	0.25
12. 生化需氧量（BOD_5）	0.5	38. 三氯甲烷	0.04
13. 化学需氧量（COD）	1	39. 可吸附有机卤化物（AOX）（以 Cl 计）	0.25
14. 总有机碳（TOC）	0.49	40. 四氯化碳	0.04
15. 石油类	0.1	41. 三氯乙烯	0.04
16. 动植物油	0.16	42. 四氯乙烯	0.04
17. 挥发酚	0.08	43. 苯	0.02
18. 总氰化物	0.05	44. 甲苯	0.02
19. 硫化物	0.125	45. 乙苯	0.02
20. 氨氮	0.8	46. 邻 - 二甲苯	0.02
21. 氟化物	0.5	47. 对 - 二甲苯	0.02
22. 甲醛	0.125	48. 间 - 二甲苯	0.02
23. 苯胺类	0.2	49. 氯苯	0.02
24. 硝基苯类	0.2	50. 邻二氯苯	0.02
25. 阴离子表面活性剂（LAS）	0.2	51. 对二氯苯	0.02
26. 总铜	0.1	52. 对硝基氯苯	0.02
27. 总锌	0.2	53. 2,4- 二硝基氯苯	0.02
28. 总锰	0.2	54. 苯酚	0.02
29. 彩色显影剂（CD-2）	0.2	55. 间 - 甲酚	0.02
30. 总磷	0.25	56. 2,4- 二氯酚	0.02
31. 元素磷（以 P 计）	0.05	57. 2,4,6- 三氯酚	0.02
32. 有机磷农药(以 P 计）	0.05	58. 邻苯二甲酸二丁酯	0.02

污染物	污染当量值 /kg	污染物	污染当量值 /kg
33. 乐果	0.05	59. 邻苯二甲酸二辛酯	0.02
34. 甲基对硫磷	0.05	60. 丙烯腈	0.125
35. 马拉硫磷	0.05	61. 总硒	0.02
36. 对硫磷	0.05		

注：同一排放口中的化学需氧量、生化需氧量和总有机碳，只征收一项。

表 2-6　pH、色度、大肠菌群数、余氯量污染当量值

污染物		污染当量值
1. pH	0 ～ 1、13 ～ 14	0.06 t 污水
	1 ～ 2、12 ～ 13	0.125 t 污水
	2 ～ 3、11 ～ 12	0.25 t 污水
	3 ～ 4、10 ～ 11	0.5 t 污水
	4 ～ 5、9 ～ 10	1 t 污水
	5 ～ 6	5 t 污水
2. 色度		5 t 水・倍
3. 大肠菌群数（超标）		3.3 t 污水
4. 余氯量（用氯消毒的医院废水）		3.3 t 污水

注：1. pH 在 5 ～ 6 指大于等于 5、小于 6；pH 在 9 ～ 10 指大于 9、小于等于 10，其余类推。
　　2. 大肠菌群数和总余氯只征收一项。

表 2-7　禽畜养殖业、小型企业和第三产业污染当量值

类型		污染当量值
禽畜养殖场	1. 牛	0.1 头
	2. 猪	1 头
	3. 鸡、鸭等家禽	30 羽
4. 小型企业		1.8 t 污水
5. 饮食娱乐服务业		0.5 t 污水
6. 医院	消毒	0.14 床
		2.8 t 污水
	不消毒	0.07 床

表 2-8 大气污染物污染当量值

污染物	污染当量值 /kg	污染物	污染当量值 /kg
1. 二氧化硫	0.95	23. 二甲苯	0.27
2. 氮氧化物	0.95	24. 苯并 [*a*] 芘	0.000 002
3. 一氧化碳	16.7	25. 甲醛	0.09
4. 氯气	0.34	26. 乙醛	0.45
5. 氯化氢	10.75	27. 丙烯醛	0.06
6. 氟化物	0.87	28. 甲醇	0.67
7. 氰化氢	0.005	29. 酚类	0.35
8. 硫酸雾	0.6	30. 沥青烟	0.19
9. 铬酸雾	0.000 7	31. 苯胺类	0.21
10. 汞及其化合物	0.000 1	32. 氯苯类	0.72
11. 一般性粉尘	4	33. 硝基苯	0.17
12. 石棉尘	0.53	34. 丙烯腈	0.22
13. 玻璃棉尘	2.13	35. 氯乙烯	0.55
14. 炭黑尘	0.59	36. 光气	0.04
15. 铅及其化合物	0.02	37. 硫化氢	0.29
16. 镉及其化合物	0.03	38. 氨	9.09
17. 铍及其化合物	0.000 4	39. 三甲胺	0.32
18. 镍及其化合物	0.13	40. 甲硫醇	0.04
19. 锡及其化合物	0.27	41. 甲硫醚	0.28
20. 烟尘	2.18	42. 二甲二硫	0.28
21. 苯	0.05	43. 苯乙烯	25
22. 甲苯	0.18	44. 二硫化碳	20

（二）应税固体废物的计税依据

固体废物是指在生产、生活和其他活动中产生的丧失原有利用价值，或者虽未丧失利用价值但被抛弃或者放弃的固态、半固态和置于容器中的气态的物品、物质，以及法律、行政法规规定纳入固体废物管理的物品、物质。危险废物是指列入《国家危险废物名录》（2016 年版），或者根据国家规定的危险废物鉴别标准和鉴别方法认定的具有危险特性的固体废物。

应税固体废物的计税依据是固体废物的排放量，按重量计。

（三）应税噪声的计税依据

环境噪声是指在工业生产、建筑施工、交通运输和社会生活中所产生的干扰周围生活环境的声音。环境噪声污染是指所产生的环境噪声超过国家规定的环境噪声排放标准，并干扰他人正常生活、工作和学习的现象。

应税噪声的计税依据是噪声超标分贝数。噪声超标分贝数是企业厂界噪声值与噪声排放标准值的差值。

四、污染物排放标准

污染物排放标准是征收环境保护税的重要依据。根据《中华人民共和国环境保护税法》的规定，当应税大气污染物、水污染物浓度低于排放标准一定水平时，可享受税收减征优惠。对噪声而言，达标不计征环境保护税，超标才计征环境保护税。

污染物排放标准是对人为污染源排入环境的污染物的浓度或总量所作的限量规定，其目的是通过控制污染源排污量来实现环境质量标准或环境目标。污染物排放标准包括国家污染物排放标准和地方污染物排放标准。地方标准严于国家标准，因此，地方标准优先。国家污染物排放标准又分为综合标准和行业标准，行业标准优先。污染物排放标准可以在生态环境部（http://www.mee.gov.cn/ywgz/fgbz/bz/）和国家市场监督管理总局网站（http://std.samr.gov.cn/gb）上查询。

（一）大气污染物排放标准

大气污染物排放标准包括1个综合标准《大气污染物综合排放标准》（GB 16297—1996）和36项行业标准，后者如：《涂料、油墨及胶粘剂工业大气污染物排放标准》（GB 37824—2019）、《制药工业大气污染物排放标准》（GB 37823—2019）、《挥发性有机物无组织排放控制标准》（GB 37822—2019）、《锅炉大气污染物排放标准》（GB 13271—2014）、《水泥工业大气污染物排放标准》（GB 4915—2013）、《火电厂大气污染物排放标准》（GB 13223—2011）等。

（二）水污染物排放标准

水污染物排放标准包括 1 项综合标准《污水综合排放标准》（GB 8978—1996），以及 63 个行业标准，如《电子工业水污染物排放标准》（GB 39731—2020）、《船舶水污染物排放控制标准》（GB 3552—2018）、《制革及毛皮加工工业水污染物排放标准》（GB 30486—2013）、《制浆造纸工业水污染物排放标准》（GB 3544—2008）、《城镇污水处理厂污染物排放标准》（GB 18918—2002）等。

查标准时，根据排污单位所属行业确定是查综合标准还是查行业标准。根据排污去向确定查哪一级标准：排入 GB 3838 Ⅲ类水域（划定的保护区和游泳区除外）和 GB 3097 中二类海域的污水，执行一级标准；排入 GB 3838 中Ⅳ、Ⅴ类水域和 GB 3097 中三类海域的污水，执行二级标准；排入设置二级污水处理厂的城镇排水系统的污水，执行三级标准。

（三）噪声排放标准

环境噪声排放标准有：《建筑施工场界环境噪声排放标准》（GB 12523—2011）、《社会生活环境噪声排放标准》（GB 22337—2008）、《工业企业厂界环境噪声排放标准》（GB 12348—2008）。

（四）固体废物排放标准

固体废物排放标准有：《一般工业固体废物贮存、处置场污染控制标准》（GB 18599—2001）、《危险废物贮存污染控制标准》（GB 18597—2001）、《危险废物填埋污染控制标准》（GB 18598—2001）、《国家危险废物名录》（2021 年版）。

五、环境保护税纳税申报

（一）环境保护税纳税申报表

2018 年 1 月 27 日，国家税务总局发布了《关于发布〈环境保护税纳税申报表〉的公告》（国家税务总局公告 2018 年第 7 号）。《环境保护税纳税申报表》分为

A 类申报表和 B 类申报表。

1. A 类申报表

由 1 张主表和 5 张附表组成。主表为“环境保护税纳税申报表（A 类）”；5 张附表包括：“环境保护税按月计算报表（大气污染物适用）”“环境保护税按月计算报表（水污染物适用）”“环境保护税按月计算报表（固体废物适用）”“环境保护税按月计算报表（噪声适用）”“环境保护税减免税明细计算报表”。适用于通过自动监测、监测机构监测、以排污系数和物料衡算法计算污染物排放量的纳税人，享受减免税优惠的纳税人还需要填报减免税相关附表进行申报。

2. B 类申报表

由 1 张主表组成。适用于除 A 类申报之外的其他纳税人，包括按次申报的纳税人。

基础信息表：由 1 张主表和 4 张附表组成，用于采集纳税人与环境保护税相关的基础信息。主表为“环境保护税基础信息采集表”；附表包括：“大气、水污染物基础信息采集表”“固体废物基础信息采集表”“噪声基础信息采集表”“产排污系数基础信息采集表”。首次申报环境保护税的纳税人应同时填报环境保护税基础信息采集表。纳税人与环境保护税相关的基础信息发生变化的，应及时到主管税务机关办理变更手续。

（二）排污单位应当主动向税务部门进行环境保护税纳税申报

《中华人民共和国环境保护税法》第十七条规定：“纳税人应当向应税污染物排放地的税务机关申报缴纳环境保护税。”第十八条规定：“环境保护税按月计算，按季申报缴纳。不能按固定期限计算缴纳的，可以按次申报缴纳。纳税人申报缴纳时，应当向税务机关报送所排放应税污染物的种类、数量，大气污染物、水污染物的浓度值，以及税务机关根据实际需要要求纳税人报送的其他纳税资料。”

排污单位应充分重视环境保护税，主动提升自行监测应税污染物的能力，强化会计人员与监测人员之间的协调，及时、全面进行纳税申报。同时，排污单位要主动参与生态环境部门与税务部门的相关培训、宣传和咨询，提高企业的应税意识和能力。此外，排污单位也可以委托独立第三方负责本单位的排污监测、排放量计算、纳税申报等方面的工作。

（三）确定污染排放量

污染排放量是计算环境保护税的基础。目前，计算污染排放量的常用方法有实测法、排污系数法、物料衡算法 3 种。实测法是通过监测手段或国家有关部门认定的连续计量设施，测量废气、废水的流速、流量和废水及废气中污染物的浓度。排污系数法是指在正常技术经济和管理条件下，生产单位产品所应排放的污染物量的统计平均值。物料衡算法是指根据物质质量守恒原理对生产过程中使用的原料、生产的产品和产生的废物等进行测算的一种方法。

《中华人民共和国环境保护税法》第十条规定，企业应按下列方法和顺序计算污染排放量：（1）纳税人安装使用符合国家规定和监测规范的污染物自动监测设备的，按照污染物自动监测数据计算；（2）纳税人未安装使用污染物自动监测设备的，按照监测机构出具的符合国家有关规定和监测规范的监测数据计算；（3）因排放污染物种类多等原因不具备监测条件的，按照国务院环境保护主管部门规定的排污系数、物料衡算法计算；（4）不能按照本条第一项至第三项规定的方法计算的，按照省、自治区、直辖市人民政府环境保护主管部门规定的抽样测算的方法核定计算。

2021 年 4 月，生态环境部、财政部、税务总局《关于发布〈计算环境保护税应税污染物排放量的排污系数和物料衡算方法〉的公告》规范了不具备监测条件的排污单位应税污染物排放量计算方法。文件规定：（1）属于排污许可管理的排污单位，适用生态环境部发布的《排污许可证申请与核发技术规范》中规定的排（产）污系数、物料衡算方法计算应税污染物排放量；《排污许可证申请与核发技术规范》未规定相关排（产）污系数的，适用生态环境部发布的《排放源统计调查制度》规定的排（产）污系数方法计算应税污染物排放量。（2）不属于排污许可管理的排污单位，适用生态环境部发布的《排放源统计调查制度》规定的排（产）污系数方法计算应税污染物排放量。（3）上述情形中仍无相关计算方法的，由各省、自治区、直辖市生态环境主管部门结合本地实际情况，科学合理制定抽样测算方法。文件有“生态环境部已发布的排污许可证申请与核发技术规范清单”和“生态环境部已发布的排放源统计调查制度排（产）污系数清单”两个附件，为排污单位进行应税污染物排放量核实提供了技术支撑。

六、环境保护税额计算

（一）大气环境保护税额计算

1. 大气环境保护税收政策

根据《中华人民共和国环境保护税法》，大气环境保护税的收费规定如下：

（1）排污就征税：向环境排放废气，就应缴纳环境保护税。

（2）三因子叠加计征：同一排污口，按污染当量数最多的三个污染因子叠加计征环境保护税。

（3）计税标准：大气污染物按每个污染当量 1.2 ～ 12 元计征环境保护税。

（4）一个排污者有多个排污口，应分别计算，合并征收。

2. 大气环境保护税计算步骤

（1）查大气污染物排放标准

（2）计算污染物当量数

污染当量数＝污染排放量 / 污染当量值

（3）计算某一排放口的污染当量总数

污染当量总数＝污染当量数最多的 3 项污染物污染当量数之和

（4）计算某一排污口大气环境保护税

大气环境保护税＝计税标准 × 前 3 项污染物的污染当量数之和

（5）判断是否减免

排污单位污染物排放浓度低于国家和地方规定的污染物排放标准 30% 的，减按 75% 征收环境保护税；低于国家和地方规定的污染物排放标准 50% 的，减按 50% 征收环境保护税。

［例题］某钢厂（烧结）2010 年建设，2020 年第二季度的废气产生量（标态）为 50 000 m^3/h，废气中污染物的浓度为：粉尘 5 000 mg/m^3、二氧化硫 1 600 mg/m^3、氮氧化物 2 000 mg/m^3、氟化物 10 mg/m^3。该厂安装了除尘、脱硫、脱硝装置，效率分别为 95%、90%、90%。该厂每月生产 720 h，计算该厂 2020 年第二季度应缴纳的大气环境保护税额。

解：（1）查排放标准

该厂执行《钢铁烧结、球团工业大气污染物排放标准》（GB 28662—2012），颗粒物、二氧化硫、氮氧化物、氟化物执行的排放标准分别为 50 mg/m^3、200 mg/m^3、300 mg/m^3、4 mg/m^3。经除尘、脱硫、脱硝后，该厂颗粒物、二氧化硫、氮氧化物、氟化物实际排放浓度分别为250 mg/m^3、160 mg/m^3、200 mg/m^3、10 mg/m^3，颗粒物、氟化物超标排放，二氧化硫浓度低于标准值20%，氮氧化物浓度低于标准值33.3%。

（2）计算污染物当量数

每月废气量＝ 50 000×720 ＝ 36×10^6 m^3

每月粉尘排放量＝ $10^{-6}\times36\times10^6\times5\ 000\times$（1 － 95%）＝ 9 000 kg/ 月

粉尘的污染当量数＝ 9 000÷4 ＝ 2 250 污染当量

每月二氧化硫排放量＝ $10^{-6}\times36\times10^6\times1\ 600\times$（1 － 90%）＝ 5 760 kg/ 月

二氧化硫污染当量数＝ 5 760÷0.95 ＝ 6 063.2 污染当量

每月氮氧化物排放量＝ $10^{-6}\times36\times10^6\times2\ 000\times$（1 － 90%）＝ 7 200 kg/ 月

氮氧化物污染当量数＝ 7 200÷0.95 ＝ 7 578.9 污染当量

每月氟化物的排放量＝ $10^{-6}\times36\times10^6\times10$ ＝ 360 kg/ 月

氟化物的污染当量数＝ 360÷0.87 ＝ 413.8 污染当量

（3）计算环境保护税

污染当量数排序在前三位的是氮氧化物、二氧化硫、粉尘。由于氮氧化物浓度低于标准值33.3%，减按75%征收；二氧化硫、粉尘正常征收；大气环境保护税按1.2元计。

1个月环境保护税＝ 7 578.9×1.2×0.75+（6 063.2+2 250）×1.2 ＝ 16 796.85 元

第二季度环境保护税＝ 16 796.85×3 ＝ 50 390.55 元

（二）水环境保护税额计算

1. 水环境保护税收政策

（1）排污就征税：向环境排放废水，就应缴纳环境保护税。

（2）多因子叠加计征：按照污染当量数从大到小排序，对第一类水污染物按照前五项征收环境保护税，对其他类水污染物按照前三项征收环境保护税。

（3）计税标准：水污染物按每个污染当量1.4～14元计征环境保护税。

（4）同一排放口中的COD、BOD_5、TOC只征收一项，大肠菌群数和总余氯量只征收一项。

（5）污染物浓度值低于国家和地方规定的污染物排放标准30%和50%的，分别减按75%和50%征收环境保护税。

（6）一个排污者有多个排污口，应分别计算，合并征收。

2. 水环境保护税计算步骤

（1）查水污染物排放标准

（2）计算污染当量数

一般污染物污染当量数＝排放量 / 污染当量值

pH、大肠菌群、余氯量的污染当量数＝污水排放量 / 污染当量值

色度的污染当量数＝污水量 × 色度超标倍数 / 污染当量值

色度超标倍数＝（实际值－标准值）/ 标准值

畜禽养殖、小型企业和“三产”的污染当量数＝污染排放特征值 / 污染当量值

（3）计算某一污水排放口污染当量总数

污染当量总数＝第一类水污染物前五项污染当量之和＋其他类水污染物前三项污染当量数之和

（4）计算某一排污口水环境保护税

水环境保护税＝税收标准 × 污染当量总数

（5）判断是否减免

［例题］某化工厂 1990 年建成投产，2020 年第一季度废水排放情况如下：废水量 100 000 m^3/ 月，污染物排放浓度 COD 200 mg/L、BOD 80 mg/L、SS 160 mg/L、pH 4、六价铬 1 mg/L、总汞 0.06 mg/L。该厂污水排入Ⅳ类水域。求该厂 2020 年第一季度应缴纳的水环境保护税。

解：（1）查排放标准

该化工厂废水执行《污水综合排放标准》（GB 8978—1996）表 2 中的二级标准：COD 150 mg/L、BOD 60 mg/L、SS 200 mg/L、pH 6 ～ 9、六价铬 0.5 mg/L、总汞 0.05 mg/L。该厂各项污染物均超标，均不会减征。

（2）计算污染物当量数

COD 排放量＝ 10^{-3}×100 000×200 ＝ 20 000 kg/ 月

COD 当量数＝ 20 000 kg/1 kg ＝ 20 000 污染当量

BOD 月排放量＝ 10^{-3}×100 000×80 ＝ 8 000 kg/ 月

BOD 污染当量数＝ 8 000 kg/0.5 kg ＝ 16 000 污染当量

SS 月排放量＝ 10^{-3}×100 000×160 ＝ 16 000 kg/ 月

SS 的污染当量数＝ 16 000 kg/4 kg ＝ 4 000 污染当量

总汞月排放量＝ 10^{-3}×100 000×0.06 ＝ 6 kg/ 月

总汞污染当量数＝ 6 kg/0.000 5 kg ＝ 12 000 污染当量

六价铬月排放量＝ 10^{-3}×100 000×1 ＝ 100 kg/ 月

六价铬污染当量数＝ 100 kg/0.02 kg ＝ 5 000 污染当量

pH 的污染当量数＝ 100 000 t 污水 /1 t 污水＝ 100 000 污染当量

（3）计算污染当量总数

第一类水污染物总汞、六价铬，其他污染物 pH、COD、SS。

污染当量总数＝ 12 000+5 000+100 000+20 000+4 000 ＝ 141 000 污染当量

（4）计算水环境保护税

每月水环境保护税＝ 1.4 元 / 污染当量 ×141 000 污染当量＝ 197 400 元

该化工厂 2020 年第一季度水污染环境保护税＝ 197 400×3 ＝ 592 200 元

（三）固体废物环境保护税额计算

1. 固体废物环境保护税收政策

固体废物环境保护税规定如下：

（1）对于固体废物排放，一次性征收环境保护税；

（2）不同类型固体废物的环境保护税标准不同。

2. 固体废物环境保护税的计算步骤

固体废物环境保护税＝固体废物排放量 × 税收标准

［例题］某钢铁厂，月生产 30 d，每天产生冶炼渣 10 000 kg。该厂没有专用的废渣贮存场。计算该钢铁厂 2020 年第二季度应缴纳的固体废物环境保护税。

解：冶炼渣属于工业固体废物，收费标准为 25 元 /t，2020 年第二季度应缴纳固体废物环境保护税：

10 000×30÷1 000×25 ＝ 7 500 元

（四）噪声环境保护税额计算

1. 超标噪声环境保护税政策

（1）工业噪声超标计征噪声环境保护税；

（2）一个单位边界有多处噪声超标，根据最高一处超标声级计算应纳税额；

（3）昼、夜均超标的环境噪声，昼、夜分别计算应纳税额，累计计征；

（4）一个单位有不同作业场所的，应当分别计算应纳额，合并计征；

（5）声源一个月内超标不足 15 d 的，减半计算应纳税额；

（6）夜间频繁突发和夜间偶然突发厂界超标噪声，按等效声级和峰值噪声两种指标中超标分贝值高的一项计算应纳税额；

（7）噪声环境保护税按超标声级计算。

2. 噪声超标环境保护税计算步骤

（1）查噪声排放标准

根据排污单位所处噪声功能区，查《工业企业厂界环境噪声排放标准》（GB 12348—2008），确定各噪声监测点的噪声排放标准。根据《声环境质量标准》（GB 3096—2008），声环境功能区分为 0 ～ 4 类，共五种类型。监测点位于不同噪声功能区，执行不同的排放标准。

（2）计算超标噪声值

超标噪声值＝噪声值－标准值

频繁突发噪声＝峰值噪声－（标准值 +10）

偶然突发噪声＝峰值噪声－（标准值 +15）

（3）查噪声环境保护税收标准

（4）确定各点超标噪声环境保护税

对于噪声超标不足 15 d 的点，超标噪声环境保护税应该减半征收。

（5）选择、叠加

在昼间、夜间分别选择税收额最高的一个点的税收额，并进行叠加，得到该排污单位超标噪声环境保护税基本值。

（6）确定超标噪声环境保护税

判断该排污单位噪声超标的厂界是否超过 100 m。如果没有超过 100 m，按 1 个单位计算噪声环境保护税；如果超过 100 m，则按 2 个单位计算噪声环境保护税。

［例题］某加工厂东侧为混合区，南侧为工业区，西侧为交通干线。2020 年 4—6 月，监测到该厂东、南、西的昼 / 夜噪声分别为 68/62 dB、74/60 dB、72/63 dB，在西侧监测到夜间偶然突发噪声 76 dB。位于东侧的 1 车间月生产 13 d，位于南、西侧的 2 车间、3 车间月生产 24 d。计算该厂 2020 年第二季度应缴纳的超标噪声环境保护税额。

解：（1）查噪声排放标准

该厂东、南、西侧分别适用《工业企业厂界环境噪声排放标准》（GB 12348—2008）的 2、3、4 类区域标准，东、南、西侧昼 / 夜噪声标准值分别为 60/50 dB、65/55 dB、70/55 dB。

（2）计算超标噪声值

东侧昼间超标噪声值＝ 68 － 60 ＝ 8 dB

东侧夜间超标噪声值＝ 62 － 50 ＝ 12 dB

南侧昼间超标噪声值＝ 74 － 65 ＝ 9 dB

南侧夜间超标噪声值＝ 60 － 55 ＝ 5 dB

西侧昼间超标噪声值＝ 72 － 70 ＝ 2 dB

西侧夜间超标噪声值＝ 63 － 55 ＝ 8 dB

西侧夜间偶然突发超标噪声值＝ 76 －（55+15）＝ 6 dB

（3）查超标噪声环境保护税收标准

根据各点超标噪声值，查超标噪声环境保护税收标准，结果如下：

东侧昼间超标噪声环境保护税为 1 400 元

东侧夜间超标噪声环境保护税为 2 800 元

南侧昼间超标噪声环境保护税为 1 400 元

南侧夜间超标噪声环境保护税为 700 元

西侧昼间超标噪声环境保护税为 350 元

西侧夜间超标噪声环境保护税为 1 400 元

西侧夜间偶然突发超标噪声环境保护税为 700 元

（4）确定各点超标噪声环境保护税

东侧噪声超标不足 15 d，超标噪声环境保护税应该减半。东侧昼 / 夜超标噪声环境保护税为

1 400÷2 ＝ 700 元

2 800÷2 ＝ 1 400 元

（5）选择、叠加

在东、南、西侧昼间超标噪声环境保护税中选 1 400 元，在东、南、西侧夜间和西侧夜间偶然突发超标噪声环境保护税中选 1 400 元，昼夜叠加：1 400+1 400 ＝ 2 800 元

（6）确定超标噪声环境保护税

该厂噪声超标的厂界超过 100 m，按 2 个单位计算，该厂应缴纳的超标噪声环境保护税为

2 800×2 ＝ 5 600 元

故该厂 2020 年第二季度应缴纳的超标噪声环境保护税额为

5 600×3 ＝ 16 800 元

第三节 资源税

一、我国资源税发展历程

资源税是以应税资源为课税对象，对在中华人民共和国领域和中华人民共和国管辖的其他海域开发应税资源的单位和个人，就其应税资源销售额或销售数量为计税依据而征收的一种税。应税资源包括矿产资源、土地资源、水资源、海洋资源、空气资源、动物资源、植物资源等。

我国资源税发展历程：

1984 年，《中华人民共和国资源税条例（草案）》颁布，针对煤炭、石油和天然气三种资源征收资源税，以销售收入为税基，实行超率累进征收。

1993 年 12 月，国务院发布了《中华人民共和国资源税暂行条例》，自 1994 年 1 月起实施，对原油、天然气、煤炭、其他非金属矿原矿、黑色金属矿原矿、有色金属矿原矿、盐征收资源税。2005 年，我国先后对原油、天然气、焦煤、铅锌、铜、钨等的税率进行了调整。自 2008 年 10 月起，还将部分非金属矿产品税额标准进行了上调。

2010 年我国开始在新疆、内蒙古、甘肃等 12 个省（区）进行资源税从量计征改为从价计征试点。

2016 年 5 月，财政部、国家税务总局发布了《关于全面推进资源税改革的通知》（财税〔2016〕53 号），决定从 2016 年 7 月 1 日起全面推进资源税改革，包括扩大资源税的征收范围，实施矿产资源税从价计征改革，全面清理涉及矿产资源的收费基金，合理确定资源税税率水平，加强矿产资源税收优惠政策管理。

2019 年 8 月 26 日，第十三届全国人大常委会第十二次会议表决通过了《中华人民共和国资源税法》（以下简称《资源税法》），并于 2020 年 9 月 1 日起实施。2020 年 6 月，《财政部、税务总局关于资源税有关问题执行口径的公告》（财政部、税务总局公告 2020 年第 34 号）、《国家税务总局关于资源税征收管理若干问题的公告》（国家税务总局公告 2020 年第 14 号）陆续发布，进一步对资源税法进行补充完善。

1993 年 12 月，国务院颁布《中华人民共和国资源税暂行条例》（以下简称《暂行条例》），规定对开采矿产品或者生产盐的单位和个人征收资源税，实行从量计征。2010 年 6 月起，按照党中央、国务院决策部署，资源税从价计征改革逐步实施。国务院于2011年9月对《暂行条例》作了部分修改，明确资源税按照从价定率或者从量定额的办法计征。《资源税法》是落实中央关于生态文明思想、践行绿色发展理念的重要部署，是落实税收法定原则、完善国家税收治理体系和治理能力现代化的重大成果，是健全地方税体系、巩固地方财政收入的重要保障，对于促进资源节约集约利用、加强生态环境保护等，发挥着重要作用。

二、资源税收政策

1. 纳税人

在中华人民共和国领域和中华人民共和国管辖的其他海域开发应税资源的单位和个人，为资源税的纳税人。征税对象为原矿或选矿（海盐的征税对象不区分原矿、选矿）。

2. 税目税率

《资源税法》所附《资源税税目税率表》确定了我国资源税税目，具体包括能源矿产（13个税目）、金属矿产（45个税目）、非金属矿产（95个税目）、水气矿产（5个税目）和盐（6个税目），共164个税目。各税目税率见表2-9。

表2-9 资源税税目税率表

<table>
<tr><th colspan="3">税目</th><th>征税对象</th><th>税率</th></tr>
<tr><td rowspan="7">能源矿产</td><td colspan="2">原油</td><td>原矿</td><td>6%</td></tr>
<tr><td colspan="2">天然气、页岩气、天然气水合物</td><td>原矿</td><td>6%</td></tr>
<tr><td colspan="2">煤</td><td>原矿或选矿</td><td>2% ～ 10%</td></tr>
<tr><td colspan="2">煤成（层）气</td><td>原矿</td><td>1% ～ 2%</td></tr>
<tr><td colspan="2">铀、钍</td><td>原矿</td><td>4%</td></tr>
<tr><td colspan="2">油页岩、油砂、天然沥青、石煤</td><td>原矿或选矿</td><td>1% ～ 4%</td></tr>
<tr><td colspan="2">地热</td><td>原矿</td><td>1% ～ 20% 或每立方米1 ～ 30元</td></tr>
<tr><td rowspan="5">金属矿产</td><td>黑色金属</td><td>铁、锰、铬、钒、钛</td><td>原矿或选矿</td><td>1% ～ 9%</td></tr>
<tr><td rowspan="4">有色金属</td><td>铜、铅、锌、锡、镍、锑、镁、钴、铋、汞</td><td>原矿或选矿</td><td>2% ～ 20%</td></tr>
<tr><td>铝土矿</td><td>原矿或选矿</td><td>2% ～ 9%</td></tr>
<tr><td>钨</td><td>选矿</td><td>6.5%</td></tr>
<tr><td>钼</td><td>选矿</td><td>8%</td></tr>
</table>

税目			征税对象	税率
金属矿产	有色金属	金、银	原矿或选矿	2% ～ 6%
		铂、钯、钌、锇、铱、铑	原矿或选矿	5% ～ 10%
		轻稀土	选矿	7% ～ 12%
		中重稀土	选矿	20%
		铍、锂、锆、锶、铷、铯、铌、钽、锗、镓、铟、铊、铪、铼、镉、硒、碲	原矿或选矿	2% ～ 10%
非金属矿产	矿物类	高岭土	原矿或选矿	1% ～ 6%
	岩石类	石灰岩	原矿或选矿	1% ～ 6% 或每吨（或每立方米）1 ～ 10 元
		磷	原矿或选矿	3% ～ 8%
		石墨	原矿或选矿	3% ～ 12%
		萤石、硫铁矿、自然硫	原矿或选矿	1% ～ 8%
		天然石英砂、脉石英、粉石英、水晶、工业用金刚石、冰洲石、蓝晶石、硅线石、长石、滑石、刚玉、菱镁矿、颜料矿物、天然碱、芒硝、钠硝石、明矾石、砷、硼、碘、溴、膨润土、硅藻土、陶瓷土、耐火黏土、铁钒土、凹凸棒市黏土、海泡石黏土、伊利石黏土、累托石黏土	原矿或选矿	1% ～ 12%
		叶蜡石、硅灰石、透辉石、珍珠石、云母、沸石、重晶石、毒重石、方解石、蛭石、透闪石、工业用电解石、白垩、石棉、蓝石棉、红柱石、石榴子石、石膏	原矿或选矿	2% ～ 12%
		其他黏土	原矿或选矿	1% ～ 5% 或每吨（或每立方米）0.1 ～ 5 元
		大理石、花岗岩、白云石、石英岩、砂岩、辉绿岩、安山岩、闪长岩、板岩、玄武岩、片麻岩、角闪岩、页岩、浮石、凝灰岩、黑曜岩、霞石正长岩、蛇纹岩、麦饭石、泥灰岩、含钾岩石、含钾砂页岩、天然油石、橄榄岩、松脂岩、粗面岩、辉长岩、辉石岩、正长岩、火山灰、火山渣泥炭	原矿或选矿	1% ～ 10%

税目			征税对象	税率
非金属矿产	岩石类	砂石	原矿或选矿	1%～5%或每吨（或每立方米）0.1～5元
	宝玉石类	宝石、玉石、宝石级金刚石、玛瑙、黄玉、碧玺	原矿或选矿	4%～20%
水气矿产	二氧化碳气、硫化氢气、氦气、氡气		原矿	2%～5%
	矿泉水		原矿	1%～20%或每立方米1～30元
盐	钠盐、钾盐、镁盐、锂盐		选矿	3%～15%
	天然卤水		原矿	3%～15%或每吨（或每立方米）1～10元
	海盐			2%～5%

3. 计征方式和应纳税额计算

我国现行《资源税法》规定了从价计征或者从量计征。实行从价计征的，应纳税额按照应税资源产品（以下称应税产品）的销售额乘以具体适用税率计算。实行从量计征的，应纳税额按照应税产品的销售数量乘以具体适用税率计算。

4. 税收减免

《资源税法》第七条规定了资源税的减免条件。

免征资源税：（1）开采原油以及在油田范围内运输原油过程中用于加热的原油、天然气；（2）煤炭开采企业因安全生产需要抽采的煤成（层）气。

减征资源税：（1）从低丰度油气田开采的原油、天然气，减征20%资源税；（2）高含硫天然气、三次采油和从深水油气田开采的原油、天然气，减征30%资源税；（3）稠油、高凝油减征40%资源税；（4）从衰竭期矿山开采的矿产品，减征30%资源税。

2020年6月24日，财政部、国家税务总局发布了《关于继续执行资源税优惠政策的公告》，明确了资源税优惠政策：（1）对青藏铁路公司及其所属单位运营期间自采自用的砂、石等材料免征资源税。（2）自2018年4月1日至2021年3月31日，对页岩气资源税减征30%。（3）自2019年1月1日至2021年12月31日，对增值税小规模纳税人可以在50%的税额幅度内减征资源税。（4）自2014年12月1日至2023年8月31日，对充填开采置换出来的煤炭，资源税减征 50%。

5. 资源税征收管理

2020 年 8 月 28 日，国家税务总局发布了《关于资源税征收管理若干问题的公告》（国家税务总局公告　2020 年第 14 号），主要内容如下：

（1）纳税人以外购原矿与自采原矿混合为原矿销售，或者以外购选矿产品与自产选矿产品混合为选矿产品销售的，在计算应税产品销售额或者销售数量时，直接扣减外购原矿或者外购选矿产品的购进金额或者购进数量。

纳税人以外购原矿与自采原矿混合、洗选加工为选矿产品销售的，在计算应税产品销售额或者销售数量时，按照下列方法进行扣减：

准予扣减的外购应税产品购进金额（数量）＝外购原矿购进金额（数量）×（本地区原矿适用税率 / 本地区选矿产品适用税率）

不能按照上述方法计算扣减的，按照主管税务机关确定的其他合理方法进行扣减。

（2）纳税人申报资源税时，应当填报《资源税纳税申报表》（见附件）。

（3）纳税人享受资源税优惠政策，实行“自行判别、申报享受、有关资料留存备查”的办理方式，另有规定的除外。纳税人对资源税优惠事项留存材料的真实性和合法性承担法律责任。

第四节　其他环境收费

目前，在生态环境保护领域涉及一些收费项目，这些收费项目也是重要的经济政策，2020 年 3 月，中共中央办公厅、国务院办公厅印发《关于构建现代环境治理体系的指导意见》，提出：“健全价格收费机制。严格落实‘谁污染、谁付费’政策导向，建立健全‘污染者付费 + 第三方治理’等机制。按照补偿处理成本并合理盈利原则，完善并落实污水垃圾处理收费政策。综合考虑企业和居民承受能力，完善差别化电价政策。”

一、污水处理费

污水处理是水污染防治的关键环节，是推动生态优先、绿色发展的重要举措。完善污水处理收费机制，合理制定和调整收费标准，更好发挥价格杠杆作用，引导资源优化配置，实现生态环境成本内部化，倒逼生产方式转型和生活方式转变，助推高质量发展。

污水处理费是按照“污染者付费”原则，由排水单位和个人缴纳并专项用于城镇污水处理设施建设、运行和污泥处理处置的资金。向城镇排水与污水处理设施排放污水、废水的单位和个人，应当缴纳污水处理费。向城镇污水处理设施排放污水，并已缴纳污水处理费的，不再缴纳环境保护税。向城镇排水与污水处理设施排放的污水超过国家或者地方规定排放标准的，应依法受到处罚。

2017 年修订的《中华人民共和国水污染防治法》第四十九条第四款规定：“城镇污水集中处理设施的运营单位按照国家规定向排污者提供污水处理的有偿服务，收取污水处理费用，保证污水集中处理设施的正常运行。收取的污水处理费应当用于城镇污水集中处理设施的建设运行和污泥处理处置，不得挪作他用。”

20 世纪 80 年代，我国开始污水处理费征收试点。目前，污水处理费基本实现了全覆盖，但污水处理费标准差异较大。据《“十三五”环境经济政策建设规划中期评估研究》（璩爱玉等，2019），截至 2018 年年末，全国大部分设市城市和部分县城、重点建制镇按照国家要求的最低标准，将污水处理收费标准调整到位。全国 36 个大中城市中，居民污水处理收费标准在 0.5 ～ 1.42 元 /m^3 范围内，最高的是南京，最低的是太原和乌鲁木齐；非居民收费标准在 0.5 ～ 3 元 /m^3 范围内，最高的是北京，最低的是乌鲁木齐。部分地区针对重污染企业污水处理费实施加价惩戒措施，如江苏省，对连续两次登上环保信用评级红榜的企业，污水处理费加收 1 元 /m^3。部分城市污水处理费征收标准见表 2-10。

表 2-10 部分城市污水处理费征收标准

城市	用水分类		收费标准 /（元 /t）
北京	居民		1.36
	非居民		3
上海	居民		1.7
	非居民	工商业	2.34
		行政事业	2.24
		特种用水	2.34
天津	居民		0.95
	非居民		1.4

城市	用水分类			收费标准 /（元 /t）
深圳	居民生活用水	家庭户	0～22（含）m³/（户·月）	0.9
			23～30（含）m³/（户·月）	1
			31 m³/（户·月）及以上	1.1
		集体户	0～5（含）m³/（户·月）	0.9
			6～7（含）m³/（户·月）	1
			8 m³ 及以上	1.1
		合表客户		0.9
	非居民生活用水	行政事业用水		1.1
		工业用水		1.05
		商建服务业用水		1.2
	特种用水			2
武汉	居民			1.1
	非居民			1.37
杭州	居民			1
	非居民			1.75～2.45
赣州	居民用水			0.95～1.10
	非居民用水（行政事业、工业、经营、基建）			1.40～1.60
	特种行业用水			1.60
安庆市	居民生活用水			0.95
	非居民生活用水			1.4
	特种用水			2
秦皇岛市	居民生活用水			0.9
	非居民生活用水			1.5

1.《污水处理费征收使用管理办法》

2014 年 12 月，财政部、国家发展改革委、住房和城乡建设部联合印发《污水处理费征收使用管理办法》，主要内容如下。

目的：为了规范污水处理费征收使用管理，保障城镇污水处理设施运行维护和建设，防治水污染，制定了城镇污水处理费的征收、使用和管理办法。

污水处理费：按照“污染者付费”原则，由排水单位和个人缴纳并专项用于城镇污水处理设施建设、运行和污泥处理处置的资金。污水处理费属于政府非税收入，实行专款专用。

征收条件：凡设区的市、县（市）和建制镇已建成污水处理厂的，均应当征收污水处理费；在建污水处理厂、已批准污水处理厂建设项目可行性研究报告或项目建议书的，可以开征污水处理费，并应当在开征3年内建成污水处理厂，投入运行。

征收对象：向城镇排水与污水处理设施排放污水、废水的单位和个人（以下称缴纳义务人），应当缴纳污水处理费。已缴纳污水处理费的，不再缴纳排污费。

计费方式：污水处理费按缴纳义务人的用水量计征。污水处理费一般应当按月征收，并全额上缴地方国库。

污水处理费的征收标准：按照覆盖污水处理设施正常运营和污泥处理处置成本并合理盈利的原则制定，由县级以上地方价格、财政和排水主管部门提出意见，报同级人民政府批准后执行。

使用管理：污水处理费专项用于城镇污水处理设施的建设、运行和污泥处理处置，以及污水处理费的代征手续费支出，不得挪作他用。

法律责任：单位和个人违反规定，依照国家有关规定追究法律责任；涉嫌犯罪的，移送司法机关处理；缴纳义务人不缴纳污水处理费的，由城镇排水主管部门责令限期缴纳；逾期拒不缴纳的，处应缴纳污水处理费数额1倍以上、3倍以下罚款。

2.《关于创新和完善促进绿色发展价格机制的意见》

2018年6月，国家发展改革委《关于创新和完善促进绿色发展价格机制的意见》（发改价格规〔2018〕943号）颁布，提出加快构建覆盖污水处理和污泥处置成本并合理盈利的价格机制，推进污水处理服务费形成市场化，逐步实现城镇污水处理费基本覆盖服务费用。具体内容如下。

建立城镇污水处理费动态调整机制：按照补偿污水处理和污泥处置设施运营成本（不含污水收集和输送管网建设运营成本）并合理盈利的原则，制定污水处理费标准，并依据定期评估结果动态调整。

建立企业污水排放差别化收费机制：鼓励地方根据企业排放污水中主要污染物种类、浓度、环保信用评级等，分类分档制定差别化收费标准，促进企业污水预处理和污染物减排。工业园区要率先推行差别化收费政策。

建立与污水处理标准相协调的收费机制：污水处理排放标准提高至一级A或更严格标准的城镇和工业园区，可相应提高污水处理费标准，长江经济带相关省份要率先实施。水源地保护区、地下水易受污染地区、水污染严重地区和敏感区域，特别是劣V类水体以及城市黑臭水体污染源所在地，要实行更严格的排放标准，并相应提高污水处理费标准。

探索建立污水处理农户付费制度：在已建成污水集中处理设施的农村地区，探索建立农户付费制度，综合考虑村集体经济状况、农户承受能力、污水处理成本等因素，合理确定付费标准。

健全城镇污水处理服务费市场化形成机制：推动通过招投标等市场竞争方式，以污水处理和污泥处置成本、污水总量、污染物去除量、经营期限等为主要参数，形成污水处理服务费标准。鼓励将城乡不同区域、规模、盈利水平的污水处理项目打包招投标，促进城市、建制镇和农村污水处理均衡发展。建立污水处理服务费收支定期报告制度。污水处理企业应于每年3月底前，向当地价格主管部门报告上年度污水处理服务费收支状况，为调整完善污水处理费标准提供参考。

3.《关于完善长江经济带污水处理收费机制有关政策的指导意见》

2020年4月，国家发展改革委、财政部、住房和城乡建设部、生态环境部、水利部联合发布了《关于完善长江经济带污水处理收费机制有关政策的指导意见》，主要内容如下。

按照“污染付费、公平负担、补偿成本、合理盈利”的原则，完善长江经济带污水处理成本分担机制、激励约束机制和收费标准动态调整机制，健全相关配套政策，建立健全覆盖所有城镇、适应水污染防治和绿色发展要求的污水处理收费长效机制。

严格开展污水处理成本监审调查：污水处理成本包括污水处理设施建设运营和污泥无害化处置成本。长江经济带11省市要根据形势发展，按照长江水污染防治目标要求，考虑污水排放标准提升和污泥无害化处置等成本合理增加因素，规范、细化成本构成和具体审核标准，明确职工薪酬、折旧费等重要指标参数，合理归集、分摊和核算成本，严格核减不应计入定价成本的费用，为科学定价提供依据。

健全污水处理费调整机制：根据成本监审调查情况，按照补偿污水处理和运行成本的原则，在综合考虑地方财力、社会承受能力的基础上，合理制定污水处理费标准，并完善污水处理费标准动态调整机制。到2025年年底，各地（含县城及建制镇）均应调整至补偿成本的水平。

加大污水处理费征收力度：长江经济带11省市所有城市、县城、建制镇均应具备污水处理能力，并按规定开征污水处理费。加强对自备水源用户管理，实行装表计量，确保污水处理费应收尽收。

推行污水排放差别化收费：鼓励各地探索开展污水排放差别化收费机制，根据企业排放污水中主要污染物种类、浓度等指标，分类分档制定差别化收费标准，促进企业污水预处理和污染物减排。工业园区、生态环境敏感脆弱的地区以及污染排放超负荷地区要率先推行差别化收费政策。

创新污水处理服务费形成机制：通过政府购买服务，以招标等市场化方式确定污水处理服务费水平。

降低污水处理企业负担：对长江沿线污水处理厂免收电价容（需）量费。污水处理厂可根据实际用电情况，自愿选择执行峰谷分时电价或平段电价。支持污水处理企业参与电力市场化交易。

探索促进污水收集效率提升新方式：长江经济带11省（市）要加快补齐生活污水收集管网“短板”，强化管网运行维护，根据当地污水主要来源，采取针对性措施，切实提高城市生活污水集中收集率。鼓励各地结合推进厂网一体化污水处理运营模式，开展收费模式改革试点，创新体制机制，吸引社会资本进入，提高污水收集管网运行效率。

保障措施：明确政府职责，压实地方责任，保障困难群众利益，做好宣传引导。

二、垃圾处理费

垃圾清运、处理需要花费大量费用。根据“污染者付费”原则，垃圾处理费应该由垃圾产生者负担，即居民应该缴纳生活垃圾处理费。生活垃圾处理费是指将生活垃圾从垃圾投放点运往垃圾处置场所进行无害化处理所产生的收集、运输和处置费用。

城市生活垃圾收费可以分为按人收费和按垃圾量收费两种形式。根据我国的实际情况，可先实行按人收费，以后逐步过渡到按垃圾量收费。

2002年6月发布的《关于实行城市生活垃圾处理收费制度促进垃圾处理产业化的通知》（计价格〔2002〕872号）初步建立了生活垃圾处理收费制度。文件主要包括“全面推行生活垃圾处理收费制度，促进垃圾处理的良性循环”“合理制定垃圾处理费标准，提高垃圾无害化处理能力”“制定科学的计收办法，加强收费管理”“改革垃圾处理运行机制，促进垃圾处理产业化”“规范收费行为，减轻企事业单位和居民的不合理负担”五方面内容。

2009年6月，国家发展和改革委员会发布了《垃圾处理收费方式改革试点工作指导意见》（发改价格〔2009〕1729号），在南京市、武汉市、黄石市、潜江市、长沙市进行垃圾处理收费方式改革试点。

2016年11月修订的《中华人民共和国固体废物污染环境防治法》第五条规定：国家对固体废物污染环境防治实行“污染者依法负责”的原则。这为征收生活垃圾处理费提供了法律依据。

国家发展改革委发布的《关于创新和完善促进绿色发展价格机制的意见》（发改价格规〔2018〕943号）第四条“健全固体废物处理收费机制”提出：“全面建立覆盖成本并合理盈利的固体废物处理收费机制，加快建立有利于促进垃圾分类和减量化、资源化、无害化处理的激励约束机制。（一）建立健全城镇生活垃圾处理收费机制。按照补偿成本并合理盈利的原则，制定和调整城镇生活垃圾处理收费标准。2020年底前，全国城市及建制镇全面建立生活垃圾处理收费制度。鼓励各地创新垃圾处理收费模式，提高收缴率……（二）完善城镇生活垃圾分类和减量化激励机制。积极推进城镇生活垃圾处理收费方式改革，对非居民用户推行垃圾计量收费，并实行分类垃圾与混合垃圾差别化收费等政策，提高混合垃圾收费标准；对具备条件的居民用户，实行计量收费和差别化收费，加快推进垃圾分类……（三）探索建立农村垃圾处理收费制度。在已实行垃圾处理制度的农村地区，建立农村垃圾处理收费制度，综合考虑当地经济发展水平、农户承受能力、垃圾处理成本等因素，合理确定收费标准，促进乡村环境改善。（四）完善危险废物处置收费机制。按照补偿危险废物收集、运输、贮存和处置成本并合理盈利的原则，制定和调整危险废物处置收费标准，提高危险废物处置能力。综合考虑区域内医疗机构总量和结构、医疗废物实际产生量及处理总成本等因素，合理核定医疗废物处置定额、定量收费标准，收费方式由医疗废物处置单位和医疗机构协商确定……”

目前，我国部分地方将生活垃圾收费作为行政事业性收费，部分地方将其作为经营服务性收费来管理。在收费主体上，各地的情况也差异较大，有的由住建、市政、城管、供水、环卫等部门或企业收取，有的由政府或企业委托小区物业、居委会收取。

三、产品收费

产品收费（product charge）是指对那些在消费过程中产生污染的产品收取费用。这项收费手段的功能主要是通过直接提高产品的价格来实现的，即通过提高价格来减少这些产品的消费量。

产品收费通常有四种形式：

（1）直接针对某种产品收费。如发达国家对化肥、农药、润滑油、含氯氟烃（CFC）产品、包装材料、化石燃料、轮胎、汽车电池等产品进行收费。

（2）针对某些产品具有的某种危害特征收费。如根据汽油的含铅量、燃料的含碳量和含硫量收费。直接针对某种产品收费和针对某些产品具有的某种危害特征收费均会使产品的价格上升，从而减少人们对污染产品的需求量。

（3）对“环境友好”产品实行价格补贴。即对“环境友好”产品实行负收费，使“环境友好”产品的价格下降，扩大“环境友好”产品的生产与消费。

（4）最低限价。主要用于维持和改善某些具有潜在价值的废弃物的市场，促使该废弃物不被倾倒而被再利用。例如，废纸回收可以显著减少焚烧和倾倒的家庭废弃物数量，而废纸市场通常极不稳定，为维持这个市场，可由政府规定最低限价。

产品收费是生产者责任延伸制度的途径之一。生产者责任延伸制度是指将生产者对其产品承担的资源环境责任从生产环节延伸到产品设计、流通消费、回收利用、废物处置等全生命周期的制度。《中华人民共和国循环经济促进法》提出了生产者责任延伸制度。2016 年 12 月 25 日，国务院办公厅发布《关于印发生产者责任延伸制度推行方案的通知》（国办发〔2016〕99 号），提出了我国生产者责任延伸制度的目标：“到 2020 年，生产者责任延伸制度相关政策体系初步形成，产品生态设计取得重大进展，重点品种的废弃产品规范回收与循环利用率平均达到 40%。到 2025 年，生产者责任延伸制度相关法律法规基本完善，重点领域生产者责任延伸制度运行有序，产品生态设计普遍推行，重点产品的再生原料使用比例达到 20%，废弃产品规范回收与循环利用率平均达到 50%。”

四、押金 - 退款制度

押金 - 退款制度（deposit refund system）对可能引起污染的产品征收押金（收费）。产品报废后，如果将报废的产品送到指定的地点，则退还押金。押金 - 退款制度，可以理解为征税手段和补贴手段的组合使用。当购买可能引起污染的产品时，向消费者“征税”；当消费者把报废的产品送到指定的地点时，又将这一税金退还消费者（这可视为补贴）。

押金 - 退款制度通常有两种类型，一是旨在强化再利用的类型；二是旨在刺激循环使用的类型。

目前，押金－退款制度的应用范围远不如税费手段广，但押金－退款制度在一些特殊的领域仍有其优越之处，如对电池、饮料、容器、含有毒有害物质的包装物等，押金－退款制度非常有效。在 OECD 国家中，有 16 个国家实行玻璃瓶押金－退款制度，12 个国家实行塑料饮料容器押金－退款制度，5 个国家实行金属容器押金－退款制度，这些容器的返还率达到 60% 以上，高的达到 90%。瑞典和挪威对汽车残骸实行押金－退款制度，返还率达到 80% 以上。

押金－退款制度在执行过程中应该注意以下问题：第一，押金－退款占产品的价格比率要适当；第二，押金－退款制度应该与现有的产品销售和分送系统结合起来，以降低收还押金的管理成本；第三，押金－退款制度应与相关法律、法规及管理制度相协调。

押金－退款制度是一种有效的经济刺激手段，但是，我国的押金－退款制度还不健全。我们应该加强对押金－退款制度的研究，尽快建立适合中国国情的押金－退款制度。

参考文献

[1] 璩爱玉，董战峰，李红祥，等．“十三五”环境经济政策建设规划中期评估研究 [J]. 中国环境管理，2019，11（5）：20-25.

[2] 苏明．中国环境税改革问题研究 [J]. 当代经济管理，2014（11）：2-17.

[3] 葛察忠，龙凤，任雅娟，等．基于绿色发展理念的《环境保护税法》解析 [J]. 环境保护，2017，45（Z1）：15-18.

[4] 秦天宝，胡邵峰．环境保护税与排污费之比较分析 [J]. 环境保护，2017，45（Z1）：24-27.

[5] 吴健，陈青．环境保护税：中国税制绿色化的新进程 [J]. 环境保护，2017，45（Z1）：28-32.

[6] 李克国．环境经济学（第四版）[M]. 北京：中国环境出版集团，2021.

[7] 俞敏．环境税改革：经济学机理、欧盟的实践及启示 [J]. 北方法学，2016，10（1）：73-83.

[8] 秦昌波，王金南，葛察忠，等．征收环境税对经济和污染排放的影响 [J]. 中国

人口·资源与环境，2015，25（1）：17-23.

[9] 祁毓 . 环境税费理论研究进展与政策实践 [J]. 国外社会科学，2019（1）：53-63.

[10] 刘建徽，周志波，刘晔 .“双重红利”视阈下中国环境税体系构建研究 [J]. 宏观经济研究，2015（2）：68-77.

[11] 熊文，刘纪显 . 双重红利：我国环境保护税对企业绿色发展激励作用探讨 [J]. 环境保护，2017，45（5）：51-54.

[12] 环境保护部环境与经济政策研究中心课题组 .“十三五”时期我国环境经济政策创新发展思路、方向与任务 [J]. 经济研究参考，2015（3）：32-41.

[13] 芮艳霞 . 中国税收制度变迁及其启示探讨 [J]. 现代营销，2018（10）：183-184.

第三章　绿色金融

第一节　我国绿色金融概述

一、绿色金融的概念与特征

（一）绿色金融的概念

中国人民银行、财政部、国家发展和改革委员会等七部门在2016年联合发布《关于构建绿色金融体系的指导意见》，正式给出了绿色金融定义：为支持环境改善、应对气候变化和资源节约高效利用的经济活动，即对环保、节能、清洁能源、绿色交通、绿色建筑等领域的项目投融资、项目运营、风险管理等所提供的金融服务。

（二）绿色金融的特征

（1）绿色金融在性质上是一种金融服务活动，其运作依然要遵循经济金融市场规律。

（2）绿色金融的目的是改善环境、减少温室气体排放和提高资源利用效率。这一制度创新不仅有助于加快我国经济向绿色化转型，支持生态文明建设，也有利于促进环保、新能源、节能等领域的技术进步，加快培育新的经济增长点，提升经济增长潜力。

（3）我国绿色金融明确了绿色项目类别，更加清晰地引导社会通过金融服务创新，实现社会资源优化配置。

二、国外绿色金融发展概况

不少国家为了更好地应对气候变化和减少环境污染，通过制定绿色经济增长战略、促进绿色投资、建立循环经济发展计划等，发展绿色经济。

（一）《欧盟环境责任指令》和《欧盟循环经济行动计划》

2004 年，欧盟颁布了《欧盟环境责任指令》。该指令在“污染者付费”原则的基础上构建一个制度框架。欧盟成员国依据该指令出台资金激励性措施，落实环境责任相关的资金保障，以推动环境责任相关市场的发展。环境责任资金保障主要由保险公司开发设计，其次是银行担保或者债券、基金等参与。一些欧盟成员国在 2014 年先后出台了强制性环境责任资金保障制度。一般来说，强制性保险资金是根据相关行业和运营商的风险评估来确定赔偿上限。2015 年，欧盟委员会针对循环经济、废弃物处理等出台了《欧盟循环经济行动计划》。该行动计划覆盖了生产消费、废弃物管理和二手原料市场，目的是促进欧洲经济转型和可持续经济发展。为此，欧盟专门成立了欧洲战略投资基金，鼓励金融机构资助与循环经济相关的项目。

（二）英国的《温室气体排放披露指南》等

2000 年前后，英国制定了《英国气候变化协议》和《碳减排承诺（CRC）能源效率计划》。这些制度主要针对气候变化问题，要求企业进行碳排放信息强制披露。英国为了明确企业披露相关碳排放信息，进一步制定了《气候变化法案》、《温室气体排放披露指南》和《碳减排承诺》。2013 年，英国修订了《公司法》，要求英国上市公司在年报中详细披露温室气体的排放信息。

（三）美国的《超级基金法》

美国国会在 1980 年通过了《综合环境处理、赔偿和责任法》（简称《超级基金法》）。《超级基金法》按照“污染者付费”原则确定可能责任主体，并让其承担污染场地的修复费用，进而实现对公众健康和环境的保护。事实上，该法最显著的特征是“责任的连带性”，例如，污染项目的贷款方可能被认定为清理费用的承担者。该法在 1996 年得到修订，进一步明晰了连带责任主体的范围和适用条件。美国《超级基金法》的先进性在于扩大了污染环境责任承担者的范围，无限期的追溯权力，以及严格制裁。

（四）印度尼西亚的《绿色金融发展的路线图（2015—2019 年）》

印度尼西亚金融服务管理局在 2014 年制定了《绿色金融发展的路线图（2015—2019 年）》。该路线图规划了印度尼西亚绿色金融发展的中期目标和长期目标。中期目标主要涉及印度尼西亚绿色金融的定义、原则以及政策法规；长期目标主要涉及绿色金融的综合风险管理、银行评级、公司治理等。

（五）蒙古国的《绿色金融发展原则》

蒙古国在 2014 年颁布了《绿色金融发展原则》，并于 2015 年 1 月生效。《绿色金融发展原则》由蒙古国银行业协会、旅游部、蒙古国银行等制定，阐明了绿色金融发展的八大原则：保护自然环境、保护文化遗产、保护民众和社区、促进绿色经济增长、促进金融道德和公司治理、促进金融包容性、促进透明度和问责制、实践特色方案，这无疑为银行发放贷款和设计新产品提供了总体指导。

三、我国绿色金融的发展历程

（一）起步阶段（2007—2010 年）

1995 年，中国人民银行发布了《关于贯彻信贷政策与加强环境保护相关问题的通知》，要求金融机构在放贷时考虑贷款方的环境保护和污染防治状况。这是我国最早的直接与绿色金融有关的政策文件。但是在当时社会经济发展环境下，相关配套政策没有出台，导致该通知流于形式，没有产生显著的市场效果。

2007 年 6 月，中国人民银行、国家环境保护总局、中国银监会联合出台《关于落实环境保护政策法规防范信贷风险的意见》，首次提出了“绿色信贷”政策。该意见明确要求：（1）对违规排污企业，要严格限制流动资金贷款；（2）银行发放贷款时，必须严格遵守国家产业政策分类发放；（3）对未通过环评审批或环保设施验收的项目，不得新增任何形式的授信。

随后，我国在绿色信贷方面相继出台了《关于防范和控制高耗能高污染行业贷款风险的通知》《节能减排授信工作指导意见》《中国银行业金融机构企业社会责任指引》等规定和政策。在一系列政策的支持和促进下，我国银行业在绿色金融方面的积极举措取得了阶段性、局部性成果。

2007 年 12 月，国家环境保护总局、银监会发布了《关于环境污染责任保险的指导意见》；2008 年 1 月，证监会出台了《关于重污染行业生产经营公司 IPO 申请文件的通知》；2008 年 2 月，国家环境保护总局发布了《关于加强上市公司环境保护监督管理工作的指导意见》。

我国绿色金融制度在这个过程中由绿色信贷逐步向绿色保险、绿色证券等不断扩展。这表明我国绿色金融政策进入起步发展阶段。

（二）成长阶段（2011—2014 年）

2011 年，我国绿色金融有一个重大提升，出台了《全国环境保护法规和环境经济政策建设规划》，该规划明确了绿色金融政策与价格政策、财税政策、环境价值评估政策等相辅相成发挥作用，激励企业减少污染，或者减少排放。2012 年 2 月，银监会发布了《绿色信贷指引》。2013 年 2 月，环境保护部、保监会发布了《关于开展环境污染强制责任保险试点工作的指导意见》。2013 年，银监会印发了《关于绿色信贷工作的意见》，并在 2014 年又印发了《绿色信贷实施情况关键评价指标》。我国绿色信贷初步形成以《绿色信贷指引》为核心、以绿色信贷统计制度和考核评价制度为两大基石的绿色金融制度框架。

（三）成熟阶段（2015 年至今）

2015 年，我国制定《关于加快推进生态文明建设的意见》，首次提出要推广绿色信贷、排污权抵押等融资，开展环境污染责任保险试点。2015 年 9 月，中共中央、国务院印发了《生态文明体制改革总体方案》，系统地提出了绿色金融体系的构建路径。2015 年 10 月，党的十八届五中全会提出了“创新、协调、绿色、开放、共享”五大发展理念，为我国绿色金融发展提供了理念指引，也为我国绿色金融快速发展明确了目标。

2016 年 3 月，我国“十三五”规划提出，要构建绿色金融体系，发展绿色信贷、绿色债券，设立绿色发展基金。2016 年 8 月 31 日，中国人民银行、财政部等七部门联合发布了《关于构建绿色金融体系的指导意见》。可以说，2016 年是中国绿色金融市场发展的元年。此后，我国绿色金融创新不断涌现。

2017 年，中国人民银行出台了《落实〈关于构建绿色金融体系的指导意见〉的分工方案》，明确了绿色金融体系建设的时间表和路线图。2017 年，一些地方政府获批建设绿色金融改革创新试验区。至此，“上下双向”推动的绿色金融发展模式形成，绿色金融实践活动日益增多，绿色金融服务不断创新。

随着我国向绿色低碳社会快速转型，绿色金融在我国进入快速发展阶段。绿色金融是支撑绿色技术持续创新的重要手段，也是促使绿色产业做大做强的重要保障。发展好我国的绿色金融，不但可以提高我国发展质量，而且可以改善我们的生存环境，甚至能够帮助我国在新的能源技术革命中保持领先。

四、我国绿色金融政策体系

我国通过近 10 年的发展，已经初步形成比较完备的绿色金融政策体系。从监管部门角度看，一是银保监会、证监会等主要金融监管部门在政策层面明确了绿色金融导向、原则和措施；二是环境保护部门和金融监管部门合作，构建了绿色证券、绿色信贷和绿色保险等的政策框架。从政策项目角度看，我国绿色金融政策体系包括绿色信贷、绿色证券、绿色债券和环境污染责任保险等。

第二节 绿色信贷

一、绿色信贷概述

（一）绿色信贷的起源

20 世纪中期以后，环境污染问题日趋严重，人类环境保护意识开始觉醒。在这一背景下，美国在 1980 年 12 月 11 日颁布了《综合环境反应、赔偿和责任法》，又称《超级基金法》。该法规定，银行作为环境污染者的贷款方，对客户造成环境污染的行为负责，且这种贷方环境责任可以追溯。该法的出台使美国银行对原有的信贷审查程序进行了相应的修改，增加了对借款人环境和社会影响情况的调查。据此，在西方发达国家，银行业开始逐步在信贷业务环节审查贷款方环境污染风险，于是绿色信贷开始起步。

我国最早在2007年提出绿色信贷。原国家环境保护总局、中国人民银行和原银监会联合发布了《关于落实环保政策法规 防范信贷风险的意见》。该文件认为，当前我国环境形势十分严峻，一些地区建设项目和企业的环境违法现象较为突出，因污染企业关停带来的信贷风险加大，已严重影响了社会稳定和经济安全。因此，严格执行对企业和建设项目的环境监管和信贷管理，已经成为一项紧迫的任务。我国绿色信贷工作就此开始。

（二）绿色信贷的定义

绿色信贷在国际上较少有明确的定义，多是在金融与环境保护或者可持续发展研究领域，借由其他概念或者原则加以表述，例如环境贷款、“赤道原则”、企业社会责任以及可持续贷款等。

我国银监会在2012年发布了《绿色信贷指引》，规定银行业金融机构应当从战略高度推进绿色信贷，加大对绿色经济、低碳经济、循环经济的支持，防范环境和社会风险，提升自身的环境和社会表现，并以此优化信贷结构，提高服务水平,促进发展方式转变。这是绿色信贷首次在我国官方文件中被正式提出。该文件系统地规定了绿色信贷在组织管理、政策制度以及能力建设、流程管理、内控管理与信息披露等方面对银行业的要求。综上所述，绿色信贷就是金融机构通过有效的识别计量监测，控制信贷业务活动中的环境和社会风险，建立环境和社会风险管理体系，完善相关信贷政策制度和流程管理，使金融资源重点投向低碳经济、循环经济等绿色经济领域的信贷行为。可见，绿色信贷是发挥银行业的资源配置作用、防范信贷资金投入高能耗高污染行业的信贷。

二、绿色信贷政策的演变

我国绿色信贷政策的演变见表3-1。

表3-1 我国绿色信贷政策的演变

时间	部门	文件	政策主要内容
1981年2月	国务院	《关于在国民经济调整时期加强环境保护工作的决定》	新建大中型项目应通过环评，否则不予贷款

时间	部门	文件	政策主要内容
1995 年 2 月	中国人民银行	《关于贯彻信贷政策与加强环境保护工作有关问题的通知》	信贷工作需要把环境污染作为考量因素
1996 年 8 月	国务院	《关于环境保护若干问题的决定》	对不符合环保标准的项目，不予贷款
2004 年 4 月	中国人民银行、国家发展和改革委员会、银监会	《关于进一步加强产业政策和信贷政策协调配合 控制信贷风险有关问题的通知》	对于被禁止的环境污染严重、产能严重过剩的项目，应停止新增授信；已建成的项目，如已实施授信，应妥善收回
2007 年 7 月	国家环境保护总局、中国人民银行、银监会	《关于落实环保政策法规 防范信贷风险的意见》	要求银行业强化环境监管，促进信贷安全，以严格信贷管理、支持环境保护
2007 年 11 月	银监会	《节能减排授信工作指导意见》	对银行业在授信政策和授信管理方面提出了“三个支持，三个不支持，一个创新”、名单制、管理能力建设等具体要求
2012 年 11 月	银监会	《绿色信贷指引》	国内绿色信贷纲领性政策文件，从总则、组织管理、政策制度以及能力建设、流程管理、内控管理与信息披露等方面提出具体要求
2016 年 9 月	中国人民银行、国家发展和改革委员会等	《关于构建绿色金融体系的指导意见》	给绿色金融作了顶层设计，包含绿色信贷、绿色保险、绿色证券等大部分绿色金融产品

三、绿色信贷管理

绿色信贷管理的重点是银行通过在组织流程、内控机制及信息披露等方面开展合规建设，实现对信贷业务中借款方的环境和社会风险的防控。

（1）环境和社会风险

环境和社会风险是指银行业金融机构的客户及其重要关联方在建设、生产、经营活动中可能给环境和社会带来的危害及相关风险，包括与耗能、污染、土地、健康、安全、移民安置、生态保护、气候变化等有关的环境与社会问题。

金融机构的客户是指借贷业务中的借款方；客户的重要关联方是指借款方控

股的公司或者被控股的公司、通过人事安排或者契约等能够施加重大影响的关联公司。重大影响认定的依据是能否对公司的经营管理产生实质上的影响。可见，环境和社会风险的产生可能是借款者导致的，也可能是重要关联公司导致的。

（2）银行绿色信贷的管理

银行业金融机构应当有效识别、计量、监测、控制信贷业务活动中的环境和社会风险，建立环境和社会风险管理体系，完善相关信贷政策制度和流程管理。

1. 组织管理

（1）金融机构董事会或者理事会

金融机构的董事会或者理事会作为金融机构治理的核心部门，根据金融机构股东会的授权或者法律法规开展工作。按照《绿色信贷指引》要求，其应当树立并推行节约、环保、可持续发展等绿色信贷理念，确定绿色信贷发展战略，审批高级管理层制定的绿色信贷目标和提交的绿色信贷报告，监督、评估本机构绿色信贷发展战略执行情况。

（2）金融机构高级管理层

金融机构的高级管理层作为金融机构的具体执行部门，对董事会或者理事会负责。其应当根据董事会或理事会的决定，制定绿色信贷目标，建立机制和流程，明确职责和权限，开展内控检查和考核评价，每年度向董事会或理事会报告绿色信贷发展情况，并及时向监管机构报送相关情况。

（3）金融机构专业管理部门

金融机构内部绿色信贷专业管理部门是金融机构绿色信贷的具体负责部门，组织开展并归口管理绿色信贷各项工作。必要时，可以设立跨部门的绿色信贷委员会，协调相关部门工作。

2. 政策制度和能力建设管理

（1）政策制度建设要求

银行业金融机构应当根据国家环保法律法规、产业政策、行业准入政策等规定，建立并不断完善环境和社会风险管理的政策、制度和流程，明确绿色信贷的支持方向和重点领域，对国家重点调控的限制类以及有重大环境和社会风险的行业制定专门的授信指引，实行有差别、动态的授信政策，实行风险敞口管理制度。

银行业金融机构应当制定针对客户的环境和社会风险评估标准，对客户的环境和社会风险进行动态评估与分类，相关结果应当作为其评级、信贷准入、管理和退出的重要依据，并在贷款“三查”、贷款定价和经济资本分配等方面采取差别化的风险管理措施。

银行业金融机构应当对存在重大环境和社会风险的客户实行名单制管理，要求其采取风险缓释措施，包括制定并落实重大风险应对预案，建立充分、有效的利益相关方沟通机制，寻求第三方分担环境和社会风险等。

（2）能力建设管理要求

银行业金融机构应当建立健全绿色信贷标识和统计制度，完善相关信贷管理系统，加强绿色信贷培训，培养和引进相关专业人才。必要时可以借助合格、独立的第三方对环境和社会风险进行评审，或通过其他有效的服务外包方式获得相关专业服务。

3. 流程管理

绿色信贷的管理是信贷业务全流程管理，从贷前、贷中、贷后三个环节对客户环境和社会风险进行评估、监测与防范。

（1）贷前调查

银行业金融机构应当在贷前加强授信尽职调查的管理，根据客户及其项目所处行业、区域特点，明确客户环境和社会风险的尽职调查内容，确保数据的真实、客观和完全。

银行业金融机构也应当对拟授信客户开展合规审查，针对不同行业的客户特点，制定环境和社会风险方面的合规审查清单，确保客户提交资料的合规性和有效性。

（2）贷时审查

通过贷前的尽职调查和合规审查后，业务流程就进入了信贷的审查和审批环节。这个环节主要是由授信审批部或信贷审查委员会负责，包括授信审批与合同管理等。

银行业金融机构应当根据客户面临的环境和社会风险的性质和严重程度，确定相应的授信权限和审批流程。银行业金融机构还应当通过完善信贷合同条款，加强环境和社会风险管理。对涉及重大环境和社会风险的客户，在合同中应当要求客户提交环境和社会风险报告，订立客户加强环境和社会风险管理的声明和保证条款，设定客户接受贷款人监督等承诺条款，以及客户在管理环境和社会风险方面违约时银行业金融机构对应的救济条款。

（3）贷后管理

贷款后，客户的环境和社会风险依然存在，金融机构仍不能掉以轻心，否则贷款就有可能难以收回。贷后管理主要是资金拨付管理、贷后环境和社会风险管理。金融机构可以将客户的环境和社会风险管理情况作为资金拨付的重要依据，在已授信项目的设计、准备、施工、竣工、运营、关停等各环节，均应当设置环境和社会风险预警指标。对于出现重大环境风险隐患的项目，可以终止资金拨付，甚至终止信贷，这样可以督促客户持续关注项目的环境和社会风险，并积极采取措施，消除隐患。

4. 内控管理

银行业金融机构应当将绿色信贷执行情况纳入内控合规检查范围，定期组织实施绿色信贷内部审计。检查发现重大问题的，应当依据规定进行问责。银行业金融机构应当建立有效的绿色信贷考核评价体系和奖惩机制，落实激励约束措施，确保绿色信贷持续有效开展。

5. 信息披露

银行业金融机构应当公开绿色信贷战略和政策，充分披露绿色信贷发展情况。对涉及重大环境与社会风险影响的授信情况，应该依照法律法规披露相关信息，接受市场和利益相关方的监督。必要时可以聘请合格、独立的第三方，对银行业金融机构履行环境和社会责任的活动进行评估或审计。

四、绿色信贷案例

（一）案例概况

风力发电作为可再生能源，被国家列为能源发展的优先领域。借款人 A 公司在 A 风电项目实施中，对项目所在地风资源进行了研究，最终通过招标确定购置 58 台 850 kW 风力发电机组，建设装机容量为 4.93 万 kW 的风力发电场，同时建设 110 kV 变电所和 12 km 送电线路。借款人为该项目向中国工商银行申请项目贷款 ×× 元人民币。

（二）项目贷前管理

1. 尽职调查

中国工商银行某分行受理该风电项目的贷款申请后，前台客户经理对客户及项目相关情况进行尽职调查，并形成调查报告。尽职调查的主要内容包括公司可持续经营能力、公司财务状况、公司治理结构和公司合法合规事项。涉及担保的，还应对担保人、抵质押品等进行调查。客户经理还对项目的用地情况进行了摸底，调查发现，本项目占用 × 市和 × 矿区土地 750 hm^2，均属荒漠戈壁，地表为沙砾覆盖层，均属未利用地，不占用耕地，不涉及移民搬迁。项目建设用地已通过 × 省国土资源厅预审，该项目属国土资源部《划拨用地目录》中国家重点扶持的能源建设项目，符合国家供地政策。

2. 合规审查

中国工商银行需要调查申请贷款公司生产经营活动和拟投资项目是否符合有关环境保护的要求，主管部门是否出具意见，申请贷款公司的产品是否符合有关产品质量和技术监督标准；申请贷款公司近 3 年是否因违反环境保护及有关产品质量和技术监督方面的法律、法规和规范而被处罚等。在尽职调查中，客户经理发现，× 省环境保护厅已为该项目出具了《建设项目环境影响报告表》，显示该项目符合国家环境保护的相关规定。

3. 建立环保名单制

银行对客户环保信息实行动态管理。为加强对客户环保信息的动态管理，有效防范和化解环保风险，中国工商银行对企业实行环保名单制管理。在开展该项信贷业务时，先查询国家环保部门和中国人民银行征信系统中的企业环保信息，并结合自身掌握的企业环保信息确定信贷投向。与此同时，中国工商银行参照国家环境保护总局有关标准和要求，通过绿色信贷专项检查，在中国工商银行的信贷数据库管理系统 CM2002 中添加了该客户的环保信息标识。

具体来说，中国工商银行将客户划分为环境友好客户、环保合格客户、环保关注客户、环保潜在风险客户等。在针对 A 公司 A 风电项目的尽职调查中，中国工商银行与当地的环保部门联系，并查询了环保部门和中国人民银行征信系统中的企业环保信息，重点审查了该客户是否有环保违法违规情况；在中国工商银行的信贷数据库管理系统 CM2002 中查询该客户的环保信息标识，明确了该客户的环保风险等级，并及时将最新的环保信息录入系统。

（三）贷时审查

1. 审核

业务受理行的客户经理完成上述尽职调查后，形成调查报告。由业务受理行的中台部门进行核查及复核，以明确尽职调查是否完整、充分、准确。由于该风电项目涉及贷款金额较大，已属于总行审批权限，根据风险集中控制原则和一站式审批原则，该项目贷款申请的调查报告由分行行长签发后，直接报总行授信审批部门进行审批。总行授信审批部门对项目的整体情况进行主审查，对调查报告所涉及事项逐项核实，对贷款企业及项目的风险进行全面评估。其中对环保风险的评估，主要是根据信贷信息管理系统 CM2002 中所提供的动态信息来进行，并请环保方面的有关专家、机构协助中国工商银行对项目作出评估。如果存在遗漏、不明确及有风险隐患的事项，业务受理行还必须采取进一步调查并补充说明。总行授信审批部门对该项目进行主审查后进行复审。

2. 批签

复审通过后，举行该项目的审贷会，由行内专家及审批人对该项目进行集中讨论和分析。审贷会通过后，由签批人对该项目进行签批（若超过签批人权限，将报最高签批人签批）。该项目经签批人审批通过后，签订了借款合同和担保合同。该风电项目符合中国环保法规，符合国家产业政策和中国工商银行的信贷行业政策，有利于实现经济和社会的可持续发展。在全面进行风险评估后，中国工商银行最终通过了该项目的审批。

（四）贷后管理

贷款审批后，中国工商银行实行定期访察制度，对违反环保法律政策使用资金的行为予以纠正，确保信贷资金项目和客户均符合国家环保要求。在日常管理中，中国工商银行要求对存在违反环保法规的行为和被环保部门处罚的企业，根据不同的处罚情况采取相应信贷控制策略，如停止新增融资、调整原贷期限、压缩授信等。从总体的风电项目看，A 公司在贷后管理中尚未出现相关的环境问题。

第三节 绿色证券

一、绿色证券的概念

绿色证券一般是指募集资金主要投资于绿色产业项目的证券，其范畴较为广泛，包括绿色债券、绿色资产支持证券等绿色基础证券，以及基于绿色基础证券的绿色指数、绿色基金产品等。绿色证券事实上要求证券市场监管部门用环境保护的理念和方法，在证券一级市场和二级市场设置对应的环境信息指标，优化证券市场在绿色经济发展过程中资源配置导向，遏制通过资本市场把筹集的资金投入到污染环境的产业领域的行为。

二、我国绿色证券政策发展历程

2001 年，国家环境保护总局发布了《关于做好上市公司环保情况核查工作的通知》。如果企业严重违反环评和“三同时”制度，发生过重大污染事件，或者主要污染物不能稳定达标，抑或在核查过程中弄虚作假，该企业就不能通过或暂缓通过上市环保核查。

2003 年，国家环境保护总局发布了《关于对申请上市的企业和申请再融资的上市企业进行环境保护核查的通知》，要求对冶金、化工、石化、煤炭、火电、建材、造纸、酿造、制药、发酵、纺织、制革和采矿这些重点污染行业中申请上市的公司进行环保核查。

2007 年，国家环境保护总局发布了《关于进一步规范重污染行业经营公司申请上市或再融资环境保护核查工作的通知》及《上市公司环境保护核查工作指南》，进一步规范和推动环保核查工作。

2008 年 1 月 9 日，中国证券监督管理委员会发布了《关于重污染行业生产经营公司 IPO 申请申报文件的通知》。该通知要求，重污染行业生产经营公司申请首次公开发行证券的，申请文件中应当提供国家环境保护总局的核查意见。未取得环保核查意见的，不受理申请。

2018 年 9 月 30 日，证监会发布修订后的《上市公司治理准则》，提出上市公司应当积极践行绿色发展理念，将生态环保要求融入发展战略和公司治理过程，主动参与生态文明建设，在污染防治、资源节约、生态保护等方面发挥示范引领作用。上市公司在保持公司持续发展、提升经营业绩、保障股东利益的同时，应当在社区福利、救灾助困、公益事业等方面，积极履行社会责任。上市公司应当依照法律法规和有关部门的要求，披露环境信息以及履行扶贫等社会责任相关情况。

2018 年 11 月 10 日，中国证券投资基金业协会发布《绿色投资指引（试行）》，界定了绿色投资的内涵，明确了绿色投资的目标、原则和基本方法，引导从事绿色投资活动的基金管理人、基金产品以市场化、规范化、专业化方式运作，培养长期价值投资取向，树立绿色投资行为规范。

三、绿色证券指数

绿色证券指数可以体现绿色企业所发行证券的整体市场表现，作为绿色投资标的，还可以作为开发绿色金融衍生产品的基础。20 世纪 90 年代，各类绿色证券指数相继推出，使更多的投资者和上市公司开始关注可持续发展问题。有价值的投资将带来长期良好的投资回报，而绿色指数正是指引价值投资方向的有效参考工具。

绿色股票指数指根据特定标准对绿色股票进行评选，选取综合评分较高的上市公司作为样本，根据其股票价格所设计并计算出来的股票价格指数，用以衡量绿色股票市场的价格波动情形。绿色股票指数的表现反映了过去能源结构在当前市场环境中所面临的困境，是绿色金融体系的重要组成部分。

我国绿色股票指数可分为三类：

①可持续发展指数，主要是对企业在环境、社会责任、公司治理等方面的综合评价，可被细分为 ESG、公司治理、社会责任等类别；

②环保产业指数，主要涵盖资源管理、清洁技术和产品、污染管理等领域，可被细分为新能源、新能源汽车、环境治理等类别；

③绿色环境指数，目前只包含了碳指数，该类指数通过计算上市公司的碳足迹（二氧化碳排放量 / 主营收入），来选取碳排放量比较低的上市公司。截至 2021 年 8 月，在上海证券交易所挂牌交易的绿色股票指数包括绿色债券类 10 只、ESG 类 23 只、社会责任类 1 只、绿色收入和绿色环境类 5 只、环保产业类 19 只、公司治理类 2 只。

四、上市公司 ESG 披露

（一）ESG 披露

ESG 是环境（environmental）、社会（social）和公司治理（governance）的缩写。ESG 信息披露是企业根据法律法规的要求或者自愿地把企业在环境保护、履行社会责任和公司治理方面的情况向社会公开披露。特别是上市公司，应当自觉地进行 ESG 信息披露，不断完善公司治理，积极履行环境保护责任和社会责任，进而推动我国经济和社会长期可持续发展。

（二）国内 ESG 披露的政策要求

我国 ESG 信息披露制度相较于欧美国家出现较晚，但是，随着我们对环境保护的日益重视，ESG 制度建设不断提速。

2016 年，中国人民银行、国家发展和改革委员会等七部门出台了《关于构建绿色金融体系的指导意见》，要求建立和完善上市公司和发债企业强制性环境信息披露制度，这为我国的 ESG 信息披露指明了路径；证监会在 2018 年修改了《上市公司治理准则》，确立了我国 ESG 信息披露的基本框架；2019 年，上海证券交易所出台《上海证券交易所科创板股票上市规则》，明确了在科创板挂牌交易的上市公司 ESG 信息披露的要求；2020 年，深圳市出台《深圳经济特区绿色金融条例》，强制要求在深圳登记注册的金融机构进行环境信息披露。

（三）ESG 第三方签证

国内目前没有 ESG 报告的强制签证制度，一般都是上市公司自愿聘请第三方对企业社会责任（CSR）报告或者 ESG 报告进行审验签证。ESG 报告的签证是指独立的第三方通过审验报告是否做到客观、是否披露了重大议题、报告披露是否完整等，给出一个独立客观的结论。ESG 签证是检验 ESG 报告真实性的重要制度，也是帮助投资者鉴别 ESG 报告真伪的最好帮手。但是目前，上市企业在 ESG 信息披露中开展签证的比例较低，只有极少数企业聘请了第三方对其社会责任报告进行审验签证。

五、ESG 投资

目前，我国 ESG 投资处于初期发展阶段，随着我国相关政策文件约束上市公司进行社会责任和环境信息的披露，以及一些企业自主进行 ESG 信息披露，金融机构与投资者持续提高对 ESG 理念的认知程度，并将 ESG 作为投资决策的重要标准和依据。

传统上，投资者在证券市场开展投资活动，主要考虑上市公司的基本情况，包括近几年公司的盈利能力、财务状况（企业营收情况、成本费用情况、现金流状况、还债能力等）、估值水平、所在行业的景气度以及公司未来发展空间等。ESG 投资还需要将企业的 ESG 表现纳入投资评估决策中，需要投资者对公司治理、环境影响、社会责任三项非财务指标类因素进行评估考核。可见，ESG 投资不但重视上市公司的财务信息，还要关注上市公司的社会责任履行情况（企业对于公司员工的管理、给予员工的福利与薪酬、与上下游如供应商及服务商的关系、公司产品的安全性及税收贡献等）、环境保护状况（企业活动对气候变化的影响、对自然资源的保护情况、能源是否得到合理有效的利用以及对废物的处理方式等）以及公司治理水平（董事会结构、股权结构、管理层薪酬及商业文化等）。

第四节　绿色债券

一、绿色债券概述

（一）绿色债券的概念

绿色债券通常指政府部门、金融机构或企业向社会募集资金，专项用于符合规定条件的绿色项目，或者为这些项目进行再融资，同时承诺按一定利率支付利息，并按约定条件偿还本金的债权债务凭证。

（二）绿色债券的分类

按照发行主体的不同，可以将绿色债券分为绿色企业债券、绿色金融债券、绿色公司债券、绿色债务融资工具、绿色熊猫债、绿色资产支持证券等。

（三）我国绿色债券监管

目前，我国对绿色债券实行分类监管。绿色企业债券由国家发展和改革委员会核准发行；绿色金融债券由中国人民银行核准发行和监管；绿色公司债券由上海证券交易所或深圳证券交易所或中国证券监督管理委员会核准发行，并由中国证监会监督；非金融企业绿色债券融资工具由银行间交易商协会负责注册。2018 年成立的绿色债券标准委员会是我国绿色债券自律性监管机构。

二、我国绿色债券标准

在我国绿色债券市场上，最早界定绿色项目的政策文件有两个。一个是2015年国家发展和改革委员会制定的《绿色债券发行指引》，其中第一条“适用范围和支持重点”规定了绿色债券适用的12个重点领域；另一个是中国金融学会绿色金融专业委员会编制的《绿色债券支持项目目录（2015年版）》，该目录将支持发行绿色债券的项目分为6大类（一级分类）和31小类（二级分类），都是环境效益显著的项目，并对这些项目进行了解释说明，并给出界定条件。

为了避免绿色项目认定标准不一致带来的混乱，2016年，中国人民银行等七部门发布了《关于构建绿色金融体系的指导意见》。该意见提出建立和完善我国统一的绿色债券界定标准。国家发展和改革委员会、工业和信息化部、自然资源部、生态环境部等联合出台了《绿色产业指导目录（2019年版）》，初步统一了绿色项目的认定标准。

我国要实现“碳达峰”和“碳中和”战略目标，对发展绿色金融提出迫切要求。2021年4月，中国人民银行、国家发展和改革委员会、证监会联合印发《绿色债券支持项目目录（2021年版）》（以下简称《绿债目录（2021年版）》。《绿债目录（2021年版）》主要参考了国家发展和改革委员会等七部门联合发布的《绿色产业指导目录（2019年版）》，在框架格式和所支持产业项目上，二者保持大体一致。特别是四级分类与《绿色产业指导目录（2019年版）》的三级分类名称保持一致，基本涵盖《绿色产业指导目录（2019年版）》中的相关绿色产业和项目，大大提升了《绿债目录（2021年版）》操作的便利化程度。二者在分类层级、分类逻辑、个别细项和解释说明上也存在一定差异，主要体现在：一是在分类层级上，《绿债目录（2021年版）》在《绿色产业指导目录（2019年版）》三级分类的基础上进行了细化，增加了四级分类。一级分类仍以《绿色产业指导目录（2019年版）》为总体框架，分为节能环保产业、清洁生产产业、清洁能源产业、生态环境产业、基础设施绿色升级、绿色服务六大类。二是在分类逻辑上，《绿债目录（2021年版）》的二级和三级分类，与国际主流绿色资产分类标准和节能环保行业常用统计分类方式保持一致，继续沿用《绿色债券支持项目目录（2015年版）》的基本思路，从而更好地服务于绿色资产识别、查询等市场需求，并有助于与国际标准接轨。三是便于操作和理解，《绿债目录（2021年版）》增设“说明/条件”列，在《绿色产业指导目录（2019年版）》解释说明的基础上，根据绿色债券支持项目的特征对每个四级分类所包含的项目进行解释，同时对各个项目须满足的标准进行细化，并设置了技术筛选标准和详细说明。

总之，《绿债目录（2021 年版）》有三个重大突破：一是首次统一了绿色债券相关管理部门对绿色项目的界定标准，且绿色项目界定标准更加科学准确；二是明确了煤炭等化石能源清洁利用等高碳排放项目不再纳入支持范围；三是采纳国际通行的“无重大损害”原则。

三、我国绿色债券市场的发展、问题与完善

（一）我国绿色债券市场的发展

尽管我国绿色债券市场起步较晚，但发展较快。截至 2021 年 8 月底，我国已成为全球第二大绿色债券发行国。我国绿色债券已经在境内外证券市场发行，在境内主要是在上海证券交易所、深圳证券交易所以及银行间债券市场发行；在境外则以香港联交所、新加坡证券交易所为主。据统计，2016 年至 2021 年 6 月，我国人民币绿色债券存量规模由 2 560.2 亿元上升至 10 443.6 亿元，相关市场存量规模已突破万亿元大关。2016 年以来国内绿色债券发行额度中，银行间债券市场发行的占比为 73.6%，通过上海证券交易所和深圳证券交易发行的占比为 26.4%；2016 年至 2021 年 6 月，在香港联交所累计发行 106 亿港元、104.4 亿美元、13 亿欧元及 35 亿元人民币的绿色债券，在新加坡证券交易所累计发行 28.3 亿美元及 5 亿新加坡元的绿色债券，在台湾 OTC（场外交易市场）累计发行 6.75 亿美元的绿色债券。

（二）我国绿色债券市场面临的问题

我国绿色债券市场在新的发展阶段对发行人和投资人的吸引力持续增强，国家支持政策不断出台，但绿色债券市场面临着发行综合成本不具优势、绿色债券监管机制不健全、绿色债券投资理念薄弱和投资群体单一等挑战。

1. 绿色债券监管机制需要进一步完善

2017 年，中国人民银行、证监会已发布《绿色债券评估认证行为指引（暂行）》，但并未规定第三方机构的评估认证操作细则，导致第三方评估认证业务没有统

一的标准，而且各个中介机构的评估认证质量参差不齐。需要进一步规范第三方评估机构的认证流程和认证标准，进而提高认证机构公信力。

目前，我国绿色债券信息披露机制不完善。我国绿色债务融资和绿色金融债工具分别按照季度、半年披露募集资金使用情况，而且只有绿色金融债的存续期信息披露模板，其他绿色债券信息披露如何进行尚需进一步明确。不同类别的绿色债券在存续期内披露信息的频率和所披露内容方面存在差异，这无疑增加了投资者获取绿色债券相关信息的难度，不利于吸引投资者。

2. 绿色债券发行成本较高

我国绿色债券的发行利率虽然略低于普通债券，但加上绿色债券评估认证等要求，加大了绿色债券的发行成本，从而打击了发行人发行绿色债券的意愿。

3. 绿色投资主动性不强

虽然目前我国绿色债券发行规模已位于全球第二，但我国尚未建立起社会责任投资者的制度，境内投资者对绿色投资的了解仍较为有限，导致机构投资者参与绿色债券的热情并不高。另外，绿色债券的免税、减税等政策支持力度不够。在境外发行的绿色债券为了吸引投资者，大都有免税政策，而我国尚未出台针对绿色债券投资者的免税及减税政策。

（三）我国绿色债券市场的完善

1. 绿色债券监管机制的完善

我国绿色债券市场的发展需要总结并吸取国际绿色发展经验，开展绿色发展的顶层设计。在微观层面，首先，我国需要规范和监管第三方评估认证机构的行为，建立起公开、透明和一致的第三方认证标准及认证流程，并督导第三方机构严格执行，从而提升第三方机构评估认证结果的专业性和公信力。其次，我国需要建立绿色债券市场的强制性信息披露制度。具体而言，绿色债券市场应当建立完备、透明的信息披露框架，统一信息披露的频率、内容等具体要求。

2. 加大政府支持力度

我国在绿色债券发行过程中加大财政支持力度，并积极促进绿色债券发行过程中财政补贴政策的落地执行，可以调动绿色债券发行主体积极性。政府通过优化绿色债券的识别和统计，鼓励募集资金投向绿色项目的发行主体贴标发行。另外，政府可尝试发行绿色国债，推动国内绿色债券市场基准价格的建立，优化绿色地方政府专项债。

3. 培育投资者友好型绿色债券市场

我国绿色债券市场应该推动建立社会责任投资者制度，引导投资者树立绿色投资意识，培养投资者的绿色投资理念，积极践行 ESG 投资，提高市场对绿色债券的认可度。另外，对于垃圾焚烧发电、固体废物处理等投资周期长、投资风险高的绿色项目，可通过建立绿色基金的方式完善其风险补偿机制。在绿色金融试验区，可试点免税、减税等政策，降低绿色债券的发行成本，提高发行人的发行热情。

第五节 绿色基金

一、绿色基金的概念

在绿色金融蓬勃发展过程中，绿色基金的研究不断升温，但是学界和实务界对于绿色基金的概念有着不同看法。绿色基金概括式表述，是指响应政府绿色发展战略，履行绿色社会责任，能直接或间接产生环境效益，以绿色经济、绿色事业为资金投放方向，或以绿色、可持续发展为价值取向的投资基金；绿色基金罗列式表述，是指包含绿色产业基金、担保基金、碳基金、气候基金等投向绿色产业或绿色项目，同时获取经济利益和社会效益的基金，不同于单纯或主要目的是开展公益性环保工作而成立的基金。无论是哪一种绿色基金表述，都是在绿色金融框架内，使用基金的形式助力绿色经济和社会的发展。

二、我国绿色基金政策梳理

2015 年 11 月 3 日，我国发布了《中共中央关于制定国民经济和社会发展第十三个五年规划的建议》，建议第五部分“坚持绿色发展，着力改善生态环境”中，明确提出发展绿色金融，设立绿色发展基金。

2016 年 8 月 30 日，中央全面深化改革领导小组第二十七次会议审议通过《关于构建绿色金融体系的指导意见》，明确支持设立各类绿色发展基金，实行市场化运作；另外，中央财政整合现有节能环保等专项资金，设立国家绿色发展基金，投资绿色产业，体现国家对绿色投资的引导和政策信号作用；鼓励有条件的地方政府和社会资本共同发起区域性绿色发展基金，支持地方绿色产业发展；支持社会资本和国际资本设立各类民间绿色投资基金；强调政府出资的绿色发展基金要在确保执行国家绿色发展战略及政策的前提下，按照市场化方式进行投资管理。

2017 年 6 月，国务院常务会议决定在浙江、江西、广东、新疆等地区建设绿色金融改革创新试验区，且支持创投、私募基金等境内外资本参与绿色投资。

2018 年 11 月 10 日，中国证券投资基金业协会发布了《绿色投资指引（试行）》。该文件在阐释了绿色投资内涵之后，要求基金管理人根据自身条件，在可识别、可计算、可比较的原则下，建立适合自己的绿色投资管理规范；在保持投资组合稳定回报的同时，增强在环境可持续方向上的投资能力。有条件的基金管理人可以采用系统的 ESG 投资方法，综合环境、社会、公司治理因素，落实绿色投资。

2018 年 6 月，中共中央、国务院印发的《关于全面加强生态环境保护 坚决打好污染防治攻坚战的意见》提出设立国家绿色发展基金。2020 年 7 月 15 日，国家绿色发展基金股份有限公司在上海市揭牌运营，首期募资规模为 885 亿元。2021 年 9 月 2 日，财政部印发《关于全面推动长江经济带发展财税支持政策的方案》，提出国家绿色发展基金在第一期存续期间主要投向长江经济带沿江省市，重点投向环境保护和污染防治、生态修复和国土空间绿化、能源资源节约利用、绿色交通、清洁能源等领域，支持打好污染防治攻坚战，加快培育绿色产业相关市场主体，更好服务长江经济带绿色发展。

2020 年 10 月 21 日，生态环境部等五部委联合印发了《关于促进应对气候变化投融资的指导意见》，提出在风险可控的前提下，支持机构及资本积极开发与碳排放权相关的金融产品和服务，有序探索运营碳期货等衍生产品和业务。探索设立以碳减排量为项目效益量化标准的市场化碳金融投资基金。

三、我国绿色基金的分类

我国绿色产业基金根据发起设立方式划分，主要有四类：一是政府发起的绿色引导基金，二是 PPP 绿色项目基金，三是企业发起的产业发展绿色基金，四是金融机构或私人发起的绿色 PE/VC 基金。

政府发起设立绿色引导基金，目的在于引导和撬动社会资本投向并孵化对绿色发展有重要意义的行业、项目和技术。当前，国家绿色发展基金已经设立，旨在通过市场化方式引导社会资本支持环境保护和污染防治、生态修复和国土空间绿化、能源资源节约利用、绿色交通和清洁能源等领域。除国家绿色发展基金外，在地方层面，各地也纷纷筹备或设立绿色发展基金。

PPP 绿色项目基金主要投资环保类基建项目。一般来说，政府无法独立承担环保类基础设施建设的大规模融资需求。于是利用 PPP 绿色项目基金引导和利用社会资本参与项目的投资、建设、运营、退出，成为一种行之有效的项目融资方式。PPP 绿色项目基金一方面保持了政府的引导作用，另一方面通过政府的参与为项目隐性增信，更容易吸引社会资金参与。目前，PPP 绿色项目基金主要集中在污水处理、垃圾焚烧、生态修复等市场化程度较高、现金流稳定、操作相对成熟的环保领域。

产业发展绿色基金主要由大型企业集团设立，以某一产业发展为成立目的，投资行为与产业发展紧密联系，选择符合企业战略方向的绿色项目进行投资孵化或并购。例如，2020 年 4 月，光大控股发起“光大‘一带一路’绿色股权基金”，目标规模 200 亿元，首期 100 亿元，主要投向绿色环境、绿色能源、绿色指导和绿色生活四个领域。

绿色 PE/VC 基金主要由金融机构或私人发起设立，采取市场化的募投管理运作模式，目的是投资于有良好市场前景的绿色产业项目。目前在基金业协会备案的大多数绿色股权基金均属于绿色私募或者绿色公募基金。例如，红杉中国携手远景科技集团成立碳中和技术基金，总规模 100 亿元，将重点投资和培育全球碳中和领域的领先科技企业。

四、我国绿色基金发展现状

我国绿色基金尽管起步较晚，但发展势头迅猛。特别是在 2016 年中央全面深化改革领导小组第二十七次会议审议通过《关于构建绿色金融体系的指导意见》之后，我国绿色基金进入快速发展阶段。在中央政府层面，一方面是加强国际合作，发展绿色基金。2016 年 11 月，我国和美国成立了中美绿色基金，聚焦清洁能源、绿色制造、绿色消费与绿色交通等领域。该基金与镇江和张家口两个城市合作，建立市级建筑节能和绿色发展基金，推动当地节能工作的开展，并将成功经验在国内其他城市进行复制和推广。另一方面，2020 年 7 月，我国设立国家绿色发展基金，首期规模 885 亿元，主要投向长江经济带沿线 11 个省（市），重点关注环境保护和污染防治、生态修复和国土空间绿化、能源资源节约利用、绿色交通、清洁能源等绿色发展领域。在地方政府层面，一方面，纷纷设立地方性的绿色产业基金，内蒙古、山西、河北、山东、四川等十几个省（区）已设立50多个由地方政府支持的绿色发展基金。在社会资本层面，2020年，在全国设立并在中国证券投资基金业协会备案的绿色基金达126只，其中私募绿色基金105只，公募绿色基金21只，私募绿色基金占比高达83%。可见，社会资本参与绿色基金项目的积极性很高。

五、我国绿色基金发展前景

（一）绿色基金国际合作不断加强

随着绿色发展理念不断增强，绿色金融、绿色基金开展国际合作的趋势将长期增强。2016年，G20财长和央行行长会议提出成立"G20绿色金融研究小组"，推进绿色基金在全球的发展与合作，将发达国家具有绿色偏好的资本引入发展中国家，解决绿色项目资金运作问题。中国也积极响应这一倡导，与美国联合成立了中美绿色基金，与亚洲开发银行合作成立绿色金融促进基金，以外汇储备及国有资本成立"丝路基金"，对"一带一路"国家积极开展绿色投资。

（二）绿色基金的社会责任投资成为趋势

20世纪七八十年代，在欧美兴起社会责任投资（SRI）理念。随着人类对环境问题的持续关注，绿色责任成为判断一个企业承担社会责任的重要因素。于是，越来越多投资者在做投资决策时，将绿色责任作为参考因素之一。我国的社会责任投资发展迅速，绿色公募基金已经有半数以上表示在做投资决策时会将选股对象的社会责任履行情况作为考虑依据。基金经理也将企业的社会责任表现与企业业绩的相关性进行分析，开展投资活动。近年来，倡导社会责任投资的绿色基金不断增多，绿色社会责任投资成为绿色基金的发展趋势。

（三）绿色基金的投资主体日益多元化

我国绿色基金在政府的扶持和政策支持下，持续快速发展。绿色基金正在从政府主导发展向政府和市场共同参与发展转变，绿色基金的投资主体日益丰富。国内最早的绿色基金主要是各级政府设立的绿色产业基金、绿色引导基金；随后，我国与国外合作设立绿色基金；之后，绿色公募基金产品开始出现，公私合营模式的PPP绿色基金逐步落地，私募绿色基金快速成长。可见，随着我国社会持续向绿色发展转型，特别是“碳中和”和“碳达峰”目标的明朗，市场对绿色基金反应积极，绿色基金投资主体日趋多元化。

（四）绿色基金的创新日益活跃

绿色经济和绿色社会的发展对金融市场提出了新的需求。为了更好地满足新需求，必须根据服务对象的不同和需求的差异，开展绿色金融创新。绿色基金就是绿色金融创新活动的产物。例如，在社会接受绿色发展理念较为迟缓时，为了加速我国绿色转型发展，政府创新设立绿色发展基金；对于大型环保基础建设项目，政府和社会资本借用PPP模式设立绿色基金；为了解决绿色项目融资的信用问题，创新设立具有特殊增信功能的绿色担保基金。

第六节　环境污染责任保险

一、环境污染责任保险的概念

环境污染责任保险（environmental liability insurance）是基于环境污染赔偿责任的一种商业保险，以企业发生污染事故对第三者造成的损害依法应承担的赔偿责任为标的，也被形象地称为“绿色保险”。环境污染责任保险是随着环境污染事故和环境侵权行为的频繁发生以及公众环境权利意识的不断增强，从公众责任保险、第三者责任保险中逐渐独立出来的。环境污染责任保险是整个责任保险制度的一个特殊组成部分，是一种生态保险，可以有效地解决环境问题与经济发展之间的矛盾，改善环境状况。

二、我国环境污染责任保险制度的相关法律与政策

（一）相关法律法规

2009年12月26日，第十一届全国人大常委会第十二次会议审议通过《中

华人民共和国侵权责任法》。该法第八章第六十五条至第六十八条建立了环境污染侵权责任规则体系。这对保护环境权益、制裁环境侵权行为、促进社会和谐稳定具有重要意义。环境污染责任保险是建立在环境侵权理论基础之上的，环境侵权法的发展促成了环境污染责任保险制度的诞生。

《中华人民共和国环境保护法》第五十二条规定，国家鼓励投资环境污染责任保险。这属于自愿性环境污染责任保险，同时为我国环境污染责任保险制度建设提供了基本的法律支撑。

2018 年 5 月 7 日，生态环境部审议并原则上通过了《环境污染强制责任保险管理办法（草案）》。该办法明确了环境污染强制责任保险概念、适用范围、强制投保范围、保险责任范围等。这标志着我国强制性环境污染责任保险法律制度正式建立。

（二）相关政策

2006 年，国务院出台的《关于保险业改革发展的若干意见》明确要求开展环境污染责任保险试点。此后，国务院印发的《大气污染防治行动计划》《水污染防治行动计划》《重金属污染综合防治“十二五”规划》等重要文件均明确要求推进环境污染责任保险的试点工作。根据国务院工作要求，2007 年、2013 年，环境保护部联合保监会两次发布文件，指导地方推进环境污染责任保险试点工作。

2015 年 9 月，中共中央、国务院印发的《生态文明体制改革总体方案》，明确提出，要在环境高风险领域建立环境污染强制责任保险制度。2016 年 8 月，经习近平总书记主持召开的中央全面深化改革领导小组第二十七次会议审议通过，国务院批准，由中国人民银行、环境保护部、保监会等七部门联合印发的《关于构建绿色金融体系的指导意见》规定了在环境高风险领域建立环境污染强制责任保险制度。

三、我国环境污染责任保险实施状况

目前，全国 31 个省（区、市）均已开展环境污染强制责任保险试点，覆盖涉重金属、石化、危险化学品、危险废物处置等行业。保险公司已累计为企业提供超过 1 600 亿元的风险保障，在预防环境风险、及时救助污染受害者等方面发挥了积极作用。

2012年，广东省环境保护厅与广东省保监局联合出台了《开展环境污染责任保险试点工作的指导意见》，确定了重点投保企业名单。提出由广东省保监局制定环境污染保险理赔流程，以每年全省环境污染责任保险保费收入的10%作为理赔专项基金，单独建账，滚存使用。

2013年，安徽省开始在全省试点，对涉重金属企业近3年内发生过严重污染事故的企业等6类企业，强制要求购买环境污染强制责任险。同年，江西省环境保护厅与江西省保监局联合印发了《江西省环境污染强制责任保险试点工作实施方案》，在全省涉重金属等高环境风险行业推行试点。

2014年，湖南省政府发布了《关于贯彻落实〈关于开展环境污染强制责任保险试点工作的指导意见〉的通知》，全面推进环境污染强制责任保险试点工作。为了推动环境污染责任保险的推广，通知要求，湖南省保监局要定期组织专家对企业进行风险排查，建立重特大环境污染公害的救助机制，加快推进环境污染强制责任保险管理信息平台的开发与运用。

2018年1月，江西省保监局牵头印发了《赣江新区绿色保险创新试验区建设方案》，内容包括完善绿色保险组织体系、建设绿色保险产业园、建立绿色保险产品创新实验室和产品项目库、拓展绿色保险服务内容、推行环境污染强制责任保险试点等。2月，厦门市出台了《关于促进厦门市保险行业发展绿色金融的意见》，明确了保费补贴、风险补偿、奖励等方面的财政扶持政策。9月，深圳市福田区政府、深圳市保监局、平安产险深分公司、深圳经济特区金融学会绿色金融专业委员会共同启动绿色保险创新险种——绿卫士装修污染责任险，该险种成为国内首个承保室内空气环境污染的产品。

四、我国环境污染责任保险的实践案例

（一）湖南株洲昊华环境污染责任保险案例

1. 案由

2008年9月28日，湖南省农药生产企业株洲昊华公司发生氯化氢气体泄漏事件，污染了附近村民的菜田，120多户村民因此蒙受经济损失。这是我国首个环境污染责任保险案例。

2. 投保情况

湖南省当时已经开展了环境污染责任保险试点工作，将18家化工、有色、

钢铁等环境污染风险较大的企业列为重点。农药生产企业株洲昊华公司于2008年7月31日购买了平安保险公司污染事故赔偿险。根据企业生产状况和往年污染事故造成赔偿的情况，投保额为4.08万元。

3. 理赔情况

事故发生后，企业对一些上门索赔的村民进行了赔偿，但事件并未平息，周边村民前后分三批共计120多户找到企业提出索赔。于是，株洲昊华公司将情况报告了平安保险公司。平安保险公司立即派人到现场了解情况，经过实地查勘，查证了氯化氢气体泄漏引起的污染损害事实，确定了企业对污染事件负有责任和保险公司应当承担相应的保险责任，依据《环境污染责任险》条款与村民达成赔偿协议，如期将1.1万元赔偿款支付到位。

（二）山西长治潞安集团环境污染责任保险案例

1. 案由

2012年12月31日，山西长治潞安集团天脊煤化工集团公司发生苯胺泄漏事件。经调查测算，苯胺泄漏总量为319.87 t，8.76 t流入浊漳河，造成浊漳河挥发酚超标。

2. 投保情况

山西长治潞安集团天脊煤化工集团公司向中国人保财产保险公司购买了环境污染责任保险。

3. 理赔情况

人保财险山西分公司得到消息后，到涉事企业作了调查，核实事故原因和经过，同时做了事故专家鉴定。人保财险向企业预付环境污染责任险事故赔偿款100万元。最终，企业获得405万元环境污染责任险事故赔偿款。

第四章 排污权交易

第一节 排污权交易概述

一、排污权交易的概念

排污权交易是指在一定区域内，在污染物排放总量不超过允许排放量的前提下，内部各污染源之间通过货币交换的方式相互调剂排污量，从而达到减少排污量、保护环境的目的。实质上，排污权交易是在排污总量控制的条件下，利用市场机制实现环境容量资源的优化配置。

二、排污权交易理论

美国经济学家罗纳德·哈里·科斯在有关社会成本问题的论文中提出，排污权交易是通过市场机制解决环境资源优化配置、环境污染问题最有效的方式。科斯认为，排污行为外部性的存在会导致市场失效，只有将外部成本内部化，才能解决环境污染行为的外部性问题。所以，无论是否存在交易成本，产权明晰后的市场均衡结果都是有效的。1969 年，美国经济学家戴尔斯在其著作《污染、财富和价格》中首次提出了排污权交易的构想：排污权交易的一级市场是由政府通过对排污权进行定价分配，卖给排污企业，然后在二级市场上，排污企业之间可以自由交易排污权。这一想法被美国国家环境保护局（USEPA）用于解决大气污染和河流污染治理，后来被德国、英国、澳大利亚等国家相继采纳。

三、排污权交易的特点

排污权交易制度不具有法律制度的强制性，是排污企业之间自愿的交易行为，也是治理环境污染一种有效的经济手段。其特点体现在以下几个方面。

（一）有利于经济发展

推行排污权交易，使得控制污染成本较高的排污者能够通过购买排污权继续生存下去，而不必花费巨额资金去实现法律或政府规定的排污指标。可以集中财力和精力进行生产经营。那些控制污染成本较低的排污者则通过自身有效污染治理产生更多的排污权，并通过市场将多余的排污权出卖获取利益。这样的制度建设使得在环境容量饱和的情况下，新建或扩建企业可以通过购买排污权自由进入某一个地区，老企业可以将富余的排污指标有偿地转让给新企业，使其在环境容量范围内获得一定的排污权。这既促进了区域经济持续发展，又调整了产业结构。

（二）有利于绿色技术进步

排污权交易允许企业间在符合法律规定的条件下自由转让排污权，赋予企业自由选择权。企业既可以通过自身努力实现环境排污治理，也可以通过购买排污权来获得排污指标。如果企业因改进污染治理技术而获得的收益大于购买排污权的支出，就会持续地在绿色技术开发和改善方面不断开拓。因绿色技术革新而提高竞争力，那些采用低污染生产工艺的企业可以将剩余的排污权出售来获利，这样就会对企业形成良性的激励，鼓励企业采取更有效的技术工艺来减少污染。面对潜在的、更大的污染治理需求市场，新技术供应商也会更加乐意投资开发新技术。由于供需双方的积极性都很高，这将会加速绿色新技术的创新和推广。

（三）有利于政府环境管理工作

通过实施排污权交易制度，政府制定税率或收费标准时，不必去了解企业的污染控制技术和成本，也不需要进行税率或收费标准的调整，只要企业达到排污指标就可以。这不仅减少了政府环境管理的成本，而且有助于赋予企业更多的自主经营权，减少对企业生产活动的干预，提高市场经济效率。排污权交易制度有利于调动企业积极性，促使他们主动配合生态环境主管部门的管理活动，有利于政府环境管理职能的实现。

四、排污权交易市场

（一）排污权一级市场

排污权一级市场就是政府主导配置排污权资源的市场。政府为了实施排污总量控制，将设定的污染物排放总量以排污权的形式配置给排污单位。初始排污权分配是构建排污权交易制度的基础。在一级市场上，排污权配给模式主要有政府免费分配、有偿使用以及两者混合配给 3 种模式。

1. 排污权免费分配模式

初始排污权免费分配模式是指排污权的管理部门将其管辖区域的某种污染物排放总量指标根据自己区域的特点，按照一定公开模式免费地分配给所在区域排放该污染物的单位。这些单位初始获得的排污指标均为免费。免费分配模式对获得足够排污权的厂商不会造成任何负面影响，对厂商来说没有任何利益冲突，因此曾被世界各地区排污权交易制度广泛采纳。但免费分配排污权会在一定程度上压低排污权二级市场的交易价格，遏制二级市场的投资热情。另外，免费分配排污权难以真正反映一级市场上排污权的价值，有损市场通过竞争配置资源的机制。

2. 排污权有偿使用模式

排污权有偿使用模式主要包括拍卖和定价出售两种模式。拍卖是指将排污权出售给出价最高的厂商，经济学者基本都建议在市场交易制度中使用该种方式，其比较契合排污权交易制度设计的理论逻辑。定价出售是指本区域的政府部门通过评析本区域内环境容量，计算出该区域的排污总量，根据排污总量和该区域所有的排污厂商等因素将排污总量分成多份，并将其给出一定的价格，然后将每一份作为商品出售给排污厂商。采用定价出售方式对于整个市场来说较为简单，易于实施。与免费分配模式相比，有偿使用模式具有更高的分配效率，还可以产生一个明确的市场价格，从而为排污权市场的参与者提供一个可供参考的价格信号，有利于排污权交易市场的建立和完善。

3. 排污权免费分配与有偿使用混合模式

混合模式是指部分排污权免费配给，其余的排污权有偿使用。事实上，从部分有偿使用到完全有偿使用需要一段时间的过渡。在排污权交易计划的最初，可以确定一个免费分配的比例，再将排污权交易计划进一步划分成若干个阶段，逐渐降低免费分配的比例，直到实行完全有偿使用为止。

（二）排污权二级市场

排污权二级市场是在排污权初始分配的基础上构建的企业间排污权再配置的市场。二级市场的建立为排污企业之间的交易搭建了平台，是新建、改建或者扩建项目获得排污权的途径。

1. 交易主体

排污权交易主体为排污权出让方、受让方或者政府。排污权出让方是已取得生态环境主管部门核发的排污许可证的企事业单位，是通过实施工程治理减排、结构调整减排、监督管理减排措施和其他污染减排活动，有多余排污权指标可供交易的市场主体。排污权受让方应是准备报请各级生态环境主管部门审批的建设项目（包括新建、扩建、改建项目）需要获取排污权的市场主体。政府是市场排污指标总量的宏观调控者，在交易过程中起监督作用。

2. 交易方式

排污权二级市场的交易方式主要包括网络竞价、协商转让、快捷交易等。网络竞价是排污权二级市场交易最主要的方式。为体现网络竞价公平、公正、公开的原则，每场竞价会原则上安排 3 ～ 5 家企业参与，遵循“竞单价、价高者得”的原则，每场竞价会产生一家竞得企业，未竞得的企业可继续参加后续场次竞价会。排污权协商转让主要是针对排污指标需求数量较大的企业，是买卖双方自行协商交易价格和数量并签订交易合同后，由交易机构对合同进行审核确认，并出具交易结果通知书的一种交易方式。快捷交易主要针对排污指标需求数量较小的企业或长时间未竞价成功的企业，交易可按近 5 笔网络竞价交易价格的加权平均值确认成交。

3. 交易程序

排污权交易程序依次为出让委托、出让委托受理、出让公告、意向受让申请、意向受让受理、确定交易方式、交易管理、成交签约、交易价款结算、交易签证与资金交割、变更登记。排污权交易中的受让数量应以具有相应环评资质单位出具的环评报告书（表）为基础，以专家组审查意见为依据进行审定。无论是交易的出让量还是意向受让量，都不可自行决定，应经过生态环境主管部门的审核确定。

第二节 我国排污权交易制度

一、我国排污权交易的发展历程

我国于20世纪80年代引入排污权交易理论，迄今为止，虽已有40多年的发展历史，但排污权交易主要以地方试点的方式进行，试点过程中积累了一定的实践经验。总体来讲，我国排污权交易主要经历了3个阶段。

（一）起步阶段

1987年在上海进行的关于水污染排放权的转让是我国最早关于排污权交易的案例。1988年，国家环境保护局颁布实施了《水污染物排放许可证管理暂行办法》，规定水污染总量控制指标可在排污单位间调剂。1993年，国家环境保护局以太原、包头等多个城市作为试点，开始探索大气排污权交易政策的实施。1996年、2000年，我国先后颁布了《"九五"期间全国主要污染物排放总量控制计划》和《中华人民共和国大气污染防治法》，为实施排污权交易提供了法律政策支持，污染治理政策由浓度管理转变为总量管理。

（二）试点阶段

2001年4月，国家环境保护总局与美国环保协会启动了"推动中国二氧化硫排放总量控制及排放交易政策实施的研究"项目，选择试点地区进行排污权交易示范工作，推动了排污权交易的发展。2001年9月，江苏省南通市顺利进行了我国首例大气排污权交易。2003年，江苏太仓港环保发电有限公司与南京下关发电厂达成SO_2排污权异地交易，开创了中国跨区域交易的先例。2007年11月10日，国内第一个排污权交易中心在浙江嘉兴挂牌成立，标志着我国排污权交易逐步走向制度化、规范化和国际化。这一阶段的排污权交易以政府部门"拉郎配"方式运作为主，排污权交易在推进节能减排方面的潜力逐步显现。

（三）试点深化阶段

2009年，《政府工作报告》提出积极开展排污权交易试点的要求。财政部与环境保护部联合在全国范围内开展排污权交易试点工作，先后有十余个省份开展试点。试点省份分别从相关政策文件、机构筹建和技术研究等方面开展工作，各有特色，百花齐放。在各省份试点实践的基础上，2014年8月，国务院办公厅印发了《关于进一步推进排污权有偿使用和交易试点工作的指导意见》，标志着排污权交易制度成为中国一项重要的环境经济政策。在这一阶段，排污权交易呈现出国家重视、地方探索、上下联系紧密、交易模式多样等特点。从2007年开始，财政部、环境保护部和国家发展和改革委员会批复了天津、河北、山西、内蒙古、江苏、浙江、河南、湖北、湖南、重庆和陕西11个省（区、市）开展排污权交易试点。2014年12月，又将青岛市纳入试点范围。此外，还有16个省份自行开展了交易工作。

在实行排污权有偿使用和排污许可制度的试点中，排污单位需要在当地建立的排污权交易中心进行登记注册，以申请核定确定的排污许可量作为排污许可证核发的基础和排污权交易的前提。各试点省（区、市）和试点城市的试点工作范围基本包括主要区域和主要行业，取得了阶段性进展。

（四）全面发展阶段

2014年8月25日，国务院办公厅发布《关于进一步推进排污权有偿使用和交易试点工作的指导意见》。该意见认为，建立排污权有偿使用和交易制度是我国环境资源领域一项重大的、基础性的机制创新和制度改革，是生态文明制度建设的重要内容，将对更好地发挥污染物总量控制制度作用、在全社会树立环境资源有价的理念、促进经济社会持续健康发展产生积极影响。同时，该意见规定，到2015年年底，试点区全面完成现有排污单位排污权核定工作；到2017年年底，基本建立排污权有偿使用和交易制度，为全面推行排污权有偿使用和交易制度奠定基础。2017年以后，我国排污权交易市场进入了全面发展阶段，各地不断出台地方性排污权交易规则，促进了排污权交易市场的有序发展。

二、我国排污权交易的政策与法律

（一）我国国家层面排污权交易的政策与法律

1988 年，国家环境保护局出台了《水污染物排放许可管理暂行办法》。该办法第二十一条规定，水污染排放总量控制目标，可以在本地区的排污单位间互相调剂，但必须由当地环境保护行政主管部门批准。这表明，我国一开始就坚持对水污染物排放实行总量控制的原则。在此基础上，鼓励在本地区开展水污染物排放交易。不过，如何交易，没有明确规定，显得比较模糊。

2011 年，国务院发布了《节能减排“十二五”工作规划》。该规划第四十四条规定，鼓励设计排污权交易系统和构建排污权交易市场。同年，国务院发布了《关于加强环境保护重点行动的意见》，进一步鼓励在地方层面开展排污权交易试点。截至 2013 年，在中央政府有关排污权政策信号的指导下，各个试点地区发布了 50 多个排放权交易管理政策文件和 70 多个技术文件。

2014 年，国务院办公厅发布了《关于进一步推进排污权有偿使用与交易试点工作的指导意见》，为地方试点工作指明了方向，也制定了地方排污权交易试点工作的时间表。2015 年，财政部发布了《排污许可证买卖暂行办法》，强调要进一步探索地方排污权和潜在金融工具，进而推动排污权交易。同年，国务院印发了《生态文明体制改革总体规划》，提出在重点流域和大气污染重点区域，合理推进跨行政区排污权交易。

2018 年出台的《中华人民共和国大气污染防治法》第二十一条规定，国家逐步推行重点大气污染物排污权交易。同年，环境保护部印发了《排污许可管理办法（试行）》，规定了排污许可证核发程序，明确排污许可证申请、审核、发放的完整周期，以及变更、延续、撤销、注销、遗失补办等各种情形。该办法无疑为排污权交易构建了产权保障，也为下一步建设全国统一的排污权交易市场奠定了法律基础。

（二）我国地方性排污权交易政策与法律

1998 年 9 月，山西省太原市颁布了《大气污染物排放总量控制管理办法》。该办法第 24 条规定，排污单位通过治理使大气污染物实际排放量低于政府下达的允许排放量指标的，其剩余的允许排放量指标可以留作本单位发展使用，或者转让给其他排污单位。

2001 年，浙江省嘉兴市秀洲区颁布了《水污染物排放交易暂行办法》。2002 年，我国正式在天津、上海、河南等 7 个地区开展排污权交易试点。随后的 2007 年，11 个地区（江苏、天津、浙江、湖北、重庆、湖南、内蒙古、河北、陕西、河南和山西）被批准为排污权交易试点地区，其地方政府制定了有关排污权交易的政策和法律法规。

随着排污权交易试点工作取得阶段性成果，排污权交易制度在全国全面推开，地方性排污权交易政策与法律建设也进入新阶段。例如，江西省在 2014 年发布了《关于印发〈全省排污权有偿使用和交易试点工作方案〉的通知》（赣府厅字〔2014〕133 号），这标志着江西省正式启动了排污权有偿使用和交易自行试点工作。江西省生态环境厅和产权交易所在 2020 年 9 月根据国家和江西省有关排污权交易工作的规定，结合江西省实际，总结排污权交易试点阶段的成功经验，共同起草了《江西省排污权交易规则》。宁夏回族自治区在 2021 年出台了《宁夏回族自治区排污权有偿使用和交易价格管理办法》和《宁夏排污权交易规则（试行）》。前者规定，自治区现阶段的排污权交易范围为氮氧化物（NO_x）、二氧化硫（SO_2）、化学需氧量（COD）、氨氮（NH_3-N）4 种污染物；排污权有偿使用费征收主体是全区工业、农业、服务业中实行排污许可管理并进行排污权确权的排污单位；排污权有效期原则上为 5 年。后者对排污权交易主体规定如下：凡具有出让方未获取排污权、排放污染物超过国家或地方排放标准、所在区域环境质量或总量控制目标任务未完成等 6 种情形，排污单位不得作为排污权交易主体。另外，交易机构对交易主体资格有疑义的，可通过排污权交易系统等方式征求生态环境部门意见，征得同意后组织交易。该规则针对排污权交易标的规定：交易标的物属出让的，期限为 5 年，不足 5 年的应先行延续。针对排污权交易方式，该规则要求：交易申请排污单位出让排污权指标，排污单位因实施新（改、扩）建项目申购排污权指标，应通过排污权交易系统向交易机构提出申请。通过审核的排污权交易申请，由交易机构通过交易平台组织交易。

三、我国排污权交易的现状

我国排污权交易从权利使用方式上可以分为三种：一是排污权的原始取得，二是排污权的转让，三是用排污权开展担保，即排污权的担保融资交易。目前，排污权交易主要集中在排污权的原始取得（排污权交易的一级市场）和排污权的转让（排污权交易的二级市场）方面。

排污权的转让一般在排污权交易平台上进行。有些地方依托生态环境主管部门、产权交易部门和公共资源交易中心构建了排污权交易中心，例如长沙市排污权交易中心。有些地方成立跨区域的排污权交易中心，例如，北京市在2008年建立了排污权交易中心。在满足一定条件时，河北地区排污企业可以在北京排污权交易中心进行排污权交易。也有些地方成立了排放权交易所，例如，深圳市在2010年成立了深圳排放权交易所。该所是以市场机制促进节能减排的综合性环境权益交易机构和低碳金融服务平台，主营业务范围包括：为温室气体、节能量及其相关指标、主要污染物、能源权益化产品等能源及环境权益现货及其衍生品合约交易提供交易场所及相关配套服务；为碳抵消项目、节能减排项目、污染物减排项目、合同能源管理项目以及能源类项目、能源及环境权益投资项目提供咨询、设计、交易、投融资等配套服务；为环境资源、节能环保及能源等领域股权、物权、知识产权、债权等各类权益交易提供专业化的资本市场平台服务；信息咨询、技术咨询和培训等。

关于排污权在一级市场和二级市场上的交易金额，财政部经济建设司在2019年1月发布的《排污权有偿使用和交易试点工作取得阶段性成效》中披露，截至2018年8月，我国排污权一级市场征收有偿使用费累计117.7亿元，在二级市场累计交易额为72.3亿元。这些交易金额属于排污权原始取得或者转让时支付的对价，且一级市场交易额远远大于二级市场交易额。从中可以看出，排污权转让市场中，投资者购买意愿不高。从排污权交易方式看，一级市场主要以公开竞价方式，辅以定额出让方式完成交易，体现出我国排污权原始取得市场化程度很高；二级市场主要使用协商转让方式，较少使用公开竞价的方式完成。可见，排污权交易的二级市场市场化程度不高。2016年8月，中国人民银行等七部门联合发布了《关于构建绿色金融体系的指导意见》，提出推动建立排污权交易市场，发展基于排污权的融资工具。事实上，由于排污权价值具有较高的不确定性，加之排污权融资市场处于发展初期，市场交易额不高。

总体来看，排污权交易试点工作已取得阶段性成效，环境资源稀缺、有价理念已深入人心。企业通过减少污染物排放腾出富余的排污权指标交易获利，可以激发企业引进新工艺、新技术，加大污染治理力度的积极性，提高企业的环境保护意识。可以说，这是我国在通过市场手段促进污染物减排的探索之路上迈出的一大步。但从试点情况来看，还存在排污权核定工作推进较慢、环境监测执法能力跟不上、行政审批较多等问题。

四、我国排污权交易的程序

（一）我国排污权交易一级市场上的申购程序

我国排污权交易一级市场就是排污权的初始配给市场。对于排污权交易的初始分配，部分地区开始采用免费分配的方式。各地区随后转为付费使用，付费使用模式包括由政府制定排污权交易指导价或者采取市场竞价方式进行交易。

（1）生态环境部门对现有排污单位初始排污权指标进行核定和分配，并向排污单位出具初始排污权核定确认书。

（2）排污单位向排污权交易中心递交如下文件：

1）初始排污权购买申请表和生态环境部门出具的初始排污权核定确认书；

2）市场行政主管部门核发的工商营业执照及复印件；

3）质监部门核发的组织机构代码证及复印件；

4）企业法定代表人或代理人身份证及复印件（代理人必须持有单位授权证明）；

5）其他有关文件。

（3）假设同意转让排污权，交易中心签发交款核定通知单。

（4）凭通知单到指定银行支付交易款项。

（5）交易中心出具交易终结联系单。

（6）凭终结联系单申领新排污许可证。

（二）我国排污权交易二级市场上的出让程序

假设排污企业通过采取减排措施，使得在排污权一级市场上通过竞价或者分配方式取得的排污指标没有用完，且排污企业愿意出让剩余的排放指标，那么，排污企业需要走如下程序：

（1）排污企业填写和提交主要污染物出让申请表。同时，需要提交的文件包括：

1）排污许可证副本；

2）排污权有偿使用证明材料；

3）出让排污权指标的核定技术报告；

4）生态环境部门同意其出让排污权指标的证明文件；

5）其他法律、法规、规章和交易规则等规定须提交的资料。

（2）排污权交易中心受理出让申请。

（3）生态环境部门对出让申请进行审核确认。

（4）审核通过后，出具审核联系单。

（5）在排污权交易中心签订受让合同，并支付款项。

（6）重新核发排污许可证和排污权许可证。

五、我国排污权交易存在的问题与解决办法

（一）排污权交易制度存在的问题

1. 法规支撑体系不完善，交易制度设计不成熟

我国排污权交易市场缺少具有指导性的根本大法和统一的交易制度。2014年8月6日，国务院办公厅发布的《进一步推进排污权有偿使用和交易试点工作的指导意见》是部门规章，虽具有普遍约束力，但不具备法律效力。在具体的交易制度设计、市场管理方法、配额分配方式等方面，国家也没有统一的规定。由于缺少国家层面的指导性办法和统一监管，各地方试点时，在管理办法的制定上存在较大区别，对污染物指标、指导价格、交易范围等的界定均存在较大差异。“一地一制度”的问题使排污权交易的公允性受到质疑。

2. 定价方法不统一，二级市场不活跃

目前，各地区自行制定配额有偿分配方式和定价方法，很多地方公布了各项主要污染物的指导价格，但是这些指导价格的地区差异较大，往往不能恰当体现环境容量的稀缺程度。例如，山西二氧化硫排放权指导价格为18 000元/t，排污指标长期有效，而重庆排污指标有效期为1年，每年清缴核定，价格约为1 000元/t。

现行排污权交易通常分为一级市场和二级市场，前者交易在政府和企业间进行，如排污权初始分配、政府回购等，后者才是企业间的配额买卖。试点情况表明，内蒙古、浙江等约2/3的试点地区都曾出现不同程度的二级市场交易记录“断层”，有的地区甚至连续数月未有交易量。二级市场交易不活跃，反映出企业多数是为了满足自身的排污需求而参与交易，一般只参与一级市场，在政

府处购买排放指标，而对企业间配额交易缺乏认识和参与积极性。

3. 与排污许可制度的衔接工作落实不到位

近年来，我国大力推进排污许可制度，对多种污染物实行“一证式管理”。从理论上说，排污许可制度是排污权交易的前提条件。政府通过颁发排污许可证，将排污权分配给相关污染排放企业，企业根据预期需要的排放量进行排污权交易。但在实际操作中，排污权交易开展的时间比较早，各省份根据自身情况制定交易制度和管理办法。而排污许可制度于2014年在修订的《中华人民共和国环境保护法》中被明确。2016年以后，我国大力开展相关制度建设和具体执行。目前在执行层面，有不少地区还没有实现排污权和排污许可制度的良好衔接，主要体现在排污指标、工作范围和期限3个方面。

4. 与环境保护税有重合部分

2018年1月1日，中国正式施行环境保护税。根据《中华人民共和国环境保护税法》，环境保护税的征税对象为大气污染物、水污染物、固体废物和噪声4类。排污权交易涉及的污染物种类主要是化学需氧量、氨氮、二氧化硫、氮氧化物，与环境保护税中规定的应税污染物有重合，环境保护税中规定的范围更广。对于同一种污染物来说，排污权交易和环境保护税是可以相互替代的市场化工具，排污权交易是基于数量的工具，以数量管控切入，而环境保护税是基于价格的工具，从排放所付出成本的角度切入，两者都可以达到管控污染物排放的目的。因此，环境保护税的征收将压缩排污权交易市场。对被管控企业来说，一方面要考虑总量控制，另一方面又要考虑可能的税费，这会增加企业负担。

（二）完善排污权交易制度的办法

排污权交易制度有利于在全社会树立“环境资源是稀缺资源”的理念，促进环境容量资源的优化配置，推动企业升级、创新，提升政府环境管理水平，促进产业结构调整和经济发展方式转变，而完善的法律制度、有序的市场体系、科学的制度设计和良好的公众基础是建立排污权交易市场的前提。

1. 建立健全排污权交易法规和制度

排污权交易市场的顺利运行离不开国家与各省份的法规和制度保障。国家应尽快出台法律法规，使排污权交易有法可依。在法律法规短期内不能出台的情况下，应该完善部门规章，制定统一的基本交易制度和技术指导方案，建立健全顶层设计，对配额分配方法、交易规则等进行统一规范，为地方政府相关部门工作提供指导。地方试点地区应优化交易设计，改善交易体系，保障排污权交易工作有效、持续开展。

2. 完善排污权初始分配和定价制度，提高市场透明度和活跃度

国家层面应明确配额分配和排污权定价的指导，各地区应兼顾大局、统筹安排，根据本地实际情况选择合理的定价方法和配额期限，使排污权的价格能够市场化，真实体现供需状况。另外，应采取措施，提高市场的透明度和交易的活跃度。政府应推动市场发挥作用，制定明确的交易机制，并提高信息的公开度和透明度。可充分发挥排污权交易中心的作用，让企业有了解信息的渠道和直接交易的平台，使市场信息公开、透明，激励企业参与，促进市场发展。

3. 做好与排污许可制度的衔接工作

在制定排污权交易管理办法实施细则时，应充分考虑排污权交易与排污许可制度的衔接问题，明确衔接原则和衔接方法。地方政府要加强对衔接工作的监管，严格审查企业排污指标的核算，监测企业排污情况和排污权交易情况，根据企业预期排污量和实际排污量之间的关系，进一步确定企业下一年度的排污指标。各地应当建立排污权交易管理平台，对企业的排污许可指标和排污权交易情况进行统一管理，积极推进两者的衔接工作。

4. 与环境保护税配合协调，避免过多增加企业负担

环境保护税作为一项法定税，具有强制性，任何排污主体都必须缴纳。相比之下，排污权交易的灵活性高，应当配合环境保护税的实施。两者从设立理念上来说并不矛盾，环境保护税还能弥补排污权交易涉及范围小和污染物种类少的缺陷，但这种“弥补”如果不能合理设置界限，会使企业重复支付，加重企业经营负担。因此，国家层面应当制定相关政策来确立环境保护税与排污权交易的配合机制，合理设置环境保护税的征收范畴，对于购买排污指标的企业进行一定的税收减免，或适当降低排污权定价，在控制污染物排放的同时，也可以避免过多增加企业负担。

第三节 我国排污权交易实践案例

一、宁夏银川市排污权交易实践

2021 年，银川市制定了《关于开展排污权有偿使用和交易改革示范引领环境污染防治率先区建设的实施方案》，在全市组织开展主要污染物排污权确权工作，全面摸排核算初始排污权、可交易排污权、政府储备排污权、新增排污权4本台账，为排污权改革顺利开展奠定数据基础。到目前为止，银川市完成初始排污权核算109家、可交易排污权核算15家、新增排污权核算16家，另有500多家企业正在申报第二批初始排污权。

（一）排污权交易主体

银川市排污权有偿使用或者交易主体仅指依法取得排污许可证且排污量得到确权的各排污单位、新（改、扩）建项目需取得新增排污量的企事业单位、依法参与排污权市场交易的政府排污权储备机构。目前，银川市排污权交易市场暂不引入投资机构或者个人参与。

（二）排污权交易标的

银川市根据本市实际情况，先期按照条件成熟的指标开展排污权确权和交易工作，例如，将排污权确权或者交易的范围限定在条件成熟的氮氧化物、二氧化硫、化学需氧量、氨氮4项指标。这样操作降低了排污权确权的难度，增加了排污权交易的科学性和合理性。

（三）排污权交易核查与监管

银川市将建成较为完善的排污权交易监管体系，定期对排污单位污染物实际排放量进行现场核查，形成核查报告。根据核查报告结果，对实际排放量明显超过排污权量的排污单位，责令通过排污权交易市场购买排污权，完成清缴。另外，银川市加大环保执法力度，严厉查处监测数据弄虚作假、无证排污、偷排漏排等违法违规行为，确保排污权有偿使用和交易公开、公平、公正进行。

（四）排污权交易制度目标

银川市通过排污权交易制度建设，全面推动污染治理关口前移，引导各类排污主体主动技改、自主减排，推动转方式、调结构、换动能，实现减污增效，达到环境效益、经济效益、社会效益相统一，为城市腾出总量空间，扩大环境容量，实现清洁集约生产、绿色低碳发展。

二、南京市排污权交易实践

2015 年 2 月，南京市发布了《关于排污权有偿使用与交易收费问题的通知》和《南京市主要污染物排污权有偿使用和交易管理办法（试行）》。这是在 2014 年国务院办公厅印发《关于进一步推进排污权有偿使用和交易试点工作的指导意见》（国办发〔2014〕38 号）的基础上，南京市作为进一步推进排污权交易的试点城市，出台的有关排污权交易的制度。南京首场排污权公开拍卖会于 2015 年 12 月在南京公共资源交易中心举行，成交比例均达到 100%，成交总金额达到 1 299 万元。与通知的定价标准相比，溢价率达到 46%，取得了开门红。

（一）排污权交易主体

全市范围内排放二氧化硫、氮氧化物、化学需氧量、氨氮和总磷污染物的工业企业、规模化畜禽养殖企业和医疗、宾馆、餐饮服务单位，都需要进行排污权交易。

（二）排污权交易流程

排污权交易是指在特定区域内，确定一定时期内污染物的排放总量。在此基础上，通过颁发许可证的方式分配排污指标，并允许指标在市场上交易。南京市污染企业可以通过排污权的有偿使用和排污权的交易两种途径获取排污权。排污权有偿使用的费用将逐步增加，2016 年按照征收标准的 40% 执行，2017 年按照 70% 执行，2018 年按照规定标准执行。如果企业扩大生产导致排污总量增加，就要另外在排污权交易市场上购买排污权。

（三）排污权交易方式

南京市排污权交易方式主要包括公开竞价、定额出让和协议转让等。排污权交易启动之初，不会有企业出租、出售排污权。所以，环保部门在核定初始排污权时，会预留一部分排污指标，放到排污权交易平台。因此，一开始企业购买排污权应该是从政府手中购买，等交易运行进入常态后，才会出现企业向企业购买的情况。通过节能减排减少了排污总量的排污单位，可以把多出来的排污权挂到交易平台上，通过出租或者转让方式变现。

（四）排污权交易平台

南京市排污权交易由市环保局和市公共资源交易中心负责组织，在公共资源交易平台上实施进行。二氧化硫、氮氧化物、化学需氧量、氨氮这4种污染物的排污权作为公共资源，进入公共资源交易中心进行交易。

三、湖南省排污权交易实践

2010年6月，财政部、环境保护部同意湖南省开展主要污染物有偿使用与交易试点工作。湖南省在2011年4月正式启动主要污染物排污权交易试点工作，并成立湖南省排污权交易与储备中心。从2011年7月开始，湖南省对长沙、株洲、湘潭三市的火电、钢铁、石化、化工、建材、有色、食品、造纸、医药9个行业的排污单位排放的化学需氧量和二氧化硫，正式实施排污权有偿使用交易试点。从2013年1月1日开始，湖南省排污权交易试点扩大到湘江流域8个城市的所有工业企业及全省的火电和钢铁企业。2015年，排污权交易范围从长株潭地区的部分行业扩大到全省所有行业，交易指标也增加为二氧化硫、氮氧化物、氨氮、化学需氧量、铅、镉、砷7项，共计出台15项政策、9项试行规章制度。总体来讲，湖南省排污权交易实践工作的特点如下。

（一）排污权交易定价机制

根据《湖南省排污权交易管理办法》，上市交易的排污权交易价格不得低于政府指定的指导价格。政府指定的交易指导价格是原湖南省环境保护厅根据污染物治理的10年成本平均算出来的。另外，排污权初始分配价格是湖南省根据排污权收费标准、企业调查和举办听证后制定出来的。现在，湖南省已启动排污权有偿使用价格测算和排污权现场核查作业，对排污权交易价格进行实时动态调整，最大限度地反映市场交易的真实价格。

（二）排污权交易的方式

湖南省在排污权初始分配机制上对排污总量进行确定，根据地区环境容量以及减排目标，采用排污总量削减法来确定可分配的排污权基数。排污权初始分配方式，没有采取市场竞价模式，而是采取政府无偿分配模式。无偿分配模式能够降低排污企业的负担，更快地启动排污权交易二级市场。排污权的客体除了全部试点所包含的 SO_2、COD 外，还增加了氨氮、氮氧化物、铅、镉、砷 5 种污染物。排污权有效期为 5 年，即长期交易模式。排污权不仅可以在流域内交易，也可以跨区域交易。排污权交易合约的类型以现货交易为主，必要时采取期货交易方式。

（三）排污权交易政策与法律

2010 年 7 月，湖南省政府印发第一个排污权交易地方性法规文件——《湖南省排污权有偿使用和交易管理办法（暂行）》。随后，湖南省出台了《湖南省主要污染物排污权有偿使用和交易实施细则（试行）》《排污权交易工作规程》《排污权有偿使用和交易资金管理办法》等配套性、规范性文件。2011 年 4 月 6 日，随着湖南省排污权交易中心在长沙正式成立，湖南省启动了全省范围内的排污权交易试点工作。2014 年，湖南省政府修订并发布了《湖南省主要污染物排污权有偿使用和交易管理办法》。随后，湖南省根据排污权交易市场发展的需要，相继出台了《湖南省主要污染物排污权有偿使用和交易管理办法》《湖南省主要污染物排污权有偿使用和交易实施细则》《湖南省主要污染物排污权有偿使用收入征收使用管理办法》《主要污染物排污权有偿使用收费和交易价格标准》等政策文件。2019 年修正的《湖南省环境保护条例》第十一条明确提出推行污染物排污权交易。这是在地方性法规层面填补了排污权交易制度立法上的空白。加上湖南省各市、州结合本地实际出台的相应政策和法律法规，湖南省总共出台了大约 33 项排污权交易方面的政策文件和法律法规，已经形成了一个较为完整的排污权交易制度体系，这为排污权交易的健康发展提供了有力支撑。

四、浙江省嘉兴市排污权交易实践

浙江省嘉兴市是我国开展排污权试点较早地区之一。2007 年 9 月，嘉兴市政府出台了《嘉兴市主要污染物排污权交易办法（试行）》。同年11月，全国首个排污权储备交易中心在嘉兴市正式挂牌成立。此后，嘉兴市先后出台了3个排污权交易方面的政府规范性文件：2007年9月的《嘉兴市主要污染物排污权交易办法（试行）》及与之配套的实施细则、2009年6月的《关于开展主要污染物排污权分配量核定工作的通知》、2010年5月的《嘉兴市主要污染物初始排污权有偿使用办法（试行）》及与之配套的实施细则。这3个文件是嘉兴市排污权交易的制度框架和实践依据。嘉兴市排污权交易试点工作的主要特征如下。

（一）先易后难

嘉兴市在面临众多排污权交易的体制性、结构性障碍时，采取了分阶段实施、边干边总结、不断在探索中完善的策略，回头看成效显著。在排污权的初始分配问题上，嘉兴市没有贸然行动，而是选择了先从新建、扩建、技改项目新增主要污染物排污量做起，让这些排污量指标都通过排污权交易获得。经过两年多的试点工作，排污权和排污权交易慢慢被企业熟悉，环境资源有价的观念也就逐步确立起来。然后，嘉兴市回头再做排污权初始分配工作，遇到的阻力就小多了。加上留给企业一定时间的缓冲期，排污权交易制度实施起来就很顺利了。

（二）新旧区别对待

嘉兴市在制定和实施排污权交易制度过程中，对老排污单位和新建、扩建、技改项目实行区别对待。嘉兴市在2007年启动排污权交易试点工作时，要求所有新项目的排污权都通过交易方式获得，但把老排污单位的排污权问题搁置起来，并没有“一刀切”地要求必须购买排污权。经过两年缓冲期，嘉兴市开始启动排污权的初始分配，对老排污单位进行排污权分配量的核定，并于2010年正式实施老排污单位的排污权初始分配和有偿使用，而且给予老排污企业在规定期限内申购初始排污权一定的优惠。

（三）政府指导定价

嘉兴市对于排污权交易采取了非市场化方式。《嘉兴市主要污染物初始排污权有偿使用办法（试行）》规定，申购指导价由嘉兴市环保局根据环境资源市场供求情况确定，并根据嘉兴市相应产业政策与排污权交易运作情势进行相应调整，排污权的申购企业与出让企业只能按环保局所定指导价申购或出让。这一政策充分反映了嘉兴市政府在排污权交易问题上对市场的担忧。政府用“有形之手”规范和指导排污权交易，能够更好地贯彻制度制定者的意志。在排污权交易实行初期、市场启动艰难的情况下，嘉兴市政府的做法有一定道理。但是从长远来看，这种做法会扭曲市场资源配置机制，挫伤市场交易者的积极性，从而不利于排污权交易市场的发展。

五、山西省排污权交易实践

山西省是试行排污权交易较早的省份之一。太原市人民政府在 1994 年就试探性地开展了 SO_2 排污权交易。2002 年，国家环保总局把山西省确定为二氧化硫排污权交易试点地区。2000 年，山西省人民政府颁发了《关于在全省开展排污权有偿使用和交易工作的指导意见》，明确了山西省开展排污权有偿使用和交易工作的指导思想、基本原则和工作目标。2010 年 7 月，山西省成立排污权交易中心。山西省排污权交易试点工作取得了阶段性成果。山西省排污权交易实践的特点如下。

（一）政策法律体系

山西省先后出台了《关于山西省排污权交易基准价及有关事项的通知》《山西省排污权交易电子竞价规则（试行）》《山西省主要污染物排污权交易资金收支管理暂行办法》《山西省排污权有偿取得和交易办法》等一系列规范性文件，明确了山西省排污权交易的基本原则、交易主体、交易污染物种类、交易流程、交易方式、竞价规则、交易价格形成与保障、交易资金管理、排污权初始核定、排污权出让的审核认定、政府储备排污权分级管理以及各市开展业务受理工作等内容，为山西省排污权交易的实施奠定了制度基础。

（二）排污权交易价格

山西省排污权交易基准价实行政府指导价，排污权交易采取“一次性补偿”的办法，按照“排污权交易价格不得低于交易基准价”的原则确定交易价格。

政府指导价的制定主要依据削减 1 t 某污染物在多个生产排污行业所需要的平均治理成本。平均治理成本根据综合环保设施建设费用、环保设备日常运行维护费、环保设备折旧费、耗损材料费、人工费及物价上涨等因素来测算。

2011 年 7 月，山西省确定了试点初期两项主要污染物的排污权交易基准价，分别为二氧化硫 16 000 元 /t、化学需氧量 28 000 元 /t。2012 年 7 月，确定了新增四项主要污染物的排污权交易基准价，分别为氮氧化物 1 800 元 /t、氨氮 30 000 元 /t、烟尘 5 000 元 /t、工业粉尘 4 900 元 /t。后来，山西省根据资源稀缺程度和物价上涨情况，在 2012 年 11 月和 2013 年 12 月两次上调排污权交易基准价，分别为二氧化硫 18 000 元 /t、化学需氧量 29 000 元 /t、氮氧化物 19 000 元 /t、氨氮 30 000 元 /t、烟尘 6 000 元 /t、工业粉尘 5 900 元 /t。

（三）排污权交易原则

对于跨区域的排污权交易，山西省确定的交易原则是：水污染物的排污权交易在统一流域内进行；对于某项主要污染物超过环境功能要求的区域，山西省要求该区域不得作为受让方接受其他区域的该项污染物的排污权指标。也就是说，该污染物排放权的交易只能在本区域内完成；另外，山西省规定，列入国家大气污染防治重点控制区域的地区，大气污染物的排放权交易只能在本地区内进行，不能接受其他区域的大气主要污染物排污指标。

山西省为鼓励排污单位减排、充分发挥市场在资源配置中的基础性作用，规定政府储备排污权和排污单位自有的可出让排污权都可以在排污权交易中心挂牌出让，但是优先出让排污单位自有的可出让排污权。

第五章　碳排放交易

第一节　碳排放概述

一、碳排放

（一）碳排放的由来

碳排放是温室气体排放的简称，通常是指煤炭、石油、天然气等化石能源燃烧和工业生产过程以及土地利用变化与林业等活动产生的温室气体排放，也包括因使用外购的电力和热力等所导致的温室气体排放。温室气体是指任何会吸收和释放红外线辐射并存在于大气中的气体。《联合国气候变化框架公约的京都议定书》（以下简称《京都议定书》）在附件 A 中规定了 6 种温室气体：二氧化碳（CO_2）、甲烷（CH_2）、氧化亚氮（N_2O）、氢氟碳化合物（HFC_s）、全氟碳化合物（PFC_s）、六氟化硫（SF_6）。由于温室气体中最主要的气体是二氧化碳，所以“用碳”一词作为温室气体的代表。尽管这样的表述不严谨，但是人们通常习惯以碳排放指代温室气体排放。

（二）碳排放的危害

温室气体不加限制地排放，后果就是全球气温上升。全球升温给人类社会带来非常复杂的深远影响。现在我们已经可以观察到：气候变化极端异常，海平面不断升高，冰川退缩，冻土融化，中高纬生长季节延长，动植物分布范围向极区和高海拔区延伸，某些动植物数量减少，一些植物开花期提前，等等。另外，人类现在和将来需要付出巨大代价为全球升温埋单，近年来世界上不断出现的极端天气已经给我们的生命和财产造成巨大损失，碳排放所带来的危害不容忽视。

二、碳排放权

碳排放权来源于排污权概念。事实上，温室气体就是大气污染物，此类大气污染物的排污权可以理解成碳排放权。碳排放权就是在法律上给予排污单位排放一定额度温室气体的自由。当然，对于碳排放权到底是什么，仍存在争议。在法学领域，传统理论下国内学者对碳排放权界定主要以物权说为基础，争议集中于用益物权说与准物权说。但随着我国深入参与国际碳减排实践以及清洁发展机制（CDM），学者逐渐认识到碳排放权作为环境权与人权的属性。部分学者基于物权说提出了碳排放权兼具发展权的属性，即“碳排放权的发展权属性”。可见，碳排放权不仅是私权属性，还带有社会公共利益的色彩。

三、碳排放交易市场

碳排放权交易体系（ETS）也称碳市场或碳排放交易市场。碳市场分为一级市场和二级市场，其中一级市场涉及对碳配额的初始分配，包括免费发放和拍卖两种途径；二级市场则涉及各排放主体之间的市场行为，包括公开交易和协议转让。当然，碳排放市场还包括特殊的自愿减排交易市场（CCER）。自愿减排机制又称为抵消机制，是通过鼓励在减排成本较低的地区或行业投资减排项目，降低总体减排的履约成本。通过调整抵消量使用比例，还可以达到调控价格、稳定碳市场的目的。我国于 2015 年 1 月正式启动自愿减排项目交易，国家发展和改革委员会在 2017 年 3 月发布公告，暂停 CCER 项目和减排量备案申请。目前，自愿减排市场何时重新开启不是很明朗。

四、碳排放交易的理论

（一）碳排放的负外部性问题

一般来说，二氧化碳等温室气体排放单位在生产过程中排放污染物，会给环境带来损害，但是排放单位没有为此支付任何费用，温室气体排放单位把应由自己承担的成本转嫁到整个社会，最终由社会承担这种成本。这一现象被经济学家称为温室气体排放的负外部性问题。生产行为的负外部性不利于社会资源的优化配置，难以形成社会福利上帕累托最优。于是，人类必须想办法解决生产行为的负外部性问题。

（二）碳排放的管制或者税收

事实上，解决温室气体排放的负外部性问题，就需要把温室气体的社会成本内化到排污单位私人成本结构中。这一内化过程依据驱动力来源不同，可以分为依靠外界强制力的内化和依靠自愿性的内化。依靠外界强制力的内化，政府往往采取两种措施：一是行政管制，即政府直接规定企业的碳排放量；二是统一征税，即政府对所有排放主体征收庇古税。这两种方式可以在某种程度上解决碳排放的负外部性问题，但都是政府借助于行政权力强制性地把碳排放所造成的社会成本内化，体现出较强的调节刚性，难以对企业减排工作产生适度且均衡的激励和约束。

（三）基于产权理论的碳交易

关于自愿性内化碳排放所带来的环境成本问题，经济学上产权理论的出现带来了新的思路。根据科斯定理，在没有交易成本的情况下，无论有没有产权，人们都可以通过交易实现帕累托最优。但是在现实中，任何交易都不可能没有交易成本。此时科斯认为，在产权界定清楚的情况下，人们可以选择对自己最有利的方式进行交易，从而使交易成本最小化。

试想，如果把二氧化碳等温室气体能不能排放以及如何排放赋予法律上的权利，且是一种归属明确的权利，那么碳排放权利人就可以把剩余排放指标在自由交易市场上进行交易，从而把碳排放的社会成本通过交易私人化，能够有效地解决碳排放的负外部性问题，碳交易制度就此产生。为了便于碳排放权交易的操作，在科斯定理基础上，进一步发展出“总量与交易”理论。政府根据环境容量以及碳减排目标设定污染物排放上限（总量），并以配额的形式分配或出售给碳排放单位，使其拥有一定量的碳排放权。

1968 年，美国经济学家戴尔在此基础上提出减排交易计划的设计。1972 年，蒙哥马进一步阐释了通过市场方式解决各种污染负外部性成本的问题。美国于 1995 年开始实施的“酸雨计划”是 ETS 在污染物减排和控制方面的最初应用。

随后，在《京都议定书》的谈判过程中，ETS 被用于解决全球变暖问题，从而确立了国际排放贸易、联合履约和清洁发展机制三种碳排放权交易机制。

五、碳交易的作用

（一）推动“三高”企业转型，鼓励低碳产业发展

“三高”企业即高能耗、高污染、高排放的企业。这类企业能源消费对象主要是石化能源，排放了大量的温室气体。控制温室气体排放主要就是“三高”企业改变传统的生产方式。碳交易可以为“三高”企业绿色生产转型提供激励机制，有利于“三高”企业的产业转型发展。另外，碳交易有助于鼓励新兴低碳产业发展。例如，在新能源汽车产业发展过程中，通过在汽车行业引入新能源汽车碳配额交易，可以引导生产端和消费端更快地向新能源汽车倾斜，帮助新能源汽车更快实现普及。

（二）优化能源结构，构建绿色低碳社会

低碳社会的构建要求我们改变现有的以石化能源为主的能源结构。我们改变以煤炭和石油为主的能源消耗方式，发展以太阳能、水能、风能等绿色能源为主的能源消费社会，是非常艰难的挑战。通过碳交易制度安排，就可以加速能源结构的转变，有利于构建绿色低碳社会。例如，我国自 2005 年正式开展 CDM 项目起，至 2016 年 7 月，已批准的 CDM 项目已达 5 067 个，其中 70% 以上的项目属于新能源和可再生能源类项目。我国在“十二五”期间的风电、太阳能发电装机规模分别增长了 4 倍和 168 倍，带动非化石能源消费比重提高了 2.6%。展望未来，碳交易有可能为我国实现 2030 年可再生能源在一次能源消费中占比提高到 20% 的目标提供重要支持。

（三）能够有效化解绿色发展挑战

碳交易机制已经成功实现了对温室气体排放这一类环境成本的科学量化和市场化定价，并为其提供了流转、估值和变现的便捷渠道，将其所对应的风险

成本或潜在收益转化成企业的财务绩效，成为绿色金融体系中率先实现落地生根的制度安排。

绿色发展机制的运作原理是通过建立校正环境污染和温室效应等负外部性的经济机制，将企业产生的环境成本内化到自身的成本结构中，同时对企业减轻环境耗损的经营行为给予相应的激励，最终阻断企业的环境套利行为。

但是，绿色发展体系构建过程中遇到的最大挑战是“漂绿行为”。为了化解“漂绿行为”的风险，需要对环境成本进行量化和风险定价，并在此基础上对环境绩效进行合理估值，最终将经营绩效与环境绩效纳入统一的财务报表。碳交易机制不但对绿色发展体系向资源节约与污染治理等领域的拓展具有示范引领作用，也能在绿色发展的国际合作方面发挥独特作用。

第二节　我国碳排放交易制度

一、我国碳排放交易市场概况

全球以《京都议定书》达成为契机，发展温室气体减排的交易市场，逐渐形成一个以减排温室气体为商品的特殊金融市场——碳交易市场。我国作为《京都议定书》的缔约方，为履行在《京都议定书》中承诺的相关义务，积极推行清洁发展机制（CDM）项目的实施开发。

CDM 是根据《京都议定书》的规定，通过发达国家与发展中国家合作达成减排温室气体的一种机制。它允许发达国家的投资者在发展中国家实施有利于发展中国家可持续发展的碳减排项目，从而减少温室气体排放量，履行发达国家承诺的限排或减排义务。根据《京都议定书》第 12 章的定义，清洁发展机制主要达到两个目标：一是帮助发展中国家中的缔约方持续发展，为实现最终目标做出应有贡献；二是帮助发达国家中的缔约方进行项目级的减排量抵消额的转让与获得。

在 2005 年《京都议定书》正式生效后的 1 个月内，国家发展和改革委员会就批准了内蒙古辉腾锡勒风电场和北京安定填埋场填埋气收集利用两个 CDM 项目。其中，内蒙古辉腾锡勒风电场项目是中国第一个真正意义上的 CDM 项目。此后，中国政府逐步完善 CDM 管理体制，制定 CDM 管理办法，加强各个层次各个领域的能力建设，进一步推动了中国 CDM 项目开发。

2011 年 10 月，国家发展和改革委员会批准上海、北京、天津、重庆、湖北、广东、深圳 7 个省（市）开展碳排放权交易试点工作。自 2013 年起，北京、广东、上海、天津、湖北、重庆七大碳排放权交易试点先后正式挂牌交易。2017 年 12 月，国家发展和改革委员会正式印发《全国碳排放权交易市场建设方案（发电行业）》，我国力争通过三个阶段的努力，建立全国统一的碳排放交易市场。

截至 2020 年，我国共有 2 837 家重点排放单位、1 082 家非履约机构和 11 169 个自然人参与试点碳市场。从 2014—2020 年碳交易市场成交量情况来看，碳市场成交量整体呈现先增、后减、再增的波动趋势。2017 年，我国碳交易成交量最大，为 4 900.31 万 t 二氧化碳当量；2020 年全年，我国碳交易市场完成成交量 4 340.09 万 t 二氧化碳当量，同比增长 40.85%。从碳交易市场的成交金额变化情况来看，2014—2020 年，我国碳交易市场成交额整体呈现增长趋势，仅在 2017 年、2018 年两年有小幅度减少。2020 年，我国碳交易市场成交额达到 12.67 亿元，同比增长 33.49%，创下碳交易市场成交额新高。

随着全国碳交易市场在 2021 年上线交易，碳市场建设采用“双城”模式，上海负责交易系统建设，武汉负责登记结算系统建设。在股权架构方面，碳市场交易将采用以上海和湖北指定的实施机构为主导，其他联建省（市）自愿参与的方式。

二、我国碳排放交易市场的政策体系

政策在我国碳排放交易市场发展过程中具有显著的推动作用。2011 年 10 月，随着国家发展和改革委员会颁布《关于开展碳排放权交易试点工作的通知》，我国正式开启了碳排放权交易的试点工作，也正式启动了碳排放交易市场（表 5-1）。

表 5-1 碳排放交易政策体系

实施时间	政策文件	主要内容
2011 年 3 月	《中华人民共和国国民经济和社会发展第十二个五年规划纲要》	明确了我国在“十二五”期间应对气候变化的阶段性目标
2011 年 10 月	《关于开展碳排放权交易试点工作的通知》	在 2013—2015 年开展北京市、上海市、天津市、重庆市、深圳市、湖北省、广东省 7 个试点省（市）的碳排放权交易试点工作

实施时间	政策文件	主要内容
2011 年 11 月	《中国应对气候变化的政策与行动（2011）》白皮书	全面总结“十一五”期间取得的阶段性成果，并介绍了“十二五”期间应对气候变化的目标和任务
2013 年 11 月	《中共中央关于全面深化改革若干重大问题的决定》	推行碳排放权交易制度、建设全国碳市场成为全面深化改革的重点任务之一
2014 年 12 月	《碳排放权交易管理暂行办法》	充分发挥市场在温室气体排放资源配置中的决定性作用，加强对温室气体排放的控制和管理，规范碳排放权交易市场的建设和运行
2013—2015 年	分 3 批发布了 24 个行业的温室气体排放核算方法与报告指南，涵盖发电、钢铁、石油天然气等行业	规定 24 个行业的温室气体核算和报告方法，供开展碳排放权交易、建立企业温室气体排放报告制度、完善温室气体排放统计核算体系等相关工作参考使用
2016 年 1 月	《关于切实做好全国碳排放权交易市场启动重点工作的通知》	明确建立碳排放权交易制度体系的目标，为 2017 年全面启动全国碳排放权交易市场做好充分准备
2017 年 12 月	《关于做好 2016、2017 年度碳排放报告与核查及排放监测计划制定工作的通知》	扎实做好全国碳排放权交易市场建设工作，完善配额分配方法，夯实数据基础，确保数据质量
2017 年 12 月	《全国碳排放权交易市场建设方案（发电行业）》	以发电行业为突破口，率先启动全国碳排放交易体系，分三阶段稳步推进碳排放权交易市场建设工作
2019 年 6 月	《大型活动碳中和实施指南（试行）》	鼓励大型活动组织者依据本指南对大型活动实施碳中和，并主动公开相关信息，接受政府主管部门指导和社会监督。鼓励大型活动参与者参与碳中和活动
2021 年 2 月	《关于加快建立健全绿色低碳循环发展经济体系的指导意见》	建立健全绿色低碳循环发展的经济体系，确保实现碳达峰、碳中和目标，推动我国绿色发展迈上新台阶

三、我国碳排放交易市场的法律制度

为了使我国更加有效地参与《京都议定书》框架下的清洁发展机制，国家发展和改革委员会和科技部在2004年5月联合发布了《清洁发展机制项目运行管理暂行办法》。2005年10月，国家发展和改革委员会作为牵头单位，联合科技部、外交部、财政部出台了《清洁发展机制项目运行管理办法》，分别从许可条件、管理和实施机构、实施程序及项目产生、温室气体减排量的收益分配等方面进行了明确规定。2012年6月13日，国家发展和改革委员会发布了《温室气体自愿减排交易管理暂行办法》，就自愿减排项目管理、项目减排量管理、减排量交易、审定与核证管理等主要内容进行了规定。为了规范我国碳交易试点工作，2014年12月，国家发展和改革委员会发布了《碳排放权交易管理暂行办法》，对配额管理、排放交易、核查与配额清缴、监督管理、法律责任等均作了规定。2017年12月，国家发展和改革委员会发布了《全国碳排放权交易市场建设方案（发电行业）》，规定分三个阶段建设全国性碳交易市场。为了实现这一目标，2020年12月，生态环境部公布了《碳排放权交易管理办法（试行）》，明确了碳排放权交易的监管原则，交易主体，制度框架，监管框架，实施流程，各方责任、权利和义务等，是我国开展碳交易活动的主要法律法规依据。2021年5月，生态环境部根据《碳排放权交易管理办法（试行）》，制定并颁布了《碳排放权登记管理规则（试行）》《碳排放权交易管理规则（试行）》《碳排放权结算管理规则（试行）》，进一步规范了全国碳排放权登记、交易、结算活动，旨在保护全国碳排放权交易市场各参与方合法权益。

生态环境部颁布并于2021年2月1日开始实施的《碳排放权交易管理办法（试行）》，与国家发改委颁布并于2015年1月10日开始实施的《碳排放权交易管理暂行办法》相比，主要变化如下：碳排放权交易的主管部门由国家发展和改革委员会变成了生态环境部；由政府引导与市场运作相结合改为市场导向，强调碳排放交易市场建设的循序渐进原则；明确了重点排放单位的确定标准；增设了重点排放单位名录的移出条件和主动申请纳入重点排放单位名录的机制；明确了纳入全国碳排放权交易市场的重点排放单位，不再参与地方碳排放权交易试点市场；强调国家核证自愿减排量不再作为交易产品，交易产品限于碳排放配额和主管部门增加的其他产品；要求所有碳排放权交易通过全国碳排放权交易系统进行，不再下放地方，也不再有“原则上”的豁免可能性；列举了协议转让、单向竞价作为交易方式，并允许其他可能的方式作为创新；细化了信息披露制度；设置国家核证自愿减排量抵消碳排放配额清缴的最高限额，为 5%。

四、我国碳排放交易存在的问题

我国碳排放交易市场在过去很长时间内处于地方试点阶段，在 2021 年 7 月才建立起全国统一的碳排放交易市场。全国碳排放市场启动后，对地方碳排放市场将产生一定的分流影响，但目前全国碳市场仅是对被明确纳入全国碳排放权交易市场的重点排放单位开放。所以，地方碳排放市场行业范围和主体门槛较全国碳市场而言更广泛，未纳入全国碳排放市场的企业可继续参与地方碳排放市场进行交易。碳市场存在的问题需要在这两个层面上分析。

（一）政策与法律

我国碳排放交易制度建设走的是一条政策先行、法律法规后建的路子。碳交易政策既包括中央出台的针对全国的碳交易政策，也包括试点地方发布的区域性碳交易政策。不同地区发布的碳交易政策往往存在不一致的地方，甚至相互冲突。另外，政策本身的权威性和预期性相较法律法规要差些。可见，构建全国性碳排放交易市场需要制定相应的法律法规。现有基本针对全国性碳市场的法律法规，主要是生态环境部制定的部门规章，其法律效力的层级还是偏低。为了建设可持续发展和高效的全国碳排放交易市场，我国需要制定法律效力位阶更高的法律法规。

（二）MRV 体系

MRV 是碳交易过程中对相关碳数据监测（Monitoring）、报告（Reporting）和核查（Verification）三个环节的首字母缩写，也是碳排放的量化与数据质量保证的过程。可以说，运转良好的 MRV 体系是我国碳排放交易机制建设运营的重要保障。第三方核查机构的专业性和独立性，事关 MRV 能否真正地发挥作用。从碳交易试点情况来看，由于第三方核查机构必须在当地注册登记，第三方核查机构的服务市场很难进行充分竞争，所以核查的专业水准参差不齐。这将对核查机构的独立性、竞争的有序性及碳数据的准确性产生不良影响。

（三）碳信息披露制度

碳信息披露是解决碳市场信息不对称的有力手段，也是降低交易成本的好方法，还能有效地防止碳交易过程中出现欺诈行为。从试点情况来看，企业碳排放信息披露不准确、不完整、不及时等现象时有发生。当下，随着全国碳市场形成和统一的碳信息披露制度的初步建立，我国需要在碳数据审计制度、碳排放企业的商业秘密保护、碳信息披露的自觉性、碳信息披露的法律责任等方面进一步加以完善。

（四）碳排放交易市场的效率

碳市场效率问题的分析主要是从碳市场的资源配置和碳市场运行两个方面进行。碳市场资源配置效率主要通过碳价的有效性、稳定性来体现，运行效率则主要取决于市场的流动性、碳价的权威性。我国的碳市场交易尚未形成完整的交易价格机制，加之受交易方式限制，碳价波动幅度较大。以履约期为节点，碳价及成交量起伏较大；非履约期碳成交量均偏小，凸显市场流动性不足。此外，碳市场交易的活跃程度、透明度较低，难以吸引机构投资者开展交易，增加了市场被操控的风险。

（五）法律责任方面

目前的法律法规，对于虚报、瞒报温室气体排放报告，或者拒绝履行温室气体排放报告义务，以及未按时足额清缴碳排放配额的重点排放单位，根据情节轻重规定了责令改正、罚款，或者核减其下一年度碳排放配额等。但是罚款几万元，以及在情节严重时由地方生态环境主管部门给予核减排放额的做法，与《碳排放权交易管理暂行条例（草案修改稿）》中规定的虚报或瞒报排放将被处以 5 万元以上 20 万元以下的罚款，未按时履行配额清缴义务的将被处以 10 万元以上 50 万元以下的罚款相比较，是一个温和的规定。那么，这究竟在多大程度上能够吓阻碳交易过程中违法行为呢？这是一个问题。

五、我国碳排放交易市场展望

（一）碳排放交易市场规模持续壮大

我国的碳排放总量和增量在世界上均排名第一。我国自 2013 年陆续开展 7 个试点碳市场以来，碳市场逐步发展壮大。2020 年全年，我国碳交易市场成交量为 4 340.09 万 t 二氧化碳当量，同比增长 40.85%。2021 年 7 月 16 日，开启全国碳市场线上交易，首批纳入的是发电行业，总计 2 225 家发电企业和自备电厂，二氧化碳排放总量约为 40 亿 t/a。这是因为发电行业数据基础较好，产品比较单一，数据计量设备比较完整，容易核查，配额分配也比较简便易行。另外，发电行业的排放量很大。全国碳市场接下来要逐步纳入石化、化工、建材、钢铁、有色、造纸、航空七大行业。假设上述 8 个行业全部纳入碳市场，覆盖的年碳排放总量预计为 80 亿 t，约占全国碳排放量的 70.80%。

（二）碳价格将更加市场化

我国相关政策没有对碳排放权价格提出明确要求，但碳排放指标的配额发放在很大程度上影响着碳价。《全国碳排放权交易管理办法（试行）》规定，生态环境部应根据国家温室气体排放控制要求，综合考虑经济增长、产业结构调整、能源结构优化、大气污染物排放协同控制等因素，制定碳排放配额总量确定与分配方案。可见，这些因素是影响碳价的重要因素。随着全国碳市场的不断发展，市场的力量会越来越受重视。为了建设一个能够有效发挥碳减排资源优化配置的碳市场，应通过建立集中统一的交易平台和交易品种，改进交易规则，公开披露信息，保持政策连续性，加强市场监管，提高全社会参与度，减少政府直接干预等，充分发挥市场的作用，形成一个公平、公正、公开、透明，且能够反映边际社会减排成本的碳价格。

（三）碳排放交易市场对经济发展的影响

《中共中央关于制定国民经济和社会发展第十四个五年规划和二〇三五年远景目标的建议》中提出，到 2035 年，我国经济总量比 2020 年翻一番。据此测算，我国年均经济增速需达到 4.73%。但是在全国碳市场建设初期，碳价的迅速增长势必会增加企业的能源成本，进而影响整个社会的经济增长。另外，从现在到2035年，我国产业结构调整处于关键期。但由于实体经济在生产方面缺乏中高速增长动力，面对要素投入收缩、市场需求能力不足等影响，如果碳价过快过多地增长，将加大企业转型升级的难度，就可能影响产业结构调整。从长远看，碳市场有助于我国走绿色低碳的社会经济发展道路。

（四）碳排放交易市场的国际影响力

温室气体排放问题不是一个国家面临的问题，而是全球性问题。这要求越来越多的国家尽早实现碳达峰和碳中和，在全球范围内采取一致行为显得非常必要。有些地区或者国家已经采取强有力的措施，且这些措施具有外溢效应，将影响与其保持贸易往来的国家。欧洲已经在开发碳边境调整机制。碳边境调整机制在美国最近的政策设计讨论中重新成为一个关键因素。这需要评估出口市场与国内市场中气候政策的相对严格程度。现在，我国碳排放交易市场制度设计者正计划将发展中国家的碳市场与全球其他国家碳市场相联结。事实上，我国已经具有通过抵消建立链接方面的经验。在21世纪初期，我国在实施自己的国家气候政策之前，通过清洁发展机制成为欧盟碳市场二氧化碳抵消的主要来源国。这种与欧盟的链接也让外界更多地了解了我国碳排放交易的体系设计和技术标准，增强了我国作为全球减缓气候变化努力参与者的声誉。可见，随着碳减排日益成为一个世界性难题，我国碳排放交易市场和外部碳排放交易市场将更广泛地联结起来，碳排放交易市场的国际影响力将不断扩大。

第三节　我国碳排放交易机制

一、我国碳排放市场的配额确定与分配机制

我国开展碳排放交易试点的制度总体思路是，选择部分行业重点企业分配配额，允许通过交易及购买一定比例项目减排信用（CCER）履约。各试点地区主要采用基准法、历史法等进行配额分配。目前，配额分配以免费分配为主，政府将碳排放配额免费分配至各减排主体。我国在充分吸收国际碳市场发展经验的基础上，经过碳交易试点多年的实践，制定了具有我国特色的配额分配机制。

具体包括以下几个方面。

（一）初始配额总量设定

我国各试点碳交易市场设置的配额总量为区域碳排放总量的 40% ～ 60%。同时，设置调节配额，对碳交易市场进行灵活调节，防止配额设置过紧或过松，导致交易量波动较大。一般来说，调节配额的额度为配额总量的 10%，当配额总量出现不足时，调节配额作为补充进入市场，这对碳排放交易市场上的交易起到了稳定作用，避免了碳价的剧烈震动。就全国碳排放交易市场来说，生态环境部根据国家温室气体排放控制要求，综合考虑经济增长、产业结构调整、能源结构优化、大气污染物排放协同控制等因素，制定碳排放配额总量确定与分配方案。省级生态环境主管部门应当根据生态环境部制定的碳排放配额总量确定与分配方案，向本行政区域内的重点排放单位分配规定年度的碳排放配额。这里所讲的温室气体排放单位符合下列条件，且应当列入温室气体重点排放单位（以下简称重点排放单位）名录：①属于全国碳排放权交易市场覆盖行业；②年度温室气体排放量达到 2.6 万 t 二氧化碳当量。

（二）初始配额分配原则

我国碳排放交易市场初始配额以免费分配原则为主。在免费分配原则下，各试点碳交易市场根据行业特性与经济发展周期，设置具有差异性的分配额度和周期长度。初始市场上免费分配的碳排放额度占配额总量的 90% ～ 95%。在分配周期上，一般碳交易市场采用年度配额发放周期，部分市场发放 3 年的排放配额。在免费分配碳排放配额的基础上，大多数市场预留少量配额，以便进行市场调节。对该部分储备配额，部分试点碳交易市场逐渐引入拍卖方式和固定价格出售方式，采用有偿分配的配额比例占配额总量的 5% ～ 10%。就全国碳排放市场而言，碳排放配额分配以免费分配为主，可以根据国家有关要求，适时引入有偿分配。

（三）初始配额分配方法

我国碳排放交易的试点市场采用历史排放量法、历史强度下降法或基准线法。由于经济结构和发展水平各不相同，各试点地区存在一定的制度差异，各具特色。总体呈现出历史法与基准线法相结合的特征。例如，各试点市场普遍对电力与新增设施项目采取基准线法核算（北京、上海除外），深圳是唯一全部采用基线法核算的试点地区。但是重庆市采用的方法既不是历史法也不是基准线法，而是在保证重庆市年度配额总量控制目标完成的情况下，以企业自主申报量为基础调整分配量的方法。全国碳市场采用基准线法，排放企业的单位产品的排放量在基准线以上，则产品生产得越多，获得的碳排放配额就越大；反之，单位产品的排放量处于基准线以下，那么生产企业就需要加大减排力度，使单位产品的排放量高于基准线。否则，每生产一个产品都要向市场购买碳排放权，要么只能选择退出市场。

二、我国碳排放二级市场交易机制

我国碳排放交易市场的二级市场是排放单位对于初始分配碳排放额的剩余部分进行交易的场所，包括公开交易（单向竞价方式）和协议转让两种方式。根据法律法规规定，重点排放单位以及符合国家有关交易规则的机构和个人可以开展碳排放交易。首先，其需要判断碳配额盈缺情况：如果碳配额存在缺口，则企业需要通过购买配额来履约。碳配额盈余的情况下，企业则可出售或留存碳配额剩余。其次，其需要开设交易所需账户，以及制定交易策略（入场时间、交易量、预期价格、交易方式、交易对手方等）。最后，其可以在碳排放交易所通过交易系统采取协议转让、单向竞价或其他符合规定方式进行交易。协议转让包括挂牌协议交易和大宗协议交易；挂牌协议交易是指企业将配额在交易系统内进行申报，经系统撮合，以价格优先的原则提交申报，完成交易，最大申报数量应小于 10 万 t 二氧化碳当量，挂牌协议交易的成交价格在上一个交易日收盘价的 ±10% 之间确定；大宗协议交易是指双方就交易价格与交易数量等要素协商一致后确认成交，价格在上一交易日收盘价的 ±30% 之间确定，单笔买卖最小申报数量应当不小于 10 万 t 二氧化碳当量。单向竞价是指交易主体向交易机构提出卖出申请，交易机构发布竞价公告，符合条件的意向受让方按照规定报价，在约定时间内通过交易系统成交。根据碳排放试点市场的经验，全国碳排放交易市场为了降低风险，采用了 $T+N$ 的交易周转制度，完成交易后，配额和资金需要等待 N 个工作日方可解冻。另外，碳排放交易完成后，还要进行会计处理、财务报表列示和披露等工作。

三、我国 CCER 交易机制

我国碳排放交易除了配额交易外，还设立了国家核证自愿减排量（CCER）交易。根据《温室气体自愿减排交易管理暂行办法》的规定，CCER 是排放企业经国家发展和改革委员会备案并在国家注册登记系统中登记的温室气体自愿减排量（单位为 t 二氧化碳当量）。除天津、广州、深圳、湖北碳交易所外，其他碳排放试点地区均允许使用 CCER 进行抵消。CCER 项目在我国于 2015 年 1 月正式启动交易，但是国家发展和改革委员会在 2017 年 3 月发布公告，暂停 CCER 项目和减排量备案申请。尽管 CCER 新项目已不再办理申请多年，但存量 CCER 交易从未停止。截至 2020 年年底，国家发展和改革委员会累计公示 2 871 个 CCER 审定项目，其中备案项目 1 047 个，获得减排量的备案项目 287 个。这其中以清洁能源类居多。

CCER 项目基本上根据 CDM 的思路进行开发，具体如下：①业主按照发改委指南准备项目设计文件（PDD）和申请材料；②委托经备案的第三方审定机构开展项目审定；③国家发展和改革委员会对通过审查的项目批准备案；④业主按照设计文件开展工作，并进行监测；⑤产生减排量后，委托经备案的第三方核证机构开展减排量核证；⑥国家发展和改革委员会对通过审查的项目减排量备案签发。

一般来说，碳排放企业为避免超额排放带来的处罚，除了在二级市场购买一定排放量的碳指标外，还可以购买一定比例的 CCER，等同于用自己的配额进行履约，类似于碳抵消机制。CCER 是碳减排的补充机制，与配额交易相比，其使用范围受限。能够产生 CCER 的项目主要包括风电、光伏、水电、生物质发电等，且适用条件较多。

2021 年发布的《碳排放权交易管理暂行条例》规定，重点排放单位每年可以使用国家核证自愿减排量抵消碳排放配额的清缴，抵消比例不得超过应清缴碳排放配额的 5%。相关规定由生态环境部另行制定。随着钢铁、化工、造纸等高耗能行业进一步被纳入全国碳交易市场，加之生态环境部出台相关交易细则，市场对于 CCER 的需求量将继续增加。

第四节　我国碳排放交易实践

一、北京碳排放交易试点实践

国家发展和改革委员会在2011年10月确定北京为全国首批碳排放权交易试点城市。2012年10月，国家发展和改革委员会批复北京市碳排放交易试点工作方案。北京碳排放交易试点遵循总体规划、分步推进和保质保量的原则，在碳交易主体范围、配额分配、MRV制度、交易制度、市场监管、履约制度、抵消制度、跨区域合作等方面进行周密部署，试点工作取得良好效果。

（一）重视制度建设

北京市碳交易试点工作重视制度建设，已形成较为完备的政策法律法规体系。具体包括北京人大的立法、地方政府规章和市发展改革委会同有关部门出台的配额核定方法、核查机构管理办法、交易规则及配套细则、公开市场操作管理办法、行政处罚自由裁量权、排放权抵消管理办法等。例如，北京实行了第三方核查机构和核查员双备案制度，对新增固定资产投资项目实行碳排放评价制度，出台了《碳排放权绩效管理办法》《公开市场操作管理办法》等。完备的制度建设保障了各项试点工作规范有序开展，也为碳市场健康发展奠定了坚实的基础。

（二）开启跨区域碳排放交易

北京市与河北省承德市在2014年年底联手打造全国首个跨区域碳交易市场。承德市通过跨区域交易，累计实现碳汇项目成交量约7万t，交易金额260万元。承德市是河北省跨区域碳排放交易的先行地区，辖区内6家水泥企业作为首批重点排放单位被纳入北京碳市场，且其他符合条件的机构和自然人也可以参与碳排放交易。承德市的碳减排项目可以视同北京市本地项目进行抵消使用。2016年4月，北京市和内蒙古自治区正式启动跨区域碳排放权交易试点，北京市碳排放交易市场的容量不断扩大。

（三）完善碳排放交易机制

北京市发展和改革委员会核定履约企业的碳排放权配额，并进行逐年免费分配，同时预留不超过年度配额总额的5%用于近期拍卖和临时拍卖。在碳排放交易的一级市场和二级市场，北京市已经形成了完善的监测、报告、核证体系，也建立了碳排放数据电子报送系统，发布了行业排放核算与报告指南、监测指南、核查程序指南、核查报告编写指南等。

二、深圳碳排放交易试点实践

深圳市是全国7个碳交易试点城市中唯一的计划单列市。其在2013年6月18日启动碳排放交易市场。深圳市在2013年到2015年试点期间，有636家碳排放管控企业超额完成深圳市在“十二五”规划期间制定的年均碳强度下降目标，最终实现了碳排放总量和碳强度的双重下降。深圳市碳排放试点工作充分证明，通过构建碳排放交易市场能有效地激励或者倒逼企业自愿地提高节能减排技术，进而实现能源结构调整和产业转型。其试点工作的特点如下。

（一）法律法规体系完善

2012年，深圳市通过行使地方立法权，制定了深圳经济特区碳排放若干管理规定；2014年，深圳市人大通过了《深圳市碳排放权交易暂行办法》；深圳市发展和改革委员会发布了一系列碳排放交易的技术性文件。深圳市形成了多层次碳排放交易法律法规，全方位地规范调整碳排放交易，维护碳排放市场的秩序。

（二）采用碳排放双控模式

深圳市根据自己节能减排目标和本地的产业特点，设计了碳交易体系的碳总量和碳强度双重控制模式。深圳市根据减排总量和污染企业的现状等，给纳入碳排放交易系统的管控单位设定了碳排放量目标；另外，深圳市根据管控单位及其行业的碳排放历史，为每个行业和管控单位设定碳排放强度目标，且根据管控单位实际生产情况对碳排放配额进行调整。但同时规定，配额调整中的新增配额不超过扣减配额，从而保证了碳排放总量不会因为配额的调整最后被突破。深圳市的双控模式不仅能够满足碳交易总量控制的要求，而且能够动态地适应碳排放管控过程中不断发展的形势。

（三）健全的碳市场调节机制

深圳市为了激励管控单位减排和稳定碳市场上碳交易价格，建立了配额固定价格出售机制和配额回购机制。这样的碳市场调节机制表明，深圳市既充分尊重市场，又在市场不能充分为碳减排提供动力时，积极出手恢复碳市场的弹性。这两种机制一方面要确保避免碳市场上碳价格巨大波动，另一方面为政府设定了相应的调控限制，在调控力度、频率、对象等方面设限，防止政府无限制干预市场，人为扭曲市场，损害碳市场自发的资源配置机制。

（四）碳市场创新活跃

深圳市借鉴国际经验，在碳市场交易主体方面，不仅鼓励机构参与碳市场交易，而且允许个人参与碳交易。另外，深圳在碳市场交易标的方面更是大胆创新，不仅规定碳排放配额可以进行转让、质押以及以其他合法方式取得收益等，而且基于碳现货开发了碳债券、碳基金、碳配额托管等金融产品和服务。深圳碳市场不仅为碳现货交易服务，还为碳衍生产品服务。

三、上海碳排放交易试点实践

上海市碳排放权交易试点作为全国 7 个碳排放权交易试点之一，2016 年碳排放市场配额成交 1 203.6 万 t，相比前三年有大幅增长。2017 年，上海市碳市场配额成交 996.4 万 t。截至 2017 年年底，上海碳市场配额累计成交 2 693.8 万 t，累计成交额 4.3 亿元，在全国 7 个碳排放试点城市中分别位居第 4 位和第 5 位。可以说，上海市碳排放权交易试点在制度设计、系统建设、市场管理等方面均具有较为鲜明的特点。

（一）制度建设

上海在碳交易试点工作中非常重视碳排放制度建设。上海市在 2012 年 7 月出台了关于本市开展碳排放权交易试点工作的实施意见，随后颁布了《上海市碳排放管理试行办法》，并推出了碳排放配额分配和管理方案、配额登记管理、暂行规定、交易规则等一系列相关文件。上海市碳排放制度主要包括地方性立法、政府规章、规范性文件以及系列政策。

（二）市场管理

在上海碳交易试点中，建立了各司其职、分工合作的碳市场管理框架。为此，上海市成立了碳排放权交易试点工作领导小组，负责试点工作的总体指导和协调，由分管市领导担任组长，市发展改革委和相关部门负责人为成员。市场管理工作注重将管理责任落实到人，实现了对控排单位的精细化管理。

（三）市场监管

上海在碳交易试点过程中充分注重市场的力量，尽可能减少政府干预。可以说，上海市是唯一的一次发放碳控排单位三年配额的试点地区，并且未出台针对配额过量分配、碳交易价格下跌等回购或其他调节政策的试点城市。上海在碳排放一级市场上进行碳配额有偿发放时，发放价格也往往高于碳排放二级市场的价格。在碳排放市场试点初期，只允许控排单位参与交易，在 2014 年 9 月后才允许机构投资者入市参与交易，且未对个人开放碳排放交易。

同时，上海市严格审核碳排放交易过程中第三方核查机构的进入，每年至少组织两次针对核查机构的培训，且对新进核查人员进行考试，其通过后进行备案方可上岗。上海市发展和改革委员会每年组织开展对核查机构核查结果的复查和审定。

（四）配套政策

上海市在碳排放交易市场试点过程中，将碳交易履约情况和其他相关政策挂钩，实现了对碳排放控排单位的全方位减排约束，取得了良好的效果。例如，上海市在加强碳排放交易市场监管的同时，将碳交易履约和节能减排补贴、预算内投资项目融资等政策挂钩，并将碳交易违约行为纳入信用平台。这不仅能充分发挥政策的协同作用，加强对亮红牌的控排单位的管理，还能有效地解决碳交易相关政策约束力不足的问题。

四、全国碳排放交易实践

2021 年 7 月 16 日，全国碳排放市场上线交易，但是地方试点碳排放交易市场依然存在，形成全国碳市场与试点地区碳市场并存的局面。在全国碳排放交易机构成立前，全国碳排放权交易市场交易中心落户上海，碳排放配额登记系统设在武汉。碳排放企业在武汉注册登记账户，然后在上海进行交易。目前，全国碳排放交易市场仅涉及发电行业，且被纳入重点排放单位的超过 2 000 家，碳排放量超过 40 亿 t 二氧化碳。

在上海环境能源交易所上线的全国碳排放交易，首日实现成交量 410.40 万 t，成交额超过 2.1 亿元，成交均价为 51.23 元 /t，市场投资热情高涨。两个月后的 9 月 30 日，全国碳市场配额成交量 847.44 万 t，单日成交量再创历史新高，超过前两个月累计成交总量。总体来说，尽管全国碳排放交易市场发展顺利，但全国碳市场尚处于起步阶段。重点排放单位碳交易意识在逐渐提高。市场成交价格有一定波动，碳市场的资源配置作用逐步显现。

在全国碳排放交易机制方面，重点排放单位及其他交易主体通过交易客户端参与全国碳排放权交易，然后全国碳排放权集中统一交易平台，汇集全国碳排放权交易指令，统一配对成交。交易系统与全国碳排放权注册登记系统连接，由注册登记系统每天结束时，根据交易系统提供的成交结果办理配额和资金的清算交收。

我国碳市场已成为全球最大的碳市场，但是碳市场当前阶段只纳入发电行业的重点排放单位，机构和个人暂时还没有进入碳市场；交易产品现在仅有碳排放权配额一个产品；整个交易体系规则方面，现在法律法规还比较薄弱。展望未来，碳市场会继续扩大行业和交易主体范围，并丰富碳交易产品。另外，政府或者交易所将推出一系列的交易细则，可能涉及交易体系的管理和重点排放单位的管理等。未来，我国碳排放交易市场将会更加稳健地发展。

参考文献

[1] 李克国 . 环境经济学（第四版）[M]. 北京：中国环境出版集团，2021.
[2] 陈诗一 . 绿色金融概论 [M]. 上海：复旦大学出版社，2020.
[3] 孟早明，葛兴安，等 . 中国碳排放权交易实务 [M]. 北京：化学工业出版社，2017.
[4] 马晓明，计军平 . 碳排放与碳金融 [M]. 北京：科学出版社，2018.
[5] 付加锋，张保留 . 排污权交易和碳排放权交易比较研究 [M]. 北京：中国环境出版集团，2019.
[6] 杨本研 . 碳排放权的法律属性研究 [J]. 环境保护，2021（16）：55-59.
[7] 张修凡 . 我国碳排放权交易市场运行现状及交易机制分析 [J]. 科学发展，2021（154）：81-91.
[8] 刘文君，张莉芳 . 绿色证书交易市场、碳排放权交易市场对电力市场影响机理研究 [J]. 生态经济，2021，37（10）：21-31.
[9] 李风雷，尹璐，赵吉，等 . 以能源转型推进“碳中和”的北欧经验借鉴与中国方案初探 [J]. 可再生能源，2021，39（10）：1308-1313.
[10] 高平宏，刘克芳 . 碳排放权交易价格影响因素分析 [J]. 合作经济与科技，2021（20）：78-80.
[11] 洪大剑 . 重点排放单位碳报告第三方核查 [J]. 质量与认证，2021（10）：91-92.
[12] 赵骏，孟令浩 . 我国碳排放权交易规则体系的构建与完善——基于国际法治与国内法治互动的视野 [J]. 湖北大学学报（哲学社会科学版），2021，48（5）：120-131.
[13] 曹明德 . 中国碳排放交易面临的法律问题和立法建议 [J]. 法商研究，2021，38（5）：33-46.
[14] 李丹萍 . 国内外碳交易市场理论与发展实践综述 [J]. 甘肃金融，2021（9）：14-18.
[15] 范丹，石宝雅，王刚 . 排污权交易与碳排放权交易协同路径研究——以广东省为例 [J]. 环境与可持续发展，2021，46（4）：78-83.
[16] 孙永平，张欣宇 . 湖北碳市场的理论创新、实践成就与未来展望——基于有效成本约束的视角 [J]. 湖北社会科学，2021（8）：61-70.
[17] 王波 . 碳排放交易体系建立将加速碳中和实现 [J]. 环境经济，2021（14）：62-63.

第六章　生态环境损害赔偿与生态保护补偿

第一节　生态环境损害赔偿制度

一、生态环境损害赔偿制度概述

面对环境污染和生态破坏，需要全面、准确评估其实际的损害，让生态环境的污染者、破坏者承担其不当行为的全部后果，从而有效遏制环境污染与破坏行为，实现环境公平正义。环境费用效益分析是评估环境损害的理论方法，在此基础上，建立环境损害鉴定评估政策框架，科学客观地判断环境污染或破坏与环境损害之间的因果关系，确定环境损害的赔偿数额。

1. 国外生态环境损害赔偿制度

美国自然资源损害评估主要有《联邦水污染控制法》（CWA）、《综合环境反应、赔偿和责任法》（CERCLA，也称《超级基金法》）和《油污法案》（OPA）三部法律。《联邦水污染控制法》的目的是消除地表水域的污染排放，《超级基金法》主要是针对历史污染场地的清理和对有害物质的治理，而《油污法案》主要是对溢油事故的响应。

欧盟于 2000 年颁布了《环境民事责任白皮书》，将环境损害概括为生物多样性损害和场地污染损害两种形式，明确了行为人对自然资源损害的民事责任。2004 年，欧盟制定了《预防和补救环境损害的环境责任指令》，针对环境损害的预防与补救（环境修复）设置了环境损害评估及责任制度，规定了环境损害的修复目标：对于水体、受保护物种和自然栖息地，要使其服务功能修复到基线状态；对于土地损害，需要达到不会对人类健康产生重大风险的标准。

2. 我国生态环境损害赔偿制度

我国进入了快速工业化和城镇化的关键时期，发达国家两三百年间出现的环境问题在我国已集中显现。据最高人民法院统计资料，环境损害赔偿案件近年来增速达到25%，因环境损害引起的侵权赔偿纠纷已成为民事审判的热点和难点，亟须建立、完善生态环境损害赔偿制度。损害生态环境是有代价的，但也可以看到，长期以来，在渤海湾溢油污染、松花江水污染、常州外国语学校土壤污染等诸多事件中，公共生态环境损害未得到足额赔偿。因此，必须建立健全生态环境损害赔偿制度。20世纪70年代末，我国开始提出生态环境损害赔偿（表6-1）。

表6-1 中国生态环境损害赔偿政策变迁

年份	文件名称	相关内容
1979	中华人民共和国环境保护法（试行）	第三十二条　对违反本法和其他环境保护的条例、规定，污染和破坏环境，危害人民健康的单位，各级环境保护机构要分别情况，报经同级人民政府批准，予以批评、警告、罚款，或者责令赔偿损失、停产治理
1982	中华人民共和国海洋环境保护法	第四十一条　凡违反本法，造成或者可能造成海洋环境污染损害的，本法第五条规定的有关主管部门可以责令限期治理，缴纳排污费，支付消除污染费用，赔偿国家损失
1984	中华人民共和国森林法	第三十七条　违反本法规定，进行开垦、采石、采砂、采土、采种、采脂、砍柴和其他活动，致使森林、林木受到毁坏的，由林业主管部门责令赔偿损失，补种毁坏株数一至三倍的树木
1985	中华人民共和国草原法	第二十条　违反本法规定，在草原上砍挖固沙植物和其他野生植物或者采土，致使草原植被遭受破坏的，乡级人民政府或者县级人民政府农牧业部门有权制止，并责令恢复植被，赔偿损失；情节严重的，还可以处以罚款
2004	中华人民共和国野生动物保护法	明确了因污染环境造成野生动物损害的调查处理
2007	海洋溢油生态损害评估技术导则	规定了海洋环境污染造成的生态环境损害量化评估方法

年份	文件名称	相关内容
2007	农业环境污染事故损失评价技术准则	对农业环境污染事故损害评估作出了原则性的规定，评估范围、评估主体和工作程序还缺乏配套规定
2008	中华人民共和国水污染防治法	因水污染受到损害的当事人，有权要求排污方排除危害和赔偿损失
2008	渔业污染事故经济损失计算方法	对水域污染渔业养殖和天然鱼类损害的评估技术作了明确规定
2011	关于开展环境污染损害鉴定评估工作的若干意见	以严重危害公众环境安全的水污染事故和重金属污染事故为突破口，开展重点领域技术规范的研究制定工作。同时，选择省市试点
2013	中共中央关于全面深化改革若干重大问题的决定	对造成生态环境损害的责任者严格实行赔偿制度
2013	突发环境事件应急处置阶段污染损害评估工作程序规定	规范突发环境事件应急处置阶段污染损害评估工作，及时确定事件级别
2014	中华人民共和国环境保护法	第四十七条、第四十八条、第六十四条、第六十五条、第六十六条对环境污染损害鉴定评估工作进行了规定
2014	环境损害鉴定评估推荐方法（第Ⅱ版）	在借鉴国内外环境损害鉴定评估方法并总结国内外环境损害鉴定评估实践经验的基础上，对《环境污染损害数额计算推荐方法（第Ⅰ版）》进行了修订
2014	突发环境事件应急处置阶段环境损害评估推荐方法	规定了环境损害评估的工作程序、评估的具体内容、评估所采取的方法以及评估报告的编写等
2014	最高人民法院关于审理环境民事公益诉讼案件适用法律若干问题的解释	确立了生态环境损害赔偿的法律基础，为开展环境损害鉴定评估提供了依据，并界定了环境损害鉴定评估的目的、内容和要求
2015	生态环境损害赔偿制度改革试点方案	在吉林、江苏、山东、湖南、重庆、贵州、云南7个省市开展生态环境损害赔偿试点
2015	关于审理环境侵权责任纠纷案件适用法律若干问题的解释	明确了环境损害事实调查的内容、因果关系分析的程序和原则，以及环境损害鉴定评估的主要内容
2015	司法部、环境保护部关于规范环境损害司法鉴定管理工作的通知	明确环境诉讼中需要解决的专门性问题，并规定了环境损害司法鉴定的主要领域，对环境损害鉴定评估技术规范提出了明确要求

年份	文件名称	相关内容
2015	关于审理环境民事公益诉讼案件适用法律问题的解释	对环境污染责任归责原则、责任构成以及数人侵权责任划分，环境公益诉讼的举证责任、责任划分等问题予以明确
2016	“两高”关于办理环境污染刑事案件适用法律若干问题的解释	将生态环境损害因素纳入考量范围，将“造成生态环境严重损害”规定为“严重污染环境”的情形之一
2016	关于成立环境保护部环境损害鉴定评估专家委员会的通知	环境保护部聘请环境、法律、经济、农业、林业、水利等专业的76名专家、学者组成专家委员会。其中，主任委员1人、副主任委员4人
2017	生态环境损害赔偿制度改革方案	对2015年试点方案进行了补充完善，并在全国范围内试点
2017	环境保护部、司法部关于全国环境损害司法鉴定机构登记评审专家库专家名单的公告	298名专家通过遴选，纳入国家库。环境损害司法鉴定机构登记评审专家库信息平台（http://experts.cerda.org.cn）上线启用
2019	司法部、生态环境部关于印发《环境损害司法鉴定执业分类规定》的通知	规定了生态环境损害鉴定执业类别，明确了司法鉴定机构应具备开展生态环境损害基线水平确认、生态环境损害类型以及数量范围和程度确定、因果关系判定、生态环境损害恢复方案制定、生态环境损害数额计算以及恢复效果评估等工作能力
2020	生态环境损害赔偿资金管理办法（试行）	明确了生态环境损害赔偿资金来源、使用、管理办法
2020	中华人民共和国民法典	第七编“侵权责任”的“第七章　环境污染和生态破坏责任”，为生态环境损害赔偿制度提供了法律依据
2020	关于推进生态环境损害赔偿制度改革若干具体问题的意见	进一步明确了生态环境损害赔偿制度实施中的具体问题
2020	突发生态环境事件应急处置阶段直接经济损失评估工作程序规定	规范了突发环境事件应急处置阶段污染损害评估主题、程序、内容。该文件替代了《突发环境事件应急处置阶段污染损害评估工作程序规定》（环发〔2013〕85号）
2020	突发生态环境事件应急处置阶段直接经济损失核定细则	明确了突发生态环境事件应急处置阶段直接经济损失核定范围、程序、原则、方法等内容

年份	文件名称	相关内容
2020	生态环境损害鉴定评估技术指南	生态环境损害鉴定评估技术指南　总纲和关键环节　第 1 部分：总纲（GB/T 39791.1—2020）；第 2 部分：损害调查（GB/T 39791.2—2020）
		生态环境损害鉴定评估技术指南　环境要素　第 1 部分：土壤和地下水（GB/T 39792.1—2020）；第 2 部分：地表水和沉积物（GB/T 39792.2—2020）
		生态环境损害鉴定评估技术指南　基础方法　第 1 部分：大气污染虚拟治理成本法（GB/T 39793.1—2020）；第 2 部分：水污染虚拟治理成本法（GB/T 39793.2—2020）

从表 6-1 可以看出，以《关于开展环境污染损害鉴定评估工作的若干意见》（环发〔2011〕60 号）颁布为标志，我国的生态环境损害赔偿制度建设进入了“快车道”。截至 2020 年 1 月，各地共办理赔偿案件 945 件，已结案 586 件。其中，以磋商方式结案占比超过 2/3。

二、我国的生态环境损害赔偿政策

我国的环境保护法等法律均明确规定：造成环境污染和生态环境破坏的责任人应该承担赔偿责任，这为生态环境损害赔偿制度奠定了坚实的法律基础。

目前，我国的生态环境损害政策主要有《生态环境损害赔偿制度改革方案》《生态环境损害赔偿资金管理办法（试行）》《关于推进生态环境损害赔偿制度改革若干具体问题的意见》。下面简要介绍这 3 份文件。

1.《生态环境损害赔偿制度改革方案》

2017 年 12 月，中共中央办公厅、国务院办公厅印发《生态环境损害赔偿制度改革方案》。这是党中央、国务院作出的重大决策，标志着生态环境损害赔偿制度改革从先行试点进入全国推广阶段。主要内容如下。

适用范围：生态环境损害是指因污染环境、破坏生态造成大气、地表水、地下水、土壤等环境要素和植物、动物、微生物等生物要素的不利改变，以及上述要素构成的生态系统功能的退化。

赔偿范围：包括清除污染的费用、生态环境修复费用、生态环境修复期间服务功能的损失、生态环境功能永久性损害造成的损失以及生态环境损害赔偿调查、鉴定评估等合理费用。

赔偿义务人：违反法律法规，造成生态环境损害的单位或个人，应当承担生态环境损害赔偿责任。

赔偿权利人：地方省级政府作为本行政区域内生态环境损害赔偿权利人，可指定相关部门或机构负责生态环境损害赔偿具体工作。

赔偿磋商：经调查发现生态环境损害需要修复或赔偿的，赔偿权利人根据生态环境损害鉴定评估报告，就损害事实与程度、修复启动时间与期限、赔偿的责任承担方式与期限等具体问题与赔偿义务人进行磋商，统筹考虑修复方案技术可行性、成本效益最优化、赔偿义务人赔偿能力、第三方治理可行性等情况，达成赔偿协议。磋商未达成一致的，赔偿权利人应当及时提起生态环境损害赔偿民事诉讼。赔偿权利人也可以直接提起诉讼。

赔偿诉讼规则：地方法院要按照有关法律规定、依托现有资源，由环境资源审判庭或指定专门法庭审理生态环境损害赔偿民事案件；根据赔偿义务人主观过错、经营状况等因素试行分期赔付，探索多样化责任承担方式。

生态环境修复与损害赔偿的执行和监督：赔偿权利人对磋商或诉讼后的生态环境修复效果进行评估，确保生态环境得到及时有效修复。生态环境损害赔偿款项使用情况、生态环境修复效果要向社会公开，接受公众监督。

生态环境损害鉴定评估：推进生态环境损害鉴定评估专业机构建设，组建符合条件的专业评估队伍，制定鉴定评估管理制度和工作程序，做好与司法程序的衔接。

生态环境损害赔偿资金管理：经磋商或诉讼确定赔偿义务人的，赔偿义务人应当根据磋商或判决要求，组织开展生态环境损害的修复。赔偿义务人造成的生态环境损害无法修复的，其赔偿资金作为政府非税收入，全额上缴地方国库，纳入地方预算管理。试点地方根据磋商或判决要求，结合本区域生态环境损害情况开展替代修复。

2.《生态环境损害赔偿资金管理办法（试行）》

2020 年 3 月 11 日，财政部印发了《生态环境损害赔偿资金管理办法（试行）》。主要内容如下。

生态环境损害赔偿资金：是指生态环境损害事件发生后，在生态环境损害无法修复或者无法完全修复以及赔偿义务人不履行义务或者不完全履行义务的情况下，由造成损害的赔偿义务人主动缴纳或者按照磋商达成的赔偿协议、法院生效判决缴纳的资金。

生态环境损害赔偿权利人：省级人民政府、市地级人民政府为本行政区域内生态环境损害赔偿权利人。省域内跨市地的生态环境损害，由省级人民政府管辖。跨省域的生态环境损害，由生态环境损害地的相关省级人民政府协商开展生态环境损害赔偿工作。国务院直接行使全民所有自然资源资产所有权的，由受委托代行该所有权的部门作为赔偿权利人。赔偿权利人可以根据部门职责指定自然资源、生态环境、住房和城乡建设、水利、农业农村、林业和草原等相关部门、机构负责生态环境损害赔偿具体工作。

赔偿资金使用和管理：由赔偿权利人负责使用和管理。赔偿权利人指定的相关部门、机构负责执收生态环境损害赔偿协议确定的生态环境损害赔偿资金；人民法院负责执收由人民法院生效判决确定的生态环境损害赔偿资金。生态环境损害赔偿资金作为政府非税收入，实行国库集中收缴，全额上缴赔偿权利人指定部门、机构的本级国库，纳入一般公共预算管理。损害结果发生地涉及多个地区的，由损害结果第一发生地赔偿权利人牵头，组织地区间政府协商确定赔偿资金分配。无法达成一致的，报共同的上级人民政府决定。生态环境损害赔偿资金统筹用于在损害结果发生地开展的生态环境修复相关工作。生态环境修复相关支出纳入本级一般公共预算，按照预算管理有关规定执行。生态环境修复相关资金实施全过程预算绩效管理。

3.《关于推进生态环境损害赔偿制度改革若干具体问题的意见》

2020 年 8 月 31 日，生态环境部、司法部、财政部、自然资源部、住房和城乡建设部、水利部、农业农村部、国家卫生健康委员会、国家林业和草原局、最高人民法院、最高人民检察院联合印发《关于推进生态环境损害赔偿制度改革若干具体问题的意见》，主要内容如下。

具体负责工作的部门或机构：赔偿权利人可以根据相关部门职能指定生态环境、自然资源、住房和城乡建设、水利、农业农村、林业和草原等相关部门或机构（以下简称指定的部门或机构）负责生态环境损害赔偿的具体工作。涉及多个部门或机构的，可以指定由生态环境损害赔偿制度改革工作牵头部门负责具体工作。

案件线索渠道：中央和省级生态环境保护督察发现需要开展生态环境损害赔偿工作的，突发生态环境事件，发生生态环境损害的资源与环境行政处罚案件，涉嫌构成破坏环境资源保护犯罪的案件，在国土空间规划中确定的重点生态功能区、禁止开发区发生的环境污染、生态破坏事件，各项资源与环境专项行动、执法巡查中发现的案件线索，信访投诉、举报和媒体曝光涉及的案件线索。

索赔的启动：赔偿权利人指定的部门或机构，对拟提起索赔的案件线索及时开展调查。经过调查发现符合索赔启动情形的，报本部门或机构负责人同意后，开展索赔。索赔工作情况应当向赔偿权利人报告。对未及时启动索赔的，赔偿权利人应当要求具体开展索赔工作的部门或机构及时启动索赔。

生态环境损害调查：调查可以通过收集现有资料、现场踏勘、座谈走访等方式，围绕生态环境损害是否存在、受损范围、受损程度、是否有相对明确的赔偿义务人等问题开展。调查应当及时，期限设定应当合理。调查结束，应当形成调查结论，提出启动索赔或者终止案件的意见。生态环境损害赔偿案件涉及多个部门或机构的，可以由牵头部门组建联合调查组，开展生态环境损害调查。

鉴定评估：为查清生态环境损害事实，赔偿权利人及其指定的部门或机构可以根据相关规定委托符合条件的机构出具鉴定评估报告，也可以和赔偿义务人协商，共同委托上述机构出具鉴定评估报告。鉴定评估报告应明确生态环境损害是否可以修复；对于可以部分修复的，应明确可以修复的区域范围和要求。

赔偿磋商：需要启动生态环境修复或损害赔偿的，赔偿权利人指定的部门或机构根据生态环境损害鉴定评估报告或参考专家意见，按照“谁损害，谁承担修复责任”的原则，就修复启动时间和期限、赔偿责任的承担方式和期限等具体问题与赔偿义务人进行磋商。磋商期限原则上不超过 90 日，自赔偿权利人及其指定的部门或机构向义务人送达生态环境损害赔偿磋商书面通知之日起算。磋商会议原则上不超过 3 次。磋商达成一致的，签署协议；磋商不成的，及时提起诉讼。

司法确认：经磋商达成赔偿协议的，赔偿权利人及其指定的部门或机构与赔偿义务人可以向人民法院申请司法确认。申请司法确认时，应当提交司法确认申请书、赔偿协议、鉴定评估报告或专家意见等材料。

鼓励赔偿义务人积极担责：对积极参与生态环境损害赔偿磋商，并及时履行赔偿协议、开展生态环境修复的赔偿义务人，赔偿权利人指定的部门或机构可将其履行赔偿责任的情况提供给相关行政机关，在作出行政处罚裁量时予以考虑；或提交司法机关，供其在案件审理时参考。

与公益诉讼的衔接：赔偿权利人指定的部门或机构在启动生态环境损害赔偿调查后，可以同时告知相关人民法院和检察机关。检察机关可以对生态环境损害赔偿磋商和诉讼提供法律支持，生态环境、自然资源、住房和城乡建设、农业农村、水利、林业和草原等部门可以对检察机关提起环境民事公益诉讼提供证据材料和技术方面的支持。人民法院受理环境民事公益诉讼案件后，应当在10日内告知对被告行为负有环境资源监督管理职责的部门。有关部门接到告知后，应当及时与人民法院沟通、对接相关工作。

生态环境修复：对生态环境损害可以修复的案件，促使赔偿义务人对受损的生态环境进行修复。对生态环境损害无法修复的案件，赔偿义务人缴纳赔偿金后，可由赔偿权利人及其指定的部门或机构根据国家和本地区相关规定，统筹组织开展生态环境替代修复。赔偿义务人不履行或不完全履行生效的诉讼案件裁判、经司法确认的赔偿协议的，赔偿权利人及其指定的部门或机构可以向人民法院申请强制执行。

修复效果评估：赔偿权利人及其指定的部门或机构组织对受损生态环境修复的效果进行评估，确保生态环境得到及时有效修复。修复效果未达到修复方案确定的修复目标的，赔偿义务人应当根据赔偿协议或法院判决要求，继续开展修复。

业务指导：最高人民法院、最高人民检察院、司法部、财政部、自然资源部、生态环境部、住房和城乡建设部、水利部、农业农村部、卫生健康委、国家林业和草原局将根据《生态环境损害赔偿改革方案》规定，在各自职责范围内加强对生态环境损害赔偿工作的业务指导。

生态环境损害索赔文书示范文本：索赔启动登记表、生态环境损害调查情况登记表、索赔终止登记表、生态环境损害赔偿磋商告知书、生态环境损害赔偿协议、司法确认申请书、强制执行申请书。

三、生态环境损害鉴定评估技术

生态环境损害赔偿的关键是准确评估生态环境损害的经济价值。20世纪60年代形成的环境费用—效益分析技术为生态环境损害评估提供了理论基础。为规范生态环境损害评估工作，2020年，生态环境部、国家市场监督管理总局颁布了《生态环境损害鉴定评估技术指南》，主要内容如下。

1. 国家标准

在环境保护部2013年颁布的文件基础上，2020年，将《生态环境损害鉴定评估技术指南》上升为国家标准，包括：《生态环境损害鉴定评估技术指南　第1部分：总纲和关键环节》（GB/T 39791.1—2020）、《生态环境损害鉴定评估技术指南　第2部分：损害调查》（GB/T 39791.2—2020）、《生态环境损害鉴定评估技术指南　环境要素　第1部分：土壤和地下水》（GB/T 39792.1—2020）、

《生态环境损害鉴定评估技术指南　环境要素　第 2 部分：地表水和沉积物》（GB/T 39792.2—2020）、《生态环境损害鉴定评估技术指南　基础方法　第 1 部分：大气污染虚拟治理成本法》（GB/T 39793.1—2020）、《生态环境损害鉴定评估技术指南　基础方法　第 2 部分：水污染虚拟治理成本法》（GB/T 39793.2—2020）。

2. 生态环境部文件

包括《突发生态环境事件应急处置阶段直接经济损失评估工作程序规定》《突发生态环境事件应急处置阶段直接经济损失核定细则》。

3. 相关管理规定

主要包括：①《司法部　环境保护部关于规范环境损害司法鉴定管理工作的通知》规定了环境损害司法鉴定的主要领域。②司法部、生态环境部印发的《环境损害司法鉴定执业分类规定》，明确划分了生态环境损害鉴定执业类别，确定了司法鉴定机构应具备的工作能力。

四、案例分析：某地下水污染事件环境损害鉴定评估

（一）项目背景

项目地点位于某市低山丘陵区村庄内。2015 年 5 月，当地村民发现自用大口井地下水疑似受到污染。经当地环保局调查，调查区部分点位地下水中氯化物、氨氮超过《地下水质量标准》（GB/T 14848—93）Ⅲ 类水标准。大口井北侧分布有 1 家洗煤厂、2 家稀土抛光材料有限公司、1 家盐酸厂。2016 年 11 月起，受当地环保局委托，环境保护部环境规划院环境风险与损害鉴定评估研究中心对该起地下水污染事件展开环境损害鉴定评估工作。

（二）基线确定及损害确认

根据《生态环境损害鉴定评估技术指南　总纲》规定的基线确定原则，因无法获取历史数据，采用未受污染环境行为影响且与调查区处于同一水文地质单元的相似现场，即“对照区域”数据确定基线。以指标值超过基线 20% 为判定依据，确认调查区 2015—2017 年地下水受到损害，指标主要涉及氯化物和氨氮。

（三）因果关系判定

1. 污染源识别

（1）洗煤厂：根据当地环保局提供的信息，洗煤厂并未从事生产经营活动，且洗煤厂下游邻近区域地下水中氯化物、氨氮浓度相对较低，排除该企业。

（2）稀土厂 1：厂内存放有氨水储罐及其他盛放不明物质的容器，容器表面物质氯化物和氨氮含量较高。该厂某生产工艺曾经进行过试生产等活动，产生了含氯离子及铵根离子的高浓度废水，未发现相应废水处理设备。因此，判断该废水被直接排放，现场发现已封存硬化的排放槽。

（3）盐酸厂：厂内盐酸储罐开裂，固定罐体的金属环有受酸腐蚀溃烂痕迹，储罐下墙体和地面有受酸腐蚀痕迹。此外，该厂脱色工艺所使用的材料如重复利用会产生大量含氯离子、氨氮、铁离子等物质的废水，而该厂并未建设相关废水处理设施，没有相关处理记录。如存在上述工艺，可能直接将废水排放至环境中。

（4）稀土厂 2：生产工艺相对简单，未发现疑似排污生产环节，排除该厂。

2. 场地探测

利用地下管线探测仪，对疑似污染企业周边地下金属管线进行探测排查。地表至地面以下 6 m 范围内未探测到金属材质的偷排暗管。如存在污染物排放，排放方式应为非金属管道暗排、倾倒直排或遗撒泄漏等。

3. 补充钻探与采样检测

第一期补充调查重点考虑盐酸厂废气中氯化物等污染物含量及酸碱度情况。

第二期补充调查旨在进一步查明污染物来源，开展水文地质试验，获取水文地质参数等信息，取样分析调查区背景地下水水质、现状地下水水质。

第三期补充调查重点查明调查区地下水空间分布差异和变化，全面获取调查区地下水补径排条件，构建完整的污染源—污染迁移路径—受体证据链。

4. 地质和水文地质调查与分析

调查区位于古河道及河道旁侧阶地，基岩以上地层以中砂－粗砂－砾石为主。古河道两侧的山丘为天然“分水岭”，形成了相对独立的小型水文地质单元，疑似污染源企业、主要水质调查点均位于该单元内。调查区存在片麻岩透镜体。调查区地下水主流向为自北东向南西，疑似污染源企业位于相对上游位置，大口井位于下游位置，区域地下水受上游径流补给、丘陵侧向补给及降水入渗补给，排泄方式主要为蒸发排泄及人工开采。大口井附近，由于经常抽取地下水，形成一定规模降落漏斗。

5. 污染物分布特征分析

利用 SPSS 等统计分析软件、ArcGIS 等绘图软件，基于各期地下水水质调查数据，对污染物相关性、时空分布、变化趋势等进行综合分析。

（1）污染特征：根据相关性分析结果，多种污染物共存表明，既有稀土生产污染的特征，又有盐酸生产企业污染特征。稀土厂 1 附近黏土层对氯化物和氨氮迁移的阻滞系数不同，导致氨氮长期在稀土厂 1 调查点周边聚集，而氯化物则迁移至下游地区。

（2）污染来源：调查区地下水流场上游背景点及“分水岭”外侧调查点地下水氯化物、氨氮均未超标，判断污染来源于古河道内部。稀土厂 1 在 2014 年以前某生产工艺运行时存在直排行为，该厂旁调查点位附近始终是氯化物、氨氮两种污染物的浓度峰值区；盐酸厂内盐酸储罐可能发生泄漏，其生产工艺可产生大量含氯离子、氨氮等污染物的废水。综合分析认为，稀土厂 1 为主要污染来源，盐酸厂为次要污染来源。

（3）排污特征及迁移路径：根据污染物浓度时空分布及变化规律，综合判断该场地地下水污染源主要为瞬时源，受到降雨及丰水期、枯水期水位变化影响，表现为间歇性释放特征。古河道是污染物迁移的优先路径。

（四）损害实物量化

1. 损害范围和程度

利用 ArcGIS 10.3 中的空间分析模块对评估区地下水中特征污染物氯化物、氨氮进行插值，以获取污染物空间分布情况。根据计算结果，2015 年损害面积为 1.41 km^2，2016 年损害面积为 1.65 km^2，2017 年损害面积为 1.50 km^2。根据调查结果，以评估区含水层平均厚度 10 m 计，相应受损害的含水层体积分别约为 1 410 万 m^3、1 650 万 m^3 和 1 500 m^3。

2. 受损地下水资源量

由于流经评估区的地下水资源受到评估区污染物的影响，水资源原有使用功能丧失。评估区天然地下水资源量等于天然补给量与天然排泄量的差值。根据计算结果，评估区 2015—2017 年每年受损的地下水资源量分别为 21.56 万 m^3、21.69 万 m^3 和 21.59 万 m^3，总计 64.84 万 m^3，年均 21.61 万 m^3。

（五）生态环境损害恢复方案与价值量化

1. 恢复目标

评估区地下水环境恢复包括基本恢复和补偿性恢复。基本恢复目标为恢复地下水中氯化物、氨氮浓度至基线水平，补偿性恢复目标为补偿地下水期间损害。

2. 期间损害

（1）地下水资源损失量：采用替代等值法中的资源等值法量化期间损害，得到期间损害为 304.9 万 m^3。

（2）每恢复 $1m^3$ 地下水效益的确定：按评估区地下水 30 年恢复到基线水平，产生 100 年的环境效益计，修复每 1 m^3 地下水效益为 20.53 贴现年。

（3）补偿性恢复量：补偿性恢复量＝地下水资源损失量 / 单位地下水恢复效益 ＝ 14.86 万 m^3。

3. 恢复方案

根据替代等值分析方法，建议采用建设生活污水处理厂的方案作为评估区地下水从现状恢复至标准值以及补偿期间损害的替代性恢复方案，替代性修复的地下水资源量合计为 36.47 万 m^3。污水处理厂投资费用与运行处理费用合计约为 854 万元。评估区下游具有饮用功能的地下水已经自然恢复，满足《地下水质量标准》（GB/T 14848）中Ⅲ类水标准，根据《生态环境损害鉴定评估技术指南　土壤与地下水》的要求，应计算基于风险的修复目标值到基线水平之间这部分损害。评估区及其下游未达基线的受损地下水资源，采用监测自然衰减的方式进行恢复，监测自然衰减的总费用约为 263.4 万元。综合考虑基本恢复费用、补偿性恢复费用和村民净水费用 6.9 万元，本案例的生态环境损害共约 1 125 万元。

第二节　生态保护补偿

一、生态保护补偿制度的由来与发展

生态补偿的概念为中国所特有。在国外，类似的概念是“生态系统服务付费”，已成为国际上保护生态环境的重要手段和热点研究领域。20 世纪 70 年代末期，我国开始进行生态补偿的探索。我国的生态补偿制度发展大致经历了生态补偿和生态保护补偿两个阶段。

1. 生态补偿

生态补偿，是指在综合考虑生态保护成本、发展机会成本和生态服务价值的基础上，采用行政、市场等方式，由生态保护受益者或生态损害加害者向生态保护者或因生态损害而受损者支付金钱、物质或提供其他非物质利益，以弥补其成本支出和其他相关损失的行为。

这一时期的生态补偿制度政策主要是为了保护环境资源，减少生态环境破坏和自然资源损害，由环境保护、林业、草原、矿产、水利、海洋等政府部门实施的环境生态保护补偿制度。

2. 生态保护补偿

2004年4月，国家环境保护总局等部门联合发布的《湖库富营养化防治技术政策》中，首次提出“生态保护补偿”，文件明确“鼓励针对退耕还湖（林、草）、休耕（养、捕）等开展农业生态保护补偿政策研究”。2008年出台的《中华人民共和国水污染防治法》第一次在法律中使用“生态保护补偿”；2014年修订的《中华人民共和国环境保护法》第三十一条规定了“生态保护补偿”制度：“国家建立、健全生态保护补偿制度。国家加大对生态保护地区的财政转移支付力度。有关地方人民政府应当落实生态保护补偿资金，确保其用于生态保护补偿。国家指导受益地区和生态保护地区政府通过协商或者按照市场规则进行生态保护补偿。”

2016年3月，国务院办公厅印发了《关于健全生态保护补偿机制的意见》，提出：“实施生态保护补偿是调动各方积极性、保护好生态环境的重要手段，是生态文明制度建设的重要内容。”“不断完善转移支付制度，探索建立多元化生态保护补偿机制，逐步扩大补偿范围，合理提高补偿标准，有效调动全社会参与生态环境保护的积极性。”这份文件的颁布，标志我国的生态保护补偿制度正式确立。到2020年，我国基本建立了生态保护补偿的法律、政策体系（表6-2）。同时，各地方政府积极落实生态保护补偿政策，相继出台系列政策文件。

表6-2 近年来国家层面的生态保护补偿政策法规

名称	时间	制定机关	具体内容
中华人民共和国海洋环境保护法	2017年11月	全国人大常委会	第二十四条 国家建立健全海洋生态保护补偿制度
中华人民共和国水污染防治法	2017年6月	全国人大常委会	第八条 国家通过财政转移支付等方式，建立健全对位于饮用水水源保护区域和江河、湖泊、水库上游地区的水环境生态保护补偿机制

名称	时间	制定机关	具体内容
森林法实施条例	2016年2月	国务院	第十五条 国家依法保护森林、林木和林地经营者的合法权益
退耕还林条例	2016年2月	国务院	第三十五条 国家按照核定的退耕还林实际面积，向土地承包经营权人提供补助粮食、种苗造林补助费和生活补助费
关于加快建立流域上下游横向生态保护补偿机制的指导意见	2016年12月	财政部、环境保护部、国家发展和改革委员会、水利部	对横向生态保护补偿的总体要求、工作目标、主要内容和保障措施等提出了具体安排
关于生态保护补偿机制的意见	2016年4月	国务院办公厅	探索建立多元化生态保护补偿机制，逐步扩大补偿范围，合理提高补偿标准
建立市场化、多元化生态保护补偿机制行动计划	2018年12月	国家发展和改革委员会等九部委	建设、完善市场化、多元化生态保护补偿机制
生态综合补偿试点方案	2019年11月	国家发展和改革委员会	以完善生态保护补偿机制为重点，以提高生态补偿资金使用整体效益为核心，在全国选择一批试点县，开展生态综合补偿工作，创新生态补偿资金使用方式，拓宽资金筹集渠道，调动各方参与生态保护的积极性
生态综合补偿试点县名单	2020年2月	国家发展和改革委员会	在安徽省、福建省、江西省、海南省、四川省、贵州省、云南省、西藏自治区、甘肃省、青海省各5个县（市）进行生态综合补偿试点
关于建立健全生态产品价值实现机制的意见	2021年4月	中共中央办公厅、国务院办公厅	探索生态产品价值实现路径，构建生态产品价值评价体系，科学合理推动生态产品价值实现
关于深化生态保护补偿制度改革的意见	2021年9月	中共中央办公厅、国务院办公厅	进一步深化生态保护补偿制度改革

理解生态保护补偿需要关注3个方面：①生态保护补偿是“受益者补偿”，“保护补偿”的补偿范围明确。②生态保护补偿的核心主体是保护者与受益者，保护者指生态环境的保护者，受益者指生态环境的受益者。而环境损害赔偿及

受偿主体、污染破坏者及单纯的开发资源付费主体与相对方，则不属于生态保护补偿的主体范畴。③生态保护补偿的途径与方式。生态保护补偿的方法和途径很多，按照补偿方式可以分为资金补偿、实物补偿、政策补偿和智力补偿等；按照补偿条块可以分为纵向补偿和横向补偿；从空间尺度大小可以分为生态环境要素补偿、流域补偿、区域补偿和国际补偿等；按照实施主体和运作机制的差异，大致可以分为政府补偿和市场补偿两大类型。

根据中国的实际情况，政府补偿机制是目前开展生态补偿最重要的形式，也是比较容易启动的补偿方式。政府补偿机制是以国家或上级政府为实施和补偿主体，以区域、下级政府或农牧民为补偿对象，以国家生态安全、社会稳定、区域协调发展等为目标，以财政补贴、政策倾斜、项目实施、税费改革和人才技术投入等为手段的补偿方式。政府补偿方式包括下面几种：财政转移支付、差异性的区域政策、生态保护项目实施、环境税费制度等。

交易的对象可以是生态环境要素的权属，也可以是生态环境服务功能，还可以是环境污染治理的绩效或配额。通过市场交易或支付，兑现生态（环境）服务功能的价值。典型的市场补偿机制包括下面几个方面：公共支付、一对一交易、市场贸易、生态（环境）标记等。

二、我国的生态保护补偿政策

目前，我国的生态保护补偿有明确的法律依据，制度体系已基本建成。下面重点介绍我国现行的生态保护补偿政策。

（一）《关于健全生态保护补偿机制的意见》

2016 年 4 月，国务院办公厅印发了《关于健全生态保护补偿机制的意见》（国办发〔2016〕31 号），主要内容如下。

指导思想：不断完善转移支付制度，探索建立多元化生态保护补偿机制，逐步扩大补偿范围，合理提高补偿标准，有效调动全社会参与生态环境保护的积极性，促进生态文明建设迈上新台阶。

基本原则：①权责统一，合理补偿。谁受益，谁补偿。②政府主导，社会参与。③统筹兼顾，转型发展。④试点先行，稳步实施。

目标任务：到 2020 年，实现森林、草原、湿地、荒漠、海洋、水流、耕地等重点领域和禁止开发区域、重点生态功能区等重要区域生态保护补偿全覆盖，补偿水平与经济社会发展状况相适应，跨地区、跨流域补偿试点示范取得明显进展，多元化补偿机制初步建立，基本建立起符合我国国情的生态保护补偿制度体系，形成绿色生产方式和生活方式。

分领域重点任务：①森林，健全国家和地方公益林补偿标准动态调整机制，完善以政府购买服务为主的公益林管护机制，合理安排停止天然林商业性采伐补助奖励资金。②草原，扩大退牧还草工程实施范围，提高补助标准；实施新一轮草原生态保护补助奖励政策，合理提高禁牧补助和草畜平衡奖励标准；充实草原管护公益岗位。③湿地，稳步推进退耕还湿试点，适时扩大试点范围；探索建立湿地生态效益补偿制度。④荒漠，开展沙化土地封禁保护试点，加强沙区资源和生态系统保护；完善以政府购买服务为主的管护机制；研究制定鼓励社会力量参与防沙治沙的政策措施。⑤海洋，完善捕捞渔民转产转业补助政策，提高补助标准；执行海洋伏季休渔渔民低保制度；健全增殖放流和水产养殖生态环境修复补助政策；建立国家级海洋自然保护区、海洋特别保护区生态保护补偿制度。⑥水流，在江河源头区、集中式饮用水水源地、重要河流敏感河段和水生态修复治理区、水产种质资源保护区、水土流失重点预防区和重点治理区、大江大河重要蓄滞洪区以及具有重要饮用水源或重要生态功能的湖泊，全面开展生态保护补偿，适当提高补偿标准；加大水土保持生态效益补偿资金筹集力度。⑦耕地，完善耕地保护补偿制度；建立以绿色生态为导向的农业生态治理补贴制度；扩大新一轮退耕还林还草规模；研究制定鼓励引导农民施用有机肥料和低毒生物农药的补助政策。

推进体制机制创新：建立稳定投入机制，完善重点生态区域补偿机制，推进横向生态保护补偿、健全配套制度体系，创新政策协同机制，加快推进法制建设。

（二）《关于加快建立流域上下游横向生态保护补偿机制的指导意见》

2016 年 12 月 20 日，财政部、环境保护部、国家发展和改革委员会、水利部联合发布《关于加快建立流域上下游横向生态保护补偿机制的指导意见》，主要内容如下。

指导思想：强化政策引导和沟通协调，充分调动流域上下游地区的积极性，加快形成“成本共担、效益共享、合作共治”的流域保护和治理长效机制，使保护自然资源、提供良好生态产品的地区得到合理补偿，促进流域生态环境质量不断改善。

基本原则：区际公平，权责对等；地方为主，中央引导；试点先行，分步推进。

工作目标：到2020年，各省（区、市）行政区域内流域上下游横向生态保护补偿机制基本建立；在具备重要饮用水功能及生态服务价值、受益主体明确，上下游补偿意愿强烈的跨省流域，初步建立横向生态保护补偿机制，探索开展跨多个省份流域上下游横向生态保护补偿试点。到2025年，跨多个省份的流域上下游横向生态保护补偿试点范围进一步扩大；流域上下游横向生态保护补偿内容更加丰富，方式更加多样，评价方法更加科学合理，机制基本成熟定型，对流域保护和治理的支撑保障作用明显增强。

主要内容：①明确补偿基准，将流域跨界断面的水质水量作为补偿基准。②科学选择补偿方式，流域上下游协商选择资金补偿、对口协作、产业转移、人才培训、共建园区等补偿方式，鼓励流域上下游地区开展排污权交易和水权交易。③合理确定补偿标准。根据流域生态环境现状、保护治理成本投入、水质改善的收益、下游支付能力、下泄水量保障等因素，综合确定补偿标准。④建立联防共治机制。流域上下游地区应当建立联席会议制度，协商推进流域保护与治理。⑤签订补偿协议。流域上下游地方政府，以签订具有约束力的协议等方式进行明确。

保障措施：①中央财政对跨省流域上下游横向生态保护补偿给予支持。②加强跨界断面水质水量监测。

组织实施：①做好工作指导。②加强组织实施。③完善绩效考核。

（三）《建立市场化、多元化生态保护补偿机制行动计划》

2018年12月28日，国家发展和改革委员会、财政部、自然资源部、生态环境部、水利部、农业农村部、中国人民银行、国家市场监督管理总局、国家林业和草原局颁布了《建立市场化、多元化生态保护补偿机制行动计划》，主要内容如下。

总体要求：牢固树立和践行“绿水青山就是金山银山”的理念，紧扣我国社会主要矛盾的变化，按照高质量发展的要求，坚持“谁受益谁补偿、稳中求进”的原则，加强顶层设计，创新体制机制，实现生态保护者和受益者良性互动，让生态保护者得到实实在在的利益。到 2020 年，市场化、多元化生态保护补偿机制初步建立，全社会参与生态保护的积极性有效提升，“受益者付费、保护者得到合理补偿”的政策环境初步形成。到 2022 年，市场化、多元化生态保护补偿水平明显提升，生态保护补偿市场体系进一步完善，生态保护者和受益者互动关系更加协调，成为生态优先、绿色发展的有力支撑。

重点任务：建立市场化、多元化生态保护补偿机制，要健全资源开发补偿、污染物减排补偿、水资源节约补偿、碳排放权抵消补偿制度，合理界定和配置生态环境权利，健全交易平台，引导生态受益者对生态保护者进行补偿。积极稳妥地发展生态产业，建立健全绿色标识、绿色采购、绿色金融、绿色利益分享机制，引导社会投资者对生态保护者进行补偿。主要任务有：健全资源开发补偿制度，优化排污权配置，完善水权配置，健全碳排放权抵消机制，发展生态产业，完善绿色标识，推广绿色采购，发展绿色金融，建立绿色利益分享机制。

配套措施：健全激励机制，完善调查监测体系，强化技术支撑，为建立市场化、多元化生态保护补偿机制创造良好的基础条件。

组织实施：强化统筹协调，压实工作责任，加强宣传推广，扎实有序推进市场化、多元化生态保护补偿工作。

（四）《关于建立健全生态产品价值实现机制的意见》

2021 年 4 月，中共中央办公厅、国务院办公厅印发《关于建立健全生态产品价值实现机制的意见》，主要内容如下。

指导思想：坚持“绿水青山就是金山银山”的理念，坚持保护生态环境就是保护生产力、改善生态环境就是发展生产力，以体制机制改革创新为核心，推进生态产业化和产业生态化，加快完善政府主导、企业和社会各界参与、市场化运作、可持续的生态产品价值实现路径，着力构建绿水青山转化为金山银山的政策制度体系，推动形成具有中国特色的生态文明建设新模式。

工作原则：保护优先，合理利用；政府主导，市场运作；系统谋划，稳步推进；支持创新，鼓励探索。

战略取向：培育经济高质量发展新动力，塑造城乡区域协调发展新格局，引领保护修复生态环境新风尚，打造人与自然和谐共生新方案。

主要目标：到 2025 年，生态产品价值实现的制度框架初步形成，比较科学的生态产品价值核算体系初步建立，生态保护补偿和生态环境损害赔偿政策制度逐步完善，生态产品价值实现的政府考核评估机制初步形成，生态产品“难度量、难抵押、难交易、难变现”等问题得到有效解决，保护生态环境的利益导向机制基本形成，生态优势转化为经济优势的能力明显增强。到2035年，完善的生态产品价值实现机制全面建立，具有中国特色的生态文明建设新模式全面形成，广泛形成绿色生产生活方式，为基本实现美丽中国建设目标提供有力支撑。

建立生态产品调查监测机制：推进自然资源确权登记，开展生态产品信息普查。

建立生态产品价值评价机制：建立生态产品价值评价体系，制定生态产品价值核算规范，推动生态产品价值核算结果应用。

健全生态产品经营开发机制：①推进生态产品供需精准对接。推动生态产品交易中心建设，加大生态产品宣传推介力度，加强和规范平台管理。②拓展生态产品价值实现模式。采取多样化模式和路径，科学合理推动生态产品价值实现。依托自然禀赋，提高生态产品价值。科学运用先进技术，拓展延伸生态产品产业链和价值链。推动生态优势转化为产业优势，打造旅游与康养休闲融合发展的生态旅游开发模式，推进相关资源权益集中流转经营。③促进生态产品增值。打造特色鲜明的生态产品区域公用品牌，提升生态产品溢价。建立和规范生态产品认证评价标准，构建生态产品认证体系，推动生态产品认证国际互认。建立生态产品质量追溯机制，健全生态产品交易流通全过程监督体系。鼓励将生态环境保护修复与生态产品经营开发权益挂钩，鼓励实行农民入股分红模式，保障参与生态产品经营开发的村民利益。④推动生态资源权益交易。探索绿化增量责任指标交易、清水增量责任指标交易等方式，合法合规开展森林覆盖率等资源权益指标交易。健全碳排放权交易机制，健全排污权有偿使用制度，探索建立用能权交易机制，探索在长江、黄河等重点流域创新完善水权交易机制。

健全生态产品保护补偿机制：①完善纵向生态保护补偿制度。完善重点生态功能区转移支付资金分配机制，鼓励地方政府统筹生态领域转移支付资金，探索通过发行企业生态债券和社会捐助，设立符合实际需要的生态公益岗位。②建立横向生态保护补偿机制。鼓励生态产品供给地和受益地按照自愿协商原则，开展横向生态保护补偿。探索异地开发补偿模式。③健全生态环境损害赔偿制度。

健全生态产品价值实现保障机制：建立生态产品价值考核机制，建立生态环境保护利益导向机制，加大绿色金融支持力度。

建立生态产品价值实现推进机制：加强组织领导，推进试点示范，强化智力支撑，推动督促落实。

（五）关于深化生态保护补偿制度改革的意见

生态保护补偿制度作为生态文明制度的重要组成部分，是落实生态保护权责、调动各方参与生态保护积极性、推进生态文明建设的重要手段。为进一步深化生态保护补偿制度改革，2021 年 9 月，中共中央办公厅、国务院办公厅印发《关于深化生态保护补偿制度改革的意见》，主要内容如下。

1. 总体要求

指导思想：立足新发展阶段，贯彻新发展理念，构建新发展格局，践行“绿水青山就是金山银山”理念，完善生态文明领域统筹协调机制，加快健全有效市场和有为政府更好结合、分类补偿与综合补偿统筹兼顾、纵向补偿与横向补偿协调推进、强化激励与硬化约束协同发力的生态保护补偿制度，推动全社会形成尊重自然、顺应自然、保护自然的思想共识和行动自觉。做好碳达峰、碳中和工作，加快推动绿色低碳发展，促进经济社会发展全面绿色转型，建设人与自然和谐共生的现代化，为维护国家生态安全、奠定中华民族永续发展的生态环境基础提供坚实有力的制度保障。

工作原则：系统推进，政策协同；政府主导，各方参与；强化激励，硬化约束。

改革目标：到 2025 年，生态保护补偿制度基本完备。到 2035 年，适应新时代生态文明建设要求的生态保护补偿制度基本定型。

2. 聚焦重要生态环境要素，完善分类补偿制度

健全以生态环境要素为实施对象的分类补偿制度，综合考虑生态保护地区经济社会发展状况、生态保护成效等因素，确定补偿水平，对不同要素的生态保护成本予以适度补偿。

建立健全分类补偿制度：开展水流生态保护补偿，对公益林实施差异化补偿，完善湿地生态保护补偿机制，完善以绿色生态为导向的农业生态治理补贴制度，完善耕地保护补偿机制，健全沙化土地生态保护补偿制度，研究建立近海生态保护补偿制度。

逐步探索统筹保护模式：稳步推进不同渠道生态保护补偿资金统筹使用，以灵活有效的方式一体化推进生态保护补偿工作，提高生态保护整体效益。

3. 围绕国家生态安全重点，健全综合补偿制度

加大纵向补偿力度：逐步增加重点生态功能区转移支付规模，中央预算内投资对重点生态功能区基础设施和基本公共服务设施建设予以倾斜，继续对生态脆弱脱贫地区给予生态保护补偿，各省级政府要加大生态保护补偿资金投入力度。

突出纵向补偿重点：对青藏高原、南水北调水源地等生态功能重要性突出地区、国家公园、自然保护地进行纵向补偿。

改进纵向补偿办法：根据生态效益外溢性、生态功能重要性、生态环境敏感性和脆弱性等特点，在重点生态功能区转移支付中实施差异化补偿；引入生态保护红线作为相关转移支付分配要素；探索建立补偿资金与破坏生态环境相关产业逆向关联机制；研究通过农业转移人口市民化奖励对吸纳生态移民较多地区给予补偿；继续推进生态综合补偿试点工作。

健全横向补偿机制：加快重点流域跨省上下游横向生态保护补偿机制建设，开展跨区域联防联治；对生态功能特别重要的跨省和跨地市重点流域进行横向生态保护补偿，中央财政和省级财政分别给予引导支持。探索大气等其他生态环境要素横向生态保护补偿方式，通过对口协作、产业转移、人才培训、共建园区、购买生态产品和服务等方式，促进受益地区与生态保护地区良性互动。

4. 发挥市场机制作用，加快推进多元化补偿

完善市场交易机制：加快自然资源统一确权登记，建立归属清晰、权责明确、保护严格、流转顺畅、监管有效的自然资源资产产权制度，完善反映市场供求和资源稀缺程度、体现生态价值和代际补偿的自然资源资产有偿使用制度，对履行自然资源资产保护义务的权利主体给予合理补偿。建立用水权、排污权、碳排放权初始分配制度。逐步开展市场化环境权交易。全面实行排污许可制，在生态环境质量达标的前提下，落实生态保护地区排污权有偿使用和交易。加快建设全国用能权、碳排放权交易市场。

拓展市场化融资渠道：研究发展基于水权、排污权、碳排放权等各类资源环境权益的融资工具，建立绿色股票指数，发展碳排放权期货交易；把生态保护补偿融资机制与模式创新作为重要试点内容；推广生态产业链金融模式；鼓励银行业金融机构提供符合绿色项目融资特点的绿色信贷服务；鼓励符合条件的非金融企业和机构发行绿色债券；鼓励保险机构开发创新绿色保险产品，参与生态保护补偿。

探索多样化补偿方式：支持生态功能重要地区开展生态环保教育培训，引导发展特色优势产业，扩大绿色产品生产。加快发展生态农业和循环农业。推进生态环境导向的开发模式项目试点。鼓励地方将环境污染防治、生态系统保护修复等工程与生态产业发展有机融合，完善居民参与方式，建立持续性收益分享机制。建立健全自然保护地控制区经营性项目特许经营管理制度。探索危险废物跨区域转移处置补偿机制。

5. 完善相关领域配套措施，增强改革协同

加快相关领域制度建设和体制机制改革，为深化生态保护补偿制度改革提供更加可靠的法治保障、政策支持和技术支撑。具体措施包括加快推进法治建设，完善生态环境监测体系，发挥财税政策调节功能，完善相关配套政策措施。

6. 树立生态保护责任意识，强化激励约束

健全生态保护考评体系，加强考评结果运用，严格生态环境损害责任追究，推动各方落实主体责任，切实履行各自义务。具体措施包括落实主体责任，健全考评机制，强化监督问责。

附录：我国现行环境经济政策法律、文件清单

	政策名称	文号	发布部门	发布时间
一、财税政策	关于享受资源综合利用增值税优惠政策的纳税人执行污染物排放标准有关问题的通知	财税〔2013〕23号	财政部、国家税务总局	2013年4月
	关于分布式光伏发电实行按照电量补贴政策等有关问题的通知	财建〔2013〕390号	财政部	2013年7月
	关于企业范围内的荒山、林地、湖泊等占地城镇土地使用税有关政策的通知	财税〔2014〕1号	财政部、国家税务总局	2014年1月
	关于免征新能源汽车车辆购置税的公告	财政部公告2014年第53号	财政部、国家税务总局、工业和信息化部	2014年8月
	资源综合利用产品和劳务增值税优惠目录	财税〔2015〕78号	财政部、国家税务总局	2015年6月
	中华人民共和国环境保护税法			2016年12月
	关于垃圾填埋沼气发电列入《环境保护节能节水项目企业所得税优惠目录（试行）》的通知	财税〔2016〕131号	财政部、国家税务总局、国家发展和改革委员会	2016年12月
	关于继续执行光伏发电增值税政策的通知	财税〔2016〕81号	财政部、国家税务总局	2016年7月
	扩大水资源税改革试点实施办法	财税〔2017〕80号	财政部、国家税务总局、水利部	2017年11月
	中华人民共和国环境保护税法实施条例	国务院令第693号		2017年12月
	关于发布《海洋工程环境保护税申报征收办法》的公告	税务总局公告2017年第50号	国家税务总局、国家海洋局	2017年12月
	关于印发《节能节水和环境保护专用设备企业所得税优惠目录（2017年版）》的通知	财税〔2017〕71号	财政部、国家税务总局、国家发展和改革委、工业和信息化部、环境保护部	2017年9月

	政策名称	文号	发布部门	发布时间
一、财税政策	关于印发《大气污染防治资金管理办法》的通知	财建〔2018〕578号	财政部、生态环境部	2018年1月
	生态环境部关于明确环境保护税应税污染物适用等有关问题的通知	财税〔2018〕117号	财政部、国家税务总局	2018年1月
	关于环境保护税有关问题的通知	财税〔2018〕23号	财政部、国家税务总局、生态环境部	2018年3月
	关于将服务贸易创新发展试点地区技术先进型服务企业所得税政策推广至全国实施的通知	财税〔2018〕44号	财政部、国家税务总局、商务部、科技部、国家发展改革和委员会	2018年5月
	关于节能新能源车船享受车船税优惠政策的通知	财税〔2018〕74号	财政部、国家税务总局、工业和信息化部、交通运输部	2018年7月
	关于资源综合利用增值税政策的公告	税务总局公告2019年第90号	财政部、国家税务总局	2019年1月
	享受车船税减免优惠的节约能源使用新能源汽车车型目录（第十二批）	工信部公告2019年第60号	工业和信息化部、国家税务总局	2019年12月
	免征车辆购置税的新能源汽车车型目录（第二十九批）	工信部公告2019年第62号	工业和信息化部、国家税务总局	2019年12月
	关于进一步完善新能源汽车推广应用财政补贴政策的通知	财建〔2019〕138号	财政部、工业和信息化部、科技部、国家发展和改革委员会	2019年3月
	关于从事污染防治的第三方企业所得税政策问题的公告	财政部公告2019年第60号	财政部、国家税务总局、国家发展和改革委员会、生态环境部	2019年4月
	关于继续执行的车辆购置税优惠政策的公告	财政部公告2019年第75号	财政部、国家税务总局	2019年6月
	中华人民共和国资源税法			2019年8月
	海洋生态保护修复资金管理办法	财资环〔2020〕76号	财政部	2020年1月

	政策名称	文号	发布部门	发布时间
一、财税政策	关于构建现代环境治理体系的指导意见		中共中央办公厅、国务院办公厅	2020年3月
	关于完善新能源汽车推广应用财政补贴政策的通知	财建〔2020〕86号	财政部、工业和信息化部、科技部、国家发展和改革委员会	2020年4月
	海洋生态保护修复资金管理办法	财资环〔2020〕24号	财政部	2020年4月
	关于完善长江经济带污水处理收费机制有关政策的指导意见	发改价格〔2020〕561号	国家发展和改革委员会、财政部、住房和城乡建设部、生态环境部、水利部	2020年4月
	关于资源税有关问题执行口径的公告	税务总局公告2020年第34号	财政部、国家税务总局	2020年6月
	关于继续执行的资源税优惠政策的公告	税务总局公告2020年第32号	财政部、国家税务总局	2020年6月
	关于调整废弃电器电子产品处理基金补贴标准的通知	财税〔2021〕10号	财政部、生态环境部、国家发展和改革委员会、工业和信息化部	2021年3月
	关于发布计算环境保护税应税污染物排放量的排污系数和物料衡算方法的公告	税务总局公告2021年第16号	生态环境部、财政部、国家税务总局	2021年4月
	污染治理和节能减碳中央预算内投资专项管理办法	发改环资规〔2021〕655号	国家发展和改革委员会	2021年5月
	中央生态环保转移支付资金项目储备制度管理暂行办法	财资环〔2021〕91号	财政部、自然资源部、生态环境部、应急管理部、国家林业和草原局	2021年8月
	国务院办公厅关于鼓励和支持社会资本参与生态保护修复的意见	国办发〔2021〕40号	国务院办公厅	2021年10月
	重点生态保护修复治理资金管理办法	财资环〔2021〕100号	财政部	2021年10月

	政策名称	文号	发布部门	发布时间
一、财税政策	国务院关于印发2030年前碳达峰行动方案的通知	国发〔2021〕23号	国务院	2021年10月
	国务院办公厅关于鼓励和支持社会资本参与生态保护修复的意见	国办发〔2021〕40号	国务院办公厅	2021年10月
	中共中央 国务院关于深入打好污染防治攻坚战的意见		中共中央办公厅、国务院办公厅	2021年11月
	国务院关于印发“十四五”节能减排综合工作方案的通知	国发〔2021〕33号	国务院	2021年12月
二、价格政策	关于扩大脱硝电价政策试点范围有关问题的通知	发改价格〔2012〕4095号	国家发展和改革委员会	2012年12月
	关于发挥价格杠杆作用促进光伏产业健康发展的通知	发改价格〔2013〕1638号	国家发展和改革委员会	2013年8月
	关于调整可再生能源电价附加标准与环保电价有关事项的通知	发改价格〔2013〕1651号	国家发展和改革委员会	2013年8月
	燃煤发电机组环保电价及环保设施运行监管办法	发改价格〔2014〕536号	国家发展和改革委员会、环境保护部	2014年3月
	关于海上风电上网电价政策的通知	发改价格〔2014〕1216号	国家发展和改革委员会	2014年6月
	关于进一步疏导环保电价矛盾的通知	发改价格〔2014〕1908号	国家发展和改革委员会	2014年8月
	关于实行燃煤电厂超低排放电价支持政策有关问题的通知	发改价格〔2015〕2835号	国家发展和改革委员会、环境保护部、能源局	2015年12月
	关于印发北方地区清洁供暖价格政策意见的通知	发改价格〔2017〕1684号	国家发展和改革委员会	2017年9月
	关于创新和完善促进绿色发展价格机制的意见	发改价格规〔2018〕943号	国家发展和改革委员会	2018年6月
	关于积极推进风电光伏发电无补贴平价上网有关工作的通知	发改能源〔2019〕19号	国家发展和改革委员会、能源局	2019年1月
	关于三代核电首批项目试行上网电价的通知	发改价格〔2019〕535号	国家发展和改革委员会	2019年3月
	关于完善光伏发电上网电价机制有关问题的通知	发改价格〔2019〕761号	国家发展和改革委员会	2019年4月

	政策名称	文号	发布部门	发布时间
二、价格政策	关于公布2019年第一批风电光伏发电平价上网项目的通知	发改办能源〔2019〕594号	国家发展和改革委员会办公厅、能源局综合司	2019年5月
	关于完善风电上网电价政策的通知	发改价格〔2019〕882号	国家发展和改革委员会	2019年5月
	关于核减环境违法垃圾焚烧发电项目可再生能源电价附加补助资金的通知	财建〔2020〕199号	财政部、生态环境部	2020年6月
	关于核减环境违法等农林生物质发电项目可再生能源电价附加补助资金的通知	财建〔2020〕591号	财政部、生态环境部	2020年12月
	关于“十四五”时期深化价格机制改革行动方案的通知	发改价格〔2021〕689号	国家发展和改革委员会	2021年5月
	关于2021年新能源上网电价政策有关事项的通知	发改价格〔2021〕833号	国家发展和改革委员会	2021年6月
	关于推进非居民厨余垃圾处理计量收费的指导意见	发改价格〔2021〕977号	国家发展和改革委员会、住房和城乡建设部	2021年7月
	国家发展改革委关于完善电解铝行业阶梯电价政策的通知	发改价格〔2021〕1239号	国家发展和改革委员会	2021年8月
	城镇供水定价成本监审办法	部令第45号	国家发展和改革委员会、住房和城乡建设部	2021年8月
	国家发展改革委关于进一步深化燃煤发电上网电价市场化改革的通知	发改价格〔2021〕1439号	国家发展和改革委员会	2021年10月
三、绿色金融政策	关于开展环境污染责任保险工作的指导意见	环发〔2007〕189号	环境保护部、保监会	2007年12月
	关于印发绿色信贷指引的通知	银监发〔2012〕4号	银监会	2012年1月
	关于开展环境污染强制责任保险试点工作的指导意见	环发〔2013〕10号	环境保护部、保监会	2013年1月
	关于林权抵押贷款的实施意见	银监发〔2013〕32号	银监会、林业局	2013年7月

	政策名称	文号	发布部门	发布时间
三、绿色金融政策	关于印发《企业环境信用评价办法（试行）》的通知	环发〔2013〕150号	环境保护部、国家发展和改革委员会、中国人民银行、银监会	2013年12月
	关于印发《绿色债券发行指引》的通知	发改办财金〔2015〕3504号	国家发展和改革委员会办公厅	2015年12月
	关于开展绿色公司债券试点的通知	上证发〔2016〕13号	上海证券交易所	2016年3月
	关于构建绿色金融体系的指导意见	银发〔2016〕228号	中国人民银行、财政部、国家发展和改革委员会、环境保护部、银监会、证监会、保监会	2016年8月
	关于支持绿色债券发展的指导意见	证监会公告〔2017〕6号	证监会	2017年3月
	绿色债券评估认证行为指引（暂行）	人民银行公告2017年第20号	中国人民银行、证监会	2017年10月
	关于加强绿色金融债券存续期监督管理有关事宜的通知	银发〔2018〕29号	中国人民银行	2018年3月
	关于推进金融支持县域工业绿色发展工作的通知	工信部联节〔2018〕247号	工信部、中国农业银行	2018年11月
	中国人民银行关于支持绿色金融改革创新试验区发行绿色债务融资工具的通知	银发〔2019〕116号	中国人民银行	2019年5月
	关于疫情防控期间做好企业债券工作的通知	发改办财金〔2020〕111号	国家发展和改革委员会办公厅	2020年2月
	关于印发核保险巨灾责任准备金管理办法的通知	银保监发〔2020〕47号	银保监会、财政部、生态环境部	2020年10月
	关于促进应对气候变化投融资的指导意见	环气候〔2020〕57号	生态环境部、国家发展和改革委员会、中国人民银行、银保监会、证监会	2020年10月
	绿色债券支持项目目录（2021年版）	银发〔2021〕96号	中国人民银行、国家发展和改革委员会、证监会	2021年4月

	政策名称	文号	发布部门	发布时间
三、绿色金融政策	银行业金融机构绿色金融评价方案		中国人民银行	2021 年 5 月 27 日
	金融机构环境信息披露指南	JR/T 0227—2021	中国人民银行	2021 年 7 月 22 日
	环境权益融资工具	JR/T 0228—2021	中国人民银行	2021 年 7 月 22 日
	环境保护综合名录（2021 年版）	环办综合函〔2021〕495 号	生态环境部	2021 年 10 月
	关于开展气候投融资试点工作的通知	环气候〔2020〕57 号	生态环境部等九部委	2021 年 12 月
四、生态补偿政策、环境损害赔偿	关于全民所有自然资源资产有偿使用制度改革的指导意见	国发〔2016〕82 号	国务院办公厅	2016 年 12 月
	关于健全生态保护补偿机制的意见	国办发〔2016〕31 号	国务院办公厅	2016 年 4 月
	关于加快建立流域上下游横向生态保护补偿机制的指导意见	财建〔2016〕928 号	财政部、环境保护部、国家发展和改革委员会、水利部	2016 年 12 月
	关于建立健全长江经济带生态补偿与保护长效机制的指导意见	财预〔2018〕19 号	财政部	2018 年 2 月
	关于印发《建立市场化多元化生态保护补偿机制行动计划》的通知	发改西部〔2018〕1960 号	国家发展和改革委员会、财政部、自然资源部、生态环境部、水利部、农业农村部、中国人民银行、市场监督管理总局、林草局	2018 年 12 月
	关于印发《生态综合补偿试点方案》的通知	发改振兴〔2019〕1793 号	国家发展和改革委员会	2019 年 11 月
	关于开展用能权有偿使用和交易试点工作的函	发改环资〔2016〕1659 号	国家发展和改革委员会	2016 年 7 月
	关于印发《碳排放权交易有关会计处理暂行规定》的通知	财会〔2019〕22 号	财政部	2019 年 12 月

	政策名称	文号	发布部门	发布时间
四、生态补偿政策、环境损害赔偿	关于建立健全生态产品价值实现机制的意见		中共中央办公厅、国务院办公厅	2021年4月
	生态环境损害赔偿制度改革方案		中共中央办公厅、国务院办公厅	2017年8月
	生态环境损害赔偿资金管理办法（试行）	财资环〔2020〕6号	财政部、自然资源部、生态环境部、住房和城乡建设部、水利部、农业农村部、国家林业和草原局、最高人民法院、最高人民检察院	2020年3月
	关于推进生态环境损害赔偿制度改革若干具体问题的意见	环法规〔2020〕44号	生态环境部、司法部、财政部、自然资源部、住房和城乡建设部、水利部、农业农村部、卫生健康委、国家林业和草原局、最高人民法院、最高人民检察院	2020年8月
	生态环境损害鉴定评估技术指南 总纲和关键环节 第1部分：总纲	GB/T 39791.1—2020	生态环境部、市场监督管理总局	2020年12月
	生态环境损害鉴定评估技术指南 总纲和关键环节 第2部分：损害调查	GB/T 39791.2—2020	生态环境部、市场监督管理总局	2020年12月
	生态环境损害鉴定评估技术指南 环境要素 第1部分：土壤和地下水	GB/T 39792.1—2020	生态环境部、市场监督管理总局	2020年12月
	生态环境损害鉴定评估技术指南 环境要素 第2部分：地表水和沉积物	GB/T 39792.2—2020	生态环境部、市场监督管理总局	2020年12月
	生态环境损害鉴定评估技术指南 基础方法 第1部分：大气污染虚拟治理成本法	GB/T 39793.1—2020	生态环境部、市场监督管理总局	2020年12月

	政策名称	文号	发布部门	发布时间
四、生态补偿政策、环境损害赔偿	生态环境损害鉴定评估技术指南　基础方法　第 2 部分：水污染虚拟治理成本法	GB/T 39793.2—2020	生态环境部、市场监督管理总局	2020 年 12 月
	关于深化生态保护补偿制度改革的意见		中共中央办公厅、国务院办公厅	2021 年 9 月
五、排污权交易、碳排放权交易	关于进一步推进排污权有偿使用和交易试点工作的指导意见	国办发〔2014〕38 号	国务院办公厅	2014 年 8 月
	全国碳排放权交易市场建设方案（发电行业）	发改气候规〔2017〕2191 号	国家发展和改革委员会	2017 年 12 月
	排污许可管理办法（试行）	环境保护部令第 48 号	环境保护部	2018 年 1 月
	关于印发《固定污染源排污登记工作指南（试行）》的通知	环办环评函〔2020〕9 号	生态环境部	2020 年 1 月
	碳排放权交易管理办法	生态环境部令第 19 号	生态环境部	2020 年 12 月
	2019—2020 年全国碳排放权交易配额总量设定与分配实施方案（发电行业） 纳入 2019—2020 年全国碳排放权交易配额管理的重点排放单位名单	国环规气候〔2020〕3 号	生态环境部	2020 年 12 月
	碳排放权登记管理规则（试行） 碳排放权交易管理规则（试行） 碳排放权结算管理规则（试行）	生态环境部公告　2021 年第 21 号	生态环境部	2021 年 5 月
	中共中央　国务院关于完整准确全面贯彻新发展理念做好碳达峰碳中和工作的意见		中共中央办公厅、国务院办公厅	2021 年 9 月 22 日

企业环保管家系列指南丨丛书主编　宋海鸥

企业环保合法合规管理指南

主　编　宋海鸥　李军强

副主编　刘　湘　杨宇静　杨晓婉

中国环境出版集团·北京

图书在版编目（CIP）数据

企业环保合法合规管理指南/宋海鸥，李军强主编.—北京：中国环境出版集团，2023.6

（企业环保管家系列指南）

ISBN 978-7-5111-5535-1

Ⅰ.①企… Ⅱ.①宋… ②李… Ⅲ.①企业环境管理—环境保护法—中国—指南 Ⅳ.①D922.683.4-62

中国国家版本馆CIP数据核字（2023）第102152号

出 版 人 武德凯
责任编辑 葛　莉　宾银平
封面设计 彭　杉

出版发行 中国环境出版集团
（100062 北京市东城区广渠门内大街16号）
网　　址：http：//www.cesp.com.cn
电子邮箱：bjgl@cesp.com.cn
联系电话：010-67112765（编辑管理部）
010-67113412（第二分社）
发行热线：010-67125803 010-67113405（传真）

印　　刷 北京中科印刷有限公司
经　　销 各地新华书店
版　　次 2023年6月第1版
印　　次 2023年6月第1次印刷
开　　本 787×960　1/16
印　　张 13.75
字　　数 252千字
丛书定价 688.00元

中国环境出版集团郑重承诺：
中国环境出版集团合作的印刷单位、材料单位均具有中国环境标志产品认证。

企业环保管家系列指南

编 委 会

本册作者简介：

宋海鸥 河北环境工程学院教授，环境法学硕士，西北政法大学博士研究生，河北海立律师事务所律师，秦皇岛律协资源与环境委员会副主任，生态环境部“执法大练兵”案卷评审专家，环境法律实务培训讲师，担任多地生态环境部门、企业法律顾问。主要从事环境法、环境执法及环境管理领域相关研究与实务工作，发表环境法学论文四十余篇，编写《环境法与环境执法》《环境监管领域职务犯罪典型案例分析》《当前生态环境领域热点难点问题案例精析》《环境行政执法实案释法》等书籍十余部。

李军强 广东绿建律师事务所主任，专职从事环保法律服务。目前带领绿建团队聚焦环保合规服务，起草的《律师从事政府决策生态环保合规评估法律服务操作建设流程》已经由广东省律师协会审查并发布。主导“深圳经济特区环境保护法典化研究”等课题，主编《民营企业合规和法律风险防范读本》，为《深圳市龙岗区东江流域涉污企业环保合规建设》提供专业服务。目前担任全国律协环境资源和能源专业委员会副主任等职务，曾获全国优秀律师和深圳市民环保奖等。

刘　湘 河北环境工程学院教授，中国政法大学污染受害者帮助中心诉讼部部长，有环境与法律双重学科背景，环境类案件诉讼经验丰富。2010 年为时尚杂志介绍的中国有影响的环境律师之一，2015 年获中国“SEE 基金生态保护奖”。

杨宇静 厦门大学嘉庚学院副教授，环境与资源保护法学博士，先后在 CSSCI、北大中文核心期刊、CPCI-SSH 等中外文学术刊物上发表论文十余篇，参与编著《当前生态环境领域热点难点问题案例精析》《地理标志申请与保护实务》《法学学科课程思政教学范例》等，参与主研国家社科基金项目六项。

杨晓婉 河北环境工程学院副教授，河北大学法律硕士（法学），主要从事环境法基础理论及实务等方面研究。主持和参与多项科研课题、发表期刊论文十余篇。担任生态环境部门法律顾问、参与地方决策委员会，参与河北省及各地市人大、政府的立法项目，长期致力于生态环境相关法律法规的培训工作。多次受邀作为问政嘉宾参加湖北武汉电视台《电视问政》节目直播，作为观察员就生态环境问题与行政部门领导直接对话。

总 序

“环保管家”是一种以“合同环境服务”为核心的环境污染治理新模式。2014 年 12 月 27 日，国务院办公厅《关于推行环境污染第三方治理的意见》中指出：“到 2020 年，环境公用设施、工业园区等重点领域第三方治理取得显著进展，污染治理效率和专业化水平明显提高，社会资本进入污染治理市场的活力进一步激发。环境公用设施投资运营体制改革基本完成，高效、优质、可持续的环境公共服务市场化供给体系基本形成；第三方治理业态和模式趋于成熟，涌现一批技术能力强、运营管理水平高、综合信用好、具有国际竞争力的环境服务公司。”2016 年 4 月 15 日，环境保护部印发《关于积极发挥环境保护作用促进供给侧结构性改革的指导意见》（环大气〔2016〕45 号），该意见指出：“推进环境咨询服务业发展，鼓励有条件的工业园区聘请第三方专业环保服务公司作为‘环保管家’，向园区提供监测、监理、环保设施建设运营、污染治理等一体化环保服务和解决方案。”由此，在环境保护领域正式提出了“环保管家”的概念，诸多的“环保管家”公司如雨后春笋般涌现，为企业提供“全面体检”服务。

尽管有专业环境污染第三方治理机构的辅助，但排污企业不能也无法避免经营中环境违规行为的法律责任。在环保形势日益严峻的背景下，掌握环境法律基本规定、污染防治技术规范等成为企业生存发展的必备能力，企业有必要通过学习将“要我守法”内生为“我要守法”的动力。

编者在与能源、化工、运输、钢铁、建材、机械加工、装备制造、矿山等行业企业打交道的过程中，了解到企业尤为关注环保问题，有增加环保投入和增强自身环保专业知识的意愿，对降低环保经营风险有较高的期望值，但囿于环境保护知识的专业性，对通俗介绍企业生产经营中环保风险的指南、手册的

需求迫切。正是基于这种市场需求，我们策划了这套专业的“企业环保管家系列指南”丛书（以下简称丛书），对企业环保问题开展“望闻问切”，对环保疑难杂症进行“科学会诊”，既能找准污染治理主要环节和风险隐患突出问题形成“体检报告”，也能开出诊治“药方”。“环保管家”通过常态化的“体检”和“问诊”，及时提出预警和针对性措施，以避免环境事故的发生，降低环境风险。

丛书分为四个板块，共计 13 个分册，旨在通过通俗易懂、实务的语境为企业提供环境守法的指引。在理论知识铺垫上，以够用为尺度，尽可能化繁为简；注重实操，并辅以案例，对企业生产经营中的环境管理事项和环境管理风险予以深度解读，帮助企业相关人员掌握企业环境管理的“钥匙”，最大限度降低企业的经营风险。

丛书的四个板块分别为：

1）法律法规板块：包括《企业常用环境法律法规手册》1 个分册，主要包含环境法律、法规、规章及政策性文件等内容。

2）常见环境管理事务板块：包括《企业环保合法合规管理指南》《企业建设项目环境影响评价管理指南》《企业排污许可证申领与实施操作指南》《企业自行监测管理指南》《企业环境信息化管理指南》《企业环境应急管理指南》6 个分册，主要从企业建设项目环境管理与企业环境风险防范角度进行阐释。

3）污染防治技术板块：包括《企业废水污染管控指南》《企业废气污染管控指南》《企业固体废物污染环境管控指南》《企业土壤污染管控指南》4 个分册，主要从治理设备、治理技术、产排污节点等方面对企业全流程技术管理予以说明。

4）企业环境金融与认证板块：包括《企业环境经济政策指南》《企业清洁生产审核与环境管理体系认证指南》2 个分册，主要包括环境税、排污权交易、碳排放交易以及清洁生产审核、ISO 14001 认证等相关知识。

丛书主要针对生产性企业的环境管理人员、环保管理型企业的工作人员以及对环境管理工作感兴趣的其他人员，也可以作为环境管理初学者的入门教材。

编写团队共 25 人，包括相关领域教授、副教授，专门从事环境法律事务的律师，生态环境部固体废物与化学品管理技术中心专家，大型企业从事环境管理的工作人员以及专业从事“环保管家”服务的企业人员等。编写团队中无论是“学院派”还是“实战派”，均是在相应领域深耕多年的行家里手。

本套丛书经过与出版社沟通和策划、制定编写大纲、组织编写人员、撰写初稿、修改初稿、定稿、统稿等多个流程，历时 15 个月。在组织编写过程中，各分册编者之间通力合作，各分册牵头人也与我进行有效沟通，保证了丛书的质量和覆盖面；同时，为保障丛书如期完成，众多编者付出了巨大心血，在此表示衷心感谢。组织如此大规模的编写队伍，于我而言也是前所未有的，其中有考虑不周之处，请各位编者海涵；因知识和技能所限，编写难免有疏漏，请各位读者批评指正。

最后要感谢河北环境工程学院领导的关心及中国环境出版集团对这套丛书的支持，尤其是第二分社全体编辑的专业和敬业让这套丛书由设想变为现实。

宋海鸥

2022 年 8 月 14 日于秦皇岛

前　言

近年来，国家环境保护力度不断加强，中央生态环境保护督察取得积极成效，蓝天保卫战、碧水保卫战、净土保卫战取得重大成果，社会公众的环境法律意识空前增强，环境保护已经成为社会共识。企业是市场活动的主要参与者，是社会产品的主要提供者，也是环境保护的中坚力量，企业积极主动遵守环境法律是企业承担社会环境责任的重要体现。

企业环保合法合规管理，旨在以企业建设项目可行性研究阶段、建设阶段以及生产阶段面临的环境保护法律问题为出发点，建立健全企业生产、经营中的环保管理制度，进而及时发现并处理可能的违法违规行为。在生态环境监督管理常态化的形势下，越来越多的企业意识到环保合规管理的重视程度对企业持续稳健经营的重要作用，开展环保合规管理是管理和控制企业环境法律风险，避免环境违法的最有效途径。

《企业环保合法合规管理指南》属于“企业环保管家”丛书的常见环境管理事务篇，共分五章：企业环保合法合规基础知识、企业环保合法合规的主要内容、企业环保合法合规的组织实施、企业环保合法合规的管理技巧以及企业环保违法违规的救济途径。

本书具体编写分工为（按章节编写顺序）：杨宇静（第一章）、宋海鸥（第一章第三节，第二章第一节、第二节、第四节）、杨晓婉（第二章第二节、第三节）、李军强（第三章、第四章）、刘湘（第五章）。全书由宋海鸥负责统稿。

由于编者能力和知识有限，疏漏难免，内容中的不足之处恳请读者批评指正。

编者

2022 年 8 月

目 录

第一章　企业环保合法合规基础知识

第一节　环境法律体系

一、环境法的内容体系

“生态文明入宪”标志着我国生态文明建设提升到了国家战略的高度，环保合法合规成为企业生产经营管理中的“必修课”。作为成文法的国家，中国拥有数量众多的法律。这些法律绘制出一张错综复杂的法律知识规则，而这张图谱的有机整体即形成了我国的法律体系。在这一法律体系中的一个子体系就是环境法体系。环境要素无处不在，环境风险是企业面临的重要风险之一，企业的生产经营行为又各式各样，做好“量身定制”的环保合法合规方案，不仅关乎企业的社会形象，更可能影响企业的稳健发展甚至生死存亡。企业环保管理的开展首先要从宏观上了解我国环境法的体系。所谓“横看成岭侧成峰”，环境法律体系也有不同的归纳和演绎。从内容上看，环境法律体系好比是一服中药“七星斗柜”，每个斗柜里装着一部法律。每家企业根据各自的环境利用行为，去查找需要打开的“斗柜”，了解柜中规定的权利和义务，并打造符合企业自身发展的“环保葵花宝典”。

在我国环境法的内容体系（表 1-1）中，《中华人民共和国宪法》是环保事业的法律统领，《中华人民共和国宪法》在序言中明确了“生态文明建设”，在第九条第二款规定了自然资源保护，在第二十二条第二款规定了保护名胜古迹、珍贵文物和其他重要历史文化遗产，在第二十六条规定了国家防治污染和其他公害以及鼓励植树造林，保护树木等。《中华人民共和国宪法》从价值追求到制度安排规定了国家环保事业的根本制度和公民环保的基本权利与义务，为环境法治提供了总依据和总章程。《中华人民共和国宪法》之下，根据与环保主题的关联度，依次将相关环境法律划分为综合类法律、专项类法律和关联类法律。综合类法律中，《中华人民共和国环境保护法》是环保领域的基础性法律，明确了环境保护法的立法宗旨和适用范围，提出了环境保护的基本国策和基本原则，明确了环境监督管理的基本职责，规定了自然资源保护与环境污染防治的基本内容，设置了环境信息公开与公众参与的专章，加大了环境违法的法律责任，被誉为“史上最严环保法”。除了《中华人民共和国环境保护法》，综合类的环保法律还包括预防性的《中华人民共和国环境影响评价法》、利用经济杠杆调节环境利用行为的《中华人民共和国环境保护税法》《中华人民共和国清洁生产促进法》以及《中华人民共和国循环经济促进法》和整体性保护类的《中华人民共和国海洋环境保护法》和《中华人民共和国长江保护法》等。

在专门类法律中，按照污染防治和资源保护两个主题进行划分，污染防治类的法律除包含了传统的《中华人民共和国大气污染防治法》《中华人民共和国水污染防治法》《中华人民共和国噪声污染防治法》和《中华人民共和国固体废物污染环境防治法》外，还有《中华人民共和国土壤污染防治法》《中华人民共和国放射性污染防治法》和《中华人民共和国核安全法》等。资源保护类法律按照自然要素划分，主要包含《中华人民共和国水法》《中华人民共和国森林法》《中华人民共和国草原法》《中华人民共和国矿产资源法》《中华人民共和国野生动物保护法》等。实际上，由于立法资源的有限性以及环境问题的复杂性，除全国人民代表大会及其常委会制定的法律外，我国仍有一系列与环境资源开发利用密切相关的行政法规、部门规章以及地方性的环保法规、规章等。因此，除了法律，一些细化的条例、办法、规则等对于企业有更直接的影响。但这张法律图谱十分庞大复杂，在这里我们仅在全国人民代表大会及其常委会制定的法律范畴内进行介绍。在后面的法律渊源中，我们再深入细化除法律之外的其他环境法的表现形式。

在关联类法律中，我们可以看出环保规则“无处不在”。《中华人民共和国刑法》《中华人民共和国民法典》以及一系列的行政法律制度都会与环境保护有交集。这也就更说明了为什么环保合法合规管理的难度大。如果只是在综合类或专门类法律“斗柜”中找解药，难度相对可控，但要把关联类的法律制度也考虑进来，这就需要有更广阔的视野和全方位的准备。企业的生产经营行为各异，对应的环境利用行为有怎样的法律规定，企业经营者和管理者需要进一步了解。

表 1-1　我国环境法的内容体系

《中华人民共和国宪法》			
综合类法律	专项类法律		关联类法律
《中华人民共和国环境保护法》 《中华人民共和国环境影响评价法》 《中华人民共和国环境保护税法》 《中华人民共和国清洁生产促进法》 《中华人民共和国循环经济促进法》 《中华人民共和国海洋环境保护法》 《中华人民共和国长江保护法》 《中华人民共和国黄河保护法》	《中华人民共和国大气污染防治法》 《中华人民共和国水污染防治法》 《中华人民共和国土壤污染防治法》 《中华人民共和国固体废物污染环境防治法》 《中华人民共和国噪声污染防治法》 《中华人民共和国放射性污染防治法》 《中华人民共和国核安全法》	《中华人民共和国水法》 《中华人民共和国水土保持法》 《中华人民共和国土地管理法》 《中华人民共和国海岛保护法》 《中华人民共和国海域使用管理法》 《中华人民共和国森林法》 《中华人民共和国草原法》 《中华人民共和国渔业法》 《中华人民共和国矿产资源法》 《中华人民共和国煤炭法》 《中华人民共和国防沙治沙法》 《中华人民共和国可再生能源法》 《中华人民共和国节约能源法》 《中华人民共和国野生动物保护法》 《中华人民共和国湿地保护法》 《中华人民共和国防洪法》 《中华人民共和国气象法》 《中华人民共和国黑土地保护法》	《中华人民共和国刑法》 《中华人民共和国民法典》 《中华人民共和国农业法》 《中华人民共和国畜牧法》 《中华人民共和国公司法》 《中华人民共和国标准化法》 《中华人民共和国行政许可法》 《中华人民共和国行政复议法》 《中华人民共和国行政强制法》 《中华人民共和国行政处罚法》 《中华人民共和国城乡规划法》 《中华人民共和国乡村振兴促进法》 《中华人民共和国对外贸易法》 《中华人民共和国文物保护法》 《中华人民共和国动物防疫法》 《中华人民共和国突发事件应对法》 《中华人民共和国传染病防治法》 《中华人民共和国刑事诉讼法》 《中华人民共和国民事诉讼法》 《中华人民共和国行政诉讼法》

二、环境法的效力体系

法律体系是个效力上有等级差别的规范体系，因而要求各类规范层次清晰，位阶分明。[1]完善的环境法律体系，不仅要以宪法为核心，有必要的基础性法律为骨干，还要有相应的行政法规、地方性法规、自治条例和单行条例、部门规章和地方政府规章作为补充。因此，企业要做好环保合法合规不仅要了解法律（全国人大及其常委会制定），还要对具有不同法律效力的环保规定有所把握。从国内制定法的角度来看，我国环境法的效力体系大致表现为在宪法和法律的框架内一系列的行政法规、地方性法规、自治条例和单行条例、部门规章、地方政府规章以及法律解释和国际条约等。环境法律的效力体系好比是座“金字塔”（图 1-1），企业在开展经营活动中，需要了解环保法律法规的效力层级。

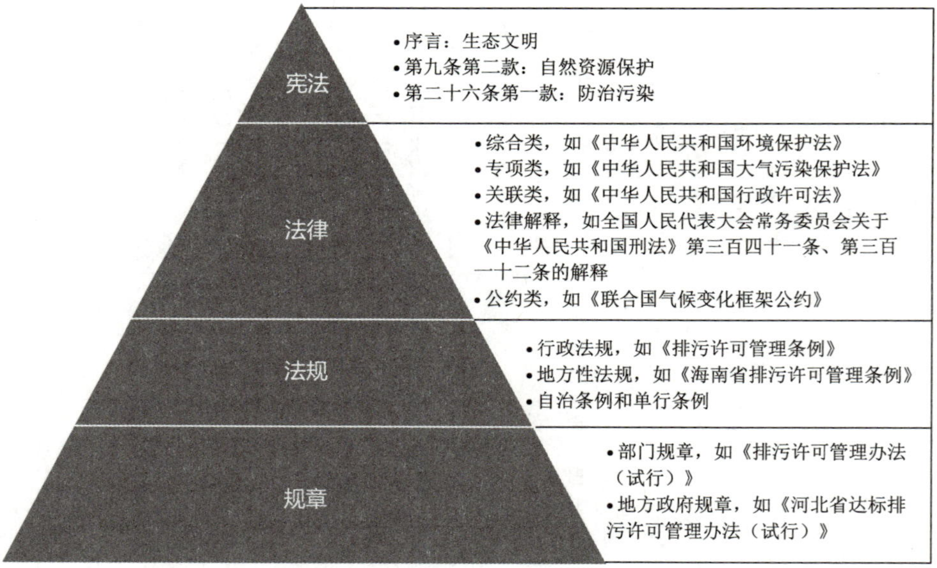

图 1-1　我国环境法律的效力体系

1. 宪法

宪法是我国国家的根本大法，其在法的效力体系中居于最高位阶，是我国全面实施环保法治的总依据和总章程。宪法明确了国家负有保护环境、防治污染的根本责任（第二十六条第一款），明确了自然资源的全民所有以及合理利用

1　孙国华，朱景文．法理学 [M]. 北京：中国人民大学出版社，2015：218.

制度（第九条、第十条）。2018 年《中华人民共和国宪法修正案》将建设社会主义生态文明纳入中国特色社会主义“五位一体”总体布局之中，更进一步地充实和完善了我国推进生态环境治理体系和治理能力现代化的宪法依据。

2. 法律

“法律”一词具有广义和狭义之分。广义的法律泛指有权制定法律规范的机关制定和认可的法律法规。狭义的法律仅指由全国人大及其常委会制定和颁布的规范性文件，其效力仅次于宪法。据不完全统计，目前与环保相关的法律约占全国法律总数的 1/10。需要引起注意的是，目前我国综合类环保法和专项类环保法都是由全国人民代表大会及其常务委员会制定的，例如《中华人民共和国环境保护法》和《中华人民共和国大气污染防治法》，因此这两部法律的效力位阶是一样的。这就可能出现当效力位阶一样的法律之间的规定不一致时，哪个法律具有优先适用性的问题。根据《中华人民共和国立法法》第九十二条的规定，同一机关制定的法律中，特别规定与一般规定不一致的，适用特别规定；新的规定与旧的规定不一致的，适用新的规定。这一法律适用的原则能够帮助企业理解法律适用的冲突问题。

需要补充说明的是，全国人民代表大会常务委员会对环境法律的具体含义或法律适用作出的解释，与法律具有同等的效力。例如，全国人民代表大会常务委员会作出的“知道或者应当知道是国家重点保护的珍贵、濒危野生动物及其制品，为食用或者其他目的而非法购买的，属于刑法规定的非法收购国家重点保护的珍贵、濒危野生动物及其制品的行为”的立法解释。[1] 此外，中国参加和缔结的国际条例、国际决议和国际宣言也是中国环境法律体系的组成部分，和中国国内法具有同等的法律效力。目前，中国已加入 60 多个国际环境保护公约，例如《联合国气候变化框架公约》《联合国生物多样性公约》《保护臭氧层维也纳公约》等。随着习近平总书记提出“构建人类命运共同体”的重大倡议，为了使国际环保公约得以实际履行，中国在制定和修订相关国内法的过程中也将相关国际环境义务纳入国内的法律法规中，例如关于企业减排义务的内容便是我国参与国际环保公约、履行“双碳减排”目标的重要举措，企业在制定环保合规部署时应有所了解。

3. 行政法规

行政法规是指由国家最高行政机关即国务院在职权范围内为实施宪法和法

1 全国人民代表大会常务委员会关于《中华人民共和国刑法》第三百四十一条、第三百一十二条的解释。

律制定的规范性法律文件，其效力仅次于宪法和法律。行政法规起到细化法律规定、补充法律空白的作用，行政法规通常以“条例”或者“办法”的形式命名，例如，《排污许可管理条例》《危险废物经营许可证管理办法》。《排污许可管理条例》是国务院于2021年1月24日发布的，是对《中华人民共和国环境保护法》中规定的排污许可管理制度的进一步细化，对于加强排污许可管理，规范企业事业单位和其他生产经营者排污行为，控制污染物排放等起到重要的规则补充作用。又如《废弃电器电子产品回收处理管理条例》是国务院于2019年3月2日颁布实施的，是对《中华人民共和国清洁生产促进法》《中华人民共和国固体废物污染环境防治法》的细化，为规范废弃电器电子产品的回收处理活动，促进资源综合利用和循环经济发展，保护环境、保障人体健康提出的更详细的可操作的规范。

4. 自治条例和单行条例

我国实行民族区域自治制度，各民族自治地方的人民代表大会有权根据宪法、组织法、立法法和民族区域自治法的规定，依照当地民族的特点制定自治条例和单行条例。环保主题的自治条例和单行条例，如海南省《白沙黎族自治县秸秆露天禁烧和综合利用条例》、辽宁省《宽甸满族自治县畜禽养殖污染防治条例》等。需要注意的是，民族自治条例和单行条例仅在其制定机关管辖的范围内有效，条例的内容必须符合宪法、法律的基本原则，不得对宪法和民族自治地方的规定以及其他有关法律、行政法规专门就民族自治地方所作出的规定作出变通规定。

5. 地方性法规

地方性法规是指省、自治区和直辖市的地方人大及其常委会根据地方的具体情况和实际需要，在法定权限范围内制定和发布的地方规范性法律文件，其规定不得与宪法、法律和行政法规相抵触。与地方环境保护和管理相关的地方性法规，地方性法规通常以“某行政区划条例”的形式出现，如《北京市大气污染防治条例》《天津市土壤污染防治条例》《上海市环境保护条例》。省级地方性法规为各地的环境治理提出了更具有地方特色的、可操作性强的规定。值得注意的是，根据《中华人民共和国立法法》的规定，设区的市[1]的人大及其常委会可以根据具体情况和实际需要，在不违反上位法的前提下，针对地方的环保

1 设区的市的人民代表大会及其常务委员会根据本市的具体情况和实际需要，在不同宪法、法律、行政法规和本省、自治区的地方性法规相抵触的前提下，可以对城乡建设与管理、生态文明建设、历史文化保护、基层治理等方面的事项制定地方性法规，法律对设区的市制定地方性法规的事项另有规定的，从其规定。

事项制定地方性法规。这从一定程度上拓展了地方环保立法的宽度，与此同时，也使得地方企业在进行环保合法合规中需要关注地方性的规定。

6. 规章

国务院部门规章和地方政府规章中也有大量的环保规则。为了执行法律或者国务院的行政法规、决定、命令，国务院各部委等具有管理职能的机构可以制定部门规章。生态环境部作为主管全国生态环境保护和管理的职能部门，承担了制定与环保相关的部门规章工作。如与企业环保管理密切相关《建设项目环境影响评价分类管理名录》《固定污染源排污许可分类管理名录》《环境保护主管部门按日连续处罚办法》等。随着改革开放的深入，生态环境部贯彻落实中共中央、国务院关于“放管服”改革和优化营商环境工作部署，制定或修订了一系列的部门规章，如与企业开展建设密切相关的《生态环境部建设项目环境影响报告书（表）审批程序规定》等。除了生态环境部，其他具有环境监督职权的部门也会根据实际需要制定专门的环保部门规章或者在部门规章中规定了环保事项。从法的效力上看，行政部门发布的部门规章的法律效力是一样的，因此涉及两个以上国务院组成部门职权范围的事项，应当提请国务院制定行政法规或者由国务院有关部门联合制定规章。如果部门规章之间、部门规章与地方政府规章之间对同一事项的规定不一致时，由国务院裁决规章的适用效力。

三、污染防治法律体系与环境利用行为

从环境治理的角度看，企业生产经营活动实质上是对环境资源的开发利用行为。企业的生产经营通常会带来两类环境问题，包括环境污染问题和资源破坏问题。企业生产经营中的环境污染，是指生产经营者在生产建设中将大量的物质或者能量（如废气、废水、废渣、医疗废物、粉尘、恶臭气体、放射性物质以及噪声、振动、光辐射、电磁辐射等）排放到环境中，致使环境质量发生不利的变化。这里我们将环境污染比喻为给环境做“加法”，向环境排放超出环境容量的物质或者能量[1]；而资源破坏，是指不合理的开发利用活动所造成的环境破坏和自然资源浪费，如过量放牧、掠夺性捕捞、乱猎滥采、不合理浇灌、不适当的水利工程、过量抽取地下水资源和破坏性采掘、矿藏资源遭破坏、水源枯竭等。这里我们将资源破坏比喻为给环境做“减法”，过度地开发和利用了

1　杨宇静．生态环境损害责任的理论辨析与司法实践 [J]. 华北电力大学学报（社会科学版），2019（4）：10-17.

自然资源。相较于“减法”问题，企业生活经营活动中普遍存在的是“加法”问题，即环境污染问题。因此，企业的环保合法合规管理重点在于针对环境污染的防与治展开，最根本的任务是控制污染物质或超标的能量向环境的无序排放。

环境污染问题在一定程度上具有不可逆性，因此企业在进行生产经营活动中，要从环境污染的前端、中端和末端进行环保合规的全程布局（表1-2）。首先，在生产前的准备阶段，企业要了解开始建设项目可能涉及的环境影响评价，实施环境保护的“三同时”，以及申请相应环境利用的许可证等相关法律规定。“北大法宝”的数据库显示，涉及环境影响评价和“三同时”的司法裁判案件数量众多，如“未批先建”“未验先投”等诉讼案件高居环境司法的榜单，凸显企业急于投入生产建设而违反预防性环保法律法规的严峻形势。其次，在生产经营阶段，企业要掌握国家以及地方的环境标准，进行环境监测和环境信息公开，注意污染物总量控制和清洁生产的管理，按规定缴纳环境税，根据企业的生产情况办理环境责任保险和做好突发环境事件的应急工作。最后，对企业生产经营中可能产生的违法排污、环境侵权和生态破坏等行为，企业要承担相应的行政、刑事和民事责任，以及环境修复和生态环境损害赔偿等环境责任。

表1-2　企业环境利用行为与环保合法合规重点的对应体系

阶段	前端预防	中端控制	末端治理
企业环境利用行为	项目规划／设计／实施	生产经营	违法排污、环境侵权、生态破坏
环保合法合规重点	环评、“三同时”、排污许可证	环境标准、环境监测、环境信息公开、清洁生产、总量控制、排污费、环境保护税、环境责任保险突发环境事件应急	行政责任、刑事责任、民事责任、环境修复责任、生态环境损害赔偿责任

企业环保合法合规的重点在于对污染物质的控制管理上。从污染物质的类别上区分，我国环境污染防治法律又可区分为物质流污染和能量流污染（表1-3）。其中物质流污染防治立法又可区分为污染因子类的规定和物质循环类的规定。能量流污染防治立法方面，除噪声、放射性物质、电磁辐射、核安全有较为明确的单行法外，新型的能量流污染，如光、振动等目前主要依靠环境标准进行管理，缺少法律层面的系统规范。

表 1-3　我国污染防治的法律体系

物质流污染防治		能量流污染防治
污染因子类	物质循环类	污染因子类
大气污染防治法 水污染防治法 土壤污染防治法 固体废物污染环境防治法 海洋环境保护法 化学品管理规定	清洁生产促进法 循环经济促进法 可再生能源法 节约能源法	噪声污染防治法 放射性污染防治法 核安全法 振动、电磁辐射、光等相关法律规则

第二节　生态环境标准

一、生态环境标准的概述

传统意义上的环境标准主要指国内环境标准，它是为了防治环境污染、保证环境质量、维护生态平衡、保护人群健康，国家在综合考虑国内自然环境本底条件、社会经济条件和现有环保科学技术水平的基础上，依照法定程序制定的，有关环境中污染物含量，以及污染源排放的数量、浓度、时间和速度及其他有关的技术规范。[1] 生态环境标准依据权力范围不同，可以分为环境国家标准（GB）、环境地方标准和生态环境部标准（HJ）；依据是否具有强制的法律效力，分为强制性标准和推荐性标准；依据内容不同，又可分为质量标准、污染物排放标准、风险管控标准等六类。各类不同的环境生态环境标准组成了一个复杂的环境标准体系。

根据《生态环境标准管理办法》第三条，生态环境标准是指由国务院生态环境主管部门和省级人民政府依法制定的生态环境保护工作中需要统一的各项技术要求。环境标准的本质是由特定的主体依照法定的程序，针对特定的环境要素所制定的技术性规定。环境标准是制定国家环境规划的重要依据，也是实施环保法律法规的重要基础，通过指标化的体系来量化环境保护的技术性评价，

1　竺效．环境法入门笔记 [M]．北京：法律出版社，2017：31.

来落实污染防治和风险防控的技术性规范。因此，环境标准在改善环境质量、控制污染物排放、防控环境风险等方面发挥着重要的促进作用。“十三五”期间，我国共制修订国家生态环境标准 673 项，增长幅度为历次最高。截至 2021 年年底，国家生态环境标准总数达到 2 243 项，其中强制性标准 201 项。依法备案的地方生态环境标准总数达到 336 项。[1]可见，我国的环境标准数量众多、类别多样，且随着科技的发展处于不断动态调整中，已经构成一个相对完整、统一的指标体系。环境标准具有技术性强的特点，其内容大多涉及专业技术领域中的概念、原理、指标等，体系也随着科技的进步而不断扩大。值得注意的是，环境标准不是越严格越好，环境标准不仅反映环境指标，而且也要平衡国家或地方的经济建设与社会进步的需要来体现可持续发展的原则。

二、生态环境标准的类别

根据《生态环境标准管理办法》，我国环境标准大体可以概括为“两级六类”。两级指的是国家级和地方级，六类包括生态环境质量标准、生态环境风险管控标准、污染物排放标准、生态环境监测标准、生态环境基础标准和生态环境管理技术规范。除“两级六类”的类别划分外，从是否具有强制执行效力来看，我国的生态环境标准还可分为强制性标准和推荐性标准。以下将根据《生态环境标准管理办法》对生态环境标准做介绍。

1. 生态环境质量标准

生态环境质量标准是开展生态环境质量目标管理的技术依据。按环境要素划分，生态环境质量标准包括大气、水、海洋环境、声环境、核与辐射安全基本标准。国家环境质量标准在整个环境标准中处于核心地位，是国家环境政策目标的综合反映和体现，是国家实行环境保护规划、控制污染以及分级、分类管理环境和科学评价环境质量的标准，是制定污染物排放标准的主要科学依据，也是判断某地域环境质量状况和是否受到污染的直接依据。[2]

2. 生态环境风险管控标准

生态环境风险管控标准是开展生态环境风险管理的技术依据，是推进生态环境风险筛查与分类管理、维护生态环境安全，控制生态环境中的有害物质和

1 栗战书：全国人民代表大会常务委员会执法检查组关于检查《中华人民共和国环境保护法》实施情况的报告。

2 汪劲. 环境法学［M］. 北京：北京大学出版社，2018：117.

因素所制定的标准。值得注意的是，生态环境风险管控标准是在原有“两级五类”标准体系的基础上新增加的环境标准类别，主要集中在土壤污染风险管控标准以及法律法规规定的其他环境风险管控标准。土壤污染风险管控中目前主要包括农用地土壤污染风险管控标准和建设用地土壤污染风险管控标准。

3. 污染物排放标准

污染物排放标准是根据生态环境质量标准和经济、技术条件所制定的，关于控制排入环境中的污染物或者其他有害因素的技术规范和技术要求。这一类标准是生产经营型企业必须特别关注的标准类型，因为往往超过污染物的排放标准，将可能导致企业构成环境行政管理方面的违法，进而受到相应的行政处罚，甚至构成刑事犯罪。根据《生态环境标准管理办法》，我国国家污染物排放标准包括大气污染物排放标准、水污染物排放标准、固体废物污染控制标准、环境噪声排放控制标准、放射性污染防治标准等，其中，大气和水污染物排放标准还细分为行业型、综合型、通用型、流域（海域）或者区域型标准。

4. 生态环境监测标准

生态环境监测标准的制定是为了监测生态环境质量和污染物排放情况，开展达标评定和风险筛查与管控，规范布点采样、分析测试、监测仪器、卫星遥感影像质量等监测技术。监测标准包括生态环境监测技术规范、生态环境监测分析方法标准、生态环境监测仪器及系统技术要求、生态环境标准样品等。生态环境监测标准是对质量标准、风险管控标准和污染物排放标准的制定和实施的配套性支持。

5. 生态环境基础标准

生态环境基础标准是指为统一规范标准的制订技术工作和管理工作中具有通用指导意义的技术要求所制定的标准，包括生态环境标准制订技术导则，生态环境通用术语、图形符号、编码和代号（代码）及其相应的编制规则等。

6. 生态环境管理技术规范

生态环境管理技术规范是规范各类生态环境保护管理工作的技术要求，内容包括大气、水、海洋、土壤、固体废物、化学品、核与辐射安全、声与振动、自然生态、应对气候变化等领域的管理技术指南、导则、规程、规范等。值得注意的是，为了应对气候变化所采取的温室气体排放核算、企业单位产品碳排放限额等问题，由于目前缺乏上位法的授权，这类碳排放的标准暂时无法列入污染物排放标准中，因此纳入生态环境管理技术规范，能从一定程度上解决碳排放的管理问题。

我国生态环境标准体系具体见表 1-4。

表 1-4　我国生态环境标准体系概览

<table>
<tr><th>级别</th><th>发布机关</th><th>类别</th><th colspan="2">类型、内容 / 分类型</th></tr>
<tr><td rowspan="11">国家</td><td rowspan="11">国务院生态环境主管部门</td><td>生态环境质量标准</td><td colspan="2">大气环境质量标准
水环境质量标准
海洋环境质量标准
声环境质量标准
核与辐射安全基本标准</td></tr>
<tr><td>生态环境风险管控标准</td><td colspan="2">土壤污染风险管控标准
法律法规规定的其他环境风险管控标准</td></tr>
<tr><td rowspan="5">污染物排放标准</td><td>大气污染物排放标准</td><td rowspan="2">行业型
综合型
通用型
流域（海域）
区域型</td></tr>
<tr><td>水污染物排放标准</td></tr>
<tr><td colspan="2">固体废物污染控制标准</td></tr>
<tr><td colspan="2">噪声排放控制标准</td></tr>
<tr><td colspan="2">放射性污染防治标准</td></tr>
<tr><td>生态环境监测标准</td><td colspan="2">生态环境监测技术规范
生态环境监测分析方法标准
生态环境监测仪器及系统技术要求
生态环境标准样品</td></tr>
<tr><td>生态环境基础标准</td><td colspan="2">生态环境标准制订技术导则
生态环境通用术语、图形符号、编码和代号（代码）及其相应的编制规则等</td></tr>
<tr><td>生态环境管理技术规范</td><td colspan="2">大气、水、海洋、土壤、固体废物、化学品、核与辐射安全、声与振动、自然生态、应对气候变化等领域的管理技术指南、导则、规程、规范等</td></tr>
<tr><td colspan="3" style="display:none"></td></tr>
<tr><td rowspan="4">地方</td><td rowspan="4">省级人民政府</td><td>生态环境质量标准</td><td colspan="2"></td></tr>
<tr><td>生态环境风险管控标准</td><td colspan="2"></td></tr>
<tr><td>污染物排放标准</td><td colspan="2"></td></tr>
<tr><td>其他生态环境标准</td><td colspan="2"></td></tr>
</table>

三、生态环境标准的适用

生态环境标准不同于法律规范，但与法律规范有着密切的联系。在我国六大类污染防治法律中，均对生态环境标准予以规定，这是用法治化方式推动和保障生态环境标准的实施应用，也是通过生态环境标准的指标化体系来统一法律适用的尺度，提升法律的可预期性和可操作性。但是生态环境标准的制定主体、内容体系和法律效果等都不同于环保法律法规。生态环境标准通常是业务主管部门为了执行法律规定和实施社会管理而制定的，参与标准制定的主体通常是自然科学技术领域的专家和管理人员；标准的内容体系不同于法律法规上的权利义务关系，而是以自然科学上的技术规定为主；生态环境标准通过复审、修改来确保支撑法律法规的技术内容的与时俱进，弥补法律空白或修改滞后的局限性问题。法律法规通过引用标准，既能保持法律的稳定性又能使法规与科技的进步和社会的发展保持一致。生态环境标准的本质是技术规范而不是法律规范，但强制性的生态环境标准经过法律援引并由执法部门进行适用，进而具有了相应的法律约束力。企业在进行环保合法合规过程中，应了解生态环境标准的适用和效力。

1. 国家生态环境标准和地方生态环境标准的适用

根据《生态环境标准管理办法》的规定，我国的生态环境标准分为“两级六类”。国家生态环境标准在全国范围或者标准指定区域范围内执行。地方生态环境标准在发布该标准的省、自治区、直辖市行政区域范围或者标准指定区域范围内执行。有地方生态环境质量标准、地方生态环境风险管控标准和地方污染物排放标准的地区，应当依法优先执行地方标准。地方生态环境质量标准、地方生态环境风险管控标准和地方污染物排放标准可以对国家相应标准中未规定的项目作出补充规定，也可以对国家相应标准中已规定的项目作出更加严格的规定。

2. 强制性生态环境标准与推荐性生态环境标准的适用

国家和地方生态环境质量标准、生态环境风险管控标准、污染物排放标准和法律法规规定强制执行的其他生态环境标准，以强制性标准的形式发布。法律法规未规定强制执行的国家和地方生态环境标准，以推荐性标准的形式发布。强制性生态环境标准必须执行。推荐性生态环境标准被强制性生态环境标准或者规章、行政规范性文件引用并赋予其强制执行效力的，被引用的内容必须执行，推荐性生态环境标准本身的法律效力不变。

3. 同属国家级或地方级污染物排放标准的适用

《生态环境标准管理办法》进一步细化了污染物排放标准的执行顺序。同属国家污染物排放标准的，行业型污染物排放标准优先于综合型和通用型污染物排放标准；行业型或者综合型污染物排放标准未规定的项目，应当执行通用型污染物排放标准的相关规定。同属地方污染物排放标准的，流域（海域）或者区域型污染物排放标准优先于行业型污染物排放标准，行业型污染物排放标准优先于综合型和通用型污染物排放标准。流域（海域）或者区域型污染物排放标准未规定的项目，应当执行行业型或者综合型污染物排放标准的相关规定；流域（海域）或者区域型、行业型或者综合型污染物排放标准均未规定的项目，应当执行通用型污染物排放标准的相关规定。

4. 超标排放的法律适用

生态环境标准的本质是技术规范，但是一旦被法律法规援引就具有了法律的约束力。因此，生态环境标准的适用对于企业环保合法合规来说是十分关键的一环。认定企业超标排污的违法事实的主要表现：污染物排放超过国家或地方的污染物排放标准，或者污染物排放超过重点污染物排放总量控制指标。认定企业超标排污的违法性主要依据的是《中华人民共和国大气污染防治法》《中华人民共和国水污染防治法》《中华人民共和国噪声污染防治法》《中华人民共和国固体废物污染环境防治法》《中华人民共和国海洋环境保护法》等污染防治类的法律。认定企业超标排污的法律责任主要包括由行政主管部门作出责令改正、限制生产、停产整治、罚款等，情节严重的，报经有批准权的人民政府批准，可以责令企业停业、搬迁、关闭等。针对超标排放，还可以适用按日连续处罚；特定污染物超过排放标准的 3 倍或者 10 倍则构成环境犯罪。

第三节　环境法律责任

一、环境民事责任

（一）环境民事责任的构成要件

环境民事责任是指环境民事法律关系的主体因污染环境或破坏资源危害他人的人身、财产或者环境权益所应承担的民事法律责任。随着科学技术的快速进步，企业开发利用环境资源的能力与强度日益提升，这就导致环境侵权案件频发，企业在生产经营中排放污染物或不合理开发利用自然资源给其他民事主体造成损害进而产生大量环境侵权的民事纠纷。关于我国环境侵权民事责任的构成，依据《中华人民共和国民法典》第一千二百二十九条的规定“因污染环境、破坏生态造成他人损害的，侵权人应当承担侵权责任”可以概括出，环境侵权民事责任的构成包含三要件，分述如下。

（1）存在污染环境或破坏生态的行为。排污者向环境排放污染物时，尽管会采取相应的污染治理措施，并保障污染物达标排放，但仍不可避免地会对环境造成影响。因此，即使排污者达标排放，如果有损害后果的仍要承担民事责任，因达标排放只是排污者免受行政责任的事由而非免予承担民事责任的条件，故民事责任构成要件中的污染环境行为不以排污者是否违法为前提。

（2）有损害的事实。该损害事实可能是已经产生的损害，包括财产损失、人身损害或者生态破坏；也可能是有造成上述损害的风险。

（3）污染环境或破坏生态行为与损害事实之间有因果关系。由于环境问题的潜伏期长、成因复杂、科技性强，被侵权人往往难以证明损害与侵权人的环境利用行为之间的因果关系。如果采取一般民事侵权责任中“谁主张、谁举证”的举证负担原则，将使得被侵权人在环境侵权中处于十分不利的举证地位。为此，《中华人民共和国民法典》规定，因污染环境、破坏生态发生纠纷，行为人应当就法律规定的不承担责任或者减轻责任的情形及其行为与损害之间不存在因果关系承担举证责任。这一规定明确了我国环境侵权中实行的是举证责任倒置的原则。根据2020年最高人民法院审判委员会新修正的《关于审理环境侵权责任纠纷案件适用若干法律问题的解释》，如果侵权人能举证证明下列情形之一的，人民法院应当认定其污染环境、破坏生态行为与损害之间不存在因果关系：①排放的污染物、破坏生态的行为没有造成该损害可能的；②排放的可造成该损害的污染物未到达该损害发生地的；③该损害于排放污染物、破坏生态行为实施之前已发生的；④其他可以认定污染环境、破坏生态行为与损害之间不存在因果关系的情形。值得注意的是，举证责任倒置并不意味着原告在环境侵权中将完全免除举证责任。依照《关于审理环境侵权责任纠纷案件适用法律若干问题的解释》，被侵权人根据《中华人民共和国民法典》第七编第七章的规定请求赔偿的，应当提供以下事实的证据材料：①侵权人排放了污染物或者破坏了生态；②被侵权人的损害；③侵权人排放的污染物或者次生污染物、破坏生态行为与损害之间具有关联性。

（二）环境民事责任的免责事由

由于环境民事责任的认定采取的是无过错责任原则，无须对加害人的过失给予立证，所以在适用上有对加害人责任加重的趋势。如果不规定免责事由就可能造成无过失责任制度的滥用。因此，在实行无过失责任制度时，必须对可能加重加害人责任的情形予以限制。[1] 在我国的环境法中，主要规定了以下三种环境民事责任的免责事由，分别是：不可抗力、受害人的过错以及第三人的过错。

1. 不可抗力

不可抗力是不能预见、不能避免且不能克服的客观情况。环境民事侵权中，不能预见是指根据现有的技术水平，加害人无法预见，且一个同等资格、通情达理的人处于相同情况中也没有理由预知会发生这种环境侵权的结果。不能避免且不能克服是指当事人已经尽到最大努力并且采取了一切可以采取的措施，仍然不能避免环境侵权的发生。环境侵权中的客观情况是指不以当事人主观意志为转移的客观现象，既包括自然现象也包括社会现象。前者如地震、海啸等，后者如战争、罢工等。

《中华人民共和国水污染防治法》第九十六条第一款规定，因水污染受到损害的当事人，有权要求排污方排除危害和赔偿损失。第二款规定，由于不可抗力造成水污染损害的，排污方不承担赔偿责任；法律另有规定的除外。《中华人民共和国海洋环境保护法》第九十一条第一款和第二款规定，完全属于下列情形之一，经过及时采取合理措施，仍然不能避免对海洋环境造成污染损害的，造成污染损害的有关责任者免予承担责任：（一）战争；（二）不可抗拒的自然灾害。由此可见，不可抗力的环境民事责任免责应当注意一些适用条件。首先，不可抗力是完全不能预见的客观情况；如果能够预见，则加害人仍有义务做好相应的防范，如提前做好环境突发事件的应急处置工作。其次，不可抗力必须是“经及时采取合理措施”仍不能避免并且不能克服的客观情况。如果单纯出现了法律规定的不可抗力的情形，但加害人没有积极采取合理措施减少环境损害的扩大，则仍需对损害承担相应的法律责任。

2. 受害人的过错

受害人的过错是指受害人主观上存在故意或过失的状态。环境民事侵权中，受害人的过错是指受害人的故意或者过失与环境侵权损害的发生或扩大之间有因果关系。《中华人民共和国水污染防治法》第九十六条第三款规定，水污

1 汪劲．环境法学［M］．北京：北京大学出版社，2018：288.

染损害是由受害人故意造成的，排污方不承担赔偿责任。水污染损害是由受害人重大过失造成的，可以减轻排污方的赔偿责任。《中华人民共和国民法典》第一千一百七十三条规定，被侵权人对同一损害的发生或者扩大有过错的，可以减轻侵权人的责任。第一千一百七十四条规定，损害是因受害人故意造成的，行为人不承担责任。值得注意的是，对于由于受害人的过失引发的环境侵权，《中华人民共和国水污染防治法》规定受害人须达到重大过失的程度才可减轻污染者的赔偿责任。这也说明了如果受害人仅有轻微过失，仍不能排除污染者承担环境侵权的民事责任。

3. 第三人的过错

第三人的过错是指完全由于第三人故意或过失造成的民事侵权损害。环境民事侵权中，第三人的过错造成的损害并不能使得排污者完全免除责任，而是赋予其在承担赔偿责任后向第三人追偿的权利。《中华人民共和国水污染防治法》第九十六条第四款规定，水污染损害是由第三人造成的，排污方承担赔偿责任后，有权向第三人追偿。《中华人民共和国海洋环境保护法》第八十九条规定，造成海洋环境污染损害的责任者，应当排除危害，并赔偿损失；完全由于第三者的故意或者过失，造成海洋环境污染损害的，由第三者排除危害，并承担赔偿责任。《中华人民共和国民法典》第一千二百三十三条规定，因第三人的过错污染环境、破坏生态的，被侵权人可以向侵权人请求赔偿，也可以向第三人请求赔偿。侵权人赔偿后，有权向第三人追偿。

（三）环境民事责任的承担方式

《中华人民共和国民法典》中民事责任的承担方式包括：停止侵害；排除妨碍；消除危险；返还财产；恢复原状；修理、重作、更换；继续履行；赔偿损失；支付违约金；消除影响、恢复名誉；赔礼道歉。环境民事责任的承担方式，主要为停止侵害、排除妨碍、消除危险和赔偿损失四种方式。此外，根据《中华人民共和国民法典》第一千二百三十二条的规定，侵权人违反法律规定故意污染环境、破坏生态造成严重后果的，被侵权人有权请求相应的惩罚性赔偿。这一规定是在填补被侵权人损失的基础上，对侵权人提出的惩罚性赔偿，对侵权行为人起到警示、遏制和惩戒的作用。值得注意的是，除了以上的规定外，修复责任是法律所确认的新型环境侵权责任的承担方式。违反国家规定造成生态环境损害，生态环境能够修复的，国家规定的机关或者法律规定的组织有权请求侵权人在合理期限内承担修复责任。侵权人在期限内未修复的，国家规定的机关或者法律规定的组织可以自行或者委托他人进行修复，所需费用由侵权人负担。环境侵权中还有一类较为常见的问题是多个企业的排污行为所引起的共同侵权。《中华人民共和国民法典》规定，两个以上侵权人污染环境、破坏生态的，承担责任的大小，根据污染物的种类、浓度、排放量，破坏生态的方式、范围、程度，以及行为对损害后果所起的作用等因素确定。

由于环境损害的不可逆性，修复环境过程中将产生高额的费用，因此针对违反国家规定造成生态环境损害的，国家规定的机关或者法律规定的组织有权请求侵权人赔偿下列损失和费用：①生态环境受到损害至修复完成期间服务功能丧失导致的损失；②生态环境功能永久性损害造成的损失；③生态环境损害调查、鉴定评估等费用；④清除污染、修复生态环境费用；⑤防止损害的发生和扩大所支出的合理费用。

二、环境行政责任

（一）环境行政责任的构成要件

（1）行为具有违法性。行为违法是承担行政责任的必要条件，这里的“违法”应作狭义解释，指违反国家法律强制性或禁止性规范。如果行为人侵害了法律本应保护的权益，但因没有相应的强制性或禁止性规定，则行为人可能需要承担民事侵权方面的责任，但不具有行政管理上的可责性。《中华人民共和国环境保护法》以及环境保护中一系列的环保单行法构成了复杂的环境行政权力义务规范系统，在这个法律体系中行为人如果违反环保强制性或禁止性规定，则可能要承担行政责任。

（2）主观有过错。行为人主观有过错也是环境行政责任的必要条件。过错包括故意或过失。故意是指行为人明知行为会造成环境损害，仍希望或者放任这种结果的发生的心理状态。过失是指行为人应当预见行为可能发生环境损害，但因疏忽大意或过于自信而导致环境损害的发生。

（3）危害的事实（结果）。违法行为造成了环境污染或生态破坏，只是环境行政责任的选择性构成要件。《中华人民共和国环境保护法》和环保单行法的许多行政责任规范中，并未将危害后果作为承担行政责任的必要条件。例如，《中华人民共和国环境保护法》第五十九条至第六十三条中，多表述为生产经营者或建设者违反法律法规的相关规定，出现了哪些违法行为，行政机关给予的相应的行政处罚或行政命令，条文没有将“危害后果”作为承担行政法律责任的条件。这体现了环境保护法的预防原则和损害担责原则，即只要行为人违反法律规定实施了污染环境或破坏生态的行为，即使没有出现损害的后果，也将受到行政法律的制裁。

（4）违法行为与危害事实之间有因果关系。环境违法行为与危害事实（后果）之间的因果关系是环境行政责任的选择性构成要件。在法律不以危害后果作为承担环境行政责任条件的情况下，因果关系的要件就不必然需要。

（二）环境行政责任的承担方式

环境行政责任包括行政处罚和行政处分。为阐述方便，此处环境行政责任的承担方式仅指环境行政处罚的承担方式。

1. 警告、通报批评

警告是指行政主体对轻微违法的行政相对人予以谴责和告诫。在行政处罚中，警告被视为最轻的行政处罚形式，以影响行政相对人的声誉为处罚内容。由于警告不直接对行政相对人构成财产和生产经营能力的负面影响，因此在当前环境执法实践中，警告往往难以对违法企业起到足够的法律威慑。《中华人民共和国噪声污染防治法》和《中华人民共和国固体废物污染环境防治法》对警告有所适用。

通报批评是行政机关将对违法者的批评以书面形式公布于众，指出其违法行为，予以公开谴责和告诫，以避免其再犯的处罚形式。[1]通报批评是2021年新修订的《中华人民共和国行政处罚法》增加的处罚种类。与警告相同的是，通报批评也属于声誉罚，对行政相对人会产生声誉减损和社会评价降低的法律效果；与警告不同的是，通报批评在于通过公布于众以及批评两个方面对企业进行处罚，其具有更强的社会舆论效果和对违法者的惩戒教育效果。通报批评在现有环境行政责任中并不多见，目前在《中华人民共和国动物防疫法（2021年修订）》《全国污染源普查条例》《船舶和海上设施检验条例》等法律法规中有所规定，部分部门规章中，例如《建设项目环境影响评价行为准则与廉政规定（2021年修订）》《建设项目环境影响报告书（表）编制监督管理办法》中也有相关规定。

1　姜明安．行政法与行政诉讼法［M］．6版．北京：北京大学出版社，2015：269.

2. 罚款、没收违法所得、没收非法财物

罚款是指行政主体强制违法行政相对人缴纳一定数额的金钱的行政处罚。罚款是最常见的一种环境行政处罚方式，不仅可以针对违法的企事业单位和其他生产经营者，也可以适用于个人。罚款从性质上属于对行政相对人的金钱罚，在环境行政处罚中应用最为广泛。目前《中华人民共和国水污染防治法》《中华人民共和国大气污染防治法》《中华人民共和国固体废物污染环境防治法》等绝大部分环境法律法规中规定了罚款作为行政责任的主要承担方式之一。值得注意的是，《中华人民共和国环境保护法》第五十九条规定的“按日连续处罚”制度是环境行政责任的新内容。违法成本低一直以来是环境治理中的突出问题。立法者基于环境污染问题的一个共同特点，即违法持续性问题，提出了“按日连续处罚”的责任制度。这项制度在适用中要注意几个方面：第一，排污者应当存在违法排放污染物的行为，如超标排污、超总量排污、未取得许可证排污、以逃避监管的方式排污等。第二，排污者是在“拒不改正”的前提下适用按日连续处罚。按日连续处罚不是在排污者一出现违法行为即刻适用，而是给予排污者纠正错误行为的机会。行政机关依照规定对排污者提出责令改正的行政命令后，排污者拒不改正的，依法作出处罚决定的行政机关才自责令改正决定书送达之日的次日起，按照原处罚数额按日连续处罚。第三，该制度在地方可以变通适用，赋权地方性法规可以根据环境保护的实际需要，增加按日连续处罚的违法行为的种类。值得一提的是，“按日连续处罚”制度的设立一方面是在于惩戒主观恶性大的排污者，提高其违法成本；另一方面在于通过制度督促和警戒排污者及时改正违法行为。

没收违法所得是指行政主体依法将行政相对人的非法收入收归国有的行政处罚形式。没收违法所得也是对行政相对人的一种金钱罚，但与罚款的区别就在于，罚款罚没的是行政相对人合法的财产，而没收违法所得收缴的是行政相对人违法的、不应归于自己所得的金钱。在环境行政执法中，没收违法所得主要体现为对无经营许可从事相应环境开发利用行为的生产经营者获得的非法收入。目前，我国现行环境法（污染防治领域）关于“没收违法所得”是行政相对人非法占有违禁品或其他财物，是原本属于自己的物品因违法而转为非法财物。[1]《中华人民共和国固体废物污染环境防治法》和《中华人民共和国海洋环境保护法》有相关的规定。

没收非法财物是指行政主体将行政相对人的非法财物强制收归国库的行政处罚形式。没收非法财物也是对行政相对人的一种金钱罚，是对“没收违法所得”

1 朴光洙．环境法与环境执法［M］.3 版．北京：中国环境出版社，2017：361.

的重要补充。目前，我国现行环境法（污染防治领域）尚无关于“没收非法财物”的行政处罚的规定。[1]

3. 暂扣许可证件、降低资质等级、吊销许可证件

暂扣许可证件、降低资质等级以及吊销许可证件是限制或剥夺行政相对人从事某项活动的权利或者资格的处罚形式。暂扣许可证件在于暂时中止持证人从事某项活动的资格，待其纠正违法行为后再次返还证件，恢复其从事某项活动的资格。吊销许可证件则是撤销行政相对人从事某项活动的凭证，终止其继续从事该项活动的资格。降低资质等级是2021年新修订的《中华人民共和国行政处罚法》增加的处罚种类，是指降低行政相对人已有的从事某项活动的资格等级，从而达到限制其行为的处罚目的。降低资质等级弥补了处罚种类列举不全的不足，与暂扣许可证件和吊销许可证件都属于限制或剥夺行政相对人从事某项活动的资格或能力，属于相对严厉的处罚类型。目前，《中华人民共和国固体废物污染环境防治法》《中华人民共和国海洋环境保护法》《中华人民共和国节约能源法》《中华人民共和国建筑法》等部分使用了暂扣许可证件、吊销许可证件和降低资质的行政处罚责任。

4. 限制开展生产经营活动、责令停产停业、责令关闭、限制从业

限制开展生产经营活动是指限制行政相对人从事生产某类产品、经营某项业务、开展某类活动等。责令停产停业是指对违法行政相对人责令其在一定期限内停止生产或经营活动。责令关闭是指特定的行政机关针对违法行政相对人做出禁止其继续从事相关生产经营活动的行政处罚，是最为严厉的、决定企业生死存亡的行政处罚。以上三种处罚主要适用于违法主体是单位的情形，而责令限制从业主要适用于特定行业的从业人员，是指限制其在一定期限内从事某个行业或某类生产经营活动。限制开展生产经营活动、责令关闭和限制从业是2021年新修订的《中华人民共和国行政处罚法》增加的处罚种类。值得注意的是，责令停产停业和责令关闭在我国大部分污染防治类法律中均有明确规定，而做出责令停业、关闭的行政主体是有批准权的人民政府，负有环保监督管理职责的政府主管部门并不具备做出责令停业、关闭的处罚资格。限制开展生产经营活动目前主要规定在《环境保护主管部门实施限制生产、停产整治办法》《中华人民共和国大气污染防治法》《中华人民共和国水污染防治法》等环境法律（污染防治类）中。

5. 行政拘留

行政拘留是指公安机关依法对违反治安管理污染环境或破坏资源的行政相

1　朴光洙．环境法与环境执法［M］.3版．北京：中国环境出版社，2017：361.

对人，在一定期限内限制其人身自由的处罚。行政拘留一般适用于严重违反治安管理规范的行为人，是限制或剥夺违法者人身自由的严厉的惩戒方式。我国现行环境单行法中，仅在《中华人民共和国水污染防治法》和《中华人民共和国固体废物污染环境防治法》中规定了行政拘留，其他单行的污染防治立法中没有相关规定。为了加大对严重污染环境违法行为的惩戒力度，《中华人民共和国环境保护法》在第六十三条法律责任中特别规定了适用行政拘留的情形，进一步明确了在其他环境行政违法领域适用行政拘留的范围。企业事业单位和其他生产经营者有下列行为之一，尚不构成犯罪的，除依照有关法律法规规定予以处罚外，由县级以上人民政府生态环境主管部门或者其他有关部门将案件移送公安机关，对其直接负责的主管人员和其他直接责任人员，处10日以上15日以下拘留；情节较轻的，处5日以上10日以下拘留：①建设项目未依法进行环境影响评价，被责令停止建设，拒不执行的；②违反法律规定，未取得排污许可证排放污染物，被责令停止排污，拒不执行的；③通过暗管、渗井、渗坑、灌注或者篡改、伪造监测数据，或者不正常运行防治污染设施等逃避监管的方式违法排放污染物的；④生产、使用国家明令禁止生产、使用的农药，被责令改正，拒不改正的。

6. 其他规定

其他规定是法律、行政法规规定的其他行政处罚。在我国众多的自然资源法和环境污染防治法中，还规定了一些特有的处罚种类，例如《生态环境行政处罚办法》规定的责令限期拆除，自然资源保护单行法中规定的责令退还非法占有的土地，责令限期拆除养殖设施，责令补种盗伐、滥伐的林木，责令停止开垦，责令收回非法批准、使用的土地等。

（三）常见环境违法行为及其环境行政责任

涉及行政处罚方面的常见环境违法行为，主要包括建设项目方面、污染排放方面及排污许可方面。例如，建设项目环境影响评价文件未经审批擅自开工建设（“未批先建”），需配套建设的污染防治设施未建设或者建成后未经验收主体工程投入生产或使用，污染物超标排放，以逃避监管方式排放污染物（包括通过暗管、渗井、渗坑、灌注或者篡改、伪造监测数据，或者不正常运行防治污染设施等逃避监管的方式违法排放污染物），无排污许可证排放污染物及未按照排污许可证的规定排放污染物等（表 1-5）。

表 1-5　企业常见违法行为的行政处罚责任

序号	违法行为类别	违法行为事实依据	责任承担依据
1	建设项目“未批先建”	《中华人民共和国环境影响评价法》 第二十二条第四款　国家对环境影响登记表实行备案管理。 第二十四条　建设项目的环境影响评价文件经批准后，建设项目的性质、规模、地点、采用的生产工艺或者防治污染、防止生态破坏的措施发生重大变动的，建设单位应当重新报批建设项目的环境影响评价文件。 建设项目的环境影响评价文件自批准之日起超过五年，方决定该项目开工建设的，其环境影响评价文件应当报原审批部门重新审核；原审批部门应当自收到建设项目环境影响评价文件之日起十日内，将审核意见书面通知建设单位。 第二十五条　建设项目的环境影响评价文件未依法经审批部门审查或者审查后未予批准的，建设单位不得开工建设	《中华人民共和国环境影响评价法》 第三十一条　建设单位未依法报批建设项目环境影响报告书、报告表，或者未依照本法第二十四条的规定重新报批或者报请重新审核环境影响报告书、报告表，擅自开工建设的，由县级以上生态环境主管部门责令停止建设，根据违法情节和危害后果，处建设项目总投资额百分之一以上百分之五以下的罚款，并可以责令恢复原状；对建设单位直接负责的主管人员和其他直接责任人员，依法给予行政处分。 建设项目环境影响报告书、报告表未经批准或者未经原审批部门重新审核同意，建设单位擅自开工建设的，依照前款的规定处罚、处分。 建设单位未依法备案建设项目环境影响登记表的，由县级以上生态环境主管部门责令备案，处五万元以下的罚款

序号	违法行为类别	违法行为事实依据	责任承担依据
2	建设项目“未建先投”	《建设项目环境保护管理条例》第十五条　建设项目需要配套建设的环境保护设施，必须与主体工程同时设计、同时施工、同时投产使用	《建设项目环境保护管理条例》第二十三条　违反本条例规定，需要配套建设的环境保护设施未建成、未经验收或者验收不合格，建设项目即投入生产或者使用，或者在环境保护设施验收中弄虚作假的，由县级以上环境保护行政主管部门责令限期改正，处20万元以上100万元以下的罚款；逾期不改正的，处100万元以上200万元以下的罚款；对直接负责的主管人员和其他责任人员，处5万元以上20万元以下的罚款；造成重大环境污染或者生态破坏的，责令停止生产或者使用，或者报经有批准权的人民政府批准，责令关闭
		《建设项目环境保护管理条例》第十九条第一款　编制环境影响报告书、环境影响报告表的建设项目，其配套建设的环境保护设施经验收合格，方可投入生产或者使用；未经验收或者验收不合格的，不得投入生产或者使用	
3	超标排放污染物	《中华人民共和国水污染防治法》第十条　排放水污染物，不得超过国家或者地方规定的水污染物排放标准和重点水污染物排放总量控制指标	《中华人民共和国水污染防治法》第八十三条　违反本法规定，有下列行为之一的，由县级以上人民政府生态环境主管部门责令改正或者责令限制生产、停产整治，并处十万元以上一百万元以下的罚款；情节严重的，报经有批准权的人民政府批准，责令停业、关闭：……（二）超过水污染物排放标准或者超过重点水污染物排放总量控制指标排放水污染物的……

序号	违法行为类别	违法行为事实依据	责任承担依据
3	超标排放污染物	《中华人民共和国大气污染防治法》第十八条　企业事业单位和其他生产经营者建设对大气环境有影响的项目，应当依法进行环境影响评价、公开环境影响评价文件；向大气排放污染物的，应当符合大气污染物排放标准，遵守重点大气污染物排放总量控制要求	《中华人民共和国大气污染防治法》第九十九条　违反本法规定，有下列行为之一的，由县级以上人民政府生态环境主管部门责令改正或者限制生产、停产整治，并处十万元以上一百万元以下的罚款；情节严重的，报经有批准权的人民政府批准，责令停业、关闭：……（二）超过大气污染物排放标准或者超过重点大气污染物排放总量控制指标排放大气污染物的……
		《中华人民共和国噪声污染防治法》第二十二条　排放噪声、产生振动，应当符合噪声排放标准以及相关的环境振动控制标准和有关法律、法规、规章的要求	《中华人民共和国噪声污染防治法》第七十五条　违反本法规定，无排污许可证或者超过噪声排放标准排放工业噪声的，由生态环境主管部门责令改正或者限制生产、停产整治，并处二万元以上二十万元以下的罚款；情节严重的，报经有批准权的人民政府批准，责令停业、关闭
4	以逃避监管方式排放污染物	《中华人民共和国水污染防治法》第三十九条　禁止利用渗井、渗坑、裂隙、溶洞，私设暗管，篡改、伪造监测数据，或者不正常运行水污染防治设施等逃避监管的方式排放水污染物	《中华人民共和国水污染防治法》第八十三条　违反本法规定，有下列行为之一的，由县级以上人民政府生态环境主管部门责令改正或者责令限制生产、停产整治，并处十万元以上一百万元以下的罚款；情节严重的，报经有批准权的人民政府批准，责令停业、关闭：……（三）利用渗井、渗坑、裂隙、溶洞，私设暗管，篡改、伪造监测数据，或者不正常运行水污染防治设施等逃避监管的方式排放水污染物的；……

序号	违法行为类别	违法行为事实依据	责任承担依据
4	以逃避监管方式排放污染物	《中华人民共和国大气污染防治法》第二十条第二款　禁止通过偷排、篡改或者伪造监测数据、以逃避现场检查为目的的临时停产、非紧急情况下开启应急排放通道、不正常运行大气污染防治设施等逃避监管的方式排放大气污染物	《中华人民共和国大气污染防治法》第九十九条　违反本法规定，有下列行为之一的，由县级以上人民政府生态环境主管部门责令改正或者限制生产、停产整治，并处十万元以上一百万元以下的罚款；情节严重的，报经有批准权的人民政府批准，责令停业、关闭：……（三）通过逃避监管的方式排放大气污染物的
		《中华人民共和国环境保护法》第四十二条第四款　严禁通过暗管、渗井、渗坑、灌注或者篡改、伪造监测数据，或者不正常运行防治污染设施等逃避监管的方式违法排放污染物	《中华人民共和国环境保护法》第六十三条　企业事业单位和其他生产经营者有下列行为之一，尚不构成犯罪的，除依照有关法律法规规定予以处罚外，由县级以上人民政府生态环境主管部门或者其他有关部门将案件移送公安机关，对其直接负责的主管人员和其他直接责任人员，处十日以上十五日以下拘留；情节较轻的，处五日以上十日以下拘留：……（三）通过暗管、渗井、渗坑、灌注或者篡改、伪造监测数据，或者不正常运行防治污染设施等逃避监管的方式违法排放污染物的；……

序号	违法行为类别	违法行为事实依据	责任承担依据
5	违法设置排污口	《中华人民共和国水污染防治法》第二十二条　向水体排放污染物的企业事业单位和其他生产经营者，应当按照法律、行政法规和国务院环境保护主管部门的规定设置排污口；在江河、湖泊设置排污口的，还应当遵守国务院水行政主管部门的规定	《中华人民共和国水污染防治法》第八十四条　在饮用水水源保护区内设置排污口的，由县级以上地方人民政府责令限期拆除，处十万元以上五十万元以下的罚款；逾期不拆除的，强制拆除，所需费用由违法者承担，处五十万元以上一百万元以下的罚款，并可以责令停产整治。 除前款规定外，违反法律、行政法规和国务院环境保护主管部门的规定设置排污口的，由县级以上地方人民政府生态环境主管部门责令限期拆除，处二万元以上十万元以下的罚款；逾期不拆除的，强制拆除，所需费用由违法者承担，处十万元以上五十万元以下的罚款；情节严重的，可以责令停产整治。 未经水行政主管部门或者流域管理机构同意，在江河、湖泊新建、改建、扩建排污口的，由县级以上人民政府水行政主管部门或者流域管理机构依据职权，依照前款规定采取措施、给予处罚
		《中华人民共和国大气污染防治法》第二十条第一款　企业事业单位和其他生产经营者向大气排放污染物的，应当依照法律法规和国务院环境保护主管部门的规定设置大气污染物排放口	《中华人民共和国大气污染防治法》第一百条　违反本法规定，有下列行为之一的，由县级以上人民政府生态环境主管部门责令改正，处二万元以上二十万元以下的罚款；拒不改正的，责令停产整治：……（五）未按照规定设置大气污染物排放口的

序号	违法行为类别	违法行为事实依据	责任承担依据
6	无排污许可证排放污染物	《中华人民共和国水污染防治法》第二十一条第二款 禁止企业事业单位和其他生产经营者无排污许可证或者违反排污许可证的规定向水体排放前款规定的废水、污水	《中华人民共和国水污染防治法》第八十三条 违反本法规定，有下列行为之一的，由县级以上人民政府生态环境主管部门责令改正或者责令限制生产、停产整治，并处十万元以上一百万元以下的罚款；情节严重的，报经有批准权的人民政府批准，责令停业、关闭：（一）未依法取得排污许可证排放水污染物的；……
		《中华人民共和国大气污染防治法》第十九条 排放工业废气或者本法第七十八条规定名录中所列有毒有害大气污染物的企业事业单位、集中供热设施的燃煤热源生产运营单位以及其他依法实行排污许可管理的单位，应当取得排污许可证。排污许可的具体办法和实施步骤由国务院规定	《中华人民共和国大气污染防治法》第九十九条 违反本法规定，有下列行为之一的，由县级以上人民政府生态环境主管部门责令改正或者限制生产、停产整治，并处十万元以上一百万元以下的罚款；情节严重的，报经有批准权的人民政府批准，责令停业、关闭：（一）未依法取得排污许可证排放大气污染物的；……
		《中华人民共和国噪声污染防治法》第三十六条 排放工业噪声的企业事业单位和其他生产经营者，应当采取有效措施，减少振动、降低噪声，依法取得排污许可证或者填报排污登记表。 实行排污许可管理的单位，不得无排污许可证排放工业噪声，并应当按照排污许可证的要求进行噪声污染防治	《中华人民共和国噪声污染防治法》第七十五条 违反本法规定，无排污许可证或者超过噪声排放标准排放工业噪声的，由生态环境主管部门责令改正或者限制生产、停产整治，并处二万元以上二十万元以下的罚款；情节严重的，报经有批准权的人民政府批准，责令停业、关闭

序号	违法行为类别	违法行为事实依据	责任承担依据
6	无排污许可证排放污染物	《中华人民共和国固体废物污染环境防治法》第三十九条　产生工业固体废物的单位应当取得排污许可证。排污许可的具体办法和实施步骤由国务院规定。 产生工业固体废物的单位应当向所在地生态环境主管部门提供工业固体废物的种类、数量、流向、贮存、利用、处置等有关资料，以及减少工业固体废物产生、促进综合利用的具体措施，并执行排污许可管理制度的相关规定	《中华人民共和国固体废物污染环境防治法》第一百零四条　违反本法规定，未依法取得排污许可证产生工业固体废物的，由生态环境主管部门责令改正或者限制生产、停产整治，处十万元以上一百万元以下的罚款；情节严重的，报经有批准权的人民政府批准，责令停业或者关闭
		《排污许可管理条例》第二条第一款　依照法律规定实行排污许可管理的企业事业单位和其他生产经营者（以下称排污单位），应当依照本条例规定申请取得排污许可证；未取得排污许可证的，不得排放污染物	《排污许可管理条例》第三十三条　违反本条例规定，排污单位有下列行为之一的，由生态环境主管部门责令改正或者限制生产、停产整治，处20万元以上100万元以下的罚款；情节严重的，报经有批准权的人民政府批准，责令停业、关闭：（一）未取得排污许可证排放污染物；（二）排污许可证有效期届满未申请延续或者延续申请未经批准排放污染物；（三）被依法撤销、注销、吊销排污许可证后排放污染物；（四）依法应当重新申请取得排污许可证，未重新申请取得排污许可证排放污染物

三、环境刑事责任

环境刑事责任是指环境刑事法律关系的主体违反法律，造成或者可能造成环境资源的严重污染破坏、公私财产重大损失或者人身伤亡等严重后果，所应承担的刑事法律责任。环境刑事责任是环境法律责任中强制性、惩罚性最高的责任形式。《中华人民共和国刑法》第二编第六章“妨害社会管理秩序罪”的第六节设置了“破坏环境资源保护罪”，从第三百三十八条至第三百四十六条，一共包含了 15 个破坏环境资源保护的罪名，即污染环境罪，非法处置进口的固体废物罪，擅自进口固体废物罪，非法捕捞水产品罪，非法猎捕、杀害珍贵、濒危野生动物罪，非法收购、运输、出售珍贵、濒危野生动物及其制品罪，非法狩猎罪，非法占有农用地罪，非法采矿罪，破坏性采矿罪，非法采伐、毁坏国家重点保护植物罪，非法收购、运输、加工、出售国家重点保护植物、国家重点保护植物制品罪，盗伐林木罪，滥伐林木罪，非法收购、运输盗伐、滥伐的林木罪。除此之外，《中华人民共和国刑法》第二编第二章“危害公共安全罪”中的“投放危险物质罪”以及第三章“破坏社会主义市场经济罪”中的“走私危险废物罪”“走私珍贵动物、珍贵动物制品罪”“走私珍稀植物及其制品罪”“非法转让、倒卖土地使用权罪”共计 20 个条文涉及破坏环境资源类犯罪。

（一）环境刑事责任的构成要件

（1）犯罪主体。环境刑事犯罪的主体既可以是自然人也可以是单位，且有一般主体和特殊主体之分。自然人主体指达到刑事责任年龄、违反环境资源保护罪或者违反环境监管渎职罪、具有刑事责任能力的自然人。单位犯罪是指企业事业单位、公司法人、机关、团体违反环境资源保护的刑事法律，实施破坏环境资源保护的行为。特殊主体是指负有环境保护监督管理职责的国家机关工作人员。

（2）犯罪客体。环境犯罪的客体是复杂客体，首先是侵害了国家环境管理的相关秩序，其次可能是侵害了他人的人身权、财产权，以及污染环境或者破坏生态。

（3）犯罪的客观方面。犯罪的客观方面指行为人实施了违反环境刑事法律的行为。至于这个违法行为是否客观上造成损害的结果要根据不同的罪名做进一步的细化。从犯罪的形态上区分，客观方面包括行为犯、结果犯及危险犯。《中华人民共和国刑法》修正案（八）将“重大污染环境事故罪”调整为“污染环境罪”，其中很重要的一个改变在于犯罪的客观方面由原来的出现重大危害结果调整为只要存在违法排放有毒有害物质的行为，也就是从“结果犯”转变为“行为犯”，降低了入罪的门槛，体现了国家“重典治乱”、打击环境犯罪的决心和行动。“擅自进口固体废物罪”要求擅自进口固体废物作为原料，需要出现造成重大环境污染事故，致使公私财产遭受重大损失或者严重危害人体健康的严重后果。

（4）犯罪的主观方面。环境犯罪的主观方面是考察行为人在实施危害环境资源行为时的心理状态，包括故意和过失。故意又分为直接故意和间接故意，过失又分为过于自信的过失和疏忽大意的过失。环境犯罪中，直接故意指行为人明知其行为会污染环境或破坏生态，并且希望这种危害发生的心理状态。间接故意指行为人明知其行为会污染环境或破坏生态，却放任这种危害发生的心理状态。过于自信的过失指行为人已经预见到其行为可能发生污染环境或破坏生态的危害，但轻信能够避免的心理状态。疏忽大意的过失是指行为人由于疏忽大意而没有预见到可能发生污染环境或破坏生态的危害。环境犯罪的主观方面大多数是故意犯罪，但“环境监管失职罪”的主观方面为过失。

（二）典型环境犯罪罪名介绍——污染环境罪

1. 污染环境罪的刑法规定

自 2021 年 3 月 1 日起施行的《中华人民共和国刑法》修正案（十一）将《中华人民共和国刑法》第三百三十八条污染环境罪修改为：“违反国家规定，排放、倾倒或者处置有放射性的废物、含传染病病原体的废物、有毒物质或者其他有害物质，严重污染环境的，处三年以下有期徒刑或者拘役，并处或者单处罚金；情节严重的，处三年以上七年以下有期徒刑，并处罚金；有下列情形之一的，处七年以上有期徒刑，并处罚金：（一）在饮用水水源保护区、自然保护地核心保护区等依法确定的重点保护区域排放、倾倒、处置有放射性的废物、含传染病病原体的废物、有毒物质，情节特别严重的；（二）向国家确定的重要江河、湖泊水域排放、倾倒、处置有放射性的废物、含传染病病原体的废物、有毒物质，情节特别严重的；（三）致使大量永久基本农田基本功能丧失或者遭受永久性破坏的；（四）致使多人重伤、严重疾病，或者致人严重残疾、死亡的。有前款行为，同时构成其他犯罪的，依照处罚较重的规定定罪处罚。”

2. 污染环境罪的构成要件

（1）犯罪主体。污染环境罪的犯罪主体是一般主体，可以是自然人，也可以是单位。

（2）犯罪客体。污染环境罪侵犯的客体是国家环境污染防治的法律制度。

（3）犯罪主观方面。污染环境罪的主观方面一般是过失，故意也可以构成本罪。

（4）犯罪客观方面。污染环境罪的客观方面主要有以下表现：

第一，违反国家规定。刑法中的“违反国家规定”是指全国人民代表大会及其常务委员会制定的法律和做出的决定，国务院制定的行政法规、规定的行政措施、发布的决定和命令。

第二，存在排放、倾倒、处置污染物的行为。在《中华人民共和国固体废物污染环境防治法》中，处置是指将固体废物焚烧和用其他改变固体废物的物理、化学、生物特性的方法，达到减少已产生的固体废物数量、缩小固体废物体积、减少或者消除其危险成分的活动，或者将固体废物最终置于符合环境保护规定要求的填埋场的活动；利用是指从固体废物中提取物质作为原材料或者燃料的活动。《中华人民共和国刑法》中的“处置”比《中华人民共和国固体废物污染环境防治法》中“处置”范围更广，包括了“利用”环节。[1]

第三，污染物是放射性的废物、含传染病病原体的废物、有毒物质或者其他有害物质。有毒物质包括危险废物、《关于持久性有机污染物的斯德哥尔摩公约》附件所列物质、含重金属的污染物及其他具有毒性，可能污染环境的物质。有害物质的范围较为宽泛，但在具体把握“有害物质”范围时，只要所涉物质会对土地、大气、水体造成危害，污染环境，就可以认定为有害物质。特别是一些本身无害的东西，但直接在环境中排放、倾倒、处置，会对环境造成危害，可以认定为有害物质。如将大量牛奶倒入饮用水水源一级保护区，可能污染饮用水水体，可以认定为“有害物质”。[2]

---

1 《最高人民法院、最高人民检察院关于办理环境污染刑事案件适用法律若干问题的解释》（法释〔2023〕7号）第十八条规定：无危险废物经营许可证，以营利为目的，从危险废物中提取物质作为原材料或者燃料，并具有超标排放污染物、非法倾倒污染物或者其他违法造成环境污染的情形的行为，应当认定为“非法处置危险废物”。此处将从危险废物中提取物质作为原材料或者燃料定义为“处置”，与《中华人民共和国固体废物污染环境防治法》中“利用”的界定趋同。

2 喻海松．环境资源犯罪实务精释［M］．北京：法律出版社，2017：43.

第四，严重污染环境。根据《最高人民法院、最高人民检察院关于办理环境污染刑事案件适用法律若干问题的解释》（法释〔2023〕7号）（以下简称《“两高”环境犯罪司法解释》）的规定，“严重污染环境”是包括在饮用水水源保护区、自然保护地核心保护区等依法确定的重点保护区域排放、倾倒、处置有放射性的废物、含传染病病原体的废物、有毒物质的；非法排放、倾倒、处置危险废物3 t以上的；排放、倾倒、处置含铅、汞、镉、铬、砷、铊、锑的污染物，超过国家或者地方污染物排放标准三倍以上的；排放、倾倒、处置含镍、铜、锌、银、钒、锰、钴的污染物，超过国家或者地方污染物排放标准十倍以上的；通过暗管、渗井、渗坑、裂隙、溶洞、灌注、非紧急情况下开启大气应急排放通道等逃避监管的方式排放、倾倒、处置有放射性的废物、含传染病病原体的废物、有毒物质的；二年内曾因在重污染天气预警期间，违反国家规定，超标排放二氧化硫、氮氧化物等实行排放总量控制的大气污染物受过二次以上行政处罚，又实施此类行为的；重点排污单位、实行排污许可重点管理的单位篡改、伪造自动监测数据或者干扰自动监测设施，排放化学需氧量、氨氮、二氧化硫、氮氧化物等污染物等11种行为在内的多种行。多种严重污染环境的行为不以行为人造成污染后果为判断标准，正因为此，污染环境罪被界定为行为犯。

3. 污染环境罪的界定

（1）在饮用水水源保护区、自然保护地核心保护区等依法确定的重点保护区域排放、倾倒、处置有放射性的废物、含传染病病原体的废物、有毒物质的，构成污染环境罪。

《中华人民共和国水污染防治法》第六十五条规定：禁止在饮用水水源一级保护区内新建、改建、扩建与供水设施和保护水源无关的建设项目；已建成的与供水设施和保护水源无关的建设项目，由县级以上人民政府责令拆除或者关闭。禁止在饮用水水源一级保护区内从事网箱养殖、旅游、游泳、垂钓或者其他可能污染饮用水水体的活动。第六十六条规定：禁止在饮用水水源二级保护区内新建、改建、扩建排放污染物的建设项目；已建成的排放污染物的建设项目，由县级以上人民政府责令拆除或者关闭。在饮用水水源二级保护区内从事网箱养殖、旅游等活动的，应当按照规定采取措施，防止污染饮用水水体。同时，第九十一条规定，在饮用水水源一级保护区内新建、改建、扩建与供水设施和保护水源无关的建设项目以及在饮用水水源二级保护区内新建、改建、扩建排放污染物的建设项目的，由县级以上地方人民政府生态环境主管部门责令停止违法行为，处10万元以上50万元以下的罚款；并报经有批准权的人民政府批准，责令拆除或者关闭。

在饮用水水源一级保护区不能存在与保护水源无关的建设项目，二级保护区不能新增排放污染物的建设项目，其目的在于防治水体污染，否则将面临罚款及拆除或关闭的命运。在饮用水水源保护区倾倒、排放、处置有放射性废物、含传染病病原体的废物、有毒物质的行为，其污染水体的概率大大增加，势必会引起民众恐慌。因此，用刑事制裁方式约束此类行为，以保障饮用水安全显得尤为必要。

《自然保护区条例》规定：自然保护区可以分为核心区、缓冲区和实验区。自然保护区内保存完好的天然状态的生态系统以及珍稀、濒危动植物的集中分布地，应当划为核心区，禁止任何单位和个人进入；除依照规定经批准外，也不允许进入从事科学研究活动。因此，在自然保护区核心区排放、倾倒、处置有放射性废物、含传染病病原体的废物、有毒物质的行为，属于严重污染环境的范畴。

（2）非法排放、倾倒、处置危险废物 3 t 以上的，构成污染环境罪。危险废物包括纳入《国家危险废物名录》中废物、医疗废物、废弃的危险化学品。对于不在上述范围，但是依照危险废物鉴别方法或者标准，经鉴定具有危险特征之一的废物也属于危险废物。

涉及危险废物处置的犯罪，是污染环境罪中的常见类型。危险废物处置构成犯罪需要满足两个条件：

一是“非法倾倒、排放、处置”。关于非法处置，《“两高”环境犯罪司法解释》第七条规定：无危险废物经营许可证从事收集、贮存、利用、处置危险废物经营活动，严重污染环境的，按照污染环境罪定罪处罚；同时构成非法经营罪的，依照处罚较重的规定定罪处罚。实施前款规定的行为，不具有超标排放污染物、非法倾倒污染物或者其他违法造成环境污染的情形的，可以认定为非法经营情节显著轻微危害不大，不认为是犯罪；构成生产、销售伪劣产品等其他犯罪的，以其他犯罪论处。由此可知，无危险废物经营许可证处置危险废物的同时具有超标排放、非法倾倒或者违法造成环境污染三种行为之一的，构成犯罪（图 1-2）。需要注意的是，无危险废物经营许可证不仅包括无证，也包括有证但是超出经营范围实施经营活动的情形。

二是数量达到 3 t，这是罪与非罪的界限。关于危险废物的数量，可以综合被告人供述，涉案企业的生产工艺、物耗、能耗情况，以及经批准或者备案的环境影响评价文件等证据作出认定。如果数量超过 100 t，属于“情节严重”，将加重处罚。

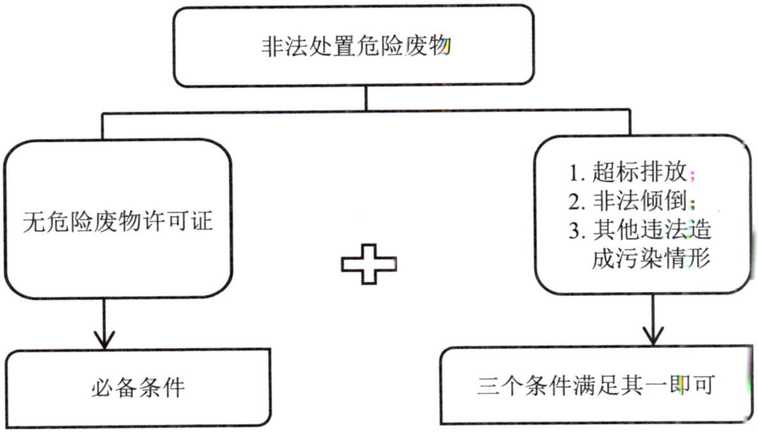

图 1-2　非法处置危险废物的界定

因此，尽管无危险废物经营许可证从事危险废物处置工作，数量超过 3 t，但是没有超标排放、非法倾倒及其他非法造成环境污染情形的，不构成污染环境罪（构成生产、销售伪劣产品等其他犯罪的，以其他犯罪论），但是生态环境主管部门会根据《中华人民共和国固体废物污染环境防治法》第七十七条的规定对无危险废物经营许可证从事收集、贮存、利用、处置危险废物经营活动的单位实施行政处罚。

（3）超标排放含有重金属的污染物。《"两高" 环境犯罪司法解释》将超标排放的重金属范围分成两类，一类是超过国家或者地方污染物排放标准三倍以上的，包括含铅、汞、镉、铬、砷、铊、锑的污染物；另一类是超过国家或者地方污染物排放标准十倍以上的，包括含镍、铜、锌、银、钒、锰、钴的污染物。

污染物排放标准包括综合排放标准和行业排放标准，如果有行业标准的，应当优先适用行业标准。根据污染物排放标准和环境监测规范的要求，刑法中规范的含重金属的污染物被分列在第一类污染物（铅、汞、镉、铬、砷、镍、银）和第二类污染物（铜、锌、钒、锑、钴、锰、铊）[1] 中，其中第一类污染物应在车间或生产装置排放口做到达标排放，而不是企业废水总排放口；第二类污染

1　锑、钴、锰、铊四种污染物的排放限值在《污水综合排放标准》中没有说明，具体环境监测点应查看行业标准。以锑为例，有些行业标准将之纳入第一类污染物，需要在车间口达标，如《再生铜、铝、铅、锌工业污染物排放标准》；有些行业标准则将之纳入第二类污染物，在企业总排水口达标即可，如《锡、锑、汞工业污染物排放标准》，故具体含重金属污染物的排放限值和环境监测点需特别注意行业标准的要求。

物要求企业废水总排放口做到达标排放。部分涉及重金属污染物的排放标准见表 1-6。

表 1-6 涉及重金属污染物的排放标准（部分）

序号	标准名称	含重金属污染物种类
1	《污水综合排放标准》（GB 8978—1996）	第一类污染物：汞、铬、镉、铅、砷、镍、银 第二类污染物：铜、锌、锰
2	《制革及毛皮加工工业水污染物排放标准》（GB 30486—2013）	第一类污染物：铬
3	《电池工业污染物排放标准》（GB 30484—2013）	第一类污染物：汞、银、镍、镉、铅、钴 第二类污染物：锌、锰
4	《锡、锑、汞工业污染物排放标准》（GB 30770—2014）	第一类污染物：汞、铬、镉、铅、砷 第二类污染物：铜、锌、锑
5	《再生铜、铝、铅、锌工业污染物排放标准》（GB 31574—2015）	第一类污染物：铅、汞、铬、镉、砷、镍、锑 第二类污染物：铜、锌
6	《石油化学工业污染物排放标准》（GB 31571—2015）	第一类污染物：铅、汞、铬、镉、砷、镍 第二类污染物：钒、铜、锌
7	《石油炼制工业污染物排放标准》（GB 31570—2015）	第一类污染物：铅、汞、砷、镍 第二类污染物：钒
8	《无机化学工业污染物排放标准》（GB 31573—2015）	第一类污染物：铅、汞、镉、铬、砷、镍、银、锑、钴、锰、铊 第二类污染物：钒、铜、锌
9	《烧碱、聚氯乙烯工业污染物排放标准》（GB 15581—2016）	第一类污染物：汞、镍

（4）以逃避监管的方式排放、倾倒、处置有放射性的废物、含传染病病原体的废物、有毒物质。《中华人民共和国环境保护法》规定，严禁通过暗管、渗井、渗坑、灌注或者篡改、伪造监测数据，或者不正常运行防治污染设施等逃避监管的方式违法排放污染物，否则，对尚不构成犯罪的企事业单位和其他生产经营者，除依照有关法律法规规定予以处罚外，由县级以上人民政府生态环境主管部门或者其他有关部门将案件移送公安机关，对其直接负责的主管人员和其他直接责任人员，处 10 日以上 15 日以下拘留；情节较轻的，处 5 日以上 10 日以下拘留。

《中华人民共和国水污染防治法》第八十三条规定，利用渗井、渗坑、裂隙、溶洞，私设暗管，篡改、伪造监测数据，或者不正常运行水污染防治设施等逃避监管的方式排放水污染物的，由县级以上人民政府生态环境主管部门责令改正或者责令限制生产、停产整治，并处10万元以上100万元以下的罚款；情节严重的，报经有批准权的人民政府批准，责令停业、关闭。

1）“暗管”的认定。《行政主管部门移送适用行政拘留环境违法案件暂行办法》规定：暗管是指通过隐蔽的方式达到规避监管目的而设置的排污管道，包括埋入地下的水泥管、瓷管、塑料管等，以及地上的临时排污管道。作为最严重的一种制裁方式，污染环境罪中对以“暗管”形式排污的制裁与行政执法中认定的暗管排污有所不同（表1-7）。

表1-7 “暗管”在刑事责任和行政责任事实认定的对比

对比项目	污染环境罪	行政责任
暗管设置	是否法定在所不问，重在强调隐蔽性。如果未经审批设置的排污口，不排污、具有隐蔽性，不属于刑法上认定的“暗管”	是非法定排污口，“法定”以排污口是否经过审批来判断
排放的污染物	有放射性的废物、含传染病病原体的废物、有毒物质	不限种类

2）“渗坑”的界定。渗井、渗坑是指无防渗漏措施或起不到防渗作用的、封闭或半封闭的坑、池、塘、井和沟、渠等。需要注意的是，渗坑，可以是自然形成的浅坑，可以是人工挖掘的深坑、浅坑。

案例1-1

储油罐直接接触土壤，主观虽无排污故意，但漏油导致土壤污染，属于渗坑排污[1]——湖南成某某污染环境罪案

经审理查明：上诉人成某某系经营加油站的个体工商户。2014年年底开始，成某某未经批准，在湘乡市棋梓镇建筑公司预制场内筹备设立柴油加油点，为曹某某等人的运输车队供油。2015年4月24日，加油点建成完工，成某某将一高约6 m、直径约3 m的圆柱形金属油罐横埋在土壤中作为储油罐。当天15时许，成某某在未对储油罐进行试水试压的情况下，将15 t柴油加注到储油罐中。当晚18时许，成某某发现储油罐漏油，其未向有关部门报告，而是连夜将储油罐内柴油抽出转运至湘乡市月山镇一加油站。但油罐内仍残存数百斤柴油无法抽出。油罐继续漏油，油污经罐底土壤渗透进入地下排污水渠，再经排污水渠流入附近河道，最后进入水府庙

1 湖南湘潭市中级人民法院（2017）湘03刑终199号刑事判决书。

拦库蛇潭村地段，导致水面污染。4 月 27 日，为了对储油罐进行维修，成某某向储油罐内注水进行冲洗，导致大量油水混合物通过罐底渗漏，成某某最后还将储油罐内残留的油水混合物抽出直接排放在地坪和排水沟内。成某某进行注水冲洗产生的油水混合物最终排入水府庙拦库，致使污染进一步加剧，导致拦库内数百亩[1]水面污染。经湘乡市环境监测站和湖南大学司法鉴定中心对漏油点油水混合液和水库内水样进行抽样送检，均检出有毒、有害物质苯和挥发酚，且挥发酚含量超过《地表水环境质量标准》。事发后，湘乡市棋梓镇政府、湘乡市环境保护局为处理水府庙拦库油污污染分别花费了 368 500 元、172 807 元，合计 541 307 元。2015 年 5 月 6 日下午，成某某在投案途中被公安机关抓获。

上述事实有现场勘验记录、书证、证人证言、鉴定意见及被告人供述等证据证明。相关证据均经原审庭审举证、质证、认证，并经本院查证属实，足以采信。

本院认为：上诉人（原审被告人）成某某违反国家规定，处置和排放有毒、有害物质，严重污染环境，其行为构成污染环境罪。上诉人成某某在投案途中被公安机关抓获，应当视为自动投案，其在归案后如实供述自己的罪行，系自首，依法可以从轻处罚。上诉人成某某上诉提出，被污染水库附近有多个加油点，现有证据没有排除其他加油点污染水库的可能，也没有充分证据证实其行为与水库污染存在因果关系，且其加油点距离水库较远，油污事实上不可能流入水库，原判事实不清，证据不足。经查，现场勘验检查记录和照片、现场水样提取记录以及上诉人成某某本人的供述等证据证明，相关水域的污染系上诉人成某某的行为造成，证据确实、充分，足以认定。且上诉人成某某非法设立的储油罐直接与土壤接触，其在发现油罐漏油后未向有关部门报告，也未自行采取有效措施，任由油罐继续漏油，之后还向油罐注水，致使罐底的漏油和油水混合物直接排入土壤漫渗，属于通过渗坑排放有毒物质。根据《最高人民法院、最高人民检察院关于办理环境污染刑事案件适用法律若干问题的解释》第一条第（五）项的规定，通过渗坑等逃避监管的方式排放、处置有毒物质的，应当认定为严重污染环境，构成污染环境罪。因此，即使油污没有排入水府庙拦库，成某某的行为也构成污染环境罪。故该上诉理由不成立，本院不予采纳。

综上，原审判决认定事实清楚，证据确实、充分，定罪准确，量刑适当。根据《中华人民共和国刑法》第六十四条，《中华人民共和国刑事诉讼法》第二百二十五条第一款第（一）项、第（二）项的规定，判决如下：

一、维持湖南省湘乡市人民法院（2015）湘法刑初字第 385 号刑事附带民事判决的第 1 项和第 3 项。

1　1 亩 ≈666.67 m^2。

（5）多次污染环境构成“严重污染环境”。《“两高”环境犯罪司法解释》规定：二年内曾因违反国家规定，排放、倾倒、处置有放射性的废物、含传染病病原体的废物、有毒物质受过两次以上行政处罚，又实施前列行为的。

1）“二年”的计算，以第一次违法行为受到行政处罚的生效之日与又实施相应行为之日的时间间隔来确定。例如，甲公司因超标排放含重砷废水（未超过污染物排放标准的三倍）先后被当地环境保护部门于2015年3月1日、5月1日送达《行政处罚决定书》，2017年1月20日该公司废水中砷再次超标（未超污染物排放标准的三倍），2017年3月20日环境保护部门下达行政处罚。甲公司第一次受到行政处罚的生效之日是行政处罚决定书送达之日，即2015年3月1日；又实施违法之日是2017年1月20日，两次时间间隔在二年之内，故属于“严重污染环境”的情形，应受刑事制裁。此处需留意：又实施相应行为之日并不是行政机关再次处罚之日。

2）违法行为的性质。行为人实施排放、倾倒、处置行为与有放射性废物、含传染病病原体的废物、有毒物质的污染物质之间是排列组合关系，即不要求三次违法行为都是同一种行为方式、针对同一类物质，当然三次以上的违法行为完全一致，也属于严重污染环境的范畴。

3）行政处罚的实施部门。《“两高”环境犯罪司法解释》并未将“两次以上行政处罚”的主体范围限定为生态环境主管部门。因此，“两次以上行政处罚”不限于生态环境主管部门的行政处罚，也可能包括其他部门，如水行政主管部门对违反《中华人民共和国水污染防治法》行为的行政处罚，甚至是公安机关的行政处罚。[1]

案例 1-2

全国首例：二年内两次以上非法排放有毒物质案，涉嫌污染环境罪——浙江省台州市浩宇电镀有限公司涉嫌污染环境罪案[2]

案情简介

2017年3月3日，台州市椒江环保分局执法人员会同台州市环境监测中心人员对台州市浩宇电镀有限公司开展一季度一次的监督性执法检查，检查过程中对该公

1　喻海松．环境资源犯罪实务精释［M］．北京：法律出版社，2017：74.

2　案例来源：2017年6月8日环境保护部公众微信号“环保部发布”发布的《2017年环保法配套办法执行情况及典型案例》。

司排放的废水进行采样。检测分析显示，该公司废水标排口总镍指标超出《电镀污染物排放标准》（GB 21900—2008）表2排放浓度限值。椒江环保分局对该电镀厂废水超标排放行为进行立案处罚，并启动按日计罚程序。

执法人员在办案时发现，该企业在2015年8月5日因所排废水铜指标超标被椒江环保分局立案处罚。2016年9月18日，又因所排废水铜指标超标被椒江环保分局立案处罚。

查处情况

经调查，该企业在两年里，存在三次非法排放重金属行为。根据《最高人民法院、最高人民检察院关于办理环境污染刑事案件适用法律若干问题的解释》第一条规定：二年内曾因违反国家规定，排放有毒物质受到两次以上行政处罚又实施前列行为的，应被认定为“严重污染环境”。该企业已经涉嫌环境污染犯罪。目前，椒江环保分局已经将案件依法移交公安部门进行调查。

案件启示

二年内两次以上非法排放有毒物质被处罚又实施前列行为应被认定为“严重污染环境”的规定，主要是为了加大对环境污染行为的打击力度，将处罚不再局限于行政处罚，而是达到一定程度符合本规定，就将其行为界定为刑事犯罪，予以刑事处罚。这充分体现了加强环境保护、加大环境污染行为处罚力度的立法理念。

各类企业特别是重污染企业必须认清形势，高度重视，强化企业守法底线，摒弃侥幸心理，积极加大治污投入，时刻把牢生态红线。环保部门要将二年内进行两次处罚的企业筛选出来，给企业讲清法律规定，画出守法红线，做出明确预警，使企业更好地知法、守法，从根本上提高环保意识，减少环境污染。

（6）监测数据造假。《“两高”环境犯罪司法解释》规定，重点排污单位、实行排污许可重点管理的单位篡改、伪造自动监测数据或者干扰自动监测设施，排放化学需氧量、氨氮、二氧化硫、氮氧化物等污染物的，属于“严重污染环境”的情形。

1）重点排污单位、实行排污许可重点管理的单位的确定。设区的市级地方人民政府生态环境主管部门应当依据本行政区域的环境承载力、环境质量改善要求和本规定的筛选条件，每年商有关部门筛选污染物排放量较大、排放有毒有害污染物等具有较大环境风险的企业、事业单位，确定下一年度本行政区域重点排污单位名录。省级地方人民政府生态环境主管部门负责统一汇总本行政区域重点排污单位名录。实行排污许可重点管理的单位根据《固定污染源排污许可分类管理名录》确定。

2）环境监测数据造假的方式是篡改、伪造自动监测数据或者干扰自动监测设施。自动监测设施是指在污染源现场安装的用于监控、监测污染排放的仪器、流量（速）计、污染治理设施运行记录仪和数据采集传输仪器、仪表，是污染防治设施的组成部分。生态环境部门对污染源自动监控设施实施现场监督检查。监督检查机构应当对污染源自动监控设施定期进行例行检查。对国家重点监控企业污染源自动监控设施的例行检查每月至少一次；对其他企业污染源自动监控设施的例行检查每季度至少一次。对涉嫌不正常运行、使用污染源自动监控设施或者有弄虚作假等违法情况的企业，监督检查机构应当进行重点检查。重点检查可以邀请有关部门和专家参加。

环境监测篡改、伪造的具体表现形式，原环境保护部在《环境监测数据弄虚作假行为判定及处理办法》中予以了详细规定。

3）环境监测数据造假追究刑事责任仅包括排放化学需氧量、氨氮、二氧化硫或氮氧化物等污染物。需注意，针对目前这四类污染物，法律并没有要求超标的结果，也就是说，无论通过篡改、伪造或者干扰采样等方式的自动监控数据结果是否超标，都不影响对该行为性质的判断。

因此，重点排污单位、实行排污许可重点管理的单位一旦自动监测设备出现故障致使数据传输有问题时，要注意不能私自调整数据，否则涉嫌违法，企业需在向生态环境主管部门报告的同时及时处理。在报告后，即使在线传输的数据与实际情况不符，生态环境部门也会根据实际情况来判断。

（7）违法所得或造成公私财产损失 30 万元以上。违法所得，包括因违法行为已经获得的收入或者可能获得的收入；公私财产损失包括行为直接造成财产损毁、减少的实际价值，为防止污染扩大、消除污染而采取的合理措施所产生的费用，以及处置突发环境事件的应急监测费用。

（8）造成取水中断、基本农田与林地遭破坏、林木死亡、群众转移、人身伤害结果及其他情形的。《“两高”环境犯罪司法解释》第一条第十项，列出了上述情形：致使乡镇以上集中式饮用水水源取水中断 12 小时以上的；永久基本农田、公益林地 10 亩以上，其他农用地 20 亩以上，其他土地 50 亩以上基本功能丧失或者遭受永久性破坏的；致使森林或者其他林木死亡 50 立方米以上，或者幼树死亡 2 500 株以上的；致使疏散、转移群众 5 000 人以上的；致使 30 人以上中毒的；致使 1 人以上重伤、严重疾病或者三人以上轻伤的；其他严重污染环境的情形。

第二章　企业环保合法合规的主要内容

第一节　建设项目可行性研究阶段的环保要求

一、企业投资项目的核准与备案

企业投资项目的核准与备案并非环保领域的要求，鉴于企业在建设阶段牵涉未批先建违法行为时，处罚额度以建设项目总投资额为基础，故本章在此予以说明。

（一）企业投资项目的核准与备案的范围

企业投资项目，是指在中国境内投资建设的企业固定资产投资项目，包括企业使用自己筹措资金的项目，以及使用自己筹措的资金并申请使用政府投资补助或贷款贴息等的项目。为进一步以法律手段规范和引导规模庞大的企业投资活动，国务院于2016年公布《企业投资项目核准和备案管理条例》。该条例是我国固定资产投资领域第一部行政法规，在转变政府投资管理职能、巩固企业投资主体地位方面意义重大。2017年国家发展和改革委员会发布《企业投资项目核准和备案管理办法》，对《企业投资项目核准和备案管理条例》中的若干问题予以细化。

依据《企业投资项目核准和备案管理条例》，对关系国家安全、涉及全国重大生产力布局、战略性资源开发和重大公共利益等项目，实行核准管理，其他项目实行备案管理，具体核准项目参见《政府核准的投资项目目录》（2016年本）。

政府核准的投资项目目录（2016年本）

一、农业水利

农业：涉及开荒的项目由省级政府核准。

水利工程：涉及跨界河流、跨省（区、市）水资源配置调整的重大水利项目由国务院投资主管部门核准，其中库容10亿m^3及以上或者涉及移民1万人及以上的水库项目由国务院核准。其余项目由地方政府核准。

二、能源

水电站：在跨界河流、跨省（区、市）河流上建设的单站总装机容量50万kW及以上项目由国务院投资主管部门核准，其中单站总装机容量300万kW及以上或者涉及移民1万人及以上的项目由国务院核准。其余项目由地方政府核准。

抽水蓄能电站：由省级政府按照国家制定的相关规划核准。

火电站（含自备电站）：由省级政府核准，其中燃煤燃气火电项目应在国家依据总量控制制定的建设规划内核准。

热电站（含自备电站）：由地方政府核准，其中抽凝式燃煤热电项目由省级政府在国家依据总量控制制定的建设规划内核准。

风电站：由地方政府在国家依据总量控制制定的建设规划及年度开发指导规模内核准。

核电站：由国务院核准。

电网工程：涉及跨境、跨省（区、市）输电的±500 kV及以上直流项目，涉及跨境、跨省（区、市）输电的500 kV、750 kV、1 000 kV交流项目，由国务院投资主管部门核准，其中±800 kV及以上直流项目和1 000 kV交流项目报国务院备案；不涉及跨境、跨省（区、市）输电的±500 kV及以上直流项目和500 kV、750 kV、1 000 kV交流项目由省级政府按照国家制定的相关规划核准，其余项目由地方政府按照国家制定的相关规划核准。

煤矿：国家规划矿区内新增年生产能力120万t及以上煤炭开发项目由国务院行业管理部门核准，其中新增年生产能力500万t及以上的项目由国务院投资主管部门核准并报国务院备案；国家规划矿区内的其余煤炭开发项目和一般煤炭开发项目由省级政府核准。国家规定禁止建设或列入淘汰退出范围的项目，不得核准。

煤制燃料：年产超过20亿m^3的煤制天然气项目、年产超过100万t的煤制油项目，由国务院投资主管部门核准。

液化石油气接收、存储设施（不含油气田、炼油厂的配套项目）：由地方政府核准。

进口液化天然气接收、储运设施：新建（含异地扩建）项目由国务院行业管理部门核准，其中新建接收储运能力300万t及以上的项目由国务院投资主管部门核准并报国务院备案。其余项目由省级政府核准。

输油管网（不含油田集输管网）：跨境、跨省（区、市）干线管网项目由国务院投资主管部门核准，其中跨境项目报国务院备案。其余项目由地方政府核准。

输气管网（不含油气田集输管网）：跨境、跨省（区、市）干线管网项目由国务院投资主管部门核准，其中跨境项目报国务院备案。其余项目由地方政府核准。

炼油：新建炼油及扩建一次炼油项目由省级政府按照国家批准的相关规划核准。未列入国家批准的相关规划的新建炼油及扩建一次炼油项目，禁止建设。

变性燃料乙醇：由省级政府核准。

三、交通运输

新建（含增建）铁路：列入国家批准的相关规划中的项目，中国铁路总公司为主出资的由其自行决定并报国务院投资主管部门备案，其他企业投资的由省级政府核准；地方城际铁路项目由省级政府按照国家批准的相关规划核准，并报国务院投资主管部门备案；其余项目由省级政府核准。

公路：国家高速公路网和普通国道网项目由省级政府按照国家批准的相关规划核准，地方高速公路项目由省级政府核准，其余项目由地方政府核准。

独立公（铁）路桥梁、隧道：跨境项目由国务院投资主管部门核准并报国务院备案。国家批准的相关规划中的项目，中国铁路总公司为主出资的由其自行决定并报国务院投资主管部门备案，其他企业投资的由省级政府核准；其余独立铁路桥梁、隧道及跨10万t级及以上航道海域、跨大江大河（现状或规划为一级及以上通航段）的独立公路桥梁、隧道项目，由省级政府核准，其中跨长江干线航道的项目应符合国家批准的相关规划。其余项目由地方政府核准。

煤炭、矿石、油气专用泊位：由省级政府按国家批准的相关规划核准。

集装箱专用码头：由省级政府按国家批准的相关规划核准。

内河航运：跨省（区、市）高等级航道的千吨级及以上航电枢纽项目由省级政府按国家批准的相关规划核准，其余项目由地方政府核准。

民航：新建运输机场项目由国务院、中央军委核准，新建通用机场项目、扩建军民合用机场（增建跑道除外）项目由省级政府核准。

四、信息产业

电信：国际通信基础设施项目由国务院投资主管部门核准；国内干线传输网（含广播电视网）以及其他涉及信息安全的电信基础设施项目，由国务院行业管理部门核准。

五、原材料

稀土、铁矿、有色矿山开发：由省级政府核准。

石化：新建乙烯、对二甲苯（PX）、二苯基甲烷二异氰酸酯（MDI）项目由省级政府按照国家批准的石化产业规划布局方案核准。未列入国家批准的相关规划的新建乙烯、对二甲苯（PX）、二苯基甲烷二异氰酸酯（MDI）项目，禁止建设。

煤化工：新建煤制烯烃、新建煤制对二甲苯（PX）项目，由省级政府按照国家批准的相关规划核准。新建年产超过100万t的煤制甲醇项目，由省级政府核准。其余项目禁止建设。

稀土：稀土冶炼分离项目、稀土深加工项目由省级政府核准。

黄金：采选矿项目由省级政府核准。

六、机械制造

汽车：按照国务院批准的《汽车产业发展政策》执行。其中，新建中外合资轿车生产企业项目，由国务院核准；新建纯电动乘用车生产企业（含现有汽车企业跨类生产纯电动乘用车）项目，由国务院投资主管部门核准；其余项目由省级政府核准。

七、轻工

烟草：卷烟、烟用二醋酸纤维素及丝束项目由国务院行业管理部门核准。

八、高新技术

民用航空航天：干线支线飞机、6 t/9座及以上通用飞机和3 t及以上直升机制造、民用卫星制造、民用遥感卫星地面站建设项目，由国务院投资主管部门核准；6 t/9座以下通用飞机和3 t以下直升机制造项目由省级政府核准。

其他城建项目：由地方政府自行确定实行核准或者备案。

九、城建

城市快速轨道交通项目：由省级政府按照国家批准的相关规划核准。

城市道路桥梁、隧道：跨10万t级及以上航道海域、跨大江大河（现状或规划为一级及以上通航段）的项目由省级政府核准。

十、社会事业

主题公园：特大型项目由国务院核准，其余项目由省级政府核准。

旅游：国家级风景名胜区、国家自然保护区、全国重点文物保护单位区域内总投资 5 000 万元及以上旅游开发和资源保护项目，世界自然和文化遗产保护区内总投资 3 000 万元及以上项目，由省级政府核准。

其他社会事业项目：按照隶属关系由国务院行业管理部门、地方政府自行确定实行核准或者备案。

十一、外商投资

《外商投资产业指导目录》中总投资（含增资）3 亿美元及以上限制类项目，由国务院投资主管部门核准，其中总投资（含增资）20 亿美元及以上项目报国务院备案。《外商投资产业指导目录》中总投资（含增资）3 亿美元以下限制类项目，由省级政府核准。

前款规定之外的属于本目录第一至十条所列项目，按照本目录第一至十条的规定执行。

十二、境外投资

涉及敏感国家和地区、敏感行业的项目，由国务院投资主管部门核准。

前款规定之外的中央管理企业投资项目和地方企业投资 3 亿美元及以上项目报国务院投资主管部门备案。

（二）企业投资项目的核准与备案的程序

除涉及国家秘密的项目外，项目核准、备案通过全国投资项目在线审批监管平台（以下简称在线平台）实行网上受理、办理、监管和服务，实现核准、备案过程和结果的可查询、可监督。企业投资项目应当在开工建设前完成核准或备案程序。

1. 企业投资项目的核准程序

核准的程序主要有申请报告编制、报送、项目核准机关审查和决定四个环节，如图 2-1 所示。

在核准审批过程中，核准机关将从下列方面对项目进行审查：①是否危害经济安全、社会安全、生态安全等国家安全；②是否符合相关发展建设规划、

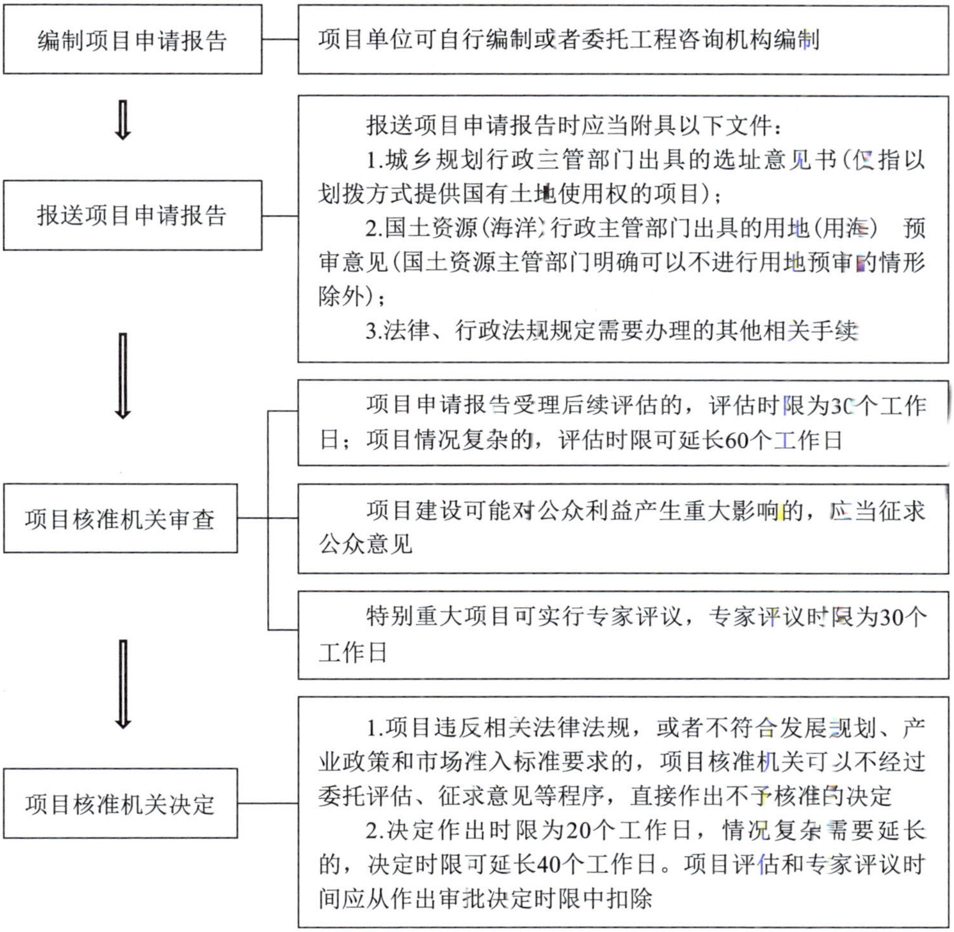

图 2-1　企业投资项目的核准程序

技术标准和产业政策；③是否合理开发并有效利用资源；④是否对重大公共利益产生不利影响。

项目申请报告获批后，若企业拟变更已核准项目的建设地点，或者拟对建设规模、建设内容等作较大变更的，需向核准机关提出变更申请。核准机关自受理申请之日起 20 个工作日内，作出是否同意变更的书面决定。

项目自核准机关作出予以核准决定或者同意变更决定之日起 2 年内未开工建设，需要延期开工建设的，企业应当在 2 年期限届满的 30 个工作日前，向核准机关申请延期开工建设。核准机关应当自受理申请之日起 20 个工作日内，作出是否同意延期开工建设的决定。开工建设只能延期一次，期限最长不得超过1年。国家对项目延期开工建设另有规定的从其规定。

2. 企业投资项目的备案程序

相对于企业投资项目的核准程序，备案程序要简单。实行备案管理的项目，企业应当在开工建设前通过在线平台将下列信息告知备案机关：企业基本情况；项目名称、建设地点、建设规模、建设内容；项目总投资额；项目符合产业政策的声明。备案机关在收到前述全部信息即为备案成果；若信息不全，备案机关将指导企业补正相关信息。

已备案项目信息发生较大变更的，企业应当及时告知备案机关。备案机关发现已备案项目属于产业政策禁止投资建设或者实行核准管理的，应当及时告知企业予以纠正或者依法办理核准手续，并通知有关部门。

在备案过程中，企业需对备案项目信息的真实性负责。

企业需要备案证明的，可以要求备案机关出具或者通过在线平台自行打印。

企业投资项目备案信息示例：

备案编号：某市审批立项备案〔2021〕17号

企业投资项目备案信息

河北某钢铁有限公司关于河北某钢铁有限公司年产100万t高强度紧固件项目的备案信息如下：

项目名称：河北某钢铁有限公司年产100万t高强度紧固件项目。

项目建设单位：河北某钢铁有限公司。

项目建设地点：某市河北某钢铁有限公司。

主要建设内容及规模：本项目占地面积10 000 m^2，建筑面积10 000 m^2，购置自动车床、高频回火直条生产线、抛丸除锈机、拉丝机、高频加热炉、线材抛丸处理线、线材磷化线及生产配套辅助设备和设施。本项目为钢铁企业延链补链项目，分两期建设，每期建设年产50万t高强度紧固件。项目全部建成投产后，可达年产100万t高强度紧固件的生产规模。

项目总投资：30 032.87万元，其中项目资本金为30 032.87万元，项目资本金占项目总投资的比例为100%。

项目信息发生较大变更的，企业应当及时告知备案机关。

注：项目自备案后2年内未开工建设或者未办理任何其他手续的，项目单

位如果决定继续实施该项目，应当通过河北省投资项目在线审批监管平台做出说明；如果不再继续实施，应当撤回已备案信息。

某市行政审批局

2021 年 8 月 4 日

（三）企业投资项目未核准（备案）的法律责任

企业投资建设固定资产投资项目，应当遵守国家法律法规。实行核准管理的项目，企业未依照规定办理核准手续开工建设或者未按照核准的建设地点、建设规模、建设内容等进行建设的，由核准机关责令停止建设或者责令停产，对企业处项目总投资额1‰以上5‰以下的罚款；对直接负责的主管人员和其他直接责任人员处2万元以上5万元以下的罚款，属于国家工作人员的，依法给予处分。

以欺骗、贿赂等不正当手段取得项目核准文件，尚未开工建设的，由核准机关撤销核准文件，处项目总投资额1‰以上5‰以下的罚款；已经开工建设的，处项目总投资额1‰以上5‰以下的罚款；构成犯罪的，依法追究刑事责任。

实行备案管理的项目，企业未依照《企业投资项目核准和备案管理条例》规定将项目信息或者已备案项目的信息变更情况告知备案机关，或者向备案机关提供虚假信息的，由备案机关责令限期改正；逾期不改正的，处2万元以上5万元以下的罚款。

企业投资建设产业政策禁止投资建设项目的，由县级以上人民政府投资主管部门责令停止建设或者责令停产并恢复原状，对企业处项目总投资额5‰以上10‰以下的罚款；对直接负责的主管人员和其他直接责任人员处5万元以上10万元以下的罚款，属于国家工作人员的，依法给予处分。法律、行政法规另有规定的，依照其规定。

二、建设项目环境影响评价文件的编制与报批

1. 建设单位实施环境影响评价管理的法律依据

建设单位实施环境影响评价管理的法律依据包括《中华人民共和国环境影响评价法》《建设项目环境保护管理条例》《建设项目环境影响登记表备案管理

办法》以及《建设项目环境影响评价分类管理名录》。

2. 需要编制环境影响评价文件的类别

纳入建设项目环境影响评价分类管理名录的建设项目，需要编制环境影响报告书或者报告表。《建设项目环境影响评价分类管理名录》（2021 年版）规定了 54 大类需要制作环境影响评价文件的建设项目类别，并根据建设项目对环境影响的大小，分为报告书类、报告表类和登记表类。

3. 企业建设项目环境影响评价的内容

建设项目的环境影响报告书应当包括下列内容：建设项目概况；建设项目周围环境现状；建设项目对环境可能造成影响的分析、预测和评估；建设项目环境保护措施及其技术、经济论证；建设项目对环境影响的经济损益分析；对建设项目实施环境监测的建议；环境影响评价的结论。

4. 需要编制环境影响评价文件的建设项目范围

根据《建设项目环境影响评价分类管理名录》（2021 年版）第五条的规定，本目录未作规定的建设项目，不纳入建设项目环境影响评价管理；省级生态环境主管部门对本名录未作规定的建设项目，认为确有必要纳入建设项目环境影响评价管理的，可以根据建设项目的污染因子、生态影响因子特征及其所处环境的敏感性质和敏感程度等，提出环境影响评价分类管理的建议，报生态环境部认定后实施。

5. 建设项目环境影响评价文件的编制主体

根据《中华人民共和国环境影响评价法》第十九条的规定，建设单位可以委托技术单位对其建设项目开展环境影响评价，编制建设项目环境影响报告书、环境影响报告表；建设单位具备环境影响评价技术能力的，可以自行对其建设项目开展环境影响评价，编制建设项目环境影响报告书、环境影响报告表。但无论是委托编制还是建设单位自行编制，建设单位均应当对建设项目环境影响报告书、环境影响报告表的内容和结论负责。

6. 建设项目的环境影响评价文件报批时间

根据《中华人民共和国环境影响评价法》第三十一条“建设单位未依法报批建设项目环境影响报告书、报告表，或者未依照本法第二十四条的规定重新报批或者报请重新审核环境影响报告书、报告表，擅自开工建设的，由县级以上生态环境主管部门责令停止建设，根据违法情节和危害后果，处建设项目总投资额百分之一以上百分之五以下的罚款，并可以责令恢复原状”的规定，建设项目的环境影响评价文件应当在建设项目开工建设前报批。

7. 建设项目的“开工建设”

根据生态环境部《关于加强“未批先建”建设项目环境影响评价管理工作的通知》（环办环评〔2018〕18 号）的规定，除火电、水电和电网项目外，建设项目开工建设是指，建设项目的永久性工程正式破土开槽开始施工，在此以前的准备工作，如地质勘探、平整场地、拆除旧有建筑物、临时建筑、施工用临时道路、通水、通电等不属于开工建设。火电项目开工建设是指，主厂房基础垫层浇筑第一方混凝土。电网项目中变电工程和线路工程开工建设是指，主体工程基础开挖和线路基础开挖。水电项目筹建及准备期相关工程按照《关于进一步加强水电建设环境保护工作的通知》（环办〔2012〕4 号）执行。

根据生态环境部《关于加强“未批先建”海洋工程建设项目环境影响评价管理工作的通知》（环办海洋函〔2018〕705 号）的规定，海洋工程建设项目的开工建设，是指其永久性工程正式开始施工，在此之前的准备工作，如地质勘探、拆除旧有建筑物等不属于开工建设。

8. 建设项目的环境影响评价文件的审批部门

《中华人民共和国环境影响评价法》第二十二条规定，建设项目的环境影响报告书、报告表，由建设单位按照国务院的规定报有审批权的生态环境主管部门审批。海洋工程建设项目的海洋环境影响报告书的审批，依照《中华人民共和国海洋环境保护法》的规定办理。

2019 年 2 月 26 日，生态环境部发布《〈生态环境部审批环境影响评价文件的建设项目目录（2019 年本）〉的公告》（生态环境部公告 2019 年第 8 号），明确了由生态环境部审批的建设项目类别。具体如下：

（1）水利

水库：在跨界河流、跨省（区、市）河流上建设的项目。

其他水事工程：涉及跨界河流、跨省（区、市）水资源配置调整的项目。

（2）能源

水电站：在跨界河流、跨省（区、市）河流上建设的单站总装机容量 50 万 kW 及以上项目。

核电厂：全部（包括核电厂范围内的有关配套设施，但不包括核电厂控制区范围内新增的不带放射性的实验室、试验装置、维修车间、仓库、办公设施等项目）。

电网工程：跨境、跨省（区、市）±500 kV 及以上交直流输变电项目。

煤矿：国务院有关部门核准的煤炭开发项目。

输油管网（不含油田集输管网）：跨境、跨省（区、市）干线管网项目。

输气管网（不含油气田集输管网）：跨境、跨省（区、市）干线管网项目。

（3）交通运输

新建（含增建）铁路：跨省（区、市）项目。

煤炭、矿石、油气专用泊位：在沿海（含长江南京及以下）新建年吞吐能力 1 000 万 t 及以上项目。

内河航运：跨省（区、市）高等级航道的千吨级及以上航电枢纽项目。

（4）原材料

石化：新建炼油及扩建一次炼油项目（不包括列入国务院批准的国家能源发展规划、石化产业规划布局方案的扩建项目）。

化工：年产超过 20 亿 m^3 的煤制天然气项目；年产超过 100 万 t 的煤制油项目；年产超过 100 万 t 的煤制甲醇项目；年产超过 50 万 t 的煤经甲醇制烯烃项目。

（5）核与辐射

除核电厂外的核设施：全部（不包括核设施控制区范围内新增的不带放射性的实验室、试验装置、维修车间、仓库、办公设施等项目）。

放射性：铀（钍）矿。

电磁辐射设施：由国务院或国务院有关部门审批的电磁辐射设施及工程。

（6）海洋

涉及国家海洋权益、国防安全等特殊性质的海洋工程：全部。

海洋矿产资源勘探开发及其附属工程：全部（不包括海砂开采项目）。

围填海：50 hm^2 以上的填海工程，100 hm^2 以上的围海工程。

海洋能源开发利用：潮汐电站、波浪电站、温差电站等（不包括海上风电项目）。

（7）绝密工程

全部项目。

（8）其他由国务院或国务院授权有关部门审批的应编制环境影响报告书的项目（不包括不含水库的防洪治涝工程，不含水库的灌区工程，研究和试验发展项目，卫生项目）

《〈生态环境部审批环境影响评价文件的建设项目目录（2019 年本）〉的公告》（生态环境部公告 2019 年第 8 号）还明确省级生态环境部门应根据该公告，结合本地区实际情况和基层生态环境部门承接能力，及时调整公告目录以外的建设项目环境影响评价文件审批权限，报省级人民政府批准并公告实施。因此，其他建设项目环境影响评价文件的审批权限需关注当地生态环境部门的规定。

9. 建设项目环境影响评价文件的审批期限

审批部门应当自收到环境影响报告书之日起 60 日内，收到环境影响报告表之日起 30 日内，分别作出审批决定并书面通知建设单位。

10. 固定资产投资项目核准和备案的项目与环境影响评价文件审批的关系

企业投资建设固体资产投资项目的核准或备案机关在发改部门，环境影响评价文件的审批部门在生态环境部门，两个文件的审批是并列关系，不互为前置条件。

11. 建设项目环境影响评价文件的审批程序

通常情况下，审批部门在收到建设单位提交的建设项目环境影响评价文件之后，会经过评估、审查、决定等环节。2020 年，为落实《关于统筹做好疫情防控和经济社会发展生态环保工作的指导意见》（环综合〔2020〕13 号），扎实推进环评审批证明清单改革试点落地见效，生态环境部发布《关于做好环评审批正面清单落实工作的函》（环评函〔2020〕19 号），将 44 类行业的建设项目环评文件的审批进行告知承诺制改革。纳入《环境影响评价审批正面清单》告知承诺制审批试点的建设项目，建设单位在开工建设前，应将签署的告知承诺书及报告书、报告表等要件报送环评审批部门。环评审批部门在收到告知承诺书及报告书、报告表等要件后，可不经评估、审查直接做出审批决定。但对实施告知承诺制审批的项目，环评审批部门将在批复后进行事中事后监管，监督建设单位严格落实生态环境保护措施和承诺事项。

纳入《环境影响评价审批正面清单》告知承诺制审批改革试点范围见表 2-1。

表 2-1　环评告知承诺制审批改革试点范围

序号	《环境影响评价审批正面清单》项目类别号		项目类别	文件类别
1	一、畜牧业	1	畜禽养殖场、养殖小区（对其中生猪养殖项目，按照《关于进一步做好当前生猪规模养殖环评管理相关工作的通知》（环办环评函〔2019〕872 号）执行）	报告书
2	二、农副食品加工业	2	粮食及饲料加工	报告表
3		3	植物油加工	报告表

序号	《环境影响评价审批正面清单》项目类别号		项目类别	文件类别
4	二、农副食品加工业	4	制糖、糖制品加工	报告表
5		6	肉禽类加工	报告表
6		7	水产品加工	报告表
7		8	淀粉、淀粉糖	报告表
8		9	豆制品制造	报告表
9	三、食品制造业	11	方便食品制造	报告表
10		12	乳制品制造	报告表
11		13	调味品、发酵制品制造	报告表
12		14	盐加工	报告表
13		15	饲料添加剂、食品添加剂制造	报告表
14		16	营养食品、保健食品、冷冻饮品、食用冰制造及其他食品制造	报告表
15	十二、印刷和记录媒介复制业	30	印刷厂；磁材料制品	报告表
16	十三、文教、工美、体育和娱乐用品制造业	31	文教、体育、娱乐用品制造	报告表
17		32	工艺品制造	报告书、报告表
18	二十三、通用设备制造业	69	通用设备制造及维修	报告书、报告表
19	二十四、专用设备制造业	70	专用设备制造及维修	报告书、报告表
20	二十五、汽车制造业	71	汽车制造	报告书、报告表
21	二十六、铁路、船舶、航空航天和其他运输设备制造业	72	铁路运输设备制造及修理	报告书、报告表
22		73	船舶和相关装置制造及维修（拆船、修船厂除外）	报告书、报告表
23		74	航空航天器制造	报告书、报告表
24		75	摩托车制造	报告书、报告表
25		76	自行车制造	报告书、报告表
26		77	交通器材及其他交通运输设备制造	报告书、报告表
27	二十七、电气机械和器材制造业	78	电气机械及器材制造（铅蓄电池制造除外）	报告书、报告表
28	二十八、计算机、通信和其他电子设备制造业	80	计算机制造	报告表
29		81	智能消费设备制造	报告表
30		82	电子器件制造	报告表
31		83	电子元件及电子专用材料制造	报告表

序号	《环境影响评价审批正面清单》项目类别号		项目类别	文件类别
32	二十八、计算机、通信和其他电子设备制造业	84	通信设备制造、广播电视设备制造、雷达及配套设备制造、非专业视听设备制造及其他电子设备制造	报告表
33	二十九、仪器仪表制造业	85	仪器仪表制造	报告书、报告表
34	三十二、燃气生产和供应业	94	城市天然气供应工程	报告表
35	三十三、水的生产和供应业	95	自来水生产和供应工程	报告表
36	三十六、房地产	106	房地产开发、宾馆、酒店、办公用房、标准厂房等	报告表
37	四十、社会事业与服务业	117	高尔夫球场、滑雪场、狩猎场、赛车场、跑马场、射击场、水上运动中心	报告表
38	四十、社会事业与服务业	119	公园（含动物园、植物园、主题公园）	报告表
39		120	旅游开发	报告表
40		121	影视基地建设	报告表
41	四十九、交通运输业、管道运输业和仓储业	157	等级公路（不含维护，不含改扩建四级公路）	报告表
42		172	城市道路（不含维护，不含支路）	报告表
43		173	城市桥梁、隧道（不含人行天桥、人行地道）	报告表
44		174	长途客运站	报告表

12. 建设单位发生变化，建设项目没有变化，已经审批的环评文件无须重新报批

《中华人民共和国环境影响评价法》规定：“建设项目的环境影响评价文件经批准后，建设项目的性质、规模、地点、采用的生产工艺或者防治污染、防止生态破坏的措施发生重大变动的，建设单位应当重新报批建设项目的环境影响评价文件。”建设单位发生变更，建设项目其他内容无变化，不属于重大变动事项，无须重新报批建设项目环境影响评价文件，生态环境部门不重新出具批复，对该项目的环境保护要求仍按原环境影响评价文件及其批复执行。

三、申请设置排污口

排污口是排污单位将生产过程中产生的废水、废气通过设置的管道、烟囱等设施排入外环境的出口，其中入河入海排污口（图 2-2）是指直接或通过管道、沟、渠等排污通道向环境水体排放污水的口门，是流域、海域生态环境保护的重要节点。

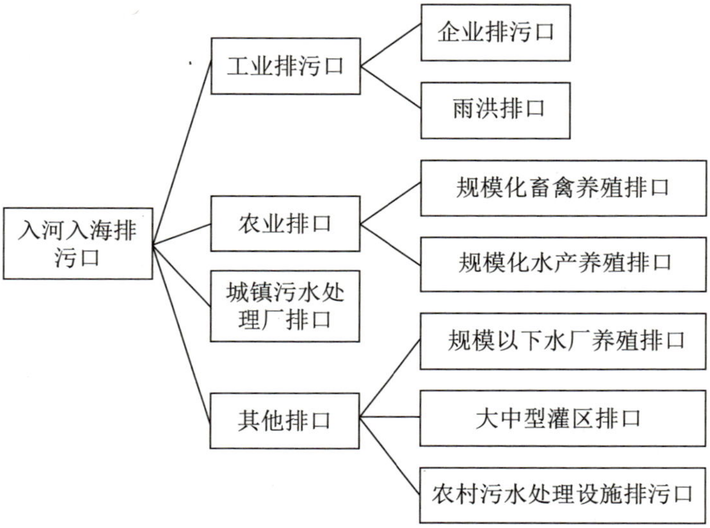

图 2-2 入河入海排污口分类

1. 入河排污口的申请时间

《入河排污口监督管理办法》规定："设置入河排污口的单位，应当在生态环境主管部门报送建设项目环境影响报告书（表）之前，向有管辖权的县级以上地方人民政府水行政主管部门或者流域管理机构提出入河排污口设置申请。依法需要办理河道管理范围内建设项目审查手续或者取水许可审批手续的，排污单位应当根据具体要求，分别在提出河道管理范围内建设项目申请或者取水许可申请的同时，提出入河排污口设置申请。依法不需要编制环境影响报告书（表）以及依法不需要办理河道管理范围内建设项目审查手续和取水许可手续的，排污单位应当在设置入河排污口前，向有管辖权的县级以上地方人民政府水行政主管部门或者流域管理机构提出入河排污口设置申请。"

需要提醒的是，由于生态环境执法改革的需要，入河排污口的审批权划归生态环境主管部门。

2. 排污口的审批部门

工矿企业、工业及其他各类园区污水处理厂、城镇污水处理厂入河排污口的设置依法依规实行审核制。所有入海排污口的设置实行备案制。

（1）生态环境部相关流域（海域）生态环境监督管理局。负责审批环境影响评价文件由国家审批建设项目的入河排污口以及位于省界缓冲区、国际或者国境边界河湖和存在省际争议的入河排污口的设置，审核后排污口的管理纳入属地环境监督管理体系。

（2）属地生态环境主管部门。除由国家审批建设项目的入河排污口以及位于省界缓冲区、国际或者国境边界河湖和存在省际争议的入河排污口之外，其他入河排污口设置的审核，由属地省级生态环境部门负责确定本行政区域内分级审核权限。

可能影响防洪、供水、堤防安全和河势稳定的入河排污口设置的审核，还应征求有管理权限的流域管理机构或水行政主管部门的意见。

第二节　建设项目建设阶段的环保要求

随着《中华人民共和国环境保护法》《中华人民共和国环境影响评价法》的修订，企业建设阶段违法行为是生态环境部门重点监管的内容之一，属于一类高风险环保处罚。企业在建设阶段的环境保护要求主要包括遵守环境影响评价、“三同时”和排污许可管理制度等。

一、环境影响评价制度的要求

《中华人民共和国环境影响评价法》第二条规定，环境影响评价，是指对规划和建设项目实施后可能造成的环境影响进行分析、预测和评估，提出预防或者减轻不良环境影响的对策和措施，进行跟踪监测的方法与制度。

（一）建设项目环境影响评价文件的补办

企业在建设阶段需遵守环境影响评价制度的要求，针对需要编制环境影响报告书、报名表的建设项目，需要在开工建设前完成环境影响评价文件的审批，否则即属于“未批先建”的违法行为。所谓“未批先建”，是建设单位未依法报批建设项目环境影响报告书、报告表，或者未依照规定重新报批或者报请重新审核环境影响报告书、报告表，擅自开工建设的违法行为。

关于环境影响评价文件编制与审批，原本属于企业建设项目可行性研究阶段的内容，项目在建设阶段因存在“未批先建”问题被认定违法，补办的具体要求和程序与建设项目环评报批程序一致。

1. 不办理环境影响评价文件审批手续的风险

其一，不办理环境影响评价文件的审批手续，会导致建设项目被生态环境主管部门责令停止建设。若被责令停止建设后建设单元拒不停建的，生态环境部门将会对相关责任人员移送行政拘留。其二，如果建设项目存在污染严重、不符合产业政策等问题，可能会被生态环境主管部门责令恢复原状，建设单位前期的投入将付诸东流。其三，缺乏环境影响评价审批手续，建设项目环境保护竣工验收将缺乏标准，导致无法合法进行验收，投入生产则产生新的法律风险。其四，根据《排污许可管理条例》，排污许可证申领手续中包括建设项目环境影响报告书（表）批准文件，缺乏环评文件审批手续，将无法获得排污许可证。

2.“未批先建”行为的违法情节与法律责任

未造成环境污染后果，且企业自行实施关停或者实施停止建设、停止生产等措施的，生态环境主管部门可以免予处罚；造成污染后果的或者存在其他违法情节的，除处建设项目总投资额 1% ～ 5% 的罚款外，生态环境主管部门还可以责令恢复原状。

3.“未批先建”的追溯时效

《中华人民共和国行政处罚法》第三十六条规定：“违法行为在二年内未被发现的，不再给予行政处罚；涉及公民生命健康安全、金融安全且有危害后果的，上述期限延长至五年。法律另有规定的除外。前款规定的期限，从违法行为发生之日起计算；违法行为有连续或者继续状态的，从行为终了之日起计算。”建设项目的建设行为是一个持续性的行为，因此建设项目“未批先建”违法行为的追溯时效从建设项目建成之日起算，如果二年内生态环境主管部门未发现建设单位未获环评审批即开工建设情形的，将不能对建设单位实施行政处罚。

尽管超过追溯时效的“未批先建”行为生态环境主管部门不能处罚建设单位，但是我们仍建议建设单位做好完善环评文件编制与报批工作，以走上合法化道路。

（二）建设项目的重大变动

1.“重大变动”的内涵

根据《中华人民共和国环境影响评价法》和《建设项目环境保护管理条例》的有关规定，建设项目的性质、规模、地点、生产工艺和环境保护措施五个因素中的一项或一项以上发生重大变动，且可能导致环境影响显著变化（特别是不利环境影响加重）的，界定为重大变动。建设项目环境影响报告书、环境影响报告表经批准后，建设项目发生重大变动的，建设单位应当重新报批建设项目环境影响报告书、环境影响报告表。

2. 环评获批后建设项目改变的定性

建设项目竣工环保验收前，扩大生产规模、新增生产线、变更设备、变动污染处理方式等内容，对环境不利影响加剧的，需要重新报批环评文件，否则将会承担法律责任；建设项目竣工环保之后的改变，通常按新建项目来处理，需要重新制作环境影响评价文件。

3. 不属于重大变动的建设项目有变化的处理

属于重大变动的应当重新报批环境影响评价文件，不属于重大变动的纳入竣工环境保护验收管理。

4. 已经发布重大变动清单的行业

截至2022年3月底，生态环境部已经公布过包括水电、水利、火电、煤炭、油气管道、铁路、高速公路、港口、制浆造纸、制药、农药、纺织印染、制革、制糖、电镀、钢铁、水泥、炼焦化学、平板玻璃、铜铅锌冶炼、铝冶炼、淀粉、水处理等行业在内的30个行业的重大变动清单（表2-2）。

表2-2 部分行业建设项目重大变动清单文件

序号	名称	行业	发布时间
1	水电等九个行业建设项目重大变动清单（试行）	水电、水利（枢纽类和引调水工程）、火电、煤炭、油气管道、铁路、高速公路、港口、石油炼制与石油化工建设项目	2015年6月4日
2	输变电建设项目重大变动清单（试行）	输变电建设项目	2016年8月8日
3	制浆造纸等十四个行业建设项目重大变动清单	制浆造纸、制药、农药、化肥（氮肥）、纺织印染、制革、制糖、电镀、钢铁、炼焦、平板玻璃、水泥、铜铅锌冶炼、铝冶炼	2018年1月29日
4	铀矿冶建设项目重大变动清单（试行）	铀矿冶	2020年12月23日

5. 未列入重大变动行业清单的建设项目改变的认定

对于未列入重大变动行业清单中的企业，其建设项目的变化是否属于重大变动，应按照生态环境部于2020年发布的《污染影响类建设项目重大变动清单（试行）》执行。

关于印发《污染影响类建设项目重大变动清单（试行）》的通知

环办环评函〔2020〕688号

各省、自治区、直辖市生态环境厅（局），新疆生产建设兵团生态环境局：

为进一步规范环境影响评价重大变动管理，根据《中华人民共和国环境影响评价法》《建设项目环境保护管理条例》有关规定，按照《关于印发环评管理中部分行业建设项目重大变动清单的通知》（环办〔2015〕52号）、《关于生态环境领域进一步深化"放管服"改革，推动经济高质量发展的指导意见》（环规财〔2018〕86号）要求，我部制定了《污染影响类建设项目重大变动清单（试行）》。现印发给你们，请遵照执行。

生态环境部办公厅

2020年12月13日

污染影响类建设项目重大变动清单（试行）

适用于污染影响类建设项目环境影响评价管理，其中我部已发布行业建设项目重大变动清单的，按行业建设项目重大变动清单执行。

性质：

1. 建设项目开发、使用功能发生变化的。

规模：

2. 生产、处置或储存能力增大30%及以上的。

3. 生产、处置或储存能力增大，导致废水第一类污染物排放量增加的。

4. 位于环境质量不达标区的建设项目生产、处置或储存能力增大，导致相应污染物排放量增加的（细颗粒物不达标区，相应污染物为二氧化硫、氮氧化物、可吸入颗粒物、挥发性有机物；臭氧不达标区，相应污染物为氮氧化物、挥发性有机物；其他大气、水污染物因子不达标区，相应污染物为超标污染因子）；位于达标区的建设项目生产、处置或储存能力增大，导致污染物排放量增加 10% 及以上的。

地点：

5. 重新选址；在原厂址附近调整（包括总平面布置变化）导致环境防护距离范围变化且新增敏感点的。

生产工艺：

6. 新增产品品种或生产工艺（含主要生产装置、设备及配套设施）、主要原辅材料、燃料变化，导致以下情形之一：

（1）新增排放污染物种类的（毒性、挥发性降低的除外）；

（2）位于环境质量不达标区的建设项目相应污染物排放量增加的；

（3）废水第一类污染物排放量增加的；

（4）其他污染物排放量增加 10% 及以上的。

7. 物料运输、装卸、贮存方式变化，导致大气污染物无组织排放量增加 10% 及以上的。

环境保护措施：

8. 废气、废水污染防治措施变化，导致第 6 条中所列情形之一（废气无组织排放改为有组织排放、污染防治措施强化或改进的除外）或大气污染物无组织排放量增加 10% 及以上的。

9. 新增废水直接排放口；废水由间接排放改为直接排放；废水直接排放口位置变化，导致不利环境影响加重的。

10. 新增废气主要排放口（废气无组织排放改为有组织排放的除外）；主要排放口排气筒高度降低 10% 及以上的。

11. 噪声、土壤或地下水污染防治措施变化，导致不利环境影响加重的。

12. 固体废物利用处置方式由委托外单位利用处置改为自行利用处置的（自行利用处置设施单独开展环境影响评价的除外）；固体废物自行处置方式变化，导致不利环境影响加重的。

13. 事故废水暂存能力或拦截设施变化，导致环境风险防范能力弱化或降低的。

（三）违反建设项目环境影响评价制度的法律责任

违反建设项目环境影响评价制度的法律责任见表 2-3。

表 2-3　违反建设项目环境影响评价制度的法律责任

<table>
<tr><th>责任主体</th><th>违法行为</th><th>法律责任</th></tr>
<tr><td rowspan="9">建设单位</td><td>未依法报批建设项目环境影响报告书、报告表擅自开工建设</td><td rowspan="5">由县级以上生态环境主管部门责令停止建设，根据违法情节和危害后果，处建设项目总投资额百分之一以上百分之五以下的罚款，并可以责令恢复原状；
对建设单位直接负责的主管人员和其他直接责任人员，依法给予行政处分</td></tr>
<tr><td>未依照重新报批建设项目环境影响报告书、报告表擅自开工建设</td></tr>
<tr><td>未依法报请重新审核环境影响报告书、报告表擅自开工建设</td></tr>
<tr><td>建设项目环境影响报告书、报告表未经批准擅自开工建设</td></tr>
<tr><td>建设项目环境影响报告书、报告表未经原审批部门重新审核同意擅自开工建设</td></tr>
<tr><td>建设项目环境影响报告书、环境影响报告表存在基础资料明显不实</td><td rowspan="3">由设区的市级以上人民政府生态环境主管部门对建设单位处五十万元以上二百万元以下的罚款，并对建设单位的法定代表人、主要负责人、直接负责的主管人员和其他直接责任人员，处五万元以上二十万元以下的罚款</td></tr>
<tr><td>建设项目环境影响报告书、环境影响报告表内容存在重大缺陷、遗漏或者虚假</td></tr>
<tr><td>建设项目环境影响报告书、环境影响报告表、环境影响评价结论不正确或者不合理等严重质量问题的</td></tr>
<tr><td>未依法备案建设项目环境影响登记表</td><td>由县级以上生态环境主管部门责令备案，处五万元以下的罚款</td></tr>
<tr><td rowspan="3">接受委托编制建设项目的技术单位</td><td>违反国家有关环境影响评价标准和技术规范等规定编制环境影响评价报告书、报告表，致使环评文件存在基础资料明显不实</td><td rowspan="3">由设区的市级以上人民政府生态环境主管部门对技术单位处所收费用三倍以上五倍以下的罚款；情节严重的，禁止从事环境影响报告书、环境影响报告表编制工作；有违法所得的，没收违法所得</td></tr>
<tr><td>违反国家有关环境影响评价标准和技术规范等规定编制环境影响评价报告书、报告表，致使环评文件内容存在重大缺陷、遗漏或者虚假</td></tr>
<tr><td>违反国家有关环境影响评价标准和技术规范等规定编制环境影响评价报告书、报告表，致使环评文件结论不正确或者不合理等严重质量问题</td></tr>
</table>

二、建设项目的“三同时”制度

建设项目需要配套建设的环境保护设施，必须与主体工程同时设计、同时施工、同时投产使用。

所谓环境保护设施是指防治环境污染和生态破坏以及开展环境监测所需的装置、设备和工程设施等。因此，在项目建设过程中，建设单位应当将环境保护设施建设纳入施工合同，保证环境保护设施建设进度和资金，并在项目建设过程中同时组织实施环境影响报告书、环境影响报告表及其审批部门审批决定中提出的环境保护对策措施，将配套的环保设施同步施工。

建设单位在项目建设过程中未同时组织实施环境影响报告书、环境影响报告表及其审批部门审批决定中提出的环境保护对策措施的，由建设项目所在地县级以上生态环境主管部门责令限期改正，处20万元以上100万元以下的罚款；逾期不改正的，责令停止建设。

三、排污许可管理要求

2014年，我国第一次在《中华人民共和国环境保护法》这一环境保护基本法中确立排污许可管理制度。同时也明确了大气污染领域的排污许可要求，水污染领域应取得排污许可的排污单位范围和处罚等。在《控制污染物排放许可制实施方案》的要求下，通过《排污许可证管理暂行规定》《排污许可管理办法（试行）》对排污许可制度进行了完善。为进一步完善排污许可制度，解决排污许可制度改革实践工作中面临的问题，国务院制定了《排污许可管理条例》，并于2021年3月1日起施行。面对日益完善的法律规定，企业应该如何做才能在排污许可的要求下避免法律责任的承担呢？

（一）需依法取得排污许可证的主体

依法实行排污许可管理的企业、事业单位和其他生产经营者，应当依法申请取得排污许可证；未取得排污许可证的，不得排放污染物。而我国的排污许可管理采用名录制，现行有效的名录为《固定污染源排污许可分类管理名录（2019年版）》，该名录依据污染物的产生量、排放量、对环境的影响程度作出分类管理的要求，即污染物产生量、排放量或者对环境的影响程度较大的排污单位，实行排污许可重点管理；污染物产生量、排放量和对环境的影响程度都较小的排污单位，实行排污许可简化管理。此外，污染物产生量、排放量和对环境的影响程度都很小的企业、事业单位和其他生产经营者，应当填报排污登记表，采用登记管理，不需要申请取得排污许可证。故而，并非向环境排放污染物的企业、事业单位和其他生产经营者都需要取得排污许可证。

排放哪些污染物或者对环境有何种影响的行为需要遵循排污许可的要求呢？

排放大气污染物和水污染物是传统的纳入排污许可的行为，随着《中华人民共和国固体废物污染环境防治法》《中华人民共和国土壤污染防治法》《中华人民共和国噪声污染防治法》的制（修）订，产生工业固体废物的、涉及土壤污染的、排放工业噪声的行为，都需要申请排污许可证或者填报排污登记表。至此，排污许可实现了固定污染源的全覆盖，后续海洋法修订或许也要将海洋工程的污染纳入排污许可管理范围。

（二）排污许可证的申请

1. 申请时间

根据《排污许可管理条例》第二条的规定，依照法律规定实行排污许可管理的企业、事业单位和其他生产经营者，应当依照本条例规定申请取得排污许可证；未取得排污许可证的，不得排放污染物。因此，排污单位应当在产生污染物之前申请取得排污许可证，否则构成无证排污的违法行为。

但在实践中，很多单位没有足够的资金一次性建好整个项目，会采用分期建设的方式进行建设，但环评往往是一次性编制完成。那么排污单位应当在环境影响报告书（表）以及审批文件列明分期建设内容，明确分期实施后排放口数量、位置以及每个排放口的污染物种类、允许排放浓度和允许排放量、排放方式、排放去向、自行监测计划等与污染物排放相关的主要内容，建设单位应据此分期申请排污许可证。但分期实施的允许排放量之和不得高于建设项目的总允许排放量。

2. 排污许可证的审批部门

排污单位应当向其生产经营场所所在地设区的市级以上地方人民政府生态环境主管部门申请取得排污许可证。排污单位有两个以上生产经营场所排放污染物的，应当按照生产经营场所分别申请取得排污许可证。但实践中的情况是复杂多变的，如河北省部分城市将核发排污许可证的职责划归到行政审批部门。

如何界定生产经营场所呢？以一家大型造纸企业为例，该造纸企业实际上是由多家子公司组成，有制浆厂、生产纸制品厂、原料仓库和热电厂。各子公司之间形成产业上下游或辅助配套的关系，法定代表人都是同一个人。这家造纸企业如何申请排污许可证呢？事实上，《中华人民共和国公司法》已经明确，将公司分为总公司、分公司、母公司、子公司。其中分公司不具有法人资格，其民事责任由总公司承担。但是子公司具有法人资格，依法独立承担民事责任。因此该造纸企业中这些子公司都是独立的，且每个子公司都产生了污染，理论上应当按照生产经营场所分别申请取得排污许可证。

3. 提交申请材料的途径

企业申请取得排污许可证，可以通过全国排污许可证管理信息平台提交排污许可证申请表，也可以通过信函等方式提交。目前，全国排污许可证管理信息平台（http://permit.mee.gov.cn/cas/login，图 2-3）已经建设完成，该平台是申请排污许可证的主要途径。

图 2-3　全国排污许可证管理信息平台

申请时需要填写的内容主要在《排污许可证申请表》中明确，具体来说，包括五个方面：

（1）排污单位名称、住所、法定代表人或者主要负责人、生产经营场所所在地、统一社会信用代码等信息；

（2）建设项目环境影响报告书（表）批准文件或者环境影响登记表备案材料；

（3）按照污染物排放口、主要生产设施或者车间、厂界申请的污染物排放种类、排放浓度和排放量，执行的污染物排放标准和重点污染物排放总量控制指标；

（4）污染防治设施、污染物排放口位置和数量，污染物排放方式、排放去向、自行监测方案等信息；

（5）主要生产设施、主要产品及产能、主要原辅材料、产生和排放污染物环节等信息，及其是否涉及商业秘密等不宜公开情形的情况说明。

4. 排污许可证的变更

排污单位存在下列情形时，需要变更排污许可证：一是排污单位变更名称、住所、法定代表人或者主要负责人的，应当自变更之日起30日内，向审批部门申请办理排污许可证变更手续；二是排污单位适用的污染物排放标准、重点污染物总量控制要求发生变化的。但是第二类情形下，并未明确此处是排污单位主动申请变更，还是生态环境主管部门依职权对排污许可证进行变更以及何时变更等内容。本书认为首先应该是排污单位主动变更，不变更再由生态主管部门依职权变更。

5. 排污许可证的重新申请

在排污许可证有效期内，排污单位有下列情形之一的，应当重新申请取得排污许可证：

（1）新建、改建、扩建排放污染物的项目；

（2）生产经营场所、污染物排放口位置或者污染物排放方式、排放去向发生变化；

（3）污染物排放口数量或者污染物排放种类、排放量、排放浓度增加。

关于排污许可证的变更或者重新申请实践中往往与环评相关，那么是不是意味着排污许可证变更必然带来环评手续的重新报批呢？这里需要注意的是，无论是《中华人民共和国环境影响评价法》，还是《建设项目环境保护管理条例》，均规定建设项目环境影响报告书、环境影响报告表经批准后，建设项目的性质、规模、地点、采用的生产工艺或者防治污染、防止生态破坏的措施发生重大变动的，建设单位应当重新报批建设项目环境影响报告书、环境影响报告表。

6. 排污许可证的延续

排污许可证有效期为5年。

排污许可证有效期届满，排污单位需要继续排放污染物的，应当于排污许可证有效期届满60日前向审批部门提出申请。

7. 无证排污的法律责任

排污单位有下列行为之一的，由生态环境主管部门责令改正或者限制生产、停产整治，处20万元以上100万元以下的罚款；情节严重的，报经有批准权的人民政府批准，责令停业、关闭：

（1）未取得排污许可证排放污染物；

（2）排污许可证有效期届满未申请延续或者延续申请未经批准排放污染物；

（3）被依法撤销、注销、吊销排污许可证后排放污染物；

（4）依法应当重新申请取得排污许可证，未重新申请取得排污许可证排放污染物。

四、建设阶段的污染防治要求

1. 大气污染防治

建设项目在建设阶段的大气污染防治要求主要包括建设单位和施工单位两方面，现以列表形式分述。

（1）建设单位（表2-4）。

表2-4　建设单位大气污染防治法律责任

建设单位		法律责任
列入工程造价	将防治扬尘污染的费用列入工程造价，费用具体内容包括施工现场为达到工地清洁、控制扬尘、杜绝废弃物与材料运输中的道路遗撒、保证排水设施通畅、设置密闭式垃圾站、实现施工垃圾与生活垃圾分类存放等环保措施而发生的费用等	
明确责任	在施工承包合同中明确施工单位扬尘污染防治责任	
未开工建设用地处理	暂时不能开工的建设用地，应当对裸露地面进行覆盖；超过三个月的，应当进行绿化、铺装或者遮盖	《中华人民共和国大气污染防治法》第一百一十五条　建设单位未对暂时不能开工的建设用地的裸露地面进行覆盖，或者未对超过三个月不能开工的建设用地的裸露地面进行绿化、铺装或者遮盖的，由县级以上人民政府住房城乡建设等主管部门依照前款规定予以处罚

（2）施工单位（表 2-5）。

表 2-5 施工单位大气污染防治法律责任

施工单位		法律责任
制定具体方案	制定具体的施工扬尘污染防治实施方案	
备案	向负责监督管理扬尘污染防治的主管部门备案，即从事房屋建筑、市政基础设施建设、河道整治以及建筑物拆除等施工单位，应当向负责监督管理扬尘污染防治的主管部门备案	
采取措施	采取措施防止扬尘，包括在施工工地设置硬质围挡，并采取覆盖、分段作业、择时施工、洒水抑尘、冲洗地面和车辆等有效防尘降尘措施。建筑土方、工程渣土、建筑垃圾应当及时清运；在场地内堆存的，应当采用密闭式防尘网遮盖。工程渣土、建筑垃圾应当进行资源化处理	《中华人民共和国大气污染防治法》第一百一十五条 违反本法规定，施工单位有下列行为之一的，由县级以上人民政府住房城乡建设等主管部门按照职责责令改正，处一万元以上十万元以下的罚款；拒不改正的，责令停工整治： （一）施工工地未设置硬质围挡，或者未采取覆盖、分段作业、择时施工、洒水抑尘、冲洗地面和车辆等有效防尘降尘措施的； （二）建筑土方、工程渣土、建筑垃圾未及时清运，或者未采用密闭式防尘网遮盖的
公示信息	公示扬尘污染防治措施，即在施工工地公示扬尘污染防治措施、负责人、扬尘监督管理主管部门等信息	

2. 水污染防治方面

建设项目的水污染防治设施，应当与主体工程同时设计、同时施工、同时投入使用。水污染防治设施应当符合经批准或者备案的环境影响评价文件的要求。

3. 固体废物污染防治方面

建设项目的环境影响评价文件确定需要配套建设的固体废物污染环境防治设施，应当与主体工程同时设计、同时施工、同时投入使用。建设项目的初步设计，应当按照环境保护设计规范的要求，将固体废物污染环境防治内容纳入环境影响评价文件，落实防治固体废物污染环境和破坏生态的措施以及固体废物污染环境防治设施投资概算。施工单位固体废物污染防治法律责任见表 2-6。

表 2-6　施工单位固体废物污染防治法律责任

施工单位		法律责任
编制方案并备案	编制建筑垃圾处理方案，采取污染防治措施，并报县级以上地方人民政府环境卫生主管部门备案	
采取措施	工程施工单位应当及时清运工程施工过程中产生的建筑垃圾等固体废物，并按照环境卫生主管部门的规定进行利用或者处置。 工程施工单位不得擅自倾倒、抛撒或者堆放工程施工过程中产生的建筑垃圾	《中华人民共和国固体废物污染环境防治法》第一百一十一条　违反本法规定，有下列行为之一，由县级以上地方人民政府环境卫生主管部门责令改正，处以罚款，没收违法所得： （一）随意倾倒、抛撒、堆放或者焚烧生活垃圾的； （二）擅自关闭、闲置或者拆除生活垃圾处理设施、场所的； （三）工程施工单位未编制建筑垃圾处理方案报备案，或者未及时清运施工过程中产生的固体废物的； （四）工程施工单位擅自倾倒、抛撒或者堆放工程施工过程中产生的建筑垃圾，或者未按照规定对施工过程中产生的固体废物进行利用或者处置的； （五）产生、收集厨余垃圾的单位和其他生产经营者未将厨余垃圾交由具备相应资质条件的单位进行无害化处理的； （六）畜禽养殖场、养殖小区利用未经无害化处理的厨余垃圾饲喂畜禽的； （七）在运输过程中沿途丢弃、遗撒生活垃圾的。 单位有前款第一项、第七项行为之一，处五万元以上五十万元以下的罚款；单位有前款第二项、第三项、第四项、第五项、第六项行为之一，处十万元以上一百万元以下的罚款；个人有前款第一项、第五项、第七项行为之一，处一百元以上五百元以下的罚款

4. 噪声污染防治

所谓建筑施工噪声，是指在建筑施工过程中产生的干扰周围生活环境的声音。工程建设阶段的噪声污染防治法律责任区分建设单位和施工单位。

（1）建设单位（表 2-7）。

表 2-7　建设单位噪声污染防治法律责任

建设单位		法律责任
列入工程造价	建设单位应当按照规定将噪声污染防治费用列入工程造价	《中华人民共和国噪声污染防治法》第七十八条 违反本法规定，有下列行为之一，由工程所在地人民政府指定的部门责令改正，处五千元以上五万元以下的罚款；拒不改正的，处五万元以上二十万元以下的罚款： （一）建设单位未按照规定将噪声污染防治费用列入工程造价的；……
明确责任	在施工合同中明确施工单位的噪声污染防治责任	
联网要求	在噪声敏感建筑物集中区域施工作业，建设单位应当按照国家规定，设置噪声自动监测系统，与监督管理部门联网，保存原始监测记录，对监测数据的真实性和准确性负责	《中华人民共和国噪声污染防治法》第七十八条 违反本法规定，有下列行为之一，由工程所在地人民政府指定的部门责令改正，处五千元以上五万元以下的罚款；拒不改正的，处五万元以上二十万元以下的罚款： …… （三）在噪声敏感建筑物集中区域施工作业的建设单位未按照国家规定设置噪声自动监测系统，未与监督管理部门联网，或者未保存原始监测记录的； ……
公告要求	因特殊需要必须连续施工作业的，应当取得地方人民政府住房和城乡建设、生态环境主管部门或者地方人民政府指定的部门的证明，并在施工现场显著位置公示或者以其他方式公告附近居民	《中华人民共和国噪声污染防治法》第七十八条 违反本法规定，有下列行为之一，由工程所在地人民政府指定的部门责令改正，处五千元以上五万元以下的罚款；拒不改正的，处五万元以上二十万元以下的罚款： …… （四）因特殊需要必须连续施工作业，建设单位未按照规定公告附近居民的

（2）施工单位（表 2-8）。

表 2-8　施工单位噪声污染防治法律责任

施工单位		法律责任
编制方案	施工单位应当按照规定制定噪声污染防治实施方案，采取有效措施，减少振动、降低噪声	《中华人民共和国噪声污染防治法》第七十八条　违反本法规定，有下列行为之一，由工程所在地人民政府指定的部门责令改正，处五千元以上五万元以下的罚款；拒不改正的，处五万元以上二十万元以下的罚款： …… （二）施工单位未按照规定制定噪声污染防治实施方案，或者未采取有效措施减少振动、降低噪声的； ……
采取措施	在噪声敏感建筑物集中区域施工作业，应当优先使用低噪声施工工艺和设备。 在噪声敏感建筑物集中区域，禁止夜间进行产生噪声的建筑施工作业，但抢修、抢险施工作业，因生产工艺要求或者其他特殊需要必须连续施工作业的除外	《中华人民共和国噪声污染防治法》第七十七条　违反本法规定，建设单位、施工单位有下列行为之一，由工程所在地人民政府指定的部门责令改正，处一万元以上十万元以下的罚款；拒不改正的，可以责令暂停施工： （一）超过噪声排放标准排放建筑施工噪声的； （二）未按照规定取得证明，在噪声敏感建筑物集中区域夜间进行产生噪声的建筑施工作业的

第三节　建设项目竣工环境保护验收阶段的要求

“三同时”是我国环境法律中一项重要的制度，是指建设项目需要配套建设的环境保护设施，必须与主体工程同时设计、同时施工、同时投产使用。编制环境影响报告书、环境影响报告表的建设项目竣工后，建设单位应当按照国务院生态环境行政主管部门规定的标准和程序，对配套建设的环境保护设施进行验收，编制验收报告。

建设单位是建设项目竣工环境保护验收的责任主体，应当按照规定的程序和标准，组织对配套建设的环境保护设施进行验收，编制验收报告，公开相关信息，接受社会监督，确保建设项目需要配套建设的环境保护设施与主体工程同时投产或者使用，并对验收内容、结论和所公开信息的真实性、准确性和完整性负责，不得在验收过程中弄虚作假。

一、验收工作程序

以污染影响类建设项目竣工环境保护验收为例，验收工作主要包括验收监测工作和后续工作，其中验收监测工作可分为启动、自查、编制验收监测方案、实施监测与检查、编制验收监测报告、后续工作六个阶段，见图 2-4。

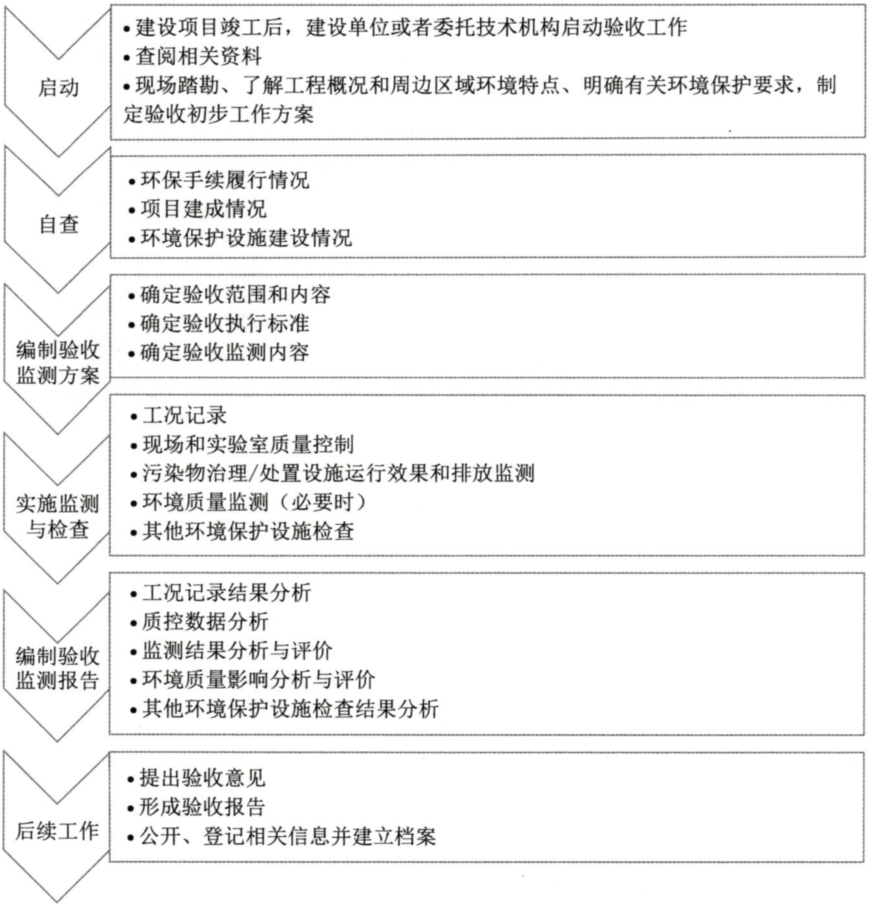

图 2-4　验收监测及后续工作过程

（一）启动

（1）建设项目竣工后，建设单位应当启动验收工作，成立验收工作组。验收工作组可包括项目的环保设施设计单位、环保设施施工单位、环境监理单位（如有）、环境影响报告书（表）编制单位、验收监测报告（表）编制单位等技术支持单位和环境保护验收、行业、监测、质控等领域的技术专家。技术支持单位和技术专家的专业技术能力应足够支撑验收组对项目能否通过验收做出科学准确的结论。

建设单位不具备编制验收监测（调查）报告能力的，可以委托有能力的技术机构编制。建设单位对受委托的技术机构编制的验收监测（调查）报告结论负责。建设单位与受委托的技术机构之间的权利义务关系，以及受委托的技术机构应当承担的责任，可以通过合同形式约定。

（2）查阅资料包括项目立项文件、环境影响报告书（表）及其审批部门审批决定、环保设计资料、施工合同（环保部分）、环境监理报告或者施工监理报告（环保部分）（非必要）、工程竣工资料等。

（3）现场踏勘、了解工程概况和周边区域环境特点、明确有关环境保护要求，制定验收初步工作方案。

（二）自查

1. 环保手续履行情况

主要包括环境影响报告书（表）及其审批部门审批决定，初步设计（环保篇）等文件，国家与地方生态环境部门对项目的督查、整改要求的落实情况，建设过程中的重大变动及相应手续履行情况，是否按排污许可相关管理规定申领了排污许可证，是否按辐射安全许可管理办法申领了辐射安全许可证。

2. 项目建成情况

对照环境影响报告书（表）及其审批部门审批决定等文件，自查项目建设性质、规模、地点，主要生产工艺、产品及产量、原辅材料消耗，项目主体工程、辅助工程、公用工程、储运工程和依托工程内容及规模等情况。

3. 环境保护设施建设情况

（1）建设过程

施工合同中是否涵盖环境保护设施的建设内容和要求，是否有环境保护设施建设进度和资金使用内容，项目实际环保投资总额占项目实际总投资额的百分比。

（2）污染物治理/处置设施

按照废气、废水、噪声、固体废物的顺序，逐项自查环境影响报告书（表）及其审批部门审批决定中的污染物治理/处置设施建成情况，如废水处理设施类别、规模、工艺及主要技术参数，排放口数量及位置；废气处理设施类别、处理能力、工艺及主要技术参数，排气筒数量、位置及高度；主要噪声源的防噪降噪设施；辐射防护设施类别及防护能力；固体废物的储运场所及处置设施等。

（3）其他环境保护设施

按照环境风险防范、在线监测和其他设施的顺序，逐项自查环境影响报告书（表）及其审批部门审批决定中的其他环境保护设施建成情况，如装置区围堰、防渗工程、事故池；规范化排污口及监测设施、在线监测装置；"以新带老"改造工程、关停或拆除现有工程（旧机组或装置）、淘汰落后生产装置；生态恢复工程、绿化工程、边坡防护工程等。

（4）整改情况

自查发现未落实环境影响报告书（表）及其审批部门审批决定要求的环境保护设施的，应及时整改。

（5）重大变动情况

自查发现项目性质、规模、地点、采用的生产工艺或者防治污染、防止生态破坏的措施发生重大变动，且未重新报批环境影响报告书（表）或环境影响报告书（表）未经批准的，建设单位应及时依法依规履行相关手续。

（三）编制验收监测方案

1. 确定验收监测方案范围和内容

验收监测方案内容可包括：建设项目概况、验收依据、项目建设情况、环境保护设施、验收执行标准、验收监测内容、现场监测注意事项、其他环保设施检查内容、质量保证和质量控制方案等。

2. 确定验收执行标准

验收执行标准包括污染物排放标准、生态环境质量标准，选取原则按《建设项目竣工环境保护验收技术指南　污染影响类》附件相关要求执行。具体行业还应执行具体验收标准，见表2-9。

表 2-9 部分行业执行的验收标准

行业	污染类型	执行标准
造纸行业	建设项目及其生产设施的水污染物排放	执行 GB 3544
	锅炉（非火力发电机组）废气污染物排放	执行 GB 1327
	石灰窑废气污染物排放	执行 GB 9078
	焚烧炉焚烧一般固体废物时的废气污染物排放	参照执行 GB 18485
	焚烧炉焚烧危险废物时的废气污染物排放	执行 GB 18484
	碱回收炉、纸加工工段废气污染物排放标准	按照环境影响报告书（表）及其审批部门审批决定执行
	恶臭污染物排放	执行 GB 14554
	化学品制备废气排放	主要执行 GB 16297
	厂界环境噪声	执行 GB 12348
	固体废物的鉴别、利用、处置等	适用 GB 5085.7、GB 34330、GB 18597、GB 18599
汽车制造业	建设项目及其生产设施的大气污染物排放	主要执行 GB 16297
	挥发性有机物无组织排放	执行 GB 37822
	恶臭污染物排放	执行 GB 14554
	配套的动力锅炉（非火力发电机组）	执行 GB 13271
	危险废物焚烧炉尾气	执行 GB 18484
	水污染物排放	主要执行 GB 8978
	厂界环境噪声	执行 GB 12348
	固体废物的鉴别、利用、处置	适用 GB 5085.7、GB 34330、GB 18597、GB 18599
	合成树脂生产设施污染物排放	执行 GB 31572
乙烯工程	建设项目及其生产设施的大气污染物和水污染物排放及控制	主要执行 GB 31571
	恶臭污染物排放	执行 GB 14554
	配套的动力锅炉（非火力发电机组）	执行 GB 13271
	危险废物焚烧炉尾气	执行 GB 18484
	厂界环境噪声	执行 GB 12348

行业	污染类型	执行标准
乙烯工程	固体废物的鉴别、利用、处置	适用 GB 5085.7、GB 34330、GB 18597、GB 18599
石油炼制	建设项目及其生产设施的大气污染物和水污染物排放及控制	主要执行 GB 31570
	恶臭污染物排放	执行 GB 14554
	配套的动力锅炉（非火力发电机组）	执行 GB 13271
	危险废物焚烧炉尾气	执行 GB 18484
	厂界环境噪声	执行 GB 12348
	固体废物的鉴别、利用、处置	适用 GB 5085.7、GB 34330、GB 18597、GB 18599
钢铁工业	建设项目及其生产设施的大气污染物排放	主要执行 GB 28662、GB 28663、GB 28664、GB 28665
	恶臭污染物排放	执行 GB 14554
	挥发性有机物无组织排放及控制	执行 GB 37822
	水污染物排放	主要执行 GB 13456
	厂界环境噪声	执行 GB 12348
	固体废物的鉴别、利用、处置	适用 GB 5085.7、GB 34330、GB 18597、GB 18599
	配套的动力锅炉（非火力发电机组）	执行 GB 13271
水泥工业	建设项目及其生产设施的大气污染物排放	执行 GB 4915
	协同处置固体废物	执行 GB 4915、GB 14554、GB 16297、GB 30485
	水污染物排放	执行 GB 8978
	厂界环境噪声	执行 GB 12348
电解铝及铝用炭素工业	建设项目及其生产设施的大气污染物和水污染物排放	主要执行 GB 25465
	固体废物的鉴别、利用、处置	适用 GB 5085.7、GB 18597、GB 18599、GB 34330

3. 确定验收监测内容

监测内容包括环保设施调试运行效果监测、环境质量影响监测、监测因子确定原则、验收监测频次确定原则等。

（四）实施监测与检查

（1）工况记录

验收监测应当在确保主体工程工况稳定、环境保护设施运行正常的情况下进行，并如实记录监测时的实际工况以及决定或影响工况的关键参数，如实记录能够反映环境保护设施运行状态的主要指标。

（2）现场和实验室质量控制

验收监测采样方法、监测分析方法、监测质量保证和质量控制要求均按照《排污单位自行监测技术指南　总则》（HJ 819）执行。

（3）污染物治理/处置设施运行效果和排放监测

环境保护设施处理效率监测：

1）各种废水处理设施的处理效率；

2）各种废气处理设施的去除效率；

3）固（液）体废物处理设备的处理效率和综合利用率；

4）用于处理其他污染物的处理设施的处理效率；

5）辐射防护设施屏蔽能力及效果。

若不具备监测条件，无法进行环保设施处理效率监测的，需在验收监测报告（表）中说明具体情况及原因。

污染物排放监测：

1）排放到环境中的废水，以及环境影响报告书（表）及其审批部门审批决定中有回用或间接排放要求的废水；

2）排放到环境中的各种废气，包括有组织排放和无组织排放；

3）产生的各种有毒有害固（液）体废物，需要进行危险废物鉴别的，按照相关危险废物鉴别技术规范和标准执行；

4）厂界环境噪声；

5）环境影响报告书（表）及其审批部门审批决定、排污许可证规定的总量控制污染物的排放总量；

6）场所辐射水平。

（4）环境质量监测（必要时）

环境质量影响监测主要针对环境影响报告书（表）及其审批部门审批决定中关注的环境敏感保护目标的环境质量，包括地表水、地下水和海水、环境空气、声环境、土壤环境、辐射环境质量等的监测。

（5）其他环境保护设施检查

（五）编制验收监测报告

验收监测报告的主要内容包括以下几个部分：

（1）前言：主要交代建设项目的基本情况和监测目的，如建设项目的位置、建设规模、环评文件编制情况、项目开工及完工时间等。

（2）验收监测依据：包括国家、地方的法律法规、环境标准、技术性规范，环评文件及批复，企业自检报告、委托监测文件等材料。

（3）建设项目工程概况：主要说明建设项目概况和工艺流程。

（4）主要污染源及治理措施：包括污染源、主要污染物、采取的环保设施、环保设施建设和运行情况、排污口位置等，还需说明监测期间企业的生产运行状况。

（5）验收评价标准。根据企业建设项目排污状况，分废气、废水、噪声、工业固体废物的排放源和无组织排放的监测评价、厂区附近环境质量的监测评价、生态状况调查与分析等。

（6）验收监测结果及分析：利用合理的环境监测方法，对建设项目涉及的污染物的监测结果分析，如噪声、废水、废气等。

（7）结论和建议：对环评报告和环评批复意见的落实情况给予综合性评价，主要说明是否通过验收以及针对监测中的问题提出整改建议。

（六）后续工作

1. 提出验收意见并形成验收报告

验收工作组可以召开验收会议的方式，在现场核查和对验收监测报告内容核查的基础上，严格依照国家有关法律法规、建设项目竣工环境保护验收技术规范、建设项目环境影响报告书（表）及其审批部门审批决定等要求对建设项目配套建设的环境保护设施进行验收，形成科学合理的验收意见。验收意见应当包括工程建设基本情况，工程变动情况，环境保护设施落实情况，环境保护设施调试运行效果，工程建设对环境的影响，项目存在的主要问题，验收结论和后续要求。对验收不合格的项目，验收意见中还应明确详细、具体可操作的整改要求。

2. 公开、登记相关信息并建立档案

一套完整的建设项目竣工环境保护验收档案包括环境影响报告书（表）及其审批部门审批决定、初步设计（环保篇）或环保设计方案、施工合同（环保部分）、环境监测报告或施工监理报告（环保部分）（若有）、工程竣工资料（环保部分）、验收报告［含验收监测报告（表）、验收意见和其他需要说明的事项］、信息公开记录证明（需要保密的除外）。建设单位委托技术机构编制验收监测报告的，还可把委托合同、责任约定等委托涉及的关键材料存入档案。建设单位成立验收工作组协助开展验收工作的，还可把验收工作组单位及成员名单、技术专家专长介绍等材料存入档案。

二、常见问题

1. 需要开展验收工作的建设项目范围

编制环境影响报告书、环境影响报告表的建设项目竣工后，建设单位应当按照国务院生态环境行政主管部门规定的标准和程序，对配套建设的环境保护设施进行验收，编制验收报告。具体而言，需要开展竣工环境保护验收的建设项目是编制环境影响报告书、报告表的项目，而需要填报环境影响登记表的建设项目，对其环境保护设施验收不作要求。

2. 开展验收工作的主体

2017 年，《建设项目环境保护管理条例》修订后，取消了建设项目竣工环境保护验收的行政许可，改为由建设单位自主验收。随着《中华人民共和国大气污染防治法》《中华人民共和国水污染防治法》《中华人民共和国固体废物污染环境防治法》《中华人民共和国噪声污染防治法》等法律的修订，不再对验收事项作出规定，从法律层面理顺了组织建设项目与环境保护设施验收的主体责任，即涉及大气、水、固体废物、噪声等建设项目的环境保护设施，建设单位是验收的责任主体，对验收工作承担相应责任。

3. 分期建设项目的验收

分期建设、分期投入生产或者使用的建设项目，应当在环境影响报告书（表）列明分期建设内容，明确各阶段相应配套的环境保护设施，并在具体施工建设中予以落实，据此相应的环境保护设施应当开展分期验收，不得任意拆分项目。

4. 验收中对环评中未提及的污染源的处理

取决于该污染源是否涉及工程的重大变更，如果是因变更内容或工艺而新增加的污染源，则涉及环评的重新报批，依据国家和本省列出的重大变更清单，对照判断。如果只是原工艺基础上增加的一个岗位处理设施，则应对其进行验收。

5. 验收与排污许可的关系

企业在申请排污许可证时，竣工验收报告并不是前置条件，需要提交环评报告的批复文件。但是建设项目无证排污或不按证排污的，建设单位不得出具该项目验收合格的意见。而验收期间污染物排放需符合排污许可相关管理规定，应当领取排污许可证的项目必须先申领了排污许可证才允许验收期间有污染物排放；验收报告中与污染物排放相关的主要内容要纳入该项目验收完成当年排污许可证执行年报。

6. 法律责任

需要配套建设的环境保护设施未建成、未经验收或者验收不合格，建设项目即投入生产或者使用，或者在环境保护设施验收中弄虚作假的，由县级以上生态环境主管部门责令限期改正，处 20 万元以上 100 万元以下的罚款；逾期不改正的，处 100 万元以上 200 万元以下的罚款；对直接负责的主管人员和其他责任人员，处 5 万元以上 20 万元以下的罚款；造成重大环境污染或者生态破坏的，责令停止生产或者使用，或者报经有批准权的人民政府批准，责令关闭。

建设单位未依法向社会公开环境保护设施验收报告的，由县级以上生态环境主管部门责令公开，处 5 万元以上 20 万元以下的罚款，并予以公告。

第四节　生产阶段的环保要求

一、保证污染治理设施的正常运行

污染治理设施是企业保障其生产行为符合环境管理要求的基本条件。在环境影响评价及排污许可证申领时，都需要采取措施减少或降低企业生产建设行为对环境的危害。在生产过程不同的产排污节点，企业需根据环境影响评价要求建设相应的污染治理设施，建设项目中防治污染的设施，还应当与主体工程同时设计、同时施工、同时投产使用。

（一）生产经营过程中不得擅自停运污染治理设施

按照“三同时”制度的要求，企业的主体工程应当与污染治理设施同时投入使用。污染治理设施是企业保障污染物达标排放的重要举措，也是环境保护管理的基本要求。《中华人民共和国环境保护法》规定，建设项目中防治污染的设施，应当与主体工程同时设计、同时施工、同时投产使用。防治污染的设施应当符合经批准的环境影响评价文件的要求，不得擅自拆除或者闲置。

需要注意的是，停运污染治理设施不仅包括整体污染治理设施的停止运行，也包括污染治理设施中的组成部分的停止运行。例如，某公司排污许可证要求电解废气经酸雾吸收塔净化后排放，处理工艺为酸碱中和。现场检查时该公司电解工段正在生产，酸雾吸收塔引风机正在运行，但碱喷淋泵未运行，导致电解废气未经有效处理直接外排环境。该公司的违法行为即涉嫌污染治理设施停止运行。

在生产过程中，如果污染治理突发故障、突发环境事件、常规检修等原因，需要停运污染治理设施的，企业应当及时报告当地生态环境部门并采取后续处置措施，避免被判定违法。一些地方生态环境部门专门出台涉及污染治理设施停运管理要求的规定，如《济南市环保局关于进一步规范污染防治设施停（启）运报告制度有关事项的通知》《贵州省生态环境厅关于规范重点污染源企业污染防治设施停（启）运报告制度有关事项的通知》等都有对污染治理设施停运需报告生态环境部门的要求，企业需注意并遵守污染治理设施正常运行的规定。

案例 2-1

山东某有限公司通过不正常运行污染防治设施的方式排放大气污染物案[1]

案件简介

2021 年 10 月 21 日，执法人员对山东某有限公司进行现场检查时，该企业正常生产，废气脱硫处理设施氢氧化钙搅拌罐已长时间未运行，脱硫池 pH 检测呈弱酸性。经进一步勘察，发现该企业库房内仅存放几包氢氧化钙，长时间未使用；脱硫控制室杂乱无章且布满灰尘，脱硫监控画面无任何参数。

查处情况

该企业上述行为违反了《中华人民共和国大气污染防治法》第二十条第二款的规定，淄博市生态环境局根据《中华人民共和国大气污染防治法》第九十九条第三项的规定，参照《山东省生态环境行政处罚裁量基准》，责令其立即改正违法行为，并拟处罚款 35.31 万元。根据《行政主管部门移送行政拘留环境违法案件暂行办法》

---

1 不正常运行污染防治设施、私设旁路排污 山东发布高压打压环境违法犯罪典型案例，https://www.163.com/dy/article/GQPRPSP90514CFC7.html。

的规定，拟在下达处罚决定后将该案件移送公安机关。

（二）应按照操作规程使用污染治理设施

污染防治设施操作规程通常需要以书面形式制定，具体内容包括污染防治设施的运行原理、操作步骤，日常检修和维护方法，故障后的检查维修及应急停产停排措施等内容。在设备实际运行过程中，建议企业通过确定各环节的具体直接责任人形式明确责任及工作流程，避免紧急情况时出现疏漏。污染治理设施运行管理人员应注意责任到岗，做好污染治理设施运行台账。

在实务中，不按操作规程使用污染治理设施包括更改药剂或加药频次等行为。如果不按操作规程使用污染治理设施导致其不能正常发挥作用的，如污染物超标排放或者超总量排放，将会承担逃避监管排污的法律责任。

（三）污染治理设施发生故障后及时维修义务

污染治理设施同生产设备一样，需要日常维护和检查，做好设备保养，维护和检修记入设备运行台账。发生故障后应及时报告当地生态环境部门，并及时进行维修，必要时限产或者停产，保证污染物达标排放。怠于行使污染治理设施的维修义务，常见的表现是不维修或者拖延维修周期，正常生产时污染物也在外排。

案例 2-2

某医院不正常运行水污染防治设施排放污染物案[1]

案情简介

2020 年 6 月 23 日，抚州市广昌生态环境局执法人员对县某医院进行执法检查，发现该医院涉嫌存在废水处理设施不正常运行的环境违法行为。经调查核实，该医院产生的医疗废水应经收集、厌氧、好氧、沉淀和消毒等工艺处理后排至城镇生活污水处理厂。现场检查时发现，该医院废水处理设施中的曝气设备遭雷击损坏（非人为因素）不能正常运行，由于疫情等原因，损坏时间较长，未及时进行维修，导

1 “环境执法大练兵”每人一普法④：某医院不正常运行水污染防治设施排放污染物案，https://baijiahao.baidu.com/s?id=1735079969531421921&wfr=spider&for=pc。

致医疗废水未经有效处理外排，没有将该事件上报当地政府或生态环境部门。

查处情况

广昌生态环境局对该医院以涉嫌“不正常运行水污染防治设施排放污染物案”立案调查，根据调查情况和该医院违法行为，6 月 24 日对该医院下达了《责令改正违法行为决定书》，责令该医院立即改正环境违法行为，立即恢复污水处理设施正常运行；6 月 29 日下达了《处罚事先（听证）告知书》，告知该医院陈述申辩和听证权利，在法定期限内广昌生态环境局未收到陈述意见和听证申请；7 月 9 日下达了《行政处罚决定书》，处以壹拾万零伍佰元的行政罚款。

案件启示

本案是一起不正常运行污染防治设施排放污染物的案件。该医院违反了《中华人民共和国水污染防治法》第三十九条“禁止利用渗井、渗坑、裂隙、溶洞，私设暗管，篡改、伪造监测数据，或者不正常运行水污染防治设施等逃避监管的方式排放水污染物”的规定，其中，“不正常运行污染防治设施”符合原环境保护部有关解释中“违反操作规程使用处理设施，或者不按规程进行检查和维修，致使处理设施不能正常运行”的情形，处理依据是《中华人民共和国水污染防治法》第八十三条第三项“违反本法规定，有下列行为之一的，由县级以上人民政府生态环境主管部门责令改正或者责令限制生产、停产整治，并处十万元以上一百万元以下的罚款；情节严重的，报经有批准权的人民政府批准，责令停业、关闭：……（三）利用渗井、渗坑、裂隙、溶洞，私设暗管，篡改、伪造监测数据，或者不正常运行水污染防治设施等逃避监管的方式排放水污染物的”的规定，《江西省环境保护行政处罚自由裁量权细化标准》将该款细化为：因非人为因素操作失误或设备故障导致不正常使用水污染物处理设施，有主动改正或其他轻微情形的，处 10 万～ 30 万元罚款。

该案件直接反映一些企业、事业单位环保意识淡薄，在正常生产经营过程中，忽视了日常管理，对污染防治设施巡检维护不到位，在遇到突发情况时没有及时采取有效措施妥善处置。当前新冠疫情防控形势仍不容乐观，医疗废水处置是疫情防控的重要防线，如果发生异常而导致次生感染事件，后果不堪设想。

（四）不得将污染物从污染处理设施中间工序引出排放

污染治理设施存在的目的在于处理污染物，除突发情况外，将部分或全部污染物从污染处理设施中间过程引出排放，未能将污染物进行有效处理，不能实现达标排放的要求，并且行为人在主观上存在逃避监管的故意。

（五）不得将污染物不经过污染治理设施直接排放

在实务中，污染物“直排”通常有两种内涵：一是企业没有污染治理设施，污染物不经处理直接排放外环境；二是企业有污染治理设施，但污染物未经过污染治理设施向外环境排放。此处的“直排”是指第二种内涵。

有些企业在污染物进入污染治理设施之前，将部分污染物通过暗管等形式引出，绕过污染治理设施直接排放，造成一种污染治理设施正常运行的假象。企业采取这种隐蔽性较强的排污方式，其目的一方面是降低污染物治理成本，另一方面可能是弥补处理技术、能力的不足，达到排污口达标排放的效果，殊不知该行为已经是逃避监管方式排污的违法行为。

案例 2-3

宁夏某材料有限公司不正常运行大气污染防治设施案[1]

案情简介

2021 年 6 月 4 日，石嘴山市生态环境局大武口分局执法人员对宁夏某材料有限公司进行了现场检查。该公司粉体分厂还原反应釜配套建设一座碱液喷淋塔，还原反应釜与碱液喷淋塔之间密闭管道软连接破损，含氮废气未经处理经过破损处逸散，现场检查时还原反应釜正在运行。该公司上述行为违反了《中华人民共和国大气污染防治法》第二十条第二款“禁止通过偷排、篡改或者伪造监测数据、以逃避现场检查为目的的临时停产、非紧急情况下开启应急排放通道、不正常运行大气污染防治设施等逃避监管的方式排放大气污染物”之规定。

查处情况

依据《中华人民共和国大气污染防治法》第九十九条第三项规定，执法部门于 2021 年 7 月 15 日对该公司粉体分厂还原反应釜与碱液喷淋塔之间密闭管道软体连接破损，含氮废气未经处理通过破损处逸散案件，责令该公司立即停止环境违法行为，处以罚款壹拾壹万元整，并将相关责任人移送至公安机关实施行政拘留。

（六）非紧急情况不得开启应急通道排放污染物

向环境排放污染物应当通过合法的排污口排放，除因发生或者可能发生安

---

1 石嘴山市生态环境局典型案例分析，http://sthj.shizuishan.gov.cn/jgxx/sthjzf/202111/t20211123_3145830.html。

全生产事故或者突发环境事件需要通过应急排放通道排放污染物外，禁止通过其他排放通道排放污染物。

案例 2-4

某企业用应急通道排放污染物案[1]

某碳素制品有限公司主要从事石油焦生产，建有煅烧炉 3 台。检查发现，煅烧炉废气收集管道上设置旁路挡板并处于开启状态，部分煅烧炉废气未经过脱硫处理，通过旁路烟囱直排，污染外环境。

不正常运行污染治理设施是主观恶性较强的环境违法行为，依据《中华人民共和国环境保护法》《中华人民共和国大气污染防治法》《中华人民共和国水污染防治法》等法律的规定，一旦违法行为被确认，企业不仅将面临责令改正或者限制生产、停产整治，并处罚款的处理，还会对相关责任人予以行政拘留（表 2-10）。

表 2-10　不正常运行污染治理设施的法律责任

序号	法律依据	法律责任
1	《中华人民共和国大气污染防治法》第二十条　企业事业单位和其他生产经营者向大气排放污染物的，应当依照法律法规和国务院生态环境主管部门的规定设置大气污染物排放口。 禁止通过偷排、篡改或者伪造监测数据、以逃避现场检查为目的的临时停产、非紧急情况下开启应急排放通道、不正常运行大气污染防治设施等逃避监管的方式排放大气污染物	《中华人民共和国大气污染防治法》第九十九条　违反本法规定，有下列行为之一的，由县级以上人民政府生态环境主管部门责令改正或者限制生产、停产整治，并处十万元以上一百万元以下的罚款；情节严重的，报经有批准权的人民政府批准，责令停业、关闭：…… （三）通过逃避监管的方式排放大气污染物的

1　用应急通道排放废气逃避监管 这12家企业因涉气环境问题被公开通报，https://m.gmw.cn/baijia/2021-11/30/1302701178.html。

序号	法律依据	法律责任
2	《中华人民共和国水污染防治法》第三十九条　禁止利用渗井、渗坑、裂隙、溶洞，私设暗管，篡改、伪造监测数据，或者不正常运行水污染防治设施等逃避监管的方式排放水污染物	《中华人民共和国水污染防治法》第八十三条　违反本法规定，有下列行为之一的，由县级以上人民政府生态环境主管部门责令改正或者责令限制生产、停产整治，并处十万元以上一百万元以下的罚款；情节严重的，报经有批准权的人民政府批准，责令停业、关闭：…… （三）利用渗井、渗坑、裂隙、溶洞，私设暗管，篡改、伪造监测数据，或者不正常运行水污染防治设施等逃避监管的方式排放水污染物的； ……
3	《中华人民共和国环境保护法》第四十二条　严禁通过暗管、渗井、渗坑、灌注或者篡改、伪造监测数据，或者不正常运行防治污染设施等逃避监管的方式违法排放污染物	《中华人民共和国环境保护法》第六十三条 企业事业单位和其他生产经营者有下列行为之一，尚不构成犯罪的，除依照有关法律法规规定予以处罚外，由县级以上人民政府生态环境主管部门或者其他有关部门将案件移送公安机关，对其直接负责的主管人员和其他直接责任人员，处十日以上十五日以下拘留；情节较轻的，处五日以上十日以下拘留：…… （三）通过暗管、渗井、渗坑、灌注或者篡改、伪造监测数据，或者不正常运行防治污染设施等逃避监管的方式违法排放污染物的；……

二、保证污染物达标排放

（一）企业排放污染物执行的标准

判断企业污染物排放行为是否达标的环境标准是污染物排放标准。省、自治区、直辖市人民政府可以根据地方环境问题特点对国家污染物排放标准中未作规定的项目，制定地方污染物排放标准；也可以根据区域的技术、经济发展水平，对国家污染物排放标准中已作规定的项目，制定严于国家污染物排放标准的地方污染物排放标准。凡是向已有地方污染物排放标准的区域排放污染物的，应当执行地方污染物排放标准。

目前，污染物排放标准中有两类综合性排放标准，分别是《污水综合排放标准》和《大气污染物综合排放标准》。此外，还有诸多的行业标准中也对污水、大气有规定。企业排放污染物，在有行业标准时应当首先遵守行业标准的规定，无行业标准时遵守综合排放标准的规定。一般情形下，如果企业的建设项目属于应当编制环境影响报告书或者环境影响报告表类的，则企业应当遵守的排污标准通常会在环境影响评价批复文件中说明。

需要注意的是，随着社会进步和环境的变化，一些污染物排放标准在修订更新，如《加油站大气污染物排放标准》（GB 20952—2020 代替 GB 20952—2007）。因此，企业污染物排放应执行新修订的标准。

（二）超标排放的法律责任

超标排放的法律责任具体见表 2-11。

表 2-11　超标排放的法律责任

序号	法律依据	法律责任
1	《中华人民共和国大气污染防治法》第十八条　企业事业单位和其他生产经营者建设对大气环境有影响的项目，应当依法进行环境影响评价、公开环境影响评价文件；向大气排放污染物的，应当符合大气污染物排放标准，遵守重点大气污染物排放总量控制要求	《中华人民共和国大气污染防治法》第九十九条　违反本法规定，有下列行为之一的，由县级以上人民政府生态环境主管部门责令改正或者限制生产、停产整治，并处十万元以上一百万元以下的罚款；情节严重的，报经有批准权的人民政府批准，责令停业、关闭：…… （三）通过逃避监管的方式排放大气污染物的
2	《中华人民共和国水污染防治法》第十条　排放水污染物，不得超过国家或者地方规定的水污染物排放标准和重点水污染物排放总量控制指标	《中华人民共和国水污染防治法》第八十三条　违反本法规定，有下列行为之一的，由县级以上人民政府生态环境主管部门责令改正或者责令限制生产、停产整治，并处十万元以上一百万元以下的罚款；情节严重的，报经有批准权的人民政府批准，责令停业、关闭：……（二）超过水污染物排放标准或者超过重点水污染物排放总量控制指标排放水污染物的；……

序号	法律依据	法律责任
3	《中华人民共和国噪声污染防治法》第二十二条第一款　排放噪声、产生振动，应当符合噪声排放标准以及相关的环境振动控制标准和有关法律、法规、规章的要求	《中华人民共和国噪声污染防治法》第七十五条　违反本法规定，无排污许可证或者超过噪声排放标准排放工业噪声的，由生态环境主管部门责令改正或者限制生产、停产整治，并处二万元以上二十万元以下的罚款；情节严重的，报经有批准权的人民政府批准，责令停业、关闭。 第七十七条　违反本法规定，建设单位、施工单位有下列行为之一，由工程所在地人民政府指定的部门责令改正，处一万元以上十万元以下的罚款；拒不改正的，可以责令暂停施工： （一）超过噪声排放标准排放建筑施工噪声的；……
4	《中华人民共和国海洋环境保护法》第四十九条　海洋工程建设项目，不得使用含超标准放射性物质或者易溶出有毒有害物质的材料	《中华人民共和国海洋环境保护法》第八十三条　使用含超标准放射性物质或者易溶出有毒有害物质材料的，由海洋行政主管部门处五万元以下的罚款，并责令其停止该建设项目的运行，直到消除污染危害

案例 2-5

常州某印染有限公司废气超标排放案[1]

案情简介

2022 年 3 月 31 日常州市生态环境局常州经济开发区分局现场检查时，发现该单位废水处理设施运行时有废气产生，配套建有 1 套碱喷淋 + 次氯酸钠喷淋工艺的废气处理设施，对废气处理设施排放口有组织排放废气及厂界外无组织排放废气进行采样，经检测，该单位无组织排放的废气中污染物硫化氢浓度为 0.077 mg/m^3、臭气浓度最大值为 41（量纲一），均超过了《恶臭污染物排放标准》（GB 14554—1993）表 1 中二级新扩改建标准值。

查处情况

常州市生态环境局责令该单位改正违法排放大气污染物的行为，于 2022 年 4 月 28 日对该单位处罚款 25 万元。

1　常州公布 2022 年上半年生态环境违法十大典型案例，https://new.qq.com/rain/a/20220527A00W0A00。

案件启示

企业作为遵守生态环境法律法规的主体，平时应加强对废气排放口的自我监测，实时跟踪排放情况，一旦超标要采取有针对性的措施，有效避免超标排放。

三、生产阶段的新建、改建、扩建或技术改造项目，需要编制并报批环评手续

根据《建设项目环境保护条例》第五条的规定“改建、扩建项目和技术改造项目必须采取措施，治理与该项目有关的原有环境污染和生态破坏”，未针对项目原有环境污染和生态破坏提出有效防治措施的，生态环境主管部门应当对环境影响报告书、环境影响报告表作出不予批准的决定。

在运行过程中产生不符合经审批的环境影响评价文件的情形的，建设单位应当组织环境影响的后评价，采取改进措施，并报原环境影响评价文件审批部门和建设项目审批部门备案；原环境影响评价文件审批部门也可以责成建设单位进行环境影响的后评价，采取改进措施。

案例 2-6

江苏某科技有限公司违反建设项目管理制度案[1]

案情简介

2022 年 3 月 31 日、4 月 1 日，常州市武进生态环境局对江苏某科技有限公司进行现场检查，发现该单位从事电烤箱和燃气取暖器项目的生产，环评文件要求手工表面处理线脱脂工段采用碱性工艺，使用碱性脱脂剂。经调查，该单位手工表面处理线脱脂工段实际生产过程中使用有机酸清洗剂，由碱洗改为酸洗，生产工艺发生重大变动。该单位电烤箱和燃气取暖器项目生产工艺发生重大变动，需配套建设的环境保护设施未全部建成，已建成的环境保护设施未经验收，建设项目即投入生产。

查处情况

常州市生态环境局于 2022 年 4 月 21 日对该单位生产工艺发生重大变动未重新报批处罚款 8.75 万元，对生产工艺发生重大变动未验收处罚款 33 万元，对该项目负责人处罚款 6 万元。

1　常州公布 2022 年上半年生态环境违法十大典型案例，https://new.qq.com/rain/a/20220527A00W0A00。

案件启示

建设项目在经过环评及验收程序后，如果发生重大变动的，应当重新报批环境影响评价文件，并严格落实“三同时”制度，完成自主验收后方可投入生产。违反建设项目“三同时”管理制度的，依法对企业与责任人实施双罚制。

四、遵守排污许可证管理规定

我国要建立以排污许可制为核心的固定污染源监管制度体系，即建立以“排污许可证”为核心的“一证式”环境管理体系。排污许可证不仅表明企业有向环境排污的权利和资格，而且是企业排污行为法律性要求和规范性要求的载体。排污许可证是排污单位承担污染排放控制义务和责任的法律文书，具有法定性、强制性，一旦违反企业在申领排污许可证时的承诺，则应承担相应的法律责任。

2021 年 3 月 15 日起施行的《排污许可管理条例》对规范排污许可证申请与审批、强化排污单位主体责任、加强排污许可事中事后监管等作出详细规定。针对可能存在的环境违法行为,《排污许可管理条例》共列出 25 种环境违法行为，其中针对持证单位的 23 个，针对技术服务机构的 2 个，如表 2-12 所示。

表 2-12 《排污许可管理条例》排污许可违法行为清单

序号	违法行为	事实依据	处罚依据
1	未取得排污许可证排放污染物	《排污许可管理条例》第二条　依照法律规定实行排污许可管理的企业事业单位和其他生产经营者（以下称排污单位），应当依照本条例规定申请取得排污许可证；未取得排污许可证的，不得排放污染物	《排污许可管理条例》第三十三条　责令改正或者限制生产、停产整治，处 20 万元以上 100 万元以下的罚款；情节严重的，报经有批准权的人民政府批准，责令停业、关闭
2	排污许可证有效期届满未申请延续或者延续申请未经批准排放污染物		
3	被依法撤销、注销、吊销排污许可证后排放污染物		
4	依法应当重新申请取得排污许可证，未重新申请取得排污许可证排放污染物		
5	超过许可排放浓度、许可排放量排放污染物	《中华人民共和国环境保护法》第四十五条第二款　实行排污许可管理的企业事业单位和其他生产经营者应当按照排污许可证的要求排放污染物。 《排污许可管理条例》第十七条第二款　排污单位应当遵守排污许可证规定，按照生态环境管理要求运行和维护污染防治设施，建立环境管理制度，严格控制污染物排放	《排污许可管理条例》第三十四条　责令改正或者限制生产、停产整治，处 20 万元以上 100 万元以下的罚款；情节严重的，吊销排污许可证，报经有批准权的人民政府批准，责令停业、关闭
6	通过暗管、渗井、渗坑、灌注或者篡改、伪造监测数据，或者不正常运行污染防治设施等逃避监管的方式违法排放污染物	《排污许可管理条例》第十七条第二款　排污单位应当遵守排污许可证规定，按照生态环境管理要求运行和维护污染防治设施，建立环境管理制度，严格控制污染物排放	

序号	违法行为	事实依据	处罚依据
7	未按照排污许可证规定控制大气污染物，无组织排放	《中华人民共和国环境保护法》第四十五条第二款　实行排污许可管理的企业事业单位和其他生产经营者应当按照排污许可证的要求排放污染物。 《排污许可管理条例》第十七条第二款　排污单位应当遵守排污许可证规定，按照生态环境管理要求运行和维护污染防治设施，建立环境管理制度，严格控制污染物排放	《排污许可管理条例》第三十五条　责令改正，处5万元以上20万元以下的罚款；情节严重的，处20万元以上100万元以下的罚款，责令限制生产、停产整治
8	特殊时段未按照排污许可证规定停止或者限制排放污染物		
9	污染物排放口位置或者数量不符合排污许可证规定	《排污许可管理条例》第十八条第二款　污染物排放口位置和数量、污染物排放方式和排放去向应当与排污许可证规定相符	《排污许可管理条例》第三十六条　责令改正，处2万元以上20万元以下的罚款；拒不改正的，责令停产整治
10	污染物排放方式或者排放去向不符合排污许可证规定		
11	损毁或者擅自移动、改变污染物排放自动监测设备	《中华人民共和国大气污染防治法》第二十六条　禁止侵占、损毁或者擅自移动、改变大气环境质量监测设施和大气污染物排放自动监测设备	
12	未按照排污许可证规定安装、使用污染物排放自动监测设备并与生态环境主管部门的监控设备联网，或者未保证污染物排放自动监测设备正常运行	《排污许可管理条例》第二十条　实行排污许可重点管理的排污单位，应当依法安装、使用、维护污染物排放自动监测设备，并与生态环境主管部门的监控设备联网。 排污单位发现污染物排放自动监测设备传输数据异常的，应当及时报告生态环境主管部门，并进行检查、修复	

序号	违法行为	事实依据	处罚依据
13	未按照排污许可证规定制定自行监测方案并开展自行监测	《排污许可管理条例》第十九条　排污单位应当按照排污许可证规定和有关标准规范，依法开展自行监测，并保存原始监测记录。原始监测记录保存期限不得少于5年。 排污单位应当对自行监测数据的真实性、准确性负责，不得篡改、伪造	《排污许可管理条例》第三十六条　责令改正，处2万元以上20万元以下的罚款；拒不改正的，责令停产整治
14	未按照排污许可证规定保存原始监测记录		
15	未按照排污许可证规定公开或者不如实公开污染物排放信息	《排污许可管理条例》第二十三条第一款　排污单位应当按照排污许可证规定，如实在全国排污许可证管理信息平台上公开污染物排放信息	
16	发现污染物排放自动监测设备传输数据异常或者污染物排放超过污染物排放标准等异常情况不报告	《排污许可管理条例》第二十条　实行排污许可重点管理的排污单位，应当依法安装、使用、维护污染物排放自动监测设备，并与生态环境主管部门的监控设备联网。 排污单位发现污染物排放自动监测设备传输数据异常的，应当及时报告生态环境主管部门，并进行检查、修复。 《排污许可管理条例》第二十一条第二款　排污单位发现污染物排放超过污染物排放标准等异常情况时，应当立即采取措施消除、减轻危害后果，如实进行环境管理台账记录，并报告生态环境主管部门，说明原因。超过污染物排放标准等异常情况下的污染物排放计入排污单位的污染物排放量	

序号	违法行为	事实依据	处罚依据
17	未建立环境管理台账记录制度，或者未按照排污许可证规定记录	《排污许可管理条例》第二十一条第一款　排污单位应当建立环境管理台账记录制度，按照排污许可证规定的格式、内容和频次，如实记录主要生产设施、污染防治设施运行情况以及污染物排放浓度、排放量。环境管理台账记录保存期限不得少于5年	《排污许可管理条例》第三十七条　责令改正，处每次5千元以上2万元以下的罚款；法律另有规定的，从其规定
18	未如实记录主要生产设施及污染防治设施运行情况或者污染物排放浓度、排放量	《排污许可管理条例》第二十一条第二款　排污单位发现污染物排放超过污染物排放标准等异常情况时，应当立即采取措施消除、减轻危害后果，如实进行环境管理台账记录，并报告生态环境主管部门，说明原因。超过污染物排放标准等异常情况下的污染物排放计入排污单位的污染物排放量	
19	未按照排污许可证规定提交排污许可证执行报告	《排污许可管理条例》第二十一条　排污单位应当按照排污许可证规定的内容、频次和时间要求，向审批部门提交排污许可证执行报告，如实报告污染物排放行为、排放浓度、排放量等。 排污许可证有效期内发生停产的，排污单位应当在排污许可证执行报告中如实报告污染物排放变化情况并说明原因。 排污许可证执行报告中报告的污染物排放量可以作为年度生态环境统计、重点污染物排放总量考核、污染源排放清单编制的依据	
20	未如实报告污染物排放行为或者污染物排放浓度、排放量		
21	拒不配合生态环境主管部门监督检查，或者在接受监督检查时弄虚作假的		《排污许可管理条例》第三十九条责令改正，处2万元以上20万元以下的罚款

序号	违法行为	事实依据	处罚依据
22	以欺骗、贿赂等不正当手段申请取得排污许可证的		《排污许可管理条例》第四十条　撤销其排污许可证，处20万元以上50万元以下的罚款，3年内不得再次申请排污许可证
23	伪造、变造、转让排污许可证的	《排污许可管理条例》第二十六条第二款　禁止伪造、变造、转让排污许可证	《排污许可管理条例》第四十一条　没收相关证件或者吊销排污许可证，处10万元以上30万元以下的罚款，3年内不得再次申请排污许可证
24	接受审批部门委托的排污许可技术机构弄虚作假的	《排污许可管理条例》第十条　审批部门应当对排污单位提交的申请材料进行审查，并可以对排污单位的生产经营场所进行现场核查。 审批部门可以组织技术机构对排污许可证申请材料进行技术评估，并承担相应费用。 技术机构应当对其提出的技术评估意见负责，不得向排污单位收取任何费用	《排污许可管理条例》第四十二条　解除委托关系，将相关信息记入其信用记录，在全国排污许可证管理信息平台上公布，同时纳入国家有关信用信息系统向社会公布；情节严重的，禁止从事排污许可技术服务
25	需要填报排污登记表的排污者，未依照本条例规定填报排污信息的	《排污许可管理条例》第二十四条第三款　需要填报排污登记表的企业事业单位和其他生产经营者，应当在全国排污许可证管理信息平台上填报基本信息、污染物排放去向、执行的污染物排放标准以及采取的污染防治措施等信息；填报的信息发生变动的，应当自发生变动之日起20日内进行变更填报	《排污许可管理条例》第四十三条　责令改正，可以处5万元以下的罚款

案例 2-7

福建某环境保护有限公司调整标液浓度改变自动监测设备校准曲线案[1]

案情简介

2021年9月30日，根据福建省生态云污染源监控系统发出的警告信息，福建省生态环境保护综合执法总队会同三明市生态环境局执法人员对福建某环境保护有限公司进行突击检查，发现COD和氨氮在线监控设施校准曲线不符合正常形态。现场使用高、中、低三种浓度标液的质控样比对，结果显示自动监测数据无明显变化。

经调查证实，该公司厂长在校准时，人为调整标液浓度，导致标准曲线与规范要求不符，现场监测的COD和氨氮自动监测数据波动极小且与实际严重不符。

查处情况

该公司上述行为违反了《排污许可管理条例》第十九条第二款“排污单位应当对自行监测数据的真实性、准确性负责，不得篡改、伪造”的规定。2021年11月12日，三明市生态环境局依据《排污许可管理条例》第三十四条第（二）项的规定，责令该公司改正违法行为，并处罚款21.43万元。2021年11月12日，三明市生态环境局依据《中华人民共和国环境保护法》第六十三条第（三）项、《排污许可管理条例》第四十四条第（二）项和《行政主管部门移送适用行政拘留环境违法案件暂行办法》第六条第（一）项的规定，将案件移送公安机关。2021年12月24日，公安机关对厂长行政拘留8天。

案例 2-8

江苏省生态环境厅公布的一组排污许可违法违规典型案例（上）[2]

一、江苏某材料有限公司未取得排污许可证排放污染物案

案情简介

2021年7月23日，镇江市生态环境综合行政执法局执法人员对江苏某材料有限公司进行现场检查过程中发现，该单位因存在环保手续不完善，未按环保要求规范设置排污口，未建立排污口档案等问题。2020年7月10日，镇江市生态环境局

---

1 福建省生态环境厅公布涉自动监控类环境违法典型案例（2022年第一批），https://baijiahao.baidu.com/s?id=1738769467358782345&wfr=spider&for=pc。

2 实名曝光 江苏省公布排污许可违法违规典型案例（上），http://www.jshj.org/news_show.aspx?id=27415。

对其下达了《排污限期整改通知书》，要求其在2021年5月11日前完成两项整改工作并取得排污许可证。现场检查时该单位三条短纤维生产线均正常生产，配套建设的熔融固化废气、真空煅烧废气治理设施正在运行。生物质锅炉正在使用，配套的废气治理设施正在运行。该单位未在整改期限内完成整改工作，且未依法取得排污许可证，存在无证排污行为。

典型意义

《排污许可管理条例》的实施是规范企事业单位和其他生产经营者排污行为，控制污染物排放，保护和改善生态环境的重要举措。本案例中排污单位存在未取得排污许可证排放污染物的违法事实，对此类企业应加大指导帮扶，常态化宣传《排污许可管理条例》，引导企业履行好环境保护主体责任。同时，也要进一步加大执法监管力度，定期开展后督察，督促企业做好问题整改。排污单位应严格按照《排污许可管理条例》规定，做到持证排污、按证排污。

二、南京某材料有限公司排污许可证有效期届满未申请延续仍排放废水案

案情简介

2022年4月16日，南京市生态环境综合行政执法局执法人员现场检查发现，南京某材料有限公司是一家肥皂及合成洗涤剂制造企业，该单位排污许可证有效期至2021年12月5日，管理类别为重点管理，排污许可证到期后未申请延续。检查时该单位正在停产改造，通过调阅该单位废水排放口在线监控数据发现，该单位2021年12月至检查当日有多次间歇性废水排放行为，最后一次废水排放为2022年2月18日，废水日排放量为91.24 t。

查处情况

上述行为违反了《排污许可管理条例》第十四条第二款“排污许可证有效期届满，排污单位需要继续排放污染物的，应当于排污许可证有效期届满60日前向审批部门提出申请”的规定。依据《排污许可管理条例》第三十三条第（二）项的规定，责令该单位立即改正违法行为，拟处罚款24万元。

典型意义

本案中，该单位正在停产改造，存在排污许可证到期后，未及时申请延续并取得排污许可证，继续排放废水的违法行为。实践中，部分排污单位认为处于停产或者关闭状态时，无须落实排污许可管理相关要求的错误认识应当纠正。只要排污单位还存在污染物排放行为，就仍应持有排污许可证，排污许可应在排污单位被依法终止不再有排污行为后，由排污单位申请注销排污许可证。

三、泰兴某化学有限公司未重新申领排污许可证排放污染物案

案情简介

2021 年 11 月 3 日，泰州市泰兴生态环境综合行政执法局执法人员对泰兴某化学有限公司现场检查发现，该单位二套萘法苯酐装置使用含有硫茚杂质的工业萘作为原料，在氧化反应过程中会产生污染物二氧化硫。二套萘法苯酐装置配套建设碱喷淋处理设施进行脱硫，脱硫废水经蒸馏后的残液属于危险废物（危废代码 772-006-49），年产生量为 1 500 t。查阅该单位排污许可证发现，该单位二套萘法苯酐项目新增二氧化硫和蒸馏残液污染物排放，未重新申领排污许可证。

查处情况

上述行为违反了《排污许可管理条例》第十五条第（三）项："在排污许可证有效期内，排污单位有下列情形之一的，应当重新申请取得排污许可证：……（三）污染物排放口数量或者污染物排放种类、排放量、排放浓度增加"的规定。根据《排污许可管理条例》第三十三条第（四）项的相关规定，责令该单位按程序重新申请取得排污许可证，在取得新排污许可证前，严格按照现有排污许可证许可内容排放污染物，不得擅自增加污染物排放，并处罚款 41.6 万元。

典型意义

实施《排污许可管理条例》是落实企事业单位治污主体责任，实现精准治污、科学治污、依法治污的有力举措，同时也有利于推动形成公平规范的环境守法秩序。企业应当严格落实许可证要求，及时做好许可证变更或重新申领工作。

四、江苏某食品集团有限公司一分厂涉嫌超过许可排放浓度排放水污染物案

案情简介

2022 年 2 月 18 日，徐州市生态环境综合行政执法局执法人员对江苏某食品集团有限公司一分厂进行现场检查，该单位正在生产，污水处理设施正在运行，废水综合排放口正在排水，检测人员在该单位废水综合排放口进行采样检测。该单位已于 2021 年 10 月 25 日申领排污许可证。检测报告显示，该单位废水综合排放口出水总磷浓度为 1.18 mg/L、总氮浓度为 38.0 mg/L，均超过排污许可证排放许可限值（总磷许可排放浓度限值 0.5 mg/L，总氮许可排放浓度限值 15 mg/L）。

查处情况

上述行为违反了《排污许可管理条例》第十七条第二款"排污单位应当遵守排污许可证规定，按照生态环境管理要求运行和维护污染防治设施，建立环境管理制度，严格控制污染物排放"的规定。依据《排污许可管理条例》第三十四条第（一）项的规定，对该单位超过许可排放浓度排放水污染物的行为责令改正，并处罚款 24.8 万元。

典型意义

排污许可制度规定了排污单位允许排放的污染物种类、允许排放的污染物量和允许排放的污染物方向。通过适用《排污许可管理条例》，查处一批超许可排污等环境违法行为，有利于提升排污许可"一证式"管理水平与执法监管效能；有利于增强企事业单位治污主体责任，严格按照排污许可证，落实污染物总量控制、达标排放、自行监测、环境管理台账、信息公开、执行报告等管理要求。

五、常熟某机械有限公司未按照排污许可证规定控制大气污染物无组织排放案

案情简介

2022 年 3 月 31 日，苏州市常熟生态环境综合行政执法局执法人员对常熟市某机械有限公司开展大气专项执法检查，该单位已申领排污许可证，该单位许可证要求打磨、焊接工序应配套除尘系统，相关废气经除尘系统处理后无组织排放，但检查时该单位未按照排污许可证要求对打磨、焊接废气收集处理。

查处情况

上述行为违反了《排污许可管理条例》第十七条第二款"排污单位应当遵守排污许可证规定，按照生态环境管理要求运行和维护污染防治设施，建立环境管理制度，严格控制污染物排放"的规定。根据《排污许可管理条例》第三十五条第（一）项，责令该单位改正违法行为，并处罚款 5 万元。

典型意义

在对常熟某机械有限公司违法案件办理中，将排污许可证中相关要求作为执法依据，是环境影响评价制度向排污许可制度转变的体现。在排污许可制度逐渐完善的前提下，对排污单位建设项目投产后，法律法规、国家和地方排放标准等内容将通过排污许可证全面体现，排污许可证将成为生态环境执法的重要依据。

六、江阴某有限公司污染物排放方式或者排放去向不符合排污许可证规定案

案情简介

2021 年 11 月 16 日，执法人员在开展"双随机、一公开"执法检查时发现，江阴某有限公司已申领排污许可证，该单位主要从事铝盖生产项目，生产过程中产生的含磷酸性废水经处理后回用于生产，产生的氧化清洗废水经调节池—沉淀—终沉等工序处理后接管至江阴市月城综合污水处理有限公司。经调查，2021 年 8 月开始，该单位将产生的氧化清洗废水加片碱中和处理后、直接泵入含磷酸性废水中一同处理，并回用于生产。该单位污染物排放方式、排放去向发生变化，均与排污许可证规定不符。

查处情况

上述行为违反了《排污许可管理条例》第十八条第（二）项“污染物排放口位置和数量、污染物排放方式和排放去向应当与排污许可证规定相符”的规定。依据《排污许可管理条例》第三十六条第（二）项的规定，责令该单位立即改正违法行为，并处罚款 3.8 万元。

典型意义

《排污许可管理条例》将排污口规范化建设作为排污管理的重要内容之一，明确了污染物排放口管理要求，即建设规范化污染物排放口，并设置标志牌，强调了排污单位实际情况与排污许可证的一致性。

五、遵守自行监测的规定

（1）根据《中华人民共和国水污染防治法》《中华人民共和国大气污染防治法》的规定，实行排污许可管理的企业、事业单位和其他生产经营者应当按照国家有关规定和监测规范，对所排放的水污染物自行监测，并保存原始监测记录。

（2）企业的监测活动需遵守《排污单位自行监测技术指南》的要求，具体做好以下方面的工作：

一是自行监测的一般要求，即制定监测方案、设置和维护监测设施、开展自行监测、做好监测质量保证与质量控制、记录保存和公开监测数据的基本要求；

二是监测方案制定，包括监测点位、监测指标、监测频次、监测技术、采样方法、监测分析方法的确定原则和方法；

三是监测质量保证与质量控制，从监测机构，人员，出具数据所需仪器设备，监测辅助设施和实验室环境，监测方法技术能力验证，监测活动质量控制与质量保证等方面的全过程质量控制；

四是信息记录和报告要求，包括监测信息记录、信息报告、应急报告、信息公开等内容。

（3）目前自行监测技术指南采用“1+N”模式，即在总则统领下，行业自行监测技术规范根据行业特点进行具体规定。企业在自行监测时，需遵守自行监测指南总则和行业技术规范的要求。截至 2022 年 7 月 31 日，生态环境部已经发布 40 项行业的排污单位自行监测技术指南，具体见表 2-13。

表 2-13　排污单位自行监测指南汇总（截至 2022 年 7 月 31 日）

序号	指南名称	实施时间
1	《排污单位自行监测技术指南　总则》（HJ 819—2017）	2017-06-01
2	《排污单位自行监测技术指南　中药、生物药品制品、化学药品制剂制造业》（HJ 1256—2022）	2022-07-01
3	《排污单位自行监测技术指南　陶瓷工业》（HJ 1255—2022）	2022-07-01
4	《排污单位自行监测技术指南　砖瓦工业》（HJ 1254—2022）	2022-07-01
5	《排污单位自行监测技术指南　电子工业》（HJ 1253—2022）	2022-07-01
6	《排污单位自行监测技术指南　畜禽养殖行业》（HJ 1252—2022）	2022-07-01
7	《排污单位自行监测技术指南　金属铸造工业》（HJ 1251—2022）	2022-07-01
8	《排污单位自行监测技术指南　工业固体废物和危险废物治理》（HJ 1250—2022）	2022-07-01
9	《排污单位自行监测技术指南　储油库、加油站》（HJ 1249—2022）	2022-07-01
10	《排污单位自行监测技术指南　陆上石油天然气开采工业》（HJ 1248—2022）	2022-07-01
11	《排污单位自行监测技术指南　煤炭加工—合成气和液体燃料生产》（HJ 1247—2022）	2022-07-01
12	《排污单位自行监测技术指南　印刷工业》（HJ 1246—2022）	2022-07-01
13	《排污单位自行监测技术指南　聚氯乙烯工业》（HJ 1245—2022）	2022-07-01
14	《排污单位自行监测技术指南　稀有稀土金属冶炼》（HJ 1244—2022）	2022-07-01
15	《排污单位自行监测技术指南　橡胶和塑料制品》（HJ 1207—2021）	2022-01-01
16	《排污单位自行监测技术指南　人造板工业》（HJ 1206—2021）	2022-01-01
17	《排污单位自行监测技术指南　固体废物焚烧》（HJ 1205—2021）	2022-01-01
18	《排污单位自行监测技术指南　电池工业》（HJ 1204—2021）	2022-01-01
19	《排污单位自行监测技术指南　化学纤维制造业》（HJ 1139—2020）	2021-01-01
20	《排污单位自行监测技术指南　无机化学工业》（HJ 1138—2020）	2021-01-01
21	《排污单位自行监测技术指南　磷肥、钾肥、复混肥料、有机肥料和微生物肥料》（HJ 1088—2020）	2020-04-01
22	《排污单位自行监测技术指南　涂料油墨制造》（HJ 1087—2020）	2020-04-01
23	《排污单位自行监测技术指南　涂装》（HJ 1086—2020）	2020-04-01
24	《排污单位自行监测技术指南　酒、饮料制造》（HJ 1085—2020）	2020-04-01

序号	指南名称	实施时间
25	《排污单位自行监测技术指南　食品制造》（HJ 1084—2020）	2020-04-01
26	《排污单位自行监测技术指南　水处理》（HJ 1083—2020）	2020-04-01
27	《排污单位自行监测技术指南　农药制造工业》（HJ 987—2018）	2019-03-01
28	《排污单位自行监测技术指南　农副食品加工业》（HJ 986—2018）	2019-03-01
29	《排污单位自行监测技术指南　电镀工业》（HJ 985—2018）	2019-03-01
30	《排污单位自行监测技术指南　平板玻璃工业》（HJ 988—2018）	2019-03-01
31	《排污单位自行监测技术指南　有色金属工业》（HJ 989—2018）	2019-03-01
32	《排污单位自行监测技术指南　化肥工业—氮肥》（HJ 948.1—2018）	2018-10-01
33	《排污单位自行监测技术指南　石油化学工业》（HJ 947—2018）	2018-10-01
34	《排污单位自行监测技术指南　制革及毛皮加工工业》（HJ 946—2018）	2018-10-01
35	《排污单位自行监测技术指南　钢铁工业及炼焦化学工业》（HJ 878—2017）	2018-01-01
36	《排污单位自行监测技术指南　纺织印染工业》（HJ 879—2017）	2018-01-01
37	《排污单位自行监测技术指南　石油炼制工业》（HJ 880—2017）	2018-01-01
38	《排污单位自行监测技术指南　提取类制药工业》（HJ 881—2017）	2018-01-01
39	《排污单位自行监测技术指南　发酵类制药工业》（HJ 882—2017）	2018-01-01
40	《排污单位自行监测技术指南　化学合成类制药工业》（HJ 883—2017）	2018-01-01

（4）违反自行监测制度的法律责任。

违反自行监测的行为表现包括：①未按照规定对所排放的污染物自行监测，或者未保存原始监测记录的；②未按照规定对有毒有害水污染物的排污口和周边环境进行监测，或者未公开有毒有害水污染物信息的；③实行排污许可管理的单位未公开噪声监测结果。

存在上述违法行为之一的，《中华人民共和国噪声污染防治法》第七十六条规定：由生态环境主管部门责令改正，处 2 万元以上 20 万元以下的罚款；拒不改正的，责令限制生产、停产整治。

违反上述行为中①或②的，《中华人民共和国水污染防治法》第八十二条、

《大气污染防治执法》第一百条规定，由生态环境主管部门责令限期改正，处2万元以上20万元以下的罚款；逾期不改正的，责令停产整治。

案例 2-9

某医院未按规定自行监测案[1]

案情简介

2021年6月7日，安阳市生态环境局北关分局执法人员对某医院进行了现场检查。经检查，该医院2020年7月17日领取排污许可证。排污许可证规定废水应进行自行监测，监测因子为：悬浮物、化学需氧量、粪大肠菌群、阴离子表面活性剂、石油类、动植物油、挥发酚；监测频次为：悬浮物和化学需氧量1周监测1次、粪大肠菌群1月监测1次、阴离子表面活性剂、石油类、动植物油、挥发酚为1季度监测1次。现场检查时该医院无自行监测报告和自行监测记录。经调查核实，该医院自2020年7月领取排污许可证以来，未开展废水自行监测，已构成环境违法，违反了《中华人民共和国水污染防治法》第二十三条第一款“实行排污许可管理的企业事业单位和其他生产经营者应当按照国家有关规定和监测规范，对所排放的水污染物自行监测，并保存原始监测记录。重点排污单位还应当安装水污染物排放自动监测设备，与环境保护主管部门的监控设备联网，并保证监测设备正常运行。具体办法由国务院环境保护主管部门规定”的规定，违法行为属于“未按照排污许可证规定自行监测”，以上事实有该医院排污许可证复印件、2020年度执行报告、2021年第1季度执行报告、污水处理设施运行记录、现场勘察笔录、调查询问笔录等证据为凭。

查处情况

1. 裁量标准参照分析建议：经调取该企业的排污许可证执行报告和污水处理设施运行台账，该企业自2020年7月17日申领排污许可证，2020年7月至12月废水应监测，但未监测，已构成环境违法；2021年1月至5月该企业未营业不产生水污染物无法进行废水监测，因此认定该企业未按排污许可证规定自行监测的违法行为发生在2020年度。依据最高人民法院发布的《关于审理行政案件适用法律规范问题的座谈会纪要》（法〔2004〕96号）中第三条关于新旧法律规范的适用规则“根据行政审判中的普遍认识和做法，行政相对人的行为发生在新法施行以前，具体

1　【生态环境保护执法大练兵】典型案例 | 某医院未按规定自行监测案，https://xw.qq.com/cmsid/20220621A035R000。

行政行为作出在新法施行以后，人民法院审查具体行政行为的合法性时，实体问题适用旧法规定，程序问题适用新法规定，但下列情形除外：（一）法律、法规或规章另有规定的；（二）适用新法对保护行政相对人的合法权益更为有利的；（三）按照具体行政行为的性质应当适用新法的实体规定的”的规定，对该企业的裁量标准参照2019年1月10日起实施的《河南省环境行政处罚裁量标准》中《中华人民共和国大气污染防治法》裁量标准“情节与后果：社会影响较小或者危害后果不严重的，责令改正，处2万元以上5万元以下罚款；拒不改正的，责令停产整治”的规定。

2. 依据《中华人民共和国水污染防治法》第八十二条第一项“违反本法规定，有下列行为之一的，由县级以上人民政府生态环境主管部门责令限期改正，处二万元以上二十万元以下的罚款；拒不改正的，责令停产整治：（一）未按照规定对所排放的水污染物自行监测，或者未保存原始监测记录的”的规定，决定对该单位“未按照排污许可证规定自行监测”的环境违法行为给予罚款30 000元行政处罚。

案件启示

自行监测的主体是实行排污许可管理的企业、事业单位和其他生产经营者。自行监测要求：一是按照国家有关规定和监测规范，如排污单位自行监测技术指南明确了排污单位自行监测的一般要求、监测方案制定、监测质量保证和质量控制、信息记录和报告的基本内容和要求。二是保存原始监测记录，自行监测的目的是通过监测掌握企业的排放状况及对周边环境的影响。排污单位应增强意识，按照要求严格开展自行监测，同时加强环保法律法规学习，提高环境保护管理水平，守法经营，绿色发展。

六、遵守排污口的规定

1. 排污口的数量、位置需与环境影响评价文件、排污许可证的规定一致

如果排污口的数量、位置在建设项目竣工环境保护验收前发生变动，导致环境不利影响加重的，构成重大变动，需要重新审批环境影响评价文件。生产过程中排污口的数量与位置发生变动需重新报批环境影响评价手续，同时重新申领排污许可证。

2. 排污口的设置应当符合技术规范要求

（1）污水排放口设置规范

《污水监测技术规范》（HJ 91.1—2019）规定，排放口的设置需满足以下要求：

1）排放口应满足现场采样和流量测定的要求，原则上设在厂界内，或厂界外不超过 10 m 的范围内。

2）污水排放管道或渠道监测断面应为矩形、圆形、梯形等规则形状。测流段水流应平直、稳定、有一定水位高度。用暗管或暗渠排污的，须设置一段能满足采样条件和流量测量的明渠。

3）污水面在地面以下超过 1 m 的排放口，应配建取样台阶或梯架。监测平台面积应不小于 1 m^2，平台应设置不低于 1.2 m 的防护栏。

4）排放口应设置明显标志，并应加强日常管理和维护，确保监测人员的安全，经常进行排放口的清障、疏通工作；保证污水监测点位场所通风、照明正常；产生有毒有害气体的监测场所应强制设置通风系统，并安装相应的气体浓度安全报警装置。

5）经生态环境主管部门确认的排放口不得随意改动。

（2）废气排放口设置规范

1）排放口的高度。根据《大气污染物综合排放标准》（GB 16297—1996）的规定，排气筒不得低于 15 m（排放氯气、氰化氢的排气筒不得低于 25 m），除须遵守排放速率标准值外，还应高出周围 200 m 半径范围的建筑 5 m 以上。

2）排放口需设置采样、监测口。根据《固定源废气监测技术规范》（HJ/T 397—2007）的规定，采样位置应设置在距弯头、阀门、变径管下游方向不小于 6 倍直径，和距上述部件上游方向不小于 3 倍直径处。必要时应设置采样平台，采样平台应有足够的工作面积使工作人员安全、方便地操作。平台面积应不小于 1.5 m^2，并设有 1.1 m 高的护栏和不低于 10 cm 的脚部挡板，采样平台的承重应不小于 200 kg/m^2，采样孔距平台面为 1.2 ～ 1.3 m。

3. 禁止设置非法排污口

《中华人民共和国水污染防治法》规定，在饮用水水源保护区内，禁止设置排污口；在风景名胜区水体、重要渔业水体和其他具有特殊经济文化价值的水体的保护区内，不得新建排污口。违反该规定，在饮用水水源保护区设置排污口的，由县级以上地方人民政府责令限期拆除，处 10 万元以上 50 万元以下的罚款；逾期不拆除的，强制拆除，所需费用由违法者承担，处 50 万元以上 100 万元以下的罚款，并可以责令停产整治。违反法律、行政法规和国务院生态环境主管部门的规定设置排污口的，由县级以上地方人民政府生态环境主管部门责令限期拆除，处 2 万元以上 10 万元以下的罚款；逾期不拆除的，强制拆除，所需费用由违法者承担，处 10 万元以上 50 万元以下的罚款；情节严重的，可以责令停产整治。

《中华人民共和国大气污染防治法》规定，企业事业单位和其他生产经营者向大气排放污染物的，应当依照法律法规和国务院生态环境主管部门的规定设置大气污染物排放口。未按照规定设置大气污染物排放口的，由县级以上人民政府生态环境主管部门责令改正，处 2 万元以上 20 万元以下的罚款；拒不改正的，责令停产整治。

七、遵守重点排污单位的特别规定

重点排污单位是指向环境排放化学需氧量、氨氮、总氮、总磷等水污染物或者二氧化硫、氮氧化物、颗粒物、挥发性有机物等大气污染物，排放量较大或排放行为对区域生态环境质量产生重要影响的企业、事业单位，包括水环境重点排污单位和大气环境重点排污单位。

重点排污单位的设定是《中华人民共和国环境保护法》的要求。根据《中华人民共和国水污染防治法》《中华人民共和国大气污染防治法》以及《最高人民法院、最高人民检察院关于关于办理环境污染刑事案件适用法律若干问题的解释》，重点排污单位的特别要求包括以下内容：

（1）安装污染源自动监测设备，并与生态环境部门联网；

（2）保障污染源自动监测设备正常运行；

（3）对自动监测数据的真实性和准确性负责；

（4）如实公开自动监测数据。

案例 2-10

福建泉州某水泥股份有限公司在烟温探测仪上加装电阻器件，致使自动监测烟气流量、排放量减少案[1]

案情简介

2021 年 12 月 7 日，泉州市生态环境局执法人员通过福建省生态云污染源监控管理系统发现，福建省某水泥股份有限公司窑尾烟气烟温于 2021 年 11 月 18 日 10 点左右异常降低，同时各项污染物数据异常。执法人员立即对该公司进行现场检查，通过调阅视频监控录像发现，该公司工作人员分别于 2021 年 11 月 18 日和 12 月 6

1 福建省生态环境厅公布涉自动监控类环境违法典型案例（2022 年第一批），https://baijiahao.baidu.com/s?id=1738769467358782345&wfr=spider&for=pc。

日，对窑尾烟气排放连续监测系统上的PT-100型烟温仪器进行了操作。经调查证实，11月18日该公司中控室主任曾某发现窑尾烟气烟温出现异常后，擅自指使电工李某在烟温探测仪后端传输线路接线板上加装电阻器件，致使该公司自动监测数据失真，烟气流量变小，二氧化硫、氮氧化物等污染物排放量减少，12月6日曾某指使李某拆除该电阻器件。

查处情况

该公司上述行为属于《福建省生态环境监测数据弄虚作假行为判定及处理实施细则》（闽环保监测〔2019〕3号）第十条第（七）项“篡改监测数据，系指利用某种职务或者工作上的便利条件，故意干预生态环境监测活动的正常开展，导致监测数据失真的行为”规定的情形。2021年12月10日，泉州市德化生态环境局依据《中华人民共和国刑法》第三百三十八条和《最高人民法院、最高人民检察院关于办理环境污染刑事案件适用法律若干问题的解释》第一条第（七）项的规定，将该案件移送公安机关。2022年1月12日，该案已移送检察机关审查起诉。

第三章　企业环保合规的组织实施

第一节　实施管理体系

一、企业环保合规管理目标

企业环保合规管理是一项系统工程，涉及企业生产经营的全过程和各个方面，需要整合大量的资源、人力共同完成。所以制定一个明确、合理可行且符合企业实际的合规管理目标是企业环保合规管理的基础。以该目标为导向，组织实施、推进后续具体的环保合规管理工作，保证其后续工作在正常的轨道上运行，从而最大限度实现合规管理的目标。

1. 定义

企业环保合规管理目标是企业通过实施环保合规管理欲实现的目的。具体而言，就是企业希望通过环保合规管理使其生产经营行为符合有关规定，从而避免环境违法及其风险的产生。

2. 分类

企业环保合规管理可以按照不同的标准进行分类，按照目标大小的程度不同，可以分为彻底消除环境法律风险、减轻环境法律风险程度等。按照管理的精细化要求，可以分为全面系统的管理和重点管理等。按照企业参与程度，又可分为全员参与和部分参与等。

3. 选择建议

从目前环保合规的要求看，对企业而言做到全面系统的环保合规管理不太现实，最理想的选择是重点管理的同时，不断扩大管理范围，最终实现全面系统管理。因为，我国目前实行的是管理为主的环保监管模式，在此模式下，监管部门不仅监管结果，也监管过程，所以监管的范围非常大、内容非常多、要求比较细，大部分企业仍无法做到全面符合有关规定。以深圳为例，根据我们不完全梳理的数据，目前涉及企业应当履行的环保类法律责任有 304 项，涉及 500 多个法条，且随着新法规的不断出现，责任内容还会增加。但是，国家已经开始现代环境治理体系的构建，我们也一直在推动以人为本的共治型环境治理体系的构建，未来的环境管理方式将会逐步向以发挥人的主动性和积极性、以管理结果为主的方式转变，届时不仅管理事项减少，企业的管理水平和能力也将普遍提高，全面系统的管理将有可能实现。

根据管理程度的不同，投入的人力、物力、管理精细化程度等都不相同。所以企业应该在环保合规管理前，就明确企业合规管理的目标，以此作为企业构建合规管理体系的遵循和基础，成为指导整个环保合规的指针。

不同规模企业确定的企业环保合规管理目标也会不同。一般情况下，大型企业会更偏向选择全面系统管理的目标，小型企业更多会偏向选择重点管理的管理目标，中型企业选择会更多样，大多会选择两者兼备的管理目标，有些会选择偏向全面系统管理的目标，也有些会选择偏向重点管理的目标。

不同类型的企业确定企业环保合规管理目标时也会出现不同，涉及生态环境因素较多的企业，一般会选择较高程度的管理目标，而涉及生态环境因素较少的企业，较多会选择管理程度较低的管理目标。

被监管程度不同的企业确定企业环保合规管理目标时也会出现不同，重点监管行业的企业，一般会选择较高程度的管理目标，因为监管部门和行业会有明确的指导和要求，而非重点监管行业的企业，一般会选择管理程度较低的管理目标。

不同风险偏好的企业也会有不同的确定环保合规管理目标的选择，风险厌恶型企业，一般会选择管理程度较高的管理目标，而风险喜好型企业则一般会选择管理程度较低的管理目标。

所以，企业在确定环保合规管理目标时，一定要结合企业的情况，综合考虑企业的规模、类型、行业、实力、风险偏好以及整体形势的变化等因素，选择最适合企业当时需要的管理目标，并在实施过程中，根据情况的变化及时进行动态调整，确保管理目标符合企业的需要。

二、企业环保合规管理体系

1. 概述

企业环保合规管理目标的实现，需要管理体系的保障。企业环保合规管理体系是以防控环保风险为目的，以规范企业和员工的行为为重点，通过完善制度、组织、效果管理以及文化建设等体系，保证企业的各项工作符合企业环保合规管理目标的管理活动。

企业环保合规管理体系构建应当坚持全面覆盖、强化责任、协同联动、客观独立的原则。全面覆盖是强调要将合规要求覆盖各业务领域、各部门、全体员工以及所有的业务合作伙伴，要贯穿决策、执行、监督全流程。强化责任是强调要明确包括企业主要负责人在内的全体人员合规责任制，既要明确企业主要负责人是第一责任人，也要明确各级各类管理人员和各岗位员工的具体责任，还要有督促所有责任得到有效落实的措施等。协同联动是强调要加强协调配合，形成管理合力，推动合规管理与企业既有的法律风险防范、监察、审计、内控、日常生产经营等工作统筹衔接，协调有序系统推进。客观独立是强调要严格依照法律法规等规定要求，对企业和员工行为进行客观评价和处置，保证合规管理牵头部门能够独立履行职责，不受其他部门和人员的干涉和影响。

企业环保合规体系主要由相互配合、协同发力的制度体系、组织体系、评价体系、文化体系等组成。

2. 制度体系

制度体系是企业环保合规相关制度的总称，是保证企业环保合规管理活动顺利进行的制度保证，是明确权利义务、操作流程、管理要求、效果管理等管理要素的重要规定和行为准则。

企业环保合规制度体系一般包括目标责任制度、合规风险识别预警和预测分析制度、合规审查制度、合规效果评估制度、监督检查制度、应急管理制度、信息公开制度、培训制度、奖惩制度等，也可以考虑制定合规管理信息化建设制度、合规报告制度、合规经费保障制度等。

制度体系应该根据企业的情况确定具体的实现方式，既可以单独规定，也可以综合规定，还可以融入既有的制度之中。在制定具体的制度时，一是要考虑环保合规管理的需要，保证符合企业管理目标的所有环保合规管理要求都有体现；二是要尽量详细、简单，保证其可操作性，要将有关规定尽可能地分解到各个岗位、每个员工，为组织实施提供方便和可能；三是要尽量明确重点，包括重点领域、重点环节、重点人员、重点事项等。

3. 组织体系

组织体系是企业环保合规组织实施的系统安排，是企业环保合规管理目标实现的组织保障。组织体系是全覆盖和全方位的，所以组织体系包括董事会、监事会、经理层、企业部门和基层员工，也包括专门成立的合规委员会、合规管理负责人和合规管理牵头部门等。

按照核心职能的不同，我们将组织体系分为高层、中层和基层三个层级，分别承担着不同的责任。

高层指具有决策权力的机构，是对企业环保合规进行决策和支持的机构，一般负责确定管理目标、总体规划、管理机构配置等宏观工作，这个层级严格意义上是指董事会或承担类似董事会职责的机构，有些企业可能是经理层。监事会也属于高层机构，但其职责主要是对企业环保合规进行监督，并提出相关的建议。

中层是指具体组织实施企业环保合规的机构，一般为具体负责环保合规管理组织的机构，主要负责制度的拟订、管理、协调和目标任务的落实等工作。这个层级包括合规委员会、合规管理负责机构和牵头部门、环保主管等，有些企业的经理层也属于这类机构。

基层是具体操作和实施企业环保合规管理要求的部门和在涉及环保因素的岗位上工作的员工，负责将有关要求落实到具体工作中，是最了解相应岗位情况、最能及时发现环境因素变化、也最能及时处置合规风险的一个层级，是保证企业环保合规管理取得理想效果的最前端，这个层级主要包括业务部门及其员工。

组织体系的构建要根据企业的情况确定，以追求合规管理的最佳效果为目的。只要能够达到既定目标，形式上是可以灵活安排的。既可以专门成立企业环保合规管理组织体系，也可以与其他管理结合，将有关管理任务分解或融入其他现有的组织体系中，既可以高层为主，也可以中层为主。

4. 评价体系

企业环保合规管理追求的是理想的管理效果，保证企业健康顺利快速发展和赢得领先优势，所以企业环保合规管理效果的优劣直接决定企业环保合规管理工作的成功与否，而效果的优劣需要通过科学的评价来反映。为此，必须建立科学的评价体系。

由于企业环保合规管理是一项复杂的系统工程，涉及所有的主体、所有环节和整个生产经营流程，甚至还会涉及外部的机构、企业、公众和社会组织等，所以企业环保合规管理评价需要多层次、分阶段进行，要让评价覆盖所有的人员、环节和因素等。

评价一定要客观，要防止各种因素干扰和影响评价的准确度。为此需要建立内部评价与外部评价结合的评价体系，内部进行经常性的评价工作，外部进行综合性、专业性要求较高的评价工作，并将两种评价结果进行对比分析，发现问题，不断改进从而持续提升评价的质量。

评价的目的是进一步促进合规管理的优化，所以应该注意进行阶段性的评价。通过阶段性的评价，及时发现实施中存在的问题和不足，及时进行调整和优化，从而保证合规管理沿着预定目标推进，为实现最佳效果提供支撑。

评价也同样需要根据企业的情况灵活安排，要量力而行，合适最好。

5. 文化体系

文化体系是将良好的企业环保合规管理要求融入企业所有行为的一种表现，是企业合规管理形成良好氛围后的理想状态的表现。

良好的合规文化体系不会自然而然地形成，需要企业持续地、有意识地培养才能最终形成，并会在形成后极大地促进企业合规管理向着更高层次发展，从而营造企业环保合规管理推动企业环保合规文化氛围形成，企业环保合规氛围又助力企业环保合规持续发展的良性循环。

企业环保合规文化体系的形成，既需要合规管理不断推进的影响，也需要企业进行有意识地引导和培养。企业可以通过合规宣传、教育、培训的方式强化企业环保合规文化体系的形成，也可以通过灵活多样的合规游戏、合规知识竞赛、合规表彰等方式强化企业环保合规文化体系的形成。要通过全方位、系统化的规划和安排，在企业形成人人愿意参与环保合规、人人了解环保合规、人人会环保合规、人人争环保合规的文化氛围，让环保合规成为企业守法的推进器，成为保证企业快速发展的“保护伞”。

第二节　企业环保合规的实施路径

根据企业环保合规管理目标的不同，企业会选择不同的环保合规实施路径，有的选择全面系统管理的路径，有的选择重点管理的路径。两种路径既有关联也有区别，联系是总体方法基本相同，区别是两者环保因素识别范围不同，全面合规管理路径识别全面的环保因素，而重点合规管理路径主要识别重点关注的环保因素。

一、全面合规管理路径

全面合规管理路径是对企业的环保因素进行全面的识别和分析，最终形成符合企业管理需要的方案，并组织实施和不断完善的路径选择。全面指的是对环保因素识别的全面，而不是指消除所有风险因素的全面。

全面合规管理路径分为尽职调查、明晰义务、发现风险、构建体系、组织实施、持续优化六个阶段，每个阶段的内容、要求都不相同。

（一）尽职调查

1. 作用和要求

企业环保合规尽职调查是企业环保合规管理的起点，是做好企业环保合规管理的基础工作，是摸清企业环境因素底数，清晰了解企业环保合规管理任务的工作。只有做好前期的尽职调查，后续的工作才具备坚实的基础。从这个意义上讲，尽职调查的质量是企业环保合规管理的关键和核心，而保证质量的核心要求就是全面和准确。

全面是指要将企业涉及的所有生态环保因素识别出来，保证不留空白，应知尽知、面面俱到。当然，目前的情况下做到全面还是有难度的，但一定要尽量保证全面。

准确是指对识别出来的因素的记录要准确，要保证记录的情况与实际相符，不能夸大也不能缩小，应该尽量记录其来源和依据，方便必要时进行准查或核实。

2. 调查范围和内容

企业环保合规尽职调查与其他的尽职调查方法相同，其特殊性主要在于其只限定在与企业生态环保相关的内容，不涉及其他与环保无关的内容，所以在进行企业环保合规尽职调查时，可以借鉴和参考其他领域的尽职调查方式、技巧、工具等。基于此，此处只重点介绍企业环保尽职调查的内容。

目前情况下，企业环保尽职调查的内容主要包括以下六个方面。

（1）企业环保管理的情况

企业环保管理情况是反映企业对环保的态度、管理能力和水平的指标，了解该情况特别是存在的问题，为进一步完善制度体系奠定基础。

企业环保管理情况主要包括企业环保合规制度现状，制度是否完善，是否具有可操作性，是否有效；企业是否建立了环保合规管理组织体系，是否配备了合适的人员，是否有效运行；企业环保合规管理体系是否形成、是否有效；各方协调和配合情况如何，信息沟通效率的现状，企业整体及参与者管理能力的现状等。

（2）企业环保因素状况

企业环保因素状况是反映企业与环保联系密切程度的指标，掌握该指标是环保合规管理的基础要求。需要识别的企业环保因素主要包括大气、水、土壤、固体废物、噪声、辐射、重金属、光、振动以及能源、资源等，识别途径主要包括企业生产使用的原料、能源、工艺、产品、废弃物、贮存、运输等环节，企业污染因素类型及存在阶段，可能产生的不利影响等。

在了解这部分情况时，要对企业环保因素进行全面、全方位、全周期的关注。不仅要关注当前的状况，还要关注企业的历史情况，并预测未来变化和影响。不仅要关注环保因素在风险异常状态下的情况，还要关注环保因素在紧急状态下和正常状态下的情况。

（3）企业环保制度落实情况

企业环保制度落实情况是反映企业守法水平的指标。调查该指标时，要对企业落实环保制度的情况进行全面梳理，查清其应该落实哪些制度以及落实的程度、是否有变化、是否有不到位的情况等，要特别重视主要的制度落实情况。

根据目前的情况，主要制度包括环境影响评价制度、污染防治设施建设的“三同时”制度及环保设施验收制度、排污许可制度、企业环境信息公开制度、污染防治设施运行在线监测制度、环保信息申报制度等。

（4）企业污染防治设施运行状况

企业污染防治设施运行状况是反映企业环境治理水平和能力的指标。调查该项指标时，一定要对照环境影响评价报告和有关规定调查企业是否建设相应的污染防治设施，污染防治设施的状态、运行情况。

运行情况调查，应包括是否存在不正常运行情况、是否有运行记录、是否有专人负责等。

（5）企业环境违法情况

企业环境违法情况是反映企业既往违法状态的指标，也是了解企业守法程度、风险点的需要。了解该指标时，一定要全面弄清企业是否有过环境违法行为、是否受过处罚，如果受到过处罚，要进一步了解清楚受到的处罚次数、类型、原因、结果等，甚至还应该包括处罚后企业采取的应对、改进措施以及取得的效果等。

（6）其他有关因素

其他因素是可能影响企业环保合规管理效果的关联因素，一般情况下主要是外部因素，主要包括周边环境状况、历史遗留问题、上下游供应链的环保合规情况等，也要根据企业的情况随时关注和确定其他可能与目标企业有关或可能引起环保风险的其他情况。

其他因素的确定，要紧密结合企业的情况，要了解风险产生途径、周边人群环保意识和环境偏好程度等，从而为做好风险防控提供坚实的信息基础。

各种信息收集示例如表 3-1 ～表 3-6 所示，供企业在进行环保合规尽职调查时参考。特别提醒：表中的内容为提示性内容，会根据形势变化、法律法规修改、政策调整等出现新的变化，需要企业在实施中根据企业的情况及关联要求的变化进行及时调整。

表 3-1　公司基本信息

序号	信息内容	备注	有 / 无
1	公司营业执照复印件	提供材料	
2	厂房地址及厂房平面布置图	提供材料	
3	其他与环保有关的信息资料	提供材料	

表 3-2　公司管理信息

序号	信息内容	备注	有 / 无
1	公司现有环境管理制度资料，包括但不限于环境方针、环境目标、管理方案、操作规程、作业指导文件、考核奖惩、内部监督等材料（可以是单独的也可以是存在于其他制度中的）	提供材料	
2	公司环境管理制度实施情况，包括实施的范围、效果、存在的问题等	提供材料	
3	公司环境管理人员现状及岗位职责等相关材料，包括专职和兼职人员	提供材料	
4	公司环境管理信息沟通相关资料，包括企业信息沟通渠道、方式、信息处置的情况	提供材料	
5	公司环保方面培训情况，包括培训数量、对象、内容等	提供材料	
6	公司环保相关资料保存情况	提供材料	
7	其他与环保有关的信息资料	提供材料	

表 3-3 生产资料或者信息

3.1 原辅材料、能源、资源信息

序号	原辅材料、能源、资源的种类	月使用量	主要成分	来源	对应工艺	对应产品	备注
1							由公司相关部门职员根据实际情况填写
2							
3							
4							
5							
6							
7							
8							
9							

说明：

1. 需要提供生产过程中使用到的所有原辅材料信息，包括主、副产品的原辅材料，污染物处理过程中使用的材料；
2. “主要成分”可以从原辅材料的产品说明书中获取；
3. “能源”主要指的是为生产活动提供能量的物质，包括但不限于煤炭、木炭、各类燃油、天然气、电、生物质燃料等；
4. “资源”包括水以及其他不适宜归为原辅材料和能源类别的物质；
5. “来源”指相关物品的获取途径以及供应者名称。

3.2 设施设备信息

序号	设施设备名称	制造商	功能、型号和技术参数	对环境的潜在影响	备注
1					由公司相关部门职员根据实际情况填写
2					
3					
4					

说明：

1. 相关信息可以从设备的使用说明文件中获取；
2. “对环境的潜在影响”指的是使用该设施设备可能会对环境产生哪些影响，包括产生废水、废气、噪声、振动、辐射、工业固体废物或者危险废物；能具体到污染物种类为佳。

3.3 生产工艺

序号	生产工艺	产品 / 副产品	月产量	产品 / 副产品的说明	产生的废弃物成分及类别	备注
1						由公司相关部门职员根据实际情况填写
2						
3						
4						

说明：

1.“产品 / 副产品的说明”主要从以下方面进行：产品的组成成分及含量、产品的用途、产品的化学性质、是否属于再利用（再制造或翻新）产品，产品经合理用途后会产生什么污染物；

2.“产生的废弃物成分及类别”指生产过程中，生产工艺产生的污染物或废弃物，如产生废气——二氧化硫、挥发性有机物。

3.4 废弃物及其处置

序号	废弃物类别	废弃物成分或名称	废弃物处置方式或工艺	废弃物排放浓度、强度情况	废弃物排放去向	备注
1	废水					由公司相关部门职员根据实际情况填写
2						
3						
4	废气					
5						
6						
7	一般工业固体废物					
8						
9						
10	危险废物					
11						
12						
13	物理污染	噪声				
14		振动				
15		辐射				

说明：

1.“废弃物”指的是公司生产、经营过程中产生的污染物、废弃物以及物理污染；

2.“物理污染”指的是噪声、辐射、振动等不产生物质的污染；

3.“废弃物处置方式或工艺”指的是排放废弃物之前，采取的处理、治理或者防治措施，包括处置设施、使用的药剂、处置工艺等；

4.“废弃物排放浓度、强度情况”指的是废弃物排放的污染物浓度或者强度，对固体废物一般不做评价；

5.“废弃物排放去向”指的是废弃物产生、处理后的去向，包括排放口位置、排放口向厂界外连接的外环境情况（包括管网、河流、污水处理厂等）。

3.5 运输、贮存信息

序号	运输、贮存信息内容	备注
1	提供运输和贮存相关情况，包括运输方式、运输路线、运输过程中的保护措施以及贮存方式、贮存地点、贮存设施情况等，如果有运输合同或记录、贮存合同或记录等，可以提供相应的复制件	提供相关资料，或者做相关说明

表 3-4 环保资质信息

序号	信息内容	备注	有 / 无
1	环境影响评价报告及批复文件	提供材料	
2	环保设施验收文件	提供材料	
3	排污许可证	提供材料	
4	危险废物经营许可	提供材料	
5	其他相关环保证明文件	提供材料	

表 3-5 环保守法信息

序号	信息内容	备注	有 / 无
1	环境信息公开情况	提供材料	
2	是否出现过被环保部门处罚或者出现违规的情况	提供材料	
3	环保部门曾到企业检查，向环保部门提交材料的情况	提供材料	

表 3-6 周边信息

序号	周边企业信息类别	信息主题	信息要求	信息内容	备注
1	周边企业环境信息	生产情况	生产的产品种类、产量		

序号	周边企业信息类别	信息主题	信息要求	信息内容	备注
2	周边企业环境信息	排污情况	排放的污染物种类、总量、排放强度和去向		
3		其他关联信息	与本公司在排污去向方面的上下游关系		
4	周边企业信息	其他关联信息	到本公司的大致距离		
5			是否存在投诉热点		
6	周边居民信息	距离	周边居民小区至本公司厂区的大致距离		
7		方向	居民小区与本公司厂区的方位，雨污管道流向		
8		态度	对待污染或影响的态度，可通过既往投诉情况判断		
9	周边特殊环境区域信息	是否存在水源地	附近是否存在饮用水水源地、水源保护区、准保护区等，距离厂区大致距离		
10		是否有自然保护区、风景名胜区	附近是否存在有自然保护区、风景名胜区，距离厂区大致距离		
11		是否有人居环境敏感区	附近是否存在以居住、医疗卫生、文教科研、行政办公等为主要功能的人居环境敏感区，距离厂区大致距离		
12		是否属于政府划定的其他特殊环境区域			
13	关联方情况	供应商情况	供应商的可替代性、供应商的守法情况		
14		用户情况	用户使用指导说明		

序号	周边企业信息类别	信息主题	信息要求	信息内容	备注
15	关联方情况	技术等合作伙伴	外包服务提供商的情况		如为本公司提供服务、劳务工作的单位或者个人的环境管理水平
16		其他相关方环保情况			

说明：

1. 相关信息可以了解情况后直接填写，也可以提供相关材料；
2. 相关位置信息可以通过绘图的方式展现；
3. 周边特殊环境区域信息可以通过生态环境部门网站公开的文件获取，也可以通过环评文件获取。

3. 调查方法

进行尽职调查时，一定要收集与企业相关的材料，采取与相关人员进行交流、实地查看、查找档案、网站搜索等方式，尽量全面系统地收集材料。要充分调动企业的积极性，并发挥专业优势，在所有的活动中留意细节，及时发现新线索，收集新材料，做到全员参与、全面梳理、有效识别。

尽职调查可以采取以下几种方法进行：

一是对照法，主要是按照事先准备的清单逐项对照检查，收集遗漏的信息并做好记录。

二是联想法，主要是根据调查的情况，结合已有经验，联想关联事项，据此扩充调查范围。

三是借助现代技术，使用录音录像、互联网等帮助记录。

四是讨论法，指通过各方的交流、讨论，增进了解，发现线索，完善收集范围。

梳理完成后，要形成一个企业环保因素数据库，并及时调整完善，保证该数据库与企业的实际情况始终一致。

（二）明晰义务

1. 数量和类型

现行体系下，企业应当遵守的环保责任非常多，不仅包括法律法规规定的责任，还包括政策、标准以及企业承诺的责任，涉及范围包括大气、水、土壤、噪声等多种类型，分布在设立、经营和终止的各个阶段。

2. 查询方法和注意事项

不同的企业涉及的法律责任数量是不同的，企业应当根据企业涉及的生态环境因素，查找对应的责任要求，形成符合企业需要的环保责任体系，并进行动态管理，及时充实新的责任、调整完善既有责任。

查询企业环保责任时，要通过一些方法和措施进行检查印证，防止存在不准确的情况。检查印证的主要方法有：

一是多途径查询，通过相互印证的方法提升准确度。

二是分项查询，通过一项一项查询的方式，增强查询的针对性。

三是关联检查，在分项查询时，注意查询资料中显示的其他线索，并查找和识别其内容，进一步确定是否还有其他规定，一旦发现还有其他规定时，提前放入对应的表中，减少后续重复劳动。

企业环保责任梳理后，应该根据一定的标准进行整理归类，形成企业环保责任数据库，并尽可能根据最有利于管理和最有效的原则确定责任并分解到具体的部门或人员。

企业环保体检对照表见表 3-7。

（三）发现风险

1. 主要任务

对标分析是发现企业存在环境法律风险，并对风险进行量化评价、分析原因的阶段，是为制定管理方案提供基础的阶段。该阶段的主要工作是：通过将企业生态环保因素的现状与有关规定进行对比分析，发现不相符的情况，然后分析其不相符产生的原因、可能导致的风险，以及风险的程度、影响、治理难度等，然后综合提出解决的方式和方法的建议。

2. 分析方法

（1）对标分析法

分析的方法很多，但针对企业环保风险的控制，就应该选择对标法进行。通过将企业的环境因素现状与相关法律规定进行对比分析，发现存在的不符合有关规定的情况以及可能出现的风险，并进行综合评估和评价，形成风险清单。以下是我们梳理和整理的企业环保要求分解整理表，仅供参考（表 3-8）。

表 3-7 企业环保体检对照表（示例）

序号	法律要求			信息现状	信息来源	是否符合	处理建议	环境要素	防控时机
	要求内容	国家法律法规	地方法律法规						
1	禁止在饮用水水源一级保护区新建、改建、扩建与供水设施和水源保护无关的建设项目	《中华人民共和国水污染防治法》第六十五条、第九十一条						水源地	设立（新建、改建、扩建）前
2	禁止在饮用水水源二级保护区新建、改建、扩建排放污染物的建设项目	《中华人民共和国水污染防治法》第六十六条、第九十一条						水源地	设立前
3	禁止在饮用水水源准保护区新建、扩建严重污染水体的建设项目，改建项目不得增加排污量	《中华人民共和国水污染防治法》第六十七条、第九十一条						水源地	设立前
4	禁止在居民区和学校、医院、疗养院、养老院等单位周边新建、改建、扩建可能造成土壤污染的项目	《中华人民共和国土壤污染防治法》第三十二条						环境敏感区域	设立前
5	列入建设用地土壤污染风险管控和修复名录的地块，不得作为住宅、公共管理与公共服务用地	《中华人民共和国土壤污染防治法》第六十一条						污染地块	设立前
6	自然保护区内禁止开矿、采石、挖沙等活动	《中华人民共和国自然保护区条例》第二十六条、第三十五条	—					环境敏感区域	全程

序号	法律要求			信息现状	信息来源	是否符合	处理建议	环境要素	防控时机
	要求内容	国家法律法规	地方法律法规						
7	终止前妥善处置固体废物及贮存、处置设施、场所	《中华人民共和国固体废物污染环境防治法》第四十一条	—					固体废物	退出阶段
8	矿山企业固体废物贮存设施停止适用的，应当进行封场	《中华人民共和国固体废物污染环境防治法》第四十二条、第一百一十条	—					固体废物	退出阶段
9	终止经营的，应对经营设施、场所及剩余危险废物进行无害化处置，注销危险废物经营许可证	《危险废物经营许可证管理办法》第十四条、第二十一条、第二十四条						固体废物	退出阶段

表 3-8　企业环保要求内容分解

序号	要求大项	要求小项				
		1	2	3	4	5
1	选址要求（13 项）	禁止在一级水源保护区新建、改建、扩建与供水和水源保护无关的项目	禁止在二级水源保护区新建、改建、扩建排放污染物的项目	禁止在准水源保护区新建、扩建严重污染水体的项目，改建项目不得增加排污量	禁止在水源保护区设立污染饮用水水源的工业废物和其他废物回收、加工场，禁止毁林开荒	禁止在居民区和学校、医院、疗养院、养老院等单位周边新建、改建、扩建可能造成土壤污染的项目
		禁养区内不得从事养殖活动	在永久基本农田集中区域，不得新建可能造成土壤污染的建设项目	建设用地土壤污染风险管控和修复地块禁止作为公共管理、服务用地和住宅用地	自然保护区内禁止开矿、采石、挖沙等活动	不得在自然保护区核心区建设项目
		禁止在自然保护区的缓冲区开展旅游和生产经营活动	禁止在基本生态控制线建设无关项目	禁止在湿地保护区违法建设项目、从事违法活动		
2	产业要求（2 项）	禁止新建不符合国家产业政策的小型严重污染水环境的项目	禁止新建、扩建高污染工业项目			

序号	要求大项	要求小项				
		1	2	3	4	5
3	环评制度要求（8 项）	建设单位组织环评，编制环评文件并报批，未经环评审批不得开工建设； 环评报告书、报告表自批准满五年未开工建设的，应当重新报批环评文件	按名录填报环境影响登记表	建设单位应当保证材料的真实性，禁止提供存在重大缺陷、遗漏或者虚假基础资料开展环评	公开环评文件，征求相关人员意见	项目的性质、规模、地点、采用的生产工艺或者防治污染、防止生态破坏的措施发生重大变动时，及时变更环评文件并报批
		环境保护设施，必须与主体工程同时设计、同时施工、同时投产使用	环保设施建设完成并进行竣工验收后，主体工程方可投入使用，验收中不得弄虚作假	依法开展环境影响后评价		
4	排污许可要求（12 项）	项目建设开工前进行排污申报	依法申领排污许可证，未取得或者被吊销排污许可证的不得排放污染物	遵守排污许可证载明的管理要求	排污单位应当定时按要求进行排污申报，排污事项发生变更的，应当进行变更申报	禁止涂改、出租、出借排污许可证
		排污单位应当按照要求建立环境管理台账	排污单位应按要求编制排污许可执行报告并公开，填报环境统计表	依法设置大气污染物排污口	依法设置水污染物排污口	禁止超标或者超总量排放污染物
		暂不需申领排污许可证的单位排放污染物应当遵守国家和地方标准	禁止以逃避监管方式排放污染物（偷排、直排）	按照要求缴纳环境保护税		

序号	要求大项	要求小项				
		1	2	3	4	5
5	大气污染防治要求（30项）	将防治扬尘污染的费用列入工程造价，并在施工承包合同中明确施工单位扬尘污染防治责任	施工单位在施工过程中应当有效采取防尘、降尘措施；建设单位对暂时不能建设的土地应当采取扬尘防治措施	公示扬尘防治信息	遇重污染天气，应停止施工	环评报告书项目施工过程中，建设单位应当实施扬尘污染防治监督
		遵守禁止使用高排放非道路移动机械区域要求	施工单位应当制定扬尘污染防治方案，建立扬尘污染防治工作台账	城市建成区建设项目的施工应当安装相关监控装置，遵守相关现场搅拌要求，遵守物料使用限制	排放工业废气和有毒有害大气污染物进行自行监测，并保存原始监测记录	排放有毒有害大气污染物的单位应对排放口和周边环境进行定期监测
		禁燃区内，禁止新建、扩建燃用高污染燃料的设施，已建成的应改用清洁能源	大气污染重点行业企业及锅炉项目应采取措施使重点大气污染物达到超低排放	挥发性有机物排放重点企业应当按照挥发性有机物排放标准、技术规范的规定，制定操作规程，组织生产管理	禁止随意焚烧秸秆	在集中供热地区，禁止新建、扩建分散燃煤供热锅炉

序号	要求大项	要求小项				
		1	2	3	4	5
5	大气污染防治要求（30项）	禁止生产、进口、销售或者使用不符合规定标准或者要求的锅炉	禁止安装、使用非专用生物质锅炉或者多燃料生物质锅炉；生物质锅炉应当以经过加工的植物为燃料，并配备高效除尘设施	产生挥发性有机废气活动应在密闭环境进行，并采取防治措施	工业涂装企业应当使用低挥发性有机物含量的涂料，并建立台账；其他产生挥发性有机物的工业企业应当建立台账并申报原辅材料使用等情况	石油、化工及生产、使用有机溶剂的企业应采取措施防止污染；储油储气库、加油加气站、原油成品油码头、运输船舶等，应当安装回收装置并正常使用
		生产过程中排放粉尘、硫化物和氮氧化物的企业，应采用清洁生产工艺，配套建设除尘、脱硫、脱硝等装置或者采取技术改造控制大气污染物排放	产生可燃性气体的企业应当将可燃性气体回收利用或者采取措施防止污染	餐饮服务企业产生油烟排放的应当安装净化设施，不得超标排放油烟	存放煤炭、煤矸石、煤渣、煤灰等物料，应当采取防燃措施	排放持久性有机污染物的单位应当采取有效技术方法和工艺，配备有效的净化装置，实现达标排放
		恶臭气体污染防治	禁止在人口集中地区焚烧垃圾产生有毒有害烟尘和恶臭气体	干洗、机动车维修企业应按照要求设置、使用异味和废气处理装置	依法执行重污染天气应急措施	不得直接向环境排放消耗臭氧层的物质，应当回收
6	扬尘污染防治要求（3项）	钢铁、建材、有色金属、石油、化工、制药、矿产开采等企业应控制粉尘和气态污染物的排放	装卸物料应当注意扬尘污染防治；码头、矿山、填埋场和消纳场以及物料堆场地应进行扬尘污染防治	码头、堆场和露天仓库堆放，或者储存易产生扬尘的物料，应采取相应措施防止扬尘污染		

序号	要求大项	要求小项				
		1	2	3	4	5
7	机动车船等的大气污染防治要求（4项）	机动车船等排放大气污染物应当符合标准	在用机动车应当遵守相关环保要求	机动车生产企业生产机动车辆排放检验及信息公开	机动车生产、进口企业应当将机动车排放检验、污染控制、维修技术等信息公开	
8	水污染防治要求(8项)	集中处理的废水经预处理后方可排放至集中处理设施	实行排污许可的单位，应当对所排放的水污染物自行监测，并保存原始监测记录	排放有毒有害水污染物的单位应对排污口及周边进行监测，并公开有毒有害水污染物信息	禁止向水体排放油类，酸碱液，剧毒废液，放射性废液，含热废水、含病原体废水，含汞、镉、砷、铬、铅、氰化物，黄磷等的可溶性剧毒废渣，工业废渣，城镇垃圾等相关有害污染物质	禁止在未采取有效防治措施的情况下从事排放、倾倒废弃物等可能污染水体的活动
		采取措施，防止在处理安全生产事故过程中产生的消防废水、废液直接排入水体	禁止使用污水进行灌溉或养殖活动	禁止利用渗坑、渗井、裂隙、溶洞以及其他不正当方式排放污水；开发建设、生产经营等活动中应采取有效措施防止地下水源污染		

序号	要求大项	要求小项				
		1	2	3	4	5
9	水源保护区污染防治要求（13 项）	禁止在水源保护区从事船舶制造、拆解、修理作业，禁止利用码头装卸有毒有害物品	禁止在集中取水点实施可能污染水体的活动	禁止在水源保护区和集中取水点使用剧毒或者高残留农药	禁止在一级水源保护区从事养殖、旅游、垂钓、洗涤、游泳等可能污染水体的活动	在二级水源保护区从事养殖、旅游、垂钓等活动应当采取措施防止水体污染
		禁止向水源保护区倾倒、堆放、焚烧危险废物	禁止在水源保护区内从事破坏生态的活动，禁止运输剧毒物品车辆经过	经水源保护区运输剧毒物品应当采取防治措施，禁止经一级水源保护区运输剧毒物品	禁止向水源保护区水体倾倒、排放废物	在未划定为水源保护区的饮用水水源地的企业应当采取有效污染防治措施，保护水源
		不得将水源保护区内的土地、建筑等出租给他人从事禁止活动	禁止在水源保护区倾倒、排放危险废物	禁止在水源保护区内饲养畜禽		
10	船舶污染防治要求（11 项）	船舶污染物排放要求	船舶及有关作业单位从事有污染风险的作业活动，应当采取污染防治措施	禁止船舶向水体排放残油、废油、不符合规定的压载水等	船舶应当配置防污设备，持有防止水域环境污染的证书与文书	船舶进行涉及污染物排放的作业，应当遵守操作规程，并如实记载
		船舶进行散装液体污染危害性货物的过驳作业，应当编制作业方案，采取污染防治措施，并经过批准	不得以冲滩方式拆解船舶	不得使用不符合标准或者要求的船舶燃油	禁止利用船舶运输剧毒物品、危险废物以及国家规定禁止运输的其他危险化学品	船舶运输穿越水源保护区时应当采取防止污染水体的有效措施，配备应急设备

序号	要求大项	要求小项				
		1	2	3	4	5
10	船舶污染防治要求（11 项）	禁止在一级水源保护区内停泊与保护水源无关的船舶、木（竹）排				
11	噪声污染防治要求（22 项）	建筑施工噪声应当排放达标	产生噪声的施工设备的申报	建设单位应当对施工单位的噪声污染防治进行监督	施工单位应当安装并使用噪声污染防治设施和监测设备，采取有效的噪声污染防治措施	施工单位应按规定公布施工相关信息，接待来访及投诉
		禁止在噪声敏感建筑物集中区域内使用蒸汽桩机、锤击桩机等噪声严重超标的设备	噪声敏感建筑物集中区域内，禁止中午或者夜间擅自进行产生环境噪声的建筑施工作业，遵守作业时间限制	取得夜间施工许可的单位，应当提前公布相关信息	产生环境噪声的设备投入使用前向生态环境部门申报	使用产生噪声污染的设施设备应当符合生态环境部门要求
		对可能受到噪声影响的住宅，房地产开发经营者应当在其销售场所公示所销售住宅的建筑隔声等情况	特殊时间禁止开展产生噪声污染的活动	产生环境噪声污染的单位应依法缴纳噪声超标排污费	噪声敏感建筑物集中区产生严重环境噪声污染以及噪声排放严重污染和扰民的单位应当实施限期治理	使用固定的设备造成环境噪声污染的工业企业应当申报相关设备情况

序号	要求大项	要求小项				
		1	2	3	4	5
11	噪声污染防治要求（22 项）	未经批准禁止排放偶发性强烈噪声	排放噪声的企业、场所应当合理配置降噪设施，并实时维护，防止噪声污染	商业经营场所噪声排放应当符合国家标准	禁止在商业经营活动中使用高噪声的方法招揽顾客	禁止在噪声敏感建筑物集中区域从事机械方式切割、加工钢材、石材、木材，禁止适用高音喇叭
		工业噪声排放应当符合工业企业厂界环境噪声排放标准	产生噪声的企业应当安装污染防治设施、或采取有效措施减轻噪声对环境的影响			
12	土壤污染防治要求（13 项）	拆除设施、建筑时应采取相应土壤污染防治措施	土壤污染重点单位应严格控制有毒有害物质排放，并报告排放情况，建立污染隐患排查制度，实行自行监测	尾矿库运营管理单位应当采取措施防止土壤污染，并按照规定进行土壤污染状况监测	禁止向农用地排放有毒有害物质，污染土壤环境	农业投入品生产者、销售者、使用者应当回收农药、肥料等包装废弃物和农用薄膜，并进行无害化处理

序号	要求大项	要求小项				
		1	2	3	4	5
12	土壤污染防治要求（13项）	禁止将重金属等有毒有害物质含量超标的固体废物或污染土壤用于土地复垦	污染地块风险管控、修复完成后，污染责任人和土地使用权人应按要求实施后期管理	开发建设过程中剥离的表土，应当单独收集和存放；实施风险管控、修复活动，不得对土壤环境造成新污染；修复施工单位转运污染土壤的应当做好方案；风险管控、修复目标地块，禁止开工建设无关项目	土壤污染责任人或土地使用权人应当依法开展土壤污染状况调查、采取风险管控措施、实施修复、进行修复评估活动	土壤污染责任人或土地使用权人应当将修复方案、效果评估报告备案
		污水集中处理、固体废物处置单位应采取措施防止土壤污染	拆除相关建筑时应当采取土壤污染防治措施，土壤污染重点监管单位还须制作污染防治方案并备案	土壤污染重点监管单位改变土地用途的，应依法进行土壤污染状况调查并报备		

序号	要求大项	要求小项				
		1	2	3	4	5
13	在线监测要求（7 项）	未实行在线监测或者未全部纳入在线监测的工业企业对污染物的排放情况定期进行环境监测并向生态环境部门报告	重点排污单位依法安装自动在线监测设施，并和生态环境部门联网	保证监测设备正常运行，不得擅自拆除、闲置、损毁	重点排污单位在线监测系统发生故障时，应及时报告	自动监控设施运营单位应当保证自动监测数据真实有效，不得弄虚作假
		禁止侵占、损毁或者擅自移动、改变大气环境质量监测设施和大气污染物排放自动监测设备	大气污染物重点排污单位应当依法公开排放信息			
14	固体废物的一般管理要求（12 项）	禁止在江河湖泊最高水位线以下倾倒、堆放固体废物	禁止在运输途中丢弃、遗撒固体废物	产生固体废物的重点单位应当公开相关产废及处置信息	禁止擅自倾倒、堆放固体废物，贮存固体废物应当采取“三防”措施	畜禽养殖粪便应当妥善处理
		固体废物跨省转移的应当申报，禁止擅自跨省转移固体废物	禁止境外固体废物入境倾倒、处置；禁止擅自进口限制进口的可利用的固体废物	焚烧处置固体废物应使用获批的设施	不得在相关保护区等环境敏感区域建设工业固体废物集中处置设施和生活垃圾填埋场	固体废物收集、贮存、运输、处置设施设备场所，不得擅自关闭、闲置、拆除
		矿山企业工业固体废物的减产要求	禁止随意倾倒、抛撒或者堆放生活垃圾			

序号	要求大项	要求小项				
		1	2	3	4	5
15	工业固体废物管理要求(5项)	产生工业固体废物的单位应当依法进行申报、变更申报	贮存工业固体废物应有效采取“三防”措施，防止固体废物扬散、流失、渗漏	产生工业固体废物的单位应当将工业固体废物分类贮存或无害化处置	妥善处置固体废物贮存、处置设施、场所	矿山企业固体废物贮存设施停止适用的，应当进行封场
16	危险废物管理要求（17项）	产废单位应当制订危险废物管理计划，进行申报、变更申报	产废单位应当建立并保存危险废物台账	按要求在相关场所、设施上设置危险废物标志	未经安全性处置，禁止混合收集、贮存、运输、处置具有不相容性质的危险废物	贮存危险废物不能超过一年，长期贮存的应当经过审批（未经审批可能构成无证经营）
		收集贮存危险废物应当依法采取措施防止危险废物扬散、流失、渗漏	不得将危险废物混入非危险废物贮存	制定危险废物意外事故应急预案并备案	产废单位应当按照要求处置危险废物或者承担处置费用，不得擅自倾倒、堆放	不得将危险废物交由无经营许可的单位或个人从事经营活动
		转移危险废物的，应当按要求填写危险废物转移联单，并向生态环境部门报告	危险废物跨省转移的，应当进行审批	不得将危险废物与旅客在同一运输工具载运	危险废物场所、设施以及其他有关物品须经处理方可转作他用	禁止经中国过境转移危险废物
		危险废物污染事故应急处理	机动车维修单位应当执行危险废物管理制度，防止危险废物污染			

序号	要求大项	要求小项				
		1	2	3	4	5
17	医疗废物管理要求（16项）	医疗机构和医疗废物处置单位应当建立医疗废物管理制度，设置监控部门或人员	医疗机构和医疗废物处置单位应对从事医疗废物处置的有关人员进行培训并采取职业卫生防护措施	医疗机构和医疗废物处置单位应对医疗废物进行登记并保存登记资料	医疗机构和医疗废物处置单位应对使用后的医疗废物运送工具或车辆及时消毒、清洁	医疗废物处置单位应及时收集、运送医疗废物
		医疗机构和医疗废物处置单位应定期对医疗废物处置设施进行环境污染防治和卫生学效果进行检测、评价并报告	医疗机构和医疗废物处置单位应采取安全方式和工具贮存、运输医疗废物	医疗废物处置单位应当安装在线监控装置并保持正常运行	医疗机构和医疗废物处置单位运输、贮存、转移、处置医疗废物时禁止采取非法方式或将医疗废物交给非法的单位或个人处置	医疗机构和医疗废物处置单位应依法处置或者排放相关医疗废物
		医疗机构和医疗废物处置单位在发生医疗废物泄漏时应采取应急措施，并向相关部门和居民报告、通报	禁止无证经营医疗废物	医疗废物集中处置用地作为专用用地，不得出租、转让和转为他用	医疗废物处置单位应与医疗卫生机构签订医疗废物集中处置服务协议，不得以任何理由拒收医疗废物	医疗机构必须将医疗废物交由医疗废物处置单位处置
		医疗废物处置用地不再专用时，处置单位应采取措施恢复生态、消除污染				

序号	要求大项	要求小项				
		1	2	3	4	5
18	危险废物经营要求（14 项）	申领危险废物经营许可证（擅自倾倒、处置危险废物可能构成无证经营危险废物）	按证从事危险废物经营活动（经营单位）	按照要求建立和保存危险废物经营记录档案	以填埋方式处理危险废物的，应当缴纳排污费	以填埋方式处理危险废物的，应当在填埋场地设立永久标志（可能构成未设置危险废物识别标识）
		经营单位变更法人名称、法定代表人和住所的应及时变更危险废物经营许可证	危险废物经营发生重大改变的重新申请危险废物经营许可证	经营许可证到期的应当及时申请延续危险废物经营许可证	禁止伪造、变造、转让危险废物经营许可证	危险废物收集经营单位应委托有资质的单位处置危险废物
		积极整改违法行为	收集、贮存、运输、处置危险废物的场所、设施、设备等转作他用时应当消除污染	终止危险废物经营的，应对经营设施、场所及剩余危险废物进行无害化处置，注销危险废物经营许可证	终止危险废物经营的，应将危险废物经营情况记录簿移交相关部门管理	
19	水土保持要求（13 项）	根据需要，按要求编制水土保持方案并报水行政主管部门审批	编制水土保持方案应当符合国家规定要求	水土保持方案审批后，项目的地点、规模发生重大变化的应当修改方案并重新审批	项目的设计单位、施工单位、建设单位应当在设计、施工中落实水土保持责任	建设活动中排弃的砂、石、土、矸石、尾矿、废渣等不能综合利用的，应当堆放在水土保持方案确定的专门存放地

序号	要求大项	要求小项				
		1	2	3	4	5
19	水土保持要求（13 项）	水土保持设施验收，并备案	水土保持方案实施过程中，水土保持措施需要做出重大变更的，应当经原审批机关批准	不得擅自占用、损坏水土保持设施	生产活动中排弃的砂、石、土、矸石、尾矿、废渣等不能综合利用的，应当堆放在水土保持方案确定的专门存放地	禁止在相关区域设置消纳场或者专门存放地
		土地使用权人造成水土流失的应当积极治理	生产经营中应按照要求和规定采取水土保持措施	企业经营造成水土流失的应当治理，治理不能恢复的，应缴纳水土保持补偿费		
20	排水许可要求（4 项）	城镇排水与污水处理设施范围内新建工程应当采取相关保护防护措施	城镇排水设施覆盖范围内的排水单位应依法将污水排入城镇排水设施并依法实施雨污分流	排水单位应当向城镇排水主管部门申请领取污水排入排水管网许可证并按照许可证要求排水	按照国家有关规定缴纳污水处理费	
21	水资源管理与保护要求（6 项）	直接从江河、湖泊或者地下取水的单位应当办理取水许可，按规定取水	蓄水工程所有人、持证人取水应当安装量水设施	不得擅自停止使用已建成的节约用水设施	在海水入侵地区禁止擅自增加水开采量	单位用水用户应当按照规定进行水量平衡测试并报送测试结果，建立节水共享数据库，节约用水
		其他节约用水要求				

序号	要求大项	要求小项				
		1	2	3	4	5
22	环保设施、措施要求（11项）	项目初步设计应当编制环境保护篇章，落实环境保护设施建设方案和投资概算	组织实施环评批复提出的环境保护对策措施	将环境保护设施建设纳入施工合同	建设单位应当按要求安装环境保护设施、设备	新建、扩建、改建建设项目，应当配套建设节水设施
		依法建立污染防治设施运行台账	禁止擅自拆除、闲置大气污染防治设施	禁止擅自拆除、闲置、损毁噪声污染防治设施	受委托运营防治污染设施的单位，应当保证污染防治设施的正常运行	不得擅自拆除、闲置环境保护设施
		排污单位应当保证污染防治设施的正常运行				
23	建筑节能要求（2项）	不得使用禁止目录内的工艺、设备、材料进行建设，不得违反建筑节能强制性标准和技术规范	组织建筑节能专项验收			
24	建筑废弃物处置要求（7项）	建筑废弃物应当及时清运	建筑废弃物清运过程中应采取密闭等措施防止污染；运输车辆应当安装定位装置	建筑废弃物不得和生活垃圾、危险废物混合排放	应当选择合法的运输单位运输建筑废弃物	确定建筑废弃物运输单位后，编制建筑废弃物减排及处理方案并备案

序号	要求大项	要求小项				
		1	2	3	4	5
24	建筑废弃物处置要求（7 项）	建设单位运输建筑废弃物变更运输单位的，应当备案	建筑废弃物应当按照相关主管部门的规定进行合理利用或者处置			
25	环境信息公开要求（4 项）	公开环保设施验收报告	污染严重企业应按要求公开污染物排放情况	重点排污单位应当按照规定内容和方式公开相关排污信息	达到能源消耗控制指标、重点污染物排放控制指标的企业应当公开能源消耗或者重点污染物产生、排放情况	
26	接受并配合环境监管要求（7 项）	如实配合固体废物的执法监督检查	如实配合噪声的执法监督检查	如实配合涉水、气以及其他的执法监督检查	如实配合环境执法复查工作	禁止擅自解除查封、隐匿、损坏被查封物品
		依法配合环境统计工作	配合土壤环境执法检查			
27	产品、设备、原料要求（20 项）	不得将土地、建筑物、构筑物以及产生污染的设施转让、出租或者出借给无相应污染防治能力的单位使用	禁止生产、销售、进口、使用、转让严重污染水环境或淘汰的工艺、设备、产品	禁止生产、销售、进口、使用、转让严重污染大气环境或淘汰的工艺、设备、产品	煤矿行业应按规定建设配套煤炭洗选设施，禁止开采有毒有害物质超过规定标准的煤炭	禁止进口、销售不符合质量标准的煤炭、石油焦

序号	要求大项	要求小项				
		1	2	3	4	5
27	产品、设备、原料要求（20项）	禁止燃用不符合质量标准的煤炭、石油焦	禁止生产、进口或者销售大气污染物排放超过标准的机动车船、非道路移动机械	禁止生产、进口或者销售大气污染物排放超过标准的机动车船、非道路移动机械	禁止生产、进口、销售挥发性有机物含量不符合质量标准或者要求的原材料和产品	禁止生产、进口、销售不符合标准的机动车船和非道路移动机械用燃料、发动机油、氮氧化物还原剂、燃料和润滑油添加剂以及其他添加剂
		禁止在禁燃区内销售高污染燃料	禁止在禁燃区内燃用高污染燃料	禁止生产、销售、进口或者使用淘汰的设备，或者采用淘汰的生产工艺	禁止将列入限期淘汰名录被淘汰的设备转让给他人使用	禁止生产、销售或者使用国家明令淘汰的落后的、耗水量高的工艺、设备和产品
		大型机电设备、机动运输工具以及工业部门指定产品的企业应在产品上标注标准牌	禁止生产、销售和使用有毒、有害物质超过国家标准的建筑和装修材料	禁止生产、销售、储存和使用列入严重消耗臭氧层物质或者含该类物质的产品	禁止生产、使用国家明令禁止生产、使用的农药	禁止生产、销售、进口对环境噪声污染严重的落后设备
28	污染事故应急要求（5项）	排污者应当制定环境污染事故应急预案，配备应急设备	排污者应当按要求制定水污染事故应急预案	发生水污染事故时及时启动应急预案	发生饮用水水源污染事故后及时向生态环境主管部门报告并按照规定采取应急措施	违反规定，造成水污染、饮用水水源污染事故的，予以处罚

序号	要求大项	要求小项				
		1	2	3	4	5
29	污泥处置要求（2项）	污水集中处理设施运营单位、污泥处置单位应当安全处置污泥，并做好记录，不得擅自倾倒、遗撒	污水处理设施维护运营单位和污泥处理处置单位应当执行污泥转移联单制度			
30	污染物集中处理要求（3项）	污染物集中处理单位应定期向生态环境部门报告处理污染物的信息，发现排污单位所排放的污染物异常时，应当立即向生态环境部门报告	企业合作共建污染物处理设施的应当签订书面合作合同并报生态环境部门备案	委托专业单位处理污染物的，应当签订书面合同并报生态环境部门备案		
31	生态损害修复要求（1项）	对已经受到破坏的生态环境，生态破坏者应当及时进行治理和恢复				
32	湿地保护要求（1项）	禁止向湿地保护区排放污水，投放危险物品，倾倒废物				
33	清洁生产要求（2项）	强制性清洁生产审核	强制性清洁生产审核结果公开			

具体到专门的领域，则要结合该领域的情况进行专门的梳理和总结。我们以陶瓷化工行业为例，对有关信息进行归类整理，主要形成了分阶段表、污染因素表、综合归类表、污染物合规具体法律规定表及其简版五个表，以下我们展示部分表格（表 3-9 ～表 3-11）作为示范。

表 3-9　陶瓷化工行业分阶段污染物排查表

生产环节	污染物类型	具体排放工序、设施	污染物	是否涉及无组织排放	无组织排放地点	无组织排放控制措施
原料制备（湿法备料）	废气	—	—	是	原料料场	挡尘措施，水雾喷淋等抑尘措施
	废水	原料制备工序产生的含泥废水、含釉废水；球磨机废水	悬浮物（SS）、化学需氧量（COD_{Cr}）、五日生化需氧量（BOD_5）、氨氮、石油类		易排放散粉尘的加料点、卸料点及物料的转运点	设置密闭罩或其他形式的有效集尘罩，并配备除尘措施
	噪声	物料破碎设备、球磨机、空压机等设备运转	—		散装物料运输车辆	车厢遮盖措施；设置洗车台对出厂运输车辆进行清洗
	固体废物		废泥、废釉料		排塑、排蜡工艺	综合防治挥发性有机污染物
			煤灰渣		—	—
喷雾干燥（建筑陶瓷）	废气	排放喷雾干燥塔烟气	颗粒物、二氧化硫、氮氧化物	—	—	—
	废水	湿法脱硫废水				
	固体废物	烟气脱硫设施	脱硫固体废物			
		煤气生产过程	煤焦油、含酚废水（危险废物）			
	噪声	设备运转				

生产环节	污染物类型	具体排放工序、设施	污染物	是否涉及无组织排放	无组织排放地点	无组织排放控制措施
成形	废气		颗粒物	是	建筑陶瓷干压成形设备及其相对应的辊扫台、翻坯机	配备除尘设施；干压成形工序粉尘浓度应符合有关职业卫生的要求
	噪声	建筑陶瓷干压成形工序的压机等设备运转	—	—	—	—
	固体废物	—	废坯、废石膏模具			
施釉（卫生陶瓷）	废气	—	—	—	—	—
	废水	—	—			
	噪声	设备运转	—			
烧成	废气	工业窑炉排放窑炉烟气	颗粒物、二氧化硫、氮氧化物、氯化物、氟化物、铅及其化合物、镉及其化合物、镍及其化合物	—	—	—
	噪声	窑炉风机等设备	—			
	固体废物	—	废耐火材料、废窑具			
		煤气生产过程	煤焦油（危险废物）和含酚废水（危险废物）			

生产环节	污染物类型	具体排放工序、设施	污染物	是否涉及无组织排放	无组织排放地点	无组织排放控制措施
烤花（陈设艺术陶瓷）	废气	工业窑炉排放窑炉烟气	—	是	—	综合防治挥发性有机污染物
	固体废物	—	—			
	噪声	设备运转	—			
后加工	废气	—	—	是	采用干压成形的建筑陶瓷企业的干法切割、磨边及表面抛光等后加工工序	后加工工序宜采用湿法作业；采用干法作业的后加工工序应配备除尘措施
	废水	建筑陶瓷砖后加工废水、脱硫废水	建筑陶瓷砖后加工废水、脱硫废水：悬浮物（SS）、化学需氧量（COD_{Cr}）、五日生化需氧量（BOD_5）、氨氮、石油类	—	—	—
	固体废物	—	废砖、废瓷	—	—	—
			抛光废渣	—	—	—
		使用油墨和有机溶剂过程中产生的危险废物	—	—	—	—
	噪声	建筑陶瓷的磨边机和抛光机	—	—	—	—

生产环节	污染物类型	具体排放工序、设施	污染物	是否涉及无组织排放	无组织排放地点	无组织排放控制措施
其他配套设施（脱硫系统）	废气	—	—	—	—	—
	废水	—	湿法脱硫废水	—	—	—
	固体废物	—	生产废水处理站沉淀物			—
		—	烟气脱硫设施产生的脱硫固体废物			—
其他要求	厂区内场地、道路	硬化、保持清洁	—			
	污染治理技术一般要求	大气：根据排放要求合理调整治理效率	—			
		水：分别收集、分质处理和循环利用生产技术；有条件企业宜设置集中废水处理站	—			
	污染治理设施	保持正常运行	—			
	建立环境管理制度	环境管理体系	—			
		环境管理制度	环境保护责任制度、污染治理设施维护及岗位培训制度、无组织排放控制措施管理制度、非正常情况管理制度、自行监测管理制度、环境管理台账及记录制度、排污许可执行报告制度			
		非正常管理预案	对不正常排放进行有效管理和预防			
		环境管理能力建设	污染治理设施岗位培训管理制度，有效培训			

表 3-10　陶瓷化工行业分类型污染物排查表

污染物类型	污染物	生产环节	具体排放工序、设施
废气	颗粒物	喷雾干燥（建筑陶瓷）	排放喷雾干燥塔烟气
		成形	—
		烧成	工业窑炉排放窑炉烟气
	二氧化硫	喷雾干燥（建筑陶瓷）	排放喷雾干燥塔烟气
		烧成	工业窑炉排放窑炉烟气
	氮氧化物	烧成	工业窑炉排放窑炉烟气
	氯化物	烧成	工业窑炉排放窑炉烟气
	氟化物	烧成	工业窑炉排放窑炉烟气
	铅及其化合物	烧成	工业窑炉排放窑炉烟气
	镉及其化合物	烧成	工业窑炉排放窑炉烟气
	镍及其化合物	烧成	工业窑炉排放窑炉烟气
废水	悬浮物（SS）	后加工	建筑陶瓷砖后加工废水、脱硫废水
	化学需氧量（COD_{Cr}）	后加工	建筑陶瓷砖后加工废水、脱硫废水
	五日生化需氧量（BOD_5）	后加工	建筑陶瓷砖后加工废水、脱硫废水
	氨氮	后加工	建筑陶瓷砖后加工废水、脱硫废水
	石油类	后加工	建筑陶瓷砖后加工废水、脱硫废水
	建筑陶瓷砖后加工废水	后加工	建筑陶瓷砖后加工废水、脱硫废水
	脱硫废水	后加工	建筑陶瓷砖后加工废水、脱硫废水
		其他配套设施（脱硫系统）	—

污染物类型	污染物	生产环节	具体排放工序、设施
一般固体废物	废泥	原料制备（湿法备料）	
	废釉料	原料制备（湿法备料）	
	煤灰渣	原料制备（湿法备料）	
	脱硫固体废物	其他配套设施（脱硫系统）	烟气脱硫设施
	废坯	成形	
	废石膏模具	成形	
	废耐火材料	烧成	
	废窑具	烧成	
	废砖	后加工	
	废瓷	后加工	
	抛光废渣	后加工	
	生产废水处理站沉淀物	其他配套设施（脱硫系统）	
危险废物	煤焦油（危险废物）	烧成	煤气生产过程
	含酚废水（危险废物）	烧成	煤气生产过程
噪声	机械噪声	机器设备：物料破碎设备、球磨机、窑炉风机、空压机、压机、磨边机、抛光机	—

表 3-11 陶瓷化工行业污染物合规法律规定综合简表

污染物类型	污染物	生产环节	具体排放工序、设施	有关规定	规定内容	相关标准
废气	颗粒物	喷雾干燥（建筑陶瓷）	排放喷雾干燥塔烟气	《中华人民共和国大气污染防治法》第四十八条	控制粉尘排放	《陶瓷工业污染物排放标准》《污染源源强核算技术指南 陶瓷制品制造》《陶瓷工业污染防治可行技术指南》《排污许可证申请与核发技术规范 陶瓷砖瓦工业》
		成形	—	《中华人民共和国大气污染防治法》第四十三条	清洁生产、配套除尘、技术改造	
		烧成	工业窑炉排放窑炉烟气			
	二氧化硫	喷雾干燥（建筑陶瓷）	排放喷雾干燥塔烟气	《最高人民法院关于办理环境污染刑事案件适用法律若干问题的解释》第一条	重点排污单位篡改、伪造自动监测数据或者干扰自动监测设施，排放化学需氧量、氨氮、二氧化硫、氮氧化物等污染物的	
		烧成	工业窑炉排放窑炉烟气			
	氮氧化物	烧成	工业窑炉排放窑炉烟气	《中华人民共和国大气污染防治法》第四十三条	清洁生产、配套除尘、技术改造	
				《最高人民检察院关于办理环境污染刑事案件适用法律若干问题的解释》第一条	重点排污单位篡改、伪造自动监测数据或者干扰自动监测设施，排放化学需氧量、氨氮、二氧化硫、氮氧化物等污染物的	
	氯化物	烧成	工业窑炉排放窑炉烟气	—	—	

污染物类型	污染物	生产环节	具体排放工序、设施	有关规定	规定内容	相关标准
废气	氟化物	烧成	工业窑炉排放窑炉烟气	—	—	《陶瓷工业污染物排放标准》《污染源源强核算技术指南 陶瓷制品制造》《陶瓷工业污染防治可行技术指南》《排污许可证申请与核发技术规范 陶瓷砖瓦工业》
	铅及其化合物	烧成	工业窑炉排放窑炉烟气	—	—	
	镉及其化合物	烧成	工业窑炉排放窑炉烟气	—	—	
	镍及其化合物	烧成	工业窑炉排放窑炉烟气	—	—	
	废气其他要求			《中华人民共和国大气污染防治法》第四十七条	化工以及其他生产和使用有机溶剂的企业，应当采取措施对管道、设备进行日常维护、维修，减少物料泄漏，对泄漏的物料应当及时收集处理	
				《中华人民共和国大气污染防治法》第二十四条第一款	工业废气监测	

污染物类型	污染物	生产环节	具体排放工序、设施	有关规定	规定内容	相关标准
废水	悬浮物（SS）	后加工	建筑陶瓷砖后加工废水、脱硫废水	—	—	《陶瓷工业污染物排放标准》《污染源源强核算技术指南 陶瓷制品制造》《陶瓷工业污染防治可行技术指南》《排污许可证申请与核发技术规范 陶瓷砖瓦工业》
	化学需氧量（COD_{Cr}）	后加工	建筑陶瓷砖后加工废水、脱硫废水	《关于办理环境污染刑事案件适用法律若干问题的解释》第一条	具有下列情形之一的，应当认定为“严重污染环境”：……（七）重点排污单位篡改、伪造自动监测数据或者干扰自动监测设施，排放化学需氧量、氨氮、二氧化硫、氮氧化物等污染物的；……	
	五日生化需氧量（BOD_5）	后加工	建筑陶瓷砖后加工废水、脱硫废水	—	—	
	氨氮	后加工	建筑陶瓷砖后加工废水、脱硫废水	《关于办理环境污染刑事案件适用法律若干问题的解释》第一条	具有下列情形之一的，应当认定为“严重污染环境”：……（七）重点排污单位篡改、伪造自动监测数据或者干扰自动监测设施，排放化学需氧量、氨氮、二氧化硫、氮氧化物等污染物的；……	
	石油类	后加工	建筑陶瓷砖后加工废水、脱硫废水	—	—	

污染物类型	污染物	生产环节	具体排放工序、设施	有关规定	规定内容	相关标准
废水	建筑陶瓷砖后加工废水	后加工	建筑陶瓷砖后加工废水、脱硫废水	—	—	《陶瓷工业污染物排放标准》《污染源源强核算技术指南 陶瓷制品制造》《陶瓷工业污染防治可行技术指南》《排污许可证申请与核发技术规范 陶瓷砖瓦工业》
	脱硫废水	后加工	建筑陶瓷砖后加工废水、脱硫废水	—	—	
		其他配套设施（脱硫系统）	—	—	—	
	其他废水处理要求			《中华人民共和国水污染防治法》第二十一条 《固定污染源排污许可分类管理名录（2019版）》	工业废水排污许可证	
				《中华人民共和国水污染防治法》第四十五条第三款	工业废水预处理排放	

污染物类型	污染物	生产环节	具体排放工序、设施	有关规定	规定内容	相关标准
一般固体废物	废泥	原料制备（湿法备料）	—	《中华人民共和国固体废物污染环境防治法》第二十条第一款	“三防”措施、禁止倾倒	《污染源源强核算技术指南陶瓷制品制造》《陶瓷工业污染防治可行技术指南》《一般工业固体废物贮存、处置场污染控制标准》
	废釉料	原料制备（湿法备料）	—	《中华人民共和国固体废物污染环境防治法》第二十条第二款	江河、湖泊、运河、渠道、水库及其最高水位线以下的滩地和岸坡以及法律法规规定的其他地点倾倒、堆放、贮存固体废物	
	煤灰渣	原料制备（湿法备料）	—	《中华人民共和国固体废物污染环境防治法》第二十二条	固体废物转移申请、备案	
	脱硫固体废物	其他配套设施（脱硫系统）	烟气脱硫设施	《中华人民共和国固体废物污染环境防治法》第二十九条第二款	及时公开固体废物污染环境防治信息，主动接受社会监督	
	废坯	成形	—	《中华人民共和国固体废物污染环境防治法》第三十九条第一款	固体废物排污许可证	
	废石膏模具	成形	—	《中华人民共和国固体废物污染环境防治法》第三十六条第一款	工业固体废物产生、收集、贮存、运输、利用、处置全过程的污染环境防治责任制度，建立工业固体废物管理台账	
	废耐火材料	烧成	—	《中华人民共和国固体废物污染环境防治法》第四十条	工业固体废物利用；工业固体废物贮存设施、场所要求	

污染物类型	污染物	生产环节	具体排放工序、设施	有关规定	规定内容	相关标准
一般固体废物	废窑具	烧成	—	《中华人民共和国固体废物污染环境防治法》第三十七条第一款	产生工业固体废物的单位委托他人运输、利用、处置工业固体废物的，应当对受托方的主体资格和技术能力进行核实，依法签订书面合同，在合同中约定污染防治要求	《污染源源强核算技术指南 陶瓷制品制造》《陶瓷工业污染防治可行技术指南》《一般工业固体废物贮存、处置场污染控制标准》
	废砖	后加工	—	《中华人民共和国固体废物污染环境防治法》第四十一条第一款	单位终止、变更固体废物处理	
	废瓷	后加工	—	《广东省固体废物污染环境防治条例》第三十二条	禁止下列污染环境的行为：……（二）使用未经生态环境主管部门批准的设施焚烧处理固体废物；……	
	抛光废渣	后加工	—	《中华人民共和国水污染防治法》第三十八条	禁止在江河、湖泊、运河、渠道、水库最高水位线以下的滩地和岸坡堆放、存贮固体废物和其他污染物	
	生产废水处理站沉淀物	其他配套设施（脱硫系统）	—	—	—	

污染物类型	污染物	生产环节	具体排放工序、设施	有关规定	规定内容	相关标准
危险废物	煤焦油（危险废物）	烧成	煤气生产过程	《中华人民共和国固体废物污染环境防治法》第七十八条	制订危险废物管理计划；建立危险废物管理台账	《国家危险废物名录》《危险废物贮存污染控制标准》
	含酚废水（危险废物）	烧成	煤气生产过程	《中华人民共和国固体废物污染环境防治法》第七十七条	危险废物识别标志	
	—	—	—	《中华人民共和国固体废物污染环境防治法》第七十九条	按环境保护标准要求贮存、利用、处置危险废物，不得擅自倾倒、堆放	
				《中华人民共和国固体废物污染环境防治法》第八十条第三款	禁止将危险废物提供或者委托给无许可证的单位或者其他生产经营者从事收集、贮存、利用、处置活动	
				《中华人民共和国固体废物污染环境防治法》第八十一条第一款	分类收集、贮存	
				《中华人民共和国固体废物污染环境防治法》第八十一条第二款	贮存防护标准	
				《中华人民共和国固体废物污染环境防治法》第八十二条第二款	危险废物转移程序	

污染物类型	污染物	生产环节	具体排放工序、设施	有关规定	规定内容	相关标准
危险废物				《中华人民共和国固体废物污染环境防治法》第八十四条	包装物消除污染处理	《国家危险废物名录》《危险废物贮存污染控制标准》
				《中华人民共和国固体废物污染环境防治法》第八十五条	制定危险废物意外事故的防范措施和应急预案	
				《中华人民共和国固体废物污染环境防治法》第八十六条	发生危险废物严重污染环境采取减轻处理措施、报告	

（2）综合评价法

在确定风险清单时，一定要对风险影响和发生概率等进行评价，通过量化评价的方法确定所有风险的排序，综合考虑影响范围、影响程度、发生频率、合规程度、处置难度、受关注程度等因素对应分值，以得分确定防控顺序。

影响范围主要考量风险可能产生不利影响的区域，是全球范围、国家范围、地区范围、社区范围还是厂区范围，范围越大，影响越大，防控的需求越强。所以可以对不同的范围确定不同的分值。

影响程度主要考量风险对社会和环境产生影响的大小，是非常严重、严重、一般还是轻微，要根据风险可能导致的经济、社会、财产等损失确定。目前国家有关部门甚至一些地方都制定有影响程度的标准，可以参考，并据此确定对应的分值。

发生频率主要衡量风险发生的机会以及转变为环境事件的可能性的大小，一般按照不会发生、较少发生、可能发生、经常发生、持续出现等进行预判，可以根据企业以及同行业此类事件发生的情况进行判断。可以根据发生的周期分别规定相应的分值，按小时、日、周、月、年、几年甚至更长的时间单位确定频率。

合规程度主要衡量企业合规管理的情况，包括是否重视合规、是否有完整系统的合规管理体系、合规管理的效果如何等，是非常有效、有效还是效果一般、效果较差等，然后确定对应的分值。

处置难度主要衡量应对和处置风险事件的可能性以及需要付出的成本和代价，处置难度越大，防控的要求就越强烈，处置的难度越小，防控的愿望就会相对较小。所以，要提前判断风险处置的难度，并按照很难、比较难、有些难、不难等确定对应的分值。

受关注程度是衡量有关因素社会关注度的指标，受关注程度越高，企业就越应该重视。从目前的情况看，社会普遍对大气污染、水污染、土壤污染等有着极高的关注度，而且随着社会的进步，人们环保意识的普遍提高，关注的范围会不断扩大，关注程度会越来越强烈。所以，应该按照全球关注、全国关注、区域关注、员工关注和公众关注等分别确定企业涉及的环境因素对应的分值。

各类因素的分值确定后，要根据各项环境因素得分情况，结合单项因素的严重情况，综合确定各种风险防控排序，形成风险防控的顺序建议，经过充分讨论并结合企业的承受能力等确定先后顺序。除总分排在前面的事项需要关注和防控外，每一项得分最高特别是满分的事项，也应该特别关注并做出相应的防控安排。

当然，在此过程中，对于一些比较常见的风险类型，如果凭借经验可以直接判断的，也可采取经验判断法，对其进行经验判断，以减少工作量，提升管理的效率。

无论采取何种方法、采取多少种方法，都要注意相互结合、进行综合判断。

（四）构建体系

企业环保合规体系构建的具体表现是形成一个管理方案，这是企业环保合规管理体系的总体安排，是企业环保合规管理的顶层设计。管理方案是经过综合系统的分析和完善而形成的。管理方案一定要达到结构完整、内容真实可靠、分析有理有据、建议切实可行、实施顺序合理、安排得当，要保证整体符合综合、系统、平衡的要求。

管理方案的核心是能保持平衡。要根据轻重缓急，合理安排处置顺序；要量力而行，统筹兼顾；要既能够解决企业目前的现实困境，又要对未来有合理的安排。

管理方案的关键是提升企业整体的管理能力，核心是保证有人管、管得准、管得对，具体落实时主要表现为构建完善的制度体系、搭建有效的管理体系、建立畅通的信息体系。

1. 构建制度体系

构建完善的制度体系是提升管理能力的基础和前提。完善的制度体系的核心是要明确谁来管、管什么和如何管。

制度体系的构建需要企业根据自身的情况进行系统的设计和安排，明确高层、中层和基层管理人员的职责、责任、权限，明确环保合规管理的总体目标、管理准则、实施流程、协调配合、考核评价、奖励惩罚等，要根据企业的情况选择制度体系的构建方式，确保适合企业的特点和情况，确保能够得到有效的实施。

一般来说，企业环保制度体系最少应该包括管理要求、组织架构、相关制度、运行保障、管理文化五大内容，并通过制度汇编或员工手册的方式体现出来、展示出来。制度的内容要与岗位职责结合、与流程控制结合、与绩效考核结合，要有利于调动所有参与人员的积极性，形成时时、处处、人人、事事有人管的氛围。

2. 搭建管理体系

搭建有效的管理体系是保证管理效果的关键。搭建有效的管理体系主要解决各项制度和要求如何在企业落实和怎么落实的问题。管理体系构建是复杂的，需要多种措施、多方合作。

一方面，要构建符合企业情况的组织体系，保证高层、中层和基层都有相应的管理人员，并形成分工明确、协调统一的系统，让所有的管理事项都处于管控之下。同时，要采取有效措施，有效调动全体成员的积极性，要让主动管理真正成为融入全体成员骨髓的一种习惯。通过激励、教育等措施，让全体参与、全程参与、全环节覆盖成为行为习惯，成为自觉。

另一方面，要规范实施，保证所有责任落实到各个环节和所有人的行动中，防控环境风险。规范实施的核心是保证所有人员的责任分解细化并融入合规管理的所有流程中，并明确具体的责任和方法，在实施过程中，及时收集、整理相关情况，不断总结和提炼经验，剖析失败原因，不断优化合规管理行为，推动合规管理不断向着更加优化、更加有效的方向发展。

在尽职调查和风险识别阶段，一定要保证全覆盖。要让每个岗位均有人负责，定期检查岗位职责落实情况，及时发现游离在控制范围之外的风险。同时，也要注意周边及上下游供应商的变化，随时判断和预测外来可能传导的风险。除此之外，还要对照历史风险情况，总结高发风险类型及发生前兆等信息，及时对照现实情况，控制高发风险再次发生。要总结和梳理风险产生途径，要特别重视媒体监督的重点、执法检查规律、竞争对手的态度、员工心理状态、周边危险情况、执法重点变化等容易引发风险的情况，随时发现问题，及早组织应对。

在风险评估阶段，企业既要评估企业自身行为的影响，也要评估所属行业可能的影响，要善于从同行业其他人的经历中汲取经验教训，提升评估的准确性。要特别重视企业中存在的不规范行为、风险高发点以及重点管理事项，采取定时评估和随时评估相结合的方式，随时评估高风险事项。同时，企业还要关注环保监管和本行业的发展趋势以及外围情况，研究和预测未来走势，并据此提前采取适当的应对措施。

在实时监控方面，企业一定要明确监管人员及其义务，规范监管流程，强化监管质量，重视监管效果评估，让环境风险特别是重点和高发风险始终处于有效的监管之下，尽量形成风险预警体系，利用智能化技术增强监控的精准度和超前性。

在风险处置活动中，要结合处置活动复杂、系统性的特点，采取合理的应对措施。一方面，企业要根据风险事件的情况、处置能力和处置偏好等情况，追求最符合企业管理目标的处置效果。处置的最高境界是将风险消灭在萌芽状态。这需要建立全员有效参与体系来保证及时发现、及时处置。处置的第二个层次是减轻其不利影响。可以通过进行风险修复补救、加强对多发事件的监管和治理、培养企业合规管理文化、切断事件与处罚间的联系、寻找对方漏洞等方式实现。处置的第三个层次是降低处罚层级。这可以采取包括应急处置、风险报备、专项整改等方法，希望通过积极的态度或有效的措施将风险降低，或创造从轻减轻处罚的条件从而减轻处罚层级或数额。另一方面，企业还要针对不同阶段，确定不同的处置重点。事前管理时，一定要将重点放在预防上，通过前期预防实现最佳效果。事中管理时，则要将重点放在规范上，要针对当时的行为，采取符合当时要求的措施，从而规范行为，尽量避免因行为不当而造成不利的影响或损失。事后处置时，重点是应对，是从审查案件既存事实、相关程序、法律适用等方面，寻找突破点，从而最大限度地争取对企业有利的结果。

完善管理体系还要尽量构筑起多重环境风险防线，将风险消除在萌芽状态。一是要充分发挥企业合规管理参与部门熟悉现场情况的优势，构筑起第一道环境风险防线，将风险因素消除在萌芽中，阻止风险因素变成环境事件或影响扩大。二是要充分发挥合规专项管理部门风险管理的优势，构筑起第二道环境风险防线，用专业的识别和防控能力，识别、预测或指导处置风险因素，消除隐患、切断风险联系、阻止风险条件成熟等，防止风险出现或向不利的方向转变。三是要充分发挥企业管理层的宏观优势和监督优势，构筑起第三道环境风险防线，从宏观上防控风险、阻止风险或减轻风险影响。三道防线相互配合、优势互补，构筑起一张有效的风险防护网，保障管理真正发挥应有的效用。

3. 建立信息体系

打造支撑信息流动顺畅的信息体系主要是保证信息及时传递，从而保障管理的及时性和有效性。信息体系是实现信息及时传送的支撑，不仅能及时将管理要求传达到每个环境风险管理的参与者，还能及时将风险信息上传到专业管理者，让有效管理和及时处置具备可能，增强保证。要充分利用微信等新媒体平台，打造相互配合、同步传递的多个体系，让信息“飞起来”。

随着社会的不断进步，信息体系的类型和内容越来越丰富。实践中，不仅企业内部要建立不同类型和途径的信息通道，还要与关联方，包括政府监管部门、各类合作伙伴、周边人群等建立信息通道，并尽量利用“互联网 +”与其他各种关联平台形成信息共享，保证信息获取的及时性、完整性和准确性，实现信息更好地为企业环保合规管理服务的目的。

（五）组织实施

1. 做好宣讲工作

企业环保合规管理的关键环节是实施，实施的前提是企业员工了解、理解企业环保合规的目标、方针、任务和具体安排，并将相关要求与各自的工作有机结合，从而保证实施的效果。所以企业要精心策划，重视环保合规宣讲培训工作。

企业环保合规的宣讲培训一般应该包括集中宣讲和针对性宣讲两种形式。

集中宣讲是指在方案确定后，组织全体员工参加的宣讲，主要宣讲总体性、普遍性的内容，属于全面动员的一种形式。在集中宣讲时：首先，一定要主要领导亲自参与并亲自进行动员讲话，讲清楚其重要性和核心要求，以此让全体员工真正重视环保合规工作，为环保合规的全面实施奠定思想基础；其次，要宣布企业环保合规组织领导机构和体系，让全体员工知道合规管理的组织安排；最后，要集中进行企业环保合规总体安排的详细介绍，明确总体要求、各方责任、协调配合等，让企业环保合规安排深入人心，并不断成为全体员工的自觉行动。

针对性宣讲是针对不同岗位或不同群体的特殊需要而进行的宣讲培训，是弥补集中培训不足的措施。因为不同岗位或不同群体承担着不同的责任，其环保合规的要求也与其他岗位或群体不同，所以其宣讲的内容也应该不同。通过针对性宣讲，可以让宣讲更加符合实际需要、更具有针对性、更加高效。

宣讲时，一般要用企业员工比较容易理解的语言进行，要采取灵活的形式，提升宣讲的效果。

2. 加强实施指导

企业环保合规管理的有效实施是保证企业环保合规管理质量的关键，也是真正实现环保合规管理目标的关键。所以应该特别重视加强对企业环保合规实施的指导，以此来提升企业环保合规的整体质量。

提升企业环保合规管理质量的关键是围绕重点事项、依靠专业力量、采取恰当方法。为此，企业环保合规实施指导也应该重点围绕这三个方面开展，具体可以表述为关注三领域、选好一类人、用好两方法，可以简称为“312”指导法。

（1）关注三领域是指企业要特别关注对企业环保合规最有帮助的法律、管理和技术三个方面。因为这是目前情况下对企业环境风险管理质量影响最大的三个因素

法律是合规的基础，是防控风险的基础。所有的风险都是违反法律规定的

后果和表现，应当特别重视。环境保护法律规定数量大、范围宽、内容多、涉及面广、要求高，任何不符合的情况都可能导致相应的法律责任，是企业合规管理的最主要内容，也是标准、政策等制定的依据，所以企业应该特别重视。虽然在当前形势下，企业想做到全面符合法律规定难度较大，但企业完全可以根据自身的情况，结合风险程度、治理难度、承受能力等因素对其进行排序和有区别的管控。

管理是解决有关规定在企业实施的关键，管理不到位是风险产生的另一个重要原因。因为企业环保合规是一种管理行为，是通过企业的管理达到消除或减少环保风险转化为环保违法事件概率的管理措施。从目前了解的情况看，企业出现环保合规风险的主要原因之一是管理不当，包括制度缺陷、体系缺陷和配合缺陷三方面。制度缺陷主要是指没有制度、制度不完善、制度不合理等；体系缺陷主要包括没有构建有效的治理体系或者体系不完整等；配合缺陷主要包括没有配合、配合不当等。这就要求我们必须加强管理，提升管理能力和水平。管理能力的提升是可以通过培养、训练和指导等方式养成的。所以企业一定要重视和加强管理，不断提升管理能力和水平，让企业的管理符合企业环保合规管理的需要。

技术是解决将法律规定和管理要求在实际生产经营落实的关键。防控风险方案再好，不能落地仍然不会产生预期的作用和结果。环保合规风险产生的主要原因是违反了环保有关规定，主要表现为污染环境和破坏生态，而保证企业生产经营行为符合有关规定，必须要有技术的保证，要靠合适的技术来处理各类污染物保证其达标排放。所以企业一定要重视技术，要采取合理的技术解决自身的问题，必要时，可以采取更先进的技术实现超前发展。

（2）选好一类人是指企业要选好相应的专业人员。专业人员的成长有三种途径，分别是自己培养专业人员、引进专业人员、与专业机构合作

自己培养专业人员是比较稳妥的一种方法，但因为环保规定内容太多，所以自己培养专业人员的周期一般都会比较长，加之企业本身也还不够专业，进一步增加了培养的难度。这种情况很难在短时间内满足企业现阶段迫切的环保合规管理需要，特别是在环保压力越来越大的情况下这种供需矛盾将会更加明显。所以企业自己培养一般适用于企业规模较大、合规管理能力较强的情况。在当前的情况下，中小型企业选择自己培养的可能性较小。

引进专业人员也是选好专业人员的一种方法。该方法虽然可行，但要选择到合适并真正愿意到企业工作的专业人员一般比较难。因为目前真正的环保合

规专业人员本身就比较少，且随着各方面普遍重视环保合规工作，对此类专业人员的需求将会大幅增加，这又加剧了该类人才的稀缺程度，进一步增加了引进合适的环保合规专业人才的难度。

选择与专业机构合作是目前形势下比较经济、高效的方式。在全球化的大背景下，专业分工是世界潮流，采取与专业机构合作是选好专业人员的最佳途径。因为专业机构专门从事专业工作，具有较强的专业优势。同时，委托专业机构服务支付的费用远低于自己培养和引进专业人才，且周期较短。此外，与专业机构合作还具有选择范围大、适应性强等优势，是已经被国内外大量的实践证明的最佳方式。

（3）用好两方法是指重点管理方法和善用工具方法

重点管理方法强调抓住重点，做好重点管理。这里的重点包括重点领域、重点环节和重点人员。重点领域要结合每个企业的实际情况确定，一般是对其影响最大的一个或几个区域等，主要包括：一是可能影响企业正常生产经营的领域，如导致企业停产、限产、停业关闭的领域；二是可能会导致企业人员被限制人身自由的领域，如可能被行政拘留或被追究刑事责任的；三是可能产生巨大的经济损失的领域，如按日连续处罚、重大生态修复等领域。重点环节是指对企业环境风险防控比较重要的环节，一般包括制度的制定、经营决策、生产经营、污染防治等环节，也需要根据企业的实际情况确定。重点人员是指对环境风险管理作用较大的人员，一般是企业的主要管理人员和在重点风险岗位上工作的人员。抓住以上三个重点，就可以用较小的成本和精力，取得较大的成效，从而提升质量。

善用工具方法强调用好工具，辅助管理。这里的工具主要包括示范文本和项目模板、管理台账、项目复盘等。示范文本和项目模板是保证文本质量和操作流程的方法，它们能够将成熟的经验固定下来，从而提示管理者，防止出现低级的失误或漏项，以此提升管理质量，应在工作中根据企业的情况和变化等不断完善和丰富，从而保证示范文本和项目模板符合企业管理的实际和需要。管理台账是保证企业全面动态管理和掌握相关风险、管理所需信息等的基础，要建立全面、准确、系统、及时的台账，并对台账进行动态更新。通过台账，可以实时对企业环境风险进行全面、有效的检视，并保证防范措施间的协调、系统，保证各项管理间的配合，从而提升管理效果。项目复盘是指对企业环保合规管理项目的实施进行回顾、总结，汲取经验教训，改进不足，完善文本、模板和台账等，让后续项目服务更科学、更合理、更有效。这些工具的使用，要配合、协调，根据实际需要选择，并根据效果进行优化。

3. 组织研讨交流

企业环保合规管理涉及的人员多、层级多、环节多、要求高，不同的岗位、不同的人员在实施过程中会有不同的方法和措施，有的会非常有效，需要及时推广，有些效果较差，需要分析原因、引以为戒。所以，在组织实施的过程中，要善于利用各种现代交流途径和方式，及时组织各种形式的研讨会、交流会等，发挥集体智慧，交流经验，总结教训，共同探讨更好、更有效的方法，避免影响效率和效果的情况，不断地全面提升企业整体环保合规管理水平。

（六）持续优化

1. 科学考核评估

企业环保合规是一项比较新的工作，需要不断考核实施情况，评估实际效果，并根据考核评估中发现的问题研究完善、提升的办法，指导后绪管理工作的改进和完善。

考核是对各方面的所有单位和人员落实管理方案的情况进行的考查和评价，是对完成情况的评价。科学的考核能够发现优势、调动所有参与人的积极性和主动性，从而推进环保合规管理向着更好的方向发展。所以，应该注意考核的科学性。一是要将考核建立在人的基础上，要把人的主动性、能动性、积极性作为考核的主要内容，围绕人来设计指标和分值，让考核真正发挥调动人的作用；二是要把考核的重心放在管理的效果上，以效果来指导考核、引导行动，让所有的参与者都围绕取得最佳效果而努力；三是要对考核结果进行表彰和奖励，真正让考核结果成为引导全体人员积极参与环保合规管理的指挥棒，真正激励人们去创新、去奉献。

评估是对实施的效果进行科学衡量的活动。评估是建立在科学的基础上的评价，是对效果的一种量化评价。评估有很多种分类，按照评估主体与企业的关系可分为内部评估和外部评估，按照评估主体的性质可分为专业评估和非专业评估，按照评估周期可分为日常评估、阶段评估和总体评估等。

评估要采取内外结合、相互印证的方式组织，以保证评估的科学和合理。一般情况下，建议采取内部的日常评估与外部的专业总体评估结合的方式进行。内部的日常评估由企业环保合规管理机构负责，采取在实施的前期、中期和后期等不同阶段进行经常性的评估，属于对企业环保合规管理的实施过程进行的阶段性评估，保证能够及时发现存在的问题，及时对方案进行优化和完善，从而保证管理顺利推进。外部的专业总体评估主要由企业委托的外部专业机构负责，主要负责对管理方案整体实施情况进行全面的评估，以专业的视角进行分析、评价，从而对实施效果进行评价、对后续管理提出专业的优化意见和建议。采取内、外部评估结合方法后，要对两种评估结果进行对照分析，相互验证，并对验证中出现的不相符情况进行深入分析，找出深层次的原因，并采取有效措施消除这些原因，完善管理方案。

2. 全面收集反馈意见

在企业环保合规管理的过程中，要重视全面及时收集各方面意见和建议，让各方面的意见和建议不断推动企业环保合规管理的优化和完善。要通过制度构建，充分调动全体员工反馈意见建议的积极性，让其成为企业环保合规管理的真正参与者、贡献者、同行者。为此，建议采取以下措施：

一是要建立畅通、便捷的收集渠道，要让人们的意见反馈变得简单容易，变得没有任何额外的负担。

二是要对意见建议给予及时回应，要及时深入研究各种意见，认真虚心做出反馈，要让反映意见者感受到重视和尊重，体会到尊严，进一步激励人们及时反馈更多、更好的意见。

三是建立激励机制，有效激励提出合理化意见和建议的员工，提升意见和建议的质量，带动员工自身素质和能力的不断进步和提升。

3. 不断优化管理方案

企业环保合规管理是一个不断循环完善和提升的过程，所以在企业全面环保合规管理的最后一个阶段，一定是对整个合规管理方案进行优化提高的阶段，是承担着用优化后的方案推进企业更好地进行后续管理的阶段。

企业环保合规管理方案优化是建立在对企业已经进行的合规管理情况总结的基础上的，是对企业管理方案进行反思、完善和优化的工作，是对实施过程中的经验进行固化，对教训进行优化，对考核和评估中发现的问题进行分析、处理，对各方面反馈的意见和建议进行分析、研判、消化、吸收，最终对方案进行综合、系统优化和完善的工作。

管理方案的优化不仅要考虑实施的情况，也要考虑企业的环保合规管理目标、经济实力、风险偏好、管理能力等，要量力而行、稳妥推进，要注重效果、防控风险，要统筹推进、保持平衡。要优化和完善出最符合企业当前情况，最能保证企业健康、顺利、快速发展的方案，要让管理成为企业发展的助推器。

在此基础上，要让管理方案有利于形成企业长远的发展优势。

二、重点合规管理路径

重点合规管理路径是在全面环保合规管理的基础上，根据企业的需要，简化尽职调查、缩小管理范围，突出服务重点，解决企业面临的迫切难题的简化版方案。这主要是为了解决中小型企业的特殊需要而采取的一种特殊安排，是目前情况下的一种妥协产物，具有阶段性特征。所以，重点合规管理路径可以借鉴全面环保合规管理的内容，这里只介绍重点管理路径的特殊性，特别是与全面环保合规管理的区别。

重点管理路径的核心是重点管理，是将主要精力集中到对中小型企业影响特别大、但又投入较少的管理工作上，是一种既不用太大投入，又能解决急迫需要的精简版管理方案。它一般包括四个方面，分别是重点事项调查、重点岗位管理、重点环节管控、重点人员培训。

1. 重点事项调查

重点事项调查强调的是只针对企业特别重要的事项进行调查，不进行企业环保因素的全面识别。与此相对应的是，法律责任的收集和整理，也主要针对重点事项进行，而不是全面系统梳理。由此带来的也不需要进行全面的对标分析。基于这种管理，投入的人力、物力、精力等都会大幅减少，中小企业一般能够承受。但这种管理的最大不足在于管理的覆盖面不全，所以会出现一些没有管理的风险，会因为一些企业重点管理范围外的风险给企业的生产经营带来不确定性影响的风险。

2. 重点岗位管理

重点岗位管理强调的是不全面组织管理体系，只安排重点管理岗位和人员进行管理的情况。与此对应的是有些岗位可能会出现没有专人管理，从而可能带来该岗位风险防控的不足。尽管可以通过扩充重点岗位人员的责任进行兼顾管理，但管理效果仍然不会太理想。

3. 重点环节管控

重点环节管理强调企业对可能引发重大环境违法风险的环节进行管理，不对所有关联环节进行管理。这种管理的好处是集中力量控制重点风险，缺点是对关联因素和风险控制效果较差，虽然概率较小但也可能因为关联因素的风险而带来系列风险影响，甚至是重大风险。

4. 重点人员培训

重点人员培训强调的是对重点人员进行针对性的培训，提升其管理能力和水平。重点人员一般是指重点岗位的人员、重点环节的人员、与重点事项关联较为紧密的人员等。这类人员对于重点管控的作用最大，能力要求相对较高，所以应该根据其所处位置的不同，进行针对性的能力培训，提升其相应的专项能力。

中小型企业在采取重点合规管理路径时，一定要不断分析和研判情况，并随着企业的发展选择更适合的方法，一旦条件具备，尽快转化为全面环保合规管理。

第四章　企业环保合规的管理技巧

第一节　强化人员培训

一、培训范围

企业环保合规管理的关键在于人，在于企业全体人员整体素质的提升，特别是合规管理相关人员素质的提升。而提升素质的主要手段就是开展有针对性的、实用性的培训。

人的总体素质提升为企业环保合规管理提供了可能，真正起作用的还应该是专业管理队伍专业素质的提升，这就不仅需要企业环保合规管理专业队伍总体素质的提升，更需要与管理参与者管理事项匹配的专业素质的提升。只有具备了具体岗位上需要的特殊专业知识、技能，才能够实现最佳的管理效果。

基于以上考虑，培训的范围既包括全体员工整体素质提升的培训，也包括管理岗位员工专项素质和能力提升的培训。也就是说，培训的范围是全体员工。

需要特别提醒的是，这里的全体员工是以承担企业生产经营任务来确定的，而不是以身份属性确定的。也就是说，即使有些人员不是企业雇用的，但如果其从事与企业环保合规管理相关的工作，也需纳入培训范围中，进行相应的培训。这往往是企业最容易忽视的，也是最容易出现风险的。一般情况下，这类人员是企业供应链上的其他人员，包括接受委托从事技术服务的企业的员工、供应商的员工、物流的员工以及从事废弃物处置的企业的关联员工等。

二、培训内容

（一）分类

培训内容可以分为两个层次：一是普遍需要培训的共性内容，是所有人都需要了解的；二是特殊岗位需要培训的个性内容，是特定岗位上所需要的专门知识和技能，是部分人员需要了解的。

（二）共性内容

共性内容主要包括生态环保规定、企业环保合规管理的相关规定、环境保护形势和趋势、常规性的环境风险防控知识等。

生态环境保护的规定包括法律、法规、政策、标准、行业规范、企业承诺等，是企业环保合规的主要依据，是最应该重视的内容。该部分内容非常多，需要根据企业的情况确定具体需要的内容，比如企业涉及水污染物和大气污染物排放，那么就进行水和大气方面的规定的学习，而不必学习放射性污染防治等不相关的规定。

企业环保合规管理方面的规定是指企业环保合规管理方面的目标、要求、责任分工、考核、协调配合等内容，是企业环保合规管理体系中需要全体员工都了解或对于协调配合有作用的内容，是保证企业环保合规管理安排顺利推进需要的内容。

环保形势和趋势方面的内容主要是让员工了解大的形势，增强其参与企业环保合规的积极性和主动性。

常规的生态环保风险防控知识是增强和提升员工应对突发事件、减少风险影响而需要的，可根据企业的实际情况和需要灵活安排。

（三）个性内容

个性内容需要根据不同岗位人员的需要进行针对性的设计和安排。

专业队伍必须是分工明确、责任清晰、能力相当的。所以在培养管理队伍时，要区分不同岗位，确定培训重点，提升培训效率。根据企业普遍的需要，一般应该按照高层、中层和基层分别设计和组织个性培训内容。

1. 高层培训内容

对于企业高层管理者，要重点培养其环保意识，让其真正重视生态环保，从而主动自觉支持企业环保合规工作，保证企业环保合规工作的顺利实施。基于这方面的需要，对其培训的主要内容就应该侧重宏观的政策、趋势、形势、理念、方向以及风险影响方面的内容，包括习近平生态文明思想、世界生态环保形势、中国生态环保法治建设总体要求、企业主体责任以及人类命运共同体建设、人与自然和谐共生的美丽中国建设目标及其实现路径、生态环境形势对企业生产经营的重大影响等内容，让高层领导真正认清形势、感受压力、增强责任感，从而增强企业高层对环保合规管理的重视程度，自觉自愿地支持、推动企业环保合规管理工作，为企业环保合规管理的顺利进行提供领导保障、组织保障和经费保障等。

2. 中层培训内容

对于中层管理者，要重点培养其环保管理的能力，让其充分了解较为详细的规定、能够较为精准识别风险、能够组织或选择专业力量有效应对，从而发挥其在企业环保合规管理体系中连通上下、协调各方的关键作用。基于此需要，中层管理者的培训内容不仅应当包括意识方面的内容，也要包括知识方面的内容，还要包括能力方面的培训。

意识方面的内容与高层基本相同，此处不再重复叙述。

知识方面的内容不仅包括前面共性内容，还要包括更专业、全面、准确的内容，如环保方面的典型案例、管理方法和技巧等内容。中层管理者对知识的理解和掌握的要求应该更高、更精准，要全面理解、综合把握，这是做好中层管理工作的特殊需要。

中层管理者负责整体组织方案的制定、上下沟通协调和组织实施，所以对其能力方面的要求是最高的，这些能力也是中层管理者发挥应有作用的特殊需要。这些能力不仅包括识别企业环境因素和风险的能力、策划和安排企业整体环保合规管理的能力、组织企业环保合规方案落实和有效实施的能力，也包括协调各方围绕企业环保合规管理目标开展行动的能力以及及时组织协调进行有关风险处置的能力等。

企业应该根据自身的实际，不断优化中层培训内容。要为中层培训提供更好的条件、更宽松的环境。

3. 基层培训内容

对于基层一线员工，主要培养其识别风险因素、发现风险因素变化特别是异常变化的能力，让其能够及时发现风险，及时反映并临时处置。从而保证风险时时、处处、事事处于有效的监控之下，并能够得到及时有效的处置。

基于此需要，对基层一线员工的培训应当根据其所在岗位涉及的风险因素的特点、识别技巧、处置技能等进行培训，要突出其岗位涉及风险的特殊性。所以这部分培训的内容因人而异，千人千面，应该分别具体确定。

三、培训方法和途径

（一）培训的方法

培训的方法很多，按照不同的标准可以有不同的分类。针对企业来讲，不同类型的企业可以采取不同的方法，要采取最符合企业需要的方法培训。下面我们针对不同规模的企业提出不同的培训方法建议。

大型企业可以组建专门的培训系统和体系，建立常态化的培训机构，组建培训学院或类似机构，组织经常性的、差异化的培训。培训时，可以采取线下线上相结合的方法培训，在进行线上培训时，将培训制作成音频或视频课程，上传公司办公系统或培训系统，扩大培训的覆盖面，为有兴趣和需要学习的员工提供更多的选择。

大型企业还可以选择与专业机构、科研机构等合作开展专业培训，让培训更符合企业的需要，更能满足企业的需要。

中小型企业不一定具备建立专门培训体系的能力，所以可以采取更加灵活的方法组织有关培训。既可以自己组织培训，也可以利用社会上的专业培训，还可以联合其他企业共同组织培训，甚至可以向行业主管部门、行业协会、其他专业机构提出培训需求，争取让他们组织相关的培训。

无论是大型企业还是中小型企业，都要重视采取丰富多样的培训方法，不仅是进行理论培训，还要有实践操作技能培训，可以通过日常生产经营活动进行有关的技术和操作技能的培训，通过传帮带等方式进行培训，通过参观、经验交流等方式进行培训，让培训的方式多种多样，让培训的效果更加优良。

（二）培训的途径

随着现代技术的不断推广，培训的途径越来越多。这就为企业实现培训目的提供更多的选择。

从目前的情况看，既有政府部门的培训，也有行业的培训；既有科研院所的培训，也有各类企业的培训；既有专门培训机构的培训，也有专业服务机构的培训；既有线下的现场培训，也有线上的远程培训等。企业应该根据自己的实际和需要，选择合适的课程和形式，满足自己的培训需要。

四、培训效果检查

培训不是目的，培训取得预期效果才是目的。所以对培训进行效果检查和评估就成了企业培训必须进行的工作。

培训的检查是指对培训组织和推进情况进行的监督，是保证培训按照预定计划推进，力争达到预期目标的措施。检查要及时、严格进行，要通过多种途径和方法进行，要让检查真正能够对参加培训的人形成约束。检查也要适当，不能干扰和影响培训的正常进行。

评估是对培训的效果进行量化评价的活动。评估要采取科学的方法，合理设置评估指标，要通过接受培训者对培训内容的理解和应用情况进行评价的方式进行评估，保证培训真正发挥其应该发挥的作用。评估时，要了解接受培训者周围人员的感受和反映情况，并进行综合、系统的判断。

第二节　借力专业服务

一、借力专业服务的必要性

专业化分工是人类社会发展的趋势，具有丰富多样的优点，是企业应该重视并利用其为企业合规管理服务的重要手段。

按照管理学原理中列举的专业化分工的优点主要包括：①有利于提高人员的工作熟练度；②有利于减少因工作变换而损失的时间；③有利于使用专用设备和减少人员培训的要求，以及扩大劳动者的来源和降低劳动成本。

当然，专业化分工也存在着管理学原理中列举的不足，主要包括：①枯燥、单调、乏味的机械性工作容易造成人们心理上的伤害，导致员工的厌烦和不满情绪；②一旦工作之间的协调不好，就会影响总体的工作效率和工作质量。

特别是人类进入新时代，人类开始了对美好生活的全面构建，生活节奏和工作效率明显提升，规范化要求的范围越来越广，规范质量要求明显提高，且会随着整个社会的快速发展而不断扩大范围、提升要求。

此外，环保领域涉及的规定多、要求多、范围多、类型多、技术性强等，且变化较快，自我适应难度大，全面系统自我管理难度更大，合规管理难度极大。

在此情况下，企业特别是中小型企业仍然希望通过自己的力量解决所有需求的成本会越来越大，甚至会超出其自身的承受能力，变得越来越难。

此时，借力社会上的专业服务力量应该是一个更省力、更省时、更高效的方法。这刚好为解决企业特别是中小型企业遇到的难题提供了更经济、更快速、质量更高的解决途径。企业应该充分认识并善于利用社会的专业化分工资源，全面助力自身合规管理取得更专业、更高效的理想结果。

二、借力专业服务的可行性

目前，随着整个社会的快速发展，社会的专业化分工的提供者也越来越多，分工领域划分越来越细，专业服务质量越来越好，专业服务效率越来越高。

环保领域的第三方专业服务机构包括为企业提供环保法律服务、生产服务、污染治理服务、监测检测服务、审批咨询服务、环保管理服务等涉及环保管理的相关服务，且新型服务类型不断出现，既有服务类型不断丰富和完善。这从类型和数量上为企业借力专业服务提供了可能。

此外，环保专业服务机构长期专注于某一个或几个专业领域，能够全面系统把握有关规定，熟悉行业情况，具有丰富的理论基础和实践经验，且有行业内的丰富的交流、研讨等专业提升的机会，进步更快，往往能够提供高效的解决方案和建议，既有质量的保证，又有效率的提升。这些为企业借力专业服务提供了质量和效率的可能。

党的十八大以来，国家特别重视生态环境保护工作，更多的资源进入生态环境保护领域中，特别是一大批央企、国企通过兼并重组等方式进入环保领域，极大地增加了整个环保专业服务的力量，带动了整个环保服务的数量和质量全面提升，也有更多的专业人员进入环境保护领域并进行更加专业的研究，不断丰富专业服务的类型，提升专业服务的质量。这些都会进一步增强企业选择借力环保专业服务的信心。

三、借力专业服务的范围

（一）确定专业服务机构时考虑因素

企业借力专业服务要根据企业的实际情况进行综合分析后确定。企业借力专业服务时一般需考虑以下因素：

一是企业自身需要。对于企业自身迫切需要，企业自身又无法解决或者无法在短时间内解决的类型，选择专业服务相对合理。

二是专业机构的服务能力和水平。要通过各种途径和方式，了解专业服务机构的情况，通过与同类机构的对比，选择真正专业的机构合作。

三是专业机构与服务需求的匹配程度。要选择与企业需要事项对应的专业机构，否则即使再专业也无法解决企业的真正需求。例如，要解决污染处理的问题，就要选择污染处理方面的专业机构；要解决环保法律风险问题，就应该选择环保专业律师。

四是企业的承受能力。要选择企业能够承受又符合服务需要的机构，盲目选择最专业的或最经济的，都不是最好的选择。只有选择符合企业自身需求又能够承担相应费用的机构，才是最好的。

（二）企业环保专业服务机构类型

企业涉及的环保专业服务机构类型很多，且会随着社会发展而不断出现新型的服务机构，我们无法全面列举。在此，主要介绍目前存在的一些与企业合规管理有关的服务机构。

1. 环保管家类机构

环保管家类机构是近些年出现的，是为了解决企业面临的环保难题而设立的。2016 年 4 月 15 日，环境保护部印发了《关于积极发挥环境保护作用促进供给侧结构性改革的指导意见》（环大气〔2016〕45 号）。该意见指出："推进环境咨询服务业发展，鼓励有条件的工业园区聘请第三方专业环保服务公司作为'环保管家'，向园区提供监测、监理、环保设施建设运营、污染治理等一体化环保服务和解决方案。"由此，在环境保护领域正式提出了"环保管家"的概念。

环保管家提出后，一些长期从事环保领域技术管理等服务的机构开始研究和提供此类服务，开展了大量的培训、服务等实践，进一步推动了环保管家服务市场的发展。

从目前的情况来看，提供这类服务的主要有环评机构、环境监测机构、环境咨询机构、环保技术服务机构、环保培训机构、环保行业组织以及环保类服务组织间的联合等。

从内容来看，环保管家主要提供的环保技术类服务，是依靠其自身的技术优势，有时采取与其他机构合作等方式提供服务，一般情况下具有较大的技术或综合优势。由于这些都是长期从事环保方面的技术服务，对行业的情况比较了解，又有着专业的技术，是解决企业环保难题特别是技术方面的环保难题的理想选择。

2. 环保合规服务机构

环保合规服务机构也是近些年出现的，专门为了帮助企业环保合规而成立的，是随着我国对企业合规和环境保护日益重视的背景下而设立的。2018 年国务院国资委发布的《中央企业合规指引》中明确了央企环保合规的任务，2021 年全国工商联和司法部联合印发的《法治民企行动方案（2021—2025 年）》中也规定了环保合规的相关要求。

为了适应新形势，构建全面系统的企业环保合规服务体系，包括律师在内的一批为环保法治服务的机构开始了企业环保合规工作的研究和推广，形成了企业环保合规管理服务体系，以专业帮助企业进行环保合规专门管理。

企业环保合规管理，主要侧重依法管理、防控风险方面的工作，是通过对企业进行全方位精准识别涉及的环保因素，系统化构建管理体系，调动全员参与积极性等方式，达到全面清晰了解情况，有效防控所有风险，赢得发展和竞争优势，最终达到预防、控制甚至消除所有风险，保障企业健康顺利快速发展的目的。

企业环保合规管理机构主要依靠其熟悉环保领域规定和解决问题的丰富经验及能力的优势，快速、准确预判风险，科学、合理提供方案，积极、有效指导推动，不断提升服务企业的管理能力和水平，实现源头预防和管理效果明显提升、近期安全和远期竞争优势双重保障的目标。

3. 其他类型环保服务机构

其他的环保服务机构还包括环保认证机构等。此处不再一一列举。

（三）企业环保类专业机构选择途径和方法

企业环保类专业服务机构的选择途径和方法丰富多样，且会越来越多，越来越简单。此处主要提供几种途径：

一是通过官方网站查找。通过官网查找时，一定要先确定其主管机关，并在其主管机关的官网上找才最可靠。例如，找环保监测机构，一般在生态环境部或各地生态环境主管部门的官网上找；而如果找鉴定机构，则可以到司法部官网上找；如果找律师，则应该在司法部的网点上找。这种途径查找的一般都是经过审查的机构，应该也是行业内比较有名的机构。有时此类机构较少，无法满足社会的需要。

二是通过行业协会查找。通过协会网站找时，一定要先分析其可能属于哪类协会，然后再找可能效率更高也更可靠。比如要找环保专业律师，应该先依据《中华人民共和国律师法》中律师必须加入律师行业协会的规定判断其一定会在律师协会中，然后在相应的网站中查找。这类机构一般是在行业内有些影响的，也有行业组织的适度管理和监督，所以也比较可信。

三是通过行业内熟人推荐。通过行业内熟人推荐一定要先找到与自身需要对应的行业内的熟人。因为任何一个行业都会有各种各样的交流和活动，都会比较了解本行业的情况，所以让他们推荐的一般会比较靠谱。

四是通过网络搜索。通过网络搜索时，一定要多搜索几个网站，并对搜索获得的材料进行对比分析，特别是要将网络搜索的信息，与其单位的网站、微信等其他信息进行比对，初步确定信息的可信度。必要时，可以直接进行电话或上门交流，进一步判断和选择。

第三节　注重管理方法和技巧

一、突出重点，兼顾其他

企业环保合规管理涉及的事项多，任务重，不仅包括企业的设计、建设、生产、经营、销售、处置等工作，也涉及各种类型的生态环保因素，还涉及数量众多的关联人群和事项。此外，企业应该遵守的生态环保责任事项也数量众多，要求越来越严，变化越来越快。在企业生态环保管理能力还不是很高的情况下，企业是很难做到全面、系统的管理的，特别是对中小企业来说，这种可能性就更小。

面对这种困难的情况，企业的最佳应对办法就是抓住主要矛盾或矛盾的主要方面，突出重点，以点带面，在重点管理中积累经验，提升能力，逐渐扩大范围，最终实现全面系统的管理目标。所以，在现阶段，企业应该重视重点管理。重点管理包括重点事项、重点区域、重点环节等，企业应当根据企业自身的情况，通过综合、系统的分析，最终确定属于自己的重点范围，并有效管理。当然，重点管理并不是就不管理重点以外的事项，而是在重点管理的同时，要关注其他事项的变化，一旦出现重点以外事项的明显不利变化，就要进行相应的处理。

重点管理的范围不是一成不变的，要根据形势的变化和企业的情况，定期进行评估，并根据评估情况进行动态调整。要让重点管理范围真正符合企业的真实需要和现实情况，要让重点管理真正能够起到应有的作用，实现企业想要达到的理想目标。

1. 重点事项

重点事项是指一旦发生会对企业或者企业的相关人员产生特别巨大影响的事项，一般包括可能导致承担刑事责任、行政拘留的，影响企业生产资格和资质的，影响企业正常生产进度和能力的，巨大经济支出情况的，等等。

从目前的情况看，这些情况主要包括但不限于以下情形：

一是违法排放有毒有害、易燃易爆、放射性或具有传染性污染物的

二是在饮用水水源一级保护区排放、倾倒、处置有放射性的废物、含传染病病原体的废物、有毒物质的；

三是排放、倾倒、处置含铅、汞、镉、铬、砷、铊、锑的污染物，超过国家或者地方污染物排放标准三倍以上，或者含镍、铜、锌、银、钒、锰、钴的污染物，超过国家或者地方污染物排放标准十倍以上的；

四是通过暗管、渗井、渗坑、灌注，或者监测数据弄虚作假，或者不正常运行防治污染设施等方式逃避监管、违法排放污染物的；

五是非法排放、转移、倾倒、处置危险废物 3 t 以上的；

六是未经生态环境主管部门批准或者备案，非法生产、销售、使用、转让、进口、贮存放射性同位素和射线装置的；

七是违反环境影响评价、排污许可、农药管理规定的；

八是可能构成按日连续处罚情形的；

九是可能产生限产停产、停业关闭、查封扣押等情形的；

十是可能产生生态修复责任情形的。

2. 重点区域

重点区域是指可能出现重大环境风险的区域，通常情况下是与重点事项具有某种关联的区域。重点区域的确定主要根据企业的情况，结合重点事项和生产经营情况综合确定。

一般情况下，企业的重点管理区域包括：原材料、产品、废弃物堆放、转移区域；污染物产生、转移、排放和处置设施所在区域；检测监控设置所在区域等。正常情况下，生态环境制度中对此有明确的义务性规定，如果不规范就会产生相应的法律风险，承担相应的法律责任，进而会影响企业的生产、经营甚至是存续，应该给予特别重视。

3. 重点环节

重点环节是指对于防控重大风险、取得理想的环保合规管理效果有着关键影响的环节。重点环节对于保证企业环保合规管理顺利有序推进、各项要求得到有效贯彻、最终取得预期效果有着特殊的作用，应该识别并给予特别关注。

一般情况下，企业环保合规管理的重点环节包括：

一是启动并形成共识环节。这是企业环保合规启动的核心，既需要企业主要领导真正重视和推动，也需要通过宣传、动员在企业内部形成共识，调动全体员工参与的积极性、主动性，让员工真正了解、理解企业环保合规管理的目标、要求以及自己的责任，指导其行动。

二是责任分解环节。这是将企业环保合规任务科学、合理分解到每个员工，构建全员参与的关键，也是保证环保合规真正落到实处的关键。要通过自上而下和自下而上结合的方式分解、确定和明晰任务，既吸收全体员工的智慧，又起到宣传培训的作用。

三是管理实施环节。这个环节是将所有的要求和责任落实到具体岗位和生产经营过程中的环节，是直接决定企业环保合规管理效果的环节。在这个环节，既要调动员工的能动性，也要发挥专门管理人员的指导作用，还要发挥专业人员的专业优势，形成信息传递路径畅通、问题控制合理有效、协调配合密切高效的氛围。当然，这个环节中还要特别重视污染物产生、处置环节，将其作为重点中的重点，进行特别的关注和管理。

四是监督评价环节。加强企业环保合规管理全过程的监督评价是保证企业环保合规管理沿着正确的方向推进的需要，是保证取得理想效果的需要。在企业环保合规管理中，要建立专门的监督机构和评价机构，及时对进展情况进行监督和评价，及时发现存在的问题，及时调整、优化、完善，保证企业环保合规管理方向不偏、效果不减。企业环保合规评价可以采取内外结合的方法进行，内部审计、考核机构与外部专业评价机构共同合作，能够形成更加高效、更加合理的管理。

二、全程控制，各有侧重

全程控制是按照企业环境风险防控的不同阶段分别确定不同管理重点和内容的方法。实践证明，企业环保合规管理做得越早，效果就越好，做得越晚效果就会比较差。所以，企业在进行环保合规管理时，一定要重视前期预防，尽量不要将管理延后到中期特别是后期。

当然，在全程控制时，也要根据各个阶段的特点和任务，突出阶段特色，形成特有的管理重点，从而保证企业环保合规管理取得最佳效果。

一般情况下，我们将全程控制分解为前期、中期和后期三个阶段，并根据各个阶段的任务和重点，形成前期预防、中期管理、后期应对的全程控制体系。

1. 前期预防

前期预防是指前期的主要工作和作用是预防环境风险事件产生，从而从源头防控风险，为企业奠定一个健康、顺利、快速发展的基础。

前期预防效果的好坏与预防范围的全面性、预防措施的有效性、预防基础的精准度等成正比。预防的范围越大，措施越有效、基础越好，就能够取得越好的预防效果，杜绝和避免出现任何不利于企业的事件。所以，预防的基础就是要对企业需要预防的事项有清晰、准确、全面的掌握，只有这样才能根据企业的合规管理目标、企业承受力、经济实力、风险偏好等确定准确的范围，采取有针对性的措施，才能保证措施的有效性。这个基础就是对企业涉及的生态环保因素的精准识别以及对可能产生影响的综合评判。这在前面已经有过介绍，此处不再重复。

预防措施的功能是避免或降低环境风险事件的发生概率、影响程度等。这就需要企业对涉及的风险因素进行深入、全面的分析，找出每种风险转化为环境事件的条件，通过有效的管理，消除条件出现的可能或减缓条件成熟的时间，保证其不会出现或延迟出现。对于无法阻止其出现的情形，主要研究影响风险程度的各种因素，通过有效的管理降低这些因素的影响力，从而把这种无法阻止出现的风险的影响降低到可接受的程度或范围。

事前预防的方法很多，包括对标检查法、阶段控制法、系统控制法、风险转移法等，这些方法可以单独使用，也可以综合或组合使用。

2. 中期管理

中期管理的主要任务是进行全面的合规管理，通过合规管理保证生产经营活动符合有关规定，及时控制和消除风险因素，防控风险事件。

中期管理主要采取各种管理方法和手段，按照总体安排和部署，指导和督促全体员工按照各自的职责履行相应的管理责任，及时发现风险苗头、及时控制风险变化，避免出现风险事件，消除或降低风险影响。

中期管理既要有管理的经验，又要有管理的方法，还要善于借助现代技术和各种专业力量，让管理真正有效，真正高效。

中期管理主要是针对各种预测或已经出现苗头的风险进行的管理，其针对性比较强，影响也比较直接。所以一定要重视对管理情况进行及时总结、评价和改进，不断地交流经验，不断提升整体的管理水平和能力。

3. 后期应对

后期应对是指出现环境风险事件后，积极采取合适的应对措施，尽力减少风险影响，最好将影响降到最小状态。

后期应对是管理效果最差的一种不得已的选择，主要是对已经出现的风险事件进行分析和研究，从中找出消除风险或减轻风险影响方法的应对措施。从这里就可以看出，后期应对比较被动，有时即使采取有效的应对措施，也可能无法获得满意结果。

后期应对中最主要的就是应急管理。按照有关规定，任何企业特别是可能出现环境风险的企业，都应该采取应急措施。应急措施要根据企业可能出现的风险事件类型，按照有关规定制定应急预案、贮存应急物资、进行应急培训和演练等。确保在出现应急事件时，应急方案能够切实发挥作用，减轻事件影响，避免各种损失。

对于环境违法等产生的法律风险，企业可以采取合适的方法，依法消除或减轻影响。这些方法包括发现漏洞法、寻找依据法、切断联系法、表明态度法等，这是有着递进关系的方法体系。

发现漏洞法是对于企业出现的法律风险事件，通过查找导致风险的行为中对方是否存在事实、程序和法律适用方面的瑕疵的手段，对产生风险的行为提出质疑，从而争取达到取消法律风险或减轻法律风险影响的方法。发现漏洞法实施的关键是找到漏洞。当然，越专业的人越能够发现漏洞，也就越容易找到突破口，实现应对目标。

寻找依据法是通过寻找法律事件中自己一方行为的合法依据，以证明该行为是正当合法的，从而消除法律风险或影响的方法。寻找依据法可以在发现漏洞法无法产生效果时使用，也可以直接使用，更可以两者结合使用，从而增强其说服力。寻找依据法同样需要找到与法律风险事件相符的依据，是能够支撑该行为，足以证明该行为合法的具有对抗效力的依据。所以，该依据的效力必须高于至少等于法律风险事件中对方依据的效力。由于生态环保规定数量庞大，所以寻找依据也是一项专业性极强的工作，越专业的人找到的可能性会越大。

切断联系法是减轻重大风险影响扩大的方法，是通过切断风险扩大的连接环节从而避免风险持续扩大的方法。切断联系法在可能构成行政拘留和按日连续处罚类案件中的作用非常明显。因为这两类案件都有一个关键的环节，即都有责令改正但拒不改正时才实施，所以如果涉及这两类案件时，在收到有关部门责令改正的通知后，及时改正或暂时停止违法行为，就可以起到阻止行政拘留和按日连续处罚实施的作用，从而将影响降至较低的状态。切断联系法对于避免所有具有中间联系环节的风险事件影响的扩大都有用，需要企业在实施的过程中，及时发现联系，及时切断联系，防止影响和损失扩大。

表明态度法是在前述方法均失效的情况下，所采取的一种无奈之举，也就是要向有关管理部门表明一个积极配合、认真整改的态度，争取有关管理部门从宽处理，从而减轻影响的方法。因为环境保护的目的是防止生态环境破坏和污染，保持和改善环境质量，所以对于积极整改、态度积极的，会给予较轻的处罚。这在最新实施的《中华人民共和国行政处罚法》有明显的体现。其中有从轻或减轻处罚的规定，也有不予处罚的规定。企业应该充分了解，并合理利用其规定减轻法律责任对企业的影响。

三、系统控制，保持协同

系统控制、保持协同是指企业在进行环保合规管理时，一定要保证所有的制度、措施、人员、环节、方法等之间的系统安排和协调配合，减少冲突、矛盾和重复、浪费等，避免削弱管理效率、效果的情况出现。系统控制需要基于统一、明确的目标和要求制定协同配合的体系方案。具体包括完善的制度、专业的队伍、有效的沟通和及时的处置等方面。

1. 完善的制度

企业环保合规制度与其他管理一样，需要有完善、有效的制度，保证企业环保合规的所有要求能够及时、有效地落到实处，取得理想的效果。完善的制度包括责任制度、管理制度、激励制度、培训制度、评估制度等。

第一要有明确的责任制度。这是细化分解任务，让所有参与者都清楚自己的责任和义务，从而保证有效实施的基础。责任的明确不仅要让责任分配覆盖所有的人员（既包括公司高层领导，也包括中层管理人员，还要包括基层员工），也要包括所有供应链、服务链上的关联人员，还要让责任的分配符合实际情况，具有可操作性，能够真正得到实施。

第二要有管理制度。管理制度是将责任落实在企业生产经营全过程和各方面的安排，是保证责任落实的需要。所以，要形成合理的管理方法、管理要求、管理体系等。管理是一种技术，也是一种能力，要通过管理制度不断提升全体关联人员的管理水平。管理制度可以是单独制度，也可以与其他制度融合。大量合规的成功实践经验，为企业环保合规管理提供了丰富的借鉴，要善于借鉴其他领域的合规管理经验，探索和总结恰当的合规管理技巧，形成适合自己的管理制度。

第三要有激励制度。明确的责任和恰当的管理是保证企业环保合规顺利推进的前提和基础，但调动所有参与者的积极性和主动性是保证各项目标和要求得到全面贯彻的关键，这就需要构建合适的激励机制。通过激励、奖励和督促等方法，全面激发所有参与者的动力，形成自觉自愿参与的氛围，从而把企业环保合规管理目标和要求转化为每个参与者的主动行动，形成企业环保合规管理动力，为全面系统做好企业环保合规提供充足的动力基础。

第四要有培训制度。有了动力，还需要具有相应的能力，才能保证企业环保合规管理沿着正确的方向推进，如果能力不到位甚至是能力比较差，一旦管理出现偏差，则动力越足，可能产生的负面影响越大。所以提升所有参与者的能力，特别是符合企业环保合规管理需要的能力，也是制度构建的一个关键，应该通过合理的培训制度，保证培训按照企业的需要进行，培养出符合企业需要的参与者，为企业环保合规取得预期目标奠定人员素质基础。

第五要有评估制度。评估制度是对企业环保合规管理的各项制度、各项工作是否取得预期效果以及是否符合企业环保合规管理的总体目标等进行评价，并提出改进意见和方案的制度。评估制度既要科学合理，也要适当。要根据企业的实际需要安排，要保证评估的周期恰当，要将企业环保合规评估与企业的其他各种评估结合，形成相互配合的体系，要内外结合、专业配合，相互验证，保证质量，真正让评估成为助力企业环保合规管理目标实现的工具，防止出现不合理的评估影响管理的情形。评估要与督导、内审等其他的工作协调推进。

2. 专业的队伍

企业环保合规管理要想取得理想的效果，必须拥有专业的队伍或力量。专业的队伍有很多种获得方式。既可以自己培养，也可以引进，还可以通过专业合作方式解决。

自己培养长远看是比较稳妥的方式。因为这可以保证其了解企业的情况，并能够在企业内部长期稳定地工作，并与企业的其他工作有效衔接、密切配合，能够取得较为理想的管理成果。但自己培养也存在一些不足，主要表现为培养周期长，如果被培养人员同时还担任其他工作，会进一步增加培养的难度。有时企业还会担心一旦培养成才的员工出现流动，还需要重新培养。

引进专业人才能够有效解决自己培养周期长的问题，但引进人才也会面临选择难、引进人才不一定能够长期稳定的担忧。甚至，有些真正的专业人才还存在不一定愿意在一个企业长期固定服务的情况，这也导致了不确定性。

寻找专业机构合作是比较理想的一种选择。这主要是因为专业机构有着专业优势，服务质量保障度较高。且与自己培养和引进两种方式相比，还具有成本低、质量高、相对稳定等优势，是在社会分工不断精细化的时代背景下，比较理想的方式。专业机构合作也存在不足，如如何选择真正的专业机构应该是大多数企业面临的难题。这也需要企业不断提升选择能力。

总之，选择专业的队伍是关键，但选择专业队伍则需要企业根据自己的情况，不断选择和优化，最终形成符合自己实际的选择方法，确定符合自己需要的专业队伍。

3. 有效的沟通

保证企业环保合规管理各项制度、各个环节、各种措施特别是相关人员之间的有效沟通，是保证协调配合要求全面落实的现实需要，也是保证企业环保合规管理取得理想效果的需要。所以，一定要保证企业环保合规管理中沟通的有效性。

一方面，要建立灵活、方便的沟通途径。要建立方便、快捷的沟通渠道，让所有的参与者能够及时将涉及企业环保合规的信息传递给应该了解和知道的机构和人员，要让相关信息能够被及时捕捉和了解。目前来看，比较合适的途径包括微信群等。

另一方面，要明确沟通信息传递和处置规定。企业环保合规管理过程中，会有各种各样的信息需要传递，也会有很多传递的信息需要回应和处置，要让与企业环保合规关联的信息能够得到及时有效的处理。只有这样，才能保证及时发现风险苗头和线索，才能通过有效的应对和处置将风险消除在萌芽状态，防止风险扩大甚至变成风险事件。有效的信息传递和处置需要及时和有针对性。及时不仅要求在时间上要迅速发现并处理，也要求有具备相应专业的专人负责，能够迅速识别信息中存在的风险，这是有效处置的前提。有针对性强调一定要找到与信息中表现出来的风险相适应的处置方式，一定要重视其效果。此外，经过初步识别，发现需要调动更多资源、更高层级或更大范围参与的，一定要将有关信息传递到相关负责人员，获得相应的支撑和支持。

有效沟通的核心是有效。所以，无论是途径的建立还是处置的规定，都要围绕有效进行，并在实施过程中不断优化和完善，不断提升效率和效果层次。

4. 及时的处置

及时处置是真正消除风险事件的关键环节，是保证前面各种管理取得预期效果的措施。及时处置强调对于管理过程中发现的问题或风险，一定要调动相关资源，采取有效措施，进行合理的处置。这里的处置不仅包括信息沟通过程中发现的问题的处置，也包括管理制度、培训制度、激励制度、评估制度等落实过程中发现的问题的处置，更包括企业生产经营过程中涉及的所有环保相关要求落实过程中发现问题的处置，如各种审批不完善、污染防治不合规、报告不及时、监测不准确、信息公开不全面等的处置，特别要注重环境风险和环境应急事件的处置。

及时处置强调的是及时，是在发现应当处置情况后的第一时间，是在能够处置时的最早时间，是将风险或危险消除的最佳时间。及时不仅是防控风险扩大的需要，也是获得最佳防控效果的需要。及时处置不仅对能力要求较高，对意识的要求也很高。只有企业具备了较高的风险意识和环保合规管理能力，储备了相应的资源，才有可能达到及时处置的要求。

及时处置也要善于利用现代工具。选择恰当的管理工具，能起到提升管理能力和处置效果的作用。企业要重视工具的作用，学习利用工具，让工具助力管理升级。要善用审查机制、考核评价、审计、评估、风险预警、合规培训、报告和问责等工具，以工具提高效率，以效率增强管理，以管理提升竞争力。

所以，企业要不断培养意识、增强能力、积累资源，以充分的准备应对各种未知事项，确保企业环保合规管理实现最理想的效果。

四、超前管理，赢取优势

1. 提前预测

任何事情的发展都是有规律可循的。生态环境保护更是有着其内在的客观规律。国家对生态环境保护政策的选择也是根据生态环境保护的规律，结合国家发展的形势需要，在不同的阶段，采取不同的措施而形成的。所以，企业要善于了解和综合分析形势发展和变化，预测生态环境保护的趋势，结合企业的情况，预测企业未来可能面临的问题和挑战，并与当前的工作以及未来的规则进行有效的衔接，提前布局和安排，形成超前行动的优势，增强企业的竞争力。

提前预测和布局既需要对相关情况有全面了解和把握，也需要有超前思考的意识和能力，也就是要相应的人才。这种人才，既可以是企业的领导，也可以借助社会的专家，只要能够实现预测形势变化的目的，形式不重要。

2. 超前行动

超前行动是指根据超前预测情况，在企业的生产经营和规划中，提前做出相应部署和安排的活动，如人才的培养和储备、生态环保技术的创新和优化、管理改进与提升等。要在企业生产经营的所有环节和过程中，融入应对未来发展趋势的理念、行动，探索新的方式方法，引领行业发展和潮流，以此赢取领先优势。

第五章　企业环保违法违规的救济途径

企业环境违法违规，是指企业在生产经营活动中未遵守环保法律、法规、规章、规范性文件、环境标准而未履行其环保责任的行为。企业环境违法违规会带来相应的法律责任，救济途径可分为听证救济、行政复议救济和诉讼救济。

第一节　申请听证

一、与听证有关的概念

听证，指行政机关在做出有关行政决定之前，听取行政相对人、利害关系人陈述、申辩、质证的程序。通过听证行政机关可能会改变或停止作出有关行政决定，从而相对人的权益得到救济。听证包括立法听证、行政决策听证、具体行政行为听证。具体行政行为听证又包括行政处罚、行政许可、行政强制、行政征收、行政给付等行政处理决定的听证。企业环保违法违规的听证救济主要涉及行政处罚、行政许可、行政强制领域。

听证制度，指在法律规定的条件下，由非本案调查人为主持人，采用准司法的方式听取行政相对人、利害关系人申辩的制度。听证制度包括告知、通知、听证、制作笔录等内容，听证又包括陈述、辩论等程序。1996 年 3 月通过的《中华人民共和国行政处罚法》，首次从国家层面对听证制度做了规定，《中华人民共和国行政许可法》也有专门的听证程序规定。

听证主持人，指负责主持听证会议的人。听证主持人的可分为专职人员和非专职人员两类。

听证当事人，广义指与举行听证的事项有利害关系，主动要求或被邀请参与听证程序全过程的公民、法人或者其他组织，狭义指依照法律被事先告知有权要求举行听证的公民、法人或者其他组织。

二、行政处罚的听证程序

（一）听证申请

当事人要求听证的，应当在行政机关告知后5日内提出。提出听证要求的时间，应该是行政机关对案件已经调查终结、在作出行政处罚决定之前，由行政机关通知当事人到场，告知当事人已经查明的违法事实、处罚的法律依据和拟将给予的行政处罚等事项。当事人对行政机关告知的事项有不同意见，并且与行政机关的认定不能一致，即有重大分歧的，当事人可以提出听证要求，听证要求应当在行政机关告知后的5日内向行政机关提出。

（二）听证通知

为了保证当事人有足够的时间准备听证，行政机关举行听证的，必须在7日前将举行听证的时间、地点通知当事人。除涉及国家秘密、商业秘密或者个人隐私外，听证公开举行。

（三）组织听证

听证由行政机关指定的非本案调查人员主持。当事人认为行政机关指定的听证主持人与本案有直接利害关系的，有权申请该听证主持人回避。行政机关对于当事人提出的回避申请，应当予以审核，主持人确实不符合法律规定的，应当予以回避，并另行指定听证主持人。

当事人可以亲自参加听证，也可以委托1～2人代理。

举行听证时，调查人员提出当事人违法的事实、证据和行政处罚建议；当事人进行申辩和质证。具体按以下顺序进行：①主持人宣布听证开始；②调查人员提出当事人违法的事实、证据、处罚建议和理由；③调查人员向主持人举证，当事人对调查人员举出的证据进行质证；④当事人进行陈述、申辩和举证；⑤相互辩论；⑥最后陈述。

听证应当制作笔录。听证笔录应当在听证后当场交当事人审核或者向当事人宣读，当事人认为记录有遗漏或者有差错的，可以请求补充或者改正。听证笔录应载明下列事项：①案由；②听证参加人姓名或者名称、地址；③听证主持人、书记员姓名；④举行听证的时间、地点和方式；⑤本案调查人员提出的事实、证据、处罚建议和理由；⑥当事人的陈述、申辩和质证；⑦听证参加人签名或者盖章。

（四）听证结果处理

听证会结束后，听证组织机关负责人应当根据听证主持人提出的当事人违法事实是否成立的书面意见和听证笔录，依据《中华人民共和国行政处罚法》第五十七条确有应受行政处罚的违法行为的，根据情节轻重及具体情况，作出行政处罚决定；违法行为轻微，依法可以不予行政处罚的，不予行政处罚；违法事实不能成立的，不予行政处罚；违法行为涉嫌犯罪的，移送司法机关。由行政机关委托的组织自行组织听证的，其作出的行政处罚决定应经行政机关审查同意。

三、如何参与行政处罚听证

（一）了解处罚听证条件

不是所有的行政处罚都可以听证，只有符合以下条件的当事人要求听证的，行政机关应当组织听证：

①较大数额罚款；

②没收较大数额违法所得、没收较大价值非法财物；

③降低资质等级、吊销或者暂扣许可证件；

④责令停产停业、责令关闭、限制开展生产经营活动、限制从业、禁止从业；

⑤其他较重的行政处罚；

⑥法律、法规、规章规定的其他情形。

根据环境行政处罚规章，“较大数额”“较大价值”罚款和没收，对公民是指人民币（或者等值物品价值）五千元以上、对法人或者其他组织是指人民币（或者等值物品价值）二十万元以上。

对当事人行政处罚中的申辩包括听证中的申辩，当事人提出的事实、理由或者证据成立的，生态环境主管部门应当予以采纳，不得因当事人的申辩而加重处罚。

（二）分析是否存在从轻、减轻或者不予行政处罚的情形

首先分析是否有《中华人民共和国行政处罚法》第三十二条应当从轻或者减轻行政处罚情形：

①主动消除或者减轻违法行为危害后果的；

②受他人胁迫或者诱骗实施违法行为的；

③主动供述行政机关尚未掌握的违法行为的；

④配合行政机关查处违法行为有立功表现的；

⑤法律、法规、规章规定其他应当从轻或者减轻行政处罚的。

其次分析是否为《中华人民共和国行政处罚法》第三十三条违法行为轻微并及时改正，没有造成危害后果，或初次违法且危害后果轻微并及时改正的情形，上述情形是可以不予行政处罚，或不予行政处罚。当事人有证据足以证明没有主观过错的，不予行政处罚。法律、行政法规另有规定的，从其规定。

再次分析是否违法行为超过 2 年才被处罚，但违法行为有连续或者继续状态的，从行为终了之日起计算。如果超过 2 年不再给予行政处罚。

最后分析生态环境主管部门拟作出行政处罚决定时，是否有法律依据，是否具备行政主体资格，法律、法规、规章是否已被修改或者废止。

（三）及时申请听证

《中华人民共和国行政处罚法》规定当事人要求听证的，应当在行政机关告知后 5 日内提出。如没有在规定的时间提出申请行政机关就不再组织听证。当事人的申请应当以书面形式向拟作出行政处罚决定的生态环境主管部门提出，以邮寄方式提出申请的，以寄出的邮戳日期为申请日期。因不可抗力或者其他特殊情况不能在规定期限内提出听证申请的，当事人可以在障碍消除的 3 日内提出听证申请。

（四）委托代理人

《中华人民共和国行政处罚法》规定当事人可以亲自参加听证，也可以委托1～2人代理。委托代理人要提交相关书面委托手续。是否委托律师代理人，应根据处罚是否清楚以及自身的能力等因素选择。委托律师代理会产生代理费但更利于向拟作出行政处罚决定的生态环境主管部门澄清事实和正确理解法律的适用。

（五）听证后的再救济

听证结束后，行政机关应当根据听证笔录，依照《中华人民共和国行政处罚法》第五十七条调查终结的处理作出决定。对于听证后作出的行政处罚决定，听证申辩意见不一定被行政机关采纳。企业认为作出行政处罚决定的生态环境行政机关未采纳听证申辩意见，有权采取对作出的处罚申请复议或行政诉讼的方式继续进行救济。

第二节　申请行政复议

一、与行政复议有关的概念

行政复议，是指公民、法人或者其他组织认为行政主体的具体行政行为违法或不当侵犯其合法权益，依法向主管行政机关提出复查该具体行政行为的申请，行政复议机关依照法定程序对被申请的具体行政行为进行合法性、适当性审查，并作出行政复议决定的一种法律制度 。

环境行政复议，是指行政相对人认为生态环境行政机关的具体行政行为侵犯其合法权益，按照法定程序和条件向作出该具体行政行为的机关的上级机关提出申请，由有管辖权的生态环境行政机关对有争议的具体行政行为进行审查，并作出决定的行政活动。

环境行政复议是解决环境行政争议最广泛和最重要的一种形式。它具有以下特点 ：

第一，环境行政复议是生态环境行政机关的一种行政执法活动；

第二，有权提起环境行政复议的是行政相对人；

第三，环境行政复议以具体行政行为的合法性和适当性为审查对象；

第四，环境行政复议申请必须在一定期限内提出；

第五，环境行政复议机关必须对复议申请作出明确的决定。

复议申请人，依照法律、法规申请复议的公民、法人和其他组织，称复议申请人。环境行政复议申请人就是那些认为具体环境行政行为侵犯其合法权益，根据法律、法规的规定并以自己的名义向生态环境行政复议机关提出复议申请的公民、法人或者其他组织。复议申请人应当具备以下条件：

（1）必须是认为具体环境行政行为侵犯其合法权益者；

（2）必须是行政相对人；

（3）必须是能以自己的名义申请复议并具有民事权利能力和民事行为能力者；

（4）提出复议申请的行为必须是属于可以复议的具体行政行为。

有权申请行政复议的申请人有以下几种：

（1）合伙企业申请复议的，以核准登记的企业为申请人，由执行合伙事务的合伙人参加复议；

（2）其他组织申请复议的，由合伙人共同申请复议；

（3）不具备法人资格的组织申请复议的，由该组织的主要负责人参加复议（没有主要负责人的，由共同推选的其他成员参加复议）；

（4）股份制企业（股东大会、股东代表大会、董事会）申请复议的，以企业名义申请复议；

（5）同一复议案件申请人超过 5 人的，推选 1 ～ 5 名代表参加复议；

（6）与被审查的具体行政行为有利害关系的相对人，可由复议机关通知或者由相对人申请作为第三人参加复议。

被申请人，指公民、法人或者其他组织对行政机关的具体行政行为不服申请复议的，该行政机关是被申请人。环境行政复议中，被申请人是作出有争议的具体环境行政行为的行政机关，有以下几种：

（1）行政相对人对生态环境行政机关的具体行政行为不服申请复议的，作出该具体行政行为的生态环境行政机关是被申请人；

（2）生态环境行政机关与法律、法规授权的组织以共同的名义作出具体行政行为的，生态环境行政机关和被授权的组织为共同被申请人；

（3）生态环境行政机关与其他组织以共同名义作出具体行政行为的，生态环境行政机关为被申请人；

（4）下级生态环境行政机关依法经上级生态环境行政机关批准作出具体行政行为的，批准机关为被申请人；

（5）生态环境行政机关设立的派出机构、内设机构或者其他组织，未经法律、法规授权，以自己名义作出具体行政行为的，该生态环境行政机关为被申请人。

行政复议机关，是指依照法律的规定，有权受理行政复议申请，依法对具体行政行为进行审查并作出裁决的行政机关。

行政复议机构，是指复议机关根据工作需要所设立的具体开展行政复议工作的办事机构。复议机关与复议机构不同，行政复议机构以设立它的复议机关的名义开展复议具体工作。有复议权的生态环境行政机关视为有复议工作的需要，设立复议机构或专职工作人员。 行政复议机关负责法制工作的机构具体办理行政复议事项。 环境行政复议机构，大多设在生态环境行政机关内部的法制工作机构（如法制处、科或法制宣教处、科），有的还专门成立复议机构。环境行政复议机构受同级生态环境行政机关的领导。

二、行政复议程序

（一）申请

1. 复议申请的期限

《中华人民共和国行政复议法》规定公民、法人或者其他组织认为具体行政行为侵犯其合法权益的，可以自知道该具体行政行为之日起 60 日内提出行政复议申请；但是法律规定的申请期限超过 60 日的除外。因不可抗力或者其他正当理由耽误法定申请期限的，申请期限自障碍消除之日起继续计算。

2. 复议申请的形式

申请人申请行政复议，可以书面申请，也可以口头申请；口头申请的，行政复议机关应当当场记录申请人的基本情况、行政复议请求、申请行政复议的主要事实、理由和时间。书面形式提出复议申请的，可以采取当面递交、邮寄或者传真等方式提出。

3. 复议申请的范围

不是所有的行政机关作出的行政行为都可以申请复议，只有下列行政行为可以依照《中华人民共和国行政复议法》申请行政复议：

（1）对行政机关作出的警告、罚款、没收违法所得、没收非法财物、责令停产停业、暂扣或者吊销许可证、暂扣或者吊销执照、行政拘留等行政处罚决定不服的；

（2）对行政机关作出的限制人身自由或者查封、扣押、冻结财产等行政强制措施决定不服的；

（3）对行政机关作出的有关许可证、执照、资质证、资格证等证书变更、中止、撤销的决定不服的；

（4）对行政机关作出的关于确认土地、矿藏、水流、森林、山岭、草原、荒地、滩涂、海域等自然资源的所有权或者使用权的决定不服的；

（5）认为行政机关侵犯合法的经营自主权的；

（6）认为行政机关变更或者废止农业承包合同，侵犯其合法权益的；

（7）认为行政机关违法集资、征收财物、摊派费用或者违法要求履行其他义务的；

（8）认为符合法定条件，申请行政机关颁发许可证、执照、资质证、资格证等证书，或者申请行政机关审批、登记有关事项，行政机关没有依法办理的；

（9）申请行政机关履行保护人身权利、财产权利、受教育权利的法定职责，行政机关没有依法履行的；

（10）申请行政机关依法发放抚恤金、社会保险金或者最低生活保障费，行政机关没有依法发放的；

（11）认为行政机关的其他具体行政行为侵犯其合法权益的。

（二）受理

受理是指行政复议机关在接到复议申请书后，经过审查认为符合法定申请条件而接受申请并作出立案决定的行政活动。行政复议机关收到行政复议申请后，应当在5日内进行审查，对不符合本法规定的行政复议申请，决定不予受理，并书面告知申请人；对符合本法规定，但是不属于本机关受理的行政复议申请，应当告知申请人向有关行政复议机关提出。行政复议申请符合下列规定的，应当予以受理：

（1）有明确的申请人和符合规定的被申请人；

（2）申请人与具体行政行为有利害关系；

（3）有具体的行政复议请求和理由；

（4）在法定申请期限内提出；

（5）属于行政复议法规定的行政复议范围；

（6）属于收到行政复议申请的行政复议机构的职责范围；

（7）其他行政复议机关尚未受理同一行政复议申请，人民法院尚未受理同一主体就同一事实提起的行政诉讼。

（三）审查

审查是指行政复议机关在受理行政争议之后，对该争议依法进行审查的活动。审查是复议程序的关键阶段，通过审查活动弄清引起争议的具体行政行为有关的全部事实，为作出复议决定打下基础。

1. 审查前的准备

（1）发送申请书与接受答辩。复议机构自受理复议申请之日起 7 个工作日内，制作复议答复通知书，并将复议答复通知书、复议申请书副本或者口头申请复议笔录复印件以及申请人提交的证据、有关材料的副本应一并送达被申请人；被申请人自收到复议答复通知书之日起 10 日内提出复议答复书，并提交当初作出被申请复议的具体行政行为的证据、依据和其他有关材料。被申请人无正当理由逾期未提交上述材料的，视为该具体行政行为没有证据、依据，复议机关应当制作复议决定书，依法撤销该具体行政行为。

（2）查阅复议案件材料。包括查阅申请人送交的材料、证据，被申请人送交的有关材料、证据和法律文书等，以弄清争议的问题和申请人的要求、理由。

（3）共同申请人如果未参加复议，应通知其参加并要求提供有关材料和证据。

（4）进行调查和补充证据。经过查阅申请人、被申请人提供或送交的有关材料、证据，发现疑点或未弄清的事实，要及时开展调查工作，弄清全部案情。

（5）决定是否同意申请人撤回复议申请或被申请人改变原具体行政行为的申请。如果申请人撤回申请的要求合理，应予以同意；如果发现属非自愿或受威胁的，则不应同意撤回申请的要求。被申请人改变原具体行政行为的申请，如果改变后的具体行政行为仍不合法或适当，则作出不同意的复议决定。当作出同意撤回复议申请或同意改变原具体行政行为的复议决定之后，便意味着该行政争议的复议程序终结。

（6）决定审查方式。行政复议原则上采取书面审查的办法。但是，对重大、复杂的案件，申请人提出要求或者行政复议机构认为必要时，可以采取听证的方式审查。

2. 审查的内容

审查前的准备工作完成之后，复议机构应当在该机构负责人的主持下对复议案件进行全面审查，审查的内容包括：

（1）原具体行政行为的合法性和适当性；

（2）作出具体行政行为的行政机关是否具备监督管理权；

（3）作出具体行政行为的行政机关是否越权，或者滥用职权；

（4）作出具体行政行为依据的规范性文件是否正确；

（5）作出的具体行政行为是否符合法定程序。

（四）决定

决定是指行政复议机构对复议案件进行全面审查之后提出意见，经复议机关的负责人同意或者集体讨论所作出的判断和处理。

1. 复议决定的种类

（1）决定维持

决定维持应当符合以下条件：原具体行政行为适用的法律、法规、规章正确；事实清楚；证据确凿；内容适当；符合法定程序和权限。

（2）责令履职

被申请人不履行法定职责的，决定其在一定期限内履行。

（3）决定撤销、变更原具体行政行为

原具体行政行为有下列情形之一的，决定撤销、变更，还可责令被申请人重新作出具体行政行为：

1）决定撤销。对主要事实不清的；适用法律、法规、规章错误的；违反法定程序影响申请人利益的，如在作出行政处罚决定之前未听取行政相对人的辩解，或者未让其提供有利于行政相对人利益的证据等；超越职权或者滥用职权的，应当决定撤销原具体行政行为。

决定撤销的另一种情形，被申请人未依法提出书面答复、提交当初作出具体行政行为的证据、依据和其他有关材料的，视为该具体行政行为没有证据、依据，行政复议机关应当决定撤销该具体行政行为。

2）决定变更。对认定事实清楚，证据确凿，程序合法，但是明显不当或者适用依据错误的；认定事实不清，证据不足，但是经行政复议机关审理查明事实清楚，证据确凿的，可以决定变更。例如，罚款数额虽在法定幅度之内，但明显不合理，即畸轻或畸重的，决定变更罚款数额等。

3）决定被申请人重新作出具体环境行政行为。原具体行政行为合理，事实清楚，只是所依据的法律、法规不正确，仍需对行政相对人作出具体行政行为时，可责令重新作出。重新作出具体行政行为的期限为60日。

（4）决定行政赔偿

复议机关经过审议确认原具体环境行政行为侵犯了行政相对人的合法权益，并造成损失，申请人的行政赔偿要求又合理，则作出责令被申请人按照有关法律、法规的规定给予赔偿的决定。当事人之间的行政赔偿可以适用调解。

除上述四种复议决定之外，行政复议机关还应当依《中华人民共和国行政复议法》第二十六条规定，对规章以下的规范性文件提出审查的，本机关对规范性文件有权处理的，应当在30日内依法处理；无权处理的，应当在7日内按照法定程序转送有权处理的行政机关处理；有权处理的行政机关应当在60日内依法处理。处理期间，中止对具体行政行为的审查。

2. 复议决定书的内容

复议决定书应载明下列事项：

（1）申请人的姓名、性别、年龄、职业、住址，或法人和其他组织的名称、地址、法定代表人的姓名；

（2）被申请人的名称、地址、法定代表人的姓名；

（3）申请复议的主要事实和理由；

（4）复议机关认定的事实、理由、适用的法律、法规、规章和决定、命令；

（5）复议结论；

（6）不服复议决定向人民法院起诉的时效；

（7）作出复议决定的机关的全称、法定代表人的姓名；

（8）作出复议决定的时间。

3. 作出复议决定的期限

行政复议机关应当自受理申请之日起60日内作出行政复议决定；但是法律规定的行政复议期限少于60日的除外。情况复杂，不能在规定期限内作出行政复议决定的，经行政复议机关的负责人批准，可以适当延长，并告知申请人和被申请人；但是延长期限最多不超过 30 日。

复议决定由复议机关的法定代表人署名，并加盖复议机关的印章。复议决定一经送达，即发生法律效力。

4. 执行

行政复议决定的执行，包括以下两种情况：

第一种，复议决定维持原具体行政行为的，如果申请人在法定期限内不履行，也不向人民法院起诉，由原作出具体行政行为的环境保护行政机关申请人民法院强制执行。

第二种，复议决定变更原具体行政行为的，如果申请人在法定期限内不履行，也不向人民法院起诉则由复议机关申请人民法院强制执行。

此外，行政复议决定的执行还包括：行政相对人自觉履行行政复议决定；被申请人根据复议决定重新作出具体行政行为，或支付行政侵权赔偿金等。

三、如何参与环境行政复议

（一）选择适格的环境行政复议机关

对于环境行政复议机关的选择一般涉及以下几种情况：

（1）对县级地方人民政府环境保护行政机关的具体行政行为不服，可以选择向本级人民政府或上一级环境保护行政机关申请复议。

因生态环境保护综合行政执法改革，大多数县级地方人民政府为市生态环境局的派出机构，故选择某市人民政府或某省生态环境厅复议。从成本角度宜选择向市人民政府复议，从专业角度宜选择向省生态环境厅复议。

（2）对生态环境部或者省、自治区、直辖市人民政府的具体行政行为不服，向作出该具体行政行为的生态环境部或者省、自治区、直辖市人民政府申请行政复议。

（3）对地方各级人民政府的具体行政行为不服，向上一级地方人民政府申请行政复议。

（4）对地方政府环境保护行政机关依法设立的派出机构依照法律、法规或者规章规定，以自己的名义作出的具体行政行为不服的，向设立该派出机构的环境保护行政机关或者该机关的本级人民政府复议。

（5）对法律、法规授权组织的具体行政行为不服，向直接管理该组织的地方人民政府、地方人民政府的环境保护行政机关或者生态环境部复议。

（6）对两个或两个以上环境保护行政机关以共同名义作出的具体行政行为不服，向同系统的共同上一级环境保护行政机关管辖。

以共同的名义作出具体行政行为的另一种情况，同属于某地人民政府的两个以上不同系统的环境保护行政机关共同作出的具体行政行为。例如，某市生态环境局和水利局对企业违反水资源保护法规造成饮用水污染或枯竭的违法行为，联合作出行政处罚决定，该企业不服处罚，应向这两个不同部门的共同上一级人民政府复议。

（7）对被撤销的行政机关在撤销前所作出的具体行政行为不服的，向继续行使其职权的行政机关的上一级机关或者同级人民政府复议。

（二）及时申请环境行政复议

申请复议不得超过行政复议法规定的期限，该期限为60日，法律规定更长的除外，目前环境保护的单行法律没有规定更长的复议期限，因此，要及时申请复议，超过60日申请将不被复议机关受理。复议期限起始日如何计算有以下几种情形：

（1）当场作出具体行政行为的，自具体行政行为作出之日起计算。

（2）载明具体行政行为的法律文书直接送达的，自受送达人签收之日起计算。

（3）载明具体行政行为的法律文书邮寄送达的，自受送达人在邮件签收单上签收之日起计算；没有邮件签收单的，自受送达人在送达回执上签名之日起计算。

（4）具体行政行为依法通过公告形式告知受送达人的，自公告规定的期限届满之日起计算。

（5）行政机关作出具体行政行为时未告知公民、法人或者其他组织，事后补充告知的，自该公民、法人或者其他组织收到行政机关补充告知的通知之日起计算。

（6）被申请人能够证明公民、法人或者其他组织知道具体行政行为的，自证据材料证明其知道具体行政行为之日起计算。行政机关作出具体行政行为，依法应当向有关公民、法人或者其他组织送达法律文书而未送达的，视为该公民、法人或者其他组织不知道该具体行政行为。

行政复议申请书和口头申请行政复议笔录应当载明下列事项：

（1）申请人基本情况，包括：公民的姓名、性别、年龄、工作单位、住所、身份证号码、邮政编码、联系电话，法人或者其他组织的名称、住所、邮政编码、联系电话和法定代表人或者主要负责人的姓名、职务。

（2）被申请人的名称。

（3）行政复议请求，申请行政复议的主要事实和理由。

（4）申请人签名或者盖章。

（5）申请行政复议的日期。

（三）委托代理人

根据《中华人民共和国行政复议法》的规定申请人可以委托 1 ～ 2 名代理人代为参加行政复议。如果委托代理人，应当向行政复议机构提交授权委托书。授权委托书应当载明委托事项、权限和期限。申请人解除或者变更委托的，应当书面报告行政复议机构。

（四）复议结果的再救济

1. 直接向人民法院提起诉讼

对属于人民法院受案范围的行政案件，公民、法人或者其他组织可以先向行政机关申请复议，对复议决定不服的，再向人民法院提起诉讼；也可以直接向人民法院提起诉讼。法律、法规规定应当先向行政机关申请复议，对复议决定不服再向人民法院提起诉讼的，依照法律、法规的规定。

2. 向国务院申请裁决

对国务院部门或者省、自治区、直辖市人民政府的具体行政行为不服的，向作出该具体行政行为的国务院部门或者省、自治区、直辖市人民政府申请行政复议。对行政复议决定不服的，可以向人民法院提起行政诉讼；也可以向国务院申请裁决，国务院的裁决为最终裁决。

3. 救济期限

公民、法人或者其他组织不服复议决定的，可以在收到复议决定书之日起 15 日内向人民法院提起诉讼。复议机关逾期不作出决定的，申请人可以在复议期满之日起 15 日内向人民法院提起诉讼。法律另有规定的除外。

第三节　提起行政诉讼

一、与诉讼有关的概念

诉讼，指人民法院在当事人和全体诉讼参与人的参加下，依法审理和解决刑事、民事和行政案件的活动。根据诉讼的内容和形式不同，分为刑事诉讼、民事诉讼和行政诉讼。

民事诉讼，是指民事争议的当事人向人民法院提出诉讼请求，人民法院在双方当事人和其他诉讼参与人的参加下，依法受理、审理和裁判的活动。

刑事诉讼，是指人民法院、人民检察院和公安机关在当事人及其他诉讼参与人的参加下，依照法律规定的程序，解决被追诉者刑事责任问题的活动。

行政诉讼，是指公民、法人或者其他组织认为行政机关的行政行为侵犯其合法权益，向人民法院提起诉讼，人民法院依法予以受理、审理并作出裁判的活动。

环境行政诉讼，是指公民、法人或者其他组织认为环境行政机关或其工作人员的具体环境行政行为侵犯其合法权益，依法向人民法院提起诉讼，由人民法院对该行政行为是否合法进行审查并作出裁判的活动。它是行政诉讼的范畴，又是环境诉讼中与环境民事诉讼、环境刑事诉讼并列的一种诉讼形式。

原告，“被告”的对称，是指为保护自己的合法权益，以自己的名义向法院提起诉讼，从而引起诉讼程序发生的人。在刑事自诉案件中，原告方称为自诉人。在民事诉讼中，原告是认为被告侵犯其民事权益或与其发生民事权益争执的人；在行政诉讼中，原告是认为行政机关和行政机关工作人员的具体行政行为侵犯其合法权益的人；在刑事自诉案件和刑事附带民事诉讼中，原告是认为被告人犯罪行为侵犯其正当权益的人。原告可以是个人，也可以是法人或非法人单位。

被告，“原告”的对称，在民事案件中，是指侵犯原告利益，需要追究民事责任，并经法院通知其应诉的人；在行政诉讼中，公民、法人或其他组织认为某具体行政行为侵犯其合法权益而依法向人民法院提起的诉讼中，作出该具体行政行为的行政机关或组织。

诉讼当事人，是指由于实体法上的权益发生纠纷，或与特定的法律事实有直接关系而进入诉讼中，并受法院裁判拘束的人。当事人在不同的诉讼阶段，其称谓有所不同。诉讼当事人可分为刑事诉讼当事人、民事诉讼当事人和行政诉讼当事人。行政诉讼当事人是具体行政法律关系中有权利义务纠纷而以自己的名义进行诉讼并受法院裁判约束的利害关系人，一审程序中包括原告、被告、共同诉讼人和第三人。

二、行政诉讼程序

诉讼程序是法律规定的解决案件争讼的步骤和方法。广义上，诉讼程序包括审判程序、侦查程序、执行程序以及当事人诉讼行为的程序。狭义上，诉讼程序仅指审判权和诉讼权行使的程序。按解决冲突的内容，诉讼程序分为刑事诉讼程序、行政诉讼程序、民事诉讼程序三类。行政诉讼程序包括行政审判程序、行政诉讼审判监督程序、行政诉讼执行程序。企业违法违规诉讼救济主要涉及行政诉讼程序中的第一审审判程序。

（一）起诉

起诉，指行政相对人依照法定条件和程序向人民法院提出行政诉讼请求，要求人民法院行使国家审判权对其合法权益给予司法救济的诉讼行为。

起诉应当具备以下条件：

第一，原告是行政行为的相对人以及其他与行政行为有利害关系的公民、法人或者其他组织；

第二，有明确的被告；

第三，有具体的诉讼请求和事实根据；

第四，属于人民法院受案范围和受诉人民法院管辖。

起诉方式。起诉应当向人民法院递交起诉状，并按照被告人数提出副本。书写起诉状确有困难的，可以口头起诉，由人民法院记入笔录，出具注明日期的书面凭证，并告知对方当事人。无论是口头起诉还是书面起诉，都必须符合法定起诉条件，人民法院才能受理。

此外，需要注意的是根据《中华人民共和国行政诉讼法》的规定，公民、法人或者其他组织认为行政行为所依据的国务院部门和地方人民政府及其部门制定的规范性文件不合法，在对行政行为提起诉讼时，可以一并请求对该规范性文件进行审查。该规范性文件不含规章。这有利于公民、法人或者其他组织对行政机关侵害其权益的维护。

起诉期限。起诉期限分为以下几种：

第一，公民、法人或者其他组织不服复议决定的，可以在收到复议决定书之日起 15 日内向人民法院提起诉讼。复议机关逾期不作出决定的，申请人可以在复议期满之日起 15 日内向人民法院提起诉讼。法律另有规定的除外。

第二，公民、法人或者其他组织直接向人民法院提起诉讼的，应当自知道或者应当知道作出行政行为之日起 6 个月内提出。法律另有规定的除外。因不动产提起诉讼的案件自行政行为作出之日起超过 20 年，其他案件自行政行为作出之日起超过 5 年提起诉讼的，人民法院不予受理。

第三，公民、法人或者其他组织申请行政机关履行保护其人身权、财产权等合法权益的法定职责，行政机关在接到申请之日起 2 个月内不履行的，公民、法人或者其他组织可以向人民法院提起诉讼。法律、法规对行政机关履行职责的期限另有规定的，从其规定。公民、法人或者其他组织在紧急情况下请求行政机关履行保护其人身权、财产权等合法权益的法定职责，行政机关不履行的，提起诉讼不受前款规定期限的限制。

第四，公民、法人或者其他组织因不可抗力或者其他不属于其自身的原因耽误起诉期限的，被耽误的时间不计算在起诉期限内。公民、法人或者其他组织因前款规定以外的其他特殊情况耽误起诉期限的，在障碍消除后 10 日内，可以申请延长期限，是否准许由人民法院决定。

（二）受理

受理是指人民法院审查提起行政诉讼的材料，对符合起诉条件的予以接受立案的诉讼行为。行政诉讼案件受理应当了解以下几个问题：

第一，人民法院在接到起诉状时对符合本法规定的起诉条件的，应当登记立案。对当场不能判定是否符合本法规定的起诉条件的，应当接受起诉状，出具注明收到日期的书面凭证，并在 7 日内决定是否立案。

第二，对不符合起诉条件的，应当作出不予立案的裁定，裁定书应当载明不予立案的理由。原告对裁定不服的，可以提起上诉。

第三，对起诉状内容欠缺或者有其他错误的，应当给予指导和释明，并一次性告知当事人需要补正的内容。不得未经指导和释明即以起诉不符合条件为由不接受起诉状。对于不接受起诉状、接受起诉状后不出具书面凭证，以及不一次性告知当事人需要补正的起诉状内容的，当事人可以向上级人民法院投诉，上级人民法院应当责令改正，并对直接负责的主管人员和其他直接责任人员依法给予处分。

第四，人民法院既不立案，又不作出不予立案裁定的，当事人可以向上一级人民法院起诉。上一级人民法院认为符合起诉条件的，应当立案、审理，也可以指定其他下级人民法院立案、审理。

《中华人民共和国行政诉讼法》规定："行政机关及其工作人员不得干预、阻碍人民法院受理行政案件。"这一要求明确规定在法律条款中，有利于保障人民法院在行政诉讼中独立行使审判权。

（三）审理

1. 审理前的准备

（1）组成合议庭。人民法院审理行政案件，由审判员组成合议庭，或者由审判员、陪审员组成合议庭。合议庭的成员，应当是 3 人以上的单数。

（2）发送起诉状和答辩状副本。人民法院应当在立案之日起 5 日内，将起诉状副本发送被告。被告应当在收到起诉状副本之日起 15 日内向人民法院提交作出行政行为的证据和所依据的规范性文件，并提出答辩状。人民法院应当在收到答辩状之日起 5 日内，将答辩状副本发送原告。

（3）更换和追加诉讼参加人。

（4）确定案件的合并审理或分开审理。人民法院公开审理行政案件，但涉及国家秘密、个人隐私和法律另有规定的除外。涉及商业秘密的案件，当事人申请不公开审理的，可以不公开审理。

（5）诉讼期间，不停止行政行为的执行。但有下列情形之一的，裁定停止执行：①被告认为需要停止执行的；②原告或者利害关系人申请停止执行，人民法院认为该行政行为的执行会造成难以弥补的损失，并且停止执行不损害国家利益、社会公共利益的；③人民法院认为该行政行为的执行会给国家利益、社会公共利益造成重大损害的；④法律、法规规定停止执行的。

（6）回避。当事人认为审判人员与本案有利害关系或者有其他关系可能影响公正审判，有权申请审判人员回避。审判人员认为自己与本案有利害关系或者有其他关系，应当申请回避。前两款规定，适用于书记员、翻译人员、鉴定人、勘验人。院长担任审判长时的回避，由审判委员会决定；审判人员的回避，由院长决定；其他人员的回避，由审判长决定。当事人对决定不服的，可以申请复议一次。

2. 开庭审理

（1）开庭准备。包括以下内容：第一，在开庭前三日，用传票或通知书通知当事人和其他诉讼参加人；第二，公开审理的，应当公开当事人的姓名、案由和开庭时间、地点；第三，开庭审理前，由书记员查明当事人和其他诉讼参加人是否到庭；第四，审判长宣布开庭。

（2）法庭调查。按下列顺序进行：①原告宣读起诉状，被告宣读答辩状；②被告举证，原告质证；③原告举证，被告质证。

（3）法庭辩论。首先由原告及其代理人发言，然后由被告及其代理人发言，最后由双方展开辩论。

（4）合议庭评议。是指合议庭成员在当事人辩论终结后，对其提出的理由和根据进行不公开的综合评价和认定，从而作出裁判的过程。合议庭评议时应制作笔录，由合议庭成员签名，对重大疑难案件，合议庭作出结论后，应当由院长提交审判委员会讨论决定。

3. 行政争议与相关民事争议一并审理

在涉及行政许可、登记、征收、征用和行政机关对民事争议所作的裁决的行政诉讼中，当事人申请一并解决相关民事争议的，人民法院可以一并审理。在行政诉讼中，人民法院认为行政案件的审理需要以民事诉讼的裁判为依据的，可以裁定中止行政诉讼。

（四）判决

1. 撤诉

撤诉指原告在人民法院受理行政案件后，自动要求撤回或者取消自己的诉讼请求的行为。除原告主动撤诉外，经人民法院传票传唤，原告无正当理由拒不到庭，或者未经法庭许可中途退庭的，可以按照撤诉处理。

2. 缺席判决

缺席判决指人民法院在开庭审理行政案件时，被告无正当理由拒不到庭，或者未经法庭许可中途退庭的，可以缺席判决。

3. 判决种类

判决种类指人民法院对行政案件经过审理，根据查明的案件事实，依据法律法规的规定，对行政争议作出具有强制性决断的审判行为。判决的种类共六种：

（1）驳回原告的诉讼请求。行政行为证据确凿，适用法律、法规正确，符合法定程序的，或者原告申请被告履行法定职责或者给付义务理由不成立的，人民法院判决驳回原告的诉讼请求。

（2）判决撤销。人民法院经过审理认定行政行为全部或者部分确属违法，侵犯了管理相对人的合法权益，从而作出将其全部或者部分撤销的判决。行政行为有下列情形之一的，判决撤销或者部分撤销，并可以判决被告重新作出行政行为：主要证据不足的；适用法律、法规错误的；违反法定程序的；超越职权的；滥用职权的；明显不当的。

（3）判决履行义务。人民法院经过审理，查明被告不履行法定职责的，判决被告在一定期限内履行。人民法院经过审理，查明被告依法负有给付义务的，判决被告履行给付义务。

（4）判决变更。行政处罚明显不当，或者其他行政行为涉及对款额的确定、认定确有错误的，人民法院可以判决变更。人民法院判决变更，不得加重原告的义务或者减损原告的权益。但利害关系人同为原告，且诉讼请求相反的除外。

（5）确认判决。行政行为有下列情形之一的，人民法院判决确认违法，但不撤销行政行为：行政行为依法应当撤销，但撤销会给国家利益、社会公共利益造成重大损害的；行政行为程序轻微违法，但对原告权利不产生实际影响的。

行政行为有下列情形之一，不需要撤销或者判决履行的，人民法院判决确认违法：行政行为违法，但不具有可撤销内容的；被告改变原违法行政行为，原告仍要求确认原行政行为违法的；被告不履行或者拖延履行法定职责，判决履行没有意义的。

行政行为有实施主体不具有行政主体资格或者没有依据等重大且明显违法情形，原告申请确认行政行为无效的，人民法院判决确认无效。

（6）判决被告承担赔偿责任。人民法院判决确认违法或者无效的，可以同时判决责令被告采取补救措施；给原告造成损失的，依法判决被告承担赔偿责任。

4. 一审期限

人民法院应当在立案之日起 6 个月内作出第一审判决。有特殊情况需要延长的，由高级人民法院批准，高级人民法院审理第一审案件需要延长的，由最高人民法院批准。

5. 调解适用情形

人民法院审理行政案件，不适用调解。但是，行政赔偿、补偿以及行政机关行使法律、法规规定的自由裁量权的案件可以调解。调解应当遵循自愿、合法原则，不得损害国家利益、社会公共利益和他人合法权益。

6. 宣判方式

人民法院对公开审理和不公开审理的案件，一律公开宣告判决。当庭宣判的，应当在 10 日内发送判决书；定期宣判的，宣判后立即发给判决书。宣告判决时，必须告知当事人上诉权利、上诉期限和上诉的人民法院。

三、如何参与环境行政诉讼

（一）诉讼法院的选择

1. 尽量选择中级人民法院管辖

行政诉讼法规定，基层人民法院管辖第一审行政案件；中级法院管辖国务院部门或者县级以上地方人民政府所作的行政行为提起诉讼的案件、海关处理的案件、本辖区内重大、复杂的案件、其他法律规定由中级人民法院管辖的案件。因此，诉生态环境部或县级以上地方人民政府应到中级人民法院起诉；重大、复杂的案件不好判断，宜直接向中级人民法院起诉，依据行政诉讼法的司法解释，中级人民法院应当根据不同情况在 7 日内分别作出决定自行审理、指定本辖区其他基层人民法院管辖、书面告知当事人向有管辖权的基层人民法院起诉的处理。

2. 复议案件管辖具有选择权

行政案件由最初作出行政行为的行政机关所在地人民法院管辖。经复议的案件，也可以由复议机关所在地人民法院管辖。

（二）及时诉讼

企业对行政行为不服直接向人民法院提起诉讼的期限是 6 个月，涉及行政复议不服是15日，逾期未提出将丧失诉权。行政机关作出行政行为或复议决定时，未告知公民、法人或者其他组织起诉期限的，起诉期限从公民、法人或者其他组织知道或者应当知道起诉期限之日起计算，但从知道或者应当知道行政行为内容之日起最长不得超过 1 年。 公民、法人或者其他组织不知道行政机关作出的行政行为内容的，其起诉期限从知道或者应当知道该行政行为内容之日起计算，但最长不得超过行政诉讼法规定的，因不动产提起诉讼的案件自行政行为作出之日20年，其他案件自行政行为作出之日起5年。

（三）确定适格被告

经复议的案件，复议机关决定维持原行政行为的，作出原行政行为的行政机关和复议机关是共同被告；复议机关改变原行政行为的，复议机关是被告。

复议机关在法定期限内未作出复议决定，公民、法人或者其他组织起诉原行政行为的，作出原行政行为的行政机关是被告；起诉复议机关不作为的，复议机关是被告。

两个以上行政机关作出同一行政行为的，共同作出行政行为的行政机关是共同被告。

行政机关委托的组织所作的行政行为，委托的行政机关是被告。

行政机关被撤销或者职权变更的，继续行使其职权的行政机关是被告。行政机关被撤销或者职权变更，没有继续行使其职权的行政机关的，以其所属的人民政府为被告；实行垂直领导的，以垂直领导的上一级行政机关为被告。

当事人不服经上级行政机关批准的行政行为，向人民法院提起诉讼的，以在对外发生法律效力的文书上署名的机关为被告。

行政机关组建并赋予行政管理职能但不具有独立承担法律责任能力的机构，以自己的名义作出行政行为，当事人不服提起诉讼的，应当以组建该机构的行政机关为被告。

法律、法规或者规章授权行使行政职权的行政机关内设机构、派出机构或者其他组织，超出法定授权范围实施行政行为，当事人不服提起诉讼的，应当以实施该行为的机构或者组织为被告。

没有法律、法规或者规章规定，行政机关授权其内设机构、派出机构或者其他组织行使行政职权的，当事人不服提起诉讼的，应当以该行政机关为被告。

当事人对由国务院、省级人民政府批准设立的开发区管理机构作出的行政行为不服提起诉讼的，以该开发区管理机构为被告；对由国务院、省级人民政府批准设立的开发区管理机构所属职能部门作出的行政行为不服提起诉讼的，以其职能部门为被告；对其他开发区管理机构所属职能部门作出的行政行为不服提起诉讼的，以开发区管理机构为被告；开发区管理机构没有行政主体资格的，以设立该机构的地方人民政府为被告。

当事人对村民委员会或者居民委员会依据法律、法规、规章的授权履行行政管理职责的行为不服提起诉讼的，以村民委员会或者居民委员会为被告。对村民委员会、居民委员会受行政机关委托作出的行为不服提起诉讼的，以委托的行政机关为被告。

（四）委托代理人

企业可以委托律师、基层法律服务工作者或企业的工作人员 1 ～ 2 人作为诉讼代理人。委托诉讼代理人，应当向人民法院提交由委托人签名或者盖章的授权委托书。委托书应当载明委托事项和具体权限。解除或者变更委托的，应当书面报告人民法院。

企业工作人员参加诉讼活动，提交缴纳社会保险记录凭证、领取工资凭证或其他能够证明其为企业工作人员身份的证据加以证明。

（五）诉讼结果的救济

1. 上诉

如果不服人民法院第一审行政判决，有权在判决书送达之日起 15 日内向上一级人民法院提起上诉。逾期不提起上诉，人民法院的第一审判决就发生法律效力。人民法院审理上诉案件，会对原审人民法院的判决和被诉行政行为进行全面审查。上诉案件结果有以下几种情形：

（1）原判决认定事实清楚，适用法律、法规正确的，判决驳回上诉，维持原判决；

（2）原判决认定事实错误或者适用法律、法规错误的，依法改判、撤销或者变更；

（3）原判决认定基本事实不清、证据不足的，发回原审人民法院重审，或者查清事实后改判；

（4）原判决遗漏当事人或者违法缺席判决等严重违反法定程序的，裁定撤销原判决，发回原审人民法院重审。

原审人民法院对发回重审的案件作出判决后，当事人提起上诉的，第二审人民法院不得再次发回重审。

2. 申请再审

如果对已经发生法律效力的判决有新的证据足以推翻原判决，原判决认定事实的主要证据不足、未经质证或者系伪造，原判决适用法律、法规确有错误，原判决违反法律规定的诉讼程序影响公正审判，原判决遗漏诉讼请求，据以作出原判决、裁定的法律文书被撤销或者变更，审判人员在审理该案件时有贪污受贿、徇私舞弊、枉法裁判行为等情形之一的，可以向上一级人民法院申请再审，但判决不停止执行。

申请再审的期限为6个月，即在判决发生法律效力后6个月内提出。有下列情形之一的，自知道或者应当知道之日起6个月内提出：

（1）有新的证据，足以推翻原判决、裁定的；

（2）原判决、裁定认定事实的主要证据是伪造的；

（3）据以作出原判决、裁定的法律文书被撤销或者变更的；

（4）审判人员审理该案件时有贪污受贿、徇私舞弊、枉法裁判行为的。

3. 申请抗诉

抗诉是指人民检察院对人民法院作出的判决、裁定，认为确有错误时，依法向人民法院提出重新审理要求的诉讼活动，对生效的判决、裁定提起抗诉，人民法院必须再审。对再审判决仍不服，可以向人民检察院提出申请，要求检察院提起抗诉。

人民检察院申请抗诉，应当在人民法院作出驳回再审申请裁定之日或者再审判决发生法律效力之日起6个月内提出；对人民法院逾期未对再审申请作出裁定的，应当在再审申请审查期限届满之日起6个月内提出。

申请抗诉由作出生效判决的人民法院所在地同级人民检察院控告检察部门受理。认为审判程序中审判人员存在违法行为的，向人民检察院申请监督的，由审理案件的人民法院所在地同级人民检察院控告检察部门受理。同级人民检察院不依法受理的，可以向上一级人民检察院申请监督。

（六）生态环境损害赔偿诉讼

2017年8月29日，中共中央办公厅、国务院办公厅发布《生态环境损害赔偿制度改革方案》，该方案规定违反法律法规，造成生态环境损害的单位或个人，应当承担生态环境损害赔偿责任，做到应赔尽赔。

国务院授权省级、市地级政府（包括直辖市所辖的区县级政府）作为本行政区域内生态环境损害赔偿权利人。省域内跨市地的生态环境损害，由省级政府管辖；其他工作范围划分由省级政府根据本地区实际情况确定。省级、市地级政府可指定相关部门或机构负责生态环境损害赔偿具体工作。

赔偿的方式：经调查发现生态环境损害需要修复或赔偿的，赔偿权利人根据生态环境损害鉴定评估报告，就损害事实和程度、修复启动时间和期限、赔偿的责任承担方式和期限等具体问题与赔偿义务人进行磋商，统筹考虑修复方案技术可行性、成本效益最优化、赔偿义务人赔偿能力、第三方治理可行性等情况，达成赔偿协议。对经磋商达成的赔偿协议，可以依照民事诉讼法向人民法院申请司法确认。经司法确认的赔偿协议，赔偿义务人不履行或不完全履行的，赔偿权利人及其指定的部门或机构可向人民法院申请强制执行。磋商未达成一致的，赔偿权利人及其指定的部门或机构应当及时提起生态环境损害赔偿民事诉讼。

上述磋商未达成一致，赔偿权利人及其指定的部门或机构及时提起的生态环境损害赔偿民事诉讼就是生态环境损害赔偿诉讼。磋商未达成一致是生态环境损害赔偿诉讼的前置条件，反之，生态环境损害赔偿诉讼是解决磋商未达成一致的救济方法。磋商应该建立在事实、法律、公平的基础上，但地位的不平等难免导致命令式的磋商，因此，使程序进入生态环境损害赔偿诉讼也是企业环保违法违规诉讼救济的内容之一。